Gesamtverzeichnis des deutschsprachigen Schrifttums (GV) 1700 – 1910

Bearbeitet unter der Leitung von
Hilmar Schmuck und Willi Gorzny
Bibliographische und redaktionelle Beratung:
Hans Popst und Rainer Schöller

90

Lod - Luc

K · G · Saur München · New York · London · Paris 1983

CIP-Kurztitelaufnahme der Deutschen Bibliothek

Gesamtverzeichnis des deutschsprachigen Schrifttums :
(GV). – München, New York, London, Paris : Saur.
Bd. 1 – 6 bearb. unter d. Leitung von Peter Geils
u. Willi Gorzny.
ISBN 3-598-30000-X

1700 – 1910 / bearb. unter d. Leitung von Hilmar
Schmuck u. Willi Gorzny. Bibliograph. u. red.
Beratung: Hans Popst u. Rainer Schöller

NE: Schmuck, Hilmar [Bearb.]

90. Lod – Luc. – 1983.

Techn. Realisierung und Druck: Norbert Gärtner, Mainz-Kastel
Binden: Karl Schaumann, Darmstadt
Printed in the Federal Republic of Germany
ISBN 3-598-30000-X (Gesamtwerk)

Loda, die Lautenspielerin . . .
Quedlinburg 1824. V: *Förster*, *Leber*. *Günther*.
(GGr) (MGT)

Loda, die Lautenspielerin, u. andere Erzählll. v. Alexis dem Wanderer. 8. Quedl. 824, Basse.

***Lodbrokur*-Quida or the Death-Song of Lodbroc now first correctly printed from various manuscripts with a free english translation. To whichare added the various reedings, aliteral lation version; an islandico-latino glossary; and explanatory notes by J. Jonstone, new edit. 8. Kopenh. 812. Bonnier. (Wienbrack in Leipz.) 12 gl**

Lodderstaedt, Henricus Guilelmus: De typho Halis auctumno a. 1848 observato. Halis Saxonum (1849): Schmidt. 28 S. 8°
Halle-Wittenberg, Med. Diss. v. 5. Mai 1849
Geb. Klein-Paschleben bei Köthen 25. 1. 1822. V.
Verf. erlebte die Diplomerneuerung 1899 als Sanitätsrat in Köthen, vgl. Anh. Nr. 412.

Lodderstaedt, (Gotthardt Heinr.) Wilh. (geb. Cöthen in Anh. 6. 7. 1851): Ueber parasitäre Sycosis. Berlin (1876). (30 S.) 8°
Berlin. Med. Diss. v. 26. Febr. 1876

Lode, Alois

Lode Alois: Beiträge zur Anatomie und Physiologie des Farbenwechsels der Fische. S. 99. III. 10 . . . . vgr.
Separatabdruck

Lode, A., Beiträge zur Anatomie und Physiologie des Farbenwechsels der Fische. [Aus: „Sitzungsber. d. k. Akad. d. Wiss."] Lex.-8. (14 S. m. 1 Taf.) Wien 890. (Tempsky.) n. — 50

— Experimentelle Beiträge zur Physiologie der Samenblasen (mit 4 Textfiguren). S. 104. III. 3 . . . . —.40
Separatabdruck

Lode, Alois, experimentello Beiträge zur Physiologie d. Samenblasen. [Aus: „Sitzungsber. d. k. Akad. d. Wiss."] Lex.-8. (12 S. m. 4 Fig.) Wien 895. (C. Gerold's Sohn.) n. — 40

Lode, Dr. Alois, Experimentelle Beiträge zur Physiologie der Samenblasen. Mit 4 Textfiguren. Gr.-8. (12 S.) Wien: Tempsky 1895. —.20

Lode, Alois, u. Eug. Schwiedland, das böhmische Schleiferland. Eine sanitäts- u. wirtschaftspolitische Studie. (70 S. m. Abb.) Lex. 8. Wien 907. Manz. 1. 70
Sonderabdr. a.: „Annalen d. Gewerbeförderungsdienstes d. k. k. Handelsministeriums".

Lode, Alois, die Wissenschaftlichkeit der stenographischen Zeichen vom physiologischen Standpunkte. Nach 2 im österreich. Faulmann-Stenographen-Vereine geh. Vorträgen. Mit eingedr. stenograph. Schriftzeichen. gr. 8. (32 S.) Wien 892. (Bermann & Altmann.) n. — 90

Lode, H(einrich): Lehrbuch des chirurgischen Verbandes. Zum Gebrauch für Lehrende und Lernende. 308 S., gbd., 11 Taf.

Berlin: Förster 1843

JB 3.497

Lode, H., de Talipede varo et curvaturis manus talipomanus dictis. Dissert. chirurg.-med. 4maj. ($4^1/_3$ B. u. 1 Stnt.) Berolini 837, Foerstner.

Lode, L. Die Architektonik der Hellenen nach C. Bötticher's Tektonik der Hellenen. Nachträge zur 5. Auflage von Mauch's architektonischen Ordnungen der Griechen und Römer und der neueren Meister. Berlin 1862. 4°.

Lode, stud. med. Louis, Stenogr. Musterschreibhefte nach Faulmann's System im Anschluß an Emil Kramsall's Lehr- und Lesebuch der Stenographie nach Faulmann's System entworfen und herausgegeben. Autographie v. Julius Schafinsky. 8. (16 S.) Wien: Bermann & Altmann 1889. * .15

Lode, L., stenographisches Muster-Schreibheft nach Faulmann's System, im Anschluss an Emil Kramsall's Lehr- u. Lesebuch der Stenographie nach Faulmann's System entworfen u. hrsg. Autogr. v. Jul. Schufinsky. 2., verb. Aufl. gr. 8. (24 S.) Wien 890. (Bermann & Altmann.) n.n. — 30

Lode, Louis. Stenographisches Muster-Schreibheft, nach Faulmann's System entworfen u. hrsg. Autogr. v. Jul. Schufinsky. 3. Aufl. gr. 8. (24 S.) Wien 891, (Bermann u. Altmann). — 30

Loedel, H., kleine Beiträge zur Kunstgeschichte. Ueber die Copie eines Kupferstichs des Meisters E. S. v. 1466. Berichtigungen über die Arbeiten des Architekten Daniel Specklin als Kupferstecher u. über den Namen Hans Memling. Erläutert durch 4 treue Nachbildungen in Kupferstich. Köln 857. Heberle. 4. (7 S.) 1 ℛ. $22^1/_2$ ngr.

Loedel, H., kleine Beiträge zur Kunstgeschichte. Ueber die Copie eines Kupferstichs des Meisters E. S. von 1466. Berichtigungen über die Arbeiten des Architekten Daniel Specklin als Kupferstecher und über den Namen Hans Memling. Erläutert durch vier treue Nachbildungen in Kpfrst. gr. 4. (7 S.) Köln 858, Heberle.

Loedel, H., Holbein's Initialbuchstaben m. dem Todtentanz, s.: Holbein.

— Holbein's Todtentanz-Alphabet, s.: Holbenii alphabetum mortis.

Lödel, Wilh., s.: Amts-Kalender f. Gutsvorsteher, Gemeindevorstände u. Standesbeamte im Königr. Sachsen.

Lodemann, G., Verzeichniß der für die Verwaltungs-Behörden wichtigen in der 1. und 2. Abtheilung der Gesetz-Sammlung des Königr. Hannover erlassenen noch gültigen Bestimmungen. Zur Erleichterung des Gebrauchs der officiellen Gesetz-Sammlung nach den einzelnen Geschäftszweigen geordnet und zusammengestellt. 2. Aufl. gr. 8. (X und 57 S.) Hannover 860, Schmorl und v. Seefeld. *

Lodemann, H., s. Handbuch des Grundbesitzes im Deutschen Reiche.

Lodemann, H., Handbuch des Grundbesitzes im Deutschen Reiche, s.: Ellerholz, P.

Lodemann, J. W., Diss. qua inquiritur in theoriam Weikardianam de hydrope cerebri, nec non in veram ejusdem morbi indolem. 36 pp. Goett. 4°.

Loden, Xdo., Cherubino, d. edle Räuberhauptmann. Romant. Räubergesch. aus unserm Jahrhunderte. 8. (13 B.) Nordhausen 840, Fürst.

—— Farinello d. tapf. Räuberhauptmann. 2 Thle. 8. (24 B.) Nordhausen 840, Fürst.

Loden, Xdo., Paul Kirton, d. gefürchtete Kapercapitain. Histor.-romant. Seeräubergemälde. 2 Bde. 8. (27 B.) Nordhausen 841, Fürst. Thlr.

—— der Lustfeuerwerker. Eine f. Dilettanten faßl. Anleit. z. Lustfeuerwerkerei. 12. (5½ B.) Nordhausen 840, Fürst.

Loden, A., der Lustfeuerwerker, oder gründliche Anweisung zur Lustfeuerwerkerei. Als: Schwärmer, Raketen, Leuchtkugeln ꝛc. (Neue Titel-Ausg.) 12. (VIII u. 124 S.) Quedlinburg (840) 849. Ernst. ⅓ ₰

Loden, A., der Lustfeuerwerker, oder gründliche Anweisung zur Lustfeuerwerkerei, als: Schwärmer, Raketen, Leuchtkugeln ꝛc. Nebst einer Anweisung zur Erzeugung des neu erfundenen electrischen Lichtes. 2. verb. Aufl. Mit Holzschn. (im Text) u. 1 (lith.) Taf. Abbildgn. (in 4.) Quedlinburg 857. Ernst. 8. (VIII, 138 S.) 15 ngr.

Loden, A., der Lustfeuerwerker, oder gründliche Anweisung zur Lustfeuerwerkerei, als: Schwärmer, Raketen, Leuchtkugeln, bengal. Flammen ꝛc. Nebst einer Anweisung zur Erzeugung des neu erfundenen electr. Lichtes. 2. Aufl. 1857. und 3., verb. Aufl. 8. (VI und 138 S. mit eingedr. Holzschn. und 1 Stnt. Abbild. in qu. 4.) Quedlinburg 860, Ernst'sche Buchh.

Loden, A., der Lustfeuerwerker, oder gründliche Anweisung zur Lustfeuerwerkerei, als: Schwärmer, Raketen, Leuchtkugeln ꝛc. Nebst einer Anweisung zur Erzeugung des neu erfundenen elektr. Lichtes. 4., verb. Aufl. gr. 16. (VI und 138 S. mit eingedr. Holzschn. und 1 Stnt. Abbild. in 4.) Quedlinburg 862, Ernst'sche Buchh.

Loden, A., der Lustfeuerwerker, oder gründl. Anweisung zur Lustfeuerwerkerei, als Schwärmer, Raketen, Leuchtkugeln ꝛc. Nebst einer Anweisung zum Arrangement eines vollständ. Feuerwerkes. 5.—7. verb. Aufl. gr. 16. (VIII, 157 S. mit Holzschn. und 2 lithogr. Taf. Abbild. in qu. Fol.) Quedlinburg 870—75, Ernst'sche Buchh.

Loden, A., der Lustfeuerwerker, oder gründliche Anleitung zur Lustfeuerwerkerei, als Schwärmer, Raketen, Leuchtkugeln ꝛc. Nebst einer Anweisung zum Arrangement eines vollständigen Feuerwerks. 8. verb. Aufl. 8. (VIII, 157 S. mit eingedr. Holzschn. und 2 lithogr. Taf. Abbild. in gr. Fol.) Quedlinburg 880, Ernst'sche Buchh.

Loden, A., der Lustfeuerwerker, oder gründl. Anleitung zur Lustfeuerwerkerei, als: Schwärmer, Raketen, Leuchtkugeln, bengal. Flammen, Frösche, Bienenkorb, Pfauenschwanz, Feuerräder, Kanonenschläge und andere Feuerwerkskünste. Nebst einer Anweisung zum Arrangement eines vollständ. Feuerwerkes. 9. verb. Aufl. 8. (VIII, 157 S. mit Holzschn. und 2 Taf. Abbild.) Quedlinburg 885, Ernst'sche Buchh.

Loden, A., die Lust-Feuerwerkerei. E. vollständ. Anleitg. z. Anfertigg. u. z. Abbrennen v. Feuerwerkskörpern jeder Art. 10., verb. Aufl. 8. (VIII, 143 S. m. Abb. u. 2 Taf.) Leipzig 898. Ernst. 1. 50

——, Mano di Ferro, d. kühne Piraten-Chef, od.: Der Tuneser in Palermo. Romant. Seeräubergemälde. 2 Bde. 8. (25 B.) Nordhausen 840, Fürst.

——, Mara, oder: Die Locken d. Seejungfrau. Romant. Ritter- u. Geistergeschichte. 8. (13 B.) Nordhausen 840, Fürst.

—— der schwarze Robin, od.: König u. Räuber. Histor.-romant. Räubergemälde. 8. (13½ B.) Nordhausen 841, Fürst.

——, Rolgar, d. Fischer v. Longeroc, od.: die Ermord. d. Grafen Karl v. Flandern zu Brügge. Romant. Gemälde d. Vorzeit. 8. (17 B.) Nordhausen 841, Fürst.

——, Teutowot d. Ruhelose, od.: Die Beschwörung im Todtengewölbe. Romant. Ritter-, Räuber- u. Geistergesch. 2 Bde. 8. (24½ B.) Nordhausen 840, Fürst.

—— der Tod d. Herzogs v. Montmouth. Histor. Roman. 8. (12 B.) Nordhausen 840, Fürst.

——, Zampa, d. furchtbare Pirat, u. seine gefürchtete Schaar. Romant. Seeräubergeschichte. 8. (15 B.) Nordhausen 841, Fürst.

Löden, H., kurzgefaßtes Lehrbuch der Geographie. Insbesondere zur Vorbereitg. auf die Postgehülfen-Prüfg. gr. 8. (300 S.) Kiel 890. (Lipsius & Tischer.) Geb. n. 5. 60

LODER und J. F. **CASTELLI**, Zerrbilder menschlicher Thorheiten und Schwächen. Erfunden und gezeichnet von *Loder*. Gestochen von Stöber. Mit epigrammatischen Erläuterungen begleitet von *J. F. Castelli*. Wien, in Commission bey Franz Härter, gedruckt bey Anton Strauss 1818. 66 Seiten Text und 30 prachtvolle colorierte satyrische Kupfertafeln. 4°. (75 Mk. C. G. Boerner, Lpz., 1909: Sauberes breitrand. u. unbeschn. Expl. in Hprgtbd.; 90 Mk., schönes Expl. in Hfrzbd. d. Zeit, Jos. Baer & Co., 1912.)

v. Loder, Ed., († d. 23. Dec. 1812.) Bemerkk. über ärztliche Verfassung u. Unterricht in Italien, während d. J. 1811. gr. 8. Leipz. 812. Cnobloch. — Neue Aufl., nebst e. Ehrenrettung Loders d. J. über Rassoris Contrastimulus, v. K. A. Weinhold. gr. 8. Ebd. 816. 2 ₰ 6 gr

Loder, v. Bemerkgn üb. ärztl. Verfass. u. Unterr. i. Italien während d. J. 1811. N. Aufl. Leipzig 1817.

— dissert. inaugural. sistens historiam phthisis pulmonalis etc. 4, Gött. 808. Dieterich. 4 gr

– s.a. **Q. Horatii Satyra nona.**

Loder, Ed., Q. Horatii Flacci satira nona libri primi. Hamburg (Schniebes) 1804. 28 Seiten. (3.—) 21456
Gew.: J. Gurlitt.

Loder, J. Authentische Nachr. v. d. Chirurg. Pepinière z. Berlin. Jena 1803.

Loder, J. H., d. aus voller Prag. Reichsversamml. 1415. an d. Concil. n. Costnitz abgef. Briefe. 4. Leipz. (Varrentrapp, Frankf.) 712.

* Loder, J. H., die aus d. Reichsversammlung nach Costnitz abgefaßten Briefe; ist Verlag d. Weidmannschen Buchh. in Leipz.

— deutsch-hist. und theol. System v. wahr. Unterschied d. evangel. und päbstl. Kirche. 3 Thle. 4. Ebend. 712.

Loder, Jo. Fr., s. Register über d. wöchentl. Reichstagsberichte.

LODER, Johann Nepomuk (Trostberg): Ueber den Cretinismus.- München: Hübschmann 1843. 14 S., 1 Bl. 26.7.1841 - Urk (Titel: De cretinismo.); r 65
Diss.Ingolst.-Landsh.-Mchn.

Loder, Justus Christian von

Anfangsgründe der medicinischen Anthropologie und der Stats-Arzneykunde entworfen von Just Christian [von] Loder. 2., erb. u. mit e. literarischen Anh. versehene Aufl. Weimar: Verl.d.Industrie-Compt. 1793. XII,782 S. 8°

—Anfangsgründe d. physiolog. Anthropologie u. d. Staatsarzneikunde. gr. 8. Weimar 791. 2e A. 793. 3e A. 800. Land.-Ind.-C. 2 ₰

Loder, Just Christian: Anfangsgründe der physiologischen Anthropologie und der Stats-Arzneykunde. 3.verm.u.verbess.Aufl. 674 S., gbd.

Weimar: Industrie-Comptoir 1800

JB 1.027

— Anfangsgründe der Chirurgie, z. Gebrauch bey seinen Vorlesungen. 1r Thl. gr. 8. Jena, Akadem. Buchhandlung. 800.

— Anfangsgründe d. Chirurgie, zum Gebrauch bei seinen Vorlesungen, 1r Theil. gr. 8. Jena 800. (Hennings in Neiße). 18 gr

Chirurgisch- medicinische Beobachtungen mehrentheils in der herzogl. Sachsen- Weimarsches medicinisch- chirurgischen Kranken- Anstalt zu Jena ges. von Just Christian [von] Loder. Bd 1. Weimar: Verl. des Industrie- Compt. 1794. 8°

Bd 1: 1794.

— Beobachtt. u. Erfahrr. über d. Balggeschwülste u. deren Ausrottung; aus d. Latein. v. W. H. Jakobson. 8. Leipz. 793. Böhme. (Knobloch). 4 gr

Iustus Christianus [von] Loder: Calculi [Calculus] vesicae urinariae femineae sponte excreti observatio 1. Ienae 1801: Fromann & Wesselhoeftius. 8°

1: 1801.
[Einladungsschrift zur Dr. med.- Promotion von Johann Theodor Christian Bernstein, Jena, 31. März 1801.]

Loder, Just. Chrstn. v., über d. Cholera-Krankheit. Ein Sendschr. 8. (4 B.) Königsberg 831, Bon.

—— Zusätze zu seiner Schrift „üb. d. Cholera-Krankheit." 8. (3 B.) Königsberg 831, Bon.

v. Loder, Just. Chr., Descriptio anat. baseos cranii humani iconibus illustrata. Gott. 4°.
1777

— Diss. Synchondroseos ossium pubis sectionem in partu difficili instituendam denuo expendit. 4maj. Götting. 778. Dieterich. 2 gr — Diss. Primae lineae nevrologiae corporis humani. Comment. I. 4maj. Jena 778. — Progr. quo pulmonum docimasia in dubium vocatur. 4maj. Jena 779. — Progr. Observatio anatomica tumoris scirrhosi in basi cranii aperti. 4maj. Jena 779. — Progr. I.—III. de vaginae uteri procidentia. 4maj. Jena 781. — Progr. Arteriarum varietates nonnullae. 4maj. Jena 781. — Diss. de musculosa uteri structura. Jena 782. — Anzeige e. für d. Liebhaber d. Anthropologie zu haltenden Collegiums über die Anatomie rc. 8. Jena 782. — Progr. I.—VII. de Alansonii nova amputationis methodo. 4maj. Jena 784. — Progr. cui inest observatio herniae diaphragmatis. 8maj. Jena 784. — Progr. de renum coalitione, tabulis aeneis illustrata. Mit 2 Kpft. 4maj. Jena 786. — Progr. Historiae amputationum feliciter institutarum. Part. I. — XIX. 8maj. Jena 789—93. — Progr. Paracenteseos sinus maxillaris historia. 4maj. Jena 793. — Progr. Observationis hypopyi et inde enatae synizeseos pupillae. Part. I. II. 4maj. Jena 791. — Progr Cancri labii inferioris feliciter exstirpati historia. 4maj. Jena 794. — Progr. Digiti pedis per amputationem curati historia. 4maj. Jena 794. — Progr. historia aneurysmatis spurii arteriae brachialis feliciter curati. Part. I.—III. 4maj. Jena 796. — Progr. Observationis scroti per sphacelum destructi et reproductionis ope restituti Part. I. II. 4maj. Jena 795. — Progr. Observata quaedam circa strumam. 4maj. Jena 796. — Progr. de curatione externa post cataractae extractionem. 4maj. Jena 797. — Progr. Meletematum ad medicinam forensem spectantium Part I. II. 4maj. Jena 797. — Progr. Descriptio calculi urinarii singularis. 4maj. Jena 798. — Progr. Descriptio calculi renalis conspicuae magnitudinis. 4maj. Jena 801. — Progr. Observatio I. calculi vesicae urinariae femineae sponte excussi. Observ. II. calculorum renalium ingens numerus in femineo cadavere observatus. 4maj. Jena 801. — Progr. Arteriolarum corneae brevis descriptio. 4maj. Jena 801. — Progr. I.—IV. Prima Myologiae elementa. 4maj. Jena 802. — Oratio die inaugurationis novi theatri anatomici X. Nov. 1819. publ. habita (de optimo anatomiam docendi et discendi modo). 4maj. Mosquae. — Verba, quibus auditores hortatus est. 4. ibid. 820.

Ordinis medici Ienensis Decanus... [Einladungsschrift zur Dr. med. -Promotion von Johann Bartholomäus von Siebold, Würzburg, v.3. Febr. 1797.] Jenae 1797: Goepferdt. VIII S. 8°

Ordinis medici Jenensis Decanus ... [Einladungsschrift zur Dr. med.-Promotion von Friedrich Siegmund Voigt, Jena, 31. Dez. 1802.] Jenae (1802): Prager. 4 Bl. 8°

a Loder, (J. Ch.,) Elementa anatomiae humani corporis. Tom. I. c. 3. tab. lithogr. 8maj. Moskau et Riga 823, Hartmann.

— Elementa anatomiae humani corporis. Tom. I. Mit 3 Kpf. u. 3 Steintaf. 8maj. Moskau u. Riga 823. (Taubert in Leipz.) 3 rthl 8 gr Schrbp. 3 rthl 16 gr Velinp. 4 rthl

Justus Christian [von] Loder: Prima myologiae Elementa. 1.5. Ienae (1802-03:) Goepferdt. 8°

1: (1802.)
[Einladungsschrift zur Dr. med.-Promotion von Theodor Arnold, * 1780, Jena, 28. Aug. 1802.]
Angeb. an: Arnold, Theodor [* 1780]: De Specificis non specificis. Jenae 1802.

5: (1803.)
[Einladungsschrift zur Dr. med.-Promotion von Matthias Ludwig Leithoff, Jena, 5. Febr. 1803.]

— — Prima myologiae elementa III. Jena (Frommann) 4. XII. 1802. 8 S. mit Biogr. v. Michael Schneider (Bern). (M.: Brumm.) (2.50) 21466

Loder, Just. Chr., Grundriß der Anatomie des menschlichen Körpers, zum Gebrauch bey Vorlesungen und Secir-Uebungen. 1r Thl. gr. 8. Jena, Seidler. 806.

v. Loder, Ritter Just. Chr.; († d. 10. April 1832.) Grundsätze seiner Anatomie d. menschl. Köpers, zum Gebrauch bei Vorlesungen u. Secirübungen. 1r Thl. gr. 8. Jena 806. (Hennings in Neiße). 1 rthl

Loder, Just. Chr., Gutachten der medicinischen Facultät zu Jena, über die Impfung der Kuhpocken u. Herzogl. Sachsen-Weimar. hieher gehör. Verordnung. gr. 8. Jena, Akad. Buchh. 803. Rthlr.

Loder, Just Christian: Anatomisches Handbuch. Bd I: Osteologie, Syndesmologie, Myologie. Th.1 - 3, 730 S., gbd., 4 Taf.

Jena: Akademische Buchhandlung 1788

JB 698

— anatom. Handbuch. 1r Bd. Mit Kpf. gr. 8. Jena 788. N. A. mit Kpf. gr. 8. Ebd. 800. (Hennings in Neiße). 1 rthl 12 gr

– (Vorr.), s. H i r s c h , Fr.: Praktische Bemerkungen über die Zähne ...

Iust[us] Christ[ianus von] Loder: Historiae [Historia] amputationum feliciter institutarum p. ... P.1. 15. 16. 18. 19. Ienae (1789-93): Göpferdt. 8°

P.1: (1789)
[Einladungsschrift zur Dr. med.-Promotion von Werner Dethard Motz, Jena, 4. Apr. 1779 viels. 1789.]

P.15: (1792.)
[Einladungsschrift zur Dr. med.-Promotion von Bernhard Heinrich Jacobsen, Jena, 4. Febr. 1792.]

P.16: (1792.)
[Einladungsschrift zur Dr. med.-Promotion von Samuel Senff, Jena, 18. Sept. 1792.]

P.18: (1793.)
[Einladungsschrift zur Dr. med.-Promotion von Johann Friedrich Müller, *1771, Jena, 2. Okt. 1793.]

P.19: 1793.
[Einladungsschrift zur Dr. med.-Promotion von Johann Karl Friedrich Rauchfuss. Jena. 8. Nov. 1793.]

— Justus Christian, Historiae amputationum feliciter institutarum part. V. Jena (Göpferdt) 7. VIII. 1789. 8 S. mit Biogr. v. J. Fr. Ludwig (Baden.) (M.: Chr. Maria Barb.. Sonntag.) (2.50) 21458

— — Dasselbe. Part. VIII. Jena (Goepferdt) 3. II. 1791. 8 S. mit Biogr. v. W. A. G. Manniske (Frankenhausen). (M.: W. Maria Hankel.) (2.50) 21459

— — Historiae aneurysmatis spurii arteriae brachialis feliciter curati. Part. I. Jena (Fiedler) 25. VII. 1795 mit Biogr. v. Carl Wilh. Heinr. Hager (Altenburg). (M.: Christ. Dorothea Wiesenthal.) (3.—) 21461

Justus Christianus [von] Loder: Historia aneurysmatis spurii arteriae brachialis feliciter curati. P. 2. Ienae (1796:) Fiedler. 8°

— — Dasselbe. Part. III. Jena (Goepferdt) 5. X. 1796. 14 S. mit Biogr. v. Chr. Gust. Gerth. (M.: Maria Elis. Mertzig.) (2.50) 21462

Iustus Christianus [von] Loder: Digiti pedis per amputationem curati Historia. Ienae (1794:) Goepferdt. 16 S. 8°

[Einladungsschrift zur Dr. med.-Promotion von Johann Christian Rinck, Jena, 22. Jan. 1794.]

— — Paracenteseos sinus maxillaris historia. Jena (Goepferdt) 1. X. 1793. 12 S. mit Biogr. v. cand. Joh. Fr. Petermann (Stettin/Pommern). (M.: Dor. Maeder.) (3.50) 21460

– (Vorr.), s. H o m e , Everard: Praktische Beobachtungen über die Behandlung der Fußgeschwüre.

Loder, Justus Christian [Praes.], s. H o n n e r l a g , Johann Konrad: De necrosi ossium.

— Index praeparatorum aliarumque rerum ad anatomen spectantium, quae in museo Caes. Univers. Mosquensis servantur. 8maj. Moskau 823.

Loder, Just Christian (Übers., Hrsg.u.Comm.):

s.: Johnson, Robert Wallace: Neues System der Entbindungskunst, auf praktische Wahrnehmungen gegründet. (A new System of midwifery... Dt.) Th.1–2. Leipzig: 1782

JB 3.897

Loder, Just Christian (Hrsg.):

s. a. Journal für die Chirurgie, Geburtshülfe und gerichtliche Arzneykunde. Bd 1-3. Jena: 1797-1801.

JB 6.111

— Journal für d. Chirurgie, Geburtshülfe u. gerichtliche Arzneikunde. 4 Bde. oder 16 Stcke. Mit Kpf. gr. 8. Jena 797—806. (Hennings in Neiße). 10 ₰ 16 ℊ

Loder, Justus Christian [Praes.], s. L a n g , Chr. Karl: De frenulo linguae eiusque incisione.

v. **Loder,** J. Chr., Primae lineae neurologiae corporis humani commentatio I. 40 pp. Jen. 4°.

1778

Iustus Christianus [von] Loder: Commentationis [Commentatio] de Alansonii nova amputationis methodo p.1. 7. Ienae (1784-85:) Stranckmann. 8°

P.1: (1784:)
[Einladungsschrift zur Dr. med.-Promotion von Immanuel Heinrich Geller, Jena 1784.]

P.7: (1785.)
[Einladungsschrift zur Dr. med.-Promotion von Johann Heinrich Wilhelm Doebner, Jena, 1785.]

Loder, Justus Christian [Praes.], s. N e l l e n , Georg Ludwig Heinrich: De vulnerum quae sclopetis inferuntur curandorum methodis.

— — Nonnulla quae ad curationem fistulae lacrymalis spectant. Jena (Goepferdt) (15. IX. 1799). Mit Biogr. v. Andr. B. Schleiden. (M.: M. Langheim.) (2.50) 21463

v. **Loder,** Just. Chr., Pr. continens anatomicam observationem tumoris scirrhosi in basi cranii reperti, cui adjuncta est brevis disquisitio de vero olfactus organo. Jen. 4°. Weiz, N. Ausz. 12°. Krff. u. Lpz. 1781, IV, 147—155.

Iustus Christian[us von] Loder: Observatio imperforationis vaginae. Ienae (1800:) Prager. 11 S. 8°

[Einladungsschrift zur Dr. med.- Promotion von Nikolaus Meyer, 1775 - 1855, Jena, 17. Juni 1800]

Iust[us] Christ[ianus von] Loder: Observationis scroti per sphacelum destructi et reproductionis ope restituti.P. 1. Ienae (1795:) Goepferdt. 8°

P.1: (1795.)
[Einladungsschrift zur Dr. med.- Promotion von Johann August Treiber, Jena, 17. Febr. 1795.]

***Loder,* Ritter Just. Chr., observationes imperforationis vaginae, s. Nic. *Meyer,* Prodromus.**

Justus Christianus [von] Loder: Probatur ex anatomicis observationibus, circularem aperturae orificii uterini formam certum ineuntis graviditatis signum non esse. Ienae (1785:) Stranckmann. 10 S. 8°

[Einladungschrift zur Dr. med.- Promotion von Friedrich Ernst Nicolai. Jena, 18. Juni 1785.]

Iustus Christianus [von] Loder: Commentationis [Commentatio] de vaginae uteri procidentia (: prolapsu) p.1.2. Ienae (1781:) Fickelscher. 8°

P.1: (1781.)
[Einladungsschrift zur Dr. med.-Promotion von Jakob Ludwig Gebhardt, vielm. Gebhard, Jena 1781 u. Georg Friedrich Christian Fuchs, Jena 1781.]

P.2: (1781.)
[Einladungsschrift zur Dr. med.-Promotion von Georg Friedrich Krüger, Jena, 19.Mai 1781.]

– (Hrsg.), s. Rosenstein, Nils Rosen von: Anweisung zur Kenntnis und Kur der Kinderkrankheiten. 6. Aufl. 1798.

Iustus Christianus [von] Loder: De musculosa uteri Structura. [Resp.:] Christianus Augustus Hauenschild. Ienae (1782:) Fickelscherr. 15 S. 8°

Jena, Med. Diss. v. 7. Febr. 1782

Tabulae anatomicae quas ad illustrandam humani corporis fabricam coll. et curavit Justus Christianus [von] Loder. Fasc. 1.2. 4–6. [Nebst] Reg. Vimariae Ind.-Compt. 1794 - 1803. 30 H. 2°

Fasc.1: Osteologia. Tab.1–15. [Text u.Taf.]
Fasc.2: Syndesmologia. Tab.16–25. [Text.]
Fasc.4: Splanchnologiae. Tab.52–90.[Text u.Taf.]
Fasc.5: Angiologiae. Sectio 2.3.
Sectio 2: Venae. Tab.119–132.[Text u.Taf.]
Sectio 3: Vasa absorbientia. Tab.133–152. [Text u.Taf.]
Fasc.6: Neurologiae. Sectio 1.2.
Sectio 1: Cerebrum. Taf.153–158.[Text u. Taf.]
Sectio 2,p.1.3: Taf.159–182. [Text u.Taf.]
Reg.: 1803.

[Die Taf. erschienen auch mit deutschem Titel u. Text.]

Anatomische Tafeln zur Beförderung der Kenntniß d. menschlichen Körpers. Ges. u. hrsg. von Iust Christian [von] Loder. (Lfg 1–3. 5.6. [Nebst] Reg. Weimar: Verl. d. Industrie-Compt. 1794. 14 Bde 2°

(Lfg 1:) Osteologie. [Text u. Taf.]
(Lfg 2:) Bänderlehre. [Text u. Taf.]
(Lfg 3:) Muskellehre. [Text u. Taf.]
(Lfg 5:) Gefässlehre. Abschn. 2.3.
Abschn.2: Venen. [Text.]
Abschn.3: Saugadern. [Text u. Taf.]
(Lfg 6:) Nervenlehre. Abschn. 1.2.
Abschn.1: Gehirn. [Text u. Taf.]
Abschn.2, H.3.: [Text u. Taf.]

[Die Taf. erschienen auch mit lat. Text.u. Tit.]

Loder, Just Christian: Anatomische Tafeln zur Beförderung der Kenntniss des menschlichen Körpers gesammelt u. hrsg. Bd 1. 2. [Nebst] Text. Weimar 1794—1803.
Tafeln. Bd 1. 2. 1803.
Bd 1, No 1. Osteologia. Tab. 1 – 15. No 2. Syndesmologia. Tab. 16 – 25. No 3. Myologia. Tab. 26 – 51. No 4. Splanchnologia. Tab. 52 – 90.
Bd 2, No 5. Angiologia. Tab. 91 – 152. No 6. Neurologia. Tab. 153 – 182.
Text. Lfg 1 – 6. 1794.

— anatom. Tafeln zur Beförder. d. Kenntniß d. menschl. Körpers, mit deutschem u. latein. Texte. 4 Bde. u. 2 Bde. Kpft. (182 Taf.) gr. Fol. Weim. 794—804. Ind.-Compt. 86 Rthl. Schw. Pap. 97 Rthl. 18 gr. Mit deutschem Texte. 76 Rthl. Mit latein. Texte. 76 Rthl. Schw. P. mit deutschen oder latein. Texte. 87 Rthl. 18 gr. (Daraus apart: Osteologie, mit 15 Kpft. 794. 4 Rthl. größer Pap. 4 Rthl. 16 gr. — Syndesmologie, mit 10 Kpft. 794. 2 Rthl. 12 gr. größer Pap. 3 Rthl. — Myologie, mit 26 Kpft. 795, 96. 8 Rthl. größ. Pap. 9 Rthl. 8 gr. — Splanchnologie, mit 39 Kpft. 798—802. 16 Rthl. 6 gr. größ. Pap. 18 Rthl. 18 gr. — Angiologie, mit 62 Kpft. 799—802. 29 Rthl. 6 gr. größ. Pap. 33 Rthl. 20 gr. — Nevrologie, mit 30 Kpft. 802—4. 15 Rthl. größ. Pap. 17 Rthl. 4 gr.)

— anatom. Tafeln z. Beförd. d. Kennt. d. menschl. Körpers. 1ste Lief. Oesteologie. gr. Fol. Weim. Ind. Comt. 794. Schw. P.

— — 2te Lief. Syndesmologie. 794. Schw. P.

— — 3te Lief. Myologie 1ste Hälfte. 795. Schw. P.

— — — 2te Hälfte. 796. Schw. P.

— — 4te Lief. Splanchnologie 1ste Abth. 798. Schw. P.

— — — 2te Abth. 800. Schw. P.

— — — 3te Abth. 802. Schw. P.

— — — 4te Abth. 803. Schw. P.

— — — 5te Abth. 800. Schw. P.

— — 5te Lief. Angiologie 1e Abth. 1s Heft Arterien. 799. Schw. P.

— — — — 2s Heft. 799. Schw. P.

— — — — 3s Heft. 800. Schw. P.

— — — — 4s Heft. d. Herz. Schw. P.

— — — 2te Abth. 1s Heft. Venen. 803. Schw. P.

— — — — 2s Heft. 803. Schw. P.

— — — 3te Abth. 1s Heft. Saugadern. 800. Schw. P.

— — — — 2s Heft. 801. Schw. P.

— — 6te Lief. Nevrologie. 1ste Abth. Gehirn. 802. Schw. P.

— — — 2te Abth. 1s Heft. 802. Schw. P.

— — — — 2s Heft. 802. Schw. P.

— — — — 3s Heft. 803. Schw. P.

— — Regist. 803.
d. ganze Werk compl.
m. K. gr. Schw. P.
das ganze Werk m. deutschen u. lat. Text zusammen
m. Portr.

— — dasselbe a. größern Schw. P.
m. Portr.

— — der Text bes. (I. Lief. 16 gr. II. 9 gr. III. 1ste Hälfte 12 gr. 2te 12 gr. IV. 1ste Abth. 6 gr. 2te 6 gr. 3te 4te à 9 gr. 5te 6 gr. V. 1ste Abth. 1s Heft. 9 gr. 2s und 3s Heft à 6 gr. 4s Heft 12 gr. 2te Abth. 1s u. 2s Heft à 12 gr. 3te Abth. 1s u. 2s Heft à 9 gr. VI. 1ste Abth. 9 gr. 2te Abth. 1s Heft. 1 Rthlr. 2s 18 gr. 3s 12 gr.)
Von diesem Werken sind a. folgende einzelne Stücke unter besondern Titeln zu haben: deutsch od. lat.

— — d. Gefühlslehre
K. a. größ. Pap.

— — d. Myologie od. anatom. Tafeln d. Muskeln u. Schleimbeutel.
K. auf größer. Pap.

— — d. Nervenlehre.
K. a. größ. Pap.

— — d. Ostologie, od. Anatom. Tafeln d. Knochen. m. K. gr. Fol. Weimar, Ind. Comt.
K. auf größer. Form.

— — d. Sindesmologie od. Anat. Tafeln d. Bänder. m. K.
K. auf großer. Pap.

— — aus d. Splanchnologie besonders: Rthlr
a) d. Sinneswerkzeuge. K. a. größ. Pap.
b) die Eingeweide der Brust und d. Unterleibes. K. a. größ. Pap.
c) die schwangere Bärmutter K. a. größ. Pap.

Loder, J. Chr., resp. J. C. Reddellen, Diss. de taxo baccata. Jen. 4°. 1794

Justus Christianus [von] Loder: De Tumoribus cysticis. [Resp.:] Bernhardus Henricus Iacobsen. Ienae (1792:) Goepferdt. 2 Bl. 8°
Jena, Med. Diss. v. 4. Febr. 1792
[Unvollst., nur Thesen vorh.].

— — Vis digestionis exemplo canis illustrata. Jena (Prager u. Sohn) 28. IV. 1801. 16 S. mit Biogr. v. Heinr. Walther.) (3.—) 21465

Loder, K., bibl. Historien, m. Erkl. 17 Thle. 8. Constanz. (Doll, Augsb.) 765.

— — dieselb. 17 Thle. 8. Augsb. Wolf.

Loder, Ludwig: Lues congenita an Leber, Lunge und Nieren. *Würzburg 1897: Bonitas-Bauer.* (28 S.) 8°
Würzburg, Med. Diss. v. 1897

Loder, Tobias, bibl. Historien, mit Erklärungen. 17 Thle. 8. Constanz 765. (Wolf in Augsb.) 6 ₰

Lodermann, A. Grundriß d Gesch d dten Lit. Boston, 1878.

Lodge, s. Carl, Richard.

Lodge, Gonzalez, Lexicon Plautinum. Vol. I fasc. I. Lex.-8. (S. 1—96.) Leipzig 901. B. G. Teubner. n. 7.20

Lodge, Gonzalez, Lexicon Plautinum. Vol. I fasc. II—IV. (S. 97—384.) Lex.-8. Leipzig 903. 04. 06. B. G. Teubner. à n. 7.20

Lodge, Gonzalez, Lexicon Plautinum. Vol. I fasc. V. (S. 385—480.) Lex. 8. Leipzig 908. B. G. Teubner. 7.20

Lodge, Sir Oliver, Elektronen od. die Natur u. die Eigenschaften der negativen Elektrizität. Aus dem Engl. übers. v. G. Siebert. (X, 203 S. m. 24 Fig.) gr. 8. Leipzig 907. Quandt & Händel. 6.—; geb. n 7.—

— Leben u. Materie. Haeckel's Welträtsel kritisiert. (XI, 150 S.) 8. Berlin 908. K. Curtius. 2.40; geb. in Leinw. 3.50

Lodge, Oliver Joseph

Neueste Anschauungen über Elektricität v. Oliver J[oseph] Lodge, Prof. ... in Liverpool, übs. v. Anna v. Helmholtz u. Estelle du Bois-Reymond, hrsg. durch Richard Wachsmuth. *Leipzig: J. A. Barth 1896.* (XV, 539 S.) 1 Bd 8. [96. 8407

Lodge, Thomas, Rosalind. A novel. gr. 16. (192 S.) Leipzig (888), Gressner und Schramm. *

Lodholz, Karl [aus Pforzheim]: Beitrag zur Kenntnis der Tribromchinoline und ihrer Beziehung zu den Tribromanilinen. ... Freiburg i. B., Buchdr. v. Chr. Stricker, 1891; 36 S., 1 Bl. 8°
Freiburg i. B., Phil. Fak., Inaug.-Diss. v. 1891

Lodieu, J., die Milchkühe, s. Bücher-Markt, deutscher.

Lödig, Paul Imm.

— Einleitung in d. französ. Sprache, nebst Leseübung rc. 8. Freiburg 182.. Herder. 8 gr

Lödig, Paul Imm., poetische Versuche. 8. Karlsr. 806. (Rabenhorst in Leipz.) 20 gr

Lödig, P. J. Metrische Uebersetzung deutscher Gedichte in's Französische mit französischer Einleitung. Lörrach, G., 1827. 14 S. Progr.

Lodinger, Mart., Trostschr. u. Briefe, so vor 200 J. an d. Salzburger geschr. 8. Nürnb. Raspe. 733.

Lodl, Joh., Anfangsgründe im Zeichnen und in der Geometrie. 1. Heft mit 10 (lith.) Taf. (in qu. Fol.) Prag (857.) (Dominicus.) gr. 8. (24 S.) n. 20 ngr.
Auch mit böhmischem Text zu gleichem Preise.

Lodl, Joh., Anfangsgründe im Zeichnen und in der Geometrie. 1. Abthl.: Planimetrie. 1. Heft mit 10 (lithogr. und chromolithogr.) Taf. (in qu. Fol.) gr. 8. (24 S. mit Zeichnungsthema 10 Stnt. in qu. Fol.) Prag 858, (Dominicus.) Thlr. *
Dasselbe ist auch mit böhmischen Text zu gleichem Preise erschienen.

—— dass. — 1. Abthl. 2. Heft. gr. 8. (S. 25—94 mit 10 Stnt. in qu. Fol.) Prag 859. (Pilsen, Maasch.) *

Lodl, Joh., Anfangsgründe im Zeichnen und in der Geometrie. Planimetrie. Neue billigere (Titel-)Ausg. gr. 8. (IV und 94 S. mit Atlas von 20 Stnt. in qu. Fol.) Prag (860)64, Kober. *

Lödler, Vinzenz, Geschichte v. Preding. Von den ältesten Zeiten bis 1906. (181 S. m. Titelbild.) gr. 8. Graz 906. U. Moser. n.n. 1.25

Lödler, Vinc., die schmerzhafte Mutter. In Betrachtgn. dargestellt. gr. 16. (IV, 176 S. m. 1 Farbendr.) Graz 894. U. Moser. Geb. in Leinw. n. —50

Lödler, Vinz., d. schmerzhafte Mutter. In Betrachtgn. dargestellt. 2., verm. Aufl. 12. (IV, 202 S. m. farb. Titelbild.) Graz 895. U. Moser. Geb. in Leinw. n. —80

Lodmunderfiod [Schlagwort]

Lodmunderfiord — Kaart over — og Sydisfiord paa ost Kanten af Island Efter det Kongelige Admiralitets Collegii Ordre optaget i Anno 1776 af officiererne og Cadetterne paa Fregatten Kiel 1776. grav. af O. N. Flint. 1 : 5730. 1 Bl.

Lodoiska. Opéra en 3 Actes, p. Dejaure. 8. Brschw. Pluchart. 806.

Lodoiska u. ihre Tochter, von Carol. de la Motte Fouqué. 3 Bdchen. 8. Leipzig, G. Fleischer. 820.

Lodomerien [Schlagwort]

Lodomerien, s.: Galizien.

Lodomerien, s.: Oesterreich-Ungarn. Artaria.

Lodore. By the author of »Frankenstein«. Frankfort 1835. V: *Shelley, Mary Wollstonecraft.* (Ky)

Lodore. By the author of „Frankenstein.“ (Miss Shelley.) gr. 8. Brussels 835. Wahlen; Frankfort. Fr. Wilmans Sort.-B. n. 1½ ₰ (Vgl. Wahlen modern british authors.

Lodore. Von dem Verfasser des »Frankenstein«. Nach dem Englischen von der Uebersetzerin von Frauenlohn und demselben Zweck gewidmet. Altenburg 1843. V: *Shelley, Mary Wollstonecraft.* (Russell I, 59)

Lodore. Von d. Verf. des „Frankenstein." Nach d. Engl. von der Uebersetzerin von Frauenlohn u. demselben Zweck gewidmet. 2 Bde. 8. (41½ B.) Altenburg 843, Pierer.

Lobs, Predigt und Leichenrede, s. Kuhn.

Lods, Fr., s. Krummacher, F. A., catechisme de la Bible.

Lodter, Wilhelm, über die „Einwirkung von Natrium auf aromatische Nitrile und aromatische Kohlenwasserstoffe und über den Aldehyd der α Naphtoesäure." Diss. München 1887, A. Buchholz. 8°. 26 S.

Lodter, Wilhelm [aus München]: Ueber die „Einwirkung von Natrium auf aromatische Nitrile und aromatische Kohlenwasserstoffe und über den Aldehyd der α Naphtoesäure" .... München, K. Hof- u. Univ.-Buchdr. Dr. C. Wolf & Sohn, 1887; 26 S. 8°.
München, Phil. Fak., Inaug.-Diss. v. 1887.

Lodtmann, Carl Gerhard Wilhelm, s. Lodtmann, Karl Gerhard Wilhelm

Lodtmann, Carl Heinrich Ludwig, s. Lodtmann, Karl Heinrich Ludwig

Lodtmann, Justus Friedrich August (Hrsg.), s. Acta Osnabrugensia.

— Bemerkungen üb. Jurisdictions-Irrungen in Quakenbrück rc. Fol. Hannov. Hahn.

– s. Codex Osnabrug.

— delineatio juris publ. Osnabrugensis, s.a. K. G. W. *Lodtmann.*

— Delineatio juris publ. Osnabrugens. 8. maj. Osnabr. Schmidt. (Hahn, Hannov.) 767.

Lodtmann, Just. F. A.: Osnabrück. Eigenthumsrecht, od. Landesordnn. d. Osnabrück. Eigenbehörigen betr. *Osnabrück*, 771. 4. — Nachtrag zu d. Osnabrück. E.-R. od. Verordnn. f. d. Gutsherrn u. eigenbehör. Leute. *Osnabrück*, Kissling. 771. 4.

— Osnabrügisches Eigenthumsrecht oder Verordnn. für d. Gutsherrn u. eigenbehörige Leute. Mit Nachtr. 4. Osnabr. 771—77.

Lodtmann, Just. Fr. Aug., († d. 18. März 1808.) de jure Holzgraviato, praesert. in episcopatu Osnabrugensi. 8. Lemgo 770. Meyer. 12 gr

— vom Recht eines Fürsten in geistl. Sachen. 8. Dessau 783.

— Osnabrüggische Unterhaltungen. Eine Monatsschr. 1r Jahrg. 8. Osnabr. 771.

— varia juris publ. Osnabrugensis capita. 4. Duisb. 768.

Lodtmann, Just. Friedr. Günth., Genealogie der Möserschen Familie. Aus den noch darüber vorhandenen Acten u. Urkunden gesammelt. Osnabrück 866. (Meinders.) 8. (16 S.) 3¾ ngr.

Lodtmann, Karl Gerhard Wilhelm

— kurzer Abriß d. Geschichte d. Weltweisheit, nach Ordnung d. Zeiten; zum Gebrauch academ. Vorlesungen. 8. Helmst. 754. (Weygand in Leipz.) 5 gr

Lodtmann, Karl Ghrd. Wlh., delineatio juris Osnabrugensis. Edid. J. F. A. Lodtmann. 8maj. Osnabr. 767. (Hahn in Hannov.) 6 gr

Lodtmann, Car. Ghrd. Wilh.: Commentatio de divisione personarum secundum consuetudines Osnabrugenses. Ed. J. F. A. Lodtmann. *Osnabrück.* (Hahn in *Hannover.*) 768. 8. (4 Gr.)

Lodtmann, C. G. W., commentat., de divisione personar. secund. consuetudines Osnabrugenses. 8. Osnabrugi. Schmidt. (Hahn, Hannov.) 798.

Lodtmann. Vom Kriegswesen im Hochstifte Osnabrück. 8. 1782.

— monumenta Osnabrugensia, ex historia Romana, Francica, Saxonica eruta, notis illustr. 8. Helmst. 754. (Weygand in Leipz.) 9 gr

Lodtmann, Carl Gerh. Wilh., De origine iudiorum vernicorum. Helmstädt (P. D. Schnorr) (17. X. 1751). 27 S. (5.—) **21467**

Lodtmann, Car. Ger. Wilh., De voluptate repetita. Helmst. 4°. 1751

Lodtmann, Karl Hnr. Ldw., Bemerkk. über Jurisdictions-Irrungen in Quakenbrück. Fol. Osnabr. u. Hannov. 793. Hahn. 1 rthl 17 gr

– s. Manuscript f. Freunde.

– s.a. Provinzialcharakterzüge.

* **PROVINZIALCHARAKTERZÜGE** oder Miscellanien zur Sittengeschichte kleiner Städte in Teutschland (von *Carl Heinr. Ludw. Lodtmann*). Th. 1. (einz.) Dessau 1784. 8°. (In Berlin: Yz 5551.)
Anon.-Lex. III. p. 314 (nach Meusel u. Kayser). — Selten!

Lodoiska, nach dem Franz. neu bearb. von N. P. Stampeel. 8. Frkft. (Mohr u. Z. in Heidelb.) 802.

Lodz [Schlagwort]

Lodz, s.: Europa. Liebenow.

Lodz-Breslau, s.: Automobilkarten. Automobil-Tourenkarte.

Lodz-Warschau, s.: Automobilkarten. Automobil-Tourenkarte.

Loë, Marie v., Baronin, s. Leben der Schwester Maria Gonzaga.

Loë, Frhr. v., Ansprache zu Bonn, s.: Kaiserrede, die, zu Aachen.

Loë, Frh. v. Der Felddienst der Kavallerie. Mit Krok. Bonn 1874. 185 S.
— — 2. Aufl. 1876. — 4. Aufl. 1884.
— — 5. Aufl. 1889.

Loë, Frhr. v., der Felddienst der Cavallerie. Zum Gebrauche f. Offiziere der Waffe. 2. verb. Aufl. 8. (187 S. m. 1 chromolith. Croquis in qu. Fol.) Bonn 876. Cohen & Sohn. n. 2. 40

Loë, Frhr. v., der Felddienst der Cavallerie. Zum Gebrauche für Offiziere der Waffe. 3. Aufl. 8. (187 S. m. 1 chromolith. Croquis.) Bonn 880. Cohen & Sohn. n. 2. 40

Loë, Frhr. v., der Felddienst der Kavallerie. Zum Gebrauch der Offiziere der Waffe. 5. Aufl. Mit Erlaubniß d. Verf. neu bearb. durch Offiziere d. Husaren-Regiments König Wilhelm I. 8. (232 S. m. 1 Kroki.) Bonn 889. Friedr. Cohen. n. 2. 80

de Loe, recherches sur la vraie cause de nos troubles et sur le moyen de les faire tourner etc. 8. Münst. 798. Coppenrath. 6 *gl*

Loe, Adf., über den Glycerinäther. Inaugural-Dissertation. gr. 8. (37 S.) Göttingen 882, (Vandenhoeck und Ruprecht's Verlag.) +

LOÉ, Bernhard (München): Ueber Brustwunden.- München: Wolf 1839. 35 S.
8.5.1838 - Urk (Titel: De thoracis vulneribus.); F 64
Diss. Ingolst.-Landsh.-Mchn.

de Loe, F. K., de cognoscendis et curandis febribus. Dissertatio introducens in pyretologiam generalem. 8maj. Münch 811. Fleischmann. 8 *gl*

Loe, Fr., Augsburgs Umgebung. Eine mahler. Skizze in 4 Ausflügen. M. 1 topograph. Karte u. 1 Ttlkpfr. 12. (6 B. Augsburg 827, Bäumer. Thlr
Ohne die Karte, 10 Gr.

LOE, Friedrich Carl (Eichstätt): De cognoscendis et curandis febribus, dissertatio introducens in pyretologiam generalem.- Monachiis 1811. 4 S.,1 Bl.,70 S.
18.9.1809 - Pe 301; F 57
Diss. Ingolst.-Landsh.-Mchn.

Loé, H.: Gedicht zur Feier des 400jährigen Jubil. der Lud. Maxim. Universität in München. 6 S. – Neuburg a/D., Progr. 1872.

Loé, Herm., Ephemeren. Zeitgedichte. 16. (35 S.) Augsburg 871. Kranzfelder in Comm. n. — 40

Loé, Hermann Thaddaeus

Loé, Thaddaeus, religiöse Harmonieen nebst metrischer Uebertragung einiger Psalmen Davids. 16. Augsb. 841, Schmid'sche Buchh. n. 1/6 *Thlr*

Loé, Herm. Thaddäus, Joseph. Würzburg 854. Halm in Comm. 12. (IV, 168 S.) n. 15 *ngr.*

Loé, P. Th., Maria! Ein Gebet- u. Betrachtungs-Buch f. gebildete Christen. 2. verb. Aufl. 8. (320 S. m. 1 Stahlst.) Augsburg 851, Schlosser. 2/3 *Thlr* Mit lithochrom. Titel u. 4 Stahlst. 1/2 *Thlr* Mit 4 Stahlst. u. 4 Lithochrom. 2/3 *Thlr*

Loé, H. Th., Maria. Ein Gebet- u. Erbauungs-Buch für kathol. Christen. 3. verb. u. verm. Aufl. Augsburg 865. Schlosser's Buchh. gr. 16. (IV, 355 S.) 15 *ngr.*;
Zu engl. Einb. mit Goldschn. u. Futteral n. 24 *ngr.*;
In Leder geb. mit Goldschn. u. Futteral n. 1 *Thlr* 2 *ngr.*

LOÉ, Johann Nepomuk (Eichstätt): De angina.- Monachii 1818. 44 S.,4 Bl.
12.9.1815 - Pe 347; F 57
Diss. Ingolst.-Landsh.-Mchn.

LOÉ, Ludwig (München): Über Rückenmarks-Erweichung.- München: Wolf 1840. 28 S.
28.5.1838 - Urk (Titel: De myelomalacia.); F 64
Diss. Ingolst.-Landsh.-Mchn.

Loë, Margar. Freiin v., Rosen u Dornen, s.: Bachem's Jugend-Erzählungen.

Loë, Frhr. Otto v., Fürst Bismarck und die Reichsglocke. Appellations-Rechtfertigungsschrift. Hrsg. von Ludw. Stainer. gr. 8. (120 S.) Paris 877. Zürich, (Verlags-Magazin.) *

Loë, Otto Frhr. v., Fürst Bismarck. Urkundliche Beiträge zum Ruhme des grossen Mannes. 8. (269 S.) Basel 887. Bernheim. n.n. 5. —

Loé, P. Th., s. Loé, Hermann Thaddäus

Loë, Paul v., O. Pr., Statistisches üb. d. Ordensprov. Saxonia, s.a. Quellen u. Forschungen z. Geschichte d. Dominikanerordens in Deutschland. 4. Heft.

Statistisches über die Ordensprovinz Saxonia von Fr[ater] Paulus v. Loë, O. Pr. Leipzig: Harrassowitz 1910. 64 S. 8°
(Quellen u. Forschungen z. Geschichte d. Dominikanerordens in Deutschland. H. 4.) [10. 9287]

— Statistisches üb. die Ordensprov. Teutonia, s.a. Quellen u. Forschungen zur Geschichte des Dominikanerordens in Deutschland. 1. Heft.

Statistisches über die Ordensprovinz Teutonia. Von Fr. Paulus v. Loë, O.Pr. Leipzig: O. Harrassowitz 1907. (55 S.) 8°
= Quellen u. Forschungen z. Geschichte d. Dominikanerordens in Deutschland. H. 1. [07. 16886

Loë, Paulus Maria de, O. Praed, die Dominikaner zu Wesel, s.a. Bausteine z. Geschichte d. Predigerordens in Deutschland.

[F. u. Ant.] Die Dominikaner zu Wesel. Nach handschriftl. u. gedr. Quellen geschild. v. Fr. Paulus Maria de Loë, Ord. Praed. *(Köln: Klöckner & Mausberg 1896.)* (VI S., 1 Bl., 48 S., 1 Taf.) 1 Bd 8.
= Bausteine z. Geschichte d. Predigerordens in Deutschland. (Lfg) 1.

Loé, Thaddaeus, s. Loé, Hermann Thaddäus

Loe, Walter Frh. von

Loë, Frhr. v., Erinnerungen aus meinem Berufsleben 1849 bis 1867. 1. u. 2. Aufl. (140 S.) Lex.-8. Stuttgart 906. Deutsche Verlags-Anstalt. n. 5. —; geb. n. 6. —

Loë, [Walther] Frh. von, Generaloberst, Protektor: [Trinkspruch bei dem Festessen am Geburtstage S. M. des Kaisers 1900.] *Düsseldorf 1900: L. Schwann.* (S. 20—21.) 4°
Bedburg, Rheinische RAk, P 1900 (457)

Loé, Wilhelm, [von München]: Beitrag zur Kenntniss der Tetrabromphtalsäure. München F. Straub Dr. 1886. 48 S. 8°.
Zürich, Phil. Diss. [v. 29. Juli 1886].

Loeff, Abraham Rutgers van der, de ludis eleusiniis. Diss. (VIII, 143 S.) gr. 8. Leiden 908. S. C. van Doesburgh. n. 3. 50

Sonate (E moll) von Jean Baptiste Loeillet († 1728). Bearb. von A(lfr.) Moffat. *(Berlin: N. Simrock 1899.)* (7 S.) 4° [Kopft.]
= Meisterschule d. alten Zeit. No 21. [99. 2115

Loeillot, K.: Begleitungen zu Schiller's Wallenstein. Skizzen nach des Dichters Schilderungen entworfen und auf Stein gezeichnet. – Accompagnements au Drame de Wallenstein, par Schiller, Scènes esquissées et lithogr. qu. 1/2 gr. Fol. Paris 1840, Rittner et Goupil; Leipzig, R. Weigel.

Locillot de Mars, Abriß der Geschichte des 8. Brandenburgischen Infanterie-Regiments Nr. 64 [Prinz Friedrich Karl von Preußen], für Unteroffiziere und Soldaten erzählt. 3. verb. Aufl. 8. (48 S.) Angermünde 883, Windolff. *

Locillot de Mars, v., Abriß der Geschichte des Infanterie-Regiments General-Feldmarschall Prinz Friedrich Karl v. Preußen (8. Brandenb.) Nr. 64, f. Unteroffiziere u. Soldaten erzählt. 4. Aufl. 8. (70 S.) Angermünde 893. C. Windolff. — 75

Loën, Aug. Frhr. v., Bühne und Leben. Roman. 8. (309 S. Leipzig 864, Brockhaus.

Loën, A. Frhr. v., Kampf um Liebe. Zwei Erzählungen. 8. (264 S.) Breslau 884, Schottländer. *

Loën, A. Frhr. v., die Kriegsverfassung des deutschen Reiches und des deutschen Bundes. (1668—1860.) gr. 8. (IV und 98 S.) Dessau 860, Aue'sche Verlagsbuchh. *

Loën, A. Frhr. v., verloren u. nie besessen. Roman. 2 Thle. 8. (168 u. 125 S.) Hannover 877. Rümpler. 6. —

Loën, Johann Michael von.
La seule vraie religion, traduite ... Bayreuth 1750. Ü: *Benistan, Jean Gfr. de.* (Ky)

Loën, Waldemar Frh. v., Referendar: Das Erfordernis der ministeriellen Gegenzeichnung nach dem Staatsrecht Preußens und des Deutschen Reichs. Borna-Leipzig 1907: R. Noske. (x, 68 S.) 8°
Breslau, Jur. Fak., Ref. Dahn-Brie, Diss. v. 16. Febr. 1907
[Geb. 22. Juni 84 Nied.-Peilau, Kr. Reichenbach; Wohnort: Wandsbek b. Hamburg; Staatsangeh.: Preußen; Vorbildung: Gymn. Wandsbek Reife O. 03; Studium: Freiburg i. B. 3, Leipzig 1, Breslau 2 S.; Rig. 9. Nov. 06.]

Löer, die normale Körperwärme. Atem- u. Pulszahl d. Vögel unter besond. Berücksicht. uns. Hausgeflügels. (26 S. m. 4 Taf.) gr. 8. Berlin 909. R. Schoetz. 1. —

Löer. Ferdinand, Tierarzt aus Stockum (Westfalen): Vergleichend physiologische Untersuchungen über die normale Rektaltemperatur, Atem- und Pulsfrequenz der Vögel, unter besonderer Berücksichtigung unseres Hausgeflügels. Berlin 1909. 26 S. und vier Tafeln. 8°. [8. V. 08.]
Bern Vet.-med. Diss 1908/09

Loës, F. T., neuester Zolltarif der Vereinigten Staaten Nordamerika's. gr. 8. (55 S.) Philadelphia 871, Schäfer und Koradi. geb. *

Loës, F. T., neuester Zolltarif der vereinigten Staaten v. Amerika. Bearb. u. vervollständigt bis zum 3. März 1875. gr. 8. (58 S.) Philadelphia 875. Schäfer & Koradi. geb. n. 4. —

Loës, Jean Louis Jacques de: De infamia propter sortem nascendi inique inusta (sic). 19 S.–
Basel, Jur.Diss.v. 2.Mai 1777.

Löfen, Maximilian von

Loefen, v., s.a. Anciennetäts-Liste d. sämmtl. Offiziere d. Beurlaubtenstandes d. deutschen Reichs-Heeres.

Loefen, v. Anciennetäts-Liste der sämtl. Offiziere des Beurlaubten-Standes des deutschen Reichsheeres für 1894 u. 1895. Erfurt 1894. 1895.

Loefen, v., Anleitung f. die allgem. Anweisung u. die besond. Unterweisung der Doppelposten, s.: Klaß, v.

— **Anleitung zur Ausbildung in der Marschsicherung der Infanterie.** (19 S.) kl. 8. Berlin 905. Liebel. n. — 20

Loefen, v., Anleitung zur Ausbildung in der Marschsicherg. d. Infanterie. 2. verb. Aufl. (19 S.) kl. 8. Berlin 908. Liebel. p — 20

— **Anleitung zur Ausbildung der Patrouillenführer der Infanterie**, s.: Klaß, v.

— Anzugsbestimmungen f. d. Offiziere u. Sanitäts-Offiziere d. Fußtruppen. (Auszug aus d. Bekleidungs-Vorschrift f. Offiziere u. Sanitätsoffiziere d. kgl. preuß. Heeres.) Plakat. 46×34,5 cm. Erfurt 897. (H. Neumann.) n.n. — 30

Loefen, Max v., Geschichte d. königl. 8. Thüringischen Infanterie-Regiments Nr. 71. Mit 4 (lith.) Plänen aus dem Feldzuge 1886. gr. 8. (XI, 331 S.) Berlin 883. Mittler & Sohn. n.n. 6. 50

— **der Gruppenführer der Infanterie.** Nach dem Exerzier-Reglement f. die Infanterie v. 1906. (24 S.) kl. 8. Berlin 907. Liebel. n. — 25

— Der Gruppenführer der Infanterie. Nach dem Exerzier-Reglement f. die Infanterie v. 1906 u. d. Deckblätter hierzu v. J. 1909. 3. verb. Aufl. (24 S.) kl. 8. Ebd. 910. p — 25

— **der gute Kamerad**, s.: Klaß, v.

Loefen, Walth. v., die Feste Marienberg u. ihre Baudenkmale. M. 32 Illustr. nach Orig.-Photographieen. Nebst e. Anh.: Kurzer Führer durch d. Festg. Marienberg. 8. (X, 78 S.) Würzburg 896. A. Stuber's Verl. Geb. n. 1. 80

Loefen, Wilhelm von

Zur Reform der deutschen Handelsstatistik. Vorschläge von W. v. **Loefen.** Berlin: E. Haase 1905. (51 S.) 8° [F.] 1o6, 11695 11

Zur Reform der deutschen Handelsstatistik. Beitrag von W[ilhelm] v. **Loefen**. Als Ms. gedr. (Berlin [1905]: B. Paul.) (51 S.) 8° 1o8, 2827

Loefen, W. v., zur Reform der deutschen Handelstatistik. Vorschläge. (51 S.) gr. 8. Berlin 906. E. Haase. n. 1.—

Lofer [Schlagwort]

Lofer. Umgebungskarte von Lofer. 1 : 75,000. Hrsg. im k. u. k. militär-geogr. Institut in Wien. Lith. u. color. 35×36 cm. Wien 891. (R. Lechner's Sort.) n.n. 1. 20; auf Leinw. n.n. 2. —

Loferer Steinberge [Schlagwort]

Loferer Steinberge, s.: Alpen. Artaria.

Loeff, Paul, gründliche Anleitung zum Bau von Kalk-, Cement-, Gyps- und Ziegelöfen sowie zum Betriebe von Kalk-, Cement-, Gyps- und Ziegelbrennereien, nebst einem Atlas von 28 (lithogr.) Folio-Taf., (wovon 24) in Farbendr. Nach prakt. Erfahrungen entworfen, gezeichnet und beschrieben. gr. 8. (XI, 214 S.) Berlin 870, Peiser's Verlag. *

Loeff P, Entwürfe zum Bau von Kalk-, Zement-, Gips- und Ziegelbrennereien. (214 S) 8° (28 T) fol Berlin 1870

Loeff, Paul, Entwürfe zum Bau v. Kalk-, Cement-Gyps- u. Ziegelbrennereien, in vollständig ausgeführten Zeichngn. nebst gründl. Anleitg. zum Betriebe derart. Anlagen, in e. Atlas v. 30 Fol.-Taf. in Farbendr. nebst Handbuch. Zum Gebrauch f. techn. Behörden, Baumeister, Bauhandwerker etc. Nach pract. Erfahrgn. entworfen, gezeichnet u. beschrieben. 2. stark verm. u. verb. Aufl. gr. 8. (XV, 403 S.) Leipzig 873. Gebhardt's Verl. n. 26. —

Loeff P. praktisches Handbuch für Brennereianlagen. fol Leipzig 1869

— praktisches Handbuch für Brennerei-Anlagen nebst den dazu gehörigen Entwürfen unter Berücksichtigung der neuesten Verbesserungen im Betriebe. Zum Gebrauche für Baumeister, Bauhandwerker, Fabrikanten u. Landwirthe, sowie als Vorlagen für Bau- u. Gewerbeschulen. Mit (eingedr.) Holzschn. u. 12 lith. Taf. (in gr. Fol.). Nach eigenen prakt. Erfahrungen hrsg. Leipzig 870. Gebhardt's Verlag. Fol. (VIII, 55 S.) n. 2 ₰ 7½ ngr.

Loeff's Ziegelei-Lexicon. Anleitung und techn. Winke bei Errichtung von Ziegeleien ꝛc. gr. 8. (216 S.) Berlin 884, O. Dreyer. *

— die Ziegelfabrikation, s.: Thaer-Bibliothek.

Loeff, G., das Wesen der Linken und der demokratischen und constitutionellen Zeitungs- und Brochüren-Litteraten. gr. 8. (IV und 84 S.) Berlin 852, (Brandis.) *

Loeff, Sebast. J., Gesetze u. Verordnungen, welche in den königl. preuß. Staaten bezüglich des Feuer-Versicherungswesens ergangen sind. Praktisches Handbuch für die Agenten der Feuer-Versicherungs-Gesellschaften. Berlin 870. (Geelhaar.) 8. (XXVIII, 157 S.) n. 12½ ngr.

Löffardt, Peter. Neues Rechenbuch für den Geschäfts-, Gewerb- und Landmann, enthaltend den Schlüssel der Quadrat-Rechnung ꝛc. von — —. Groß-Becskerek, 1857. Dr. von Frz. Paul Pleitz. (142 S. 8.)

Loeffel, Carl, Taschenbuch f. Exlibris-Sammler. 1. Jahrg. (16 S.) 16. Magdeburg (Wilhelm Raabestr. 4 II) (910). Carl Loeffel. — 25

Löffel, Wilh., Charles. Drama mit Gesang in 3 Akten. (36 S.) kl. 8. Stuttgart (906). P. Mähler. n. — 70

— vom Immenhofen. Eine poet. Sammlg. wahrer Begebenheiten. (47 S.) kl. 8. Ebd. (906). n. — 60

— der Manöverhauptmann. Eine humorvolle Erinnerg. (23 S.) kl. 8. Ebd. (906). n. — 30

— eine vom Standl Komödie in 1 Akt. (24 S.) kl. 8. Ebd. (906). n. — 60

— Stuttgarter Originale. Humoristische Gedichte (nebst e. Anh.: Der Stuttgarter Weingärtner im J. 1960). (16 S. m. Bildnis.) kl. 8. Ebd. (906). n.n. — 25

— wilde Rosen. Eine Sammlg. ernster, heiterer u. satyr. Gedichte. (24 S.) kl. 8. Ebd. (906). n. — 30

— Witz u. Humor, sowie allerhand aus der Stadt u. vom Land! Gedichte, Erzählgn., Humoresken u. Theaterstücke. (IV, 188 S.) kl. 8. Ebd. (906). n. 1. 80; kart. n. 2. 20

Löffelholtz, Eug. v., Beiträge für Kunst u. Kunstgewerbe in Copien nach guten alten Mustern. 1. Heft. Nördlingen 870. Beck. Fol. (12 Steintaff., wovon 6 in Bunt- u. 6 in Tondr. u. chromolith. Titelblatt.) n. 1 ₰ 10 ngr.; einzelne Blätter n. 5 ngr.

Löffelholz, Freiherr von, Dr. (Subrektor) „Einige Andeutungen über die formellen Bildungsmittel in den Gegenständen des elementaren technischen Unterrichts". pg. 13—16. 4°. Beck'sche Offizin.
Nördlingen, Progr. 1840/41

Löffelholz, Elise, s. Heldensinn u. Weibertreue.

Löffelholz, Eugen Frh. v.

Zum Gedächtnis des ... Herrn Dr. phil. Wilhelm Christian Eberhard Friedrich Freiherrn Löffelholz von Kolberg, geb. 15. Aug. 1800, gest. 13. Mai 1891. Als Ms. für Freunde gedr. (hrsg. v. Eugen Fh v. Löffelholz). *(Nördlingen 1892: C. H. Beck.)* (51 S.) 8° [Fr.]

Löffelholz, Friedr. Georg Wilh. v.: Gedicht, s. Lorsch, Chr. Gottfr.

Löffelholz, G. B., de fatalibus personarum nominibus. (s. l. e. a.) 4.

Loeffelholz, Hans Friedrich Karl Freiherr von, und Karl Freiherr von Löffelholz, Die Zoreisch-Indianer der Trinidad-Bai. (Californien.) Mit drei Text-Illustrationen. 4. (24 S.) In Comm. Wien: Hölder 1893. 1.20

Löffelholz, Karl Frhr. v., Ueber Auswanderungen und Colonisationen, besonders in Bezug auf Deutschland zu östlichen Ländern. gr. 8°. Nürnberg (Fr. Campe) 1843.

Loeffelholz, Karl Frhr. v., die Zoreisch-Indianer der Trinidad-Bai (Californien). Mit Zugrundelegg. e. nachgelassenen Mscr. von Hans Frdr. Karl Frhr. v. Loeffelholz ergänzt. [Aus: „Mitteilgn. d. anthropolog. Gesellsch."] gr. 4. (23 S. m. 3 Illustr.) Wien 893. (A. Hölder.) n. 2. 40

Löffelholz von Colberg, Carl Frh. von, s. Löffelholz von Colberg, Karl Frh. von

Löffelholz-Colberg, Friedr. Frh. v., der Anbau d. Flachses u. d. Zurichtung dess. zum Handelsgut. In katechet. Vortrag besond. f. d. bayer. Landwirth bearb. M. 1 Taf. (gr. 4.) 8 (3¼ B.) Nürnberg 834, Riegel u. Wießner.

—— prakt. Anweisung z. Holzanbau durch Pflanzung. Nebst e. Anh., d. ält. u. neu. Verordnungen üb. d. Waldcultur etc enthaltend. Ein Versuch. M. 1 Kpfrt. gr. 8. (13 B. u 1 Tab. gr. 4.) Nürnberg 832, (Riegel u. Wiessner.)

Löffelholz-Colberg, Frdr. Frhr. v., die Bedeutung u. Wichtigkeit d. Waldes, Ursachen u. Folgen der Entwaldg., die Wiederbewaldg. m. Rücksicht auf Pflanzenphysiologie, Klimatologie, Meteorologie ꝛc. aller Länder f. Forst- u. Landwirthe, Nationalökonomen u. alle Freunde d. Waldes aus der einschlag. Literatur systematisch u. kritisch nachgewiesen u. bearb gr. 8. (VII, 292 S.) Leipzig 872. Schmidt & Günther. n. 7. —

Löffelholz-Colberg, Friedr. Frhr. v., Beitrag zu einer kritischen Nachweisung über die Schüttekrankheit d. Föhre oder Kiefer mit Angabe der verschied. Ansichten über Entstehung u. Wesen dieser Krankheit überhaupt. Berlin 865. Springer's Verlag. gr. 8. (48 S.) n. 10 *ngr.*

—— forstliche Chrestomathie. Beitrag zu einer systematisch-krit Nachweisung und Beleuchtung der Literatur der Forstbetriebs. lehre und der dahin einschlag. Grund- und Hülfswissenschaften I. und II. (Thl.) gr. 8. Berlin, Springer's Verlag.

Inhalt:

Thl. I. Einleitung in die Forstwissenschaft; — Forstgeschichte; — Forststatistik und Forstliteratur. (VIII und S. 1—168.) 866. * 1 Thlr 5 Ngr.

" II. Forstjournalistik; — Forst- und landwirthschaftl. Vereine und Versammlungen; — Forstlicher Unterricht überhaupt; — Forst und landwirthschaftl. Lehranstalten und Akademien; — Wissenschaftl. Fortbildungsmittel. — Nachträge. (VIII und S. 169–484.) 867. * 2 Thlr.

—— forstliche Chrestomathie. Beitrag zu einer systemat.-kritischen Nachweisung und Beleuchtung der Literatur der Forstbetriebslehre und der dahin einschlagenden Hülfs- und Grundwissenschaften. Mit Rücksicht auf die forstl. Verhältnisse und Zustände aller Länder auf histor. Grundlagen bearb. und zusammengestellt. III. 1. und 2. Abthl., IV. und V. 1. Abthl. gr. 8. Berlin, Springer's Verlag. *

Inhalt:

III. 1. Abthl.: Grundwissenschaften der Forstwissenschaft; — in specie die Literatur der Mathematik überhaupt, der Geschichte derselben, sowie der Arithmetik und Algebra. (VIII, 375 S.) 871. * *M* 8. — 2. Abthl.: Die Literatur der Geometrie, Stereometrie, Trigonometrie und höheren Mathematik überhaupt. (VIII, S. 859—1092.) 873. * *M* 7.

IV. Angewandte Mathematik und in specie Forsttaxation. — Anh.: Maaße, Gewichte und Münzen. — Nachträge, Ergänzungen und Verbesserungen. (VIII, 362 S.) 868. * *M* 7.

V. 1. Abthl.: Beitrag zu einer systematisch-kritischen Nachweisung und Beleuchtung der Literatur der Forstproduktionslehre. (II, 159 S.) 874. * *M* 5.

1. Thl. 1866. * *M* 3,60.; 2. Thl. 1867. * *M* 6.

IV. Thl. Angewandte Mathematik u. in specie Forsttaxation. — Anhang: Maaße, Gewichte u. Münzen. — Nachträge, Ergänzungen u. Verbesserungen. (VIII, 362 S.) 868. n. 2 *ß* 10 *ngr.*

Löffelholz-Colberg, Friedr. v., Gedenkbuch, s.a. Gedenkbuch.

LÖFFELHOLZ-COLBERG, Friedrich Frhr. v. (Hrsg.): Gedenkbuch an die 6. Versammlung der Land- und Forstwirthe in Stuttgart im Herbste 1842 für die Mitglieder der Forstsection. Eine Sammlung forstlicher Original-Abhandlungen. - Stuttgart 1843. VIII, 157 S.

Löffelholz von Colberg, Karl Frh. von

Löffelholz von Colberg, Carl Freiherr, Die Drehung der Erdkruste in geologischen Zeiträumen. Eine neue geologisch-astronomische Hypothese. München 1866.

Loeffelholz v. Colberg, Carl Frhr., die Drehungen d. Erdkruste in geolog. Zeiträumen. Ein neuer geologisch-astronom. Lehrsatz. 2., gänzl. umgearb. u. verm. Aufl. gr. 8. (VIII, 247 S.) München 895. (J. A. Finsterlin Nachf.) n. 5. —

Löffelholz v. Colberg, Karl, s.: Interglacialzeiten, keine, während der europäischen quartären Eiszeit.

Löffelholz von Kolberg, Frhr. E. v., Dr. Christoph II. Scheurls Hochzeit mit Katharina Füttererin am 29. Aug. 1519, s. Mittheilungen des Vereins für Geschichte der Stadt Nürnberg.

Löffelholz von Kolberg, Wilhelm Frh. von

Oettingen-Oettingen u. Oettingen-Wallerstein, Dem Prinzen Karl zu (geb. 6. Mai 1796, † 4. März 1871) zum Gedächtnis (!), von *Wilh.* Frhrn. *Löffelholz v. Kolberg.* (Als Mspt. gedr.) O. O. u. J. Gr. 8°. 27 S. Cart.

Löffelmann, Frz., das Disciplinar-Strafrecht im k. k. Heere. Zum prakt. Dienstgebrauch erläuternd dargestellt. 8. (VII, 154 S.) Teschen 876. Prochaska. n. 2. 40; geb. n. 3. —

Löffelmann, Ignaz: Heil- und Vorbauungs-Mittel gegen die Rinderpest, mit e. Anh. rücksichtlich d. in d. k. k. österreichischen Staaten bestehenden veterinär-polizeilichen Verordnungen. Wien 1857. VI, 100 S.

Löffelmeyer

— s. Drepblatt, theologisches.

Löffelmeyer, mystische Erklärung über d. hohe Lied Salomonis. 8. Weim. 789. (A. Campe in Hamb.) 1 ₰ 16 *gl*

— neue Samml. mystischer Schriften, nebst polemischen Anmerkungen. 8. Hamb. 789. (A. Campe). ...

Loffenau [Schlagwort]

Loffenau, s.: Württemberg. Höhenkurvenkarte.

Loeffer, Ludwig

Balz, L. [d. i. Ludwig Loeffer]. [Folge von Cancantänzern.] Berlin, Verlag u. Eigentum des Verlags-Comptoirs [um 1860]. 6 Taf. in kol. Lithogr. 8°.

Loffét, Ad.: L'Anglaise dans l'Allemand, et vice versa, ou expose des affinités de ces deux langues. gr. in -8. Paris 1839. (Hamburg, Berendsohn).

Loeffke, Bruno, (Geburtsort: Rastenburg Ostpr.), Kgl. pr. Gerichts-Ref. zu Berlin: Rechtswirksamkeit der aus § 845 der Civilprozeßordnung für das Deutsche Reich vom Gläubiger ergehenden Benachrichtigung von bevorstehender Pfändung einer seinem Schuldner gegen einen Dritten zustehenden Geldforderung gegenüber ihrer nach der Benachrichtigung von einem zweiten Gläubiger im Wege der Zwangsvollstreckung in das unbewegliche Vermögen des Schuldners bewirkten Beschlagnahme. *Schöneberg 1902: Brüning & Hörhold.* (31 S.) 8° [F.]
Erlangen, Jur. Diss. v. 16. Juli 1902

Löfflad, Lebensbilder aus der Friedensära zwischen dem Deutschen Staat und Rom, s.a. Lebensbilder.

Löfflad, J., Liederbuch für Schule und Haus. Im Verein mit einigen Freunden herausg. Nördlingen 863. Beck in Comm. gr. 8. (IV, 84 S.) n. 4 *ngr.*

Löfflad, J., Liederbuch für Schule und Haus. In Verbindung mit Fr. Haußleiter, G. Heller und T. Ruf hrsg. 8.—11. verm. Aufl. gr. 8. (90 S.) Nördlingen 870—75, Beck'sche Buchh. *

Löfflad, J., Liederbuch für Schule und Haus. In Verbindung mit Fr. Haußleiter, G. Heller und T. Ruf hrsg. 16. Aufl. 8. (90 S.) [Nördlingen 888.] München, Beck'sche Verlagsh. *

— Taschenliederbuch für Gesellen- u. Arbeitervereine. Eine Sammlung der bewährtesten Volks- u. Vaterlandslieder für den 2- u. 4-stimmigen Männergesang bearb. u. herśg. Ebend. 865. 16. (IV, 164 S.) n. 7 *ngr.*

Löfflad, Johs., die Kirche im Mannesalter. Studien u. Kritiken zur Kirchen- u. Culturfrage. 1. Hft. Lex.-8. (VIII, 70 S.) Braunsberg 877. Leipzig, A. Krüger. n. 1. 50

—— dass. — 2. Heft. A. u. d. T.: Fünf Studien und Kritiken zur Kirchen- und Culturfrage. 1. und 2. unveränd. (Titel-) Aufl. gr. 8. (62 S.) Leipzig 878, [Mentzel.] A. Krüger.

— dasselbe. 2. Hft. 2. Aufl. Lex.-8. (62 S.) Berlin 879. Ebend. n. 1. —

Löfflad, Lebensbilder aus der Friedensära zwischen dem deutschen Staat u. Rom. 8. Denkschrift üb. die evangel. Gemeinde Braunsberg in Ostpreußen. 3., bericht., verm. u. verschärfte Aufl. [Mit 2 Beilagen.] 8. (VI, 26 S.) Leipzig 887. (Rother.) n. — 50

Löfflad, Johs., über das wissenschaftliche Studium der Geistlichen in der Gegenwart. Referat auf der Ermländ. evangel. Kreissynode. gr. 8. (16 S.) Königsberg 883, (Backe.) *

Löffler, Jakob, evangelisch-lutherischer Pfarrer in Heiligenstein. Kurzer Bericht v. seinem Leben u. Leiden. Ein Beitrag zur Verfolgungs-Geschichte der evangelisch-luther. Kirche im Elsaß, im 19. Jahrhundert. 2. Aufl. 8. (28 S.) Straßburg 870. Vomhoff in Comm. n. — 40

Loeffler, die Fundirung der Eisenbrücke über den Pregel in Königsberg. Berlin 867. Ernst & Korn. gr. Fol. (8 S. mit 8. Kpfrt.) 2 Thlr 20 ngr.

Löffler, s.: Nachprüfung des v. Neisser u. Sachs angegebenen Verfahrens zur forensischen Unterscheidung v. Menschen- u. Tierblut.

Löffler, ..., s. ... Sybel, Andeutungen über Mängel ꝛc.

Löffler, wieder nichts gewonnen! Kritische Betrachtgn. üb. die kgl. sächs. Landeslotterie. (15 S.) gr. 8. Leipzig (906). (Fr. E. Fischer.) — 10

Löffler, die keimtötende Wirkung des Torfmulls, s.: Vogel, J. H.

Löffler, die kirchliche Zeitfrage. gr. 8. (39 S.) Stuttgart 872. Levy & Müller in Comm. n. — 60

Löffler. Zweck u. Bedeutg dauernder Hilfsvereine f. verwund. u. krank. Krieger. Magdeburg 1864.

Löffler, A., s. Bericht d. Wiener Stadtphysikates.

Löffler, A., Bilder aus dem Orient. Nach der Natur gez. Mit beschreibendem Text begleitet von Mor. Busch. 16 Lfgn. Fol. (IV und 108 S. mit 32 Stahlst.) Triest 863,64, Literarisch-artistische Anstalt. à Lfg. * 12 Ngr.

Löffler, A., Bilder aus dem Orient. Nach der Natur gez. Mit beschreibendem Text begleitet von Mor. Busch. (In 16 Liefgn.) Triest 864. Direct. des österreich. Lloyd. Fol. (IV, 108 S. u. 32 Stahlst.) n. 6 Thlr 12 ngr.

Loeffler, A., der menschliche Körper. Für die Volksschule bearb. gr. 8. (15 S. mit 1 Abbild. des menschl. Skeletts.) Minden 886, Bruns. *

Loeffler, A., die Lehr- u. Erziehungsanstalt Birkenruh. Ein Gedenkblatt zur 50jähr. Jubelfeier. gr. 8. (64 S.) Riga 875. Betz in Comm. n. — 75

Löffler, A., l'Orient pittoresque. Publication artistique dessinée d'après nature et accompagnée du texte descriptif de Maur. Busch. Triest 865. Literarisch-artistische Anstalt. Fol. (IV, 108 S. mit 32 Stahlst.) 6 Thlr 12 ngr.

Löffler, A. (Red.), s. Umgebungen, Der Wiener.

Löffler, A. J., der Unterricht in der Naturlehre an allgemeinen Volksschulen. Eine Sammlg. v. durchgeführten Themen, Winken u. Andeutgn. gr. 8. (VI, 216 S.) Wien 889. Pichler's Wwe. & Sohn. n. 3. —

Löffler, A. J., d. Unterricht in d. Naturlehre an allgem. Volksschulen. E. Sammlg. v. durchgef. Themen, Winken u. Andeutgn. 2., verm. Aufl. gr. 8. (X, 256 S.) Wien 895. A. Pichler's Wwe. & Sohn. n. 3. 50; geb. n. 4. —

Löffler, A. J., der Unterricht in der Naturlehre an allgem. Volksschulen. Eine Sammlg. v. durchgeführten Themen, Winken u. Andeutgn. 3., durchgeseh. Aufl. (VIII, 264 S.) 8. Wien 906. A. Pichler's Wwe. & Sohn. 3. 80

Loeffler, Ad. Lud., Meditationes probabiles de puella Zittaviensi incantata earumque sectionem primam, submittit. 13 l. Lps. 4°.

Löffler, Adam

Löffler, Frz. Adam, über d. Gesetzgebung d. Presse. Ein Versuch z. Lösung ihrer Aufgabe auf wissenschaftl. Wege. 1. Thl. gr. 8. (39 B.) Leipzig 837, Brockhaus.

Löffler, Adam, Gesichtspunkte eines Monarchisten. Zur augenblicklichen Lage. gr. 8. (26 S.) Berlin 878. Stuhr. n. — 60

Löffler, Adam, üb. kirchl. Katholicismus u. Separatismus, od. d. Wahrheit d. evangel. Union. gr. 8. Berlin 839. Hayn. 2/3 Thlr

Löffler, Adam, die Krone und die Nationalversammlung. Imp.-4. (12 S.) Berlin 848, Sacco.

— Wolfgang Menzel und ich, oder Grundlinien eines neuen innern Rechtszustandes der Presse. Ein Wort an die Urtheilskundigen deutscher Nation und allen kritischen Blättern zu öffentl. Beantwortung ehrerbietigst empfohlen. 8. Berlin 838. Bade. n. 1/3 Thlr

Löffler, Adam, der Minister des Innern und die Revisionsfrage. Eine Replik. gr. 8. (40 S.) Berlin 852, [Schneider.] *

Löffler, Adam, die bevorstehende Staats-Veränderung in Preußen. gr. 8. (2½ B.) Berlin 845, Cohn u. Comp.

Loeffler, Adam (Red.), s. Zeitung, Berliner.

—— die Zeitungspresse in Preußen. Sendschreiben an Herrn Dr. Th. Mundt. gr. 8. (43 S.) Berlin 847, Möser und Kühn.

Löffler, Adf., s.: Bericht d. Wiener Stadtphysikates.

Löffler, Adolph Friedrich

Adolph Friedrich Löffler's vermischte Aufsätze und Beobachtungen aus der Arzneykunst, Wundarzneykunst, Geburtshülfe u. gerichtlichen Arzneykunde. Hrsg. mit e. Vorr., Zusätzen u. Bemerkungen von Samuel Gottlieb Vogel. Stendal: Franz & Große 1801. XIV,428 S. 8°

Adolph Friedrich Löfler's [Löffler] Beiträge zur Wundarzneykunst. Bd 1. Altona: Kave 1788. 8°

Bd 1: 1788.

Adolph Friedrich Löffler [Beiträge zur Wundarzneykunst] Beyträge [Beiträge] zur Arzneywissenschaft und Wundarzneykunst. (2. Aufl.) Th.1.2. Leipzig & Altona: Kaven 1791. 1 Bd 8°

Handbuch der wissenswürdigsten und zur Beförderung einer glücklichen medicinischen und chirurgischen Praxis vorzüglich geeigneten neuesten Bemerkungen und Entdeckungen. Hrsg. von Adolph Friedrich Löffler. Bd 1-3. Erfurt: Keyser (3: Witepsk: Verf.) 1803-08. 8°

Bd 1-3: Löffler: Die neuesten und nützlichsten praktischen Wahrheiten und Erfahrungen für Aerzte und Wundärzte. Bd 1-3. 1803-06.

Die neuesten und nützlichsten praktischen Wahrheiten und Erfahrungen für Aerzte und Wundärzte, von Adolph Friedrich Löffler. Bd 1-3. Erfurt: Keyser (3: Witepsk: Verf.) 1803-08. 8°

(= Loeffler: Handbuch der wissenswürdigsten und zur Beförderung einer glücklichen medicinischen und chirurgischen Praxis...geeigneten... Bemerkungen und Entdeckungen. Bd 1-3.)

Bd 1: 1803.
Bd 2: 1805.
Bd 3: 1808.

Löffler, Alexander

Die Strafrechtliche Behandlung Jugendlicher. Eine Studie z. österr. Regierungsvorlage. Von Prof. Alexander Löffler. Wien: Manz 1908. (77 S.) 8° [F.]
Aus: Allgem. österr. Gerichts-Zeitung. Jg. 59, No 21–24. [08. 10377]

— Beitrag zum Probleme der Brachystochrone (mit 1 Taf.). S. 41. 53 . . . . —.50
Separatabdruck

Löffler Alex.: Beitrag zur Terminologie der franz. Grammatik. 29. Wien R. Sechsh. 82. Progr.

Löffler, Alex., die Entschädigung unschuldig Verhafteter. Vortrag, geh. am 13. XII. 1905 in der jurist. Gesellschaft in Wien, als Einleitung zur Diskussion über das gleiche Thema. (24 S.) gr. 8. Wien 906. Manz. n. — 70
Sonderabdruck aus: „Allg. öst. Gerichts-Zeitg."

Löffler, Alex., über die Methode, die grössten und kleinsten Werthe unbestimmter Integralformeln zu finden. Lex.-8. (30 S. mit 1 Stnt. in qu. gr. 4.) Wien 859, (Gerold's Sohn.) **
Aus: Sitzungsberichte der k. Akademie der Wissenschaften, Jahrg. 1859, besonders abgedruckt.

— über unheilbare Nichtigkeit im österreichischen Strafverfahren. (72 S.) gr. 8. Wien 904. A. Hölder n. 1. —
Sonderabdruck aus: „Zeitschr. f. Privat- u. öffentl. Recht".

Löffler, Alex., die Schuldformen d. Strafrechts in vergleichend-histor. u. dogmat. Darstellg. 1. Bd. Die Entwicklg. d. gelt. Rechts. 1. Abtlg. Deutschland u. Österreich. gr. 8. (X, 286 S. m. 1 Tab.) Leipzig 895. C. L. Hirschfeld. n. 8. —

(B) — Schuldformen d. Strafrechts. 895. (KBL 80.) Jetzt: Tübingen, J. C. B. Mohr.

— Strafe u. Fürsorgeerziehg. Eine Studie z. Entwurfe e. Fürsorgeerziehungsgesetzes. (12 S.) gr. 8. Wien 909. Manz. — 40
Sonderabdr. aus: „Allgem. öst. Ger.-Ztg."

— u. Eug. Lorenz, das Strafgesetz v. 27. V. 1852, s.: Taschenausgabe, Manz'sche, der österr. Gesetze.

Die Strafprozeß-Ordnung v. 23. V. 1873, s.a. Taschenausgabe, Manz'sche, der österr. Gesetze.

(F) Löffler, A. und Lorenz, E., Die Strafprozeßordnung vom 23. Mai 1873, Nr. 119 R.-G.-Bl., samt allen ergänzenden und erläuternden Gesetzen und Verordnungen. [Manz'sche Gesetzausgabe, V. Bd. I. Abt.] 8°. (XXI. 730 S.) K 4.60, geb. K 5.60
Wien: Manz 1910.

— das Strafrecht, s.a. Studienausgabe österreich. Gesetze. I.

Das Strafrecht ... hrsg. von Alexander Löffler, Prof., Wien. Hälfte 1. *Leipzig: C. L. Hirschfeld 1904.* 8°
= Studienausgabe Oesterreichischer Gesetze. Bd 1, Hälfte 1. [04. 15010 5

— s.: Studienausgabe österr. Gesetze.

Löffler, A., s. Taschenausgabe, Manzsche.

— Die Tierseuchengesetze, s.a. Gesetzausgabe, Manz'sche. Nr. 80.

(F) Löffler, A., Die Tierseuchengesetze in der neuen Fassung der Gesetze vom 6 August 1909 samt den Durchführungsverordnungen. [Manz'sche Gesetzausgabe Nr. 80.] 8°. (VIII, 260 S.) Wien: Manz 1910. K 2.40, geb. K 3.—

Löffler, Alex., Untersuchungen über den Article partitif. gr. 8. (16 S.) Berlin 880, Friedberg und Mode. *
Aus: Central-Organ für die Interessen des Realschulwesens, besonders abgedruckt.

— Verbrechen u. Vergehen wider das Leben usw., s.: Liszt, F. v.

— s.: Zeitschrift, österreichische, f. Strafrecht.

Löffler, Alfr., Marga. Drama aus dem Volksleben in 4 Akten. (107 S.) 8. Wien 906. W. Braumüller. n. 1. —

Loeffler, Anton [aus Worbis (Prov. Sachsen)]: Ein Beitrag zur Ätiologie der Kindslage. . . . Würzburg, Anton Boegler'sche Buchdr., 1888; 32 S. 8°
Würzburg, Med. Fak., Inaug.-Diss. v. 1888

Löffler Ant.: Einige Bemerkungen über das Zeichnen beim geogr. Unterrichte m. 4 Tafeln. 6. Brüx 86. Progr.

Löffler, Ant., vollständig ausgearbeitete Christenlehren zur faßlichen u. gründlichen Unterweisung der Jugend sowohl, als der Erwachsenen in der heil. katholischen Religion. Wien 853. Mayer u. Co. Lex.-8. (IV, 438 S.) n. 1 ₰. 18 ngr.

Löffler, Ant., vollständig ausgearbeitete Christenlehren zur faßlichen und gründlichen Unterweisung der Jugend sowohl, als der Erwachsenen in der heiligen katholischen Religion. 2. durchgeseh. Aufl. Wien 859. Mayer & Co. Lex.-8. (IV, 438 S.) 1 ₰ 24 ngr.

Löffler Ant.: Kurze Darstellung der wichtigsten Bestrebungen zur Sicherstellung der Nilquellen. 8. Brüx 77. Progr.

Löffler Ant.: Übersichtliche Darstellung der Entdeckungsgeschichte Australiens. 66. Brüx 81. Progr.

— die Evangelien, Lectionen und Episteln für die Sonn- und Festtage, nebst der Leidensgeschichte unseres Heilandes, erklärt nach dem Laufe des Kirchenjahres und dem innern Zusammenhange. Mit einer Auslegung der wichtigeren kirchl. Ceremonien. Zum Gebrauche für Schule und Haus. gr. 8. (XII und 528 S.) Wien 859, Braumüller's Verlags-Conto. *

Löffler, Ant., Katechismus der heiligen christkatholischen Religion. 8. (IV und 191 S.) Wien 851, Mayer und Comp. *

Löffler, Ant.: Über Klima, Pflanzen- u. Thiergeographie. Ein Beitrag zur Belebung des geogr. Unterrichtes. I. Th. 59 S. – Brüx, Progr. 1889.

Löffler, Ant., Schul-Katechesen, nach dem Leitfaden des in den k. k. österreich. Staaten vorgeschriebenen großen Katechismus. I. u. 2. Bd. I. Vom Glauben. II. Von der Hoffnung. — Von der christl. Liebe. gr. 8. (42¼ B.) Wien 845, Braumüller u. Seidel.

— dass. 3. Bd. Von den heil. Sakramenten. gr. 8. (24⅞ B.) Ebds. 846.

Löffler, Ant., vollständig ausgearbeitete Schulkatechesen zur Erklärung d. f. die Erzdiözese Wien vorgeschriebenen kleinen Katechismus. gr. 8. (XIII, 226 S.) Wien 875. Braumüller. n. 3. —

Loeffler, August

— F. Lindemann u. H. Schimpf, mit Modellierholz, Schere u. Kreide. (83 S. m. 80 Abb. u. 42 [16 farb.] Taf.) gr. 8. Leipzig (910). A. Hahn. 3.80; geb. 4.40

Löffler, Aug., die Praxis d. heimatkundl. Unterr., s.: Hanisch, Rud.

Löffler, Bentley: Die K l o s t e r k i r c h e zu Bergen auf Rügen v. J[ulius] L[richtig: Bentley] Löffler. Übers. v. G. von Rosen. [Stettin. 1879.] 8°
Sonderdruck aus: Baltische Studien, Jg. 29.

Löffler, Bernhard, a. Frankfurt a. M.: Wann und auf welche Weise beeinflussen suspendierte Teilchen Gewicht und Auftrieb einer Flüssigkeit? Marburg i. H. 1906: Enz & Rudolph, Frankfurt a. M. (97 S.) 8°
Marburg, Phil. Fak., Ref. Richarz, Diss. v. 8. Dez. 1906
[Geb. 29. Apr. 83 Frankfurt a. M.; Wohnort: Frankfurt; Staatsangeh.: Preußen; Vorbildung: Klinger-Oberrealsch. Frankfurt a. M. Reife O. 01; Studium: Marburg 3, Berlin 1, Marburg 5 S.; Rig. 14. Febr. 06.]

Löffler, Bertold, s.: Fläche, die.

Löffler, C., Anthologie, s.: Feltner, G.

Löffler, C., methodische Behandlung der ersten 29 Normalwörter in Verbindung mit den ersten Anschauungs-, Sprech-, Lautier- und Schreibübungen nach der naturgemäßen Lautiermethode. gr. 8. (V, 42 S.) Osterwieck 884, Zickfeldt. *

— u. G. Belly, Guten Abend, Herr Fischer, s. Bloch's, E., Dilettanten-Bühne.

Löffler, C. (I.), neue Lese- und Schreibfibel für Elementarklassen. 8. (67 S.) Lützen 851. (Leipzig, Keil.)

—— deutsche Normal-Fibel, nach der Wortlautier- und Schreiblesemethode und dem einfachsten, naturgemäßesten Unterrichtsgange bearb. gr. 8. (VII, 64 S., wovon 8 auf schwarzem Pergamentpap.) Ebendas. 884. cart. **

— wichtige Stoffe zu 30 Unterrichtsstunden in d. Pflanzenkunde f. die Schüler der oberen Klassen der Volks- u. Bürgerschulen. Methodisch bearb. 8. (IV, 36 S.) Ebd. 888. n. — 30

— 37 Unterrichtsstunden in d. Naturlehre. Ein Hand- u. Übungsbuch [in Fragen u. Antworten] f. die Schüler der Oberklasse der einklassigen Volksschule u. der Halbtagsschule, auf Grund der Allgemeinen Bestimmgn. vom 15. Oktbr. 1872 u. der Anweisg. zur Ausführg. derselben der Kgl. Regierung zu Merseburg vom 1. Dezbr. 1886, methodisch bearb. gr. 8. (VIII, 72 S. m. 21 Holzschn.) Braunschweig 889. Bruhn's Verl. n. — 40

Loeffler, C. (II.), Wandfibeln in 2 Tafeln. gr. Fol. Lützen 852. (Leipzig, Keil.) *

Löffler, C. A., tägliche Vorsichtsregeln, die Zähne u. das Zahnfleisch von d. Jugend an stets rein u. gesund zu erhalten. 12. Wien 827. (Leich in Leipz.) 6 gr

— der prakt. Zahnarzt, od. d. Kunst, d. Gesundheit u. Schönheit d. Zähne bis ins hohe Alter zu erhalten. 16. Hamb. 826, Christiani.

— d. prakt. Zahnarzt, oder d. Kunst, d. Gesundheit u. Schönheit d. Zähne bis ins hohe Alter zu erhalten. 16. Hamb. 826. (Schubert u. N.) 4 gr

Loeffler, Carl, s. L o e f f l e r , Karl

Löffler, Cathar., s. L ö f f l e r , Katharina

Löffler, Charlotte, neuestes Kochbuch für Haushaltungen aller Stände oder Anweisung nach mehr denn 650 Recepten alle vorkommenden Speisen u. Getränke schmackhaft u. wohlfeil zu bereiten. Nach eigener Erfahrung hrsg. 2. u. 3. Aufl. Reutlingen 868,70. Enßlin & Laiblin. 32. (256 S.) 8 ngr

Löffler, Charlotte, neuestes Kochbuch für Haushaltungen aller Stände oder Anweisung, nach mehr denn 650 Recepten alle vorkommenden Speisen und Getränke schmackhaft und wohlfeil zu bereiten. Nach eigenen Erfahrungen hrsg. Neue Aufl. 1868, und 3.—5. Aufl. 32. (256 S.) Reutlingen 860—73, Enßlin und Laiblin. cart.

Löffler, Charlotte, neuestes Kochbuch f. Haushaltungen aller Stände, oder Anweisg., nach mehr denn 650 Recepten alle vorkomm. Speisen u. Getränke schmackhaft u. wohlfeil zu bereiten. Nach eigener Erfahrg. hrsg. 6. Aufl. 16. (224 S.) Reutlingen 876. Enßlin & Laiblin. cart. — 80

Löffler, Charlotte, neuestes Kochbuch für Haushaltungen aller Stände, oder Anweisung, nach mehr denn 650 Recepten alle vorkommenden Speisen und Getränke schmackhaft u. wohlfeil zu bereiten. Nach eigener Erfahrung hrsg. 7.—11. Aufl. 16. (224 S.) Reutlingen 877—84, Enßlin und Laiblin's Verlagsb. cart.

Löffler, Charlotte. Neuestes Kochbuch f. Haushaltungen aller Stände. 12. Aufl. 16. (224 S.) Reutlingen 889, Enßlin u. Laiblin. cart. — 80

Löfflerin, Charlotte, neuestes Kochbuch f. Haushaltungen aller Stände, od. Anweisg. nach mehr denn 650 Recepten alle vorkomm. Speisen u. Getränke schmackhaft u. wohlfeil zu bereiten. Nach eigener Erfahrg. hrsg. Ster.-Ausg. 16. (224 S.) Reutlingen 891. Enßlin & Laiblin. Kart. — 80; in farb. Umschlag. kart. n. 1. —

Löffler, E., Strafgesetz, s. Taschenausgabe, Manz'sche. Bd. 4. I.

Löffler, Ed., infirmus eram, et visitastis me. Ein Handbuch f. Priester am Kranken- u. Sterbebette. 16. (X, 318 S.) Leipzig 876. Peter. n. 2. —

— Jubeljahr u. Jubiläum. Ein Wort der Belehrg. üb. beide, sowie üb. die Bedinggn. zur Gewinng. d. Jubelablasses u. die den Beichtvätern verliehenen Fakultäten. [Aus: „Erml. Pastoralblatt."] 8. (96 S.) Braunsberg 875. Huye. n. — 80

Löffler, Ed., die österreichische Pferde-Ankaufs-Mission unter dem k. k. Obersten Ritter Rud. v. Brudermann, in Syrien, Palästina und der Wüste, in den J. 1856 und 1857. gr. 8. (XVI und 240 S.) Troppau 860, Schüler's Buchh. *

Löffler, Eduard: Der Comes Theodosius. Halle a. S. 1885: Schlesinger. 40 S. 8°
Halle-Wittenberg. Phil. Diss. v. [3. März] 1885
Geb. Worbis 6. 2. 1858. V.

Loeffler, Emil v., Geschichte d. königl. württembergischen Pionierbataillons Nr. 13. gr. 8. (VII, 514 S.) Ulm 883. Wagner. n. 10. —

— dasselbe. 2. Aufl. gr. 8. (VII, 514 S.) Ebend. 885. n. 5. —

Loeffler, Emil v., Geschichte der Festung Ulm. gr. 8. (VIII, 592 S. mit 29 eingedr. Holzschn. und 3 lithogr. Plänen.) Ulm 881, Wohler'sche Buchh. *

—— dass. — 2. Aufl. 4 Lfgn. gr. 8. (VIII, 592 S. mit 29 Holzschn. und 3 lithogr. Plänen.) Ulm 883, Wagner'sche Verlagsb. à Lfg. *M 1. *

Loeffler, E. v. Das Kriegsbuch von Leonhardt Fronsperger. Ulm 1872. 6 S. 4°

Loeffler, (Guil.) Aemil. (geb. Berlin 13. 1. 1833): De morbis febrem intermittentem excipientibus. Berolini (1854). (32 S.) 8°
Berlin, Med. Diss. v. 17. Aug. 1854

—— Ulmische Renaissance. Vortrag, gehalten im Verein für Kunst und Alterthum in Ulm und Oberschwaben. gr. 8. (40 S.) Ulm 882, Wohler'sche Buchh. *

Loeffler, E., das Treffen bei Elchingen u. die Katastrophe von Ulm im J. 1805, s.a. Mitteilungen des Vereins f. Kunst u. Altertum in Ulm. Hft. 11/12.

Loefler, Emil v.: Das Treffen bei Elchingen und die Katastrophe von Ulm im Jahre 1805.
Von E[mil] v. Loeffler, Gen. Major a. D. Ulm 1904: J. Ebner. 30 S. 4° [F.]
= Mitteilungen d. Vereins f. Kunst u. Altertum in Ulm u. Oberschwaben. H. 11.

Loeffler, Ernst, cours de langue allemande. Méthode pratique et graduée. I. Cours élémentaire. 8. (216 S.) Metz 881. Lang. n. 1. 60; geb. n. 2. —

Löffler, E., d. Geographie als Universitätsfach. Zunächst im Anschluss an e. Vortr. im Studentenverein. 8. (32 S.) Kopenhagen 899. Leipzig, O. Harrassowitz. n.n. — 60

Löffler, E., handbog i geographien. 1. og 2. Hefter. gr. 8. (XII u S. 1—128.) Kjobenhavn 875. Leipzig, Brockhaus' Sort. à n.n. 1. 35

Löffler, E., Dänemarks Natur u. Volk. Eine geograph. Monographie. Mit 39 Illustr. u. Karten. (VIII, 120 S.) gr. 8. Kopenhagen 905. Lehmann & Stage. n.n. 2. 80

Löffler

— Ernst Rud. (Dresden), De causa probabili diversos vitae aetatum characteres sistente. Diss. med. Lpz. (Staritz) 31. VIII. 1838. 23 S. (3.50) 21486
Gew.: Carl Fr. Ludw. v. Watzdorf.

Löffler, Ernst Rud., ärztliches Gutachten üb. den geistigen u. körperl. Zustand der in der Gesell'schen Warte-, Schul- u. Beschäftigungs-Anstalt zu Dresden befindl. Kinder; nebst Beantwortung der Frage: ob u. in welchem Maaße das Unterrichts-Arbeits-System auf das Befinden der Kinder einen günstigen od. nachtheil. Einfluß äußere? gr. 8. (1 B.) Güstrow 843, Opitz u. Comp.

Löffler, Ernst Rudolf, Die vortheilhafteste Heilung der Verkrümmungen des menschlichen Körpers durch eine neue Geh- und Streckmaschine, erfunden v. Karl Gottlob Kunde, m. Abb., Dresden u. Leipzig 1845, 62 S., 1 Taf., 8°.

Löffler, Ernst Rud., die vortheilhafteste Heilung d. Verkrümmungen d. menschl. Körpers durch eine neue Geh- u. Streckmaschine, erfunden v. Carl Glob. Kunde. 8. (4 B. u. 1 Stnt.) Leipzig 845, Arnoldische Buchh. Thlr.

— Katechismus für Kinderwärterinnen und Ammen. 8. Dresden 844. (Bromme.) 1/4 ngr

Löffler, Ernst Rud., die Kräutersaftkuren u. deren Anwendung. Eine vollständ. Anweis. z. Bereit. u. z. Gebr. der zu Frühjahrskuren anwendbaren frischen Kräutersäfte. Nebst e. Anh. üb. Kräutermolken. Für Aerzte u. Heilungsuchende bearb. gr. 12. (6 1/2 B.) Dresden 840, [Bromme's Vrlsh.]

—— die Kräutersaftkuren u. deren Anwendung. Eine vollständ. Anweisung z. Bereitung u. z. Gebrauch der zu Frühjahrskuren anwendbaren frischen Kräutersäfte. Nebst Anh. üb. Kräutermolken. 2., verm. Aufl. 12. (7 B.) Dresden 843, Bromme's Vrlgsh.

—— die Pflege d. Kinder im ersten Lebensjahre u. d. Ziehhaus als Bedürfniß d. Staates, nebst e. damit zu vereinigenden Lehranstalt f. Wärterinnen. gr. 8. (19 1/2 B.) Leipzig 838, C. H. Reclam.

— das Pflegehaus und der Bürgerhilfsverein zu Braunschweig. Nebst einem ärztlichen Gutachten über den körperl. und geistigen Zustand der in der Unterrichts-Arbeits-Anstalt zu Dresden befindl. armen Kinder. gr. 8. Dresden 842. (Walther'sche Buchh.) baar 6 ngr

Löffler, Eugen, a. Tübingen: Beiträge zur Theorie der Schnittpunkte algebraischer Kurven. Borna-Leipzig 1907: R. Noske. (49 S.) 8°
Tübingen, Naturw. Fak., Ref. Brill, Diss. v. 24. Jan. 1907
[Geb. 24. März 83 Tübingen; Wohnort: Stuttgart; Staatsangeh.: Württemberg; Vorbildung: Realanstalt Reutlingen Reife Sommer 01; Studium: Tübingen 9, Berlin 1 S.; Coll. 24. Jan. 07.]

Loeffler, F. Konr., das rationellste Brauverfahren, nebst kurzer Beschreibung der Gährung und Malzbereitung. Als Resultat eigener Thätigkeit und Erfahrung auf dem Gebiete des Braugewerbes mitgetheilt. gr. 8. (19 S.) Königsberg 880, (Braun und Weber.) *

Loeffler, F. Sam., specimen Exegeseos sacrae explanatione parabolae de patrefamilias et operariis in Vinea. 4. Lps. Iunius. 726.

— doppelte Nachr. von d. römischen Kirchen-Jubeljahr. 8. Ebend. 725.

Loeffler, F. S., de versibus, qui in soluta N. F. oratione habentur. Lips. 1718. 4.

Löffler, Felix

Loeffler, Fel., die gewerbl. private Pfandleihe nach geltendem Reichs- u. Landesrecht. Nebst e. Anh.: Die rechtl. Natur des Pfandscheines, s.a. Studien, rechts- u. staatswissenschaftl. 34. Heft.

Loeffler, Felix, a. Mühlhausen i. Thür., Referendar am Kgl. Amtsgericht zu Dingelstädt: Die gewerbliche private Pfandleihe im heutigen Recht ⟨Teildruck⟩. Berlin 1908: E. Ebering. (VIII, 51 S.) 8°
Erlangen, Jur. Fak., Ref. Sehling, Diss. v. 27. Jan. 1908
[Geb. 20. Nov. 84 Mühlhausen; Wohnort: Dingelstädt; Staatsangeh.: Preußen; Vorbildung: Gymn. Mühlhausen Reife O. 03; Studium: Münster 1, Berlin 1, Bischöfl. Lehranst. Paderborn 1, Halle 4 S.; Rig. 26. Juli 07.]

Die gewerbliche private Pfandleihe nach geltendem Reichs- und Landesrecht. Nebst d. Anh.: Die rechtl. Natur d. Pfandscheines. Unter Beifügung e. Zusammenstellung d. wichtigsten bundesstaatl. Gesetze u. Verordn.... Von Felix Loeffler. Berlin: E. Ebering 1908. (VII, 215 S.) 8°
= Studien, Rechts- u. Staatswissenschaftliche. H. 34. (08. 4309 8

Löffler, Franz Adam, s. a. Löffler, Adam

Friedrich des Grossen Oeawergang by Güstebiese 1759. (Verf.: Angelus Neomarchicus (Dr. phil. Franz Adam Löffler).) o. O. [1900?] 2 Bl. 4° [F.] (01. 3936

Löffler, Franz Joseph

Löffler, F. J., de Calphurnio Terrentii interprete, s.a. Dissertationes philologicae Argentoratenses.

Loeffler, Franciscvs Josephvs [Hohenzolleranvs]: De Calphvrnio Terentii interprete. Argentorati apvd Carolvm I. Trvebner, 1882. 8. 70 S.

Löffler, Friederike Luise

Abhandlungen von Frauenzimmerarbeiten, von Haushaltungssachen und von Schönheitsmitteln, nebst e. Anh. von Speisen und Getränken für Kranke und der Diät der Kindbetterinnen. [Verf.: Friederike Luise Löffler.] - Stuttgard: Betulius 1792. 776 S. 8°
(= [Löffler:] Oekonomisches Handbuch für Frauenzimmer. Bd 2.)

Oekonomisches Handbuch für Frauenzimmer. [Verf.:] Friederike Luise Löffler.] Bd 2.

Stuttgard: Betulius 1792. 8°

Bd 2: [Löffler:] Abhandlungen von Frauenzimmerarbeiten, von Haushaltungssachen und von Schönheitsmitteln. 1792.

Löfflerin, F. L., neues Kochbuch, s.a. Handbuch, ökonomisches.

Löffler, F. L., neues Kochbuch, s.a. Hausbuch, praktisches, der Haushaltungskunst.

Löfflerin, F. L., neues Kochbuch od. geprüfte Anweisung zur schmackhaften Zubereitung der Speisen. 2 Thle. 8. Stuttg. Steinkopf. 809 – 11.

Löfflerin, (F. L.) neues Kochbuch rc. 2 Thle. Neue Aufl. 8. Stuttg. 817 — 24, Steinkopf.

Löffler, Friedr. Louise, neues Stuttgarter Kochbuch oder bewährte u. vollständ. Anweisung zur schmackhaften Zubereitung aller Arten von Speisen, Backwerk, Gefrorenem, Eingemachtem rc. 16., umgearb. u. verm. Aufl. gr. 8. (488 S.) Stuttgart 878. J. F. Steinkopf. 2. 40; geb. n. 3. —

Löffler, Friedr. Luise, neues Stuttgarter Kochbuch oder bewährte und vollständ. Anweisung zur schmackhaften Zubereitung aller Arten von Speisen, Backwerk, Gefrorenem, Eingemachtem rc. 17. umgearb. und verm. Aufl. gr. 8. (504 S.) Stuttgart 882, J. F. Steinkopf. *M 2,40.; geb. *

Löffler, Frieder. Luise, neues Stuttgarter Kochbuch oder bewährte und vollständ. Anweisung zur schmackhaften Zubereitung aller Arten von Speisen, Backwerk, Gefrorenem, Eingemachtem rc. 18. umgearb. und verm. Aufl. 8. (513 S.) Stuttgart 887, J. F. Steinkopf. *M 2.40.; geb. *

Löffler, Frieder. Luise. Neues Stuttgarter Kochbuch. Neu bearb. u. verm. 19. Aufl. 8. (521 S.) Stuttg. 891, J. F. Steinkopf. 2 40
geb. 3 —

Löffler, Friedr. Luise, neues Stuttgarter Kochbuch od. bewährte u. vollständ. Anweisg. zur schmackhaften Zubereitg. aller Arten v. Speisen, Backwerk, Gefrorenem, Eingemachtem u. s. w. 20., umgearb. u. verm. Aufl. gr. 8. (514 S.) Stuttgart 894. J. F. Steinkopf. 2. 40;
geb. in Leinw. n. 3. —

Löffler, Friedr. Luise, neues Stuttgarter Kochbuch od. bewährte u. vollständ. Anweisg. z. schmackhaften Zubereitg. aller Arten von Speisen, Backwerk, Gefrorenem, Eingemachtem u. s. w. 21., umgearb. u. verm. Aufl. 8. (479 S.) Stuttgart 897. J. F. Steinkopf. 2. 40;
Erschien auch in 4 Hftn. à n. — 60. geb. in Leinw. n. 3. —

Löffler, Friedr. Luise, neues Stuttgarter Kochbuch od. bewährte u. vollständige Anweisung zur schmackhaften Zubereitung aller Arten v. Speisen, Backwerk, Gefrorenem, Eingemachtem u. s. w. 23. umgearb. u. verm. Aufl. gr. 8. (513 S.) Stuttgart 902. J. F. Steinkopf. 2. 40;
geb. in Leinw. n. 3. —

Löffler, Friedr. Luise, neues Stuttgarter Kochbuch od. bewährte u. vollständ. Anweisg. zur schmackhaften Zubereitg. aller Arten von Speisen, Backwerk, Gefrorenem, Eingemachtem usw. 25. umgearb. u. verm. Aufl. m. 8 Taf. in Farbendr. (552 S.) 8. Stuttgart 907. J. F. Steinkopf.
Geb. in Leinw. 3. —

Löffler, Frdr. Luise, neues Stuttgarter Kochb. od. bewährte u. vollständ. Anweisg. zur schmackhaften Zubereitg. aller Arten v. Speisen, Backwerk, Gefrorenem, Eingemachtem usw. 26. umgearb. u. verm. Aufl. m. 8 Taf. in Farbendr. (552 S.) 8. Stuttgart 908. J. F. Steinkopf.
Geb. in Leinw. 3. —

Löfflerin, F. L., vollständiges Kochbuch od. geprüfte Anweisung zur schmackhaften Zubereitung aller Arten von Speisen, Backwerk, Gefrornem u. Eingemachtem. 9. umgearb. u. verm. Aufl. 4 Hfte. gr. 8. (XVIII u. 422 S.) Stuttgart 850, J. F. Steinkopf. (à 6 ngr) 24 ngr

Löffler, Friedrich, s.a. Löffler, Friedrich Berthold

— — u. Frosch, Bericht über die Ergebnisse der Untersuchungen der Kommission zur Erforschung der Maul- und Klauenseuche bei dem Institut für Infektionskrankheiten in Berlin. S.-A. a. C. f. B. Ebd. 97.

Loeffler, F., s.: Centralblatt f. Bakteriologie, Parasitenkunde u. Infektionskrankheiten.

Loeffler, F. u. R. Abel, Über die spezifischen Eigenschaften der Schutzkörper im Blute Typhus- und Coli-immuner Tiere. S.-A. a. C. f. B. Jena 96. Fischer.

Loeffler, Friedr. (August Johannes) (geb. Frankfurt a. O. 24. 6. 1852): Ueber den Einfluss der Blutentziehungen auf den Organismus. Berlin (1874). (30 S.) 8°
Berlin, Med. Diss. v. 1. Aug. 1874

Ueber die Fortschritte in der Bekämpfung der Infektionskrankheiten in den letzten 25 Jahren. Rede z. Feier des Geburtst. Sr. Maj. . . . am 27. Jan. 1896 bei d. Festaktus d. Univ. Greifswald geh. v. Friedrich Löffler. *Greifswald: J. Abel 1896.* (39 S.) 1 Bd 8.
= [Festreden d. Univ. Greifswald. No 1.] [98. 7308

Loeffler, F[riedrich]: Zum 25jährigen Gedenktage der Entdeckung des Tuberkelbacillus. 4°
Aus: Deutsche Medizin. Wochenschrift. Jg. 33. 1907.

Loeffler, F., die Schutzimpfung gegen die Maul- u. Klauenseuche, s.: Festschrift zum 60. Geburtstage v. Robert Koch.

Loefler F, über die Vernichtung der Feld- und Hausmäuse mit dem Mäuse-Bazillus. Greifswald 1892

Löffler, Friedr., Vorlesungen über die geschichtliche Entwickelung der Lehre von den Bacterien. Für Aerzte und Studirende. 1. Thl.: Bis zum J. 1878. gr. 8. (XII, 252 S. mit 37 Abbild. im Text und 3 Taf.) Leipzig 887, F. C. W. Vogel. *

— G. Oesten, R. Sendtner, Th. Weyl, Wasserversorgg., Wasseruntersuchg. u. Wasserbeurteilg., s.a. Handbuch d. Hygiene.

Wasserversorgung, Wasseruntersuchung und Wasserbeurteilung. Bearb. v. Dr. F[riedr.] Loeffler, ... Prof. an d. Univ. Greifswald, G. Oesten, Oberingen. in Berlin, [&] Dr. R. Sendtner, Insp. d. Kgl. Unters.-Anst. in München. '(M. Beitr. v. Th. Weyl.)' *Jena: G. Fischer 1896.* (1 Bl., VIII S., 1 Bl., 415—782 S.) 8.
= Handbuch d. Hygiene. Bd 1. Abt. 2. [96. 3413

Loeffler, F. (Hrsg.), s. Zeitung, Preußische militärärztliche.

— s.: Zentralblatt f. Bakteriologie, Parasitenkunde u. Infektionskrankheiten.

Löffler, Friedrich August Johannes, s. Löffler, Friedrich

Loeffler, Friedrich Berthold

Loeffler, F. B., über die heutige Aufgabe der militairärztlichen Bildungsanstalten. Rede gehalten zur Feier des 75. Stiftungstages des medicin.-chirurg. Friedrich-Wilhelm-Institutes am 2. Aug. 1869. Berlin 869. A. Hirschwald. gr. 8. (21 S.) n. 6 ngr

— F., Rede über die heutige Aufgabe der militairärztlichen Bildungsanstalten. Berlin (Lange) 2. VIII. 1869. 21 S. (3.—) 21487

Loeffler, Friedr. Berth., General-Bericht über den Gesundheitsdienst im Feldzuge gegen Dänemark 1864. 1. und 2. Lfg. Lex.-8. (1. Thl. XVII und 302 S. mit eingedr. Holzschn. und 1 Tab. in Imp.-Fol.) Berlin 866,67, A. Hirschwald. [1. Lfg. * 28 Ngr., 2. Lfg. * 1 Thlr. 12 Ngr.] *

Löffler, F., Grundsätze und Regeln für die Behandlung der Schusswunden im Kriege. Ein Beitrag zur Kriegsbereitschaft. 2 Abthlgn. gr. 8. Berlin 859, A. Hirschwald. *

Inhalt:
Abthl. 1. Auf dem Schlachtfelde. (100 S.) * 20 Ngr.
» 2. Im Feldlazareth. (VII und 128 S.) * 25 Ngr.

Löffler, F., die deutsche Medicin. Vortrag zur Feier des 54. Stiftungstages des k. medicin.-chirurg. Friedrich-Wilhelms-Institutes am 2. Aug. 1848 gehalten. gr. 8. (24 S.) Berlin 848, A. Hirschwald. *

— das preussische Militär-Sanitätswesen u. seine Reform nach der Kriegserfahrung von 1866. (In 2 Thln.) 1. Thl. Die freiwillige Krankenpflege u. die Genfer Convention. Ebend. 868. gr. 8. (X, 87 S.) n. 20 ngr.

— — 2. Thl. Der Sanitätsdienst u. seine Organisation. Ebend. 869. gr. 8. (VIII, 364 S. mit 5 Tabb. u. 1 lith. Karte in 4. u. Fol.) n. 2 ₰ 20 ngr.

Loeffler, Friedr. Berth., das preussische Physikats-Examen. Repetitorium für Civil- und Militair-Aerzte. gr. 8. (XVI und 224 S. mit eingedr. Holzschn.) Berlin 858, Th. Chr. Friedr. Enslin. *

—— das preussische Physikats-Examen. Gerichtlich-medizin. Leitfaden für Examinanden, Physiker und Juristen. 2., umgearb. Aufl. gr. 8. (XVI und 403 S.) Berlin 865, Th. C. F. Enslin. *

Loeffler, Frdr. Berth., das preussische Physikatsexamen. Gerichtlich medizin. Leitfaden f. Examinanden, Physiker u. Juristen. 3. umgearb. Aufl. gr. 8. (XVI, 447 S.) Berlin 872. Enslin. n. 7. —

Loeffler, Frdr. Berth., das preussische Physikatsexamen. Gerichtlich-medicin. Leitfaden für Examinanden, Physiker u. Juristen. 4., umgearb. Aufl. gr. 8. (XII, 412 S.) Berlin 878. Enslin. n. 8. —

Löffler, Friedr. Berth., das preussische Physikatsexamen. Gerichtlich-medicin. Leitfaden für Examinanden, Physiker und Juristen. 5. umgearb. Aufl. gr. 8. (XII, 467 S.) Berlin 883, Th. Chr. Fr. Enslin. *

Löffler, Friedrich Otto

Die China-Expedition 1900–1901. Unter bes. Berücks. d. Thätigkeit d. Armee-Oberkommandos u. des Deutschen Expeditionskorps. Vortrag, geh. zu Berlin 1901 von Otto Löffler, Hauptm. Mit 1 Karte. *Berlin: E. S. Mittler & Sohn 1902.* (S. 29–74.) 8° [F.]
= Militär-Wochenblatt. 1902. Beiheft 1, [2.] [03. 8747

— dasselbe, s.a. Beiheft z. Militär-Wochenblatt. 1902. Hft. 1.

Der Russisch-Japanische Krieg in seinen taktischen und strategischen Lehren. Dargest. von [Friedrich Otto] Löffler, Major. Mit Kartenbeil. u. Skizzen. T. 1. 2. Berlin: E.S.Mittler & Sohn 1905. 2 Bde 8° [F.]
1. Vom Beginn d. Krieges bis z. Ende d. Jahres 1904.
2. Vom Beginn d. J. 1905 bis z. Friedensschluß. Der Kampf um Port Arthur u. zur See. Betrachtungen. Mit 1 Kriegsgliederung. [06. 8378

Löffler, Strategie, s.a. Sammlung Göschen.

Löffler, Friedrich Otto: Strategie. Leipzig: Göschen 1910. 133 S. 8°. (Sammlung Göschen. 505.)

— Taktik des Truppen-Sanitätsdienstes auf d. Schlachtfelde. Mit e. Uebersichtsskizze im Text u. e. Kartenbeilage in Steindr. gr. 8. (IV, 87 S.) Berlin 899. E. S. Mittler & Sohn. n. 2. —; geb. in Leinw. n.n. 3. —

Löffler, Taktik d. Truppen-Sanitätsdienstes auf d. Schlachtfelde. 2., auf Grund der Kriegs-Sanitätsordng. v. 27. I. 1907 neu bearb. Aufl. Mit e. Übersichtsskizze im Text u. e. Kartenbeil. in Steindr. (VII, 104 S.) gr. 8. Berlin 907. E. S. Mittler & Sohn. 2.50

LÖFFLER, Georg (Kaufbeuren): De hypopyo.- Monachii: Deschler 1858. 16 S.
19.11.1856 - Urk; F 63
Diss. Ingolst.-Landsh.-Mchn.

— Georg Friedr. (Dresden), De cultu divino christianorum rationali. Dresden (Harpeter) März 1778. 20 S. (3.—) 21488
Gew.: Joh. Friedr. Rehkopf.

Loeffler, Godof. Frid. (Franc.) (geb. Stendal 1. 11. 1815): De phlebitide uterina. Berolini (1837). (34 S.) 8°
Berlin, Med. Diss. v. 9. Sept. 1837

Löffler, (Gottfried) F(riedrich) (Franz) (Hrsg.):

s.: Zeitschrift für Erfahrungsheilkunst. Bd 1–2/1. Eilenburg: 1847–1848

JB 6.102

Löffler, Gustav, aus Mannheim: Ueber kleine abgekapselte Empyeme im Kindesalter. *Heidelberg: Heidelb. Verlagsanst. u. Druckerei 1902.* (56 S.) 8°
Heidelberg, Med. Diss. v. 1902

Löffler, Gust. (Jak. Hnr. Duttenhofer): Des Pfarrers von Aichholde Ritt von 10 Meilen, od. Scenen aus d. Leben weiser Menschen u. Narren. 4 Thle. 8. Tübingen 1792, 93. Wien, Wallishauser.

Löffler, Gustav Otto

Löffler, G. O., Gottes-Grüße. Sprüche. (90 S.) kl. 8. Bitterfeld (902). Schmiedeberg, F. E. Baumann. n. — 50

Gottes-Grüße. Sprüche von G. O. Löffler. Bitterfeld & Leipzig: F. E. Baumann [1905]. (90 S.) 8° [F.] [05 15096 3

Loeffler, Gust. Otto, s.: Hephata.

Löffler, G. O., s.: Theosophie, christliche.

Löffler, H.

Anleitung zu den Kürzungs-Verfahren der vereinfachten deutschen Stenographie '(System Schrey-Johnen-Socin)'. Z. Schul- u. Selbstunterr. bearb. v. H. Loeffler, Ehrenmitgl. d. Ver. f. vereinf. Stenogr, zu Köln. *Bonn: Kommissionsv. v. Habicht: (Dr. v. F. Bartels. Berlin) 1897.* (1 Bl., 32 S.) 1 Bd 8. [98. 4803

Löffler, H., der Bau der Eisenbahnbrücke üb. die Weichsel bei Thorn, s.: Schwedler, J. W.

Löffler, H., über Verschlussvorrichtungen an den Blütenknospen bei Hemerocallis u. einigen anderen Liliaceen. (11 S. m. 2 Taf.) gr. 4. Hamburg 903. L. Friederichsen & Co. n. 2. —
Sonderabdruck aus: „Abhandlgn. a. d. Geb. d. Naturwiss."

Löffler, Hans, approb. Arzt aus Kreuzwertheim: Ueber 19 in der Würzburger geburtshilflichen Klinik vom Jahre 1889—99 beobachtete Fälle von Eklampsie. *München 1900: V. Höfling.* (25 S.) 8°
Würzburg, Med. Diss. v. 1900

Löffler, Heinrich, appr. Tierarzt, Unterveterinär an d. Mil.-Vet.-Akad.: Aus d. hyg. Inst. d. Tierärztl. Hochsch. Berlin. Vorst.: Frosch. Das Formaldehydpräparat 'Autan' als Desinfektionsmittel für Stallungen, Tierkliniken usw. Berlin 1910: (Mittler). 32 S. 8°
Gießen, Veterinär-Med. Diss. v. 4. Juli 1910, Ref. Geppert
[Geb. 27. Febr. 86 Darmstadt; Wohnort: Berlin; Staatsangeh.: Hessen; Vorbildung: Oberrealsch. Darmstadt Reife O. 04; Studium: Berlin Mil.-Vet.-Akad. 8 S.; Rig. 13. Juni 10.] [U 10. 1228

Löffler, Helene, geb. Schwerdtmann, die enthüllten Fälschungen der Nahrungsmittel und Wirthschaftsbedürfnisse. 8. (VI, 74 S.) Aschersleben 877, Schlegel. *

Löffler, Helene, geb. Schwerdtmann, internationales Kochbuch f. deutsche Frauen aller Stände. Populäre Anleitg., schmackhafte u. wohlfeile Speisen zu bereiten. 12 Hfte. 8. (XXIX, 600 S.) Aschersleben 875. 76. Schlegel. à — 25

—— dass. — 2. (Titel-)Aufl. (XVI, 600 S.) 1876; 3. Aufl. 8. (XXIX, 600 S.) Ebendas. 877. *ℳ 3.; geb. *

Löffler, Helene, geb. Schwerdtmann, Kochbuch f. d. bürgerl. Küche. Prakt. Handbuch zur Bereitung schmackhafter u. wohlfeiler Speisen. 4. Aufl. Neu bearb. v. Gertrude Meinhart. Mit 9 Illustr.-Taf. u. zahlr. Abb. gr. 8. (XXXVI, 540 S.) Minden 896. W. Köhler. 3. —; geb. in Leinw. 4. —

Löffler, Helene, Mutter und Kind. Rathgeber für die Wochen- und Kinderstube. 8. (XII, 221 S. mit 1 Tab.) Leipzig 882, Hoffmann und Ohnstein. *ℳ 2,20.; geb. **

Löffler, Henriette, Kochbuch, s. Huttenlocher.

Löffler's, Henriette, großes Kochbuch für bürgerliche Haushaltungen und auch für die feine Küche. Eine vollständ., auf eigene Erfahrung gegründete Anleitung zur Bereitung von schmackhaften Speisen, Backwerk, Eingemachtem, kalten und warmen Getränken. Mit einem Anhange von mehr als 100 nach der Jahreszeit geordneten Speisezetteln. 2. Aufl. 8. (XXIV und 806 S.) Ulm 859, Ebner'sche Buchh.

Löffler's, Henriette, großes Kochbuch für bürgerl. Haushaltungen u. auch für die feine Küche. Eine vollständig auf eigene Erfahrung gegründete Anleitung zur Bereitung von schmackhaften Speisen, Backwerk, Eingemachtem, kalten u. warmen Getränken. Mit einem Anh. von mehr als 100 nach der Jahreszeit geordneten Speisezetteln. 3. Aufl. Ulm 865. Ebner'sche Buchh. 8. (XXIV, 306 S.) cart. n. 22½ ngr.

Löffler's, Henriette, großes illustrirtes Kochbuch f. einfachen Tisch u. die feine Küche. 10. Aufl. Umgearb. u. verm. m. vielen Recepten nach eigener Erfahrg. v. Thdr. Bechtel. Illustr. m. mehreren hundert Holzschn. nach Zeichngn. von B. v. Breitschwert, Jul. Schnorr u. G. Heyberger. gr. 8. (XII, 724 S.) Ulm 882. Ebner. geb. n. 5. 80; auch in 12 Hftn. à — 40

Löffler's, Henriette, großes illustrirtes Kochbuch für einfachen Tisch und die feine Küche. 10. Aufl. Umgearb. und verm. mit vielen Recepten nach eigener Erfahrung von Thdr. Bechtel. Illustrirt mit mehreren hundert Holzschn. nach Zeichnungen von B. v. Breitschwert, Jul. Schnorr und G. Heyberger. 12 Hefte. gr. 8. (XII, 724 S.) Ulm 883, Ebner'sche Buchh. à Heft 40 Pf. geb. *

4.—9. Aufl. erschienen in den J. 1866—82.

Löffler-Bechtel, großes illustr. Kochbuch. Völlig neu bearb., reich illustr. Ausg. 8. (XVI, 1120 S.) Ulm 897. J. Ebner. Geb. in Leinw. n. 6. 80

Löffler u. Bechtel's großes illustriertes Kochbuch. 14. neu bearb., reich illustr. Ausg. (XVI, 1280 S. m. 18 farb. Taf.) gr. 8. Ulm 908. J. Ebner. Geb. in Leinw. n. 7.—

Löffler und Bechtel

— — kleines Kochbuch f. die einfache bürgerliche Küche. Hrsg. v. Eug. Bechtel. (IV, 478 S. m. 1 Taf.) 8. Ebd. 905. Geb. in Leinw. n. 3. —

— kleines illustrirtes prakt. Kochbüchlein für die Puppenküche. Eine nützliche Gabe für junge Mädchen. 3. Aufl. Ebend. 870. 16. (96 S.) 5 ngr.

Löffler, Henriette, kleines illustrirtes praktisches Kochbüchlein für die Puppenküche. Eine nützl. Gabe für junge Mädchen. 4. Aufl. 16. (96 S. mit eingedr. Holzschn.) Ebendas. 882.

Löffler's, Henriette, kleines illustriertes praktisches Kochbüchlein f. die Puppenküche. Neu bearb. und reich illustr. 5. Aufl. 12. (VIII, 112 S.) Ulm (901). J. Ebner. Kart. n. 1. —

—— kleines praktisches Kochbüchlein für die Puppenküche. Eine nützl. Gabe für junge Mädchen. 32. (96 S.) Ulm 860, Ebner'sche Buchh.

— — kleines praktisches Kochbüchlein für die Puppenküche. Eine nützl. Gabe für junge Mädchen. 2. Aufl. 16. (96 S.) Ulm 864, Ebner'sche Buchh. cart.

Löffler, Hermann, approb. Arzt aus Dettelbach: Die **Melanosarkombildung** beim Menschen und beim Pferde. Eine vergleichende Studie. *Mellrichstadt 1903: J. V. Bauner.* (35 S.) 8°
Würzburg, Med. Diss. v. 1903

Löffler, Hugo: Aus prähistorischer Zeit. Farbige Gravüre. 41:66 1/2 cm. Chinapapier K 48.–
Wien: Ges. f. vervielfältigende Kunst 1905.

Löffler, J., Gedenkblatt zum 10jährigen Stiftungsfest der Turnerschaft Halle und Umgegend, Halle a. d. S. 1903, 12 S., 8°.

Löffler, J.: De Euripidis Hecuba, quid secundum Aristotelis praecepta statuendum sit. 22 S. – Deutsch-Crone, Progr. 1869.

Löffler, J., Nachrichten von Liederdichtern d. Gesangbuchs der protestantischen Gesammtgemeinde des Königr. Baiern. gr. 8. Sulzbach, Seidel. 819.

Löffler, J., thèmes de la grammaire de Mr. Eug. Borel traduits. 2. Edit., soigneusement revue et corrigée d'après la 13. édit. de la grammaire. Stuttgart 869. Koch. 8. (96 S.) n. 10 ngr.

Löffler, J., thèmes de la grammaire de Prof. Mr. Eugène Borel traduits. 3. éd. soigneusement revue et corrigée d'après la 4. éd. de la grammaire. 8. (103 S.) Stuttgart 874. Bruchmann. n. 1. 50

Löffler, J., Thèmes de la Grammaire de Mons. Eug. Borel traduits. 4e édit., soigneusement revue et corrigée d'après la 5e édit. de la Grammaire. 8. (95 S.) Stuttgart 877, Bruchmann. *

Löffler, J., Thèmes de la grammaire d'Eug. Borel, traduits. 5e édit. soigneusement revue et corrigée d'après la 16e édit. de la grammaire. 8. (95 S.) [Ulm 881, Bruchmann.] Braunsberg, Huye's Buchh. Verklebt *

Löffler, J., thèmes de la grammaire de Mr. le Prof. Eugène Borel. Traduit par J. L. 6e édit., soigneusement revue et corrigée d'après la 17e édit. de la grammaire par Th. Landmann. 8. (95 S.) Braunsberg 886, Huye's Buchh. *

Löffler, J., thèmes de la grammaire de Eugène Borel. Traduits par J. L. 18. éd., revue et augmentée par Otto Schanzenbach. 7. éd. soigneusement revue et corrigé d'après la 18. éd. de la grammaire par Th. Landmann. gr. 8. (96 S.) Braunsberg 891. Huye. n. 2. —

Löffler, J., thèmes de la grammaire de Eugen Borel. (Schlüssel zur französ. Grammatik.) 20. éd. revue et augmentée par Otto Schanzenbach. Traduits par L. 8. éd., soigneusement revue et corrigée d'après la 20. éd. de la grammaire. gr. 8. (96 S.) Braunsberg 900. Huye. n. 2. —

Löffler, J., thèmes de la grammaire de Eugène Borel. (Schlüssel zur französ. Grammatik v. Eugen Borel.) 21. éd. revue et augmentée par Otto Schanzenbach. Traduits par L. 9. éd., soigneusement revue et corrigée d'après la 21. éd. de la grammaire. (III, 96 S.) 8. Braunsberg (908). [E. Bender, Verl.] Leipzig, A. Giegler. 2. —

Löffler, J. C. G., Abschiedspredigt. 8. Berl. 789. Unger. 6 gr.

— Gedächtnißpredigt auf d. sel. Hrn. J. B. Milo, königl. Inspektor d. Kirchen u. Schulen u. Pastor Primarius zu Frankfurt a. d. O. 8. Berl. 787. Unger. 2 gr.

Löffler, J. F. C., Marcionem (Pauli epistolas) et Lucae evangelium adulterasse dubitatur. Fest. ad V. 1788. 4; rep. in Velthusen etc. commentt. 1. p. 138 ss.

Löffler, J. H.

Der Loge „Göthe". [Lied.] Zur Weihe des Hauses. (29. Okt. 1893.) Text von R[ob.] Fischer. Musik von J. H. Löffler. o. O. 1893. 1 Bl. 8⁰ [Kopftit.] Mit geschriebenen Noten: „Das Haus, darin ihr Brüder baut, . . ." 157.

Löffler, J. K., Anleitung zum Gebrauch der „Fibel von Scharlach und Haupt". gr. 8. (16 S.) Halle 887, Schroedel und Simon, Verlag. *

Löffler, Imman. (1. Diakon an der Hauptpfarrkirche zu St. Jakob in Rothenburg ob d. Tauber), *Nachrichten von Liederdichtern des Gesangbuchs f. d. protestant. Gesammtgemeinde des Kgrs. Baiern.* Sulzbach, in des Kommerzienraths J. E. Seidel Kunst- u. Buchhdlg., 1819. Gr. 8⁰. Gleichzeit. roth. Ppb.
VI—144 S. — Selten!

Löffler, Imm., Plan einer zu errichtenden höhern Privattöchterschule. 8. Rothenburg. 814

— Predigt bei Beerdigung d. Hrn. Jak. Sebald Eckhardt, Diakon zu Rothenburg. 8. Augsb. 818.

Löffler, Joh. Aug., Jubelpredigt, s. Jubelpredigten zweier evangel. Geistlichen in Augsburg.

— Kanzel-Vortrag neuerer Zeit zur Förderung der bürgerlichen und Familien-Wohlfahrt. Dem Drucke übergeben von e. Freunde des Verf. Augsburg 853. v. Jenisch u. Stage. gr. 8. (4 Bl.) 2 ngr.

Löffler, Joh. Aug., Wofür soll unsere Gemeine dem Herrn heute, am zweiten Jubelfeste ihrer Kirche, danken? Eine Gedächtnißpredigt auf die Jubelfeier des 200jährigen Gotteshauses zum heiligen Kreuz, gehalten am 23. Trinitatissonntage den 30. October 1853. Augsburg, v. Jenisch u. Stage. gr. 8. (6 Bl.) 2 ngr.

—— Wofür soll unsere Gemeine dem Herrn heute, am zweiten Jubelfeste ihrer Kirche, danken? Eine Gedächtnißpredigt rc. gehalten den 30. Octbr. 1853. gr. 8. (11 S.) Augsburg 854, v. Jenisch und Stage'sche Buchh.

Löffler, Johann Friedrich

— — De mortis causa capionibus. Lpz. (Breitkopf) 27. IV. 1751. 28 S. (3.—) 21490

— **Joh. Friedr.** (Zwenkau), Diss. jur. de mortuis redivivis. Präs. Georg Andr. Joachim. Lpz. (Langenheim) 18. XII. 1732. 40 S. (4.—) 21489
Gew.: M. Heinr. Gribner.

Löffler, Johann Heinrich

Löffler, J. H., Martin Bötzinger. E. Lebens- u. Zeitbild aus dem 17. Jahrh. 2 Bde. 8. (442 u. 441 S.) Leipzig 897. F. W. Grunow. Geb. in Leinw. n. 10. —

Löffler, J. H., Martin Bötzinger. Ein Lebens- u. Zeitbild aus dem 17. Jahrh. Neue Ausg. 2 Bde in 1 Bde. (442 u. 441 S.) kl. 8. Leipzig 908. F. W. Grunow. Geb. in Leinw. 6. —

— Madlene. Erzählg. aus d. oberfränk. Volksleben. 8. (188 S.) Ebd. 898. n. 2. —; geb. n. 3. —

Löffler, Joh. Heinr., Jakob Querengässer. Eine Heiratsgeschichte aus dem Orlagau zur Ermunterg. ältl. Junggesellen. (III, 164 S. m. Bildnis.) 8. Pößneck 903. F. Gerold Nachf. Geb. in Leinw. n. 2.50

Löffler, Josef, prakt. Arzt aus Ershausen: Ueber Mortalität und Morbidität bei Müttern und Kindern im Anschluß an Zangen, Wendungen, Extraktionen und Perforationen an der Leipziger Universitäts-Frauenklinik vom Jahre 1887—1899. *Leipzig 1903: B. Georgi.* (36 S.) 8°
Leipzig, Med. Diss. v. (16. Dez.) 1903

Löffler, Joseph [aus Worbis]: Das Resorcin, seine therapeutische Verwerthung und seine Giftigkeit. . . . Würzburg, Buchdr. d. „N. Bayer. Landeszeitung", 1889; 45 S. 8°
Würzburg, Med. Fak., Inaug.-Diss. v. 1889

Löffler, Josias Fr. Chr.

— zwei Abhandll. über die kirchliche Genugthuungslehre. 8. Züllichau 796. (Frommann in Jena). 14 gr.

Löffler, Josias Fr. Chr., († d. 4. Febr. 1816.) zwei Andachten bei d. Verpflichtung d. Freiwilligen. gr. 8. Gotha 814. Becker. 6 gr.

— Auswahl einiger Predigten, vorzüglich für seine Freunde in Gotha. gr. 8. Gotha 811.

— Auswahl e. Predigten an Fest- u. Bußtagen rc. gr. 8. Gotha 813. Beide auch u. d. T.: neue Predigten rc. 2e u. 3e Samml., s. unten.

— Bonifacius, od. Feier des Andenkens an die erste christl. Kirche in Thüringen. gr. 8. Gotha 812. Becker. 1 Thlr.

— d. glückl. Eintracht zwischen Regenten u. Unterthanen, e. Predigt. 8. Gotha 798. Perthes. 2 gr.

— u. H. C. G. Demme, drei Friedenspredigten. gr. 8. Gotha... Becker. 9 gr.

— Gedächtnißpredigt a. d. hochsel. König v. Preußen, Friedrich II. gr. 8. Berl. 786. Unger. 2 gr.

Löffler, Jos. Fr. Chr., über d. kirchliche Genugthuungslehre, 2 Abhandl. 8. Züllichau. (Frommann in Jena) 796. Rthlr.

— das Glück des Volks, welches eine gute u. milde Regierung hat. Predigt bei d. Regierungswechsel d. Stadtraths zu Gotha gehalten. 8. Gotha 790. Ettinger. 2 gr.

— Eckermanns u. Döderleins Gutachten üb. einige wichtige Religionsgegenstände in Beziehung auf d. Religions-Proceß d. Pred. Schulz. 8. Görlitz 794. (Anton in Halle). 12 gr.

— Eckermanns und Döderleins Gutachten über einige wicht. Religionsgegenst. 8. Görl. Anton. 798.

– s. W. Hay, Antrittspredigt.

Löffler, Jos. Fr. Chr., Casualpredigten, ist dess. Predigten 2r.

— Lesebuch f. Stadt- u. Landschulen. 8. Gotha 816. 2e A. … 3e A. 821. Reyher. (Leipz., Steinacker). 6 ℊ

— Magazin f. Prediger. 8 Bde. Mit Portrr. gr. 8. Hannov. 803—16. Hahn. 12 ℛ Hbg. Pr. 5 ℛ

Löffler, J. F. Chr., Predigermagazin. Jena 1803—1813. 14 Bde. 8.

— Predigt am Neujahrstag 1815. 8. Gotha, Becker. 3 ℊ

— Predigten. 3 Bde. gr. 8. Züllichau 783—89. 2e A. 794—96. 3e A. 4 Bde. gr. 8. Jena, Frommann. 6 ℛ (4r Bd. Auch u. d. T.: Predigten, dogmat. u. moral. Inhalts ꝛc.)

— Predigten. 4 Bde. gr. 8. Ebend. (I. 1799. 1 Rthlr. 12 gr. II, 805. 1 Rthlr. 12 gr. III, 798. 1 Rthlr. 12 gr. IV, 797. 1 Rthlr. 12 gr.)

— Predigten dogm. und moralischen Inh. 1r und 2r. ist d. vorh. Predigt 3r und 4r.

— neue Predigten. Nebst e. Untersuchung d. Frage: ob es rathsam sei, die heil. Schrift als e. mittelb. Offenbar. zu betrachten. 1e Samml. gr. 8. Jena 801. Frommann. 1 ℛ 12 ℊ 2e u. 3e Samml. gr. 8. Gotha 811. 13. Becker. 2 ℛ 12 ℊ

— Predigten u. Reden. Nach seinem Tode herausg. 2 Bde. gr. 8. Stralf. 817. u. 18. Löffler. 3 ℛ Wohlf. Ausg. 823. 1 ℛ 12 ℊ

Löffler, (J. F. C.,) Predigten u. Reden, nach seinem Tode herausgeg. Neue wohlfeile Ausg. 2 Thl. gr. 8. (Stralsund, Löffler) 824.

— Predigten mit Rücksicht auf die Begebenheiten u. d. Geist d. gegenwärt. Zeitalters. 8. Gotha 795. N. A. 805. Ettinger. 16 ℊ

— kleine Schriften. (Mit H. E. Th. Ulfert, herausg. v. W. Cph. Günther.) 3 Bde. gr. 8. Weimar 817. 18. L. Indust.-Compt. (à 2 ℛ) 6 ℛ

— Tugend aus Gottesfurcht, die höchste Erhebung eines Volks. Predigt am Neujahrstag 1815. gr. 8. Gotha 815. Becker. 3 ℊ

– s. Versuch üb. d. Platonismus.

— üb. d. Werth u. die Erhaltung d. christl.-kirchl. Gottesdienstes. 2 Abhandll. 8. Jena 811. Frommann. 14 ℊ

— wie erleichtert uns Gott das Elend d. Zeit? Eine Aerndtepredigt d. 31. Oct. 1813 gehalten. gr. 8. Gotha 813. Becker. 2 ℊ

Löffler, Julius, s. a. Löffler, Bentley

Loeffler, Julius Zur Geschichte des Culmer Gymnasiums während der zweiten 25 Jahre seines Bestehens. 4 (73 S.).
Progr. Kath. G. *Culm* 1887 (27).

Löffler, K.: Ueber eine algebr. Fläche 4. Ordnung, welche durch die auf ein rechtwinkliges Coordinaten-System bezogene Gleichung: … $c^2 z^2 = (x^2 \text{siu}^2 \varphi - c^2)\ (y^2 \cos^2 \varphi - c^2)$ dargestellt ist. 1874. 4.
Diss. Marburg

Löffler, K. (Red.), s. Seidenbau-Zeitung.

Löffler, K. A. B., Antrittspredigt. gr. 8. Berl. 820. Mittler. 3 ℊ

Loeffler, Karl

Loeffler, Carl, an Gottes Segen ist Alles gelegen! Eine Erzählung für die Jugend. gr. 16. (XVI und 86 S. mit 5 ill. Abbild. in Stndr.) Berlin 851(52,) Brandis.

Loeffler, Carl, An Gottes Segen ist Alles gelegen! Eine Erzählung für die Jugend. Mit Abbildungen. gr. 16. (XVI und 86 S. mit 5 ill. Stnt.) Berlin 852, Brandis.

Löffler, Carl (I.), Anbau und Ausbeute der Industriegewächse. Für deutsche Landwirthe. 1.—3. Heft. 8. Wittenberg [Leipzig] 863, Reichenbach'sche Buchh.

Inhalt:
Heft 1. Die Cichorie. Praktische Anleitung zu deren Cultur und Benutzung (19 S.) 5 Ngr.
„ 2. Die schwarze Malve. Praktische Anleitung zu deren Cultur und Benutzung als einträgl. Färbemittel. (30 S.) 6 Ngr.
„ 3. Der Krapp. Praktische Anleitung zur zweckmäß. Cultur und Benutzung als einträgl. Fabrikpflanze. (42 S.) 7½ Ngr.

Löffler, Carl (I.), der Anbau der Korb- und Bandweide. Eine prakt. Anleitung für Landwirthe, aus schlechten Wiesen, Sümpfen ꝛc. den höchsten Ertrag zu erzielen. gr. 8. (16 S. mit 2 Stnt. Abbild.) Berlin 861(62), Thiele.

Löffler, C., Anbau und Kultur wichtiger Pflanzen in Garten, Feld und Wiese, und einige andere verwandte, wichtige Unterrichtsstoffe für die obern Klassen der Volks- und Bürgerschulen, method. geordnet und bearb. 8. (VI, 73 S.) Bielefeld 887, Helmich. * 60 Pf.: cart. *

— Anleitung zur Kartoffelstärke- und Stärkesyrup-Fabrikation. Berlin 863. Schlingmann. 8. (103 S. u. 2 lith. Taf. in Fol.) n. 1 ℛ

— kurze Anleitung zum Gemüsebau in Deutschland. 8. (112 S.) Zwickau 860, Buchhandlung des Volks-Schriften-Vereins.

Löffler, Karl, Anleitung zur Maulbeerbaumzucht u. zum rationellen Seidenbau. Mit 30 Abbildgn. (Holzschn.) 861. — 2. Aufl. Berlin 863. Kastner & Co. (Prausnitz.) 8. (56 S.) 10 ngr.

— Anleitung zur Maulbeerbaumzucht und zum rationellen Seidenbau. 2. Aufl. 8. (56 S. mit 30 Abbild. in eingedr. Holzschn.) Berlin 863. [Plauen, Schröter.]

— Anleitung zur Obstbaumspalierzucht in Deutschland. 1. und 2. Aufl. gr. 8. (VIII und 94 S. mit 21 lithogr. Abbild.) Berlin 861, Thiele.

— Anleitung zur Obstbaumspalierzucht in Deutschland. 3., stark verm. Aufl. gr. 8. (VII und 106 S. mit 21 lithogr. Abbild. in gr. 8. und gr. 4.) Berlin 862, Thiele.

— dass. — Neue (Titel-)Ausg. gr. 8. (VII und 106 S. mit 21 lithogr. Abbild. in gr. 8. und 4.) Leipzig (862)66, Wartig. *

Löffler, Karl, das galante Berlin. 1—3. Aufl. Berlin 856. Artistische Anstalt. (Mecklenburg.) 16. (IV, 138 S. u. 4 Holzschn.) 10 ngr.

Löffler, Carl (II.), Berlin im schwarzen Rahmen. Erzählungen aus dem alten und neuen Berlin. 1. und 2. Heft. gr. 16. Berlin 860, Thiele. à Heft * 5 Ngr. *

Inhalt:
Heft 1. Cajetano, Graf v. Ruggiero, der Goldmacher. (62 S.)
„ 2. Die Sirene von Berlin. (56 S.)

Löffler, Carl (II.), Berlin im schwarzen Rahmen. Erzählungen aus dem alten und neuen Berlin. 3.—5. Heft. gr. 16. Berlin 862, Thiele. [Leipzig, Wartig.] à Heft * 5 Ngr. *

Inhalt:
Heft 3. Der Quitzow'sche Schatz auf dem Wedding. (71 S.)
„ 4. 5. Die Masken Satans. (109 S.)
1. und 2. Heft. [Ebendas.] 1860. * 10 Ngr.

Löffler, Karl (L.), Biblia rustica das ist verdeutschet Bauernbibel, darinnen enthalten ist die gesammte Landwirthschaft und Viehzucht nach den Erfahrungen alter und neuer Zeit. 9 Lfgn. gr. 8. (1. und 2. Bd. XII und 275 S., 3. Bd. IV und 179 S., 4. Bd. IV und 222 S.) Berlin 863,64, Thiele. à Lfg. 7⅓ Ngr.

—— dass. — Neue (Titel-)Ausg. 9 Lfgn. gr. 8. Leipzig 866, Wartig. à Lfg. * 5 Ngr. *

— populäre Chemie und Physik für Landwirthe und Gärtner. Mit in den Text gedr. Holzschn. Berlin 863. Kastner & Co. (Prausnitz.) 8. (XII, 104 S.) n. 16 ngr.

—— populäre Chemie und Physik für Landwirthe und Gärtner. br. 8. (XII und 104 S. mit in den Text gedr. Holzschn.) Berlin 863. [Plauen, Schröter.] *

—— Mylord Chesterpickle in Berlin. 8. (8 S. mit 1 ill. Holzschn.) Berlin 853, [Lassar's Buchh.] Thlr. *

—— das Chinagrün. (Lu-kao.) Seine Geschichte, Bereitung und Anwendung in der Seiden-, Wollen- und Baumwollen-Färberei und Druckerei. gr. 8. (XVI und 120 S. mit 2 Farbenmustern und 2 lithogr. Abbild. in Fol.) Weimar 861, Voigt. -

—— das Colin-Huhn, s. Bibliothek für Acclimatisation.

Löffler, Karl, Assist. am chem. Inst. d. kgl. Univ.: Aus d. chemischen Institut d. Universität Breslau. Derivate des α-Picolyl- und α-Picolylmethylalkins. *Breslau 1903: H. Fleischmann.* (70 S.) 8°
Breslau, Phil. Diss. v. 1. Aug. 1903

—— Encyklopädie für Pferdefreunde, Pferdebesitzer und Pferdezüchter. 2 Abthlgn. Lex.-8. Berlin, Grieben.

Inhalt:
Abthl. 1. Geschichte des Pferdes. 2 Thlr. (VIII und 574 S.) 863. 3 Thlr.
„ 2. Zucht, Pflege und Veredelung des Pferdes. 2 Thlr. (114 S. mit 6 Holzschntaf.) 866. 2 Thlr.

—— die enthüllte Färbekunst. Anweisung, wie man ohne große Kosten selbst färben kann. Keine alte Stoffe, keine alte Bänder mehr. Mannigfaltigkeit der Farben in tausend verschiedenen Nüancen &c. gr. 16. (X und 53 S.) Berlin 863, Schlingmann. *

LÖFFLER, C. u. H. OBENAUF: Hohes Federwild. Ein Album für Jäger und Jagdfreunde. Fasan (Zucht und Pflege), Auer- und Birkwild, Schwan, Kranich, Trappe. - Ilmenau o.J. 58 S.

— und Heinr. **Obenauf**, hohes Federwild. Ein Album für Jäger und Jagdfreunde. Fasan [Zucht und Pflege]. Auer- und Birkwild. - Schwan. — Kranich. — Trappe. Mit (5) Illustr. nach Zeichngn. von C. Steffeck, in Holz geschn. von W. Feist. Berlin 862. Kastner & Co. (Prausnitz.) gr. 4. (VII, 59 S.) 2 ℳ

Löffler K.: Geschichte d. Pferdes. 2 Th. (1 Vol.). Berl. 1863. (569) S. (Encyclopädie f. Pferdefreunde ... Abth. 1).

LÖFFLER, K. Die Berliner Grisette. Mit 3 Holzschnitten. Berlin o. J. (ca. 1852). 12°. 64 S.
Selten. Hayn-Gotendorf I, 293, kennt nur eine mit 2. Auflage bezeichnete Ausgabe aus dem Jahr 1856.

— die Berliner Grisette. Mit 3 Illustr. (Holzschn.) 1. u. 2. Aufl. Berlin (856.) Bieler u. Co. 32. (64 S.) 5 ngr.

—— dass. — (Mignon-Bibliothek. I.) 32. (64 S.) Ebds. 855.

Löffler, C., bei Mutter Grün, s.: Bloch's, Ed., Dilettanten-Bühne.

—— bei Mutter Grün, s. Gerichts-Scenen, komische.

Löffler, Carl, Grundzüge der Kultur der Pflanzen. Zunächst zu fester Begründung einer populären physiologischen Erklärung der Kartoffelkrankheit. Carlsruhe 854. Braun in Comm. 12. (VIII, 99 S.) n. 12 ngr.

—— der berliner Handlungsdiener. 32. (64 S. mit Illustr. in Holzschn.) Berlin 856, Bieler und Comp.

—— die Höhlenbrüter im Dienste der Land- und Forstwirthschaft als Bekämpfer der Ungezieferschäden. Anweisung zu ihrer Hegung, sowie zur Anfertigung und Anbringung der Nistkästen. Eine dringende Mahnung an alle Behörden, an Geistliche und Lehrer, sowie an alle Land- und Forstwirthe. 8. (45 S. mit 1 Stnt. Abbild. von Nistkästen.) Berlin 863. [Stuttgart, Johannsen's Verlag.] *

— die Höhlenbrüter im Dienste der Forst- u. Landwirthschaft als Bekämpfer der Ungezieferschäden. Anweisung zu ihrer Hegung, sowie zur Anfertigung u. Anbringung der Nistkästen. Eine dringende Mahnung an alle Behörden, an Geistliche u. Lehrer, sowie an alle Land- u. Forstwirthe. 3., verm. u. verb. Aufl. Mit 1 Taf. (lith.) Abbildgn. von Nistkästen. Stuttgart 870. Johannsen. 8. (46 S.) n. 8 ngr.

Loeffler, Carl, Jesus Christus. Ein Drama in 4 Akten m. e. Epiloge. (17½ S.) gr. 8. Leipzig (Inselstr. 12) 904. (Thalacker & Schöffer). n. 2. —

Löffler, Carl, die Justizmorde der Neuzeit aller Länder. Interessant u. belehrend dem Volke erzählt. 1—3. Liefg. Leipzig 867. Minde. Lex.-8. (S. 1—72 mit vielen Illustr. in Holzschn.) Jede Liefg. 4 ngr.

— können gewissenhafte deutsche Geschworne den Angeklagten Ernst Kühn des Mordes der Henriette Wolf „schuldig" erachten? u. können gewissenhafte deutsche Richter demgemäß erkennen? Eine Antwort auf die Confiscation meiner Schrift. Berlin 870. Deutsches Verlags-Institut. Lex.-8. (16 S.) 2½ ngr.

Löffler, Karl, Dr.: Die Konstitution des Conhydrins und der Coniceïne. Breslau 1907: H. Fleischmann. (80 S.) 8°
Breslau, Phil. Fak., Hab.-Schr. v. 19. Okt. 1907
(Nicht für den Austausch)

Löffler, Carl, über Kultur und Veredlung der Setzlinge. Eine, sowohl für Gärtner als Landwirthe zunächst in Bezug auf den Gemüsebau nützliche u. erprobte, in unserm Lande noch nicht angewendete Anleitung. Freiburg i. Br. 854. Wangler. 8. (19 S.) 2 ngr.

—— und Peter v. Pasti-Balogh, s. Landgut, unser kleines.

— die Landwirthschaft für Kinder. 1. u. 2. Cursus. Berlin 864. Thiele. (Leipzig, Wartig.) gr. 8. (42 S.) 4 ngr.

—— die rationelle Landwirthschaft. 1. Thl.: Allgemeine Theorie der Naturgesetze. gr. 8. (51 S. mit 2 Stnt. in Fol.) Berlin 861, Thiele.

—— das Leben der Blume und der Frucht. Scenen aus dem Pflanzenreiche. 8. (XII und 285 S. mit 1 Stnt. und 8 Illustr. in Holzschn. von H. Danz.) Berlin 861(62), Kastner und Comp. (Prausnitz.)

Löffler, Karl, die Legende vom Kanonennante. 2 Bde. [Mit dem Portr. des Verf. (in Holzschn.).] 8. (VI, 862 u. 337 S.) Leipzig 878. Winger. n. 10. —

—— Pierre Levassor. 1—3. Edition. 32. (64 S. mit lithogr. Portr.) Berlin 856, Gebauersche Buchh. *

—— die berliner Lorette. 32. (64 S. mit 3 Illustr. in Holzschn.) Berlin 856, Bieler und Comp.

Löffler, Carl, ein Mord oder der falsche Müller, s. Bühnen-Repertoir, neuestes.

—— Münz-, Maaß- und Gewichtskunde aller Länder und Völker. 16. (99 S.) Berlin 864, Schlingmann. cart. *

—— über die Nothwendigkeit von Reformen in der Fütterung der Hausthiere. gr. 8. (XI und 67 S.) Berlin (861)62, Akademische Buchh. *

—— die Opfer mangelhafter Justiz. Gallerie der interessantesten Justizmorde aller Völker und Länder. 3 Bde. 8. Jena 869,70, Costenoble. [1. und 2. Bd. (XVIII, 461; 415 S.) à M. 6.; 3. Bd. (388 S.) M. 6,75.]

—— dass. — Gallerie der interessantesten Justizmorde aller Völker und Zeiten. 2. Ausg. 3 Bde. 8. (461; 415; 388 S.) Ebendas. 878. à Bd. M. 3.

—— Ornamenten-Zeichnungen, s. Zeichenschule, allgemeine.

Löffler, Karl, a. Stuttgart: Das Passiv bei Otfrid und im Heliand besonders im Verhältnis zu den lateinischen Quellen. Borna-Leipzig 1905: R. Noske. (48 S.) 8°
Tübingen, Phil. Fak., Ref. v. Fischer, Diss. v. 30. März 1905
[Geb. 7. Jan. 75 Stuttgart; Wohnort: Stuttgart; Staatsangeh.: Württemberg; Vorbildung: Sem. Blaubeuren Reife S. 93; Studium: Tübingen 5, Genf 1, Poitiers 1, Stuttgart T.H. 1 S.; Rig. 1. März 05.]

— das Pferd. Zucht, Pflege, Veredelung u. Geschichte. Encyclopädie für Pferdefreunde, Pferdebesitzer u. Pferdezüchter. Unter Berücksichtigung der neuesten Erfahrungen u. besten Quellen bearb. Mit Abbildgn. 4 Thle. Berlin 866. Grieben. gr. 8. (992 S. mit 4 Holzschntaff.) 4 ℛ 24 ngr.

— — 2. illustr. Aufl. 1—10. Liefg. Berlin 869. Grieben. gr. 8. (1. Bd. S. 1—252 u. 164 S. mit eingedr. Holzschn. u. 5. Holzschntaf.) Jede Liefg. n. 5 ngr.

Löffler, Carl [aus Erfurt]: Zur Prognose der Knochensarkome ... Halle a. S., Druck v. Wischan & Wettengel, 1896; 2 Bl., 42 S., 1 Bl. 8.
Halle, Med. Fak., Inaug.-Diss. v. 13. Juni 1896

— Puhlmann contra Bölicke, s. Gerichts-Szenen, Komische.

— die in Deutschland vorkommenden verschiedenen Racen des Haushahn's. Mit 1 color. Abbildg. (in Holzschn.) Berlin 859. J. Springer. 8. (23 S.) 10 ngr.

— chemisches Recept-Taschenbuch für deutsche Hausfrauen. Berlin 863. Schlingmann. 16. (X, 240 S.) n. 18 ngr.

—— über die Runkelrübenzucker-Fabrikation Frankreichs. gr. 8. (65 S.) Berlin 863. [Leipzig, Wartig.] -

Löffler, Carl (III.), Sammlung von Früchten-Körbchen, Vasen etc. als Uebung im Zeichnen und Malen für Zeichner, Zimmer- und Decorationsmaler und Zeichnungsschulen. 1. Heft. Imp.-4. (6 Stnt.) Uttweil 859. [Stuttgart,] Uhler. *
ill. *

—— dass. — 1. Heft, gr. Fol. (6 Stnt.) Ebendas. 859. *
ill. *

Löffler, Carl, Sammlung von Früchtenkörbchen, Vasen etc. als Uebung im Zeichnen u. Malen für Zeichner, Zimmer- u. Decorationsmaler u. Zeichnungsschulen. 2. Heft. Stuttgart 865. Uhler. Imp.-4. (6 Steintaff.) n. 28 ngr.;
color. n. 1 ℛ 12 ngr.

—— Sammlung von Vögeln zur Uebung im Zeichnen und Malen für Decorationsmaler und Fortbildungsschulen. 1. und 2. Heft. hoch 4. (à 6 ill. Stnt.) Uttweil 861. [Stuttgart,] Uhler. à Heft * 1 Thlr. *

—— goldene Schatzkammer. General-Recept-Lexicon für Land- und Hauswirthschaft, Künste, Gewerbe und Handwerke. 2 Bde. in 16 Lfgn. gr. 8. (547 S., 456 S.) Berlin 864,65, Sacco Nachfolger. à Lfg. 5 Ngr.

Löffler, Carl (I.), aus dem Sciotathale. Schicksale deutscher Ansiedler. 2 Bde. 8. Berlin 870, Langmann und Comp. [Deutsches Verlags-Institut.] *
Inhalt:
Bd. 1. Der Indianerspion. Erzählung aus dem amerikan. Grenzerleben. (III, 272 S.)
2. Die Rothhäute. Erzählung aus dem amerikan. Grenzerleben. (III, 258 S.)

— humoristische Scenen und Genrebilder. Nr. 1. Mylord Chesterpickle in Berlin. Berlin (853.) Lassar. 8. (8 S. u. 1 color. Holzschn.) 2½ ngr.

—— Tabellen der pyrognostischen Merkmale, welche die allein oder mit Reagentien behandelten mineralischen Substanzen darbieten. qu. Fol. (10 Tab.) Berlin 863, Gerschel's Verlagsb. cart. -

—— analytische Untersuchungen über den Vergleichs-Werth verschiedener Hauptgattungen der Runkelrübe und über die Vertheilung des Stickstoffgehalts in den verschied. Theilen dieser Pflanze, nebst Analysen der für den Runkelrübenbau geeigneten Bodenarten. gr. 8. (48 S.) Berlin 863, Frank.

Löffler, C. (II.), die Verbesserung des Kartoffelbaues, ein erprobtes Mittel gegen die Kartoffelkrankheit. 8. (30 S.) Karlsruhe 850, Braun'sche Hofbuchh. *

—— Versuch einer Classifikation sämmtlicher Hühnerracen. 8. (27 S. mit 1 Tab. in qu. 4.) Berlin 859, Springer's Verlag.

— Warnung an die nach Amerika auswandernden Deutschen. Die betrügl. Manöver des norddeutschen Lloyd zu Bremen. Appell an die deutschen Regierungen u. die deutsche Presse. Leipzig 867. (Matthes.) gr. 8. (24 S.) 3½ ngr.

— der Berliner Wucherer. Mit Illustr. (Holzschn.) Berlin (856.) Bieler u. Co. 32. (68 S.) 5 ngr.

Löffler, Karl (Red.), s. Zeitung für Zuckerfabrikanten

Löffler, Carl, die Zucht der ausländischen Hühner in Deutschland. Anleitung zur Zucht und Pflege sämmlicher ausländischer Hühnerracen: der Cochinchinas, Malayen, Dorkings etc. Mit 25 fein color. Abbildgn. (auf 15 Holzschnitttaf.) Berlin 857. J. Springer. 8. (VIII, 128 S.) n. 1 ℛ 10 ngr.

—— die Zucht der ausländischen Hühner in Deutschland. Anleitung zur Zucht und Pflege sämmtl. ausländ. Hühnerracen: der Cochinchina's, Malayen, Dorkings, span. und poln. Hühner etc. 1. Aufl. 1857. und 2., verm. Aufl. 8. (VI und 122 S. mit 27 ill. Abbild. auf 16 Holzschnt.) Berlin 859, Springer's Verlag. *

Löffler, Karl, die Zucht, Pflege u. Veredelung d. Pferdes Encyclopädie f. Pferdefreunde, Pferdebesitzer u. Pferdezüchter. 3. Aufl. Mit Abbildgn. (Holzschntaf.) gr. 8. (1. Bd. 255 u. 2. Bd. 164 S.) Berlin 874. Grieben. n. 5.—

Löffler, Carl, u. Peter v. **Papi-Balogh**, die nordamerikanische Zuckerfabrikation aus Sorgo u. Imphy u. deren hohe Wichtigkeit für Deutschland, Ungarn u. die Schweiz. Mit 14 Illustr. (in Holzschn. u. 1 Chromolith.) Debreczin 868. v. Csáthy jun. gr. 8. (V, 96 S.) 15 ngr.

— das chinesische Zuckerrohr (Kao-lien). Ein Wundergewächs für Agricultur und Industrie, in seiner Verwendung zur Zucker-, Alkohol-, Farben- und Papier-Fabrikation etc., sowie als Nahrungs-, Fütterungs- und Düngungsmittel. Nach den neuesten Quellen betrachtet. Mit 1 (lith. u.) color. Abbildg. der Pflanze. Braunschweig 859. Vieweg & Sohn. gr. 8. (XI, 151 S.) n. 20 ngr.

Löffler, Kaspar
Geschichte des Verkehrs in Baden, insbesond. d. Nachrichten- u. Personenbeförderung ⟨Boten-, Post- u. Telegraphenverkehr⟩ von d. Römerzeit bis 1872. Von K[aspar] **Löffler**, Postinsp. Mit 5 Beil., 7 Kt. u. 4 Taf. Heidelberg: Winter 1910. XVIII, 588 S. 8° [11. 2288

Löffler, Katharina

Löffler, Cathar., Pariser Kochbuch 2c., s. Kochbuch.

Löffler, Klemens, die westfälischen Bischöfe im Investiturstreit u. in den Sachsenkriegen unter Heinrich IV. u. Heinrich V., s.a. **Beiträge, Münstersche, zur Geschichtsforschung. N. F. II.**

Löffler, Klemens, aus Steinbach ⟨Eichsfeld⟩: Die westfälischen Bischöfe im Investiturstreit und in den Sachsenkriegen unter Heinrich IV. und Heinrich V. *Halle 1903.* (54 S.) 8°
¶ [Erschien vollst. 1903 als: Münstersche Beiträge zur Geschichtsforschung, N.F. H. 2.]
Halle, Phil. Diss. v. 1903

Die westfälischen Bischöfe im Investiturstreit und in den Sachsenkriegen unter Heinrich IV. u. Heinrich V. Von Dr. Klemens **Löffler**. *Paderborn: F. Schöningh 1903.* (110 S.) 8°
[Ein Teil erschien auch als Inaug.-Diss Halle 1903.]
= **Beiträge**, Münstersche, z. Geschichtsforschung. N. F. 2. [04. 3618

Der Hülfensberg im Eichsfelde. Seine falschen Ansprüche u. s. wirkliche Bedeutung. Von Klemens **Löffler**. Mit e. Abb. Breslau: Selbstverl. 1909. 46 S. 8° [Umschlagt.]
Aus: Neue Mitteilungen d. Thür.-Sächs. Ver. f. Erforschung d. vaterländ. Altertums. Bd 24, H. 1. [10. 18438 6

Löffler, Leop., Instruction üb. die Zollbehandlung v. Maschinen u. Apparaten. Verordnung der Ministerien der Finanzen u. des Handels v. 21. V. 1887, Z. 2447 F. M. (V. Bl. 18 ex 1887). Mit Berücksicht. der durch nachträgl. Ministerial-Verordngn. bedingten Abänderg. u. Ergänzgn. nebst e. alphabet. Sachregister nach dem Stande vom Ende Jänner 1899. Erweitert durch einschläg., v. den Ministerien der Finanzen u. des Handels nach Anhörg. des Zollbeirathes getroffene Zolltarif-Entscheidgn. u. andere auf diese Instruction Bezug nehm. Ministerial-Verordngn. 12. (71 S.) Wien 899. Manz. n. 1.—

Löffler, Lorenz, Herrlichkeiten der Marienzelle zu St. Märgen auf dem Schwarzwald. Ein vollständ. Gebetbuch mit besonderer Berücksicht. der Andacht zum göttl. Herzen Jesu, zur allerseligsten Jungfrau Maria, zum heil. Judas Thaddäus u. den 14 heil. Nothhelfern. 2., veränd. Aufl. 16. (344 S.) Freiburg i/Br. 878. Herder. geb. m. Goldschn. n. 2. 50

Löffler, Loth., Künstlerleben. Roman. Frei nach dem Französ. 8. (262 S.) Leipzig 888, Steffens. *

Löffler, Ludwig

Löffler, L., Berlin und Berliner, s.a. Weber's illustrirte Reisebibliothek.

LÖFFLER, L., Berlin und die Berliner. In Wort und Bild. M. 60 in den Text gedruckten Abbildgn. Leipzig 1856. 8°. 4 Bl. u. 138 S. (6 Mk., Illustr. Orig.-Umschl., unbeschn., E. Frensdorff.)

Löffler, Ludwig. Berlin und die Berliner. In Wort und Bild. Leipzig, J. J. Weber 1856. 158 S. m. 60 Abb. 8°.

Loeffler, Ludwig [app. Arzt aus Neckarbischofsheim]: Zur Casuistik der Elephantiasis Arabum. . . . München, Buchdr. v. M. Ernst, 1890; 27 S., 1 Taf. 8°
München, Med. Fak., Inaug.-Diss. v. 1890

Löffler, Ludw., Schiller's Lied an die Freude. Illustrationen. In Holzschn. ausgeführt von Schulze und Schmetzer. 1. Aufl. 1859. und 2. Aufl., verm. durch Erläuterungen von Max Schasler. Fol. (17 Bl. in Tondr. mit 1 Bl. Erläuterungen.) Leipzig 860, Mendelssohn. *

Loeffler, Ludw., Skizzenbuch in Worten und Bildern. Aus Westfalen, dem Rheinlande, der Schweiz, Baiern und Sachsen. 8. (VIII und 205 S. mit eingedr. Holzschn.) Leipzig 851, Weber. *

Löffler, Ldw., s. Sue, E., Martin d. Findling.

Löffler, M: Jll. Preisliste über Hohenzollern-Fahrräder und Metallwaaren. Hamburg 1904

Löffler, M., der wohlerfahrene Reisende, od. vollständ. Wegweiser durch ganz Deutschland, vorzüglich f. reisende Krämer und Handwerksbursche. Mit 1 Karte v. Baiern. 12. Augsb. 825. Bäumer. 8 gl

LÖFFLER, Max (Neuburg a.d.D.): Beiträge zur Casuistik der Lidoperationen.- Neuburg: Griessmayer (1885). 21 S.
5.5.1885 - Urk (Titel: De palpebrae operationibus.); Chr 1884/85,21
Diss. Ingolst.-Landsh.-Mchn.

Löffler, Maxim.: Kurzer Begriff der alten u. neuen harmonischen Civil-Baukunst von den fünf Ordnungen u. derselben Proportion etc.
Stettin 1752. 8.

Löffler, Melanie, Gebt unserm Gott die Ehre! Religiöse Gedichte. Erfurt 862. Keyser. 16. (144 S.) 1 ₰

Loeffler, Norbert: **Flora** von Rheine. 1. Verzeichnis der Blüten- und Farnpflanzen von Rheine und Umgegend mit Angabe ihrer Standorte. (Mit Vorr. v. Dir. Anton Führer.) *Rheine 1902: J. Altmeppen.* (66 S.) 8° ¶ (Neubearb. d. P-Beil. 1887.)
Rheine, kath. G Dionysianum, P 1902 (404)**

Loeffler, Norbert: Flora von Rheine. 2. Die Blüten- und Farnpflanzen von Rheine und Umgegend nach der Bedeutung ihrer deutschen Namen zusammengestellt. Rheine 1904: Jos. Altmeppen. (53 S.) 8° ¶ [Forts. d. P-Beil. 1902.]
Rheine, G Dionysianum P 1904 (424)

Kreuz und quer durch die Umgegend von Rheine. Ein Wegweiser f. einheim. u. fremde Wandersleute von Norbert **Loeffler**. Rheine i. W.: A. Rieke Wwe 1906. (88 S.) 8° [06. 19843

Loeffler, Norbert Verzeichnis der in der Umgegend von Rheine wachsenden phanerogamischen Pflanzen nebst Angabe ihrer Standorte. 8 (59 S.). G. Dionysianum *Rheine* 1887 (341).
Progr.

Löffler, Otto, s. Löffler, Friedrich

Loeffler, P., d. Methodismus. (14 S.) kl. 8: Zwickau (908). Schriftenverein. p — 10
Sonderabdr. aus: „Ev.-luth. Freikirche".

Loeffler, Paul, aus Heilbronn a. N.: **Einwirkung** von Kalkhydrat auf Milchzucker. Konstitution von Parasaccharin. *Freiburg i. B. 1904: E. Kuttruff.* (35 S.) 8°
Freiburg i. B., Phil. Diss. v. 1904

Löffler, Pauline, Frauen-Leben, Liebe u. Leiden. Gedichte. 1. Bd. 12. (96 S.) Berlin 881. (Le Coutre.) 1. 20; geb. m. Goldschn. 2. —

Loeffler, Peter [aus Frankfurt a./M.]: Ueber das Phenmorpholin . . . Jena, Druck v. A. Kämpfe, 1894; 52 S., 1 Bl. 8.
Jena, Phil. Fak., Inaug.-Diss. v. [Juli] 1894

Löffler, Philipp

Löffler, Ph., Festpredigt bei Gelegenheit der feierl. Weihe der Diözese Regensburg an das heil. Herz Jesu im hohen Dome zu Regensburg am 9. Juni 1872 geh. 8. (28 S.) Regensburg 872. Pustet. — 20

Löffler, Ph., S. J., Festpredigt, bei Gelegenheit der feierlichen Weihe der Diözese Regensburg an das heiligste Herz Jesu im hohen Dome zu Regensburg am 9. VI. 1872 geh. 2. Aufl. nebst approb. Herz-Jesu-Litanei u. Weihe-Formel. 12. (32 S.) Regensburg 899. F. Pustet. — 20

Löffler, Phpp., zur Jubelfeier der Marianischen Congregationen. 5. Decbr. 1584—5. Decbr. 1884. gr. 8. (68 S.) Freiburg i. Br. 884, Herder'sche Verlagsh. *
Aus: Stimmen aus Maria-Laach, besonders abgedruckt.

Die marianischen Kongregationen in ihrem Wesen und ihrer Geschichte. Von Philipp Löffler, S. J. 3. Aufl. Freiburg i. Br. [usw.]: Herder (1910). V, 115 S. 8° [11. 7333

Löfler, Ph., Trauer-Rede gehalten im Dome von Regensburg am 11. Decbr. 1867 bei dem feierl. Pontifical-Gottesdienste für die Seelenruhe der Soldaten, welche in Vertheidigung des heil. Stuhles gegen die jüngsten Angriffe auf den Kirchenstaat gefallen sind. 3. Aufl. Regensburg 868. Pustet. gr. 8. (18 S.) 2 ngr.

— Trauer-Rede gehalten im Dome von Regensburg am 11. Decbr. 1867 bei dem feierl. Pontifical-Gottesdienste für die Seelenruhe der Soldaten, welche in Vertheidigung des heil. Stuhles gegen die jüngsten Angriffe auf den Kirchenstaat gefallen sind. 1.—3. Aufl. gr. 8. (18 S.) Ebendas. 868.

Löffler, S. J., die Unwandelbarkeit der kirchl. Lehre trotz der Wandlungen des menschl. Geistes, s.a. Volksaufklärung. Nr. 87.

Löffler, S. J., die Unwandelbarkeit der kirchlichen Lehre trotz der Wandelungen des menschlichen Geistes. Vortrag, geh. auf der Generalversammlg. der Leogesellschaft in Feldkirch. gr. 8. (29 S.) Bregenz (901). J. N. Teutsch. n. — 30

Löffler, Rud., Selbstbefreiung. Drama in 3 Aufzügen. (40 S.) 8. Jauer (908). Glogau, Hellmann. 1. 50

Löffler, Samuel [aus Troppau]: Ueber den Einfluss der Magnetisierung auf die Torsionselastizität des Eisens. Zürich 1901. 62 S. 8°.
Zürich. Phil. Diss. II. S. 1901/1902.

Löffler, Wilhelm Emil, s. L ö f f l e r , Emil

Löffler-Ebert, Frau Auguste, s.: Gedichte e. vogtländisch. Frau aus dem Volke.

Löfflerin, A., neuestes Kochbuch für die Küche aller Stände, oder Anweisung zur schmackhaften Zubereitung von Speisen, Backwerk, Eingemachtem, Getränken rc., über 650 Recepte enth. Ster.-Ausg. 16. (224 S.) Reutlingen 887, Bardtenschlager. cart.

Löfflerin, A., neuestes Kochbuch f. d. Küche aller Stände, od. Anweisung z. schmackhaften Zubereitung v. Speisen, Backwerk, Eingemachtem, Getränken rc., üb. 650 Recepte enth. Ster.-Ausg. 16. (224 S.) Reutlingen 896. R. Bardtenschlager. Geb. 1. —

Löfflerin, Charlotte, s. L ö f f l e r .

Löfflerin, Friederike Luise, s. L ö f f l e r .

Löfflerin, Kathar., Universalkochbuch, s. Vicard.

Löffler's, Johann Friedrich, Leben, s. S e r g e a n t , d. Alte.

Löffling, Pet., Reise nach den span. Ländern in Europa u. Amerika, a. d. Schwed. von Linné m. K. gr. 8. Berlin, Lange. 776.

Loffe, Gr. Hnr., († d. 12. April 1798.) Versuch über die Einricht. d. Vortrags d. menschl. Pflichten zur Förderung ihrer Ausübung. 8. Hamb. 782. Bohn. 5 gl.

Löfgreen, Haushaltungsinstitut.
München 1891. V: *Taufkirchen, Olga Gräfin*
(BMarsch 804)

Loefler, Ad. Ludw. (Leipzig), Diss. jur. de jure venandi. Altdorf (H. Meyer) 28. VI. 1706. 26 S. (5.—) 21492
Gew.: Jac. Born.

Löfler, Adolph Friedrich

Löfler, Ad. Fr., vermischte Aufsätze u. Beobachtt. aus d. Arzneikunst, Wundarzneikunst, Geburtshülfe u. gerichtl. Arzneikunde. Mit e. Vorrede, Zusätzen u. Bemerkk. herausg. von S. G. Vogel. Mit 1 Kpfr. gr. 8. Stendal 801. Franzen u. Gr. 1 ℛß 12 gl.

— Beitrr. z. Wundarzneikunst. 2 Bde. 8. Altona u. Leipz. 791. 92. Bechtold. (W. Rauck in Leipz.) 1 ℛß 4 gl.

Löfler, Adolph Friederich (Übers.u.Comm.):

s.: Gesscher, (David) van: Abhandlung von den Wunden, aus dem holländischen. Leipzig: 1796

JB 6.610

— d. neuesten u. nützlichsten prakt. Wahrheiten u. Erfahrungen, f. Aerzte u. Wundärzte. 1r u. 2r Bd. (Auch u. d. T.: Handbuch d. Wissenswürdigsten u. mit zur Beförder. e. glückl. medizin.-chirurg. Praxis vorzüglich geeignet. neuesten Bemerkk. u. Entdeck. 1r u. 2r Bd.) 8. Erf. 803—5. Keyser. 4 ℛß 12 gl. 3r Bd. 8. Riga 809. Hartmann. 2 ℛß 8 gl.

Löfler, Philipp, s. L ö f f l e r .

Löfling, Pet., Reise nach den spanischen Ländern in Europa und Amerika; aus d. Schwed. v. A. B. Kölpin, mit Kpf. gr. 8. Berl. 766. 2e A. 776. Lange. 1 ℛß 8 gl.

Löflund, Chrstn. Wilh., Bibliotheca theolog., s. B i b l i o t h e c a.

Löflund, Chr. W., (Buchhändler), s. *Enslin*, Bibliotheca auctorum classicorum et Graecorum et Latinorum.

Löflund, F. C., nebst Sohn, s. Intelligenzblatt f. Gelehrte rc.

Löfqvist, Reguel, zur Pathologie der Mucosa corporis uteri. Akademische Abhandlg. (VII, 238 S. m. 2 Taf.) gr. 8. Berlin 903. S. Karger. n. 8. —
Sonderabdruck aus: „Mitth. aus der gynaekolog. Klinik des Prof. Dr. O. Engström in Helsingfors".

Löfstedt, Einar, B e i t r ä g e zur Kenntnis der späteren Latinität. Diss. (Uppsala universitets årsskrift 1907. Filosofi, språkvetenskap och historiska vetenskaper, 3.) (130 S.) gr. 8. Stockholm 907. Upsala, Akadem. Buchh. 3. —

Löfstedt, Einar, Spätlatein. S t u d i e n. (Skrifter utgifna af k. humanistiska vetenskaps-samfundet i Uppsala. XII, 4.) (97 S.) gr. 8. Uppsala (908). Leipzig, O. Harrassowitz. nn 2. —

Löfström, Seth Axel: Über die Z u s a m m e n s e t z u n g e n im Plattdeutschen. Academische Abhandlung v. Seth Axel Löfström. Lund. 1875. 8°.

LOFTING, HUGH. *Doktor Dolittle* und seine Tiere. Illustriert vom Autor. Deutsch von E. L. Schiffer. Einleit. v. O. Loerke. 25.—30. Auflage. Berlin-Grunewald, Williams & Co. 1930. 8°. Rote Orlwd. 7.—

Loftus, Lord Augustus, diplomatic reminiscences, s.a. Collection of British authors.

The diplomatic Reminiscences of Lord Augustus **Loftus,** 1837–1862. Copyright ed. With portr. In 2 vol. Vol. 1. 2. Leipzig: Tauchnitz 1892. 8°
(Collection of British authors. Tauchnitz Ed. Vol. 2864/5.) [1. 7923

Loga, Marg.

Loga, M. v., 78 kleine Erzählungen, s.: Stökl, Helene.

Loga, Marg. v., Märchen, m. bunten Bildern v. Fritz Grotemeyer. gr. 8. (163 S.) Berlin 894. P. Moedebeck. Kart. n. 3. —

— **Märchen u. Geschichten f. Knaben u. Mädchen. (232 S. m. 5 Farbdr.) gr. 8. Berlin (906). Globus Verlag. Geb. in Leinw. n.n.n. 1. 10**

Loga, Valerian v.

Loga, Valerian v., s.: **Gemälde-Galerie, die, der königl. Museen zu Berlin.**

Francisco de Goya von Valerian v. **Loga.** Mit 126 Abb. *Berlin: G. Grote 1903.* (248 S., 85 Taf.) 4° [03. 14952

Francisco de Goya. Von Valerian v. **Loga.** Mit 1 Titelbl. & 71 Taf. Leipzig: Klinkhardt & Biermann [1910]. 52 S. 4°(8°)
(Meister d. Graphik. Bd 4.) [10. 16738

— **s.: Goya's seltene Radierungen u. Lithographien.**

— **Las Meninas, s.: Jahrbuch der kunsthistorischen Sammlg. des allerhöchsten Kaiserhauses. 28. IV.**

— **Antonis Mor als Hofmaler Karls V. u. Philipps II.,** s.a. **Jahrbuch der kunsthistorischen Sammlungen des allerhöchsten Kaiserhauses. 27, III.**

Loga, Valerian v.: Antonis Mor als Hofmaler Karls V. und Philipps II. von –. Mit 10 Taf. u. 22 Textabb. Wien: Tempsky; Leipzig: Freytag 1908. S. 91–123. 2° (4°)
(Jahrbuch d. kunsthist. Sammlungen d. Allerh. Kaiserhauses. Bd 27, H. 3.)

— **Ordnung u. Katalogisierg. e. Kupferstich-Kabinetts. Erfahrgn. u. Vorschläge. Hrsg. v. d. kgl. Museen zu Berlin. (55 S. m. 3 Taf.) 8. Berlin 910. G. Reimer. 2.—**

— **Die spanische Plastik v. 15.–18. Jahrh., s.: Geschichte der Kunst.**

Loga, Valerian von, die Städteansichten in Hartman Schedel's Weltchronik. Diss. Leipzig 1888. Fol. 32 S.
Sonder-Abdruck aus: Jahrbuch der königl. Preussischen Kunstsammlungen. 9. Band. Berlin G. Grotesche Verlagshdlg.

— **Wandschmuck-Sammlung von Meisterwerken klassischer Kunst. (48 S. m. Abbildgn. u. 1 Taf.) gr. 8. Berlin (903). (Unger & Fengler). —50**

Wandschmuck-Sammlung von Meisterwerken klassischer Kunst. Hrsg. von Prof. Dr. V[alerian] v. **Loga.** Berlin: Gesellsch. z. Verbreitung klass. Kunst 1904. (54 S.) 8° [03. 2.36

— **Goyas Zeichnungen. (18 S. m. Abb. u. 4 Taf.) 41,5×31 cm. Wien 908. Gesellschaft f. vervielfältig. Kunst.** 5. —
Sonderabdr. a.: „Graph. Künste".

Logan, Georg

— **Abhandl. über die Gifte. Aus d. Latein., v. Hnr. Tabor. 8. Heidelb. 791.**

— **experimenta de plantarum generatione. 8. Leid. 739.**

Logan, G., Vers. über die Gifte. 8. Petersburg. (Böhme in Lpz.) 783.

Logan, Geo., Versuch über die Gifte. 8. St. Petersb. 788. (Knobloch in Leipz.) 4 gl

Logan, H. W.

Logan, die Schottischen Banken, ihre Geschichte, Einrichtung, Geschäfte und praktische Handhabung. Aus dem Engl. (Aus der Deutschen Gewerbezeitung abgedr.) Leipzig 853. Friedlein. gr. 8. (2 Bl., 71 S.) 12 ngr.

Logan, Johann Zacharias (Übers.), s. Gorgy, Jean-Claude: Ann' Quin Bredouille.

Logan, J. Z., s. 1) Ann Quin, Bredouille. 2) Mathieu, der Gevatter.

Logan, Jh. Zachr., s.a. ***Recreations.***

RECREATIONS ou fleurs de bons mots, contes à rire . . . . (par *Johann Zacharias Logan*). Berlin 1780.
Anon.-Lex. III. p. 340 (nach Kayser). — Selten!

– s. **Schelechof, Reise.**

Logan County Volksblatt : 1874–? Lincoln, IL
See Volksblatt Rundschau. Weekly. Edited by C. Knorr.

Logander, F., ein Wort f. unsere Fremdwörter. 8. (36 S.) Kiel 888. Lipsius & Tischer. n. — 80

Logander, Ludw., ein Wort für unsere Fremdwörter. 8. (36 S.) Kiel 888, Lipsius und Tischer. *

Logan Post : 1904? -1906? Logan, UT
Weekly. Edited & published by Karl Kowallis.

Logansport Chronicle : 1875–1917. Logansport, IN
Weekly, published in English and German.

Der Logansport Demokrat : Jan. 19, 1867—1868?
Democratic weekly. Title varies slightly: Logansport Demokrat, and as Der Demokrat. Edited & published by Julius C. Klönne, Jan. 19, 1867—?
Year of publication does not appear in date-line, until Jahrgang 1, no. 31, Sept. 7, 1867; determined from advertisements.
Logansport, IN

Logansport Indiana Freie Presse : Apr. 26, 1894 –1918?
Independent weekly. Supplement, [no. 1–42], each 8 pages, published in 1894, and perhaps longer, entitled: Unterhaltungsblatt der Logansport Freien Presse, with slight variations; illustrated. Circulation: 1910, 1250; 1915, 1000. Edited by John Day, & published by "Freie Presse" Publishing Co., 1894–1918.
Logansport, IN

Logansport Post : 1875–1876.?
Weekly; supported Tilden. Circulation: 1876, 600. Edited & published by Rudolph Worch.
Logansport, IN

Logansport Wecker : 1872–? Logansport, IN
Weekly.

LOGAR, Josef: Primus Truber und die Reformation in Krain. — (1908) 151 S. 4° (Handschr.) Diss. 717
Diss. Wien, Univ.

Logarithmen, s.: Miniatur-Bibliothek.

Logarithmen und Antilogarithmen. 2 Tab. in qu. Fol. Berlin 857, Veit und Comp. *

Logarithmen und Antilogarithmen. Heidelberg 1879. V: *Quincke, Georg Hermann.* (RUSSELL V, 903)

Logarithmen u. Antilogarithmen. gr. 8. (4 S. auf Carton.) Heidelberg 879. Koester. cart. n. — 80

Logarithmen von vier Decimal-Stellen. 8. Berl. 828. Dümmler. Schreibp. 6 gGr

Logarithmen, dreistellige, der Zahlen u. trigonometrischen Funktionen. (Von Heun.) (4 S.) kl. 8. Karlsruhe (903). (F. Gutsch.) n. — 40

Logarithmen zum chemischen Gebrauche. Gießen 1840. V: *Kopp, Hermann.* (EB)

Logarithmen, gemeine od. Briggische, der natürlichen Zahlen von 1 bis 10000. Nebst einer Tafel f. die Quadrat- u. Kubikwurzeln der Zahlen von 1 bis 1000. 8. (40 S.) Elberfeld 852, Friderichs. 3 ngr

Logarithmentafeln, vier- u. fünfstellige, nebst einigen physikalischen Konstanten. (Aufgestellt v. L. Holborn u. Karl Scheel.) (24 S.) gr. 8. Braunschweig 904. F. Vieweg & Sohn. n. — 80

Logarithmi Briggiani, s.a. H. *Brigii.*

Logarithmi Briggiani numer. absolut. ab unitate ad 10000, cum differentiis et partibus proportional. etc. 8. Havniae. 784. Jetzt Gyldendal.

Logau, F. v. und sein Zeitalter ... Frankfurt a. M. 1849. H: *Schlosser, Friedrich Joh. Heinrich.* (GGr 3, 232) (MD)

Logau, Friedrich v., und sein Zeitalter. Geschildert in einer Auswahl aus dessen Sinngedichten. 8. (XVII und 123 S.) Frankfurt a. M. 849, Lizius.

Logau redivivus

Logau, Friedr. v., redivivus, s.a. Epigramme.

Logau redivivus, *Epigramme.* 3., neu revidirte u. reich vermehrte Aufl. München, Palm'sche Hof-Buchhdlg. (A. Oehrlein), 1887. 12°. 66 S. Unbeschn. in eleg. roth. Saffianbd. m. Goldtit. auf Deckel.

Logau, C. G., Führer durch Nizza u. Monte-Carlo. Nebst Anh.: Das Roulette-Spiel u. Trente et Quarante, sow. e. Entstehungsgeschichte d. Casino v. Monte-Carlo. 12. (96 S.) Nizza 896. Ch. Glogau. Geb. in Leinw. 2. 40

Logau, Friedrich von

– Gedichte

§ * — — Auferweckte, *S. v. G.* (i. e. Salomons von Golau = *Fr. v. Logau*), Denen hinzugefüget Unterschiedene bissher ungedruckte Poëtische Gedancken, Heroischen Geistern gewiedmet, Nebst e. nöthigen Register. Franckfurt u. Leipzig, In verleg. Joh. Adam Pleners (in Stettin). Ao. 1702. 8°. (In Berlin: Yi 1817.) Sehr rar! (24 Mk. Ludw. Rosenthal, 1906.)

TKpf. (gestoch. von J. C. Oberdorffer), 7 Bll. Vorst., 352 SS. u. 8 Bll. Reg. Dedic. dat. Alten Stettin 20. Apr. 1702 u. vom Verleger unterz.

— auserles. Gedichte, s.a. Bibliothek deutscher Dichter 6r Bd.

—— s. National-Litteratur, deutsche.

Logau, Frdr. v., Sinngedichte, s.a. Bibliothek des litterar. Vereins in Stuttgart. 113.

Logau, F. v., Sinngedichte, s.a. Dichter, deutsche, des 17. Jahrh.

Logau's, F. v., Sinngedichte, s.a. Universal-Bibliothek Nr. 706.

Logau, Friedrich von. Sinngedichte ... Leipzig 1759. H: *Ramler, Carl Wilhelm & Gotth. Ephr. Lessing.* (ML)

v. Logau, Frhr. Fr., († 1655.) Sinngedichte, hrsg. mit Anmerkk. v. K. W. Ramler u. G. E. Lessing. 8. Lpz. 759. Weidmann. 1 Rthlr Aufs Neue bearb. mit 3 Büch. u. e. Zugabe verm. v. K. W. Ramler. 8. Ebd. 765. N. A. 791. 2 Rthlr 6 gGr

— Sinngedichte. — Chr. Wernicke, Gedichte. — Andr. Gryph's Trauerspiele. Mit 1 Kpf. 16. Zwickau 824. (Gebr. Schumann). 9 gGr

Logau's, Frdr. v., Sinngedichte ausgewählt u. erneut v. Karl Simrock. 8. (VIII, 128 S.) Stuttgart 874. Meyer & Zeller. n. 2. 40

Logau, Frdr. v., Sinngedichte u. Epigramme, s.a. Bibliothek der Gesamtlitteratur.

Sinngedichte und Epigramme von Friedrich v. Logau. Zsgest. u. mit e Vorbemerkung versehen von Pfarrer Todt, (Barenthin (Mark)). Halle a. S.: O. Hendel (1905). (103 S.) 8° [F.]
Bibliothek d. Gesamtlitteratur d. In- u. Auslandes. No 1807. 1808.) [05. 10578]

—— sämmtliche Sinngedichte, s. Bibliothek des litterarischen Vereins in Stuttgart, Bd. 113.

Logau und Altendorf, Heinrich Wilhelm von

* **Logau,** H. W., Sinngedichte, aufs neue bearbeitet. Lpz. Weidmann. 791.

LOGAU und Altendorf, Heinr. Wilh. von (Enkel Friedrich's v. Logau), Poetisches Vergnügen, hält in sich: 1. Schrift, welche GOtt geweiht. 2. Frucht, gut u. böser Zeit. 3. Schertz, bey Gelegenheit, nebst e. theatralischen Anhange, genannt: Hildegardis. Bresslau u. Leipzig, bey Michael Hubert, 1737. 8°. (In Breslau, Stadtbibl., u. in Marburg, Univbibl.) (15 Mk. Rudolf Haupt, Halle, c. 1905.) Rar!

Logau, H. W., v., poet. Vergnügen, n. e. theatral. Anh. gen. Hildegardis. 8. Breslau, Seidel. (Meyer) 759.

v. **Logau,** (F.,) Gedichte, auserlesene, s. W. Müller Bibliothek deutscher Dichter VI.

Lögbók, hin forna, Islendinga sem nefnist Járnsida edr Hákonarbók. — Codex juris Islandorum antiquus qui nominatur Jarnsida seu liber Haconis. Ex ms. pergameno (quod solum superest) legati Arnae-Magnaeani editus. Cum interpretat. lat., lectionibus variis, indicibus vocum et rer. p. p. praemisso hist. in hujus juris origines et fata tentamine, a Th. Sveinbjörnsson conscripto. 4maj. (XXXIV und 291 S. mit 1 Facsimile.) Havniae 847, (libr. Gyldendal.) *

Lögbók íslendinga, hin forna, sem nefnist Grágás. — Codex juris islandor. antiqvissimus, qui nominatur Grágás. Ex duobus Mspts. pergam. (qvae sola supersunt) Bibliothecae reg. et legati Arnae-Magnaeani, nunc primum editus. Cum interpretat. latina, lectionibus variis, indicibus vocum et rerum p. p. Praemissa commentat. histor. et crit. de hujus juris origine et indole p. p., ab J. F. G. Schlegel conscripta. II Pts. 4maj. (153½ B., 3 Tab. qu. Fol., 1 Kpfr.-(Schrift-) Taf. u. 2 Titvign.) Havniae 829, (Gyldendal.)

Logbook eines Schiffes von der dritten Expedition Franz Drake's 28. August 1595 bis 10. Mai 1596. Nach der englischen Urschrift herausgegeben von Georg Martin Thomas.
in: Kunstmann: Die Entdeckung Amerikas. Anhang 1. S. 97—122. München 1859. 26 S. 8°.

Log-Buch, dass geheim, d. spanischen Admirals Christoph Columbus. Von ihm selbst geschrieben, m. Ansichten u. e. Seekarte versehen in d. J. 1492—1493. Die Entdeckg. Amerikas. Aufgefischt am 14. August 1890. Lex.-8. (37 S. auf verstocktem Pergamentpap.) Düsseldorf 890. Rangette & Söhne. geb. in Carton. n. 6. —

Loge, die. zum Frankfurter Adler in Frankfurt a/M. ihren auswärtigen Mitgliedern. Juli 1876. 4. 3 S. — Johanni 1877. 8. 32 S. — August 1880. 4. 3 S. — August 1881. 4. 4 S. — Novbr. 1883. 4. 3 S.
Der Bericht 1877 enthält eine Beschreibung des Johannisfestes mit Reden v. Ernst Rosenberg, Creizenach, Dr. Formstecher und S. Friedberg.

La **Loge** maçonnique de Darmstadt „La Concorde" et les officiers français. Darmstadt 1871: Wittich. 16 S. 8⁰ [Umschlagtit.]
Franz. Text abgedr. in: Chd'U. 10 (1873 bis 1874) S. 420, 510—519.
cf. Bh. 14 (1871) S. 67; Chd'U. 10 (1873—1874) S. 738—739.
Tt. 487. Text franz. u. deutsch. Mitteil. eines durch Ausschliessung kriegsgefangener franz. Offiziere aus der Darmstädter Loge hervorgerufenen Briefwechsels. 100.

Die **Loge** zur Einigkeit an ihre geliebte Schwesterloge Socrates zur Standhaftigkeit bei dem fünfzigjährigen Stiftungsfeste derselben. Frankfurt a/M. den 7. Dec. 1851. 2 Bl. 8⁰ [Umschlagtit.]
Gedicht: „Die Zeiten wechseln an Gehalt und Schimmer, ..." 193. 358 a.

Loge, die, der Freimaurer von Aman Amantus. 2. Aufl. 8. (VIII, 64 S.) Wien 885, Kirsch.

Loge, Die grosse, oder der Freymaurer mit Waage und Senkbley ... Berlin 1793. V: *Moritz, Carl Philipp.* (ML) (SJL) (Kl) (JL) »1796« (Ky)

Loge, die große, od. d. Freimaurer mit Wage u. Senkblei, (v. K. Ph. Moritz). 8. Berl. 796. (W. Nauck in Leipz.) 1 ₰ 8 gr

Loge, d. große, od. d. Freymaurer m. Wage und Senkbley. 8. Berl. (Sommer in Lpz.) 796.

. Die **Grosse Loge** von Hamburg und der Lessingbund. Flugbl. Nr 1. 2. Leipzig [1888]: Findel [Jena 1888: Frommann.] 8⁰ [Umschlagtit.; Nr. 2: Kopftit.]
1. 1887/1888 23 S. 2. 16 S.
Beziehen sich auf das Verbot der Gr.loge von Hamburg, dem Lessingbunde beizutreten, u. die Massregelung der Loge Karl Aug. zu den 3 Rosen in Jena durch den Lessingbund. 23.

Loge zur Harmonie [in Chemnitz]. Lieder zur Jahresschlussfeier mit Schwestern am 30. December 1884. Chemnitz [1884]: Geidel. 2 Bl. 8⁰.
3 Lieder ohne Noten. 358.

. **Loge und Haus.** Familienblatt für die Brüder der Grossen-Landes-Loge der Freimaurer von Deutschland. [Hrsg. von Ferd. Runkel.] Jg. 1. Berlin 1900. *[SL. 29 (1900) S. 6.]*

Loge, Die letzte. »Wenn die letzten Sterne einst schimmern ...« Comp. von Rud. Gervais. O. O. u. J. V: *Grünig, Heinrich.* (wolfstieg II, 856)

Heiligenstadt. Der Loge zum Tempel der Freundschaft in Heiligenstadt zum 50jähr. Jubelfeste am 18. Febr. 1860 von der Loge Hermann z. deutschen Treue in Mühlhausen. 8. 2 Bl.

Loge, die, Unsichtbare ꝛc. s.a. **Richter, J. P. Fr.,** im Alphabet.

Loge, die unsichtbare, v. J. P. F. Richter. 2 Thle. 8. Berl. Matzdorf. 792.

Loge, die unsichtbare, eine Biographie von Jean Paul, (Richter) 2 Theile mit 1 Kupf. 8. Berlin, 793. Matzdorff. Schreibp. 2 Rthl. 20 sgl. Dasselbe Buch Druckp. 2 Rthl. 10 sgl.

Loge, Jh. Chr., († d. 1. Juni 1793.) kurze Uebersicht d. christl. Glaubens- u. Sittenlehre f. Katechumenen. 8. Brieg 789.

— s. Was hat ein guter luther. Christ ꝛc.

Logel, Max, Regeln für das Fußballspiel ohne Aufnehmen des Balles (d. englische Associationsspiel), Leipzig-Reudnitz 1895, 24 S., 8°.

Loegel, d. Lichtquellen u. d. f. Bergwerksanlagen in Frage kommenden Beleuchtungsanlagen, s.a. **Sammlung** berg- u. hüttenmännischer Abhandlungen.

Loegel: Die Lichtquellen und die für Bergwerksanlagen in Frage kommenden Beleuchtungsarten. Von Bergwerksdir. a.D. Loegel. Kattowitz: Böhm 1908. 33 S. 8⁰
Aus: Berg- u. Hüttenmänn. Rundschau. (Sammlung Berg- u. Hüttenmänn. Abhandlungen. H. 29.)

Loegel, Osc., die Bischofswahlen zu Münster, Osnabrück, Paderborn seit dem Interregnum bis zum Tode Urbans VI., s. **Beiträge,** Münsterische, zur Geschichtsforschung.

Lögel, R.
Winke zur Einrichtung und Führung der doppelten Buchhaltung auf Bergwerken. Von R. **Loegel.** Kattowitz: Böhm 1910. 14 S. 8°
Aus: Berg- u. Hüttenmänn. Rundschau.
(Sammlung Berg- u. Hüttenmännischer Abhandlungen. H. 67.) [10. 3522

Logemann, F., Rechenbuch f. Unterklassen, s.: Friedrichs, H.

Logemann, Fritz, approb. Tierarzt aus Hagen i. W.: Aus d. pathol. Institut zu Giessen. Ein Beitrag zu den Missbildungen des Ureters. *Giessen 1902: v. Münchow.* (36 S.) 8°
Giessen, Veterinär-med. Diss. v. 1902

Logen, Die. Berlin 1771. V: *Hagen, Joh. Jost Ant. Freih. v.* (MGT) (Ky)

Logen, die, (v. J. J. A. v. Hagen). 8. Berl. 771. (Laue). 5 Gr

Die **Logen.** Halle: Curt 1772. 8°
Kl. 380.

Logen des Vatikans. (Auf Pappe gezogen, in 3 Mappen.)
1. Ein Titelblatt. 3 Blätter geometrische Ansichten. 14 Pilaster, jeder auf 2 Blättern oder 28 Blättern, zusammen 32 Stück.
2. 18 Blätter Gewölbebogen u. 18 Blätter Fensterbogen.
3. 14 Blätter Gegenpilaster, 2 Blätter zu jedem Pilaster.
Drei Pilaster, in Deckfarben ausgeführt, unter Glas. (Im Lehrer-Lesezimmer d. Königl. Techn. Hochschule.)

Logen-Bericht (der Loge zur Bruderkette in Hamburg) vom Jahre 1874/75, 1876/77, 1877/78. 3 Hefte. Hamburg 1875—1878. 8.

Logen-Bilder. Ein satyrisches Freimaurer-Quodlibet, oder Manchem ein quod non libet, nebst Hermeneutik, und d. Alphabete des erleuchteten Maurers. Von Schibboleth. 2e verm. Aufl. Mit lithogr. Abbildd. 12. Freyburg ... Waizenegger. Versiegelt 5/6 Th

Logenblatt. Hs. für die Mitglied. d. unter der Constitution d. Gr. L. von Hamburg arbeitenden, fünf vereinigten Logen. Jg. 1—36. Hamb. 1868—1903. Red: *Leonhardt, Carl.* Nr. 11—30: *Piza, Joseph.* 31—110: *Leonhardt, Carl.* 111—122: *Adler, Carl.* 123—157: *Garvens, Wilhelm.* 158 bis 274: *Becker, Fch. Adolf.* 275—280: *Wehncke, Herm. Mathias.* 281—282: *Brandt, Ferdinand.* 283—296: *Tiedtke, Ed. Julius Robert.* 297—323: *Moltmann, Johann.* 324—325: *Eddelbüttel, Louis.* 326—357: *Wehncke, Hermann Mathias.* (wolfstieg I, 38)

Logenblatt, Dresdener. Handschrift für die BBr. Mitglieder der Fr. Mr. Logen in Dresden. Dresden, C. Heinrich. 1875—1883. 4. Nr. 33, 61, 62, 70, 88, 90 u. 106.
Erscheint monatlich seit October 1871. Recht gut redigirt, anfangs von Papst und Rumpelt-Walther, später von Frahnert.

Logenblatt, Mecklenburgisches. 4., 9. u. 11. Jahrg. Rostock, Druck v. Werner in Bützow. 1875, 1880 u. 1883. gr. 8. Alle 14 Tage eine Nummer.
Organ der unter der Grossen Landesloge stehenden Provinzialloge von Mecklenburg; früher von F. Krüger, dann von B. Müller herausgegeben.

Niedersächsisches **Logenblatt.** Unter Mitw. von Herm. Gloede hrsg. von Georg Gross. Jg. 1—4. Hamburg: Jenichen in Comm. 1882—1885. 4°
1. 1881—1882, 208 S. 1882; 2. 1882—1883, 208 S. 1883; 3. 1883—1884, 208 S. 1884; 4. 1884—1885, 220 S. 1885.
cf. Kneisner, F.: Gesch. d. Provl. v. Niedersachsen z. Hamburg. 1902 S. 524—526.
Nicht mehr erschienen. 858 a.

Logenblatt, Schlesisches, Redacteur: W. Kauffmann. Breslau. Hirsch & Woywod. kl. 4. 1. Jahrg. 1881, Nr. 24, 25, 37 u. 41. 2. Jahrg. 1882, Nr. 23, 27 u. 29. 3. Jahrg. 1883, Nr. 23.

Gesetzmässiges, verbessertes und vollkommenes Logen-Buch. T. [1—]2. Bremen o. J.: Wichlein. 4°.
[1.] Das Ritualbuch des Gesellen-Grades. 50 S.
2. Das Ritual-Buch [des Lehrlingsgrades]. 68 S.
21

Logenbüchlein, Basler, für das Jahr 1880/81, 1881/82, 1882/83, 1883/84 u. 1884/85 (Loge Freundschaft und Beständigkeit). 5 Hefte. Basel 1881—1885. 8.
Enthält die Jahresberichte u. Mitgliederverz. Dem Heft 1882/83 ist die Beschreibung der 75jähr. Jubelfeier der Loge beigefügt.

Basler **Logenbüchlein** [der Loge „zur Freundschaft und Beständigkeit“ in Basel:] von 1903 an. 21.

Logen-Correspondenz, s. Logen-Korrespondenz.

Gemeinsame **Logenfeier** des Geburtstages S. M. Kaiser Wilhelm II. am Mittwoch, dem 27. Jan. 1909 unter Leitung der Grossen Loge von Hamburg. Hamburg [1909]: Rademacher. 2 Bl. 8° [Umschlagtit.]
Programm u. 2 Liedertexte. 193.

Stade: **Logen-Gesetze** der im Or. Stade unter der Gross-□ von Preussen, gen. Royal York zur Freundschaft arbeitenden ger. u. v. St. Johannis-Loge Friederike zur Unsterblichkeit. Stade 1870: Pockwitz. 12 S. 8° [Umschlagtit.] 25.

Logen-Hierarchie besonders in Bezug auf Krause's, Heldmann's und Gädicke's Freimaurerschriften . . . Freiberg 1819. V: *Gerlach, Joh. Chph Frdr.* (Kl) (SJL)

Logenhierarchie, besonders in Bezug auf Krause's, Heldmanns u. Gädicke's Freimaurerschriften, nebst 34 Aktenstücken, herausg. von J. C. F. Gerlach. 8. Freiberg 819. Craz u. G. 16 Gr

[**Logenkalender** der Loge „Alexius zur Beständigkeit“ in Bernburg.]
1855/56. 21.

Logen-Kalender f. d. J. 1845 u. 1846, s. Kalender.

Logenkalender [für die deutschen Logen]. Beilage zur Freimaurer-Zeitung. Leipzig, Zille. 8°.
Januar 1896; Juni 1904; Sept. 1905. 21.

Logenkarte [Sachliches OW]

Logenkarte von Deutschland mit Angabe der vollendeten Eisenbahnen, sowie der im Bau begriffenen und der für jetzt projectirten Bahnen. Leipzig, Weinedel, 1847. qu. Fol. Lith.
—, — Leipzig, E. Haynel [1858?] . . . . (Br. Mus.)
—, — 3. verm. u. bis zur neuesten Zeit vervollkommnete Aufl. Leipzig, Purfürst, 1861. gr.-Fol. Lith. . . . . (Br. Mus.)

Logenkarte von Deutschland mit Angabe der vollendeten Eisenbahnen sowie der im Bau begriffenen und der für jetzt projectirten Bahnen. Leipzig, Haynel. (1865.) Querfolio.

Logen-Karte von **Deutschland im Maurerjahre 1892/93. Beil. zum Mitglieder-Verzeichniss der St. Joh. Loge zu den drei Balken i. Or. Münster i. W.** 1 : 2,000,000. Berlin [1892]: Kraatz. 66×51 cm. 8⁰ [Lithogr.] [Kopftit.]
in: Förster, Th.: Gesch. d. L. „Zu d. drei Balken", Münster. 1902 Beil. 25.

Logen-Karte von Deutschland und der Schweiz mit Angabe der vollendeten und im Bau begriffenen Eisenbahnen. 4. verm. und bis zur neuesten Zeit vervollständ. Aufl. Fol. Leipzig 870, Haynel. In Carton

Logenkarte [Schlagwort]

Logenkarte. Karte des deutschen Grosslogen-Bundes. Zeichnung v. Rich. Herms. 2. verb. Aufl. 40×50 cm. Farbdr. Berlin (908). F. Wunder. — 60

Logenkarten. Rackhorst, F., Logenkarte v. Deutschland. 1 : 1,280,000. 77,5×92,5 cm. Farbdr. Mit e. Beilage: Verzeichnis sämtl. Logen u. Kränzchen Deutschlands. 8. (23 S.) Leipzig 900. J. G. Findel. n. 3. —

Logen-Korrespondenz

Logen-Correspondenz, Braunschweiger. Hrsg. von der Freimaurer-Loge Carl zur gekrönten Säule in [Braunschweig 1883 bis 1909]. Red: *Holtschmidt, Friedrich.* (wolfstieg I, 46)

Logen-Correspondenz, Braunschweiger. Hrsg. v. der Freimaurer-Loge Carl zur gekrönten Säule in Braunschweig. Red.: Frdr. Holtschmidt. Juli 1891 — Juni 1895. (1891/92, 1892/93, 1893/94, 1894/95.) à Jahrg. 12 Nrn. (Bog.) gr. 4. Braunschweig, (Bock & Co.). à Jahrg. n.n. 4. —

Logen-Correspondenz, Braunschweiger. Hrsg. v. d. Freimaurer-Loge Carl zur gekrönten Säule in Braunschweig. Red.: Frdr. Holtschmidt. Juli 1895— Juni 1899. à 12 Nrn. (Bog.) gr. 4. Braunschweig (Bock & Co.). à Jahrg. n.n. 4. —
Kann auch vierteljährlich bezogen werden.

Logen-Korrespondenz, Braunschweiger. Hrsg. v. Frdr. Holtschmidt. 21.—24. Jahrg. Juli 1903—Juni 1907. à 12 Nrn. (à Jahrg. IV, 96 S.) gr. 4. Braunschweig, (F. Vieweg & Sohn). à Jhrg. n.n. 4. —

Logen-Korrespondenz, Braunschweiger. Hrsg. v. Frdr. Holtschmidt. 25.—27. Jahrg. Juli 1907—Juni 1910. à 12 Nrn. (à 8 S.) Lex. 8. Braunschweig (E. Appelhans & Co.). à Jahrg. 4. —
Erscheint nicht mehr.

Logen-Lieder zum Johannis-Feste 1843. [Weimar: 1843.] 4 Bl. 8⁰ [Kopftit.]
7 Lieder ohne Noten. 446.

Logen-Ordnung für die St. Johannis-Freimaurerloge Bruderkette zu den drei Schwanen im Or. Zwickau. [Zwickau 1886: Förster & Bär.] IX, 54 S. 8⁰ 193.

Logen-Ordnung für die St. Johannis-Freimaurerloge Bruderkette zu den drei Schwanen im Or. Zwickau. [Nebst] Nachtr. 1. 2. [Zwickau 1887: Förster & Bär.] IX, 54 S. 8⁰
Nachtr. 1. 2. [Zwickau 1900: Förster & Borries.] 8⁰
1. 2 S.; 2. 5 S. 25 a.

Logen-Ordnung der Freimaur. Loge Sokrates in Pressburg. Wien 1875. Fol. 21 Bl.
Entwurf von Bernh. Singer.

Logen-Schluss der Loge Archimedes zu den drei Reissbretern in Altenburg vom 11ten März 1802 in Hinsicht einiger nähern Verhältnisse ihrer auswärtigen Mitglieder. [Altenburg 1802.] 2 Bl. 4⁰ [Kopftit.] 3.

Logenschluss [der Loge Archimedes zu den drei Reissbretern] in Betreff des Schulden- und Restwesens der Loge. [Altenburg 1813.] 2 Bl. 4⁰ [Kopftit.] 358 a.

Pressburg: **Logenstatut** der Loge „Lessing zu den drei Ringen" im Or. Pressburg. o. O. u. J. 31 S. 8⁰. 21.

Logen-Statuten der ger.·. und vollk.·. Johannis-Loge Friedrich zur Vaterlandsliebe im Or.·. Coblenz. 1885. Bonn 1886: Georgi. 35 S. 8⁰ 253.

Logentag des Freimaurerbundes Zur Aufgehenden Sonne am 17., 18. und 19. Juli 1909 in Hannover. o. O. [1909.] 6 Bl. 8⁰. [Umschlagtit.]
[Beigeheftet.] Auf, durch Kampf zum Sieg! Dem F. Z. A. S. gewidmet [von] G. A. Schmitz. 1 Bl. 8⁰. [Kopftit.]
Die Beilage ist ein Lied mit Noten: „Das Licht der Erkenntnis erleuchte uns . . ." 21.

Logentum und Volkserziehung. 12 Gutachten, ergangen auf Umfrage d. Ver. deutscher Freimaurer. Berlin: F. Wunder 1908. (VI, 81 S.) 8⁰ (08.15475

[Lithogr.] **Allgemeines-Logenverzeichniss mit anhängender Karte.** Mannheim: Beier [1843?]. 1 Bl. 2° [Kopftit.]
Die Karte fehlte. 430.

Logen-Verzeichniss, allgemeines, zur Benutzung für die dem maur. Correspondenz-Bureau in Leipzig beigetretenen Logen bei Versendung der Rundschreiben und Mitgliederverzeichnisse, welche durch dasselbe an sämmtliche Logen befördert werden. Leipzig. (1858.) Imp. Fol. Nachtrag dazu 1859. 4. 1 Bl.
Es sind auch ausserdeutsche Logen aufgeführt.

Logen-Wanderredner. o. O. u. J. 6 Bl. 8°. [Kopftit.] 21.

Logenweihe [der Loge „zur Harmonie" in Chemnitz]. [Sonderabzug aus dem Bericht der Loge zur Harmonie 1905/06.] 32 S. 8°. [Kopftit.] 21.

Logentum u. Volkserziehung. 12 Gutachten, ergangen auf Umfrage des Vereins deutscher Freimaurer. (VI, 81 S.) gr. 8. Berlin 908. F. Wunder. 1. 40

[Autogr.] **Logen-Zapfenstreich** zum 1ten Male in der Loge dargebracht an der Festtafel zu Ehren des geliebten Br. P. O. H. Pepper den 2 ten Mai 1872. [Hamburg 1872.] 1 Bl. 2° [Kopftit.]
Lied ohne Noten: „Als die Log' anfing, . . "
193.

Löger A.: Aphorismen u. Wahrnehmungen den geogr. Unterricht betreffend. 42. Waidhofen a/Y. R. 77. Progr.

Löger, A., Heinrich II. (der Heilige) u. Joseph II. in ihrem Verhältniss zur Kirche dargestellt. Wien 869. Lechner. gr. 8. (45 S.) 12 *ngr.*

Loges, August, appr. Arzt a. Gelsenkirchen: Ueber die Combination des Hermaphroditismus mit Geschwulstbildung. Würzburg 1907: F. Staudenraus. (62 S., 1 Tab.) 8°
Würzburg, Med. Fak., Ref. Borst, Diss. v. 21. Dez. 1907
[Geb. 24. Febr. 78 Rotthausen; Wohnort: Würzburg; Staatsangeh.: Preußen; Vorbildung: Gymn. Recklinghausen Reife O. 98; Studium: Berlin 2, Würzburg 8, Kiel 2 S.; Coll. 21. Dez. 07; Approb. 12. Aug. 07.]

Loges, Chrétien de. Essais historiques sur le Mont St. Bernard. 8. *s. l.* 1789.

Loges, G., über den Dünger des tiefen Stalls, s.: **Emmerling**, A.

Die Loggien des Vatican von Rafael v. Urbino. 12 Blatt in eleg. Album mit Raphael's Porträt u. Titelblatt. Loggien photographirt. Wien. Miethke & Wawra. 1867. 22 d.

van *Loghem*, H., s. *Harmonies*, les, de la nature.

Λόγια, τα, Ἰησοῦ. (Hrsg. v. Alfr. Resch.) (In hebr. Sprache.) [Aus: „Resch, d. Kindheitsevangelium nach Matthäus u. Lucas" u. „Resch, *τὰ λόγια Ἰησοῦ*".] 12. (120 S.) Leipzig 898. J. C. Hinrichs' Verl. n. 1. —

Logica sive ars cogitandi . . . Editio nova auctior. Halae Magd. 1718. V: *Arnauld*, *Antoine*. (EB)

Logica s. ars cogitandi. 8. Halae, Zeitler, 718.

— — id. l. Strasb. Turneisen. 756.

Logica s. ars cogitandi. .. Strassb. 757. Turneisen. 16 gl

— oder Anfangsgründe d. Vernunftlehre. 8. Nürnb. 758. Riegel u. W. 6 gl

Logica sacra et Metaphysica, exemplis theologicis illustrata. Helmstadii 1712. V: *Schmid*, *Johann Andreas*. (Myl)

Logier, Cl., üb. die Pflege der Kinder, s.: **Collins**, die schmerzlose Entbindung.

Logier, Johann Bernard

Logier, Joh. Bernh., Anweisung z. Unterricht im Clavierspiel u. d. musikal. Composition, nach seiner Methode. Ein Handb. f. Lehrer u. Aeltern. A. d. Engl. gr. 4. (9½ B.) Berlin 829, Logier.

— 34 kleine Lectionen, für d. Pianoforte als Begleit. des I. u. III. Buchs d. Systems rc. Berl. Logier. 1 Thlr

— s. Michaelis.

— nachträgl. Sammlung v. Aufgaben u. Beispielen zu seinem System rc. 4. Berl. 827. Logier. 12 gl

— theoret.-prakt. Studien f. d. Pianofote, als Fortsetz. d. Systems rc. 12 Bücher. Berl. 826, Logier.

— theoret.-prakt. Studien f. d. Pianoforte, als Fortsetz. d. Systems rc. 14 Bücher. (Buch I—VI. XI. XII.) Berl. 826—32. Logier. 8 Thlr 12 gl (VII—X. sind noch nicht erschienen.)

— System d. Musikwissenschaft u. d. musikal. Unterrichts. — Anleit. zum Pianofortespiel. Aus d. Engl. (v. Frz. Stöpel). 1s u. 2s Buch. Fol. Berl. 822. Neue v. Verf. selbst berichtigte Aufl. 4 Bücher (Hfte.) Fol. Ebd. 826. Logier. 5 Thlr 4 gl

— dass. im Auszuge unt. d. T.: Lehrbuch d. musikal. Composition, z. Gebrauch f. Schulen. 4. Berl. 827. Logier. 1 Thlr 18 gl

— System d. Musikwissenschaft u. der prakt. Composition mit Inbegriff dessen, was gewöhnlich unter d. Ausdrucke General-Baß verstanden wird. 2 Abtheill. gr. 4. Berl. 827. Logier. 6 Thlr

Logier's, John Bernard, System der Musikwissenschaft u. des musikal. Unterrichts. — Anleitung zum Pianofortespiel. 18. vom Verf. selbst bericht. und verm. Aufl. Buch I. Fol. Berlin 843, Logier. 1½ Thlr

— Uebungen f. d. Pianoforte durch alle Tonarten in Modulationen, als Vorbereitung zu d. Cramerschen u. Kalkbrennerschen Studien rc. 1s Hft. Berl. 827. Logier. 18 gl

Logik

— od. Vernunftlehre f. d. Jugend. 12. Nürnb. 820. Campe. 4 gl

Logik, meine; aus d. Chines. übersetzt. 8. Lpz. 777. Müller 3 gl

— meine, um richtig zu denken. 8. Freiberg 780. Reinhold. 3 gl

— und Metaphysik, tabellarisch nach Feder. 8. Marb. Akad. 791.

— u. Metaphysik, tabellarisch nach Feder. 8. Marb. 794. Akadem. 8 gr.

Logique, la, de Felice. 8. Berne 777. Typ. B. 1 Rthlr.

Λογιωτάτιδος, Δ. Ι., γραμματική. s.: *Φάβρος, Ε.*

Lögler, Bt.

— Die Edelfrau von Bosenstein. 2r Thl. ? ...)

— die Edelfrau von Bosenstein, oder das Urtheil über sich selbst; ein Gemälde der Barbarei des 13ten Jahrh., in 5 Aufz., mit 1 Kpf. 8. Augsb. ... v. Jenisch u. St. 10 gr.

— die Grafen von Hohengeroldseck, oder Rache für Weiberraub; ein Gemälde der vaterländ. Vorzeit in 4 Aufz., mit 1 Kpf. 8. Ebd. 813. 12 gr.

— Kaiser Heinrich der Vogler; ein Schspl. in 1 Aufz., mit 1 Kpf. 8. Ebd. 815. 4 gr.

— Kaiser Heinrich d. Vogler. — Die Grafen v. Hohengeroldseck.

— das Quartieramt; ein Schspl. in 1 Aufz., nach einer wahren Geschichte, mit 1 Kpf. 8. Ebd. 817. 7 gr.

— das Turnier zu Konstanz, oder der Waldbruder am Bodensee; ein romant. Drama, aus dem Hegäu in 4 Aufz., mit Titelkpf. 8. Ebd. 817. 12 gr.

— die Wallfahrt; ein Schspl. in 3 Aufz., aus den Zeiten d. Vehmgerichte. Mit 1 Kpf. 8. Ebd. 815. 9 gr.

— der Weiße u. der Rothe; ein Nachspl. in 2 Aufz., nach einer wahrhaften Begebenheit vom J. 1811. Mit 1 Titelkpf. 8. Ebd. 817. 5 gr.

Lögler, Bt., dramat. Werke. 1r u. 2r Thl. 8. Augsb. 815, 17. v. Jenisch u. St. 2 Rthlr 12 gr. (1r Thl. Enth.: die Wallfahrt.

Logogryphen, eine Centurie, s.a. Fr. Hophthalmos.

— — eine Centurie v. Friedr. Hophthalmos. 12. Stuttgart, Steinkopf.
Postp.

Logogryphen u. Aufsätze f. Stammbücher. 12. Leipzig, Linke. 811.

Logogryphen u. Charaden, ein Unterhaltungsspiel für junge Leute u. munt. Gesellschaften. (Auch u. d. T.: Charaden und Logogryphen, Weihnachtsgeschenk für junge Leute). 12. Leipz. 797. Linke. 9 gr.

Logophilus, s.a. Streit, der, üb. die Zillmer'sche Methode in der Lebensversicherung.

Der Streit über die Zillmer'sche Methode in der Lebensversicherung. Eine Antwort an den Versicherungstechniker von Logophilus. *Berlin: Zeitschr. f. Versicherungswesen 1902.* (VI, 112 S.) 8° [illegible]

Logos. Urkraft, Natur und Seelenleben. Enthüllung der anziehenden Schönheit und des Verborgenen im Kosmos, überhaupt über den Ursprung der Wesen und des Lebens. 2 Bde. 8. (626 S. mit 12 Kpfrn. und Karten.) Hamburg 873, L. M. Glogau. (M 6.)

Logos. Internation. Zeitschr. f. Philosophie d. Kultur. Unter Mitwirkg. v. Rud. Eucken, Otto Gierke, Edm. Husserl u. a. hrsg. v. Geo. Mehlis. I. Bd. Jahrg. 1910. 3 Hefte. (1. u. 2. Heft. III, IV, 288 S.) gr. 8. Tübingen, J. C. B. Mohr. 9. —

Logothetes, Porphyrios 1892-93. 71 Λογοθέτης, Πορφύριος [Σιναΐτης]: Ἡ θεολογία τοῦ Ἀθηναγ ... Λειψία, τύπ. Bär & Hermann, 1893; 39 S. 8.
Leipzig, Phil. Fak., Inaug.-Diss. v. [15. Juli] 1893

Logothetis, Andreas, aus Kalamata (Griechenl.): Zur Kenntnis der Azo- und Amidoazokörper. *Halle a. S. 1904: Wischan & Burkhardt.* (87 S.) 8°
Halle, Phil. Diss. v. 1904

Logothetis, H. [Dr.]: Ein Beitrag zur Kenntnis der Urinfisteln des Weibes. ... (Aus: Beiträge z. klin. Chirurgie. V. Bd.) Tübingen, Verl. d. H. Laupp'schen Buchh., 1889; 2 Bl. + 20 S. 8°
Heidelberg, Med. Fak., Inaug.-Diss. v. [8. Febr.] 1889

LOGOTHETIS, Miltiades (Sarköy/Türkei): De effectu acidi salicylii therapeutico. (Titel nach der Urkunde.)
14.3.1877 - Urk; Chr 1876/77,10
Diss. Ingolst.-Landsh.-Mchn.

LOGOTHETOPULOS, Konstantin (Nauplia): Zur Kenntnis der Atresia Vulvae.- München: Wolf 1904. 22 S.
30.3.1904 - Chr 1903/04,18; Jv 1905/06,469
Diss. Ingolst.-Landsh.-Mchn.

Logouve, Ernest: Souvenirs de jeunesse (aus: soixante ans d. souvenirs) v. –. F. d. Schulgebr. verkürzt u. erkl. v. Dr. R[ich.] Scherffig, Prof. ... in Zittau. Berlin: R. Gaertner 1898. (XII, 115 S.) 1 Bd 8.
= Schulbibliothek französ. u. engl. Prosaschriften a. d. neueren Zeit. Abt. I. Bdch. 34.

Loh, die Neurasthenie u. ihre Behandlung. 8. (10 S.) Wiesbaden 890. (Moritz & Münzel.) n. — 40

Loh, Alex., Bad Cannstatt und Dr. Loh's Naturheilanstalt. Nebst einem statist. Berichte über Krankenbehandlung und Curerfolge der J. 1869—1877. Mit landschaftlich-historisch-balneolog. Skizzen von J. A. Schilling. 8. (IV, 130 S.) Wien 877, Braumüller. *

Loh, Alex., Grundzüge einer rationellen Regenerationskur mit besond. Berücksicht. method. Diätkuren und der combin. Naturheilmethode nach Steinbacher's System. Nach eigenen 14jähr. prakt. Erfahrungen dargestellt. gr. 8. (64 S.) Stuttgart 870, Mäcken. [München, Th. Ackermann.]

—— Lehrbuch der praktischen Naturheilkunde, s.a. Gesundheit, Wohlstand und Glück.

— dasselbe, s.a. Gut, das höchste.

— Lehrbuch der praktischen Naturheilkunde nach Steinbacher's kombin. Naturheilmethode u. 18jähr. eignen Erfahrgn. gr. 8. (VI, 155 S.) Berlin 874. Grieben. n. 2. 50

— Lehrbuch der praktischen Naturheilkunde nach Steinbacher's kombinirtem Heilsystem u. mehr als 20jährigen Erfahrungen. 2., verm. Aufl. gr. 8. (X, 170 S.) Leipzig 877. Grieben. n. 2. 50

— Werth u. Bedeutung der Wasserkur in fieberhaften Krankheiten, insbesondere in Typhus. Nach Vorträgen im Münchner Naturheilverein. Mit 3 (eingedr.) Holzschn. gr. 8. (32 S.) München 873. Th. Ackermann. n. — 75

Loh, J. (Red.), s. Zeitung, Österreichische.

Loh, Johanna, praktisches Kochbuch, enth. über 1600 Recepte. 1.—3. verb. Aufl. 8. (XXXII, 512 S.) Elbing 875—78, Neumann-Hartmann's Verlag. geb.

Loh, Johanna, praktisches Kochbuch. 4. Aufl. 8. (XXXII, 512 S.) Leipzig 889. Reichardt Verl. geb. n. 4. —

Loh, Theod. (Westfale), De fractura colli ossis femoris. Diss. med. Berlin (Nietack) 12. X. 1830. 26 S. mit Biogr. (M.: Charl. Lambach.) (3.20) 21563
Gew.: Carl Wilh. Ulr. Wagner. — Oppon.: C. Gummich, C. Meisenburg, C. W. Meyer.

Löh, Wilh., Saulus — Paulus. 8 Predigten. gr. 8. (85 S.) Meiderich 896. (Frankfurt a/M., J. Schergens.) n. — 30

Lohage, Frz. Ant., über den Zusammenhang der imponderabilen Naturerscheinungen mit den Molecülar-Bewegungen beim chem. Process. Ein Versuch. gr. 8. (15 S.) Unna 862, Rubens. *

Lohan, das Paradies nach der Lehre der katholischen Kirche. Aus dem Franz. 8. (335 S.) Mainz 874. Kirchheim. 2. 70

Lohan, Eduard: Poesis melicae generum nominibus quae vis subiecta sit a classicis scriptoribus Graecis. (P. I.) *Lauban 1898: A. Ludwig.* (1—36 S.) 4°
Lauban. k. G, P 1898 (202)

Lohan, Eduardus [Silesius]: De librorum titulis apud classicos scriptores graecos nobis occurrentibus. . . . Marpurgi Cattorum, *typ. expr. Gorliciae Hoffmann & Reiber*, 1890; 2 Bl., 45 S., 1 Bl. 8°
Marburg, Phil: Fak., Inaug.-Diss. v. [8. Sept.] 1890

Lohan, Max, die sozialdemokratische Gefahr. (92 S.) 8. Berlin 910. O. Elsner. 1. 25

Lohan, Max [aus Görlitz]: Die Gottesidee Lotzes. . . . Marburg (Druck v. Hoffmann & Reiber in Görlitz) 1888; 75 S. + 2 Bl. 8°
Marburg, Phil. Fak., Inaug.-Diss. v. [12. Sept.] 1888

Lohan Robert: Das natürliche Kind im deutschen Drama.
H. 1906 PN 2051 Diss. Wien, Univ. 183

Lohann, August, von 1862—1897 Missionar in Transvaal, s.: Missionsschriften, kleine Hermannsburger.

Lohaus, s.: Entscheidungen des königl. preußischen Oberverwaltungsgerichts.

Lohaus, H. W., die Pflege der landwirtschaftlichen Kulturpflanzen, s.a. Bibliothek der gesamten Landwirtschaft.

Die Pflege der landwirtschaftlichen Kulturpflanzen. Von H. W. Lohaus, Dir. zu Dinklage. Hannover: M. Jänecke 1908. (VI, 72 S.) 8° [J.]
= Bibliothek d. gesamten Landwirtschaft. Bd 13. [08. 10953 7

Lohaus, Hermann [aus Herford]: Die Resultate der Hydrocelenbehandlung nach Punktion und Jodinjection an der chirurgischen Klinik zu Göttingen . . . . Herford, Druck v. Busse & Niederstadt, 1886; 42 S. 8°.
Göttingen, Med. Fak., Inaug.-Diss. v. 1886.

Lohaus, Herm., die Resultate der Hydrocelenbehandlung nach Punktion und Jodinjection an der chirurgischen Klinik zu Göttingen. Inaugural-Dissertation. gr. 8. (42 S.) Herford 886. (Göttingen, Vandenhoeck und Ruprecht.) *

Lohaus, W., Neukulturen u. Viehweiden auf Heide- u. Moorboden. (92 S. m. 5 Abbildgn.) gr. 8. Berlin 907. P. Parey. n. 1. 50

Lohausse, Karl, der anatomische Bau der Laubblätter der Festucaceen, s.a. Bibliotheca botanica. 63. Hft.

Der anatomische Bau der Laubblätter der Festucaceen und dessen Bedeutung für die Systematik. Von Dr. Karl Lohauss. Mit 10 Taf. Stuttgart: E. Nägele 1905. (VI, 114 S.) 4°
[Ein T. erschien als Inaug.-Diss. Königsberg 1905.]
= Bibliotheca botanica. H. 63. [05. 11930

Lohauss, Carl: Aus dem botanischen Institut zu Königsberg i. Pr. Beiträge zur Anatomie der Laubblätter einiger Festucaceen-Gruppen. Königsberg 1905: (Lippert & Co. Naumburg a. S.) (36 S.) 4° ¶[Ersch. vollständig in der Bibliotheca botanica.]
Königsberg, Phil. Fak., Ref. Luerssen, Diss. v. 25. Febr. 1905
[Geb. 15. Juli 80 Königsberg i. Pr.; Wohnort: Königsberg (Kisseblen, Kr. Gumbinnen); Staatsangeh.: Preußen; Vorbildung: Realgymn. St. Johann Danzig Reife O. 01; Studium: Königsberg 8 S.; Rig. 14. Dez. 04.]

Lohauß, Carl, method. Leitfaden der Chemie u. Mineralogie f. höh. Mädchenschulen, s.: Henniger, Karl Ant.

Lohauss, Ludwig

Lohauss, L., das Ergebniss der Wahlen f. d. deutschen Reichstag v. 1871 bis 1887. Statistisch u. graphisch bearb. Lex.-8. (II, 16 color. S.) Berlin 887. Beuckert & Radetzki. 1. 50

Lohauss, Ludw., das Ergebniss der Wahlen für den deutschen Reichstag von 1871 bis 1887. Statistisch und graph. bearb. Lex.-8. (II, 16 color. S.) Berlin 887, Gebr. Radetzki.

Löhbach, Herm., französische u. englische Gedichte zum Auswendiglernen. Für höhere Mädchenschulen zusammengestellt. 8. (52 S.) M.-Gladbach 893. L. Boltze. n. — 40

Löhbach, J., die Aufsatzübungen in den obern Klassen der Elementarschulen im Anschlusse an das Lesebuch zunächst mit Benutzung der Lesebücher von Büscher u. v. Grommes. Cöln u. Neuß 866. Schwann'sche Verlagsh. 12. (44 S.) n. 2½ ngr.

—— der Sprachschüler. Die wichtigsten Formen, Lehren und Regeln der deutschen Sprache nebst erläut. Beispielen und vielen Aufgaben zur Beschäftigung in Schule und Haus für Oberklassen der Elementarschulen. 8. (72 S.) Cöln und Neuß 864, Schwann'sche Verlagsh. *

Löhbach, Rud.: Die Achter zu Andernach. Neuwied. 1864. 4. 11 p.
Schul-/Univ.-Schrift.

Löhbach, Rud. Bemerkungen zu Valerius Flaccus. 14 S. G. *Mainz* 1876.
Progr.

Löhbach, Rud., die Feier des Geburtstages Sr. Maj. des Königs Wilhelm. Eine Sammlung von Reden, geschichtl. Schilderungen u. Gedichten. Neuwied 867. Strüber'sche Buchh. gr. 8. (VI, 128 S. mit 1 lith. Portr.) n. 10 ngr.

— Handbuch der römischen Nationalliteratur. Prosaiker u. Dichter. Mit kurzen biograph. u. anderen Erläuterungen. Ein Lesebuch zunächst für die oberen Classen der Realschulen. Braunschweig 867. Westermann. gr. 8. (XIII, 656 S.) n. 1 ₰ 10 ngr.

— observationes criticae in C. Valerii Flacci Argonautica. Neuwied 870. (Berlin, Calvary & Co.) gr. 4. (16 S.) 15 ngr.

— Sophocleae quaestiones. Berlin 866. Calvary & Co. gr. 8. (36 S.) n. 10 ngr.

Löhbach, R., Studien zu Valerius Flaccus. Pr. 1872. 16 S. 4°.

Löhbach, Rud., König Wilhelm. Sein Leben und Wirken von der ersten Jugend an bis auf die neueste Zeit, dargestellt in einer Sammlung von Reden, geschichtl. Schilderungen, Gedichten. Ein Buch für Jedermann, insbesond. Schulen zur Feier des Allerhöchsten Geburtsfestes. 2. und 3. verm. und verb. Aufl. gr. 8. (XV, 142 S. mit 1 Stnt.) Neuwied 868,70, Strüder'sche Buchh.

Löhbach, Rud., Kaiser Wilhelm der Siegreiche. Ein Lebensbild. 4., durchaus umgearb. Aufl. gr. 8. (V, 143 S. m. 1 Steintaf.) Neuwied 872. Strüder. 1. 50

Lohbauer, Professor. An die Herren Wähler für Frankfurt und Berlin. 2. Aufl. Berlin, als Manuskript gedruckt 1848. 15 S. 8.

Lohbauer, Karl Ph., († d. 15. Juli 1809.) zerstreute Blätter, herausg. von J. C. L. Pflaum. 8. Nürnb. 813. (Riegel u. W.) 1 ₰

— Blüthen u. Früchte. 8. Stuttg. 797.

— Gedichte, mit Kpf. u. Musik. 8. Leipz. 798. Seeger. 16 Kr

Lohbauer, Carl Philipp. Auserlesene Schriften. Stuttg. 1811. H: *Pflaum, Johann Christoph Ludwig.* (BrMm) (Ky)

— auserles. Schriften, (herausg. v. J. C. L. Pflaum). 2 Bde. Mit Kpf. 8. Stuttg. 811. Steinkopf. Schreibp. 3 ₰

Lohbauer, Ph. Gf., († d. 2. April 1816.) s. Früchte m. Seele.

Lohbauer, Ph. Gf., s. Tannenbauer, der.

Lohbauer, Rud., der Feldzug in Rußland, 1812, nach den 100 Bildern Faber du Faur's historisch und ästhetisch erläutert. Mit e. Plan des Schlachtfelds von Borodino u. einer Karte des Kriegsschauplatzes. gr. Lex.-8. Stuttgart 845, Autenrieth'sche Kunsth. (Leipzig, Kummer.) baar $1^1/_8$ ₰

Lohbauer, Rud. Mein politisches Glaubensbekenntniß womit ich mich als Candidat für Frankfurt empfehle. Druck von J. Petsch. 1 Bl. 8.
Flugblatt. Berlin, 26. April 1848.

Lohbauer, R., der Kampf auf d. Grimsel am 14. Aug. 1799. Eine militär. Studie. 8. ($3^1/_2$ B. u. 2 ill. Pläne, qu. $^1/_2$ Fol.) Bern 838, Walthard'sche Buchh.
Aus der: Helvet. Militär-Zeitschrift, besond. abgedruckt.

Lohbauer, R., der Kampf auf der Grimsel am 14. August 1799. Eine militärische Studie. Mit 2 ill. Planen. — (Besonders abgedr. aus der helvet. Militär-Zeitschrift 1837.) 8. Bern 838. Walthard. $^3/_8$ ₰

Lohbauer, [Rudolf]. Die Kämpfe um den Gotthard im Frühjahr und Sommer 1799. ‹Auf Befehl des eidgenössischen Militär-Departements durch Hrn. Prof. L' bearbeitet.› Den Wehrmännern des eidg. Truppenzusammenzugs von 1861 gewidmet. [SA.] 8. Basel 1861.

Lohberg, Herm., Kaiser-Anekdoten. Heitere Momente, characterist. Skizzen u. leutselige Züge aus dem Leben Kaiser Wilhelm II. Gesammelt u. bearb. 12. (62 S.) Züllichau 890. Liebich. n. — 50

Lohberg, Paul, Anwendung v. Poisson's Theorie der magnetischen Induktion auf rotirende Eisenkörper. Lex.-8. (70 S.) Schmalkalden 884. Lohberg. n. 4. —; als Inauguraldissertation n. 3. —

Lohberg, Paul [Dr.]: Über den inducierten Magnetismus eines unbegrenzten geraden Kreiscylinders und eines Rotationsparaboloids. Göttingen, Druck d. Univ.-Buchdr. v. W. Fr. Kästner, 1889; 60 S., 1 Bl. 4°
Höchst a. M., st. RPG, OP 1889 (392)

Über zwei riesige Embryonen von Lamna. Von Johannes Lohberger. ‹Aus d. Zoolog. Inst. d. Univ. Leipzig.› Mit 5 Taf. München: Akademie; Franz in Komm. 1910. 45 S. 4°
(Beiträge z. Naturgeschichte Ostasiens.)
(Abhandlungen d. math.-phys. Klasse d. K. Bayer. Akad. d. Wiss. Suppl. Bd 4, Abh. 2.) [11. 2708

Lohbronner, Lhrd., Glaubensgeheimniß; od. 8 Predigten über d. hohe Octav d. zarten Frohnleichnams, nebst 4 Predigten auf u. grünen Donnerstag. 4. Augsb. 751. Veith. 13 Kr

— Lobrede auf d. heil. Joh. v. Nepomuck. Fol. Augsb. ... Veith. 2 Kr

— zweifaches Marial. .. Augsb. 751. Veith. 1 ₰ 8 Kr

— Predigten üb. d. Geheimnisse uns. Herrn Jesu Christi. Fol. Augsb. 751. Veith. 3 ₰

Lohde, Carl Christ., s. Lohde, Karl Christ.

Lohde, Clarissa, s. Lohde, Klarissa

Lohde, Gabriele, der Jäger v. Rominten. Epos. schmal 8. (84 S.) Dresden 900. [E. A. Trapp.] H. Schultze. n. 3. —; geb. in Leinw. m. Goldschn. n. 4. —

Der Jäger von Rominten. Epos von Gabriele Lohde. *Dresden: E. A. Trapp 1900.* (84 S.) 8° [F.] [03. 4755

Lohde, Geo., üb. die Entwicklungsgeschichte u. den Bau einiger Samenschalen. Inaugural-Dissertation. Mit 2 (lith.) Taf. (in 4.) gr. 8. (42 S.) Naumburg 874. (Berlin, Friedländer & Sohn.) n. 2. —

Lohde, Geo. Dav., s. v. *Tavanne*, essai.

Lohde, Herm. (Ferd. Theod. Albert.) (geb. Berlin 24. 12. 1814): Sectionis caesareae in clinico obstetricio Bonnensi iterum in eadem muliere cum successu institutae historia. Berolini (1840). (30 S.) 8°
Berlin, Med. Diss. v. 25. Jan. 1840

Lohde, Karl Christ.

Lohde, Carl Christ. (Lausitz), Diss. jur. de personis ex mandata praesumto in judiciis agentibus. Präs. R. Chr. Henne. Erfurt (Nonne) 23. III. 1768. 26 S. (4.—) 21564

Lohde, Klarissa

Lohde, Clarissa, auf Befehl des Königs. Roman aus der Zeit Friedrichs des Großen. 8. (320 S.) Stuttgart 894. Deutsche Verlags-Anstalt. n. 3. —

Lohde, Clarissa (Frau Clarisse Boetticher), auf Befehl des Königs. Roman aus der Zeit Friedrichs d. Großen. (Neue [Titel-]Ausg.) 8. (320 S.) Stuttgart [894.] 900. Deutsche Verlags-Anstalt. n. 1. 50; kart. n. 1. 75

— Kastell Belcaro, s.: Weber's moderne Bibliothek.

Lohde, Clarissa (Frau Clarissa Boetticher), auf klassischem Boden, s.a. Bücherei, deutsche.

Lohde, Clarissa, auf klassischem Boden. Roman aus der Zeit König Otto's. 2 Bde. 8. (160 u. 187 S.) Berlin 881. Grosser. n. 8. —

Auf klassischem Boden. Roman aus d. Zeit König Ottos von Griechenland. Von Clarissa Lohde [d. i. Boetticher]. 2. Aufl. Bd 1. 2. Berlin: H. Neelmeyer [1906]. 2 Bde 8° [F.]
= Bücherei, Deutsche. Bd 49. 50. [06. 7880

— einsam im Purpur. Roman. (411 S.) gr. 8. Nürnberg (903). C. Koch. Geb. in Leinw. n. 4. —

Lohde, Clarissa (Frau Clarissa Bötticher), in Fesseln. Roman. (277 S.) 8. Berlin (910). R. Taendler. 3.—; geb. 4. —

— ein Frühling in Athen, s.a. Welt, alle.

Lohde, Klarissa

Ein Frühling in Athen. Aus dem Tagebuch einer Deutschen. Von Klarissa Lohde [d.i. Klarissa Boetticher]. Berlin: Weichert (um 1860). 48 S. 8°

s. Bjørnson, Bjørnstjerne Martinius: Staub. Beidr.

Lohde, Clarissa: Ein Frühling in Athen. Aus d. Tagebuche einer Deutschen. Von Clarissa Lohde [d. i. Klarissa Boetticher]. Berlin: A. Weichert [1900]. (48 S.) 8°
= Welt, Alle. Bd 40.

— u. F. Ehrhardt, die Geschwister. Roman in Briefen. (192 S.) 8. Mannheim 908. J. Bensheimer's Verl. n. 2. —
Ladenpreis aufgehoben.

Lohde, Clarissa, aus der Gesellschaft. Novelle. 8. (146 S.) Bremen 874. Kühtmann & Co. n. 2. —

—— Aus der Gesellschaft. Novelle. 2. (Titel-)Aufl. 8. (146 S.) Norden 889. Fischer Nachf. * 2 —

— flüchtiges Glück. Roman. (226 S.) 8. Berlin (908). R. Taendler. n. 3. —; geb. n. 4. —

Lohde, Clarissa (Cl. Boetticher), Herbstblüthe. Roman. 2 Bde. 8. (187 u. 176 S.) Mannheim 897. J. Bensheimer's Verl. n. 5. —

— Herzenskämpfe. Roman. 2 Bde. 8. (252 u. 271 S.) Berlin 874. Janke. 6.

Lohde, Clarissa (Cl. Boetticher), Schwester Ilse. Roman. 2 Bde. 8. (170 u. 199 S.) Mannheim 896. J. Bensheimer's Verl. n. 5. —

— Jugendfreunde, s.a. Kürschner's, Jos., Bücherschatz.

Jugendfreunde. Roman von Clarissa Lohde (d. i. Boetticher). Mit Ill. von W. Roegge. *Berlin, Eisenach, Leipzig: H. Hillger [1903].* (109 S.) 8° [F.]
= Bücherschatz, Kürschners. No 378. [04. 11138

Lohde-Boetticher, Clarissa, aus dem Leben Karl Boetticher's. Von seiner Gattin. Mit e. Bildnis Karl Boetticher's. gr. 8. (V, 119 S.) Gotha 890. F. A. Perthes. n. 2. 40

— Leonore, s.a. Weichert's Wochen-Bibliothek.

Lohde, Clarissa: Leonore. Erzählung von Clarissa Lohde [d. i. Boetticher]. Mit 3 Vollbildern. Berlin: A. Weichert [1901]. (96 S.) 8°
= Wochen-Bibliothek, Weicherts. Bd 104.

— f.: Leyden, Ernst v., Lebenserinnerungen.

Lohde, Klarissa

Durch eigene Schuld. Roman. Von Clarissa Lohde [d.i. Clarissa Boettiger]. Stuttgart 1877.

In: Bibliothek der Unterhaltung und des Wissens. Bd 7-11.

— Streber, s.a. Kürschner's Bücherschatz.

Lohde, Clarissa: Streber. Ein Roman aus d. modernen Gesellschaft von Clarissa Lohde [d. i. Boetticher]. Berlin, Leipzig: Hillger [1909]. 128 S. 8°
(Kürschners Bücherschatz. Nr 674.)

— Sturmflut, s.a. Kürschner's, Jos., Bücherschatz.

Sturmflut u. andere Novellen von Clarissa Lohde [d. i. Boetticher]. Mit Ill. von A. Lewin. Berlin, Eisenach, Leipzig: H. Hillger [1905]. (109 S.) 8° [F.]
= Bücherschatz, Kürschners. No 467. [07. 13283

Lohde, Clarissa, auf dem Throne. Roman. 2 Bde. 8. (242; 206 S.) Berlin 878, Grosser.

†Lohde, Clarissa [Cl. Böttcher], auf dem Throne. Roman. 2 Bde. 2. Aufl. 8. (240; 203 S.) Stuttgart 887, Metzler's Verlag. *M 4.—; geb. *

— auf dem Throne. Ein Königsroman. (2. Aufl. 4.—10. Taus.) (In 30 Lfgn.) 1.—10. Lfg. gr. 8. (S. 1—320 m. 1 Bildnis.) Nürnberg (902). C. Koch. à — 25

— auf dem Throne. Ein Königsroman. (2. Aufl. 4.—10. Taus.) 11.—18. Lfg. (S. 321—566.) gr. 8. Nürnberg (903). C. Koch. à — 25

— dasselbe. 2. Bd. Einsam im Purpur. 19.—31. (Schluß-)Lfg. (411 S.) gr. 8. Ebd. (903). à — 25

— zwischen Vater u. Sohn. Roman aus d. Anfange d. 18. Jahrh. 2 Bde. 8. (173 u. 165 S.) Ebd. 898. n. 5. —; geb. n. 7. —

— dunkle Wege. Orig.-Roman. 8. (216 S.) Mannheim (901). J. Bensheimer's Verl. n. 3. —

Getrennte Welten. Roman von Clarissa Lohde [d.i. Boetticher]. Berlin: R. Taendler 1906. (282 S.) 8° [F.] [07. 1151

— Weltfremd. Roman. 2 Tle. in 1 Bd. 8. (331 S.) Stuttgart 887. Metzler's Verl. n. 4. —; geb. n. 5. —

— Weltfremd. Roman. 8. (331 S.) Stuttgart 887. Zürich, C. Schmidt. n. 4. —; ermäß. Pr. n. 3. —; geb. n.n. 4. —

Im Weltgetriebe. Roman von Clarissa Lohde. *Berlin: A. Schall [1900].* (320 S.) 8° [F.]
= Verein d. Bücherfreunde. [9, 4.] [00. 10293

— zu spät. Novelle. 8. (414 S.) Bremen 874. Kühtmann & Co. n. 5. —

— zu spät. Novelle. 2. (Titel-)Aufl. 8. (414 S.) Ebd. 889. n. 5. —

Lohde, L(udw.), die Architektonik der Hellenen nach C. Bötticher's Tektonik der Hellenen. Nachträge zur 5. Aufl. von Mauch's architekton. Ordnungen der Griechen und Römer und der neueren Meister. gr. 4. (III und 43 S.) Berlin 862, Ernst und Korn. *

Lohde, L. Das Denkmal der Julier zu St. Remy. (Abdr. a. d. „Jahrb. d. Vereins von Alterthumsfr. im Rheinlande". XLIII. 1867.) 8.

Lohde, Ludw., der Dom von Parenso. Ein Beitrag zur Kenntniss und Geschichte altchristl. Kunst. Fol. (12 S. mit 6 Kpfrt., wovon 4 in Kpfr. gest. und 2 lithogr.) Berlin 859, Ernst und Korn. *

Lohde, L., s. Gailhabaud, J., Denkmäler d. Baukunst aller Zeiten rc.

Lohde, L. Der neue Grabfund von Weisskirchen. (Abdruck aus d. „Jahrb. d. Vereins von Alterthsfr. im Rheinlande." XLIII. 1867.) 8.

Lohde, Ludw., Möbel-Entwürfe f. prinzl. Wohnungen, s. Schinkel, L.

Lohde, L., die architekton. Ordnungen d. Griechen u. Römer, s.: Mauch, J. M. v.

Lohde, Ludw., die Skene der Alten. 20. Programm zum Winckelmannsfest der archäolog. Gesellschaft zu Berlin. gr. 4. (24 S. mit 1 lithogr. Bildtaf.) Berlin 860, (Hertz.) Thlr. *

Lohde, Max, die Sgraffittobilder im Treppenhause des Sophien-Gymnasiums zu Berlin. Berlin 868. Springersche Buchh. Imp.-Fol. (4 Chromolith. u. 1 Bl. Text.) In Mappe n. 4 ℛ 20 ngr.

Inhalts-Verzeichniss der Deutschen Entomo- sammengestellt von REINHARD LOHDE. logischen Zeitschrift Jahrg. 1893—1899. Zu- (o. O. o. J.) 8°.

Lohde, Richard, approb. Arzt aus Thorn: Ueber chronische Tabakvergiftung. *Leipzig 1902: B. Georgi.* (37 S.) 8°
Leipzig, Med. Diss. v. (23. Juni) 1902

Lohde, Wlh. Thdr., s. Gelshorn, Fr. W., Hirtenbrief. — Prätorius, K. G., Versuche über die Culmische Handfeste.

Lohde-Bötticher, Klarissa, s. Lohde, Klarissa.

Lohdius, Carl Friedr., Viri max. Joh. Gottl. Frenkelii. Friedrichst. (Gerlach) o. J. (3.—) 21565

— — De inauguratione primorum ecclesiae doctorum disserit. Lpz. (Langenheim) (1777). 10 S. (3.—) 21567

Lohdius, Karl Fr., († d. 31. Juli 1809.) Katechismuspredigten. 3 Thle. gr. 8. Dresd. 787. 88. Gerlach. (Beger). (1r Thl. Predigten über die zehn Gebote. 2r Thl. Predigten üb. die christl. Glaubensbekenntniß. 3r Thl. Predigten üb. die christl. Besserungsmittel.) 4 ℛ

— — (Grünberg), De modo, summam religionis christ. ante christum tradendi. Lpz. (Langenheim) 19. III. 1774. 40 S. (4.20) 21566
Gew.: J. G. v. Globig, Petr. v. Hohenthal, J. G. Hermann, J. G. v. Leiser, J. J. G. Amende, Casp. Ferd. Gottschalck, J. G. Spillner, Chr. Fr. Aug. Reinhardt, J. G. Strauss.

— Sammlung e. heil. Reden über wichtige Wahrheiten der christl. Religion, nebst Trauerrede auf J. F. Bahrdt. gr. 8. Lpz. Böhme. 777.

— Samml. e. heil. Reden üb. wichtige Wahrheiten der christl. Religion, nebst Trauerrede auf J. F. Bahrdt. gr. 8. Leipz. 777. (Snobloch). 6 g

— u. J. F. H. Cramer, christl. Tagebuch zur häuslichen Erbauung in den Morgen- u. Abendstunden a. alle Tage im Jahre. 2 Thle. 8. Zittau 796. 5e A. 823. Schöps. 3 ℛ Schrbp. 3 ℛ 8 g

Lohdius, K. F., und J. F. H. Cramer, christl. Tagebuch zur häuslichen Erbauung in d. Morgen- und Abendstunden auf alle Tage im Jahre. 8. Zittau, Schöps. 809. Rthlr.

Lohdius, Carl Friedr., und Joh. Friedr. Heinr. Cramer, christliches Tagebuch zur häuslichen Erbauung in den Morgen- und Abendstunden auf alle Tage im Jahre. 6. Aufl. 2 Bde. in 12 Lfgn. Mit 25 Stnt. Lex.-8. Neusalza 858—60, Bornbrück. [1. Bd. (869 S.) 2. (XVIII und 875 S.)] à Lfg. 3⅓ Ngr. Ohne Stnt. à Lfg. 3 Ngr.

Lohdius, Carl Friedr., und Joh. Friedr. Heinr. Cramer, christliches Tagebuch zur häuslichen Erbauung in den Morgen- und Abendstunden auf alle Tage im Jahre. 16 Hefte. 8. Aufl. gr. 8. (XXII, 744 S. mit 16 Stnt. in Tondr.) Dresden 868,69, A. Wolf. à Lfg. 50 Pf.

Lohdius, Carl Frdr., u. Joh. Frdr. Heinr. **Cramer,** christliches Tagebuch zur häuslichen Erbauung in den Morgen- u. Abendstunden auf alle Tage im Jahre. 8. Aufl. Dresden 870. A. Wolf. gr. 8. (XXII, 744 S. mit 16 Steintaff. in Tondr.) 2 ℛ 20 ngr

Lohdius, Carl Friedr., und Joh. Friedr. Heinr. Cramer, christliches Tagebuch zur häuslichen Erbauung in den Morgen- und Abendstunden auf alle Tage im Jahre. 9. und 10. Aufl. gr. 4. (XII, 751 S. mit 12 Lichtdr.-Taf.) Dresden 873,82, A. Wolf. *

Lohe. Beiträge zur Geschichte der Kapitulation von Mailand, 1162. (42) 4. Halle a/S. 1880.

Die Landesbank der Rheinprovinz (Düsseldorf) und die frühere Rheinische Provinzial-Hülfskasse. Ein Überblick über die Entwicklung des Instituts gelegentlich des 50jähr. Bestehens desselben. Von Dr. Lohe. — Düsseldorf (1903): Hoch. 57 S. 8° 1. 38 A.

Lohe, Dr., Die Verschuldung des ländlichen Besitzes in Folge der Erbtheilungen und die unkündbare Rentenhypothek der Landesbank. gr. 8°. Düsseldorf, H. Hoch, 1902.

Lohe, Ernst Nikolaus: Ein kurzes Wort wider die Schuldenhäufung auf den Kopf des Hoferben durch die Eltern. (Von Reg.R. a.D. Dr. [Ernst Nikolaus] Lohe. Düsseldorf 1900: Hoch.) 8 S. 8° [Kopft.]

Lohe, Gustav Beiträge zur Geschichte der Kapitulation von Mailand 1162. 42 S. **Progr.** St. G. *Halle* 1880.

Lohe, *Hermann* [app. Arzt aus Saude[!] '(Oldenb.)']: Über Sepsis nach Abort ... München, Buchdr. Kastner & Lossen, 1896; 34 S. 8.
München, Med. Fak., Inaug.-Diss. v. 1896

Löhe, Wilhelm. Der Jugend als Vorbild dargestellt von einer seiner Schülerinnen. gr. 16. (48 S.) Basel 879. Spittler. n. — 20

Tagebuch der Diakonissin Anna **Löhe**. 1870–71. 9 Monate am 3. kgl. bayer. Hauptfeldspital. *München: Seitz & Schauer 1901.* (VII, 103 S.) 4°(8°) [F.] (01. 11097

Löhe, Conrad, s. Löhe, Konrad.

Löhe, Hans, s.: Beiträge, Bonner, zur Anglistik. 22. Heft. (Dômes. be. Daege.)

Löhe, Hans, Rechtspraktikant aus Dürrenmungenau: **Das Vertragsangebot nach dem Bürgerlichen Gesetzbuch.** ***Fürth 1899: A. Schröder.*** (35 S.) 8° [F. u. Ant.]
Erlangen, Jur. Diss. v. 3. Febr. 1898

Löhe, Heinrich, Oberarzt b. Bergischen Feld-Art.-Reg. Nr. 59, komm. z. Kaiser-Wilhelms-Akademie: Aus der medizinischen Klinik zu Bonn. Über den Einfluß Körperlicher Bewegungen auf Pulsfrequenz und Blutdruck beim Soldaten. Berlin: E. S. Mittler & Sohn 1907. (26 S.) 8°
Bonn, Med. Fak., Ref. Schultze, Diss. v. 28. Febr. 1907
[Geb. 26. Aug. 77 Abaus; Wohnort: Berlin; Staatsangeh.: Preußen; Vorbildung: Friedrich-Wilhelms-Gymn. Cöln Reife O. 97; Studium: Berlin K. W. A. 9 S.; Coll. 28. Febr. 07; Approb. 30. März 03.]

Loehe, Joh. Conr. (Nürnberg), Diss. de columnis herculis. Präs. Christ. Gottl. Schwarz. Altdorf (G. Meyer) 27. VI. 1749. 34 S. mit Kupfer-Vignetten. (5.—) 21494

Löhe, Johann Joseph, a. Rath-Heumar: Be Dömes Dæge. Halle a. S. 1906: E. Karras. (37 S.) 8° ¶ (Erscheint vollst. als H. 22 der „Bonner Beiträge zur Anglistik“.)
Bonn, Phil. Fak., Ref. Trautmann, Diss. v. 25. Juli 1906
[Geb. 30. Sept. 79 Rath-Heumar, Kr. Mülheim a. Rh.; Wohnort: Cöln; Staatsangeh.: Preußen; Vorbildung: Gymn. Mülheim a. Rh. Reife O. 99; Studium: Bonn 1, Marburg 2, Berlin 2, Münster 5 S.; Rig. 10. Jan. 06.]

Löhe, Jh. Konr., († d. 31. Dec. 1768.) s. die Ehre Gottes aus d. Betracht. d. Himmels u. d. Erde rc. u. setze hinzu: (v. J. K. Löhe u. Prof. Will). Die Jahrz. verbess. in 1766—69.

Löhe, Konrad

Löhe, Conrad: Die Rechtsstellung des Agenten einer Versicherungs-Gesellschaft auf Aktien. *Köln 1897: (Kölner Verl.-Anst. u. Druckerei).* (52 S.) 8°
Erlangen, Jur. Diss. v. 1897

Löhe, W., die Materialienverwaltung für Fabriken u. Berg- u. Hüttenwerke. gr. 8. (28 S.) Elberfeld 879. Lucas. n. — 50

Löhe, Wilh., Agende, s. a. Agende.

Löhe, Wilh., Agende für christliche Gemeinden des lutherischen Bekenntnisses. 1. Thl. 2. verm. Aufl. Nördlingen 853. Beck. 4. (XVIII, 356 S.) n. 2 ℛ.; Velinp. n. 2 ℛ. 12 ngr.

Löhe, Wilh., Agende für christliche Gemeinden des lutherischen Bekenntnisses. 2. Thl. 2. verm. Aufl. Nördlingen 859. Beck. gr. 4. (VIII, 116 S.) n. 1 ℛ 10 ngr.; Velinp. n. 1 ℛ 15 ngr.
Der Preis des 1. Theiles Velinp. ist in n. 2 ℛ 15 ngr. (statt 2 ℛ 12 ngr.) zu berichtigen.

Löhe, Wilh., Agende f. christl. Gemeinden d. lutherischen Bekenntnisses. 3. Aufl., besorgt v. J. Deinzer. 2 Tle. in 1 Bd. 4. (XIII, 226 u. III, 132 S.) Nördlingen 884. Beck. n. 10. —; geb. m. Goldschn. n. n. 15. —

Löhe, Wilh., Aphorismen über die neutestamentl. Aemter und ihr Verhältnis zur Gemeinde. Zur Verfaßungsfrage der Kirche. gr. 8. (VI und 140 S.) Nürnberg 849, Raw'sche Buchh.

— vom Auswendiglernen von der Jugend bis ins Alter. Abdr. aus des Verf. „Haus-, Schul- u. Kirchenbuch.“ Stuttgart 858. S. G. Liesching. 8. (19 S.) n. 2 ngr.

—— von der Barmherzigkeit. Sechs Kapitel für jedermann, zuletzt ein siebentes für Dienerinnen der Barmherzigkeit. 16. (VI und 181 S.) Nördlingen 860, Beck'sche Buchh. Mit Goldschn. *

Löhe, Wilh., v. der Barmherzigkeit. Sechs Kapitel für jedermann, zuletzt ein siebentes f. Dienerinnen der Barmherzigkeit. 2., durchgeseh. Aufl. 16. (VIII, 192 S.) Nördlingen 877. Beck. cart. m. Goldschn. n. 1. 80

Löhe, Wilh., von der Barmherzigkeit. 6 Kapitel für jedermann, zuletzt e. 7. f. Dienerinnen der Barmherzigkeit. 3. Aufl. (172 S.) kl. 8. Gütersloh 905. C. Bertelsmann. Kart. m. Goldschn. n. 1. 20; geb. n. 1. 60

Löhe, Wilh., Beicht- und Communionbuch für evangelische Christen. Zum Gebrauche sowohl in, als außerhalb des Gotteshauses. 5. verm. und verb. Aufl. 8. (XI, 391 S. mit 1 Stahlst.) Nürnberg 871, Löhe. *ℳ 2,20.; geb. *
A. u. d. T.: Prüfungstafel und Gebete für Beicht- und Abendmahlstage.

Löhe, Wilh., Beicht- und Kommunionbuch für evangelische Christen. Zum Gebrauch sowohl in, als außerhalb des Gottesdienstes. A. u. d. T.: Prüfungstafel und Gebete für Beicht- und Abendmahlstage. 6. verb. Aufl. 8. (XII, 359 S. mit 1 Stahlst.) Gütersloh 888, Bertelsmann. * geb. mit Goldschn. *

—— einfältiger Beichtunterricht für Christen evangelisch-lutherischen Bekenntnisses. 2. Aufl. 16. (88 S.) Ebendas. 871. *

—— einfältiger Beichtunterricht für Christen evangelisch-luther. Bekenntnisses. 3. Aufl. 12. (76 S.) Kropp 881, (Buchh. des Kropper kirchl. Anzeigers.) *

— einfältiger Beichtunterricht f. Christen evang.-luth. Bekenntnisses. 3. Aufl. 12. (76 S.) Kropp 882. Buchh. „Eben-Ezer“ in Comm. n. — 30

Löhe, Wilhelm, appr. Arzt a. Polsingen: Bericht über einen Fall von Verschluß des Ureters durch massenhafte Einschwemmung linsenförmiger Nierenbeckensteine. ⟨Mit einer Tafel.⟩ Erlangen 1905: Junge & Sohn. (22 S.) 8°
Erlangen, Med. Fak., Ref. Hauser, Diss. v. 12. Okt. 1905
[Geb. 24. Febr. 80 Polsingen; Wohnort: Polsingen; Staatsangeh.: Bayern; Vorbildung: Gymn. Fürth Reife 99; Studium: München 1, Erlangen 9 S.; Coll. 3. April 05; Approb. 31. März 05.]

—— Betbüchlein f. Kinder, s. a. Betbüchlein.

Löhe, Wlh., Betbüchlein für Kinder. Besond. Abdruck aus seinem Haus-, Schul- u. Kirchenbuche. 16. Stuttgart 846, S. G. Liesching. n. 2 ngr. geb. mit Goldschn. 1/6 ℛ

— drei Bücher von der Kirche. Den Freunden d. lutherischen Kirche zur Ueberlegung u. Besprechung dargeboten. Lex.-8. Stuttgart 845, S. G. Liesching. n. 7/12 ℛ — 2. Abdr. 845.

— drei Bücher v. der Kirche. Den Freunden der luther. Kirche zur Ueberlegg. u. Besprechg dargeboten. 3. Abdr. gr. 8. (VII, 133 S.) Gütersloh 883. Bertelsmann. n. 1. 75

Drei Bücher von der Kirche. Den Freunden d. luth. Kirche z. Ueberlegung u. Besprechung dargeboten von Wilhelm Löhe, Pfarrer. 4. Abdr. *Gütersloh: C. Bertelsmann 1904.* (IV, 127 S.) 8° [F.] [04. 1364

—— Conrad. Eine Gabe für Confirmanden. 2., verm. Aufl. 8. (VIII und 72 S.) Dresden 851, Naumann. * Feine Ausg. mit Stahlst. *

— Conrad. Eine Gabe für Confirmanden. 3. verm. Aufl. Dresden 852. Naumann. 8. (VIII, 79 S.) n. 6 ngr.; feine Ausg. mit 1 Stahlst. n. 10 ngr.

—— Conrad. Eine Gabe für Confirmanden. 4., verm. Aufl. mit einem Widmungsblatt. 8. (VIII und 80 S. mit Stahlst.) Leipzig und Dresden 859, Naumann. *

Löhe, Wilh., Conrad. Eine Gabe für Confirmanden. 5. verb. Aufl. mit e. Widmungsblatt (in Stahlst.). Leipzig 870. J. Naumann. gr. 16. (X, 110 S.) In engl. Einb. n. 10 ngr.; mit Goldschn. n. 15 ngr.

— Conrad od. Folge mir nach. Eine Gabe f. Konfirmanden. Neue Ausg. (VII, 88 S.) 8. Konstanz (904). C. Hirsch. n. — 50

Löhe, Wilh., David u. Salomo. Betrachtgn. Hrsg. v. J. Deinzer. 8. (IV, 132 S.) Gütersloh 895. C. Bertelsmann. n. 1.60; geb. n. 2. —

— Ehestandsgebete. Insonderheit Gebete für Ehefrauen. Ein Anhang zu den Samenkörnern des Gebets. 2. verm. Aufl. Nördlingen 853. Beck. 16. (X, 171 S.) n. 6 ngr.

— von der weiblichen Einfalt. 1. u. 2. Aufl. 853. (108 S.) — 3. Aufl. 856. (115 S.) — 4. Aufl., mit einem Anhange. Stuttgart 857. S. G. Liesching. 32. (144 S.) n. 12 ngr.

Löhe, Wilh., von der weiblichen Einfalt. 5. Aufl. 859. — 6. Aufl. Stuttgart 863. S. G. Liesching. 16. (144 S.) n. 12 ngr.

— von der weiblichen Einfalt. 7. Aufl. Stuttgart 868. Gütersloh, Bertelsmann. 16. (142 S.) cart. mit Goldschnitt n. 12 ngr.

— von der weiblichen Einfalt. 8. Aufl. 16. (142 S.) Gütersloh 874. Bertelsmann. geb. m. Goldschn. n. 1.20

— von der weiblichen Einfalt. 10. Aufl. 16. (142 S.) Ebd. 887. cart. m. Goldschn. n. 1.20

Löhe, Wilh., von der weiblichen Einfalt. 12. Aufl. 16. (142 S.) Gütersloh 901. C. Bertelsmann. Kart. m. Goldschn. n. 1.20; erm. Pr. n. — 80; feine Ausg. n. 1.20

— von der weiblichen Einfalt. (13. Aufl.) (Prachtausg.) (100 S.) 8. Gütersloh 903. C. Bertelsmann. Geb. in Leinw. n. 1.20

— dasselbe. (158 S.) kl. 8. Konstanz (905). C. Hirsch. Geb. n. — 80; in Leinw. m. Goldschn. n. 1.20

Löhe, Wilh., von der weiblichen Einfalt. 14. Aufl. (100 S.) kl. 8. Gütersloh 908. C. Bertelsmann. Kart. m. Goldschn. — 80

– s. Enchiridion, der kl. Katechismus Luther's.

— das Entgegenkommen zur Auferstehung der Todten. Predigt üb. Phil. 3, 7—11. 2. Aufl. gr. 8. (23 S.) Nürnberg 874. Löhe. n. — 20

– die Episteln und Evangelien des Kirchenjahres, s. Episteln.

— Epistel-Postille für die Sonn- und Festtage des Kirchenjahres. 1—7. Liefg. Stuttgart 858. S. G. Liesching. 4. (1. Thl.: VIII, 364; 2. Thl.: 2 Bl., S. 1—212.) Jede Liefg. n. 8 ngr.

Inhalt: 1. Thl.: Winter-Postille. Advent bis Pfingsten. — 2. Thl.: Sommer-Postille. Trinitatisfest bis zum 27. Sonnt. nach Trin.

—— Epistel-Postille für die Sonn- und Festtage des Kirchenjahres. 2. unveränd. Aufl. 2 Thle., Winter- und Sommerpostille, in 1 Bde. 4. (VIII, 364 und 212 S.) Gütersloh 877, Bertelsmann. * M 6.; geb. *

— Epistel-Postille f. d. Sonn- u. Festtage d. Kirchenjahres 3., unveränd. Aufl. 2 Thle., Winter- u. Sommerpostille, in 1 Bde. 4. (VIII, 364 u. 212 S. m. Bildn.) Ebd. 897. n. 6. —; geb. n. 7.50

Löhe, Wilh., Erinnerungen aus der Reformationsgeschichte von Franken, insonderheit der Stadt und dem Burggrafthum Nürnberg ober- und unterhalb des Gebirgs. Lex.-8. (VIII und 189 S. mit 1 Stahlst. und 1 Tab.) Nürnberg 847, Raw'sche Buchh. Thlr. *

–– Etwas aus der Geschichte des Diaconissenhauses Neuendettelsau. Nürnberg 870. Löhe. 8. (136 S.) n. 9 ngr.

Etwas aus der Geschichte des Diaconissenhauses Neuendettelsau. Von Wilhelm Löhe. 2. Aufl. *Gütersloh: C. Bertelsmann 1901.* (138 S.) 8° [J.] [01. 6546

— Etwas aus d. Geschichte d. Diaconissenhauses Neuendettelsau. 3. Aufl. (138 S.) kl. 8. Ebd. 907. — 85; kart. 1.10

Loehe, Wilhelm. Etwas ü d dt-luth Niederlassungen in d Grafschaft Saginaw, Staat Mich. Mit einem Kärtchen d Niederlassung. Erlangen, 1849.

—— Evangelien-Postille für die Sonn- und Festtage des Kirchenjahres. 1. Thl. A. u. d. T.: Winter-Postille. Advent bis Pfingsten. 4. (329 S.) Stuttgart 848, S. G. Liesching. *

—— dass. — 2. (letzter) Thl. A. u. d. T.: Sommer-Postille. Trinitatisfest bis zum 26. Sonnt. n. Trin. 4. (228 S.) Ebds. 848. *

—— Evangelienpostille für die Sonn- und Festtage des Kirchenjahres. 2., durchges. und verm. Aufl. 2 Thle. (Winter-Postille. — Sommer-Postille.) gr. 4. (VIII und 538 S.) Stuttgart 854, S. G. Liesching. *

—— Evangelien-Postille für die Sonn- und Festtage des Kirchenjahres. 2 Thle. (in 1 Bde.) (Winter-Postille. — Sommer-Postille.) 3., verm. Aufl. gr. 4. (XII und 547 S.) Stuttgart 859, S. G. Liesching. *

—— Evangelien-Postille, für die Sonn- und Festtage des Kirchenjahres. 2 Thle. Winter- und Sommerpostille in 1 Bde. 4. unveränd. Aufl. 4. (XII, 323; 220 S.) Gütersloh 874, Bertelsmann's Verlag. *

—— Evangelien-Postille für die Sonn- und Festtage des Kirchenjahres. 5. unveränd. Aufl. 2 Thle. in 1 Bd. gr. 4. (XII, 324; 223 S.) Ebendas. 886. *
geb. *

– s.a. Fragen u. Antworten zu d. 6 Hauptstücken d. kl. Katechismus Dr. Luther's.

Löhe, Wilh., Fragen mit u. ohne Antwort üb. d. erste Hauptstück d. kleinen Katechismus Lutheri. 12. (...) Nürnberg 838, Raw'sche Buchh.

—– Gebete für evangel. Christen im Leben, Leiden und Sterben. 1. Thl. A. u. d. T.: Samenkörner des Gebets. Ein Taschenbüchlein für evangel. Christen. 4. Ausg. 16. (XXVIII und 354 S.) Nördlingen 847, Beck'sche Buchh.

—— dass. — 2. Thl. A. u. d. T.: Rauchopfer für Kranke und Sterbende und deren Freunde. 2., umgestalt. Aufl. des Handbuches an Kranken- und Sterbebetten. 16. (VIII und 374 S.) Ebds. 847.

—— Gebete für Kriegszeiten. 3. Aufl. 8. Nürnberg 871, Löhe. *

—— zum Gedächtnis meines Pathenkindes Lorenz Wilh. Friedr. Aug. Kündinger. Eine Predigt, gehalten zu Petersaurach am 23. Septbr. 1849. gr. 8. (24 S.) Nürnberg 849, Raw'sche Buchh.

— der evangelische Geistliche. Dem nun folgenden Geschlechte evangel. Geistlichen dargebracht. 8. (VIII u. 267 S.) Stuttgart 852, S. G. Liesching. — 2. unveränd. Abdr. 8. (VIII u. 267 S.) Ebd. 852. n. 24 ngr.

—— dass. — 2. Bdchn.: Ansichten aus den verschiedenen Arbeitsgebieten des geistl. Amtes. 8. (XV und 259 S.) Ebendas. 858. *

—— der evangelische Geistliche. Dem nun folgenden Geschlechte evangel. Geistlichen dargebracht. 1. Bdchn. 3., durchgeseh. und verm. Aufl. 8. (VIII und 289 S.) Stuttgart 861, S. G. Liesching. *

— der evangelische Geistliche. Dem nun folgenden Geschlechte evangel. Geistlichen dargebracht. 2. Bdchn.: Ansichten aus den verschiedenen Arbeitsgebieten des geistl. Amtes. 2., verb. und verm. Aufl. gr. 8. (XX und 364 S.) Stuttgart 866, S. G. Liesching. *
1. Bdchn. 3. Aufl. Ebendas. 1858. * 24 Ngr.

— der evangelische Geistliche. Dem nun folgenden Geschlechte evangel. Geistlichen dargebracht. 1. Bdchn. 4. mit der 3. gleichlaut. Aufl. gr. 8. (VIII, 291 S.) Gütersloh 872, Bertelsmann's Verlag. *

— dass. — 2. Bdchn.: Ansichten aus den verschiedenen Arbeitsgebieten des geistl. Amtes. 2. verm. Aufl. 8. (XX, 364 S.) Ebendas. 868. *

— der evangelische Geistliche. Dem nun folg. Geschlechte evangel. Geistlichen dargebracht. 1. u. 2. Bdchen. gr. 8. Ebend. 872. 76. n. 5. 80
1. 4. Aufl. (VIII, 291 S.) n. 2. 80. — 2. 3. Aufl. (XVI, 352 S.) n. 3. —

— der evangelische Geistliche. Dem nun folgenden Geschlechte evangel. Geistlichen dargebracht. 2. Bdchn.: Ansichten aus den verschiedenen Arbeitsgebieten des geistl. Amtes. 3. mit der 2. gleichlaut. Aufl. 8. (XVI, 352 S.) Ebendas. 876. *
1. Bdchn. Ebendas. 1872. * ℳ 2,80.

— die bayerische Generalsynode vom Frühjahr 1849 und das luther. Bekenntnis. Eine Beleuchtung der Synodalbeschlüsse in Betreff der Petition „Wahrung des Bekenntnisses und Einführung desselben in seine Rechte ꝛc." gr. 8. (51 S.) Nürnberg 849, Raw'sche Buchh.

— Gutachten in Sachen der Abendmahlsgemeinschaft. Vor einigen Freunden gelesen. gr. 8. (49 S.) Nördlingen 863, Beck'sche Buchh. *

— Handbuch an Kranken- u. Sterbebetten evangel. Christen. 2 Thle. 8. (20½ B.) Nördlingen 840, Beck'sche Buchh.

— Hausbedarf christlicher Gebete für augsburgische Confessionsverwandte. Voraus ein Unterricht vom Sabbath und Vorsabbath der Seele. 8. (XX und 524 S. mit dem Bildnisse und Facs. des Verf. in Stahlst.) Nürnberg 859, Sebald'sche Buchdruckerei. *

— Hausbedarf christlicher Gebete für Augsburgische Confessionsverwandte. Voraus ein Unterricht vom Sabbath und Vorsabbath der Seele. 2., verb. und verm. Aufl. 8. (XXIII und 513 S. mit dem Bildnisse und Facs. des Verf. in Stahlst. aus dem J. 1859). Nürnberg 864, Sebald'sche Buchdruckerei.

— Haus-, Schul- u. Kirchenbuch, s. a. Haus-, Schul- u. Kirchenbuch.

— Haus-, Schul- und Kirchenbuch für Christen des luther. Bekenntnisses. 1. Thl. in 5 Abthlgn. 2., verb. Aufl. 8. (XVI und 336 S.) Stuttgart 851, S. G. Liesching. *
Hieraus einzeln:

— dass. — 1. Thl. 2. Aufl. 1. Abthl. A. u. d. T.: Enchiridion. Der kleine Catechismus Dr. Mart. Lutheri für die gemeinen Pfarrherren und Prediger. Mit Wort-Erklärungen. 3. Aufl. 8. (32 S.) Ebds. 851. *

— dass. — 1. Thl. 2. Aufl. 2. Abthl. A. u. d. T.: Fragen und Antworten zu den sechs Hauptstücken des kleinen Catechismus Dr. Mart. Luthers. 2., verm. Aufl. 8. (119 S.) Ebds. 851. *

— Haus-, Schul- und Kirchenbuch für Christen des lutherischen Bekenntnisses. 1. Thl. 3., verb. und verm. Aufl. gr. 8. (XVI und 371 S.) Stuttgart 858, S. G. Liesching. *

— dass. — 2. und 3. Thl. gr. 8. (XIV und 581 S.) Ebendas. 859. [2. Bd. * 20 Ngr., 3. Bd. * 18 Ngr.] *

— Haus-, Schul- und Kirchenbuch für Christen des lutherischen Bekenntnisses. 1. Abth. A. u. d. T.: Enchiridion. Der kleine Catechismus D. Mart. Lutheri für die gemeinen Pfarrherren und Prediger. Mit Wort-Erklärungen. 4. Aufl. Stuttgart 864. S. G. Liesching. 8 (32 S.) n. 2 ngr.

— Haus-, Schul- und Kirchenbuch für Christen des lutherischen Bekenntnisses. 1. Thl. 4. mit der 3. gleichlaut. Aufl. 8. (XVI, 322 S.) Ebendas. 877. *

— dass. — 3. Thl. A. u. d. T.: Der Psalter nach der deutschen Uebersetzung D. Martinus Luthers, für den Gesang eingerichtet von Friedr. Hommel. 2. überarb. Aufl. 8. (217 S.) Ebendas. 879. *
Notenbeilage (39 S.) *
2. Thl. Ebendas. 1859. * ℳ 2.

Löhe, Wilh. Haus-, Schul- u. Kirchenbuch f. Christen d. lutherischen Bekenntnisses. 3. Tl.: Der Psalter nach der deutschen Übersetzung D. Martinus Luthers, f. den Gesang eingerichtet v. Friedr. Hommel. 3. Aufl. (144 S.) 8. Gütersloh 891, Bertelsmann. * — 90
1. Tl. Ebd. 1877. * 2 —; geb. * 3 —. — 2. Tl. Ebd. 1859. * 2 —; geb. * 2 80.

Löhe, Wilh., Haus-, Schul- u. Kirchenbuch f. Christen d. luth. Bekenntnisses. 2. Thl. 2. Aufl. 8. (XVI, 288 S.) Gütersloh 901. C. Bertelsmann. n. 2.—; geb. n. 2.80
(I u. II ermäß. Pr. n. 2.—; geb. n. 2. 40)

— Kirche und Amt. Neue Aphorismen. gr. 8. (VII und 111 S.) Erlangen 851, Bläsing.

— von Kleinkinderschulen. Ein Dictat für die Diaconissenschülerinnen von Neuendettelsau. Nürnberg 868. Löhe. 8. (III, 44 S.) cart. n. 6 ngr.

— Klein-Sakramentale für Tauf-, Beicht- und Abendmahls-Tage. 32. (XII und 164 S.) Nürnberg 859, Sebald'sche Buchdruckerei. 6 Ngr.; geb.

— ein Conferenzvortrag in Betreff der Rosenmonate heiliger Frauen, s. Conferenzvortrag.

— unsere kirchliche Lage im protestant. Bayern und die Bestrebungen einiger bayerisch-luther. Pfarrer in den J. 1848 und 1849. Mit einer Zugabe über einige wichtige Streitpunkte innerhalb der nordamerikanisch-luther. Kirche. Zur Vertheidigung und Verständigung geschrieben. Lex.-8. (IV und 122 S.) Nördlingen 850, Beck'sche Buchh. *

Löhe, Wilhelm. Leben. Aus seinem schriftlichen Nachlass zusammengestellt. Nürnberg 1873. H: *Deinzer, Johann.* (Klüpfel) (Berl)

Löhe's, Wilhelm, Leben. Aus seinem schriftl. Nachlasse zusammengestellt. 1. Bd. Mit Portrait in Lichtdruck. gr. 8. (300 S.) Nürnberg 873. Löhe. n. 3. 60

— dasselbe. 1. Bd. 2. m. Nachträgen verm. Aufl. gr. 8. (VI, 394 S.) Ebend. 874. n. 4. 50

— Leben. Aus seinem schriftl. Nachlaß zusammengestellt. 2. Bd. 1. Hälfte. Mit einer Ansicht der Kirche und des Pfarrhauses zu Neuendettelsau (in Kpfrst.). gr. 8. (270 S.) [Nürnberg 877, Löhe's Buchh.] Gütersloh, Bertelsmann. *
1. Bd. Ebendas. 1874. * ℳ 4,60.

Löhe's, Wilh., Leben. Aus seinem schriftl. Nachlaß zusammengestellt. 2. (Schluß-)Bd. 2. Hälfte. gr. 8. (IV, S. 273—574.) Gütersloh 880, Bertelsmann. *
1. Bd. und 2. Bd. 1. Hälfte. Ebendas. 1874,77. * ℳ 7,60.

Löhe's, Wilh., Leben. Aus seinem schriftl. Nachlaß zusammengestellt. 3. Bd. 1. Hälfte. gr. 8. (144 S.) Ebendas. 886. *
1. und 2. Bd. Ebendas. 1874—80. * ℳ 11.60.

Löhe's, Wilh., Leben. Aus seinem schriftl. Nachlaß zusammengestellt. 3. Bd. 2. Hälfte. (Schluß.) gr. 8. (IV u. S. 145—338.) Gütersloh 892. C. Bertelsmann. n. 2. 40 (kplt.: n. 16. —; geb. n. 20. —)

Löhe's, Wilhelm, Leben. Aus seinem schriftl. Nachlaß zusammengestellt. 1. Bd. 3. Aufl. gr. 8. (VII, 343 S. m. Bildnis.) Ebd. 901. n. 4. 60; geb. n. 6. —

—— Leben und Wirken auf dem Gebiete der inneren Mission und Diakonie, s. Deinzer, J.

—— Lebenslauf einer heiligen Magd Gottes aus dem Pfarrstande. (Zuerst als Mscr. gedr.) 2., sehr verm. Aufl. und 3., unveränd. Aufl. gr. 16. (51 S.) Nürnberg 867, Löhe.

— Lebenslauf e. hl. Magd Gottes aus dem Pfarrstande. 4. u. 5. unveränd. Aufl. (à 46 S.) kl. 8. Gütersloh 904. C. Bertelsmann. n. — 60; geb. n. 1. —

Löhe, Wilhelm: Vier Leichenreden. Nebst e. Anh.: Innere Mission. Vortrag, geh. zu Nürnberg 1850. Von —. Gütersloh: C. Bertelsmann 1903. (54 S.) 8°

— Lectionarium für das ganze Kirchenjahr. (Abdr. aus dem Haus-, Schul- u. Kirchenbuch.) Stuttgart 859. S. G. Liesching. gr. 8. (15 S.) 1⅓ ngr.

— siebzehn Lectionen für die Passionszeit nebst einigen kürzeren Vorträgen über evangelische Texte des Kirchenjahres. Aus der 2. Aufl. der Evangelienpostille für die Besitzer der 1. Aufl. besonders abgedr. Stuttgart 854. S. G. Liesching. 16. (201 S.) 15 ngr.

—— 17 Lectionen für die Passionszeit, nebst einigen kürzeren Vorträgen über evangel. Texte des Kirchenjahres. 2. Aufl. Durch einen Nachtrag verm. gr. 16. (176 S.) Ebendas. 877. * geb. *

Löhe, Wilhelm, appr. Arzt aus Nürnberg: Ueber sichtbare Lymphbahnen der Retina. *München 1902: Kastner & Lossen.* (13 S.) 8°
München, Med. Diss. v. 1902

— Martyrologium. Zur Erklärung der herkömml. Kalendernamen. Ebend. 868. gr. 16. (247 S.) 27 ngr.

—— Martyrologium. Zur Erklärung der herkömml. Kalendernamen. gr. 16. (247 S.) Ebendas. 870. ℳ 2,60.; geb. *

—— die Mission unter den Heiden. Zwei Gespräche z. Belehr. des Volks. 16. (7½ B.) Nördlingen 843, Beck'sche Buchh.

— eine protestantische Missionspredigt von der Abendmahlszucht. 1. Cor. 5, 6—8. Gehalten zu Rügland am Sonntag Septuagesimae. Besorgt von Abth. II. der Gesellschaft für innere Mission im Sinne der luther. Kirche. Nr. 11. Nürnberg 853. (Nördlingen, Beck.) gr. 8. (19 S.) nn. 1¼ ngr.

— s. Mittheilungen, kirchliche.

—— Namenbilder der Kalender-Heiligen mit Text. 1. Lfg. 16. (18 color. Holzschntaf.) Ebendas. 868.

— Predigt am 2. Pfingsttage 1843 über Apostelgesch. 10, 42. gr. 8. Nürnberg 843, Raw'sche Buchh. ¹⁄₁₂ ℔

— Predigten f. d. festl. Hälfte d. Kirchenjahres aus s. ersten Amtsjahren. Hrsg. v. s. Tochter. gr. 8. (VIII, 471 S.) Ebd. 899. n. 5. 40; geb. n. 6. —

—— sieben Predigten, mit ein. Vorwort. 2. Aufl. gr. 8. (...) Nürnberg 836, Raw'sche Buchh.

—— Predigten üb. d. Vater-Unser. 2. Aufl. gr. 8. (10½ B.) Nürnberg 837, Raw'sche Buchh.

— Predigten über das Vater unser. 3. Aufl. Nürnberg 853. Raw. gr. 8. (XII, 160 S.) 15 ngr.

—— Predigten über das Vater-Unser. 4. Aufl. 8. (XVI, 178 S.) [Nürnberg 875, Löhe's Buchh.] Gütersloh, Bertelsmann. *

—— Predigten üb. das Vater-Unser. 5. Aufl. 8. (XVI, 164 S.) Ebd. 890. * 1 80; geb. * 2 40

—— Prüfe dich selbst. Sonderabdruck der Prüfungstafel. 8. (16 S.) Ebd. 890. — 15

Löhe, Wilh., prüfe dich selbst. Sonderabdr. der Prüfungstafel. 8. (16 S.) Gütersloh 891. C. Bertelsmann. — 15

—— Prüfungstafel und Gebete für Beicht- und Abendmahlstage. Zum Gebrauch sowohl in, als außerhalb des Gotteshauses. 3., verm. und verb. Aufl. A. u. d. T.: Beicht- und Communion-Büchlein für evangel. Christen. Verm. und verb. Aufl. 8. (XX und 248 S.) Nürnberg 850, Raw'sche Buchh.

—— Prüfungstafel und Gebete für Beicht- und Abendmahlstage. Zum Gebrauch sowol in als außerhalb des Gotteshauses. A. u. d. T.: Beicht- und Communion-Büchlein für evangel. Christen. 4., verm. und verb. Aufl. 8. (XVIII und 348 S.) Nürnberg 858, Raw'sche Buchh. *

—— Raphael. Ein evangel. Gebetbüchlein für Reisende. 16. (XII und 236 S.) Nürnberg 862, Sebald'sche Buchdruckerei. geb. mit Goldschn.

—— Rauchopfer für Kranke und Sterbende und deren Freunde. 3. Aufl. 16. (VIII und 368 S.) Nördlingen 863, Beck'sche Buchh. * 14 Ngr.; geb. *

— Rauchopfer f. Kranke u. Sterbende u. deren Freunde. 4. Aufl. 16. (VIII, 368 S.) Nördlingen 881. Beck. n. 1. 80; geb. n. 2. —

— dasselbe. (VIII, 368 S.) gr. 16. Konstanz (904). C. Hirsch. Geb. n. 1. 80

— Rauchopfer f. Kranke u. Sterbende u. deren Freunde. 5. Aufl. (VII, 288 S.) kl. 8. Ebd. 905. Kart. n. 1. 20; geb. n. 1. 60

—— Rede bei d. Taufe ein. jüdischen Jünglings. 8. (...) Nürnberg 837, Raw'sche Buchh.

Löhe, Wilh., Rosen-Monate heiliger Frauen. gr. 16. (XIX und 384 S. mit 1 Stst.) Stuttgart 860, S. G. Liesching. Mit Goldschn. Thlr. *

— Samenkörner des Gebets. Ein Taschenbüchlein für evangel. Christen. 3. verm. Ausg. 8. Nördlingen 844, Beck. geb. n. ⅝ ℔ — 4. Ausg. 16. Ebend. 846. geb. n. 8 ngl. Parthiepreis bei 25 Expl. à n. 7 ngl. In Leinwand geb. mit Goldschn. n. 18 ngl. Vergl. Samenkörner.

— Samenkörner des Gebets. Ein Taschenbüchlein f. evangelische Christen. 5. verm. Ausg. 16. (XVI u. 476 S.) Nördlingen 851. Beck. n. 9 ngr.

— Samenkörner des Gebetes. Ein Taschenbüchlein für evangelische Christen. 6—8. Aufl. Stereot.-Abdr. Nördlingen 854—57. Beck. 16. (XVIII, 526 S.) n. 9 ngr.

—— Samenkörner des Gebetes. Ein Taschenbüchlein für evangel. Christen. 23. und 24. Aufl. 1870,71. * 90 Pf., und 25. und 26. Aufl. Ster.-Ausg. 16. (XVI, 525 S.) Nördlingen 872,73, Beck'sche Buchh. geb. *
Mit Anhang: Ehestandsgebete enth. *

— Samenkörner des Gebetes. Ein Taschenbüchlein für evangel. Christen. 27. und 28. Aufl. Feine Ausg. gr. 16. (XVIII, 526 S.) Nördlingen 877, Beck'sche Buchh. geb. mit Goldschn. *

— Samenkörner des Gebetes. Ein Taschenbüchlein für evangel. Christen. 29.—33. Aufl. 16. (XVIII, 526 S.) Ebendas. 879—84. geb. *

— Samenkörner des Gebetes. Ein Taschenbüchlein für evangel. Christen. 29. Aufl. Feine Ausg. 12. (XVIII, 526 S.) [Nördlingen 885.] München, Beck'sche Verlagsh. geb. mit Goldschn. *

— dass. — 34. und 35. Aufl. (Billige Ausg.) gr. 16. (XVIII, 526 S.) Ebendas. 885,87. geb. *

— Samenkörner d. Gebetes. Ein Taschenbüchlein f. evangel. Christen. 36. Aufl. 16. (XVIII, 526 S.) [Nördl. 889.] Münch., Beck. geb. * 1 —

— Samenkörner des Gebets. Ein Taschenbüchlein für evangel. Christen. (VIII, 357 S. m. Bildnis.) 12. Ebd. (904). Geb. in Halbleinw. n. 1. —; in Leinw. n. 1. 20; m. Goldschn. n. 1. 80; in Ldr. n. 2. —; m. Goldschn. n. 2. 50

— Spruchcatechismus. Dr. Mart. Luthers Enchiridion mit beweisenden Sprüchen des göttlichen Wortes. (Abdr. aus des Verf. Haus-, Schul- und Kirchenbuch, 1. Thl.) 3. Aufl. Ebend. 860. gr. 8. (79 S.) n. 5 ngr.

— meine Suspension im J. 1860. Acht Wochen aus dem Leben eines landeskirchl. Pfarrers. gr. 8. (IV und 48 S.) Nördlingen (861)62, Beck'sche Buchh. *

— geistlicher Tageslauf. 3., verm. Aufl. Nürnberg 870. Löhe. 32. (74 S.) cart. mit Goldschn. n. 2½ ngr.

— der sacramentliche Theil des Confirmanden-Unterrichts. [Zur Repetition f. Confirmirte.] [Tractate für die Seelsorge. Serie II. Nr. IV.] Neuer Abdr. 12. (61 S.) Nürnberg 880. Sebald. n. — 50

— Tractate für die Seelsorge. Nr. 1—5. [1. Serie.] Nürnberg 860. Sebald. 16. (63 S.) 3 ngr.

— dass. — Nr. 6. (2. Serie.) 16. (96 S.) Ebendas. 860.

— kurzer Unterricht von der Bibel oder der heil. Schrift, als dem Probierstein unsers Bekenntnisses und aller Lehre. Abdr. aus des Verf. „Haus-, Schul- u. Kirchenbuch, 1. Thl." Stuttgart 858. S. G. Liesching. 8. (19 S.) n. 2 ngr.

— Vorschlag zur Vereinigung lutherischer Christen für apostolisches Leben. Sammt Entwurf eines Katechismus des apostol. Lebens. 2. Aufl. 8. (124 S.) Stuttgart 857, S. G. Liesching. *

— sieben Vorträge über die Worte Jesu Christi vom Kreuze. Stuttgart 859. S. G. Liesching. gr. 16. (VIII, 132 S.) n. 18 ngr.

— sieben Vorträge über die Worte Jesu Christi vom Kreuze. 2. mit vier kleinen Anhängen verm. Aufl. br. 8. (XV, 148 S.) Stuttgart 868, S. G. Liesching. [Gütersloh, Bertelsmann's Verlag.] cart. *

Löhe, Wilh., sieben Vorträge üb. die Worte JEsu Christi vom Kreuze. 3. Aufl. 8. (160 S.) Gütersloh 891. C. Bertelsmann. n. 1. 80; geb. n. 2. 40

— Sieben Vorträge über d. Worte JEsu Christi vom Kreuze. 4. Aufl. (160 S.) 8. Ebd. 908. 1.50; geb. 2. —

— von dem göttlichen Worte, als dem Lichte, welches zum Frieden führt. 3. Aufl. gr. 8. Stuttgart 845, S. G. Liesching. 1¾ ngl

— von dem göttlichen Worte, als dem Lichte, welches zum Frieden führt. 4. Aufl. gr. 8. (16 S.) Stuttgart 858, S. G. Liesching.

— von dem göttlichen Worte, als dem Lichte, welches zum Frieden führt. 5. Aufl. Ebend. 869. gr. 8. (16 S.) 1½ ngr.

— von dem göttlichen Worte, als dem Lichte, welches zum Frieden führt. 6. Aufl. 8. (16 S.) Gütersloh 887, Bertelsmann. 15 Pf.; in Partien

— von dem göttlichen Worte, als dem Lichte, welches zum Frieden führt. 7. Aufl. 8. (16 S.) Ebd. 890. — 15

[F.] Von dem göttlichen Worte, als dem Lichte, welches zum Frieden führt. Von Wilhelm Löhe ... 8. Aufl. *Gütersloh: C. Bertelsmann 1894.* (16 S.) 1 Bd 8. [96. 3017

— von dem göttlichen Worte als dem Lichte, welches zum Frieden führt. 8. Aufl. 12. (16 S.) Ebd. 895. — 15

— Luther's Worte von der heiligen Taufe, s. a. Luther.

– Dr. M. Luthers Worte v. der h. Taufe, zusammengetragen. 8. (. . .) Nürnberg: Raw'sche Buchh. 1839.

— Zuruf aus der Heimath an die deutsch-lutherische Kirche Nordamericas. Zum Besten der Nordamericanischen Sache. hoch 4. (4½ B.) Stuttgart 845, S. G. Liesching's Verl. *

Löhe's Vater, Ehrengedächtniß. Besorgt von Abth. II der Gesellschaft f. innere Mission im Sinne der luther. Kirche. gr. 8. (19 S.) Nürnberg 872. Löhe. n. — 30

Löhe's Wilhelm Lebensbild, s. Stählin, A. v.

Loheck, Rob., vom Frühling zum Herbste. Lieder. 16. (254 S.) Stuttgart 884. Greiner & Pfeiffer. n. 2. —

Löheck, ..., Physiologie, od. Lehre v. Zustand d. menschl. Körpers. 8. Hamb. ... (Herold jun.) 12 gl

Löheck, Physiologie, oder Lehre vom Zust. d. menschl. Körpers. 8. Hamb. Vollmer.

Loeheim, Jul., das goldene Buch der Gesundheit. Aerztlicher Ratgeber f. Gesunde u. Kranke. (512 S. m. Abbildgn.) gr. 8. Berlin 908. [Verlagsanstalt Universum.] Heilbrunn & Co. Geb. in Leinw. n. 7. 50

Lohengrin. Hrsg. von Heinr. Rückert, s. a. Bibliothek der National-Literatur.

Lohengrin. Parodie in 4 A. (aufgeführt 31. März 1859). V: *Nestroy, Johann Nep. Eduard Ambrosius.* N.s Werke, hg. v. Rommel, 1 (1908), S. XCI. (DARP)

Lohengrin. Ein altdeutsches Gedicht nach d. Abschrift des vatikanischen Manuscripts, von Ferdinand Glöckle, herausg. von J. Görres. gr. 8. Heidelb. Mohr u. W. 813.

Lohengrin. Central-Organ deutscher Vereine. Hrsg. von Furch und Hartmann. 1. Jahrg. Novbr. und Decbr. 1884. 8 Nrn. (2 Bog.) Fol. Berlin. (Leipzig, Licht und Meyer.) * Nicht weiter erschienen.

Lohengrin, der Ritter mit dem Schwane, s. Universal-Bibliothek Nr. 1199 und 1200.

Wagner's Lohengrin und die Kritik der Tagespresse. Von einem Gegenwartsmusiker. Berlin 1859.

Lohengrin, Eva v., die Blumensprache od. die Deutg. der Blumen. Nebst e. Verzeichniß dessen, was man durch Blumen sagen kann. Als Anh. Orakelsprüche der Blumen u. die Bedeutg. der Farben bei Busenschleifen. 64. (50 S.) Berlin 875. Beuckert & Radetzki. — 25

Lohengrin, Eva v., s.: Briefsteller f. Liebende.

LOHENGRIN, Ev[illegible] (ps.), Neuester Briefwechsel für Lieben[illegible] 1874.
Weller, Lex. Ps. p. 327.

– s. **Worte der Liebe u. Freundschaft.**

Lohenschjold. De expugnatione Constantinopoleos per Mahometem II. 1757.

v. Lohenschiold, Otto Chr., († d. 4. Sept. 1761.) s. Giannone, bürgerl. Geschichte.

Lohenschiold, Otto Christian von [Praes.], s. Harpprecht, Moritz David: De investituris episcoporum per annulum et baculum.

Lohenschiold, Otto Christ. v., Ex historia politica promiscue depromtae. Tübingen (Löffler) Oct. 1752. 8 S. (3.—) 21568

— s. **Ladvokat, histor. Handwörterbuch** xc.

Lohenschiold, Otto Christian von [Praes.], s. Wider, Christoph Bernhard: De floribus lygiis vulgo lilia vocatis regni Galliae insignibus.

* *Adam Lohenstein's* Gründliche Anweisung zu den vornehmsten Arithmetischen Wissenschaften. Frkft. und Leipzig b. Friedrich Rotscholtz. 4 Alph. 2 u. 1 Viertelbog. 1714.

Lohenstein, Adam, Anweis. z. d. arithmet. Wissenschaft. 4. Nrnb. Pech. 724.

Lohenstein, Daniel Casper von

LOHENSTEIN, Daniel Casper v. (1635—83. — Goedeke III, 269, 2). — § * *Daniel Caspers* (so!) Agrippina Trauerspiel. Bresslau, Bey Esaias Fellgiebeln, 1665. (Nebst Kupfertitel.) 8°. (12 Mk. Adolf Weigel, 1905.) (Auch in Göttingen.)
* — — Dasselbe. Bresslau, bey Esaiae Fellgiebels Sel. Wittib und Erben, 1701. Nebst Kupfertitel in qu.-4to, die Ermordung Agrippina's darstellend). 8°. (In Marburg, Univbibl., ohne die 6 Kpf.)
8 Bll. Vorst., 6 Portraits, 101 SS. u. 41 unbeziff. SS. Anmerk.
— — Ibrahim Sultan Schauspiel, Agrippina Trauerspiel, Epicharis Trauerspiel, und andere Poetische Gedichte, mit Bewilligung des Autoris, nebenst desselb. Lebens-Lauff, etc. Breßlau, bey Esaiä Fellgiebels Sel. Wittib und Erben, 1701. 8°. Mit dem Portr. des Autors, 6 Titelkpfrn., 1 Titelvign. u. 16 in den Text gehör. Portraits. (10 Mk., Prgtbd., Rich. Bertling, Dresden, 1892; jetzt theurer!)

* — — Dasselbe. Leipzig, Zu finden bey Joh. Herbord Kloss, 1724. (Nebst Kupfertitel: Bresslau auf Unkosten Esaiä Fellgibels.) 8°. (10 Mk. Gust. Fock, Lpz., 1907.)

- - , Arminius enucleatus, Stargard und Leipzig (1708) s. a. Johann Christoph Männling.

* — — — — Arminius enucleatus. Das ist: Des unvergleichlichen *Dan. Casp. v. Lohenstein* herrliche Realia, köstliche Similia, Historische Merkwürdigkeiten, Sententien etc. aus dessen deutschen Taciti oder Arminii 1. u. 2. Th. zusammengetragen von Joh. Christoph Männling (geb. 1658, † 1723). 2 Thle. Mit Titelkpf. Stargardt 1708. 8°. (15 Mk., Prgtbd., F. W. Haschke, Lpz., 1912.)
672, 584 S. u. 30 + 19 Bll.

§ * — — *Daniel Caspers von Lohenstein* Grossmüthiger Feldherr Arminius oder Hermann, Als Ein tapfferer Beschirmer der deutschen Freyheit, Nebst seiner Durchlauchtigen Thussnelda In einer sinnreichen Staats- Liebes- und Helden-Geschichte Dem Vaterlande zu Liebe Dem deutschen Adel aber zu Ehren und rühmlichen Nachfolge. In Zwey Theilen vorgestellet, Und mit (20) annehmlichen Kupffern (von Joach. v. Sandrart) gezieret. Leipzig, Verlegt von Johann Friedrich Gleditschen, Buchhändlern, und gedruckt durch Christoph Fleischern, Im Jahr 1689. Unter Ihrer Röm. Käyserl. Majestät sonderbaren Begnadigung. (Th. 2 ibid. 1690.) (Nebst Kupfertitel u. Portrait d. Verf. (im 46. Lebensjahre), letzteres von J. Tscherning.) Gr. 4°. (Auch in Göttingen, Univ.-Bibl., Wiesbaden, Landesbibl., und in Darmstadt, Hofbibl.) (30 Mk. Ludw. Rosenthal, 1906; 30 Mk. Mart. Breslauer, Berlin, 1908. Sehr schönes Expl.)

— Großmüthiger Feld-Herr Arminius oder Herrmann. Nebst seiner Durchlauchtigsten Thusnelda in einer sinn-reichen Staats- Liebes- und Helden-Geschichte . . . in Vier Theilen [gebunden in 2 Bände] vorgestellet und mit saubern Kupfern ausgezieret. Andere und durch und durch verbesserte und vermehrte Auflage. Leipzig, J. F. Gleditschs Sohn, 1731. 4°. *Schönes Kupferstichporträt des Dichters von J. Tscherning, gestochenes reichfiguriges Titelblatt von J. Sandrart*, gedrucktes Titelblatt in rot und schwarz CC S. 2868 (zweispaltig gedruckte) S. 44 Bl. (Register) und *18 prächtige Kupfertafeln von Sandrart*. Leicht fleckige Pgtbde. d. Z.
G. III. 270, 9. FdF. 1310. H.-G. IV. 237. H. v. Müller, L.-Bibliogr. C III.

§ * — — Dasselbe, titulo: Großmüthiger Feld-Herr Arminius oder Herrmann, Nebst seiner Durchlauchtigsten Thusnelda in einer sinn-reichen Staats- Liebes- und Helden-Geschichte dem Vaterlande zu Liebe dem Deutschen Adel aber zu Ehren und rühmlicher Nachfolge in Vier Theilen vorgestellet und mit saubern Kupfern ausgezieret. Andere und durch und durch verbesserte und vermehrte Auflage. (Hrsg. von Dr. Georg Christian Gebauer.) Leipzig, bey Johann Friedrich Gleditschens sel. Sohn, 1731. 4°. (Auch in Berlin Magistratsbibl., in Göttingen und Darmstadt.) (25 Mk. Adolf Weigel, 1904.)
CC u. 2868 zweispaltige S. nebst 44 Bl. Register (mit Vorrede von Gebauer).

— Daniel Caspers von Lohenstein . . . Großmüthiger Feld-Herr Arminius oder Herrmann, Nebst seiner Durchlauchtigsten Thusnelda in einer sinn-reichen Staats- Liebes- und Helden-Geschichte . . . in Vier Theilen vorgestellet und mit saubern Kupfern ausgezieret. Andere und durch und durch verbesserte und vermehrte Auflage. Leipzig, J. F. Gleditschs Sohn, 1731. 4°. *Schönes Kupferstichporträt des Dichters von J. Tscherning, gestochenes reichfiguriges Titelblatt von J. Sandrart*, gedrucktes Titelblatt in Rot und Schwarz. CC S., 2868 (zweispaltig gedruckte) S. 44 Bl. (Register) *und 18 prächtige Kupfertafeln von Sandrart*. 4 Teile in 2 etwas fleckigen Pgtbdn. d. Z.
G. III. 270, 9. FdF. 1310. H.-G. IV. 237. H. v. Müller, L.-Bibliogr. C III.
Eines der wichtigsten Denkmäler der älteren deutschen Literatur.

Ibrahim Bassa. Trauer-Spiel. Breslau, J. Fellgiebels Witwe 1709. 10 Bl. und 60 S.

§ — — Blumen. (Gedichtsammlung.) Bresslau 1680. 8°. (In München: P. o. germ. 871 qc, mit Beibd.)
— — Dasselbe. Mit Titelkpfr. in qu.-4to. (Sandrart fec.). Breßlau. auf Unkosten Jesaiä Fellgibels sel. Wittwe u. Erb. 1708. 8°. (7 Mk. 50 Pfg. A. Bielefeld, Carlsruhe, 1911.)
10 S. Vorr., 12 S. Widm., 140 S. Gedichte.

v. Lohenstein, Dan. Kasp., auserles. Gedichte, s. Bibliothek deutscher Dichter. XIV.

D. C. von Lohenstein's sämmtliche Gedichte. *Enth*: Sophonisbe, Trauersp.; Cleopatra, Trspl.; Blumen; Hyacinthen; Geistliche Gedanken. Breszlau. 1689. Ibrahim Sultan, Schauspiel; Agrippina, Trauersp.: Epicharis, Trauersp.: Ibrahim Bassa. Trauersp., Erleuchtete Hoffmann etc. nebst Lebenslauf. Breszlau. 1701. 8o.
Diese Ausgabe fehlt bei Jördens III. S. 449. und Gödeke Elf Bücher d. D. I. S. 447. Gervinus III. S. 433 ff.

— — Sämtliche Geist- und Weltliche Gedichte. Nebst Anmerkungen. Mit 11 Kpfrn. Leipzig, in der Zedlerischen Handlung, 1733. 8°. (35 Mk. Max Perl's Berliner März-Auct. 1909, no. 689; 21 Mk., eleg. alter Hfrzbd. mit Rothschnitt, A. Bielefeld, 1911.)

Cleopatra, Trauer-Spiel. Frankfurt & Leipzig, J. H. Kloß. 1724. *Doppelseitiges Titelkupfer*, 6 Bl. 200 S. und *9 Kupfer*.

Lohenstein, Daniel Kaspar von , Leichenrede auf Christian
Hofmann von Hofmannswaldau,
siehe Des Todes Tempel.

— — Liebes-Zunder, Neu-auffgehender. Zwischen Stein und Eichen, auf das Steinpeltzer und Eichische Beylager. (An: Erleuchtete Hoffmann .... O. O. u. J. [Breslau, Esais Fellgibel's Wwe. u. Erben, 1701.] 8°. 20 Bll.; unter den 9 Gedichten, Bl. b4b ff.)

- - , Lohensteinius sententiosus, Breslau (1710)
s. a. Johann Christoph Männling.

— — — — Lohensteinius sententiosus, des vortrefflichen *Dan. Casp. v. Lohenstein* sonderbare Geschichte, curieuse Sachen, sinnreiche Reden etc. aus desselben Schrifften von Joh. Christoph Männling. Breßlau 1710. 8°. (In Breslau, Stadtbibl.)

— und Joh. v. Bessers Meisterstücke der Redekunst, nach G. N. v. Kaves Reden. 8. Zerbst, Göcking. 739.

— — *Daniel Caspers von Lohenstein* Rosen. (Vermischte, meist weltliche Gedichte.) Bresslau, Auf Unkosten JEsaiae Fellgibels, Buchhändlers alldar., 1680. 8°.
Tit., 6 Bll. lat. Dedic., 142 SS.
* — — Dasselbe. Ibid. 1708. 8°.

- - , vergl. Christian Schröter, Gründliche Anweisung zur deutschen Oratorie, Leipzig (1704).

Sophonisbe. Trauer-Spiel. Frankfurt & Leipzig, Kloß, 1724. 14 Bl. 176 S. und 3 *Kupfer*.

Lohenstein, Dan. Casp. v., Staats- Lieb- und Heldengesch. Arminii und Thusnelda. 4 Thle. m. K. 4. Lpz. Gleditsch. 731.

Epicharis Trauer-Spiel. Leipzig, Kloß, 1724. *Doppelseitiges Frontispiz*, 8 Bl. 127 S. 18 Bl

§ — — Werke. 3 Bde. Leipzig. (Sammel-Ausgabe, nach 1700. — Die einzelnen Stücke mit besondern Titeln.) 8°.

Lohenstein, D. Casper von. [Gesamtausgabe der poetischen Werke und Lebenslaufs:] Daniel Caspars [!] von Lohenstein Ibrahim Sultan Schauspiel/Agrippina Trauerspiel/ Epicharis Trauerspiel/Und andere Poetische Gedichte/so noch mit Bewilligung des S. Autoris Nebenst desselben Lebens-Lauff und Epicediis, zum Druck verfertiget. Breslau, E. Fellgibels Witwe & Erben, 1701[—1708]. 8°. *Mit Kupfern*. Sehr starker Ldbd. d. Z. mit Rv.

Diese Gesamtausgabe setzt sich folgendermaßen zusammen:
1. Ibrahim Sultan Schauspiel. Breßlau, bey Esaiä Fellgiebels Sel. Wittib und Erben, 1701. 10 Bl. 118 S. 29 Bl. Voraus gehen das *doppelseit. Frontispiz* zum „Ibrahim Sultan" (der Wagen des Kaisers fährt gen Himmel, der des Sultans zur Hölle), der Gesamttitel des Buches und 5 Bl. allgemeiner Vorrede.
2. Agrippina Trauer-Spiel. Breßlau (etc.) 1701. *Doppelseitiges Titelkupfer (Ermordung Agrippinas)*, 6 Bl. 101 S. 20 Bl. und 5 Porträtkupfer.
3. Epicharis Trauer-Spiel. Breßlau (etc.) 1701. *Doppelseitiges Titelkupfer (Marter- und Enthauptungsszene)*, 8 Bl. 127 S. 18 Bl. und 3 Porträtkupfer.
4. Ibrahim Bassa, Trauer-Spiel. (Darunter *gestochene Titelvignette (Mann, der ein Herz opfert)*. Breßlau, Verlegts Jesaias-Fellgiebel, Buchhändl. 1689. 10 Bl. 60 S. — Zweite Ausgabe dieses erst nach Lohensteins Tode wiederaufgefundenen Frühwerks, das er mit 14 Jahren geschrieben hatte.
5. Sophonisbe, Trauer-Spiel. Breßlau, (etc.) 1708. *Doppelseitiges Titelkupfer (Sophonisbes Tod)*, 14 Bl. 176 S. und *3 Porträtkupfer*.
6. Cleopatra, Trauer-Spiel. Breßlau, (etc.) 1708. *Doppelseitiges Titelkupfer (Tod der Cleopatra)*, 6 Bl. 200 S. und *9 Porträtkupfer*.
7. Blumen. [Gedichte = I. Rosen]. Breßlau, Auf Unkosten Jesaiä Fellgibels ... 1708. *Doppelseitiges Titelkupfer (allegor. Figuren in e. Park)*. 6 Bl. 152 S. — Ein Streifen des weißen Unterrandes vom Frontispiz sauber ergänzt.
8. D. C. v. L. Hyacinthen. [Breslau, Fellgibels Witwe & Erben]. 94 S.
9. Himel-Schlüssel oder Geistliche Getichte. 47 S.
10. Geistliche Gedanken über Das LIII. Capitel des Propheten Esaias. Breßlau, Auf Unkosten Jesaiae Fellgibels, Buchh. aldar. 144 S. (S. 123—144 mit besond. Titel: Thränen [der Mutter Gottes, der Maria Magdalena etc.])
11. [Der] Erleuchtete Hoffmann (Übersetzungen in Versen). 20 Bl.
12. L[ohenstein], H. C[asper] V[on]. Kurtz Entworffener Lebens-Lauff Des sel. Autoris. Breßlau, (etc.) 1701. *Gestoch. Frontispizporträt L's von J. Sandrart*, 35 Bl. Mit einigen latein. und mehreren deutschen Lob- und Nachrufgedichten auf L. von ELIAS THOMA, CHRISTIAN GRYPHIUS, GEORG KAMPER, CH. KNORR (v. ROSENROTH) u. a. Verfasser war der Bruder des Dichters.

— poetische Werke, mit historisch-kritischen Anmerk. u. K. 8. Lpz. Gleditsch. 748.

— — Sämmtliche Poetische Werke. 2 Bde. Leipzig, Joh. Georg Löwe, 1748.

Loher u. Maller. Ritterroman erneuert von Karl Simrock. Stuttgart 868. Cotta'sche Buchh. gr. 8. (XVIII, 291 S.) 1 ₰

Loher, Geo. Mch. Mathematische Abhandlung von Berechnung der Nachsteuern, der vernachsteuerten und zuvernachsteuerenden Heirathsgüter; nebst analyt. und 8 Münz-Reduktionstafeln. fol. Memmingen, 1782.

— analyt. Münztafeln, od. ganz neue Rechnungsart, durch welche man alle Münzrechnungs-Aufgaben in ganzen Zahlen u. in Brüchen geschwind, sicher u. leicht auflösen kann. 8. Memmingen 783.

— analyt. Rechnungstabellen. 8. Memming. 787. (Gebhard u. K. in Frankf. a. M.) 1 ₰ß

Löher, Franz

Löher, Frz. v., Abrechnung mit Frankreich. [Aus den „Ergänzungsblättern zur Kenntniß der Gegenwart."] Hildburghausen 870. bibliogr. Institut. gr. 8. (25 S.) 3 ngr.

Löher, F. v., Archivlehre. Grundzüge der Geschichte, Aufgaben und Einrichtg. unserer Archive. gr. 8. (XII, 490 S.) Paderborn 890. F. Schöningh. n. 10. —

Löher, Frz., Aussichten für gebildete Deutsche in Nordamerika. 8. (VI und 92 S.) Berlin 853, Springer. *

Löher, Frz., über die kulturhistor. Bedeutung unserer Städte. Vortrag in der Festversammlung auf d. Rathhause, am 28. Septbr. 1858, z. Feier d. 700jähr. Stadtjubiläums (München's). München 1858. 4°. Wasserll. Cart. 16 S. — Mit besond. Rücksicht auf München.

—— des deutschen Volks Bedeutung in der Weltgeschichte. Vorträge gehalten in Cincinnati Anfang 1847. gr. 8. (110 S.) Cincinnati 847, [Eggers und Wilde.] *

Löher, F. Beiträge zur Geschichte der Jakobäa von Bayern. 1401—1436. (244) 4. München 1862. 9,30.

Löher, Frz., Beiträge zur Geschichte der Jakobäa von Bayern. **2 Abthlgn. gr. 4. München, Franz'sche Buchh.** *
Inhalt:
Abthl. 1. 1401—1426. (S. 1—114.) 865. * 1 Thlr. 18 Ngr.
» 2. 1426—1436. (S. 115—244.) 866. * 1 Thlr. 15 Ngr.
Aus: Abhandlungen der k. bayer. Akademie der Wissenschaften, besonders abgedruckt.

Löher, Frz. v., Beiträge zur Geschichte und Völkerkunde. 2 Bde. gr. 8. (VIII, 491; VII, 492 S.) Frankfurt a. M. 885,86, Literar. Anstalt. à Bd. *ℳ 8.60. *
geb. à Bd. **ℳ 9.60. **

--Die dte Bevölkerung d VS. ihre Gegenw u Zukunft. Cinci. 1846.

Löher, Franz von, s. Bibliothek des litterarischen Vereins in Stuttgart CLXV.

—— historische und biographische Erläuterungen zu Wilh. v. Kaulbach's Zeitalter der Reformation. gr. 8. (IV und 111 S.) Stuttgart [München] 863, Bruckmann. *
Mit 1 Photogr. cart. *

— das Erwürgen der deutschen Nationalität in Ungarn. Denkschrift aus Siebenbürgen. gr. 8. (XI, 59 S.) München 874. A. Ackermann. 1. —

— Kaiser Friedrich II. Kampf um Cypern. [Aus: „Abhandlgn. d. k. bayer. Akad. d. Wiss."] 4. (72 S.) München 878. Franz in Comm. n.n. 2. 10

Löher, Frz., Fürsten u. Städte zur Zeit d. Hohenstaufen dargestellt an den Reichsgesetzen Kaiser Friedrichs II. gr. 8. Halle 846, Anton. 1/2 Thlr.

— Geschichte d. Kampfes um Paderborn 1597 bis 1604, s.a. Verein, allgemeiner, f. deutsche Literatur.

v. Löher, Frz. Geschichte des Kampfes um Paderborn. 1597—1604. (XVI. 372.) 8. Berlin 1874. 6,00.

Löher, Franz: Geschichte und Zustände der Deutschen in Amerika. *Cincinnati, O.: Eggers und Wulkop; Leipzig: K. F. Köhler 1847. XII, 544 S.*

Löher, Frz., Geschichte und Zustände der Deutschen in Amerika. gr. 8. (XII und 544 S.) Cincinnati 848, [Eggers und Wilde.] (Leipzig, Köhler.) *

—— Geschichte und Zustände der Deutschen in Amerika. 2. (Titel-)Ausg. gr. 8. (XVI und 544 S.) Göttingen 854, Wigand.

Löher, Franz: Geschichte und Zustände der Deutschen in Amerika. *Cincinnati, O.: Eggers und Wulkop; Leipzig: K. F. Köhler 1847. XII, 544 S.; Zweite Auflage. Göttingen: Georg H. Wigand 1855. X, 544 S.*

— kretische Gestade. 8. (VIII, 363 S.) Bielefeld 877. Velhagen & Klasing. n. 5. —; geb. n.n. 7. 50

Löher, Frz., Jakobäa von Bayern und ihre Zeit. Acht Bücher niederländ. Geschichte. (In 2 Bdn.) 1. Bd. gr. 8. (XVIII und 472 S.) Nördlingen (861)62, Beck'sche Buchh. *

Löher, Fr., Jakobäa von Bayern und ihre Zeit. 2. Band. Nördlingen 1869. 8.

—— Jakobäa von Bayern und ihre Zeit. Acht Bücher niederländ. Geschichte. 2 Bde. gr. 8. Nördlingen, Beck'sche Buchh. [1. Bd. 2. Ausg. (XVIII, 472 S.) 869. *M 7,20.; 2. Bd. (IV, 566 S.) 869. *M 7,80.] *

— nach den glücklichen Inseln. Canarische Reisetage. 8. (VIII, 385 S. m. 1 chromolith. Karte.) Ebend. 876. n. 5. —; in Halbfrzbd. n. 7. 50.

Löher, Frz. v., das neue Italien, s.a. Zeit- und Streit-Fragen, deutsche.

Löher F v, das neue Italien. (Zeit- und Streitfragen 175) Berlin 1883

Löher, Frz. v., das Kanarierbuch. Geschichte u. Gesittung d. Germanen auf d. kanar. Inseln. Aus d. Nachlasse hrsg. gr. 8. (IV, 603 S.) München 895. J. Schweitzer, Verl. n. 8. —

—— s. Kaulbach, Wilh., Zeitalter der Reformation.

Löher, Prof. Dr. Franz. König Konrad I. und Herzog Heinrich von Sachsen. Ein Beitrag zur deutschen Reichsgeschichte. 8. München 1857.

—— König Konrad I. und Herzog Heinrich von Sachsen. Ein Beitrag zur deutschen Reichsgeschichte. gr. 4. (167 S.) München 858, (Franz.) *
Aus: Abhandlungen der k. bayer. Akademie der Wissenschaften, III. Cl., VIII. Bd., II. Abthl., besonders abgedruckt.

Löher, Frz. v., Kulturgeschichte der Deutschen im Mittelalter. 3 Bde. gr. 8. München, J. Schweitzer, Verl. n. 26. 50; geb. n. 29. —
1. Germanenzeit u. Wanderzeit. (XI, 531 S.) 891. n. 9. 50; geb. n. 10. —
2. Frankenzeit. (VI, 484 S.) 892. n. 9. 50; geb. n. 10. —
3. Kaiserzeit. Aus d. Nachlasse hrsg. (VII, 383 S. m. Bildnis.) 894. n. 7. 50; geb. n. 9. —

— Kulturgeschichte d. Deutschen im Mittelalter. 3 Bde. 2. [Titel-] Ausg. gr. 8. (XI, 531; VI, 484 u. VII, 383 S. m. Bildn.) Ebd. (891—894) 896. n. 10. —; geb. n. 12. —

— griechische Küstenfahrten. 8. (VI, 378 S.) Ebend. 876. n. 5. —; geb. n. 7. 50

—— Land und Leute in der alten und neuen Welt. Reiseskizzen. 2 Bde. 8. Göttingen, Wigand. [1. (III und 283 S.) 854., 2. (III und 281 S.) 855. à Bd. 1 Thlr. 15 Ngr.]

—— Land und Leute in der alten und neuen Welt. Reiseskizzen. 3. Bd. 8. (III und 292 S.) Göttingen 858, Wigand.
1. und 2. Bd. Ebendas. 1855. 3 Thlr.

— Land u. Leute in der alten u. neuen Welt. Reiseskizzen. 3 Bde. 2. Ausg. Göttingen 860. Wigand. 8. (IX, 856 S.) 4 Thlr 15 ngr

— die Magyaren u. andere Ungarn. gr. 8. (XVI, 451 S.) Leipzig 874. Fues's Verl. n. 8. —

— aus Natur u. Geschichte v. Elsass-Lothringen. gr. 8. (V, 228 S.) Leipzig 871. Duncker & Humblot. n. 3. 20

— fürstliche Pfleger der Wissenschaften, s.: Aus dem Reiche f. das Reich.

— die deutsche Politik König Heinrich I. Festrede vorgetragen in der kgl. Akad. d. W. zu München am 28. Novbr. 1857 zur Feier des Geburtsfestes Sr. Maj. des Königs. München 857. (Franz.) 4. (27 S.) n. 9 ngr

Löher: Über Ritterschaft und Adel im späteren Mittelalter. München 1861. S. 365—416. Aus: Sitzungsber. d. Bayer. Akademie d. Wissensch. Histor. Klasse. 1861. 1.

—— Sizilien und Neapel. 2 Thle. 8. München 864, [Merhoff's Verlag.] à Thl. 1 Thlr. 5 Ngr.
Inhalt:
Thl. 1. Sizilien. (III und 300 S.)
" 2. Neapel. (III und 249 S.)

Löher, Frz., General Spork. (Gedicht.) 1. Aufl. 1854. und 2. (Titel-)Aufl. 16. (VIII und 283 S.) Göttingen 856, Wigand. Thlr. *

Löher, Franz von: Vom Sprach- und Völkerstreit in Ungarn. — Hermannstadt: Filtsch 1873. 16 S. 4°

—— das System des preußischen Landrechts in deutsch rechtlicher und philosophischer Begründung. gr. 8. (XVI und 286 S.) Paderborn 852, Junfermann'sche Buchh. *

Löher, Franz v., üb. Deutschlands Weltstellung. Rede, geh. in der öffentl. Sitzg. der k. Akad. der Wissenschaften am 25. Juli 1874 zur Vorfeier d. allerhöchsten Geburts- u. Namenfestes S. Maj. d. Königs Ludwig II. v. Bayern. gr. 8. (48 S.) München 874. Franz in Comm. n. 1. 40

—— Rußlands Werden und Wollen. 3 Bücher. 8. (VIII, 203; IV, 207; IV, 189 S.) München 881, Th. Ackermann. *

Löher, Franz (Hrsg.), s. Zeitschrift, Archivalische.

von **Löher,** Franz: Cypern. Reiseberichte über Natur und Landschaft, Volk und Geschichte. Stuttgart 1878. IV, 376 S. 8°.

Löher, Frz. v., Cypern. Reiseberichte über Natur und Landschaft, Volk und Geschichte. 1. und 2. Aufl. (IV, 376 S.) 1879; 3. um Vorwort und (chromolithogr.) Karte verm. Aufl. 8. (X, 376 S.) Stuttgart 879, Cotta'sche Buchh. *

—— Cypern in der Geschichte, s. Sammlung gemeinverständlicher wissenschaftlicher Vorträge.

Loherains, Chanson de geste des, s. Büchner, Georg.

[F.] Geschichte von Geseke. Gesamm. u. zsgest. v. Aug. Löhers. *Geseke: Selbstv.; [Paderborn: In Comm. b. Junfermann] 1895.* (232 S.) 1 Bd 8. [96. 6298

Löhers, Heinrich [pr. Zahnarzt aus Geseke (Westfalen)]: Über den Einfluss des Bromäthyls auf Atmung und Kreislauf. . . . Berlin, Buchdr. v. Gustav Schade (Otto Francke) (1890); 31 + 1 S. u. 1 Taf. 8°
Berlin, Med. Fak., Inaug.-Diss. v. 8. Mai 1890

Loherstorfer, Hans, der Musterhof, s.: Manz, R.

Loherstorfer, J., keine Steuern u. keine Staatsschulden mehr! Binnen 1 Jahre Industrie u. Landwirthschaft im Besitze eines ries., demselben vom Staate überlassenen unkündbaren Betriebskapitals vermittelst einer einfachen, für Jeden verständl. Finanzoperation. 2. Aufl. München 869. (Neuburger & Kolb.) gr. 8. (8 S.) n. 2 ngr.

Lohfeldt, P., über primäre Geschwülste der Bursa omentalis, s.: Mitteilungen aus den hamburgischen Staatskrankenanstalten. X, 7.

Lohff, Alfred, aus Berlin: George Chapman. *Berlin 1903: C. Salewski.* (43 S.) 8° ¶ (Kap. 1 u. 2 d. eingereichten Arbeit.), Berlin, Phil. Diss. v. 9. Mai 1903.

Lohff, Alfr., George Chapmans Ilias-Uebersetzung. (IV, 118 S.) gr. 8. Berlin 908. Mayer & Müller. n. 3.—

Die Wingertsmühle. Ein Volksroman aus Hessen. Verf.: Julie Lohfink. Mit Bild u. Faks. Büsum: Selbstverl. 1909. 96 S. 8° [11. 210: 8

Lohkampff, Bernard. Henric. Joseph. (geb. Lüdinghausen in Westf. 30. 10. 1834): De ictero. Berolini (1858). (32 S.) 8°
Berlin, Med. Diss. v. 26. Aug. 1858

Lohkur, die Dittmann'sche. Ihr Wesen u. ihre Folgen nebst e. Widerlegg. der Angriffe d. Prof. Dr. Carl Bock in Leipzig gr. 16. (III, 92 S.) Berlin 869. Albrecht. n. — 60

Löhle, Ant., Predigten auf alle Hauptfeste des Jahres. gr. 8. Großglogau 802. Chr. Fr. Günther. 1 ₰ 4 gr

— Predigten f. d. Landvolk a. alle Sonntage. 2 Thle. gr. 8. Bresl. 794. J. F. Korn. 1 ₰ 12 gr

— vierzehn Reden üb. die Passion. gr. 8. Glogau 797. Chr. Fr. Günther. 18 gr

Löhle, Fr., Bianca Medicis, Drama in 4 Act. gr. 8. (8 B. u. 1 Musikbeil.) München 840, Franz.

—— Postkarte von Bayern, Württemberg, Baden, Gr. H. Hessen und Nassau. Unter der Leitung der Königl. Bayerischen u. Fürstl. Thurn- und Taxischen Central-Poststellen bearb. M. 1 : 600000. Gest. von Joh. Bapt. Seitz u. Joh. Loehle. München, Piloty u. Löhle, 1838. Imp.-Fol. Kol. (2 Rt.) . . . . (KPA.)
——, —— 1844. . . . . (KPA.)
——, —— 1853. . . . . (KPA.)

Loehle, Franz, Specialkarte von Südwest-Deutschland (Baiern, Würtemberg und Baden) nebst beträchtlichen Theilen der angrenzenden Staaten; unter der Leitung der Königl. Bayrischen und Fürstl. Thurn- und Taxisschen Central-Poststellen bearbeitet etc. u. herausgegeben. Mit kolor. Landes- u. Kreisgrenzen, Hauptstrassen u. Eisenbahnen. M. 1 : 600000. München, Piloty u. Löhle, 1838. (4 1/3 Rt.)
Reicht nördlich bis Ahrweiler, Giessen, Schleiz, Theresienstadt, östlich bis Prag, Linz, Rottenmann, südlich bis Inspruck, Solothurn, westlich bis Coblenz, Saarburg, Altenahr.

Löhle, Franz, *Theater-Catechismus,* od. humorist. Erläuterung verschiedener vorzüglich *im Bühnenleben üblicher Fremdwörter* Eine Toilettengabe f. Freundinnen des Theaters. Mit (11 blattgr.) Illustr. (incl. Frontisp.), compon. u. auf Stein gez. von *Franz Seitz.* München, Kunstanstalt von Piloty & Löhle, o. J. (c. 1840?). 8°. Moderner Ppb.*)
Frontisp., 105 S. (incl. Tit. u. 1 Bl. Vorw.), 1 Bl. Inh. Lat. Lett. — Der in Versen abgefasste Text stand zuerst mit demselben Titel im Conversationsblatte der Münchener Zeitschrift „der bayerische Volksfreund". — Längst vergriffen u. selten!

Löhle, Frz., Theater-Catechismus od. humorist. Erläuterung verschiedener vorzügl. im Bühnenleben üblicher Fremdwörter. Eine Toilettengabe f. Freundinnen des Theaters. gr. 8. (6 3/4 B. u. 11 Illustrat.) München 845, Piloty u. Löhle. *

Löhle, Frz. X., allgem. Anleitung zu e. Elementar-Musikschule, vorzügl. berechnet f. d. Gesang. Nach Pestalozzischen Grundsätzen verfaßt. 2 Thle. (od. 3 Abthln.) (Mit Vorw. v. J. Ant. Fischer.) 8. München. (Landshut, Thomann; Regensburg, Manz.) [1. (21 B. u. 1 Holzschn.) 831. 20 Gr., 2. 1. (17 1/4 B.) 20 Gr., 2. (2 Hfte.) (46 B.) 832. 1 Thlr. 18 Gr.]

—— dass. im Auszug eingerichtet f. Kinder. 8. ... Ebds. 831.

Löhle, Joh. Bapt. Der Charakter des Cyrus nach Xenophon's Cyropaedie. II. Teil. 16 S. [I: 1875.] *Tauberbischofsheim* 1876. Progr.

Löhle, M., Anleitung zur Erteilung d. Freihandzeichenunterrichtes in Volksschulen. 1. Tl. Geradlinige Figuren. gr. 8. (24 S. m. 3 lith. Taf.) Gebweiler 891. Boltze. Kart. n.n. 1. 25; 14 Wandtaf. dazu 63 × 81 cm. auf 7 Kartons n.n. 8.—; Kiste dazu n. 2.—

— dasselbe. 2. Tl. gr. 8. (35 S. m. 10 lith. Taf.) Ebd. 891. Kart. n.n. 2.—; 26 Wandtaf. dazu 63×81 cm. auf 14 Kartons n.n. 15.—; Kiste dazu n. 2.—

— Anleitung zur Erteilung des Unterrichts im freien Zeichnen in Volksschulen. 1. Tl. Geradlinige Figuren. 2. Aufl. gr. 8. (27 S. m. 3 lith. Taf.) Ebd. 893. Kart. n.n. 1. 25

Löhle, M., Anleitg. z. Erteilung d. Unterrichtes im freien Zeichnen f. Volksschulen. II. Tl. 2., verm. u. verb. Aufl. gr. 8. (IV, 36 S. m. 13 Steindr.-Taf.) Gebweiler 896. J. Boltze. Kart. n.n. 2.— (Kplt.: n.n. 3. 25)

Löhle, M., Anleitung zur Erteilung des Unterrichts im freien Zeichnen in Volksschulen. I. u. II. Tl. gr. 8. Gebweiler, J. Boltze. Kart. n.n. 3. 25
I. Geradlinige Figuren, 3 Aufl. (27 S. m. 3 Taf.) 899. n.n. 1. 25
II. 3. verm. Aufl. (46 S. m. 13 Steindr.-Taf.) 902. n.n. 2.—

Löhle, M., Anleitung zur Erteilung des Unterrichtes im freien Zeichnen f. Volksschulen. I. Tl. Unter- u. Mittelstufe. (1.—4. Schulj.) 4. nach den Grundsätzen der neueren Zeichenmethodik umgearb. Aufl. (40 S.) gr. 8. Gebweiler 904. J. Boltze. n. — 60

Löhle, M., Heimatskunde des Kreises Forbach. Bearb. unter Mitwirkung der Lehrer des Kreises. 8. (107 S. mit eingedr. Karten.) Gebweiler 888, Boltze. *

—— der Naturgeschichtsunterricht an Volks-, Bürger- und Mittelschulen. Method. Handbuch für den Lehrer. Mit zahlreichen Aufgaben zu Naturbeobachtungen, zum Zeichnen, sowie zur mündl. und schriftl. Lösung. gr. 8. (VIII, 159 S. mit 39 in den Text gebr. Holzschn.) Gera 886, Th. Hofmann. *

—— Der Naturgeschichtsunterricht an Volksschulen u. Unterklassen v. Bürger- u. Mittelschulen. In method. Bearbeitg. f. den Lehrer. Mit üb. 600 Aufgaben zu Naturbeobachtgn., zum Zeichnen, sowie zur mündl. u. schriftl. Lösg. 2. verb. u. verm. Aufl. Mit 45 in den Text gebr. Holzschn. gr. 8. (VIII, 175 S.) Gera 889, Hofmann. * 1 50
geb. * * 2 —

— der Naturgeschichtsunterricht an Volksschulen u. Unterklassen v. Bürger- u. Mittelschulen. In method. Bearbeitg. f. d. Lehrer. M. üb. 600 Aufgaben zu Naturbeobachtungen, z. Zeichnen, sow. zur mündl. u. schriftl. Lösung. 3., verb. u. verm. Aufl. gr. 8. (VIII, 180 S. m. 45 Holzschn.) Gera 895. Th. Hofmann. n. 1. 50; geb. n.n. 2. —

— der Unterricht im freien Zeichnen in Volksschulen. 1. Tl. Unter- u. Mittelstufe (1.—4. Schulj.). 4. Aufl. (16 z. Tl. farb. Taf.) Fol. Ebd. (904). In Leinw.-Mappe n.n. 10. —

Löhle, M., der Unterricht im freien Zeichnen. Neu bearb. v. P. Olinger u. L. Buzon. 5. Aufl. (VIII, 103 S. m. Abbildgn. u. 14 farb.Taf.) Lex. 8. Gebweiler 907. J. Boltze. nn 8. —

— Vorhängetafeln zum Zeichenunterricht. I. Tl. 2. Aufl. 14 Wandtaf. à 63 × 81 cm auf 7 Kartons. Farbendr. Gebweiler 896. J. Boltze. n.n. 10. —

— Vorhängetafeln zum Zeichenunterricht. II. Tl. 2. Aufl. 26 Wandtaf. à 79,5×61,5 cm auf 13 Kartons. Farbdr. Ebd. n.n. 15. —
I. Tl. Ebd. 896. n.n. 10. —.

Loehle, S., de Aristophanis fabula, quae inscribitur aves. 8. (88 S.) Heidelberg 865, (E. Mohr.) *

Löhlein, Conrad, s. Löhlein, Konrad

Löhlein, Conrad Ludwig Ernst, s. Löhlein, Konrad Ludwig Ernst

LÖHLEIN, Ernst (Coburg): Die Beziehungen der Fibroide des Uterus zu Schwangerschaft, Geburt und Wochenbett.- München: Wolf 1880. 26 S.
30.11.1880 - Urk (Titel: De effectu quem tumores uteri fibrosi in graviditatem et partum et puerperium exhibeant.); Chr 1880/81,14
Diss.Ingolst.-Landsh.-Mchn.

Lœhlein, Ern. Ludov. Car. (geb. Mühlberg a. E. 13. 4. 1831): De tensionis gasorum in pneumothorace rationibus. Berolini (1855). (28 S.) 8°
Berlin, Med. Diss. v. 26. Juli 1855

Löhlein, G. O., das Mahl des göttl. Friedens. gr. 8. Wien, Rehm. 816.

Löhlein, Georg Sim.

— Anweis. zum Violinspielen, mit prakt. Beispielen erläutert. 4. Züllich. 774. 3e A. umgearb. v. J. Fr. Reichardt. 4. Ebd. 797. Frommann in Jena. 1 ₰

— Anweisung zum Violinspielen. m. prakt. Beyspielen erl. herausg. v. J. G. Reichardt. Züllichau. (Frommann. Jena) 797.

Löhlein's Clavierschule, herausgeg. von A. E. Müller. s.a. A. E. Müller Clavier- u. Generalbaßschule.

Löhlein, Geo. Sim., († d. 17. Dec. 1781.) Clavierschule, oder kurze Anweis. z. Clavierspielen. Leipz. 765. 2e A. 771. 3e A. 778. 4e A. 2 Thle. 781. 5e A. v. J. G. Witthauer. gr. 4. Züllich. 792. 6e A. gr. 4. Jena 805. Frommann. 3 ₰ 8 gr. 7e A. v. A. E. Müller umgearb. Leipz. 819. Peters. 4 ₰ Auch u. d. T.: Aug. Ebrd. Müller, Clavier- u. Fortepianoschule. 8e A. besorgt v. C. Czerny. Mit e. Anh. v. Generalbaß. gr. 4. Ebd. 825. 4 ₰

Loehlein, Gottl. Osw. (Koburg), De primis philosophiae elementis eiusque definitione. Spec. I. Jena (Goepferdt) 20. I. 1795. (3.—) 21495

Löhlein, Hermann

Löhlein, H., Asepsis u. Antisepsis in d. Gynäkologie, s.: Handbuch d. Gynäkologie.

Löhlein, Herm., zur Erinnerung an Carl Schröder. Rede, gehalten bei der von der Berliner Gesellschaft für Geburtshülfe und Gynäkologie zu Ehren ihres ehemal. Präsidenten veranstalteten Gedächtnissfeier am 17. April 1887. gr. 8. (23 S.) Stuttgart 887, Enke. *

—— die Indication der Ovariotomie und der Myomotomie, s. Klinik, Berliner.

Löhlein, Herm. (geb. Coburg 26. 5. 1847): Ueber die Kunsthülfe bei der durch allgemeine Beckenenge erschwerten Geburt. Berlin (1870). (30 S.) 8°
Berlin, Med. Diss. v. 15. Juli 1870

Löhlein, Hermann, Dr., Geh. Med. Rath, o. Prof. d. Med.: **Leistungen und Aufgaben der geburtshülflichen Institute im Dienst der Humanität.** (Enthält ausserdem: Chronik der Universität für 1898/99 sowie: Ergebnis der letzten Preisbewerbung und die für 1899/1900 gestellten Preisaufgaben.) *Giessen 1899: v. Münchow.* (S. 1—16.) 4°
Giessen, Rede zur Feier d. Jahresfestes 1899

— der gegenwärtige Stand u. die Ziele der Gynäkologie u. d. gynäkologischen Unterrichts. Academische Antrittsrede, geh. am 15. Dezbr. 1888 zu Giessen. gr. 8. (16 S.) Wiesbaden 889. Bergmann. n. — 50

— die Symphyseotomie u. ihr Verhältniss zum Kaiserschnitt u. zur künstl. Frühgeburt. gr. 8. (31 S.) Wiesbaden 895. J. F. Bergmann. n. 1. —

— gynäkologische Tagesfragen, nach Beobachtungen in der Giessener Universitäts-Frauenklinik besprochen. 1. Hft. gr. 8. Ebd. 890. n. 2. —
I. Zur Kaiserschnittsfrage. II. Die Versorgung d. Stumpfes bei Laparo-Hysterektomien. III. Fruchtaustritt u. Dammschutz. (III, 78 S. m. 2 Taf.)

Löhlein, H., gynäkologische Tagesfragen nach Beobachtungen in der Giessener Universitäts-Frauenklinik besprochen. 2. u. 3. Hft. gr. 8. Wiesbaden, J. F. Bergmann. n. 4. 40 (1—3.: n. 6. 40)
2. IV. Über Häufigkeit, Prognose u. Behandlung der puerperalen Eklampsie. V. Die geburtshülfliche Therapie bei osteomalacischer Beckenenge. VI. Die Bedeutung v. Hautabgängen bei der Menstruation, nebst Bemerkgn. üb. prämenstruale Congestion. (S. 81—157 m. Abbildgn.) 891. n. 2. —
3. VII. Zur Diagnose u. Therapie d. Gebärmutterkrebses. VIII. Zur Ventrifixation der Gebärmutter. IX. Die Verhütung fieberhafter Erkrankung im Wochenbett. (S. 161—264 m. 2 Taf.) 893. n. 2. 40

— gynäkologische Tagesfragen. IV. u. V. Hft. gr. 8. Ebd. n. 3. 60 (I—V: n. 10. —)
IV. Ovarialtumoren u. Ovariotomie in Schwangerschaft, Geburts- u. Wochenbett. — Meningocele sacralis anterior als schwere Geburts- u. Wochenbettscomplication. — Die Symphyseotomie u. ihr Verhältniss zum Kaiserschnitt u. zur künstl. Frühgeburt. (75 S.) 895. n. 2. —
V. Erfahrgn. üb. vaginale Bauchschnitt-Operationen. Die manuelle Beckenschätzg. Wann sind Falschlagen d. Gebärmutter Gegenstand d. Behandlg.? (S. 77—156.) 898. n. 1. 60

Löhlein, Herm., üb. das Verhalten d. Herzens bei Schwangern u. Wöchnerinnen. Nach Beobachtgn. in der geburtshülfl. Klinik der Berliner Universität. gr. 8. (35 S. m. 1 Tab. in qu. gr. 4.) Stuttgart 876. Enke. n. 1. 20

Löhlein, H., s.: Verhandlungen der deutschen Gesellschaft f. Gynäkologie.

— die Verhütung des Kindbettfiebers. [2. Abdr. aus: „L., gynäkolog. Tagesfragen".] gr. 8. (II, 85 S.) Ebd. 893. n. 1. —

Löhlein, Jo. Bapt. Andr.: Communem opionem de ordinaria praescriptione servitutum sine titulo currente legibus et ratione repugnare demonstrat. Progr. Wirceburgi (1753).

Löhlein, Konrad

Fragmenta commentationis de colloquio Christum inter et Nicodemum habito. Scrips. Dr. Conr. Loehlein. — 1830. Ebend. — S. 1—16.
Progr. Zweibrücken.

Löhlein, Konrad Ludwig Ernst

Loehlein, Conr. Ludw. Ernst, method. Einführung in d. Elemente d. latein. Sprache, als Vorbereit. z. Eintritt in d. latein. Schule. 8. (14 1/8 B. u. 1 Bl. Schreib-Uebn.) Zweibrücken 837, [Wahrburg. ?] *

— method. Lesebuch f. Anfänger in d. latein. Sprache. 8. (14 1/4 B.) Zweibrücken 839, [Wahrburg. ?] *

Loehlein, Conr. Ludw. Ernst, Syrus epistolae ad Ephesios interpres, in causa crit. denuo examinatus. 8maj. (4 B.) Erlangae 835, Heyder. 1/3 Thlr., Vlnp. Thlr.

Löhlein, Ludw., s. a.: **Capitano, Ludw.**

Löhlein, Ludw., Feldzug 1870—71. Die Operationen d. Korps d. Generals v. Werder. Nach den Akten d. General-Kommandos dargestellt. Mit e. (lith.) Uebersichtskarte u. 5 (lith.) Plänen (in 4. u. gr. 4.) gr. 8. (316 S.) Berlin 874. Mittler & Sohn. n. 7. —

— neue badische Hymne zum 40jährigen Regierungs-Jubiläum Sr. königl. Hoheit d. Großherzogs Friedrich v. Baden. gr. 8. (4 S. m. Bildnis.) Karlsruhe 892. Macklot. — 5

Löhlein, L. Die Operationen des Korps des Generals v. Werder. (Mit Kartenbd.) Berlin 1874. 8°.

Löhlein, Max

Loehlein, M., die krankheiterregenden Bakterien, s.a. **Aus Natur u. Geisteswelt.**

Die krankheiterregenden Bakterien. Entstehung, Heilung u. Bekämpfung d. bakteriellen Infektionskrankheiten d. Menschen gemeinverständl. dargest. von Dr. med. M[ax] Loehlein, Privatd. Mit 33 Abb. Leipzig: Teubner 1910. VI, 120 S. 8°
(Aus Natur u. Geisteswelt. Bdch. 307.) [10. 8983

Löhlein, Max, approb. Arzt aus Giessen: Aus d. pathol. Institut zu Giessen. Über **Kugelthromben des Herzens.** *Giessen 1900: v. Münchow.* (42 S.) 8°
Giessen, Med. Diss. v. 1900

— **Über die entzündlichen Veränderungen** der Glomeruli der menschlichen Nieren u. ihre Bedeutung f. die Nephritis, s.a. **Arbeiten aus dem pathologischen Institute zu Leipzig. 4. Heft.**

Über die entzündlichen Veränderungen der Glomeruli der menschlichen Nieren und ihre Bedeutung für die Nephritis. Von Dr. med. M[ax] **Löhlein**, Assist. Mit 2 Taf. Leipzig: S. Hirzel 1907. (98 S.) 4°(8°)
= **Arbeiten** a. d. patholog. Institute zu Leipzig. H. 4. [07. 9947

Löhlein, Theodor. C(arl) F(riedrich) Drollinger (1688–[1742]). Als Beilage zu dem Programm des Grossh. Gymnasiums zu Karlsruhe für 1873. 8. Karlsruhe 1873.

Löhlein, Thdr., **Grundriß der Kirchengeschichte für höhere Lehranstalten. 1. Aufl. (VIII, 89 S.) 1877; 2. durchges. Aufl. 8. (X, 92 S.) Karlsruhe 879, Braun'sche Hofbuchh.** *

Löhlein, Thdr., Grundriß der Kirchengeschichte für höhere Lehranstalten. 3., durchgeseh. Aufl. 8. (XII, 94 S.) Karlsruhe 882. Braun. n. — 50

Loehlein, Thdr., Grundriß der Kirchengeschichte für höhere Lehranstalten. 4. durchgeseh. Aufl. 8. (XII, 95 S.) Karlsruhe 885, Braun'sche Hofbuchh. *

Löhlein, Thdr., Grundriß der Kirchengeschichte f. höhere Lehranstalten. 5., durchgeseh. Aufl. gr. 8. (XII, 95 S.) Karlsruhe 891. Braun. n. — 80

Löhlein, Thdr., Grundriß der Kirchengeschichte f. höh. Lehranst. 6., durchgeseh. Aufl. 8. (IV, 95 S.) Karlsruhe 896. G. Braun'sche Hofbuchdr. & Verl. n. — 80

Löhlein, Thdr., u. Karl **Holdermann**, Lehrbuch der allgemeinen Weltgeschichte m. besond. Berücksicht. der Kunst- u. Kulturgeschichte, f. die Oberklassen höherer Lehranstalten bearb. Mit 109 Bildern u. 12 histor. Karten in Farbendr. gr. 8. (XIV, 354 S.) Leipzig 887. Freytag. n. 3. —; Einbd. n.n. — 40

Löhlein, Th., u. K. **Holdermann**, Lehrbuch der allgemeinen Weltgeschichte m. besond. Berücksicht. der Kunst- u. Kulturgeschichte f. die obere Stufe d. Geschichtsunterrichts an höheren Lehranstalten. Mit 109 Bildern u. 12 histor. Karten in Farbendr. 2 Tle. gr. 8. Leipzig 888. Freytag. n. 3. —; geb. n.n. 3. 60
1. Geschichte d. Altertums. Mit 54 Bildern u. 3 histor. Karten in Farbendr. (XV, 125 S.) n. 1. —; geb. n.n. 1. 30
2. Geschichte d. Mittelalters u. der Neuzeit. A. u. d. T.: Lehrbuch der deutschen Geschichte m. geeigneter Einflechtg. der außerdeutschen Geschichte. Mit 55 Bildern u. 9 histor. Karten in Farbendr. (VIII, 228 S.) n. 2. —; geb. n.n. 2. 30

— u. Karl **Holdermann**, Lehrbuch der allgemeinen Geschichte m. besond. **Berücksicht. der deutschen** Geschichte u. der **Kunst- u. Kulturgeschichte**, f. die Oberklassen höherer Lehranstalten bearb. 2., verb. Aufl. Mit 137 Bildern u. 10 histor. **Karten in Farbendr.** gr. 8. (VIII, 391 S.) Leipzig 891. G. Freytag. n. 3. 50; geb. n.n. 4. —

Löhlein, Walther, Volontärassistent der Klinik: Aus der medizinischen Klinik zu Gießen. Über die Volhardsche Methode der quantitativen Pepsin- und Trypsinbestimmung durch Titration. Braunschweig: F. Vieweg u. Sohn 1905. (28 S.) 8° ¶ (Aus: Beiträge zur chemischen Physiologie u. Pathologie, Zeitschrift f. d. gesamte Biochemie, Bd 7, Heft 1/3.)
Gießen, Med. Fak., Ref. Pfannenstiel, Diss. v. 1. Aug. 1905
[Geb. 5. Jan. 82 Berlin; Wohnort: Gießen; Staatsangeh.: Hessen; Vorbildung: Gymn. Gießen Reife O. 00; Studium: Bonn 4, Gießen 6 S.; Coll. 20. März 05; Approb.: 4. März 05.]

Lohm [Schlagwort]

Lohm, s.: **Geologische Karten** (Preussen).

Löhm, M. A., und J. T. Wöller, Weihnachtsblumen, s **Wöller, J. T.**

Lohmaier, Johann

[Offner Brief] An die verehrliche „Loge zur Leuchte" hier. [Dat.:] München, 18. I. 04. [Unterz.:] Johann Lohmaier. [handschriftlich verbessert in: Lobenwein.] 2 Bl. 4°. [Kopftit.]
Persönliche Streitereien und innere Zustände der Loge. 21.

Lohman, s.: Savornin Lohman.

Lohman, Martin: Die Bedeutung der deutschen Ansiedlungen in Pennsylvanien. *Stuttgart: Ausland und Heimat Verlags-Aktiengesellschaft 1923. 153 S.; Anhang: Schrifttum S. I—V.* = *Schriften des Deutschen Ausland-Instituts, Stuttgart, A. Kulturhistorische Reihe, Band 12.*

Lohmann, Die Familie, mehr Geschichte als Roman. Halle 1805. V: *Georgi, Wilhelm Gottlieb.* (MGT) (Ky)

Lohmann, die Familie, mehr Geschichte als Roman, (von W. Gli. Georgi). 8. Halle 805. Hendel. 16 ℊ

Lohmann, Friedrich, weil. Pfarrer der evang. Gemeinde zu Wesel, Superintendent u. Schulpfleger, Doktor der Theologie u. Philosophie, Ritter p.p. Von s. Tochter C. v. W. Anh. z. Ergänzg. d. Familienbildes: Bernh. Lohmann, Weihnachtsidylle od.: „Wie Wesel zu e. Eisenbahn kam". gr. 8. (62 S.) Bonn 895. (Frankfurt a/M. J. Schergens.) n. — 75

Lohmann [Dr.]: Analyse des Lukrezischen Gedichtes De rerum natura und Darlegung seines philosophischen Gehalts. Teil I. Helmstedt, Druck v. J. C. Schmidt, 1889; S. 1–36; 4°
Helmstedt, herz. G, DP 1889 (654)

[J.] Belehrung bezüglich der Schiessbarkeit beim Steinkohlenbergbau unter Berücks. d. neuesten Erfahrgn auf d. Gebiete d. Schlagwetter- u. Kohlenstaubfrage. Von Berginsp. **Lohmann** zu Neunkirchen. *Gelsenkirchen: C. Bertenburg [1898].* (12 S.) 1 Bd 8. [98. 8031

Lohmann, der Feldwebel der Infanterie. s.: Buchsteiner.

Lohmann (Red.), s. Pastoral-Correspondenz, Hannoversche.

Lohmann, A., Schreib-Lese-Fibel, s.: Fricke, A.

Lohmann, A., der Wasser-Mahlmühlenbau, s.a. Schauplatz, neuer, der Künste und Handwerke. 223. Bd.

Lohmann A, der Wassermahlmühlenbau. (Schauplatz d. Künste 223) Weimar 1856

Lohmann, A: Der Wasser-Mahlmühlenbau. 2. Aufl. von L. Krüdener. Mit Atlas. Weimar 1865

Lohmann's Wassermahlmühlenbau. Einrichtung kleiner Getreidemühlen, welche durch Wasserräder oder Turbinen betrieben werden. Nebst den nöthigsten Tabellen, Formeln u. Angaben über das Messen der Wassermengen. 3., vollständig neu bearb. Aufl. von Leop. Krüdener. Mit einem Atlas von 21 (lith.) Foliotaf. gr. 8. (XII, 158 S.) Weimar 883. B. F. Voigt. 6. 75

Lohmann, Alfred, Dr., Assist. am Physiol. Inst.: Zur Automatie der Brückenfasern und der Ventrikel des Herzens. *Leipzig: Veit & Co. 1904.* (24 S.) 8° ¶(Aus: Archiv f. Anat. u. Physiol., 1904, Physiol. Abth.)
Marburg, Med. Hab.-Schr. v. [2. Juli] 1904

Lohmann, Alfred, approb. Arzt aus Bielefeld: Ueber binoculare Farbenmischung. *Marburg 1902: H. Bauer.* (19 S.) 8°
Marburg, Med. Diss. v. 1. März 1902

Lohmann, Alfred: Das gewohnheitsmässige Verbrechen. *Halberstadt 1898: C. Doelle & Sohn.* (35 S.) 8°
Erlangen, Jur. Diss. v. 19. Febr. 1898

Lohmann, Aloysivs ⟨geb. am 11 Mai 1836 in Heck Westf.⟩: Historia praemissa discrimina, qvae svnt inter anginam membranaceam et diphtheritidem '(anginam malignam)' exponvntvr ... Bonnae, typ. F. Krueger (1862). 28 S., 2 Bl. 8.
Bonn, Med. Fak., Diss. v. 14 Aug. 1862

Lohmann, Anna: Metrisch-rhythmische Untersuchungen zu Heinrich von Morungen. München 1908: Kastner & Callwey. (75 S.) 8°
München, Phil. Fak., Ref. H. Paul, Diss. v. 6. März 1908
[Geb. 7. Mai 73 Bertholdsdorf (Mittelfranken); Wohnort: Bayreuth; Staatsangeh.: Bayern; Vorbildung: Maximilians-Gymn. München Reife Juni 04; Studium: Erlangen 2, Berlin 1, Heidelberg 2, München 2 S.; Rig. 6. März 08.]

Lohmann, Anton.: De Iove Homeri et Sophoclis.
Berolini 1863 (93 S.).

Lohmann, August

Lohmann, A., Erd- u. Feuerbestattung. Ein Überblick zur Lösung der Bestattungsfrage f. Freunde u. Mitglieder der Feuerbestattg. Nach den besten Quellen bearb. gr. 8. (11 S. m. 4 Abbildgn.) Chemnitz (901). (Leipzig, E. F. Steinacker.) n. —20

Lohmann, Aug.* Erd- oder Feuerbestattung. (Mit zahlreichen Abbild.) Chemnitz. Druck v. A. Wiese 1901. 8.

Lohmann, A., d. Krankheiten d. Mundes u. d. Zähne, s.: Sammlung hygien. Taschenbücher.

Lohmann,* A., Chemnitz. Das Krematorium und der Urnenfriedhof in Chemnitz. Entstehung und Einrichtungen des Krematoriums nebst Vorschriften für die Benutzung. Druck von J. C. F. Pickenhahn u. Sohn, Chemnitz.

Lohmann, August: Zahnhygiene und Schule. Vortrag geh. in d. amtl. Lehrerkonf. zu Cassel 1908 von Dr. –. Halle a. S.: Schroedel (1909). 29 S. 8°
Aus: Praxis d. Volksschule. 1909. H. 2 u. 3.

Lohmann, B. R., kurze Fragstücke zum kleinen Katechismus D. Mart. Luthers. Ein Wegweiser für den Unterricht Solcher, welche in die evangelisch-luther. Kirche aufgenommen werden wollen. 16. (31 S.) Berlin 858, W. Schultze. **

Lohmann, Bern. De Achillis, Herculis, Aeneae clipeis ab Homero, Hesiodo, Vergilio descriptis. 18 S. Progr. *Rheine* 1877.

Lohmann, Bernh., aus gemischter Ehe. 12. (24 S.) Herborn 898. Buchh. d. nassauischen Colportagevereins. n. — 10

Lohmann, Bernard *Ludwig* [aus Hopsten (Prov. Westph.)]: Ein Fall von 6maliger Stieltorsion eines Ovarialkystoms. . . . Greifswald, Druck v. J. Abel, 1891; 81 S. 8°
Greifswald, Med. Fak., Inaug.-Diss. v. 31. Jul. 1891

Lohmann, Bernh., Grundlinien der sittlichen Weltordnung. Ein Wegweiser zum höchsten Gute für Laien u. Theologen. gr. 8. (VII, 389 S.) Wiesbaden 880. Niedner. n. 5. —; geb. n.n. 6. —

Lohmann, Bernh., Gustav Adolf Helm, s. Volksbibliothek, deutsche.

—— Luther und die Soldaten. 1. und 2. Aufl. 12. (48 S.) Stuttgart 883, Buchh. der Evangel. Gesellschaft. *

Lohmann, Bernhard: Über das Nibelungenlied. Rheine, Druck v. J. Altmeppen, 1889; S. 3–17; 4°
Rheine, G Dionysianum, OP 1889 (848)

Lohmann, Bernh., zur Orientirung in der Schulfrage. Allen Lehrern, Schulvorstehern und Schulfreunden gewidmet. Lex.-8. (19 S.) Elberfeld 861, Bädeker'sche Buchh.

—— die Schwarzensteiner. Eine Erinnerung an den Aufgang des neuen Reiches. 8. (XIII, 300 S.) Gotha 873, F. A. Perthes. *

—— ethische Studien aus Frankreich. br. 8. (VI, 330 S.) Wiesbaden 872, Riedner. *

—— und Emil Looß, Uebungsbuch im Rechnen. Mit Berücksicht. des neuen Münz-, Maß- und Gewichtssystems bearb. 1. und 2. Heft. 8. Dresden, Kubel. *
Inhalt:
Heft 1. Der Zahlenraum von 1–100. (III, 28 S.) 873. * 25 Pf.
" 2. A. Zahlenraum von 1–1000. B. Höherer Zahlenraum. (31 S.) 874. cart. * 40 Pf.

Lohmann, Bernh., und Emil Looß, Uebungsbuch im Rechnen. Mit Berücksicht. des neuen Münz-, Maß- und Gewichts-Systems bearb. 1. Heft: Der Zahlenraum von 1—100. 2. Aufl. 8. (32 S.) Dresden 879, [Kaemmerer.] Bleyl und Kaemmerer. *
2. Heft. Ebendas. 1874. * 25 Pf.

—— von der Nordsee bis zum Waldkater. Reise-Eindrücke aus den Sommerferien 1879. 8. (VI, 159 S.) Herborn 880, Buchh. des Nassauischen Colportage-Vereins. *ℳ 1,20.; geb. *
geb. mit Goldschn. *

Lohmann, Bernh., Weihnachtsidylle od. Wie Wesel zu e. Eisenbahn kam, s.: Lohmann, Friedrich.

Lohmann, C., der conversirende Engländer od. der sicherste Führer, die engl. Umgangs-Sprache, wie man sie in England spricht, sich auf eine leichte Weise anzueignen. Abgefasst in 52 Abschnitten mit untergelegten Wörtern u. Redensarten etc. gr. 8. (14¼ B.) Leipzig 844, C. L. Fritzsche.

Lohmann, C., der conversirende Engländer oder der sicherste Führer, die engl. Umgangs-Sprache, wie man sie in England spricht, sich auf eine leichte Weise anzueignen. Abgefasst in 52 Abschnitten mit untergelegten Wörtern und Redensarten etc. 2. (Titel-)Aufl. gr. 8. (IV und 222 S.) Leipzig (844)66, C. F. Schmidt.

—— der conversirende Franzose, od. der sicherste Führer, die französische Umgangssprache, wie man sie in Frankreich spricht, sich auf eine leichte Weise anzueignen. Abgefasst in 52 Abschnitten m. untergelegten Wörtern u. Redensarten. 8. (14½ B.) Leipzig 843, C. L. Fritzsche.

Lohmann, C., der conversirende Franzose oder der sicherste Führer, die französ. Umgangs-Sprache, wie man sie in Frankreich spricht, sich auf eine leichte Weise anzueignen. Abgefasst in 52 Abschnitten mit untergelegten Wörtern und Redensarten etc. 2., verb. Ausg. hrsg. von Aug. Albrecht. 8. (VI und 206 S.) Leipzig 852, C. L. Fritzsche.

Lohmann, C., der conversirende Franzose oder der sicherste Führer, die französ. Umgangs-Sprache, wie man sie in Frankreich spricht, sich auf eine leichte Weise anzueignen. Abgefasst in 52 Abschnitten mit untergelegten Wörtern und Redensarten etc. 3. (Titel-)Aufl. 8. (VI und 206 S.) Leipzig (852)66, C. F. Schmidt.

—— die englische Sprache binnen ein. halben Jahre richtig u. geläufig sprechen u. in derselben correspondiren zu lernen, bestehend in 52 Aufgaben, nebst e. Anhange. Bearb. nach ein. neuen, leicht fassl. Methode f. Herren u. Damen. Lex.-8. (22 B.) Leipzig 842. (C. L. Fritzsche.)

Lohmann, C., der Unterhaltungsfreund in französ. Sprache. Abgefasst in ein. leichten u. launigen Conversationstone. Mit untergelegten Noten. Nebst ein. Anhange sinnreicher Billets doux. 1. Ausg. 1843. 1 Thlr. 7½ Ngr. u. neue, wohlf. Ausg. (19¾ B.) Leipzig 846. [Kössling'sche Buchh.] Thlr. -

Lohmann, C., pract. Wegweiser d. franz. Sprache binnen acht Monaten richtig u. geläufig sprechen, u. in derselb. correspondiren zu lernen, besteh. in 60 Aufgaben. Bearb. nach e. neuen, leicht fassl. Methode. 8. (16⅛ B.) Leipzig 841, (Fritzsche.)

— pract. Wegweiser, die englische Sprache binnen einem halben Jahre richtig u. geläufig sprechen u. in derselben correspondiren zu lernen, bestehend in 52 Aufgaben, nebst e. Anhange. Bearb. nach einer neuen, leicht faßlichen Methode für Herren u. Damen. Lex.-8. Leipzig 842. (Fritzsche.) 1½ Rthlr.

—— pract. Wegweiser die französ. Sprache binnen 8 Monaten richtig u. geläufig sprechen, u. in derselben correspondiren zu lernen, bestehend in 60 Aufgaben. 2., verb. Aufl. gr. 8. (18¼ u. 4 Tab.) Leipzig 844, C. L. Fritzsche. -

—— practischer Wegweiser, die französische Sprache richtig und geläufig sprechen und in derselben correspondiren zu lernen, bestehend in 60 Aufgaben. Bearb. nach einer neuen, leicht fasslichen Methode zum Schul-, Privat- und Selbstunterricht, auch zur Wiederholung manches Vergessenen, für Herren und Damen. 3., durchgehends verb. Aufl. von A. Albrecht. 8. (X und 259 S.) Leipzig 853, C. L. Fritzsche.

—— practischer Wegweiser die französische Sprache richtig und geläufig sprechen, und in derselben correspondiren zu lernen, bestehend in 60 Aufgaben. Bearb. nach einer neuen, leicht fassl. Methode zum Schul-, Privat- und Selbstunterricht, auch zur Wiederholung manches Vergessenen, für Herren und Damen. 4., verb. Aufl. 8. (VI und 258 S.) Leipzig 866, C. F. Schmidt.

Lohmann, Carl Ernst Julius, s. Lohmann, Karl Ernst Julius

Lohmann, Carl Julius, s. Lohmann, Julius

Lohmann, Ch. B. R., kurze Fragstücke zum kleinen Katechismus D. Mart. Luthers. Ein Wegweiser für den Unterricht Solcher, welche in die ev.-luther. Kirche aufgenommen werden wollen. Berlin 858. W. Schultze. 16. (31 S.) nn. 1½ ngr.

Lohmann, Ch. W., praes. Chr. M. Burchardus, De affectibus paralyticis, eorumque a reliquis impotentiarum generibus differentia. 79 pp. Rost. 4°. 1736

Lohmann, Christoph Wilhelm

– s. Addreßbuch, Magdeburger.

Lohmann, (Eph.) Wlh., Adolph u. Clara, oder die beiden Gefangenen. Lstspl. nach Picard. 8. Goslar 808. Lohmann. 6 ggr.

Lohmann, (Eph.) Wlh., topogr. Beschreib. d. Reichsstadt Goslar; herausg. v. S. G. F. Mund. 4 Hfte. 8. Goslar 800. Lohmann. 1 Rthlr. 4 ggr.

— topograph. Beschreibung von Hannover. 8. Hannov. 810. (Lohmann in Goslar). 8 ggr.

— kurze Geschichte, topograph. u. statist. Beschreibung von Magdeburg rc. 8. Magdeb. 817. (Lauffer in Leipz.) 8 ggr.

— Geschichtsabriß u. topograph. Gemälde von Hannover. (Auch u. d. T.: histor.-statist. Beschreibung der Residenz Hannover.) 8. Hannov. 818. Helwing. 21 ggr. Hbg. Pr. 16 ggr.

— die Kunst zu reisen, e. Noth- u. Hülfsbüchlein f. Reisende. 8. Goslar 810. Lohmann. 8 gr

— die Nachbarn, oder d. Zudringlichen. Lstspl. in 1 A. 8. Ebd. 808. 6 gr

– s. Reisen durch Sachsen u. Westphalen.

– s. Charl. Smith, Schiffbruchsscenen.

— Unterhaltungsblatt, allgemeines, üb. interess. Gegenstände aus dem Gebiete der Kunst, der Wissenschaft u. des öffentl. Lebens. 1818. Oct. — Dec. 1819. Jan. — März. 4. Magdeb., (von Schüz). 1 ℛ 16 gr

– s. Werth und Nutzen, über den, der Reisen.

Lohmann, Dietrich, aus Brinkum (Hannover): Über die Siedepunktsbestimmung chemisch reiner Substanzen. [Mit 1 Tafel.] Zürich 1905. 68 + 2 S. 8°. [25. IX. 05.]
Zürich. Phil. Diss. II. S. 1905/1906.

Lohmann, E., Lehrgang der franz. Sprache f. höh. Mädchenschulen u. den Privatgebrauch. Von der Anschauung ausgehend, auf phonet. Grundlage, dem kindl. Ideenkreis angepaßt, m. besond. Berücksicht. des selbständ. Gebrauchs der einfachsten Umgangssprache. Vorkursus I. Tl. (IV, 80 S. mit Abbildgn.) gr. 8. Nürnberg 905. Nürnberger Buch- u. Kunstantiquariat. (M. Edelmann.) Geb. n. 1. 50

Lohmann, Ed., das apostolische Glaubensbekenntniß und der liberale Protestantismus. 2. mit einem Nachwort verseh. Aufl. 8. (50 S.) Schwelm 877, Scherz.
Die 1. Aufl. war nicht im Handel.

Lohmann, Emilie Friederike Sophie, s. Lohmann, Friederike.

Lohmann, Ernst, Affen-Abstammung. Nachschrift e. Vortrages. (24 S.) 8. Bonn 905. J. Schergens. n. — 25

Lohmann, Ernst, Affen-Abstammung. Nachschrift e. Vortrages. 2. Aufl. (24 S.) 8. Bonn 907. J. Schergens. — 25

— s.: Anatolia.

Lohmann, Ernst, s.a. Ansprachen zu Vandsburg-Runowo.

Ansprachen von Ernst Lohmann, Otto Stockmayer etc. zu Vandsburg Runowo vom 21. bis 25. Nov. 1898. *Berlin 1899: Trowitzsch & Sohn.* (70 S.) 8° [F.] [00. 9463

Lohmann, E. (Hrsg.), s. Auf der Warte.

— der Befehl des Königs. — Müsken, E., und die Frauen? 12. (111 S. m. Abbildgn.) Bielefeld 899. E. Siedhoff. n. — 60

(B) — Der Befehl des Königs. 899. (KVL 32.) Jetzt: Bethel, Verlagshandlg. d. Anstalt Bethel.

— das Buch. Hefte f. Revision der Bibelübersetzg. 1.—12. Heft. (S. 1—350, 1—233 u. 1—193.) 8. Dinglingen (903—905). St. Johannis-Druckerei. à n. — 30

— der erhöhte Christus im Himmel, s.: Israel.

— Entwurf zu e. Darstellg. der bibl. Heilslehre. I. Tl. Der Mensch u. d. Menschensohn. (41 S.) 8. Frankfurt a/M. (907). Verlag Orient. Kart. — 60

—— letzte Erzählungen. Nebst ihrer Biographie, v. Friedr. Kind. 4 Bde. gr. 12. (55½ B.) Leipzig 832, Focke.
Bilden den 13—16. Bd. v deren „neueste gesamm. Erzählungen," vgl. oben den Inhalt.

Lohmann, E., der silberne Faden. [Aus: „Licht und Leben".] 2. Aufl. 16. (8 S.) Elberfeld 890. Buchhandlg. der Evangel. Gesellschaft. — 5

Lohmann, drei Fragen üb. das Abendmahl. Ansprache, geh. vor e. Abendmahlsfeier in der Christuskirche zu Frankfurt a/M. gr. 8. (4 S.) Bonn 892. J. Schergens. n. — 5

— s.: Freiwillige, der.

— Das Geheimnis Gottes, s.: Hefte aus dem Bibelhaus. Nr. 2.

— Hefte f. Alle. 1.—3. u. 7. Hft. gr. 8. Striegau (901). R. Urban. à n. — 10
1. Gottes Krüge. (8 S.) — 2. Vom Tode erwacht. (8 S.) 3. Was war es? (16 S.) — 7. Silvo. Ein Gleichnis. (12 S. m. Abbildgn.)

(B) — Hefte f. Alle. 901. (KVL 32.) Jetzt: Frankfurt a/M. Verlag Orient.

— Heilig. 8. (31 S.) Dinglingen (898). (Bonn, J. Schergens.) n. — 30

— im Kloster zu Sis. Ein Beitrag zu der Geschichte der Beziehgn. zwischen dem Deutschen Reiche u. Armenien im Mittelalter. gr. 4. (34 S. m. Abbildgn. u. 1 eingedr. Karte.) Striegau (901). R. Urban. n. 2. —

Gottes Krüge. Ernst Lohmann. *Striegau: R. Urban [1901].* (8 S.) 8° [Umschlagt.]
— Lohmann: Hefte f. Alle. H. 1. [02. ...

[F.] Das Leben des Glaubens nach 1. Mose 12—24. P. Ernst Lohmann. *Schildesche i. W.: H. Jachnichen (1897).* (114 S.) 1 Bd 8. [98. 3474 Mr

Lohmann, Ernst, das Leben d. Glaubens nach 1 Mose 12—24. (2. Aufl.) 8. (114 S.) Frankfurt a/M. 898. J. Schergens. n. — 70

— das Leben des Glaubens nach 1. Mose 12—24. 3. Aufl. (114 S.) 8. Bonn 903. [J. Schergens.] Frankfurt a/M., Verlag Orient. n. — 70; geb. n. 1. 40

Ernst Lohmann. Der Mensch und der Menschensohn. Frankfurt a. M.: Orient [1907]. (39 S.) 8° [F.]
— Lohmann: Entwurf zu e. Darstellung d. bibl. Heilslehre. T. 1. [07. 13083

[Kopftit.:] [F.] Neueste Nachrichten über das Hülfswerk des 'Deutschen Hülfsbundes' (Comitee in Frankfurt a. M.)' in Armenien. (Hrsg. v. Pfarrer E. Lohmann.) *(Frankfurt a. M.: Dr. v. Voigt & Gleiber) (1897).* (2 Bl.) 1 Bd 2. [97. 3250

Lohmann, Ernst, „Pfingstbewegung u. Spiritismus". (V, 81 S.) 8. Frankfurt a/M. (909). Verlag Orient. 1. 10

Probleme der Orientforschung. Ein Vorwort z. d. Veröffentlichungen d. Deutschen Gesellsch. f. d. wissensch. Erforschung Anatoliens von Ernst Lohmann. Mit 6 Abb. Freienwalde a. O. & Leipzig: M. Rüger 1904. (12 S.) 4° [04. ...

—— die Gräfin Puttlitz, s. Original-Romane, 3. Thl.

Silvo. E[rnst] Lohmann. *Striegau: R. Urban [1901].* (12 S.) 8° [Umschlagt.]
— Lohmann: Hefte f. Alle. H. 7. [03. 13329

— s.: Skizzen u. Bilder aus dem Orient.

— der Sonnenstrahl, e. Märchen f. große u. kleine Kinder. [Aus: „Licht u. Leben".] 16. (4 S.) Ebd. 890. — 3

— Tharsis od. Ninive. Ein Beitrag zum Verständnis des Buches Jona. Mit e. Anh.: Das Buch Jona in bericht. Uebersetzg., nebst einigen erklär. Anmerkgn. (60 S.) 8. Ebd. 904. n. 1. —; geb. in Leinw. n. 2. —

—— Thekla v. d. Aue, s. Original-Romane, 6. Thl.

—— der Trauerritter, s. Original-Romane, 8. Thl.

— Trümmer. 1. Hft. (32 S. m. Abbildgn.) gr. 8. Neukirchen (905). [Buchh. des Erziehungsvereins.] Frankfurt a/M., Verlag Orient. — 30
Erscheint nicht weiter.

Vom Tode erwacht. E[rnst]Lohmann. *Striegau: R. Urban [1901].* (8 S.) 8° [Umschlagt.]
— Lohmann: Hefte f. Alle. H. 2. [03. 1920?]

Was war er? E[rnst] Lohmann. *Striegau: R. Urban [1901].* (16 S.) 8° [Umschlagt.]
= Lohmann: Hefte f. Alle. H. 3. [03. 1930?]

— Die jetzige Weltlage in ihrer Bedeutung für die Mission. (81 S.) 8. Ebd. 909. — 30

Lohmann, Ernst, stud. theol. et phil. aus Magdeburg: Der textkritische Wert der syrischen Uebersetzung der Kirchengeschichte des Eusebius. *Halle 1899: F. Straub in München.* (36 S.) 8° ¶ (Erscheint vollst. in: Zeitschrift f. wissensch. Theologie.)
Halle, Phil. Diss. v. 17. Apr. 1899

Lohmann, Ernst Walter, Referendar: Das Briefbeförderungsgeschäft der Reichspost. Leipzig 1909: Schmidt. 59 S. 8°
Leipzig, Jur. Diss. v. 23. Jan. 1909
[Geb. 12. Okt. 82 Bremen; Wohnort: Oschatz; Staatsangeh.: Sachsen; Vorbildung: Gymn. Wurzen Reife O. 02; Studium: Freiburg i. B. 1, Leipzig 1, Freiburg i. B. 1, Leipzig 5 S.; Rig. 8. Febr. 06.] [U 09. 2596

Lohmann, Ewald *Heinrich* [aus Westfalen]: Aus d. chirurg. Klinik in Greifswald. Über acute spontane Osteomyelitis bei Erwachsenen ... Greifswald, Druck v. C. Sell, 1892; 44 S., 1 Bl. 8.
Greifswald, Med. Fak., Inaug.-Diss. v. 3. Aug. 1892

Lohmann, F., Gedichte und Aufsätze. 8. Dessau. (Vollmer in Hamb.) 794.

Lohmann, F. W.

Geschehen in der g. u. v. St. Johannis-Loge zum schwarzen Bär im O.·. von Hannover am 14. Jan. 1857. [Unterz.:] F. W. **Lohmann.** [Hannovor 1857: Klindworth.] 8 S. 2⁰ [Kopftit.]
Bericht üb. die Aufnahme König Georg V.
65. 315.

Lohmann, Ferd. H.

Lohmann, F. H. Comfort (Tex). Fest-Schr z fünfzig-jhr Jubelfeier der Ansiedlung. Comfort, Tex, 1904.

Lohmann, F. H., die deutsche Sprache. Was können wir beitragen zu ihrer Erhaltung in diesem Lande. (48 S.) gr. 8. Chicago 904. Koelling & Klappenbach. n. — 50

--Texas-blüten; Gedichte. Utica, NY, 1906 [?].

Lohmann, Ferd. H., Texas-Blüten. Gedichte. (VII, 163 S. m. Bildnis.) 8. Utica 908. Ellenville, German Authors' Agency. Geb. in Leinw. 3. —

Lohmann, Fr., s. L ö h m a n n, Friedrich

Lohmann, Friederike

— s. **Clara v. Wallburg.**

Lohmann, F., der Dom zu Magdeburg, s. Hausbibliothek, kleine, für die Jugend.

Lohmann, Friederike, die Entdeckung der Hornhäuser Heilquellen. Historische Sage aus der Zeit d. 30 jähr. Krieges. gr. 16. (IV, 62 S.) Oschersleben 875. Klöppel. n. — 50

Lohmann, Fr., die Entscheidung bei Hochkirch, s.: Hausbibliothek, neue, f. Stolze'sche Stenographen.

Lohmann, Friederike, die Entscheidung bei Hochkirch, s.: Von Buch zu Buch.

Lohmann, Friederike, (Emilie Friedrike Sophie; auch Joh. Friederike, der Name ihrer Mutter), (†d. 16. Sept. 1830.): E r z ä h l u n g e n . 2 Thle. 8. Magdeb. 1818 u. 1820. Creutz. (2r Thl. auch unt. d. T.: Leben u. Dichtung.)

— Neue E r z ä h l u n g e n . 8. Magdeb. 1822. Creutz.

Lohmann, (Friederike,) neue Erzählungen. 8. Magdeb. 823, Creutz.

Lohmann, (Emilie) Friederike (Sophie), neueste gesammelte Erzählungen. 16 Bde. gr. 12. (192½ B.) Leipzig 828—32, Focke.
Bd. 1. Die Aehnlichkeit. — Die Belagerung v. Leipzig in d. J. 1546 u. 1547. — Die Eiche am See.
" 2. Die Perlen. — Theodor.
" 3. Anna v. Sachsen. — Rose u. Lilie.
" 4. Anna's Jugendjahre. — Tamina. — Mathilde v. Asseburg.
" 5. Graf Lauzun. — Die Thalmühle
" 6. Dorothea Kappel. — Durch d. Nebel dringt e. Stern. — Der Pilger.
" 7. Die Gräfin Puttlitz. — Base Schlick aus Glo[...]
" 8. Der Trauerritter. — Die heil. Elisabeth. — Die Leibeigenen.
" 9. Heinrich v. Schweinfurth — Der Gefangene.
" 10. Die Pathen. — Hugo v. Pajens. — Die Wanderung nach Paris
" 11. Der Dichter. — Die Kirche zu allen Engeln. — Anna Musen
" 12. Luitgard v. Meißen. — Thekla v. d. Aue.
" 13. Die Ausgewanderten. — Die Nacht im Gebirge. — Mädchensinn u. Schicksal.
" 14. Die Erbschaft. — Clemenze l'hôpital. — Das Glück.
" 15. Die Schwalben. — Lenardo da Sessa. — Des Müllers Töchter.
" 16. Die Entscheidung bei Hochkirch — Die Schlegler. — Die Braut. — Friederike Lohmann d. Jüngere, biograph. Skizze, v. Friedr. Kind.
Einzelne Bände werden nur so weit der Vorrath reicht noch abgegeben.

Lohmann, Friederike, sämmtliche Erzählungen. Ausgabe letzter Hand; mit e. Vorworte der Verf. v. „Godwie Castle" rc. In 18 Bdn. Mit dem Portr. der Verf. gr. 16. Leipzig 844, Focke. (à n. 2/3 ℛ) 12 ℛ

— s. **Geschichte zweier Frauen aus d. Hause Blankenau.**

— s. **Herbstblumen meines Geistes.**

Lohmann, Friederike, die goldene Hochzeit. Aus den Papieren meiner Großmutter. 8. (47 S.) Leipzig 894. Greßner & Schramm. Kart. — 60

— s. **Jacobine; e. Geschichte.**

— s. **Jacobine aus d. Zeiten rc.**

Lohmann, Friederike: Irrgänge des häusl. Lebens. 8. Neu-Ruppin 1798 . . .

– s. Claudine Lahn.

Lohmann, Emilie Friederike Sophie

Leben und Dichtung in Erzählungen. Von Friderike Lohmann [d.i. Emilie Friderike Sophie Lohmann]. Magdeburg: Kreutz 1820. 312 S. 8°

– s. Leichtsinn u. Wahn

– s. Marie, oder die Geheimnisse ꝛc.

—— Möhrenscheiben. Ein Wintermärchen, s.a. Hausbibliothek, kleine, für die Jugend.

— Möhrenscheiben. Ein Wintermärchen. — Der Dom zu Magdeburg. Eine Volkssage. 12. (64 S.) Ebd. 893. Kart. n. — 50

– Gräfin Puttlitz, s. Original-Romane, Ausgew. kl., 3r Thl.

— kleine Romane. 1s Bdchn.— A. u. d. T.: Die Wiesenburg. — Die Wünsche. — Der Wahrsager. — Der Komet. 8. Magdeb. 825, Creutz.

— dess. 2s Bdchn. — A. u. d. T.: Egbert. — Steckenpferde. — Die Freunde. — Die Kette. — Jugendgeschichte einer alten Frau. 8. Magd. 827, Creutz.

– Base Schlick aus Glogau, s. Original-Romane, Ausgewählte kleine, 2r Thl.

Lohmann, Friederike, Thekla von der Aue, s. Original-Romane, ausgewählte kleine, 6r Thl.

– s. Weihestunden der Muse.

Lohmann, Friederike, Winterabende. 8. Ruppin. 800.

- Winterabende. 1r Bd. 8. Ruppin 801. Kühn. 1 ₰ 6 ₰.

Lohmann, Friedr. (II.), Abend-Predigt z. Vorfeier d. grossen Freiheits-Schlacht bei Leipzig, gehalt. d. 17. Oct. 1838. Eine Erinnerung d. weseler Missions-Vereins an d. Befreiung uns. Vaterlandes. 8. (1 B.) Wesel, Beckersche Buchh.

Lohmann, Friedr., täglicher Aufblick zu Gott. Zu einem Ganzen gefügte Betrachtungen auf alle Tage im Jahre und die Festtage insbesondere, ein Andachtsbuch für evangel. Familien. gr. 8. (XVI und 859 S. mit 1 Stahlst.) Wesel 853, A. Bagel. *

Lohmann, Friedr., die kirchl. Feier ꝛc., s. Nitzsch, C. J.

—— Gedächtniß-Predigt auf d. hochsel. Königs Friedrich Wilhelm III. Maj., gehalt. am 19. Jul. 1840. Mit e. Anh.: Der letzte Wille Friedrich Wilhelm III. 8. (1½ B.) Wesel, Beckersche Buchh.

Lohmann, Frdr., die amtliche Handelsstatistik Englands u. Frankreichs im XVIII. Jahrh. gr. 8. (34 S.) Berlin (898). (G. Reimer.) n. 2. —
Sonderabdr. aus: „Sitzungsber. d. preuss. Akad. d. Wiss."

Lohmann, Friedr., Lehrbuch der Kirchengeschichte für höhere Lehranstalten. Göttingen 854. Vandenhoeck u. Ruprecht. gr. 8. (VIII, 221 S.) n. 20 ngr

Lohmann, Friedr., Lehrbuch der Kirchengeschichte für höhere Lehranstalten. 2., verb. u. verm. Aufl. Göttingen 867. Vandenhoeck & Ruprecht's Verlag. gr. 8. (VIII, 219 S.) n. 20 ngr.

Lohmann, Frdr., Lehrbuch der Kirchengeschichte f. höhere Lehranstalten. 3, umgearb u. verm. Aufl., besorgt v. Osk. Netoliczka. gr. 8. (X, 166 S.) Göttingen 893. Vandenhoeck & Ruprecht. n. 2. —; geb. n.n. 2. 30

Lohmann, F., Lehrbuch der Kirchengeschichte, Neubearbeitung, s.a. Netoliczka, Osk.

—— Leitfaden beim Unterr. evangel. Confirmanden. 2. Aufl. gr. 12. (3 B.) Wesel 840, Bagel.

Lohmann, Fr., Predigt, am Reformationsfeste d. 31. Okt. 1830 gehalten, u. auf Verlangen z. Besten d. Schulbau's f. d. evangel. Gemeinde zu Wesel hrsg. 8. (2 B.) Wesel 831, Becker.

—— Predigten u. Reden. Neue Sammlung. 8. (16½ B.) Wesel 842, Bagel. *

– Zwei Predigten zur Ordinations-Feyer. . . . Wesel . . . Klönne. (Prinz.)

Lohmann, Friedericus: Dissertatio Prologum Evangelii secundum Joannem illustrans.
Halle-Wittenberg, Phil. Diss. v. 8. Juli 1821
Geb. [Iserlohn 26. 4. 1793]
Ms. fehlt. Verf. wurde am 18. 10. 1843 D. theol. v. Bonn.

Lohmann, Dr.: Rede bei der Enthüllung des Denkmals bei Wesel . . ., s. Fiedler, Franz A. M.

— die staatliche Regelung der engl. Wollindustrie vom XV. bis XVIII. Jahrh., s.a. **Forschungen, staats- u. socialwissenschaftliche. 18. Bd.**

Die staatliche Regelung der englischen Wollindustrie vom XV. bis zum XVIII. Jahrhundert. Von Dr. Friedrich **Lohmann**. *Leipzig: Duncker & Humblot 1900.* (X, 100 S.) 8°
= Forschungen, Staats- u. socialwissenschaftl. Bd. 18, H. 1.

Lohmann, Friedr., evangelische Religionslehre für die obern Classen gelehrter Schulen. 8. (IV und 108 S.) Wesel 849, Beckersche Buchh. *

— evangelische Religionslehre für höhere Lehranstalten 2., verb. Aufl. Göttingen 853. Vandenhoeck u. Ruprecht gr. 8. (VIII, 132 S.) n. 12½ ngr

—— evangelische Religionslehre für höhere Lehranstalten. 2., verb. Aufl. gr. 8. (VIII und 132 S.) Göttingen 856, Vandenhoeck und Ruprecht's Vrlgsh. *

Lohmann, Frdr., Vauban, s. Stellg. in d. Geschichte der Nationalökonomie u. sein Reformplan, s.a. **Forschungen, staats- u. socialwissenschaftl.** XIII, 4

Lohmann, Friedrich [aus Hannover]: Vauban. Seine Stellg in d. Geschichte d. Nationalökonomie u. sein Reformplan . . . (Erscheint vollst. als Heft 58 von: Staats- u. Socialwiss. Forsch. hrsg. v. G. Schmoller.) Leipzig, Duncker & Humblot, 1895; 1 Bl., 46 S., 1 Bl. 8.
Berlin, Phil. Fak., Inaug.-Diss. v. 12. Juli 1895

Lohmann, Fritz, d. Entwicklg. der Lokalbahnen in Bayern, s.a. Wirtschafts- u. Verwaltungsstudien. XI.

Lohmann, Fritz, Dr. d. Staatswiss.: Die Entwicklung der Lokalbahnen in Bayern. Mit 1 Karte d. bayer. Vicinal- u. Lokalbahnen u. Angabe d. Anlagekapitals, Verkehrs u. d. Betriebsergebnisse d. einzelnen Linien bis zu d. J. 1899. *Leipzig: A. Deichert Nachf. 1901.* (238 S.) 8° [F.] ¶(= Wirtschafts- u. Verwaltungsstudien mit besond. Berücks. Bayerns, 11.)
Tübingen, Staatswiss. Diss. v. 1901
(Nicht für den Austausch)

Lohmann, G.

—— kleine Bibelkunde. Ein Leitfaden für Katechumenen und Konfirmanden, sowie auch für die unteren und mittleren Klassen der Gymnasien, Real- und Töchterschulen. 1. und 2. Aufl. 16. (43 S.) Ebendas. 881,82. *

Lohmann, G., die kleine Bibelkunde. Ein Leitfaden für Katechumenen und Konfirmanden, sowie auch für die unteren und mittleren Klassen der Gymnasien, Real- und Töchterschulen. 3. Aufl. 8. (34 S.) Neuwied 888, Heuser's Verlag. *

—— Denkschrift, dem Bau der neuen Kirche der evangel. Gemeinde Neuwied in amtl. Auftrage gewidmet. gr. 8. (14 S.) Ebendas. 884. *

Lohmann, G., die glückliche Ehe, oder Unterweisungen über das glückbring. Verhalten der Braut- u. Eheleute an ihrem Hochzeitstage, in ihrem Ehestande u. bei der Erziehung ihrer Kinder. Aachen 866. (Jacobi & Co.) 12. (X, 236 S.) vgl. Lohmann, H. 15 ngr.

— Gedächtnißrede bei der Leichenfeier Sr. Durchlaucht des Prinzen Max zu Wied, am 8. Febr. 1867 in der Kirche der älteren evangel. Gemeinde zu Neuwied. Neuwied 867. Heuser's Verlag. gr. 8. (8 S.) 1½ ngr.

Lohmann, G., Auf und über dem Strome der Zeit. Predigten. 8. (IV, 190 S.) Neuwied 879, Heuser'sche Verlagsh. *
geb. mit Goldschn. *

Lohmann, G., auf u. über dem Strome der Zeit. Predigten. 2. Aufl. 8. (IV, 190 S.) Neuwied 884. Heuser's Verl. n. 2. 40

Lohmann, G., Zwei Taufreden geh. in Gegenwart Sr. Maj. d. Kaisers am 18. Juli 1872 f. S. Durchlaucht den Prinzen Friedrich zu Wied, am 1. Juli 1874 f. S. Durchlaucht den Prinzen Hermann zu Wied. 8. (18 S.) Neuwied 874. Strüder. n. — 50

— Traurede zur Vermählungsfeier des Fürsten Karl von Rumänien, Prinzen von Hohenzollern, mit der Prinzeß Elisabeth zu Wied am 15. Novbr. 1869 zu Neuwied. Ebend. 870. 8. (12 S.) 3 ngr.

Lohmann, Gottfried, Hrn. de la Serre // aus dem Frantzösischen übersetzte // süsse // Todes-Gedancken /// Allen // Die Sterbens-Betrachtung Liebenden // Zur Unterhaltung // In Teutsche Reime gebracht // von // M. Godofr. Lohmann. // Prediger zu Cambe im Mecklenburgischen. // HAMBURG, // Gedruckt bey Valentin Borchers / 1732. - 12 S. Titelblatt und Vorrede. - 99 S. und noch 12 Blatt (nicht paginiert):
Anhang // Eines aus den Englischen Poesien des // bekannten Bauer-Poeten in Engelland // Stephen Duck // übersetzten Gedichtes, // So nebst zwey andern 1731. zu London in 8. // herausgekommen, // Welches ein Liebhaber der Dicht- //Kunst auf Verlangen, dieser Frantzösi- // schen Uebersetzung beyzufügen, sich // gefallen lassen.- Das Gedicht heißt "Die Sunamithin". //
B. S. T. 8°.655.

Lohmann, H., s.: Handbuch, statistisches, der Volks-, Mittel- u. Privatschulen des Reg.-Bez. Hildesheim.

Lohmann, H., die Lehrpläne f. die Präparandenanstalten u. Lehrerseminare, s.: Kreipe, A.

Lohmann, Hans: Die Appendikularien der Expedition von Dr. –. Mit Taf. 2. Die Tintinnen von Prof. Dr. K[arl] Brandt. Mit Taf. 3. Stuttgart: E. Nägele 1896. (S. 25–71.) 4°
= Ergebnisse, Zoologische, der von d. Ges. f. Erdkunde zu Berlin . . . ausgesandten Grönlandexpedition. 3. 4.
= Bibliotheca zoologica. H. 20, Lfg 2.

Lohmann, H., d. Appendikularien d. v. Drygalski'schen Grönlandexpedition, s.: Bibliotheca zoologica.

— d. Appendicularien d. Plankton-Expedition, s.a. Ergebnisse d. Plankton-Expedition d. Humboldt-Stiftg.

Die Appendicularien der Plankton-Expedition. Von Dr. Hans Lohmann. M. 20 Taf., 3 Kt. u. 1 Diagr. *Kiel & Leipzig: Lipsius & Tischer 1896.* (148 S., 20 Taf., 3 Kt., 1 Tab.) 4.
= Ergebnisse der . . . 1889 ausgef. Plankton-Expedition d. Humboldt-Stiftung. Bd II. E. c. [96. 849]

Lohmann, H.: Bemerkungen zu den auf der Holsatia-Fahrt 1887 gesammelten Halacarinen v. –. Mit 5 Figuren im Text. (Berlin. 1893.) Siehe in: 6. Bericht der Commission zur wissenschaftlichen Untersuchung der deutschen Meere in Kiel. Jg. 17–21. Heft 3. Fol.

Die Coccolithophoridae, e. Monographie d. Coccolithen bildenden Flagellaten, zugl. e. Beitrag z. Kenntnis d. Mittelmeerauftriebs. Von Privatd. Dr. H[ans] Lohmann in Kiel. Mit 3 Taf. Jena: G. Fischer (1902). (S. 89–165.) 8° [Umschlagt.]
Aus: Archiv f. Protistenkunde. Bd 1. [03. 13905 8

Lohmann, (Hans), Copelata u. Thaliacea. — Marine Hydrachnidae und Halacaridae, s.: Fauna, die, Südwest-Australiens. II, 9—13.

Lohmann, H., Eier u. sogenannte Cysten der Plankton-Expedition, Anh.: Cyphonautes, s.a. Ergebnisse der usw. Plankton-Expedition der Humboldt-Stiftung. IV.

Lohmann, H.: Eier und sogenannte Cysten der Plankton-Expedition. Anh.: Cyphonautes. Von –, Kiel. Mit 7 Taf. Kiel & Leipzig: Lipsius & Tischer 1904. (61 S.) 4°
= Ergebnisse d. Plankton-Exped. d. Humboldt-Stiftung. Bd 4. N.

Lohmann, H., Halacaridae, s.: Tierreich, das.

Lohmann, H., die Halacarinen der Plankton-Expedition, s.: Ergebnisse der in dem Atlantischen Ocean etc. ausgeführten Plankton-Expedition der Humboldt-Stiftung.

Lohmann, Hans: Ueber Hohleneis. Beobachtungen in der Kolowratshöhle. Wien 1898. 7 S.
= Berichte über die wissenschaftlichen Unternehmungen des D. u. Ö. Alpenvereins. 14. 8°.

Lohmann, Hans [aus Dresden]: Das Höhleneis unter bes. Berücks. einiger Eishöhlen d. Erzgebirges . . . M. Abbildgn in Photographiedr. u. 2 lithogr. Taf. [= Progr. v. Dresden, Annen-Schule 1895.] Dresden, Druck v. B. G. Teubner, 1895; 1 Bl., 40 S., 1 Bl., 3 Taf. 4.
Leipzig, Phil. Fak., Inaug.-Diss. v. [21. März] 1895

Lohmann, Hans, d. Höhleneis unt. bes. Berücksicht. ein. Eishöhlen d. Erzgebirges. Diss. gr. 4. (40 S. m. 1 Lichtdr.- u. 2 lith. Taf.) Jena 895. (C. Bose.) n. 2. —

Lohmann, H.: Lentungula fusca nov. spec., eine marine Sarcoptide. Von –. Hierzu Taf. 4. (Kiel und Leipzig. 1894.) Siehe in: Wissenschaftl. Meeresuntersuchungen, N. F., Bd. 1, Heft 1. 4° g.

— Die Meeresmilben, s.a. Polar-Expedition, deutsche, 1901—1903.

Die Meeresmilben der deutschen Südpolar-Expedition 1901–1903. Von H[ans] Lohmann (Kiel). Mit Taf. 28–43 u. 15 Abb. (Berlin: G. Reimer 1907.) (S. 363–413.) 4°
= Südpolar-Expedition, Deutsche, 1901–1903. Bd 9. Zoologie. Bd 1, H. 5, 4. [07. 16063

Lohmann, Hans [cand. med.]: Die Unterfamilie der Halacaridae Murr. und die Meeresmilben der Ostsee. Aus d. Zoolog. Institut d. Univ. Kiel. . . . Jena, Gustav Fischer, 1888; 1 Bl. + 140 S. + 1 Bl. u. 8 Taf. 8°
Kiel, Phil. Fak., Inaug.-Diss. v. 5. Jan. 1889

— Untersuchungen üb. den Auftrieb der Strasse v. Messina m. besond. Berücksicht. der Appendicularien u. Challengerien. gr. 8. (17 S. m. Fig.) Berlin 899. (G. Reimer.) n. 1. —
Sonderabdruck aus: „Sitzungsber. d. preuss. Akad. d. Wiss."

Lohmann, Hans: Neue Untersuchungen über den Reichtum des Meeres an Plankton und über die Brauchbarkeit der verschiedenen Fangmethoden. Zugleich auch e. Beitrag z. Kenntniß d. Mittelmeerauftriebs. Von Dr. —. Mit 4 Taf. u. 14 Tab. Kiel 1902: Schmidt & Klaunig. (86 S.) 4°
Aus: Wiss. Meeresuntersuchungen. Abth. Kiel. N. D. Bd 7.

— Untersuchungen üb. die Tier- u. Planzenwelt sowie üb. die Bodensedimente des Nordatlantischen Ozeans zwischen dem 38. u. 50. Grade nördl. Breite. (24 S. m. 1 Taf.) gr. 8. Berlin 908. (G. Reimer.) n. 1. —
Sonderabdruck aus: „Sitzungsber. d. preuss. Akad. d. Wiss."

Lohmann, Heinrich L(udwig), a. Cassel: Die ethischen Prinzipien des Helvetius. Ein Beitrag zur Würdigung der Lehre des Helvetius und seiner Abhängigkeit von Vorgängern. Würzburg 1906: H. Stürtz. (52 S.) 8°
Würzburg, Phil. Fak., Ref. Külpe, Diss. v. 28. Jan. 1907
[Geb. 11. Sept. 80 Cassel; Wohnort: Cassel; Staatsangeh.: Preußen; Vorbildung: Realgymn. Cassel Reife M. 99; Studium: Berlin 2, Erlangen 2, Jena 1, Würzburg 3, Bonn 1 S.; Rig. 1. Mai 06.]

Lohmann, Herm., Aussprüche der heil. Schrift, s.a. **Haus-Bibliothek.**

LOHMANN, Hermann, Aussprüche der heiligen Schrift und der Kirchenväter über Kleiderpracht und Moden zur Warnung und Belehrung gesammelt und allen Frauen und Jungfrauen . . . gewidmet von —. Düsseldorf. Verlag von P. Roschütz & Co. 1844. Kl. 8°. 80 S. (l. c. no. 3488:)
Kleine katholische Haus-Bibliothek. Erstes Bändchen.

Lohmann, H., die glückliche Ehe od. Unterweisungen üb. das glückbring. Verhalten der Braut- u. Eheleute an ihren Hochzeitstage, in ihrem Ehestande u. bei der Erziehg. ihrer Kinder. 2. Aufl. 16. (X, 202 S.) Aachen 874. Jacobi & Co. vgl. Lohmann, G. n. — 50

Lohmann, H., die glückliche Ehe. 4. Aufl. 16. (XII, 232 S.) Gülpen 885. Aachen, Jacobi und Comp.

—— kleine kathol. Hausbibliothek, s. Hausbibliothek.

Lohmann, H., Modespiegel für christliche Frauen u. Jungfrauen nach Aussprüchen der heiligen Schrift u. der Kirchenväter. 2. Aufl. — Gedanken einer Frau an ihre Freundin über die neue Mode. Aus dem Italien. von H. Lohmann. Aachen 863. Hensen in Comm. 12. (V, 47 S.) 3 ngr.

Lohmann, H., Modespiegel für christliche Frauen und **Jungfrauen nach Aussprüchen der heil. Schrift und der Kirchenväter. 2. Aufl. — Gedanken einer Frau an ihre Freundin über die neue Mode. Aus dem Italien. von H. Lohmann. 12. (V und 47 S.) Aachen 863. [Jacobi und Comp.]**

Lohmann, H., Sammlung ausgewählter Schriften für kathol. Christen. 16. (270 S.) Gülpen 882. (Aachen, A. Jacobi und Comp.) *

LOHMANN, J., Der Zeitgeist, ein pikantes humoristisches Sittengemälde. — Humbug. 2. verbess. Auflage. Bremen, Selbstverlag, 1860. 8°. (2 Mk., Tit. fleckig, Schaper, Hannover, 1904.)

Lohmann, J. A., s. **Evenings at home.**

Lohmann, J. H., ausführliches **Wörterbuch** zum Uebersetzen von **Wash. Irving's** „Sketch book", s.a. Irving, W.

Lohmann, J. H., ausführliches Wörterbuch zum Übersetzen von Wash. Irving's „Sketch Book". 2. völlig umgearb. Aufl. von G. Langreuter. 8. (106 S.) Quedlinburg 888, Basse. *

Lohmann, Johann, aus Kiel: [1.] **Versuche zur Darstellung des Nitroxylchlorids.** [2.] Beiträge zur Kenntnis des Selens. *Erlangen 1904: Junge & Sohn.* (84 S.) 8°
Erlangen, Phil. Diss. v. 11. Febr. 1904

Lohmann, Joh. Bapt., **Betrachtungen über das bittere Leiden unsers Herrn für die heilige Fastenzeit. 8. (VII, 247 S.) Paderborn 888, Junfermann'sche Buchh.** *
Aus: Betrachtungen für Priester, besonders abgedruckt.

Lohmann, Joh. Bapt., S. J., neue praktische Betrachtungen auf alle Tage des Jahres f. Ordensleute, s.: Bercruysse.

Lohmann, Joh. Bapt., Betrachtungen auf alle Tage d. Jahres f. Priester u. Laien. 3. Aufl. d. Handbuches der wahren Frömmigkeit v. Bruno Vercruysse. 2 Bde. 8. (728 u. 938 S.) Paderborn 884. Junfermann. n. 8. —

—— Betrachtungen auf alle Tage des Jahres für Priester und Laien. 4. verb. und verm. Aufl. des Handbuches der wahren Frömmigkeit von Bruno Vercruysse. 2 Bde. 8. (828; 830 S. mit 1 Karte.) Ebendas. 888. *

Lohmann, Joh. Bapt., Betrachtungen auf alle Tage des Jahres f. Priester u. Laien. 5., vielfach umgearb., verb. u. verm. Aufl. Mit 1 Karte v. Palästina. 4 Bde. gr. 8. (470, 588, 504 u. 556 S.) Paderborn 894. Junfermann. n. 12. —; geb. in Halbfrz. n.n. 17. —

Lohmann, Joh. Bapt., S. J., das hl. Bußsakrament. 21 Predigten. gr. 8. (275 S.) Paderborn 898. Junfermann. n. 2. 50

Das heilige Bußsakrament. 21 Vorträge von Joh. Bapt. **Lohmann,** Priester d. Ges. Jesu. 2. Aufl. Paderborn: Junfermann 1905. (276 S.) 8° [F.] 06. 368

Lohmann, Joh. Bapt. Die Gabe d. heiligen Geistes. Erwägungen üb. die heiligmach. Gnade. gr. 16. (266 S.) Paderb. 892, Junfermann. * 1 35

Lohmann, Joh. Bapt., S. J., die Gabe des hl. Geistes. Erwägungen üb. die heiligmach. Gnade. 2. verb. u. verm. Aufl. gr. 16. (288 S.) Paderborn 902. Junfermann. n. 1. 50; geb. in Leinw. n. 2. —

— katholisches Gebetbuch, s.: Canisius, Petrus.

— Katholisches Handbüchlein, s.: Canisius, Petrus.

Lohmann, Joh. B., Das Leben unsers Herrn und Heilandes Jesus Christus. Nach den 4 Evangelien zusammengestellt. Paderborn, Junfermann, 1885. 8°, VI u. 239 S., 2,40 Mk.
Recens. von B. Schäfer, Litt. Handw. 1887, S. 891—892; von Knabenbauer, Laacher Stimmen 1885, Heft 8. — Dasselbe lateinisch:

—— Das Leben unsers Herrn u. Heilandes Jesus Christus nach den vier Evangelisten. Eine Evangelienharmonie m. erklär. Anmerkgn. 2. verb. u. verm. Aufl. gr. 8. (319 S. m. 1 Karte.) Ebd. 889. 3 —

[F.] Das Leben unsers Herrn und Heilandes Jesus Christus nach den vier Evangelisten. E. Evangelienharmonie m. erklär. Anm. v. Joh. Bapt. **Lohmann,** S. J. 3., verb. u. verm. Aufl. . . . M. 1 Kt. v. Palästina. *Paderborn: Junfermann 1897.* (359 S., 1 Kt.) 1 Bd 8. 97. 6967

Lohmann, Joh. Bapt.: Das Leben unsers Herrn und Heilandes Jesus Christus nach den vier Evangelisten. Eine Evangelienharmonie von Joh. Bapt. Lohmann. Priester d. Ges. Jesu. Volks-Ausg. Paderborn: Junfermann 1903. (355 S.) 8°

— das Leben unsers Herrn u. Heilandes Jesus Christus nach den vier Evangelisten. Eine Evangelienharmonie m. erklär. Anmerkgn. 4., verb. u. verm. Aufl. Mit e. (farb.) Karte v. Palästina. (888 S.) 8. Paderborn (906). Junfermann. n. 3. 60; geb. in Halbfrz. n.n. 4. 75

— dasselbe. Volks-Ausg. (356 S.) gr. 16. Ebd. 903. n. 1. 20; geb. in Leinw. n. 1. 55

— das Opfer d. Neuen Bundes. Betrachtungen üb. das Kreuzopfer u. das Meßopfer f. Gebildete jedes Standes. gr. 16. (189 S.) Ebd. 892. n. 1. —

— Das Opfer des Neuen Bundes. Belehrungen u. Erwäggn. üb. das Kreuzopfer u. das Meßopfer. 2., verb. u. verm. Aufl. (262 S.) kl. 8. Paderborn 909. Junfermann. 1.50; geb. 2. —

— üb. d. Priesterstand. Vorträge. gr. 8. (256 S.) Ebd. 896. n. 2. —

— über den Priesterstand. 2. Ausg. m. Anh.: Die höheren Weihen m. Ausschluß der Bischofsweihe. 8. (319 S.) Ebd. 899. n. 2. 70; Anh. allein. (63 S.) 898. n. — 70

Lohmann, Joh. Bapt., contra Thümmel, s. Priester, ein römischer.

—— vita Domini Nostri Jesu Christi e IV evangeliis ipsis ss. librorum verbis concinnata, latine reddita a Vict. Cathrein. gr. 8. (VII, 247 S. mit 1 chromolithogr. Karte.) Ebendas. 887. *

— Vita Domini nostri Jesu Christi et IV evangeliis ipsis ss. librorum verbis concinnata. Ed. latina II. Adjuncta est tabula geographica Palaestinae tempore Christi. gr. 8. (VIII, 250 S.) Ebd. 897. n. 3. 60; geb. in Halbfrz. n. 4. 75

Lohmann, Joh. Bapt.: Die höheren Weihen mit Ausschluss der Bischofsweihe v. – S.J. . . . Paderborn: Junfermann 1898. (61 S., 1 Bl.) 1 Bd 8°

Lohmann, Jh. Klemens Cph., († 1777.) Anmerkk. üb. d. Bibellesen. 8. Wesel 770. 5 Gr.

— Betrachtung von d. Lehre d. Unsterblichkeit d. Menschen. 4. Duisb. 771.

— exercitationes theol. II. de vera S. Scripturae divinitatem demonstrandi methodo. 4, Duisb. 768. 69.

— über die Nothwendigkeit e. besond. Anleit. zum Vortrage d. katechet. Wahrheiten, zur Bildung künftiger Prediger. 4. Duisb. 773.

— der deutsche reformirte Theologe, in e. Sendschreiben an Herrn Hasencamp. 8. Duisb. u. Leipz. 776.

Lohmann, Johanna Friederike

Lohmann, Joh. Friederike, (Namen ihrer Mutter), eigentlich Emil. Fr. Soph., († d. 16. Sept. 1830.) Gedichte u. Aufsätze. 8. Dessau 794. (Herold jun. in Hamb.) 8 Gr.

Lohmann, Joh. Friederike, s. Harfner, d. blinde; ein Schspl.

Lohmann, Johannes [cand. med. aus Bornstedt bei Dreileben in d. Prov. Sachsen]: Drei Fälle von Sarkom des Oberschenkels ... Erlangen, Druck d. Univ.-Buchdr. v. E. Th. Jacob, 1895; 26 S. 8.
Erlangen, Med. Fak., Inaug.-Diss. v. 1895

Lohmann, *Carl* Julius [aus Witten]: Ueber γ-Phenoxypropylamin ... Berlin, Buchdr. v. C. Berg, 1892; 39 S., 1 Bl. 8.
Berlin, Phil. Fak., Inaug.-Diss. v. 5. Jan. 1891 [vielm. 1892]

Lohmann, Jul., wie lebst Du? Ein Hausfreund f. Landleute. 2. Aufl. 8. (111 S.) Calw u. Stuttgart 900. Vereinsbuchh. n. — 50

Lohmann, Justus Heinrich Friedrich

Lohmann, J. H. F., auf welche Weise kann d. Zuckerfabrikation aus Runkelrüben u. überh. jedes Gewerbe f. d. Unternehmer vortheilhaft u. für d. Publikum nützl. werden? Eine Anleit. z. leichten Darstell. dies. Zuckers f. kleine u. größere Anstalten. Zur Enthüll. d. Zier-Hanewald-Arnoldischen Geheimnisses u. z. Ergänz. des im J. 1818 erschien. Buchs: „Ueber d. gegenwärt. Zustand d. Zuckerfabrikation in Deutschland in Bezieh. d. Runkel- od. Zuckerrübe" ꝛc. gr. 8. (8 B.) Magdeburg 837, Heinrichshofen.

Lohmann, Just. Hnr. Fr., Grundsätze d. Kunst Wein zu machen ꝛc, s.a. Beiträge, agronom. technische ꝛc. 2r Bd.

Lohmann, Justus Heinrich Friedrich: Grundsätze der Kunst Wein zu machen vorzüglich in Beziehung auf die Bereitung und Verbesserung einheimischer Fruchtweine. Nach d. Engl. des John Macculoch und den in Deutschland erprobten neuesten und zweckmäßigsten Erfahrungen bearb. Hannover: Helwing 1819. LIV, 270 S. -- 29.35*
BJ: Macculoch, J.: Grundsätze der Kunst Wein zu machen. -- Bibliotheca oeconomica Macculoch, J.: Grundsätze . . . . Nach d. Engl. bearb. von J.H. Fr. Lohmann. -- Bibliotheca oecologica: Macculoch, J.: Grundsatze . . . . Nach d. Engl. bearb. von J.H. Fr. Lohmann. -- Kayser: Mac-Culloch, J.R.: Grundsatze . . . . -- Thienemann: Lohmann, J.W.F. 1809.

— üb. den gegenwärtigen Zustand d. Zuckerfabrikation in Deutschland, vorzüglich in Beziehung der Runkel- oder Zuckerrübe. gr. 8. Magdeb. 818. Heinrichshofen. 1 Thlr.

Lohmann, Karl

Lohmann, K. Das Reichsgesetz vom J. 1654 über die Steuerpflichtigkeit der Landstände. Dissert. 8°. Bonn, H. Behrend, 1892.

Lohmann, Karl *Ludwig* [aus Neuwied]: Das Reichsgesetz vom Jahre 1654 über die Steuerpflichtigkeit der Landstände ... Bonn, Univ.-Buchdr. v. C. Georgi, 1893; 3 Bl., 95 S. 8.
Bonn, Phil. Fak., Inaug.-Diss. v. 25. Febr. 1893

Lohmann, Karl, das Reichsgesetz vom J. 1654 üb. die Steuerpflichtigkeit der Landstände. Diss. gr. 8. (93 S.) Bonn 898. (H. Behrendt.) n. 1. 20

Lohmann, Karl Aug., der Lusthain oder Erzählungen f. Kinder zur Beförderung eines kindlich frohen u. tugendhaften Sinnes. Mit Bildern von Karl Schröder. 12. (Mit 4 Lithogr.) Braunschweig 843, Oehme u. Müller. geb. 3/8 Thlr.

Lohmann, Karl Ernst Julius

Lohmann, Carl Ernst Julius, aus Arnheim ⟨Holl.⟩: **Beitrag zur Chemie und Biologie der Lebermoose.** *Jena: G. Fischer 1903.* (S. 215—256.) 8° ¶ Aus: Botan. Centralbl., Beihefte Bd 15.
Jena, Phil. Diss. v. (11. Mai) 1903

Lohmann, C. E. Jul., über die Giftigkeit der deutschen Schachtelhalmarten, insbesondere des Duwocks (Equisetum palustre), s.a. Arbeiten der deutschen Landwirtschafts-Gesellschaft. 100. Hft.

Über die Giftigkeit der deutschen Schachtelhalmarten, insbesond. d. Duwocks (Equisetum palustre). Von Dr. C[arl] E[rnst] Julius Lohmann. (Vorr.: Prof. Dr. H[einrich] Immendorff.) Mit 2 Taf. Berlin: Deutsche Landw.-Gesellsch. 1904. (69 S.) 8° [F.]
— Arbeiten d. Deutschen Landwirtschafts-Gesellschaft. H. 100.

Lohmann, Karl Julius, s. Lohmann, Julius

Lohmann, M., auf zum Kampf gegen die Agrarier und Zöllner. Ein Vorschlag zur Beseitigg. des Protektionssystems in Deutschland. Allen Zollgegnern u. Volksfreunden gewidmet. gr. 8. (23 S.) Berlin-Friedrichshagen 901. Verlagshaus f. Volkslitteratur. n. — 50

Lohmann, Max, approb. Arzt aus Godesberg: **Aus d. Bonner Universitäts-Frauenklinik. Die Dauererfolge der Laparotomie bei tuberculöser Bauchfellentzündung.** *Godeberg [!] 1902: Gebr. Hesseler.* (22 S.) 8°
Bonn, Med. Diss. v. [29. März] 1902

Lohmann, O. Die Auslassung des Relativpronomens im Englischen mit besonderer Berücksichtigung der Sprache Shakespeare's. Diss. Erlangen 1879. 38 S.

Lohmann, [Otto], Direktor Dr.: Ansprache auf der Schillergedenkfeier am 9. Mai 1905. Hannover 1906: J. C. König & Ebhardt. (S. 3—5.) 4° [F.]
Hannover, h. TS II OP 1906 [117]

Lohmann, Otto, der deutsch-griechische Auslieferungsvertrag vom 12. III. 1907, s.a. **Abhandlungen, strafrechtl. 108. Heft.**

Lohmann, Otto, Gerichtsrefer.: **Der deutsch-griechische Auslieferungsvertrag vom 12. März 1907. Histor. u. system. Darstellung unter Berücks. d. Gesetzgebung beider Länder. Ein Beitr. z. deutschen Auslieferungsrecht. Breslau: Schletter 1909.** xv, 65 S. 8° ¶ (Ersch. vollst. als: Strafrechtl. Abhandlungen. H. 108.)
Heidelberg, Jur. Diss. v. 19. Aug. 1909, Ref. v. Lilienthal
[Geb. 4. März 88 Hanau; Wohnort: Steinau; Staatsangeh.: Preußen; Vorbildung: Gymn. Hanau Reife O. 06; Studium: Straßburg 3, Berlin 1, Marburg 2 S.; Rig. 25. Juni 09.] [U 10. 1929

Lohmann, [Otto]: Erziehung zum Gehorsam und zur Ordnung. Ein Wort d. Verständigung mit d. Eltern unserer Schülerinnen. Hannover 1910: König & Ebhardt. S. 1—5. 4°
Hannover, Schiller-S, HM 2 OP 1910 [124] [S 10. 272

Lohmann, [Otto]: Die Neuordnung des höheren Mädchenschulwesens vom 18. August 1908 und unsere Schule. Hannover 1909: König & Ebhardt. S. 3—6. 4°
Hannover, HT II OP 1909 [125] [S 09. 297

Der propädeutische Unterricht in der Litteraturkunde (für Mädchenschulen) v. [Otto W. F.] **Lohmann.** Siehe in: 2. Bericht über d. höh. Mädchenschule zu Kiel. Kiel. 1889. 4°.

Lohmann, P. (Hrsg.), s. Organ für die Interessen der Mineralwasser-Fabrikanten.

Lohmann, P. (Hrsg.), s. Zeitschrift für Mineralwasserfabrikation.

Lohmann, P. E.: Der Befehl des Königs. E. Müsken: Und die Frauen? Bielefeld: E. Siedhoff (1899). (111 S.) 8°

Lohmann, Paul. Die Fabrikation der Lacke u. Firnisse, e. Anleitg. zur Herstellg. dieser Produkte sowie zur Prüfg. der dabei zur Anwendg. komm. Rohmaterialien. 8. (IV, 132 S.) Berl. 890, Polytechn. Buchh. 2 50

Lohmann, Paul, Hülfs-Tabelle für die Untersuchung der chemischen Präparate der Pharmacopoea germanica. gr. 8. (III, 52 S.) Berlin 877. Voss. n. 1. —

LOHMANN, P.
Lebensmittelpolizei. Ein Handbuch für die Prüfung und Beurtheilung der menschlichen Nahrungs- und Genussmittel im Sinne des Gesetzes vom 14 Mai, 1879, erläutert durch die vorausgegangene Rechtsprechung. Leipzig, 1893. 8vo.

Lohmann, Paul, Lebensmittelpolizei. Ein Handbuch f. die Prüfg. u. Beurteilg. der menschl. Nahrungs- u. Genussmittel im Sinne des Gesetzes vom 14. Mai 1879, erläutert durch die vorausgegangene Rechtsprechg. Für Chemiker, Ärzte, Juristen, Apotheker u. alle Gewerbetreibende der Nahrungsmittelbranche. 1.—4. Lfg. gr. 8. (S. 1—383.) Leipzig 894. E. Günther. à n. 2. —

Lohmann, Paul, cand. theol.: **Die anonymen Prophetien gegen Babel aus der Zeit des Exils.** [Teildr.]. (Berlin [1910]: Blanke.) 91 S. 8°
Rostock, Phil. Diss. v. 23. Febr. 1910, Ref. Sellin
[Geb. 11. Mai 86 Capriva; Wohnort: Berlin; Staatsangeh.: Österreich; Vorbildung: Eberhard-Ludwigs-Gymn. Stuttgart Reife Juli 05; Studium: Wien 6, Leipzig 1, Berlin 2 S.; Rig. 19. Febr. 10.] [U 10. 3965

Lohmann, Paul, Assessor: Das bürgerliche und das kaufmännische Zurückbehaltungsrecht. Ein Vergleich. Borna-Leipzig 1908: Noske. VIII, 55 S. 8°
Erlangen, Jur. Diss. v. 14. Dez. 1908, Ref. Siber
[Geb. 3. Sept. 80 Bergedorf b. Hamburg; Wohnort: Bergedorf; Staatsangeh.: Hamburg; Vorbildung: Johanneum Hamburg Reife O. 99; Studium: Tübingen 2, Berlin 1, Göttingen 3 S.; Rig. 3. Nov. 08.] [U 09. 715

Lohmann, Peter

Lohmann, Pet., Appius Claudius. Trauerspiel in 5 Aufzügen. Leipzig 858. Luppe. gr. 8. (64 S.) n. 20 *ngr.*

—— Oliver Cromwell. Historisches Schauspiel in 5 Aufzügen. 1. Aufl. 1858. * 20 Ngr. und 2. Aufl. 16. (126 S.) Leipzig 859, Luppe. *

—— über die dramatische Dichtung mit Musik. 8. (39 S.) Leipzig 861, Luppe. *

Lohmann, **Pet., über die dramatische Dichtung mit Musik. 2. Aufl. 8. (60 S.) Leipzig 864, Matthes.** *

Lohmann, Peter, Dramen. 2 Bde. 8. (III, 336; 348 S.) Leipzig 888, J. J. Weber. geb. in 1 Bd. *

—— dass. — 4. Bd.: Gesangsdramen und Aufsätze zum Gesangsdrama. 3. Aufl. 8. (XIV, 345 S.) Ebendas. 886. *
1.—3. Bd. Ebendas. 1875. à * M 3.—.

—— über Robert Schumann's Faustmusik. 8. (32 S.) Leipzig 860, Kahnt.

— Frithjof. Eine dramat. Dichtung. 8. (67 S.) Leipzig 863, Matthes. *

Lohmann, Pet. Geschichtsdramen. 3. Aufl. Ausg. in 1 Bde. 8. (VII, 496 S.) Lpz. 890, J. J. Weber. * 4 —; geb. * 5 —

— das Ideal der Oper. Neue (Titel-)Ausg. der Abhandlung „über dramatische Dichtung mit Musik". 8. (60 S.) Leipzig (864)886, Matthes. *

Lohmann, Pet., Irene. Eine Operndichtung. Leipzig 865. Matthes. 8. (47 S.) n. 10 ngr.

Lohmann, Pet., Lieder. (47 S.) gr. 8. Leipzig 906. J. J. Weber. n. — 60

— Masaniello. Trauerspiel in 5 Aufzügen. (2. Aufl.) 8. (186 S.) Leipzig 864, Matthes.

Lohmann, Pet., drei Operndichtungen. (Den Bühnen gegenüber Mscr.) 16. (VII und 176 S.) Leipzig 861, Merseburger. Thlr.

Lohmann, Peter, Pantheon deutscher Dichter. 8. sehr verm. Aufl. Mit Titelbild von G. Jaeger, in Stahl gest. von C. G. Berger, und 6 Illustr. (Holzschntaf.) nach Orig.-Zeichnungen von G. Sundblad. gr. 16. (V, 400 S.) Leipzig 873, Matthes. geb. mit Goldschn.

Lohmann, Peter, Pantheon deutscher Dichter. Mit (chromolithogr.) Titelbild von E. Haertel und 6 Illustr. (Holzschntaf.) nach Orig.-Zeichnungen von G. Sundblad. 8. sehr verm. Aufl. 2. Abdr. (V, 400 S.) 1876; 9. Aufl. 8. (VII, 418 S.) Leipzig 878, Matthes. geb. mit Goldschn. in Carton *

Lohmann, Peter, Pantheon deutscher Dichter. 10. Aufl. Mit (chromolith.) Titelbild von E. Härtel u. 6 (Holzschn.-)Illustr. nach Orig.-Zeichnungen von G. Sundblad. 8. (VII, 418 S.) Leipzig 880. Matthes. geb. m. Goldschn. 5. —

Lohmann, Peter, Pantheon deutscher Dichter. 10. Aufl. Mit (chromolithogr.) Titelbild von E. Härtel und 6 (Holzschn.-) Illustr. nach Orig.-Zeichnungen von G. Sundblad. (VII, 418 S.) 1880; 11. Aufl. 8. (VII, 435 S.) Leipzig 883, Matthes. geb. mit Goldschn.

— Pantheon deutscher Dichter. 12. Aufl. 8. (VII, 435 S. mit chromolithogr. Titelbild von E. Härtel und 6 Illustr. nach Orig.-Zeichnungen von G. Sundblad.) Ebendas. 885. geb. mit Goldschn.

Lohmann, Pet., Pantheon deutscher Dichter. 13., verm. Aufl. Mit e. Titelbilde in Heliogr., sowie 8 farb. Vollbildern. 12. (435 S.) Leipzig 892. F. Cavael. Geb. in Leinw. m. Goldschn. 5. —

— dasselbe. 14., verm. Aufl. Mit e. Titelbilde in Heliograv., sowie 8 farb. Vollbildern 12. (314 S.) Leipzig 894. G. Fock. Geb. in Leinw. m. Goldschn. 4. —

— der Schmied zu Ruhla. Schauspiel in 4 Aufzügen. Ebend. 858. gr. 8. (87 S.) n. 20 ngr.

— der Schmied in Ruhla. Schauspiel in 4 Aufzügen. 2. umgearb. Aufl. 861. (70 S.) n. 5 ngr. — 3. Aufl. Leipzig 861. Luppe. 16. (110 S.) n. 10 ngr.

Lohmann, P., dramatische Schriften. 1. und 2. Thl. gr. 8. Hannover 855(56,) Helwingsche Hofbuchh. à Thl. * 20 Ngr. *

Inhalt:
Thl. 1. Offa, König der Angelsachsen. Trauerspiel in 5 Acten. (90 S.)
" 2. Tommaso Aniello. Historisches Trauerspiel in 5 Acten. (117 S.)

— dass. — 3. und 4. Thl. gr. 8. Leipzig 856, (Wagner.) *

Inhalt:
Thl. 3. Essex. Trauerspiel in 5 Acten. (V und 98 S.) * 1 Thlr.
" 4. Atalanta Baglioni. Trauerspiel in 5 Acten. (74 S.) * 20 Ngr.

— dass. — 5. und 6. Thl. gr. 8. Ebds. 856. à Thl. * 20 Ngr. *

Inhalt:
Thl. 5. Girolamo Savonarola. Historisches Trauerspiel in 3 Acten. (84 S.)
" 6. Karl Stuart der Erste. Historisches Trauerspiel in 5 Acten. (77 S.)

— dramatische Schriften. 1. und 2. Thl. 8. (XII und 727 S.) Leipzig 862, Matthes. *

— dass. — 3. Thl. A. u. d. T.: Musikdramen. 8. (XIII und 344 S.) Ebendas. 866.

— ein Sieg der Liebe. Trauerspiel in 5 Aufzügen. Lex.-8. (63 S.) Leipzig 859, Luppe. *

— Wider den Stachel. Dramatische Dichtung in einem Aufzuge. 1. Aufl. 1870, und 2. Aufl. 16. (48 S.) Leipzig 872, Weber. *

— Gegen den Strom. Dramatische Dichtung in einem Aufzuge. 16. (63 S.) Leipzig 872, Matthes. *

— an dramatische Tonsetzer. 8. (18 S.) Ebend 876. — 30

— Valmoda. Eine dramat. Dichtung. 16. (100 S.) Leipzig 862, Matthes. *

— deutsche Vorbühne zu Leipzig. Ein Vorschlag. gr. 8. (16 S.) Leipzig 877. Weber. n. — 50

Lohmann, Pet., dramatische Werke. 2. verm. Aufl. 1–4. Bd. 8. (322, 336, 348 u. 299 S.) Leipzig 875. Weber. à n. 3. —

1. Masaniello, Trauerspiel in fünf Aufzügen. — Essex, Trauerspiel in fünf Aufzügen. — Savonarola, Trauerspiel in drei Aufzügen.
2. Der Schmied in Ruhla, Schauspiel in vier Aufzügen. — Die letzten Mauren, Trauerspiel in einem Vorspiel u. vier Aufzügen. — Appius Claudius, Trauerspiel in fünf Aufzügen.
3. Karl Stuart der Erste, zwei Theile. Erster Theil: Strafford, Trauerspiel in fünf Aufzügen. Zweiter Theil: Karl Stuarts Ende, Trauerspiel in fünf Aufzügen. — Wider den Stachel, Drama in einem Aufzug. — Gegen den Strom, Drama in einem Aufzug.
4. Gesangsdramen. Durch Dunkel zum Licht, in drei Aufzügen. — Die Brüder, in drei Aufzügen. — Die Rose vom Libanon, in drei Aufzügen. — Frithjof, in drei Aufzügen. — Valmoda, in drei Aufzügen. — Irene, in einem Aufzug.

Lohmann, Pet., dramatische Werke. 4. Bd.: Gesangsdramen u. Aufsätze zum Gesangsdrama. 3. Aufl. 8. (XIV, 345 S.) Leipzig 886. Weber. n. 4. —

Lohmann, Pet. Dav., s. Raths- u. Bürgerschlüsse, Hamburgische.

Lohmann, R., Athanasius, der Vater der Rechtgläubigkeit. Ein Lebensbild aus der alten Kirche zu Lehre u. Frommen dieser letzten betrübten Zeit. 2. Aufl. Mit Holzschn. von A. Gaber. Neu-Ruppin 860. (Berlin, W. Schultze.) 13. (36 S.) n. 2½ ngr.

— Kurfürstin Elisabeth die Bekennerin und ihre beiden Söhne, oder wie die Reformation in der Mark Brandenburg zur Geltung gekommen ist — eine Geschichte aus unserm lieben Königshause. 8. (27 S.) Neu-Ruppin 860. Berlin, W. Schultze. * *

Aus: Traugott's Kalender, besonders abgedruckt.

Lohmann, R., lutherische u. unierte Kirche. Ein Wort der Warnung an die Glieder unserer luther. Landeskirche, die ihr Beruf in das Gebiet der preuß. Union führt. Berlin 867. (W. Schultze.) gr. 8. (24 S.) n. 2½ ngr.

Lohmann, R., die kirchliche Krisis unserer Tage. Vortrag auf der luther. Pastoral-Conferenz zu Hannover am 26. Mai 1875 geh. [Aus: „Hannov. Pastoral-Correspondenz."] gr. 8. (19 S.) Hannover 875. Feesche. n. — 50

— das neue Schulaufsichtsgesetz. Vortrag auf der luther. Pastoral-Conferenz zu Hannover am 30. Mai 1872 geh. 8. (38 S.) Hannover 872. Wolff. n. — 50

Lohmann, R., die lutherische Separation in Deutschland. Conferenzvortrag in Hildesheim am 12. Septbr. 1878 geh. 8. (47 S.) Hannover 878. Feesche. n. — 60

— von Luthers Tode bis zur Concordienformel, s. Vorträge, kirchengeschichtliche.

— Was soll unter den dermaligen Umständen vom Seelsorger geschehen, um seine Pfarrkinder in der Treue gegen unsere lutherische Kirche zu befestigen? Conferenz-Vortrag gehalten auf der Prediger-Conferenz zu Hannover am 19. Juni 1867. Hannover 867. Schmorl & v. Seefeld. gr. 8. (25 S.) 2½ ngr.

Lohmann, Richard

Lohmann, Rich., **Nova studia Euripidea**, s.a. **Dissertationes philologicae Halenses. XV, 4.**

Lohmann, Richardus, Magdeburgiensis: Nova studia Euripidea. 1. Halis Sax. 1904: E. Karras. (32 S.) 8° ¶(Ersch. vollst. in: Dissertationes Philol. Halenses, Vol. 15.)
Halle, Phil. Fak., Ref. Blaß, Diss. v. 17. Dez. 1904
[Geb. 9. Okt. 81 Magdeburg; Wohnort: Magdeburg; Staatsangeh.: Preußen; Vorbildung: Gymn. Magdeburg Reife O. 00; Studium: Göttingen 4, Halle 3 S.; Rig. 5. Aug. 04.]

Lohmann, Rud., stenographisches Lese- u. Uebungsbuch z. Einübg. d. Neu-Arends'schen Stenographie. gr. 8. (16 S.) Leipzig 896. (J. H. Robolsky.) n. — 60

Lohmann, Th., die Fabrik-Gesetzgebungen der Staaten des europäischen Kontinents. Lex.-8. (VIII, 171 S.) Berlin 878. Kortkampf. n. 4. —

Lohmann, Th. Kirchengesetze der evangelisch-lutherischen Kirche d. vormaligen Königr. Hannover nebst den zu deren Ausführung erlassenen Verordngn., Bekanntmachgn. u. Ausschreiben. 1. Thl. gr. 8. (VIII, 276 S.) Hannover 871. Meyer. n. 2. 50

Lohmann, Th., Kirchengesetze der evangelisch-lutherischen Kirche der Prov. Hannover, nebst den zu deren Ausführg. erlassenen Verordngn., Bekanntmachgn. u. Ausschreiben. 2. Bd. 1865 bis 1886, bearb. u. hrsg. v. Gerh. Uhlhorn u. Heinr. Frz. Chalybaeus. gr. 8. XII, 868 S.) Hannover 886. Meyer. n. 6. — (1. u. 2.: n 8. 50)

Lohmann, W.

— — Magdeburg. Addreßbuch, s. Addreßbuch.

Lohmann, W., topogr. Beschreibung v. Goslar, herausgeg. v. Mund. 4 Hefte. 8. Goslar, Lohmann. 800.

— topogr. Beschreibung von Hannover. 8. Hannover. (Lohmann in Goslar) 810.

— — kurze Geschichte, Topograph. und statist. Beschreibung von Magdeburg ꝛc. 8. Magdeburg, v. Schütz. 817.

Lohmann, W., Geschichtsabriß und topograph. Gemälde von Hannover —
Auch unter dem Titel:
Histor. statist. Beschreibung der Residenz Hannover. 8. Hannover, Helwing. 818.

Lohmann, W., die Gründung v. Heilstätten f. unbemittelte Lungenkranke. Im Auftrage der Aerztekammer der Prov. Hannover besprochen. gr. 8. (15 S.) Hannover 890. Schmorl & v. Seefeld Nachf. n. — 50

Lohmann, W., s.: **Kalender f. Mineralwasser-Fabrikanten.**

— die Kunst zu reisen, ein Noth- und Hülfsbüchlein f. Reisende. 8. Goslar, Lohmann. 810.

Touristenkarte von der 'Harburger Schweiz' ⟨Haake, Emme, Rosengarten⟩. Gez. von W. **Lohmann**. *Harburg a. d. E.: G. Elkan [1901].* (1 Kartenbl. 52 × 43 cm.) [F.] [01. 7400 7

Lohmann, W.: Touristenkarte von der Harburger Schweiz ⟨Haake, Emme, Rosengarten⟩, gezeichnet von –. [Maßst. 1:25,000.] (3. Aufl.) Harburg: G. Elkan [1904]. (1 Kartenbl. 47x38 cm mit Legende.) 8° [kol.]

— — Unterhaltungsblatt, allgemeines, über interess. Gegenstände aus dem Gebiete der Kunst, der Wissenschaft u. des öffentl. Lebens. 1818. Oct. — Dec. 1819. Jan. — März. 4. Magdeburg, (v. Schütz.)

— u. L. **Gottscho, Verzeichnis eingetragener Wortzeichen der Mineralwasser- u. verwandter Branchen,** m. Erläutergn. u. dem Gesetze zum Schutze d. Warenbezeichngn. hrsg. (103 S.) 8. Lübeck (907). Ch. Coleman. Durchsch. 5. —

Lohmann, W.: Physikalische Wandkarte vom Hamburgischen Gebiet nebst Umgebung in d. Ausdehnung von Oldesloe bis Lüneburg, von Lauenburg bis Stade. Gez. von –. Massst. 1: 50 000. Mit 1 Nebenkarte. Hamburg: O. Meissner [1901]; Lith. J. Köhler. (4 Kartenbl. 72x61, 76x61, 76x98, 72x98 cm.) gr. 2° [kol.]

Lohmann, W(alter): Das Arbeitslohn-Gesetz. Mit besonderer Berücksichtigung der Lehren von Ricardo, Marx und H. George. *Göttingen 1897: E. A. Huth.* (52 S.) 8° ¶(Erschien vollständig 1897 bei Vandenhoeck & Ruprecht in Göttingen.) [F.]
Heidelberg, Phil. Diss. v. [17. Nov.] 1897

Lohmann, W., das Arbeitslohn-Gesetz. M. bes. Berücksicht. der Lehren v. Ricardo, Marx u. H. George. gr. 8. (94 S.) Göttingen 897. Vandenhoeck & Ruprecht. n. 1. 80

Lohmann, *Wilhelm* Analyse des Lukrezischen Gedichtes De rerum natura und Darlegung seines philosophischen Gehalts. Teil I. 4 (36 S.). **Progr.** G. *Helmstedt* 1889 (654).

Lohmann, Wilh. [app. Arzt aus Bergdorf '(Sch.-Lippe)']: **Casuistischer Beitrag zu den Abscessen und den Phlegmonen des perivesikalen Bindegewebes ... München, Druck v. Knorr & Hirth,** 1896; 16 S. 8.
München, Med. Fak., Inaug.-Diss. v. 1896

Lohmann, Wilhelm, a. Hannover: Beiträge zur Kenntnis des Zeeman-Phaenomens. Halle a. S. 1907: C. A. Kaemmerer & Co. (74 S., 3 Taf.) 8°
Halle, Phil. Fak., Ref. Dorn, Diss. v. 9. März 1907
[Geb. 26. März 84 Hannover; Wohnort: Halle a. S.; Staatsangeh.: Preußen; Vorbildung: Realgymn. Hildesheim Reife O. 02; Studium: München 3, Göttingen 1, Halle 5 S.; Rig. 18. Dez. 06.]

Lohmann, *Wilhelm* [Apotheker u. Nahrungsmittel-Chemiker aus Berlin]: Ueber den Einfluss des intensiven Lichtes auf die Zelltheilung bei Saccharomyces cerevisiae und anderen Hefen ... Rostock, Univ.-Buchdr. v. Adler's Erben, 1896; 72 S. 8.
Rostock, Phil. Fak., Inaug.-Diss. v. [30. Juli] 1896

Lohmann, Wilhelm., z. Frage d. Alkoholverbotsgesetzgebung. (Vortrag, geh. auf dem VI. deutschen Abstinententag in Frankfurt a. M. 1908.) (15 S.) gr. 8. Hamburg (909). Deutschlands Grossloge II. — 20

Lohmann, Guil.: Quaestionum Lucretianarum capita duo.
Brunsvigae 1882 (60 S.).

[**Lohmann,** Wilh.,] Vaterländische Reisen. Th. 1. 2. A. n. d. T.: Reisen durch Sachsen, Westphalen. Th. 1. 2. Goslar 1808—11. 8.

Lohmann, Wilhelm: Die Reservefonds der Aktiengesellschaften, insbesondere ihre bilanzrechtliche Behandlung. Borna-Leipzig 1910: Noske. VIII, 77 S. 8°
Heidelberg, Jur. Diss. v. 30. Mai 1910, Ref. Heinsheimer
[Geb. 8. April 84 Hamm i. W.; Wohnort: Hamm; Staatsangeh.: Preußen; Vorbildung: Gymn. Essen Reife O. 04; Studium: Münster 2, Berlin 2, Heidelberg 2 S.; Rig. 17. Dez. 09.] [U 10. 1930

Lohmann, Wilhelm, Oberlehrer an d. Realsch. zu Gardelegen: Untersuchungen über Jean Louvets 12 Mysterien zu Ehren von Notre Dame de Liesse. *Greifswald 1900: F. W. Kunike.* (99 S.) 8°
Greifswald, Phil. Diss. v. 14. Mai 1900

Lohmann, Wilhelm: Die geologischen Verhältnisse des Wiehengebirges zwischen Barkhausen a. d. Hunte und Engter. Hannover 1908: Riemschneider. 39 S. 8°
Göttingen, Phil. Diss. v. 2. Jan. 1909, Ref. v. Koenen
[Geb. 21. Mai 85 Brinkum; Wohnort: Brinkum; Staatsangeh.: Preußen; Vorbildung: Oberrealsch. Bremen Reife O. 04; Studium: Heidelberg 2, München 1, Göttingen 5 S.; Rig. 5. Aug. 08.] [U 09. 1377

Lohmann, Willy, approb. Arzt aus Hagen i. W.: Die Ophthalmologie des Johann Adam Schmidt ⟨1759—1809⟩. *München 1903: C. Wolf & Sohn.* (60 S.) 8°
München, Med. Diss. v. 1903

Lohmann, W[illy], Dr., I. Assistenzarzt an der Kgl. Universitäts-Augenklinik München: Aus der Kgl. Universitäts-Augenklinik zu München. ⟨Vorstand: Prof. Eversbusch.⟩ Untersuchungen über Adaptation und ihre Bedeutung für Erkrankungen des Augenhintergrundes. Mit 34 Figuren im Text. Leipzig: W. Engelmann 1907. (52 S.) 8° ¶(Aus: Archiv f. Ophthalmologie Bd 65 H. 3.)
München, Med. Fak., Hab.-Schr. v. 1907

Lohmann & Stolterfoht: Katalog über Transmissionen und Kuppelungen zu den verschiedensten Zwecken. Berlin (1885)

Löhmann, Erich: Studien über den Verlauf der Sandmeyerschen Reaktion bei Bromamidochinolinen. Freiburg i. B.: Speyer & Kaerner 1908. 40 S. 8°
Freiburg i. B., Phil. Diss. v. 1908, Ref. Gattermann
[Geb. 25. Juni 83 Altona; Wohnort: Altona; Staatsangeh.: Preußen; Vorbildung: Realgymn. Altona Reife O. 04; Studium: Genf 2, Freiburg i. B. 3, Berlin 1, Freiburg i. B. 3 S; Rig. 25. Juli 08.] [U 09. 1030

Löhmann, Fr.

Löhmann, F. E: Anderweiter Beitrag zur Lösung der Dresdner Wasserversorgungsfrage. Dresden 1869

— die Fahrstraße unter dem Wasser, oder Beschreibung der großen Unternehmung des von M. J. Brunnel so eben auszuführenden Baues eines doppelten Fahrweges unter dem Bette der Themse zu London. Mit 5 Steintaf. kl. qu. Fol. Wien 825. Sollinger. (a. Barth in Leipz.) 12 *gr*

Löhmann, Friedr., geometr. Formel-Tafeln, theils z. tägl. prakt. Gebr., theils z. Benutzung beim mathemat. Unterr. 1. Abthl. Berechnungen üb. d. Figuren d. ebenen Geometrie, in rein algebraischen Ausdrücken u. combinator. geordnet, m. 1 geometr. Figtaf. (Deutsch u. Franz.) 8. (10 B.) Dresden 831, Arnold. Thlr.

Löhmann, Friedr., die ersten Gründe d. Zahlenrechnung, in Fragen u. Antworten, z. Unterr. in Schulen u. z. Gedächtnißhülfe im Geschäftsleben. gr. 8. (9 B.) Dresden 829, Arnold.

—— Handbuch f. jurid. u. staatswirthschaftl. Rechnungen, z. Gebr. f. alle Classen v. Staats-Beamten, Juristen, Cameralisten, Theilnehmer an Assecuranz- u. Bankgeschäften, so wie f. jeden Liebhaber d. Rechenkunst. Nebst 13 Bog. Tab. üb. d. höh. Interessen-Berechn., so wie d. wahren Betrag d. Zinsen im Laufe d. Jahres, od. zwischen zwei festgesetzten Zins-Zahlungs-Terminen. gr. 8. (41 B. u. 4 Tab. Fol.) Leipzig 829, Barth.
4 Thlr. 12 Gr., Post-Vlnp. 5 Thlr., Schwzrvlnp.

— Tafeln z. Verwandlung des Längen- u. Hohlmaaßes, so wie des Gewichts u. der Rechnungs-Münzen aller Hauptländer Europens u. dessen vorzüglichste Handelsplätze rc. 1e Abthlg. U. u. d. T.: Tafeln d. Fuß-Maaße 821. 1 Rthl. 2e Abthlg. A. u. d. T.: Tafeln der Ellen-Maaße u. s. w. Mit deutschem u. französ. Text. 3 Rthl. gr. 4. Leipz. 822, Barth.

— dess. 3e Abthlg. U. u. d. T.: Tafeln des Handels u. Artillerie Gewichte. Mit deutschen u. französ. Texte. gr. 4. Leipz. 823, Barth.

— dess. 4e Abthlg. U. u. d. T.: Tafeln d. Rechnungsmünzen, od. Verwandl., Eintheil., Gewicht u. wahrer Werth derjenigen Münzen, nach welchen sowohl bei öffentlichen Kassen, als im Handel gerechnet wird; mit 46,656 Resultaten, von Einem bis mit einer Million Stück, gr. 4. Leipzig 826, Barth.

—— Tafeln zur Verwandlung d. Längen- u. Hohlmaasses, so wie d. Gewichts u. d. Rechnungs-Münzen aller Hauptländer Europa's u. dessen vorzügl. Handelsplätze, mit Rücksicht auf d. für d. europ. Handel wicht. Orte d. übrigen Welttheile; neu berechnet. 5. Bd. 1. Abthl. (5. Abthl. 1. Bd.) — A. u. d. T.: Tafeln d. Medicinal- u. Apothekergewichte aller Länder u. freien Städte in Europa. In XXVIII Abthln. Nach d. v. Hohen Landes- u. Obermedicinalbehörden erhalt. authent. Angaben entworfen u. z. Erstenmale auf d. Genaueste berechnet. (Deutsch u. Franz.) gr. 4. (35 B.) Leipzig 832, Barth.
1—4. Abthl. Ebendas. 1821—26. 13 Thlr. 6 Gr.

—— neue arithmet. Uebungsbeispiele f. Deutschlands Gymnasien u. Bürgerschulen, so wie f. Berg-, Forst-, Militär- u. and. Institute bearb. 1. Bd. 1. u. 2. Hft. (mit Auflös. z. 1. Hft.) 8. Dresden 833, Walther.
Hft. 1. Die 4 Rechnungsarten mit ganzen gleich- u. ungleichbenannten Zahlen. (7½ B.) 12 Gr.
Auflösungen hierzu. Für Lehrer u. selbstständ. Personen bearb. 1. Bd. 1. Hft. (7 B.) 12 Gr.
" 2. Die 4 Rechnungsarten gleich- u. ungleichbenannter Zahlen mit gemeinen Brüchen. (6 B.) 9 Gr.

Löhmann, Friedr. (I.), neue arithmet. Uebungsbeispiele, f. Deutschlands Gymnasien u. Bürgerschulen, so wie f. Berg-, Forst-, Militär- u. a. Institute bearb. 1. Bd. 1—4. Hft. (Nebst Auflösungen.) 8. Leipzig, Barth.

Bd. 1. Hft. 1. Die vier Rechnungsarten m. ganzen gleich- u. ungleichbenannten Zahlen. (7½ B.) 833. 12 Gr.
Auflösungen hierzu. Für Lehrer u. andere selbstständige Personen bearb. (7 B.) 833. 12 Gr.
- 2. Die vier Rechnungsarten gleich- u. ungleichbenannter Zahlen m. gemeinen Brüchen. (6 B.) 833. 9 Gr.
Auflösungen hierzu. (6½ B.) 834. 12 Gr.
- 3. Die vier Rechnungsarten gleich- u. ungleichbenannter Zahlen m. Decimal-Brüchen. (6 B.) 834. 9 Gr.
Auflösungen hierzu. (6¼ B.) 837. 9 Gr.
- 4. Die Verhältniß- u. Proportional-Rechnungen. Fortges. v. Carl Otto Frenzius. (14 B.) 840. 21 Gr.
Auflösungen hierzu. (16 B.) 840. 1 Thlr.
Im 8. Bde. ist dieser Artikel zu streichen.

Löhmann, Friedr., neue arithmet. Uebungsbeispiele. 1. Hft. Die 4 Rechnungsarten m. ganzen gleich- u. ungleichbenannten Zahlen. (Mit Resultaten.) 2., verm. Aufl. gr. 12. (5 B.) Leipzig 843, Barth.

—— dass. 2. Hft. Die 4 Rechnungsarten gleich- u. ungleichbenannter Zahlen mit gemeinen Brüchen. (Mit Resultaten.) 2., verm. Aufl. gr. 12. (3⅜ B.) Ebds. 843.

Loehmann, Georg Heinr. (Halle), Diss. jur. de eo quod justum est circa luctum publicum. Präs. Just. Henning Böhmer. Halle (Joh. Gruner) 20. VI. 1705 (1723). 45 S. (3.—) 21496

Löhmann, Heinr., Beiträge zur Kenntniss der chronischen Hirnabscesse. Inaugural-Dissertation. gr. 8. (29 S. mit 1 Taf.) Kiel 886, (Lipsius und Tischer.) *

Löhmann, Johann Heinrich

Löhmann, J. H., Antworten u. Andeutungen zur Algebra. 8. (88 S.) Flensburg 884. Westphalen. n. 1. 40

— kleine Ausg. A d. 4. Rechenhefts, m. Berücksicht. der Bedürfnisse f. Mädchen, nebst 2. Kurs. der Raumrechng. 4. Aufl. 8. (IV, 120 S. m. eingedr. Holzschn.) Ebend. 886. n. — 80

Löhmann, J. H., Aufgaben üb. Kranken-, Unfall-, Invaliditäts- u. Altersversicherung. [Aus: „Rechenheft. IV".] 8. (S. 123—134.) Flensburg 892. A. Westphalen. n. — 20

—— das neue Choralbuch von den Organisten Fromm und Stange und unsere Gemeinden. Vortrag, in der musikalischen Sektion der 18. allgemeinen schleswig-holstein. Lehrerversammlung zu Heide gehalten. gr. 8. (13 S.) Ebendas. 884. *

Löhmann, J. H., Choräle für 4 Männerstimmen (nach Apel). Zum Gebrauch für Gymnasien, Seminarien, Lehrer- u. Männergesangvereine. Kiel 868. Homann. qu. 4. (VI, 66 S.) n. 8 ngr.

Löhmann, J. H., mehrstimmige Choräle [50 zwei-, 35 drei- u. 1 vierstimmiger] nach Apel für die Schule. 2. verm. Aufl. Kiel 861. Homann. 8. (VI, 42 S.) n. 3 ngr.

Löhmann, J. H., mehrstimmige Choräle (50 zwei-, 35 drei- und 1 vierstimmiger) nach Apel für die Schule. 3., verm. Aufl. 8. (VI und 42 S.) Kiel 867, Homann. *

—— mehrstimmige Choräle [50 zwei-, 35 drei- und 1 vierstimmiger] nach Apel für die Schule. 4.—8. Aufl. 8. (VI, 42 S.) Ebendas. 868—75. *

Löhmann, J. H., mehrstimmige Choräle [50 2-, 35 3- u. 1 4stimmiger] nach Apel für die Schule. 9. Aufl. 8. (VI, 42 S.) Kiel 877. Homann. n. — 30

—— zweiundsiebenzig ein-, zwei- und dreistimmige Choräle nach Apel für die Schule. 12. (40 S.) Kiel 860. [Homann.] *

— zweiundsiebenzig ein-, zwei- u. dreistimmige Choräle nach Apel für die Schule. Kiel 860. Schwers. 12. (40 S.) n. 3 ngr.

— Einführung in die neuen Hamburger Geld-, Wechsel- u. Course v. Staatspapieren u. Actien nebst Resultaten. Als Anh. zu der 2. Abthl. d. 4. Rechenhefts u. zu B. der kleinen Ausg. d. 4 Rechenhefts v. demselben. 8. (30 S.) Flensburg 873. Westphalen. n. — 30

— Figuren zur Raumlehre. 4. (18 Steintaf.) Flensburg 879. Westphalen. n. — 40

Löhmann, J. H., Führer im Rechenunterricht. Mit besond. Rücksicht auf die Rechenhefte desselben. 1. Thl.: Ueber Ziele und Stufen des Rechenunterrichts. br. 8. (60 S.) Flensburg 871, Westphalen. *

—— Führer im Rechenunterricht. Mit Berücksicht. der Rechenhefte desselben. 2. Thl.: Einfluß der Einführung decimaler Währungszahlen auf den Rechenunterricht; Anleitung zur Behandlung des Zahlensystems, der Dekad. und der Decimalstellen. 8. (IV, 135 S.) Ebendas. 878. *
1. Thl. Ebendas. 1871. * 40 Pf.

Löhmann, J. H., Gebiet der Einer. Begleitschrift: „Eine Revision des ersten Rechenunterrichts". Neue Folge. 8. (39 S.) Flensburg 900. A. Westphalen. n. — 30

— Gebiet der Hunderte. Begleitschrift: „Eine Revision des ersten Rechenunterrichts". Neue Folge. 8. (62 S.) Ebd. 902. n. — 40

— Gebiet der Zehner. Begleitschrift: „Eine Revision des ersten Rechenunterrichts". Neue Folge. 8. (II, 96 S.) Ebd. 902. Kart. n. — 60

— Kranken-, Unfall-, Invaliden- u. Altersversicherungsrechnung. 8. (16 S.) Ebd. 902. n.n. — 15

—— Raumlehre für die Volksschule in 3 Cursen. 1. und 2. Cursus. 8. (Mit eingedr. Holzschn.) Flensburg 877, Westphalen. [1. Cursus. (30 S.) * 30 Pf.; 2. Cursus. (54 S.) * 50 Pf.]
—— dass. — für Volks- und Mittelschulen in 3 Cursen. 3. Cursus. [Auch für Fortbildungsschulen.] 8. (VIII, 96 S. mit eingedr. Holzschn.) Ebendas. 879. *
—— dass. — Auflösungen zu den Constructionsaufgaben. 8. (II, 46 S.) Ebendas. 879. *

—— Raumlehre für Volks- und Mittelschulen in 3 Kursen. 1. und 2. Kursus. 2. Aufl. 8. Ebendas. [1. Kursus. (31 S. mit eingedr. Holzschn.) 882. * 30 Pf.; 2. Kursus. (56 S. mit eingedr. Holzschn.) 884. * 50 Pf. *

— Raumrechnung, ein Auszug aus der Raumlehre. 3 Curse. 8. Ebend. 880. n. — 70; Antworten dazu (24 S.) n. — 50
1. 2. (40 S.) n. — 35. — 3. (32 S.) n. — 35

— Rechenbuch für die Mittelstufe. In Uebereinstimmung mit dem Erlaß des königl. Unterrichtsministeriums vom 19. Jan. 1878. 8. (VI, 88 S.) Flensburg 878. Westphalen. geb. n.n. — 95

—— dass. — für die Mittelstufe. 9. Aufl. 8. (VI, 88 S.) Ebendas. 878. geb. **
Antworten **

—— dass. — für die Oberstufe. 2. Aufl. 8. (II, 140 S.) Ebendas. 878. geb. *
Antworten *

—— dass. — Kleine Ausg. Mit besond. Berücksicht. der Bedürfnisse für Mädchen. 2. Aufl. 8. (II, 140 S.) Ebendas. 878. *
Antworten *

—— dass. — [Große Ausg.] 3. und 4. Aufl. 8. (II, 184 S.) Ebendas. 879,80. geb. *

—— Rechenbuch für die Oberstufe [kleine Ausg.] mit besond. Berücksicht. der Bedürfnisse für Mädchen. 3. Aufl. 8. (II, 140 S.) Ebendas. 880. geb. *
Antworten dazu (29 S.) *

— Rechenbuch für die Unterstufe. In Uebereinstimmung mit dem Erlaß des königl. Unterrichtsministeriums vom 19. Jan. 1878. 10. Aufl. 8. (56 S.) Ebend. 879. geb. n. — 60

—— 1.—3. Rechenheft [nach dem neuen Maß- und Gewichtssystem]. 1.—4. Aufl. br. 8. Ebendas. 871—73. [1. Heft. (48 S.) (* 20 Pf.) * 30 Pf.; 2. Heft. (40 S.) * 30 Pf.; 3. Heft. (60 S.) * 40 Pf.] *

—— dass. — 4. Rechenheft. 1. und 2. Abthl. 8. Ebendas. 871,72. [1. Abthl. (71 S.) * 50 Pf.; 2. Abthl. (80 S.) * 60 Pf.] *

—— dass. — 1.—3. Rechenheft [nach dem neuen Münzsystem]. 5. Aufl. 8. Ebendas. 874. [1. Heft. (47 S.) * 30 Pf.; 2. Heft. (40 S.) * 30 Pf.; 3. Heft. (55 S.) * 40 Pf.] *

—— dass. — 4. Rechenheft [nach dem neuen Münzsystem]. 1.—3. Abthl. 8. Ebendas. 874. [1. Abthl. 2. Aufl. (56 S.) * 50 Pf.; 2. Abthl. 2. Aufl. (87 S.) * 70 Pf.; 3. Abthl. (102 S.) * 90 Pf.] *

—— Resultate zum 2. und 3. Rechenhefte. br. 8. 1. Aufl. 1870. à Heft ** 25 Pf.; 5. Aufl. [Ausg. in Reichsmark.] (25; 31 S.) Ebendas. 875. à Heft * 30 Pf. *

—— dass. — zur 1.—3. Abthl. des 4. Rechenhefts. br. 8. 1. Aufl. 1872. ** 25 Pf. (27; 21; 21 S.) Ebendas. 874. à Abthl. * 30 Pf. *

—— dass. — Kleine Ausg. A. mit Berücksicht. der Bedürfnisse für Mädchen. br. 8. 1. Aufl. (96 S.) 872. * 70 Pf., und 2. Aufl. (II, 97 S.) Ebendas. 875. *

—— kleine Ausgabe des 4. Rechenheftes. B. br. 8. 1. Aufl. 1872. (69 S.) * 60 Pf., und 2. Aufl. (72 S. mit eingedr. Holzschn.) Ebendas. 875. *

—— Resultate zu A. und B. der kleinen Ausg. des 4. Rechenheftes. 8. (28; 12 S.) Ebendas. 878. à * 30 Pf. *

—— 1.—4. Rechenheft [nach dem neuen Münzsystem]. 8. Ebendas. [1. Heft. 7. und 8. Aufl. (48 S.) 876,77. * 30 Pf., 9. Aufl. (48 S.) 878. * 40 Pf., 10. Aufl. (56 S.) 879. * 40 Pf.; 2. Heft. 6. und 7. Aufl. (S. 1—40.) 875,77. * 30 Pf., 8. Aufl. (40 S.) 878. * 40 Pf., 9. Aufl. (IV, 56 S.) 879. * 40 Pf.; 3. Heft. 6. Aufl. (55 S.) 876. * 40 Pf., 7. Aufl. (55 S.) 878. * 45 Pf., 8. Aufl. (IV, S. 41—88.) 878. * 45 Pf.; 4. Heft. 1. Abthl. 3. und 4. Aufl. (VIII, S. 1—48.) 875,79.; 2. Abthl. 2. Aufl. (S. 48—128.) 879. * 60 Pf.; 3. Abthl. (S. 129—184.) 879. * 50 Pf.] *

—— dass. — 4. Heft. Kleine Ausg., mit Berücksicht. der Bedürfnisse für Mädchen. 2 Hefte. 2. und 3. Aufl. 8. Ebendas. 879,80. [1. Abthl. (S. 1—88.) * 65 Pf.; 2. Abthl. (II, S. 89—140.) * 55 Pf.] *

— 1—3. Rechenheft. 8. Ebend. 882. cart. n.n. 1. 30
1. 13. Aufl. (48 S.) n. — 40. — 2. 11. Aufl. (56 S.) n. — 45. — 3. 10. Aufl. (55 S.) n.n. — 45

— dasselbe. 4. Rechenheft [große Ausg.]. 1—3. Abth. 8. Ebend. 878—80. n. 1. 50
1. In Uebereinstimmung mit dem Erlaß des kgl. Unterrichtsministeriums vom 19. Jan. 4. Aufl. (48 S.) n. — 40
2. 2. Aufl. (80 S.) n. — 60
3. 2. Aufl. (II. u. S. 129—184.) n. — 50

— dasselbe. 4. Rechenheft [kleine Ausg.], mit Berücksichtigung der Bedürfnisse f. Mädchen. A. u. B. 3. Aufl. 8. (II, 140 S.) Ebend. 880. n.n. 1. 20

— dasselbe. Antworten zum 2. Hft. für die Mittelstufe. 8. (50 S.) Ebend. 880. n. — 50

— dasselbe. Antworten zum 4. Hft. 1. Abth. [große Ausg.] für die Oberstufe. 8. (39 S.) Ebend. 880. n. — 50

— Rechenheft. 1—3. Hft. u. 4. Hft. 1. Abtlg. u. 5. Hft. 8. Ebend. 883—86. cart. n. 3. 65
1. 17. Aufl. (IV, 48 S.) n. — 40. — 2. 12. Aufl. (IV, 56 S.) n. — 40. — 3. Nebst 1. Kurs. der Raumrechnung. 11. Aufl. (64 S.) n. — 45. — 4. 1. Abtlg. [große Ausg.], nebst 2. Kurs. der Raumrechnung. 5. Aufl. (IV, 80 S.) n. — 60. 5. Algebra. (VII, 199 S.) n. 1. 80

—— kleine Ausg. A. des 4. Rechenhefts, mit Berücksicht. der Bedürfnisse für Mädchen, nebst 2. Kursus der Raumrechnung. 4. Aufl. 8. (IV, 120 S. mit eingedr. Holzschn.) Ebendas. 886. *
Ausg. B. Ebendas. 1880. * 55 Pf.

Löhmann, J. H., Rechenheft I—IV. Parallelausg. 8. Flensburg, Westphalen. cart. in Ledertuch *
Inhalt:
Heft 1. Unterstufe. 16.—18. Aufl. (IV, 48 S.) 885—88; 19. und 20. Aufl. (50 S.) 888. * 40 Pf.
= 2. Untere Mittelstufe. 13.—15. Aufl. (IV, 56 S.) 885—87; 16. Aufl. (42 S.) 888. * 40 Pf.
= 3. Obere Mittelstufe, nebst 1. Kursus der Raumrechnung. 12. Aufl. (64 S.) 887. * 45 Pf.; 13. Aufl. (58 S.) 888. * 50 Pf.
= 4. Oberstufe. 1. Abtl. [große Ausg.], nebst 2. Kursus der Raumrechnung. 5. und 6. Aufl. (IV, S. 1—80.) 885,88. * 60 Pf. 2. Abtl. [große Ausg.]. 4. und 5. Aufl. (II, S. 81—126.) 887; 6. Aufl. (S. 49—126.) 888. * 60 Pf.
3. Abtl. und 5. Heft. Ebendas. * M 2.30.

—— 3. u. 4. Rechenheft. Antworten. 8. (16; 30 S.) Ebd. 889. à Heft * — 50

Löhmann, J. H., Rechenheft I—IV. Parallelausg. 8. Flensburg, Westphalen. In Ledertuch cart. n. 2. 45
I. Unterstufe. 23. Aufl. (48 S.) 890. n. — 40
II. Untere Mittelstufe. 17. Aufl. (56 S.) 889. n. — 40
III. Obere Mittelstufe, nebst 1. Kursus der Raumrechnung. 16. Aufl. (64 S.) 889. n. — 45
IV. Oberstufe. 1. Abtlg. [große Ausg.], nebst 2. Kursus der Raumrechnung. 6. Aufl. (IV, S. 1—80.) 888. n. — 60. — 2. Abtlg. [große Ausg.]. 5. Aufl. (II, S. 81—126.) 887; 6. Aufl. (S. 49—126.) 888. n. — 60.

— 1.—4. Rechenheft. Parallelausg. 8. Ebd. Kart. n. 2. 50
1. Unterstufe. 26. Aufl. (50 S.) 893. n. — 40. — 2. Untere Mittelstufe. 20. Aufl. (42 S.) 893. n. — 40. — 3. Obere Mittelstufe. 16. Aufl. (58 S.) 890. n. — 50. — 4. Oberstufe. 7. Aufl. (126 S.) 892. n. 1. 20.

— 5. Rechenheft Algebra. 2. Aufl. 8. (VII, 199 S.) Ebd. 891. n. 1. 80

— 1.—3. Rechenheft. 8. Ebd. Kart. n. 1. 25
1. 27. Aufl. (IV, 48 S.) 893. n. — 40. — 2. 19. Aufl. (IV, 56 S.) 891. n. — 40. — 3. Nebst 1. Kurs. der Raumrechnung. 17. Aufl. (64 S.) 891. n. — 45.

— 1.—3. Rechenheft großer Ausg. 8. Ebd. 894. à n. — 60
1. Unterstufe. 28. Aufl. (II, 96 S.) — 2. Untere Mittelstufe. 22. Aufl. (IV, 84 S.) — 3. Obere Mittelstufe. 18. Aufl. (II, 90 S.)

Löhmann, J. H., 1.—5. Rechenheft großer Ausg. 8. Flensburg, A. Westphalen. n. 4. 60
1. 1—100. Unterstufe. 32. Aufl. (II, 96 S.) 898. Kart. n. — 60
2. Untere Mittelstufe. 23. Aufl. (IV, 84 S.) 895. n. — 60
3. Das Gebiet der Tausende u. Millionen. Obere Mittelstufe. 21. Aufl. (II, 90 S.) 898. Kart. n. — 60
4. Oberstufe. 8. Aufl. (III, 199 S. m. Fig.) 896. Geb. n. 1. 20
5. Erweiterg. d. 4. Rechenheftes f. d. Oberstufe. 5. Aufl. (IV 234 S.) 899. Geb. n. 1. 60

— dasselbe. 8. Rechenheft. Antworten. 8. (20 S.) Ebd. 896. n.n. — 50

— dasselbe. Rechenheft II—IV. Parallelausg. 8. Ebd. n. 2. 10
II. Untere Mittelstufe. 24. Aufl. (42 S.) 896. n. — 40
III. Obere Mittelstufe. 20. Aufl. (58 S.) 896. n. — 50
IV. Oberstufe. 9. Aufl. (II, 137 S.) 897. Geb. n. 1. 20

— 2. Rechenheft großer Ausg. Das Gebiet der Hunderte. Untere Mittelstufe. 26. Aufl. 8. (IV, 84 S.) Ebd. 899. Kart. n. — 60

— Rechenheft I. Unterstufe. 34. Aufl. Parallelausg. 8. (II, 50 S.) Ebd. 901. n. — 40

— erstes Rechenheft großer Ausg. 1—100. Unterstufe. 36. Aufl. 8. (II, 96 S.) Ebd. 901. Kart. n. — 60

Löhmann, J. H., I.—IV. Rechenheft großer Ausg. 8. Flensburg, A. Westphalen. n. 3. —
I. 1—100. Unterstufe. 37. Aufl. (II, 96 S.) 905. Kart. n. — 60
II. Das Gebiet der Hunderte. Untere Mittelstufe. 29. Aufl. (IV, 84 S.) 906. Kart. n. — 60
III. Das Gebiet der Tausende u. Millionen. Obere Mittelstufe. 24. Aufl. (II, 90 S.) 905. Kart. n. — 60
IV. Oberstufe. 11. Aufl. (19 u. 13 S. m. Fig.) 905. Geb. 1. 20

Löhmann, J. H., I.—III. Rechenheft großer Ausg. 8. Flensburg, A. Westphalen. Kart. 1. 80
I. 1—100. Unterstufe. 39. Aufl. (II, 96 S.) 908. Kart. — 60
II. Das Gebiet der Hunderte. Untere Mittelstufe. 30. Aufl. IV, (84 S.) 908. Kart. — 60
III. Das Gebiet der Tausende u. Millionen. Obere Mittelstufe. 25. Aufl. (II, 90 S.) 908. Kart. — 60

— dasselbe III (obere Mittelstufe). 21. Aufl. Parallelausg. (II, 58 S.) kl. 8. Ebd. 907. — 50

— Rechenhefte (nach dem neuen Maß- u. Gewichtssystem). 1—4. Heft. 1. Abthl. Flensburg 870. Westphalen. 8. n. 12 ngr.
1. (24 S.) n. 2 ngr. — 2. (24 S.) n. 2 ngr. — 3. (40 S.) n. 3 ngr. 4. (62 S.) n. 5 ngr.

— — 1—3. Heft. 2. Aufl. Ebend. 870. br. 8. cart. n. 9¾ ngr.
1. (44 S.) n. 3 ngr. — 2. (36 S.) n. 3 ngr. — 3. (56 S.) n. 3¾ ngr.

—— Rechenhefte. 5 Hefte. 8. Ebendas. 880—84. [1. Heft. 11. Aufl. (44 S.); 12.—15. Aufl. (IV, 48 S.) * 40 Pf. — 2. Heft. 10. Aufl. (IV, 48 S.); 11. und 12. Aufl. (IV, 56 S.) * 40 Pf. — 3. Heft. 9.—11. Aufl. (64 S.) * 45 Pf. — 4. Heft. 1. Abthl. 4. Aufl. (S. 1—80.) * 60 Pf.; 2. Abthl. 3. Aufl. (S. 81—128.) * 60 Pf.; 3. Abthl. 2. Aufl. (II, S. 129—184.) * 50 Pf. — 5. Heft. (VII, 199 S.) * ℳ 1,80.] cart. *

Der Rechenlehrer in der Volksschule ⟨ein Handbuch für Lehrer⟩ nebst Antworten zu der Parallelausgabe der Rechenhefte v. J[ohann] H[einrich] Löhmann. Probe-Heft. Flensburg. 1888. 8°

—— Der Rechenlehrer in der Volksschule [e. Handbuch f. Lehrer]. 1. Tl. Unter- u. Mittelstufe, nebst den Antworten zum 3. Rechenheft der Parallelausgabe. gr. 8. (III, 168; 16 S.) Ebd. 889. 2 50

— Rechenwerk. Neubearb. v. Flensburger Lehrern. I. u. II. Heft. kl. 8. Ebd. Geb. à — 60
I. Zahlenkreis 1—100. 41., der Neubearbeitg. 2. Aufl. (90 S.) 911.
II. Zahlenkreis 1—1000. 31. u. 32., der Neubearbeitg. 1. u. 2. Aufl. (80 S.) 910.

—— Regnehefte [efter det nye Maal- og Vægtsystem]. Oversat af C. F. Matthiesen. 1.—3. 8. Ebendas. 870. [1. (24 S.) * 20 Pf.; 2. (23 S.) * 20 Pf.; 3. (40 S.) * 30 Pf.] *

— eine Revision des ersten Rechenunterrichts. Zugleich e. Begleitwort zu meinen Rechenheften: „Das Gebiet der Einer, der Zehner, der Hunderte, sowie der Tausende u. Millionen". gr. 8. (31 S.) Ebd. 901. n. — 50

Löhmann, J. P. P., das heilige Abendmahl nach seinem Wesen, Segen und würdigen Genuße. In Betrachtungen, Liedern, Gesprächen und Gebeten für evangel. Christen allgemeinfaßlich dargestellt. 2. (Titel-)Aufl. 8. (VIII und 191 S. mit 1 Stahlst.) Nürnberg 853, Lotzbeck. *

Löhmann, J. P. P., Anleitung z. würdigen u. segensvollen Genusse d. heil. Abendmahls f. evangel. Christen aus d. Bürger- u. Bauernstande. 8. (12½ B.) Nürnberg 833, Zeh.

Löhmann, Karl, appr. Arzt a. Harburg ⟨Prov. Hannover⟩: Der Einfluß digitaler Untersuchung inter partum auf die Wochenbettsmorbidität bei strenger Anwendung der Heißwasser-Seife-Alkohol-Händedesinfektion. Marburg 1906: J. Hamel. (43 S.) 8°
Marburg, Med. Fak., Ref. Ahlfeld, Diss. v. 26. Okt. 1906
[Geb. 21. Sept. 78 Harburg; Wohnort: Marburg; Staatsangeh.: Preußen; Vorbildung: Gymn. Clausthal; Studium: Kiel 2, Marburg 4, Berlin 1, Marburg 5 S.; Coll. 27. Sept. 06; Approb. 26. März 06.]

Lohmar, der Schreckensmann, od. Entdeckung des Geheimnisses des Schlosses Tangor. 2 Thle. 8. Wien 804. K. Haas. 18 gr.

Lohmar De Cyclope Euripidis. 13 S.
Trier, Progr. 1848

Lohmar, E., Dampfmaschinen, s.: Hittenkofer, M., Unterrichts-Werke. Nr. 100.

Lohmar, E., die Kolben, Kolbenstangen, Stopfbüchsen, s.: Unterrichtswerke (Methode Hittenkofer). Nr. 92.

— Kreuzköpfe, s.: Unterrichts-Werke (Methode Hittenkofer.) Nr. 96.

— Maschinen-Elemente, s.: Hittenkofer, M., Unterrichtswerke Nr. 84. 94. 95.

— Maschinen-Elemente, s.: Unterrichts-Werke (Methode Hittenkofer) f. Selbstunterricht. Nr. 87, I.

— Mechanik, s. a. Hittenkofer, M., Unterrichts-Werke. 81.

Die Mechanik der festen Körper. ⟨Dynamik u. Gleichgewicht an mechanischen Vorrichtungen.⟩ Von Ing. Dr. E. Lohmar. Mit 132 Abb. 4., durchges. u. verm. Aufl. Strelitz in Meckl.: Hittenkofer (1908). 146 S. 4° (8°)
(Unterrichtswerke f. Selbstunterricht, Schul- u. Bureaugebrauch.) [11. 1910]

— Schiebersteuerungen, s.: Hittenkofer, M., Unterrichtswerke. Nr. 117.

— Seiltrieb, s.: Unterrichts-Werke (Methode Hittenkofer.) Nr. 87. II.

— die Wellen, s.: Unterrichtswerke (Methode Hittenkofer). 91.

— Zapfen u. Achsen, s.: Unterrichts-Werke (Methode Hittenkofer.) Nr. 90.

Lohmar, Emil, Entwerfen u. Berechnen der Steuerungen der Dampfmaschinen, s.: Unterrichtswerke (Methode Hittenkofer).

— Keile u. Keilverbindgn., s.: Unterrichtswerke (Methode Hittenkofer).

— Die Mechanik der festen Körper (Dynamik u. Gleichgewicht an mechanischen Vorrichtungen), s.: Unterrichtswerke (Methode Hittenkofer).

— Seiltrieb, s.: Unterrichtswerke (Methode Hittenkofer).

— Die Wellen, s.: Unterrichtswerke (Methode Hittenkofer).

— Zapfen u. Achsen, s.: Unterrichtswerke (Methode Hittenkofer).

Lohmar, Paul, die deutsche Arbeiterversicherung. Ihre Entstehg. u. bisher. Entwicklg., ihre gegenwärt. Gestaltg. u. ihre künft. Fortbild. (IV, 92 S.) 8. Köln 907. Jungnationalliberaler Reichsverband. — 60

Lohmar, Paul, über Reform u. Vereinheitlichung unserer Arbeiterversicherung. (68 S.) 8. Köln a/Rh. 905. Berufsgenossenschafts-Geschäftsführ. Lohmar. 1. 25

Über Reform und Vereinheitlichung unserer Arbeiterversicherung. Von Paul Lohmar. Köln: Selbstverl. 1905. (68 S.) 8°

Lohmar-Freihold [Pseud.], s.a. Korsinsky, Bernhard

Lohmar-Freihold, Nachtbilder. Historisch-romant. Biographieen berüchtigter Giftmörder. gr. 12. Leipzig u. Stuttgart 833. Scheible's Verlags-Exped.; Literatur-Compt. $1\frac{1}{4}$ ℛ

—— Verbrechen auf Verbrechen, od. Auswürflinge d. Menschheit Gallerie trag. Ereignisse, ausgezeichn. Bösewichter, Tyrannen, Räuber, Mörder, Giftmischer, Brandstifter, Diebe, Betrüger 2c., theils aus d. Leben, theils nach alten Chroniken u. Criminal-Acten bearb. 2 Bde. gr. 12. (27 B.) Ludwigsburg 833, (Baumann.)

Lohmayer, Corbinian, Frater Balduin, s. Sträflinge.

Lohmayer, Corbinian, der Bau-Gefangene. Erzählung aus dem Leben f. die reifere Jugend. Mit 1 Stahlst. 8. (115 S.) Landshut 850, Thomann. 9 ngr

— Blätter für Geist u. Herz aus dem Buche der Moral u. Erheiterung, f. die reifere Jugend. 1. Hft. Felsenfranz. Erzählung aus dem Leben. Mit 1 Stahlst. 12. (VIII u. 232 S.) Neuburg 847, Prechter. ½ ℛ — 2. Hft. Abdul, der Sklave v. Tunis, od. die Trauernde am Gestade. Mit 1 Stahlst. 12. (139 S.) Ebd. 848. 7 ngr

—— der graue Bruder aus der Wildhütte. Erzählung aus dem Leben für die reifere Jugend. 2 Abthlgn. gr. 8. (184 S. und 1 Stahlst.) Landshut 847, Thomann'sche Buchh.

Lohmayer, Corbinian, d. Einsiedler v. Heiligenberg. Erzähl. aus d. Leben f. Jung u. Alt aus d. Bürger- u. Bauernstande. 8. (11¼ B.) Straubing 836, Schorner.

Lohmayer, Corbinian, der Einsiedler von Heiligenberg. Erzählung aus dem Leben für Jung u. Alt aus dem Bürger- u. Bauernstande. Straubing 864. (Mauter.) 16. (195 S. mit 1 Stahlst.) 7½ ngr

– Wallmann's Feierabende. Erzählungen für Leser jeden Standes. 8. Straubing: Schorner 1838.

——, Wallmann's Feierabende. Erzähln. f. Leser jeden Standes. 8. (16⅞ B.) Straubing 840, Schorner.

Lohmayer, Corbinian, Georg der bayer'sche Jäger, oder die Wege der Prüfung. Eine wahre Geschichte für die reifere Jugend. 12. Landshut 844, Thomann. ¼ ℛ

—— Georg der bayersche Jäger, oder die Wege der Prüfung. Eine wahre Geschichte für die reifere Jugend. 2. Aufl. 8. (144 S. und 1 Stahlst.) Landshut 847, Thomann'sche Buchh.

——, Ghuluna, die Slavin d. Waldes, od. Macht u. Segnung d. Christenlehre. Erzähl. aus d. Vorzeit f. d. gebild. Jugend. 8. (7½ B. u. Titbild.) Straubing 836, Schorner.

Lohmayer, Corbinian, Konrad Hellwig, des Bayer'schen Robinsons Abenteuer zu Land und zur See, für die reifere Jugend aller Stände aus dem Gebiete der Wahrheit eingeführt. 2 Bde. Mit 2 Stahlst. Straubing 854. Schorner. 8. (2 Bl., 242 S.; 2 Bl., 228 S.) 20 ngr

——, Johannes, d. graue Bruder v. Clermont. Erzähl. aus d. Leben f. d. Bürger u. Landmann, besond. f. d. erwachs. Jugend. 8. (19¼ B.) Straubing 837, Schorner.

—— die Krämerin von Hagenhill, oder: That und Lohn. Erzählung für die erwachsene Jugend für Geist und Herz gewidmet. 8. (106 S. und 1 Stahlst.) Landshut 850, Thomann'sche Buchh.

—— Prüfungen, oder: Die Heimkehr. Erzählung wahrer Begebenheiten, der erwachsenen Jugend für Geist und Herz gewidmet. 8. (114 S.) Landshut 849, Thomann'sche Buchh.

— Bruder Rothbart. Erzählung aus dem Leben für Eltern, Lehrer u. Jugend. Mit 1 Stahlst. 8. Straubing 840, Schorner's Buchh. $\frac{5}{12}$ ℛ

Lohmayer, Corbinian, Bruder Rothbart. Erzählung aus dem Leben f. Eltern, Lehrer u. Jugend. 8. (17¼ B. u. 1 Stahlst.) Straubing 843, Schorner.

—— Sagen aus grauer Vorzeit. Erzählt f. d. gebild. Jugend. 8. (6¼ B.) Straubing 838, Schorner.

— s. Sträflinge, die, in d. Gefängnissen d. Veste Hohenstein.

—— der Wachtmeister, s. Sträflinge, 1. u. 2. Bdchn.

—— der Waibel von Mittenbrunn. Geschichtliche Erzählung für die reifere Jugend aller Stände. 1. Bdchn. 1 Abthl.: Der Jonasthurm. 2. Abthl.: Die Vergeltung. gr. 8. (148 S. und 1 Stahlst.) Landshut 851, Thomann'sche Buchh.

– Der Wildschütz, s. Sträflinge, 1. u. 2. Bdchn.

—— das Zigeunerkind, od. d. Weg aus d. Hirtenhause in d. Palast. Eine Erzähl. aus d. Leben f. d. Bürger u. Landmann, mit besond. Rücksicht auf d. erwachs. Jugend. 1. Aufl. gr. 12. (6⅚ B. u. Titkpfr.) 836., 2., verb. Aufl. 8. (13 B. u. Titkpfr.) Würzburg 839, Stahel'sche Buchh.

Lohmayer, C., das Zigeunerkind, oder der Weg vom Hirtenhause in den Palast. Eine Erzählung aus dem Leben für die reifere Jugend und Jugendfreunde. 3. verb. Aufl. 8. (150 S. mit 1 Stahlst.) Regensburg 877, Volks- und Jugendschriften-Verlag. cart.

Lohmeier, Diss. de herbae exoticae Theae infuso ejusque usu et abusu. Erf. 4°.
1722

Lohmeier (Hrsg.), s. Stadtverordnete.

Lohmeier, C. H., und Pohl, Leitfaden zum Selbstunterricht in den Anfangsgründen des Telegraphen-Wesens für Telegraphen-Candidaten, Post- und Eisenbahn-Beamte, Verwalter von Privat-Stationen, Militair-Anwärter und Telegraphen-Gehilfinnen. 1. Aufl. (VIII, 158 S. mit 130 Abbild.) 870. *M 3., und 2. gänzlich umgearb. und bedeutend verm. Aufl. gr. 8. (VIII, 213 S. mit 153 Abbild. in eingedr. Holzschn.) Berlin 874, Meeser. *

Lohmeier, Frdr., Stenographie, Rechtspflege u. Rechtswissenschaft. gr. 8. (40 S.) Elberfeld 892. S. Lucas. n. — 75

Lohmeier, G., d. europ. kais. und kön. Häuser hist. und geneal. Erläut. ꝛc. fortges. d. J. L. Gebhard. 3 Thle. Fol. Lüneb. 730. 31.

— Ordnung des Heils, tabellarisch entworfen. 8. Lemgo, Meyer. 786.

Lohmeier, Jh. Gabr., († 1776.) die heilsame Lehre v. d. allgemeinen Gnade Gottes, in 5 Kanzelreden. 8. Frankf. a. M. 769. Brönner. 5 gr.

Lohmeier, L., die Brom-, Eisen- u. Jod-haltigen Soolquellen z. Elmen bei Groß-Salze, ihre wichtigsten Heilbeziehungen u. Anweisung z. zweckmäß. Gebrauch derselben. gr. 8. (12³/₈ B. u. 4 Stnt.) Halle 846, Anton.

Lohmeier, L., die Revalenta arabica des Hrn. Du Barry, ihre Bestandtheile und ihre Bereitung. 8. (31 S.) Magdeburg 855, Creutzsche Buchh.

Lohmeier, L., über warme Sooldunstbäder. Ein Versuch, d. Natur, d. Wesen u. d. Heilkraft dies. Bäder zu erklären. 8. (6 B.) Magdeburg 840, (Heinrichshofen.) *

Lohmeier, Ludovicus: Scriptio ... de funiculi nimia brevitate partui damnosa. Halae (1823): Schimmelpfennig. 64 S. 8°
Halle-Wittenberg, Med. Diss. v. 29. Juli 1823
Geb. Friedeburg a. d. Saale (Seekr. Mansfeld) 7. 6. 1801. V.

Lohmeier, Margarethe, Allerlei. Ein Büchlein f. Kinder. gr. 16. (208 S. m. eingedr. Holzschn.) Trier 876. Lintz. n. 1. —

— eine Dorfgeschichte vom ungehorsamen Hundelein. Mit Farbendruck-Bildern. 2. Aufl. qu. 4. (12 Steintaf m. Text.) Stuttgart 874. Leipzig, Heinrichs' Verl. geb. 2. 70

Lohmeier, Margarethe, eine Dorfgeschichte vom ungehorsamen Hundelein. 2. Aufl. qu. 4. (12 Stnt. mit Text und Farbendruck-Bildern.) Stuttgart 874, H. Müller. [Leipzig, Oehmigke's Verlag.] geb. (M 2,70.)

Lohmeier, Margarethe, wie das Christkindlein der braven Kinder gedenkt. Dresden 861. Meinhold & Söhne. gr. 8. (39 S. u. 8 color. Lithogr.) 18 ngr.

Lohmeier, Mary, Professor Hampelmann ein Bilder A B C für artige Kinder. Mit 25 Bildern von Th. Hosemann (auf 12 lith. u. color. Taf.) Berlin 862. Winckelmann & Söhne. 4. (43 S.) 27½ ngr.

Lohmeier, Ph., de artificio navigandi per aërem lat. et germ. 4. Giess. Krieger sen. 784.

Lohmeier, Ph., exercitat. phys. de artificio navigandi per aërem. Resp. Dr. ... Frescheus. Ript. 1676. (Mit nebenstehender deutscher Uebersetzung.) 4. Arolsen 784. (Schönemann in Leipz.) 4 gr.

— von d. Kunst in der Luft zu schiffen. 4. Rinteln 786. Perrenon in Münster. 5 gr.

Lohmer, Hubert: Operative Heilung eines durch Gravidität complicierten Falles von Pyonephrose. Spezielle Würdigung der zum Nachweis der zweiten Niere angegebenen Methoden nebst Mitteilung eines neuen Verfahrens von Geheimrat Prof. Dr. Helferich. *Greifswald 1898: J. Abel.* (39 S.) 8°
Greifswald, Med. Diss. v. 14. März 1898

Lohmeyer, A., [.: Manuale ad usum sacerdotum in functionibus sacris passim obviis.

Lohmeyer, C.

Lohmeyer, Bericht über die projectirte Correction des Steckenitzcanals, nebst einer gutachtlichen Erklärung des Ausschusses des lübeckischen Zweigvereins zur Hebung der Fluss- u. Canalschifffahrt. Mit einer (lith.) Karte u. einem (lith.) Längenprofil des Elb-Travecanals von der Trave bei Lübeck bis zur Elbe bei Lauenburg. gr. 8. (50 S.) Ratzeburg 878. Schmidt. n. 1. 60

Lohmeyer, C. F., Lehrbuch der allgemeinen Chirurgie, s. Cyclus organisch verbundener Lehrbücher.

Lohmeyer, C. F., die Schusswunden und ihre Behandlung kurz bearb. gr. 8. (VIII und 208 S.) Göttingen 855, Wigand. *

— die Schusswunden und ihre Behandlung kurz bearb. 2. (Titel-)Ausg. gr. 8. (IV und 208 S.) Göttingen (855)59, Wigand.

Lohmeyer, Edward

Unser Geheimnis. Vortrag, gehalten im Tempel der Loge „Zur Eintracht und Standhaftigkeit" im Or. von Kassel am 22. März 1896. (Schwesternloge) von Edward **Lohmeyer.** [Frankfurt a. M. 1896: Mahlau & Waldschmidt.] 6 S. 4° [Kopftit.] [unvollst.]
in: Bh. 39 (1896) S. 209—211, 219—222. 138a.

Lohmeyer, Eduard: Die Handschriften des Willehalm Ulrichs von Türheim. Halle 1882: (Döll in Kassel). II, 86 S. 8°
Halle-Wittenberg, Phil. Diss. v. [27. Okt.] 1882
Geb. Rinteln 2. 4. 1847. V.
Im Buchhandel Kassel: Wigand 1883. VI. 86 S.

Lohmeyer, Ed., die Handschriften des Willehalm Ulrichs v. Türheim. gr. 8. (VI, 86 S.) Kassel 888. Wigand. n. 2. —

Lohmeyer, Edward (Hrsg.), s. Reform.

Lohmeyer, Edward, Verzeichniss neuer hessischer Litteratur. Jahrg. 1890, nebst Nachträgen zu 1886—1889. [Aus: „Mittheilgn. d. Ver. f. hess. Geschichte u. Landeskunde".] gr. 8. (XL S.) Kassel 891. M. Brunnemann. n. 1. —

— dasselbe. Jahrg. 1891, nebst Nachträgen zu 1883—1889. [Aus: „Mittheilgn. d. Ver. f. hess. Geschichte u. Landeskunde".] gr. 8. (LX S.) Ebd. 892. n. 1. —

Lohmeyer, *G. [Prof.],* ***Rühle, Panten,*** *Emil [Dir. Dr.]:* Wie ist der Unterricht in der Geschichte auf den höheren Lehranstalten zu handhaben und seinem Stoffe nach auf die einzelnen Klassen zu verteilen, damit die Geschichte der neuesten Zeit und die Kulturgeschichte in ausreichendem Maße Berücksichtigung finden? Drei Gutachten. Danzig, A. Müller, 1891; 18 S. 4°
Danzig, RG zu St. Johann, OP 1891 (43)

Lohmeyer, H., evangelisches Choralbuch für Kirche und Haus. 371 Choräle sowohl in ihren ursprüngl. Tönen und Rhythmen, als auch in neuerer Form. Nebst einer Zugabe für die Liturgie. Lex.-8. (VIII und 328 S. mit Titel in Holzschn.) Bielefeld 861, Velhagen und Klasing. * 1 Thlr. 6 Ngr.; geb. *

Lohmeyer, H., evangelisches Choralbuch für Kirche u. Haus. 371 Choräle sowohl in ihren ursprüngl. Tönen u. Rhythmen, als auch in neuerer Form. Nebst einer Zugabe für die Liturgie. 2., verm. u. verb. Aufl. Bielefeld 867. Velhagen & Klasing. Lex.-8. (VIII, 328 S.) n. 1 *ℳ* 6 *ngr.*; cart. n. 1 *ℳ* 12 *ngr.*

Lohmeyer, H., evangelisches Choralbuch für Kirche und Haus. 371 Choräle sowol in ihren ursprüngl. Tönen und Rythmen, als auch in neuerer Form. Nebst einer Zugabe für die Liturgie. 4. Aufl. gr. 8. (VIII, 328 S. mit Titelholzschn.) Bielefeld 880, Velhagen und Klasing. cart. *

Lohmeyer, H., evangelisches Choralbuch f. Kirche u. Haus. 371 Choräle sowohl in ihren ursprüngl. Tönen u. Rhythmen, als auch in neuerer Form. Nebst e. Zugabe f. die Liturgie. 5. Aufl. Lex.-8. (XI, 328 S.) Bielefeld 892. Velhagen & Klasing. Kart. n. 4. 50

Lohmeyer, H., evangelisches Choralbuch f. Kirche u. Haus. 371 Choräle sowohl in ihren ursprünglichen Tönen u. Rhythmen, als auch in neuerer Form. Nebst e. Zugabe f. die Liturgie. 6. Aufl. Lex.-8. (XI, 328 S.) Bielefeld 900. Velhagen & Klasing. Kart. n. 4. 50

Lohmeyer, H., Choralbuch für Haus und Kirche. 371 Choräle sowohl in ihren ursprüngl. Tönen und Rhythmen, als auch in neuerer Form. Nebst einer Zugabe für die Liturgie. 3. Aufl. Lex.-8. (VIII, 328 S.) Bielefeld 873, Velhagen und Klasing. * geb. *

Lohmeyer, H., allgemeiner oder konfessioneller Religionsunterricht in den Schulen? Offenes Sendschreiben an Hrn. Dir. Diesterweg in Berlin. gr. 8. (32 S.) Gütersloh 849, Bertelsmann.

— kleine Zionsharfe. Sammlung von 259 auserlesenen Choralmelodien in alter und neuer Form. Nebst einem Anhange, und einer Zugabe liturg. Gesänge. Zunächst für Schule und Haus. Zweistimmig gesetzt und hrsg. A. u. d. T.: Vollständiges Melodienbuch zum Christlichen Gesangbuch für Minden-Ravensberg enthaltend die Melodien in alter und neuer Form. 8. (VIII und 192 S.) Bielefeld 857, Velhagen und Klasing. *

Lohmeyer, H. L., Doctores promoti und Wundärzte erster Klasse. Offenes Sendschreiben an die Mitglieder des Vereins der minden-ravensbergischen Aerzte. gr. 8. (16 S.) Bielefeld 848, (Velhagen und Klasing.)

Lohmeyer, Hans, das Wesen der Begünstigung. Eine strafrechtl. Studie. (IV, 66 S.) gr. 8. Breslau 904. M. & H. Marcus. n. 1. 60

Lohmeyer, Hans Albert, Gerichtsref. in Thorn: Das Wesen der Begünstigung. *Breslau: M. & H. Marcus 1904.* (IV, 66 S.) 8°
Breslau, Jur. Diss. v. [4. Juni] 1904

Lohmeyer, J. (Hrsg.), s. Wagner, A.: Bankbrüche und Bankkontrolle.

Lohmeyer, Joh. Heinr. Ed. (Westfale), De ophthalmoblennorrhoea gonorrhoica adnexa morbi historia. Diss. med. Berlin (Nietack) 15. XI. 1834. 28 S. mit Biogr. (M.: Wendt.) (3.20) 21573
Oppon.: A. Meinecke, C. Stich, G. Thienemann.

Lohmeyer, Johannes, a. Crefeld: Über die Bandenspektren des Quecksilber-Chlorid-, Bromid und -Jodid. Leipzig 1906: J. A. Barth. (21 S.) 8°
Bonn, Phil. Fak., Ref. Kayser, Diss. v. 14. Jan. 1907
[Geb. 5. Aug. 83 Crefeld; Wohnort: Crefeld; Staatsangeh.: Preußen; Vorbildung: Gymn. Crefeld Reife O. 93; Studium: Münster 2, Bonn 1, Münster 1, Bonn 3 S.; Rig. 7. Nov. 06.]

Lohmeyer, Julius

Lohmeyer, Jul. (Hrsg.), s. Anschauungsbilder, Biblische, z. Neuen Testament für die Schule. Ser. III.

Lohmeyer, Jul., biblische Anschauungsbilder z. Neuen Testament, s.: Hofmann, Heinr.

— s.: Auerbach's deutscher Kinder-Kalender.

Lohmeyer, Jul., s.: Auf weiter Fahrt.

Lohmeyer, Jul., s.: Aus Studienmappen deutscher Meister.

— der alte Bekannte, s.: Pletsch, Osc.

— die Bescheidenen. Novellen. 8. (248 S.) Dresden 898. E. Reißner. n. 3. —; geb. n. 4. —

Lohmeyer, Jul., junges Blut. Gesammelte Jugenderzählungen. Mit 6 Bildern in Farbendr. nach Aquarellen von Wold. Friedrich. 8. (252 S.) Stuttgart 883, Kröner. geb.

Lohmeyer, Julius. Junges Blut. Sechs Erzählungen für die Jugend. Mit vier Bildern in Farbendruck von A[dolf] Wald [Tafeln]. 5. Aufl. VI + 230 S. 8. Stuttgart, Berlin, Leipzig, Union Deutsche Verlagsgesellschaft, [1901]. [geb. M. 2. —]
Julius Lohmeyers gesammelte Jugendnovellen.
Darin S. 159—230: Der Geissbub von Engelberg.

Lohmeyer, Julius: Junges Blut. 6 Erzählungen f. d. Jugend von —. Mit 4 Bildern von A. Wald. 4. Aufl. Stuttgart, Berlin, Leipzig: Union [1901]. (230 S.) 8°
J. Lohmeyers gesammelte Jugendnovellen.

—— s.a. Buch, das tolle.

LOHMEYER, J. *Das Tolle Buch* von Jul Lohmeyer u. Anderen, illustriert von R. A. JAUMANN. Leipzig, Meissner & Buch [c. 1887]. Illustr. Titel und 46 SS. mit farbigen Bildern u. Text. Gr.-4°. Farbig illustr. Or.-Pappband mit Leinenrücken. Orginelles Bilderbuch. Widmungsinschrift a. d. Vorsatz. 20.—

— gesammelte Dichtungen. (207 S. m. Bildnis.) gr. 8. Berlin (903). W. Bobach & Co. 3. —; geb. in Leinw. 4. —

Lohmeyer, Julius (Hrsg.), s.a. Dreizack, Unter dem.

— unter dem Dreizack. Neues Marine- u. Kolonialbuch f. Jung u. Alt. Unter Mitwirkg. v. E. Baasch, Graf Bernstorff, Carl Busse ꝛc. Mit 8 Beilagen in Bunt- u. Tondr., 200 Textabbildgn. u. Vignetten. gr. 8. (IV, 485 S.) Bielefeld 902. Velhagen & Klasing. Geb. in Leinw. n. 9. —

Lohmeyer, Julius [Hrsg.], s. Fahrt, Auf weiter.

— die Fahrt zum Christkind. Ein Weihnachts-Märchenbuch f. deutsche Kinder. Mit Bildern v. V. P. Mohn u. Melodien v. Th. Krause. 4. (40 Chromolith. m. eingedr. Text.) Glogau 889. Flemming. geb. n. 6. —

— u. Carl Röhling, Fragemäulchen. Ein Bilderbuch. gr. 4. (48 Chromolith. m. eingedr. Text.) Leipzig 885. Meißner & Buch. geb. n. 5. —

— des Jahres Freuden, s.a. Unger, E.

Des Jahres Freuden. Ein heiteres Kinderbuch mit Bild. von E. Unger u. mit Versen von Julius Lohmeyer, Fr. Reimund u. Robert Loewicke. *Glogau: C. Flemming [1900].* (40 S.) quer-8° [F.]

— s.: Fridolin's, Prince, courtship.

— Gedichte e. Optimisten. 8. (X, 230 S.) Leipzig 885. Liebeskind. n. 3. —; Einbd. in Leinw. n.n. 1. —

—— und Frida Schanz, unser Hausglück. Mit Bildern von Wold. Friedrich. gr. 4. (48 Chromolithogr. mit eingedr. Text.) Ebendas. 885. geb. *

— Humoresken. 8. (VII, 248 S.) Berlin 899. Freund & Jeckel. n. 3. —

— Humoresken. 3. Taus. 8. (VII, 248 S.) Berlin 901. Freund & Jeckel. n. 3. —; geb. n. 4. —

— deutsche Jugend. Mit 6 Bunt- u. 80 Textbildern bewährter Künstler. Neue sorgfält. Auswahl. 2. Aufl. 2 Bde. (IV, 128 u. 128 S.) gr. 8. Stuttgart (906). Loewe. Geb. à 2. 50; in 1 Bd. geb. 4. 50

— Deutsche Jugend. Mit 6 Bunt- u. 80 Textbildern bewährter Künstler. Neue sorgfält. Auswahl. 3. Aufl. (2 Tle. in 1 Bde.) (IV, 128 u. 128 S.) gr. 8. Stuttgart (910). Loewe. Geb. in Leinw. 4. 50

— s.: Jugend-Album, deutsches.

— s.: Jugendbibliothek, deutsche.

— vaterländ. Jugendbücherei für Knaben u. Mädchen. 1.—5. Bd. gr. 8. München, J. F. Lehmann's Verl. Geb. in Leinw. n. 10. 20

1. Johann v. Renys, der Kampf um d. Marienburg. E. Geschichte aus d. Zeit d. deutschen Ordens in Preußen. Von Joh. v. Wildenradt. M. zahlr. Abb. v. Wold. Friedrich. (128 S.) 899. n. 1. 60
2. D. Raub Straßburgs. Geschichtl. Erzählg. Von Fritz Lienhard. M. Abb. v. W. Weimar. (84 S.) 898. n. 1. —
3. Aus Tagen deutscher Not. E. geschichtl. Erzählg. Von Ant. Ohorn. M. Abb. v. H. W. Schmidt. (93 S.) 898. n. 1. 20
4. Der Löwe v. Vlaandern. Von Hendrik Conscience. Aus d. Niederdeutschen in d. Hochdeutsche übertr. u. bearb. v. A. Schowalter. M. Abb. v. A. Hoffmann u. O. Porsche. (IV, 360 S.) 898. n. 4. —
5. Deutsche Charakterköpfe. E. M. Arndt, J. G. Fichte, Hans Joachim v. Zieten, Friedrich Wilhelm als Kronprinz, Königin Luise. Von Werner Hahn. Mit zahlr. Bildern v. Wold. Friedrich, Eug. Klimsch u. Rich. Knötel. (III, 220 S.) 899. n. 2. 40

— vaterländische Jugendbücherei f. Knaben u. Mädchen. 6.—14. Bd. gr. 8. München, J. F. Lehmann's Verl. Geb. in Leinw. n. 33. —

6. Lina Bodmer. Eine Erzählg. aus der Zeit der Befreiungskriege. Von E. Wuttke-Biller. Mit 22 Abbildgn. v. Hans W. Schmidt. (148 S.) 900. n. 1. 50; geb. n. 2. —
7. Die großen Heldensagen des deutschen Volkes, f. die Jugend bearb. Von Gust. Schalk. Mit 29 Abbildgn. (II, 360 S.) 900. n. 3. 50; geb. n. 4. —
8. Admiral Karpfanger. Eine Erzählg. aus Hamburgs Vorzeit. Von Rhold. Werner. Mit 22 Abbildgn. v. A. Hoffmann. (139 S.) (899.) n. 1. 80; geb. n. 2. —
9. Mit Ränzel u. Wanderstab. Schülerwanderungen durch deutsches Land. Von G. Lang. Mit zahlr. Abbildgn. (III, 332 S.) (899.) n. 3. 80; geb. n. 4. —
10. Kaiser Rotbart. Eine Erzählg. aus der Zeit der Hohenstaufen. Mit zahlr. Abbildgn. v. A. Hoffmann. Von Ant. Ohorn. Vom Alldeutschen Verband preisgekr. Jugendschrift. (302 S.) (900.) n. 4. —
11. Hans Stock, der Schmied v. Ochsenfurt. Ein Sang f. die deutsche Jugend. Von E. Weber. Mit zahlr. Abbildgn. v. A. Hoffmann. Vom Alldeutschen Verband preisgekr. Jugendschrift. (191 S.) (900.) n. 3. —
12. Johann Kuny, der erste brandenb.-preuß. Negerfürst. Eine Erzählg. aus den Kolonien des Großen Kurfürsten. Von E. Steurich. Mit zahlr. Abbildgn. v. Hans W. Schmidt. Vom Alldeutschen Verband preisgekr. Jugendschrift. (420 S.) (900.) n. 5. —
13. Der Trommler v. Düppel. Erzählung aus der Nordmark. Von Johs. Dose. Mit 16 Abbildgn. v. Fritz Bergen. (172 S.) (901.) n. 3. —
14. Gert Janssens China-Fahrten, Reise- u. Kriegserlebnisse e. jungen Deutschen. Von Otto Felsing. Mit zahlr. Abbildgn. nach photograph. Aufnahmen u. nach Orig.-Zeichngn. v. Ant. Hoffmann. (XV. 464 S.) (901.) n. 6. —

— vaterländische Jugendbücherei f. Knaben u. Mädchen. 2.—5. 7. u. 15.—18. Bd. gr. 8. München. [J. F. Lehmann's Verl.] G. W. Dietrich. Geb. in Leinw. n. 33. —

Conscience, Hendrik, der Löwe von Vlaandern. Aus dem Niederdeutschen in das Hochdeutsche übertr. u. bearb. v. A. Schowalter. Mit Abbildgn. von A. Hoffmann u. O. Porsche. 2. Aufl. (389 S.) (905.) (Bd. 4.) n. 4. —

Hahn, Wern., deutsche Charakterköpfe, E. M. Arndt, J. G. Fichte, Hans Joachim v. Zieten, Friedrich Wilhelm als Kronprinz, Königin Luise. Mit zahlreichen Bildern von Wold. Friedrich, Fritz Bergen, Eug. Klimsch u. Rich. Knötel. 2. Aufl. (211 S.) (904.) (Bd. 5.) n. 3. —

Lienhard, Fritz, der Raub Straßburgs. Geschichtliche Erzählg. Mit Abbildgn. v. Fritz Bergen u. W. Weimar. 2. Aufl. (85 S.) (903.) (Bd. 2.) n. 2. —

Ohorn, Ant., aus Tagen deutscher Not. Eine geschichtl. Erzählg. Mit Abbildgn. v. Hans W. Schmidt. 2. Aufl. (99 S.) (903.) (Bd. 3.) n. 2. —

Schalk, Gust., Paul Beneke, e. harter deutscher Seevogel. Jungdeutschland gewidmet. Mit Abbildgn. nach Originalen v. Fritz Berger u. C. Arriens. 2. Aufl. (326 S.) (906.) (Bd. 18.) n. 5. —

— die großen Heldensagen des deutschen Volkes, f. die deutsche Jugend bearb. Mit 29 Abbildgn. 2. Aufl. (360 S.) (904.) (Bd. 7.) n. 4. —

Thoma, Albr., Johannes Gutenberg, der Erfinder der Buchdruckerkunst. Mit 8 Abbildgn. in Tondr. nach Originalen v. Fritz Bergen, 8 Schriftproben 1 Spiegelbild, 1 Wappen u. 1 Portr. (VII, 172 S.) (904.) (Bd. 16.) n. 4. —

Thoma, Albr., Konrad Widerholt, der Kommandant v. Hohentwiel. Mit 8 Abbildgn. nach Orig.-Zeichngn. v. Ant. Hoffmann, 2 Karten u. 1 Porträt nach Kupfern v. Merian. (VIII, 274 S.) (904.) (Bd. 15.) n. 5. —

Weitbrecht, Rich., der Leutfresser u. sein Bub. Eine Landsknechtsgeschichte aus der Zeit Georgs v. Frundsberg. Mit 8 Abbildgn. nach Originalen v. Ant. Hoffmann. (266 S.) (905.) (Bd. 17.) n. 4. —

— Vaterländische Jugendbücherei. (Bücherei.) 1.—3. 5.—9. 13. u. 18.—27. Bd. gr. 8. München, G. W. Dietrich. Geb. in Leinw. 57. 10

Blümlein, Carl, um Rhein u. Reich. Eine Geschichte aus den letzten Tagen der Römerherrschaft im Main- u. Rheinland. Illustriert v. Leo Schnug u. R. E. Kepler, sowie m. zahlr. Orig.-Reproduktionen versehen. (194 S.) (909.) (Bd. 23.) Geb. 4 —

Blüthgen, Vict., Teresita, die Zwergin, u. anderes. Neue Jugendnovellen. Illustriert v. R. E. Kepler. 1. u. 2. Aufl. (125 S.) (908.) (Bd. 20.) Geb. 3. —

Dose, Johs., der Trommler v. Düppel. Erzählung aus der Nordmark. Mit 16 Abb. v. Fritz Bergen. 2. Aufl. (150 S.) (907.) (Bd. 13.) Geb. 4. —

Falch, Ernst, Parzival. Für die deutsche Jugend u. d. deutsche Volk bearb. u. erzählt. Illustriert v. Hans Röhm. (61 S.) (909.) (Bd. 24.) Geb. 2. —

Feldhaus, Frz. Marie, deutsche Erfinder. Bilder aus d. Vergangenheit heimatl. Handwerke u. Industrien. Mit 73 Abb. nach den Originalen v. Anni Oppenheim. 1. Aufl. (1.—5. Taus.) (III, 210 S.) (908.) (Bd. 19.) Geb. 4. —

Hahn, Werner, Ernst Moritz Arndt, e. deutscher Patriot. Eine Lebensbeschreibg. f. Deutschlands Jugend. Mit Orig.-Zeichngn. v. Woldem. Friedrich u. Fritz Bergen. (40 S.) (909.) (Bd. 25.) Geb. 1. 60

— Deutsche Charakterköpfe. E. M. Arndt, J. G. Fichte, Hans Joachim v. Zieten, Friedrich Wilhelm als Kronprinz, Königin Luise. Mit zahlr. Bildern v. Wold. Friedrich, Fritz Bergen, Eug. Klimsch u. Rich. Knötel. 3. Aufl. (11.—15. Taus.) (203 S.) (908.) (Bd. 5.) Geb. 3. —

Lang, Geo., im Pulverdampf u. Kugelregen. Erlebnisse u. Abenteuer deutscher Krieger im Kampfe gegen die Franzosen 1870/71. Nach mündl. Mitteilgn. erzählt. Mit Bilderschmuck v. Rudolf Winkler. (162 S.) 910. (Bd. 26.) Geb. 3. —

— Mit Ränzel u. Wanderstab. Schülerwanderungen durch deutsches Land. Mit zahlr. Abb. 2. Aufl. (5.—10. Taus.) (351 S.) (907.) (Bd. 9.) Geb. 4. —

Lienhard, Fritz, der Raub Straßburgs. Geschichtliche Erzählg. Mit Abb. v. Fritz Bergen u. W. Weimar. 3. Aufl. (78 S.) (909.) (Bd. 2.) Geb. 2. —

Ohorn, Ant., mit der großen Armee. Erlebnisse e. deutschen Reiteroffiziers im Feldzuge 1812. Für Jung u. Alt erzählt. Mit zahlr. Bildschmuck v. Rolf Winkler. (172 S.) (910.) (Bd. 27.) Geb. 3. —

— Aus Tagen deutscher Not. Eine geschichtl. Erzählg. Mit Abb. v. Hans W. Schmidt. 3., verb. Aufl. (96 S.) (909.) (Bd. 3.) Geb. 2. —

Reuter, Fritz, aus der Franzosenzeit. Eine lustige Geschichte für Jugend u. Volk. Mit 22 Illustr. v. Hans Stubenrauch. Hochdeutsch v. Fr. J. Kleemeier. (170 S.) (909.) (Bd. 22.) Geb. 3. —

Schalk, Gust., die großen Heldensagen des deutschen Volkes, f. die deutsche Jugend bearb. Mit 29 Abb. nach Orig.-Zeichngn. v. A. Hoffmann. 4. Aufl. (II, 362 S.) (909.) (Bd. 7.) Geb. 4. —

— Unter der Kriegsflagge der deutschen Hansa. Paul Beneke. Mit Abb. nach Originalen v. Fritz Bergen u. C. Arriens. 3., unveränd. Ausg. (326 S.) (909.) (Bd. 18.) Geb. 5. —

Weitbrecht, Rich., Prinz Eugen u. seine Getreuen. Ein Lebensbild aus der Zeit der Türkenkriege. Mit zahlr. Bildern v. R. E. Kepler. 1.—5. Aufl. (196 S.) (908.) (Bd. 21.) Geb. 3. —

Werner, Rhold. v., Admiral Karpfanger. Ein Erzählg. aus Hamburgs Vorzeit. Mit Abbildgn. v. A. Hoffmann. 2. verm. u. verb. Aufl. (136 S.) (908.) (Bd. 8.) Geb. 2. 50
Wildenradt, Joh. v., Johann v. Renys, der Kampf um die Marienburg. Eine Geschichte aus der Zeit des deutsch. Ordens in Preußen. Mit zahlr. Abbildgn. v. Wold. Friedrich. 2. Aufl. (126 S.) (907.) (Bd. 1.) † 1.60; geb. 2. —
Buttke-Biller, E., Kriegsnot. (Lina Bodmer.) Nach den wahren Erlebnissen e. Familie bei Dresden während der J. 1806—1813. Mit vielen Abbildgn. nach Originalen v. Hans W. Schmidt-Weimar. 2. verb. Aufl. (122 S.) (910.) (Bd. 6.) Geb. 2. —

Lohmeyer, Jul., Jugendlust, s.: Pletsch, Osc.

—— deutscher Jugend-Schatz für Knaben und Mädchen. Volks-Ausg. der „deutschen Jugend". 1.—18. Bd. hoch 4. (à Bd. ca. 190 S. mit Orig.-Zeichnungen deutscher Meister.) Leipzig 872—88, A. Dürr. cart. à Bd. *

— deutscher Jugend-Schatz f. Knaben u. Mädchen. Mit Orig.-Zeichngn. deutscher Meister. Volks-(Titel-)Ausg. der „Deutschen Jugend". XIX.—XXIII. Bd. gr. 4. (à IV, 192 S.) Leipzig 889—893. A. Dürr. Kart. à n. 3. —

— Jugendwege u. Irrfahrten. Erzählungen f. die reifere Jugend. Mit 6 Bildern in Farbendr. nach Aquarellen v. Eug. Klimsch. 8. (284 S.) Stuttgart 886. Kröner. geb. n. 4. 50

Jugendwege und Irrfahrten. 7 Erzählungen f. d. Jugend von Julius Lohmeyer. Mit 4 Bildern von Wilibald Weingaertner. 4. Aufl. *Stuttgart, Berlin, Leipzig: Union [1901].* (236 S.) 8° [F.]
(J. Lohmeyers gesammelte Jugendnovellen.) [01. 13028

—— lachende Kinder. Reimscherze und Scherzreime zu heiteren (eingedr. Holzschn.-)Bildern von Fed. Flinzer, Eug. Klimsch, Osc. Pletsch rc. Lex.-8. (VIII, 108 S.) Leipzig 882, A. Dürr. geb. *

—— und Johs. Trojan. Kinderhumor, illustr. von Jul. Kleinmichel. gr. 4. (48 Chromolithogr. mit eingedr. Text.) Ebendas. 885. geb. *

Lohmeyer, Jul., 50 Kinder-Lieder mit 50 Bildern für meine Lieblinge. (68 S. m. Bildnis.) hoch 4. Berlin (903). W. Bobach & Co. Kart. n. 3. —

Lohmeyer, Jul., Kinderlieder u. -Reime. Kom. Tiergeschichten u. Abenteuer f. d. kleine Welt. Mit vielen Illustr. gr. 8. (XI, 211 S. m. Bildn.) Leipzig 897. Th. Grieben. Geb. in Leinw. n. 3. —

— Kinder-Paradies, s.: Vogel, Herm.

— s.: Kinderzeitung, illustrierte.

— lustige Kobold-Geschichten f. die Kinderwelt. Mit 12 Aquarellen v. Carl Gehrts. gr. 4. (24 Bl.) Glogau 885. Flemming. geb. 5. —

— e. Kriegsgedenkbuch aus dem Kladderadatsch in Ernst u. Humor aus den J. 1870—71, s.: Trojan, Johs.

— Künstlerfestspiele, s.: Meyer's Volksbücher.

—— Kunterbunt. Ein lustiges Bilderbuch für die Jugend. Mit 12 Aquarellen von Fed. Flinzer, Wold. Friedrich, C. Gehrts, J. Kleinmichel, Eug. Klimsch und G. Süs. gr. 4. (III, 28 S.) Glogau 883, Flemming. geb.

— auf dem Lande, s.: Pletsch, Osc.

— Robinson Crusoe's Leben u. Schicksale. Mit 48 Taf. in Farbendr. nach Aquarellen v. Carl Marr. gr. 4. (Mit eingedr. Text.) Ebend. 885. geb. n. 4. 50

—— im Märchenwalde. Die schönsten Märchen für unsere Jugend gesammelt. Mit 12 Farbendr.-Bildern nach Orig.-Aquarellen von Eug. Klimsch und P. Grot-Johann. gr. 4. (VII, 256 S.) Wiesbaden 881, Nicol. cart. *

Lohmeyer, Jul., im Märchenwalde. Die schönsten Märchen für unsere Jugend gesammelt. Mit 12 Farbendr.-Bildern nach Orig.-Aquarellen von Eug. Klimsch u. P. Grot-Johann. gr. 4. (VII, 256 S.) Wiesbaden 882. Nicol. cart. n. 10. —

Lohmeyer, J., s.: Militärbilderbuch, das.

— s.: Monatsschrift, deutsche, f. das gesamte Leben der Gegenwart.

— u. Fed. Flinzer, König Nobel, e. heiteres Bilderbuch. gr. 4. (46 S. m. 36 eingedr. Chromolith.) Breslau 886. Wiskott. geb. 6. —

LOHMEYER & FLINZER. *König Nobel*, ein heiteres Bilderbuch von Jul. Lohmeyer [Verse] und Fedor Flinzer [Bilder]. Breslau, C. T. Wiskott [ca. 1886]. 24 Bl. mit vielen farbigen Bildern. Gr.-4°. Farbig illustrierter, gold- u. blindgepreßter Or.-Kartonbd. m. Leinenrücken. 30.—
★ Originalausgabe. Flinzers (1835—1903) amüsante Tierillustrationen waren szt. besonders beliebt. — Unbedeutend benutzt.

— u. Fedor Flinzer, König Nobel, e. heiteres Bilderbuch. (46 S. m. farb. Abbildgn.) 4. Leipzig (904). P. E. Lindner, Geb. 6. —

— auf Pfaden d. Glücks. Lebenssprüche. M. Titelzeichng. u. Vignetten v. Alex. Rothaug. 8. (V, 117 S.) Leipzig 895. G. Wigand. n. 1. 60

—— s. Pletsch, Osk., Daheim. — Im Freien.

— s.: Prinzenreise, eine.

Lohmeyer, Jul., Pudelnärrisch. Ein lustiges Bilderbuch. Mit 12 Farbendr.-Bildern von Fedor Flinzer. gr. 4. (24 S.) [Frankfurt a. M. 878, May Söhne.] Wiesbaden, Nicol. geb. (* M 6.) *

— u. Fed. Flinzer, die Puppeninsel. Ein lustiges Bilderbuch. gr. 4. (24 S. m. 12 Chromolith.) Stuttgart 879. Kröner. cart. 5. —

—— und Edwin Bormann, Reineke Fuchs. Ein heiteres Kinderbuch. [Freie Nachdichtung des niederdeutschen Reinke de Vos.] Mit 12 (chromolithogr.) Bildern von Fedor Flinzer. gr. 4. (24 S.) Glogau 881, Flemming. geb.

— u. Edw. Bormann, Reineke Fuchs. E. heit. Kinderbuch. (Freie Nachdichtg. d. niederdeutschen Reinke de Vos.) M. 12 (farb.) Bild. v. Fed. Flinzer. gr. 4. (24 S.) Glogau 898. C. Flemming. Geb. n. 3. 60

Lohmeyer, Julius: Reineke Fuchs. E. heiteres Kinderb. v. Julius Lohmeyer u. Edwin Bormann. '(Freie Nachdichtg d. niederdeutschen Reinke de Vos.)' Mit 12 Bild. v. Fedor Flinzer. 2. Aufl. Glogau: C. Flemming [1898]. (1 ungez., 24 gez. Bl.) 1 Bd 4.

— die Reise um die Welt. Mit (farb.) Illustr. v. Carl Marr. gr. 4. (64 S.) Leipzig 887. Meißner & Buch. geb. n. 6. —

— Schwan, kleb an!, s.: Jugendbühne.

— zur See, mein Volk! Die besten See-, Flotten-Lieder u. Meerespoesien f. Haus u. Schule, vaterländ. Vereine u. Feste gesammelt. Im Auftrag der freien Vereinigg. f. Flottenvorträge hrsg. 12. (X, 118 S.) Leipzig 900. Breitkopf & Härtel. n. 1. —; geb. n. 1. 50

— Sonnenscheinchen. Ein Wald- u. Gnomenmärchen. Mit 8 Aquarellen von Carl Gehrts. In Farbendr. ausgeführt von Aug. Kürth in Leipzig. gr. 4. (42 S.) Berlin 881. A. Duncker. geb. n. 10. —

—— Sonnenscheinchen. Ein Wald- und Gnomenmärchen. In Farbendr. ausgeführt von Aug. Kürth in Leipzig. 2. Ausg. gr. 4. (42 S. mit 8 Aquarellen von Carl Gehrts.) Berlin 886, A. Duncker. geb. *

—— der Stammhalter, s. Universal-Bibliothek Nr. 2257.

— bunter Strauß, s.: Jugendbibliothek, deutsche. 65. Bd.

—— bunter Strauß, s. Schmidt's, Ferd., deutsche Jugend-Bibliothek.

Lohmeyer, Julius (Hrsg.), s. Studienblätter, Zehn, in Lichtdruck

— Kater Murr's Tagebuch, illustrirt v. F. Flinzer. gr. 4. (48 Chromolith. m. eingedr. Texte.) Leipzig 885. Meißner & Buch. geb. n. 5. —

— komische Thiere. Ein lustiges Bilderbuch, mit 13 Farbendr.-Bildern von Feod. Flinzer. gr. 4. (26 S.) Glogau 880. Flemming. geb. 6. —

— u. F. Flinzer, der Thierstruwwelpeter, e. lust. Buch f. das kleine Volk. 4. (46 S. m. eingedr. farb. Bildern.) Breslau 887. Wiskott. geb. n. 4. 50

— u. Fed. Flinzer, d. Thierstruwwelpeter, ein lust. Buch f. d. kleine Volk. (Neue Ausg.) 4. (46 S. m. z. Tl. farb. Abb.) Breslau (897). (Leipzig, P. E. Lindner.) Kart. 4. 50

— u. Fed. Flinzer, der Tierstruwwelpeter, e. lust. Buch f. das kleine Volk. (Neue Aufl.) gr. 4. (46 S. m. farb. Abbildgn.) Leipzig (902). P. E. Lindner. Geb. 4. 50

— mein Vaterhaus. Ein heiteres Kindertagebuch. Mit (farb.) Zeichngn. v. Jul. Kleinmichel. gr. 4. (40 S.) Leipzig 887. Meißner & Buch. geb. n. 4. 50

— allerlei Waldvolk. Kom. Tiergeschichten. M. Bild. v. Paul Haffner. gr. 4. (6 Farbdr. m. 6 Bl. Text, auf Pappe.) Leipzig 897. J. P. Baum. Geb. n. 2. —

— s.a. Wandbilder zur deutschen Götter- u. Sagen-Welt.

Lohmeyer, Julius: Wandbilder zur Deutschen Götter- und Sagenwelt hrsg. von –. mit Texten von Felix u. Therese Dahn. (Nach Orig. von W. Friedrich, Joh. Gehrts, Heinr. Hofmann u. Alex. Zick in Lichtdr. ausgeführt.) Ser. 1. Halle a. S.: Waisenhaus (1904). gr. 2°

— Wandbilder f. den geschichtlichen Unterricht. Serie I. 4 Bl. in Oeldr. Imp.-Fol. (Mit 4 Bl. Text in gr. 4.) Berlin 889. Troitzsch & Sohn. 12. —

— Wandbilder f. den geschichtlichen Unterricht. Serie I. u. II. à 4 Bl. in Oeldr. Imp.-Fol. Berlin, O. Troitzsch. à 12. —; auf Shirting m. Querleisten à 16. —
I. 1. Römisches Lagerbild. Ansprache Kaiser Trajans vor der Schlacht. — 2. Karl der Große empfängt e. maurische Gesandtschaft. — 3. Heinrich V. in der Reichsversammlung zu Worms. — 4. Szene aus dem Kreuzzug Konrad III. 889.
II. 5. Angriff der athenischen Hopliten bei Marathon. — 6. Die Schlacht im Teutoburger Walde. — 7. Die Gotenschlacht am Vesuv. Tejas Tod. — 8. Otto der Große in der Ungarnschlacht auf dem Lechfelde. 891.
Für Oesterreich liefert E. Hölzel's Verlag in Wien.

— Wandbilder f. d. geschichtl. Unterricht. III. Serie. 4 Bl. (9—12) in Oeldr. à 77×94,5 cm. M. Text. gr. 8. Berlin (W., Mauerstr. 63/65) 898. O. Troitzsch. 12. —; auf Shirting m. Querleisten 16. —
9. Heinrich I. geht üb. das Eis der Havel zum Sturm auf Brandenburg 928/29. M. Text v. H. Knackfuss. (9 S.)
10. D. Seeräubers Klaus Störtebekers Gefangennahme durch d. Hamburger Flotte. (1402. Bild aus d. Hansazeit.) Mit Text v. J. Wilda. (8 S.)
11. Mailänder Edelleute bitten Kaiser Friedrich den Rotbart um Schong. ihrer Stadt. (1. März 1162.) M. Text v. H. Knackfuss. (8 S.)
12. Gefangennahme Friedrichs d. Schönen in d. Schlacht bei Mühldorf. (28. Septbr. 1322.) M. Text v. H. Knackfuss. (12 S.)

(B) — Wandbilder f. d. geschichtl. Unterricht. 889. 891. 898. (KBB 28. 30.) Jetzt: Leipzig, F. E. Wachsmuth. à Bl. 3.—; schulfertig 3.30; Texte —15

— dasselbe. Fortsetzg., s.: Wandbilder f. d. geschichl. Unterr. in d. neueren vaterländ. Geschichte.

— wenn d. Weihnachtsbaum zum letzten Male brennt, s.: Jugendbühne.

Julius Lohmeyer, Wir leben noch. Berlin: Vita [1898]. (S. 51–80.) 8° [F.]
= Geschichten, Kurze. 1, 8, [3.] [05. 3339]

— wir leben noch u. anderes. Neue Novellen. 8. (V, 250 S.) Stuttgart 901. A. Bonz & Co. n. 2. 40; geb. in Leinw. n. 3. 60

Lohmeyer, K., s.: Rohde, Joh. Diedr., Lebenserinnergn.

Lohmeyer, Dr. K. F. Die Schußwunden u. ihre Behandlung. Göttingen 1855. 215 S.

Lohmeyer, Karl, Herzog Albrecht v. Preussen. Eine biograph. Skizze. Festschrift zum 17. Mai 1889. [Erweit. u. theilweise umgearb. Abdr. aus: „Allg. deutsche Biographie".] gr. 8. (62 S.) Danzig 890. Kafemann. n. — 80; auf Kpfrdr.-Pap. n. 1. 20

Lohmeyer, Karl: Baukunstreste der Renaissance in Saarbrücken. Von –. Saarbrücken 1909: Hofer. 22 S. 8°
Aus: Saarbrücker Zeitung.

Lohmeyer, Karl, Bearbeitung v. Birkenfelder Kirchenbüchern. 1. Tl. Die geschichtl., kultur- u. volkskundl. Beziehgn. (123 S.) 8. Birkenfeld 909. F. Fillmann. 1. 50

Lohmeyer, Karl: Begründung meines harten Urteils über eine Königsberger historische Doktorarbeit. Von –. (Königsberg i. Pr. 1900: M. Liedtke.) (19 S.) 8°
Lohmeyer: Kritisches u. Altpreuss. Geschichtsforschung. 1.

Lohmeyer, Karl: Bietschied. Eine kunsthist. Skizze von –. Saarbrücken 1909: Hofer. 11. S. 8°
Aus: Saarbrücker Zeitung.

Lohmeyer, Karl: Die Darstellung der Geschichte Altpreussens in der Preussischen Geschichte von Prof. Dr. Hans Prutz. Von –. (Königsberg i. Pr. 1901: L. Krause & Ewerlien.) (21 S.) 8°
Lohmeyer: Kritisches z. Altpreuss. Geschichtsforschung. 2.

Lohmeyer, Karl, zur altpreußischen Geschichte. Aufsätze u. Vorträge. (VII, 821 S.) 8. Gotha 907. F. A. Perthes. 6.—

— Gesch. v. Ost- u. Westpreussen, s.a. Staatengeschichte, allgemeine. III, 1.

Lohmeyer, Karl, Geschichte von Ost- und Westpreussen. 1. Abthl. 1. und 2. Aufl. gr. 8. (VIII, 290 S.) Gotha 880,84, F. A. Perthes. *

Lohmeyer, Karl, Geschichte von Ost- u. Westpreussen. 1. Abth. 2. Aufl. gr. 8. (VIII, 290 S.) Gotha 881. F. A. Perthes. n. 3. 80

Geschichte von Ost- und Westpreußen. Von Dr. Karl **Lohmeyer**, Prof., Königsberg. 3., verb. u. erw. Aufl. Bd 1. Gotha: F. A. Perthes 1908. 8°
— Landesgeschichten, Deutsche. Werk 1, Bd 1.
— **Staatengeschichte**, Allgemeine. Abt. 3, Werk 1, Bd 1. [08. 10833

Lohmeyer, Dr. Carl, Grundriss der Vorlesungen über lateinische Paläographie und Urkundenlehre. I. Lateinische Paläographie. 2. stark erweiterte u. umgearbeitete Auflage. Aus dem Italienischen übersetzt. 8. (X, 94 Seiten) Innsbruck: Wagner 1889. 1.—

Lohmeyer, Karl. Kaspars von Nostiz Haushaltungsbuch des Fürstentums Preussen 1578. Ein Quellenbeitrag zur politischen und Wirtschaftsgeschichte Altpreussens. Im Auftrage des Vereins für die Geschichte von Ost- und Westpreussen hrsg. gr. 8°. Leipzig, Duncker u. Humblot, 1893.

Lohmeyer, K., und A. **Thomas**, Hilfsbuch für den Unterricht in der brandenburgisch-preußischen Geschichte für höhere Lehranstalten und Mittelschulen. gr. 8. (V, 108 S. mit 1 Stammtaf.) Halle 888, Buchh. des Waisenhauses. *
geb. **

—— —— Hilfsbuch für den Unterricht in der deutschen Geschichte bis zum westfälischen Frieden. gr. 8. (IV, 98 S.) Ebendas. 886. *ℳ 1.—.; geb. **

Lohmeyer, K. u. A. Thomas. Hilfsbuch f. den Unterricht in der deutschen u. brandenburgisch-preußischen Geschichte vom Ausgange d. Mittelalters bis zur Jetztzeit f. die mittleren Klassen höherer Lehranstalten. 2. nach den neuen Lehrplänen verm. u. verb. Aufl. v. Emil Knaake u. K. Lohmeyer. gr. 8. (VI, 168 S.) Halle a. S. 892, Buchh. d. Waisenhauses. * 1 60; geb. ** 1 85

Lohmeyer, K., u. A. **Thomas**, Hilfsbuch f. den Unterricht in der deutschen Geschichte bis zum Ausgang des Mittelalters f. die Untertertia höherer Lehranstalten. 2., nach den neuen Lehrplänen verb. Aufl. v. Emil Knaake u. K. Lohmeyer. gr. 8. (IV, 88 S.) Halle 894. Buchh. des Waisenhauses. n. 1.—;
geb. in Halbleinw. n.n. 1. 30

Lohmeyer, K., u. A. Thomas, Hilfsbuch f. d. Unterricht in d. Geschichte f. d. mittl. Klassen höh. Lehranst. 2 Tle. gr. 8. Halle, Buchh. d. Waisenhauses. n. 2. 60
1. Deutsche Geschichte bis z. Ausgang d. Mittelalters. (Für d. Untertertia.) 3., verb. Aufl. v. Emil Knaake u. K. Lohmeyer. (IV, 89 S.) 898. n. 1.—; geb. n.n. 1. 30
2. Deutsche u. brandenburgisch-preuß. Geschichte v. Ausgange d. Mittelalters bis z. Gegenwart. (Für d. Obertertia u. Untersekunda.) 3., verb. Aufl. v. Emil Knaake u. K. Lohmeyer. (V, 178 S.) 896. n. 1. 60

Lohmeyer, K., u. A. Thomas, Hilfsbuch f. den Unterricht in der Geschichte f. die mittleren Klassen höh. Lehranstalten. 2. Tl. gr. 8. Halle, Buchh. des Waisenhauses. n. 1. 60
Deutsche u. brandenb.-preuß. Geschichte vom Ausgange des Mittelalters bis zur Gegenwart. (Für die Obertertia u. Untersekunda.) 4. verb. Aufl. v. Emil Knaake u. K. Lohmeyer. (V, 179 S.) 899.

Lohmeyer, K., u. A. Thomas, Hilfsbuch f. den Unterricht in der Geschichte f. die mittl. Klassen höh. Lehranstalten. 1. u. 2. Tl. gr. 8. Halle, Buchh. d. Waisenhauses. n. 2. 60
1. Deutsche Geschichte bis zum Ausgang des Mittelalters. (Lehraufgabe der Untertertia.) 4. verb. Aufl. v. Emil Knaake u. K. Lohmeyer. (94 S.) 904. 1.—; geb. n.n. 1. 30
2. Deutsche u. brandenburgisch-preußische Geschichte vom Ausgange des Mittelalters bis zur Gegenwart. (Für die Obertertia u. Untersekunda.) 5. verb. Aufl. v. Emil Knaake u. K. Lohmeyer. (183 S.) 903. n. 1. 60

Lohmeyer, K., u. A. **Thomas, Hilfsbuch** f. den Unterricht in der Geschichte f. die mittl. Klassen höh. Lehranstalten. 2. Tl. 8. Halle 906. Buchh. d. Waisenhauses.
1.60; geb. n 1. 90
Deutsche u. brandenburgisch-preußische Geschichte v. Ausgange des Mittelalters bis zur Gegenwart. (Für die Obertertia u. Untersekunda.) 6. verb. Aufl. v. Emil Knaake u. K. Lohmeyer. (188 S.) 1.60; geb. n 1. 90

— Das Hofrecht u. Hofgericht des Hofes zu Loen, s.a. Beiträge, Münstersche, zur Geschichtsforschung. N. F. XI.

Lohmeyer, Karl: Das Hofrecht und Hofgericht des Hofes zu Loen. Ein Beitrag zur Geschichte der Münsterschen Amtsverfassung. Münster i. Westf. 1906: Westf. Vereinsdruckerei. (VI, 80 S.) 8°
Münster, Phil. Fak., Ref. Meister, Diss. v. 21. Jan. 1907
[Geb. 9. Okt. 84 Krefeld; Wohnort: Krefeld; Staatsangeh.: Preußen; Vorbildung: Gymn. Krefeld Reife O. 03; Studium: Münster 2, Bonn 1, Straßburg 1, Münster 3 S.; Rig. 5. Nov. 06.]

Das Hofrecht und Hofgericht des Hofes zu Loen. Ein Beitrag z. Geschichte d. münsterschen Amtsverfassung von Dr. Karl **Lohmeyer**. Münster ⟨Westf.⟩: F. Coppenrath 1906. (IV, 80 S.) 8°
— **Beiträge**, Münstersche, z. Geschichtsforschung. N. F. 11. [07. 10154 8

Kritisches zur Altpreussischen Geschichtsforschung. In zwanglosen Heften hrsg. von Karl **Lohmeyer**. 1. *Königsberg i. Pr. 1900: M. Liedtke.* 8°
[00. 11412 10

Lohmeyer, Carolus *Fridericus Guilelmus* [Lupiensis]: Prolegomena ad Guilelmi Blesensis Aldae comoediam ... (Erscheinen vollst. m. d. Text im gl. Verl.) Lipsiae, typ. B. G. Teubneri, 1892; 32 S. 8.
Bonn, Phil. Fak., Inaug.-Diss. v. 5. Aug. 1892

Lohmeyer. Car., de Richardo I. Angliae rege cum in Sicilia commorante, tum in Germania detento. Dissert. inaug. histor. Regimonti Pr. 857. (Koch.) 8. (62 S.) n. 10 *ngr.*

Balthasar Wilhelm Stengel, der Oberbaudirektor des Fürsten Ludwig von Saarbrücken. Von Karl **Lohmeyer**. Saarbrücken 1910: Hofer. 18 S. 8°
Aus: Saarbrücker Zeitung [10. 11294 5

CARL LOHMEYER, Systematische Uebersicht der Arten der Reptilien und Amphibien des Museums der naturforschenden Gesellschaft zu Emden. Emden. 1882. Druck von Th. Hahn Wwe. 8°.

Lohmeyer, Carl, des Herzogs Johann Albrecht zu Meklenburg Versuch auf Livland. gr. 8. (15 S.) Dorpat 863, (Gläser's Verlag.) *

Lohmeyer, Robert, a. Leipzig-Connewitz: Untersuchungen über die Gradation von Bromsilber-Gelatine-Trockenplatten unter dem Einfluss von Lichtstrahlen verschiedener Wellenlänge. Marburg a. L. 1907: Marburger Papier-Manufaktur. (50 S. [nebst] Anh.) 8°
Marburg, Phil. Fak., Ref. Zincke, Diss. v. 16. Aug. 1907
[Geb. 20. Okt. 79 Leipzig-Connewitz; Wohnort: Leipzig-Connewitz; Staatsangeh.: Preußen; Vorbildung: Oberrealsch. Charlottenburg Reife M. 01; Studium: Berlin 1, München 2, Techn. Hochsch. Berlin 9, Univ. Marburg 1 S.; Rig. 1. Mai 07.]

Lohmeyer, Thdr., Beiträge zur Etymologie deutscher Flussnamen. 8. (VI, 126 S.) Göttingen 881. Vandenhoeck & Ruprecht's Verl. n. 2. —

Lohmeyer, Theodor Beiträge zur Namenkunde des Süderlandes und zur Geschichte der Stadt Altena. I. Beiträge zur Namenkunde des Süderlandes siehe: Sprachgebr. bes. Dialekt. u. Schriftst. S. 128.
Progr.

Lohmeyer, Theodor Beiträge zur Namenkunde des Süderlandes und zur Geschichte der Stadt Altena. I. Beiträge zur Namenkunde des Süderlandes. 8 (III–VI, 76 S.)
Progr. Prg. mit Realklassen *Altena in Westf.* 1894.
Nicht im Tauschverkehr.

—— Neue Beiträge zur Etymologie deutscher Flussnamen. O. O. o. J.
Sep.-Abdr. aus: Archiv f. neu. Sprachen 70. [Flüsse aus versch. Gegenden.] . . . . (D.)

Lohmeyer, Thdr., Dispositions- u. Aufsatzregeln im Anschluß an Dispositions- u. Aufsatzvorbilder. [Aus: „L., kleine deutsche Satz-, Formen- u. Interpunktionslehre", 4. Aufl.] gr. 8. (34 S.) Hannover 899. Helwing. n. — 30

Lohmeyer, Thdr., Dispositions- u. Aufsatzregeln im Anschluß an Dispositions- u. Aufsatzvorbilder. (47 S.) gr. 8. Hannover 904. Helwing. n. — 40
Sonderabdruck aus: Kleine deutsche Sprach- u. Aufsatzlehre.

— die Hauptgesetze der germanischen Flussnamengebung, hauptsächlich an nord- u. mitteldeutschen Flussnamen erläutert. Ein zum grössten Teile in der Sitzg. des hess. Geschichtsvereins zu Marburg am 27. III. 1903 geh. Vortrag. (X, 32 S.) gr. 8. Kiel 904. Lipsius & Tischer. n. 1. 20

Lohmeyer, Thdr., kleine deutsche Satzlehre, nebst einer Auswahl aus der Formenlehre und einer Zeichensetzungslehre, zunächst für die Klassen Sexta bis Tertia höherer Lehranstalten mit Latein. gr. 8. (XII, 53 S.) Hannover 887, Helwing's Verlag. cart. *

Lohmeyer, Thdr., kleine deutsche Satz-, Formen- u. Interpunktionslehre, nebst e. Anh. aus der Poetik u. Metrik, sowie e. anläßlich der „Neuen Lehrpläne" hinzugefügten Nachtrage, zunächst f. die Klassen Sexta bis Tertia höherer Lehranstalten m. Latein. 3. Aufl. gr. 8. (XII, 70 S.) Hannover 892. Helwing's Verl. Kart. n. — 80

— kleine deutsche Satz-, Formen- u. Interpunktionslehre, nebst e. Anh., enth. Regeln aus der Poetik u. Metrik, Geschichtliches üb. die deutsche Sprache, das Lautverschiebungsgesetz u. die Wortbildungslehre. Aufsatzbeispiele u. Aufsatzregeln, unter besond. Berücksicht. der Schülerfehler u. Schwankgn. des Sprachgebrauches, f. höh. Lehranstalten (zunächst f. VI bis II B), namentlich auch die m. Latein. 4. erweit. Aufl. gr. 8. (XVI, 147 S.) Ebd. 899. Geb. n. 1. 80

— kleine deutsche Sprach- u. Aufsatzlehre. Unter besond. Berücksicht. der Schülerfehler u. Schwankgn. des Sprachgebrauches. Für höh. Lehranstalten (zunächst f. VI bis II B), namentlich auch f. Realgymnasien u. Realschulen. 5. erweit. Aufl. (XVI, 196 S.) gr. 8. Hannover 904. Helwing. Geb. n. 2. —

Lohmeyer, Thdr., de vocabulis in Oppiani Halieuticis aut peculiariter usurpatis aut primum exstantibus. Dissertatio inauguralis. Berlin 866. (Calvary & Co.) gr. 8. (100 S.) n. 18 ngr.

Lohmeyer, Theodor Was bedeutet der Name Zollern? 4 (6 S.).
Progr. Rprg. *Altena* 1892.
Nicht im Tauschverkehr.

Lohmeyer, W., Theorie d. Kreisgewölbe. (Nach Petit bearb.) Besond. abgedr. aus Crelle's Journal f. d. Baukunst Bd. 18. Mit 1 Figurentaf. gr. 4. Berlin 843, Reimer. 1/2 ₰

Lohmüller, A., Anleitung zum gottseligen Leben, s.: Sales, Frz. v.

Lohmüller, Albert, a. Höfendorf: Sterblichkeitsuntersuchungen auf Grund des Materials der Stuttgarter Lebensversicherungsbank a. G. ⟨Alte Stuttgarter⟩ 1854—1901. Jena 1907: G. Fischer. (45 S., 2 Taf.) 8°
Erlangen, Phil. Fak., Ref. v. Eheberg, Diss. v. 22. Febr. 1907
[Geb. 19. Sept. 66 Höfendorf in Hohenzollern; Wohnort: Höfendorf; Staatsangeh.: Preußen; Vorbildung: Gymn. Rottweil Reife 87; Studium: Freiburg i. B. 5, Straßburg 5 S.; Rig. 11. Juli 06.]

Lohmüller, Fritz, appr. Arzt a. Köln: Aus d. Frauenklinik d. Univ. Bonn. Ueber Rectovaginalfisteln. Bonn 1905: E. Eisele. (48 S.) 8°
Bonn, Med. Fak., Ref. Fritsch, Diss. v. 4. Aug. 1905
[Geb. 4. Juni 78 Cöln; Wohnort: Cöln; Staatsangeh.: Preußen; Vorbildung: Kaiser Wilh.-Gymn. Cöln Reife O. 00; Studium: Heidelberg 2, Bonn 7 S.; Coll. 4. Aug. 05; Approb. 5. März 05.]

Lohmüller, Max: Aus der chirurgischen Klinik der Universität Bonn. Ueber Sarcome der Extremitäten. *Bonn [1898]: J. Trupp.* (37 S.) 8°
Bonn, Med. Diss. v. [19. Febr.] 1898

Lohmüller, Wilhelm: Ueber epileptische Amnesie. *München: J. F. Lehmann 1897.* (50 S.) 8°
München, Med. Diss. v. 1897

Lohn, Billicher, Getreuer Liebe, Oder die aus Constantinopel auf den Armenianischen Thron erhabene Kayserliche Prinzessin Normana in einer galanten Helden- und Liebes-Geschicht der curiösen Welt dargestellt von G. Nürnberg 1718. V: *Gschwendtner*. (BGE IV[3], 240)

Lohn u. Dank der Aerzte in Franken, (v. J. Reder). 8. Hildburgh. 790.

Lohn und Dank der Ärzte in Franken. Hildburgh. 1791. V: *Reder, Ignaz*. (BB) (Ky)

Lohn des Fleißes. Eine Sammlung von Jugendschriften für fleiß. Kinder, in 10 Hftn. 1. Sammlung. gr. 16. (à 24 S.) Düsseldorf 879. A. Bagel. In Kapsel. 1. 20

Lohn d. Freundschaft. Schsp. in 5 A. v. C. A. Rost. 8. Cassel. Griesbach. 801.

Lohn, Der von Gott gerechte, falschgeschworner Schweitzer-Treu. O. O. 1712. V: *Hardmeyer, Johann Caspar*. (Cat. d. Stadtbibl. Zürich. Zürich 1864—97.)

— d. Liebe. Schsp. in 5 A. v. Beck. 8. Lpz. Joachim.

— d. Nachwelt. Schsp. in 4 Aufz. v. Gleich. 8. Wien, Wallishaußer.

LOHN und Peitsche. Wien 1783. 8°. Rar! (In München: P. o. germ. 872.) Kroyss.

Lohn, der, der Rechtschaffenheit. Schspl. 8. Augsb. 776. Wolf. 3 gr.

LOHN, Der traurige, unzüchtiger Liebe junger Leute, oder die bekehrte Bordellschwester. Aus d. Französ. Mit 8 Kpfrn. Venedig (Nordhausen, Gross) 1765. 8°. Grosse Seltenheit! (8 Rthlr. Scheible, Cat. 43; jetzt theurer!)
„14½ Bogen Text u. 1½ Bog. (so!) Kpf." (Cat. Meissner II.); Bibl. Bülov II. 2. p. 124.

Lohn der Treue, der, od. Baron Werdingen u. sein Mädchen; eine Gesch. voller Abenteuer, aber ohne Fallkinder. 2 Thle. 8. Weißenfels, Severin. 800.

Lohn, der, der Treue, od. Baron Werdingen u. sein Mädchen. 2 Thle. 8. ... 801. Hinrichs in Leipz. 2 ₰

Lohn der Treue, der, oder Baron Werdingen u. sein Mädchen. Eine Geschichte voller Abenteuer aber ohne Fallkinder. 2 Bde. m. Kupf. neue Ausgabe. 8. Leipzig, Hinrichs. 811. Rthlr.

Lohn, der, der Treue. Eine Erzählg. f. Jung u. Alt. 8. (56 S.) Stuttg. 889, Verlag der Evangel. Gemeinschaft. — 25

[Kopft.:][F.] Des Trinkers Lohn. (6. Aufl.) *(Gernsbach i. B.: Christl. Kolportage-Ver. 1894.)* (4 S.) 1 Bd 8. [Nr. 12470 Iv]

Lohn der Tugend. Die letzte Erzählung, s. Noch ein Mal.

— der Tugend. Schsp. f. Kinder v. Leuchert. 8. Hamburg, Vollmer. 795.

— der Tugend, von Ch. Soph. Ludwig. 4 Thle. 8. Leipz. Gräff. 805.

— der Tugend. Schsp. in 5 Akt. 8. Darmstadt, Heyer u. L. (Leske.) 808.

— der Wahrheit. Schsp. in 5 A. v. A. v. Kotzebue. 8. Lpz. Kummer. 801.

— der Wahrheit, Schauspiel in 5 Aufz. von A. v. Kotzebue. N. Aufl. 8. Leipzig, Kummer. 819.

Löhn, Anna, Gedichte. 16. (VI u. 93 S.) Dresden 850, Kori. n. 16 ngr; in Engl. Einb. m. Goldschn. n. 24 ngr

Löhn, Anna, Gedichte. 2., verm. Aufl. 16. (V und 182 S.) Leipzig 856(57,) Matthes. *

Löhn, Anna, der Geheimnißvolle. Erzählung. Berlin 869. Janke. 8. (220 S.) n. 20 ngr

— Giovanna. Episch-lyrisches Gedicht. Dresden 853. Türk 16. (3 Bl., 152 S.) n. 15 ngr

— Humoresken. Nebst einer Biographie der Verfasserin. Berlin 868. Reymann. 8. (125 S.) 7½ ngr

—— innerhalb zehn Jahren. Reiseerlebnisse und Reiseeindrücke aus den J. 1857 bis 1867. 2. ergänzte und verm. Aufl. 8. (VIII, 448 S.) Gera 871, Ißleib und Rietzschel.

– Aus Norden und Süden, s. Bergson's Eisenbahnbücher.

—— gesammelte Novellen. 2. verm. Aufl. 8. (VII, 598 S.) Leipzig 870, Kollmann.

— Novelletten, s. Bergson's Eisenbahnbücher.

Löhn, Anna, Odysseus auf Ogygia. 12. (1⅙ B.) Hohnstein 845, Seiffert.

Löhn, Anna, Reisetagebuch einer alleinreisenden Dame in Italien s. Bergson-Sonenberg's Eisenbahnbücher.

—— ein deutscher Schulmeister. Eine Dorfgeschichte in Versen. 16. (IV, 99 S.) Leipzig 872, Matthes. geb. mit Goldschn. *

– Heitere Spaziergänge durch Deutschland, s.a. Bergson's Eisenbahnbücher.

Löhn, Anna, Heitere Spaziergänge durch Deutschland. Leipzig (1866). 8. . . . (D.) [Varia, bes. Theatralisches, aus Süd- u. Nord-D.]

– Stationen!, s. Bergson-Sonenberg's Eisenbahnbücher.

— unweiblich. Ein Wort zur Bekämpfung eines Vorurtheils unter einem großen Theile der Frauenwelt. Dresden 870. (Burdach.) 8. (14 S.) n.n. 3 ngr

– Weitere Streifzüge in Italien, s. Bergson's Eisenbahnbücher.

– Theatererinnerungen, s. Bergson's Eisenbahnbücher.

Löhn, Anna, Verkennen u. Erkennen. Original-Novelle. Dresden 861. Kuntze. 8. (IV, 276.) 1 rf

Löhn, Ed. Wilhelm

— **de Joannis Bodini colloquio heptaplomere. Dissertatio historico-theologica. 8. Tubingae 843, Bibliopolium Zu-Guttenberg. n. 1/3 rf**

Löhn, Ed. Wilh., Dr. Caspar Creutziger oder Cruciger, der Schüler, Freund u. Amtsgenosse Luther's u. Melanchthon's. Nach ungedruckten u. gedruckten Quellen. 2. umgearb. u. verm. Aufl. Leipzig 859. Naumann in Comm. gr. 8. (VII, 62 S.) n. 10 ngr

Löhn, Ed. Wilh., Encyclopädie d. Bibelkunde, s. Gemmerli, G. A.

Loehn, Ed. Wilh. (Ill. J. Eckii ep. quaed. ad Erasmum Roterod.). Freiberg (Gerlach) 5. VI. 1832. 17 S. (Namen.) (3.80) 21497
Gew.: Gotth. Ferd. Doehner.

—— Kirchenlieder z. frommen Feier d. Jubelfestes bei Einführ. d. Reformation in d. meißnischen Landen, zum gottesdienstl. Gebr. gedichtet. gr. 8. (¼ B.) Grimma 839, Verlags-Compt.

Löhn, Ed. Wilh., Lieder für Kinder zarteren Alters. Theils gesammelt, theils selbst verfaßt u. herausg. 1. Abthl. Dresden 866. (Burdach.) 8. (VI, 24 S.) geb. n. 10 ngr

Löhn, Ed. Wilh., bibl. Sach-Wörterbuch, z. Handgebr. f. Landschullehrer u. Seminaristen ausgearb. gr. 8. (11 B.) Leipzig 834, Fr. Fleischer.

—— unsere guten Werke allein verherrlichen die evangel. Kirche. Predigt. 8. (1 B.) Hohnstein 845, Seiffert.?

Löhn

— **Joh. Gottfr.** (Gera), Diss. med. de apoplexia. Präs. Carl Gottl. Kuehn. Lpz. (Tauchnitz) 20. IX. 1803. 31 S. (3.—) 21498
Gew.: Chr. Friedr. Schellhammer.

Löhn, P. Die Erbfeinde u. Erbsünden in der Litteratur. Zur socialen Frage d. Schriftstellerstandes. gr. 8. (43 S.) Guben 890, Sallis. * 1 —

Löhn, P., das Lampenfieber. Ein Ratgeber f. Redner, Deklamatoren, Dilettanten u. angeh. Künstler, Amateur- u. Berufsschauspieler. (37 S.) gr. 8. Oranienburg (907). [Orania-Verlag.] F. Koslowsky. 1. —

Löhn, R. P., englische Grammatik, Formenlehre, Syntax u. Aussprache, in Versen. (69 S.) 8. Wien 906. (Sallmayer'sche Buchh.) 1. 20

Löhn, R. P., Französische Grammatik (Formenlehre u. Syntax) in Versen. (46 S.) 8. Wien 905. Sallmayersche Buchh. n. 1. 20

Löhn, R. P. Realistische Märchen u. metaphysische Histörchen. Nicht f. höhere Töchter, noch f. niedere Buben. 8. (81 S.) Zür. 890, Verlags-Magazin. * 1 20

Löhn, R. P. Realistische Märchen und metaphysische Historchen. Nicht für höhere Töchter, noch für niedere Buben. In-8°. 80 S. Zürich, Verlags-Magazin (J. Schabelitz). 1890. 1 50

Löhn-Siegel, Anna, zwei alte Apotheker. Roman in 2 Bdn. 8. (168 u. 198 S.) Dresden 874. Baensch. n. 7. —

Löhn-Siegel, Anna, vom Oldenburger Hoftheater zum Dresdner. Letzte Theatertagebuchblätter. 8. (VI, 268 S.) Oldenburg 885, Schulze'sche Hofbuchh. *ℳ 3.—.; geb. *

— innerhalb zehn Jahren. Reiseerlebnisse u. Reiseeindrücke aus d. J. 1857 bis 1867. 2. ergänzte u. verm. Aufl. 8. (VIII, 448 S.) Gera 871. Issleib & Rietzschel. 4. 50

Löhn-Siegel, Anna, das falsche Jettchen, s. Kühling's, A., Theater-Specialität.

— die Kinder der Clarice Strozzi. Roman aus dem 16. Jahrh. [Mit freier Benutzg. italien. Schriftsteller.] 8. (350 S.) Dresden 875. Baensch. n. 5. 50

Löhn-Siegel, Anna, aus der alten Coulissenwelt. Mein Engagement am Leipziger u. Magdeburger Stadttheater in den J. 1847 u. 1848. gr. 8. (IX, 461 S.) Leipzig 883. Friedrich. n. 6. —

— gesammelte Novellen. 2. verm. Aufl. 8. (VII, 598 S.) Leipzig 870 Kollmann. 6. —

— ein deutscher Schulmeister. Eine Dorfgeschichte in Versen. 16. (IV, 99 S.) Leipzig 872. Matthes. geb. m. Goldschn. n. 2. —

Löhn-Siegel, Anna. Vortrags-Gedichte. Vorgetragen v. der Verf. in den Abendunterhaltgn. d. 1. Dresdener Frauenbildungsvereins im Laufe v. 20 Jahren u. ihm gewidmet zum Stiftungsfeste, den 21. Apr. 1890. 12. (53 S.) Neustadt i. S. 890. (Dresd., J. Naumann's Buchh.). * 1 —

Löhn-Siegel, Anna, wie ich Schauspielerin wurde. Aus den Anfängen meiner Theaterlaufbahn. gr. 8. (VIII, 414 S.) Berlin 880. Gerschel. n. 6. —

Lohnarbeit, Landwirtschaftliche. der Häusler. Innere Kolonisation u. ländl. Bevölker. Pacht-Häuslereien. Landwirtschaftl. Arbeitsämter. Landwirtschaftl. Arbeitsvermittl. Rostock i. M. 1907. 8°.
(Landarbeit u. Kleinbesitz, hrsg von Rich Ehrenberg. H. 2/3.)

Lohnau, Albe., deklamator. Abendunterhaltungen. 8. (7 B.) Potsdam 833, (Vogler.)

Lohnau, Alb., der vollkommene Papparbeiter. Oder prakt. Anweisung, alle Arten geschmackvoller Papparbeiten auf das Sauberste zu verfertigen. Mit 11 Tafeln Abbild. (in gr. 4. u. qu. gr. Fol.) 2e verb. Aufl. 8. Quedlinb. 832. Basse. 1 ₰ 12 gr (NB. Wenn erschien denn die 1e Aufl. ?)

Lohnau, Alb., Graf Albert v. Reinstein, Schirmvogt zu Quedlinburg; oder das heiml. Gericht der Teufelsmauer. Vaterländ. Gemälde in 4 Abtheill. Nach einer Sage u. der Chronik bearbeitet. 8. Quedlinb. 832. Basse. 20 gr

Lohnau, R., Myzielsky u. Wassiley, od. Warschaus Verschwörung gegen Rußland. Histor. Roman. 2 Thle. gr. 12. Quedlinb. 832. Basse. 2 ₰ 12 gr

Lohnbach, s.: Nachbach E. v. Lohnbach.

Lohnbedingungen

Lohn- und Arbeits**bedingungen** der Arbeiter in Brauereien und verwandten Betrieben. Nach Erhebungen von 1899 u. 1908. Nebst e. Anh.: Haushaltungsrechnungen u steigende Lebensmittelpreise. Berlin: Zentralverband Deutscher Brauereiarbeiter u. verwandter Berufsgenossenschaften (1910). 344 S. 8° [II. 17982

Lohnberechnungs-Tabelle oder Rechenknecht für Maurer-, Zimmermeister, Bauunternehmer, Schachtmeister etc. 8. (114 S.) Schneeberg 863, Goedsche'sche Buchh. geb.

Lohnberechnungs-Tabelle oder Rechenknecht für Maurer-, Zimmermeister, Bauunternehmer, Schachtmeister etc. 2. und 3. verb. Aufl. gr. 16. (114 S. mit 1 Tab. in qu. gr. 4.) Schneeberg 875, Gödsche'sche Buchh. geb. *

Lohn-Berechnungs-Tabelle in süddeutscher Währung. 8. (38 S.) Nürnberg 873, Korn'sche Buchh.

Löhnberg, Emil: Beitraege zur Casuistik und zur Aetiologie des Aortenaneurysmas ... München, Buchdr. B. Heller, 1896; 46 S. 8.
München, Med. Fak., Inaug.-Diss. v. 1896

Lohnbewegung und Streiks im Bäckereigewerbe 1904—1905. 8°. Hamburg, Altmann, 1905.

Lohn-Buch. 8. (16 S.) Dramburg 856. (Cöslin, Volger'sche Buchh.) Thlr.

Lohnbuch (nach amtl. Material zusammengestellt). 8. (128 S. u. Notizblätt.) Ravensburg (902). Dorn. Kart. n. 1.—

Lohnbuch (nach amtlichem Material zusammengestellt). (130 S.) kl. 8. Ravensburg (910). Dorn. Geb. 1. —

Lohn- und Dienst-Buch, s. Dienst- und Lohn-Buch.

Lohne i. O. [Schlagwort]

Lohne i. O., s.: Preussen. Messtischblätter.

Löhne u. Arbeitszeit in der Holzindustrie Grossbritanniens. Holzarbeiter-Zeitung, 1910_{22}.

Löhne und Schichtdauer beim [österreichischen] Bergbau in den Jahren 1901—1906 u. ff. Auf Grund von Erhebungen der K. K. Bergbehörden bearb. vom Arbeitsstatistischen Amte im K. K. Handelsministerium. Wien, 1904—1908 u. ff.

Löhneis, Georg Engelhard von, s. Löhneyß.

Löhneisen, Georg Engelhard von, s. Löhneyß.

Löhneiß, Georg Engelhard von, s. Löhneyß.

Löhneißen, Georg Engelhard von, s. Löhneyß.

Lohner, Carl, s. Lohner, Karl

Lohner, Carl Friedrich Ludwig, s. Lohner, Karl Friedrich Ludwig

(Lohner, E[mil].) Gesuch für den Verein schweizer. Drahtseilbahn-Gesellschaften an die h. schweiz. Bundesversammlung (*i. S.* der Konzessionsklausel betreffend Herabsetzung der Transporttaxen. Lausanne, im August 1906). II + 14 S. 8. Thun, Eugen Stämpfli, 1906.

([Mit einer] Beilage...;) — *s.* Salis, L[udwig] R[udolf] von. Rechtsgutachten über die Frage der Verpflichtung....

(Lohner, E[mil].) Rekurs für die Gesellschaft der Drahtseilbahn Lugano Monte S. Salvatore in Sachen gegen den h. Schweizerischen Bundesrat. An die h. Schweizerische Bundesversammlung. (1906 April.) II + 7 S. 8. Thun, Eugen Stämpfli, 1906.

(Lohner, E[mil].) Requête de l'Union de Compagnies suisses de chemins de fer funiculaires aux Chambres fédérales (*au sujet de* la clause de leurs concessions relative à l'abaissement des tarifs. Lausanne, août 1906). II + 15 p. 8. Berne, Stæmpfli & Cie., 1906.

([Avec une] Annexe...;) — *v.* Salis, L[udwig] R[udolf] von. Consultation sur la question de l'obligation de l'abaissement....

Lohner, Karl

Lohner, Carl, die Münzen d. Republik Bern. gr. 8. (17½ B. u. 3 Münztaf.) Zürich 846, Meyer u. Zeller.

Lohner, Carl, Nachträge und Berichtigungen zu dem Werke, die Münzen der Republik Bern. gr. 8. (56 S.) Zürich 858, Meyer und Zeller's Verlag. *

Lohner, Karl Friedrich Ludwig

Lohner, Carl Friedr. Ludw., die reformirten Kirchen und ihre Vorsteher im eidgenössischen Freistaate Bern, nebst den vormaligen Klöstern. 2 Abthlgn. gr. 8. Thun, Christen. [1. Abthl. (S. 1—374.) 864. * 1 Thlr. 5 Ngr., 2. Abthl. (VIII und S. 375—700.) 867. * 1 Thlr.]

Lohner, Carl Friedrich Ludwig. Die reformirten Kirchen und ihre Vorsteher im eidgenössischen Freistaate Bern, nebst den vormaligen Klöstern, dargestellt durch C' F' L' Lohner.... 8. Thun [1865].

Lohner, Ludw., die Fortschritte des Automobilismus. Vortrag, geh. im niederösterreich. Gewerbeverein am 22. XII. 1899. gr. 8. (48 S.) Wien 900. (Lehmann & Wentzel.) n. 1. 60

Lohner, Tob., praktische Anleitung zum apostol. Krankenbesuche. Aus dem Latein. von M. v. Auer. 8. (VIII und 238 S.) Tübingen 849, Laupp'sche Buchh.

Lohner, Tob., praktische Anleitung zum apostolischen Krankenbesuche. Aus dem Latein. von M. v. Auer. 2. (Titel-)Aufl. 8. (VIII und 238 S.) Tübingen (849)59, Laupp'sche Buchh.

Lohner, Tobiae S. J., Bibliotheca manualis concionatoria. III Tomi. Fol. Augsb. 771. Wolf. 9 rf

— — id. l. instructissim. III Tmi. fol. Augsb. Rieger. 771.

Lohner, Tob., Hand-Bibliothek f. Prediger. Aus d. latein. Sprache in d. deutsche übers. u. neu geord. v. Karl Leop. Lausch. 3 Bde. gr. 8. (23, 22½ u. 20½ B.) Wien 838, 39, [Wimmer, Schmidt u. Leo.] Thlr. *

— instructiones XI var. argumenti. 8. Augsb. ... (Wolf). 4 rf 16 kr

— compendium ritualis separatim. 8. Augsb. ...(Wolf). 5 kr

Lohner, Tob., vortreffliche Lehre n v. Ergebung d. menschl. in den göttlichen Willen. 8. Salzb. Mayr. 761. Rthlr.

Lohner, Tobias. Vortreffliche Lehren von der Ergebung des menschlichen in den Göttlichen Willen, a. d. Latein. Salzburg 1779. V: *Steinhauser, Joh. Bapt.* (Jes)

— geheime Lehrstücklein d. geistlichen Ordensstandes. 12 Augsb. Wolf. 735.

— geistliches Schatzkämmerlein. 12. Ebend. 749.

— tabulae Direct. divini Offic. 8. Budae 799. Typ. B. 4 kr

Dietz: [Gedicht.] Zur Feier der am 54. Stiftungsfeste erfolgten Aufnahme des gel. Br. Dietz. [Unterz.:] **Löhner.** Nürnberg den 17. März 1843. [Nürnberg 1843]: Campe. 2 Bl. 8⁰ [Umschlagtit.]

Tt. 2106. „Willkommen, Du Bruder voll geistiger Kraft, . . .“ 439.

Löhner, Fritz [wirkl. Name], s. Beda [Pseud.]

Löhner, H. v., unterwegs, s.: Theater-Repertoir, Wiener.

Löhner, Herm. v., s.: Commedia, la divina.

Löhner, J.

Löhner, kurze Anleitung z. Kenntniß u. Beurtheilung d. Wolle, u. z. Veredlung d. Schafheerden. Für böhm. Schafzüchter u. Wirthschafts-Beamte. gr. 8. (3½ B.) Prag 828, (Calve.)

—— Anleitung z. Schafzucht u. Wollkunde f. angeh. Schafzüchter u. Wirthschaftsbeamte. Hrsg. v. der k. k. patriot.-ökonom. Gesellschaft d. Königr. Böhmen. M. 1 lith. Taf. (gr. 4.) 1. Aufl. (12 B.) 833., 2., verb. u. verm. A. (11½ B.) gr. 8. Prag 835, Calve. à Thlr.

Löhner, Anleitung zur Schafzucht und Wollkunde für angehende Schafzüchter und Wirthschaftsbeamte. Hrsg. von der k. k. patriotisch-ökonomischen Gesellschaft des Königr. Böhmen. 3., verb. und verm. Aufl. Mit Zusätzen von Osumber. gr. 8. (X und 201 S. mit 7 Stnt. in gr. 8. und gr. 4.) Prag 856, Tempsky.

mit ill. Taf.

Löhner, Dr. J., Beitrag z. Verbreitung d. Kenntnisse d. Wechselwirthschaft u. ihrer Anwendbarkeit in Böhmen. 8. Prag 813. (Calve). 10 kr

(Löhner,) Fragmente üb. Schafzucht rc., s. Fragmente.
[Der Name d. Verf. kann a. a. O. in ( ) beigefügt werden]

Loehner, J., die Musik als human-erziehliches Bildungsmittel. Ein Beitrag zu den Reformbestrebungen unserer Zeit auf dem Gebiet der musikal. Unterrichtslehre. gr. 8. (V, 54 S.) Leipzig 886, Breitkopf und Härtel. *

— noch ein paar Worte üb. d. Gypsen d. Klees. 8. Prag 826. Calve. 3 kr

Löhner, Jos., Bemerkk. über d. gegenwärt. Verfassung d. Gymnasien in d. K. K. Staaten. 8. Wien 792. Blumauer. 3 kr

Löhner, L., Sammlung, vollständige, von Gelegenheitsgedichten, s. Sammlung.

Löhner, Leo, Untersuchungen üb. Polychoerus caudatus Mark, s.: Arbeiten aus dem zoologischen Institut zu Graz. IX. 3.

Löhner, Ludw., Reden gehalten am österreich. konstituirenden Reichstage. Mit einem Vorworte. gr. 8. (67 S.) Wien 850, Jasper, Hügel & Manz. n. 1/3 ℛ

Löhner, Otto, Bauarbeiterschutz u. Baupolizei in Bayern, s.a. Studien, Münchener volkswirtschaftliche.

Löhner, Otto [Regierungsbaumeister]: Bauarbeiterschutz und Baupolizei in Bayern. Stuttgart 1907: Union. (VI, 140 S.) 8° ¶ [= Münchener volkswirtsch. Studien Stück 84, 1907.]
München, Staatswirtsch. Fak., Ref. Brentano, Diss. v. 10. Juni 1907
[Geb. 27. Juni 77 Augsburg; Wohnort: Augsburg; Staatsangeh.: Bayern; Vorbildung: Realgymn. Augsburg Reife Juli 97; Studium: München Techn. Hochsch. 8, Univ. 4 S.; Rig. 10. Juni 07.]

Löhner, Otto, Bauarbeiterschutz und Baupolizei in Bayern. 8⁰. Stuttgart, J. G. Cotta Nachf., 1907. (Münchener volkswirtsch. Studien, Stück 84.)

Löhner, R., Beiträge zu Alphart's Tod. gr. 8. (24 S.) Kremsier 885. (Wien, Pichler's Wwe. & Sohn.) n. — 50

Löhner, Rudolf: Lehrerfahrungen. (Beitrag zur Methodik und Didaktik des deutschen Unterrichtes.) 10 S. 8.
Progr. K. k. Staatsgymn. im XIII. Bezirke *Wien* 1905.

Löhner Rudolf: Wortstellung der Relativ- und abhängigen Konjunktionalsätze in Notker Boethius.
D: Selbstverlag. 1881.
1881 PN 217 Diss. Wien Univ. 15

Lohnermittlungen III im graphischen u. Papiergewerbe, in der Industrie der Steine u. Erden, im Ledergewerbe, Verkehrs- u. Transportgewerbe, im Friseur-, Wäschereigewerbe u. einigen kleineren Branchen, sowie im Handelsgewerbe. Nebst e. Gesamtübersicht unter besond. Berücksicht. der Frauenarbeit. Hrsg. vom statist. Amt der Stadt München — Frühjahr 1907. (S. 135—180.) Lex 8. München (J. Lindauer). 1. —
Sonderabdruck aus: „Mittlgn. d. statist. Amtes d. Stadt München"

Lohnermittelungen und Haushaltungsrechnungen der minder bemittelten Bevölkerung im Jahre 1903. (Vorr.: Prof. Dr. E[rnst] Hirschberg.) Berlin: P. Stankiewicz 1904. (IV, 61*, 75 S.) 4°
— Statistik, Berliner, hrsg. v. Statist. Amt d. Stadt Berlin. H. 3.

Lohnermittlungen in der Metall- u. Maschinenindustrie, in der Industrie der Holz- u. Schnitzstoffe u. im Textil- u. Bekleidungsgewerbe. München—Sommer 1906. Hrsg. vom statist. Amt der Stadt München. (80 S.) Lex.-8. München 906. (J. Lindauer.) n. — 50

Löhnert, A., kurze Anleitung zum Unterricht im Mädchenturnen im Anschluß an den 1909 im Schulinspektionsbez. Meißen abgeh. Fortbildungskursus f. Mädchenturnen. (32 S.) kl. 8. Meißen 910. H. W. Schlimpert. — 50

Löhnert, Carl, s. Löhnert, Karl

Löhnert, Fritz, Siegfried. Trauerspiel in 5 Aufzügen. (III, 192 S.) 8. Dresden 910. E. Pierson. 3. —

L[öhnert], H[ermann]. Idyllisches aus einem Kriegslager. Von H. L., Kriegsfreiwilligem im 1. Jägerbataillon.... [Mit 1 Vignette. Wiederabdruck aus dem Centralblatt des Zofinger-Vereins. Jahrgang 17.] 8. (Liebertwolkwitz [1896].)

Löhnert, Herm: (Löhnert's) neuer Kleoreiber. Bromberg 1894

Löhnert Josef: Das puritanische Element in Miltons Paradise lost. 17. Pilsen R. 97.
Progr.

Löhnert, Karl

Löhnert, Carl, graphisches ABC-Buch f. Impffreunde. gr. 8. (27 S. m. 3 Taf.) Chemnitz 876. (Leipzig, Knapp.) n. 1. 20

Löhnert, Carl, graphisches ABC-Buch für Impffreunde. gr. 8. (27 S. mit 3 Taf.) Chemnitz 1876. (Linnich, Oidtmann und Comp.) *

Löhnert, Carl, Impfzwang oder Impfverbot? Eine Frage für Statistiker, Volkswirthe u. Gesetzgeber. gr. 8. (55 S.) Chemnitz 878. Krüger. n. 1. 25

Löhnert, Karl Aug., Gesellenstück e. Schmiedes, s.: Berufsaufsätze, in der Fortbildungsschule.

Löhnert, Kurt, Torgau: Personal- und Amtsdaten der Trierer Erzbischöfe des 10.—15. Jahrhunderts. Greifswald 1908: H. Adler. (65 S.) 8°
Greifswald, Phil. Fak., Ref. Bernheim, Diss. v. 29. Febr. 1908
[Geb. 9. Sept. 84 Chemnitz; Wohnort: Torgau; Staatsangeh.: Sachsen; Vorbildung: Gymn. Torgau Reife O. 03; Studium: Freiburg i. B. 1, Leipzig 3, Greifswald 5 S.; Rig. 20. Dez. 07.]

Lohnes, August: Der Einfluss der Bibel auf die Dichtungen des Francis Quarles. Heidelberg 1909: Dörr. VIII, 123 S. 8°
Straßburg, Phil. Diss. v. 24. Juli 1909, Ref. Koeppel
[Geb. 23. Juni 86 Hirschhorn a. N.; Wohnort: Straßburg; Staatsangeh.: Hessen; Vorbildung: Gymn. Bensheim Reife O. 05; Studium: Heidelberg 1, Berlin 2, Straßburg 6 S.] [U 10. 4087

Lohnes, Heinr., s.: Papier-Kalender.

Löhneys, Georg Engelhard, s. Löhneyß.

v. **Löhneysen,** F. Die Kriegs-Obersten Niedersachsens. 8 Stuttgart 1846.

Löhneysen, Heinr. Frhr. v., Antisemitismus u. Nächstenliebe. Von e. positiv-christl. Standpunkt aus betrachtet. 1.—3. Aufl. gr. 8. (35 S.) Berlin 893. H. Walther. n. — 50

Löhneysen, Joh. Engelb., s. Löhneyß.

Löhneyß, Georg Engelhard von

Löhneiss, Georg Engelhardt von: „Gründlicher und ausführlicher Bericht von Bergwerken, Wie man dieselben bauen und in guten Wohlstandt bringen soll, sambt allen darzu gehörigen Arbeiten, Ordnung und rechtlichen Process beschrieben", Zellerfeldt 1617. — Vorh.: Preuß. Oberbergamt Dortmund — F. f. 4 — Verein zur Wahrung der bergbaulichen Interessen, Essen-Ruhr — Kh. 28¹. — Viele Neuauflagen.

Löhneysen, Joh. Engelb. Della cavalleria, d. i. Bericht von allem, was zur Reiterei gehörig. fol. Remlingen 1609. -- ib. 1624. — 2 Bde. fol. 1729.

v. Löhneys, Georg Engelhard: „Hof-, Staats- und Regierkunst", 1622, Neu gedruckt Frankfurt am Main 1679, neue Auflage 1706.

-- Neu eröffnete Hof-, Kriegs- u. Reit-Schul, das ist: gründlicher Bericht della cavalleria od. v. allen, was z. Reuterey gehörig u. einem Cavalier davon zu wissen gebühret ... anjetzo in einen gantz andern Stand gesetzet ... v. V. Trichter. (6 »Th.« i 2 Vol.). Nürnb. 1729. (660) S. 60 Tvl. Fol.

— Hof- Kriegs- und Reutschule, verm. von Trichtern, m. K. Fol. Nrnb. Lochner. 729.

Löhning, Ernst Carl Hugo, Referendar: Die Voraussetzungen des Versäumnisverfahrens. Leipzig: Veit 1909. IV, 40 S. 8° ¶ (Ersch. auch als Buch ebd.)
Leipzig, Jur. Diss. v. 8. Juni 1909
[Geb. 1. Jan. 84 Wilzschhaus; Wohnort: Grimma; Staatsangeh.: Sachsen; Vorbildung: Fürstensch. Grimma Reife O. 03; Studium: Leipzig 2, Heidelberg 2, Leipzig 4 S.; Rig. 18. Febr. 07.] [U 09. 2595

Lohninger, Jos., S. Maria dell' Anima. Die deutsche Nationalkirche in Rom. Bau- u. kunstgeschichtl. Mitteilgn. aus dem Archiv der Anima. (XXXIV, 167 S. m. Abbildg. u. 2 Taf.) gr. 8. Rom 909. (Regensburg, F. Pustet.) nn 4. —

Loehnis, Ch. A., Briefe meines Vaters. gr. 8. (VIII, 373 S.) Straßburg 880, Trübner. *

Löhnis, Felix, aus Dresden: Ein Beitrag zur Frage der Rotkleedüngung. *Merseburg 1901: F. Stollberg.* (63 S.) 8° [F.]
Leipzig, Phil. Diss. v. [8. Juli] 1901

Löhnis, (Felix), der Beruf des Landwirts, s.: Handbibliothek f. ländliche Fortbildungsschullehrer. 1. Bd.

— **Bodenbakteriologie** u. Düngungsfragen m. besond. Berücksicht. der Kleedüngung. Vortrag, geh. in d. ökonom. Gesellschaft im Königr. Sachsen, Dresden am 1. II. 1907. (19 S.) gr. 8. Leipzig 906. Fritzsche & Schmidt. — 60

Löhnis, F., Einführung in die Bakteriologie. Für Landwirte verf. (141 S.) 8. Leipzig 906. H. Voigt. n. 2. 50

Löhnis F.: Gesetzes- u. Verwaltungskunde ... 3. neubearb. Aufl. Leipz. 1908. 110, 26 S.
(Sammlung landwirtschaftlicher Lehrbücher)

— **Gesetzes- u. Verwaltungskunde** f. preuß. Landwirte u. landwirtschaftliche Schulen, in Verbindg. m. W. Neumann hrsg. (Sammlung landwirtschaftl. Lehrbücher.) 4. neubearb. Aufl. (VIII, 122 S.) 8. Leipzig 910. H. Voigt. Geb. in Leinw. 1. 40

Löhnis, F., Grundriß der Gesetzes- u. Verwaltungskunde. gr. 8. (VIII, 102 S.) Leipzig 903. H. Voigt. Geb. in Leinw. n. 1. 40

— **Grundriß der Gesetzes- u. Verwaltungskunde** f. preuß. Landwirte u. landwirtschaftl. Schulen. 2. verb. Aufl. (VIII, 109 S.) 8. Ebd. 905. Geb. in Leinw. n. 1. 40

Handbuch der landwirtschaftlichen Bakteriologie von Dr. F[elix] **Löhnis**, Privatd. Berlin: Borntraeger 1910. XII, 907 S. 4° [11. 1610 11

— Landwirtschaftslehre, s.: Kreisel.

— **Lehrbuch der landwirtschaftl. Physik u. Witterungskunde.** (VIII, 144 S. m. 78 Abb.) gr. 8. Leipzig 903. Landwirtschaftl. Schulbuchh. Geb. in Leinw. n. 1. 50

— **Lehrbuch der landwirtschaftlichen Physik u. Witterungskunde.** 2., neubearb. Aufl. (IX, 148 S. m. 85 Abb.) 8. Berlin 909. Landwirtsch. Schulbuchh. Geb. in Leinw. 1. 50

Löhnis, F[elix], Dr. phil., Assistent am landwirtschaftlichen Institut der Universität Leipzig: Untersuchungen über den Verlauf der Stickstoffumsetzungen in der Ackererde. Langensalza 1905: H. Beyer & Söhne. (103 S.) 8°
Leipzig, Phil. Fak., Hab.-Schr. v. 29. Juli 1905

Loehnis, G. Die VS v A. Lpz, 1868; 2d ed, Lpz, 1869.

Loehnis, H., Beiträge zur Kenntnis der Levante. [Mai 1882.] Hrsg. vom Deutschen Handels-Verein in Berlin. gr. 8. (XI, 153 S. mit 12 chromolithogr. Plänen und 1 chromolithogr. Karte.) Leipzig 882, O. Wigand. *

—— die wichtigsten **Ergebnisse** einer Informationsreise in die Levante an Bord des Dampfers „Lucifer". [Octbr. und Novbr. 1881.] Hrsg. vom Deutschen Handels-Verein in Berlin. gr. 8. (XV, 261 S.) Ebendas. 882. *

—— die europäischen **Kolonien.** Beiträge zur Kritik der deutschen Kolonialprojekte. gr. 8. (VII, 103 S. mit 2 lithogr. und color. Karten.) Bonn 881, Strauß. *

Loehnis, H., der Marasmus in Handel und Industrie 1877. gr. 8. (240 und Anhang 56 S. mit 1 lithogr. Curventaf.) London 877. (Strassburg, Trübner.) *

— der **Marasmus** in Handel u. Industrie 1877. gr. 8. (240 u. Anh. 56 S. m. 1 lith. Curventaf.) Strassburg 878. Trübner. n. 6. —

Loehnis, H., drei **Monate** im Orient. 1874. Nebst e. (lith.) Karte (in Fol.) gr. 8. (XII, 298 S.) London 874. Siegle. n. 9. —

—— die vereinigten Staaten von Amerika. Deren Vergangenheit und Gegenwart in socialer, polit. und finanzieller Beziehung. gr. 8. (XLII und 352 S. mit 5 Tab. in gr. 8., 4. und qu. Fol.) Leipzig 864, E. H. Mayer.

—— die Vereinigten Staaten von Amerika. Deren Vergangenheit und Gegenwart in socialer, polit. und finanzieller Beziehung. 2., mit einer Einleitung verm. (Titel-)Ausg. gr. 8. (LIII, 352 S. mit 5 Tab. in gr. 8. und qu. 4.) Leipzig (864) 69, Mayer. *

Loehnis, H., die Vereinigten Staaten von Nord-Amerika. Mit besond. Berücksichtigung ihrer finanziellen Verhältnisse. gr. 8. (III und 97 S.) Bonn 863, Cohen und Sohn.

— **Unterricht,** Erziehung u. Fortbildung. Ein Buch f. Eltern. 1. Bd. gr. 8. (CXXVIII, 461 S.) Ebend. 875. n. 10. —

—— Unterricht, Erziehung und Fortbildung. Ein Buch für Eltern. 2 Bde. gr. 8. London, Siegle. [1. Bd. (CXXVIII, 461 S.) 876. * ℳ 10.; 2. Bd. 2 Abthlgn. und Anhang (560; 631 S. und Anhang 206 S.) 876. * ℳ 14.] (* ℳ 24.) *

Loehnis, H. L., Briefe üb. Geschichte, Philosophie, schöne Litteratur, Staatswirtschaft u. Gesellschaftslehre. (Titel-Aufl. v. Löhnis, C. A., Briefe meines Vaters.) gr. 8. (XVI, 373 S.) Berlin 890. Siegismund. n. 6. —

Löhnis, Johann Michael, s. Löhnis, Michael

Loehnis, Jonath. Mich. Athanas., Grundzüge d. bibl. Hermeneutik u. Kritik. gr. 8. (29 B.) Giessen 839, Ferber.

Löhnis, Jonath. Mich. Athan., das Land u. Volk der alten Hebräer nach den in d. Bibel angegebenen Zuständen. Ein Beitrag z. bessern Verständniss u. Genuss der heil. Schriften des alten u. neuen Testamentes. gr. 8. (29½ B.) Regensburg 844, Manz.

Löhnis, Jonathan Michael Athanasius (Erfurt)
De praenunciato novi foederis, s. Missae sacrificio in priscis vatibus. Diss. exeg.-dogm.
Francofurti 1836.
Habil. theol. Giessen 21.3.1837.

Loehnis, Joann. Mich., De praenuntiato Novi Foederis seu missae sacrificio in priscis vatibus. Frankfurt, Andreä, 1837, gr. 8°, 1 Mk.
Recens. (Mainzer) Katholik 1837, Bd. 65, S. 300 f.

Löhnis, Michael

Ueber den Nutzen des Studiums der mit der hebräischen Sprache verwandten Mundarten. Von Mich. Lohnis, P. der Exegese u. der biblisch-morgenländischen Sprachen. — 1833. — Ebend. — S. 1—32.
Progr. Aschaffenburg

Löhnis, Mich., über d. Nutzen d. Studiums d. mit d. hebr. Sprache verwandten Mundarten. gr. 4. (4¼ B.) Aschaffenburg 834, Pergay.

LOHNKLAUSEL UND MINIMALLOHN. Agitationsschrift zur Förderung korporativer Arbeitsverträge. Herausgegeben von der Zentralkommission für Bauarbeiterschutz in Hamburg. Hamburg 1902. Verlag von Th. Bömelburg. 8°.

Lohnkutscher-Ordnung für die Ein- u. Zweispänner Lohnkutscher in Klgft., Klgft., Leon, 1874. 28 S.

Lohnordnung. – Eisenbahndirektionsbezirk Altona. Nur zum Dienstgebrauch. Lohnordnung. Gültig v. 1. Nov. 1907. Ausg. 1907. Altona 1907: Dingwort. 90 S. 4°

Lohnordnung. – Eisenbahndir.Bez. Berlin. Nur z. Dienstgebrauch. Lohnordnung für den Bezirk der Königlichen Eisenbahndirektion Berlin. Gültig v. 1. August 1906 an. Ausg. 1906. Berlin 1906: Hermann. 30 S. 4°

Lohnordnung. – Eisenbahndirektionsbez. Königsberg i. Pr. Lohnordnung für die Gehilfen, Hilfsbeamten und Arbeiter. Gültig v. 1. Juli 1903 ab. Ausg. 1903. Königsberg i. Pr. 1903: R. Leupold. (32 S.) 4°

Lohnsdorf, W. v., Weiberregiment. Eine Hundstagsblüte. (108 S.) 8. Berlin (908). H. Wagner. (Leipzig, O. Weber.) n. 1.—

Lohnstatistik. Bericht an das Schweizerische Industriedepartement vom Schweizerischen Arbeitersekretariat. (Heft 1. Einleitung: Wandlungen. Die Entwicklung der nationalen Wirtschaft und ihr derzeitiger Bestand.) [Mit Figuren.] VIII + 152 S. 8. Zürich, Komm. der Buchh. des Schweiz. Grütlivereins, 1908. [fr. 2. —]

Lohnstatistik des Personals der schweizer. Eisenbahnen. I u II. fol Bern 1899. 1900

Lohnstein, Hugo

Lohnstein, H., Beiträge zur pathologischen Anatomie der chronischen Gonorrhoe. (80 S. m. 8 Taf.) Lex.-8. Berlin 906. O. Coblentz. n. 3.—

— s.: Central-Zeitung, allgem. medicin.

Lohnstein, H., Katheterfragmente in Harnröhre u. Blase. Urethrotomia externa. Sectio alta. Heilung. [Aus: „Allg. med. Centralzeitg."] gr. 8. (7 S.) Berlin 894. O. Coblentz. n. 1.—

Lohnstein, H., s.: Medizinal-Kalender u. Recept-Taschenbuch.

— s.: Monatsberichte üb. etc. Krankheiten d. Harn- u. Sexual-Apparates.

— s.: Monatsberichte f. Urologie.

Lohnstein, H., über das Verhältnis der Fixa des Harns zum Körpergewicht, s. Sonderabdrücke der Deutschen Medizinal-Zeitung.

— üb. die Verwendbarkeit des Ichthyols bei Krankheiten des Urogenitaltractus. [Aus: „Allg. med. Centralzeitg."] gr. 8. (12 S.) Ebd. 894. n. 1.—

— s.: Vierteljahrsberichte üb. d. Gesammtleistgn. auf d. Gebiete d. Krankheiten d. Harn- u. Sexual-Apparates.

Lohnstein, Hugo [aus Berlin]: Untersuchungen über den Einfluss der Nahrung auf die Zusammensetzung des Harns.... Berlin, Druck v. G. Bernstein, 1886; 51 + 1 S. 8°.
Berlin, Med. Fak., Inaug.-Diss. v. 12. Jul. 1886.

Lohnstein, Hugo, Untersuchungen über den Einfluss der Nahrung auf die Zusammensetzung des Harns. Berlin 1886, Mayer & Müller. 8°. 51 S.

— — s.: Zentral-Zeitung, allgemeine medicinische.

Lohnstein, Rud., üb. lineare homogene Differentialgleichungen zweiter Ordnung, welche Integrale besitzen, durch deren Umkehrg. sich eindeut. Funktionen zweier Variablen ergeben. Inaug.-Diss. gr. 4. (68 S.) Berlin 890. (Mayer & Müller.) n. 2.50

Lohnstein, Rudolf [aus Berlin]: Ueber lineare homogene Differentialgleichungen zweiter Ordnung, welche Integrale besitzen, durch deren Umkehrung sich eindeutige Funktionen zweier Variablen ergeben. . . . Berlin, Druck v. P. Stankiewicz' Buchdr., 1890; 2 Bl. + 68 S. + 2 Bl. 4°
Berlin, Phil. Fak., Inaug.-Diss. v. 17. Mai 1890

Lohnstein, Th., e. neues Uranometer. [Aus: „Allg. med. Centralzeitg."] gr. 8. (10 S.) Berlin 894. O. Coblentz. n. 1.—

Lohnstein, Theodor [aus Berlin]: Ueber den Einfluss der Capillarität auf die Gleichgewichtsverhältnisse schwimmender Körper.... Berlin, Buchdr. v. M. Niethe Nachf., *1891*; 48 S. 4°
Berlin, Phil. Fak., Inaug.-Diss. v. 3. März 1891

Lohnstein, Zachar. (Posen), De morbis hereditariis. Diss. med. Berlin (Aug. Petsch) 1. XII. 1825. 30 S. mit Biogr. (M.: Sobernheim.) (3.—) 21574
Gew.: Ad. v. Arnim. — Oppon.: Lindenthal, Freund, Davidson.

Lohnsysteme (Die) der Marineverwaltung und Versuche zu ihrer Fortentwickelung. 8°. Berlin, Hartmann, 1905. — Deutsche Wirtschaftsztg., 1905_{12}.

Lohn-Tabelle. gr. Fol. Strehlen 886. Gemeinhardt. In Leinw.-Couvert. n. 1.—

— oder Berechnung der Arbeitslöhne für 1—12 Tage, von 2⅓ Sgr. bis 1 Thlr. 3¾ Sgr. pro Tag u. in diesen Lohnsätzen auf 1—12 Stunden berechnet für Geschäftsführer, Kassenführer, Landwirthe etc. Bearb. von H. K. Aschersleben 861. Fokke in Comm. (Carsted.) Fol. n. 3 ngr.

Lohntabelle. (8 S. auf Karton.) 16. Bunzlau (907). G. Kreuschmer. nn —30

Lohn-Tabelle, praktische, für alle Arbeitgeber. Ein zuverlässiger Helfer bei dem Auslohnen der Arbeiter. Quedlinburg 860. Ernst. Fol. 3 ngr.

Lohn-Tabelle, praktische, für alle Arbeitsgeber. Ein zuverläss. Helfer bei dem Auslohnen der Arbeiter. Fol. (1 Bl.) Quedlinburg 872, Ernst'sche Buchh.

Lohn-Tabelle zum Zahlungstage für Arbeitgeber und Arbeiter. Imp.-Fol. auf Carton. Frankfurt a. M. 881, (Melbeeck's Verlag.) *

Lohn-Tabellen für Fabrikanten, Gutsbesitzer, Baumeister und alle Geschäftsleute, die mit Taglohn-Arbeitern zu rechnen haben. Genaue Berechnung der Taglöhne von 1/4 bis zu 14 Tagen und von 8 ℳ bis zu ℋ 1. 48 ℳ pr. Tag. Zugleich Waarenberechnungstabelle. 8. (III, 56 S.) Speyer 870, Lang. cart.

Lohn-Tabellen für alle Gewerbtreibende von 1 Pfennig bis 99 Pfennig aufwärts für 1/4 Stunde bis incl. 99 Stunden berechnet. Ein Hülfsbuch für Bauunternehmer, Bauherren, Maurer- und Zimmermeister ꝛc., überhaupt für alle Diejenigen, welche Tagelohn nach Stunden auszahlen. 8. (III, 34 S.) Prenzlau 883, Vincent'sche Buchh. *

Lohn-Tabellen f. alle Gewerbtreibende, von 1 Pfennig bis 99 Pfennig aufwärts f. 1/4 Stunde inkl. bis 99 Stunden berechnet. Ein Hilfsbuch f. Bauunternehmer, Bauherren, Maurer- u. Zimmermeister, Fabrikanten, Landwirte, Bergwerks- u. Hüttenbesitzer, Feldmesser, Schachtmeister, überhaupt f. alle diejenigen, welche Tagelohn nach Stunden auszahlen. (III, 34 S.) 8. Prenzlau (904). C. Vincent. — 60

Lohn-Tarif f. Buchbinder-Arbeiten. Ausgearb. u. hrsg. v. der gemeinsamen Tarif-Kommission des Verbandes deutscher Buchbindereibesitzer u. des dtschn. Buchbinder-Verbandes. (82 S. m. 1 Tab.) Lex. 8. Leipzig (Buchgewerbehaus) (907). Verband deutscher Buchbinderei-Besitzer. 3. —

Lohn-Tarif der Töpfer Stettins und Umgegend. Gültig v. 17. April 1900. *Stettin: L. Pasenow (1900).* (12 S.) 8° [F.] [01. 2130 9

Lohntarife und Tarifverträge im Schneidergewerbe. Hrsg. vom Verband. 8⁰. Berlin, Stühmer, 1907.

Lohn-Verhältnisse, die, der ländlichen Arbeiter in Kurland. gr. 8. (32 S.) Mitau 886. (Besthorn.) n. — 50

Lohnverhältnisse, die, der städtischen Arbeiterschaft in Dresden in den J. 1904 u. 1905, s. a. Mitteilungen des statistischen Amtes der Stadt Dresden. 16. Heft.

Die **Lohnverhältnisse** der städtischen Arbeiterschaft in Dresden in den Jahren 1904 und 1905. – Anh. Die Dresdner Kleinverkaufspreise d. wichtigsten Lebensmittel in d. letzten Jahren u. d. Einfluss d. eingetretenen Preisänderungen auf d. Ausgabebudget einer Arbeiterfamilie. Dresden: v. Zahn & Jaensch 1907. (93 S.) 8° [F.]
= Mitteilungen d. Statist. Amtes d. Stadt Dresden. H. 16. [07. 1090] 9

Lohn- u. Arbeits-Verhältnisse der Bäckereiarbeiter Leipzigs. Ergebnis statist. Erhebgn., veröffentl. v. der statist. Kommission d. Bäcker Leipzigs. gr. 8. (40 S.) Leipzig 894. (Buchdruckerei u. Verlagsanst. d. Leipziger Volkszeitung.) n.n. — 30

Lohn- u. Arbeitsverhältnisse der Bäckereiarbeiter Leipzigs. Ergebnis statistischer Erhebungen veröffentlicht von der statist. Kommission der Bäcker Leipzigs. gr. 8⁰. Leipzig, Buchdr. u. Verl.-Anst. d. Leipz. Volkszeitung, 1895.

Lohn- und Arbeitsverhältnisse im Drechslergewerbe. Eine Zusammenstellung statist. Aufnahmen vom April 1890 bis April 1891. Hrsg. von der centralen statist. Commission der Vereinigung der Drechsler und Berufsgenossen Deutschlands zu Halle a. S. 8⁰. Hamburg, Th. Leipart, 1892.

Lohn- und Arbeitsverhältnisse (Die) der Former und Giessereiarbeiter Deutschlands. Festgestellt auf Grund statist. Erhebungen (Okt.—Nov. 1909) vom Vorstand des deutschen Metallarbeiterverbandes. 8⁰. Stuttgart, Alex Schlicke u. Co., 1910. 44, 80 S.

Lohn- u. Arbeitsverhältnisse bei den Steinkohlenwerken des Pilsener Beckens dargestellt vom Montanistischen Vereine in Pilsen. 8⁰. Pilsen 1882.

Lohn-, Arbeits- und sanitären Verhältnisse, Die, der Bäckerarbeiter Zürichs. Zürich 1903. V: *Merk*, *August*. (Zuwachsverz. d. Bibl. Zürich 1868 ff., 7.)

Lohn-, Arbeits- u. sanitarischen Verhältnisse, die, der Bäckereiarbeiter Zürichs. (Von Aug. Merk.) (10 S.) 4. Zürich 908. (Buchh. des schweiz. Grütlivereins.) n. — 25

Lohnverhältnisse (Die) in Berlin im Sept. 1888. Bearbeitet u. hrsg. vom statistischen Amt. fol. Berlin 1889.

Lohn- und sonstige Betriebsverhältnisse (Die) in den österr. Buchbindereien. Aufgenommen in den Monaten Okt. u. Nov. 1901 vom Verband der Vereine der Buchbinder etc. in Oesterreich. 8⁰. Wien, Verlag der „Einigkeit", 1902.

Lohöfer, Wilhelm [dipl. Chemiker aus Berlin]: Über die Untersuchung und technische Behandlung von Gemengen der Karbonate, Silikate, Hydrate und Sulfide des Natriums. Zürich 1901. 83 S. 8°.
Zürich. Phil. Diss, II. 8. 1900/1901.

Lohoff, Bernhard [app. Arzt aus Laer '(Westf.)']: Aus d. Ambulatorium f. Nasen-, Rachen- u. Kehlkopfkrankheiten v. Dr. Seifert, Würzburg. Über Tracheotomie bei Larynxtuberculose ... Würzburg, P. Scheiner's Buchdr., 1894; 37 S. 8.
Würzburg, Med. Fak., Inaug.-Diss. v. 1894

Lohoff, B., üb. Tracheotomie bei Larynxtuberculose. Diss. gr. 8. (37 S.) Würzburg 894. (Leipzig, G. Fock.) n. 1. —

Lohoff, Carl, s. Lohoff, Karl

Lohoff, Georg Heinr. (Cleve), De castratione. Diss. med. Berlin (Gebr. Unger) 17. XI. 1830. 31 S. mit Biogr. (M.: Maria Moorrees.) (3.—) 21575
Oppon.: C. Beckhaus, G. Deutecom, F. Hilbck.

Lohoff, Heinrich

Die systematische Bekämpfung ortsüblicher Fehler im Sprechen und im Schreiben. ⟨Mit zwei Beispiel-Samml.⟩ Von H[einrich] **Lohoff**, Rektor. Langensalza: Beltz 1910. 22 S. 8°
(Zur Volksschulpädagogik. H. 18.) (11. 6200

Kurze Handreichung zur Behandlung der evangelischen u. epistolischen Perikopen des Kirchenjahrs. Nach dem vom Ev. Oberkirchenrat hrsg. 'neuen' Verz. d. kirchl. Perikopen. In 2 H. bearb. von H[einrich] **Lohoff**. H. 1. 2. *Breslau: F. Hirt 1902.* 2 Bde 8° [F.]
1. Die alte Perikopenreihe umfassend.
2. Die von d. Generalsynode 1898 genehmigten neuen Perikopen enth. (03. 3064

— Theorie u. Praxis des Schreibunterrichts. Für Lehrer u. Seminaristen bearb. gr. 8. (89 S. m. 8 Taf.) Halle 899. H. Schroedel. n. — 60

Theorie und Praxis des Schreibunterrichts. Für Lehrer u. Seminaristen bearb. von H[einrich] **Lohoff**, Rektor, Stargard. 2. ⟨verm.⟩ Aufl. Halle a. S.: H. Schroedel 1905. (42 S.) 8° [F.] (05. 4464 3

Wand-Karte des Kreises Usedom-Wollin gez. von H[einrich] **Lohoff**. Masst. 1 : 50,000. *Stettin: J. Burmeister [1903].* (4 Kartenbl. je 61 × 84 cm.) gr. 2° (03. 3744 9

Lohoff, J. M., die Behandlung der gemischten Ehen. Die einschläg. Praxis der röm. Kirche und die durch dieselbe veranlaßten Nothwehr-Maßregeln der evangel. Kirche Westphalens für ernsthafte Protestanten und billig denkende Katholiken dargelegt und gewürdigt. gr. 8. (40 S.) Gütersloh 873, Bertelsmann's Verlag.

Lohoff, Karl

Lohoff, Carl. Odontogenes Neoplasma in den Kieferhöhlen eines Pferdes. Diss. Vet.-Med. Bern. Mit 11 Abbildungen. *Kopftitel:* Aus dem hygienischen Institut der Tierärztlichen Hochschule zu Berlin. IV + 35 S. 8. Stuttgart, Union Deutsche Verlagsgesellschaft, 1903.

Lohoff, Mark., Ordinations-, Introductions-, Weihe- und Grabreden. Schwelm 858. Laurenz in Comm. 8. (104 S.) n. 12½ ngr

Lohoff, R., Antritts-Predigt nebst Einführungsrede d. Herrn Superint. Schollmeyer, geh. am 10. Novbr. 1895 in d. Bartholomäikirche zu Altenburg. gr. 8. (16 S.) Altenburg 895. O. Bonde. n.n. — 30

Lohr [Sachliches OW]

Lohr. Vom K. St.-Kataster. 2,500. 1 Bl.

Lohr [Schlagwort]

Lohr, s.: Deutschland. Kürschner-Peip.

Lohr [Verfasser]

Lohr, römisches Haus, s. Launitz, E. v. der, Wandtafeln zur Veranschaulichung antiken Lebens und antiker Kunst.

Lohr, A. G. Ph. Ch., Gedanken und Rathschläge in Absicht auf die Seelsorge in den Amtsgefängnissen und die Behandlung entlassener Sträflinge, nebst einem Anhang aus der hess. Kirchenordnung vom 12. Juli 1657 über Besuchung, Erinnerung und Trost der Gefangenen. 8. (36 S.) Rengshausen 853. (Cassel, Bertram.)

—— Leben und Ende des Gattenmörders Julius Herbold aus Hombressen, Landrathsamt Hofgeismar, in Kurhessen, nebst eingestreuten beherzigenswerthen Betrachtungen und einem ernsten Nachwort an Alle, die es angeht, von dessen letztem Seelsorger. 8. (65 S.) Rengshausen 853. (Cassel, Bertram.)

Lohr, Ant., Richard Flecknoe, s.a.: Beiträge, Münchener, zur romanischen u. englischen Philologie. 33. Hft.

Lohr, Anton, a. Roth: Richard Flecknoe. Sein Leben und seine Werke. Eine literarhistorische Untersuchung. Naumburg a. S. 1904: Lippert & Co. (48 S.) 8° ¶ (Erschien vollst. 1905 als: Münchener Beiträge zur roman. u. engl. Philol. H. 33.)*)
München, Phil. Fak., Ref. Schick, Diss. v. 3. Sept. 1904
[Geb. 2. Jan. 78 Roth a. d. Roth; Wohnort: Roth; Staatsangeh.: Bayern; Vorbildung: Gymn. Dillingen a. D. Reife Juli 98; Studium: München 10 S.; Rig. 19. Dez. 03.]

Lohr, A., Geistig defekt? Sitten-Roman aus d. modernen Gesellschaft. 8. (176 S.) Stuttgart 902. [J Roth.] München, Allg. Verlags-Gesellschaft. n. 2. 40; geb. n. 3. —

— Heinrich Heine, s.: Reiter, Heinr.

Lohr, Anton: Prinz Emil von Schoenaich-Carolath. Lit. Skizze von Dr. A[nton] Lohr. Leipzig: G. J. Göschen 1907. (16 S.) 8°

— Streiflichter auf die moderne Literatur. Mit Titelzeichng. v. Frz. Xav. Deibler. gr. 8. (68 S.) Dillingen 900. P. Tabor. n. 1. —

Lohr, Ed., d. Einjährig-Freiwillige. Auszug aus d. deutschen Wehrordng. m. Prüfungsordng. u. Belehrgn. üb. Erwerbg., Besitz u. Verlust d. Berechtigungsscheines z. einjährig-freiwill. Dienst. 12. (68 S.) Karlsruhe 898. J. J. Reiff. Geb. in Leinw. n. 1. —

Lohr, Ed., wie erlange ich die Berechtigung zum „Einjährigen". Praktischer Ratgeber bei Regelg. der Militärverhältnisse f. Studenten, Schüler, Beamte, Lehrer, Kaufleute, junge Künstler u. Handwerker, welche als Einjährig-Freiwillige dienen wollen. (61 S.) 8. Karlsruhe (Schützenstr. 63) (903). Fr. Lang's Buchdr. n. 1. 20

Lohr, Ernst Emil, d. schleswig-holstein. Frage, ihre Vorgeschichte u. Entwickelg. bis z. Erhebg. d. Herzogtümer gegen Dänemark, s.a. Studien, Gießener, auf d. Gebiete d. Geschichte.

Lohr, Ernst Emil: Die schleswig-holsteinische Frage, ihre Vorgeschichte und Entwickelung bis zur Erhebung der Herzogtümer gegen Dänemark. (Am 24. März 1848.) Mit 1 Stammtafel der Oldenburger v. –. Ausschnitt aus: Giessener Studien, Bd. 7, 1. Giessen. 1895. 8°

– Der Kampf bei Eckernförde und der koburg. Legende, s.a. Studien, Gießener, auf dem Gebiete der Geschichte.

Der Kampf bei Eckernförde und die koburgische Legende. (Am 5. April 1849.) Mit 1 Textskizze. Von Ernst Emil **Lohr**. (Ausschnitt aus: Giessener Studien. Bd. 7,2.) Giessen. 1895. 8°.

Die Vorgeschichte der schleswig-holsteinischen Frage bis zum Jahre 1810 v. Ernst Emil **Lohr**. (Leipzig.) 1864. 8°

[F.] **Lohr, Ernst Emil [aus Köln a. Rh.]: Die Vorgeschichte zur schleswig-holsteinischen Frage bis zum Jahre 1810 ... [Erschien vollst. u. d. T.: Die schlesw.-holstein. Frage, ihre Vorgeschichte u. Entwickelg bis z. Erhebg d. Herzogtümer gegen Dänemark ... in: Giess. Studien auf d. Geb. d. Gesch., Heft VII.]** *Leipzig, Druck v. C. G. Röder, 1894;* 32 S., 1 Bl. 8.
Giessen, Phil. Fak., Inaug.-Diss. v. 1894

— d. Vorgeschichte z. schleswig-holstein. Frage b. z. J. 1810. Diss. gr. 8. (32 S.) Gießen (894). (J. Ricker.) n. — 80

Lohr, Erwin

Lohr E., Dr.: Bestimmung der elektrischen Leitfähigkeit des Natriums mit der Induktionswage. S. 113. IIa. 911 . . . . „ —.40
Separatabdruck

Lohr, E., Bestimmung der elektrischen Leitfähigkeit des Natriums mit der Induktionswage. [Aus: Sitzungsber. d. k. Akad. d. Wiss., mathem.-naturw. Klasse.] Gr.-8°. (13 S.) † K —.40
Wien: Gerold 1904.

Lohr, Erwin, Bestimmung der elektrischen Leitfähigkeit des Natriums m. der Induktionswage. (13 S.) gr. 8. Wien 904. (A. Hölder.) n. — 40
Sonderabdruck aus: „Sitzungsber. d. k. Akad. d. Wiss."

— Zur Integration der Differentialgleichung $\Delta s = k^2 \frac{\partial^2 s}{\partial t^2} - 4\pi f$. S. 122. IIa. 2015 . „ —.40
Separatabdruck

— Stehende Lichtwellen und Beugungsgitter (mit 5 Textfiguren). S. 117. IIa. 299 . „ —.50
Separatabdruck

Lohr, (Erwin), stehende Lichtwellen u. Beugungsgitter. (11 S. m. 5 Fig.) gr. 8. Wien 908. A. Hölder. — 50

— Das Problem der Grenzbedingungen in G. Jaumanns elektromagnetischer Theorie. 1. Mitteilung. S. 120. IIa. 1503 . . . . „ 1.80
— — 2. Mitteilung. S. 121. IIa. 683 . . . . „ 1.20
Separatabdruck

— Zu G. Jaumanns elektromagnetischer Theorie für bewegte Medien. S. 122. IIa. 1487 . 1.30
Separatabdruck

— Ein einfacher Zusammenhang zwischen Brechungsexponent, Zähigkeit und Dichte der Gase. S. 116. IIa. 1281 . . . . „ —.30
Separatabdruck

— Ein einfacher Zusammenhang zwisch. Brechungsexponent, Zähigkeit u. Dichte bei Gasen. (8 S.) gr. 8. Ebd. 907. — 30
2 Sonderabdr. aus: „Sitzungsber. d. k. Akad. d. Wiss."

Lohr, F., De infinitivi apud P. Papinium Statium et Juvenalem usu. Diss. 1876. 74 S.

Lohr, Fr. (Resp.): Obs. binae de asthmate singulari..., s. Vogel, Rud. Aug. (Praes.)

Lohr, Franz Joseph

Lohr, Frz. Jos. Festivale in dreyfachen Predigten. 5 Thle. Fol. Augsb. M. Rieger. 757-65.

— — Beyträge dazu. gr. 8. Ebend. 808.

— anmuthige Handlungen mit Gott, Jesu u. Maria, in lehrreichen Predigten vorgetragen. 30 anmuthige Handlungen mit d. vermenschten Gott, 30 mit Gott u. 30 mit d. Mutter Maria. 4 Thle. 4. Augsb. 761—74. M. Rieger. 3 fl 12 kr

— 30 anmuthige Handlungen mit dem großen Gott, anfänglich von der Kanzel vorgetragen 2c. 4 Thle. 4. Ebend. 768-74.

Lohr, Frz. Jos.: Dreißig anmuthige Handlungen über einige der vortreffl. Eigenschaften Jesu. 4. Ausgb. 1773. M. Rieger.

Lohr, Franciscus Joseph. Evangelische Mild, Das ist: Sowohl für den Prediger, als Zuhöhrer süß- und leicht-eingehende Ewige Wahrheiten Auf alle Fest- und Feyr-Täg des gantzen Jahres; Und zwar ... Deren Die I. Kurtz: Die II. Mittelmässig: Die III. Länger ist, von der Cantzel eingeflößt ... Tomus II. Editio II. Augsburg, Rieger, 1753. Folio. 26 Bl. 1030 S. 19 Bl. *Mit Titelvignette.*

Lohr, Frz. Jos., evangelische Milch, d. i. ewige Wahrheiten auf alle Sonntage d. ganzen Jahrs, in dreifachen Predigten. 6 Thle. Fol. Augsb. 753—65. M. Rieger. 22 fl 16 kr Hbg. Pr. 12 fl

— geistl. Uebungen zum nützl. Gebrauch für alle Stände. 8. Augsb. 770. M. Rieger. 10 kr

Lohr, Frdr., ein Gang durch die Ruinen Roms, s.a. **Gymnasial-Bibliothek. 7. Hft.**

Ein Gang durch die Ruinen Roms. ⟨Palatin u. Kapitol.⟩ Von Prof. Dr. Friedrich Lohr in Wiesbaden. Mit 5 Ill. u. 1 Pl. *Gütersloh: C. Bertelsmann 1900.* (VIII, 72 S.) 8° [F.]
= Gymnasial-Bibliothek. H. 7. [00. 1141]

Lohr, Frdr., das Marsfeld, s.: **Gymnasial-Bibliothek. 49. Heft.**

Lohr, Friedrich: Über die Phenylhydrazone der Glucose. 1908. 52 S. 8° ¶ Vgl. J. Liebig's Annalen d. Chemie. Bd 362.
Hannover, Dr.-Ing.-Diss. v. 23. 3. 1908

Lohr, Fr. Aus dem alten Rom. (Ein Brief an die Schüler des Gymnasiums.) 22 S. u. Plan. **Progr** G. *Wiesbaden* 1883.

Lohr, G.: Der Neubau der psychiatrischen und Nervenklinik der Universität Kiel, s. Siemerling, E.

Lohr, G., d. neue Operationssaal d. chirurg. Klinik d. Universität Kiel, s.: Jahrbuch, klin.

Lohr, Georg: Entwurfskizzen, Erläuterungen und überschlägige Kostenberechnungen zum Um- u. Erweiterungsbau des Hauses 'Seeburg' zu einem Studentenheim für die Christian-Albrechts-Universität in Kiel. ⟨Zugleich Vorschläge z. Schonung e. Bau- u. Naturdenkmals⟩ von Gg. Lohr, Kreisbauinsp. Kiel (1907: Handorff). 16 S., 12 Taf. 4°

Lohr, Gottfried, appr. Arzt aus Kassel: **Ein Beitrag zur Casuistik der Osteoporose.** *München 1900: Kastner & Lossen.* (17 S.) 8°
München, Med. Diss. v. 1900

Lohr, Herm., Anleitung zur Ermittelung des Selbstkostenpreises, zur Kalkulation. gr. 8. (56 S.) Karlsruhe 902. G. Braun'sche Hofbuchdr. n. — 60

— dasselbe. (Schülerheft.) Fol. (16 S.) Ebd. 902. n. — 50

von Lohr, *Joh.* Hermann [aus Barmen]: Ueber die Einwirkung von Chlor auf Resorcin ... Marburg, Buchdr. F. Sömmering, 1892; 61 S., 1 Bl. 8.
Marburg, Phil. Fak., Inaug.-Diss. v. [15. Juni] 1892

Lohr, Hermann, Die Entwickelung des Dekorationsmalergewerbes im Grossherzogtum Baden und der heutige Zustand desselben in der Stadt Baden-Baden. Schriften d. Vereins f. Socialpolitik, Bd. 69. gr. 8⁰. Leipzig 1897.

Lohr, Hermann, Das Hausiergewerbe im (Grossherzogtum und) Amtsbezirk Baden. Schriften des Vereins für Sozialpolitik, Bd. 81. gr. 8⁰. Leipzig 1899.

Lohr, Herm., s.: Mitteilungen üb. den 2. bad. Handwerkergenossenschaftstag.

Lohr, Joh. Hermann, s. L o h r , Hermann

Lohr, Josef Albert: B e i t r ä g e zur Bakteriologie der Gehirn-Rückenmarks-Seuche der Pferde. Dresden 1910. 58 S.
Leipzig, Vet.-med. Diss. v. 1910.

— Ludw. (Merseburg), De febre intermittente. Diss. med. Lpz. (Brockhaus) 5. V. 1843. 20 S. (3.—) 21503

Lohr, Otto

Lohr, O., die Linde, e. deutscher Baum. 8. (VIII, 22 S.) Spandau 889. Schob. — 60

Lohr, Wilh., „Zum Abschied" u. „Zum Willkomm!" 2 Predigten, geh. vor u. nach der Festfahrt zur Einweihg. der Erlöserkirche zu Jerusalem in der Hof- u. Garnisonkirche zu Kassel. 8. (40 S.) Kassel 899. E. Röttger. n. — 40

Lohr, W., Festpredigt, geh. bei der Einweihungsfeier der Martinskirche zu Kassel 1892. gr. 8. (12 S.) Kassel 892. E. Röttger. n. n. — 25

— Jünglingsfest-Predigt üb. 1. Cor. 16, 13—14, geh. beim 1. Bundesfest der niederhess. Jünglingsvereine in Sooden a/W., 30. Juli 1893. gr. 8. (12 S.) Ebd. 893. n. n. — 20

— Predigt zur Eröffnung des ersten deutschen evangel. Frauentages. Geh. am 5. II. 1899. 8. (15 S.) Ebd. 899. n. — 25

Lohr, Wilh., Tabea, stehe auf! Predigt über Apostelgeschichte 9, 36—43, gehalten in einem Abendgottesdienst zu Cassel am 8. Jan. 1886. 12. (20 S.) Cassel 886, Röttger. *

Löhr, s.a. L ö h r s .

Löhr, v., Archiv für die civilistische Praxis, s. Archiv.

Löhr, zur Frage über die Echtheit von Jesaias 40—66. Ein realkrit. Beitrag. 2 Hefte. gr. 8. Berlin, Wiegandt und Grieben. [1. Heft. (46 S.) 878. * ℳ 1.; 2. Heft. (74 S.) 879. * ℳ 1,25.] *

Löhr, zur Frage über die Echtheit von Jesaias 40—66. Ein realkrit. Beitrag. 3. (Schluß-)Heft. gr. 8. (51 S.) Berlin 880, Wiegandt und Grieben. *
1. und 2. Heft. Ebendas. 1878,79. * ℳ 2,25.

LÖHR. *Geschichten und Erzählungen* aus der Kinderwelt. Neu bearb. u. verm. von Friedrich Hoffmann. 6. verm. Aufl. Mit 4 Bildern [Titel u. 3 Tafeln, in Lithographie]. Basel, Ferd. Riehm [c. 1865]. IV, 107 S. 8⁰. Illustr. Or.-Karton mit Leinenrücken. 10.—
Eine Tafel mit Buntstift ankoloriert, einige Fl., Einband etw. benutzt.

—— die Geschichte der heiligen Schrift vom Anfang der Dinge. Für Gebildete erläutert. gr. 8. (164 S.) Ebendas. 881. *

Löhr, s.: Neisser, A., stereoscop. medicin. Atlas.

Löhr, die Offenbarung Johannis. Ein Beitrag zu ihrer Kritik u. Erklärg. gr. 8. (86 S.) Leipzig 890. Böhme Nachf. n. 1. —

—— das nächste Ziel der Weltgeschichte. Eine Stimme am 400jähr. Geburtstage Luthers. gr. 8. (63 S.) Leipzig 883, Selbstverlag. *

Loehr, A. R. v., Wiener Medailleure 1899. Illustrationen nach Photographien von Ph. R. v. Schoeller, A. R. v. Loehr u. a. 22 Heliograv.-Taf. v. Blechinger & Leykauf. 8 Autotyp.-Taf. u. 67 Autotyp. im Texte von Angerer & Göschl. Fol. (42 S.) Wien 899. A. Schroll & Co. Geb. in Leinw. n. 35. —

— dasselbe. Nachtrag 1901. Mit 2 Heliograv., 10 Zinkotyp.-Taf. u. 18 Illustr. im Text. Fol. (S. 43—62.) Ebd. 902. n. 7. —; (m. Hauptwerk geb. ermäss. Preis n. 30. —)

LOEHR, Adolph (Passau): Ueber Auscultation und Percussion.- München: Rösl 1847. 26 S.
5.8.1846 - Urk (Titel: De auscultatione et percussione.): F 66
Diss. Ingolst.-Landsh.-Mchn.

Löhr, August: Ueber einige Phenolphentriazole. Giessen 1910: Weinert. 46 S. 8°
Gießen, Phil. Diss. v. 23. Febr. 1910, Ref. Elbs
[Geb. 12. März 82 Wiesbaden; Wohnort: Gießen; Staatsangeh.: Preußen; Vorbildung: Oberrealsch. Wiesbaden Reife O. 01; Studium: Gießen 6, München Techn. Hochsch. 2, Gießen 7 S.; Rig. 15. Dez. 09.] [U 10. 1291

Loehr August Ritter von: Die Schiffahrt im Donaugebiet bis zum Ende des 14. Jahrhunderts.
1905 PN 1800 Diss. Wien, Univ. 905

Löhr, Beda [Dr.]: Die Bedeutung der motiva credibilitatis für die fides theologica mit besonderer Berücksichtigung der Controverse zwischen Lugo und Suarez über das Glaubensmotiv. Würzburg, Druck v. F. X. Bucher, 1891; 81 S., 1 Bl. 8⁰
Würzburg, Theol. Fak., Inaug.-Diss. v. 1891

Loehr, Ben. Henr. (Resp.): Diss. de lethargo,
s.a. B r e n d e l, Jo. God. (Praes.)

Loehr, Ben. Heinr. (Wustrow/Lüneburg), Diss. med. de lethargo. Präs. Gottfr. Brendel. Göttingen (Joh. Chr. L. Schultz) Juni 1752. 42 S. (4.—) 21500
Gew.: R. J. v. Wrisberg, H. Grote, G. A. v. Münchhausen, E. v. Steinberg, Ph. Ad. v. Münchhausen, Carl D. v. Fürstenstein, A. W. v. Schwicheldt, J. Cl. A. v. Busch.

Löhr, Carl Ad., s. L ö h r , Karl Ad.

— Dan. Eberh. (Leipzig), De collatione feudorum. Präs. Christ. Gottl. Biener. Lpz. (Klaubarth) 12. XII. 1793. 40 S. (3.—) 21501
Widm. v.: Chr. G. Biener.

— — De juribus et obligationibus contutorum. Lpz. (Klaubarth) 9. VII. 1795. 47 S. (4.—) 21502

v. Löhr, Egid., s. Archiv für civilist. Praxis.

Löhr, Egid von (Giessen)
Beiträge zur genaueren Kenntnis der Hülsenfrüchte und insbesondere der Bohne. Inaug. Diss. med.
Giessen: Brühl 1848. 19 S. u. 1 Taf.
Diss. med. 6.5.1848. vorh. 7.

Löhr, Egid v., Beiträge zur genaueren Kenntniss der Hülsenfrüchte und insbesond. der Bohne. Inaug.-Dissert. der medicin. Facultät zu Giessen bei Erlangung der medicin. Doctorwürde vorgelegt. gr. 4. (19 S. mit 1 Stnt. in gr. 4.) Giessen 848, (Ferber'sche Universitäts-Buchh.) *

v. Löhr, Aeg.: Beitr. zu d. Theorie d. Culpa. (Als Th. 2. von No. 2782.) *Giess.*, Heyer. 803. 8. (20 Gr.)

Löhr, Egid v., s. Grollmann: Magazin für Rechtswissenschaft.

v. Löhr, Egid., s. Magazin für Rechtswissenschaft.

v. Löhr, Ritter Egid (Val. F. J. N. Fd.,) Theorie der Culpa. Eine civilist. Abhandl. gr. 8. Gießen 806. Heyer. 18 gl. 2r Thl. od. Beitr. zur Theorie d. Culpa. gr. 8. Ebd. 808. 20 gl.

v. Löhr, Ag.: Uebers. der d. Privatrecht betreffenden Constitutionen d. röm. Kaiser von Constantin I. bis auf Theodos. II. u. Valentinian III. *Wetzl.* (*Giess.*, Heyer.) 811. 8. (8 Gr.)

Löhr, E. v., Uebersicht d. das Privatrecht betreffend. Constitutionen d. röm. Kaiser von Constantin I. bis auf Theodos II. u. Valentinian III. (Einladungsschr.) 8. Gießen, Heyer. 812.

— 2te Uebersicht der ꝛc. von Theodos II. u. Valentinian III. bis auf Justinian. 8. Ebend. 813.

Löhr, Emmy, kleine Aufführungen f. Hochzeit u. Polterabend. 12. (48 S.) Styrum 894. A. Spaarmann. — 25

Loehr, Ernst Geo., die Prinzessin mit dem goldenen Haar. Ein Mährchen aus dem 11. Jahrhundert. 8. (IV und 135 S.) Augsburg 855, (v. Jenisch und Stage'sche Buchh.) *

Loehr, Ernst Georg, Vereins-Zoll-Tarif, s.a. Vereins-Zoll-Tarif.

Loehr, Ernst Geo., neuester Vereins-Zoll-Tarif vom 1. Juli 1865 an in Uebereinstimmung mit dem amtlichen Waaren-Verzeichnisse unter Berücksichtigung der jüngsten Ergänzungen u. Abänderungen, nebst den Handelsverträgen u. Zolltarifen mit Oesterreich u. Frankreich u. anderen nützl. Beigaben für Zoll- u. Steuerbeamte, sowie für den Handels- u. Industriestand bearb. Ansbach 865. Junge. gr. 4. (III, 248 S.) n. 1 ₰ 20 ngr.

Loehr, Ernst Geo., Vereins-Zolltarif d. Königr. Preußen, Bayern, Würtemberg, Sachsen, dann d. Churfürstenth. u. Großherzogth. Hessen u. d. übrigen Vereins-Staaten; mit mehr. auf dens. bezügl. Tabn., Verfügungen u. a. Notizen. Für d. Gesammtgebiet d. Zollvereins bearb. Lex.-8. (10 B. u. 4 Tab. gr. 4.) Nürnberg 834, Riegel u. Wießner.

— Vereins-Zoll-Tarif in Verbindung mit den durch den Preussisch-Oesterreich. Handels- u. Zoll-Vertrag vom 19. Febr. 1853 sowohl, als den bisher weiter vereinbarten Zoll-Befreiungen u. Abgaben-Sätzen im Verkehr zwischen dem Zoll-Verein u. Oesterreich vom 1. Jan. 1857 ab. 2. verm. Ausg. Augsburg 857. (Lampart u. Co.) 4. (2 Bl., LVI, 456 S.) n. 2 ₰. 4 ngr.

Löhr, F.: Abrechnung mit Frankreich. Hildburghausen 1870.

Löhr, F., Achills Auszug aus Skyros. S.-A. 1889. 15 S.

Löhr, F. v.: Die Magyaren und andere Ungarn. Leipzig 1874. 8°

Löhr, Franz Emil Oscar, s. Löhr, Oscar

Löhr, Friedrich

Löhr, Fr., Deutsch f. Kaufleute. Für den Selbstunterricht u. zum Gebrauch in kaufmänn. u. gewerbl. Unterrichtsanstalten bearb. (IV, 269 S.) 8. Arnsberg (904). J. Stahl. Geb. n. 3. —

— dasselbe. Lösungen zu den Aufgaben u. Anleitg. f. den Selbstunterricht. (48 S.) 8. Ebd. (905). n. — 60

Löhr Friedrich: De equo maximo Domitiani imperatoris.
1888 PN 518 Diss. Wien, Univ. 2582

Löhr, Frdr., d. richtige Fall. Aufgaben z. Einübung desselben. Zusammengest. f. d. Hand d. Schüler. 2. Aufl. 8. (IV, 32 S.) Dortmund 897. C. L. Krüger. n. — 15

Der richtige Fall. 60 Aufgaben z. Einübung desselben. Zsgest. f. d. Hand der Schüler von Friedr. Löhr. 3. veränd. Aufl. Bielefeld: A. Helmich [1904]. (32 S.) 8° [Umschlagt. F.] [05. 15495

Der Geschäftsaufsatz mit Übungen in Sprachlehre u. Rechtschreibung für Fortbildungsschulen von Fr[iedrich] Löhr. *Arnsberg: J. Stahl 1900.* (51 S.) 8° [F.] [01. 3396 6

Der Geschäftsaufsatz mit Übungen in Sprachlehre und Rechtschreibung für Fortbildungsschulen von Fr[iedrich] Löhr, Rektor. 2. Aufl. Arnsberg: J. Stahl 1907. (76 S.) 8° [F.] [07. 13303 6

Löhr, Frdr., Oberförster Schöne. Eine Komödie. 8. (III, 68 S.) Hamburg 895. M. Glogau jr. n. 1. 20

Löhr, Fr., Sprachübungen f. Schüler, welche in die Sexta e. höh. Lehranstalt eintreten wollen. Eine Ergänzg. zu den in Volksschulen gebrauchten Sprachheften. (16 S.) 8. Arnsberg 910. J. Stahl. — 25

— prakt. Steuereinschätzung f. Handwerker u. and. Gewerbetreib. M. Berücksicht. d. Entscheidgn. d. Oberverwaltungsgerichts. Einkommensteuer. Vermögenssteuer. Gewerbesteuer. gr. 8. (33 S.) Ebd. 895. n. — 30

— Übungsstoffe f. den Unterricht in Sprachlehre, Rechtschreibung, Stil- u. Begriffsbildung, s.: Schreff, H.

Loehr, Georgius (geb. am 15 Mai 1836 in Trier): De ficticiis actionibus ex iure Romano ... Coloniae ad Rh., typ. M. Dumont-Schauberg (1858). 64 S. 8.
Bonn, Jur. Fak., Diss. v. 6 Febr. 1858

Löhr, Geo., das allgemeine deutsche Handelsgesetzbuch. Erläutert aus den Materialien, der Rechtslehre u. den Entscheidungen der deutschen Gerichte. Unter genauer Berücksichtigung der Einführungsgesetze sämmtlicher deutscher Staaten. Elberfeld 868. Friderichs. gr. 8. (IV, 387 S.) n. 2 ₰

Löhr, H., Jahreszahlen aus der Weltgeschichte, Kirchengeschichte u. Litteraturgeschichte, nebst e. Anh. der wichtigsten geograph. Daten. Nach den ministeriellen Bestimmgn. f. höh. Mädchenschulen zusammengestellt. gr. 8. (16 S.) Quedlinburg 901. P. Deter. n. — 30

Löhr, H., zum Polterabend. Heitere u. ernste Vorträge, Kranzgedichte u. Glückwünsche. 1. u. 2. Aufl. 12. (48 S.) Oberhausen (Styrum) 887. 889. Spaarmann. — 30

Löhr, H., zum Polterabend! Heitere u. ernste Vorträge, Kranzgedichte u. Glückwünsche. 2. Aufl. 12. (48 S.) Styrum 892. A. Spaarmann. — 30

Löhr, H.: Über die Selbstbiographie Kaiser Karls IV. . . Rostock, Carl Boldt'sche Hof-Buchdr., 1886; 62 S. 8°.
Rostock, Phil. Fak., Inaug.-Diss. v. 15. Jul. 1886.

Löhr, Hans: Beiträge zur Kenntnis des Carvons und Eucarvons. *(Göttingen 1898: W. F. Kaestner.* (58 S.) 8°
Göttingen, Phil. Diss. v. [25. Mai] 1898

Löhr, Hans, lobe den Herrn! Gedichte. 12. (IV, 52 S.) München 892. (J. Seyberth.) n. — 40

Löhr, Helene, der Turnunterricht f. Mädchen, s.: Dieckmann, Agnes.

Löhr, J., drei Blimcher aus Frankfort. Hanau 857. König. 8. (16 S.) n. 4 ngr.

Löhr, J., drei Blimcher aus Frankfort. 1. Aufl. 1857. und 2. Aufl. 8. (16 S.) Hanau 859, König's Verlag. Thlr. *

Löhr, J., über Pflege der Phantasie in der Volksschule, s. Sammlung pädagogischer Aufsätze.

Löhr, J., Schwindel üb. Schwindel, s.: Theater, kleines.

Löhr, J., Verwaltung Grossarchidiak. Xanten, s. Abhandlungen, kirchenrechtl., Heft 59/60.

Löhr, J. F., Vorschriften aus der Naturgeschichte, Erdbeschreibung, Himmelskunde rc. Nach einem von G. F. Seiler angegeb. Plan bearbeitet. 3te verb. Aufl. 4. Erlangen, Bibelanstalt. 820.

Löhr, (J. F.,) Vorschriften aus d. Naturgeschichte, Erdbeschreibung rc. 6e Aufl. 4. Erlangen 827, Heyder.

Löhr, J. F., Vorschriften zum Schreibenlernen. 4. Erlangen, Bibelanstalt.

Löhr, Johann, s.a. Löhr, Josef

Löhr, Joh. Anleitung zur Erteilung d. Schreibunterrichtes in der Volksschule. Für Seminaristen u. Lehrer bearb. 8. (48 S. m. 3 lithogr. Taf.) Trier 889, Stephanus. cart. * 1 —

Löhr, Joh., Anleitung zur Erteilung des Schreibunterrichtes in der Volksschule. Mit Tabelle der Buchstabenelemente u. der Buchstabenformen. Für Seminaristen u. Lehrer bearb. 2., verb. Aufl. (55 S.) kl. 8. Trier 901. H. Stephanus. 1. —

— u. Phpp. Ernst. Das physiologisch-richtige Schreiben, dargestellt in Wort u. Bild. 8. (22 S. m. 11 Abbildgn. im Text.) Ebd. 890. * — 60

Löhr, Johann Andr. Christian

Löhr, Jh. Andr. Chr., († d. 28. Juni 1823.) ABC- u. Bilderbuch, nebst e. Anweis., Kindern leicht lesen zu lehren, zunächst zum Gebrauch beim häusl. Unterricht, mit Kpf. (Auch u. d. T.: erste Vorbereitung für Kinder. 1s.) 8. Leipz. 796. 5e A. 823. Er. Fleischer. 1 ₰ 4 ℊ

Löhr, J. A. C., A B C- und Bilderbuch nebst einer Anweis. Kind. leicht lesen zu lehren, zunächst zum Gebrauch beim häuslichen Unterricht. m. K. (h. auch d. Titel: Erste Vorbereitungen f. Kinder 1s.) 8. Leipzig, Gerh. Fleischer. 807.
illum.

Löhr, (J. A. C.,) ABC- u. Bilderbuch, nebst einer Anweisung Kindern leicht lesen zu lehren. 5e Aufl. 8. Leipz. 824, G. Fleischer.

— wohlfeiles ABC- und Lesebuch, nebst einer Anweisung, Kinder sehr leicht lesen zu lehren, zum Schul- und Hausgebrauch, ein Beytrag zum ersten Lehrmeister. 8. Ebend. 811.

Löhr, J. A. C., wohlfeiles ABC- u. Lesebuch, nebst einer Anweisung Kindern leicht lesen zu lehren. 2te Aufl. 8. Leipzig, G. Fleischer. 820. Rtlhr.

Löhr, Joh. Andr. Chrstn., wohlfeiles ABC- u. Lesebuch, nebst e. Anweis. f. d. ersten Leseunterr. Zum Schul- u. Hausgebr. Neu hrsg. v. Karl Ferd. Bräunig. M. 11 Bild. (Holzschn. nach Zeichn. v. Ramberg). 3., verm. u. umgearb., einzig rechtmäß. Ausg. 8. (6 B.) Leipzig 832, E. Fleischer.

— s. Alethes, Philadelph., d. kirchl. Dinge.

— Anekdoten-Büchlein f. meine Kinder, s. Ed. Wild.

— Anekdoten-Büchlein f. meine Kinder oder Witz, Laune u. Schnurren. 2e Aufl. 8. Erfurt 824, Gullhaumann.

— s. Baumgärtner, d. aufrichtige rc. Halle, u. setze hinzu: (v. J. A. C. Löhr).

— mancherlei Begebenheiten u. Geschichten aus dem Leben des kleinen Andreas; ein Büchlein für Kinder. Mit 1 Kpf. 8. Leipz. 820. Cnobloch. 1 ₰ Neue Ausg. Mit 1 Kpf. u. 1 Vign. 8. Ebd. 825. 16 ℊ

— d. Benutzung u. Verarbeitung d. Naturerzeugnisse, oder kleine Technologie für Schulen u. häusl. Unterricht. 8. Leipz. 820. Er. Fleischer. 8 ℊ

Löhr, J. A. C., Beschreibung d. Völker aller Erdtheile. 8. Leipz. Gerh. Fleischer. 814.

— die Bewohner d. Erde, od. Beschreib. aller Völker d. Erde. 8. Leipz. 814. 2e A. 823. Er. Fleischer. 16 ℊ (Auch u. d. T.: der erste Lehrmeister rc. 10r Bd.)

— vollständ. d. Bibelsprüche mit nöthigen Erklärungen. 8. Lpz. 821, G. Fleischer.

— Bibliothek des nützlich unterhaltenden u. merkwürdigen, für Leser aus allerlei Ständen, f. die erwachs. Jugend u. ihre Freunde insonderheit. 1r Bd. 8. Leipz. 806 Er. Fleischer. 1 ₰ 16 ℊ

— s. H. Bilder f. kleine Leute, u. setze hinzu: (v. J. A. C. Löhr).

— Bilder nebst Text zu Lust u. Lehre f. d. Jugend. Mit 33 ill. Kpf. 8. Lpz. 818. 3e A., mit 33 ill. Kpf. 16. Ebd. 826. Cnobloch. 1 ₰ 12 ℊ

— s. Bilder ausländ. Thiere, u. setze hinzu: (v. J. A. C. Löhr).

— s. Bilder vaterländ. Thiere, u. setze hinzu: (v. J. A. C. Löhr).

— s. Bilder-ABC-Buch zum Behuf mancherlei Kenntnisse rc.

— erstes Bilder- u. Lesebuch zur zweckmäß. Beschäftigung des Wohlstandes u. zur angenehm. Unterhaltung. Mit 50 Kpf. 8. Leipz. (802.)

– s.a. Bilbereien zur Lust u. Liebe.

— Bilbereyen zur Lust und Liebe, für das frühere Alter unserer Kinder, m. 96 illum. Kpfrn. 4 Bdchen. 32. Lpz. Leo. 807. (à 12 gr.)

(——) Bilbereien zur Lust u. Lehre f. d. frühere Alter uns. Kinder. 4 Bdchn. 2. Aufl. (Mit vielen ill. Kpfrn.) 32. (16¼ B.) Leipzig 829, Leo.

— Bildergeographie. Eine Darstell. aller Länder u. Völker d. Erde. 4 Bde. Mit Kpf. gr. 8. Leipz. u. Wien 810. (ohne s. Namen.) 2e A. 4 Bde. Mit 80 Kpf. u. 5 Karten. gr. 8. Ebd. 814. 3e umgearb. A. 4 Bde. Mit 78. Kpf. u. 5 Kart. gr. 8. Ebd. 818. Er. Fleischer. 6 ℛ 16 ℊ

– s. Blätter über d. Gebrauch d. Karlsbads von Jugend Jemand (J. A. C. Löhr).

Löhr, Jh. Andr. Chr., d. Buch d. Bilder, Geschichten u. Lehren, f. d. Kindheit u. Jugend. 1r Thl. M. 12 ill. Kpf. 8. Lpz. 819. Er. Fleischer. 2 ℛ Hbg. Pr. 1 ℛ 12 ℊ 2r Thl. Mit 10 ill. Kpf. A. u. d. T.: die ernsten u. lustigen Dinge in der Familie Ehrthal. 8. Ebd. 821. 2 ℛ Hbg. Pr. 1 ℛ 12 ℊ 3r Thl. Mit 10 ill. Kpf. Auch u. d. T.: Menschenleben in mancherlei freudigen u. traurigen Begebenheiten ꝛc. 8. Ebd. 821. 2 ℛ Hbg. Pr. 1 ℛ 12 ℊ

— d. Buch d. Mährchen für Kindheit u. Jugend; nebst etlichen Schnaken u. Schnurren, anmuthig u. lebhaftig. 2 Thle, mit 22 Kpf. 8. Leipz. 819, 20. Er. Fleischer. 7 ℛ

Löhr, J. A. C. *Das Buch der Mährchen* für Kindheit und Jugend, nebst etzlichen Schnaken und Schnurren, anmuthig und lehrhaftig. Mit 6 Radierungen. Dritte Original-Auflage. 2 Bde. (in 6 Lieferungen). Wien, H. F. Müller's Kunsthandlung [ca. 1835]. Kl.-4°. Blaue, braunrot bedruckte Originalumschläge, unbeschnitten; in hübschem Kasten. 48.—

Seltene Sammlung, hübsch illustriert von C. R. (wohl = CARL REINHARDT). Löhr (1764—1823) gehört zu den Klassikern der Jugendliteratur, „seine Geschichten sind solche der kindlichen Seele, voll Reichtum der innern Erfahrung . . . stets von neuem anziehend und reizend" (vgl. Merget p. 56/8). Einige Umschläge lose, hie u. da leichte Stockfleckchen u. einige unbedeut. Gebrauchsspuren; im ganzen gut erhalten.

Löhr, J. A. C., das Buch d. Mährchen f. Kindheit u. Jugend, nebst etzlichen Schnaken u. Schnurren, anmuthig u. lehrhaftig. 8 Hfte. 2., umgearb. Orig.-Aufl. gr. 8. (36⅛ B. u. 23 Kpfrt.) Wien 837, Müller. *

Löhr, J. A. C., das Buch der Mährchen f. Kindheit u. Jugend, nebst etzlichen Schnaken u. Schnurren, anmuthig u. lehrhaftig. 3. Orig.-Aufl. 2 Bde. 16. (58⅝ B. u. 6 Abbild.) Wien 845, Müller. Thlr.

— Elementarbegriffe, od. Entwickelung vieler Begriffe, die zur Bestimmtheit im Denken und zum Verständniß viel gebrauchter Wörter dienen. 1r Thl. 8. Frkft. Guilhaumann. 809.

— Elementarbegeiffe, oder Entwickelung vieler Begriffe, die zur Bestimmtheit im Denken u. zum Verständniß viel gebrauchter Wörter dienen. 1r Thl. 8. Frankf. 801. 2e verm. A. 809. Guilhaumann. 21 ℊ (Auch u. d. T.: Denkübungen in Entwickelung vieler richtigen Begriffe ꝛc.) 2r Bd. Auch u. d. T.: Denkübungen in Entwickelung vieler richtigen Begriffe ꝛc. Ein Handbuch beim öffentl. u. häusl. Unterricht, welcher d. schwereren Begriffe enthält. 2e mit Zusätz. verm. A. 8. Ebd. 811. 1 ℛ

Löhr. *Erwekkungen* für das Herz der Kinder von J. A. C. Löhr. [Darunter Holzschnitt: Knaben u. Bettler]. Zweite durchgesehene Auflage. Mit 30 Kupfern. Leipzig, bei Gerhard Fleischer dem Jüngeren. [1810] [Linker Titel: „Erste Lehren und Bilder zunächst für Kinder, welche noch nicht lesen. Zweite Abtheilung, Erwekkungen für das Herz. Von J. A. C. Löhr. Zweite durchgesehene Auflage. Leipzig . . ."]. 2 Titelbl., VI u. 233 S. u. 30 Tafeln mit je 2 handkolor. Kupfern. 8°. Älterer Halbleinenband. 100.—

RümKB 232. Dyrenfurth p. 81. „. . . mit den ‚Erweckungen' wollte L. das Herz der Größeren für die Gefühle der Liebe, des Wohlwollens, der Güte und Wahrheit beleben." Löhrs Bücher „gehören zum Besten dieser Gattung" (Merget). Besonders hervorzuheben sind die ganz reizenden, sauber kolor. Illustrationen, die noch an den Stil d. ausgeh. 18. Jahrh. gemahnen. — Name a. d. Titel, einige kleine Flecken, wenige unbedeut. Gebrauchsspuren, Einbd. etwas benutzt. Gutes Ex.

— Ausgewählte Erzählungen f. die Jugend. (64 S.) kl. 8. Reutlingen (907). Enßlin & Laiblin. —20; kart. —25

— Erzählungen u. Geschichten, f. Herz u. Gemüth d. Kindheit u. Jugend; ein Nachtrag zu mehreren seiner Schriften, insonderheit zu den Erweckungen für Herz u. zu der Familie Oswald. 2 Thle. mit 1 Kpf. gr. 12. Leipz. 822. Er. Fleischer. 2 ℛ Hbg. Pr. 1 ℛ 12 ℊ

Löhr, J. A. C., Erzählungen f. Kinder. In neuer Auswahl. Mit 6 Bunt-, 6 Ton- u. 28 Textbildern nach Originalen berühmter Künstler. 3. u. 4. Aufl. 2 Tle. in 1 Bd. 12. (V, 112 u. 112 S.) Stuttgart 902. Loewe. Geb. in Leinw. 2. 50; in 2 Bde. kart. à 1. 20

Löhr, J. A. C., Erzählungen f. Kinder. In neuer Auswahl. Mit 6 Bunt-, 6 Ton- u. 28 Textbildern nach Originalen bewährter Künstler. 5. u. 6. Aufl. (V, 112 S.) kl. 8. Stuttgart (907. 10.) Loewe. Geb. in Leinw. 2. 50

Löhr, J. A. C., Erzählungen f. kleine Kinder. In neuer Auswahl hrsg. von Cornelie Lechler. Mit 6 feinen Farbdr.-Bildern v. E. Klimsch, sowie 30 Textillustr. v. E. Klimsch u. Osc. Pletsch. gr. 4. (VI, 88 S.) Stuttgart 891. F. Loewe. Kart. 4 -

— dasselbe. 2., durchgeseh. Aufl. 4. (VI, 99 S.) Ebd. 894. Kart. 4. —

Löhr, J. A. C., Erzählungen f. kleine Kinder. In neuer Auswahl hrsg. v. Cornelie Lechler. Mit 6 feinen Farbdr.-Bildern v. E. Klimsch, sowie 30 Textillustr. v. E. Klimsch, O. Pletsch, F. Flinzer u. a. 3. durchges. Aufl. (IV, 99 S.) Lex.-8. Stuttgart (905). Loewe. Geb. 3. —

Löhr, Joh. Andr. Chrn., Erzählungen aus dem Kindesleben und für die Kinderwelt. Ausgewählt und aufs neue hrsg. von Pet. Diehl. Mit 8 farb. Bildern nach Orig.-Zeichnungen von F. C. Klimsch. 1. Bdchn. gr. 8. (VIII, 188 S.) [Frankfurt a. M. 876, May Söhne.] Wiesbaden, Nicol. cart. (* ℳ 3,50.) *

Löhr, J. A. C., kleine Erzählungen. Zum Vorlesen und zur Leseübung für kleine Kinder. 8. (203 S. mit 12 bunten lithogr. Bildern.) Stuttgart 873, Thienemann. cart.

Löhr, J. A. C., kleine Erzählungen. Zum Vorlesen u. zur Leseübung für kleine Kinder. Mit 12 bunten (chromolith.) Bildern. 2. Aufl. gr. 8. (IV, 203 S.) Stuttgart 879. Thienemann. geb. n. 4. 50

Löhr, Joh. Andr. Chrn., kleine Erzählungen. Zum Vorlesen und zur Leseübung für kleine Kinder. Mit 8 farb. Bildern nach Aquarellen von L. v. Kramer. 3. Aufl. gr. 8. (IV, 184 S.) Stuttgart 883, Thienemann. cart. *

—— Kleine Erzählungen. Zum Vorlesen u. zur Leseübg. f. kleine Kinder. 4. Aufl. gr. 8. (IV, 184 S. m. 8 Farbendr.) Stuttg. 889, Thienemann. geb. * 4 —

— kleine Erzählungen, f. Kinder. 8. Frankf. 800.

— kleine Erzählungen zum Vorlesen u. zur Leseübung f. kleine Kinder. Mit 8 Farbenbildern nach Aquarellen von L. v. Kramer. 5. Aufl. (160 S.) gr. 8. Stuttgart (908). K. Thienemann. Geb. in Leinw. n. 3. —

— Kleine Erzählungen zum Vorlesen u. zur Leseübung f. kleine Kinder. Mit 8 Farbendr.-Bildern nach Aquarellen von L. v. Kramer. 6. Aufl. (160 S.) 8. Stuttgart (910). K. Thienemann. Geb. in Leinw. 3. —

— das Fabelbuch f. Kindheit u. Jugend. 8. Leipz. Cnobloch. 816.
mit illum. Kupf. geb.

— — das Fabelbuch für Kindheit und Jugend. 2te Aufl. Mit 14 illum. Kpfrn. 8. Leipzig, Cnobloch. 819.
mit schwarz. Kpfrn.
ohne Kupfer

Löhr, Johann Andreas Christian. Das Fabelbuch für Kindheit und Jugend. 3. Aufl. Leipzig 1824. H: *Kästner, Christian August Leberecht.* (Ky)

—— das Fabelbuch f. Kindheit u. Jugend. 4. Aufl., verbess. u. verm. v. *r. gr. 12. (16⅔ B. u. 16 ill. Kpfrt.) Leipzig 835, Cnobloch.

Löhr, J. A. C., Gebet- und Andachts-Büchlein für die Jugend. Neu bearb. von Fr. Hoffmann. 2. Aufl. Mit 1 Titelkpfr. Leipzig 856. E. Fleischer. 16. (2 Bl., 187 S.)
n. 12 ngr.

— das erste Gebet- u. Andachtsbüchlein der Kindheit, mit 1 Kpf. 8. Leipz. 820. Er. Fleischer. 16 gr

— Geographie od. Erdbeschreibung der Länder aller Erdtheile, für den frühern Unterricht. 8. Leipz. 819. Er. Fleischer. 12 gr Hbg. Pr. 8 gr

— die Geschichten der Bibel, zum Gebrauch f. Lehrer u. Schüler. (hat auch d. Titel: der erste Lehrmeister 1r) 8. Lpz. Gerh. Fleischer. 810.

— die Geschichten d. Bibel, zum Gebrauch f. Lehrer u. Schüler, mit 1 K. 2te verm. Aufl.
Hat auch d. Titel:
Der erste Lehrmeister rc. 1r Bd. 8. Leipz. Gerh. Fleischer. 814.

— — Geschichten der Bibel. 3te verb. Aufl. 8. Leipzig, G. Fleischer. 818.

— Gesch. d. Bibel. 4e A., s. Lehrmeister rc. 1r Thl.

—— die Geschichten d. Bibel, z. Gebr. f. Lehrer u. Schüler. Neu hrsg. v. Karl Ferd. Bräunig. Mit Ttlkpfr. 5., verm. u. verb., einzig rechtmäß. Ausg. 8. (14¼ B.) Leipzig 831, E. Fleischer.

Löhr, J. A. C., die Geschichten der Bibel zum Gebrauche für Lehrer und Schüler. Neu hrsg. von Carl Ferd. Bräunig. 6. Aufl. 1849. und 7., verm. und verb. einzig rechtmäß. Ausg. 8. (VI und 153 S. mit 1 Ttlkpfr.) Leipzig 851, E. Fleischer.

—— biblische Geschichten. Erneuet und mit einem Anhange versehen von G. Th. Dithmar. gr. 12. (VII und 264 S.) Marburg 851, Elwert'sche Universitäts-Buchh.

—— Geschichten und Erzählungen aus der Kinderwelt. Neu bearb. und verm. von Friedr. Hoffmann. 6., verm. Aufl. Mit Bildern. gr. 8. (IV und 107 S. mit 4 ill. Stnt.) Leipzig 854, E. Fleischer.

—— kleine Geschichten u. Erzähln. zu Bildung d. sittl. Gefühls u. Urtheils d. Kinder. Für d. Schul- u. Hausgebr. Neu hrsg. v. Karl Ferd. Bräunig. 5., verb., einzig rechtmäß. Ausg. 8. (20 B.) Leipzig 833, E. Fleischer.

— kleine Geschichten u. Erzählungen, für Kinder zur Bildung des sittl. Gefühls. 8. Leipz. 799. 4e A. 818. Er. Fleischer. 8 gr (Auch u. d. T.: erste Vorbereitungen, f. Kinder. 2r u. d. erste Lehrmeister 4r Thl)

— kleine Geschichten und Erzählungen für Kinder zur Bildung d. sittlichen Gefühls und Urtheils, sowohl zum Gebrauch bey öffentl. und häuslichen Unterricht. (hat auch die Titel: Erste Vorbereitungen für Kinder 2c. und der erste Lehrmeister 4r. Thl.) 8. Ebend. 811.

— s.: Gott schütze dich.

— — D. Mart. Luthers kleiner Katechismus. s. Luther, D. Mart.

— des Dr. Martinus Katz- u. Wachtelbüchlein mit mancherlei anmuth. ergötzl. Begebenheiten, Historien rc., zur Lehre, Warnung u. Ermahnung für d. junge Volk in Deutschland, mit 14 bunten Kpf. 8. Leipz. 824. Brockhaus. 2 ℛ 20 gr

— gemeinnützige Kenntnisse. (Auch .. d. T.: erste Vorbereitung, f. Kinder 4r Bd. der erste Lehrmeister 7r Thl.) 8. Leipz. 800. 3e A. 823. Er. Fleischer. 16 gr

— gemeinnützige Kenntnisse. (hat auch d. Titel: d. erste Lehrmeister 7r.) 8. Ebend. 811.

— gemeinnützige Kenntnisse. 3e Aufl. 8. Leipzig 823. G. Fleischer.

– s.a. Kleinigkeiten f. unsere Kinder.

— Kleinigkeiten für uns. Kind. m. 12. illum. Kpfrn. 8. Lpz. Leo. 807.

—— Kleinigkeiten für unsere Kinder. (Neue Ausg.) M. 12 Kpfr. 8. (19 B.) Leipzig 829, Leo.

—— Kleinigkeiten f. unsere Kinder. 2. Ausg. 8. (18¾ B. u. 6 ill. Abbild.) Leipzig 846, Herm. Fritzsche.

— d. Künste u. Gewerbe d. Menschen. Mit 104 Abbildd. gr. 8. Leipz. 819. Er. Fleischer. 3 ℛ Hbg. P. 1 ℛ 12 gr

— die Länder u. Völker d. Erde, s. oben Bildergeographie.

— die Länder u. Völker d. Erde, od. Beschreib. aller 5 Erdtheile. 4 Bde. mit 78 K. 2te Aufl. gr. 8. Ebend. 815.

Löhr, J. A. C. Die Länder und Völker der Erde oder vollständige Beschreibung aller fünf Erdtheile und deren Bewohner. 3. umgearb. Aufl. Leipzig, Gerhard Fleischer 1818—19.
4 Bde. 8°.
1. Europa: Tit., VIII + 677 S., 18 Taf., 1 Karte. 2. Asien: Tit., VI + 416 S., 21 Taf. 3. Afrika: IX + 380 S., 20 Taf., 1 Karte. 4. Amerika & Australien: Tit., IV + 623 S., 19 Taf., 1 Karte.
Die Taf. in Kupferst., z. T. farb.
1. Ausg. 1817—1818.

Löhr, J. A. C.: Die Länder und Völker der Erde oder Beschreibung aller fünf Erdtheile und deren Bewohner. Bd. 1. Europa. Bd. 2. Asien. Bd. 3. Afrika. Bd. 4. Amerika und Australien. Dritte nach dem jetzigen politischen Stand der Dinge neu umgearbeitete Auflage. Leipzig 1828 u. 1829. 4 Bde. 8°.

— vollständ. Lehrbüchlein d. Bibelsprüche mit nöthigen Erklärungen. 8. Leipz. 822. Er. Fleischer. 4 gl (Auch u. d. T.: d. erste Lehrmeister. 25r Bd.)

— erste Lehren u. Bilder, oder unterhaltende Verstandesbeschäftigungen, zunächst für Kinder, welche noch nicht lesen, 1e Abthl., mit 30 Kpf. gr. 8. Leipz. 803. 2e A., mit 50 Kpf. 805. Er. Fleischer. 5 rß Hbg. Pr. 3 rß Mit schwarz. Kpf. 2 rß 12 gl Hbg. Pr. 1 rß 12 gl 2r Thl. A. u. d. T.: Erweckungen für d. Herz d. Kinder. Mit 30 Kpf. gr. 8. Leipz. 805. Er. Fleischer. 5 rß Hbg. Pr. 3 rß Mit schwarz. Kpf. 2 rß 12 gl Hbg. Pr. 1 rß 12 gl

— — dass. französisch, s. le premier Livre.

— Dass. in polnischer Sprache, ill. gr. 8. Ebd. 5 rß

— der erste Lehrmeister, s. Lehrmeister.

— erste Lese- u. Erzählungsblätter; Bildungsstoff f. Herz u. Geist. Mit ill. Kupf. gr. 12. Leipzig 822, Ernst Fleischer.

— d. Lesebuch für Schul- u. Hausunterricht. 8. Leipz. 815. Er. Fleischer. 20 gl Hbg. Pr. 12 gl (A. u. d. T.: d. erste Lehrmeister. 12r Bd.)

– s.a. **Livre, le premier élémentaire.**

— le premier livre élémentaire, ouvrage propre à occuper agreablement les enfans et à exercer leur intelligence, et qui peut servir aussi à ceux qui ne savent pas encore lire. Avec 50 grav. enl. gr. 8. Leipz. 803. Er. Fleischer. 5 rß Hbg. Pr. 3 rß Av. 50 grav. noires 2 rß 12 gl Hbg. Pr. 1 rß 12 gl

— Ludwig u. seine Gespielen, oder leichte Uebungen für Verstand u. Herz, in Erzählungen, Geschichten u. Aufgaben für d. frühere Alter. 8. Leipz. 810. Er. Fleischer. 20 gl Hbg. Pr. 16 gl

– s.a. **Luther, kl. Katechismus.**

—— deutsche Märchen. Neu geordnet von Gust. Harrer. Mit kolor. (lithogr.) Bildern. 8. (226 S.) Leipzig 876, Berndt's Verlag. cart.

—— morgenländische Märchen. Neu geordnet von Gust. Harrer. Mit kolor. (lithogr.) Bildern. 8. (253 S.) Ebendas. 876. cart.

—— großes Märchenbuch. Neu geordnet von Gust. Harrer. gr. 8. (V, 481 S.) Stuttgart 871, Thelius. cart.

—— dass. — 2. Aufl. 8. (V, 481 S.) Leipzig 876, Berndt's Verlag. cart.

—— großes Märchenbuch. Neu geordnet von Gust. Harrer. 2. Aufl. 8. (481 S. mit kolor. Titelbild.) Leipzig 880, Berndt's Verlag. geb.

— Materialien zur Erweckung u. Uebung d. Verstandes u. d. Urtheilskraft d. Kinder, sowohl z. Gebrauch bei öffentl. als häusl. Unterricht. 8. Leipz. 799. 2e A. 806. 3e A. 810. Er. Fleischer. 8 gl (A. u. d. T.: erste Vorbereitungen für Kinder 3r u. d. ersten Lehrmeister 3r Thl.)

Löhr, Jh. Andr. Chr., Menschenleben, s. oben d. Buch d. Bilder. 3r Thl.

— d. Merkwürdigkeiten aus d. Reiche d. Thiere u. Pflanzen. 2e Aufl. (d. Wunder d. Thier- u. Pflanzenwelt, s. J. C. F. Müller). 8. Frankf. a. M. 817. Guilhaumann. 1 rß 12 gl Hbg. Pr. 1 rß 4 gl

— — die Merkwürdigkeiten aus dem Reiche der Thiere und Pflanzen. 2te Aufl. 8. Frankf. a. M., Guilhauman. 818.

— la morale du premier âge ou historiettes instructives et amusantes à l'usage des enfans qui commencent à lire et à trad. de l'Allem., par S. H. Catel, av. grav. enlum. gr. 8. Leipz. 809. Er Fleischer. 5 rß Hbg. Pr. 3 rß Av. grav. noires 2 rß 12 gl Hbg. Pr. 1 rß 12 gl

Löhr, J. A. C., s.: Müller, J. C. F.

— d. Natur u. d. Menschen, ein Inbegriff vieler Merkwürdigkeiten für Leser aus allerlei Ständen. 4 Bde. 8. Leipz. 803. 2e Aufl. 809, 10. Er. Fleischer. 4 rß Hbg. Pr. 3 rß

— — gemeinn. und vollständ. Naturgeschichte für Liebhaber u. Lehrer. Mit 395 Abbild. 5 Bde. gr. 8. Leipzig, G. Fleischer. 816 u. 17.

— Naturgeschichte f. Schulen u. den häusl. Unterricht. Mit 83 Abbild. 8. Ebend. 812.
Hat auch d. Titel:
Der erste Lehrmeister ꝛc. 8r. Bd.

— — Naturgeschichte für Schulen u. den häusl. Unterricht. Mit 83 Abbild. 2te verb. Aufl. 8. Ebend. 820.

—— Naturgeschichte f. Schulen u. d. häusl. Unterr. Neu bearb. v. F. P. Wilmsen. M. 83 Abbild. 3., vielverm. u. bericht., einzig rechtmäß. Ausg. 8. (20 B.) Leipzig 831, E. Fleischer.

— d. Familie Oswald, oder Erweckungen d. religiösen Sinnes d. Kindheit. 3 Bdchen, mit 1 Kpf. 8. Leipz. 819. Er. Fleischer. 4 rß 6 gl Hbg. Pr. 3 rß

—— kleine Plaudereien und Erzählungen für Kinder. Neu bearb. und hrsg. von E. Berger. gr. 8. (IV, 220 S. mit Orig.-Illustr. in Farbendr. von Marie Koch.) Berlin 888, Drewitz Nachf. cart.

— kleine Plaudereien für Kinder, welche sich im Lesen üben wollen. 2 Bdchen. 8. Frankf. a. M. 801, 2. 2e A. 807—10. 3e A. 820. Guilhaumann. 1 rß 8 gl 3s Bdchen, oder neue Plaudereien für unsere Kinder. 8. Ebd. 809. 2e A. 821. 20 gl

— — kleine Plaudereyen f. Kinder, welche sich im Lesen üben wollen. 1s Bdchen. 4te Aufl. 8. Frankf. a. M., Guilhauman. 820.

—— kleine Plaudereien für Kinder, welche sich im Lesen üben wollen. Wieder hrsg. von A. F. C. Vilmar. 3 Bdchn. gr. 12. (XVI und 506 S.) Marburg 850, Elwert'sche Universitäts-Buchh.

Löhr, J. A. C., kleine Plaudereien für Kinder welche sich im Lesen üben wollen. Wieder hrsg. von A. F. C. Vilmar. 3 Bdchn. 2. Aufl. 16. (XVI und 577 S.) Marburg 864, 65, Elwert'sche Universitäts-Buchh. à Bdchn. 10 Ngr.

— kleine Plaudereien für Kinder, welche sich im Lesen üben wollen. Wieder hrsg. v. A. F. C. Vilmar. 1. Bdchen. 8. Aufl. 12. (VIII, 190 S.) Marburg 881. Elwert's Verl. cart. n. 1. —; geb. n. 1. 50

Löhr, Joh. Aug. Chr., kleine Plaudereien für Kinder, welche sich im Lesen üben wollen. Wieder hrsg. von A. F. C. Vilmar. 1. und 3. Bdchn. gr. 12. Marburg, Elwert's Verlag. [1. Bdchn. 4. Aufl. (VIII, 190 S.) 885; 3. Bdchn. 3. Aufl. (IV, 238 S. mit je 4 Chromolithogr.) 885.] cart. à Bdchn. *
2. Bdchn. Ebendas. 1883. *M 1.50.

— kleine Plaudereien f. Kinder, welche sich im Lesen üben wollen. Wieder hrsg. v. A. F. C. Vilmar. 1—3. Bdchn. 12. (Mit je 4 Chromolith.) Marburg, Elwert's Verl. cart. à n. 1. 50
1. 4. Aufl. (VIII, 190 S.) 886. — 2. 3. Aufl. (IV, 149 S.) 883. — 3. 3. Aufl. (IV, 238 S.) 885.

Löhr, (J. A. C.,) neue kleine Plaudereien f. Kinder. 2tes Bändchen mit 1 illum. Kpfr. gr. 12. Leipzig 822, Gerh. Fleischer.

— Auswahl einiger Predigten. 1r Thl. gr. 8. Leipzig, G. Fleischer. 806.

— s.a. Karl Fr. Schmidt.

— Tändeleien u. Scherze für Kinder. 2 Thle, mit 12 ill. Kpf. u. 2 Vign. 4. Leipz. (805 u. 8.) Er. Fleischer. 7 Rthlr. Hbg. Pr. 4 Rthlr. Mit schwarz. Kpf. 4 Rthlr. 8 gGr. Hbg. Pr. 2 Rthlr. 8 gGr.

— Untersuchung d. Frage: Warum wirkt d. Predigtamt so wenig auf d. Sittlichkeit d. Menschen. 8. Leipz. 792. Fr. Fleischer. 1 Rthlr.

— Erste Vorbereitungen für Kinder, zum Gebrauch bey öffentl. und häusl. Unterricht 1s siehe A B C und Bilderbuch.

— — desselben 2s, siehe kleine Geschichten und Erzählungen für Kinder.

— — 3s. s. Materialien.

— — 4s. s. gemeinnützige Kenntnisse.

— d. Weihnachtsabend in d. Familie Thalberg, f. Kinder beschrieben. Mit 15 ill. Kpf. 4. Leipz. (805.) 2e A. 814. Er. Fleischer. 4 Rthlr. 8 gGr. Hbg. Pr. 2 Rthlr. 12 gGr. Mit schwarz. Kpf. 2 Rthlr. 8 gGr. Hbg. Pr. 1 Rthlr. 8 gGr.

— der Weihnachtsabend in d. Familie Thalberg. 2te verb. Aufl. m. K. 4. Ebend. 813. schwarz illum.

— Weltgeschichte, s. Lehrmeister rc. 3r Thl.

— größere Weltgeschichte, für Leser aus allen Ständen. 2 Bde, mit 1 Kpf. gr. 8. Leipz. 811. Er. Fleischer. 2 Rthlr.

— kleine Weltgeschichte für den ersten Anfang beim Haus- u. Schulunterricht. 8. Leipz. 811. 2e Aufl., verb. von F. Rösselt. 8. Ebd. 825. Er. Fleischer. 8 gGr. (A. u. d. T.: d. erste Lehrmeister. 3r Thl.)

— kleine Weltgeschichte f. d. Schul- u. Hausgebrauch. 2e Aufl. verb. v. F. Rösselt. 8. Leipz. 825, G. Fleischer.

Loehr, Joh. Jos. Ueber die Scheibler'sche Erfindung überhaupt und dessen Pianoforte- und Orgel-Stimmung insbesondere. Crefeld 1836.

Loehr, Joh. Jos., über d. Scheibler'sche Erfindung überh. u. dess. Pianoforte- u. Orgel-Stimmung insbesondere. gr. 12. (2 B.) Crefeld 837, Schüller.

Loehr, Joh. Jos., immerwährender Kalender. gr. 16. (151 S.) Crefeld 847, Funcke'sche Buchh. Thlr. *

—— kleine Plaudereien für Kinder, welche sich im Lesen üben wollen. Wieder hrsg. von A. F. C. Vilmar. 1. und 2. Bdchn. 3. Aufl. 12. Marburg, Elwert'sche Verlagsh. [1. Bdchn. (VIII, 190 S.) 881. *ℳ 1.; 2. Bdchn. (IV, 149 S. mit 4 chromolithogr. Illustr.) 883. *ℳ 1,50.] *

Loehr, Joannes Josephus ⟨geb. am 4 Jan. 1805 in Köln⟩: De partium corporis humani situ abnormi cum animi alienatione ... Bonnae, typ. H. Knirenschildi (1828). 3 Bl., 20 S., 1 Bl. 4.
Bonn, Med. Fak., Diss. v. 1 Sept. 1828

Löhr, Jos., Abraham u. Isaak auf der Jagd, s.a. Heidelmann's, A., Theaterbibliothek.

Abraham und Isaak auf der Jagd. Schwank in 2 Akten von Josef Löhr. Bonn: A. Heidelmann [1905]. (22 S.) 8° [F.]
= Theaterbibliothek, A. Heidelmann's. H. 153. [06. 6697

Baron-Dienstmann und Dienstmann-Baron. Lustspiel in 2 Akten von Jos. Löhr. *Bonn: A. Heidelmann [1903].* (40 S.) 8° [F.]
= Theaterbibliothek, A. Heidelmann's. H. 89. [04. 11779

Löhr, Jos., der pfiffige Bauer, s.a. Heidelmann's, A., Theaterbibliothek.

Löhr, Jos.: Der pfiffige Bauer. Posse in 1 Akt von —. Bonn: A. Heidelmann [1902]. (12 S.) 8°
Theaterbibliothek, A. Heidelmann's. H. 54.

Löhr, Jos., die volkswirtschaftliche Bedeutg. der Hypothekenbanken. (58 S.) 8. Leipzig 908. A. Deichert. Nachf. 1. —

Löhr, Jos., methodisch-kritische Beiträge zur Geschichte der Sittlichkeit des Klerus besonders der Erzdiözese Köln am Ausgang des Mittelalters, s.a. **Studien u. Texte, reformationsgeschichtliche. 17. Heft.**

Methodisch-kritische Beiträge zur Geschichte der Sittlichkeit des Klerus, besond. d. Erzdiözese Köln, am Ausgang d. Mittelalters. Von Joseph Löhr. Münster: Aschendorff 1910. VIII, 120 S. 8°
(Reformationsgeschichtl. Studien u. Texte. H. 17.) [11. 532 2

Die mißlungene Betrügerei. Posse in 3 Akten von Jos. Löhr. Bonn: A. Heidelmann [1904]. (29 S.) 8° [F.]
= Theaterbibliothek, A. Heidelmann's. H. 129. [06. 6673

Biermann vor Gericht. Komische Scene in 1 Akt von Jos. Löhr. *Bonn: A. Heidelmann [1903].* (12 S.) 8° [F.]
= Theaterbibliothek, A. Heidelmann's. H. 71. [04. 11764

— Die Brautwerbung, s. Vereins-Theater, Katholisches.

— Der Doppelgänger, s. Vereins-Theater, Katholisches.

Emmy oder Fanny. Schwank in 1 Akt von Jos. Löhr. Bonn: A. Heidelmann [1904]. (20 S.) 8° [F.]
= Theaterbibliothek, A. Heidelmann's. H. 134. [06. 6678

Die neue Feuerwehr. Schwank in 1 Akt von Jos. Löhr. *Bonn: A. Heidelmann [1903].* (16 S.) 8° [F.]
= Theaterbibliothek, A. Heidelmann's. H. 103. [04. 11790

Löhr, Jos.: Die neue Feuerwehr. Schwank in 1 Akt von —. [Nebst] Musikbeilage. Bonn: A. Heidelmann [1904]. 2 Bde. 8°
Theaterbibliothek, A. Heidelmann's. H. 103. 104.

Der unmusikalische Freier. Lustspiel in 3 Akten von Josef Löhr. [Nebst] Musikbeilage. *Bonn: A. Heidelmann [1903].* 2 Bde 8° [F.]
= Theaterbibliothek, A. Heidelmann's. H. 91. 92. [04. 11781

Der kurierte Geck. Lustspiel in 3 Akten von Josef **Löhr**. *Bonn: A. Heidelmann [1903].* (16 S.) 8° [F.]
= **Theaterbibliothek**, A. Heidelmann's. H. 90. [04.

Goldkörnchen. Schauspiel in 1 Akt von Jos. **Löhr**. *Bonn: A. Heidelmann [1903].* (16 S.) 8° [F.]
= **Theaterbibliothek**, A. Heidelmann's. H. 79. [04.

– Hanspitter vor Gericht, s.a. Vereins-Theater, Katholisches. Bdch. 59.

Löhr, Joseph: Hanspitter vor Gericht. Komische Scene in 1 Akte von –. Duisburg: J. Hoffmann 1897. (12 S.) 8°
Vereins-Theater, Katholisches. Bdch. 59.

Löhr, Jos., s.: Heidelmann's, A., Theaterbibliothek.

Eine Heiratsgeschichte. Lustspiel in 1 Akt von Jos. **Löhr**. *Bonn: A. Heidelmann [1902].* (21 S.) 8° [F.]
= **Theaterbibliothek**, A. Heidelmann's. H. 63. [04.

– Die zwölf Herrscher der Erde, s.a. Vereins-Theater, Katholisches. Bdch. 48.

Die zwölf Herrscher der Erde. Dramat. Märchen in 2 Aufz. von Jos. **Löhr**. *Duisburg: J. Hoffmann 1896.* (24 S.) 8° [F.]
= Vereins-Theater, Katholisches. Bdch. 48. [00.

— Hochmuth kommt vor dem Falle, s.: Dilettantenbühne, katholische.

Löhr, Jos., das Hypothekenbankgesetz vom 13. VII. 1899, hrsg. m. kurzen erläut. Anmerkgn. u. e. Anh.: Das Recht der Hypothekenpfandbriefe. (165 S.) 8. Leipzig 906. A. Deichert Nachf. n. 2. 50

Löhr, Jos.: Kein Jagdschein. Komische Jagdszene in 1 Akt von –. Bonn: A. Heidelmann [1903]. (13 S.) 8°
Theaterbibliothek, A. Heidelmann's. H. 84.

— der „Jupp" un et „Tring" vor dem Schiedsmann, s.a. **Vereins-Theater, katholisches.**

Löhr, Joseph: Der 'Jupp' un et 'Tring' vor dem Schiedsmann. Komische Scene in 1 Akt von –. Duisburg: J. Hoffmann 1897. (8 S.) 8°
Vereins-Theater, Katholisches. Bdch. 57.

— der Kandidat, s.: Dilettantenbühne, kathol.

Löhr, Jos.: Ein Stündchen Kasernenleben. Militär. Schwank in 1 Akt von –. Bonn: A. Heidelmann [1903]. (36 S.) 8°
Theaterbibliothek, A. Heidelmann's. H. 85.

Die Grubesche Kur. Schwank in 2 Akten von Josef **Löhr**. *Bonn: A. Heidelmann [1903].* (13 S.) 8° [F.]
= **Theaterbibliothek**, A. Heidelmann's. H. 80. [04.

Malzextrakt. Komische Scene in 1 Akt von Jos. **Löhr**. *Bonn: A. Heidelmann [1903].* (11 S.) 8° [Ant. u. F.]
= **Theaterbibliothek**, A. Heidelmann's. H. 76. [04.

— Der Maurer, s.a. **Heidelmann's, A., Solovorträge.**

Der Maurer. Solo-Vortrag f. 1 Herrn von Jos. **Löhr**. *Bonn: A. Heidelmann [1902].* (3 Bl.) 8° [F.]
= **Theaterbibliothek**, A. Heidelmann's. H. 66. [04.

Die Mehlspeise oder Meier in tausend Aengsten. Komische Scene in 1 Akt von Josef **Löhr**. *Bonn: A. Heidelmann [1903].* (12 S.) 8° [F.]
= **Theaterbibliothek**, A. Heidelmann's. H. 74. [04.

– Der Menschenkenner, s.a. Vereins-Theater, Katholisches.

Löhr, Joseph: Der Menschenkenner. Lustsp. in 2 Akten von –. Duisburg: J. Hoffmann 1897. (15 S.) 8°
Vereins-Thater, Katholisches. Bdch. 56.

Mißverstanden. Ehestands-Szene in 1 Akt von Jos. **Löhr**. *Bonn: A. Heidelmann [1903].* (8 S.) 8° [Ant. u. F.]
= **Theaterbibliothek**, A. Heidelmann's. H. 77. [04.

Löhr, Joseph [Dr., k. Offizial b. d. Generaldir. d. k. b. Staatseisenbahnen in München]: Ueber die rechtliche Natur des Zwangsvergleichs. Berlin, C. Heymann, 1891; 2 Bl., 92 S. 8.
Würzburg, Jur. Fak., Inaug.-Diss. v. 1891

— Pack schlägt sich, Pack verträgt sich, s.: Vereins-Theater, katholisches.

— die verhexten Pantoffeln, s.a. **Heidelmann's, A., Theaterbibliothek.**

Löhr, Jos.: Die verhexten Pantoffeln. Posse in 2 Akten von –. Bonn: A. Heidelmann [1902]. (24 S.) 8°
Theaterbibliothek, A. Heidelmann's H. 53.

— Das Pfeifchen, s.a. **Heidelmann's, A., Solovorträge.**

Das Pfeifchen. Solo-Vortrag f. 1 Herrn von Jos. **Löhr**. *Bonn: A. Heidelmann [1903].* (6 S.) 8° [F.]
= **Theaterbibliothek**, A. Heidelmann's. H. 69. [04.

— Der Polizeidiener v. Gundelhausen, s.a. **Heidelmann's, A., Solovorträge.**

Der Polizeidiener von Gundelhausen. Solo-Vortrag f. 1 Herrn von Jos. **Löhr**. *Bonn: A. Heidelmann [1902].* (6 S.) 8° [F.]
= **Theaterbibliothek**, A. Heidelmann's. H. 65. [04.

— Der schlaue Polizist, s.a. **Theaterbibliothek.**

Löhr, Jos.: Der schlaue Polizist. Posse in 2 Akten von –. Bonn: A. Heidelmann [1903]. (22 S.) 8°
Theaterbibliothek, A. Heidelmann's. H. 86.

— Die Rache des Lehrlings od. Schneidermeister Zwirn als Wunderdoktor, s.a. **Heidelmann's, A., Theaterbibliothek.**

Die Rache des Lehrlings oder Schneidermeister Zwirn als Wunderdoktor. Posse in 2 Akten von Jos. **Löhr**. Bonn: A. Heidelmann [1904]. (18 S.) 8° [F.]
= **Theaterbibliothek**, A. Heidelmann's. H. 137. [06.

Eine Radikalkur. Lustsp. in 2 Akten von Joseph **Löhr**. *Duisburg: J. Hoffmann 1896.* (16 S.) 8° [F.]
= Vereins-Theator, Katholisches. Bdch. 49. [00.

Rot oder Schwarz? Posse in 1 Akt von Jos. **Löhr**. *Bonn: A. Heidelmann [1903].* (9 S.) 8° [F.]
= **Theaterbibliothek**, A. Heidelmann's. H. 70. [04.

Der verliebte Schneider. Posse mit Gesang in 2 Akten von Josef **Löhr**. [Nebst] Musikbeilage. *Bonn: A. Heidelmann [1903].* 2 Bde 8° [F.]
= **Theaterbibliothek**, A. Heidelmann's. No 81. 82. [04.

Der Schnupfer. Schwank in 1 Akt von Jos. **Löhr**. Bonn: A. Heidelmann [1904]. (12 S.) 8° [F.]
= **Theaterbibliothek**, A. Heidelmann's. H. 117. [06.

— Der Schusterjunge, s.a. **Heidelmann's, A., Solovorträge.**

Der Schusterjunge. Solo-Vortrag f. 1 Herrn von Jos. Löhr. Bonn: A. Heidelmann [1902]. (3 Bl.) 8° [F.]
= Theaterbibliothek, A. Heidelmann's. H. 64. [07. 9918

Löhr, Jos. (II.). Schwindel üb. Schwindel, s. Theater, kleines.

– Ein Studentenstreich, s.a. Vereins-Theater, Katholisches. Bdch. 25.

Ein Studentenstreich. Lustsp. in 2 Acten von Jos. Löhr. 2. Aufl. *Duisburg: J. Hoffmann 1892.* (24 S.) 8° [F.]
= Vereins-Theater, Katholisches. Bdch. 25. [04. 2842

Löhr, Josef: Studien zur Geschichte der Verfassung und Verwaltung der Kölnischen Archidiakonate zu Ausgang des Mittelalters. Stuttgart 1909: Union. 38 S. 8° ¶(Ersch. vollst. u. d. T.: Die Verwaltung d. kölnischen Großarchidiakonats Xanten zu Ausgang d. Mittelalt., als: Kirchenrechtl. Abhandlungen. H. 59—60.)
Bonn, Phil. Diss. v. 14. Aug. 1909, Ref. Schulte
[Geb. 21. Jan. 78 Cornelimünster; Wohnort: Bonn; Staatsangeh.: Preußen; Vorbildung: Gymn. Münstereifel Reife O. 98; Studium: Bonn Theol. 8, Jura u. Phil. 12 S.; Rig. 27. Mai 08.] [U 09. 411

— Das vergessene Thema, s.a. Heidelmann's, A., Solovorträge.

Löhr, Jos.: Das vergessene Thema. Solo-Vortrag von –. Bonn: A. Heidelmann [1903]. (7 S.) 8°
Theaterbibliothek, A. Heidelmann's. H. 102.

– Der entsprungene Turco, s.a. Heidelmann's Theaterbibliothek.

Der entsprungene Turco. Lustspiel in 3 Akten. Nach Kleeberger frei bearb. von Jos. Löhr. *Bonn: A. Heidelmann [1902].* (16 S.) 8° [F.]
= Theaterbibliothek, A. Heidelmann's. H. 57. [04. 11748

- Der gestohlene Überzieher, s.a. Heidelmann's Theaterbibliothek.

Der gestohlene Ueberzieher. Schwank in 1 Akt von Jos. Löhr. *Bonn: A. Heidelmann [1902].* (13 S.) 8° [F.]
= Theaterbibliothek, A. Heidelmann's. H. 55. [04. 11745

— Die Verwaltung des kölnischen Grossarchidiakonates Xanten am Ausgange d. Mittelalters, s.a. **Abhandlungen, kirchenrechtliche. Heft 59. 60.**

Löhr, Joseph: Die Verwaltung des kölnischen Grossarchidiakonates Xanten am Ausgange des Mittelalters. Von Dr. phil. Joseph Löhr, Priester. Stuttgart: Enke 1909. XVI, 292 S. 8°
[Ein T. erschien als Inaug.-Diss. Bonn 1909.]
(Kirchenrechtliche Abhandlungen. H. 59. 60.)

— Die Volkslieder, der reine Un- u. Blödsinn, s.a. Heidelmann's, A., Solovorträge.

Die Volkslieder, der reine Un- und Blödsinn. Solo-Vortrag von Jos. Löhr. *Bonn: A. Heidelmann [1902].* (8 S.) 8° [F.]
= Theaterbibliothek, A. Heidelmann's. H. 67. [04. 11758

Wenn einer Pech hat. Schwank in 3 Akten von Josef Löhr. Bonn: A. Heidelmann [1905]. (24 S.) 8° [F.]
= Theaterbibliothek, A. Heidelmann's. H. 152. [06. 2696

– Wie gewonnen, so zerronnen, s.a. Vereins-Theater, Katholisches. Bdch. 50.

Wie gewonnen, so zerronnen. Schausp. in 3 Akten von Joseph Löhr. *Duisburg: J. Hoffmann 1896.* (24 S.) 8° [F.]
= Vereins-Theater, Katholisches. Bdch. 50. [00. 3185

— das Wiedersehen nach langer Trennung, s.: Vereins-Theater, kath.

– Der unsichtbare Wilddieb, s.a. Vereins-Theater, Katholisches. Bdch. 58.

Löhr, Joseph: Der unsichtbare Wilddieb. Lustsp. in 2 Akten von –. Duisburg: J. Hoffmann 1897. (11 S.) 8°
Vereins-Theater, Katholisches. Bdch. 58.

— Die verhängnisvolle Wurst, s.a. Theaterbibliothek.

Die verhängnisvolle Wurst. Posse in 1 Akt von Josef Löhr. Bonn: A. Heidelmann [1904]. (10 S.) 8° [F.]
= Theaterbibliothek, A. Heidelmann's. H 113. [06. 2637

Der lästige Zimmernachbar oder Wurst wider Wurst. Posse in 2 Akten von Jos. Löhr. Bonn: A. Heidelmann [1905]. (42 S.) 8° [F.]
= Theaterbibliothek, A. Heidelmann's. H. 162. [06. 2706

Löhr, Karl Ad.

Löhr, Carl Ad., Geschäftshilfe f. Compagnie- u. Escadrons-Commandanten der k. bayer. Armee. 2. verm. Aufl. gr. 16. (176 S.) München 849, Franz. n. 24 ngr.

Löhr, K. Ad., das Kriegswesen d. Griechen u. Römer, f. denkende Militaire u. Freunde d. alten Geschichte, sowie f. Lehrer u. Lernende bei Uebersetz. d. griech. u. röm. Classiker nach d. Quellen bearb. 1. Bd. M. 5 lith. Taf. (qu. Fol.) 2., umgearb. u. stark verm. Aufl. gr. 8. (21 B.) Würzburg 830, Strecker.

Loehr, Carl Ad., großes Kriegswörterbuch od. Encyclopädie aller in das Gebiet d. Kriegswissenschaften einschlagenden Wörter u. Materien. Mit einigen Planen. 1—7. Lfg. od. 1. Bd. u. 2. Bd. 1. u. 2. Lfg. (Aa—Naumachia.) gr. 8. (52¼ B., 7 Taf. Abbild. u. 1 Tab.) Mannheim 845—47, Bensheimer. à Lfg. 15 Ngr.

—— großes Kriegswörterbuch. Encyclopädie aller in das Gebiet der Kriegswissenschaft einschlagenden Wörter und Materialien ꝛc. 2. Bd. 3—7. Lfg. (Positionsgeschütz — Schluss.) gr. 8. (S. 225—822.) Mannheim 848—49, Bensheimer.
1. Bd. und 2. Bd. 1. und 2. Lfg. Ebendas. 1845—47. 3 Thlr. 15 Ngr.

—– über Rekognoszirungen. 8. (11½ B., 1 Tab. u. 1 Stnt.) Passau 842, Pustet'sche Buchh. *

– über d. Taktik u. d. Kriegswesen d. Griechen u. Römer, nach d. Quellen bearb. Mit 8 Steindrucktaf. gr. 8. Kempten 825. (Würzb., Stahel). 1 ℔ 16 Kr

Löhr, Mathias Josef

Löhr, M. J., Anleitung zur Pflanzenkunde. Populär bearb. für Schulen u. zum Selbststudium. Köln 867. DuMont-Schauberg'sche Buchh. 8. (XII, 167 S.) n. 20 ngr.

Löhr, Math. Jos., Enumeratio der Flora von Deutschland und der angrenz. Länder im ganzen Umfange von Reichenbach's Flora germanica excursoria, vom mittelländ. Meere bis zur Nord- und Ost-See. Geordnet nach dem natürl. Systeme von De Candolle und der Reihenfolge von Koch's Synopsis, mit allen Synonymen, Varietäten nnd Fundorten, unter besond. Berücksicht. der Gegenden am Rheine. 8. (XXI und 820 S.) Braunschweig 851(52,) Vieweg und Sohn. *

Löhr, Math. Jos., Flora v. Coblenz, od. systemat. Zusammenstellung u. Beschreib. d. in jener Gegend d. Mittelrheines wildwachs. u. gebauten phanerogam. Pflanzen, nach d. natürl. Systeme geordnet. 8. (21¾ B.) Cöln 838, DuMont-Schauberg.

Löhr, Matth. Jos., botanischer Führer zur Flora von Köln, oder Beschreibung der in den weiteren Umgebungen von Köln wildwachsenden u. am häufigsten cultivirten Pflanzen, mit Angabe ihrer Fundorte, Blüthezeit u. Dauer. Ein Taschenbuch der Botanik u. für die Zöglinge der Lehranstalten bearb. Köln 860. Du Mont-Schauberg. 12. (XV, 323 S.) n. 1 *ℛ* 10 *ngr.*

Löhr, Math. Jos., Taschenbuch der Flora von Trier u. Luxemburg m. Berücksichtig. d. Nahe- u. Glan-Gegenden. 8. ($24^{1}/_{8}$ B.) Trier 844, Troschel.

Loehr, Maximilianus [theol. cand.]: Gregorii Abulfaragii Bar Ebhraya in epistulas Paulinas adnotationes syriace edidit. . . . Pars prior. Gottingae, prostant in aed. Dieterichianis Luederi Horstmann, 1889; VIII + 31 S. 8°

Göttingen, Phil. Fak., Inaug.-Diss. v. 14. Dez. 1888

Löhr, Max, Babel u. die biblische Urgeschichte. Vortrag, geh. in der schles. Gesellschaft f. vaterländ. Kultur am 28. II. 1903. (28 S. m. 5 Abbildgn.) gr. 8. Breslau 903. G. P. Aderholz. n. — 75

Löhr, Max, d. Bücher Samuelis, s.: **Thenius,** Otto.

— der vulgärarabische Dialekt v. Jerusalem nebst Texten u. Wörterverzeichnis. (VIII, 144 S.) gr. 8. Giessen 905. A. Töpelmann. n. 4. 80

Löhr, Max, Geschichte des Volkes Israel, in 8 Vorträgen dargestellt. 8. (VII, 168 S. m. 4 Karten.) Straßburg 900. K. J. Trübner. n. 2. —; geb. in Leinw. n. 2. 50

Loehr, Maximilianus *Richardus* [Dr. phil.]: Introductionis ad commentarium de threnis Jeremiae capita nonnulla. . . . (Aus: Commentar zu den Klageliedern . . . Göttingen, 1891; 101 S.) Regimonti, ex offic. Hartungiana, *1890;* 80 S., 1 Bl. 8°

Königsberg, Theol. Fak., Inaug.-Diss. v. 30. Okt. 1890

Loehr, Max., introductionis ad commentarium de Threnis Jeremiae capita nonnulla. Diss. innaug. theologica. gr. 8. (30 S.) Königsberg i/Pr. 890. (Koch.) n. 1. —

Löhr, Max., die Klagelieder d. Jeremias, erklärt. Lex.-8. (101 S.) Göttingen 891. Vandenhoeck & Ruprecht. n. 3. —

— dasselbe, s.a. **Handkommentar zum Alten Testament.**

Löhr, Max, Israels Kulturentwickelung. (VIII, 145 S. m. Abb. u. 1 Karte.) 8. Strassburg 911. K. J. Trübner. 3.60; geb. in Leinw. n. 4. 50

Der Missionsgedanke im Alten Testament. Ein Beitrag z. alttestamentl. Religionsgeschichte. Von Max **Löhr,** Prof. in Breslau. Freiburg i. B. & Leipzig: J. C. B. Mohr 1896. (40 S.) 8°
= [**Sammlung** gemeinverständl. Vorträge u. Schriften aus d. Geb. d. Theol. u. Religionsgeschichte. 5.] [-6. 9374

— alttestamentliche Religions-Geschichte, s.a. **Sammlung Göschen.**

Alttestamentliche Religions-Geschichte von D. Dr. Max **Löhr,** Prof. Leipzig: Göschen 1906. 147 S. 8°
(Sammlung Göschen. Nr 292.) [10. 18427 5

— Seelenkämpfe u. Glaubensnöte vor 2000 Jahren, s.a. **Volksbücher, religionsgeschichtliche. II, 1.**

Seelenkämpfe und Glaubensnöte vor 2000 Jahren von Prof. D. Dr. Max **Löhr**-Breslau. 1.–10. Taus. Halle a. S.: Gebauer-Schwetschke 1904. (48 S.) 8° [F.]
= **Volksbücher,** Religionsgeschichtliche, f. d. deutsche christl. Gegenwart. R. 2, H. 1. [05. 4044

Seelenkämpfe und Glaubensnöte vor 2000 Jahren von Prof. D. Dr. Max **Löhr**-Breslau. 1.-10. Taus. Tübingen: J. C. B. Mohr 1906. (48 S.) 8° [F.]
= **Volksbücher,** Religionsgeschichtliche. Reihe 2, H. 14. [06. 11787

— Sozialismus u. Individualismus im Alten Testament, s.a. **Zeitschrift f. alttestamentliche Wissenschaft. 10. Beiheft.**

Löhr, Max: Sozialismus und Individualismus im Alten Testament. Ein Beitrag z. alttestamentl. Religionsgeschichte von D. Dr. Max Löhr, Prof. in Breslau. Gießen: A. Töpelmann 1906. (36 S.) 8°
Zeitschrift f. d. alttestamentl. Wissenschaft. Beih. 10.

— Die Stellung des Weibes zu Jahwe-Religion u. -Kult, s.a. **Beiträge zur Wissenschaft vom Alten Testament. 4. Heft.**

Löhr, Max: Die Stellung des Weibes zu Jahwe-Religion und -Kult. Untersucht von D. Dr. Max Löhr, Prof. Leipzig: J. C. Hinrichs 1908. (54 S.) 8°
Beiträge z. Wissenschaft v. Alten Testament. H. 4.

Q. D. B. V. Lectiones cursorias quas . . . Maximilianus **Loehr** phil. Dr. et Lic. S. S. theol. Die Theodicee der Psalmen 37, 49 und 73 ad docendi facultatem rite impetrandam d. I. m. Nov. . . . habebit indicit Rudolfus Fridericus **Grau** theol. et phil. Dr., theol. P. P. O. ord. theol. h. t. Decanus. Regimonti Borussorum, ex offic. Hartungiana, 1890; 1 Bl. 4°

— Untersuchungen zum Buch Amos, s.a. **Zeitschrift f. die alttestamentliche Wissenschaft. 4. Beiheft.**

Untersuchungen zum Buch Amos von Dr. Max **Löhr,** Prof. in Breslau. *Giessen: J. Ricker 1901.* (67 S.) 8°
= **Zeitschrift** f. d. alttestamentl. Wissenschaft. Beiheft 4. [00. 10848

— Volksleben im Lande der Bibel, s.a. **Wissenschaft u. Bildung.**

Volksleben im Lande der Bibel von Max **Löhr,** Prof. in Breslau. Leipzig: Quelle & Meyer 1907. (134 S.) 8° [F.]
= **Wissenschaft** u. Bildung. 7. [07. 8643

Löhr, Oscar

Löhr, (Franz Emil) Osc. (geb. Ehringshausen bei Wetzlar 13. 4. 1854): Zwei Fälle von complicirter Luxation. ein Beitrag zur conservativen Behandlung complicirter Luxationen. Berlin (1886). (30 S.) 8°

Berlin, Med. Diss. v. 27. Nov. 1886

Löhr, Otto [aus Wesel '(Rheinprov.)']: Studien über die quantitative Bestimmung und Trennung des Wismutes . . . München, Buchdr. v. M. Ernst, 1893; 30 S. 8.

Erlangen, Phil. Fak., Inaug.-Diss. v. 1893

Löhr, Paul [aus Berlin]: Ueber die Behandlung acuter innerer Einklemmungen . . . . Berlin, Buchdr. v. Gustav Schade (Otto Francke) (1887); 31 + 1 S. 8°.

Berlin, Med. Fak., Inaug.-Diss. v. 6. Aug. 1887.

Löhr, P., Beitrag zur Behandlung der Otitis media purulenta. Diss. gr. 8. (27 S.) Königsberg i/Pr. 891. (W. Koch.) n. — 60

Löhr, Paul, aus Göttingen: **Beiträge zur Kenntniß der Inhaltsverhältnisse der Blütenblätter.** *Göttingen 1903: Dieterich.* (100 S.) 8°
Göttingen, Phil. Diss. v. [13. Juli] 1903

Löhr, Paul, Beiträge zur Kenntnis der Inhaltsverhältnisse der Blütenblätter. Diss. (100 S.) gr. 8. Göttingen 903. (Vandenhoeck & Ruprecht.) n. 2. —

Löhr, Philipp [aus Magdeburg]: Ueber die Einwirkung von Alkyljodiden auf Cadmium und Magnesium. . . . Tübingen, Druck v. H. Laupp jr., 1889; 2 Bl. + IV S. + S. 7–83. 8°
Tübingen, Naturw. Fak., Inaug.-Diss. v. 1889

Löhr, *Pipin Carl* [Arzt]: Beitrag zur Behandlung der Otitis media purulenta ... Königsberg i. Pr., Druck v. M. Liedtke, 1891; 27 S., 2 Bl. 8.
Königsberg, Med. Fak., Inaug.-Diss. v. 30. Okt. 1891

Löhr, Richard [aus Köln a. Rhein]: Über das Paraamidotriphenylcarbinol. . . . München, k. Hof- u. Univ.-Buchdr. v. Dr. C. Wolf & Sohn, 1890; 24 S. 8°
München, Phil. Fak., Inaug.-Diss. v. 1890

Löhr, Theodor: Beobachtungen und Untersuchungen an sprosslosen Blattstecklingen. Bonn 1908: Foppen. 35 S. 8°
Bonn, Phil. Diss. v. 20. Jan. 1909, Ref. Strasburger
[Geb. 4. Aug. 83 Kalk; Wohnort: Bonn; Staatsangeh.: Preußen; Vorbildung: Marzellen-Gymn. Cöln Reife O. 05; Studium: Bonn 7 S.; Rig. 9. Dez. 08.]
[U 09. 412

Löhr, W., d. pract. Cultur d. Gurke unt. Glas, od.: Nach welcher Methode erzielt man v. einer Pflanze 60–90 Stück Früchte innerhalb 12 Wochen. 8. (31 S.) Neuendorf-Nowawes bei Berlin 896. Selbstverlag. n.n. 2.—

Löhr, W., die praktische Cultur der Gurke unter Glas od.: Nach welcher Methode erzielt man v. e. Pflanze 60–80 Stück Früchte innerhalb 12 Wochen. Nebst e. Anh.: Der Gärtner als Meister der sieben Handwerke, enth. alle nöth. Belehrg. zur Selbstherstellg. v. Treibhäusern, Beton-Arbeiten, Wasserheizungs-Anlagen, Wasserheiz-Kessel u. Lüftungs-Vorrichtgn., erläutert durch 38 Abbildgn. u. Schablonen. 2. verb. Aufl. 8. (56 S.) Neuendorf-Nowawes b/Berlin 899. Selbstverlag. n.n. 2.50

Löhr, Wilh., Diesseits u. Jenseits d. Atlantischen Ozeans. Lose Reiseblätter. gr. 8. (154 S.) Herborn 900. Buchh. des nass. Colportagevereins. n. —80; geb. in Bibliotheksbd. n. 1.20; eleg. geb. n. 1.40; m. Goldschn. n. 1.60

Löhr, Wilh., Mose, der Knecht Gottes, s.a. Weg, der, göttl. Zeugnisse.

Löhr, Wilhelm: Mose, der Knecht Gottes. Vortrag von W[ilhelm] Löhr, Pastor in Elberfeld. Elberfeld: Ev. Ges. 1901. (24 S.) 8°
Weg göttlicher Zeugnisse. Jg. 2, H. 5.

— der Pfingstgeist, sein Wesen u. sein Wirken, s.: Weg, der, göttlicher Zeugnisse. III., 8

Das Unerläßliche. Ein Mahnwort an Eltern u. Kinder von W[ilhelm] Löhr, Pastor. Elberfeld: Ev. Gesellsch. f. Deutschland 1905. (15 S.) 8° [F.] [04. 5030

LOHRA, Ludwig v., oder Lindenbachs wandernde Urmutter. Hohenzollern (Wien, Wallishausser) 1800. 8°.

v. **Lohra**, Ludwig, od. Lindenbachs wandernde Urmutter. 8. Leipz. 806. Joachim. 12 gr

Löhrbach v.

Die theoretischen Brüder oder Zweite Stuffe der Rosenkreutzer und ihrer Instruktion das erstemahl ans Licht hrsg. von einem Prophanen [d. i. Graf v. Löhrbach] nebst einem Anh. aus dem dritten und fünften Grad, als Probe. Athen: zur Zeit der Aufklärung. [Regensburg: Montag & Weiss] 1785. 278 S. 2 Taf. 8°
[Dasselbe.] Neue Aufl. Ebendas. 1789. 278 S. 2 Taf. 8°
Auszug in: Ephemeriden d. gesammten Frmrei. 1786 S. 156–158; Probierstein f. ächte Frmr. 1 (1786) S. 495–514; D. Freymaurer. 1 (1790) S. 55–80; Neues alphabet. Verzeichn. stehender u. nicht mehr stehender Frmrlogen. 1790 S. 177–179; Ueber Zahl, Reichthum d. deutsch. Mr. 2. Aufl. 1795 S. 60–64.
Recens: WJ. 2, 4 (1785) S. 233–234.
Kl. 2662. Fragment aus der Gesch. der Könige von Schesian, Aufnahme, Gesetze, Ritual der Tafelloge, Unterricht.

Lohre, Heinrich, aus Berlin: Zur Geschichte des Volksliedes im 18. Jahrhundert. *Berlin: Mayer & Müller 1901.* (VIII, 38 S.) 8° ¶(Erscheint vollst. in d. Palaestra.)
Berlin, Phil. Diss. v. 31. Juli 1901

Lohre, Heinr., von Percy zum Wunderhorn, s. a. **Palaestra.**

Von Percy zum Wunderhorn. Beiträge z. Gesch. d. Volksliedforschung in Deutschland. Von Heinrich Lohre. *Berlin: Mayer & Müller 1902.* (XII, 136 S.) 8°
= Palaestra. 22. [02. 5620 10

A. LOHREN, **Afghanistan oder die englische Handelspolitik in Indien, beleuchtet vom Standpunkte deutscher Handels-Interessen. Vortrag, gehalten im Verein für deutsche Volkswirtschaft. Berlin, 27. November 1878. Mit einer Übersichtskarte. Potsdam 1878. Gropius'sche Buchhandlung (Max Stein). 8°.**

Lohren, A., Afghanistan oder die englische Handelspolitik in Indien, beleuchtet vom Standpunkte deutscher Handels-Interessen. Vortrag, gehalten im Verein für deutsche Volkswirthschaft, Berlin, 27. Novbr. 1878. gr. 8. (34 S. mit 1 chromolithogr. Uebersichtskarte in qu. gr. 4.) Potsdam 879, Gropius'sche Buchh. *

Lohren, A., Die Arbeitseinstellungen oder der Kampf zwischen Kapital und Arbeit und die Mittel zur Versöhnung. 8°. Berlin 1872.

Lohren, A., die Durchführung der Goldwährung beleuchtet vom Standpunkte der Handelsbilanz. Lex.-8. (III, 134 S.) Berlin 881, Behr's Verlag. *

—— die Entwicklung der deutschen Woll-Industrie vor und nach dem Abschluss des deutsch-französischen Handelsvertrags. Eine historisch-statist. Kritik der Rede des Staatsministers Dr. Delbrück im Reichstag am 22. Febr. 1879. 2. Aufl. Lex.-8. (46 S.) Berlin 879, Burmester und Stempell. *

Lohren, A[rnold]: Entwurf eines Fabrik- und Werkstätten-Gesetzes zum Schutz der Frauen- u. Kinderarbeit, hergeleitet v. Standpunkte d. ausländ. Konkurrenz. — Potsdam: Gropius 1877. V, 121 S. 8⁰

—— Deutschlands Flachsbau. Eine im deutschen Reichstage 1879 unerledigt gebliebene Zollposition. Staats-, volks- und social-wirthschaftlich beleuchtet. gr. 8. (48 S.) Berlin 880, Behr's Verlag.

Lohren, A., Grundzüge zur rationellen Bestimmung der Minimal-Zölle u. Untersuchung der Ursachen d. Verfalles der deutschen Industrie. gr. 8. (68 S.) Potsdam 876. Gropius. n. 1. —

— das Hohenzollern-Kaiserthum in seiner historischen Bedeutung. Rede, geh. am Geburtstage Kaiser Wilhelm I. 1873. gr. 8. (30 S.) Potsdam 873. Cabos in Comm. n. 1. 25

[F.] Die Kämm-Maschinen (Th. 3: nebst Hechel- u. Dressing Maschinen) [Th. 1. 2.:] für Wolle, Baumwolle, Flachs und Seide geordnet nach ihren Systemen v. A. Lohren. M. e. Atlas in Folio, 22 (Th. 3: 37) Taf. enth. [Text.] [Atlas.] (In 3 Theilen.) *Stuttgart: J. G. Cotta 1875—96.* 1 Bd 8. 1 Bd 2.
[Text.] (XVI, 175 S., X, 177—358 S.) [Atlas.] (1 Bl., 22 Taf., 1 Bl., 23—37 Taf.)
(96. 2079

Lohren, A., Kolonialgeld, e. Beitrag zur Beurteilg. der Währungsfrage. gr. 8. (46 S.) Köln 886. Du Mont-Schauberg. n. — 80

—— eine Kritik des Bimetallismus. Korreferat über die Währungsfrage, in der freien wirthschaftl. Vereinigung des Reichstags erstattet. Hrsg. von Hans Kieser. Lex.-8. (19 S.) Ebendas. 885. *

—— Minimalzölle für Getreide und Rohstoffe. Referat über die Stellung der Landwirthschaft zum Zollprogramm des Fürsten Bismarck, gehalten auf dem Congreß deutscher Landwirthe, Berlin am 24. Febr. 1879. 2. Aufl. gr. 8. (36 S.) Berlin 879, Behr's Buchh. *
Die 1. Aufl. war nicht im Handel.

— die Reform der Handelsverträge hergeleitet aus der Handelsbilanz d. Deutschen Reichs. Vortrag, geh. im Verein f. deutsche Volkswirthschaft in Berlin am 20. Juni 1876. gr. 8. (56 S.) Potsdam 876. Gropius. n. 1. —

Lohren A, die Reform des Zolltarifs mit besonderer Berücksichtigung des deutschen Handwerks. Berlin 1877

—— das System des Schutzes nationaler Arbeit, aufgestellt und vertheidigt. gr. 8. (VIII, 312 S.) Potsdam 880, Gropius'sche Buchh. **

—— die Wiederbelebung der Innungen und der Normalarbeitstag. gr. 8. (87 S.) Ebendas. 880. *
Aus: Das System des Schutzes nationaler Arbeit, besonders abgedruckt.

*Löhren, [Alfred]: Der Schulrat von 1804—1904. S. 170—173. 8.
Progr.

—: Biographisches Verzeichnis der Direktoren, Lehrer und Lehrerinnen 1804—1904. S. 174—199. 8.
Progr.

Lohrenburg, Graf, von Joh. Fran. v. Weissenthurn. Ein Roman. 12. Wien, Wallishauser. 819.

Lohrengel, Robert: Hysterische Psychose mit schweren Lähmungen ⟨Mutismus, Schlucklähmung, Paraplegie⟩. *Tübingen: F. Pietzcker 1898.* (26 S.) 8°
Tübingen, Med. Diss. v. 1898

Lohrengel, Wilhelm

Lohrengel, W., altes Gold. Deutsche Sprichwörter u. Redensarten nebst einem Anhang. Clausthal 860. Grosse. 16. (VII, 83 S.) 7½ *ngr.*

Lohrengel, Wilh., in dr Lieschtunne. Bunte Bilder aus dem Oberharze. Mit zwei Beigaben: Fragment aus „Bergbau's Werth", von G. Schulze, u. Oberharzische Spiele der Kinder u. Erwachsenen. gr. 8. (V, 104 S.) Clausthal 893. Grosse. n. 1. —

Lohrenz, J. F. Neuester Situations-Plan von Danzig. 1 : 5 000. Danzig 1884. 1 Bl. c. L.

Lohrenz, Kuno, nützliche u. schädliche Insekten in Garten u. Feld. Mit 250 Abbildgn. auf 16 nach der Natur gezeichneten kolor. Taf. Anh.: Gesetz, betr. die Bekämpfg. der Reblaus vom 6. VII. 1904. (VIII, 99 S.) 8. Halle 905. H. Gesenius. n. 2. 60; geb. in Leinw. n. 3. 20

Lohrenz, Kuno, nützliche u. schädliche Insekten im Walde. Mit 194 Abb. auf 16 nach der Natur gezeichneten kolor. Taf. (VIII, 117 S.) gr. 8. Halle 907. H. Gesenius. 2.80; geb. in Leinw. 3. 50

— praktischer Leitfaden f. Käfersammler. Eine gründl. Anleitg. zum Fangen, Züchten, Ueberwintern, Präparieren u. Sammeln der Käfer, ihrer Eier, Larven u. Puppen. Mit 47 Abbildgn. v. Hilfsapparaten. (V, 72 S.) 8. Leipzig (905). Ernst. 1. —

— praktischer Leitfaden f. Schmetterlingssammler. Eine gründl. Anleitg. zum Fangen, Züchten, Ueberwintern, Präparieren u. Sammeln der Schmetterlinge, ihrer Eier, Raupen u. Puppen sowie zur Instandhaltg. der Sammlg. Mit 48 Abbildgn. v. Hilfsapparaten. (IV, 83 S.) Ebd. (905). 1. —

— das Süßwasser-Aquarium. Eine prakt. Anleitg. zur Einrichtg., Bepflanzg., Bevölkerg. u. Instandhaltg. desselben. Mit e. Anh.: Das Laubfrosch-Haus. (IV, 79 S. m. Abbildgn.) 8. Ebd. (903). 1. —

— das Terrarium. Eine prakt. Anleitg. zur Einrichtg. Bepflanzg., Bevölkerg. u. Instandhaltg. desselben. (III, 52 S. m. Abbildgn.) 8. Ebd. (905). — 75

J. Lohrer. Über das Taktschreiben der Volksschule. Karlsruhe, P 1847

Lohrer, Jos., vom modernen „Elend in der Jugendliteratur", s.a. Zeitfragen, pädagogische. 6. Hft.

Lohrer, Jos., Vom modernen „Elend in der Jugendliteratur." M. bes. Berücks. d. Kampfes um d. Jugendschriften in Bayern u. e. Anh. Empfehlenswerte Schriften f. d. Jugend kathol. Volksschulen Bayerns. München 1905. 8⁰.
(Pädagog. Zeitfragen. hrsg. von Franz Weigl. H. 6.)

Lohrer, Jul., über den Uebergang der Ammoniaksalze in den Harn. Inaugural-Dissertation. gr. 8. (38 S.) Dorpat 862, (Gläser's Verlag.) *

Martin Lohrer. Rede am Schlussakt 1863. Programm von 1864. 4 S.
Derselbe. Rede am Schlussakt 1864. Programm 1865. 5 S.
„ Rede am Schlussakt 1865. Programm 1866. 4 S.
„ Rede am Schlussakt 1866. Programm 1867. 5 S.
„ Rede am Schlussakt 1867. Programm 1868. 4 S.
„ Rede am Schlussakt 1868. Programm 1869. 3 S.
„ Rede am Schlussakt 1869. Programm 1870. 4 S.
Mosbach, P 1864-1870

Lohrer, Otto [aus Jüterbog (Brandenburg)]: **Beiträge zur anatomischen Systematik** .... Marburg, Univ.-Buchdr. (R. Friedrich), 1886; 2 Bl. + 42 S. + 1 Bl. u. 2 Taf. 8°.
Marburg, Phil. Fak., Inaug.-Diss. v. [27. Okt.] 1886.

Lohrer, Ruppert, approb. Arzt aus München: **Ueber einen Fall von Traumatischer Apoplexie.** *München 1899: F. Straub.* (19 S.) 8°
München, Med. Diss. v. 1899

Lohrer, Wilhelm, a. München, Rechtsprakt. am kgl. Landgericht München II: Gibt es eine Gerichtsbarkeit des Reiches im Deutschen Reiche? Erlangen 1905: Junge & Sohn. (IV, 55 S.) 8° [F.]
Erlangen, Jur. Fak., Ref. Rieker, Diss. v. 28. Juli 1905
Geb. 1. April 81 München; Wohnort: München; Staatsangeh.: Bayern; Vorbildung: Gymn. München Reife Juli 00; Studium: München 3, Kiel 1, Berlin 1, Erlangen 3 S.; Rig. 6. Juni 05.]

Löhrer, Geistesunterhaltung. 8. Cöln, Haas.

Löhrer, Eduard Josef, Dir. Dr.: **Bericht** über die amtliche Einführung als Direktor. *Viersen 1900: M. Stoffels.* (S. 3—16.) 4°
Viersen, PG m. Realkl., P 1900 (504)

Löhrer, Eduard Josef: Bericht über die Einführung des Unterzeichneten. (Umschlagtitel: Bericht über die amtliche Einführung des Direktors.) 4 (S. 3—16).
Prg. mit vollberecht. Realklassen der Stadt *Viersen* 1900
Progr.

Löhrer, Eduard Josef, Dir. Dr.: **Bericht** über die Feier des 25jährigen Bestehens der Anstalt. *Viersen 1902: J. H. Meyer.* (S. 31—49.) 4°
Viersen, PG ⟨G i. E.⟩ m. Realabt., P 1902 (527)

Löhrer, Eduard Josef, Dir. Dr.: **Mitteilungen** aus der Geschichte der Anstalt im ersten Vierteljahrhundert ihres Bestehens. *Viersen 1902: J. H. Meyer.* (S. 3—30.) 4°
Viersen, PG ⟨G i. E.⟩ m. Realabt., P 1902 (527)

Löhrer, Friedrich J.

Löhrer, Friedr. J., Geschichte d. Stadt Neuß v. ihrer Gründung an bis jetzt, nach gedruckt. u. handschriftl. Quellen verfaßt. gr. 8. (29½ B.) Neuß 840, Schwann.

Löhrer, F. J., Geschichte der Stadt Neuß von ihrer Gründung an bis jetzt, nach gedruckten und handschriftl. Quellen verf. gr. 8. Neuß 841, Schwann. 1½ ℳ

Löhrer, F. J. Kampf des Batavers Civilis gegen die Römer. Abth. I., II. 20 und 14 S. . . . .
Neuß, Progr. 1832, 1833

Löhrer, F. J. Wann hat der Rhein die Stadt Neuß verlassen, und durch welche Unternehmungen ist die Verbindung mit ihm unterhalten? 10 S. . . . .
Neuß, Progr. 1838

Löhrer, Hermann, approb. Arzt aus Rodenkirchen: **Aus d. Universitäts-Augenklinik zu Giessen. Ueber Verletzungen der Lider und Thränenorgane mit besonderer Berücksichtigung der Thränensackverletzungen.** *Giessen 1901: v. Münchow.* (38 S.) 8°
Giessen, Med. Diss. v. 1901

Löhrer, J., De C. Julio Vero Maximino Romanorum imperatore. 1883. 43 S. 1.20

Löhrer, W. M., katholisches Kirchengebetbuch. 5 Theile. 8. Wien, Trattner. 762.

Lohrhaupten [Schlagwort]

Lohrhaupten, s.: Geologische Karten (Preussen).

Lohrhaupten, s.: Preussen. Messtischblätter.

Lohrinden, die, auf der internationalen Ausstellung in Köln. [Aus: Gerber-Zeitung.] Berlin 866. (Grieben.) hoch 4. (26 S.) n. 10 ngr

Löhring, Auguste, die wohlerfahrene Kartoffel-Köchin. 12. (IV und 66 S.) Nordhausen 847, Busse.

Löhring, Auguste, die wohlerfahrene Kartoffel-Köchin oder gründliche Anweisung 100 verschiedene Speisen aus Kartoffeln zuzubereiten. Nebst einem Anhang: Ueber zweckmäßige Aufbewahrung der Kartoffeln, um solche im Frühjahr vor dem Keimen zu sichern. Ein Handbüchlein für Haushaltungen aller Stände. 2. Aufl. Nordhausen 860. Büchting. (Leipzig, Wilfferodt.) 16. (64 S.) n. 5 ngr

Löhring, Katharina, die erfahrene Aepfelköchin oder Anweisungen zu 110 verschied. Zubereitungen mit u. aus Aepfeln. Ein Handbuch für jede Haushaltung. Leipzig 865. Wilfferodt. 16. (VIII, 64 S.) 6 ngr

— die vollkommene Eierköchin. Anleitung, die verschiedensten Eierspeisen zu bereiten, die Eier in ihrer Frischheit zu prüfen und ein Jahr aufzubewahren, nach meist neuen Vorschriften in 155 Anweisungen. 16. (VIII und 75 S.) Leipzig 867, Wilfferodt.

Löhring's, Katharine, wahre bürgerliche Kochkunst, oder deutliche Anweisung, mit geringen Mitteln nahrhafte u. wohlschmeckende Speisen zu bereiten. Nach eigenen in der Küche gemachten Erfahrungen bearb. 3. allein rechtmäßige Ausg. Leipzig 864. Wilfferodt. 16. (XII, 100 S.) 8 ngr

Löhring's, Katharina, wahre bürgerliche Kochkunst oder deutl. Anweisg., m. geringen Mitteln nahrhafte u. wohlschmeck. Speisen zu bereiten. Nach eigenen in der Küche gemachten Erfahrgn. bearb. 4. Aufl. gr. 16. (XII, 98 S.) Leipzig 873. Wilfferodt. — 80

Lohrisch, Hans, Volontärassist. am pathol. Inst. d. Stadtkrankenh. zu Chemnitz: **Aus d. pathol.-anat. Abt. d. Stadtkrankenhauses zu Chemnitz. Zur pathologischen Anatomie der posttraumatischen Erkrankungen des Rückenmarks.** *Leipzig 1901: B. Georgi.* (39 S.) 8°
Leipzig, Med. Diss. v. (7. Okt.) 1901

Lohrisch, Hermann, Gardelegensis: **De Papinii Statii silvarum poetae studiis rhetoricis.** Halis Sax. 1905: C. A. Kaemmerer. (122 S.) 8°
Halle, Phil. Fak., Ref. Blass, Diss. v. 5. Juni 1905
[Geb. 12. Febr. 82 Gardelegen; Wohnort: Gardelegen; Staatsangeh.: Preußen; Vorbildung: Gymn. Berlin Reife O. 00; Studium: Halle 2, Berlin 1, Halle 7 S.; Rig. 23. Febr. 05.]

Lohrisch, Rob. (geb. Lübben 16. 1. 1852): Ueber die Wirkungen des Jaborandi. Berlin (1875). (33 S.) 8°
Berlin, Med. Diss. v. 26. Mai 1875

Lohrisch, Wilh., und Herm. **Zarges,** brieflicher Unterricht für Kaufleute zum Selbstunterricht. gr. 4. (266 autogr. S.) Magdeburg 879, Graefe. *

Loehrke, Th., Hilfsbuch beim evangelischen Religionsunterricht. Für die Hand der Kinder. 8. (112 S.) Pr.-Stargard 895. H. Schilling. Kart. n. — 60

— die Prov. Posen. Heimatskunde f. Schule u. Haus. Mit 1 (farb.) Karte der Prov. Posen. gr. 8. (IV, 56 S.) Hannover 891. C. Meyer. n. — 80

Loehrke, Th., 12 Psalmen, in Lektionen f. die Schule bearb. gr. 8. (86 S.) Berlin 885. Gaertner. n. 1. —

Loehrl, August, Gymnasialassist.: Über konforme und äquilonge Transformationen im Raum. Ein Beitr. z. Geometrie d. Kugeln. Würzburg 1910: Stürtz. 66 S. 8°
München, Phil. Diss. v. 25. Febr. 1910, Ref. Lindemann
[Geb. 30. Aug. 81 Wassertrüdingen; Wohnort: München; Staatsangeh.: Bayern; Vorbildung: Gymn. Ansbach Reife Juli 00; Studium: München 10, Göttingen 2 S.; Rig. 25. Febr. 10.] [U 10. 3673

Loehrl, Fritz, cand. med. aus Fürth: Ueber das Vorkommen von Augenerkrankungen bei Gicht (harnsaure Diathese). *Erlangen 1900: E. Th. Jacob.* (37 S.) 8°
Erlangen, Med. Diss. v. 6. März 1896

Lohrmann, A. G., Geneal.-histor. Nachrichten von der adlichen Familie derer Herren Brände von Lindau auf Wiesenburg vor Beltzig etc. Zerbst 1733. 4.

Lohrmann, Ernst [aus Dresden]: Untersuchungen über den anatomischen Bau der Pentastomen. ... (Aus: Arch. f. Naturgesch. 1889.) Berlin, Nicolaische Verl.-Buchh. R. Stricker, 1889; 36 S. + 1 Bl. u. 1 Taf. 8°
Leipzig, Phil. Fak., Inaug.-Diss. v. 15. Okt. 1889

Lohrmann, F[erdinand], Referendar: Die Gefahr des Haltens von Tieren. (Ein Beitrag zur Auslegung d. §§ 833, 834 d. Bürgerl. Gesetzbuchs.) *Cassel 1903: L. Döll.* (VIII, 70 S.) 8° [J.]
Rostock, Jur. Diss. v. [18. Sept.] 1903

Lohrmann, Gustav, appr. Arzt a. Breslau: Über die sekundären Skelettveränderungen bei Caput obstipum. Greifswald 1905: H. Adler. (28 S.) 8°
Greifswald, Med. Fak., Ref. Grawitz, Diss. v. 14. Sept. 1905
[Geb. 9. Jan. 79 Breslau; Wohnort: Breslau; Staatsangeh.: Preußen; Vorbildung: Johannes-Gymn. Breslau Reife O. 99; Studium: Breslau 4, Freiburg i. B. 1, Breslau 1, Greifswald 4 S.; Coll. 7. Dez. 04; Approb. 1. Juli 05.]

Lohrmann, Edw., (Schuhmachermeister), vermischte Gedichte. 1r Bd. 8. (Ansb. 816. Gassert). 9 gr.

Lohrmann, Wilhelm Gotthelf

Lohrmann, Wilh. Gthe., meteorolog. Beobachtungen in Apenrade an d. Ostsee. kl. Fol. Dresden ..., Arnold.

— Meteorologische Beobachtungen im Königreiche Sachsen 1828—37. (Mittheil. des statist. Vereins für das Königr. Sachsen. 11. Lief.) Dresden 1839.

— meteorolog. Beobachtt. in Sachsen für d. Jahr 1829, Januar u. Februar. 4. März bis Decbr. kl. Fol. Dresd., Arnold. à 1 gr. Uebersicht d. Barometer- u. Thermometerstände in Dresden, Zittau, Freiberg u. Oberwiesenthal im J. 1829. 2 lithogr. Tafeln in kl. Fol. Ebd. à 1 gr. — Meteorolog. Beobachtt. im Königreich Sachsen. Jahr 1829. gr. 8. Ebd. 830. 4 gr. Dies. auf d. J. 1830, Jan.—Dec. kl. Fol. Ebd. à 1 gr. Dies. auf d. J. 1830. gr. 8. Ebd. 831. 2 gr. — Uebersicht d. meteorolog. Beobachtt. im J. 1830. kl. Fol. Ebd. 1 gr. — Bildl. Uebersicht d. Barometerstände in Dresden, Zittau, Freiberg, Altenburg, Oberwiesenthal im J. 1830, für d. Mittagsstunden jedes Tages aufgetragen. kl. Fol. Ebd. 1 gr. — Bildl. Uebersicht d. Thermometerstände in Dresden u. Oberwiesenthal im J. 1830, für d. Mittagsstunden jedes Tages aufgetragen. kl. Fol. Ebd. 1 gr. — Meteorolog. Beobachtt. in Sachsen für 1831, Jan.—Dec. 4. Ebd. à 1 gr. — Jahrestabelle d. meteorolog. Beobachtt. in Sachsen 1831. Fol. Ebd. 1 gr. — Bildl. Uebersicht d. Barometerstände in Dresden, Freiberg, Altenburg u. Oberwiesenthal im J. 1831, für d. Mittagsstunde jedes Tages aufgetragen. kl. Fol. Ebd. 1 gr. — Bildl. Uebersicht d. Thermometerstände in Dresden u. Oberwiesenthal im J. 1831. kl. Fol. Ebd. 1 gr. — Zusammenstellung u. Hauptübersicht d. zeitherigen meteorolog. Beobachtt. in Sachsen. kl. Fol. Ebd. 2 gr. — Meteorolog. Beobachtt. in Apenrade an d. Ostsee. kl. Fol. Ebd. 1 gr. — Die meteorolog. Beobachtt. im Königr. Sachsen. Jahr 1831. gr. 8. Ebd. 832. 2 gr. — Meteorolog. Beobachtt. für 1832, Jan.—Dec. 4. Ebd. à 1 gr.

— meteorolog. Beobachtungen am mathemat. Salon zu Dresden f. d. J. 1828, Jul.—Dec. 4. Dresden, Arnold.

— dass. Anhang dazu, enth.: Aeltere u. neuere meteorolog. Beobachtn., u. e. Uebersicht d. Wasserfluthen u. Wasserstände d. Elbe in Sachsen. 4. ... Ebds. 828.

— dass. f. d. J. 1829—32. à 12 Tab. 4. u. kl. Fol. Ebds. à J.

— dass. f. d. J. 1829—31. Unter besond. Mitwirkung mehr. Freunde d. Naturkunde hrsg. gr. 8. ... Dresden, Arnold. [829. 4 Gr., 30, 31. à 2 Gr.]

— Jahrestabelle d. meteorolog. Beobachtn. in Sachsen 1831. kl. Fol. Dresden, Arnold.

Lohrmann, Wilh. Ghelf., Mondcharte in 25 Sectionen u. 2 Erläuterungstafeln (in Kpfrst.). Mit Erläuterungen u. selenographischen Ortsbestimmungen unter Benutzung des von den Herren F. W. Opelt u. M. Opelt revidirten u. ergänzten Materials zugleich als Supplement zu Lohrmann's Topographie der sichtbaren Mondoberfläche Abthl. I. hrsg. von J. F. Jul. Schmidt. gr. 4. (VII, 48 S.) Leipzig 878. Barth. n.n. 50. —

Lohrmann, Wilh. Ghelf. Mondkarte in 25 Sectionen u. 2 Erläuterungstaf. (in Kpfrst.) m. Erläutergn. u. selenograph. Ortsbestimmgn. unter Mitwirkg. v. F. W. Opelt u. M. Opelt hrsg. v. J. F. Jul. Schmidt. Neue wohlf. (Titel-)Ausg., m. e. Vorworte v. H. Ebert. gr. 4. (VIII, 50; 4 S.) Lpz. 892, Barth. In Mappe * 25 —

— d. Planeten-System d. Sonne, zum bequemen Ueberblick d. Entfernung, Größe, Lage u. Laufgeschwindigkeit d. Planeten u. ihrer Trabanten, mit e. erklär. Text versehen. Mit 3 großen Kpft. 4. Dresd. 822. Rittner. (Hartknoch in Leipz.) 3 Rthlr.

Lohrmann, (W. G.,) das Planeten-System d. Sonne zum bequemen Ueberblick d. Entfernung, Größe; Lage u. Laufgeschwindigkeit d. Planeten u. ihrer Trabanten, mit e. erklärenden Text versehen. 3 große Kupfertaf. Dresd., Rittner 822, Berlin Schropp u. C.

Lohrmann, Wilh. Gthe., die Sammlungen d. mathemat.-physical. Instrumente u. d. Modellkammer in Dresden. 8. (6 B. incl. 1 Tab. u. 1 Stnt.) Dresden u. Leipzig 835, Arnoldische Buchh.

— s. J. W. Schwartz, Himmelskunde.

— s. Theaterzeitung, Dresdner.

— Topographie d. sichtbaren Mondoberfläche. 1e Abtheil., mit 6 Kpft. gr. 4. Dresd. 825. (Leipz., Hartknoch, a. Barth). 8 Rthlr.

— Uebersicht d. meteorolog. Beobachtn. in Sachsen auf d. J. 1829, 30. kl. Fol. Dresden, Arnold. à J.

— bildl. Uebersicht d. Barometerstände in Dresden, Zittau, Freiberg, Altenburg, Oberwiesenthal in J. 1829—31. (3 lith. Taf.) kl. Fol. Dresden, Arnold. à J.

— bildl. Uebersicht d. Thermometerstände in Dresden u. Oberwiesenthal im J. 1829—31. für d. Mittagsstunde jeden Tages aufgetragen. (3 lith. Taf.) kl. Fol. Dresden, Arnold. à J.
1829 wurden die Beobachtn. auch in Zittau u. Freiberg angestellt.

Lohrmann's, W. G., Übersichtskarte des Mondes. Erklärungsblatt, zusammengestellt v. Rud. Lehnert. (S. IX—XII.) 32,5×27 cm. Leipzig 910. J. A. Barth. — 80

— Zusammenstellung u. Hauptübersicht d. zeither. meteorolog. Beobachtn. in Sachsen. kl. Fol. Dresden ..., Arnold.

Löhrmann, F., Tafeln zur Verwandlung der Längen und Hohlmaaße, so wie des Gewichts u. der Rechnungsmunzen aller Hauptländer Europens rc. 1ste Abth. die Tafeln der Fußmaaße enth. gr. 4. Leipzig, F. Fleischer. 821.

Löhrmann, Raimund, e. Liederkranz. Gedichte. gr. 16. (112 S.) Leipzig 892. B. Ottmann. n. 2. 50

Löhrs, s.a. Löhr.

Löhrs, A. E., das Merkwürdigste aus d. Naturreiche d. Länder- u. Völkerkunde u. d. Thierreiche. Ein unterhalt. u. nützl. Lesebuch f. d. Jugend. 1. Aufl. 832. 18 Gr. (Neue Ausg. m. 6 ill. Kpfr.) (à 17 B.) 8. Quedlinburg 833, Ernst.

Löhrs, Archidiak., s. Sonntagsblatt, christliches.

Löhrs, E. H.: Vereins-Zolltarif, s. Löhr, Ernst Georg

Löhrs, Vitus: De Dionysi Halicarnassei judicio de Platonis oratione ac genere dicendi dissertatio. 4 maj. Trier: Lintz 1840.

— s. Ovid, Metamorphoseon. — ejusd. Tristium.

Lohrum, Johannes (Dieburg)
Beiträge zur Geschichte und Kritik des ausführenden Wendungsverfahrens durch Unterstützung und Benutzung der Selbstwendung.
Giessen: Keller 1861. 35 S. u. 2 Bl. Thesen.
Diss. med. 13.1.1862. vorh. 7. 11.

Lohrum, Kasp. Jos., die Arbeit betet. gr. 8. (16 S.) Mainz 885. Frey. — 50

—— Beicht-Büchlein zunächst für Schulkinder. Genau nach dem Katechismus bearb. 16. (32 S.) Mainz 887, Kirchheim. *

— die sakramentalen Wirkungen der heiligen Eucharistie. gr. 8. (VII, 53 S.) Mainz 886. Kirchheim. 1. —

Lohsa [Schlagwort]

Lohsa, s.: Sachsen. Karte.

Lohsa, s.: Sachsen. Messtischblätter.

Lohse, s.a. Loose.

Lohse, A., das König-Wilhelm-Gymnasium in Berlin. Mit Text von Pardow u. Goebbels. Berlin 867. Ernst & Korn. Fol. (8 S. mit 9 Kpfrtaff.) n. 3 ₰

Lohse, *Amandus* [app. Arzt]: Über den secundären Verschluss von Knochenhöhlen durch die Naht ... Nürnberg, Druck d. Kgl. bayer. Hofbuchdr. G. P. J. Bieling-Dietz, 1892; 17 S. 8.
Erlangen, Med. Fak., Inaug.-Diss. v. 1892

Lohse, C. H. E., s. Lohse, K. H. E.

Lohse, Ernst Otto, Gesellenstück e. Uhrmachers, s.: Berufsaufsatz, der, in der Fortbildungsschule.

Lohse, Ernst Theodor: Das dänische Reichsbank-Geld in den Herzogthümern Schleswig-Holstein. Eine Petition der Bürger und Einwohner Rendsburgs an die 6. Holsteinische Ständeversammlung. Entw. v. –. Hamburg. 1846. 8⁰

– 2. Aufl. ebd. 1846.

Lohse, Fritz: Die Bromcyanpyridinreaktion und ihre Anwendung auf einige Arylamin-sulfon- und -carbonsäuren. 1906. 84 S. 8⁰
Dresden, Dr.-Ing.-Diss. v. 7. 3. 1906

Lohse, G., s.: Lesebuch, deutsches, f. sächs. Gymnasien.

Lohse, Gottfried, appr. Arzt a. Lampertswalde: Ueber einen Fall von Meningealapoplexie. Leipzig 1907: B. Georgi. (32 S.) 8⁰
Leipzig, Med. Fak., Ref. Hoffmann, Diss. v. 25. Mai 1907
[Geb. 12. Sept. 79 Lampertswalde i. S.; Wohnort: Neu-Coßwig; Staatsangeh.: Sachsen; Vorbildung: Gymn. Meißen Reife O. 99; Studium: Leipzig 7, Jena 2, Greifswald 3 S.; Coll. 28. Mai 07; Approb. 20. Juni 05.]

Lohse, G(ottreich), Prof. Dr.: Drachenkämpfer und Befreier in der älteren griechischen und deutschen Sage. Eine mythologische Skizze. (Wurzen 1907: G. Jacob.) (XXIX S.) 4⁰
Wurzen, k. G OP 1907 (686)

Lohse, *Gottreich* [Dr., Oberl.]: Die Häupter des patrizischen Claudiergeschlechts. Chemnitz, Druck v. J. C. F. Pickenhahn & Sohn, 1891; 27 S. 4⁰
Chemnitz. k. G, OP 1891 (528)

Lohse, Gottreich Chr., de quaestionum perpetuarum origine, praesidibus, consiliis. Dissertatio inauguralis. gr. 8. (47 S.) Plauen 876. Neupert. n. 1. 20

Lohse, Gustav Otto [aus Leipzig]: Ueber Benzophenonderivate ... Greifswald, Druck v. J. Abel, 1895; 28 S. 8.
Greifswald, Phil. Fak., Inaug.-Diss. v. 1. Aug. 1895

Lohse, H., die Rhein-Brücke bei Cöln. Nach amtl. Quellen. gr. Fol. (24 S. mit 9 Kpfr.- und 2 Stnt. in gr. Fol. und Imp.-Fol.) Berlin 863, Ernst und Korn. cart. *

Lohse, Herm., Sinnigen Kindern. Lieder in Wort und Bild. gr. 8. (VI und 70 S. mit eingedr. Holzschn.) Leipzig 853, Thenau. *

Lohse, Herwart, Fribergensis: Quaestiones chronologicae ad Xenophontis Hellenica pertinentes. Lipsiae 1905: R. Noske. (107 S.) 8⁰
Leipzig, Phil. Fak., Ref. Wachsmuth u. Lipsius, Diss. v. 9. Febr. 1905
[Geb. 13. Aug. 80 Freiberg; Wohnort: Zwickau; Staatsangeh.: Sachsen; Vorbildung: Gymn. Zwickau Reife O. 00; Studium: München 1, Leipzig 2, Berlin 1, Leipzig 6 S; Rig. 21. Okt. 04.]

Lohse, J. G., die Correction d. Elbstromes u. die Uferbauten an demselben innerhalb Sachsen. Eine Denkschrift. gr. 8. (35 S.) Dresden 871. Bach in Comm. n. 1. —

— allgemeine Uebersicht der größeren Brückenbauwerke, welche im Laufe von 30 Jahren unter Oberleitg. der Wasserbau-Direktion in Sachsen ausgeführt worden sind, m. Angabe ihrer Dimensionen, Gründungsweise u. Baukosten. Eine Denkschrift. gr. 8. (23 S.) Dresden 872. Mücheler & Büttner. n. — 50

Lohse, Johann

Lohse, J., Atlas d. alten Geographie (6 col. Bl.), nebst drei mnemon. Tabn., z. Gebr. vor d. Unterr. in d. Geschichte. Lithogr. qu. gr. 4. Altona (835,) Hammerich.

Lohse, J., Auszug aus der 2. Aufl. des methodischen Lehrbuches der Geographie. Für Schüler. Hamburg 868. gr. 8. (IV, 48 S.) n. 4 ngr.

Lohse, J., Berechnungs-Tabellen über die jetzt geltenden Zolltarifsätze in Schleswig-Holsteinischen Courant. 4. (64 S.) Altona 848, Schlüter in Comm. n. 2/3 ℛ

Lohse's, J., Elementar-Atlas für den 1. und 2. Cursus. qu. 4. (10 Bl. mit 1 Bl. Text.) Hamburg 870, Grüning. *

Lohse, J., Elementargeographie von Europa. 8. Altona 819. Hammerich. 8 gr Vier dazu gehör. Karten 1 ℛ 16 gr

— Erd- u. Himmelsglobus, (letzterer concav). In e. Kasten, mit Erläuterung, mit Namen. Hamb. 829. (Herold). 6 ℛ ohne Namen 5 ℛ 8 gr

Lohse, J(oh.)., mathemat. Figuren z. Erleichterung d. Unterr. in d. Geometrie. qu. Lex.-8. (6 Stnt.) Altona 834, Hammerich.
Als Wandfiguren auf Pappe gezogen, sind solche auch für 2 Thlr. zu beziehen. — 40 Figuren, den Pythagor. Lehrsatz zu beweisen, werden gratis beigelegt.

— die Heimath. Eine Anleitung, die nächsten Umgebungen zur Entwickelung der Kinder, besonders f. den geograph. Unterricht zu benutzen. Ein Buch f. Mütter. 8. Hamb. 825, Herold.

— dass. auch mit dem Umschlags-Titel: Hamburg u. d. Umgegend. Nebst einer Karte desselben. 8. Ebend. 825. Geb. in Etuis.

Lohse, J., Jesus Christus u. seine Offenbarungen üb. Zeitliches u. Ewiges od. das neue Christenthum. gr. 8. (39 S.) Altona 872. Hammerich. — 90

—— Ikonograph. Ein neuerfund. Zeichnen-Instrument, in seinem Zwecke d. Pantographen ähnlich. — J. C. H. Gebauer's Auflösungsmethode biquadrat. Gleichungen. Beschrieben u. abgebildet in d. Jahresberichte v. 1832, f. d. Mitglieder d. Hamburg. Gesellschaft z. Verbreit. mathemat. Kenntnisse. gr. 8. (1 B. u. 1 Stnt. Fol.) Hamburg 832, (Herold.)

— Karte der Herzogthümer Holstein u. Lauenburg, des Fürstenth. Lübeck nebst den Gebieten der freien Städte Hamburg u. Lübeck. Chromolith. Hamburg 867. O. Meissner. gr. Fol. (20 S. Text in 8.) n. 18 ngr.

— Kommentar über die von mir bearbeiteten Hülfsmittel für den geograph. u. mathemat. Unterricht. gr. 12. Hamb. 830. Hoffmann u. Campe. 4 gr

—— Kommentar üb. d. von mir bearbeit. Hülfsmittel f. d. geograph. u. mathemat. Unterr. gr. 12. (1½ B.) Hamburg 831, Hoffmann u. Campe.

— method. Lehrbuch d. Geographie für den ersten Cursus. 8. Hamb. 825. Herold jun. 12 gr

—— method. Lehrbuch d. Geographie f. d. 2. u. 3. Kurs. Topischer Thl. Für Lehrer u. Schüler. gr. 8. (8 B.) Altona 834, Hammerich.
1. Kurs. Hamburg, Herold. 1825. 12 Gr.

Lohse, J., methodisches Lehrbuch der Geographie mit einer Weltkarte, Karte von Europa u. Deutschland, in Farbendruck (in Fol.) 1. u. 2. Kursus. 2. verb. u. verm. Aufl. Hamburg 864. Nolte. gr. 8. (XII, 116 S.) n. 20 ngr.

Lohse, J., die Religion u. die socialistische Bewegung. Ein protestantischer Vortrag. (30 S.) Oldenburg 877. Schulze. n. — 50

—— allgem. Schul-Atlas nach e. neuen Methode, welche d. Vortheile d. Unterr. nach Wandkarten mit d. Vorzügen, d. Atlasse bei'm geograph. Unterr. gewähren, vereiniget. gr. 4. (18 lith. Bl.) Hamburg 833, Herold.
Die auf den Karten das Meer darstellenden Flächen treten schwarz heraus.

—— kleiner Schul-Atlas f. d. ersten Kursus. gr. 4. (6 lith. Bl.) Hamburg (833), Herold.
Das Meer ist hier ebenfalls schwarz dargestellt.

Lohse, J., Tabelle d. europ. Produkte; 1 Blatt in Landkartenformat; nebst ½ Bog. Erklärung. (Altona 818. Hammerich). 5 gr

—— mnemon. Tabellen d. alten Geschichte. 1—3. Curs. 3 Blätter, Imp.-Fol. mit angedr. Lithographie. (Schrbp.) Nebst 1 Bl. Text, ½ Fol. Altona 836, Hammerich.

—— Text zur Geschichtstabelle des Mittelalters und der neuern und neuesten Zeit, für Lehrer und Schüler, wie auch zum Selbstunterricht. 2. Ausg. gr. 8. (16 S. mit 1 ill. Stnt. in Fol.) Hamburg 863, Mauke Söhne.

—— Text zur Geschichtstabelle der alten Zeit für Lehrer und Schüler wie auch zum Selbstunterricht. 2. Ausg. gr. 8. (16 S. mit 1 ill. Stnt. in Fol.) Hamburg 863, Mauke Söhne. *

—— die Europ. Türkey, od. d. Zustand d. Landes u. d. Bewohner, in Bezieh. auf d. jetzige russ. Invasion. 4. Aufl., nebst 1 Karte d. Kriegsschauplatzes. 8. (2 B.) Hamburg 828, Hoffmann u. Comp.

— d. method. Unterricht in d. Geographie u. d. dazu dienl. Hülfsmittel. 8. Hamb. 826. Herold. 6 gr

—— Wanderungen im Gebiete d. Erdkunde. Ein Hülfsb. f. Lehrer. 2 Thle. 8. Hamburg 840, Herold'sche Buchh. [1. (3 B.) * ¼ Thlr., 2. (11¾ B.) * ⅔ Thlr.] *
2. Thl. a. u. d. T.: Kleines geograph. Lexikon. Ein Hülfsb. f. Jedermann.

—— mathemat. Wandtabelle f. d. Hauptsätze d. Geometrie (Longiometrie, Planimetrie, Stereometrie) in 127 Fig., auf e. besond. anschaul. Art dargest., nebst dazu gehör. Texte. (1 lith. B. Roy.-Fol. u. 1¼ B. Text. 8.) Hamburg 830, Herold.

— Weltkarte in 6 Bl. ohne Schrift, für d. 2ten Cursus d. Geographie. gr. Fol. Hamb. 826. (Herold). 2 ℛ 6 gr

— Weltwandkarte in 2 Bl. mit Schrift. gr. Fol. Hamb. 825. (Herold). 2 ℛ 6 gr

Lohse, Johann: Einige Worte über die Unzulänglichkeit eines bloss passiven Verhaltens der Schüler in Bezug auf den mathematischen Unterricht. Von –. Husum. 1847. 4° Husum, Gymn.-Progr.

——, H. Boutin, Fr. H. Coqui, wie ist e. Fortbestand d. Hamburgischen allgem. Versorgungs-Tontine zu sichern? Beleuchtet. gr. 8. (1 B.) Hamburg 832, Erie.
Vgl. Loose.

Lohse, J.: Zweck der zeichnenden Erdkunde und eines elementarisch-methodischen Lehrgangs für denselben. Mit Vorreden von C. Ritter und Aug. Zeune. Th. 1. Dazu: 1 Band enthaltend: Zwei Hefte mit [je 4] Kartennetzen für die Weltkarte und Europa. Berlin 1837. 2 Bde. XXIII, 101 S., 8 Tf. 8°.

Lohse, Joh. Christoph (Marinbonens.), Diss. jur. de judice sententiam in causis criminalibus latam ab actis removente. Präs. Christ. Thomasius. Halle (Salfeld) 24. IV. 1709. 62 S. (5.—) 21576

— — Dasselbe. Halle (Salfeld) 24. IV. 1709 (1731). 56 S. (4.20) 21577

— — De judice sententiam in causis crimin. Ob ein Gerichts Herr in peinlichen Sachen einen Urtheils-Spruch zurück halten könne. Präs. Chr. Thomasius. Halle (Chr. L. Sympher) 24. IV. 1709 (1740). 62 S. (5.—) 21578

— — (Leipzig), Disp. jur. de uno teste plene probante. Präs. Joh. Heinr. Meier. O. O. (J. H. Grosch) 17. II. 1712. (4.20) 21579

Lohse, Johanne, Blumen aus der Fremde. gr. 4. (174 S.) Oldenburg 872. Schmidt. n. 2. —

Lohse, K. Fr., s. Zeitschrift für Studirende.

Lohse, K. H. E.

— 2 Predigten, veranlaßt durch d. Feuersbrunst zu Lüderitz, am 24. Nov. 1822. 8. Stendal 823. Franzen u. Gr. 3 gr

Lohse, E. H. E., kleine deutsche Sprachlehre rc. 8. Stendal, Franzen u. Gr. 809.

Lohse, E. H. E., kleine deutsche Sprachlehre. 3te Aufl. 8. Stendal, Franzen u. Gr. 815.

Lohse, (E. H. E.,) kleine deutsche Sprachlehre. 4e Aufl. 8. Stendal 821, Franzen u. Gr.

Lohse, K. H. E., kleine deutsche Sprachlehre, e. Lesebuch für d. untern Klassen. 8. Stendal... 2e A. 809. 3e A. 815. 4e A. 822. 5e A. 830. Franzen u. G. 10 gr

Lohse, E. H. E., kleine deutsche Sprachlehre. Ein Lehrb. f. d. unt. Classen d. Schulen. 5., sehr verbess., besonders mit Aufgaben u. Wiederholungsfragen verm. Aufl. 8. (17 B.) Stendal 830, Franzen u. Große. Thlr.

Lohse, Karl, u. Karl Daniel, das ethisch-naturwissenschaftliche Heilverfahren f. körperlich u. geistig Geschwächte, v. L. u. D. sowie v. anderen Praktikern der Naturheilkunst. (99 S.) 8. Leipzig (904). R. Fröbel. n. 2. —; geb. n. 2. 60

Lohse, Louis, Anthologie aus Shakespeare f. meine Schüler v. sonst u. jetzt. gr. 8. (164 S.) Plauen 876. Neupert. n. 2. —

Lohse, Louis, Auswahl von geistlichen Gesängen für Kirchen- u. Schulchöre u. tüchtige Vereine in Sänger-Partitur. 1—5. Hft. hoch 4. Plauen 878. 79. Hohmann. n. 2. 30

1. (12 S.) n. — 30. — 2. (12 S.) n. — 30. — 3. (32 S.) n. — 80. — 4. (16 S.) n. — 40. — 5. (20 S.) n. — 50

Lohse, Louis, Auswahl v. geistlichen Gesängen f. Kirchen- u. Schulchöre u. tüchtige Vereine in Sänger-Partitur. 6.—10. Hft. 4. Plauen i/V. 879—885. F. E. Neupert's Verl. n. 2. 90 (1—10.: n. 5. 20)

6. (29 S.) n. — 70. — 7. (16 S.) n. — 40. — 8. (16 S.) n. — 50. — 9. (28 S.) n. — 70. — 10. (20 S.) n. — 60.

— Auswahl v. geistlichen Gesängen f. Kirchen- u. Schulchöre u. tücht. Vereine in Sänger-Partitur. 11. u. 13. Hft. hoch 4. Ebd. n. — 80 (1.—11. u. 13.: n. 5. 90)

11. Palestrina. (12 S.) (892.) n. — 30
13. Orlando di Lasso. 2. Aufl. (IV, 20 S.) (895.) n. — 50

Lohse, Louis, Auswahl v. Gesängen f. höh. Schulen. (In 5 Hftn.) Hft. A, B, D u. E. hoch 4. Plauen. Leipzig, R. Voigtländer. n. 8. 80

A. Weltliche Lieder f. gemischte Stimmen. 10. Aufl. (IV, 100 S.) 897. n. 2. 50
B. Weltliche Lieder f. Männerstimmen. 11. Aufl. (IV, 148 S.) 898. n. 3. 70
D. Geistliche Gesänge f. Männerstimmen. (5. Aufl.) (III, 24 S.) 893. n. — 80
E. Solo-Lieder u. Arien. (4. Aufl.) (IV, 72 S.) 896. n. 1. 80

Lohse, Louis, Auswahl v. Gesängen f. höhere Schulen. (In 5 Hftn.) 1.—4. Hft. hoch 4. Leipzig, R. Voigtländer. n. 9. —

1. Weltliche Lieder f. gemischte Stimmen. 13. Aufl. (IV, 100 S.) (902.) n. 2. 50
2. Dasselbe f. Männerstimmen. 12. Aufl. (IV, 148 S.) 900. n. 3. 70
3. Geistliche Gesänge f. gemischte Stimmen. 8. Aufl. (III, 80 S.) 901. n. 2. —
4. Dasselbe f. Männerstimmen. 8. Aufl. (II, 24 S.) (902.) n. — 80

Lohse, Louis, Auswahl v. Gesängen f. höhere Schulen. (In 5 Heften.) Heft B u. C. Lex.-8. Leipzig 903. R. Voigtländer. n. 5. 70

B. Weltliche Lieder f. Männerstimmen. 13. Aufl. (IV, 148 S.) n. 3. 70. — C. Geistliche Gesänge f. gemischte Stimmen. 9. Aufl. (III, 80 S.) n. 2. —.

— bedarf unser Kirchengesang e. wesentliche Umgestaltung? Vortrag, geh. in der Diöcesanversammlg. zu Plauen am 9. Novbr. 1892. gr. 8. (14 S.) Ebd. 893. n. — 30

— Choralmelodien nach Hiller mit Text zum Auswendiglernen. 3., mit Berücksichtigung des „religiösen Memorirstoffs" verm. Aufl. gr. 8. (12 S.) Ebend. 818. n. — 40

— Choralmelodien nach Hiller mit Text zum Auswendiglernen. 3. mit Berücksicht. des „religiösen Memorirstoffs" verm. Aufl. gr. 8. (12 S.) Ebendas. 878. *

Die 1. und 2. Aufl. erschienen ohne Nennung des Verf.

— 60 Choralmelodien m. Text z. Auswendiglernen. Für d. Gesangunterr. im Seminar z. Plauen ausgew. u. geordnet. 5. Aufl. Lex.-8. (16 S.) Leipzig 897. R. Voigtländer. n. — 40

Lohse, Louis, die Einführung des neuen Landeschoralbuchs. Vortrag in der Diöcesan-Versammlung zu Plauen am 18. Juli 1883 gehalten. gr. 8. (19 S.) Plauen 883, Hohmann's Verlag. *

— Gesang-Lesebuch f. Bürgerschulen. 1. Hft. gr. 4. (24 S.) Ebd. 893. n. — 60; Textheft. 8. (16 S.) n. — 20

— der Gesangunterricht in der Seminarschule zu Plauen. Ausgabe m. Vorwort f. Lehrer. hoch 4. (V, 20 S.) Plauen 873. Hohmann. n. — 35; Ausg. f. Schüler (20 S.) n. — 30

— der Gesangunterricht in der Seminarschule zu Plauen. 2. und 3. Aufl. Ausg. mit Vorwort für Lehrer. hoch 4. (V, 20 S.) Ebendas. 873,77. *
Ausg. für Schüler (20 S.) *

— der Gesangunterricht in der Seminarschule zu Plauen. 4. Aufl. (VII, 20 S.) * 45 Pf.; 5. umgearb. und verm. Aufl. Ausg. mit Vorwort für Lehrer. hoch 4. (XI, 28 S. mit 1 color. Stnt.) Ebendas. 883. *
Ausg. für Schüler. (28 S. mit 1 color. Stnt.) *

— der Gesangunterricht in der Seminarschule zu Plauen. 7. Aufl. Ausg. m. Vorwort f. Lehrer. 4. (14 u. 28 S. m. 1 color. Taf.) Ebd. 889. n. — 70; Ausg. f. Schüler. (28 S. m. 1 color. Taf.) n. — 60

— d. Gesangunterricht in der Seminarschule zu Plauen. 9. Aufl. Ausg. f. Schüler. hoch 4. (28 S. m. 1 farb. Taf.) Ebd. 898. n. — 60; m. Vorwort f. Lehrer (28 u. 14 S.) n. — 70

— der Gesangunterricht in der Seminarschule zu Plauen. 11. Aufl. Ausg. f. Schüler. Lex.-8. (28 S. m. 1 farb. Taf.) Ebd. 901. n. — 60; Ausg. f. Lehrer. Mit Vorwort. 899. n. — 70

— der Gesangunterricht in der Seminarschule zu Plauen. 12. Aufl. (28 S. m. 1 farb. Taf.) Lex.-8. Ebd. 904. n. — 60

—— Liederbuch für Töchterschulen, zunächst für die Mädchen der Fortbildungsschule zu Plauen bearb. hoch 4. (37 S.) Ebendas. 877. *

—— Liederbuch für Töchterschulen, zunächst für die Mädchen der Fortbildungsschule zu Plauen bearb. 2. verm. und verb. Aufl. Lex.-8. (40 S.) Ebendas. 880. *

—— Luther als Dichter und Tonkünstler. Vortrag, gehalten am 2. Novbr. 1883. gr. 8. (22 S.) Ebendas. 884. *

Lohse, Ludw., Tourenbuch d. Voigtlandes. Unter bes. Berücksicht. d. Eisenbahnen zusammengest. 8. (66 S.) Plauen 897. R. Kell. n. — 50; m. Karte n. 1. 50

Lohse, Louis, ernste und heitere Worte aus vergangenen Tagen. Meinen Schülern gewidmet. Ein Scherflein für den Pestalozziverein. gr. 8. (IV, 180 S.) Plauen i. V. 889, Hohmann's Sortiment. *

Lohse, Ludwig, s. Lohse, Louis

Lohse, Mor., Predigten und Reden zum Gedächtniß bedeutsamer Ereignisse, gehalten in den beiden Kirchen zu Adorf. gr. 8. (39 S.) Adorf 884, (Dölling.) *

Lohse, Oscar, aus Berlin: Über Additionen an Verbindungen, die ein System konjugierter Kohlenstoffdoppelbindungen enthalten. *(Berlin 1904: F. Weber.)* (41 S.) 8°
Berlin, Phil. Diss. v. 9. Juli 1904

Lohse, Osc., über Additionen an Verbindungen, die e. System konjugierter Kohlenstoff-Doppelbindungen enthalten. Diss. (41 S.) 8. Berlin 904. O. Rothacker. n. 1.—

Lohse, Oswald

Lohse, O., Abbildungen v. Sonnenflecken, nebst Bemerkgn. üb. astronom. Zeichngn. u. deren Vervielfältigg., s.: Publicationen d. astrophysikalischen Observatoriums zu Potsdam.

Lohse, O., s.: Beobachtungen, aufgestellt auf der Sternwarte des Kammerherrn v. Bülow zu Bothkamp.

Lohse, O., Beobachtungen des Planeten Mars, s.: Publicationen d. astro-physikal. Observatoriums zu Potsdam.

Lohse, O., Beobachtgn. des südlichen Polarflecks des Mars u. Bestimmg. d. Elemente d. Marsäquators aus Beobachtgn. s. Polarflecken, s.a. Publikationen d. astrophysikal. Observatoriums zu Potsdam.

Beobachtungen des südlichen Polarflecks des Mars und Bestimmung der Elemente des Marsäquators aus Beobachtungen seiner Polarflecken v. O. Lohse. *Potsdam: In Comm. b. W. Engelmann in Leipzig 1896.* (25 S.) 4.
— Publicationen d. astrophysikal. Observatoriums zu Potsdam. No 34. Bd XI, Stück 1. [98. 3640

—— Beobachtungen und Untersuchungen über die physische Beschaffenheit des Jupiter, s. Publicationen des astrophysikalischen Observatoriums zu Potsdam.

Lohse, O., Beobachtungen u. Untersuchungen über die physische Beschaffenheit der Planeten Jupiter u. Mars, s.: Publicationen des astrophysikalischen Observatoriums zu Potsdam.

Lohse, O., Beschreibung der Heliographen, s.a. Publicationen d. astrophysikalischen Observatoriums zu Potsdam.

Lohse, O: Beschreibung des Heliographen. Potsdam 1889 (Aus: Publikationen des astrophysikalischen Observatoriums zu Potsdam. Nr 19. Bd 4 Stück 6)

Lohse, O.: Beschreibung eines Spectrographen mit Flüssigkeitsprisma. 1885. 4.

Lohse, (Oswald), Doppelsterne, s.a. Publikationen des astrophysikalischen Observatorium zu Potsdam. Nr. 58.

Lohse, Oswald: Doppelsterne. Von —. Mit 2 Fig. u. 2 Taf. Potsdam: W. Engelmann, Leipzig, in Komm. 1908. (168 S.) 4°
Publikationen d. astrophysikal. Observatoriums zu Potsdam. No 58. Bd 20, St. 1.

Lohse, O., Funkenspectra einiger Metalle, s.a. Publikationen d. astrophysik. Observatoriums zu Potsdam.

Lohse, Oswald: Funkenspectra einiger Metalle von —. Potsdam; Leipzig: W. Engelmann in Komm. 1902. (S. 109–208.) 4°
Publikationen d. astrophysikal. Observatoriums zu Potsdam. No 41. Bd. 12, St. 3.

Lohse, O.: Isochromatische Gelatineplatten. 1884.

Lohse, O.: Gelatine-Trockenplatten. 1879.

Lohse, O.: Über Glasversilberung. 1890?

Lohse, O.: Modificationen des alkalischen Entwicklers für Bromsilberplatten. 1887.

— Planetographie. Eine Beschreibg. der im Bereiche der Sonne zu beobacht. Körper. 8. (IX, 192 S. m. 15 Abbildgn.) Leipzig 894. J. J. Weber. Geb. in Leinw. n. 3. 50

Lohse, O.: Star photography. 1881.

Lohse, O.: Über Schmidt's neuen Stern im Schwan. Berlin 1878.

— Tafeln f. numerisches Rechnen m. Maschinen. (VI, 123 S.) Lex. 8. Leipzig 909. W. Engelmann. 12.—; geb. in Leinw. 13. 50

— Untersuchung d. violetten Theils ein. linienreicher Metallspectra. [Aus: „Sitzungsber. d. Akad. d. Wiss. zu Berlin."] gr. 8. (19 S.) Berlin 897. (G. Reimer.) n. 1.—

Lohse, Otto

Lohse, Kinder-Heil- u. -Erholungsstätten, s.a. **Schriften des dtschn. Vereins f. Armenpflege u. Wohltätigkeit. 80. Heft.**

Kinder-Heil- und Erholungsstätten. Bericht von Dr. [Otto] **Lohse**, Hamburg. Leipzig: Duncker & Humblot 1907. (99 S.) 8° [F.]
— **Schriften** d. deutschen Vereins f. Armenpflege u. Wohltät. H. 80. [07. 15177

Lohse, Lichtbehandlung bei schweren u. bisher unheilbaren Krankheiten. Auszugsweise bearb. nach dem größeren dreiteil. Werke Lichtkuren (1. Sonnenlichtkuren, 2. Farblichtkuren, 3. elektr. Lichtkuren) von G. Martin. gr. 8. (46 S. m. Abbildgn.) Leipzig (902). O. Borggold. n. 1.—

Lohse, Otto: Der Prinz wider Willen. Oper in 3 Akten von Rudolf Seuberlich. Mus. von –. Leipzig: Breitkopf & Härtel 1897. (59 S.) 8°
Textbibliothek, Breitkopf & Härtel's. No 119.

-- u. Samter, Zwangsmaßregeln gegen Arbeitsscheue u. gegen säumige Nährpflichtige, s.a. **Schriften des deutschen Vereins f. Armenpflege u. Wohltätigkeit. 88. Heft.**

Lohse, Otto: Zwangsmaßregeln gegen Arbeitsscheue und gegen säumige Nährpflichtige. Hauptbericht erstattet von Dr. [Otto] Lohse, Dir. d. öff. Armenwesens in Hamburg. Mitbericht erstattet von Stadtrat [Hans] Samter, Charlottenburg. Leipzig: Duncker & Humblot 1909. VI, 80 S. 8°
Schriften d. deutschen Vereins f. Armenpflege u. Wohlthätigkeit. H. 88.)

Lohse, Otto: Die Übertragung des Aktienrechts. Dessau 1908: Buchdr. Gutenberg. 58 S. 8°
Heidelberg, Jur. Diss. v. 17. Nov. 1908, Ref. Schröder
[Geb. 30. Sept. 63 Thurland; Wohnort: Leipzig; Staatsangeh.: Anhalt; Vorbildung: Gymn. Dessau Reife O. 85; Studium: Theol. Erlangen, Greifswald, Halle, Jura Leipzig 6 S.; Rig. 6. Aug. 08.] [U 09. 1847

Lohse, Richard: Über das Recidiv des Ileotyphus. Nach dem Material der medicinischen Klinik zu Freiburg i. Br. in den Jahren 1886—1897 i. *Freiburg i. Br. 1898: Ch. Lehmann's Nachf.* (41 S.) 8°
Freiburg i. B., Med. Diss. v. 1898

Lohse, Rudolf: Über die Lichtabsorption, die Radiolumineszenz, den Farbstoffcharakter und die Ausbleichfähigkeit der Fulgide. Weida i. Th. 1909: Thomas & Hubert. 108 S. 8°
Leipzig, Phil. Diss. v. 23. Sept. 1909, Ref. Hantzsch, Beckmann
[Geb. 1. Juni 84 Gera R.; Wohnort: Gera; Staatsangeh.: Reuß j. L.; Vorbildung: Gymn. Gera Reife O. 02; Studium: Marburg 2, München 3, Leipzig 9 S.; Rig. 13. Juli 09.] [U 10. 3188

Lohse, Sam., Anleitung zur richtigen Berechnung der Kosten der Blaufärberei mit Indigo aus der Küpe. Rathgeber zum richtigen Geschäftsbetrieb nebst besserem Küpen-Ansatz u. Mitteln zur Ersparung von Indigo. Nürnberg 862. Leuchs & Co. 8. (40 S.) 18 ngr.

Lohse, U, Die geschichtliche Entwicklung der Eisengießerei seit Beginn des 19. Jahrh.
Berlin, 1910. 58 S. mit 94 Abb.

Lohse, Wilhelm

Adressbuch von Schmalkalden u. seinem Industriebezirk umfassend d. Kreis Schmalkalden u. d. Orte Kleinschmalkalden G. A., Wernshausen, Viernau, Schwarza, Benshausen, Mehlis u. Zella St. Bl. Auf Grund amtl. Materials bearb. u. hrsg. von Wilh. **Lohse.** *Schmalkalden: F. Willsch 1901.* (274 S.) 8° [F.] [03. 2180 4

Lohsee, f.: Entscheidungen des königl. preuß. Oberverwaltungsgerichts.

Lohsee, Ernst, de hymno in Mercurium homerico. Dissertatio inauguralis. 8. (III, 48 S.) Berlin 872. (Calvary & Co.) n. 1. —

Lohsee, Ernestus [Oberl. Dr.]: **Tulliana. Berlin, R. Gaertners** Verlagsbuchh., 1890; 18 S. 4°
Berlin, Leibniz-G, OP 1890 (62)

Lohsee, Franz (geb. Berlin 16.11.1859): Beitrag zur Behandlung des Tetanus. Berlin (1883). (30 S.) 8°
Berlin, Med. Diss. v. 4. Aug. 1883

Lohsing, Ernst, das Geständnis in Strafsachen, s.a. **Grenzfragen, juristisch-psychiatrische. III. 1—3.**

Lohsing, Ernst: Das Geständnis in Strafsachen. Von –. Halle a. S.: C. Marhold 1905. (142 S.) 8°
Grenzfragen, Juristisch-psychiatrische. Bd 3, H. 1/3.

Lohsing, Ernst, über bedingten Straferlaß. (36 S.) gr. 8. Wien 906. C. Fromme. — 75
Sonderabdruck aus: „Jurist. Blätter".

Lohsing, E., Das Verbot der Reformatio in pejus im Strafverfahren. [Aus: „Jurist. Vierteljahrsschr."] (III, 54 S.) gr. 8. Wien, Manz. 1907. 1. —

Lohsse, Arthur Emil

Lohsse, Art. Emil, De acuta flava atrophia hepatis. Diss. med. Halle (Gebauer) 28. VIII. 1854. 28 S. u. Biogr. (M.: Rosal. Spormann.) (3.20) 21580
Gew.: Ferd. Hoffmann. — Oppon.: E. Triebel, Osc. Prittwitz.

Lohsse, Herbert, approb. Arzt aus Danzig: Ein Beitrag zu der Lehre von der Einwirkung des heissen Bades auf den menschlichen Stoffwechsel. *Halle a. S. 1900: E. Karras.* (21 S.) 8°
Halle, Med. Diss. v. 3. Apr. 1900

Lohstoeter, Mrs. Lotte. Zinzendorf in America. Diss, U of Pittsburgh, n. d. Typs.

Lohwag, Ernst, Ausgrabung d. Paradieses. Roman. 2 Bde. 8. (354 S.) Leipzig 884. Friedrich. n. 6. —

Lohwag, Ernst, neue Bahnen. Poetische Versuche. gr. 16. (IX, 131 S.) Wien 879. Hölder. n. 3. —

Lohwag, Ernst, beim Donauweibchen. Lustspiel in 2 Akten. gr. 8. (48 S.) Wien 873. Fr. Beck's Verl. n. 1. 20

—— Iphigenie in Delphi. Tragödie in 5 Akten. 8. (III, 82 S.) Wien 880, (Hölder.) *

Lohwag, Ernst, Hans Schönbichler. Roman. (573 S.) 8. Wien 910. W. Braumüller. 4.—; geb. n 5. —

Lohwag, Ernst, Uebergangsmenschen. Drama in 4 Akten. (III, 167 S.) 8. Dresden 908. E. Pierson. n. 2. —

— Das Verbot der Reformatio in pejus im Strafverfahren. (III, 54 S.) gr. 8. Wien 907. Manz. 1. —
Sonderabdruck aus: „Jurist. Vierteljahresschr."

LOHWAG, Heinrich: Über die Zeit der ersten Blütenanlage von Holzpflanzen. - Wien 1910. 46 S. (Hdschr.) - Diss. - (Ersch. als: Beitrag zur Kenntnis der Zeit der ersten Blütenpflanzen bei Holzpflanzen. In: Österr. Bot. Z., Bd. 60, 1910)

Loi allemande sur les brevets, publiée le 7 avril 1891. (Traduction française par Brandon & Fils.) gr. 8. (23 S.) Berlin 891. C. Heymanns Verl. Kart. n. — 50

Loi allemande sur les brevets d'invention. Traduction française par Carl Pieper. gr. 8. (23 S.) Berlin 877. C. Heymann's Verl. — 25

— sur l'assurance contre les maladies, s.: Krankenversicherungsgesetz.

— Loi du 28 septembre 1888, sur les auberges et autres établissements analogues, la fabrication et la vente des boissons alcooliques. In-12°, 23 p. Fribourg, imprimerie et librairie de l'œuvre de St-Paul.

Loi de change autrichienne et lois et ordonnances y relatives. Traduites par Jos. Max. de Winiwarter. Wien 866. Lechner's Universitäts-Buchh. gr. 8. (VIII, 76 S.) n. 15 ngr.

Loi sur les communes et paroisses, du 26 Mai 1879. In-8°, 79 p. Fribourg, Impr. L. Fragnière.

Loi d'empire du 15 juin 1883 sur l'assurance des ouvriers contre la maladie. Traduction de la loi du 15 juin 1883, de l'ordonnance du 14 mars 1884 et des instructions ministérielles, accompagnée d'une introduction, d'un commentaire, de notes explicatives et d'une table alphabétique servant de questionnaire sur les différentes parties de la loi par C. Bodenheimer. 1re partie. 8. (120 S.) Strassburg 884, Schmidt's Universitäts-Buchh. cart. *

— d'empire sur les sociétés en responsabilité du 20 avril 1892. (Reichsgesetz betr. die Gesellschaften m. beschränkter Haftung vom 20. Apr. 1892.) Traduction par Constant Bodenheimer, précédée d'une introduction, accompagnée de notes explicatives et suivie d'une table des matières. gr. 8. (58 S.) Strassburg i/E. 892. F. Bull. n. 1. —

Loi fédérale concernant les chèques et les virements postaux, s.: Bundesgesetz betr. den Postcheck- u. Giroverkehr.

Loi fédérale sur le contrat d'assurance, s.: Bundesgesetz üb. den Versicherungsvertrag.

Loi fédérale concernant le droit des obligations, y compris le droit commercial et le droit de change. [Art. 64 de la constitution fédérale.] Projet, élaboré sur les bases arrêtées par une commission 22—28. octobre 1869 et 6—13. octobre 1872. Partie générale. gr. 4. (75 S.) Bern 876. (Jent & Reinert.) n. 1. 40

Loi fédérale sur le droit privé, s.: Bundesgesetz üb. das Privatrecht.

Loi fédérale sur la durée du travail dans l'exploitation des entreprises de transport et de communications, du 19 décembre 1902, Ordonnance relative à son exécution et Prescriptions concernant son application dans les services télégraphique et téléphonique (du 10 [et] du 21 novembre 1903). [Avec 4 tableaux.] II + 27 p. 8. Berne, Lierow & Cie., 1903.

Loi fédérale concernant les installations électriques à faible et à fort courant. Du 24 juin 1902. II + 19 p. 8. Berne, Office Polytechnique d'Édition, 1902. fr. —. 50

Organisation du Département militaire (fédéral). Loi fédérale. ⟨Du 20 décembre 1901.⟩ ([Promulgée] le 7 avril 1902.) 21 p. 8. [Berne, C.-J. Wyss,] 1902.

Loi fédérale sur la Poursuite pour dettes et la faillite. Avant-Projet et exposé des motifs. Présenté par la minorité de la commission qui maintient le système de la saisie en opposition de celui de la faillite. 9 feuilles. 4. Berne, Jent & Reinert. 1875. 1. 60

Loi fédérale sur la poursuite pour dettes et la faillite. In-4° obl., 93 p. Berne (Librairie R. Jenni). 1888. 2 —

Loi fédérale sur les poursuites et les faillites. Avant-projet et exposé de motifs. 4. (122 S.) Bern 874, Jent und Reinert. *

Loi fédérale pour les poursuites et faillites. Directions pratiques à l'usage des négociations, banquiers et industriels. Tableau. Gr. in-fol. Fribourg, A. P. Eggis. 1892. 1 —

Haute surveillance de la Confédération sur la police des forêts. Loi fédérale. ⟨Du 11 octobre 1902.⟩ (16 p.) 8. Berne, C.-J. Wyss, 1902.

Loi fédérale sur le tarif des douanes du 10 octobre 1902, avec indications comparatives des droits du tarif général du 10 avril 1891 et des tarifs conventionnels. [Publiée par le] Département fédéral du commerce et de l'industrie et de l'agriculture, Division du commerce. II + 139 + XXVIII p. 4. Berne, Rösch & Schatzmann, Décembre 1902.

Loi fédérale sur le tarif des douanes. ⟨Du 10 octobre 1902.⟩ 110 p. 8. [Berne, C.-J. Wyss,] 1902.

Loi fédérale sur le Tarif des douanes suisses. 3 *pièces*. Berne, Stæmpfli & Cie., 1902.

[No 1:] Projet. Edition à l'usage de l'Assemblée fédérale. ⟨Décision du Conseil fédéral du 12 février 1902.⟩ IV + VI + 263 p. 12 février 1902.

[No 2:] Edition revue et complétée d'après les décisions du Conseil des Etats. ⟨21 juin 1902.⟩ IV + VI + 160 p. IX. 1902.

[No 3:] ⟨10 octobre 1902.⟩ IV + VI + 160 p. X. 1902.

Loi fédérale sur le Tarif des douanes suisses. ⟨Du 10 octobre 1902.⟩ Tarif d'usage avec Registre alphabétique des marchandises. Entré en vigueur le 1er janvier 1906. IV + LXV + 417 p. 4. Berne, Stæmpfli & Cie., 1905. [fr. 1. —]

Loi fédérale sur le tarif des douanes suisses. ⟨Du 10 octobre 1902.⟩ Tarif d'usage avec registre alphabétique des marchandises. Entré en vigueur le 1er janvier 1906. Arrêté au 31 mai 1907. IV + XCVII + 421 p. 4. Berne, Stæmpfli & Cie., 1907.

Chemins de fer fédéraux. Loi fédérale sur les tarifs. Rapport (*1: Lettre) du Département fédéral ... des Chemins de fer ... à la commission du Conseil national pour la discussion préliminaire. 8. [Berne, C.-J. Wyss,] 1901.

[1:] ⟨Du 30 janvier 1901.⟩ 10 p. — [2:] ⟨Du 13 mai 1901.⟩ 15 p.

Chemins de fer fédéraux. Loi fédérale concernant les tarifs. ⟨Du 27 juin 1901.⟩ 12 p. 8. [Berne, C.-J. Wyss,] 1901.

La **Loi** fédérale concernant le travail dans les fabriques du 12 mars 1877. — Commentée par son exécution pendant les 10 premières années de son existence, 1877—87. Avec un appendice: Législation fédérale sur la responsabilité. Publié par le Département fédéral du commerce et de l'agriculture. In-8°, 172 p. Berne, Schmid, Francke & Cie. broch. 1 50, rel. 2 25

Loi, La, fédérale concernant le travail dans les fabriques du 23 mars 1887. Commentée par son exécution pendant les années 1878 à 1899. In-12°. (314 p.) Lausanne, F. Payot & Co. broché 2. 80; relié 3. 75.

Loi fondamentale du royaume de Danemark, telle quelle a été adoptée par la diète générale le 25 Mai 1849, et sanctionnée par S. M. le roi Frédéric VII, en date du 5 Juin 1849. gr. 8. (52 S.) Copenhague 849, Reitzel.

— impériale allemande sur la protection des marques de fabrique en date du 30. Novbre. 1874 et ordonnance du conseil fédéral de l'impire allemand concernant la mise à exécution de la loi sus-dite. gr. 8. (8 S.) Berlin 875. C. Heymann's Verl. in Comm. — 30

Loi sur l'impôt direct de l'Etat et des communes (du canton de Berne). Texte établi en première lecture par le Grand Conseil, les 25 et 26 novembre 1901. 8 p. 4.

Loi sur les Justices de Paix. (Bulletin des lois, 574, IXe série, no. 7413.) Au palais des Tuileries, le 25. mai 1838. gr. in-8. Strasbourg, Levrault. 1/12 ℛ

— sur les mines et sur les redevances des mines, s.: Berggesetz u. Gesetz d. Besteuerg. d. Bergwerke betr.

— la nouvelle, sur l'organisation municipale pour l'Alsace-Lorraine, s.a. Gemeinde-Ordnung, die, für Elsaß-Lothringen.

Loi, la nouvelle, sur l'organisation municipale d'Alsace-Lorraine du 6 juin 1896, le règlement électoral pour les élections municipales du 28 décembre 1895 et les ordonnances d'exécution du 25 mars 1896. Texte français avec annotations faites par un juriste d'Alsace-Lorraine. 8. (92 S.) Metz 896. A. Tschakert. n. 1. 50

—— la nouvelle, sur la perception des droits de timbre de l'empire avec tarif. Timbre d'actions, de rentes, d'obligations, de bordereaux, de comptes, de billets de loterie, etc. Traduction française. 1re et 2e édit. revue. gr. 8. (16 S.) Metz 881, Deutsche Buchhandlung. *

Loi sur l'organisation et l'administration municipale. — Gesetze üb. d. Municipal-Organisation u. d. Municipal-Verwaltung. (Franz. u. deutsch.) 12. (3½ B.) Straßburg 838, Levrault'sche Buchh.

— concernant la pêche en Alsace-Lorraine du 2 juillet 1891. 16. (34 S.) Metz 892. Ballet's bischöfl. Buchh. Kart. n. — 40

Loi sur la police de la chasse. Gesetz über die Jagdpolizei. 12. (1⅙ B.) Strasbourg 844, libr. Levrault.

Protection des apprentis et des ouvriers. Loi (du canton de Fribourg) du 14 novembre 1895 [et] Règlements d'exécution (1900 septembre 15—décembre 1). (II + *ens.* 48 p.) 8. Fribourg, Impr. de l'Œuvre de Saint-Paul (*et* Impr.-Libr. catholique suisse), 1901.

Loi Relative à la Conscription de l'an XIII. 8. *s. l.* [1805].

Loi du 16 mai 1881 sur le séquestre des biens du débiteur, modifiant le chap. Ier du titre II de la loi sur les poursuites juridiques du 24 octobre 1849. Pot. in-8°, 6 p. Fribourg. 1881.

— sur le timbre pour l'Alsace-Lorraine, s.: Stempelgesetz f. Elsaß-Lothringen.

Lojander, Hugo [aus Wiborg, Finland]: Beiträge zur Kenntnis des Dracnenblutes .... Strassburg, Buchh. v. Karl J. Trübner, 1887; 72 S. + 1 Bl. 8°.
Strassburg, Math.-Naturw. Fak., Inaug.-Diss. v. 1887.

Lojander, Hugo, Beiträge zur Kenntniss des Drachenblutes. gr. 8. (73 S. mit 9 Taf.) Strassburg 887, Trübner. *

Lojano, (Pater Da) auserlesene Predigten. Aus dem Italien, übersetzt von Ignaz Kollmann. 6 Thle. gr. 8. Grätz 830. Kienreich. 2½ ℛ

Lojardiere: Reise-Beschreibung nach Africa, von ihm selbst in frantzösischer Sprache beschrieben, und wegen seiner Würdigkeit aus dem frantzösischen Manuskript zum ersten mahl ins Deutsche übersetzt, und mit einigen geographischen und die natürliche Geschichte erläuternden Anmerckungen versehen. Frankfurt an der Oder 1748. 103 S. 8°.

Lojardière-Brillot: Die Trunksucht und der aus derselben erwachsende Schaden für die physische und sittliche Natur des Menschen etc. (Russisch.) Aus d. Französ. v. D. u. L. Moskau. 1867.

Loibl, P. A., Kirchenlieder auf alle Festtage u. andere Feierlichkeiten im Jahre. Besond. zum Gebrauche in den Landkirchen. In Musik gesetzt f. 2 u. 3 Singstimmen und d. Orgel. 2 Bde. Fol. Regensb. Daisenberger.

De libertatis usu coercendo in juvenum animis. Scrips. Franc. Mich. Loibl, P. — 1830.
Ebend. — S. 3—5.
Progr. Straubing.

Loichinger, Geo., die Landwirtschaft. Gewidmet den bayer. Landwirten. gr. 8. (174 S.) Nabburg 886. (Amberg, Pohl's Buchh.) *

Loichinger, G., die Landwirtschaft. 2. (Titel-)Aufl. gr. 8. (III, 175 S.) Amberg 890. Pohl's Buchhandlg. n. 2. 50

Loida, Willy, prakt. Arzt, z. Z. Unterarzt d. Reserve u. Assist. an d. hygien. Untersuchungsstation d. 1. Armeekorps: Aus d. hygien. Untersuchungsstelle d. 1. Armeekorps zu Königsberg in Pr. Vorstand: Oberstabsarzt 1. Kl. Dr. Jaeger, Privatdoc. an d. Univ. Über die Ausscheidung von Typhusbazillen und Darmbakterien im Urin Typhuskranker. *Königsberg i. Pr. 1901: M. Liedtke.* (62 S.) 8°
Königsberg, Med. Diss. v. 1. März 1901

Loidl, F., über die künstliche Aepfelsäure aus Fumarsäure, s. Aus dem Universitätslaboratorium zu Prag.

Loidl F.: Über die künstliche Äpfelsäure aus Fumarsäure. S. 77. II. 64. Siehe Linnemann Eduard.
Separatabdruck

Loidl, Ferd., s.: Festschrift, officielle, zum V. Bundesfeste des Bund deutscher Radfahrer Oesterreichs in Wien.

Loidl, Ferdinand [Hrsg.], s. Radfahrer-Sport

Loidl, Frz., die Flussregulierung mit besond. Rücksichtnahme auf die Schiffahrt. 12. (42 S. m. 1 lith. Taf.) Wien 890. (Holf's Sort.) n. 1. —

Loisel, M., die vollkommene Spargelzucht, s. Bibliothek, illustr., des landwirthschaftl. Gartenbaues.

— die Zucht der Melonen unter Glocken, auf Erdhausen u. auf Treibbeeten. Nach der 4. Aufl. übers. von Aug. With. Stiehler. Quedlinburg 864. Basse. 8. (III, 72 S. mit Abbildn. auf 1 Steintaf. in 4.) 15 ngr

Loigk, Antonius: Historia pestis, quae anno 1713 Pragam, Ratisbonam et Welsium...depopu= labatur...Styrae: (1716)

s.: Werloschnig, Johannes Baptist

JB 4.856

Loigk, Antonius (Mitarb.):

s.: Werloschnig, Johannes Baptist: Loimographia seu historia pestis, quae ab anno 1708 ad 1713...Transylvaniam... depopulabatur, per epistolas ex autop= sia...exaratas primo a Joanne Baptista Werloschnig...Styrae: 1716

JB 4.857

Lojka H.: Catalogus emendatorius, continens nomina mihi hucusque cognita lichenum, quos annis 1872 et 73 in Banatu et in Transsylvania collegi ... 1874. [Rostr. Saml.].

Loeillot de Mars, von. Abriss der Geschichte des Infanterie-Regiments ... Nr. 64 für Unteroffiziere und Soldaten erzählt. 4. Aufl. Angermünde [1893]. H: *Salbach, Gg.* (Berl)

Loeillot de Mars, G[ust.] (geb. Berlin 25. 1. 1845): Ueber die mit Fieber verbundenen Genitalerkrankungen der Wöchnerinnen. Berlin (1869). (34 S.) 8°
Berlin, Med. Diss. v. 13. März 1869

Loimann, Gust., Franzensbad in Böhmen u. seine Heilmittel. Führer f. Curgäste u. Aerzte. Mit 1 Karte. 8. (60 S.) Wien 886. Braumüller. n. 1. —

Loimann, Gust., Franzensbad in Böhmen und seine Heilmittel. Führer für Curgäste und Aerzte. Mit 1 Karte. 1. Aufl. (50 S.); 2. Aufl. 8. (V, 51 S.) Wien 887, Braumüller. *
Bildet den 36. Bd. von Braumüller's Badebibliothek.

LOIMANN, Gustav.
Franzensbad in Böhmen und seine Heilmittel. Führer für Curgäste und Ärzte von Dr. Gustav Loimann. 8., umgearbeitete und vermehrte Auflage. Mit 1 Karte. (Braumüllers Bade-Bibliothek.) Wien und Leipzig. 1900. Braumüller. 8°. 65 S. Geb. K 1.40

Loimann, Med. und Chir. Doktor Gustav — Franzensbad in chirurgischen Krankheitsfällen. Von —:—. Wien. 1855. Druck von Karl Ueberreuter. (60 S. 1 Bl. 8.) geh.

— **Franzensbad u. Umgebgn., s.: Grieben's Reisebücher.**

Loimann, Gust., krit. Studien üb. Moor- u. Mineralmoorbäder, s.a. Archiv d. Balneotherapie u. Hydrotherapie.

Kritische Studien über Moor und Mineralmoorbäder. Von Dr. Gustav Loimann ... *Halle a. S.: C. Marhold 1898.* (32 S.) 8.
= Archiv f. Balneotherapie u. Hydrotherapie. Bd II. H. 1. [93. 11349 IIa

* Loiola, Ignatz von, Biographie, mit Bildniß. gr. 8. Chemnitz, Starke. 801.

Loir, A., Ornamente, s. Meister, alte.

Flotte und Fortschritt. Wissenschaft und Kapital, die Truppen der Zukunftskriege. [La marine et le progrès. Les luttes de l'avenir par la science, par les millions.] Von M[aurice] Loir u. G. de Caqueray. Autor. Uebers. aus d. Franz. von A. v. L. *Berlin: H. Costenoble 1902.* (142 S.) 8° [J.] [01 10731

Lois, Der. An Ausseer G'schicht in 50 Schnadahüpfln. Zum 2. August 1909. [Wien 1909.] V: *Schön, Richard von.* (EB)

Lois sur l'administration de la justice pour les troupes fédérales. Trad. de l'allemand. Edit. officielle. gr. in-8. (12½ B.) Lucerne 838, Meyer.
Dass. in deutscher Sprache, s. Gesetze.

— arrêtés et circulaires sur la solde des troupes. 12. ibid.

— et arrêtés relatifs à la justice militaire. 12. Strasb. Levrault.

Lois civiles du Canton de Fribourg. Fribourg 868.

Lois civiles du canton de Fribourg. 800 pp. in-16. Fribourg, Marchand. broch. Fr. 8., rél. 10. — 1871.

Lois, les commerciales, du monde, s.: Handelsgesetze, die, des Erdballs.

Lois fédérales, concernant le Bureau topographique fédéral, et instructions données par ce bureau. Avec 1 planche. In-4°. 59 p. Lausanne (Bâle et Genève, Georg & Co.). 1897. 3 —

Lois fédérales, ordonnances et règlements du Conseil fédéral, avec prescriptions d'exécution, concernant le service des postes suisses. 2e éd. complétée, avec commentaires, de février 1902. [Publiée par les soins d'Anton Stäger, inspecteur général des postes.] 273 p. 4. Berne, Stæmpfli & Cie., 1902. fr. 1. 50

Lois fédérales suivies des traités conclus entre la confédération Suisse et l'étranger concernant l'extradition des malfaiteurs ou accusés. 2e édition. 54 pages in-8. H. Georg. Genève et Bâle. 1. 25

Lois, Les, de la guerre sur terre. Manuel publié par l'institut de droit international. gr. 8. Bruxelles et Leipzig 1880.

Lois du 18 juillet 1901 concernant 1. L'Impôt sur le capital, 2. L'Impôt sur les salaires et traitements, 3. L'Affectation des produits de l'impôt sur le capital, les salaires et traitements, ainsi que la perception de centimes additionnels départementaux. (42 S.) gr. 8. Metz 908. R. Lupus. n. — 60

Lois naturelles de l'agriculture et de l'ordre social. II Part. gr. 8. Bern, Soc. Typogr. 781.

— et réglemens concernant le logement et le casernement des troupes. 12. ibid.

Lois relatives à l'impôt professionel etc., s.: Gesetze betr. d. Gewerbesteuer u. d. Wandergewerbesteuer.

Lois, A., eine dritte Währung. Zukunftssystem des Geldwesens, entwickelt aus der Sachlage in Oesterreich. Leipzig 860. Volckmar. gr. 8. (15 S.) n. 5 ngr.

Loise, Ferd., histoire de la poesie. L'Allmagne dans sa littérature nationale depuis les origines jusqu' aux temps modernes. gr. 8. (356 S.) Bruxelles 873. (Antwerpen, Korniker.) n. 3. 20

Loiseau, s. *Praticien* français.

Loiseau de Mauléon, merkwürd. Rechtshändel; aus d. Französ. 8. Zürich 772. Orell. 20 K

Loisel, M.

Loisel, die Cultur der Melonen. Nebst e. neuen Methode, diese Pflanzen unter Glocken, auf Häufchen u. Mistbeeten zu ziehen. 8. (3¼ B.) Quedlinburg 842, Basse.

Loisel's Melonenbau im Freien. Eine neue, eben so einfache, als wohlfeile und durch vieljähr. Erfahrung bewährte Methode, Melonen in außerordentlicher Menge u. von trefflicher Beschaffenheit zu gewinnen. Für deutsche Gartenfreunde bearbeitet. Nebst erläut. Zeichn. 8. Bresl. 842, Hirt. 1/3 ℛ

Loisel, M., Spargelzucht, s. Bibliothek des landwirthschaftl. Gartenbaues.

Loisel, M., die vollkommene Spargelzucht, s.a. Bibliothek, illustrirte, des landwirthschaftl. Gartenbaues.

— d. vollkommene Spargelzucht. Cultur d. Spargel auf natürl. u. künstl. Wege. Nach d. Französ. v. H. Jäger. (2. Abth. 1. Bd. d. illustrirten Bibliothek d. landwirthschaftl. Gartenbaues.) Mit Holzschn. br. 8. Leipzig, 1855. Spamer. — 12½

Loisel, M., d. vollkommene Spargelzucht. Kultur der Spargel auf natürl. u. künstl. Wege. Nach d. Franz., sow. unt. Mitwirkg. u. Zugabe e. Anh. üb. d. Spargelbau im Großen v. H. Jäger. 2., verm. u. verb. Aufl. Neue Titelausg. 8. (VI, 68 S. m. 9 Abb.) Hannover (865) 897. Leipzig, O. Lenz. n. 1.2›

—— die Zucht der Melonen unter Glocken, auf Erdhaufen und auf Treibbeeten. Nach der 4. Aufl. übers. von Aug. Wilh. Stiehler. 8. (III und 72 S. mit Abbild. auf 1 Stnt. in 4.) Quedlinburg 864, Basse.

Loiset, Baptist. Kunstbereiter und Director einer Kunstreiter-Akademie. Bemerkungen und Noten zu Hünersdorfs Anleitung zu der natürlichsten und leichtesten Art Pferde abzurichten, als ein nöthiger Anhang zu diesem theoretisch-praktischen Meisterwerke der Reitkunst. Revidirt von S. v. Tennekor, K. Sächs. Major der Cavallerie, Commandant des Train-Bataillons, Stallmeister und Oberpferdearzt etc., und Mitglied mehrerer gelehrten Gesellschaften. (Mit 1 Titelbild.) (Donation Liechtenstein.) 8. Marburg 1827.

Loiset, Bapt., Bemerkungen u. Noten zu Hünersdorfs „Anleitung zu d. natürlichsten u. leichtesten Art Pferde abzurichten," als e. nöth. Anh. zu diesem theoret.-pract. Meisterwerke d. Reitkunst. Revid. v. S. v. Tennecker. 8. (11 B.) Marburg 827. [Kassel, Krieger.]

— Bemerkt. u. Noten zu Hünersdorfs Anleit. zu d. natürl. u. leichtesten Art Pferde abzurichten, als ein nöthiger Anhang zu diesem Werke d. Reitkunst. Revidirt von S. v. Tenneker. 8. Marb. 828. Krieger. 10 ℊ

Loiset, Bapt., Bemerkungen u. Noten zu Hünersdorfs Anleitung Pferde abzurichten rc. Revid. v. S. v. Tennecker. 2., verb. Ausg. 8. (10¼ B.) Cassel 843, Krieger'sche Buchh. –

Loiset, (gen. Baptist), prakt. Unterricht in Kunstdarstellungen von Pferden, oder Anleit., den Pferden alle Kunstfertigkeiten zu lehren rc. 8. Ilmenau 826. Voigt. 1 ℛ

Loiset's, Baptist, praktischer Unterricht in Kunstdarstellungen mit Pferden, oder Anleitung, den Pferden all' die Kunstfertigkeiten zu lehren, wie man sie bei den Kunstreitern ausführen sieht. Mit einer Selbstbiographie und Reflexionen über Reitkunst und Kunstreiter neu hrsg. 8. (VIII, 147 S.) Stuttgart 884, Schickhardt und Ebner. *
geb. *

Loisirs, Les, d'une jeune Dame. Berlin 1776. V: *Montbar (Monbar), Marie Josephe, geb. de l'Escun, später von Sydow.* (MGT) (Ky) (Schr)

Loisirs, les, d'une jeune Dame, (par Mdme de Montbart). 8. Berl. 776. Rottmann. 12 ℊ

Loisirs, Derniers, d'un malade octogénaire. Zuric 1825. V: *Meister, Johann Heinrich.* (ZürKL)

— mes. Choix de pièces traduites du latin, du russe et de l'allemand. gr. 12. Frankf. a. M. 820. Jäger. 1 ℛ Velinp. 1 ℛ 6 ℊ

— d'un ministre d'état ou essais dans le goût de ceux de Montaigne. 2 Vol, 12. Berne. (Steiner à Winterthur.) 787.

Loisl, s.: I trau mi nit recht!

Loison, J. D., Explanation of English verbs and their conjugation, to which is added a List of Engl. irreg. verbs, with their pronunciation. gr. 8. (2½ B.) Wien 828, Tendler.

—— der Mann im Glücke mit sechshundert Gulden, in sieben leichten Abschlüssen d. doppelten Buchhaltung, nebst Anleit., e. Inventarium aufzunehmen rc. gr. 8. (13½ B.) Wien 830, Tendler.

Loisset, Charles, die Dressur des Freiheits-Pferdes. 12. (48 S.) Düsseldorf 899. E. Lintz. n. 1. —

Loisy, Alfr., Evangelium u. Kirche. Autoris. Uebersetzg. nach der 2. verm., bisher unveröffentlichten Aufl. des Originals v. Joh. Grière-Becker. (IV, 189 S.) gr. 8. München 904. Mainz, Kirchheim & Co. n. 4. —; geb. n. 5. —

Loiterle, 's, u. andere Humoresken, s.a. Nagel's Bibliothek illustr. Humoresken. VII.

's Loiterle und andere Humoresken. Mit 32 Ill. von Jos. Ferron, C. Hall, G. Köller, Arth. Thiele, Joh. Wunderlich. Berlin: G. E. Nagel [1903]. (63 S.) 8° [F.]
— Bibliothek, Nagel's, illustrierter Humoresken. 7. [ob. 5477]

LOITLESBERGER, K.
Verzeichnis der gelegentlich einer Reise im Jahre 1897 in den rumänischen Karpathen gesammelten Kryptogamen. Von Prof. K. Loitlesberger. (Annalen des k. k. naturhistorischen Hofmuseums. Separatabdruck aus Bd. XIII. Heft 2—3.) Wien. 1898. [In Comm.] Hölder. Lex.-8°. Paginirt: S. 190—196. fl. —.20

LOITLESBERGER, K.
Verzeichnis der gelegentlich einer Reise im Jahre 1897 in den rumänischen Karpathen gesammelten Kryptogamen. Von Prof. K. Loitlesberger. (Vierte von der Gesellschaft zur Förderung der naturhistorischen Erforschung des Orients vorgelegte Mittheilung.) Annalen des k. k. naturhistorischen Hofmuseums. (Separatabdruck aus Bd. XV. Heft 1.) Wien. 1900. [In Comm.] Hölder. Lex.-8°. Paginirt: S. 112—114 K —.40

Loitz, s.: Deutschland. Kürschner-Peip.

les Loix de Minos. Tragedie. gr. 8. Stettin, Kaffke. 1 ℛ

Loizeaux, P. J.: Die letzten Tage des Daniel Mann, hingerichtet im Dez. 1870 zu Kingston in Kanada. Aus d. Engl. 5. Aufl. Elberfeld: R. Brockhaus 1902. (63 S.) 8°
Schriften z. Erbauung d. Gläubigen. No 181.

Loizerolles, die beiden, u. Max. Robespierre. Dramat. Gedicht in 5 Act. Nebst e. Vorsp. in 1 Act v. Carl Fr.....n. gr. 8. (9½ B.) Freiburg 838, Wagner'sche Buchh. *

Loisillon, Henri, Campagne de Crimée, hrsg. v. Ulr. Meier, s.: Hartmann's, K. A. Mart., Schulausgaben. Nr. 26.

Lok, J., Gesetz vom 14. März 1853, betreffend die Einrichtung der allgemeinen Gebäude-Brandversicherungs-Anstalt, s.a. Gesetz.

Lok, J. Gesetz vom 14. III. 1853 betr. die veränderte Einrichtung der Allg. Gebäude-Brandversicherungs-Anstalt nebst Vollziehungs-Ordnung. Stuttgart 1863.

Lokaj, Em., s. **Arbeiten für dio naturwissenschaftliche Landesdurchforschung von Böhmen.**

Lokal-Anzeiger. –
Dortmund. – 7.V.1887 – 30.VI.(?)1895.
Vorh. u.d.T.: Kleiner Local-Anzeiger.
Fortges. u.d.T.: Dortmunder Tageblatt.

Lokal-Anzeiger (So)
① Amtliches Publikationsorgan für die Gemeinden Schönenwerd, Eppenberg-Wöschnau, Gretzenbach, Grod, Däniken, Dulliken, Starrkirch, Kienberg, Erlinsbach, Niedergösgen, Winznau, Stüßlingen, Rohr, Lostorf, Trimbach, Hauenstein-Ifenthal, Wisen und Walterswil ② Niederämter Anzeiger (ab 1. 1. 1929) ⑤ 8. 9. 1899 (cont.) ⑥ 2° ⑦ Wochenblatt ⑧ Schönenwerd: Johann Widmer-Roth, Werner Widmer-Stebler (ab 1. 7. 1920) ⑩ die Drucker ⑫ Anzeigeblatt ⑭ So: Z (ab 1944).

Lokal-Anzeiger. –
Wuppertal. – 15.III.1899 – 7.VII.1903.
Vorh. u.d.T.: Barmer Tageblatt.
Fortges. u.d.T.: Barmer Anzeiger.

Localanzeigor. Lokal-A'. **Extra-Beilage zum Führer von Engelberg.** Verlag von R. Hess, Buchhandlung, Engelberg. **Ausgabe 1905.** [Mit 1 Figur.] 14 S. 8. Luzern, Buchdr. C. J. Bucher, 1905.

Lokal-Anzeiger : 1905/
Independent semi-weekly. Merged with FREIE PRESSE. Edited by William Woernle, & published by Max Goetz.
Wilmington, DE

Lokal-Anzeiger (Tg I)
① heute: Amtsanzeiger der Munizipalgemeinde Egnach — Amtliches Publikationsorgan der Munizipalgemeinde Egnach, der Evang. Kirchgemeinde Neukirch-Eg., der Kath. Kirchgemeinde Steinebrunn, sowie der Primar- und Sekundarschulgemeinden Neukirch, Egnach, Hegi, Ringenzeichen, Steinebrunn und Wilen ⑤ 1910 (cont.) ⑥ 2° (aber auch Nummern in bedeutend kleinerem Format) ⑦ wöchentlich 2× ⑧ Romanshorn: Louis Koch, Buchdruckerei der Schweiz. Bodensee-Zeitung AG ⑩ die Druckerei ⑫ amtliches Publikationsorgan mit Feuilleton.

Lokal-Anzeiger. – B e r l i n e r Lokal-Anzeiger. –
4.XI.1883 – 31.VIII.1944.

Lokal-Anzeiger für die Gemeinden Bözingen, Biel, Mett, sowie für das übrige Seeland und den Jura
① Offizielles Publikationsmittel (später: Publikationsorgan) der Einwohner- und Burgergemeinde. Offizielles Publikationsorgan der Einwohnergemeinde Biel und der Burgergemeinde Biel und Bözingen (ab 4. 1. 1917) ⑤ 1901—ca. 1930 ⑥ 2° ⑦ halbwöchentlich ⑧ Biel: Buchdruckerei zum Gutenberg (H. Ruch) ⑫ amtlicher Charakter ⑬ BGSZ: 70, 959, 973 ⑭ Be: St.

Lokal-Anzeiger der Gemeinde Egnach
⑮ Erwähnt im Schweizerischen Zeitungskatalog vom Januar 1955, p. 74 und A 78. v. Lokal-Anzeiger (Tg I).

Lokal-Anzeiger. – H e i d e l b e r g e r Lokal-Anzeiger. –
5.XII.1900 – 31.III.1914.
Vorh. u.d.T.: Neuer Heidelberger Anzeiger.

Local-Anzeiger. – K l e i n e r Local-Anzeiger. –
[Nr. 1–9 in Bochum, Nr. 10–27 in Essen, ab Nr. 28 in Dortmund.]
26.III.1887 – 6.V.1887.
Fortges. u.d.T.: Lokal-Anzeiger.

Local-Anzeiger. – K ö l n e r Local-Anzeiger. –
12.X.1887 – 31.XII.1918.
Fortges. u.d.T.: Rheinische Volkswacht.

Lokal-Anzeiger. – K ö n i g s b e r g e r Lokal-Anzeiger. Offiz. Organ d. Vereins d. Detaillisten. Jg. 1. (In 10 Num.) 1904. (Königsberg Pr.: H. Herrmann 1904.) (29 Bl.) gr. 2°

Lokalanzeiger. – N ü r n b e r g e r Lokalanzeiger. –
23.XII.1892 – 20.IX.1895.
Fortges. u.d.T.: Nordbayerische Zeitung.

Lokal-Anzeiger. – O s t d e u t s c h e r Lokal-Anzeiger. –
Bromberg. – 1889–1921.
[NA seit 1901 von: Ostdeutsche Presse, Bromberg (1876).]

Local-Anzeiger für Reiden & Umgebung
① Amtliches Publikationsorgan der Gemeinden Reiden und Langnau, sowie Anzeigeblatt für das Wiggerthal ④ Der Oberwiggertaler ⑤ 18. 10. 1902—19. 11. 1904 ⑥ 4° ⑦ Wochenblatt ⑧ Reiden: Martin Frei ⑩ Martin Frei ⑪ Martin Frei ⑫ neutral ⑬ BGSZ: 1028 ⑮ Der neue Jahrgang begann je im Oktober, die Neunumerierung aber erst im Januar.

Zürcher Lokal-Anzeiger — Schweizer Wochen-Zeitung
v. Schweizer Kriminal-Zeitung.

Lokalbahn

Localbahn, Friaulische. Rentabilitätscalcul. Gaz 1889. V: *Ritter-Zahony, Eugen Freih. v.* (EB)

Lokalbahnen

Die projektierten Lokalbahnen in der Bukowina. Wien: Selbstverl. der Kommissionäre 1883.

Local- od. Vollbahnen? Grundsätze f. ihre Anwendg., erörtert an d. Bahnnetze v. Tirol. E. Studie v. . . nn . . . . 8. (78 S.) Innsbruck 895. Wagner. n. 1. —

Lokalbehörden

Localbehörden, die, in der königl. Haupt- und Residenzstadt Hannover und ihren Vorstädten. Aus dem „Adreßbuche der Königl. Haupt- und Residenzstadt Hannover und ihrer Vorstädte für 1844." 8. Hannover 844. (Hahn'sche Hofbuchh.) n. 6¼ *ngl*

Lokal-Beobachter : 1904–1906/
Weekly. Merged with DIE FREIE PRESSE. Circulation: 1905, 325. Edited & published by Reinhold Kuntz.
Glencoe, MN

Lokalbeschreibung

Localbeschreibung des Heilbades s.a. Beschreibung.

Localbeschreibung des Heilbades zu Baden in der Schweiz . . . Zürich 1790. V: *Weber, Friedrich August.* (MGT) (MS) (Call). V: *Murer, Hans Rudolph.* (Ky)

Localbeschreibung des Heilbades zu Baden in der Schweiz (v. R. Murer). 8. Zürich 790. Ziegler. 4 K

Lokal- u. Personal-Bestand d. kathol. Kirche auf d. ganzen Erdkreise im Anfange d. J. 1831. Nach d. Röm. Staats-Kalender u. a. Quellen hrsg. v. e. kathol. Geistlichen. Mit d. Portr. Gregorius XVI. gr. 8. (5½ B.) Würzburg 831, [Etlinger'sche Brlsbuchh.]
Aus der „Reihenfolge d. röm. Päbste" besond. abgedruckt.

Lokalblatt, Pesth-Ofner. Redakt. Gustav Birnbaum, Druck J. Beimel und Basil v. Kozma. 4. 2spaltig. Erscheint täglich excl. Montag; 2 fl. 30 kr. viertelj. 1853.

Pesth-Ofner Lokalblatt. (5. Jahrgang.) Eigenthümer Verleger und Redakteur Gust. Birnbaum. Druck von J. Beimel und Basil v. Kozma. 4. 2spaltig. Täglich. 2 fl. 30 kr. und 2 fl. 50 kr. vierteljährig. 1854.

Pesth-Ofner Lokalblatt 6. Jahrgang. Eigenthümer, Verleger und Redakteur: Gustav Birnbaum. Druck von J. Beimel und Basil. v. Kozma 4. 2spaltig. Täglich, mit Ausnahme des Montags. 5 fl. halbjährig. 1855.

Pesth-Ofner Lokalblatt. (VII. Jahrg.) Eigenthümer, Verleger und Redakteur: Gustav Birnbaum. Druck von Johann Beimel und Basil von Kozma. 4. 2spaltig. Erscheint täglich. 1856.

Pest-Ofner Localblatt. IX. Jahrg. Eigenthüm., Verl. und Red. *Gustav Birnbaum*. Druck von *J. Beimel* und *Basil v. Kozma*.
Erscheint in **Pest**, täglich 1/2 Bogen in 4°. mit Beilagen zu 1/4 Bogen, 2-spalt. Prän.-Pr. 1/4-jähr. 3 fl. 45 kr.; pr. Post 4 fl. 30 kr.

Lokales

Locales und Provinzielles. In plattdeutschen Reimen. Münster 1845. V: *Terfloth, Ludwig*. (Nd. Jahrb. 22, 1897, 117) (Zeitschr. f. Büch. N. F. 15, 1923, S. 115)

Locales u. Provinzielles. In plattdeutschen Reimen. 8. (2 1/4 B.) Münster 845, Coppenrath'sche Buchh.

Lokal-Fahrplan, Aachener, der Eisenbahnen und Strassenbahnen [gültig ab 1. Juni 1886], nebst Kalendarium pro 1886. 128. (34 S.) Aachen 886, (Schweitzer.) *
—— dass. — [gültig ab 1. Juni 1887]. 1. und 2. Aufl. 64. (36 S.) (Ebendas.) 887. *

Lokal-Fahrplan, Aachener, der Eisenbahnen u. Strassenbahnen. 1. Octbr. 1893. Nebst Kalendarium u. kleiner Führer durch Aachen u. Burtscheid. 16. (96 S.) Aachen, Cremer. n. — 20

Local-Fahrplan, Aachener, der Eisenbahnen u. Strassenbahnen. 1. X. 1897. Nebst kleiner Führer durch Aachen u. Burtscheid. 16. (VIII, 96 u 16 S.) Aachen, Cremer. n. — 20

Lokal-Fahrplan, Aachener, der Eisenbahnen u. Straßenbahnen. Ausg. vom 1. V. 1900. 12. (IX, 64 S.) Aachen (Cremer). n. — 20

Lokal-Fahrplan, Aachener, der Eisenbahnen u. Strassenbahnen. Ausg. vom 1. X. 1904. (VIII, 4, 68 S.) kl. 8. Aachen (Cremer). — 20

Lokal-Fahrtenplan

Local-Fahrtenplan, Basler. N° 2. Vom 1. Juni bis 14. Okt. 1888. In-12°, 64 S. Basel, C. Fleck. — 15

Lokal-Gesetz der ger. und vollk. eklektischen Johannisloge „Friedrich zur Gerechtigkeit" im Or. Berlin. Berlin [1893]: Denter & Nicolas. 10 S. 8° [Umschlagtit.]

[Festgesetzt u. ausgegeben u. d. Tit.:]
Lokal-Gesetz der ger. und vollk. eklektischen Johannisloge „Friedrich zur Gerechtigkeit" im Or. Berlin. Nach erfolgter Genehmigung seitens der Ehrw. Grossen Mutterloge des Eklektischen Freimaurerbundes zum Gesetz erhoben am 31. Mai 1893. [Berlin 1893]: Borchardt. 10 S. 8° [Umschlagtit.]

Kyritz: **Lokal-Gesetz** der unter Constitution der Grossen Loge von Preussen, gen. Royal York zur Freundschaft, in Berlin arbeitenden Johannis-Loge „Zur Weissen Lilie" im Or. von Kyritz, gestiftet am 19. Mai 1883. Kyritz 1884: Döring. 16 S. 8° [Umschlagtit.]

Offenbach: **Local-Gesetz** der ger.·. u.·. vollk.·. St.·. Joh.·.-Loge Carl & Charlotte zur Treue im Or.·. Offenbach a. M. Offenbach a. M. 1875: Forger. 6 S. 8° [Umschlagtit.]
N. Bearb. u.d.T.: Ortsgesetz der Loge Carl ...

Localgesetz der St. Johannisloge Wilhelm zu den drei Helmen im Or. zu Wetzlar. Wetzlar [1891]: Imgardt. 7 S. 8° [Umschlagtit.]

Lokal-Gesetze

Localgesetze der unter der Grossen Loge von Hamburg vereinigten Hamburger Tochter-Logen: Absalom, St. Georg, Emanuel, Ferdinande Caroline, Ferdinand zum Felsen. Nach gesetzlicher Genehmigung eingeführt 1866. Als Ms. f. Brr. [Hamburg 1866]: Nobiling. IV, 90 S. 8°
Tt. 1138.

[Veränderungen hierzu u. d. Tit.:]
Lokalgesetze [der 5 vereinigten Hamburger Logen]. **Veränderungen** seit der Revision 1866. [Hamburg 1869.] 4 S. 8° [Kopftit.]
N. Ausg. u.d.T.: Veränderungen der Local-Gesetze ...

Augsburg: **Lokal-Gesetze** der Johannisloge „Augusta" in Augsburg. Bayreuth 1873: Burger. 25 S. 8° [Umschlagtit.]

[Dasselbe.] Ebendas. 1877. 26 S. 8°
Tt. 1147.

Kaiserslautern: **Lokal-Gesetze** der Loge Barbarossa zur deutschen Treue im Or. von Kaiserslautern. Entworfen, berathen und beschlossen am 28. März 1869. Kaiserslautern 1869: Rohr. 32 S. 8°. [Umschlagtit.]

Konstanz: **Lokal-Gesetze** für die nach dem System der Grossen Mutterloge zur Sonne im Or. von Bayreuth arbeitenden ger.·. und vollk.·. St.·. Johannis-Loge Constantia zur Zuversicht im Or. Constanz. Bayreuth [1866]: Burger. 23 S. 8°
Tt. 1143.

Bayreuth: **Lokalgesetze** der ger. und vollk. St. Johannis-Loge Eleusis zur Verschwiegenheit im Or. von Bayreuth. Bayreuth 1880: Burger. 27 S. 8°

Krefeld: **Lokal-Gesetze** der unter der Constitution der Grossen Landes-Loge der Freimaurer von Deutschland [in Berlin] arbeitenden St. Johannis-Loge Eos zu Crefeld. Nebst Anh.: Die neuen Aufnahme-Gesetze. [Dat.:] Crefeld 1884. 19 S. 8°

Kalbe a. S.: **Lokal-Gesetze** für die Freimaurer-Loge zur festen Burg an der Saale in Calbe. Halle [1832]: Gebauer. 24 S. 8°
Kl. 197 b.

[N. Ausg. u. d. Tit.:]
Revidirte **Local-Gesetze** für die Freimaurer-Loge zur festen Burg an der Saale zu Calbe an der Saale. [Magdeburg 1840]: Faber. 30 S. 8° [Umschlagtit.]

Danzig: **Local-Gesetze** der Freimaurer-Loge Zur Einigkeit in Danzig. [Danzig, um 1843: Wedel.] 30 S. 8°. [Umschlagtit.]

Lokal-Gesetze der Freimaurer-Loge „Zur Einigkeit" im Or. von Danzig. Rev. und in der Meister-Conferenz vom 14. Juli 1863 genehmigt. Danzig 1864: Wedel. 20 S. 8°
N. Ausg. u.d.T.: Ortsgesetz der Johannis-Loge „Zur Einigkeit" in Danzig.

Local-Gesetze der St. Johannis-Loge „Die Vereinigten Freunde an der Nahe" im Or. Creuznach. St. Wendel 1864: Maurer. 30 S. 8° [Umschlagtit.]
Im Anh. Instruktionen für die Wein- u. Stewards-Kommissionen u. für die Brr Stewards.

Lokalgesetze der g.·. und v.·. Johannis-Freimaurerlogen Friedrich zum weissen Pferde und zum schwarzen Bär zu Hannover. Hannover 1873: Klindworth. 20 S. 8°
Tt. 1146.
Spätere Bearb. u.d.T.: Ortsgesetze...

Leer: **Local-Gesetze** der unter Constitution der Hochw. Freimaurer-Grossloge von Preussen, gen. „Royal York zur Freundschaft", in Berlin arbeitenden Johannis-Loge „Georg zur Wahren Brudertreue" im Or. von Leer, gestiftet am 18. Juni 1859. [Leer 1878: Zopf & S.] 16 S. 8°

Lokal-Gesetze der Johannisloge Georg zu den 3 Säulen im Or. von Einbeck. Gandersheim [1898]: Hertel. 12 S. 8° [Umschlagtit.]

Nienburg: **Local-Gesetze** für die St. Johannis-Loge Georg zum silbernen Einhorn im Or. von Nienburg an der Weser. Nienburg o. J.: Weichelt. 28 S. 8° [Umschlagtit.]
Andere Ausg. u.d.T.: Local-Statuten...

Localgesetze der St. Johannis-Loge „Georg zur Gekrönten Säule" im Or. von Clausthal und Zellerfeld. Clausthal 1869: [Pieper]. 32 S. 8°

Lokal-Gesetze für die g.·. u.·. v.·. St.·. Johannisloge Germania zur deutschen Treue im Or. von Erlangen 1880. Erlangen [1880]: Jacob. 18 S. 8° [Umschlagtit.]

Hamburg: **Lokalgesetze** der St. Johannis-Loge Globus in Hamburg. Hamburg 1877. 47 S. 8°. [Umschlagtit.]

Local-Gesetze der St. Johannis-Loge „Globus" in Hamburg. Durch das vorliegende Gesetz wird das bisher giltige vom Jahre 1877 ausser Kraft gesetzt. Hamburg 1890: Schröder & Jeve. 101 S. 8°

Local-Gesetze. Harpokrates, Magdeburg. [Magdeburg] 1834. 30 S. 8°
N. Bearb. u.d.T.: Local-Statuten der . . . St. Joh.-Loge Harpokrates . . .

[N. Bearb. u. d. Tit.:]
Local-Gesetze für die unter Constitution der Ehrw. Grossen Loge von Preussen, gen. Royal-York zur Freundschaft in Berlin arbeitenden Johannis-Loge Harpokrates im Or. von Magdeburg. [Nebst] Nachtr. [Magdeburg 1876—1879: Wohlfeld.] 8°
Local-Gesetze. 23 S. [1876.] [Umschlagtit.]
Nachtr. 8 S. [1879.] [Kopftit.]
N. Bearb. u.d.T.: Ortsgesetz . . .

Lübeck: **Lokal-** und Hausgesetze der Loge zur Weltkugel in Lübeck. Sanctionirt in der Meister-Versammlung der Loge zur Weltkugel am 22. Juni 1835. Als Ms. f. Brr. [Lübeck 1835.] 16 S. 8°

[Dasselbe.] Rev. und sanctionirt in der Meisterversammlung der Loge zur Weltkugel am 11. Oct. 1860. 16 S. 8°

[Dasselbe] am 22. Sept. 1870. 16 S. 8°
Recens: L. 20 (1861) S. 255—256.

Oldenburg: **Local-** und Haus-Gesetze der g. u. v. St. Joh.-Loge zum goldnen Hirsch in Oldenburg. Oldenburg 1845: Stalling. 77 S. 8°
cf. L. 7 (1846) S. 312—313.

°[Dasselbe]. Rev. u. erg. Ebendas. 1872. 8°

Klausthal: **Localgesetze** der St. Johannis-Loge Hercynia zur Brudertreue im Or. von Clausthal; als Ergänzungen zu den Statuten der Ehrw. Grossloge des Königreichs Hannover. Als Ms. f. Brr. Braunschweig 1851: Otto. IV, 61 S. 8°

Lokal-Gesetze der im Or. Königsberg in Pr. unter Constitution der Grossen Loge von Preussen, gen. Royal-York zur Freundschaft [in Berlin], arbeitenden St. Johannis-Loge Immanuel. In der Meister-Conferenz vom 14. Febr. 1867 berathen und bis Johann 1872 in Kraft. Genehmigt und bestätigt von der Grossen Loge Royal-York zur Freundschaft unter'm 4. März 1867. Königsberg [1867]: Schwibbe. 16 S. 8°
Tt. 1144.

Forst i. L.: **Localgesetze** der unter Constitution der Grossen Loge von Preussen, gen. Royol York zur Freundschaft [in Berlin], arbeitenden Johannis-Freimaurer-Loge zum Licht im Walde im Or. zu Forst i. L. 1884. Cottbus [1884]: Heine. 17 S. 8° [Umschlagtit.]

Hameln: **Local-Gesetze** der unter Constitution der Hochw. Freimaurer-Grossloge von Preussen, gen. „Royal York zur Freundschaft" in Berlin arbeitenden Johannis-Loge „Zur Königlichen Eiche" im Or. von Hameln, gestiftet am 30. Mai 1863. [Hameln 1863.] 16 S. 8°

Lokal-Gesetze für die unter Constitution der Ehrw. Grossloge von Preussen gen. Royal York zur Freundschaft [in Berlin] arbeitende Johannes-Loge zum Tempel des Friedens im Or. von Metz. Strassburg: Schultz & Co 1879.

[Dasselbe.] Trier 1900: Sonnenburg. 13 S. 8° [Umschlagtit.]

Emden: **Local-Gesetze** der unter Constitution der Ehrw.·. Grossen Loge von Preussen gen. Royal-York zur Freundschaft in Berlin arbeitenden Johannis-Loge „Zur Ostfriesischen Union" im Or. von Emden. Berlin [1874]: Fickert. 22 S. 8° [Umschlagtit.]

Local-Gesetze der unter der Grossen Loge von Preussen gen. Royal-York zur Freundschaft arbeitenden Johannis-Loge zum stillen Tempel im Or. von Hildesheim. Hildesheim [1874]: Gerstenberg. 26 S. 8° [Umschlagtit.]
Tt. 1148.

München: **Lokal-Gesetze** der Johannis-Loge „Zur Kette" in München. Bayreuth [1876]: Burger. 12 S. 8⁰ [Umschlagtit.]
Im Anh. Finanz-Statut der Loge.

[Dasselbe.] Beschluss der Generalversammlung vom 31. März 1887. München [1887]: Mössl. 18 S. 8⁰

Landeshut i. Schl.: **Local-Gesetze** der Johannis-Loge zum innigen Verein am Riesengebirge im Or. Landeshut in Schlesien. Gültig bis Johannis 1881. Görlitz 1877: Gretsel. 24 S. 8⁰

[Dasselbe.] Lokal-Gesetze . . . [Rev. 1899.] Landshut 1900: P. Schultze. 29 S. 8⁰

Lokalgesetze der Johannisloge zur siegenden Wahrheit im Or. Gleiwitz. 1873. Gleiwitz [1873]: Neumann. 20 S. 8⁰
N. Ausg. u.d.T.: Ortsgesetze . . .

Lokal-Gesetze der . . . unter Constitution der Grossen Loge v. Preussen . . . arbeitenden vier vereinigten Johannis-Logen, s. Lokal-Gesetze der . . . St. Johannis-Logen.

Lokal-Gesetze für die [1870:] der ger. und vollk. St. Johannis-Loge Carl zur Eintracht im Or. Mannheim 5846. Karlsruhe [1846]: Hasper. 15 S. 8⁰ [Umschlagtit.]

[Dasselbe.] 5858. Mannheim [1858]: J. Schneider. 32 S. 8⁰

[Dasselbe.] 1870. Ebendas. [1870]. 14 S. 8⁰
Tt. 1140.

Alzey: **Localgesetze** der ger.·. u. vollk.·. St. Johannis ▭ Carl zum neuen Lichte im Or.·. von Alzei berathen und in der Meisterloge am 13. März 5861 festgestellt. Worms [1861]: Boeninger. 15 S. 8⁰ [Umschlagtit.]
Tt. 1141.

[N. Bearb. u. d. Tit.:]
Orts-Gesetz der ger.·. u. vollk.·. St. Johannis ▭ Carl zum neuen Lichte im Or.·. von Alzey beraten und in der Meisterloge vom 29. März 1890 festgestellt. Kirchheimbolanden [1890]: Thieme. 16 S. 8⁰
Im Anh. die „Alten Pflichten".

Braunschweig: **Local-Gesetze** der St. Johannis-Loge Carl zur gekrönten Säule in Braunschweig, nach der von der Ehrw. Gr.▭ zu Hamburg am 3ten Aug. 1848 geschehenen Bestätigung in Kraft gesetzt am 5ten Oct. 1848. Als Ms. f. Brr. [Braunschweig 1850]: Otto. 40 S. 8⁰

Karlsruhe: **Lokal-Gesetze** für die vollk. und ger. St. Johannis-Loge Leopold zur Treue im Or. Carlsruhe 5847. Als Ms. f. die Brr der Loge. Carlsruhe [1847]: Hasper. 15 S. 8⁰

[Spätere Bearb. u. d. Tit.:]
Lokal-Gesetze für die nach dem System der Grossen Mutterloge zur Sonne im Or. von Bayreuth arbeitenden ger.·. und vollk.·. St.·. Johannis-Loge Leopold zur Treue im Or. Carlsruhe. Carlsruhe 1856: Hasper. 27 S. 8⁰

Local-Gesetze der durch die Hochw. Grosse Loge von England constituierten Loge zur aufgehenden Morgenröthe No 444 im Or. von Frankfurt a. M. [Frankfurt a. M.] 1839. 23 S. 8⁰ [Umschlagtit.]

[N. Ausg u. d. Tit.:]
Lokalgesetze der Loge zur aufgehenden Morgenröthe in Frankfurt a. M. Auf Grund der Lokalgesetze vom Jahre 1839 beschlossen in der Logenversammlung vom 21. Jan. 1880. Frankfurt a. M. 1880: Mahlau & Waldschmidt. 29 S. 8⁰

Local-Gesetze der Loge zur gekrönten Schlange in Goerlitz. 1874. 24 S. 8⁰

Marburg: **Lokal-Gesetze** für die Loge St. Johannis Marc-Aurel zum flammenden Stern im O.·. v.·. Marburg.·. 5817. Frankfurt a. M. 1817: Sauerländer. 24 S. 8⁰ [Umschlagtit.]
N. Ausg. u.d.T.: Local-Statut . . .

Localgesetze für die Mitglieder der Loge Augusta zum goldenen Zirkel im Or. von Göttingen und die dieselbe besuchenden Brüder. Northeim 1887: Röhr. 16 S. 8° [Umschlagtit.]

Local-Gesetze und Mittheilungen für die Mitglieder der □ Augusta zum goldenen Zirkel im Or. von Göttingen und die dieselbe besuchenden Br.Br. 3. rev. Abdr. 1856. Göttingen [1856]: Kästner. 22 S. 8°

Hildesheim: **Local-Gesetze** für die Loge P[forte] z[ur] E[wigkeit]. [Hildesheim 1785.] 8 Bl. 4°
Kl. 172.

Pforzheim: **Lokal-Gesetze** für die nach dem System der Grossen Mutterloge zur Sonne im Or. von Bayreuth arbeitenden ger.·. und vollk.·. St.·. Johannis-Loge Reuchlin im Or. Pforzheim. Carlsruhe 1865: Hasper. 23 S. 8°
Tt. 1142.

Lokalgesetze, Revidierte, für die Freimaurer-Loge zur festen Burg..., s. Lokalgesetze für die Freimaurer-Loge...

Heidelberg: **Lokal-Gesetze** für die nach dem System der Grossen Mutterloge zur Sonne im Or. von Bayreuth arbeitende ger.·. und vollk.·. St.·. Johannis-Loge Rupprecht [!] zu den fünf Rosen im Or. Heidelberg. Carlsruhe 1856: Hasper. 22 S. 8°

Local-Gesetze für die nach dem System der gr. Mutterloge zur Sonne im Or. Bayreuth arbeitende St. Joh. Loge zum Morgenstern in Hof. (1867.) 8. 15 S.

Hof: **Lokal-Gesetze** für die nach dem System der Grossen Mutterloge zur Sonne im Or. Bayreuth arbeitenden ger. u. vollk. St. Johannis-Loge zum Morgenstern im Or. Hof. Hof [1868]: Mintzel. 16 S. 8° [Umschlagtit.]

[Dasselbe.] [Hof 1882: Hörmann.] 16 S. 8°

[Dasselbe.] [Dat. v. 2. Mai 1909.] Hof o. J.: Mintzel. 22 S. 8°
Tt. 1145.

Lokalgesetze der unter der Constitution der Ehrw. Grossen Loge zu Hamburg arbeitenden ger.·. u.·. v.·. St.·. Joh.·. Loge zum Frankfurter Adler im O.·. von Frankfurt a. M. 1854. [Frankfurt a. M. 1854.] 44 S. 8°

Localgesetze der unter Constitution der Grossen Loge von Preussen, gen. Royal York zur Freundschaft im Or. von Berlin arbeitenden ger. und vollk. St. Johannis-Loge zur Eintracht und Standhaftigkeit im Or. von Cassel. Cassel 1871: Baier & Lewalter. 46 S. 8° [Umschlagtit.]

[Dasselbe.] Ebendas. 1885. 47 S. 8°

N. Ausg. u.d.T.: Ortsgesetze der unter dem Grundgesetz . . . arbeitenden . . . Johannis-Loge . . .

Celle: **Lokal-Gesetze** der unter Constitution der Hochw. Grossen Loge von Preussen, gen. „Royal-York zur Freundschaft", in Berlin arbeitenden ger. und vollk. St. Johannis-Loge zum hellleuchtenden Stern im Or. von Celle. 1748—1811. [Celle 1811]: Pfingsten. 8 S. 8° [Umschlagtit.]

Localgesetze der St. Johannisloge zu den drei Degen im Or. von Halle als Zusätze zu den Bundesstatuten der Grossen National-Mutterloge zu den drei Weltkugeln [in Berlin] zsgest. Halle 1846 bis 1861, [1861: Gebauer-Schwetschke]. 8° [Umschlagtit.]
1846. 26 S.; 1861. 27 S.
Tt. 1139.

Local-Gesetze der St. Johannis-Loge zur Eule auf der Warte im Or. Eilenburg. [Nebst] Anh. [Leipzig 1862. 1867: Vollrath.] 8° [Umschlagtit.]
Local-Gesetze. 1862 9 S. [Umschlagtit.]
Anh. 1867 2 Bl. [Kopftit.]
N. Ausg. u.d.T.: Ortsgesetze für die Johannis-Loge . . .

Freiberg: **Localgesetze** für die ger. u. vollk. St. Johannis-Loge gen. Zu den drey Bergen in Freyberg. Freyberg 1804. 23 S. 8°

°[Dasselbe.] 1807.
Kl. 189. Angenommen und sanktioniert den 28. Dez. 1803.
N. Ausg. u.d.T.: Local-Statuten...

Local-Gesetze der ger.·. und vollk.·. St.·. Joh.·. Loge zu den zwei Säulen am Stein im Or.·. Würzburg. [Würzburg] 1885. 46 S. 8°
[Umschlagtit.:] Verfassung der Bundes- und Gross-Loge zur Sonne in Bayreuth. Allgemeines deutsches Aufnahmegesetz. Localstatuten der ger.·. und vollk.·. Joh.·. Loge zu den zwei Säulen am Stein im Or.·. Würzburg.

Halberstadt: **Localgesetze der St. Johannisloge zu den drei Hammern im Or. zu Halberstadt als Zusätze zu den Bundesstatuten der Grossen National-Mutterloge zu den drei Weltkugeln [in Berlin] zsgest. Halberstadt [1862]: Dölle. 27 S. 8° [Umschlagtit.]**
N. Ausg. u.d.T.: Ortsgesetz der Johannisloge . . .

Sangerhausen: **Local-Gesetze** der von der Grossen Loge von Preussen, gen. Royal York zur Freundschaft [in Berlin] constituirten St. Johannis-Loge zur Brudertreue im Or. von Sangerhausen 1846. Sangerhausen [1846]: Weichelt. 19 S. 8°

[Dasselbe.] Angenommen im Jahre 1864. Ebendas. [1864]. 21 S. 8°

Heiligenstadt: **Lokal-Gesetze** für die von der Gr. National-Mutterloge der preuss. Staaten, gen. Zu den 3 Weltkugeln in Berlin constituirten St. Johannis-Loge zum Tempel der Freundschaft im Or. zu Heiligenstadt. Heiligenstadt [1859]: Brunn. 24 S. 8°

Local-Gesetze der St. Johannes-Loge zur gekrönten Schlange in Görlitz. Gültig von Johanni 1866 bis dahin 1871. Görlitz 1867: Gretsel. 27 S. 8° [Umschlagtit.]

[Dasselbe] . . . der St. Johannis-Loge ... Gültig von Johannis 1873 bis dahin 1882. Ebendas. 1874. 24 S. 8°
Tt. 1149.
N. Ausg. u.d.T.: Ortsgesetz der St. Johannes-Freimaurerloge . . .

Freiburg i. Br.: **Lokal-Gesetze** für die vollk. und ger. St. Johannis-Loge zur edlen Aussicht im Or. Freiburg 5847. Als Ms. f. d. Brr d. Loge. Carlsruhe [1847]: Hasper. 16 S. 8° [Umschlagtit.]

Berlin: **Lokal-Gesetze** der in Berlin unter Konstitution der Grossen Loge der Freimaurer Royale York zur Freundschaft vereinigten St. Johannis-Logen. Sanktionirt am 16ten März 1815 und gültig vom Tage St. Johannis 1815 bis dahin 1824. Berlin 1815: Amelang. 63 S. 8°

[N. Ausg. u. d. Tit.:]
Lokal-Gesetze der in Berlin unter Konstitution der Grossen Loge der Freimaurer, Royale York zur Freundschaft, vereinigten Sct. Johannis-Logen. Angenommen im Jahre 1824 und gültig bis zum Tage Sct. Johannis 1833. Berlin 1825: Amelang. 60 S. 8°

[Dasselbe.] Angenommen im Jahre 1836 und gültig bis zum Tage St. Johannis 1845. Berlin 1836: [Feister]. 34 S. 8°
Kl. 185.

[N. Ausg. u. d. Tit.:]
Lokal-Gesetze der im Or. von Berlin, unter Constitution der Grossen Loge von Preussen, gen. Royal York zur Freundschaft, arbeitenden vier vereinigten Johannis-Logen. Gültig von Johannis 1872 bis Johannis 1881. Berlin 1872: Sittenfeld. 31 S. 8° [Umschlagtit.]

[Dasselbe.] Gültig von Johannis 1881 bis Johannis 1890. Berlin 1881: Moeser. 31 S. 8°
Tt. 1151.

[Dasselbe.] Gültig von 1886 an. Berlin 1886: Teichler & Fickert. 63 S. 8°
N. Ausg. u.d.T.: Ortsgesetz der . . . Johannis-Logen.

Lüneburg: **Localgesetze** für die Loge Selene zu den drei Thürmen in Lüneburg. Lüneburg 1874: [König]. 39 S. 8° [Umschlagtit.]
Tt. 1150.

Lokalgesetze der unter der Grossen Loge zu Hamburg vereinigten Hamburger Tochter-Logen. Nach gesetzlicher Genehmigung eingeführt 1845. Als Ms. f. Brr. [Hamburg] 1845: Nestler & Melle. IV, 81 S. 8°
Tt. 1137.

Lokal-Gesetze der Johannis-Loge Wilhelm zur aufgehenden Sonne im Or. Stuttgart. Stuttgart 1880: Kröner. 16 S. 8⁰
Vorhergehende Ausg. u.d.T.: Local-Statuten...

Lokal-Gewerbeverein zu Wiesbaden, der. 1845-81. Wiesbaden 1881

Lokalität

Localität. Die Lokalität Luzerns.... (Luzern 1798) s. [Keller, Franz Xaver I].

* **LOKALITATEN** von einem Poeten. Hamburg 1826. 8⁰. 10 S. (Max Perl's Berliner Oct.-Auct. 1909, no. 547, Beibd. 3.)

Lokalkenntnis

Localkenntniß, genaue, des Königreichs Bosnine. 8. Lpz. Gräff. 790.

— — dieselbe. 8. Wien, Kleinmeyer. 790.

Localkenntniß, genaue, des Königreichs Bosnien. 8. Wien 790. (Wienbrack in Leipz.) 4 K

Das Lokalkomité der Eisenbahn Wädensweil-Einsiedeln an den Tit. Gemeindrath Wädensweil. 15 Stn. 8. Wädensweil, Druck v. Rüegg. 1872.

Lokalnachrichten
Ⓢ Die im »Schweizerischen Zeitungskatalog« 1955 unter diesem Namen verzeichnete Zeitung (p. 50) heißt »Lokal-Nachrichten für die Gemeinde Muri-Gümligen«.

Lokalposse

Localposse, Die Berliner. Berliner Lokalposse in einem Akt: Jahrbuch dtsch. Bühnenspiele. 9. Jahrg. 1830, S. 131/208. V: *Goldschmidt, Carl* (ps. *J. E. Maud*). (DARP)

Lokal-Satzungen

Oppenheim: **Local-Satzungen** des Freimaurer-Kränzchens Concordia zur Landskrone im Or.·. Oppenheim. Worms 1872: Boeninger. 12 S. 8⁰ [Umschlagtit.]
Tt. 1152.

München - Gladbach - Rheydt: **Lokal-Satzungen** der Joh.-Loge Vorwärts im Or. Gladbach-Rheydt. 1879. [Nebst] Abänderungs-Entwurf des § 17 der Lokal-Satzungen vom 18./8. 79. [Dat.:] Gladbach-Rheydt 1884. [Wesel 1879. 1885: Kühler.] 19 S. 8⁰ [Umschlagtit.]
Abänderungs-Entwurf. 1 Bl. [1885.]
N. Bearb. u.d.T.: Orts-Satzungen...

Die **Lokal-Schulaufsicht.** Gutachten u. Verhandlung ... Bonn: E. Strauß 1883. (95 S.) 8⁰ [F.]
— **Schriften** d. Liberalen Schulvereins Rheinlands u. Westf. No 8. 1883

Lokal- u. Personal-Stand der effektiven Seelsorger Gurkischen Kirchensprengels, v.: Personalstand.

Lokal-Statut

Local-Statut für die Stadt Altona nach Maaßgabe der allgemeinen Städteordnung vom 11. Febr. 1854, so wie unter Berücksichtigung der provisorischen Altonaer Stadtordnung vom 2. Nov 1852. Altona. 1865. 8⁰

Sonderburg: **Lokal-Statut** betreffend die ökonomischen Angelegenheiten der ger. v. u. v. St. Joh.-Loge „Zur Festen Burg am Alsensunde" in Sonderburg. [Dat. v. 24. April 1889.] [Sonderburg 1889: Augustesen.] 2 Bl. 8⁰ [Kopftit.]

Local-Statut der St. Johannis Freimaurer-Loge Armin..., s. Local-Statuten...

Charlottenburg: **Lokal-Statut** für die ▭ Blücher von Wahlstadt im Or. Charlottenburg. [Berlin 1868: Moeser.] 8 S. 8⁰ [Kopftit.]

Hanau: **Local-Statut** der Loge Braunfels zur Beharrlichkeit i.·. Or.·. Hanau a. M. Genehmigt durch Beschluss der Ehrw. Grossloge des Eklektischen Freimaurerbundes i.·. Or.·. Frankfurt a. M. vom 23. Aug. 1884. Hanau: Kittsteiner [1884]. 7 S. 8⁰ [Umschlagtit.]

Harburg: **Local-Statut** für die Freimaurerloge Ernst August zum goldenen Anker in Harburg. [Nebst] Anh. Hamburg [1865, ca 1872]: Adler. 8⁰
Lokal-Statut. VIII, 80 S. [1865.]
Anh. [Stade 1872: Pockwitz.] 8 S. [Kopftit.]

Local-Statut der St. Johannis-Loge Eugenia zum gekrönten Löwen in Danzig. Danzig 1844: Gerhard. 31 S. 8⁰ [Umschlagtit.]
N. Bearb. u.d.T.: Statut...

Lokal-Statut für die St. Johannisloge Ferdinand zur Glückseligkeit im Or. von Magdeburg. [Magdeburg 1846: Faber.] 22 S. 8⁰

[N. Ausg. u. d. Tit.:]
Neues Local-Statut für die St. Johannisloge Ferdinand zur Glückseligkeit im Or. von Magdeburg. [Magdeburg 1860]: Haenel. 28 S. 8⁰

[Dasselbe.] 1875. [Magdeburg 1875]: Friese. 30 S. 8°

[Dasselbe.] 1888. Magdeburg [1888]: Brückner. 29 S. 8°

Bromberg: **Local-Statut** und Gesellschafts-Gesetz für die Johannis-Loge „Janus" im Or. zu Bromberg. Bromberg 1859: Fischer. 17 S. 8° [Umschlagtit.]

[N. Ausg. u. d. Tit.:]
Local-Statut und Geselligkeits-Gesetz der Freimaurer-Loge „Janus" zu Bromberg. Bromberg 1874: Gruenauer. 13 S. 8° [Umschlagtit.]

[Dasselbe] . . . der Johannis-Loge Janus im Or. Bromberg. Ebendas. [1887]. 13 S. 8°
Tt. 1163.
N. Ausg. u.d.T.: Satzungen sowie Haus- und Gesellschafts-Ordnung . . .

Breslau: **Lokal-Statut** der Loge Horus im Or. Breslau. Breslau 1875. Fiedler. 15 S. 8°. [Umschlagtit.]

Würzburg: **Local-Statut** der ger. u. vollk. Joh.·. Loge „Zu den zwei Säulen am Stein" im Or. zu Würzburg. [Schweinfurt 1872: Pollich.] 20 S. 8° [Umschlagtit.]

Naumburg: **Lokal-Statut** der Johannisloge zu den 3 Hammern im Or. zu Naumburg a/S. [Naumburg 1874: Sieling.] 7 S. 8°
N. Bearb. u.d.T.: Ortsstatut . . .

Hall i. Schwaben: **Local-Statut** der Loge Carl zu den sieben Burgen in Schw. Hall. o. O. u. J. 4 S. 8°. [Kopftit.]

Localstatut für die Stadt Kiel. Kiel. 1850. 4°.

Localstatut für die Stadt Kiel. [Nebst] Anhang [1.] 2. Kiel. 1856. 1861. 1863. 4°

Local-Statut der Loge zur Einigkeit. Frankfurt a. M. 1885: Mahlau & Waldschmidt. 12 S. 8° [Umschlagtit.]

Weissenfels: **Lokal-Statut** der Loge zu den drei weissen Felsen im Or. Weissenfels a. S. Weissenfels 1891: Kell. 12 S. 8° [Umschlagtit.]
[Dasselbe.] Ebendas. 1898. 14 S. 8°

Local-Statut der Loge zur alten Linde in Dortmund. 1874. 8. 37 S.

Local-Statut für die Stadt Lütjenburg. (Oldenburg. 1858.) 8°

Local-Statut der ger.·. u.·. v.·. St.·. Johannis-Loge Marc Aurel zum flammenden Stern im Or.·. v.·. Marburg. 1877. Marburg [1877]: Ehrhardt. 24 S. 8° [Umschlagtit.]
Vorhergehende Ausg. u.d.T.: Lokal-Gesetze . . .

[Dasselbe.] Marburg 1907: Bauer. 23 S. 8°

Local-Statut, Neues, für die St. Johannisloge Ferdinand zur Glückseligkeit im Or. von Magdeburg, s. Lokal-Statut für die St. Johannisloge Ferdinand . . .

Local-Statut für die Stadt Oldesloe. Oldesloe. 1856. 8°

Lokalstatut für die Ortschaft Ottensen-Neumühlen. Ottensen. 1868. 4°, geb. in Fol.

Local-Statut für die Stadt Plön. Plön. 1850. 8°
—— ebd. 1860. 8°

Localstatut für den Flecken Preetz. (Preetz. 1866.) 8°

Marienwerder: **Local-Statut** für die St. Johannis-Loge „Zur Goldenen Harfe" in Marienwerder. [Marienwerder 1857]: Kanter. 16 S. 8° [Umschlagtit.]

Dortmund: **Local-Statut** der St. Joh.-Loge „Zur Alten Linde" im O.·. Dortmund. [Dortmund 1860: Dalstein.] 11 S. 8° [Umschlagtit.]

°[Dasselbe.] 1874. 37 S. 8°
Tt. 1164.
N. Bearb. u.d.T.: Ortsgesetz der Johannisloge . . .

Bochum: **Lokalstatut** der St. Johannis-Loge zu den drei Rosenknospen zu Bochum. 1884. Leipzig [1884]: Findel. 16 S. 8°

Local-Statut des Schleswig-Holsteinischen Vereins für Kellinghusen und Umgegend. (Itzehoe.) o. J. 8°

Küstrin: **Lokal-Statut** für die geselligen Vereinigungen in den Lokalen der Loge zu Cüstrin. Cüstrin 1863: Nigmann. 7 S. 8° [Umschlagtit.]

Minden: **Lokal-Statut** der St. Johannis-Loge Wittekind im Or. zu Minden. Minden 1864: Bruns. 8 S. 8⁰ [Umschlagtit.]

[Dasselbe.] Ebendas. 1875. 8 S. 8⁰
Tt. 1161—1162.
N. Ausg. u.d.T.: Ortsgesetze für die Johannis-Loge Wittekind . . .

Lokal-Statuten

Bernburg: **Local-Statuten** [der Loge Alexius zur Beständigkeit]. [Bernburg 1852: Gröning.] 31 S. 8⁰ [Umschlagtit.]

[N. Ausg. u. d. Tit.:]
Local-Statuten der nach dem Systeme der Grossen Nationalmutterloge zu den drei Weltkugeln im Or. Berlin arbeitenden St. Johannisloge Alexius zur Beständigkeit im Or. Bernburg. (Nach der Revision vom Jahre 1865.) Cöthen [1865]: Schettler. 21 S. 8⁰ [Umschlagtit.]

[Dasselbe.] (Nach der Revision vom Jahre 1888.) Bernburg [1888]: Gönner. 20 S. 8⁰

Bielefeld: **Local-Statuten** der St. Johannis Freimaurer-Loge Armin zur deutschen Treue im Or. zu Bielefeld. Bielefeld 1870: Küster & Osterhagen. 14 S. 8⁰

[Dasselbe.] Local-Statut . . . Bielefeld [1879]: Eilers. 16 S. 8⁰ [Umschlagtit.]
N. Ausg. u.d.T.: Ortsgesetze . . .

Lokal-Statuten der St. Johannis-Loge Esiko zum aufgehenden Licht im Or. Dessau. Dessau [1882]: Reiter. 21 S. 8⁰

[Dasselbe.] Dessau 1895: Anhalt. Buchdr. Gutenberg. 23 S. 8⁰ [Umschlagtit.]

Konitz: **Local-Statuten** der unter Constitution der Grossen National-Mutter-Loge zu den drei Weltkugeln in Berlin arbeitenden Johannis-Freimaurer-Loge Friedrich zur wahren Freundschaft im Or. zu Konitz. [Nebst Nachtr.] [Konitz 1886: Harich.] 14 S. 8⁰ [Umschlagtit.]
[Nachtr.:] Meisterbeschluss vom 4. März 1896. 1 Bl.

Torgau: **Lokal-Statuten** der Loge Friedrich Wilhelm zu den drei Kränzen im Or. Torgau. [Torgau 1869: Tragmann.] 8 S. 8⁰ [Kopftit.]

Brieg: **Lokal-Statuten** der St. Johannis-Loge Friedrich zur aufgehenden Sonne im Or. zu Brieg. Oppeln [1868]: Raabe. 63 S. 8⁰ [Umschlagtit.]

Lokal-Statuten der St. Johannis-Loge Friedrich zum goldenen Zepter im Or. zu Breslau. Beschlossen in der Meister-Konferenz am 26. Febr. 1861. Breslau [1861]: Grass, Barth & Co. 60 S. 8⁰

[Dasselbe.] [Beschlossen in der Meisterkonferenz vom 10. Jan.] 1888. Ebendas. 1888. 40 S. 8⁰

Local-Statuten der ger. und vollk. St. Johannis-Loge Georg zum silbernen Einhorn im Or. Nienburg a. d. Weser. Nienburg 1869: Weichelt. 19 S. 8⁰
Andere Ausg. u.d.T.: Local-Gesetze . . .

Local-Statuten der unter Constitution der Hochw. Grossen Loge der Freimaurer Royal-York zur Freundschaft in Berlin arbeitenden St. Johannis-Loge Harpokrates zu Magdeburg. Magdeburg 1858: Demcker. 24 S. 8⁰
Nebst Statuten des Begräbnis-Vereins der Loge.
Vorhergehende Ausg. u.d.T.: Local-Gesetze. Harpokrates.

Goslar: **Local-Statuten** der St. Johannis-Loge Hercynia zum flamm. Stern i. O. v. Goslar, als Erg. zu dem ersten Abschnitte der Statuten der Gr. Nat. Mutterloge z. d. 3 Weltkugeln [in Berlin]. [Dat. v. 12. Jan. 1852.] Goslar 1852: Brückner. 12 S. 8⁰ [Umschlagtit.]

Langensalza: **Local-Statuten** der St. Johannisloge Hermann von Salza im Or. zu Langensalza. [Langensalza 1863: Beltz.] 8 S. 8⁰ [Kopftit.]

Local-Statuten, Hermannstädter. Hermannstadt 1869. V: *Seivert, Gustav.* (Bibl. d. ev. Landeskirche in Siebenb. Hermannst. 1889.)

Ludwigsburg: **Local-Statuten** der ger. u. vollk. St. Johannis-Loge Johannes zum wiedererbauten Tempel im Or. von Ludwigsburg 5859. Neue Red. [Ludwigsburg 1859: Riehm.] 7 S. 8°

[N. Ausg. u. d. Tit.:]

Lokal-Statuten der St. Johannis-Loge Johannes zum wiedererbauten Tempel im Or. Ludwigsburg. 1874 Neue Red. [Ludwigsburg 1874: Greiner & Ungeheuer.] 11 S. 8° [Umschlagtit.]

Tt. 1158, 1159. Die ältesten Statuten lagen nicht vor, sind wahrscheinlich auch nie gedruckt worden.

Local-Statuten der unter der Constitution der dirigirenden Grossen Loge von Preussen gen. Royal York zur Freundschaft im Or. von Berlin arbeitenden Johannis-Loge drei goldene Anker zu Liebe und Treue im Or. von Stettin. Gestiftet am 3. März 1770; affiliirt am 22. April 1877. Genehmigt und bestätigt am 25. April 1878. [Stettin 1878: Gentzensohn.] 20 S. 8° [Umschlagtit.]

Lauban: **Lokal-Statuten** der ger. und vollk. St. Johannis-Loge Isis im Or. zu Lauban. [Lauban 1882: Baumeister.] 18 S. 8°

Ulm: **Localstatuten** der Loge Carl zu den 3 Ulmen im Osten von Ulm. [Ulm 1844.] 4 S. 8° [Kopftit.]

Tt. 1156.

Erlangen: **Local-Statuten** der g. u. v. Loge Libanon zu den drei Cedern im Or. Erlangen. Erlangen 1854: Barfus. 23 S. 8° [Umschlagtit.]

Luckau: **Local-Statuten** der Loge zum Leoparden, Or. Luckau. [Halle 1864: Gebauer-Schwetschke.] 2 Bl. 8° [Kopftit.]

Posen: **Local-Statuten** der Loge zum Tempel der Eintracht im Or. Posen in Bezug auf den Besuch des Logengartens, die zu veranstaltenden Schwestermahle und anderen geselligen Vergnügungen. Posen 1877: Neumeyer. 4 Bl. 8° [Umschlagtit.]

Local-Statuten der Loge z. wiedererb. Tempel in Ludwigsburg. Neue Redaction. Ludwigsburg, Druck von Greiner & Ungeheuer. 1874. 8. 11 S.

Localstatuten der Loge zu den 3 Cedern in Stuttgart. [Stuttgart 1840.] 4 S. 8° [Kopftit.]

[Dasselbe.] [Neue Aufl.] Ebendas. [1840]. 4 S. 8°

Tt. 1155.

Lokal-Statuten der unter Constitution der Grossen National-Mutterloge der preussischen Staaten, gen. Zu den drei Weltkugeln [in Berlin] arbeitenden vereinigten St. Johannis Freimaurer-□ „Minerva“ zum vaterländischen Verein „Rhenana“ zur Humanität im Or.·. zu Cöln vom 4. Aug. 1860. [Nebst] Nachtr. Cöln [1860]: Clouth. 15 S. 8° [Umschlagtit.]

Nachtr. 1 Bl. 1873.

Lokal-Statuten des inneren Orients zu Stettin. 1878.

Emmerich: **Local-Statuten** der St. Johannis-Loge „Pax inimica malis“ im Or. zu Emmerich. Oberhausen o. J.: Spaarmann. 16 S. 8°

N. Ausg. u.d.T.: Orts-Gesetze...

Güstrow: **Local-Statuten** der St. Johannis-Loge Phöbus Apollo im Or. zu Güstrow. Güstrow 1855: Ebert. 14 S. 8° [Umschlagtit.]

Münden: **Local-Statuten** der St. Johannis-Loge Pythagoras zu den drei Strömen im Or. von Münden. [Münden 1875: Klugkist.] 14 S. 8°

Lokal-Statuten der St. Johannis-Loge Rhenana zur Humanität im Or. zu Cöln am Rhein. Angenommen im Jahre 5850. [Köln 1850: Feilner.] 19 S. 8° [Umschlagtit.]

Kosel: **Lokal-Statuten** der Loge Royal York zur siegenden Wahrheit im Or.·. Cosel 1839. Oppeln o. J.: Raabe. 9 S. 8°

Insterburg: **Lokal-Statuten** der St. Johannis-Loge zum preussischen Adler im Or. Insterburg. Beschlossen den 11. Sept. 1866. Bestätigt den 8. Nov. 1866. Berlin [1866]: C. Schultze. 12 S. 8° [Umschlagtit.]

Saarbrücken: **Lokal-Statuten** der unter Constitution der Hochw. Grossen Loge von Preussen gen. Royal York zur Freundschaft im Or. von Berlin arbeitenden ger. und vollk. St. Johannis-Loge zur Stärke u. Schönheit im Or. von Saarbrücken. Genehmigt von der Hochw. Grossen Loge am 3. Mai 1841. Saarlouis 1842: Stein. 22 S. 8°

Local-Statuten der St. Joh. Loge zur Eintracht im Or. von Porto Alegre. (Porto Alegre. Druck d. deutschen Zeitg. ca. 1875.) 8. IV. 70 S.
Sorgfältig bearbeitet von Karl v. Koseritz.

Local-Statuten der ger. u. vollk. St. Johannisloge z. d. 3 Bergen im Or. von Freiberg. [Dat. v. 24. Juni 5861.] [Freiberg 1861: Gerlach.] 58 S. 8°
Vorhergehende Ausg. u.d.T.: Localgesetze...

Local-Statuten der ger. und vollk. St. Johannis-Loge zur Eintracht im Orient von Porto Alegre. [Porto Alegre ca. 1875.] B: *Koseritz, Karl von.* (wolfstieg II, 85)

Local-Statuten der g. u. v. eklektischen St. Johannis-Loge zur Brudertreue an der Elbe im Or. Hamburg. Zum Druck befördert Johannis 1848. (Eigenthum der Loge.) [Hamburg 1848: Ackermann.] 15 S. 8°

[Dasselbe.] Rev. und nach Genehmigung der Meister-Conferenz am 15. Jun. 1853 und der Mitglieder-Loge vom 5. Oct. 1853, zum Druck befördert 1854. Hamburg [1854]: Hartwig & Mueller. 26 S. 8° [Umschlagtit.]

[Dasselbe.] Rev. und unter Genehmigung der Mitglieder-Loge vom 14. März 1855 zum Druck befördert 1855. [Hamburg 1855]: Kümpel. 20 S. 8°

[Dasselbe.] Rev. und nach Genehmigung der Mitglieder-Loge zum Druck befördert 1864. Ebendas. [1864]. 39 S. 8°

[Dasselbe.] Zum Gesetz erhoben durch die Mitglieder-Loge am 19. Oct. 1881. Ebendas. [1881]. V, 114 S. 8°
Tt. 1160.

Düsseldorf: **Lokal-Statuten** der St. Joh. □ Zu den drei Verbündeten im Or. Düsseldorf. [Düsseldorf] o. J. 12 S. 8°.

Trier: **Lokal-Statuten** der St. Johannis-Loge zum Verein der Menschenfreunde im Oriente zu Trier. Angenommen im Jahr 1860 und bestätigt durch die Grossloge „Royal York z. Freundschaft" in Berlin laut § 129 des Protokolls vom 3. Dezember 1860. o. O. [1860]: Leistenschneider. 16 S. 8°.

Gleiwitz: **Lokal-Statuten der St. Johannisloge zur siegenden Wahrheit im Orient Gleiwitz. Oppeln 1855: Raabe. 16 S. 8°. [Umschlagtit.]**

Neuwied: **Local-Statuten** der St. Johannis-Loge „Zur Wahrheit u. Treue" im Or.·. Neuwied. [Neuwied 1899: Heuser.] 12 S. 8° [Umschlagtit.]

Lokal-Statuten für die Berliner Tochterlogen der Grossen National-Mutter-Loge der preussischen Staaten, gen. Zu den drei Weltkugeln. Berlin 1841—1873: Petsch, 1865: C. Schultze, 1873: Ihring. 8° [Umschlagtit.]
1865 ff.: Nach der Revision vom Jahre 1865, 1873.
1841 24 S.; 1850 24 S.; 1857 24 S.; 1865 24 S.; 1873 18 S.

Local-Statuten und Verwaltungsrath-Statuten der Loge Carl zum aufg[ehenden] Licht in Frankfurt a. M. Frankfurt a. M. 1886: Weisbrod. 21 S. 8° [Umschlagtit.]

Lübben: **Local-Statuten** der Loge Wilhelm zur Wahrheit und Brudertreue, Or. Lübben. [Lübben 1867: Driemel & S.] 2 Bl. 8° [Kopftit.]

Local-Statuten der Loge Wilhelm zur aufgehenden Sonne in Stuttgart. 1835. 8. 14 S.
Fehlt bei Kloss. — Verfasst von J. B. Krebs.

Stuttgart: **Local-Statuten** der ger. u. vollk. St. Johannis-Loge Wilhelm zur aufgehenden Sonne im Or. von Stuttgart. 5835. [Stuttgart 1835.] 14 S. 8° [Umschlagtit.]

[Dasselbe] im Or. von Stuttgart. [Am Ende:] Verf. im Jahr 5835, und neu red. 5845. [Dat.:] Stuttgart 1851. 8 S. 8°

[Dasselbe.] Lokal-Statuten ... [Dat.:] Stuttgart 1852. 12 S. 8°
Tt. 1153.
N. Bearb. u.d.T.: Lokal-Gesetze...

Wetzlar: **Lokal-Statuten** der St. Johannis-Loge Wilhelm zu den drei Helmen im Or. zu Wetzlar. [Wetzlar 1860: Rathgeber & Cobet.] 12 S. 8° [Umschlagtit.]

Lokalverordnungen der Stadt Bochum. Z. Handgebr. hrsg. v. W. Assmann, Polizei-Commissar zu Bochum. II. verm. u. verb. Aufl. Bochum: A. Stumpf 1896. (XXIII, 427 S., 1 Bl.) 1 Bd 8.

Lokal-Verordnungen der Vorstadt Güstrow. gr. 8. (III, (40 S.) Güstrow 894. (Opitz & Co.) n.n. — 75

Lokal-Verordnungen für den Hamburger Mutterbund. [Hamburg 1851: Nobiling.] 4 S. 8° [Kopftit.] [Dasselbe.] [Hamburg 1851: Nestler & Melle]. 4 S. 8°

Lokal-Verordnungen, die, f. die Stadt Wiesbaden. gr. 8. (XVI, 502 S.) Wiesbaden 889. Limbarth. geb. n. 8. —

Localvisitationsreden. [Jena 1794.] V: *Senff, Carl Friedrich.* (MGT)

Lokar Johann: Bleiweis und die Bedeutung seiner „Novice" für die slovenische Sprache.
H. 1905 PN 1935 Diss. Wien, Univ. 2710

Lokay, Kehraus. Herbstliche Schlendertage am Strande u. auf der See. 12. (107 S. m. Abbildgn.) Leipzig (900). G. Müller-Mann. n. 1. —

Lokay, Hans Jos., in den Dünen. (III, 128 S.) kl. 8. Hamburg 906. C. H. A. Kloss. n. 1. 50

— ein launig' Reisebuch. Ansichtskarten v. e. Journalistenbummel. (IV, 192 S.) 8. Berlin 908. F. Räde. n. 2. —

Loke, Joh.

— Abhandl. über d. Erziehung d. Jugend in d. gesitteten Ständen; ein Handbuch; aus d. Engl. von L. C. G. Rudolphi. Mit Anmerkk. von J. H. Campe. 8. Braunschw. 787. Schulbuchh. 1 Thlr. 4 gr. Schrbp. 1 Thlr. 8 gr.

— Abhandl. über d. Erziehung d. Jugend in den höhern Volksklassen; aus d. Engl. von K. G. Duvrier, mit Zusätzen d. Herausgebers. 8. Leipz. 787. W. Vogel. 1 Thlr. 4 gr. Schrbp. 1 Thlr. 8 gr.

— abrégé de l'essai sur l'entendement hum. trad. de l'Anglais. gr. 8. Dresd. 788. Walther. 16 gr.

— Anleit. des menschl. Verstandes zur Erkenntniß d. Wahrheit; nebst dessen Abhandl. von den Wunderwerken; aus d. Engl. v. Geo. Dav. Kypke. 8. Königsb. 755. (Unzer). 6 gr.

Loke, Jh., vernunftmäß. Christenthum; aus d. Engl. 2 Thle. 8. Glogau 758, 59. Chr. Fr. Günther. 20 gr.

— über Duldung, eine Epistel; aus d. Engl. 8. Halle 801. (Reinike u. S.) 8 gr.

— paraphrast. Erklär. u. Anmerkk. über d. Briefe Pauli an d. Galater, Corinther, Römer u. Epheser. Mit Anmerkk. von Jh. Geo. Hoffmann u. e. Vorrede von Jh. D. Michaelis. 2 Thle. 4. Frankf. a. M. 768, 69. Andreä. 3 Thlr. 8 gr.

— essai, philosophique sur l'entendement humain. IV Vols. 8. Bern 800. Typ. Soc. 3 Thlr. 8 gr.

— **essay concerning human Understanding, abriged. 8. Dresd. 791. Walther. 1 Thlr.**

— Gedanken von Erziehung d. Kinder; aus d. Engl. von La Coste. Mit Anmerkk. von J. J. Schwabe. 8. Wien 762. Krauß. 20 gr.

— über Glaubens- u. Gewissensfreiheit. Ein Brief an Philipp v. Limborch. Aus d. Engl. ins Deutsche übersetzt. gr. 8. Braunschw. 827. Schulbuchh. 16 gr.

— du gouvernement civil; trad. de l'Anglais. 12. Leipz. 754. 16 gr.

Loke, Jh., Paraphrase des Briefes Pauli an d. Römer; aus d. Engl. 8. Frankf. u. Leipz. 773. Krieger. 2 gr.

— vom menschl. Verstande, zu leichtem u. fruchtbarem Gebrauche zergliedert u. geordnet von G. A. Tittel. gr. 8. Manh. 791. Schwan u. G. 1 Thlr. 14 gr.

— Versuch vom menschl. Verstande; aus d. Engl., mit Anmerkk. v. Hnr. E. Poley. gr. 4. Altenb. 787. (Acad. Buchh. in Jena). 3 Thlr. 8 gr.

— Dass., aus d. Engl., mit Anmerkk. u. e. Abhandl. von W. G. Tennemann. 3 Thle. 8. Jena 793—98. (Barth in Leipz.) 3 Thlr. 12 gr.

LOEKHER, F.: Bergkio, Crusio, Diehlo auctoribus Sapphus fragmenta recensuit, indicem verborum composuit. — 1909. 78 Bl. Diss. Graz, Univ.

Lökle, Ferd. *Otto* [Prof.]: Untersuchungen aus der synthetischen Geometrie. Stuttgart, k. Hofbuchdr. C. Liebich, 1892; 1—79 S. 4.
Stuttgart, Karls-G, P 1892 (589)

Lokmân, s. a. Locman.

Lokmân sur nommé Le Sage, fables en Arabe, avec une traduction français et accomp. de remarques et d'un vocabulaire Arabe-Français. Par Charl. Schier. IIde Edit. schmal gr. 4. Dresden et Leipzig 839. Arnold. 1½ Thlr.

— fabulae quae circumferuntur annotationibus criticis et glossario explanatae ab Aemil. Roedigero. Edit. II. aucta et emend. 4. Halle 839. Schwetschke et fil. 1 Thlr.

Lokmann, Hnr. Adrian, Dissertatio hist.-polit.-juridica de judiciis divinis sive de probatione vulgari per duellum, ferrum candens, aquam calidam, aquam frigidam et per offam judicialem. Lugduni Bat. 1747. 4. [illegible]

Lokmann el Hakim, Sidi, les mille pertuis des finances du Khédive et les banques en Egypte. Photographies historiques, d'aprés nature. gr. 8. (VIII, 129 S. m. 1 Tab. in gr. 4.) Bern 873. Huber & Co. n. 2. 25

Lokomobilkessel-Revisionsbuch m. den neuen polizeilichen Bestimmungen vom 5. Aug. 1890. Fol. (10 S.) Hagen 890. Hammerschmidt. geb. in Etui. n. 1. —

Lokomobilkessel-Revisionsbuch, neue Ausg. nach der Verfügg. vom 23. Juni 1891. Fol. (10 S.) Hagen 891. O. Hammerschmidt. Kart. in Etui. n. 1. —

Lokomobilkessel-Revisionsbuch. Neue Ausg. nach der Verfügg. vom 16. März 1892. Fol. (10 S.) Hagen 892, Hammerschmidt. cart. in Etui * 1 —

Lokomotiv

Die Locomotiv : 1860?—? Atlanta, GA
Democratic daily. Circulation: 1860, 550.

Lokomotivbau

Der deutsche Locomotivbau. Le développement de l'Industrie des locomotives en Allemagne. (Weltausstellung Paris 1900.) (Dresden-Blasewitz 1900: A. Arnold.) (33 S.) 8° [05. 10455

Lokomotive

Locomotive, Monatsschrift für den deutschen Michel von Held. Monat Juli bis November 1843. Halle, Selbstverlag. 1843. 8.

Locomotive. Monatsschrift für den deutschen Michel von Held. Monat Juli — December 1843. kl.-8°. Halle, Selbstverlag. (In Commission bei Ed. Heynemann.)

Die Locomotive : Mar. 29, 1846—?
Tri-weekly, then semi-weekly, then weekly. Edited & published by Wilhelm Albers.
Louisville, KY

Locomotive. Zeitung für politische Bildung des Volkes. Redakteur Held. 1. April 1848 bis 17. Jan. 1849. Berlin. 4.

Locomotive, Die. Neue fliegende Blätter aus Amerika. Ed: A. Rattermann. Publ: A. Strodtmann and A. Ketterlinus. 1v. Phila, 1853.

Die Lokomotive : 1853—?
Humorous weekly; illustrated. Edited & published by Adolph Heinrich Strodtmann & Becker.
Philadelphia, PA

Lokomotive: Die Lokomotive (SG)
① Blätter für Fortschritt und Aufklärung ⑤ 4. 12. 1869 (Probenummer)—10. 12. 1870 ⑥ 4° ⑦ Wochenblatt ⑧ St. Gallen: M. Kälin ⑩ Otto Henne-Am Rhyn ⑪ Otto Henne-Am Rhyn ⑫ freisinnig ⑬ BGSZ: 1045—1947 ⑭ SG: Va; Wi S.

Lokomotive, die. Illustrierte Monats-Fachzeitg. f. Eisenbahntechniker. Hrsg. u. Red.: Osk. Schilff. 1. Jahrg. Mai 1904—April 1905. 12 Hefte. (à ca. 24 S.) Lex.-8. Wien. (Berlin, A. Seydel.) n.n. 4. 80

— dasselbe. Hrsg.: A. Berg. Red.: Osk. Schilff. 2. Jahrg. 1905. 12 Hefte. (à ca. 16 S.) Lex.-8. Ebd. n.n. 6. —

— dasselbe. Hrsg.: A. Berg. Chefred.: Ernst Prossy. Red.: Joh. Steffan. 3. Jahrg. 1906. 12 Hefte. (à ca. 16 S.) Lex.-8. Ebd. n.n. 7. 20

Lokomotive, die. Illustrierte Monats-Fachzeitschrift f. Eisenbahntechniker. Hrsg.: A. Berg. Chefred.: Ernst Prossy. Verantwortlicher Schriftleiter: Hans Steffan. 4.—7. Jahrg. 1907—1910. à 12 Hefte. (244, 248, 284 u. 284 S.) Lex. 8. Wien. Berlin, A. Seydel. à Jahrg. 7. 20

Lokomotive: Die Lokomotive — La Locomotive
① 1. Untertitel: Offizielles und obligatorisches Organ des Vereins Schweizerischer Lokomotivführer und des Vereins Schweizerischer Lokomotivheizer. Organe officiel de la Société suisse des mécaniciens de chemin de fer et de la Société suisse des chauffeurs de chemins de fer (4. 1. 1907—21. 9. 1911) ② Die Lokomotive (3. 1. 1919—26. 12. 1919) ④ Der Lokomotivführer — Le Mécanicien (Abspaltung 10. 11. 1911). Der Eisenbahner (Be) ⑤ 4. 1. 1907—26. 12. 1919 ⑥ 4° (4. 1. 1907—19. 12. 1918); 2° (1. 1. 1919—26. 12. 1919) ⑦ alle 14 Tage ⑧ Zürich: Jean Frey (4. 1. 1907—30. 12. 1909), Buchdruckerei des Schweiz. Grütlivereins (13. 1. 1910—19. 12. 1918); Bern: Unionsdruckerei (3. 1. 1919—26. 12. 1919) ⑨ Technische Mitteilungen — Bulletin technique (4. 1. 1907—Ende 1919); 4° Monatsbeilage ⑩ Verein Schweizerischer Lokomotivführer und Verein Schweizerischer Lokomotivheizer (4. 1. 1907—21. 9. 1911). Schweizerischer Lokomotivpersonalverband (S.L.P.V.) (5. 10. 1911—26. 12. 1919) ⑪ A. Rimathé. Basel. später Zürich (4. 1. 1907—14. 3. 1918); Zentralvorstand SLPV (23. 3. 1918—4. 7. 1918); E. Bantli, Bern (18. 7. 1918—4. 7. 1919); J. Eng, Bern (18. 7. 1919—26. 12. 1919) ⑫ Gewerkschaftsblatt, sozialistisch ⑬ An die Leser! «Die Lokomotive — La Locomotive» Nr. 26 v. 19. 12. 1918 ⑭ Be: L; Zh: Z (1907—1909).

Locomotive. Lok' für Einphasenwechselstrom von 15 000 Volt Spannung. [Konstruiert durch die] Maschinenfabrik Oerlikon, Oerlikon bei Zürich. [Illustrierte Beschreibung.] 38 S. 4. (Zürich, Fritz Amberger,) März 1906.

Lokomotivfeuerung, Ueber die patentirte, System Nepilly. Berlin 1881

Die schriftliche **Lokomotivführerprüfung.** Anleitung z. Anfertigung d. Aufgaben f. d. schriftl. Prüfung z. Lokomotivführer nebst einigen gelösten Aufgaben. Berlin: Siemenroth 1910. 24 S. 8°
(Gebhardt u. v. Heys: Die Prüfung z. Lokomotivführer u. Heizer. Gratisbeil.)
(Siemenroth's Prüfungsbücher f. Eisenbahner. Bd 1—3. Gratisbeil.) [10. 13066 11

Locomotivpersonal. Das schweizerische Lok'. Zürich 1909 s. [Rimathé, Anton].

Lokroy und Babon, ein Duell unter Richelieu, s. Universal-Bibliothek Nr. 1906.

Lokstedt, s.: Hamburg.

Lokys, Geo., die Kämpfe der Araber m. den Karolingern bis zum Tode Ludwigs II. s.a. Abhandlungen, Heidelberger, zur mittleren u. neueren Geschichte. 13. Hft.

Lokys, Georg, a. Forst ⟨Lausitz⟩: Die Kämpfe der Araber mit den Karolingern bis zum Tode Ludwigs II. ⟨Einleitung; Abschn. 1 und 2,1.⟩ (Heidelberg, C. Winter 1906.) (36 S.) 8° [F.] ¶ (Erschien vollst. 1906 als Heidelberger Abhandlungen zur mittleren u. neueren Geschichte H. 13.)
Berlin, Phil. Fak., Ref. Schäfer, Diss. v. 17. Febr. 1906
[Geb. 9. Okt. 81 Forst; Wohnort: Berlin; Staatsangeh.: Preußen; Vorbildung: Joachimsthal. Gymn. Berlin Reife O. 01; Studium: Marburg 1, Berlin 8 S.; Rig. 9. Nov. 05.]

Die Kämpfe der Araber mit den Karolingern bis zum Tode Ludwigs II. Von Georg **Lokys.** Heidelberg: C. Winter 1906. (93 S.) 8° [F.]
[Ein T. erschien als Inaug.-Diss. Berlin 1906.]
= **Abhandlungen,** Heidelberger, z. mittl. u. neueren Geschichte. H. 13. [06. 8349

Lola Montez. Leipzig 1847. V: *Oettinger, Eduard Maria.* (Imecourt) (Ztschr. f. Büch. II, 122.)

Lola Montez mit ihrem Anhange und Münchens Bürger und Studenten ... München 1848. V: *Vogt, Carl Wilhelm.* (Ztschr. f. Büch. II, 125.)

Lola Montez und ihre politische Stellung in München ... München 1848. V: *Francis* (?). (Ztschr. f. Büch. II, 125)

Lola-Lieder. Gedichte e. jungen Mädchens. Breslau 1906: Schles. Druckerei-Genossensch. (22 Bl.) 8° [F.] [07. 1871

Lola-Montez-Vaterunser. Münchener Pamphlet auf L. M. (1848.) 1 Bl. 8°. (2 Mk. H. Hugendubel, c. 1902.) Rares anon. Flugblatt, abgedr. als Beilage zu Ed. Fuchs. Ein vormärzliches Tanzidyll (nach S. 56).

Lolat-Eisenbeton. 4. Aufl. Berlin 1904

Loele, Paul, appr. Arzt aus Eichelborn: **Aus d. Augenklinik zu Jena. Ein Fall von Orbitalphlegmone bei Schädelsyphilis.** *Jena 1900: Frommann.* (31 S.) 8°
Jena, Med. Diss. v. (29. Mai) 1900

Loele, Paul, ein Fall v. Orbitalphlegmone bei Schädelsyphilis. Diss. gr. 8. (31 S.) Jena 900. (H. Pohle.) 1. 50

Loele, Walter, approb. Arzt aus Königsee: **Versuche über den Einfluss des Alcohol auf Fremdkörper-Entzündungen.** *Leipzig 1900: B. Georgi.* (24 S.) 8°
Leipzig, Med. Diss. v. (13. Okt.) 1900

Loleszuff, Anton. Die Donaukatarakte, Veteranische Höhle und Festung Peth zwischen Bazias, Orsova und Turn-Severin. Mit 1 genauen Terrainkarte. 8. Orsova 1874.

Lolin, Esaias, de dum, donec, quoad particularum usu apud Terentium. Commentatio. 4. (21 S.) Norrcopiae 888. (Leipzig, Simmel und Comp.) *

Loll, Albert: Leitfaden auf dem Gebiet des gewerblichen Rechtsschutzes. 2. verm. Aufl. Hrsg. von Ing. A[lbert] Loll, Patentanw., [&] A[rthur] Vogt, Patentanw. Berlin: [aufgest.: A. Asher & Co.] 1908. (102 S.) 8°

Loll, E., von Schweden nach Japan, s.: Volks- u. Jugend-Bibliothek.

Loell, A. Leitfaden f. d. Unterricht an die Unteroffiziere der Fuß-Artillerie. I. Teil. Dienstlicher Unterricht. München 1889. 108 S.

Loell, A. Das Schießen der Fußartillerie. Mit Anl. (Autogr.) München 1897. 83 S.

Löll, Louis

Löll, u. Fr. Maier-Bode, d. Anbau d. Halmfrüchte, s.: Landmanns, des, Winterabende.

Löll, L.: Bäuerliche Betriebslehre, s.a. Landmanns. – Des Landmanns Winterabende.

Löll: Bäuerliche Betriebslehre. Stuttg. 1882. 136 S. Fig. (Des Landmanns Winterabende 25).

Löll, Dr. L., Die bäuerlichen Darlehenskassen-Vereine nach Raiffeisen und die gewerblichen Creditvereine nach Schulze-Delitzsch. Ein unparteiisches Wort zur Verständigung. gr. 8°. Würzburg, Stuber, 1878. 2. Aufl. gr. 8°. Ebd. 1889.

Löll, bäuerl. Darlehnskassen-Vereine nach Raiffeisen u. gewerbl. Creditvereine nach Schulze-Delitzsch. 2. Aufl. Würzburg 889.

— die bäuerlichen Darlehnskassen-Vereine nach Raiffeisen u. die gewerblichen Creditvereine nach Schulze-Delitzsch. Ein unparteiisches Wort zur Verständigung. gr. 8. (IV, 56 S.) Würzburg 878. Stuber's Verl. n. — 80

Löll, L., die bäuerlichen Darlehenskassen-Vereine nach Raiffeisen u. die gewerblichen Creditvereine nach Schulze-Delitzsch. 2. Aufl. gr. 8. (IV, 64 S.) Würzburg 889. Stuber's Verl. n. — 80

Löll u. J. **Schmidberger**, Feldpredigten über Bodenbearbeitung u. Düngung, s.: Landmanns, des, Winterabende.

Loell, Feldpredigten über Bodenbearbeitung und Düngung. (Landmanns Winterabende 18) Stuttgart 1880

– Die ländlichen Genossenschaften, s.a. Landmanns. – Des Landmanns Winterabende.

Löll, die ländl. Genossenschaften. (Landmann's Winterabende 16) Stuttgart 1880

Löll, L., der Getreide-Schutzzoll eine Nothwendigkeit für Deutschland. Mit 2 Tab. Durchschnittspreise, sowie Ein- und Ausfuhr enthaltend. gr. 8. (38 S.) Würzburg 885, Stuber's Verlag. *

—— die Goldwährung. Eine für jeden unterrichteten Geschäftsmann verständl. Belehrung über den Werth, das Geld, die Goldwährung und deren Folgen für Landwirthschaft und Kleingewerbe. gr. 8. (IV, 96 S.) Würzburg 885, (Hertz.) *

Löll, L., die Grundrente, die preußische u. bayersche Grundsteuer. gr. (VI, 173 S.) Würzburg 872. Stuber. n. 2. 70

—— Die Haussteuer-Frage in der b. Kammer der Abgeordneten. Eine Mahng. f. die Haus- u. Grundbesitzer. gr. 8. (51 S.) Ebd. 890. * — 60

—— das Klima und der Boden, s. Landmanns, des, Winterabende.

Loell, Louis, ein **praktisch durchführbares Culturverfahren zur sicheren Verhütung der sogenannten Kartoffelkrankheit. 8. (42 S.) Nürnberg 850, Riegel und Wießner.**

Löll, L. Die Lebensversicherung, ihr Wesen und ihre Bedeutung für den Bauernstand. 4. Auflage. 1893.

— landwirthschaftliches Lehr- u. Lesebuch f. die ländlichen Fortbildungsschulen, sowie f. jeden Anfänger in der Landwirthschaft. gr. 8. (XII, 288 S.) Ebend. 877. n. 3. —

Löll, L., Die Lehre von der Bodenrente als Grundlage der socialistischen und communistischen Idee unserer Zeit. gr.-8°. München 1870. Würzburg, Stuber, 1871.

Löll, Louis, die Lehre von der Bodenrente als Grundlage der socialistischen und communistischen Ideen unserer Zeit. gr. 8. (IV, 64 S.) Würzburg 871, Stuber. *

—— Leitfaden für den Unterricht in der Landwirthschaft an den mittleren und niederen landwirthschaftl. Lehranstalten, den Gewerbschulen und Lehrer-Seminarien, zugleich ein Vademecum für gebildete Landwirthe. 1. Aufl. (XVI, 241 S.) 872, und 2. verm. und verb. Aufl. gr. 8. (XX, 244 S.) Ebendas. 874. *

—— Leitfaden für den Unterricht in der Landwirtschaft an den mittleren und niederen landwirtschaftlichen Lehranstalten. 3. verb. Aufl. gr. 8. (XXIV, 253 S.) Würzburg 884, Stuber's Verlagsh. *

Löll, Louis, ein bewährtes Mittel gegen die Bräune der Schweine. Nebst Anleitung zur Verhütung, Erkennung und radicalen Heilung dieser Krankheit. Nach eigenen Erfahrungen für jeden Landmann verständl. dargestellt. gr. 8. Wetzlar 860, Rathgeber.

—— ein bewährtes Mittel gegen die Bräune der Schweine. Nebst Anleitung zur Verhütung, Erkennung und radikalen Heilung dieser Krankheit. Nach eigenen Erfahrungen für jeden Landmann verständlich dargestellt. 2. Aufl. gr. 8. (15 S.) Ebendas. 873. **

—— Die Währungsfrage. Ein Hilfsmittel zum Verständnisse derselben. 2. verb. Ausg. Nebst e. Referate: Die Nachtheile der Goldwährung von Carl Frhrn. v. Thüngen-Roßbach. gr. 8. (IV, 96; 31 S.) [Würzb. 889.] Dresd., Hertz. * 1 20

—— eine Währungs-Rede des Reichstagsabgeordneten Hrn. Dr. L. Bamberger im Lichte der Thatsachen. Eine Ergänzung der beiden Schriften: „Die Goldwährung von Dr. L. Löll", „Die Nachtheile der Goldwährung von Frhr. v. Thüngen-Roßbach". gr. 8. (97 S.) Worms 886, Reiß. *

Löll, L. Wie ist die bayerische Grundsteuer angelegt? 8°. München 1889.

Lollharden, die, histor. Roman, begründet auf die fanat. Verfolgung, die den Anfang des 15n Jahrh. bezeichnen; nach d. Engl. von G. Lotz. 3 Bde. 8. Braunschw. 822. Meyer. 3 ℳ

Lollharden, Die. Historischer Roman ... Nach dem Englischen von G. Lotz. Braunschweig 1823. V: *Gaspey, Thomas.* (GGr IX, 385) (Zeitschr. f. Büch. N. F. 15, 1923, S. 115)

[Hebr.] Debar Šemûêl. Séfer kôlél iggârôt ... Šemûêl Ḥajjim Ben Dâwid Lolli ... ašer heriş li-Jişḥâķ Šemûêl Reggio we-hat-tešûbôt ašer ķâbal mimmennô ... jôşâ lâ-ôr 'a.j. ... Jişḥâķ Ḥajjim Ķastilioni ... *Kraka: Bi-defus šel J. Fišer 655 l. p. k.* [A. T.] [Ant.] Samuelis verbum quo libro continentur Samuelis Vita Lolli carmina, epistulae ad Isaachum Samuelem Reggio ... missae ac quas ipse ab Isaacho Samuele Reggio accepit Victorius Castiglioni Tergestinus ... edidit commentariisque auxit ... *Cracoviae: J. Fischer 1895.* (VIII, 103 S.) 1 Bd 8. [95 570

Lolling, s. Handbuch der klassischen Altertumswissenschaft.

Lolling, Hellas u. die hellen. Kolonien, — Topographie v. Athen, } s.: Handbuch der klass. Alterthumswissenschaft. 3. Bd.

Lolling, G., Mitteilungen aus Thessalien. S-A. O. J. 18 S. —.60

Lolling, Gerh., über Bewegungen elektrischer Theilchen nach dem Weber'schen Grundgesetz der Elektrodynamik. gr. 4. (64 S. mit 4 lithogr. Taf.) Halle 882. (Leipzig, Engelmann.) *
Aus: Nova Acta der k. Leop.-Carol. deutschen Akademie der Naturforscher, besonders abgedruckt.

—— s. Ergebnisse, die, der Ausgrabungen zu Pergamon.

Lolling, H. G., *Ἑκατόμπεδον. Συμβολαὶ εἰς τὴν ἱστορίαν τῶν ἐπὶ τῆς ἀκροπόλεως τῆς Ἀθήνης.* 1890. 88 S. m. 2 Taf. 1.20

Lolling, H. G., De Medusa. Diss. 1871. 29 S.

Lolling, Heiko, Anleitung zum Zeichnen u. Entwerfen v. Maschinenteilen. Zum Gebrauch an techn. Lehranstalten u. f. die Praxis nach den neueren Festigkeitsregeln berechnet u. gezeichnet. 2 Tle. Aubeldr. Fol. (Mit je 1 Bl. Text.) Köln 891. P. Neubner. à n. 3. —
I. Maschinenteile 1. als Verbindungsmittel, 2. zum Tragen u. zur Verbindg. v. Wellen u. Achsen, 3. zur Aufnahme u. zur Fortleitg. v. flüss. u. gasförm. Körpern. (16 Bl.)
II. — dasselbe 1. zur Umänderg. e. gradlinigen Bewegg. in e. drehende u. umgekehrt, 2. zur Uebertragg. der dreh. Bewegg. v. e. Welle auf e. andere. (18 Bl.)

— dasselbe. 2. Aufl. 2 Tle. Aubeldr. Fol. (à 18 Bl m. 1 Bl. Text.) Ebd. 892. In Mappe. à n. 3. 50

Lolling, Heiko, Anleitung zum Zeichnen u. Entwerfen v. Maschinenteilen. Zum Gebrauch an techn. Lehranstalten u. f. die Praxis nach den neueren Festigkeitsregeln berechnet u. gezeichnet. 1. u. 2. Tl. gr. 4. Köln (902). P. Neubner. In Mappe à n. 3. 50
1. Maschinenteile 1. als Verbindungsmittel, 2. zum Tragen u. zur Verbindung von Wellen u. Achsen, 3. zur Aufnahme u. zur Fortleitung v. flüss. u. gasförm. Körpern. 4. Aufl. (16 Bl.)
2. Maschinenteile, 1. zur Umänderung e. gradlinigen Bewegung in e. drehende u. umgekehrt, 2. zur Uebertragg. der drehend. Bewegung von e. Welle auf e. andere. 3. Aufl. (18 Taf.)

Lolling, Heiko, Berechnung und Construction der wichtigsten Maschinenelemente auf Grund der neueren Festigkeitsversuche und Festigkeitslehre, an pract. Beispielen erörtert und als Hülfsbuch für den ausführenden Constructeur, sowie für den Unterricht an techn. Lehranstalten elementar bearb. und hrsg. (In 3 Thln) 1. und 2. Thl. gr. 4. Wien 886, Spielhagen und Schurich. [1. Thl. (78 S. mit 3 autogr. Skizzenbl. und 1 Atlas mit 7 photolithogr. Constructionsbl.); 2. Thl. (76 S. mit 2 autogr. Skizzenbl. und 9 photolithogr. Constructionsbl.)] à Thl. * ℳ 6.—. *

Lolling, H., s.a. Denkschrift z. 25jähr. Bestehen d. Technikum Einbeck.

[F.] Denkschrift zum 25jährigen Bestehen des Technikum Einbeck. 1871 — 1896. (Vf.: H[eiko] Lolling, Dir.) *(Einbeck: Verl. u. Dr. v. J. Schroedter 1896.)* (12 S.) 1 Bd 4. [97. 969

Denkschrift zur Erinnerung an die Einweihung des Erweiterungsbaues und der Laboratorien für Maschinenbau und Elektrotechnik der königlichen höheren Maschinenbauschule zu Hagen i. W. Von Heiko Lolling. — (Hagen i. W. 1905: Westfäl. Tageblatt.) 57 S.

— Konstruktionsblätter prakt. ausgef. Maschinenanlagen, nebst erläut. Text u. elementar gehaltener Berechng. als Unterlage f. prakt. Ausführgn., techn. Lehranst. u. zum Selbstunterr. hrsg. 1. Tl. Dampfkessel u. Dampfkesselanlagen. Fol. (III, 23 S. m. 16 Taf. in Aubeldr.) Köln 897. P. Neubner. In Mappe n. 3. 60

— Konstruktionsblätter prakt. ausgef. Maschinenanlagen, nebst erläut. Text u. elementar gehaltener Berechng. als Unterlage f. prakt. Ausführgn., techn. Lehranstalten u. zum Selbstunterricht hrsg. 2. Tl. Dampfmaschinen. Fol. (16 Taf. in Aubeldr.) Köln (901). P. Neubner. In Mappe n. 3. —

Lolling, H., aus der Praxis f. die Praxis. Constructionsblätter fertiger Maschinen u. gewerbl. Anlagen der Neuzeit, nach prakt. Ausführgn. gezeichnet u. als Hülfsblätter f. das Entwerfen im Bureau u. Schule hrsg. Hft. A, B u. C. qu. Fol. (à 5 Steintaf.) Mittweida 889. 890. Polytechnische Buchhandlg. à n. 2. 50

— aus der Praxis f. die Praxis. Constructionsblätter fertiger Maschinen u. gewerbl. Anlagen der Neuzeit, nach prakt. Ausführgn. gezeichnet u. als Hülfsblätter f. das Entwerfen in Bureau u. Schule hrsg. Hft. D. qu. Fol. (5 Steintaf.) Mittweida 891. Polytechnische Buchh. n. 2. 50 (A. B. C. D.: n. 10. —)

Lolling, J., 100 Briefe u. Geschäftsaufsätze. Eine Muster- u. Aufgabensammlg. zum Gebrauch in ein- u. mehrklass. Volksschulen auf dem Lande u. in kleineren Städten. (VI, 33 S.) 8. Langensalza (909). Schulbuchh. — 50

— 220 Briefe u. Geschäftsaufsätze. Eine Muster- u. Aufgabensammlg. f. gewerbl. Fortbildungsschulen m. gemischten Berufen. (44 S.) 8. Wittenberg 910. R. Herrosé. — 60

— Fibel. Auf Grund e. geordneten Anschauungsunterrichts u. in phonet. Stufenfolge bearb. Schreibschrift nach dem hannov. Normal-Duktus. 4. Aufl. (VI, 76 S. m. Abb.) 8. Leipzig 910. Dürr'sche Buchh. Geb. — 60

Lolling, W. F., die Quadratur des Zirkels. Sichere Lösung einer bislang als Problem betrachteten wissenschaftl. Frage. Dargestellt in 3 Zeichnungen und erläutert. gr. 8. (15 S.) Hamburg 887, (Kramer.) *

Lollis, Cesare de, s.: Sordello di Goito, vita e poesie.

LOLLOK, JOSEF: Ansprache, gehalten in der General-Versammlung des Frauen-Wohlthätigkeits-Vereines für Wien und Umgebung. Wien 1875. - 8°

Lollok, Jos. Ignis holocausti seu affectus ex divinis literis et sanctis patribus collecti. Quibus animus sacerdotis ad pie ferventerque celebrandum disponatur a P. Francisco Poiraeo. Ed. nova, curante J. L. 24. (164 S.) Wien 890, (Kirsch). * — 80

L(OLLOK), J(OSEPH): Märzveilchen dargebracht der Königin des Himmels Maria durch den Marien-Verein der Gymnasial-Schüler zu Tyrnau. Von J. L. Religionslehrer. Tyrnau 1854: S. Winter. 31 S. - 130 mm
- Dass. Tyrnau 1858: S. Winter. 1, 36 S. 1 l. - 130 mm

LOLLOK, JOSEPH: Rede, gehalten in der 17. General-Versammlung des St. Josef von Arimathaea-Vereines. Wien 1874. - 8°

Lollé, Bruder, der Abt v. Hersfeld. Schauspiel in 5 Aufzügen. gr. 8. (146 S.) Berlin 901. Buchdruckerei u. Verlagsanstalt „Strauß". n.n. 2. —

Lolme, s.a. De Lolme

Lolme, F. L. de, die Constitution Englands in ihrer genetischen Entwicklung übers. von C. F. Liebetreu. Mit vergleichenden Anmerkungen über die Institutionen des Festlandes vor 1784 und über die Constitutionen Norwegens, Belgiens, Churhessens, Frankreichs (1814 und 1830.) und Nordamerika's. (4 Lfgn.) gr. 12. Berlin 848, Krüger. *

Lolme, François de —. Neues Handbuch der deutschen und französischen Umgangssprache. Nebst einer kurzgefaßten Sprachlehre. Zum Gebrauch für Reisende und Studierende in beiden Sprachen. (Nouveau manuel de la conversation française . . .) 8. (272 S.) Wien, Verlag von Tendler und Komp. Druck von Ferd. Ullrich, 1853.

Lolme, François de, Neues Handbuch der deutschen und französischen Umgangssprache. Nebst einer kurzgefaßten Sprachlehre. Zum Gebrauche für Reisende und Studierende in beiden Sprachen. 2. Aufl. 1868. 12. (272 S.) Wien, Gerold. 60 kr.

Lolme, Jean Louis de

de Lolme, J. L., Beiträge zur Geschichte d. menschl. Aberglaubens; nach d. Engl. 8. Leipz. 785. Schwickert. 1 ₰

— Constitution de l'Angleterre ou état du gouvernement anglois etc. gr. 8. Münster, Coppenrath. 778.

— constitution de l'Angleterre ou état du gouvernement anglais etc. gr. 8. Münster 788. Coppenrath. 1 ₰ 12 gr

— Constitution of England. 8. Basl. (Turneysen in Paris et Cassel.) 792.

— d. Staatsverfassung von England, od. von d. engl. Regierung; aus d. Engl. 8. Leipz. 776. (Brockhaus). 16 gr

— die Staatsverfass. v. England, od. v. d. engl. Regier. a. d. Engl. 8. Lpz. Gleditsch. 776.

Lolme, J. L. de: „Die Verfassung von England, dargestellt und mit der republikanischen Form und mit andern europäischen Monarchien verglichen; nach der Ausgabe letzter Hand zum ersten Mal ins Deutsche übersetzt und mit einer Vorrede begleitet von G. C. Dahlmann, Professor zu Kiel", Altona 1819 (Hammerich). — Das englische Original wurde 1771 in London in der 1. und bis 1818 in der 8. Auflage gedruckt.

LOLME, J. L. DE, Die Verfassung von England, dargestellt und mit der republicanischen Form und mit andern Europäischen Monarchien verglichen. Nach der Ausgabe letzter Hand zum ersten Mahle ins Deutsche übersetzt. Mit einer Vorrede von F. C. Dahlmann. Altona (Schneeberg). 1819.

Löloff, Carl: Über p-Trianisyl- und p-Triphenetylstibin und einige ihrer Derivate. *Rostock 1897: C. Hinstorff.* (58 S.) 8°
Rostock, Phil. Diss. v. [15. Nov.] 1897

Lom, s.a. Lomm

Lom, Johann Heinrich von [Praes.], s. Brünings, Johann Melchior: De methodo veram tractandi physicam.

Lomakina, Nadine [aus Moskau]: Über Verlauf und Bedeutung der Herznerven. München 1900. 53 S. 8°. (S.-A. aus der Zeitschrift für Biologie, Bd. 39, 1900. S. 377—429.
Bern. Med. Diss. 1900/1901.

Loman (Amsterdam), s. Schmidt, Paul Vikt. Der Galaterbrief i. Feuer d. neuesten Kritik.

Loman, J. C.C., opiliones, s.: Fauna, die, Südwest-Australiens. III, 1—5.

Loman, J. C. C., Opilioniden aus Java. Gesammelt v. Prof. K. Kraepelin 1904. (S. 27—34.) Lex.-8. Hamburg. 905. (L. Gräfe & Sillem.) n. — 50
Sonderabdr. a.: „Mittlgn. a. d. naturhist. Museum in Hambg."

— Opilioniden d. naturhistor. Museums in Wiesbaden. (7 S. m. 2 Fig.) gr. 8. Wiesbaden 910. J. F. Bergmann. — 60
Sonderabdr. a.: „Jahrbb. d. nass. Ver. f. Naturkde."

— Die Pantopoden der Siboga-Expedition m. Berücksicht. der Arten Australiens u. des tropischen Indik. (Siboga-Expeditie XL.) (V, 88 S. m. 4 Fig., 1 Tab., 15 Taf. u. 15 Bl. Erklärgn.) 83,5×27,5 cm. Leiden 908. Buchh. u. Druckerei vorm. E. J. Brill. nn 13. —

Lomas, Joan. (geb. Manchester in Engl. 5. 11. 1814): Observationes in extremitatum fracturas. Berolini (1839). (46 S.) 8°
Berlin. Med. Diss. v. 21. Jan. 1839

Lomb, Konrad

Lomb, Conr., De librorum Novi Testamenti deuterocanonicorum authentia. Fulda, 1837.
Recens. Katholik 1837, Bd. 63, S. 311 f.

Lomb, Conrad., Commentarius in d. Pauli apostoli epistolam ad Hebraeos. Regensburg, Manz, jetzt Berl.-Anst., 1843, gr. 8°. 18¾ Bg., 3,75 Mk.

Lomb, Konrad, biblische Hermeneutik nach den Grundsätzen der katholischen Kirche dargestellt. gr. 8. (XII und 154 S.) Fulda 847, Müller'sche Buchh. *

—— christkathol. Moral. gr. 8. (25¼ B.) Regensburg 844, Manz.

Lomba, ..., (Elementarlehrer), poet. Versuche. 8. Bresl. 822.

Lombard, Alexander

Lombard, A., l'état en face de la loi divine et du dimanche. 39 pp. in-8. Genève et Bâle, H. Georg. 1875. —. 80

— Der Genfer Congress und die Sonntagsfrage. 8°. Genf 1876.

Lombard, Alexandre. Jean-Louis Paschale († 1560) et les martyrs de Calabre. 2me Éd. revue et augmentée. Avec (Appendice [et]) une carte de la Calabre citérieure. 8. Genève et Bâle, Paris 1881.

La 1re éd. parut en 1865, à Lausanne, dans un volume intitulé „Choses vieilles et choses nouvelles" et édité par les soins de Louis Ruffet et de César Pronier.

Lombard, Alexandre. Pauliciens, Bulgares et Bons-Hommes en Orient et en Occident. Étude sur quelques sectes du moyen âge. ([Avec] Appendice.) <Accompagnée d'une page photographiée de la Nobla Leyczon [planche].> 8. Genève et Bâle, Paris 1879.

— — la question du dimanche et les employés des chemins de fer. Notes réd. p. le comité central de la société suisse pour la sanctification du dimanche. 23 pp. in-8. Genève et Bâle, H. Georg. 1875. —. 60

Lombard, A., über d. bevorstehende Veränderung d. Gesetze in d. königl. preuß. Rhein-Provinzen. gr. 8. Coblenz 827. Hölscher. 8 gr

Lombard, A[lfred]. La querelle des Anciens et des Modernes; l'abbé (Jean-Baptiste) du Bos. Étude suivie d'une notice bibliographique. II + 61 p. 8. Neuchâtel, Attinger Frères; Paris, Alph. Picard & fils; Leipzig, Otto Harrassowitz, 1908. (fr. 2. 50)

Recueil de travaux publiés par la Faculté des Lettres (de l')Académie de Neuchâtel... 4e Fascicule...

Lombard, Claude Antoine

Lombard, J., zwei Abhandll. über d. Nothwendigkeit, bei d. Behandl. frischer Wunden ausführende Mittel anzuwenden rc. Mit e. Zusatz zu d. ersten Abhandl. Aus d. Französ. 8. Leipz. 784. Weygand. 15 gr

— Anweis. zur Kunst des Verbandes; aus d. Französ. von Dr. J. G. B. 8. Frberg 800. Craz u. G. 6 gr

— Bemerkk. über d. Kopfwunden; aus d. Französ. 8. Weim. 800. Hoffmann. 7 gr

— clinique chirurgicale relative aux plaies. 8. Strassb.... Levrault. 1 Thlr 6 gr

— cours de chirurgie prat. sur la malad. vénérienne. II Vols. gr. 8. Strassb. 791. Levrault. 2 Thlr 16 gr

— — le même. II Vol. gr. 8. Strasb. Levrault. 790.

— dissertation sur l'importance des évacuans dans la cure des plaies. 8. Strassb. 802. Levrault. 18 gr

— dissertation sur l'utilité des évacuans dans la cure des tumeurs de plaies anciennes. 8. Strassb. 783. Levrault. 18 gr

— instruction sommaire sur l'art des pensemens etc. 8. Strassb. 800. Levrault. 14 gr

Lombard, (Claude Antoine): Chirurgische Klinik in Bezug auf die Wunden, als Fortsetzung der kurzen Anleitung zur Kunst des Verbandes. (Clinique chirurgicale relative aux plaies... Dt.) 248 S., gbd.

Freyberg: Craze 1800

JB 3.070

— chirurg. Klinik in Bezug auf d. Wunden, als Fortsetzung d. Verbandes. 8. Frberg 810. Craz u. G. 8 gr

— von d. Nutzen u. Mißbrauch d. Drucks des Wassers in Krankheiten; aus d. Französ. 8. Leipz. 787. Weygand. 15 gr

— opuscules de chirurgie. III Tom. gr. 8. Strassb. 786. Treuttel u. W. 2 Thlr 12 gr

— des plaies récentes où la suture est utile, de celles etc. 8. Strassb.... Levrault. 1 Thlr 6 gr

— remarques sur les lésions de la tête, p. servir à l'instruct. du jeune chirurgien. 8. Strassb. 797. Levrault 8 gr

[Remarques sur les lésions de la tête. Deutsch:] Bemerkungen über die Kopfwunden zum Unterricht... Von [Claude Antoine] Lombard. Aus dem Franz. Weimar: Hoffmann 1800. XVI, 76 S. 8°

Lombard, E., étude sur Alexandre Hardy. Dissertation. [Aus: „Zeitschr. für neufranzös. Spr. u. Lit."] gr. 8. (34 S.) Oppeln 880. Franck. — 90

Lombard, Frank. Contre la banque d'Etat. Analyse et discussion de la loi du 18 Juin 1896 sur la banque d'émission de la Confédération. In-8°. 47 p. Genève et Bâle, Georg & Co. — 50 1896.

Lombard, F.: La consommation de l'alcool en Suisse. Réglementation et répression. (Avec une Pétition au Grand conseil de Genève, au nom de la Société d'utilité publique, du 15 Avril 1880. Extrait du Journal de la Société suisse d'utilité publique. XX.) 31 p. Herzog. Zürich. 1881.

Entwurf zur Einführung einer gemeinsamen Regie für Branntwein und Spirituosen in der Schweiz. Monopol der Einfuhr, der Fabrikation und des Verkaufs mit Beteiligung der Kantone am Gewinn. 76 S. 8°. Genf. 1883.

Lombard, F., Études sur les finances de la Confédération, s. Zeitfragen, schweizer.

Lombard, F.
Das Schutzzoll-System und die Liga gegen Lebensmittelvertheuerung. In-8°. 26 S. Genf, Buchdr. Veuve Jules Carey. 1891. — 50

(L[ombard], F[rank].) Die Spielhäuser und die öffentliche Meinung. No. 4. Gegenwärtige Sachlage. Uebersetzung aus dem Französischen von Dr. J[acob] K[ummer]. II + 43 S. 8. Bern, N. Dürrenmatt-Egger, 1904.

Lombard, J., s. L o m b a r d , Claude Antoine

Lombard, J. L., Abhandl. über d. Bewegung geworfener Körper, angewandt auf den Schuß aus Feuergewehren. Aus d. Französ. von C. F. Redlich. Mit 4 Kpf. 8. Liegnitz 819. Kuhlmey. 2 ₰

Lombard, J. P., Reisen zu den Franzosen u. in d. Gegend, wo sie waren rc. 8. Leipz. 802. Andrä. 1 ₰

Lombard, Jean, die Agonie. Mit e. Vorwort v. Octave Mirbeau. Vollständige Uebersetzg. aus dem Franz. v. F. L. Leipnik. (436 S.) 8. Budapest 908. F. Sachs. 8. —

(B) **Lombard,** Jean, d. Agonie. 903. (KBB 34.) Im Deutschen Reich verboten.

LOMBARD, Jeane. Die Agonie. Mit einem Vorwort von Oktave Mirbeau. Überſetzt von F. L. Leipnick. Wien, Verlag Sachs & Pollack, ca. 1907.
[B. IV, 241.]
Verb. Düſſeldorf 12. 2. 08: 12 J. 788/07.

Lombard, Joan. (Joseph.) (geb. Coblenz 24. 6. 1824): De uteri prolapsibus. Berolini (1852). (31 S.) 8°
Berlin, Med. Diss. v. 30. Juli 1852

Lombard, Johann Wilhelm

Hüffer, Hermann. Aus dem Nachlasse des preussischen geheimen Cabinetsraths Johann Wilhelm Lombard. Briefe aus dem Hauptquartier Friedrich Wilhelms II. während des Feldzugs gegen Frankreich im Jahre 1791. Uebersetzt und herausgegeben von ..... (Aus: Deutsche Revue über das gesammte nationale Leben der Gegenwart". 8. Jahrgang.) gr. 8. Berlin 1883.

Lombard, **Jh. Wlh., († d. 28. April 1812.), s.** ***Matériaux*** **pour servir de l'histoire des ann. 1805—7.**

— s. *Ossian*, **essais. — v. Pfau, Geschichte.**

Lombard, Julian, zweisprachige Schulen im Reichslande, s.a. Magazin, pädagogisches.

Zweisprachige Schulen im Reichslande. Von Julian **Lombard**, Kreisschulinsp. Langensalza: Beyer 1909. 45 S. 8°
(Pädagogisches Magazin. H. 386.) Lr. 9324

— drittes deutsches Sprachbuch f. die reichsländischen zweisprachigen Schulen. Ausg. B (f. Schüler). (VIII, 384 S.) gr. 8. Straßburg 908. F. Bull. Kart. n.n. 1. 20

— Drittes deutsches Sprachbuch f. die reichsländ. zweisprachigen Schulen. Ausg. B (f. Schüler). 2. Aufl. (VII, 318 S. m. Abb.) gr. 8. Straßburg 909. F. Bull. Geb. nn 1. 25

Lombard, J., erstes deutsches Sprachbuch f. die reichsländischen zweisprachigen Schulen. Ausg. A (f. den Lehrer). gr. 8. (VIII, 48 S.) Metz 894. P. Even. Kart. n. — 60

— dasselbe. Ausg. B (f. die Schüler). gr. 8. (48 S.) Ebd. 894. Kart. n. — 40

Lombard, J., erstes deutsches Sprachbuch f. die reichsländischen zweisprachigen Schulen. Ausg. A (f. den Lehrer). 5. umgearb. Aufl. (XII, 55 S.) gr. 8. Metz 902. P. Even. Kart. n. — 80

— dasselbe. Ausg. B (f. den Schüler). 6. Aufl. (55 S.) gr. 8. Ebd. 903. Kart. n. — 45

Lombard, J., zweites deutsches Sprachbuch f. d. reichsländ. zweisprach. Schulen. Ausg. B (f. d. Schüler). gr. 8. (160 S.) Metz 897. P. Even. Kart. n. — 80

— zweites deutsches Sprachbuch f. die reichsländischen zweisprachigen Schulen. Ausg. B (f. die Schüler). 5. Aufl. (160 S. m. Abbildgn.) gr. 8. Ebd. 901. Kart. n. — 80

Lombard, J., u. K. König, deutsche Sprechübungen für zweisprachige Schulen im Anschluß an die Straßburger Anschauungsbilder. Ausg. f. Schüler. gr. 8. (32 S. m. 4 Abbildgn.) Straßburg 900. F. Bull. n.n. — 25

— dasselbe. 1. u. 2. Lehrerheft. gr. 8. Ebd. n. 2. 20
1. (38 S.) 900. n. 1.—. — 2. (52 S.) 900. n. 1. 20.

— u. K. König, deutsche Sprechübungen f. zweisprachige Schulen im Anschluß an die Straßburger Anschauungsbilder. 3. Aufl. Ausg. f. Schüler. (32 S. m. 4 Abbildgn.) gr. 8. Ebd. 902. n.n. — 25

— u. K. **König,** deutsche Sprechübungen f. zweisprachige Schulen im Anschluß an die Straßburger Anschauungsbilder. 5. Aufl. Ausg. f. Schüler. (32 S. m. 4 Abb.) 8. Ebd. 909. nn — 25

L o m b a r d , K. F., palaestra judiciaria tam civilis q. criminalis. 4. Frft. 708.

Lombard, Louis, Betrachtungen e. amerikanischen Tonkünstlers. Einzig berecht. Uebersetzg. des amerikan. Originals. (XVI, 139 S. m. Abbildgn.) 8. Leipzig 906. Modernes Verlagsbureau. n. 2. 50

— Lebenskunst eines Ehelosen. Einzig berechtigte Uebersetzg. des amerikan. Originals. (XV, 90 S. m. Abbildgn.) 8. Ebd. 905. n. 1. —

Lombard, Louis. Lebenskunst eines Ehelosen, von L' L' (Château de Trevano, Lugano). Einzig berechtigte Übersetzung des amerikanischen Originals. [Illustriert.] VIII + XVI + 92 S. 8. Berlin-Leipzig, Curt Wigand, 1905. [M. 1. —]

Lombard, **Pet., sententiarum libr. IV. 4. Lausanne 757. Pott. 1 ₰ 16 Gr**

Lombard, B., wie ich geheilt wurde. E. Zeugnis. 12. (40 S.) Gernsbach 896. Christl. Kolportage-Verein. n. — 20

Lombardei [Sachliches OW]

Lombardei, die, und die mittelitalienischen Herzogthümer, s. Lorck's, Carl B., Zeithefte.

Lombardei [Schlagwort]

— s.a. **Geologische Karten. Taramelli, T.**

Lombardei. Nessi, E., Alta-Lombardia. Carta stradale ed alpina. 1 : 380,000. Chromolith. qu. gr. Fol. Como u. Zürich 888. Meyer & Zeller. In Leinw.-Carton. n. 2. —

Lombardi, Atilio [aus Buenos-Aires, Argentinien]: Aus der chirurgischen Klinik der Universität Zürich. Beobachtungen über Perityphlitis an der Zürcher chirurgischen Klinik während der Jahre 1901 (IV—XII) bis 1903 (I—IV.) (Im Anschluss an die Arbeit von Herrn Dr. Hæmig.) Zürich 1904. 60 + 2 S. 8°. [28. IV. 04.]
Zürich. Med. Diss. 1903/1904.

Lombardi, Atilio. Beobachtungen über Perityphlitis an der Zürcher chirurgischen Klinik während der Jahre 1901 (IV-XII) bis 1903 (I-IV). (Im Anschluss an die Arbeit von Herrn Dr. [Gottfried] Hœmig.) Diss. Med. Univ. Zürich. [Mit Figuren.] *Kopftitel:* Aus der chir' Kl' der Universität Zürich. 62 S. 8. Zürich, Arnold Bopp, 1904.

Lombardi, Carol., Iuris canonici privati institutiones, quas in scholis pontificii seminarii romani tradidit L. Ed. II ab auctore revisa et expolita. 3 voll. (516, 511 u. 452 S.) 8. Rom 901. Desolée, Lefebvre & Co. n. 9. 60

Lombardi, Luigi. Assistente e Libero Docente nel Politecnico Federale (von Dronero. Italien): Fenomeni di polarizzazione in un campo elettrostatico uniforme. Misura di differenze di potenziale e di costanti dielettriche. ([S. A. aus:] Memorie della Reale Accademia delle Scienze di Torino, serie II. tom. XLV. S. 171—234. Tav. I, II). Torino C. Clausen 1895. 2 Bl., S. 171—234. 2 Taf., 1 Bl. 4°)
Zürich. Phil. Diss. II. S. (v. 21. Sept. 1895).

Lombardia oder Land-Carte jeziges Krigs in Italien 1701. Nürnberg bey Hoffmann. 1 : 800,000. 1 Bl.

Lombardie. *Herausgeg. v. k. k. Militär geogr. Inst. zu Mailand i. J. 1830. 1 Bl. 21" H., 28" Br. Masstab: 1 Wr. Zoll = 6,000 Wr. Klftr. Verhältn. 1:432,000.* Aus den vorhandenen Militär-Aufnahmen mit besonderer Rücksicht auf die Strassen zusammengestellt. Auf Kupfer gestochen.

Lombardische Alpen, s.: Alpen. Ravenstein.

Lombardo, Giacomo Maria, italienische Grammatik, s.: Locella, Bar. G.

— Religiöse u. soziale Konferenzen. Nach der 2. Aufl. des Originals aus dem Ital. übers. v. Karl Drexler. I. Bd. 1. u. 2. Abtlg. gr. 8. Graz 907. Styria. à 1. 80
1. (XVI u. S. 1—105 m. Bildnis.) — 2. (III, 127 S.)

Lombardo, V. G., Religiöse und soziale Konferenzen. I. Bd. II. Abteilung. Gr.-8°. (127 S.) K 2.—
Verlagsbuchh. „Styria" Graz 1907.

Lombardus, Constantin, s. Lombardus, Konstantin

L(OMBARDUS), J. H.: **Palaestra judiciaria tam civilis quam criminalis.** *Frcf.*, 708. 4.

Lombardus, Konstantin

LOMBARDUS, Constantin (Zante/Griechenl.): De spermatorrhoea. (Titel nach der Urkunde) 26.10.1849 - Urk; F 67
Diss. Ingolst.-Landsh.-Mchn.

Lombeg, Ambrosius von, s. Lombez, Ambroise de

Lomberg, Aug., Auswahl neuerer Gedichte. Für den Gebrauch in Schulen. (64 S.) 8. Langensalza 907. H. Beyer & Söhne. n. —20

— u. Karl **Rumscheidt,** niederrhein. Lesebuch f. evang. Volksschulen. Bearb. v. prakt. Schulmännern u. hrsg. v. L. u. R. Mittel- u. Oberstufe. gr. 8. Bielefeld 897. Velhagen & Klasing. Geb. in Halbldr. n.n. 2. 50; Begleitwort (7 S.) kostenlos.
Mittelstufe. (XII, 262 S. m. Bildern.) n.n. 1. —
Oberstufe. (XVI, 496 S. m. Bildern.) n.n. 1. 50

Präparationen zu deutschen Gedichten. Nach Herbartischen Grundsätzen ausgearb. von Aug. **Lomberg**, Hauptl. in Elberfeld. Heft 1—5. *Langensalza: H. Beyer & Söhne 1896—1903.* 5 Bde 8° [F.]
1. Ludwig Uhland. 1896. 2. Goethe u. Schiller. 1898.
3. Rückert, Eichendorff, Chamisso, Heine, Lenau, Freiligrath u. Geibel. 3. Aufl. 1902.
4. Gellert, Pfeffel, Claudius, Hölty, Bürger, Herder, Hebel, Krummacher, Giesebrecht, Bernhardi, Wilh. Müller, Hoffmann v. Fallersleben, Hauff, Vogl. 1901.
5. Gedichte geschichtl. Inhalts von Simrock, Dahn, Platen, Gerok, Oër, Kopisch, Mosen, Arndt, Körner, Schenkendorf u. a. 2. Aufl. 1903. [03. 11930

Lomberg, Aug., Präparationen zu deutschen Gedichten. Nach Herbartischen Grundsätzen ausgearb. 1. u. 2. Hft. gr. 8. Langensalza 898. H. Beyer & Söhne. n. 3. 90
1. Ludwig Uhland. 2., verm. Aufl. (III, 132 S.) n. 1. 50
2. Goethe u. Schiller. (III, 207 S.) n. 2. 40

Präparationen zu deutschen Gedichten. Nach Herbartischen Grundsätzen ausgearb. von August **Lomberg**. 3., verm. Aufl. H. 1. *Langensalza: H. Beyer & S. 1900.* 8° [F.] [00. 3438 3

Lomberg, Aug., Präparationen zu deutschen Gedichten. Nach Herbartischen Grundsätzen ausgearb. 1.—5. Hft. gr. 8. Langensalza, H. Beyer & Söhne. n. 13. 05
1. Uhland, Schwab u. Kerner. 4. Aufl. (V, 188 S.) 902. n. 2. 40
2. Goethe u. Schiller. 2. Aufl. (V, 216 S.) 899. n. 2. 40
3. Rückert, Eichendorff, Chamisso, Heine, Lenau, Freiligrath u. Geibel. 3. Aufl. (V, 208 S.) 902. n. 2. 50
4. Gellert, Pfeffel, Claudius, Hölty, Bürger, Herder, Hebel, Krummacher, Giesebrecht, Bernhardi, Wilh. Müller, Hoffmann v. Fallersleben, Hauff, Vogl. 2. Aufl. (VI, 250 S.) 902. n. 3. —
5. Gedichte geschichtlichen Inhalts v. Simrock, Dahn, Platen, Gerok, Oër, Kopisch, Mosen, Arndt, Körner, Schenkendorf u. a. (VI, 220 S.) 902. n. 2. 75

Lomberg, August: Prpäparationen zu deutschen Gedichten. Nach Herbartischen Grundsätzen ausgearb. von August Lomberg, Rektor in Elberfeld. 5. Aufl. H. 1. Langensalza: H. Beyer & Söhne 1904. 8°

— **Präparationen zu deutschen Gedichten. Nach Herbartischen Grundsätzen ausgearb. 1.—6. Heft. gr. 8. Ebd. n. 17. 90**
1. Uhland. Schwab u. Kerner. 6. Aufl. (V, 190 S.) 906. 2. 50
2. Goethe u. Schiller. 6. Aufl. (V, 274 S.) 906. 3. 60; geb. 4. 40
3. Rückert, Eichendorff, Chamisso, Heine, Lenau, Freiligrath u. Geibel. 5. Aufl. (VI, 226 S.) 906. 2. 80; geb. 3. 60
4. Gellert, Pfeffel, Claudius, Hölty, Bürger, Herder, Hebel, Krummacher, Giesebrecht, Bernhardi, Wilh. Müller, Hoffmann v. Fallersleben, Hauff, Vogl. 4. Aufl. (VI, 252 S.) 905. 3. 20; geb. 4. —
5. Gedichte geschichtlichen Inhalts v. Simrock, Dahn, Platen, Gerok, Oër, Kopisch, Mosen, Arndt, Körner, Schenkendorf u. a. 3. Aufl. (VI, 220 S.) 908. n. 2. 80
6. Neuere u. neueste Dichter: Allmers, Avenarius, v. Droste-Hülshoff, Fontane, Hebbel, Keller, v. Liliencron, Meyer, Mörike, Storm u. a. (VI, 239 S.) 907. 3. —; geb. 3. 80

Präparationen zu deutschen Gedichten. Nach Herbartischen Grundsätzen ausgearb. von August **Lomberg**, Rektor. 7. Aufl. H. 1. Langensalza: H. Beyer & Söhne 1907. 8° [F.] [07. 9919

Lomberg, Aug., Präparationen zu deutschen Gedichten. Nach Herbartischen Grundsätzen ausgearb. 6 Hefte. gr. 8. Langensalza, H. Beyer & Söhne. 19.—; geb. n 23. 80
1. Uhland, Schwab u. Kerner. 9. Aufl. (V, 216 S.) 910. 3.—; geb. n 3. 80
2. Goethe u. Schiller. 8. Aufl. (V, 288 S.) 910. 3.60; geb. n 4. 40
3. Rückert, Eichendorff, Chamisso, Heine, Lenau, Freiligrath u. Geibel. 7. Aufl. (VI, 238 S.) 909. 3.—; geb. n 3. 80
4. Gellert, Pfeffel, Claudius, Hölty, Bürger, Herder, Hebel, Krummacher, Giesebrecht, Wilh. Müller, Hoffmann v. Fallersleben, Hauff, Vogl. 6. Aufl. (VI, 258 S.) 910. 3.20; geb. n 4. —
5. Gedichte geschichtl. Inhalts v. Simrock, Dahn, Platen, Gerok, Oër, Kopisch, Mosen, Arndt, Körner, Schenkendorf u. a. 5. Aufl. (VI, 233 S.) 908. 3.20; geb. n 4. —
6. Neuere u. neueste Dichter: Allmers, Avenarius, v. Droste-Hülshoff, Fontane, Hebbel, Keller, v. Liliencron, Meyer, Mörike, Storm u. a. 3. Aufl. (VI, 241 S.) 910. 3.—; geb. n 3. 80

— **Friedrich Schiller in seinem Leben u. Wirken. Der deutschen Jugend dargestellt. (IV, 110 S. m. 15 Abbildgn. u. Titelbild.) gr. 8. Ebd. 905. Geb. n. — 75**

Lomberg, Aug., grosse od. kleine Schulsysteme, s.: Magazin, pädagogisches.

— über Schulwanderungen im Sinne des erziehenden Unterrichts. 2., verm. Aufl. gr. 8. (IV, 118 S.) Langensalza 893. H. Beyer & Söhne. n. 1. 30

— Über Schulwanderungen im Sinne des erziehend. Unterrichts. 3. Aufl. (IV, 116 S.) gr. 8. Ebd, 907. 1.50

— sollen in der Volksschule auch klassische Epen u. Dramen gelesen werden?, s.a. Magazin, pädagogisches. 214. Hft.

Sollen in der Volksschule auch klassische Epen und Dramen gelesen werden? Von August Lomberg, Rektor in Elberfeld. *Langensalza: H. Beyer & Söhne 1903.* (15 S.) 8°
= Magazin, Pädagogisches. H. 214. (04. 1230

Lomberg, J. W., über den Geist d. neuesten philosophischen Schule. 8. Augsb. Kranzfelder. 805.

Lomberg, Jos.: Exercitatio publica 1—8. Bonnae.
1. De anarchia et civitate. 1775.
2. De monarchia nec non de juribus majestatis immanentibus. 1775.
3. De suprema potestate judiciaria. 1775.
4. De politia et jure sacrorum. 1775.
5. De dominio eminenti ceu jure imperantis. 1776.
6. De jure belli et pacis foederum atque legatorum. 1776.
7. De modis imperii civilis juste adquirendi. 1776.
8. De superioritate territoriali statuum imperii. 1776.

Lomberg, Jos. Vital, Abhandlung von Abstellung der Missbräuche bei den Zünften und Handwerkern in den deutschen Reichslanden. 4°. Bonn 1779.

— d. Einsamen auf dem Schwarzwalde. Gedanken u. Gespräche über den Geist d. neuesten philosoph. Schule rc. 8. Augsb. 805. Kranzfelder. 8 gl.

Lomberg, Jos. Vital., († d. 21. Mai 1805.) systemat. Grundlehre d. deutschen Staatsrechts. 1r Thl. gr. 8. Bonn 787. Hermann in Frankf. 16 gl.

Lomberg, Jos. Vitalianus, Historisch-politische Staatsrechts-Abhandlung von Abstellung der Missbräuche bei den Zünften und Handwerkern. Bonn 1779.

Lomberg, O., über Schulwanderungen. 8. (IV, 88 S.) Langensalza 887, Beyer und Söhne. *

Lombez, Ambroise de

Lombez, A. v.: Über die innere Freude, s.a. Leitsterne. 2r Supplem.-Band.

Lombez, A. de. Über die innere Freude. A. d. Franz. Regensburg 1840. Ü: *Däzl, Georg Anton.* (Th)

Lombez, Ambr. v., über die Freuden der christlichen Seele. Aus dem Französ. übers. nach der neuesten Ausg. des Originals. 2., verb. Aufl. Regensburg 865. Manz. 8. (166 S.) 15 ngr.

v. Lombez, A., († ...) Abhandl. vom innern Frieden; aus d. Französ. 8. Augsb. 766. Rieger. 10 gl. N. Aufl., s. Leitsterne rc. Supplement.

Lombez, Ambroise de. Über den innern Frieden. Übersetzt ... O. O. 1831. 2. Aufl. 1840. Ü: *Däzl, Gg Ant.* (Th)

Lombez, der Seelenfrieden s.a. Bibliothek, ascetische.

Lombez, der Seelenfrieden. Nach dem Franz. v. Ewald Bierbaum. gr. 16. (IV, 320 S.) Freiburg i/Br. 876. Herder. 1. 80

Lombez, der Seelenfriede. Nach dem Franz. v. Ewald Bierbaum. 2., verb. Aufl. (Ascetische Bibliothek.) 12. (IX, 336 S.) Freiburg i/B. 894. Herder. n. 1. 80; geb. in Leinw. n. 2. 50

Lombez, Ambros. v., O. F. M., der Seelenfriede. Nach L. bearb. v. Ewald Bierbaum. 3., verb. Aufl., hrsg. v. Athanas. Bierbaum, O. F. M. (Aszetische Bibliothek.) (XI, 329 S.) kl. 8. Freiburg i/B. 910. Herder. 2.20; geb. in Kunstldr. 2.80

Lombroso, Cesare, d. Anarchisten. Eine kriminalpsycholog. u. sociolog. Studie. Nach d. 2. Aufl. d. Originals deutsch hrsg. v. Hans Kurella. gr. 8. (VIII, 139 S. m. 5 Abb. u. 1 farb. Taf.) Hamburg 895. Verlagsanstalt u. Druckerei. n. 5. —; geb. n.n. 7. —

Lombroso, C., der Antisemitismus u. die Juden im Lichte der modernen Wissenschaft. Autoris. deutsche Ausg. v. H. Kurella. 8. (VIII, 114 S. m. 1 Tab.) Leipzig 894. G. H. Wigand. n. 2. —

Lombroso, Cesare, der Antisemitismus u. d. Juden im Lichte d. mod. Wissenschaft. 8. (VIII, 114 S. m. 1 Tab.) Leipzig 894. [G. H. Wigand.] M. Spohr. n. 2. —

Lombroso, Ces., klinische Beiträge zur Psychiatrie. Physikalische, statistische Studien u. Krankengeschichten. Mit Genehmigung des Verfassers gesammelt u. aus dem Italien. übertragen von M. O. Fraenkel. Leipzig 869. O. Wigand. gr. 8. (XII, 202 S. mit 1 Tab. in Fol.) n. 1 ₰ 6 ngr.

Entartung und Genie. Neue Studien von Cesare Lombroso. Gesammelt u. unter Mitw. d. Verf. deutsch hrsg. von Dr. Hans Kurella. Mit 12 Taf. Leipzig: G. H. Wigand; [Spohr] 1894. XI, 308 S. 8°
(Bibliothek f. Sozialwissenschaft. 15.) (11. 18040

Lombroso, Cesare, hypnotische u. spiritistische Forschungen. (Berecht. Übersetzg. v. Carl Grundig.) (XVI, 384 S. m. 66 Abb. im Text u. auf 21 [1 farb.] Taf.) 8. Stuttgart (910). J. Hoffmann. 6.—; geb. 7.—

— neue Fortschritte in den Verbrecherstudien. Autoris. Uebersetzg. aus dem Ital. v. Hans Merian. gr. 8. (XII, 476 S. m. 38 Abbildgn. u. 2 Taf.) Leipzig 894. W. Friedrich. n. 12. —

— neue Fortschritte in den Verbrecherstudien. Autoris. Übersetzg. aus dem Ital. v. Hans Merian. Mit 38 Textillustr. u. 2 Taf. Neue [Titel-]Ausg. gr. 8. (XI, 348 S.) Gera [894.] 899. C. B. Griesbach. n. 6. —

Lombroso, Cesare, Genie und Irrsinn in ihren Beziehungen zum Gesetz, zur Kritik und zur Geschichte, s. Universal-Bibliothek Nr. 2313—2316.

— Handbuch d. Graphologie, s.: Universal-Bibliothek.

Lombroso, Cesare: Kerker-Palimpseste, Wandinschriften und Selbstbekenntnisse gefangener Verbrecher gesammelt u. erl. von –. Vom Verf. deutsch hrsg. in Verbind. mit Dr. med. H[ans] Kurella. Mit 20 Text-Ill. u. 2 Taf. Hamburg: Verlagsanst. u. Dr. A.-G. 1899. (VIII, 318 S.) 8°

— d. Lehre v. d. Pellagra. Ätiologische, klin. u. prophylakt. Untersuchungen. Unt. Mitwirkg. d. Verf. deutsch hrsg. v. Hans Kurella. gr. 8. (XVI, 230 S. m. 5 lith. Taf.) Berlin 898. O. Coblentz. n. 7. —

— der geniale Mensch. Autoris. Übersetzg. v. M. O. Fraenkel. gr. 8. (XXXI, 447 S. m. 2 Taf.) Hamburg 890. Verlagsanstalt u. Druckerei, A.-G. n. 10. — geb. n. 12. 50

Lombroso, Cesare, Studien üb. Genie u. Entartung s.a Universal-Bibliothek.

Studien über Genie und Entartung (Genio e degenerazione). Von Cesare **Lombroso**. Autor. Übers. aus d. Italien. von Dr. Ernst Jentsch. Mit e. Bilde Lombrosos. Leipzig: Reclam (1910). 256 S. 8°
(Universal-Bibliothek. 5218 5220.) [10. 1199

— die Ursachen u. Bekämpfung des Verbrechens. Autoris. Übersetzg. v. Hans Kurella u. E. Jentsch. gr. 8. (IV, 403 S.) Berlin 902. H. Bermühler. n. 8. —; geb. n. 10. —

⑧ — Die Ursachen u. Bekämpfung des Verbrechens. 902. (KBL 32.) Ladenpr. aufgehob.

—— der Verbrecher in anthropologischer, ärztlicher und juristischer Beziehung. In deutscher Bearbeitung von M. O. Fraenkel. Mit Vorwort von v. Kirchenheim. gr. 8. (XXXI, 562 S.) Hamburg 887, Verlagsanstalt und Druckerei, A.-G., vormals J. F. Richter. *ℳ 15.—.; geb. *

—— Der Verbrecher in anthropologischer, ärztlicher u. juristischer Beziehung. In deutscher Bearbeitg. v. M. O. Fraenkel. 2. Bd. gr. 8. (IV, 412 S. m. 1 Taf.) Ebd. 890. * 12 —; geb. * 14 50

— d. Verbrecher (homo delinquens) in anthropolog., ärztl. u. jurist. Beziehg. 3. Bd. Atlas m. erläut. Text. In deutscher Bearbeitg. v. H. Kurella. gr. 8. (II, 29 S. m. 64 Taf.) Hamburg 896. Verlagsanstalt u. Druckerei. 15. — (kplt.: n. 42. —)

— u. R. Laschi, der politische Verbrecher u. die Revolutionen in anthropologischer, juristischer u. staatswissenschaftlicher Beziehung. Unter Mitwirkg. der Verff. deutsch hrsg. v. H. Kukula. 2 Bde. gr. 8. (VII, 280 u. 287 S. m. 9 Taf.) Ebd. 891. 892. n. 16. —; geb. in 1 Halbfrz.-Bd. n.n. 18. —

— Neue Verbrecherstudien. Autoris. Übersetzg. aus dem Ital. v. Ernst Jentsch. Mit 35 Abbildgn. im Text u. auf 2 Taf. (VIII, 225 S.) gr. 8. Halle 907. C. Marhold. 4.50; geb. in Leinw. 5. 50

Lombroso, C(esare), u. G[uglielmo] Ferrero: Das Weib als Verbrecherin und Prostituirte [La donna delinquente, la prostituta e la donna normale; 1893]. Anthropolog. Studien, gegr. auf e. Darst. d. Biologie u. Psychologie des normalen Weibes. Autoris. Übers. v. H[ans] Kurella. Mit Abb. — Hamburg: Verl.-Anst. u. Dr. A.-G. 1894. XVI, 590 S. 8°

Lombroso, Paola, Kodak, s.a. Universal-Bibliothek.

Lombroso, Paola: Kodak. Skizzen aus d. italien. Leben von –. Autor. Übers. von Kaethe Rosenfeld. Mit e. Vorw. von Dr. Ernst Jentsch u. d. Bilde d. Verf. Leipzig: Reclam [1908]. 166 S. 8°
(Universal-Bibliothek. 5019. 5020.)

— Das Leben der Kinder, s.a. Monographien, pädagog. VI.

Lombroso, Paola. Das Leben der Kinder. Von –. Autor. Übers. von Helene Goldbaum. Mit 32 Abb. Leipzig: Nemnich 1909. IV, 112 S. 8°
(Pädagog. Monographien. Bd 6.)

Lomeier, Eduard, s. Lohmeyer

LOMELLI, Fernando, der kühne Räuber, oder die Höhlen der Rache. 3 Lfrgn. (Thle.) Dresden, 1828, 29, 29. Zu haben bey dem Buchbinder H. B. Brückmann, Breitegasse Nr. 63. 8°.
136, 136 u. 150 S. Zahm. — Fehlt bei Kayser.

Lomellino, der Graf, od. der Bund der Freunde für Freiheit u. Recht. 4 Thle. 8. Danzig 804, 5. N. A. ... (Hinrichs in Leipz.) 3 ℛ 4 𝒢

Die Grafen **Lomellino**, oder Der Bund der Freunde für Freyheit und Recht. Bd 1. 2. Danzig: Goldstamm 1804 bis 1805. 8°

[N. Ausg. u. d. Tit.:]
° Lomellino, die Grafen von Genua, oder Der Bund der Unsichtbaren. Eine romantische Darstellung vom Verf. der Ruinen aus den Sagen des Nordens. Neue Ausg. Bd 1—4. Leipzig: Hinrichs 1811. 8°
TB. 182, 203.

Lomer, E., Singrün. Ein Sammelbuch f. Blumen u. Blumenbilder. M. ein. schlichten Versen. gr. 8. (228 S.) Leipzig 897. Pöschel & Trepte. Geb. 3. —

Lomer, Geo., Bismarck im Lichte der Naturwissenschaft. (VII, 160 S.) 8. Halle 907. C. Marhold. 3.—; geb. in Leinw. 3. 75

Lomer, Geo., Gedichte in Moll. (62 S.) 8. Dresden 906. E. Pierson. n. 1. 50; geb. n. 2. 50

Jesus Christus vom Standpunkte des Psychiaters. Eine krit. Studie f. Fachleute u. gebildete Laien von Dr. de Loosten [d. i. Dr. Georg **Lomer**]. Bamberg: Handels-Dr. (1905). (104 S.) 8° [05. 8912

— Liebe u. Psychose, s.a. Grenzfragen des Nerven- u. Seelenlebens.

Liebe und Psychose. Von Dr. Georg **Lomer**. Wiesbaden: J.F. Bergmann 1907. (IV, 55 S.) 8°
— **Grenzfragen** d. Nerven- u. Seelenlebens. H. 49. [07. 4487

— Kurzgefasster praktischer Ratgeber f. Irrenärzte u. solche, die es werden wollen. (VII, 32 S.) Lex. 8. Wiesbaden 908. J. F. Bergmann. 1. —

Lomer, Georg, Unterarzt im Leib-Gren.-Reg. König Friedr. Wilh. III. (1. Brandenb.) No 8, aus Loosten: Ueber die Verkalkung der Fibromyome des Uterus mit besonderer Berücksichtigung des gleichzeitigen Vorkommens von Pyosalpinx. *Berlin (1901): E. Ebering.* (30 S.) 8°
Berlin, Med. Diss. v. 22. Nov. 1901

— Vineta. Eine Geschichte. (222 S.) 8. Dresden (907). E. Pierson. 2.50; geb. n 3. 50

Vineta. Eine Geschichte v. Georg Lomer. Dresden. [1910.] 8°

— Die Wahrheit üb. d. Irrenanstalten. Der breitesten Öffentlichkeit gewidmet. (39 S.) Lex. 8. Wiesbaden 909. J. F. Bergmann. 1. —

Lomer, Heinr., Verbreitung der Pelzthiere auf unserer Erdoberfläche. gr. 8. (8 S.) Leipzig 872, (Hinrichs' Verlag.)
Aus: Jahresbericht des Vereins von Freunden der Erdkunde zu Leipzig, besonders abgedruckt.

Lomer, Leo, approb. Arzt aus Leipzig: Zur Kasuistik der Urethralfremdkörper und der Strangulation des Penis. *Leipzig 1903: Pöschel & Trepte.* (31 S.) 8°
Leipzig, Med. Diss. v. (22. Mai) 1903

Lomer, Richard

Lomer, üb. künstlichen Abortus bei Allgemeinerkrankung der Mutter. [Aus: „Der Frauenarzt".] gr. 8. (40 S.) Neuwied 894. Heuser's Verl. n. 1. —

Lomer, Rich., über künstlichen Abortus bei Allgemeinerkrankungen der Mutter. 2. Aufl. gr. 8. (57 S.) Leipzig 899. M. Spohr. n. 1. 50

— zur Beurtheilung des Schmerzes in der Gynäkologie. Mit e. Vorwort v. A. Saenger. gr. 8. (VII, 82 S.) Wiesbaden 899. J. F. Bergmann. n. 2. —

Lomer, R., über Blutungen in der Geburtshilfe und Gynäkologie, s. Sammlung klinischer Vorträge.

Lomery, ..., Darstell. e. prakt. bewährten Verfahrungsart, den Weinstock vor dem Verbluten zu schützen u. d. Reife d. Weintrauben zu befördern; aus d. Französ. von Ign. v. Münck. 8. Wien 819.

Lometsch, F. R. s. a. Repertorium über d. westphäl. bürgerl. Proceß-Ordnung.

Lometsch, F. R., Repertorium üb. die westphälisch bürgerliche Prozeß-Ordnung. gr. 8. Marb. Krieger. 811.

Lometsch, K. A. G., s. Handbuch zur Kenntniß d. westphäl. Gesetze, u. setze hinzu: (von K. A. G. Lometsch).

Lomira Wind: 1894—1895. Lomira, WI
Weekly. Edited by George W. Sommers.

Lomler, Friedrich Wilhelm

– s. a. Laodes.

Lomler, Fr. Wilhelm, s. Chrysostomus, Johannes: Opera.

LAODES, Frdr. (d. i. *Friedr. Wilh. Lomler,* Superint. zu Heldburg bei Koburg; vgl. Rassmann, Pantheon, S. 203), Erzählungen (15) aus dem Reiche der Wirklichkeit und der Phantasie. 2 Bde. Mit 1 TKpf. Koburg u. Leipzig, bei J. C. D. Sinner, 1800—1. — *A. E.:* Schleusingen, gedr. von J. G. Müller. Kl. 8⁰. Zahm.
I: VIII—416 S. u. 1 Bl. Err.
II: Tit., 1 Bl. u. 332 S., nebst 1 Bl. Err.

— — aus dem Reiche der Wirklichkeit und der Phantasie .... (von *Friedr. Wilh. Lomler*). Leipzig und Coburg 1801.
Anon.-Lex. II. p. 60 (nach Meusel).

Lomler, Fr. Wlh., Fabeln in vier Büchern. 8. Halberst. 821. (Schreck in Leipz.) 9 gr. Mit Kpf. 12 gr.

Lomler, F. W., Fabeln in vier Büchern. 8. Halberstadt, Vogler. 821.

— Fabeln in 4 Büchern. 8. Halberst. 821, jetzt Brüggemann.

Lomler, F. W., Gumal u. Lina. Drama in 2 A., nach Lossius. 8. Gotha 810. F. Perthes. 5 gr.

– s. Jacobine la Serre.

— Jesus Christus, oder Predigten auf alle Sonn- u. Festtage des ganzen Jahres über neugeordnete evangel. Texte. 8 Hfte. gr. 8. Hildburgh. 820—22. Kesselring. 2 Rthlr.

— s. Luthers deutsche Schriften.

Lomler, Friedr. Wilh., Predigerzeitung, s. Predigerzeitung.

Lomler, Friedr. Wilh., einige Predigten, welche bei e. Amtsveränderung gehalten worden sind. 8. (3 B.) Saalfeld 829. (Leipzig, Reclam.)

— einige Predigten, welche bei einer Amtsveränderung gehalten worden sind. 8. Saalfeld 830. (Reclam in Leipz.) 4 gr.

—— die heiligsten Stunden im Leben d. Christen. Ein Communionb. f. Alle, welche sich e. göttl. Erlösers bedürftig fühlen. gr. 12. (13⅔ B.) Neustadt a. d. O. 837, Wagner.

Lomm, s.a. Lom

Lomm, Jodocus van

Lommius, Jodocus, Comment. de sanitate tuenda in primum librum de re medica C. *Celsi.* Edit. tert. 320 pp. Lug. 1784. Amst. 1761. Vindob. 1794.

1734

Lomm, Jodocis, commentarii in Aurel. Cornel. Celsum de sanitate tuenda; novam edid. cur. J. Eyerel. 8maj. Wien 794. Rötzl. 1 Rthlr. 12 gr.

Lomm, I., commentarii in Celsum de sanitate tuenda, 8. maj. Vien. Roetzl. (Kaulfuss.) 794.

— — id. l. gr. 8. Lps. Hilscher. (Comt. f. Litt.) 784.

Iodoci Lommii [van Lomm] Observationum medicinalium libri 3, quibus omnium morborum signa, et quae de his haberi possunt praesagia, accuratissime pertractantur, opusculum aureum, nunc denuo ed. cum praef. Georgii Wolffgangi Wedelii [Wedel]. Ed. novissima, omnibus prioribus corr. Ienae: Bielckius 1739. 328 S. 8°

Lomm, opera medica. III Vol. 8. Amsterdam. Wettstein. 761.

D. *Joh. Henr. Lommi* oratio de neceſſitate matheſeos in phyſica. Brem. Herm. Jaeger. 4. 1730.

Lomm, Wilhelm, approb. Arzt aus Barmen: Die Verbreitung der Krebskrankheit mit besonderer Berücksichtigung des Königreichs Bayern. *München 1900: Kastner & Lossen.* (35 S.) 8°
München, Med. Diss. v. 1901

Lommatzsch [Schlagwort]

Lommatzsch, s.: Sachsen. Karte. Messtischblätter.

Lommatzsch-Leuben, s.: Geologische Karten (Sachsen).

Lommatzsch [Verfasser]

Lommatzſch, Leitfaden d. ſächſiſchen Geſchichte. gr. 8. (IV, 117 S. m. 1 Stammtaf.) Dresden 895. W. Baenſch. n. 1. 20

Lommatzſch, Alfr., der Renegat. Eine Novelle aus Algier. 8. (III, 131 S.) Erfurt 872. Brodmann n. 1. —

Lommatzsch, Bernh. Heinr. Carl, De deo Spinozae. comm. critic. Jena (Schlotter) 11. III. 1815. 13 S. (4.50) 21582

Lommatzſch, B. H. C., Tafel-Anſicht der Rechtſchreibe-Regeln hochdeutſcher Sprachweiſe. Jena, Schmid. 819.

Lommatzsch, B. H. C., die Weisheit d. Empedocles nach ihren Quellen u. deren Auslegung philosophisch bearb., nebst e. metr. Uebersetz. d. noch vorhand. Stellen seines Lehrgedichts üb. d. Natur u. d. Läuterungen, so wie seiner Epigramme. gr. 8. (20 B.) Berlin 830, Reimer.

Lommatzſch, Bernh. Heinr. Carl, die Wiſſenſchaft d. Ideals, od. d. Lehre v. Schönen. gr. 8. (37 B.) Berlin 835, Geo. Reimer.

Lommatzſch, C. A. W., Feſtpredigt z. Gedächtniß Johannes d. Täufers u. Johannes Gutenbergs. gr. 8. (2 B.) Jena 840, Frommann.

Lommatzſch, C. A. W., Predigt über Luc. 23, 26—34. gehalten am Charfreitag 1848 zu Schwandt bei Neubrandenburg. gr. 8. (14 S.) Neubrandenburg 848, Brünslow.

Lommatzsch, Carl, s. Lommatzsch, Karl

Lommatzsch, Carl Friedrich Maximilian, s. Lommatzsch, Karl Friedrich Maximilian

Lommatzsch, Carl Heinrich Eduard, s. Lommatzsch, Karl Heinrich Eduard

Worte des Gedächtnisses für Adolf Tobler. (Verf.: Erhard Lommatzsch.) (Berlin 1910.) 9 S. 8° [10. 16435]

Lommatzsch, Ernest, Lexicon Petronianum, s.: Segebade, Ioa.

Lommatzsch, Ernestus, Phil. Dr.: Prolegomena in Vegeti digestorum artis mulomedicinae libros. *Lipsiae 1903: B. G. Teubner.* (XLII S.) 8°
Freiburg i. B., Phil. Hab.-Schr. v. 1903

Lommatzsch, *Franciscus Otto* Ernestus [Saxo Meiningensis]: Quaestiones Iuvenalianae ... Lipsiae, typ. B. G. Teubneri, 1895; 33 S., 1 Bl. 8.
Bonn, Phil. Fak., Inaug.-Diss. v. 1. März 1895

— quaestiones Iuvenalianae. Insunt glossae Pithoeanae interlineares nunc primum editae. [Aus: „Jahrbb. f. class. Philol., 22. Suppl.-Bd."] gr. 8. (134 S.) Leipzig 896. B. G. Teubner. n. 4. 40

Lommatzsch, Ernst, u. Karl Lommatzsch, Wegweiser zur Erlangung akademischer Würden, s.: Baumgart, Max.

Lommatzsch, Franz Otto Ernst, s. Lommatzsch, Ernst

Lommatzsch, Georg [aus Dresden]: Die Bewegung des Bevölkerungsstandes im Königreiche Sachsen während der Jahre 1871—1890 und deren hauptsächlichste Ursachen ... Dresden, Druck v. W. Baensch, 1894; VI, 157 S., 1 Bl. Kt. 8.
Tübingen, Staatswiss. Fak., Inaug.-Diss. v. 1894
(Nicht für den Austausch)

Lommatzsch, Geo., die Bewegung des Bevölkerungsstandes im Königr. Sachsen während der J. 1871—1890 u. deren hauptsächlichste Ursachen. gr. 8. (VIII, 157 S. m. 1 farb. Kartentaf.) Dresden 894. W. Baensch. 8. —

Lommatzſch, Gfried. Leberecht, Aphorismen über Pferdezucht, den ſächſ. Landwirthen gewidmet. gr. 8. (16 S.) Meißen 855, Klinkicht und Sohn.

Lommatzſch, Johanna, Skizzen aus Algerien. gr. 16. (116 S.) Erfurt 872. Brodmann. n.n. — 75

Lommatzsch, K. E. H. Skizzen aus und zu einer Biographie Fénelon's. Jubiläumsschr. Wittenberg 1869. 15 S. Progr.

Lommatzsch, Karl

Lommatzſch, Carl, Geſchichte des 4. Infant.-Regiments Nr. 103. Im Auftr. des Rgts. verf. (VIII, 525 S. m. 1 Bildnis.) gr. 8. Dresden 909. C. Heinrich. 9. —

Lommatzsch, Karl Friedrich Maximilian

— Carl Friedr. Maxim., Ad phosphorum. Diss. med. Präs. Theod. Ruete. Lpz. (L. Schnauss) 16. VIII. 1860. 23 S. mit Biogr. (M.: Joh. Schulze.) (2.50) 21583

Lommatzsch, Karl Heinrich Eduard

Lommatzsch, Carolus Henricus Eduardus. De origine et progressu haeresis Origenianae partic. I. [Gelegenheitsschrift.] Lipsiae 1846.

Lommatzſch, K. H. Ed., ſ. *Origenis* Opera.

— s. Schleiermacher's, Fr., ſämmtl. Werke, 3. Abthl.

Lommatzsch, Car. Henr. Eduard.: Theses theologicae. Berolini (1829). (2 Bl.) 4°
Berlin, Theol. Thes. v. 31. Jan. 1829

Lommatzſch, Karl Hnr. Gf., († d. 17. Aug. 1834.) Begräbniß-collecten, ein liturg. Verſuch. 8. Zittau 815.

Lommatzſch, K. H. G., ſ. Einſiedler, d., auf d. Oybin.

— doppelte Jubelfeyer ꝛc. 4. Zittau, Schöps. 806.

— doppelte Jubelfeier, welche in d. Kirche zu Großschönau d. 17. u. 18. November 1815 feierlich begangen worden. 8. Zittau 816. Schöps. 6 Gr.

— Kanzelvortrag über d. geistl. Traurigkeit. 8. Jena 798.

— d. evangel. Kirche an ihrem großen Jubelfeste. Eine Predigt d. 31. Oct. 1817 zu Annaberg gehalten. 8. Annab. 817.

— kurze Lebensbeschreibung seines Vaters, (C. G. Lommatzsch), nebst dessen letzter Predigt. 8. Leipz. 795.

— einige patriot. Lieder u. Gedichte. 8. Zittau 816.

Lommatzsch, (C. H. G.,) Narratio de Fr. Myconio, primo Dioeceseos Gothanae Superint. atque Ecclesiae et Acad. Lipsiensis antehaec triafere Secula Reformatore, quam Speciminis inaug. loco aequorum censor. examini submittit. 8 maj. Annab. 825, Hasper. (Lips., Cnobloch.)

Lommatzsch, K. H. G., Predigt zur Gedächtnißfeyer der 50jährigen Regierung Sr. Maj. des Königs von Sachsen Friedr. Augusts. gr. 8. Annaberg, Freyer. 819.

— Predigt bei d. Rückkehr Friedrich Augusts, am 18. Juni 1815. gr. 8. Zittau 815. Schöps. 4 Gr.

— Predigt vom hohen Werthe d. Glaubens an d. göttl. Vorsehung. 8. Oschatz 801.

— einige Predigten in Beziehung auf d. Ereignisse d. Zeit, seit 1809 – 14 gehalten. gr. 8. Zittau (814.) Schöps. 20 Gr.

— 2 Predigten zum Andenken an die in dem letzten Völkerkampfe gebliebenen Krieger. gr. 8. Zittau 815. Schöps. 4 Gr.

— s. Rathgeber f. Handwerksgesellen.

— Rede vor d. feierl. Vereidung eines Bataillons Landwehrmänner im Markgrafth. Ober-Lausitz, am 31. Jan. 1814. gr. 8. Zittau 814. Schöps. 2 Gr.

— Rede von den Vortheilen wohlgebrauchter Einsamkeit. gr. 8. Leipz. 792. (W. Rauck). 2 Gr.

— d. Ruf d. Zeit. Predigt am Neujahrstage 1819. gr. 8. Annab. 819. Freyer. 3 Gr.

— Siegespredigt nach glorreich errungener Einnahme d. Stadt Paris, am allgem. Dankfeste d. 17. April 1814 zu Zittau unter freiem Himmel gehalten. 8. Zittau 814.

* — von den **Vortheilen** wohlgebrauchter Einsamkeit. 8. Leipz. Sommer. 791.

Lommatzsch, K. H. G., serenissimo Duce de Wellington insig. victoriam haud procul a villa la Belle Alliance, d. 18. Jun. 1815, nebst deutsch. Uebersetzung. gr. 8. Zittau, Schöps.

Druckp.

— v. hohen Werthe d. Glaubens an die göttliche Vorsehung. gr. 8. Leipz. 802. Andrä. 2 Gr.

Lommatzsch, K. H. G., v. hohen Werthe d. Glaubens an die göttl. Vorseh. gr. 8. Lpz. Kleefeld. 802.

— einige Worte d. religiösen Erbauung bei d. Kirchenweihe d. 3ten Bataillons Landwehrmänner, d. 21. Mai 1814 zu Zittau gehalten. 8. Zittau 814.

Lommatzsch, Siegfr. Geschichte der Dreifaltigkeitskirche zu Berlin. Im Zusammenhange der Berliner Kirchengeschichte dargestellt. Festschrift zum 150jähr. Jubiläum der Kirche. 4. (VII, 170 S. m. 2 Lichtdr.-Taf.) Berl. 889, G. Reimer. * 2 —

Lommatzsch, Siegfr., Luther's Lehre vom ethisch-religiösen Standpunkte aus und mit besond. Berücksicht. seiner Theorie vom Gesetze dargestellt. gr. 8. (XV, 670 S.) Berlin 879, Schleiermacher. *

Lommatzsch, Siegfried, Schleiermacher's Lehre vom Wunder u. vom Uebernatürlichen im Zusammenhange seiner Theologie u. m. besond. Berücksicht. der Reden üb. die Religion u. der Predigten dargestellt. gr. 8. (XIV, 363 S.) Berlin 872. Mittler & Sohn. n. 6. 40

Lommatzsch: Quomodo Plato et Aristoteles religionis ac rei publicae principia coniunxerint ex utriusque philosophandi ratione explanatur. Berlin 1863.
Schul-/Univ.-Schrift

Lommatzsch, Siegfr. Otto Nathanael: Theses theologicae. Berolini (1860). (2 Bl.) 4°
Berlin, Theol. Thes. v. 20. Jan. 1860

Lommatzsch, Waldemar, s.: Civis romanus.

Lomme-Ordbog til Brug f. Franskmaen og Danske, s. Dictionnaire.

Lomme-Ordbog, ny dansk-tydsk og tydsk-dansk, s. Taschen-Wörterbuch.

—— italiensk, s. Dizionario.

Lommel, Armin, s.a. Armin.

Lommel, Arnim oder Hermann der Cherusker Fürst. 8. Nürnberg 839. Campe. 1/3 Thlr.

Lommel, ..., Psyche. Fragment der Anthropologie. 8. Würzburg 829. (Strecker). Velinp. 8 Gr.

Lommel (Chph. Aloys). Frankengeschichte. (Aus G. Lommel's alten Franken zusammengestellt.) Bd. 1: Vom Urbeginne bis z. Jahr 1350. Würzburg 1842. (Im Selbstverl. d. Vf.) 8°. Ppb.
4 Bll., 505 S.

Lommel, E. [aus Thièle]: Beiträge zur Kenntniss des pathologisch-anatomischen Befundes im Mittelohr und in den Keilbeinhöhlen bei der genuinen Diphtherie (25 Sectionsberichte). Wiesbaden 1896. 46 S. 8°.
Basel. Med. Diss. 1896/97.

Lommel, Eugen

Lommel, E. v., Berechnung v. Mischfarben. [Aus: „Abhandlgn. d. k. bayer. Akad. d. Wiss."] gr. 4. (25 S. m. 2 Taf.) München 891. (Franz' Verl.) n.n. 1. —

Lommel, E., die Beugungserscheinungen einer kreisrunden Oeffnung und eines kreisrunden Schirmchens theoretisch und experimentell bearb. gr. 4. (65 S. mit 6 lithogr. Taf.) München 884, (Franz'sche Buchh.) **
Aus: Abhandlungen der k. bayr. Akademie der Wissenschaften, besonders abgedruckt.

Lommel, E., die Beugungserscheinungen geradlinig begrenzter Schirme. gr. 4. (136 S. mit 8 Stnt.) München 886, (Franz' Verlag.) **
Aus: Abhandlungen der k. bayer. Akademie der Wissenschaften, besonders abgedruckt.

***Lommel**, Eugen, von Edenkoben, Bayern: Einige Druckschriften über Physik und Mathematik.
Promotion vom 23. Dec. 1865.

Lommel, Eugen von, Dr.: **Die Entwickelung der Physik im neunzehnten Jahrhundert.** *München 1898: C. Wolf & Sohn.* (18 S.) 4° [F.]
München, Rede bei Antritt d. Rektorats 1898

Lommel, E. Über Fluorescenz. 1871.

Lommel, E., über die Interferenz des gebeugten Lichtes. gr. 8. (IV, 59 S. mit 5 lithogr. Taf.) Erlangen 874, Besold. *
—— dass. — 2.—4. Mittheilung. gr. 8. (13; 10; 8 S.) Ebendas. 875,76. à * 40 Pf. *

Lommel, E. üb. die Interferenz d. gebeugten Lichtes. 1—4. Mittheilg. Mit 5 lith. Taf. gr. 8. (IV, 59, 13, 10 u. 8. S.) Erlangen 875. 76. Besold. n. 2. 90

— Lehrbuch der Experimentalphysik. gr. 8. (X, 643 S. m. 424 Fig.) Leipzig 893. J. A. Barth. n. 6. 40; geb. n. 7. 20

— dasselbe. 2. Aufl. gr. 8. (XI, 550 S. m. 430 Fig.) Ebd. 895. n. 6. 40; geb. in Leinw. n. 7. 20

Lommel, E. v., Lehrbuch d. Experimentalphysik. M. 430 Fig. im Text u. 1 (farb.) Spektraltaf. 4. Aufl. gr. 8. (IX, 558 S.) Leipzig 897. J. A. Barth. n. 6. 40; geb. in Leinw. n. 7. 20

Lehrbuch der Experimentalphysik von Dr. E[ugen] v. Lommel, weil. Prof. 6. Aufl. hrsg. von Prof. Dr. Walter König. Mit 1 Portr., 430 Fig. im Text u. 1 Spektraltaf. *Leipzig: J. A. Barth 1900.* (X, 574 S.) 8° (∞. 5866 5

Lehrbuch der Experimentalphysik von Dr. E[ugen] v. Lommel. 7., mit d. 6. gleichlaut. Aufl. hrsg. von Prof. Dr. Walter König. Mit 1 Portr., 430 Fig. u. 1 Spektraltaf. *Leipzig: J. A. Barth 1900.* (X, 574 S.) 8° (∞. 1196) 9

Lommel, E. v., Lehrbuch der Experimentalphysik. 8. u. 9. neubearb. Aufl., hrsg. v. Walt. König. Mit 1 Portr., 429 Fig. im Text u. 1 Spektraltaf. gr. 8. (X, 592 S.) Leipzig 902. J. A. Barth. n. 6. 40; geb. in Leinw. n. 7. 20

Lommel, Eugen von: Lehrbuch der Experimentalphysik von Dr. E[ugen] v. Lommel, weil. Prof., München. 10. u. 11., neubearb. Aufl. hrsg. von Prof. Walter König. Mit 424 Fig. u. Spektraltaf. Leipzig: J. A. Barth 1904. (X, 596 S.) 8°

Lommel, E. v., Lehrbuch der Experimentalphysik. 12. u. 13., neubearb. Aufl., hrsg. v. Walt. König. Mit 435 Fig. im Text u. 1 (farb.) Spektraltaf.. (X, 630 S.) gr. 8. Leipzig 906. J. A. Barth. n. 6. 60; geb. in Leinw. n. 7. 60

Lommel, E. v., Lehrbuch der Experimentalphysik. 14. —16. neubearb. Aufl., hrsg. v. Walt. König. Mit 438 Fig. u. 1 (farb.) Spektraltaf. (X, 631 S.) gr. 8. Leipzig 908. J. A. Barth. 6.60; geb. in Leinw. 7. 50

—— Georg Simon Ohm's **wissenschaftliche Leistungen. Festrede, geh. in der öffentl. Sitzg. d. k. b. Akademie der Wissenschaften zu München am 28. März 1888. gr. 4. (23 S.) (Ebd.) 889. * — 60**

—— Lexikon der Physik und Meteorologie in volkstümlicher Darstellung. 8. (VI, 380 S. mit 392 eingedr. Holzschn.-Abbild. und 1 chromolithogr. Karte der Meeresströmungen.) Leipzig 882, Bibliograph. Institut. *M 4.; geb. *

LOMMEL, EUGEN. **Rede am Grabe des Eugen Freiherr Gorup von Besanez gehalten am 26 November, 1878. Erlangen, 1879. pp. 14, 4to.**
Contains a bibliography of Gorup-Besanez.

Lommel, Eug., Studien über die Bessel'schen Functionen. gr. 8. (VII, 135 S.) Leipzig 868, Teubner. *

— Theorie d. Dämmerungsfarben. [Aus: „Abhandlungen d. k. bayer. Akad. d. Wiss."] gr. 4. (60 S. m. 3 Fig.) München 897. (G. Franz' Verl.) n. 2. 40

— Theorie der Dämmerungsfarben. Nachtrag. gr. 4. (10 S.) München 899. (G. Franz' Verl.) n. — 40
Sonderabdruck aus: „Abhandlgn. d. k. bayer. Akad. d. Wiss." Hauptwerk. Ebd. 897. n. 2.40.

— das Wesen d. Lichts, s.a. **Bibliothek, internationale wissenschaftliche.**

Lommel, E. von: Das Wesen des Lichts. Leipzig 1874

— Wind u. Wetter, s.a. Naturkräfte, die.

Lommel, Dr. E., Wind u. Wetter. Gemeinfassliche Darstellung der Meteorologie. Mit 66 Holzschn. München 1874. 8°.

Lommel, E., Wind und Wetter. Gemeinfassliche Darstellung der Meteorologie. 2. Aufl. Mit 66 Holzschnitten. (A. u. d. T.: Die Naturkräfte. Eine wissenschaftliche Bibliothek. X. Band). München 1880.

Lommel (F.). Verzeichniss der Versteinerungen, herausgegeben vom Heidelberger Mineralien-Comptoir. Heidelberg 1861. 8.

Lommel, Felix, Dr., 1. Assist. d. med. Klinik: **Klinische Beobachtungen über Herzarhythmie.** *Naumburg a. S.: Lippert & Co. 1902.* (81 S.) 8°
Jena, Med. Hab.-Schr. v. 1902

Lommel, Felix, approb. Arzt aus München: **Aus d. medicinisch-klinischen Institut zu München. Über die Herkunft der Oxalsäure im Harn.** *Naumburg a. S.: Lippert & Co. 1899.* (13 S.) 8° ¶ [Aus: Deutsches Archiv f. klin. Medicin, Bd 63.]
München, Med. Diss. v. 1899

Lommel, Fritz, approb. Arzt aus Velbert (Rhld.): **Aus d. Universitäts-Augenklinik zu Giessen. Über angeborene Irisanomalieen (Reste der Pupillarmembran, Villositates congenitae strati retinalis).** *Giessen 1901: v. Münchow.* (46 S.) 8°
Giessen, Med. Diss. v. 1901

Lommel, Geo., der ostfränkische Reformator Ambrosius. gr. 8. (39 S.) Gießen 847, Heyers Verlag (jetzt: Wien, Gerold). n. 6 ngr

[Lommel, Georg.] Anti-Leibnitz oder Neuenburg's Schweizerthum. 8. (Neuenburg [1852].)

Lommel, [Georg] & Bauer. Das Königreich Bayern in seinen acht Kreisen bildlich und statistisch-topographisch sowie in acht historisch-geographischen Spezialkarten bearbeitet von einem Verein von Literaten und Künstlern unter Leitung des Archivbeamten Lommel und des Artilleriehauptmanns Bauer. Nürnberg, Bei Johann Thomas Schubert . . . 1836.
Kol. Titelkupfer, Tit., 1 Bl., 10 + 7 + 9 + 12 S., 8 Bl., 10 S., 8 Bl., 9 S.; 8 Taf. in kol. Kupferst. 2°

(——) das erste Christenthum in Ostfranken, s. Christenthum.
Aendere a. a. O. d. Verleger in: Manz in Regensburg.

— Deutschland u. Dänemark, siehe: Hecker, Fr.

Lommel, die alten Franken. In histor.-romant. Bildern geschildert. (1. Bd.) 1—4. Hft. Mit Titlkpfrn. 8. Nürnberg, Campe. [1. (7¼ B.) 832., 2. (8½ B.), 3. (7½ B.) 833., 4. (9½ B.) 835. à 8 Gr.]

Lommel, die alten Franken. In histor. u. romant. Bildern geschildert. 5—8. Hft. 8. (22 B.) Nürnberg 836—38, Fr. Campe'sche Buchh. Thlr.

Lommel, Geo., allgemeine Franken-Geschichte. 1. Bd.: Vom Ursprung bis zum 14. Jahrh. gr. 8. (IV und 416 S.) Würzburg 863, Richter's Verlag.

(——) Johannes Huß, s.a. Huß.
Aendere a. a. O. d. Verleger in: Manz in Regensburg.

—— Johannes Huß. 3. Aufl. gr. 8. (64 S.) Gießen 847. [Frankfurt a. M.,] G. F. Heyers Verlag. *

Lommel, Geo., Johannes Huß. 5. Aufl. gr. 8. (45 S.) Nürnberg 871. Zeh. — 50

Lommel, Geo., Johannes Huß. 6. Aufl. 8. (63 S.) Nürnberg 877, [Grillenberger.] Wörlein und Comp. *

— u. Herzog, neuester Jesuitenspiegel, siehe: Herzog.

—— Jesus von Nazareth. 2., unveränd. Aufl. 8. (45 S.) Offenbach 848, G. André. *

Lommel, Geo., Jesus von Nazareth. Historische Studie. 5. Aufl. gr. 8. (VI, 25 S.) Nürnberg 870, Zeh'sche Buchh.

Lommel, Geo., Jesus von Nazareth. Histor. Studie. 6.—8. Aufl. 12. (47 S.) Nürnberg 880,81, Wörlein und Comp. *

Lommel, Geo., *Jesus von Nazareth.* Historische Studie. 7. Aufl. Nürnberg. C. Grillenberger. 1878. 8⁰. Cart.*)

Jesus von Nazareth, historische Studie. 7. Aufl. 8⁰. Leipzig, Genossenschaftsbuchdr., 1880. 16. Aufl. 8⁰. Nürnberg, Wörlein u. Co., 1892.

Lommel, Geo., Jesus von Nazareth. Historische Studie. 8. Aufl. 12. (47 S.) Nürnberg 881. Wörlein & Co. n. — 40

Lommel, Geo. Jesus von Nazareth. Histor. Studie. 16. Aufl. 12. (40 S.) Nürnb. 892, Wörlein u. Comp. * — 30

Lommel, Georg: Jugend-Lieder von 1821–1833. 8. Amberg 1839. Lämmermann.

—— Jugend-Lieder v. 1821—1833. 8. (7¾ B.) Amberg 839. [Regensburg, Manz.]

Lommel, Geo., s. Kaiser u. Reich! Elfstädtebund u. Bauernbund in Franken, s.a. Bibliothek, fränkische. 6. Bd.

Lommel, Georg: Für Kaiser und Reich! Elfstädtebund u. Bauernkrieg in Franken. Von Dr. –. 3. Aufl. Würzburg: Memminger 1910. 272 S. 8⁰
(Fränkische Bibliothek. Bd 6.)

(L[ommel], G[eorg].) Hinter den Coulissen. Historisch-politische Bilder aus der Neuzeit. 1. [einziger] Theil: Vom Oktober 1847 bis Mai 1848. 8. Genf und Newyork 1859.

[Lommel, Georg.] Zur Neuenburgerfrage. 8. Bern 1856.

Lommel, Georg, Sertorius. Tragödie. 8. Basel 828. Schweighäuser. 15 K

(——) sind denn die gemischten Ehen ꝛc., s. Sind ꝛc.

(L[ommel], G[eorg].) Der Tag von Valangin ⟨6 Julius 1852⟩, vom Verfasser des Anti-Leibnitz.... 8. Neuenburg 1852.

Lommel, G., die Unitarier in Ostfranken, die Vorläufer der Deutschkatholiken. gr. 8. (2 B.) Frankfurt a. M. 846, Literarische Anstalt.

Lommel, J., Repertorium d. Mineralogie, Geognosie, Geologie u. Petrefakten-Kunde f. d. Dezennium 1830—1839, e. Personal-, Real- u. Lokal-Index zu „v. Leonhards u. Bronns Jahrbuch f. Mineralogie, Geognosie u. Petrefakten-Kunde, Jahrge. 1830—1839. gr. 8. (20¼ B.) Stuttgart 841, Schweizerbart'sche Vrlsh. *

Lommel, J., und C. G. Giebel: Repertorium der Mineralogie, Geologie etc. für 1830 bis 1849. Stuttgart 1841–51.

Lommel, Wilhelm, aus Homburg v. d. Höhe: 'Beiträge zur Kenntnis der Aldoxime und ihrer Umlagerung durch Fluorwasserstoff.' *Leipzig 1902: B. Georgi.* (35 S.) 8°
Leipzig, Phil. Diss. v. [28. Juli] 1902

Lommer, Atlas d. deutschen Bundes-Residenzstädte. I. Section. (1e Lfrg.) (2 ill. Kpfr. u. 3 Bl. Text.) qu. ½ Fol. Cahla 840. Ludwig) (Leipzig, Polet.) ½ ₰

Lommer, s. Herrmann d. Cherusker.

Lommer. Über d. Maßnahmen z. Abführung d. Abfälle aus Haushaltungen u. Fabriken größerer Städte. (S.-A.) Berlin 1865.

Lommer, A., Homeri ludos funebres quomodo recentiores epici Graeci et Latini imitati sint. Progr. gr. 8. (54 S.) Straubing 901. (M. Hirmer.) n. 2. —

Lommer, A., am Ziel. Lustspiel. 8. (31 S.) Leipzig 889. L. Weber (Sport-Verl.). n. 1. —

Lommer, Alex (Max Möller), e. Stündchen bei Dr. Zapp, s.: Enle, Wilh.

Lommer, Alex., e. kritischer Tag. Radfahrer-Schwank in 1 Akt. gr. 8. (28 S.) Leipzig 898. A. Stein. n. 1. 50

— am Ziel, s.: Vereins-Bühne.

Lommer, A[lois]: Homeri ludos funebres quomodo recentiores epici Graeci et Latini imitati sint. *Straubing 1901: C. Attenkofer.* (54 S.) 8°
Straubing, k. humanist. G, P 1901*

Lommer, Anton „Von dem Nutzen der Geographie, insbesondere für Gewerbtreibende". pg. 1—7. 4⁰. Franz Seraph Lerno.
Straubing, Progr. 1844/45

Lommer, C. Chr. Zacharias, christliches Gesangbuch für Schulen. 8. Jena 817. 2e A. 819. Frommann. 8 K

Lommer, C. C. Z., christliches Gesangbuch für Schulen. 2te Ausg. 8. Jena, Frommann. 819.

Lommer, Car. Aemil. Constantin, s. Lommer, Karl Emil Konstantin

Lommer, Chr. Hieronymus

— Abhandl. v. Hornerze, als e. neuen Gattung Silbererze; mit Kpf. gr. 8. Leipz. 776. (Cnobloch). 6 K ill. 9 K

Lommer, Chr. H.: „Bergmännischer Beitrag zu den von der Kgl. Grossbrittannischen Societät der Wissenschaften auf das Jahr 1781 ausgestellten Preisfragen: Wie waren die Bergwerke bei den Alten eigentlich beschaffen und eingerichtet? Und läßt sich nicht nach angestellter Vergleichung derselben mit den unsrigen, zum Vortheil des Bergbaus und der Hüttenwerke in unsern Zeiten, etwas von den Alten lernen?", Freiberg 1785. — Vorh.: Preuss. Oberbergamt Dortmund — E. f. 95.

Lommer, Chr. Hier., († 1787.) bergmänn. Beiträge zur Preisfrage: wie waren die Bergwerke b. d. Alten beschaffen ꝛc. 4. Freiberg 785. Graz u. G. 6 K

Lommer, Ed., der Cysticerkus im Muskel u. Unterhaut-Zellgewebe. Inaugural-Dissertation. gr. 8. (38 S.) Jena 876. (Neuenhahn.) — 60

Lommer, Fr.

In quantum Euripides Heracliti rationem auctoritatemque susceperit. — Von Fr. Lommer, G. Ass. — 1879, Landshut, ibid. — S. 3—36⁸.
Progr. Metten, Benediktiner-Gymn.

Lommer, Franz Xaver

Geschichte der oberpfälzischen Grenzstadt Waldmünchen. I. Teil: Äussere Geschichte. Mit 2 Abbildungen. Von Franz Xaver Lommer, Stdl. — 1888, Amberg, E. Pohl (Th. Sauerbier). — S. III—IV und 1—116.
Progr. Amberg, K. Gymn.

Geschichte der oberpfälzischen Grenzstadt Waldmünchen. II. Teil: Innere Geschichte, 1. Hälfte. Mit 1 Abbildung. — Von Franz Xaver Lommer, St.-L. — 1890, Amberg, E. Pohl (C. Grübler). S. 1—99.**)
Progr. Amberg, K. Gymn.

Lommer, F. X., Geschichte der oberpfälzischen Grenzstadt Waldmünchen. 1. u. 2. Tl. gr. 8. Amberg, (Pustet'sche Buchh.). n.n. 2. 50
1. Äußere Geschichte. Mit 2 Abbildgn. (IV, 116 S.) 888. n. 1. —
2. Innere Geschichte. 1. Hälfte. Mit 1 Abbildg. (99 S.) 890. n. 1. 50

Lommer, Franz Xaver: Geschichte der oberpfälzischen Grenzstadt Waldmünchen. II. Teil: Innere Geschichte, 1. Hälfte. (Forts. d. P-Beil. 1888.) Amberg, E. Pohlsche Buchdr., 1890; 1 Bl., 90 S., 1 Taf. 8°
Amberg, k. StA, P 1890 •

[F.] **Lommer**, Franz Xaver: Geschichte der oberpfälzischen Grenzstadt Waldmünchen. II. Tl: Innere Geschichte, 2. Hälfte A. [Forts. d. P-Beil. 1888. 90.] Amberg, E. Pohl'sche Buchdr., 1894; 1 Bl., 83 S. 8.
Amberg, k. humanist. G, P 1894*

Lommer, Frz. Xav., Geschichte der oberpfälzischen Grenzstadt Waldmünchen. II. Tl.: Innere Geschichte, 2. Hälfte A. gr. 8. (83 S.) Amberg 894. (F. Pustet.) n.n. 1. 20
(I—II, 2 A.: n.n. 3. 70)

Lommer, Fr[anz] X[aver], Prof.: Die böhmischen Lehen in der Oberpfalz [T.] 1. Amberg 1907: H. Böes. (111 S.) 8° [F.]
Amberg, k. G P 1907*

Lommer, Fr[anz] X[aver]: Die böhmischen Lehen in der Oberpfalz. 2. Amberg 1909: Böes. 174 S. 8° ¶[Forts. d. P-Beil. 1907.]
Amberg, k. G P 1909* [S 09. 298

Lommer, Fr. X., die böhmischen Lehen in der Oberpfalz. I. u. II. 8. Amberg, (F. Pustet). nn 3. 50
I. (IV, 111 S.) 907. 1.50. — II. (174 S.) 909. 2.—

Lommer, G., schriftmäß. Religionsgespräch. 8. Augsburg. 710.

Den Eichenkranz wůnscht allen Ehrw. Mauerbrůdern zum Neuenjahre ihr dienstbefliessenster Joh. Gottfr. **Lommer**. Leipzig den 1. Jan. 1779. 6 Bl. 8° [Kopftit.]
Kl. 1743. 1 Gedicht an die Schwestern, 1 an die Brüder.

[Gedicht.] Seinen verehrungswürdigen Brüdern gewidmet von Joh. Gottfr. **Lommer**. Am ersten Jan. 1780. [Leipzig 1780.] 2 Bl. 8° [Kupfertit.]
„Die Ihr erwählt zu einem Leben . . .“

Lommer, Karl Emil Konstantin

Lommer, Car. Aemil. Constantin. (geb. Schleusingen 29. 5. 1834): De ophthalmia Aegyptiaca. Berolini (1858). (32 S.) 8°
Berlin, Med. Diss. v. 24. Apr. 1858

Lommer, R., eine Sammlung leicht ausführbarer liturg. Gesänge für dreistimmigen Knabenchor. 8. (14 S.) Hildburghausen 887, Gadow und Sohn. *

Lommer, Rud., d. alte Haus. Humorist. Erzählung. 8. (52 S.) Leipzig 896. Berlin, J. Gnadenfeld & Co. n. — 70

Lommer, V., Holzlandsagen, s.: Greß, Kurt.

Lommer, Vict., Beiträge zur Geschichte der Stadt Orlamünde-Naschhausen. Zur Erinnerg. an den 80. Geburtstag unseres Landesherrn Ernst, Herzog v. Sachsen-Altenburg, f. die Stadtbewohner bearb. (256 S.) 8. Pößneck 906. F. Gerold's Nachf. n. 2. —

Lommer, Vict., Orlamünde. Ein Heimathsbild. 16. (49 S. mit 1 Steintaf.) Orlamünde 878. Heyl. n. — 60

Lommius, s. L o m m

Lommler, F. W., s. L o m l e r , Friedrich Wilhelm

Lomnicki, A. M., catalogus coleopterorum Haliciae. gr. 8. (48 S.) Lemberg 884. (Milikowski.) n. 2. —

Lomnicki, Car. (geb. Molotkow in Galizien 26. 12. 1824): De trichomate. Berolini (1848). (30 S.) 8°
Berlin, Med. Diss. v. 15. März 1848

Lomnicky, Sim., krátké naučeni mladému hospodáři, kterak by netoliko sám sebe, manželku svou i čeládku, i své všecko hospodářství užitečně spravovati a živnost svou vésti: ale také jaký by býti, v moudrosti a jiných ctnostech prospivati a čeho se kdy varovati měl. 5. vydání, jež obstaral J. A. G a b r i e l. Prag 862. Kober. 8. (XV, 222 S.) n. 16 ngr.

Lomnitz, Albert, Referendar: Unentgeltliche Verfügungen des Testamentsvollstreckers im Grundbuchverkehr. Ein Beitr. zu § 2205 Satz 3 BGB. Liegnitz 1910: Krumbhaar. X, 39 S. 8°
Breslau, Jur. Diss. v. 27. Juni 1910, Ref. Leonhard, Meyer
[Geb. 19. Dez. 86 Schweidnitz; Wohnort: Haynau; Staatsangeh.: Preußen; Vorbildung: Städt. Gymn. Liegnitz Reife O. 06; Studium: München 1, Berlin 3, Breslau 2 S.; Rig. 26. Nov. 09.] [U 10. 510

Lomnitz, Alexis, Flocken. Gedichte. 1. und 2. Aufl. gr. 16. (VII, 224 S.) Breslau 884, Preuss und Jünger. geb. mit Goldschn. *

Lomnitz, Alexis, Hermann. Dramatisches Gedicht in 5 Aufzügen. (Den Bühnen gegenüber Mscr.) gr. 16. (119 S.) Berlin 863, Herrmann. * 25 Ngr.; geb. mit Goldschn. *

Lomnitz, Carl Bernhard Alexander, s. L o m n i t z , Karl Bernhard Alexander

Lomnitz, Ernst [aus Zabrze, Oberschles.]: Zur Kenntnis des Trimethyltrimethylentrisulfons . . . Heidelberg, Univ.-Buchdr. v. J. Hörning, 1894; 46 S., 1 Bl. 8.
Rostock, Phil. Fak., Inaug.-Diss. v. [26. Jan.] 1894

Lomnitz, Heinr., die systemat. Bearbeitung der Veröffentlichgn. v. Aktiengesellschaften. (VIII, 85 S. m. 9 Taf.) gr. 8. Leipzig 908. B. G. Teubner. 3. —

Lomnitz, Heinrich, aus Gotha: Über einen Fall von traumatischer zentraler Lähmung der großen Zehe. *Leipzig 1904: J. B. Hirschfeld.* (20 S.) 8°
Würzburg, Med. Diss. v. 1904

Lomnitz, Heinr., ein Weg z. Verringerung der Frachtkosten v. Koks u. Minette, s.a. Mitteilungen d. Gesellschaft f. wirtschaft. Ausbildung. 1.

Ein Weg zur Verringerung der Frachtkosten von Koks und Minette für die rheinisch-westfälische und lothringisch-luxemburgische Eisenindustrie. Von Heinrich **Lomnitz**, Reg.-Baumeister a. D. *Berlin J. Springer 1903.* (51 S.) 8° [F.]
— **Mitteilung** d. Gesellschaft f. wirtschaftl. Ausbildung, Frankfurt a. M. [1.] [04. 1303]

Lomnitz, Hugo v., die Mütter. Anregung zu neuer Deutung der schwierigsten Szene des 2. Teils des Faust. 12. (18 S.) Klausenburg, Demjén. *

Lomnitz, Hugo v., Solidarität d. Madonna- u. Astarte-Cultus. Neue krit. Grundlage der vergleich. Mythologie. Zum 19. Centenarium der Geburt Unserer Lieben Frau — die VIII. September 1884. Mit 4 lith. Taf. 8. (164 S.) Klausenburg 885. (Demjén.) n. 5.—

Lomnitz, Karl Bernhard Alexander

Lomnitz, Carl Berth. Alex., die Lehre v. Schiefstande d. Zähne, zugleich z. Beleucht. d. Kneisel'schen Schrift üb. denselb. Gegenstand, f. Aerzte, Wund- u. Zahnärzte u. f. Eltern u. Erzieher. 16. ($2^1/_2$ B.) Berlin 840, Kecht.

—— der Zahnarzt als Hausfreund, od. Anweis. z. Erhalt. d. Zähne u. z. Verhüt. u. Heilung d. Krankheiten derselben. Für d. Nichtarzt dargest. Mit e. Vorr. v. Andresse. 16. ($7^1/_2$ B.) Berlin 839, Amelang.

Lomnitz, Martin, prakt. Arzt: **Aus d. Klinik von Dr. L. Fränkel. Ein Fall von ausgetragener Extrauterinschwangerschaft.** *Breslau 1903: Th. Schatzky.* (28 S.) 8°
Breslau, Med. Diss. v. 6. Aug. 1903

Lomnitzer: Beiträge zur Schulerziehung. 11 S. – Bromberg, Progr. 1855.

Lomnitzer. Beiträge zur Schulerziehung. 11 S.
Bromberg, Progr. 1856

Lomnitzer: Objektive Logik für die Schule. 25 S. – Bromberg, Progr. 1868.

Lomon, Ch., e. starkes Herz. Roman. Autoris. Uebersetzg. v. H. Falkner. 8. (216 S.) Leipzig 887. Greßner & Schramm. n. 2.—

Lomonosoff, Sophie. Ueber die Beeinflussung der Wirkung narkotischer Medikamente durch Antipyretica. Aus dem medizinisch-chemischen und pharmakologischen Institut der Universität Bern .... Diss. Med. Bern ... von Frau S' Lomonossoff.... (Sonder-Abdruck aus der Zeitschrift f. exp[erimentelle] Pathologie u. Therapie. Band 8.) II + 10 S. 8. [Berlin, August Hirschwald, 1910.]

Lomonosov, Michael Vasiljević

Lomonossow, M. W., physikalisch-chemische Abhandlgn. 1741—1752, s.a. Ostwald's, Wilh., Klassiker der exakten Wissenschaften.

Physikalisch-chemische Abhandlungen M[ichail] W. [d. i. Vasiľevič] Lomonossows [Lomonosov] 1741-1752. Aus d. Lat. u. Russ. m. Anm. hrsg. von B[oris] N[ikolaevič] Menschutkin [Menšutkin] u. Max Speter. ⟨Mit Lomonossows Bildn. u. 1 Fig.⟩ Leipzig: W. Engelmann 1910. 60 S. 8°
(Ostwald's Klassiker d. exakten Wissenschaften. Nr 178.) [11. 1303]

— **de generatione metallorum a terrae motu. 4. St. Petersb. 757. Acad. 6 gl**

Lomonosov, Michael Vasiljević. Alte Russische Geschichte . . . A. d. Russ. . . . Riga u. Leipzig 1768. Ü: *Bacmeister, Hartwig Ludw. Chn.* (BrMm) (Ky)

— alte russische Geschichte bis aufs J. 1054; aus d. Russis. übers. (v. H. L. C. Bacmeister). gr. 8. Riga 768. Hartknoch in Leipz. 8 gl

— russische Grammatik, ins Deutsche übersetzt v. J. Stavenhagen. 8. St. Petersb. 764. Hartknoch in Leipz. 1 ℔ 12 gl

— kurzgefaßtes Jahrbuch der russischen Regenten; aus d. Russ. v. P. v. Stählin. gr. 8. Kopenh. 765. 2e A. gr. 8. Riga u. Lpz. 771. Hartknoch. 6 gl

— Jahrbuch der russischen Regenten, v. Stähnlin. gr. 8. Ebend. 771.

— meditationes de solido et fluido. 4. St. Petersb. 760. Acad. 6 gl

— de origine lucis, sistens novam theoriam colorum. 4. St. Petersb. 756. Acad. 6 gl

Lomonossow, Mich., de utilitate Chemiae. 4. Lipsiae, Hartknoch. 751.

Lomonossow, Mich., de utilitate chemiae. 4. St. Petersb. 751. Acad. 6 gl

— de meteoris vi electrica ortis. 4. St. Petersb. 754. Acad. 12 gl

— de via navis in mari certius determinando. 4. St. Petersb. 759. Acad. 14 gl

Lomosik, Kurt, Gerichtsreferendar: Der Anspruch auf Vorweisung insbesondere einer Urkunde ⟨nach gemeinem Recht und dem Recht des Bürgerlichen Gesetzbuchs für das Deutsche Reich⟩. Greifswald 1905: F. W. Kunike. (44 S.) 8°
Greifswald, Jur. Fak., Ref. Weismann, Diss. v. 21. Apr. 1905
[Geb. 31. Aug. 78 Kujan, Kr. Neustadt O.-Schl.; Wohnort: Neisse; Staatsangeh.: Preußen; Vorbildung: Gymn. Neisse Reife O. 98; Studium: Berlin 4, Greifswald 3 S.; Rig. 19. Dez. 01.]

Lompa, Jozef, krótki rys jeografii szląska dla nauki poczatkowej. 8. (48 S. und 1 Karte.) Ober-Glogau 847, Handel. *

—— Przewodnik do rachunków pamięciowych dla nauczycieli elementarnych etc. Większą częścią podług rachownika pamięciowego F. Rendszmidt. 8. (VII und 67 S.) Lissa 848, Günther.

Lompez, Ambros. v., über die Freude der christlichen Seele. 8. (152 S.) Paderborn 880, F. Schöningh. *

Lomry, P. F., Untersuchgn. üb. d. Aetiologie d. Acne. [Aus: „Dermatolog. Zeitschr."] gr. 8. (39 S. m. 2 lith. Taf.) Berlin 896. S. Karger. n. 1. 60

Lomsché, Carl [Ingenieur aus Schierstein, Rheingau]: Ueber elektrische Oscillationen in Eisenspulen. (Mit 4 Curventafeln.) Uster-Zürich 1903. 38 S. 8°. [6. IV. 03.]
Zürich. Phil. Diss. II. S. 1902/1903.

Lomsché, Carl. Ueber Elektrische Oscillationen in Eisenspulen. Diss. Phil. [II.] Univ. Zürich. [Mit 2 Figuren und 4 Curventafeln.] 38 S. 8. Uster-Zürich, Gschwend & Didierjean, 1903.

Lomza, s.: Europa. Uebersichtskarte.

Loen, A., Freiherr v. Die **Kriegsverfassung** des deutschen Reiches und des deutschen Bundes. (1668—1860.) 8. Dessau 1860.

Loen, Johann Michael von

Lön, J. Mich., d. Adel. 8. Ulm, Stettin. 752.

Loen, J. M. v. Kurtze Betrachtung des Soldatenstandes. Franckfurt a. M. 1738. 30 S. 4°

Loen, J. M von (Hrsg. u. Übers.), s. **Bulle**. – Die Güldene Bulle Kaiser Karls IV.

— kurzer Entwurf der allgemeinen Religion. 8. Frankf. a. M. 750. Stock. 1 ℛ Neue verb. Aufl., nebst e. nähern Erklärung an d. Gesellsch. d. Wissenschaften zu Göttingen v. J. D. v. Hoven. 8. Lingen 754.

— Entwurf d. Staatskunst, worin d. natürlichsten Mittel entdeckt werden, ein Land reich, mächtig u. glücklich zu machen. 8. Frankf. 747. ... 5 ℛ

— kurze Erklärung, warum er d. Hrn. Geistlichen, die gegen sein Buch geschrieben haben, nicht antworte. 8. Hof u. Bayr. 750.

— d. redliche Frau am Hofe, oder Begebenh. d. Henriette Rivera, m. K. 8. Ebend. 760.

Lön, J. M., die redliche Frau am Hofe. 8. Frankf. 770. (Stettin in Ulm). 18 ℛ

— freye Gedanken v. **Verbesserung** d. menschl. Gesellschaft. 4 Thle. 8. Frft. 752.

LOEN, JOH. MICH. VON. Freie Gedancken zur Verbesserung der Menschlichen Gesellschaft. Andere und verbesserte Auflage. 4 Teile in 1 Bd. Franckfurt u. Lpz., J. F. Fleischer, 1750. 8°. *Mit 1 gefalt. Kupfer v. J. M. Eben nach Loen (Plan e. utopischen Stadt).* Leicht berieb. Ld. d. Z. m. Rv. u. Rsch. (1 Gelenk läd.)

— freye Gedanken und **Verbesserungen** des Staats u. d. Religion. 8. Ulm, Stettin. 768.

— Gedanken vom **Hofe**, v. Adel &c. 8. Ulm, Stettin. 768.

—s.a. **Gedichte**, moral., d. Hrn. v. L***.

— moral. **Gedichte**, herausg. v. Naumann. 8. Frft. Hechtel. 751.

[—?] Das Geheimnuß der Verwesung und Verbrennung aller Dinge, Nach seinen Wundern im Reich der Natur und Gnade, Macro et Microcosmice, als die Schlüssel: Dadurch der Weeg zur Verbesserung eröffnet, das Verborgene der Creaturen entdecket, und die Verklärung des sterblichen Leibes gründlich erkandt wird. Zweyte und mit vielen curiösen Observationibus vermehrte Auflage. Frankfurt a. M., Fleischer, 1733. Kl.8°. 109 S. *Mit Holzschnittvignette am Schluß*. Läd. HLd. d. Z.

Selten. Ferguson I. 306. „According to [Herman] Fictuld a person of the name of Cron claimed to be the author, but did not know really anything about it. It was more probable that the tract was written by von Loen, who was ‚His Excellency the Resident' of the King of Prussia at Francfort. In any case the author was a person of great wisdom, and Fictuld (Probier - Stein, 1753) recommends it in the highest degree, of whatever value that may be ... the book is called ‚theosophical. mystical', — like most of the books on the subject of our time".

—s.a. **Mann**, der redliche, bei Hofe.

— der redliche Mann bei Hofe, oder Begebenheit des Grafen Rivera. Mit Kpf. 8. Frankf. a. M. 740. N. A. 771. Stettin in Ulm. 16 ℛ

* **CHRISOLOCOSMOPOPHILOPAX** (d. i. *Joh. Mich. v. Loen*, geb. 1694 zu Frankf. a. M., k. preuss. Geheimer Rath u. Reg.-Präsident d. Grafschaft Tecklenburg u. Lingen, † 1776, laut Goedcke III, 348, 10, (wo die folgende Schrift fehlt), **Kräftige Mittel Wider die Herrsch- und Regiersucht Denen bösen Weibern Zum Neuen-Jahr geschenckt.** Von —. Gedruckt in diesem Neuen-Jahr (c. 1760). 8°. (In Berlin: Yz 944.) (3 Mk. L. Rosenthal, c. 1888.)

Selten! Weller, Lex. Ps. p. 112 hat „Chry" für die erste Sylbe des Pseud.

— der zweideutige Officier, worin d. Sendschreiben des Officiers an seine Cameraden beleuchtet wird. 8. ... 751.

[Loen, Johann Michael von]. Die einzige wahre Religion, allgemein in ihren Grund-Sätzen, verwirrt durch die Zänkereyen der Schriftgelehrten, zertheilet in allerhand Secten, vereiniget in Christo. [2 Teile in 1 Bande]. Frankfurt & Leipzig, J. F. Fleischer, 1751. 8°. *Allegor. Titelkupfer: I. Wachsmuth inv., A. Rheinhardt sc.*, 11 Bl. 224 S., 12 Bl. 246 S. 5 Bl.

— la seule vraie religion, trad. de Lallemand (p. J. G. de Benistant). 8. Bayr. 750. 2e A. 8. Hof 755. ... 10 ℛ

— la véritable religion corromp. p. l. disputes théolog. divisée en plus. sectes, réunies en Christo. II Part. 8. Frankf. 751. Guilhaumann. 20 ℛ

— die einzig wahre Religion, verwirrt durch die Zänkereien d. Schriftgelehrten, zertheilet in allerlei Secten, vereinigt in Christo. 2 Thle. 8. Frankf. a. M. 750. 2e A. 750. N. A. 756. Fleischer. 12 ℛ

— gesammelte kl. Schriften, herausg. v. J. C. Schneider. 4 Bde. 8. Frankf. a. M. 749—52. 5e Aufl. 765. Brönner. 2 ℛ

Loen, Johann Michal v.: Gesamlete Kleine Schriften. Hrsg. von J. C. Schneider und J. B. Müller. 4 Thle. Frankfurt: Hutter 1751, 52; Brönner: 1753, 56.

1: Moralische Schildereien, Jugendgeschichte Loens (Typen, Biographien, Höfe und Reisen). Mit Ls. Bildn. 4. Aufl. 1753.

2: Briefe betr. Kaiser Karln VII., dessen Wahl, Krönung u. a. 1740—48. 3. Aufl. 1756. [1. Aufl. 1750.]

3: Verschiedene Abhandlungen teilw. theolog. Inhalts. 1751.

4: Krit. Anmerkungen über schöne Künste und Wissenschaften. Betrachtungen über theolog. u. a. Gegenstände. Reisebeschreibungen. 1752.

— gesammelte kl. Schriften von Kirchen- u. Religionssachen durch ... Osterländer. 8. Frankf. 751. Brönner. 12 ℛ

— Sendschreiben an einen guten Freund über d. Hrn. D. Benners Ungrund der sogenannten einzigen wahren Religion. 8. Hof u. Bayr. 750.

[—] Der Soldat oder der Kriegs Stand betrachtet als der Stand der Ehre. theils aus dem Französischen des Verfassers theils aus dessen anderwärtigen Aufsätzen vermehret und auf das neue herausgegeben. Frankfurt & Leipzig, J. F. Fleischer, 1744. Kl. 8°. *Titelkupfer, gestochener kalligraphischer Titel mit Vignette (antiker Krieger)*, 5 Bl. 436 S. 13 Bl. (ohne das letzte leere). Geheftet, in neuerem Buntpapierumschlag.

— der Soldat, oder Abhandl. vom Kriegsstande; aus d. Französ. 8. Frankf. 748. auch 752. Fleischer. 12 ℛ

Loen, de. **Le soldat, ou le métier de la guerre**, considéré comme le métier d'honneur, avec un essai de bibliothèque militaire. 8. Francfort s. l. M. 1751.

— d. **Staatskunst**, od. Mittel, ein Land reich, mächtig und glücklich zu machen. 8. Frft. 750.

— système de la religion universelle pour la réunion des Chrétiens. 8. Frankf. a. M. 753. ... 4 ℛ

— — le même livre. 8. Bayreuth. 750.

v. Loen, Jh. Mich., († d. 24. Juli 1776.) Tractat vom Adel. 8. (Ulm) 752. Stettin. 16 ℛ 3e Aufl. unt. d. T.: Gedanken vom Hofe, vom Adel, von der Polizei, den Gelehrten &c. 8. Ebd. 768. 4 ℛ

Loen, W., wie bleibt man u. wie wird man gesund. Ein Rathgeber f. Alt u. Jung. gr. 8. (V, 97 S.) Schweidnitz 888. Brieger. n. 1.—

Lonard, A., Zeitlosen. Ein Sonettenkranz. gr. 16. (32 S.) Göttingen 852, Dieterich. n. 1/6 ₰

Loenartz, die Beseitigung d. Mühlenstaues u. der Schiffahrtsschleuse im Pregel bei Gross-Bubainen (Ostpreussen). [Aus: „Ztschr. f. Bauwesen".] Imp.-4. (31 S. m. 3 Taf.) Berlin 888. Ernst & Korn. n. 5.—

Loenartz, Michael (geb. 1822 in Ernst a. d. Mosel): De sudore sanguineo ... Bonnae, litt. L. Anschelii 1850. 29 S., 1 Bl. 8.
Bonn, Med. Fak., Diss. v. 16 Aug. 1850

Loenartz, Pet. Jos., die Restitutionspflicht d. Besitzers fremden Gutes. Eine theologisch-jurist. Abhandlg. gr. 8. (XII, 295 S.) Trier 885. Paulinus-Druckerei. n. 2.30

Lonas, Heinr., Choralbuch der evangelischen Brüdergemeine, zum Gebrauch in Kirche, Schule u. Haus. Neue Ausg. (10. Aufl.) 1. Tl., enth. 180 der bekanntesten Melodien m. Text u. als Anh. einige der beliebtesten Arien. gr. 8. (152 S.) Herrnhut (902). Missionsbuchh.
Geb. in Leinw. n. 1.50

Lonas, Heinr., Choralbuch der evangelischen Brüdergemeine, zum Gebrauch in Kirche, Schule u. Haus. Neue Ausg. (3. Aufl.) 2. Tl., enth. 65 weitere Melodien m. Text u. e. Anzahl Motetten f. den a capella Gesang. (119 S.) gr. 8. Herrnhut (904). Missionsbuchh. 1.—; geb. 1.50 (kplt. in 1 Leinw.-Bd. 2.40)

Lonau, die Familie, s. Familie.

Lonau, Walter. 1909 [Pseud.]
s.a. Strähler, Georg. (II. 1321)

Lonau, Walt. (Geo. Strähler), Sextus u. Sempronia. Komödie aus altröm. Zeit (47 v. Chr.) in 4 Akten. (82 S.) 8. Osterode a/Harz 906. Realgymn.-Oberlehr. Dr. Geo. Strähler. nn 1.50

— Der Weg des Lichts. Drama aus der ersten nachchristl. Zeit in 3 Akten. (81 S.) 8. Ebd. 907. 1.60

Lönberg, Einar, Carl v. Linné u. die Lehre v. den Wirbeltieren, s.: Linné's, Carl v., Bedeutung als Naturforscher u. Arzt.

LONCAR, Heinrich: De Lygdami carminibus. 1905. 145 Bl.
Diss. Graz, Univ.

LONČARIĆ, Antonius: Tabernaculum altaris historice et liturgice consideratum. — (1902) 112 S. 4° (Handschr.) Diss. 651
Diss. Wien, Univ.

Loncin von Gomin, Albert Joseph (wirkl. Name), s. Conlin, A. J. (Pseud.)

Loncinl, Albr. J., christl. Weltweisens beweinende Thorheit, von mehr denn 200 Narren rc. 7 Theile. m. Kupf. 4. Augsb. 710.

— der christl. Weltweise, hinterlassend d. ewige Gedächtnißbuch christl. Weisheit. 4. Augsb. 721.

Londes, Friedrich Wilhelm

Fridericus Guilelmus Londes: De Chaerophyllo bulboso eiusque usu cum medico tum botanico. Gottingae (1801): Grapian. 24 S. 8°
Göttingen, Med. Diss. v. 28. Febr. 1801

LONDES, Friedrich Wilhelm: Grundriß zu Vorlesungen über die Forst- und ökonomische Botanik. - Göttingen 1802

Londes, Fr. Wlh., († d. 29. März 1807.) Handbuch d. Botanik. 8. Götting. 804. Röwer. 1 ₰ 12 gr

— Verzeichniß der um Göttingen wildwachsenden Pflanzen, nebst Bestimmung des Standorts, als Einleit. zur Flora von Göttingen. 8. Götting. 805. Dieterich. 8 gr

London [Sachliches OW]

London, oder Briefe von Altamont aus d. Hauptstadt an seine Freunde auf d. Lande; aus d. Engl. 8. Leipz. 775. Schwickert. 12 gr

LONDON. Neuestes Gemälde seiner Kultur, Handlung, Sitten, wissenschaftlichen Lage etc. Hamburg, Vollmer, 1807. 8°. (1/2 Rthl.)

London oder Beschreibung der merkwürdigsten Gebäude ... Leipzig 1812—14. V: *Bergk, Johann Adam.* (MGT) (NN) (Ky)

— oder Beschreib. d. merkwürd. Gebäude, Denkmäler u. Anstalten d. Hauptstadt Großbritanniens, (von J. A. Bergk). 16—56 Heft, jedes mit 4 Kpf. gr. 4. Leipz. 812—14. Baumgärtner. (à 1 ₰ 8 gr) 6 ₰ 16 gr Hbg. Pr. 4 ₰ 8 gr

— Darstellung der öffentlichen Gebäude in ihrem Innern, nebst den darin stattfindenden Gebräuchen und Ceremonien. In prachtvollen Stahlstichen. Ausg. mit deutsch. Texte. 1.—18. Heft. Mit 36 Stahlstichen. gr. 4. Leipzig 843, 44, T. O. Weigel. à n. 1/3 ₰

London. Ein praktisches Handbuch für Reisende nach England. 1. und 2. Aufl. 1851. und 3., verm. und verb. Aufl. 8. (VIII und 205 S. mit 2 lithogr. Plänen in 4.) Leipzig 852, Lorck. *

London 1851. From the ordnance survey. gr. Fol. Lith. Stuttgart, J. B. Müller. 21 ngr

— zu Anfange des Jahrs 1817. Aus d. Tagebuche eines Reisenden. Mit 1 Kpf. 12. Leipz. 817. (Brockhaus). 12 gr

London, zu Anfang des Jahrs 1817. Aus dem Tagebuche eines Reisenden. Mit 1 Kupf. 12. Leipzig, Gleditsch, 817. ·

London und seine Bewohner. A. d. Franz. Weimar 1818. V: *Döring, Johann Michael.* (MGT)

— u. seine Bewohner. 2 Abtheill. 1e Abtheil., 14 Tage in London. 2e Abtheil., 6 Monate in London. Aus d. Französ. übers. v. H. Döring. gr. 8. Weimar 818. L.-Ind.-Compt. 1 ₰ 12 gr

— im Jahre 1851. Ein prakt. Handbuch f. Reisende nach England. 8. (VIII u. 144 S. m. 2 lith. Plänen in 4.) Leipzig 851, Lorck. — 2. verm. u. verb. Aufl. 8. (VIII u. 279 S. m. 2 lith. Plänen in 4.) Ebd. 851. — London. Ein prakt Handbuch ꝛc. 3. verm. u. verb. Aufl. 8. (VIII u. 265 S. mit 2 lith. Plänen in 4.) Ebd. 852. In Engl. Einb. n. 1¹/₂ ℛ

London Interiors, with their costumes and ceremonies, from drawings made by permission of the public officers, proprietors and trusters of the metropolitan buildings. Part. I—XXIV. gr. 4. (Mit Text nebst à 2 Stahlstichtiteln.) London 843—45; Leipzig, T. O. Weigel. à n. ¹/₃ ℛ

London und Paris, eine Zeitschrift. Weimar 1798—1810. H: *Böttiger, Carl August*, später *Carl Bertuch*. (ErschDL)

LONDON u. Paris. 24 Bde. (in 12 voll.). Bd. 1—12: Weimar, im Verlage d. Industrie-Comptoirs, 1798—1803; 13—20: Halle, in d. neuen Societäts-Buch- u. Kunsthdlg., 1804—7; 21—24: Rudolstadt, im Verlage d. Hof-, Buch- u. Kunsthandlung, 1808—10. Gr. 8⁰. (320 Mk., sehr gut erhalt., cplts. Expl. aus d. Bibl. d. † Regierungsraths Phil. Pfister in München, mit dessen Exlibris, K. W. Hiersemann, Lpz., 1905; vgl. Hayn, H., Thesaurus libror. Phil. Pfister, Monacensis. München 1888. Nr. 3898; Jahrg. 1 apart, 800 S. mit 4 Kpfrn. u. 1 Musikbeilage [6¹/₃ Rthl.]: 6 Mk. A. Bielefeld, 1802; jetzt theurer!)

Hiersemann: „Eine literarisch-politische Zeitschrift, die ein außerordentlich reiches Material für die Kultur- u. Sittengeschichte der Zeit enthält, und hier, soweit unter diesem Titel erschienen, in vollständiger Reihe vorliegt. Die zahlreichen Kupfertafeln, die meist größeres Format haben und daher gefaltet den Bänden eingeheftet sind, illustrieren die verschiedenartigsten Gebiete des öffentlichen Lebens der beiden Bildungszentren Paris und London an der Wende des 18. Jahrhunderts; viele darunter sind für die Kostümkunde hochinteressant und eine grosse Anzahl gibt getreue Nachbildungen der originellen, jetzt meist verlorenen englischen und französischen Karikaturen von J. Gillray und anderen hervorragenden Zeichnern.

Der Titel zum 23. Band trägt die Jahreszahl 1810, sodaß 1809 überhaupt auf keinem Titel erscheint. Diese Einrichtung wurde laut beigeklebter Notiz der Verlagshandlung aus der Zeit getroffen, „um das scheinbare Veralten zu vermeiden".

LONDON und Paris. (Eine literarisch-politische Zeitschrift, hrsg. von Carl August Böttiger, später von Carl Bertuch.) 12 Jahrgänge mit 282 farbigen und schwarzen Kupfertafeln, meistens Caricaturen aus Paris und London von J. Gillray und anderen berühmten Caricaturzeichnern und 6 in den Text eingedruckten Bildern. Weimar und Rudolstadt 1798—1810. — Paris, Wien und London. Ein fortgehendes Panorama dieser drei Hauptstädte. I. Jahrgang. Mit 38 farbigen und schwarzen Kupfertafeln. Rudolstadt 1811. — Paris und Wien. II.—III. Jahrgang. Mit 34 farbigen und schwarzen Kupfertafeln. Rudolstadt 1812—13. — London, Paris und Wien mit farbigen und schwarzen Kupfertafeln. Rudolstadt 1815. 8⁰. (420 Mk., Expl. in gleichförm. Bdn. mit den eingebund. Orig.-Umschlägen der Hefte, Karl W. Hiersemann, Lpz., 1896:)

— — Karrikaturen nach Hogarth u. Lichtenberg. Eine nothwendige Beylage zu dem Journal London u. Paris. Mit 4 großen illum. Kpfrn., erklärt vom Vf. der Lauretta Pisana *(Joh. Frdr. Ernst Albrecht)*. Hamburg, Gfr. Vollmer, 1801. 4⁰. (Postpap. 1 Rthl.; Druckp. 20 gl.) Sehr rar!

— u. Paris, e. Zeitschrift, mit Kpf. 1r—12r Jahrg. 1798—1810 à 8 Stücke. gr. 8. Weimar, Ind.-Compt. (Hofbuchh. in Rudolst.) (à 6 ℛ 8 𝒦) 76 ℛ Jahrg. 1811, 12. unt. d. Tit.: Paris, Wien u. London. 1r, 2r Jahrg. à 8 Stücke. gr. 8. Rudolst., Hofbuchh. (à 6 ℛ 8 𝒦) 3r J. 1813 unt. d. T.: Paris u. Wien. 4 Stücke. gr. 8. Ebd. 3 ℛ 4 𝒦 J. 1815 unt. d. T.: London, Paris u. Wien. gr. 8. Ebd. 4 ℛ

— u. Paris, eine Zeitschrift 1811, s. Paris, Wien u. London ꝛc.

— Paris u. Wien, ein fortgehendes Panorama dies. drey Hauptstädte 1815. 4 Stücke. 8. Rudolst. Hofbuchh.

Pharus-map **London**. Scale 1:15,300. [Nebst] Guide to London. (London: Giesen Bros & Co. [1904]; Berlin: Pharus Co.) (1 Kartenbl. 91 × 69 cm, 71 S.) 8° [lith.] [kol.]
[Umschlagt.:] Pharus Map & Guide of London. Jrd. 1137

London u. Umgebung, s.: Woerl's Reisehandbücher.

London und seine Umgebung. Nebst Beschreibung der Nordseehäfen u. der wichtigsten Städte Englands. Mit 7 (lith.) Plänen, 2 (lith.) Karten (in 4. u. Fol.), 2 Stahlst. u. 1 Grundriss des neuen Ausstellungsgebäudes (in Holzschn.). Zugleich als Führer für die zweite allgemeine Industrie-Ausstellung. Stuttgart 862. Bruckmann. 8. (XVIII, 332 S.) n. 1 ℛ 10 ngr

London und seine Umgebung. Nebst Beschreibung der Nordseehäfen und der wichtigsten Städte Englands. Zugleich als Führer für die 2. allgemeine Industrie-Ausstellung. 8. (XVIII und 332 S. mit 7 chromolithogr. Plänen, 2 chromolithogr. Karten in 4. und Fol., 2 Stahlst. und 1 Grundriss des neuen Ausstellungsgebäudes in Holzschn.) Stuttgart 862. [Leipzig, Fues' Verlag.] geb. *

London und Umgegend mit der Insel Wight. 11. Aufl., neu bearb. von Carl Fr. Mayer. Mit 5 Karten u. 2 Grundrissen. Berlin: A. Goldschmidt 1905–06. (IV, 249 S.) 8°
= **Reiseführer**, Griebens. Bd 9. Jrd. 3306

London, **Westminster, u. die Umgegend.** Mit beschreib. Text v. Wilh. Gray Farnside. A. d. Engl. übers. v. Joh. v. Horn. 1. u. 2. Hft. Lex.-8. (à 3 Stahlst. u. ½ B. Text.) London 837, [Black.] à *

London, Westminster, und die Umgegend, in Heften; jedes mit 3 sorgfältig gearbeiteten Stahlstichen, v. T. Woods, nach Zeichnungen des Architecten R. Garland und den Gemälden versch. Künstler, mit beschreibendem Text von W. G. Fearnside. (Nr. 1—14.) gr. 8. London, Black u. Armstrong. Jedes Hft. à ¹/₃ ℛ — With English Text, each No. à ¹/₃ ℛ — French Text à ¹/₃ ℛ

London wie es ist ꝛc., s.a. Santo-Domingo.

—— wie es ist. Ein treuer Führer zu allen Reizen, Wundern und Genüssen der riesigen Weltstadt mit Einschluss der Theater, Concerte, Casino's etc. und alles Dessen, was das Auge ergötzen und den Geist bilden kann. 16. (VI und 98 S.) Leipzig 851, Haendel.

London [Schlagwort]

— s. a.: **Einzelkarten.**

London — Neuester Grundris der Städte — und Westmünster sammt der Vorstadt Southwark, worinnen alle Hauptstrassen, gross und kleine Gassen, sogar die meisten Ein- und Durchfahrten, wie auch, was man bis zu dem Jahr 1730 von neuem angebauet, accurat angezeiget worden. Getreulich aus dem Londonischen Original genommen und zum Stich befördert von Homannischen Erben. Nürnb. 1737? 1 : 6,400. 3 Bl.

London. Plan von London. (Zugabe zu Scheda's Generalkarte von Europa.) Wien. 1847. Fol.

London — Accurater Prospect und Grundriss der königl. Gross-Britannisch. Haupt- und Residenz-Stadt — edirt von Johann Bapt. Homanns Kayser. Geographi seel. Erben in Nürnberg. 1728? 1 : 15,000 n. d. Maasstab richtiger aber 1 : 20,000. 1 Bl.

London. Rolfs, Ludw. E., illustrated map of London. 9 Blatt à 42×58,5 cm. Farbdr. Mit alphabet. Namens-Verzeichnis. 8. (4 S.) Leipzig (901). Renger. n. 16.—; auf Leinw. m. Ringen n. 22.—; m. Ringen u. Stäben n. 24.—

— — dasselbe. (Kleine Ausg.) 32,5×42 cm. Farbdr. Nebst Namens-Verzeichnis. 8. (4 S.) Ebd. (901). n. — 60

— Rolfs, Ludw. E., illustrated map of London. 2. Aufl. 82×42 cm. Farbdr. Mit alphabet. Namen-Verzeichnis. (4 S.) 8. Leipzig (910). Renger. — 60

— — dasselbe. 9 Blatt à ca. 45×58,5 cm. Farbdr. Mit alphabet. Namens-Verzeichnis. (4 S.) 8. Ebd. 909. 16. —; auf Leinw. m. Ringen u. Stäben 24. —

London — Ausführliche Geographische Vorstellung der Gegend um — nach Anleitung des Engl. Originals so Th. Bowles in London edirt, herausgegeben von Homanns Erben. Nürnberg Ao. 1741. 1 : 185,000. 1 Bl.

London [Verfasser]

London, die Elemente des Darmdrüsenblattes in ihren ersten Veränderungen, s. Mittheilungen aus dem embryologischen Institute der k. k. Universität in Wien.

— der 3. Theil d. Provincialrechts der Ostseegouvernements, aus den Verordngn. üb. d. Reorganisation d. Justizwesens u. d. Bauerbehörden in den balt. Gouvernements übersetzt. Nachtrag. [Russisch u. deutsch.] Riga 890.

London, B., die Cholera u. deren Vorbeugung. Für Laien dargestellt. Wien 865. Gorischek's Universitäts-Buchh. gr. 8. (8 S.) 2 ngr.

London, Ernst Ludw. Paul, quaestiones de historia juris familiae, quod in lege Visigothorum inest. Dissertatio inauguralis gr. 8. (VIII, 72 S.) Königsberg 875. (Hübner & Matz.) 1. 20

London, Franz [aus Liegnitz]: Über polare Fünfflache und Sechsflache räumlicher Reciprocitäten .... Berlin, Buchdr. v. Gustav Schade (Otto Francke) (1886); 2 Bl. + 50 S. + 1 Bl. 8°.
Breslau, Phil. Fak., Inaug.-Diss. v. 20. Dez. 1886.

London, F., üb. polare Fünfflache u. Sechsflache räumlicher Reciprocitäten. Inaug.-Diss. gr. 8. (50 S.) Breslau 886. (Köhler.) n. 1. —

London, Franz [Dr.]: Über die Polarfiguren der ebenen Curven dritter Ordnung.... (Aus: Mathem. Annalen Bd. XXXVI.) Leipzig, Druck v. B. G. Teubner, 1890; 1 Bl. + S. 535—584. 8°
Breslau, Phil. Fak., Hab.-Schr. v. 1890

London, Friederika H., s. Gerberei, die.

London, Henry, the elements of engl. conversation and engl. grammar. For the use of german schools. — Die Elemente d. engl. Unterhaltung, verbunden mit d. engl. Formenlehre, f. Schulen u. Privatunterr. 16. (4¾ B.) Breslau 838, Schulz u. Co.

London, Jack, Munizipalsozialismus in England, s.a. Fortschritt, sozialer.

London, J., Municipalsocialismus in England. 8°. Leipzig, Fel. Dietrich, 1907. (Socialer Fortschritt, Heft 97. 98.)

— Wenn die Natur ruft. Autoris. deutsche Uebersetzg. v. L. Löns. Mit (11 farb.) Illustr. v. C. L. Bull, P. R. Goodwin, Kopfleisten v. Heinz Fiermann. (2. Aufl.) (V, 202 S.) 8. Hannover 907. A. Sponholtz Verl. 4.50; geb. 5. 50

London, Ludov. (geb. Breslau 5. 1. 1822): De aethere sulfurico. Berolini (1847). (28 S.) 8°
Berlin, Med. Diss. v. 29. Apr. 1847

London, M. J., Namensverzeichniß der 20,000 Turner des 3. deutschen Turnfestes zu Leipzig 1—5. Aug. 1863. Nebst Festbeschreibung u. Rede von Prof. v. Treitschke. Leipzig 864. (Priber.) gr. 8. (XVI, 136 S.) n. 10 ngr.

London, M. J., Namensverzeichniß der 20,000 Turner des 3. deutschen Turnfestes zu Leipzig 1.—5. Aug. 1864. Nebst Festbeschreibung und Rede von Prof. v. Treitschke. gr. 8. (XVI und 136 S.) Leipzig 864, (Priber.) *

London, Paul, die Anefangsklage in ihrer ursprünglichen Bedeutung. Aus dem Nachlasse des Verf. hrsg. von Max Pappenheim. gr. 8. (IX, 433 S.) Breslau 886, Koebner. *

London, W. (Königsberg/Pr.), De morbis nonnullis chronicis ventriculi et duodeni. Diss. med. Halle (Schmidt) 24. VIII. 1850. 39 S. mit Biogr. (M.: Helene Spitzer.) (2.60) 21585
Oppon.: A. Wendelstadt, C. Ulrich.

London Art Fashion Journal, the. The monthly ed. of „The Tailor & Cutter" for the promotion of high class tailoring. Printed and published by The John Williamson Company ltd. (Deutsche Ausg.) Vol. 34 and 35. à 12 Nrn. Fol. (à ca. 4 S. m. Abbildgn., Taf. u. Schnittbogen.) London 899. 900. (Leipzig, G. Brauns.) à Vol. n. 16. 40
Fortsetzung s.: Tailor and Cutter, the.

Londonderry

Londondery u. Bonaparte, s.a. Bonaparte

Londondery und Bonaparte. München 1822. V: *Sendtner, Jacob.* (MGT)

Londonderry, Minister, und sein Federmesser. Nürnberg 1822. V: *Hornthal, Franz Ludwig von.* (Ky)

Londondery, Minister, u. sein Federmesser. (Von F. L. v. Hornthal.) gr. 8. Nürnb. 827. Campe. 8 K

Londonderry, (Minister,) u. sein Federmesser (von v. Hornthal) gr. 8. Nürnb. 826, Campe.

Londonderry, v., Geschichte d. Kriegs v. 1813 u. 1814 in Deutschland u. Frankreich. Ins Deutsche übers. u. mit Anmerkn. begleit. durch D. G. v. Ekendahl. 2 Thle. gr. 8. (37½ B.) Weimar 836, Voigt.

Londondery, s. Londonderry

London-Führer, illustrirter. Ein vollständiges Gemälde der Britischen Metropolis u. ein Reisehandbuch f. die Besucher der Industrie-Ausstellung aller Nationen. Mit Abbildungen der vorzüglichsten Sehenswürdigkeiten (in Holzschn.), einer (lith.) Eisenbahnkarte v. Mitteleuropa u. einem (lith.) Orientirungsplan v. London (in 4.) 8. (XII u. 449 S.) Leipzig 851, Weber. In Engl. Einb. n. 1⅔ ℳ

London-Führer, illustrirter. Mit Grundrissen u. Abbildgn. der vorzüglichsten Sehenswürdigkeiten, einem Panorama der Themse u. 1 Orientirungsplan von London (in Holzschn. in 8, 4. u. Fol.). 2. gänzlich umgearb. Aufl. Leipzig 859. Weber. 16. (XII, 442 S.)

London Westend Tailor's Journal, the, of fashion. Beiträge f. künstler. Zuschneiden u. Arbeiten. Deutsche Ausg. Red.: M. G. Martens. 10. Jahrg. 1897. 12 Nrn. (à ca. 12 S. m. Abb.) gr. 4. Frankfurt a/M., M. G. Martens. Ausg. I. Grosse Ausg. m. 10 farb. Modebild., 2 farb. Saison-Tableaux, Extrabild. in Autotyp. u. 2 Taschen-Albums. n. 30. —; Ausg. II m. 10 Modebild. in Tondr., 2 farb. Saison-Tableaux u. 2 Taschen-Albums. n. 24. —; Ausg. III nur 2 Textnrn., 2 farb. Saison-Tableaux u. 2 Taschen-Albums. 16. —

— — — — dasselbe. Fortsetzung, s.: Journal of fashion.

Londorp, M. Ch., s. Londorp, Michael Kaspar

Londorp, Michael Kaspar

Londorp, M. Ch. Acta publica der Röm. Kais. Maj., weil. Matthiä u. Ferdinandi II Handlung u. Ausschreiben, darinnen was von 1608 ab vorgegangen zu finden. 2 Bd. 4. Frankfurt 1622. — 2. Aufl. 2 Bd. fol ib. 1627—30. — 3. Aufl. Mit Fortsetzung bis 1691 von Mart. Meyer. 18 Bd. fol. Frankfurt u. Leipzig 1665—1719. — 4. Aufl. fol. Tübingen 1739—41.

Londorpius, Michael Caspar. Der Römischen Kaiserlichen Majestät und des Heiligen Römischen Reichs etc. Acta publica und Schriftliche Handlungen, Ausschreiben, Sendbrieff, Bericht etc., so in Friedens- und Kriegszeiten gegeneinander ergangen und gewechselt: Darinnen fürnehmlich die Ursachen des Böhmischen, und daraus erfolgten Teutschen Kriegs etc. zu befinden. (14 Bde.) Fol. Frankfurt am Mayn 1668—1702.

Londorp, Mich. Casp.: Der Römischen Kayserlichen Majestät u. deß Heiligen Römischen Reichs Geist- u. Weltlicher Stände Acta publica u. schrifftliche Handlungen, Außschreiben, Sendbrieff, Bericht . . . (Bd 5 ff.:) zur Continuir- u. Forts. der von . . . Londorpio colligirter actorum publicorum . . . in Truck gegeben. Bd 1—18 [nebst] Reg.Bd. Franckfurt a. M. (Bd 15 ff.:) u. Cölln 1668—1721. 19 Bde fol.

Londorpius suppletus et continuatus sive acta pubiica oder allerhand denckwürdige schrifftliche Handlungen, so . . . seit dem zu Passau 1552 aufgerichteten Religions- u. Prophan Frieden . . . (Bd 4: biß 1641 incl.) bey angestellten Reichs- u. Crayß-Tägen . . . in gantz Europa gegen einander gewechselt worden. Zsgetragen durch Mart. Meyer . . . aufs neue gedr. Th. 1—4. Franckfurt u. Leipzig 1739—44. 4 Bde fol.

Londres et ses environs. 8. Leipz. (W. Nauck). 1 ℳ

Londres et ses Environs. 8. Leipz. Sommer.

Londres en Mil-huit-cent-dix-neuf, ou recueil de lettres sur la politique, la littérature, et les moeurs, écrites de Londres dans le Cours de l'année 1819. 8. Paris, 820.

1714. * Regle artificielle du tems pour aprendre la division naturelle & artificielle du tems & connoître toutes sortes d'horloges & de montres, & la manière de s'en servir adroitement par *H. S. de Londres.* Imprimé à Vienne en Autriche, chez André Heyinger, Imprimeur de l'université. 8. 114 S.

Lones, M., d. Besitzer v. Hagenest. Novelle. 8. (236 S.) Leipzig 897. R. Maeder. n. 2. 50

— üb. den Wellen. Novelle. 8. (132 S.) Ebd. 897. n. 1. 50

Loneux, Eug., grammaire générale, appliquée à la langue françoise. gr. 4. Strasb. König. 800.

Long u. Preuße, praktische Anleitung zur Trichinenschau. 3. Aufl., bearb. v. M. Preuße. gr. 8. (IV, 67 S. m. Abbildgn.) Berlin 902. R. Schoetz. Geb. n. 2. 40

Long u. Preuße, praktische Anleitung zur Trichinenschau. 7. veränd. Aufl., bearb. v. M. Preuße. (IV, 87 S. m. Abbildgn.) gr. 8. Berlin 906. R. Schoetz. Geb. n. 2. 50

Long u. Preuße, prakt. Anleitg. zur Trichinenschau. 8. veränd. Aufl., bearb. v. M. Preuße. (IV, 88 S.) gr. 8. Berlin 909. R. Schoetz. Geb. 2. 50

Long, Beschreibung der v. ihm erfundenen hölzernen Brücke, s. a. Beschreibung.

Long, (Oberstlieutenant) Beschreibung der von ihm erfundenen hölzernen Brücke. Aus d. Engl. übers. v. C. J. Gauß. Mit 7 lithogr. Tafeln. gr. 8. Hannover 840. Hahn. 1 ℳ

Long, Catharine, Sir Roland Ashton oder der Christen Glück im Unglück. Aus dem Engl. Bevorwortet von W. F. Besser. Leipzig 868. J. Naumann. br. 8. (VIII, 757 S.) n. 2 ℳ

Long, E: Die Ondulation. Berlin 1910

Long, F. le, bibliotheca sacra, s. syllabus omnium ferme sacrae scripturae edition. ac versionum, additionib., versionibus Codd. Mss, notisq. auxit Boerner. 8. Lips. Weidmann. 709.

Long, John

Long, J., Reisen eines amerikan. Dollmetschers u. Pelzhändlers im Innern von Nordamerika; aus d. Engl. von G. Förster. gr. 8. Berl. 791. Voß. 1 ℳ

LONG, John
Reisen eines Amerikanischen Dolmetschers und Pelzhändlers, welche eine Beschreibung der Sitten und Gebräuche der Nordamerikanischen Eingebornen, und einige Nachrichten von den Posten am St. Lorenz-Flusse, dem See Ontario u. s. w. enthalten. Herausgegeben von J. Long.
Aus dem Englischen übersetzt. Nebst einer vorläufigen Schilderung des Nordens von Amerika von Georg Froster.
Mit einer neuen Karte und einem Kupfer.
Berlin: Voss. 1792. VI, 176 S. 8°.
John Carter Brown Library Providence, R. I.
Übers. v. Voyages and travels of an Indian interpreter and trader, London 1791.
Weitere Ausg. 1791, 1792 u. 1796 [die beiden letzten unselbständig]

LONG, John
J. Long's westindischen Dollmetschers und Kaufmanns Reisen, enthaltend: eine Beschreibung der Sitten und Gewohnheiten der Nordamerikanischen Wilden; der Englischen Forts oder Schanzen längs dem St. Lorenzflusse, dem See Ontario u. s. w.; ferner ein umständliches Wörterbuch der Chippewäischen und andrer Nordamerikanischen Sprachen.
Aus dem Englischen. Herausgegeben und mit einer kurzen Einleitung über Kanada und einer verbesserten Karte versehen von E. A. W. Zimmermann . . .
Hamburg: Hoffmann. 1791. XXIV, 336 S. 8°.
Neuere Geschichte der See- und Land-Reisen, Bd. 5.
Staats- und Universitätsbibliothek Göttingen
Reihenausg. d. voraufgehenden Nr.
Übers. v. Voyages and travels of an Indian interpreter.
Weitere Ausg. 1791 [unselbständig], 1792 u. 1796 [unselbständig]

— See- u. Landreisen, herausg. von Zimmermann, s.a. Geschichte d. See- u. Landreisen. 5r Bd.

Long, J. See- und Landreisen. A. d. Engl. . . . Hamburg 1791. Ü: *Himly, Carl Gustav.* H: *Zimmermann, Eberhard Aug. Wilhelm von.* (NN) (MGT)

LONG, John
Long's See- und Landreisen, nebst einer Beschreibung der Sitten und Gebräuche der nordamerikanischen Wilden.
s. Sammlung der besten und neuesten Reisebeschreibungen in einem ausführlichen Auszuge, Bd. 32 [Berlin 1792], S. 301-324. s. Nr. 13.
Stark verkürzte Übers. v. Voyages and travels of an Indian interpreter and trader.
Weitere Ausg. 1791, 1792 u. 1796 [unselbständig]

LONG, John
J. Long's westindischen Dollmetschers und Kaufmanns See- und Land-Reisen, enthaltend: eine Beschreibung der Sitten und Gewohnheiten der Nordamerikanischen Wilden; der Englischen Forts oder Schanzen längs dem St. Lorenz-Flusse, dem See Ontario u. s. w.; ferner ein umständliches Wörterbuch der Chippewäischen und anderer Nordamerikanischen Sprachen.
Aus dem Englischen. Herausgegeben und mit einer kurzen Einleitung über Kanada und einer verbesserten Karte versehen von E. A. W. Zimmermann . . .
Hamburg: Hoffmann. 1791. XXIV, 336 S. 8°.
Stadtbibliothek Trier
Übers. v. Voyages and Travels of an Indian interpreter and trader, London 1791.
Weitere Ausg. 1791, 1792 u. 1796 [unselbständig]

LONG, JOHN H. On the Diffusion of Liquids. Tübingen, 1879.

Long, John Luther, Madame Butterfly. Novelle. Autoris. Übersetzg. v. Marianne Trebitsch-Stein. (VII, 100 S. m. 3 Vollbild.) 8. Wien 910. P. Knepler. 2.50

Long, John Luther. Heimweh. NY, 1905.

Long, Reinhold

Long, R., u. M. Preuße, praktische Anleitung zur Trichinenschau. gr. 8. (IV, 62 S. m. Abbildgn.) Berlin 896. R. Schoetz. Geb. n. 2. —

Long, R., u. M. Preuße, prakt. Anleitg. zur Trichinenschau. M. vielen Abb. 2. Aufl. gr. 8. (IV, 62 S.) Berlin 898. R. Schoetz. Geb. n. 2. —

[Reinh.] **Long** [& Max] Preusse. Praktische Anleitung zur Trichinenschau. 3. Aufl. bearb. von M[ax] Preusse, Thierarzt in Danzig. Mit Abb. *Berlin: R. Schoetz 1902.* (72 S.) 8° [02. 1458]

[Reinh.] **Long**-[Max] Preuße. Praktische Anleitung zur Trichinenschau. 4. Aufl. bearb. von M[ax] Preuße, Depart.-Tierarzt in Danzig. Mit vielen Abb. *Berlin: R. Schoetz 1903.* (09 S.) 8° [F.] [04. 8873]

[Reinh.] **Long**- (M[ax]) Preuße. Praktische Anleitung zur Trichinenschau. 6. Aufl. bearb. von M. Preuße. Mit vielen Abb. Berlin: R. Schoetz 1905. (92 S.) 8° [F.] [06. ...]

[Reinh.] **Long**-(M[ax]) Preuße. Praktische Anleitung zur Trichinenschau. 7. veränd. Aufl. bearb. von M. Preuße. Mit vielen Abb. Berlin: R. Schötz 1906. (90 S.) 8° [F.] [08. 15476 11]

Long, R., Instruction üb. den zweckmässigen Gebrauch d. zusammengesetzten Mikroskops. gr. 8. (16 S.) Breslau 875. Maruschke & Berendt. n. — 50

Long, R., Instruktion über zweckmässigen Gebrauch des zusammengesetzten Mikroskops. Berlin, Schoetz. M. 1.—

Long, R., Instruction über den zweckmäßigen Gebrauch des zusammengesetzten Mikroskops. gr. 8. (35 S.) Berlin 886, Th. Ch. F. Enslin. *

Long, Reinhold *(geb. Friedland in Schles. 12. 11. 1835)*: De nonnullis operationibus plasticis, quae in hoc clinico factae sunt. Vratislaviae (1862). (23 S.) 8° *[Die im Text erwähnten Tafeln fehlen den Tauschexemplaren.]*
Breslau, Med. Diss. v. 9. Aug. 1862

— die Trichine. Eine Anleitg. zur Fleischschau. Mit 20 Abbildgn. 8. (31 S.) Ebend. 886. n. 1. —

— das Wissenswertheste üb. die Geschichte u. den Lebensgang der Trichina spiralis nach den Arbeiten v. Hilton, Owen, Farre etc., sowie Vorschläge üb. die pract. Handhabg. der im deutschen Reiche gesetzlich angeordneten Fleischschau. gr. 8. (9 S.) Ebend. 875. n. — 50

Long, R., das Wissenswertheste über die Geschichte u. den Lebensgang der Trichina spiralis nach den Arbeiten von Hilton, Owen, Farre etc., sowie Vorschläge über die praktische Handhabung der im deutschen Reiche gesetzlich angeordneten Fleischschau. 2., gänzlich umgearb., u. verm. Aufl. gr. 8. (16 S.) Breslau 878. Maruschke & Berendt. n. — 50

Long, William *Joseph* [aus North Attleboro, Mass., U. S. A.]: Ueber Hume's Lehre von den Ideen und der Substanz in ihrem Zusammenhang mit derjenigen Locke's und Berkeley's . . . Heidelberg, Univ.-Buchdr. v. J. Hörning, 1897; 41 S. 8.
Heidelberg, Phil. Fak., Inaug.-Diss. v. [25. Mai] 1897

Longard. De l'enseignement de la langue française. Trier, R., 1849. **Progr.**

Longard I., die Secularisation des Kirchengutes in Teutschland durch den Reichs-Deputations-Hauptschluß vom 25. Febr. 1803, und der §. 37. dieses Rezesses, mit besonderer Beziehung auf die Stadt Coblenz. Eine reichsgeschichtliche Abhandlung. gr. 8. (IV und 102 S. mit 1 lithogr. Karte in hoch 4.) Coblenz 836, Hölscher's Verlag. *

Longard, Carl, s. Longard, Karl

LONGARD, J. P., Altrheinländische Märlein und Liedlein. Koblenz 1843.
Citirt O. Schell p. 190.

Longard, Johannes

Longard, Joh., über strafrechtliche Reformbestrebungen im Lichte der Fürsorge, s.: Grenzfragen, juristisch-psychiatrische. VI, 4.

Longard, Johannes: Ueber strafrechtliche Reformbestrebungen im Lichte der Fürsorge. Von Dr. –. Halle: Marhold 1908. 20 S. 8°
(Juristisch-psychiatrische Grenzfragen. Bd 6, H. 4.)

Longard, Johannes [aus Sigmaringen]: Ueber die Wirkung des Kaffein bei Herzkrankheiten . . . . Bonn, Univ.-Buchdr. v. C. Georgi (1886); 30 S. u. 1 Taf. 8°.
Bonn, Med. Fak., Inaug.-Diss. v. 24. Jul. 1886.

Longard, Johannes, über die Wirkung des Kaffein bei Herzkrankheiten. Diss. Bonn 1886, Emil Strauss. 8°. 30 S. mit einer Taf.

Longard, Karl

Longard, Carl, über die Identität der in der Milch und in acuten Abscessen vorkommenden Staphylococcen. Diss. München 1886, A. Buchholz. 8°. 16 S.

Longard, Carl [approb. Arzt aus Coblenz]: Ueber die Identität der in der Milch und in acuten Abscessen vorkommenden Staphylococcen .... Stuttgart, Druck v. Gebr. Kröner, 1886; 16 S. 8°.
München, Med. Fak., Inaug.-Diss. v. 1886.

Longard, Leonard. Casp. (geb. am 24 Nov. 1811 in Vallendar): Symbolae ad doctrinam de digammo Aeolica ... Bonnae, typ. C. Georgii 1837. VI, 37 S. 8. ¶ Erschien zugleich selbständig bei Marcus in Bonn.
Bonn, Phil. Fak., Diss. v. [11 Febr.] 1837

Longard, Leon. Casp. (geb. am 24 Nov. 1811 in Vallendar): Theses controversae, quas una cum dissertatione Symbolae ad doctrinam de digammo Aeolica ... defendet. Bonnae, typ. C. Georgii (1837). 2 Bl. 8.
Bonn, Phil. Fak., Thes. v. 11 Febr. 1837

Longard, Sebast., Lieder und Balladen. 12. (124 S.) Aachen 888, Barth. *M 1.50.; geb. *

Longard de Longarde, Madame s.a. Gerard, Dorothea.

— die Blutsteuer. Roman aus dem deutschen Militärleben. Aus dem Engl. übertr. von O. Marschall v. Bieberstein. Autoris. Ausg. (VI, 272 S. m. Bildnis.) gr. 8. Leipzig 904. H. Schmidt & C. Günther. n. 2.50; geb. n. 3.50

Longardt, Ludw., der Major als Escadrons-Commandant. (39 S.) gr. 8. Krakau 902. (Wien, L. W. Seidel & Sohn.) n. 1.—

Longarm, Oberst, der gefürchtete Chef der Indianer-Polizei erzählt seine Erlebnisse u. Abenteuer in Wild-West im Kampfe m. den Indianern u. Räubern. 1.—8. Bd. (à ca. 32 S.) gr. 8. Berlin (906). B. Sellin. à — 15

Longarm, Oberst, der gefürchtete Chef der Indianer-Polizei erzählt seine Erlebnisse u. Abenteuer in Wild-West im Kampfe m. d. Indianern u. Räubern. 9.—15. (Schluß-) Bd. (Je ca. 32 S.) gr. 8. Berlin (907). B. Sellin. à — 15

Longchamp, s.a. Longchamps

Longchamp, I. L. A. Loiseleur de, flora Gallica, c. tab. aen. II Vol. 8. Lutetiae. (Tourneisen in Cassel.) 806.

Longchamp, M.

Longchamp, Essai historiq. s. la révolut. du Paraguay, s. S. Bd.: Rengger, J. R.

Longchamps, Pierre de. Chronologischer und kritischer Entwurf einer gelehrten Geschichte Frankreichs . . . A. d. Franz. . . . Halle 1770. Ü: *Schirach, Gottlob Benedict.* (Ky)

Longchamp, Abt, chronolog. u. krit. Entwurf e. gelehrten Geschichte Frankreichs, von den ältesten Zeiten bis auf d. 18. Jahrh. Aus d. Französ. übers. (von G. B. Schirach). Mit e. Vorrede v. Chr. A. Klotz. 1r Bd. gr. 8. Halle 770 Gebauer. 1 ⁊ 9 K

Longchamps. Journal für Patronen-Modelle der vorzüglichsten Pariser Neuheiten in natürlicher Größe zugeschnitten für Herrenkleidermacher, u. besonders für Marchand-tailleurs. Herausg.: S. Guigue. 7. Jahrg. 860. 6 Nrn. (à 2 Modelle in gr. Fol. u. 2 S. Text.) Aachen. (Cöln, Lengfeld.) 4. n. 1 ⁊ 10 ngr.

Longchamps. Journal für Patronen-Modelle der vorzüglichsten Pariser Neuheiten in natürlicher Größe zugeschnitten für Herrenkleidermacher u. besonders für Marchands-tailleurs. Hrsg. von Frz. Jos. Urlichs. 8—14. Jahrg. 1861—67. à Jahrg. 6 Nrn. (à ½ Bog. u. 3 Modelle.) Aachen, Urlichs. hoch 4. Jeder Jahrgang n. 1 ⁊ 15 ngr.

Longchamps-Berier, v., die Militär-Reitschulen in Preußen, Oesterreich und Frankreich s.a. Beiheft zum Militär-Wochenblatt.

Longchamps-Berier. Die Militär-Reitschulen in Preussen, Oesterreich und Frankreich. Beihft. z. „Milit.-Wochenblatt". Berlin 1880.

Longchamps-Berier, Ritter v., aus der Praxis — für die Praxis. Aufzeichnungen u. Betrachtgn. üb. kavalleristische Dinge. gr. 8. (VIII, 99 S. m. 3 Taf.) Berlin 899. E. S. Mittler & Sohn. n. 2.80; geb. in Leinw. n.n. 4.—

Longe, A. de, Feldzüge der Bayern. Ein kriegsgeschichtl. National-Kalender. gr. 8. (IV, 257 S.) Landshut 902. Ph. Krüll. n. 2.—

Longet, F. A., Anatomie und Physiologie des Nervensystems des Menschen und der Wirbelthiere, mit patholog. Beobachtungen und mit Versuchen an höhern Thieren ausgestattet. Gekrönte Preisschrift. Aus dem Französ. übers. und mit den Ergebnissen bis auf die Gegenwart, ergänzt und vervollständigt von J. A. Hein. 2 Bde. gr. 8. Leipzig 847—49, [Brockhaus.] [1. (XXII und 730 S. mit 5 Stnt. in Fol. und gr. 4.) 2. (XVI und 579 S. mit 4 Stnt. in gr. 4.] Thlr. *

Longfeldt, E., Ernst u. Scherz f. meine Lieblinge. Erzählungen u. Märchen f. Kinder v. 6—9 Jahren. 8. (III, 150 S.) Gotha 891. F. A. Perthes. geb. n. 3.—

Longfellow, Henry Wadsworth, Balladen und Lieder. Deutsch von A. R. Nielo. 16. (IX und 255 S.) Münster 857, Coppenrath'sche Buchh. * 25 Ngr.; geb. *

Longfellow, H. W., die Brautwerbung d. Miles Standish, s.a. Universal-Bibliothek.

— Miles Standish's Brautwerbung. Aus dem Engl. von F. E. Baumgarten. St. Louis 859. Witter. 16. (76 S.) n. 12⅓ ngr.

— Miles Standish's Brautwerbung. Uebers. von J. Manefeld. Mainz 867. Kunze's Nachf. gr. 16. (VI, 95 S.) n. 14 ngr.; geb. mit Goldschn. n. 20 ngr.

— — s. Classiker des In- u. Auslandes.

— — s. Collection of british and american standard authors.

Longfellow, H. W., the courtship of Miles Standish, s.a. Dürr's Collection of standard American Authors.

— the courtship of Miles Standish, s.a. Rauch's English readings.

Longfellow, Henry Wadsworth, The courtship of Miles Standish, hrsg. von William Wright, s.a. Rauch's English readings.

Longfellow, Henry Wadsworth, the Courtship of Miles Standish. Mit einer Einleitung und erklärenden Anmerkungen von Otto Dickmann. gr. 8. (VI, 65 S.) Halle 876, Gesenius' Verlag. *

Longfellow's, Henry Wadsworth, Dichtungen, s. Baumgartner, A.

—— Elisabeth, s. Idyllen, zwei amerikanische.

Longfellow, Henry Wadsworth, Endicott, s.: Library, English.

—— Erzählungen aus einem Wirthshaus an der Landstraße. Frei in's Deutsche übertr. von Isabella Schuchardt. Autoris. Ausg. 1. Bdchn. 16. (95 S.) Hamburg 879, Grüning. geb. mit Goldschn.

Longfellow, Henry Wadsworth

Longfellow, Henry W., Evangeline, hrsg. v. H. Quensell, s.: Authors, English. 42. Lfg.

— dasselbe, s.a. Bibliothek der Gesamt-Litteratur d. In- u. Auslandes.

—— dass. – s.a. Collection of British and American standard Authors.

— Evangeline, s.a. Meyer's Volksbücher.

— dasselbe, hrsg. v. O. Fischer, s.: Rauch's English readings.

—— Evangeline, s.a. Sammlung gediegener und interessanter Werke der englischen Litteratur.

— dasselbe, hrsg. v. Ernst Sieper, s.: Textbibliothek, altenglische.

—— dass. — s.a. Universal-Bibliothek.

Longfellow, H. W., Evangeline. Aus dem Engl. 16. (X und 130 S.) Hamburg 851, Perthes-Besser und Mauke.

—— Evangeline. Eine Erzählung aus Acadien. Aus dem Engl. mit dem Lebensabriß des Verf. und einer geschichtlichen Einleitung von P. J. Belke. 16. (VIII und 85 S. mit Longfellow's Portr. in Stahlst. und 10 Illustr. in eingedr. Holzschn.) Leipzig 854, Weber. *

— Evangeline. Eine Geschichte aus Acadien übersetzt von A. Gasda. Regensburg 863. Manz. 16. (83 S.) 12 ngr.

— Evangeline. Ein amerikan. Idyll in 10 Gesängen. In Nachdichtung von Paul Herlth. Bremen 870. Kühtmann & Co. 16. (XII, 96 S.) 15 ngr.; in engl. Einb. mit Goldschn. 25 ngr.

—— Evangeline. Mit Anmerkungen für deutsche Leser. 8. (VIII, 55 S.) Hamburg 870, O. Meissner.

—— Evangeline. Eine Erzählung aus Acadien. Aus dem Engl. übersetzt von Ed. Nickles. 2. Aufl. 16. (136 S.) Karlsruhe 872, Braun'sche Hofbuchh. *

— Evangeline. A tale of Acadie. Mit e. Einleitg. u. erklär. Anmerkgn. v. O. Dickmann. gr. 8. (85 S.) Hamburg 874. Mauke Söhne. n. 1. 20; cart. n. 1. 50

— dasselbe. Mit Anmerkgn. v. C. F. Lüders. 2. Aufl. 8. (60 S.) Hamburg 876. O. Meissner. n. — 80

— dasselbe. Eine Erzählg. aus Acadien. Aus dem Engl. übers. v. Julie Gramberg. br. 8. (VIII, 77 S.) Oldenburg 876. Schulze. n. 2. —; geb. m. Goldschn. n. 3. —

— Evangeline. A tale of Acadie. Erklärt von Otto Dickmann. 2., umgearb. Aufl. gr. 8. (100 S.) Berlin 879. Weidmann. — 90

—— Evangeline. Ein amerikan. Gedicht, in's Deutsche übers. von Franz Siller. 8. (IV, 91 S.) Milwaukee 879. (München, J. A. Finsterlin.) geb. mit Goldschn. *

— dasselbe. Mit Anmerkungen von C. F. Lüders. 3. Aufl. 8. (60 S.) Hamburg 882. O. Meissner. n. — 80

— dasselbe. Aus dem Englischen übers. von W. v. Voigt. 16. (VI, 142 S.) Langenberg 882. Joost. n. 1. 50

—— dass. — Mit Anmerkungen von C. F. Lüders. 3. Aufl. 8. (60 S.) Hamburg 883, O. Meissner. *

— Evangeline. A tale of Acadie. Erklärt v. Otto E. A. Dickmann. 3. Aufl. gr. 8. (88 S.) Berlin 885. Weidmann. — 90

— Evangeline. Eine akad. Erzählg. Ins Deutsche übertr. v. R. Seehaußen. gr. 8. (66 S.) Eisleben 890. Kuhnt. n. 1. —; geb. m. Goldschn. n. 2. —

— Evangeline. A tale of Arcadie. F. d. Schulgebr. erklärt v. Otto E. A. Dickmann. 4. Aufl. gr. 8. (98 u. Anmerkgn. 28 S.) Berlin 896. Weidmann. * Geb. in Leinw. u. geh. n. 1. 30

— dasselbo, hrsg. von K. Bandow, s.a. Authors, English.

Evangeline by H(enry) W(adsworth) Longfellow. A tale. M. Anm. z. Schulgebr. hrsg. v. Prof. Dr. K[arl] Bandow, ... Dir. ... zu Berlin. (Text.) Anm. *Bielefeld & Leipzig: Velhagen & Klasing 1896.* 2 Bde 8. (Text.) (VII, 86 S.) Anm. (38 S., 1 Bl.)
= Sammlung, Velhagen & Klasings, französ. u. engl. Schulausgaben. English Authors. Lfg 42. Ausg. B. [96. 7348

Evangeline, ein Liebessang aus Akadien. Von Henry Wadsworth Longfellow. Aus d. Engl. von Arnold Oskar Meyer. Leipzig & Wien: Bibliogr. Inst. [1898]. 61 S. 8°
(Meyers Volksbücher. Nr 1197.) A 12. 6020

Longfellow, Henry W., Evangeline. Neu verdeutscht v. Waldem. Andresen. (III, 48 S.) gr. 8. Leipzig (900). O. Tobies. Geb. in Leinw. n. 2. —

Longfellow, Henry Wadsworth: Evangeline, hrsg. v. Ernst Schmid u. F. Kriete, s.a. Authors, English.

Evangeline. A tale of Acadie. By Henry W[adsworth] Longfellow. Mit Anm. u. e. Wörterbuch hrsg. von Ernst Schmid, weil. Dir. zu Potsdam. Durchges. von Dr. F[ritz] Kriete, Oberl. in Halle a. S. 2. Aufl. *Berlin: Friedberg & Mode 1901.* (VIII, 79 S.) 8°
= Authors, English, for the use of schools. No 6. [01. 6193

(Henry Wadsworth) Longfellow's Evangeline. Krit. Ausg. mit Einl., Untersuchungen über d. Gesch. d. engl. Hexameters u. Anm. von Ernst Sieper, Prof., München. Heidelberg: C. Winter 1905. (VII, 177 S.) 8°
= Textbibliothek, Englische. 11. .05. 13233

Longfellow, (Henry W.), Evangeline. Aus dem Engl. v. Otto Hauser. Bildschmuck v. Art. Dixon. (160 S. m. z Tl. farb. Abb. u. Taf.) 8. Nürnberg (908). E. Nister. Geb. in Leinw. 5. —

—— Flower-de-luce and three Books of song, s. Collection of British Authors.

— Gedichte. Deutsch von Alex. Neidhardt. Darmstadt 856. Leske. 8. (2 Bl., 259 S.) 27 ngr.

—— dass. – s.a. Universal-Bibliothek.

— Gedichte. Meist in den Formen des Originals übertr. u. mit des Dichters, sowie mit einigen eigenen Bemerkungen vers. von Carl Böttger. Dessau 856. Neubürger. 16. (XII, 304 S.) 18 ngr.

—— Gedichte. Meist in den Formen des Originals übertragen und mit des Dichters, sowie mit einigen eigenen Bemerkungen versehen von Carl Böttger. 2. (Titel-)Aufl. 16. (XII, 304 S.) Dresden (856)71, am Ende. [Kaufmann.]

—— ältere und neuere Gedichte in Auswahl. Deutsch von Adf. Laun. gr. 16. (167 S.) Oldenburg 879, Bültmann und Gerriets Nachf. *
geb. mit Goldschn. *

—— kleinere Gedichte. Uebersetzt von Aug. Rieke. gr. 16. (196 S.) Osnabrück 860, Rackhorst'sche Buchh. *

Longfellow, Henry Wadsworth: Hiawatha, s. Universal-Bibliothek.

— Hyperion, s.a. Bibliothek, Europäische, 498 u. 499. Bd.

— Hyperion, s.a. Collection Hartleben.

— Hyperion. Eine abenteuerliche Geschichte. Deutsch von Adf. Böttger. Leipzig 856. Einhorn. (Wien, Hartleben.) 8. (278 S.) 27 ngr.

Longfellow, Henry Wadsworth: Judas Makkabäus, s. Bindel, Karl

— Kavanagh, s.a. : Bibliothek, Europäische, 500. Bd. — Britannia, 20. Bd.

— Kavanagh, s.a. Rauch's English readings.

Longfellow, Henry Wadsworth
Kavanagh. Eine Erzählung. Aus dem Englischen. Berlin: Duncker & Humblot 1851. 104 S. 8°
(Britannia. Englands vorzüglichste Romane und Novellen. Bd 20.)

—— die goldene Legende, s. Bibliothek der Gesamt-Litteratur des In- und Auslandes.

— die goldene Legende. Deutsch von Karl Keck. Leipzig 860. Wagner. 12. (143 S.) n. 1 ₰

—— die goldene Legende. Uebers. von Elise Freifrau v. Hohenhausen. 1. Aufl. (IV, 231 S.) 1880; 2. Aufl. 8. (231 S.) Leipzig 882, Friedrich. *ℳ 4.; geb. *

—— das Lied von Hiawatha, s.a. Classiker des In- und Auslandes.

—— das Lied von Hiawatha, deutsch von Adf. Böttger. gr. 16. (280 S.) Leipzig 856, Herbig.

Longfellow, H. W., Lied von Hiawatha. Übers. von A. und K. Seitz. gr. 16. (IV und 260 S.) Jever 863, (Mettcker und Söhne.) *

— Lied v. Hiawatha. Deutsch im Versmasz der Urschrift v. F. Reuleaux. 8. (XVIII, 201 S. m. Titelbild.) Stuttgart 894. J. G. Cotta Nachf. n. 2. —; geb. n. 3. —

— the masque of Pandora a. other poems, s.: Collection of brit. authors.

— Nuremberg. A poem. With 7 illustr. (Kpfrst.). 12. (13 S.) Nürnberg 887. J. L. Schrag's Verl. geb. n. 1. 50

— dasselbe. With 7 engravings. 2. ed. 12. (IV, 14 S.) Ebd. 888. geb. m. Goldschn. n. 1. 80

Longfellow, H. W., Nuremberg. A poem. 8. (16 S. m. 13 Illustr.) Nürnberg 894. J. Ph. Raw. Geb. n. 1. —

— dasselbe. With 7 engravings. 3. ed. 12. (IV, 14 S.) Nürnberg 893. J. L. Schrag. Geb. in Leinw. m. Goldschn. n. 1. 80

— Nuremberg. Poem. (Neue Ausg.) (16 S. m. 1 Abb. u. 4 Taf.) kl. 8. Nürnberg (908). J. A. Stein. Geb. 2. —

—— Pandora. Eine dramat. Dichtung. Nach dem Engl. übers. von Isabella Schuchardt. Autoris. Ausg. gr. 16. (45 S.) Hamburg 878, Grüning. geb. in Goldschn.

— der Sang v. Hiawatha, s.a. Bibliothek der Gesamt-Litteratur d. In- u. Auslandes.

—— der Sang von Hiawatha. Uebers. von Ferd. Freiligrath. 8. (XVI und 316 S.) Stuttgart 856(57,) Cotta'sche Buchh.

— der Sang v. Hiawatha. Uebersetzt, eingeleitet u. erklärt v. Karl Knortz. gr. 8. (VIII, 196 S.) Jena 872. Costenoble. 2. 70

— Sang v. Hiawatha. Aus der engl. Urschrift in deutsche Verse übertr. v. Alb. Sleumer. Mit dem Bilde u. der Lebensbeschreibg. Longfellows. (XVII, 191 S.) 8. Limburg (908). Limburger Antiquariat u. Verlag. 2.—; geb. 2.50; m. Goldschn. 3. —

—— a Selection of the poetical works, s. Collection of British and American standard Authors.

Longfellow, (Henry W.), Selections. Für den Schulgebrauch hrsg. m. e. Einleitg. u. Anmerkgn. in engl. Sprache v. Johanna Bube. (152 S.) 8. Leipzig 906. G. Freytag. — Wien, F. Tempsky. Geb. 1. 50

— Sketches. Mit Wort- u. Sacherklärgn. f. den Schulgebrauch hrsg. v. Frdr. Kratz. (Koch's neusprachl. Schullektüre. Engl. Ausg.) (VIII, 54 u. 90 S.) kl. 8. Nürnberg 906. C. Koch. Kart. u. geb. n. — 75

— the song of Hiawatha, s.: Authors, modern English.

— the Song of Hiawatha, s. Dürr's Collection of standard American authors.

— der spanische Student, s.a. Universal-Bibliothek.

— der spanische Student. Ein Schauspiel in drei Akten. Aus dem Engl. übers. u. mit einigen Bemerkungen versehen von Karl Böttger. Dessau 854. Baumgarten u. Co. 8. (VIII, 126 S.) 15 ngr.

—— tales of a wayside inn, s.a. Dürr's collection of American and British authors.

— tales of a wayside inn. Student's Tauchnitz edition. Mit deutschen Erklärungen von Herm. Varnhagen. 1. und 2. Bd. gr. 8. (XII, 132; XII, 139 S.) Leipzig 888, B. Tauchnitz. à Bd. *M 1.—. * cart. à Bd. *M 1.10. *

— the New-England tragedies, s. Collection of Brit. Auth.

— the divine tragedy, s.: Collection of brit. auth.

Longfellow, Henry Wadsworth, sämmtliche poetische Werke in 2 Bdn. Uebers. v. Herm. Simon. 12. (587 u. 521 S.) Leipzig 883. Ph. Reclam jun. n. 3. —; geb. n. 4. 20

Longfellow, Henry Wadsworth, Works, s. Authors, standard american. — Dürr's collection of standard american authors.

— poetical works, s. Collection of British Authors.

Longfellow, H. W., prose works: Outre-Mer, Hyperion, and Kavanagh. 8. (390 S.) Leipzig 889. Gressner & Schramm. n. 2. —

Longfellow, James, der Mond. Seine Beschaffenheit, Zustände, menschl. u. thierische Bevölkerung, Einfluß auf die Erde, u. Beziehungen der Mondbewohner zu denen unserer Erde, nach Offenbarungen u. wissenschaftl. Forschungen übereinstimmend dargestellt. 8. (IV u. 54 S.) Grimma 852, Verlags-Comptoir. 1/2 ₰

Longford, Ernst Graf v., sammle Deine Träume!!? Der Traum, die Sprache der Seele, Die Bedeutg. des Traumes u. dessen Wichtigkeit, bewiesen an Beispielen aus dem alten u. neuen Testament u. der älteren u. neueren Geschichte unter Berücksicht. der heut. modernen Wissenschaft u. der Suggestion. (80 S.) 8. Berlin 908. J. Harrwitz Nachf. 1.50

Longhaye, G., S. J., Canossa, s.: Schul- u. Vereinsbühne. 6.

Longhaye, S. J., die Flavier, s.: Theaterbibliothek.

Longhaye, G., S. J., Johann v. La Valette, s.: Schul- u. Vereinsbühne. 1. Bdchn.

— Kämpfe u. Kronen, s.: Schul- u. Vereinsbühne. 4.

Longhi, A., e G. B. Menini, nuovo vocabolario della lingua italiana. 16. (1188 S.) Torino 847. (Triest, Favarger.)

Longhi, J., die Kupferstecherei, od. d. Kunst in Kupfer zu stechen u. zu ätzen. A. d. Ital. übers. v. C. Barth. 2 Thle. 8. Hildburghausen u. Meiningen 837, Kesselring'sche Hfbh. * 3 1/3 Thlr., Blnp. *
I. Theoretischer Theil. (23 1/4 B.)
II. Praktischer Theil. (11 3/4 B.)

Longhuan, R. A., Die Fabrikgesetzgebung in Neu-Süd-Wales. Schriften d. Ver. f. Soc.-Pol., Bd. 87. gr. 8°. Leipzig 1899.

— Die Fabrikgesetzgebung des Staates Victoria (Australien). Schriften d. Ver. f. Soc.-Pol., Bd. 87. gr. 8°. Leipzig 1899.

Longjaloux, Carl, neueste Musterblätter v. Pausen. gr. Fol. (10 Bl.) Elberfeld 898. (J. Fassbender.) n.n. 5. —

Longii (Długosz), chronicon episcoporum Vratislaviensium continuatione variorum auctum. Curante Jos. Lipf. Appendix schematismi dioecesis Vratislav. pro a. 1847 seorsum impressa. 8maj. (41 S.) Vratislaviae 847, Hirt. *

— — Vgl. Longini

v. Longin, C. G., (Chr. G. Flittner), Regeln u. Gesetze d. l'Hombre-, Quadrille- u. Cinquille-Spiels. 8. Berl. 804. W. Dehmigke. 8 gr. N. A. 815. 10 gr. Das l'Hombre-Spiel. Nach d. Engl. Herausg. von L. G. v. Düben. 5e Ausg. 8. Ebd. 826. (Sander). 12 gr.

Longin, C. G. von, Regeln u. Gesetze, des L'Hombre-, Quadrille- u. Cinquillespiels, aus d. Engl. übersetzt von C. G. F. von Düben. 8. Berl. N. Soc. Buchh. 815.

v. Longin, (C. G.,) d. l'Hombre-Spiel. Nach d. Engl. Herausgeg. v. L. G. v. Düben. 5e Ausg. 8. Berlin 826, Flittner.

Longin, Emil, s.: Percy, des Baron, Feldzugs-Journal.

Longin, F., der Dorfkaplan, s. Zeitgeist, der.

Longinescu, George G. [aus Focsani (Rumän.)]: Über Hydrazinosäuren der aliphatischen Reihe ... Berlin, Buchdr. v. G. Schade, *1896*; 32 S., 2 Bl. 8.
Berlin, Phil. Fak., Inaug.-Diss. v. 18. Juli 1896

Longinescu, Stephan G. [aus Rumänien]: Caius, der Rechtsgelehrte ... Berlin, Druck v. M. Oldenbourg, 1896; 2 Bl., 73 S., 1 Bl. 8.
Berlin, Jur. Fak., Inaug.-Diss. v. 21. Jan. 1896

Longinescu, S. G., Caius der Rechtsgelehrte. gr. 8. (74 S.) Berlin 896. (Cassirer & Danziger.) n. 1. —

Longini (Dlugosz), Joan., chronicon episcoporum Vratislaviensium continuatione variorum auctum. Curante Jos. Lipf. Appendix schematismi dioecesis Vratislav. pro a. 1847 seorsum impressa. gr. 8. (41 S.) Vratislaviae 847, Hirt. n. 8 ngl.

— — Vgl. Longii

Longinovits, Jos., s.: Praxis, pharmaceutische.

Longinus, s.a. Westhoff, Fritz.

Longinus, (Frdr. Westhoff), Führer durch d. Baumberge, — Führer durch die nähere Umgebung Münsters, } s.: Führer durch d. Münsterland.

Longinus, Dionysius

Λογγῖνος, s. a. Διονύσιος.

Longinus, Dionysius. Vom **Erhabenen.** Griech. und Teutsch ... Dresden 1737. 2. Aufl. 1742. Ü: *Heinecken (Heineke), Carl Heinrich.* (Waniek, Gottsched. Leipzig 1897. S. 310.) (DegG) (ML) (MD)

— — dass. griech. u. deutsch. 8. Hamb. 737.

— — dass. v. Heinecken. 8. Dresd. Walther. 742.

— vom Erhabenen, m. Anmerk. v. Schlosser. 8. Leipz. Weidmann. 781.

— vom Erhabenen; aus d. Griech. von Heinecke. 4. Basel 784. Decker. 1 ℛ 12 gr

— Übersetzt mit Anm. von Schlosser. Leipz. 787. 8. 20 gr.

Longinos, über das Erhabene. Verdeutscht u. eingeleitet durch Fr. Hashagen. (118 S.) 8. Gütersloh 903. C. Bertelsmann. n. 1. 20

Longini, Dion., de sublimi orationis genere, libell. graec. et lat. Ad ed. Pearc. c. ej. et Port. not. 4. Frkf. 756. ... 2 ℛ

— gr. lat. ex recens. Z. Pearcii. Animadv. interpretum excerpsit, suas et novam vers. adj. S. F. N. Morus. Acced. Mori liber animadvers. 8maj. Leipz. 769—73. Weidmann. 1 ℛ 8 gr

— gr. adjecta vers. gall. cura N. Lancelot. 8. Regensb. 775.

— graece et lat. Denuo recens. et animadv. J. Toupii, D. Ruhnkenii, F. J. Bastii integris et alior. excerptis suisque, item apparatu critico uberrimo indicibusque locupletiss. instr. Benj. Weiske. 8maj. Leipz. 809. Weigel. 3 ℛ Schrbp. 4 ℛ

Longinus. — *Διονυσίου ἢ Λογγίνου περὶ ὕψους* de sublimitate libellus in usum scholarum edidit Otto Jahn. Bonn 867. Marcus. gr. 8. (80 S.) n. 16 ngr.

Longinus. Διονυσίου ἢ Λογγίνου περὶ ὕψους. De sublimitate libellus, in usum scholarum ed. Otto Jahn. a. MDCCCLXVII. Iterum ed. Ioa. Vahlen. gr. 8. (XII, 80 S.) Bonn 887, Marcus. cart. *

Διονυσίου ἢ Λογγίνου περὶ ὕψους. [Dionysius **Longinus**:] De sublimitate libellus. In usum schol. ed. Otto Jahn, A. 1867. Tertium ed. Ioannes Vahlen. Lipsiae: B. G. Teubner 1905. (XX, 92 S.) 8° [05. 8393

Διονυσιου η Λογγινου Περι υψους. De sublimitate libellus. In usum schol. ed. Otto Iahn a. 1867. Quartum ed. a. 1910 Ioannes Vahlen. Lipsiae: Teubner (1910). XXII, 94 S. 8° [11. 6959

Longini quae supersunt. Edit. Egger, s. Scriptorum graecorum, T. I.

— opera, quae supers., graece et lat., rec. atq. animadv. adj. Toupius. 8. maj. Oxonii. 789.

— de Sublimitate, graece et latine stud. B. Weiskii. 8. Lips. Procl. Weigel. 809. Schreibp. Velinp.

— Libellus de sublimitate Dionysio Longino fere adscriptus. Accedunt excerpta quaedam a Cassii Longini operibus. Recognovit brevique adnotatione critica instruxit Arturus Octavius Prickard. (Scriptorum classicorum bibliotheca Oxoniensis.) (XVI, 73 S.) 8. Oxford (906). Clarendon Press. n.n. 2. —

LONGINUS, FR.: Lob-Predig, welche am Fest deren H. H. Schutz-Engeln Anno 1727 den 31-ten Augusti in der Löbl. Haupt- Pfarr- u. Societät Jesu Kirchen königlicher Haupt-Stadt Ofen in Hungarn, zu Ehren deren zweyen von Ihro Päpstlichen Heiligkeit Benedicto XIII. den 31. Decemb. 1726. Heilig-gesprochenen Aloysii Gonzaga, u. Stanislai Koska. Der obgedachten Societät Jesu, in grosser Anzahl deren Zuhörern vorgetragen werden. Ofen 1727. Gedruckt bey Veronica Landerin, Verwittibten Buchdruckerin. 26 S. - kl. 4°

Long Island Anzeiger: 1864?—1872?
Independent semi-weekly, issued also as Sunday edition of BROOKLYNER FREIE PRESSE, with which it merged. Circulation: 1870, 2000 (est.).
Brooklyn, NY

Long Island Beobachter: 1876?—1918?
Weekly. Independent, 1876—1906; Democratic, 1907—17; Independent, 1918. Title varies: LONG ISLAND BEOBACHTER UND FREIE PRESSE: 1907—18. Circulation: 1880, 680; 1890, 1200; 1900, 2000; 1910, 3000; 1918, 6400. Edited by Charles Kernitz, & published by Kohn & Kernitz, 1876—79; edited & published by Charles Kernitz, 1880—89; published by Long Island Beobachter Printing Co., 1890—97; edited & published by Carl Scharfenberger, 1898—99; edited by Rudolph Horak, & published by Barnickel, Krombholz Co., 1900—01; edited by Rudolph Spuehler, & published by L. Birseck, 1903—06; published by Franz Krombholz, 1902—06; edited by J. Hering, 1907—15; published by John W. Lee, 1907; by Joseph Cassidy, 1908—15; edited & published by J. Hering, 1916—18.
Long Island City, NY

Long Island Central-Zeitung: Mar.? 1873—1898?
Independent weekly. Sub-title: Wochenblatt für College Point und Umgebung, later as: Deutsches Organ für Long Island. Place of publication varies: Hicksville, N.Y., 1873—74? Circulation: 1875, 400 (est.); 1880, 850; 1890, 2204; 1895, 2300. Edited & published by Julius Augustin, 1873—74?; by Leo Oppenheimer & Co., 1874—96; by New York & College Point Printing Co., 1897—98.
College Point, NY

Long Island Deutsche Zeitung: 1884—? Long Island City, NY

Long Island Deutsche Zeitung: 1884—? New York, NY

Long Island Deutsche Zeitung: 1885?—1889?
Weekly. Dated at East New York, 1885—87. Edited & published by Korn & Braun, 1885—89.
Brooklyn, NY

Der Long Isländer: 1863—? Brooklyn, NY
Published Sundays by H. Böhr.

Der Long Islaender: Apr.? 1873—1918?
Sunday edition of BROOKLYNER FREIE PRESSE. Title varies: SONNTAGSBLATT DER BROOKLYNER FREIEN PRESSE. Circulation: 1875, 3166; 1880, 4100; 1890, 7500; 1900, 8300; 1905, 15,000; 1910, 12,500; 1915, 15,000.
Brooklyn, NY

Long Isländer. Der. Sonntagsblatt der „Brooklyner Freien Presse". 2 Jahrg. Brooklyn 1880 u. 1881. Imp. Fol.

Long Island Freie Presse: 1885—1906?
Democratic weekly. Title varies: QUEENS COUNTY FREIE PRESSE, 1885—89. Circulation: 1890, 1200 (est.), 1900, 1200. Edited & published by Eduard Frey, 1885—91; edited by L. F. Thoma & Eduard Frey, & published by Long Island Freie Presse Publishing Co., 1892—94; edited & published by Eduard Frey, 1895—1906.
College Point, NY

Long Island Journal and Volksblatt: 1874—? Newton, NY
Established as a weekly by K. White.

Long Island Journal und Volksblatt: 1874—1916?
Independent weekly. Place of publication varies: Newton, Long Island, N.Y. Circulation: 1880, 500; 1890, 550; 1899—1916, ca. 500. Edited & published by Charles White, 1874—1916; edited by Charles Kernitz.
Elmhurst, NY

Long Island Zeitung: 1890—? Long Island, NY
Weekly. Circulation: 400.

Longlott, Henri, d. Anarchistenbraut od. In d. Höhlen d. Dynamitarden. E. Erzählg. aus d. jüngsten Schreckenszeit. 50 Hfte. gr. 8. (1200 S. m. je 1 Bild.) Berlin (892). Verlagshaus f. Volkslitteratur u. Kunst. à — 10

Longner, Ign. v., Beiträge zur Geschichte der oberrheinischen Kirchenprovinz. Tübingen 863. Laupp. gr. 8. (XVIII, 654 S.) n. 2 ℛ 10 ngr.

Longner, Ign., Darstellung d. Rechtsverhältnisse d. Bischöfe in d. oberrhein. Kirchenprovinz. Eine von d. Juristen-Fakultät in Tübingen gekr. Preisschr. gr. 8. (35 B.) Tübingen 840, Laupp'sche Buchh.

Longo, Bartolo, Novene zu Maria, der Königin des hl. Rosenkranzes, U. L. Frau v. Pompei, um in den verzweifeltsten Fällen Erhörg. zu erlangen. Verf. v. dem Gründer d. Gnadenortes L. 20. bis 30. Tauf. Uebers. nach d. 164. Aufl. u. m. e. Anh. üb. d. Rosenkranz vers. v. Joh. Künzle. 16. (32 S. m. 1 Farbendr.) Feldkirch 896. Lindau, J. Lutz. n. — 10

Longo Josef: Laurence Sterne und Johann Georg Jacobi.
1895 PN 930 Diss. Wien, Univ. 71

Longo Dr. J.: Laurence Sterne und Joh. Georg Jacobi. 42. Krems R. 98. Progr.

Longo, Jos., Laurence Sterne u. Johann Georg Jacobi. gr. 8. (45 S.) Wien 898. J. Eisenstein & Co. n. 1. —

Longolius, Gottfr. Dan. (Kesselsdorf), Ad analysin monogrammatum imperatorum et regum Germ. praeparatio. Lpz. (Breitkopf) 3. II. 1737. 43 S. (3.80) 21586

Longolius, Johann Daniel (Übers.u.Comm.):

s.: Bontekoe, Cornelis: Abhandlung von des Menschen Leben, Gesundheit, Kranckheit und Tode... (Korte Verhandeling van's menschen, leven, gesondheid, siekte, en dood. Dt.) Budißin u.Leipzig: 1719

JB 934

Longolius, Johann Daniel, Johann Daniel LONGOLII, // Philosophiae & Medicinae Doctoris, // Einleitung zu gründlicher // Erkäntniß // einer ieden / insonderheit aber // Der // Teutschen Sprache /// Welcher man sich // Zu accurater Untersuchung je= //der Sprache / und Besitzung einer un=// tadelhafften Beredsamkeit in gebunde= //nen und ungebundenen Reden /// Wie auch besonders // In Teutschen für allerley Condition, // Alter und Geschlechte /// Zu einem deutlichen und nützlichen Begriff // der Mutter=Sprache/ // bedienen kan. // Zum gemeinen Besten dem Druck // überlassen. // BUDISSIN, // bey David Richtern /// 1715. - Mit 1 Tabelle zu Seite 75o. - 13 Blatt (nicht paginiert) Titelkupfer, Titelblatt, Widmung, Vorrede und Inhalt. - 752 S. und noch 11 Blatt (nicht paginiert) Register.
Auf dem Einbanddeckel steht in Golddruck:
CHR. RUD. FREYBERG
WURTZ. MISN.
SOCIETATI PHILOTEUT.
POETICAE.
D. D. D.
1 7 2 3.
Auf dem Vorblatt steht:
Da jüngst Longolius zu den Poeten kommen,
Ward er, als ein Geschenck, zwar gütig auff= //genommen:
Doch, Leser, weistu auch was er zu Ihnen sprach?
Nichts mehr, als dieses Wort: Ihr Freunde, // folget nach!
B. S. T. 8°.414.

Longolius, J. D., Indicium medicum de corruptione lymphae per frumentum corruptum, oder von der Kornstaupe, Reißen, Ziehkrankheit, Krampfsucht und Kriebelkrankheit. Bud. 8°.

1716

Longolius, J. Dan., entlarvte Mathematik, oder Entwurf einer ganz neuen Grundmathematik. 8. Bautzen, Drachstädt. 735.

— **Joh. Dan.** (Bautzen/Lausitz), Disp. jur. V selectiora juris principia. Präs. Joh. Tob. Richter. Lpz. (Langenheim) 19. VI. 1748. 20 S. (4.—) 21587

De organica intellectus humani Ratione. Halae Magdeb. (1709:) Henckel. 34 S. 8°

Halle, Med. Diss. v. Sept. 1709

— Systema Stahlianum de vita et morte corporis humani etc. vindicat. 8. ibid. 738.

Longolius, J. D., Wahrhaftiger Temperamentist oder untrügliche Kunst, der Menschen Gemüther zu unterscheiden. Mit 5 Taf. Bud. 8°.

1716

Longolius, Paul Daniel

— — **De celtarum et Gallorum** *ΑΝΟΡΩΠΟΘΥΣΙ ΑΙ.* **Disserens. O. O. (A. Hetschel) 5. III. 1743. 4 S. Fol. (3.—)** 21589

Longolius, Paul Dn., († d. 24. Febr. 1779.) Anzeige derum Hof entdeckten schönen Dendriten. 4. Schwabach 768.

Longolius, Paul Daniel (Hrsg.), s. A r n d , Johann: Sechs Bücher vom wahren Christenthum.

Longol, Paul Daniel [Praes.], s. B a r n i c k e l , Joh. Adam Gottlob: De Curiae Regnitianae judicio urbico vulgo Stadtgericht.

— Bekanntmachung der vom Kaiser Ludwig d. Baier Burggraf Johann zu Nürnberg übertragenen Statthalterschaft d. Mark Brandenburg. 8. Hof 778.

— neue Beschäftig. m. brauchbar. Nachricht. 4 Stck. 8. Hof, Vierling. (Grau.) 767.

— neue Beschäftigungen mit brauchbaren Nachrichten. 4 Stücke. 8. Hof 768—70. Vierling. (Grau). 20 Kr

— — **De boiis cornelianis. Hof (Joh. Andr. Hetschel) 29. IV. 1778. 12 S. (3.—)** 21591

Longolius, Paul Dan., Catalogus lectionum Gymnasii Curiensis 1745. (Tacitus Germania c. 19.)', 1746 (c. 40.), 1766 (c. 12.), 1771 (c. 7.), 1772 (c. 2.), 1773 (c. 13.), 1774 (c. 15.), 1776 (c. 42.), 1778 (c. 26.) Curiae ...

Longolius, Paul Dan. (Hrsg.), s. C o r p u s constitutionum Brandenburgico - Culmbacensium ...

— s. Jh. Adm. Muller, Buch Samuel.

— Nachricht von einer vorgewesenen Heirath Sigmunds, Herzogs in Baiern, mit Margarethen, Kurfürst Friedrich II. zu Brandenburg Prinzessin. Münch., (Franz). 8 Kr

— sichere Nachrr. von Brandenburg-Culmbach, oder d. Fürstenth. d. Burggrafth. Nürnberg, oberhalb d. Gebirgs. 10 Thle. 8. Hof 751—62. Vierling. (Grau). 3 fl 8 Kr

— notitia Hermundorum, s. a. J. H. M. *Ernesti*.

Longolius, Paul Dan., Notitia Hermundurorum eorumque causa maximae partis Germaniae antiquae in his P. D. Longolii dissertationibus de Hermunduris denuo editis opera et studio J. H. M. Ernesti. Accesserunt ... ejusdem viri scripta ad Taciti Germaniam. Appendicis loco Perizonii Notulae in Taciti Germaniam. Tomus I. Norimbergae 1793. 8. . . . . (D.)

— **Paul Dan.**, Origines *ΑΝΘΡΩΠΟΘΥΣΙΑΣ* a vulgari crudelitatis crimine. Lpz. (Breitkopf) 12. VI. 1734. 64 S. (5.—) 21588
Gew.: Wilh. Ernst v. Zech (mit Wappen in Kupferstich).

— — A terra regnitiana. Hof (Andr. Hetschel) 31. III. 1751. (3.—) 21590

— Vorrath allerlei brauchbarer Nachrichten. 6 Fächer. 1r Bd. 8. Schwabach 765—67. Enderes. 1 ℛ

— Zutrauen Kaiser Ludwigs d. Baiern gegen Burggraf Friedrich zu Nürnberg. Münch., (Franz). 16 K

— Fortsetz. des Zutrauens Kaiser Ludwigs d. Baiern gegen Burggraf Friedrich zu Nürnberg. Münch., (Franz). 14 K

Longos, s. L o n g u s

Longpré, Paul de, Blüthen u. Blumen. gr. Fol. (4 Farbendr.) Teplitz 892. Willner & Pick. n. 5.—; einzelne Blätter 1.80

Longpré, P. de, Rosen-Studien. gr. Fol. (4 Chromolith.) Leipzig 889. Baldamus' Sep.-Cto. n. 10—; einzelne Blätter à 3.50

Longridge, James Atkinson, über die Konstruktion der Geschützrohre u. anderer hohler Körper die einem großen inneren Drucke widerstehen sollen. Nebst einem Auszuge aus den Verhandlungen über diesen Gegenstand. Aus den Excerpt minutes of procedings of the institution of civil engineers. Mit Genehmigung des Vereins ins Deutsche übertragen von J. H a r t m a n n. Hannover 861. Helwing. gr. 8. (IV, 174 S. mit Holzschn.) n. 1 ℛ 6 ngr.

Longsword, Graf von, Salisbury, ein historischer Roman vom D. Leland, aus dem Engl. 2 Thle. 8. Leipzig, 775. Weygand. 18 sgl.

de Longuerue, s.a. *Dufour.*

L o n g u e r u e, Annales Arsacidar. 8. Strasburg. Treuttel. 732.

L o n g u e r u e, du Four, L. de, dissert. de variis epochis et anni forma veterum orientalium. 4. Lipsiae, Gleditsch. 750.

L o n g u e r v e, L. D u f o u r d e, Dissertatio de variis epochis et anni forma veterum orientalium. Ex mss. eruit J. D. Winckler. Lips. 750. 4. 20 gr.

Longuet, Jean, u. Georges Silber, Asew, Harting & Co. Hinter den Kulissen der russ. Geheimpolizei u. Revolution. Mit e. Einleitg. v. W. Burzew u. e. Vorwort v. Jean Jaurès. 1.—4. u. 5. u. 6. Taus. Mit den Porträts v. Burzew, Kropotkin, Lopatin, Wera Figner, Asew u. Gapon. Einzig autoris. Übersetzg. aus dem Franz. (XX, 236 S.) 8. Berlin-Ch. (909). Vita. 3.—; geb. 4.—

Longueville, Richard, (Gust. Bouillon,) Blüthenstaub. Poetische Versuche. 8. (194 S.) Leipzig 847, Friese. *

— den Söhnen der Freiheit. Bilder der Gegenwart. (Gedichte.) (3 Hefte.) 8. (94 S.) Coethen 848, Neubürger. (à Heft 5 Ngr.) *

— Den Söhnen der Freiheit! Bilder der Gegenwart. 3 Hfte. 8. (1: 16 S. 2: 48 S. 3: S. 49—78.) Dessau u. Cöthen 848, Neubürger. (à n. 1/6 ℛ) n. 1/2 ℛ

Longueville, Stephanie, die große Dame von 1830, s. Franzosen, die, der neuesten Zeit.

L o n g u i l l e, Louis, Hist. de la province d'Alsace dep. Jules César jusqu'au Mariage de Louis XV. II Pts. av. fig. fol. Strasb. 727.

Longus

§ * — — D a p h n i s u n d C h l o e aus dem Griechischen des *Longus* (von Friedr. G r i l l o). Berlin, bey Chr. Fr. Voss, 1765. 12°. 11 Bogen. (In Berlin: Vz 2260, mit Beibd.) (4 Mk. Fr. Strobel, Jena, c. 1905; 20 Mk., herrliches Expl. in gleichzeit. Hfrzbd., Schnabel u. Walter, Potsdam, 1906.)
Titel in Kupferstich mit schöner Rococo-Umrahmung.

§ * — — *Longos* D a p h n i s u n d C h l o e. Aus dem Griechischen übersetzt durch J. G. K r a b i n g e r. Mit einer Vorrede von Hofrath u. Prof. A s t. Landshut, Thomann, 1809. 8°. (1 1/8 Rthl.) (In Berlin: Yz 2270.) (4 Kr. Halm & Goldmann, Wien, 1907.)

§ * — — *Longos* des Sophisten D a p h n i s u n d C h l o e. Griech. u. d e u t s c h durch Franz P a s s o w. Leipzig 1811. Bei Friedr. Christ. Wilh. Vogel. Kl. 12°. (2 Rthl.) (1 Mk. 20 Pfg. R. Levi, Stuttg., 1892; jetzt theurer!)
Geschätzte Ausg. u. Uebers., „Herrn Major v. K n e b e l in Jena" gewidmet. LXXXVI—358 S.

§ — — — — E r g ä n z u n g zu *Longos* D a p h n i s u. C h l o e. Aus d. Griech. übers. von J. G. K r a b i n g e r. München 1811. 8°.

— — Dasselbe. Berlin, o. J. 12°.
(1/3 Rthlr. Lesser, Breslau.)
— — Dasselbe, übers. von Friedr. J a c o b s. Stuttgart 1832. 16°.

Longos, Daphnis und Chloe, s.a. Collection Spemann.

Longos: Daphnis und Chloe. Übers. von Frz. Passow. Stuttgart 1883 = Collection Spemann, Bd. 118. Überarb.: *Eyssenhardt, Frz.* Vgl. Cbl. f. Bibliotheksw. 19 (1902), S. 101. (DARP)

Longus, Daphnis u. Chloe. Deutsch v. Jacobs. Illustr. v. Chr. Wild. 12. (154 S.) München (900). A. Schupp. Geb. in Leinw. n. —70; Luxusausg., brosch., 1.20

Longus, Hirtengeschichten übers. v. Fr. Jacobs s.a. Prosaiker, griech.

— Hirtengeschichten von Daphnis u. Chloë, übers. v. Fr. Jacobs. 16. Stuttgart ..., Metzler. Subscr.-Pr. 1/6 ℛ

Longus. Hirtengeschichten, übersetzt von Friedrich Jakobs. Stuttgart 1832. 8°.

Longus, Hirtengeschichten v Daphnis u. Chloe, s.a. **Liebhaber-Bibliothek, kulturhistorische. 18. Bd.**

— — H i r t e n g e s c h i c h t e n v o n D a p h n i s u n d C h l o e. Nach der Uebersetzung von Hofrat Friedr. J a c o b s hrsg. u. eingeleitet v. Dr. O. K i e f e r. Berlin und Leipzig, Jacques Hegner, 1903. 12°. 136 S. (Br. Mk. 2—; gebd. 3—; in Leder 4—.) (1 Mk. 50 Pfg., br., Taussig, 1904.)
Kulturhistor. Liebhaberbibl. Serie II. Nr. 3.

Longus Hirtengeschichten von Daphnis und Chloe [Pastoralia] in 4 Büchern. Nach d. Übers. von Friedrich Jacobs hrsg. u. eingel. von Dr. O. Kiefer. Berlin & Leipzig: J. Hegner [1904]. (136 S.) 8°
— Liebhaberbibliothek, Kulturhistorische. Bd 13.

— — Dasselbe. 2. Aufl. Ebd. (1904). 12°. (Kr. 2,40.) (1 Kr. 60 H. A. H. Huber, Salzburg, 1908.)

LONGUS, Die Liebesgeschichten von Daphnis und Chloe. Aus dem griechischen Text ins Deutsche übersetzt von Ludwig Wolde. 300 Exempl. (250 auf ital. Bütten, 50 auf Japan und von P. A. Demeter in grünes Leder gebunden.) In Cicero Kleukens-Antiqua. Leipzig, Insel-Verlag, 1910. 4°. 167 S. (Bd. 10 der Bücher der Ernst-Ludwig-Presse.)
[E. IV, 257.]

LONGUS (gr. Longos), Sophista. — Lustgarten der Liebe von steter brennender Liebe zweyer Liebhabenden jungen Personen Daphnidis vnd Chloe zu Mytilenen von *Longo* Sophista beschrieben, auss d. Griech. verteutscht durch Dauid Wolstand. Franckf., b. Joh. Bringern. 12°.
(Latomus' Frf. Fast. M. V. 1615. E 3b.)

– Pastoralia (de Daphnide et Chloe).

— — id. l. gr. et lat., c. not. varior. ed. Bode. 8. maj. Lips. Gleditsch. 777.

Longi pastoralium de Daphnide et Chloe lib. IV. Curav. varr. lect. ac notas Columbani, Jungermani, Mollii et suas c. l. r. Gambarae expositis addidit B. G. L. Boden. 8maj. Leipz. 777. Junius. (Brockhaus). 1 ₰ 12 ℊ

— — id. l. graece c. proloquio de libris exoticis antiquorum. 4. maj. Parmae. Handwerk. 788.

Longus, s.a. Scriptores, erotici, graeci.

— pastoralium de Daphnide et Chloe libri IV. gr. et lat. Acced. Xenophontis Ephes. de amoribus Anthiae et Abrocomae lib. V. Text. recogn., select. lect. var. adj. C. W. Mitscherlich. 8maj. Bipont. 794. (Treuttel u. W. in Strassb.) (Auch als 3r Bd. d. Script. eroticorum.)

Longi pastoralia, graec.-lat. Cum proloquio Paciaudii de libris eroticis antiquor. Graec. rec. notasq. crit. adj. G. H. Schäfer. 8. Lpz. 803. (List in Berl.) 2 ₰ Velinp. 4 ₰

Longi, Pastoralia, graec. et lat. gr. rec. notasq. adj. G. H. Schäfer. 8. Lps. Sommer. 803. Rthlr. Velinp.

Longi Pastoralia. Ed. G. H. Schaefer. Leipzig 803. jetzt Klemann in Berlin, u. d. Pr. 5/6 ₰

— — Griechisch u. Deutsch mit Anmerkungen von Passow. Leipz. 811. 12. 2 rthlr.

Longi Pastoralia. Gr. et lat. Graeca ad optim. libr. fidem emend., adnotationes prior. editor. selectas ineditas R. Fr. Ph. Brunckii, God. Henr. Schaeferi, Franc. Boissonadii et suas adjecit Ernest. Ed. Seiler. 8maj. (26¾ B.) Lipsiae 835, (neu. Ttl. 843,) T. O. Weigel.
1½ Thlr., Schrbp. 2¼ Thlr., Vlnp.

Longus Supinator

Longus, ein Blick zurück in's flotte Burschenleben. Festgedicht zur 25jähr. Jubelfeier der medicin. Gesellschaft in Magdeburg am 29. März 1873. Den Festgenossen e. Erinnerungsblatt, den Commilitonen u. den alten Herren der 4 Facultäten ein fröhl. Gruss. gr. 8. (55 S.) Magdeburg 873. Creutz'sche Buchh. n. 1. —

Longus Supinator, s.a. Mensch, der, u. der Parasit.

Longus, der Mensch u. der Parasit. Ein fliegendes Blatt für Aerzte u. Naturforscher beider Hemisphären. 1—3., u. letzte Aufl. Magdeburg 866. (Creutz'sche Buchh.) br. 8. (VII, 12 S.) n. 5 ngr.

Longus, der Mensch u. der Parasit. Ein fliegendes Blatt f. Aerzte, Apotheker u. Naturforscher beider Hemisphären. 4. Aufl. Vermehrt durch e. entozoolog. Gelegenheits-Appendix u. e. Dedications-Epistel an die société de médicine in Paris. gr. 8. (33 S.) Magdeburg 872. Creutz'sche Buchh. n. 1. —

— die Metamorphosen des Trigeminus. Comoedia medico-practica in einem Paroxismus für Aerzte, Apotheker u. Naturforscher beider Hemisphären. Impressio reiterata. Berlin 866. Th. C. F. Enslin. gr. 8. (64 S.) n. 10 ngr.

Longus, Georgius. De annulis signatoriis antiquorum sive De vario obsignandi ritu Tractatus nunc primum in hisce terris recusus curante Christiano Friderico Ruheo. Francofurti et Lipsiae 1709. 8°.

Longwell, Horace Craig: The theory of mind of Roger Bacon. [Münster i.W. 1910: Aschendorff.] 43 S. 8° ¶ (Ersch. vollst. in: Beiträge z. Gesch. d. Philos. d. Mittelalt.)
Straßburg, Phil. Diss. v. 19. Dez. 1908, Ref. Bäumker
[Geb. 22. Mai 76 Santa Fe, New Mexico; Wohnort: Philadelphia Pa.; Staatsangeh.: Vereinigte Staaten; Vorbildung: Univ. of Pennsylvania Philadelphia B. A. 98; Studium: Univ. of Pennsylvania, Harvard Univ., Cambridge Ma., München 2, Straßburg 1, München 2, Straßburg 1 S.] [U 10. 4088

Lonhard, C. F., französisches Sprach- und Sprechbuch auf etymologischer Grundlage. Ein Lehr- und Übungsbuch für den ersten Unterricht an Gymnasien und Realschulen. 1. Kursus. gr. 8. (96 S.) Wolfenbüttel 888, Zwißler. *

Lonhard, Erwin, approb. Arzt aus Reutlingen: Aus d. Tübinger Universitäts-Augenklinik. Bericht über die Wirksamkeit der Universitäts-Augenklinik in Tübingen in der Zeit vom 1. Januar bis zum 31. Dezember 1903. *Tübingen 1904: H. Laupp jr.* (27 S.) 8°
Tübingen, Med. Diss. v. 1904

Lünholdt, Wilh., Locomotiv- u. Kessel-Feuerungen m. Sturzflamme u. Pendelstab-Korbrost D. R.-P. 49596 u. 56007, nebst 2 Taf. m. Abbildgn. Erläutert u. dargestellt. gr. 8. (14 S.) Berlin 891. Stankiewicz. n. 1. —

— die Sturzflammen-Feuerung m. Verbrennungskammern im Feuerraum. Ihre Anwendg. insbesondere auf häusl. Feuergn. Brennöfen, daneben auf Kessel- u. Locomotiv-Feuergn. etc. Ein Schritt zur Verhütg. der Rauch- u. Russ-Plage. Erläutert u. dargestellt. gr. 8. (III, 58 S. m. 45 Abbildgn.) Ebd. 891. n. 1. —

Lönholm, Ludwig Hermann

Lönholm, Ludw., Entwurf d. japanischen Handelsgesetzbuchs in d. v. Oberhaus angenomm. Form. Uebers. v. L. gr. 8. (IV, IV, 211 S.) Tokyo 898. Bremen (M. Nössler.) n. 6. —; geb. n. 7. —; engl. Übersetzg. (V, IV, 191 S.) Geb. n. 9. —; französ. Übersetzg. (II, IV, 189 S.) n. 6. —

— Gorda u. Sigurd. Wikingsaga. 12. (IV, 88 S. m. 6 Bild.) Tokyo 895. (Leipzig, Rossberg.)
Geb. in Leinw. n. 5. —

Lönholm, Ludw., bürgerliches Gesetzbuch für Japan. Übers. v. L. 3 Bde. 8. Tokyo (Bremen, M. Nössler). n. 7. —; engl. Übersetzg. in 1 Bde. (III, VIII, 323 S.) Geb. n. 10. —

1. Allgem. Theil u. Sachenrecht. 2. Aufl. (113 S.) 897. n. 2. —
2. Forderungsrecht. 2. Aufl. (II u. S. 114—222.) 898. n. 2. —
3. Familien- u. Erbrecht. (V, 145 S.) 898. n. 3. —; geb. n. 4. —

— dasselbe, s. a.: Gesetzbuch, b. bürgerl., f. Japan.

Loenholm, Ludwig: Bürgerliches Gesetzbuch für das Deutsche Reich. Vorschläge z. Abänderung nach Sprache u. Fassung in Gestalt eines Gegenentwurfs von Dr. –. Bd 1. 2. Tokyo: Selbstverl.; Leipzig: Rossberg in Komm. 1893–95. 2 Bde. 8°

[1 u.d.T.:] Allg. Theil d. Entw. e. BGB . . . Sprachl. u. stilist. Abänderungsvorschläge . . . 1893.
2. Allg. Theil d. Forderungsrechts. 1895.

Lönholm, Ludw. Herm., s.: Gesetze, die neuen japanischen, üb. Patente, Handelsmarken, Muster u. Gebrauchsmuster.

Lönholm, Ludw., s.: Handelsgesetzbuch, japan.

— japanisches Handelsrecht, enth. Konkursrecht, Handelsgesellschaftsrecht und Wechselrecht. [Aus: „Mitteilungen der deutschen Gesellsch. f. Natur- u. Völkerkde. Ostasiens."] 8. (II, 227 S. m. 7 Formularen.) Tokyo 896. (Leipzig, Rossberg.) n. 4. —

— Das Handelsrecht, Wechselrecht, Konkursrecht u. Seerecht Japans, s.a. Handelsgesetze, die, des Erdballs.

Lönholm, Ludwig Hermann: Das Handelsrecht, Wechselrecht, Konkursrecht und Seerecht Japans bearb. u. übers. von Dr. –. [Japan.] . . . Berlin: v. Decker [1907–08]· 121 S. 4° (8°)

(Die Handelsgesetze d. Erdballs. Ausg. D. Bd 6, [7.])

— Japan. Erwiderung auf Hrn. von Brandt's Schrift „D. Zukunft Ostasiens". 2. Aufl. 8. (35 S.) Ebd. 895. n.n. 1. 60

New Japanese laws, supplementary to the codes. Translated by L. With an appendix containing a glossary of commercial terms. gr. 8. (V, 133 u. 25 S.) Ebd. 898. n. 6. —

— s.: Strafgesetzbuch, das neue japanische.

Loenholm, L., allgemeiner Theil des Entwurfs e. bürgerlichen Gesetzbuchs f. das Deutsche Reich. Sprachliche u. stilist. Abänderungsvorschläge in Gestalt e. Gegenentwurfs. 8. (94 S.) Tokyo 893. (Leipzig, Rossberg.) n. 2. —

— allgem. Theil d. Entwurfs e. bürgerlichen Gesetzbuchs f. d. Deutsche Reich. Sprachl. u. stilist. Abänderungsvorschläge in Gestalt e. Gegenentwurfs. 2. Aufl. 8. (III, 70 S.) Ebd. 896. n. 1. 50

— des „Iltis" Todfahrt. (Gedicht.) 2. Aufl. gr. 8. (8 S.) Ebd. 896. n. — 40

— Verjährung, s.: Darstellung, vergleichende, des deutschen u. ausländischen Strafrechts. I.

— Japans moderne Civilisation. Ein Beitrag zur ostasiat. Frage. 8. (94 S.) Ebd. 896. n. 1. 80

Lonicer, Adam

Adami Loniceri [Lonicer:Naturalis Historiae opus novum. Deutsch:] Kräuterbuch oder Künstliche Conterfeyungen der Bäumen, Stauden, Hecken, Krautern... u. eigentlicher Beschreibung deroselben Nahmen in sechserley Sprachen...samt vorher gesetztem...Bericht der schönen u. nützlichen Kunst zu destilliren wie auch Bauung der Gärten u. Pflantzung der Bäumen; ingleichen von den fürnehmsten Thieren der Erden... von Metallen, Ertz... Auf das allerfleissigste übersehen, corr. u. verb. ...durch Petrum Uffenbachius [Uffenbach]. Ulm: Bartholomae 1705. 750 S. 4

Loniceri, Adam, Kräuterbuch, s. Bericht v. Destilliren, m. K. Fol. Augsb. Wolf. 783.

Loniceri, Adm., vollständ. Kräuterbuch, oder d. Buch über alle 3 Reiche d. Natur. Mit Kpf. Fol. Augsb. 783. (Wolff). 3 ℔ 16 K

Lonicer, G., Predigten zur Feier und Nachfeier der General-Kirchen-Visitation in Quaritz, gehalten am 4. und 11. Oktbr. 1885. gr. 8. (29 S.) Quaritz 886. (Breslau, Maruschke und Berendt.) *

Lonicer, G., Sammlung liturgischer Gottesdienste. Aus Worten der heil. Schrift, liturg. Materialien, sowie Chor- und Gemeindegesängen zusammengestellt. 1. und 2. Heft. 4. (III, 4, 14; III, 4, 10 S. mit Musikbeilagen.) Glogau 886,87. (Breslau, Max und Comp.) cart. à Heft * ℳ 1.—. *

— dasselbe. 1. u. 2. Hft. 2. Aufl. 4. (à 23 S.) Ebd. 889. cart. à n. 1. —

1. Todtenfest. — 2. Charfreitag.

Lonicer, G. Sammlung liturgischer Gottesdienste. Aus Worten der heil. Schrift, liturg. Materialien, sowie Chor- u. Gemeindegesängen zusammengestellt. 1. u. 2. Heft. 2. Aufl. 4. (à Heft 23 S.) Bresl. 889, Max u. Comp. cart. à Heft * 1 —

1. Todtenfest. — 2. Charfreitag.

Lonicer, Martin, Medizinalpraktikant a. Grünberg in Schlesien: Über Riesenzellbildung in der Leber bei Lues congenita. Naumburg a/S. (1905): Lippert & Co. (28 S.) 8°

Erlangen, Med. Fak., Ref. Hauser, Diss. v. 7. März 1907

[Geb. 15. April 82 Kirchberg Schl.; Wohnort: Frankfurt a. O.; Staatsangeh.: Preußen; Vorbildung: Gymn. Breslau Reife 00; Studium: Breslau 5, Halle 2, Heidelberg 2, Erlangen 1 S.; Coll. 29. Jan. 06; Approb. 26. Dez. 05.]

Loning, A., die Fueros des Königreichs Navarra u. der Baskischen Provinzen Alava, Biscaya und Guipuzcoa. gr. 8. Hannover 843, Helwing'sche Hofbuchh. n. 1/2 ℔

— das spanische Volk in seinen Ständen, Sitten u. Gebräuchen, mit Episoden aus dem carlistischen Erbfolgekriege nach eigner Anschauung u. Quellen. gr. 8. Hannover 844, Hahnsche Hofbuchh. n. 1 2/3 ℔

Löning, klassische Vorschule zur griechischen und römischen Poesie für Gebildete aller Stände. Geschichte nebst umfassender, den besten Uebersetzungen entnommener Auswahl des Bedeutendsten und Schönsten der poet. Literatur der Griechen und Römer, von der ältesten Zeit bis zum Mittelalter. Mit Erläuterungen und einem faßl. Umrisse der antiken Mythologie und Metrik. Wesentlich verm. Ausg. in 3 Bdn. oder 12 Lfgn. gr. 8. Frankfurt a. M. 861, Literarische Anstalt. [1. und 2. Bd. (XXIV und 1234 S.) 3. (XIV und 862 S.)] à Lfg. 6 Ngr. Thlr.

Loening, s.: Aus dem Danziger Rechtsleben.

Loening, Edg.: Die Autonomie der standesherrlichen Häuser Deutschlands nach dem Rechte der Gegenwart. Denkschr. im Auftr. des Vereins der Deutschen Standesherren. Halle a. S. 1905.

Loening, Edgar, die Befreiung des Bauernstandes in Deutschland und in Livland. gr. 8. (41 S.) Riga 880, Deubner. *
Aus: Baltische Monatsschrift, besonders abgedruckt.

Loening, Begründung d. Strafrechts. Rede. Jena 889.

—— s. Bluntschli, J. C., Staatswörterbuch.

Loening, s. Darstellung, vergleichende.

Löning, Edgar, die Erbverbrüderungen zwischen den Häusern Sachsen u. Hessen u. Sachsen, Brandenburg u. Hessen. Frankfurt a. M. 867. Literarische Anstalt. gr. 8. (III, 108 S.) n. 20 ngr.

Loening, Edgar: Die sexuelle Frage im Leben des Studenten, s. Anton, Gabriel

Loening, Edgar, die Gemeindeverfassung des Urchristenthums. Eine kirchenrechtl. Untersuchung. Festschrift (zum 50jähr. Doctor-Jubiläum R. v. Gneist's). gr. 8. (VII, 155 S.) Halle 888, Niemeyer. *

Loening, Edg., die Gerichtsbarkeit üb. fremde Staaten u. Souveräne, s.a. Festgabe f. Hermann Fitting.

Die Gerichtsbarkeit über fremde Staaten und Souveräne von Edgar Loening. *Halle a. S.: M. Niemeyer 1903.* (163 S.) 8°
Aus: Festgabe d. jur. Fak. d. Univ. Halle-Wittenberg f. H. Fitting. [03. 7180 3

Loening, Edgar, Geschichte des deutschen Kirchenrechts. 1. und 2. Bd. gr. 8. Strassburg 878, Trübner. *
Inhalt:
Bd. 1. Das Kirchenrecht in Gallien von Constantin bis Chlodovech. (XX, 579 S.)
» 2. Das Kirchenrecht im Reiche der Merowinger. (XII, 758 S.)

Loening, Grundriss zu Vorlesungen üb. deut. Strafrecht. Frankf. a/M. 885.

Loening, Edg., Grundzüge der Verfassung des Deutschen Reiches, s.a. Aus Natur u. Geisteswelt.

Loening, Edgar: Grundzüge der Verfassung des Deutschen Reichs. 6 Vorträge geh. von —. Leipzig: B. G. Teubner 1901. (IV, 137 S.) 8°
= Natur, Aus, u. Geisteswelt. Bd 34.

Grundzüge der Verfassung des Deutschen Reiches. 6 Vorträge geh. von Dr. Edgar Loening, Prof., Halle. 2. durchges. Aufl. Leipzig: B. G. Teubner 1906. (IV, 140 S.) 8° [F.]
— Natur, Aus, u. Geisteswelt. Bdch. 34. [07. 9043

Loening, Edgar: Grundzüge der Verfassung des Deutschen Reiches. Sechs Vorträge geh. von Dr. Edgar Loening, Prof. 3. Aufl. Leipzig: Teubner 1909. 134 S. 8°
(Aus Natur u. Geisteswelt. Bdch. 34.)

Gutachten des Geheimen Justizrats Prof. Dr. [Edgar] Loening-Halle über die Zuständigkeit der Gewerbekammer zu Bremen. *(Halle a. S.: 1903.)* (31 S.) 4°(2°) [F.] [03. 9073 3

—— die Haftung des Staats aus rechtswidrigen Handlungen seiner Beamten nach deutschem Privat- und Staatsrecht. Eine Festschrift. Lex.-8. (VII, 135 S.) Frankfurt a. M. 879, Literarische Anstalt. *

Loening, Edg., s.: Handwörterbuch der Staatswissenschaften.

Loening, Edgar: Ueber Heilung notorischer Missheirathen. Denkschr. im Auftr. des Ver. d. deutschen Standesherren abgef. von —. Halle a. S. 1899: Waisenhaus. (86 S.) 8°

— s.: Jahrbücher f. Nationalökonomie u. Statistik.

Loening, Edgar, Lehrbuch d. deutschen Verwaltungsrechts. gr. 8. (XVI, 859 S.) Leipzig 884. Breitkopf & Härtel. n. 16.—; geb. n. 17.50

Loening, Edgar (geb. am 14 Juni 1843 in Paris): De pace domestica dissertationis Pars prior [un.] ... Bonnac, typ. expr. P. Nevsser 1865. 2 Bl., 30 S., 1 Bl. 8.
Bonn; Phil. Fak., Diss. v. 9 März 1865

Loening, Edgar, Rechtsgutachten über das Recht, die Lehrer an den Volksschulen der Stadt Linden anzustellen. (Halle a. S.) 1906. 4°.

Die Rechtstellung [!] der Orden und ordensähnlichen Kongregationen der katholischen Kirche nach staatlichem Recht. Denkschrift in amtl. Auftr. verf. von Edgar Loening, Prof. T. 1. [Mehr nicht erschienen.] (Als Hs. gedr.) Halle a. S. 1903: (Waisenhaus). (VI, 219 S.) 8° [04. 1134 3

Loening, E., u.a.: Referate über die Verfassung und Verwaltungsorganisation der Städte, gehalten auf der Generalversammlung des Vereins für Sozialpolitik, Magdeburg 1907. Leipzig, 1908. 86 S.

Loening, Edgar: Die Repräsentativverfassung im XIX. Jahrhundert. Rede z. Antritt d. Rektorats d. Univ. Halle-Wittenberg geh. am 12. Juli 1899 von —. Halle a. S.: M. Niemeyer (1899). (32 S.) 8°
= Rektorreden, Hallische. 1.

Loening, E., Staatswissensch., siehe Handwörterbuch

Löning, d. Vertragsbruch. Bd. 1. D. Vertragsbruch im deut. Recht. Strassburg 876.

Löning, Edgar, die Verwaltung d. General-Gouvernements im Elsaß. Ein Beitrag zur Geschichte d. Völkerrechts. 8. (265 S.) Straßburg 874. Trübner. n. 5. —

Loening, Fritz, approb. Arzt: (Aus d. chemischen Abt. d. physiol. Institutes zu Jena.) Ueber Oxydation von Eiweiß mit übermangansauren Salzen. *Jena 1903: Frommann.* (42 S.) 8°
Jena, Med. Diss. v. (7. Okt.) 1903

Löning, G. C., einfache Antwort auf Hrn. Pastor Dulon's Frage, die Erkenntniß Christi betreffend. gr. 8. (12 S.) Bremen 851, Löning und Comp.

Löning, G. C., unser Denken und Leben in Gott. Bremen 854. Löning u. Co. (Hampe.) gr. 8. (37 S.) 10 ngr.

— unsere Kindesstellung zu Gott. Bremen 856. Löning u. Co. (Hampe.) gr. 8. (21 S.) 3 ngr.

Löning, Jh. Ant. Klamer, (†177..) Entwürfe seiner Casualpredigten, mit e. Anh. über d. Lehre vom Ehestande. gr. 8. Halle 768. Waisenh.:B. 14 K

Loening, Karl, approb. Arzt: Die Behandlung der Schußverletzungen des Abdomen im Frieden und im Felde. *Halle a. S. 1902: C. A. Kaemmerer & Co.* (39 S.) 8°
Halle, Med. Diss. v. 15. Aug. 1902

Loening, Karl, s.: Essays, medizinische.

Loening, Karl, Dr., Assistent an der medizinischen Universitäts-Klinik in Halle a. S.: Experimentelle und klinische Untersuchungen über den Eiweisstoffwechsel im Fieber. Jena: G. Fischer 1907. (86 S., 8 Taf.) 8° ¶(Aus: Klinisches Jahrbuch Bd 18.)
Halle, Med. Fak., Hab.-Schr. v. 1907

Loening, Otto, Grunderwerb u. Treuhand in Lübeck, s.a. Untersuchungen zur deutschen Staats- u. Rechtsgeschichte.

Grunderwerb und Treuhand in Lübeck. Von Dr. jur. Otto **Loening**. Breslau: M. & H. Marcus 1907. (87 S.) 8°
— **Untersuchungen** z. Deutschen Staats-u. Rechtsgeschichte. H. 93. [07. 1744

Über ältere Rechts- und Kultur-Zustände an der Fürstlich Sächsischen Gesammt-Universität zu Jena. Rede geh. bei d. akadem. Preisvertheilung am 19. Juni 1897 in d. Kollegienkirche zu Jena v. Richard **Loening**, o. ö. Prof. d. Rechte, d. Z. Prorektor. Jena, Univ.-Buchdr. G. Neuenhahn, 1897; 88 S. 4.

Loening, Otto, das Testament im Gebiet des Magdeburger Stadtrechts s. a. **Untersuchungen zur deutschen Staats- u. Rechtsgeschichte 82. Hft.**

Loening, Otto, Referendar: Das Testament im Gebiet des Magdeburger Stadtrechtes. Breslau: M. & H. Marcus 1906. (35 S.) 8° ¶ (Erscheint vollst. als: Untersuchungen zur Deutschen Staats- u. Rechtsgesch. [H. 82].)
Halle, Jur. Fak., Ref. Rehme, Diss. v. 25. Jan. 1906
[Geb. 29. Febr. 80 Dorpat i. Livland; Wohnort: Berlin; Staatsangeh.: Preußen; Vorbildung: Stadt-Gymn. Halle Reife O. 00; Studium: Halle 2, Leipzig 1, Göttingen 1, Halle 2 S.; Rig. 29. Juli 05.]

Das Testament im Gebiet des Magdeburger Stadtrechtes von Dr. Otto **Loening**. Breslau: M. & H. Marcus 1906. (157 S.) 8°
[Ein T. erschien als Inaug.-Diss. Halle 1906.]
= **Untersuchungen** z. Deutschen Staats- u. Rechtsgeschichte. H. 82. [06. 449

Loening, Rich. Über die Begründung d. Strafrechts. Rede, geh. bei der akadem. Preisvertheilg. zu Jena am 22. Juni 1889. gr. 8. (32 S.) Jena 889, Fischer. — 80

—— s. **Festgabe** zum 50jähr. Doctorjubiläum des Herrn Geh.-Rath Prof. Dr. J. C. Bluntschli.

Loening, Rich., Geschichte der strafrechtlichen Zurechnungslehre. 1. Bd. Die Zurechnungslehre des Aristoteles. (XX, 359 S.) gr. 8. Jena 903. G. Fischer. n. 9. —

Loening, Rich., Grundriß zu Vorlesungen üb. deutsches Strafrecht. gr. 8. (IX, 147 S.) Frankfurt a/M. 885. Literar. Anstalt, Rütten & Loening. n. 2. 50

— die strafrechtliche **Haftung** d. verantwortlichen Redakteurs. [Aus: „Festgabe der jurist. Facultät in Jena zum 50jähr. Doctorjubiläum Rud. v. **Gneist's**".] gr. 8. (IV, 305 S.) Ebd. 889. n. 6. —

Loening, Rich., die Hamlet-Tragödie Shakespeares. gr. 8. (X, 418 S.) Stuttgart 893. J. G. Cotta Nachf. n. 8 —; geb. n. 10. —

Loening, Rich. (geb. Frankfurt a. M. 17. 8. 1848): Quid statuendum sit de eo, qui condemnatus in crimen reciderit. Berolini (1869). (54 S.) 8°
Berlin, Jur. Diss. v. 4. Dez. 1869

Loening, Richard, quid statuendum sit de eo, qui condemnatus in crimen reciderit. Dissertatio inauguralis I. Berlin 869. (Puttkammer & Mühlbrecht.) 8. (56 S.) n. 5 *ngr.*

Loening, Rich., über ält. **Rechts- u. Kultur-Zustände** an d. fürstl. sächs. Gesammt-Universität zu Jena. Rede, geh. bei d. akadem. Preisvertheilg. am 19. VI. 1897 in d. Kollegienkirche zu Jena. gr. 4. (88 S.) Jena 897. (G. Neuenhahn.) n.n. 2. 30

Loening, Rich., der Reinigungseid bei Ungerichtsklagen im deutschen Mittelalter. gr. 8. (XV, 316 S.) Heidelberg 880, C. Winter's Universitäts-Buchh. *

Löning, Rich., üb. Ursprung u. rechtliche Bedeutung der in den altdeutschen Urkunden enthaltenen Strafklauseln. Habilitationsschrift. gr. 8. (71 S.) Straßburg 875. Trübner. n. 1. 50

— der Vertragsbruch u. seine Rechtsfolgen. 1. Bd. A. u. d. T.: Der Vertragsbruch im deutschen Recht. M. e. Anh.: Ueber Ursprung u. rechtl. Bedeutg. der in den altdeutschen Urkunden enthaltenen Strafklauseln. gr. 8. (XX, 604 S.) Ebend. 876. n. 12. —

—— die Widerklage im Reichs-Civilprocess. gr. 8. (II, 190 S.) Berlin 881, C. Heymann's Verlag. *
Aus: Zeitschrift für deutschen Civilprozess, besonders abgedruckt.

Loening, Richard, ordentl. Professor der Rechte, d. Z. Prorektor: Über Wurzel und Wesen des Rechts. (Enthält zugleich: Preisaufgaben und Chronik der Universität 1906/07.) Jena 1907: G. Fischer. (48 S.) 4°
Jena, Rede zur Feier der akad. Preisverteilung am 15. Juni 1907

Loening, Rich., über Wurzel u. Wesen des Rechts. Rede, geh. bei der akadem. Preisverteilg. am 15. VI. 1907 in der Kollegienkirche zu Jena. (40 S.) Lex. 8. Jena 907. G. Fischer. 1. 20

Die Zurechnungslehre des Aristoteles von Richard **Loening**. *Jena: G. Fischer 1903.* (XX, 359 S.) 8°
— **Loening**: Geschichte d. strafrechtl. Zurechnungslehre. Bd 1. [03. 3005

Löningen, s.: Preussen. Messtischblätter.

Die Schmarotzer in der Kunst-Keramik! Eine Philippika gegen dieselben. Von Hugo **Lonitz**. Neuhaldensleben 1898: Pflanz. 32 S. 8° [11. 16338

Lonius, Anton: Der Diffusionskoeffizient für Argon-Helium und seine Abhängigkeit vom Mischungsverhältnis. Halle a. S. 1909: Kaemmerer. 35 S. 8°
Halle, Phil. Diss. v. 13. Febr. 1909, Ref. Dorn
[Geb. 25. Juli 85 Liegnitz; Wohnort: Halle a. S.; Staatsangeh.: Preußen; Vorbildung: Gymn. Frankfurt a. O. Reife O. 04; Studium: Halle 2, München 1, Berlin 2, Halle 5 S.; Rig. 15. Dez. 08.] [U 09. 1678

Lonke, Alwin, Hauptdaten der deutschen Literatur von 1880—1900. (VI, 67 S.) 8. Bremen 905. G. Winter. n. 1. —

— Königin Luise von Preußen. Ein Lebensbild nach den Quellen. Mit 70 Abbildgn. u. 2 Beilagen. (XII, 335 S.) gr. 8. Leipzig 904. E. A. Seemann. n. 6. 50; geb. in Leinw. n. 8. —; in Halbfrz. n. 9. —

Lonke, Alwin, Tannennadeln. Gedichte. (96 S.) 8. Bremen 908. G. Winter, Verlag. 1. 50

Lonlay, Eug. de, ihr erster Roman, s. a. **Weichert's Wochen-Bibliothek.**

Ihr erster Roman [Premier roman d'une jeune femme]. Erzählung von Eugen de **Lonlay**. Deutsch von Paul **Heichen**. Mit Vollbild. Berlin: A. Weichert [1903]. (48 S.) 8° [F.]
= **Wochen-Bibliothek**, A. Weichert's. Bd 148, [1.] [03. 5308

Lönnbeck, F.: Die Gesetzgebung die geistigen Getränke betreffend. Ein Wort zur Nüchternheitsfrage. 1 Bd. 64 S. 8°. Ekenäs. 1901.

Lönnberg, Einar, Cestoden, s.: **Ergebnisse** d. Hamburger Magalhaens. Sammelreise.

Lönnberg, Einar, Fische, s.: **Ergebnisse** der Hamburger Magalhaensischen Sammelreise. 8. Lfg.

Lönnberg, Einar, Pisces (Fische), s.: Bronn's, H. G., Klassen u. Ordnungen des Thier-Reichs. VI. 1.

Der Saibling der Bären-Insel beschrieben von Dr. Einar **Lönnberg**. *Stockholm 1900: P. A. Norstedt & söner.* (8 S.) 8°
= Beiträge z. Fauna d. Bären-Insel. 2.
= **Handlingar**, K. Svenska Vetenskaps-Akademiens. Bihang. Bd 26, Afd. 4, No 4. [03. 11043

Hamburger Magalhaensische Sammelreise. Cestoden bearb. v. Dr. Einar **Lönnberg**, Doc. an d. Univ. Upsala. M. 1 Taf. *Hamburg: L. Friedrichsen & C. 1896.* (9 S., 1 Taf.) 4.(8.)
= **Ergebnisse** d. Hamburger Magalhaensischen Sammelreise. Lfg 1. [No] 5. [96. 8541

Die Vögel der schwedischen Südpolar-Expedition von Einar **Lönnberg**. Stockholm 1905: Lith. Inst. d. Generalstabs; Berlin: A. Asher & Co. (9 S.) 4°(8°) [Umschlagt.]
— **Ergebnisse**, Wissenschaftl., d. schwed. Südpolar-Expedition 1901–1903. Bd 5, Lfg 5. [06. 7016

Lönnberg, Ingolf, Studien üb. d. Nabelbläschen an der Nachgeburt d. ausgetrag. Kindes. gr. 8. (118 S. m. 8 Taf.) Stockholm 901. (Wiesbaden, J. F. Bergmann.) n. 4. 60

Lonne, N. [Präs.], s. G r o n a u , Christoph: Observationes de daemoniacis, quorum in Novo Test. fit mentio.

LÖNNE, CHARLOTTE AMALIE, Practisches Kochbuch, enthaltend Anweisungen zur Bereitung von Fleisch-, Fisch- und Frucht-Suppen, zur Behandlung des gekochten Fisches, der Braten, des Wildprets, des zahmen und wilden Geflügels etc. Schleswig. 1835. — 2. verm. und verl. Aufl. Sm. St. 1838.

Lönne, Charlotte Amalie, practisches Kochbuch. 3., verb. Aufl. 8. (18¾ B.) Schleswig 843, Bruhn.

Lönne, Franz (geb. Diestedde in Westf. [9. 9. 1845]): Thesen. Berlin (1870). (2 Bl.) 8°
Berlin, Med. Thes. v. 22. Juli 1870

Loennecker, F. L. W., über die Pferdezucht im Großherzogthum Oldenburg nach von 1824—77 angestellten Beobachtungen. Ueber die Pferdezucht der Marschgegenden unseres Landes, besonders des Stedingerlandes. Ueber den Vorfall der Harnblase bei Pferden. Ueber den Bau des Hufes und den Beschlag desselben. Ueber die Schweineseuche [Milzbrand]. Beobachtungen von 1843—77. gr. 8. (53 S.) Oldenburg 878, (Stalling.) *

Lönnegren, Carmen Musaei grammatici quod '*Ἡρὼ καὶ Λέανδρος* inscribitur, Latinis versibus expressum. Diss. 1869. 24 S. 1.20

Lönner, F. A., De poetarum effatis Graecorum in sacro novi foederis codice laudatis. I—IV. Diss. 1811 u. 12. 18, 16, 16, 12 S. 4°. à 1.—

Lönner, H., Die Herolde in den Homer. Gesängen. Pr. 1881. 25 S. 1.—

Lönnergren, A., De syntaxi Sulpicii Severi. Diss. 1882. 88 S.

Lonnes, Carl [aus Neuss]: Beitrag zur Kenntnis der Benzilsäure, der Pinakoline, des Biphenylbiphenylen- und Dibiphenylenäthens sowie des unsymmetrischen Biphenylbiphenylenäthans ... Rostock, C. Boldt'sche Hof-Buchdr., 1897; 113 S. 8.
Rostock, Phil. Fak., Inaug.-Diss. v. [15. März] 1897

LOENNIES, HERMANN. Ueber die α- und γ-Sulfoisophtalsäure und die γ-Oxyisophtalsäure. Rostock, 1881.

Lönnies, Richard: Der Vergleich nach deutschem bürgerlichem Recht. *Greifswald 1898: C. Sell.* (115 S.) 8°
Greifswald, Jur. Diss. v. 1898

Loening, s. Handwörterbuch d. Staatswissenschaften.

Lönning, Josef M.

Lönning, J. M., Horazens Epistel an die Pisonen. (Ueb. die Dichtkunst.) Pr. 1908. 89 S.

Lönning Jos. M.: H o r a z e n s Epistel an die Pisonen, metrisch ins Deutsche übertragen. 87. Reichenberg 08.
Progr.

Lönnrot, Elias. Ueber den Enare-Lappischen Dialekt. [A.] [Helsingfors 1854.] 4°.

L o n o v i c s József. Népszerü egyházi archaeologia vagyis a katholikus ünnepek, szentségek, ünnepélyek s szertartások értelmezése, és a különféle rendes s rendkivüli szószéki jelentések, részint rendes szentbeszédekben, részint hirdetmény-alaku oktatásokban. Irta — —. Kiadta Hopf János. Első kötet. Az egyházi évkör. Bécsben, 1857. Sommer Lipót betüivel. (XVI 353 S. 8.) (Populäre Kirchen-Archäologie oder Erläuterung der katholischen Feiertage, Heiligthümer, Festlichkeiten und Ceremonien und die verschiedenen ordentlichen und außerordentlichen Verkündigungen von der Kanzel, theils in ordentlichen heiligen Reden, theils in ediktartigen Unterweisungen. Von Josef Lonovics. Herausgegeben von Johann Hopf. 1ter Band. Das Kirchenjahr. Wien, 1857. Druck von Leopold Sommer.)

L o n o v i c s József. Népszerü egyházi Archaeologia vagyis a katholikus ünnepek, szentségek, ünnepélyek s szertartások értelmezése stb. stb. Irta — — Kiadta Hopf János. Harmadik kötet, ünnepélyek s hirdetések. Bécsben, 1857. Sommer Lipót betüivel. (VI. 472 S. 8.) (Populäre Kirchenarchäologie oder Beschreibung der katholischen Feiertage, Sakramente, Feierlichkeiten und Ceremonien u. s. w. Von Josef Leonovics. Verlag von Johann Hopf. 3. Bd. Feierlichkeiten und Ankündigungen. Wien, 1857. Druck von Leopold Sommer.)

Lonovics, J. v., der Josephinismus s.a. **Josephinismus, der.**

LONOVICS, JOSEPH: Der Josephinismus und die kaiserlichen Verordnungen vom 18. April 1850 in Bezug auf die Kirche. Wien 1851: Fr. Manz. VIII, 159 S. - gr. 8°

Lonovics, Josef von, Erzbischof. Das katholische Kirchenjahr mit seinen Festen und Ceremonien, theils in Kanzelreden, theils in Form von Verkündigungen archäologisch-liturgisch dargestellt. Aus dem Ungarischen nach der zweiten Auflage übersetzt, und mit Genehmigung des Verfassers herausgegeben von einem Priester des Benediktiner-Stiftes Melk. (Wohlfeile Separat-Ausgabe der archäologisch-liturgischen Unterweisungen.) gr. 8. (XVI. 336 S.) Linz. Danner in Comm. 1861. 1 fl.

—— **die englische Toleranz** s.a. **Toleranz.**

LONOVICS, JOSEPH: Die englische Toleranz. Aus dem Ungarischen übersetzt. Wien 1851: Sallmayer u. Comp. VI, 93 S. - 8°

Lonovics, Jos. v., archäologisch-liturgische Unterweisungen über die Feste, Sakramente, Feierlichkeiten und Ceremonien der katholischen Kirche, theils in Kanzelreden, theils in der Form von Verkündungen dargestellt. Aus dem Ungar., nach der 2. Aufl. übers., und mit Genehmigung des Verf. hrsg. von einem Priester des Benediktiner-Stiftes Melk. (In 3 Bdn.) 1. Bd: Das Kirchenjahr. gr. 8. (XVI und 336 S.) Linz 858, (Danner.) *

Loens, Emil, Arzt a. Langerfeld bei Barmen: Ein Fall von Typhus abdominalis kombiniert mit Miliartuberkulose der Lungen. Rostock 1905: Adler. (32 S.) 8°
Rostock, Med. Fak., Ref. Martius, Diss. v. 24. Dez. 1905
[Geb. 24. Jan. 63 Langerfeld; Wohnort: Oranienburg; Staatsangeh.: Preußen; Vorbildung: Gymn. Warendorf Reife O. 84; Studium: Marburg 4, Halle 4, Jena 6, Gießen 2, Erlangen 4, Rostock 5 S.; Coll. 31. März 04; Approb. 30. Sept. 03.]

Löns, Friedrich: Die V o r f a h r e n Hugo Capets im Kampfe mit den letzten Karolingen um den westfränkischen Thron. 12 S. 4° – D. Crone, Progr. 1870.

Löns, Heinrich [app. Arzt aus Bochum]: Beiträge zur Hämophilie ... Halle a. S., Buchdr. v. F. Rode, 1895; 27 S., 2 Bl. 8.
Halle, Med. Fak., Inaug.-Diss. v. 27. Sept. 1895

Löns, Herm., mein blaues Buch. Balladen u. Romanzen. (157 S. m. Bildnis.) 8. Hannover (909). A. Sponholtz Verl. 3.—; geb. in Leinw. 4.—

Löns, Herm., mein braunes Buch. Heidebilder. (V, 178 S.) gr. 8. Hannover 907. A. Sponholtz Verl. n. 2. 50; geb. in Leinw. n. 3. 50

— Mein braunes Buch. Heidbilder. 3. Aufl. (V, 176 S.) 8. Ebd. 908. Geb. in Leinw. 3. 50

Hermann Löns. Mein braunes Buch. Heidbilder. 5. veränd. Aufl. Hannover: Sponholtz 1910. 181 S. 8° (10. 14922 9

Löns, Hermann: Mein braunes Buch. Heidbilder. 6. Aufl. Hannover 1910

— mein goldenes Buch. Lieder. 4. (64 Blatt.) Hannover (901). M. & H. Schaper. n. 2.50; geb. in Leinw. n. 3.50

— mein grünes Buch. Schilderungen. 8. (III, 160 S.) Ebd. (901). n. 2.—; geb. in Leinw. n. 3.—

Löns, Hermann: Mein grünes Buch. Schilderungen. 2. Aufl. Hannover: M. & H. Schaper [1904]. (160 S.) 8°

— Mein grünes Buch. Jagdschilderungen. 3. Aufl. (III, 184 S.) 8. Hannover 908. E. Geibel. Geb. in Leinw. 4.—

Hermann Löns. Mein grünes Buch. Jagdschilderungen. 4. Aufl. Hannover: Geibel 1910. 197 S. 8° (11. 10635 7

— Die Erhaltung unserer Tierwelt, s.: Flugschrift, 45., des Dürer-Bundes zur ästhetischen Kultur.

— Dahinten in der Haide. Roman. 1.—4. Aufl. (219 S.) 8. Hannover (910). A. Sponholtz Verl. 3.—; geb. in Leinw. 4.—

Hermann Löns. Dahinten in der Haide. Roman. 6. Aufl. Hannover: Sponholtz (1910). 219 S. 8° (11. [illegible] 7

— Der letzte Hansbur. Ein Bauernroman aus der Lüneburger Haide. (III, 288 S.) 8. Hannover 909. A. Sponholtz Verl. 3.50; geb. 4. 50

Hermann Löns. Der letzte Hansbur. Ein Bauernroman aus d. Lüneburger Haide. 5. Aufl. Hannover: Sponholtz 1910. 288 S. 8° (11. 10263 7

Landschaftsbild und Bauerntum v. Hermann Löns. Ausschnitt aus: Die Grenzboten. Jg. 64. Nr. 7. Leipzig. 1905. 4°.

Löns, Herm., s. a.: Leine, Fritz v. der.

— Mümmelmann. Ein Tierbuch. 1. u. 2. Aufl. (158 S.) 8. Ebd. 909. Geb. in Leinw. 3. 50

Hermann Löns: Mümmelmann. Ein Tierbuch. 3. Aufl. Hannover: Sponholtz 1910. 163 S. 8° (10. 10643 7

J. W. Saltzer [Manufakturwaren], Hannover. 1859—1909. (Zur Feier ihres 50jähr. Bestehens. Von H[ermann] Löns.) — (Hannover 1909). 57 S. 8°

Löns, Herm., menschliche Tragikomödie, s.: Garbe, Arn.

Günther Wagner 1838—1906. (Verf.: Hermann Löns.) — (Hannover 1906: Edler & Krische.) 134 S. 8°

Aus Wald und Heide. Geschichten u. Schilderungen von Hermann Löns. Hannover: Sponholtz [1909]. 110 S. 8° (10. 5474 7

— Was da kreucht u. fleucht, s.a. Sammlung belehrender Unterhaltungsschriften f. die deutsche Jugend.

Löns, Hermann: Was da kreucht und fleucht. Berlin 1909. (Sammlung belehrender Unterhaltungsschriften, Bd 31.)

— Der Wehrwolf. Eine Bauernchronik. 1.—5. Taus. (Mit Titelzeichng. v. F. H. Ernst Schneidler.) (244 S.) 8. Jena 910. E. Diederichs. 3.—; geb. 4.—

Löns, Hermann: Ausgewählte Werke von Fritz v. der Leine. Hannover: M. & H. Schaper 1902. (79 S.) 8°

Löns, Rud., u. E. v. Otto, der Jagdspaniel, seine Erziehung u. Führung. Hrsg. im Auftrage des Jagdspanielklub. 2. neubearb. Aufl., m. 58 Illustr. (78 S.) 21,5×12,5 cm. Berlin 909. P. Parey. Geb. in Leinw. 3.—

Loens, Wilhelm Georg: Ueber Pneumatose in Beckenabscessen. Halle 1873: Lipke. 31 S. 8°
Halle-Wittenberg, Med. Diss. v. 8. Aug. 1873
Geb. Langerfeld (Westf.) 24. 2. 1849. V.

Lonsdale, Margaret

—— Schwester Dora. Autoris. und von der Verf. revid. Ausg. von Auguste Daniel. 8. (V, 249 S.) Gotha 881, F. A. Perthes. geb. *

Lonsdale, Margaret, Schwester Dora. Eine Biographie. Autoris. u. v. der Verf. rev. Ausg. v. Auguste Daniel. 2. Aufl. 8. (VII, 249 S.) Gotha 891. F. A. Perthes. geb. n. 3. 40

Lonsdale, Margarete, Schwester Dora. Ein Lebensbild. Frei nach dem Engl. v. Adelheid Grein, geb. Hermann. 16. (263 S. m. Bildnis.) Herborn 891. Buchh. d. Nassauischen Colportagevereins. n. 1. 20; geb. n. 1. 60

Lonsdale, Margaret, Sister Dora, s. Collection of British Authors.

Lonsinger, Aug., Mister Horn. Ein Schauspiel in 4 Aufz. aus den dt. Wolgakolonien

Lonsky, Felix, Zahnarzt: Aus d. zool. Institut d. Universität Breslau. Zur Anatomie des Darmrohres und des Urogenitalsystemes von Hyrax. *Breslau 1902: H. Fleischmann.* (64 S.) 8°
Breslau, Phil. Diss. v. 6. Aug. 1902

Lontez. – Molla Lontez, s. Oettinger, Eduard Maria

Lony, der Miß, Gesch. od. d. schöne Bund, von Sophie de la Roche, m. 2 K. 8. Gotha, Ettinger. 789.

Lony, Gustav: Über die beim Nachzeichnen von Streckenteilungen auftretenden Größenfehler. 33 S. 4.
Progr. Oberrealschule vor dem Holstentore *Hamburg* 1907 (916).

Lony, Gustav, a. Gießen: Ueber die beim Nachzeichnen von Streckenteilungen auftretenden Grössenfehler. Hamburg 1906: Schröder u. Jeve. (33 S.) 4°
Gießen, Phil. Fak., Ref. Groos, Diss. v. 28. Dez. 1906
[Geb. 24. März 74 Gießen; Wohnort: Hamburg; Staatsangeh.: Hamburg; Vorbildung: Realgymn. Gießen Reife O. 96; Studium: Gießen 6 S.; Rig. 1. Aug. 06.]

Lony, Gustav, Dr.: Über die beim Nachzeichnen von Streckenteilungen auftretenden Größenfehler. Hamburg 1907: Schröder & Jeve. (33 S.) 4°
Hamburg, OR vor d. Holstentore OP 1907 (916)

Lonyay, Graf M., Denkrede auf ihn, s.: Tréfort, A.

Lonyay, Gräfin Stephanie, s.: Lüsen, J.

Lónyay, Graf Melch., üb. unsere öffentlichen Angelegenheiten. Die Bankfrage. Aus dem Ungar. übers. v. Adf. Dux. Lex.-8. (697 S.) Budapest 876. Tettey & Co. n. 8. —

Lónyay, Melchior v., k. ungar. Finanzminister. An Se. kaiserliche und apostolisch königliche Majestät treugehorsamster Bericht, betreffend das königlich ungarische Staatsvermögen. (Mit 4 Karten.) 4. Pest 1869.

— Graf Stefan Széchenyi u. seine hinterlassenen Schriften. Deutsch v. Adf. Dux. gr. 8. (82 S.) Budapest 875. Ráth. n. 2. 40

Lonzimmer, P., Sonnt.-Predigten. 2 Bde. gr. 8. Augsb. Doll. 797.

Loo, van de, der Gyps-Impressor. Leipzig 868. Hinrichs' Verl. gr. 8. (4 S. mit 1 Titelholzschn.) n. 5 ngr.

Loo, van de, der amovo-inamovible Gypsverband. Vorträge bei der 33. 35. 36. und 37. Versammlung deutscher Naturforscher und Aerzte zu Bonn, Königsberg, Speyer und Karlsbad im Septbr. 1857, 1860, 1861 und 1862 mit Bemerkungen und andern Mittheilungen. gr. 8. (143 S. mit 20 Abbild. auf 4 Stnt., wovon 1 in qu. 4.) Leipzig 863, (Hinrichs' Sortiment.) *

Loo, van de, der unmittelbare-amovo-inamovible Gipsverband u. Tricot-Gipsverband. Die zweckmässigsten Verbände u. einzig richt. Verband-Methode, welche allen Anfordergn. entspricht. Mit 20 Fig. auf 2 (lith.) Taf. (in qu. gr. 4.) nebst Abbildg. e. Gipsimpressors (in eingedr. Holzschn.) gr. 8. (69 S.) Köln u. Neuss 876. Schwann. n. 3. —

Loo, Henri van [aus Gent]: Ueber das β-Dichinolylin .... München, Akad. Buchdr. v. F. Straub, 1885; 38 S. 8°.
München, Phil. Fak., Inaug.-Diss. v. 1885.

Loo, Henri van, über das β-Dichinolylin. Diss. München 1885, A. Buchholz. 8°. 38 S.

van Loo, J., d. schweigende Christ; aus d. Holländ. 8. Münst. 781. Coppenrath. 3 K

— über Gottes Majestät im Schnee. 8. Lingen, Jülicher. 789.

— Ueberdenkung d. Grabe mein. jung. Freundin, a. d. Holl. 8. Münst. Coppenrath. 781.

van de Loo, L. [cand. med. aus Werne (Westfalen)]: Das Verhalten des cervix uteri während der Schwangerschaft und Geburt .... Würzburg, Paul Scheiner's Buchdr., 1887; 24 S. 8°
Würzburg, Med. Fak., Inaug.-Diss. v. 1887

Loo, L. van de, das Verhalten des cervix uteri während der Schwangerschaft und Geburt. Diss. Würzburg 1887; Stahelsche Univ.-Buchh. 8°. 24 S.

Loock, Chemie u. Photographie bei Kriminalforschgn. (2. Folge.) (164 S. m. Abbildgn.) gr. 8. Düsseldorf (910). F. Dietz. 3. —

Loock, die Russen in Frankfurt 1759, s.: Mittheilungen d. historisch-statistischen Vereins zu Frankfurt a/O.

Loock, Ludwig [aus Hildesheim]: Ueber die jurassischen Diluvial-Geschiebe Mecklenburgs .... Güstrow, Druck d. C. Waltenberg'schen Rathsbuchdr., 1886; 56 S. 8°.
Rostock, Phil. Fak., Inaug.-Diss. v. 5. Aug. 1886.

Loock, Ludw., über die jurassischen Diluvialgeschiebe Mecklenburgs. 8. (54 S. mit 1 photogr. Taf.) Güstrow 887, (Opitz und Comp.) *
Aus: Archiv des Vereins der Freunde der Naturgeschichte in Mecklenburg, besonders abgedruckt.

Loock, Paul, aus Hünfeld (Cassel), Unterarzt im 5. Hannov. Inf.-Reg.: Beitrag zur chirurgischen Behandlung der Dilatatio ventriculi und des Sanduhrmagens. *Berlin (1903): G. Schade.* (30 S.) 8°
Berlin, Med. Diss. v. 22. Mai 1903

Loock, Walter [Referendar aus Naumburg a/S.]: Die Eisenbahndelikte des Reichsstrafgesetzbuchs ... Halle, *Lippert & C., Naumburg a. S.,* 1893; VI S., 1 Bl., 47 S. 8.
Halle, Jur. Fak., Inaug.-Diss. v. 19. Mai 1893

Loock, Walt., der strafrechtliche Schutz der Eisenbahnen im Deutschen Reiche, s.a. Abhandlungen des kriminalistischen Seminars.

Loock, d. strafrechtl. Schutz d. Eisenbahnen. Berlin 893.

Loock, Guilelmus (geb. am 2 Febr. 1802 in Hau bei Kleve): Quid sit faciendum, si vesani aut medicaminibus aut cibis assumendis obstinate reluctentur ... Bonnae, litt. C. Georgii (1832). VI, 19 S, 2 Bl. 4.
Bonn, Med. Fak., Diss. v. 12 Sept. 1832

Loocke, Jh. Gph., († d. 11. Juli 1804.) Geschichte d. Kreisstadt Guben. 8. Görlitz 803.

'Des Kaisers Schwert'. Eine Erzählung aus d. Zeit d. Hohenstaufen von Eduard **Loof.** Cassel 1904: Weber & Weidemeyer. (155 S.) 8° [,F.] 106.5104
vgl. Looff, Eduard

Loof, Leonhard

Loof, L., Der Prozess des Ktesiphon. Pr. 1881. 15 S. 4°. 2.—
vgl. Looff, Leonhard

Loofer, E.: Das eidgenössische Freischießen in St. Gallen und die Jahresfeier des appenzellischen Sängervereins im Juli 1839. Mit einem Plane. St. Gallen, J. Fr. Wartmann, 1839. 2425

Looff, Ed., Burg Ehrenstein. Eine Sage vom Niederwald. 8. (VII, 156 S.) Dresden 901. E. Pierson. n. 2.50; geb. n. 3.50

Looff, Eduard, „Des Kaisers Schwert". Eine Erzählg. aus der Zeit der Hohenstaufen. (155 S.) 8. Cassel 904. (F. Keßler.) n. 1.50; geb. n. 2. —
vgl. Loof, Eduard

Looff, Friedrich Wilhelm

Looff, Beiträge zur Bestimmung der klimatischen Verhältnisse von Aschersleben. (Progr.-Abhandl.) Aschersleben 1841.

Looff — Beiträge zur Meteorologie. (Beobachtungen 1. der Temperatur, 2. des Barometerstandes, 3. v. d. Winden u. d. Witterung.) 15 S.
Kottbus, Progr. 1833

Looff, F. W., Beleuchtung der Unterrichts- u. Prüfungs-Ordnung der preußischen Real- u. höheren Bürgerschulen vom 6. Octbr. 1859. Leipzig 861. Veit & Co. 8. (31 S.) 5 ngr.

Looff — Ueber die Differenzen der Logarithmen, der trigonometrischen Funktionen und der Logarithmen der trigonometrischen Funktionen. 9 S. . . . .
Kottbus, Progr. 1830

Looff, Friedr. Wilh., allgemeines Fremdwörterbuch, enth. die Verdeutschung und Erklärung der in der deutschen Schrift- und Umgangssprache, sowie in den einzelnen Künsten und Wissenschaften vorkomm. fremden und nicht allgemein bekannten deutschen Wörter und Ausdrücke mit Bezeichnung der Abstammung, Aussprache und Betonung. 5 Hefte. gr. 8. (V, 846 S.) Langensalza 870, Beyer und Söhne. 1. und 2. Heft à 3.—5. Heft à M. 2.; compl.

Looff, Frdr. Wilh., allgemeines Fremdwörterbuch, enthält die Verdeutschung u. Erklärung der in der deutschen Schrift- u. Umgangssprache, sowie in den einzelnen Künsten u. Wissenschaften vorkommenden fremden u. nicht allgemein bekannten deutschen Wörter u. Ausdrücke mit Bezeichnung der Abstammung, Aussprache u. Betonung. Langensalza 870. Verl.-Comptoir. gr. 8. (V, 846 S.) n. 2 ℛ 20 ngr

Looff, Friedr. Wilh., allgemeines Fremdwörterbuch, enth. die Verdeutschung und Erklärung der in der deutschen Schrift- und Umgangssprache, sowie in den einzelnen Künsten und Wissenschaften vorkommenden fremden oder nicht allgemein bekannten deutschen Wörter und Ausdrücke, mit Bezeichnung der Abstammung, Aussprache und Betonung. 2. vielfach verm. Aufl. 18 Lfgn. Lex.-8. (840 S.) Langensalza 877,78, Beyer und Söhne. à Lfg. 40 Pf.; compl. * M. 7.; geb. *

Looff, Fr. Wilh., allgemeines Fremdwörterbuch, enthaltend die Verdeutschung und Erklärung der in der deutschen Schrift- und Umgangssprache, sowie in den einzelnen Künsten und Wissenschaften vorkommenden fremden oder nicht allgemein bekannten deutschen Wörter und Ausdrücke mit Bezeichnung der Abstammung, Aussprache und Betonung. 3. vielfach verm. Aufl. 20 Lfgn. gr. 8. (VI, 878 S.) Langensalza 883, Beyer und Söhne. à Lfg. 40 Pf.; geb. *

Looff, F. W., allgemeines Fremdwörterbuch. 3., verm. Aufl. Neue billige Ausg. Lex.-8. (IV, 878 S.) Langensalza 889. Beyer & Söhne. 6.—

Looff, Frdr. Wilh., allgem. Fremdwörterbuch, enth. die Verdeutschg. u. Erklärg. der in der deutschen Schrift- u. Umgangssprache, sowie in den einzelnen Künsten u. Wissenschaften vorkomm. fremden od. nicht allgemein bekannten deutschen Wörter u. Ausdrücke, m. Bezeichnung der Abstammg., Aussprache u. Betong. 4., vielfach verm. Aufl., besorgt v. Fr. Ballauff. gr. 8. (VI, 878 S.) Langensalza 899. H. Beyer & Söhne. n. 6.—; geb. n. 7.50; auch in 12 Lfgn. à n. —50

Looff, Frdr. Wilh., Geschichte der Astronomie. Nach den im Winter 1873/74 im Gewerbeverein zu Langensalza geh. Vorträgen hrsg. gr. 8. (IV, 176 S.) Langensalza 875. Schulbuchh. 3.—

Looff, Friedr. Wilh., die Himmelskunde, in ihrer geschichtl. Entwicklung und nach ihrem gegenwärt. Standpunkte dargestellt. gr. 8. (VIII, 132 S. mit 34 Abbild. im Text und 2 lithogr. Taf.) Langensalza 886, Beyer und Söhne. *

Looff, Friedr. Wilh., Lehrbuch d. Geometrie f. Gymnasien u. höh. Bürgerschulen. 1. u. 2. Curs. 8. Berlin, Schultze. à * 1/3 Thlr. *
Curs. 1. Planimetrie. (5¼ B. u. 3 Figtaf.) 836.
" 2. Stereometrie u. Trigonometrie. (6½ B. u. 3 Figtaf.) 841.

Looff, Fr. Wilh., Lehrbuch der Geometrie für Gymnasien und höhere Bürgerschulen. 2. Cursus. Stereometrie u. Trigonometrie. Mit 3 Figurentafeln. 8. Berlin 840, Schultze. n. 1/3 ℛ (1. Curs. auch 1/3 ℛ)

Looff, Fr. Wilh., Lehrbuch der Geometrie. 1. Cursus: Planimetrie. (2. Aufl.) Mit 3 (lith.) Figurentaf. (in qu. Fol.) 8. (IV u. 71 S.) Leipzig 851, Herm. Schultze. n. 1/3 ℛ

— Lehrbuch f. den Unterricht im prakt. Rechnen u. in der Arithmetik f. Gymnasien, Realschulen u. die mathemat. Vorklassen techn. Anstalten. 3. mehrfach erweit. Ausg. gr. 8. (VI, 311 S.) Gotha 875. Glaeser. n. 3.60

—— Leitfaden z. Unterr. im Rechnen, f. unt. u. mittl. Klassen d. Gymnasien u. Bürgerschulen bearb. 8. (9 B.) Berlin 835, Stuhr'sche Buchh.

—— Leitfaden für den Unterricht im prakt. Rechnen und in der Arithmetik. I. Cursus: Für die untern und mittlern Klassen höherer Lehranstalten. 8. (VIII und 172 S.) Gotha 850, Gläser.

Looff, Friedr. Wilh., Liederbuch für Turner. 12. (5⅙ B.) Aschersleben 843. (Laue.)

—— Liederbuch f. Turner. Mit Melodieen, größtentheils vierstimmig gesetzt, versehen v. J. G. Hoyer. 16. (13¼ B.) Aschersleben 844, Laue.

—— dass. (ohne Melodieen). 24. (136 S. u. 1 Tab.) Ebds. 843.

— Liederbuch f. Turner. 12. Aschersleben 843, Laue. 1/8 ℛ — Dass. Mit Melodieen, größtentheils vierstimmig gesetzt, versehen von J. G. Hoyer. 16. Ebend. 844. 1/3 ℛ

— s. Literatur-Zeitung, pädagogische.

—— pädagogische Literatur-Zeitung, s. Literatur-Zeitung.

Gotha, (Looff), Resultate der Witterungs-Beobachtungen im Jahre 1846. (Progr.-Abhand.) Gotha 1847.

— Savonarola. Aus dem ausführl. biograph. Werke von Rudelbach zusammengestellt. gr. 8. (40 S.) Ebend. 881. n. — 60

Looff, Friedr. Wilh., Uebungs-Aufgaben zum Gebrauche beim Unterricht im Rechnen und in der Arithmetik für Gymnasien, Real- und Bürgerschulen. 1. Heft: Ungleich benannte Zahlen und Brüche. gr. 8. (IV und 60 S.) Halle 852, Schmidt. *

—— dass. — 2. Heft.: Buchstabenrechnung, Wurzeln, Algebra, Logarithmen, Progressionen, Combinationslehre, Kettenbrüche ꝛc. gr. 8. (VI und 176 S.) Ebds. 853. *

—— Auflösungen dazu. gr. 8. (40 S.) Ebds. 853.

—— dass. — 3. Heft: Anwendung der Lehre von den Verhältnissen und Proportionen auf die bürgerlichen Rechnungsarten. gr. 8. (VI und 141 S.) Ebds. 855. *

—— Auflösungen dazu. 3. Heft. gr. 8. (III und 27 S.) Ebds. 855. *

Looff, Friedr. Wilh., Uebungs-Aufgaben zum Gebrauche beim Unterricht im Rechnen und in der Arithmetik für höhere Lehranstalten. 2. u. 3. Heft. Halle 853, 55. Schmidt. gr. 8. (VI, 176; 2 Bl., 141 S.) Jedes Heft n. 24 ngr
Inhalt: 2. Heft: Buchstabenrechnung, Wurzeln, Algebra, Logarithmen, Progressionen, Combinationslehre, Kettenbrüche ꝛc.
3. Heft: Anwendung der Lehre von den Verhältnissen u. Proportionen auf die bürgerlichen Rechnungsarten.

— — Auflösungen dazu. 1—3. Heft. Ebend. 853—55. gr. 8. (36; 40; 27 S.) 1.: n. 4 ngr; 2. 3.: à n. 6 ngr

Looff, Friedr. Wilh., die Witterungsverhältnisse in Deutschland. Vorträge, gehalten im Verein für Gewerbe, Land- und Gartenbau zu Langensalza. 8. (71 S. mit eingedr. Holzschn.) Langensalza 862, Schulbuchh. von Greßler.

— Zusammenstellung der meteorologischen Beobachtungen, angestellt im Real-Gymnasium zu Gotha in den Jahren 1846—55. Mit 1 Bl. Taf. (Progr.-Abhandl.) Gotha 1856.

Looff, Leonh. Der Process des Ktesiphon. 15 S. *Quedlinburg* 1881
Progr.
vgl. Loof, Leonhard

(Looff, Leonhard) Verzeichnis der Schülerbibliothek des Königlichen Gymnasiums zu Quedlinburg. Nach Stufen und Wissenschaften geordnet. 8 (65 S.). **Progr.** G. *Quedlinburg* 1887 (zu 231).

[Gedicht.] Zur Feyer des Geburtsfestes Sr. Hochfürstl. Durchlaucht Herrn Ferdinand Herzogs zu Braunschweig und Lüneburg etc. etc. den 12. Jan. 1790 in der Loge Ferdinand zur Glückseligkeit zu Magdeburg vom Br. [Martin Daniel] **Looff.** [Magdeburg 1790]: Pansa. 6 Bl. 4⁰
„Du süsses Fest, dem Herzen jedes Maurers werth . . .“ u Liedertext: „O kehre bald in unsre Hallen wieder!“

Lied zur Feyer des Johannisfestes in der Freymaurerloge Ferdinand zur Glückseligkeit zu Magdeburg am 24sten Juny 1823 vom Br. [Martin Daniel] **Looff.** [Magdeburg 1823]: Hänel. 2 Bl. 8⁰ [Umschlagtit.]
Ohne Noten: „Singt, Brüder, singt heut' frohe Jubellieder, . . .“

Lied zur Feyer des Johannisfestes in der Freimaurerloge Ferdinand zur Glückseligkeit zu Magdeburg am 24. Juny 1824 vom Br. [Martin Daniel] **Looff.** [Magdeburg 1824.] 1 Bl. 8⁰ [Kopftit.]
Ohne Noten: „Hoch steige Brüder im Jubel chor . . .“

Looff, N. Ueber den Unterricht in den neueren Sprachen. Barmen, H. T., 1874. **Progr.**

Loofft, M., Niedersächsisches Kochbuch, oder 710 Anweisungsregeln, wornach alle und jede, sowohl kostbare als ordinäre Speisen zubereitet werden können ꝛc. 19te Aufl. 8. Leipzig, Gleditsch. 816.

Loofs, Frdr., die chronologischen Angaben des sog. „Vorberichts“ zu den Festbriefen des Athanasius. (S. 1018—1022.) Lex. 8. Berlin 908. G. Reimer. — 50
Sonderabdr. aus: „Sitzungsber. d. preuss. Akad. d. Wiss.“

Loofs, Frdr., Anti-Haeckel. Eine Replik nebst Beilagen. 4. unveränd. Aufl. gr. 8. (IV, 79 S.) Halle 900. M. Niemeyer. n. 1. —

Loofs, Frdr., Anti-Haeckel. Eine Replik. 5. m. der 4. wesentlich übereinstimm. Aufl. (76 S.) gr. 8. Halle 906. M. Niemeyer. n. 1. —

Anti-Haeckel. Eine Replik von Dr. Friedrich **Loofs**. 5., mit d. 4. wesentl. übereinstimmende Aufl. Halle a. S.: M. Niemeyer 1906. (75 S.) 8° (06.14400 3

Loofs, Frdr., antiquae Britonum Scotorumque ecclesiae quales fuerint mores, quae ratio credendi et vivendi, quae controversiae cum romana ecclesia causa atque vis, quaesivit F. L. gr. 8. (III, 120 S.) Leipzig 881. Fock. n. 4. —

Loofs, Friedr., antiquae Britonum Scotorumque ecclesiae quales fuerint mores, quae ratio credendi et vivendi, quae controversiae cum romana ecclesia causa atque vis, quaesivit F. L. gr. 8. (III, 120 S.) Leipzig 882, Fock. *

Loofs, Frdr., d. Apostolikum in drei, am 1., 3. u. 5. Trinitatissonntag 1895 im akadem. Gottesdienste zu Halle geh. Predigten ausgelegt. gr. 8. (IV, 39 S.) Halle 895. M. Niemeyer. n. — 60

— die Auferstehungsberichte u. ihr Wert s.a. Hefte zur „Christlichen Welt“.

[F.] Die Auferstehungsberichte und ihr Wert. Von D. Friedrich **Loofs**, Prof. . . . an d. Univ. Halle-W. *Leipzig: J. C. B. Mohr 1898.* (37 S., 1 Bl.) 1 Bd 8.
= **Hefte** z. 'Christlichen Welt'. No 33. (97. 8338

Loofs, Friedrich: Der Beiname des Apostels der Deutschen nebst einer Mitteilung über Bonifatii ep. 22 bei Jaffé Bibl. rer. Germ. III, 81. [A. aus Zeitschrift für Kirchen-Geschichte V, 4, p. 623–631.] 1882.

Loofs, F., Zur Chronologie d. auf d. fränk. Synoden d. hl. Bonifatius bezügl. Briefe d. bonifaz. Briefsammlung. Diss. 1881. 54 S.

Loofs, Friedrich: Zur Chronologie der Briefe des Basilius von Caesarea. Eine patristische Studie. *Halle a. S.: M. Niemeyer 1898.* (53 S.) 8°
Halle, Osterprogr. 1898

— Eustathius v. Sebaste u. d. Chronologie d. Basilius-Briefe. Eine patrist. Studie. gr. 8. (III, 97 S.) Halle 898. M. Niemeyer. n. 4. —

Loofs, F., Ueber d. ursprüngliche Form d. „Sacra parallela“. Pr. 1892. 82 S. 1. —

Von der Gewißheit der Christenhoffnung. Totensonntagspredigt von Prof. Dr. [Friedrich] **Loofs**. (Halle a. S.: Bibel- u. Schriften-Verein [1905].) (8 S.) 8° [Kopft. F.]
= [**Flugschriften** d. Bibel- u. Schriften-Vereins zu Halle a. S. 16.] (06. 7813

— Das Glaubensbekenntnis der Homousianer v. Sardica. (39 S.) Lex. 8. Berlin 909. G. Reimer. 2. —
Sonderabdr. aus: „Abhandlgn. d. preuss. Akad. d. Wiss.“

— Grundlinien der Kirchengeschichte in der Form v. Dispositionen f. seine Vorlesungen. gr. 8. (VIII, 319 S.) Ebd. 901. n. 3. —; geb. n. 4. —

— Grundlinien der Kirchengeschichte. In der Form v. Dispositionen f. seine Vorlesgn. 2., neubearb. Aufl. (XXVI, 430 S.) gr. 8. Halle 910. M. Niemeyer. 6. —; geb. 7. —

— Grundriss der Dogmengeschichte. Für seine Vorlesgn. nach der 4. Aufl. seines Leitfadens bearb. Als Mskr. gedr. (178 S.) gr. 8. Ebd. 907. 3. 40

Loofs, F., die Handschriften der lateinischen Uebersetzung des Irenaeus und ihre Kapitelteilung s.a. Studien, kirchengeschichtliche.

Loofs, Friedr. Die Handschriften der lateinischen Übersetzung d. Irenaeus u. ihre Kapitelteilung. gr. 8. (93 S.) Lpz. 890, Hinrichs' Verlag. * 1 50
Aus: Kirchengeschichtl. Studien, besonders abgedruckt.

— römisch-katholische u. evangel. Lehre v. der Kirche, s.a. Flugschriften des Evangel. Bundes.

Römisch-katholische und evangelische Lehre von der Kirche. Predigtvortrag von Prof. D. Friedrich **Loofs**, Halle a. S. *Leipzig: C. Braun 1901.* (19 S.) 8° [Umschlagt. F.]
= **Flugschriften** d. Evangelischen Bundes. 191. (01. 11939

— Leitfaden zum Studium der Dogmengeschichte, zunächst f. seine Vorlesungen. 2., verm. Aufl. gr. 8. (XIX, 445 S.) Halle a/S. 890. Niemeyer. n. 5. —

Loofs, Frdr., Leitfaden zum Studium der Dogmengeschichte, zunächst f. seine Vorlesungen. 3., verb. Aufl. gr. 8. (XIV, 484 S.) Halle 893. M. Niemeyer. n. 5. —

— Leitfaden zum Studium der Dogmengeschichte. 4., völlig umgearb. Aufl. (XXIII, 1002 S.) gr. 8. Ebd 906. n. 9. —

—— Leitfaden f. seine Vorlesungen üb. Dogmengeschichte. gr. 8. (XII, 302 S.) Halle 889, (Niemeyer). * 3 60

—— Leontius v. Byzanz und die gleichnamigen Schriftsteller der griechischen Kirche, s. Texte und Untersuchungen zur Geschichte der altchristlichen Literatur.

— Nestoriana. Die Fragmente des Nestorius. Gesammelt, untersucht u. hrsg. Mit Beiträgen v. Stanley A. Cook u. Geo. Kampffmeyer. (X, 407 S.) gr. 8. Ebd. 905. n. 15. —

[Umschlagt.:] [F.] Predigt bei der fünften Haupt-Versammlung des Vereins für Reformationsgeschichte in der Barfüsser-Kirche zu Erfurt am 13. Apr. 1898 geh. v. D. Friedrich Loofs, Prof. . . . in Halle . . . *Halle: Comm.-V. v. M. Niemeyer 1898.* (1 Bl., 9, 4 S.) 1 Bd 8. [98. 9605 Bo

— Predigten. gr. 8. (VIII, 290 S.) Halle a/S. 892. M. Niemeyer. n. 3. —; geb. n. 4. —

— Predigten. 2. Reihe. gr. 8. (VIII, 316 S.) Halle 901. M. Niemeyer. n. 3. —

— Akademische Predigten, s.: Predigt, die, der Kirche.

[F.] Am Sarge der Frau Mathilde Thümmel geb. Graefe, geb. 26. Mai 1824, gest. 6. Nov. 1897. Rede . . . in Halle am 9. Nov. 1897 geh. v. Prof. D. [Friedrich] Loofs. *(Halle a. S.: Dr. v. E. Karras 1897).* (13 S.) 1 Bd 8. [98. 1840

— d. Schöpfungsgeschichte, d. Sündenfall u. d. Turmbau zu Babel in drei Predigten, s.: Hefte zur „Christl. Welt". 39.

Loofs, Friedrich: Die Schöpfungsgeschichte, der Sündenfall und der Turmbau zu Babel in drei im akad. Gottesdienst zu Halle geh. Predigten behandelt v. D. Fr[iedrich] Loofs, Prof. . . . in Halle a. S. Freiburg i.B., Leipzig & Tübingen: J. C. B. Mohr 1899. (42 S.) 1 Bd 8.
= Hefte z. 'Christlichen Welt'. No 39.

— der authentische Sinn des nicänischen Symbols. Vortrag. (28 S.) 8. Leipzig 905. G. Wigand. n. — 40
Sonderabdruck aus: „Neues sächs. Kirchenbl."

Loofs, Friedrich, Prof. Dr.: Lessings Stellung zum Christentum. Halle a. S. 1910: Waisenhaus. S. 1—24. 4°
Halle, Progr. zur akadem. Preisverteilung 1910 [U 10. 1660

— Luthers Stellung zum Mittelalter u. zur Neuzeit. Rede, geh. beim Antritt des Rektorats der vereinigten Friedrichs-Universität Halle-Wittenberg am 12. VII. 1907. (28 S.) gr. 8. Halle 907. Gr. Salze, E. Strien. — 50
Sonderabdruck aus: „Deutsch-ev. Blätter".

— Studien üb. die dem Johannes v. Damaskus zugeschriebenen Parallelen. gr. 8. (X, 146 S.) Ebd. 892. n. 5. —

— s.: Studien u. Kritiken, theologische.

— Symbolik od. christliche Konfessionskunde, s. a. Grundriss der theolog. Wissenschaften. 16. Abt.

Symbolik oder christliche Konfessionskunde von D. Friedrich Loofs. Prof. in Halle. Bd 1. *Tübingen & Leipzig: J. C. B. Mohr 1902.* 8°
= Grundriss d. Theologischen Wissenschaften. T. 4, Bd 4. [02 ...

Loofs, F., von der sogenannten Teufelstaufe, welche aber die rechte christliche Taufe ist. Harburg 862. Danckwerts in Comm. gr. 8. (8 S.) ⅙ ngr.

— die Trinitätslehre Marcell's v. Ancyra u. ihr Verhältniss zur älteren Tradition. gr. 8. (18 S.) Berlin 902. (G. Reimer.) n. 1. –
Sonderabdruck aus: „Sitzungsber. d. preuss. Akad. d. Wiss."

Loofs, Friedrich, Dr.: Die Überlieferung und Anordnung der Fragmente des Nestorius untersucht. *Halle a. S.: M. Niemeyer 1904.* (160 S.) 8°
Halle, Osterprogr. für 1903 u. 1904

— vom Vorsehungsglauben. 3 Predigten, am 29. IV., am 13. u. 27. V. 1906 im akadem. Gottesdienst geh. (36 S.) gr. 8. Halle 906. M. Niemeyer. n. — 60

— was machte Luther zum Manne d. Volkes, u. was soll u. kann ihm noch heute die Herzen d. Volkes gewinnen?, s.: Vorträge f. Freunde d. Evangelischen Bundes.

— was soll uns leiten bei unserer Stellungnahme im praktisch-kirchlichen Leben? Predigt im akadem. Gottesdienst am 17. VII. 1904. (13 S.) gr. 8. Halle 904. E. Strien. n. — 20
Sonderabdruck aus: „Deutsch-evang. Blätter".

Looft, C. H., Vers. über d. Einricht. des Vortr. der menschlichen Pflichten, zur Beförder. ihrer Ausübung. 8. Hamb. Bohn. 782.

Looft, Emilius: Über die rohen Holzgeistöle und das Ketomethylpentenylen . . . Leipzig, Druck v. C. Marquart, 1892; 37 S., 1 Bl. 8.
Leipzig, Phil. Fak., Inaug.-Diss. v. [20. Apr.] 1892

Looft, (Jam.,) geheimes Kunst-Cabinet f. Metallarbeiter u. Fabrikanten. Aus d. Engl. 8. Quedl. 826, Basse.

Looft, Marcus, Nieder-Sächsisches Koch-Buch, oder Sieben hundert und zehn Anweisungs-Regeln, wornach alle und jede, sowohl kostbare als ordinaire Speisen präpariert werden können. 4. verb. Ausg. Altona und Lübeck. 1762. (M. Titelbill.). — 10. verb. Ausg. Lübeck. 1776. (M. Titelbill). (jfr. B.D. II, 260).

Nieder-Sächsisches Koch-Buch, oder Sieben hundert und zehn Anweisungs-Regeln wornach alle und jede sowol kostbare, als ordinaire Speisen präpariret . . . werden können etc. etc. Für die Liebhaber mit aller Aufrichtigkeit verfertigt durch Marcus **Looft**, Stadt-Koch in Itzehoe. 12. Ausg. Lübeck. 1781. 8°.

Nieder-sächsisches Koch-Buch oder siebenhundert und zehn Anweisungs-Regeln . . . Für die Liebhaber mit aller Aufrichtigkeit verfertiget durch Marcus **Looft.** 13. verb. Ausg. Lübeck. 1783. 8°

Looft, Mark., niedersächs. Kochbuch, od. 710 Anweisungsregeln, Speisen zu präpariren, n. Reg. f. Confitur. 8. Lübeck, Iversen. (Lpz. Heinsius.) (Gleditsch.) 806. Rthlr.

Looft, Mark., niedersächs. Kochbuch, oder 710 Anweisungsregeln, Speisen zu präpariren, nebst Register für Confitur. 8. Lübeck 806. 19e A. 8. Leipz. 817. (Brockhaus). 16 gr.

Look, Heinrich van: Der Partonopier Konrads von Würzburg und der Partonopeus de Blois. Goch, Völcker'sche Buchdruckerei (Joh. Gällweiler), 1881. 8. 43 S.

Looman, Th., das Wohnungsmiethrecht nach dem bürgerl. Gesetzbuch. Zum prakt. Gebrauch f. Juristen, Hausbesitzer u. Miether. Anh.: Muster v. Verträgen. gr. 8. (VI, 184 u. X S.) Berlin 900. [J. J. Heine.] J. Guttentag. n. 2.—

Loomans, M. Ch., de la liberté humaine considérée dans la vie intellectuelle et dans ses rapports avec la matérialisme. Discours inaugural. gr. 8. (92 S.) Liège 871. (Köln u. Neuss, Schwann.) — 75

Loomis, zur climatischen Behandlung der Lungenschwindsucht. Ein Vortrag, gehalten in der Medical Society. Uebersetzt und mit einem Vorwort begleitet von F. W. Beneke. gr. 8. (VII, 27 S.) Norden 881, Braams. * 1 —

Loomis, *Elmar* H. [aus Vermilion '(New-York, U. S.)']: Ueber ein exakteres Verfahren bei der Bestimmung von Gefrierpunkts-Erniedrigungen ... (Soll fortges. werden.) Strassburg, Buchdr. C. Gœller, 1893; 30 S., 1 Bl., 2 Taf. 8.
Strassburg, Math.-naturw. Fak., Inaug.-Diss. v. 1893

Loomis, Frederic B.: Die Anatomie und die Verwandtschaft der Ganoid- und Knochen-Fische aus der Kreide-Formation von Kansas. (Mit Taf. XIX—XXVII.) *Stuttgart: E. Schweizerbart 1900.* (S. 213—283.) 4° ¶ (Aus: Palaeontographica, Bd 46.)
München, Phil. Diss. v. 1900

Loon, G., histoire métallique des Pays-Bas. V Vol. fol. av. pl. Francf. Varrentrapp et W.

Loon, G., histoire métallique des Pays-Bas. V Vols, avec 3000 medailles. Fol. la Haye ... (Frankf.), Varrentrapp. 50 ₰

Loon, J. A. W. van, Kursus der Orthodontie, s.: Körbitz, Alfr.

van Loon, *Jacques* [aus Steenbergen '(Holland)']: I. Esterbildung der o-o-Fluornitrobenzoësäure. II. Esterbildung der Mellithsäure und der beiden Hydromellithsäuren ... Heidelberg, Univ.-Buchdr. v. J. Hörning, 1896; 33 S. 8.
Heidelberg, Naturw.-math. Fak., Inaug.-Diss. v. [12. Juli] 1896

Löbratt, W., Baltenhetze. Die Verfolgung von Glauben, Sprache und Recht in den Ostseeprovinzen Rußlands. gr. 8. (154 S.) Leipzig 890. Duncker & Humblot. n. 3.—

Loorbeer u. Cypressen von 1866. Nordarmee. Dem Heere u. Volke Oesterreichs gewidmet. Blätter der Erinnerung an schöne Waffenthaten. Wien 868. Prandel. 8. (229 S. mit eingedr. Holzschn.) n. 16 ngr.

Loos, das glückliche. Eine Erzählung von der Verf. von „Wie Gott will." Berlin 869. Rauh. gr. 8. (239 S.) 27 ngr.

Loos, das große, s.a. Groschen-Bibliothek für's deutsche Volk.

Das große Loos, oder die treue Seele von Zwickau. Von C. Weisflog. | (Fig.: *Die drei lustigen Handwerksburschen*, 59 × 64) Stereotyp-Ausgabe. Reutlingen. | Druck und Verlag von Enßlin und Laiblin. (*Reutlinger Volksbücher*, 161).
o. J., 62 S. + 2 S. Anzeigen, 165 × 108, U.-Fig.: *Drei Handwerksburschen*, 59 × 64.
LBS d. D. oct K 3537.

Loos, das große; komische Oper (v. Frdr. Just. Bertuch). 8. Weimar 774. Hoffmann. 5 K

Loos, das große, Lustspiel von Hagemeister. 8. Berlin, Schöne. 791. Ist jetzt Verlag von Nauck.

Loos (Das unglückliche) der Freyheitsvölker. Eine allegorische Geschichte. 8°. s. l. 1799.

Loos, Das weisse. Ein Schauspiel in zwey Aufzügen. Wien 1777. V: *Schönfeld, Frz. Thomas von.* (GGr V/347, Nr.207/3)

Loos, Die Königl. preuß. neue Scheidemünze. Berl. u. Posen, 1823.

Loos, Zahnhygiene in Schule u. Heer, s.: Jessen.

Loos, Adf., s.a. **Andere, das.**

Loos, A., Das Andere. Ein Blatt zur Einführung abendländischer Kultur in Österreich. 1. Jahrg. erscheint in 25 Heften Wien: Österreichische Verlagsanstalt 1903. à K —.20, kompl. K 4.—

Loos, August, Referendar: Der Herausgabeanspruch des früheren Besitzers. ⟨§ 1007 des Bürgerlichen Gesetzbuchs.⟩ Borna-Leipzig 1905: R. Noske. (VII, 114 S.) 8°
Breslau, Jur. Fak., Ref. Fischer, Diss. v. 12. Dez. 1905
[Geb. 13. Aug. 83 Sensenfabrik b. Neuenbürg, Württbg.; Wohnort: Breslau; Staatsangeh.: Preußen; Vorbildung: Gymn. Pforzheim Reife Juli 01; Studium: Tübingen 4, Berlin 2, Breslau 1 S.; Rig. 28. Juli 05.]

Loos, Bernh., üb. den Einfluss der Renaissance auf die Entwicklung der Musik. gr. 8. (87 S.) Basel 876. (Bahnmaier.) n. 2. —

Loos, B., Ueber den Einfluss der Renaissance auf die Entwicklung der Musik. 87 S. 8. Basel, C. Schultze. 1876.

Loos, C., s.a. Loos, Karl

Loos, C., Gedichte. 8. Lpz. Meyer. 796.

Loos, Carl, s. Loos, Karl

Loos, Eduard (geb. Ober-Glogau 5. 3. 1845): Ueber putride Bronchitis. Berlin (1869). (32 S.) 8°
Berlin, Med. Diss. v. 14. Aug. 1869

Loos, Fd.

Loos, F., Lieder der Wehmuth ꝛc. s.a. Lieder.

Loos, Fd., (Imm. Müller), Lieder d. Wehmuth u. Trauer. Eine Anthologie für deutsche Frauen. Mit 1 Kpf. 8. Leipz. 817. Imm. Müller. 16 K

Loos, Fd., (Imm. Müller), Tempe, Blüthen deutscher Dichter. Mit 12 color. Landschaften. 12. Leipz. 810. (Brockhaus). 20 K

Loos, Friedrich (Giessen)
Ueber die pharmakologische Gruppe des Curarins.
Giessen: Brühl 1870. 73 S. 4°
Diss. med. 23.2.1870. vorh. 26. 7.

Kiel. Nach der Natur gez. v. Friedrich **Loos.** Kiel. o. J. (in den 50ern). Lithogr. 1 Bl. Imp.-Fol., 51,5 72 cm.

Loos, Fr., Panorama von Salzburg. Von d. Höhe d. Mönchberges nach d. Natur aufgenommen u. radirt. Nebst Erklärung unt. d. Tit.: Wegweiser auf d. Mönchberge. gr. 12. Salzb. 830. Mayr. 4 ₰ kolor. 8 ₰

Loos, Friedr. Wilh.: Lieder bei der 50jährigen Jubel-Feier des Br. Loos am 21sten Dec. 1842 gesungen von Brüdern der Loge zum goldnen Pflug [in Berlin. Berlin 1842.] 2 Bl. 8⁰ [Kopftit.]
2 Lieder ohne Noten.

Loos, Fritz, a. Gießen: Zur Hydrographie des Westerwaldes. Mit einer Karte u. neun Profiltafeln. Gießen 1904: v. Münchow. (66 S.) 8°
Gießen, Phil. Fak., Ref. Sievers, Diss. v. 29. Okt. 1904
[Geb. 4. Sept. 72 Gießen; Wohnort: Friedberg; Staatsangeh.: Hessen; Vorbildung: Realgymn. Gießen Reife O. 93; Studium: Gießen 8 S.; Rig. 7. Nov. 03.]

Loos, Gottfried Bernhard

— Beiträge zur nähern Kenntniß der im Handel u. Umlauf vorkommenden Gold- u. Silbermünzen, nach ihrem Gepräge, Gehalt u. Werth. Für Kaufleute, Kassen-Beamte u. Münzliebhaber ꝛc. 1e Samml. 4. Berl. 821. Mittler. 1 ℛ 12 K

Loos, G. B.: „Bemerkungen zu der in Frankfurt erschienenen Druckschrift: Nachweisung einiger Münzvalvations-Divergenzen . . . .“ (s. Nr. 11293), Berlin 1822.

Loos, Gtfr. Bernh., die Kunst, falsche Münzen zu erkennen. Ein Buch f. alle, die damit nicht betrogen werden wollen, also auch f. Numismatiker u. Sammler v. antiken u. modernen Münzen. M. 1 Kpfrt. gr. 8. (16¼ B.) Berlin 828, Reimer.

Loos, Gttfr. Bhrd., Samml. einzelner Aufsätze über Gegenstände d. Münzwesens u. d. Münzkunde. 1s Hft, Bemerkk. zu d. neuerlich zu Frankfurt a. M. erschienenen kleinen Druckschrift, benannt: Nachweis. einiger d. neuern auffallenden Münz-Valvations-Divergenzen im Münzwesen im Allgemeinen. 8. Berl. 822. Mittler. 8 K 2s, 3s Heft, über d. königl. preuß. neue, nach d. Gesetzen vom 30. Sept. 1821 ausgeprägte Scheidemünze ꝛc. Mit 1 lithogr. Tafel. 8. Berl., Mittler. (2s Heft 15 K 3s Heft 9 K) 1 ℛ

G. B. Loos, Sammlung einzelner Aufsätze über Gegenstände des Münzwesens. Berlin, 1823. 3 Thle.

Loos, G. B.: „Ueber die preussische neue nach dem Gesetze vom 30. September 1821 ausgeprägte Scheidemünze“, 2 Hefte, Berlin 1823.

Loos, H. v., zur Geschichte des 1. Rheinischen Infanterie-Regiments Nr. 25. 1) Gefecht bei Villersexel, den 9./10. Jan., 2) Gefecht bei Arcey-Ste.-Marie und Aibre, den 13. Jan. 1871. gr. 8. (66 S. mit 2 lithogr. Plänen in qu. gr. 4. und 1 lithogr. Uebersichtskarte in qu. Fol.) [Wesel 875.] Düsseldorf, Bagel's Verlag.

Loos, J. L., Regeln z. Verlängerung des Lebens, a. d. 17ten Jahrh. m. Erläut. nach der Erregungstheorie. Mannheim, Schwan u. G. 804.

Loos, Ida, aus der Werde-Epoche e. Individualität. Ein psycholog. Prozeß als Studie auf verwandtem Gebiete, vornehmlich dem der Psychophysiologie. gr. 8. (331 S.) Wien 902. C. Stetter. **n. 3. 50**

Loos, Joh., die Therapie der Kinderkrankheiten an der Klinik des Prof. Dr. Escherich in Graz, s.: Therapie, die klinische, der Gegenwart.

Loos, Joan. (geb. Oberfischbach in Westf. 15. 4. 1836): De typho abdominali. Berolini (1865). (32 S.) 8°
Berlin, Med. Diss. v. 22. Juli 1865

Loos, Jh. Jak., systemat. Beschreib. der außer Gebrauch gekommenen Arzneimittel. gr. 8. Darmst. 808. Leske. 1 ℛ

— Biographie Johannes Bapt. v. Helmont. 8. Heidelb. 807. Mohr. 8 K Velinp. 12 K

— Entwurf e. medicin. Pharmakologie, nach d. Principien d. Erregungstheorie. gr. 8. Erlang. 802. (Heyder). 14 K Schrbp. 16 K

— Entw. einer medicinischen Pharmakologie. gr. 8. Erlangen, Palm. (auch Walther.) 802.
Schreibp. -

Loos, J. J., Entwurf ein. medizin. Pharmacologie. gr. 8. Erlangen, Heyder. 813. Rthlr.

— Gedanken über medicin. Unterricht. (Ein Programm.) 8. Heidelb. 810. Mohr. 2 K

— Regeln zur Verlängerung des Lebens, aus d. 17ten Jahrhund. Mit Erläuterungen. 12. Manh. 804. Schwan u. G. 8 K

Loos, Johannes [app. Arzt aus Schleswig]: Aus d. patholog. Institut d. Univ. Kiel. Über den Durchbruch des Ductus choledochus ins Duodenum ... Kiel, Druck d. »Nord-Ostsee-Zeitg«, 1894; 16 S., 1 Bl. 8.
Kiel, Med. Fak., Inaug.-Diss. v. [4. Febr.] 1894

Loos, Jos., die Bedeutung des Fremdwortes für die Schule. Eine method. Abhandlung. gr. 8. (48 S.) Prag 888, Neugebauer. *

Loos Jos.: **Die Bedeutung des Lateinunterrichtes in materialer und formaler Beziehung. 15. Brüx. 83.** **Progr.**

Loos, Jos. **Das** Chorsprechen in der Schule. Seine Geschichte u. Stellg. an der Volks- u. Lateinschule, sowie seine Beziehgn. zum Chorbeten u. Chorsingen. Ein Beitrag zur Geschichte d. Unterrichts. gr. 8. (58 S.) Prag 889, Neugebauer. * 1 50

Loos, Josef Über Entstehung und Entwicklungsgang willkürlicher Bewegungen. 8 (XXV S.).
Deutsch. Neustädter Staats-Ober-G. (am Graben) *Prag* 1886.
Progr.

(LOOS, JOSEPH:) An den Hochwürdigen Herrn Joseph Christian von Fengler, Bischoff zu Raab im Namen des Kollegiums der frommen Schulen zu Dolis. Gedicht. Wien 1788. (8 S.) - 240 mm

Loos, J.: Kurze Geschichte der Anstalt. 11 S. – Kaaden RG., Progr. 1872.

Loos, Jos., der österreichische Gymnasiallehrplan im Lichte der Concentration. Lex.-8. (V, 70 S.) Wien 892. A. Hölder. **n. 1. 80**

Loos, Jos., s.a. **Handbuch, enzyklopädisches, der Erziehungskunde.**

Loos, J., Enzyklopädisches Handbuch der Erziehungskunde. I. Bd. [A—L]. Gr.-8°. (1071 S.) 1907. K 18.—

Loos, J., Enzyklopädisches Handbuch der Erziehungskunde. II. Bd. (M—Z.) Gr.-8°. (ill. 1100 S. mit 6 Beilagen) K 18.—
Wien: Pichler 1908.

Loos, Jos., Lesebuch aus Livius. Ein histor. Elementarbuch. Im Sinne des erzieh. Unterrichts bearb. Bevorwortet von Otto Willmann. Mit 3 lith. Beilagen. 8. (VI, 278 S.) Leipzig 881. Gräbner. **n. 2. 40**

Loos, Jos.: An die Leser. 2 S. 8⁰–Kaaden RG., Progr. 1872.

Loos, Joseph: Ein Rückblick auf die ersten 25 Jahre (1871—1896) des k. k. Maximilians-Gymnasiums. 8 (1 Bl., 58 S., 1 Abb.). **Progr.** K. k. Maximilians-G. *Wien* 1896

— Sach- u. Personen-Register zu den Verhandlungen der Mittelschul-Enquete im k. k. Ministerium f. Kultus u. Unterricht, Wien, 21.—25. I. 1908. (30 S.) gr. 8. Linz 908. F. J. Ebenhöch. 1. 20

Loos, Josef, **aus** Kettig: **Über Wellenlängen und Gesetzmäßigkeiten in den Hauptbanden des sogenannten Kohlenoxydbandenspektrums.** *Bonn 1903: C. Georgi.* (44 S.) 8°
Bonn, Phil. Diss. v. 7. März 1903

Loos, J., Aus der Werde-Epoche einer Individualität. Ein psychologischer Process als Studie auf verwandtem Gebiete, vornehmlich dem der Psychophysiologie. (331 S.) K 4.—
Wien: Stetter 1902.

Loos, Jos., Wörterbuch der ungarischen und deutschen Sprache. Unter Mitwirkung Mehrerer hrsg. 2 Thle. gr. 16. Pest, Lauffer's Verlag. à Thl. *ℳ 2. *
Inhalt:
I. Ungarisch-deutscher Thl. (V, 509 S.) 869.
II. Deutsch-ungarischer Thl. (VI, 404 S.) 870.

—— Wörterbuch der ungarischen, deutschen und slovakischen Sprache. Unter Mitwirkung Mehrerer hrsg. 3 Thle. gr. 16. Ebendas. *
Inhalt:
I. Ungarisch-deutsch-slovakischer Thl. (VII, 790 S.) 869. *ℳ 5,80.
II. Deutsch-ungarisch-slovakischer Thl. (VI, 650 S.) 869. *ℳ 4,80.
III. Slowakisch-ungarisch-deutscher Thl. (VII, 652 S.) 871. *ℳ 4,80.

Loos, Karl

Loos, C., Neuester Plan von Wien, mit Angabe der Häuser-Numerirung, einem Verzeichnisse aller Strassen, Gassen und Sehenswürdigkeiten und einem Uebersichts-Plane der 19 Bezirke Schul-Ausgabe. Quer-Folio. (32 S.) Chromolithogr. Gef —.40
Derselbe. Grosse Schul-Ausgabe. (56 S.) Gefalzt Wien: Carl Teufen 1891. —.60

Loos, Carl, neuester Plan der k. k. Reichshaupt- und Residenzstadt Wien, der Vororte und Umgebung, mit genauer Angabe der Häuser-Nummerirung. Nach amtl. Quellen. 1:1440. Chromolithogr. Imp.-Fol. Wien 878, Teufen. *
Mit Strassenverzeichniss. 8. (45 S.) cart. *

—— neuester Plan der k. k. Reichs-Haupt- und Residenzstadt Wien, der Vororte mit Umgebung [Döbling, Dornbach, Hietzing, Schönbrunn, Simmering und Kaisermühlen.] Mit Angabe der Häuser-Nummerirung. Nach amtl. Quellen gezeichnet und lithogr. 1:14,400. 2. verb. Aufl. Chromolithogr. Imp.-Fol. Ebendas. 879. *
Mit Strassenverzeichniss. 8. (45 S.) cart. *

Loos, C., Plan der k. k. Reichshaupt- und Residenzstadt Wien im Maßstab 1:25.000. Herausgeg. unter Mitwirkung des Stadtbauamtes. Nebst vollständigem Verzeichniss der Strassen und einem Detailplane des ersten Bezirkes im Maßstabe 1:10.000. 3. revid. Auflage. 1894. Imp.-Qu.-Folio. Chromolith. (24 S.) Cart. 1.20, auf Leinen in Carton 2.—
Wien: Lechner 1894.

Loos, C., Plan der k. k. Reichshaupt- und Residenzstadt Wien im Maßstabe 1:25.000. Herausgeg. unter Mitwirkung des Stadtbauamtes. Nebst vollständigem Verzeichniss der Strassen und einem Detailplane des ersten Bezirkes im Maßstabe 1: 10.000. 4. revid. Auflage, mit den neuen Strassen- u. Gassen-Namen. Imp.-Qu.-Folio. Chromolith. (24 S.) Cartonnirt 1.20, auf Leinen in Carton 2.—
Wien: Lechner 1894.

Loos, C., Plan der k. k. Reichshaupt- und Residenzstadt Wien im Maßstabe 1:25.000. Herausgeg. unter Mitwirkung des Stadtbauamtes. Nebst vollständigem Verzeichniss der Strassen etc. und einem Detailplane des ersten Bezirkes im Maßstabe 1:10.000. 6. revid. Auflage. Imp.-Qu.-Folio. Chromolithographie. (32 S.) Cartonnirt 1.20, auf Leinen in Carton Wien: Lechner (Müller) 1897. 2.—

Plan der k. k. Reichshaupt- und Residenzstadt Wien im Masse 1:25,000. Hrsg. unter Mitw. d. Stadtbauamtes von Karl **Loos**. Nebst vollst. Verzeichnis d. Strassen, Gassen, Plätze, Höfe etc. Mit e. Detailplane d. 1. Bezirkes im Masse 1:10,000 u. e. Tafel Tramway-Signale. *Wien: R. Lechner (1903).* (1 Kartenbl. 83 × 65 cm, 23 S.) 8° [kol.] (03. 5443)

Loos, K., Plan der k. k. Reichshaupt- und Residenzstadt Wien. 1:25 000. Nebst vollständigem Verzeichnis der Straßen, Gassen, Plätze, Höfe etc. Mit einem Detailplan des I. Bezirkes. 1:10.000 Wien: Lechner 1905. kart. K 2.40, auf Leinen K 4.—

Loos, Carl, Plan der k. k. Reichshaupt- und Residenzstadt Wien, im Maasse 1: 10.000. Herausgegeben unter Mitwirkung des Stadtbauamtes. 25 Blätter in Mappe. Chromolith. 9.—, auf Leinen in Mappe 17.—, auf Leinen mit Eichenholzstäben Wien: Lechner 1891 —.22

Loos, C., Plan der k. k. Reichshaupt- und Residenzstadt Wien im Maßstabe 1:10.000. Herausgegeb. unter Mitwirkung des Stadtbauamtes. 2., vollständig umgearbeitete und ergänzte Auflage. [In 6 Liefrgn.] Liefrg. 1. (2 Blatt.) Gr.-Fol. Farbendr. Pro compl. 10.—
Wien: Lechner 1895.

Loos, C. v., der Polizei-Distrikts-Kommissarius in der Prov. Posen u. sein Dienst. Ein Handbuch zum prakt. Gebrauch. 2., verm. Aufl. gr. 8. (IV, 118 S.) Posen 894. W. Decker & Co. Geb. in Leinw. n.n. 2. 50

Rückblicke auf die Entwickelung der Gewerbebank, e. G. m. u. H., Giessen. 1858—1908. Von C(arl) Loos, L(ouis) Walther, W. Möser. — (Giessen 1908: Lange.) 45 S. 4° [Umschlagt.:] Gewerbebank Gießen. 1858—1908.

Loos, C., Stadtbahn-Project, eingezeichnet in den Plan von Wien, im Maasse 1:25.000. Imp.-Gr.-Fol. Chromolith. Gef. —.60
Wien: R. Lechner's K. u. K. Hof- u. Univ.-Buchhdlg. 1891.

Loos, Carl, Neueste Touristen-Karte (Wien—Mariazell — Kindberg — Wechsel). 1 : 300.000. Chromolith. Kl.-Qu.-Fol. Gef. —.60
Wien: Teufen 1890.

Loos, C., die Unmöglichkeit einer Begründung der Todesstrafe. Berlin 870. Kortkampf. gr. 8. (136 S.) n. 24 *ngr.*

Loos, Cornelis Christiaan de, s. L o o s , Kornelis Christiaan de

Loos, Curt, s. L o o s , Kurt

Loos, Kornelis Christiaan de

de Loos, Cornelis Christiaan [Arzt, aus Leiden]: (Aus d. Leidener geburtshülfl. Klinik.) Das Wachstum der menschlichen Chorionzotten ... Leiden, Druck v. E. Ijdo, 1897; 3 Bl., 43 S., 1 Taf. 8.
Freiburg i. B., Med. Fak., Inaug.-Diss. v. 1897

Loos, Kurt, der S c h w a r z s p e c h t. Sein Leben u. seine Beziehgn. zum Forsthaushalte. (VIII, 147 S. m. 21 Kunstdr.-Taf.) gr. 8. Wien 910. W. Frick. 5.—

— Der U h u in Böhmen, nebst einigen Notizen üb. die Verbreitung dieser Eule in einigen anderen Ländern. Nach zahlreichen Berichten u. literar. Notizen, sowie auf Grund eigener Erfahrgn. zusammengestellt u. bearb. Mit 5 Taf. u. 3 Verbreitungskarten. (73 S.) Lex. 8. Saaz (906). (Berlin, R. Friedländer & Sohn.) nn 4.—

Loos, O., über die Ursachen des sogenannten Längerwerdens der Zähne bei fehlenden Antagonisten. Eine histolog. Studie. Mit 5 Abb. auf 2 Taf. in Lichtdr. (70 S.) Lex. 8. Strassburg 909. J. H. E. Heitz. 3.—

Loos, Onésime Henri de

Der Schmuck der Weisen, oder Gründliche Darstellung der physischen Unterwelt. Enth., eine beurtheilte Zergliederung des Buches von den Irrthümern und der Wahrheit [von Louis Claude de Saint-Martin]; (eine umständliche Abhandlung über die Universalmedizin, mit einem Sinnbild über diese Materie, aus d. engl. Urschrift übers. Der Ungrund des [Friedr.] Meyerischen Lehrgebäudes über das acidum pingue — wie auch eine beleuchtete Erl. über die Vegetation.) Von Philantropos einem Weltbürger [d. i. Onésime Henri de Loos], übers. von F. v. Z. Wien: Gräffer 1782. 197 S. 8°
cf. Archiv f. Frmr u. Rosenkr. 2 (1785) S. 385 bis 386.
Kl. 3897.

Loos, Otto [aus Neuenbürg in Württemb.]: Der Hypnotismus und die Suggestion in gerichtlich-medicinischer Beleuchtung ... Berlin, C. Vogts Buchdr., *1894;* 33 S., 1 Bl. 8.
Berlin, Med. Fak., Inaug.-Diss. v. 24. Apr. 1894

v. Loos, P. Zur Geschichte des 1. Rhein. Inf.-Reg. No. 25. 1) Gefecht bei Villersexel, 9/10. Jan. 2) Gefecht bei Arcey St. Marie und Aibre, 13. Jan. 1871. (66) 8. M. 2 Pl. u. 1 Krt. Wesel 1875.. 1.20.

Loos, Philipp

— s. W. Coppen, Verfälschung d. Bleies.

Loos, P., Encyklopädie für Künstler. 6 Bnde. gr. 8. Berlin, 794—98. Jetzt Reimer, auch Schlesinger.

Loos, Phil., Encyklopädie f. Künstler. 6 Bände. gr. 8. Berl. Pauli. 794—98. (1r Handb. f. Metallarbeiter. 1 Rthlr. 12 gr. 2r H. B. f. Mahler und Lackirer. 1 Rthlr. 12 gr. 3r H. B. f. Künstler in Ebenholz, Elfenbein, Leder ꝛc. 1 Rthlr. 12 gr. 4r H. B. für Künstler und Oekonomen. 1 Rthl. 12 gr. 5r H. B. für Manufakturisten und Künstler. 1 Rthlr. 12 gr. 6r H. B. f. Kunst- u. Fabrikwesen. 1 Rthlr.)

Loos, Ph. Werner, († d. 7. Oct. 1819.) Encyklopädie f. Künstler. 6 Bde. gr. 8. Berl. 794—98. (Reimer; a. Schlesinger). 8 Thlr. 12 Gr. (1r Bd., Handb. f. Metallarbeiter. 1 Thlr. 12 Gr. 2r, Handbuch für Mahler u. Lackirer. 1 Thlr. 12 Gr. 3r, Handb. f. Künstler in Ebenholz, Elfenbein, Leder ꝛc. 1 Thlr. 12 Gr. 4r, Handb. für Künstler u. Oekonomen. 1 Thlr. 12 Gr. 5r, Handb. für Manufakturisten u. Künstler. 1 Thlr. 12 Gr. 6r, Handb. für Kunst- u. Fabrikwesen. 1 Thlr.)

— s. Joucron, Handbuch.

LOOS, Phil., G e s c h i c h t e d e r ä l t e s t e n c h r i s t l i c h e n E i n s i e d l e r (beiderlei Geschlechts) i n d e n W ü s t e n d e s M o r g e n l a n d e s. . . . . 2 Bde. Mit curioser Titelvign. (zu 1, darstellend Selbstpeinigungen halbverrückter Eremiten). Leipzig, Weygand, 1787. Gr. 8°. (6 Mk. 50 Pfg. Friedr. Klüber, 1898.)
Sehr selten u. wenig bekannt! Zur Geschichte der ä l t e s t e n M ö n c h s- u. N o n n e n k l ö s t e r, sowie H e i l i g e n l e g e n d e, sehr brauchbar. 1: XXII, 1 Bl. Erklärung der Titelvign., 2 Bll. Inh. u. Druckf., 432 S. 2: Tit., 1 Bl. Inh., 248 S. (Die beiden letzten Biographien betreffen einen freiwilligen u. einen unfreiwilligen C a s t r a t e n: O r i g e n e s u. Peter A b ä l a r d.)

— s. Handbuch d. Landwirthschaft f. alle Stände.

— s. Lacepede, Naturgeschichte d. Fische.

LOOS, Rudolf
Der anatomische Bau des U n t e r k i e f e r s als Grundlage der Extractionsmechanik. Von Dr. Rudolf L o o s. Mit 5 Tafeln und 48 Figuren im Texte. W i e n. 1899. Hölder. Gr.-8°. 67 S. fl. 2.—

Loos, Rud., Bau u. Topographie des A l v e o l a r f o r t s a t z e s im Oberkiefer. gr. 8. (99 S. m. 4 Fig. u. 10 Taf.) Wien 900. A. Hölder. n. 4, 80

L o o s, Thdr., die Nominalflexion im Provenzalischen, s. A u s g a b e n und A b h a n d l u n g e n aus dem Gebiete der romanischen Philologie.

Loos, Wilhelm [aus Giessen]: Analytische Behandlung einiger Grundprobleme der projektiven Geometrie ... Giessen, Druck v. E. Ottmann, 1896; 31 S., 1 Taf. 8.
Giessen, Phil. Fak., Inaug.-Diss. v. 1896

Loos, Wilhelm, Gerichtsrefer.: Civilrechtlicher und civilprozessualer Offenbarungseid. Rees 1908: Knippenberg. X, 38 S. 8°
Leipzig, Jur. Diss. v. 16. Okt. 1908
[Geb. 12. Jan. 80 Rees; Wohnort: Oberhausen Rhld.; Staatsangeh.: Preußen; Vorbildung: Gymn. Emmerich Reife O. 00; Studium: Bonn 2, München 1, Innsbruck 2, Münster 1, Leipzig 1 S.; Rig. 30. Juli 04.] [U 09. 2597

Loos v. Losimfeldt, Max, das neue Krankenhaus in Aussig, s.: Marian.

LOOSBÜCHLEIN f ü r d i e J u n g f r a u e n, verfasst, gedruckt in jenem Jahr, wo Jungfrauschaft recht schätzbar war. Zug, o. J. (c. 1790). — Daran: L o o s b ü c h l e i n f ü r d i e K n a b e n. Mit Holzschnitten. 8°. Selten! (4 fr. 50 c. Werner Hausknecht, St. Gallen, Cat. 61.)

LOOS- oder Würfelbüchlein. Lied ohne Titel. *Am Ende:* Gedrugt czu Augspurg von Joh'es Blaubirer. O. J. (ca. 1485). 4°. 8 Bll. (In Wien, Privatbesitz.) Unicum!

— — Dasselbe. Täuschend nachgeahmtes Facsimile auf Pergament durch Fidelis Butsch, Augsburg, des einzig bekannten, im Besitze des Herrn Feldzeugm. von Hauslab in Wien befindlichen Exemplares. (60 Mk. F. Butsch, Augsburg, Cat. 118; gewöhnl. Druck 4 Mk. L. Rosenthal, 1888; 8 frcs. Rudolphi & Klemm, Zürich; jetzt theurer!) Vergriffen!

Loosch, Reinhold: Über die Bewegung eines von der Schwerkraft beeinflussten materiellen Punktes auf einem Rotationskegel. Halle a. S. 1883: Gebauer-Schwetschke. 52 S. 8°

Halle-Wittenberg, Phil. Diss. v. [17. Jan. 1884]

Geb. Schwiebus 2. 9. 1860. V.

[F.] **Loosch,** Reinhold [Dr.]: Chemischer Unterrichtsstoff in Untersekunda bearb. Inowrazlaw, Buchdr. „Kujaw. Bote“, 1897; 47 S. 8.
Inowrazlaw, k. G, OP 1897 (161)

Looschen, Hans, s.: Sanders, Dan., für die fröhliche Jugend.

Loose

Kleine Loose auf dem Gebiete der Phantasie. Von dem Verf. der Wanderungen durch die rhätischen Alpen. Th. 2. 1839

s.a. Tscharner, Peter Konradin von [Verf.]

Loose, kleine, aus dem Gebiete der Phantasie, von dem Verfasser der Wanderungen durch die rhätischen Alpen (Tscharner.) 2 Thle. 8. Zürich 839. Orell, Füßli u. Comp. 1 2/3 ₰

Loose, s.a. Lohse

Loose, Andr. (Leubsdorf), Diss. med. eclampsiam gravidarum parturientium et puerperarum sistens. Präs. Ernst Heinr. Weber. Lpz. (Staritz) 6. XII. 1831. 32 S. (3.—) 21595
Gew.: Carl Friedr. Haase u. Ludw. Cerutti.

Loose, Anton [aus Augsburg]: Studien über die seltenen Erden aus der Cer- und Yttergruppe ... München, Buchdr. v. V. Höfling, 1892; 32 S. 8.
München, Phil. Fak., Inaug.-Diss. v. 1892

Loose, Arth., d. soziale Bedeutg. der Lehrerbildungsanstalten. [Aus: „Thüringer Schulbl.“] 12. (28 S.) Gotha 897. C. Glaeser. — 60

Loose, C., Bericht üb. den zweiten märkischen Turnlehrertag abgehalten zu Berlin am 8. u. 9. April 1873. gr. 8. (44 S.) Berlin 873. (Gräfe.) n. — 75.

Loose, C., Laima, s. Laima.

Loose, Carl Heinrich Richard, s. Loose, Richard

Loose, Ernst, Bäcker- u. Conditorfachschule. Praktisches Handbuch zur Fortbildg. im Bäcker- u. Conditorgewerbe. Ausg. in 9 Hftn. gr. 8. Wiesbaden 900. O. Nemnich. n.n. 4.20; in 1 Bd. n. 3.—; geb. n. 3. 60

1. Richtigsprechen u. -schreiben f. das Bäcker- u. Conditorgewerbe. (26 S.) n. — 50
2. Geschäftsaufsätze u. -briefe f. Bäcker u. Conditoren. (23 S.) n. — 40
3. Richtig rechnen im Bäckergewerbe (nebst Gewichtstabelle). (20 S.) n. — 30
4. Mehlsorten, das Brot u. seine Bereitung. (31 S.) n. — 50
5. Die Werkzeuge u. Hilfsmaschinen im Bäcker- u. Conditorgewerbe. (17 S. m. 3 Taf.) n.n. — 60
6. Die feineren Backwaren u. ihre Kalkulation. (8 S.) n. — 30
7. Einfache Buchführung f. Bäcker u. Conditoren. (28 S.) n. — 50
8. Wechsellehre f. Bäcker u. Conditoren. (27 S.) n. — 50
9. Gesetzeskunde f. Bäcker u. Conditoren. (40 S.) n.n. — 60

Loose, Ernst, der Esperantist-Samariter auf dem Schlachtfelde u. im Lazarett. Rat, Hilfe u. Verständigg. mittels Esperantosprache durch Samariter u. Sanitätskolonnen. Ein prakt. Leitfaden u. Führer nach Zusammenstellgn. aus deutschen Werken von v. Esmarch, Rühlemann, Marcuse u. a. (68 S. m. Abb.) 8. Berlin 910. Esperanto Verlag Möller & Borel. 1. 50

— Esperanto im Verkehr. Alltägliche Gespräche, kaufmänn. u. Privat-Korrespondenz. (64 S.) 8. Leipzig (910). Deutsche Esperanto-Buchh. 1. —

— das Gesetz oder die hl. zehn Gebote in ausgeführten Lektionen f. die Hand evangel. Seminaristen u. junger Lehrer. Im Kehr'schen Sinne bearb. gr. 8. (IV, 42 S.) Ebd. 900. n. — 60; geb. n. 1. —

— 12 Jahre aktiv: Mein Kaiser rief! Alles umfass. Ratgeber für Militäranwärter des deutschen Heeres u. der Marine beim Uebertritt in die Beamten-Laufbahn. Praktisches Lehr- u. Lernbuch! gr. 8. (VI, 206 S.) Magdeburg (901). (Lichtenberg & Bühling.) Geb. n. 4. —

Praktisches Lehr- u. Lernbuch! Zwölf Jahre aktiv! Mein Kaiser rief! Alles umfassender Ratgeber f. Militäranwärter d. deutschen Heeres u. d. Marine beim Uebertritt in d. Beamten-Laufbahn von E(rnst) **Loose.** *Magdeburg: E. Loose [1901].* (VI, 206 S.) 8° [F.] [01. 11099 3

— Praktisches Lehr- u. Lernbuch. Ratgeber f. Militäranwärter des deutschen Heeres u. der Marine beim Übertritt in die Beamtenlaufbahn. 2 Bde. gr. 8. Magdeburg (906). (Dessau, E. H. de Rot.) Geb. à 3. —
(1.) Zwölf Jahre aktiv: Mein Kaiser rief! 3. erweit. u. verb. Aufl. (VIII, 216 S.)
(2.) Treu Kaiser u. Reich! Treu Fürst u. Vaterland! (X, 228 S.)

Loose, Ernst, prakt. Unterrichtsbuch f. Klempner. gr. 8. (216 S. m. Abb.) Halle 897. L. Hofstetter. n. 3. 60

[F.] Praktisches Unterrichtsbuch für Schlosser. Hrsg. v. Ernst **Loose** ... (Vorr.: Eduard Schmidt, Verbandsvorsitzender.) *Halle a. S.: L. Hofstetter 1897.* (216 S.) 1 Bd 8. [97. 7541

Loose, Ernst, praktisches Unterrichtsbuch f. Schlosser. 2. bedeutend erweit. u. verb. Aufl.! (268 S. m. Abbildgn.) gr. 8. Halle 904. L. Hofstetter. Verl. Kart. n. 4. —

[F.] Praktisches Unterrichtsbuch für Tischler, Bildhauer, Drechsler etc. Hrsg. v. Ernst **Loose** ... 2. bedeutend erw. u. verb. Aufl. ... *Halle a. S.: L. Hofstetter 1897.* (211 S.) 1 Bd 8. [98. 5837

— dasselbe, f. Tischler, Bildhauer, Drechsler etc. 3., bedeutend erweit. u. verb. Aufl. (220 S. m. 1 Taf.) gr. 8. Ebd. 904. Kart. n. 4. —

Loose, Ernst Otto: Die Behandlung der Unterkieferfrakturen. *Halle a. S. 1897: Wischan & Wettengel.* (34 S.) 8°
Halle, Med. Diss. v. 29. Nov. 1897

Loose, F., mittelalterliche Glockenkreuze. Zur allgemeinen Glocken- u. Volkskunde. (29 S. m. Abbildgn.) gr. 8. Zerbst 906. (F. Gast) n. 1. —
Sonderabdruck aus: „Mittlgn. d. anhalt. Geschichtsvereins“.

— aus Großmühlingens Vergangenheit. Ein Beitrag zur Volkskunde des ehemal. Nordthüringgaus. (46 S. m. Abbildgn.) Lex.-8. Dessau 903. C. Dünnhaupt. n. 1. —

Loose, F. W.

Bad Charlottenbrunn in Schlesien. Kurzer Rückblick auf s. Entwickelung mit besond. Berücks. d. Zeitraums von 1884 bis 1904, in welchem es sich im Besitz d. Gemeinde Charlottenbrunn befindet. Nach urkundl. Quellen zsgest. von F. W. **Loose,** Gemeinde- u. Badevorsteher. Wüstegiersdorf (1904): M. Jacob. (12 S.) 8° [F.] [06. 1866 2

Loose, F. W., kleiner Führer durch das Waldenburger Gebirge, speciell Charlottenbrunn, Görbersdorf, Salzbrunn, Fürstenstein, Waldenburg, Grüssau und Umgebung. Zugleich Coursbuch der wichtigsten schles. Eisenbahnen. Sommer 1882. Hrsg. vom Gebirgsverein Sect. Charlottenbrunn. 16. (41 S.) Wüstegiersdorf 882, Jacob. * — 25

Loose, Fritz, Taschenbuch für Monteure elektrischer Strassenbahnen. Eine Anleitg. zum Bau u. zur Unterhaltg. elektr. Strassenbahnen m. Oberleitungs- u. Akkumulatorenbetrieb. Bearb. unter Mitwirkg. von Max Schiemann. 12. (IV, 131 S. m. 112 Abbildgn.) Leipzig 899. O. Leiner. Geb. in Leinw. n. 3. 75

Loose, Fritz, Taschenbuch f. Monteure elektrischer Strassenbahnen. Eine Anleitg. zum Bau u. zur Unterhaltg. elektr. Strassenbahnen m. Oberleitungs- u. Akkumulatorenbetrieb. Bearb. unter Mitwirkg. v. Max Schiemann. 2. [Titel-]Aufl. (IV, 131 S. m. 112 Abbildgn.) 12. Leipzig [899] 903. O. Leiner. Geb. n. 1. 50

Loose, Gustav, aus Bremen: Über Retropharyngealabscesse. *Straßburg i. E. 1904: C. Müh & Co.* (63 S.) 8°
Straßburg, Med. Diss. v. 1903

Loose, H. C., das Wissenswürdigste aus der Geschichte der christl. Kirche für Bürger- und Volksschulen. Ein Leitfaden für die Hand der Kinder. 8. (IV und 76 S.) Neu-Ruppin 850. (Leipzig, Thomas.) *

Loose, Heinr., ein Blüthen-Strauß aus dem Heimbachthale bei Eßlingen. 12. (1⅓ B.) Eßlingen 844, Dannheimer'sche Bh.

Loose, Heinr., Gedichte. 8. (9 B.) Stuttgart 836, [Scheible, Rieger u. Sattler.] Thlr. *

Loose, Heinr., Geschichte des deutschen Christenthums und der Volkskirche von den Anfängen des germanischen Lebens bis auf heute. 8. (IV und 44 S.) Breslau 847, (Trewendt und Granier.)

—— christl.-deutsche Lieder. 8. (7 B.) Karlsruhe 843, Macklot.

— Maienglocken. 1. Bdchn. kl. 8. Stuttgart 841. (Leipzig, Böhme.) n. 3/4 ₰

—— der Prophet von Nazareth, der politische und sociale Reformator seines Volks. Ein unpartheiisches Geschichtsbild aus den 4 Evangelien erhoben. 8. (39 S.) Tübingen 851(52,) Riecker. (Ulm, Gebr. Nübling.) *

Loose, Heinr., der deutsche Reichsverfassungskampf im J. 1849. Schlachtenbilder. 12. (VIII und 648 S.) Stuttgart 852, Mäcken.

—— der moral. u. wissenschaftl. Selbstmord des kathol. Reformators Dr. Th. Ant. Theiner. Eine Stimme aus Süddeutschland. Lex.-8. (⅞ B.) Breslau 846, Trewendt.

—— der moralische und wissenschaftliche Selbstmord des kathol. Reformators Dr. Th. Anton Theiner. gr. 8. (14 S.) Breslau 847, (Trewendt und Granier.)

— s. Zeit, die neue. Volksblatt.

Loose, Herm. (Jul. Rud. Loose Nachf.), 25 Blatt Intarsien. Photograph. Aufnahmen (in Lichtdr.) nach ausgef. Arbeiten. Musterplatten sow. verschied. Möbel m. Intarsien aus d. kunstgewerbl. Werkstatt f. Intarsien u. Kunstmöbelei von H. L., Hamburg. 2. Aufl. 4. Hamburg 896. (Boysen & Maasch. — J. Kriebel.) Kart. n. 6. —
Die erste Aufl. erschien u. d. T.:
Loose, Julius Rud.: 18 Blatt Intarsien . . .

Loose, J. H. C., s. Loose, J. H. L.

Loose, J. H. C., Handwörterbuch d. deutschen Sprache, z. Vermeidung aller Sprech- u. Schreibfehler u. d. unricht. Anwendung d. Nominativ, Genitiv, Dativ u. Accusativ, durch stete Beispiele erläutert. Ein unentbehrl. Hülfsb. f. Jedermann, besond. aber f. Geschäftsmänner, Kaufleute u. Oeconomen. (3 Lfgn.) 1. Aufl. 836. 1⅙ Thlr., u. neue Ausg. gr. 8. (à 16⅔ B.) Leipzig 838, Lauffer.

—— kurzgefaßte Naturgeschichte u. Technologie f. Schulen u. z. Selbstbelehr. Mit e. Vorr. v. J. G. F. Schläger. gr. 8. (31½ B.) Hildesheim 830, Gerstenberg.
Vgl. Lohse.

Loose, J. H. L., theoret.-prakt. Anweisung z. Erlern. d. deutschen Sprache. Sowohl z. Gebr. in Schulen, als auch z. Selbstbelehr. gr. 8. (10⅓ B.) Göttingen 828, Vandenhoeck u. Ruprecht.

Loose, J. H. L., kleine Geographie u. Geschichte d. Königr. Hannover u. Herzogth. Braunschweig. (Zum Besten Hülfsbedürftiger durch Ueberschwemmung.) 8. Götting. 825. (Leipz., Lauffer). 12 𝔤𝔤

—— kleine Geographie u. Geschichte d. Königr. Hannover u. Herzogth. Braunschweig. Für Schulen u. z. Selbstbelehr. Mit e. Vorr. v. Fr. Saalfeld. 3., umgearb. u. stark verm. Aufl. gr. 8. (14½ B.) Leipzig 833, Lauffer.

— kurzgefaßte Geschichte u. Geographie von Deutschland. Mit besond. Rücksicht auf Technologie. Für Bürger- u. Landschulen, so wie zum Selbstunterricht. Mit e. Vorrede v. Prof. F. Saalfeld. gr. 8. Götting. 826. Vandenhöck u. R. 12 𝔤𝔤

Loose, Julius

Loose und Treptow, Geschichte der St. Johannis-Loge Carl zu den drei Greifen in Greifswald, s. Treptow.

Loose, Jul. Rud. (Inh. Herm. Loose), 18 Blatt Intarsien nach ausgeführt. Arbeiten photograph. Aufnahmen in Lichtdr. 20 Möbel m. Intarsien, e. Wohnzimmer, o. Auswahl v. 70 Intarsia-Probefüllgn. aus d. kunstgewerbl. Werkstatt f. Intarsien, eingelegte Arbeiten v. J. R. L., Hamburg. 4. Hamburg 895. (J. Kriebel.) Kart. n. 6. —

Loose, (K. F.,) Zeitschrift f. Studirende rc., s. Zeitschrift.

Loose, (K. F. J.) Lebensbeschreibung des heil. Martyrers Sebastian, nebst Beherzigungen aus derselben, u. angehängten Gebeten rc. Mit 1 Bildn. des Heiligen. 8. Landsh. 822, Thomann.

Loose, K. F. J., die Schädellehre, oder die geheimnißreiche Brieftasche. 8. Landsh. 821. Thomann. 6 𝔤𝔤

Loose, *Karl Johannes* Ludwig [aus Westfalen]: Über Gastromalacie ... Greifswald, Druck v. C. Sell, 1894; 32 S., 2 Bl. 8.
Greifswald, Med. Fak., Inaug.-Diss. v. 30. Apr. 1894

Loose, P s. Familienbibliothek, Schweizer. Nr. 136.

Loose, Paul, das Hellsehen. Seine Erscheing., Erklärg. u. Erlerng. (48 S.) 8. Leipzig 911. M. Spohr. — 80

— Die Macht der Suggestion. Anleitung zur Ausübg. suggestiver Beeinflussg. im Alltagsleben. (58 S.) 8. Leipzig (910). M. Spohr. 1. —

— Die Praxis des Hypnotismus. Kursus v. 20 neuen erprobten Methoden zur sicheren Herbeiführg. der Hypnose u. damit verbundenen persönl. Beeinflussg. Nebst Anleitg. zur Autosuggestion. (24 S.) 8. Leipzig 907. A. F. Schlöffel. — 60

— Die Schlange von Monaco. Liebessünden e. Spieler-Grisette. (96 S.) 8. Ebd. 907. 1.50

MONACO. — Loose, P., Die Schlange von Monaco. Liebessünden einer Spieler-Grisette. (190*.) 8°. (1 Mk. 50 Pfg. O. Rauthe, Berlin, 1909, ohne Orts- u. Jahrsangabe.)

— Der beste Weg zu Erfolg, Macht, Wohlstand. Sicherster Führer zur Herrschaft üb. die Mitmenschen, u. damit zu Reichtum, Ansehen, Lebensgenuß u. Glück. Auf Grund zwing. Beeinflussg. durch Hypnotismus, persönl. Magnetismus, Willengymnastik u. a. Faszinations-Kräfte. (102 S.) 8. Leipzig (907). A. F. Schlöffel. 2.50

Loose, P., wie wirke ich in die Ferne? Praktische Anleitg. zur Ausübg. der Telepathie auf jede Entferng. u. Heilg. v. Krankheiten durch dieselbe. 2. Aufl. (23 S. m. 10 Abbildgn.) 8. Leipzig (905). E. Fiedler. — 50

Loose, Paul, wie wirke ich in die Ferne? Prakt. Anleitg. z. Ausübg. der Telepathie auf jede Entferng. u. Heilg. v. Krankheiten durch dieselbe. 4., vollständig umgearb., verb. u. verm. Aufl. (35 S. m. 7 Abbildgn.) 8. Leipzig (910). M. Spohr. — 50

Loose, Richard, a. Stettin: Über indikationsfähige Azokombinationen. Marburg 1909: (Schiemann, Zittau i. S.). 58 S. 8°
Marburg, Phil. Diss. v. 20. Nov. 1909, Ref. Schmidt
[Geb. 16. Okt. 78 Stolp, Pommern; Wohnort: Marburg; Staatsangeh.: Preußen; Vorbildung: Gymn. Stargard i. Po. Reife O. 00; Studium: Marburg 8 S.; Rig. 17. Febr. 09.] [U 10. 3372

Loose, *Carl Heinrich* Richard [aus Neu-Ruppin]: Die Bedeutung der Frucht- und Samenschale der Compositen für den ruhenden und keimenden Samen. ... Berlin, Druck v. M. Driesner, *1891;* 59 S., 1 Bl., 2 Taf. 8°
Berlin, Phil. Fak., Inaug.-Diss. v. 25. Apr. 1891

Loose, Wilhelm

Loose, W., s.: Alt-Meissen in Bildern.

Loose, W., Beiträge zur Schul- und Universitätsgeschichte. 4. (43 S.) Nürnberg 880, (v. Ebner'sche Buchh.) * — 80

Loose, Wilhelm, s. Bibliothek des litterarischen Vereins in Stuttgart CXXXIV.

Loose, W. Briefe eines leipziger Studenten aus den Jahren 1572—1574. 23 S. Progr. Rsch. *Meissen* 1880.

— Geschichtszahlen zum Gebrauch an höheren Lehranstalten. gr. 8. (38 S.) Meissen 888. Mosche. n. — 50

Loose, W., des Hieronymus Kress Kriegstagebuch von 1571—1576, s. Mittheilungen des Vereins für Geschichte der Stadt Nürnberg.

— Lebensläufe Meissner Künstler. [Aus: „Mitteilgn. d. Vereins f. Geschichte der Stadt Meissen".] gr. 8. (96 S. m. 1 Radierg.) Meissen 888. (Dresden, v. Zahn & Jaensch.) n. 2. —

Loosen, C. G., über künstl. Düngungsmittel. 8. Duisb. 798. (Bädeker in Essen). 2 K

Loosen, C. G., üb. künstl. Düngungsmittel. 8. Duisburg, Helwing. (Bädecker u. K.) 798.

Looser, E., Briefe üb. Karlsruhe, Pforzheim, Baden-Baden u. Mannheim. 8. (14 B. u. 1 lith. Ansicht.) Karlsruhe 833, (Groos.)

Looser, E., das eidgen. Freischießen in St. Gallen u. d. Jahresfeier d. appenzell. Sängervereins im Juli 1838. Beschrieben. gr. 12. (5 B. u. 1 Stnt.) St. Gallen 839, (Scheitlin u. Zollikofer.) *

Looser, E. F., Buchstaben- u. Geistchristenthum. Eine Synodalpredigt, gehalten den 30. Juni 1867 an der evangelisch-rhät. Synode zu Thusis. St. Gallen 867. Huber & Co. gr. 8. (22 S.) 3 ngr.

Looser, E. F., christliche Religionslehre. Leitfaden f. den Confirmandenunterricht. Vom schweizer. Verein f. freies Christenthum m. dem 1. Preise gekrönte Schrift. gr. 16. (76 S.) Basel 876. Schweighauser. n. — 50

Looser, E. F., christliche Religionslehre. Leitfaden für den Confirmandenunterricht. Vom schweizer. Verein für freies Christenthum mit dem 1. Preise gekrönte Schrift. 2., verb. Aufl. gr. 16. (80 S.) Basel 878. Schweighauser. n. — 50

Looser, Emil [prakt. Arzt von Bischofszell, Thurgau]: Aus dem pathologisch-anatomischen Institute Zürich. Ueber Netzbildungen im rechten Vorhofe des Herzens. Mit einer Tafel. Zürich 1902. 84 S. 8°.
Zürich. Med. Diss. 1902/1903.

Looser, *Gustav* [Prof. Dr.]: Ein neues Thermoskop m. Abbildgn. Essen, Druck v. G. D. Baedeker, 1894; 19 S. 4.
Essen, R, OP 1894 (500)

Versuche aus der Wärmelehre und verwandten Gebieten mit Benutzung d. Doppel-Thermoskops. 2., verb. u. verm. Aufl. Anh.: Ein neuer Wärmeleitungsapparat, Ein hydromechan. Apparat von Prof. Dr. [Gustav] Looser. *Essen-Ruhr: R. Müller (1900).* (131 S.) 8° [02. 14899

Versuche aus der Wärmelehre und verwandten Gebieten mit Benutzung des Doppel-Thermoskops. 2., verb. u. verm. Aufl. Anh.: Ein neuer Wärmeleitungsapparat, e. hydromechan. Apparat von Prof. Dr. [Gustav] Looser. *Essen: H. L. Geck [R. Müller] 1901.* (131 S.) 8° [01. 2821 5

Looser, H. Entwicklung u. System der politischen Anschauungen Karl Ludwig von Hallers. In-8°. 86 S. Bern. These. 1897.

Looser, Wilhelm, aus Essen a. d. Ruhr: Eine neue Handschrift zum rätoromanischen Strafgesetz für das Gericht ob Munt Fullun von 1688, inhaltlich und sprachlich mit den bekannten Handschriften verglichen. *Erlangen 1901: F. Junge.* (34 S.) 8°
Bonn, Phil. Diss. v. 16. März 1901

Loosey, C. F., s. Loosey, Karl F.

Loosey, Carl F., s. Loosey, Karl F.

Loosey, Karl F. — Die Aufgabe der österreichischen Industrie in den vereinigten Staaten von Nord-Amerika. Denkschrift des Herrn — —. Herausgegeben von der n. ö. Handels- und Gewerbekammer. Wien, 1856 Druck und Papier von Leopold Sommer. (14 S. 8.)

Loosey, Carl F., Bestimmungen über Handel und Schiffahrt der Vereinigten Staaten von Nord-Amerika. Ein nothwendiges Handbuch für Kaufleute, Rheder, Schiffs-Eigenthümer, Schiffs-Capitäne etc. Nach J. Blunt's amerikanischen Werke deutsch bearb. Enthaltend eine Zusammenstellung der Gesetze, Bestimmungen und Gebräuche, deren Kenntniss beim Verkehre mit den Vereinigten Staaten unerlässlich ist. Lex-8. (XV und 518 S.) Wien 855, (Braumüller.) *

Loosey, C. F., Sammlung der Gesetze für Erfindungsprivilegien, s.a. Sammlung.

— Sammlung der Gesetze für Erfindungsprivilegien der sämtlichen Staaten Europas, der Vereinigten Staaten von Nord-Amerika und holländisch West-Indien. Wien (1845)

Looshorn, Joh.

Looshorn, J., das Bisth. Bamberg von 1139—1303. Nach den Quellen bearb. [Aus: „Geschichte des Bisth.

Bamberg".] gr. 8. (2. Bd. S. 369—918.) München 889. Zipperer. n. 7. 50

Das Bisthum Bamberg von 1400—1556. Nach d. Quellen bearb. von Johann Looshorn. Bamberg: Handels-Dr. 1900. (VIII, 1080 S.) 8° [F.]
= Looshorn: Die Geschichte d. Bisthums Bamberg. Bd 4. [08. 3996

Das Bisthum Bamberg von 1556—1622. Nach d. Quellen bearb. von Johann Looshorn. Bamberg: Handels-Dr. 1903. (VI, 544 S.) 8° [F.]
= Looshorn: Die Geschichte d. Bisthums Bamberg. Bd 5. [08. 3997

Das Bisthum Bamberg von 1623—1729. Nach d. Quellen bearb. von Johann Looshorn. (In 2 Lfgen.) Bamberg: Handels-Dr. 1906. (736 S.) 8° [F.]
= Looshorn: Die Geschichte d. Bisthums Bamberg. Bd 6. [08. 3998

Looshorn, J., Leopold Frhr. v. Egloffstein, Fürstbischof zu Bamberg, 1336—1343. [Aus: „Geschichte d. Bisth. Bamberg".] gr. 8. (S. 147—192.) München 891. P. Zipperer. n. 1. —

Looshorn, Joh., die Geschichte d. Bisth. Bamberg. Nach den Quellen bearb. 1. Bd. Gründung u. 1. Jahrh. d. Bisth. Bamberg. Oder: Die Heiligen Kaiser Heinrich u. Kunigunda. Mit e. autotyp. gleichzeit. Bilde d. Königs Heinrich. gr. 8. (VIII, 544 S.) München 886. (Zipperer.) n. 11. —

Looshorn, J., Geschichte d. Bisth. Bamberg. Nach den Quellen bearb. 2. Bd. Von 1102—1303. 6 Lfgn. gr. 8. (918 S.) München 888. 889. Zipperer. n. 13. 50 (I. u. II.: n. 23. 50)

— die Geschichte des Bisth. Bamberg. Nach den Quellen bearb. 3. Bd. Von 1303—1399. 2 Abthlgn. gr. 8. (VIII, 775 S.) Ebd. 891. à n. 6. 40 (I—III.: n. 36. 30)

Looshorn, Joh., die Geschichte des Bisth. Bamberg. Nach den Quellen bearb. IV. Bd. Das Bisth. Bamberg von 1400—1556. gr. 8. (VIII, 1080 S.) Bamberg 900. Handels-Druckerei u. Verlagsh. n. 20. —
I. II, 2 u. III jetzt Ebd. erhöht. Pr. n. 35. — (II, 1 ist vergriffen.)

Looshorn, Joh., die Geschichte des Bisth. Bamberg. Nach den Quellen bearb. V. Bd. Das Bisth. Bamberg v. 1556—1622. (VII, 544 S.) gr. 8. Bamberg 903. Handels-Druckerei u. Verlagsh. n. 12. —

— dasselbe. VI. Bd. Das Bisth. Bamberg von 1623—1729. 1. u. 2. Lfg. (S. 1—736.) 8. Ebd. 906. à n.n. 10. —

Looshorn, Joh., die Geschichte des Bisth. Bamberg. Nach den Quellen bearb. VII. Bd. Das Bisth. Bamberg von 1729—1808. 2 Lfgn. gr. 8. Bamberg, Handels-Druckerei u. Verlagsh. nn 30. —
1. 1729—1746. (VIII, 320 S. m. 9 Taf.) 907. nn 10. —
2. 1747—1808. (VII, 772 S. m. 4 Taf.) 910. nn 20. —

Gründung und 1. Jahrhundert des Bisthums Bamberg. Oder: Die Heiligen Kaiser Heinrich und Kunigunda. Nach d. Quellen bearb. von Johann Looshorn. Mit 1 Bilde. München: Zipperer 1886. VIII, 544 S. 8°
(Looshorn: Die Geschichte d. Bisthums Bamberg. Bd. 1.) [11. 3643

— Kirchliches aus Nürnberg im 14. Jahrh. [Aus: „Geschichte d. Bisth. Bamberg".] gr. 8. (S. 719—758.) Ebd. 891. n. — 60

Looshorn, Joh., d. hl. Martyrer Josaphat Kuncewicz, Erzbischof v. Polozk, aus d. Basilianer-Orden. Nach d. Lat. d. unirten Bischofs Jak. Susza aus dem gleichen Orden bearb. M. e. geschicht. Ueberblicke üb. d. unirten Ruthenen in Polen u. Rußland. 8. (VII, 189 S.) München 898. P. Zipperer. n. 2. 50

— Ludwig Markgraf v. Meißen als Fürstbischof v. Bamberg von 1366—1374. [Aus: „Geschichte d. Bisth. Bamberg".] gr. 8. (S. 315—341.) Ebd. 891. n. — 60

Der heilige Bischof Otto. Nach d. Quellen bearb. von Johann Looshorn. Festschrift z. 700jähr. Jubiläum s. Heiligsprechung. München: Zipperer 1888. 368 S. 8°
(Looshorn: Die Geschichte d. Bisthums Bamberg. Bd 2, Abschn. 1.) [11. 3644

— d. heil. Otto, achter Bischof v. Bamberg, Apostel der Pommern. Auszug a. d. Festschrift z. 700jähr. Jubiläum sein. Heiligsprechg. gr. 8. (144 S.) Ebd. 888. 1. 20; erhöht. Pr. n.n. 1. 50

— Weigand v. Redwitz, Fürstbischof v. Bamberg 1522—1556. Nach den Quellen bearb. [Aus: „IV. Bd. der Geschichte des Bisth. Bamberg".] gr. 8. (S. 543—1080.) Bamberg 900. Handels-Druckerei u. Verlagsh. n. 11. —

Graf Friedrich Karl von Schönborn als Fürstbischof von Bamberg 1729—1746. Festschrift z. 9. Säkular-Feier d. Bisthums Bamberg. Nach d. Quellen bearb. von Johann Looshorn. Mit 9 Bild. Bamberg: Handels-Dr. 1907. (VIII, 320 S.) 8° [F.]
= Looshorn: Die Geschichte d. Bisthums Bamberg. Bd 7, Lfg. 1. [08. 3999

Loosli, C. A., s. Loosli, Karl Albert

Loosli, G., das metrische Mass- u. Gewicht-System. 2. verm. Auflage. 28 Stn. 12. Thun, E. Stämpfli. 1872. —. 40

Loosli, G., das metrische Mass- und Gewicht-System nebst Vergleichung mit den bisher üblichen Massen und Gewichten und den dazu gehörigen Reduktionstabellen. 4. Aufl. 27 S. 16. Thun, E. Stämpfli. 1876.

Loosli, Karl Albert

Loosli, C[arl] A[lbert]. Bümpliz und die Welt. II + 177 S. 8. Bümpliz-Bern, A. Benteli, 1906. [fr. 2. 50, geb. 3. 50]
(Aufsätze, ursprünglich als Leitartikel im «Berner-Boten» erschienen.)

Loosli, C[arl] A[lbert]. Mys Dörfli vom C. A. L', mit Buechschmuck vom E[rnst] Linck. ([Nebst] Erläuterungen zu Sprache und Schreibart [und] Wörterverzeichniss.) 204 S. 8. Bern, A. Francke, 1910. [fr. 4. —]

Loosli, C[arl] A[lbert]. Üse Drätti vom C. A. L', mit Hewgeli vom E[rnst] Linck. ([Nebst] Anhang: Wegleitung über die Sprache und Schreibart [und] Wörterverzeichnis.) 252 S. 8. z'Bärn, Bim A. Francke, 1910. [fr. 4. —, geb. 5. —]

— Narrenspiegel, vorgehalten v. L. (221 S.) 8. Bern (Kapellenstr. 6) 908. Unionsdruckerei. 2.50; geb. 3.50

[Loosli, Carl Albert.] Reiseskizzen und Erinnerungen von Carl Trebla. [Mit Schlussvignette.] VIII + 248 S. 8. Bern, Komm. Neukomm & Zimmermann, 1903. [fr. 3. —]

Looss, Arthur

Looss, A., üb. den Bau v. Distomum heterophyes v. Sieb. u. Distomum fraternum n. sp. gr. 8. (59 S. m. 2 Taf.) Kassel 894. Th. G. Fisher & Co. n. 12. —

Looss, Arthur [Dr. Assist. am zoolog. Inst.]: Über die Betheiligung der Leukocyten an dem Zerfall der Gewebe im Froschlarvenschwanze während der Reduction desselben. Ein Beitrag zur Phagocytenlehre. . . . Leipzig, Druck v. Ramm & Seemann, 1889; 98 S. 8°
Leipzig, Phil. Fak., Hab.-Schr. v. 28. Mai 1889

Looss, A., üb. Degenerations-Erscheinungen, s.: Preisschriften der fürstl. Jablonowski'schen Gesellschaft.

Looss, A., die Distomen unserer Fische u. Frösche, s.a. Bibliotheca zoologica.

Die Distomen unserer Fische und Frösche. Neue Untersuchungen über Bau u. Entwickelung d. Distomenkörpers von Dr. A[rthur] Looss, Privatd. in Leipzig. Mit 9 Doppel-Taf. (In 4 Th.) *Stuttgart: E. Nägele 1894.* (296 S.) 4°
= Bibliotheca zoologica. H. 16. [91. 8713]

— Schmarotzertum in der Tierwelt, s.a. Vorträge, zoologische.

Looss (Arthur), Schmarotzertum in der Tierwelt. Leipzig 1892. 8.

Looß, Emil, für's Album. Sprüche und Spruchgedichte, gesammelt. 16. (125 S.) Wien 882, Hartleben's Verlag. 1 80
geb. * 3 —

Looß, Emil, für's Album. Sprüche u. Spruchgedichte, gesammelt. 2., verm. Aufl. 12. (128 S.) Wien 890. Hartleben. n. 1. 80; geb. m. Goldschn. n. 3. —

Looß, Emil, Beispiele zur Satzlehre aus deutschen Dichtern. Ausgewählt und zusammengestellt. 8. (24 S.) Langensalza 885, Schulbuchhandlung. *

Looß, Emil, Beispiele zur Satzlehre aus deutschen Dichtern. Ausgewählt u. zusammengestellt. 2. Aufl. 8. (24 S.) Langensalza 902. Schulbuchh. n. —25

Looss, Em., Elle u. Meter. Hilfsmittel zur schnellen Verwandlung des sächs. Ellen-, Fuss- u. Zollmaases in das neue Metermaas. Lith. Dresden 870. Bach. qu.-4. 2¼ ngr.

Looß, Emil, unter deutschen Fahnen. Bilder aus dem Soldatenleben. Aus dem Schatze deutscher Dichtgn. ausgewählt. Mit Illustr. nach Originalen v. W. Zweigle. 12. (XV, 224 S.) Stuttgart 891. Greiner & Pfeiffer. Geb. in Leinw. n. 3. 60

Albert, König von Sachsen: Loge zur Harmonie im Or. Chemnitz. Der Sachsen Gebet am Geburtstage ihres Königs Albert. [Unterz.:] Emil Looss. [Chemnitz] o. J. 1 Bl. 8° [Kopftit.]
Gedicht: „Vater, in des Himmels Höhen, . . ." Vgl. üb. den König Hassel: Aus dem Leben des Königs A. Bd 1. 2 1898—1900, wo auch weitere Literatur.

— geometrisches Rechnen, } s.: Klemich, O.
— kaufmännisches Rechnen, }

— das Rechnen im Zahlenraum von 1—10. Ebend. 869. 8. (39 S. mit eingedr. Holzschn.) n. 5 ngr.

Looß, C., Uebungsbuch im Rechnen, s. Lohmann, B.

—— deutsch-fremdsprachliches Zitaten-Lexikon, s. Klemich, O.

Looss, G., welche naturwissenschaftl. Kenntnisse braucht der mod. Kaufmann? Die Ausnutzg. der Naturkräfte zum Beginn des 20. Jahrh. im Dienste des Handels u. der Industrie. Mit 53 Orig.-Abbildgn. u. e. Bilderanh. (Dr. Ludw. Huberti's mod. kaufmänn Bibliothek.) (VIII, 145 S.) gr. 8. Leipzig (903). [Dr. L. Huberti] Verlag d. mod. kaufm. Bibliothek. Geb. n. 2. 75

Loosten, de, Jesus Christus vom Standpunkte des Psychiaters. Eine krit. Studie f. Fachleute u. gebildete Laien. (104 S.) gr. 8. Bamberg (905). Handels-Druckerei u. Verlagsh. n. 2. —

Loosungen u. Lehrtexte, die täglichen, der Brüdergemeine f. d. J. 1835. 8. (8 B.) Gnadau, Burkhard. (Leipzig, Kummer.)

Loosungen und Lehrtexte, die täglichen, der Brüder-Gemeine für das Jahr 1855. Gnadau. (Leipzig, Kummer.) 8. (71 Bl.) nn. 4 ngr.

— — für das Jahr 1856—58. Gnadau. (Berlin, J. A. Wohlgemuth.) 8. (856: 72 Bl.; 857: 72 Bl.; 858: 70 Bl.) Jeder Jahrg. nn. 5 ngr.;
fein Pap. nn. 7½ ngr.

— — (Ausg. in 12.) Ebend. (856: 84 Bl.; 857: 84 Bl.; 858: 81 Bl.) Jeder Jahrg. nn. 5 ngr.;
fein Pap. nn. 7½ ngr.

Loosungen und Lehrtexte, die täglichen, der Brüder-Gemeine für die J. 1858—61. 12. (à Jahrg. ca. 180 S.) Gnadau. (Berlin, Beck.) à Jahrg. **
Velinp. à Jahrg. **

—— dass. — Ausg. in 8. (à Jahrg. 140—160 S.) (Ebendas.) à Jahrg. **
Velinp. à Jahrg. **

Loosungen u. Lehrtexte, die täglichen, der Brüder-Gemeine für das Jahr 1859—64. Gnadau. (Berlin, Beck.) 12. Jeder Jahrg. (à ca. 180 S.) nn. 5 ngr.; Velinp. 7½ ngr.
Ausgabe in 8. zu gleichen Preisen.

Loosungen u. Lehrtexte, die täglichen, der Brüder-Gemeine für die Jahre 1862—66. 12. Gnadau. (Berlin, E. Beck.) Jeder Jahrg. (180 S.) n.n. 5 ngr.
Velinpap. jeder Jahrg. 7½ ngr.

— — für die Jahre 1865—66. Ausg. in 8. Ebend. Jeder Jahrg. (162 S.) n.n. 5 ngr.
Velinpap. jeder Jahrg. 7½ ngr.

— — für das Jahr 1867. Nebst einem Anhang: Abschnitte der heil. Schrift zum täglichen Gebrauche. Gnadau. (Altona, Mentzel.) 12. (184 S.) n. 5 ngr.

— — für das Jahr 1868. Gnadau. Leipzig, H. Schultze. 8. u. 12. (160 S.) n. 4 ngr.
Velinpap. n. $5\frac{1}{2}$ ngr.

— — für das Jahr 1869. Gnadau. Berlin, W. Schultze. 12. (200 S.) n.n. 5 ngr.; cart. n. $7\frac{1}{2}$ ngr.; Velinpap. $7\frac{1}{2}$ ngr.

— — für das Jahr 1870 u. 1871. Ebend. gr. 8. Jeder Jahrg. (196 S.) geb. n. 9 ngr.

Loosungen u. Lehrtexte, die täglichen, der Brüder-Gemeine f. d. J. 1872 u. 1873. Nebst e. Anh.: Abschnitte der heil. Schrift zum tägl. Gebrauch. 12. (à ca. 189 S.) Gnadau. Leipzig 871. 72. Schultze in Comm. n. — 40
auf Vel.-Pap. n.n. — 50
Ausg. in 8. (159 S.) zu gleichen Preisen.

— dasselbe, f. d. J. 1874—1877. Nebst e. Anh.: Abschnitte der heil. Schrift zum tägl. Gebrauch. 16. (à ca. 198 S.) Ebend. 873—76. à n. — 50; Vel.-Pap. n. — 60

—— —— dass. — für die J. 1876—1878. Nebst einem Anhang: Abschnitte der heil. Schrift zum tägl. Gebrauch. 16. (204; 180; 178 S.) Gnadau. (Basel, Schneider. — Leipzig, H. Schultze's Sortiment.) à Jahrg. **
Ausg. auf Velinpap. à Jahrg. *

Loosungen und Lehrtexte, die täglichen, der Brüder-Gemeine für die J. 1879 und 1880. Nebst einem Anhang: Abschnitte der heil. Schrift zum tägl. Gebrauch. 8. (221; 224 S.) Gnadau. (Basel, Schneider. — Leipzig, H. Schultze's Sortiment.) à Jahrg.
Ausg. auf Velinpap. à Jahrg.

Loosungen und Lehrtexte, die täglichen, der Brüder-Gemeine für die J. 1881—1883. Nebst einem Anhang: Abschnitte der heil. Schrift zum tägl. Gebrauch. 12. (128; 233; 245 S.) Gnadau, Universitäts-Buchh. à Jahrg. * — 50
cart. à Jahrg. * 70 Pf.; geb. * 1 —
geb. und durchsch. à Jahrg. * 1 80
Ausg. auf Velinpap. geb. à Jahrg. * 1 20
geb. mit Goldschn. à Jahrg. * 1 80
Fortsetzung s. Losungen und Lehrtexte.

Loosungsbüchlein auf alle Tage des Jahres für Christen. 8. Flensb. 772. Korte. 8 ß

(LOOSZ, JOSEF:) Bei der Abreise des Hochwürdigen Herrn Maximilian von Verhowatz Bischofs von Agram in seine Diözese. Pesth 1788. Gedr. bey Franz Aug. Patzko. 8 S. - 8°

LOOSZ, JOSEF, Kanzlist: Auf den feierlichen Einzug Sr. Exzellenz Ladislaus Grafen Kollonitz aus Kollegrad Erb-Herrn zu Zay-Ugrócz, würdigsten Erzbischoffen zu Kalotschau, den 2. Juni 1788. Von Josef Looß, Kanzlist. Ein Gedicht. Kalotscha 1788: Gedruckt bei den frommen Schulen. 4 S. - 4°

LOOSZ, JOSEF: Die Trauerrede beim Begräbnis von Graf von Nitzky. o. O. 1788. o. Dr.

Loots, J.: Verschiedene Karten. Amsterdam. fol. [Unter Andern eine von Petro Plancio verfertigte Mappe-monde.]

Lootsenordnung

Lootsen ordnung der kaiserl. freyen Reichsstadt Lübeck v. 11. Sept. 1764. 4.

Loovonich, F.: Die Anstellung und Versorgung der Kommunal-Beamten in Preussen. Gesetz v. 30. Juli 1899 nebst Ausführungsbestimmungen ... Hrsg. von —. Hamm i. W.: E. Griebsch 1900. (147 S.) 8°

Loopds, H., Gesandtschaftsr. n. Ceylon ꝛc. herausg. von C. D. Campell. a. d. Engl. 8. Hamb. Hoffmann. 801.

Lopašić, Radoslav, spomenici hrvatske krajine, s.: Monumenta spectantia historiam Slavorum meridionalium.

Lopašić, Urbaria, lingua croatica conscripta, s.: Monumenta historico-juridica Slavorum meridionalium.

Łopatkiewicz, Joseph. Petr. (geb. Krakau 18. 3. 1811): De metrophlebitide puerperarum. Berolini (1842). (28 S.) 8°
Berlin, Med. Diss. v. 3. Febr. 1842

Lopatta, Vict. de, Vie anecdotique de Louis-Philippe I. roi des Français. 8. ($6\frac{1}{8}$ B. u. 1 Holzschn.) Leipzig 846, libr. Renger.

—— le même. Enrichie d'un vocabulaire par J. B. Piney. 8. (7 B. u. 1 Holzschn.) la même 846.

Lope de Vega, Lessing und Pastor Richter. Eine Anekdote ... Leipzig 1782. V: *Meissner, August Gottlieb.* (JL)

Lope de Vega, s.a. Vega Carpio, F. C. F. de.

Lopez, Hans u. Hanne, s.: Theater des Auslandes, 48. Lfg.

Lope de Vega. Kolumbus, s. Meyer's Volksbücher.

Lopez, Vega di, und Fr. v. **Wallmoden,** die Königsbraut. Historische Erzählung. Nach geheimgehaltenen Handschriften der Bibliothek des Herzogs von Rinares bearb. 2 Bde. 8. Braunschweig 846, Meyer sen. $1\frac{1}{3}$ ₰

—— der Richter von Zalamea, s. Bühnendichtungen, klassische, der Spanier.

Lope de Vega, d. schöne Toledanerin, freie Bearbeitg., s.: Rabel, Eug.

Lope de Vega, aus Spaniens Vergangenheit. Zwei histor. Schauspiele [König Wamba u. Das Lager von Santa Fé]. Aus dem Span. übers. von Frz. Lorinser. 8. (283 S.) Regensburg 877, Manz. 3. 50

Lope Felix de Vega, Carpio. Der schmerzliche Zwang; ein Schauspiel a. d. Span. [Weimar 1782.] Ü: *Soden, Friedrich Julius Heinrich Reichsgraf von.* (MGT)

Loper, v., Die landwirtschaftlichen Verhältnisse in Lothringen. 8°. Metz 1893.

Löper, u. Jh. Fr. Schink, Kinderkomödien. 8. Wien 781. Gerold. (Leipz., Barth). 12 ß

Loeper, A., Acker, Wischen un Beih. Ein Bok v. Landwirthschaft för Jeremann. gr. 8. (VI, 186 S.) Berlin 886. Parey. geb. n 3.—

Löper, Andr. Chr. (Parchim), Diss. jur. de nepotibus ex filia ortis, in successione feudi, pro masculis et foeminis concessi. Präs. Conr. Wilh. Strecker. Erfurt (Hering) 12. V. 1738. 31 S. (3.20) 21508

Löper, C., s.a. Löper, Karl

Löper, C., s. Bürger-Gespräch über die Abschaffung der deutschen Sprache.

Löper, Carl, s. Löper, Karl

Löper, Carl Friedrich, s. Löper, Karl Friedrich

Loeper, Carolus Gustavus, s. Loeper, Karl Gustav

Löper, Chr., andächt. Betrachtt. am Calvariberge. 8. Wien 775.

Löper, C., d. Christ u. Bürger in jedem Alter. 1r Bd. m. K. 8. Wien, Ghelen. 774.

— d. Christ in d. Fasten. 2 Thle. 8. Wien 775. Ghelen. 12 ✗

— s. Etwas zur Lebensgeschichte R. G. Peale's

— Handbuch zur Erziehung d. bürgerl. Jugend in Wien. gr. 8. Wien 775. Ghelen. 20 ✗

— Naturgeschichte d. Elephanten. 8. Wien 776.

Löper, Chr., die Staatsgründe; e. Erzählung. 8. Wien 773.

Loeper, F., Rechenbuch. s.: Giese, J.

Loeper, Frz., die heiligen Zeiten, Handlungen und Gebräuche der katholischen Kirche. Zur Belehrung und Erbauung bearb. gr. 8. (X, 202 S.) Danzig 880, Boenig. * 1 50

Loeper, Frz., die heiligen Zeiten, Handlungen u. Gebräuche der kathol. Kirche, m. e. Anh. über die Andachten, Belehrgn. u. Gebete in Kirche u. Haus. Neu bearb. 2. Aufl. gr. 8. (VII, 418 S.) Danzig 890. Boenig. n.n. 2. 70

Loeper, Fr[idericus] Guilelmus (geb. am 16 Apr. 1810 in Oestereiden Westf.): De ovariorum morbis ... Bonnae, typ. F. Baaden 1840. 2 Bl., 27 S., 1 Bl. 8.

Bonn, Med. Fak., Diss. v. 4 Sept. 1840

Loeper, G. v., zu Goethe's Gedichten. Mit Rücksicht auf die „historisch-kritische" Ausgabe, welche als Theil der Stuttgarter „Deutschen National-Litteratur" erschienen ist. gr. 8. (52 S.) Berlin 886, [Hempel.] Dümmler's Verlagsh. *

Löper Gv, Karl Plötz. Ein Abriss seines Lebens. Berlin 1881

(Loeper, Gust. v.) Ein Brief von Felix Mendelssohn-Bartholdy an Goethe zu dessen Geburtstage den 28. August 1831. Berlin 1869.

Loeper, H. v., die Versicherg. der Arbeiter-Witwen- u. -Waisen in Deutschland. (VII, 176 S.) Lex. 8. Berlin 907. C. Heymann. 4. —

v. Loeper, Herm., über gemischte Ehen. Veranlaßt durch die Eberhard'schen Controvers-Predigten. gr. 8. München 841, Jaquet. 2 ngl

Loeper, Herm. v., Gedichte. Leipzig 865. Brockhaus. 8. (VIII, 304 S.) n. 1 ₰; geb. mit Goldschn. n. 1 ₰ 10 ngr.

Loeper, Herm. v., Hymnen des Mittelalters. Frei nach dem Latein. 1. Aufl. 1869, und 2. Aufl. 16. (IV, 80 S.) Berlin 872, Adolf und Comp. [Potsdam, Rentel.] cart. (*ℳ 1,50.) *

Loeper, Herm. v., aus den Tagen der Jugend. Gedichte. 24. (VII und 132 S.) Landsberg 850, Volger und Klein. *

Loeper, Hugo von, Regierungsrat: Die **Aufbringung** der Mittel der deutschen Invalidenversicherung. *München: J. Schweitzer 1903.* (50 S.) 8°

Tübingen, Staatswiss. Diss. v. 1903

(Nicht für den Austausch)

Löper, Jac. Andr., Das Sieges-Fest Als einen Tag Guter Botschaft . . . da . . . unser . . . König und Herr den 4. Juni 1745 bei Friedberg . . . Einen herrlichen Sieg . . . erhalten hatte, Nach Anleitung des 18. Ps. V. 40–42. Stettin. 4.

— **Joach. Wilh.** (Stargard/Pommern), De jure nocendi aliis. Präs. Heinr. Coccejus. Frankfurt/Oder (Schwartz) Mai 1715. 30 S. (5.—) 21511

— **Joh. Dan.** (Stargard/Pomm.), Disp. jur. de fuga. Präs. Heinr. Coccejus. Frankfurt / Oder (Chr. Zeitler) 22. IV. 1706 (1715). 52 S. (4.50) 21512

Löper, Karl

Löper, Carl, Beiträge zur Geschichte der Taubenpost, s.: Sabbagh, M., die Brieftaube.

Löper, Carl, zur Geschichte d. Verkehrs in Elsaß-Lothringen m. besond. Berücksicht. der Schiffahrt, d. Post-, Eisenbahn- u. Telegraphenwesens nach archival. u. anderen Quellen nebst 32 auf das Verkehrsleben bezügl. Urkunden aus der Zeit von 1350 bis 1779. 8. (IV, 285 S.) Straßburg 873. Trübner. n. 4. —

— die Rheinschifffahrt Straßburgs in früherer Zeit u. die Straßburger Schiffleut-Zunft. Nach archival. u. anderen Quellen bearb. Nebst einer einleitenden Abhandlung: Das Zunftwesen u. die Stadtverfassung der alten Reichsstadt Straßburg von E. Trauttwein v. Belle. gr. 8. (VIII, 310 S.) Straßburg 877. Trübner. n. 5. —

— Stammbuch der neueren Verkehrsmittel, Eisenbahnen, Dampfschiffe, Telegraphen u. Luftschiffe. Eine Sammlung von Liedern u. Gedichten, Aufsätzen u. Schilderungen. gr. 8. (VIII, 456 S.) Lahr 881. Schauenburg. n. 4. —; cart. n. 4. 60

Löper, Karl Friedrich

— **Carl Friedr.** (Schwerin/Meckl.), De jure reluendi feudum legitime oppignoratum. Präs. Georg Ludw. Boehmer. Göttingen (Joh. Heinr. Schulz) 9. IX. 1775. 29 S. (4.50) 21509

Loeper, Karl Gustav

Loeper, Carolus Gustavus: De tracheotomia. Halis Saxonum (1857): Ploetz. 30 S. 8°

Halle-Wittenberg, Med. Diss. v. 12. Okt. 1857

Geb. Lübben (Lausitz) 25. 9. 1833. V.

Loeper, Paul: Moderne Städte-Ent- und Be-wässerung von Architekt –. Magdeburg. Die fortgesetzte Belastung d. Haus- u. Grundbesitzer von Stadtverordn. [Hermann] Heimster-Magdeburg nebst Erörterung über d. allg. Steuerfrage. (Ausz. aus d. stenogr. Bericht über d. 31. Verbandstag d. Zentralverbandes in Magdeburg 1909.) Berlin, Stettin 1909: Grassmann. 59 S. 8°

(Schriften d. Zentralverbandes d. städt. Haus- u. Grundbesitzer-Vereine Deutschlands. N. V. Bd 14, H. 6.)

Leeper, R., Athenae, s.: Tabulae, quibus antiquitates graecae et romanae illustrantur. XIV.

Rhades, Joachim Jak.: Trauerrede auf das am 9ten Jan. erfolgte Absterben des [Brs] Joachim Jac. Rhades, gehalten in der Freymåurerloge zu den dreyen Zirkeln in Stettin, von dem Br. Redner. [Unterz.:] S[am.] D[avid] L[öper]. Den 16ten Jan. 1772. [Stettin 1772]: Effenbart. XVI S. 8⁰ [Umschlagtit.] Kl. 1319. Nebst einem Gedicht von W.

Löper, Sam. Glo., s. Fr. v. Dreger, Codex.

Loeper-Housselle, Marie

Loepper-Housselle, Mar. Vide: Frau (Die) im gemeinnützigen Leben.

Loeper-Housselle, Marie, s.: Lehrerin, die, in Schule u. Haus.

Loeper-Housselle, Marie, der Mattenbauer. Eine historische Erzählg. aus dem Elsaß. gr. 8. (101 S.) Gera 890. Th. Hofmann. n. 1. —; geb. n. 1. 60

Loepert, Arthur, aus Koeslin: **Der Eigentumsvorbehalt beim Kauf nach gemeinem Recht und dem bürgerlichen Gesetzbuch.** *Berlin 1904: T. Landsberg.* (64 S.) 8°
Heidelberg, Jur. Diss. v. 1904

Lopez, D. Vicente F., die Braut des Ketzers oder die Inquisition zu Lima. Aus dem Spanischen übersetzt von A. Seubert. 4 Bde. Leipzig 859. Kollmann. 8. (XVI, 719 S.) 2 ℛ

Lopez, G. de, **Habla V^md^. el Castellaño?** Der. ächte kleine Spanier, die **Kunst**, die span. Sprache in acht Tagen ohne Lehrer richtig lesen, schreiben und sprechen zu lernen. Mit beigefügter Aussprache. 4. und 5. Aufl. 16. (160 S.) Hamburg 879,84, Berendsohn. — 60

Lopez, G. de, **Habla V^md^. el Castellaño?** Der ächte kleine Spanier, die Kunst, die span. Sprache in acht Tagen ohne Lehrer richtig lesen, schreiben und sprechen zu lernen. Mit beigefügter Aussprache. 6. Aufl. 16. (160 S.) Hamburg 886, Berendsohn. 60 Pf.; cart. *

Lopez, G. de, der ächte kleine Spanier, oder: Die Kunst die span. Sprache in acht Tagen ohne Lehrer richtig lesen, sprechen und schreiben zu lernen. Mit beigefügter Aussprache. 16. (120 S.) Hamburg 850, Berendsohn.

Lopez, G. de, der ächte kleine Spanier, die Kunst, die spanische Sprache in 8 Tagen ohne Lehrer richtig lesen, schreiben u. sprechen zu lernen. Mit beigefügter Aussprache. 3. Aufl. 16. (160 S.) Hamburg 877. Berendsohn. — 60

Lopez, José F.: Oekonomische Beziehungen zwischen Deutschland und Argentinien. Vortrag, gehalten in der Sitzung der Gesellschaft für Erdkunde zu Berlin am 5. Juli 1884. Berlin 1884. 20 S. 8⁰.

Lopez, José F., Vertheidigung der Regierung u. der Civilehe-Rechte v. Santa-Fé gegen den Bischof v. Paraná. Mit Bewilligg. d. Verf. nach der 4. Aufl. aus dem Span. bearb. v. **M. Waldeck**. gr. 8. (39 S.) Leipzig 874. Koschny. n. — 50

— dasselbe, s.a. **Bibliothek**, historisch-politische.

Lópes, Matias *Joaquin* [aus Guatemala, Central-Amerika]: Zwei Fälle von Aphasie ... Berlin, C. Vogts Buchdr., *1895*; 36 S., 2 Bl. 8.
Berlin, Med. Fak., Inaug.-Diss. v. 23. Juli 1895

Lopez, R., neuestes Taschenwörterbuch, Deutsch und Spanisch, s.: Robolsky, H.

Lopez, Vega di, s. Lope de Vega

Lopez-Nuñez, Alvaro, die Arbeiterversicherg. in Spanien, s.: Zacher, die Arbeiter-Versicherung im Auslande.

Lopez y Planes, Vicente, s.: Dichtungen, argentinische. 2. Bd.

Loepfe, Alfred, bacc. iur. a. Basel: **Das ⟨deutsche⟩ Aufgebot und die ⟨schweizerische⟩ Verkündung. Ein Beitrag zum Eherecht.** Borna-Leipzig 1907: R. Noske. (x, 69 S.) 8°
Leipzig, Jur. Fak., Diss. v. 4. Juli 1907
[Geb. 6. Okt. 80 Basel; Wohnort: Häggenschwyl, Ktn. St. Gallen; Staatsangeh.: Schweiz; Vorbildung: Gymn. „Stella matutina" Feldkirch Reife Juli 00; Studium: Innsbruck 2, Leipzig 1, Graz 1, Halle 2, Leipzig 1 S.; Rig. 21. Febr. 05.]

Lopič de Dukla Joh.: Das aus den primitiven dritten Wurzeln der Einheit gebildete complexe Zahlensystem. 50. Hall 97.
Progr.

Łopiński, **Mniejsza gramatyka łacińska**, s.: Popliński, A.

Łopiński, Romanus: Laurentius Grimalius Goslicius ejusque opus de optimo senatore. Halis Saxonum (1872): Ploetz. 61 S. 8°
Halle-Wittenberg, Phil. Diss. v. 12. Nov. 1872
Geb. Posen 21. 7. 1850. V.

Lopitz, Anton. Ein Betyrag zur Verwandlungsgeschichte der Seelen durch Dukaten. Berlin 1782. Berlin 1798. V: *Dorbritz, Carl Wilhelm.* (BGE IV³, 259)

Lopitz, Anton, ein Beytr. zur Verwandlungsgesch. der Seelen durch Dukaten. 2 Thle. 8. Berlin, Wever. (Sander.) 795.

Lopitzsch, über Beschaffenheit, Herstellung u Funktion v. Verdampfersolen f. Fleischkühlanlagen. (17 S.) 8. Altona 905. (Hamburg, J. Kriebel.) n. — 80
Sonderabdruck aus: „Die Kälte-Industrie".

Lopot, Joh*ann* Beispiele zur Einübung der lateinischen Syntax, und zwar der Congruenz- und Casuslehre, sowie der Präpositionen, geschöpft aus Cornelius Nepos. 8 (S. 3—36). II. Theil. 8 (S. 3—37). **Progr.** K. k. Staats-Oberg. *Weidenau* 1891. 1892.

Lopot, Joh., welche Gelegenheit bietet sich dem Lehrer der classischen Sprachen dar, auf den Schüler erziehend einzuwirken? gr. 8. (34 S.) Weidenau 873. (Wien, Pichler's Wwe & Sohn.) n. — 60

Loepp, Hermann [pr. Arzt aus Jungfer]: **Über Einleitung der künstlichen Frühgeburt** . . . Tübingen, Druck v. Heinrich Laupp jr., 1889; 29 S. 8°
Tübingen, Med. Fak., Inaug.-Diss. v. 1889

Loppe, Ernst, die schwere Artillerie des Feldheeres. — Das Maschinengewehr, s.: Vortragsstoffe f. Volks- u. Familienabende.

Loppe, Ernst, Eisenbahnen im Heeresdienste, s.: Vortragsstoffe f. Volks- u. Familienabende.

— Geschichte des Fußartillerie-Regiments Encke (magdeburg.) Nr. 4., s.: Weiß.

Loepper, A: Das Studium der Chemie. Wien, Pest und Leipzig 1903

Loepper-Housselle, Mar., s. Loeper- Housselle, Marie

Loppnau, Carl Friedrich: Predigt zum Gedächtnisse des **in Gott** ruhenden durchlaucht. Fürsten ... [Leichenpredigt auf **Friedrich Ernst,** Markgraf zu Brandenburg, † 8. Aug. 1762.] — **Glückstadt** 1762: Babst. 16 S. 4°

Lopraz, oder: Die verschneite Sennhütte. Aus seinem Tagebuche im Winter 1844—1845. 18. (58 S. und 3 Stnt.) Straßburg 849, [Berger-Levrault, Witwe, und Sohn.]

(Lo-Presti, Baron Ludwig —) Advokaten-Instruktion. Verfasser und Druckleger: — — Pest, 1857. Gedr. bei Trattner-Károlyi. (103 S. 8.)

Lo-Presti, Baron Ludwig — Bemerkungen über die Verwendbarkeit der vorkommenden Baumstock-entwurzelungs-Vorrichtungen, und insbesondere der privil. ungarischen Stockrode-Maschine. Zur Richtschnur für Forst- und Landwirthe, welche Maschinen dieser Art beurtheilen wollen von — — Pest, 1857. Gedr. bei Trattner-Károlyi. (35 S. 8.)

Lopriore, Gius., üb. d. Regeneration gespalt. Wurzeln. [Aus: „Nova Acta d. ks. Leop.-Carol. deut. Akad. d. Naturforscher".] gr. 4. (78 S. m. 8 Taf.) Halle 896. Leipzig, W. Engelmann. n. 9. —

Lopriore, Giuseppe, über bandförmige Wurzeln, s.a. Acta, nova, academiae caesareae etc. naturae curiosorum. 88, I.

Über bandförmige Wurzeln. Von Prof. Dr. Giuseppe **Lopriore**. Mit 16 Taf. Halle: Deutsche Akad. d. Naturforscher 1907. (114 S.) 4°
— **Acta**, Nova, Academiae Caes. Leopoldino-Carolinae. T. 88, No 1. [08. 0639

Łopuszánski, Eug., die österreichischen Banken im J. 1902. (123 S.) Lex.-8. Wien 903. Manz. n. 2. 40

— dasselbe in d. J. 1903 u. 1904. (103 u. 99 S.) Lex.-8. Wien 905. 906. (Hof- u. Staatsdruckerei.) à n. 3. —
Sonderabdrucke aus: „Mitteilgn. d. k. k. Finanzministeriums".

Łopuszański, Eug., die österreichischen Banken in d. J. 1905 u. 1906. (105 u. 115 S.) Lex. 8. Wien 907. (Hof- u. Staatsdruckerei.) à 3. —
Sonderabdr. aus: „Mitteilgn. d. k. k. Finanzministeriums".

— Das Bankwesen Österreichs. Vortrag, geh. in der Gesellschaft österreich. Volkswirte am 8. I. 1907. (32 S.) gr. 8. Wien 907. A. Hölder. — 90

— Uebersicht der Entwicklung u. der Tätigkeit der österreich. Bankinstitute. (Volkswirtschaftliche Wochenschrift v. Alex. Dorn. Nr. 1305 vom 31. XII. 1908, 50. Bd.) (S. 419—483.) 33×23 cm. Wien (909). Volkswirtschaftl. Verlag A. Dorn. Geb. 1. 70

— die Volkswirtschaft Oesterreichs in den J. 1900—1904. (IV, 111 S.) gr. 8. Wien 904. A. Hölder. n. 2. 20

Loqmân, s. Locman.

Loqman le sage, Fables. Le texte revu de nouveau sur les mss., accompagné d'une version française et des notes, et précédé d'une introduction sur la personne de Loqman et sur l'origine de ce recueil de fables par J. Derenbourg. 12. (70 S.) Berlin 850, Asher und Comp. *

Loquay, J.: Kunst, die, ledig zu bleiben.

Touristen-Karte des Erzgebirgs-Vereines Komotau mit farb. Wegemarkierungen. Bezirk Komotau-Görkau. Maßst. 1:75,000. Entworfen von J. **Loquens**, Bezirksbeamter. Komotau: W. Beuker [1907]; (F. A. Brockhaus' Geogr.-artist. Anst., Leipzig). (1 Kartenbl. 39×39 cm.) [Rückt. lith.] [07. 13700

Beckmann's neuester Plan von Mainz in fünffarbiger Ausführung. (Zeichn. u. Stich von R. **Loqvist.**) Masst. 1:7,500. *Stuttgart: Klemm & Beckmann [1903]; Dr. von H. Bendele.* (1 Kartenbl. 56×49 cm mit Legende.) 8° [Umschlagt.] [kol.] [03. 11131

L'Or, Louis de, kurze Erläuterungen u. Berichtigung d. Irrthümer, welche in d. Skizze d. K. Preuß. Generals Frh. v. Thielmann, hrsg. v. R. v. Hüttel, bis zu d. Generals Uebertritt zu d. Truppen d. hohen Aliirten, im J. 1813 enthalten sind. 8. (2¾ B.) Dresden 829, (Arnold.)

—— Leitfaden f. jede besteh. od. sich bildende National-Repräsentation. Ein Wort d. Beherzigung f. Abgeordnete u. Committenten. gr. 8. (6 B.) Dresden 833, (Arnold.)

— Lettre adressée à la Société Asiatique de Paris. 8. Paris 822. ... Seconde Lettre etc. 8. ibid. 823.

de L'Or, (L.,) der Vaterlandsfreund. Moral f. Unter-Offiziere, Gemeine u. jeden Vaterlandssohn. gr. 8. Berlin 825, Mittler.

de L'Or, Louis, d. Vaterlandsfreund. Moral für Unteroffiziere, Gemeine u. jeden Vaterlandssohn. gr. 8. Berl. 826. Mittler. 18 Gr

(Lorain.) Geschichte der Abtei Cluny von ihrer Stiftung bis zu ihrer Zerstörung zur Zeit der französ. Revolution. Nach P. Lorain bearb. von Carl Pelargus. Tübingen 858. Laupp. gr. 8. (X, 261 S.) 1 Thlr. 3 ngr.

Lorain County Volksfreund : 1896?—1897?
Independent weekly. Edited & published by H. C. Lange.
Elyria, OH

Lorain Post : 1894?—1918?
Weekly. Independent Democratic, 1894—99; Democratic, 1900—01; Independent, 1902—18. Circulation: 1900, 1067; 1910, 1568; 1915, 1479; 1918, 1400. Edited by Henry Lange & Joseph H. Frick, & published by Frick & Schirmer, 1894—97; edited & published by Joseph H. Frick, 1898—99; by Karl A. Knupfer, 1900—01; by Richard Fischer, 1902—03; edited by Richard Fischer, & published by Lorain Post Publishing Co., 1904—07; edited by Henry Van Horn, & published by Lorain Post Publishing Co., 1908; edited by Richard Fischer, 1910; by Louis Maurer, 1911—15; published by Lorain Democrat Co., 1909—15; edited & published by H. O. Wood, 1916—18.
Lorain, OH

Loran. Der Lebensversicherungsvertrag. Eisenach 1872.

Loran, E., recueil des restes du notre art national, s.: Colinet, E.

Lorand, Arnold

Lorand, A., das Altern, seine Ursachen u. seine Behandlung durch hygienische u. therapeutische Massnahmen. Ein Handbuch f. e. rationelle Lebensweise. 2., erweit. Aufl. (VIII, 259 S.) gr. 8. Leipzig 910. Dr. W. Klinkhardt. 5.—; geb. n 6. —
1. Aufl. (VIII, 257 S.) 909. 5.—; geb. 6.—.

Lorand, A., die rationelle Behandlung der Zuckerkrankheit. gr. 8. (48 S.) Berlin 903. A. Hirschwald. n. 1.—

— Die rationelle Behandlg. der Zuckerkrankheit. 2., veränd. u. verm. Aufl. (59 S.) gr. 8. Berlin 909. A. Hirschwald. 1. 60

Lorand, A., die Entstehung der Zuckerkrankheit u. ihre Beziehungen zu den Veränderungen der Blutgefässdrüsen. (III, 63 S.) gr. 8. Berlin 903. A. Hirschwald. n. 1. 60

Lorand, Béla, Liebe im Leben, Liebe im Sterben. Ein neues Buch der Liebe. Liebenden und verwaisten Herzen gewidmet. 8. (VII und 134 S.) München 865, Lentner'sche Buchh. *

Lorand-Müller, Joh, prakt. Lehrgang d. ungarischen Sprache. Für Volksschulen u. z. Selbstgebrauch. Nach bewährten method. Grundsätzen. Auf Basis d. systemat. Conversation. M. Berücksicht. d. besteh. Lehrplanes. 3 Tle. gr. 8. (40, 48 u. 64 S.) Kronstadt 898. H. Zeidner. n. 1. —
1. 2. à n. — 30. — 3. n. — 40.

— Vorbiti romănesce?, s.: Koch's Sprachführer.

Lorange, Geo., nach allerhöchstem Beispiel, s.: Theater-Album, militärisches.

— Ein verliebter Briefträger od. Einmal u. nicht wieder, s.: Bolger's Vereinsbühne.

— Hochparterre rechts, s.: Liebhaber-Bühne, neue.

— dasselbe, s.: Theater-Album, militärisches.

Lorange, Geo, ein wirksames Mittel, s.: Bloch's, Ludw., Herren-Bühne Nr. 62.

— u. Loth. Hunold, der Todeskandidat, s.: Liebhaber-Bühne, neue.

— Der Verkannte od. Ein Schwiegersohn wider Willen, s.: Theater-Album, militärisches.

Loransky, A. Statistik des Berg- und Hüttenwesens Russlands. St. Petersburg, Jgge. 1894 bis zur Gegenwart.

Lora's, Frau, praktisches kleines Handbuch zur Selbsterlernung der Hauswirtschaft u. Kochkunst f. junge Mädchen u. Frauen aller Stände. 5., verm. u. verb. Aufl. v. „Frau Lora's Wegweiser in Deutschlands Küche u. Haus". Mit 208 Rezepten u. Anweisgn. u. e. Abhandlg. üb. Armenpflege u. Lebensregeln. gr. 8. (132 S. m. Titelbild.) Leipzig 894. F. Cavael. Geb. in Leinw. 1. —

Lora's, Frau, Wegweiser in Deutschlands Küche u. Haus f. junge Mädchen aller Stände. 16. (121 S.) Leipzig 886. Peterson. cart. n. 1. 50

Loray, Josepha, die wohlunterr. u. sich selbst lehr. Frankfurter Köchin. Ein Handb. f. Frauenzimmer, welches d. ganze Kochkunst enthält, sowohl Tafel-, Fasten- u. bürgerl. Speisen, als auch alle Arten Backwerk, eingemachte Früchte rc. 2., durchges. Aufl. (19 B.) 830., 3., verm. A., nebst e. Anleit. z. Tranchirkunst. (18¼ B.) 8. Frankfurt a. M. 833, Jäger. à

Loray, Josepha, die wohlunterrichtete Frankfurter Köchin. Ein Handbuch für Frauenzimmer, welches die ganze Kochkunst enthält, nebst einer Anleitung zur Transchirkunst. 4. abermals verb. Aufl. Vermehrt mit einer beträchtl. Anzahl der neuesten und besten Koch-Recepte und herausgeg. von D. Schäfer geb. Martin, während 20 Jahren Haushälterin im weißen Schwanen z. Frankfurt a/M. gr. 12. Frankfurt a/M. 842. Jäger'sche Buchh. ¾ ß

Lorbach, Ludwig

Lorbach, L., Bonn u. seine Umgebung, s.a. Wanderbilder, europäische.

Lorbach, Ludwig. Bonn und seine Umgebung. Mit 5 Illustrationen [wovon 1 Tafel] und 1 Karte. (Europäische Wanderbilder. № 49. 50.) 8. Zürich [1883].

—— Wein-Lieder und Sprüche. Gesammelt und hrsg. 12. (XIII, 57 S. mit Holzschn.) Erfurt 882, Bartholomäus. * 1 —

Lorbacher, die Kostengesetze, s.: Best, die hessischen Gesetze rc. zur Ausführung des bürgerl. Gesetzbuchs. VII.

Lorbacher, A., Anleitung zum methodischen Studium der Homöopathie. Für junge Aerzte, welche in dieselbe eindringen und sich ernstlich damit beschäftigen wollen. Vorbereitungs-Cursus zum Examen zur Erlangung des Selbstdispensirrechtes homöopath. Arzneien im Königr. Preussen. Bearb. von mehreren homöopath. Aerzten und Pharmaceuten. gr. 8. (104 S.) Leipzig 883, Schwabe's Homöopath. Buchh. * 2 —

Lorbacher, J. Ueber die Geschichte als wirksamstes Bildungs- und Erziehungsmittel. 11 S. . . . .
Progr. Erfurt k. 1828

Lorbeer, ..., die Parlamentswahl, Lstspl., s. A. v. Kotzebue, Almanach rc. 32r Jahrg.

Lorbeer und Cypressen von 1866. Nordarmee. Wien 1868. V: *Hoffinger, Joh. Ritter von.* (WBL 60, 27) (KA)

Lorbeer u. Zypressen von 1866. Wien 1868. 95 S. Prandel.

Lorber, F.: Über die Genauigkeit der Längenmessungen mit Messketten, Messband, etc. Wien 1877.

Lorber, F.: Zur Genauigkeit des Präcisions-Polarplanimeters. Berlin 1882.

Lorber, F.: Das Nivelliren. Wien 1894. (9. A. der theoret. u. prakt. Anleit. z. Niv. v. S. Stampfer.)

Lorber, F.: Über das Präcisions-Polarplanimeter. Berlin 1882.

Lorber, F.: Über das freischwebende Präcisionspolarplanimeter von Hohmann & Conradi. Karlsruhe 1884.

Lorbeer jun., Frau Helene, ein seltsames Grab. (8 S. m. 2 Abbildgn.) kl. 8. Friedenau-Berlin (907). Buchh. der Goßnerschen Mission. — 05

Lorbeer, H., der Held v. Ghazipur. Nach dem Engl. v. J. Burg. 8. (102 S. m. Abbildgn.) Leipzig 892. A. Deichert Nachf. n. 1. 60; geb. n.n. 1. 80

— Die Pest in Ghazipur. (16 S. m. Abbildgn.) 8. Ebd. (907). — 20

Lorbeer, Joh. Friedr., Diss. med. de febribus intermittentibus. Präs. Ernst Platner. Lpz. (Schoedel) 3. VI. 1802. 32 S. (3.—) 21596
Gew.: Herm. v. Masloff.

Lorbeer, Jul., die Grenz-Linien der Rede- u. Preß-Freiheit nach englischem Rechte mit Beispielen aus der Gerichtspraxis, nebst einem Anhang, einige der wichtigeren Statuten enthaltend. Nach d. Engl. bearb. gr. 8. (XXII u. 556 S.) Erlangen 851, Palm & Enke. n. 2 ß 12 ngr

Lorbeer, Lebr., († d. 6. Juni 1809.) Grundlage zur Erlernung d. Buchhaltung, nebst Erklärung d. vorzüglichsten Stücke, welche auf dem Comptoir zu wissen nöthig sind. 8. Dresd. 806. 2e wohlf. Ausg. 811. Arnold. 8 K

Lorbeer, (Th.) auszewählte Gedichte f. d. Jugend. 8. Jena 824, (Cröker.)

Lorbeerbaum, der, s.a. Hausbibliothek, kleine.

Lorbeerbaum, der. Eine altmod. Liebesgeschichte von der Verf. von John Halifax Gentleman. Deutsch von Else Erdmann. 8. (166 S.) Leipzig 885, Hinrichs'sche Buchh., Verlag. geb. *

Lorbeerblätter. Interessante Züge, Thaten u. Anekdoten. 8. Wien 817. Mayer u. Comp. 5 K (Gräffer u. S.) 4 K

Lorbeerkranz, der,. Schsp. v. Ziegler in 5 Akt. 8. Wien, Rehm. 807.

Lorbeer-Kranz, e. Blatt in König Ludwigs Denkschrift auf d. Festfeyer bey d. höchsterfreul. Anwesenheit II. kk. Maj. König Ludwigs u. Königin Theresia v. Bayern in Bamberg am 24—26. Juni 1830 als Mitfeyer d. Allerhöchsten Namens- u. Geburtstags-Festes Sr. Maj. d. Königs. gr. 4. ... Bamberg, Drausnick.

Lorbeerkranz gewunden um das Künstlerhaupt Mozarts . . . [Salzburg 1856.] V: *Marek, Joseph.* (Hr)

Lorbeerkranz, gewunden um das Künstlerhaupt Mozart's zur Gedächtnissfeier seiner hundertjährigen Geburt. Dramatisch bearbeitet von J. M. *Salzburg. Endl & Pencker* Buchdr. 72 S. 12°. 24 kr.

INHALT. Ein Vorspiel. — Der Komet oder der Welt Untergang am 13. Juni 1857. Posse in 1 Akt. — Die Jungfrau vom See. Ein drammatisches Mährchen in 1 Akt.

Lorbeerkranz, dem streitfähigen und sieggekrönten Manne, Herrn Doctor theologiae Paniel, evangel. Pfarrer an der St. Ansgarii-Gemeinde zu Bremen, mit besond. Beziehung auf seine jüngsten Kämpfe gegen Pietismus u. Pietisten, gewunden und in einem offnen Sendschreiben dargebracht von Hubertus Ironicus. gr. 8. Elberfeld 841, Hassel. 1/4 ₰

Lorbeerkranz in Liedern, dem Preuß. Heere gewidmet. 16. (61 S.) Breslau 850, Kern. geh. m. Goldschn. 1/3 ₰; in Engl. Einb. m. Goldschn. 2/3 ₰

Lorbeerkranz auf dem Sarge Kaisers Maximilian I. v. Mexico. Wien, Joseph Bermann. Visitkartenformat 25 kr., colorirt 50 kr.; Cabinetformat 50 kr., colorirt. 1868.

Lorbeerkranz, Der, welchen . . . Christoph Otto . . . Freyherr von Schönaich, von E. löbl. philosophischen Facultät zu Leipzig feyerlichst erhalten hat. Leipzig 1752. V: *Schwabe, Johann Joachim.* (Mn) (Ladendorf, Schönaich. Leipzig 1897.)

Lorbeerkränze. Der Frauen Waffen. Am Grabe der Todten. 3 Lieder aus der Gegenwart. Hirschberg 866. (Nesener.) 8. (5 S.) 2 ngr.

⊙ Lorbeerreiser der dänischen Kriegsmacht. paa Træskoe og til Skibs. Verloren gegangen zwischen Dannewerk und der Königsau. Nachgesandt von einem ehrlichen Schleswig-Holsteiner. Flensburg. 1849. 8°.

Lorber, Franz

Lorber, Frz., ein Beitrag zur Bestimmung der Constanten des Polarplanimeters. Lex.-8. (12 S. mit 1 eingedr. Holzschn.) Wien 882, (Gerold's Sohn.) ** — 25

Aus: Sitzungsberichte der k. Akademie der Wissenschaften, besonders abgedruckt.

Lorber, Frz., über die Genauigkeit der Längenmessungen mit Messlatten, Messband, Messkette u. Drehlatte. gr. 8. (68 S.) Wien 877. Hölder. n. 1. 28

Lorber, Frz., das Nivelliren. Zugleich 9, neu bearb. Aufl. der theoret. u. prakt. Anleitg. zum Nivelliren v. S. Stampfer. gr. 8. (XV, 608 S. m. 97 Fig.) Wien 894. C. Gerold's Sohn. Geb. in Leinw. 15. —

Lorber, Jak., s.: Sammlung neutheosophischer Schriften.

Lorber, Jac., s. Sammlung neuer theosophischer Schriften.

LORBER, JOH. HEINRICH. Geistliche Seelen-Ruhe, Das ist: Andächtige Gebete I. Auf alle Tage in der Wochen . . . [etc.] nebst einem vermehrten Gesang Büchlein. Jena, Johann Gollner, 1701. 16°. 476 u. 428 S. 4 Bl. Nachgedunkeltes Pgt. d. Z. (ohne Schließe).

Unter den Gebeten mehrere gereimte. Den 2. Teil bildet ein Gesangbuch mit 171 der bekanntesten geistlichen Lieder des 16. u. 17. Jahrh. Die Texte sind unverkürzt und anscheinend auch nicht wesentlich verändert. — Titel unbedeutend fleckig.

Lorber a Stoerchen, Ign. Christoph

— s. Frz. Floreat, Opera.

Lorber a Stoerchen, Ign. Cph., († d. 1. Juli 1797.) Institutiones juris feudalis. 8maj. Nürnb. 766. (Eichhorn). 1 ₰ 8 K

LORBER, Jgn. Cph.: De libertatibus ecclesiae Germanicae. *Bamb.* 772.

Lorberg: Zur Theorie der Bewegung der Electricität in Leitern. Ruhrort. 1865.
Schul-/Univ.-Schrift

Lorberg, Georg Albrecht Philipp

Lorberg, G. A. Ph., der Kinderfreund. Ein Lesebuch zum Gebrauch in den Schulen des Fürstenthums Schaumburg-Lippe. 8. Bückeburg 814, Grimme. 1/6 ₰

— das Komma, einfache u. bestimmte Regeln über den Gebrauch desselben in d. deutschen Sprache; nebst e. Anhange über d. Unterschied zwischen Komma, Semikolon u. Kolon. 8. Frankf. 823. Hermann. 6 K

— s. C. Kruse, Mir u. Mich.

Lorberg, Geo. Albr. Phil., mit welchen Gefühlen tritt d. Christ in d. neue Jahr ein? Eine Predigt üb. Psalm 90. Gehalten am Neujahrstage 1827. gr. 8. (2 B.) Wiesbaden 828, (Ritter.)

—— sechs Predigten. gr. 8. (6¾ B.) Göttingen 834, (Vandenhoeck u. Ruprecht.)

Lorberg, Geo. Albr. Phil., was soll das Fest des Geistes in einer Zeit so großer weltl. Bewegungen, wie die unsrige? Predigt über Weish. 9, 14—19. gehalten am 2. Pfingsttage 1849. gr. 8. (15 S.) Bückeburg 849, Wolper's Buchh.

—— Zusätze zu J. C. A. Heyse's Lehrbüchern d. deutschen Sprache. 2. Lfg. Zur 7. Aufl. d. „Schulgrammatik." gr. 8. (4 B.) Wiesbaden 828, Ritter.

1. Lfg. Ebendas. 1825. 4 Gr.

Lorberg, H., Formelsammlung als Grundlage für den Unterricht in den Elementen der Arithmetik. Ruhrort 867. (Andreae & Co.) gr. 8. (20 S.) cart. 7½ ngr.

Lorberg, H. Lehrbuch der Elementar-Mathematik f. höhere Unterrichtsanstalten. gr. 8. (VII, 152 S. m. 41 Fig.) Straßb. i. E. 890, Schmidt. geb. * 1 80

Lorberg, H., Lehrbuch der Physik für höhere Lehranstalten. gr. 8. (XVI, 320 S. mit zahlreichen eingedr. Holzschn. und 1 lithogr. Taf.) Leipzig 877, Teubner. *

Lorberg, H., Leitfaden f. den Unterricht in den Elementen der Algebra. 2. Aufl. gr. 8. (24 S.) Straßburg 875. Astmann. n. — 80

Lorberg, H., Leitfaden für den Unterricht in den Elementen der Algebra. 3. verm. und verb. Aufl. 8. (24 S.) Straßburg 881, [Astmann's Sortiment.] Schmidt's Universitäts-Buchh. * — 80

— Leitfaden zum Unterricht in der Trigonometrie. Ruhrort 867. Andreae & Co. gr. 8. (13 S. mit 1 Steintaf.) cart. 7½ ngr.

— Leitfaden zum Unterricht in der Trigonometrie. 2. verb. Aufl. gr. 8. (13 S. m 1 Steintaf.) Ebend. 875. n. — 60

Lorbern gesammelt von den Soldaten des kaiserlich-österreichischen Heeres im Feldzuge 1859. Wien 1863. V: *Hoffinger, Joh. Ritt. von.* (KA)

Lorebanp, Leben d. Pabsts Alexanders III. 8. Cöln. 713.

Lorch, Makrobiotik d. Augen, od. d. Kunst, d. Augen gesund zu erhalten. Nach dess. Tode hrsg. v. Werthheim. Bevorw. v. J. C. Jüngken. 8. (7½ B. u. L's. Bildn.) Mainz 837, Kupferberg.

Lorch, s.: Württemberg, Höhenkurvenkarte.

Lorch, Friedrich: Robert Guiskard. Tragödie in 5 Akten ohne Scenenwechsel von –. [München: Selbstverl.] 1907. (53 S.) 8°

Lorch, H., Realienbuch f. Volksschulen, s.: Erb, G.

— Wortfamilien. Ein Beitrag zur Wortbildg. u. Wortbedeutg. in der Volksschule. (58 S.) 8. Ludwigshafen (909). W. Hofmann. 1. —

Lorch, J., 28 Bilder aus der deutschen und brandenburgisch-preußischen Geschichte. Für die Mittelstufe der Volksschule dargestellt. 8. (42 S.) Dillenburg 883, Seel. * — 25

Lorch, J., die Frage: Was sagt die Wissenschaft üb. die Entstehung der Bibel? f. Liebhaber der Wahrheit wahrheitsgemäß u. in allgemein verständl. Sprache beantwortet. gr. 8. (31 S.) Hagen 894. H. Risel & Co. n. — 50

Lorch, J., mathematische Geographie für gehobene Bürger- und Mittelschulen, insbesondere für Seminare. gr. 8. (48 S. mit 27 eingedr. Holzschn.) Minden 878, Hufeland. *

—— dass. — insbesondere für Präparandenanstalten und Seminare. 2. verb. Aufl. gr. 8. (III, 48 S. mit 27 eingedr. Holzschn.) [Minden 879, Hufeland.] Leipzig, Dürr'sche Buchh. *

—— mathematische Geographie für gehobene Bürger- und Mittel-Schulen, insbesondere für Präparandenanstalten und Seminare. 3. verb. Aufl. gr. 8. (IV, 48 S. mit 28 eingedr. Holzschn.) Leipzig 881, Dürr'sche Buchh. * 1 20
geb. * 1 50

Lorch, J., mathematische Geographie für gehobene Bürger- und Mittel-Schulen, insbesondere für Präparanden-Anstalten und Seminare. 4. verb. Aufl. gr. 8. (IV, 51 S. mit 28 Holzschn.) Leipzig 887, Dürr'sche Buchh. *

Lorch, J., mathemat. Geographie f. gehob. Bürger- u. Mittelschulen, insbes. f. Präparanden-Anst. u. Seminare. Neu bearb. u. erweit. v. E. Eggert. 6. Aufl. gr. 8. (VI, 75 S. m. 33 Abb.) Leipzig 899. Dürr'sche Buchh. Geb. n. 1. 50

Lorch, A., mathematische Geographie, 7. Aufl., s.: Eggert, E.

— die deutsche Geschichte bis 1648, f. die 2. Klasse der preuß. evangel. Lehrerseminare, sowie f. die Tertia evangel. Gymnasien u. Realschulen dargestellt. gr. 8. (VIII, 165 S.) Leipzig 884. Dürr'sche Buchh. n. 1. 80

— 6 Haupt-Kirchenlehren, f. denkende Protestanten beleuchtet. gr. 8. (27 S.) Ebd. 894. n. — 50

— meine zwangsweise Pensionirung unter Minister v. Zedlitz meiner religiösen Ueberzeugung wegen. Wahrheitsgetreu dargestellt. 1.—3. Aufl. gr. 8. (19 S.) Ebd. 893. n. — 20

Lorch, Jacob [aus Oberwesel a/Rhein]: Ueber Wismuthsäure und Natriummetabismuthat ... München, kgl. Hof- u. Univ.-Buchdr. v. Dr. C. Wolf & Sohn, 1893; 58 S. 8.
München, Phil. Fak., Inaug.-Diss. v. 1893

Lorch, (Leo Hugo) (Übers.):

s.: Amussat, (Jean Zuléma): Vorträge über die Verengerungen der männlichen Harnröhre, mit einem Anhange über die Krankheiten der Vorsteherdrüse. (Leçons sur les rétentions d'urine causées par les retrécissements du canal de l'urètre et sur les maladies de la prostate. Ed. par A(ntoine) Petit (de Maurienne). Dt.) Mainz: 1833

JB 3.778

Lorch, Leo Hugo (Mainz)
Thesen aus der gesamten Heilkunde, welche am 11. Februar 1830 zur Erlangung der Doctorwürde in der Medicin, Chirurgie und Geburtshülfe öffentlich vertheidigen wird: Leo Hugo Lorch.
Giessen 1830. 6 S.
Thesen 1 - 12. vorh. 26.7.

Lorch's, Nik., Ruina Palatinatus Bipontini, hrsg. v. Rud. Buttmann, s.a. Mitteilungen des histor. Vereins der Mediomatriker f. die Westpfalz in Zweibrücken. II.

Nikolaus Lorchs Ruina Palatinatus Bipontini. Hrsg., übers. u. erl. von Rudolf Buttmann. *Zweibrücken 1901: A. Kranzbühler.* (XIII, 126 S.) 8°
[J. u. Ant.]
= Mitteilungen d. Hist. Vereins d. Mediomatriker in Zweibrücken. 2.
[02. 701 9

Lorch, Wilhelm [aus Marburg]: Beiträge zur Anatomie und Biologie der Laubmoose ... (Aus: Flora od. allg. Bot. Zeitg, 1894 Heft 3.) München, Druck v. V. Höfling, 1894; 44 S. 8.
München, Phil. Fak., Inaug.-Diss. v. 1894

LORCH, Wilhelm: Excursions-Flora der in der Umgebung von Marburg wildwachsenden Pflanzen (Phanerogamen und Pteridophyten). - Marburg 1891. XLVIII, 275 S.

Lorch, Wilh., s.: Jahrbuch des Vereins f. Orts- u. Heimatskunde in der Grafsch. Mark.

Lorch, Wilh., u. Karl Laubenburg, die Kryptogamen d. Bergischen Landes. E. Beitrag zur naturhistor. Durchforschg. dieses Gebiets. 1. Bd.: Pteridophyten u. Bryophyten. gr. 8. (191 S.) Elberfeld 897. Baedeker. n. 2. —

— s.: Naturfreund, der.

Lorch, Wilh., die Polytrichaceen. Eine biolog. Monographie. (S. 445—546 m. Abbildgn.) Lex. 8. München 908. G. Franz' Verl. 5. —
Sonderabdr. a.: „Abhandlgn. d. bayer. Akad. d. Wiss."

Lörch, Ph. *Jakob:* Die Flora des Hohenzollers und seiner nächsten Umgebung. I. Teil. Hechingen, Ribler'sche Hofbuchdr. (1890); 1 Bl., 68 S. 8°
Hechingen, k. HB, P 1890 (487)

Lörch, Ph. *Jakob:* Die Flora des Hohenzollers und seiner nächsten Umgebung. II. Tl. (Forts. d. P-Beil. 1890.) Hechingen, Ribler'sche Hofbuchdr., 1891; 1 Bl., S. 69—118; 8°
Hechingen, k. HB, P 1891 (491)

Lörch, Ph. *Jakob:* Die Flora des Hohenzollers und seiner nächsten Umgebung. III. Tl. (Schluss d. P-Beil. 1890. 91.) Hechingen, Ribler'sche Hofbuchdr., 1892; 1 Bl., 119—166 S. 8.
Hechingen, k. R '(HB)', P 1892 (494)

Loerch, Wilhelm, appr. Arzt a. Hechingen: Die Tuberkulose des Harn- und Geschlechtsapparates beim Weibe. München 1904: Kastner & Callwey. (87 S.) 8°
München, Med. Fak., Ref. v. Bollinger, Diss. v. 22. Nov. 1904
[Geb. 27. Nov. 77 Hechingen, Hohenzollern; Wohnort: Hechingen; Staatsangeh.: Preußen; Vorbildung: Gymn. Reutlingen Reife M. 98; Studium: München, Tübingen, Kiel, Berlin u. München; Coll. 20. Mai 04; Approb. 10. März 04.]

Lorch, Schmidt & Co.: Katalog über Uhrmacher-Werkzeuge. Frankfurt a. M.-Bockenheim 1898

Lorche, F. A., Leitfaden f. d. Anfang d. Gesang-Unterrichts. gr. 16. (14 S.) Berlin 871. W. Müller. — 50

LORCHEN, das schöne Blumenmädchen. Leipzig, Verlags-Anstalt (Wilh. Röhl) (c. 1875). Kl. 8°. (75 Pfg.; herabges. Pr. 25 Pfg.) Zahm.

Lorchen, die kleine Savoyardin. Bilderbuch mit beweglichen Kupfern. 12. Wien (1818.) Bermann u. Sohn. Mit unbeweglichen Kupfern.

Lorchen, s.a. Tante Lorchen.

Lorchen, Tante. Die Feldbergs. Orig.-Novellen von A. Freiin v. L. 8. (196 S.) Paderborn 889. Junfermann. n. 1. 80; geb. n. 2. 50

Loercher, Adolph., de compositione et fonte libri Ciceronis, qui est de fato, s.a. Dissertationes philologicae Halenses. XVII, 4.

Loercher, Adolphus, Halensis [übergekl. Stammhemensis]: De compositione et fonte libri Ciceronis qui est de fato. Halis Sax. 1907: E. Karras. (50 S.) 8°
Halle, Phil. Fak., Ref. Wissowa, Diss. v. 18. Okt. 1907
[Geb. 19. Juli 78 Stammheim, Neckarkr. (Württemberg); Wohnort: Halle a. S.; Staatsangeh.: Preußen; Vorbildung: Evang.-theol. Sem. Blaubeuren Konkursprüfung M. 97; Studium: Tübingen 4, Halle 2, Tübingen 2 S.; Rig. 30. Juli 07.]

Lörcher, Christian Friedrich Eberhard

Lörcher, Chr. Fr. Eberh., und J. A. Fuchs, die wichtigsten Giftpflanzen Deutschlands in 21 (col.) Abbild. auf 18 Taf. mit erläuterndem Texte für Schule und Haus. Fol. (Mit Text.) Ulm 843, Stettin'sche Sort.-Buchh. n. 3/4 ₰

Lörcher, Chrn. Friedr. Eberh., die wichtigsten Giftpflanzen Deutschlands in ill. Abbildungen mit erläuterndem Texte, nebst Angaben ihrer Wirkung und geeigneter Mittel in Vergiftungsfällen, für Schule und Haus. Mit empfehlenden Worten von G. H. v. Schubert. 3. Aufl. (18 ill. Stnt. in Fol. mit 22 S. Text in gr. 12.) Ulm 857, Ebner'sche Buchh.

Lörcher, C. F. E., Schul- u. Hausaufgaben üb. die vier Species der unbenannten Zahlen. 1. Hft. 2. verb. Aufl. 2 u. 3. Hft. 12. (40. 48 u. 36 S.) Ulm 847. 48, Fr. Ebner. (à 3 ngr) 9 ngr

Lörcher, Chr. Friedr. Eberh., Schul- und Hausaufgaben über die vier Species der unbenannten Zahlen. 1. Heft. 2., verb. Aufl. 12. (40 S.) Ulm 848, Fr. Ebner.

—— Schul- und Hausaufgaben über die vier Species der ungleichbenannten Zahlen. 2. Heft. 12. (48 S.) Ebds. 848.

—— Schul- und Hausaufgaben. Die vier Spezies der Brüche enthaltend. 3. Heft. 12. (36 S.) Ebds. 848.

Lörcher, Ernst: Die unechte **Negation** bei Otfrid und im Heliand. *Dat.: 4. April 1900.* 8° ¶ (Aus: Beiträge zur geschichte d. deutschen sprache, 25.)
Tübingen, Phil. Diss. v. 1900
(Nicht für den Austausch)

Lörcher, Gotthold: Ueber den **Einfluss** von Salzen auf die Labwirkung. *Tübingen 1897: (Pierer in Altenburg).* (32 S.) 8°
Tübingen, Med. Diss. v. 1897

Lörcher H, Regeln und Lehrsätze für das geometrische Rechnen in niederen Realschulen und gewerblichen Fortbildungsschulen. Schorndorf

Lörcher, J. G., Map of the province of Canton, according to the map of the Kwong-Tung T'u shot, with coast-line taken from Navy-Charts and details supplied by several protestant missionaries. 1 : 586,000. 9 Bl. Chromolithogr. auf präparirtem Baumwollenstoff. qu. gr. Fol. Basel 879, Missionsbuchh. In Futteral *

Lörcher. Register of nams to the Maps of the Province of Canton. In-8°, 98 p. Hongkong 1879. (Basel, Missionsbuchhandlung.) 3 —

Lörcher, Jak., die Basler Mission in China. 8. (48 S. mit 1 chromolithogr. Karte.) Basel 882, Missionsbuchhandlung. * — 30

Loercher, Otto, aus Cannstatt: **Beitrag** zur Kenntnis des Rhäts in Schwaben. *Stuttgart 1902: C. Grüninger.* (S. 149—178.) 8° ¶ Aus: Jahreshefte d. Vereins f. vaterländ. Naturkunde in Württemberg, Jg. 1902.
Tübingen, Naturw. Diss. v. 1902

Lörcher, Ulrich

— Geigerjakoble. Erzählg. 12. (86 S.) Basel 895. Kober. n. — 20

Lörcher, Ulr., Elsässer Geschichten, s.: Familienbibliothek, Calwer.

— aus Ungarns Glaubenskämpfen. Eine kultur- u. kirchengeschichtl. Erzählung. (212 S.) 8. Herborn 905. Buchh. des nass. Colportagevereins. n. 1. —; geb. in Bibliotheksbd. n. 1. 40; in Leinw. n. 1. 60

Lörcher, Ulr., allerlei Herzen. 4 Erzählgn. aus dem Leben. 8. (218 S.) Herborn 902. Buchh. des nass. Colportage-Verein. n. — 80; geb. in Bibliotheksbd. n. 1. 20; in Leinw. n. 1. 50

— unsere Landsleute in Siebenbürgen, s.a. Familien-Bibliothek fürs deutsche Volk.

Lörcher, Ulrich.) Unsere Landsleute in Siebenbürgen. (Erzählung für jung und alt nach alten Aufzeichnungen.) [Mit 4 Tafeln und illustriertem Umschlag.] II + 77 S. 8. Basel, Ernst Finckh, 1905 (*Innentitel:* 1906). [cart. fr. 1. —]
Familien-Bibliothek für's deutsche Volk. Nr. 131-132.

Lörcher, Ulr., die Familie Lavenstein, s.: Familienbibliothek, Calwer.

Lörcher, Ulr., der Leseteufel. Nach wahren Begebenheiten erzählt. (85 S. m. 1 Abb.) kl. 8. Dresden (907). M. Knappe. — 60; geb. — 90

— d. Müllerfritz. E. Erzählg. aus d. Handwerkerleben. 12. (79 S.) Ebd. 895. n. — 40; geb. in Leinw. n. — 80

— aus Ungarns Schreckenstagen. E. kultur- u. kirchengeschichtl. Erzählg. (Neue [Titel-] Ausg.) gr. 8. (VII, 246 S.) Straßburg (895). 896. C. A. Bomhoff. n. 3. —

— die Sennerei in den Vogesen. Erzählung. Buchschmuck v. Agnes Jäsrich. (195 S.) 8. Eisleben 906. Christl. Verein im nördl. Deutschland. Geb. in Leinw. n. 1. 20

Lörcher, Ulr., Susanne. Eine Erzählg. aus dem Dienstbotenleben unserer Tage. 12. (54 S. m. Titelbild.) Straßburg 901. Buchh. der ev. Gesellschaft. n. — 40; geb. n. — 50

— Aus den Tagen des Gefechts v. Saarbrücken u. der Schlacht bei Spichern, s.: Volksbücher, neue.

Lörcher, Ulrich: Treu im Glauben oder Die Leiden der Evangelischen im Münstertale im Elsaß. Alten Urkunden nacherzählt von –. Hrsg. v. Christl. Verein im nördl. Deutschland. Eisleben: Christl. Verein 1909. 174 S. 8°

Lörcher, Ulr., aus d. Volke f. d. Volk. Erzählgn. 8. (III, 176 S.) Konstanz 897. C. Hirsch. Geb. in Leinw. 1. 20

— e. Weihnachtsabend, s.: Altes u. Neues.

— wunderbar geführt, s.a. Bücherschatz, Barmer. 6.

Wunderbar geführt. Eine Erzählung nach wahren Begebenheiten von Ulrich Lörcher. Mit Bild. von R. Starcke. *Barmen: Wupperth. Trakt.-Ges.* [1899]. (82 S.) 8° [F.]
— Büchorschatz, Barmer. Bd 6. [01. 2687 5

Lörcher-Grupe, Erica, s. a.: Grupe-Lörcher, Erica.

— wie Annie's Neugier bestraft wurde!, s.: Kinderfreund, der. Nr. 11.

Lorck, A. Hermann von Salza. Sein Itinerar. (108) 8. Kiel 1880.

Lorck, C. B., s. Lorck, Karl B.

Lorck, C. G., s. Lorek

Lorck, Carl B., s. Lorck, Karl B.

Lorck, Etienne, altbergamaskische Sprachdenkmäler (IX—XV. Jahrh.), s.: Bibliothek, romanische.

Lorck, J. E.: Lautlehre eines Lateinisch-Bergamaskischen Glossars des XV. Jahrhunderts. ... Bonn, Univ.-Buchdr. v. Carl Georgi, 1890; 58 S. + 1 Bl. 8°
Bonn, Phil. Fak., Inaug.-Diss. v. 1. Aug. 1890

Lorck, Karl B.

Lorck, Carl B., die Druckkunst und der Buchhandel in Leipzig durch vier Jahrhunderte. Zur Erinnerung an die Einführung der Buchdruckerkunst in Leipzig 1479 und an die dortige Kunstgewerbe-Ausstellung 1879. gr. 8. (VIII, 164 S.) Leipzig 879, Weber. geb. *

Lorck's, Carl B., Eisenbahnbücher, s.a. Bergson-Sonneberg.

Lorck's, C. B., Eisenbahnbücher. Leipzig 858. Lorck. 8. Jede Nr. n. 10 ngr
Nr. 28. Nach Norwegen. Von Fr. Mehwald. (VII, 184 S.)
" 29. Eine Winterreise durch Lappland von Bayard Taylor. Deutsch bearb. von Friedr. Koßmann. (VII, 168 S.)
" 30. Leben Georg Stephensons. Nach dem Engl. des Sam. Smiles. (VI, 132 S.)
Nr. 1—27, s. Conversations- u. Reisebibliothek.

Lorck's, Carl B., Eisenbahnbücher. Leipzig 859, 60. Lorck. (Bergson-Sonneberg.) 8. Jede Nr. n. 10 ngr
31. Lebensbilder vom Sächsischen Erzgebirge von Berth. Sigismund. (VII, 136 S.)
32. Ein Winterfrühling in Nizza. Von A. C. Wiesner. (VIII, 86 S.)
33. Aus der Moldau. Bilder u. Skizzen von W. v. K. (2 Bl., 140 S.)
34. Drei Monate im Orient. — Egypten. — Palästina. — Syrien. — Persien. — Klein-Asien. — Türkei. Von einem Nordländer. (VI, 138 S.)
35. Reiseträume. Von Berlin bis Baden-Baden. Fresken von Heinr. Waldeck. (99 S.)
36. Leben u. Abenteuer des Freiherrn von der Trenck. Nach dem Französ. (VIII, 116 S.)
37. Aus dem Leben eines Deportirten. Aus dem Engl. (120 S.)

Lorck, Carl B., Geschichte des Vereins der Buchhändler zu Leipzig während der ersten 50 Jahre seines Bestehens 1833—1882. Festschrift, im Auftrage der Deputation des Vereins verfaßt. gr. 8. (XI, 206 S.) Leipzig 883, (Holtze.) ** 2 —

— Handbuch der Geschichte der Buchdruckerkunst. 1. Tl. Erfindung. Verbreitung. Blüte. Verfall. 1450—1750. gr. 8. (XVI, 304 S.) Ebend. 882. n. 6. —; geb. n. 7. 50

— Handbuch der Geschichte der Buchdruckerkunst. 2. Tl. Wiedererwachen u. neue Blüte der Kunst 1751—1882. gr. 8. (XIV, 493 S.) Leipzig 883. Weber. n. 8. —; geb. n. 10. — (cplt.: n. 14. —; geb. n. 17. 50)

—— Hausbibliothek. 22. 40. 48. 52. 62—72. Bd. gr. 8. Leipzig, Lorck. *

Inhalt:

Bd. 22. Fryxell, Andr., Geschichte Gustav Adolph's. Nach der 4. Aufl. des schwed. Orig. 2., unveränd. (Titel-)Ausg. Mit dem Portr. Gustav Adolph's nach Ant. van Dyk. (320 S. mit 1 Stahlst.) (852)59. * 1 Thlr.
" 40. Oersted, Hans Chrn., der Geist in der Natur. Deutsch von C. L. Kannengießer. 4. Aufl. 2 Bde. (in 1 Bde.) (LVI und 637 S.) 858. * 1 Thlr. 10 Ngr.
" 43. Thierry, Amedée, Attila und seine Nachfolger. Deutsch von Ed. Burckhardt. 2., unveränd. (Titel-)Aufl. (506 S.) (855)59. * 1 Thlr. 10 Ngr.
" 52. Wrightson, Rich. Heber, Geschichte des neuern Italiens. Von der französ. Revolution bis zum J. 1850. Aus dem Engl. von Jul. Seybt. 2., unveränd. Aufl. Mit dem Portr. des Papstes Pius IX. (XVI und 264 S. mit 1 Stahlst.) 859. * 1 Thlr.
" 62. Etzel, Ant. v., die Ostsee und ihre Küstenländer, geographisch, naturwissenschaftlich und historisch geschildert. (XIX und 520 S.) 859. * 1 Thlr. 10 Ngr.
" 63. Fryxell, Andr., Geschichte Karl des Zwölften. Nach dem Schwed. bearb. von Ant. v. Etzel. Mit dem Portr. Karls nach Chodowiecki. (1. Abthl. 336 S. mit 1 Stahlst.) 859. * 1 Thlr.
" 64. Südafrika und Madagaskar geschildert durch die neueren Entdeckungsreisenden, namentlich Livingstone und Ellis. (XI und 416 S.) 860. * 1 Thlr.
" 65. Cook, James, drei Reisen um die Welt. Neu hrsg. von Friedr. Steger. 2 Bde. (in 1 Bde.) (XXV und 576 S.) 858. * 1 Thlr. 10 Ngr.
" 66. Carné, Graf Louis de, die Begründer der französischen Staatseinheit. Der Abt Suger. — Ludwig der Heilige. — Ludwig XI. — Heinrich IV. — Richelieu. — Mazarin. Deutsch von Jul. Seybt. (VIII und 489 S.) 859. * 1 Thlr. 10 Ngr.
" 67. Sophokles. Deutsch von Osw. Marbach. Nebst einführender Abhandlung: Die griechische Tragödie und Sophokles mit erläut. Einleitungen und Anmerkungen. (XXIV und 470 S.) 860. * 1 Thlr. 10 Ngr.
Bd. 68. Das Nibelungenlied. Neuhochdeutsche Uebersetzung von Osw. Marbach. Nebst einführender Abhandlung: Das Nibelungenlied und die altgermanische Volkssage und mit ausführl. Inhaltangabe und Anmerkungen. (LXXI und 351 S.) 860. * 1 Thlr.
" 69. Roscoe, Will., Leben Lorenzo de' Medici genannt der Prächtige. Nach der 8. Aufl. des engl. Orig. deutsch bearb. von Friedr. Spielhagen. Mit dem Portr. Lorenzo's nach Vasari. (VIII und 239 S. mit 1 Holzschn. in Tondr.) 861. * 20 Ngr.
" 70. Forbes, C. S., Garibaldi's Feldzug in beiden Sicilien. Persönliche Erlebnisse. Nach dem Engl. von Jul. Seybt. Mit dem Portr. Garibaldi's. (VIII und 215 S. mit 1 Holzschn.) 861. * 20 Ngr.

• 71. Wilson, J. Leighton, West-Afrika geographisch und historisch geschildert. Aus dem Engl. von M. B. Lindau. (X und 317 S.) (861)62. * 1 Thlr.

• 72. Tegnér's, Esaias, ausgewählte Werke. Aus dem Schwed. von Edm. Lobedanz. Mit dem Portr. Tegnér's. (VIII und 290 S. mit 1 Stahlst.) (861)62. * 1 Thlr.

Vgl.: Hausbibliothek.

Die früheren Bände dieser Sammlung erschienen unter den Titeln: Hausbibliothek, culturgeschichtliche. — Hausbibliothek, historische. — Hausbibliothek für Länder- und Völkerkunde. — Hausbibliothek, naturwissenschaftliche.

— Hausbibliothek. Ebend. (Leipzig, Senf.) gr. 8.
2. Bd.: Geschichte von Belgien. Von H. Conscience. Aus dem Vlämischen von O. L. B. Wolff. 2. durchges. Aufl.. mit einem Anhang: Belgien von 1797—1863 u. dem Portr. des Königs Leopold I. (in Stahlst.) 863. (XII, 429 S.) n. 1 ℛ
43. Bd.: Attila u. seine Nachfolger. Von Amedée Thierry. Deutsch von Ed. Burckhardt. 2., unveränd. Aufl. 859. (506 S.) n. 1 ℛ 10 ngr.

Lorck, C. B., die Herstellung von Druckwerken, s.a. Herstellung, die.

—— die Herstellung von Druckwerken. Praktische Winke für Autoren und Buchhändler. 3. umgearb. und verm. Aufl. gr. 8. (VIII, 174 S.) Ebendas. 879. geb. *

—— die Herstellung von Druckwerken. Praktische Winke für Autoren und Buchhändler. 4. durchges. und verm. Aufl. gr. 8. (VIII, 195 S.) Ebendas. 883. geb. * 5 —

Lorck, C. B., graphische Künste, s.a. Bericht, amtlicher, üb. die Wiener Weltausstellung.

Lorck CB, die graph. Künste a. d. Ausstellung zu Wien. (135 S) Braunschweig 1875

Carl B. Lorck's Skandinavischer Lagerkatalog Oster-Messe 1857. Leipzig. 1857. 4°.

Lorck's, Carl B., Zeithefte. Leipzig 859, 60. Lorck. 4.
1. Wie der Krieg entstand. Geschichtliche Uebersicht der europäischen Verwickelungen seit dem Pariser Frieden. 2. durchges. Aufl. (32 Sp.) 5 ngr.
2. Politische Tagescharaktere Italiens. Victor Emanuel II. Leopold II. Pius IX. Franz II. rc. 3. verm. Aufl. (36 Sp.) 5 ngr.
3. Das Kriegstheater in Oberitalien als Text zu jeder Kriegskarte. 2. durchgesehene Aufl. (28 Sp.) 5 ngr.
4. Kaiser Franz Joseph, seine Feldherren u. Staatsmänner. Franz Joseph, Kaiser von Oesterreich. Erzherzog Albrecht. Karl Ferd. Graf v. Buol-Schauenstein rc. 2. unveränd. Abdr. (32 Sp.) 5 ngr.
5. Ludwig Napoleon u. die Diener seines Willens. Napoleon III. Hieronymus Napoleon. Prinz Napoleon. Prinz Murat rc. 2. verb. Aufl. (40 Sp.) 5 ngr.
6. Das Königreich Sardinien. Eine historisch-politisch-statistische Skizze. (48 Sp.) 5 ngr.
7. Magenta u. Solferino. Geschichte des Italienischen Krieges bis zum Abschluß des Waffenstillstandes. Nebst 1 Karte von Oberitalien (in Holzschn.). (39 Sp.) 5 ngr.
8. Der Kirchenstaat. Eine historisch-politisch-statistische Skizze. Mit dem Portr. des Papstes Pius IX. (in Stahlst.) (32 Sp.) 5 ngr.
9. Die westslavischen Völker, ihre Stellung in Europa u. ihre Bestrebungen. (36 Sp.) 5 ngr.
10. Das Königreich Neapel unter der Regierung Ferdinand II. (48 Sp.) 5 ngr.
11. Die Schillerfeier der alten u. neuen Welt. 1. u. 2. unveränd. Abdr. (86 Sp.) 10 ngr.
12. Die Polarreisen u. Capitain Mac Clintock's Expedition zur Aufsuchung Sir John Franklin's. (48 S.) 10 ngr.
13. Die Lombardei u. die mittelitalienischen Herzogthümer bis zu ihrer Annexation mit Sardinien. Eine historisch-politisch-statist. Skizze. (48 Sp.) 5 ngr.
14. Sicilien unter neapolitanischer Herrschaft. (32 Sp.) 5 ngr.

Lord, Therese, f.: Schneeflocken v. nord. Weihnachtshimmel.

Lord, der gelb gewordene, auf Jamaika. Ein Taschenbuch für d. Jahr 1811. 8. Wien, (Gerold). 1 ℛ Pbz. Pr. 8 gr

Lord, Der gelbgewordene, auf Jamaika. Ein Taschenbuch f. d. J. . . . . 1811. 80 S.
Wien u. Triest. Goed. VIII, 76, 138.

Lord, Der, aus dem Stegreif. Eine Geschichte. Leipzig 1789. V: *Cazotte, Jacques.* Ü: *Schatz, Georg.* (Weigel-Leipzig, Kryptadia Nr. 2, S. 5.)

Lord, der, aus dem Stegreife. 8. Leipz. 789. Dyck. 20 gr

Lord, Edwin Chesley Estes [aus Brooklyn, New-York, U. S. A.]: Ueber die Basalte des Fichtelgebirges ... Heidelberg, Univ.-Buchdr. v. J. Hörning, 1894; 35 S. 8.
Heidelberg, Naturw.-math. Fak., Inaug.-Diss. v. [2. März] 1894

Lord, Josef

Lord, J., cultur-historische Reminiscenzen. 1. Thl. gr. 8. (175 S.) Pressburg 887. (Stampfel.) n.n. — 80

Lord, R. T., Handbuch f. Musterzeichner, s.a. Lieb, F.

Handbuch für Musterzeichner der Textil-Kunstindustrie. Frei bearbeitet nach dem Englischen des R. T. Lord von Ferdinand Lieb. Mit 127 Abbildungen. Wien. Pest. Leipzig. 1900. Hartleben. Gr.-8°. VIII, 238 S. Geb. fl. 3.30

Lord's (,T. W.,) Cincinnati Counterfeit-Detector und Banknoten-Reporter. 1. Jahrg. Juli 1853 — Juni 1854. 12 Nrn. Lex.-8. (Nr. 1. 72 S. mit eingedr. Holzschn.) Cincinnati 854. (Philadelphia, Schäfer und Koradi.) *

Lordat, J., Blutausflüsse, theoret. u. prakt. dargestellt. Aus d. Franzos., mit Anmerkk. von G. A. Wendler. 8. Leipz. 811. Hinrichs. 1 ℛ 8 gr Schrbp. 1 ℛ 10 gr Velinp. 2 ℛ

Lordong, Henry, Führer durch Echternach u. seine Umgebung, s.a. Schweiz, kleine Luxemburger. — Suisse, petite luxembourgeoise.

Lordong, Henri: Kleine Luxemburger Schweiz.
I. Führer durch Echternach und seine Umgebung.
Trier o. J. 16, 11 S. 8°

Lordong, Henri: Petite Suisse luxembourgeoise.
I. Guide illustré pour Echternach et ses environs.
Trèves o. J. 27, 11 S. 8°

Lord's prayer, the. With illustrations by Ludw. Richter. Fol. (8 Holzschnt. mit Titel in Holzschn.) Dresden 858, [Richter.] *

Lord's Supper, the. Christ and his twelve Disciples. From the original crayon-drawings of Leonardo da Vinci in the possession of Her Royal Highness the Grand Duchess of Saxe-Weimar by John Niessen. With explanatory text by J. Sighart. Grösse IV. gr. 4. (4 S. mit 13 Photogr.) München 874, Bruckmann's Verlag. geb. mit Goldschn.

—— dass. — Grösse V. 4. (18 S. mit 13 Photogr.) Ebendas. 874. geb. mit Goldschn.

LORE. Das Liebesleben einer kleinen Berlinerin. Ein Roman. Sittenbild aus dem Berliner Nachtleben. Privatdruck. 600 Exempl. 1910. 8°. 179 S.
Sotadikum.

LORE, die Großstadtdirne oder die Sünden der Welt. Roman aus dem Leben einer Berliner Lebedame. Copyright Jean Smith Companie, San Reanuse. Ins Deutsche übersetzt von Walter Graulien. O. J. 8°. 120 S.
Verb. d. Ldg. Stuttgart 7. 5. 20; 7 B. S. 7606.

[Umschlagt.:] Atlas v. Süddeutschland nebst e. Kt. v. Europa u. den Planigloben. Bearb. u. hrsg. v. C. **Loreck**, k. Major z. D. in Regensburg, u. A[lbert] Winter, k. Prof. ... in München. *München: Piloty & Loehle 1897.* (3 Ktnbl.) 1 Bd 2. [98. 128

Loreck, Hugo [aus Creisfeld]: Bernhard I., der Askanier, Herzog von Sachsen '(1180—1212)'. '(Tl 1.)' ... (Erschien vollst. in: Zeitschr. d. Harzver., XXVI.) Halle a. S., Druck v. B. Angerstein, Wernigerode, 1893; 34 S., 1 Bl. 8.
Halle, Phil. Fak., Inaug.-Diss. v. [9. Sept.] 1893

LOREDANNO, der Wunderbare. Eine italienische Geschichte früherer Zeiten. Mit Titelkpfr. Wien, Wallishausser, 1803. 8⁰. 159 S. Zahm.

Loredano, der Wunderbare; e. ital. Gesch. früherer Zeiten. 8. Lpz. Joachim. 803.

LOREDANO, Giov. Francesco, de Venetia (1606—61)

— — Gli Scherzi Geniali oder Sinnreiche Vorstellungen in zierlichen Reden abgefasset, u. mit schönen Moralien ausgezieret. Ital. u. Teutsch. Hamburg, Sam. Heyl, 1711.

Lorek, C. G., Fauna Prussica. — Abbildn. d. Säugethiere, Vögel, Amphibien u. Fische Preussens. 1—3. Hft. gr. 4. Königsberg 834, 35, (Gräfe u. Unzer.) [1. (17 ill. u. 2 schw. Kpfrt. u. $^3/_4$ B. Text.), 2. (16 ill. Kpfrt. u. $^1/_4$ B. Text.), 3. (17 ill. Kpfrt.)] à

—— Flora Prussica. — Abbildn. sämmtl., bis jetzt aufgefund. Pflanzen Preussens. 12 Hfte. (6 Doppelhfte. m. 210 ill. Kpfrt. u. 1 Hft. Text.) ($7^1/_2$ B.) Schmal gr. 4. Königsberg 826—30, Unzer.

Lorek, C. G., Flora prussica. Abbildungen sämmtl. bis jetzt aufgefundener Pflanzen Preussens. 24 Hfte. 3., verb. Ausg. gr. Lex.-8. (40 Taf. Abbild. u. Text) Königsberg 846, Universitätsbh. * 12 Thlr., halb ill. * 16 Thlr., M. ganz ill. Taf. *

Lorek E. F. Die Bahn der Semele. 1868. 8.
Diss. Königsberg

Lorek, Georg (Eduard) (geb. Königsberg i. Pr. 15. 10. 1836): De cirrhosi hepatis. Berolini (1862). (32 S.) 8°
Berlin, Med. Diss. v. 3. Juli 1862

Loreley. Illustr. Zeitg. f. deutsche Litteratur u. Kunst. Red.: Peter Kempgens. 1. Jahrg. Novbr. 1899—Dezbr. 1900. 27 Nrn. gr. 4. (à ca. 16 S.) Düsseldorf, Loreley-Verlag Jüngst & Co. n. 6.—

Loreley, die. Ein dramat. Scherz in 2 Bildern m. e. Vorrede, in vogtländischer Mundart v. *,*. 12. (46 S.) Plauen 891. F. E. Neupert's Verl. n. — 75; kart. n. 1.—

Lorenbeck, F., Abhandlung über die canonischen Bestimmungen für die Errichtung der Testamente der Geistlichen, s. Sammlung der gekrönten Preisschriften von Curatgeistlichen der Diöcese Münster.

Lorenc, Artur: Die Eisenbahnpolitik Ungarns. Heidelberg 1909: Geier. VIII, 140 S. 8°
Heidelberg, Phil. Diss. v. 16. Sept. 1909, Ref. Gothein
[Geb. 22. Aug. 87 Krompach; Wohnort: Budapest; Staatsangeh.: Ungarn; Vorbildung: ev. Obergymn. Budapest Reife O. 05; Studium: Cöln Handelshochsch. 4, Zürich 1, Heidelberg 3 S.; Rig. 15. Mai 09.] [U 10. 2149

Lorens, Carl, das Cul de Paris, musikalisch bearb. v. Th. F. Schild, u. andere neueste Couplets u. Lieder. 8. (32 S.) München 891. Münchner Verlagsinstitut, F. Braunbeck. — 10

Lorens, Carl, noch zweimal fünfzig „Neue" à la „Klapphorn". 8. (30 S.) Wien 885. Neidl. n. — 60

— 100 Verse à la Klapphorn. 8. (32 S.) Ebend. 886. n. — 60

Lorensi

— — Regierungsrath, Amüsant-schauerliches u. schauerlich-amüsantes Liebesabenteuer eines russischen Officiers an den Gestaden des asowschen Meeres, oder: Nixe Rusalka. kl. 8. (70 S.) Wien, Gorischek. 40 kr.

Lorensi, Joh. Konst., Anti-Candide oder die wirklich beste der Welten. 8. (36 S.) Wien 863, (Typographisch-literarisch-artistische Anstalt.) *

— ein Blick auf Spanien u. die Spanier unter der Botmäßigkeit der maurischen Araber. Fragmente aus den Geschichtswerken des Don Diego Hurtado de Mendoza, Padre Don Juan Mariana, Don Faustino de Borbon y Conde rc. Zusammengestellt u. verdeutscht. Wien 864. Gorischek. 8. (128 S.) 16 ngr.

Lorensi, Joh. Konst., meine Erlebnisse von der Wiege zum Sarge. Wien 863. Typographisch-literarisch-artistische Anstalt. gr. 8. (140 S.) 24 ngr.

—— amüsant-schauerliches und schauerlich-amüsantes Liebesabenteuer eines russischen Offiziers an den Gestaden des asowschen Meeres oder Nixe Rusalka. 8. (70 S.) Wien 863, Gorischek's Universitäts-Buchh. *

— amüsant-schauerliches u. schauerlich-amüsantes Liebesabenteuer eines russischen Offiziers an den Gestaden des asowschen Meeres oder Nixe Rusalka. Ebend. 864. 8. (70 S.) n. 8 ngr.

Lorent, A. v., Denkmale des Mittelalters in dem Königreich Württemberg. Photographisch mit erläut. Texte dargestellt. [Text.] Mannheim 869. Bensheimer. 8. n.n. 2 ♃ $17^1/_2$ ngr.
Denkendorf. (III, 66 S.) n.n. 15 ngr. — Die Johannis-Kirche u. die Kirche des heil. Kreuzes in Schwäbisch-Gmünd. (III, 81 S.) n.n. 15 ngr. — Blaubeuren. (III, 155 S.) n.n. 25 ngr. — Brenz. (III, 35 S.) n.n. $7^1/_2$ ngr. — Die Stifts-Kirche von Ellwangen. (III, 77 S.) n. 15 ngr.

— Wimpfen am Neckar. Geschichtlich u. topographisch nach historischen Mittheilungen u. archäolog. Studien dargestellt. Stuttgart 870. Werther. gr. 8. (VIII, 335 S.) n. 2 ♃

Lorent E.: Ueber die Wuthkrankheit d. Hunde. Vortr. [1866]. (20) S. (Sætr.). P.

Lorent, Ed., die Aufgabe der Gesundheitspflege in Bezug auf die athmosphärische Luft. gr. 8. (45 S.) Leipzig 873. Veit & Co. n. 1. 20

Lorent, Ed., über die Gesundheitspflege auf Seeschiffen. Vortrag, gehalten am 7. April 1868 in dem Verein für öffentliche Gesundheitspflege zu Bremen. Bremen 868. (Halle, Gesenius.) gr. 8. (29 S.) n. 5 ngr.

—— s. Jahresbericht über den öffentl. Gesundheitszustand in Bremen.

— die hypodermatischen Injectionen nach clinischen Erfahrungen. Leipzig 865. Veit & Co. gr. 8. (III, 48 S.) n. 12 ngr.

Lorent, Felix, Ref. bei der Kgl. Staatsanwaltschaft zu Kiel: Die Novation unter der Herrschaft des B.G.B. Borna-Leipzig 1905: R. Noske. (IX, 41 S.) 8° [J.]
Leipzig, Jur. Fak., Diss. v. 1. Dez. 1905
[Geb. 14. Nov. 77 St. Vith; Wohnort: Düsseldorf; Staatsangeh.: Preußen; Vorbildung: Gymn. Weilburg Reife O. 00; Studium: Heidelberg 1, Bonn 5 S.; Rig. 22. Juli 03.]

Lorent, J. A., de animalculis infusoriis. 4maj. (5 B.) Mannhemiis 837, Hoff. *

Lorent, J. A., Wanderungen im Morgenlande während den Jahren 1842—1843. gr. 8. (22 B.) Mannheim 846, Löffler.

Lorent, Jacob, approb. Arzt aus St. Vith: **Aus d. Krankenhause d. Barmherzigen Brüder zu Bonn. Über Ileus nach Trauma.** *Bonn 1902: C. Georgi.* (47 S.) 8°
Bonn, Med. Diss. v. 18. Juli 1902

Lorent, Kurt, Richter in Vertretung, s.: Dilettanten-Bühne, katholische.

Lörenthey, Emerich, die pannonische Fauna v. Budapest. (S. 187—295 m. 18 Taf. u. 13 Bl. Erklärgn.) 4. Stuttgart 902. E. Schweizerbart. n. 40.—
Sonderabdruck aus: „Palaeontographica".

Lörenthey, Emerich, die oberen pontischen Sedimente u. deren Fauna bei Szegzárd, Nagy-Mányok u. Árpád,
— die pontische Stufe u. deren Fauna bei Nagy-Mányok im Comitate Tolna,
s.: Mitteilungen aus dem Jahrbuche der kön. ungar. geologischen Anstalt.

(**Lorentsen, Joh.**) Tagregister über Christians V. glorwürdigste Lebens- und Regierungsgeschichte. 8. Kopenhagen 1701.

Lorentz, German with pronunciation. 24. (108 S.) New-York 857. (Philadelphia, Schäfer und Koradi.)

Lorentz, A., der Invalide, s. Franzosen, die, d. neuest. Zeit.

Lorentz, A.: Ut'n Wepeldurn. En Schock plattdütsche Gedichten. Boitzenburg: Lorentz 1909. 111 S. 8°

Lorentz, Albert: Die Erste Person Pluralis des Verbums im Altfranzosischen .... Heidelberg, Univ.-Buchdr. v. J. Hörning, 1886; 45 S. 8°.
Strassburg, Phil. Fak., Inaug.-Diss. v. 1886.

Lorentz, Alfr., der Mönch v. Sendomir. (Nach e. Novelle v. Grillparzer.) Oper in 3 Akten nebst e. Prolog u. Epilog. Dichtung v. Frz. Kaibel. Musik v. L. (Textbuch.) (64 S.) 8. Karlsruhe (906). F. Gutsch. —80

Lorentz, B., De amicorum in Ovidii Tristibus personis. Diss. 1881. 50 S.

Lorentz, B[alduin]: Kulturgeschichtliche Beiträge zur Tierkunde des Altertums. XXVII S., 1 S. ungez. 4.
Progr. Kgl. Gymn. *Wurzen i. S.* 1904 (635).
Haushuhn. Pfau. Fasan. Perlhuhn. Francolinhuhn. Birkhuhn. Auerhahn. Schneehuhn. Purpurhuhn. Rebhuhn. Wachtel.

Lorentz, B(alduin), Prof. Dr.: **Kulturgeschichtliche Beiträge zur Tierkunde des Altertums. Wurzen 1904: G. Jacob.** (S. I—XXVIII.) 4°
Wurzen, k. G OP 1904 (635)

Lorentz, B., die Taube im Altertume. gr. 4. (43 S.) Leipzig 886. Fock. n. 1. 50

Lorentz Bernhard: Größe und Masse der Weltkörper. 81. Kalksburg 99. Progr.

Lorentz, Friedrich [Hrsg.], s. Mitteilungen des Vereins für kaschubische Volkskunde.

Lorentz, C., der praktische kaufmännische Rechner. Zur Selbstbelehrung für Handelsbeflissene, sowie für alle jene, welche sich in kürzester Zeit die im Geschäftsleben vorkommenden Rechnungsaufgaben auf eine leichtfassliche Art gründlich aneignen wollen. Wien 868. Sallmayer & Co. gr. 8. (IV, 224 S.) n. 1 ℛ 6 ngr.

Lorentz, Carl, s. Lorentz, Karl

Lorentz, Caspar Joseph, s. Lorentz, Kaspar Joseph

Lorentz, Chr. Gotth. (Zwönitz), Jus relvendi pignoris an tempore longissimo praescribatur. Lpz. (Langenheim) 12. VIII. 1762. 8 S. (4.—)
21597

Lorentz, E. v., d. Offenbarung St. Johannis, nach d. Vorlesgn. d. weil. Professors d. Theologie an der Universität Erlangen J. Ch. K. v. Hofmann f. d. Verständnis d. gläub. Gemeinde bearb. gr. 8. (IV, 274 S.) Leipzig 896. A. Deichert Nachf. n. 3. 25

Lorentz, E., üb. die sogenannten ästhetischen Werke Sören Kierkegaards. Versuch e. Deutg. 8. (105 S.) Leipzig 892. Fr. Richter. n. 1. 60

Lorentz, F., das Gesetz, betr. Kinderarbeit in gewerblichen Betrieben. Vom 30. III. 1903. Winke f. die Durchführg. desselben unter Mitwirkg. der Lehrer u. Lehrerinnen. Nebst Anh., enth. den Wortlaut des Gesetzes, Bekanntmachgn. betr. Abändergn., die erlassenen Ausführungsbestimmgn. sowie e. orientier. Tabelle. Zum Gebrauch f. Gewerbetreibende u. Handwerker, Gemeindevorstände, Polizeibehörden, Schulinspektoren u. Lehrer dargestellt. (IV, 72 S.) 8. Langensalza 904. Schulbuchh. n. — 75

Lorentz, Franciscus Theodorus Paulus, s. Lorentz, Paul

Lorentz, Fridericus: De Carolo Magno, literarum fautore. Halae (1828): Schimmelpfennig. 45 S. 8°
Halle-Wittenberg, Phil. Hab.-Schr. v. 5. Nov. 1828
Im Buchhandel Halle: Anton 1828.

—— de Carolo magno, literarum fautore. 8. (3 B.) Halae 828, Anton.

—— der falsche Demetrius. Ein Vortrag gehalten im März 1861 im Donnerstagsverein zu Bonn. gr. 8. (27 S.) Berlin 862, H. Müller.

Lorentz, Frdr., die Elektrizität als Naturkraft u. Kulturmacht. I. Bd. Grunderscheinungen u. Anwendgn. des elektr. Stromes. Eine Einführg. in die Elektrotechnik. Zum Gebrauch f. Lehrer, f. den Unterricht an Gymnasien, Realschulen, gewerbl. Fortbildungsanstalten u. zum Selbstunterricht. (VIII, 84 S. m. 39 Fig. u. 1 Taf.) 8. Langensalza 908. J. Beltz. Kart. 1. 50

-s.a. Geschichte Alfred d. Großen.

Lorentz, F. Geschichte Alfreds des Grossen, übertragen aus Turner's Geschichte der Angelsachsen übers. u. bearb. 8. Hamburg 1827.

Lorentz, Dr. Friedrich. Geschichte Alfreds des Grossen, übertragen aus Turners Geschichte der Angelsachsen, nebst der Lodbrokar-Quida in dem Urtext und einer metrischen Uebersetzung. 8. Hamburg 1828.

— neueste Geschichte von den Wiener Verträgen bis zum Frieden von Paris (1815—1856). Hersg. von Theodor Bernhardt. Berlin 867. Guttentag. gr. 8. (XVI, 492 S.) n. 2 ℛ 10 ngr.

Lorentz, Frdr., slovinzische Grammatik. (XX, 892 S. m. 1 Karte.) gr. 8. St. Petersburg 903. (Leipzig, Voss' Sort.) n. 4. —

Grunderscheinungen und Anwendungen des elektrischen Stromes. Eine Einführung in d. Elektrotechnik ... von Friedrich **Lorentz**. Mit 39 Fig. u. 1 Taf. Langensalza: J. Beltz 1908. (VIII, 84 S.) 8°
= **Lorentz**: Die Elektrizität als Naturkraft u. Kulturmacht. Bd 1. [08. 14345]

— Handbuch d. deutschen Geschichte. gr. 8. Halle 830. E. Anton. 1 ℛ 6 𝔤𝔤

Lorentz, Fr., Alcuins Leben. Ein Beitr. z. Staats-, Kirchen- u. Culturgesch. d. karoling. Zeit. gr. 8. (18 B.) Halle 829, Kümmel. 1 Thlr. 8 Gr., Schrbp. 1 Thlr. 16 Gr., Schwzrp. Thlr.

Lorentz, Frdr., s.: Mitteilungen des Vereins f. kassubische Volkskunde.

Die Mitwirkung der Schule im Kampfe gegen die Tuberkulose. Vortrag geh. 1910 von Friedrich **Lorentz**. Charlottenburg: Müller 1910. 20 S. 8°

LORENTZ, GEORG. Ueber das Pinylamin. Ein Beitrag zur Kenntnis der Terpene. Göttingen, 1891.

Lorentz, Friedrich: Über das schwache Präteritum des Germanischen und verwandte Bildungen der Schwestersprachen. E. sprachwissenschaftl. Untersuchg ... Leipzig, Druck v. Breitkopf & Härtel, 1894; 79 S. 8.
Leipzig, Phil. Fak., Inaug.-Diss. v. [30. Juli] 1894

Lorentz, Frdr., üb. das schwache Präteritum des Germanischen u. verwandte Bildungen der Schwestersprachen. Eine sprachwissenschaftl. Untersuchg. gr. 8. (79 S.) Leipzig 894. O. Harrassowitz. n. 2. —

Lorentz, Frdr., Sozialhygiene u. Schule. Ein Beitrag zum Ausbau der hygien. Fordergn. moderner Sozialpädagogik. (VII, 162 S.) gr. 8. Hamburg 906. L. Voss. n. 2. 50

Lorentz, Friedr., de **Aristophanis** spe atque imagine reipublicae Atheniensium restituendae. Dissertatio inauguralis philologica. Berlin 865. (Calvary & Co.) gr. 8. (32 S.) n. 10 *ngr.*

Lorentz, Frid. (geb. Kreuznach 16. 11. 1803): De statu in quem Sicilia a Normannis redacta sit. Berolini (1826). (08 S.) 8°
Berlin, Phil. Diss. v. 13. Sept. 1826

Lorentz, Friedrich: [Russ. u. Ant.] Slovinzische Texte. Friedrich Lorentz. Izdanie Vtorogo Otdelenija Imp. Akad. Nauk. St. Petersburg: Acad. Imp. d. sciences 1905. VI, 150 S. 8°

Wesen der Tuberkulose als Volkskrankheit und ihre Bekämpfung durch die Schule. Eine Anweisung für die Lehrerschaft. Professor Dr. NIETNER, Generalsekretär des Deutschen Zentral-Komitees zur Bekämpfung der Tuberkulose und FRIEDRICH LORENTZ, Lehrer. 6. bis 25. Tausend. Berlin 1909. Verlag des Deutschen Zentral-Komitees zur Bekämpfung der Tuberkulose. 8°.

— Slovinzisches Wörterbuch. 1. Tl. (IV, 738 S.) gr. 8. St. Petersburg 908. (Leipzig, Voss' Sort.) 9. —

Lorentz, Georg [aus Glauchau]: Ueber das Pinylamin. Ein Beitrag zur Kenntnis der Terpene. . . . Göttingen, Buch- u. Steindr. v. L. Hofer, 1891; 45 S., 1 Bl. 8°
Göttingen, Phil. Fak., Inaug.-Diss. v. [24. Jul.] 1891

Lorentz, Geo., üb. das Pinylamin. Ein Beitrag zur Kenntnis der Terpene. Diss. gr. 8. (45 S.) Göttingen 891. (Vandenhoeck & Ruprecht.) n. 1. —

Lorentz, Gottlieb von, approb. Arzt aus Kirchditmold: **Aus d. Frauenheilanstalt von Dr. Theilhaber. München. Beitrag zur pathologischen Anatomie der 'chron. Metritis'.** *Kiel 1904: L. Döll, Cassel.* (15 S.) 8°
Kiel, Med. Diss. v. [18. Apr.] 1904

Lorentz, Guido, aus Glauchau (Sachs.), Assist. am chem. Inst. d. Univ. Jena: **Beiträge zur Kenntnis der Diazoanhydride.** *Jena 1902: G. Neuenhahn.* (34 S.) 8°
Jena, Phil. Diss. v. (31. Juli) 1902

Touristen-Führer für Cassel und Wilhelmshöhe sowie d. nähere u. weitere Umgebung von H. F. **Lorentz.** 2., gänzl. umgearb. Aufl. Cassel: C. Vietor 1907. (86 S.) 8° [F.] [07. 12398 4

Lorentz, Hans, appr. Arzt a. Hamburg: **Ueber echte Geschwülste in und an der Milz unter Anführung eines außergewöhnlich großen und mit lokaler Amyloidbildung einhergehenden Fibrolipoms.** Würzburg 1905: P. Scheiner. (44 S.) 8°
Würzburg, Med. Fak., Ref. v. Rindfleisch, Diss. v. 9. März 1905
[Geb. 14. Febr. 78 Hamburg; Wohnort: Hamburg; Staatsangeh.: Preußen; Vorbildung: Gymn. Wandsbeck Reife M. 98; Studium: Würzburg 1, Marburg 1, Würzburg 4, Berlin 1, Würzburg 3 S.; Coll. 8. Febr. 05; Approb. 25. Dez. 03.]

Lorentz, Hans, der Ideengehalt der **Versunkenen Glocke.** gr. 8. (16 S.) Leipzig 898. Dr. Seele & Co n. — 30

Lorentz, Hendrik Antoon

Lorentz, H. A., **Abhandlungen** üb. theoretische Physik. (In 2 Bdn.) I. Bd. 1. Lfg. (298 S. m. 8 Fig.) Lex.-8. Leipzig 906. B. G. Teubner. n. 10. —

Lorentz, H. A., **Abhandlungen** üb. theoret. Physik. 1. Bd. (IV, 489 S.) Lex. 8. Leipzig 907. B. G. Teubner. Geb. in Leinw. 17. —

Lorentz, H. A., sichtbare u. unsichtbare **Bewegungen.** Vorträge, auf Einladg. des Vorstandes des Departements Leiden der Maatschappij tot nut van't algemeen im Febr. u. März 1901 geh. Unter Mitwirkg. des Verf. aus dem Holl. übers. v. G. Siebert. gr. 8. (V, 123 S. m. 40 Abbildgn.) Braunschweig 902. F. Vieweg & Sohn. n. 3. —; geb. in Leinw. n 3. 80

— Sichtbare u. unsichtbare **Bewegungen.** Vorträge, auf Einladg. des Vorstandes des Departements Leiden der Maatschappij tot nut van't algemeen im Febr. u. März 1901 geh. Unter Mitwirkg. des Verf. aus dem Holl. übers. v. G. Siebert. 2., vom Verf. rev. Aufl. (VII, 123 S. m. 40 Abbildgn.) gr. 8. Braunschweig 910. F. Vieweg & Sohn. 3.—; geb. 4. —

— **Ergebnisse u. Probleme der Elektronentheorie.** Vortrag, geh. am 20. XII. 1904 im elektrotechn. Verein zu Berlin. 2., durchgeseh. Aufl. (III, 59 S. m. Fig.) 8. Berlin 906. J. Springer. n. 1. 50
1. Aufl. (62 S.) 905. n. 1. 50.

Lorentz, H. A., über das Gleichgewicht der lebendigen Kraft unter Gasmolekülen. [Mit 7 Holzschn.] [Aus: „Sitzungsber. d. k. Akad. d. Wiss."] Lex.-8. (38 S.) Wien 887. (Tempsky.) n.n. — 70

— s.: **Guinea,** nova.

— **Lehrbuch** der Differential- u. Integralrechnung u. der Anfangsgründe der analytischen Geometrie. Mit besond. Berücksicht. der Bedürfnisse der Studierenden der Naturwissenschaften. Unter Mitwirkg. des Verf. übers. v. G. C. Schmidt. gr. 8. (VII, 476 S. m. 118 Fig.) Leipzig 900. J. A. Barth. n. 10. —; geb. in Leinw. n. 11. —

— **Lehrbuch** der Differential- u. Integralrechnung, nebst e. Einführg. in andere Teile der Mathematik. Mit besond. Berücksicht. der Bedürfnisse der Studierenden der Naturwissenschaften bearb. Unter Mitwirkg. des Verf. übers. v. G. C. Schmidt. 2. Aufl. (VI, 562 S. m. 129 Fig.) gr. 8. Leipzig 907. J. A. Barth. 12. —; geb. in Leinw. 13. —

— **Lehrbuch der Physik. Zum Gebrauche bei akadem. Vorlesgn. Nach der 4., v. H. A. Lorentz u. L. H. Siertsema bearb. Aufl. u. unter Mitwirkg. des Verf. aus dem Holl. übers. v. G. Siebert. 1. Bd. (V, 482 S. m. 236 Abbildgn.) gr. 8. Leipzig 906. J. A. Barth.** n. 8. —; geb. in Leinw. n. 9. —

— Lehrbuch der Physik. Zum Gebrauche bei akadem. Vorlesgn. Nach der 4., v. H. A. Lorentz u. L H. Siertsema bearb. Aufl. u. unter Mitwirkg. des Verf. aus dem Holl. übers. v. G. Siebert. 2. (Schluss-)Bd. (III, 621 S. m. 257 Abbildgn.) gr. 8. Ebd. 907. 10.—; geb. in Leinw. 11. —

— The theory of electrons and its applications to the phenomena of light and radiant heat, s.a. Teubner's, B. G., Sammlung v. Lehrbüchern auf dem Gebiete der mathemat. Wissenschaften.

Lorentz, Hendrik Antoon: The Theory of electrons and its applications to the phenomena of light and radiant heat. A course of lectures delivered in Columbia Univ., New York, 1906 by H[endrik] A[ntoon] Lorentz, Prof., Leiden. Leipzig: Teubner 1909. 332 S. 8°
(B. G. Teubners Sammlung von Lehrbüchern auf d. Geb. d. math. Wissenschaften. Bd 29.)

Lorentz, H. A., Versuch e. Theorie d. electrischen u. optischen Erscheingn. in bewegten Körpern. gr. 8. (III, 139 S.) Leiden 895. Buchh. u. Druckerei vorm. E. J. Brill. n.n. 2 50

— **Versuch e. Theorie der elektrischen u. optischen Erscheinungen in bewegt. Körpern. Unveränd. (anastat.) Abdr. der 1895 bei E J. Brill in Leiden erschienenen 1. Aufl. (III, 139 S.) gr. 8. Leipzig 906. B. G. Teubner.** Geb. in Leinw. n. 8. 20

Lorentz, Johann Michael

Lorenz, Jh. Mich., († d. 2. April 1801.) Acta Trudperti, Martyris, antiquissima ad illustrandas origines domus Habsburgico-Austriacae. 4. Strassb. 777.

— Elementa historiae Germaniae usib. auditor. edita. 8. Strasb. Acad. 785.

— Elementa historiae universae etc. 8. Strasburg. Stein. 775.

Lorentz, Johann Michael [Praes.], s. Emmerich, Joh. Pet.: De fictitia agendorum ecclesiasticorum Argentinensium circa libros n. t. canonicos discordia.

— **Joh. Mich., Examen decreti imperatoris Phocae de primatu Romani pontificis. Strassburg (P. J. Dannbach) 22.—28. IX. 1785. 72 S. (6.—) 21609**
Resp.: J. Chr. Stolz, Gg. Fr. Weis, J. J. Hasselmann, Gg. Fr. Gerhard (sämtl. aus Strassburg). — Gew.: Fr. S. v. Berckheim, J. H. Gangolff, Fr. H. Henneberg u. E. Brackenhoffer.

Lorenz, I. Mich., historia Galliae in tabul. redacta. 8. maj. Strasb. Treuttel. 788.

— urbis Argentoratensis brevis historia, ab A. C. 1—456. 4. Strassb. 789.

— Viro M. **Theophilo Lorenz** gratulantur amicorum ipsius nonnulli, praem. diss. philol.-exegetica. Zwickau (Hoefer) 1813. 19 S. (3.—) 21610

— summa historiae Gallio-Francicae civilis et sacrae. IV Voll. 8maj. Strassb. 790—93. Treuttel u. W. 5 Rthlr

— tabulae temporum factorumque orbis terrae ab a. m. 1 —4000. Fol. Strassb. 785. Acad. B. 8 gGr

— tabulae temporum Germaniae. Fol. Strassb. 785. Acad. 9 gGr

— Tentamen interpretationis novae LXX hebdomadum Danielis cap. IX. 4. Strassb. 781.

— Trauerreden bei d. Tode d. Dauphins, aus d. Latein. 8. Straßb. 775. Stein. 5 gGr

Lorentz, Johs., Sixtus V. u. seine Zeit. gr. 8. (XVI u. 406 S.) Mainz 852, Kirchheim & Schott. 1⅓ Rthlr

Lorentz, Jos., u. Jos. **Wessely**, die Bodencultur Oesterreichs. Im Auftrage d. k. k. Ackerbauministeriums red. gr. 8. (VII, 557 S.) Wien 873. Faesy & Frick in Comm. n. 10. —

Lorentz, Julius, Wie werde ich ein guter Schütze? Was soll e. jeder von d. Feuerwaffe wissen? sowie e. kurze Geschichte derselben, m. Abb., Nürnberg, 62 S., Kl.-8°.

— **Jul. Friedr.** (Plauen), De titulo spec. I de variis tituli significationibus. Lpz. (Staritz). 36 Seiten. (3.—) 21598
Gew.: Aug. Friedr. Wehner.

Alarich oder im Kampfe mit d. Welt-Beherrscherin. Geschichtl. Erzählung aus d. Tagen Alarichs u. d. Westgoten. Für d. reifere Jugend erzählt von Karl **Lorentz**. *Heiligenstadt: F. W. Cordier (1900).* (290 S.) 8° [F.]
= **Lorentz**: Aus d. Urzeit german. Heldentums. 2. [01. 3401

Amalasuntha oder im Herzen d. röm. Reiches. Geschichtl. Erzählung aus d. Zeit d. Ostgotenherrschaft in Italien. Für d. reifere Jugend erzählt von Karl **Lorentz**. *Heiligenstadt: F. W. Cordier (1900).* (262 S.) 8° [F.]
= **Lorentz**: Aus d. Urzeit german. Heldentums. 3. [01. 3400

Arminius oder d. erste Freiheitskampf auf deutscher Erde. Geschichtl. Erzählung aus d. Tagen d. Römerherrschaft in Germanien. Für d. reifere Jugend erzählt von Karl **Lorentz**. *Heiligenstadt: F. W. Cordier (1900).* (VI, 275 S.) 8° [F.]
= **Lorentz**: Aus d. Urzeit german. Heldentums. 1. [01. 3400

Lorentz, Karl, hoch die Hohenzollern! Patriot. Reden f. Schulen, Krieger- u. Turnvereine. gr. 8. (VII, 87 S.) Neuwied 902. Heuser's Verl. n. 1. —; feine Ausg. n. 1. 50

Lorentz, K., das Internat. Ein Beitrag zur Lehrerbildungsfrage. gr. 8. (32 S.) Leipzig 893. C. Jacobsen. n. — 60

Lorentz, Karl, Lektionen u. Entwürfe f. den gesamten Sprachunterricht auf der Unterstufe der Volksschule. Versuch e. Konzentration der Zweige d. Deutschunterrichtes, im Anschlusse an die Winckelmann'schen u. Kehr-Pfeiffer'schen Anschauungsbilder unter Zugrundelegg. der Trüwell'schen Fibelwerke f. den Schreibleseunterricht. 1. Tl. gr. 8. (VIII, 154 S.) Habelschwerdt 892. F. Franke. n. 1. 75

— dasselbe. 2. Tl. gr. 8. (V, 191 S.) Nebst: Übungsstoffe f. den deutschen Unterricht in Sprachlehre u. Rechtschreiben. 1. Hft. 8. (32 S.) [Münsterberg i/Schl. 892. F. Blühm.] Habelschwerdt, F. Franke. n. 2. —; Übungsstoffe allein n. — 15

— **Lektionen u. Entwürfe als Wegweiser f. den gesamten Sprachunterricht des I. u. II. Schuljahres. Konzentration der Zweige des Deutschunterrichtes im Anschlusse an die verbreitetsten Anschauungsbilder unter Zugrundelegg. der Crüwellschen Fibelwerke. 2. verb. u. erweit. Aufl. gr. 8. (XVI, 358 S.) Habelschwerdt 899. Franke. n. 4. 20**

Sigibert und Merovech oder auf d. Trümmern alter Gesittung. Geschichtl. Erzählung aus d. Tagen d. Merovinger. Für d. reifere Jugend erzählt von Karl **Lorentz**. *Heiligenstadt: F. W. Cordier (1900).* (314 S.) 8° [F.]
= **Lorentz**: Aus d. Urzeit german. Heldentums. 4. [01. 3403

— aus der Urzeit germanischen Heldentums. Kriegs- u. kulturgeschichtl. Erzählgn. aus der altdeutschen Geschichte. Für die reifere Jugend u. f. das deutsche Volk erzählt. erzählt. 4 Bde. gr. 8. Heiligenstadt (900). F. W. Cordier. Geb. in Leinw. à n. 4. —

1. Arminius oder der erste Freiheitskampf auf deutscher Erde. Geschichtl. Erzählg. aus den Tagen der Römerherrschaft in Germanien. (VI, 275 S.)
2. Alarich od. im Kampfe m. der Weltbeherrscherin. Geschichtl. Erzählg. a. d. Tagen Alarichs u. der Westgoten. (V, 290 S.)
3. Amalasuntha od. im Herzen des römischen Reiches. Geschichtl. Erzählg. a. d. Zeit der Ostgotenherrschaft in Italien. (V, 262 S.)
4. Sigibert u. Meroveh od. auf den Trümmern alter Gesittg. Geschichtl. Erzählg. a. d. Tagen der Merovinger. (V, 314 S.)

WITZ- und Gspass-Zeitung. Hrsg. von Sixtus Plützerl. (Vf.: *Carl Lorentz.*) Wien, o. J. (1890).
Anon.-Lex. V. p. 333. (Eigenbericht.)

Lorentz, Kaspar Joseph

Lorentz, Caspar Joseph. Annaeische Gnaden-Blumen, Welche Die Werthe Groß-Mutter Jesu Christi S. Anna, von Ihrem gebenedeytesten Eninckel erlanget, Und Bey dero Wunder-Bildnuß zu Zettlitz, vielfältig bedrangten Menschen mildiglich ertheilet hat. Sulzbach, Zu finden bey Francisco Lier, in Eger. 1711. Kl.8°. 8 Bl. 176 S.

Lorentz, O., Erste Berliner Blasebalg- und Feldschmieden-Fabrik: Catalog. Berlin (1899)

Lorentz, Otto [prakt. Arzt aus Steinfoerde (Mecklenburg-Strelitz)]: Hysterischer Mutismus beim Manne .... Berlin, Buchdr. v. Gustav Schade (Otto Francke) (1888); 20 + 1 S. + 1 Bl. 8°
Berlin, Med. Fak., Inaug.-Diss. v. 25. Jul. 1888

Lorentz [Paul], Direktor Dr.: Deutsche Art. Rede bei der Sedanfeier 1906. Friedeberg Nm. 1907: M. Eisermann. (9 S.) 4°
Friedeberg Nm., k. G P 1907 (82)

Lorentz, Paul, s.: Goethe-Gespräche.

Lorentz, Paul, s.: Hebbelbuch.

*Lorentz, Paul: Immanuel Kant (1724—1804). Grundzüge seiner Philosophie in Auswahl bedeutsamer Stellen zum Gebrauch in Prima. 18 S. 8.
Zu der Gedächtnis-Feier für Ph. F. A. Just Gymn. *Sorau* 1904.
Progr.

— s.: Lessing's, Ghold. Ephr., Philosophie.

Lorentz, *Franciscus Theodorus* Paulus [Memelensis]: Observationes de pronominum personalium apud poetas Alexandrinos usu ... Berolini, Heinrich & Kemke, 1892; 54 S., 1 Bl. 8.
Leipzig, Phil. Fak., Inaug.-Diss. v. [5. März] 1892

Lorentz, Paul: Die deutsche Sprache als Quelle deutscher Culturgeschichte. 4 (S. 3—16).
Gedächtnis-Feier für Ph. Ferd. Ad. Just G. *Soran* 1896.
Nicht im Tauschverkehr.
Progr.

Lorentz, Paul, Goethes Wirksamkeit im Sinne der Vertiefung u. Fortbildung deutscher Charakterzüge, s. a. Aus dem Goethejahr.

Lorentz, Paul, Dr.: Goethes Wirksamkeit im Sinne der Vertiefung und Fortbildung deutscher Charakterzüge (Umschlagt.: ... deutschen Wesens. Aus d. deutschen Unterrichtsstunde in Prima am 28. Aug. 1899.) *Leipzig 1900: B. G. Teubner.* (91 S.) 8° [F.] ¶ [Erschien auch in: Aus dem Goethejahr. Leipzig 1900.]
Sorau, k. G, P 1900 (89)

Lorentz, Paul Günther, Beiträge zur Biologie und Geographie der Laubmoose. gr. 4. (88 S.) München 860, (Kaiser.) *

Lorentz, P. G., s.: Botanik von Ost-Afrika.

Lorentz, P. G., über die Moose, die Hr. Ehrenberg in den Jahren 1820—26 in Aegypten, der Sinai-Halbinsel u. Syrien gesammelt. [Aus d. Abhandlungen der k. Akad. der Wiss.] Berlin 867. (Dümmler's Verlag.) gr. 4. (57 S. mit 15 Steintaff., wovon 7 in Buntdr.) cart. n. 2 ℛ

—— Moosstudien. gr. 4. (VIII und 172 S. mit 5 Stnt.) Leipzig 864, Engelmann. *

— musci frondosi a H. Krause in Ecuador, prov. Loja collecti. [Aus der botan. Zeitg.] Regensburg 869. (Berlin, Friedländer & Sohn.) gr. 4. (19 S.) 12 ngr.

— bryologisches Notizbuch. Zum prakt. Gebrauche zusammengestellt. Stuttgart 865. E. Schweizerbart'sche Verlagsh. 8. (IV, 90 S.) 22½ ngr.

-- Studien zur Anatomie des Querschnittes der Laubmoose. Regensburg 869. (Berlin, Friedländer & Sohn.) gr. 8. (54 S. mit 5 Steintaff. in qu. 4.) n. 24 ngr.

—— Studien zur vergleichenden Anatomie der Laubmoose. gr. 8. (28 S. mit 5 Stnt. in 4.) Regensburg 868. (Berlin, Friedländer und Sohn.) *
Aus: Flora, besonders abgedruckt.

Lorentz (P. G.). Studien ueber Bau und Entw. der Laubmoose. Leipzig, 1863. 4°.

— Studien über drei Moosarten: Orthothrichum Schubartianum Ltz., Campylopus Mülleri Ltz. u. Weissia zonata Brid. [Aus d. Verhandlungen der k. k. zool.-botan. Ges. zu Wien.] Wien 867. (Berlin, Friedländer & Sohn.) gr. 8. (30 S. mit eingedr. Holzschn. u. 5 Steintaff. in 4.) n. 28 ngr.

Lorentz, P. G., Verzeichniss der europäischen Laubmoose. Zum prakt. Gebrauche zusammengestellt. Stuttgart 865. E. Schweizerbart'sche Verlagsh. 8. (29 S.) 6 ngr.

Lorentz, R. N., Sendschreiben in welchem dem Herrn Joh. Friedr. Berg, ... als derselbe sich mit der .... Demoiselle Cathar. Lovisa Krücken den 21. Juni des 1743sten Jahres in Rostock öffentlich vermählte .... Glück zu wünschen und die ersten Zweifel des unpartheiischen Urtheils, von dem Hn. Warnefreund entworfen, mit bescheidener Feder zu prüfen sich bemühen des H. Doctors verbindlichster Diener. Rostock. 4°. (Ebd.)

Lorentz, (Richard), Einiges üb. Gärungschemie f. Obst- u. Weinbautechniker, s.: Pfyffer v. Altishofen, E., Leitfaden der organischen Chemie f. Gärtner.

— Rätsel im Obstbau. Praktisch-wissenschaftl. Erklärg. der natürl. Ursachen früher Tragbarkeit, sowie der künstl. Mittel zur Erzielg. derselben, des Nichtwachsens v. Veredelgn. etc., m. besond. Berücksicht. des Erwerbs-Obstbaues. (VI, 146 S.) 8. Halle 907. H. Gesenius. 1. 50; geb. in Leinw. 2. 20

Lorentz, Rud., Bauschreinerarbeiten. Zeichnungen aus der Praxis in Monatsliefergn. Juli 1906—Juni 1907. 12 Hefte. (Je 10 Taf.) 31,5×18 cm. Stettin, R. Lorentz. 10. —

Lorentz, R. Disquisitio de civitate vet. Tarentinorum. 54 S.
Schulpforte, Progr. 1833

Lorentz, Rud., de civitate veterum Tarentinorum. 8 maj. (7 B.) Lipsiae 833, Vogel.

Lorentz, Rud., die allgem. Geschichte d. Völker u. ihrer Cultur. Ein Handb. mit Rücksicht auf Friedr. Kohlrausch „chronolog. Abriß d. Weltgeschichte," bearb. 4 Thle. gr. 8. Elberfeld, Büschler'sche Vrlsbuchh. 4 Thlr., hrbgs. Pr.

A. u. d. Ttln.:

Thl. 1. Die allgem. Geschichte d. Völker d. Alterthums u. ihre Cultur. (20 B.) 837. 1 Thlr.

„ 2. Die allgem. Gesch. d. Völker d. Mittelalters u. ihrer Cultur bis auf Karl V. (21 B.) 837. 1 Thlr. 8 Gr.

„ 3. Die allgem. Gesch. d. Völker d. neueren Zeit u. ihrer Cultur bis auf d. franz. Revolution. (21¼ B.) 839. 1 Thlr.

„ 4. Die allgem. Gesch. d. Völker d. neusten Zeit u. ihrer Cultur seit d. franz. Revolution. (18 B.) 840. 16 Gr.

—— Grundzüge zu Vorträgen üb. d. Geschichte d. Völker u. Staaten d. Alterthums, vornehml. d. Griechen u. Römer. Mit besond. Berücksichtigung d. Quellen entworfen. gr. 8. (28½ B. incl. 1 Tab.) Leipzig 833, Vogel.

— **Rud.** (Berlin), De origine veterum Tarentinorum. Diss. Berlin (Starck) 18. VIII. 1827. 52 S. mit Biogr. (M.: Fried. Wilh. Falckmann). (3.—) 21599

Oppon.: E. C. Illgen, H. Stieglitz, L. Boeckh.

Lorentz, Dr. Rud., de origine veterum Tarentinorum. Disquisit. philologica. 8maj. Berl. 827. Logier. 6 gr
Fein P. 8 gr

Ders. De vet. Tarentinorum rebus gestis. Spec. I. 28 S.; Spec. II. 30 S. . . . .
Luccau, Progr. 1838, 1841

—— veter. Tarentinorum res gestae. Spec. I. et II. 4maj. (3¾ u. 4 B.) Elberfeldiae 838, 41, libr. Büschler. à ⅓ Thlr.

Lorentz, Rud., veterum Tarentinorum res gestae. Specimen II. Inest Pyrrhi Epirotae bellum. 4maj. Elberfeldiae 841, Büschler. (h) ⅓ ß

Ders. De reb. sacris et artibus vet. Tarentinorum. 29 S.
Cleve, Progr. 1836

—— de rebus sacris et artibus veter. Tarentinorum. 4. (4 B.) Elberfeldiae 836, libr. Büschler.

Lorentz, W. Annotationum in Livii l. XXI. specim. 6 S. . .
Coeln, e., Progr. 1838

Lorentzen, A. P., Litteratur-Bericht für Schleswig-Holstein, Hamburg und Lübeck. 1892. Kiel 1893. 8.
Am Kopf: Beilage zur »Heimat«, Monatsschrift d. Ver. z. Pflege d. Natur- u. Landeskunde etc. Juli u. Aug. 1893.

Lorentzen, Carl, s. Lorentzen, Karl

Lorentzen, Caes. Ed. Rud. (Holstein), De rebus Atheniensium Pericle potissimum Duce gestis. Göttingen (Rosenbusch) 1834. (2.50) 21600

Kieler Lehrer-Gesangverein. **Bericht** über das 1. Jahrzehnt 1898—1908, zsgest. v. F[riedrich] Lorentzen. (Mit 1 Bildnis.) Kiel. 1908. 8°

Die Pflege des Natursinns in der Familie (v.) F. **Lorentzen**. Kiel. 1901. 4°. Progr. d. Höh. Mädchenschule.

Lorentzen, Friedrich August

LORENTZEN, F[RIEDR.] A[UG.], Einladung zu den neuen Salz- und Schwefelbädern zu Oldesloe. Kiel. 1813. P.

Lorentzen, Friedr. Aug., Erfahrungen bei dem Steinstraßen-Bau, nebst Bemerkn. üb. d. Einfluß u. d. Wichtigkeit d. verschied. vorgeschlag. Chausseen in Holstein. 8. (3 B.) Hamburg 830, [Nestler u. Melle.]

— Ist d. Schrift des Landinspektors Hrn. Gudme über den Oldesloer Kanal zu berücksichtigen? gr. 8. Hamb. 821. Perthes u. B. 6 gr

⊙ Ueber eine Kanal-Verbindung zwischen der Elbe und der Ostsee vermittelst der Alster und der Trave. Mit zwey Charten. Eine v. d. Hamburgischen Gesellschaft zur Beförderung der Künste und nützlichen Gewerbe gekrönte Preisschrift v. Friedrich August **Lorentzen** und **Heinrich Justi.** Hamburg. 1820. 4° k. Perthes.

— die Oldesloer Salz- u. Schwefelsalzbäder mit dem neu erbauten Logirhause im J. 1823. 8. Hamb. 823. Hoffmann u. C. 4 gr

— Die Oldesloer Salz- und Schwefelsalzbäder mit dem neu erbauten Logishause, im J. 1823. Lübeck. 1823. P.

— Die Oldesloer Salz- und Schwefelsalz-Bäder im J. 1825. Hamburg. 1825. P.

Lorenzen, Ritter Fr. Aug., chem.-physikal. Untersuchung des Feuers. 8. Kopenh. 789. (Schubothe). 10 gr

Lorentzen, Georg, approb. Arzt aus Hadersleben: 77 **Fälle von Appendicitis, behandelt in der Kieler chirurgischen Klinik.** ⟨Geheimrat Helferich⟩. *Kiel 1903: H. Fiencke.* (79 S.) 8°
Kiel, Med. Diss. v. [17. Sept.] 1903

Lorentzen, Gerhard [aus Berlin]: Theorie des Gaussischen Pendels .... Kiel, Druck v. C. F. Mohr, 1886; 24 S. 4°.
Leipzig, Phil. Fak., Inaug.-Diss. v. 20. Mai 1886.

[LORENTZEN, JAC. FR. NIC.], Freimüthige Beleuchtung unsers Zollwesens, zum Theil veranlasst durch die Schrift »Ueber Handel und Gewerbe« von H. C. Jensen. Itzehoe. 1835. P.

Lorentzen, J. F. N. Ueber den Zoll in Schleswig-Holstein und gegen dessen Aufhebung. In Beziehung auf die von dem Herzoge von Schleswig-Holstein-Sonderburg-Augustenburg bei der Schleswig'schen Ständeversammlung eingereichte Proposition in Betreff der Aufhebung des Zolls und der Einführung einer Classensteuer. gr. 8°. Kiel, Univers.-B., 1837.

Lorentzen, [Iwan]: [Das allgemeine Ecce für die im Jahre 1900 verstorbenen ehemaligen Zöglinge der Anstalt am 24. November 1900.] S. XVIII der Schuln. 4. Kgl. Landesschule *Pforta* 1901 (264).
Progr.

Lorentzen, Iwan: Schüler-Reigen. Naumburg a. S. 1905: H. Sieling. (S. 1—22.) 4°
Pforta, k. LandesS P 1905 (292)

Lorentzen, Karl

Lorentzen, Carl, die Adressen d. Ständeversammlungen zu Itzehoe, s. Adressen.

Zur Belehrung über die schleswig-holsteinischen Angelegenheiten Dänemark gegenüber! (Von **Karl Lorentzen.**) Hamburg. (1848.) 8°

Lorentzen, Karl, s. Blätter, neue Kieler.

Lorentzen, Carl: Dieryck Volkertszoon Coornhert, der Vorläufer der Remonstranten, ein Vorkämpfer der Gewissensfreiheit. Versuch einer Biographie .... Jena, Frommannsche Buchdr. (Hermann Pohle), 1886; 4 + 80 S. 8°.
Jena, Phil. Fak., Inaug.-Diss. v. 1886.

Lorentzen, Karl: Erläuterungen zu dem Promemoria der Königlich Preussischen Regierung über die Dänische Angelegenheit. Kiel. 1849.

Lorentzen, Carl, das Lebensgesetz der Freiheit. 7 Vorträge, geh. in Hamburg im Novbr. 1909. (142 S.) gr. 8. Hamburg 910. O. Kaven. 2.—

Lorentzen, Carl, Observationes criticae ad Vitruvium. gr. 4. (11 S.) Gotha 858, (Thienemann.) **

Lorentzen, Carl, drei Predigten, geh. in d. Apostelkirche zu Eimsbüttel. 8. (48 S.) Hamburg 897. F. Lücke. n. - 50

Lorentzen, Karl, der Londoner Traktat vom 8. Mai 1852. Berlin 863. Guttentag. gr. 8. (50 S.) n. 10 ngr.

— — 2. Aufl. Leipzig 863. Wagner. gr. 8. (48 S.) n. 10 ngr.

—— dass. — 2. Aufl. gr. 8. (48 S.) Leipzig 864, Wagner. *

Lorentzen, Otto, a. Hamburg: Die mittlere Höhe von Asien. Leipzig 1906: A. Hoffmann. (298 S.) 8°
Kiel, Phil. Fak., Ref. Krümmel, Diss. v. 24. Nov. 1906
[Geb. 25. Dez. 81 Hamburg; Wohnort: Hamburg; Staatsangeh.: Hamburg; Vorbildung: Realgymn. d. Johanneums Hamburg Reife O. 00; Studium: Heidelberg 5, Kiel 4 S.; Rig. 16. Juni 06.]

Geschichte des am 10. Juny 1844 in Bredstedt gefeierten Volksfestes der Nord-Friesen hrgg. v. P. Lorentzen. Husum. o. J. 8°

Führer für das Ostseebad Glücksburg [v. S. Lorentzen]. Mit 2 Karten und in den Text gedruckten Ansichten. (1. Aufl.) Glücksburg. o. J. (nach 1887). 8°.
—— 2. Aufl. Glücksburg. Leipzig. (1892.) 8°.

Lorentzen, Thdr., Arbeiter-Partei od. Revolutions-Partei? Wer hat Recht, Naumann od. ich? Mahnruf e. deutschen Arbeiters an s. Genossen. gr. 8. (100 S.) Kiel 898. Lipsius & Tischer. n. — 50

Lorentzen, Thdr., die schwedische Armee im 30jährigen Kriege u. ihre Abdankung. gr. 8. (VII, 216 S.) Leipzig 894. Veit & Co. n. 6. —

Lorentzen, Thdr., das neueste Ausnahmegesetz, genannt „Reichswertzuwachssteuer". Ein Protest gegen die Lahmlegung des Grundstückhandels u. die Erdrosselg. des Baugewerbes. (III, 57 S.) gr. 8. Kiel 910. Lipsius & Tischer. 1. —

Lorentzen, Theodor [aus Borghorst b. Eutin]: Die Entschädigung der schwedischen Armee nach dem 30jährigen Kriege. I. . . . Würzburg, Druck d. Ferdinand Röhrl'schen Buchdr., 1888; 111 + 1 S. 8°
Heidelberg, Phil. Fak., Inaug.-Diss. v. [11. Mai] 1888

— die Flotte u. d. Reichstag. E. volkstüml. Erläuterg. d. Marine-Frage im Anschluß an d. Tabellen d. Kaisers. gr. 8. (48 S.) Ebd. 897. n. — 50

Lorentzen, Th., Führer durch Heidelberg, s.: Beckmann.

Lorentzen, Th(eodor), Prof. Dr.: Gedächtnisrede auf den Fürsten Bismarck, gehalten am 21. Sept. 1898. *Heidelberg 1899: E. Geisendörfer.* (S. 3—11.) 4°
Heidelberg, OR, P 1899 (660)

Lorentzen, Th., Heidelberg, s.: Beckmann's Führer.

Lorentzen, Theodor: Die Hochzeit des Kurprinzen Karl von der Pfalz mit der dänischen Prinzessin Wilhelmine Ernestine (1671). *Heidelberg 1898: E. Geisendörfer.* (30 S.) 4°
Heidelberg, OR, P 1898 (651)

— Deutsches Lesebuch f. höhere Lehranstalten, s.: Meyer, Alfr. G. u. L. Nagel.

— der Odenwald in Wort u. Bild. Mit 30 Mattlichtdr. u. ca. 140 Abbildgn. im Text. gr. 4. (XIV, 316 S.) Stuttgart (900). J. Weise. n. 20.—; geb. in Leinw. m. Goldschn. n. 25.—
Erschien auch in 20 Lfgn. à n. 1.—.

— der Odenwald in Wort u. Bild. Mit 30 Mattlichtdr. u. 160 Abbildgn. im Text. 2., neubearb. u. verm. Aufl. (VIII, 348 S. m. 30 Taf.) gr. 4. Stuttgart (904. 905). J. Weise. n. 18.—; geb. n. 23.—
Erschien auch in 30 Lfgn. à — 60.

— die Sage vom Rodensteiner, e. historisch-krit. Darstellg. (III, 70 S.) gr. 8. Heidelberg 903. K. Groos Nachf. n. 1.—

Lorentzen, Thdr., d. Sozialdemokratie in Theorie u. Praxis od. ein Blick hinter d. Coulissen. gr. 8. (112 S.) Kiel 896. Lipsius & Tischer. n. — 50

Lorentzen, Th., aus Schleusingens Vergangenheit, vornehmlich im 17. Jahrh. gr. 8. (46 S.) Schleusingen 897. Themar. — 90

Lorenz Arndt v. Blankenburg; keine Liebesgeschichte, (v. Fr. Th. Thilo). 4 Bde. 8. Leipz. 784, 85. Schneider. 3 rf 8 gl

Lorenz der Freigemeindler, s. Schillings-Bücher.

Lorenz, Der gebesserte, oder: diess: mahl fehlt immer der Herr . . . Posse mit Gesang in einem Aufzuge . . . Wien 1813. V: *Gewey, Franz Carl.* (EB)

Lorenz Kraft, Briefsammlung f. d. Jugend. Ein Beitr. z. Bildung d. Geistes u. Herzens, so wie d. Geschmacks d. Jugend beiderlei Geschlechts. Vom Hrsgeb. d. „Literaturzeitung f. Deutschl. Volksschullehrer" (J. F. Weingart). 8. (10½ B.) Gotha 830, (Gläser.)

— — oder d. Schullehrer wie er seyn soll. Ein Hand- u. Begleitungsbuch f. Seminaristen u. alle deutsche Volksschullehrer. Vom Hrsgeb. d. „Literaturzeitung f. Deutschl. Volksschullehrer" (J. F. Weingart). 8. (9½ B.) Ilmenau 831, [Weimar,] Voigt.

Lorenz, Meister, und seine Familie. Eine Erzählung von der Verfasserin des armen Martin. gr. 16. (80 S. und 2 Stnt.) Stuttgart 849, Schreiber und Schill.

Lorenz u. seine Schwester, s.: Theater, das, des Auslandes, 11. Lfg.

Lorenz. Über d. Brauchbarkeit wasserdichter Stoffe zur Bekleidung, mit besond. Berücksicht. d. Bekleidg d. Soldaten. (S.-A.) Wien 1890.

Lorenz, über zweckmässige Einrichtungen v. Kliniken. [Aus: „Centralbl. d. Bauverwaltg."] gr. 8. (53 S. m. Abbildgn.) Berlin 890. Ernst & Korn. cart. n. 4.—

Lorenz, er ward geboren, nahm e. Weib u. starb. Lebensgeschichte d. Fürchtegott Neubürger. Eine Anweisg., wie man vom 1. Octbr. 1874 an bei Geburten, Heirathen u. Sterbefällen gegen Staat u. Kirche sich zu verhalten hat. 5. Aufl. gr. 16. (12 S.) Brieg 875. Bänder. n. — 10

[F.] Fest-Rede geh. am 22. März 1897 v. Amtsrichter Dr. Lorenz ... *Beelitz (Mark): R. Kliemchen 1897.* 2 Bl. 4. (vg. 1387

Lorenz, prakt. Führer durch die gesamte Medicin m. besond. Berücksicht. der Diagnose u. Therapie. Nachschlagebuch in allen Fragen f. den prakt. Arzt, insbesondere den vielbeschäft. Landarzt u. f. Studierende. (In etwa 10 Lfgn.) 1.—8. Lfg. (gr. 8. (S. 1—640.) Leipzig 902. B. Konegen. à 2. —

Lorenz, praktischer Führer durch die gesamte Medizin m. besond. Berücksicht. der Diagnose u. Therapie. Nachschlagebuch in allen Fragen f. den prakt. Arzt, insbesondere d. vielbeschäft. Landarzt u. f. Studierende. 9.—13. Lfg. (XII u. S. 641—1040.) gr. 8. Leipzig 902—904. B. Konegen. à n. 2. — (Vollständig, geb. in Halbfrz. n. 28. 50)

— dasselbe. Nachtrag. (IV, 107 S.) gr. 8. Ebd. 904. n. 2. 80; geb. in Halbleinw. n. 3. 60

— dasselbe. 2., vollst. überarb. u. verm. Aufl. 2 Bde. (XIII, 689 u. V, 516 S) gr. 8. Ebd. 906. 907. n. 30. —; geb. in Halbldr. n. 34. —

Lorenz, das grossherzogl. hessische Gesetz betr. die Entschädigg. f. an Milzbrand, Rauschbrand u. Schweinerothlauf gefallene Thiere vom 7. VII. 1896/24. IX. 1900, nebst Anweisg. des grossherzogl. hess. Ministeriums des Innern, die Ausführg. des ob. Gesetzes, sowie die beim Auftreten des Rauschbrandes u. Schweinerothlaufes zu ergreif. veterinärpolizeil. Massregeln betr., v. 20. X. 1900. Mit besond. Berücksicht. der Bekämpfg. des Schweinerothlaufes erläutert. gr. 8. (54 S.) Jena 901. G. Fischer. n. 1. —
Sonderabdruck aus: „Zeitschrift f. Thiermedicin".

Lorenz, Gesundheitspflege d. Soldaten, s.a. Eisenschmidt's Büchersammlung f. Unteroffiziere u. Mannschaften der Armee u. Marine.

Lorenz. 1) Gesundheitspflege d. Soldaten, m. besond. Berücksicht. der durch den Dienst gegebenen Umstände. Berlin 1891. — 2) Allgem. Gesundheitspflege d. Soldaten ohne Berücksicht. der durch den Dienst gegebenen Umstände. Berlin 1892.

Lorenz, Gicht, Rheumatismus, Ischias, s.: Volksbücher, medizinische. 50. Bd.

Lorenz, Haushaltsbuch. schmal Fol. (211 S.) [Leipzig 892. M. Busch.] Mügeln, R. Lorenz. Kart. 1. 50

Lorenz, s.: Jahresbericht des Gewerbeaufsichtsbeamten des Aufsichtsbez. Lübeck.

Lorenz: Über Composition, Charactere, Idee des Sophokleischen „König Oedipus". 19 S. – Soest, Progr. 1857.

— u. Diestel, neuere Krankenhäuser in Wien u. Budapest. [Aus: „Zeitschr. f. Bauwesen".] gr. Fol. (4 S. m. 4 Abb. u. 2 Kpfrtaf.) Berlin 895. W. Ernst & Sohn. Kart. n. 6. —

— die Krankenpflege, s.: Zimmer's Handbibliothek der praktischen Theologie.

Lorenz, ärztl. Militair-Untersuchung. Uebersicht d. Krankheiten, Fehler u. Gebrechen, welche beim Rekrutirungsgeschäft z. beachten sind. Ein Blatt. gr. Fol. Neustrelitz 846. Barnewitz. *

Lorenz u. Wiethoff, statistische Nachweisungen betr. die Anlage-, Unterhaltungs- u. Betriebskosten der seit dem J. 1875 in preussischen Staatsbauten ausgeführten Central-Heizungs- u. Lüftungs-Anlagen. Im Auftrage d. Hrn. Ministers der öffentl. Arbeiten zusammengestellt. 1. Abth. [Aus: „Zeitschr. f. Bauwesen".] Imp.-4. (38 S.) Berlin 892. W. Ernst & Sohn. n. 4. —

Lorenz, s.a. Nachweisungen, statistische, üb. bemerkenswerthe etc. Bauten d. Garnison-Bauverwaltg.

— — dasselbe, üb. bemerkenswerthe, in den J. 1884 bis 1891 vollendete Bauten der Garnisonbauverwaltung des Deutschen Reichs. Mit Genehmigg. des Hrn. Ministers der öffentl. Arbeiten f. die Zeitschrift f. Bauwesen bearb. Fortsetzung der im J. 1890 erschienenen statist. Nachweisgn. betr. bemerkenswerthe, in den J. 1873 bis 1887 vollendete Bauten der Garnison-Bauverwaltg. des Deutschen Reiches. [Aus: „Zeitschr. f. Bauwesen".] Imp.-4. (26 S. m. eingedr. Grundrissen.) Ebd. 893. n. 3. —

— s.a. Nachweisungen, statistische, betr. d. etc. Hochbauten der preuss. Staats-Eisenbahnverwaltung.

— — dasselbe, betr. die in den J. 1882 bis einschliesslich 1891 vollendeten Hochbauten der preussischen Staats-Eisenbahnverwaltung. Eisenbahnhochbau I. [Aus: „Zeitschr. f. Bauwesen".] Imp.-4. (43 S.) Ebd. 894. n. 3. —

— s.a. Nachweisungen, statist., betr. d. unt. Mitwirkg. d. Staatsbaubeamten vollend. u. abgerechn., bezw. nur vollend. Hochbauten.

— — dasselbe, betr. die im J. 1892 unter Mitwirkung der Staatsbaubeamten vollendeten u. abgerechneten, bezw. nur vollendeten Hochbauten. VIII. Abth. [Aus: „Zeitschr. f. Bauwesen".] Imp.-4. (68 S.) Ebd. 894. n. 4. —

— — dasselbe, betr. die im J. 1890 vollendeten u. abgerechneten preussischen Staatsbauten aus dem Gebiete d. Hochbaues. Im Auftrage d. Hrn. Ministers der öffentl. Arbeiten aufgestellt. V. Abth. [Aus: „Zeitschrift f. Bauwesen".] Imp.-4. (49 S. m. Textfig.) Ebd. 892. n. 4. — (I—V.: n. 60. —)
s.: Wiethoff.

— — dasselbe, betr. die in den J. 1886 bis einschliesslich 1889 vollendeten u. abgerechneten preussischen Staatsbauten aus dem Gebiete des Hochbaues. VI. Abth. [Aus: „Zeitschr. f. Bauwesen".] Imp.-4. (51 S.) Ebd. 893. n. 4. —

— — dasselbe, betr. die in 1891 vollendeten u. abgerechneten, bezw. nur vollendeten preussischen Staatsbauten aus dem Gebiete des Hochbaues. VII. Abth. [Aus: „Zeitschr. f. Bauwesen".] Imp.-4. (114 S.) Ebd. 894. n. 5. —

Lorenz, Neujahrspredigt über die Zustände der Gegenwart gehalten den 1. Januar 1873. gr. 8. (8 S.) Brieg 873, Bänder. *

Lorenz, die Pflege des Kindes. Ein ernstes Wort an alle Mütter. gr. 8. (32 S.) Militsch 884. (Breslau, Morgenstern's Sort.) n. — 50

Lorenz' Reiseführer. kl. 8. Freiburg i/B., F. P. Lorenz
Freiburg im Breisgau. Ein Führer durch die Stadt u. ihre Umgebg. 6. Aufl. Mit 1 Plan der Stadt, 1 Umgebungskarte u. vielen Abb. (68 u. 6 S.) 907. 08. — 50
Harz, den, u. Kyffhäuser in 12 Tagen genussreich zu bereisen, v. H. Heineck. Mit 1 guten Karte des Harzes, 1 Eisenbahnkarte u. 4 Spezialkarten. 2., verm. u. verb. Aufl. (57 S.) 907. 08. 1. —
Reise-Taschenbuch f. Alkoholgegner u. Vegetarier. Ein Wegweiser durch die alkoholfreien u. vegetar. Hotels, Restaurants, Gast- u. Speisehäuser, Cafés, Reform-Gasthäuser, Naturheilanstalten, Sanatorien, Pensionate u. Erholungshäuser Deutschlands, Österreichs, der Schweiz u. angrenz. Länder. Abgeschlossen am 1. I. 1909. (148 S.) 909. 10. 1. —
Rhein u. Rheinlande von Heidelberg bis Düsseldorf in 15 Tagen genussreich u. billig zu bereisen, v. Rich. Noë. Mit 1 Übersichtskarte u. 7 Spezialkarten. 3. verm. u. verb. Aufl. (IV, 76 S.) 907. 08. 1. 50
Savoyen u. die Dauphiné. Ein Führer durch die nördl. Westalpen u. e. Teil der französ. Voralpen v. H. Grabow. Mit 4 Karten. (88 S.) 907. 08. 2. —
Schwarzwald, der, Bergstrasse, Neckartal, der Hegau bis zum Bodensee, der Kaiserstuhl u. Strassburg von G. v. Seydlitz. Mit 19 Karten und 8 Stadtplänen. 13. Aufl., unter Mitwirkg. des Schwarzwaldvereins neu bearb. (307 S.) 909. 10. Kart. 2. —
— dasselbe. Kleiner Führer durch den Schwarzwald. Bearb. nach der 13. Aufl. des grossen Führers von G. v. Seydlitz. Mit 7 Karten u. 2 Stadtplänen. (94 S.) 909. 10. 1. —
Schweiz, die, in 15 Tagen m. Generalabonnement genussreich u. billig zu bereisen, m. Anh.: Plan f. e. Reise m. 30 täg. Abonnement v. R. Noë. Mit 8 Karten, 1 Orig.-Bestellschein f. e. Generalabonnement u. 1 Uebersichtskarte der Bahnen u. Seen, auf welchen Generalabonnements gültig sind. 5., verm. u. verb. Aufl. (103 S.) 909. 10. 1. 50
— dasselbe. Kleiner Führer durch die Schweiz. Bearb. nach der 3. Aufl. des grossen Führers. Mit 10 Kartenbeigaben. (127 S.) 907. 08. 2. —
Tirol u. die angrenzenden Alpengebiete u. Vorarlberg, Salzburg u. Salzkammergut sowie das bayerische Hochland nebst München in 20 Tagen, v. R. Noë. Mit 2 Uebersichtskarten u. 7 Spezialkarten. 2., verm. u. verb. Aufl. (92 S.) 907. 08. 2. —
Vogesen. Führer durch die Vogesen u. den elsässischen Jura. Mit 6 Karten, 3 Plänen u. 1 Grundriss. 3., v. A. Babillotte vollständig umgearb. u. verb. Aufl. (100 S.) 907. 08. 1. 50

Lorenz: Schutzimpfungsversuche gegen Schweinerothlauf mit Anwendung eines aus Blutserum immunisirter Thiere hergestellten Impfpräparates. [Leipz. 1893]. 46 S. (Særtr.). P.

— s.: Taschen-Kalender f. Aerzte.

Lorenz, f.: Wahlpredigt, geh. zu Hildesheim.

Lorenz, was haben die Länder französischer Zunge in den letzten 40 Jahren f. die Geschichte der französisch-reformirten Gemeinden Deutschlands geleistet? Vortrag am 13. Oktbr. 1892. [Aus: „Die französische Colonie".] 4. (13 S.) Berlin 893. (E. S. Mittler & Sohn.) n.n. — 50

Lorenz, A., e. Abhandlung aus der Grundbuch-Ordnung vom 5. Mai 1872 üb. die Frage: Ist die Zurückführung d. Grundbuchs auf das Kataster zweckentsprechend u. völlig erreichbar? 8. (22 S.) Halle 874. Reichardt. n. — 60

Lorenz, A., Gedanken u. Wünsche über den Advokatenstand im Königr. Baiern. 8. Bamb. 874. (Wesché in Frkf.) 6 K

Lorenz, A., Herr! dir wollen wir dienen. Vollständiges Gebet- und Andachtsbuch für kathol. Christen. 32. (480 S. mit 1 Stahlst.) Saarlouis 856, Stein.
Blnd. mit chromolithogr. Titel

Lorenz, A., Jahresbericht üb. T. Maccius Plautus v. 1880—81. S.-A. 1881. 82 S.

Lorenz, A., die Königin der Barrikaden oder Durch Mord zum Thron. Frei nach dem Französischen. Berlin 865, 66. Moeser. gr. 8. (952 S.) 2 ₰

Lorenz, A. W., leichte u. einfache Choral-Vorspiele für die Orgel. Zum gottesdienstl. Gebrauch. kl. qu. Fol. Halle 837. Gebauer. 1/2 ₰

Lorenz, Adam, einige Bemerkungen über die Söldnerei bei den Griechen [bis zur Zeit der Schlacht bei Leuktra]. gr. 8. (IV, 51 S.) Eichstätt 877, (Krüll'sche Buchh.) *

Lorenz, Adam, einige Bemerkungen über die Söldnerei bei den Griechen [bis zur Zeit der Schlacht bei Leuktra]. gr. 8. (IV, 51 S.) Eichstätt 877. (Stillkrauth.) n. 2. —

Lorenz, Adam, weitere Bemerkungen über die Söldnerei bei den Griechen [von der Schlacht bei Leuktra bis zum Tode des großen Alexanders]. 8. (77 S.) Eichstätt 880, [Krüll'sche Buchh.] Stillkrauth. *

Lorenz, Adolf

Lorenz, Adf., Behandlung der Hüftankylosen, s. a. Klinik, Berliner.

Behandlung der Hüftankylosen. Von Adolf Lorenz in Wien. *Berlin: Fischer 1896.* (32 S.) 8.
— Klinik, Berliner. H. 96. (96. 4050

Lorenz, Adf., üb. die mechanische Behandlung der Coxitis u. der fungösen Gelenks-Erkrankungen der unteren Extremitäten überhaupt, s.: Klinik, Wiener.

Lorenz, A., die Behandlung der tuberculösen Spondylitis, s.: Klinik, Wiener.

— über die unblutig-chirurg. Behandlg. d. angeborenen Hüftverrenkg. mittels d. funktionellen Belastungsmethode, s. a. Sammlung klin. Vorträge.

Über die unblutig-chirurgische Behandlung der angeborenen Hüftverrenkung mittels der funktionellen Belastungsmethode v. Adolf Lorenz (Wien). *Leipzig: Breitkopf & Härtel 1896.* (483—540 S.) 8.
— Sammlung Klinischer Vorträge. N. F. No 151, 52. (96. 2722

Lorenz, Adf., über Darmwandbrüche. gr. 8. (72 S.) Wien 883, Urban und Schwarzenberg. *

Lorenz, Adf., Gedichte. Aus dem Nachlaß gesammelt u. hrsg. (50 S.) 8. Wien 908. Th. Daberkow. 1. —

Lorenz, Adf., über die Heilung der angeborenen Hüftgelenks-Verrenkung durch unblutige Einrenkung u. functionelle Belastung. gr. 8. (X, 400 S. m. 84 Abb.) Wien 900. F. Deuticke. n. 10. —

— Heilung d. Klumpfusses durch d. modellir. Redressement, s.: Klinik, Wiener.

— die erste Hülfe bei plötzlichen Unglücksfällen, kurz gefaßt zu Vorträgen f. Offiziere u. Unteroffiziere u. zum Selbstunterricht f. Leute jeden Standes. 12. (31 S.) Berlin 885. Mittler & Sohn. n.n. — 30

— die Lehre vom erworbenen Plattfusse. Neue Untersuchgn. Mit 8 lith. Taf. gr. 8. (IV, 197 S.) Stuttgart 883. Enke. n. 7. —

—— Orthopädie der Hüftgelenks-Contracturen u. Ankylosen, s. Sammlung medicinischer Schriften.

—— über die operative Orthopädie des Klumpfusses, s. Klinik, Wiener.

— üb. Osteoklase u. das modellirende intraarticuläre Redressement der Kniegelenks-Contracturen u. des Genu valgum, s. Klinik, Wiener.

— Pathologie u. Therapie d. angebor. Hüftverrenkung, auf Grundlage v. 100 operativ behand. Fällen dargest. gr. 8. (VIII, 420 S. m. 64 Holzschn.) Wien 895. Urban & Schwarzenberg. n. 8. —; geb. n. 10. —

Lorenz, Adf., Pathologie und Therapie der seitl. Rückgrat-Verkrümmungen [Scoliosis]. gr. 8. (VI, 196 S. mit 9 lithogr. und 11 Lichtdr.-Taf. nebst 20 Bl. Erklärungen.) Wien 886, Hölder. *

Lorenz, Adolf *Carl Alfred* [aus Berlin]: Pneumonia caseosa acuta ... Potsdam, Druck v. A. W. Hayn's Erben, *1895*; 28 S., 1 Bl. 8.
Berlin, Med. Fak., Inaug.-Diss. v. 4. Okt. 1895

– das instrumentelle, kombinirte Redressement d. Hüftgelenkskontrakturen, s.a. Sammlung klin. Vorträge.

Das instrumentelle, kombinirte Redressement der Hüftgelenkskontrakturen v. Adolf Lorenz (Wien). *Leipzig: Breitkopf & Härtel 1898.* (22 S.) 8.
= Sammlung Klinischer Vorträge. N. F. No 206. [98. 2150

— die blutige Reposition der angebor. Hüftverrenkung (Luxat. coxae congenita), s.: Sammlung klin. Vorträge.

— die heutige Schulbankfrage. Vorschläge zur Reform des hygien. Schulsitzens. Mit 46 in den Text gedr. Abbildgn. gr. 8. (V, 63 S.) Wien 888. Hölder. n. 1. 80

Lorenz, Adf., üb. Transformation der Knochen m. besond. Berücksicht. der Orthopädie, zugleich e. Kritik d. Wolff'schen Transformations-Gesetzes, s.: Zeit- u. Streitfragen, klinische.

[F.] **Lorenz**, Albert [Prof.]: Die Arbeit und die Religion. Schweidnitz, Buchdr. v. O. Maisels Nachf., 1897; 24 S. 4.
Schweidnitz, ev. G, OP 1897 (212)

Lorenz, Albert [app. Arzt aus Frömsdorf i. Schles.]: Ein Fall von primärem Nierensarkom. ... München, Druck v. M. Ernst, 1889; 25 S. 8°
München, Med. Fak., Inaug.-Diss. v. 1889

Lorenz, Alb., die alte reformierte u. die neue evangel. Gemeinde Grevenbroich. Ein Beitrag zur religiösen u. polit. Geschichte der Stadt u. des Kreises Grevenbroich. (147 S.) 8. Barmen 905. E. Biermann. n. 2. 50; geb. n. 3. 25

Lorenz, Alb., Hülfsbuch f. Eheleute. Ein unentbehrl. Rathgeber in allen internen Angelegenheiten der Ehe. 8. (128 S.) Berlin 892. Herm. Schmidt. n. 2. —

Lorenz, Alfr., Abort- und Senkgruben-Anlagen. 4. (8 S.) Reichenberg 878, (Jannasch.) *
Aus: Reichenberger Zeitung, besonders abgedruckt.

Lorenz, Alfr., der Bau des Wohnhauses in sanitärer Richtung. gr. 8. (V, 100 S.) Reichenberg 883, (Jannasch.) *

Lorenz, Alfr., Entwässerungs- u. Bauarbeiten bei Eisenbahnbauten im Rutschterrain. Mit 2 lith. Taf. (in qu. Fol.) gr. 8. (VII, 58 S.) Zürich 876. Orell, Füssli & Co. n. 3. 50

— First- od. Sohlenstollen bei Tunnelbauten. gr. 8. (11 S.) Ebend. 875. n. — 80

— die Förderung bei Tunnelbauten. gr. 8. (17 S. m. 1 Steintaf.) Ebend. 876. n. 1. —

Lorenz, Alfr., Gedichte. (VIII, 144 S.) 8. Dresden 908. E. Pierson. n. 2. —; geb. n. 3. —

—— über Städtereinigung, speciell Abfuhr und Verwertung der Fäcalstoffe, im Allgemeinen und mit Rücksicht auf die Verhältnisse der Stadt Brünn. gr. 8. (28 S.) Brünn 884, Winkler's Buchh. *

— die Städtereinigungs-Frage im Allgemeinen u. speciell für Reichenberg. Nach Quellen bearb. [Aus: „Reichenberger Zeitg.", mit Ergänzungen u. einem Anhang.] gr. 8. (41 S.) Reichenberg 882. Schöpfer. n. — 60

—– Straßenbahnen mit Dampfbetrieb, Dampftramway, im Allgemeinen und mit Rücksicht auf die Linie: Brünn—Znaim. 8. (23 S.) Brünn 884, Winkler's Buchh. *
Aus: Tagesbote aus Mähren und Schlesien, besonders abgedruckt.

Lorenz, Alfr., Tunnelbau mit Bohrmaschinen-Betrieb. gr. 8. (105 S. mit 10 Tab. und 6 autogr. Taf.) Wien 877, Lehmann und Wentzel. *

— Tunnelbau mit Bohrmaschinen-Betrieb. Mit 10 Tab. u. 6 (autogr.) Taf. gr. 8. (105 S.) Wien 877. Spielhagen & Schurich. n. 5. —

Lorenz, Alfr., praktischer Tunnelbau in seinem ganzen Umfange nebst Beschreibungen ausgeführter Tunnelbauten. Mit 1 Atlas von 23 Kpfrtaf. (in gr. Fol.) Wien 860. Gerold. Lex.-8. (IV, 189 S. u. 3 Tab. in Fol.) n. 6 ß

Lorenz, A. Praktischer Tunnelbau. Wien 1866. Atl. fol.

Lorenz, Alfred, appr. Arzt, Unterarzt b. Grenad.-Reg. Nr. 12: Ueber Wochenbetten nach Eihautretention. (Berlin 1909: Ebering.) 33 S. 8°
Berlin, Med. Diss. v. 26. März 1909, Ref. Olshausen
[Geb. 5. Sept. 83 Hildesheim; Wohnort: Frankfurt a. O.; Staatsangeh.: Preußen; Vorbildung: Gymn. Belgard i. P. Reife O. 02; Studium: Berlin K. W. A. 10 S.; Coll. 15. Febr. 09; Approb. 18. März 09.] [U 09.72

Lorenz, Alois [aus Aschaffenburg]: Die Spondylitis an der Würzburger chirurg. Klinik in den letzten zehn Jahren ... Würzburg, Buchdr. d. „Neuen Bayer. Landeszeitg", 1895; 34 S., 1 Bl. 8.
Würzburg, Med. Fak., Inaug.-Diss. v. 1895

Lorenz, Alwin Erich Rudolf s. Lorenz, Rudolf

Lorenz, Andr.

— freimüth. Gedanken über d. Rindviehseuche in Bezug auf G. Chr. Reich's Werke. 8. Salzb. 798. Mayr. 2 'K

Lorenz A.: Von den Ursachen d. Viehseuchen u. den nöthigen Vorbeugungsmitteln nebst e. Anh. v. Beschlagen d. Pferde u. den Folgen, welche daraus entstehen können ... Salzb. 1787. 149 S.
[Viehseuchen S. 1-63, Beschlag 68-128, Kehlsucht u. Kolik 128-148].

Lorenz, Andr., von den Ursachen d. Viehseuchen u. den Vorbeugungsmitteln. 8. Salzb. 788. Mayr. 4 'K

Lorenz, Ant., neue Beispiel-Sammlung zum mündlichen Uebersetzen aus dem Deutschen ins Lateinische. 1. Bdchen., enthaltend Beispiele zur Einübung der Formen-Lehre, und der in der ersten Grammatikal-Klasse vorgeschrieb. syntakt. Regeln. gr. 8. Prag 842, Haase Söhne. n. ½ ß — 2. verb. u. verm. Aufl. gr. 8. Ebend. 842. ½ ß

— dass. 2. Bdchn., enthaltend Beispiele zur Einübung der in der zweiten Grammatikal-Klasse vorgeschrieb. syntakt. Regeln. gr. 8. Ebend. 842. n. ½ ß — 2. verb. u. verm. Aufl. gr. 8. Ebend. 842. ½ ß

— dass. 3. Bdchn., enthaltend Beispiele zur Einübung der in der dritten Grammatikal-Klasse enthalt. syntakt. Regeln. gr. 8. Ebend. 842. n. ½ ß

Lorenz, Ant., neue Beispiel-Sammlung zum mündl. Uebersetzen aus dem Deutschen ins Latein. 2. Bdchn., enthaltend Beispiele zur Einübung der in der 2. Grammatikal-Klasse vorgeschrieb. syntakt. Regeln. 3., verb. Aufl. gr. 8. (128 S.) Prag 847, Haase Söhne, Verlags-Expedition. *

—— dass. — 3. Bdchn., enthaltend Beispiele zur Einübung der in der 3. Grammatikal-Klasse enthaltenen syntakt. Regeln. 2., verb. Aufl. gr. 8. (117 S.) Ebds. 847. *
1. Bdchn. 2. Aufl. Ebendas. 1842. * 15 Ngr.

Lorenz, Ant., neue Beispiel-Sammlung zum mündlichen Uebersetzen aus d. Deutschen ins Latein. 2. Bdchn., enthaltend Beispiele zur Einübung der in der 2. Grammatikal-Klasse vorgeschriebenen syntakt. Regeln. 3. verb. Aufl. gr. 8. (128 S.) Prag 850, Haase Söhne. — 3. Bdchn., enthaltend Beispiele zur Einübung der in der 3. Grammatikal-Klasse enthaltenen syntakt. Regeln. 2. verb. Aufl. gr. 8. (117 S.) Ebd. 847. à n. 1/2 ℛ (1—3: n. 1 1/2 ℛ)

Lorenz, Anton, s. : Freuden des Christen in Gott und Religion.

Lorenz, Anton, appr. Arzt: Ueber Gelenkmäuse. *München 1903: Kastner & Callwey.* (35 S.) 8°
München, Med. Diss. v. 1903

Lorenz, Arthur *Ferdinand Richard* [aus Grünberg in Schles.]: Aus d. medicin. Klinik zu Greifswald. Einige Fälle von Favus m. bes. Berücks. e. Falles v. Favus scrotalis ... Greifswald, Druck v. J. Abel, 1897; 22 S. 8.
Greifswald, Med. Fak., Inaug.-Diss. v. 27. Juli 1897

Lorenz, August [aus Gross-Neundorf]: Die Allgemeinbehandlung der puerperalen Sepsis m. bes. Berücks. dreier in d. Kgl. u. Universitätsfrauenklinik zu Göttingen beobachteter Fälle ... Göttingen, Druck d. Dieterichschen Univ.-Buchdr., 1891; 2 Bl., 82 S. 8.
Göttingen, Med. Fak., Inaug.-Diss. v. [10. Juli] 1891

Lorenz, Aug., die Allgemeinbehandlung der puerperalen Sepsis m. besond. Berücksicht. dreier in der königl. u. Universitätsfrauenklinik zu Göttingen beobachteter Fälle. Diss. gr. 8. (82 S.) Göttingen 891. (Vandenhoeck & Ruprecht.) n. 1. 80

Lorenz, Aug., über Zeitberichte u. Zeit-Eintheilungen. gr. Fol. (2 lith. u. color. Tableaus.) Zittau 879. (Neuwied, Heuser's Verl.) n. 1. 60

Lorenz, Aug. O. Fr., Collationen d. Codex vetus Camerarii [B., biblioth. Vatic. cod. Palat. 1615] u. d. Codex Ursinianus [D. Vatic. 3870] zur Aulularia d. Plautus. gr. 4. (20 S.) Berlin 872. (Calvary & Co.) n. 1. 50

Lorenz, Aug. O. Fr., Leben u. Schriften des Koers Epicharmos. Nebst einer Fragmentensammlung. Berlin 864. Weidmann. gr. 8. (2 Bl., 308 S.) n. 1 ℛ 20 ngr.

Lorenz, *Balduin* Die Taube im Altertume. 4 (S. 3—43).
Progr. G. *Wurzen* 1886 (502)

Lorenz, *Bernhard* [Oberl.]: Die Holzpflanzen der Südlausitz und des nördlichsten Böhmens, m. Berücks. d. Ziergehölze in d. Anlagen v. Zittau. I. Tl. Tabelle d. Gattungen u. die zu d. Gymnospermen, apetalen u. sympetalen Dikotyledonen gehörigen Arten. Zittau, Druck v. Neboina & Böhme, 1891; 1 Bl., 31 S. 4°
Zittau, k. EG m. h. Handels-S, OP 1891 (552)

Lorenz, *Bernhard:* Die Holzpflanzen der Südlausitz und des nördlichsten Böhmens, m. Berücks. d. Ziergehölze in d. Anlagen d. Stadt Zittau. II. Tl. Die Choripetalen. (Forts. d. P-Beil. 1891.) Zittau, Druck v. M. Böhme, 1894; 1—30 S. 4.
Zittau, k. EG m. h. Handels-S, OP 1894 (558)

Lorenz, Bernh. (geb. Arendsee in d. Altm. 10. 3. 1845): Diffuse Nephritis. Berlin (1868). (30 S.) 8°
Berlin, Med. Diss. v. 26. Febr. 1868

Lorenz, Borislav, a. Serbien: Die Philosophie André-Marie Ampères. (Berlin 1908: E. Ebering.) (114 S.) 8°
Berlin, Phil. Fak., Ref. Stumpf, Diss. v. 29. Febr. 1908
[Geb. 10. Aug. 83 Arangyelowatz; Wohnort: Berlin; Staatsangeh.: Serbien; Vorbildung: I. Gymn. Belgrad Reife Juni 02, Nachtragsprüfung im Griech. Aug. 07; Studium: Berlin 10 S.; Rig. 30. Jan. 08.]

Lorenz, C.: Über das Delirium tremens. 8°. Erlangen. 1851.

Lorenz, C., Norddeutschlands Handelsflotte zu Anfang des Jahres 1865. Stralsund 865. Bremer. 8. (18 S.) n. 5 ngr.

Lorenz, C., Stralsund. Plan der Stadt nebst e. Führer f. Fremde. 8. (18 S. m. e. lith. Plan in qu. 4.) Stralsund 875. (Meincke.) n. 1. —

Lorenz, C., Stralsund. (Lithogr.) Plan der Stadt, nebst einem Führer für Fremde. 8. (18 S.) Stralsund 883, (Bremer.) **

Lorenz, C. F., Singbuch f. deutsche Volksschulen, Ersatz, s.: Singbuch f. deutsche Schulen.

Lorenz, C. F., De vestigiis decem classium verbi sanscritici in Graeci verbi formis apparentibus. Diss. 1868. 81 S. 1.20

Lorenz, C. F., d. Baumzucht auf d. Lande rc. 8. Leipz. ... Joachim. 20 K

Lorenz, C. Fr., d. Baumzucht auf d. Lande, od. gründl. u. deutl. Unterricht, wie sich auch d. geringste Landmann d. schönsten Obstbäume auf e. leichte Art selbst erziehen u. veredeln etc. kann. 8. Leipzig, 1809. (Melzer.) — 25

Lorenz, Carl ..., s. Lorenz, Karl

Lorenz, Chr., Aufgaben f. den Rechenunterricht, s.: Bann, H.

Lorenz, Chr., d. neueste u. vortheilhafteste Bereitung des Kartoffelmehls aus guten, wie auch aus verdorbenen u. gefrornen Kartoffeln. 8. Quedlinb. 825. Basse. 8 K

Lorenz, Ch., Deutschlands Getreideproduction, Brodbedarf und Brodbeschaffung, s. Zeitfragen, volkswirthschaftliche.

Lorenz C.: Deutschlands Getreideproduktion, Brodbedarf u. Brodbeschaffung. Berl. 1881. 30 S. P.
(Volkswirthschaftliche Zeitfragen. H. 22).

—— Tabelle zur Verwandlung des rect. Spiritus von Gewicht auf Literprocente in laufender Zahl von 1/2 kg bis 800 kg, 900, 1000, 2000, 3000 kg. gr. 16. (31 S.) Güstrow 880, Opitz und Comp. *

Lorenz, Chr., Tabelle zur Verwandlung d. rect. Spiritus v. Gewicht auf Literprocente in laufender Zahl von 1/2 kg bis 800 kg, 900, 1000, 2000, 3000 kg. gr. 16. (31 S.) Güstrow 884. Opitz & Co. n. — 50

**Lorenz, Christian* s. Engel.

Lorenz, Chrn., Gespräche über Hypotheken-Versicherung. 860. (VIII, 72 S.) — 2. verm. Aufl. Dresden 860. Kuntze. gr. 8. (VII, 99 S.) n. 10 ngr.

Lorenz, Christian Gottlob

Lorenz, Chr. G., Bericht über die Gründung und Eröffnung der Landesschule zu Grimma im J. 1550, ihre äußeren Verhältnisse und Schicksale während ihres Bestehens und über die Jubelfeier derselben in den J. 1650, 1750 und 1850. 2 Hefte. Lex.-8. (288 S. mit 5 Holzschnt. in gr. 8. und gr. 4. und 1 Stnt. in gr. 4.) Grimma 850, (Gebhardt.) **

Lorenz, Chr. Glo., Commentationes de dictatoribus latinis et municipalibus Particula I. 4 maj. Grimmae 841. (Gebhardt.) n. 2/3 ₰

— **Christ. Gottl.**, De dictatoribus latinis et municipalibus. Part. I. Grimma, 14. IX. 1841. 44 S. (Namen.) (3.—) 21602

Lorenz, Chrn. Glob., zur Erinnerung an Georg Joachim Goeschen. gr. 4. (40 S.) Grimma 861, (Hering.) Thlr.
Aus dem Programm der k. Landesschule zu Grimma vom J. 1861, besonders abgedruckt.

Lorenz, Chrn. Glob., die Stadt Grimma im Königr. Sachsen, historisch beschrieben. 1. Heft. Lex.-8. (S. 1—64 mit 1 lithogr. Plan in Imp.-Fol.) Leipzig 856, Dyk'sche Buchh. *

—— die Stadt Grimma im Königreich Sachsen, historisch beschrieben. 2—10. Heft. Lex.-8. (S. 65—640 mit 14 Stnt., 1 Kpfr.- und 1 Holzschnt.) Leipzig 857—60, Dyk'sche Buchh. à Lfg. * 16 Ngr. *
1. Heft. Ebendas. 1856. * 16 Ngr.

Lorenz, Chrn. Glob., die Stadt Grimma im Königreich Sachsen, historisch beschrieben. 12—21. Heft. Leipzig 865—69. Dyk'sche Buchh. Lex.-8. (S. 705—1344 mit Steintaff.) 6 ₰ 2 ngr.

Lorenz, Chrn. Glob., die Stadt Grimma im Königreich Sachsen, historisch beschrieben. (22.) Schluß-Hft. Lex.-8. (S. 1345—1644 m. 2 Steintaf.) Leipzig 871. Dyck. n. 4. — (cplt. n. 33. 45)

Lorenz, Chrn. Glob., die Stadt Grimma im Königreich Sachsen, historisch beschrieben. 3 Abthlgn. in 4 Heften. Ausg. B. Neue Ausg. gr. 8. (1644 S. mit 16 Kpfrt. und Plan.) Grimma 885, Gensel. * ℳ 24.—.; in 2 Halbfrzbdn. * Ausg. C. Neue Ausg. ohne Kpfrt., mit Plan * In 2 Halbfrzbdn. *
Ausg. A. Ebendas. 1856—71. * ℳ 32.80.; geb. * ℳ 36.80.

—— Grimmenser-Album. Verzeichniss sämmtl. Schüler der königl. Landesschule zu Grimma von ihrer Eröffnung bis zur 3. Jubelfeier zusammengestellt. Lex.-8. (XII und 450 S.) Grimma 850, (Gebhardt.) *

— Nonnulla de aedilibus municipiorum. Gel. 1848. 11 S. 4°.

Lorenzii, (Chr. Gottl.), brevis de praetoribus municipalibus commentatio. 4 maj. (2¾ B.) Grimae 843. (Gebhardt.) *

Lorenz, Christ. Heinrich

— analecta literaria ad Helenae Lucretiae Piscopiae vitam. 4. Altenb. 772.

— — **Ex optatiss. natali serenissimi Ernesti bibliothecam scholasticam iterum apertam indicit et ad orationes eiusdem diei. Altenburg (Richter) (1794). 11 S. (Namen.) (3.—) 21605**

Lorenz, Chr. Hnr., († d. 28. Nov. 1800.) Geschichte d. Gymnasiums u. d. Schulen zu Altenburg, mit Kpf. 8. Altenb. 789. Richter. 1 ₰ 11 gr.

— — (Wermsdorf), De jure monete mutatae hodiernae. Lpz. (Langenheim) (13. X. 1770). 20 S. mit Biogr. (M.: Elis. Voigt.) (3.—) 21604

— Loca selecta e poëtis graecis in usum Gymnasii Altenburgensis. 8. Altenb. (Academ. Bchhdl., Ienae.) 781.

— loca selecta e poëtis graecis, in usum gymnasii Altenburgensis. 8. Altenb. 781. (Hennings in Neisse). 10 gr.

— **Christ. Heinr.**, De obligatione legis in praeteritum. Lpz. (Langenheim) 9. X. 1770. 26 S. (2.50) 21603
Gew.: J. Friedr. Graf v. Eckstaedt.

— Schulgesch. des Fürstenth. Altenb. 8. Altenbg. Petersen. 805.

— — **Publicae pauperum apud veteres curae specimina. Altenburg (Richter) 1797. 46 S. (Namen.) (3.—) 21606**

Lorenz, Chrph., der Nelkenzüchter, oder Naturgeschichte der Nelken und deren Zucht, Pflege und neueste systemat. Ordnung, mit 30 naturgetreu ill. Abbild. 12. (III und 61 S. mit 1 Stnt. in qu. Fol.) Erfurt 857, Villaret. *

Lorenz, E.

— Die Berufswahl der Militär-Anwärter. Ein Ratgeber f. Avancierte der Armee u. Marine zur Vorbereitg. f. die Beamtenlaufbahn, unter Anschluss der Bestimmgn. üb. die Bewerbg., Annahme, Probedienstleistg., Prüfg., Anstellg. u. das Einkommen im Reichs-, Staats-, Provinzial- u. Gemeindedienst. 7. umgearb. u. verm. Aufl. Anh.: Die Beamten-Besoldungstitel. 14. Ausg. (309 u. 125 S.) kl. 8. Berlin, O. Nahmmacher. 1908 2. —

Lorenz. Genealogisches Handbuch der europäischen Staaten. 2. neu bearbeitete u. verm. Aufl. des „Genealogischen Hand- und Schul-Atlas". gr. 8. Berlin 1895.

— weil. O., Genealogisches Handbuch der europäischen Staatengeschichte. 3., verm. Aufl. des „Genealog. Hand- u. Schulatlas". Bearb. v. E. Devrient. (XVIII S., 62 Taf. u. 5 S.) Lex.-8. Stuttgart, J. G. Cotta Nachf. Geb. in Leinw. 14. —

Lorenz, E., Rechenaufgaben aus dem Gewerbsleben, s.: Hantusch, A.

Lorenz, E., Rechenbuch f. gewerbliche Berufe, s.: Hantusch, A.

Lorenz, E. Adf., Theano, s. Breitkopf und Härtel's Text-Bibliothek Nr. 165.

Lorenz, E. F. Singbuch f. deutsche Volksschulen. 2 Hefte. gr. 8. Zittau 892, Oliva. à Heft * — 40
1. Enth. 81 Lieder u. 4 Kanons f. Kinder v. 9—12 Jahren. 4. Aufl. (48 S.)
2. Enth. 56 Übungen u. 68 Lieder f. Kinder v. 12—14 Jahren. 2. Aufl. (48 S.)
Frühere Auflagen erschienen im Selbstverlage.

Lorenz, E. F. W., Blätter f. Handel u. Industrie, s. Blätter.

—— das einfache bürgerl. Buchhalten f. Fabrikanten u. Handwerker faßl. dargest. u. mit Beispielen erläutert. Lex.-8. (3¾ B.) Leipzig 840, Verfasser. *

Lorenz, E. F. W., das einfache bürgerliche Buchhalten für Fabrikanten u. Handwerker faßlich dargestellt und mit Beispielen erläutert. Lex.-8. Leipzig 840. Expedition d. Handelsschule. n. ½ ₰

— s. Bürger- u. Hausfreund.

—— Geschäfts-, Vergnügungs- u. Lokal-Wegweiser durch Leipzig u. seine Umgebungen. Für Einheimische u. Fremde. (3 Abthln.) gr. 8. (5¼ B.) Leipzig 837, Fest'sche Vrlsbuchh.

Lorenz, E. F. V.: „Practisches Handbuch der Münz-, Maass-, Gewichts-, Staatspapier- und Usancenkunde", 4. Auflage, Leipzig 1852. — Vorh.: Com. Bibl. Hamburg.

Lorenz, E. F. V., allgemeine Handelslehre oder System des Handels, das Gesammtwissen d. Kaufmanns im Zusammenhange darstellend. Erstes Lehrbuch für den Handlungszögling. (Bildet auch den 1. Bd. d. „Neuen Handelsschule." 3. völlig umgearb., verb. u. vervollständ. Aufl.) gr. 8. Leipzig 846, Wöller. n. 1½ ₰

Lorenz, E. F. V. [Hrsg.], s.a. Handelsschule, Die.

—— die Handelsschule. 1—3. Curs. Buchhaltung, od. Gründung u. Führung e. kaufmänn. Geschäfts. Lex.-8. (...) Leipzig 837—40, Verfasser. à *

Lorenz's, E. F. V., Handelsschule. Vollständiges, in natürlicher Stufenfolge fortschreitendes Lehrbuch der kaufmännischen Grundwissenschaften. Für Jünglinge, die sich dem Handelsstande widmen wollen, allgemein faßlich bearb. Neue völlig umgearb., verb. u. erweiterte Aufl. Leipzig 860, 61. Wöller. gr. 8.

1. Bd.: Allgemeine Handelslehre, oder das Gesammtwissen des Kaufmanns im Zusammenhange u. in natürlicher Stufenfolge allgemein faßlich dargestellt. Erstes Lehrbuch für den Handlungslehrling. 5. verb. Aufl. (XV, 365 S.) n. 1 ₰ 15 ngr.

2. Bd. 1. Abth.: Practisches Handbuch der Münz-, Maaß-, Gewichts-, Staatspapier- u. Usancenkunde. Alphabetisch geordnete Belehrung über Rechnungsweise, Zahlwerth, Münzwesen ꝛc. u. die wichtigsten Handelsusancen aller civilisirten Länder der Erde. Auf Grund der neuesten gesetzlichen Bestimmungen umgearb. von Fr. Herrmann u. R. Großschupf. 5. verb. u. verm. Aufl. (VI, 217 S.) n. 1 ₰ 7½ ngr.

2. Bd.: 2. Abth.: Die Rechnenkunst des Kaufmanns in ihrer weitesten Anwendung auf das praktische Geschäftsleben. Lehr- u. Uebungsbuch mit zahlreichen Beispielen u. Aufgaben, insbesondere zur Selbstbelehrung für angehende Kauf- u. Geschäftsleute jeder Branche. 5. verb. u. verm. Aufl. (XII, 295 S.) n. 1 ₰ 7½ ngr.

Lorenz, E. F. V., Handelsschule. Vollständiges, in natürl. Stufenfolge fortschreitendes Lehrbuch der kaufmännischen Grundwissenschaften. Für Jünglinge, die sich dem Handelsstande widmen wollen, allgemein faßlich bearb. Neue völlig umgearb., verb. u. erweit. Aufl. 3. u. 4. Bd. Leipzig, Wöller. gr. 8. n. 2 ₰ 17½ ngr.

Bd. 3. Lehrbuch der Handels-Correspondenz u. der kaufmännischen Geschäftsformen, begründet auf einer ausführlichen merkantil. Terminologie u. Phraseologie. 5., verb. Aufl. 865. (XV, 308 S.) n. 1 ₰ 7½ ngr.

Bd. 4. Lehrbuch der einfachen u. doppelten Buchhaltung für Kaufleute u. Fabrikanten. Nebst praktischen Andeutungen zur zweckmäß. Gründung und Führung kaufmänn. Geschäfte. 5., verb. Aufl. 867. (VIII, 216 S.) n. 1 ₰ 10 ngr.

— neue Handelsschule. Vollständ. in natürl. Stufenfolge fortschreitendes Lehrbuch der kaufmännischen Grundwissenschaften. 3. umgearb., verb. u. verm. Aufl. (In 4 Bden.) 1.—13. Liefg. gr. 8. Ebend. 845, 46. Subscr.-Pr. à n. ¼ ₰

Lorenz, E. F. V., neue Handelsschule. Vollständiges in natürlicher Stufenfolge fortschreitendes Lehrbuch d. kaufmännischen Grundwissenschaften. 3. völlig umgearb. Ausg. 14—25. Lfg. gr. 8. Leipzig 847, Wöller. 14—20. Lfg. à n. ¼ ₰ 21—25. Lfg. für die Subscribenten auf das ganze Werk gratis. (cmplt. n. 5 ₰)

— dies. Ausg. in Bdn. 2. Bd. 1. Abth. Pract. Handbuch der Münz-, Maaß-, Gewichts-, Staatspapier- u. Usancenkunde. Oder: Ausführliche Belehrung über Rechnungsweise, Zahlwerth, Münzwesen, Wechsel-, Münz- u. Effecten-Curse, Wechselrecht, Handelsmaaße u. Gewichte u. die bestehenden Handelsusancen aller civilisirten Länder. 3. völlig umgearb. Aufl. gr. 8. (XXXII u. 223 S.) Ebd. 847. n. 1 ₰ — Auf Grund der neuesten gesetzl. Bestimmungen bearb. Gänzlich umgearb. verb. u. verm. 4. Aufl. gr. 8. (VIII u. 211 S.) Ebd. 852. n. 1¼ ₰ — 2. Bd. 2. Abth. Die Rechnenkunst des Kaufmanns in weitester Anwendung auf das pract. Geschäftsleben. Zur Selbstbelehrung. Mit 1 Figurentaf. 3. völlig umgearb., Aufl. gr. 8. (VI u. 310 S.) Ebd. 847. n. 1¼ ₰ — 3. Bd. Lehrbuch der Handels-Correspondenz u. der kaufmännischen Geschäftsformen, begründet auf eine ausführl. merkantil. Terminologie u. Phraseologie. 3. völlig umgearb. Aufl. gr. 8. (VIII u. 321 S.) Ebd. 847. n. 1¼ ₰ — 4. Bd.: Lehrbuch der einfachen u. doppelten Buchhaltung f. Kaufleute u. Fabrikanten. Nebst prakt. Andeutungen zur zweckmäßigen Gründung u. Führung kaufmänn. Geschäfte. 3. völlig umgearb. u. verm. Aufl. gr. 8. (230 S.) Ebd. 847. n. 1 ₰

Lorenz, E. F. V., neue Handelsschule. Vollständiges in natürl. Stufenfolge fortschreitendes Lehrbuch der kaufmänn. Grundwissenschaften. Für Jünglinge, die sich dem Handelsstande widmen wollen, allgemein faßlich bearb. Neue völlig umgearb., verb. und erweit. Aufl. 1. Bd. A. u. d. T.. Allgemeine Handelslehre, oder System des Handels, das Gesammtwissen des Kaufmanns im Zusammenhange und in natürl. Stufenfolge allgemein faßlich darstellend. Erstes Lehrbuch für den Handlungslehrling. Vielfach verm. und verb. 4. Aufl. gr. 8. (XV und 365 S.) Leipzig 854(55,) Wöller. *

—— dass. — 2. Bd. 1. Abthl. A. u. d. T.: Practisches Handbuch der Münz-, Maaß-, Gewichts-, Staatspapier- und Usancen-Kunde. Oder: Ausführliche, alphabetisch geordnete Belehrung über Rechnungsweise, Zahlwerth, Münzwesen ꝛc. aller civilisirten Länder der Erde. Auf Grund der neuesten gesetzl. Bestimmungen bearb. Gänzlich umgearb., verb. und verm. 4. Aufl. gr. 8. (VIII und 211 S.) Ebds. 852. *

—— dass. — 2. Bd. 2 Abthl. A. u. d. T.: Die Rechnenkunst des Kaufmanns in weitester Anwendung auf das prakt. Geschäftsleben. Zur Selbstbelehrung für Handlungsbeflissene jeder Geschäftsbranche. Vielfach verm. und verb. 4. Aufl. gr. 8. (XIV und 302 S.) Ebds. 854. *

—— dass. — 3. Bd. A. u. d. T.: Lehrbuch der Handels-Correspondenz und der kaufmännischen Geschäftsformen, begründet auf eine ausführl. merkantil. Terminologie und Phraseologie. Vielfach verm. und verb. 4. Aufl. gr. 8. (XVI und 311 S.) Ebds. 854. *

—— dass. — 4. Bd. 1. Abthl. A. u. d. T.: Lehrbuch der einfachen und doppelten Buchhaltung für Kaufleute und Fabrikanten. Nebst prakt. Andeutungen zur zweckmäß. Gründung und Führung kaufmänn. Geschäfte. Vielfach verm. und verb. 4. Aufl. gr. 8. (VIII und 217 S.) Ebds. 854. *

—— dass. — 4. Bd. 2. Abthl. A. u. d. T.: Praktische Aufbewahrungskunde der kaufmännischen Waaren. In Belehrungen aus dem Gebiete der Naturkunde und Chemie dargestellt. Vielfach verm. und verb. 4. Aufl. gr. 8. (VI und 73 S.) Ebds. 854. *

Lorenz, E. F. V., Ideenmagazin f. Künstler ꝛc., s. dess., Sonntagsschule.

— s. Innungs- u. Herbergs-Wochenblatt.

—— Juwelen u. Bijouterien ꝛc., s. Juwelen.

Lorenz, E. F. V.: „Lehrbuch der einfachen und doppelten Buchhaltung für Kaufleute und Fabrikanten", Leipzig 1841. — Vorh.: Com. Bibl. Hamburg.

—— Leipzig u. Dresden mit ihren Sehenswürdigkeiten u. Umgebungen f. zwei Groschen. 3., völlig umgearb. u. abermals verm. Aufl. 32. (96 Seit.) Leipzig 839, Verfasser. Thlr.

—— leipziger Meß-Adreßbuch, od. Nachweis d. einheim. u. fremden Verkäufer d. leipziger Messen, auf d. Grund der von denselben eingesend. Mittheilungen. Nach d. Geschäftsbranchen geord. u. mit e. Namenregister versehen. 12. (6⅓ B.) Leipzig 840, Herausgeber.

—— dass. — Nachtrag hierzu. 12. (1⅓ B.) Ebds. 840. *

— Leipziger Meß-Adreßbuch (für 1842). Ein Nachweis der einheim. u. fremden Verkäufer der Leipziger Messen, in mehr als 3000 Handlungs- u. Fabrikfirmen. Nach den Geschäftsbranchen geordnet u. mit Namenregister versehen. 2. verb. u. um ein Drittheil verm. Aufl. Nebst e. Anhange: Geschäfts- u. Vergnügungs-Wegweiser, und dem Plane der inneren Stadt von Leipzig. 16. Leipzig 842, Expedition der Handelsschule. n. 1/2 ₰ — Ohne den Anhang n. 1/3 ₰ — Der Anhang mit dem Plan einzeln für n. 1/6 ₰

— s. Sonntagsschule zur Belehrung . . .

—— Sonntagsschule f. Gewerbslehrlinge u. Gehilfen aller Klassen u. Industriezweige, z. Verbreitung gemeinnütz. Kenntnisse nach d. Anforderungen uns. Zeit. Mit d. Gratisbeil.: Des Sonntagsschülers Ideenmagazin. 2 Bde. à 6 Hfte. 8. (67 B. u. 5 Stnt.) Leipzig 838—40, [Altenburg, Pierer.] à H. 1/12 Thlr.

—— dass. u. Ideenmagazin. Jahrg. 1841. 12 Hfte. 8. (...) Ebds. à 1/12 Thlr.

Das Ideenmagazin bildet ein. fortlaufenden Anhang zur Sonntagsschule, wird aber auch apart à Hft. (3 B.) 3 Gr. gegeben.

— Sonntagsschule und Ideenmagazin. 11. u. 12. Heft. 8. Altenburg 841, Pierer. à 1/12 ₰

—— Taschenbibliothek f. häusl. u. gesell. Leben ꝛc., s. Taschenbibliothek.

—— neues Taschenliederbuch, s. Taschenbibliothek. f. häusl. u. gesell. Leben ꝛc.

—— Theater-Chronik, s. Theater-Chronik.

Lorenz, C. F. W., die Wissenschaft d. Kaufmanns in ihrer Anwend. auf jedes bürgerl. Gewerbe. Ein unentbehrl. Wegweiser f. jeden Handwerker u. Künstler, welcher mit d. Zeit fortgehen, Correspondenz u. Rechnung nach kaufmänn. Grundsätzen führen, überhaupt jeden schriftl. Aufsatz im Geschäftsleben selbst fertigen lernen will. Mit d. nöth. Belehrungen üb. Ein- u. Verkauf, Wechsel u. Wechselrecht, Münz-, Maaß- u. Gewichtskunde ꝛc. 8. (18 B. u. 1 Tab.) Leipzig 829, Glück.

Lorenz, Edmund [approb. Arzt aus Geismar, Eichsfeld]: Ueber zweimalige Erkrankung an Abdominaltyphoid . . . . Dingelstädt i. Th., Druck v. Hugo Wetzel, 1888; 19 S. 8°

Würzburg, Med. Fak., Inaug.-Diss. v. 1888

Große Freude. Eine Weihnachts-Liturgie. Bearb. von Edmund S. Lorenz. *Zeitz: H. Barkemeyer & Co. 1903.* (15 S.) 8° [F.]
— Festtage. Eine musikal. Vierteljahrsschrift. Bd 12, No 1. [04. ...8

Stimmen aus Bethlehem. Eine Weihnachts-Liturgie. Bearb. von Edmund S. Lorenz. *Zeitz: Lorenz & Co. [1903].* (15 S.) 8° [F.]
— Festtage. Eine Serie Liturgien. No 1. [04. ...8

Weihnachts-Jubel. Eine Weihnachts-Liturgie. Bearb. von Edmund S. Lorenz. *Zeitz: H. Barkemeyer & Co. [1903].* (15 S.) 8° [F.]
— Festtage. Eine Serie Liturgien. No 2. [04. ...8

Lorenz, Eduardus *(geb. Altenlohm in Schles. 8. 12. 1809)*: De affinitate chemica. Vratislaviae (1837). (45 S., 2 Tab.) 8°

Breslau, Med. Diss. v. 4. [vielmehr 3.] März 1837

Die Jugendmühle. Singspiel f. 2 Herren u. Damen in beliebiger Zahl ... Text von Elisabeth Schmidt. Musik u. Reigen von Emil Lorenz, op. 21. Text- u. Regiebuch. Leipzig-Connewitz [um 1908]. 11 S. 8° [10. 7166

Lorenz, Emil, die Kastellanin v. Vergi in der Literatur Frankreichs, Italiens, der Niederlande, Englands u. Deutschlands, m. e. deutsch. Übersetzg. der altfranzös. Versnovelle u. e. Anh.: Die „Kastellan v. Couci"sage als „Gabrielle de Vergi"legende. (155 S.) gr. 8. Halle 907. C. A. Kaemmerer & Co. 3. —

Die Kastellanin von Vergi in der Literatur Frankreichs, Italiens, der Niederlande, Englands und Deutschlands, mit e. deutschen Übers. d. altfranz. Versnovelle u. e. Anh.: Die 'Kastellan von Couci'sage als 'Gabrielle de Vergi'legende hrsg. von Dr. Emil Lorenz. Halle a. S.: Kaemmerer 1909. 155 S. 8°

[Ein T. ersch. als Inaug.-Diss. von Halle 1909 u. d. T.: Die altfranz. Versnovelle von d. Kastellanin von Vergi in spätern Bearb.] [10. 1,84

Lorenz, Emil, Kammergerichtsreferendar in Berlin: Die unrichtige Todeserklärung. Doberan 1907: H. Rehse & Co. (44 S.) 8°

Heidelberg, Jur. Fak., Ref. Bekker, Diss. v. 1907

[Geb. 2. Jan. 84 Sülten (Mecklenburg-Schwerin); Wohnort: Berlin; Staatsangeh.: Mecklenburg-Schwerin; Vorbildung: Gymn. Rostock, Friedrichs-Werdersches Gymn. Berlin Reife M. 02; Studium: Berlin 3, München 1, Berlin 3 S.; Rig. 20. Nov. 07.]

Lorenz, Emil, Treppen aus Holz, s.: Behse, W. H.

Lorenz, Emil: Die altfranzösische Versnovelle von der Kastellanin von Vergi in spätern Bearbeitungen. Halle a. S. 1909: Kaemmerer. 138 S. 8° ¶(Ersch. vollst. als Buch ebd. u. d. T.: Die Kastellanin v. Vergi in d. Lit. Frankreichs, Ital., d. Niederl., Engl. u. Deutschl.)

Halle, Phil. Diss. v. 9. Febr. 1909, Ref. Suchier

[Geb. 14. Mai 86 Görlitz; Wohnort: Görlitz; Staatsangeh.: Preußen; Vorbildung: Realgymn. Görlitz Reife O. 05; Studium: Halle 8 S.; Rig. 18. Dez. 08.] [U 09. 1679

LORENZ, Ernst (Behlendorf): Ueber Inversio uteri.- München: Schreiber 1883. 28 S. 24.7.1883 - Urk (Titel: De inversione uteri.); Chr 1883/84,12

Diss. Ingolst.-Landsh.-Mchn.

Lorenz, Ernst, s.: Winke f. Schlachthof bauende Städte.

Lorenz, Ernst Ehregott, oeconomisch-technisches Handbuch, enthltd. practisch-wissenschaftliche Erfahrungen im Gebiete der Landwirthschaft, sowie des bayerschen Hopfen- u. Weinbaues. (In ca. 10 Liefgn.) 1—7. Liefg. Dresden 868. Gebr. Münchmeyer. gr. 8. (S. 1—348.) Jede Liefg. 5 ngr.

Lorenz, Eug., das Gesetz betr. den Verkehr m. Lebensmitteln u. einigen Gebrauchsgegenständen, s. a. Gesetz-Ausgabe, Manz'sche. Nr. 59.

Lorenz, Eug., d. Gesetz v. 16. I. 1896, R.G.Bl. Nr. 89 ex 1897, betr. d. Verkehr m. Lebensmitteln u. ein. Gebrauchsgegenständen u. d. Ministerial-Verordnung v. 3. IV. 1897, R.G.Bl. Nr. 90, betr. d. Einsetzg. e. ständ. Beirathes f. Angelegenheiten des Verkehres m. Lebensmitteln ꝛc., m. Erläutergn. aus d. Motiven u. Materialien zusammengest. 12. (IV, 172 S.) Wien 897. Manz. n. 2. 40; geb. n. 3. —

Lorenz, E., Das Gesetz vom 16. I. 1896, R.G.Bl. Nr. 89 ex 1897, betr. den Verkehr m. Lebensmitteln u. einigen Gebrauchsgegenständen, m. Erläutergn. aus den Motiven u. Materialien, nebst den einschläg. Landesgesetzen u. Durchführungsverordngn., zusammengestellt. 2. Aufl. 12. (IV, 307 S.) Wien, Manz. 1901 3. 40; geb 4. —

Lorenz, E., Strafgesetz, s. Taschenausgabe, Manz'sche. Bd. 4. I.

Lorenz, E., Strafgesetz, s. Taschenausgabe, Manz'sche, 4. Bd. II. Abtlg.

Lorenz, Eug., das Strafgesetz vom 27. V. 1852, s.: Löffler, Alex.

— Die Strafprozeß-Ordnung vom 23. V. 1873, s.: Löffler, Alex.

— E., s. Taschenausgabe, Manz'sche.

Lorenz, F. G., geistliche Herzensstärke. 8. Breslau, W. G. Korn. 781.

Lorenz, Fel., s.a. Terentius, Lorenz.

Lorenz, Fel., der Buddhist. Roman. 8. (180 S.) Berlin 897. (J. Belling.) n. 2. —

Felix Lorenz. Ernst Viktor Bunzendahl. Dramatische Handlungen. Heilige Liebe. Sommersegen. Lügen. Ein Testament. Als Ms. gedr. Berlin: H. Feyl & Co. 1898. (147 S.) 8° [F.] [06. 11626

— Deutschland. Ein neues Wintermärchen. Illustriert v. Erich Gützlaff. 1. u. 2. Aufl. (37 S. m. 3 farb. Taf.) gr. 8. Berlin (905. 906). Harmonie. n. 2. —; geb. n. 3. —

(B) Lorenz-Terentius, (Fel. Lorenz), Deutschland. 906. (KBL 34.) Ladenpreis aufgehoben.

[F.] Jugend und Tod. Gedichte v. Felix Lorenz. *Berlin: E. Baum 1897.* (39 S.) 1 Bd 8. [97. 3585

Lorenz, F., aus der goldenen Kinderzeit. Erzählungen u. Geschichten f. Acht- bis Elfjährige. (139 S. m. 25 Abb.) 8. Graz (909). Styria. Geb. 1. 50

Lorenz, Fel., der Klex. Ein Drunter- u. Drüberbrettl-Buch f. Nomaden, Secessionisten u. andere Herrenmenschen. (Mit Zeichngn. v. Emil Erk u. E. A. Schmidt.) gr. 8. (63 S. m. 15 Taf. u. Bildnis.) Berlin 902. Verlag „Kurz u. Bündig". 1. —

— Die hl. drei Könige. Die Leni-Bas. Die Schwammerl-Hexe, s.: Bachem's Jugend-Erzählungen.

— u. Eug. v. Baumgarten, aus dem Lande der Märchen. qu. gr. 8. (80 S. m. Abbildgn.) München (899). A. Freund. Kart. 1. —

Mailand. Von Felix Lorenz. Leipzig: Klinkhardt & Biermann (1910). 159 S. 8°
(Stätten d. Kultur. Bd 25.) [10. 16737

Die gerettete Moral und andere Satiren von Lorenz Terentius (Felix Lorenz). Illustr. von Paul Haase. 2. Aufl. Berlin: Harmonie [1905]. (21 Bl.) 8° [F.] [06. 514

Lorenz Terentius (Felix Lorenz). Die Paddenpuhler. Die Bilder von Erich Gützlaff. Berlin: Harmonie [1909]. 53 S. 8° [09. 6124

— Sizilien, s.a. Stätten der Kultur.

Sizilien. Von Felix Lorenz. Leipzig: Klinkhardt & Biermann [1909]. 170 S. 8°
(Stätten d. Kultur. Bd 19.) [09. 6125

— Das Tagebuch des Bruders. Kirmesschneiders Kasimir. Eine Ferienreise. Die erste Hose, s.: Bachem's Jugend-Erzählungen.

— Graf Leo Tolstoj, s.a. Persönlichkeiten.

Graf Leo Tolstoj. Von Felix Lorenz. Charlottenburg: Virgil-Verl. [1908]. (30 S.) 8°
= Persönlichkeiten. Illustr. Essays. H. 11. [08. 7839

Lorenz F.: Zu Grillparzers dramatischem Märchen „Der Traum ein Leben". 8S. Znaim R. 91.
Progr.

Felix Lorenz. Die kühlen Wälder. Berlin-Charlottenburg: Juncker (1910). 149 S. 8° [11. 16212

[F.] Weibernarrheit. Verlorene Unschuld. Lebenswogen. 3 Liebesgesch. v. Felix Lorenz . . . *Berlin: Selbstv. d. Vfs; (Dr. v. P. Friesenhahn, Bendorf a. Rh.) 1896.* (79 S.) 1 Bd 8. [96. 7349

Lorenz, Ferdinand: Zur Geschichte der Zensur und des Schriftwesens in Bayern. *Berlin: A. Duncker 1904.* (39 S.) 8° ¶ [Aus: Archiv f. Kulturgeschichte, 1904. — Ersch. vollst. ebenda Bd 2, H. 3f.]
München, Phil. Diss. v. 1901

Lorenz, Fr.: Collationen des Codex vetus Camerarii (B, bibl. Vatic. cod. Palat. 1615) und des Codex Ursinianus (D, Vatic. 3870) zur Aulularia des Plautus. 18 S.– Berlin Kölln. G., Progr. 1872.

Alcuin's Leben, Beitrag z. Kirchengeschichte d. Karolingischen Zeit. Von * Fr. Lorenz. gr. 8. Halle 1829, Kümmel. 1⅓ Thlr. — 2 fl. 24 kr.

Lorenz, Fr. Versuch einer geognostischen Darstellung der Umgebung von Krems. (Auch mit dem latein. Titel: Dissertatio inaug. de territorio cremsensi.) Vindobonae, 1831. 8.

Lorenz (F.). Botanischer Wegweiser in Wiener Neustadt Umgebungen. Wien, 1876. 16°.

Lorenz, Fr., botanischer Wegweiser in Wiener-Neustadt's Umgebungen. gr. 16. (VIII, 30 S.) Wien 879, Braumüller. *

(Fr. Paul) Lorenz' neueste Karte von Hornberg, Triberg, Schönwald und Umgebung. Massst. 1 : 75,000. *Freiburg i. Br. & Leipzig: F. P. Lorenz [1902].* (1 Kartenbl. 44×35 cm.) 8° [kol.]
[Umschlagt.:] Neueste Karte von Hornberg ...
(Collection Lorenz.) [03. 11035

Lorenz' Karte von Vöhrenbach und Umgebung. Hergestellt von Fr. Paul Lorenz, Reiseführer- u. Kartenverl. (Massst. 1 : 50,000.) Freiburg i. Br. & Leipzig: (F. P. Lorenz [1906]; Lith. F. Wirtz, Darmstadt). (1 Kartenbl. 32×22 cm mit Legende.) [Kopft.] [kol.] [07. 238

Lorenz, Frz., Haydn, Mozart u. Beethoven's Kirchenmusik u. ihre katholischen u. protestantischen Gegner. Breslau 866. Leipzig, Leuckart. br. 8. (VIII, 96 S.) 15 *ngr.*

— W. A. Mozart als Clavier-Componist. Ebend. 866. br. 8. (63 S. mit einer Notenbeilage.) 12 *ngr.*

Lorenz, Frdr., um des Evangelii willen! Eine Geschichte aus dem Lande Calenberg zur Zeit der Gegenreformation. (122 S. m. 1 Taf.) 8. Hameln 908. Th. Fuendeling. 1.60; geb. in Leinw. 2. 50

Lorenz, Friedr. Die griechische Grammatik in Untersekunda. 27 S. *Oels* 1881.
Progr.

— Opfer der Alpen. Eine Bergphantasie. (42 S.) 8. Wien 910. C. Konegen. 1. —

Auf heimischer Scholle! Bilder vom Kirchenmeierhofe in Bessinghausen im Lande Calenberg aus 5 Jahrhunderten. Von Superint. [Friedrich] Lorenz-Börry. Hameln 1908: Niemeyer. 112 S. 8°
Aus: Der Weserbote. Jg. 1907/08. [11. 17:49

Lorenz, Friedrich [app. Arzt aus Lübeck]: Aus d. med. Klinik zu Kiel. Über den Status epilepticus. . . . Kiel, Druck v. A. F. Jensen, 1890; 45 + 1 S. + 1 Bl. 8°
Kiel, Med. Fak., Inaug.-Diss. v. 14. Mai 1890

Lorenz, Friedr. Ueber den Status epilepticus. Aus der medicin. Klinik zu Kiel. Diss. gr. 8. (45 S. m. 1 graph. Taf.) Kiel 890, (Lipsius u. Tischer). 1 20

Lorenz, Frdr., aus dem Süntelthale. Geschichte der St. Magnikirche u. des Kirchspiels Beber am Süntel. 8. (III, 128 S. m. 2 Taf.) Hannover 899. H. Feesche. n. 1. 50; geb. in Leinw. n. 2. —

LORENZ, Friedrich: Unterlaufkorrektionen senkstoffreicher Wildbäche mit Auflandungstendenz. - Wien 1910. 129, 7 Bl., 1 Tab., 21 Abb. (Hdschr.) - Diss. Hochsch. f. Bodenkultur

Lorenz, Der griech. Unterricht in der Untersekunda. Pr. 1881. 27 S. 4°.

Lorenz, Friedr. Aug., Aphorismen über den neuesten Entwurf einer Prozeßordnung in bürgerlichen Rechtsstreitigkeiten für das Königr. Bayern. Neue Ausg. Nebst einem Anhang über das Institut der Gerichtsvollzieher. gr. 8. (IV, 158 S.) München 869, Franz'sche Buchh. *

Lorenz, F. A., chem. physikal. Unters. des Feuers. 8. Koppenhagen, Faber. (Schubothe.) 789.

Friedrich August Lorenz

Chemisch physicalische Untersuchung des Feuers. Von F[riedrich] A[ugust] Lorenz. Kopenhagen & Leipzig: Faber & Nitschke 1789. XX,178 S. 8°

— **Friedr. Aug.** (Saalfeld), De usufructu vestimentorum ex voluntate constituentis vel vero vel quasi tali. Präs. Aug. Friedr. Schott. Lpz. (Langenheim) 17. XII. 1766. (3.50) 21607
Gew.: A. Wagner.

—— bayerischer oder norddeutscher Civilprozessentwurf? gr. 8. (24 S.) München 869, Th. Ackermann. *

Lorenz, Friedr. Aug., die neuen Civil-Strafgesetzbücher Bayerns. 3 Bde. 8. München 873, Th. Ackermann. *
Inhalt:
Bd. 1. Das Strafgesetzbuch für das deutsche Reich nebst dem deutschen Einführungsgesetze vom 31. Mai 1870. Unter Anschluß des im Büreau des königl. Preuß. Justizministerium redigirten Sachregisters. Mit erläut. Anmerkungen unter besond. Rücksicht auf Bayern. (X, 386 S.) *M. 4.
" 2. Das Gesetz, den Vollzug der Einführung des Strafgesetzbuches für das deutsche Reich in Bayern betr. Mit erläut. Anmerkungen. (VI, 239 S.) *M. 2,40.
" 3. Das Polizeistrafgesetzbuch für Bayern vom 26. Decbr. 1871. Mit erläut. Anmerkungen und den wichtigsten Vollzugs-Verordnungen und Instructionen hrsg. (XXII, 330 S.) *M. 3.

Lorenz, Friedrich Hermann, Medizinalpraktikant: Hypoplasie und Aplasie der Niere. München 1907: Kastner & Callwey. (23 S.) 8°
München, Med. Fak., Ref. v. Bollinger, Diss. v. 2. Juli 1908
[Geb. 24. Febr. 82 Friedberg (Oberhessen); Wohnort: Darmstadt; Staatsangeh.: Hessen; Vorbildung: Ludwig-Georgs-Gymn. Darmstadt Reife O. 01; Studium: Jura Heidelberg 1, Med. München 4, Kiel 1, Berlin 1, Heidelberg 1, München 3 S.; Coll. 2. Juli 08; Approb. 31. Mai 08.]

Lorenz, Friedr. Wilhelm [aus Niederoderwitz]: Der Stil in Maistre Wace's Roman de Rou .... Leipzig, Druck v. Sturm u. Koppe, 1885; 1+99+1 S. 8°.
Leipzig, Phil. Fak., Inaug.-Diss. v. 19. Dez. 1885.

Im Gnomen-Reich. Fantastische Kinderkomödie mit Gesang u. Tanz in 3 Aufz. von Richard Matthes. Für 3stimmigen Kinderchor u. Soli ... von Fritz **Lorenz**, op. 129. Textbuch mit Deklamation. Leipzig: Glaser [1908]. 43 S. 8° [09. 15011

's Lieserl vom Erlenhof. Volksstück mit Gesang u. Tanz in 3 Akten u. e. Vorspiel von Richard Matthes. Musik von Fritz **Lorenz**, op. 128. Regie- u. Soufflierbuch. Leipzig: Glaser [1908]. 57 S. 8° [09. 15010

Lorenz, Fritz, Notenklex od.: „Eine Abendpromenade". Singsp. in 2 Aufzgn. Op. 58. Regie- u. Soufflirbuch. 12. (22 S.) Coburg (894). E. Glaser. n. — 60; Textbuch. (8 S.) n. — 10

Lorenz, Fritz, alpine Plaudereien. Heiteres u. Weiteres aus meinen Alpenfahrten. 12. (84 S.) Schweinfurt (902). (E. Stoer.) n. — 40

Lorenz, Gottlieb Frdr. (Hrsg.), s.a. Allerley.

Lorenz, Gli. (oder Theoph.) Fr., († d. 28. Sept. 1807.) meines Lebens Allerlei, od.: Allgemeine Heirathsschule für beiderlei Geschlechter. 1r Jahrg. 1e u. 2e Hälfte. 8. Münch. 799.

(—) meines Lebens Allerlei; (e. Wochenblatt). 24 Stücke. 8. Leipz. 807.

— theatral. Quodlibet für Schauspieler u. Schauspielerliebhaber. 2 Thle. gr. 8. Hamb. 785. Herold. 1 ₰ 8 gr.

Lorenz, Gli. Fr., s. Wittwer, der.

— theatral. Zeitvertreib; e. Wochenschrift. 2 Thle. 8. Regensb. 779. Montag u. W. 12 gr.

Lorenz, G., Anleitung zum Keulenschwingen. Handbuch f. Vorturner u. Anweisg. zum Selbstunterricht nebst 30 Übungsgruppen f. Festlichkeiten u. 10 Abbildgn. (XVI, 48 S.) kl. 8. Dresden-A. (Marienstr. 16) 910. B. Protze. nn — 90

Lorenz, G., und H. Melzer, stenographisches Lesebuch nach Gabelsbergers System. Zum Gebrauch in Real- und höheren Bürgerschulen. 1. Lfg. 8. (24 lithogr. S.) Annaberg 856, Rudolph und Dieterici.

—— und H. Melzer, stenographisches Lesebuch nach Gabelsbergers System. Zum Gebrauch in Real- und höheren Bürgerschulen. 2. und 3. Lfg. 8. Annaberg 857. 58, Rudolph und Dieterici. [2. Lfg. (24 lithogr. S.) 3. (28 lithogr. S.) à Lfg. 7½ Ngr.]
1. Lfg. Ebendas. 1856. 7½ Ngr.

Lorenz, G., die Stenographie als Lehrobjekt in höheren Unterrichtsanstalten. Mit lithogr. Beilage und einem Vorwort von Carl Albrecht. Das Gesammtgebiet der Stenographie in gedrängter Darstellung enthaltend und allen Gebildeten, insbesond. den Lehrern Deutschlands zur Beachtung und als Conferenzgegenstand unterbreitet. gr. 8. (VII und 92 S.) Leipzig 857. [Altona, G. Mayer's Verlag.] *

Lorenz, Georg, aus Schweinitz a. E.: Gebhard von Alvenslebens Topographie des Erzstifts Magdeburg ⟨1655⟩. Ein Beitrag zur hist. Landeskunde d. Prov. Sachsen. *Halle 1900: Th. Wulfert, Schönebeck a. E.* (65 S.) 8° [F.]
Halle, Phil. Diss. v. 14. Febr. 1900

LORENZ, Georg: Quas praecise veritates religiosas et quomodo eas Cyrillus Alexandrinus adversus Iulianum Imperatorem defendat in opere: „ὑπὲρ τῆς τῶν Χριστιανῶν εὐαγοῦς θρησκείας πρὸς τὰ τοῦ ἐν ἀθέοις Ἰουλιανοῦ. — 1900. 88 S. Diss. Graz, Univ.

Lorenz, Georg [app. Arzt aus Ohlau in Schlesien]: Die Zerstörung der Gesichtsteile durch Syphilis an mehreren auf der chirurgischen Klinik zu Erlangen beobachteten Fällen erläutert ... Würzburg, Druck d. Ferdinand Röhrl'schen Buchdr., 1890; 33 S. u. 1 Taf. 8°
Erlangen, Med. Fak., Inaug.-Diss. v. 14. Mai 1890

Warum sind Gespräche über Religionsmeinungen in der Loge verboten? Vortrag des Br. G[eorg Volkmar] **Lorenz,** gehalten in der Loge Minerva z. d. 3 P[almen] in Leipzig, zum Feste Joh. d. Evang[elisten] 1900. [Leipzig 1900.] 8 S. 8° [Kopftit.]
Abgedr. in: R. 28 (1901) S. 19—22.

Lorenz, Gerhard, Sagradowka. 113 S. mit 18 Bildern und 3 Karten. — Winnipeg: Echo-Verlag IfA

Lorenz, Gustavus *(geb. Breslau 2.3.1823)*: De morbis prostatae. Vratislaviae (1848). (28 S.) 8°
Breslau, Med. Diss. v. 14. Okt. 1848

Lorenz, H., die Fabrikation des Pergaments, s.a. Schauplatz, neuer, der Künste und Handwerke. 66. Bd.

Lorenz, H., Die Fabrikation des Pergaments u. der Darmsaiten oder ausführliche Anweisung zur Bereitung sowohl des Schreib- u. Malerpergaments etc. als auch der Goldschlägerhäutchen, Drehbankschnüre etc. Mit 6 Tfln. von 47 Abbild. Weimar 1862. 8°.

Lorenz, H., H. Naudt u. R. Nötzger, deutsches Lesebuch f. die mittleren Klassen höh. Lehranstalten. 3 Tle. Leipzig, R. Voigtländer. Geb. in Leinw. n. 6. —
1. Prosa. (XI, 547 S.) gr. 8. 904. n. 2. 80
2. Gedichte f. Untertertia. (192 S.) gr. 8. 904. n. 1. 20
3. Von alten Zweigen. Sammlg. deutscher Gedichte. 1.—3. Tauf. (320 S.) 8. (903.) n. 2. —

— s.: Organisation, die, der Lehranstalten u. s. w.

Lorenz, H., meine Romreise. kl. 8. (IV, 516 S.) Zweibrücken 886, Ruppert. *

Lorenz, H., meine Romreise. 8. (IV, 515 S.) Zweibrücken 886. Schuler. n. 3. 50

Lorenz, H., der untrügliche Wahrsager oder Karten- und Handdeuter, sowie die Weissagung aus der Geburt nach Monaten und Tagen nach der Stellung der 12 Himmelszeichen, Planeten und Aspekten. Nebst einem Anhange über das Aderlassen rc. und einem zuverläss. Witterungs-Propheten. 32. (108 S.) Erfurt 851, Hennings und Hopf.

Lorenz, H. A., **über das Gleichgewicht der lebendigen Kraft unter Gasmolekülen.** [Mit 7 Holzschn.] [Aus: „Sitzungsberichte der k. Akademie der Wissenschaften".] Lex.-8°. (35 S.) Wien, Gerold's Sohn. fl. —.35. 1887

Lorenz, Hans, **die Aenderung der Umlaufzahl u. des Wirkungsgrades v. Schiffschrauben m. der Fahrgeschwindigkeit, s.a. Mitteilungen üb. Forschungsarbeiten auf dem Gebiete des Ingenieurwesens. 71. Heft.**

Lorenz, H., Die Änderung der Umlaufzahl und des Wirkungsgrades von Schiffschrauben mit der Fahrgeschwindigkeit. Berlin, 1907. 12 S. mit 5 Abb.

Lorenz, Hans, aus Hamburg: **Beiträge** zur Kenntnis der Keimung der Winterknospen von Hydrocharis morsus ranae, Utricularia vulgaris und Myriophyllum verticillatum. *Kiel 1903: Schmidt & Klaunig.* (42 S.) 8°
Kiel, Phil. Diss. v. [2. Mai] 1903

Lorenz, Hans, Dynamik der Kurbelgetriebe m. besond. Berücksicht. der Schiffsmaschinen. gr. 8. (V, 156 S. m. 66 Fig.) Leipzig 901. B. G. Teubner. n. 5. —

— Einführung in die Elemente der höheren Mathematik u. Mechanik. Für den Schulgebrauch u. zum Selbstunterricht bearb. (V, 176 S. m. 128 Abbildgn.) 8. München 910. R. Oldenbourg. Geb. in Leinw. 2. 40

— die praktische Gleichwertigkeit der drei Hauptsysteme v. Kompressionskühlmaschinen. gr. 8. (12 S. m. 1 Tab.) München 902. R. Oldenbourg. n. — 50

Lorenz, Hans [aus Leipzig]: **Die Grenzwerte der thermodynamischen Energieumwandlung ... München, Druck v. R. Oldenbourg, 1895; 100 S. 8.**
München, Phil. Fak., Inaug.-Diss. v. 1895

Lorenz, Hans, der Kurort Groß-Ullersdorf in Mähren, seine Bade-, Trink- und Molkenkuranstalt, in histor., topograph., chem. und therapeut. Hinsicht dargestellt. 8. (IV, 60 S.) Groß-Ullersdorf 886. (Brünn, Knauthe.) *

Technische Hydromechanik von Hans Lorenz. Mit 205 Abb. München & Berlin: R. Oldenbourg 1910. XXII, 500 S. 8°
(Lorenz: Lehrbuch d. techn. Physik. Bd 3.) [illegible] 3

-- u. C. **Heinel,** neuere Kühlmaschinen, s.a. Oldenbourg's technische Bibliothek. 1. Bd.

Lorenz, Hans, neuere Kühlmaschinen, ihre Konstruktion, Wirkungsweise u. industrielle Verwendg. E. Leitfaden f. Ingenieure, Techniker u. Kühlanlagen-Besitzer. gr. 8. (VIII, 219 S. m. Fig.) München 896. R. Oldenbourg. Geb. in Leinw. n. 5. —

— dasselbe. 2., durchgeseh. u. verm. Aufl. gr. 8. (X, 316 S. m. 191 Fig.) Ebd. 899. Geb. in Leinw. n. 6. 50

— neuere Kühlmaschinen, s.a. Handbiblioth., techn.

Neuere Kühlmaschinen, ihre Konstruktion, Wirkungsweise und industrielle Verwendung. Ein Leitfaden f. Ingenieure, Techniker u. Kühlanlagen-Besitzer bearb. von Prof. Dr. Hans Lorenz, Dir., Göttingen. 3. durchges. u. verm. Aufl. *München & Berlin: R. Oldenbourg 1901.* (VIII, 374 S.) 8°
= Handbibliothek, Technische. Bd 1. [illegible]

Lorenz, H., und C. **Heinel:** Neuere Kühlmaschinen, ihre Konstruktion, Wirkungsweise und industrielle Verwendung. 4. Aufl. München und Berlin 1909. (Oldenbourgs Techn. Handbibliothek Bd 1)

— Lehrbuch der technischen Physik. 1. Bd.: Technische Mechanik starrer Systeme. gr. 8. (XXIV, 625 S. m. 254 Abbildgn.) München 902. R. Oldenbourg. n. 15. —; geb. n. 16. —

Lorenz, Hans, Lehrbuch der technischen Physik. 2. Bd.: Technische Wärmelehre. (XIX, 545 S. m. 136 Abbildgn.) gr. 8. München 904. R. Oldenbourg. n. 13. —; geb. n. 14. —
Bd. 1 Ebd. 902. n. 15. —; geb. n. 16. —.

— Lehrbuch der techn. Physik. 3. Bd.: Technische Hydromechanik. (XXII, 500 S. m. 205 Abbild.) gr. 8. Ebd. 910. 14.—; geb. 15. —
Bd. 1 u. 2. Ebd. 902. 04. 28.—; geb. 30.—.

Technische Mechanik starrer Systeme. Von (Prof. Dr.) Hans Lorenz. Mit 254 Abb. *München & Berlin: R. Oldenbourg 1902.* (XXIV, 625 S.) 8°
= Lorenz: Lehrbuch d. techn. Physik. Bd 1. [illegible] 3

Lorenz Hans, Schüler v. St. Laurentius. Roman. (220 S.) 8. Dresden 903. E. Pierson. n. 3. —; geb. 4. —

— neue Theorie u. Berechnung der Kreiselräder, Wasser- u. Dampfturbinen, Schleuderpumpen u. -Gebläse, Turbokompressoren, Schraubengebläse u. Schiffspropeller. (XV, 144 S. m. 67 Abbildgn.) gr. 8. Ebd. 906. Geb. in Leinw. n. 8. —

Lorenz, H., Vergleichsversuche an Schiffschrauben. Berlin, 1907. 10 S. mit 11 Abb.

Lorenz, H., Die spezifische Wärme des überhitzten Wasserdampfes. Berlin, 1905.

Technische Wärmelehre. Von Hans Lorenz. Mit 136 Abb. *München & Berlin: R. Oldenbourg 1904.* (XIX, 544 S.) 8°
= Lorenz: Lehrbuch d. techn. Physik. Bd 2. [illegible]

Lorenz, Hans, wie verwalte ich mein Vermögen? Prakt. Ratschläge f. die vorteilhafte Verwaltg. des Vermögens in Grundbesitz u. Hypotheken, Staats- u. Industriepapieren, bei Banken u. Sparkassen etc., sowie die Vorschriften üb. das Verwaltungsrecht des Mannes an dem Vermögen der Ehefrau u. des Vormundes an d. Mündelvermögen. gr. 8. (72 S.) Berlin 902. H. Steinitz. n. 1.—

— s.: Zeitschrift f. d. ges. Kälte-Industrie.

Lorenz, Heinrich, a. Süderwisch ⟨Kreis Süderditmarschen⟩: Die Entwicklung des französischen Infinitivausganges ⟨Vokal +⟩ palatales l + er. Kiel 1906: H. Fiencke. (VII, 122 S.) 8°

Kiel, Phil. Fak., Ref. Körting, Diss. v. 6. März 1906

[Geb. 9. Juli 81 Süderwisch; Wohnort: Süderwisch; Staatsangeh.: Preußen; Vorbildung: Realgymn. Rendsburg Reife O. 01; Studium: Halle 2, München 2, Kiel 5 S.; Rig. 2. Dez. 05.]

Lorenz, H(einrich), (aus Contwig): Dr. P. J. **Möbius** als Philosoph. *Wiesbaden 1899* (auf d. Umschl. *1900): (H. Rauch).* (50 S.) 8°

Erlangen, Phil. Diss. v. (16. Mai) 1900

Lorenz, Heinr., d. Muskelerkrankgn., s.a. Pathologie u. Therapie, specielle, XI. Bd.

Die Muskelerkrankungen. Von Prof. Dr. Heinrich Lorenz in Graz. Mit 84 Abb. [In 2 T.] *Wien: A. Hölder (1898–)1904.* (XX, 727 S.) 8°
= Pathologie, Specielle, u. Therapie. Bd 11, Th. 3, Abt. 1. 2. [04. 5256]

Lorenz, Henry W(illiam) F(rederick): Ueber Harnstoffderivate des Diacetonamins. *Berlin (1897): E. Ebering.* (42 S.) 8°

Berlin, Phil. Diss. v. 16. Dez. 1897

Lorenz, Herm., Alt-Quedlinburg 1485—1698, s.a. Neujahrsblätter, hrsg. von der histor. Kommission der Prov. Sachsen. 24.

Alt-Quedlinburg. Seine Einrichtungen u. Bürgersitten unter Albertinischer Schutzherrschaft ⟨1485–1698⟩ nach d. Paurgedingen geschild. von Hermann Lorenz. *Halle: O. Hendel 1900.* (70 S.) 4°(8°) [F.]
= Neujahrsblätter. Hrsg. v. d. Histor. Kommission d. Prov. Sachsen. 24. [00. 1705 5

Lorenz, H., die Amtstitel u. Rangverhältnisse der höheren, mittleren u. unteren Reichs- u. preuß. Staatsbeamten, der Hofbeamten, der Offiziere, Geistlichen, Lehrer, Rechtsanwälte, Bürgermeister u. sonstigen Kommunalbeamten in Preußen sowie der Landesbeamten u. Lehrer v. Elsaß-Lothringen, ferner Bestimmgn. üb. Diplomprüfgn. u. üb. Erlangg. u. Führg. akadem. Würden u. endlich Nachweise üb. die rangmäß. Wohnungsgeldzuschüsse, Tagegelder, Fahrkosten u. Umzugskosten. (120 S.) kl. 8. Berlin (907). (O. Nahmmacher.) 1.25

—— Fürst Wolfgang v. Anhalt. Ein Gedenkblatt zum 400jähr. Geburtstage d. großen Reformationshelden. Für Schule u. Haus bearb. 1.—9. Aufl. gr. 8. (44 S.) Dessau 892, Kahle's Verlag. — 25

Fürst Wolfgang von Anhalt. Neue Forschungen über das Leben des Reformationshelden. Festschrift z. 400j. Geburtstage (1. Aug. 1892). Von Dr. Hermann Lorenz, Lehrer in Dessau. *Dessau: R. Kahle 1892.* (64 S.) 8° [00. 6976 5

Lorenz, Herm., s.: Anhaltland, das.

Lorenz, H., d. Anstellg. bei d. Berg-, Hütten- u. Salinen-Verwaltung in Preußen, sow. d. Organisation der Bergbehörden in Deutschland. 4., verb. Aufl. 12. (82 S.) Berlin 898. (O. Nahmmacher.) n. — 50

Lorenz, H., die Anstellung im mittleren u. unteren Reichs- u. Staats-Eisenbahndienst, sowie die Organisation u. die Dienstverhältnisse der Beamten der Reichs- u. Staats-Eisenbahn-Verwaltg. Vorbereitungsschule f. Zivil- u. Militär-Anwärter. 4., erweit. u. umgearb. Aufl. 12. (245 S.) Berlin 894. (R. Hertzberg.) In Leinw. kart. n.n. 1. 25

— die Anstellung im Reisbankdienst, sow. d. Berufswahl als Bankbeamter, Versicherungsbeamter, Kaufmann. gr. 16. (54 S.) Ebd. 898. n. — 50

— die Beamten-Besoldungstitel d. deutschen Reichs-, preußischen Staats- u. Berliner Stadthaushalts-Etats f. d. Etatsj. 1891/92. Eine Zusammenstellg. der Behörden, der Zahl der bei denselben angestellten Beamten u. der als Besoldg. der Letzteren festgesetzten Beträge an Gehalt- u. Wohnungsgeldzuschuß. 12. (78 S.) Ebd. 891. n.n. — 75

Lorenz, H. Die Beamten-Besoldungstitel d. deutschen Reichs-, preußischen Staats- u. Berliner Stadthaushalts-Etats f. d. Etatsj. 1892/3. Eine Zusammenstellg. der Behörden, der Zahl der bei denselben angestellten Beamten u. der als Besoldg. der Letzteren festgesetzten Beträge an Gehalt- u. Wohnungsgeldzuschuß. 12. (78 S.) Berl. 892, (Hertzberg). ** — 75

— die Beamten-Besoldungstitel d. deutschen Reichs- u. preußischen Staats-Haushalts-Etats f. d. J. 1894/95. Eine Zusammenstellg. der Behörden, der Zahl der bei denselben angestellten Beamten, der als Besoldg. der letzteren festgesetzten Beträge an Gehalt, Wohnungsgeldzuschuß etc. u. Dienstaltersstufen. 4. Jahrg. 12. (167 S.) Ebd. 894. n.n. — 75

— die Beamten-Besoldungstitel d. deutschen Reichs- u. preuß. Staats-Haushalts-Etats f. d. Rechnungsj. 1898. E. Zusammenstellg. d. Behörden, d. Zahl bei denselben angest. Beamten, d. als Besoldg. d. letzteren festgesetzten Beträge an Gehalt, Wohnungsgeldzuschuß etc. u. Dienstaltersstufen. Anh.: Civillisten u. Präsidentengehälter d. Staatsoberhäupter u. a. m. Nach d. amtl. Etats bearb. 8. Jahrg. 12. (99 S.) Ebd. 898. n. — 75

Lorenz, Beamten-Besoldungstitel des Deutschen Reichs- u. preussischen Staats-Haushalts-Etats f. d. Rechnungsj. 1899. 9. Jahrg. Berlin 899.

Lorenz, H., Die Beamten-Besoldungstitel des Deutschen Reichs- u. preussischen Staats-Haushalts-Etats f. d. Rechnungsj. 1901. Anh.: Civillisten u. Präsidentengehälter der Staatsoberhäupter u. a. m. 10. Jahrg. 12. (119 S.) Berlin, O. Nahmmacher. —. 75.

Lorenz, H., die Beamten-Besoldungstitel d. Deutschen Reichs- u. preußischen Staats-Haushalts-Etats f. d. Rechnungsj. 1902. Eine Zusammenstellg. der Bestimmgn. üb. das Diensteinkommen u. der Dienstaltersstufen, sowie der Behörden, der Stellenetats f. die höheren, mittleren u. unteren Beamten, der als Besoldg. f. letztere festgesetzten Beträge an Gehalt, Wohnungsgeldzuschuß etc. u. Dienstaltersstufen-Uebersichten. Anh.: Civillisten u. Präsidentengehälter der Staatsoberhäupter u. a. m. Nach den amtl. Etats bearb. 11. Jahrg. 12. (128 S.) Berlin 902. (O. Nahmmacher.) n. — 75

Lorenz, H, Die Beamten-Besoldungstitel des Deutschen Reichs- u. preussischen Staats-Haushalts-Etats f. d. Rechnungsj. 1904. Anh.: Zivillisten- u. Präsidentengehälter der Staatsoberhäupter u. a. m. 12. Jahrg. (136 S.) 12. Berlin, O. Nahmmacher. 1904 — 75

Lorenz, H., die Beamten-Besoldungstitel des Deutschen Reichs u. preußischen Staats-Haushalts-Etats f. d. Rechnungsj. 1906. Eine Zusammenstellg. der Bestimmgn. üb. das Diensteinkommen u. der Dienstaltersstufen, sowie der Behörden, der Stellenetats f. die höheren, mittleren u. unteren Beamten, der als Besoldg. f. letztere festgesetzten Beträge an Gehalt, Wohnungsgeldzuschuß etc. u. Dienstaltersstufen-Uebersichten. Anh.: Zivillisten- u. Präsidentengehälter der Staatsoberhäupter u. a. m. Nach den amtl. Etats bearb. 13. Ausg. (140 S.) kl. 8. Berlin 906. (O. Nahmmacher.) n. — 75

Lorenz, H., die Beamten-Besoldungstitel des Deutschen Reichs- u. preuß. Staats-Haushalts-Etats f. d. Rechnungsj. 1908. Eine Zusammenstellg. der Bestimmgn. üb. das Diensteinkommen u. der Dienstaltersstufen, sowie der Behörden, der Stellenetats f. die höheren, mittleren u. unteren Beamten, deren Besoldg. an Gehalt, Wohnungsgeldzuschuß 2c. u. Dienstaltersstufen-Uebersichten. Anh.: Zivillisten- u. Präsidentengehälter der Staatsoberhäupter. Etat v. Elsaß-Lothringen, der preuß. Prov.-Verbände u. größerer Städte. Nach den amtl. Etats bearb. 14. Ausg. (125 S.) kl. 8. Berlin 908. O. Nahmmacher. — 75; m. d. Ratgeber f. Beamte in 1 Bd. geb. 2.75

— die Berufswahl d. Militär-Anwärter. E. Rathgeber f. Avancirte d. Armee u. Marine z. Vorbereitg. f. d. Beamtenlaufbahn, unt. Anschluß d. Bestimmgn. üb. die Bewerbg., Annahme, Probedienstleistg., Prüfg., Anstellg. u. d. Einkommen im Reichs-, Staats-, Provinzial- u. Gemeindedienst. 5., umgearb. u. verm. Aufl. 12. (297 S.) Berlin 898. (O. Nahmmacher.) n. 1.25

— die Berufswahl der Militär-Anwärter. Ein Rathgeber f. Avancirte der Armee u. Marine zur Vorbereitg. f. die Beamtenlaufbahn, unter Anschluß der Bestimmgn. üb. die Bewerbg., Annahme, Probedienstleistg., Prüfg., Anstellg. u. das Einkommen im Reichs-, Staats-, Provinzial- u. Gemeindedienst. 6. umgearb. u. verm. Aufl. Anh.: Die Beamten-Besoldungstitel. 12. (282 u. 96 S.) Ebd. 902. n. 1.50

— Die Berufswahl der Militär-Anwärter. Ein Ratgeber f. Avancierte der Armee u. Marine zur Vorbereitg. f. die Beamtenlaufbahn, unter Anschluß der Bestimmgn. üb. die Bewerbg., Annahme, Probedienstleistg., Prüfg., Anstellg. u. das Einkommen im Reichs-, Staats-, Provinzial- u. Gemeindedienst. 7. umgearb. u. verm. Aufl. Anh.: Die Beamten-Besoldungstitel. 14. Ausg. (309 u. 125 S.) kl. 8. Ebd. 908. 2. —

Lorenz, H[ermann]: Berufswahl als Postgehilfin, Telegraphengehilfin, Fernsprechgehilfin u. Fahrkartenausgeberin. E. Zus.stellung d. Bestimmungen üb. d. Bewerbung, Annahme, Prüfung, Anstellung u. d. Einkommen i. d. Post- u. Eisenbahnverwaltung. Bearb. u. i. Selbstverl. hrsg. — Berlin: Nahmmacher in Komm. 1898. 18 S. 8°

— d. Büreau-, Registratur- u. Kanzleidienst. E. Sammlg. v. amtl. Bestimmgn., Gebräuchen u. prakt. Vorschlägen betr. d Geschäftsstil u. d. schriftl. Geschäftsverkehr. 12. (VI, 238 S.) Ebd. 897. n. 1.25

— der Büreau-, Registratur- u. Kanzleidienst. Eine Sammlg. von amtl. Bestimmgn., Gebräuchen u. prakt. Vorschlägen betr. den Geschäftsstil u. den schriftl. Geschäftsverkehr. 2. verb. Aufl. 12. (250 S.) Ebd. 899. n. 1.25

— Der Bureau-, Registratur- u. Kanzleidienst sowie das Etats-, Kassen- u. Rechnungswesen. 3. verb. u. erweit. Aufl. (304 S.) 8. Ebd. 910. 1.50

Lorenz, Hermann, Direktor Dr.: Quedlinburger Denkwürdigkeiten aus der Kriegszeit vor hundert Jahren. Geschildert nach den Akten d. Ratsarchivs u. d. Tribunalberichten d. Gr. Generalstabes. Quedlinburg 1907: Geßler & Strauß. (54 S.) 8° [F.]
Quedlinburg, Guts Muths-OR i. E. OP 1907 (335)

Lorenz, Hermann, Referendar: Die Dereliktion und ihre Rechtsfolgen. Breslau 1907: P. Förster. (70 S.) 8°
Breslau, Jur. Fak., Ref. Schott-Leonhard, Diss. v. 8. Juni 1907
[Geb. 5. Jan. 83 Breslau; Wohnort: Breslau; Staatsangeh.: Preußen; Vorbildung: Elisabethgymn. Breslau Reife M. 02; Studium: Breslau 6 S.; Rig. 17. Jan. 07.]

— die Einführung der brandenburg-preußischen Landeshoheit in die Stadt Quedlinburg u. d. Feier d. Krönungstages daselbst am 17. u. 18. I. 1701. Festschrift zur 200jähr. Jubelfeier der preuß. Königskröng. am 18. I. 1901. Nach archival. Quellen verf. gr. 8. (32 S.) Quedlinburg 901. Gr. Lichterfelde. Ch. F. Vieweg. n. — 80

Lorenz, Hermann [Dr.]: Die Entwicklung und Bedeutung der lateinlosen Realschulen. ([Umschlagt.:] Ueber Wesen und Zweck der Realschule. Zur Orientierg f. Eltern u. Erzieher. A) Die Entwicklung ...) Quedlinburg, Druck v. Gessler & Strauss, 1895; 3—17 S. 4.
Quedlinburg, st. R, P 1895 (278a)

Lorenz, Hermann: Die Feier der Grundsteinlegung einer neuen Realschule. S. 13—15 der Schuln. 4.
Progr. Guts Muths-Realschule *Quedlinburg* 1903 (316).

Lorenz, Hermann [Dr., Dir.]: *Die 25jährige Gedenkfeier des Sedantages an der Realschule in Quedlinburg.* Quedlinburg, Druck v. Gessler & Strauss, 1896; 28—30 S. 4.
Quedlinburg, st. R, P 1896 (280)

— Anhalts Geschichte in Wort u. Bild. Für Schule u. Haus bearb. gr. 8. (VI, 97 S.) Dessau 893. R. Kahle's Verl. n. — 50; kart. n. — 60; Fürsten-Ausg. geb. in Leinw. n. 5. —

— die Geschichte Anhalts in Wort u. Bild. In 2. Aufl. bearb. v. A. Günther. gr. 8. (IV, 84 S. m. Abbildgn.) Cöthen 900. O. Schulze Verl. Kart. n. — 80

Lorenz, Herm., die Geschichte Anhalts in Wort u. Bild. In 3. Aufl. durchgesehen u. erweitert v. A. Günther. (IV, 87 S. m. 2 Bildnissen.) 8. Cöthen 906. O. Schulze Verl. Geb. n. — 80

— Gesetz, betr. die Anstellung u. Versorgung der Kommunalbeamten. Vom 30. VII. 1899. Mit Anweisg. des Ministers des Innern zur Ausführg. des Gesetzes vom 12. X. 1899, sowie Erläutergn. u. Sachregister. 12. (61 S.) Ebd. 899. n. — 50

— Gesetz üb. die Versorgung der Personen der Unterklassen des Reichsheeres, der kaiserl. Marine u. der kaiserl. Schutztruppen. Vom 31. V. 1906. (R.-G.-Bl. S. 593.) Mit Ausführungs-Bestimmgn. des Bundesrats u. des preuß. Kriegsministeriums. (32 S.) kl. 8. Ebd. (907). — 20

— s.a. Guts Muths, Christoph.

— Christoph Guts Muths. Bilder aus dem Leben des Begründers der deutschen Leibesübg. Festspiel in 2 Aufzügen. (Neue Aufl.) (31 S. m. 1 Taf.) 8. Quedlinburg 903. H. Schwanecke. — 50

— Christoph Guts Muths. Bilder aus dem Leben des Begründers der deutschen Leibeserziehg. Festspiel in 2 Aufzügen. 2. Aufl. (31 S. m. 1 Taf.) 8. Ebd. (908). p — 60

Heil der Fortbildung! Quedlinburger Handwerkerscenen aus d. Raubgrafenzeit ⟨1337⟩. Festspiel z. 25jähr. Jubelfeier d. obligator. gewerbl. Fortbildungsschule zu Quedlinburg 1907, verf. v. Dr. Hermann Lorenz. Quedlinburg 1907: Wendehake, Meyer & Stegmann. (35 S.) 8° [Umschlagt. F.] [08. 11831

Lorenz, Herm., die Jahrbücher von Hersfeld, nach ihren Ableitungen und Quellen untersucht und wiederhergestellt. gr. 8. (VI, 105 S.) Leipzig 885, Fock. *

Lorenz, Herm. Der kleine Katechismus Luthers in seinem Werte als Schul- u. Unionskatechismus, verglichen m. dem Heidelberger. gr. 8. (32 S.) Dessau 890, Baumann. * — 50

Lorenz, Herm., die Klage vor den Amts-, Gewerbegerichten u. d. Schiedsgerichten f. Arbeiterversicherung, s. a. Bibliothek des prakt. Wissens. Nr. 8.

Lorenz, H, Die Klage vor den Amts-, Gewerbegerichten u. den Schiedsgerichten f. Arbeiterversicherung, sowie die Zwangsvollstreckung. Ein Leitfaden u. Ratgeber f. Jedermann, der klagen muss. (84 S.) 8. Leipzig, R. Lipinski. 1902 —. 60.
(Bibliothek des praktischen Wissens. Nr. 8.)

— **Herm.** (Bremen), De inoff. testam. obroget fratribusque uterinis turpi herede scripto legitima relinquenda sit nec ne? Göttingen (J. Chr. Dieterich) 19. VII. 1784. 38 S. (3.50) 21608

Lorenz, Herm., Diss. inaug. jurid. Utrum Nov. CXVIII. c. IV. Leg. XXVII. de inoff. testam. obroget fratribusque uterinis turpi herede scripto legitima relinquenda sit nec ne? 4. Götting. 784. Dieterich. 2 K

— Die Pensionierung der Reichs-, Staats- u. Kommunalbeamten, Pensionsberechnungstabelle, Hinterbliebenenfürsorge, Unfallfürsorge-Pensionierg. u. Wohlfahrtseinrichtgn. [Aus: „Ratgeber f. Reichs-, Staats- u. Kommunalbeamte".] (80 S.) kl. 8. Ebd. (907). — 75

Zu Quedlinburg im Dome. Heimatl. Bühnenspiel aus d. Tagen Ottos d. Großen in 3 Aufz. von Hermann Lorenz. Quedlinburg 1903: Klöppel. 39 S. 8° [10. 14124 7

Lorenz, H., s. Ratgeber f. Beamte.

— Rathgeber f. Lehrer. E. Zusammenstellg. d. Schul- u. Lehrer-Gesetzg. m. Erläutergn., sow. d. Reichs- u. Staatsverfassg. u. Verwaltg. u. Rechts- u. Verwaltungsgesetze v. allgem. Interesse. 2., verm. u. verb. Aufl. 12. (VIII, 400 S. m. 1 Karte.) Ebd. 896.
Geb. in Leinw. n. 1. 80

[F.] Rathgeber für Lehrer. E. Zsstellg d. Schul- u. Lehrer-Gesetzgebg m. Erläut., sowie Die Reichs- u. Staatsverfassg ... Im Selbstv. hrsg. v. H. Lorenz. 2., verb. u. verm. Aufl. *Berlin: Commv. R. Hertzberg* (übergekl.: *O. Nahmacher; Dr. v. A. Wolff [1897].*) (VIII, 414 S.) 1 Bd 8. [97. 1115

— Rathgeber f. Post- u. Telegraphen-Anwärter. Eine Zusammenstellg. der Bestimmgn. üb. die Annahme, Prüfg., Anstellg. u. das Einkommen im höheren, mittleren u. unteren Reichs-, Post- u. Telegraphendienst, sowie die Organisation der Reichs-Post- u. Telegraphen-Verwaltg. 12. (112 S.) (Ebd.) 891. ** — 75

— Rathgeber f. Reichs-, Staats- u. Kommunalbeamte. Eine Zusammenstellg. der Beamten-Gesetzgebg. m. Erläutergn. u. zwei Abschnitten: Die Reichs- u. Staatsverfassg. u. Verwaltg., sowie Rechts- u. Verwaltungs-Gesetze v. allgemeinem Interesse. 5., verb. Aufl. 12. (VIII, 344 S.) Ebd. 891. Geb. in Leinw. n.n. 1. 80; m. Beamtenbesoldungstitel. (344 u. 78 S.) Geb. n.n. 2. 50

— Rathgeber f. Reichs-, Staats- u. Kommunalbeamte. Eine Zusammenstellg. der Beamten-Gesetzgebg. m. Erläutergn. u. zwei Abschnitten: Die Reichs- u. Staatsverfassg. u. Verwaltg., sowie Rechts- u. Verwaltungs-Gesetze v. allgemeinem Interesse. 6. verb. Aufl. (VIII, 376 S.) 892. geb. ** 1 80; m. Beamtenbesoldungstitel. 12. (VIII, 376, 78 S.) (Ebd.) 892. geb. * · 2 50
5. Aufl. (Ebd.) 1891.

[F.] Rathgeber für Reichs-, Staats- und Kommunalbeamte. E. Zsstellg d. Beamten-Gesetzgebg m. Erläutergn ... Im Selbstverl. hrsg. v. H[ermann] Lorenz ... 10. verb. u. verm. Aufl. *Berlin: Comm.-V.: R. Herzberg 1897.* (VIII, 503, 8 S.) 1 Bd 8. [97. 7056

— Rathgeber f. Reichs-, Staats- u. Kommunalbeamte. E. Zusammenstellg. d. Beamten-Gesetzgebg. m. Erläutergn. u. 2 Abschnitten: D. Reichs- u. Staatsverfassg. u. Verwaltg. sow. Rechts- u. Verwaltungs-Gesetze v. allgem. Interesse. 11., verb. u. verm. Aufl. 12. (VIII, 550 S.) Ebd. 898. Geb. in Leinw. n. 2. —

Rathgeber für Reichs-, Staats- u. Kommunalbeamte. Eine Zusammenstellung d. Beamten-Gesetzgebung m. Erläut. u. 2 Abschn.: Die Reichs- u. Staatsverfassung u. Verwaltung sowie Rechts- u. Verwaltungs- Gesetze von allgem. Interesse. Im Selbstverl. hrsg. von H[erm.] Lorenz, Tegel-Berlin. 12. verb. u. verm. Aufl. Berlin: O. Nahmmacher in Comm. 1899. (590 S.) 8°

— Rathgeber f. Reichs-, Staats- und Kommunalbeamte. Eine Zusammenstellg. der Beamten-Gesetzgbg. m. Erläutergn. u. 2 Abschnitten: Die Reichs- u. Staatsverfassg. u. Verwaltg. sowie Rechts- u. Verwaltungs-Gesetze v. allgemeinem Interesse. 13. Aufl. 12. (587 S. m. 1 Karte.) Ebd. 1901
Geb. in Leinw. 2. —; m. Beamten-Besoldungstitel in 1 Leinw.-Bd. 2. 60.

— Rathgeber f. Reichs-, Staats- u. Kommunalbeamte. Eine Zusammenstellg. der Beamten-Gesetzgebg. m. Erläutergn. u. 2 Abschnitten: Die Reichs- u. Staatsverfassg. u. Verwaltg. sowie Rechts- u. Verwaltungs-Gesetze v. allgemeinem Interesse. 14. verb. u. verm. Aufl. 12. (602 S. m. 1 Karte.) Berlin 902. (O. Nahmmacher.)
Geb. in Leinw. n. 2. —;
m. Anh.: Beamten-Besoldungstitel n. 2. 75

— Ratgeber f. Reichs-, Staats- u. Kommunalbeamte. Eine Zusammenstellg. der Beamten-Gesetzgebg. m. Erläutergn. u. 2 Abschnitten: Die Reichs- u. Staatsverfassg. u. Verwaltg. sowie Rechts- u. Verwaltungs-Gesetze v. allgemeinem Interesse. 15. verb. u. verm. Aufl. (606 u. Nachtrag 16 S. m. 1 Karte.) 12. Berlin, O. Nahmmacher. 1904 Geb. in Leinw. 2. —

Lorenz. H., Ratgeber f. Reichs-, Staats- u. Kommunalbeamte. Eine Zusammenstellg. der Beamten-Gesetzgebg. m. Erläutergn. u. 2 Abschnitten: Die Reichs- u. Staatsverfassg. u. Verwaltg. sowie Rechts- u. Verwaltungs-Gesetze v. allgemeinem Interesse. 16. verb. u. verm. Aufl. (620 S. m. 1 Karte.) kl. 8. Berlin 906. (O. Nahmmacher.)
Geb. in Leinw. n. 2. —; m. Anh.: Beamten-Besoldungstitel. 13. Ausg. (140 S.) n. 2. 75

— Ratgeber f. Reichs-, Staats- u. Kommunalbeamte. Eine Zusammenstellg. der Beamten-Gesetzgebg. m. Erläutergn. u. 2 Abschnitten: Die Reichs- u. Staatsverfassg. u. Verwaltg. sowie Rechts- u. Verwaltungs-Gesetze v. allgemeinem Interesse. 17. verb. u. verm. Aufl. (682 S. m. 1 Karte.) kl. 8. Ebd. 908. Geb. in Leinw. 2. —

— Rathgeber f. hamburgische Staatsbeamte. I. Thl. Die Beamten-Verhältnisse u. -Gesetze zugleich Wegweiser f. die Berufswahl im hamburg. Staatsdienst. II. Thl. Die Reichs- u. Staatsverfassg. u. -Verwaltg., sowie Rechts- u. Verwaltungsgesetze v. allgemeinem Interesse. Unter Mitarbeit e. hamburg. Staatsbeamten hrsg. 8. (72 u. IV, 529 S.) Ebd. 899. n. 2. 75; in 1 Leinw.-Bd. n. 2. 50
I. (72 S.) n. — 75. II. (IV, 529 S.) Geb. n. 2. —.

— Rathgeber f. Civil- u. Militär-Anwärter, welche in den mittleren u. unteren Reichs- u. Staats-Eisenbahndienst einzutreten gedenken. 3., verm. Aufl. 12. (128 u. 7 S.) Ebd. 889. n.n. — 75

Lorenz, H. Rathgeber f. Civil- u. Militär-Anwärter, welche in den mittleren u. unteren Reichs- u. Staats-Eisenbahndienst einzutreten gedenken. 4. verb. u. verm. Aufl. 12. (243 S.) (Ebd.) 892. * * 1 25
3. Aufl. (Ebd.) 1889. ** — 75.

— Sammlung der Eisenbahn-Verordnungen. Enth.: Betriebsordnung f. die Hauptbahnen, Bahnordnung f. die Nebenbahnen, Bestimmgn. üb. die Befähigg. v. Eisenbahnbetriebsbeamten u. Gesetz üb. die Kleinbahnen u. Privatanschlußbahnen. Textausg. m. Sachregister. gr. 16. (IV, 91 S. m. Abbildgn.) Berlin 892. (L. Friese & A. Pritschow.) Geb. n. — 80

Lorenz, H., Sammlung der Eisenbahn-Verordnungen. Textausg. m. Sachregister. gr. 16. (IV, 91 S. m. Abb.) Berlin 892. (O. Rahmmacher.) Geb. n. — 80

Lorenz, Hermann, Dir. Dr.: Das neue Schulgebäude der Guts Muths-Realschule. Quedlinburg 1904: Geßler & Strauß. [S. 1—18.) 4°
Quedlinburg, Guts Muths-R P 1904 (320)

Die Schützenbruderschaft zu Quedlinburg bis in das 16. Jahrhundert. Von Dr. Hermann Lorenz, Realschuldir. *Quedlinburg: Gessler & Strauss 1899.* (23 S.) 8° [F.]

[F.] Taschenbuch für Militäranwärter der Armee und Marine. E. Anweisg f. d. Leben d. Avancirten während d. Dienstzeit, unt. Anschl. d. Bestimmgn üb. d. Vorbereitg, Bewerbg, Annahme ... im Reichs-, Staats- u. Gemeindedienst. Im Selbstv. hrsg. v. H[erm.] Lorenz ... 4. verb. Aufl. [Nebst] Nachtrag. *Berlin: Commiss. R. Hertzberg 1895.* 2 Bde 8.
Taschenbuch. (263 S.) Nachtr. (16 S.)

— Taschenbuch f. Unteroffiziere der Armee u. Marine. Eine Anweisg. f. das Leben der Avancirten während der Dienstzeit, unter Anschluß der Bestimmgn. üb. die Bewerbg., Annahme, Probedienstleistg., Prüfg., Anstellg. u. das Einkommen im Reichs-, Staats- u. Gemeindedienst. 8. Aufl. 12. (191 S.) Berlin 892. (R. Hertzberg.) Kart. n.n. 1. 25

Lorenz, Hermann, Dr., Dir.: ... Was kann die Schule zum Schutze und zur Schärfung der Augen thun? *Quedlinburg 1903: Geßler & Strauß.* (48 S.) 8° [F.]
Quedlinburg, Guts Muths-R, OP 1903 (316)

— s.: Wehrkraft durch Erziehung.

— Wehrkraft u. Jugenderziehung. Zeitgemäße Betrachtg. auf Grund seines beim deutschen Kongreß zu Königsberg am 25. VI. 1899 geh. Vortrags. gr. 8. (82 S.) Leipzig 899. R. Voigtländer. n. 1. —

(B) — Wehrkraft u. Jugenderziehung. 899. (RBS 82.) Jetzt: Leipzig, B. G. Teubner.

Lorenz, Hermann, Dir. Dr.: [Weiherede bei der Grundsteinlegung zur neuen Realschule.] *Quedlinburg 1903: Geßler & Strauß.* (S. 13—15.) 4°
Quedlinburg, Guts Muths-R, OP 1903 (316)

Lorenz, Hermann und *Albert* Harnisch Über Wesen und Zweck der Realschule. Zur Orientierung für Eltern und Erzieher. A) Die Entwicklung und Bedeutung der lateinlosen Realschulen, dargestellt von H. L. B) Die Lehrziele der Realschule. Von A. H. C) Die Berechtigungen der Realschulen und Oberrealschulen. (Umschlagtitel: Die ... Realschule). 4 (S. 3—25). Progr. Städt. Rsch. *Quedlinburg* 1895 (278ᵃ).

Lorenz, Honorius, biblische Erzählungen für Kinder. 854. (66 S.) — 2. verb. u. verm. Aufl. Augsburg 856. Bolling. 16. (79 S.) 1½ ngr.

Lorenz, Honorius, Lesebüchlein für die lieben Kleinen. 2., umgearb. und verm. Aufl. 8. (94 S.) Augsburg 851, Kollmann'sche Buchh.

— Lesebüchlein für die lieben Kleinen. 3. umgearb. Aufl. Augsburg 857. Kollmann. 8. (86 S.) 3 ngr.

Lorenz, Honorius, Lesebüchlein für die lieben Kleinen. 4., verm. Aufl. Augsburg 862. Kollmann. 8. (94 S.) 3 ngr.

— erstes Sprachbüchlein, enth. die Elemente der Sprach- und Rechtschreiblehre nebst einer Anleitung zu Denkübungen, in Form von Aufgaben. 8. (16 S.) Augsburg 862, Kollmann'sche Buchh. *

— erstes Sprachbüchlein, enthaltend die Elemente der Sprach- u. Rechtschreiblehre nebst einer Anleitung zu Denkübungen, in Form von Aufgaben. Ebend. 863. 8. (16 S.) n. 1 ngr.

Lorenz, J., gründl. Abhandl. über d. Quatemberfasten, oder Art u. Weise, diese verordneten Zeiten nach d. Absichten d. Kirche zuzubringen. gr. 8. Wien 792. Trattner. 5 Kr.

Lorenz, J., s.: Bericht üb. d. X. Blindenlehrer-Kongr.

Lorenz, J., Notizbuch für Oesterreichs Studierende. Taschenformat. (77 S. mit Illustrationen und Notizblättern.) In imit. Antiqueband —.44
Trebitsch. Lorenz 1889

Lorenz, J., Notizbuch für Oesterreichs Studierende. Taschenformat. (77 S.) Mit Text, Illustrationen und 45 Notizblättern. In imitirtem Antiqueband. 2., unveränderte Auflage —.44
Trebitsch: Lorenz 1889

LORENZ, J. B.: Handbuch der Förster oder vollständige Abhandlung alles dessen, was zur Naturgeschichte, zur Ansaat, Pflanzung, Anbau, Erhaltung der Waldungen und der Bäume gehört. - Strasburg 1802. 2 Tl.

Lorenz, J. B., Handbuch f. Förster od. vollst. Abhl. alles dess. was zur Naturgeschichte der Bäume rc. gehört. 2 Theile. 8. Strasb. Levrault. 802.

Lorenz, J. J., Erzählungen u. Gedichte in Egerländer Mundart. Hrsg. v. Heinr. Gradl. 2. Aufl. 8. (40 S.) Eger 888. J. Kobrtsch & Gschihay. n. — 60

Lorenz, J. J., Erzählungen u. Gedichte in Egerländer Mundart. 2. Aufl. (40 S. m. Bildnis.) 8. Eger (903). J. Kobrtsch & Gschihay. n. — 40

Erzählungen und Gedichte in Egerländer Mundart von Dr. J. J. Lorenz. 3. Aufl. *Eger: J. Kobrtsch & Gschihay.* (40 S.) 8° [F.] 1903.

Lorenz, J. J., Schönschreib-Vorlag-Blätter, s. Schunggart, J.

Lorenz, J. J. Uniformirung für Grossherzoglich Badische Civil-Staats-Beamte ... entworfen von J. J. Lorenz. [Karlsruhe 1855.]
7 Bl. kol. Aquarelle. 4°.
S. auch Kerckhoff, Le costume à la cour et à la ville, 1865 [S. 215 ff. über das offizielle Kostüm am Hofe Napoleons III.].

Lorenz, Jacob. Polnische Arbeiter in der Schweiz. Von Jakob L'. 16 S. 8. Zürich, Buchdr. des Schweiz. Grütlivereins, 1910.

Lorenz, Jak., s.: Erlebnisse u. Erfahrungen e. Appenzeller Webers.

Lorenz, Jacob. Arbeitsämter und Kollektivstreitigkeiten. Von Jakob L'.... Separatabdruck aus den «Schweiz. Blätter für Wirtschafts- u. Sozialpolitik». Heft 3, Jahrg. 15, 1907.... 8 S. 8. Bern, Scheitlin, Spring & Cie.

Lorenz, Jacob. Führer durch die Schweizerische Heimarbeit-Ausstellung, 1909. Bearb. von J' L'.... [Mit 1 Plan.] 54 S. + Anzeigen. 8. Zürich, Komm. Buchh. des Schweiz. Grütlivereins, Buchdr. Kirsten & Zeisberg, 1909. [fr. —. 50]

Lorenz, Jacob. Heimarbeit. Von Jakob L'.... Sonderabdruck [aus]: Handwörterbuch der Schweizerischen Volkswirtschaft, Sozialpolitik und Verwaltung.... Band 3. II + 16 S. 8. Bern, Verlag Encyklopädie, 1910.

— **Heimarbeit u. Heimarbeitausstellung in der Schweiz, s.a. Zeitfragen, sozialpolitische, der Schweiz. 5. Heft.**

Lorenz, Jacob. Heimarbeit und Heimarbeitausstellung in der Schweiz. [Von] Jakob L'. [Mit Figuren.] 30 S. 8. Zürich, Buchh. des Schweiz. Grütlivereins, 1909. fr. —. 50
Sozialpolitische Zeitfragen der Schweiz.... Heft 6.

Lorenz, Jac[ob]. Zur Italienerfrage in der Schweiz. Von Jak. L', ... Rorschach. [Sep.-Abdr. aus: Monatsschrift für christliche Sozialreform.... Jahrg. 29, 1907, Dezemberheft.] 23 S. 8. Zürich, H. Börsig, [1907].

Lorenz, Jak., **einige Kapitel schweizer. Fabrikstatistik, s.a. Beiträge zur schweizer. Verwaltungskunde. 4. Heft.**

Lorenz, Jacob. Einige Kapitel schweizer. Fabrikstatistik. Von Jakob L'.... (Separat-Abdruck aus dem Schweizerischen Zentralblatt für Staats- und Gemeinde-Verwaltung. Jahrg. 11, 1910, Nr. 17, 18 und 19....) II + 51 S. 8. Zürich, Orell Füssli, 1910. [fr. 1. —]
Beiträge zur Schweizerischen Verwaltungskunde.... Heft 4.

— **Die wirtschaftlichen u. sozialen Verhältnisse in der schweizer. Heimarbeit. Mit besond. Berücksicht. der Ergebn. d. schweizer. Heimarbeit-Ausstellg. 1. Heft u. 2. Heft (I. Hälfte.) Im Auftrage des Organisationskomitees als Schlussbericht hrsg. gr. 8. Zürich, Buchh. des schweizer. Grütlivereins. 3. 20**
1. (VII, 70 S. m. 1 Taf. u. 1 farb. Karte.) 910. 1. 20
2. (I). Die Heimarbeit in der Seidenindustrie. Im Auftrage des Organisationskomitees als Schlussbericht hrsg. (S. 71—293 m. 1 Taf.) 910. 2. —

Lorenz, Jac[ob]. Die Wohnungsreform in der Schweiz. Von Jak. L', Rorschach. [Sep.-Abdr. aus: Monatsschrift für Christliche Sozialreform.... Jahrg. 28, Heft 8, August 1906.] 29 S. 8. [Zürich, Baessler & Drexler, 1906.]

Lorenz, Jacob. Eine Wohnungsuntersuchung veranstaltet durch die Arbeiterunion Rorschach. Bearb. von Jakob L'.... Separatabdruck aus den «Schweiz. Blätter für Wirtschafts- u. Sozialpolitik.» Heft 11, Jahrg. 16, 1908.... 17 S. 8. Bern, Scheitlin, Spring & Cie., 1908.

Lorenz, Ida Arminia, [geb. Königsdörfer], neuestes Kochbuch. Ein treuer u. billiger Führer am Kochheerd für Hausfrauen u. solche, die es werden wollen. Dresden 868. Gebr. Münchmeyer. gr. 16. (III, 99 S.) 6 *ngr.*

Operative und taktische Betrachtungen über die Concentrierung des 10. Corps am 23. u. 24. Nov. 1870 bei Beaune la Rolande. E. applicator. Studie v. Johann **Lorenz**, k. u. k. Oberstlt. ... M. 3 Sk. *Wien: L. W. Seidel & Sohn 1896* (a. d. Umschl.: *1897*). (V, 299 S., 1 Bl. Sk.) 1 Bd 8. [97-95

Lorenz, J., Jugend-Spiegel. Ein Büchlein f. Jünglinge u. Jungfrauen. 9.—12. Tausend. 16. (VIII, 152 S.) Heiligenstadt 889. Cordier. cart. — 50; geb. n. — 75

— dasselbe. 4. Aufl. 16. (VIII, 152 S.) Ebd. 890. n. — 30

Lorenz, Joh., Jugend-Spiegel. Ein Büchlein f. Jünglinge u. Jungfrauen, zugleich Missionsandenken f. die heranwachs. christl. Jugend. 5.—7. Aufl. 16. (VIII, 168 S. m. 1 Titelbild.) Heiligenstadt 891. 892. F. W. Cordier. n. — 30

— dasselbe. Jubel-Ausg. 16. (IV, 268 S. m. Titelbild.) Ebd. 894. Geb. n. 1. —

Lorenz, Joh., Jugend-Spiegel. E. Büchlein f. Jünglinge u. Jungfrauen, zugl. Missions-Andenken f. d. heranwachs. christl. Jugend. (10. Aufl.) 16. (VIII, 168 S.) Heiligenstadt 895. F. W. Cordier. n. — 30

Lorenz erstes Lesebuch. 1. Thl. in Schreibschrift. 3. Aufl. 12. (23 lithogr. S.) Heiligenstadt 853, Dunkelberg.

—— und Siebert, erstes Lesebuch für katholische Schulen. 2. Thl. 8. (64 S.) Heiligenstadt 853, Dunkelberg. *

Zwierciadlo młodzieży. Ksiażeczka dla młodzieńców i panien przez X. Jana Lorenca [**Lorenz**], biskupiego duchownego radcę. *Heiligenstadt: F. W. Kordier [1899].* (IV, 148 S.) 8°
[Spiegel d. Jugend. Büchl. f. Jünglinge u. Jungfrauen.] [0 . 3884

Lorenz, Johann Abraham

Lorenz, J. A., Alles u. in Allen Christus. Eine Pred. üb. Col. 3, 11. gr. 8. (1 B.) Potsdam 833, Horvathsche Buchh. *

Lorenz, J. A., Christus unser Richter. Predigt. gr. 8. ($1^1/_4$ B.) Potsdam 833, (Horvath.)

—— kleines Gebetbuch f. Kinder. gr. 12. ($2^1/_2$ B.) Potsdam 833, Horvathsche Buchh. *

Lorenz, J. A., Gebete, zur Beförderung d. häusl. Andacht. gr. 12. Prenzlau 827. Ragoczy. 21 K Velinp. 1 ℔ 4 K

—— Herr hilf uns, wir verderben! Pred. gr. 8. ($1^1/_4$ B.) Prenzlau 831. (Potsdam, Horvathsche Buchh.) *

—— die Hingabe Jesu als Mittler zwischen Gott u. Menschen; und: die Verheißung d. ewigen Lebens. Drei Predigten, am Charfreitag u. an d. beiden Osterfesttagen 1833 geh. gr. 8. (3 B.) Potsdam, Horvathsche Buchh. *

— die Hingabe Jesu als Mittler zwischen Gott und Menschen; und: Die Verheißung des ewigen Lebens. Drei Predigten. gr. 8. Ebd 837. 1/4 ℔

—— das Leben d. Christen, dargestellt in 19 Predigten nach Matthäi 14, 22—34 u. geh. vor d. franz. Gemeine in Potsdam. gr. 8. ($17^1/_8$ B.) Potsdam 833, Horvathsche Buchh. *

—— der Engel Lobgesang bei d. Geburt Jesu! Drei Predigten üb. Luk. 2, 14. gr. 8. ($3^1/_2$ B.) Potsdam 833, Horvathsche Bh. *

Lorenz, Joh. Abrah., Predigten üb. d. apostolische Glaubensbekenntniß gehalt. in d. französ.-reformirten Kirche zu Potsdam. gr. 8. (10 B.) Potsdam 816, Janke. Thlr. -

—— was soll ich thun, daß ich selig werde? Eine Frage, in 8 Predigten beantw. (M. 1 Holzschn. u. Titlvign.) gr. 8. (11 B.) Potsdam 833, Horvath.

—— was soll ich thun, daß ich selig werde? Gebet- u. Andachtsbuch für evangel. Christen. 2., verm. u. verb. Aufl. gr. 8. ($8^1/_4$ B.) Potsdam 846, Janke.

LORENZ, JOH. CHR., Rede bey Aufsetzung des Kranzes auf den Dachstuhl der neuerbaueten evangelisch-lutherischen Kirche in Altona. U. St. 1742. 4. P.

Lorenz, Johann Friedrich

— Anleit. zur Universalhistorie. 8. Halle 775. Waisenhaus:B. 12 gl.

Euclids Elemente, funfzehn Bücher, aus dem Griechischen überſetzt von *Johann Friedrich Lorenz.* Halle, im Verlage der Buchhandlung des Wayſenhauſes, ohne die Einleitung 366 Seit. 8. 1781.

— s. Euclied's Elemente.

Die Elemente der Mathematik in ſechs Büchern von *J. F. Lorenz.* Leipzig, Müller, gr. 8. I. Theil: die Arithmetik, Geometrie und Analyſis. 423 S. mit 7 Kupf. 1785.

— II. Theil: die mechaniſchen, optiſchen und aſtronomiſchen Wiſſenſchaften. m. 7 Kupf. 492 S. I. Th. Allg. Lit. Zeit. 1785. B. 3. p. 198. 1786.

— 2te Aufl. Ebendaſ. Erſter Theil, die reine Mathematik, 594 S. m. 10 Kupf. 2ter Theil erſte Abth. die mechaniſchen und optiſchen Wiſſenſchaften. 448 S. 9 Kupf. 1791.

Die Elemente der Mathematik, verfaſst von *Joh. Friedrich Lorenz.* I. Th. die reine Mathematik, mit 10 Kupf. zweyte gänzlich umgearbeitete Ausgabe. Leipzig, in der Müllerſchen Buchhandl. XL. und 594 S. gr. 8. 1793.

Lorenz, Johann Friedrich, Prof. etc. Die Elemente der Mathematik. I. Th. Die reine Mathematik, mit 10 Kupfertafeln. II. Th. 1. Abth. Die mechanischen und optischen Wissenschaften mit 9 Kupfertafeln Die angewandte Mathematik. II. Th. 2. Abth. Astronomische Wissenschaften, nebst Beilagen zur Trigonometrie, mit 4 Kupfertafeln. 2. gänzlich umgearbeitete Ausgabe. (3 Bde.)
8. Leipzig 1793—1797.

Lorenz, Jh. Fr., († d. 16. Juni 1807.) d. Elemente d. Mathematik. 3 Thle, mit Kpf. gr. 8. Leipz. 793—97. (Brockhaus). 5 Rthlr 4 gl. 1r Thl. 4e A. 822. 2 Rthlr

— d. Elemente d. Mathematik. 3 Thle. m. K. gr. 8. Lpz. Gleditsch. 793—97. (1r 2 Rthlr. 2r 1 Rthlr. 20 gr. 3r 1 Rthlr. 8 gr.)

Lorenz, J. Fr.; die Elemente der Mathematik 1r Theil. reine Mathematik 4te Aufl. Mit 10 Kupfert. gr. 8. Leipzig, Gleditsch. 821.

Die erſten Gründe der allgemeinen Gröſsenberechnung, als Anhang zum Grundriſſe oder erſten Curſus der geſammten Mathematik, von *Joh. Fr. Lorenz.* Ebendaſ. 8. 184 S. 1792.

Johann Friedrich Lorenz

Grundlehren der allgemeinen Größenberechnung. Von Johann Friedrich Lorenz. Helmstädt: Fleckeisen 1800. 348 S. 8°

(= Lorenz: Grundriss der reinen und angewandten Mathematik. Suppl.)

— Grundlehren der allgemeinen Grössenberechnung, als Supplement zum Grundrisse der Mathematik. 1. u. 2. Theil (3. u. 4. Ausg.)
Helmstedt 1805, 1808, 1819.

— Grundlehren der allgemeinen Größenberechnung, als Supplement zum Grundriß der Mathematik. 1r Thl. 2e Abthl. 6e Ausg. A. u. d. T.: Grundlehren des 2n Cursus der reinen Mathematik. Herausg. v. Heinr. Birnbaum. Mit 3 Kpfrtaf. gr. 8. Helmstedt 835. Fleckeisen. 1 1/6 Rthlr

Johann Friedrich Lorenz

Grundriß der Arithmetik und Geometrie. Von Johann Friedrich Lorenz. 2., verb. u. verm. Ausg. Helmstädt: Fleckeisen 1798. XXXII, 308 S. 8°

(= Lorenz: Grundriss der reinen und angewandten Mathematik. Th. 1.)

Lorenz, J. F., Grundriß d. theoret. u. prakt. Botanik, für Schulen, zur Bildung junger Landwirthe u. Kameralisten. 8. Leipz. 781. Weygand. 6 gl.

Johann Friedrich Lorenz

Johann Friedrich Lorenz. Grundriß der reinen Mathematik. Hrsg. von Christian Ludwig Gerling. 2. Ausg. Helmstädt: Fleckeisen 1827. XXXVIII, 343 S. 8°

(= Lorenz: Grundriß der reinen und angewandten Mathematik. Th. 1, Abth. 1.)

Johann Friedrich Lorenz

Grundriß der reinen und angewandten Mathematik oder der erste Cursus der gesamten Mathematik. Von Johann Friedrich Lorenz, Th. 2. Helmstädt: Fleckeisen 1792. 8°

Th. 2: Lorenz: Der erste Cursus [Kursus] der angewandten Mathematik. 1792.

Johann Friedrich Lorenz

Grundriß der reinen und angewandten Mathematik oder der erste Cursus der gesamten Mathematik. Von Johann Friedrich Lorenz. 2., verb. u. verm. Ausg. Th. 1. 2 [nebst] Suppl. Helmstädt: Fleckeisen 1798 - 1800. 8°

Th. 1: Lorenz: Grundriß der Arithmetik und Geometrie. 1798.
Th. 2: Lorenz: Grundriß der mechanischen, optischen u. astronomischen Wissenschaften. 1799.
Suppl.: Lorenz: Grundlehren der allgemeinen Größenberechnung. 1800.

Johann Friedrich Lorenz

Grundriß der reinen und angewandten Mathematik oder erster Cursus der gesamten Mathematik. Von Johann Friedrich Lorenz. 3., aufs neue umgearb. Ausg. Th. 1. 2 [nebst] Suppl. [1. 2.] Helmstedt: Fleckeisen 1804-08. 8°
Th. 1: Lorenz: Erster Cursus [Kursus] der reinen Mathematik oder der arithmetischen und geometrischen Wissenschaften. 1804.
Th. 2: Lorenz: Erster Cursus [Kursus] der angewandten Mathematik oder der physisch-mathematischen Wissenschaften. 1807.
Suppl. [1:] Lorenz: Zweiter Cursus [Kursus] der reinen Mathematik. 1805.
Suppl. [2:] Lorenz: Zweiter Cursus [Kursus] der angewandten Mathematik. 1808.

— Grundriß d. reinen u. angewandten Mathematik. 1r Thl. oder 1r Cursus d. reinen Mathematik oder d. arithmet. u. geometr. Wissenschaften. gr. 8. Helmst. 804. 3e Aufl. Mit 9 Kpf. 816. 5e Aufl. v. Chr. Ldw. Gerling umgearbeitet. Mit 11 Kpft. 820. 6e A. 827. Fleckeisen. 22 K 2r Thl. oder 1r Cursus d. angewandten Mathematik u. d. phys.-mathemat. Wissenschaften. Mit 11 Kpft. 807. 4e A. 819. 1 ℛ 12 K 1s Suppl. oder 2r Curs. d. reinen Mathematik oder Grundlehre d. allgemeinen Größenberechnung. 1r Thl. 805. 5e A. 821. mit 3 Kpft. 1 ℛ 4 K 2s Supplem. oder 2r Curs. d. angew. Mathematik, oder Grundlehre d. Größenberechnung. 2r Thl. 808. 4e A. 819. Mit 3 Kpft. 20 K) alle 4 Bde. compl. 4 ℛ 10 K

Lorenz, Johann Friedrich, Grundriss der reinen und angewandten Mathematik oder Erster Cursus der gesammten Mathematik. Th. 1 (4. Ausg.), Th. 2 (3. u. 4. Ausg.) Helmstädt 1816, 1807, 1818.

Lorenz, Joh. Friedr., Grundriß d. reinen u. angewandten Mathematik, od. erster Cursus d. gesammt. Mathematik. 1. Thl. 1. u. 2. Abthl. 6. Ausg. gr. 8. Helmstedt, Fleckeisensche Buchh.

A. u. d. Titln.:

Thl. 1. Abthl. 1. Grundriß d. reinen Mathematik. Hrsg. v. Chrstn. Ludw. Gerling. 2. Ausg. 2., unveränd. Abdr. (24 B. u. 11 Kpfrt.) 837. 22 Gr.

" 2. Grundlehren d. 2. Curs. d. reinen Mathematik. Hrsg. v. Heinr. Birnbaum. (26½ B. u. 3 Kpfrt.) 836. 1 Thlr. 4 Gr.

Dess., Grundriß d. angewandten Mathematik rc. 2 Bde. 4. Ausg. Ebendas. 1818, 19. 2 Thlr. 8 Gr.

Lorenz, Joh. Friedr., Grundriß der reinen und angewandten Mathematik oder 1. Cursus der gesammten Mathematik. 1. Thl. 1. Abthl. 8., neu umgearb. Ausg. A. u. d. T.: Grundriß der reinen Mathematik. Hrsg. von Chrn. Ludw. Gerling. 4., neu umgearb. Ausg. gr. 8. (XLI und 346 S. mit 14 Kpfrt.) Helmstädt 851, Fleckeisensche Buchh. *

Johann Friedrich Lorenz

Grundriß der mechanischen, optischen und astronomischen Wissenschaften. Von Johann Friedrich Lorenz. 2.verb.u.verm.Ausg. Helmstädt: Fleckeisen 1799. XIV, 356 S. 8°

(= Lorenz: Grundriss der reinen und angewandten Mathematik. Th.2.)

Johann Friedrich Lorenz

Der erste Cursus [Kursus] der angewandten Mathematik. Von Johann Friedrich Lorenz. Helmstädt: Fleckeisen 1792. 343 S. 8°

(=Lorenz: Grundriss der reinen und angewandten Mathematik. Th.2.)

Der erste Cursus der reinen Mathematik, von *Joh. Fr. Lorenz*, oder Grundriss der reinen und angewandten Mathematik; erster Theil, die reine Mathematik. Helmstädt, b. Fleckeisen. 8. XXVI. und 243 S. m. 4 Kupf. 1791.

Johann Friedrich Lorenz

Erster Cursus [Kursus] der angewandten Mathematik oder der physisch-mathematischen Wissenschaften. Verf. durch Johann Friedrich Lorenz. Helmstedt: Fleckeisen 1807. VIII, 479 S. 8°

(= Lorenz: Grundriss der reinen und angewandten Mathematik. Th.2.)

Johann Friedrich Lorenz

Erster Cursus [Kursus] der reinen Mathematik oder der arithmetischen und geometrischen Wissenschaften. Verf. von Johann Friedrich Lorenz. Helmstedt: Fleckeisen 1804. XXVIII, 309 S. 8°

(= Lorenz: Grundriß der reinen und angewandten Mathematik. Th.1.)

Johann Friedrich Lorenz

Zweyter Cursus [Kursus] der angewandten Mathematik oder der physisch-mathematischen Wissenschaften. Verf. von Johann Friedrich Lorenz. Helmstedt: Fleckeisen 1808. XIV, 218 S. 8°

[Nebent.:] Lorenz: Grundlehren der allgemeinen Grössenberechnung.

(= Lorenz: Grundriss der reinen und angewandten Mathematik. Suppl.[2.])

Johann Friedrich Lorenz

Zweyter Cursus [Kursus] der reinen Mathematik oder der arithmetischen und geometrischen Wissenschaften. Verf. von Johann Friedrich Lorenz. Helmstedt: Fleckeisen 1805. XX, 323 S. 8°

[Nebent.:] Lorenz: Grundlehren der allgemeinen Grössenberechnung.

(= Lorenz: Grundrisse der reinen und angewandten Mathematik. Suppl.[1.])

— Lehrbegriff d. Mathematik. 1r Thl. d. gesammten Logistik. (1e Abtheil. d. Arithmetik. 1 ℛ 16 K 2e Abtheil. d. Syntaktik. 2 ℛ 12 K) gr. 8. Magdeb. 803—6. (Heinrichshofen). 4 ℛ 4 K

Lorenz, Jh. Gtlf., († d. 15. Jan. 1791.) Anweis. für Lehrer, wie d. Kinderfreund d. Hrn. v. Rochow u. jedes andere gute Lesebuch in Bürger- u. Landschulen mit Nutzen u. Vergnügen gebraucht werden kann. 8. Leipz. 785. Göschen. 5 K

— Bemerkk. über d. häusl. Erziehung d. Kinder in d. ersten 6 Jahren rc. 8. Berl. 789. Hesse. 8 K

— von d. Betragen d. Lehrers in seiner Schule, oder wie kann ein Lehrer in seiner Schule recht gemeinnütz. werden? 8. Erf. 789. Keyser. 4 K

— Bibel, Katechism., Spruch-, Gesang-, Gebet- u. Lesebuch f. Kinder. 8. Berl. Hesse. 790.

— Bibel, Katechismus, Spruch-, Gesang-, Gebet- u. Lesebuch für Kinder. 8. Berl. 790. (Stuhr). 6 K

— der erklärte Bürgereid, in e. am 5. Sonnt. nach Trinitat. gehalt. Predigt. 8. (Braunschw.) 787. Vieweg. 3 K

— verbesserte häusl. Bürgererziehung, als e. Beitr. zur Bildung d. gemeinen Mannes. 1r Thl. 8. Berl. 787. W. Vieweg. 9 K

Lorenz, Jh. Gtlf., die idealische Bürgerschule; nebst e. Beitr. zur Methodik. 8. Berl. 788. W. Vieweg. 12 K

— Etwas wider d. lange Weile in kleinen Schulen. 8. Berl. 790. Unger. (Reimer). 1 K

— Vorstensches Gesangbuch, s. Gesangbuch.

— Kasualpredigten, s. Casualpredigten.

— Kasualpredigten v. Spalding, Teller, Reinhold 2c., s. Samml. seltener Gelegenheitspredigten.

— Lesebuch f. d. Jugend d. Bürger u. Handwerker, nach d. Muster d. Rochow'schen Lesebuchs. 1r—3r Bd. Mit Kpf. 8. Dessau u. Leipz. 785—87. N. Aufl. Leipz. 792—95. Göschen. 5 ₰ 8 gr 4r Bd. in 3 Thln. A. u. d. T.: die moralischen Wissenschaften. Ein Lehrbuch d. Moral u. natürl. Religion 2c. (v. F. H. Chr. Schwarz.) 2 Bde. in 3 Thlen. 8. Leipz. 793. Göschen. — 2e A. A. u. d. T.: Fr. Hnr. Chr. Schwarz, die moral. Wissenschaften. Ein Lehrbuch d. Moral, Rechtslehre u. Religion, nach Gründen d. Vernunft. 2 Bde. in 3 Thln. 8. Ebd. 797. Ebd. 2 ₰ — 1r Thl. Katechismus d. Vernunft. 8 gr 2r u. 3r Thl. vollständ. Lehrb. für Schulen u. Erwachsene zur Bildung des Verstandes u. Herzens. 2 Thle. 1 ₰ 16 gr

— Liederbuch für Schulen. 8. Berl. 796. Schöne. 6 gr

— Rechenbuch für Kinder u. Eltern, welche ihre Kinder selbst im Rechnen unterrichten wollen. 8. Leipz. 787. Göschen. 8 gr

— s. neue Samml. v. selt. Gelegenheitspredigten.

— d. gewöhnlichen Sonn- u. Festtagsevangelien u. Episteln mit Anmerkk. u. Erklärr. 8. Berl. 787. W. Vieweg. 14 gr Schrbp. 20 gr

— Sprachlehre für Ungelehrte. 8. Leipz. 792. Göschen. 12 gr

— Versuch eines Lehrbuchs für Landschullehrer-Seminarien. 8. Berl. 790. Maurers B. 3 gr

— christl. Weihnachtsgeschenk für Kinder. 8. Berl. 789. Hesse. 1 gr

— Zuruf an alle Generäle, Regimentschefs, Magistrate, Inspectoren, Prediger u. Beamte 2c. 8. Berl. 788. Hesse. 4 gr

Lorenz, J(oh.) H(einr.), die Blumensprache in Prosa und Versen. Den liebenden Jünglingen und Jungfrauen gewidmet. 64. (286 S.) Erfurt 850, Hennings und Hopf.

Lorenz, J. H., die Blumensprache in Prosa u. Versen. Den liebenden Jünglingen und Jungfrauen gewidmet. Erfurt (854.) Hennings u. Hopf. (Leipzig, Lehmann.) 64. (286 S.) 5 ngr.

Lorenz, Joh. Heinr., die Blumensprache in Prosa u. Versen. Den liebenden Jünglingen u. Jungfrauen gewidmet. 5. Aufl. Erfurt 859. Hennings & Hopf. (Leipzig, Wolf.) 64. (286 S.) 5 ngr.

Lorenz, J. H., die Blumensprache in Prosa u. Versen. Den liebenden Jünglingen u. Jungfrauen gewidmet. 6. (Titel-) Aufl. Leipzig (859) 65. Wolf? 64. (286 S.) n. 5 ngr.; geb. mit Goldschn. 10 ngr.

—— Epheukränze der Liebe und Freundschaft gewunden, nebst gesammelten Räthseln und Auflösungen. qu. 36. (216 S.) Erfurt 855, Hennings und Hopf.

—— etwas ganz Neues und Wunderschönes. Lauter lustige Anekdötchen. 1. und 2. Heft. 4. Aufl. 16. (128 S. mit vielen Abbildungen in Holzschn.) Erfurt 855, Hennings und Hopf. à Heft 3 Ngr.

— die enthüllten Geheimnisse der Natur oder der sympathetische Hausfreund. Enthaltend 1000 der neuesten sympathetischen, magnetischen u. anderen Haus- u. Heilmittel 2c. 32. (VI u. 178 S.) Ebd. 852. 1/4 ₰

— die enthüllten Geheimnisse der Natur oder der sympathetische Hausfreund. Enthltd. weit über 1000 der neuesten sympathet., magnetischen u. anderer Haus- u. Heilmittel 2c. 2. sehr verm. Aufl. Ebend. (854.) 24. (3 Bl., 210 S.) 7½ ngr.

—— die enthüllten Geheimnisse der Natur oder der sympathet. Hausfreund. 3., sehr verm. Aufl. 32. (216 S.) Leipzig 865, Wolf.

—— gemeinfaßlicher Gelegenheitsdichter. Enthaltend: Geburtstagsgedichte, Neujahrsgedichte, Polterabend- und Hochzeitsgedichte 2c. Ein freundl. Verlegenheitsaushelfer für Jedermann. 1. Aufl. 12. (108 S.) 1853. und 2. Aufl. 24. (108 S.) Erfurt 855, Hennings und Hopf.

— s. Hartung, G., angenehmes 2c. Bilderbuch.

Lorenz, J. Heinr., Catechismus des Anstandes, oder Höflichkeits-Regeln für Jedermann, insbesondere für Jünglinge und Jungfrauen. 16. (93 S.) Erfurt 854, Hennings und Hopf.

—— Catechismus des Anstandes oder Höflichkeits-Regeln für Jedermann, insbesond. für Jünglinge und Jungfrauen. (2. Aufl.) 16. (93 S.) Leipzig 865, Wolf.

Lorenz, Joh. Heinr., Liederkranz, f. besond. Gelegenheiten gedichtet. 1. Gabe. 12. (2⅙ B.) Erfurt 839, Hennings u. Hopf.

Lorenz, Jh. Hnr., Liederkränzchen. Ein Taschen-Liederbüchlein für gute Kinder, als Begleiter auf Spaziergängen. Mit Abbild. 16. Erfurt 843, Hennings u. Hopf. 1/12 ₰

—— Sammlung neuer Gevatter- und Taufbriefe, sowie Pathenwünsche für Eltern und Confirmanden jeder Confession. 12. (72 S.) Erfurt 856, Hennings und Hopf.

—— des Sänger's Scherzkästlein, oder der gesellige Begleiter zum Frohsinnsbraten und andern humorist. Gerichten. Den lieben Sangsbrüdern servirt. 12. (III und 68 S.) Erfurt 860. [Leipzig, Hennings'sche Buchh.] *

—— Sibylle, oder Offenbarungen in den wichtigsten Lebensfragen der Damenwelt. 16. (XVI und 80 S.) Erfurt 855, Hennings und Hopf.

—— Sibylle, oder Offenbarungen in den wichtigsten Lebensfragen der Damenwelt. 2. (Titel-)Aufl. 16. (XVI und 80 S.) Leipzig (855)65, Wolf.

—— neues belustigendes Stech-Büchlein für Junggesellen und Jungfrauen. qu. 32. (72 S.) Erfurt 848, Hennings und Hopf.

—— der Traum-Deuter, oder Erklärung aller natürl. Träume nach alphabet. Ordnung und in Reim gebracht; nebst mehrere ausführl. Erzählungen sehr merkwürd. Träume, Ahnungen und Erscheinungen. 32. (163 S.) Erfurt 852, Hennings und Hopf.

— der Traum-Deuter, oder Erklärung aller natürlichen Träume nach alphabetischer Ordnung und in Reim gebracht u. s. w. 2. verm. u. verb. Aufl. Ebend. (853.) 24. (165 S.) 5 ngr.

— der Traum-Deuter oder Erklärung aller natürl. Träume. Nach alphabet. Ordnung u. in Reim gebracht, nebst mehreren ausführlichen Erzählungen sehr merkwürdiger Träume, Ahnungen u. Erscheinungen, 3., verm. u. verb. Aufl. Ebend. 865. 32. (151 S.) n. 5 ngr.

— der untrügliche Wahrsager od. Karten- u. Handdeuter, sowie die Weissagung aus der Geburt nach Monaten u. Tagen nach der Stellung der 12 Himmelszeichen, Planeten u. Aspekten. Nebst einem Anhang über das Aderlassen ꝛc. u. einem zuverlässigen Witterungs-Propheten. 32. (108 S.) Ebd. 851 4 ngr.

— der untrügliche Wahrsager oder Karten- und Handdeuter, sowie die Weissagung aus der Geburt, nach Monaten und Tagen, nach der Stellung der 12 Himmelszeichen, Planeten und Aspekten. Nebst einem Anh. über das Aderlassen und einer nützl. Aderlaßtafel, sowie was vom Blute nach dem Aderlassen zu vermuthen ist, und einem zuverläss. Witterungs-Propheten. 3. (Titel-)Aufl. 32. (119 S.) Leipzig (851)65, Wolf.

— der untrügliche Wetterprophet oder meteorolog. Zeichendeuter über muthmaßl. Fruchtbarkeit und Unfruchtbarkeit des Jahres und der Monate; sowie allgem. Wetterregeln und tägl. Wetterbeobachtungen für Jedermann insbesondere für den Landmann. 32. (76 S.) Erfurt 852, Hennings und Hopf.

— der untrügliche Wetterprophet oder meteorolog. Zeichendeuter über muthmaßl. Fruchtbarkeit und Unfruchtbarkeit des Jahres und der Monate; sowie allgemeine Wetterregeln und tägl. Wetterbeobachtungen für Jedermann insbesond. für den Landmann. 2. (Titel-)Aufl. 32. (76 S.) Leipzig (862)65, Wolf.

Lorenz, J. H., Worte der Liebe für das Herz der Geliebten. Erfurt (855.) Hennings u. Hopf. (Leipzig, Lehmann.) 64. (224 S.) 5 ngr.

— Worte der Liebe für das Herz der Geliebten. 6. Aufl. 64. (224 S.) Leipzig 865, Wolf. *

Lorenz, Johann Michael, s. L o r e n t z

Lorenz, *Johannes:* Eine Aufgabe aus der analytischen Geometrie der Kegelschnitte. Saarlouis, F. Stein Nachf., 1892; 3—16 S. 4.
Saarlouis, PG, OP 1892 (457)

Lorenz, Johannes, a. Wiesbaden: Über einen mit Erfolg operierten Fall von Hirschsprungscher Krankheit. Borna-Leipzig 1909: Noske. 59 S. 8°
Leipzig, Med. Diss. v. 9. Aug. 1909, Ref. Trendelenburg
[Geb. 26. Nov. 84 Diez; Wohnort: Leipzig; Staatsangeh.: Preußen; Vorbildung: Gymn. Weilburg Reife O. 03; Studium: Heidelberg 1, Bonn 2, Kiel 2, Bonn 1, Leipzig 5 S.; Coll. 28. Sept. 09; Approb. 8. Jan. 10.] [U 10. 3023

Lorenz, Johannes, pr. Arzt: Aus d. chir. Universitätsklinik zu Leipzig 1909. Zwei besondere Fälle von Aktinomykose der Menschen. Leipzig 1910: Lehmann. 21 S. 8°
Leipzig, Med. Diss. v. 10. Febr. 1910, Ref. Trendelenburg
[Geb. 17. Mai 76 Eberswalde; Wohnort: Budsin; Staatsangeh.: Preußen; Vorbildung: Gymn. Eberswalde Reife O. 95; Studium: Freiburg i. B. 1, Berlin, Würzburg zus. 10 S.; Coll. 19. Febr. 10; Approb. 20. März 03.] [U 10. 3024

Lorenz, Johannes Andreas Theodor, s. L o r e n z , Theodor

Lorenz, Josef [app. Arzt aus Frömsdorf in Schles.]: Ein Fall von Visceralsyphilis ... München, Buchdr. v. M. Ernst, 1892; 31 S. 8.
München, Med. Fak., Inaug.-Diss. v. 1892

Lorenz, Jos., Jesus — die Auferstehung und das Leben. Ein Erbauungsbuch für denkende Christen. gr. 8. (VIII und 328 S.) Hildesheim 855, (Gerstenberg'sche Buchh.) ** 1

LORENZ, Joseph (Wertingen): De opio nonnulla.- Monachii: Franz 1840. 24 S.
8.6.1839 - Urk (Titel: De opio.): F 64
Diss.Ingolst.-Landsh.-Mchn.

Lorenz, Josef Roman Ritter von, s. L o r e n z von Liburnau

Lorenz, Josefine, schaff dir Gold in Monte Carlo! (124 S. m. 8 Taf. u. Bildnis.) gr. 8. München 905. C. Beck. n. 6. —

Lorenz, Jul., 48 Choräle, nach dem Landes-Choralbuche zu Schulzwecken zweistimmig bearb., hrsg. und mit einer Gottesdienst-Ordnung als Anhang versehen. gr. 8. (16 lithogr. S.) Löbau i. S. 884, Walde. *

Lorenz, Jul., 48 Choräle, nach dem Landes-Choralbuche zu Schulzwecken. 2stimmig bearb., hrsg. u. m. e. Gottesdienst-Ordng. als Anh. versehen. 2., verb. Aufl. gr. 8. (16 S.) Löbau 894. J. G. Walde. n.n. — 15

Lorenz, K., Ueber anaphora u. chiasmus in Caesars bellum Gallicum. Pr. 1875
21 S. 4°. 1.50

Lorenz, Karl

Lorenz, Karl: Der Anteil Mecklenburgs an der deutschen Nationallitteratur von den Anfängen bis zum Ende des XVII. Jahrhunderts ... Rostock, C. Hinstorffs Buchdr., 1893; 64 S. 8.
Rostock, Phil. Fak., Inaug.-Diss. v. [9. Febr.] 1893

Lorenz, Karl, der Anteil Mecklenburgs an der deutschen Nationallitteratur von den Anfängen bis zum Ende d. XVII. Jahrhunderts. gr. 8. (64 S.) Rostock 893. (Stiller.) n. 1. 60

Lorenz, Carl [illegible] Beiträge zur Kenntniss der [illegible] Berlin 1881. [illegible]
Berlin, Phil. Diss. v. 15. Juli 1881

Lorenz, Karl: Beiträge zur Lehre von den Isochronen mit besonderer Berücksichtigung der Isochronen Königsbergs für den Personenverkehr und ihre kartographische Darstellung für die Jahre 1819, 1868 und 1907. Königsberg i. P. 1908: Hartung. VIII, 52 S. 8°
Königsberg, Phil. Diss. v. 4. Okt. 1908, Ref. Hahn
[Geb. 13. Okt. 85 Tuchel; Wohnort: Königsberg i. P.; Staatsangeh.: Preußen; Vorbildung: Gymn. Graudenz Reife O. 04; Studium: Königsberg 8 S.; Rig. 15. Juli 08.] [U 09. 2407

Lorenz, Carl. Welke Blätter; lyrische Gedte. NY. 1886.

– Gottfried v. Bouillon, s. T h e a t e r , Kleines.

EHESTANDS-SCHMERZEN. Komische (Wiener) Soloscene (von *Carl Lorenz*). O. O. u. J. (Wien 1900).
Anon.-Lex. IV. p. 87 (Eigenbericht).

EINE von der Damen-Capelle. Parodistisches Solo-Lied mit Chor (von *Carl Lorenz*). Wien, o. J. (1885).
Anon.-Lex. V. p. 88 (Eigenbericht).

Lorenz, Karl (Laurenz Kiesgen), ein Engel auf Erden, s.a. Theater, kleines.

Ein Engel auf Erden. Aloysius-Festspiel mit 6 lebenden Bildern von Karl Lorenz. *Paderborn: B. Kleine [1901].* (13 S.) 8° [F.]
— Theater, Kleines. H. 303. [03. 9041

Lorenz, Karl: Die Entwicklung der kirchlich-politischen Verhältnisse in Deutschland und die Bildung der Parteien im Reich unter Kaiser Matthias im Spiegel der Streit- und Flugschriften. *Nördlingen 1902: C. H. Beck.* (33 S.) 8° [F.] ¶(Erschien vollst. 1903 bei C. H. Beck in München u. d. T.: Die kirchl.-polit. Parteibildung in Deutschland vor Beginn d. dreißigj. Krieges im Spiegel d. konfessionellen Polemik.)
München, Phil. Diss. v. 1902

— **in Feindesland.** Festspiel zur Kaisersgeburtstagsfeier. 8. (16 S.) Düsseldorf 900. L. Schwann. n. — 30

Lorenz, Karl, Formularbuch f. die freiwillige Gerichtsbarkeit, s.: Weizsäcker, Hugo.

— Formularbuch zu dem Reichsgesetz üb. die Zwangsversteigerung u. die Zwangsverwaltung. Auf der Grundlage des Formularbuchs v. C. Wilmanns auf amtl. Veranlassg. hrsg. gr. 8. (VI, 45 S.) Berlin 901. R. Kühn. n. 1. 20; geb. n.n. 2. —

Lorenz, Car. (Joan. Georg.) (geb. Waldenburg in Schles.): De Leonardo Fuchsio. Berolini (1840). (40 S.) 8°
Berlin, Med. Diss. v. 17. Apr. 1840

Lorenz, Carl, Führer durch das naturwissenschaftliche Berlin. 8. (XI, 233 S. mit 3 Grundrissen und 3 Plänen.) Berlin 886, Fischer's medicin. Buchh. geb. *

Lorenz, Karl, d. moderne Geschichtsunterricht. E. histor.-pädagog. Studie. M. 8 kulturgeschichtl. Bildern. Progr. gr. 8. (IV, 148 S.) München 897. M. Kellerer. n. 2. —

Lorenz, Karl, der moderne Geschichtsunterricht. Eine historisch-pädagog. Studie f. Geschichts-Lehrer sowie Gebildete aller Stände. Mit 8 kulturgeschichtl. Bildern. 2. umgearb. u. verm. Aufl. gr. 8. (XII, 188 S.) München 900. R. Oldenbourg. Geb. in Leinw. n. 3. —

Lorenz, Carl, d. Globus, s.: Theater, kleines.

[Umschlagt.:] Lorenz, Karl [Oberl. Dr.]: Klopstocks und Goethes Lyrik. E. Beitr. z. Behandlg d. Klassenlektüre. Tl 1: Klopstock. Kreuzburg O.-S., Druck v. E. Thielmann, *1892;* 1—16 S. 4.
Kreuzburg O.-S., k. G, OP 1892 (190)

[Umschlagt.:] Lorenz, Karl [Dr.]: Klopstocks und Goethes Lyrik. E. Beitr. z. Behandlg d. Klassenlektüre. Tl 2: Goethe. [Forts. d. P-Beil. 1892.] Kreuzburg O.-S., Druck v. E. Thielmann, *1893;* 1—23 S. 4.
Kreuzburg O.-S., k. G, OP 1893 (193)

Lorenz, Karl, Lehrbuch der Geschichte f. die oberen Klassen der Gymnasien. Unter Mitwirkg. mehrerer Fachgenossen bearb. (3 Tle.) 1. Tl.: Die vorchristl. Kulturwelt (Das Altertum). (XV, 256 u. XIX S.) gr. 8. München 910. R. Oldenbourg. Geb. 2. 50

Lorenz, Karl, Lehrbuch der Geschichte f. realistische Mittelschulen. 2. Aufl. (XVI, 361 u. XIX S.) 8. München R. Oldenbourg. Geb. n.n. 3. 50

— dasselbe f. realistische Mittelschulen. 4. Aufl. (XVI, 361 u. XIX S.) gr. 8. Ebd. 910. Geb. 3. 50

Lorenz, (Car.) (geb. Schönewalde in d. Prov. Sachs. 31. 12. 1825): De morbis puerperalibus nonnulla. Berolini (1851). (31 S.) 8°
Berlin, Med. Diss. v. 28. März 1851

— die historisch-politische Parteibildung in Deutschland vor Beginn des 30jährigen Krieges im Spiegel der konfessionellen Polemik. gr. 8. (IX, 168 S.) München 903. C. H. Beck. n. 3. 50

— der Prinzenraub, s.a. Theater, kleines.

Der Prinzenraub. Große Rittertragödie in 5 Bildern. Von Karl Lorenz. *Paderborn: B. Kleine [1901].* (53 S.) 8° [F.]
= Theater, Kleines. H. 293. [03. 903]

Lorenz Dr. Karl: Das Rechnen mit unvollständigen Dezimalbrüchen. 20. Waidhofen a./Th. 02.
Progr.

Lorenz, Karl, Deutschlands regierende Reichsfürsten u. ihre Länder. Für die deutsche Jugend zusammengestellt. 8. (803 S. m. Bildnissen.) Münster 894. A. Russell. n. 3. 50; geb. n. 4. 50

ALLERHAND so Sachen. Neuestes Volkslied (von *Carl Lorenz*). Wien, o. J. (1885).
Anon.-Lex. V. p. 256. (Eigenbericht.)

SAMI-GSCHNASELES im Schlamassel. Komische Solo-Scene in jüdischer Mundart (von *Carl Lorenz*). Wien, o. J. (1890).
Anon.-Lex. V. p. 257 (Eigenbericht).

— s.: Sammlung belehrender Unterhaltungsschriften f. die deutsche Jugend.

Lorenz, Carl, das Schandmal. Ein amerikan. Trauerspiel in 5 Akten. gr. 8. (111 S.) Berlin 900. E. Hofmann & Co. n. 1. 80

— das Schinkenfrühstück, s.: Theater, kleines.

Lorenz, Carl, üb. Stilben u. die Einwirkung des erhitzten Bleioxyds auf Toluol. Inaugural-Dissertation. gr. 8. (31 S.) Berlin 875. (Göttingen, Vandenhoeck & Ruprecht.) n. — 80

Lorenz, Carl, stellbare Tabelle zum schnellen Auffinden der Anzahl der Tage bei Discont- u. Zinsenberechnungen. 2 Bl. qu. Fol. u. gr. 4. (Auf Pappe.) Nebst Text. 8. (4 S.) Riga 897. (Jonck & Poliewsky.) n. 8. —

TAK! Auf das grünes Wiesen (so!). Komischer Text in verbessertem Deutsch auf den beliebten „Schrumm"-Marsch von Pane Karlitzku. (Vf.: *Carl Lorenz.*) Wien, o. J. (1885).
So im Anon.-Lex. V. p. 284 (Eigenbericht).

Lorenz, Carl: Untersuchungen über die Auffassung von Tondistanzen.... (Aus: Philos. Studien, hrsg. v. Wundt. VI. Bd. 1. H.) Leipzig, Wilhelm Engelmann, 1890; 80 S. + 1 Bl. u. 1 Taf. 8°
Leipzig, Phil. Fak., Inaug.-Diss. v. 21. Apr. 1890

WEANER, Ein lustiger, draht allerweil auf. (Vf.: *Carl Lorenz.*) Wien, o. J. (1885).
Anon.-Lex. V. p. 325. (Eigenbericht.)

WEANERHERZ, Das, verläugn't sich nie. (Vf.: *Carl Lorenz.*) Wien, o. J. (1885).
Anon.-Lex. V. p. 325. (Eigenbericht.)

WEIL i der Sumsenbacher bin. (Vf.: *Carl Lorenz.*) Wien, o. J. (1885).
Anon.-Lex. V. p. 327. (Eigenbericht.)

Lorenz, C., alphabet. Zusammenstellung d. französischen Verben, welche mit d. Infinitiv m. de u. à verbunden gebraucht werden. gr. 8. (84 S.) Wolfenbüttel 900. J. Zwissler. n. 1. —

Lorenz, C., alphabetische Zusammenstellung der französischen Verben, welche m. dem Infinitiv m. de u. à verbunden gebraucht werden. 2. durch Nachträge aus Dr. C. Lorenz' Nachlass verm. u. v. C. Klöpper bearb. Aufl. (84 u. 42 S.) 8. Wolfenbüttel 900. 904. J. Zwissler. n. 1. 50; Nachträge allein n. — 50

Lorenz, Carl, Zusammenstellung der Verba, welche den Infinitiv mit à u. de regieren können. gr. 4. (23 S.) Berlin 879. Weidmann. n. 1. 20

Lorenz, Karl Adolf

Lorenz, C. Ad., 30 klassische u. moderne Chöre f. Gymnasien u. Realschulen in dreistimmigem Tonsatz (Sopran, Alt, Bariton) m. Klavier- u. Orgelbegleitung. Op. 38. 2 Hfte. Chorpartitur. gr. 8. (46 u. 48 S.) Leipzig 894. C. Merseburger. à — 75

— dasselbe. Op. 38. 2 Hfte. Klavier-Auszug. Lex.-8. (IV, 60 u. II, 59 S.) Ebd. 893. à 1. 80

Lorenz, C. Adf., Gesang-Lehre für Schulen in 3 Heften. op. 14. Nr. 1—3. Lex.-8. Stettin 872, Prütz und Mauri. [1. Heft. (IV, 40 S.) * 60 Pf.; 2. Heft. (64 S.) * 75 Pf.; 3. Heft. (68 S.) * 75 Pf.] *

Lorenz, C. Adf., Gesanglehre für Schulen. In 3 Heften. 4. Stettin, Hessenland. [1. Heft. (40 S.) 884. * 60 Pf.; 2. Heft. (62 S.) 884. * 75 Pf.; 3. Heft. (105 S.) 885. * ℳ 1.—.] *

Deutsche Jugend. Dichtung von Ernst Ege. Comp. von C[arl] A[dolf] **Lorenz**. Op. 43. Textbuch. *Kassel: J. Weber [1897].* (15 S.) 8° [F.]

Die Jungfrau von Orleans. ⟨Dichtung von Fr. von Schiller⟩ für Solostimmen, Chor u. Orchester comp. von C[arl] Ad[olf] **Lorenz**. Op. 44. Klav.Ausz. mit Text. *Berlin: Schlesinger [1897].* (167 S.) 4°

Die Jungfrau von Orleans. Dichtung nach Fr. v. Schillers gleichnam. Drama f. Solostimmen, Chor u. Orchester comp. von C[arl] Ad[olf] **Lorenz**. [Textbuch.] Berlin: Schlesinger [1899]. 10 S. 8°

Lorenz, Carl Adolf: Das L i c h t . Dichtung von H[ermann] Plötz, f. Solostimmen, Chor u. Orchester komp. von C[arl] Ad[olf] Lorenz ⟨Stettin.⟩ Op. 80. Text d. Gesänge. Leipzig: Leuckart (1907). 15 S. 8°

Treue. Dichtung f. gemischten Chor mit verbindender Deklamation von Johannes W e b e r. Comp. von K. Ad. **Lorenz**. [Textbuch.] *Kassel: C. Kuprions Nachf. [1902].* (15 S.) 8° [F.]

Lorenz, Carolus Augustus: De zona sive zostere. Halae (1819): Hendel. 29 S. 8°
Halle-Wittenberg, Med. Diss. v. 10. Juli 1819
Geb. Schönewalde (Kr. Schweinitz) 21. 1. 1795. V.

Lorenz, Karl Benjamin

Lorenz, Car. Benj. (geb. Hirschberg in Schles. 16. 8. 1794): De nystagmo. Berolini (1820). (36 S.) 8°
Berlin, Med. Diss. v. 13. Mai 1820

Lorenz, Karl Wilhelm Richard, s. L o r e n z , Richard

Lorenz, L. v., s.a. Lorenz v. Liburnau.

Lorenz, L., die Lehre vom Licht. Vorlesungen, in der obersten Klasse der Officierschule zu Kopenhagen gehalten. Autoris. deutsche Ausg. gr. 8. (III, 203 S. mit eingedr. Holzschn.) Leipzig 877, Teubner. *

Lorenz, Lorenz [appr. Arzt aus Grabenstätt]: Fünf Fälle von Graviditas extrauterina aus der k. Universitäts-Frauenklinik zu München .... München, k. Hof- u. Univ.-Buchdr. Dr. C. Wolf & Sohn, 1888; 88 S. 8°
München, Med. Fak., Inaug.-Diss. v. 1888

Lorenz, Louis, ein Denkmal d. Erzgebirges, s.a. Familien- u. Vereinstheater, erzgebirg. 4.

Ein Denkmal des Erzgebirges. Des Erzgebirgers Freud u. Leid. Von Louis **Lorenz**. *Annaberg: Graser in Komm. 1903.* (117 S.) 8° [F.] = [Familien- u. Vereinstheater, Erzgebirgisches. H. 4.]

Lorenz, Louis, gerettet! Lustsp. in e. Akt. 8. (27 S.) Dresden 899. E. Pierson. n. — 75

Lorenz, Louis, Hoffnung. Schauspiel in 4 Akten. 8. (57 S.) Dresden 899. E. Pierson. n. — 75

Lorenz, Ludwig v., s.a. L o r e n z von Liburnau.

Lorenz, Ludw., Adolf Bartels u. seine Dichtungen. Eine Studie. (106 S.) 8. Dresden 908. C. A. Koch. 1.20; geb. 1.80

Lorenz, Ludwig, Referendar a. Güstrow: Der Mäklervertrag nach dem Bürgerlichen Gesetzbuche. Rostock 1907: C. Hinstorff. (106 S.) 8°
Rostock, Jur. Fak., Ref. Matthiaß, Diss. v. 31. Mai 1907
[Geb. 27. Juni 76 Güstrow; Wohnort: Güstrow; Staatsangeh.: Mecklenburg-Schwerin; Vorbildung: Gymn. Güstrow Reife O. 95; Studium: Rostock 7 S.; Rig. 20. Febr. 07.]

Lorenz, Ludw., die Mariendarstellungen Albrecht Dürers, s.a. Studien zur deutschen Kunstgeschichte. 55. Hft.

Lorenz, Ludwig, a. Erfurt: Die Mariendarstellungen Albrecht Dürers aus der Zeit von 1485—1514. Strassburg 1904: J. H. E. Heitz. (56 S.) 8° ¶ (Einleitung und Kapitel 1—9 der Studien zur deutschen Kunstgeschichte, Heft 55: Die Mariendarstellungen Albrecht Dürers.)
Heidelberg, Phil. Fak., Ref. Thode, Diss. v. 14. Okt. 1904
[Geb. 24. Nov. 77 Erfurt; Wohnort: Erfurt; Staatsangeh.: Preußen; Vorbildung: Gymn. Erfurt Reife O. 99; Studium: Jena 1, Leipzig 2, Heidelberg 6 S.; Rig. 13. Mai 04.]

Lorenz, Ldw. Fr. Er., († d. 21. Juli 1824.) observationes anatomicae de pelvi reptilium, cum tab. aen. 8maj. Rudolst. 807. Hofbuchh. 9 gr

Lorenz, M.: Die H ä r t e k u n s t . Zsgest. von d. Firma 'Archimedes', Deutsches Patent-Bureau, Deutsches Patent-Blatt. Inh. M. Lorenz, Civilingen. Berlin: ([1899]: Münch). (38 S.) 4°

Lorenz, M., die Kirchenordnungen des Stiftes u. d. Stadt Quedlinburg bei u. nach Einführung der Reformation. (64 S.) gr. 8. Magdeburg 907. (Ev. Buchh. E. Holtermann.) 1. —

Lorenz, Maria, Gräfin Ludys Ehe, s.: Enßlin's Roman- u. Novellenschatz.

Lorenz, Maria, das Einmachen u. Konservieren. Ein Handbuch zum Bereiten eingemachter Früchte, Gelees, Marmeladen, Fruchtsäfte, Essige u. Liköre, sowie zur Herstellg. v. Obstweinen. Vollständige Anleitg. zum Einmachen v. Gemüsen in Büchsen u. Einlegen in Salz oder Essig, zum Dörren u. Abbacken v. Gemüsen u. Früchten, sowie einiger Pasteten, Braten u. Fischkonserven nach selbsterprobten u. erfahrungsmäßig guten Rezepten aus alter u. neuer Zeit, nebst Erwähng. der verschiedenen Sterilisierapparate. (153 S.) kl. 8. Essen (909). Fredebeul & Koenen. — 60

Lorenz, [Frau] Maria s. Familienbibliothek, Schweizer. Nr. 38.

Lorenz, Maria, appr. Ärztin a. Bautzen: Ueber den Keratoconus. Leipzig 1908: B. Georgi. (26 S.) 8°
Leipzig, Med. Fak., Ref. Sattler, Diss. v. 30. April 1908
[Geb. 10. April 77 Bautzen; Wohnort: Bautzen; Staatsangeh.: Sachsen; Vorbildung: Kgl. Gymn. Dresden-N. Reife M. 01; Studium: München 1, Heidelberg 5, Leipzig 5 S.; Coll. 9. Mai 08; Approb. 13. April 08.]

Liebes-Phasen. Aus d. Skizzenbuche von M[aria] **Lorenz**. *Berlin: G. Buschhardt 1902.* (96 S.) 8° [F.]

Septuor. Sieben Sachen von L. O. **Renz** [d. i. Maria Lorenz]. *Dresden & Leipzig: E. Pierson 1900.* (232 S.) 8° [Ant. u. F.]

Lorenz, Martin (Offenbach)
Beitraege zur Kenntniss der eingebalgten Hydrocelen, insbesondere der Hydrocele spermatica und der Hydrocelen des Wolff'schen Körpers.
Giessen: Merck 1857. 42 S.
Diss. med. 14.2.1857. vorh. 26. 7. 11.

Lorenz, Martin, Unterarzt im 10. Kgl. Inf.-Reg. No 134: Aus d. dermatol. Klinik d. Universität Leipzig. Scabies Norwegica. *Leipzig 1900: B. Georgi.* (19 S.) 8°
Leipzig, Med. Diss. v. (4. Okt.) 1900

Lorenz, Max, d. Arbeiterstand u. d. Sozialdemokratie, s.: Sohm, Rud.

Lorenz, Max, das Deutschland der Gegenwart. 4 Reden, geh. im „Wirtschaftl. Schutzverband" zu Hamburg. 1. u. 2. Aufl. (71 S.) gr. 8. Berlin 906. Verlag Dr. Wedekind & Co. n. 1. —

Lorenz, Max, das Deutschland der Gegenwart. 4 Reden, geh. im „Wirtschaftl. Schutzverband" zu Hamburg. 3. Aufl. (71 S.) gr. 8. Berlin 906. Verlag Dr. Wedekind & Co. 1. —

— d. nationale Kampf gegen d. Socialdemokratie. 8. (46 S.) Leipzig 897. F. W. Grunow. — 60

Lorenz, Max, die Klosterkirche zu Mühlberg a. E. Ihre Geschichte u. Baubeschreibg. (23 S. m. Abbildgn.) gr. 8. Liebenwerda (906). C. Ziehlke. n. — 50

Lorenz, Max, die Litteratur am Jahrhundert-Ende. gr. 8. (V, 250 S.) Stuttgart 900. J. G. Cotta Nachf. n. 3. —; geb. n. 4. —

Lorenz, Max, Rechtsbuch f. Schlächtermeister, s.: Kegel, Frz.

— Religion u. Sozialdemokratie. [Aus: „Die christl. Welt".] 8. (48 S.) Berlin 897. E. Kundt. — 50

— Religion u. Sozialdemokratie. 8. (48 S.) Berlin 897. [Kundt.] Schöneberg, Verlag d. „Hilfe". n.n. — 50

— Ursulas Schicksale, s.: Engelin's Roman- u. Novellenschatz.

— Vide: Sohm, Rud., und Lorenz, Max.

— d. Marxistische Socialdemokratie, s.a. Bibliothek d. Socialwissenschaft.

Die Marxistische Socialdemokratie v. Max Lorenz. *Leipzig: G. H. Wigand 1896.* (XII, 229 S.) 1 Bd 8.
= Bibliothek f. Socialwissenschaft. Bd 9. [98. 6758

— seine Tochter, s.: Engelin's Roman- u. Novellenschatz.

Lorenz, Max [app. Arzt aus Frömsdorf i. Schles.]: Über Tuberculosis testis ... Würzburg, kgl. Universitätsdr. v. H. Stürtz, 1892; 23 S. 8.
Würzburg, Med. Fak., Inaug.-Diss. v. 1892

(Frenssens) Jörn Uhl v. Max Lorenz. (Berlin. 1902.) 8° Ausschnitt aus: Preussische Jahrbücher. Bd. 109, H. 3.

Lorenz, Norbert v., s. Lorenz von Liburnau.

Lorenz, O., Liedersammlung für den gemischten Chor Zunächst für Gymnasien u. Industrieschulen. Neu umgearb. Aufl. des Winterthurer Schulgesangbuchs. (3. Thl.) Schaffhausen 867. Brodtmann'sche Buchh. br. 8. (VI, 256 S.) 15 ngr.

Lorenz, O., Schulgesangbuch. 3 Thle. (3. Thl. in 2 Abthlgn.) gr. 8. (Winterthur 855, Steiner'sche Buchh.) *
Inhalt:
Thl. 1., 2. Elementarübungen. Ein-, zwei- und dreistimm. Lieder. — Lieder und Gesänge für drei und vier weibl., oder ungebrochene Knabenstimmen. (IV und 96, VI und 146 S.) * 1 Thlr.
„ 3. Abthl. 1. und 2. Lieder und Gesänge für Sopran, Alt, Tenor und Baß. (Sopran und Alt. — Tenor und Baß.) (à Abthl. IV und 124 S.) à Abthl. * 15 Ngr.

Lorenz, Oscar, approb. Arzt: Cavernöses Angiom des Rückenmarkes. Tötliche Blutung. *Jena 1901: B. Engau.* (37 S.) 8°
Jena, Med. Diss. v. (6. Nov.) 1901

Lorenz, Osc., des Mittelstandes Not. Schauspiel in 3 Aufzügen. (74 S.) 8. Dresden (908). E. Pierson. 1.50

Lorenz, Otto, Andachtsbuch aus Luthers Haus-Postille. gr. 8. (VIII, 409 S. mit Luther's Holzschn.-Portr.) Breslau 885, Woywod. * M 4.—; geb. **
In 5 Lfgn. à *

Lorenz, Otto [aus Parchen in Böhmen]: Ueber Antipyretica ... Jena, Druck v. A. Kämpfe, 1892; 72 S. 8.
Jena, Med. Fak., Inaug.-Diss. v. [30. Sept.] 1892

Lorenz, Otto, üb. Antipyretica. Diss. gr. 8. (72 S.) Jena 892. (Rudolstadt, H. Dabis.) n. 1. —

Lorenz, Otto, Catalogue général de la librairie française, s.a. Catalogue.

Lorenz, Otto, Catalogue général de la librairie française pendant 25 ans (1840—1865). 4 tomes. Paris 867—70. (Leipzig, Brockhaus' Sort.) gr. 8. (Tom. I, A—C, VIII, 628 S., Tom. II, D—H, IV, 636 S., Tom. III, I—O, 623 S., Tom. IV, P—Z, VI, 671 S.) n.n. 28 ℳ

Lorenz, Otto, das Evangelium nach Matthäus, Markus, Lukas sachlich geordnet. 1. Tl.: Das sittlich-religiöse Leben. — 2. Tl.: Die Vorstellungs-Welt. gr. 8. (XIV, 78 S.) Heidelberg 901. Ev. Verlag. Geb. in Halbleinw 1.75

— das Lehrsystem im Römerbrief. gr. 8. (187 S.) Ebend. 884. n. 3. 60

Lorenz, Otto, der Römerbrief. Uebersetzung und erklärende Umschreibung. gr. 8. (97 S.) Breslau 884, Woywod. *

— aus der Vergangenheit der evangelischen Kirchengemeinde Brieg. Ergänzung u. Fortsetzg. der „Geschichte der evangel. Kirche in Brieg" v. W. H. Müller. 1. u. 2. Lfg. gr. 8. (69 S.) Brieg 885 u. 86. Bänder. à n.n. — 30

Lorenz, Otto, aus der Vergangenheit der evang. Kirchengemeinde Brieg. Ergänzg. u. Fortsetzg. der „Geschichte der evangel. Kirche in Brieg" von W. H. Müller. 3.—5. (Schluß-)Lfg. gr. 8. (S. 71—175.) Brieg 886. Bänder. n.n. — 80 (cplt.: n.n. 1. 40)

Lorenz, Ottokar, die Erwerbung Oesterreichs durch Ottokar von Böhmen. Ein Beitrag zur österreich. Geschichte. 1. und 2., umgearb. Aufl. gr. 8. (IV und 84 S.) Wien 857, Gerold's Sohn. *
Aus: Zeitschrift für die österreich. Gymnasien, 1857, Heft 2, besonders abgedruckt.

Lorenz, Ottokar, Friedrich, Großherzog v. Baden. Zum 50jährigen Regierungsjubiläum 1852—24. IV.—1902. Ein Charakterbild m. e. Anh. biograph. Nachrichten nach meist handschriftl. Quellen. 8. (147 S.) Berlin 902. Gebr. Paetel. n. 2. 50; geb. in Leinw. n. 3. 50

—— Die Fürsorge f. die Familien Detinirter, s. Jahrbuch d. Gefängniss-Gesellschaft.

— zum Gedächtnis d. Schiller's historischem Lehramt in Jena, vorgetragen am 26. Mai 1889. gr. 8. (26 S.) Ebd. 889. n. — 80

Lorenz, Ottokar, drei Bücher Geschichte u. Politik, s.a. Bibliothek f. Wissenschaft u. Literatur.

Lorenz, Ottokar. Drei Bücher Geschichte und Politik. 8. Berlin 1876.
Bibliothek für Wissenschaft und Literatur. Band 4. Historische Abtheilung: Band 1.

Lorenz, Ottokar, drei Bücher Geschichte u. Politik. 2. (Titel-)Ausg. gr. 8. (V, 630 S.) Berlin 879. Th. Hofmann. n. 12. —

Lorenz, Ottokar, deutsche Geschichte im 13. u. 14. Jahrhundert. 1. Bd. Die Zeit des großen Interregnums mit besonderer Rücksicht auf Oesterreich. Wien 863. Braumüller. gr. 8. (XVI, 494 S.) n. 3 ₰

Lorenz, Ottokar, deutsche Geschichte im 13. u. 14. Jahrh. 2. Bd. Wien, Braumüller. gr. 8. n. 3 ₰ 25 ngr. Geschichte Rudolfs von Habsburg und Adolfs von Nassau. 2 Abtblgn. I. Das Aufkommen der habsburg. Macht. (S. 1—316.) 866. n. 1 ₰ 25 ngr. — II. Das Königthum u. die reichsständ. Opposition. (VIII u. S. 317—673.) 867. 2 ₰

—— und Wilh. Scherer, Geschichte des Elsasses von den ältesten Zeiten bis auf die Gegenwart. Bilder aus dem polit. und geist. Leben der deutschen Westmark. In zusammenhängender Erzählung. 2 Halbbde. gr. 8. (III, 234; III, 262 S.) Berlin 871, F. Duncker. à Halbbd. * M 1,50. *
—— —— dass. — 2. neu durchgeseh. Aufl. Mit einem Bildnisse Jac. Sturms von Will. Unger (in Kpfrst.). 8. (XII, 500 S.) Ebendas. 872. [Stuttgart, Krabbe.] *

—— und Wilh. Scherer, Geschichte des Elsaßes. 3. verb. Aufl. gr. 8. (X, 574 S. mit 1 Bildnisse Jac. Sturms von William Unger.) Berlin 886, Weidmann'sche Buchh. geb. *

—— Geschichte König Ottokars II. von Böhmen und seiner Zeit. gr. 8. (XI und 758 S.) Wien 866, Braumüller. *

— zur Geschichte der Päpste. Ein einleit. Vortrag im Sommersemester 1871. gr. 8. (15 S.) Wien 871. Gerold's Sohn. — 30

Lorenz, Ottokar. K. H. L. Pölitz österreichische Geschichte. Neu herausgeg. von Ottok. Lorenz. *Wien* 1859. Verl. *Tendler & C. (Pötzelberger & Fromme)*. 228 S., 2 Bl. 8°. 1 fl. 48 kr. ÖW.

Lorenz, Ottok., Deutschlands Geschichtsquellen im Mittelalter von der Mitte des dreizehnten bis zur Mitte des vierzehnten Jahrhunderts. In Anschluss an W. Wattenbach's Werk. gr. 8. (IX, 339 S.) Berlin 870, Hertz. *
—— dass. — seit der Mitte des 13. Jahrh. im Anschluss an W. Wattenbach's Werk. 1. Bd. 2. umgearb. Aufl. gr. 8. (X, 291 S.) Ebendas. 876. *

— Deutschlands Geschichtsquellen im Mittelalter seit der Mitte des 13. Jahrhunderts. 2. Bd. 2., umgearb. Aufl. gr. 8. (VIII, 359 S.) Berlin 877. Hertz. n. 7. — (1. u. 2.: n. 13. —)

Lorenz, Ottokar, Deutschlands Geschichtsquellen im Mittelalter seit der Mitte d. 13. Jahrh. 1. Bd. 3. in Verbindg. m. Arth. Goldmann umgearb. Aufl. gr. 8. (X, 348 S.) Berlin 886. Hertz. n. 7. —; geb. n.n. 8. 50

Lorenz, Ottokar, Deutschlands Geschichtsquellen im Mittelalter seit der Mitte d. 13. Jahrh. 2. Bd. 3., in Verbindg. m. Arth. Goldmann umgearb. Aufl. gr. 8. (XIV, 444 S.) Berlin 887. Hertz. n. 8. —; geb. n.n. 9. 50 (cplt.: n. 15. —; geb. n.n. 18. —)

— die Geschichtswissenschaft in Hauptrichtungen u. Aufgaben, kritisch erörtert. gr. 8. (VIII, 314 S.) Ebend. 886. n. 7. —

Lorenz, Ottokar, die Geschichtswissenschaft in Hauptrichtungen u. Aufgaben, kritisch erörtert. 2. Thl. Leopold v. Ranke. Die Generationenlehre u. der Geschichtsunterricht. gr. 8. (XII, 416 S.) Berlin 891. W. Hertz. n. 8. —; geb. n. 9. — (1 u. 2.: n. 15. —; geb. n. 17. —)

—— über Gymnasialwesen, Pädagogik und Fachbildung. gr. 8. (64 S.) Wien 879, Gerold's Sohn. *

— genealogischer Hand- u. Schul-Atlas. Lex.-8. (VIII, 43 S. m. 38 Tab.) Berlin 892. W. Hertz. n. 3. —

Lorenz, Ottokar, genealogisches Handbuch der europ. Staatengeschichte. 2., neu bearb. u. verm. Aufl. d. „genealog. Hand- u. Schulatlas". gr. 8. (XVI S. u. 56 Taf.) Berlin 895. Besser. Geb. in Leinw. n. 7. —

Lorenz, Ottokar, genealogisches Handbuch der europäischen Staatengeschichte. 3., verm. Aufl. d. „Genealog. Hand- u. Schulatlas". Bearb. v. Ernst Devrient. (XVIII S., 62 Taf. u. 5 S.) Lex. 8. Stuttgart 908. J. G. Cotta Nachf. Geb. in Leinw. 14. —

—— Joseph II. und die belgische Revolution nach den Papieren des General-Gouverneurs Grafen Murray 1787. gr. 8. (IV und 64 S.) Wien 862, Braumüller. *

Lorenz, Ottokar, über das Consulartribunat. gr. 8. (32 S.) Wien 855, Gerold's Sohn. *
Aus: Zeitschrift für die österreich. Gymnasien, Jahrg. 1855. Heft 4., besonders abgedruckt.

—— die siebente Kurstimme bei Rudolf's I. Königswahl. Lex.-8. (44 S.) Wien 855, (Gerold's Sohn.) *
Aus: Sitzungsberichte der k. Akademie der Wissenschaften J. 1855, besonders abgedruckt.

Lorenz, Ottokar, Lehrbuch d. ges. wissenschaftl. Genealogie. Stammbaum u. Ahnentafel in ihrer geschichtl., sociolog. u. naturwissenschaftl. Bedeutung. gr. 8. (IX, 489 S.) Ebd. 898. n. 8. —; geb. in Leinw. n. 9. —

— Goethes politische Lehrjahre Ein in der VIII. Generalversammlg. der Goethegesellschaft geh. u. erweit. Vortrag m. Anmerkgn., Zusätzen u. e. Anh.: Goethe als Historiker. gr. 8. (VII, 180 S.) Berlin 893. Besser. n. 3. —; geb. n. 4. —

—— Leopold III. und die schweizer Bünde. Ein Vortrag gehalten im Ständehause am 21. März 1860. Beigefügt sind Excurse und eine Beilage mit Acten. gr. 8. (50 S.) Wien 860, Gerold's Sohn. *

—— Ottokar II. von Böhmen und das Erzbisth. Salzburg. 1246—1260. Grossentheils nach ungedr. Quellen. Lex.-8. (56 S.) Wien 860, (Gerold's Sohn.) **
Aus: Sitzungsberichte der k. Akademie der Wissenschaften, Jahrg. 1860, besonders abgedruckt.

— Papstwahl u. Kaiserthum Eine histor. Studie aus dem Staats- u. Kirchenrecht. gr. 8. (XVIII, 253 S.) Berlin 874. G. Reimer. n. 4. —

—— s. Pölitz, K. H. L., österreichische Geschichte.

—— die österreichische Regentenhalle. Biografien. gr. 16. (III und 512 S. mit 37 Bildn. in Holzschn.) Wien 857, [Gerold's Sohn.] * 1 Thlr. 20 Ngr.; geb. * Pracht-Ausg. *

— die österreichische Regentenhalle. Biografien. Mit 37 Bildnissen (in Holzschn.). Wien 857. Tendler u. Co. gr. 16. (2 Bl., 512 S.) n. 1 ₰ 20 ngr.; Pracht-Ausg. n. 3 ₰ 10 ngr.

—— die sempacher Schlachtlieder. Lex.-8. (26 S.) Wien 861, [Gerold's Sohn.] *
Aus der „Germania" besonders abgedruckt.

— Friedrich Christoph Schlosser u. über einige Aufgaben u. Principien der Geschichtschreibung. [Aus: „Sitzungsber. d. k. Akad. d. Wiss."] Lex.-8. (91 S.) Ebend. 878. n. 1. 40

— Staatsmänner u. Geschichtschreiber d. 19. Jahrh. Ausgew. Bilder. gr. 8. (III, 360 S.) Ebd. 896. n. 6. —; geb. n. 7. —

—— über die beiden Wiener Stadtrechts-Privilegien König Rudolf's I. Lex.-8. (40 S.) Wien 864, (Gerold's Sohn.) * *

—— Oesterreichs Stellung in Deutschland während der ersten Hälfte des 30jähr. Krieges. Ein Vortrag. gr. 8. (32 S.) Wien 858, Gerold's Sohn. *

—— über den Unterschied von Reichsstädten und Landstädten mit besonderer Berücksichtigung von Wien. Lex.-8. (78 S.) (Ebendas.) 878. *
Vorstehende Schrift aus: Sitzungsberichte der k. Akademie der Wissenschaften, besonders abgedruckt.

Lorenz, Ottok., gegen Bismarcks Verkleinerer. Nachträge zu „Kaiser Wilhelm u. die Begründg. des Reichs". (V, 116 S.) gr. 8. Jena 903. G. Fischer. n. 2. —

—— über die Wahl des Königs Adolf von Nassau. Lex.-8. (48 S.) Wien 867, (Gerold's Sohn.) *
Vorstehende Schrift des Verf. wurden aus: Sitzungsberichte der k. Akademie der Wissenschaften, besonders abgedruckt.

— Kaiser Wilhelm u. die Begründung des Reichs 1866—1871 nach Schriften u. Mitteilungen beteiligt. Fürsten u. Staatsmänner. gr. 8. (VIII, 634 S.) Jena 902. G. Fischer. n. 10. —; geb. n. 12. —

Lorenz, Ottomar: Begriff und Wesen des Uebels. Halle a/S. 1880: Plötz. 68 S. 8°
Halle-Wittenberg, Phil. Diss. v. 23. Jan. 1880
Geb. Wettin (Saalkr.) 25. 1. 1855. V.

Lorenz, Ottomar, die Fürsorge f. die Familien Detinirter. [Aus: „Jahrb. der Gefängnis-Gesellsch. f. d. Prov. Sachsen".] gr. 8. (14 S.) Halle a/S. 892. (J. Fricke's Sort.) n. — 20

Lorenz, Ottomar, die materialistische Geschichtsauffassung, z. ersten Male systemat. dargest. u. krit. beleuchtet. gr. 8. (VI, 109 S.) Leipzig 897. Buchh. d. Evang. Bundes v. C. Braun. n. 1. 50

— Gustav Adolf in Erfurt. Ein Volksstück in 5 Aufzügen. gr. 8. Schwäb.-Hall 889. (Leipzig, Buchhandlg. d. Evangel. Bundes v. C. Braun.) n. — 40

— s.a. Handbuch f. evangel. Arbeitervereine.

Lorenz, Handbuch für evangelische Arbeitervereine. 8⁰. Leipzig 1892.

— der Himmel auf Erden. 1. u. 2. (Titel-)Aufl. gr. 8. (49 S.) Leipzig 892. 894. Buchh. des Evangel. Bundes v. C. Braun. n. — 80

— d. evang. Jubelfeiern Erfurts, s.: Luther in Erfurt.

Lorenz, Ottomar, Kandidatur und Vikariat. Ein Ruf nach Reform des theolog. Kandidatenwesens. 12. (34 S.) Halle 880, Reichardt. *

— s.: Kirche u. Sozialismus.

Lorenz, Ottom., der Konfirmanden-Unterricht, s.a. Handbibliothek, praktisch-theologische. Bd. 12. 13.

Der Konfirmanden-Unterricht von Dr. Ottomar Lorenz. Göttingen: Vandenhoeck & Ruprecht 1910. VIII, 200 S. 8°
(Prakt.-theolog. Handbibliothek. Bd 12/13.) [10. 9533 B

Lorenz, Ottomar, Confirmationsrede üb. Psalm 37, 37 „Bleibe fromm u. halte dich recht; denn solchem wird es zuletzt wohl gehen", in der Regler-Kirche zu Erfurt am 14. April 1889 geh. gr. 8. (8 S.) Erfurt 889. Körner. n. — 10

Lorenz, Ottomar, Confirmationsrede über Tobias 4, 6, in der Regler Kirche am 3. April 1887 gehalten. gr. 8. (8 S.) Erfurt 887, (Körner'sche Buchh.) *

— Licht, Liebe, Leben. Predigten. gr. 8. (266 S.) Erfurt 894. H. Güther. n. 4. —

Lorenz, die Lösung der Bekenntnisfrage, s.a. Kirche u. Sozialismus.

Die Lösung der Bekenntnisfrage von Dr. [Ottomar] Lorenz, Pastor an St. Michael. *Erfurt: H. Güther 1892.* (42 S.) 8° [F.]
— Kirche u. Sozialismus. 1. [04. 4164

Lorenz, Past., Kirche und Sozialismus. Die Lösung der Bekenntnissfrage. gr. 8⁰. Erfurt, H. Güther, 1893.

Lorenz, Ottomar, zum Luther-Jubelfest! Jubilaea praeterita et Jubilaeum praesens. 8. (30 S.) Erfurt 883. (Villaret.) n. — 60

— Massenaustritt od. Masseneintritt? Kirchlicher Vortrag. gr. 8. (10 S.) Ebd. 891. n.n. — 10

— dasselbe. 2. [Volks-]Ausg. gr. 8. (10 S.) Erfurt 890. (Neumann.) — 15

— Heinrich v. Melk, der Juvenal der Ritterzeit. gr. 8. (78 S.) Halle 886. Niemeyer. n. 2. —

— die Reformation bei den Reglern. Kirchliches Volksschauspiel in 4 Aufzügen. gr. 8. (26 S.) Erfurt 890. (Leipzig, Buchhandlg. d. Evangel. Bundes v. C. Braun.) n. — 30

Lorenz, Ottomar, die Seligpreisungen, in Predigten ausgelegt. 8. (VII, 77 S.) Halle 902. C. E. Müller. n. 1. 20; geb. n. 1. 80

Lorenz, Ottom., die Stadtkirche zu Weißenfels. (IV, 75 S. m. Abbildgn., 1 Taf. u. 1 Grundriß.) gr. 8. Weißenfels 903. M. Lehmstedt. n. 2. —

— e. Streifzug durch die ultramontane Presse, s.: Flugschriften d. Evangelischen Bundes.

— wollt ihr auch weggehen? Konfirmationsrede üb. Joh. 6, 66—69, geh. in der Michaelis-Kirche zu Erfurt am Sonntag Palmarum 22. März 1891. gr. 8. (11 S.) Erfurt 891. (Körner.) n. — 20

Geschichte. Von P. Lorenz, Stadtschulrat in Flensburg. Mit zahlr. Abb. nach Originalzeichn. von A. Wagner sowie mit 5 Geschichtskarten. Für evang. Schulen. 2. verm. u. verb. Aufl. 41.–60. Taus. d. Gesamtwerkes. Leipzig & Berlin: B. G. Teubner 1907. (136 S.) 8° [F.]
— Franke, Max: Realienbuch. No 11. [07. 11073

Geschichte. Von P. Lorenz, Stadtschulrat in Flensburg, u. Th. Szymanski, Sem.Lehrer in Fulda. Mit zahlr. Abb. nach Originalzeichn. von A. Wagner sowie mit 5 Geschichtskarten. Für kath. Schulen. 2., verm. u. verb. Aufl. 41.–60. Taus. d. Gesamtwerkes. Leipzig & Berlin: B. G. Teubner 1907. (136 S.) 8° [F.]
— Franke, Max: Realienbuch. No 12. [07. 8885

Geschichte. Von P. Lorenz, Stadtschulrat in Flensburg, u. Th. Szymanski. Mit zahlr. Abb. nach Originalzeichn. von A. Wagner sowie mit 5 Geschichtskarten. Für simultane Schulen. 2., verm. u. verb. Aufl. 41. 60. Taus. d. Gesamtwerkes. Leipzig & Berlin: B. G. Teubner 1907. (136 S.) 8° [F.]
— Franke, Max: Realienbuch. No 13. [07. 10228

Lorenz, P., Reallesebuch, s.: **Franke, M. u. O. Schmeil.**

Lorenz, Paul. Johann Baptist v. Albertini. Ein Lebensbild. Diss. gr. 8. (VIII, 89 S.) Chur 894. (Hitz.) n. 1. 50

Lorenz, Paul [Assistenzarzt im 8. Feldart.-Reg. „Königin Mutter"]: Epidemiologische und pathologische Beobachtungen aus der Influenza-Epidemie in der Münchener Garnison 1889/90. München, Buchdr. v. M. Ernst, *1890*; 32 S. 8°
Würzburg, Med. Fak., Inaug.-Diss. v. 1890

Lorenz, Paul, badische Bücherei. I—III. 12. Freiburg i/B. F. P. Lorenz. n.n. 2. 40
I. Rovena vom Martinsthor. Ein Freiburger Märchen. Von Margarete v. Oertzen. 3. Aufl (53 S.) 899. n. —90
Erschien ohne Sammeltitel.
II. Bilder u. Sagen aus Breisach's Vergangenheit. Von K. Solff. Mit Abbildgn. 2. Aufl. (44 S.) 899. n.n. —90
III. Wessen Schuld? Eine Schwarzwald-Geschichte. Von M. Rombach. (65 S.) (900.) n. — 60
Erscheint nicht weiter.

Lorenz, P[aul] *I* [geb. 1835]. Einiges über Erdbeben im Kanton Graubünden. Nach einem ... am 14. Febr. 1894 gehaltenen Vortrage. SA. 8. ([Chur] 1894.)

Lorenz, P., d. Ergebnisse d. sanitar. Untersuchgn. d. Recruten d. Kant. Graubünden (Schweiz) in d. J. 1875—1879, s.a. **Jahresbericht d. naturforsch. Gesellschaft Graubünden's.**

Die Ergebnisse der sanitarischen Untersuchungen der Recruten des Kantons Graubünden ⟨Schweiz⟩ in den Jahren 1875 bis 1879. Bearb. von Dr. P. **Lorenz,** Chur. Mit 4 Karten. Bern: Stämpfli & Cie 1895. (109 S.) 4°
= **Jahres-Bericht** d. Naturforschenden Gesellschaft Graubünden's. [N. F.] Bd 38, Beilage. [97. 1515

— d. **Fische** d. Kantons Graubünden, s.a. **Jahresbericht** d. naturforsch. Gesellschaft Graubünden's.

Die Fische des Kantons Graubünden ⟨Schweiz⟩. Von Dr. P. **Lorenz** in Chur. M. 6 Tab. u. 1 Kt. *Pfäffikon/Zürich: E. Zwingli 1898.* (2 Bl., 135 S., 1 Kt.) 1 Bd 8.
= Fischerei-Zeitung, Schweizerische 1897/98. Beil.
= **Jahresberichte** d. Naturforschenden Gesellschaft Graubünden's. Bd 41. 1898. Beil. [98. 8842

Lorenz, Paul, Freiburg i. Breisgau. Neuester Führer durch d. Stadt. nebst e. Zusammenstellg. empfehlenswerter Spaziergänge u. Ausflüge. 4.—8. Taus. Mit neuem Plan d. Stadt. 12. (96 S. m. Abb.) Freiburg i/B. 896. Lorenz & Waetzel. n. —50

— Freiburg im Breisgau. Neuester Führer durch die Stadt, nebst e. Zusammenstellung empfehlenswerter Spaziergänge u. Ausflüge. 4. Aufl. Mit e. Plan der Stadt u. Umgebungskarte. 12. (156 S. m. Abbildgn.) Ebd. (901). —75

Lorenz, Paul, a. Mittweida: Die Geschichte des Rochlitzer Tuchmacherhandwerkes. (Rochlitz [1906]: K. Meltzer.) (120 S.) 8°
Leipzig, Phil. Fak., Ref. Seeliger, Stieda, Diss. v. 12. Juli 1906
[Geb. 23. Aug. 79 Mittweida; Wohnort: Leipzig; Staatsangeh.: Sachsen; Vorbildung: Seminar Grimma u.-Rochlitz Wahlfähigkeitszeugnis 1b Nov. 02; Studium: Leipzig 6 S.; Rig. 5. März 06.]

Lorenz, Paul, die Geschichte des Rochlitzer Tuchmacherhandwerkes. Diss. (126 S.) gr. 8. Rochlitz (906). (B. Pretzsch Nachf.) n. 1 20

Lorenz, Paul, a. Halle a. S.: Das Handschriftenverhältnis der Chanson de geste 'Aliscans'. Halle a. S. 1907: E. Karras. (31 S.) 8° ¶(Erscheint vollst. in: 'Zeitschrift f. roman. Philologie' Bd 31 H. 4.)
Halle, Phil. Fak., Ref. Suchier, Diss. v. 15. Juni 1907
[Geb. 7. Mai 85 Metz; Wohnort: Halle a. S.; Staatsangeh.: Preußen; Vorbildung: Latina Halle Reife O. 03; Studium: Halle 8 S.; Rig. 8. Jan. 07.]

Lorenz, P. Dr. Eduard Killias. Eine biographische Skizze. Mit Portr. u. Facsimile. Nebst Beilage: Die naturhistorischen Verhältnisse des Engadins. Vortrag gehalten in der naturwissenschaftl. Gesellschaft in St. Gallen, im Nov. 1890, von *E. Killias.* In-8°. 68 S. Chur, Hitz'sche Buchhdlg. 1892 1 50
*** Sonderdruck aus „XXXV. Jahresbericht der Naturforsch. Gesellschaft Graubündens in Chur."

Lorenz, Paul *I s.* Notice sur quelques gisements métallifères.... Coire 1900.

Lorenz, Paul: Ueber die Sprache des Garnier von Pont-Sainte-Maxence. Halle a. S. 1881: Waisenhaus. 34 S. 8°
Halle-Wittenberg, Phil. Diss. v. 12. Nov. 1881
Geb. Kalbe a. d. S. 16. 4. 1859. V.

Lorenz, Paul, appr. Arzt a. Waren: Aus der Kaiserin Auguste-Viktoria-Volksheilstätte zu Landeshut ⟨Schles.⟩. Über suggestive Temperatursteigerungen bei Tuberkulösen. Rostock: 1906. (13 S.) ¶⟨Aus: Beiträge zur Klinik der Tuberkulose Bd 5.⟩
Rostock, Med. Fak., Ref. Martius, Diss. v. 15. April 1906
[Geb. 1. Mai 78 Waren; Wohnort: Tharandt; Staatsangeh.: Preußen; Vorbildung: Gymn. Waren Reife M. 97; Studium: Berlin 2, Freiburg i. B. 1, Rostock 6 S.; Coll. 9. Febr. 05; Approb. 6. Febr. 05.]

Lorenz, Paul. Christophilus Frid. (geb. Bärwalde in d. Neum. 13. 9. 1838): De hepatitide interstitiali. Berolini (1862). (31 S.) 8°
Berlin, Med. Diss. v. 7. Aug. 1862

Lorenz, R., Lehr- u. Lesebuch f. den deutschen Unterricht, s.: **Jaenicke, H.**

Lorenz, R. [Dr. med., app. Arzt aus Leipzig]: Uber Magenresektion ... Leipzig, Druck v. F. Richter, 1894; 66 S. 8.
Leipzig, Med. Fak., Inaug.-Diss. v. 29. Apr. 1894

Lorenz, R., s.: **Weltsprache u. Wissenschaft.**

Lorenz, Raim., St. Veit a. d. Glan und Umgebung. Eine Schilderung des unteren Glanthales als Reisehandbuch für Besucher desselben. Mit 1 Kärtchen. 8. (55 S.) St. Veit a. d. Glan 883. (Klagenfurt, Heyn's Buchh.) *

Lorenz, Raim., St. Veit a. d. Glan, Kärntens alte Hauptstadt u. s. Umgebung. E. Schilderg. d. unt. Glanthales als Reisehandbuch f. Besucher desselben. 2., theilw. umgearb. Aufl. M. 2 Ansichten v. St. Veit u. 1 Kärtchen. 8. (61 S.) St. Veit a/d. Glan 896. (Klagenfurt, A. Raunecker.) n.n. 1. —

Lorenz, Raim., kärntnerisches Skizzenbuch. (VII, 224 S.) 8. Wien 910. M. Braunschweig. 3. —

Lorenz, Rich. (Hrsg.), s. **Arndt**, Ernst Moritz: Das große Märchenbuch.

Lorenz, Richard. Ueber die Ausbildung des Elektrochemikers. Vortrag gehalten auf der 7. Hauptversammlung der Deutschen Elektrochemischen Gesellschaft in Zürich. Durch Anmerkungen und einen Anhang erweitert von Richard Lorenz, ord. Professor am eidgen. Polytechnikum in Zürich. VI + 40 S. 8. Halle a. S., Wilhelm Knapp, 1901. [M. 2. —]

Lorenz, Richard [aus Jena]: Beiträge zur Kenntnis der Valenz des Bor's .... Berlin, Buchdr. v. Gustav Schade (Otto Francke) (1888); 35 S. 8°
Jena, Phil. Fak., Inaug.-Diss. v. 1888

— u. F. **Kaufler,** Elektrochemie geschmolzener Salze, s.a. **Handbuch der angewandten physikalischen Chemie.** 11, I.

Lorenz, Rich(ard), und Kaufler, F(elix). Elektrochemie geschmolzener Salze. Mit 17 Abbildungen im Text. VI + 84 S. gr.-8. Leipzig, Johann Ambrosius Barth, 1909. [M. 3. 60]
(Handbuch der angewandten physikalischen Chemie, hrg. von Prof. Dr. G[eorg] Bredig. Band 11: Abteilung I.)

Lorenz, Rich., die Elektrolyse geschmolzener Salze, s.a. Monographien üb. angewandte Elektrochemie. 20.—22. Bd.

Die Elektrolyse geschmolzener Salze. Von Richard Lorenz, Prof. Mit Abb. T. 1–3. Halle a. S.: W. Knapp 1905–06. 3 Bde 8°
1. Verbindungen u. Elemente. 1905.
2. Das Gesetz von Faraday; die Überführung u. Wanderung der Ionen; das Leitvermögen. 1905.
3. Elektromotor. Kräfte. 1906.
= Monographien über angewandte Elektrochemie. Bd 20–22. [07. 12711

Lorenz, Rich., Erzählungen u. Lieder, s.: Reinick, Rob.

Lorenz, *Karl Wilhelm* Richard [aus Neulewin Prov. Brandenb.]: Zur Frühdiagnose der Nierentuberkulose ... Greifswald, Buchdr. C. Sell, 1896; 47 S., 1 Bl. 8.
Greifswald, Med. Fak., Inaug.-Diss. v. 25. Aug. 1896

— deutsche Kindermärchen, s.: Grimm, Jak.

— auserlesene Märchen. — Die schönsten Märchen, s.: Grimm, Jak.

— Märchen, Erzählungen u. Lieder, s.: Reinick, Rob.

Lorenz, Richard. Elektrochemisches Praktikum. Von Richard Lorenz, ... Professor am eidg. Polytechnikum in Zürich.... Mit 90 Abbildungen im Text. XIV + 234 + 18 S. 8. Göttingen, Vandenhoeck & Ruprecht, 1901. [geb. M. 6. —]

Lorenz, Rich., s.: Zeitschrift f. anorgan. Chemie.

Lorenz, Rudolf: Die Aufführungen der Braut von Messina im Römischen Amphitheater zu Brugg-Vindonissa. (Verf.: Rudolf Lorenz, Rüschlikon.) Brugg 1907: Ettinger-hof A.G. (23 S.) 8°

Lorenz, Rud., Beiträge zur Kritik der Geschichtsschreibung üb. den Schmalkaldischen Krieg. Inaugural-Dissertation. gr. 8. (68 S.) Königsberg 876. (Leipzig, Kessler.) n. 2. —

Lorenz, Rud. Kritische Beiträge zur Geschichte des schmalkaldischen Krieges. Teil II. 22 S. (Teil I diss. in. Königsberg 1876.)
Progr. G. *Gumbinnen* 1880.

Lorenz, (Alwin Erich) Rud. (geb. Berlin 28. 2. 1861): Über die Dauer der Schwangerschaft bei Placenta praevia centralis. Berlin (1885). (43 S.) 8°
Berlin, Med. Diss. v. 17. Juli 1885

Lorenz, Rudolf, a. Leipzig: Die Eigenschwingungen rotierender Stäbe. Göttingen 1904: Dieterich. (53 S.) 8°
Jena, Phil. Fak., Ref. Rau, Diss. v. 10. Febr. 1905
[Geb. 30. Jan. 80 Leipzig; Wohnort: Leipzig; Staatsangeh.: Sachsen; Vorbildung: Realgymn. Leipzig Reife O. 99; Studium: Leipzig 2, Göttingen 1, München T.H. 7 S.; Rig. 20. Febr. 04.]

Lorenz, Rudolf [Oberl. Dr.]: Luthers Einfluss auf die Entwickelung des evangelischen Kirchenregimentes in Deutschland. Einleitender Teil: Luther u. d. röm. Kirchenregiment. Gumbinnen, 1891; S. 1—27; 4°
Gumbinnen, k. Friedrichs-G, OP 1891 (4)

Lorenz, Rud., August Hermann Francke. Festspiel in 7 Vorgängen. 8. (78 S.) Halle 898. C. A. Kaemmerer & Co. n. 1. —

Lorenz, Rudolf, Das Freilichttheater Hertenstein am Vierwaldstätter-See. 1.—3. Tausend, mit 15 [*d. i.* 16] Abbildungen [und illustriertem Umschlag]. 210 S. 8. (Hertenstein,) Verlag des Freilichttheaters H', 1910. [fr. 2. —]

Lorenz, Rud., Heinrich der Löwe. Ein Bürgerspiel in 1 Vorspiel u. 5 Vorgängen. (91 S.) kl.8. Eßlingen (907). Rüschlikon am Zürichsee (Villa Wiederkehr). Selbstverl. — 75

Lorenz, R(udolf), Prof. Dr.: Katalog der Lehrer-Bibliothek des Königlichen Friedrichs-Gymnasiums zu Gumbinnen. In übersichtl. Anordnung für d. prakt. Gebrauch zsgest. T. 3. Mit Benutzung von Vorarbeiten d. Oberl. Dr. Max Hecht bearb. *Gumbinnen 1901: W. Krauseneck.* (S. 103—173.) 8° ¶[Forts. d. P-Beil. 1899 von M. Hecht u. 1900 von Emil Zimmermann.]
Gumbinnen, k. Friedrichs-G, OP 1901 (4)

Lorenz, R(udolf), Prof. Dr.: Katalog der Lehrer-Bibliothek des Königlichen Friedrichs-Gymnasiums zu Gumbinnen. In übersichtl. Anordnung für d. prakt. Gebrauch zsgest. T. 4. Mit Benutzung von Vorarbeiten des Oberl. Dr. Max Hecht bearb. *Gumbinnen 1902: W. Krauseneck.* (S. 175—285.) 8° ¶[Schluß d. P-Beil. 1899 von M. Hecht, 1900 von Emil Zimmermann, u. 1901.]
Gumbinnen, k. Friedrichs-G, OP 1902 (4)

[F.] Hallesches Kunstleben, v. Rudolf Lorenz ... '(1. Dezember 1897)'. *Halle a. S.: C. A. Kaemmerer & C. 1897.* (15 S.) 1 Bd 8.
= Sammlung v. Vorträgen geh. im Zweigver. Halle d. Vereins z. Förderung der Kunst. II. 1. [98. 6130

— lerne reden! E. Mahnwort an alle Deutschen. Prakt. Winke zur Erhaltg., Kräftigg. u. Veredelg. d. Sprechstimme. gr. 8. (IV, 62 S.) Ebd. 898. n. 1. —

— Lerne reden! Ein Mahnwort an alle Deutsche. Prakt. Winke zur Erhaltg., Kräftigg. u. Veredlg. d. Sprechstimme. 2. durchgeseh. Aufl. gr.8. (III, 64 S.) Ebd. 902. n. 1. —

Lorenz, Rud., Lichtenstein. Ein deutsches Spiel in 9 Vorgängen nach Hauff's romant. Sage. gr. 8. (128 S. m. 1 Abbildg.) Halle 901. C. A. Kaemmerer & Co. n. 1.50; geb. in Leinw. n. 2.50

— moderne Regiekunst, entwickelt an Ibsen's „Gespenster" u. Gerh. Hauptmann's „Versunkene Glocke". gr. 8. (82 S.) Ebd. 900. n. — 60

— Unter der Reichssturmfahne (Hohentwielfestspiel). Deutsche Vorgänge. (VI, 120 S.) kl. 8. Ebd. (906). — 75

— Die kühlen Wälder. (Buchschmuck von Paul Erkens.) (149 S.) 8. Berlin-Charlottenburg (910). A. Juncker Verl. 3. —

Lorenz, S., Volkserziehung u. Volksunterricht im späteren Mittelalter. gr. 8. (IV, 182 S.) Paderborn 887. F. Schöningh. n. 1.40

Lorenz, P. Sigismund: Aschaffenburger Klosterbilder. Aus d. Geschichte d. Kapuziner zu Aschaffenburg 1620–1908. Dem Volke erzählt von – aus Aschaffenburg. Aschaffenburg 1908. Werbrun. 118 S. 8°

Lorenz, Sigm. Friedrich

Lorenz, Sigm. Fr., († d. 2. Oct. 1783.) Gott geheiligte Abendruhe in Betrachtt. d. Epistelterte d. Jahres. 2 Bde. gr. 8. Stuttg. 784. 2e A. 786. Metzler. 1 ℛ 20 gl

Lorenz, Sigm. Friedr., d. Herrlichkeit des großen Auferstehungstags f. gläubige u. geheil. Seelen in d. evang. Hauptkirche z. Straßburg im Jahre 1774 einer christl. Gemeinde vorgestellt. gr. 8. (2⅓ B.) Nördlingen 846, Beck'sche Buchh.

— Passionsandachten in einigen Reden. gr. 8. Greiz 778. Hennings. 8 gl

— Reden zur Erbauung d. Gemeine Gottes im Glauben u. heil. Sitten. gr. 8. Straßb. 769.

— neue Samml. heiliger Reden über den Tod, Aufersteh. rc. gr. 8. Frft. Hermann, (auch Gebhardt u. K.) 781.

— Gott geheiligte Sonntagsruhe in Betr. der Sonn- u. Festtags-evangelien d. Jahres. 2 Bde. gr. 8. Stuttg. 784. 2e A. 786. Mezler. 1 ℳ 20 ₰

Lorenz, C. F., theatral. Zeitvertreib. 2 Thle. 8. Regensb. Montag. 779. Rthlr.

Lorenz, Th., Beitrag zur Kenntniss der ornithologischen Fauna an der Nordseite d. Kaukasus. Mit 5 color. Taf. Imp.-4. (XII, 62 S.) Moskau 887. (Lang.) n. 16. —

Lorenz, Theano, s.: Breitkopf & Härtel's Text-bibliothek. Nr. 165.

Lorenz, Theo[dor], Dr. phil., a. Hamburg: Beiträge zur Geologie und Palaeontologie von Ostasien unter besonderer Berücksichtigung der Provinz Schantung in China. 1. Teil. Marburg i. H. 1905: (J. F. Starcke, Berlin.) (64 S.) 8° ¶(Erscheint mit 5 Beilagen in der Zeitschrift der Deutschen geologischen Gesellschaft Bd 57, 1905.)
Marburg, Phil. Fak., Hab.-Schr. v. 1905

Lorenz, Th., Beiträge zur Geologie u. Palaeontologie v. Ostasien unt. besond. Berücksicht. der Prov. Schantung in China. I. u. II. Tl. 8. Marburg (Leipzig, M. Weg.) n.n. 8. 50
I. Mit 5 Beilagen u. 2 Fig. im Text. (64 S.) 905. n.n. 4. —
II. Palaeontologischer Tl. m. 3 Taf. u. 55 Fig. im Text. (S. 67—123 m. 1 Tab. u. 3 Bl. Erklärgn.) 906. n.n. 4. 50
Sonderabdrucke aus: „Ztschr. d. deut. geol. Ges."

Lorenz, Theodorus: De clausulis Arnobianis. Vratislaviae 1910: Korn. 48 S. 8°
Breslau, Phil. Diss. v. 18. April 1910, Ref. Skutsch
[Geb. 3. Febr. 87 Boberröhrsdorf; Wohnort: Breslau; Staatsangeh.: Preußen; Vorbildung: Gymn. Hirschberg Reife O. 05; Studium: Jena 2, Berlin 2, Breslau 6 S.; Rig. 22. Dez. 09.] [U 10. 622

Lorenz, *Johannes Andreas* Theodor [aus Erfurt]: Zur Entwicklungsgeschichte der Metaphysik Schopenhauers ... Leipzig, *Druck v. Breitkopf & Härtel*, 1897; 2 Bl., 48 S., 1 Bl. 8.
Berlin, Phil. Fak., Inaug.-Diss. v. 12. Aug. 1897

Lorenz, Th., Monographie des Fläscherberges, s. a. Beiträge zur geolog. Karte der Schweiz. N. F. 10.

Monographie des Fläscherberges. Mit 13 Zinkogr., 1 geolog. Karte in 1:25,000 u. 4 Taf. Profile, Ansichten u. Petrefakten von Dr. Th. Lorenz. Freiburg i. B. *Bern: Schmid & Francke in Komm. 1900.* (IV, 63 S.) 4°
— Beiträge z. geologischen Karte d. Schweiz. N. F. Lfg 10. [01. 2133 2

Lorenz, Thdr., die engl. Presse, s. a. England in deutsch. Beleuchtung. 9. Heft.

Die englische Presse. Von Dr. Theodor Lorenz. Halle a. S.: Gebauer-Schwetschke 1907. (136 S.) 8°
= England in deutscher Beleuchtung. [H. 9.] [07. 12303

Lorenz, Theodor, aus Hamburg: Geologische Studien im Grenzgebiet zwischen helvetischer und ostalpiner Facies. T. 1: Fläscherberg. *Bern: (Schmid & Francke in Komm.) 1900.* (VI, 63 S.) 4° ¶Aus: Beiträge zur geol. Karte d. Schweiz, N. F., Lfg 10.
Freiburg i. B., Phil. Diss. v. 1900

— geologische Studien im Grenzgebiete zwischen helvetischer u. ostalpiner Facies. 2. Tl. Südlicher Rhaetikon. gr. 8. (62 S. m. 19 Fig. u. 9 Taf.) Freiburg i/B. (902). (Tübingen, J. C. B. Mohr.) n. 4. —
Sonderabdruck aus: „Berichte der naturforsch. Gesellsch. zu Freiburg i. B."

Lorenz, Theoph. Fr., s. Gll. Fr. Lorenz.

Lorenz, V. Zusammenstellung der hauptsächl. Reichsgesetze, bayer. Verordnungen u. Vollzugsbestimmungen des k. Kriegsministeriums, betr. Pensionen, Witwen- u. Waisengelder rc. o. O. 1895. 65 S.
— — 2. Aufl. 1898.

Lorenz, Val., († d. 10. Febr. 1808.) Etwas über d. Krankheiten d. Lohgerber u. d. Wirkung d. Eichenrinde. 8. Rost. 798. Stiller. 2 ₰

Lorenz, W., Frühvorträge f. die Feste des Herrn, Unserer Lieben Frau u. der Heiligen. gr. 8. (378 S.) Regensburg 900. F. Habbel. 3. 60; geb. in Halbfrz. 4. 60

Lorenz, W., Frühvorträge üb. d. Leiden Christi f. je 6 Sonntage in d. Fastenzeit auf 9 Jahre, bearb. nach alt. Asceten. gr. 8. (IV, 319 S.) Regensburg 897. F. Pustet. 2. —; geb. in Halbchagrin n. 2. 60

Lorenz, W. Topographische Karte von der Grossh. Haupt- und Residenz-Stadt Carlsruhe mit ihren Umgebungen. 1:20000. 1 Bl. L. Ff.

Lorenz, W.: Die bei Einführung des Directors und des ersten ordentlichen Lehrers gehaltenen Reden, s. Landfermann.

Lorenz, Walter, u. Ph. Marnitz, neueste Anleitung z. prakt. Destillirkunst u. Liqueuerfabrikation, nebst 170 bewährten Recepten zur Bereitung aller Arten Liqueure, feinen doppelten u. einfachen Branntwein, Ratafia's, Huiles de France, Cognac's u. Rum's, so wie d. Bereitung d. Liqueure auf kaltem Wege mit ätherischen Oelen. gr. 12. Berl. 829. Amelang. 12 ₰ 2e Aufl. Nebst mehr als 200 bewährten Recepten rc. gr. 12. Ebd. 832. 12 ₰

—— und Ph. Marnitz, dass., nebst mehr als 200 bewährten Rezepten z. Bereit. aller Arten Liqueure rc. 2., verb. u. verm. Aufl. gr. 12. (6 B.) Ebds. 832.

Lorenz, Wilhelm

Lorenz: Beobachtungen über den Dativ der Bestimmung, besonders den Dativ des Gerundivi bei Livius. 20 S. – Mehldorf. Progr. 1871.

Lorenz, Beobachtungen üb. den Dativ der Bestimmung, bes. den Dativ des Gerundivi bei Livius. (Forts.) 1874. 26 S. 4°. 1.50

Lorenz, Guil. (geb. Stralsund 3. 8. 1818): De encephalomalacia. Berolini (1843). (32 S.) 8°
Berlin, Med. Diss. v. 10. Aug. 1843

[F.] Lorenz, Wilhelm [Dir.]: Festbericht über die Feier des 350jährigen Jubiläums des Kgl. Gymnasiums zu Meldorf am 2. und 3. Juli 1891 ... Meldorf, Buchdr. v. P. Bundies Nachf., *1892*; 36 S. 4.
Meldorf, k. G, OP 1892 (281)

[F. u. Ant.] Lorenz. *Wilhelm* [Dir.]: Geschichte des Königl. Gymnasiums zu Meldorf bis zum Jahre 1777. Aus d. Akten. Meldorf, Druck v. P. Bundies Nachf., 1891; 86 S. 8°
Meldorf, k. G, Festschr. 1891 (275)

Lorenz, Wilhelm: Jahresbericht, womit zur Feier des Geburtstages Wilhelm I. (oder zur öffentlichen Prüfung etc.) einladet –. 1884, 85, 89 u. 90. Meldorf 1884, 85, 89 u. 90. 4°
Königliches Gymnasium zu Meldorf.

Lorenz, *Wilhelm* [Dir. a. D.], und Grühn, *Philipp Albert* [Prof. Dr.]: Katalog der Bibliothek des Gymnasiums in Meldorf. Greifswald, Druck v. C. Sell, 1895; 2 Bl., 100 S. 8.
Meldorf, k. G, OP 1895 (284 [vielm. 285])

Katalog der Bibliothek des Gymnasiums in Meldorf. Verfasst v. Wilhelm Lorenz u. [Philipp] Grühn. Greifswald. 1895. 8°.
1. Nachtrag, enthaltend die von 1894—98 hinzugekommenen Bücher. Meldorf. 1898. 8°.

Lorenz, Wilh. Barthold Georg Niebuhr. Rede gehalten zur Feier seines 100jährigen Geburtstages den 27. August 1876. S. 1—9. Progr. Meldorf 1877.

Lorenz, Wilh., der neue Reichs-Mark-Rechner im Portemonnaie. 128. (24 S.) Berlin 873. Denicke's Verl. — 10

Lorenz, W. Stammbaum zu den Processen auf den Freiberger Hütten. Freiberg, 1845.

Lorenz, Wilh., Stammbaum zu den Processen auf den freiberger Hütten. Entworfen und mit Genehmigung des königl. sächs. Oberhüttenamts veröffentlicht. 1 Tab. in Imp.-Fol. Freiberg 861, Engelhardt. *

Lorenz, Wilh., Uebungen f. das Trockenschwimmen, s.: Striegler, Bernh.

Lorenz, Wilhelmine, Anna v. Koburg. Ein histor. Roman. 8. (16 B.) Leipzig 836, Wienbrack.

– s. Belagerung, Die, von Gotha.

Lorenz, Wilhelmine, Bona v. Lombarda. Ein histor. Roman aus dem 15n Jahrhund. 2 Bde. 8. Leipz. 831. Wienbrack. 2 Thlr. 6 gGr.

— s. Scherolles, A., Erinnerungen aus meinem Leben.

– s.a. Emilie, od. so liebt ein deutsches Herz.

(Lorenz, Wilhelmine)
Emilie, oder so liebt ein deutsches Herz; und Der gefundene Schleier. 2 Erzählungen von Wilhelmine L. Leipzig: Wienbrack 1827. 321 S. 8°

—— Emilie, od. so liebt e. deutsches Herz; u. der gefund. Schleier. 2 Erzähln. 2. Ausg. 8. (20½ B.) Leipzig 850, Wienbrack.

—— Er kehrt zurück. Ein Roman. 8. (13 B.) Leipzig 835, Wienbrack.

—— der Fluch. Ein romant. Gemälde d. 16. Jahrh. 2 Thle. 8. (36 B.) Leipzig 840, Wienbrack.

—— eine Freundin Napoleons. Roman. 8. (227 S.) Leipzig 852, Wienbrack.

Lorenz, Wilhelmine, Friedrich II. einzige Liebe. Roman. 8. (12½ B.) Leipzig 846, Wienbrack.

—— der Fürstensohn. Eine Geschichte uns. Tage. 2 Thle. 8. (22¼ B.) Leipzig 830, Wienbrack.

—— die Geschwister, od. d. Croaten in Altenburg. Romant. Gesch. a. d. 17. Jahrh. 8. (14½ B.) Leipzig 834, Wienbrack.

—— die Griechenkinder. Eine Gesch. f. junge Leute v. 10—12 Jahren. 8. (9 B.) Altenburg 835, [Pierer.] ½ Thlr., hrbgs. Pr.

Lorenz, Wilhelmine, vor 51 Jahren und heute. Roman. 2 Thle. 8. Leipzig 845. Wienbrack. 2 Thlr.

Lorenz, Wilhelmine, des Stammes Letzter. Erzählung. 3 Thle. 8. (565 S.) Leipzig 851, Wienbrack.

— Novellen. 1r Bd.: Johanna Shore. — Die Familie von Felsing. 2r Bd.: Liebe und Täuschung. — Der Blinde. 8. Grimma, Verlags-Compt. 2 Thlr.

—— Olav der Dänenprinz. Roman. 8. (18 B.) Leipzig 843, Wienbrack.

—— der Prozeß. Geschichtlicher Roman. 3 Thle. 8. (38 B.) Leipzig 842, Wienbrack.

—— die Reise nach Rom. Ein Roman. 2 Bde. 8. (26¼ B.) Leipzig 837, Wienbrack.

—— Riesen- u. Rosenburg. Ein Roman a. d. 14. Jahrh. 2 Bde. 8. (29 B.) Leipzig 838, Wienbrack.

—— Rue de Langlade. Roman. 8. (254 S.) Leipzig 848, Wienbrack.

Lorenz, Wilhelmine, Auf Rügen. Roman. 8. (269 S.) Cöthen 854, Schettler.

—— der Schloßberg bei Töplitz. Eine Gesch. d. 17. u. 19. Jahrh. 2 Thle. 8. (29½ B.) Leipzig 829, Wienbrack.

—— Prinz Siegmund v. Sachsen u. seine Brüder. Ein histor. Gemälde d. 15. Jahrh. 2 Thle. 8. (26¼ B.) Leipzig 828, Wienbrack.

— Taillefile von Baudemont. Roman. 2 Thle. 8. Ebend. 844. 1⅚ Thlr.

– Elisabeth Tarakanow, oder die Kaisertochter. Ein histor. Roman aus der neueren Zeit. 8. Altenburg: Exped. d. Eremiten 1835; jetzt Pierer.

—— Telesile von Baudemont. Roman. 2 Thle. 8. (26½ B.) Leipzig 844, Wienbrack.

—— Schloß Tornitz. Romant. Gemälde a. d. 17. Jahrh. 2 Thle. 8. (31 B.) Leipzig 841, Wienbrack.

—— der Uebel größtes ist die Schuld. Wahrheit im Romangewande. 2 Bde. 8. (30½ B.) Leipzig 839, Wienbrack.

Lorenz, Wilhelmine. Von Altenburg nach Paris. 2 Bde. 8. (228 u. 256 S.) Leipzig 847, Wienbrack. 2 Thlr. 12 Ngr.

— Aus Nürnberg's Vorzeit. Ein Volksbild. 2 Thle. Zeitz 857. (Streiber.) 8. (252 S.) n. 1 Thlr.

Lorenz, Wilhelmine, aus Nürnberg's Vorzeit. Ein Volksbild. 2 Thle. (in 1 Bd.) gr. 8. (252 S.) Zeitz 857, [Webel.] *

Lorenz, Will., Sagen u. Märchen, Jagderinnerungen &c. aus d. Spessart. 8. (79 S.) Passau 897. (M. Waldbauer.) n. 1.60

Lorenz-Börry, Friedrich, s. Lorenz.

Lorenz v. Liburnau, Heinr. Ritter v., Lehrbuch der Forstwirtschaft, s.: Eckert, Frz.

Lorenz von Liburnau, Josef Roman Ritter von

Lorenz-Liburnau, J. R. Ritter v., Anleitung zum Kartenlesen. Mit 58 Abbildgn. im Text u. auf 2 Taf. Lex.-8. (18 S.) Wien 885. Hölzel. n. 1.—

Lorenz v. Liburnau, Jos. R. Ritter, Anschauung, Uebung, Anwendung, Erfahrung, Praxis mit Bezug auf den land- und forstwirthschaftlichen Unterricht. gr. 8. (IV, 38 S.) Wien 877, Faesy und Frick. *

Lorenz, Jos. R., üb. Bedeutung u. Vertretung der land- u. forstwirthschaftlichen Meteorologie. gr. 8. (VII, 39 S.) Wien 877. Faesy & Frick. n. 1. 60

— Beiträge zur Physik des Waldes, s.: Mittheilungen aus dem forstlichen Versuchswesen Oesterreichs.

Lorenz, Jos. R., Bericht über die Bedingungen der Aufforstung und Cultivirung des croatischen Karstgebirges. Im Auftrage der k. k. croat.-slav. Statthalterei verfasst. 8. (44 S. mit 1 cultur-geogr. Karte.) Wien 860. (Leipzig, Brockhaus' Sortiment und Antiquarium.) *
Aus: Mittheilungen der k. k. geographischen Gesellschaft, besonders abgedruckt.

Lorenz, Jos. Rom., Bericht über die Bedingungen der Aufforstung und Cultivirung des croatischen Karstgebirges. Im Auftrage der k. k. croat.-slav. Statthalterei verfasst. gr. Lex.-8. (44 S. mit 1 chromolithogr. cultur-geograph. Karte in qu. Fol.) Wien 860, (Prandel und Ewald.) *
Aus: Mittheilungen der k. k. geographischen Gesellschaft, besonders abgedruckt.

Lorenz, Jos. R., s. Bericht der ständ. Commission für die Adria an die kaiserl. Akademie der Wissenschaften.

—— s. Bericht, vierter, der ständigen Commission für die Adria.

— Bericht für den 2. internationalen Meteorologen-Congress über die Frage: Wie können die meteorologischen Institute sich der Land- u. Forstwirthschaft förderlich erweisen? [zu Punkt 35. des Programmes]. gr. 8. (27 S.) Wien 879. (Frick.) n. — 80

—— Beurtheilung des Fahrwassers in ungeregelten Flüssen, s. Anleitung zu wissenschaftlichen Beobachtungen auf Reisen.

—— und Jos. Wessely, die Bodencultur Oesterreichs. Im Auftrage des k. k. Ackerbauministeriums redig. 3 Abthlgn. gr. 8. (VIII, 557 S.) Wien 873, (Faesy und Frick.) *
Inhalt:
Abthl. 1. Die natürlichen Culturbedingungen Oesterreichs.
» 2. Die Forste, die Staatsgüter und der Handel mit den Producten des Waldes und der forstlichen Industrien.
» 3. Allgemeine Förderungsmittel der Bodencultur in Oesterreich.

——s.a. Bodencultur, die, auf der Wiener Weltausstellung.

Lorenz, J. R.: Die Bodencultur auf der Wiener Weltausstellung 1873. Bd 1—3. Wien 1874

Lorenz, Josef Roman: Die Bodencultur-Verhältnisse Oesterreichs. Gedenkgabe für die XXVI. Versammlung deutscher Land- und Forstwirthe zu Wien im Jahre 1868 Wien 1868. 316 S. 8°.

Lorenz, Jos. R., die Bodencultur-Verhältnisse des österreichischen Staates, s.a. Bodencultur-Verhältnisse, die.

Lorenz, Die Bodenculturverhältnisse des österreichischen Staates. Wien 1866. 8.

— Brakwasser-Studien an der Elbemündung. Lex.-8. (12 S. mit 1 Stnt. in qu. Fol.) Wien 864, (Gerold's Sohn.) **

— Brakwasser-Studien an den adriatischen Küsten. (Die Mündungen der Narenta, Cettina, Kerka, Etsch. [Aus den Sitzungsber. der k. Akad. der Wiss.] Wien 866. (Gerold's Sohn.) Lex.-8. (23 S. mit eingedr. Holzschn., 2 Steintaff. u. 1 Tab. in qu. 4. u. qu. Fol.) n.n. 18 ngr.

Lorenz v. Liburnau sen., Jos. Rom. Ritter, zur Deutung der fossilen Fucoiden-Gattungen Taenidium u. Gyrophyllites. gr. 4. (61 S. m. 21 Fig. u. 4 Taf.) Wien 900. (C. Gerold's Sohn.) n. 7. 50
Sonderabdruck aus: „Denkschr. d. k. Akad. d. Wiss."

Lorenz-Liburnau, Jos. Ritter v., die Donau, ihre Strömungen u. Ablagerungen. 8. (VIII, 124 S. m. 49 Textabbildgn.) Wien 890. Gerold's Sohn. n. 3. 20

—— über die Entstehung der hausrucker Kohlenlager. Lex.-8. (15 S. mit 2 Stnt. in 4.) Wien 857, (Gerold's Sohn.) *

LORENZ, Josef Roman Ritter v. Liburnau: Entwurf eines Programmes für forstlich-meteorologische Beobachtungen in Österreich. - Wien 1877. 21 S.

Lorenz v. Liburnau, J. Ritter, Ergänzung zur Beschreibung der fossilen Halimeda Fuggeri. [Aus: Sitzungsber. d. k. Akad. d. Wiss.] Gr.-8°. (ill. 28 S. mit 2 Tafeln) † K 1.10
Wien: Gerold 1903.

Lorenz v. Liburnau sen., Jos. Ritter, Ergänzung zur Beschreibung der fossilen Halimeda Fuggeri. (28 S. m. 9 Fig. u. 2 Taf.) gr. 8. Wien 903. (A. Hölder.) n. 1. 10
Sonderabdruck aus: „Sitzungsber. d. k. Akad. d. Wiss."

— Fahrwasser in ungeregelten Flüssen, s.: Anleitung zu wissenschaftl. Beobachtungen auf Reisen.

— Grundsätze für die Aufnahme u. Darstellung von landwirthschaftlichen Bodenkarten. Wien 868. Gerold's Sohn. gr. 8. (20 S. mit 3 lith. Karten in Farbendr. in Fol.) 1 ₰ 20 ngr.

Lorenz v. Liburnau sen., Jos. Ritter, eine fossile Halimeda aus d. Flysch v. Muntigl (monticulus) bei Salzburg. [Aus: „Sitzungsber. d. k. Akad. d. Wiss."] gr. 8. (4 S. m. 2 Taf.) Wien 897. (C. Gerold's Sohn.) n. — 80

Lorenz, Jos. Roman: Instruction zu den Beobachtungen über Temperatur und Salzgehalt des Meeres für die österreichisch-adriatischen Beobachtungs-Stationen. Im Auftrage der kais. Akademie der Wissenschaften. Wien 1868. 21 S., 2 Tf. 8°.

Lorenz, J. R., Karten und Apparate für Geographie und Kosmographie. Classe XIII I. Kartographische Werke. [o. O. u. J.]

Lorenz v. Liburnau, J. R., die Land- u. Forstwirthschaft Oesterreichs, s.: Atlas der Urproduction Oesterreichs.

— u. C. Rothe, Lehrbuch der Klimatologie m. besond. Rücksicht auf Land- u. Forstwirthschaft. Mit e. einleit. Vorworte v. H. W. Dove. Mit 14 lith. (u. chromolith.) Taf. (in gr. 8 u. 4.) u. 48 (eingedr.) Holzschn. gr. 8. (XI, 481 S.) Wien 874. Braumüller. n. 15 —

—— und C. Rothe, Lehrbuch der Klimatologie mit besond. Rücksicht auf Land- und Forstwirtschaft. Mit einem einleit. Vorworte von H. W. Dove. 8. (483 S. mit 14 lithogr. Taf. und 48 Textabbild.) (Wien 874.) Neue Ausg. Berlin 885, Parey. *

LORENZ von LIBURNAU, Josef Roman Ritter
Aeltere und neuere Lothungen im Hallstätter See von Dr. Josef Roman Ritter Lorenz von Liburnau. Mit 5 Textfiguren und 2 Tafeln. Sonder-Ausgabe aus den Abhandlungen der k. k. geographischen Gesellschaft in Wien, I. 1899. Wien. 1899. R. Lechner (Wilh. Müller). Lex.-8°. paginirt, 140—178 S. fl. —.75

—— neue Radiaten aus dem Quarnero. Lex.-8. (14 S. mit 2 Stnt., wovon 1 in Buntdr.) Wien 860, (Gerold's Sohn.) **
Vorstehende Schrift des Verf. wurde aus: Sitzungsberichte der k. Akademie der Wissenschaften, Jahrg. 1856 und 1860, besonders abgedruckt.

Lorenz: Die Recina (Fiumera), Flüsschen bei Fiume. Hydrographische Skizze. 17 S. – Fiume, Progr. 1860

Lorenz-Liburnau, Jos. v., Resultate forstlich-meteorologischer Beobachtungen, insbesondere in den J. 1885—1887, s.a. Mittheilungen vom forstlichen Versuchswesen in Österreich.

LORENZ, Josef Ritter v. Liburnau: Resultate forstlich-meteorologischer Beobachtungen, insbesondere in den Jahren 1885-1887. Unter Mitarb. v. Franz Eckert. - Wien 1890 u. 1892. 2 Tl. -1. Tl.: Untersuchungen über die Temperatur und die Feuchtigkeit der Luft unter, in und über den Baumkronen des Waldes, sowie im Freilande. 1890. 97 S., 6 Taf., 7 Abb. - 2. Tl.: Beobachtungen an den Radialstationen in Galizisch Podolien, dem nord-karpathischen Vorlande und auf dem Thayaplateau in Niederösterreich. 1892. 447 S. 1 Kt., 4 Taf., 35 Abb. - (Mitt. forstl. Versuchswes. Österreich H. 12 u. 13)

Lorenz-Liburnau, Dr. Josef Ritter von, Resultate forstlich-meteorologischer Beobachtungen, insbesondere in den Jahren 1885 bis 1887. II. Theil. Beobachtungen an den Radial-Stationen in Galizisch-Podolien, dem Nord-Karpathischen Vorlande und auf dem Thaya-Plateau in Niederösterreich. Unter Mitarbeit des k. k. Forst-Assistenten Franz Eckert. Mit einer Karte und 35 Abbildungen im Texte. (Mittheilungen vom forstlichen Versuchswesen in Oesterreich. XIII. Heft.) 4. (445 S.) 8.—
Wien: Frick 1892.

Lorenz-Liburnau. Josef. Ritter von. Dr.. Resultate forstlich-meteorologischer Beobachtungen, insbesondere in den Jahren 1885—87. Theil IV. Wien 1892.

von Lorenz-Liburnau, Josef Ritter: Der Hallstätter See. Eine limnologische Studie. Mit 2 Karten und 32 Figuren. (S.-A.) Mittheilungen der k. k. Geographischen Gesellschaft in Wien. Bd. 41. 1898. Heft 1 u. 2) Wien 1898. 218 S. 8°.

— Statistik der Bodenproduction von zwei Gebietsabschnitten Oberösterreichs (Umgebung von St. Florian u. von Grünburg). Im ministeriellen Auftrage als Probearbeit ausgeführt. Ebend. 867. gr 4. (VIII, 155 S. mit 1 chromolith. Karte in gr. Fol.) 2 ₰

Lorenz, Jos. Rom., die Stratonomie von Aegagropila Sauteri. gr. 4. (26 S. mit 5 chromolithogr. Stnt.) Wien 856, (Gerold's Sohn.) *
Aus: Denkschriften der k. Akademie der Wissenschaften, 10. Bd., besonders abgedruckt.

Lorenz von Liburnau, Josef Ritter: Die Stromgeschwindigkeit der Donau von Passau bis Galatz ermittelt nach einem mechanischen Integrationsverfahren aus der Bewegung der Dampfer. (Donau-Studien. Nach dem Plane und den Instructionen von Jos. Ritter v. Lorenz-Liburnau. Abhandl. 4.) (Beilage zu Bd 38 (1895) der Mittheilungen der k. k. Geographischen Gesellschaft in Wien.) Wien 1895. IV. 115 S. 8°.

— die höchste Stufe d. land- u. forstwirthschaftlichen Unterrichts. Mit besond. Beziehg. anf die k. k. Hochschule f. Bodencultur. Beobachtgn. u. Betrachtgn. gr. 8. (62 S.) Wien 874. Faesy & Frick. n. 1. 60

— parallelo-chromatische Tafeln zum Studium der Geologie. Gotha 858. J. Perthes. gr. Fol. (10 lith. Taf. in Farbendr. mit Erläuterungen u.: Begleitwort zur Verständigung über den Zweck u. die Einrichtung der Taf. 10 S. in gr. 8.) n. 4 ₰. 15 ngr.

— parallelo-chromatische Tafeln zum Studium der Geologie. Wohlfeile (Titel-)Ausg. qu. Imp.-Fol. (10 Chromolithogr. und Text 2 S. in 4.) Gotha (858)62, J. Perthes. *

Lorenz, Jos. Roman: Ein Tiefen-Thermometer von mehrfacher hydrographischer Verwendbarkeit. ([S.-A.] Mittheilungen der k. k. Geographischen Gesellschaft. Jahrg. 6. 1862) Wien 1863. 8 S. 8°.

— über Torfbildung, Entstehen, Verwendung und Wiedererzeugung des Torfes mit besonderer Rücksicht auf die am Fuße des Untersberges bei Salzburg gelegenen Moore. Salzburg 854. Glonner. 8. (64 S.) n. 11 ngr.

Lorenz: Ueber Torfmoore überhaupt, insbesondere über die am Fusse des Unterberges gelegenen Torfmoore nach ihrem Bestehen und Entstehen. 24 S.—Salzburg, Progr. 1853

Lorenz, Jos. Rom., vergleichende orographisch-hydrographische Untersuchung der Versumpfungen in den oberen Flussthälern der Salzach, der Enns und der Mur, oder im Pinzgau, Pongau und Lungau. Lex.-8. (68 S. mit 3 chromolithogr. Karten in gr. 4. und Fol.) Wien 857, (Gerold's Sohn.) Thlr. *
Aus: Sitzungsberichte der k. Akademie der Wissenschaften, Jahrg. 1857, besonders abgedruckt.

— die geologischen Verhältnisse von Grund und Boden. Für die Bedürfnisse der Land- und Forstwirthe dargestellt. gr. 8. (VII, 328 S. mit 228 eingedr. Holzschn.) [Wien 883, Braumüller.] Berlin, Parey. *

— physikalische Verhältnisse und Vertheilung der Organismen im Quarnerischen Golfe. Lex.-8. (XII und 382 S. mit 3 Tab., 5 Stnt. und 1 chromolithogr. Karte in Fol., qu. Fol. und gr. Fol.) Wien 863, (Gerold's Sohn.) *

— Wald, Klima u. Wasser, s. a. Naturkräfte, die.

LORENZ, Josef Roman Ritter v. Liburnau: Wald, Klima und Wasser. - München 1878. VIII, 284 S., 25 Holzschn.- (Naturkräfte Bd. 29)

— Was thut dem Wasserbau noth? Vorschläge für den Fortschritt der Hydrotechnik in Lehre und Dienst-Organisation. gr. 8. (60 S. mit 3 lithogr. Taf.) Wien 879, Faesy und Frick. *

Lorenz von Liburnau, Ludwig Ritter von

Lorenz, Ludw. v., das Becken der Steller'schen Seekuh, s. a. Abhandlungen der k. k. geolog. Reichsanstalt. XIX. 3.

Das Becken der Steller'schen Seekuh. Von Dr. Ludwig v. Lorenz, Kustos in Wien. Mit 1 Doppeltaf. u. 2 Textfig. *Wien: Geol. Reichsanst. 1904.* (11 S.) 4°
= Abhandlungen d. k. k. geol. Reichsanstalt. Bd 19, H. 3. (04. 1680)

— u. C. E. Hellmayr, ein Beitrag zur Ornis Südarabiens. Mit „Field notes" des Collectors G. W. Bury. (19 S. m. 1 farb. Taf.) gr. 4. Ebd. 902. n. 2. —
Sonderabdruck aus: „Denkschr. d. k. Akad. d. Wiss."

Lorenz-Liburnau, Ludw. v., weitere Bemerkgn. zu d. v. E. Holub d. Hofmuseum im Vorjahre gespond. südafrikan. Säugethieren. [Aus: „Annalen d. k. k. naturhistor. Hofmuseums".] Lex.-8. (8 S. m. 2 Abb.) Wien 896. A. Hölder. n. — 60

— üb. e. vermuthlich neue Dendrocolaptiden. [Aus: „Annalen d. k. k. naturhistor. Hofmuseums".] Lex.-8. (4 S. m. 1 farb. Taf.) Ebd. 896. n. 1. —

— *Gazella Salmi* n. sp. (mit 2 Textfiguren). S. 115. I. 20 . . . . —.20
Separatabdruck

— Gazella Saloi n. sp. (5 S. m. 2 Fig.) gr. 8. Wien 906. (A. Hölder.) n. — 20
Sonderabdruck aus: „Sitzungsber. d. k. Akad. d. Wiss."

Lorenz v. Liburnau, Ludw. Ritter, über Hadropithecus Stenognathus Lz., nebst Bemerkgn. zu einigen anderen ausgestorbenen Primaten von Madagaskar. gr. 4. (12 S. m. 2 Taf. u. 2 Bl. Erklärgn.) Wien 901. (C. Gerold's Sohn.) n. 2. —

Lorenz v. Liburnau, Ludw. Ritter, zur Kenntnis der Steinböcke Innerasiens. (23 S. m. 2 [1 farb.] Taf. u. 2 Bl. Erklärgn.) 4. Ebd. 906. n. 3. 80

— Megaladapis Edwardsi G. Grandidier. (40 S. m. 23 Fig., 6 Taf. u. 6 Bl. Erklärgn.) 4. Ebd. 905. n. 6. 30
Sonderabdruck aus: „Denkschriften d. k. Akad. d. Wiss."

Lorenz, Ludw., über die Organisation der Gattungen Axine u. Microcotyle. Mit 3 (lith.) Taf. [Aus: „Arbeiten aus dem zoologischen Institute der Universität Wien".] gr. 8. (32 S.) Wien 878. Hölder. n. 4. 80

— zur Ornis Neuseelands. (S. 801—822 m. 1 farb. Taf.) Lex.-8. Ebd. 902. n. 2. —
Sonderabdr. a.: „Annalen des k. k. naturhistor. Hofmuseums".

Lorenz v. Liburnau, Ludw. Ritter, die Ornis v. Oesterreich-Ungarn u. den Occupationsländern im k. k. naturhistor. Hofmuseum zu Wien. Führer durch den Saal XXIX d. Museums. [Aus: „Annalen d. k. k. naturhistor. Hofmuseums".] Lex.-8. (70 S.) Wien 892. A. Hölder. n. 2. —

LORENZ von LIBURNAU, Ludwig Ritter.
Über einige Reste ausgestorbener Primaten von Madagaskar von Custos Dr. Ludwig Ritt. Lorenz v. Liburnau. (Mit 3 Tafeln und 6 Textabbildungen.) Besonders abgedruckt aus dem LXX. Bande der Denkschriften der Mathematisch-naturwissenschaftlichen Classe der kaiserlichen Akademie der Wissenschaften. Wien. 1900. In Comm. Gerold's Sohn. 4°. 15 S. K 4.60

Lorenz v. Liburnau, Ludw. Ritter, Säugetiere von Madagaskar u. Sansibar. Gesammelt v. A. Voeltzkow. gr. 4. (27 S. m. 4 Taf.) Frankfurt a/M. 898. (M. Diesterweg.) n. 7. 50
Sonderabdruck aus: „Abhandlgn. d. Senckenberg. naturforsch. Gesellsch."

Lorenz von Liburnau Ludwig Ritter, Dr.: Über die Skelette von *Stringops habroptilus* und *Nestor notabilis* (mit 3 Taf.). S. 84. I. 624 . . . . „ —.80
Separatabdruck

— über die Skelete von Stringops habroptilus u. Nestor notabilis. [Mit 3 (lith.) Taf.] [Aus: „Sitzungsber. d. k. Akad. d. Wiss."] Lex.-8. (10 S.) Wien 882. (Gerold's Sohn.) n. — 80

Lorenz, L. v., Typen der ornithologischen Sammlung des k. k. naturhistorischen Hofmuseums, s. Pelzeln, A. v.

— die Wildziegen d. griech. Inseln, s. Mitteilungen, wissenschaftl., aus Bosnien u. der Hercegovina. VI.

LORENZ-LIBURNAU, Ludwig von
Die Wildziegen der griechischen Inseln und ihre Beziehungen zu anderen Ziegenformen. Von Dr. Ludwig von Lorenz-Liburnau. Mit 3 Tafeln und 6 Abbildungen im Texte. (Separat-Abdruck aus Wissenschaftliche Mittheilungen aus Bosnien und der Hercegovina. VI. Bd. 1899.) Wien. 1899. In Comm. Gerold's Sohn. Lex.-°. 36 S. fl —.80

Lorenz von Liburnau, Norbert Ritter von

Lorenz N. von: Über die Einwirkung von metallischem Blei auf wässerige Bleinitratlösungen. S. 84. II. 1133 . . . . vgr.
Separatabdruck

Lorenz, R. v. **Liburnau,** N., die Einwirkung v. Süss- u. Salzwässern auf die gewerblichen Eigenschaften d. Hauptholzarten, s.: Mitteilungen aus d. forstlichen Versuchswesen Oesterreichs. 33. Heft. (Janka, Gabriel.)

Lorenz N. v.: Zur Ermittelung d. zweckmässigsten Querprofilform v. Wasserläufen. Wien 1901. 6 S. (Særtr.). 4°.

LORENZ, Norbert v.: Die Herstellung von Stöckelpflaster aus Rotbuche. - Wien 1903. 7 S. - (Mitt. d. k. k. forstl. Versuchsanst. i. Mariabrunn)

LORENZ, Norbert v.: Imprägnierung von Buchenschwellen mit arsenigsaurem Kupferoxyd. - Wien 1909. 5 S. - (Mitt. a. d. forstl. Versuchswes. Österreichs)

LORENZ, Norbert v.: Analytische Untersuchung des Begriffes der Holzhärte. - Wien 1909. 41 S. - (Mitt. a. d. Forstl. Versuchswes. Österreichs)

Lorenz-Terentius (Fel. Lorenz), s. Lorenz, Felix

Lorenz-Terentius (Fel. Lorenz), s. Terentius, Lorenz

LÖRENZ, JOHANN: Gründliche Abhandlung über die Quatemberfaste, oder Art und Weise diese verordneten Zeiten ganz nach den Absichten der Kirche zuzubringen. Wien 1792: Trattner. 122 (4) S. - 210 mm

LÖRENZ, JOHANN, Pfarrer zu Steinberg: Zuverlässige Ausweisung, aus welchen Gründen sowohl, als durch welche Mittel das tabellarische beschriebene Armeninstitut in der Pfarre Unter-Rabnitz Raaber Dioeces eingeführ: worden ist. Oedenburg 1791. Gedr. bey Klara Sießin. 115 S. 1 t. - 8°

Lorenza u. Antonio. 8. Leipz., Rein. 8 Pf

[F.] Erinnerungen einer alten Schleswig-Holsteinerin. [Vf.: Fräulein Lorenzen.] *Lübeck: E. Schmersahl Nachf. [1898].* (1 Bl., 117 S.) 1 Bd 8. [98. 2709

Lorenzen, ein Justizmord, s.: Hoffeld, Max v.

Geistes-Frühling! Einiges aus d. Erweckung in Norwegen. Von A. Elias **Lorenzen.** (Vorr.: P[astor] Jungclaussen, Sörup.) Breklum: P. H. Christiansen [1906]. (130 S.) 8° [F.] [06. 13243

Lorenzen, A. Elias, Geistes-Frühling! Einiges aus der Erweckung in Norwegen. (132 S. m. Abbildgn.) kl. 8. Breklum (906). (Christl. Buchh.) n. 1. —

Lorenzen, A. P., Lehrbuch der dänischen Sprache, s.: Beißel, Ch.

Litteratur-Bericht für Schleswig-Holstein, Hamburg und Lübeck. (1) ff. 1892 ff. Erstattet v. A. P. Lorenzen. Kiel. 1893 ff.

Lorenzen, Amandus [approb. Arzt aus Flensburg]: Ueber den Einfluss der Entwässerung des Körpers auf die Entfettung . . . . Flensburg, Druck v. J. B. Meyer, 1887; 20 S. 8°
Erlangen, Med. Fak., Inaug.-Diss. v. 30. Jul. 1887

Lorenzen, Amandus, über den Einfluss der Entwässerung des Körpers auf die Entfettung. Inaugural-Dissertation. gr. 8. (20 S.) Flensburg 887. (Erlangen, Mencke.) *

Lorenzen, Andr. J.

Lorenzen, A., Kulturarbeit in Nordschleswig. (Eine Entgegng.) (21 S.) 8. Hadersleben 909. J. Dreesen Nachf. — 40

A[ndr. J.] **Lorenzen,** [Lehrer in Gravenstein]. Kulturarbeit in Nordschleswig. ⟨Eine Entgegnung.⟩ Hadersleben: Schütze 1909. 21 S. 8° [11. 1039 8

Die Wirksamkeit der Ortsabteilungen. Referat von Lehrer Andr. J. **Lorenzen** in Gravenstein. Apenrade (1909): Apenrader Tagebl. 15 S. 8°
(Flugschriften d. Deutschen Vereins f. d. nördl. Schleswig. Bl. 1.) [11. 1041 8

Lorenzen, C. H., s. Steenstrup, Jh. J. S., über den Generationswechsel.

Die Hüttener Berge. Führer durch das Gebiet und die nächste Umgebung der Hüttener Berge [v. Christine **Lorenzen**]. Rendsburg. 1904. 8°.
Umschlag: —— Anläßlich der Eröffnung der Kreisbahn Eckernförde—Owschlag hrgg. v. Hüttener-Berg-Verein.

Lorenzen, E., German Declensions with Exercises after Dir. Karl Aug. Jul. Hoffmann's neuhochdeutsche Elementar-Grammatik. gr. 8. (22 S.) Hamburg 880, (Boysen.) **

Lorenzen, Ernest G(ustav), Ph. B., LL. B. Cornell Univ. ⟨U. S. A.⟩: Die wesentlichen Bestandteile des gezogenen Wechsels. Eine vergleichende u. kritische Studie. *Kiel 1901: H. Fiencke.* (XIV, 108 S.) 8°
Göttingen, Jur. Diss. v. [5. Okt.] 1901

Lorenzen, Ernest G., die wesentlichen Bestandteile des gezogenen Wechsels. Eine vergleich. u. krit. Studie. Diss. gr. 8. (XIV, 106 S.) Göttingen 901. (Vandenhoeck u. Ruprecht.) n. 2. 80

Lorenzen, Ernst, mit Herz u. Hand. Beiträge zur Reform des Unterrichts u. der häusl. Erziehung. (141 S.) 8. Darmstadt (906). Verlagsanstalt A. Koch. n. 1.50

Ⓑ **Lorenzen**, Ernst, mit Herz u. Hand. 906. (KVL 31.) Jetzt: Breslau, A. Stenzel.

— Kinder vom Lande. Freie Aufsätze aus meiner Schulmappe. 2. Aufl. (XVI, 112 S.) gr. 8. Leipzig 910. E. Wunderlich. 1.60; geb. 2.—

Lorenzen, F. A., und H. Justi, über eine Kanalverbindung zwischen der Elbe und Ostsee vermittelst der Aelster u. der Trave. Mit 2 Karten. 4. Hamburg, Perthes u. B. 820. Rthlr.

Lorenzen, F. Chr., Erzählungen von d. Leben, d. Verbrechen u. d. Bekehrung. 8. Hannov. 825. Helwing. 4 ℛ

Lorenzen, Ferdinand *Friedrich* [aus Friedrichstadt]: Über Hydrazide von Sulfosäuren ... Kiel, Druck v. Schmidt & Klaunig, 1896; 42 S., 1 Bl. 8.
Kiel, Phil. Fak., Inaug.-Diss. v. [21. Mai] 1896

Lorenzen, Friedrich s. Familienbibliothek, Schweizer. Nr. 101.

Lorenzen, Frdr., aus dem Journalistenleben, s. a. Kürschner's, Jos., Bücherschatz.

Aus dem Journalistenleben. 2 Erzählungen von Friedrich **Lorenzen**. Mit Ill. von Martin Ränike. *Berlin, Eisenach, Leipzig: H. Hillger [1900].* (128 S.) 8° [F.]
= Bücherschatz, Kürschners. No 213. [03. 14053

Lorenzen, Frdr., allerhand Lustiges aus d. Ententeich. 150 unverbürgte Zeitungsnachrichten. 8. (144 S.) Berlin 898. H. Steinitz. n. 1.—

Lorenzen, Frdr., der Mietskontrakt und andere Humoresken, s.: Enslin's Roman- u. Novellenschatz.

Lorenzen, Frdr., der Universal-Bazar, s. a. Kürschner's, Jos., Bücherschatz.

Der Universal-Bazar. Geschichten von Friedrich **Lorenzen**. Mit Ill. von W. Roegge. *Berlin, Eisenach, Leipzig: H. Hillger [1903].* (110 S.) 8° [F.]
= Bücherschatz, Kürschner's. No 329. [04. 955

Delve. Eine Kirchspiels-Chronik v. Friedrich Nicolaus **Lorenzen**. Itzehoe. 1861. 8°.

Lorenzen, F. N., Jerusalem. Beschreibung meiner Reise nach dem heiligen Lande im J. 1858. 8. (462 S. mit 1 lithogr. Karte in Fol.) Kiel 859, Schröder und Comp. *

Lorenzen, Herm., das Bildnis. Novelle. (62 S.) kl. 8. Strassburg 904. J. Singer. n. 1.—

Lorenzen, Johannes

Lorenzen, Geschichte des Berliner Invalidenhauses (Fortsetzg. der v. Ollech'schen Schrift), s.: Beiheft zum Militär-Wochenblatt. 1905. Hft. 5.

Lorenzen, Johannes: Geschichte des Berliner Invalidenhauses, s. Ollech, Karl Rudolf von

Lorenzen, Julius [aus Chr. Albr. Koog in Schlesw.-Holst.]: Ueber das Aethenyltoluylenamidin und das Aethenyldiphenylamidin. ... München, akad. Buchdr. v. F. Straub, 1891; 41 S. 8°
München, Phil. Fak., Inaug.-Diss. v. 1891

Lorenzen, Karl, s. Adressen, die, der Ständeversammlungen in Itzehoe.

Festschrift zur Feier des 100 jährigen Bestehens [der Sterbekasse für Frmr zu Hamburg]. Fest-Versammlung am 21. Nov. 1900. Laut Beschluss der General-Versammlung v. 28. Juni 1900 verf. von C[arl] Lorenzen. [Hs f. Br Frmr. Hamburg 1900: Meyer.] 102 S., 1 Taf. 8°
[Vortit.:] Geschichte der Sterbekasse für Brüder Freimaurer vom Jahre 1800 zu Hamburg.
In der Anlage sind Gesetze der Kasse u. statist. Zusammenstellungen enthalten.

Lorenzen, Konrad

Lorenzen, Conr., nonnulla de pathologia gangraenae pulmonum. Dissertatio inauguralis medica. 4maj. (14 S.) Kiliae 854, (Libr. academica.) *

Lorenzen, Lor.

— Schleswig-Holstein. Kinderfreund, ein Lesebuch für die Jugend d. vaterländ. Volksschulen, durchgesehen u. erläutert v. Jh. Chr. Möller. 8. Alt. 810.

Lorenzen, Lor., († d. 15. Juni 1811.) die Vorzüge d. dänischen Monarchie, eine patriot. Betrachtung für d. Bürger u. Landmann rc. 8. Schlesw. 807.

Lorenzen, P. Plan der Stadt Schleswig. 1 : 6000. Schleswig 1871. 1 Bl. L. Ff.

Lorenzen, P. J. A., Versuch über d. Leben, s. Jh. Jak. Wagner, über d. Lebensprincip.

Lorenzen, Pt.

— neue kl. Fibel. 8. Schlesw. 797. Röhß. 1 ℛ

Lorenzen, P., Uebersetz. d. 1n Jahrg. d. f. Schleswig und Holstein verordneten neuen evangelischen und epist. Texte. 8. Schlesw. Christiani. 797.

Lorenzen, P., Uebersetzung des 1sten Jahrgangs der, für die Herzogth. Schleswig und Holstein verordneten, neuen Texte. 8. Schleswig. 797. Jetzt Hammerich in Altona.

Lorenzen, Pt., († d. 9. Juni 1802.) Versuch einer faßlichen Uebersetzung d. ersten Jahrganges d. für Schleswig u. Holstein verordn. neuen evangel. u. epistol. Texte. 2 Jahrgg. 8. Schlesw. 789 u. 800. (Hammerich in Alt.) 6 ℛ

Lorenzen, Peter Jürgen

Lorenzen, P. J., Bilder aus der Geschichte des Vaterlandes für Schule und Haus. 8. (VII und 407 S.) Tönning 855. (Altona, Lehmkuhl und Comp.) *

Lorenzen, Wlfg., s. Pantheon berühmt. deutscher Dichter.

Lorenzi, C. L., neuester Führer durch das Salzkammergut, zugleich Wegweiser auf der Route der k. k. privil. Kronprinz Rudolf-Bahn von Selzthal bis Scheerding-Passau. Mit besond. Berücksicht. der einschlägigen interessanten und reizvollen Gebirgspartien, wie Dachstein, Schaafberg, Grosser Priel etc., der pittoresken herrl. Seen, sowie der vorzüglichsten geograph., topograph., ethnograph., histor. und commerciellen Daten. gr. 16. (88 S. mit 1 lithogr. Ansicht und lithogr. Karte.) Wien 877, Zamarski. *

Lorenzi, G. L., neuester Führer durch das Salzkammergut, zugleich Wegweiser auf der Route der k. k. priv. Kronprinz-Rudolf-Bahn von Salzthal bis Schärding-Passau. Mit einer Ansicht und Karte. (85 S.) Steyr, F. Kutschera. fl. —.30. 1887.

Lorenzi, Ph. de, Beiträge zur Geschichte sämtlicher Pfarreien der Diözese Trier. 2 Bde. gr. 8. (IV, 692 u. 568 S.) Trier 887. (Paulinus-Druckerei.) n.n. 8.—

de Lorenzi, Ph., der kathol. Gottesdienst in der Charwoche. Eine vollständ. Uebersetzung u. Erklärung der Liturgie. Nebst Belehrungen u. Andachtsübungen für die ganze heil. Fastenzeit. 12. Coblenz 845, Blum. n. 1/4 ₰

Lorenzi, Ph. de, der katholische Gottesdienst in der Charwoche. Eine vollständige Uebersetzung u. Erklärung der Liturgie. Nebst Belehrungen u. Andachtsübungen für die ganze heil. Fastenzeit. Neue (Titel-)Ausg. Coblenz (845.) 853. Hölscher. 12. (2 Bl., 215 S. m. Holzschn. im Text.) 5 ngr.

LORENZI, Reinhold: England und das Papsttum zur Zeit des großen Schismas bis zum Pisanerkonzil. Mit besonderer Berücksichtigung der Stellung Wyclifs zum Primate. — 1903. 138 Bl. Diss. Graz. Univ.

Lorenzi, Reinhold: B. Hacquet, der erste Ostalpen-Geologe. S. III bis XXVII. 8. Progr. K. k. Staats-Gymn. *Villach* 1907.

Lorenzica's, ..., Beschreib. rc. des Krampfrochens, s. Samml. anatom. Aufsätze.

Lorenzini, Raph., Gallerie d. interessant. Bilder aus d. Ideenwelt, s. a. Gallerie rc.

Lorenzini, Raph., Gallerie d. interessantesten Bilder aus der Ideenwelt, skizzirt in d. berühmten Museen zu Rom, Florenz u. Neapel. Ein unentbehrl. Wegweiser auf d. großen Gebiete d. Darstellung. 18. Ulm 832. (Augsb., Kranzfelder). 6 gGr.

Lorenzini, Raphael, Gallerie der interessantesten Bilder aus der Ideenwelt, skizzirt in den berühmten Museen zu Rom, Florenz und Neapel. Ein nothwend. Handbüchlein für Künstler, Kunstfreunde und Bühnen-Künstler. 3. Aufl. 16. (85 S.) Stuttgart (887). Reutlingen, Fischhaber. [80 Pf.]

Lorenzo, od. die höchsten Forderungen der Liebe. 2 Thle. 8. Braunschw. 803. N. A. Hannov. 816. Hahn. 2 ₰ 16 gGr.

— oder die höchsten Forderungen der Liebe. 2 Thle. 8. Brschw. Culemann. (Pluchart.) (a. Hahn in Hannov.) 803.

Lorenzo od. d. Macht d. Religion. Von e. kathol. geword. schottischen Nicht-Conformisten. Deutsch hrsg. v. Jos. v. Orsbach. 1. Aufl. 8. (9 1/4 B.) 836., 2. Aufl. gr. 12. (6 1/6 B.) Aachen 840, Cremersche Buchh. à

Lorenzo oder die Macht der Religion. Von einem katholisch gewordenen schottischen Nicht-Conformisten (Sidney). Deutsch hrsg. von Jos. v. Orsbach. 3. Aufl. 8. (156 S.) Aachen 853, Cremer'sche Buchh.

Lorenzo oder die Macht der Religion . . . 3. Aufl. Aachen 1893. V: *Sidney.* (Berl)

Lorenzo od. die Macht der Religion. Von e. katholisch gewordenen schott. Nicht-Conformisten. Deutsch hrsg. v. Jos. v. Orsbach. 3. Aufl. 8. (160 S.) Aachen 893. Cremer. 1.50

Lorenzo Benoni. Scenen aus dem Leben eines Italieners, s. Bibliothek, europäische.

Lorenzo, der kluge Mann im Walde oder das Banditenmädchen ... Leipzig 1801—3. V: *Kerndörffer, Heinrich August.* (NN) (Ky) (GGr)

Lorenzo, der kluge Mann im Walde, (v. H. A. Kerndörfer). 4 Thle. 8. Leipz. 801—3. Hilscher. 5 ₰ 8 gGr. s. auch: Dianora, od. die Verschwörung.

Lorenzo, der kluge Mann im Walde, od. das Banditenmädchen; ein Seitenstück zu Rinaldo. 4 Thle. 8. Lpz. Hilscher. (Compt. für Lit.) 801—3. (I. 1 Rthlr. 4 gr. II. u. IV. à 1 Rthlr. 8 gr. III. 1 Rthlr. 12 gr.

— — desselben 1r Thl. 8. Dresden, Hilscher. 801.

Lorenzo: „Die doppelte Buchhaltung, oder die Kunst, doppelte Handelsbücher zu halten", Venedig 1830 (in armenischer Sprache). — Vorh.: Com. Bibl. Hamburg.

Lorenzo, Reise durch Italien rc. m. ill. Ch. 12. Leipz. B. Fleischer in Comiss. 809.

Lorenzo, Reise durch Italien, mit ill. Karte. 12. Nürnb. 809. Bieling. 4 gGr.

— dies. durch Spanien u. Portugal, mit ill. Karte. 12. Ebd. 809. 4 gGr.

LORENZO (ps.), Salardo der Schreckliche. Eine schauderhafte Erzählung. 1829. (2 Auflagen.)
Weller, Lex. Pseud. p. 328.

LORENZO, P. (ps.), Harald der furchtlose Ritter. Ein Roman. Schneeberg, Schumann, 1836. 8°. 13 1/2 Bogen.
A. G. Schmidt, Gallerie etc.

Lorenzo da Ponte (von Ceneda), Denkwürdigkeiten. Aus dem Italien. übersetzt von Ed. Burckhardt. 861. n. 1 ₰ 10 ngr. — 2. (Titel-) Aufl. Gotha 864. Opetz. 8. (IV, 348 S.) 15 ngr.

Lorenzoni, Alois: Vergils Äneis. 1. Buch. Vers 1–526. Freie Übersetzung in Stanzen von A. L. S. 34–38. 8.
Progr. K. k. Staats-Gymn. *Pola* 1906.

Lorenzoni, C. H., De orationis Pompeianae dispositione. Pr. 1880. 28 S.

Lorenzutti, Antonio, Discorsi inediti. gr. 8. (150 S.) Triest 859, (Schubart.) **

—— sulla educazione della donna in generale. Discorso. br. 8. (48 S.) Triest 860, (Schubart.) **

Lorenzutti, Carlo, Wagner. (In italien. Sprache.) 12. (99 S.) Triest 895. B. May. n. 1.40

Lorey, A., s. Mahistre, A., Lehrbuch der vergleichenden Geometrie.

Loret, V., fouilles à Dahchour, s.: Morgan, J. de.

LORETAN, Alois (Baden): Ueber die Cholera.- München: Pössenbacher 1831. 52 S.
22.11.1831 - Urk (Titel: De cholera.); F 60
Diss. Ingolst.-Landsh.-Mchn.

Loretan. A[loys]. Die warmen Quellen des Leukerbades nebst seiner Umgebung. beschrieben von Badarzt A. L.... 8. Sitten. Bern und St. Gallen 1845.

Loretan, A., die warmen Quellen des Leuckerbades nebst seiner Umgebung beschrieben. Mit 1 Lithogr. gr. 8. Bern 845, Huber u. Comp. n. 2/3 ₰

Loretan, A., die warmen Quellen des Leuckerbades nebst sein. Umgebung beschrieben. gr. 8. (7¾ B. u. 1 Stnt.) Sitten 846. (Bern u. St. Gallen, Huber u. Comp.) *

LORETO. Immergrünender Lorbeer-Baum Das ist: Gründliche Beschreibung, vom Anfang vnd Ursprung deß Heiligen Hauses Loreta in Hungarn, Sambt Dero merckwürdigst-erwachsenen Gnaden-Früchten, beschriben Von einem Ehrwürdigen Priester deß Ordens, der Diener Unser Lieben Frauen. Cum Licentia Superiorum. Gedruckt zu Wienn, Bey Johann Jacob Kürner, einer Löbl. N. Oe. Landschafft Buchdrucker, 1704. 144 S. - 12°

Loreto u. d. hl. Haus v. Nazareth. Zur 600jähr. Jubelfeier d. Uebertragg. d. hl. Hauses 10. Decbr. 1294—1894. V. e. Priester d. Erzdiöcese Köln. 2., verm. Aufl. gr. 16. (62 S. m. Titelbild.) Aachen 895. J. Schweitzer. n. — 20

Lorette, Die. Bilder aus dem ungarischen Emigrantenleben in London. Von einem Mitgliede der Emigration. Berlin 1863/4. V: *Kászony, Daniel v.* Vgl. BRÜ 1877, Nachtr. S. 83. (DARP)

Lorette, die. Bilder aus dem ungarischen Emigranten-Leben in London. Von einem Mitgliede der Emigration. 4 Bde. Berlin 864. Janke. 8. (977 S.) 4 ₰

Lorette, die. Soziale Spiegelbilder aus London. 4 Bde. 2. (Titel-)Ausg. Berlin 866. Janke. 8. (977 S.) n. 2 ₰

Loretten, die, auf dem Bal Mabille, s. a. Paris wie es tanzt u. lebt.

LORETTEN, Die, auf dem Bal Mabille. Würzburg (c. 1870?). 8°. (1 Mk. 50 Pfg. Paul Neubner, Cöln, 1892.)

Loretto, H., Wahrheit in d. Gesch., od. v. histor. Glauben, s. Wahrheit.

Loretz (H.), Ueber Schieferung. (Sep.-Abdr. aus d. Jahresber. d. Senckenberg. Naturf. Gesellsch. f. 1879/80.) Frankfurt a. M. 1880. 8.

Loretz, Hieron., die katholische Abendmahlslehre im Lichte der vier ersten Jahrhunderte der christlichen Kirche. Stimmen aus der morgen- und abendländischen Kirche. gr. 16. (85 S.) Chur 879, Kellenberger's Buchh. *

Loretz, Jh., († d. 23. Juli 1788.), s. *Ratio* disciplinae.

Loreux, nur ein Stündchen war er fort. Nachspl. z aus d. Französ. v. Th. Hell. 8. Leipz. 805. (Dresd., Arnold). 8 gr

Lorey, Dr., Abschluss der Arbeiten zur Ortsbestimmung des Paulsthurmes. (Anhang des Jahresberichtes des Physikalischen Vereins zu Frankfurt a. M. für 1850—51.)

Lorey: A n d e u t u n g. über die Unterrichtsmethode überh. und über die geometr. besonders. Eisen. 1863.
Schul-/Univ.-Schrift

Lorey, Die Schwierigkeiten der Anwendung des griech. Metrums auf die latein. Sprach Pr. 1874. 86 S. 4°. 1.

Lorey, Dr., Stern-Bedeckungen. Längen-Bestimmung zwischen Berlin und Frankfurt a. M. mittelst des galvanischen Telegraphen. [1853.]

Lorey, A. Lehrplan der Realschule I. O. in Gera. Gera, Rg., 1876. 21 S. 4. Progr.

Lorey, A., der Organisationsplan der Gesammtstadtschule zu Gera u. die Motive zu demselben. Gera 4. 25 S. 1865.
Schul-/Univ.-Schrift

Lorey, Adolf

Lorey, A., der geometrische Anschauungsunterricht, ein Lehr- und Aufgabenbuch zum Gebrauch für Lehrer und Schüler der unteren Klassen höherer Schulanstalten u. der oberen Klassen von Mittel- u. Bürgerschulen, in neuer methodischer Weise bearb. Nebst einem Anhang über das Wichtigste aus der mathematisch-astronomischen Geographie. Mit in den Text gedr. Holzschn. Eisenach 859. Baerecke. 8. (XVI, 427 S.) n. 2 ₰

— und K. Dorschel, Aufgaben für das praktische Rechnen nebst kurzer Anleitung zur Auflösung derselben, vom Standpunkte der Koncentration aus. Für Bürger- u. Volksschulen, sowie für niedere u. mittlere Klassen höherer Lehranstalten, Fortbildungsschulen u. Gewerbetreibende. 3 Hefte. Eisenach 861. Jacobi. gr. 8. 1 ₰ 11 ngr.

1. Die ganzen u. gebrochenen Zahlen u. Regel-detri in denselben. (XII, 150 S.) 12 ngr.
2. Die Decimalbrüche, Proportionen, das Wurzelausziehen u. alle Rechnungen des bürgerlichen u. kaufmännischen Lebens. Von A. Lorey. (VIII, 224 S.) 20 ngr.
3. Rechenaufgaben für Chemie nebst kurzer Anleitung zur Auflösung derselben. Von A. Lorey. (VIII, 95 S.) 9 ngr.

— u. C. Dorschel, Aufgaben für das praktische Rechnen nebst kurzer Anleitung zur Auflösung derselben, vom Standpunkte der Koncentration aus. Für Bürger- u. Volksschulen, sowie für niedere u. mittlere Klassen höherer Lehranstalten, Fortbildungsschulen u. Gewerbtreibende. 1. Heft. 1—4. Abthl. 2. Aufl. Eisenach 865. Jacobi. gr. 8. (176 S.) [1. u. 2. Abthl. à 4½ ngr., 3. u. 4. Abthl. à 3½ ngr.] 16 ngr.

Lorey, Ad., Elementar-Unterricht in der Geographie. Nach dem in der Realschule zu Weimar befolgten Plane. Mit beigefügt. erläut. (ill.) Kärtchen v. C. F. Weiland. Zugleich als Vorschriften im Schönschreiben. 2 Abthl. 16 Blätter m. deutscher Currentschrift (in sächs. Ductus). — 14 Blätter mit latein. Currentschrift. Lithogr. gr. 4. Weimar 842, Landes-Ind.-Compt.

Lorey, A., Elementarunterricht in d. Geographie für Realschulen, zugleich als Vorschriften. Zum Schönschreiben, mit Kärtchen von C. F. Weiland. 1. Lfrg. 16 Bl. in sächs. Currentschr. gr. 4. Weimar 840. Industrie-Compt. 1 ₰

Lorey, Ad., und le Goullon, Flora von Weimar und seiner Umgebung nach dem Linné'schen und dem natürl. Systeme, besonders mit genauer Angabe der Standorte zusammengestellt. 8. (XLVII und 244 S.) Apolda 851, Teubner. Thlr.

Lorey, Adph., Lehrbuch der ebenen Geometrie nach genetisch-heuristischer Weise, mit besond. Rücksicht auf das Praktische, für die Oberklassen gehobener Bürgerschulen, sowie für die mittleren Klassen höherer Lehranstalten und zum Selbstunterricht bearb. gr. 8. (XX und 195 S. mit eingedr. Holzschn.) Langensalza 855, Schulbuchhandlung des thüringer Lehrer-Vereins.

Lorey, Adph., Lehrbuch der ebenen Geometrie nach genetisch-heuristischer Weise, mit besond. Rücksicht auf das Praktische, für die Oberklassen gehob. Bürgerschulen, sowie für die mittleren Klassen höherer Lehranstalten und zum Selbstunterricht bearb. 2. (Titel-)Ausg. gr. 8. (XX und 195 S.) Gera (855)65, Kanitz' Verlag. *

Lorey, Adph., Lehrbuch der ebenen Geometrie nach genetisch-heuristischer Weise, mit besonderer Rücksicht auf das Praktische, für die Oberklassen gehob. Bürgerschulen, sowie für die mittleren Klassen höherer Lehranstalten u. zum Selbstunterricht bearb. 2. (Titel-)Ausg. (XX, 195 S.) 1865. n. 20 ngr. u. 2., verm. u. verb. Aufl. mit 378 Fig. (in eingedr. Holzschn.). Gera 868. Kanitz' Verlag. gr. 8. (XXIII, 202 S.) 26 ngr.

—— das Neueste und Interessanteste aus der Logarithmotechnik und der Anwendung der Logarithmen auf das Leben. Nach der engl. Schrift von Byrne der französ. von Koralek: nebst zahlreichen Taf. für den theoret. und prakt. Mathematiker und zur Benutzung bei'm Unterricht übertragen. gr. 8. (IV und 145 S.) Weimar 852, Voigt.

Lorey, Adf., und C. Dorschel, praktisches Rechenwerk, s. a. Dorschel, C., Rechen-Aufgaben für den Elementar-Unterricht.

Lorey, A., u. C. Dorschel, praktisches Rechenwerk. Aufgaben f. den Elementar-Unterricht. 1—6. Hft. 4. Aufl. gr. 8. Eisenach 874. 75. Bacmeister n. 2. 5

1. Allseitige Betrachtung u. Anwendung der Zahlen von 1 bis 20. (59 S.) n — 40
2. Allseitige Betrachtung u. Anwendung der Zahlen von 21 bis 100. (56 S.) n. — 40
3. Allseitige Betrachtung u. Anwendung der Zahlen üb. 100. (28 S.) n. — 25
4. Aufgaben f. das prakt. Rechnen: Die Grundrechnungsarten u. die Regeldetri m. ganzen Zahlen. (59 S.) n. — 40
5. Elemente der Bruchrechnung, sowohl der gewöhnlichen als auch der Decimalbrüche. (24 S.) n. — 25
6. Die Grundrechnungsarten u. die Regeldetri m. gewöhnlichen u. Decimalbrüchen. (38 S.) n. — 35

— — dasselbe. Auflösungen zu den 6 Hftn. der 1. Abth.: Aufgaben f. den Elementarunterricht. 4. Aufl. gr. 8. (IV, 50 S.) Ebend. 875. n. 1. 20

— — dasselbe. 2. Abth. Aufgaben f. das prakt. Rechnen: Die höheren Rechnungsarten d. bürgerl. Lebens. 1—4. Hft. gr. 8. Ebend. 875. n. 2. 20

1. Decimalbrüche; Verhältnisse u. Proportionen; einfache u. zusammengesetzte Regeldetrie; Kette; Repartitions- u. Mischungsrechng. (67 S.) n. — 60
2. Aufgaben zur Procent- u. Promillerechg. u. zu den angewandten procent. Rechngn. [Zinsrechng., Diskontorechng., Rabattrechng., Terminrechng, Münzrechng., Kurs- u. Wechselrechng.] (58 S.) n. — 45
3. Das Ausziehen der Quadrat- u. Kubikwurzel; die arithmet. u. geometr. Progressionen; Logarithmen; Gleichgn; Zinseszins- u. Rentenrechng.; Kettenbrüche. (65 S.) n. — 60
4. Berechnung der Raumgrößen; Linien, Winkel, geradlin. Figuren; Kreis, Ellipse, Parabel; Würfel, Prisma; Pyramide; Cylinder Kegel; Kugel; regelmäß. Körper. 48 S.) n. — 60

Lorey, A., u. C. Dorschel, praktisches Rechenwerk. Auflösungen zu Hft. 1—4 der 2. Abth. gr. 8. Eisenach 876. Bacmeister. n. 2. 60

1. (25 S.) n. — 60. — 2. (24 S.) n. — 60. — 3. (48 S.) n. — 80 — 4. (29 S.) n. — 60.

— — dasselbe. 3. Abth. gr. 8. Ebend. 876. n. 4. —

Handbuch d. prakt. Rechnens. (VIII, 394 S.)

Lorey, A., u. Dorschel's praktisches Rechenwerk. Hrsg. von C. Dorschel u. G. Fröhlich. 1. Abteilg.: Aufgaben für den Elementarunterricht. 3. Hft. Allseitige Betrachtung u. Anwendung der Zahlen über 100. 5. Aufl. 8. (30 S.) Bernburg 880. Bacmeister. n. — 25

— — dasselbe. 5. Hft. 5. Aufl. 8. (28 S.) Ebend. 878. n. — 25; Auflösungen dazu. (12 S.) n.n. — 25

— — dasselbe. 6. Hft. Die Grundrechnungsarten u. die Regeldetri mit gewöhnlichen u. Decimalbrüchen. 5. Aufl. gr. 8. (46 S.) Ebend. 879. n. — 35

Lorey, Adf., und C. Dorschel, praktisches Rechenwerk. Aufgaben für den Elementar-Unterricht. 7 Hefte. 8. Bernburg, Bacmeister. *

Inhalt:

Heft 1. Allseitige Betrachtung und Anwendung der Zahlen von 1—20. 5. und 6. Aufl. (59 S.) 880,83. * 40 Pf.
" 2. Allseitige Betrachtung und Anwendung der Zahlen von 21—100. 5.—7. Aufl. (56 S.) 880—83. * 40 Pf.
" 3. Allseitige Betrachtung und Anwendung der Zahlen über 100. 5. und 6. Aufl. (30 S.) 880,83. * 25 Pf.
" 4. Aufgaben für das prakt. Rechnen: Die Grundrechnungsarten und die Regeldetri mit ganzen Zahlen. 5. und 6. Aufl. (62 S.) 880,84. * 40 Pf.
" 5. Elemente der Bruchrechnung sowohl der gewöhnlichen, als auch der Decimalbrüche. 5. Aufl. (28 S.) 880. * 25 Pf.
" 6. Die Grundrechnungsarten mit gewöhnlichen und Decimalbrüchen nebst Aufgaben aus dem bürgerlichen Leben. 5. und 6. Aufl. (30 S.) 880,83. * 25 Pf.
" 7. Einfache und zusammengesetzte Regeldetri, Zins-, Rabatt-, Gesellschafts-, Mischungs-, Ketten- und Terminrechnung. 5. und 6. Aufl. (30 S.) 880,83. * 25 Pf.

Lorey, Alex., die Rachitis im Röntgenbild, s.: Fortschritte auf dem Gebiete der Röntgenstrahlen. (Fraenkel, Eug.)

Lissa: Chronik nebst Personal- und Beamten-Statistik der Loge Comenius von der Eröffnung im Jahre 1878 bis zum Jahre 1903. Zur Erinnerung an ihr 25jähriges Bestehen zum Stiftungsfest am 26. April 1903 im Auftr. des Beamtenrates verf. und dargebracht von Alexis Lorey. [Reichenbach 1903: Salzburg.] 21 S. 8°

Lorey, Carl Alexander, s. Lorey, Karl Alexander

Lorey, F., hölzerne Brücken usw., s.: Baumeister, R.

Lorey, F., De vocalibus irrationaliter enunciandis apud poetas dactylicos Latinorum. Diss. 1864. 89 S.
Göttingen.

Lorey, Fr., Flüssigkeitsbehälter, röhrenförmige Leitungen usw., s.: Handbuch für Eisenbetonbau. (Wuczkowski, R.)

Lorey, Frz., die Besteuerg. des Gewerbebetriebes im Umherziehen im Königr. Sachsen. s.: Handbibliothek, juristische.

Lorey, Frz., gemeinverständliche Einführung in das neue sächsische Stempelsteuerrecht, s. a. Handbibliothek, juristische.

Gemeinverständliche Einführung in das neue sächsische Stempelsteuerrecht, nebst d. Abdr. d. Stempelsteuergesetzes v. 12. Jan. 1909 u. d. Ausführungsverordn. v. 12. März 1900 sowie e. alphab. Sachreg. hrsg. von Franz Lorey, Finanzrat. Leipzig: Roßberg 1909. 175 S. 8°
(Juristische Handbibliothek. Bd 293.) [09. 8323

Lorey, Fritz: Der eingliedrige Nominalsatz im Französischen. Ein Beitr. z. französ. Syntax u. Stilistik. Marburg 1909: Bauer. 50 S. 8°
Marburg, Phil. Diss. v. 29. Juli 1909, Ref. Wechßler
[Geb. 14. Sept. 85 Frankfurt a. M.; Wohnort: Marburg; Staatsangeh.: Preußen; Vorbildung: Goethe-Gymn. Frankfurt Reife O. 04; Studium: Marburg 2, Frankfurt Handelsakad. 2, Marburg 6 S.; Rig. 3. März 09.] [U 09. 3192

Lorey, Herm., das schwarze Bilderbuch, s.: Maurer, Amalie.

Lorey, Herm., Schiller's Leben. Rede am 100jährigen Geburtsfeste des Dichters in der höheren Gewerb- u. Realschule zu Darmstadt gehalten. Darmstadt 859. Küchler in Comm. gr. 8. (14 S.) 2 ngr

Lorey, Herm., Schiller's Leben. Rede am 100jähr. Geburtsfeste des Dichters in der höheren Gewerb- und Realschule zu Darmstadt gehalten. gr. 8. (14 S.) Darmstadt 860, (Küchler.)

Lorey, Joh. Balth., Jahresberichte über das frankfurter Dr. Senckenbergische Bürgerhospital vorgetragen im ärztl. Verein zu Frankfurt a. M. I.: 1846 bis 1852. gr. 8. (176 S.) Göttingen 854, Vandenhoeck und Ruprecht's Vrlgsh. *

Lorey, Joh. Balth., Jahresberichte über die medicinische Abtheilung des frankfurter Dr. Senckenbergischen Bürgerhospitals, vorgetragen im ärztl. Verein zu Frankfurt a. M. II.: 1853 bis 1856 Juni. gr. 8. (IV und 131 S.) Frankfurt a. M. 857 Sauerländer's Verlag. Thlr.
I. Göttingen 1854, Vandenhoeck und Ruprecht's Verlag. * 20 Ngr.

Lorey, Karl Alexander

Lorey, Carl Alexander, aus Frankfurt a. M.: Die Erfolge der künstlichen Frühgeburt, mit besonderer Berücksichtigung des späteren Schicksales der Kinder. 137 Fälle aus d. Kgl. Univ.-Frauenklinik zu Halle a. S. ⟨Direktor: Prof. Dr. E. Bumm⟩. *Berlin 1904: L. Schumacher.* (31 S.) 8° ¶Aus: Archiv f. Gynäkol., Bd 71, H. 2.
Halle, Med. Diss. v. 24. Febr. 1904

Lorey, Richard, aus Salzungen ⟨S.-Meiningen⟩: Aus d. Laboratorium d. pharmakolog. Instituts zu Würzburg. Ueber die physiologische Wirkung einiger Esther[!] der Fettreihe. *Salzungen 1899: Rübsam.* (24 S.) 8°
Würzburg, Med. Diss. v. 1899

LOREY, Tuisko: Über Baummassentafeln mit besonderer Beziehung auf die Untersuchungen der Königl. Württembergischen forstlichen Versuchsstation. - Tübingen 1882. 57 S. - (Tübinger Universitätsschr. 1882 Nr. 2)

Lorey, Tuisko, über Baummassentafeln mit Beziehung auf die Untersuchungen der königl. württembergischen forstlichen Versuchsstation. 4. (57 S.) Tübingen 882, (Fues.) *

—— Baummassen-Tafeln für Fichten-Derbholz, zusammengestellt aus den Probestamm-Aufnahmen der königl. Württemberg. forstl. Versuchsstation. 4. (7 Tab.) (Ebendas.) 882. *

Lorey, Tuisko, Ertragstafeln f. die Fichte. Nach den Aufnahmen der königl. württemberg. forstl. Versuchsstation bearb. u. hrsg. gr. 8. (VII, 128 S. m. 1 lith. Taf.) Frankfurt a/M. 899. J. D. Sauerländer. n. 3.—

—— Ertragstafeln für die Weißtanne. Nach den Aufnahmen der königl. württemberg. forstl. Versuchsstation bearb. gr. 8. (VII, 103 S. mit 6 lithogr. Taf.) Frankfurt a. M. 884, Sauerländer's Verlag. *

Lorey, Tuisko, Ertragstafeln f. d. Weißtanne. Nach d. Aufnahmen d. kgl. württemberg. forstl. Versuchsstation hrsg. 2., gänzlich neu bearb. Aufl. gr. 8. (VIII, 152 S. m. 4 lith. Taf.) Frankfurt a/M. 897. J. D. Sauerländer. n. 3.60

—— Ertragsuntersuchungen in Fichtenbeständen, s. Forst- und Jagdzeitung, allgemeine, Supplemente.

— s.: Forst- u. Jagd-Zeitung, allgem.

Lorey, Tuisko, s. a. Handbuch der Forstwissenschaft.

LOREY, Tuisko (Hrsg.): Handbuch der Forstwissenschaft. - Tübingen 1887 u. 1888. 2 Bd. 1. Bd. 1. Abt.: Allgemeiner Teil. Forstliche Produktionslehre I. 1888. XIV, 630., 15 S. Reg. - 1. Bd. 2. Abt.: Forstliche Produktionslehre II. 1887. VIII, 614 S. - 2. Bd. Forstliche Betriebslehre und Forstpolitik. 1887. VIII, 576 S. - 2. verb. u. verm. Aufl. hrsg. v. Hermann Stötzer ebd. 1903. 4 Bd. - 1. Bd.: Die Aufgaben der Forstwirtschaft und forstliche Produktionslehre I. XVI, 600 S. - 2. Bd.: Forstliche Produktionslehre II. XI, 556 S., 16 Abb. - 3. Bd.: Forstliche Betriebslehre und forstliches Ingenieurwesen. XIII, 586 S., 250 Abb. - 4. Bd.: Forstliche Verwaltungs- und Rechtskunde, Forstpolitik und Forstgeschichte. XI, 604 S. - 3. verb. u. erw. Aufl. hrsg. v. Christof Wagner ebd. 1912/13. 4 Bd. Ausg. f. d. Dtsch. Reich. - 1. Bd. XVIII, 735 S. - 2. Bd. XII, 641 S. - 3. Bd. XII, 686 S. - 4. Bd. XIX, 840 S. - Ausg. B f. Österreich-Ungarn. ebd. 1912/13. 4 Bd. - 4. verb. u. erw. Aufl. hrsg. v. Heinrich Weber. ebd. 1925-1927. - 1. Bd.: Forstwissenschaft und Forstwirtschaft im Allgemeinen, Standeslehre, Forstzoologie, Forstbotanik. 1926. XVI, 916 S., 200 Abb., 28 Taf. - 2. Bd.: Produktionslehre. 1925. XVI, 867 S., 192 Abb., 2 Taf. - 3. Bd.: Betriebslehre. 1927. XII, 642, S., 138 Abb. - 4. Bd.: Forstgeschichte, Forstliche Rechtskunde, Forstpolitik. 1927. XVI, 770 S.

Lorey's Handbuch der Forstwissenschaft. 2. verb. u. verm. Aufl., in Verbindg. m. A. Bühler, K. Dickel, E. Ritter v. Dombrowski u. a. hrsg. v. Herm. Stoetzer, 4 Bde. Lex.-8. Tübingen 903. H. Laupp. n. 50.—; geb. in Halbfrz. n. 60.—
1. Die Aufgaben der Forstwirtschaft u. forstliche Produktionslehre I. In Verbindg. m. L. Klein, T. v. Lorey, E. Ramann, R. Weber hrsg. (XVI, 600 S.)
2. Forstliche Produktionslehre II. In Verbindung mit A. Bühler, E. Ritter v. Dombrowski, H. v. Fürst, G. Lauböck, A. Metzger, Fr. Schwackhöfer hrsg. Mit 16 Abb. (XI, 556 S.)
3. Forstliche Betriebslehre u. forstliches Ingenieurwesen. In Verbindung m. C. Fromme, A. Ritter v. Guttenberg, H. Hausrath, M. Neumeister, T. Wang hrsg. Mit 250 Abbildgn. (XIII, 586 S.)
4. Forstliche Verwaltungs- u. Rechtskunde, Forstpolitik u. Forstgeschichte. In Verbindg. m. K. Dickel, M. Endres, A. Schwappach hrsg. (XI, 604 S.)
Erschien auch in 25 Lfgn. à 2.—

— dasselbe, Ergänzungsband, s.: Jacobi, A., Grundriss der Zoologie f. Forstleute.

LOREY, T., und J. LEHR.
See Jahresbericht über Veröffentlichungen . . . . im Gebiete des Forstwesens.

— u. Jul. Lehr, Jahresbericht üb. Veröffentlichungen u. wichtigere Ereignisse im Gebiete d. Forstwesens rc., s.: Forst- u. Jagd-Zeitung, allgemeine, Supplemente.

Lorey, Tuisko, über Probestämme. Ein Beitrag zur Theorie der Holzmassenaufnahme. gr. 8. (VI, 81 S.) Frankfurt a. M. 877, Sauerländer's Verlag.

—— über Stammanalysen. Bemerkungen und Erläuterungen zu den Ertragserhebungen der königl. württemb. forstl. Versuchsstation. gr. 8. (71 S.) Stuttgart 880. (Wien, Frick.) *

– Unterricht, s. Handbuch der Forstwissenschaft.

— die forstlichen Versuchsanstalten. Rede, geh. bei der Feier des Geburtstages Sr. Maj. des Königs Wilhelm II. am 25. II. 1899. gr. 8. (27 S.) Tübingen 899. H. Laupp. n. —80

—— Versuchswesen, } s. Handbuch der Forstwissenschaft.
—— Waldbau, }

Lorey, Wilh., über den Charakter der höheren Schulen unserer Zeit. Rede, bei der vom königl. Gymnasium u. der königl. Oberrealschule zu Minden i. W. veranstaltet. Vorfeier des Geburtstages S. M. des Kaisers am 26. I. 1910 geh. (8 S.) gr. 8. Leipzig 910. B. G. Teubner. —40

— Leonhard Euler. Vortrag, geh. am 8. III. 1907 in der naturforsch. Gesellschaft zu Görlitz. (20 S.) gr. 8. Ebd. 907. —30
Sonderabdruck aus: „Abhandlgn. der naturforsch. Gesellsch. zu Görlitz".

Lorey, Wilh., zum Gedächtnis an Professor Dr. Adolf Putzler. Nekrolog, vorgetragen in der Hauptversammlung der naturforsch. Gesellschaft zu Görlitz v. dem derzeitigen 2. Präsidenten L. (7 S.) 8. Görlitz (906). (H. Tzschaschel.) n. —25

Lorey, Wilhelm, Dr.: Über das geometrische Mittel, insbesondere über eine dadurch bewirkte Annäherung kubischer Irrationalitäten. *(Remscheid 1901: H. Krumm.)* (27 S.) 4° ¶[= Phil. Diss. Halle 1901.]
Remscheid, RG i. E. m. R ⟨Reform-S⟩, P 1901 (526)

Lorey, Wilhelm, Oberl. am Realgymn. zu Remscheid: Über das geometrische Mittel, insbesondere über eine dadurch bewirkte Annäherung kubischer Irrationalitäten. *Halle a. S. 1901: (H. Krumm, Remscheid).* (27 S.) 4° ¶[= Progr. Remscheid, Realgymn. 1901.]
Halle, Phil. Diss. v. 1901

— **Die mathematischen Wissenschaften und die Frauen. (Bemerkungen zur Reform der höh. Mädchenschule.) Vortrag, geh. in der naturforsch. Gesellsch. zu Görlitz am 22. I. 1909. (20 S.) Lex. 8. Ebd. 909.**
Sonderabdruck aus: „Frauenbildg." — 60

Lorey, (W[ilhelm], Dr.): Über die Wohltat und das Werden der Zahl. Rede gehalten bei der Wohltäterfeier des Gymnasiums zu Görlitz am 2. Juli 1904. Görlitz 1905: Görlitzer Nachrichten u. Anzeiger. (S. 3—10.) 4°
Görlitz, G Augustum P 1905 (226)

Loreye, Josef. Sein Leben u. seine Gedichte, s. Müller, Gust. A.

Loreye, Josef

— **Betrachtt. in d. Einsamkeit, in 3 Gesängen. Offenbach.**

Joseph Loreye. Kurzgefasste Chronik des Lyceums zu Rastatt vom Jahr 1773 bis zum Jahr 1808. 83 S. Rastatt, P 1836

Joseph Loreye. Kurzgefasste Chronik des Lyceums zu Rastatt vom Jahr 1808 bis 1836. 30 S. Rastatt, P 1837

— **Gebetbuch für studirende Jünglinge. 8. Würzb. 806. Stahel. 20 kr**

— **Commentar über d. Oden d. Horaz, für Schulen. 8. Rastadt 815. Sprinzing. 1 Thlr**

Derselbe. Über den Lehrkreis der philosophischen Vorbereitungsklasse. 19 S. 4°. Rastatt, P 1825

— **Rhetorik nebst einer lateinischen und deutschen Chrestomathie. 2 Bände. 8. Mannheim, Löffler. 809.**

Loreye, Jos., Theorie d. Dichtkunst, durch latein. u. deutsche Muster bearbeitet. 2 Thle. gr. 8. Tüb. 802. N. A. 820. Cotta. 1 Thlr 12 kr

Joseph Loreye. **Trauerrede auf unseren zu früh vollendeten künftigen Landesvater Carl Ludwig, Erbprinzen, gehalten in der Collegiatkirche zu Baden von Joseph Loreye, Professor am Lyceum und Canonicus von Baden. 4°. 28 S.**
Rastatt, mit Sprinzingischen Schriften, 1802. Rastatt, P 1802

Joseph Loreye. Über das Wichtigste in Hinsicht auf scientifische und moralische Bildung der Zöglinge des Lyceums und Praeparandeninstituts. VIII. S. 4°. Rastatt, P 1824

J. Loreye. Wie haben Eltern oder solche, die Elternstelle vertreten, zur gedeihlichen Bildung der Schüler mit unserer Anstalt mitzuwirken? VIII. S. Rastatt, P 1828

Joseph Loreye. Willkomm dem Vereine Grossherzoglich Badischer Medicinal-Beamter für Beförderung der Staatsarzneikunde. Von Geh. Rath Loreye. Rastatt am 13. Aug. 1841. Gedruckt bei J. P. Birks. 4°. 6 S. Rastatt, P 1841

Lorge, Moritz, a. Harmuthsachsen: **Al-maqāla fī al-maakālōt. Die Speisegesetze der Karäer von Samuel el-Magrebi nach e. Berliner Handschrift im arab. Urtext hrsg. u. mit deutscher Übers., Einl. u. Anmerkungen versehen. Berlin 1907: H. Itzkowski. (78 u. 24 S.) 8° ¶ [Erschien im Buchh. b. L. Lamm, Berlin 1907.]**
Tübingen, Phil. Fak., Ref. Seybold, Diss. v. 4. Nov. 1907
[Geb. 6. Okt. 74 Harmuthsachsen b. Eschwege; Wohnort: Berlin; Staatsangeh.: Preußen; Vorbildung: Gymn. Hameln Reife O. 04; Studium: Münster 3, Berlin 3, Tübingen 1 S.; Coll. 8. März 06.]

Lorge, M., s.: Samuel el-Magrebi, die Speisegesetze der Karäer.

Lori, s. unter Lory.

Lori, F. A., Fauna der Süsswasser-Fische v. Mittel-Europa nach C. Th. E. v. Siebold, mit einer Anleitung zum Bestimmen. [Aus: „XI. Jahresber. des naturhistor. Vereins zu Passau".] gr. 8. (82 S.) Passau 878. (Deiters.) n. 3. —

—Dass., s.a. Siebold

Lori, Joh. Geo. von

— **Abhandl. v. Ludwig dem Reichen, Herzog in Baiern 2c. Mit 2 Kpf. Münch., (G. Franz). 7 kr**

Lori, Joh. Geo. v.. Abhandlung von Ludwig dem Reichen, Herzoge in Baiern, Stifter der hohen Schule in Ingolstadt, abgeles. an dem Geburtstage Sr. Churfl. Durchl. d. 28. März 1772. (Histor. Abhdlgn. d. churfürstl. Akad. Bd. V, S. 269—306.) 4°. Beibd.
Mit 2 grossen gefalt. Kpftaf. (Abbild. von 7 prachtvollen Hauptpanieren u. Fahnen).

v. Lori, Jh. Geo., († d. d. 23. März 1787.) chronolog. Auszug aus d. Geschichte von Baiern. 1r Thl. Alte Geschichte vom Ursprung d. Nation bis 1179. gr. 8. Münch. 782. (Fleischmann). 1 Thlr 8 kr 2r Thl. Herausg. von K. H. v. Lang. A. u. d. T.: Baierische Jahrbücher von 1179—1294. 8. Ansb. 816. Gassert. 1 Thlr 8 kr Unveränderte Ausg. gr. 8. Nürnb. 824. (Riegel u. W.) 1 Thlr

(Lori, Joh. Geo. v.) *Chronologischer Auszug der Geschichte von Baiern.* Th. 1 (einz.). Alte Geschichte vom Ursprung der Nation bis 1179. (Kpf.-Vign.) München, bey Joh. Bapt. Strobl. 1782. 8°. Moderner Hpgmtb.
Noch jetzt geschätztes Werk. 5 Bll., 707 S., 2 S. Err. Vorr. dat.: Neuburg a. d. Donau, im Monat Nov. 1781.

Lori, J. G. von, chronol. Auszug aus der Geschichte von Baiern 2r Thl. Herausgeg. von K. H. v. Lang. 8. Ansbach, Gassert. 816.
Auch unter dem Titel:
Baierische Jahrbücher von 1179—1294.

– s. a. Geschichte des Lechrains.

(—) Der *Geschichte des Lechrains zweyter* (einz.) *Band, Urkunden* enthaltend. O. O. u. J. (München, c. 1765). Gr. Fol. Unbeschn., wie neues Expl., in schönem Ppb. m. Pgmtecken.
Tit., 13 Bll. Reg. (über die 520 Urkunden), 568 S. — Der erste Band, welcher die Geschichte des Lechrains enthalten sollte, blieb ungedruckt. – Cfr. Baader, I, 1, S. 327.

– s. Lied eines Straubinger Bauern.

Lory, J. Geo.: De origine et progressu juris Boici civilis et antiqui Comm. I. qua historia juris patrii a prima Boiorum memoria usque ad initia saec. XIV. ex genuinis fontibus illustratur. *Ingolst.* 748.

Lory, Joh. Georg (Steingaden), **De origine et progressu juris boici civilis antiqui. Ingolstadt (J. P. Schleig) 1748. 65 S. (5.—)** 21615

Lori, Joh. Geo. („churfl. Hof-, Münz- u. Bergrath", 1723—87), *Sammlung des baierischen Bergrechts*, mit e. Einleitung in die *baier. Bergrechtsgeschichte.* München, bey Frz. Lor. Richter. 1764. Fol. Gleichzeitiger Hfrzb.
Tit. m. (herald.) Vign., 2 Bll. Zuschrift (an den Kurfürsten Maximilian Joseph III.), 1 Bl. Vorr., CXX S. Einleit., 8 Bll. „Anzeige der Beylagen" (d. i. Uebersicht der 319 den Band füllenden Urkunden), 647 S. (incl. 8 Bll. 3faches Reg.).

— **Samml d. baier. Bergrechts. mit e. Einleitung in d. baier. Bergwerksgeschichte. Fol. Münch. 764. a. 774. Lentner. 4 Thlr**

– s. a. Sammlung des baier. Kreisrechts.

(Lori, Joh. Geo.) *Sammlung des baierischen Kreisrechts.* O. O. u. J. (München, auf Kosten der Hofkammer, 1764). Fol. Hldrb., saub. Expl. (aus Föringer's Bibl.).
Titelbl. u. 692 S., nebst 2 Bll. Reg. (über die 85 den Band füllenden Kreisabschiede etc.). — Cfr Baader I, 1. S. 327.

– s.a. Samml. des baier. Münzrechts.

(Lori, J. G. von?): „Sammlung des baierischen Münzrechts von 908 bis 1765", 3 Bände, fol., München 1766.

Lori, Math. v.

— **s. a. Tabellen zum Gebrauch bei Höhenmessungen.**

Lori, M. v.: Tabellen zum Gebrauch bei Höhenmessungen mit dem Barometer, womit man ohne Logarithmen die Höhen aus den beobachteten Barometerständen berechnen kann. Freyburg und Constanz 1811. 8°

v. Lori, (Lory) Math., baierisches Taschenbuch für alle Stände auf d. Jahre 1807 u. 8., mit Landkarte. Brieftaschenform. Straub., Heigl u. C. (à 20 K) 1 fl 16 K

Lori, Michael

Lory, Michael, Kritische Beantwortungen der vorzüglichsten Einwendungen über Stellen der heil. Schrift. Aus dem Französ. des M. Bullet. Köln, 1785, gr. 8°, 3 Bde.

Lori, Mich., s. Bergier, Nicolas Sylvestre: Gewißheit der Beweise des Christentums.

— Betrachtt. üb. d. Vater Unser. 8. Salzb. 778. Mayr. 3 K

Lori (Lory), Mich., († d. 21. Mai 1808.) Brevier e. Christen, d. i. vollständ. Kirchengebetbuch. 8. Augsb. 774. Wolf. 8 K

– s. Bullet, Jean-Baptiste: Beantwortung ... und dessen Gott bewiesen ...

Lory, M., Commercium corpus inter et animam nova ratione expositum. Salzburg 1761, 4°.

— Gnomonik, worin eine besondere Methode, alle Gattungen Sonnenuhren zu verzeichnen. Mit 32 Kpf. 4. Salzb. 781. Mayr. 16 K

— theologiae dogmatico-theoreticae universae institutiones. III Tmi. 8. maj. Cöln. Cambert. 784.

— — id. lib. IV Tomi. 8. maj. Mannh. Löffler. 784–86.

Lory, Mich., Lustratio scepseos. Dissertationes III. Salzburg, 1759—60, 4°.

— Methodus methodice pertractata Diss. IV. 8. Augsb 761.

– s. Ovid: Trauerlieder

— Principia corporum suis principiis restituta. 4. Salzb. 761.

— Rechenkunst, sowohl in Ziffern als Buchstaben. 8. Salzb. 761. N. A. 768. Mayr. 8 K

– s. Segneri, Paul: Betschule ...

— sphärische Trigonometrie mit mögl. Klarheit beschrieben. Mit 5 Kpf. 8. Augsb. 783. Klett. (Haslinger in Linz). 14 K Hbg. Pr. 10 K

Lory, Michael, Überlegungen über die Gewalt der Kirche u. des Staates nach den Gründen der Offenbarung u. Vernunft. (Aus dem Italienischen.) Augsburg 1792, 8°.

– s. Übungen über die Gewalt ...

Löri, Ed., die durch anderweitige Erkrankungen bedingten Veränderungen d. Rachens, d. Kehlkopfs u. d. Luftröhre. gr. 8. (VIII, 239 S.) Stuttgart 885. Enke. n. 6. —

Loria, Achille, s.: Festgaben f. Adolph Wagner.

— Die wirtschaftlichen Grundlagen der herrschenden Gesellschaftsordnung. Aus dem Französischen von Dr. Carl Grünberg. gr. 8°. Freiburg i. B., J. C. B. Mohr, 1894. 2. ed. inveduta ed arriechito, 1908.

Loria, Achille, die wirthschaftlichen Grundlagen der herrschenden Gesellschaftsordnung. Autoris. deutsche Ausg. Aus dem Franz. v. Carl Grünberg. gr. 8. (XI, 290 S.) Freiburg i/B. 895. J. C. B. Mohr. n. 6. 40; Einbd. n.n. 1. —

Loria, Achille, die Soziologie. Ihre Aufgabe, ihre Schulen u. ihre neuesten Fortschritte. Vorträge, geh. an der Universität Padua im Jan. bis Mai 1900. Autoris. u. vom Verf. durchges. deutsche Uebersetzg. a. d. Ital. v. Clem. Heiß. gr. 8. (IV, 112 S.) Jena 901. G. Fischer. n. 1. —

Loria, Adf., s. Beamten-Kalender, österreichisch-ungarischer.

Loria, Gino, Perspektive u. darstellende Geometrie, s.: Vorlesungen über Geschichte der Mathematik.

Loria, Gino, Integrali Euleriani e spirali sinusoidi. [Aus: „Sitzungsber. d. k. böhm. Gesellsch. d. Wiss."] gr. 8. (6 S.) Prag 897. (F. Řivnáč.) n. — 20

— Spezielle algebraische u. transzendente ebene Kurven, s. a. Teubner's, B. G., Sammlung v. Lehrbüchern auf dem Gebiete der mathematischen Wissenschaften. V.

Loria, Gino. Spezielle algebraische und transscendente ebene Kurven. Theorie und Geschichte. Autorisierte, nach dem italienischen Manuskript bearbeitete Ausgabe von Fritz Schütte... . Mit 174 Figuren auf 17 lithographierten Tafeln. XXII + 744 S. 8. Leipzig, B. G. Teubner, 1902. [geb. M. 28. —]

B. G. Teubner's Sammlung von Lehrbüchern auf dem Gebiete der mathematischen Wissenschaften... . Band 5.

Darin S. 28—80 die Steiner'schen Polygone, *S. 146—149. 584 f. 597* die Steiner'sche, Euler'sche, Bernoulli'sche Kurve, *S. 199—211 etc.* die Bernoulli'sche Lemniskate, *sowie zahlreiche Stellen die Mathematiker* Bernoulli, Leonhard Euler, J[acob] Steiner *etc. betr.*

Dr. Gino Loria. Spezielle algebraische und transzendente ebene Kurven. Theorie u. Geschichte. Autor., nach d. ital. Ms. bearb. deutsche Ausg. von Prof. Fritz Schütte. 2. Aufl. Bd 1. 2. Leipzig & Berlin: Teubner 1910–11. 8°

(Teubners Sammlung von Lehrbüchern auf d. Gebiete d. mathemat. Wiss. Bd 5, 1. 2.) [11. 4062 2

Loria, Gino, vergangene u. künftige Lehrpläne. Rede, gehalten zu Mailand am 22. IV. 1905 bei Gelegenheit der durch die Vereinigung „Mathesis" veranstalteten Bez.-Versammlung v. Mathematikprofessoren. Autoris. Uebersetzung v. H. Wieleitner. (22 S.) gr. 8. Leipzig 906. G. J. Göschen. n. — 80
Sonderabdruck aus: „Boll. Ass. Mathesis Roma 9".

— i poligoni di Steiner nelle cubiche razionali. Aggiunte ad una memoria di Em. Weyr. [Aus: „Sitzungsber. d. k. böhm. Gesellsch. d. Wiss."] gr. 8. (4 S.) Ebd. 896. n.n. — 10

Loria, Gino, die hauptsächlichsten Theorien der Geometrie in ihrer früheren und heutigen Entwickelung. Histor. Monographie. Unter Benutzung zahlr. Zusätze und Verbesserungen seitens des Verf. ins Deutsche übertragen von Fritz Schütte. Mit einem Vorworte von R. Sturm. gr. 8. (V, 132 S.) Leipzig 888, Teubner. *

— Vorlesungen üb. darstellende Geometrie, s. a. Teubner's, B. G., Sammlung von Lehrbüchern auf dem Gebiete der mathematischen Wissenschaften. XXV.

Dr. Gino **Loria**, Prof., Genua. Vorlesungen über darstellende Geometrie. Autor., nach d. ital. Ms. bearb. deutsche Ausg. von Fritz Schütte. Oberl. T. 1. Leipzig & Berlin: B. G. Teubner 1907. 8°
— Sammlung, B. G. Teubners, von Lehrbüchern auf d. Geb. d. math. Wiss. Bd 25, 1. [07. 9477

Lorichius Hadamarius, J., Comoedia Jobus (ed. Marpurgi) a. 1548) denuo edita ab E. Schröder Gel. 1897. 26 S. 4°. 1.—

Lorichius, R., wie iunge fursten vnd grosser herrnn kinder rechtschaffen instituirt vnd vnterwisen.. mögen werden, s. Sammlung selten gewordener pädagogischer Schriften früherer Zeiten.

Lorichs, Melch., Elbkarte vom J. 1568, erläutert von Joh. Mart. Lappenberg. gr. 4. (VIII u. 143 S. m. einer 10' 10" breiten u. 1' hohen lith. Karte in Etui.) Hamburg 847. (Meissner.) n. 4 ₰; mit col. Karte n. 5 ₰; der Text allein n. 2 ₰

[Karte der Elbe von Geesthacht bis Neuwerk] Melchior **Lorichs** Flensburgensis Holsatus antiquitatis studiosissim: faciebat Anno Christ: MDLXVIII Calend: Mart: (Inschrift der titellosen Karte).
Nach dem, im Hamb. Stadt-Archiv befindlichen, Original auf den 4 fach kleineren Maasstab reduzirt v. Fr. Eugen Schuback. (Hamburg 1843. Lithographie. 5 Bl. Quer-Fol., jedes 25,6 65 cm. An einander geleimt, gebrochen, in Buchdeckel. 4°.
Mit einem Nebenkärtchen: Das Amt Ritzebuttel v. Melchior Lorichs. 1594.
—— unaufgezogen.

Konstantinopel unter Sultan Suleiman dem Grossen. Aufgenommen im Jahre 1559 durch Melchior **Lorichs** aus Flensburg. Nach der Handzeichnung des Künstlers in der Universitäts-Bibliothek zu Leiden mit anderen älteren Plänen hrgg. u. erl. v. Eugen Oberhummer. Mit 22 Taf. in Lichtdruck und 17 Textbildern. München. 1902. Fol.

Lorichs, Melch., aus Flensburg, Konstantinopel unter Suleiman d. Grossen. Aufgenommen im J. 1559. Nach der Handzeichng. des Küntlers in der Universitäts-Bibliothek zu Leiden m. anderen alten Plänen hrsg. u. erläutert von Eug. Oberhummer. gr. Fol. (22 Lichtdr.-Taf. u. 24 S. Text m. 17 Abbildgn.) München 902. R. Oldenbourg. In Leinw.-Mappe n. 30. —; Ausg. in Handkolorit n. 60. —

Lorje, H., vollständige Widerlegung des v. Drieberg'schen Systems. Nebst einer Beleuchtung der Roloff'schen Broschüre: „Entscheidung des Streites über Luft- und Wasserdruck." gr. 8. (33 S.) Stolp 847, Fritsch.

Lorié, J., grondboringen te Assen, s.: Cappelle, H. van, der Lochemerberg.

Petr. Lorie ficus maturans ad 2 Reg. 20. v. 7. Duisburgi 1783. 4.

L'Origine, A. de [Autorname] = Kottenau, August.

L'Origine, A. de. «— Denn des Menschen Sohn kommt zu einer Stunde, da ihr's nicht vermutet.» Matth. 24, 44. Herausgeber: A. de L'Or'. IV + 75 S. 8. [Märstetten, Kt. Thurgau.] Im Selbstverlag.
1. Aufl. [1902.]
Aufdruck: 2. Aufl. [Ascona, Comm. C. v. Schmidtz, 1905.] [geb. fr. 2. —]

Lorimer, G., und **S. Miller**, Geschichte der Presbyterialverfassung, s. Miller.

Briefe eines Dollar-Königs an seinen Sohn. Diese Briefe schrieb der Chef d. Schweinefleisch-Versand-Großhandlung Graham & Co. in Chicago, Herr John Graham, an der Börse unter d. Spitznamen 'Der Alte-Schweine-Graham' bekannt, an s. Sohn Pierrepont, in intimem Kreise 'Ferkelchen' genannt. (Von George Horace **Lorimer**.) Einzige autor. deutsche Übers. von Olga v. Oppen. *Berlin: E. Fleischel & Co. 1903.* (XII, 299 S.) 8° [F.] [03. 15700

Lorimer, George Horace, Briefe eines Dollar-Königs an seinen Sohn. Diese Briefe schrieb der Chef der Schweinefleisch-Versand-Großhandlg. Graham & Co. in Chicago, Herr John Graham, an der Börse unter dem Spitznamen „Der Alte-Schweine-Graham" bekannt, an seinen Sohn Pierrepont, in intimem Kreise ‚Ferkelchen' genannt. Einzige autoris. deutsche Uebersetzung von O. v. Oppen. Mit 18 Illustr. v. F. R. Gruger u. B. Mart. Justice. 7.—11. Aufl. (à XII, 299 S.) 8. Berlin 904. 905. E. Fleischel & Co. n. 3. 50; geb. n. 5. —
1.—6. Aufl., s.: Briefe e. Dollar-Königs.

— neue Briefe e. Dollar-Königs an seinen Sohn. Einzige autoris. deutsche Uebersetzg. v. Alfr. Brieger. 1.—4. Aufl. (à VIII, 321 S.) 8. Ebd. 905. n. 3. 50; geb. n. 5. —

— Old Gorgon Graham, s.a.Collection of British authors.

Old Gorgon Graham. More letters from a self-made merchant to his son. By George Horace **Lorimer**. Leipzig: B. Tauchnitz 1905. (279 S.) 8° (Collection of Brit. Authors. Tauchnitz Ed. Vol. 3798.) [05 9378 10

Lorimer, George Horace (Hrsg.), s. Graham, John: Neue Briefe eines Dollar-Königs an seinen Sohn.

— letters from a self-made merchant to his son, s.a.Collection of British authors.

Letters from a self-made merchant to his son. Being the letters written by John Graham, head of the house of Graham & Co., pork-packers in Chicago, familiary known on 'change as 'Old Gorgon Graham', to his son, Pierrepont, facetiously known to his intimates as 'Piggy'. [Verf.: George Horace **Lorimer**.] Copyr. ed. Leipzig: Tauchnitz 1903. 280 S. 8°
(Collection of British authors. Tauchnitz Ed. Vol. 3684.) [11. 16625

Lorimer, George Horace, Jack Spurlock, Prodigal, s.a. Collection of British authors.

Jack Spurlock, prodigal. By George Horace **Lorimer**. Copyright ed. Leipzig: Tauchnitz 1908. 295 S. 8°
(Collection of British authors. Tauchnitz Ed. Vol. 4063.) [11. 8799

Lorimer, Jac., [Edinburgh]: De oleis tentamen inaugurale. Basel; med. Diss. 1781.

***Lorimer*, Jak.**, tract. med.-chym. de oleis. 4. Bas. 781. Schweighäuser. 6 K

Lorimon; oder d. Mensch wie er ist. 2 Bde. Mit Kpf. 8. Leipz. 803. (W. Rauck). 2 ₰

Lorimon, od. der Mensch wie er ist, a. d. Franz. v. d'Arnaud', m. K. 2 Thle. 8. Dresden, Gerlach. 804. (Sommer in Lpz.) 803. Rthlr.

Lorin und **Barrière**, Bertha am Klavier, s. Bühnen-Repertoir des Auslandes von C. W. Both.

—— —— le piano de Berthe, s. Répertoire du théâtre français.

Lorin, J., am Klavier, s. Barrière, Th.

Lorini, Eteocle, einige Bemerkgn. üb. d. Finanz- u. Münzwesen Italiens (1892—1895). M. Vorrede v. Ludw. Sachs. gr. 8. (XXXVIII, 93 S.) Turin 895. C. Clausen. n.n. 3. 20

Lorini, E. Einige Bemerkungen über das Finanz- und Münzwesen Italiens 1892—95. 8°. Turin 1896.

Lorinser, Carl Ignatius. Eine Selbstbiographie. Vollendet u. herausg. von seinem Sohne Frz. Lorinser. 2 Bde. Mit dem Bildnisse des Selbstbiographen (in Stahlst.). Regensburg 864. Manz. gr. 8. (XII, 617 S.) 2 rβ 12 ngr

Lorinser: Bemerkungen über die Art und Weise, Pflanzen für's Herbar zu trocknen. 7 S.– Pressburg kth., Progr. 1854.

D. Streitfragen üb. d. Schulunterr., neu angeregt v. Lorinser. Berlin 1836.

Lorinser, C. J., s. Lorinser, Karl Ignaz

Lorinser, Dr. F. W. — Dritter Bericht über die Leistungen der orthopädischen Heilanstalt der Doktoren Lorinser und Fürstenberg, zu Unterdöbling nächst Wien, in den Jahren 1854 und 1855. Von — —. Wien, 1856. Gedr. bei Ant. Pichlers Witwe & Sohn. (20 S, 8.)

Lorinser, Frz., Anleitung zur Gewissenserforschung für die katholische Jugend. 15. Aufl. 8. (20 S.) Oppeln 883, Moeser's Buchh.

Lorinser, Frz., offene Antwort an Herrn Prof. Dr. J. Reinkens. Breslau 861. Aderholz. gr. 8. (48 S.) n. 7½ ngr

Lorinser, Frz., Bedeutung der Encyclica. Eine Predigt, gehalten in der Pfarrkirche zu St. Mathias am 5. Sonntage nach Epiphania. Breslau 865. Aderholz' Buchh. gr. 8. (15 S.) 2½ ngr

Lorinser, Fr., das Buch der Natur. Entwurf einer kosmologischen Theodicee. 1.—5. Bd. gr. 8. Regensburg, Manz. *

Inhalt:

Bd. 1. Astronomie in Beziehung zur Theodicee. Mit einer allgemeinen Einleitung über das Verhältniß der Naturwissenschaften zur Theologie. (XVI, 336 S.) 876. *ℳ 5.
" 2. Geologie und Paläontologie in Beziehung zur Theodicee. (VI, 544 S.) 877. *ℳ 8,40.
" 3. Geographie und Meteorologie in Beziehung zur Theodicee. (XIV, 696 S.) 878. *ℳ 10.
" 4. Botanik in Beziehung zur Theodicee. (XV, 710 S.) 878. *ℳ 10.
" 5. Zoologie in Beziehung zur Theodicee. (XVI, 818 S.) 879. *ℳ 12.

—— das Buch der Natur. Entwurf einer kosmolog. Theodicee. 6. und 7. (Schluß-)Bd. gr. 8. Regensburg 880, Manz. à Bd. *ℳ 10. *

Inhalt:

Bd. 6. Mineralogie und Chemie in Beziehung zur Theodicee. (XII, 640 S.)
" 7. Physik in Beziehung zur Theodicee. (XVI, 640 S.)
1.—5. Bd. Ebendas. 1876—79. *ℳ 45,40.

— dasselbe. Neue Ausg. (In 40 Lfgn.) 1—25. Lfg. gr. 8. (1. Bd. XVI, 336; 2. Bd. XVI, 544; 3. Bd. XIV, 696; 4. Bd. XV, 710 S. u. 5. Bd. XVI u. S. 1—448.) Ebend. 882. à 1. 50

— das Buch der Natur. Entwurf e. kosmolog. Theodicee. Neue Ausg. 26—40. Lfg. gr. 8. (5. Bd. S. 673—818; 6. Bd. XII, 640 u. 7. Bd. XVI, 640 S.) Regensburg 882. Verlags-Anstalt. à n. 1. 50

Lorinser, Frz., Entwicklung u. Fortschritt in der Kirchenlehre. Nach Henry Newman. gr. 8. (VIII u. 163 S.) Breslau 847, G. P. Aderholz. ⅔ β

Lorinser, Frz., Geist und Beruf des katholischen Priesterthums. Vorträge, gehalten im Clerikal-Seminar zu Breslau bei den zum Empfange der heiligen Weihen vorbereitenden Exercitien. Regensburg 858. Manz. gr. 8. (395 S.) 1 rβ. 12 ngr

Lorinser Frz., Geist u. Beruf d. kathol. Priestertums. Vorträge bei d. z. Empfange d. hl. Weihen vorbereit. Exercitien. 2., aufs neue durchgesch. Aufl., m. e. Vorwort v. Vermeulen. gr. 8. (XII, 411 S.) Regensburg 896. Nationale Verlagsanstalt. n. 3. 60

Lorinser, Frz., das heiligste Herz Jesu. 7 Fastenpredigten u. eine Jahresschlußpredigt. Breslau 867. Aderholz' Buchh. gr. 8. (III, 112 S.) n. 16 ngr

— Kirchenlieder u. Litaneien. Zum Gebrauch in kathol. Pfarrkirchen. Breslau 864. Leipzig, Leuckart. br. 8. (IV, 108 S.) n. 5 ngr

Lorinser, Frz., vor dem Concil. gr. 8. (III, 72 S.) Breslau 869, Aderholz' Buchh. *

Lorinser, Franz, Vor dem Konzil. Breslau, Aderholz, 1869, 8°, 72 S., 2. Aufl., 1 Mk.

Lorinser, Frz., aus meinem Leben. Wahrheit u. keine Dichtg. 2 Bde. 8. (III, 403 u. III, 561 S.) Regensburg 892. Nationale Verlags-Anstalt. n. 4. —

—— die Lehre von der Verwaltung des heil. Bußsacramentes. Ein Handbuch der prakt. Moral. 2. verb. Aufl. gr. 8. (VIII, 431 S.) Breslau 883, Aderholz' Buchh.

— katholische Predigten. 3 Bde. Schaffhausen, Hurter'sche Buchh. gr. 8. 6 rβ 6 ngr

1. Bd. (Weihnachtscyclus.) (XI, 547 S.) 866. 1 rβ 24 ngr
2. Bd. (Ostercyclus.) (VI, 635 S.) 866. 2 rβ
3. Bd. (Pfingstcyclus.) (VIII, 776 S.) 867. 2 rβ 12 ngr

— Reiseskizzen aus Spanien. Schilderungen und Eindrücke von Land und Leuten. 2 Thle. Regensburg 855. Manz. 8. (VII, 312; 332 S.) 2 rβ. 6 ngr

— — 3. u. 4. Thl. A. u. d. T.: Neue Reiseskizzen aus Spanien. 2 Thle. Regensburg 858. Manz. 8. (388; 352 S.) 2 rβ. 6 ngr

—— Religion und Freiheit. Predigt, gehalten am 26. März 1848 zu Breslau. gr. 8. (14 S.) Breslau 848, G. P. Aderholz, Vrlgsh.

—— die Welt in ihrem Widerspruch gegen das Reich Jesu Christi. Sieben Fastenpredigten, gehalten in der St. Matthias-Pfarrkirche zu Breslau. gr. 8. (145 S.) Freiburg im Br. 861, Herder'sche Verlagsh.

—— die sieben Worte Christi am Kreuz. Sieben Fastenpredigten. gr. 8. (124 S.) Regensburg 852, Manz.

Lorinser, Frdr., die Behandlung u. Heilung der Contracturen im Knie- u. Hüftgelenke nach einer neuen Methode. Mit 4 (lith.) Taf. gr. 8. (68 S.) Wien 849, Gerold in Comm. n. ⅔ β

Lorinser, Frdr. Wilh., Gedenkblätter der Familie Lorinser, mit culturgeschichtl. Bemerkungen über Bludenz, Sonnenburg u. Montavon in Vorarlberg ꝛc. Mit (eingedr.) Holzschn. u. 9 lith. Wappentaff. (in Tondr.) Wien 868. (Faesy & Frick.) Lex.-8. (VII, 135 S.) n. 3 rβ 10 ngr

Lorinser, Dr. Friedrich Wilhelm: Gedenkblätter der Familie Lorinser, mit culturgeschichtlichen Bemerkungen über Bludenz, Sonnenberg und Montavon in Vorarlberg, Schussenried in Württemberg und Niemes in Böhmen. Mit Holzschnitten und 9 lithographirten Wappentafeln. Wien: Tendler & Comp. Verlag (Julius Grosser) in Comm. 1868. (135 S.) 4⁰

Lorinser, F. W., Gedenkblätter der Familie Lorinser etc. Mit Holzschn. u. 9 Wappentfln. Wien 1868. Nachträge dazu. 1879. Nicht im Handel.

Lorinser, F. W., über Knochen-Entzündung. hoch 4. (44 S.) Wien 863, (Seidel und Sohn.) *

Lorinser, Friedrich Wilhelm s. Lorinser, Gustav. Botanisches Excursionsbuch .... 5. Aufl. Wien 1883 — Lorinser, Gustav, und Lorinser, Friedrich [Wilhelm].

Lorinser, Fr. W., Merkur und Syphilis. (Aus der „Wiener medicin. Wochenschrift" abgedr.) Wien 858. (Seidel.) gr. 8. (14 S.) n. 8 *ngr.*

Lorinser, Frdr. Wilh., Altdeutsche mythologische Pflanzennamen. Wien 1871. 8.

Lorinser, Frdr. Wilh., die wichtigsten, eßbaren, verdächtigen u. giftigen Schwämme. Naturgetreue Abbildg. derselben auf 12 Taf. in Farbendr. Zusammengestellt im Auftrage der k. k. niederösterreich. Landes-Sanitätsrathes. (Schul-Ausg.) qu. gr. 4. Mit Text. gr. 8. (VII, 84 S.) Wien 876. Hölzel. In Carton. n. 10. —; Text ap. n. 1. 20; Pracht-Ausg. in qu. gr. Fol. n. 15. —; Text ap. n. 1. 50

Lorinser, Friedr. Wilh., die wichtigsten eßbaren, verdächtigen und giftigen Schwämme mit naturgetreuen Abbild. auf 12 Taf. in Farbendr. (in qu. gr. 4.), zusammengestellt im Auftrage des k. k. niederösterreich. Landes-Sanitätsrathes. 2. Aufl. gr. 8. (IX, 88 S.) Wien 881, Hölzel. *
Text allein *

—— dass. — 3. Aufl. gr. 8. (IX, 88 S.) Ebendas. 883. *
Text allein *
Prachtausg. auf Carton mit Text *
Text allein *

Lorinser, Friedr. Wilh. Die wichtigsten eßbaren, verdächtigen u. giftigen Schwämme, m. Abbildgn. auf 12 Taf. in Farbendr., zusammengestellt im Auftrage d. k. k. niederösterr. Landessanitätsrathes. 4. Aufl. gr. 8. (VIII, 89 S.) Wien 889, Hölzel. [* 6 —] * 5 —
Pracht-Ausg. auf Carton, mit Text [* 9 —] * 8 —
Text allein [* 1 20] * 1 —

Lorinser, Frdr. Wilh., d. wichtigsten eßbaren, verdächt. u. gift. Schwämme m. naturgetreuen Abb. derselben auf 12 Taf. in Farbendr., zusammengest. im Austr. d. k. k. niederösterr. Landessanitätsrathes. (Schulausg.) Unverkürz. Abdr. der 4. Aufl. qu. Fol. Nebst Text. gr. 8. (VIII, 89 S.) Wien 896. E. Hölzel. In Mappe n. 6. —

Lorinser, F. W., über die Täuschungen und Irrthümer in Erkenntniss der allgemeinen Syphilis. (Aus der „Wiener medizin. Wochenschrift" abgedr.) Wien 859. (Tendler & Co.) gr. 8. (29 S.) n. 8 *ngr.*

—— über Verhütung der Krankheiten. Ein populär-hygien. Vortrag, gehalten am 6. März 1879. gr. 8. (20 S.) Wien 879, Braumüller. *

Lorinser, Gisela, aus schöner u. banger Zeit. Gedichte. gr. 16. (32 S.) Wien 895. (E. Hölzel.) n. — 50

Lorinser, Gustav

Programm, sechstes — des k. k. katholischen Gymnasiums zu Preßburg am Schlusse des Schuljahres 1856. Veröffentlicht am 31. Juli l. J. durch den Direktor des Gymnasiums Doktor Antonin Alt. Preßburg. Schnellpressendruck von Karl Friedrich Wigand. (47 S. 4.)
Inhalt: Emendationes Venusinae Fragmentum Codicis Terentiani Posoniense. Scripsit Dr. Fr. Pauly. — Die Marmaroscher Diamanten von Dr. G. Lorinser. — Schulnachrichten.

Lorinser, Gust., botanisches Excursionsbuch für die deutsch-österreich. Kronländer und das angrenz. Gebiet. Nach der analyt. Methode bearb. 8. (LV und 384 S.) Wien 854, Tendler und Comp. *

Lorinser, Gust., botanisches Excursionsbuch für die deutsch-österreichischen Kronländer und das angrenzende Gebiet. Nach der analytischen Methode bearb. 2. Aufl. Wien 860. Tendler & Co. (Gerold.) 8. (LX, 372 S.) n. 1 *ℛ* 15 *ngr.*

Lorinser, Gust., botanisches Excursionsbuch f. die deutsch-österreichischen Länder u. das angrenzende Gebiet. Nach der analyt. Methode bearb. 3. Aufl. Durchgesehen u. ergänzt v. Frdr. Wilh. Lorinser. gr. 16. (C, 540 S.) Wien 871. Gerold's Sohn. n. 6. —

Lorinser, Gust., botanisches Excursionsbuch für die deutsch-österreichischen Länder und das angrenzende Gebiet. Nach der analyt. Methode bearb. 4. Aufl. Durchgesehen und ergänzt von Friedr. Wilh. Lorinser. gr. 16. (CXVI, 565 S.) Wien 877, Gerold's Sohn. *

Lorinser, Gust., botanisches Excursionsbuch für die deutsch-österreichischen Länder und das angrenzende Gebiet. Nach der analyt. Methode bearb. 5. Aufl. Durchges. und ergänzt von Friedr. Wilh. Lorinser. 12. (CXVI, 565 S.) Wien 883, Gerold's Sohn. *

Lorinser, G., botan. Excursionsbuch, neue Aufl., s.: Fritsch, Karl, Excursionsflora f. Oesterreich.

Lorinser, Gust., und Friedr. Lorinser, Taschenbuch der Flora Deutschlands und der Schweiz. Zur sicheren und leichteren Bestimmung der wildwachsenden und allgem. cultivirten phanerogam. und kryptogam. Gefäss-Pflanzen. Nach der analyt. Methode bearb. 1. Aufl. 8. (VIII und 488 S.) 1847. 1 Thlr. 15 Ngr. und 2. Ausg. 12. (XXXV und 488 S.) Wien 851, Tendler und Comp.

Lorinser, Karl Ignaz

Lorinser C. J.: Entwurf einer Encyclopädie u. Methodologie d. Thierheilkunde. Berl. 1820. 180 S.

Lorinser, C. J., Entwurf einer Encyklopädie u. Methodologie d. Thierheilkunde. gr. 8. Berl. 820. Rücker. 1 *ℛ*

Lorinser, [illegible] Ign. [illegible] Nimburg in Böhmen [illegible]. De functione hepatis sani et laesi. Berolini [illegible] 48 S. 8°
Berlin, Med. Diss. v. 27. Aug. [illegible]

Lorinser, K(arl) I(gnaz): Die Lehre von den Lungenkrankheiten. Nach ihrem gegenwärtigen Zustande und mit vorzüglicher Hinsicht auf die pathologische Anatomie dargestellt. 538 S., gbd., 1 Taf.

Berlin: Schüppel 1823

JB 2.450

Lorinser, K(arl) I(gnaz): Die Pest des Orients, wie sie entsteht und verhütet wird; drei Bücher. 462 S., gbd.

Berlin: Enslin 1837

JB 5.034

—— zum Schutz d. Gesundheit in d. Schulen. gr. 8. (1 B.) Berlin 836, Th. Enslin.
Aus der: Medicin. Zeitung d. Vereins f. Heilkunde in Preußen, besond. abgedruckt.

Lorinser, C. J., zum Schutz der Gesundheit in den Schulen gr. 8. (15 S.) Berlin 861, Th. Chrn. Friedr. Enslin.
Aus der „Medizinischen Zeitung" besonders abgedruckt.

Lorinser, C. J., der Sieg über die Branntweinpest in Oberschlesien, histor., medicin. u. mystisch beleuchtet. gr. 8. (7 B.) Oppeln 845, Weilshäuser.

Lorinser, C. J., Untersuchungen üb. d. Rinderpest. gr. 8. (17½ B.) Berlin 831, Schüppel.

Lorinser, K(arl) I(gnaz): Versuche und Beobachtungen über die Wirkung des Mutterkornes auf den menschlichen und thierischen Körper, größtentheils aus actenmäßigen Quellen und mit besonderer Rücksicht auf die medicinische Polizey gesammelt und herausgegeben. 130 S., gbd.

Berlin: Schüppel 1824

JB 4.916

LORINSER, Carl Maria Franz (Berlin): De charactere sacramentali commentatio.- Oppolii: Raabe 1844. 3 Bl., 90 S.
17.5.1844 - Urk; F 44
Diss. Ingolst.-Landsh.-Mchn.

Lorinzer, C. J., s. Lorinser, Karl Ignaz

Lorinzer, Gustav, s. Lorinser

Loriol, Perceval de

Loriol, P. de. Catalogue raisonnée des Echinodermes recueillis par *M. V. de Robillard* à l'île Maurice. II. Stellérides. In-4⁰, 84 p. et 22 pl. Genève et Bâle, H. Georg. 1885. 18 —

Loriol, P. de, voir: *Choffat, Paul.*

Loriol, P. de, **Description des animaux invertébrés fossiles contenus dans l'étage néocomien moyen du mont Salève. (In 2 Livrs.) 1. Livr. Imp.-4. (112 S. mit 14 Stnt.) Basel 861, Georg's Verlagsbuchh.** **

Loriol, P. de, Description des animaux invertébrés fossiles, contenus dans l'étage néocomien moyen du Mont Salève. 2. Livr. Imp.-4. (Mit 8 Stnt.) Genf [Basel] 863, Georg's Verlagsh. **
1. Livr. Ebendas. 1861. ** 6 Thlr. 20 Ngr.

Loriol, P. de. Description des échinides des environs de Camerino (Toscane), précédée d'une notice stratigraphique par *M. Canavari.* In-4⁰, 32 p. et 3 pl. Genève, Bâle et Lyon, H. Georg. 1882. 5 —
*** Forme le Nr. 3 du tome XXVIII des mémoires de la Société de physique.

Loriol, P. de, description des échinides des terrains cretacés de la Suisse, s.a. Matériaux pour la paléontologie suisse.

Loriol, P[erceval] de. Description des Échinides des terrains crétacés de la Suisse. [Avec 33 planches.] — *A. u. d. T.:* Échinologie helvétique: Description des oursins fossiles de la Suisse. 2me partie: Échinides de la période crétacée, par P. de L'. 4. Genève, Bâle, Lyon 1873.
Matériaux pour la Paléontologie suisse.... VI• Serie. [Monographie N° 2.]

Loriol, P. de, Description de quatre Echinodermes nouveaux. gr. 4. (15 S. mit 1 Stnt.) Genève 880. (Basel, Georg. — Berlin, Friedländer und Sohn.) **
Aus: Abhandlungen der schweizer. paläontologischen Gesellschaft, besonders abgedruckt.

Loriol, P. de, description de quatre Échinodermes nouveaux. [Aus: „Mémoires de la soc. paléontol. suisse".] gr. 4. (15 S. m. 1 Steintaf.) Genève 880. (Basel, Georg. — Berlin, Friedländer & Sohn.) n.n. 2. 40

Loriol, P. de, Description des échinoides tertiaires de la Suisse. gr. 4. (140 S. mit 23 Stnt.) Genève 876. (Basel, Georg. — Berlin, Friedländer und Sohn.) **

— description des échinoides tertiaires de la Suisse. [Aus: „Mémoires de la société paléontologique suisse".] gr. 4. (140 S. m. 23 Steintaf.) Ebend. 876. n.n. 24. —

Loriol, P. de, description des mollusques et brachiopodes des couches Séquaniennes de Tonnerre (Yonne). Accompagnée d'une étude stratigraphique par J. Lambert. [Aus: „Mémoires de la société paléontologique suisse" vol. XX.] gr. 4. (213 S. m. 12 Taf. u. 11 Bl. Erklärgn.) Genève 893. (Basel, Georg & Co.) n.n. 16. —

Loriol, P. de, eocäne Echinoideen aus Aegypten u. der libyschen Wüste, s.: Rohlfs, G., Expedition zur Erforschung der libyschen Wüste.

— Echinologie helvétique, s.a. Desor, E.

Loriol, P. de, Echinologie Helvétique. Description des oursins fossiles de la Suisse. IIe partie: Echinides de la Période crétacée. 2de (dernière) livraison. pages 145 à 400 in-4. avec planches 16 à 33. Genève et Bâle, H. Georg. 1873. 40. —
Prix de cette partie complète fr. 70. — (voir Bibliogr. 1873. Nr. 5.)

Loriol, P. de, premier supplément à l'échinologie helvétique. gr. 4. (25 S. mit 3 Stnt.) Genève 885. (Basel, Georg. — Berlin, Friedländer und Sohn.) **
Aus: Mémoires de la société paléontol. suisse, besonders abgedruckt. — Hauptwerk. (Ebendas.) 1875,76. ** ℳ 24.—.

— et Jaccard, Etude géologique et paléontologique de la formation d'eau douce infracrétacée du Jura, et en particulier de Villers-Le-Lac. Genf [Basel] 865. Georg's Verlag. 4. (Mit 3 Taff.) n.u. 2 ₰ 20 ngr.

Loriol. P.
Etude sur les Mollusques et Brachiopodes de l'oxfordien inférieur ou zone à ammonites Renggeri du Jura bernois. Accomp. d'une notice stratigraphique par le *Prof. E. Koby.* 2 parties. In-4⁰. 220 p. avec 12 pl. 1899. Genève et Bâle, Georg & Co. 20 —
*** Extrait des Mémoires de la Société paléontologique suisse. Vol. XXV et XXVI.

Étude sur les mollusques et brachiopodes de l'Oxfordien inférieur ou zone à ammonites Renggeri du Jura Bernois par P[erceval] de **Loriol**. Accomp. d'une notice stratigraphique par M. le prof. E. Koby. 12 pl. (In 2 P.) *(Basel: H. Georg; Berlin: R. Friedländer & Sohn) 1898(–99.)* (220 S.) 4°
= **Abhandlungen** d. Schweizerischen paläontol. Gesellschaft. Vol. 25, 4. 26, 4. [04. 9048]

— dasselbe. 1. Suppl. gr. 4. (119 S. m. 7 Taf. u. 7 Bl. Erklärgn.) Ebd. 901. n.n. 12. —
2 Sonderabdr. a.: „Mémoires de la soc. paléontologique suisse".

Étude sur les mollusques et brachiopodes de l'Oxfordien inférieur ou zone à ammonites Renggeri du Jura lédonien par P[erceval] de **Loriol**. Accomp. d'une notice stratigraphique par M. Abel Girardot. 6 pl. *(Basel: H. Georg; Berlin: R. Friedländer & Sohn) 1900.* (196 S.) 4°
— **Abhandlungen** d. Schweiz. paläontol. Gesellschaft. Vol. 27, 4. [04. 9046]

Loriol, P[erceval] de. Etude sur les mollusques et brachiopodes de l'Oxfordien supérieur et moyen du Jura bernois, par P. de L', accompagnée d'une Notice stratigraphique par E[Frédéric] Koby.... Avec [17] planches de fossiles. 2 Parties. Mém. Soc. Paléont. Suisse. Vol. 23 *et* 24. 4. 1896(–1897).
1re Partie, avec 11 planches de fossiles. Genève 1896.
2me Partie, avec 6 planches de fossiles. (Basel und Genf. Lyon... 1897).
La Notice stratigraphique *parut dans le Vol. 26.*

Loriol, P. de, Etude sur les Mollusques et Brachiopodes de l'Oxfordien supérieur et moyen du Jura bernois. Accompagnée d'une notice stratigraphique par E. Koby. 2 parties. [Aus: „Abhandlgn. d. schweiz paläontolog. Gesellsch."] gr. 4. (158 S. m. 17 Taf. u. 17 Bl. Erklärgn.) Genève 896. 97. (Berlin, R. Friedländer & Sohn.) n.n. 20. —

— **étude sur les mollusques du Rauracien inférieur du Jura bernois.** Accompagnée d'une notice stratigraphique par F. Koby. [Aus: „Mémoires de la société paléontolog. suisse".] gr. 4. (129 S. m. 10 Taf. u. 10 Bl. Erklärgn.) Genève 894. (Basel, Georg & Co. — Berlin, R. Friedländer & Sohn.) n.n. 16. —

— **étude sur les mollusques du Rauracien supérieur du Jura bernois.** Accompagnée d'une notice stratigraphique par E. Koby. 1. Suppl. [Aus: „Mémoires de la soc. paléont. suisse".] gr. 4. (51 S. m. 10 Taf. u. 10 Bl. Erklärgn.) Ebd. 895. n.n. 13. 60

—— et Hans Schardt, Etude paléontologique et stratigraphique des couches à Mytilus des Alpes Vaudoises. 2 parties. gr. 4. (140 S. avec 18 planches lithogr.) Genève 884. (Berlin, Friedländer und Sohn.) **
Aus: Abhandlungen der schweizer. paläontologischen Gesellschaft, besonders abgedruckt.

—— **Etudes sur la faune des couches du Gault de Cosne [Nièvre].** gr. 4. (118 S. mit 13 Stnt.) Genève 882. (Basel, Georg. — Berlin, Friedländer und Sohn.) **

Études sur les mollusques et brachiopodes de l'oxfordien supérieur et moyen du jura bernois p. P[erceval] de **Loriol,** accomp. d'une notice stratigraph. p. E. [vielmehr F[ritz]] Koby, prof. P. 1. *Genève: Impr. Rey & Malavallon 1896.* 4.
= **Abhandlungen** d. Schweizerischen paläontologischen Gesellschaft. Vol. 23, [No] 4. [97-3774

— **études sur les mollusques des couches coralligènes inférieures du Jura bernois.** Accompagnées d'une notice stratigraphique par E. Koby. [Aus: „Mémoires de la société paléontolog. suisse".] gr. 4. (419 S. m. 37 Taf. u. 32 S. Erklärgn.) Genève 889—892. (Berlin, R. Friedländer & Sohn.) n.n. 33. 60

Loriol, P. de, études sur les mollusques des couches coralligènes de Valfin [Jura]. Précédées d'une notice stratigraphique par E. Bourgeat. [Aus: „Mémoires de la société paléontologique suisse".] gr. 4. (369 S. m. 37 Taf.) Genf 886—88. (Basel, Georg. — Berlin, Friedländer & Sohn.) n.n. 28. 80

Loriol, P. de, voir: ***Mémoires de la Soc. de physique.***

Loriol, P[erceval] de. Monographie des couches de l'étage valangien des carrières d'Arzier <Vaud>. [Avec 9 planches.] 4. Bâle et Genève 1868.
Matériaux pour la Paléontologie suisse.... IVe Série. ([Monographie N°]2.)

— **monographie des Crinoïdes fossiles de la Suisse.** 3. partie. [Aus: „Abhandlgn. d. schweizer. paläontolog. Gesellsch."] gr. 4. (300 S. m. 21 Steintaf.) Ebend. 877—79. n.n. 24. —

—— Monographie paléontologique des couches de la zone à Ammonites tenuilobatus [Badener Schichten] de Baden [Argovie.] gr. 4. (200 S. mit 23 Stnt.) (Ebendas.) 876—78. **
Vorstehende zwei Schriften sind aus: Mémoires de la société paléontologique suisse, besonders abgedruckt.

—— **Monographie paléontologique des couches de la zone à Ammonites Tenuilobatus [Badener Schichten] d'Oberbuchsitten et de Wangen [Soleure].** gr. 4. (120 S. mit 14 Stnt.) (Ebendas.) 880, 81. **

Loriol, P[erceval] de. Monographie paléontologique des couches de la zone à Ammonites Tenuilobatus <Badener Schichten> d'Oberbuchsitten et de Wangen <Soleure>. [Avec 15] planches. 2 Parties. Mém. Soc. Paléont. Suisse. Vol. 7 *et* 8. 4. [Paris, Basel und Genf] 1881.
1re Partie. [Avec] 10 [*i. e.* 11] planches.
2de et dernière Partie. [Avec] 4 planches.

Loriol, P[erceval] de, et Gilliéron, V[ictor]. Monographie paléontologique et stratigraphique de l'étage urgonien inférieur du Landeron <Cant. de Neuchâtel>. [Avec 8 planches.] (N. Denkschr. Schweizer. Ges. für Naturwiss. Band 23.) 4. (Zürich 1869.)

Loriol, P. de.
Monographie paléontolog. de la zone à Ammonites tenuilobatus de Baden. In-4°, 200 p. Av. 23 pl. Bâle et Genève, H. Georg. 25 —
1879.

— **Notes pour servir à l'étude des Echinodermes.** Fasc. IX. Fol. (45 S. m. 3 lith. Taf. u. 3 Bl. Erklärgn.) Basel 901. Berlin, R. Friedländer & Sohn. n.n. 6.80

Loriol, P. de, notes pour servir à l'étude des échinodermes. Fasc. 10. (VII, 32 S. m. 4 Taf. u. 4 Bl. Erklärgn.) 32×24 cm. Basel 902. Georg & Co. — Berlin, R. Friedländer & Sohn. nn 6. 80

— dasselbe. II. Serie. Fasc. 1—3. 32×24 cm. Ebd. nn 19.20 (9. 10 u. II, 1—3: nn 32. 80)
1. (53 S. m. 3 Taf. u. 3 Bl. Erklärgn.) 902. nn 6. 80
2. (68 S. m. 4 Taf. u. 4 Bl. Erklärgn.) 904. nn 6. 80
3. (30 S. m. 3 Taf. u. 3 Bl. Erklärgn.) 905. nn 5. 60

Lorios, Magasin des petits enfans etc. 18. Berne, Typ.

Loriot, ..., Abhandl. über eine Art von Mörtel, das zu Gebäuden u. ihren Verzierungen sehr dienlich ist. Aus d. Französ. gr. 8. Bern 775. Typ. Soc. 4 K

Loriot, Jul., **Predigten** über die christliche Sittenlehre. 2 Thle. Fol. Stadt am Hof. 739.

Loriot, Jul., zweifache Predigten auf alle Sonn- u. Festtage des Jahres, neu übersetzt. 4 Thle. gr. 8. Augsb. 784. M. Rieger. 3 ß 3 K

Loritz, Dem Menschenfreunde Pater Urban, die Gemeinde Wien im Jahre 1901. Wien 1901. V: *Charlemont, Theodor.* (EB)

Loritz, P. Urban — Blätter aus dem Tagebuche meiner Pilgerreise in das heilige Land im Jahre 1855. Von — —. Der Mehrertrag ist zur Anschaffung von Schulbüchern für die Lehrlinge und Sonntagsschülerinnen im Pfarrbezirke Schottenfeld bestimmt. Mechitharisten-Buchdruckerei in Wien. (175 S. 8. Mit Holzschnitten.)

Loritz, Urban P. Der Herr sei mit Euch! Gebet- und Erbauungsbuch. 5. Aufl. 8. (578 S. und 5 Bl.) Wien, Mechitaristen 1852.

Loritza, Carl. Bilder und Erinnerungen aus Tyrols Freiheitskämpfen 1809. Ein Cyclus von Anekdoten und Charakterzügen aus dem Leben Andreas Hofer's, Joseph Speckbacher's, Johann Haspinger's, Anton Wallner's und anderer Landesvertheidiger. Aus den zuverlässigsten Quellen gesammelt und herausgegeben.
8. Wien und Leipzig 1847.

Loritza, Carl, neues Idioticon Viennense, d. i.: Die Volkssprache der Wiener mit Berücksichtigung der übrigen Landesdialekte. 8. (158 S.) Wien 847, Stöckholzer v. Hirschfeld. –

Loritza, Karl. Napoleon. Anekdoten, Charakterzüge und Begebenheiten aus dem Leben Napoleons. Aus Geschichtswerken. Memoiren etc. gesammelt und herausgegeben. 2. Auflage. 1.—4. Theil. (2 Bde.) 8. Wien und Leipzig 1846.

—— Napoleon. Anekdoten, Charakterzüge und Begebenheiten aus dem Leben Napoleon's. Aus Geschichtswerken, Memoiren rc. 2. Aufl. 4 Thle. 8. (810 S. und 1 Stahlst.) Wien 847, Stöckholzer v. Hirschfeld.

Lork, Js., Beyträge z. d. neuest. Kirchengesch. in den königl. dänisch. Reich. u. Länd. 1r Bd. in 4 Stck. u. 2n Bds. 1s u. 2s Stck. 8. Kopenh. Pelt. 756—60.

— d. Bibelgesch. in einigen Beyträgen erläut. 1r Thl. gr. 8 Koph. Faber. (Schubothe.) 779.

— — ders. 2r Thl. 8. Deff. Gel. Hdl. 783.

Lork, Tobias, († d. 8. Febr. 1785.) Beiträge zur neuesten Kirchengeschichte in d. Königl. Dänischen Reiche u. Ländern. 1r Bd. in 4 Stücken u. 2n Bds. 1s u. 2s Stck. 8. Kopenh. 757—60. Pelt. 1 Rthlr.

— die Bibelgeschichte in einigen Beiträgen erläutert. 1r Thl. gr. 8. Kopenh. 779. Faber. (Schubothe). 1 Rthlr. 6 gGr. 2r Thl. 8. Dessau 783. Gel. Handl. 1 Rthlr. 8 gGr.

– s. Büsching, Anton Friedrich: Nachrichten von dem Zustande der Wissenschaften ...

Loerke, Osk., Franz Pfinz. Erzählung. (141 S.) kl. 8. Berlin 909. S. Fischer, Verl. 2.50; geb. n 3. 50

— Der Turmbau. Roman. (312 S.) kl. 8. Ebd. 910. 4.—; geb. n 5. —

— Vineta. Erzählung. (179 S.) 8. Ebd. 907. 2.50; geb. n 3. 50

Die Einheit des Weltall. Eine Phantasie von M. Loerkens. Als Ms. gedr. Aachen (1910): Lauffs. 45 S. 8° [10. 10317 2

Lorkl, Josua, das apologetische Schreiben an den Abtrünnigen Don Salomon ha-Lewi (Paulus de Santa Maria), hrsg. nach drei Handschriften m. e. ausführl. Einleitg. u. deutscher Uebersetzung, nebst zwei Anhängen versehen v. L. Landau. (XII, 45 S.) gr. 8. Antwerpen 906. (Berlin, L. Lamm.) n. 3. —

Lorkowski, J. C. G., s. Borck, J. C. F., Handbuch über die Kirchen- u. Schul-Gesetzgebung im Preuß. Staate.

Lorle, unser. Ein kurzes Leben, kurz beschrieben v. ihrem Vater. (55 S.) kl. 8. Herrnhut 909. Missionsbuchh. — 50

Lorleberg, Joh. Carl Christ. (Harzgerode/Anhalt). Physiologia muci primarum viarum. Diss. med. Präs. Joh. Gottfr. Leonhardi. Wittenberg (Ad. Chr. Charisius) 2. XI. 1789. (3.50) 21611

Lorleberg, Otto, prakt. Arzt aus Halle a. S.: Hygienisch-medizinische Betrachtungen über bäuerliche Verhältnisse in Thüringen. *Erlangen 1899: F. Junge.* (36 S.) 8°
Erlangen, Med. Diss. v. 24. Juli 1899

Lorleberg, Otto, (Hannover): Untersuchungen über den feineren Bau des Nervensystems der Ascidien. Mit zwei Tafeln. Leipzig 1907: W. Engelmann. (41 S., 2 Taf.) 8°
¶(Aus: Zeitschrift für wissenschaftl. Zoologie Bd 88 H. 2.)
Rostock, Phil. Fak., Ref. Seeliger, Diss. v. 27. April 1907
[Geb. 3. Apr. 81 Hagen i. Westf.; Wohnort: Hannover; Staatsangeh.: Preußen; Vorbildung: Kaiser-Wilhelms-Gymn. Hannover Prima-Reife M. 99; Studium: Halle 6, Rostock 5 S.; Rig. 25. Apr. 07.]

Lorm, Christine, das Buch der Glückwünsche f. jedes Alter u. alle Erinnerungstage des gesellschaftlichen u. Familien-Lebens. Mit mehr als 270 Gratulationsbeispielen in Prosa u. Versen u. e. Anh. v. Toasten u. Trinksprüchen zu allen Anlässen. (VII, 168 S.) kl. 8. Wien (905). A. Hartleben. Geb. in Leinw. n. 1. 50

Lorm, Hieronymus [Pseud.]
Landesmann, Hieronymus [Wirkl. Name]

Landesmann, Heinr., Abdul. (Gedicht.) 16. (55 S.) Berlin 852, A. Dunker. Mit Goldschn. 9 Sgr.

Lorm, Hieron., der Abend zu Hause, s.: Verein, allgemeiner, für deutsche Literatur.

† Lorm, Hieron., [Landesmann, Heinr.], die Alten und die Jungen, s. Universal-Bibliothek Nr. 617.

Lorm, Hieron., gräfenberger Aquarelle. 8. (218 S.) Berlin 848, A. Duncker.

Lorm, Hieron., vor dem Attentat. Roman. 8. (252 S.) Dresden 884. Minden. n. 3. 50; geb. n.n. 4. 50

Lorm, Hieron., Bekenntnisblätter. Verstreute u. hinterlassene Aufzeichngn. e. Dichterphilosophen. Eingeleitet v. Philipp Stein. (XVI, 224 S. m. 2 Bildnissen u. 2 Fksm.) 8. Berlin 905. Schuster & Loeffler. n. 3. —; geb. n. 4. —

—— Diogenes im Tintenfaß. Federzeichnungen. 2. (Titel-)Aufl. 8. (180 S.) Leipzig 878, Eckstein. *
1. Aufl. vgl.: Geflügelte Stunden.

Lorm, H. Erzählungen des Heimgekehrten. *Prag* 1857. Druck und Verlag von *C. Bellmann.* 265 S. 8°

† Lorm, Hieron., [H. Landesmann,] Erzählungen des Heimgekehrten. 12. (III und 267 S.) Prag 858, Bellmann's Verlag.

Lorm, Hieron., ein adeliges Fräulein, s. Novellen-Schatz, deutscher.

† Lorm, Hieronymus [Landesmann, Heinr.], Gedichte. 1. Aufl. (110 S.) 870, und 2. verm. Aufl. 8. (120 S.) Hamburg 875, Richter. *

—— Gedichte. Gesammt-Ausg. 8. (266 S.) Dresden 880, Pierson. *

† Lorm, Hieron. [Heinr. Landesmann], Gedichte. 2.—4. stark verm. Aufl. [Ausg. in 1 Bd.] 8. (368 S.) Dresden 886, Minden. * M 4.—.; geb. **

Lorm, Hieronymus, Gedichte. 6. u. 7., verm. Aufl. 8. (400 S.) Dresden 892. 894. H. Minden. n. 5. —; geb. m. Goldschn. n. 6. 20

—— neue Gedichte. 16. (124 S.) Dresden 877, Pierson. * geb. mit Goldschn. *

— die Geheimräthin, s.: Schönthan's, P. v., Mark-Bibliothek.

†Lorm, Hieron. [Heinr. Landesmann], der fahrende Geselle. Roman. 8. (269 S.) Leipzig 884, [Schlicke.] Elischer. * 5 —
geb. * 6 50

—— außerhalb der Gesellschaft. Roman in 2 Büchern. 8. (168 S.) Dresden 881, Minden. * 5 —

Lorm, Hieron. (Heinr. Landesmann), eine mährische Gräfin. Erzählg. 8. (192 S.) Brünn 897. Verein „Deutsches Haus". n.n. 2. —

Lorm, H., Am Kamin. Erzählungen. 2 Bde. 8. (XII und 621 S.) Berlin 856(57,) Allgemeine deutsche Verlags-Anstalt.

Lorm, Hieron., (Heinr. Landesmann), Am Kamin. Erzählungen. 2 Bde. Berlin 857. Allgem. Deutsche Verlags-Anstalt. 8. (4 Bl., 336; 3 Bl., 285 S.) 3 ℛ.

— am Kamin. Geschichten u. Träumereien. 2. Aufl. 8. (V, 478 S.) Hamburg 879. J. F. Richter. n. 5. —

— ein Kind des Meeres. Roman. 8. (243 S.) Dresden 882. Minden. n. 4. —; geb. n.n. 5. —

Lorm, Hieron., Intimes Leben. Novelletten. Prag 860. Kober & Markgraf. (Hamburg, Richter.) 8. (VII, 298 S.) n. 1 ℛ 10 ngr.

—— intimes Leben. Novelletten. 8. (VII und 298 S.) Prag 860. [Hamburg, Richter.] *

— intimes Leben. Novelletten. 2. Aufl. 8. (XX, 352 S.) Hamburg 878. J. F. Richter. n. 4. —

Lorm, Hieron., die Märchen der Gegenwart. Skizzen aus Zeit u. Leben. 2. (Titel-)Aufl. 8. (179 S.) Berlin (1875) 878. Eckstein's Nachf. n. 1. 50

†Lorm, Hieron. [Landesmann, Heinr.], die Märchen der Gegenwart. Skizzen aus Zeit und Leben. 2. (Titel-)Aufl. 8. (179 S.) Leipzig 878, Eckstein. *
1. Aufl. vgl.: Geflügelte Stunden.

— die Muse des Glücks u. Moderne Einsamkeit. Zwei Beiträge zur Lebensphilosophie. 1. u. 2. unveränd. Aufl. 12. (78 S.) Dresden 893. 894. H. Minden. n. 1. —

— Nachsommer. Neue Gedichte. 1. u. 2. Aufl. 8. (102 S.) Dresden 897. H. Minden. n. 2. —; geb. n.n. 3. —

Lorm, Hieronymus (Heinr. Landesmann), Nachsommer. Neue Gedichte. 3., um 2 Abschnitte verm. Aufl. 8. (164 u. IV S. m. Bildnis.) Dresden 901. H. Minden. n. 2. —; geb. n.n. 3. —

—— der ehrliche Name. Aus den Memoiren einer Wiener Jüdin. Roman in 2 Bdn. 8. (205; 194 S.) Dresden 880, Pierson. * 8 —

Landesmann, Heinrich

Der ehrliche Name. Aus den Memoiren einer Wiener Jüdin. Von Hieronymus Lorm [d.i. Heinrich Landesmann]. 2. Aufl. Bd 1.2.
Dresden: Pierson 1880. 8°

—— Natur und Geist im Verhältniß zu den Culturepochen. 8. (VI, 201 S.) Teschen 884, Prochaska. * 3 50

— der Naturgenuß, s.a. Verein, allgemeiner, f. deutsche Literatur.

—— der Naturgenuß. Ein Beitrag zur Glückseligkeitslehre. 8. (VIII, 176 S.) Ebendas. 883. * 2 50

— der Naturgenuß. Ein Beitrag zur Glückseligkeitslehre. 2. Aufl. (Salon-Bibliothek.) 8. (VII, 191 S.) Teschen (901). K. Prochaska. n. 2.50; geb. in Leinw. n. 3.50

Lorm, Hieron., Novellen. 2 Bde. 8. (XIV und 711 S.) Wien 864. [Troppau, Kolck.]

— Novellen. 2 Bde. Wien 864. Schönewerk. 8. (XIV, 711 S.)
3 ℛ 10 ngr.

— Novellen. 2. (Titel-)Aufl. 8. (246 S.) Berlin (1875) 878. Eckstein's Nachf. n. 3. —

—— Novellen. 2. (Titel-)Aufl. 8. (246 S.) Leipzig 878, Eckstein. *
1. Aufl. vgl.: Geflügelte Stunden.

— Novellen. 3. Aufl. 8. (II, 245 S.) Berlin 893. Neufeld & Henius. n. 2. —

— der grundlose Optimismus. Ein Buch der Betrachtg. 8. (X, 329 S.) Wien 894. Literar. Gesellschaft. n. 4. 20; geb. n. 5. —

— der grundlose Optimismus. E. Buch d. Betrachtg. 2. Taus. gr. 8. (X, 329 S.) Ebd. 897. n. 5. —; geb. n.n. 6. —

Lorm, H., s.: Preisausschreiben, ein.

— kleine Romane. 2 Bde. 8. Breslau 887. Schlesische Verlagsanstalt. à n. 4. 50; geb. n. 5. 50
1. Das Leben kein Traum. (253 S.)
2. Auf dem einsamen Schloß. (327 S.)

—— kleine Romane. 2 Bde. 8. Breslau 887, Schottländer. à Bd. * ℳ 4.50. *
geb. à Bd. * ℳ 5.50. *
Inhalt:
Bd. 1. Das Leben kein Traum. (253 S.)
" 2. Auf dem einsamen Schlosse. (327 S.)

—— Wanderers Ruhebank. Erzählungen. 8. (344 S.) Leipzig 881, [Schlicke.] Elischer. * ℳ 5.; geb. * 6 50

—— ein Schatten aus vergangenen Tagen. Roman. 8. (308 S.) Stuttgart 882, Deutsche Verlags-Anstalt. * 5 —

—— todte Schuld. Roman. 2 Bde. 8. (232; 242 S.) Stuttgart 878, Hallberger. * ℳ 6.; geb. *

—— todte Schuld. Roman. 2. (Titel-)Aufl. 2 Bde. 8. (232; 242 S.) Stuttgart 880, [Hallberger.] Deutsche Verlags-Anstalt. * 6 —

—— Wien's poetische Schwingen und Federn. 8. (260 S.) Leipzig 847, Grunow.

— — Gabriel Solmar, oder: Ein kleines deutsches Fürstenthum; s. a. Salon, belletristischer.

—— Gabriel Solmar, s. a. Universal-Bibliothek Nr. 732—735.

— Gabriel Solmar oder: ein kleines deutsches Fürstenthum. Roman. 2 Bde. 8. (III und 607 S.) Wien 864, Markgraf und Müller.

Landesmann, Heinr., [H. Lorm], philosophisch-kritische Streifzüge. 8. (240 S.) Berlin 873. Mitscher & Röstell. n. 3. —

— geflügelte Stunden. Leben. Kritik. Dichtung. 1—3. Thl. 8. Leipzig 875. Eckstein. à n. 3. —
1. Die Märchen der Gegenwart. Skizzen aus Zeit u. Leben. (179 S.)
2. Diogenes im Tintenfaß. Studien u. Essays. (180 S.)
3. Novellen u. Scenen. (246 S.)

—— geflügelte Stunden. Leben. Kritik. Dichtung. 3 Thle. 8. Leipzig 875, [Hartknoch.] Wartig's Verlag. à Thl. * ℳ 3. *
Inhalt:
Thl. 1. Die Märchen der Gegenwart. Skizzen aus Zeit und Leben. (179 S.)
„ 2. Diogenes im Tintenfaß. Studien und Essays. (180 S.)
„ 3. Novellen und Scenen. (246 S.)

— s.: Swift's „Testament".

—— späte Vergeltung. Roman. 2 Bde. 8. (V, 202; 235 S.) Hamburg 879, J. F. Richter. *

—— die schöne Wienerin. Roman. 8. (404 S.) Jena 886, Costenoble. *

Lorm, Hieron., (Heinr. Landesmann,) ein Zögling des Jahres 1848. Roman. 3 Bde. 8. (755 S.) Wien 855, Ludwig und Zang. **

de Lormain, (Bauur), Mahomet II. Tragédie en 5 A. et en vers. gr. 8. Rudolst., Hofbuchh. 6 gr.

— Omasis, oder Joseph in Egypten. Histor. Drama in 5 Aufz., übers. v. Robert. 16. Berl. 808. Dümmler. 12 gr.

L'Orme, De. Historisch-romantisches Gemälde ... A. d. Engl. ... Leipzig 1832. V: *James, George Paine Rainsf.* (EE)

Lorme, de, abrégé de l'histoire du globe. gr. 8. Paris, Flick. (Bas.) 775.

Lorme, Ed. de, Auszüge aus den Kirchenbüchern der französisch-reformierten Gemeinde v. Carlshafen a. d. Weser (1699—1825), s. a. Geschichtsblätter des deutschen Hugenotten-Vereins. XIII. 9.

Auszüge aus den Kirchenbüchern der französich-reformierten Gemeinde von Carlshafen a. d. Weser ⟨1699-1825⟩. Von Ed. de Lorme. (Magdeburg: Heinrichshofen 1909.) 38 S. 8°
(Geschichtsblätter d. Deutschen Hugenotten-Vereins Bd 13, H. 9.) A 12. 140⁴

Lormè, G. Eng., Trattato della fabbricazione dei saponi cont. alcune nozioni sugli alcali, sui corpi grassi saponiferi, nonchè le istruzioni sulla fabbricazione dei saponi marmorizzati ecc. Con 2 tav. litogr. (in qu. Fol.) gr. 16. (IV und 494 S.) Triest 864, Coen. *

Lormier, S. de [Pseudon.] s. Mon, Mme Denise.

Die Ausbildung des Schützen und der Rotte. Stufenweise zsgest. nach Exerzirreglement, Schiessvorschrift u. Turnvorschrift f. d. Infant. von de **Lorne** de St. Ange, Hauptm. *Wesel: C. Kühler 1901.* (20 S.) 8° [Umschlagt. F.] [O4. 3404

Die Ausbildung des Schützen und der Rotte. Stufenweise zsgest. nach Exerzirreglement, Schiessvorschrift u. Turnvorschrift f. d. Infant. von de **Lorne** de St. Ange, Hauptm. 2. verb. Aufl. *Wesel: C. Kühler 1901.* (22 S.) 8° [Umschlagt. F.] [O4. 3405

Lorne de St. Ange, de, die Ausbildg. des Schützen u. der Rotte. Stufenweise zusammengestellt nach Exerzirreglement, Schießvorschrift u. Turnvorschrift f. d. Infanterie. 3. Aufl. 12. (22 S.) Wesel 902. C. Kühler. n. — 25

Lorne de St. Ange, de, die Ausbildung des Schützen u. der Rotte. Stufenweise zusammengestellt nach Exerzierreglement, Schießvorschrift u. Turnvorschrift f. die Infanterie. Ausg. f. Gew. 88 u. Gew. 98. 4. Aufl. (à 23 S.) kl. 8. Wesel 904. B. Kühler. n. — 25

Lornsen, Uwe [Jens]

Im Anfange des Märzmonats 1838 starb gebrochenen Herzens auf einem Landhause am Genfer See nahe bei Genf Uwe Jens **Lornsen** etc. etc. (Gedenkblatt an Uwe Jens Lornsen.) Keitum. o. J. Lithogr. 1 Bl. Fol., 59/46 cm.

Die **Unions-Verfassung** Dänemarks und Schleswigholsteins ... v. Uwe Lornsen. Nach des Verfassers Tode hrgg. v. Georg Beseler. Jena. 1841. [Hamburg.] 1841. 4° Ausschnitt aus: Börsen-Halle. (Beilage:) Deutsches Literaturblatt. Redig. v. Ludolf Wienbarg. 1841, Nr. 30—32.

Lornsen, Uwe, die Unions-Verfassung Dänemarks u. Schleswigholsteins; e. geschichtl.-staatsrechtliche u. politische Erörterung. Nach d. Verf. Tode hrsg. v. Geo. Beseler. gr. 8. (34 B.) Jena 841, Frommann. *

Ueber das Verfassungswerk in Schleswigholstein. Von Uwe Jens **Lornsen.** Kiel, gedruckt bei C. F. Mohr. 1830. 8°.
—— Kiel, gedruckt in der Königlichen Schulbuchdruckerei. 1830. 8°.

Lornsen, U. J., über d. Verfassungswerk in Schleswigholstein. gr. 8. (1 B.) Kiel 830. (Hamburg, Herold.)

Loro, Eli, der Mörder. Ein Bild des Gewissens. Vom Verf. des Odioso, der kleine Teufel. 8. Prag, Polt. (a. Daisenberger in Augsb.) 801.

Lörrach [Schlagwort]

— s. a.: Deutschland. Kürschner-Pelp.

Lörrach, s. a. Schwarzwald. Karte.

Lörrach, Kreis. Hoffmann, J. J. u. Wilh. Rible, Handkarte des Kreises Lörrach für die Schüler. Nach den grossh. Kreisschulvisitatur vorgelegten u. genehmigten u. v. den Lehrern geprüften Entwürfen gezeichnet. 1 : 160,000. 39×46 cm. Farbdr. Lahr 898. Ch. Schömperlen. n. — 50

— — — Wandkarte des Kreises Lörrach. Nach den grossh. Kreisschulvisitatur vorgelegten u. genehmigten u. von den Lehrern geprüften Entwürfen gezeichnet. 2 Blatt à 102,5×60 cm. Farbdr. Ebd. 898. n. 14. —; auf Leinw. m. Stäben n. 16. —

Lorrain, Claude, Flucht nach Aegypten, s.: Blätter, bunte, aus aller Welt. Nr. 44.

Lorrain, Claude, Landschaftsstudien, gestochen v. F. X. Seyffert. qu. Fol. Berl., Müller. 1 ₰

Lorrain, Claude, „Der Morgen" u. „Der Abend", s.: Meisterbilder fürs deutsche Haus.

Lorraine [Sachl. OW]

Lorraine, vers le Midy. 1 : 300,000. 1 Bl.

Lorraine [Schlagwort]

Lorraine — Description de la Havlte et Svperievre — Coloniae Agrippinae excudit Jo. Bussemecher. 1: 300,000. 1 Bl.

Lorraine [Verfasser]

de Lorraine, die Geheimnisse der Schönheit, s. Bücher-markt, deutscher.

Lorraine, Rupert, the woman and the sword, s.: Unwin's

Lorrain's, Claude, Biographie und Charakteristik, s. Regnet, C. A.

Lorrequer, Harry [Pseud.]
s.a. Lever, Charles James

Lorrequer, Harry, (Charl. Lever,) Arthur O'Leary, s. Ausland, das belletrist., von K. Spindler, 591.—599. Bdchn.

—— Charles O'Malley der irländische Dragoner. A. d. Engl. übers. v. C. K. Frei. 5 Bde. 8. (95 B.) Braunschweig 842, 43, Leibrock.

Lorria, A. An accident on Matterhorn in 1887. Samaden, Teuner. 1888.

Lorria, Aug., die penninischen Alpen, s.: Conway, W. M.

Lorria, August, et Martel, E[douard-]A[lfred]. Les grandes Alpes: Le massif de la Bernina, par A' L' et E. A. M', avec la collaboration de Rev. W[illiam] A[ugustus] B[revoort] Coolidge et et J[ohann] Caviezel. Illustré de 50 héliogravures hors texte et environ 150 gravures dans le texte d'après des photographies. fol.-obl. Zurich 1894.

Lorria, Aug., et E. A. Martel, les grandes Alpes. Le massif de la Bernina, avec la collaboration de W. A. B. Coolidge et J. Caviezel. Illustré de 50 héliogravures hors texte et environ 150 gravures dans le texte. qu. Fol. (168 S.) Zürich 894. Art. Institut Orell Füssli, Verl. Salon-Ausg. geb. n. 50.—; Luxus-Ausg. n. 80.—

Lorrier. Ueber Armen-Versorgung. *Breslau.* 1779

§ * **LORRIS,** Guillaume de (saec. XIII.), Das Gedicht von der Rose. Aus d. Altfranzös. des — übers. v. Heinr. Fährmann. Mit e. Vorwort eingeführt v. Fr. Heinr. von der Hagen. Berlin, Vereins-Buchhdlg., 1839. 8°. (Rthl. 1—.) XIV—197 S. (In Berlin: Xt 3205; auch in Breslau, Kgl. u. Univ.-Bibl.)

Lorrow, Frdr., s.: Elbogen, Frdr.

— das Geständnis. Aus den Erinnergn. e. Verteidigers. 8. (92 S.) Dresden 892. E. Pierson. n. 1.—

Lorry, Annäus Carl
s.: Lorry, Anne Charles

Lorry, Anne Charles

— **Abhandl. v. den Krankh. d. Haut, a. d. Lat. v. Held. 2 Bde. gr. 8. Leipz. Crusius. (F. C. W. Vogel.) (I. 1 Rthlr. 16 gr. II. 1 Rthlr. 8 gr.)**

— Abhandl. von d. Krankheiten d. Haut. Aus d. Latein. v. Chr. Fr. Held. 2 Bde. gr. 8. Leipz. 779. (W. Vogel). 3 Rthl.

Anne Charles Lorry

A[nne] C[harles] Lorry's [Essai sur les alimens. Deutsch:] Abhandlung über die Nahrungsmittel, als Commentar über die diätetischen Bücher des Hippokrates. Nach der neuesten Originalausg. a.d.Franz. übers. von Johann Christian Gottlieb Ackermann. Th.1 (-3.) Leipzig: J.G.Müller 1785. 346 S. 1 Bd 8°

— **Abhandl. üb. d. Nahrungsmittel, als Commentar üb. Hippokrates Schr. a. d. Franz. v. Ackermann. 1r Thl. 8. Lpz. Müller. 786.**

Lorry, Anna Carl. Über das Fett im menschlichen Körper. Berlin 1797. Ü: *Lindemann, Herm. Wilh.* (EngM) (Ky)

Lorry, A. C., üb. d. Fett im menschl. Körper rc. a. d. Frz. 8. Berlin, Lange. 797.

Lorry, Aena Karl, das Fett im menschl. Körper rc. Aus d. Französ. (v. H. W. Lindemann). 8. Berl. 797. (Reimer). 6 gr

Lorry. Ann. Chr., De melancholia et morbis melancholicis. II T., 390 et 429 pp. Par. 8. Deutsch Frkf. u. Lpz. 1770, 2 Th. 8°. Inhalt ausführlich in: *Friedreich,* Literärgesch. 1830. S. 410—430. *Haller,* Bibl. anat. II, 429.
1765

— de melancholia et melancholicis. **II Tomi. 8maj. Paris 765. Fritsch. (Hahn in Leipz.) 3 Rthl. 8 gr**

— — dass. a. d. Lat. v. Krause. 2 Thle. gr. 8. Frkft. Andreä. 770.

Lorry, A. C., B. d. Melancholie u. d. melanch. Krankheiten. A. d. Lat. von C. A. W. u. mit Vorrede versehen v. Dr. Chr. *Krause.* 2 Bde., 536 u. 568 S. Frkf. u. Lpz. 8°. A. D. B. XII, 2, p. 52. XV, 200. Comm. Lps. XIV, 644. XV, 251. J. de méd. XVI, 387.
1770

Anne Charles Lorry

Annäus Carl Lorry (De Melancholia. (Deutsch:]) von der Melancholie und den melancholischen Krankheiten. Aus d. Lat. übers. von M.C.A.W. [d.i. Christian August Wichmann]. Mit Fleiß übersehen u. mit e. Vorr. begleitet von Carl Christian Krausen [Krause]. Bd 1.2. Frankfurt & Leipzig: Andreä 1770. 8°

— tract. de morbis cutaneis. 4. Paris 777. ... 3 Rthl. 12 gr

— Uebersicht d. vornehmst. Veränderr. u. Umwandlungen d. Krankheiten, herausg. v. J. S. Halle. Aus d. Latein. gr. 8. Leipz. 785. Weygand. 1 Rthl. 4 gr

Loers, Vitus

Loers, V. **Annotationes in Ovidii Heroidas. 30 S.** . . . Trier, Progr. 1825

Loers, (V.,) Specimen annotationis in P. Ovidii Nas. Heroides. 4 maj. Treviris 825, Lintz.

Loers, Vitus, de tribus P. Ovidii Nasonis fastorum codicibus manu scriptis commentatio. Insunt variae lectiones integrae praestantissimi codicis manu scripti Treverensis, nunc primum collati. gr. 8. (75 S.) Trier 857, Lintz' Verlag. *

Loers, Vt. Commentarii in P. Ovidii Nasonis Fastos part. I. 19 S.
Trier, Progr. 1851

Lörs, V. De Dionysii Halic. judicio de Platonis oratione ac genere dicendi. 22 S. . . . .
Trier, Progr. 1840

Loers, Vitus, de Dionysii Halicarnassei judicio de Platonis orat. ac genere dicendi dissert. 4maj. (3 B.) Treviris 840, Lintz. *

— s. Ovidii P. Nasonis Heroides etc.

Loers, Vit., s. Ovidii Nas. P., metamorphoseon etc.

– (Hrsg.), s. Plato: Menexenus. 1824.

Ders. Prolegomena in Ovidii Tristium libros V. 15 S.
Trier, Progr. 1836

Lörs, V. Quae ratio inter Platonis Menexenum et Lysiae laudationem sive epitaphium intercedat. 18 S. . .
Trier, Progr. 1846

L'Orsa, Theophil, von Silvaplana ([Kt.] Graubünden): Zur Kenntnis des p-Tolylhydroxylamins. Wiesbaden R. Bechtold u. Cie Dr. 1896. 86 S., 1 Bl. 8°.
Zürich, Phil. Diss. [v. 18. Mai 1897].

L'Orsani, A.: Katinka und andere Novellen. Göding: Weinberger 1905. 199 S. 8°

Lorsbach Beiträge zur Geschichte der ehemaligen lateinischen Schule in Siegen. 1ste Abth. 18 S. — 2te Abth. 23 S. — 3te Abth. 29 S.
Siegen, Progr. 1841. 1844. 1849

Lorsbach, A., Wilhelm I., Prinz v. Oranien. Sein Leben u. Wirken, in kurzer Darstellg. geschildert. gr. 8. (44 S.) Wiesbaden 889. Limbarth. n. — 60

Lorsbach, G. G., De Jo. Leonis descriptione Africae. Herborn (Bruckner) 1801. 22 S. (3.—) 21612

Lorsbach, G. W., s. Fieldings Abentheuer u. Reisen.

Lorsbach, Geo. Wlh., († d. 29. März 1816.) Archiv für die morgenländische Literatur. 2 Thle. 8. Marb. 791—94. Krieger. 2 ℛ 4 gl (2r Thl. A. u. d. T.: Archiv für d. bibl. u. morgenländ. Litt. 1 ℛ 4 gl)

— neue Beyträge z. d. Apokryphen d. N. Testam. gr. 8. Ebend. 806.

— neue Beiträge zu d. Apokryphen d. N. Testaments. gr. 8. Marb. 807. Krieger. 18 gl

– s. Biblia. Hrsg. v. Lorsbach.

– s. Bibliothek der vorzüglichen Reisebeschreibungen aus den früheren Zeiten.

– s. Briefpost, Die blitzgeschwinde ...

Lorsbach, Georg. Guil., Commentationis de Cod. Arabico Fuldensi, P. I. [Akademie-Schrift.] Herbornae 1804.

– s. Leo, Jh.: Beschreib. von Afrika.

— museum, biblisches, s. A. J. Arnoldi.

Lorsbach, Georg Wilhelm (Hrsg.), s. Museum für biblische und orientalische Litteratur.

— Georg Wilh., De pseudo-Caesare, Thilone Colupo. Herborn (Bruckner) 22. XI. 1802. 16 S. (3.—) 21613

— über eine mißverstandene Stelle des arabischen Geschichtschreibers Ebn Chalicon. 8. Marb. 790.

Lorsbach, G. W., s.: Thesaurus syriacus.

Lorsbach, Ph., s. a. Kriegs-Erlebnisse Siegerländer u. Wittgensteiner Veteranen.

Kriegs-Erlebnisse Siegerländer und Wittgensteiner Veteranen aus den Feldzügen 1848/49, 64, 66 und 70/71. Nach persönl. Aufzeichn. bearb. von Ph[ilipp] **Lorsbach**, Siegen. Selbsterlebnisse. *Siegen: M. Lorsbach 1896.* (4, 280, 68 S.) 8° [F.] [oo. 10894 6

Lorsch, Chr. Gottfr. (Nürnberg), Diss. jur. de communione bonorum universali in secund. nuptiis mortua prole prioris thori haud exclusa. Altdorf (Hessel) 3. XII. 1795. 32 S. (4.—) 21614

— Diss. inaug. de communione bonorum universali in secundis nuptiis mortua etc. 4. Nürnb. 795. Lechner. (v Ebner). 3 gl

[Gedicht.] Am Aufnahmsfeste dreyer Lowtons, der Brr. Krieger, Hochnester, Friederich in die □ Joseph zur Einigkeit in Nürnberg. Gewiedmet [!] von den Brrn: [Chr. Gottfr.] **Lorsch,** [Friedr. Georg Wilh.] v. **Löffelholz,** [Christoph] **Cremer.** Den 25/IX. 5807. [Unterz.:] L. [Nürnberg 1807.] 2 Bl. 8° [Umschlagtit.]
„Willkommen uns im Heiligthume, . . .“

— Gesänge zur fröhlichen Unterhaltung. 8. ... 799.

— Rede nach d. feierlichen öffentl. Verpflichtung d. Magistrats d. Stadt Nürnberg, am 23. Nov. 1818. Nürnb. 818. (v. Ebner). Postp. 2 gl Velinp. 4 gl

Lorsch, Chr. G., Rede nach der feyerl. öffentl. Verpflichtung des Magistrats der Stadt Nürnberg, am 23. Nov. 1818. Nürnberg, Lechner. 818. auf Postpap.

Lorsch, Chr. Gf., welchen Nachtheil bringt d. Vereinigung der Stadt- u. Landschaft einer Brand-Assekurationskasse? 8. Nürnb. 1799. Grattenauer. 6 gl

Lorsch, Julius, a. Alsfeld: Die Lehre vom Gefühl bei Johann Nicolas Tetens. Gießen 1906: v. Münchow. (58 S.) 8°
Gießen, Phil. Fak., Ref. Siebeck, Diss. v. 18. Mai 1906
[Geb. 27. Juni 80 Alsfeld; Wohnort: Alsfeld; Staatsangeh.: Hessen; Vorbildung: Gymn. Fulda Reife O. 98; Studium: München 1, Gießen 8 S.; Rig. 27. Juli 05.]

Lorsch, Willi, Referendar am kgl. Landgericht zu Hanau: **Angegriffene, Destinatäre und Gedankenträger bei der Beleidigung.** *Hanau a. M. 1904: G. Heydt Nachf.* (60 S.) 8°
Freiburg i. B., Rechts- u. staatswiss. Diss. v. 1904

Loersch, s.: Bericht der verstärkten (IV.) Kommission f. Justiz-Angelegenheiten üb. den Entwurf e. Ausführungsgesetzes zur Grundbuchordnung.

— s.: Bericht der verstärkten (IV.) Kommission f. Justiz-Angelegenheiten üb. den Entwurf eines Ausführungsgesetzes z. Reichsgesetz üb. die Zwangsversteigerg. u. die Zwangsverwaltung.

Loersch, Hugo, drei Abhandlungen, s.: Bluhme, F.

Briefe von Karl Friedrich Eichhorn und zwei an ihn gerichtete Schreiben zur Säcularfeier seines Geburtstages [am 20 Nov. 1881] im Auftrage der juristischen Facultät der Rheinischen Friedrich-Wilhelms-Universität zu Bonn hrsg. von Dr. Hugo **Loersch** ... Bonn, Univ.-Buchdr. v. C. Georgi 1881. XII, 92 S. 8. ¶ Erschien zugleich selbständig bei Marcus in Bonn.

Loersch, Hugo, Briefe von Karl Friedrich Eichhorn und zwei an ihn gerichtete Schreiben, zur Säcularfeier seines Geburtstages hrsg. gr. 8. (XII, 92 S.) Bonn 881, Marcus. * 2 —

Loersch, Hugo, s.: Code civil, der.

— u. Alex. Reifferscheid, zwei Achener historische Gedichte d. 15. u. 16. Jahrhunderts. gr. 8. (98 S.) Achen 874. Kaatzer. 1. 50

Sacram memoriam Regis Serenissimi Divi Friderici Gvilelmi III, Vniversitatis Fridericiae Gvilelmiae Rhenanae conditoris mvnificentissimi, ab eadem Vniversitate d. III m. Avg. a. 1897 ... pie recolendam victorvmqve renvntiationem e litterarvm certaminibvs prodevntivm ... indicit Hvgo **Loersch** ord. ivrecons. h. a. decanvs. — Inest eivsdem dissertatio: Das französische Gesetz vom 30. März 1887. E. Beitr. z. Recht d. Denkmalpflege. Bonnae, form. C. Georgi vniv. typogr., *1897;* 35 S. 4.

Loersch, Hugo. Die Gesetze üb. das Grundbuchwesen u. die Zwangsvollstreckung in das unbewegliche Vermögen im Gebiete d. Rheinpreußischen Rechts, zugleich als Ergänzg. der 3. Aufl. d. Code civil hrsg. 12. (IV, 144 S.) Lpz. 890. K. Baedeker. * 1 20

Loersch, Hugo, der Ingelheimer Oberhof. gr. 8. (VI, CCXII, 560 S. mit 1 chromolithogr. Karte.) Bonn 885, Marcus. *

Loersch, Hvgo (geb. am 20 Juli 1840 in Aachen): De ortv et incremento svperioritatis territorialis in comitatv Ivliacensi vsqve ad a. 1356, qvo Gvilelmvs V dvcatvs dignitatem adeptvs est ... Bonnae, typ. C. Georgi (1862). VIII, 57 S. 8.
Bonn, Jur. Fak., Diss. v. 17 März 1862

Loersch, Hugo: Der Prozess in der Mörin des Herm. v. Sachsenheim, e. Beitr. zur Geschichte des gerichtl. Verfahrens im 15. Jahrh. Bonn 1871.

—— Achener Rechtsdenkmäler aus dem 13., 14. und 15. Jahrh. hrsg. und durch eine Uebersicht über die Literatur des Achener Stadtrechts eingeleitet. Nebst einem Anhang, Regesten der Achener Vögte, Untervögte, Schultheissen etc. enth. gr. 8. (X, 288 S.) Bonn 871, Marcus. *

Loersch, Rechtsverh. d. Kohlenbergbaues im Reiche Achern während des 14. u. 17. Jahrh. Bonn 873.

Loersch, Hugo, Aachener Urkunden aus dem 13., 14. und 15. Jahrhundert. Aachen 1879. 8°.
Aus: Zeitschrift d. Aachener Geschichtsver. Bd 1, S. 120—175.

— u. Rich. Schröder, Urkunden zur Geschichte d. deutschen Rechtes f. den Gebrauch bei Vorlesgn. u. Uebgn. I. Privatrecht unter Mitwirkg. v. Alex. Reifferscheid. gr. 8. (XII, 238 S.) Bonn 874. A. Marcus. n. 5. —

—— und Rich. Schröder, Urkunden zur Geschichte des deutschen Rechtes. Für den Gebrauch bei Vorlesungen und Uebungen hrsg. I. Privatrecht. 2. verm. und verb. Aufl. gr. 8. (XII, 274 S.) Ebendas. 881. * 5 —

—— Urkunden Karls d. Grossen u. Friedrichs I. f. Aachen, s. Publicationen der Gesellschaft f. Rheinische Geschichtskunde.

Loersch, Hugo, s.: Weistümer, die, d. Rheinprovinz.

Lorscheid, J., Aristoteles' Einfluß auf die Entwickelung der Chemie. gr. 8. (68 S.) Münster 872. Coppenrath. n. 1. —

Lorscheid, J., kurzer Grundriß der Mineralogie. Mit 79 in den Text gedr. Fig. u. e. Abbildg. der Grundformen der 6 Krystallsysteme. gr. 8. (VI, 34 S.) Freiburg i/Br. 884. Herder. n. — 40

Lorscheid, J., kurzer Grundriß der Mineralogie. gr. 8. (III, 30 S. mit 62 in den Text gedr. Fig. und 1 Abbild. der Grundformen der sechs Krystallsysteme.) Freiburg i. Br. 887, Herder'sche Verlagsh. *
Besonders abgedruckt aus: Lorscheid: Lehrbuch der anorganischen Chemie ...

Lorscheid, J., kurzer Grundriß der Mineralogie. Neu bearb. v. Heinr. Brockhausen. (III, 27 S. m. Fig.) 8. Freiburg i/B. 906. Herder. n. — 60

—— Lehrbuch der anorganischen Chemie. 1. Aufl. gr. 8. (XII, 260 S. mit 57 in den Text gedr. Abbild. in Holzschn. und 1 lithogr. Spektraltaf. in Farbendr.) Freiburg i. Br. 870, Herder'sche Verlagsh. *

—— dass. — nach den neuesten Ansichten der Wissenschaft. 2. Aufl. (XI, 268 S. mit 127 in Text gedr. Abbild. und 1 Spectraltaf. in Farbendr.) 1872, und 3. verb. und verm. Aufl. gr. 8. (IX, 286 S. mit 137 in den Text gedr. Abbild. in Holzschn. und 1 Spectraltaf. in Farbendr.) Ebendas. 874. *

Lorscheid, J., Lehrbuch der anorganischen Chemie nach den neuesten Ansichten der Wissenschaft. 4. verb. und verm. Aufl. (XI, 297 S. mit 143 in den Text gedr. Holzschn.-Abbild. und 1 Spectraltaf. in Farbendr.) 1876; 5. verb. und verm. Aufl. (VII, 298 S. mit 152 in den Text gedr. Holzschn.-Abbild., 1 Spectraltaf. in Farbendr. und 4 Tab.) 1877; 6. verb. und 7. unveränd. Aufl. gr. 8. (VII, 304 S. mit 160 in den Text gedr. Holzschn.-Abbild., 1 Spectraltaf. in Farbendr. und 4 Tab.) Freiburg i. Br. 877,78, Herder'sche Verlagsh. *
geb. *

Lorscheid, J., Lehrbuch der anorganischen Chemie nach den neuesten Ansichten der Wissenschaft. 8. verb. und verm. Aufl. gr. 8. (VIII, 304 S. mit 160 in den Text gedr. Holzschn.-Abbild., 1 Spectraltaf. in Farbendr. und 4 Tab.) Freiburg i. Br. 880, Herder'sche Verlagsh. * 3 60
geb. * 4 40

—— dass. — Mit 171 in den Text gedr. Abbild., 1 Spectraltaf. in Farbendr. und 3 Tab. 9. verb. und verm. Aufl. (VIII, 354 S.) 1882. * ℳ 3,60.; 10. unveränd. Aufl. mit einem kurzen Grundriß der Mineralogie. gr. 8. (VIII, 354; VI, 34 S.) Ebendas. 884. * 4 —

—— Lehrbuch der anorganischen Chemie mit einem kurzen Grundriß der Mineralogie. 11. Aufl., bearb. von H. Hovestadt. gr. 8. (VIII, 378 S. mit 280 in den Text gedr. Abbild., 1 Spektraltaf. in Farbendr. und 3 Tab.) Ebendas. 887. *
geb. **

Lorscheid, J., Lehrbuch der anorganischen Chemie m. e. kurzen Grundriß der Mineralogie. 12. Aufl. v. H. Hovestadt. gr. 8. (VIII, 354 S. m. 229 Abbildgn. u. 1 farb. Spektraltaf.) Freiburg i/B. 892. Herder. n. 4. —; geb. n.n. 4. 45

Lorscheid, J., Lehrbuch d. anorgan. Chemie m. e. kurzen Grundriß d. Mineralogie. M. 227 in d. Text gedr. Abb. u. 1 Spektraltaf. in Farbendr. 13. Aufl. v. H. Hovestadt. gr. 8. (VIII, 342 S.) Freiburg i/B. 895. Herder. n. 3. 60; Einbd. in Halbldr. n.n.n. — 45

Lehrbuch der anorganischen Chemie mit e. kurzen Grundriß d. Mineralogie. Von Prof. Dr. J. **Lorscheid**. Mit 221 Abb. u. 1 Spektraltaf. 14. Aufl. von Dr. F. Lehmann, Oberl. zu Siegen. Freiburg i. B.: Herder 1899. (VIII, 342 S.) 8° [F.] (o8. 211 8

Lorscheid, J., Lehrbuch der anorganischen Chemie m. e. kurzen Grundriß der Mineralogie. Mit 221 in den Text gedr. Abbildgn. u. 1 Spektraltaf. in Farbendr. 15. Aufl. v. F. Lehmann. gr. 8. (VIII, 344 S. m. 4 Tab.) Freiburg i/B. 902. Herder. n. 3. 60; Einbd. in Halbldr. n.n.n. — 50

— Lehrbuch der anorganischen Chemie. Mit 154 in den Text gedr. Abbildgn u. 1 Spektraltaf. in Farbendr. 16. Aufl. v. Frdr. Lehmann. (VIII, 325 S. m. 2 Tab.) gr. 8. Ebd. 904. n. 3. 60; geb. in Halbldr. n. 4. 20

— Lehrbuch der anorganischen Chemie. 18. Aufl., hrsg. v. Frdr. Lehmann. Mit 154 in den Text gedr. Abb. u. 1 Spektraltaf. in Farbendr. (VIII, 331 S. m. 3 Tab.) gr. 8. Ebd. 909, 3.60; geb. 4. 20

Lorscheid, J., Lehrbuch der organischen Chemie. Mit 50 in den Text gedr. Abbildgn. (in Holzschn.), 5 Tab. (in qu. 4. u. gr. 4.) u. 1 Taf. (in Holzschn.) gr. 8. (XI, 255 S.) Freiburg i/Br. 874. Herder. n. 3. 60

—— Lehrbuch der organischen Chemie. 2. verb. Aufl. gr. 8. (XI, 262 S. mit 73 in den Text gedr. Holzschn.-Abbild., 5 Tab. und 1 Taf.) Ebendas. 877. * ℳ 3,60.; geb. *

—— Lehrbuch der organischen Chemie. 3. verb. Aufl. gr. 8. (XI, 270 S. mit 79 in den Text gedr. Holzschn.-Abbild., 5 Tab. und 1 typogr. Taf.) Ebendas. 880. * 3 60

—— Leitfaden der anorganischen Chemie. (In neuer Orthographie und der für Oesterreich vorgeschriebenen Druckeinrichtung.) gr. 8. (VIII, 250 S. mit 107 in den Text gedr. Holzschn.-Abbild. und 1 Spektraltaf. in Farbendr.) Ebendas. 882. * 2 80

—— Leitfaden der organischen Chemie. gr. 8. (VIII, 118 S. mit 25 in den Text gedr. Abbild.) Ebendas. 881. * 1 40

— die Spectralanalyse gemeinfaßlich dargestellt. Mit Abbildungen (in eingedr. Holzschn.) u. einer farb. lith. Taf. Münster 868. Aschendorff. gr. 8. (III, 68 S.) n. 10 ngr.

— — 2., umgearb. u. sehr verm. Aufl. Mit 51 in den Text eingedr. Abbildgn. (in Holzschn.) u. 7 (lith.) Taff., von denen 5 in Farbendr. (in gr. 8. u. qu. 4.) Ebend. 870. (VIII, 191 S.) n. 1 ℳ

Lorscheid's, Jak. J., kurzer Grundriß der organischen Chemie f. höhere Lehranstalten, insbesondere f. Oberrealschulen u. Realgymnasien. 2. Aufl., vollständig neu bearb. v. Paul Kunkel. (VIII, 124 S. m. 28 Fig.) gr. 8. Freiburg i/B. 908. Herder. 2.—; geb. 2. 50

Lorscheid, Josef: Die von Callao ausgegangenen Entdeckungsfahrten der Spanier in die Südsee. [T. 1.] *Rheydt 1902: Th. Buresch.* (S. 3—31.) 4°
Rheydt, OR u. PG, P 1902 (562)

Lorscheid, Josef, Dr.: Die von Callao ausgegangenen Entdeckungsfahrten der Spanier in die Südsee. [T. 2.] *Rheydt 1903: Th. Buresch.* (S. 3—19.) 4° ¶(Forts. u. Schluß d. P-Beil. 1902.)
Rheydt, G ⟨i. E.⟩ u. OR, P 1903 (580)

Lorscheid, Josef, Oberlehrer, aus Rheydt: Die von Callao ausgegangenen Entdeckungsfahrten der Spanier in die Südsee. *Rheydt 1903: Th. Buresch.* (50 S.) 4° ¶[= Progr. Rheydt, Oberrealsch. 1902 u. 1903.]
Bonn, Phil. Diss. v. [27. Mai] 1903

Lortet, Denkschrift zur Begründung eines städtischen Turnplatzes an den Magistrat von Lyon, Franz., Lyon 1830, Hf., 12 S., 4°.

Lortet, muséum d'histoire naturelle de Lyon. Rapport à M. préfet sur les travaux exécutés l'année 1873. gr. 8. (63 S.) Basel 874. Georg. n. 1. 80

Lortet, Charles, nous autres Français. (Französischer Sprachschatz.) (VIII, 316 S.) kl. 8. Altenburg 909. H. A. Pierer. Geb. in Leinw. 2. 50

Lortsch, Alfr., fern v. der Heimat. Australischer Roman. 3 Bde. 8. (256, 197 u. 230 S.) Berlin 886. Janke. n. 10. —

Lortsch, Alfr., Calculations-Tabellen, Paritäten u. Reductionen für den auswärtigen Getreide-Handel. gr. 8. (VIII, 64 S.) Libau 882. (Zimmermann.) n. 3. —

Lortsch, Frau Franziska, s.: Leoni, F.

Lortz, M., Geschichte der evangelisch-reformierten Gemeinde Oberseebach-Schleithal. Nach urkundl. Quellen bearb. gr. 8. (XVI, 88 S.) Straßburg 894. J. H. E. Heitz. n. 1. 50

Lortzing. Albert L'. Njbl. Zürich sa[Weber, Heinrich I].

Lortzing, Albert. Zürich [1869]. V: *Weber, Heinrich.* (Cat. der Stadtbibl. Zürich. Zürich 1864—97.)

Lortzing, de Dem. p. Apollod. Berl.
Schul-/Univ.-Schrift 1863.

Lortzing. Plan der Kreis-Stadt **Cottbus** mit den angrenzenden Ortschaften. Cottbus 1867. 1 Bl. L.

Ali Pascha von Janina. Oper in 1 Akt von Albert **Lortzing**. Clav.-Ausz. mit Text u. vollst. Dialog nach d. urschriftl. Partitur... bearb. von Georg Richard Kruse. *Leipzig: B. Senff [1904].* (107 S.) 4° [04. 11690

Lortzing's Briefe. Gesammelt u. hrsg. v. Geo. Rich. Kruse. gr. 8. (VIII, 289 S. m. Bildnis u. Fksm.) Leipzig (902). H. Seemann Nachf. n. 5. —; geb. n. 6. 50

Lortzing, Casanova, s. a. Mode's, G., Textbibliothek.

Casanova. Komische Oper in 3 Akten. Nach e. franz. Vaudeville frei bearb. Musik von Albert **Lortzing**. [Textbuch.] Leipzig: Breitkopf & Härtel [1899]. 92 S. 8°
(Breitkopf & Härtels Musikbücher. Abt. 1. Nr 266.) [09. 8598

— Zum Groß-Admiral, s. Mode's Operntextbibliothek.

Lortzing, A., Johannes der Täufer, s. a. Feierstunden. 32.

Cantate zur Secular[!]-Feier der Loge Minerva zu den drei Palmen im Or. Leipzig am 20. März 5841. Gedichtet von [Aug. Ludw.] Mothes. Comp. von [Albert] Lortzing. [Leipzig 1841]: Vogel. 6 S. 8⁰ [Umschlagtit.]
Abgedr. in: Stieglitz, Ch. L.: Gesch. d. L. Minerva, Leipzig. 1841 S. 71—75; Neueste ZfFr. 1841 S. 47—50, 52—54.
cf. Bbl. 17 (1903) S. 43—44; FZ. 57 (1903) S. 55; SL. 23 (1903) S. 38—39.
Ohne Noten: „Hört! Des Hammers Ruf ertönet, . . .“

— Rolands Knappen, s. a. Mode's, G., Operntextbibliothek.

Lortzing, Alb., Rolands Knappen, s. a. Universal-Bibliothek.

Rolands Knappen. Märchenoper in 3 Aufz. frei nach Musäus von Albert Lortzing. Neue Bearb. Vollst. Buch. Hrsg. u. eingeleitet von Georg Richard Kruse. Leipzig: Ph. Reclam jun. [1906]. (94 S.) 8° [F.]
= Opernbücher. Bd 60.
(Universal-Bibliothek. 4847.) [06. 13489

Acht Lieder, mit Begleitung des Klaviers comp. und der St.·. Joh.·. Loge zum goldnen Rade im Or.·. zu Ossnabrück[!] hochachtungsvoll gewidmet von A[lbert] G[ust.] Lortzing im Aprill des Jahres 5829. (Wortlaut des Orig.-Titelbl.) [Nebst 8 Bl. Beil.] Gesamtausg. f. Frmr. Osnabrück: Selbstverl. d. Loge 1909. 13 S. 2⁰ [Lithogr.] [Umschlagtit.]
cf. Geschichte d. L. z. gold. Rade, Osnabrück. 1907 S. 79—85, abgedr. in: FZ. 62 (1908) S. 17—19; Geschichte d. L. z. gold. Rade, Osnabrück. 1907 S. 108a—108d (R. Prenzler); H. 18 (1907) No 47 (R. Prenzler), abgedr. in: Bh. 51 (1908) S. 68—70 u. Bbl. 22 (1908) S. 44—49 u. SL. 28 (1908) S. 11—14, 17—18 u. S. 15 (1908) S. 5—8; L. 30 (1907) S. 369, 413; Brh. 5 (1908) S. 93, 95 (A. Jaeger); ArSt. 5 (1908) S. 50—53; BrL. 26 (1908—1909) S. 53—54; BstF. 18 (1909) S. 71 bis 73 (L. Müffelmann), 95 (R. Prenzler); FZ. 63 (1909) S. 323 (R. Bachmann); H. 20 (1909) No 18; L. 32 (1909) S. 190 (P. Fischer); R. 36 (1909) S. 98 (G. Schauerhammer); ArSt. 6 (1909) S. 47; S. 16 (1909) S. 45; ⁰Osnabrücker Ztg. 1909; BrL. 26 (1908—1909) S. 54 u. Al. 35 (1909) S. 144.
Für Gesang u. Pianoforte. Mit Noten.

Lortzing, Alb., Liturgie für evangelisch-lutherische Gemeinden. 2. Aufl. 8. (111 S.) Gütersloh 880, Bertelsmann. * — 60
1. Aufl. erschien im Selbstverlage des Verfassers.

Lortzing's, Albert, komische Opern. 1. Bd. 1. Der Pole u. sein Kind. 2. Czaar u. Zimmermann. 3. Caramo, oder das Fischerstechen. 8. (270 S.) Leipzig 847, Koffka. Subscr.-Pr. ²/₃ ₰ Ladenpr. 1 ₰

Lortzing, Alb., die Opernprobe, s. a. Hendel's Operntexte.

– Die Opernprobe, s. a. Mode's Operntextbibliothek.

Lortzing, Gust. Alb., die Opernprobe, s. a. Universal-Bibliothek.

Die Opern-Probe. Komische Oper in 1 Akte, nach Jünger frei bearb. Mus. v. Albert Lortzing. Ausg. d. Leipziger Stadttheaters. *Leipzig: (Breitkopf & Härtel [1893]).* (73 S.) 8° [F.]
= Textbibliothek, Breitkopf & Härtel's. No 109. 99. 4733

Die Opernprobe. Kom. Oper in 1 Aufz. frei nach Poisson u. Johann Friedrich Jünger. Dichtung u. Musik von Gustav Albert Lortzing. Vollst. Buch. Durchgearb. u. hrsg. von Carl Friedrich Wittmann. *Leipzig: Ph. Reclam jun. [1902].* (56 S.) 8° [F.]
= Opernbücher. Bd 50.
(Universal-Bibliothek. 4272.) 02. 5614

Die Opernprobe. Komische Oper in 1 Aufzug. Text nach Johann Friedrich Jünger. Dichtung u. Musik von Gustav Albert Lortzing. Halle a. S.: Hendel [1910]. 26 S. 8°
(Hendels Operntexte. 33.) [11. 5142 3

Lortzing, A., der Psalter nach Dr. Mart. Luthers Uebersetzung. Zum Singen in Kirche, Schule u. Haus eingerichtet. Nebst einer Metten- u. Vesperordnung. Ausg. B. Berlin 869. E. Müller. gr. 16. (151 S.) n. 3 ngr.

— — 2. verb. u. mit einer Metten- u. Vesperordnung u. den nöthigen Musikbeilagen verm. Aufl. Ausg. A. Ebd. 869. gr. 16. (IV, 196 S.) n. 6 ngr.

Lortzing, A., der Psalter nach Dr. Martin Luther's Uebersetzung. Zum Singen eingerichtet, m. e. angefügten Metten- u. Vesperordng. u. den nöth. Musikbeilagen 3. verm. Aufl. gr. 16. (IV, 225 S.) Halle 876. Gesenius. n. — 75

—— der Psalter nach Dr. Martin Luthers Uebersetzung. Zum Singen eingerichtet, mit einer angefügten Metten- und Vesperordnung und den nöthigen Musikbeilagen. 4. unveränd. Aufl. 12. (IV, 224 S.) Ebendas. 880. * — 75

— der Psalter nach Dr. Martin Luthers Uebersetzung. Zum Singen eingerichtet m. e. angefügten Metten- u. Vesperordng. u. den nöt. Musikbeilagen. 7., unveränd. Aufl. (IV, 224 S.) kl. 8. Gütersloh 904. C. Bertelsmann. n. — 75; geb. n. 1. —

Text der Gesänge aus Regina oder die Marodeure. Romant. Oper in 3 Akten von Albert Lortzing. Umarbeitung d. Textes von Adolph L'Arronge. *Berlin: E. Bote & G. Bock [1897].* (52 S.) 8° [F.] 00. 5646

Text der Gesänge aus Regina oder die Marodeure. Romant. Oper in 3 Akten von Albert Lortzing. Umarb. d. Textes von Adolph L'Arronge. Berlin: Bote & Bock [1898]. 52 S. 8° [11. 11338

Regina oder Die Marodeure. Romant. Oper in 3 Akten. Umarbeitg. d. Textes v. Adolph L'Arronge. Mus. v. Albert Lortzing. Vollständ. Klavier-Ausz. m. Text bearb. v. Richard Kleinmichel ... Berlin: E. Bote & G. Bock [1898]. (1 Bl., 234 S.) 4⁰

—— Hans Sachs, s. a. Breitkopf u. Härtel's Text-Bibliothek.

– Hans Sachs, s. a. Mode's Operntextbibliothek.

— Hans Sachs, Text v. Philipp Reger, s. a. Universal-Bibliothek.

Hans Sachs. Komische Oper in 3 Acten. Nach Deinhardstein's Dichtung gleichen Namens frei bearb. von Philipp Reger. Musik von Albert **Lortzing**. Clav.Ausz. mit Text u. vollst. Dialog. Nach d. Partitur berichtigt u. neu bearb. von Richard Kleinmichel. Neue Ausg. mit d. nachcomponirten Finale u. andern Ergänzungen nach d. hs. Partitur von Georg Richard Kruse. *Leipzig: B. Senff [1904].* (234 S.) 4° [F. u. Ant.] [04. 1080]

— die beiden Schützen, } s.a. Breitkopf & Härtel's
— dasselbe, Leipz. Ausg., } Textbibliothek. Nr. 182. 224.

— dasselbe, s.a. Lucas' Operntexte.

– die beiden Schützen, s.a. Mode's Operntextbibliothek.

Lortzing, Alb., die beiden Schützen, } s.a. Universal-Bibliothek.

— Die beiden Schützen, s.a. Hendel's Operntexte.

Die beiden Schützen. Komische Oper in 3 Akten von Albert **Lortzing**. Halle a. S.: Hendel [1909]. 47 S. 8°
(Hendels Operntexte. 9.) [10. 8264

—— s.a. Undine.

– Undine, s.a. Breitkopf & Härtel's Textbibliothek. Nr. 13.

– Undine, s.a. Lucas' Operntexte.

– Undine, s.a. Mode's Operntextbibliothek.

– Undine, s.a. Universal-Bibliothek.

Undine. Romant. Zauberoper in 4 Aufz. nach Fouqués Erzählung frei bearb. Musik von Albert **Lortzing** ... Rev. Text d. Gesänge, durchgesehen von R. Gründler-Reinsdorff. Halle a. S.: Bossert & Gründler [1907]. (32 S.) 8° [F.]
= **Sammlung** internationaler Operntexte. No 12. [07. 7303 3

— dasselbe, s.a. Sammlung internationaler Operntexte.

— Undine, s.a. Hendel's Operntexte.

Undine. Romant. Zauberoper in 4 Aufz. Nach Fouqués Erzählung frei bearb. Musik von Albert **Lortzing**. Halle a. S.: Hendel [1909]. IX, 44 S. 8°
(Hendels Operntexte. 12.) [10. 8267

— Waffenschmied, s.a. Breitkopf & Härtel's Textbibl. 12.

— dasselbe, s.a. Lucas' Operntexte.

– Der Waffenschmied, s.a. Mode's Operntextbibliothek.

— dasselbe, s.a. Universal-Bibliothek.

— der Waffenschmied, s.a. Sammlung internationaler Operntexte.

Der Waffenschmied. Kom. Oper in 3 Akten. Musik von Albert **Lortzing** ... Rev. Text d. Gesänge, durchges. von R. Gründler-Reinsdorff. Halle a. S.: Bossert & Gründler [1906]. (28 S.) 8° [F.]
= **Sammlung** internat. Operntexte. No 8. [06. 14167 3

Lortzing, Alb., der Waffenschmied, s.a. Hendel's Operntexte.

Der Waffenschmied. Komische Oper in 3 Akten von Albert **Lortzing**. Halle a. S.: Hendel [1909]. 42 S. 8°
(Hendels Operntexte. 10.) [10. 8265

— Wildschütz, s.a. Breitkopf & Härtel's Textbibl. 10.

– Der Wildschütz, s.a. Mode's Operntextbibliothek.

— der Wildschütz, s.a. Universal-Bibliothek.

— Der Wildschütz od. Die Stimme der Natur, s.a. Hendel's Operntexte.

Der Wildschütz oder Die Stimme der Natur. Komische Oper in 3 Akten von Albert **Lortzing**. Halle a. S.: Hendel [1909]. 56 S. 8°
(Hendels Operntexte. 11.) [10. 8266

— Czaar u. Zimmermann, s.a. Breitkopf & Härtel's Textbibliothek. Nr. 11.

— dasselbe, s.a. Lucas' Operntexte.

– Czaar und Zimmermann, s.a. Mode's Operntextbibliothek.

Lortzing, A., Czar u. Zimmermann, f. Dilettantenbühnen bearb. v. P. Brill, s.a. Theater, kleines.

Czaar und Zimmermann. Komische Oper in 3 Aufz. Dichtung u. Musik von Albert **Lortzing**. In Partitur hrsg. von Gustav F[riedrich] Kogel. Leipzig: C. F. Peters (1900). (410 S.) 4° [Ant. u. F.]
(Edition Peters. No 3000.) [05. 5934

Czaar und Zimmermann. Kom. Oper in 3 Aufz. Dichtung u. Musik von Gustav Albert **Lortzing**. Vollst. Buch. Durchges. u. hrsg. v. Carl Friedrich Wittmann. 2. Aufl. mit e. neuen musikgeschichtl. Einführung. *Leipzig: Ph. Reclam jun. [1900].* (94 S.) 8° [F.]
= **Opernbücher**. Bd 2.
(Universal-Bibliothek. 2549.) [00. 7726

— dasselbe, s.a. Universal-Bibliothek.

— Zar u. Zimmermann, s.a. Hendel's Operntexte.

Zar und Zimmermann. Komische Oper in 3 Akten von G[ustav] Alb[ert] **Lortzing**. Halle: Hendel [1909]. 55 S. 8°
(Hendels Operntexte. 13.) [10. 8268

Lortzing, Anna, Lyrisches und Episches. Sammlung kleiner Dichtungen. 1. Serie. 4 Bdchn. 16. Berlin 879, (Exped. der Deutschen Gemeindezeitung.) [1. Bdchn. (S. 1—63.) * M 1,50.; 2. und 3. Bdchn. (S. 65—165.) * M 2.; 4. Bdchn. (S. 167—192.) * 45 Pf.] *

—— dass. — 2. Serie. 1. Bdchn. 16. (S. 1—16.) Ebendas. 879.

Lortzing, Anna. Lyrisches und Episches. Sammlung kleiner Dichtungen. 3. Serie 7 Bdchn. und 4. Serie 1. Bdchn. 16. (à Bdchn. 2—3 Bog.) Berlin 880, Selbstverlag. à Bdchn. ** 1 —

— Prologe. Prolog zur Feier des 150jähr. Geburtstages v. Gotthold Ephraim Lessing am 22. Jan. 1879. gr. 16. (S. 33—40.) Ebend. 879. — 25

Lortzing, Anna, Vergangenheit u. Gegenwart. Fragment e. Rundschau durch Deutschlands Geistesgeschichte in Xenien. Eine Weihnachtsgabe. 8. (16 S.) Berlin 872. Rubenow in Comm. — 60

Lortzing, Frz., Bericht über die griechischen Philosophen vor Sokrates f. die J. 1876—1897. (I. u. II.) gr. 8. Leipzig, O. R. Reisland. n. 11. —
I. (S. 132—321.) (902.) 6. —. — II. (157 S.) (903.) 5. —.
Sonderabdrucke aus: „Jahresber. üb. d. Fortschr. d. class. Altertumswiss."

Lortzing, Frz., Denkschrift üb. die Gleichstellung der Oberlehrer m. den Richtern. Im Auftrage der Delegierten-Konferenz der Prov.-Vereine akadem. gebildeter Lehrer Preußens verf. (40 S.) gr. 8. Berlin 907. (Gelsenkirchen, E. Kannengießer.) — 80

Lortzing, F., Ueb. d. ethischen Fragmente Demokrits. Pr. 1878. 84 S. 4°.

— Grundriss der Geschichte der griechischen Philosophie, s.: Zeller, Eduard.

Lortzing, (Guil. Aemil. Gust.) Franc. (geb. Berlin 13. 7. 1841): De orationibus quas Demosthenes pro Apollodoro scripsisse fertur. Berolini (1863). (94 S.) 8°
Berlin, Phil. Diss. v. 28. März 1863

Lortzing, [Franz], Prof. Dr.: [Rede bei der Gedächtnisfeier für den am 8. April 1901 gestorbenen Oberlehrer Prof. Dr. Heinrich Peter.] *Berlin 1902: C. H. Müller.* (S. 20—30.) 4°
Berlin, Sophien-G, P 1902 (64 [vielm. 66])

Lortzing, G. Alb., s. Lortzing, Albert

Der Kreuzesweg unsers Heilandes für evangelische Christen von J. **Lortzing**, Pfarrer. Gütersloh: C. Bertelsmann 1907. (64 S.) 8° [F.] [07. 6218

Sancta sanctis. Vorbereitung auf d. Tag d. Konfirmation. Von J. **Lortzing**, Pfarrer. Gütersloh: C. Bertelsmann in Komm. 1907. (54 S.) 8° [Ant. u. F.] [07. 6219

— **Sancta sanctis.** „Das Heilige den Heiligen." Ein Beicht- u. Kommunionbuch f. Konfirmanden u. f. jedermann. 2. Aufl. (58 S. m. Titelbild.) 8. Ebd. 910. p — 50

Lortzing, M., aus der Mappe eines amerikanischen Offiziers, s. Klaußmann, A. O., Militär-Humoresken.
—— dass. — s. Was Ihr wollt-Bibliothek.

Lortzing, (Eduard. Guil.) Maximil. (geb. Heilsberg in Ostpr. 3. 9. 1839): De numero dochmiaco. Berolini (1863). (37 S.) 8°
Berlin, Phil. Diss. v. 4. Juli 1863

Albert Lortzing-Feier, Bad Pyrmont, 29. u. 30. VI. 1901. Lex.-8. (60 S. m. 4 Taf.) Pyrmont (901). (E. Schnelle.) Kart. n. 2. —

[F.] Anleitung zur einfachen Buchführung, mit Rücks. auf d. Steuererklärg z. Zwecke d. Veranlagg f. Kaufleute u. Gewerbtreibende v. Georg **Lorwein**, ... Bücherrev. in Danzig ... *Danzig: R. Barth 1896.* (11, 3 S., 7 Doppels., 4 S.) 1 Bd 8. [97. 4680

Lory, s. Lori.

Lory, Angelsport. s. a. Lehrmeister-Bibliothek.

Lory: Angelsport. Leipzig 1910. (86 S. m. Abb.) kl. 80 (Lehrmeister-Bibliothek. Nr. 25)

Lory, J. Geo., s. Lori, Joh. Geo. von

Lory, Karl: Die Anfänge des bayerisch-pfälzischen Vikariatsstreites. Zwei Jahre reichsständischer Politik, 1657/59. *Berlin: H. Bermühler 1899.* (S. 165—244.) 4°(8°) ¶ Aus: Forschungen zur Geschichte Bayerns, Bd 7.
München, Phil. Diss. v. 1899

Lory, Karl, Edelmensch u. Kampf ums Dasein. Ein Programm. gr. 8. (IV, 44 S.) Hannover 900. Gebr. Jänecke. n. 1. —

Lory, Karl, s.: Festgabe, Karl Th. v. Heigel gewidmet.

— Nietzsche als Geschichtsphilosoph, s. a. Weltanschauung, die neue.

Nietzsche als Geschichtsphilosoph. Eine Quellenstudie von Dr. Carl **Lory**. Berlin: A. Kohler 1904. (53 S.) 8° [F.]
= Weltanschauung, Die neue. 1. [05. 380

Lory, Michael, s. Lori

Lory, Raph., Rechnungsmethode, herausg. v. Meyer Aaron u. s. w. 8. Hannov. Helwing. 784.

Lorz, Anton: Aktionsarten des Verbums im Beowulf. Würzburg 1908: Becker. 86 S. 8°
Würzburg, Phil. Diss. v. 10. Dez. 1908, Ref. Förster
[Geb. 21. April 82 Wonfurt; Wohnort: Kempten; Staatsangeh.: Bayern; Vorbildung: Neues Gymn. Würzburg Reife Juli 00; Studium: München 2, Würzburg 7 S.; Rig. 16. Juni 08.] [U 09. 4169

Lorz J.: Die Farbenbezeichnungen bei Hom. mit Berücksichtigung der Frage über Farbenblindheit. 38. Arnau 82. Progr.

Lorz, Johann: Beitrag zur Erklärung der griechischen Farbenbezeichnungen, hauptsächlich aus dem Gebiete der Lyrik und des Dramas. 8 (S. 3—27) Progr. Staats-Ober-G. *Leitmeritz* 1890

Lorz, W., Rundblick vom Jägerhäuschen bei Hildburghausen. Hrsg. vom Thüringerwald-Verein u. vom Verschönerungsverein Hildburghausen. 29 × 28 cm. Lith. Hildburghausen (901). (F. W. Gadow & Sohn.) n. — 50

Lörz, Adolf Ludwig, Oberarzt im Inf.-Reg. No. 172: Beitrag zur Behandlung der penetrierenden Bauchschußverletzungen. Freiburg i. B.: Speyer & Kaerner 1910. 31 S. 8°
Freiburg i. B., Med. Diss. v. 1910, Ref. Kraske
[Geb. 28. März 82 Efringen; Wohnort: Neubreisach; Staatsangeh.: Baden; Vorbildung: Gymn. Lörrach Reife Juli 01; Studium: Berlin K. W. A. 11 S.; Coll. 29. April 10; Approb. 7. Juni 08.] [U 10. 985

Los, Das. [Gotha 1779.] V: *Rasche, Johann Christoph.* (MGT)

Los v. Berlin, s.: Lustige Blätter-Bibliothek. 2. Bd.

Los von Dänemark! Dramatisirter Prolog zur Friedensfeier von J. K. C. Berlin 864. H. Müller. 8. (27 S.) n. 5 ngr.

Los, dat groote. Posse in 2 Aufzügen, s. a. Theater-Bibliothek. 18.

Dat groote Los. Posse in 2 Aufz. Von d. Präses e. kath. Gesellen-Ver. *Kempen (Rhein): Klöckner & Mausberg [1901].* (16 S.) 8° [F.]
= [Theater-Bibliothek. II. 18.] [01. 4237

Los, Das grosse; komische Oper. Weimar 1774. V: *Bertuch, Friedrich Just.* (Ky)

Los, Das grosse. Lustspiel in einem Akt. Berlin 1791. V: *Hagemeister, Johann Gottfried Lucas.* (GGr)

Los, Das schwere und undankbare, der Monarchen, betrachtet in einer ... Rede ... Magdeburg 1788. V: *Tismar, G.* (Kl)

Los, trauriges. 6 Vorträge, geh. im evangel. Vereinshause zu Leipzig Anfang des Jahres 1903. (Umschlag: Eltern-los, heimat-los, arbeit-los, mittel-los, sonntag-los, gott-los.) (95 S.) gr. 8. Leipzig 903. Buchh. des Vereinshauses. n. — 60

Los von Berlin! Berlin: Lustige Blätter [1904]. (79 S.) 8° [F.]
= Lustige Blätter-Bibliothek. Bd 2. [c6. 10917

Los v. Rom! 8. (16 S.) Emden 899. A. Gerhard. n. — 15

Los von Rom. ⟨Eine wahre Gesch. aus Böhmen.⟩ *(Cassel: J. G. Oncken Nachf. [um 1900].)* (12 S.) 8° [Kopft. F.]
= [Traktate d. Christl. Traktat-Gesellschaft.] Neue Serie. No 105. [o2. 11576 4

Los, Das weisse. Ein Schauspiel in zwey Aufzügen. Wien 1777. V: *Schönfeld, Franz Thomas.* (EB)

Loś, Hrabia, Przepis musztry i manewrów, s. Przepis.

Los, Jean, s.: Revue slavistique.

de Los, Jh., Chronicon rerum gestarum, s. Collection.

Losada, Juan Cajetano, der hl. Josef Calasanz, s.: Heidenreich, Jos. Calasanz.

Los Angeles Chronik : May 19. 1869—Aug. 1870.
Weekly. Edited & published by F. G. Walther.
Los Angeles, CA

Losanitsch, Milivoj S., a. Belgrad: Zur Kenntnis der Amidoaldehyde. (Berlin 1906: G. Schade.) (54 S.) 8°
Berlin, Phil. Fak., Ref. Gabriel, Diss. v. 17. März 1906
[Geb. 6. Mai 78 Belgrad; Wohnort: Langfuhr; Staatsangeh.: Serbien; Vorbildung: Gymn. Belgrad Reife O. 97; Studium: Berlin 8, Danzig T.H. 2 S.; Rig. 5. März 06.]

Losanitsch, S. M., die Grenzen des periodischen Systems der chemischen Elemente. Vortrag, geh. in der Festsitzung. der k. serb. Akademie der Wissenschaften am 22. II. 1905. (30 S.) gr. 8. Belgrad 906. (Leipzig, Buchh. G. Fock.) n. 1. —

LOSANITSCH, S. M.
Chemische Technologie. I, Ueber Wasser und Brennstoffe. Belgrad, 1887. 8vo.

Losanitsch, Sima M.

— Elektrolytische Bestimmung des Quecksilbers im Knallquecksilber. S. 123. IIb. 9 . vgr.
Separatabdruck

— Zur Darstellung des Valerolactons (mit 1 Textfigur). S. 123. IIb. 3 . . . . vgr.
Separatabdruck

— Über die Kondensation von Valerolacton mit aromatischen Aldehyden und fettaromatischen Ketonen. S. 123. IIb. 13 . . . . vgr.
Separatabdruck

Losanitsch Sima M.: Die Sauerstoffabsorption der elektrokondensierten Körper. S. 117. IIb. 467 . . . . vgr.
Separatabdruck

Loscan oder **Loscani, Frz., († 1772.) institutiones philosophiae moralis duabus partibus comprehensa.** 8maj. Grätz 769.

— — eaed. duab. partib. compreh. 8. maj. Nürnb. Felsecker. 770.

— — eaedem. 8. maj. Graez, Tusch. 786.

Loscani, F., institutiones philosophiae moralis. 8. maj. Salzb. Mayr. 786.

Losch De perfecti temporis et plusquamperfecti formis Homericis. 24 S. . . .
Rastenburg, Progr. 1845

Losch und Schott, der Stand der Sparkassenbücher in Württemberg am 31.12.99 nach dem Beruf der Einleger. (42 S) 4° Stuttgart 1904

Losch, Frz., Kräuterbuch. Unsere Heilpflanzen in Wort u. Bild. 86 Farbendr.-Taf., enth. 460 genau nach der Natur gezeichnete Abbildgn. u. 246 S. Text m. 49 Illustr. 1. u. 2. Aufl. (XVI, 209 u. XVII S.) gr. 8. Eßlingen 903. 905. J. F. Schreiber. Geb. in Leinw. n. 14. —
Die 1. Aufl. erschien auch in 25 Lfgn. à — 50.

LOSCH, F. (Hrsg.): Kräuterbuch. Unsere Heilpflanzen in Wort und Bild. - Eßlingen 1903. XVI, 209 S. u. XVII S., 460 Abb. - 2. Aufl. ebd. 1905. - 3. Aufl. ebd. 1914. - 5. Aufl. ebd. 1924. XVI, 209, XVII S., 460 Abb., 49 Textabb.

Losch, Frdr., Balder u. der weisse Hirsch. Ein Beitrag zur deutschen Mythologie. gr. 8. (IV, 197 S.) Stuttgart 892. F. Frommann. n. 3. 75

Losch, Fr[iedrich]. **Les Plantes médicinales. Atlas colorié des pl' m'; 202 pages, 86 planches en couleurs hors texte, 460 gravures. (18 Livraisons.) XII + 199 + VII p. 8. Bienne, Ernest Kuhn, (1904—1906). (complet en 18 livraisons à fr. 1. —)**
(Livr. 1. p. V—XII + 1 — 8; *avec:* Prospectus, août 1904. [IV p.]; — Livr. 2. p. 9—24; — Livr. 3—17. *à 8 p.;* — Livr. 18. p. I—IV, *Titre et Préface du* Février 1906. + p. 145—189 + VII p.)
(Livr. 1—17 *chacune avec 5 planches,* Livr 18 *avec 1 planche.*)

Übersicht über die Höhe der Invaliden-Rente der Lohnklassen I, II, III, IV und v. Markenanzahl von 205 bis 1000, gerechnet von 5 zu 5. ⟨Reichsgesetz, betr. d. Invaliden-Versicherung vom 13. Juli 1899.⟩ Aufgest. von Gustav **Losch,** Sekr. Königsberg i. Pr.: Ostpr. Dr. u. Verlagsanst. in Komm. [1908]. (8 Bl.) quer-8° [Umschlagt. F.] [o8. 5492 10

Losch, Gust., Übersicht üb. die Höhe der Invaliden-Rente der Lohnklassen I, II, III, IV u. V. Markenanzahl von 205 bis 1200 gerechnet, von 5 zu 5. (Reichsgesetz, betr. die Invalidenversicherg. vom 13. VII. 1899.) 2. Aufl. (18 S.) 14,5×22,5 cm. Königsberg (909). (F. Raabe.) — 60

Losch, H., Volksvermögen, Volkseinkommen und ihre Verteilung, s. Forschungen, staats- und socialwissenschaftliche.

Losch, Hedwig, die lauretanische Litanei in 38 Liedern. 3. Aufl. 16. (50 S.) München 874. Weiß' Buchdr. — 25

Losch, Hedw., Churfürst Max I. von Bayern. Episches Gedicht. München 867. (Manz.) gr. 8. (IV, 148 S. mit 1 Steintaf.) n. 20 *ngr.*

Brotwucher oder – kühles Blut? 5 Briefe an Herrn Friedrich Naumann, Herausgeber d. Hilfe, von Dr. Hermann **Losch**-Stuttgart. 1.–8. Taus. *Berlin: W. Baensch 1901.* (16 S.) 8° [Umschlagt. F.] [o1. 12482

— württembergische Gegenwartsfragen u. Zukunftssorgen. gr. 8. (IV, 64 S.) Stuttgart 901. W. Kohlhammer. n. — 90

Losch, Herm., württembergische Gegenwartsfragen u. Zukunftssorgen. 2. Aufl. (VII, 64 S.) gr. 8. Stuttgart 903. W. Kohlhammer. n. — 90

Losch, Herm., nationale Produktion u. nationale Berufsgliederung. gr. 8. (XII, 324 S.) Leipzig 892. Duncker & Humblot. n. 6. —

Losch, Philipp, die Abgeordneten der kurhessischen Ständeversammlungen von 1830—1866. (IV, 68 S.) gr. 8. Marburg 909. N. G. Elwert'sche Verl. 1. 50

Losch, Philipp, s.: Chroniken, zwei Kasseler, des 18. Jahrh.

— der erste lippische Erbfolgekrieg. Ein Vorspiel zur lipp. Frage. (40 S.) 8. Melsungen 905. W. Hopf. (Nur direkt.) n. — 50

[F.] Losch, Philipp [aus Cassel]: Johannes Rhenanus, ein Casseler Poet des siebenzehnten Jahrhunderts ... Marburg i. H., Druck d. Univ.-Buchdr. v. E. A. Huth in Göttingen, 1895; VI, 98 S. 8.
Marburg, Phil. Fak., Inaug.-Diss. v. [17. Juli] 1895

Losch, Phpp., Johannes Rhenanus, e. Casseler Poet d. 17. Jahrh. Diss. gr. 8. (VI, 96 S.) Marburg 895. Leipzig, Buchhdlg. G. Fock. n. 1. 60

Lösch, August Konrad Karl. Dem Andenken des treuen Seelsorgers Hrn. August Konrad Karl Lösch, II. Pfarrers bei St. Jakob u. Kapitelsseniors, gest. am 19. Febr. 1894 zu Nürnberg. gr. 8. (16 S.) Nürnberg 894. J. Ph. Raw. n. — 20

Loesch, (Frid.) Albert. (Maur.) (geb. Wittenberge 23. 12. 1824): De metrorrhagia. Berolini (1850). (27 S.) 8°
Berlin, Med. Diss. v. 20. Juni 1850

LÖSCH, Albert (München): Ueber Pilocarpinum muriaticum.- Leipzig: Hirschfeld 1878. 11 S.
31.7.1877 - Urk (Titel: De pilocarpino muriatico.); Chr 1877/78,9
Diss. Ingolst.-Landsh.-Mchn.

Lösch, Alexander, Ueber die Einwirkung des Ammoniaks auf Quecksilberoxydulsalze mit besonderer Berücksichtigung des Hahnemannschen Salzes. Mag. Diss. Dorpat. 8°. 48 pp. 1862.

Lösch, Alex., über die Einwirkung des Ammoniaks auf Quecksilberoxydulsalze, mit besond. Berücksichtigung des Hahnemann'schen Salzes. Abhandlung. gr. 8. (48 S.) Dorpat 862, (Gläser's Verlag.) *

Lösch, Ant. Jh., Licht d. finstern Zeiten d. 18. Jahrh. oder Unterr. vom wahren Glauben. 8. Kempt. 788. Kösel. 6 kr

AUGUST LÖSCH, Denkmal der Liebe, Dankbarkeit und Verehrung, dem am 26. Juli 1863. entschlafenen Vorsteher des Pegnesischen Blumenordens, Herrn Johann Christoph Ernst Lösch, Dr. phil., I. Pfarrer an St. Aegidien und Kapitelssenior, im Namen des Ordens errichtet. Nürnberg, 1863. Wilhelm Tümmel's Buchdruckerei. 4°.

Loesch, Chr. Friedr. (Tennstedt/Thür.), Diss. jur. de pacto hereditario renunciativo heredes et successores non obligante. Präs. Tob. Jac. Reinharth. Erfurt (Hering) 23. XII. 1734. 24 Seiten. (3.80) 21513

Lösch, D. v., aber e. Tages ... Roman. (III, 172 S.) 8. Dresden (904). C. Reißner. n. 2. 50; geb. n 3. 50

• Maria von Nazareth. Roman von D[orothea] v. Lösch. Berlin-Leipzig: C. Wigand 1907. (188 S.) 8° [F.] [08. 5963

Lösch, D. v., Maria v. Nazareth. Roman. (188 S.) 8. Leipzig 907. Modernes Verlagsbureau. 3. —

Lösch, E., s. Predigten über d. Episteln.

Das Idol. Drama in 5 Aufz. von Elsa Loesch. Leipzig: Verl. f. Lit., Kunst u. Mus. 1910. 95 S. 8° [11. 12576

ERNST LÖSCH, Denkmal der Liebe und Verehrung, dem am 6. Febr. 1838 entschlafenen Präses des Pegnesischen Blumenordens, Herrn Gotth. Eman. Friedr. Seidel, Doktor der Philosophie, ... im Namen des Ordens errichtet. Nürnberg 1838. 4°.

E. LÖSCH, Denkmal der Liebe und Verehrung dem am 29. November 1856 entschlafenen Vorsteher des Pegnesischen Blumenordens Herrn Christoph Wilhelm Carl Freih. Kress von Kressenstein im Namen des Ordens errichtet. Nürnberg, 1857. — 4°.

Lösch, F., Predigt zur Gedächtnißfeier des Todes Maxim. Joseph, Königs v. Baiern. gr. 8. Nürnb. 825. Riegel u. W. 2 kr

— Predigt: wie wahr u. folgereich d. Behauptung sey, nur auf einem weisen u. frommen Sinn beruhe das Glück u. d. Werth d. Lebens. gr. 8. Nürnb. 826. Riegel u. W. 2 kr

— einige Worte d. Friedens u. d. Liebe an die sogenannten Rationalisten u. Mystiker in Baiern rc. gr. 8. Nürnb. 827. Riegel u. W. 2 kr

Lösch, Ferd., Kirchweih-Predigt zu St. Aegidien über Marc. 7, 31—37 am 7. Septbr. 1870 gehalten. Nürnberg 870. Löhe. gr. 16. (17 S.) n. 2 ngr

Lösch, Fd., Stellet euch nicht dieser Welt gleich! Predigt, am 6. Sept. 1835, als am Tage d. Wiedereröffnung der erneuerten Kirche zu Wöhrd geh. gr. 8. Nürnb. 835. (Riegel u. W.) 1/12 ℛ

Loesch, Frz., genau alphabetische Zusammenstellung der nach den Sätzen der Specialtarife abzufertigenden Sendungen. 12. (88 S.) Güstrow 886, (Opitz und Comp.) *

Loesch, Heinr. v., die Kölner Kaufmannsgilde im 12. Jahrh., s. Zeitschrift, westdeutsche, für Geschichte u. Kunst. XII.

Loesch, Heinrich von: Die Kölner Kaufmannsgilde im zwölften Jahrhundert. *Trier 1904: J. Lintz.* (61 S.) 8° ¶(— Westdeutsche Zeitschr. f. Gesch. u. Kunst, Erg.H. 12.)
Marburg, Jur. Diss. v. [22. Jan.] 1904

Loesch, Heinr. v., s.: Zunfturkunden, die Kölner.

Lösch, J. G. H., Vier Predigten von dem Gebrauch und Nutzen der heil. Schrift. gr. 8. Nürnberg, Riegel u. W. 820.

Lösch, J. H. F., Antrittspredigt zu Wöhrd, nebst d. Einführungsrede d. Hrn. Dek. Dr. G. E. F. Seidel. gr. 8. (1½ B.) Nürnberg 831, Riegel u. Wießner. Thlr.

Lösch, Joh. Chrstph. Ernst, maler. Ansichten aus Nürnberg, s. Poppel, J.

Lösch, Joh. Chrstph. Ernst, christl. Beicht- u. Communionbuch f. Erwachsene u. Confirmanden, nebst ein. Anhange: Gebete u. Betrachtungen z. Kranken-Communion. 8. (17 B., 3 Stahlst. u. Prachttl.) Nürnberg 844, Korn'sche Buchh.

— Erhalte sie in deiner Wahrheit; dein Wort ist die Wahrheit. Predigten auf alle Sonn- u. Festtage des Jahres über Evangelien u. freie Texte. 1. Thl. in 8 Liefg. (Mit 2 Stahlst.) gr. 8. Ebend. 841. 1 1/3 ℛ — 2. Thl. in 6 Liefg. mit 1 Stahlst. gr. 8. Ebend. 842. 1 1/4 ℛ — 2. Aufl. 2 Thle. Mit 2 Stahlst. gr. 8. Ebend. 843. 2 1/4 ℛ

— Geschichte u. Beschreibung d. Kirche zu St. Jakob in Nürnberg, nach ihrer Erneuerung im Jahre 1824 u. 25. Mit 4 Kpf. gr. 8. Nürnb. 825. Riegel u. W. 12 kr

Lösch, J. Ch. E., mit welchen Aussichten u. Vorsätzen gehen wir als Christen, als Bürger u. als Menschen überhaupt dem kommenden Jahre entgegen? Eine Predigt. gr. 8. Nürnb. 819. Riegel u. W. 2 kr

—— christl. Morgen- u. Abend-Betrachtungen auf alle Tage d. Jahres. 2 Bde. (à 11 Lfgn.) Mit 4 Stahlst. gr. 8. (...) Nürnberg 838, 39, Korn'sche Bh. * 3¾ Thlr., Blnp. * 4

— die ägyptischen Mumien. Ein Aufsatz, aus der Ostergabe f. d. J. 1837 besond. abgedr. u. mit 2 Blättern lithogr. Abbildd. vermehrt. gr. 8. Nürnberg 837. Bäumler. 1/8 ℛ

—— die ägyptischen Mumien. Ein Aufsatz, aus d. Ostergabe f. d. J. 1837 besond. abgedr. gr. 8. (1¼ B, u. 2 Stnt.) Nürnberg, [Endter'sche Buchh.]

— d. Musik u. d. Choral als e. vorzügl. Bildungsmittel unserer Zeiten. gr. 8. Nürnb. 825. Riegel u. W. 3 K

Lösch, J. Ch. Ernst, Ostergabe, od. Jahrbuch häusl. Andacht, s. Ostergabe.

— s. Poppel, Jh., maler. Ansichten aus Nürnberg.

—— Predigt am Erntefest, d. 4. Oktbr. 1846 gehalt. gr. 8. (1 B.) Nürnberg 846, Korn'sche Buchh.

— vier Predigten von d. Gebrauch u. Nutzen d. heil. Schrift. gr. 8. Nürnb. 820. Riegel u. W. 6 K

— zwölf Predigten. gr. 8. Nürnberg 835, Bäumler. ½ xf

—— zwölf Predigten. gr. 8. (9 B.) Nürnberg 835, [Endter'sche Buchh.]

——, Gotth. Eman. Friedr. Seidel, Doct. d. Philos., k. bayr. Kirchenrath u. erster Pfarrer an St. Aegidien in Nürnberg, nach sein. Leben u. Wirken. Nach e. biograph. Skizze d. Verstorbenen dargest. gr. 8. (3 B.) Nürnberg 838, [v. Ebner'sche Bh.]

—— stellet euch nicht dieser Welt gleich! Predigt, am 6. Sept. 1835, als am Tage d. Wiedereröffnung d. erneuerten Kirche zu Wöhrd gehalten. gr. 8. (1 B.) Nürnberg, (Riegel u. Wießner.)

— der Geistlichen Wirken u. d. Gemeinde Verpflichtungen. Eine Predigt. gr. 8. Nürnb. 822. Riegel u. W. 2 K

[F.] **Loesch,** Karl: Sprachliche und erläuternde Bemerkungen zu Appian. Nürnberg, Buchdr. v. J. L. Stich, 1892; 41 S., 1 Bl. 8.
Nürnberg, k. Neues G, P 1892*

Loesch, Carl, aus Heimat u. Vaterhaus. Harmlose Jugenderinnergn. (IV, 150 S.) 8. Kaiserslautern 906. E. Crusius. n. 1. 20; geb. n. 1. 80

Loesch, Karl: Wie kann das Haus die Arbeit der Schule unterstützen? *Nürnberg 1898: U. E. Sebald.* (28 S.) 8° [F.]
Nürnberg, k. Altes G, P 1898*

Loesch, Karl, wie kann das Haus die Arbeit der Schule unterstützen? (34 S.) gr. 8. Nürnberg 910. C. Koch. — 75

Lösch, L. v., die schlesische Landgüterordnung vom 24. April 1884, nebst Formularen zu letztwill. Erklärungen. Erläutert. gr. 8. (42 S.) Breslau 885, Korn. *

Lösch, L. F., Anleit. zur Einrichtung d. Cameralrechnungswesens rc. gr. 8. Heilbr. 793. 2e A. 798. Claß. 2 xf

Lösch, L. F.: „Vollständige Anleitung zur Einrichtung und Führung des Kameralrechnungswesens", Heilbronn 1793 (Class); 2. Ausgabe ebenda 1798.

Lösch, Einleitung ins Cameralrechnungsw., s. Einleitung.

Reichs-Marine-Amt. Bestimmung der Intensität der Schwerkraft auf 20 Stationen an der westafrikanischen Küste von Rio del Rey (Kamerun-Gebiet) bis Kapstadt. Ausgeführt im Auftr. d. Reichs-Marine-Amtes von M. Loesch, Oberlt. z. See. *Berlin 1902: P. Stankiewicz.* (50 S.) 4° [ca. 7117

Loesch, Mathias (Red.), s. Schulfreund, Luxemburger.

Lösch, Rob., u. Rich. **Bärtich,** Künstlerherzen. Kom. Oper in 3 Akten. Text nach e. Grundidee v. J. Haydn. Musik v. B. 16. (77 S.) München (898). Rubinverlag. n. 1. —

Lösch, Stephan: Die Einsiedler Gedichte. Eine literar-histor. Untersuchung. Tübingen: Heckenhauer in Komm. 1909. XI, 87 S. 8°
Tübingen, Phil. Diss. v. 3. April 1909, Ref. Gundermann
[Geb. 25. Aug. 81 Harthausen; Wohnort: Tübingen; Staatsangeh.: Württemberg; Vorbildung: Gymn. Rottweil Reife M. 00; Studium: Kath. Theol. u. Phil. Tübingen 10 S.; Coll. 1. Aug. 08.] [U 09. 3958

Loesch's, W., Speditions- und Export-Adressbuch für den Welt-Verkehr. 1. Tl.: Adressen und Anzeigen der bewährtesten Speditions- und Commissions-Häuser, sowie der Schifffahrts- und Transport-Agenturen in fast allen grösseren Orten der Welt. Jahrg. 1887/88. gr. 8. (III, 145 S.) München 887, (Callwey.) *

Loesch's, W., **Speditions-Adressbuch für den Weltverkehr. Adress-Buch der bewährtesten Speditions- und Commissions-Häuser, sowie der Schifffahrts- und Transport-Agenturen in fast allen grösseren Orten der Welt, nebst einem Anhang: Prospect und Mitglieder-Verzeichniss der deutschen Möbeltransport-Gesellschaft. 1. Jahrg. 1884/85. gr. 8. (VIII, 134 S.) München. (Berlin, Steinitz und Fischer.) cart.** ** 5 —

Loesch's Speditions-Adressbuch f. den Weltverkehr. IV. Ausg. 1892/93. Welt-Adressbuch der Spediteure, Zoll-Agenten, Schiffsmakler etc. gr. 8. (VIII, XVI, 60, 8, 2, 4, 71, 10, 10, 11, 5, 17, 2, 8, 11, 5, 1, 11, 2, 5, 4, 9, 2 S.) Nürnb. 892, (Gross). cart. ** 5 50

Loesch's Speditions-Adressbuch f. den Weltverkehr. V. Ausg. 1894/95. Welt-Adressbuch der Spediteure, Zoll-Agenten, Schiffsmakler u. verwandter Branchen. gr. 8. (VIII, 72 u. 168 S.) Nürnberg 894. (L. Gross.) Kart. n.n. 6. —

Loesch's Speditions-Adressbuch f. d. Weltverkehr. VI. Ausg. 1897. gr. 8. (VIII, 148 S.) Hamburg (Poggenmühle 11/12), W. Loesch & Co. Kart. 6. —

Loesch's Speditions-Adressbuch f. den Weltverkehr. Welt-Adressbuch der Spediteure, Zoll-Agenten, Schiffsmakler u. verwandten Branchen. VII. Ausg. 1900—1901. gr. 8. (XVIII, 168 S.) Hamburg (Poggenmühle 11/12), W. Loesch & Co. Kart. 6. 50

Loesch's Speditions-Adressbuch f. den Weltverkehr. Welt-Adressbuch der Spediteure, Zollagenten, Schiffsmakler u. verwandter Branchen m. besond. Berücksicht. der bahnamtl. Rollfuhr-Unternehmer (Bahnspediteure) des Deutschen Reiches. (In deutscher, französ. u. engl. Sprache.) IX. Ausg. 1908. (XXIII, 282 S.) gr. 8. Hamburg 8 (908). W. Loesch & Co. Kart. postfrei nn 7. 50

Loschan, Gottfr.: Karte vom Herzogthume Krain. Wien 1832. Folio.

Löschanstalten der kaiserl. Universität zu Dorpat. Dorpat 1807. V: *Parrot, Georg Friedrich von.* (R-N)

Löschanstalten, über die, auf d. Landschaft Zürich. 8. Zürich 820. Orell. 2 K

Löschardt, Ferd., die neuesten Hypothesen üb. die Rotation d. Planeten Venus, kritisch beleuchtet. [Aus: „Sitzungsber. d. k. Akad. d. Wiss."] Lex.-8. (24 S. m. 1 Taf.) Wien 891. (F. Tempsky.) n. — 60

Löschardt Ferdinand: Die neuesten Hypothesen über die Rotation des Planeten Venus (mit 1 Taf.): S. 100. II a. 537 . . . . —.60
Separatabdruck

LÖSCHARDT, FERDINAND: Die neuen Kolonien in den Banater Grenz-Rieden. Vervielfältigt. o. O. o. J. (1866). 21 S. - 270 mm

LÖSCHARDT, FERDINAND: Zwei Reden gehalten bei Gelegenheit der Gründung von Rudolfsgnad im k. k. deutsch-banater 12. Grenz-Regiment von Ferdinand Löschardt, Priester der Diözese Csanád (Tschanad). Darunter: Abschied-Rede, gehalten zu Deutsch-Ecska (Etscha) am Ostersonntag 1866, S. 3-9. Gründungs-Rede, gehalten zu Rudolfsgnad am Ostermontag 1866. S. 10-16. Groß Becskerek (Betschkerek) 1866: Franz Paul Pleitz. 16 S. - 210 mm

Löschardt, Franz

— Ein Vorschlag zur Bestimmung der Venusrotation. S. 113. II a. 621 . . . . . . —.20
Separatabdruck

Löschardt, F., ein Vorschlag zur Bestimmung der Venusrotation. (6 S.) gr. 8. Wien 904. (A. Hölder.) n. — 20
Sonderabdruck aus: „Sitzungsber. d. k. Akad. d. Wiss."

Loeschcke, Georg

Loeschcke, G., Boreas und Oreithyia am Kypseloskasten. gr. 4. (12 S.) Dorpat 886, (Karow.) *

Loeschcke, G., die Enneakrunosepisode bei Pausanias. Ein Beitrag zur Topographie und Geschichte Athens. 4. (26 S.) Dorpat 883, (Schnakenburg's Verlag.) * 1 —

Festschrift zur Feier des fünfzigjährigen Doctorjubiläums von Heinrich von Brunn am 20. März 1893 hrsg. v. d. philosoph. Facultät d. Rhein. Friedrich-Wilhelms-Univ. zu Bonn. ([Enth.:] Die Enthauptung der Medusa. E. Beitr. z. Gesch. d. griech. Malerei v. Dr. Georg **Loeschcke**, o. Prof. d. class. Archäol. an d. Rhein. Friedr.-Wilh.-Univ. zu Bonn.) Bonn, F. Cohen, 1893; 1 Bl., 16 S., 1 Taf. 4.

Loeschcke, Geo., die Enthauptung der Medusa. Ein Beitrag zur Geschichte der griech. Malerei. gr. 4. (16 S. m. 7 Fig. u. 1 Lichtdr.) Bonn 894. F. Cohen. n. 2. —

—— die östliche Giebelgruppe am Zeustempel zu Olympia. gr. 4. (15 S.) Dorpat 885, (Schnakenburg's Verlag.)

—— die westliche Giebelgruppe am Zeustempel zu Olympia. gr. 4. (8 S.) Dorpat 887, (Karow.) *

— Observationes archaeologicae. Pr. 1880. 12 S. 4°.

— De basi quadam prope Spartam reperta observationes archaeologicae. Pr. 1879. 16 S. u. 1 Taf. 4°.

Loeschcke, G., De Pausaniae descriptione urbis Athenarum quaestiones. (Die Enneakrunosepisode bei Pausanias. Ein Beitrag z. Topographie u. Geschichte Athens.) Pr. 1883. 26 S. 4°. 1.20

Loeschcke, Georgivs (geb. am 28 Juni 1852 in Penig Sachs.): De titvlis aliqvot Atticis qvaestiones historicae . . . Bonnae, typ. C. Georgi 1876. 2 Bl., 36 S. 8.
Bonn, Phil. Fak., Diss. v. 22 Jan. 1876

Loeschcke, Geo., mykenische Thongefässe, s. Furtwaengler, Adf.

—— aus der Unterwelt. gr. 4. (12 S. mit 1 eingedr. Abbild.) (Ebendas.) 888. *

—— mykenische Vasen, s. Furtwaengler, A.

Löschcke, G., Due vasi dipinti di stile arcaico. S.-A. 1878. 16 S. u. 2 T.

—— Vermutungen zur griechischen Kunstgeschichte und zur Topographie Athens. gr. 4. (24 S.) (Ebendas.) 884. 1 20

Loeschcke, Gerh., Jüdisches u. Heidnisches im christlichen Kult. Eine Vorlesg. (III, 36 S.) 8. Bonn 910. A. Marcus & E. Weber. — 80

Loeschcke, Gerhard: Das Syntagma des Gelasius Cyzicenus. Bonn 1906: C. Georgi. (71 S.) 8° ¶(Aus: Rheinisches Museum, Bd 60, S. 594—613, Bd 61, S. 34—77.)
Bonn, Ev.-Theol. Fak., Ref. Sell u. Ritschl, Diss. v. 20. Jan. 1906
[Geb. 20. Mai 80 Dorpat; Wohnort: Bonn; Staatsangeh.: Preußen; Vorbildung: Gymn. Bonn Reife O. 99; Studium: Bonn 13 S.; Rig. 8. Jan. 06.]

— Die Vaterunser-Erklärung des Theophilus v. Antiochien, s. a. Studien, neue, zur Geschichte der Theologie u. der Kirche. 4.

Die Vaterunser-Erklärung des Theophilus von Antiochien. Eine Quellenuntersuchung zu d. Vaterunser-Erklärungen d. Tertullian, Cyprian, Chromatus u. Hieronymus von Gerhard **Loeschcke**, Bonn. Berlin: Trowitzsch & Sohn 1908. (51 S.) 8°
= **Studien**, Neue, z. Geschichte d. Theologie u. d. Kirche. Stück 4. 108. 7926 2

Loeschcke, Hermann, appr. Arzt a. Dorpat: (Aus dem physiologischen Laboratorium in Bonn.) Über die Berechtigung der Annahme, daß das Glykogen in den Organen chemisch gebunden sei. Bonn: M. Hager 1907. (44 S.) 8° ¶(Aus: Archiv f. d. ges. Physiologie Bd 102.)
Bonn, Med. Fak., Ref. Pflüger, Diss. v. 7. Febr. 1907
[Geb. 13. Mai 82 Dorpat; Wohnort: Bonn; Staatsangeh.: Preußen; Vorbildung: Städt. Gymn. Bonn Reife O. 01; Studium: Bonn 7, Berlin 1, Bonn 1 S.; Coll. 7. Febr. 07; Approb. 22. Juli 06.]

Löschcke, Moritz, appr. Arzt a. Dresden: Primäre Gallengangcarcinome mit einem kasuistischen Beitrag. München 1907: Kastner & Callwey. (24 S.) 8° ¶[Aus: Annalen d. städt. allgem. Krankenhäuser zu München Bd 12.]
München, Med. Fak., Ref. v. Bauer, Diss. v. 21. Juli 1905
[Geb. 13. Aug. 71 Dresden; Wohnort: Dresden; Staatsangeh.: Sachsen; Vorbildung: Gymn. Albertinum Freiberg i. Sa. Reife O. 00; Studium: Kiel 2, Berlin 4, München 3 S.; Coll. 21. Juli 05; Approb. 6. März 05.]

Loeschcke, Siegfried: Keramische Funde in Haltern. Ein Beitr. z. Geschichte d. augusteischen Kultur in Deutschland. Münster i. W. 1909: Aschendorff. 190 S. 8° ¶(Ersch. vollst. in: Mitteilungen d. Altertumskommission f. Westfalen. H. 5.)
Bonn, Phil. Diss. v. 20. Jan. 1909, Ref. Loeschcke
[Geb. 26. Mai 83 Dorpat; Wohnort: Bonn; Staatsangeh.: Preußen; Vorbildung: Städt. Gymn. Bonn Reife O. 03; Studium: Bonn 4, München 1, Bonn 6 S.; Rig. 9. Dez. 08.] [U 09. 413

Loesche, Frau, s.: Norrmann, T.

Loesche, Adolf: 1. Untersuchung in der Sesquiterpenreihe: über Caryophyllen. 2. Über Verbindungen von Eisen und Chrom mit Fluorwasserstoffsäure. Weida i. Th. 1909: Thomas & Hubert. 78 S. 8°
Leipzig, Phil. Diss. v. 21. Juni 1909, Ref. Beckmann, Hantzsch
[Geb. 18. Okt. 83 Magdeburg; Wohnort: Magdeburg; Staatsangeh.: Preußen; Vorbildung: Guericke-Realgymn. Magdeburg; Studium: Karlsruhe Techn. Hochsch. 2, Rostock 2, Leipzig 7 S.; Rig. 26. Mai 09.] [U 09. 3013

Lösche, Bernh.

Loesche, B., die neue Bahn. Gespräch f. 7 Hauptpersonen u. evtl. leichte Nebenrollen. 2. Aufl. (28 S.) kl. 8. Hamburg (896. 897). Bundesbuchh. n. — 30

Loesche, Bernh., d. Fischzug. Declamatorium f. 9 Personen. 12. (16 S.) Groitzsch (895). Selbstverl. n. — 20

— der Fischzug. Deklamatorium f. 9 Personen. (16 S.) kl. 8. Ebd. (896. 897). n. — 20

Loesche, (Bernh.), Grabreden. (96 S.) 8. Leipzig 909. F. Jansa. 1.25; geb. 2. —

— der Kaiser kommt! Deklamatorium für 6 Personen. (16 S.) kl. 8. Ebd. (896. 897). n. — 25

— Lebensbilder, s.: Ungelenk's Vereinsbühne.

— die Macht des Gesanges. Deklamatorium f. 12 Personen u. einige Nebenrollen. (20 S.) kl. 8. Ebd. (896. 897.) n. — 30

— der Maskenball. Ein Gespräch f. 8 Personen. (23 S.) kl. 8. Ebd. (896. 897). n. — 30

— König Maximilian u. d. Gänsejunge. Declamatorium f. 7 Personen. 8. (16 S.) Groitzsch 895. Selbstverlag. n. — 20

— König Maximilian u. der Gänsejunge. Declamatorium f. 7 Personen. (16 S.) 8. Ebd. (896. 897.) n. — 20

— Morgenröte u. Nachtschatten. Ein Lebensbild in 4 Gesängen. gr. 8. (20 S.) Ebd. 895. n. — 50

— Thatsachen beweisen. (Das 8. Gebot.) Deklamatorium f. 9 Personen. 2. Aufl. (16 S.) kl. 8. Ebd. (896. 897). n. — 25

— Gottes Wege. Gespräch f. 14 Personen, darunter mehrere sehr leichte Nebenrollen. 2. Aufl. (17 S.) kl. 8. Ebd. (896. 897). n. — 30

— wenn die Not am größten, ist Gottes Hilfe am nächsten. Deklamatorium f. 5 Personen. (16 S.) kl. 8. Ebd. (896. 897). n. — 25

— König Wilhelm u. der tapfre Pommer. (Nach e. Erzählung aus dem Kriege 1870/1871.) Deklamatorium f. 7 Personen. (14 S.) kl. 8. Ebd. (896. 897.) n. — 20

Loesche, Bernh., wir sind Deutsche. Deklamatorium f. sechs Personen. 12. (12 S.) Dresden 891. Verlag d. sächs. Jünglingsbundes. n.n. — 20

— wir sind Deutsche. Declamatorium für 6 Personen. 3. Aufl. 8. (12 S.) Dresden 895. (O. Hackebeil.) n. — 20

108. Stiftungs-Fest am 9. Mai 1907. Festgesang [II. Teil] Gedichtet von C. H. Lösche. 1 Bl. 8⁰. [Kopftit.]
„Wenn aus heitern Himmelsauen“ . . .

Lösche, Ed., das vegetabilische Leben u. die chemische Affinität in ihren gegenseitigen Beziehungen dargestellt. gr. 8. ($8^1/_2$ B.) Leipzig 844, Voss. *

Lösche, Eduard, Dr., Ueber den Kreislauf des Wassers. [Dresden, o. J.]

Lösche, G., De Augustino Plotinisante in doctrina de Deo disserenda. Diss. 1880. 68 S.

Abriss der Geschichte des Protestantismus in Österreich-Ungarn von Georg Loesche. Göttingen: Vandenhoeck & Ruprecht 1910. 20 S. 8°
Aus: Oskar Netoliczka: Lehrbuch d. Kirchengeschichte. 10. 6514 7

Loesche, Geo., Analecta Lutherana et Melanthoniana. Tischreden Luthers u. Aussprüche Melanthons, hauptsächlich nach Aufzeichngn. d. Johs. Mathesius. Aus der Nürnberger Handschrift d. German. Museums m. Benutzg. v. Joh. Karl Seidemanns Vorarbeiten hrsg. u. erläutert. gr. 8. (IX, 440 S.) Gotha 892. F. A. Perthes. n. 9. —

Loesche, Geo., Ernst Moritz Arndt, der deutsche Reichsherold, s. Biographieen zu der Sammlung klassischer deutscher Dichtungen.

— s.: Frank, Gust., Geschichte der protestantischen Theologie.

Loesche, Geo., Dr. theol. Gustav W. Frank, o. ö. Professor i. R. der k. k. evangelisch-theologischen Fakultät in Wien, a. o. Mitglied des k. k. evangelischen Oberkirchenrates A. B., k. k. Hofrat, Ritter des Ordens der eisernen Krone. 25. IX. 1832 bis 24. IX. 1904. Ein Gedenkblatt. Mit dem Bildnis des Entschlafenen. Sonder-Abdr. aus dem 4. Bde. v. Frank, Geschichte der protestant. Theologie. (44 S.) 8. Leipzig 905. Breitkopf & Härtel. n. 1. 50

Evangelische Fürstinnen im Hause Habsburg. (Von Georg Loesche.) (*Marburg 1902: H. Bauer.*) (24 S.) 8° [Kopft. F.]
Aus: Christl. Welt. 1902. 03. 9788 4

— die evangelischen Fürstinnen im Hause Habsburg. Eine historisch-psycholog. Studie. Mit Benutzg. archival. Quellen. Mit 3 Bildnissen u. 1 Fksm. (71 S.) gr. 8. Wien 904. Manz. n. 1. —
Sonderabdruck aus: „Jahrb. d. Gesellsch. f. d. Geschichte d. Protestantismus in Oesterr.“

Loesche, Geo., Geschichte des Protestantismus in Oesterreich. In Umrissen. Im Auftrage der „Gesellschaft f. die Geschichte des Protestantismus in Oesterreich“. 8. (VII, 251 S.) Tübingen 902. J. C. B. Mohr. n. 2. —; geb. n.n. 2. 50

— Geschichte des Protestantismus in Österreich-Ungarn, s.: Netoliczka, Osk., Lehrbuch der Kirchengeschichte.

— s.: Herman, Nikol., e. Mandat Jesu Christi.

Loesche, Geo., s.: Jahrbuch d. Gesellschaft f. d. Geschichte d. Protestantismus in Oesterreich.

— die Kirchen-, Schul- u. Spital-Ordnung v. Joachimsthal. Ein Cultus- u. Culturbild aus der Reformationszeit Böhmens. Decanatsrede in erweit. Gestalt. [Aus: „Jahrb. d. Gesellsch. f. d. Geschichte d. Protestantismus in Oesterreich“.] gr. 8. (54 S.) Wien 891. Manz. n. — 80

Loesche, Geo. Jan Amos Komenský [Comenius], der Pädagoge u. Bischof. Populärer Vortrag, namens der Gesellschaft f. die Geschichte d. Protestantismus in Oesterreich im März zu Wien geh. gr. 8. (27 S.) Wien u. Lpz. 889, Klinkhardt. * — 50
Vorstehende 2 Schriften sind aus: Jahrb. d. Gesellschaft f. die Geschichte d. Protestantismus in Oesterreich, besonders abgedruckt.

Comenius, Joh. Amos: Jan Amos Komensky (Comenius), der Pädagoge und Bischof. Populärer Vortrag namens der Gesellschaft für Geschichte des Protestantismus, im März [1889] zu Wien gehalten von Georg Loesche. Wien: Manz 1889. 27 S. 8⁰
Aus: Jahrbuch d. Gesellsch. f. d. Gesch. d. Protestantismus in Oesterreich. 10 1889.
Recens: FZ. 43 (1889) S. 297—298 (L. Keller); BZC. 18 (1889) S. 240—243 (K. Schulze).
Üb. Comenius s Allgem. Deutsche Biographie Bd 4 1876 S. 431—436 (G. Baur); Rein's Handb. der Paedagogik 2. Aufl. Bd 1 1903 S. 909—922 (Nebe); Herzog's Realencyclopädie 3. Aufl. Bd 4 1898 S. 247—250 (Kleinert); Überweg-Heinze: Grundriss der Gesch. der Philosophie. 10. Aufl. Bd 3 1907 S. 219.
[A. (NF.) 9 (1890) S. 109.]

— **Luther, Melanchthon u. Calvin in Osterreich-Ungarn.** Zu Calvins vierter Jahrhundertfeier. Mit archival. Beilagen. (XVI, 871 S.) gr. 8. Tübingen 909. J. C. B. Mohr. 4.—

—— Luther-Lieder. Zur vierten Säkularfeier des Reformators. 1. und 2. Aufl. gr. 8. (34 S.) Halle 883, Strien Verlag. * — 50

— Johannes Mathesius. Ein Lebens- u. Sittenbild aus der Reformationszeit. 1. Bd. gr. 8. (XXI, 639 S. m. Bildnis u. Fksm.) Gotha 895. F. A. Perthes. n. 10. —

— Johannes Mathesius. E. Lebens- u. Sittenbild aus d. Reformationszeit. 2. Bd. gr. 8. (IV, 467 S.) Gotha 895. F. A. Perthes. n. 6. — (kplt.: n. 16. —)

— Johannes Mathesius. (80 S. m. 1 Abb. u. 5 Taf.) kl. 8. Weipert 910. Deutschböhm. Verlagsanstalt Sonnenwirbel. 1.—
Sonderabdr. aus: „Die Wunderstadt St. Joachimsthal".

— dasselbe, s. a. Wunderstadt, die, St. Joachimsthal.

— **Monumenta Austriae evangelicis.** Festrede anläßlich des 25jähr. Bestandes der Gesellschaft f. die Geschichte des Protestantismus in Oesterreich, am 21. I. 1905 geh. (23 S.) 8. Bielitz 905. W. Fröhlich. n. — 35
Sonderabdruck aus: „Ev. Kirchenzeitg. f. Oesterreich".

— dasselbe. 2. durch literar. Nachweise ergänzte Aufl. (28 S. m. 1 Taf.) gr. 8. Ebd. 905. n. — 50
Sonderabdruck aus: „Jahrb. d. Gesellsch. f. d. Geschichte d. Protestantismus in Oesterr."

— **Monumenta Austriae evangelica.** Ein Programm. 3., umgearb. Aufl. Vortrag, geh. auf dem internat. Historiker-Kongress zu Berlin am 12. VIII. 1908. (33 S.) gr. 8. Tübingen 909. J. C. B. Mohr. — 60

Loesche, Geo., Florenzer Predigten. 8. (88 S.) Halle 884. Strien. n. 1. —

Loesche, Georg.: Theses theologicae. Berolini (1883). (2 Bl.) 4°
Berlin, Theol. Thes. v. 10. Aug. 1883

Lösche, Gust. Ed., meteorologische Abhandlungen. I. Ueber periodische Veränderungen des Windes an der Erdoberfläche nach Beobachtungen zu Dresden von 1853 bis 1858. Dresden 865, Meinhold & Söhne. 4. (XX, 341 S. mit Steintaff.) 3 ℳ

Loesche, Gust. Ed. (Dresden), De causis naturae chemicae et efficaciae plantarum. Diss. bot. Lpz. (Staritz) 1. VIII. 1843. 31 S. (3.—) 21514

Lösche, Gustav Eduard, Ueber periodische Veränderungen des Windes an der Erdoberfläche nach Beobachtungen zu Dresden von 1853—58. (A. u. d. T.: Meteorol. Abh. I.) Mit 1 lithogr. Taf. Dresden 1865.

— Die Vertheilung der Windstärke in der Windrose von Dresden. [o. O. u. J.]

Loesche, Johannes, a. Magdeburg: Die Abfassung der Faits des Romains. Halle a. S. 1907: C. A. Kaemmerer & Co. (78 S.) 8°
Halle, Phil. Fak., Ref. Suchier, Diss. v. 16. Aug. 1907
[Geb. 31. Okt. 84 Magdeburg; Wohnort: Halle a. S.; Staatsangeh.: Preußen; Vorbildung: Pädagog. z. Kloster U. L. Fr. Magdeburg Reife O. 03; Studium: Halle 8 S.; Rig. 14. Jan. 07.]

Lösche, Karl Herm. Pädagogische Berührungspunkte zwischen den Brüdern vom gemeinsamen Leben und A. H. Francke. Eine pädagogisch-historische Parallele. 20 S. **Progr.** *Stollberg* 1878.

Lösche, Karl Hermann: Ausgewählte Lieder und Sprüche von Walther von der Vogelweide ins Neuhochdeutsche übertragen. Stollberg, Druck v. E. F. Keller's Witwe (1889); 81 S. 8°
Stollberg, st. R mit PG, OP 1889 (550)

Lösche, (K[arl] H[ermann]): Mitteilungen aus der Geschichte der Realschule mit Progymnasium zu Stollberg in dem ersten Vierteljahrhundert ihres Bestehens. *Stollberg i. E. (1898): E. F. Kellers Ww.* (32 S.) 8°
Stollberg, Erzg., R m. PG, P 1898 (608)

Lösche, Karl Hermann Ausgewählte Sprüche und Lieder von Walther von der Vogelweide ins Neuhochdeutsche übertragen. 8 (81 S.). **Progr.** Rsch. mit Prg. *Stollberg* 1889 (550).

Loesche, Frau Naema, s.: Norrmann, T.

Loesche, Paul [aus Pirna a/E. (Sachsen)]: Beiträge zur Kenntnis der Chinolin-ana-sulfonsäure und einiger Derivate. . . . Freiburg i. Baden, Univ.-Buchdr. v. H. M. Poppen & Sohn, 1888; 40 S. + 1 Bl. 8°
Freiburg i. B., Phil. Fak., Inaug.-Diss. v. 1888

Loesche. Sophie, s.: Mädchen-Zeitung, deutsche.

Lösche, B., die Macht der Liebe, s.: Hausfreund, Hamburger.

Loesche, B., ein Weihnachtsabend der Heimatlosen, —— ein Weihnachtssegen, } s. Schillingsbücher.

Löscheimer. Ein Journal (der Zeitgeschichte, speciell Preussen betreffend). 6 Hfte. (soviel ersch.). Hrsg. von H. von L—n. (d. i. Gustav v. Both). O. O. 1807—9. 8°. (1—5, „1807—9", 12 Mk., mit d. Orig.-Umschlägen, E. Frensdorff, 1907; cplt. 12 Mk., ohne die Orig.-Umschl., L. Rosenthal, 1910.) (Expl. in Cassel, Landesbibl.; cplt.?)
Gegen die „Feuerbrände". — Anon.-Lex. III. p. 85 (nach Meusel, Weller u. dem Neuen Nekrolog. — Cplt. rar!

LÖSCHEIMER, hrsg. von H. L — n (d. i. Gustav v. Both). Ein Journal in zwanglosen Heften. 6 Hefte (soviel ersch.). Amsterdam (Kiel, Hesse) 1807—8. Gr. 8°. Cplt. sehr selten! (Die meisten Hefte in Cassel, Landesbibl.)
Weller, fing. Dr.; Anon.-Lex. III. p. 85 hat „Kiel 1807—9" (nach Meusel u. dem Neuen Nekrolog).

Löscheimer, herausgegeben von H. L—n. (d. i. Gustav v. Both). Ein Journal in zwanglosen Heften. 6 Hfte. (cplt.). Amsterdam (Kiel, Hesse) 1807—9. Gr. 8°. Cplt. rar, besonders mit den Orig.-Umschlägen. (Die meisten Hfte. in Cassel, Landesbibl.)
Anon.-Lex. III. p. 85 (nach d. Neuen Nekrolog, Meusel u. Weller).

LÖSCHEIMER. Ein Journal in zwangslosen (!) Heften, hrsg. von H. v. L—n. (d. i. Gustav v. Both). 6 Hefte (soviel ersch.). O. O. (Berlin) 1807. 8°. (Heft 1—4 in Berlin, Bibl. d. Vereins f. d. Geschichte Berlins.) (Heft 1—3 mit den Orig.-Umschlägen, 10 Mk. E. Frensdorff, 1904; Heft 1—6 (wovon 1 defekt) 20 Mk. Derselbe, 1904.)
Complet mit allen Umschlägen eine Seltenheit. Enth. Diverses zur Chronique scandaleuse. — Anon.-Lex. III. p. 85 (nach Meusel, Weller u. dem Neuen Nekrolog).

Loschen, Chochemer. Wörterbuch der Gauner, und Diebs vulgo Jenischen Sprache. Meissen 1833. V: *Train, Joseph Carl von.* (GGr)

„Rechnung, Über die, an die allhier befindliche General-Müntz-Guardeine, von mir Hieronymo Löschenkohl, zum probiren gelieferte Münz-Sorten . . . . Dictatum Regenspurg, den 22ten Mertz 1738 per Moguntinum", Regenspurg / gedruckt bey Hieronymo Lentzen. — Vorh.: StB Nürnberg.

Sidonius, Jul. [d. i. Loescher]: Anmerkungen über die Niederlausitz. Landesordnung vom 28. Jan. 1669. Lübben 1721. [Titelbl. hs. erg.]

Loescher, Diss. de sympatheticis morborum curationibus medico rationali indignis et illicitis. Witenb. 4°.

1723

Loescher [Praes.], s. K ü h n e, Johann Gottl.: De temeraria pietate.

1870-1910. Verlags-Katalog von **Loescher** & Co. (Inh. W. Regenberg), Rom. (Rom 1910: Deutsche Buchdr.) 168 S. 8° [10. 11657 10

Loescher, C.: De p e r i c o p i s evangelicis et epistolicis. – Viteb. 1721.

Löscher, C. E., s. L ö s c h e r, Karl Immanuel

Löscher, C. J., s. L ö s c h e r, Karl Immanuel

Löscher, Carl, s. L ö s c h e r, Karl

Löscher, Caspar, s. L ö s c h e r, Kaspar

— **Christ. Imman.** (Wiederau), Diss. med. de morbo coeliaco singulari a cornelio celso descripto. Präs. Dan. Wilh. Triller. Wittenberg (Carl Chr. Dürr) Oct. 1765. 19 S. (4.—) 21517

— **Christ. Wilh.** (Sondershausen)

— — (Weimar), Ad virum nob. cons. dom. Carl Heinrich Heydenreich. Weimar (Murnbach) April 1719. (4.60) 21519

Loescher, Ed., die königliche Wasserlilie Victoria regia, ihre Geschichte, ihr Wesen und ihre Kultur, nebst einem Anhange über Wasserpflanzen der wärmeren Zonen. gr. 8. (VIII und 99 S. mit 2 ill. Abbildungen und 1 Stnt.) Hamburg 852, Perthes-Besser und Mauke. *

Loescher, Friedr., auserlesene Sprüche zum kleinen lutherischen Katechismus für Schüler und Confirmanden. 2., umgearb. Aufl. 8. (54 S.) Güstrow 852, Opitz und Comp.

Loescher, Friedrich Gottl.

— — Paradoxon praxeos victorem in expensascondem natum. Erfurt (Grosch) 4. IV. 1708. (5.—) Gew.: Phil. Wilh. Graf v. Boineburg. 21522

— **Friedr. Gottl.** (Erfurt), Diss. jur. de patria potestate. Präs. Joh. Carl Naevius. Wittenberg (Gerdes) Nov. 1704. (5.—) 21521

Löscher, Frdr. Herm., die erste Besiedelung des Erzgebirges u. der Anfang der erzgebirgischen Landwirtschaft. Vortrag, geh. in der 59. Generalversammlg. d. landwirtschaftl. Kreisvereins im Erzgebirge zu Annaberg, am 10. VI. 1908. (18 S.) gr. 8. Chemnitz 908. (Annaberg, Graser's Verl.) — 60

Löscher, Frdr. Herm., das Bornkindel. Erzgebirgisches Weihnachtsspiel in 3 Bildern. Mit Benutzg. erzgebirg. Lieder u. e. alten Christspiels. (Erzgebirgisches Vereinstheater 15. Heft.) (XI, 49 S.) 8. Annaberg 909. Graser's Verl. — 80

— **Mutter Heimat,** s. a. Tannengrün.

Mutter Heimat. Geschichten u. Gestalten aus d. Erzgebirge. Von Friedrich Hermann **Löscher**. Annaberg: Graser 1907. (96 S.) 8° [F.]
— **Tannengrün.** Bd 5. [07. 10596

Löscher, Frdr. Herm., Heimkehr. Erzgebirgisches Heimat-Festspiel in 8 Bildern m. Benutzg. erzgebirg. Lieder u. Gedichte. (Erzgebirgisches Vereinstheater. 9. Heft.) 2. verm. Aufl. (45 S.) 8. Annaberg 906. Graser. n. — 60
1. Aufl. (45 S.) Zwönitz 905. n.n. — 50.

Weihnachtssegen im Bergmannsheim. Erzgebirg. Weihnachtsspiel in 4 Bild. von Friedrich Herm. **Löscher**. Mit Benutzung von Volks- u. Kinderliedern. Zwickau, Sa.: Unsere Heimat 1903. (III, 47 S.) 8° [F.]
= [**Vereinstheater**, Erzgebirgisches. H. 13.] [08. 17976

— **Weihnachtssegen im Bergmansheim.** Weihnachtspiel in 4 Bildern. Mit Benutzg. v. Volks- u. Kinderliedern. 2. Aufl. (48 S.) 8. Annaberg 910. Graser's Verl. 1. —

Löscher, Friedrich Hermann (Hrsg.), s. W i l d e n h a h n, August: Erzgebirgische Dorfgeschichten.

Loescher, Fritz, die Bildnis-Photographie. Ein Wegweiser f. Fachmänner u. Liebhaber. (XII, 180 S. m. 98 Abbildgn.) gr. 8. Berlin 903. G. Schmidt. n. 4. 50; geb. n. 5. 50

Loescher, Fritz, die Bildnis-Photographie. Ein Wegweiser f. Fachmänner u. Liebhaber. 2. umgearb. u. erweit. Aufl. m. 183 Abbildgn.) (XII, 220 S.) gr. 8. Berlin 907. G. Schmidt. 5.—; geb. in Leinw. 6. 50

Die Bildnis-Photographie. Ein Wegweiser f. Fachmänner u. Liebhaber von Fritz **Loescher**. 3. erw. Aufl. bearb. von Otto Ewel. Mit 149 Bildn.Beisp. Berlin: G. Schmidt 1910. XI, 235 S. 8° [11. 2361

— s.: **Kamera-Almanach, deutscher.**

— **Camera-Kunst,** s.: **Juhl, Ernst.**

Loescher, Fritz, Leitfaden der Landschafts-Photographie, Mit 24 erläut. Taf. nach Aufnahmen des Verf. gr. 8. (X, 162 S.) Berlin 901. G. Schmidt. n. 3. 60; geb. n. 4. 50

— **Leitfaden der Landschafts-Photographie.** 2., neu bearb. u. erweit. Aufl. Mit 27 erläut. Taf. nach Aufnahmen des Verf. (XII, 184 S.) 8. Berlin 904. G. Schmidt. n. 3. 60; geb. n. 4. 50

— **Leitfaden der Landschafts-Photographie.** 3. durchgeseh. Aufl. Mit 30 erläut. Taf. nach Aufnahmen des Verf. (VIII, 179 S. m. Fig.) 8. Berlin 908. G. Schmidt. 4.—; geb. 5.—

— s.: **Mitteilungen, photographische.**

— **die Retouche v. Photographien,** s.: **Grasshoff, Joh.**

— **Vergrössern u. Kopieren auf Bromsilberpapier,** s. a. **Bibliothek, photographische.** 15. Bd.

Vergrössern und Kopieren auf Bromsilberpapier. Von Fritz **Loescher**. Mit 1 Taf. u. 10 Abb. *Berlin: G. Schmidt 1902.* (IX, 105 S.) 8°
— **Bibliothek, Photographische.** Bd 15. [03. 883

Vergrößern und Kopieren auf Bromsilberpapier. Von Fritz Loescher. 2. neubearb. Aufl. Mit 1 Taf. u. 19 Abb. Berlin: G. Schmidt 1905. (VII, 111 S.) 8°
= **Bibliothek**, Photographische. No 15. [05. 14519

Vergrößern und Kopieren auf Bromsilberpapier von Fritz **Loescher**. 3. erw. Aufl. Bearb. von Hans Loescher. Mit 1 Taf. u. 24 Abb. Berlin: G. Schmidt 1908. (VII, 124 S.) 8°
= **Bibliothek**, Photographische. Bd 15. [08. 17807

— **Gottfr.** (Langenbach), De genetica philosophandi ratione et methodo praesertim Fichtii, Schellingii, Hegelii. Diss. phil. Lpz. (Melzer) 12. VIII. 1835. 21 S. (3.—) 21523
Gew.: Phil. Wagner.

Loescher, Gotthold: De genetica philosophandi r a t i o n e . . ., s. B i e d e r m a n n , Friedrich Carl

Loescher, H. Wie erhält man seinen Magen gesund? In-8°. 33 S. Zürich, Th. Schröter. 1894. — 80

Löscher, H., u. H. Schultz, Zwönitz, s.: Grohmann, Max, das Obererzgebirge.

Der junge Goethe. Streiflichter von Hans **Löscher**. Berlin-Schlachtensee: Schwaner 1909. 51 S. 8° [10. 12945

Löscher, Hans, der junge Goethe, Streiflichter. (51 S. m. 1 Abb.) 8. Schlachtensee 909. Volkserzieher-Verlag. — 75

Loescher, Herm., Wandsprüche, s.: Vorlagen f. Brandmalerei.

Loescher, Henr. Theoph. (geb. Lübben 1796): De indicationibus in morbis chronicis. Berolini (1819). (28 S.) 8°
Berlin, Med. Diss. v. 23. Dez. 1819

Loescher, J. C.

— parergorum sacror. exercitat. decades. 12. Altenb. 705.

— merita theologor. in rem liter. 8. Lps. 719.

Löscher, J. C., Schaupl. heiliger Berge. 2 Thle. 8. Rochlitz. 728.

Loescher, Jo. Kaspar [Praes.], s. K a m i t z e r , Jakob: Principes historicos, id est caesares, reges, duces, &c. qui historiae operam navarunt.

— **Joh. Ad.** (Rochlitz), Diss. jur. de eo quod justum est circa revocationem donationis. Präs. Hier. Friedr. Schorch. Erfurt (Hering) 14. II. 1737. (4.20) 21524

— **Joh. Gottl.** (Weimar), Diss. jur. de eo quod justum est circa probationem et demonstrationem in foris Saxonicis. Präs. Heinr. Brokes. Jena (Joh.Friedrich Ritter) Juli 1747. 37 Seiten. (4.—) Widm. v.: Heinr. Brokes. 21526

Löscher, Karl

Loescher, Carl: Ueber magnetische Folgepunkte. Halle a/S. 1884: Karras 43 S. 8°
Halle-Wittenberg, Phil. Diss. v. 16. Dez. 1884
Geb. Weissenfels 25. 1. 1861. V.
Verf. erlebte die Diplomerneuerung 1934 als Studienrat a. D. und Professor in Dresden-Blasewitz.

Loescher (Karl), Der diluviale Mensch in unserer Gegend.
Aus: Jahresber. d. Gesellsch. von Freunden d. Naturwiss. in Gera (Reuss.) 49. 50. 1906 u. 07.

*Löscher, Karl: Einige Neuerwerbungen der geologischen Landessammlung. S. 53—58. 4.
In: Festschrift zum 70. Geburtstage des reg. Fürsten Fürstl.
Progr. Gymn. Ruthenеum *Gera* 1902.

Loescher, Car. Frid. Henr. (geb. Lüben 1828): De Lusatiae inferioris in curandis parturientibus praestantia. Berolini (1853). (31 S.) 8°
Berlin, Med. Diss. v. 27. Juni 1853

Löscher, *Karl Gustav*: Die geologische Landessammlung des Fürstlichen Gymnasiums [Paläontologischer Teil]. 4 (24 S.).
Progr. Fürstl. G. Rutheneum u. Vsch. *Gera* 1899

Löscher, K[arl] G., Dr.: Die geologische Landessammlung des Fürstlichen Gymnasiums ⟨Paläontologischer Teil⟩. *Gera 1899: Th. Hofmann.* (24 S.) 4° [F.]
Gera, fürstl. G Rutheneum u. VS, OP 1899 (759)

Löscher, Karl Imm., († d. 21. März 1814.)

— Angabe einer ganz besondern Hangewerksbrücke, welche mit wenigem u. schwachem Holze, ohne im Bogen geschlossen, über e. Fluß gespannt werden kann. Mit 4 Kpf. 4. Leipz. 784. (W. Vogel). 1 ₰

Angabe einer Schwamm-Maschine, wodurch in einem geringen Zeitraum aus einer beträchtlichen Tiefe eine ansehnliche Menge Wasser empor gebracht werden kann, von *K. Im. Löscher.* Leipzig bey Crusius. 70 S. m. 4 Kupft. 8. 1788.

— Angabe e. Schwammmaschine, wodurch in e. geringen Zeitraume, eine Menge Wasser aus e. beträchtl. Tiefe emporgebracht werden kann. Mit 4 Kpf. gr. 8. Leipz. 788. (W. Vogel). 16 gr

— Ausmessungslehre, oder Mathematik für d. Landmann, zum besten Nutzen in seiner Haus-, Land- u. Holzwirthschaft. Mit 8 Kpf. gr. 8. Leipz. 805. Joachim. 1 ₰ 8 gr

— der innere Bergbau, n. d. Natur modellirt u. beschr. m. K. 4. Leipz. Crusius. (F. C. W. Vogel.) 805.

Löscher, C. Im.: Der B e r g m a s c h i n e n m e i s t e r . Dresden 1805. 4°

— der Bergmaschinenmeister, oder kurze Uebersicht alles dessen, was einer wissen u. beobachten muß, wenn er den Mann machen will, der er soll. Mit Kupf. gr. 8. Dresd. 807. Arnold. 15 gr

Löscher, C. J. Beschreibung eines Instruments zur Bestimmung des Streichens und Fallens der Gänge. Leipzig. 1803.

— Beschreib. d. Krystallisationen, sowohl nach ihren Grundgestalten, als nämlich d. Würfel, Säulen, Pyramiden 2c. Mit 6 Kpft. 8. Leipz. 801. (W. Vogel). 1 ₰ 4 gr

— richtige Bestimmung d. doppelten Krummzapfens in Hinsicht ihrer Lage bei Wassergöpeln, sowohl in gerader als in gebrochener Gestänglinie. Mit 5 Kupf. 8. Leipz. 807. (W. Vogel). 20 gr

— bergmänn. Briefe üb. versch. Gegenst. des Freyberg. Bergb. m. K. 8. Leipz. Crusius. (F. C. W. Vogel.) 786.

— histor. bergmännische Briefe über verschied. Gegenstände des Freyberg. Bergbaues. Mit 5 Kpf. 8. Leipz. 786. (W. Vogel). 10 gr

Erfindung einer Feuerſpritze, welche ganz ohne Röhrwerk, ohne Kolben und Ventile durch die Kraft zweyer Menſchen eine überaus groſſe Menge Waſſer zu einer beträchtlichen Höhe in die Luft treibt, durch den dritten Mann nach allen Gegenſtänden gerichtet wird, und mit geringen Koſten nebſt derſelben Anwendung auf Handſpritzen herzuſtellen iſt; von *Karl Imanuel Löſcher.* Leipz. b. Cruſius. 4. 39 S. m. 7 Kupf. (16 Gr.) 1792

Erfindung einer Feuerſpritze, welche ganz ohne Röhrwerk, ohne Kolben und Ventile durch die Kraft zweier Menſchen eine überausgroſse Menge Waſſer zu einer beträchtlichen Höhe in die Luft treibt, durch den dritten Mann nach allen Gegenſtänden gerichtet wird, und mit geringen Koſten nebſt derſelben Anwendung auf Handſpritzen herzuſtellen iſt, von *Karl Immanuel Löſcher.* Leipz. bey Cruſius. 4. 40. S. m. 7 Kupft. 1792.

— Erfind. e. Feuerſpritze, welche ganz ohne Röhrwerk, ohne Kolben u. Ventile durch d. Kraft zweier Menſchen eine große Menge Waſſer zu e. beträchtl. Höhe treibt ꝛc. Mit 7 Kpf. gr. 4. Leipz. 792. (W. Vogel). 20 K

— Erfindung e. bergmänniſchen Inſtruments, wodurch beim Ueberfahren d. Gänge auf Stellen u. Strecken ꝛc. nicht allein ihr wahres Streichen, ſondern auch ihr recht- u. widerſinniges Fallen genau beſtimmt werden kann. Mit 5 Kpf. u. Tabb. 4. Leipz. 803. (W. Vogel). 1 ℳ

Löſcher, K. Im., Erfind. e. aeroſtat. Kunſtgezeugs, wom. ohne Schöpfung und Pumpenwerk auf etliche 100 Ellen hoch Röhrwaßer gebracht werden kann, m. K. 4. Leipz. Cruſius. (F. C. W. Vogel.) 797.

Löscher C. I.: Uibergangsordnung bei der Kristallisation d. Fossilien, wie sie aus einander entspringen u. in einander übergehen. Leipz. 1796. 58 S. 6 Tvl.

— Uebergangsordnung bei d. Kryſtalliſation d. Foſſilien ꝛc. Mit 6 Kpf. 4. Leipz. 796. (W. Vogel). 16 K

— kurzer Unterr. von Spähnkolben, wie ſolche können geſchwind verfertigt u. zur Erſparung d. Lederwerks bei allen Saugwerken gebraucht werden ꝛc. Mit 4 Kpf. gr. 8. Leipz. 783. (W. Vogel.). 5 K

Loescher, Kaspar

Löſcher, Caſp., allerh. n. Abſolutionsformeln a. d. S. u. Feſtt. Evangel. 2 Thle. 8. Delitzſch, Vogelgeſang. 746.

Loescher, Kaspar [Praes.], s. Buder, Johann Gottfried: De inccrruptibili sanguine Jesu redemptoris nostri.

Loescher, Kaspar [Praes.], s, Kellner, Christian: Pastor fidus ex. I. Tim IV, 16. adumbratus.

Loescher, Kaspar [Praes.], s. Neumann, Johann Georg: An muti et surdi ad s. coenam admittendi sint?

Loescher, Kaspar [Praes.], s. Richter, Sigismund: De homine per mortem a peccatis justificato, Ex Rom. VI, 7.

— Theologia thetica. 8. Vittb. Zimmermann. 707.

Loescher, Kaspar [Praes.], s. Wedig, Johann Hieronymus von: Positionum theologicarum de religionum indifferentismo tricenarius.

Loescher, Margarete, neue Kerbschnitt-Vorlagen f. Anfänger u. Geübtere. Motive zum Zusammenstellen v. Mustern. gr. Fol. (6 Bl.) Stettin (900). H. Dannenberg & Co. 5. —

Neue Kerbschnitt-Vorlagen für Anfänger und Geübtere. Motive z. Zusammenstellen von Mustern von Margarete Loescher. *Stettin: H. Donnenberg & Co. [1901].* (6 Taf.) gr. 2° [Umschlagt.] [-2. 313] 9

Loescher, Martin Gotthilf

Loescher, M. G., resp. A. Ch. Gilbert, De anima hominis materiali insensibili simul data differendi occasione, causam morborum contagiosorum hactenus grassantium naturalem reddente. 40 pp. Witt. 4°. 1712

Loescher, Martin Gotthelf [Praes.], s. Bock, Christian Friedrich: De judicio circa abortum concitatum ferendo.

Loescher, Martin Gotthelf [Praes.], s. Fels, Wolfgang Jakob: De sale ammoniaco ejusdemque usu medico, chymico ac curioso.

Loescher, Martin Gotthelf [Praes.], s. Hausmann, Jo. Jakob: De crisibus.

Loescher, Martin Gotthelf [Praes.], s. Kettner, Paul Gottlieb: Veterum quorundam philosophorum de mundo opiniones ac sententias.

Mart. Gotthelf Loescher de medicorum meritis in Augustanam confessionem. Viteberg. 1730. 4.

Loescher, M. G., resp. S. Ch. Ursinus, Tentamen de novo succi nervei motu. 24 pp. Vitemb. 4°. 1710

—, De natura sensuum externorum hominis in genere. Witteb. 4°. 1726.

Martin Gotthelf Loescher

Commentatio physica de phaenomeno septentrionali luminoso nec non morbo epidemico anni currentis. Autore Martino Gotthelff Loeschero [Loescher]. Vitembergae: Hannauer 1721. 40 S. 8°

Löscher, Mart. Ghf., Physica theoret. ex experimentalis compend. 8. Vittb. Hannauer. 728.

Martin Gotthelf Loescher

Mart[inus] Gotthelff Loescherus [Loescher]: De Pruritu senili totius corporis. [Resp.:] Ioannes Godofr[edus] Ehrlich. Vitembergae (1728:) Gerdes. 24 S. 8°

Wittenberg, Med. Diss. v. 3. Febr. 1728

Löscher, Martin Gotthelf.
De sale ammoniaco ejusque usu chimico et curioso. Viteberga, 1726.

Loescher, Martin Gotthelf [Praes.], s. Sauber, Georg Philipp: Observationes chirurgicae medico practicae.

Loescher, Martin Gotthelf [Praes.], s. Schuchard, J. Bernhard: Disputatio physica de antlia pneumatica.

Martin Gotthelf Loescher

Mart[inus] Gotthelff Loescherus [Loescher]:
De Sensationibus brutorum imperfectis.
[Resp.:] Jacobus Georgius Charpentier.
Wittebergae (1726): Gerdes. 28 S. 8°

Wittenberg, Phil. Diss. v. Mai 1726

Loescher, Martin Gotthelf [Praes.], s. Tittmann, Franz Friedrich: Mechanismus venae azygae pleuritidos causa.

Loescher, Martin Gotthelf [Praes.], s. Wolff, Johann Christian: Observationes physicae selectiores.

Loescher, Martin Gotthelf [Praes.], s. Zömius, Gottfried: De cometis veterum pariter ac recentiorum eruditorum sententias ac opiniones exhibens.

Löscher, Otto Ernst, a. Borna, Bez. Leipzig: **Über rezidivierende Augenmuskellähmungen.** Borna-Leipzig 1905: R. Noske. (51 S.) 8°
Leipzig, Med. Fak., Ref. Sattler, Diss. v. 5. Juni 1905
[Geb. 2. Dez. 81 Chemnitz; Wohnort: Dresden; Staatsangeh.: Sachsen; Vorbildung: Fürstensch. Grimma Reife O. 00; Studium: Leipzig 4, Marburg 2, Leipzig 4 S.; Coll. 26. Juni 05; Approb. 14. Febr. 05.]

Löscher, Paul, aus Weissenfels a. S.: **Ueber N-Alkyl-Aldoxime und deren Spaltungsprodukte.** *Leipzig 1899: B. Georgi.* (31 S.) 8°
Erlangen, Phil. Diss. v. 1. Febr. 1899

Loescher, Samuel Jakob

— — **De comparatione oratoria.** Präs. Wilh. Berger. **Wittenberg (Schroeder) 15. IV. 1711.** (4.--) 21528

— **Sam. Jac.** (Rabenstein), De pane lugentium. **Präs. Isr. Traug. Garmann (Chemnitz).** Wittenberg (M. Schulz) 29. VIII. 1708. (3.50) 21527

JUNGFERN-EHRE, Die angetastete, der Lutherischen Kirche (von *Valentin Löscher*). 1720. 8°. Höchst selten!
Cat. d. Waisenhausbuchhandlg. in Züllichau, ca. 1740.

Löscher, Valentin Ernst

— Addresse an e. Oberhaupt, d. Religionsvereinig. betr. 4. Dresd. 704.

— christl. Akademie der Sterbensbereit. in Predigten. 8. Dresd. Gerlach. 745.

Löscher, Val. Ern., evangel. Zehenden Gott geheil. Amtssorgen, m. Grulichs Forts. 7 Thle. m. K. 8. Magdeb. Scheidhauer. 717–728. Rthlr.

— edle Andachtsfrüchte, d. i. 68 Oerter heil. Schr. nach 26 Methoden. 8. Dresd. Gollner. 741.

— theolog. Annalen d. 18ten Jahrh. v. 1701 bis 1730, 3 Thle. 8. Leipz. 716–737.

— Antilatitudinarius. 8. Lps. Knoch. 724.

— wohlredend. Blut e. unschuld. getöd. Abels, od. Leichenpredigt Joach. Hahns. 4. Dresd. Frommaun. 727.

— Breviarium homileticum. 8. Frft. Knoch. 731.

— — theologiae exegeticae. 8. ibid. 715.

Loescher, Val. Ern., De causis linguae Ebraeae libri III ... Francofurti & Lipsiae 1706.

— de causis linguae hebraeae libri III. in q. hist., linguae genius etc. enarr. 4. Lps. Frommann. 716.

Loescher, Valtn Ernst, De conatu restituendi Germanicas origines. Delitii 1704. 4. (D.)

— hundertfältiger Dank für Reformationswohlthaten. 8. Chemn. 768. Stößel. 2 K

— abgewies. Demas z. Ueberzeug. d. Päbstler. 8. Ebendas. 713.

— röm.-kathol. Discourse v. evangel. Jubeljahr. 12 Stck. 8. Leipz. 720.

— epistolae de theologia et illuminatione impiorum. 4. Lps. Frommann. 710.

— Erkenntn. des Verderbens u. Mittel darwider. 8. Dresd. Gerlach. 721.

Loescher, Valentin Ernst [Praes.], s. Fibing, Jo. Heinr.: Praenotiones sacrae contra atheos custodiendae.

Verinus, Timotheus (d. i. *Valentin Ernst Loescher*), Das entdeckte Geheimniss der Bosheit der **Herrnhuter.** Franckf. 1749. 8°. (In München: H. Ref. 270 d, 7.) Rar!

— geheime Gerichte Gottes übers Pabstthum, m. d. Forts. 4. Leipz. 706.

— — Die geheimen Gerichte Gottes über das römische Papsttuhm, wie es sich selbst biss zu seinem grossen Sturtzfall nach und nach verzehret. Nebst dem Wolffenbüttelischen Tractat, Beantwortung der Frage, ob jemand von der Evangel.-Luther. Religion zur Catholischen übertretend dadurch die Seeligkeit verliehre? Leipzig 1706. 4°. (2 Mk. 50 Pfg., Franz Teubner, Düsseldorf, 1898; jetzt theurer!)

Löscher, Val. Er., (Ist schon sehr lange todt, u. nachsteh. Schriften entweder neue Ausg. oder nur neue Titel.) thätig. Glaube, oder Erklärung einiger Liebessprüche. 8. Dresd. 781. Gerlach. 20 K

— historia motuum zw. d. Evang., Luther. u. Reformirten. 3 Thle. u. Anh. 4. Lpz. (Frommann, Jena.) 723, 24.

§ * **LÖSCHER,** Val. Ernst (D. Past. & Superint. 1672—1749), HISTORIE Des Römischen Huren-Regiments Der Theodoræ und Maroziæ, in welcher die Begebenheiten des zehenden Seculi und Intriguen des Römischen Stuhls .... Mit 3 Karten. Leipzig, Zu finden bey Lanckischens Erben, 1705. 4°. (In Berlin: Cd 6050.) (12 Mk. A. Bielefeld, vor 1885.)
3 Bll. u. 354 S. Sehr rar! Voll der ärgsten Scandalosa und Verbrechen.

— — Historie der mittlern Zeiten als ein Licht in der Finsterniß vorgestellet. Leipzig 1725. 4°. (In Schaffhausen.)

Löscheri, V. E., Jon, sive originum Graeciae restauratio. Lips. 705. 8. 9 gr.

— katechet. Lehrzeugnisse, od. Instructiones, wie m. mit d. convertendis od. conversis zu verfahr. 8. Torgau. 765.

Löscher, Valentin Ernst, geistliche Lieder. Auswahl. (Einleitung, Auswahl. Bearbeitg. v. Frz. Blanckmeister. Buchschmuck v. William Krause.) (136 S.) 8. Dresden 909. C. L. Ungelenk. 2. —

Loescher, Valentin Ernest. Litterator Celticus seu de excolenda litteratura Europaea . . . consilium . . . Lips. 1726. II: *Egenolf, Johann Augustin.* (Reichard, Vers. e. deutsch. Sprachk. Hamburg 1747. S. 361.)

Valent. Ernest. Löscher (jun.) medici insignes humanitatis studiorum vindices decas I—III. Dresd. 1736, 1737. Misenae 1740. 4.

— zwey neue jesuitische Meisterstücke abgefert. 8. Leipzig. 728.

Löscher, V. E., de periodis et conversionibus hierarchiae ecclesiasticae. Viteb. 1708. 4.

— praenotiones theologicae contra naturalism. et fanatism. 8. Vitteb. 752. Schwarz. 7 ℛ

— **Valent. Ernst,** De praesumptione muciana. Präs. Aug. v. Leyser. Wittenberg (Schlomach) 21 V. 1748. 56 S. (3.20) 21529

— Predigt b. Leg. d. Grundsteins z. Frauenkirche in Dresd. u. s. w. 4. Dresd. (Frommann, Jena.) 726.

— Proben, wie d. Fähigkeit z. Dienste d. Amtes Christi z. erlangen. 1r Bd. in 6 Stck. 8. Dresd. Robering. 727.

— Reden e. Geistl. mit d. Hohen dies. Welt üb. theol. Sachen. 8. Dresd. 732.

— vollst. Reformationsacta, Document u. Nachricht., d. evang. Kirchenreformation betr. 3 Thle. 4. Lpz. (Frommann, Jena.) 720–28.

— Samml. d. best. Schriften v. Zust. d. Seele n. d. Tode. 8. Dresd. Walther. 735.

Loescher, Valentin Ernst [Praes.], s. Schulenburg, Christian Christoph: De periodis et conversionibus hierarchiae ecclesiasticae.

— stromateus s. dissertat. sacri et liter. argum. 4. Lips. (Frommann, Jen.) 727.

— theologia pretiosa thetico-polemica ex edit. Benj. Bieleri. 8. Vittb. Schwarz. 754.

— Uebung d. Gottseligk. in e. v. ihm 1720 gepredigt. Jahrgange üb. d. Evangelia. 4. Dresd. Frommann. 731.

— Unterr. v. wahr. Christenthume. 12. Dresd. Robering. 736.

— vollst. Timotheus Verinus, od. Darleg. des Kirchenfriedens in d. pietist. Streitigkeit. 2 Thle. 8. Wittenb. 726.

Löscher, Valentin Ernst. Merckwürdige Wercke Gottes In denen Reichen der Natur, Der Kunst, und des Glückes Als eine nützliche Einleitung Durch die Vorhöfe in das Heilige ... Im Jahr 1722. geprediget ... Auch mit Sinn-Bildern gezieret. Andere verbesserte Auflage. Dresden, C. Robring, 1734. 8°. *Frontispizporträt d. Autors,* 6 Bl. 992 (falsch gez. 994) S. 16 Bl. *Mit vielen hübschen Emblemkupfern im Text.*

— merkw. Werke Gottes im Reiche d. Natur u. Glücks, m. Sinnbild. gr. 8. Dresd. Gröll. 753.

Löscher, Val. Ernst, über d. Zustand d. Seele nach d. Tode, s. Mittheilungen aus d. merkw. Schriften rc., 1. Hft.

Löscher, Werner, approb. Arzt aus Ebersdorf (Reuss): Über die in den letzten Jahren in der Erlanger chirurgischen Klinik zur Beobachtung gelangten Fälle von Schilddrüsengeschwülsten. *Erlangen 1898: A. Vollrath.* (45 S.) 8°
Erlangen, Med. Diss. v. 27. Juli 1895

Löschera, Val. Ernst, Syrkwine Kluczje, aby Rusne Roswuczenja rc. 16. (99 S.) Bautzen 847, Reichel. *

VERSUCH, Vorgängiger, zur Erwürkung eines Vertrags zwischen den im bisherigen Hexereikrieg verwickelten Gelehrten (von *O. Loschert*). Am Mainstrom (Bamberg) 1767.
Anon.-Lex. IV. p. 311 (nach Weller, fing. Druckorte I. p. 101).

Löscheymer, herausgegeb. v. H. v. L—n. 6 Hefte in 2 Bdn. gr. 8. Kiel, Academ. Buchh. 807. 808. (à Hft. 16 gr.)

Loschge, August, Assist. f. theoret. Maschinenlehre an d. Techn. Hochsch. München: Neue Beiträge zur Dampfturbinentheorie. 1910. 54 S. 4° ¶ Aus: Zeitschrift f. d. gesamte Turbinenwesen. Jg. 8. 1911.
München, Dr.-Ing.-Diss. v. 26. 7. 1910

Loschge, Friedrich Heinrich

Loschge, F. H., De commodis quibusdam ex singulari infantum calvariae structura oriundis. 30 pp. Erl. 4°.

1785

Loschge, Fr. Hnr., die Knochen d. menschlichen Körpers u. ihre vorzügl. Bänder. 5 Liefer. Mit Kpf. gr. Fol. Erl. 789—96. 2e A. 1e Liefer. 804. 2e Liefer. 805. 4e u. 5e 806, 7. (Heyder). 5 ℛ Schrbp. mit ill. Kpf. 6 ℛ 16 ℛ Holl. Pap. mit ill. Kpf. 7 ℛ 12 ℛ

Loschge, F. H., die Knochen des menschlichen Körpers und ihre vorzüglichen Bänder. 5 Hefte, m. K. gr. Fol. Erlangen, Walther. 804–5. (à 1 Rthlr.) Rthlr.
Schreibp. m. illum. K. (à 1 Rthlr. 8 gr.)
Holl. Pap. m. illum. K. (à 1 Rthlr. 12 gr.)

— de medicina obstetricia, agente et exspectante. 4. Erl. Schleich. 780.

Loschge, Friedr. Heinr., Memoriam Joannis Burgardi Geigeri. Erlangen (Jung) 1809. 16 Seiten. (3.—) 21620

Rede dem feyerlichen Andenken des Allerdurchlauchtigsten, Grossmächtigsten Königes von Preussen etc. etc. Friederichs des Zweiten des H. W. Protektors aller vereinigten Logen in Teutschland gewidmet und in der von der S. E. W. Loge Libanon zu den 3 Cedern [in Erlangen] am 9ten Okt. 1786 dazu ausgesetzten Trauerloge gehalten vom Br. Redner [d. i. Friedr. Heinr. Loschge]. Erlangen [1786]: Ellrodt. 11 S. 4° [Umschlagtit.]

Rede bey dem höchsten Geburtsfeste ihres H. W. Durchlauchtigsten Beschützers Alexanders gehalten in der Loge Libanon zu den 3 Zedern vom Br. Redner derselben [d. i. Friedr. Heinr. Loschge]. Den 29. Febr. 1788. Erlangen 1788: Ellrodt. 10 S. 4⁰ [Umschlagtit.]
Selten. Rückblick auf die Begebenheiten des letzten Jahres.

Rede in einer von der S. E. W. Loge Libanon zu den 3 Cedern [in Erlangen] dem feyerlichen Andenken ihres verewigten H. W. Durchlaucht. Brs Leopold, Herzogs von Braunschweig gewidmeten Trauerloge gehalten am 27sten Aug. 1785. vom Br. Redner [d. i. Friedr. Heinr. Loschge]. Erlangen 1785: Ellrodt. 8 S. 4⁰ [Umschlagtit.]
Selten. Gedächtnisworte.

Friderici Henrici Loschge. De Sceleto hominis symmetrico commentatio anatomica. Erlangae: Palm 1795. 142 S. 8⁰

— de symmetria humani corporis, inprimis sceleti. Commentat.-anatom. Sect. I. II. 8maj. Erl. 793. Palm. 9 𝒦 chr. script. 12 𝒦

Loschge, Fr. H., anatomische Tafeln, mit begleitend. Erklärungen. 1e u. 2e Hft. Osteologie, mit K. 3te Ausg. gr. Fol. Erlang. Heyder. 813.

Die Vorzüge des ächten Maurers in einer bey Gelegenheit der höchsten Geburtstagsfeyer ihres Durchlauchtigsten Beschützers [Alexander von Ansbach u. Bayreuth] gehaltenen Rede dargestellt in der g. und v. Loge Libanon zu den drey Cedern [in Erlangen von Friedr. Heinr. Loschge]. Den 24sten Febr. 1785. Erlangen [1785]: Ellrodt. 8 S. 4⁰ [Umschlagtit.]
Sehr selten.

Loschge, H., das Reserve-Lazareth in Schöppenstedt, s. Bibliothek humorist. Dichtungen.

Loschge, L., nutzbares Figur- u. Lernbüchlein, d. Jugend zur Lust u. gründlichen Unterweisung eingerichtet. Mit ill. Kpf. 8. Nürnb., Ender. 5 𝒦

Loeschhorn, A., Führer durch d. Klavier-Litteratur. 2., verm. Aufl. 16. (VIII, 100 S.) Berlin 895. E. Bote & G. Bock. n. 1. —

Löschhorn, H., s.: Kudrun.

Löschhorn, H., Kudrun, s.: Denkmäler der älteren deutschen Litteratur.

— Lessings Leben u. Werke, s.: Velhagen & Klasing's Sammlung deutscher Schulausgaben.

—— Wörterbuch, s. Scott, Walter. Tales of a grandfather.

Löschhorn, Hans

Löschhorn, H., Anthologie mittelalterlicher Gedichte, s.a. Velhagen & Klasing's Sammlung deutscher Schulausgaben.

Anthologie mittelalterlicher Gedichte. Mit Benutzung der von Gustav Legerlotz veranst. Ausgaben f. d. Schulgebr. zsgest. von Prof. Dr. H[ans] Löschhorn. Bielefeld & Leipzig: Velhagen & Klasing 1906.
(XIII, 172 S.) 8⁰
= Sammlung, Velhagen & Klasings, deutsch. Schulausgaben. Lfg. 118.

Geschichte des Altertums, des Mittelalters und der beginnenden Neuzeit. Z. Gebr. f. d. siebente u. achte Schuljahr d. Höh. Mädchenschulen (bezw. 3. u. 2. Klasse) bearb. v. H. Löschhorn. M. 32 Abb. u. 3 Kt. Hannover [&] Berlin: C. Meyer 1898. (VIII, 231 S., 4 Taf., 1 Kt.) 8⁰
= Löschhorn, H.: Lehrbuch d. Gesch. f. Höh. Mädchensch. Tl. 2.

Geschichte der Neuzeit. 1648–1888. Zum Gebr. f. d. 9. u. bzw. 10. Schuljahr d. Höh. Mädchenschulen bearb. von H[ans] Löschhorn. Mit 34 Abb. u. 1 Karte. *Hannover, Berlin: C. Meyer 1899.* (VIII, 215 S.) 8° [F.]
= Löschhorn: Lehrbuch d. Geschichte f. höh. Mädchensch. T. 3.

Löschhorn, H., Lehrbuch d. Geschichte f. höh. Mädchenschulen, nach d. amtl. Bestimmgn. v. 31. V. 1894 bearb. (3 Tle.) 1. u. 2. Tl. gr. 8. Hannover, C. Meyer. n. 3. 20; geb. n. 4. 10
1. Lebensbilder u. Sagen. Zum Gebr. f. d. 5. u. 6. Schulj. d. höh. Mädchenschulen (bezw. 5. u. 4. Klasse) bearb. (VIII, 178 S. m. 1 Bildn.) 897. n. 1. 20; geb. n. 1. 60
2. A. u. d. T.: Geschichte d. Altertums, d. Mittelalters u. d. beginn. Neuzeit. Zum Gebr. f. d. 7. u. 8. Schulj. d. höh. Mädchenschulen (bezw. 3. u. 2. Klasse) bearb. M. 32 Abb. u. 3 Karten. (VIII, 231 S.) 898. n. 2. —; geb. n. 2. 50

— Lehrbuch der Geschichte f. höh. Mädchenschulen. nach den amtl. Bestimmgn. vom 31. V. 1894 bearb. (3 Tle.) 3. Tl.: Geschichte d. Neuzeit 1648—1888. Zum Gebrauch f. das 9. u. bezw. 10. Schulj. der höh. Mädchenschulen bearb. Mit 34 Abbildgn. u. 1 Karte. gr. 8. (VIII, 214 S.) Hannover 899. C. Meyer. n. 2. 10; geb. n. 2. 60

— Leitfaden f. den Unterricht in der Kunstgeschichte. (IV, 136 S.) 8. Bielefeld 907. Velhagen & Klasing. Geb. 1. 40

Löschhorn, H. Museumsgänge. Eine Einführung in Kunstbetrachtung und Kunstgeschichte. Mit 262 Abbildungen im Text, einem Titelbild und einem Einschaltbild. VI + 268 S. gr.-8. Bielefeld und Leipzig, Velhagen & Klasing, 1903. [geb. M. 3.—] —
Darin S. 35. 65 f. 168—172. 237 f. 258. 260. 262 f. etc. die Schweiz und Schweizer betr.

— Museumsgänge. Eine Einführg. in Kunstbetrachtgn. u. Kunstgeschichte. Mit 262 Abbildgn. im Text, 1 Titelbild u. 1 Einschaltbild. 2. Aufl. (VI, 268 S.) Lex.-8. Bielefeld 905. Velhagen & Klasing. Geb. in Leinw. n. 4. —
1. Aufl. (VII, 268 S.) 903. Geb. n. 3. —.

Löschhorn, Hans, Rede auf Jacob Grimm, zu seiner Säcularfeier 1885 in der Gesellschaft f. deutsche Philologie zu Berlin geh. gr. 8. (31 S.) Berlin 885. (W. Weber.) n. — 50

Loeschhorn, Hans, zum normannischen Rolandsliede. Inaugural-Dissertation. 8. (35 S.) Berlin 873. Weber. n. 1. —

Löschhorn, Karl

Loeschhorn, Carl, commentatio de Aeschyli anno natalicio. gr. 8. (7 S.) Posnaniae 874. (Schrimm, Schreiber.) — 60

Löschhorn, Karl, zur Entstehung des griechischen Volkes. 8. (4 S.) Wittenberg 881, (Zimmermann'sche Buchh.) * — 20

—— Mitteilungen über die Pianofortenlitteratur für den praktischen Gebrauch. gr. 8. (8 S.) Magdeburg 881, E. Baensch. * — 15

Löschhorn, Carl, de notione Dei Aeschylea et patrum ecclesiasticorum. Commentatio critico-theologica. gr. 8. (28 S.) Wittenberg 879, (Zimmermann'sche Buchh.)

—— Quaestiones lyricae et tragicae. gr. 8. (37 S.) Strassburg 871. (Wittenberg, Zimmermann'sche Buchh.)

— quaestones metricae. Dissertatio inauguralis. gr. 8. (34 S.) Magdeburg 873. (Klotz.) n. — 50

— quaestiones Sophocleae. Commentationes philologicae. gr. 8. (15 S.) Ebend. 864. n. 1. —

—— kritische Studien zu Schillers Briefen über die ästhet. Erziehung des Menschen. gr. 8. (11 S.) Ebendas. 881. — 75

—— kritische Studien zur platonischen und christlichen Ethik. gr. 4. (40 S.) Wittenberg 880, Zimmermann'sche Buchh. — 75

—— kritische Studien zur Platonischen Politik, Herbart'schen Psychologie und Lehre von der christlichen Freiheit. gr. 8. (8 S.) Ebendas. 881. * — 50

—— musikalische Studien. 8. (7 S.) Magdeburg 882, (Klotz.) ** — 30

— philologische u. theologische Studien. 8. (16 S.) Posnaniae 874. (Schrimm, Schreiber.) n. 1. —

—— religionsphilosophische Studien. 8. (8 S.) Wittenberg 881, Zimmermann'sche Buchh. * — 50

—— theologische Studien und Kritiken. 8. (16 S.) Magdeburg 882, (Klotz.) ** — 50

—— kurze Uebersicht der Geschichte Magdeburgs bis 1680 für Jedermann. Veranlaßt durch die am 4. Juni 1880 stattfindende Feier des 200jähr. Anschlusses an das Haus Hohenzollern. gr. 8. (8 S.) Wittenberg 880, Zimmermann'sche Buchh. — 60

Löschigk, Gr. Fr., († d. 13. März 1799.) Briefe an seinen Freund, ob d. Briefe über die Bibel im Volkston Wahrheit seyn können? 16 Stck. 8. Schleiz 786. Mauke. 8 gr

Löschin, Dr. M. Gotthilf. Ein Lebensbild des Heimgegangenen. Danzig 1868. V: *Lua, M.* (ADB 19, 214)

Löschin, Dr. M. Gotthilf. Ein Lebensbild des Heimgegangenen. Mit einem Portrait Dr. G. Löschin's in seinem 34. Lebensjahre in Photogr. Danzig 868. Bertling. gr. 8. (32 S.) n. 5 ngr

⊙ Beiträge zur Geschichte Danzigs und seiner Umgebungen v. Gotthilf Löschin. H. 1—3. Danzig. 1837. 8°.

— Danzig u. seine Umgebungen. 16. Danz. 828. Ewert. Velinsdrckp. 16 gr

Löschin, Gthi., Danzig u. seine Umgebungen. 2., verb. u. sehr verm. Aufl. 12. (10 B.) Danzig 836, Anhuth. *

Löschin, Gotthilf, Danzig und seine Umgebungen. 3., aufs Neue verm. u. verb. Aufl. Danzig 853. Anhuth. 16. (VIII, 208 S., 1 lith. Plan u. 1 lith. Karte in 4.) n. 16 ngr

Löschin, Ghilf., Danzig und seine Umgebungen. 4., aufs Neue verm. u. verb. Aufl. Danzig 860. Anhuth. 12. (VI, 221 S. u. 2 lith. Karten in 4.) n. 1 ₰

— genealogische Darstellung der Verwandtschaft des Preuß. Königshauses mit anderen europäischen Regentenhäusern. 1 Blatt in gr. Fol. Danzig 846. (Anhuth.) n. 16 ngr

Löschin, Gf., Geschichte Danzigs, von d. ältesten bis zur neuesten Zeit; mit beständ. Rücksicht auf Cultur d. Sitten, Wissenschaften, Künste, Gewerbe u. Handelszweige. 2 Thle. Mit 1 Karte. 8. Danz. 822. Alberti. N. A. 828. (Ewert). 3 ₰ Hbg. Pr. 2 ₰

—— Glaubenslicht zur Wallfahrt durch d. Leben. Ein Andachtsb. gr. 8. (18 B.) Danzig 828, Ewert.

Löschin, Gtthf., der Kleinkinderfreund, ein nach der Fibel zu gebrauchendes Leselernbuch für die Elementarklassen höherer Schulanstalten. breit 8. Danzig 843, Kabus. n. 1/3 ₰

—— der Kleinkinderfreund, ein Leselernbuch für die Elementarklassen höherer Schulanstalten. 2. Aufl. gr. 8. (IV und 216 S.) Danzig 855, Kabus. * –

— Mittheilungen aus der Bildungsgeschichte Goethe's und Schiller's zur Beantwortung der Frage: Haus oder Schule? oder Haus und Schule? Danzig 859. Bertling. 8. (36 S.) 6 ngr

– s. Pohlmann, E. A. C.: Zehn Predigten.

—— Pred. üb. d. Evangel. am 12. Sonnt. n. d. Feste d. heil. Dreieinigkeit. gr. 8. ... Danzig 831, Ewert.

—— wie lehrt u. übt d. Schule Religionsverträglichkeit? gr. 8. (2 B.) Danzig 828, Ewert.

— Wünsche u. Besorgnisse, erregt durch den „Entwurf der Synodalordnung für den Kirchenverein beider evangel. Confessionen im preuß. Staate rc." 8. Danzig 820. (Leipz., Kummer). 16 gr

Lösching, Josef, Landwirtschaftliche Buchführung. Leitfaden für Obst- und Weinbau-, Winter- und Fortbildungsschulen. Wien 1902. A. Pichler's Witwe & Sohn. Preis, geheftet 60 h.

Lösch- und Riesen-Block-Kalender pro 1890. II. Jahrg. 1.—
Wien: Perles 1889.

Lösch- und Riesenblock-Kalender pro 1891. III. Jahrgang 1 —
Wien: Perles 1890.

Lösch- und Riesenblock-Kalender pro 1892. 4. Jahrg. 1.—
Wien: Perles 1891.

Loeschke, G., s. Loeschcke

Löschke, Gottl. Friedr., vom Gebrauche des Pronomen reflexivum sui, sibi, se u. des zu ihm gehörigen Adjectivum suus, sua, suum, des Pronomen ipse in Verbind. mit einem Personalpronomen u. der Partikeln nisi u. si non. gr. 8. (5 B.) Bautzen 843. (Weller.) *

Löschke, Glob. Friedr., vom rechten Gebrauch der Conjunctionen quod, ut, ne, quo, quominus, quin etc. so wie des accusativi cum infinitivo mit Rücksicht auf die Betonung der durch sie zu bildenden Sätze. gr. 8. (238 S.) Dresden 850. (Leipzig, Matthes.) *

Löschke, Joh. Traug., s. a. Johann Traugott

Löschke, Joh. Traug., s. a. Traugott, Johann

Löschke, Joh. Traug., christlicher Divan, 142 Ghaselen zum Preise des Herrn. 8. (VIII u. 78 S.) München 848, Kaiser. n. 5/6 ℛ

— **Himmelsblümchen für fromme Kinder,** mit (eingedr.) Bildern v. Alex. Strähuber. 8. (IV u. 42 S.) Ebd. 848. n. 1/4 ℛ Velinpap. in Engl. Einb. n. 5/12 ℛ

Löschke, Joh. Traugott, Kinder, habt die Thiere lieb! Ein Bilderbuch. 1. Ausg. (75 S.) 1849. und 3., verb. und verm. Aufl. qu. 8. (80 S. mit eingedr. Holzschn.) Leipzig 850, H. Fritzsche. Thlr. *
Feine Ausg. *

—— Kinderreime mit (eingedr.) Bildern von Frz. Pocci. 8. (VI und 104 S.) München 848, Kaiser. *

—— kindliche Räthsel. 8. (16 S.) München 848, Kaiser.

—— Räthselnüßchen nebst Nußknacker zum Aufknacken für brave dickbackige Kinder. 8. (VII und 64 S. mit 2 Bildern in Holzschn. von Ludw. Richter.) Leipzig 849, H. Fritzsche. *
Fein Pap. *

Uebrige Schriften des Verf. s. Johann, Traugott.

[LÖSCHKE, J. T.]. *Knecht Ruprecht*, auch St. Niclas oder Pelzmärtel genannt. Eine Weihnachtszeitung von Johann Traugott, mit Bildern von LUDWIG RICHTER und Anderen und mit Singweisen, nebst einem Beiblatte Der Christmarkt. Leipzig, Verlag von J. T. Löschke. [1852—54]. IV. 18 (num. 3—20), 8 S.; 18 (num. 3—20), 8 S.; 16, S. Mit vielen handkolorierten Holzschnitten. 8°. Typogr. verzierter u. illustr. grüner Or.-Kartonbd. m. Leinenrücken. 125.—

H.-B. 1930—48, 2326—38 Hobr. AvK. S. 148. 3 Jahrgänge, denen jeweils das 8seitige Beiblatt „Der Christmarkt" mit Verlagsanzeigen beigefügt ist. Alles Erschienene. Enth. Lieder (m. Melodien), Gedichte, Volksreime u. Rätsel, Szenen. Mit insgesamt 41 sehr hübschen Holzschnitten von RICHTER, F. POCCI und S. DAHL. Höchst selten, besonders in koloriertem Zustande. — Wenige Fleckchen.

Löschke, Joh. Traug., über das Turnen Geisteskranker im Allgemeinen u. in Sonderheit über das Turnen der Geisteskranken in der k. sächs. Heil- u. Verpfleganstalt Sonnenstein bei Pirna. Eine Abhandlg. gr. 16. (48 S.) Pirna 849. Leipzig, E. Fleischer. n. 1/3 ℛ

Löschke, Karl Alex. Ign.

Löschke, Carl Alex. Ign., Geometrie f. d. Schul- u. Privatgebrauch. gr. 8. (4 3/4 B.) Schweidnitz 843. (Reichenbach, George.) *

Löschke, Carl Jul., merkwürdige Begebenheiten aus der schlesischen u. brandenburg.-preuß. Geschichte. Z. Gebrauch in Volksschulen. 1. Aufl. (12 3/4 B.) 842 u. 2., verb. u. verm. Aufl. 8. (14 B.) Breslau 843, Graß, Barth u. Comp., Verl. à Thlr.

Löschke, Carl Jul., merkwürdige Begebenheiten aus der schlesischen und brandenburgisch-preußischen Geschichte. Zum Gebrauch in Volksschulen. 3. Aufl. (222 S.) 1847. und 4. Aufl. 8. (VI und 222 S.) Breslau 852, Graß, Barth und Comp., Vrlgsh.

Löschke, Karl Jul., merkwürdige Begebenheiten aus der schlesischen und brandenburgisch-preußischen Geschichte. Zum Gebrauch in Volksschulen. Breslau 861. Graß, Barth & Co. Sorthdlg. (Ratibor, Thiele.) gr. 8. (VI, 225 S.) 10 ngr.

Löschke, Carl Jul., merkwürdige Begebenheiten aus der schlesischen und brandenburgisch-preußischen Geschichte. Zum Gebrauch in Volksschulen. 5. Aufl. gr. 8. (VI und 225 S.) Breslau 861, [Ziegler.]

—— die religiöse Bildung d. Jugend u. d. sittliche Zustand d. Schulen im 16. Jahrh. Ein Beitrag z. Geschichte d. Pädagogik. gr. 8. (15 7/8 B.) Breslau 846. (Graß, Barth u. Comp., Verl.) *

—— Erzählungen aus d. Geschichte alter u. neuer Zeit, mit besond. Berücksichtig. Deutschlands u. der christl. Kirche. Zur Erweckung des Sinnes f. Geschichte. gr. 12. (14 2/3 B.) Breslau 846, Graß, Barth u. Comp., Verl. *–

—— Erzählungen aus der Geschichte alter und neuer Zeit, mit besond. Berücksicht. Deutschlands und der christl. Kirche. Zur Erweckung des Sinnes für Geschichte. 2. Aufl. 8. (X und 358 S.) Breslau 848, Graß, Barth und Comp., Vrlgsh. *

— Erzählungen aus der Geschichte alter u. neuer Zeit, mit besonderer Berücksichtigung Deutschlands u. der christlichen Kirche. Zur Erweckung des Sinnes für Geschichte. 3. Aufl. Breslau 860. Graß, Barth & Co. Verlag. gr. 8. (VIII, 356 S.) n. 12 1/2 ngr.

—— Erzählungen aus der Geschichte alter und neuer Zeit, mit besond. Berücksicht. Deutschlands und der christl. Kirche. Zur Erweckung des Sinnes für Geschichte. 3. Aufl. gr. 8. (VIII und 356 S.) Breslau 860, [Ziegler.] *–

—— Valentin Friedland, s. Schulbote.

— zu Herzensfreude und Seelenfrieden. Klänge deutscher Dichter aus der neueren u. neuesten Zeit. Breslau 861. Graß, Barth & Co. Sorthdlg. (Ratibor, Thiele.) 16. (VIII, 625 S. u. 1 Holzschnittafel.) n. 2 ℛ

—— zu Herzensfreude und Seelenfrieden. Klänge deutscher Dichter aus der neueren und neuesten Zeit. gr. 16. (VIII und 625 S. mit 1 Holzschnt. in Tondr.) Breslau 861, [Ziegler.] *

Löschke, Karl Jul., zu Herzensfreude u. Seelenfrieden. Klänge deutscher Dichter aus der neueren u. neuesten Zeit. 2. Aufl., durch Dichtungen aus der neuesten Zeit erweitert. Ratibor 869. (Thiele's Sep.-Cto.) gr. 16. (XIII, 596 S.) In engl. Einb. mit Goldschn. n. 2 ℛ

Löschke, Karl Jul., zu Herzensfreude und Seelenfrieden. Klänge deutscher Dichter aus der neueren und neuesten Zeit. 8. Aufl., durch Dichtungen aus der neuesten Zeit erweitert und mit vielen Illustr. versehen. 12. (XIII, 596 S.) Leipzig 885, Knaur. geb. mit Goldschn. *

— Leben u. Wirken des Valentin Friedland, s. Schulbote, der schlesische, 12. Bdchn.

— Dr. Martin Luthers letzte Lebenstage, Tod u. Begräbniß. Aus Luthers eigenen Briefen u. d. Berichten seiner Freunde. Nebst vorangeschicktem kurzen Ueberblicke über das Wirken des Reformators. gr. 12. Breslau 846, P. T. Scholz. 1/8 ℛ (25 Expl. 2 1/12 ℛ)

— das Scholz-Jubiläum oder Bericht über die goldene Amts-Jubelfeier am 28., 29., 30. Septbr. u. 1. Octbr. 1861 des Königl. Semin.-Oberlehr. z. D. Herrn Chrn. Glieb. Scholz zu Breslau. Als Nachtrag zu dessen „Erlebnissen". Breslau 862. Maruschke & Berendt. gr. 8. (XI, 147 S.) n. 15 ngr.

— das Streben des ehemaligen Königlichen evangelischen Schullehrer-Seminars zu Breslau, gegenübergestellt dem Bilde der vor-regulativischen Seminare in der Schrift: die Weiter-Entwickelung der preußischen Regulative rc. vom Geh. Ob.-Reg.-R. F. Stiehl. Breslau 861. Graß, Barth & Co. Sorthdlg. (Ratibor, Thiele.) Lex.-8. (48 S.) n. 6 ngr.

Löschke, Carl Jul., das Streben des ehemaligen königl. evangelischen Schullehrer-Seminars zu Breslau, gegenübergestellt dem Bilde der vor-regulativischen Seminare in der Schrift: die Weiter-Entwickelung der preuß. Regulative rc. von F. Stiehl. Lex.-8. (48 S.) Breslau 861, [Ziegler.] Thlr. *

Löschke, Carl Jul., Valentin Trotzendorf nach seinem Leben und Wirken. Zur Erinnerung an seinen Todestag, den 26. April 1556. gr. 8. (VIII und 95 S.) Breslau 856, Graß, Barth und Comp. Verlag. *

— das Wesen der Decimal-Brüche. In dialogischer Form dargestellt. Abdr. aus der Schles. Schullehrer-Zeitung. gr. 8. (32 S.) Breslau 847, Scholz. 3 ngr.

Löschke, Th., Aurich. Eine topograph. Skizze. 8. (29 S.) Aurich 900. D. Friemann. n. — 50

Löschke, Th., Geschichte der Familie von Taubadel. Breslau 1877. 8.

Löschke, Thdr., Quellen zum Leben Jesu. Eine Studie. 8. (31 S.) Ragnit 896. (Niesky, A. F. Heilig.) n. 1. —

Pädagogische Reform, ein Vorschlag von Theodor Löschke. *Gnadenberg: Selbstverl.; Bunzlau: E. Muschket 1901.* (8 S.) 8° [01. 11659]

Loeschmann, Emil [aus Riesenburg Westpr.]: Beiträge zur Hydrographie der oberen Oder ... Trebnitz i. Schl., Buchdr. Maretzke & Märtin, *1892;* VI, 56 S., 1 Bl., 3 Taf. 8.
Breslau, Phil. Fak., Inaug.-Diss. v. 6. Aug. 1892

Loeschmann, Emil. Beiträge zur Hydrographie der oberen Oder. Diss. gr. 8. (VI, 56 S. m. 2 Taf. u. 1 Skizze.) Bresl. 892, (Trewendt u. Granier). * 1 75

Loeschmann, Emil, Beiträge zur Hydrographie der oberen Oder. Diss. gr. 8. (VI, 56 S. m. 3 Taf.) Trebnitz 892. (Breslau, L. Köhler.) n. 1. —

Loeschmann, Max: Zur Symptomatologie der Pfortaderthrombose. *Leipzig (1898): A. Edelmann.* (24 S.) 8°
Leipzig, Med. Diss. v. 21. März 1898

Loschmidt, Josef

— Ableitung des Potentiales bewegter elektrischer Massen aus dem Potentiale für den Ruhestand (mit 1 Holzschnitt). S. 58. II. 7 . . . . vgr.
Separatabdruck

Loschmidt, J., Ableitung des Potentiales bewegter elektrischer Massen aus dem Potentiale für den Ruhezustand. [Aus den Sitzungsber. der k. Akad. d. Wiss.] Wien 868. (Gerold's Sohn.) Lex.-8. (8 S.) n. 2 *ngr.*

— Beiträge zur Kenntnis der Kristallformen organischer Verbindungen. 2. Teil (mit 1 Taf.). S. 51. II. 384 . . . . „ —.30
— — 3. Teil (mit 1 Taf.). S. 52. II. 238 . . . . „ —.30
Separatabdruck

— Beiträge zur Kenntniss der Krystallformen organischer Verbindungen. (II. u. III.) [Aus den Sitzungsb. der k. Akad. der Wiss.] Ebend. 865. Lex.-8. (5 u. 6 S. mit je 1 Steintaf.) 6 *ngr.*

— Die Elektrizitätsbewegung im galvanischen Strome. S. 58. II. 596 . . . . vgr.
Separatabdruck

— die Elektricitätsbewegung im galvanischen Strome. [Aus den Sitzungsber. der k. Akad. d. Wiss.] Ebend. 869. Lex.-8. (5 S.) n. 2 *ngr.*

— Experimental-Untersuchungen über die Diffusion von Gasen ohne poröse Scheidewände. 1. Teil. S. 61. II. 367 . . . . „ —.30
— — 2. Teil. S. 62. II. 468 . . . . „ —.30
Separatabdruck

— Experimental-Untersuchungen über die Diffusion von Gasen ohne poröse Scheidewände. [Aus d. Sitzungsb. der k. Akad. der Wiss.] Ebend. 870. Lex.-8. (14 S.) 3 *ngr.*

Loschmidt, J., Experimental-Untersuchungen üb. die Diffusion v. Gasen ohne poröse Scheidewände. II. [Aus d. „Sitzungsber. d. k. Akad. d. Wiss."] Lex.-8. (11 S.) Wien 870. (Gerold's Sohn.) (à) — 30

— Zur Größe der Luftmoleküle. S. 52. II. 395 . . . . vgr.
Separatabdruck

— zur Grösse der Luftmolecüle. [Aus den Sitzungsb. der k. Akad. der Wiss.] Wien 865. (Gerold's Sohn.) Lex.-8. (19 S.) 3 *ngr.*

Loschmidt Josef: Kristallbestimmungen einiger Oxalsäureverbindungen (mit 1 Taf.). S. 51. II. 7 . . . . „ —.30

Loschmidt, J., Krystallbestimmungen einiger Oxalsäure-Verbindungen. [Aus den Sitzungsber. der k. Akad. der Wiss.] Ebend. 865. Lex.-8. (9 S. mit 1 Steintaf.) 3 *ngr.*

— Der zweite Satz der mechanischen Wärmetheorie. S. 59. II. 395 . . . . vgr.
Separatabdruck

— der zweite Satz der mechanischen Wärmetheorie. [Aus den Sitzungsber. der. k. Akad. der Wiss.] Ebd. 869. Lex.-8. (24 S.) n. 4 *ngr.*

Loschmidt, J., Schwingungszahlen e. elastischen Hohlkugel. Lex.-8. (13 S.) Wien 886. (Gerold's Sohn.) n.n. — 30

— Schwingungszahlen einer elastischen Hohlkugel. S. 93. II. 434 . . . . —.30
Separatabdruck

Loschmidt, J., Schwingungszahlen einer elastischen Hohlkugel. Lex.-8. (13 S.) Wien 886, (Tempsky.) **
Aus: Sitzungsberichte der k. Akademie der Wissenschaften, besonders abgedruckt.

Loschmidt, J., chemische Studien. I. Constitutions-Formeln der organ. Chemie in graph. Darstellung. — Das Mariotte'sche Gesetz. Lex.-8. (54 S. mit 7 lithogr. Fig.-Taf. in qu. gr. Fol.) Wien 861, (Gerold's Sohn.) *

— Stereochemische Studien. 1. Abhandlung (mit 5 Textfiguren). S. 99. IIb. 20 . . . vgr.
Separatabdruck

Loschmidt, J., stereochemische Studien. I. [Aus: „Sitzungsber. d. k. Akad. d. Wiss."] Lex.-8. (5 S. m. 5 Textfig.) Wien 890. (Tempsky.) n. — 24

— Zur Theorie der Gase. S. 54. II. 646 . . . . vgr.
Separatabdruck

— zur Theorie der Gase. [Aus den Sitzungsber. der k. Akad. der Wiss.] Ebend. 867. Lex.-8. (17 S.) 3 *ngr.*

— Theorie des Gleichgewichtes und der Bewegung eines Systems von Punkten. S. 55. II. 523 vgr.
Separatabdruck

— Theorie des Gleichgewichtes und der Bewegung eines Systems von Punkten. Lex.-8. (16 S.) Wien 867, (Gerold's Sohn.) *
aus: Sitzungsbericht der k. Akademie der Wissenschaften, besonders abgedruckt.

— Über den Zustand des Wärmegleichgewichtes eines Systems von Körpern mit Rücksicht auf die Schwerkraft. 1. Abhandlung (mit 9 Holzschnitten). S. 73. II. 128 . vgr.
— — 2. Abhandlung. S. 73. II. 366 . . . . „ —.20
— — 3. Abhandlung (mit 2 Holzschnitten). S. 75. II. 287 . . . . vgr.
— — 4. Abhandlung (mit 1 Holzschnitt). S. 76. II. 209 . . . . vgr.
Separatabdruck

— über den Zustand d. Wärmegleichgewichtes e. Systems v. Körpern m. Rücksicht auf die Schwerkraft. I. u. II. [Aus: „Sitzunggsber. d. k. Akad. d. Wiss."] Lex.-8. Ebend. 876. n.n. — 50
1. (15 S.) n.n. — 30. — II. (7 S.) n. — 20.

Loschmidt, J., über den Zustand des Wärmegleichgewichtes eines Systems von Körpern mit Rücksicht auf die Schwerkraft. III. u. IV. [Aus: „Sitzungsber. d. k. Akad. d. Wiss."] Lex.-8. Wien 877. (Gerold's Sohn.) n. — 60 (1—IV.: n.n. 1. 10)
III. Mit 2 (eingedr.) Holzschn. (12 S.) n. — 20. — IV. [Mit 1 (eingedr.) Holzschn.] (17 S.) n. — 40

Löschner H., Dr.: Festes Lot (mit 1 Textfigur). S. 119. IIa. 1559 . . . . —.35
Separatabdruck

— Theorie zweier Heliochronometer des Museums Carolino-Augusteum in Salzburg (mit 6 Textfiguren). S. 120. IIa. 1075 . . . . —.80
Separatabdruck

Löschner, Hans, Fischwege in Stauanlagen. Leitmomente f. ihre zweckmäss. Anordng. (15 S. m. 1 Abb.) gr. 8. Graz 908. Leuschner & Lubensky. — 90
Sonderabdr. a.: „Öst. Wochenschr. f. d. öffentl. Baudienst".

Loeschner, Hans: Genauigkeitsuntersuchungen für Längenmessungen mit bes. Berücks. einer neuen Vorrichtung für Präcisionsstahlbandmessung. – 1901. 53 S., 1 Taf.
Diss. Graz, TH

Löschner, Hans, Genauigkeitsuntersuchgn. f. Längenmessgn. m. besond. Berücksicht. e. neuen Vorrichtg. f. Präcisions-Stahlbandmessg. Diss. gr. 8. (56 S. m. 15 Abbildgn.) Hannover 902. Gebr. Jänecke. n. 1. 60

Löschner, Hans, der Schutz des Ingenieurtitels in Oesterreich, m. e. Aeußerg. v. A. Riedler. (37 S.) gr. 8. Graz 903. Leuschner & Lubensky. n. — 50

Über Sonnenuhren. Beiträge zu ihrer Gesch. u. Konstruktion nebst Aufstellung e. Fehlertheorie. Von Dr. Hans Löschner. Mit 59 Abb. Graz: Leuschner & Lubensky 1905. (154 S.) 8° [05. 2251

— über Sonnenuhren. Beiträge zu ihrer Geschichte u. Konstruktion nebst Aufstellg. einer Fehlertheorie. 2. umgearb. u. verm. Ausg. (165 S. m. 72 Abbildgn.) gr. 8. Ebd. 906. n. 7. 50
1. Aufl. (155 S. m. 59 Abb.) 905. n. 6. —.

— dasselbe. Sonder-Abdr. Konstruktionen. (13 S. m. 5 Abbildgn.) gr. 8. Ebd. 906. n. 1. 20

Löschner, H., Über Sonnenuhrenkonstruktionen. Gr.-8°. (ill. 18 S.) Graz: Leuschner & Lubensky 1906. K 1.40

— Mitteleuropäische Zeit. Zur Frage ihrer allgemeinen Einführg. in Österreich-Ungarn. (28 S.) 8. Ebd. 910. — 60
Sonderabdruck aus: „Rundschau f. Technik u. Wirtsch."

Löschner, Joseph Frh. von

Löschner, Beiträge zur Balneologie, s. Beiträge.

Löschner, Dr., Beiträge zur Balneologie. Aus den Curorten Böhmens. II. Bd. Tepliz und die benachbarten Curorte. Mit einer geognostischen Karte, einem Plan und einem Porträt. gr. 8. (470 S.) Prag, Dominicus. 1867. 4 fl.

—— und Lambl, aus dem Franz Josef-Kinder-Spitale in Prag. Beobachtungen und Erfahrungen aus dem Gebiete der Medicin überhaupt und der Paediatrik insbesondere. 1. Thl.: Beobachtungen und Studien aus dem Gebiete der patholog. Anatomie und Histologie. Nach eigenem und von Prof. Dr. Löschner klinisch verwerthetem Materiale vergleichend zusammengestellt, mit Holzschn. im Text und mit Abbild. auf 25 Stnt., wovon 18 in Buntdr., illustrirt von Lambl. Lex.-8. (XV und 384 S.) Prag 860, Tempsky. *

Löschner und Lambl, aus dem Franz Josef-Kinder-Spitale in Prag. Beobachtungen und Erfahrungen aus dem Gebiete der Medicin überhaupt und der Paediatrik insbesondere. 2. Thl.: Epidemiologische und klinische Studien aus dem Gebiete der Paediatrik. Von Löschner. Lex.-8. (XII, 383 S. mit 5 chromolithogr. Epidemieenverlaufskarten und 1 lithogr. Stadtplane in 8. und Fol.) Prag 868, Tempsky.
1. Thl. Ebendas. 1860. *M. 10.

— der Kurort Gießhübl in Böhmen, mit besonderer Berücksichtigung des Nutzens u. Gebrauches seiner versendeten Mineralwässer. 6., verm. Aufl. Prag 867. (Carlsbad, Pohlenz.) gr. 8. (92 S. mit 3 lith. Ansichten.) 6 ngr.

Löschner, Jos., der Curort Giesshübl Sauerbrunn bei Karlsbad in Böhmen. Mit vorzugsweiser Berücksicht. des Nutzens u. Gebrauches v. Mattoni's Giesshübler Sauerbrunn. Neu bearb. v. Wilh. Gastl. (Braumüller's Bade-Bibliothek.) 13. verm. Aufl. 8. (VII, 122 S. m. 24 Abbildgn. u. 1 Karte.) Wien 899. W. Braumüller.
In Leinw. kart. n. 1. 80

Löschner, der Curort Giesshübl-Buchstein in Böhmen mit besond. Berücksicht. des Nutzens und Gebrauches seiner versendeten Mineralwässer. [Mattoni's Giesshübler Sauerbrunnen.] 10. verb. Aufl. Mit der Ansicht des Curortes (Holzschn.) und 1 (lithogr.) Karte der Eisenbahnverbindungen. gr. 8. (III, 101 S.) Wien 883, Braumüller. * 1 60

Löschner, Dr., Der Curort Giesshübl-Puchstein in Böhm. M. besond. Berücksichtigung d. Nutzens und Gebrauches seiner versendeten Mineralwässer. (Mattoni's Giesshübler-Sauerbrunn.) 10. verbess. Aufl. (Braumüller's Badebibliothek Nr. 13.) 8. (101 S. mit Ansicht u. e. Karte). Wien, Wilh. Braumüller. 80 kr. 1883.

Löschner, der Curort Giesshübl-Puchstein in Böhmen. Mit vorzugsweiser Berücksicht. d. Nutzens u. Gebrauches v. Mattoni's Giesshübler Sauerbrunn. 12., verm. Aufl. Mit 1 Ansicht d. Curortes. 8. (III, 132 S.) Wien 889. Braumüller. n. 1. 50

—— Johannesbad im böhmischen Riesengebirge als Curort. Vom medicin. Standpunkte geschildert. Lex.-8. (68 S.) Prag 859, Tempsky.

Mein Leben und Wirken. Eine Selbstbiographie von Joseph Frh v. Löschner. Auf Wunsch d. Verf. nach dessen Ableben hrsg. von Dr. M. Friedrich v. Maasburg. Mit Portr. *Prag: Selbstverl. 1897.* (VII, 109 S.) 8° [S.] [97. 2479

— die Mineralquellen von Königswart vom physikalisch-chemischen u. medicinisch-therapeutischen Standpunkte geschildert. Prag 865. Dominicus. gr. 8. (III, 107 S.) n. 16 ngr.

Löschner, Dr. Prof. — Der Sauerbrunn von Gießhübl in Böhmen, die König Otto-Quelle genannt. Von — —. 4te, mit einer neuen chemischen Analyse von Göttl vermehrte Aufl. Karlsbad. Dr. von den Gebr. Franiek 1857. (44 S. 4 Lithogr. Ansichten, 43 S. 8.)

Löschner, der gießhübler Sauerbrunn in Böhmen, die König Otto-Quelle genannt. 5., durchaus verm. Aufl. gr. 8. (80 S. mit 3 Stnt. in Tondr.) Carlsbad 860. Prag, Dominicus. *

Löschner, Der Giesshübler Sauerbrunn in Böhmen, die König Otto-Quelle genannt. 5. Aufl. Karlsbad 1866. 8. Mit 2 Abb.

—— der Sauerbrunnen zu Bilin in Böhmen therapeutisch geschildert. gr. 8. (69 S.) Prag 859, Credner's Verlags-Conto. *

Löschner, Prof. Dr. — Der Sauerbrunnen von Gießhübl in Böhmen, die König Otto Quelle genannt. Von — —. Dritte, mit einer neuen chemischen Analyse von Göttl vermehrte Auflage. Prag. 1855. Druck der k. k. Hofbuchdruckerei von Gottlieb Haase Söhne. (48 S 8.)

Loeschner, Schlussbericht über die vom 21. Mai 1849 bis Ende Dezember 1851 in Prag beobachtete Cholera-Epidemie nebst einer Abhandlung: die Cholera der Kinder. gr. 8. (IV und 95 S. mit 2 Tab. und 1 lithogr. und ill. Epidemieenverlaufskarte in Fol.) Prag 854, [Tempsky.] Thlr.

Löschner, Prof. Dr. — Schlußbericht über die vom 21. Mai 1849 bis Ende Dezember 1851 in in Prag beobachtete Cholera-Epidemie nebst einer Abhandlung: Die Cholera der Kinder, von — —. Mit 2 Tabellen und einer Epidemieen-Verlaufskarte. Prag. 1855. Druck von C. W. Medau. Verlag der J. G. Calve'schen Verlags-Buchhandlung. (1 Bl. 92 S. 8.) geh.

—— **Tetschen-Bodenbach.** Eine balneolog. Skizze. gr. 8. (25 S.) Neuwied 863, Heuser's Verlag.
Aus: Archiv für Balneologie, besonders abgedruckt.

Löschner, Prof. Dr. — Die Wirkungen des Saidschitzer Bitterwassers. Theoretisch und praktisch erläutert von — —. 8. (34 S.) Prag. Druck von K. Seràbek. Verlag der J. G. Calve'schen Buchhandlung. F. Tempsky. 1853.

— die Wirkungen des Saidschitzer Bitterwassers. Theoretisch u. praktisch erläutert. Prag 853. (Tempsky.) gr. 8. (34 S.) 7½ ngr.

—— die Wirkungen des saidschitzer Bitterwassers. Theoretisch und prakt. erläutert. 8. (36 S.) Prag 860, (Grebner's Verlags-Conto.)

Löschnig, Jos., prakt. Anleitung zum rationellen Betriebe des Obstbaues. Ueber Auftrag d. Landes-Obstbauvereines f. Niederösterreich bearb. gr. 8. (IX, 150 S. m. Abb.) Wien 901. (Krems, F. Oesterreicher.) Kart. n.n. 3. —

(F) **Löschnig, J.**, Praktische Anleitung zum rationellen Betriebe des Obstbaues. 2. Aufl. Gr.-8°. (ill. XIII, 399 S. mit 5 Tafeln) Wien: Hartleben 1907. geb. K 5.50

Löschnig, Rud. Jos., praktische Anleitung zum rationellen Betriebe des Obstbaues. 3., erweit. u. vollständig umgearb. Aufl. (XV, 466 S. m. 355 Abbildgn. u. 5 farb. Taf.) gr. 8. Wien 910. A. Hartleben. Geb. in Leinw. 5. 40
2. Aufl. (XIV, 399 S. m. 3 Taf.) 908. Geb. 5.—.

Löschnig, Jos., die Blutlaus. (Schizoneura lanigera.) Plakat. 4. Farbdr. Korneuburg 905. J. Kühkopf. n. 1.—; aufgezogen u. lackiert n. 1. 80

— landwirtschaftliche Buchführung. Leitfaden f. Obst- u. Weinbau-, Winter- u. Fortbildungsschulen. gr. 8. (II, 46 S.) Wien 902. A. Pichler's Wwe. & Sohn. Kart. n. — 80

(F) **Löschnig, J.**, Das Einkochen des Obstes im bürgerlichen Haushalte. 8°. (ill. 104 S.) Ebd. 1908. K 2.20, geb. K 3.30

— Das Einkochen des Obstes im bürgerlichen Haushalte. 2., verb. Aufl. (VIII, 112 S. m. 46 Abbildgn.) 8. Ebd. 910. 2.—; geb. 3. —

— Der Frischverkauf des Obstes. Anleitung zur Ernte, zum Sortieren, Verpacken u. Aufbewahren des Obstes. (IV, 52 S. m. 48 Abbildgn.) 8. Stuttgart 907. E. Ulmer. Kart. 1. —

— der kleine Frostspanner. (Cheimatobia brumata.) Plakat. 4. Farbdr. Ebd. 904. n. 1.—; aufgezogen u. lackiert n. 1. 80

— Die Obstweinbereitung. Herstellung u. Behandlg. der Obstweine. (XVI, 160 S. m. 109 Abbildgn.) gr. 8. Wien 911. A. Hartleben. 3.—; geb. 4. —

Löschnig, Rud. Jos., s. Löschnig, Jos.

Lösch-Ordnung bei Waldbränden für das Großherzogth. Baden u. Mannheim. Offiz. Ausg. 8. Karlsr. 834. Groos. ⅟₂ ℛ

Lösch-Unterlags-Kalender. Grosse Ausgabe.

Armee-Ausgabe	1.50
Aerzte-Ausgabe	1.50
Juristen-Ausgabe	1.50
Landwirthe-Ausgabe	1.50

Wien: Engel 1890.

Lösch-Unterlags-Kalender. Grosse Bureau-

Ausgabe, deutsch	1.50
ungarisch	1.50
böhmisch	1.50
italienisch	1.50
polnisch	1.50
französisch	1.50
grosse Tagemarken-Ausgabe	1.—
mit Tagemarken und Blattkalender	1.30
kleine Bureau-Ausgabe	1.50
kleine Tagemarken-Ausgabe	1.—
Buch-Ausgabe	1.50
Salon-Ausgabe, deutsch	1.50
Salon-Ausgabe, ungarisch	1.50
Kammer-Ausgabe	3.—
mit ewigem Kalender (Halbj.-Block)	1.50
mit Vormerk- u. kl. Block-Kalender	1.50

Wien: Engel 1890.

Loschwitz [Schlagwort]

Loschwitz, s.: Blasewitz. — Elbthal.

Loscos y Bernal (F.), & J. Pardo. Series inconfecta plantarum . . . Dresdae, 1863. 8°.
Translated from the Spanish into Latin by M. Willkomm.

Loesdau, Bruno, a. Bischofswerder W.-Pr., Referendar am Kgl. Landgericht zu Danzig: Der Besitz von Sachteilen nach dem Bürgerlichen Gesetzbuche. Borna-Leipzig 1908: R. Noske. (VI, 55 S.) 8°
Erlangen, Jur. Fak., Ref. Binder, Diss. v. 18. März 1908
[Geb. 19. Nov. 83 Bischofswerder (Westpr.); Wohnort: Danzig; Staatsangeh.: Preußen; Vorbildung: Königl. Gymn. Danzig Reife O. 02; Studium: Lausanne 1, Berlin 7 S.; Rig. 20. Febr. 08.]

Loesdau, Herb., der Führer von Elbing u. Umgebung (Vogelsang, Cadinen, Kahlberg etc.) mit 2 Karten u. vielen Illustr. 2. verb. u. verm. Aufl. (36 S.) 8. Elbing (903). C. Meissner. n. — 75

Lose, Kleine, aus dem Gebiete der Phantasie ... Zürich 1839. V: *Tscharner, Peter Conradin von.* (EE) (Ky) (NN) (Cat. d. Stadtbibl. Zürich. Zürich 1864—97.)

Lose, ..., s. Schattenrisse edler Deutschen.

Lose, G. W., eine gute Anlage u. andere Geschichten f. die Jugend. Nach dem Engl. frei bearb. von Emmy v. Feilitzsch. (62 S. m. 2 Vollbildern.) 8. Konstanz (909). Christl. Buch- u. Kunstverlag C. Hirsch. Geb. — 40

— Dorothea. Erzählung aus dem amerikan. Freiheitskriege (s. unsere Mädchenwelt). Nach dem Engl. frei bearb. von Emmy v. Feilitzsch. (80 S. m. 2 Vollbildern.) 8. Ebd. (909). Geb. — 40

— Die Pfarrgemeinde Melnore. Erzählung f. die Jugend. Nach dem Engl. frei bearb. von Emmy v. Feilitzsch. (135 S. m. 4 Vollbildern.) 8. Ebd. (909). Geb. 1. —

— Nach der Saat die Ernte. Erzählung f. die Jugend. Nach dem Engl. frei bearb. von Emmy v. Feilitzsch. (62 S. m. 2 Vollbildern.) 8. Ebd. (909). Geb. — 40

— Ralph, der Waisenknabe. Erzählung f. die Jugend. Nach dem Engl. frei bearb. von Emmy v. Feilitzsch. (64 S. m. 2 Vollbildern.) 8. Ebd. (909). Geb. — 40

— Erfüllte Verheißungen. Aus dem Leben e. amerikan. Bergmannsfamilie. Erzählung f. die Jugend. Frei bearb. von Emmy v. Feilitzsch. (78 S. m. 3 Vollbildern.) 8. Ebd. (909). Geb. — 60

Lose, G. W., der bessere Weg. Erzählung f. die Jugend. Nach dem Engl. frei bearb. von Emmy v. Feilitzsch. (95 S. m. 3 Vollbildern.) 8. Konstanz (909). Christl. Buch- u. Kunstverlag C. Hirsch. Geb. — 60

Lose, Carl [pr. Arzt]: Aus d. med. Poliklinik zu Bonn. Bakteriologische Untersuchungen über die Wirkung des Methylviolett. ... Bonn, Univ.-Buchdr. v. Carl Georgi, 1890; 18 S. + 1 Bl. 8°
Bonn, Med. Fak., Inaug.-Diss. v. [30.] Jul. 1890

Lose, L., Ueber die tägliche Schwankung des Windes. (Poggendorff's Annalen, Bd. CIV). [Leipzig 1858].

Lösecke, A. v., Compendium sämmtlicher Medicamente, s.: **Kohlmann, B.**

— u. F. A. Bösemann, Deutschlands verbreitetste Pilze od. Anleitg. zur Bestimmg. der wichtigsten Pilze Deutschlands u. der angrenz. Länder, zugleich als Commentar der fortgesetzten Prof. Büchner'schen Pilznachbildgn. 1. Bdchn. Die Hauptpilze. 8. (XLVII, 186 S.) Berlin 872. Grieben. n. 2. —

Lösecke, Cph. Albr.

— kurzer Begriff d. Festlehren. 8. Magdeb. 734. N. A. 775. Scheidhauer. 2 K

Lösecke, C. Alb., Erklär. d. Apostelgeschichte. 4. Halle, Waisenh. 728.

Löseke's, Chr. Albr., ausführl. Erklärung d. Ordnung d. Heils f. Erwachsene. 6., unveränd. Aufl. 8. (5½ B.) Görlitz 829, Zobel.

— Erklär. d. Offenbarung Joh. 4. Ebend. 731.

Lösecke, Cph. Albr., († ...) der erklärte kl. Katechismus Lutheri. 8. Brandenburg 737. N. A. 8. Altona 793. Kaven. 3 K

— zergliederter Katechismus. 8. Brandenb. 732. N. A. 758. Halle. 3 K

— der wohlunterwiesene Schullehrer, od. Anweis., wie die Jugend in niedern Schulen zur Gottseligkeit, zum Singen, Beten, Lesen, Schreiben rc. angestellt werden solle. 8. Züllichau 747. N. A. 773. Frommann in Jena. 7 K

— theologia foederalis oeconomica, d. Haushalt. u. Wege Gottes m. d. Menschen rc. 4. Halle, Waisenh. 724.

— Zergliederung u. Erklärung d. Evangelien u. Episteln auf alle Sonn- u. Festtage durchs ganze Jahr. 8. Halle 737. N. A. 755. Waisenhausb. 14 K

— Zerglied. u. Erkl. d. Geschichte v. Leid. u. St. Auferst. rc. Jesu Ch. 8. Halle, Waisenh. 739.

Loesecke, Jh. Ldw. Lebr., s. Loeseke, Johann Ludwig Leberecht

Losehand, Otto, aus Wismar: Ueber Kurven 16. Ordnung und 12. Klasse, die bei einem Problem der Enveloppentheorie auftreten. *Göttingen 1904: Dieterich.* (38 S.) 8°
Kiel, Phil. Diss. v. [7. Mai] 1904

Aufmunterung zur Wohlthåtigkeit am dritten Stiftungs-Tage der Loge Carl zum Felsen in Altona von dem Br J. D. J. Lösekann 1799. Altona [1799]: Eckhardt. 2 Bl. 8° [Umschlagtit.]
Lied ohne Noten: „Krönt den Tag durch milde Gaben . . ."

Dank und Armenlied. Am 4ten Stiftungstage der Loge Carl zum Felsen. [Unterz.:] J. D. J. **Lösekann.** Altona, den 22sten März 1800. 2 Bl. 8° [Umschlagtit.]
Ohne Noten: „Wir stimmen deiner Güte ..."

[Lied.] Der sehr ehrwürdigen Freymaurerloge, Carl zum Felsen widmet dieses brüderlichst ergebenst beim Wechsel des Jahrs, J. D. J. **Lösekann.** Altona 1799. 2 Bl. 8° [Umschlagtit.]
Kl. 1121. Ohne Noten. „Nimm unsers Herzens erste Pflicht ..."

Löseke, A., Tafel-Lieder für geschlossene Gesellschaften, Vereine, Corporationen rc. Eine Sammlung von heiteren Originalliedern nach bekannten Melodieen zum Singen bei festl. Gelegenheiten. Ehrenfriedersdorf 866. Annaberg, Graser. gr. 16. (95 S.) n. 10 ngr.

Löseke, Chr. Albr., s. Lösecke, Cph. Albr.

Loeseke, Johann Ludwig Leberecht: Abhandlung der auserlesensten Arzeney-Mittel, nach derselben Ursprung, Güte, Bestandtheilen, Maasse und Art zu würken... 646 S., gbd.

Berlin: Nicolai 1755

JB 1.354

Loeseke, Johann Ludwig Leberecht: Abhandlung der auserlesensten Arzeney-Mittel, nach derselben Ursprung, Güte, Bestandtheilen, Maasse und Art zu würken... 2.Aufl.mit Anmerkungen und Tabelle von A(ron) S(alomon) Gumpertz. 658 S., gbd., 1 Tab.

Berlin: Nicolai 1758

JB 1.355

Johann Ludwig Leberecht Loeseke

Johann Ludwig Leberecht Lösecke [Löseke] Abhandlung der auserlesensten Arzneymittel nach derselben Ursprung, Güte, Bestandtheilen... 3.,u. verb. Aufl. Mit Anm. versehen u.m. 1 Tab. verm. von A. S. Gumperz. Berlin: Nicolai 1763. 640 S. 8°

Johann Ludwig Leberecht Loeseke

Joh[ann] Ludwig Leberecht Löseke,[Abhandlung der auserlesensten Arzneymittel.] Materia medica oder Abhandlung von den auserlesenen Arzneymitteln nach derselben Ursprung, Gute, Bestandtheilen... 4. Aufl. durchgängig verb. u. mit d. neuen Entdeckungen bereichert von Johann Friedrich Zückert. Berlin & Stettin: Nicolai 1773. 614 S. 8°

Loeseke, Joh(ann) Ludwig Leberecht: Materia medica oder Abhandlung von den auserlesenen Arzneymitteln nach derselben Ursprung, Güte, Bestandtheilen, Maaße und Art zu würken... 4.Aufl....verbessert und...bereichert von Johann Friedrich Zückert. 614 S., gbd.

Berlin u.Stettin: Nicolai 1773

JB 1.357

Johann Ludwig Leberecht Loeseke

Joh[ann] Ludwig Leberecht Löseke, [Abhandlung der auserlesensten Arzneymittel.] Materia medica oder Abhandlung von den auserlesenen Arzneymitteln nach derselben Ursprung, Güte, Bestandtheilen ... 5. Aufl., durchgängig verb. u. mit den neuern Entdeckungen bereichert von Johann Friedrich Gmelin [1748-1804]. Berlin & Stettin: Nicolai 1785. 567 S. 8°

Loeseke, Joh(ann) Ludwig Leberecht: Materia medica oder Abhandlung von den auserlesenen Arzneymitteln nach derselben Ursprung, Güte, Bestandtheilen, Maße und Art zu wirken... 6.Aufl....verbessert und...bereichert von Johann Friedrich Gmelin. 584 S., gbd.

Berlin u.Stettin: Nicolai 1790

JB 1.358

Loesecke, I. Lud. Lebr., materia medica, od. Abhdl. v. Arzneymitt. v. J. F. Gmelin. 8. Berlin, Nicolai. 800.

— materia medica concentrata, od. Verzeichn. d. vorzügl. innerl. u. äußerl. Arzneimittel. Verm. v. G. L. Rumpelt. 8. Dresden 758. Ebd. 762. N. A. 806. (Hinrichs in Leipz.) 12 gr

Loeseke, Joh(ann) Ludw(ig) Leberecht: Materia medica concentrata oder Verzeichnis der vorzüglichsten inn- und äußerlichen Arzeneymitteln...nebst einem Anhang von Nahrungsmitteln...hrsg.von Georg Ludwig Rumpelt. 2.verm. Aufl. 336 S., gbd.

Dresden u.Warschau: Gröll 1761

JB 1.356

— materia med. concentrata, od. Verz. d. vorzügl. innerl. u. äußerl. Arzneymitt. v. Rumpelt. 8. Dresden. (Hinrichs, Lpz.) 806.

Johann Ludwig Leberecht Loeseke

De Motu sanguinis intestino. Halae Magdeb. (1745:) Schneider. 56 S. 8°

Halle, Med. Diss. v. 2. Nov. 1745

Loesecke, Jo. Lud. Leber, Obs. anat.-chir.-med. 47 pp. Berl. 4°. 1754.

— observationes anatom.-chir.-medicae novae et rariores accurate descriptae et iconibus (III) illustratae. 4. Berl. 754. Lange. 8 gr

Johann Ludwig Leberecht Loeseke

Observationes anatomico-chirurgico-medicae novae et rariores accurate descriptae... a Jo[hanne] Lud[ovico] Leberecht Loeseke. Berolini: Schutzius 1754. 47 S. 8°

Loeseke, Joh(ann) Ludwig Leb(e)recht: Pathologie oder Lehre von den Krankheiten des menschlichen Körpers. 3.Aufl. 128 S., gbd.

Dresden u.Warschau: Gröll 1775

— Pathologie, od. Lehre v. d. Krankh. des menschl. Körpers. 8. Dresd. Richter. 776.

— Physiologie, od. Lehre v. Zustande d. menschl. Körpers. Mit e. Vorrede v. Chr. Gttlb Schwenke; herausg. v. G. L. Rumpelt. 8. Dresd. 762. 2e A. 767. Richter. 10 gr

Löseke, Joh(ann) Ludwig Leberecht: Physiologie oder Lehre von dem gesunden Zustande des menschlichen Körpers nebst einem Unterricht, denselben zu erhalten. 2.Aufl. 328 S., gbd.

Dresden u.Warschau: Gröll 1767

JB 964

— Physiologie, od. Lehre v. Zust. d. menschl. Körpers. 8. Ebend. 782.

Loeseke, Joh(ann) Ludw(ig) Leberecht: Semiotik oder Lehre von den Zeichen der Krankheiten. 2.Aufl. 128 S., gbd.

Dresden u.Warschau: Gröll 1768

Lösecke, Jh. Ldw. Lebr., Semiotik, od. Lehre v. d. Zeichen d. Krankheiten. 8. Dresd. 775 Richter. (Seeger in Leipz.) 4 gr

Johann Ludwig Leberecht Loeseke

Joh[ann] Ludw[ig] Leberecht Loesekens [Loeseke] Therapia specialis interna, oder Gründliche Anweisung zur Erkenntnis und Cur der innerlichen Krankheiten des menschlichen Körpers. ([Hrsg.:] Georg Ludewig Ruppelt.) 2.Aufl. Th.1/2. 3/4. Dresden & Leipzig: Gröll 1766-68. 4 Bde 8°

Th.1/2: 1766.
Th.3/4: 1768.

Löseke, Joh(ann) Ludw(ig) Leberecht: Therapia specialis interna, oder gründliche Anweisung zur Erkenntnis und Cur der innerlichen Krankheiten des menschlichen Körpers. 2.Aufl., herausgeg.von Christian Friedrich Schulze. Th.3-4. Nebst einem Anhange,(worinnen die Cur derjenigen Personen, welche Gift bekommen haben abgehandelt wird)... gbd.

Dresden u.Leipzig: Gröll 1768

JB 2.038

Löseke, Joh(ann) Ludw(ig) Leberecht: Therapia specialis interna, oder gründliche Anweisung zur Erkenntnis und Cur der innerlichen Krankheiten des menschlichen Körpers. 3.Aufl., herausgeg.von Christian Friedrich Schulze. Th.1-2, 3-4, nebst einem Anhange, (worinnen die Cur derjenigen Personen, welche Gift bekommen haben, abgehandelt wird).. gbd.

Th.1 - 2: Dresden u.Warschau: } Gröll 1775 - 76
Th.3 - 4: Dresden u.Leipzig: }

JB 2.039

— therapia specialis interna, od. gründl. Anweis. zur Erkenntniß u. Kur d. innerl. Krankheiten. 4 Thle. Nebst e. Anh. 8. Dresd. 767—68 u. 775. Richter. (Kummer in Leipz.) 1⅔ 16 gr.

Johann Ludwig Leberecht Loeseke

Johann Ludwig Leberecht Löseke [Observationes anatomico-chirurgico-medicae novae et rariores. Deutsch:] neue und seltene anatomisch-chirurgisch-medicinische Wahrnehmungen... erl. Berlin: Lange 1761. 79 S. 8°

Johann Ludwig Leberecht Loeseke

Joh[ann] Ludwig Leberecht Löseke [Observationes anatomico-chirurgico-medicae. Deutsch:] Neue und seltene anatomisch-chirurgisch-medicinische Wahrnehmungen...erl. 2.,verb.Ausg. Berlin u. Stralsund: Lange 1767. 78 S. 8°

Loeselius (J.). Flora prussica. Regiomonti, 1703. 4°.

Lösemann und Rieckchen, oder frühere Schicksale eines halben literarischen Märtyrers. Quedlinburg 1794. V: *Wächtler, Friedrich.* (MGT)

Lösemann u. Rieckchen, od. frühere Schicksale, e. halben literar. Märtyrers, m. K. 8. Quedlinb. Ernst. 794.

Losen, Adolf, aus Trier: Ein Beitrag zur Morvan'schen Krankheit (Syringomyelie). *Würzburg 1901: H. Stürtz.* (25 S.) 8°
Würzburg, Med. Diss. v. 1901

Losen, Hannibal vom. Rußlands Dichten u. Trachten, Deutschlands Lage u. Aufgabe. Hierzu als Anh.: Der neue Rhein u. Afrika. gr. 8. (111 S.) Lpz. 890, O. Wigand. * 2 —

— der Traum e. französischen römisch-katholischen Priesters, als Antwort auf die sog. Lehnin'sche Weissagung. gr. 8. (57 S.) Ebd. 890. — 75

Lösen, das, der Schachaufgaben, v. Traumulus (Schwarz), s.: Miniatur-Bibliothek.

Lösener, Bernh., systematische Zeichenschule. 20 Hefte Potsdam 863—66. Riegel'sche Buchh. qu. gr. 8. Jedes Heft (10 lith. Blatt) 10 ngr.

Lösener, Bernh., systematische Zeichenschule. 1—3. Abth. à 3 Hefte. — 4. Abth. — 5. Abth. 2 Hefte. Potsdam 863. Riegel'sche Buchhdlg. qu. gr. 8. Jedes Heft 10 ngr.

—— der Zeichen-Unterricht. Eine kurzgefaßte prakt. Anleitung für das freie Handzeichnen, mit besond. Berücksichtigung des Zeichnens nach Originalen, des Naturzeichnens, und des Landschaftszeichnens nach der Natur, nebst einer faßlichen Anweisung zur Erlernung der Perspective. gr. 8. (VII und 47 S. mit 3 Stnt. in qu. Fol.) Potsdam 862, Riegel'sche Buchh. *

Lösener, J. G. Die Rektorwahl zu S.
Progr. Salzwedel 1825

Loesener, Max [Gerichtsref. in Halle a. S.]: Die Grundzüge der Kredithypothek nach preufsischem, österreichischem und französischem Rechte ... Halle a. S., Druck d. Buchdr. d. Waisenhauses, 1894; 3 Bl., 29 S. 8.
Göttingen, Jur. Fak., Inaug.-Diss. v. [2. Mai] 1894

Loesener, Theodor

Lösener, Th., Celastraceae, Hippocrateaceae, s.: Engler, A., u. K. Prantl, d. natürl. Pflanzenfamilien.

Loesener, Th., Monographia Aquifoliacearum, s.: Acta, nova academiae caesareae etc. naturae curiosorum. 89, I.

Loesener, Th., Monographia Aquifoliacearum, s.: Acta, nova, academiae etc. naturae curiosorum. 78.

Monographia Aquifoliacearum. Auctore Th. Loesener. P. 1. *Leipzig: W. Engelmann in Comm. 1901.* 4°
— **Acta,** Nova, Academiae Caes. Leopoldino-Carolinae. T. 78. [01. 9433

— s.: Verhandlungen d. botan. Vereins d. Prov. Brandenburg.

Loesener, Theodor [aus Berlin]: Vorstudien zu einer Monographie der Aquifoliaceen. . . . (Aus: Abhandl. d. Bot. Ver. f. Brandenb. XXXIII.) Berlin, Druck v. Mesch & Lichtenfeld (1890); 2 Bl. + 45 + 1 S. + 1 Bl. u. 1 Taf. 8°
Berlin, Phil. Fak., Inaug.-Diss. v. 4. Aug. 1890

Lösener, Willibald, Oberstabsarzt und Regimentsarzt des 2. Ostpreußischen Feldartillerie-Reg. Nr. 52 in Königsberg i. Pr.: Ueber Trinkwasser und Wasserversorgungsanlagen. Königsberg i. Pr. 1905: O. Kümmel. (61 S.) 8°
Königsberg, Med. Fak., Ref. Pfeiffer, Diss. v. 25. Nov. 1905
[Geb. 22. April 63 Potsdam; Wohnort: Königsberg i. Pr.; Staatsangeh.: Preußen; Vorbildung: Victoria-Gymn. Potsdam Reife O. 82; Studium: Freiburg i. B., Berlin, München zus. 10 S.; Coll. 19. Okt. 05; Approb. 1. Febr. 87.]

Lösener, W., die Trinkwasserversorgung der Truppe unter besond. Berücksicht. der bei den örtlichen Prüfungen v. Wassergewinnungsanlagen in Betracht kommend. Gesichtspunkte, f. Sanitätsoffiziere, Militär-, Medizinal- u. Verwaltungsbeamte bearb. Mit 9 Textfiguren u. 1 Anlage. (VII, 56 S.) gr. 8. Berlin 909. A. Hirschwald. 1. 60

Losenhausen, Paul, a. Düsseldorf, Referendar b. kgl. Landgericht zu Aachen: Die rechtliche Stellung des Aktionärs unter besonderer Berücksichtigung seines Klagerechtes gegen Vorstand und Aufsichtsrat. Borna-Leipzig 1907: R. Noske. (VIII, 102 S.) 8°
Erlangen, Jur. Fak., Ref. Sehling, Diss. v. 2. Juli 1907
[Geb. 29. Juni 80 Düsseldorf; Wohnort: Aachen; Staatsangeh.: Preußen; Vorbildung: Realgymn. Düsseldorf Reife O. 99; Studium: Straßburg 3, Bonn 3, Erlangen 2 S.; Rig. 24. Jan. 07.]

Losenstein und Hohenberg, ein Schauspiel aus der Oberösterreichischen Geschichte. Linz 1782. 1790. V: *Cremeri, Benep. Dominic Anton.* (BIBLPORT) (GGr V/346, Nr. 199/7)

Loser: Die reichsunmittelbare Stadt T r i e s t mit ihrem Gebiete.–Triest, Progr. 1851

Löser, B., Hilfsbuch zur Anfertigung der im Hochbau vorkommenden statischen Berechnungen. Formeln u. Tabellen f. die Praxis. gr. 8. (VIII, 158 S.) Dresden 901. Leipzig, Gilbers. Geb. in Leinw. n. 5. —

Löser, B., Hilfsbuch f. die statischen Berechnungen des Hochbaues. Formeln u. Tabellen f. die Praxis unter besond. Berücksicht. des Eisenbetonbaues. 3. verm. u. verb. Aufl. (VIII, 228 S. m. Abbildgn.) gr. 8. Leipzig 910. Gilbers. Geb. in Leinw. p 6. —

Löser, Carl, s. L ö s e r , Karl

Loeser, Christ. Aug. (Pegau), Exerc. jur. quaest. utrum venditio Geradae in loco. Präs. Friedr. Gottl. Zoller. Lpz. (Langenheim) 5. XII. 1771. 14 S. (3.—) 21531
Gew.: Friedr. G. v. Berlepsch.

Loeser, Felix, Referendar: Unterliegt die nach der Zahlungseinstellung des Ehemannes erfolgte hypothekarische Sicherstellung des eingebrachten Vermögens der Frau nach Eröffnung des Konkurses über das Vermögen des Mannes der Anfechtung auf Grund des § 30 der deutschen Konkursordnung? Breslau 1909: Breslauer Genoss.-Buchdr. VIII, 39 S. 8°
Rostock, Jur. Diss. v. 10. Aug. 1909, Ref. Wachenfeld
[Geb. 21. Nov. 86 Breslau; Wohnort: Jauer; Staatsangeh.: Preußen; Vorbildung: Johannes-Gymn. Breslau Reife M. 05; Studium: Breslau 1, München 1, Breslau 4 S.; Rig. 15. Juni 09.] [U 09. 3671

Loeser, Franz, aus Welver ⟨Westf.⟩: Über **Epithelwucherungen** an den Lymphgefässen der Lunge im Anschluss an Pneumonie. *Würzburg: B. Cramer 1899.* (18 S.) 8°
Würzburg, Med. Diss. v. 1899

Franz Andreas Loeser. Gedichte. Tropfen aus d. Brunnen d. Lebens. Düsseldorf: Wörmbcke 1910. 112 S. 8° A 12. 2429

Löser, H., Lehrheft der Mechanik. Für den Unterricht in Mechanik (Kurs 3) an der königl. Baugewerkenschule z. Dresden bearb. (48 S. m. Fig.-Taf.) gr. 4. Dresden 903. [Gewerbe-Buchh.] Holze & Pahl. Kart. n. 5. —

Loeser, H. A., morpholog. Fundamentalbegriffe. gr. 8. (65 S.) Zürich 895. A. Müller. n. 1. 20

Loeser, Herman A., aus New York: Aus der Medicinischen Universitätsklinik des Herrn Professor Dr. Hermann Eichhorst. Ueber paroxysmale Tachycardie. (S. A. aus: Virchow's Archiv f. pathol. Anatomie u. Physiologie, Bd 143 [S. 648–667]). Berl. (G. Reimer) 1896. 22 S. 1 Bl. 8°.
Zürich, Med. Diss. [v. 19. März 1896].

Löser, J., praktisch-systematische Botanik. Mit 1683 Etiketten. Fol. (21 Taf. in qu. gr. Fol. mit 8 S. Text.) Tauberbischofsheim 877. Lang. n. 2. 40

Löser, J., der Bürger in Rechtsgeschäften und in schriftlichem Verkehr. Handbuch der unentbehrlichsten Kenntnisse für Schule und Haus. 4 Thle. 8. Mannheim, Schneider. *M 4,50.; geb. *
Inhalt:
Thl. 1. Praktische Anleitung zur Abschließung von Verträgen und Fertigung der Urkunden mit Bezugnahme auf das bad. Landrecht. Für Real-, Gewerbe- und landwirthschaftl. Schulen, Lehrerseminarien und für den Selbstunterricht bearb. (XII, 128 S.) 870. *M 1,60.; geb. *M 1,80.
" 2. Praktisches Lehrbuch der Wechselkunde. Nach der allgemeinen deutschen Wechselordnung für Real-, Gewerbe- und landwirthschaftl. Schulen, Lehrerseminarien und für den Selbstunterricht bearb. (XII, 40 S.) 870. * 70 Pf.; geb. * 90 Pf.
" 3. Die Lehre vom Geschäftsstyl oder Anleitung zur Abfassung von Geschäftsbriefen und Eingaben an Behörden. Mit einem Anhang: die innere Verwaltung und Gerichtsorganisation des Großherzogth. Baden. Für Real-, Gewerbe- und landwirthschaftl. Schulen, Lehrerseminarien und für den Selbst-Unterricht bearb. (XIV, 105 S.) 871. *M 1,40.; geb. *M 1,60.
" 4. Praktischer Lehrgang zum Unterricht in der Buchhaltung. Gegründet auf das allgemeine deutsche Handelsgesetzbuch. Für Real-, Gewerbe- und landwirthschaftl. Schulen, Lehrerseminarien und für den Selbstunterricht bearb. (VII, 68 S.) 871. * 80 Pf.; geb. *M 1.

Löser, J., der Bürger im Rechts- u. Geschäftsverkehr. 2 Tle. in 1 Bde. 8. Heidelberg. Kassel, G. Weiß, Verl. Kart. n. 3. —; 1. Tl. allein, kart. n. 2. 20
1. Handbuch der wichtigsten Bestimmgn. des öffentl. u. bürgerl. (Privat-)Rechts, sowie des Prozeßverfahrens. 4., völlig umgestaltete u. nach dem neuen bürgerl. Gesetzbuch bearb. Aufl. des 1. Teiles d. J. Löser: „Der Bürger im schriftl. u. Rechtsverkehr" v. Eug. Breunig. (X, 194 S.) 900.
2. Wechselkunde u. Unterricht in der Buchhaltg. 2. Aufl. (IV, 84 S.) 881.

— dasselbe. 2. Tl. gr. 8. Ebd. Kart. n. 3. 60
Der Kaufmann. Handbuch der wichtigsten Bestimmgn. d. Handels- u. Wechselrechts, prakt. Anleitg. zur kaufm. Buchführg. u. zur Handelskorrespondenz, Verkehr m. Post u. Bahn. 3. völlig umgestalt. Aufl. v. Eug. Breunig. (XV, 270 S.) 901.

Löser, J., der Bürger im schriftlichen und Rechtsverkehr. Handbuch der unentbehrlichsten Kenntnisse für Schule und Haus. 2. Aufl. 2 Tle. 8. Heidelberg 881, Weiß' Verlag. * 2 30
geb. in 1 Bd. * 2 60
Inhalt:
Tl. 1. Praktische Anleitung zur Abschließung von Verträgen und Fertigung der Urkunden; Geschäftskorrespondenz, Eingaben an Behörden und Klageschriften. (VIII, 146 S.) *M 1,40.
" 2. Wechselkunde und Unterricht in der Buchhaltung. (IV, 84 S.) * 90 Pf.

Löser, J. Der Bürger im schriftlichen u. Rechtsverkehr. Handbuch der unentbehrlichsten Kenntnisse f. Schule u. Haus. 1. Tl. 3. Aufl. u. 2. (Schluß-)Tl. 2. Aufl., neue Ausg. 8. (VIII, 146; IV, 84 S.) Heidelb. 890, Weiß' Verlag. geb. in 1 Bd. * 2 60

Löser, J., der Bürger im schriftlichen u. Rechtsverkehr, 5. Aufl., s.: Breunig, Eug., der Bürger.

—— **Elemente der Mathematik für Gymnasien, Real- und höhere Bürgerschulen, sowie zum Selbstunterricht. 2. Thl.: Geometrie der Ebene [Planimetrie]. gr. 8. (VI, 216 S. mit 229 eingedr. Holzschn.) Weinheim 877, Ackermann. ***
Der 1., 3. und 4. Thl. sind noch nicht erschienen.

Löser, J., Führer durch die soziale Frage des Alterthums, des Mittelalters und der Neuzeit bis gegen Ende des 19. Jahrhunderts. gr. 8⁰. Karlsruhe, O. Nemnich, 1894.

Löser, J., Führer durch die soziale Frage des Altertums, des Mittelalters u. der Neuzeit, bis gegen Ende des 19. Jahrh. gr. 8. (V, II, 172 S. m. 1 Lichtdr.-Taf.) Karlsruhe 895. O. Nemnich. n. 2. —

— **Gemeinnütziges** aus dem Gebiete der Naturwissenschaften, der Geographie, Statistik u. Geschichte m. besond. Rücksicht auf die Landwirthschaft, s.: Kuhr, J.

— Geschichte der Stadt Baden von den ältesten Zeiten bis auf die Gegenwart. Mit Plänen u. Abbildgn. gr. 8. (VIII, 571 S.) Baden-Baden 891. E. Sommermeyer. n. 12. —; geb. n. 15. —

Loeser J.: Geschichte d. Landwirtschaft. Stuttg. 1890. 170 S. (Des Landmanns Winterabende. 42. Bd.).

— Geschichte der Landwirtschaft, 2. Aufl. v. Fr. Jost, s.: Landmann's, des, Winterabende.

—— methodisch-praktisches Handbuch für den Lehrer beim Unterrichte im Rechnen und in der geometrischen Formenlehre für Volks- und Bürgerschulen, sowie für Lehrerbildungs-Anstalten. Für österreich. Schulen bearb. von Frz. Tomberger. 3., der österreich. Bearbeitung 1. Aufl. gr. 8. (XII, 338 S. mit eingedr. Holzschn.) Ebendas. 877. (Wien, Friese und Lang.) *

Löser, J., die Jugenderziehung der Gegenwart im Verhältniß zu frühern Jahren. Gekrönte Preisschrift. Freiburg im Br. 861. Herder. gr. 8. (84 S.) 5 ngr.

—— praktisches Kopfrechenbuch für deutsche Schulen. Aufgaben für den mündl. Unterricht in stufenweiser Fortschreitung bearb. 2 Hefte. 8. (58; 67 S.) Weinheim 876, Ackermann. à Heft * 35 Pf. *

Löser, J., prakt. Kopfrechenbuch f. deutsche Schulen. Aufgaben f. d. mündl. Unterricht, in stufenweiser Fortschreitg. bearb. 2 Hfte. 8. Weinheim, F. Ackermann. n. — 80

1. Die 4 Grundrechnungsarten. 2. Aufl. (55 S.) 876. n. — 35
2. D. Rechnen m. Decimalen. Gemeine Brüche. Zweisatz-, Prozent- u. Geschäftsrechngn. 8. Aufl. (92 S.) 893. n. — 45

Löser, J., praktisches Kopfrechenbuch für deutsche Schulen. Aufgaben für den mündlichen Unterricht in stufenweiser Fortschreitung bearb. 2. Heft: Das Rechnen mit Decimalen. Gemeine Brüche. Zweisatz-, Prozent- und Geschäftsrechnungen. 4. Aufl. 8. (66 S.) Weinheim 886, Ackermann. *
1. Heft. Ebendas. 1876. * 35 Pf.

—— das Kopfrechnen in den deutschen Schulen. Methodisch-prakt. Handbuch für Lehrer. Nach der Münz-, Maaß- und Gewichtsordnung des deutschen Reiches. gr. 8. (VIII, 228 S.) Weinheim 874, Ackermann. *

—— das Kopfrechnen in den deutschen Schulen. Methodisch-prakt. Handbuch für den Lehrer, sowie für Präparanden-Anstalten und Schullehrer-Seminarien. 2. verm. und verb. Aufl. Nach der neuen deutschen Rechtschreibung. gr. 8. (VIII, 264 S.) Weinheim 882, Ackermann. * 3 —
geb. * 3 50

—— Lehrbuch der ebenen Geometrie (Planimetrie) für Gymnasien, Real- und höhere Bürgerschulen sowie zum Selbstunterricht. 2. Aufl. gr. 8. (216 S. mit 239 in den Text gedr. Fig.) Weinheim 882, Ackermann. *

Löser, J., Lehrbuch f. den Rechen-Unterricht in den deutschen Schulen. Methodisch-prakt. Handb. f. den Lehrer, sowie f. Präparanden-Anstalten u. Schullehrer-Seminarien. Mit den Resultaten zu den Aufgabenheften. 2. verm. u. verb. Aufl. gr. 8. (1. Thl. S. 1—160 u. Resultate 89 S.) Weinheim 875. Ackermann. n. 3. 60

—— Lehrbuch für den Rechenunterricht in deutschen Schulen. Methodisch-prakt. Handbuch für Lehrer sowie für Präparanden-Anstalten und Schullehrer-Seminarien. Mit den neu revid. Resultaten zu den Aufgabenheften. 3. verm. und verb. Aufl. 8. (XVI, 524 S.) Ebendas. 887. *
geb. *

Daraus einzeln:

—— Resultate zu den Aufgaben des praktischen Rechenbuchs für deutsche Schulen. 2.—7. Heft. 4. neu revid. Aufl. 8. (108 S.) Ebendas. 887. *

— Lesebuch f. landwirthschaftliche Schulen u. ländliche Fortbildungsschulen, s.: Kuhr, F.

— das neue badische Maaß u. Gewicht oder das metrische System im Verhältniß zu den seitherigen Maaßen u. Gewichten des Großherzogth. Baden. Mit Reduktions-Tab. u. Berechnungen. Heidelberg 870. Emmerling. gr. 8. (VII, 45 S. mit 41 Tabb. in 8. u. qu. 4.) n. 15 ngr.

— das neue badische Maaß u. Gewicht od. das metrische System f. Schulen bearb. Eine Aufgabensammlg. nach dem bad. Normal-Lehrplan entworfen. 8. (32 S.) Heidelberg 871. Emmerling. n. — 20

—— über Patriotismus in den deutschen Volksschulen, oder: Wie kann und soll der Volksschullehrer patriot. Sinn und Geist in seinen Schülern anregen und stärken? Gekrönte Preisschrift. gr. 8. (34 S.) Pforzheim 859, Flammer. *
Aus dem „Badischen Schulboten" besonders abgedruckt.

—— praktische Pflanzenkunde für deutsche Schulen. Mit 145 Etiketten zum Aufkleben auf die eingelegten Pflanzen. 1. und 2. Aufl. 8. (IV, 42 S.) Ebendas. 877,78. *

— Rechenaufgaben aus dem Gebiete der Kranken-, Unfall-, Invaliditäts- u. Alters-Versicherung f. Volksschulen, Fortbildungs-, Handwerker- u. Gewerbeschulen, sowie f. Seminarien. Zugleich als Anh. u. Ergänzg. zu J. Löser, prakt. Rechenbuch, sowie zu jedem andern Rechenbuch. 8. (23 S.) Weinheim 891. F. Ackermann. n. — 20; Lehrerhft. (39 S.) n. — 30

— u. H. Zeeb, Rechenbuch nebst populäre Geometrie, Physik, Mechanik u. Landwirthschaftslehre m. vielen Aufgaben. Für Landwirthschafts-, Ackerbau-, Wiesenbau- u. Fortbildungs-Schulen wie auch z. Selbstunterricht bearb. 7., umgearb. u. verm. Aufl. Unt. Mitwirkg. v. R. Seifert. gr. 8. (XVI, 367 S. m. 160 Holzschn.) Stuttgart 897. E. Ulmer. n. 2. 80; geb. n.n. 3. 05; Resultate (76 S. m. 7 Holzschn.) n. 1. 30

— Rechenbuch f. Gewerbeschulen u. höhere Lehranstalten, sowie zum Selbstunterricht u. zur Fortbildg. im Geschäftsrechnen. gr. 8. (VIII, 124 S.) Ebend. 886. n. 1. —

— kleines Rechenbuch f. Landwirtschafts- u. ländliche Fortbildungsschulen. E. Auszug aus d. landwirtschaftl. Rechenbuch v. J. Löser u. H. Zeeb. gr. 8. (IV, 108 S. m. 70 Abb.) Stuttgart 897. E. Ulmer. Kart. n. 1. 20

—— landwirthschaftliches Rechenbuch, s.a. Bibliothek landwirthschaftl. Lehrbücher.

—— und H. Zeeb, landwirthschaftliches Rechenbuch mit Beispielen aus allen Zweigen der Landwirthschaft, nebst Anleitung zum Feldmessen, Nivelliren und Berechnen der Körper. Für Fortbildungs- und Landwirthschafts-Schulen, sowie zum Selbstunterrichte nach dem neuen Münz-, Maaß- und Gewichts-System bearb. gr. 8. (VIII, 266 S. mit 75 in den Text gedr. Holzschn.) Ravensburg [Stuttgart] 873, Ulmer. *
Resultate dazu (60 S. mit 10 in den Text gedr. Holzschn.) 874. *

— u. H. Zeeb, landwirthschaftliches Rechenbuch, nebst Anleitung zum Feldmessen, Nivelliren u. Berechnen der Körper, sowie Erläuterungen u. Aufgaben aus der Physik u. Mechanik. Für Fortbildungs- u. Landwirthschafts-Schulen, wie auch zum Selbstunterricht bearb. 2., umgearb. u. verm. Aufl. Mit 133 in den Text gedr. Holzschn. gr. 8. (XII, 319 S.) Stuttgart 880. Ulmer. n. 3. 20; Resultate. 2., umgearb. u. verm. Aufl. (66 S. mit 6 eingedr. Holzschn.) n. 1. 20

—— und H. Zeeb, landwirtschaftliches Rechenbuch, nebst Elementen der Geometrie und Anleitung zum Nivellieren, sowie Erläuterungen und Aufgaben aus der Physik und Mechanik. Für Fortbildungs- und Landwirtschafts-Schulen, wie auch zum Selbstunterricht bearb. 3. umgearb. und verm. Aufl. (XVI, 346 S. mit 134 in den Text gedr. Holzschn.) 885; 4. umgearb. und verm. Aufl. Unter Mitwirkung von R. Seifert. gr. 8. (XVI, 348 S. mit 136 in den Text gedr. Holzschn.) Stuttgart 888, Ulmer. *ℳ 3.20.; geb. **

—— —— dass. — Resultate. 3. Aufl. gr. 8. (82 S. mit 6 eingedr. Holzschn.) Ebendas. 885. *

—— —— dass. — Resultate. 4. Aufl. gr. 8. (84 S. mit 6 in den Text gedr. Holzschn.) Ebendas. 888. *

Löser, J. u. H. Zeeb. Landwirthschaftliches Rechenbuch, nebst Elementen der Geometrie u. Anleitung zum Nivellieren, sowie Erläutergn. und Aufgaben aus der Physik u. Mechanik. Für Fortbildungs- u. Landwirtschafts-Schulen, wie auch zum Selbstunterricht bearb. 5. umgearb. u. verm. Aufl. Unter Mitwirkg. v. R. Seifert. Mit 136 in d. Text gedr. Holzschn. gr. 8. (XVI, 348 S.) Stuttg. 891, Ulmer. * 3 20; geb. ** 3 45

—— dass. — Resultate. Mit 7 in d. Text gedr. Holzschn. gr. 8. (77 S.) Ebd. 891. * 1 30

— u. H. Zeeb, landwirtschaftliches Rechenbuch, nebst Elemente der Geometrie u. Anleitg. zum Nivellieren, sowie Erläutergn. u. Aufgaben aus der Physik u. Mechanik. Für Landwirtschafts- u. Fortbildungsschulen, wie auch zum Selbstunterricht. 6., umgearb. u. verb. Aufl. Unter Mitwirkg. v. R. Seifert. gr. 8. (XVI, 358 S. m. 140 Holzschn.) Stuttgart 893. E. Ulmer. n. 3. 20; geb. in Halbleinw. n.n. 3. 45; Resultate (73 S. m. 7 Holzschn.) n. 1. 30

—— praktisches Rechenbuch. Nach dem Normal-Lehrplan für die Schulen in Elsaß-Lothringen bearb. 3 Hefte. 8. [Straßburg 878, Schneider.] Weinheim, Ackermann. *

Inhalt:
Heft 1. Unterstufe: Rechenfibel. (IV, 60 S.) (* 60 Pf.) * 30 Pf.
» 2. Mittelstufe. (IV, 120 S. mit eingedr. Holzschn.) (* 80 Pf.) * 50 Pf.
» 3. Oberstufe. (IV, 206 S. mit eingedr. Holzschn.) * 80 Pf.

— praktisches Rechenbuch. Nach dem Normal-Lehrplan für die Schulen in Elsaß-Lothringen bearb. 3 Hfte. 8. Ebend. 880. n. 1. 60
1. Unterstufe. Rechenfibel. (IV, 60 S.) n. — 30
2. Mittelstufe. (IV, 120 S. mit eingedr. Holzschn.) n. — 50
3. Oberstufe. (IV, 206 S. mit eingedr. Holzschn.) n. — 80

—— praktisches Rechenbuch. Nach dem Normal-Lehrplan für die Schulen in Elsaß-Lothringen bearb. 3 Hefte. 8. Ebendas. 880—82. *

Inhalt:
Heft 1. Unterstufe: Rechenfibel. (IV, 60 S.) * 25 Pf.
» 2. Mittelstufe. (IV, 120 S. mit eingedr. Holzschn.) * 40 Pf.
» 3. Oberstufe. (IV, 206 S. mit eingedr. Holzschn.) * 60 Pf.

— u. J. B. Krämer, praktisches Rechenbuch. Ausg. C, weitergeführt v. Fr. Jost u. J. H. Krämer. I. Heft 2. Tl. u. II.—V. Heft. 8. Ebd. 1.90
I, 2. Rechnen im Zahlenraume von 10 bis 100. 20.—22. Aufl. (72 S. m. Abbildgn.) 909. — 30
II. 3. Stufe: Rechnen im Zahlenraume bis 1000. 4. Stufe: Rechnen im Zahlenraume üb. 1000. 26.—28. Aufl. (64 S.) 910.
III. Rechnen m. ungleich benannten Zahlen u. Einführung in das Rechnen m. Dezimalbrüchen. 19. u. 20. Aufl. (72 S.) 909.
IV. Die 4 Grundrechnungsarten in Dezimalzahlen; v. den einfachen u. zusammengesetzten Zahlen; das Rechnen m. Brüchen. Anh.: Geometrische Formenlehre m. in den Text gedr. Fig. 16.—18. Aufl. (96 S.) 908. — 45
V. Zweisatzrechnung (Regel de tri); Prozent-, Zins- u. Geschäftsrechnungen. Anh.: Geometrische Formenlehre m. in den Text eingedr. Fig. 12. Aufl. (104 S.) 908. — 45

— — dasselbe, vollständig umgearb. v. Krämer u. A. Konrad. V. Heft. 8. Ebd. — 75
V. Schlußrechnung; Prozent-, Zins-, Geschäfts-, Teilungs- u. Gesellschaftsrechnungen; Durchschnitts- u. Mischungsrechnungen. Berechnung der Tageszinsen; Rechnungen üb. Wertpapiere. Raumlehre: Flächengleichheit u. Verwandlg. gradliniger Fig. Flächen- Körperberechnung. 18. Aufl. (159 S. m. Fig.) 910.

— — dasselbe. 6. Heft. Neubearbeitg., s.: Krämer u. A. Konrad, praktisches Rechenbuch.

—— praktisches Rechenbuch für Schulen. Nach dem neuen Münz-, Maaß- und Gewichtssystem in stufenweiser Fortschreitung bearb. 1.—4. Heft. 1.—3. Aufl. 8. Weinheim 872,73, Ackermann. *

Inhalt:
Heft 1. Die vier Grundrechnungsarten im Zahlenraume 1—100. (S. 1—32.) * 20 Pf.
» 2. Die vier Grundrechnungsarten im erweit. Zahlenraume. (S. 33—60.) * 20 Pf.
» 3. Die vier Species in ungleichbenannten Zahlen. (S. 61—92.) * 20 Pf.
» 4. Die vier Species in Decimalzahlen; von den einfachen und zusammengesetzten Zahlen; das Rechnen mit Brüchen. Anhang: Raumformenlehre mit in den Text eingedr. Fig. (in Holzschn.) (S. 93—160.) * 35 Pf.

Löser, J., praktisches Rechenbuch für Schulen. Auf Grundlage des Bad. Normallehrplans nach dem neuen Münz-, Maß- und Gewichtssystem in stufenweiser Fortschreitung bearb. 5. Heft: Zweisatzrechnung [Regel de Tri] und Kettensatz; Prozent- und Geschäftsrechnungen. Anhang: Fortsetzung der Raumformenlehre mit in den Text eingedr. Fig. (in Holzschn.). 1. und 2. Aufl. 8. (S. 161—240.) Weinheim 873, Ackermann. *

—— praktisches Rechenbuch für deutsche Schulen. Nach der Münz-, Maaß- und Gewichtsordnung des deutschen Reiches in stufenweiser Fortschreitung bearb. 1.—6. Heft. 8. Ebendas. 874,75. *

Inhalt:
Heft 1. Die vier Grundrechnungsarten im Zahlenraume von 1—100. [Rechenfibel.] 4.—10. verb. Aufl. (36 S.) * 20 Pf.
» 2. Die vier Grundrechnungsarten im erweiterten Zahlenraume. 4.—12. verb. Aufl. (32 S.) * 20 Pf.
» 3. Die vier Species in mehrsortig benannten Zahlen. 4.—14. Aufl. (36 S.) * 20 Pf.
» 4. Die vier Species in Dezimalzahlen; von den einfachen und zusammengesetzten Zahlen; das Rechnen mit Brüchen. Anhang: Geometrische Formenlehre mit in den Text eingedr. Fig. 4.—12. verb. Aufl. (89 S.) * 35 Pf.
» 5. Zweisatzrechnung [Regel de tri] und Kettensatz; Prozent- und Geschäftsrechnungen. Anhang: Geometr. Formenlehre. 3.—12. verb. Aufl. (89 S.) * 35 Pf.
» 6. Das abgekürzte Rechnen mit Dezimalzahlen. Das Ausziehen der Quadrat- und Kubikwurzel. Von den Proportionen. Angewandte Aufgaben. (68 S.) * 40 Pf.

—— dass. — 2. Heft. Ausg. B, für einfache Volksschulen. [4. und 5. Schuljahr.] 8. (32 S.) Ebendas. 874. *

—— dass. — Handbuch für den Lehrer, nach dem neuen Münz-, Maaß- und Gewichtssystem, enth. Anleitung zur Behandlung des Lehrstoffes, Resultate zu den Aufgabenheften. 8. (VIII, 282 S.) Ebendas. 873. *

— dasselbe. Ausg. B. f. einfache Volksschulen. 4 Hfte. 8. Ebend. 875. 76. n. 1. 10
1. Rechenfibel. 10. Aufl. (36 S.) n. — 20
2. 4. u. 5. Schulj. (32 S.) n. — 20
3. 6. Schulj. (75 S.) n. — 35
4. 7. u. 8. Schulj. (65 S.) n. — 35

—— praktisches Rechenbuch für deutsche Schulen. Nach der Münz-, Maaß- und Gewichtsordnung des deutschen Reiches in stufenweiser Fortschreitung bearb. 7 Hefte. 8. Weinheim 875—79, Ackermann. *

Inhalt:
Heft 1. Die vier Grundrechnungsarten im Zahlenraume von 1—100. [Rechenfibel.] 11.—18. verb. und verm. Aufl. (60 S.) * 30 Pf.
» 2. Die vier Grundrechnungsarten im erweiterten Zahlenraume. 13.—23. verb. Aufl. (32 S.) * 20 Pf.; 24. Aufl. (40 S.) * 25 Pf.
» 3. Die vier Species in mehrsortig benannten Zahlen. 15.—24. Aufl. (36 S.) * 20 Pf.
» 4. Die vier Species in Dezimalzahlen; von den einfachen und zusammengesetzten Zahlen; das Rechnen mit Brüchen. Anhang: Geometrische Formenlehre mit in den Text eingedr. Fig. 13.—26. verb. Aufl. (88 S.) * 35 Pf.
» 5. Zweisatzrechnung [Regel de tri] und Kettensatz; Prozent- und Geschäftsrechnungen. Anhang: Geometr. Formenlehre. 13.—25. verb. Aufl. (88 S.) * 35 Pf.
» 6. Das abgekürzte Rechnen mit Dezimalzahlen. Das Ausziehen der Quadrat- und Kubikwurzel. Von den Proportionen. Angewandte Aufgaben. 2.—6. Aufl. (71 S.) * 40 Pf.
» 7. Physik und Mechanik. (88 S.) * 50 Pf.

—— dass. — Resultate zum 2.—7. Heft. 3. Aufl. Neu revid. Ausg. gr. 8. Ebendas. 879. [2. und 3. Heft. (33 S.) * 80 Pf.; 4. und 5. Heft. (40 S.) * ℳ 1.; 6. und 7. Heft. (24 S.) * 60 Pf.] geh. in 1 Bd. *
Resultate zum 1. Heft sind nicht erschienen.

—— dass. — Ausg. B. für einfache Volksschule. 4 Hefte. 8. Ebendas. 875—79. *
Inhalt:
Heft 1. Rechenfibel. 10.—18. Aufl. (36 S.) * 30 Pf.
" 2. 4. und 5. Schulj. 2.—5. Aufl. (32 S.); 6. verb. Aufl. (36 S.) * 20 Pf.
" 3. 6. Schulj. 1.—4. Aufl. (75 S.) * 35 Pf.
" 4. 7. und 8. Schulj. 1.—4. Aufl. (66 S.) * 35 Pf.

—— dass. — Resultate. gr. 8. (56 S.) Ebendas. 877. *

Löser, J., praktisches Rechenbuch für deutsche Schulen. Nach der Münz-, Maaß- u. Gewichtsordnung des deutschen Reiches in stufenweiser Fortschreitung bearb. Ausg. B. für einfache Volksschulen. 2. Hft. [4. u. 5. Schulj.] 6., verb. Aufl. 8. (36 S.) Weinheim 878. Ackermann. n. — 20

— praktisches Rechenbuch für deutsche Schulen. Nach der Münz-, Maaß- u. Gewichtsordnung des deutschen Reiches in stufenweiser Fortschreitung bearb. 7 Hfte. 8. Ebend. 879—82. n. 2. 35
1. 24. verb. u. verm. Aufl. (60 S.) n. — 30. — 2. 34. Aufl. (40 S.) n. — 25. — 3. 40. verb. Aufl. (36 S.) n. — 20. — 4. u. 5. 38. Aufl. (à 88 S.) à n. — 35. — 6. 6. Aufl. (71 S.) n. — 40. — 7. Physik u. Mechanik. (88 S.) n. — 50

— dasselbe. Resultate zum 2—7. Hft. 3. Aufl. Neue rev. Ausg. gr. 8. (100 S.) Ebend. 879. In 1 Bd. geb. n. 2. —
2. 3. (33 S.) n. — 80. — 4. 5. (40 S.) n. 1. —. — 6. 7. (34 S.) n. — 60

Löser, J., praktisches Rechenbuch für deutsche Schulen. Nach der Münz-, Maaß- und Gewichtsordnung des deutschen Reiches in stufenweiser Fortschreitung bearb. Ausg. A. 7 Hefte. 8. Ebendas. 880—83. *
Inhalt:
Heft 1. Die vier Grundrechnungsarten im Zahlenraume von 1—100. [Rechenfibel.] 19.—28. verb. und verm. Aufl. (60 S.) * 30 Pf.
" 2. Die vier Grundrechnungsarten im erweiterten Zahlenraume. 25.—44. Aufl. (40 S.) * 25 Pf.
" 3. Die vier Species in mehrsortig benannten Zahlen. 25.—52. Aufl. (36 S.) * 20 Pf.
" 4. Die vier Species in Dezimalzahlen; von den einfachen und zusammengesetzten Zahlen; das Rechnen mit Brüchen. Anhang: Geometrische Formenlehre mit in den Text eingedr. Fig. 27.—46. verb. Aufl. (88 S.) * 35 Pf.
" 5. Zweisatzrechnung [Regel de tri] und Kettensatz; Prozent- und Geschäftsrechnungen. Anhang: Geometr. Formenlehre. 26.—50. verb. Aufl. (88 S.) * 35 Pf.
" 6. Das abgekürzte Rechnen mit Dezimalzahlen. Das Ausziehen der Quadrat- und Kubikwurzel. Von den Proportionen. Angewandte Aufgaben. 7. und 8. Aufl. (71 S.) * 40 Pf.
" 7. Physik und Mechanik. (88 S.) * 50 Pf.

—— dass. — Ausg. B. für einfache Volksschule. 4 Hefte. 8. Ebendas. 880—83. *
Inhalt:
Heft 1. Rechenfibel. 19.—28. Aufl. (60 S.) * 30 Pf.
" 2. 4. und 5. Schuljahr. 7.—10. verb. Aufl. (36 S.) * 20 Pf.
" 3. 6. Schuljahr. 5. und 6. Aufl. (78 S.) * 35 Pf.
" 4. 7. und 8. Schuljahr. 5. und 6. Aufl. (68 S.) * 35 Pf.

Löser, J., praktisches Rechenbuch für deutsche Schulen. Nach der Münz-, Maß- u. Gewichtsordngn. d. deutschen Reiches in stufenweiser Fortschreitg. bearb. 5 Hfte. 8. Weinheim 884. Ackermann. n. 1. 45
1. 28. Aufl. (60 S.) n. — 30. — 2. 44. Aufl. (40 S.) n. — 25. — 3. 52. Aufl. (36 S.) n. — 20. — 4. 46. Aufl. (88 S.) n. — 35. — 5. 50. Aufl. (88 S.) n. — 35

— dasselbe. Ausg. B. f. einfache Volksschulen. 2—4. Hft. 8. Ebend. 884. n. — 90
2. 10. verb. Aufl. (36 S.) n. — 20. — 3. 4. 6. verb. Aufl. (78 u. 68 S.) à n. — 35
Das 1. Hft. ist für beide Ausgaben das gleiche.

—— praktisches Rechenbuch für deutsche Schulen. Nach der Münz-, Maaß- und Gewichtsordnung des deutschen Reiches in stufenweiser Fortschreitung bearb. Ausg. A. 7 Hefte. 8. Weinheim 884—89, Ackermann. *
Inhalt:
Heft 1. Die vier Grundrechnungsarten im Zahlenraume von 1—100. [Rechenfibel.] 29.—44. verb. und verm. Aufl. (60 S.) * 30 Pf.
" 2. Die vier Grundrechnungsarten im erweiterten Zahlenraume. 45.—68. Aufl. (46 S.) * 25 Pf.
" 3. Die vier Species in mehrsortig benannten Zahlen. 53.—90. Aufl. (40 S.) * 20 Pf.
" 4. Die vier Species in Dezimalzahlen; von den einfachen und zusammengesetzten Zahlen; das Rechnen mit Brüchen. Anhang: Geometrische Formenlehre mit in den Text eingedr. Fig. 47.—76. verm. und verb. Aufl. (88 S.) * 35 Pf.
" 5. Zweisatzrechnung [Regel de tri] und Kettensatz; Prozent- und Geschäftsrechnungen. Anhang: Geometr. Formenlehre. 51.—88. verm. und verb. Aufl. (88 S.) * 35 Pf.
" 6. Das abgekürzte Rechnen mit Dezimalzahlen. Das Ausziehen der Quadrat- und Kubikwurzel. Von den Proportionen. Angewandte Aufgaben. 9.—12. Aufl. (80 S.) * 40 Pf.
" 7. Physik und Mechanik. 2.—4. Aufl. (88 S.) * 50 Pf.

Löser, J., praktisches Rechenbuch für deutsche Schulen. Nach der Münz-, Maaß- und Gewichtsordnung des deutschen Reiches in stufenweiser Fortschreitung bearb. Ausg. B. für einfache Volksschulen. 4 Hefte. 8. Weinheim 887,89, Ackermann. *
Inhalt:
Heft 1. Rechenfibel. 29.—44. verb. und verm. Aufl. (60 S.) * 30 Pf.
" 2. 4. und 5. Schulj. 11.—16. verb. und verm. Aufl. (36 S.) * 20 Pf.
" 3. 6. Schulj. 7.—14. Aufl. (80 S.) * 35 Pf.
" 4. 7. und 8. Schulj. 7.—16. Aufl. (68 S.) * 35 Pf.

—— dass. — Ausg. C. unter Mitwirkung von J. B. Krämer und Ph. J. Schönemann. 1. Heft. 1. und 2. Tl. 8. Ebendas. 888. *
Inhalt:
Tl. 1. Rechenfibel für das 1. Schulj. 3. Aufl. (20 S.) * 15 Pf.
" 2. 2. Schulj. (72 S.) * 30 Pf.

— praktisches Rechenbuch f. deutsche Schulen. Nach der Münz-, Maß- u. Gewichtsordng. d. Deutschen Reiches in stufenweiser Fortschreitg. bearb. Ausg. A. 7 Hfte. 8. Weinheim, Ackermann. n. 2. 35
1. Rechenfibel. Die vier Grundrechnungsarten im Zahlenraum v. 1—100. 46. Aufl. (60 S.) 888. n. — 30
2. Die vier Grundrechnungsarten im erweiterten Zahlenraum. 72. Aufl. (46 S.) 889. n. — 25
3. Die vier Species in mehrsortig benannten Zahlen. 96. Aufl. (40 S.) 889. n. — 20
4. Die vier Species in Decimalzahlen; v. den einfachen u. den zusammengesetzten Zahlen; das Rechnen m. Brüchen. Anhang: Geometrische Formenlehre m. in den Text eingedr. Fig. 82. Aufl. (88 S.) 889. n. — 35
5. Zweisatzrechnung (Regel de tri) u. Kettensatz; Prozent- u. Geschäftsrechngn. Anhang: Geometrische Formenlehre m. in den Text eingedr. Fig. 88. Aufl. (88 S.) 889. n. — 35
6. Abgekürztes Rechnen m. Dezimalzahlen. Ausziehen d. Quadrat- u. Kubikwurzel. Von den Proportionen. Angewandte Aufgaben. Tageszinsen. Konto-Korrente. 12. Aufl. (80 S.) 888. n. — 40
7. Physik u. Mechanik. 4. Aufl. (88 S.) 887. n. — 50

— dasselbe. Resultate v. Hft. 2—7. 4. Aufl. Neue rev. Ausg. 8. (107 S.) Ebd. 887. n. 2. —

— dasselbe. Ausg. B, f. einfache Volksschulen. 2.—4. Hft. 8. Ebd. n. — 90
2. (4. u. 5. Schuljahr.) 22. verb. Aufl. (36 S.) 889. n. — 20
3. (6. Schuljahr.) 18. Aufl. (78 S.) 890. n. — 35
4. (7. u. 8. Schuljahr.) 16. Aufl. (68 S.) 888. n. — 35

— dasselbe. Ausg. C. Unter Mitwirkg. v. J. B. Krämer u. Ph. J. Schönemann. 1. Hft., I. u. II Abtlg. u. 2. Hft. 8. Ebd. n. — 75
1. I. Rechenfibel f. das 1. Schuljahr. (20 S.) 888. n. — 15
1. II. — dasselbe f. das 2. Schuljahr. 3. Aufl. (72 S.) 888. n. — 30
2. 3. Aufl. (64 S.) 891. n. — 30

—— Prakt. Rechenbuch f. deutsche Schulen. Ausg. B. f. einfache Volksschulen. 2.—4. Heft. 8. Ebd. * — 90
2. Heft. 22. Aufl. (36 S.) 889. * — 20; 3. Heft. 20. Aufl. (78 S.) 890. * — 35; 4. Heft. 20. Aufl. (68 S.) 890. * — 35.

—— Resultate v. Heft 2—4. 2. Aufl. Neue revid. Ausg. 8. (55 S.) Ebd. 890. * 1 60

Löser, J., praktisches Rechenbuch f. deutsche Schulen. Nach der Münz-, Maß- u. Gewichtsordng. des deutschen Reichs in stufenweiser Fortschreitg. bearb. Ausg. C, bearb. unter Mitwirkg. v. J. B. Krämer. 1. Hft., 2 Tle., u. 2.—5. Hft. 8. Weinheim, F. Ackermann. n. 1. 80
1, I. Rechenfibel f. das 1. Schulj. Unter Mitwirkg. v. Ph. C. Schönemann. 4. Aufl. (20 S.) 891. n. — 15. — 1, II. Für das 2. Schulj. 5. Aufl. (72 S.) 893. n. — 30. — 2. 3. u. 4. Stufe. 6. Aufl. (64 S.) 894. n. — 30. — 3. 4. Aufl. (71 S.) 893. n. — 30. — 4. 4. Aufl. (96 S. m. 50 Fig.) 894. n. — 35. — 5. 2. Aufl. (106 S. m. 78 Fig.) 894. n. — 40.

—— Prakt. Rechenbuch f. deutsche Schulen. Ausg. C. Unter Mitwirkung v. J. B. Krämer u. Ph. J. Schönemann. 1.—5. Heft. 8. Ebd. * 1 75

1. Heft. 2 Abthlgn. [1. Abthl. 4. Aufl. (20 S.) 892. * — 15; 2. Abthl. 5. Aufl. (72 S.) 893. * — 30.] * — 45; 2. Heft. 5. Aufl. (64 S.) 892. * — 30; 3. Heft. 4. Aufl. (72 S.) 893. * — 30; 4. Heft. (96 S.) 893. * — 35; 5. Heft. (106 S.) 893. * — 35.

—— Prakt. Rechenbuch f. deutsche Schulen. Ausg. A. 7 Hefte. 8. Ebd. * 2 45

1. Heft. 48. Aufl. (60 S.) 893. * — 30; 2. Heft. 74. Aufl. (48 S.) 891. * — 25; 3. Heft. 100. Aufl. (40 S.) 893. * — 30; 4. Heft. 90. Aufl. (88 S.) 893. * — 35; 5. Heft. 94. Aufl. (88 S.) 892. * — 35; 6. Heft. 12. Aufl. (80 S.) 889. * — 40; 7. Heft. 4. Aufl. (89 S.) 889. * — 50.

—— Resultate v. Heft 2—7. 4. Aufl. Neue rev. Ausg. 8. (107 S.) Ebd. 889. * 2 —

— praktisches Rechenbuch f. deutsche Schulen. Nach der Münz-, Maß- u. Gewichtsordng. des deutschen Reichs in stufenweiser Fortschreitg. bearb. (Ausg. A.) 1.—6. Hft. 8. Ebd. n. 1. 95

1. Rechenfibel. 48. Aufl. (60 S.) 893. n. — 30. — 2. 78. Aufl. (48 S.) 894. n. — 25. — 3. Jubiläums-Aufl. (64 S.) 893. n. — 30. — 4. 90. Aufl. (88 S. m. 50 Fig.) 893. n. — 35. — 5. 94. Aufl. (88 S. m. 77 Fig.) 892. n. — 35. — 6. 12. Aufl. (80 S.) 891. n. — 40.

— dasselbe. 3. Hft. Jubiläumsaufl. Lehrerhft. 8. (91 S.) Ebd. 893. n. — 50

— dasselbe. Ausg. B, f. einfache Volksschulen. 2.—4. Hft. 8. Ebd. n. — 90

2. (1. u. 5. Schulj.) 24., verb. Aufl. (36 S.) 894. n. — 20. — 3. (6. Schulj.) 20. Aufl. (80 S. m. 50 Fig.) 892. n. — 35. — 4. (7. u. 8. Schulj.) 20. Aufl. (68 S. m. 77 Fig.) 890. n. — 35.

Das 1. Hft. der Ausg. A dient zugleich als 1. Hft. der Ausg. B.

— dasselbe. Resultate zu Ausg. B. 2. Aufl. Neue rev. Ausg. 2.—4. Hft. gr. 8. (55 S.) Ebd. 890. n. 1. 60

— prakt. Rechenbuch f. deutsche Schulen. Nach der Münz-, Maß- u. Gewichtsordng. d. deutschen Reichs in stufenweiser Fortschreitg. bearb. 3. u. 5. Hft. 8. Ebd. n. — 75

3. 105. Aufl. (60 S.) 897. n. — 30
5. Jubiläums-Aufl. (122 S. m. Fig.) 896. n. — 45

— dasselbe. 3.—5. Hft. Jubiläums-Aufl. Lehrerheft. 8. Ebd. n.n. 2. 80

3. (91 S.) 893. n. — 60. — 4. (100 S. m. Fig.) 897. n.n. 1. —. — 5. (156 S.) 897. n.n. 1. 20.

— dasselbe. Ausg. C, bearb. unt. Mitwirkg. v. J. B. Krämer. 1. Hft., 2 Tle., 2.—5. Hft. 8. Ebd. n. 1.80

1, I. 6. Aufl. (20 S.) 895. n. — 15
1, II. 7. Aufl. (72 S.) 897. n. — 30
2. 8. u. 9. Aufl. (64 S.) 897. n. — 30
3. 7. Aufl. (72 S.) 896. n. — 30
4. 7. Aufl. (96 S.) 897. n. — 35
5. 3. Aufl. (106 S. m. Fig.) 896. n. — 40

Löser, J., u. J. B. Krämer, prakt. Rechenbuch f. deutsche Schulen. Ausg. C. Rechenfibel (d. 1. Hfts. 1. Tl.) 7. Aufl. 8. (20 S.) Weinheim 898. F. Ackermann. n. — 15

— u. J. B. Krämer, prakt. Rechenbuch f. deutsche Schulen. D. 1. Hfts. II. Tl. 3. u. 5. Hft. 8. Weinheim 898. F. Ackermann. n. 1. —

1, II. Rechnen im Zahlenraum von 10—100. 8. Aufl. (72 S.) n. — 30
3. Rechnen m. ungleich benannten Zahlen u. Einführg. in d. Rechnen m. Dezimalbrüchen. 8. Aufl. (72 S.) n. — 30
5. Zweisatzrechng. (Regel de tri); Prozent-, Zins- u. Geschäftsrechngn. Anh.: Geometrische Formenlehre m. in d. Text eingedr. Fig. 4. Aufl. (106 S.) n. — 40

— u. Fr. Jost, praktisches Rechenbuch f. deutsche Schulen. 2.—5. Hft. 8. Ebd. n. 1. 45

2. Die 4 Grundrechnungsarten im erweiterten Zahlenraum. Jubiläums-(100.)Aufl. (45 S.) 900. n. — 25
3. Die 4 Spezies in mehrsortig benannten Zahlen. 106. u. 107. Aufl. (62 S.) 900. n. — 30
4. I. Rechenlehre u. Arithmetik. Die 4 Spezies in Dezimalzahlen; einfache u. zusammenges. Zahlen; Brüche. II. Geometrische Anschauungslehre. Formen- u. Raumlehre in Verbindg. m. Zeichnen. 101. Aufl. 8. (114 S. m. Fig.) 898. n. — 45
5. Schlußrechngn. (Geschäftsrechnen). Anh.: Geometrische Formenlehre m. in den Text gedr. Fig. 104. u. 105. Aufl. (120 S.) 900. n. — 45

— praktisches Rechenbuch f. deutsche Schulen. Für höhere Lehranstalten bearb. von Fr. Jost. 1. u. 2. Tl. gr. 8. (IV, 218 S.) Weinheim 899. F. Ackermann. Geb. in Leinw. à n. 1. 40

1. (IV, 218 S.) — 2. (IV, 196 S.)

— u. J. B. Krämer, praktisches Rechenbuch f. deutsche Schulen. Ausg. C, weitergeführt v. Fr. Jost u. J. H. Krämer. Des 1. Hfts. I. u. II. Tl., u. 2.—5. Hft. 8. Ebd. n. 1. 85

1. I. Rechenfibel. 9. u. 10. Aufl. (20 S.) 901. n. — 15
II. Rechnen im Zahlenraum von 10—100. 11. u. 12. Aufl. (72 S.) 901. n. — 30
2. 3. Stufe: Rechnen im Zahlenraum bis 1000. 4. Stufe: Rechnen im Zahlenraum über 1000. 12. u. 13. Aufl. (64 S.) 900. n. — 30
3. Rechnen m. ungleich benannten Zahlen u. Einführg. in das Rechnen m. Dezimalbrüchen. 11. u. 12. Aufl. (72 S.) 901. n. — 30
4. Die 4 Species in Dezimalzahlen; von den einfachen u. zusammengesetzten Zahlen; das Rechnen m. Brüchen. Anh.: Geometrische Formenlehre m. in den Text gedr. Fig. 10. u. 11. Aufl. (96 S.) 901. n. — 40
5. Zweisatzrechng. (Regel de tri); Prozent-, Zins- u. Geschäftsrechngn. Anh.: Geometrische Formenlehre m. in den Text eingedr. Fig. 7. u. 8. Aufl. (104 S.) 902. n. — 40

— — dasselbe. Resultate zu den Aufgaben in Hft. 2—5. gr. 8. (58 S.) Ebd. 899. n.n. 1. 25

— u. Fr. Jost, praktisches Rechenbuch f. deutsche Schulen. 3.—5. Heft. 8. Ebd. n. 1. 15

3. Die 4 Spezies in mehrsortig benannten Zahlen. 108. u. 109. Aufl. (61 S.) 904. n. — 30
4. Die 4 Species in Dezimalzahlen; von den einfachen u. zusammengesetzten Zahlen, das Rechnen mit Brüchen. Anh.: Geometrische Formenlehre m. in den Text gedr. Fig. 102. u. 103. Aufl. (91 S.) 903. n. — 40
5. Schlußrechnungen (Geschäftsrechnen). Anh.: Geometrische Formenlehre m. in den Text eingedr. Fig. 108. u. 109. Aufl. (116 S.) 906. n. — 45

— u. J. B. Krämer, praktisches Rechenbuch für deutsche Schulen. Ausg. C, weitergeführt v. Fr. Jost u. J. H. Krämer. Des 1. Heftes I. u. II. Tl. u. 2.—5. Heft. 8. Ebd. n. 1. 85

I. 1. Rechenfibel. 11. u. 12. Aufl. (20 S.) 905. — 15
2. Rechnen im Zahlenraume von 10 bis 100. 17.—19. Aufl. (72 S. m. Abbildgn.) 906. — 30
II. 3. Stufe: Rechnen im Zahlenraume bis 1000. 4. Stufe: Rechnen im Zahlenraume üb. 1000. 21.—23. Aufl. (64 S.) 906. — 30
III. Rechnen mit ungleich benannten Zahlen u. Einführung in das Rechnen mit Dezimalzahlen. 15. u. 16. Aufl. (72 S.) 905. — 30
IV. Die 4 Grundrechnungsarten in Dezimalzahlen; v. den einfachen u. zusammengesetzten Zahlen; das Rechnen m. Brüchen. Anh.: Geometrische Formenlehre m. in den Text gedr. Fig. 14. u. 15. Aufl. (96 S.) 906. — 40
V. Zweisatzrechnung (Regel de tri); Prozent-, Zins- u. Geschäftsrechnungen. Anh.: Geometrische Formenlehre m. in den Text eingedr. Fig. 10. u. 11. Aufl. (104 S.) 906. — 40

— u. Fr. Jost, praktisches Rechenbuch f. deutsche Schulen. Ausg. A. IV. Heft. 8. Ebd. 907. — 45

Die 4 Spezies in Dezimalzahlen; v. den einfachen u. zusammengesetzten Zahlen: das Rechnen m. Brüchen. Anh.: Geometr. Formenlehre m. in den Text gedr. Fig. 104. u. 105. Aufl. (91 S.)

— Rechenbuch f. deutsche Schulen. Für höhere Lehranstalten bearb. v. Fr. Jost. 2 Tle. 2., umgearb. Aufl. (IV, 200 u. IV, 182 S. m. Fig.) 8. Weinheim 905. F. Ackermann. Geb. à n. 1. 40; Resultate (56 S.) 906. Geb. n. 1. 40

Löser's, J., Rechenbuch f. deutsche Schulen. Für höh. Lehranstalten bearb. v. Fr. Jost. 2 Tle. 3., verb. Aufl. (IV, 204 S. m. Fig. u. IV, 190 S.) 8. Weinheim 908. F. Ackermann. Geb. à 1. 80

— u. Heinr. Zeeb's Rechenbuch f. landwirtschaftl. Schulen, sowie auch zum Selbstunterricht im landwirtschaftl. Rechnen. Nach dem Tode der Verf. weitergeführt v. Fr. Jost u. R. Seifert. 8., umgearb. Aufl. gr. 8. (XII, 344 S. m. 145 Abbildgn.) Stuttgart 901. E. Ulmer. Geb. n. 3.—; Resultate (51 S.) n. 1. 30

Löser, J., u. Heinr. Zeeb's Rechenbuch f. landwirtschaftliche Schulen, sowie auch zum Selbstunterricht im landwirtschaftlichen Rechnen. Nach dem Tode der Verff. weitergeführt v. Fr. Jost u. A. Schleitzer. 9. Aufl. (VIII, 344 S.) gr. 8. Stuttgart 904. E. Ulmer. Geb. n. 3.—

— u. Zeeb's Rechenbuch f. landwirtschaftliche Schulen, sowie auch zum Selbstunterricht im landwirtschaftlichen Rechnen. Nach dem Tode der Verff. weitergeführt von Frdr. Jost u. A. Schleitzer. 11. Aufl. (VIII, 372 S. m. 145 Abb.) 8. Stuttgart 910. E. Ulmer. Geb. 3.—

— Rechenbuch f. Volksschulen. Nach dem neuen bad. Unterrichtsplan bearb. v. Jost u. K. Vogel. 8 Hefte. 8. Ebd. 1. 45

I. Für das 4. u. 5. Schulj. 2. Aufl. (4.—12. Taus.) (91 S.) 908. — 45
II. Für das 6. u. 7. Schulj. 2. Aufl. (4. bis 12. Taus.) (130 S. m. Fig.) 908. — 60
III. Heft f. das 8. Schulj. (82 S.) 907. — 40

— neuer Rechtschreibschüler für Schule u. Haus. 8. (III, 59 S.) Heidelberg 881. Weiß. n. — 85

—— Sammlung v. Rechenaufgaben aus dem Gebiete der Landwirtschaft, der Gewerbe u. d. Handels. Für Fortbildungs- u. Handwerkerschulen bearb. 8. (IV, 84 S. m. Fig.) Ebd. 889. * — 60
—— dass. — Andeutungen u. Resultate. 8. (52 S.) Ebd. 890. * — 40

— das metrische System u. die deutsche Reichsmünze im Vergleiche zu den wichtigsten Maaßen, Gewichten u. Münzen Europa's u. Nordamerikas. Nebst den Gesetzen, betr. die Maaß- u. Gewichtsordng. u. die Ausprägg. v. Reichsgoldmünzen. Mit Tab. u. Berechngn. bearb. 2. Aufl. gr. 8. (X, 68 S. m. 42 Tab. in 8 u. 4.) Heidelberg 872. Emmerling. n. 1. 60

— der schriftliche Verkehr. Geschäftsaufsätze für Schule u. Haus, bearb. nach dem vom großherzogl. badischen Handels-Ministerium empfohlenen Handbuch: Der Bürger in Rechtsgeschäften u. im schriftlichen Verkehr. gr. 8. (VIII, 96 S.) Straßburg 878. Schneider. n. 1.—

— der schriftliche Verkehr. Geschäftsaufsätze f. Schule u. Haus. Für die Mittelschulen, oberen Klassen der Knaben- u. Mädchenschulen, Fortbildungs-, Gewerbe- u. Landwirtschaftsschulen, sow. f. d. Selbstunterricht nach d. bürgerl. Gesetzbuch bearb. 2. Aufl. gr. 8. (140 S.) Karlsruhe 899. J. J. Reiff. n. 1.—

—— Wandrechentafeln. Ein Lehrmittel für die ersten Stufen des Rechenunterrichts. 10 Taf. zur Veranschaulichung, sowie zur schriftl. Uebung in den ersten Zahlenkreisen. Mit Gebrauchs-Anweisung [auf den inneren Seiten des Umschlags]. Imp.-Fol. Weinheim 874. Ackermann. *

— Wandrechentafeln. Ein Lehrmittel f. die ersten Stufen d. Rechenunterrichts. 10 Taf. zur Veranschaulichg., sowie zur schriftl. Uebg. in den ersten Zahlenkreisen. Mit Gebrauchs-Anweisg. [auf den inneren Seiten d. Umschlags]. Imp.-Fol. Weinheim 875. Ackermann. n. 3. 60

Löser J, Wandrechentafeln. Lehrmittel für die ersten Stufen des Rechenunterrichts (10 T) in Umschlag. 1. und 2. Auflage. fol Weinheim 1875. 79

— Wechselkunde u. Unterricht in der Buchhaltung. Gemeinverständlich nach der Allgemeinen deutschen Wechselordnung u. dem Handelsgesetzbuche bearb. für den Selbstunterricht u. namentlich auch zum Gebrauche an Fortbildungs-, Real- u. Handwerkerschulen. 2. Aufl. gr. 8. (VI, 84 S.) Heidelberg 881. Weiß. n. 1.—

—— Wirtschaftslehre und landwirtschaftliche Buchführung für Fortbildungsschulen und zum Selbstunterricht. [Anhang zu „Der Bürger im schriftl. und im Rechtsverkehr" von demselben Verf.] 8. (23 S.) Heidelberg 886, Weiß' Verlag. *

Loeser, I. C., Examen conscientiae catechet., od. katechet. Gewissensfragen. 8. Dresd. Gerlach. 722.

Loeser, M. Joh. Christoph. (Pastor zu Rochlitz), Die denen unbußfertigen Juden gleichende Sächsische Einwohner, an den (!) 1. Bußtage des 1704. Jahres fürgestellet. Leipzig 1704. 4°. 5 Bogen.
Bibl. Ludovici (bibliop.) continuatio. Vitemb. 1705. — Sehr rar!

Löser, Jh. Fr. Glo.

Löser, J. F. G., praktische Erklärung der Sonn- u. Festtags-Perikopen für Lehrer in Elementarschulen. 8. Leipzig, Hartmann. 820.

Löser, Jh. Fr. Glo., prakt. Erklärung der Sonn- u. Festtags-Perikopen, für Lehrer in Elementarschulen. 8. Leipz. 820. (Lehnhold). 20 gr

— Katechismus d. moral. Religionslehre, nach den Grundsätzen d. heil. Schrift. 8. Leipz. 798. 2e A. 799. Märker. 6 gr

— Mußestunden e. Landpredigers, d. Bibelerklärung u. Volksbildung gewidmet. 8. Leipz. 802. 2e A. 808. 3e A. 810. Hinrichs. 10 gr

— — dieselben. 8. Leipz. Sommer. 802.

— s. Theorie d. Lehrsatzes: Gott regiert rc.

— Joh. Mich. (Wittenberg), De juramento academico. Präs. Chr. Herm. Rhodomann. Wittenberg (Creusig) 22. X. 1721. 32 S. (3.60) 21532

Löser, Karl

Löser, Carl, üb. die Berichtigung in Presssachen. gr. 8. (10 S.) Wien 885. Perles. n. — 60

Loeser, Carl, kritische Betrachtung einiger Untersuchungsmethoden der Kaoline u. Tone. (29 S.) 8. Halle 905. L. Nebert. n. 1.—

Die Brennfarben der Tone. Die natürl. Zusammensetzung d. Tone u. ihr Einfluß auf die beim Brennen entstehenden Färbungen in d. Masse. Nach Arbeiten Segers. Von Dr.-Ing. Carl Loeser. Halle a. S.: L. Nebert 1906. (19 S.) 8° [J. u. Ant.]
Aus: Keramische Rundschau. [07. 948 3

Loeser, (Carl), feinkeramische Brennöfen. Ein Beitrag zur Kenntnis verschiedener Systeme. (28 S.) gr. 8. Halle 907. (L. Nebert.) 1. 50
Sonderabdruck aus: „Keram. Rundschau".

Loeser, Carl, Handbücher der keramischen Industrie f. Studierende u. Praktiker. 1. Tl. gr. 8. Halle 901. L. Hofstetter, Verl. n. 4. 50
Die Rohmaterialien der keramischen Industrie. (VIII, 102 S.)

— Handbücher der keramischen Industrie f. Studierende u. Praktiker. 2. Tl. gr. 8. Halle 904. [L. Hofstetter, Verl.] L. Nebert. n. 7.50
Aufsuchen, Abbohren u. Bewertg. v. Lehm-, Ton- u. Kaolin-Lagern. (VIII, 111 S. m. Abb. u. 10 Taf.)
1. Tl jetzt Ebd. 901. n. 4.50.

Zur chemischen und physikalischen Konstitution der Kaoline und Tone. Carl **Loeser**, Dipl.-Ing. Halle a. S.: L. Nebert 1906. (50 S.) 8° [J.] |06. 8689

Loeser, Carl: Kalkhaltige Tone, ihre Eigenschaften, Verhalten und Färbungen im Feuer. 1906. VII, 63 S., 3 Taf. 8°
¶ Auch bei Nebert in Halle.
Hannover, Dr.-Ing.-Diss. v. 24. 7. 1906

Löser, Konrad, Referendar a. Riga ⟨Livland⟩: Das beschränkte Akzept. Borna-Leipzig 1907: R. Noske. (VIII, 54 S.) 8°
Leipzig, Jur. Fak., Diss. v. 28. Nov. 1907
[Geb. 11. März 84 Riga (Rußland); Wohnort: Dresden; Staatsangeh.: Sachsen; Vorbildung: Gymn. z. heil. Kreuz Dresden Reife O. 03; Studium: Lausanne 1, Leipzig 1, München 1, Leipzig 3 S.; Rig. 18. Juni 07.]

Loeser, Leo: Beitrag zur Lehre von der Hysterie der Kinder. *Heidelberg 1897: J. Hörning.* (37 S.) 8°
Heidelberg, Med. Diss. v. [9. Juli] 1897

Löser, Ludw., der Heidenacker. Sittenstück in 3 Aufzügen. 8. (91 S.) Hann. Münden 899. (R. Werther.) n. 1.—

Löser, Ludw., Herostrat v. Ephesus. Tragödie in 5 Aufzügen. (96 S.) 8. Wolfenbüttel 905. J. Zwißler. n. 1.50; geb. n. 2.—

Löser, Ludw., die Krone. Ein Schauspiel in 5 Aufzügen. (118 S.) 8. Wolfenbüttel 909. J. Zwißler. 2.—

Löser, Ludw., frische Luft. Lustsp. in 4 Akten. 8. (98 S.) Braunschweig 896. B. Goeritz. n. 1.20

Löser, Ludwig: Wilhelm **Raabe. Eine Sedanfestrede.** *Wolfenbüttel 1902: Heckner.* (S. 3—10.) 4°
Wolfenbüttel, herz. G, OP 1902 (779)

Löser, Max., technolog. Untersuchg. e. Streichgarngewebes in verschied. Zuständen s. Zurichtg. [Aus: „Ztschr. f. d. ges. Textil-Industrie".] gr. 4. (6 S. m. 2 Fig.) Leipzig-Gohlis 898. L. A. Klepzig. n. —50

Loeser, Nathan (geb. Schwarza in Thür. 1. 10. 1840): Qualem vim nonnulla venena narcotica in corda ranarum excisa exerceant. Berolini (1867). (32 S.) 8°
Berlin, Med. Diss. v. 4. Apr. 1867

Löser, Otto, aus Riga, appr. Arzt: **Beitrag zur Aetiologie des Lupus erythematosus.** *Leipzig 1904: B. Georgi.* (46 S.) 8°
Leipzig, Med. Diss. v. (27. Jan.) 1904

Löser, Peter, s. a. Werthvolles aus (dessen) Nachlaß.

(Löser.) Werthvolles aus dem Nachlaß des jungen Theologen Peter Löser. Mit e. Vorw. von A. Tholuck, herausg. u. geordnet von F. v. d. Osten-Sacken und Herm. Odenwald (als Freunden des Verstorbenen). 2., neu umgearb., verm. Aufl. 2 Bde. Berlin 853. Wohlgemuth. 12. (XVI, 344; 2 Bl., 425 S.) 1 ₰. 27 ngr.

Löser, R., die freien und Hansestädte Hamburg und Lübeck, s. Poppel und Kurz.

Loeser, Rudolf, Oberlehrer: Beiträge zur Kenntnis der Wimperorgane ⟨Wimpertrichter⟩ der Hirudineen. Mit 3 Taf. u. 6 Fig. im Text. Leipzig: W. Engelmann 1909. 67 S. 8° [Taf. werden nicht geliefert.] ¶ (Aus: Zeitschr. f. wiss. Zool. Bd 93, H. 1.)
Heidelberg, Naturw.-math. Diss. v. 2. Juli 1909, Ref. Bütschli
[Geb. 23. Jan. 81 Homburg v. d. H.; Wohnort: Dillingen a. S.; Staatsangeh.: Schwarzburg-Rudolstadt; Vorbildung: Wöhlerschule Frankfurt a. M. Reife O. 99; Studium: Heidelberg 9 S.; Rig. 24. Juli 08.] [U 09. 2053

— **Tham.** (Meissn. Adel), Diss. jur. de solennibus juramentorum Von denen bey Ablegung der Eyde gebräuchlichen Solennitäten. Präs. Jac. Friedr. Ludwig. Halle (Hendel) Mai 1702 (1739). 62 S. (5.—) 21534

Löser, W., das Entwickelungsgesetz des Zeitgeistes. Eine Einleitung in die Philosophie der Geschichte. gr. 8. Dessau 844, Fritsche u. Sohn. 1/2 ₰

— die reine Kritik u. ihre Bewegung. Zur Charakteristik der von Bruno Bauer u. seinen Anhängern in jüngster Zeit eingeschlagenen Richtung. gr. 8. Leipzig 845, Brauns. n. 1/6 ₰

Losert's, Ant., Blätter f. Sozialreform. 1. u. 2. Jahrg. Aug. 1893—Juli 1895. à 12 Nrn. (à ca. 8 S.) gr. 8. Salzburg (H. Kerber). à Jahrg. n. 1.80

— dasselbe. Organ d. Christenbewegg. 3. Jahrg. 1896. ca. 12 Nrn. (à ca. 8 S.) gr. 8. Ebd. n. 1.80
Weiter nicht erschienen.

Losert, Ant. Grundherr od. Bauer? Allgemeinfaßliche Betrachtg. üb. die Ursachen der socialen Noth. gr. 8. (28 S.) Salzb. 890, (Kerber). * — 40

—— Versuch e. vernunftgemäßen Lehrganges f. Landwirtschaftsschulen, nebst Winken f. deren zweckmäß. Einrichtg. Lex.-8. (35 S.) Friedland i. B. 889, Helbig. * — 80

Losert, Benedict: Die Bussole und die Messung der Stromintensität in absolutem Maße. 8 (S. 3—23).
Progr. K. k. Ober-G. zu den Schotten *Wien* 1898.

Losert, Benedikt: Das Kegelschnittbüschel. S. 3—37. 8.
Progr. K. k. Ober-Gymn. zu den Schotten *Wien* 1903.

Loserth, Johann (Hrsg.), s. Acten u. Correspondenzen zur Geschichte der Gegenreformation in Innerösterreich unter Erzherzog Karl II.

Loserth, Joh., s. a. **Akten u. Korrespondenzen zur Geschichte der Gegenreformation in Innerösterreich unter Ferdinand II.**

Loserth, J., Akten und Korrespondenzen zur Geschichte der Gegenreformation in Innerösterreich unter Ferdinand II. 1. Teil. Die Zeiten der Regentschaft und die Auflösung des protestantischen Schul- und Kirchenministeriums in Innerösterreich 1590—1600. [Fontes rerum austriacum. 58. Bd. 2. Abteilung.) Gr.-8°. (CII, 831 S.) † Wien: Hölder 1906. K 17.40

Loserth, J., Akten und Korrespondenzen zur Geschichte der Gegenreformation in Innerösterreich unter Ferdinand II. 2. Teil. Von der Auflösung des protestantischen Schul- und Kirchenministeriums bis zum Tode Ferdinands II. 1600—1637. [Fontes rerum Austriacarum. 2. Abt. LX. Bd.] Gr.-8°. (CXXVII, 1080 S.) † Wien: Hölder 1907. K 21.75

Loserth, Joh., Acten u. Correspondenzen zur Geschichte der Gegenreformation in Innerösterreich unter Erzherzog Karl II., s.: Fontes rerum austriacarum. 50. Bd.

Loserth, Johann, Dr.: Akten und Korrespondenzen zur Geschichte der Gegenreformation in Innerösterreich unter Erzherzog Karl II. (1578—1590). Siehe F. II. 50. Band.

Loserth, Joh., der Anabaptismus in Tirol von seinen Anfängen bis zum Tode Jakob Huter's (1526—1536). Aus den hinterlassenen Papieren d. Hofr. Jos. Ritter v. Beck. [Aus: „Archiv f. österr. Geschichte".] Lex.-8. (178 S.) Wien 892. (F. Tempsky.) n. 3. 50

— dasselbe vom J. 1536 bis zu seinem Erlöschen. [Aus: „Archiv f. österreich. Geschichte".] Lex.-8. (160 S.) Ebd. 892. n. 3. —

Loserth, Joh., das Archiv des Hauses Stubenberg, s.a. Veröffentlichungen der historischen Landes-Kommission f. Steiermark. XXII u. XXVI.

Joh. **Loserth**. Das Archiv des Hauses Stubenberg. Graz: Hist. Landes-Komm. 1906. (198 S.) 8°
= **Veröffentlichungen** d. Hist. Landes-Kommission f. Steiermark. 22.
(07. 1303 3

Joh. **Loserth.** Das Archiv des Hauses Stubenberg. [Nebst] ⟨Suppl.⟩ Das Archiv Gutenberg. Graz: Hist. Landes-Komm. 1906–08. 2 Bde 8°
— **Veröffentlichungen** d. Hist. Landes-Kommission f. Steiermark. 22.26.
(08. 17377

Loserth, Joh., Beiträge zur Geschichte der husitischen Bewegung. I. und II. Mit krit. Bemerkungen hrsg. Lex.-8. Wien, (Gerold's Sohn.) *

Inhalt:
I. Der Codex epistolaris des Erzbischofs von Prag Johann v. Jenzenstein. (136 S.) 877. *M 2.
II. Der Magister Adalbertus Ranconis de Ericinio. (74 S.) 878. *M 1,20.

Loserth, J., Beiträge zur Geschichte der Husitischen Be-Bewegung. III.: Der Tractatus de longevo schismate des Abtes Ludolf v. Sagan. Mit einer Einleitung, krit. und sachl. Anmerkungen hrsg. Lex.-8. (219 S.) Wien 880, (Gerold's Sohn.) *
I. und II. (Ebendas.) 1877,78. *M 3,20.

*Loserth, J. Beiträge zur Geschichte der husitischen Bewegung. IV. Die Streitschriften u. Unionsverhandlungen zwischen den Katholiken u. Husiten in den J. 1412 u. 1413. Lex.-8. (127 S.) Wien 889, (Tempsky). * 2 40
I.—III. (Ebd.) 1877—80. * 6 80.

Loserth, Joh., Beiträge z. Geschichte d. hussitischen Bewegung. V. [Aus: „Archiv. f. österr. Geschichte".] Lex.-8. Wien 895. (C. Gerold's Sohn.) n. 1. 80
(I—V.: n. 13. —)
Gleichzeit. Berichte u. Actenstücke z. Ausbreitg. d. Wiclifismus in Böhmen u. Mähren von 1410—1419. Gesammelt u. m. krit. u. erläut. Anmerkgn. hrsg. (92 S.)

Loserth, J.: Beiträge zur Kunde österreichischer Geschichtsquellen. I. der angebliche Bernardus Noricus. II. Petrus v. Zittau u. die Cosmashandschrift zu Donau-Eschingen. 26 S. 8°.– Wien ROG, Ldst., Progr. 1872.

— urkundliche Beiträge zur Geschichte Erzherzog Karls II. in d. beiden Regierungsjahren, s.a. Veröffentlichungen der histor. Landes-Commission f. Steiermark. V.

[F.] J[ohann] **Loserth.** Urkundliche Beiträge zur Geschichte Erzh. Karl II in den beiden ersten Regierungsjahren. '(Die Errichtung der Regierung und Kammer in Graz)'. Zumeist aus Wiener Archiven gesammelt. *Graz: Selbstv. d. Histor. Landes-Comm. 1898.* (1 Bl., 45–69 S.) 1 Bd 8.
= **Veröffentlichungen** d. Histor. Landes-Commission f. Steiermark. [No] 5.
(99. 1527 2

J[ohann] **Loserth.** Bericht über die Ergebnisse einer Studienreise in die Archive von Linz und Steyregg in Oberösterreich mit e. Anh. von Urkundenauszügen. Graz: Hist. Landes-Komm. 1907. (54 S.) 8°
= **Veröffentlichungen** d. Hist. Landes-Kommission f. Steiermark. 24.
(08. 4311 3

— die Beziehgn. d. steiermärkischen Landschaft zu d. Universitäten Wittenberg, Rostock, Heidelberg, Tübingen, Straßburg u. a. in d. 2. Hälfte d. 16. Jahrh. Festschrift d. Universität Graz aus Anlaß d. Jahresfeier am 15. XI. 1898. gr. 8. (III, 124 S.) Graz 898. Leuschner & Lubensky. n. 2. 50

— Georg Blaurock, s.: Beck, Jos. R. v.

— Briefe u. Acten z. steiermärk. Geschichte unt. Erzherzog Karl II., s.a. Veröffentlichungen der histor. Landes-Commission f. Steiermark. X.

J[ohannes] **Loserth.** Briefe und Acten zur steiermärk. Geschichte unter Erzherzog Karl II. aus d. kgl. bayrischen Reichs- u. Staatsarchiv in München. *Graz: Hist. Landes-Comm. 1899.* (S. 159–197.) 8° [F.]
= **Veröffentlichungen** d. Histor. Landes-Commission f. Steiermark. 10.
(00. 7933

Loserth, Joh., die Chronik d. Benesch Krabice v. Weitmühl. Beitrag zur Kritik derselben. [Aus: „Arch. f. österr. Geschichte."] Lex.-8. (33 S.) Wien 875. Gerold's Sohn in Comm. n.n. — 50

— die Denkschrift des Breslauer Domherrn Nikolaus Tempelfeld von Brieg über die Wahl Georgs v. Podiebrad zum König von Böhmen. Ein Beitrag zur Kritik der Husitengeschichte des Johannes Cochlaeus. [Aus: „Archiv für österr. Geschichte".] Lex.-8. (99 S.) Ebend. 880. n. 1. 50

— Fragmente eines Formelbuches Wenzels II. v. Böhmen. [Aus: „Archiv für österr. Geschichte".] Lex.-8. (22 S.) Ebend. 879. n. — 40

— die Gegenreformation in Graz in d. J. 1582—1585, s.a. Veröffentlichungen d. histor. Landes-Commission f. Steiermark. XII.

J[ohann] **Loserth.** Die Gegenreformation in Graz in den Jahren 1582–1585. 145 Actenstücke aus 2 bisher unbekannten Actensammlungen vom Jahre 1585. *Graz: Hist. Landes-Comm. 1900.* (S. 70–128.) 8° [F.]
= **Veröffentlichungen** d. Hist. Landes-Kommission f. Steiermark. 12.
(01. 5998

— Geschichte des späteren Mittelalters von 1197 bis 1492. (Handbuch der mittelalterl. u. neueren Geschichte. Hrsg. von G. v. Below u. F. Meinecke. II. Abtlg. Politische Geschichte.) (XV, 727 S.) gr. 8. München 903. R. Oldenbourg. n. 16. 50; geb. n. 18. —

Loserth, J., Geschichte des altsteirischen Herren- und Grafenhauses Stubenberg. Gr.-8°. (ill. VIII, 396 S. mit 1 Tafel) Graz: Moser 1910. K 12. —, geb. K 14. —

Loserth Johann: Die Königssaaler Geschichtsquellen.
1873 PN 11 Diss. Wien, Univ. 631

— die Königsaaler Geschichtsquellen. Kritische Untersuchg. üb. die Entstehg. d. Chronicon aulae regiae. [Aus: Archiv f. oesterreich. Geschichte".] Lex.-8. (51 S.) Wien 874. Gerold's Sohn in Comm. n. — 80

Loserth, Johann, Dr.: Die Königsaler Geschichtsquellen mit den Zusätzen und der Fortsetzung des Domherrn Franz von Prag (mit 6 lithographierten Taf.). Siehe F. I. 8. Band.

— die Geschichtsquellen v. Kremsmünster im 13. u. 14. Jahrh. Mit e. Vorwort v. Ottokar Lorenz. gr. 8. (XX, 120 S.) Wien 872. Braumüller. n. 2. 60

Loserth, J. Die Geschichtsquellen von Kremsmünster im 13. u. 14. Jahrhundert. M. Vorw. von O. Lorenz. (XX. 120) 8 Wien 1872. 2,60.

Loserth, J., Das granum catalogi praesulum Moraviae. Nach der Handschrift des Olmützer Dom-Capitel-Archivs herausgegeben. Gr.-8. (57 S.) Wien: Tempsky 1892. —.60

— das granum catalogi praesulum Moraviae. Nach der Handschrift d. Olmützer Domcapitelarchivs hrsg. [Aus: „Archiv f. österr. Geschichte".] Lex.-8. (57 S.) Ebd. 892. n. 1. 20

Loserth, J., Grundriss der allgemeinen Geschichte für Obergymnasien, Oberrealschulen und Handelsakademien. 3 Thle. gr. 8. Wien, Graeser. *

Inhalt:

Thl. 1. Das Alterthum. 3. und 4. verb. Aufl. (III, 248 S.) 885,88. geb. *M 2.64.
» 2. Das Mittelalter. 2. umgearb. Aufl. (VIII, 208 S.) 886. cart. *M 2.40.
» 3. Die Neuzeit. 2. Aufl. (224 S.) 888. *M 2.40.

— Grundriss der allgemeinen Geschichte f. Obergymnasien, Oberrealschulen und Handelsakademien. 1. u. 3. Thl. gr. 8. Wien 888. [Graeser.] Manz. geb. n. 4. 80
1. Das Alterthum. 5. Aufl. (IV, 240 S.) n. 2. 40
3. Die Neuzeit. 2., verb. Aufl. (VIII, 224 S.) n. 2. 40

—— Grundriss d. allgemeinen Geschichte f. Obergymnasien, Oberrealschulen u. Handelsakademien. 1. Thl.: Das Alterthum. 5. verb. Aufl. gr. 8. (IV, 240 S.) Wien 889, Manz. geb. * 2 40
2. u. 3. Thl. Wien 1886,88, [Graeser.] Manz. * 4 80.

— Grundriss d. allgem. Geschichte f. Obergymnasien, Oberrealschulen u. Handelsakademien. 3 Thle. gr. 8. Wien 895. Manz. Geb. in Halbleinw. à n. 2. 40
1. D. Alterthum. 6., verb. Aufl. (227 S.)
2. D. Mittelalter. 3., verb. Aufl. (188 S.)
3. D. Neuzeit. 3., verb. Aufl. (226 S.)

Loserth, Dr. J., Grundriß der allgemeinen Geschichte für Obergymnasien, Oberrealschulen und Handelsakademien. I. Theil: Das Alterthum. 7. unveränderte Auflage. Wien 1898. Manz'sche Buchhandlung. Geh. 1.08, geb. 1.20

— Grundriss der allgem. Geschichte f. Obergymnasien, Oberrealschulen u. Handelsakademien. II. u. III. Tl. gr. 8. Wien 902. Manz. à n. 2. 16; geb. à n. 2. 40
II. Das Mittelalter. 4. verb. Aufl. Inhaltlich unveränd., nach der neuen Rechtschreibung hergestellter Abdr. der verb. 3. Aufl. (188 S.)
III. Die Neuzeit. 4. Aufl. Inhaltlich unveränd., nach der neuen Rechtschreibung hergest. Abdr. der 3. verb. Aufl. (226 S.)

— Grundriss der allgemeinen Geschichte f. Obergymnasien, Oberrealschulen u. Handelsakademien. I. Tl. Das Altertum. 8. Aufl. Unveränderter, nach der neuen Rechtschreibg. hergestellter Abdr. der 6. verb. Aufl. (227 S.) 8. Wien 905. Manz. Geb. n. 2. 10

— Grundriss der allgemeinen Weltgeschichte für Obergymnasien. 1. Thl. Das Alterthum. Mit in den Text gedr. (Holzschn.-)Abbildgn. gr. 8. (XV, 362 S.) Wien 877. Graeser. n. 3. 40; Ausg. f. Oberrealschulen u. Handelsakademien (XVI, 358 S.) n. 3. 40

—— Grundriss der allgemeinen Weltgeschichte für Obergymnasien, Oberrealschulen und Handelsakademien. 3 Thle. gr. 8. Wien, Graeser. geb. à Thl. *M 2,64. *

Inhalt:

Thl. 1. Das Alterthum. 1. Aufl. (XV, 362 S. mit eingedr. Holzschn.) 877. *M 3,40.; 2. verb. Aufl. (VIII, 248 S.) 881.
» 2. Das Mittelalter. (X, 242 S.) 880.
» 3. Die Neuzeit. (VIII, 224 S.) 881.

— dasselbe, für Obergymnasien, Oberrealschulen u. Handelsakademien. 3 Thle. gr. 8. Ebend. 880. 81. geb. à n. 2. 64
1. Das Alterthum. 2., verb. Aufl. (VIII, 248 S.)
2. Das Mittelalter. (X, 242 S.)
3. Die Neuzeit. (VIII, 224 S.)

— ein Hochverrathsprocess aus der Zeit d. Gegenreformation in Innerösterreich. Nach den Acten des k. u. k. Haus-, Hof- u. Staatsarchivs in Wien u. des steiermärk. Landesarchivs in Graz. gr. 8. (53 S.) Wien 900. (C. Gerold's Sohn.) n. 1. 30
Sonderabdruck aus: „Archiv f. österr. Geschichte".

— Balthasar Hubmaier u. die Anfänge der Wiedertaufe in Mähren. Aus gleichzeit. Quellen u. m. Benützg. d. wissenschaftl. Nachlasses d. Hofr. Jos. Ritter v. Beck. Hrsg. v. der histor.-statist. Section der k. k. mähr. Gesellschaft zur Beförderg. der Landwirtschaft, der Natur- u. Landeskunde. gr. 8. (VIII, 217 S. m. 1 Lichtdr.) Brünn 893. (C. Winiker.) n.n. 2. 40

— d. Huldigungsstreit nach d. Tode Erzherzog Karls II. 1590—1592, s.a. Forschungen z. Verfassungs- u. Verwaltungsgeschichte d. Steiermark.

[F.] Der Huldigungsstreit nach dem Tode Erzherzog Karls II. 1590—1592. Von Dr. Johann Loserth, Prof. ... an der k. k. Univ. Graz. *Graz: 'Styria' 1898.* (II S., 1 Bl., 236 S.) 1 Bd 8.
= Forschungen z. Verfassungs- u. Verwaltgsgeschichte d. Steiermark. Bd II. H. 2. [98. 9806

— Hus u. Wiclif. Zur Genesis der husit. Lehre. gr. 8. (X, 314 S.) Prag 884. Tempsky. — Leipzig, Freytag. n. 5. —

— Erzherzog Karl II. u. d. Frage d. Errichtung e. Klosterrathes f. Innerösterreich. Nach d. Acten des steiermärk. Landesarchivs. [Aus: „Archiv f. österr. Geschichte".] gr. 8. (97 S.) Wien 897. (C. Gerold's Sohn.) n. 2.20

— der Communismus der mährischen Wiedertäufer im 16. u. 17. Jahrh. Beiträge zu ihrer Geschichte, Lehre u. Verfassg. [Aus: „Archiv f. österr. Gesch."] Lex.-8. (188 S.) Ebd. 894. n. 3. 60

— s.: Krones, Franz v., zum 19. Novbr. 1895.

—— die Krönungsordnung der Könige von Böhmen. Lex.-8. (28 S.) Wien 876, (Gerold's Sohn.) *
Aus: Archiv für österreichische Geschichte, besonders abgedruckt.

Loserth, Johann, Dr. und Mensi-Klarbach Franz Freiherr von, Dr.: Die Prager Ländertagung von 1541/42. Verfassungs- und finanzgeschichtliche Studien zur österreichischen Gesamtstaatsidee. Ar. 103. 433.
Separatabdruck

— das Leben u. Wirken Rudolfs v. Habsburg, s.a. Bibliothek, historische, f. die Jugend.

Loserth, J. Das Leben und Wirken Rudolfs v. Habsburg. (66) 16. Wien 1876. 0,75.

—— Leitfaden der allgemeinen Geschichte für die unteren und mittleren Classen der Gymnasien, Realschulen und verwandter Lehranstalten. 3 Thle. gr. 8. Wien 884, Graeser. cart. à Thl. *M 1. *

Inhalt:

Thl. 1. Das Alterthum. (VIII, 104 S.)
» 2. Das Mittelalter. (III, 76 S.)
» 3. Die Neuzeit. (114 S.)

—— dass. — Bearb. von Fr. Teutsch. 1. Tl.: Das Altertum. gr. 8. (III, 104 S.) Ebendas. 884. cart. *

—— Leitfaden der allgemeinen Geschichte für die unteren und mittleren Classen der Gymnasien, Realschulen und verwandter Lehranstalten. 3 Thle. 2. umgearb. Aufl. gr. 8. Ebendas. 885. cart. à Thl. *

Inhalt:

Thl. 1. Das Alterthum. (VIII, 112 S.)
» 2. Das Mittelalter. (III, 77 S.)
» 3. Die Neuzeit. (VIII, 111 S.)

—— dass. — (Für siebenbürg. Schulen) bearb. von Fritz Teutsch. 2. und 3. Thl. gr. 8. Ebendas. 885. cart. à Thl. *ℳ 1.—. *
Inhalt:
Thl. 2. Das Mittelalter. (VI, 75 S.)
» 3. Die Neuzeit. (VI, 120 S.)
1. Thl. Ebendas. 1884. *ℳ 1.—.

—— Leitfaden der allgemeinen Geschichte f. die unteren u. mittleren Classen der Gymnasien, Realschulen u. verwandten Lehranstalten. 1. Thl.: Das Alterthum. 3. verb. Aufl. gr. 8. (VIII, 110 S.) Ebd. 890. geb. * 1 16
2. u. 3. Thl. Wien 1885. [Graeser.] Manz. à * 1 08.

Loserth, Dr. J., Leitfaden der allgemeinen Geschichte für die unteren und mittleren Classen der Gymnasien, Realschulen und verwandten Lehranstalten. I. Theil: Das Alterthum. 3. verbesserte Auflage. Wien 1890. Manz. [J. Klinkhardt und Comp.] (Min.-Erl. 2. Juni 1890. Z. 10366.) Broschirt —.48, gebunden —.58

— Leitfaden der allgem. Geschichte. Bearb. v. Fr. Teutsch. 3 Tle. 2. unveränd. Abdr. gr. 8. Hermannstadt 892. W. Krafft. Kart. à n.n. — 85
I. Das Altertum. (VIII, 104 S.) — II. Das Mittelalter. (III, 75 S.) — III. Die Neuzeit. (VI, 120 S.)

Loserth, Dr. J., Leitfaden der allgemeinen Geschichte für die unteren und mittleren Classen der Gymnasien, Realschulen und verwandten Lehranstalten. I. Theil: Das Alterthum. 4. verbesserte Auflage. Wien 1895. J. Klinkhardt und Comp. (Min.-Erl. vom 28. Nov. 1895, Z. 27.710.)

Loserth, Dr. J., Leitfaden der allgemeinen Geschichte für die unteren und mittleren Classen der Gymnasien, Realschulen und verwandten Lehranstalten. II Theil: Das Mittelalter. III. Theil: Die Neuzeit. 3. verbesserte Auflage. Wien, 1895. J. Klinkhardt & Comp. (Min.-Erl. vom 6. Februar 1896, Z. 2437.) Jeder Theil geh. —.60, geb. —.70

— Leitfaden d. allgem. Geschichte f. d. unt. u. mittl. Classen d. Gymnasien, Realschulen u. verw. Lehranstalten. 3 Thle. gr. 8. Wien 895. Manz. Geb. in Leinw. n. 4. 30
1. D. Alterthum. 4., verb. Aufl. (133 S. m. 32 Abb.) n. 1. 50
2. D. Mittelalter. 3., verb. Aufl. (104 S. m. 24 Abb.) n. 1. 40
3. D. Neuzeit. 3., verb. Aufl. (122 S. m. 23 Abb.) n. 1. 40

— Leitfaden der allgemeinen Geschichte f. die unteren u. mittleren Klassen der Gymnasien, Realschulen u. verwandten Lehranstalten. 1. u. 2. Tl. 8. Ebd. Geb. in Leinw. n. 3. 25
1. Das Altertum. 5. Aufl. Textlich unveränd., nach der neuen Rechtschreibung hergestellter Abdr. der 4. Aufl. (IV, 128 S. m. 25 Abbildgn.) 904. Geb. n. 1. 80
2. Das Mittelalter. 4. Aufl. Unveränderter, nach der neuen Rechtschreibung hergestellter Abdr. der 3. verb. Aufl. (112 S. m. 24 Abbildgn.) 906. Geb. n. 1. 45

—— das Necrolog des Minoritenklosters in Olmütz. Lex.-8. (24 S.) Wien 884, (Gerold's Sohn.) *
Aus: Archiv für österreichische Geschichte, besonders abgedruckt.

— die Salzburger Provinzialsynode v. 1549. Zur Geschichte d. protestant. Bewegung in d. österreich. Erbländern. [Aus: „Archiv f. öst. Gesch."] gr. 8. (227 S.) Wien 898. (C. Gerold's Sohn.) n. 3. 80

— die Reformation u. Gegenreformation in d. innerösterr. Ländern im XVI. Jahrh. gr. 8. (VIII, 614 S.) Stuttgart 898. J. G. Cotta Nachf. n. 12. —

— s.a. Reformationsordnungen, die, der Städte u. Märkte Innerösterreichs.

Loserth, J., Die Reformationsordnungen der Städte und Märkte Innerösterreichs aus den Jahren 1587—1628. [Aus dem Archiv f. österr. Geschichte (Bd. 96, I. Hälfte, S. 99) separat abgedruckt.] Gr.-8°. (92 S.) † Wien: Hölder 1907. K 2.45

— die kirchliche Reformbewegung in England im XIV. Jahrh. u. ihre Aufnahme u. Durchführung in Böhmen, s.: Vorträge u. Aufsätze aus der Comenius-Gesellschaft.

— d. Registratur Erzherzog Maximilians (Maximilians II.) aus d. J. 1547—1551, s.a. Fontes rerum austriacarum.

Loserth, Dr. Johann, Professor der Geschichte an der Universität Graz. Die Registratur Erzherzog Maximilians (Maximilians II.). Aus den Jahren 1547–1551. Aus der Handschrift des Stiftes Reun. Herausgegeben von ..... (Aus:) „Fontes rerum austriacarum." 2. Abth. 48. Bd. 2. Hälfte. 8. Wien 1896.

— d. steirische Religionspacification 1572—1578, s.a. Veröffentlichungen d. historischen Landes-Commission f. Steiermark.

Loserth, J. Die steirische Religionspacification 1572–1578. Nach den Originalen des steiermärkischen Landesarchivs herausgegeben und mit einer Einleitung versehen. (Aus:) „Veröffentlichungen der historischen Landes-Commission für Steiermark." 8. Graz 1896.

— s.a. Salzburg u. Steiermark im letzten Viertel des 16. Jahrh.

Loserth, J., Salzburg und Steiermark im letzten Viertel des 16. Jahrhunderts. [Forschungen zur Verfassungs- und Verwaltungsgeschichte der Steiermark. 5. Bd. 2 Heft.] Gr.-8°. (XLIV, 229 S.) Graz: Styria 1905. K 6.-

— das St. Pauler Formular. Briefe u. Urkunden aus d. Zeit König Wenzels II. Gefunden u. hrsg. v. L. Hrsg. v. Verein f. Geschichte d. Deutschen in Böhmen. gr. 4. (V, 91 S.) Prag 896. J. G. Calve. n. 4. —

Loserth, J., die geistlichen Schriften Peters von Zittau. Lex.-8. (26 S.) Wien 881, (Gerold's Sohn.) **
Aus: Sitzungsberichte der k. Akademie der Wissenschaften, besonders abgedruckt.

Wiclifs Sendschreiben, Flugschriften und kleinere Werke kirchenpolitischen Inhalts. Von J[ohann] Loserth. Wien: Hölder in Komm. 1910. 96 S. 8°
(Sitzungsberichte d. Kais. Akademie d. Wiss. in Wien. Philos.-hist. Kl. Bd 166, Abh. 6.) [11. 4048

— das angebliche Senioratsgesetz des Herzogs Bretislaw I. u. die böhmische Succession in der Zeit des nationalen Herzogthums. Ein Beitrag zur altböhm. Rechtsgeschichte. [Mit einer Stammtaf.] [Aus: „Archiv f. österr. Geschichte".] Lex.-8. (78 S.) Ebend. 882. n. 1. 40

Loserth, Joh., Sigmar u. Bernhard v. Kremsmünster. Krit. Studien zu den Geschichtsquellen v. Kremsmünster im XIII. u. XIV. Jahrh. [Aus: „Archiv f. österr. Geschichte".] Lex.-8. (100 S. m. 2 Taf.) Wien 894. (C. Gerold's Sohn.) n. 2. 40

Loserth, Dr. J., Sigmar und Bernhard von Kremsmünster. Kritische Studien zu den Geschichtsquellen von Kremsmünster im XIII. und XIV. Jahrhunderte. Mit 2 Tafeln. Gr.-8. (99 S.) Wien: Tempsky 1895. 1.20

— Die ältesten Streitschriften Wiclifs, s.a. Sitzungsberichte der kaiserl. Akademie der Wissenschaften in Wien. Philos.-histor. Klasse 160, II.

Die ältesten Streitschriften Wiclifs. Studien über d. Anfänge d. kirchenpolit. Tätigkeit Wiclifs u. d. Überlieferung s. Schriften. Von J[ohann] **Loserth**. Wien: Hölder in Komm. 1908. 74 S. 8° [Umschlagt.]
(Sitzungsberichte d. Kais. Akademie d. Wiss. in Wien. Phil.-hist. Kl. 160, 2.)

Die Streitschriften und Unionsverhandlungen zwischen den Katholiken und Husiten in den Jahren 1412 und 1413. Von J[ohann] **Loserth**. Wien: Tempsky in Comm. 1889. 127 S. 8°
Aus: Archiv f. österr. Geschichte. Bd 75.
(Beiträge z. Geschichte d. husitischen Bewegung. 4.)

— **archival. Studien in Wiener Archiven z. Geschichte d. Steiermark im XVI. Jahrh., s.a. Veröffentlichungen d. histor. Landes-Commission f. Steiermark. VI.**

[F.] J[ohann] Loserth. Archivalische Studien in Wiener Archiven zur Geschichte der Steiermark im XVI. Jh. *Graz: Selbstv. d. Histor. Landes-Comm. 1898.* (25 S.) 1 Bd 8.
= **Veröffentlichungen** d. Histor. Landes-Commission f. Steiermark. [No] 6. [99. 1528 2

— **Studien zu Cosmas v. Prag. Ein Beitrag zur Kritik der altböhm. Geschichte. [Aus: „Archiv f. österr. Geschichte".] Lex.-8. (32 S.) Ebend. 880. n.n. — 50**

— **genealogische Studien zur Geschichte des steirischen Uradels. Das Haus Stubenberg bis zur Begründg. der habsburg. Herrschaft in Steiermark, s.a. Forschungen zur Verfassungs- u. Verwaltungsgeschichte der Steiermark. VI, 1.**

Genealogische Studien zur Geschichte des steirischen Uradels. Das Haus Stubenberg bis z. Begründung d. habsburg. Herrschaft in Steiermark von Prof. Dr. J[ohann] **Loserth**. Graz: Styria 1905. (83 S.) 8° [F.]
= **Forschungen** z. Verfassungs- u. Verwaltungsgeschichte d. Steiermark. Bd 6, H. 1. [06. 1867

— **Studien zu böhmischen Geschichtsquellen. [Aus: „Archiv f. österr. Geschichte."] Lex.-8. Wien 875. Gerold's Sohn in Comm. n. — 60**

— **Studien zur Kirchenpolitik Englands im 14. Jahrh. 1. Thl. Bis zum Ausbruch d. grossen Schismas (1378.) [Aus: „Sitzungsber. d. k. Akad. d. Wiss."] gr. 8. (135 S.) Ebd. 897. n. 3. —**

— **Studien zur Kirchenpolitik Englands im 14. Jahrh. II. Tl. Die Genesis v. Wiclifs Summa Theologiae u. seine Lehre vom wahren u. falschen Papsttum. (118 S.) gr. 8. Wien 907. A. Hölder. 2. 70**
Sonderabdruck aus: „Sitzungsber. d. k. Akad. d. Wiss."

—— **der Sturz des Hauses Slawnik. Ein Beitrag zur Geschichte der Ausbildung des böhm. Herzogthums. Lex.-8. (36 S.) (Ebendas.) 883. ***
Vorstehende drei Schriften sind aus: Archiv für österreichische Geschichte, besonders abgedruckt.

— **die Stadt Waldshut u. die vorderösterreichische Regierung in den J. 1523—1526. Ein Beitrag zur Geschichte d. Bauernkrieges u. der Reformation in Vorderösterreich. [Aus: „Archiv f. österreich. Geschichte".] Lex.-8. (149 S.) Wien 891. (F. Tempsky.) n. 2. 10**

Loserth, Phil., De infallibilitate Papae et potestate eiusdem concedendi indulgentias dissertatio. Olmütz 1745.

Loset Deppis! s.a. † Bäri.

Loset Deppis! Von Dr. Barth [Wilh. König v. Bern]. 8. (40 S.) Bern 886. (Jenni.) n. — 50

Löset die politische Frage nicht, ohne die religiöse! Mahnruf eines Laien an das Volk in allen deutschen Landen. gr. 8. (30 S.) Wenigen-Jena 866, (Hochhausen's Verlag.) *

Losev, Gregor, a. Krasnoslobodsk ⟨Rußland⟩: **Über die Adsorption der Farbstoffe durch Kohle und Fasern. Ein Beitrag zur Theorie des Färbens.** Leipzig 1907: E. Glausch. (76 S.) 8°
Leipzig, Phil. Fak., Ref. Le Blanc-Hantzsch, Diss. v. 13. Nov. 1907
[Geb. 24. Jan. 80 Krasnoslobodsk; Wohnort: Krasnoslobodsk; Staatsangeh.: Rußland; Vorbildung: Sem. Pensa Reife Juni 01; Studium: Leipzig 8 S.]

Lösevitz, Wilhelm [app. Arzt aus Riga '(Livl.)']: **Ein Beitrag zur pathologischen Anatomie der amyotrophischen Lateralsklerose** ... Freiburg i. B., Univ.-Buchdr. Ch. Lehmann, 1896; 65 S., 1 Bl. 8.
Freiburg i. B., Med. Fak., Inaug.-Diss. v. 1896

Losgar, Georg: Studien zu Alcimus Avitus' Gedicht „De spiritalis historiae gestis". 40 S. 8.
Progr. K. b. hum. Gymn. *Neuburg a. D.* 1903.
I. Anordnung des Stoffes. II. Ueber die poetische Sprache des Dichters. III. Die Beziehungen des A. zu den antiken Dichtern.

Losgar, Georg, aus Burgwindheim: **Studien zu Alcimus Avitus' Gedicht: 'De spiritalis historiae gestis'.** *Neuburg a. D. 1903: Grießmayer.* (40 S.) 8°
Erlangen, Phil. Diss. v. 8. Jan. 1903

Losgar, Georg, Dr.: **Studien zu Alcimus Avitus' Gedicht 'De spiritalis historiae gestis'.** *Neuburg a. D. 1903: Grießmayer.* (43 S.) 8°
Neuburg a. D., k. humanist. G, P 1903*

Losheim [Schlagwort]

Losheim. s.: Preussen. Messtischblätter.

Lösing, G. E., die Strikes, s.a. Vorträge, gemeinnützige.

Lösing, Geo. E., Die Strikes, ihre Erscheinung, Beurtheilung und Behandlung nach der heil. Schrift. (Gemeinnützige Vorträge, Heft 2, 1873.) 8°. Barmen, Wiemann, 1873.

Loesing, Geo. E., die Strikes, ihre Erscheing., Beurtheilg. u. Behandlg. nach der heil. Schrift. 8. (39 S.) Barmen 873. Wiemann. n. — 50

Loesing, Heinr. (Ostfriesland), Diss. jur. de differentiis juris Rom. et German. in heredis institutione voluntaria. Präs. Joh. Tob. Carrach. Halle (Fr. Grunert) 15. X. 1746. 32 S. (4.50) 21535
Widm. v.: J. T. Carrach, T. Wallend. Marcellus, F. W. Homfeld, C. Fr. Baetcke, J. Ph. Carrach.

Das wahre Christenthum als Feind von Kunst und Wissenschaft. An d. Werken d. Schriftsteller d. XIX. Jhs. dargelegt von Dr. Eugen **Losinsky**. *Berlin: Vorwärts 1901.* (16 S.) 8° [Umschlagt. F.] [01 7117

— **war Jesus Gott, Mensch od. Uebermensch? An den Werken der Schriftsteller des XIX. Jahrh. dargelegt. 8. (16 S.) Ebd. 901. — 15**

War Jesus Gott, Mensch oder Uebermensch? An d. Werken d. Schriftsteller d. XIX. Jhs dargelegt von Dr. Eugen Losinsky. 2. Aufl. *Berlin: Vorwärts 1901.* (16 S.) 8° [Umschlagt. F.] [o. 9140 II]

— waren die Urchristen wirklich Sozialisten? An den Werken der Schriftsteller des XIX. Jahrh. dargelegt. 8. (16 S.) Ebd. 901. — 15

Was haben die Armen dem Christenthum zu verdanken? An den Werken d. Schriftsteller des XIX. Jhs dargelegt von Dr. Eugen Losinsky. *Berlin: Vorwärts 1902.* (24 S.) 8° [Umschlagt. F.]
= Aufklärungsschriften über d. Christenthum. 4. [o. 9140]

LOSIUS, Franz Anton: Die Kunst des Feldmessens; oder leichtfassliche Anleitung, ohne Kenntniss der Geometrie ... den Quadratinhalt von Feld- und Wiesenfluren auszumessen, den Cubikinhalt von Bäumen ... zu bestimmen ...- Ein Handbuch zum Selbstunterricht für praktische Oekonomen ...- Leipzig 1834. 77 S., 1 Taf.

Losius, Johann Christoph. M. ION. CHRISTOPH. LOSII // P. L. und Directoris Gymnasii // Hildesiens. Andreani. // Singende// GEOGRAPHIE // Darin // DER Kern dieser nöthigen Wissenschafft // In // Deutliche Lieder // Verfasset /// Und mit zulänglicher Erklärung aus // den neuesten Nachrichten mit allerhand // Vortheilen durch alle // Theile der Welt/ // Zu einem Grunde fernerer Anweisung // Und bequemen // Hand=Buch // Ausgeführet. // Gedruckt zu Hildesheim / und zu finden in dasigem // Buchladen / im Jahr 1708. - 8 Blatt (nicht paginiert) Titelblatt, Widmung und Register. - 336 Seiten.

B. S. T. 8°.416.

Losius, J. C., singende Geographie. 8. Hildesh. Schröder. 708.

Losius, Johann Justus

Losius, J. J. Gedächtniss Christophs von Wrissberg, des Kriegs-Obersten, aus meist ungedruckten Urkunden gezogen und zur Verbesserung verschiedener Geschichtsschreiber des 16. Jahrh., bes. des Schmalkaldischen Krieges zum Druck befördert. fol. Hildesheim 1742.

Wrissberg. — Losius, Johann Justus. Leben und Thaten, oder Gedächtniss des alten Kriegs-Obersten Christophs v. ..... Aus fast lauter alten ungedruckten Urkunden zusammen gezogen und zur Verbesserung verschiedener Geschichtsschreiber des XVI. Jahrhunderts, insonderheit des Schmalkaldischen Krieges. (Mit 1 Titelbild.) Fol. Göttingen 1744.

Losius, Joh. Justus (Hildesiensis)
Fasciculus considerationum brevissimarum de diversis materiis, quarum duas priores I. De Valentinianorum aeonibus, II. De angelorum nominibus Michael, Gabriel etc.
Giessae Hass. 27. Aug. 1707: Henning Müller. 16 S. 4°
pro licentia publice praesidendi, aperiendique collegia

May, Joh. Heinr. d. Ä. [Präs.] u. Joh. Justus Losius (Hildesiensis) [Autor et Resp.]
Dissertatio philologica de philosophia Jobi Arabica.
Giessae Hass. [21.] Mai 1707: Joh. Reinh. Vulpius. 28 S. 4°
pro summis in philos. honoribus

auch in: May, H. J.: Select. exerc. philol. et exeg. Francofurti 1711. Tom. 1. S. 369-400.

Loskant, Jh.

LOSKANT d. j., J.: Prakt. Anleit. z. Verfass. d. an d. R. K. G. übl. Schriftsätze, mit mehrern beygef. Schrr. a. d. verschied. allda vorkommenden Processgatt. *Lemgo*, Meyer. B. 795. gr. 8. (1 Thl. 8 Gr.)

Loskant, Jh. Rechtliche Ausführung über das Steuerwesen. 4°. Wetzlar, Winkler, 1791.

— kurze Darstell. d. Bedrückungen u. Beschwerden d. Unterthanen d. Grafschaft Wied-Neuwied, aus Acten &c. geschöpft. 8. Wetzlar 790.

Loskant, Jh., († d. 9. Nov. 1797.) üb. d. sogenannten Exemptionsprivilegien der Geistlichen, v. d. bischöfl. Gerichtsbarkeit, nach Reichsgesetzen. 8. Wetzlar 791. Winkler. 4 K

Lóskay, Nik., die astronomischen Beziehungen der Cheops-Pyramide. Hrsg. vom ungar. geograph. Institut, Budapest. (1 Bl. m. 2 Abbildgn.) qu. Fol. Budapest 904. (Leipzig, Leipziger Lehrmittel-Anstalt von Dr. O. Schneider.) n. — 20

— Sonnenlauf am Himmel der Planeten. (Anh. zur drehbaren Tagbogen-Tafel.) Hrsg. vom ungar. geograph. Institut, Budapest. (1 Bl. m. farb. Abbildgn.) Fol. Ebd. 904. n. — 35

Loske, A., Heimathkunde der Grafschaft Glatz für Elementarschüler. Mit einer (lith. u. color.) Karte (in qu 4.). Habelschwerdt 870. Franke. gr. 8. (48 S.) n. 2½ ngr.

Loske, A., Heimathkunde der Grafschaft Glatz für Schule und Haus. 2. Aufl. 8. (82 S.) Habelschwerdt 879, Franke. *

Loske, A., Heimatkunde der Grafsch. Glatz für Schule und Haus. 3. Aufl. 8. (79 S. mit eingedr. Holzschn.) Habelschwerdt 885, (Franke.) *

Loske, Karl, Referendar: Ursprüngliches Unvermögen bei vertragsmäßigen Schuldverhältnissen. *Rostock 1903: C. Hinstorff.* (114 S.) 8° [F.]
Rostock, Jur. Diss. v. [15. Okt.] 1903

Loske, Stanislaus, Gerichts-Referendar: Die rechtliche Natur der Cession mit besonderer Berücksichtigung der Frage, ob wirklich mit dem Abschlusse des Übertragungsvertrages der neue Gläubiger an die Stelle des bisherigen tritt, wie § 398 Satz 2 B.G.B. dies besagt? Greifswald 1908: J. Abel. (51 S.) 8° [F.]
Greifswald, Jur. Fak., Ref. Pescatore, Diss. v. 14. März 1908
[Geb. 3. April 83 Glatz (Schlesien); Wohnort: Glatz; Staatsangeh.: Preußen; Vorbildung: Gymn. Glatz Reife O. 03; Studium: München 3, Breslau 1, Greifswald 2 S.; Rig. 21. Juni 06.]

Loeske, L., praktisches Hilfsbuch f. Uhrmacher. Anweisungen u. Abhandlgn. f. Werkstatt u. Laden sowie f. die geschäftl. u. die gewerbl. Praxis des Uhrmachers. (VI, 199 S. m. 22 Abbildgn.) 8. Berlin 910. Verlag C. Marfels. Geb. in Leinw. 2.50

Loeske, Leopold

— Bryologisches v. Harze u. aus anderen Gebieten. 1905. [Rostr. Saml.].

Loeske, Leop., Moosflora des Harzes. Hilfsbuch f. die bryolog. Forschg. im Harze u. dessen Umgebg. mit Verbreitungsangaben u. Bestimmungstabellen. (XX, 350 S.) schmal gr. 8. Leipzig 903. Gebr. Borntraeger. n. 8. —

Loeske L.: 2. Nachtrag z. »Moosflora d. Harzes«. Berl. 1904. (45) S. (Særtr.). 4°.

Loeske, Leop., Studien zur vergleichenden Morphologie u. phylogenetischen Systematik der Laubmoose. (224 S.) 8. Berlin (910). M. Lande. Geb. in Leinw. nn 6. —

Loeske, M., die Gangprüfungs-Bestimmungen in den verschiedenen Ländern, s.: James, E., praktischer u. theoretischer Leitfaden der Präzisionsreglage.

Loeske, M., die ges. Literatur üb. Uhrmacherei u. Zeitmesskunde, alphabet. u. chronolog. geordnet. M. Stichwortregister u. e. Anh. gr. 16. (118 S.) Bautzen 897. E. Hübner. n. 1. —

— Taschen-Wörterbuch f. Uhrmacher, s.: Grossmann, Mor.

Loskiel, Geo. Hnr.

— s.a. Etwas fürs Herz auf d. Wege zur Ewigkeit, u. ändere Losle in G. H. Loskiel ab.

— Etwas fürs Herz auf d. Wege zur Ewigkeit. 7e neu veränd. Aufl. .. Basel 840. Schneider. 1 Rthlr

Loskiel, G. H., Etwas für's Herz auf dem Wege zur Ewigkeit. 10. Aufl., nebst e. kurzen Lebensabriß d. Verf., bearb. v. W. Fr. Oehler. gr. 8. (XII, 371 S.) Basel 884. Schneider. n. 3. —; geb. n. 4. —

— Etwas über Nordamerika. 8. Barby 788. (Kummer in Leipz.)

Loskiel, Geo. Hnr., († d. 23. Febr. 1814.) Gebete u. Betrachtungen in Versen auf alle Tage des Jahres. 12. Reichenbach 813. (Leipz., Kummer). 10 gr

Loskiel, G. H., Gebete u. Betrachtungen in Versen auf alle Tage des Jahres. 16. (11 B.) Basel 846, Schneider. *

Loskiel, G. H., Gebete u. Betrachtungen auf alle Tage des Jahres. Neue Aufl. 12. Basel 846, F. Schneider. 8 ngr

LOSKIEL, Georg Heinrich 1740 - 1814
Geschichte der Mission der evangelischen Brüder unter den Indianern in Nordamerika durch Georg Heinrich Loskiel.
Barby: Brüdergemeine; Leipzig: Kummer. 1789. 14, 784 S. 8°.
New York Public Library
1. Ausg. 2. Ausg., s. nachfolgende Nr.
Sabin 42109 u. Palmer: nur 1 Ausg. Baginsky 994.

LOSKIEL, Georg Heinrich 1740 - 1814
Geschichte der Mission der evangelischen Brüder unter den Indianern in Nordamerika durch Georg Heinrich Loskiel.
Barby: Brüdergemeine; Leipzig: Kummer. 1789. 14, 784 S. 8°.
New York Public Library
2. Ausg. mit voller Errataseite. 1. Ausg. s. voraufgehende Nr.
Baginsky 995.

— Geschichte d. Missionen d. evangel. Brüder unter d. Indian. in Nordamerika. gr. 8. Barby 789. (Kummer in Leipz). 20 gr

—— Passions- u. Ostergesänge. 12. (...) Basel ..., Schneider.

(——) sieben Passionspredigten, s.a. Passionspredigten.

— 7 Passionspredigten. Neue Aufl. gr. 8. Ebend. 843. 1/4 Rthlr

Loslau, G: Anleitung zur billigen Selbstanfertigung von elektrischen Apparaten für die Jugend. Berlin 1881

Lösment, Max, a. Tilsit: Zur Religionsphilosophie Kants. Königsberg i. Pr. 1907: O. Kümmel. (46 S.) 8°
Königsberg, Phil. Fak., Ref. Walter-Meumann, Diss. v. 14. Mai 1907
[Geb. 24. Sept. 79 Tilsit; Wohnort: Königsberg i. Pr.; Staatsangeh.: Preußen; Vorbildung: Gymn. Tilsit Reife M. 01; Studium: Königsberg 11 S.; Rig. 27. Febr. 07.]

Losmüller, Ferd., das Alte stürzt... Komödie in 2 Akten. (32 S.) 8. Berlin (910). A. Hoffmann. 1. —

— Das Dienstmädchen, s.a. Arbeiterbühne.

Losmüller, Ferd., Das Dienstmädchen. Lebensbild. 8°. Leipzig, Rich. Lipinski, 1910.

— Einer f. alle, alle f. einen! Lebensbild in 1 Akt. (16 S.) 8. Berlin (910). A. Hoffmann. 1. —

Loesner, Christoph Friedrich (Hrsg.), s. Callimachus: Hymni. 1774.

Loesner, Christ. Friedr., De domo judaica orba. Lpz. (Saalbach) 7. VI. (1769). 16 S. (3.20) 21536

– (Hrsg.), s. Hesiodus: Opera. 1778.

Loesner, Christoph Friedrich [Praes.], s. Hofmann, Heinrich Gotthelf Noach: Lectionum Philonianarum specimen.

— — (Leipzig) u. Heinr. Gotth. N. Hofmann, Lectionum philonianarum specimen. Lpz. (Langenheim) 3. XI. 1758. 32 S. (3.20) 21537

— observationes in reliquias versionis Proverbiorum Sal. graecae Aquilae, Symmachi et Theodori. 4. Leipz. 761.

Lösner, C. F., observation. ad nov. test. e Philone Alexandr. 8. maj. Lips. Boehme. 777.

Lösner, Cph. Fr., († d. 13. Nov. 1803.) observation. ad N. T. e Philone Alexandrino. 8 maj. Leipz. 777. (Cnobloch) 1 Rthlr 8 gr

Lösner, Hans, Levitation u. Flugproblem. Eine naturwissenschaftl. Studie. (18 S.) gr. 8. Gotha 904. [R. Schmidt.] Gr.-Lichterfelde, Verlag „Welt u. Leben". — 50

Lösner, Hans, Levitation und Flugproblem. Jetzt: Weissensee, E. Bartels.

Loesner, Hans [aus Chemnitz]: Über die Nitrophenylarsinsäure ... Dresden, Druck v. B. G. Teubner, 1893; 42 S., 1 Bl. 8.
Rostock, Phil. Fak., Inaug.-Diss. v. [10. Juni] 1893

Lospichl, Jos. v., Winke f. den Tonplattenschnitt. Aus der Praxis. 8. (23 S. m. Fig.) Offenbach (901). J. P. Strauss. n. — 50

Los Rios, s.a. Rios, de Los.

Los Rios, Charlotte Marie de

de Los-Rios, Mdme, Abrégé hist. de toutes les sciences et des beaux-arts. 12. Bern 789. Typogr. Soc. 10 gr le même l. 8. Dresd. 785. Walther. 12 gr

— das Buch f. Kinder; aus d. Französ. mit Zusätzen verm. 8. Dresd. 773. Walther. 20 gr

Los Rios, Charlotte Marie de. Encyclopedie enfantine, ou Magazin pour enfans. Dresde 1771. H: *Walther, Conrad Salomon.* (Kläbe, Neuestes Gel. Dresden. Leipzig 1796.) (MGT)

— Encyclopedie Enfantine, ou Magazin pour les petits Enfans. III Tmes. 8. Dresd. 780—91. Walther. 1 ₰ 12 gl

— Histoire naturelle. 8. Dresd. 787. Walther. 8 gl

— Magazin des petits Enfans. 12. Antwerp. 770. (Haller in Bern). 2 gl — 12. Basel 774. Schweighauser. 8 gl le même l. 12. avec le texte polonois. Bresl. 786. W. G. Korn. 12 gl

[F.] Praktischer Selbstunterricht im Berechnen der Wechselräder beim Gewindeschneiden. M. e. Abhandlg d. Gewindeformen nebst 40 skizz. Abb. u. 36 Tab. v. Aug. **Loss.** 2. bed. verm. u. verb. Aufl. *Nürnberg: Worlein & C. 1896.* (2 Bl., 104 S., 1 Bl.) 1 Bd 8. [98. 599

[Kopft.:] [F.] Skala zum Drehen und Bohren der äusseren sowie inneren Gewinde. (Vf.: August **Loss.**) *[Halle 1897.]* 1 Bl. 4. [98. 5348

Loß, E., Uebungsbuch im Rechnen, s.: Lohmann, B.

Loß, Fr., Marineminister v. Stosch und die Katastrophe bei Folkestone. Eine zeitgemäße Betrachtung. gr. 8. (67 S.) Leipzig 878, O. Wigand.

Loss, Heinrich [aus Ratzeburg]: Drei Fälle von verbessertem conservierenden Kaiserschnitt aus der Universitäts-Frauenklinik zu Jena ... Worms, A. K. Bœninger, 1893; 31 S. 8.
Jena, Med. Fak., Inaug.-Diss. v. [15. Sept.] 1893

Loss, Jer., Gedanken vom Alp. Dresden. 8°. 1702

Lossagung, Eines Anhaltiners, von dem Vermächtniss für die Gewissen ... Halle 1775. V: *Happach, Lorenz Philipp Gottfried.* (Ky) (MGT)

Lossagung e. Anhaltiners (L. Ph. G. Happach's) v. d. Vermächtn. für d. Gewissen, an Basedow. 8. Halle 775. (Hahn in Hannov.) 6 gl Vertheidigte Lossagung ꝛc., (v. L. Ph. G. Happach). 8. Hannov. 778. (Helwing). 5 gl

Lossagung, Vertheidigte, eines Anhaltiners von dem Vermächtniss für die Gewissen ... Hannover 1778. V: *Happach, Lorenz Philipp Gottfried.* (Ky)

— vertheidigte, v. d. Basedowsch. Vermächtn. 8. Frankf. (Helwing, Hannov.) 778.

v. Lossau, (General-Lieut.,) Charakteristik der Kriege Napoleons. 1.—7. Hft. gr. 8. (Mit Plänen u. Karten.) Karlsruhe u. Freiburg 843, 45, Herder. à n. 1½ ₰

v. Lossau, Charakteristik der Kriege Napoleons. 8—10. Hft. od. 3. Thl.: Feldzüge der J. 1809 u. 1812. gr. 8. (VI u. 572 S., 2 Tab. in gr. 4., 2 lith. Pläne u. 1 lith. Karte in gr. Fol. u. 4 lith. Pläne in gr. 4.) Freiburg i. Br. 847, Herder. n. 3½ ₰ (1—10: n. 14 ₰)

— s.: Gedenkbuch zur Feier der Schlacht v. Groß-Beeren.

Lossau, v., Ideale d. Kriegführung in e. Analyse d. Thaten d. grössten Feldherren. 3 Bde. gr. 8. Berlin, Schlesinger'sche Bh.
Bd. 1. Abthl. 1. Alexander. Hannibal. Cäsar. } (51½ B. u. 3 Kart.) 836.
- 2. Cäsar. (Schluss.) } 4 Thlr. 16 Gr.
- 2. Abthl. 1. Gust. Adolph. Turenne. Vom 1—10 Feldzug einschliesslich. (32⅞ B.) 836. 2 Thlr. 16 Gr.
- 2. Türenne. (Fortsetz. u. Beschluss.) Eugen. (39 B., 1 Karte, Fol. u. 2 ill. Pläne, gr. 4.) 836. 3 Thlr. 16 Gr.
- 3. Abthl. 1. Friedrich d. Grosse. (Bis incl. d. J. 1759. (29½ B.) 837. 2 Thlr. 12 Gr.
- 2. Friedrich d. Grosse. (Schluss.) (23½ B. u. 1 Karte, gr. Fol. u. 1 Tab., qu. ½ gr. Fol.) 839. 2 Thlr. 8 Gr.
Der 3. Bd. a. u. d. T.:
Die Feldzüge Friedrich d. Gr. 2 Bde. 839. 4 Thlr. 20 Gr.

—— Zusatz zu dem Werke: Ideale der Kriegführung, in ein. Analyse der Thaten der grössten Feldherren. 4. Bd. A. u. d. Ttl.: Napoleon, verglichen mit den von ihm als Ideale der Kriegführung bezeichneten Feldherren. gr. 8. (9½ B.) Berlin 843, Schlesinger'sche Buchh.
1—3. Bd. Ebendas. 1836—39. 15 Thlr. 25 Ngr.

v. Lossau, ..., (General), s. Krieg, der, für wahre Krieger.

Christian Joachim Lossau

Wahrhaffte und ausführliche Beschreibung eines besondern und merckwürdigen casus inediae, welcher sich im Jahr 1728 mit...Maria Jehnfels zugetragen; ... Diesem ist noch e. völlige Nachricht van den alten u. neuen Scribenten, die dergleichen Zufälle ... ausgeführet, in e. bes. Capitel beygefüget. Von Christian Joachim Loßau. Hamburg: Brandt 1729. 64 S. 8°

LOSSAU, CPH. JOACH., Diss. inaug. med. de valore chemiæ hodiernæ. Kiliæ. 1725. 4. P. [Præs. Wild. Huld. Waldschmiedt]. (M. Progr.).

Lossau, Gfr., Anleitung zur billigen Selbstanfertigung von elektrischen Apparaten, für die Jugend bearb. gr. 8. (44 S. mit 56 in den Text gedr. Holzschn.) Berlin 881, W. Peiser Verlag. *

Lössau [Schlagwort]

Lössau, s.: Preussen. Messtischblätter. — Sachsen. Karte. Messtischblätter.

Lossaeus, Nic., Pharos deducens jura universitatum tam rer. publicar. et civitatum, 8. Colon. 717.

Loßberg, Friedrich Wilhelm von

Loßberg, des westfälischen Stabsoffiziers Frdr. Wilh. v., Briefe vom russ. Feldzug 1812. Neu hrsg. v. Christian Meyer. (202 S.) gr. 8. Berlin 910. R. Eisenschmidt. 3.—; geb. 4.—

— Briefe in die Heimat, geschrieben während des Feldzugs 1812 in Russland, s.a. Aus vergilbten Pergamenten.

Loßberg, v., Briefe in die Heimath geschrieben während des Feldzuges 1812 in Rußland. Ein Beitrag z. Geschichte dieses Feldzuges. gr. 8. (23⅝ B. u. 1 Karte.) Cassel 844. [Frankfurt a. M., St. Goar.] 2 Thlr., Hrbgef. Pr. *

v. Loßberg, (General-Lieut.,) Briefe in die Heimath geschrieben während des Feldzuges 1812 in Rußland. Ein Beitrag zur Geschichte dieses Feldzuges. gr. 8. (Mit 1 Karte.) Cassel 844. (Hotop.) 2 ℛ — Bei Keßler in Frankfurt 1½ ℛ

Loßberg, G. Bar. v. Darstellung u. Verfassung der kurpfalz-bayer. Armee. Mit Tab. Amberg 1804. 108 S.

Mit Santa Barbara in Südafrika. Von Otto v. **Loßberg**, Kapitain d. Burenartillerie. *Leipzig: Hist.-Polit. Verl. 1903.* (202 S.) 8° [F.] {03. 10729

LOSSBUCH. — „Eyn losz buch ausz der Karten gemacht
Und alleyn durch Kurtz weyl erdacht
Wer aber zuglauben sich daran wolt keren
Das selbig liesz sich vnrecht leeren."
O. O. u. J. (Straßburg, Schürer, ca. 1520). 4°. 8 Bll. Unicum!
(Im British Museum.)

— — Dasselbe. Photolithographische Reproduction des einzig bekannten Exemplars. Mit Einleitung v. Dr. Ad. Hofmeister. In 100 nummerirten Exemplaren. Rostock, Volckmann & Jerosch, 1890. 4°. 4 Bll. Vorrede, 8 Bll. (vorzügliche) Reproduction, mit Bild. (Mk. 5—.) (5 Mk. L. Rosenthal, 1893; jetzt theurer!)

Ein **loßbuch** ‖ auß der karten gemacht ‖ Und alleyn durch kurtzweyl erdacht ‖ wer aber zu glauben sich daran wolt keren ‖ das selbig ließ sich vnrecht leren. Photolithographische Reproduction des einzigen bekannten Exemplars im Besitze von Volckmann & Jerosch, Antiquariat, in Rostock. Mit einer Einleitung von Adolf Hofmeister ... Rostock 1890, Volckmann & Jerosch.
Umschlagtit., VIII S.; 15 S. m. 49 Abb. 8°.
Nach neueren Forschungen nicht mehr ein Strassburger Druck des Matthias Schürer, sondern Johann Schöffer in Mainz um 1505—10 zugeschrieben (J. Benzing in: Mainzer Almanach 1961, S. 115—122). Wahrscheinlich Nachdruck nach einem Nürnberger oder Ulmer Druck von ca. 1487. Dieser Zeit entsprechen auch die Kostüme.

Löße, V. (Mitarb.), s. Aufgaben zur gewerblichen Buchführung.

Löffel, vom Dienst unter der Fahne. Rede bei der Weihe der Fahne des 3. Bataillons des meckl. Füsilierregiment Nr. 90 ꝛc. Güstrow 866. (Opitz & Co.) 8. (10 S.) 1⅓ ngr.

Löffel, vom Dienst unter der Fahne. Rede bei der Weihe der Fahne des 3. Bataillons des mecklenburg. Füsilierregiments Nr. 90 ꝛc. 8. (10 S.) Güstrow 868, (Opitz.)

Lössel, G., Handels-Adreßbuch und alphabet. Verzeichniß der Einwohner Hanaus. 8. Hanau 837, Edler. ...

Lössel, G., Rabeaud's Wittwe, s. Volks-Schaubühne.

Loessel, Gust., die Macht der Liebe u. des Geldes, s. a. Weichert's Wochen-Bibliothek.

Die Macht der Liebe und des Geldes. Roman aus d. Gegenw. von Gustav Lössel. Mit 3 Vollbildern. *Berlin: A. Weichert [1900].* (96 S.) 8° [F.]
= Wochen-Bibliothek, Weicherts. Bd 89. {02. 839

Löffel, Gust., diesseits u. jenseits des Oceans. Novelletten. schmal 8. (132 S.) Berlin 897. R. Taendler. n. 1.—

Loessel, Gust., verrechnet, s. a. Aus Vergangenheit u. Gegenwart. 40.

Verrechnet. Erzählung von Gustav **Loessel**. Kevelaer: Butzon & Bercker [1904]. (96 S.) 8° [F.]
— **Vergangenheit**, Aus, u. Gegenwart. Bdch. 40. {06. 4498

Lössel, H., deutsche Harfe. Gedichte. 8. (11¼ B.) Cassel 835, Luckhardt'sche Buchh. Thlr. *

—— Reden am Gutenbergfest, s. Reden.

Lössel, Heinr.

— s. Fischer, der. Wochenblatt.

Löffel, Heinr., die Freudenbotschaft in Liedern u. Gedichten nach dem Evangelio St. Lucä. Potsdam 861. Riegel'sche Buchhdlg. 16. (VIII, 376 S.) 1 ℛ

Lössel, Heinr., eine Hochzeitsladung. Predigt gehalten am Sonnt. Cantate in der schottischen Kirche zu Rotterdam. gr. 8. (31 S.) Rotterdam 851, Baedecker.

Lössel, Heinr., wahre Mährlein für Groß u. Klein. 12. (10⅓ B.) Berlin 845, Müller's Verl. *

— Nachtisch für Arm u. Reich. 2 Abtheil. Betrachtungen, Gedanken u. Parabeln. — Geistl. Lieder u. Gedichte, Fabeln u. vermischte Dichtungen. gr. 12. Berlin 843, Thome. 1½ ℛ

—— Weihnachtsnüsse. Zum Nachtisch für's ganze Jahr. 12. (20⅓ B.) Berlin 844, Thome.

—— Wort u. Leben. Betrachtungen nach dem Evangelium St. Mathäi. 12. (26 B.) Berlin 844, Thome.

Löffel, Karl, s. Moosrosen. Ein Kranz von Novellen.

Lossen, Das Rettungswesen unter Tage auf den Gruben des Saarreviers. Berlin, 1905. 11 S. mit 3 Abb.

Lossen, Cl., s. Lossen, Klemens

Lossen, F(erdinand): Beiträge zur Kenntnis des p-Diäthylbenzols. *Heidelberg 1898: J. Hörning.* (38 S.) 8°
Heidelberg, Naturw.-math. Diss. v. [20. Apr.] 1898

Lossen, F, über einige Naphtalin-Abkömmlinge. Halle. *32 p.* 1867.
Schul-/Univ.-Schrift

LOSSEN, FERDINAND. Untersuchung über einige Naphtalinabkömmlinge. (Göttingen) Halle, 1867.

LOSSEN, HEINRICH. Ueber die Oxalo-Hydroxamsäure. (Göttingen) Heidelberg, 1867.

Lossen, Herm., Allgemeines über Resectionen, s. Handbuch der allgemeinen und speciellen Chirurgie.

Die Bewegung als therapeutischer Faktor. Prospekt z. Eröffng d. Darmstädter medico-mechan. Institutes v. Dr. H[ermann] Lossen, Specialarzt f. Nerven-Krankhtn ... *Darmstadt: J. C. Herbert 1898.* (207 Bl., 57 Taf.) 1 Bd 8. {99. 3418 7

Lossen, Herm., die Ernst-Ludwigs-Heilanstalt. Beiträge zur Anwendg. der physikal. Heilmethoden. (492 S. m. Taf.) Lex.-8. Darmstadt 905. H. L. Schlapp. n. 6.—

Lossen, Herm., Grundriss der Chirurgie, s.: Hueter-Lossen.

Lossen, Herm., Grundriss d. Frakturen u. Luxationen. Für Studir. u. Ärzte. gr. 8. (X, 318 S. m. 70 Abb.) Stuttgart 897. F. Enke. n. 6. —; geb. in Leinw. n. 7. —

Lossen, H., s. Hueter-Lossen's Grundriss der Chirurgie.

Lossen, Hermann, approb. Arzt aus München: **Ueber das primäre Carcinom und Sarkom der Vagina.** *München 1902: Kastner & Lossen.* (76 S.) 8°
Heidelberg, Med. Diss. v. 1902

— Lehrbuch d. allgem. u. spec. Chirurgie f. Ärzte u. Studir. 1. Bd. Allgem. Chirurgie. 7., umgearb. Aufl. 2 Thle. gr. 8. Leipzig, F. C. W. Vogel. n. 14. —; geb. n. 16. 50
1. Verwundg., Entzündg., Fieber, Behandlg. d. Wunden. Chirurg. Infectionskrankheiten. Geschwülste, Verletzgn. u. Erkrankgn. d. einz. Gewebe. (X, 352 S. m. 68 Abb.) 896. n. 8. —; geb. n. 9. 25
2. Allgem. Operations- u. Instrumenten-Lehre. Allgem. Verband- u. Apparaten-Lehre. (VII u. S. 353—582 m. 127 Abb.) 897. n. 6. —; geb. n. 7. 25
Erschien bisher u. d. T.: Hueter-Lossen's Grundriss d. Chirurgie.

Lossen, Hermann: Ueber Pseudarthrosen der Clavicula. Ein Beitrag zur Lehre von den Pseudarthrosen. . . . Darmstadt, Buchdr. v. H. Uhde, 1889; 29 S. u. 1 Taf. 8°
Würzburg, Med. Fak., Inaug.-Diss. v. 1889

— die Resectionen der Knochen u. Gelenke, s. a. Chirurgie, deutsche.

Lossen, Hermann: Die Resectionen der Knochen und Gelenke. Mit 50 Holzschn. Stuttgart 1894. XLVIII, 338 S.

(Deutsche Chirurgie. Lfg 29 b.)

—— die Verletzungen der unteren Extremitäten, s. a. Chirurgie, deutsche.

Lossen, Hermann: Die Verletzungen der unteren Extremitäten. Mit 44 Holzschn. Stuttgart 1880. XXXIV, 245 S. (Deutsche Chirurgie. Lfg 65.)

Lossen, Hermann C., appr. Arzt a. Heidelberg: Ein Fall von Lues cerebro spinalis. Kiel 1907: Schmidt & Klaunig. (16 S.) 8°
Kiel, Med. Fak., Ref. Siemerling, Diss. v. 31. Jan. 1907
[Geb. 23. Apr. 80 Heidelberg; Wohnort: Heidelberg; Staatsangeh.: Baden; Vorbildung: Großh. Gymn. Heidelberg Reife Juli 99; Studium: Heidelberg 5, Berlin 1, Heidelberg 5 S.; Coll. 6. Nov. 06; Approb. 9. März 06.]

Lossen, Josef, Arzt: Aus d. Kgl. anat. Univ.-Institut zu Königsberg i. Pr. Anatomische Untersuchungen über die Cartilagines cuneiformes (Wrisbergsche Knorpel). Mit 3 Abb. *Königsberg i. Pr. 1900: M. Liedtke.* (73 S.) 8°
Königsberg, Med. Diss. v. 1. Aug. 1900

Lossen, J., die biologischen Wirkungen der Röntgen- u. Becquerelstrahlen, s. a. Klinik, Wiener. 1907. 2—4.

Die biologischen Wirkungen der Röntgen- und Becquerelstrahlen. Von Dr. J[osef] Lossen, Assist. in Heidelberg. Berlin, Wien: Urban & Schwarzenberg 1907. (S. 49—126.) 8° [Umschlagt.]
— Klinik, Wiener. 1907, H. 2—4. [07. 3025

Lossen, Karl

Lossen, Car. (Anselm.) (geb. Michelbacher-Hütte in Hessen-Nassau 28. 4. 1836): De Lituitis. Berolini (1860). (32 S.) 8°
Berlin. Phil. Diss. v. 9. Juni 1860

Lossen, Karl August

Lossen, K. A., und Felix Wahnschaffe: Beiträge zur Beurtheilung der Frage nach einer einstigen Vergletscherung des Brocken-Gebietes. ([S.-A.] Jahrbuch der Königlich Preussischen Geologischen Landesanstalt für 1889. S. 124—136.) Berlin 1890. 13 S. 8°.

Lossen (K. A.), Der Boden der Stadt Berlin. (Siehe auch Reinigung und Entwässerung Berlins Heft 13 Seite 871.) Berlin 1879. 8. Mit Atlas in Fol.

Lossen, K. A., General-Bericht über die im Auftrage des Magistrats der königl. Haupt- und Residenzstadt Berlin ausgeführte geologische Untersuchung des städtischen Weichbildes, s. Reinigung und Entwässerung Berlins.

Lossen, K. A., und W. Dames, geologische Karte der Umgegend von Thale, als Excursionskarte für den internationalen Geologen-Congress 1885. Bearb. nach den vorhandenen Materialien. 1 : 25,000. Lithogr. und color. gr. 4. Berlin 886, (Schropp'sche Hof-Landkartenh.) ** 1 50

Lossen, Carol[us] August[us]: De Tauni montis parte Transrhenana. Halis (1866): Orphanotropheum. 30 S. 8°
Halle-Wittenberg, Phil. Diss. v. 28. Mai 1866
Geb. [Kreuznach (Rheinprov.) 5. 1. 1841]
Im Buchhandel Halis (Berlin: Calvary) 1867. 31 S. 8°
Die vom Verf. in Aussicht gestellte vollständige Arbeit ersch. deutsch u. d. T.: Geognostische Beschreibung der linksrheinischen Fortsetzung des Taunus in der östlichen Hälfte des Kreises Kreuznach, nebst einleitenden Bemerkungen über das „Taunus-Gebirge" als geognostisches Ganzes. In: Zeitschrift der Deutschen Geologischen Gesellschaft. Bd 19. Berlin 1867 S. 509—700 u. Taf. 11—12.

Lossen, Carol. August., de Tauni montis parte transrhenana. Dissertatio inauguralis. Halis 867. (Berlin, Calvary & Co.) gr. 8. (31 S.) 8 ngr.

Lossen, K. A., geognostische Uebersichtskarte des Harzgebirges. Zusammengestellt nach den Aufnahmen der geolog. Landes-Anstalt und älteren geolog. Karten auf der Grundlage der Auhagen'schen topograph. Karte. 1 : 100,000. 2 Bl. Chromolithogr. Imp.-Fol. Berlin 882, (Schropp'sche Hof-Landkartenh.) ** 22 —

Lossen, Klemens

Lossen, Clemens [aus Würzburg]: Ueber die Einwirkung salpetriger Säure auf Amidine und über Phenyltetrazolsäure. . . . Königsberg in Pr., Buchdr. v. R. Leupold, 1890; 2 Bl. + 36 S. + 2 Bl. 8°
Königsberg, Phil. Fak., Inaug.-Diss. v. 1. März 1890

Lossen, Cl., üb. die Einwirkg. salpetriger Säure auf Amidine u. üb. Phenyltetrazolsäure. Inaug.-Diss. gr. 8. (36 S.) Königsberg i/Pr. 890. (Koch.) n. — 80

Lossen, Kurt, Halle a. d. S.: Aus d. hygien. Institut zu Bonn. Ueber die bakteriologische Selbstreinigung des Rheins. *Bonn: J. Trapp 1899.* (20 S.) 8°
Bonn, Med. Diss. v. [29.] März 1899

Lossen, M., Briefe von Andr. Masius und seinen Freunden 1538 bis 1573, s. Publikationen der Gesellschaft für rhein. Geschichtskunde.

Lossen, Max. Der Anfang d. Strassburger Kapitelstreites. gr. 4. (64 S.) Münch. 889, (Franz' Verlag). ** 2 —
Aus: Abhandlgn. der k. bayer. Akad. d. Wissensch., besonders abgedruckt.

Lossen, Max, s.: Bericht üb. die 1. Versammlung deutscher Historiker in München.

Lossen, Max, die Reichsstadt Donauwörth u. Herzog Maximilian. Ein Beitrag zur Vorgeschichte des 30jähr. Krieges. München 866. (Kaiser.) gr. 8. (71 S.) 16 ngr.

August von Druffel. Biogr. Skizze von Max Lossen. München 1892: J. G. Cotta Nachf. (36 S.) 8° [F.] [03. 11344 10

August von Druffel. Biogr. Skizze von Max Lossen. München 1902: J. G. Cotta Nachf. (36 S.) 8° [F.] [03. 11684 10

(Lossen, Max): Fünfzig Jahre der Zwanglosen Gesellschaft, 1837—1887. München, 1887. Kgl. Hof- u. Univ.-Buchdr. von Dr. C. Wolf & Sohn. 8°. 16 S. Cart.

Lossen, Max, der Kölnische Krieg. Vorgeschichte 1561—1581. gr. 8. (XV, 781 S.) Gotha 882. F. A. Perthes. n. 15. —

Lossen, Max, der kölnische Krieg. 2. (Schluß-) Bd. Geschichte d. köln. Kriegs 1582—1586. gr. 8. (XVI, 693 S.) München 897. G. Franz' Verl. n. 10. —

Die Lehre vom Tyrannenmord in der christlichen Zeit. Festrede, geh. in d. öffentl. Sitzg der k. b. Akad. d. Wiss. zu München z. Feier ihres 135. Stiftgstages am 28. März 1894 v. **Max Lossen,** o. Mitgl. d. histor. Klasse. *München: K. b. Akademie 1894.* (58 S.) 1 Bd 4. [95. 8133

— die Lehre vom Tyrannenmord in der christlichen Zeit. Festrede, geh. in der öffentl. Sitzg. der k. b. Akademie der Wissenschaften zu München zur Feier ihres 135. Stiftungstages am 28. März 1894. gr. 4. (58 S.) München 894. (G. Franz' Verl.) n.n. 1. 70

Lossen, **Max.** Die Pest des heiligen Karl Borromeo. [A.] 8. (Leipzig 1874.)

— der Magdeburger Sessionsstreit auf dem Augsburger Reichstag v. 1582. [Aus: „Abhandlgn. der k. b. Akad. d. Wiss."] gr. 4. (40 S.) Ebd. 893. n.n. 1.40

Lossen, Otto, aus Dresden: **Beiträge** zur Kenntnis des Camphorylhydroxylamins. *Königsberg i. Pr. 1902: H. Jaeger.* (49 S.) 8°
Königsberg, Phil. Diss. v. 7. Aug. 1902

Lossen, Rich., Staat u. Kirche in der Pfalz im Ausgang d. Mittelalters, s. a. **Forschungen,** vorreformationsgeschichtliche. III.

Staat und Kirche in der Pfalz im Ausgang des Mittelalters. Von Richard **Lossen.** Münster i. W.: Aschendorff 1907. (XII, 268 S.) 8°
— Forschungen, Vorreformationsgeschichtliche. Bd 3. [07. 18718 S

Lossen, Richard: Der pfälzische Staat und die Klöster im Ausgang des Mittelalters. Kap. V der Inaug.-Diss.: „Staat u. Kirche in der Pfalz im Ausgang des Mittelalters". Münster i. W. 1907: Aschendorff. (54 S.) 8° ¶ [Erscheint vollst. in: „Vorreformationsgeschichtliche Forschungen" Bd 3.]
Freiburg i. B., Phil. Fak., Ref. Finke, Diss. v. 1907
[Geb. 11. März 75 Heidelberg; Wohnort: Heidelberg; Staatsangeh.: Baden; Vorbildung: Gymn. Heidelberg Reife Juli 92; Studium: Bonn 2, München 2, Freiburg i. B. 6, Heidelberg 2 S.; Rig. 14. Juli 06.]

Lossen, Valentinus (geb. am 2 Juni 1803 in Sayn Rgbz. Koblenz): De febre nervosa sporadica inflammatione tunicae intestinorum villosae coniuncta anno 1827 et initio anni 1828 in agro Bonnensi observata ... Bonnae, typ. P. Neusseri (1828). 2 Bl., 32 S. 4.
Bonn, Med. Fak., Diss. v. 5 Mai 1828

Lossen, W., üb. die Eigenschaften der Atome. [Aus: „Verhandlgn. d. naturhist.-med. Ver. zu Heidelberg"] gr. 8. (19 S.) Heidelberg 876. C. Winter. n. 60

Lossen, W., s.: **Untersuchungen,** chem. u. medic.

Der Anteil der Katholiken am akademischen Lehramte in Preussen. Nach statist. Untersuchungen. Von Dr. Wilhelm **Lossen,** Prof., Königsberg. *Köln: J. P. Bachem in Komm. 1901.* (VI, 164 S.) 8° [F.]
= Görres-Gesellschaft z. Pflege d. Wiss. Vereinsschrift. 1901, 2. [01. 5690

Lossen, W., Ausbildg. u. Examina d. **Chemiker.** gr. 8. (IV, 56 S.) Heidelberg 897. G. Koester. n. 1. —

Lossen, Wilhelm, aus Heidelberg: **Aus d. hygien. Institut. Beiträge** zur Kenntnis der desinfizierenden Wirkung des Chloroforms, namentlich im gasförmigen Zustand. *Heidelberg 1899: J. Hörning.* (30 S.) 8°
Heidelberg Med. Diss. v. [28. Jan.] 1898

Lossen, Wilh., offener Brief an Albert Ladenburg u. offene Anfrage an den Vorstand der Gesellschaft deutscher Naturforscher u. Aerzte. (26 S.) gr. 8. Köln 903. J. P. Bachem. n. — 50

Lossen, Wilhelm. Cocain (Das). Göttingen, 1862.

— Meminisse juvat. Ein Rückblick auf den Fall Spahn. (43 S.) gr. 8. Ebd. 902. n. — 50
Sonderabdruck aus: „Historisch-polit. Blätter".

Meminisse iuvat. Ein Rückblick auf d. Fall Spahn. Von Wilhelm **Lossen,** Prof., Königsberg i. Pr. *Köln: J. P. Bachem 1902.* (43 S.) 8° [F.] [02. 11009 S

Lossen, Wolfgang, I. Assistenzarzt d. chir. Abt. am St. Josefshosp. zu Wiesbaden: Ein Beitrag zur Frage der praeliminaren Carotisligatur. Leipzig 1909: Lehmann. 28 S. 8°
Leipzig, Med. Diss. v. 3. Juli 1909, Ref. Trendelenburg
[Geb. 1. Mai 77 Blankenburg a. H.; Wohnort: Wiesbaden; Staatsangeh.: Preußen; Vorbildung: Gymn. Schleusingen Reife O. 98; Studium: Würzburg 5, Leipzig 6 S.; Coll. 9. Juli 09; Approb. 6. Dez. 04.] [U 09. 2825

Deutsche Sektion, Gesellschaft für Soziale Reform. — Kinderschutz und Kinderarbeit in Deutschland. Bericht an die Internationale Vereinigung für gesetzlichen Arbeiterschutz, erstattet von Gewerberat FR. LÖSSER, Grossh. Hess. Gewerbeinspektor in Darmstadt. ib. —. Als Manuskript gedruckt. 8°.

Lossie, Martha, das Pfarrhaus. Roman, dem Leben nacherzählt. 2 Bde. 8. (242 u. 245 S.) Berlin 880. Haack. 7 —

Lossie, Martha, „Unserland". Roman mit Benutzung persönl. Erlebnisse. 2 Bde. 8. (IV, 264; 266 S.) Berlin 876, Haack.

Lossier, L., das Reguliren der Uhren in den Lagen, in Theorie u. Praxis dargestellt. Nach der v. J. Grossmann in der deutschen Uhrmacherzeitg. veröffentlichten Abhandlg. Mit Genehmigg. des Verf. übers. v. M. Loeske. 1. u. 2. unveränd. (Titel-)Aufl. gr. 8. (230 S. m. ca. 48 Fig. u. 3 lith. Taf.) Bautzen 892. 895. E. Hübner. n. 6. —; geb. n.n. 6. 60

Lossier. Ludov. (Adolph.) (geb. Magdeburg 29. 4. 1821). De menstruatione ejusque anomaliis. Berolini (1845). (34 S.) 8°
Berlin, Med. Diss. v. 24. Mai 1845

Lossin, Paul, Stottern. Behandlung zur selbsteigenen radikalen Beseitigg. des Stotterns u. Erlangg. e. normalen, fließenden Redeweise. (11 S.) 8. **Berlin (909). O. Dreyer. — 50**

Lossing, Benson J., illustrirte Geschichte der Vereinigten Staaten von Amerika. Zeichnungen von Fel. Darley. 40 Lfgn. oder 8 Halbbde. Lex.-8. (1488 S. mit eingedr. Holzschn. und Holzschntaf.) [Stuttgart 876—78.] Berlin, Auerbach.
à Lfg. * 80 Pf.; à Halbbd. * M. 4. *
geb. in Leinw. *

Lossing, Benson J., e. Geschichte der Vereinigten Staaten f. Familien u. Bibliotheken. In's Deutsche übertragen v. Leop. Simonson. Mit üb. 400 Stahlst. u. Holzschn. Lex.-8. (780 S.) Hartford 869. (Leipzig, Kittler.) geb. n. 15. —

—— dass. — Lex.-8. (VII, 780 S. mit über 400 Stahlst. und eingedr. Holzschn.) Hartford 873. (Leipzig, Twietmeyer.) geb. *

--Unser Land; Gesch d VS. 2v. NY, 1877.

Lossius, K. F., Biographie, s. Müller, Hier.

Lossius, über Erziehung. 8. Erfurt, Beyer u. M.

Lossius, ..., ökonomischer Rathgeber, f. junge Frauenzimmer in der Stadt u. a. d. Lande. Mit ill. Kpf. 8. Leipz. 802. (W. Rauck). 1 ℛ

Lossius, C., s.a. Lossius, Karl

Lossius, C., der Schutzgeist edler Jünglinge. Eine Mitgabe beim Abschiede aus d. Vaterhause in d. Welt. 8. (19½ B.) Stuttgart 830, Brodhag.

Lossius, E., Valentin v. Holst, Pastor in Fellin. gr. 12. (VIII und 228 S.) Dorpat 862, Gläser's Verlag. *

Lossius, E., Tabelle d. vorzüglichsten Landstrassen u. Entfernungen in d. vereinigten Staaten. (M. 5 Ansichten.) Lith. Fol. Cassel 835, Luckhardt'sche Buchh. *

Lossius, F. A., biblische Theologie des Neuen Testaments; od. d. Lehren des Christenthums aus d. einzelnen Schriften des N. T. entwickelt. 8. Leipz. 825. Kaysers Buchh. 15 gr (NB. Sind nachgeschriebene Hefte des sel. Prof. L. Dank. Cramer's, womit der Verleger hintergangen wurde.)

Lossius, Fr. Dav.

Lossius, F. D., d. beste u. natürl. Behandl. d. Schaafe. gr. 8. Lpz. Böhme. 790.

Lossius, Fr. Dav., († d. 24. Aug. 1808.) die beste u. natürl. Behandl. d. Schaafe rc. gr. 8. Leipz. 790. (Cnobloch). 20 gr

Lossius, Frz. Ant., die Kunst d. Feldmessens rc. Ein Handb. z. Selbstunterr. f. prakt. Oekonomen, so wie als Leitfaden f. Volksschulen bearb. M. 38 Abbild. (auf 1 Stnt. qu. Fol.) gr. 8. (5¼ B.) Leipzig 834, [Böhme.]

Lossius, Friedr., Pauli Briefe an d. Römer, übers. u. erklärt f. gebild. u. denk. Christen aller Confessionen. gr. 8. (8¼ B.) Hamburg 836, [Perthes-Besser u. Mauke.]

Das Kriegerfest in Jena am 19. Juni 1842. Von Friedrich Lossius. Jena. 1842. = Die Kriegerfeste, welche zur Erinnerung an die Schlacht bei Belle-Alliance etc. gefeiert worden sind. II. 8°.

Lossius, Friedr., die Kriegerfeste, welche zur Erinnerung an die Schlacht bei Belle-Alliance rc. (2. Bd.) — A. u. d. Ttl.: Das Kriegerfest zu Jena am 19. Juni 1842. gr. 12. (1 B.) Jena 842, Frommann. Thlr. *

Lossius, Friedr., die Kriegerfeste, welche zur Erinnerung an die Schlacht bei Belle-Alliance im Großherzogth. S.-Weimar seit 1835 kirchlich gefeiert worden sind, für Kriegsgefährten u. Freunde vaterländ. Gesinnung beschrieben. gr. 12. (2½ B.) Jena 842, Frommann. *

Lossius, J. L., neues philosoph. allgem. Real-Lexicon rc. 4 Bde. gr. 8. 808. Jetzt bey Schnuphase in Altenb.

— **Joach. Christ.** (Erfurt), Lucii Annaei Senecae de deo opiniones. Jena (Strauss) April 1758. 16 S. (Namen.) (3.—) 21628

Lossius, Jh. Chr. I., L. Amalia: ein Trspl.

[*Lossius, J. Chr.*] Amalia, Trauerspiel. Frankfurt & Leipzig, 1766.

— **Joh. Christ.** (Frankfurt/Oder), De arte obstetricia Socratis. Lpz. (S. L. Crusius) 1785. 15 S. (3.—) 21629

Lossius, Johann Christian

Lossius, Jh. Chr. I., († d. 6. Febr. 1790.) sonn- u. festtägliche Betrachtungen bei d. Siech- u. Sterbebette d. Christen. 8. Erf. 778. Keyser. 6 gr

— Etwas über die Kantische Philosophie, in Rücksicht des Beweises v. Daseyn Gottes. 4. Erfurt 789. Keyser. 2 gr

Johann Christian Lossius

Hannibal. Ein physiognomisches Fragment. Von Johann Christian Lossius. Gotha: Ettinger 1776. 64 S. 8°

J. Ch. **Lossius**: neueste philos. Literatur. *Halle*, Gebauer. 778-82. 7 Stücke. 8° 2 ß 15 gr

— neues philosoph. allgem. Reallexikon, od. Wörterbuch von gesammt. philosoph. Wissenschaften; in einzelnen nach alphabet. Ordnung. 4 Bde. 8. Erfurt 803—6. Rudolphi. (Schnuphase in Altenb.) 12 ß

— n. philos. allgem. Reallexikon, od. Wörterb. d. gesammt. philos. Wissensch. rc. 4 Bde. 8. Erfurt, Rudolphi. 804-7. (à 3 Rthlr.)

Lossius, Jh. Chr. II., († d. 8. Jan. 1813.) die Gallische Schädellehre. 8. Frankf. 808. Gebhardt u. K. 6 gr

TUGEND, Die verlorne und gerettete, oder die lustwandelnde Dina und die badende Susanna, ein Drama in etlichen (Prosa-)Gesängen (von *Joh. Christian Lossius*, geb. 1736 zu Erfurt, † 6. Febr. 1790 als Dr. philos. u. Prediger zu Groß-Sommerda bei Erfurt). Mit (unsign.) Titelvign. (Mann, Pfeife rauchend, sitzt an einem Tische). Erfurt, in der Homeierischen Buchhdlg., 1764. 8°. Rar!

71 S. (incl. Tit.) Stück 2 beg. mit S. 19. — Den Verfasser nennt Rassmann, Friedr., Uebersicht der aus der Bibel geschöpften Dichtgn. Essen 1829. Kl. 8°. S. 16. — Fehlt im Anon.-Lex.

— Uebers. d. neuest. philos. Literatur. 3 Hfte. gr. 8. Gera, Beckmann. (Kummer, Lpz.) 784-85.

— Uebersicht d. neuesten philosoph. Literatur. 3 Hefte. gr. 8. Gera 784. 85. (Kummer in Leipz.) 1 ß

— Unterr. d. gesunden Vernunft. 2 Thle. gr. 8. Gotha 777. 78. Ettinger. 1 ß 10 gr

— phys. Ursachen des Wahren. 8. Gotha 774. Ettinger. 16 gr

Lossius, Johs., drei Bilder aus dem livländischen Adelsleben d. XVI. Jahrhunderts. I. Die Gebrüder, die Uexküll zu Fickel. gr. 8. (VIII, 82 S.) Leipzig 875. Duncker & Humblot. n. 2. —

Lossius, Johs., drei Bilder aus dem livländischen Adelsleben des XVI. Jahrh. II. Jürgen und Johan Uexküll im Getriebe der livländ. Hofleute. gr. 8. (192 S.) Leipzig 878, Duncker und Humblot. *

I. Ebendas. 1875. *M 2.

Lossius, Johs., s. Urkunden, die, der Grafen de Lagardie.

Lossius, Karl

Lossius, C. *Vergißmeinnicht.* Eine Weihnachtsgabe für Kinder gebildeter Stände von Carl Lossius mit [5] schönen gemalten Kupfern [u. 1 gestoch. Titel]. Stuttgart, Gebr. Franckh, 1827. 147 S. Kl.-8°. (Etw. fleck.) Or.-Pappbd. (Rücken sauber überklebt). ** 33.—

Sehr seltenes hübsches Büchlein mit reizenden handkolorierten Illustr. Einz. kl. Flecken.

— Vergißmeinnicht. Eine Weinachtsgabe f. Kinder. Mit 4 illum. Kpf. 8. Stuttg. 827. Franckh. (Brodhag). 21 gr

Lossius, Karl, Vergißmeinnicht, oder die Familie des Oberforstmeisters von Blenau. In Erzählungen und Anekdoten. Mit 5 ill. Kpfr. 8. Stuttgart 837. Brodhag. ½ ß

Lossius, Carl, Vergißmeinnicht, od. d. Familie d. Oberforstmeisters v. Blenau. In Erzähln. u. Anekdoten. Eine Geburtstags- u. Weihnachtsgabe. 8. (9¼ B. u. 5 ill. Kpfr.) Stuttgart 837, [Scheible, Rieger u. Sattler.]

Lossius, Carl, das Vergißmeinnicht. Eine Geburtstags- u. Weihnachtsgabe f. Kinder der höhern u. höchsten Stände, von 5—10 Jahren. 2. Aufl. (8 B.) 842. * 25 Ngr. u. 3., veränd. Aufl. Mit 8 farbigen Bildern v. J. B. Sonderland. gr. 16. (9½ B.) Hamburg 843, Heubel's Buchh. *

Lossius, Karl Aug., Abhandl. v. Proceßgebrechen, u. einigen, in d. neueren Zeiten entschied. Rechtsfällen. 8. Jena 794. Cröker. 12 K

— s. Journal, juristisches.

Lossius, Carl Dav. (Jüterbog), De crimine barattariae sive repetundarum. Präs. Gottfr. Ludw. Mencke. Wittenberg (Joh. Gottfr. Schlomach) Dez. 1729. 28 S. (5.—) 21621

— — De iniusta in fures indulgentia. Präs. Aug. Leyser. Wittenberg (Schlomach) Sept. 1730. 54 S. (5.—) 21622

— — De praescriptione immemoriali hominum licet memoria deficiente per documenta elidenda. Präs. Gottfr. Ludw. Mencke. Wittenberg (Schlomach) Oct. 1733. 42 S. (4.—) 21623

Lossius, Kaspar Friedrich

— — Anfang und Fortgang der Reformation, oder Helius Eobanus Hesse u. seine Zeitgenossen. (Ist bereits 797 unt. d. Titel erschienen: Lossius, K. F., Hesse u. seine Zeitgenossen rc.) gr. 8. Gotha, Perthes. 817.

Lossius, Ksp. Fr., († d. 26. März 1817.) Betracht. beim ersten Abendmahls-Genuß. 8. Erfurt 793. (Kummer in Leipz.) 2 K (Ist aus dessen B. f. Catechumenen besond. abgedr.)

— moral. Bilderbibel. 5 Bde. mit Kpf. 8. Gotha 805—13. 2e A. umgearbeitet v. Chr. Fd. Schulze. 5 Bde. mit 74 Kpf. gr. 8. Ebd. 821—24. Perthes. 12 ß 12 K Schreibp. 17 ß 12 K Fortses. s. Chr. Fd. Schulze, histor. Bildersaal.

— hist. Bildersaal, s. a. Bildersaal.

LOSSIUS, Kaspar Friedr. (Diakonus an der Prediger-Kirche zu Gotha), und Chrn. Ferd. Schulze (Prof. am Gymnas. zu Gotha), Historischer Bildersaal oder Denkwürdigkeiten aus der neueren Geschichte. 5 Thle. (Th. 4 u. 5 in je 2 Abthlgn.) Mit 74 Kpfrn. (nach Schubert's Zeichnungen von verschieden guten Stechern). Gotha, Perthes, 1815—29. Gr. 8°. ($39^1/_3$ Rthl.) (20 Mk., sehr schönes Expl. der feinen Ausgabe auf Postpap., Carl Uebelen, München, c. 1892.)

— heilsame Erinnerungen an die Jahre 1806—1808, Predigten gehalten im J. 1809. 8. Erfurt 809.

— moral. Erzählungen, f. die Jugend. 1s Bdchen. 8. Gotha 816. 2e A. 827. Perthes. 14 K

— über die öffentl. Erziehung d. Kinder aus den vornehmern u. gebild. Ständen rc. 8. Erfurt 806. Maring. (Otto). 4 K

— s. Gesangbuch, Erfurtisches.

Lossius, K. F., Gumal u. Lina, s. a. Jugend-Bibliothek, klassische.

Lossius, K. F., Gumal und Lina, s. a. Universal-Bibliothek für die Jugend.

— Gumal u. Lina, e. Geschichte f. Kinder. 3 Thle. 8. Gotha. 795—800. (Anonym.) (1r Thl. 2e A. 797. 2r Thl. 2e A. 800.) 3e A. 3 Thle. 809. 6e A. mit 3 Kpf. 819. 7e A. 827. Perthes. 1 ß 18 K fein Pap. mit 9 Kpf. 3 ß

— — Gumal und Lina. Eine Geschichte für Kinder, besonders um ihnen die ersten Religionsbegriffe beyzubringen. 3 Thle. 6te Aufl. Mit 9 Kpfrn. 8. Gotha, Perthes. 819. Fein Papier.

— — — wohlfeile Ausgabe mit 3 Kupfern.

— — Gumal et Lina, ou les enfans africains, histoire religieuse, instructive et amusante, imitée de l'allemand, par Dumas. 3 Vol. 12. avec 3 fig. Strasbourg et Paris, Treuttel et W. 819.

Lossius, Kasp. Friedr., Gumal u. Lina. Eine Gesch. f. Kinder, z. Unterr. u. Vergnügen; besond. um ihnen d. ersten Religionsbegriffe beizubringen. 3 Thle. 8., rechtmäß. Aufl. 8. (13 B. u. 3 Ttlkpfr.) Gotha 838, J. Perthes. Mit 9 Kpfrn., Blnp.

Lossius, Casp. Fr., Gumal u. Lina. Eine Geschichte für Kinder zum Unterricht u. Vergnügen, besonders um ihnen die ersten Religionsbegriffe beizubringen. 3 Thle. (in 1 Bde.) Mit 3 Kupfern. 9. rechtmäß. Aufl., durchges. u. verb. von Wlh. Hey. 8. Gotha 846, J. Perthes. geb. 1¾ ß — Mit 9 Kupf. 2½ ß

Lossius, Casp. Friedr., Gumal und Lina. Eine Geschichte für Kinder, zum Unterricht und Vergnügen, besonders um ihnen die ersten Religionsbegriffe beizubringen. In 3 Abthlgn. 10. Aufl. Durchgesehen und verb. von Wilh. Hey. 8. (548 S. mit 1 Ttlkpfr. von Gust. König.) Gotha 854, J. Perthes. *

— Helius Eobanus Hesse u. seine Zeitgenossen; ein Beitrag z. Erfurt. Geschichte. gr. 8. Gotha 797. Perthes. 1 ß N. Ausg. unt. d. Tit.: Anfang u. Fortgang der Reformation, oder Helius Eobanus Hesse u. seine Zeitgenossen. gr. 8. Ebd. 817. 1 ß

— für die Katechumenen, z. Unterr. in d. Lehren d. christl. Religion rc. 8. Erfurt 793. (Kummer in Leipz.) 4 K

— kurze Religionssätze u. Denksprüche zum Auswendiglernen. 8. Ebend. 814.

— kurze Religionssätze u. Denksprüche zum Auswendiglernen, besonders zum Gebrauch in Töchterschulen. 8. Gotha 815. 2e A. 818. Perthes. 5 K

— s. Samml. geistl. Lieder und Gesänge.

— Sittengemälde aus d. gemeinen Leben. 3 Bdchen. 8. Gotha 796. (Anonym) 2e A. 802—6. Perthes. 1 ß 12 K (2s u. 3s Bdchen. Auch u. d. T.: dramat. Spruchwörterbuch. 1s u. 2s Bdchen. 800. 2e A. 805. 6. 1 ß) 4s Bdchen mit 1 Titelkpf. 8. Ebd. 816. 14 K

— dramat. Sprichwörterbuch. 1s u. 2s Bdch. ist d. vorherg. B. 2s u. 3s. 8. Ebend. 800.

Lossius, K. F., das Vergißmeinnicht eine Geburtstags- u. Weihnachtsgabe für Kinder der höhern u. höchsten Stände v. 5—10 Jahren. 4. veränd. Aufl. Mit 8 gemalten Bildern von J. B. Sonderland. gr. 16. (VI u. 144 S.) Hamburg, Heubel. geb. mit Goldschn. 1 ß

Lossius, K(asp.) F(riedr.), das Vergißmeinnicht eine Geburts- tags- und Weihnachtsgabe für Kinder der höhern und höchsten Stände von 5—10 Jahren. 4., veränd. Aufl. gr. 16. (V und 144 S. mit 8 gemalten Bildern von J. B. Sonderland.) Hamburg 847, Heubel.

— über das Vergnügen, welches Eltern aus d. eigenen Erziehung d. Kinder zu moralisch guten Menschen schöpfen können. 8. Gotha 804. Perthes. 2 gl

— Wiegenbüchlein, e. Taschenbuch f. kl. Kinder. 12. Lpz. 2e A. 811. Mit Abbildd.

Lossius, L., niederdeutscher Katechismus, s. Dithmar, Beiträge zur Geschichte des katechet. Unterrichts.

Lossius, Lucas. Erotemata musicae practicae. [Moderne Abschrift nach dem Druck von 1590. Norlbergae.]

Lossius, R. C., s. Friedheims Röschen.

(Lossius, R. C.): „Rath Friedheims Röschen auf ihren ökonomischen Wanderungen", Leipzig 1800 (Müller); 2. Auflage ebenda 1802, auch u. d. T.: „Oekonomischer Rathgeber für junge Frauen in der Stadt und auf dem Lande".

Lossius, Rud. Chph., († d. 26. (16.) Nov. 1819.) d. neueste Geschichte der Bibel, oder d. Leben Jesu, in Erzählungen f. Kinder. 1r Thl. 8. Erfurt 789. Keyser. 12 gl

– s.a. Geschichten, Die ältesten, der Bibel . . .

— d. ältest. Geschicht. d. Bibel f. Kinder, in Erzählung. ꝛc. 2 Thle. 8. Ebend. 784. 787. (à 10 gr.)

— Meister Liebreich, e. Lesebuch f. Volksschulen. 3 Thle. 8. Gotha 800. 1. Perthes. (à 12 gl) 1 Thlr. 12 gl

— Lieder u. Gedichte, e. Etui f. Kinder. 8. Erfurt 786. Keyser. 8 gl

– s. Skizzen, Biographische, aus dem Leben unserer Eltern.

Losskand, Joh. Jos. Bened. Maria
Quaenam inter octo vias, electores, principes vel principali dignitate condecoratos coram Austraegis conveniendi, actori inferioris ordinis sit utilissima, ideoque prae aliis eligenda ?
Giessae Mai 1781.

Losskij, Nikolaj, die Grundlehren der Psychologie vom Standpunkte d. Voluntarismus. Deutsch v. E. Kleuker. (VIII, 221 S.) gr. 8. Leipzig 904. J. A. Barth. n. 6. —

Die Grundlegung des Intuitivismus [Osnovanie intuitivizma]. Eine propädeut. Erkenntnistheorie von Dr. Nikolaj [Onufrievič] Losskij, Priv.-Doz., Petersburg. Übers. von Johann Strauch. Halle a. S: M. Niemeyer 1908. (IV, 350 S.) 8° [08. 10833 3

Loessl, Ch.

Lössl: Entwicklung der römischen Dichtkunst bis auf Horaz. 43 S.–Augsburg St., Progr. 1867

Lössl, F. v.: Die isopedischen Terrain-Aufnahmen. 1873.

Lössl, Frz., die Volksschulpflicht nach deutschem Volksschulrecht. (84 S.) gr. 8. München 911. R. Oldenbourg. 1. 50

Loessl, Fried. v. Technischer Bericht zum Projecte eines Schifffahrts-Kanales zwischen der Save und Donau in der Militärgrenze und Slavonien. Fol. Wien, im October 1869.

Loessl, Frdr. Ritter v., die Luftwiderstands-Gesetze, d. Fall durch d. Luft u. d. Vogelflug. Mathematisch-mechan. Klärung, auf experiment. Grundlage entwickelt. gr. 8. (304 S. m. Fig.) Wien 896. A. Hölder. n. 7. 20

Lössl, Heinr., juristischer Grenzverkehr. Eine Studie zum Weltrecht. Ein Vorschlag für Nachbarstaaten. (16 S.) schmal gr. 8. Wien 903. J. Eisenstein & Co. n. — 40

Lössl, Heinrich, appr. Arzt aus Wasserburg a. Inn: Zur Casuistik der Sinusthrombosen. *München 1898: Kastner & Lossen.* (24 S.) 8°
München, Med. Diss. v. 1898

— Recht auf Unterhalt. (II, 240 S.) gr. 8. Wien 904. Manz. n.n. 6 —
Sonderabdruck aus: „Allg. öst. Gerichts-Zeitg."

Lössl, Karl

Lössl, Carl, Herbstblumenspende vom greisen Kinderfreunde an die reifere Schuljugend in erzählungsweisen Eintheilungen zu einem färbigen Kränzchen gereihet. Wien 855. Grund. 8. (4 Bl., 204 S.) 8 ngr.

Lössl, Karl. Veilchen- und Vergissmeinnicht-Sträusschen zum Abschiede der Lesewelt geweiht von dem greisen Kinderfreunde. In sechs abgetheilten Erzählungen und einem Schauspiele in einem Akte, mit Bedachtnahme für die reifere Jugend, etc. *Wien* 1858. Druck u. Verl. v. *Leop. Grund.* 116 S. 8°. Mit d. Brustbilde d. Verfass.

Lössl Rudolf: Das Verhältnis des Pamphilus Gengenbach und Niklaus Manuel zum älteren deutschen Fastnachtspiel. 19. Gablonz. 00. Progr.

Lößl, Vinz.

Lößl, V., s.a. Aufgaben zur gewerbl. Buchführung.

— u. J. Moller, Aufgaben zur gewerbl. Buchführung. 1., 4. u. 5. Hft. 8. München, R. Oldenbourg. à n.n. — 10
1. Sattlerlehrgang. 2. Aufl. (15 S.) 902.
4. Tischlerlehrgang. 2. Aufl. (15 S.) (901.)
5. Schlosserlehrgang. 3. Aufl. (15 S.) (901.)

— u. J. Moller, Aufgaben zur gewerblichen Buchführung. 1. 4. u. 5. Heft. 8. München, R. Oldenbourg. à n.n. — 10
1. Sattlerlehrgang. 3. Aufl. (16 S.) (905.)
4. Tischlerlehrgang. 4. Aufl. (16 S.) (906.)
5. Schlosserlehrgang. 6. Aufl. (15 S.) (906.)

— u. J. Moller, Aufgaben z. gewerbl. Buchführg. 3.—5. u. 7.—14. Heft. 8. München, R. Oldenbourg. à nn — 10
3. Buchbinderlehrgang. 2. Aufl. (16 S.) (910.)
4. Tischlerlehrgang. 6. unveränd. Aufl. (16 S.) (909.)
5. Schlosserlehrgang. 8. Aufl. (15 S.) (908.)
7. Schmiedelehrgang. (16 S.) — 8. Wagnerlehrgang. (16 S.)
9. Schuhmacherlehrgang. (16 S.) — 10. Schneiderlehrgang. (16 S.)
11. Bäckerlehrgang. (15 S.) — 12. Tapezierlehrgang. (16 S.)
13. Kurzwaren. (15 S.) — 14. Dekorationsmaler- u. Lackiererlehrgang. (16 S.)

— — Aufsatzübungen f. Fortbildungsschulen u. verw. Anstalten. gr. 8. (VII, 124 S.) München 896. R. Oldenbourg, Abteilg. f. Schulbücher. n. 1. 20; kart. n.n. 1. 40

— — Buchführung, Kalkulation u. Wechsellehre für Schulen zur Vorbereitung für die Meisterprüfungen u. zum Selbstunterricht. 2. erweit. Aufl. (VII, 169 S.) gr. 8. Ebd. (904). Kart. n.n. 2. —

— u. J. Moller, Buchführung u. Wechsellehre f. Fortbildungsschulen u. verwandte Anstalten. gr. 8. (VI, 123 S.) München 894. R. Oldenbourg, Abtlg. f. Schulbücher. n.n. — 80

— — dasselbe. Aufgaben zur gewerbl. Buchführg. 5 Hfte. 8. (à 15 S.) Ebd. 894. à n.n. — 10; m. Hauptbuch (Wechselbuch), Kassabuch (I. u. II. Inventar) u. Tagebuch (Arbeiter-, Bestellbuch) (in 4). zusammen à n.n. — 30
1. Sattlerlehrgang. — 2. Gerberlehrgang. — 3. Buchbinderlehrgang. — 4. Tischlerlehrgang. — 5. Schlosserlehrgang.

Lößl, Vinz., das Regensburger Hansgrafenamt. E. kleiner Beitrag zur Kultur- u. Rechtsgeschichte. [Aus: „Verhandlgn. d. histor. Ver. v. Oberpfalz u. Regensburg".] gr. 8. (VIII, 172 S.) Stadtamhof 897. (Regensburg, H. Bauhof.) n. 2. —

– u. J. Moller

— — Zwerger, Lehrbuch f. gewerbl. Fortbildungsschulen u. verw. Anstalten. Ausg. A. gr. 8. (VIII, 408 S.) Ebd. 895. n.n. 2. —; geb. in Leinw. n.n. 2. 35

— — — dasselbe. Erweit. Ausg. gr. 8. (VIII, 512 S.) Ebd. 895. n.n. 2. 50; geb. in Leinw. n.n. 2. 85

— Leitfaden f. den geograph. Unterricht an Mittelschulen, s.: Graf, M.

— Fr. Zwerger, A. Rohmeder, deutsches Lesebuch f. kaufmänn. Fortbildungsschulen u. verw. Anstalten. gr. 8. (VIII, 540 S.) Ebd. 898. Geb. in Leinw. n.n. 3. 50

— A. F. Rohmeder, Fr. Zwerger, deutsches Lesebuch f. kaufmännische Fortbildungsschulen u. verwandte Anstalten. 2. verb. Aufl. gr. 8. (VIII, 540 S.) Ebd. (901). Geb. in Leinw. n.n. 3. 50

— — — dasselbe. Ausg. m. Ergänzgn. Zum Gebr. in kaufm. Unterrichtsanstalten f. Mädchen. 2. verb. Aufl. gr. 8. (VIII, 540 u. 88 S.) Ebd. (901). Geb. in Leinw. n.n. 3. 50

— — — dasselbe. Ausg. m. Ergänzgn. Zum Gebrauch in kaufmänn. Unterrichtsanstalten f. Mädchen. 3. verb. Aufl. (VIII, 540 u. 100 S.) gr. 8. Ebd. (903). Geb. in Leinw. n.n. 3. —

— A. F. Rohmeder u. Fr. Zwerger, deutsches Lesebuch f. kaufmännische Fortbildungsschulen u. verwandte Anstalten. 4. verb. Aufl. (VIII, 540 S.) gr. 8. Ebd. 905. Geb. n.n. 3. —

— A. F. Rohmeder, Fr. Zwerger, deutsches Lesebuch f. kaufmännische Fortbildungsschulen u. verwandte Anstalten. 5. verb. Aufl. (VIII, 542 S.) 8. Ebd. 908. Geb. nn 3. —

— — — dasselbe. Ausg. m. Ergänzgn. Zum Gebrauche in kaufmänn. Unterrichtsanstalten f. Mädchen. 5. verb. Aufl. (VIII, 542 u. 100 S.) 8. Ebd. 908. Geb. 3. —

— — Zwerger, Lesebuch f. Fortbildungsschulen u. verwandte Anstalten. Erweiterte Ausg. 4. Aufl. gr. 8. (VIII, 516 S.) Ebd. (900). Geb. in Leinw. n.n. 2. 85

— — u. Zwerger, Lesebuch f. gewerbliche Fortbildungsschulen. gr. 8. (VIII, 384 S.) Ebd. 893. n. 2. —; geb. n. 2. 35

— — — Lesebuch f. gewerbliche Fortbildungsschulen u. verw. Anstalten. Ausg. A. 2. Aufl. gr. 8. (VIII, 408 S.) Ebd. 898. Geb. in Leinw. n.n. 2. 35

— — — dasselbe. Erweiterte Ausg. 3. Aufl. gr. 8. (VIII, 512 S.) Ebd. 898. Geb. in Leinw. n.n. 2. 85

— — u. Zwerger, Lesebuch f. gewerbliche Fortbildungsschulen u. verwandte Anstalten. Ausg. A. 3. Aufl. (VIII, 408 S.) gr. 8. Ebd. (903). Geb. in Leinw. n.n. 2. —

— — — dasselbe. Erweit. Ausg. 7. Aufl. (VIII, 527 S.) 8. Ebd. (905). Geb. n.n. 2. 50

— — Zwerger, Lesebuch f. gewerbl. Fortbildungsschulen u. verwandte Anstalten. Ausg. A. 4. Aufl. (VIII, 412 S.) 8. Ebd. (907). Geb. nn 2. —

— — — dasselbe. Erweit. Ausg. 10. Aufl. (VIII, 527 S.) 8. Ebd. (909). Geb. nn 2. 50

– u. J. Moller

— — Lesebuch f. landwirtschaftl. Fortbildungs- u. Feiertagsschulen. gr. 8. (IV, 206 S.) Ebd. 899. Kart. n.n. 1. 25

— Lesebuch f. die Münchener Fortbildungsschulen, s.: Zwerger, F.

— s.: Lesebuch f. höhere Lehranstalten.

Loessl, Vinz. a. Memorandum über den Ausbau der Gewerblichen Fortbildungsschule. b. Schulordnung der Kaufmännischen Fortbildungsschule Ludwigshafen a. Rh. pg. 1—20. 8°. Julius Waldkirch & Cop.
Ludwigshafen a. Rh., Progr. 1899/1900

Loessl, Vinz. Muster der im bürgerlichen Leben vorkommenden Geschäftsaufsätze u. Geschäftsbriefe. Für Schulen zusammengestellt. 2 Tle. gr. 4. Landshut 891, Attenkofer. à Tl. ** — 35
1. Geschäftsaufsätze u. Postsendungen. (55 S.)
2. Geschäftsbriefe u. Eingaben an Behörden. (56 S.)
—— dass. — 3. Tl. Bemerkungen dazu. 8. (VII, 106 S.) Ebd. 891. cart. * — 80

Loessl, Vinz. „Organisation und Lehrplan der Gewerblichen Fortbildungsschule in Ludwigshafen a. Rh." pg. 3—56. 8°. August Lauterborn.
Ludwigshafen a. Rh., Progr. 1903/04

Loessl, Vinz. „Schulordnung und Lehrplan für die Kaufmännische Fortbildungsschule zu Ludwigshafen a. Rh. pg. 3—15. 8°. Georg Biller.
Ludwigshafen a. Rh., Progr. 1905/06

Loßner, C. W., 50 Psalmen. Aus dem Grundtexte in deutsche meist kirchliche Weisen übertragen. Leipzig 861. Bredt. 8. (VII, 112 S.) n. 10 ngr

Loßner, Ernst Woldemar, Salomo und Sulamith. Die Blumen des hohen Liedes zu einem Strauße gebunden. Mit einem erläuternden Vorworte. 16. (XII und 116 S.) Radeberg 851, am Ende. 8

Loessner, Carl Rich. (Nieder-Lichtenau), De exstirpatione glandulae parotidis. Diss. med. Lpz. (Osk. Leiner) 29. VIII. 1845. 30 S. (3.—) 21538
Gew.: Carl Friedr. Hering.

Lössner, Carl Woldemar. Ueber das chemische Verhalten von Fünffach-Chlorantimon zu einigen organischen Verbindungen. Leipzig, 1876.

Lössner, Linné. Ueber die Einwirkung von Benzoylchlorid auf Rhodankalium in alkoholischer Lösung. Leipzig, 1874.

Lössnitz [Schlagwort]

Lössnitz, s.a. Sachsen. Karte. Messtischblätter.

Lössnitz. Meinhold's Plan der Lössnitz bei Dresden m. Umgebung. 1 : 12,500. Ausg. 1897. 51 × 68 cm. Farbdr. Nebst Namens-Verzeichnis. 8. (4 S.) Dresden 897. C. C. Meinhold & Söhne. n. 1. 25

Lössnitz. Meinhold's Plan der Lössnitz bei Dresden m. Umgebung. (Ausg. 1904.) 1 : 12,500. 51×68 cm. Farbdr. Nebst Wandervorschlägen u. Namens-Verzeichnis. (17 S.) kl. 8. Dresden, C. C. Meinhold & Söhne. n. 1. 25; auf Leinw. n.n. 2. —

Lossnitzer, Verdauung d. Eiweisskörper. Leipz. 1864.
Schul-/Univ.-Schrift

Loßnitzer, Aug. Jul., s.: Annalen des kgl. sächs. Ober-Landes-Gerichts zu Dresden.

Loßnitzer, C. E., Antonie u. Carl, od. d. Freudentage e. Sommers. Eine Festgabe f. gute Kinder. 1. Aufl. (20 B. u. 6 Abbild.) 835. 1 Thlr., m. 5 col. u. 1 schw. Abbild. 1¼ Thlr.; 2., verb. Aufl. 16. (18½ B. u. lith. Ttl.) Leipzig 840, Dörffling.
Mit 6 ill. Bildern

Loßnitzer, C. E., Antonie und Carl, oder Freudentage eines Sommers. Eine Festgabe für gute Kinder. 2. verb. Aufl. (Mit 6 illum. Bildern u. verziert. lith. Titel.) 16. Leipzig 841, Dörffling. geb. 1¼ ℛ

Loßnitzer, C. E., Antonie u. Carl, od. Freudentage ein. Sommers. Eine Festgabe f. gute Kinder. 3. Aufl. 16. (17½ B.) Leipzig 844. [Dörffling u. Franke.]

— Blüthen kindlichen Frohsinns, od. Freudentage eines Winters. Guten Kindern gewidmet. Mit (4) Abbildd. 16. Leipzig 836. Dörffling. ⅞ ℛ — Illum. 1⅛ ℛ

—— Blüthen kindl. Frohsinns, od. Freudentage e. Winters. Guten Kindern gewidmet. 16. (18½ B. u. 4 schw. Abbild.) Leipzig 837, Dörffling.
Mit 4 ill. Abbild.

— Blüthen kindlichen Frohsinns, oder Freudentage eines Winters. Mit (3) Kupfern. 2. besonders mit vielen Gesellschaftsspielen verm. Ausg. 16. Ebend. 846. geb. 1 ℛ

—— Declamationsübungen. Eine Mustersamml. d. besten Dichtungen u. prosa. Aufsätze, welche sich z. mündl. Vortrage eignen u. das Gefühl f. das Gute u. Schöne beleben. 1. u. 2. Bdchn. 16. Leipzig, Dörffling.
A. u. d. Ttln.:
Bdchn. 1. Declamationsübungen f. d. früheste Jugendalter. Nach d. kindl. Fassungskraft in zweckmäß. Stufenfolge geordnet. 1. Aufl. (14 B.) 836., u. 2., verb. A. (16 B.) 839. à 12 Gr.
" 2. Declamationsübungen f. d. mittlere Jugendalter. In zweckmäß. Stufenfolge geordnet. (17 B.) 837. 12 Gr.
1. Bdchn. 2. Aufl. hat den veränd. Haupttit.: Mustersammlung v. Dichtungen u. prosa. Aufsätzen, welche z. mündl. Vortrage f. d. Jugend sich eignen u. d. Gefühl f. d. Gute u. Schöne beleben.

Loßnitzer, C. E., und E(mil) Wendt, der kleine Declamator und Gratulant. 5., umgearb. Aufl. 8. (VIII und 164 S. mit 1 Stahlst.) Leipzig 853, Dörffling und Franke.

—— Dichtergarten f. uns. Kleinen. 16. (16 B. u. 6 ill. Kpfrt. u. lith. Ttl.) Leipzig 841, Dörffling.
Enthält gleichen Text mit dem 1. Bdchn. d. 2. Aufl. d. vorhergeh. Werkes.

— s. Fénélon, les aventures de Télémaque.

—— Freudenquelle. Jugendbeschäftigungen f. d. Leben. Mit Abbildn., Spielen u. Musikbeiln. gr. 8. (18 B. u. 2 Kart.) Leipzig 838, Dörffling.
Ist eine neue Ausg. von: Dess. u. E. Wendt, Museum f. d. Jugend.

—— Kindergarten. 16. (18½ B., 5 ill. u. 1 schw. Kpfr.) Leipzig 843. [Dörffling u. Franke.]

Loßnitzer, C. E., und Emil Wendt, Kindergarten. Eine Auswahl von Gedichten zu bildenden Lese- und Gedächtnißübungen für das früheste Jugendalter ꝛc. 5., umgearb. Aufl. A. u. d. T.: Declamationsübungen für das früheste Jugendalter. Nach der kindlichen Fassungskraft in zweckmäßige Stufenfolge geordnet. 5., umgearb. Aufl. Mit einem Anhange von Gebeten, Glückwünschen, Fest- und Gelegenheitsgedichten. 8. (VII und 164 S.) Leipzig 851, Dörffling und Franke.

Loßnitzer, C. E., und Em. **Wendt**, der Kindergarten. Eine Auswahl von Gedichten zu bildenden Lese- und Gedächtnißübungen für das früheste Jugendalter, nebst vielen Fest- und Gelegenheitsgedichten, Glückwünschen und Gebeten. 6. verb. Aufl. A. u. d. T.: Declamationsübungen für das früheste Jugendalter. Nach der kindlichen Fassungskraft in zweckmäßiger Stufenfolge geordnet. 6. verb. Aufl. Mit e. Anh. von Fest- und Gelegenheitsgedichten, Gebeten und Glückwünschen. Leipzig 856. Dörffling u. Franke. 8. (XI, 160 S.)
9 ngr.

—— u. Emil Wendt, Kindertheater. Leicht aufführbare kleine Lustspiele f. Kinder. 16. (13 B.) Leipzig 846. [Dörffling u. Franke.]

—— Lehrbuch der französ. Sprache, nach den Grundsätzen des Universal-Unterrichts bearb. u. mit e. ausführl. Uebersicht der Methode versehen. 2. Stereot.-Ausg. Mit Fenélon's Télémaque, Buch 1—4. Französisch u. deutsch. 12. (5½ B.) Chemnitz 843. [Schneeberg, Goedsche'sche Buchh.]

Loßnitzer, C. E., u. Emil Wendt, Lehren u. Beispiele für das mittlere Jugendalter. Behufs bildender Lese- u. Gedächtniß-Uebungen gesammelt. 4. umgearb. Aufl. gr. 16. (VIII u. 152 S.) Leipzig 850, Dörffling & Franke. 9 ngr.

Loßnitzer, C. E., und Emil Wendt, Lehren und Beispiele für das mittlere Jugendalter. A. u. d. T.: Declamationsübungen für das mittlere Jugendalter. Aufs Neue verm. und in zweckmäß. Stufenfolge gebracht von Emil Wendt. 5., verb. Aufl. 8. (XII und 186 S.) Leipzig 862, Dörffling und Franke.

—— und Emil Wendt, Museum f. d. Jugend. Eine Zeitschr. z. Unterhalt. u. Belehr. Jahrg. I. Hft. 1—6. Mit viel. Abbildn. gr. 8. Leipzig 836, 37, Dörffling.
Neue Ausg. hiervon, s. dess., Freudenquelle.

—— Mustersammlung von Dichtungen ꝛc. s. a. dess., Declamationsübungen, 1. Bdchn. 2. Aufl.

– u. E. Wendt

—— —— Mustersammlung von Dichtungen u. prosaischen Aufsätzen, welche zum mündl. Vortrage f. die Jugend sich eignen u. das Gefühl f. das Gute u. Schöne beleben. 2 Bdchn. 16. Leipzig 842. [Dörffling u. Franke.] à 15 Ngr.
A. u. d. Ttln.:
Bdchn. 1. Declamationsübungen f. d. früheste Jugendalter. Nach der kindl. Fassungskraft in zweckmäßige Stufenfolge geordnet v. Loßnitzer. 3., verm. Aufl. mit ein. Anhang v. Gebeten u. Glückwünschen. (18½ B.)
" 2. Declamationsübungen f. d. mittlere Jugendalter. Nach der kindl. Fassungskraft in zweckmäßige Stufenfolge geordnet v. Wendt. 2., umgearb. Aufl. (14¼ B.)

—— —— Mustersammlung von Dichtungen welche zum mündlichen Vortrag für die Jugend sich eignen ꝛc. 1. Bdchn. A. u. d. T.: Declamationsübungen für das früheste Jugendalter ꝛc. 4., umgearb. Aufl. gr. 16. (VIII und 224 S.) Leipzig 847, Dörffling und Franke.
Die 5. Aufl. s. oben Kindergarten.

—— der Universal-Unterricht in seiner Anwend. auf d. Sprachunterr. 1. Bdchn. — A. u. d. T.: Lehrbuch d. franz. Sprache, nach d. Grundsätzen d. Universal-Unterrichts bearb. u. mit e. ausführl. Uebersicht d. Methode versehen. Mit Fénélon's Télémaque, Buch 1—4. Franz. u. deutsch. gr. 12. (3½ B.) Chemnitz 839, [Goedsche, Sohn.]

—— the Vicar of Wakefield als Lehrb. d. engl. Sprache nach d. Grundsätzen d. Universal-Unterr. bearb. u. mit e. ausführl. Anweis., nach Jacotots Methode Sprachen zu erlernen, versehen (Cap. 1—7.) — A. m. d. Umschl.-Titl.: Jacotots Lehrmethode in ihrer Anwendbarkeit auf d. Sprachunterr. im Allgem., u. auf d. Erlernen d. Engl. ins Besondere. Mit Cap. 1—7 d. Vicar of Wakefield. gr. 12. (4¼ B.) Leipzig 836, Dörffling.

Lößnitzer, Ernst. Fachsprache der Kochkunst u. Küche, s. Reinecke's Verdeutschungs-Wörterbücher.

Lößnitzer, Ernst, großes deutsches Kochbuch der feinen u. guten bürgerlichen Küche. Mit 2537 Bereitungs-Vorschriften u. allem Wissenswerten über den Nährwert u. die Beschaffenheit der Nahrungsmittel. Nach 35jähr. prakt. Erfahrgn. Mit e. Jagdkalender, vielen in den Text gedr. Abbildgn. u. e. Anh. „Die deutschen u. fremdländ. Speisebenenngn." (IX, 803 S.) gr. 8. Dresden 903. W. Baensch. Geb. in Leinw. 12. —

— dasselbe. 2. unveränd. [Titel-]Aufl. (IX, 803 S.) gr. 8. Ebd. [903] 906. Geb. in Leinw. n. 8. 50

G Lößnitzer, Ernst, großes deutsches Kochbuch. 906. (KBL 34.) Jetzt: Nordhausen, H. Killinger. Geb. 8. 80

Lößnitzer, E., Verdeutschungs-Wörterbuch der Fachsprache der Kochkunst u. Küche, s. a. Reinecke's Verdeutschungs-Wörterbücher.

— Verdeutschungs-Wörterbuch der Fachsprache der Kochkunst u. Küche, enth.: die Verdeutschgn. der Namen v. Speisen, Nahrungsmitteln, Gebrauchsgegenständen u. sonst. fremdländ. Ausdrücken, soweit dieselben in der deutschen Küche vorkommen u. benutzt werden. 2., verm. u. verb. Aufl. (XV, 298 S.) 8. Berlin 903. (Berolina-Versand-Buchh.) Geb. in Leinw. n. 6. —

Lössnitzortschaften [Schlagwort]

Lössnitzortschaften. Mittelbach's, R., neuester Plan der Lössnitzortschaften. 1:12,500. 47,5×63,5 cm. Farbdr. Kötschenbroda (906). (Leipzig, Mittelbach.) n. 1. —

Lossow, s. a. Kopka v. Lossow.

(Lossow.) Denkwürdigkeiten zur Charakteristik der preussischen Armee unter dem Grossen König Friedrich II. 8. Glogau 1826.

Der Krieg. Für wahre Krieger. (Von v. Lossow.) Leipzig 1815. 299 S.

Lossow, A. F., die Hasen-Kaninchen [lapins] u. deren rationelle Zucht, Pflege u. Mästung. 2. Aufl. gr. 8. (15 S. m. eingedr. Holzschn.) Berlin 874. Lorentz. n. — 75

Lossow, Eduard von

Lossow, Ed. v., Handbuch zur Reise nach und in Italien. Mit einer Zusammenstellung von italien. Dialogen, Wörtern und Formularen zu Briefen und Contracten von Fabrucci. 3. Aufl. 1857. und 4., verm. und verb. Aufl. 8. (X und 468 S. mit vielen [10] lithogr. Karten und Plänen in 8., qu. gr. 4. und Fol.) Berlin 860, Remak. geb. *
Hieraus einzeln: Lossow: Rom.

Lossow, Ed. v., Handbuch zur Reise nach und in Italien. Mit einer Zusammenstellung von italien. Dialogen, Wörtern und Formularen zu Briefen und Contracten von Fabrucci. 5., vollständig umgearb. Aufl. br. 8. (IX und 474 S. mit 5 lithogr. Karten und 7 lithogr. Plänen in gr. 8. und 4.) Berlin 866, Remak. geb. *

Lossow, Ed. v., Reisehandbuch für Italien. Mit einer Zusammenstellung von italien. Dialogen, Wörtern und Formularen zu Briefen und Contracten von Fabbrucci. 1. Aufl. 1853. und 2. Aufl. 8. (XII und 312 S. mit vielen (7) lithogr. Karten und Plänen in 8. und Fol.) Berlin 856, David. *

Lossow, Ed. v., Reisehandbuch für Italien. Mit einer Zusammenstellung von italienischen Dialogen, Wörtern u. Formularen zu Briefen und Contracten von Fabbrucci. Mit vielen (7 lith.) Karten u. Plänen. 853. — 2. (Titel-)Aufl. 856. (XII, 312 S.) n. 2 ₰. — 3. verm. u. verb. Aufl. Berlin 857. Remak. 8. (X, 468 S. u. 10 lith. Karten.) n. 2 ₰. 20 ngr.

— Rom. Ein Führer durch die Sehenswürdigkeiten der modernen Stadt und deren Umgebungen sowie durch die Ruinen. Mit 1 (lith.) Plane von Rom (in 4.) u. der (lith.) Karte der Umgebung. (Abdr. aus des Verf. Handbuch zur Reise in Italien etc.) Berlin 857. Remak. 8. (3 Bl., 124 S.) n. 20 ngr.

—— Rom. Ein Führer durch die Sehenswürdigkeiten der modernen Stadt und deren Umgebungen sowie durch die Ruinen. 2., umgeänd. Aufl. br. 8. (XII und 104 S. mit dem lithogr. Plane von Rom und der lithogr. Karte der Umgebung in 8. und 4.) Berlin 866, Remak. geb. *

v. Lossow, Ed., der Starost und sein Nachbar, s. Uebersetzungs-Bibliothek ausgew. Schriften der polnischen Literatur, 2. u. 3. Bd.

—— und A. Dockhorn, die preußischen Strafgesetze, s. Strafgesetze, die preußischen.

— und Aug. Dockhorn, die Preußischen Strafgesetze mit den erläuternden Ministerial-Reskripten und Rechtssprüchen des Königl. Ober-Tribunals. Ein Handbuch für Praktiker herausg. Posen 856. Merzbach. 8. (XV, 506 S.) 1 ₰. 15 ngr.

Lossow, Emil, aus Glauchau: Ueber einige Derivate der Cinchoninsäure. *München 1900: Kastner & Lossen.* (41 S.) 8°
München, Phil. Diss. v. 1900

Lossow, Friedr., Ami in der Fremde. Eine lehrreiche Geschichte in Bildern und Reimen. gr. 8. (15 Holzschntaf. mit Text.) Stuttgart 869, Kröner. cart. color. Ausg.

—— Bilderbuch aus dem Leben der Hausthiere. qu. Fol. (8 color. Stnt. mit 16 S. Text.) Stuttgart 870, Nitzschke. [Leipzig, Dietz.] (ℳ 4.)

Lossow's, Friedr., Fabelbuch. Ausgewählte Fabeln mit 32 Bildern. In Holz geschn. von Closs und Ruff. gr. 8. (VIII und 64 S.) Stuttgart 867, Koetzle. cart. *

—— Fabelbuch. Ausgewählte Fabeln mit 32 Bildern (in eingedr. Holzschn.) von Friedr. Lossow. gr. 8. (VIII, 64 S.) Stuttgart 869, Kröner. cart. color. Ausg.

— Ausgewählte Fabeln mit 32 Bildern (in eingedr. Holzschn.). Stuttgart 869. Kröner. gr. 8. (VIII, 64 S.) cart. 20 ngr.; color. Ausg. 1 ₰

— die Geschichte vom kleinen Reh. In Bildern. Mit Reimen v. J. Trojan. gr. 8. (15 Holzschntaf.) Stuttgart 870. Gebr. Kröner. geb. 1. —; color. Ausg. 1. 50

— unsere lieben Hausthiere. 2. Aufl. v. „Leben der Hausthiere". qu. Fol. (16 S. m. 9 color. Steintaf.) Stuttgart 875. Nitzschke. 3. —

Lossow, Friedr., aus dem Leben der Hausthiere. Heitere Bilder für die Jugend, mit Text von Ed. Ille. 4. (36 Holzschntaf. mit Text.) München 867, Braun und Schneider. cart.

—— Esel's Leiden. 8. (8 Holzschntaf. in Buntdr. mit Text.) Stuttgart 872, G. Weise.

—— das leichtsinnige Miezel. Eine lehrreiche Geschichte in Bildern und Reimen. gr. 8. (15 Holzschntaf. mit Text.) Stuttgart 869, Kröner. cart. color. Ausg.

Lossow, Herbert, Referendar: Die Frachturkunden des heutigen Rechts. Borna-Leipzig 1909: Noske. VII, 71 S. 8°
Leipzig, Jur. Diss. v. 9. Juli 1909
[Geb. 22. Febr. 87 Dresden; Wohnort: Dresden; Staatsangeh.: Sachsen; Vorbildung: Vitzthumsches Gymn. Dresden Reife O. 05; Studium: Heidelberg 3, Leipzig 5 S.; Rig. 27. Jan. 09.] [U 09. 2598

Lossow, Kopka v. Geschichte d. Grenadier-Regiments König Friedrich I. [4. Ostpreußisches] Nr. 5. 1. Bd. Stammgeschichte u. Zeitraum 1626 bis 1713. Im Auftrage d. Regiments verf. Mit Bildnissen, Uniform- u. Fahnen-Abbildgn. gr. 8. (XVI, 234 u. Anlagen 55 S.) Berl. 889, Mittler u. Sohn. * 8 —

– Dass., s.a. Kopka von Lossow

Lossow, P. v., die geschichtliche Entwicklung der Technik im südlichen Bayern. (23 S. m. Abbildgn.) gr. 4. Berlin 903. (München, E. Reinhardt.) n. 1. —
Sonderabdruck aus: „Ztschr. d. Ver. deut. Ingenieure".

Lossow, Rud. v., Raimund, s.a. Bibliothek moderner Dramen.

Raimund. Drama in 4 Aufz. von Rudolf v. Lossow. Berlin: Vita (1910). 142 S. 8°
(Bibliothek moderner Dramen. Bd 36.) [10. 12678

— Der Weihrauchgeist. Ein Märchenroman, der Menschheit erzählt. (232 S.) 8. Berlin-Ch. (910). Vita. 3.—; geb. 4. —

Loest, H. W. [wirkl. Name], s.a. Walter, Traugott [Pseud.]

Löst, Hnr. Wlh., ist der Pseudonymus Traug. Walter, s. Briefe zweier Freunde über Religion.

Löst, Hnr. Wlh., Clorinde. Tragödie in 5 A. gr. 8. Berl. 811. Reimer. 20 ₰

Löst, Hch. Wilh. Actenmässige Darstellung und Ausgang des auf Anklage des Probstes Brinkmann wider H. W. L verhängt gewesenen Prozesses (Intoleranzfälle). Darmstadt 1846.

Loest, Hnr. Wlh., patriotische Ergießungen über öffentl. u. Privatzustände im Preuß. Vaterlande. 1. Heft: 1. Die Eisenbahnen. 2. Der Wucher. 3. Der Pauperismus. 8. Berlin 844, Stuhr'sche Buchh. 1/4 ₰

Geist und Leben echter Humanität, dargest. in drei Trilogien von Heinr. Wilh. Loest. Berlin 1842: Petsch. X, 458 S. 8°
Kl. 685. Üb. das Wahre, Gute, Rechte; Weisheit, Schönheit, Stärke; Glauben, Hoffnung, Liebe.

— Geist u. Leben echter Humanität, dargestellt in drei Trilogien. gr. 8. Berlin 842. (Stuhr'sche Buchh.) n. 2 ₰

– s.a. Ideen über die Frage: ob Freudenmädchen vom Staate zu dulden sind?

IDEEN über die Frage: ob Freudenmädchen vom Staate zu dulden sind? (Verfaßt von *Heinr. Wilh. Löst.*) Hamm 1822. 8°. (1 Mk. 50 Pfg. Paul Neubner, 1892.)
Anon.-Lex. II. p. 315 nennt d. Vf. (nach Kayser).

† Lostewam, L., Mißgeburten, s.a. Mißgeburten.

LOSTEWAM, L. („Ober-Hof-Kammerpoet der geistreich-geistlosen Geister, Mitglied der löbl. Kegel-Kannegießer-Gesellschaft, Ritter ohne Pferd u. Verdienst etc."), Poetische Mißgeburten, erzeugt zur Erbauung gefühlvoller Seelen, vornehmlich aber als Musterverse für angehende Dichter und talentvolle Declamatoren dienlich. Derenhalben geträumt, gereimt, item geleimt, auch zum Nutzen der Welt als Geburtstags- und Weinachtsgeschenk passend ans Licht gestellt. Heft 1 (einz.). Berlin, Brandenburg, 1837. 32°. 48 S. Rar!
A. H. Schmidt, Gallerie etc.

Lostorf. Das Bad L'. Aarau 1819 s.a.(S[chmutziger, Johann Heinrich]).

Lostorf, Das Bad. Aarau 1819. V: *Schmutziger* (?). (AarK)

Lostorf, Das Bad. Aarau 1819. V: *Schmuziger, Johann Heinrich.* (zuwzür 19, 1915, I, S. 95)

Lostorfer, Ueber die Möglichkeit der Diagnose der Syphilis mittelst mikrosk. Blutuntersuchung. 8. (44 S.) Prag 871, Calve'sche Universitäts-Buchh.
Aus: Archiv für Dermatologie und Syphilis, besonders abgedruckt.

Lostwater, Reisen nach Mikroscopeuropien, eines neuerer Zeit entdeckten Weltkörpers. 8. Hamb. 758.

Losung, Die, der christlichen Gemeine in unserer Zeit . . . Zürich 1845. H: *Lange, Johann Peter.* (zu)

Losung, Die Nürnbergische doppelte, verglichen gegen den . . . verbesserten Steuerfuss. O. O. 1793. V: *Spiess, Georg Christoph Albrecht.* (will)

Unsere Losung. o. O. 1 S. 8.
Flugblatt. Berlin, 1848/49.

Lösung, die, der Arbeiterfrage durch Reichs-Fürsorge unter Berücksicht. der Arbeitseinstellungen. Von v. R. 12. (48 S.) Berlin 886, C. Heymanns Verlag. *

Lösung, die, der dänisch-deutschen Frage oder die Berechtigung des Skandinavismus und Schleswig-Holsteinismus. gr. 8. (31 S.) Bremen 857, Strack. *

Lösung der elsässisch-lothringischen Frage. Antwort auf die Schrift des Herrn Wirth . . . Basel 1895. V: *Heimweh, Jean.* (Ky)

Lösung d. elsässisch-lothringischen Frage. Antwort auf d. Schrift d. Hrn. Wirth: D. Elsass u. Frankreich. (Von J. Heimweh.) gr. 8. (44 S.) Basel 895. Ch. Krüsi's Wwe. n. — 50

Lösung der Frage üb. die Fortdauer d. Menschen nach dem Tode. Nach den Quellen der Bibel u. der Wissenschaft bearb. v. e. Laien. gr. 8. (12 S.) Zittau 871. Horn. — 15

Lösung, die, der hannover-braunschweigischen Frage in historisch-monarchischem Sinne. Von e. Legitimisten. (35 S.) gr. 8. Braunschweig 904. Leipzig, R. Sattler. n. — 50

Zur Lösung der sozialen Frage. (Eigenthum der Redaktion der neuen preuß. Zeitung.) Berlin 1849. 38 S. 8.

Lösung (Zur) der socialen Frage. 8°. Berlin, Brandis in Comm., 1849.

Lösung, Die, der sozialen Frage von einem Philosopben. Leipz. 1894. V: *Stern, M. L.* (stams)

Lösung, die, der sozialen Frage v. e. Philosophen. gr. 8. (85 S.) Leipzig 894. M. Spohr. n. 1. 50

— der sozialen Frage. Ruf an die Arbeiter v. F. W. (31 S.) 8. Leipzig 904. Modernes Verlagsbureau. n. — 50

Zur **Lösung** der sozialen Frage durch die Frau. Von einer deutschen Frau. — Berlin: Puttkammer & Mühlbrecht 1878. 112 S. 8°

—— die, der socialen Frage durch Gewerkvereine und Arbeiterschaften. gr. 8. (VIII, 56 S.) Berlin 869, Loewenstein. [Staude.] *

Lösung, die, der sozialen Frage vom Standpunkte der Wirklichkeit und Praxis. Von einem prakt. Staatsmanne. gr. 8. (VIII, 156 S.) Bielefeld 878, Velhagen und Klasing. *

Lösung, Eine, der wichtigsten sozialen Frage. [Die Lebensversicherung] Allen Gebildeten gewidmet... Wien 1879. V: *Zerboni di Sposetti, Carl Maria Ritter v.* (EB)

Lösung großer Fragen. Verständlich für Alle dargestellt von dem Verf. des Plato-Polichinelle. Aus dem Französ. 8. (XV und 108 S.) Paderborn 854, Schöningh. * —

—— die friedliche, der braunschweig-hannoverschen und der deutschen Frage. 8. (24 S.) Hannover 885, Weichelt. *

Lösung, die, der Gasfrage in Wien im Interesse der Commune u. Bevölkerung. Bearb. v. der Redact. d. „Bautechniker". Lex.-8. (31 S.) Wien 892. (Lpz., Literar. Anstalt, Aug. Schulze.) * — 60

Lösung d. J a h r h u n d e r t f r a g e m. dem Zirkel von einem Deutschen, s.a. B a u m g ä r t e l , Gustav

Lösung der Jahrhundertfrage mit dem Zirkel... Dresden 1900. V: *Baumgärtel, Gustav.* (Berl)

Lösung der Jahrhundertfrage m. dem Zirkel, v. e. Deutschen. Lex.-8. (III, 65 S. m. Fig. u. 2 Taf.) Dresden 900. G. Kühtmann. n. 2. —

—— die, der Judenfrage in humanitärster Weise. Von Etfra Kosmopolitus. 1. u. 2. Aufl. gr. 8. (83 S.) Lpz. 892, Literar. Anstalt A. Schulze. * — 80

— dasselbe, sowie die damit verknüpfte Lösung der socialen Arbeiter-Frage. II. gr. 8. (95 S.) Ebd. 892. n. — 80

— dasselbe, sowie die damit verknüpfte Lösung der hygienischen Sexual-Frage. III. gr. 8. (IV, 103 S.) Ebd. 893. n. — 80

Lösung, die, des Conflictes. Eine Mahnung zur Eintracht. gr. 8. (38 S.) Berlin 863, C. Heymann's Verlag. *

—— die, der Militärfrage im Sinne der Volksthümlichkeit und Schlagfertigkeit. In einer Skizze. Von einem Abgeordneten. gr. 8. (16 S.) Berlin 862, Springer's Verlag.

—— mögliche, der europäischen Verwickelungen. Vom Verf. der Aufzeichnungen aus den J. 1848—50 (Prinz Friedrich von Schleswig-Holstein-Noer.) 8. (IV und 73 S.) Zürich 862, Meyer und Zeller's Verlag. *

— die, der Müllfrage. Hrsg. v. der Gesellschaft „Verwertung städt. Abfallstoffe", G. m. b. H., Berlin-Halensee. (29 S.) 8. Berlin (904). (Priber & Lammers.) n. — 75

Die Lösung der Müllfrage. Hrsg. von d. Gesellschaft 'Verwerthung städt. Abfallstoffe' G. m. b. H. Berlin-Halensee: Selbstverl. d. Hrsg. [1904]. (29 S.) 8° [05. 15496]

— die naturgemäße, d. größten Lebensräthsels, od. die Art u. Weise der ewigen Fortdauer d. menschlichen Geistes u. ihre welterlösenden Consequenzen. (XV, 160 S.) Zürich 871. Verlags-Magazin. n. 2. —

Anders Sandoe Ørsted's Lösung der dänisch-deutschen Frage. 1857. Kiel. (1857.) 8°.

— eine praktische, der deutschen Frage. Adresse an die hohen Regierungen und die Völker der Mittel- und Kleinstaaten. Nürnberg 862. W. Schmid. gr. 8. (28 S.) n. 1 ngr.

— prakt. u. gerechte, d. Umgeldsfrage v. e. Wirtsfreund. gr. 8. (V, 23 S.) Weinsberg 898. Heilbronn, Th. Cramer. n. — 80

ZUR LÖSUNG DES PROBLEMS ÜBER SITZ UND WESEN DER ANZIEHUNG. Der 48. Versammlung deutscher Naturforscher und Aerzte zu Graz 1875, vorgelegt von dem Central-Verein zur Lösung des Problems der Anziehung zu Breslau. ib. 1875. Druck von Wilh. Gottl. Korn.

Lösung des Staatsproblems: ist mit d. Begriff d. Souveränetät der Begriff der Landstände vereinbar. 4. Nürnb. 806. Grattenauer. 6 gl.

Lösung (Zur) der Tabaksteuerfrage. Ein Vergleich zwischen Fabrikatsteuer und steigenden Gewichtssteuern in ihren Wirkungen auf die Abnahme und Veränderung des Consums im deutschen Zollverein. Bremen 1878.

— eine, der österreichischen Verfassungsfrage. Zur Verständigung. Wien 866. Gerold's Sohn. gr. 8. (VIII, 67 S.) n. 16 ngr.

Lösung, die, der kirchl. Verwirrung u. Unordnung zu Hönigern bei Namslau in Schlesien durch Anwend. v. Militairgewalt. Zwei Gespräche. gr. 8. (3 B.) Berlin 835, [Mittler, Brlsh.]

—— die, des Widerspruchs zwischen Paulus und Jakobus in der Lehre von der Rechtfertigung, und die Versöhnung der Orthodoxen mit den Pietisten. gr. 8. (36 S.) Straßburg 876, Schultz und Comp. *

Lösung, Die wissenschaftliche, der Socialen Frage. Jedem Bürger ein jährliches Minimal-Einkommen von Einer Million Mark. 2. Aufl. Wiesbaden 1901. V: *Henschel, Hermann.* (Berl)

Lösung (Die wissenschaftliche) der socialen Frage. Jedem Bürger ein jährliches Minimal-Einkommen von einer Million Mark. 1. u. 2. Aufl. 12⁰. Wiesbaden, S. Schabel, 1901.

— die wissenschaftliche, der socialen Frage. Jedem Bürger e. jährl. Minimal-Einkommen von e. Million Mark. 2. Aufl. 12. (15 S.) Wiesbaden 901. S. Schabel. (Nur direkt.) n. — 20

Losungen und Lehrtexte, Die, der Brüder-Gemeine auf den 1. April der Jahre 1815—95. Leipzig 1895. H: *Heinrich, E.* (Ky)

Losungen und Lehrtexte, die täglichen, der Brüder-Gemeine für die J. 1884 und 1885. 12. (228; 229 S.) Gnadau, Unitäts-Buchh. à Jahrg. * 50 Pf.; cart. * geb. à Jahrg. * *M* 1.; geb. und durchsch. * Ausg. auf Velinpap. à Jahrg. 75 Pf.; geb. * geb. mit Goldschn. à Jahrg. *
Frühere Jahrg. s. Losungen und Lehrtexte.

Losungen und Lehrtexte, die täglichen, der Brüder-Gemeine für die J. 1886—1889. 12. (228; 227; 225; 232 S.) Gnadau, Unitäts-Buchhandlung. cart. à Jahrg. * geb. à Jahrg. * 70 Pf. und * geb. und durchsch. à Jahrg. * Auf Velinpap. geb. à Jahrg. * geb. mit Goldschn. à Jahrg. *

Losungen u. Lehrtexte, die täglichen, der Brüder-Gemeine f. d. J. 1890—1893. gr. 16. (234; 230; 245; 234 u. 6 S.) Gnadau, Unitäts-Buchh. à Jahrg. * — 50; geb. in Hlbleinw. * — 70; in Leinw. * 1 —; durchsch. * 1 80; Velinpap. — 75; geb. in Leinw. * 1 20; mit Goldschn. * 1 80

Losungen u. Lehrtexte, die täglichen, der Brüder-Gemeine f. d. J. 1892—1895. gr. 16. (à ca. 240 u. 6 S.) Gnadau 891—894. Unitäts-Buchh. à Jahr n. — 50; geb. in Halbleinw. n. — 70; in Leinw. n. 1.—; durchsch. n. 1. 80; Velinpap. — 75; geb. in Leinw. n. 1. 20; m. Goldschn. n. 1. 80

Losungen u. Lehrtexte, d. täglichen, d. Brüder-Gemeine f. d. J. 1896—1899. gr. 16. (à ca. 240 u. 16 S.) Gnadau, Unitäts-Buchh. à Jahrg. roh od. kart. n. — 50; geb. in Halbleinw. n. — 70; in Leinw. n. 1.—; m. Goldschn. n. 1. 20; durchsch. n. 1. 60; Velinpap. — 75; geb. in Leinw. n. 1. 20; m. Goldschn. n. 1. 80; durchsch. n. 2. 50

Losungen u. Lehrtexte, die täglichen, der Brüder-Gemeine f. d. J. 1903. gr. 16. (234 u. 6 S.) Gnadau, Unitäts-Buchh. roh od. kart. n. — 50; geb. in Halbleinw. n. — 70; in Leinw. n. 1.—; m. Goldschn. n. 1.20; durchsch. n. 1.60; Velinpap. — 75; geb. in Leinw. n. 1.20; m. Goldschn. n. 1.80; durchsch. n. 2. 50

Losungen u. Lehrtexte, die täglichen, der Brüder-Gemeine f. d. J. 1907. (245 u. 10 S.) 16. Gnadau, Unitäts-Buchh. roh od. kart. n. — 50; geb. in Halbleinw. n. — 70; in Leinw. n. 1. —; m. Goldschn. n. 1. 20; durchsch. n. 1. 60; Velinpap. n. — 75; geb. in Leinw. n. 1. 20; m. Goldschn. n. 1. 80; durchsch. n. 2. 50

Losungen u. Lehrtexte, die täglichen, der Brüder-Gemeine f. d. J. 1911. (248 u. VI S.) 16. Gnadau, Unitäts-Buchh. roh od. kart. —50; in Halbleinw. —70; in Leinw. 1.—; m. Goldschn. 1.20; durchsch. 1.60; Velinpap. —75; geb. in Leinw. 1.20; m. Goldschn. 1.80; durchsch. 2. 50

Losungen und Reluition, Die Würtembergische, zum Gebrauch des Bürgers und des Landmanns. Hall 1791. V: *Erhard, Christoph Friedrich.* (MGT)

Lösungen der Absolutorial-Aufgaben aus der Mathematik an den humanistischen Gymnasien Bayerns seit dem J. 1861. Nebst e. Anh.: Die wichtigsten Formeln d. Mathematik. gr. 8. (VII, 152 S.) Münch. 889, Pohl's Verlag. * 2 08

— der Absolutorial-Aufgaben aus der Mathematik an den humanistischen Gymnasien Bayerns seit dem J. 1867. Nebst e. Anh.: Die wichtigsten Formeln der Mathematik. 2. Aufl. gr. 8. (IV, 157 S. m. Fig.) München 894. E. Pohl. n. 2. 80

Lösungen der Absolutorial-Aufgaben aus der Mathematik an den humanistischen Gymnasien Bayerns seit dem J. 1867. Nachträge (1895—1899). gr. 8. (4, 4, 6, 7 u. 8 S. m. Fig.) München (900). E. Pohl. à n. — 10

— dasselbe. 7. Nachtrag 1901. gr. 8. (6 S. m. Fig.) Ebd. 901. n. — 20

— dasselbe. 8. Nachtrag 1902. gr. 8. (7 S. m. Fig.) Ebd. 902. n.n. — 30
Die Lösgn. werden nur m. dem Hauptwerk zusammen abgegeben.

Lösungen der Absolutorial-Aufgaben aus der Mathematik an den humanistischen Gymnasien Bayerns seit dem J. 1867. Nebst e. Anh.: Wichtige Formeln, Regeln u. Andeutgn. zu den Lösgn. 3. Aufl., durchgesehen u. größtenteils neu bearb. v. Joh. Waldvogel. (IV, 164 u. 14 S.) gr. 8. München 903. E. Pohl. n. 3. 60; geb. in Leinw. n. 4. —

Lösungen der Absolutorial-Aufgaben aus der Mathematik u. Physik an den humanistischen Gymnasien Bayerns seit dem J. 1867. Nebst e. Anh.: Wichtige Formeln, Regeln u. Andeutgn. zu den Lösgn. 4. Aufl., durchgeseh. u. größten Teils neu bearb. v. Joh. Waldvogel. (IV, 186 u. 16 S. m. Fig.) 8. München 909. E. Pohl. Kart. 4. 80

Lösungen zu den mathematischen Absolutorialaufgaben der bayerischen Realschulen. (1869—1892 incl.) Von F. R. gr. 8. (178 S. m. 200 Fig. im Text u. auf 4 Taf.) München 893. M. Kellerer. n. 2. 20

— zu dem Rechenhefte f. Handwerker-Fortbildungsschulen v. J. Schanze u. Th. Jäger [3. Aufl.] u. zu den geometrischen Rechenaufgaben in der praktischen Geometrie v. J. Schanze. [2. Aufl.] gr. 8. (16 S.) Wittenberg 889. R. Herrosé Verl. n. — 40
f.: Uebungsbücher f. Handwerkerschulen.

Losungsworte, 50, aus der Heiligen Schrift. 50 Sprüche mit Abbild. In-64°. Basel, Jäger & Kober. 1895. 1 25

Losungsworte für den Kampf des Lebens. Zusammengestellt aus den Werken Doktor Martin Luthers von der Verf. der „Familie Schönberg-Cotta." Deutsch herg. v. Charlotte Philippi. Basel 870, Schneider. gr. 8. (XVI, 408 S.) n. 1 ₰ 12 ngr.

Vier Jahre Los von Rom-Bewegung in Österreich. *Leipzig: C. Braun 1903.* (18 S.) 8° [F.]
— Wartburghefte. H. 22. [03. 7386

Losy de Losenau, (Ludwig): Carte générale de l'Atlas du Royaume de Galicie et de Lodomérie avec la Bucovina. (1:333.333.) Wien: Mollo 1790.

Lóczy, Ludw. v., Spezialkarte des Balatonsees u. seiner Umgebg., s.: Resultate der wissenschaftl. Erforschung des Balatonsees.

Lotabweichungen, Heft 1: Formeln und Tafeln, sowie einige numerische Ergebnisse für Norddeutschland. (Publik. d. k. preuss. geod. Inst.) Berlin 1886. 4.

Lotabweichungen. H. 3. 4. Berlin 1906 ff. 4°.
3: *Börsch* A., Astronomisch-Geodätisches Netz I. Ordnung nördl. d. europ. Längengradmessung in 52 Grad Breite. M. e. lithogr. Taf. 1906.
4: *Börsch* A., Verbind. d. russ.-skandinav. Breitengradmessung mit d. astronom.-geodät. Netz I. Norddeutschland. M. e lithogr Taf. 1909.
(Veröffentlichungen d. Kgl. Preuss. Geodät. Institutes. N. F. 28. 39.)

Relative Lotabweichungen gegen Bern und telephonische Uhrvergleichungen am Simplon. Mit 2 Karten u. 2 Taf. Zürich: Fäsi & Beer in Komm. 1907. (IX, 407 S.) 4°
— Internat. Erdmessung. Astronomisch-geodätische Arbeiten in d. Schweiz. Bd. 10. [07. 17955

Lotabweichungen in der Umgebung v. Berlin, s.a. Veröffentlichung d. königl. preussischen geodätischen Instituts.

Lotabweichungen in der Umgebung von Berlin. Berlin 1889. V: *Fischer, A.* (EB)

Loth, Otto. Ein Gedenkblatt für seine Freunde. O. O. 1881. V: *Müller, August.* (KatDMG)

Loth, C. von: „Winke für die Großen Deutschlands, wie sie ihre Unterthanen überzeugen können, daß sie unter einer weisen, gerechten und milden Regierung leben", eine bei der kurfürstl. Mainz. Akademie nützl. Wissenschaften eingegangene Schrift, Karlsruhe 1795 (Mackelot).

Loth, Edward, aus Warschau (Polen): Die Aponeurosis plantaris in der Primatenreihe mit spezieller Berücksichtigung des Menschen. (Eine vergleichend-morphologische und anthropologische Untersuchung). Mit 124 Figuren im Texte. Leipzig 1908. 132 S. 8°. S.-A. aus dem Morphol. Jahrbuch. Bd. 38. Heft 1/2. [10. VI. 08.]
Zürich. Phil. Diss. II. S. 1907/08.

Loth, Edward. Die Aponeurosis plantaris in der Primatenreihe, mit spezieller Berücksichtigung des Menschen. ⟨Eine vergleichend-morphologische und anthropologische Untersuchung.⟩ Diss. Phil. [II.] Univ. Zürich. Mit 124 Figuren im Texte. (Sonderabdruck aus: Morphol. Jahrbuch. Bd. 38. Heft 1/2.) 132 S. 8. Leipzig, Wilhelm Engelmann, 1908.

Loth, F., Hülfe gegen säumige u. böswillige Schuldner, s.a. Gesetzsammlung, kleine. Nr. 10.

Hülfe gegen säumige und böswillige Schuldner. Zsgest. u. erl. von F. Loth. Essen-Ruhr: Fredebeul & Koenen [1906]. (64 S.) 8° [Umschlagt. F.]
— Gesetzessammlung, Kleine. No 10. [08. 17186

Loth, F., s.: Kalender der Leipziger Bienen-Zeitung.

Loth, F., Taschenbuch für Bienenzüchter für 1888/89. 16. (31 S., Notizbuch 96 S.) Leipzig 888, (Oelsner.) cart. in Leinw. *
Ausg. mit 32 S. des Notizbuchs cart. **

Loth, Franz [aus Köslin]: Einwirkung von Thionylchlorid auf Phenol- und Naphtoläther sowie auf Ketone und Aldehyde ... Rostock, Univ.-Buchdr. v. Adler's Erben, 1894; 41 S. 8.
Rostock, Phil. Fak., Inaug.-Diss. v. [9. Juli] 1894

Loth, George *Rudolf* [aus Berlin]: Zur Constitution der —Phenyl-Pyrazolone ... Berlin, Buchdr. v. G. Schade, *1896;* 49 S., 1 Bl. 8.
Berlin, Phil. Fak., Inaug.-Diss. v. 5. Aug. 1896

Loth, Hermann, Die Reste kleinerer Hausindustrien auf dem badischen Schwarzwald. Schriften des Vereins f. Sozialpolitik, Bd. 84. gr. 8°. Leipzig 1899.

Loth, J. Beiträge zur Geschichte der englischen Sprachformen. Ruhrort, R., 1863. 32 S. 4. Progr.

Loth, J., etymologische angelsaechsisch-englische Grammatik. Elberfeld 870. Friderichs. gr. 8. (XII, 481 S.) n. 2 ₰ 20 ngr.

— die Realschul-Frage. Eine Beleuchtung der akadem. Gutachten über die Zulassung von Realschul-Abiturienten zu Fakultäts-Studien. Leipzig 870. O. Wigand. 8. (III, 79 S.) n. 12 ngr.

Loth, Jan, Králowstwí české podlé nejnowějších pramen ü sestawil. 4 lith. u. color. Bl. Fol. Prag 848, Berra. 2/3 ₰

— topograph.-statist. Post- u. Strassenkarte d. Königr. Böhmen. 4 lith. u. color. Bl. in gr. Fol. Prag 847. (Credner.) n. 16 ngr
Feine Ausg. halb color. n. 2/3 ₰; ganz color. n. 24 ngr

Loth Joh. Situationsplan von Prag 1852. Mit 12 Randzeichnungen. Prag, Steyrer u. Franke. 1 Bl.

Loth Johann. Situationsplan von Prag, entworfen und gezeichnet von — —. Neueste mit Berücksichtigung aller bisher Statt gefundenen Veränderungen und Neubauten verbesserte Auflage. Verlag von Anton Renn in Prag, 1856. W. C. Wrankmore sc. Leipzig. 1 Bl. 21'' hoch, 30'' breit, mit Terrainzeichnung, mit einer Erklärung der Gebäude, Straffirung der Altstadt, Neustadt, Josefstadt, Kleinseite, Hradschin, mit einem Maßstab von 600 Wiener Klft. 1 Wiener Zoll = 120 Wiener Klft. In der linken unteren Ecke befindet sich eine kleine Karte mit der Fortsetzung des auf dem Plane nicht mehr enthaltenen Wissehrad, in der rechten unteren Ecke enthält ein Kärtchen die Umgebung von Prag auf drei Stunden Entfernung im Umkreise mit besonderem Maßstabe. Im Rande sind oben nebst dem Titel die Abbildungen der St. Nikolauskirche, des Lustschlosses Baumgarten, der Kleinseite, der Domkirche, des k. k. Lustgartengebäudes, und des Pulverthurmes; im unteren die der k. k. Kaserne, des erzbischöflichen Palais, des Hradschin, des ständischen Theaters, der Kettenbrücke und der Sophieninsel, nebst dem Prager Wappen im Stahlstich und kurze historische, statistische und Merkantile Notizen angebracht, der Rand links und rechts enthält ein Verzeichniß von Staats- öffentlichen und andern merkwürdigen Gebäuden und Anstalten.

Loth, Joh., 12 Scenen der Pfingstwoche Prags, s. Darstellung, bildliche.

Loth, Joh., der erste Unterricht meiner Tochter. Ein ABC dem zartesten Kindesalter gewidmet. qu. gr. 4. (26 ill. Blätt.) Prag 844, Kretzschmar.

Loth, Joh. Thom., Album der schönsten Blüthen deutscher Dichtkunst für Britanuias Töchter. Mit Sorgfalt gewählt und mit biograph. und litterar-histor. Erläuterungen versehen. 8. (XII und 404 S.) Edinburgh 865. (Halle, Buchh. des Waisenhauses. — Leipzig, Brockhaus' Sortiment und Antiquarium.) geb. mit Goldschn. *
Pracht-Ausg. in gr. 8. *

— der Damen-Briefsteller. Eine prakt. Anweisung zum Briefschreiben für alle Verhältnisse des Familienlebens mit einem Anh. ausgewählter Briefe von den besten deutschen Schriftstellern u. einer Blumenlese von Denksprüchen für Stammbücher. Edinburgh 865. (Halle, Buchh. des Waisenhauses.) 8. (VIII, 171 S.) n. 1 ₰

— grammatische Hülfsblätter der deutschen Sprache, enthltd. die wichtigsten Formen, Lehren u. Regeln nebst erläut. Beispielen u. Fragen zur Beschäftigung in Schule u. Haus. — Tabular views of the German grammar. Edinburgh 865. (Halle, Buchh. des Waisenhauses. gr. 8. (19 Tabb. in 4.) geb. 1 ₰

—— praktische Sprachdenklehre. A practital introduction to the German language on an entirely new plan illustrating the principal rules of German grammar by conversational exercises. Part 1. 8. (140 S.) Edinburgh 865. (Halle, Buchh. des Waisenhauses.) *

Loth, Johannes, Cand. theol.: Die paedagogischen Gedanken der institutio oratoria Quintilians. *Leipzig 1898: Sellmann & Henne.* (76 S.) 8°
Leipzig, Phil. Diss. v. [28. Okt.] 1898

[Umschlagt.:] **Loth,** Johannes: Die Sprichwörter und Sentenzen der altfranzösischen Fabliaux, nach ihrem Inhalte zsgest. (Th. 1.) Greifenberg i. Pomm., gedr. bei C. Lemcke, *1895;* 1—15 S. 4.
Greifenberg i. P., k. Friedrich-Wilhelms-G, OP 1895 (137)

[Umschlagt.:] **Loth,** Johannes: Die Sprichwörter und Sentenzen der altfranzösischen Fabliaux, nach ihrem Inhalte zsgest. '(Forts. [d. P-Beil. 1895.])' Greifenberg i. P., gedr. bei C. Lemcke, *1896;* 3—12 S. 4.
Greifenberg i. P., k. Friedrich-Wilhelms-G, OP 1896 (138)

Loth, Julius (J.)

Loth, J., die anorganische Chemie auf Grundlage methodisch geordneter Versuche f. den Unterricht an höheren Lehranstalten u. zur Selbstbelehrg. Mit in den Text eingedr. Holzst. gr. 8. (XI, 283 S.) Braunschweig 876. Vieweg & Sohn. n. 4. —

Loth, Iulius. Als die Inaug.-Schrift vertretend wurde angenommen des Verf. Druckschrift: Grundriss der systematischen Chemie. Entwurf einer Statik und Dynamik der chemischen Kräfte. Chemie der anorganischen Körper. Leipzig: Naumburg 1847. X, 202 S. 8°
[Halle, Phil. Diss. v. 7. Aug. 1847]
Geb. [Nebra (Kr. Querfurt) 2. 2. 1820]

Loth, Jul., Grundriß der systemat. Chemie. Entwurf einer Statik und Dynamik der chemischen Kräfte. Chemie der anorgan. Körper. gr. 8. (X und 202 S.) Leipzig 847, Naumburg. *

Loth, Jul., Grundriß der systematischen Chemie. Entwurf einer Statik und Dynamik der chem. Kräfte. Chemie der anorgan. Körper. 2. (Titel-)Aufl. gr. 8. (X und 202 S.) Leipzig 854, Naumburg. *

—— Lehrbuch der Chemie und Mineralogie auf Grundlage der neueren Theorien für den Unterricht an höheren Lehranstalten. 8. (XVI, 388 S.) Leipzig 872, O. Wigand. *

Loth, J., Leitfaden für den ersten Unterricht in der französischen Sprache. Uebungen zum Uebersetzen aus dem Französischen in das Deutsche und umgekehrt, gestützt auf die Hauptregeln der französ. Grammatik. gr. 8. (75 S.) Erfurt 856, Keyser'sche Buchh. *

Loth, J., Leitfaden für den ersten Unterricht in der französischen Sprache. Uebungen zum Uebersetzen aus dem Französ. in das Deutsche und umgekehrt, gestützt auf die Hauptregeln der französ. Grammatik. 2. Aufl. gr. 8. (75 S.) Erfurt 858, Keyser'sche Buchh. *

Loth, J. J., der Wegweiser durch das Gebiet der Chemie, enth. eine leicht faßliche, geordnete Erklärung der für das Leben, so wie für Wissenschaft, Künste und Gewerbe bedeutungsvollen chem. Erscheinungen und der ihnen zu Grunde liegenden Gesetze, für Schule und Haus. gr. 8. (VI und 183 S.) Erfurt 851(52,) Körner. Thlr. *

Loth, Karl, die Principien der Gewerbegesetzgebung erörtert unter Zugrundlegung des Entwurfes eines Gewerbegesetzes für das Königreich Sachsen. Meißen 860. Mosche. gr. 8. (64 S.) n. 10 ngr.

Loth, Otto (Red.), s. Abhandlungen f. d. Kunde des Morgenlandes.

Loth, Otto, s. Forschungen, morgenländische.

Loth, Otto, das Classenbuch des Ibn Sa'd. Einleitende Untersuchungen über Authentie und Inhalt nach den handschriftl. Ueberresten. gr. 8. (81 S.) Leipzig 869, Hinrichs' Verlag. *

Loth, Otto, über Leben und Werke des 'Abdallah ibn ul Mu'tazz. gr. 8. (VI, 75 S.) Leipzig 882, Hinrichs'sche Buchh. *

Loth, R., Spuren vorgeschichtlicher Ansiedelungen in der Umgegend von Pößneck, s. Schriften des Vereins für Meiningische Geschichte und Landeskunde.

Die Dozenten der medizinischen Fakultät der Universität Erfurt in den Jahren 1646–1816. Von Dr. Richard **Loth**. Erfurt: K. Villaret 1907. (72 S.) 8° [Umschlagt.]
Aus: Jahrbücher d. Kgl. Akad. gemeinnütz. Wissensch. zu Erfurt. N. F. H. 33. [08. 818

Loth, Richard: Das menschliche Haar, mit besonderer Berücksichtigung seiner pathologischen Anatomie. Halle a. S. (1876): Plötz. 29 S. 8°
Halle-Wittenberg, Med. Diss. v. 1. Apr. 1876
Geb. Halle a. d. S. 24. 7. 1850. V.

Loth, Rich., das Medizinalwesen, der ärztliche Stand u. die medizinische Fakultät bis zum Anfang des 17. Jahrh. in Erfurt. (82 S.) Lex.-8. Erfurt 904. C. Villaret. n. 1. 60
Sonderabdr. aus: „Jahrbb. d. kgl. Akad. gemeinnütz. Wiss."

Loth, W., Album von Gedichten deutscher Handwerker, s. Album.

Loth, Willi: Einige Beobachtungen über den Einfluss von Bakterien auf Diastase und Ptyalin. Würzburg 1908: Staudenraus. 29 S. 8°
Würzburg, Med. Diss. v. 12. Juni 1909, Ref. Lehmann
[Geb. 11. Juni 81 Erfurt; Wohnort: Würzburg; Staatsangeh.: Preußen; Vorbildung: Gymn. Erfurt Reife O. 02; Studium: Erlangen 5, Straßburg 1, Würzburg 4 S.; Coll. 28. Okt. 08; Approb. 17. Juni 08.] [U 09. 4130

Lothabweichungen, s. Lotabweichungen

Lothar, der Alcantariner Pater, oder der neue Luther. Lippstadt 855. (Rempel in Comm.) gr. 8. (22 S.) 5 ngr.

Lothar, neue Meinungen in d. Philosophie. 8. Lpz. Walther. 733.

Lothar, ..., s. Volksagen.

Lothar, A., Lügen. Schauspiel. 12. (64 S.) Wien 890. Frick. n. 1. 60

Lothar, B., Kadettenliebe. 5. Aufl. 8. (54 S.) Leipzig 887, Baldamus.

Lothar, B., ohne **Kompaß**. 8. (280 S.) Dessau 896. P. Baumann. n. 3. —; geb. n. 4. —

Lothar, B., Marine-Novellen. [Der Marine-Onkel. Kadettenliebe.] 1.—3. Aufl. 8. (154 S.) Leipzig 879, Baldamus. *
Ausg. auf Kpfrdr.-Pap. geb. *

Lothar, B., Marine-Novellen. [Der Marine-Onkel. — Kadettenliebe.] 4. Aufl. 8. (154 S.) Leipzig 880. Baldamus. n. 2. —; Ausg. auf Kpfrdr.-Pap. geb. n. 3. —

—— der Marine-Onkel. 5. Aufl. 8. (103 S.) Ebendas. 887.

Lothar, Ernst, der ruhige Hain. Ein Gedichtbuch. (155 S.) 8. München 910. R. Piper & Co. 2.—; geb. 3. —

Lothar, J. E., Wegweiser für Reisende von Wien nach Gratz. — Das Mürz- u. Mur-Thal, dann Gratz u. seine Umgebungen. (Nebst einem Anhange: Bilder aus Steiermark.) 12. Wien 845. Pfautsch u. Co. 18 ngr

Lothar, Rud., das Andere, s.: Universal-Bibliothek.

— d. Wiener Burgtheater, s. a. Dichter u. Darsteller. II.

Lothar, Rud., das Wiener Burgtheater, s. a. Theater, das. Bd. 5.

Das Wiener Burgtheater. Von Rudolph Lothar. Leipzig, Berlin, Wien: E. A. Seemann u. Ges. f. graph. Industrie 1899. (212 S.) 8°
(Dichter u. Darsteller. 2.)

Das Wiener Burgtheater. Von Rudolph Lothar. Berlin & Leipzig: Schuster & Loeffler [1904]. (75 S.) 8°
= **Theater**, Das. Bd 5. [05. 341

— das deutsche Drama der Gegenwart. Mit 25 Bildbeilagen u. 117 Textillustr. Umschlag u. Buchschmuck v. Jos. Sattler. (IX, 343 S. m. farb. Titelbild.) Lex.-8. München 905. G. Müller. n. 10. —; geb. n.n. 12. 50

— Frauenlob, s. a. Universal-Bibliothek.

Lothar, Rud., Frauenlob. E. Lustsp. in 3 Aufzgn. 8. (V, 90 S.) Dresden 895. E. Pierson. n. 2. —

(B) — Frauenlob. 895. (KBB 30), sowie die übrigen Schriften aus E. Pierson's Verl. Jetzt: Berlin, Verlag Berlin-Wien.

— u. Leop. **Lipschütz**, die große Gemeinde, s. a. Universal-Bibliothek.

Die große Gemeinde. Lustspiel in 3 Aufz. von Rudolph **Lothar** u. Leopold Lipschütz. Nach d. Regie- u. Souffleurbuch d. k. k. Hofburgtheaters, Wien. Mit 2 Dekorationspl. Leipzig: Ph. Reklam jun. (1907). (88 S.) 8° [J.]
(Universal-Bibliothek. 4966.) [08. 4794

— Glück in der Liebe. Eine Komödie in 3 Aufzügen. (169 S.) 8. München 904. G. Müller. n. 2. —

— der Golem. Phantasien u. Historien. 8. (IV, 108 S.) Berlin 900. [G. H. Meyer.] München, Geo. Müller. n. 1.50

— der Golem. Phantasien u. Historien. 2. [Titel-]Aufl. (IV, 108 S.) 8. Ebd. [900] 904. n. 1. 50; geb. n. 2. 50

— Die drei Grazien. s.: Blumenthal, Osc.

— Halbnaturen. Ein Wiener Roman. 8. (335 S.) Leipzig 899. G. H. Meyer. n. 3. 50

— Halbnaturen. Ein Wiener Roman. 2. [Titel-]Aufl. (335 S.) 8. Ebd. [899] 904. n. 3. 50; geb. n. 4. 50

— König Harlekin. Ein Maskenspiel in 4 Aufzügen. 8. (V, 136 S.) Ebd. 900. n. 2. —; geb. in Leinw. n. 3. —

— dasselbe. 2. Aufl. Buchschmuck v. A. F. Seligmann. 8. (V, 143 S.) Ebd. 901. n. 2. 50

— König Harlekin. Ein Maskenspiel in 4 Aufzügen 2. Aufl. Neue [Titel-]Ausg. Buchschmuck v. A. F. Seligmann. (V, 143 S.) 8. Ebd. [901] 904. n. 2. 50; geb. n. 3. 50

— dasselbe. (Bühnenausg.) 3. Aufl., m. veränd. Schlußakt. (XV, 111 S.) 8. Ebd. 904. n. 2. 50; geb. n. 3. 50

— Herzdame. Eine Komödie in 4 Aufzügen. (III, 148 S.) 8. Ebd. 904. n. 2. —

— u. Jul. **Stern**, 50 Jahre Hoftheater. Geschichte der beiden Wiener Hoftheater unter der Regierungszeit d. Kaisers Franz Joseph I., unter Mitwirkg. v. Herm. Bahr, Alfr. Frhr. v. Berger, Balduin Bricht etc. Neue verm. Aufl. Mit Portr. Sr. Maj. des Kaisers Franz Joseph I., Radirg. v. W. Unger, sowie 60 Tafelbild. u. 615 Illustr. im Text. 2 Bde. gr. Fol. (VIII, 153, XLII u. 219 S.) Wien u. Magdeburg (900). Schallehn & Wollbrück. Geb. in Leinw. m. Goldschn. 100. —

Lothar, Rud., Henrik Ibsen, s. a. Dichter u. Darsteller. VIII.

Henrik Ibsen. Von Rudolph **Lothar.** (Mit 100. Abb.) Leipzig, Berlin & Wien: E. A. Seemann 1902. 175 S. 4° (8°)
(Dichter u. Darsteller. 8.

Henrik Ibsen. Von Rudolf **Lothar.** 3. Aufl. Leipzig, Berlin & Wien: E. A. Seemann u. Ges. f. graph. Industr. 1902. (175 S.) 8°
(Dichter u. Darsteller. 8.)

Henrik Ibsen. Von Rudolph **Lothar.** 3. Aufl. Leipzig, Berlin & Wien: Seemann 1902. 175 S. 4°
(Dichter u. Darsteller. 8.) [11. 9822 2

— u. Rob. **Saudek,** Kavaliere. Komödie in 3 Akten. (94 S.) 8. Berlin (909). Concordia. 1. 20

Lothar, Rud., der verschleierte König. Ein Bühnenmärchen in 3 Aufzügen. 8. (V, 48 S.) Dresden 891. E. Pierson. n. 1. —; geb. in Leinw. n. 2. —

— dasselbe. 2. Aufl. 12. (VII, 52 S.) Ebd. 892. n. 1. —

— die Königin von Cypern. Lustspiel in 3 Aufzügen. (130 S.) 8. Stuttgart 903. J. G. Cotta Nachf. n. 2. —; geb. in Leinw. n. 3. —

— ein Königsidyll. Lustsp. in 3 Aufzgn. 8. (98 S.) Dresden 897. E. Pierson. n. 1. 50

— Kurfürstendamm. Roman, (299 S.) 8. Berlin (910). Concordia. 3. —; geb. 4. —

Kurfürstendamm. Roman von Rudolph **Lothar.** 2. Aufl. Berlin: Concordia (1910). 299 S. 8° [11. 17962 11

Kurfürstendamm. Roman von Rudolph **Lothar.** 3. Aufl. Berlin: Concordia (1910). 299 S. 8° [10. 14111

— Das Leben sagt nein. Novellen. (198 S.) 8. Ebd. (909). 2. —; geb. 3. —

— das Hohe Lied. E. dramat. Gedicht. M. (7) Heliograv. nach Orig.-Compositionen v. Max Levis. Lex.-8. (29 S.) Wien 896. M. Engel & Söhne. Geb. in Leinw. n. 8. 50

— Lügen. Schauspiel in 4 Aufzügen. 12. (64 S.) Wien 891, Frick. * 1 60

— Rausch. Ein Drama in 3 Aufzügen. 8. (136 S.) Dresden 894. E. Pierson. n. 2. —; geb. in Leinw. n. 3. —

Ritter, Tod und Teufel. Eine Komödie in einem Akt von Rudolf **Lothar.** Dresden, Leipzig & Wien: Pierson 1897. 71 S. 8° A11. 13706

Rud. Lothar. Die Rosentempler. Schauspiel in drei Aufzügen. Wien u. Leipzig: Wiener Verl. 1905. 128 S. 8°
Recens: Die schöne Literatur. 1905 Nr 24. cf. FZ. 59 (1905) S. 359; H. 16 (1905) Nr 41; L. 28 (1905) S. 179—180, 198—199 (P. Fischer); SL. 25 (1905) S. 192 (B. Hirsch); Berliner Tagebl. 1905 Nr 548; Z. 36 (1905 bis 1906) S. 100—106, 119—122; Bh. 49 (1906) S. 98—99 (F. Schwabe?); H. 17 (1906) Nr 8.

— Septett. Ein Leben in Liebesgeschichten. Umschlag v. A. F. Seligmann. 2. Taus. (201 S.) kl. 8. Ebd. 905. n. 2. —; geb. n. n. 3. —

— Septett. Ein Leben in Liebesgeschichten. 2. Aufl. (201 S.) kl. 8. Berlin-Ch. (908). Vita. 2. —

Lothar, Rudolf, Septett. Jetzt: Berlin-Charlottenburg. „Vita", Deutsches Verlagshaus.

— Sonnenthal, s. a. Theater, das. 8. Bd.

Sonnenthal. Von Rudolph **Lothar.** 2. Taus. Berlin & Leipzig: Schuster & Loeffler [1904]. (57 S.) 8°
= **Theater,** Das. Bd 8. [05. 344

— krit. Studien zur Psychologie d. Litteratur. 8. (VII, 348 S.) Breslau 895. Schles. Buchdruckerei etc. n. 5. —; geb. n. 6. —

Lothar, Rudolph: Tiefland, s. Albert, Eugen d'

— Venus im Grünen, s. a. Universal-Bibliothek.

Venus im Grünen. Ein Fastnachtscherz in 1 Aufz. von Rudolf **Lothar** [früher Spitzer]. Leipzig: Reclam [1908]. 31 S. 8°
(Universal-Bibliothek. 5023.)

– Mittelalterliche Venushymnen, s. Albert, Eugen d'

— s.: Wage, die.

Der Werth des Lebens. Ein Mysterium in e. Vorspiel u. 4 Aufz. von Rudolf **Lothar.** Dresden & Leipzig: Pierson 1892. 91 S. 8° [10. 8028

— der Wunsch. Ein Märchenspiel in Versen. 8. (48 S.) Breslau 896. Schles. Verlags-Anstalt. n. 1. —; geb. n. 2. —

Lotharingia septentrionalis. 1: 300,000. 1 Bl.

Lothario, das Leben Napoleons, Kaisers d. Franzosen. N. d. vorzüglichsten Quellen neu bearb. 4 Lfgn. gr. 8. (37¾ B.) Stuttgart 837, 38, Metzler'sche Buchh.

Lotheisen, C. G. Cicero's Grundsätze in Beurtheilung des Schönen. 8 S.
Brieg, Progr. 1825

Lotheisen, Joh. Justus (Hessen/Kassel), Exerc. ac. **ostendens solam ignorantiam quantum vis justam. Präs. Friedr. Ulr. Pestel. Rinteln (Joh. Gottfr. Enax) 9. VIII. 1721. 26 S. (5.—) 21630**
Gew.: Joh. Reinh. v. Dalwig, Just. Herm. Vultejus.

Lotheissen, s.: Chirurgie des Halses.

Lotheissen, F. Bernardin de St. Pierre. Wien, O. R. an der Landstr., 1871. 19 S. **Progr.**

Lotheissen, Ferd.

Lotheisen, Ferd., Geschichte der französischen Literatur im XVII. Jahrh. 1. Bd. 2 Hälften und 2. Bd. gr. 8. Wien Gerold's Sohn. [1. Bd. 1. Hälfte. (S. 1—200.) 877. * M 4.; 2. Hälfte. (S. 201—355.) 878. * M 3,20.; 2. Bd. (III, 495 S.) 879. * M 10,80.] *

Lotheissen, Ferd., Geschichte der französischen Literatur im XVII. Jahrh. 3. und 4. (Schluss-)Bd. gr. 8. (III, 383; III, 390 S.) Wien 883,84, Gerold's Sohn. à Bd. * M 9. *
1. und 2. Bd. Ebendas. 1877—79. * M 18.

Lotheissen, Ferd., Geschichte der französischen Litteratur im XVII. Jahrh. 2 Bde. Mit e. Biographie d. Verf. u. ausführl. Register. 2. Aufl. gr. 8. (XLI, 574 u. IV, 532 S.) Wien 897. C. Gerold's Sohn. n. 30. —; geb. in Leinw. 35. —

Lotheissen, Ferd. Zur Culturgeschichte Frankreichs im XVII. u. XVIII. Jahrh. Aus dem Nachlasse v. F. L. Mit e. biograph. Einleitg. v. Ant. Bettelheim. gr. 8. (XV, 259 S. m. Lichtdr.-Bildnis.) Wien 889, Gerold's Sohn. * 6 —; geb. * 7 20

Lotheissen, Ferd., Literatur und Gesellschaft in Frankreich zur Zeit der Revolution 1789—1794. Zur Culturgeschichte des 18. Jahrh. gr. 8. (IV, 269 S.) Wien 872, Gerold's Sohn. *

Lotheißen, Ferd., Königin Margarethe von Navarra. Ein Cultur- und Literaturbild aus der Zeit der französ. Reformation. 1. und 2. Aufl. gr. 8. (III, 405 S.) Berlin 885, Allgemeiner Verein für deutsche Literatur. *
geb. *

Lotheißen, F., Margarethe v. Navarra. 2. Aufl. 8. (III, 405 S.) Berlin 885. Allg. Verein f. deutsche Literatur. n. 5. —; geb. n. 6. —

— Molière. Sein Leben u. seine Werke. gr. 8. (XII, 418 S. m. rad. Portr.) Frankfurt a/M. 880. Literar. Anstalt. geb. in Leinw. n. 10. —; in Hlbfrz. n.n. 12. —

—— zur Sittengeschichte Frankreichs. Bilder und Historien. 8. (VII, 327 S.) Leipzig 885, Elischer Nachf. *
geb. *

Lotheißen, Ferd., Studien über John Milton's poetische Werke. gr. 4. (87 S.) Büdingen 860. (Gießen, Heyer's Universitäts-Buchh.) Thlr. *

Lotheissen, G., s.: Chirurgie des Kopfes u. der Speiseröhre.

Schliessliche Erklärung der ger.·. und vollk.·. St.·. Joh.·. ▭ Johannes der Evangelist zur Eintracht im Or.·. von Darmstadt gegen die Hochw. Directorial- und Grossloge des Eklektischen Bundes zu Frankfurt a. M. [Verf. von Joh. Friedr. Lotheissen.] Ms. f. BBr.·. Frmr. Darmstadt 1844: Kichler. 19 S. 8° [Umschlagtit.]
Über das Prinzip der eklektischen Frmrei u. den Ausschluss der Loge Karl zum aufgehenden Lichte in Frankfurt a. M. aus dem Bunde.

Lother und Maller, s.a. Stecher, Ch., deutsche Dichtung für die christliche Familie und Schule.

Lother und Maller, eine Rittergeschichte ... Frankfurt a. M. 1805. V: *Margarethe von Lothringen.* Ü: *Elisabeth von Nassau-Saarbrücken.* (BrMm) B: *Schlegel, Dorothea geb. Mendelssohn.* (GGr)

— u. Maller; e. Rittergesch. aus einer ungedruckten Handschrift bearb. v. Schlegel. 8. Frkft. Willmanns. 806.

Lother v. Lothersburg; Gemälde d. Verirrung. d. menschl. Herz.. v. J. M. Schwager. 8. Frkft. Gebhardt u. K. 808.

Lother, Hans, Beispiele u. Aufgaben aus der Buchstabenrechnung, s.: Hecht, Wilh.

Lother, M., landwirthschaftliche und gewerbliche Buchführung. Für ländliche Fortbildungsschulen bearb. 4. (20 S.) Schweinfurt 879, Stoer. *

Löther, Carl, Anleitung zur Blumenbinderei, s.: Lehrmeister-Bibliothek.

— Zimmergärtnerei, s.: Lehrmeister-Bibliothek.

Lothes, s. Entwürfe ausgeführter städt. Gebäude.

Lothes, R, s.: Wochenschrift, Berliner thierärztl.

Lothes, Rudolf [Prosector an d. thierärztl. Hochschule zu Berlin]: Beiträge zur Anatomie und Physiologie des Schlundkopfes vom Schweine. . . . Berlin, Verl. v. Th. Chr. Fr. Enslin (Richard Schoetz) (1890); 1 Bl. + 50 S. + 1 Bl. u. 1 Taf. 8°
Erlangen, Phil. Fak., Inaug.-Diss. v. 1890

Lothes-Crefeld, R., Beiträge zur Anatomie u. Physiologie d. Schlundkopfes vom Schweine. gr. 8. (51 S. m. 1 Taf.) Berlin 890. Th. Chr. Fr. Enslin. n. 2. —

Lothes, R. Beiträge zur Anatomie u. Physiologie d. Schlundkopfes vom Schweine. gr. 8. (51 S. m. 1 Taf.) Berl. 890, Schötz. * 2 —

Lothes, Rud., Präpariermethodik. Eine Anleitung zu den anatom. Übgn. f. die Studierenden der Thiermedizin. gr. 8. (VIII, 135 S. m. Fig. u. 8 Taf.) Berlin 892. R. Schoetz. Geb. in Leinw. n. 5. —

Lothholz, Gustav (Emil)

Lothholz: Beiträge zur Geschichte der Bedeutung Athens. 30 S.—Wernigerode, Progr. 1864

Lothholz, G.: Blätter der Erinnerung an Schulrath Dr. G. Heiland, Rector Dr. Anton und Rector Dr. Müller. 22 S.— Rossleben, Progr. 1869.

Lothholz, G., Blätter der Erinnerung an Schulrath Dr. G. Heiland, Rector Prof. Dr. Anton und Rector Dr. Müller. gr. 4. (22 S.) Halle 869. (Berlin, Calvary und Comp.) *

Lothholz, Gust. Emil, Commentatio de Bongarsio singulisque ejus aequalibus. gr. 4. (16 S.) Weimar 857. (Leipzig, Teubner.) *

Lothholz, Gust. C. W. Göttling. (1. Abteilung.) 26 S. *Stargard Po.* 1876. Progr.

Lothholz, Gustav C. W. Goettling II. Abt. 4 (33 S.). **Progr.** Kön. u. Gröning'sch. G. *Stargard Po.* 1887 (129).

Lothholz, G., Heinrich Leo u. der Philolog Göttling. S.-A. 1875. 9 S.

— deutsches Lesebuch für Gymnasien mit biographischen Andeutungen zusammengestellt. Jena 853. Mauke. gr. 8. (XXXVI, 744 S.) n. 1 *ᵣ𝔅*. 18 *ngr.*

Lothholz, G., Pädagogik der Neuzeit in Lebensbildern, s.a. Raumer, Karl v., Geschichte d. Pädagogik.

[F.] Pädagogik der Neuzeit in Lebensbildern. Von Prof. Dr. G[ustav] Lothholz, Kgl. Gymnasialdir. a. D. *Gütersloh: C. Bertelsmann 1897.* (XII, 562 S.) 1 Bd 8.
= Raumer, Karl v.: Geschichte d. Pädagogik. Fortgef. u. erg. v. G. Lothholz. Tl 5. [96. 8500

Lothholz, Selbstbiographie des Primaners Wilms aus den Acten des königl. und Gröningschen Gymnasiums zu Stargard in Pommern. gr. 8. (23 S.) Berlin 881, (Calvary und Comp.) *

Lothholz, G., Uebungen zum Uebersetzen aus dem Deutschen in's Lateinische m. beständ. Beziehung auf Putsche's kleinere latein. Grammatik. gr. 8. (VI u. 146 S.) Jena 852, Mauke. n. 1/3 ₰

— Uebungen zum Uebersetzen aus dem Deutschen in's Lateinische mit beständiger Beziehung auf Putsche's kleinere lateinische Grammatik. 2. verb. Aufl. Jena 853. Mauke. gr. 8. (VIII, 152 S.) n. 10 ngr.

Lotholz, G., das Verhältniss Wolfs und W. v. Humboldts zu Göthe und Schiller. gr. 4. (IV und 45 S.) Wernigerode 863. (Leipzig, Teubner.) *

Lothholz: Zweck und Aufgabe der Erziehung und wie dieser Zweck und diese Aufgabe insbesondere in Alumnaten zu erreichen ist. 9 S.– Putbus, Progr. 1865.

Lothholz, Karl [aus Buttstädt]: Zur Therapie der Pleuraempyeme ... Jena, G. Neuenhahn Univ.-Buchdr., 1893; 44 S. 8.
Jena, Med. Fak., Inaug.-Diss. v. [13. Mai] 1893

Lothmann, Wilh., Antwort-Schreiben auf Johannes Ronge's Wort an die Römlinge in Deutschland zum Neujahr 1845. 8. (1 B.) Aachen, Hensen u. Comp.

— s. Bossuet, J. B., Darstellung der Lehre der katholischen Kirche.

Lothmar, C. J., prakt. Gedächtnißlehre, oder die Kunst, ein ganz vorzügliches Gedächtniß zu erlangen 2c. 16. Bautzen 842, Reichel. 1/3 ₰

— Reisen eines Verstorbenen in Sonne, Mond u. Sterne. Eine populaire Astronomie zur lehrr. Unterhaltung f. Jung u. Alt. 8. (4 B.) Bautzen 843, Reichel.

— Wunder-Kuren eines unstudirten Dorf-Doctors; od. ist es rathsam, zu studirten Aerzten zu gehen? Ein Volksbuch. 16. (10 B.) Bautzen 844, Reichel. *

— die Wünschelruthe; od. nur so kann man bei der Schatzgräberei zu Gelde kommen. Ein Buch zu Nutz u. Lehr f. Alt u. Jung. 16. (7 B.) Bautzen 844, Reichel.

Lothmer, C. J., über das Lebendigbegraben. Erzählungen für das deutsche Volk. (Neue Ausg.) 8. (195 S.) Leipzig 847, O. Wigand. n. 1/3 ₰

Lothmer, C. J., Stimmen über Grab, Tod und Scheintod. Eine Erzählung für das deutsche Volk. 8. Leipzig 844, O. Wigand. 1/2 ₰

Lotholz, s.a. Lothholz

Lotholz, Karl *Bruno Gustav* [Referendar aus Torgau]: Die Voraussetzungen der handelsgesetzlichen Rügepflicht nach Art. 347 H. G. B. ... Halle a. S., Hofbuchdr. v. C. A. Kaemmerer & C., 1896; 105 S., 1 Bl. 8.
Halle, Jur. Fak., Inaug.-Diss. v. 14. März 1896

Lothringen [Schlagwort]

— s.a. Elsass-Lothringen. — Geologische Karten. — Heimatskärtchen. 51. 53.

Lothringen, s.a. Elsass-Lothringen. — Handkarten. — Radfahrerkarten. Mittelbach. Ravenstein.

Lothringen. Algermissen, J. L., Spezialkarte von Lothringen. Nördliche Hälfte der Spezialkarte von Elsass-Lothringen. 1 : 200,000. 2. Abdr. Farbendr. Imp.-Fol. Leipzig 891. Lang. n. 3. —; auf Leinw. in Etui n.n. 5. —

Lotharingiae et utriusque Alsatiae in Ditiones minores divisarum Tractibusque Insertis et Finitimis circumscriptarum novissima etc. Delineatio. Per Theodorum Dankerts. 1: 540,000. 1 Bl.

Lothringen und Barr — Charte von — oder den Departements der Maas, der Mosel, der Meurthe und der Vosges. Nach den besten französischen Charten entworfen und verbessert von F. L. Güssefeld. Nürnberg bey den Homann. Erben. 1793. Berichtigt 1808. 1: 500,000. 1 Bl.

— Rothenberger, H., Verkehrs- u. Wegekarte von Lothringen. 1 : 200,000. Im Auftrage d. kaiserl. Bezirks-Präsidiums v. Lothringen nach amtl. Quellen bearb. 5. Aufl. Lith. u. color. Imp.-Fol. Leipzig 888. Lang. n. 2. —

Lotharingiae Tabula Generalis in qua Ducatus Lotharingiae et Barri nec non Metensis Tullensis et Verdunensis Episcopatus cum insertis et finitimis Ditionibus exhibentur a Joh. Bapt. Homanno. Norimbergae. 1: 500,000. 1 Bl.

Lothringer, Frz., die Büßerin, s.: Bibliothek, interessante.

Lothrop, A., Say and Seal, s. Collection of British Authors.

— und E. Wetherell, Say and Seal, s. Bibliothek, europäische.

Lothrop, Harriet E., aus Taunton, Massachusetts, U. S. A.: Ueber Regenerations-Vorgänge im Eier-Stocke. Luzern Meyer Dr. 1890. 36 S., 2 Taf. 8°.
Zürich, Med. Diss. [v. 14. Mai 1890].

Löthy, J., s. Musenalmanach, schweizerischer.

Loti, Pierre (Julien Viaud), Ägypten. Reisebilder. Autor. Übersetzg. von Frdr. v. Oppeln-Bronikowski. (309 S.) 8. Berlin 910. Schuster & Loeffler. nn 3.50; geb. 4.50

Pierre Loti [Julien Viaud] Aziyadeh. Uebers. von Robert Proelss. *Stuttgart, Berlin, Leipzig: Union 1902.* (226 S.) 8° [F.]
— Union-Sammlung moderner Romane. 25.

Loti, Pierre (Julien Viaud.), Madame Chrysanthème. Roman. 8. (231 S.) Stuttgart 896. Deutsche Verlags-Anstalt. n. 2. —; geb. n.n. 3. —

Loti, Pierre (Julien Viaud), Madame Chrysanthème. Roman. Aus dem Franz. übers. v. Hans Krämer. 3. Aufl. (240 S.) 8. Stuttgart 906. Deutsche Verlags-Anstalt. n. 2. —; geb. n. 3. —

— Madame Chrysanthème. Roman. Aus dem Franz. übers. v. Hans Krämer. 4. Aufl. (240 S.) 8. Stuttgart 910. Deutsche Verlags-Anstalt. 2.—; geb. n 3. —

Loti, Pierre, die Ehe des Lieutenant Grant. Autoris. Uebersetzung aus dem Französ. 8. (III, 210 S.) Hagen 886, Risel und Comp. *

— Lotis Ehe, s.: Meisterwerke d. zeitgenöss. Novellistik.

Loti, Pierre [d. i. Julien Viaud]: Die Entzauberten. Roman aus d. gegenwärtigen türk. Haremsleben.
Berlin: Wedekind 1908. 302 S. 8°

— Die Entzauberten. Roman aus d. gegenwärt. türk. Haremsleben. 4. Aufl. (294 S.) 8. Berlin 909. Verlag Dr. Wedekind & Co. 4.—; geb. 5.—

— Galiläa. Autor. Uebersetzung aus dem Franz. v. E. Philiparie. 8. (240 S.) Berlin 897. Schuster & Loeffler. 3. 50; geb. 4. 50

— japanische Herbsteindrücke. Uebers. v. Rob. Prölß. 8. (248 S.) Stuttgart 896. J. G. Cotta Nachf. n. 3.—; geb. n. 4.—

Japanische Herbsteindrücke [Japoneries d'automne] von Pierre **Loti** (d. i. Julien Viaud). Übers. von Robert Proelß. Stuttgart & Berlin: J. G. Cotta Nachf. [1907]. (179 S.) 8° [F.]
— **Handbibliothek**, Cotta'sche. No 142. [08. 2392

— Jerusalem. Autor. Übersetzung aus d. Franz. v. E. Philiparie. 2. Tauf. 8. (239 S.) Berlin 896. Schuster & Loeffler. 3. 50; geb. n. 4. 50

(F) Pierre Loti. Impressions de voyage. Für den Schulgebrauch herausgegeben von Dr. Max Pfeffer. I. Theil: Einleitung und Text. II. Theil: Anmerkungen und Wörterverzeichnis. Mit 3 Abbildungen und 1 Karte. (Freytags Sammlung französischer und englischer Schriftsteller.) Wien und Prag. 1899. Tempsky. 8°. VI, 201 S. Geb. fl. —.90

— Indien (ohne die Engländer). Einzig autoris. Uebersetzg. v. M. Toussaint. (VIII, 405 S.) 8. Berlin 905. Hüpeden & Merzyn. n. 4.—; geb. n. 5.—

[F.] Islandfahrer. Roman v. Pierre Loti (d. i. Julien Viaud). Aus d. Französ. v. Fr. Dobbert. *Halle a. d. S.: O. Hendel (1897).* (2 Bl., 173 S., 1 Portr.) 1 Bd 8.
= **Bibliothek** d. Gesamtlitteratur d. In- u. Auslandes. No 1016. 1017.

—— Islandfischer. Uebers. von †Carmen Sylva [Königin Elisabeth von Rumänien]. 1. und 2. Aufl. [1. und 2. Tausend.] 8. (III, 333 S.) Bonn 888, Strauß. *
geb. *

Loti, Pierre. Islandfischer. Uebers. v. Carmen Sylva. 3. Aufl. 8. (III, 333 S.) Bonn 890, Strauß. * 5 —; geb. * 6 —

— Islandfischer. Uebers. v. Carmen Sylva. 4. Aufl. (4. Tauf.) 8. (III, 333 S.) Bonn 895. E. Strauß. n. 5.—; geb. in Leinw. n. 6.—

— Islandfischer. Uebers. von Carmen Sylva. Neue Ster.-Aufl. 7. u. 8. Tauf. 8. (III, 333 S.) Bonn 902. E. Strauß. Geb. in Leinw. 3.—

Islandfischer [Pêcheur d'Islande]. Roman von Pierre **Loti** (d. i. Julien Viaud). Aus d. Franz. von Fr[iederike] Dobbert. Halle a. S.: O. Hendel [1908]. (173 S.) 8° [F.]
(Otto Hendel's Reisebibliothek. Ser. 1. No 13.) [08. 1688: 3

— Islandfischer, s. a. Hendel's, Otto, Reisebibliothek.

Islandfischer [Pêcheurs d'Islande]. Roman von Pierre **Loti** [d. i. Julien Viaud]. Uebers. aus d. Franz. von C. Hecker. Stuttgart: Engelhorn [1909]. 152 S. 8°
(Engelhorns Allgemeine Romanbibliothek. Jg. 13, Bd 11.)
(Bibliothek August Scherl. Bd 535, [1.]) [10. 13920

— dasselbe, s.: Kürschner's Bücherschatz.

— dasselbe, s.: Universal-Bibliothek.

Gen Ispahan. Von Pierre **Loti** [d. i. Julien Viaud]. Berlin & Leipzig: Hüpeden & Merzyn 1906. (259 S.) 8° [F.] [06. 8690

Pierre **Loti** [d. i. Julien Viaud]. Madame Pflaumes dritte Jugend. ⟨Eine Erzählung in Tagebuchform, aus d. Zeit d. Chinaexpedition.⟩ Mit Autor. ins Deutsche übertr. von Margarete Toussaint. Leipzig & Kattowitz: C. Siwinna 1905. (286 S.) 8° [F.] [06. 6053

— Zwei Katzen, s.: Erzählungen, 1001, f. Jung u. Alt.

— dasselbe, s.: Beln, E., Bettchen Breunecke.

Loti, Pierre [d. i. Julien Viaud]: Namenloses Land u. anderes. Deutsch von Ferdinand Runkel. Mit Ill. von H. Binde. Berlin, Leipzig: Hillger [1909]. 96 S. 8°
(Kürschners Bücherschatz. Nr. 662).

— Namenloses Land u. anderes, s. a. Kürschner's Bücherschatz.

Loti, Pierre, aus fernen Ländern u. Meeren, s.: Schulbibliothek französischer u. englischer Prosaschriften aus der neueren Zeit.

— **Matelot, hrsg. v. Bahn, s.: Bibliothèque française.**

Pierre Loti. Matelot. In gekürzter Fassung für den Schulgebrauch herausgegeben von Prof. Dr. Gassner. I. Theil: Einleitung und Text. II. Theil: Anmerkungen und Wörterverzeichnis. (Freytags Sammlung französischer und englischer Schriftsteller.) Wien und Prag. 1900. Tempsky. 8°. 13, VI, 147 S. Geb. K 2.—

— pêcheur d'Islande, s.: Bibliothèque française.

— **dasselbe, hrsg. v. Dickmann, s.: Schulbibliothek, französische u. englische, A 105.**

Pierre Loti. Pêcheur D'Islande. In gekürzter Fassung für den Schulgebrauch herausgegeben von Dr. Karl Reuschel. I. Theil: Einleitung und Text. II. Theil: Anmerkungen. (Freytags Sammlung französischer und englischer Schriftsteller.) Wien und Prag. 1900. Tempsky. 8°. 13, VIII, 144 S. Geb. K 1.70

Pêcheur d'Islande par Pierre **Loti**. Mit Anm. zum Schulgebr. hrsg. von Dr. Hermann Engelmann, Oberl. zu Berlin. [Nebst] Anm. u. Wörterbuch. *Bielefeld & Leipzig: Velhagen & Klasing 1901.* 3 Bde 8°
— Sammlung, Velhagen & Klasings, französ. u. engl. Schulausgaben. Prosateurs franç. Lfg 121 B. [01. 11460

— **Pêcheur d'islande, hrsg. v. Herm. Engelmann, s. a. Prosateurs français, 121. Lfg.**

— Pêcheur d'Islande. In gekürzter Fassg. f. d. Schulgebrauch hrsg. v. Karl Reuschel. 1. Aufl. 2. Abdr. (VII, 142 S.) 8. Leipzig 906. G. Freytag. — Wien, F. Tempsky Geb. 1. 60

— Ramuntcho. Roman. Aus dem Franz. übers. v. E. Philiparie. 8. (277 S.) Stuttgart 898. Deutsche Verlags-Anstalt. n. 2. 50; geb. n.n. 3. 50

— die Schreckenstage v. Peking. Einzig berecht. Uebersetzg. von J. v. Immendorf. 1.—3. Aufl. (Je 308 S.) 8. Dresden (903). H. Minden. n. 3. 50; geb. n.n. 4. 50

Die Schreckenstage von Peking [Les derniers jours de Pékin] von Pierre **Loti** [d. i. Julien Viaud]. Einzig berechtigte Übers. von J. v. Immendorf [d. i. Philippine Gräfin zu Castell-Rüdenhausen]. 3. Aufl. Dresden & Leipzig: H. Minden [1903]. (308 S.) 8° [F. u. Ant.] [06. 10166 4

— ein Seemann. Roman. Autoris. Uebersetzg. aus dem Franz. v. Emmy Becher. (Engelhorns allgem. Romanbibliothek. Salon-Ausg.) 8. (159 S.) Stuttgart 902. J. Engelhorn. Geb. in Halbleinw. n. 2.—

— dasselbe, s.: Engelhorn's allgem. Romanbibliothek. XVI.

—— Der Spahi. Deutsche Bearbeitg. v. Hans Kraemer. 1. u. 2. Aufl. 8. (319 S.) Mannheim 892, Bensheimer's Verlag. * 4 —; geb. * 5 —

— Carmen Sylva. Die Verbannte. Schlangenzauber. Ein vergessenes Kapitel aus Madame Chrysanthème. Die japan. Frauen. Autoris. Uebersetzg. von Armin Schwarz. 8. (169 S.) Budapest 893. G. Grimm. n. 3.—

— die Wüste. Autor. Übersetzung aus dem Franz. v. E. Philiparie. 1. u. 2. Taus. 8. (264 S.) Berlin 896. Schuster & Loeffler. 3. 50; geb. n. 4. 50

Pierre Loti [d. i. Julien Viaud]. Mein Bruder Yves [Mon frère Yves]. Uebers. von Robert Prölss. *Stuttgart, Berlin, Leipzig: Union [1901].* (222 S.) 8° [J.]
— Romane, Moderne, aller Nationen. 21. [01. 1309]

Löti, Carl v., poetische Jugendsünden. (65 S. m. Bildnis.) 8. Wien 910. J. Eisenstein & Co. nn 1. 50

Lotichios, meine Gondel u. mein Gebiol bei dem Kaiserzuge Ferdinands I. im J. 1838. Venezian. Veduten u. Bissuten. 8. (20½ B.) Hanau 841, König. Thlr.

Lotichius, f.: Weihegottesdienst zur Einweihung der erneuerten Lutherkirche in Plauen i. V.

Lotichius, C. A., die Schälung der Eichenrinden, s.: Wohmann, W.

Lotichius, E., Ueber Einigungsämter und gewerbliche Schiedsgerichte. 8°. Leipzig. s. a.

Lotichius, Joh. Ehrenfr. (Waldenburg), Diss. jur. de mariti executione in rem dotalem facta, in terventione. Präs. J. H. Meier. Erfurt (Grosch) 19. VII. 1725. 21 S. (4.—) 21631
Widm. v.: S. Knobeloch, G. Tittelius.

Lotichius, Johann Georg

— — Diss. jur. de inhibitionibus et processu inhibito. Erfurt (J. Chr. Hering) 25. I. 1745. 22 S. (4.50) 21633

— **Joh. Georg** (Frankfurt/Main), De lubrico jurisjurando judaeorum. Präs. Joh. Georg Estor. Marburg (Müller) Aug. 1744 (1746). 87 S. (5.—) 21632

Lotichius, Mart., die königl. sächsischen Gesetze und Verordnungen über die Verhältnisse der Civilstaatsdiener. Für den Handgebrauch zusammengestellt und auf Grund amtl. Unterlagen mit Anmerkungen versehen. Nebst einem Anhang, enth. das Reichsbeamtengesetz und das K. S. Gesetz vom 12. Febr. 1870, und einem Sachregister. 8. (VIII, 255 S.) Leipzig 878, J. Naumann. *

Lotichius, Petrus Secundus

— **P.**, De eo quod pulchrum est in carminibus elegiacis P. Lotichii sec. Diss. (Dresden-Friedrichstadt (Hagenmüller) 20. III. 1766 in schola nov. urb. ad Dresdam. 23 S. (3.—) 21634

Lotichius, des P. Secundus, Elegien. Aus d. Latein. übers. v. E. G. Köstlin. Herausgg. v. Fr. Blume. gr. 12. Halle 826, Hemmerde u. S. Rthlr.

— Elegien. Aus d. Latein. übers. v. E. G. Köstlin. Herausg. v. Fr. Blume. gr. 12. Halle 826. (Schwetschke u. Sohn). 21 K

Lotichius, Sec., Pet., Poemata omnia, cur. Friedemann, s. Bibliotheca scriptorum etc., I. Poetar. Vol. I. Ps. I.

Lotichius, Pet. Secund., Poëmata omn., c. not Burmanni ex rec. Kretschmanni. 8. Dresd. Gerlach. (Beger.) 735.

***Lotichii*, P. Secundi, Solitariensis, Poëmata quae exstant omnia, selectis Pet. Burmanni Secundi, Hoogstratani et Chr. Fr. Quellii notis illustrata, recens., praef. est notasque suas et indicem adj. Karl Trgtt. Kretzschmar. 8. Dresd. 773. (Leipz., Weygand). 1 ß**

Lotichii Secundi, Petri, Poemata omnia. Ad edit. Petri Burmanni II. et Car. Tr. Kretzschmari cur. Frid. Traug. Fredemann. 16. (16¾ B.) Lipsiae 842. [Berlin], Klemann.]

Lotichii Secundi, Petri, Poemata omnia. **Ad edit. Petri** Burmanni II. et Car. Tr. Kretzschmari cur. Frid. Traug. Friedemann. 16. Lipsiae 842, Geo. Wigand. n. ⅔ ß

Lotichius, Wilhelm

Lotichius, Wilh., Briefe f. Kinder. 8. Leipz. 832. Frohberger. 12 K

Lotichius, Wilh., die Großmutter. Eine Gesch. in Briefen f. Kinder u. zugleich e. Mustersamml. zu stylist. Aufgaben. 8. (17 B.) Leipzig 837, Frohberger.

Lotichius, Wilh., Lasset uns bleiben an seiner Rede, so sind wir seine rechten Jünger. Predigt bei der allgem. Lehrerconferenz der Ephorie Glauchau am 15. Septbr. 1853 zu Glauchau gehalten. 8. (14 S.) Glauchau 853, Cramer. *

Lotmar, Fritz, prakt. Arzt a. Bern: Zur Kenntnis der Albumosen des krystallisierten Serumalbumins. Straßburg i. E. 1904: J. Singer. (29 S.) 8°
Straßburg, Med. Fak., Ref. Hofmeister, Diss. v. 6. Okt. 1904
[Geb. 26. Okt. 78 München; Wohnort: Bern; Staatsangeh.: Bayern; Vorbildung: Gymn. Bern Reife M. 96; Studium: Bern 6, Heidelberg 3, München 1, Straßburg 2 S.; Coll. 28. Juli 04; Approb. 19. Febr. 03.]

Lotmar, H.

— Die Lohn- u. Arbeitsverhältnisse in der Maschinenindustrie zu Winterthur. (Aus: „Zeitschr. f. schweiz. Statistik.) 8°. Bern, Buchdr. Stämpfli, 1907.

Lotmar, Heinrich: Teilungsverhältnis und Löslichkeit. *Göttingen 1899: Dieterich.* (63 S.) 8°
Heidelberg, Naturw.-math. Diss. v. [28. Apr.] 1899

Lotmar, Philipp. Der Arbeitsvertrag nach dem Privatrecht des Deutschen Reiches. Von Ph' L' [Professor in Bern]. In zwei Bänden. 8. Leipzig, Duncker & Humblot, 1902–1908.
Band 1. XXII + 828 S. 1902. [M. 18.—, geb. 21.—]
Band 2. ([Mit] Sachregister. Von Fritz Lotmar.) XVIII + 1050 S. 1908. [M. 22.—, geb. 25.—]

(Lotmar, Ph[ilipp].) Brinz: (Alois ‹v.› B., Rechtsgelehrter und Politiker, ... 1820 bis ... 1887 ...). Sonderabdruck aus Allg. Deutsche Biographie Band 47. S. 241–258. 8. [Leipzig, Duncker & Humblot, 1903.]

LOTMAR, Philipp (Frankfurt): Über Causa im römischen Recht. Beitrag zur Lehre von den Rechtsgeschäften.- München: Ackermann 1875. VIII,179 S.,1 Bl.
15.3.1875 - Urk (Titel: De causa quod ad ius Romanum attinet vi ac natura.); Chr 1874/75,12
Diss.Ingolst.-Landsh.-Mchn.

Lotmar, Ph[ilipp]. Der Dienstvertrag im Entwurf des [Schweizerischen] Zivilgesetzbuches. Ein Gutachten. Separatabdruck aus Heft 9, Jahrg. 13, 1905, der «Schweizer. Blätter für Wirtschafts- und Sozialpolitik».... II+26 S. 8. Bern, Scheitlin, Spring & Cie., 1905. [fr. —. 60]

Lotmar, Phpp., d. Freiheit d. Berufswahl. Rektoratsrede, geh. am 4. XII. 1897. gr. 8. (47 S.) Leipzig 898. Duncker & Humblot. n. 1. —

— zur legis actio sacramento in rem. Habilitationsschrift. gr. 8. (VI, 145 S.) Ebend. 876. n. 2. 80

Lotmar, Phpp., Lehrbuch der Pandekten, s.: Brinz, Alois.

Lotmar, über Plus est in re, quam in existimatione und Plus est in opinione, quam in veritate, s. Festgabe zum Doktor-Jubiläum von J. J. W. v. Planck.

Lotmar, Ph. Vom Rechte, das mit uns geboren ist. — Die Gerechtigkeit. Zwei Vorträge. In-8°. 95 S. Bern, Schmid, Francke & Co. (1893). 1 20

Lotmar, Phpp., kritische Studien in Sachen der Contravindication. gr. 8. (IV, 181 S.) München 878. Th. Ackermann. n. 3. 60

Der unmoralische Vertrag insbesondere nach gemeinem Recht. Von Philipp Lotmar, Prof. in Bern. *Leipzig: Duncker & Humblot 1896.* (X, 196 S.) 1 Bd 8.

Lotmar-Seelig, Olga, aus Moskau: Ein Beitrag zur Kenntnis der Schicksale der fötalen Atelektase. ⟨Aus dem Pathologisch-anatomischen Institut in Bern.⟩ Berlin 1908. 17 S. 8°. S.-A. aus dem Archiv für pathol. Anatomie. [17. VII. 07.]
Bern. Med. Diss. 1907/08.

Lotos. Zeitschrift für Natur-Wissenschaften (26–28: Jahresbericht d. natur-hist. Vereins 'Lotos'). Hrsg. v. naturhist. Ver. 'Lotos' in Prag. (3–19: Red.: Dr. Wilh. Rud. Weitenweber; 20–22: Dr. V[iktor] R[itter] v. Zepharovich; 23–26: Dr. A[ugust] E[mil] Vogl; 27–32: Prof. Dr. Ph[ilipp] Knoll; 33–43: Prof. Dr. F[erdinand] Lippich u. Prof. Dr. Sigmund Mayer.) Jg. 1–43. Prag: Typ. Inst. von C. W. Medau (2: Dr. von Jeřábek; 3ff.: Dr. von Geržabek; 13ff.: Verl. d. Ges. 'Lotos'; 29ff.: F. Tempsky) 1851–1895. 42 Bde 8°
1–26. 1851–76. 27. Jahresber. f. 1877. 1878. 28. Jahresber. f. 1878. 1879. 29. 1880. 30. 1882. 31. 32 (In 1 Bd). 1883. 33–34. 1884–85. 35. 1887. 36–43. 1888–95. [07. 095]

Lotos. Red.: Frdr. Graf v. Berchthold. 1. Jahrg. 1851. — Red.: Frz. Ant. Nickerl. (2.) Jahrg. 1852. à 12 Nrn. gr. 8. (à 1½—2 Bog.) Prag. (Calve. — Hess.) à Jahrg. n. 1⅓ Thlr.

Lotos. Redakt.: Max Dormitzer. (3.) Jahrg. 1853. 12 Nrn. (à 1½ — 2 Bog.) gr. 8. Prag 853, [Tempsky.] **

Lotos. Zeitschrift für Naturwissenschaften. 3. Jahrg. 1853. Red.: Max. Dormitzer. — 4—7. Jahrg. 1854—57. Red.: Wilh. Rdph. Weitenweber. à 12 Nrn. (à 1½—2 Bgn.) Mit Abbildgn. Prag. (Calve'sche Buchhdlg.) gr. 8.
3. u. 4. Jahrg. à n. 1 Thlr. 20 ngr.;
5—7. Jahrg. à n. 1 Thlr. 24 ngr.

Lotos. Zeitschrift für Naturwissenschaften. Redig. von Wilh. R. Weitenweber. 7—12. Jahrg. 1857—62. à Jahrg. 12 Nrn. (à 1½ — 2 Bog.) Mit Abbild. gr. 8. Prag, (Calve'sche Universitäts-Buchh.) à Jahrg. **

Lotos. Zeitschrift für Naturwissenschaften. Hrsg. vom naturhistorischen Vereine Lotos in Prag. Redact.: Wilh. Rud. Weitenweber. 13.—17. Jahrg. 1863—67. à Jahrg. 12 Nrn. (à 1½—2 Bog.) Mit Abbild. gr. 8. Prag, (Calve'sche Universitäts-Buchh.) à Jahrg. **
Herabg. Preis à Jahrg. *

Lotos. Zeitschrift für Naturwissenschaften. Redact.: Wilh. Rud. Weitenweber. 18. und 19. Jahrg. 1868 und 1869. à Jahrg. 12 Nrn. (Bog.) gr. 8. Mit Stnt. Prag, (Calve'sche Universitäts-Buchh.) à Jahrg. *

— dass. — Redact.: Rud. Falb. 20. Jahrg. 1870. 12 Nrn. (Bog.) gr. 8. Mit Stnt. (Ebendas.) *

— dass. — Redig. von V. R. v. Zepharowich. 21. Jahrg. 1871. 12 Nrn. (Bog.) gr. 8. (Ebendas.) *

— dass. — Redig. von A. E. Vogl. 22.—24. Jahrg. 1872—1874. à Jahrg. 12 Nrn. (Bog.) gr. 8. Ebendas. à Jahrg. *

Lotos. Zeitschrift für Naturwissenschaften. Redig. von A. E. Vogl. 25. Jahrg. 1875. 12 Nrn. (Bog.) gr. 8. Prag, Calve'sche Universitäts-Buchh. *
Fortsetzung vgl.: Jahresbericht des naturhistorischen Vereines „Lotos".

Lotos. Jahrbuch für Naturwissenschaft. Im Auftrage des Vereines „Lotos" hrsg. von Ph. Knoll. Neue Folge. 1. Bd. Der ganzen Reihe 29. Bd. gr. 8. (III, 107 S. mit mehreren eingedr. Holzst. und 2 lithogr. Beilagen.) Prag 880, Tempsky. *
Die frühern Jahrg. erschienen u. d. T.: Jahresbericht des naturhistorischen Vereines „Lotos".

— dass. — Neue Folge. 2. Bd. Der ganzen Reihe 30. Bd. gr. 8. (III, 101 S. mit mehreren eingedr. Holzst. und 4 lithogr. Beilagen.) Ebendas. 882. *

Lotos. Jahrbuch f. Naturwissenschaft. Im Auftrage d. Vereines „Lotos" hrsg. v. Ph. Knoll. Neue Folge. 3. u. 4. Bd. Der ganzen Reihe 31. u. 32. Bd. Mit mehreren (eingedr.) Holzst. u. 1 lith. Beilage. gr. 8. (III, 120 S.) Prag 883. Tempsky. — Leipzig, Freytag. n. 3. —

— dass. — Hrsg. von F. Lippich und Sigm. Mayer. Neue Folge. 5. Bd. Der ganzen Reihe 33. Bd. gr. 8. (XIII, 126 S. mit mehreren eingedr. Holzst.) Ebendas. 884. * 3 —

Lotos. Jahrbuch für Naturwissenschaft. Im Auftrage des Vereines „Lotos" hrsg. von F. Lippich und Sigm. Mayer. Neue Folge. 6. und 7. Bd. Der ganzen Reihe 34. und 35. Bd. gr. 8. (268; III, 268 S. mit mehreren eingedr. Holzschn.) Prag 885, 87, Tempsky. — Leipzig, Freytag. à Bd. *

— dass. — Neue Folge. 8. Bd. [Der ganzen Reihe 36. Bd.] gr. 8. (82 S. mit Holzschn. und 2 Taf.) Ebendas. 888. *

Lotos. Jahrbuch f. Naturwissenschaft, im Auftrage des Vereines „Lotos" hrsg. v. F. Lippich u. Sigm. Mayer. Neue Folge. 9.—12. Bd. Der ganzen Reihe 37.—41. Bd. gr. 8. Prag, Tempsky. — Lpz., Freytag. [9. Bd. Mit 3 lithogr. Taf. (III, 85 S.) 889. * 4 —; 10. Bd. (XXIII, 68 S. m. 5 Textfig. u. 2 Taf.) 890. * 4 —; 11. Bd. (VI, 77 S. m. 1 lithogr. Taf.) 891. * 4 —; 12. Bd. (III, 40 S. m. 2 Abbildgn.) 892. * 2 —.] * 14 —

Lotos. Jahrbuch f. Naturwissenschaft. Im Auftrage d. Vereines „Lotos" hrsg. von F. Lippich u. Sigm. Mayer. Neue Folge. 12.—14. Bd. Der ganzen Reihe 40.—42. Bd. gr. 8. Prag, F. Tempsky. — Leipzig, G. Freytag. n. 15. —
12. (III, 40 S. m. 2 Abbildgn.) 892. n. 2. —
13. (III, 130 S. m. 8 Abbildgn.) 893. n. 5. —
14. (III, 199 S. m. 8 Abbildgn. u. 6 Taf.) 894. n. 8. —

Lotos. Jahrbuch f. Naturwissenschaft. Im Auftr. des Vereins „Lotos" hrsg. v. F. Lippich u. Sigm. Mayer. Neue Folge. XV. Bd. Der ganzen Reihe 43. Bd. gr. 8. (XXIV, 163 S. m. 14 Fig. u. 1 Taf.) Prag 895. F Tempsky. — Leipzig, G. Freytag. n. 5. —

Lotos. Naturwissenschaftl. Zeitschrift, hrsg. vom deutschen naturwissenschaftlich-medizin. Verein „Lotos" in Prag. Schriftleitg.: Günther Ritter Beck v. Mannagetta. Neue Folge. 1. Bd. Der ganzen Reihe 55. Bd. 1907. 12 Nrn. (216 S. m. 35 Abb. u. 1 Taf.) 29,5×23,5 cm. Prag, J. G. Calve. 8. —

— dasselbe. Red.: Wilh. Wiechowski. 56.—58. Bd. 1908—1910. à 12 Nrn. (328, 330, 352 S. m. Abb. u. 4, 1 u. 2 Taf.) 8. Ebd. à Bd. 8. —

Lotosblätter. Fragment v. Isidorus. 2 Thle. 8. Bamberg, Kunz. 816. 17.

Lotosblumen, indische. Nr. 1—5. 8. Leipzig, Verlag der ev. luth. Mission. à n. — 10
1. Besuche in den Frauengemächern in Madura. Von Ester Peterson. Aus d. Schwed. übers. (21 S. m. Illustr.) 899.
2. Einige Bilder aus d. Frauenmissionsarbeit in Madura. Von Hildegard Prozell. Mit 9 Illustr. (25 S.) 901.
3. 4. Indiens Frauen im Spiegel der indischen Litteratur. Von Heinr. Frenkel. Mit 7 Bildern. (49 S.) 902.
5. Aus dem Leben e. Tamulenchristin. Nach schriftl. u. mündl. Mitteilgn. dargestellt. Von Frau Miss. Zehme. Mit 4 Illustr. (24 S.) 902.

Lotosblumen, indische. (Bilder aus der ind. Frauenmission.) Nr. 6—8. 8. Leipzig, Verlag der ev.-luth. Mission. à n. — 10
6. Mein Schwesterchen. Tamulische Erzählg., übers. von Frau M. Männig. Mit 4 Illustr. 1.—6. Taus. (25 S.) 903.
7. Eine tamulische Hochzeit. Von Schwester Emma v. Soden. Mit 4 Bildern. 1.—5. Taus. (24 S.) 905.
8. Muchammal. Nach e. Bericht v. Frl. E. Peterson erzählt. Von M. Petri. Mit 4 Bildern. 1.—5. Taus. (16 S.) 905.

Lotrama, D., Clemens Hofbauer-Büchlein. Die 9 Tagereisen des sel. Clemens Maria Hofbauer auf dem Wege zum Himmel. Eine Novene m. Gebeten f. fromme Verehrer des sel. Clemens Maria. (160 S. m. 1 Bildnis.) 16. Münster 904. Alphonsus-Buchh. Geb. in Leinw. n. — 50

Lots, Fritz [pr. Arzt in Dobitschen]: Über einen Fall von jahrelangem Verweilen eines Fremdkörpers in den Bronchien ... Jena, G. Neuenhahn Univ.-Buchdr., 1892; 26 S. 8.
Jena, Med. Fak., Inaug.-Diss. v. [27. Febr.] 1892

Friedrichroda (-Reinhardsbrunn). Prakt. Führer f. Kurgäste u. Touristen von Dr. med. [Fritz] **Lots** in Friedrichroda. Mit 10 Ansichts-Postkarten u. 1 Tourenkarte. *Fulda: A. Maier 1902.* (40 S.) 8°

Lots, die Krankheiten uns. Zeit. Eine neue Theorie üb. d. Entstehg. u. Behandlg. verschied. Krankheiten, insbes. solche d. Nerven. Für Ärzte u. Laien. gr. 8. (77 S. m. 1 Taf.) Berlin 896. H. Steinitz. n. 1. —

Lots, nervöse Zustände. Neue Wege zu ihrer Erkenntnis u. Behandlg. (IV, 79 S.) gr. 8. Berlin 908. O. Salle. 1.50

Lots, Joh. Ad. (Altenburg), Diss. jur. de eo quod justum est circa thesauros. Präs. Jac. Aug. Franckenstein. Lpz. (J. G. Bauch) 7. IV. 1727. 32 S. (4.—) 21635

— **Joh. Friedr.** (Zwickau), Diss. jur. de facultate sibi ipsi ius dicendi sine judice. Präs. Rud. Christ. Henne. Erfurt (Joh. Chr. Hering) 21. III. 1753. 26 S. (5.—) 21636
Widm. v.: Th. Heinr. Müller.

Lots, Johann Heinrich

— — (Zwickau), Diss. jur. de clerico jurisperito. Präs. Abr. Kaestner. Lpz. (Langenheim) 2. XII. 1744. 16 S. (3.50) 21639
Gew.: J. H. Lots, J. Ad. Lots. — Widm. v.: Chr. Fr. v. Burgsdorff, Fr. D. Müller, G. Fr. S. Liebe.

— **Joh. Leop.** (Zwickau), Exerc. jur. quaest. cont.: utrum is, qui ab altero injuria affectus homicidium committit, poenam ordinariam pati, teneatur. Präs. Fr. Gottl. Zoller. Lpz. (Breitkopf) 13. XII. 1770. 15 S. (4.—) 21640
Gew.: Chr. G. v. Gutschmidt.

Lots, Richard: Einrichtung von Fabriken. Mit 90 Abb. Hannover: Jänecke 1908. VIII, 179 S., 8°
(Bibliothek d. gesamten Technik. Bd. 90.)

Fabrikbauten. Von R[ichard] **Lots,** Ziviling., Berlin-Pankow. Mit 149 Abb. Hannover: M. Jänecke 1907. (240 S.) 8°
= **Bibliothek** d. gesamten Technik. Bd 65. 08. 11061 7

Lotsch, A., Anleitung zur Kalkulation v. Nutzhölzern aller Art, nebst e. Zopfstärke- u. e. Ausnutzungstabelle, e. Hülfsbuch bei allen Kalkulationen f. Sägewerksbesitzer, Holzhändler, Bau- u. Zimmermeister. (112 S.) gr. 8. Bromberg 903. Mittler. Geb. in Leinw. n. 2.80
Aus: Holzmarkt. 1902. Nr. 45 u. 52.

Lotsch, A., Preis-Tabelle f. Bretter u. Bohlen in den handelsüblichen Stärken. Nach Kubik- u. Quadratmetern, nach Schock (450 lfd. Metern) u. nach lauf. Metern. Ein Hülfsbuch für Sägewerke, Holzhändler u. alle Schnittmaterial verarbeit. Gewerbe. (2[illegible]5 S.) qu. 8. Oderberg (Mark) 905. B. Feistel (Leipzig, F. Schneider.) Geb. in Leinw. n. 6. —

— Preis-Tabelle f. Dickten — schwache Bretter in Stärken von 1—12½ Millimeter nach Kubikmetern u. nach Quadratmetern u. zu Preisen von Mk. 40 bis Mk. 300 pro Kubikmeter. (36 S.) kl. 8. Ebd. (904). n. — 60

Lotsch, Friedrich Wilhelm

Lotsch, Frid. Guil. (geb. Wittenberge 10. 1. 1821): De morbis hereditariis. Berolini (1847). (32 S.) 8°
Berlin, Med. Diss. v. 3. Apr. 1847

Lotsch, Fritz, aus Neiße i. Schl., Unterarzt im Anhalt. Inf.-Reg. No 93: (Aus d. inneren Abt. d. städt. Krankenhauses zu Charlottenburg.) **Beitrag** zur Frage der Wirksamkeit innerer Medikation beim Erysipel. *Berlin (1904): G. Schade.* (35 S.) 8°
Berlin, Med. Diss. v. 22. Apr. 1904

— ce que l'on doit savoir du style français. Principes de composition et de style. gr. 8. (V, 40 S.) Leipzig 902. Renger. n. — 60; kart. n. — 80

Dix petits contes pour les jeunes filles. Für den Schulgebr. erl. von Oberl. Dr. F[ritz] **Lotsch,** Elberfeld. [Nebst] Wörterbuch. *Glogau: C. Flemming 1902.* 2 Bde 8°
= **Schriftsteller,** Englische u. französische, d. neueren Zeit. Bdch. 19. Ausg. A.

Lotsch, F., s.: Contes, trois, pour les petites filles.

— Exercices de style. gr. 8. (IV, 55 S.) Leipzig 901. Renger. n. 1.20; geb. in Leinw. n. 1.50

Lotsch, Fr., in Frankreich, s.: In der Fremde.

— in der Fremde. Zweckmässige Anleitg. zur leichten Erlerng. fremder Sprachen ohne Lehrer. A. In Frankreich. I. u. II. Tl. 12. Potsdam, A. Stein. n. 2.20
I. Aussprache, Grammatik, Vokabeln. (Zum Selbstunterricht.) (VI, 146 S.) (903.) n. 1. —; (Schulausg.) (VI, 104 S.) n. — 60
II. Aussprache, Grammatik, Vokabeln. (Zum Selbstunterricht.) (VI, 170 S.) (904.) n. 1.20; Ausg. f. Fortbildungsschulen. (VI, 146 S.) n. — 80

— dasselbe, B., s.: In der Fremde.

— Grammaire française à l'usage des écoles supérieures allemandes. Cours supérieur complémentaire. gr. 8. (VIII, 170 S.) Ebd. 902. n. 2. 20; geb. in Leinw. n. 2. 60

— Histoire de la littérature française composée d'après les meilleurs auteurs français et adaptée à l'usage des écoles supérieures. gr. 8. (XII, 143 S.) Ebd. 900. n. 2. —; geb. in Leinw. n. 2. 40

— Histoire de la littérature française composée d'après les meilleurs auteurs français et adaptée à l'usage des écoles supérieures. 2. éd. augmentée et corrigée. (XIV, 148 S.) 8. Leipzig 907. Renger. Geb. 2. 40

Lotsch, [Friedrich], Dr.: Über Laut- und Schallnachahmung in der französischen Sprache. Elberfeld (1906): S. Lucas. (S. 3—28.) 4°
Elberfeld-West, st. HM OP 1906 [70]

— livre de lecture pour les enfants de 10 à 12 ans, s.: Schulbibliothek, französ. u. engl., C. 35. Bd.

— die neue französische Orthographie vom 26. II. 1901. Für die deutschen Schulen bearb. 12. (8 S.) Potsdam 901. A. Stein. n. — 20

Lotsch, Fritz *Oswald Adolf* [aus Prov. Brandenburg]: Über Zola's Sprachgebrauch ... Greifswald, Druck v. J. Abel, 1895; 1 Bl., 69 S. 8.
Greifswald, Phil. Fak., Inaug.-Diss. v. 10. Mai 1895

— Six tales by modern English authors, s.: Schulbibliothek, französische u. englische, A 146. Bd.

— Übungsbuch zum Übersetzen aus dem Deutschen in das Französische für die oberen Klassen höherer Lehranstalten. gr. 8. (60 S.) Ebd. 901. n. — 90; geb. in Leinw. n. 1. 20

— Wörterbuch zu modern französisch. Schriftstellern. Ein Nachtrag zum encyclopäd. Wörterbuch (nebst Suppl.) v. Sachs-Villatte u. zu allen übrigen französ. Wörterbüchern. 8. (IV, 108 S.) Potsdam 899. A. Stein. n. 2. —; geb. n.n. 2. 40

— Wörterbuch zu den Werken Zola's u. ein. and. modern. Schriftsteller. [Nachtrag zu Sachs-Villatte's Wörterbuch.] 8. (24 S.) Greifswald 896. J. Abel. n. — 60

Lotsch, Oskar

Lotsch, (Hans Friedr.) Osc. (geb. Wittenberge 12. 5. 1861): Ueber Litholapaxie und Epicystotomie. Berlin (1884). (26 S.) 8
Berlin, Med. Diss. v. 31. Juli 1884

Loetsch, Eduard, Referendar am Amtsgericht Annaberg: Die Veräußerung der Namensaktie nach dem Handelsgesetzbuch vom 10. Mai 1897. Borna-Leipzig 1908: R. Noske. (VIII, 50 S.) 8° [F.]
Leipzig, Jur. Fak., Diss. v. 30. Juni 1908
[Geb. 24. Okt. 81 Annaberg; Wohnort: Annaberg; Staatsangeh.: Sachsen; Vorbildung: Kgl. Gymn. Dresden-N. Reife O. 02; Studium: Genf 1, Berlin 1, Kiel 1, Leipzig 4 S.; Rig. 22. Juni 06.]

Lötsch, Ernst, Tierarzt a. Dresden, Assistent an d. physiolog.-chem. Versuchsstation d. Kgl. Sächs. Tierärztl. Hochschule: Aus d. physiolog. Institute d. Kgl. Sächs. Tierärztl. Hochschule zu Dresden. Direktor: Geh Medizinalrat Prof. Dr. Ellenberger. Zur Kenntnis der Verdauung von Fleisch im Magen u. Dünndarme des Schweines. Freiberg i. Sa. 1908: H. Köhler. (54 S.) 8°
Leipzig, Med. Fak., Ref. Ellenberger, Diss. v. 1. Aug. 1908
[Geb. 14. Okt. 81 Sebastiansberg (Böhmen); Wohnort: Dresden; Staatsangeh.: Österreich; Vorbildung: Kreuz-Gymn. Dresden Reife O. 04; Studium: Tierärztl. Hochsch. Dresden 7 S.; Coll. 8. Aug. 08; Approb. 1. Juli 08.]

Loetsch, Franz: Über pathologische Elongation der langen Röhrenknochen. *Freiburg i. B. 1897: H. Epstein.* (90 S.) 8°
Freiburg i. B., Med. Diss. v. 1897

Lötsch, Frz., „Männer hütet euch vor Ansteckung!" Gemeinverständliche Darstellg. der Geschlechtskrankheiten u. ihrer Verhütg. gr. 8. (52 S.) München (Kaufingerstr. 15, II) (901). Selbstverlag. 1. —

Neie Aardäpp von Hermann **Lötsch.** Annaberg: Graser 1906. (45 S.) 8° [F.]
— **Gedichte** u. Geschichten in erzgebirgischer Mundart. H. 22.

Lötschbergbahn. Die Lötschberg-Bahn als Zufahrtslinie zum Simplon durch die Berner Alpen. Hrg. vom bernischen Initiativkomitee für die Lötschberg-Bahn. II + 32 S. 8. (Bern, Lack Aeschlimann & Jost, 1902.) [fr. —. 60]
Zur Volksabstimmung vom 4. Mai 1902.

Lötschbergtunnel. Lötschberg- und Wildstrubel-Tunnel. Geologische Expertise. Im Auftrage des Regierungsrates [des Cantons Bern] verfasst von Dr. phil. Edm[und] v[on] Fellenberg..., Dr. phil. E[rnst] Kissling..., Professor Hans Schardt.... [Mit 3 Tafeln.] 8. Bern 1900.

Lötscher, Dr. Der Alkoholismus, dessen Folgen und Mittel der Bekämpfung mit spezieller Rücksicht auf die Schweiz. Referat. Arbon 1882. 46 S. 8°.

Loetscher, Alex[ander]. Ein Beitrag zur Pathologie des Oesophaguscarcinoms. Aus der medizinischen Klinik der Universität Zürich .... Diss. Med. Univ. Zürich. 105 S. 8. Zürich, Gebr. Leemann & Co., 1910.

Lötscher, A(lois). Gedenkschrift zur Erinnerung an den Bau und die Einweihung der katholischen Pfarrkirche in Frauenfeld. Verfasst von A. L', Pfarrer. [Illustriert.] 127 S. 8. Frauenfeld, F. Müller. 1908. [fr. 3. —]

Loetscher, Hans. Über die Bedeutung der modernen physikalischen Chemie, speziell der Jonentheorie für die Mineralwasser-Trinkkur. (Referat, gehalten an der 5. Jahresversammlung der Schweiz. Balneolog. Gesellschaft am 2. Oktober 1904 in Lugano.) Separatabdruck aus Heft 1 der «Annalen der Schweiz. Balneologischen Ges'». 24 S. 8. (Aarau, H. R. Sauerländer & Co., [1905])

Loetscher, Hans. Das Birmenstorfer Bitterwasser. Seine physiologische Wirkung und therapeutische Anwendung. [Illustriert.] 8. Zürich 1893.

Loetscher, H[ans]. Handbook to the Health Resorts of Switzerland. Containing full Information for the Physician, the Healthseeker and the Traveller as to all the Baths, Climatic Stations, Springs and Watering Places of Switzerland. With an accurate Map showing the Location and Mode of Access to the said Resorts, also 125 (*Umschlag:* 120) Views [11 Plates], [7] Panoramas and Special Maps of Switzerland. 8. Zurich 1887.

Loetscher, H. Handbook to the health resorts of Switzerland. Containing full information for the physician, the healthseeker and the traveller as to all the baths, climatic stations, springs and watering places of Switzerland. With an accurate map showing the location etc., also 125 views, panoramas and special maps. 4th ed. In-8°. XXXVIII, 311 p. Zürich, J. A. Preuss. 1890. Leinwd. 3 —

— Handbook to the health resorts of Switzerland. Containing full information for the physician, the healthseeker and the traveller as to all the baths, climatic stations, springs and watering places of Switzerland. With an accurate map showing the location and mode of access to the said ressorts, also 125 views and panoramas of Switzerland. 4. ed. In-12°. XXXVIII, 311 p. Zürich, Th. Schröter. 1892. Leinwd. 4 50

Loetscher, H., Schweizer Kur-Almanach 1886. Die Kurorte, Bäder und Heilquellen der Schweiz. Reise-Handbuch für Aerzte und Kurgäste, sowie für alle Besucher der Schweiz. 1. und 2. Aufl. 8. (IV, XXVIII, 351 S. mit 1 Bäderkarte der Schweiz, sowie 120 Ansichten, Panoramen und Spezialkarten.) Zürich, Preuss. geb. *

Loetscher, H[ans]. Schweizer Kur-Almanach.... Die Kurorte, Bäder & Heilquellen der Schweiz.... Mit einer Bäderkarte der Schweiz, sowie 120 (*2. *Aufl.:* 125) Ansichten [wovon 5 Tafeln], [3] Panoramen & [2] Specialkarten. 8. Zürich.

2. Aufl. Sch' K'-A' 1886.... Reise-Handbuch für Aerzte und Kurgäste.... 1886.

3. Aufl. Sch' K'-A' 1887.... Reise-Handbuch für Kurgäste und Sommerfrischler.... [1887.]

Loetscher, H., Dr. Schweizer Kur-Almanach 1887. Die Kurorte, Bäder u. Heilquellen der Schweiz. Reise-Handbuch für Kurgäste und Sommerfrischler, sowie unentbehrlich für Aerzte. 5. Aufl. In-8°, XLII u. 346 S., mit einer Bäderkarte der Schweiz, sowie 125 Ansichten, Panoramen und Specialkarten. Zürich, J. A. Preuss. 1887. gebd. 3 50

Loetscher, H., Schweizer Kur-Almanach. Die Kurorte, Bäder u. Heilquellen der Schweiz. Reise-Handbuch f. Kurgäste u. Sommerfrischler, sowie unentbehrlich f. Aerzte. Mit e. Bäderkarte der Schweiz, sowie 200 Ansichten, Panoramen u. Specialkarten. 10. Aufl. 8. (XLV, 421 S.) Zürich 890. Preuss. geb. n. 4. —; engl. Ausg. (XXXVIII, 311 S.) geb. n. 2. 50

Loetscher, H., schweizer Kur-Almanach. Die Kurorte, Bäder u. Heilquellen der Schweiz. Reisehandbuch f. Kurgäste u. Sommerfrischler, sowie unentbehrlich f. Aerzte. Mit 200 Ansichten, Panoramen u. Specialkarten. 11. Aufl. 8. (XLV, 419 S.) Zürich u. Leipzig 892. Th. Schroeter. Geb. in Leinw. n. 4. 50; engl. Ausg. 4. ed. (XXXVIII, 311 S.) geb. n. 4. 50

Loetscher, Hans, schweizer Kur-Almanach. Die Kurorte u. Heilquellen d. Schweiz. Reisehandbuch f. Kurgäste u. Sommerfrischler, sow. Ratgeber f. Aerzte. Mit über 200 Ansichten, Panoramen u. Karten. 12., gänzl. umgearb. u. verm. Aufl. 12. (LX, 255 S.) Zürich 896. Th. Schröter. Geb. in Leinw. n. 4. —

Loetscher, Hans. Schweizer Reise- und Kur-Almanach. Die Kurorte und Heilquellen der Schweiz.... 13. umgearbeitete und verbesserte Aufl. Mit Ansichten, Panoramen [wovon 1 Tafel] und [6] Karten. 8. Zürich und Leipzig 1900.

Frühere Auflagen s. Loetscher, H[ans]. Schweizer Kur-Almanach....

Lœtscher, Hans. Schweizer Reise- und Kur-Almanach 1902. Die Kurorte und Heilquellen der Schweiz. Ein Reisehandbuch für Kurgäste und Sommerfrischler, sowie Ratgeber für Ärzte. Mit Ansichten, Panoramen und Karten. 13. verbesserte Aufl. LX + 440 S. 8. Zürich ⟨*und* Leipzig⟩, Th. Schröter, 1902. [geb. fr. 5. —]

Neuausg., mit geringen Aenderungen, der 13. umgearb. und verbess. Aufl. 1900.

Lœtscher, Hans. Schweizer Reise- und Kur-Almanach. Die Kurorte und Heilquellen der Schweiz. Ein Reisehandbuch für Kurgäste und Sommerfrischler, sowie Ratgeber für Ärzte. 14. verbesserte Aufl. [Mit Illustrationen, 1 Panorama und 2 Karten.] IV + 376 S. 8. Zürich ⟨*und* Leipzig⟩, Th. Schröter, 1907. [geb. fr. 6. —]

Loetscher, Hans, Schweizer Reise- u. Kur-Almanach. Die Kurorte u. Heilquellen der Schweiz. Ein Reisehandbuch f. Kurgäste u. Sommerfrischler, sowie Ratgeber f. Ärzte. 15. verb. Aufl. (III, 388 S. m. Abb. u. 2 Karten.) 8. Zürich 908. A. Bürdeke. Geb. in Lw. 6. —

Lœtscher, Hans. Schweizer Reise- und Kur-Almanach. Die Kurorte und Heilquellen der Schweiz. Ein Reisehandbuch für Kurgäste und Sommerfrischler, sowie Ratgeber für Ärzte. 15. verbesserte Aufl. [Mit Illustrationen, 1 Panorama und 2 Karten.] IV + 388 S. 8. Zürich ⟨*und* Leipzig⟩, Th. Schröter's Nachfolger, 1908. [geb. fr. 8.—]

— wie erhält man seinen Magen gesund? Eine Hygieine d. Magens. gr. 8. (35 S.) Ebd. 894. n. — 60

— **Wie** erhält man seinen Magen gesund? Eine Hygiene des Magens. (2. verm. Aufl.) gr. 8. (42 S.) Ebd. 900. n. — 60

Lötscher, J., u. J. Christinger, die Gesundheitspflege im Alter der Schulpflichtigkeit. Zwei Vorträge, geh. vor der thurg. gemeinnütz. Gesellschaft. 8. (III, 74 S.) Frauenfeld 874. Huber. n. — 80

Lötscher, Conrad. Über den Bau und die Funktion der Antipoden in der Angiospermen-Samenanlage. Diss. Math.-Naturw. Freiburg in der Schweiz ... von P. K' Lötscher, O. S. B.... Mit 2 Tafeln. Sonderabdruck aus «Flora oder Allgem. Botan. Zeitung» 1905, Bd. 94, Heft 2. 54 + *Vita* 1 S. 8. München, Val. Höfling, 1905.

Lötscher, Ulrich, von St. Antönien (Graubünden): Jeremias Gotthelf als Politiker. Bern 1904. 136 S. 8°. [12. VII. 04.]

Bern. Phil. Diss. 1904/1905.

Lötscher, Ulrich. Jeremias Gotthelf als Politiker. VIII + 136 S. 8. Bern, K. J. Wyss.

Ausg. A: Diss. Phil. Bern ... von Ulrich L'.... 1904.
Ausg. B: Von Dr. U[lrich] L'. 1905. [fr. 2. —]

Lötschert, Hugo, a. Höhr: William Makepeace Thackeray als Humorist. Marburg 1908: R. Friedrich. (VIII, 122 S.) 8°

Marburg, Phil. Fak., Ref. Viëtor, Diss. v. 30. Juli 1908

[Geb. 31. Juli 84 Höhr (Hessen-Nassau); Wohnort: Marburg; Staatsangeh.: Preußen; Vorbildung: Kaiser-Wilhelms-Gymn. Montabaur Reife O. 04; Studium: München 2, Bonn 1, Paris 1, Marburg 5 S.; Rig. 13. Mai 08.]

Lötschert, Clara [wirkl. Name], s. a. Brechten, Marga [Pseud.]

Im Sturme der Zeit. Eine Erzählung aus d. Gegenwart. Von Marga Brechten (Klara Lötschert). *Hamm i. W.: Breer & Thiemann [1900].* (148 S. 8° [F.]
= Bibliothek, Kleine. No 47/48. [00. 11835

Der **Lotse**. Hamburg. Wochenschrift f. deutsche Kultur. Red.: C(arl) Mönckeberg u. Dr. S. Heckscher. Jg. 1, Bd 1. 2. Jg. 2, Bd 1. 2, H. 1–39. [Mehr nicht ersch.] Hamburg: Janssen 1900–1902. 8°

Jg. 1, Bd 1. Okt. 1900–März 1901. Bd 2. April–Sept. 1901.
Jg. 2, Bd 1. Okt. 1901–März 1902. Bd 2. H. 27–39. April–Juni 1902. A 12. 1901 2

— dasselbe. 2. Jahrg. Oktbr. 1901—Juni 1902. 39 Hfte. gr. 8. (à ca. 32 S.) Ebd. n. 9. —
Erscheint nicht mehr. Forts. s.: Jahrbücher, preuß.

Lotsmann, Joh. Gottl. (Hoeckendorf), Quaestio jur. contr. an mutuum contrahi possit inter ignorantes. Präs. Chr. Heinr. Breuning. Lpz. (Rumpf) 22. II. 1772. 8 S. (3.50) 21641

Lotspeich, Claude, Knoxville ⟨N.-Amer.⟩: Zur Víga-Glúms- und Reykdoelasaga. *Leipzig 1903: Hesse & Becker.* (45 S.) 8°
Leipzig, Phil. Diss. v. [15. Mai] 1903

Lotsy, J. P. [aus Dordrecht (Holland)]: Beiträge zur Biologie der Flechtenflora des Hainbergs bei Göttingen. . . . Göttingen, Druck v. Louis Hofer, 1890; 46 S. + 1 Bl. 8°
Göttingen, Phil. Fak., Inaug.-Diss. v. 16. Dez. 1889

Lotsy, J. P., Beiträge zur Biologie der Flechtenflora d. Hainbergs bei Göttingen. Inaugural-Dissertation. gr. 8. (47 S.) Göttingen 890. (Vandenhoeck & Ruprecht's Verl.) n. 1. —

Lotsy, J. P., s.: Progressus rei botanicae.

— s.: Résultats scientifiques du congrès internat. de botanique.

— Vorlesungen üb. Deszendenztheorien m. besond. Berücksicht. der botanischen Seite der Frage, geh. an der Reichsuniversität zu Leiden. I. Tl. (XII, 384 S. m. 124 Fig. u. 2 Taf.) Lex.-8. Jena 906. G. Fischer. n. 8. —; geb. n. 9. —

Lotsy, J. P., Vorlesungen üb. Deszendenztheorien m. besond. Berücksicht. der botan. Seite der Frage, geh. an d. Reichsuniversität zu Leiden. II. Tl. (VI u. S. 381—799 m. 101 Fig. u. 13 Taf.) Lex. 8. Jena 908. G. Fischer. 12.—; geb. 13. —
I. Tl. Ebd. 906. 8.—; geb. 9.—.

— Vorträge üb. botan. Stammesgeschichte. Geh. an der Reichsuniversität zu Leiden. Ein Lehrbuch der Pflanzensystematik. 1. u. 2. Bd. Lex. 8. Ebd. 44. —
1. Algen u. Pilze. (IV, 828 S.) 907. 20. —
2. Cormophyta zoidogamia. (902 S. m. 553 Abb.) 909. 24. —

— s.: Zentralblatt, botanisches.

Lott, Bernhard: Der Monolog im englischen Drama vor Shakespeare. Greifswald 1909: Abel. 114 S. 8°
Greifswald, Phil. Diss. v. 5. Aug. 1909, Ref. Konrath
[Geb. 8. Juni 84 Daber i. P.; Wohnort: Greifswald; Staatsangeh.: Preußen; Vorbildung: Gymn. Gartz a. O. Reife O. 02; Studium: Berlin 4, Göttingen 4, Greifswald 3 S.; Rig. 25. Mai 09.] [U 09. 1541

Lott, Fr. Karl

Lott, Fr. Car., Herbarti de animi immortalitate doctrina. 4 maj. (6¼ B.) Gottingae 842. (Libr. Dieterich.) *

Lott, F. C., Festrede zur Säcularfeier Fichte's gehalten am 19. Mai 1862 im Auftrage des philosoph. Professoren-Collegiums der k. k. Wiener Universität. Lex.-8. (29 S.) Wien 862, Braumüller. *

— — zur Logik. gr. 8. (4⅛ B.) Göttingen 845, Vandenhoeck u. Ruprecht.
Aus: Göttinger Studien 1845, besond. abgedruckt.

F.. **Lott** zur Logik. *Gött.*, Vandenhoeck u. Ruprecht. 846. gr 8° 8 gl

Lott, Gust., zur Anatomie und Physiologie des cervix uteri. Eine gynaekolog. Studie. gr. 8. (IX, 149 S. mit eingedr. Holzschn. und 2 Stnt.) Erlangen [Stuttgart] 872, Enke. *

Lott, Jul., die Kunst, die internationale Verkehrssprache „Volapük" schnell zu erlernen, s. Kunst, die, der Polyglottie.

Lott, Jul., un lingua internazional. Grammatika et vokabular pro angleses, germanes, romanes et pro kultivates de tut mond. 12. (XLV, 298 S.) Leipzig 890. Wien, Bermann & Altmann. n.n. 2. —

— Schleyer's Volapük. Uebungsbuch zum schnellen Erlernen dieser internationalen Verkehrssprache. 8. (47 S.) Wien 887, (Bermann und Altmann.) *

Lott, Karl, aus Insterburg: Der Nährwert des Feldzwiebacks. *Berlin (1901): E. Ebering.* (43 S.) 8°
Berlin, Med. Diss. v. 23. Juli 1901

Lott, L., Buchdruck, s. Ausstellungs-Bericht, officieller.

Lotta di Genua, Das, in seiner wahren Grösse. Philadelphia [Lübeck] 1771. V: *Behn, Friedrich Daniel.* (Wr)

Lottchen oder Roman vieler Romane, 2 Theile mit 1 Kupf. 8. Wien, 784-85. Mößle. 27 sgl.

Lottchen, od. Roman vieler Romane. 2 Thle. 8. Wien 790. v. Mösle. 16 gr

LOTTCHEN, oder Roman vieler Romane. Eine wahre (stellenw. pikante) Geschichte (in Briefen) aus dem menschlichen Leben. 2 Thle. 2. Aufl. Mit 1 TKpf. u. 2 TVignn. (die erste m. Druckersignet). Wien u. Leipzig, bey Joh. Geo. Mössle. 1791. 8°. (1⅓ Rthl.)
168 u. 228 SS. Besonders in Th. 2 verfängliche Situationen. Selten!
Zuerst gedr. ebd. 1784—85. 8°. (Geschichts- u. Romanen-Litt. [Cat.] Breslau 1798.)

Lottchen. Eine Erzähl. von Theodor Hell, m. K. 8. Leipzig, Weigel. (Hinrichs.) 807.

Lottchen und Eloise, oder die zwei Hochzeiterinnen; ein Schspl. in 4 Aufz. 8. Augsb. 788. v. Jenisch u. Stage.

Lottchen am Hofe; Singspiel in drei Aufz. Leipzig 1767. 2. Aufl. 1771. V: *Weisse, Christian Felix.* (MGT) (Ky)

Lottchen am Hofe. Kom. Oper (v. Chr. Fel. Weiße). 8. Leipz. 767. 2e A. 771. Dyck. 7 gr

LOTTCHEN aus Thüringen oder So muß man die Weiber nicht halten. Eine Ehestandsgeschichte. Mit Titelvignette. Leipzig u. Liegnitz, Siegert, 1791. 8°. (2 Mk. Franz Teubner, Bonn, c. 1895; 3 Mk., etw. fleckig, Is. St. Goar, Frankf. a. M., 1908.)

— aus Thüringen, od. so muß man die Weiber nicht halten. 8. ... 791. (Krappe in Leipz.) 21 gr

Lottchens Lieder, (v. Charl. Gründler). 8. Leipz. 790. (Wienbrack). 16 gr

Lottchens Lieder. 8. Lpz. Gräff. 790.

Lottchen's Reise ins Zuchthaus, ein Originalroman, (v. Jh. A. G. Kirsten). 3 Thle. 8. Leipz. 777, 778. N. Aufl. 784. Joachim. 1 rthl 16 gr

Lottchens Reisen ins Zuchthaus, 3 Theile mit Kupf. zweyte verbesserte Aufl. 8. Leipzig, 784. Müllers. 2 Rthl. 15 sgl.

Lotte oder die Gräfin von Glückstein. Berlin 1781. V: *Cranz, Aug. Frdr.* (Ky)

Lotte; oder die Gräfin von Gluckstein; ein Gemälde aus der wahren Welt. 8. Berlin; Hesse. 781.

Lotte, die arme, od. die verhöhnten Familien. 8. Wien 801. K. Haas. 16 gr

Lotte bey Werthers Grab . . . Wahlheim 1775. V: *Reitzenstein, Carl Baron von.* (BrMm) (Appell)

Lotte von Westenburg oder Männerfrevel. Lustspiel in 4 Aufz. Wien 1795. V: *Eberl, Ferdinand.* (GGr) (Ky)

Lottenmoser, Rupert, S. J., Ansprachen in der marianischen Kongregation der Jungfrauen, s.: Patiß, Geo.

— Über die Leiden Mariä, s.: Patiß, G.

Lottenmoser, Ruppert, S. J., heilige Vorbilder f. die christlichen Jungfrauen in der Welt, s.: Patiß, Geo.

Lotten's Briefe an e. Freund, während ihrer Bekanntschaft mit Werther, (v. Wlh. Fr. Herm. Reinwald). 2 Thle. 8. Berl. 788. Nicolai. 12 gr

Lottens Briefe an eine Freundinn während ihrer Bekanntschaft mit Werthern, aus dem Engl. 2 Theile mit 1 Kupf. 8. Berlin, 788. Fr. Nicolai. 15 sgl.

— Geständnisse, in Briefen an eine vertraute Freundin, vor u. nach Werthers Tode, geschrieben; aus d. Engl. nach der 5r amerikan. Ausg., (v. Edw. Gall). Mit Lottens Bildn. u. Facsimile. 16. Trier 825. Gall. 1 ₰ Velinp. 1 ₰ 8 gr

Lottens Leben u. Ehestand, (von Gli. H. Heinse). 2 Thle. 8. Gera 789. Haller. 1 ₰ 6 gr

— Leben und Ehestand, 2 Theile, 8. Gera, 789. Rothe. 1 Rthl. 8 sgl.

— Tagebuch; aus d. Französ. in Briefen strengmoral. Inhalts, (v. K. G. Lenz). 8. Halle 796. (Reinicke u. C.) 1 ₰

Lotter. L'Eveché de Munster et l'Eveché d'Osnabrük, les comtés de Delmenhorst, de Bentheim, de Stenford, de Tecklenbourg et Lingen, de Diepholz et de Rietberg. Augsburg 1 Bl. c. K. v.

Lotter, ..., (Kaufmann), s. Geist d. Christenthums.

Lotter, C. M., Diss. sulla sensibilità ed irritabilità delle parti do bruti o degli uomini. Tur. 12°.
1757

Lotter, Christoph Ludwig

Lotter, Cph. Ldw., s. 1) Handbuch d. Erdbeschreib. v. Europa. 2) Schule d. Weisheit u. Tugend.

Bücherverzeichnis der Freimaurerloge „Zur Wahrheit und Freundschaft" im Or. Fürth i. Bayern. Systemat. zsgest. nach dem Bestande vom 1. Jan. 1909 von Daniel Lotter. Fürth i. B. 1909: Schröder. IV, 192 S. 8°
Mit Regesten nach Taute, Ockler, Boos u. a. 358 a.

Lotter, Geo., Handbuch zum Entwerfen regelspuriger Dampf-Lokomotiven. Mit e. Begleitwort v. Wilh. Lynen. (XII, 286 S. m. 186 Abb.) 8. München 909. R. Oldenbourg. Geb. in Leinw. 8. —

Lotter, H., s. Anekboten für Christen.

Lotter, Hans, Gross-Industrie u. Gross-Handel von Nürnberg-Fürth u. Umgebg. Mit e. Einleitg. v. J. M. Lotter. gr. 4. (VI, X, 180 S. m. Abbildgn., 2 Bildnissen u. 2. Taf.) Nürnberg 894. (J. Ph. Raw.) Geb in Leinw. n. 10. —

Lotter, J. A.

— allgemeines Hauptregister über A. Fr. Büschings neue Erdbeschreibung. 8. Nürnb. 784. (Eichhorn). 1 ₰

Lotter, J. A., alphab. Verzeichn. d. Königr., Fürstenth., Länder rc. od. Regist. z. Büschings Erdbeschr. 8. Nürnberg, Grattenauer. 784.

— — dasselbe. 8. Nürnb. Schneider u. W. 784.

Lotter, J. A., alphab. Verz. d. Königreiche, Fürstenthümer rc., als e. Taschenb. b. Zeitungslesen zu gebrauchen, nach Büschings Geographie. 8. Nürnb. 787. Riegel u. W. 1 ₰ 8 gr

Lotter, J. M., Katechismus der Bienenzucht im Dzierzon'schen Zwillingsstocke, als der vorzüglichsten Bienenwohnung. Nach den größeren Werken der berühmten Bienenzüchter Dzierzon, Kleine und Schmid bearb. 8. (XII und 96 S.) Ziegelstein 864. (Nürnberg, Korn'sche Buchh.) * —

Lotter, J. M., Katechismus der Bienenzucht. 2. Aufl. gr. 16. (VIII, 96 S.) Nürnberg 871. Korn. n. 1. —

Lotter, J. M., Katechismus der Bienenzucht. 3. Aufl. 8. (VIII, 120 S. mit 1 Steintaf.) Nürnberg 878. Korn. n. 1. —

Lotter, J. M., Katechismus der Bienenzucht. 4. Aufl. 8. (VIII, 156 S. mit 1 Stnt.) Nürnberg 885, Korn'sche Buchh. *

Lotter, J. M., Katechismus der Bienenzucht. V. Aufl 8. (XIII, 160 S. m. 1 Taf.) Nürnberg 889. F. Korn. n. 1. —

Lotter, J. M., Katechismus der Bienenzucht. 6. Aufl. 8. (IV, 234 S. m. Abbildgn.) Nürnberg 903. F. Korn. n. 1. 60

Lotter, J. M., Lesebuch f. Baugewerkschulen, s.: Koller, E.

— Lese- u. Hilfsbuch f. Baugewerk-Schulen, s.: Koller, E.

— Sagen, Legenden u. Geschichten d. Stadt Nürnberg. M. 95 Abb. gr. 8. (VIII, 496 S.) Nürnberg 898. 99. J. Ph. Raw's Verl. Geb. in Leinw. n. 6. 50
Erschien auch in 16 Lfgn. à — 40.

Lotter, J. M., das alte Zeidelwesen in den Nürnbergischen Reichswaldungen. Nürnberg 870. Korn. gr. 8. (98 S. mit 1 Steintaf. n. 18 ngr.

Lotter, Johann Georg, Abhandlung, // von dem heutigen Ansehen // Der // Deutschen Sprache // in dem Rußischen Reiche, // bey seinem Abschiede // Aus der // Deutschen Gesellschaft zu Leipzig // am 16. Tage des Mers-Monats 1735. // öffentlich abgelesen // von // Johann George Lottern, // Beruffenem Professor der Beredsamkeit, // wie auch der Griechischen und Römischen Alter- //thümer bey der Rußisch-Käyserl. Academie der Wissen- //schaften zu St. Petersburg, und der Königl-Preußi- //schen Societät der Wissenschaften zu Ber- //lin Mitgliede. // Leipzig, // Gedruckt bey Bernhard Christoph Breitkopf. - 48 S. (Resp. Joh. Friedrich May).

— **Joh. Georg,** De Arist. chio conscriptam Jenae ed. Diss. a M. Gottfr. Buchner. O. O. u. J. (4.—) 21643

Lotter, J. G., historia instaurationis templi Hierosolym. sub Juliano imp. tentatae. Lips. 1728. 4.

— — **Historia vitae atque meritorum Conradi Peutingeri Augustani.** Lpz. (B. Chr. Breitkopf) 14. IX. 1729. 72 S. (5.—) 21644
Mit Stammbaum u. Wappen der Familie Peutinger.

Lotter, Johann Georg [Praes.], s. Schade, Johann Christoph: De tabula Peutingeriana.

— — **De vita et philosophia Bernardini Telesii.** Lpz. (B. Chr. Breitkopf) 1733. 70 S. (5.—) 21645
Vgl.Lotter, Melchior.

Lotter's, Joh. Hieronymus, Sammlung merkwürdiger Medaillen, s. Jaedel, Frz.

Lotter, Carl: Bilder aus Alt-Stuttgart, s. Bach, Max

Lotter C. Geschichte d. Museumsgesellschaft in Stuttgart. (187 S 24 T) Stuttgart 1907

Lotter, Carl, Stammbaum der Familie Lotter in Schwaben. gr. 4. (VIII, 256, VIII S. mit 1 Tab. in gr. Fol.) Stuttgart 879, Neff. geb. *

Lotter, L., fünf- u. sechsprocentige Interessenberechnung, in Gulden u. Kreuzern. Taschenform. Eßlingen 815. Firdorf u. Kleinheinz. 10 Kr

Carte du Theatre de la Guerre présente entre les Russes et les Turcs. Representée par Matthieu Albert Lotter à Augsbourg. 1 : 4,000,000. 1 Bl.

Lotter, Matthaeus Albrecht: „Postkarte durch ganz Deutschland und einen Theil der angraenzenden Laender. Neu bearbeitet in 4 Blättern", Augsburg o. J. — Vorh.: Büch. der Industrie- und Handelskammer Leipzig.

Lotter, Melch., de re beneficiaria, tractat. absolut. fol. Colon. 710. Rthlr.

— comment. de vita et philosophia Bernh. Tilesii. 4. Lps. Breitkopf. 733.
Vgl.Lotter, Joh.Georg.

Lotter, Richard [Ill.]
s. Kretzer, Richard: Irrlichter und Gespenster. 1892–93.

Lotter, Tobias Heinrich

(Lotter, Tob. Heinr.,) Beyspiele d. Guten, s. Beyspiele 2c.

(*Eb.*) Beispiele d. G. 4r Th. m. d. besond. Tit.: Edelsinn u. Tugend; poet. Darstellungen a. d. ält. u. neuern Welt- u. Menschengesch. m. kurzen histor. Erläutt. *Eb.* (819.) 2e vb. u. vm. A. 824. 8° 18 gl — 5r Th. m. d. bes. T.: Poet. Darstellungen des Schönen u. Guten a. d. W.- u. Menschengesch. 830. 14 gl

[Lotter, T. H.] *Beyspiele des Guten.* Eine Sammlung edler und schöner Handlungen und Charakter-Züge aus der Welt- und Menschen-Geschichte aller Zeiten und Völker . . . Vorrede von Joh. Ludwig Ewald. 3. verbess. u. verm. Aufl. 3 Theile in 1 Bde. Stuttgart, Steinkopf, 1833. M. 1 Titelkupfer. Kl.-8°. Hübscher grüner Pbd. d. Z. 25.—
Eins der wichtigsten Werke der deutschen Jugendliteratur d. beginn. 19. Jahrh. Vgl. d. ausführl. Würdigung bei Merget p. 32. „Eine überaus reichhaltige Sammlung größtenteils schöner Erzählungen" (Hopf). — Wenige leichte Flecken, gutes Ex. Der Einbd. leicht fleckig.

[Lotter]. *Beispiele des Guten.* Vorwort von Dr. J. L. Ewald. 6. neu verbess. u. verm. Aufl. 1.—3. Theil in 1 Bde. Stuttgart, Steinkopf, 1840. M. lithogr. Titelbild. 8°. Etwas benützter Hldr. d. Z. 12.—

(Tob. H. **Lotter's**) Beispiele des Guten; e. Gallerie edler Handll. u Charakterzüge a. d. Gesch. aller Zeiten u. Völker; eingeführt v. J. L. **Ewald.** 1-3r Th. *Stuttg.*, Steinkopf. (1-6e A. 807-840.) 7e neu vb. u. vm. A., besorgt v. J. Ch. F. **Burk.** Mit 10 Bildern. 845. 8° in 2 verschied. Ausg. 1 ß 16 gl u. 2 ß 12 gl

(——) Beyspiele d. Guten aus d. weibl. Wirkungskreise, s. a. Beyspiele 2c.

(*Eb.*) Beispp. d. Guten a. d. weibl. Wirkungskreise; geschichtl. Darstellungen edler Gesinnungen u. Handlungen, z. Förderung christl. Tug. u. Glückseligk. Von d. Herausg. d. „Beispp. d. Guten" m. Vorr. v. J. L. **Ewald.** *Eb.* 834. 8° 18 gl

(——) merkwürd. Beyspiele, s. Beyspiele 2c.

(*Eb.*) Erzählungen f. d. zartere Jugend, z. Bild. u. Stärk. e. relig. u. sittl. Gefühls u. Urtheils; e. Leseb. f. d. häusl. u. Schulgebr., v. Herausg. d. Beispp. d. G. *Eb.* 826. gr 8° 16 gl

Lotter, Tobias Heinrich, s. Gebete u. Lieder für Kinder.

(Lotter, Tob. Heinr.), Gebete u. Lieder f. Kinder, z. tägl. Andacht in Familien, welche Freunde u. Verehrer uns. Herrn u. Erlösers sind. Mit besond. Rücksicht auf d. verschied. Alters-Stufen d. Jugend u. die übrigen Lebensverhältnisse. Mit e. Vorw. v. C. A. D(ann). 12. (9 1/6 B.) Stuttgart 835, J. F. Steinkopf.

(——) Glaube, Hoffnung, Liebe, s. Glaube 2c.

(*Eb.*) d. Kinderkreis, Beispp. d. Guten a. d. Leben v. Kindern f. Kinder. Aus d. Nachlasse d. Herausg. d. „Schule d. Weish. u. Tug." *Eb.* 838. 8° 16 gl

(Tob. H. **Lotter**) Aus d. Leben edler Frauen; histor.-moral. Schilderungen als Muster z. Nachahm.; v. d. Herausg. d. „Beispp. des Guten." *Stuttg.*, Steinkopf. 828. 8° 1 ß

(——) Lieder f. d. Jugend in Industrie-Anstalten, s. Lieder 2c.

Lotter, Tobias Heinrich, s. Religion, Sittlichkeit, Lebensweisheit, in gereimten Sinn-Sprüchen u. Gleichnissen.

(——) Religion, Sittlichkeit, Lebensweisheit, in gereimten Sinnsprüchen u. Gleichnissen. Der Jugend u. ihren Freunden gewid. Auf jed. Tag d. Jahres Etwas. 16. (3 B.) Stuttgart 835, J. F. Steinkopf.

(——) Sammlung v. mehr denn 300 Glückwünschen, s. Sammlung.

(Tob. H. Lotter's) prakt. Sittenlehre f. d. Jug. in ausgew. Fabb. u. Erzähll.; e. Lese- u. Gedächtnissb. f. d. häusl. u. öff. Gebr.; v. d. Herausg. d. „Beispp. d. Guten." *Stuttg.*, Steinkopf. 821. 8° 1ß

(——) Vorsehung u. Menschenschicksale, s. Vorsehung ꝛc.

WARNUNGSBEISPIELE für die Jugend aus der Geschichte und dem alltäglichen Leben .... (von *Tobias Heinr. Lotter*). Stuttgart 1829.
Anon.-Lex. IV. p. 375 (nach Ersch-Geissler); Kayser nennt *Joh. Chrn. Friedr. Steudel* als Vf.).

(Tob. H. Lotter's) Warnungsbeispp. f. d. Jug. a. d. Gesch. u. d. alltägl. Leben, od. lehrr. Schule d. Erfahr. z. Verhütung dess. was uns. inn. u. äuss. Wohlsein stören kann; e. Leseb. u. s. w. *Stuttg.*, Steinkopf. 829. 8° 16 gl

(——) Warnungsbeispiele f. d. Jugend ꝛc.,
(——) Warnungsbeispiele f. Jünglinge ꝛc.,
} s. a. Warnungsbeispiele

***Eb.* Warnungsbeispp. f. Jüngll. u. Jungfrr. z. Vermeid. d. Gefahren, welche auf d. Lebenswege ihrem geist. u. leibl. Wohle im Wege stehen; Stimmen d. Erfahr. a. d. Lebensgesch. einzelner Menschen. *Eb.* 829. 8°**

Lotter, Tobias Konrad

Carte Géographique representant la Mer Mediterranée ou la seconde Partie du Théatre de la Guerre entre les Russes et les Turcs. Par T. C. Lotter Geogr. à Augsbourg. 1770. 1: 4,800,000. 3 Bl.

Lotter, T. C. Carte géographique contenant le royaume de Siberie et quelques autres parties de la Tartarie. Augsburg. 2 Bl. c. K. v.

Carte Géographique du Theatre de la Guerre en General, representant le Royaume de Hongarie etc. avec une grande Partie de l'Etat de Pologne. Par T. C. Lotter Geogr. à Augsbourg. 1728. 1: 1,300,000. 4 Bl.

Carte Géographique representant le Théatre de la Guerre entre les Russes, les Turcs, et les Polonois Confédérés; c'est à dire, les Provinces d'Ukraine de nouvelle Servie, de Moldavie etc. Par Tobie Conrad Lotter Geogr. à Augsbourg 1769. Gravée par les G. F. et G. C. Lotter les fils. 1: 1,600,000. 1 Bl.

Lotter, T. C. Circulus Franconicus. (Augsburg). 1 Bl. c. K. v.

Lotter, T. C. Ducatus Pomeraniae citerioris et ulterioris principatibus, comitatibus, urbibus suis definitae nova et ampla descriptio geographica. Augsburg. 6 Bl. c. K. v.

Lotter, Tob. Conr., Mappa geographica ... exhibens circulos aliquot Germaniae, praesertim illos, ubi bellum nunc geritur. Aug. Vind. 1759. Fol. 2 Bll. Kupf. u. kolor. (D.)

Lotter, T. C. Mappa geographica exhibens Electoratum Brandenburgensem sive Marchiam veterem, mediam et novam nec non Marchiam Ukeram. Augsburg 1758. 1 Bl. c. K. v.

Lotter, T. C. Africae pars meridionalis cum promontorio bonae spei. Hannover. 1 Bl. c. K. v.

Lotter, T. C. La principauté d'Ost-Frise, ou le Comté d'Embden, avec ses principales, jurisdictions. Augsburg. 1 Bl. c. K. v.

Gletscher — Prospect geometrique des Montagnes neigées, dittes — telles qu'on les découvre en tems favorable, depuis le Chateau d'Arbourg, dans les territoires des Grisons du Canton d'Vry, et de l'Oberland du Canton Berne. A Basle chez Chr. de Mechel. Gravée par Tob. Conr. Lotter à Augsbourg. 1 Bl.

Lotter, T. C. Borussiae regnum complectens circulos Sambiensem, Natangiensem et Hockerlandiae nec non Borussia Polonica exhibens Palatinatus Culmiensem, Marienburgensem, Pomerelliae et Varmiae cum adjacentibus aliis provinciis. Augsburg 1759. 1 Bl. c. K. v.

Lotter, Tob. Conr., Sedes ac theatrum bellorum per plurimos annos in regionibus Rheni, Mosae ac Mosellae ... Augustae Vindelicorum o. J. [1743?] Fol. Kupf. u. kol. (D.)

Lötter, A., was ich am Wege fand. Schlichte Gedichte. (58 S.) 8. Straßburg 908. J. Singer. 1.—

Lotterey zu Schleßwig. Von Gottes Gnaden Hedwig Sophie, der Reiche Schweden Erb-Princeßin, Hertzogin zu Schleßwig, Holstein . . . (Hamburg. 1706.) 2 Bl. Fol.

Lotterhos, G(eorg) W(ilhelm), aus Worms a. Rh.: Zur Kenntnis der aromatischen Aldehyde. *Heidelberg 1902: J. Hörning.* (40 S.) 8°
Heidelberg, Naturw.-math. Diss. v. 1902

Lotterie, die, ein Gemälde nach d. Leben. 8. Ulm 771. Bartholomäi. 8 kr
Vgl. Lotterien.

— d., e. Gemälde nach d. Leben. 8. Salzb. Mayr. 771.

Lotterie, Der Frommen, oder Geistliches Schatzkästlein. Germantown 1744. V: *Tersteegen, Gerhard.* (Seidensticker, German Printing in America. Philad. 1893.)

Lotterie, Geistliche, oder: auserlesene Sammluug heilsamer Gedanken ... Stadtamhof 1840. V: *Sintzel, Mich.* (Ky)

Lotterie, geistliche, oder: auserlesene Sammlung heilsamer Gedanken und wichtiger Grundsätze der christl. Frömmigkeit von verschied. Geisteslehrern, besonders vom heil. Franz v. Sales. (Von M. Sintzel.) 12. Stadtamhof 840. (Regensburg, Manz; auch Pustet.) 9 ngl

Lotterie, Des berühmten Predigers Gerundio von Kampazas, sonst Gerundio Zotes, für die Herrn Prediger 1777 ... O. O. u. J. V: *Isla, José Francisco de.* (Uriarte, Catalogo de obras anón. y seudón. I. Madrid 1904.) Ü: *Hahn, Modest.*

Lotterie, Des berühmten Predigers Gerundio v. Campazas, für die Herren Prediger. Kanzelburg [München] 1777. N. Aufl. [Constanz] 1777. V: *Hahn, Modest.* (Wr) (BB) (ML)

Lotterie, die große, ein neues Gesellschaftsspiel zur fröhlichen Unterhaltung f. größere u. kleinere Cirkel. Mit 150 Kartchen. 4. Leipzig 834. (Hunger.) 1 1/4 ß

Lotterie (Die königliche). 8°. Breslau (J. F. Korn) 1764.

Lotterie od. nicht Lotterie? Dieß ist die Frage! 12. (1 B.) Berlin 843, Krause'sche Vrlgs.- u. Sorth. Thlr.

LOTTERIE, Eine neue, wormit sich Tugendhafftes Frauenzimmer, u. Ehr-liebende Mannes-Bilder, in Ermanglung andrer Ergötzung, die Zeit honett vertreiben können. Mit 8 Kpfr.-Vignetten (im Texte) u. 1 gefalt. Tabelle. Augspurg 1755. 8°. In Versen. Selten! (5 Mk. Friedr. Klüber, c. 1900; 6 Kr. Halm & Goldmann, 1904.)

Lotterie ohne Nieten! Erklärung der Staats-Lotterie-Anleihen-Loose oder die Wahrscheinlichkeit durch einen unter allen Umständen gesicherten Einsatz sein Glück zu machen nebst Rathschlägen und Warnungen beim Ankauf solcher Loose. 8°. München, Franz, 1851. (43 S.)

Lotterie-Anlehn. Das Rothschilder, ... aus dem civilrechtl. Gesichtspunkt gewürdigt. München 1820. V: *Gönner, Nik. Thaddäus von.* Vgl. Ersch II (1823), 2. Abschn., Nr. 1257b. (DARP)

Lotterie-Anlehen (Das Rothschilder) von 20800000 Gulden im Verhältniss der Loose zu den Unternehmen des Anlehns. Aus dem civilrechtl. Gesichtspunkte gewürdigt. gr. 8°. München, Fleischmann, 1820.

Lotterie-Anlehen, das Rothschilder, von 20,800,000 Gulden im Verhältnisse der Loose zu den Unternehmern des Anlehns. A. d. Civilrechtlichen Gesichtspunkte gewürdigt. gr. 8. München, Fleischmann. 821.

Lotterieberechnung, pünktliche. 8. Carlsruh, Macklot. 785.

Lotterieberechnungen, pünktliche, überhaupt, insbesond. ab. Lottoberechnungen, Rentenlotterien ꝛc. nach Gesetzen d. Mathematik. Neue Ausgabe. 8. Karlsruhe, Braun. 814.

Lotterie-Büchlein, Preußisches. Nachweisungen für Spieler in der Königl. Preuß. Klassen-Lotterie. Plan der Königl. Preuß. Klassen-Lotterie u. Angabe der Einsatz-Beträge, einschließlich der Schreibegebühren, in Courant, für ein ganzes, ein halbes u. ein Viertel-Loos ꝛc. Als Anhang: Verzeichniß der Haupttreffer in den 4 Klassen der 101. bis 116. Klassen-Lotterie. Köln 858. Eisen. 18. (32 S.) 3 ngr.

Lotterie-Büchlein, preußisches. Nachweisungen für Spieler in der königl. preuß. Klassen-Lotterie. Plan der königl. preuß. Klassen-Lotterie und Angabe der Einsatz-Beträge, einschließlich der Schreibgebühren, für ein ganzes, ein halbes und ein Viertel-Loos ꝛc. Als Anhang: Verzeichniß der Haupttreffer in den 4 Klassen der 101. bis 120. Klassen-Lotterie. 1. Aufl. 1858. 3 Ngr. und 2., nach dem neuen Plane, für die Ziehungen vom J. 1860 an, umgeänd. Aufl. 16. (34 S.) Köln 860, [Affenheimer und Comp.]

Lotterie-Büchlein, preußisches. Nachweisungen für Spieler in der Königl. Preußischen Klassen-Lotterie u. Angabe der Einsatz-Beträge, einschließlich der Schreibgebühren, für ein ganzes, ein halbes u. ein Viertel-Loos ꝛc. Als Anhang: Verzeichniß der Haupttreffer in den vier Klassen der 101. bis 120. Klassen-Lotterie. 2., nach dem neuen Plane, für die Ziehungen vom Jahre 1860 an, umgeänd. Aufl. Köln 860. Eisen. 16. (34 S.) 2 1/2 ngr.

Lotterie-Gewinner, der, genaue u. leicht faßl. Berechnung, wie viel jeder Gewinner in d. Zwischen-Klassen bei Annahme od. Ablehnung d. Freilooses zu erhalten hat; nebst einigen Regeln f. d. Spieler, verfaßt v. ein. Lotterie-Einnehmer. qu. 8. (1 B.) Grünberg 840, [Levysohn.]

Lotterie-Kalender. Mit Tage-Marken für das J. 1857—59. 1—3. Jahrg. Lotto-Freuden und des Spielers Glück durch die Treffer in der Lotterie. Mit einer Lotterie-Tabelle zum Ambospiel u. einer besonders vortheilhaften Anleitung zum Solospiel ꝛc. Ein unentbehrliches Handbüchlein für alle Lottospieler ꝛc. Verfaßt von C. W*******. Gratz, Ludwig u. Wohlfarth in Comm. 8. Jeder Jahrg. n. 15 ngr.

Lotterie-Kalender. Mit Tage-Marken für die Jahre 1860 u. 61. 4. u. 5. Jahrg. Lotto-Freuden u. des Spielers Glück durch die Treffer in der Lotterie. Mit 1 Lotterie-Tabelle zum Ambospiel u. einer besonders vortheilhaften Anleitung zum Solospiel ꝛc. Ein unentbehrliches Handbüchlein für alle Lotteriespieler, u. ganz unentbehrlich für alle Besitzer der „Glücks-Tabelle." Verfaßt von C. W******. Gratz, Ludwig & Wohlfarth in Comm. 8. (65 S.) Jeder Jahrg. verklebt n. 20 ngr.

Lotterie-Kalender für die J. 1862—68. Eine arithmetisch geordnete Zusammenstellung der Ziehungen von sämmtlichen verlosbaren österreich. Staats- und Privat-Anlehen von Anbeginn der Ziehungen bis Ende Dezbr. 1861—67. 8. (à Jahrg. XVI und 157—233 S.) Wien, Dirnböck's Buchh. à Jahrg. *

Lotterie-Kalender, hundertjähriger, 1861. 5. Jahrg. Lotto-Freuden und des Spielers Glück durch die Treffer in der Lotterie. Mit einer neuen Lotterie-Tabelle zum Ambo- und Solospiel, wornach schon viele Tausend Treffer zugetroffen haben, nebst einem Anhang mit den gezogenen Lottonummern von 26 Jahren Ein unentbehrliches Handbuch für alle Lottospieler. Verfaßt von C. W.... aus Wien. 8. Gratz, Ludewig & Wohlfarth in Comm. 1 fl.

Lotterie-Kalender, neuer österreichischer (mit vollständigem Kalendarium), für das Jahr 1868. Enthält 9 geheime Lottospiel-Methoden. Qu.-kl. 4. Wien, Teufen in Comm. Verklebt 80 kr.

Lotterie-Kalender, neuer österreichischer, für das gemeine Jahr 1870 sammt Lotterie-Ratgeber. Herausgegeben von A. Fiala. 6. Jahrgang. kl. 8. Wien, Ferd. Klemm in Comm. verklebt. 80 kr.

Lotterie-Kalender, neuer österreichischer, für das Jahr 1871, sammt Lotterie-Rathgeber, welcher außer den in vorigen Jahrgängen mitgetheilten, bisher geheim gehaltenen und theuer verkauften Lottospiel-Methoden v. Czatel, Schulvol, Ingenieur Bold aus Hamburg, Kurzbal aus Leipzig, Fechter aus Prag und denen von A. Fiala noch folgende neu errichtete, auf mathematischer Berechnung basirende und sicher Gewinn bringende Methoden enthält, eine Methode von der Somnambule Mlle. Duclosse sammt Triangel von Appolonius Syndicus; eine Methode von Dr. Brunnenthal, ehemaliger Professor in Java; eine Methode von Prof. A. v. Hohenau aus Gießen. Ferner: Verzeichniß ausländischer in Oesterreich erlaubter Lotterie-Anlehens-Effekten. — Verzeichniß der stempelpflichtigen Dokumente. — Postwesen. — Stempel-Tarif u. a. m. Herausgegeben von Alois Fiala. 7. Jahrgang. 8. Wien, Ferd. Klemm in Comm. verklebt. 80 kr. (Nur baar.)

Lotterie-Kalender, neuer österreichischer, f. d. J. 1873 sammt Lotterie-Rathgeber. Hrsg. v. Alois Fiala. 9. Jahrg. 8. (XVI, 50 S.) Wien 873. (Klemm.) n. 1. 60

Lotterie-Kalender, neuer österreichischer, für die J. 1877—1880, sammt Lotterie-Rathgeber. Hrsg. von Alois Fiala. 13.—16. Jahrg. 8. (à Jahrg. ca. 62—68 S.) Wien, (Steckler und Erben.) Verklebt à Jahrg. *
Jahrg. 1874—1876 erschienen im Selbstverlag des Herausgebers.

Lotterie-Kalender, neuer österreichischer, für die J. 1881—1883. 17.—19. Jahrg. Hrsg. von Alois Fiala. 8. (à Jahrg. ca. 64 S.) Wien, (Steckler.) à Jahrg. * 2 —

—— neuer österreichisch-ungarischer, für die J. 1884 und 1885, sammt Lotterie-Rathgeber. 20. und 21. Jahrg. 8. (à Jahrg. XXXII, 32 S.) Wien, (Edm. Schmid.) à Jahrg. * 1 60

Lotterie-Kalender, neuer österreichischer, für die J. 1886 und 1887. Hrsgbr.: Alois Fiala. 22. und 23. Jahrg. 8. (à Jahrg. 72 S.) Wien, (Edm. Schmid.) à Jahrg. *

Lotterielisten, die, Lustsp. in 2 Akten, v. K. Klähr. 8. Meißen, Gödsche. 811. — 8

Lotterie-Loose, die. Zur Charakteristik unsrer Zeit. gr. 8. (11 B.) Frankfurt a. M. 844, Brönner. *

Lotterien, die, ein Gemählde nach dem Leben, mit patriotischer Freyheit geschildert, 8. Ulm, 771. Bartholomäi. 10 sgl.

Lotterien, Die, ein Gemählde nach dem Leben . . . Ulm 1772. V: *Korn, Christoph Heinrich.* (ML) (Ky)
Vgl. Lotterie.

Lotterien und Kunst zu gewinnen. Frankfurt u. Leipzig 1796. V: *Kerndörffer, Heinrich August.* (MGT) (NN) (Ky)

Lotterien, u. Kunst zu gewinnen, (v. H. A. Kerndörfer). 8. Frankf. u. Leipz. 796. Baumgärtner. 8 gl.

Lotterien, unsere. Führer durch die Staats-Lotterien Deutschlands, nebst sämmtl. Gewinn-Berechnungs-Tabellen (auch f. mehrere Theilhaber an e. Loose) der preuß. Klassen-Lotterie, der braunschweig.-lüneb. Landes-Lotterie, der Hamburger Stadt-Lotterie, der hess. Landes-Lotterie, der lübeck. Staats-Lotterie, der Mecklenburg-Schwerin Landes-Lotterie, der sächs. Landes-Lotterie, der thüringisch-anhalt. Staats-Lotterie. (Von Alb. Lüdtke.) 16. (167 S.) Berlin (902). (Berolina-Versand-Buchh.) n. — 50

Lotterieprophet, od. die Kunst, im Zahlenlotto s. Glück zu machen. 8. Schwabach 770. Enderes. 5 gl.

Lotterie-Prophet, der. Eine Anleitung, wie man mittelst Berechnung die in der Zahlenlotterie zu ziehenden Nummern noch vor der Ziehung ermitteln u. auf diese Art sichere Gewinnste machen kann. Reichenberg 863. (Jungbunzlau, Uhl.) 8. (16 S.) n. 6 ngr.

Das Lotterierecht. Cob. 1771.

Lotterie-Schwester, Die. Komischer Vortrag. Wien [1890]. V: *Bartl, Hans.* (EB)

Lotteriespiel u. Aberglaube, s. Ambach, Ed.

Lotterie-Spiel, das berühmte sächsische. Mit 64 Täfelchen u. 8 Ziehungslisten. Prag 866. Silber & Schenk. n. 10 ngr.

Lotteriespiel in 3 Klassen, mit 50 Abbildd. fremder u. einheim. Völker. 8. Halle 804. Dreyßig. 12 gl.

— kleines, z. Gebr. f. Privatgesellschaften. 8. Jena, Akadem. Bchhdl. 776.

— kleines, zum Gebrauch f. Privatgesellschaften. 8. Jena 776. (Hennings in Neiße). 4 gl.

— komisches. Mit 40 kolor. Karikatur- u. 40 Nummerkarten mit Versen. Mit deutschen u. französ. Erklärungen. 16. Wien 819. Müller. 2 rth.

— neues moralisches, f. Kinder. 8. Hannov. 796. Hahn. 14 gl.

Lotteriespiel, neuestes, f. Kinder u. junge Leute, mit 1 illum. Bogen, 70 Loose enthaltend. Leipzig, Kleins Comt. 815.

— zeitvertreibend., besteh. in 50 Sinnbildern u. Devisen. 8. Leipz. 763. Hilscher. 12 gl.

Lotteriespieler, Der, oder die fünf glücklichen Nummern. Ein Lustspiel in drey Aufzügen. Berlin 1769. V: *Lessing, Karl Gotthelf.* (Bresl 31, S. 123)

Lotteriespieler, der, oder die 5 glücklichen Nummern. Lstspl. 8. Berl. 769. Voß. 5 gl.

Lotterie-Spieler, der. (Rechnungs-Tafeln in Betreff des Einsatzes und Gewinnes für Gesellschaften von 2 — 16 Personen zum Viertel-, Halben- und Ganzen-Loose bei der königl. preuß. Klassen-Lotterie. Von F. G. Schimmelfennig.) 2. Aufl. qu. 16. (31 S.) Berlin 860. [Posen, Jagielski.] *

LOTTERIESPIELER. Der genialische –. Gerold, Wien 1793.

Lotteriespieler, der glückliche. 8. Wien 793. (Gerold). 6 gl.

— d. glückliche, od. neueröffnetes Lotterietraumbuch. 8. Augsb. 802. Bolling. 6 gl.

— derselbe. gr. 8. Prag 792. Schönfeld. 5 gl.

Lotteriespieler, der glückliche. Durch vieljährige Erfahrungen erprobtes Traumbüchlein, in welchem die Bedeutungsnummern von mehr als 1200 verschiedenen Träumen aufgeführt sind. Nebst den näheren Bestimmungen der bayerischen Zahlenlotterie, sowie Angabe der Ziehungstage im Laufe des Jahres 1856 rc. 856. (71 S.) — 2. verm. u. verb. Aufl. Leipzig 856. Stoll. 32. (64 S.) 2½ ngr.

Lotteriespielerin, Die glückliche, oder Geschichte der Fräulein Tolot etc. Nebst den arithmetisch-astronomischen und kabbalistischen Regeln. Aus dem Ital. übersetzt. Augsburg u. Memmingen 1770. V: *Chiari, Pietro.* Ü: *Schatz, Johann Jacob.* (BGE IV², 265)

Lotteriespielerin, die glückliche, od. Geschichte d. Fräulein Tolet; aus d. Italien. (von J. J. Schatz). 8. Augsb. 770. v. Jenisch u. St. 10 gl.

Lotterieunwesen, Das, in den Kantonen Appenzell und St. Gallen ... St. Gallen 1854. V: *Hungerbühler, Joh. Matthias.* (Ky)

Lotterieunwesen, das, in den Kantonen Appenzell und St. Gallen. Aus den Verhandlungen der St. Gallisch-Appenzellischen gemeinnützigen Gesellschaft ꝛc. abgedr. (Von J. M. Hungerbühler.) St. Gallen 854. Huber u. Co. 8. (36 S.) 5 ngr.

Lotteriewahrsager, d. aufrichtige. 8. Berl. 771. Maurers B. 2 gr.

Lotteriewesen (Ueber das). 8°. Leipzig, Höfer, 1793.

Lotterie-Zeitung. Fachblatt f. sämmtl. Lotterie-Unternehmer General-Debiteure, -Collecteure u. Lotterie-Geschäfte Red.: Otto Schob. 1. Jahrg. Juni 1891—Mai 1892 26 Nrn. (2 Bog.) Fol. Neustrelitz i/M. Berlin, Rollenberg & Schob. n. 6. —

Lottermoser, Alfred, Dr.: Über anorganische Colloide. 1901. VI, 80 S. 8° ¶ Aus: Sammlung chem. u. chem.-techn. Vorträge. Bd 6. Dresden Te. II., Hab.-Schr. v. S.-S. 1901

Lottermoser, Alfr., über anorganische Colloide. gr. 8. (IV, 80 S.) Stuttgart 901. F. Enke. n. 2. 40
Sonderabdr. a.: „Sammlg. chem. u. chemisch-techn. Vorträge".

Lottermoser, *Carl August* Alfred [aus Dresden]: Zur Kenntniss der Einwirkung von Natrium auf aromatische Nitrile ... [Aus: Journ. f. prakt. Chem., N. F. Bd 54.] Leipzig, J. A. Barth, 1896; 35 S. 8.
Leipzig, Phil. Fak., Inaug.-Diss. v. [17. Nov.] 1896

Lottermoser, E., s. Motive, architektonische.

Lottermoser, Architektonische Motive s.a. Weissbach, K.

Lottermoser, F., der Turnlehrer. Ein Ratgeber f. Lehrpersonen, die sich das Befähigungszeugnis f. den Turnunterricht erwerben wollen. Mit e. Sammlg. einschläg. Verordngn. u. amtl. Bekanntmachgn. (VIII, 112 S.) 8. Aachen 908. H. Köster. 2. —

Handbuch für Odd Fellows. Von Alexander Lotthammer. Leipzig 1907: Leibing. XVI, 311 S. 8°. 21.

Lotthammer, Hans, a. Nürnberg: Kraniometrische Bearbeitung der Schädelsammlung des Erlanger Anatomischen Instituts. Braunschweig 1908: F. Vieweg & Sohn. (54 S.) 4°
Erlangen, Med. Fak., Ref. Gerlach, Diss. v. 21. März 1908
[Geb. 3. Juni 70 Nürnberg; Wohnort: Erlangen; Staatsangeh.: Bayern; Vorbildung: Gym. n. Tübingen Reife 90; Studium: Erlangen 13 S.; Coll. 25. Juli 07; Approb. Jan 05.]

Katalog der anthropologischen Sammlung in dem anatomischen Institut der Universität Erlangen. Bearb. von Dr. med. Hans **Lotthammer.** Braunschweig: F. Vieweg & Sohn 1908. (50 S.) 4°
Erschien gleichzeitig als Suppl. zu Archiv f. Anthropologie. N. F. Bd 6.
— **Sammlungen,** Die anthropologischen, Deutschlands. 7. [08. 6439]

Lotrich, der Apfel. Lstspl. 8. Berl. 783. (Sander). 4 gr.

— wer war wohl mehr als Jude? Schspl. 8. Leipz. 783. (Aue in Alt.) 8 gr.

Lottich, Otto: De sermone vulgari Atticorum maxime ex Aristophanis fabulis cognoscendo. Halis Saxonum 1881: Karras. 29 S. 8°
Halle-Wittenberg, Phil. Diss. v. [22. Juli] 1881
Geb. Krotoschin 17. 6. 1852. V.

Lottich, *Paul Otto Richard* Statius' Trostgedicht an den Claudius Etruscus (silv. III 3) mit sachlichen und kritischen Erklärungen. 4 (34 S.).
Progr. Gelehrtensch. des Johanneums *Hamburg* 1893 (729).

Lottich, O., Statius' Trostgedicht an den Claudius Etruscus (silv. III, 3) m. sachlichen u. kritischen Erklärungen. Progr. gr. 4. (34 S.) Hamburg 893 (Herold's Verl.) n.n. 2. 50

Lottich, Reinhard, Referendar: Prokurist und Korrespondentreeder. Borna-Leipzig 1909: Noske. X, 63 S. 8°
Heidelberg, Jur. Diss. v. 2. Sept. 1909, Ref. Schröder
[Geb. 28. Febr. 86 Hamburg; Wohnort: Hamburg; Staatsangeh.: Hamburg; Vorbildung: Gelehrtensch. d. Johanneums Hamburg Reife O. 04; Studium: Heidelberg 2, Berlin 2, Kiel 2 S.; Rig. 23. Juli 09.] [U 10. 1931

LOTTIN de Laval, Kahel der Schreckliche, der furchtbare Sarazenenritter. Ein dramat. Gemälde aus den Zeiten der ersten Kreuzzüge. 2 Thle. Leipzig (Ch. G. Kayser in Commiss.), 1838. 8°.
I: Tit. u. 236 S. II: Tit. u. 216 S. — Ziemlich zahm.

Lotting, Eva, das bockige Alma. (158 S.) 8. Mannheim (907). J. Bensheimer's Verl. 2.50; geb. 3. 50

— Zum lächelnden Frieden. Eine Hinterhausgeschichte. (168 S.) 8. Ebd. (907). 2.50; geb. 3. 50

***Lottinger,* A. J.,** histoire du coucou d'Europe etc. 8. Strassburg 792. Levrault. 6 gr. Dass. deutsch, s. Kukuk.

Lottka, R. A., Kinderträume. Bunte Märchen für klein und groß. gr. 4. (V, 77 S. mit 9 Vollbildern und 11 Textbildern, nach Eug. Klimsch in Holz geschn. von H. Günther.) Leipzig 886, Amelang's Verlag. geb.

Lottmann, Fritz Gerh., Aura academica. Roman. (298 S.) 8. Dresden (906). E. Pierson. n. 3. —; geb. n. 4. —

Lottmann, Jul., wie lassen sich Hochmoore am Besten ausbeuten? (Internationaler land- u. forstwirthschaftlicher Congress zu Wien 1890, Hft. 22.) gr. 8. (8 S. Wien 890. (W. Frick.) n. — 40

Lottner, *Eduard* Ein praktisches Beispiel zur Festigkeitslehre. 4 (10 S., 1 Taf.). Progr. Rg. *Lippstadt* 1887 (349).

Lottner, Eduard u. Müller, Über den Lehrplan für den naturwissenschaftlichen Unterricht an d. Realschule erster Ordnung zu Lippstadt.
Lippstadt 1865. Schul-/Univ.-Schrift.

Lottner, E., Leitfaden f. den Unterricht in der ebenen Trigonometrie. gr. 8. (32 S. m. 2 Steintaf.) Lippstadt 876. Staats. n. — 80

Lottner, E., Sammlung der nothwendigsten algebraischen, geometrischen, stereometrischen und trigonometrischen Formeln zum Gebrauche in Gymnasien und Realschulen. 1. und 2. Aufl. gr. 8. (22 S.) Lippstadt 855, Lange's Buchh. *

— Sammlung der nothwendigsten Formeln der Algebra, Planimetrie, Stereometrie, Trigonometrie, analytischen Geometrie u. der Mechanik zum Gebrauche in Gymnasien u. Realschulen. 3. Aufl. gr. 8. (IV, 28 S.) Ebend. 871. — 60

Lottner, E., die wichtigsten Sätze der allgemeinen Arithmetik für den Schulgebrauch zusammengestellt. 1. u. 2. Abthl. Lippstadt 870. Staats. gr. 8. Jede Abthl. n. 8 ngr.
1. [Pensum der Tertia.] (89 S.) — 2. [Pensum der Secunda.] (96 S.)

[Lottner, (Carolus Leopoldus) Eduardus]: * De seriebus quibusdam coefficientes binomiales continentibus. 71 S. 8° (4°)
Halle-Wittenberg, Phil. Diss. v. 19. Okt. 1848
Geb. [Berlin 14. 10. 1826]

Lottner: Welchen Einfluss hat die tägliche Umdrehung der Erde auf den Gang einer genau regulierten, fest aufgestellten astronomischen Uhr an einem und demselben Orte ?
15 S. – Lippstadt R., Progr. 1860

Lottner, F. A.

—— Sammlung d. k. preuß. Gesetze f. d. Rheinprovinz, s. a. Sammlung.

Lottner, F. A. und Leitner: „Sammlung der für die Königlich Preussische Rheinprovinz seit dem Jahre 1813 hinsichtlich der Rechts- und Gerichtsverfassung ergangenen Gesetze, Verordnungen, Ministerialrescripte . . . . .“, 6 Bände, Berlin 1834 bis 1839.

Lottner, F. A., Sammlung der f. d. Fürstenthum Lichtenberg v. J. 1816—1834 ergang. hrzgl. sachs.-coburg-gotha. Verordnungen. Mit hoh. Genehmigung. gr. 8. (39 B.) Berlin 836, Sander'sche Buchh.

Lottner, F. H., geognostische Skizze des westfälischen Steinkohlen-Gebirges. Erläuternder Text zur Flötzkarte des westfälischen Steinkohlen-Gebirges. Iserlohn 859. Bädeker. Lex.-8. (164 S.) n. 1 *rℓ*

Lottner, F. H., geognostische Skizze des westfälischen Steinkohlen-Gebirges. Erläut. Text zur Flötzkarte des westfäl. Steinkohlen-Gebirges. 2. (Titel-)Ausg. Iserlohn (859) 868. Baedeker. gr. 8. (164 S.) n. 1 *rℓ*

von Lottner, Hans [aus Herrngiersdorf (Niederbayern)]: Über die Resorptionsfähigkeit der menschlichen Haut bei Application von Salben ... Würzburg, P. Scheiner's Buchdr., 1892; 55 S. 8.
Würzburg, Med. Fak., Inaug.-Diss. v. 1892

Lottner, Heinr., Leitfaden zur Bergbaukunde. Nach den an der königl. Berg-Akademie zu Berlin gehaltenen Vorlesungen. Nach dem Tode des Verf. hrsg. von Alb. Serlo. 2 Bde. in 3 Lfgn. gr. 8. Berlin 869, Springer's Verlag. [1. Lfg. (1. Bd. XV, S. 1—336 mit 174 in den Text gedr. Holzschn. und 2 lithogr. Taf.) * *M.* 8,50.; 2. Lfg. (1. Bd. S. 337—471, und 2. Bd. S. 1—112, mit 130 in den Text gedr. Holzschn.) * *M.* 6.; 3. Lfg. (2. Bd. VIII, S. 113—313 mit 113 in den Text gedr. Holzschn.) * *M.* 3,50.] *

Lottner, Heinr., Leitfaden der Bergbaukunde. Ergänzungsbd. Nach den neuesten Fortschritten bearb. v. Alb. Serlo. Mit 93 in den Text gedr. Holzschn. u. 20 Figuren auf 6 lith. Taf. (gr. 8. u. 4.) gr. 8. (XII, 245 S.) Berlin 872. Springer's Verl. n. 8. — (Hauptwerk u. Ergänzungsbd.: n. 26. —)

—— dass. — 2. verb. und bis auf die neueste Zeit ergänzte Aufl. 1. Abdr. * *M.* 25,50., und 2. unveränd. Abdr. 2 Bde. Lex.-8. Ebendas. 878. [1. Bd. (XVIII, 608 S. mit 278 in den Text gedr. Holzschn. und 8 lithogr. Taf.); 2. Bd. (VIII, 444 S. mit 262 in den Text gedr. Holzschn. und 6 lithogr. Taf.)] *
dgl. 3. Auflage, bearbeitet durch Serlo. Bd. I und II. Ebend., 1878.
dgl. 4. Auflage. Bd. I und II. Ebend., 1884.

LOTTNER, Ludwig (Landsberg): Historisch-kritische Darstellung der derivaten Heilmethode.- München: Krämer 1876. 38 S.
15.1.1876 - Urk (Titel: De methodo derivatoria.); Chr 1875/76,16
Diss. Ingolst.-Landsh.-Mchn.

Lotto [Sachliches Ordnungswort]

Lotto, das; od. der redliche Schulze. Nachsp. 8. Tübingen, Heerbrand. 779.

Lotto, das, oder der redliche Schulze; e. Nachspiel (v. Jh. Edw. Huber). 8. Tübing. 779. (Osiander). 4 *gℓ*

Lotto (Das), eine Denkschrift. gr. 8°. Nördlingen, Beck, 1841.

Lotto, chronologisches, od. versinnl. Zeitrechn. vom Anfang d. 9. bis Ende des 18. Jahrh. 8. Nürnb. ... Campe. 1 *rℓ* 8 *gℓ*

— chronologisches, oder: hundert Hauptmomente aus der allgemeinen Geschichte. Ein nützl. Gesellschafts-Spiel für d. Jugend, auch für Erwachsene unterhaltend. 8. Kreuznach 832. Kehr. (Leipz., Köhler). Schreibp. 8 *gℓ*

— d. Genova in seiner wahren Größe. 8. Philadelphia 771. Donatius in Lübeck. 8 *gℓ*

Das Lotto di Genoua in seiner wahren Grösse. Philadelphia. 8. 110 S. 1771.

Lotto (Das) und die Klassenlotterien. 8°. Hamburg 1818.

Lotto oder Sparcassen? Project einer Umwandlung der Zahlenlotterie in Staatssparcassen . . . Wien 1880. V: *Elbogen, Guido.* (WFM)

Lotto oder Sparkassen? Project einer Umwandlung der Zahlenlotterie in Staatssparcassen, verbunden mit einem Spielplane für das Uebergangsstadium. gr. 8°. Wien, Gerold u. Co., 1880. 19 S.

— üb. das, Träumereien e. Wachenden, (v. F. X. Zwackh). 8 Münch. 784. Gräs. 6 *gℓ*

Lotto [Verfasser]

Illustrierter Führer durch das Seebad Schwarzort. Von Eugen Lotto. Mit 10 Abb. u. 1 Pl. *Memel: F. W. Siebert 1903.* (62 S.) 8° [04. 4840 10

Illustrierter Führer durch das Seebad Schwarzort. Von Eugen Lotto. Mit 10 Abb. u. e. Pl. 2. durchges. Aufl. Memel: Siebert 1910. 66 S. 8° [10. 10332 10

Die Meisterbilder von [Lorenzo] Lotto (1480–1556). Eine Auswahl von 60 Reprod. nach Photographien d. Orig.Aufnahmen, die am besten d. Künstlers Lebenswerk charakterisieren. Berlin & Leipzig: Weicher 1909. 66 S. 8°
(Weichers Kunstbücher. Nr 20.)

Lotto. Meisterbilder. s.a.Weicher's Kunstbücher.

Lottobüchlein oder gründliche und nöthige Belehrung für jeden, der sein Glück im Lotto machen will. Germanien [Nürnberg] 1800. V: *Pöhlmann, Johann Paul.* (Fiker) (NN) (WR) (MGT) (Ky)

Lottobüchlein, Glück im Lotto zu machen, (v. J. P. Pöhlmann). 8. Nürnb. 801. Felssecker. 8 K

Lotto-Diagramm für vernünftige Lotto-Freunde. Wien 1865. V: *Machts, Ferdinand.* (EB)

Lotto-Freuden, u. des Spielers Glück durch die Treffer in der Lotterie. Fortsetzung des hundertjährigen Lotterie-Kalenders. Mit Lotterie-Tabellen zum Extract-, Ambo- u. Solospiel. Ein unentbehrliches Handbuch für alle Lottospieler. Verfaßt von C. W. . . . aus Wien. 6. Aufl. in 2 Thln. Gratz 862. (Ferstl'sche Buchh.) 8. (140 S.) Verklebt. 28 ngr.

Lotto-Freuden und des Spielers Glück durch die Treffer in der Lotterie mit dem blanken Rufspiele und einer Lotterietabelle zum Ambospiele ... nebst einem Anhang, enthaltend: Erklärung des Druidenfusses etc. 8°. (48 S.)
Wien: M. Stern. 1886.

Lotto-Geheimnisse, oder der vorsichtige Amben- u. Ternen-Spieler. Ein Noth- u. Hülfsbüchlein für alle diejenigen, welche mit Vortheil die Zahlen-Lotterie spielen wollen. 12. Ulm 843, Ebner'sche Buchh. 1/3 ℛ

Lotto- und Brief-Taschen-Kalender, s. Brief-Taschen- und Lotto-Kalender.

Königl. dänischer Lotto-Calender für das Jahr 1802.
Altona. (1802.) 8°

Lotto- und Glücks-Kalender auf das Schaltjahr 1892. 8. (16 S.) —.20
Wien: Dittmarsch 1891.

Lotto-Kalender, neuer schleswig-holsteinischer, für 1851. Hrsg. von Otto Koch. 16. (64 S.) Hamburg 850, (Heller.)

Lotto-Kalender, neuer Schleswig-Holsteinischer, für 1851. Hrsg. von Otto Koch. 16. (64 S.) Hamburg, Volksbuchhandlung in St. Pauli in Comm. 1/24 ℛ

Lottologie oder perspectivische Aussicht in das Reich der Lotterien . . . Altona 1770. H: *May, Joh. Carl.* (schr)

May, Johann Karl (Herausgeber): „Lottologie oder Kritische Beyträge zur Lotterielehre", Eine Wochenschrift, Theil 1 und 2, Altona 1770—1771 (Iversen). — Vorh.: UB Halle.

Lotto-Orakel, od. wohlberechnetes Mittel, leicht eine Terne zu machen. gr. 8. Eichstedt 820. Beyer. (Leipz., Barth). 3 K

Lotto-Orakel, kabbalistisch-astronomisches, um die herauszukommenden 5 Nrn. im Zahlen-Lotto zu berechnen. Von Ben Littor, einem Araber. Nebst Ludovico Caracini's Lotto-Traumbüchlein. 16. (28 S.) Colmar 851. (Schw. Hall, Haspel.) 1/8 ℛ

Lottopractica, aus den J. 1770 und 71, darin alle Lottos Deutschlands beschrieben sind. 4°. Frankfurt a. M., Esslinger, 1770.

Lotto-Recht, Das. Oder Rechtliche Betrachtungen über diejenigen Vorfälle, so sich bey dem Zahlenspiel oder sogenannten Lotto theils schon zugetragen haben und theils in der Zukunft noch zutragen möchten. Coburg 1771. V: *Schnurr . . . & . . . Dile* (??). (BiblPort)

Lottorecht, Das, oder rechtliche Betrachtungen über diejenigen Vorfälle, so sich bey dem Zahlenspiel . . . zutragen. Coburg 1771. V: *Eckardt, Johann Ludw. Freih. von.* (ML) (Ky) »1787« (EngJ) (Schletter, Handb. d. jurist. Litt. Grimma 1843. S. 83.)

Lottorecht; od. rechtl. Betr. über d. Vorfälle, d. sich dabei zutragen, (v. J. L. v. Eckardt). gr. 8. Coburg 771. (Riemann). 6 K

Lottospiel, neues geograph., zur belehr. u. angenehm. Unterhaltung d. Jugend, von e. Kinderfreunde. (20 auf Pappe gezog. Taf., 1 B. Text u. Pappe- u. Glasmarken.) ½ qu. 4. Crefeld 834, Funcke.

Lottospiel (Das) und die Spielbanken. 8°. Baden-Baden 1848.

Lottospieler, Der; Schauspiel in 2 Akten. Pyrmont 1790. Hannover 1790. V: *Christel, Franz.* (Ky) (GGr)

Lottospieler, der; Schspl. (v. Frz. Christel). 8. Pyrmont 790. (Hannov., Helwing). 8 K

Lottospieler, d. aufrichtige, kalkulirt von F. Wohlgemuth. 8. Dortm. 800. (Schulz in Hamm). 3 K

Lottospieler, d. aufrichtige, kalkulirt v. F. Wohlgemuth. 8. Dortm. Mallinkrodt. 800.

LOTTOSPIELER. Der glückliche – oder Anweisung, wie man mit Verstand in die Lotterie spielen soll . . . Kienreich, Grätz 1794. 1 vol. 120 S.

Lottospieler, der glückliche, od. Anweis., wie man auf eine sichere u. wohlfeile Art sein Glück im Lotto machen kann. 8. Ulm 821. Ebner. 9 K

— der neu verbesserte glückliche, oder gründliche Anweisung, wie man durch dies Traumbuch sein Glück im Lottospiel machen kann. Ausgerechnet von dem Verf. des Büchleins: Der Traumausleger. 8. Ulm 844, Ebner'sche Buchh. 3/8 ℛ

— die kleinen, od. figürl. Anweisung, d. Kindern das ABC spielend beizubringen. Mit 25 Taf. u. 25 Holzkugeln. Nürnb. 821. Bauer u. R. 12 K

Lotto-Spieler, der praktische. Bearb. f. das k. k. Zahlenlotto von C. W. v. F. 8. Aufl. (22 S.) kl. 8. Stuttgart (907). E. Leupoldt. — 50

Lotto-Spieler, der wohlerfahrne, oder Anweisung, mit Erfolg ins Zahlenlotto zu setzen. gr. 16. Nürnberg 842, Winter. 1/12 ß

Lottré, P., Mais. Sein Anbau und seine Anwendung. Breslau 856. Graß, Barth u. Co. gr. 8. (24 S.) n. 5 ngr.

Miniaturen des 18. Jahrhunderts und alte kunstgewerbliche Arbeiten aus dem Nachlass der Frau Gräfin Clotilde **Lottum**. Berlin: Lepke 1908. 35 S., 18 Taf. 4°
(Lepke, Rudolf: [Auktionskatalog]. 1502.)

Lottum, W., die Erfindung d. Korinthischen Säule. (91 S.) kl. 8. Frankfurt a/M. 909. A. Diekmann. 1. —

Lottwer, Julie, od. der schöne Harfner in d. Räuberhöhle. 8. Frankf. 803. Simon. 1 ß

LOTTWER, Julie, oder der schöne Harfner in der Räuberhöhle. Mit TKpf. Leipzig, b. Joh. Dan. Simon. 1803. 8°. (1 Rthl.) (2 Mk. Franz Teubner, c. 1895.)
Mit Gedichten. 256 SS. (incl. gestoch. Tit.). — Zahm.

† Lotus (Bernstein), Humor! „„„Wo bist Du?“““ Eine krit. Vorles. üb. e. humorist. Vorles. d. Hrn. M. G. Saphir. gr. 12. (2⅓ B.) Leipzig 838, L. Schumann.

Lotus, wie vermindert d. Geschäftsmann die ihn quälenden Daseinssorgen? Eine Lösg. prakt.-eth. Probleme auf Grund d. Ausnutzg. d. im Menschen ruh. Kräfte. 1.—10. Tausf. (47 S.) gr. 8. Magdeburg (908). Magdeburger Verlagsanstalt. 1. —

LOETUS (s. LAETUS), C. MICH. ERASMUS. Ein newer Aesopus. Schöne weise Gedichte und Gespräche, auß den Colloquijs Moralibus des Hochgelarten Herrn C. Erasmi Michaelij Loeti mit besonderem Fleisse außgezogen, vnd für die Jugend in Schulen zu Argumenten vnd Latein also gemacht. Daß junge Leut mit Lust lesende darauß Tugend vnd Erbarkeit lernen können. Sententz oder die Moralia stehen allemal Teutsch vnd Lateinisch dabey. Vor viel Jahren vom C. Erasmo an den Lotharingischen Fürsten Carln Verßweise geschrieben. O. O. Dr. u. J. [ca. 1700]. 12°. *Mit Medaillonporträt des Aesop in Holzschnitt* auf dem (rot und schwarz gedruckten) Titel und Holzschnittornament am Schluß. 64 Bl. Alte Broschur.

Lotusblüthen. I—III. Auszüge aus dem Buch der goldenen Lehren. Für den tägl. Unterricht der Lanoos Uebers. u. m. Randbemerkgn. versehen von H. P Blavatsky. Verdeutscht von Frz. Hartmann. 8 Leipzig 892. W. Friedrich. à n. 1. —
I. Die Stimme der Stille. (XIII, 38 S.) — II. Die zwei Wege (35 S.) — III. Die sieben Pforten. (46 S.)
Fortsetzung u. d. T.:
— ein monatlich erschein. Journal, enth. Orig.-Artikel u. ausgewählte Übersetzgn. aus der oriental. Litteratur in Bezug auf die Grundlage der Religionen d. Ostens u. der Theosophie. Hrsg. v. Frz. Hartmann. Jahrg. 1893—1895. à 12 Hfte. 8. (à Hft. ca. 80 S.) Ebd à Jahrg. n. 10. —; einzelne Hfte. n. 1. —

Lotusblüten. Ein monatlich erschein. Journal, enth. Orig.-Artikel u. ausgew. Übersetzgn. aus d. oriental. Litteratur in Bezug auf d. Grundlage d. Religionen d. Ostens u. d. Theosophie. Hrsg. v. Frz. Hartmann. Jahrg. 1896—1898. à 12 Hfte. (à ca. 5 Bog.) 8. Leipzig, W. Friedrich. à Jahrg. n. 10. —; einz. Hfte. n. 1. —

Lotusblüten. (Theosophische Monatsschrift.) Ein monatlich erschein. Journal, enth. Orig.-Artikel u. ausgew. Übersetzgn. aus der oriental. Litteratur in Bezug auf die Grundlage der Religionen des Ostens u. der Theosophie. Hrsg. v. Frz. Hartmann. Jahrg. 1899 u. 1900. à 12 Hfte. 8. (à ca. 70 S.) Leipzig, W. Friedrich. à Jahrg. n. 10. —

Lotusblüten, neue. Ein zweimonatl. erschein. Journal, enth. Orig.-Artikel u. ausgewählte Übersetzgn. aus d. oriental. Literatur in Bezug auf die Religionen des Ostens, okkulte Wissenschaft, Mystik u. Theosophie. Hrsg. v. Frz. Hartmann. 1.—3. Jahrg. 1908—1910. à 6 Doppelhefte. (IV, 420; IV, 400 u. IV, 376 S. m. 7, 2 u. 3 Taf.) kl. 8. Leipzig, Jaeger'sche Verlagsbh. à Jahrg. 5. —

LOTY, Dr. E. (ps.). Lebende Bilder. Aus dem Französischen. Leipzig (1909), G. B. H. Schulze (Eichenberg in Paris). 8°. 109 S. u. 3 (unpag.) S. Ankündigungen. (Subscr.-Pr. Mk. 10—.)

Lotz, A., coburgische Landesgeschichte von den ältesten Zeiten bis zur Gegenwart. gr. 8. (VII, 112 S. m. Abbildgn. u. 1 Stammtaf.) Coburg 892. Alb. Seitz. n. 1. 60 geb. in Leinw. n. 2. —

Lotz, A., üb. Lehrerkonferenzen im allgem. u. üb. d. Generalkonferenz d. Herzogtums Coburg im besonderen. Vortrag, geh. auf d. XX. Generalkonferenz d. Coburger Volksschullehrer am 25. August 1894 in Wüstenahorn b. Coburg. Nebst e. Ansprache v. Heckenhayn. gr. 8. (36 S.) Coburg 895. A. Seitz. n. — 60

Lotz, A., Lesebuch f. die Volksschulen d. Herzogt. Sachsen-Coburg. 2 Tle. Unter Mitwirkg. der Coburger Lehrerschaft hrsg. 8. Coburg, J. F. Albrecht. Geb. nn 3. 50
1. Für die Mittelstufe. (VIII, 360 S.) 908. Geb. nn 1. 50
2. Für die Oberstufe. (VIII, 512 S. m. Abb. u. Titelbild.) 910. Geb. nn 2. —

Lotz, Adam, appr. Arzt: Über die kongenitale Atresie der Speiseröhre. Mit 1 Taf. Giessen 1910: v. Münchow. 41 S. 8°
Gießen, Med. Diss. v. 12. Mai 1910, Ref. Bostroem
[Geb. 12. Aug. 84 Münster i. H.; Wohnort: Mainz; Staatsangeh.: Hessen; Vorbildung: Oster-Gymn. Mainz Reife O. 04; Studium: Gießen 2, München 1, Gießen 2, Würzburg 2 S.; Coll. 25. Juni 09; Approb. 3. Mai 10.] [U 10. 1148

LOTZ, Adolf: Ueber Gangraena penis mit besonderer Berücksichtigung ihrer Aetiologie.- München: Ernst 1888. 27 S.
11.5.1888 - Chr 1887/88,20; Jv 1887/88,212
Diss. Ingolst.-Landsh.-Mchn.

Zum hundertjährigen Bestehen d. Königlichen Regierung zu Münster. ⟨1803–1903.⟩ (Verf.: Dr. Albert Lotz, Reg.R.) (Münster i. W. 1903: J. Bredt.) (27 S.) 4° [F.]

Lotz, Alb., Geschichte d. deutschen Beamtentums. Mit Buchschmuck u. zahlreichen kulturhistor. Abb. versehen v. Jul. Schlattmann u. Ernst Strach. (V, 688 S. m. 2 Taf. u. 1 Fksm.) Lex. 8. Berlin 906—09. R. v. Decker. 18.—; geb. in Leinw. 20.—; auch in 10 Lfgn. à 1. 80

Lotz, Albert: Geschichte des deutschen Beamtentums. Berlin 1909
Nachtrag August 1908 bis September 1913. 1914

Lotz, Alb., Spruchrecht zum preußischen Verwaltungsrecht, s. a. Krückmann, Spruchrecht.

Lotz, [Albert]: Spruchrecht zum preussischen Verwaltungsrecht. Ausgewählte höchstrichterl. Entscheidungen. Münster i. W.: Obertüschen 1909. 159 S. 8°
(Krückmann, Paul v.: Spruchrecht. [Erg. Bd.].

Lotz, Albert. Der Typhus abdominalis in Kleinbasel von 1875 bis 1900. Diss. Med. Basel. [Mit 4 Tafeln.] (Aus «Zeitschrift für Hygiene und Infectionskrankheiten». Band 41.) 46 S. 8. Leipzig, Veit & Comp., 1902.

Lotz, Arnold

Lotz, A., internationale Sehprobentafel m. einfachsten Zeichen zur Bestimmung der Sehschärfe bei Nichtlesern u. Kindern nach der Snellen'schen Formel $v = \frac{d}{D}$. qu. Fol. Mit deutschem u. französ. Text. gr. 8. (à 8 S.) Basel 889. Sallmann & Bonacker. In Mappe. n. 2. —

Lotz, Arnold, internationale Sehprobentafel m. einfachsten Zeichen zur Bestimmung der Sehschärfe bei Nichtlesern u. Kindern nach der Snellen'schen Formel $v = \frac{d}{D}$. 2. verm. Aufl. (3 Taf., 2 Taf. je 83×28, 1 Taf. 22×33 cm.) Nebst Text. (6 S. m. 1 Fig.) gr. 8. Jena 905. G. Fischer. In Mappe n. 2. —

[Lotz, August:] Aus den Bergen an der deutschen Sprachgrenze in Südtirol. Eine Bitte an alle Alpenfreunde von mehreren Alpinisten. Stuttgart 1880: Auc. 54 S.

Lotz, Carl, s. Lotz, Karl.

Lotz, Ernst [aus Homburg v. d. H.]: **Auslassung, Wiederholung und Stellvertretung im Altfranzösischen .... Marburg**, *Frommannsche Buchdr. (Hermann Pohle) in Jena*, 1885; 41 S. 8°.
Marburg, Phil. Fak., Inaug.-Diss. v. 19. Nov. 1885.

Lotz, Ernst: Auf den Spuren Aristarchs. Kirchhain N.-L. [1909]: Schmersow. 44 S. 8° ¶(Ersch. auch als Buch in 2. erweit. Aufl. b. Mencke, Erlangen 1910.)
Erlangen, Phil. Diss. v. 29. Dez. 1909, Ref. Römer
[Geb. 27. Jan. 87 Wien; Wohnort: Erlangen; Staatsangeh.: Bayern; Vorbildung: Gymn. Erlangen Reife 06; Studium: Erlangen 2, Halle 2, Erlangen 2 S.; Rig. 2. Nov. 09.] [U 10. 879

Lotz, Ernst, auf den Spuren Aristarchs. 2. erweit. Ausg. (50 S.) gr. 8. Erlangen 910. M. Mencke. 1.75

Lotz, F., De locis quibusdam Acharnensium, Aristophaneae fabulae. Diss. 1866. 26 S. 4°. 1.50

Lotz, Frz., Blätter aus meinem Tagebuche. Gedichte. Seinen Freunden zum Andenken. (IV, 77 S.) kl. 8. Leipzig 906. A. Deichert Nachf. n. 1 20

Lotz, Georg

Lotz, Geo., Abendfahrten auf den Lagunen. Historischer Roman aus den Papieren einer berühmten Sängerin herausgeg. 3 Bde. kl. 8. Hamburg 842, Herold'sche B. 4½ ₰

—— Pedrosa's Abenteuer; der Verbannte; das Gastzimmer im Pfarrhause, u. and. Erzähln. 8. (16 B.) Nürnberg 828, Zeh.

Lotz, Geo., der Alte vom Thurm, s. Alte.

Lotz, Georg, s. v. Balzac, H., eine dunkle Begebenheit.

Lotz, Georg, s. Berthet, E.: Der Pachthof.

Lotz, Geo., Bilder aus der Camera obscura eines Blinden. 3 Thle. 8. Altona 838. Aue. 3½ ₰

—— Bilder aus der Camera obscura e. Blinden. 3 Thle. 8. (42¾ B.) Altona 838. [Leipzig, Schreck.]

— Bilder aus der Laterna magica eines Blinden. 2 Bde. 8. Berlin 841, Jonas Verlagsbuchh. 2½ ₰

Lotz, (G.,) Bilder a. d. Leben, gezeichnet v. einem Blinden. 8. Altona 822, Hammerich.

Lotz, Georg, s. Bilder aus d. Leben e. Blinden.

Lotz, Geo., zerstreute Blätter aus d. Archiv eines Blinden. Erzählungen. 2 Thle. 8. Braunschw. 822—23. Meyer. (à 1 ₰ 4 gr) 2 ₰ 8 gr

Lotz, Georg, s. Byron, Werner.

Lotz, Georg
Cabri oder die Brandruine bei Boza und Paulinens Schicksal.
Hamburg: Herold 1825. 160,77 S. 8°

Lotz, Georg, s. Calthorpe.

— Darstellungen aus der idealen u. wirkl. Welt. 8. Nürnb. 825. Zeh. 1 ₰ 4 gr

— die inhaltschwere Depesche, histor. Roman nach Bulwer's Drama „Richelieu". kl. 8. Hamburg 841, Herold'sche Buchh. ⅚ ₰

Lotz, Georg, s. Dumas, A., der Ritter v. Harmenthal.

Lotz, Georg, s. Empörer, der.

— des Fischers Erzählung; befindet sich in dess. Wintergrün.

— Erzählungen, Mährchen, Sagen u. Schwänke. 12. Leipz. 825. Focke. 1 ₰ 12 gr

— Erzählungen, Mährchen, Sagen und Schwänke.
Leipzig: Heinsius 1825. 250 S. 8°

—— und C. Töpfer, räthselhafte geheimnißv. Erzählungen u. Gedichte. 3 Bdchn. 16. (43 B.) Hamburg 829, (Herold.)
Ist eine neue, wohlfeile Ausg. (neu. Tit.) von „Turandot etc., hrsg. v. Lotz u. Töpfer."

Lotz, Geo., Feigen, 16 Körbchen, s. Th. H. Friedrich.

Lotz, Georg, s. Flora, e. Monatsschrift.

Lotz, Georg
Florencina, die Kazikenbraut; die Kaufmannstochter; das Gelübde und andere Erzählungen. Mit 1 Kupfer.
Nürnberg, Leipzig: Zeh 1826. 252 S. 8°

—— Gedichte. 3. verm. Aufl. 8. (18½ B. u. L's. Bildn.) Hamburg 840, Herold'sche Buchh.

Lotz, Georg, s. Geschichte etc. Bayard's.

Lotz, Geo. Geschichte Bayards. 8. Braunschweig 1826.

Lotz, Georg, s. Gowrie, der letzte Graf.

— das Grab d. Fremden. Novelle. 8. Hamb. 826. Herold. 1 ₰ 8 gr

Lotz, Georg
Das Grab des Fremden. Novelle.
Hamburg: Herold 1827. 298 S. 8°

Lotz, Georg

Das Ideal. Der Italiener. Zwei Erzählungen.
Braunschweig: Meyer 1828. 245 S. 8°

—— die Jungfrau v. Cordova, u. d. Tyroler. Zwei histor. Novellen. Die Hochzeit in Nordamerika, u. Base Margaretha's Spiegel. Frei n. W. Scott. 8. (18 B.) Hamburg 831, Herold.

Lotz, Georg, s. Kampf mit d. Geschick.

Lotz, Georg

Kampf mit dem Geschick. Roman. Frei nach dem Verfasser der Lollharden.
Braunschweig: Meyer 1823. 195 S. 8°

Lotz, Georg

Kenilworth. Roman nach Walter Scott. 2. verbesserte und wohlfeilere Aufl. Bd 1-3.
Hannover: Hahn 1823. 8°

Dass. s. a.: Scott, Walter.

—— Kerkergenossen, s. Irving, W.

—— Leben d. berühmt. Edm. Kean rc., s. Leben.

—— Lebenswege. In sechs Bildern. 8. ($15\frac{3}{4}$ B.) Hamburg 839, (Herold'sche Buchh.)

—— der Leibeigene, s. Leibeigene.

— die Lollharden, s. Lollharden.

Lotz, Georg. Maria Malibran als Weib und Künstlerin. Leipzig 1839.

— Malpas, s. Malpas.

Lotz, Georg, s. Marryat, Abenteuer eines Heimatlosen. – dess. das Geisterschiff.

Lotz, Georg, s. Maxwell, die finstere Frau v. Doona.

Lotz, Georg, s. Merlin, d. Gräfin, Maria Malibran.

Lotz, Georg, s. Mönche, die, von Leadenhall.

Lotz, Georg, s. Morgan, Salvator Rosa.

—— Novellen und Erzählungen. 8. ($18\frac{1}{2}$ B.) Hambug 835, Literatur-Comptoir.

— Novellen u. Erzählungen. (Neue Ausg.) 8. Hamburg u. Leipzig 842, Schuberth u. Comp. $1\frac{1}{4}$ Thlr.

— neue Novellen u. Erzählungen. 1. u. 2. Bd. 8. Hamburg 843, Niemeyer. à $1\frac{1}{2}$ Thlr.

Lotz, Geo., s. A. Oehlenschläger, Blutbrüder, die. — dess. Torstenskiold.

Lotz, Georg, s. Adm. Oehlenschläger, Briefe.

—— Originalien, s. Originalien.

Lotz, Georg, s. Osmond, od. der Sturm der Leidenschaft.

Lotz, Georg

Osmond oder der Sturm der Leidenschaft. 2. Aufl. Bd 1.2.
Kassel: Bohné 1828. 8°

Lotz, Georg

Der Pflegesohn. Historischer Roman. Aus den Papieren eines Spaniers. Bd 1.2.
Magdeburg: Rubach 1827. 8°

Lotz, Georg, s. J. Porter, Herzog Christian v. Braunschweig, etc. – Dessen Graf Sobiesky.

— die 3 Postmeister, s. Kruse, die Bekehrung in d. Bädern rc.

Lotz, Georg, s. M. J. Quin, Besuch in Spanien.

Lotz, Georg, s. Saint-Hilaire, der Tambour von Wagram.

Lotz, Georg, s. Saint-Hilaire, E. M., die Verschwörung Malets 1812.

—— die Schreckenszeit. Erzähl. aus d. Papieren e. Ausgewanderten. — Die Erbin. Ein Schwank. 8. (15 B.) Braunschweig 828, G. C. E. Meyer.

—— neueste Schriften. 4 Bde. 8. Hamburg 836, [Perthes-Besser u. Mauke.] à 1 Thlr.

A. u. d. Titln.:

Bd. 1. Gedichte. ($15\frac{1}{4}$ B. u. L's. lith. Portr.)

" 2—4. Spenden gegen d. Langeweile, in Novellen, Erzählungen, Sagen u. Schwänken. 3 Bde. [1. ($15\frac{1}{2}$ B.), 2. ($15\frac{1}{4}$ B.), 3. (15 B.)].

Lotz, Georg, s. W. Scott, die Harfnerin. – Dess. d. Pirat. – Dess. Annot Lyle.

Lotz, Georg, s. Smith, Gräuelthaten d. Piraten.

Lotz, Georg, s. Stanmore, oder der Mönch.

Lotz, Georg, s. Eug. Sue, der Schiffbruch.

— drei Tage in San Carlo. Roman. 1.—3. Bdchen. 8. Jena 843, Luden. $1\frac{3}{4}$ Thlr.

Lotz, Georg

Die Tochter des Verbannten; Leben eines brittischen Officiers; Königin Johanna und ihr Hof; Alles besetzt. Mit 1 Kupfer.
Nürnberg, Leipzig: Zeh 1827. 272 S. 8°

—— die schöne Tuchhändlerin, s. Berthet, E.

— u. C. Töpfer, Turandot, Almanach des Räthselhaften. 16. Hamb. 827. 28. Herold. (à 1 Thlr. 16 Ngr.) 3 Thlr. 8 Ngr. räthselhafte geheimnißvolle Erzählungen u. Gedichte. 3 Bdchen. (Neue wohlfeile Ausg. v. Turandot. Almanach des Räthselhaften.) 16. Ebd. 829. 1 Thlr.

— der Unbekannte. Erzählung. 8. Hamb. 826. Herold. 20 Ngr.

— die Unterirdischen; Roman nach Ingermann. 8. Hamb. 822. Herold. 20 Ngr.

Lotz, Georg

Valperga oder Leben und Abenteuer Castruccio's Fürsten von Lucca. Historischer Roman. Nach dem Englischen. Bd 1.2.
Halle: Renger 1824. 8°

—— der geheime Verhaftsbefehl. Histor. Novelle. — Alles besetzt. Schwank nach Desforges. 8. ($13\frac{1}{2}$ B.) Braunschweig 828, G. C. E. Meyer.

— die Verschwörung von Georges, Moreau u. Pichegru. Nach Marco de Saint-Hilaire. 8. Leipzig 844, Kollmann. $1\frac{1}{4}$ Thlr.

— Poetische Versuche. 8. Hamburg, Hoffmann u. C. 820.

Lotz, Georg, s. V i e u s s e u x, Italien.

Lotz, Georg, s. W a l b e r g a.

Lotz, Georg. Wanderungen eines jungen Norddeutschen durch Portugal, Spanien, u N-A i d Jahren 1827 bis 1831. 4v. Hamburg, 1834.

—— die Warnerin. Romant. Gemälde aus d. Jugendgeschichte d. großen Kurfürsten Friedrich Wilhelm v. Brandenburg. 8. (13½ B.) Hamburg 831, Perthes u. Besser.

—— Wintergrün, s.a. Wintergrün.

— Wintergrün. 3 Erzähll. 8. Hamb. 820. (Campe). 1 ß 8 ℊ

Lotz, Georg: s. Ldw. W o l f f, Briefe in d. Heimath.

Lotz, Georg, s. Z e i t e n, andere.

Lotz, Georg, s. G. Z i m m e r m a n n ' s Dramaturgie.

Lotz, Gust., Es ist ein köstlich Ding, daß das Herz fest werde. Predigt über Hebräer 13, 9. gehalten am Sonntage Cantate der in St. Katharinen-Kirche zu Frankfurt a. M. Frankfurt a. M. 859. Völcker. gr. 8. (15 S.) n. 4 ngr.

Lotz, Gust., Licht am Abend. Predigtsammlung. gr. 8. (XII und 274 S.) Erlangen 863, Deichert.

Lotz, Gust., die innere Mission. Predigt über Jesaia 61, 1—2. gehalten am 1. Advent-Sonnt. 1849. gr. 8. (15 S.) Nürnberg 849, Raw'sche Buchh.

Lotz, Gust., die Pfarrei Mupperg topographisch u. kirchengeschichtlich dargestellt. Mit 1 lith. Abbild. u. 2 synchron. Tabellen. gr. 8. Coburg 843. (Riemann.) 1¼ ß

Lotz, Hans Geo [wirkl. Name], s A u c h m a l e r [Pseud.]

Die Fauna des Massenkalks der Lindener Mark bei Giessen. Mit 4 Lichtdr.-Taf. Von Dr. H[einrich] Lotz, Assist. am geol. Inst., Marburg. *Marburg: N. G. Elwert 1900.* (S. 197 236.) 8°
= Schriften d. Gesellschaft z. Beförderung d. ges. Naturwiss. zu Marburg. Bd 13, Abth. 4. [00. 418]

Lotz, H.: Notwendigkeit und Möglichkeit des pflichtmäßigen Schwimmunterrichts in der Volksschule, vornehml. d. Industrie- u. Großstadt Elberfeld um 1903. 47 S.

Lotz, Heinr., Notwendigkeit und Möglichkeit des pflichtmässigen Schwimmunterrichts in der Volksschule, vornehmlich d. Industrie- u. Grossstadt. Elberfeld [1905]. 8°.

Notwendigkeit und Möglichkeit des pflichtmäßigen Schwimmunterrichts in der Volksschule, vornehml. d. Industrie- u. Großstadt. Gewidmet der 'Deutschen Schwimmerschaft' ... von Heinrich Lotz, Rektor. Elberfeld: Deutsche Schwimmersch. [1908]. 47 S. 8° [09. 10655]

Lotz, Heinrich, aus Hersfeld, Hessen-Nassau, z. Zt. Assist. am geol. Institut d. Univ. Marburg: Vergleichende Regenmessungen zu Marburg a. L. Mit 1 Kt. u. 3 Taf. mit Abb. *Marburg 1899: O. Ehrhardt.* (42 S.) 8°
Marburg, Phil. Diss. v. [14. Juli] 1899

Lotz, Heinrich, Was wir wollen, Vortr., Anh.: D. Schwimmkunst u. d. dtsch. Schwimmerschaft, v. Ew. Kraus, Elberfeld 1907, 16 S., Kl.-8°.

Wie wird Fleisch am vortheilhaftesten für den bürgerlichen Tisch zubereitet? 2 preisgekrönte Arbeiten. (Verf.: Helene Lotz in Cassel, Gertrud Goldschmidt, Karlsruhe.) (1. Aufl.) Berlin: Allgem. Fleischer-Zeitung [1906]. (20 S.) 8° [F.] [06. 10846]

Lotz, Hermann, a. Vilbel: Der Versbau Antoine de Montchrestiens. Darmstadt 1905: G. Otto. (59 S.) 8°
Gießen, Phil. Fak., Ref. Behrens, Diss. v. 22. Jan. 1906
[Geb. 22. März 81 Vilbel; Wohnort: Vilbel; Staatsangeh.: Hessen; Vorbildung: Realgymn. Darmstadt Reife O. 99; Studium: Heidelberg 2, Gießen 6 S.; Rig. 18. Juli 05.]

LOTZ, Johann F.: Beyträge zu den Grundsätzen einer Forstordnung vorzüglich für die in der Seulberger Mark abgetheilten nunmehrigen Kommunalwaldungen verwendbar. - Rödelheim 1804. 48 S.

Lotz, J. F., Beitr. zu d. Grunds. e. Forstordnung, vorzügl. für Communwaldungen ꝛc. 8. Rödelheim 805. (Gebhardt u. K. in Frankf. a. M.) 3 ℊ

Lotz, Johann Friedrich Eusebius

Lotz, J. F. Eus.: Civil. Abhandll. z. Bericht ein. Puncte d. Processtheorie u. Gesetzg. *Cob.*, Ahl. 820. gr. 8. (1 Thl. 12 Gr.)

Lotz, Ritter Jh. Fr. Eus., civilistische Abhandlungen zur Berichtigung einiger Punkte der Proceß-Theorie u. Gesetzgebung. gr. 8. Coburg 820. (Riemann). 1 ß 12 ℊ 2e unveränd. Ausg. 831. 1 ß

Lotz, Joh. Friedr. Eus., civilist. Abhandlungen z. Berichtigung einiger Punkte d. Prozeß-Theorie u. Gesetzgebung. 2., unveränd. aber wohlf. Ausg. gr. 8. (21½ B.) Coburg 832, Riemann.

(—) über die Ansprüche u. Forderungen des Großherzogth. Sachsen-Weimar an die Herzogl. Sachsen-Coburg. Lande aus d. thüring. Regierungs-Verhältnissen v. J. 1814. Mit Beil. Fol. Coburg 818.

— üb. d. Begriff der Polizei u. d. Umfang d. Staatspolizeigewalt. gr. 8. Hildburgh. 807. (Er. Fleischer in Leipz.; a. Taubert). 2 ß 12 ℊ

— Handbuch der Staatswirthschaftslehre. 1r Bd. gr. 8. Erlangen, Palm und Enke. 821.

Lotz, (Joh. Fr. Eus.,) Handbuch der Staatswirthschaftslehre. 2r, 3r u. letzter Band. gr. 8. Erlangen 821—22, Palm u. E. 4 Rthl. 14 gr. (1r Thl. 3 Rthl. 4 gr. 2r T. 2 Rthl. 6 gr. 3r Th. 2 Rthl. 8 gr)

Lotz, Joh. Friedr. Euseb., Handbuch d. Staatswirthschaftslehre. 3 Bde. 2., verm. u. verb. Aufl. gr. 8. Erlangen, Palm u. Enke. [1. (35¼ B.) 837. 2½ Thlr., 2. (28 B) 2⅙ Thlr., 3. (32½ B.) 838. 2⅓ Thlr.]

Lotz, Ritter Jh. Fried. Eus., Ideen über öffentliche Arbeitshäuser und ihre Organisation. 8°. Hildburghausen 1810. (Leipzig, Er. Fleischer.)

Lotz, J. F. E., Ideen üb. öffentl. Arbeitshäuser u. ihre Organisation. 8. Hildburgh. Hanisch. 810.

Lotz, Johann Friedrich Eusebius, s. N a c h r i c h t e n, Staats ...

Lotz, Ritter Joh. Fr. Eus.: „Ueber das Prinzip und die Grenzen der Polizey", Leipzig 1808.

Lotz, Ritter Johann Fr. Euseb.: „Revision der Grundbegriffe der Nationalökonomie, in Beziehung auf Theuerung und Wohlfeilheit, angemessene Preise und ihre Bedingungen", 4 Bände, Coburg und Leipzig 1811 bis 1814 (Sinner).

Lotz, Joh. Georg (Schmalkalden), Disp. jur. de testamenti vitio. Präs. J. H. Meier. Erfurt (Grosch) 30. VII. 1707. (4.—) 21646

LOTZ, Johann Ludwig: Tabellen zur schnelleren Bestimmung des Würfelgehaltes von Rundhölzern und ihres möglichen Ertrages an Brettern und Latten verschiedener Größe, als Hülfsmittel für praktische Forstleute und holzarbeitende Professionisten nach zwölfzölligem Maaße berechnet. - Frankfurt a. M. 1809 Brönner.

Lotz, Carl, das sogenannte Tischrücken oder: Der Verkehr mit Verstorbenen. Mit (7 lithogr.) Zeichnungen, Schriften und Rechnungen Verstorbener (in gr. Fol.) gr. 8. (76 S.) Kaiserslautern 855, Tascher. *

Lotz, Rud., Liebe u. Furcht. (E. philosoph. Studie.) 8. (62 S.) Athen 895. (Barth & v. Hirst.) n. — 50

Lotz, Rud., Ormuzd u. Ahriman. Die eth. Frage im Lichte der dualistisch-idealist. Weltanschaug. gr. 8. (IV, 339 S.) Athen 898. (Beck & Barth.) n. 5. —

Die Philosophie und der Zweck des Lebens von Rudolf **Lotz**. *Athen: Barth & v. Hirst in Komm. 1898.* (73 S.) 8° [04. 11926 9

— **Stephan** (Altdorf), De epimenide propheta. Präs. Joh. Casp. Gottschalck (Breslau). O. O. (Altdorf) (J. W. Kohl) März 1714. 28 S. (4.—) 21647

— — De livia Augusta. Präs. Dav. Koeler. (Altdorf) (Wilh. Kohl) 20. IX. 1715. 24 S. (4.—) 21648

Lotz, Th., Erfahrungen üb. Variola. [Aus: „Correspondenzbl. f. schweiz. Aerzte".] Lex.-8. (71 S.) Basel 894. B. Schwabe. n. 1. 20

Lotz, Th., Pocken und Vaccination. Bericht über die Impffrage, erstattet im Namen der schweizer. Sanitätskommission an den schweizer. Bundesrath. 1. und 2. vervollständ. Aufl. gr. 8. (III, 144 S. mit 6 lithogr. Taf.) Basel 880, Schwabe. * 2 40

Lotz, Th., Schutzpockenimpfung und Tendenzstatistik, s. Zehnder, C.

Lotz, Th. (Docteur à Bâle). Variole et vaccine. Rapport sur la question de la vaccination presenté au Conseil fédéral suisse au nom de la commission sanitaire fédérale. Trad. de l'allemand par le Docteur L. Secretan à Lausanne. In-8°, avec 6 pl. Bâle, B. Schwabe. 1880. 3 —

Lotz, Th., siehe: *Verhandl. d. Naturf. Ges.*

Lotz, Valentin, Gerichtsakzessist, Mainz: Der Unterhaltungsanspruch der Ehegatten. Rostock 1905: C. Hinstorff. (101 S.) 8° [F.]
Gießen, Jurist. Fak., Ref. Schmidt, Diss. v. 15. Febr. 1905
[Geb. 16. Juli 80 Münster b. Dieburg; Wohnort: Münster; Staatsangeh.: Hessen; Vorbildung: Gymn. Mainz Reife O. 00; Studium: Gießen 1, Straßburg 1, München 1, Freiburg i. B. 1, Gießen 2 S.; Rig. 20. Okt. 04.]

Lotz, W. F., ein Rechtsstreit über reelles und ideelles Depôt, mit Bezugnahme auf den Mirès'schen Prozeß für Juristen, Banquiers und Börsenspeculanten. gr. 8. (XXXII und 95 S.) Cassel 863, (Trömner und Dietrich.) *

Lotz, Walth. Arbeitseinstellungen u. Fortbildung d. Arbeitsvertrags, s. Schriften d. Vereins f. Socialpolitik.

Das Aufkommen der Geldwirtschaft im staatlichen Haushalt. Vortrag. geh. 1908 in Berlin von Walther **Lotz**. Berlin: L. Simion Nf. 1908. (27 S.) 8°
= **Zeitfragen,** Volkswirtschaftliche. H. 238. [08. 12617 3

[F.] Die Börsenreform. Vortr. geh. in d. Gehe-Stiftg zu Dresden ... v. Dr. W[alter] **Lotz,** Univ.-Prof. in München. *Dresden: v. Zahn & Jaensch 1897.* (40 S.) 1 Bd 8.
= [**Vorträge,** Staatswiss., u. Jahrb. d. Gehe-Stiftung zu Dresden. H. 10.] [97. 5065

Lotz, Walth., Christentum u. Arbeiterbewegung, s.: Zeitfragen, evangelisch-soziale.

Lotz, Walther. Über Doppelbindung und Drehungsvermögen. Diss. Phil. Basel. 66 S. 8. Basel, Gasser & Cie., 1903.

Lotz, Walth., Eisenbahntarife u. Wasserfrachten, s.a. Roßmann, M.

Lotz W, Eisenbahntarife und Wasserfrachten. Studien zur Frage der Gebührenerhebung auf Binnenwasserstrassen von M Rossmann, P Kustermann u A. (Schriften des Vereins für Sozialpolitik 89) Leipzig 1900

Lotz, Walther: Finanzreform im heutigen England. Berlin: Simion 1910. 30 S. 8°
(Volkswirtschaftl. Zeitfragen. H. 248.)

Lotz, Walther, Finanzreform im heutigen England. Berlin 1910. 8°.
(Volkswirtschaftl. Zeitfragen. Jg 31, H. 8.)

Fiskus als Wohltäter. Betrachtungen über Nebenzwecke bei der Besteuerung. Vortrag ... von Prof. Dr. Walther **Lotz**. Berlin: L. Simion Nf. 1906. (31 S.) 8°
= **Zeitfragen,** Volkswirtschaftliche. H. 219. [06. 3033 3

— die drei Flugschriften üb. den Münzstreit der sächsischen Albertiner u. Ernestiner um 1530, s.a. Sammlung älterer u. neuerer staatswissenschaftl. Schriften d. In- u. Auslandes.

Lotz, W. Die drei Flugschriften über den Münzstreit der sächsischen Albertiner und Ernestiner um 1530. Leipzig 1893.

— **üb. Flusszölle,** s.: **Verbandsschriften d. deutsch-österr.-ungar. Verbandes f. Binnenschiffahrt.**

Lotz, Walther, Geschichte und Kritik des deutschen Bankgesetzes vom 14. März 1875. gr. 8. (VIII, 347 S.) Leipzig 888, Duncker und Humblot. *

Lotz, Walther [aus Coburg]: Geschichte der Deutschen Notenbanken bis zum Jahre 1857. . . . Leipzig, Duncker & Humblot, 1888; 81 S. 8°
Straßburg, Rechts- u. Staatsw. Fak., Inaug.-Diss. v. 1888

— die Ideen der deutschen Handelspolitik von 1860 bis 1891, s.: Schriften d. Vereins f. Socialpolitik.

Lotz, Walth., ist e. erhebliche Schwächung d. deutschen Goldbestandes nach Durchführung der vertragsmäßigen Doppelwährung zu fürchten?, s.: Verhandlungen der Kommission behufs Erörterung v. Maßregeln zur Hebung u. Befestigung d. Silberwerthes.

— **Hatschek u. Stein, Kritik d. neuesten Argumente f. Abgaben auf d. natürl. Wasserstrassen,** s.a. **Verbandsschriften d. deutsch-österr.-ungar. Verbandes f. Binnenschiffahrt.**

Lotz, [Walther:] Kritik der neuesten Argumente für Abgaben auf den natürlichen Wasserstrassen.
Nebst Anh.: Über Flusszölle v. Prof. Dr. Lotz. Berlin: Siemenroth & Troschel 1898. (55 S.) 8.
= Deutsch-Österr.-Ungar. Verband f. Binnenschiffahrt. Verbands-Schriften. No. 40.

Lotz, Hatschek, Stein. Kritik der neuesten Argumente für Abgaben auf den natürlichen Wasserstrassen. 8°. Berlin, Siemenroth und Troschel, 1899. (Verbandsschriften d. deutsch-österr.-ungar. Verbandes für Binnenschiffahrt, No. 50.)

— d. Reform d. direkten Steuern in Bayern unter besond. Berücksicht. der sozialen u. wirtschaftlichen Verhältnisse. [Aus: „Braun's Archiv f. soziale Gesetzgebg. u. Statistik".] gr. 8. (88 S.) München 898. J. Lindauer. 1. 20

Der Schutz der deutschen Landwirthschaft und die Aufgaben der künftigen deutschen Handelspolitik. Vortrag geh. 1900 zu Berlin von Prof. Dr. Walther Lotz. *Berlin: L. Simion 1900.* (67 S.) 8°
— Mitteilungen d. Vereins z. Förderung d. Handelsfreiheit. 1900. No 2. [oo. 4534

Der Schutz der deutschen Landwirthschaft und die Aufgaben der künftigen deutschen Handelspolitik. Vortrag geh. 1900 zu Berlin von Prof. Dr. Walther Lotz. *Berlin: L. Simion 1900.* (67 S.) 8°
— Zeitfragen, Volkswirthschaftliche. H. 170 u. 171. [oo. 5223

Sonderinteressen gegenüber der Wissenschaft einst und jetzt. Ein Beitrag z. Beurtheilung d. Wirkungen d. Protektionssystems auf d. Industrie. Vortrag geh. in Berlin 1902 von Prof. Dr. W[alter] Lotz. *Berlin: L. Simion 1901.* (31 S.) 8°
— Mitteilungen d. Vereins z. Förderung d. Handelsfreiheit. 1902. No 1.

Sonderinteressen gegenüber der Wissenschaft einst und jetzt. Ein Beitrag z. Beurtheilung d. Wirkungen d. Protektionssystemes auf d. Industrie. Vortrag geh. in Berlin 1902 von W[alther] Lotz. *Berlin: L. Simion 1901[!].* (31 S.) 8°
— Zeitfragen, Volkswirtschaftliche. H. 187. [o2. 2144 3

— der gegenwärtige Stand der Währungsfrage in Oesterreich-Ungarn, s.: Sammlung gemeinnütziger Vorträge.

— d. Streit um d. Verstaatlichg. d. Reichsbank. Vortrag, geh. am 19. XI. 1897 im sozialwissenschaftl. Verein zu München. Lex.-8. (95 S.) München 897. G. Hirth. n. — 50

— der Streit um d. Verstaatlichg. d. Reichsbank. Vortrag. Lex.-8. (95 S.) München 897. [Hirth.] J. Schweitzer. Sort. n. — 50

— s.: Studien, Münchener volkswirthschaftliche.

Lotz, Walther [Dr.]: Die Technik des deutschen Emissionsgeschäfts. Anleihen, Konversionen und Gründungen. . . . Leipzig, Duncker & Humblot, 1890; 1 Bl. + 68 S. 8°
Leipzig, Phil. Fak., Hab.-Schr. v. 6. Febr. 1890

—— Die Technik d. deutschen Emissionsgeschäfts. Anleihen, Konversionen u. Gründgn. gr. 8. (VI, 136 S.) Lpz. 890, Duncker u. Humblot. * 3 20
Erweiterter Abdr. aus: Jahrbuch f. Gesetzgebg.

— Verkehrsentwickelung in Deutschland 1800—1900, s.: Aus Natur u. Geisteswelt. 15. Bdchn.

Lotz, W. Die Verkehrsentwicklung in Deutschland 1800 bis 1900. Sechs volksthümliche Vorträge über Deutschlands Eisenbahnen und Binnenwasserstrassen, ihre Entwicklung und Verwaltung sowie ihre Bedeutung für die heutige Volkswirthschaft. Berlin 1900. —

Lotz, Walther, Verkehrsentwickelung in Deutschland 1800—1900. 6 volkstüml. Vortr. üb. Deutschlands Eisenbahnen u. Binnenwasserstr., ihre Entwickl. u. Verwalt. sowie ihre Bedeut. f. d. heutige Volkswirtschaft. 2. Aufl. Leipzig 1906. 8°.
(A. Natur u. Geisteswelt. Bd 15.)

Verkehrsentwickelung in Deutschland 1800–1900 (fortgeführt bis z. Gegenwart). 6 volkstüml. Vorträge über Deutschlands Eisenbahnen u. Binnenwasserstraßen, ihre Entwickelung u. Verwaltung, sowie ihre Bedeutung f. d. heutige Volkswirtschaft von Prof. Dr. Walter Lotz. 3. verb. Aufl. Leipzig: Teubner 1910. VIII, 141 S. 8°
(Aus Natur u. Geisteswelt. Bdch. 15.) [10. 8932

—— Die Währungsfrage in Oesterreich-Ungarn u. ihre wirthschaftliche u. politische Bedeutung. gr. 8. (43 S.) Lpz. 889, Duncker u. Humblot. * 1 —
Aus: Schmoller's Jahrbuch f. Gesetzgebg. rc., besonders abgedruckt.

— Zolltarif, Socialpolitik, Weltpolitik. Sonderabdr. e. auf der Generalversammlg. des Vereins f. Socialpolitik am 24. IX. 1901 erstatteten Referats m. mehreren Nachträgen. gr. 8. (IV, 59 S.) Leipzig 902. Duncker & Humblot. n. 1. —

Abraham, Isaak und Jakob. Von Dr. Wilhelm Lotz, Prof. Gr.Lichterfelde: Runge 1910. 50 S. 8°
(Biblische Zeit- u. Streitfragen z. Aufklärung d. Gebildeten. Ser. 5, H. 10.) [10. 14409

Lotz, W., die Baudenkmäler im Regierungsbezirk Cassel, s. Dehn-Rotfelser, H. v.

Lotz, W., die Baudenkmäler im Reg.-Bez. Wiesbaden. Im Auftrage des königl. Ministeriums für geistl., Unterrichts- und Medizinal-Angelegenheiten bearb. Hrsg. von Friedr. Schneider. gr. 8. (XVII, 567 S.) Berlin 880, Ernst und Korn. * 10 —

Lotz, Wilh., die Bundeslade. gr. 8. (44 S.) Leipzig 901. A. Deichert Nachf. n. 1. 20
Sonderabdruck aus: „Festschr. d. Univ. Erlangen f. Prinzreg. Luitpold".

Lotz, Wilh., Führer durch die Invalidenversicherung f. Versicherte. (31 S.) 8. Offenbach (904). J. P. Strauß. n. — 30

Führer durch die Invaliden-Versicherung von Lehrer (Wilhelm) Lotz in Offenbach a. M. (22. bis 24. Taus.) Frankfurt a. M.: E. Schnapper 1905. (32 S.) 8° [F.]
— Krankenkassen-Bibliothek. H. 2. [o6. 3089 4

Lotz, Wilhelm, Geschichte u. Offenbarung im Alten Testament. gr. 8. (IX, 353 S.) Leipzig 891. J. C. Hinrichs' Verl. n. 6. 80

Geschichte und Offenbarung im Alten Testament. Von Wilhelm Lotz, Prof., Wien. 2., durch e. Reg. verm. Ausg. *Leipzig: J. C. Hinrichs 1892.* (VIII, 358 S.) 8° [F.] [o1. 5439 11

Lotz, Wilh. (I.), die Inschriften Tiglathpileser's I in transskribiertem assyrischem Grundtext mit Übersetzung und Kommentar. Mit Beigaben von Friedr. Delitzsch. gr. 8. (XVI, 224 S.) Leipzig 880, Hinrichs'sche Buchh. * 20 —

Lotz, Wilh., quaestiones de historia sabbati. gr. 8. (IV, 108 S.) Leipzig 883. Hinrichs' Verl. n.n. 6. —

— Hebräische Sprachlehre. Grammatik u. Vokabular m. Übungsstücken. (VI, 184 S.) gr. 8. Leipzig 908. A. Deichert Nachf. 4.—; geb. n 4. 60

Lotz, Wilh., Statistik der deutschen Kunst des Mittelalters und des 16. Jahrh. Mit specieller Angabe der Literatur. A. u. d. T.: Kunst-Topographie Deutschlands. Ein Haus- und Reise-Handbuch für Künstler, Gelehrte und Freunde unserer alten Kunst. 2 Bde. in 10 Lfgn. gr. 8. Cassel 862,63, Fischer. *
Inhalt:
Bd. 1. Norddeutschland. (VIII und 671 S.)
» 2. Süddeutschland. (691 S.)

Lotz, Wilh. Statistik der deutschen Kunst des Mittelalters u. des 16. Jahrhunderts. A. u. d. T.: Kunst-Topographie Deutschlands. Mit specieller Angabe der Literatur. Cassel 1867 u. 1863. 2 Bde. 8.
Bd. 1. (Neue Aufl.) Norddeutschland. 2. Süddeutschland.

Lotz, Wilh., das Alte Testament u. die Wissenschaft. (VIII, 252 S.) gr. 8. Leipzig 905. A. Deichert Nachf. n. 4. 20; geb. n. 5. —

Lotz, Wilh. (II.), des Kaufmanns Traum. Märchen in 1 Akt. 8. (16 S.) Kassel 880, (Freyschmidt.) ** — 60

Lotz, Wilhelm. Chemische Untersuchungen über die wolframsauren Salze. Marburg, 1854.

Die biblische Urgeschichte in ihrem Verhältnis zu den Urzeitsagen anderer Völker, zu d. israelit. Volkserzählungen u. z. Ganzen d. Heil. Schrift. Vorträge von Dr. Wilhelm Lotz, Prof. Leipzig: A. Deichert 1907. (IV, 73 S.) 8° [07. 13449

[Lotz-Landerer, Theophil.] Arnold Bander, geb. 16. Februar 1842. gestorben 25. Februar 1888. [Necrolog.] SA. 8. ([Basel] 1888.)

(Lotz-Landerer, Th[eophil].) Zur Organisation der schweizerischen Aerzte. Referat zu Handen der Delegiertenversammlung am 17. März 1901 in Olten. 8 S. 8. (Basel, J. Frehner.)

Lotzbeck, die Fractur des Processus coronoideus der Ulna. Ein Beitrag zu der Lehre von den Knochenbrüchen. München 865. Kaiser. gr. 8. (III, 151 S. mit 1 Tab. in qu. Fol.) n. 1 ℳ

Lotzbeck, der Luftröhrenschnitt bei Schusswunden. Ein Beitrag zur Kriegschirurgie. Lex.-8. (III, 107 S.) München 878. Kaiser. 1. 80

Lotzbeck, J. Karl Wilhelm

Animadversiones in aliquot locus Ciceronis orationis pro P. Sextio. Scrips. J. Carol. Guil. Lotzbeck, G. P. — 1829, B., typis Birner. — S. 3–8.
Progr. Bayreuth

Lotzbeck, J. K. W., s. M. T. *Cicero, Orationes* pro Publ. Sextio.

Lötzbeyer, Philipp, aus Sobernheim (Rheinl.): Ueber die Galois'sche Gruppe des Apollonischen Problems in der Ebene und im Raum. *Straßburg i. E. 1903: C. & J. Goeller.* (33 S.) 8°
Straßburg, Math.-naturw. Diss. v. 1903

Lotze, Herm., in seiner Stellung zu der durch Kant begründeten neuesten Geschichte der Philosophie, s.: Caspari, O.

1875–1900. Festschrift zum 25jähr. Jubilaeum des Allgemeinen Deutschen Jagdschutz-Vereins. (Verf.: Lotze.) *(Berlin 1900: J. Sittenfeld.)* (67 S.) 8° [00. 10850

Lotze u. **Leo**, Weiherede u. Predigt, am 9. Novbr. 1891 bei der Einweihung der neuerbauten Kirche zu Köstritz geh. gr. 8. (20 S.) Gera 892. H. Kanitz' Verl. n. — 30

Lotze, A., zur Selbstbelehrung f. Reiter sowohl v. der Bürgerwehr-Cavalerie, als auch f. angehende Reit-Liebhaber, enth. die Commando's u. Exercitien, Regeln u. Vorschriften üb. den Sitz ꝛc. gr. 16. (VIII u. 74 S. m. 4 lith. S. Signale.) Weimar 849, Voigt. ⅓ ℳ

— Wegweiser beim Pferdekauf oder Rath u. Hülfe zu Beurtheilung des Pferdes, Enthüllung der Geheimnisse u. Handelsvortheile der Pferdehändler, sowie auch der Kunstgriffe z. Vortheil der Käufer beim Mustern u. beim Handel. Mit 3 (lith.) Taf. (in gr. 8., gr. 4. u. qu. Fol.) gr. 8. (XII u. 176 S.) Weimar 851, Landes-Industrie-Comptoir. 1 ℳ 9 ℊ

Lotze, Alfred, a. Senftenberg: Kritische Beiträge zu Meister Eckhart. Halle a. S. 1907: E. Karras. (68 S.) 8°
Halle, Phil. Fak., Ref. Strauch, Diss. v. 20. Juni 1907
[Geb. 23. Apr. 82 Senftenberg, Prov. Brandenburg; Wohnort: Halle a. S.; Staatsangeh.: Preußen; Vorbildung: Gymn. Erfurt Reife M. 02; Studium: Leipzig 3, Halle 5 S.; Rig. 20. Dez. 06.]

Lotze, Alfr., Ilse. Die Geschichte e. jungen Ehe. Novelle. (71 S.) 8. Strassburg 908. J. Singer. 1. 50

Lieder der Liebe. Gedichte von Alfred Lotze. Berlin: J. Harrwitz Nachf. 1907. (40 S.) 8° [F.] [08. 2830

Lotze, Arthur: Untersuchungen eines anomalen trichromatischen Farbensystems. *Freiburg i. B. 1898: E. Kuttruff.* (23 S.) 8°
Freiburg i. B., Med. Diss. v. 1898

Lotze, C. W., s. Lotze, Karl Wilhelm.

Lotze, Gustav, a. Gotha: Die Sicherungshypothek. Gotha 1905: Engelhard-Reyher. (57 S.) 8°
Heidelberg, Jur. Fak., Ref. Schröder, Diss. v. 4. Jan. 1906
[Geb. 3. Aug. 74 Eschenbergen b. Gotha, Wohnort: Gotha; Staatsangeh.: Sachsen; Vorbildung: Gymn. Ernestinum Gotha Reife 96; Studium: Jena 3, München 1, Jena 3 S.; Rig. 30. Juli 04.]

Lotze, Herm., in seiner Stellung zu der durch Kant begründeten neuesten Geschichte der Philosophie, s. Caspari, O.

Lotze, Hermann. Ueber Bedingungen der Kunstschönheit. Göttingen 1847.

Lotze, Herm., über Bedingungen der Kunstschönheit. gr. 8. (80 S.) Göttingen 848, Vandenhoeck und Ruprecht.
Aus: Göttinger Studien. Jahrg. 1847, besonders abgedruckt.

Lotze, (R.) Herm., üb. den Begriff der Schönheit. gr. 8. (4 B.) Göttingen 846, Vandenhoeck u. Ruprecht.
Aus: Göttinger Studien 1845, besond. abgedruckt.

Lotze, Hermann, appr. Arzt a. Osterode am Harz: Beitrag zur Lehre von der Pleuro-Pericarditis. Halle a. S. 1905: Wischan & Burkhardt. (29 S.) 8°
Halle, Med. Fak., Ref. Weber, Diss. v. 30. Dez. 1905
[Geb. 19. Jan. 78 Osterode am Harz; Wohnort: Halle a. S.; Staatsangeh.: Preußen; Vorbildung: Gymn. Clausthal i. Harz Reife O. 99; Studium: Berlin Kaiser Wilh.-Akad. 9 S.; Coll. 14. Dez. 05; Approb. 28. März 05.]

Lotze, Herm. (I.), der Brief des Jakobus. In wend. Uebersetzung aus der Berliner Handschrift vom J. 1548 zum ersten male mitgetheilt. gr. 8. (23 S.) Leipzig 867, (Brockhaus' Sortiment und Antiquarium.) *

Lotze, Herm., zwei Briefe an R. Seydel u. E. Arnoldt, mitgeteilt v. Rich. Falckenberg, s.: Abhandlungen, philosophische, Chr. Sigwart gewidmet.

Lotze, Herm., Gedichte. gr. 12. (10⅝ B.) Leipzig 840, Weidmann'sche Buchh.
Jetzt: Leipz.: Hirzel.

Lotze, Herm.: Geschichte der Aesthetik in Deutschland. München: Oldenbourg 1868 [1867] = Geschichte der Wissenschaften in D. 7.

Lotze, Herm., Geschichte der deutschen Philosophie seit Kant. Dictate aus den Vorlesungen. gr. 8. (III, 111 S.) Leipzig 882, Hirzel. 1 80

Lotze, Herm., Geschichte der deutschen Philosophie seit Kant. Diktate aus den Vorlesgn. 2. Aufl. gr. 8. (104 S.) Leipzig 894. S. Hirzel. n. 1. 80

Lotze, Herm., Grundzüge der Aesthetik. Dictate aus den Vorlesgn. gr. 8. (113 S.) Leipzig 884. Hirzel. n. 2. —

Lotze, Herm., Grundzüge der Ästhetik. Diktate aus den Vorlesungen. 2. Aufl. gr. 8. (128 S.) Leipzig 888, Hirzel. *
Vgl.: Koegel, Fritz.

Lotze, Herm., Grundzüge der Aesthetik. Diktate aus den Vorlesgn. 3. Aufl. (128 S.) 8. Leipzig 906. S. Hirzel. n. 2. 40

—— Grundzüge der Logik und Encyklopädie der Philosophie. Dictate aus den Vorlesungen. gr. 8. (IV, 120 S.) Ebendas. 883. * 2 —

—— Grundzüge der Logik und Encyklopädie der Philosophie. Diktate aus den Vorlesungen. 2. Aufl. gr. 8. (118 S.) Ebendas. 885. *

Lotze, Herm. Grundzüge der Logik u. Encyklopädie der Philosophie. Diktate aus den Vorlesgn. 3. Aufl. gr. 8. (123 S.) Lpz. 891, Hirzel. * 2 —

— Grundzüge der Logik u. Encyklopädie der Philosophie. Diktate aus den Vorlesgn. 4. Aufl. (123 S.) 8. Ebd. 902. n. 2. 40

Lotze, Herm., Grundzüge der Metaphysik. Dictate aus den Vorlesgn. gr. 8. (III, 94 S.) Leipzig 883. Hirzel. n. 1. 70

—— Grundzüge der Metaphysik. Diktate aus den Vorlesungen. 2. Aufl. gr. 8. (100 S.) Ebendas. 887. *

Grundzüge der Metaphysik. Diktate aus d. Vorlesungen von Hermann Lotze. 3. Aufl. *Leipzig: S. Hirzel 1901.* (100 S.) 8° [F.] (01. 1100 7

—— Grundzüge der Naturphilosophie. Dictate aus den Vorlesungen. gr. 8. (III, 112 S.) Ebendas. 882. * 1 80

—— Grundzüge der Naturphilosophie. Diktate aus den Vorlesgn. 2. Aufl. gr. 8. (98 S.) Ebd. 889. * 1 80

—— Grundzüge der praktischen Philosophie. Dictate aus den Vorlesungen. gr. 8. (III, 84 S.) Ebendas. 882. * 1 60

—— dass. — 2. Aufl. gr. 8. (95 S.) Ebendas. 884. * 1 70

— Grundzüge der praktischen Philosophie. Diktate aus den Vorlesgn. 3. Aufl. gr. 8. (97 S.) Ebd. 899. n. 1. 80

— Grundzüge der Psychologie. Dictate aus den Vorlesungen. gr. 8. (VIII, 100 S.) Ebend. 881. n. 1. 60

— dasselbe. 2. Aufl. gr. 8. (VIII, 100 S.) Ebend. 882. n. 1. 70

— Grundzüge der Psychologie. Diktate aus den Vorlesgn. 3. Aufl. gr. 8. (95 S.) Ebend. 884. n. 1. 70

Lotze, H., Grundzüge der Psychologie. Diktate aus den Vorlesgn. 4. Aufl. gr. 8. (95 S.) Leipzig 889. Hirzel. n. 1. 70

— Grundzüge der Psychologie. Diktate aus den Vorlesgn. 5. Aufl. gr. 8. (95 S.) Ebd. 894. n. 1. 70

Lotze, Herm., Grundzüge der Psychologie. Diktate aus den Vorlesgn. 6. Aufl. (95 S.) 8. Leipzig 904. S. Hirzel. n. 1. 80

—— Grundzüge der Religionsphilosophie. Dictate aus den Vorlesungen. (III, 102 S.) 1882; 2. Aufl. gr. 8. (95 S.) Ebendas. 884. * 1 70

Grundzüge der Religionsphilosophie. Diktate aus d. Vorlesungen von Hermann Lotze. 3. Aufl. *Leipzig: S. Hirzel 1894.* (98 S.) 8° [F.] (00. 4535 9

Lotze, (R.) Herm., Logik. gr. 8. Leipzig 843, Weidmann'sche Buchh. 1 ß
Jetzt: Lpz.: Hirzel.

Lotze, H.: Logik. Drei Bücher vom Denken, vom Untersuchen u. vom Erkennen. Leipzig 1874. 597 S. (System d. Philosophie. 1.)

—— Metaphysik. gr. 8. (21 B.) Leipzig 841, Weidmann'sche Bh.
Jetzt: Lpz.: Hirzel.

Lotze, H.: Metaphysik. Leipzig 1841. 329 S.

Lotze, H.: Metaphysik. Drei Bücher der Ontologie, Kosmologie u. Psychologie. Leipzig 1879. 604 S. (System d. Philosophie. 2.)

Lotze, Herm., Mikrokosmus. Ideen zur Naturgeschichte und Geschichte der Menschheit. Versuch einer Anthropologie. 1. Bd.: Der Leib. Die Seele. Das Leben. gr. 8. (XX und 439 S.) Leipzig 856, Hirzel.

Lotze, Herm., Mikrokosmus. Ideen zur Naturgeschichte und Geschichte der Menschheit. Versuch einer Anthropologie. 2. Bd.: Der Mensch. Der Geist. Der Welt Lauf. gr. 8. (VII und 448 S.) Leipzig 858, Hirzel.
1. Bd. Ebendas. 1856. 2 Thlr. 7½ Ngr.

Lotze, Herm., Mikrokosmus. Ideen zur Naturgeschichte u. Geschichte der Menschheit. Versuch einer Anthropologie. 3. Bd.: Die Geschichte. Der Fortschritt. Der Zusammenhang der Dinge. Leipzig 864. Hirzel. gr. 8. (VIII, 616 S.) 3 ₰

Lotze, Herm., Mikrokosmus. Ideen zur Naturgeschichte und Geschichte der Menschheit. Versuch einer Anthropologie. 2. Aufl. 3 Bde. gr. 8. Leipzig, Hirzel.

Inhalt:
Bd. 1. Der Leib. Die Seele. Das Leben. (XXII, 453 S.) 869. ℳ 6,75.
„ 2. Der Mensch. Der Geist. Der Welt Lauf. (VII, 464 S.) 869. ℳ 6,75.
„ 3. Die Geschichte. Der Fortschritt. Der Zusammenhang der Dinge. (VII, 616 S.) 872. ℳ 9.

Lotze, Herm., Mikrokosmus. Ideen zur Naturgeschichte u. Geschichte der Menschheit. Versuch e. Anthropologie. 1. Bd. [1. Der Leib. 2. Die Seele. 3. Das Leben.] 3. Aufl. gr. 8. (XXII, 453 S.) Leipzig 876. Hirzel. 6. 75

— Mikrokosmos. Ideen zur Naturgeschichte u. Geschichte der Menschheit. Versuch einer Anthropologie. 2. Bd. [4. Der Mensch. 5. Der Geist. 6. Der Welt Lauf.] 3. Aufl. gr. 8. (VI, 466 S.) Ebend. 878. 6. 75

— dasselbe. 3. Bd. [7. Die Geschichte. 8. Der Fortschritt. 9. Der Zusammenhang der Dinge.] 3. Aufl. 8. (VI, 623 S.) Ebend. 880. 9. —

— Mikrokosmus. Ideen zur Naturgeschichte u. Geschichte der Menschheit. Versuch e. Anthropologie. 1. u. 2. Bd. 4. Aufl. gr. 8. Ebend. à n. 7. —
1. [1. Der Leib. 2. Die Seele. 3. Das Leben.] (XX, 453 S.) 884.
2. [4. Der Mensch. 5. Der Geist. 6. Der Welt Lauf.] (VI, 466 S.) 885.

— Mikrokosmus. Ideen zur Naturgeschichte u. Geschichte der Menschheit. Versuch e. Anthropologie. 3. Bd. [7. Die Geschichte. 8. Der Fortschritt. 9. Der Zusammenhang der Dinge.] 4. Aufl. gr. 8. (VI, 623 S. Ebd. 888. n. 10. — (cplt.: n. 24. —)

Lotze, Rud. Herm., Mikrokosmus. Ideen zur Naturgeschichte u. Geschichte d. Menschheit. Versuch e. Anthropologie. 1. Bd. 1. Der Leib. 2. Die Seele. 3. Das Leben. 5. Aufl. gr. 8. (XXII, 453 S. m. Bildnis.) Leipzig 896. S. Hirzel. n. 8. —

— Mikrokosmus. Ideen zur Naturgeschichte u. Geschichte der Menschheit. Versuch e. Anthropologie. II. Bd. 4. Der Mensch. 5. Der Geist. 6. Der Welt Lauf. 5. Aufl. (VI, 466 S.) 8. Ebd. 905. n. 8. —; geb. n. 9. —

Lotze, Herm., Mikrokosmus. Ideen zur Naturgeschichte u. Geschichte d. Menschheit. Versuch e. Anthropologie. III. Bd. 7. Die Geschichte. 8. Der Fortschritt. 9. Der Zusammenhang der Dinge. 5. Aufl. (VI, 623 S.) 8. Leipzig 909. S. Hirzel. 10. —; geb. 11. —

— dasselbe, s.: Bücher der Weisheit u. Schönheit.

—— allgemeine Pathologie u. Therapie als mechanische Naturwissenschaften. gr. 8. (33½ B.) Leipzig 842, Weidmann'sche Buchh.

— allgemeine Pathologie u. Therapie als mechan. Naturwissenschaften. 2. verb. Aufl. gr. 8. (VIII u. 594 S.) Leipzig 848, Weidmann (jetzt: Hirzel). 3 ℛ

—— allgemeine Physiologie des körperlichen Lebens. gr. 8. (VIII und 636 S.) Leipzig 851, [Hirzel.]

—(Rud.) Herm. (Bautzen/Lausitz), De futurae biologiae principiis philosophicis. Diss. med. Lpz. (Breitkopf & Härtel) 17. VII. 1838. 22 Seiten. (3.—) 21652

Lotze, (Rud.) Herm., medicinische Psychologie oder Physiologie der Seele. gr. 8. (VIII und 632 S.) Leipzig 852, [Hirzel.]

[Umschlagt.:] Medicinische Psychologie od. Physiologie der Seele. Von Dr. Rudolph Hermann Lotze, Prof. in Göttingen. Anastatischer Neudruck 1896. M. Bild u. Namenszug d. Vf. . . . *Göttingen: Dieterich.* (VIII, 632 S., 1 Portr.) 1 Bd 8. [98. 600 Go

—— kleine Schriften. 2 Bde. gr. 8. Ebendas. [1. Bd. (XVIII, 397 S.) 885. *ℳ 6.—; 2. Bd. (XVIII, 530 S.) 886. *ℳ 8.—.] *

— kleine Schriften. 3. Bd. 2 Abtheilgn. [Nebst Ungedrucktem aus dem Nachlasse u. e. ausführl. Sachregister.] gr. 8. (LXIX, 960 S.) Ebd. 891. n. 24.— (kplt.: n. 38.—)

—— Streitschriften. 1. Heft: In Bezug auf Prof. J. H. Fichte's Anthropologie. gr. 8. (151 S.) Leipzig 857, Hirzel. *

Lotze, Herm. (Zittau) u. Gust. Schilling (Köthen), De summis continuorum. Lpz. (Breitkopf & Härtel) 25. V. 1840. 21 S. (3.—) 21651

— System der Philosophie. 1. Thl. Logik. Drei Bücher vom Denken, vom Untersuchen u. vom Erkennen. gr. 8. (VIII, 597 S.) Ebend. 874. n. 9. —

—— System der Philosophie. 2. Thl.: Metaphysik. Drei Bücher der Ontologie, Kosmologie und Psychologie. gr. 8. (VII, 604 S.) Ebendas. 878. *
1. Thl. Ebendas. 1874. *ℳ 9.

— System der Philosophie. 1. u. 2. Thl. gr. 8. Ebend. 879. 80. à n. 9. —
1. Logik. Drei Bücher vom Denken, vom Untersuchen u. vom Erkennen. 2. Aufl. (VIII, 608 S.)
2. Metaphysik. Drei Bücher der Ontologie, Kosmologie u. Psychologie. (VII, 604 S.)

Lotze, Herm., System der Philosophie. 2 Thle. 2. Aufl. gr. 8. Leipzig, Hirzel. à Thl. *ℳ 9. * 18 —
Inhalt:
Thl. 1. Logik. Drei Bücher vom Denken, vom Untersuchen und vom Erkennen. (VIII, 608 S.) 880.
" 2. Metaphysik. Drei Bücher der Ontologie, Kosmologie und Psychologie. (V, 604 S.) 884.

— eine Wallfahrt von Antwerpen nach Jerusalem aus dem J. 1517. Aus der Handschrift mitgetheilt. Ebend. 867. gr. 4. (VIII, 19 S.) n. 12 ngr.

Lotze, Jo. Anth., s. *Testamentum* nov. graecum. Edit. II.

Lotze, Joh., das Deutsch in der Fortbildungsschule. 1. Abthl.: Geschäftsaufsätze. 8. (VIII, 167 S.) Leipzig 879, L. Senf.

Lotze H, Geschäftsaufsätze. 2. Auflage. (Lehrgänge für den Unterricht in den Fortbildungsschulen VII, 1) Leipzig 1887

Lotze, J., Deutsch, s. Lehrgänge für den Unterricht in der Fortbildungsschule.

Lotze, Karl Richard

Lotze, Carl Rich., die Choleraepidemie von 1866 in Stötteritz bei Leipzig. 8. (39 S. mit vielen Tab. und 5 lithogr. Beilagen in 8. und qu. Fol.) Leipzig 867, Gräbner.

Lotze, Karl Wilhelm

Lotze, Carl Wilh., prakt. Lehrcursus. Ein vollständ. Lehr- u. Lesebuch d. Realien in deutschen Volksschulen, aus d. besten deutschen Jugendschriften gesammelt. 8. (...) Grimma 838, Verlags-Comptoir. Thlr.

Lotze, C. W., praktisches Rechenbuch f. Bürger- u. Volksschulen. 2., verb. Aufl. 1—3. Curs. 8. (à 4 B.) Meißen 845, 46, Klinkicht u. Sohn. à Curs. 5 Ngr.

— kurze Anweisung nebst Auflösungen u. Antworten der Aufgaben zum prakt. Rechenbuche ꝛc. 1. u. 2. Curs. 2. Aufl. 12. Ebend. 847. 3. Curs. 2. Aufl. 846. 1. u. 2. Curs. ¾ ℛ 3. Curs. ½ ℛ

—— prakt. Rechenschüler f. Elementarklassen in Volksschulen. 4 Hfte. u. Facitbuch. 8. (...) Grimma ..., Verlags-Comptoir. à 1 Gr.
Hft. 1. Addition. Hft. 3. Multiplication.
" 2. Subtraction. " 4. Division.

— christl. Religions- u. Spruchbuch zum Gebrauche in evangel. Volksschulen; nebst Dr. Luther's Hauptstücken des christl. Glaubens. 5. verb. Aufl. 12. Ebend. 847. n. 3½ ngr.

Lotze, C. W., christliches Religions- u. Spruchbuch, zum Gebrauch in evangel. Volksschulen; nebst Dr. Luthers Hauptstücken d. christl. Glaubens. 6. unveränd. Aufl. 12. (127 S.) Meißen 849, Klinkicht & Sohn. n. 3½ ngr.

Lotze, K. W., Religions- und Spruchbuch für evangel.-luther. Volksschulen, mit Rücksicht auf Dr. M. Luthers kleinen Katechismus. Ueberarbeitet von K. W. Mittag. 8. stark verm. u. verb. Aufl. Meißen 853. Klinkicht. 12. (2 Bl., 140 S.) n. 3½ ngr.

—— Versuch e. planmäß. Lehrcursus f. sächs. Volksschulen, bearb. nach d. Klassenziele d. neuen Schulgesetzes. gr. 12. (5 B.) Grimma 837, Verlags-Comptoir.

Lotze, C. W., abgenöthigte Zurechtweisung des Schullehrers Gottlob Schütze zu Dresden u. Versuch eines kritischen Beitrags zur Methodik des rationalen Unterrichts im Rechnen. gr. 8. Meißen 842, Klinkicht u. Sohn. 1/12 ℛ

Lotze, Konrad, approb. Arzt aus Dresden: Albuminurie und Nephritis bei fibrinöser Pneumonie. *Leipzig 1901: B. Georgi.* (34 S.) 8°
Leipzig, Med. Diss. v. (25. Sept.) 1901

Lotze, Konr., König Jugurtha. Trauerspiel in 5 Aufzügen. 8. (150 S.) Göttingen 878, Deuerlich'sche Buchh. *

Lotze, Curt, aus Borna: Quellenstudie über Lord Byrons 'The Island'. *Leipzig 1902: Gebr. Junghanss.* (48 S.) 8°
Leipzig, Phil. Diss. v. [14. Juni] 1902

Lotze, Ludw., Beitrag zur Lehre vom Knochenwachsthum. Inaugural-Dissertation. gr. 8. (36 S.) Göttingen 875. (Vandenhoeck & Ruprecht's Verl.) n. — 80

Lotze, M., u. Geo. Böhme, die kgl. sächs. Gesetze u. Verordnungen üb. Jagd u. Fischerei, s.: Handbibliothek, juristische. Bd. 372.

Lotze, M., die königl. sächs. Gesetze u. Verordnungen üb. Jagd u. Fischerei, sowie das Gesetz, betr. den Ersatz v. Wildschaden u. die Rechtsfähigkeit der Jagdgenossenschaft, s.: Handbibliothek, Leipziger juristische.

Lotze, M., Jagdgesetze, siehe Handausgabe sächs. Gesetze.

Lotze, M., d. kgl. sächs. Jagdgesetze nebst d. damit zusammenhäng. reichsgesetzl. Vorschriften. M. Erläutergn. u. e. ausführl. Sachregister. 8. (VII, 136 S.) Leipzig 896. Roßberg. n. 2. —; geb. n. 2. 40

Lotze, Rudolf Hermann, s. Lotze, Hermann.

Lotze, Wilhelm

Lotze, Wilh., Elias III., e. Wort zur Aufklärg. üb. John Alexander Dowie, s.: Irrtümer, kräftige. 2. Hft.

Lotze, Wilh., Geschichte der Stadt Münden nebst Umgegend m. besond. Hervorhebung der Begebenheiten des 30jähr. u. 7jähr. Krieges. 2. unveränd. Aufl. (XV, 358 S.) gr. 8. Münden 909. (R. Werther.) 6.—; geb. 7. 50

Lotze, Wilhelm August

— **Wilh. Aug.** (Gotha), Diss. med. casum singul. ani praeter naturam collogati et atresiae vaginae add. cum tab. Jena (Schlotter) 17. XII. 1827. 17 S. (3.—) 21653
Gew.: J. W. Lotze, E. W. Lotze.

Lötze, Curt: Joachim Heinrich Campe als Pädagog. Ein Beitrag zur Geschichte der Pädagogik im Zeitalter der Aufklärung. . . . Leipzig-Reudnitz, Druck v. Max Hoffmann, 1890; 67 S. + 1 Bl. 8°
Leipzig, Phil. Fak., Inaug.-Diss. v. 19. Mai 1890

Lötze, Curt. Joachim Heinrich Campe als Pädagog. Ein Beitrag zur Geschichte der Pädagogik im Zeitalter der Aufklärg. Diss. gr. 8. (57 S.) Lpz.-Reudnitz 890. (Dresd., Alex. Beyer.) * 1 —

Lötze, Wilhelm August, s. Freuden d. Religion.

Lötze, Wilh. Aug., († d. 17. Nov. 1817.) neues stolbergisches Gesangbuch; (ohne s. Namen) herausg. 8. Roßla 813.

Lotzelech, 1001, für Herren. Eine Sammlg. köstl. u. pikanter Witze, speziell f. Herrengesellschaften. 1. u. 2. Bdchn. (à 96 S.) 8. Pressburg 905. 906. H. Hartleb. à n. 1. 50

Lotzemer, Adam [Dr. med. pr. Arzt aus Amern St. Georg '(Niederrhein)']: Ueber ein cavernöses Myxom der Haut ... Würzburg, Buchdr. d. „Neuen Bayer. Landeszeitg", 1896; 12 S., 1 Bl. 8.
Würzburg, Med. Fak., Inaug.-Diss. v. 1896

Lötzen [Sachliches OW]

Lötzen in Masuren. Ein Führer durch d. Stadt u. deren Umgebung. Hrsg. v. Verkehrs-Verein Lötzen. (Lötzen): Verkehrs-Ver. [1909]. 5 Bl. 8°

Lötzen [Schlagwort]

— s. a.: Allenstein, Reg.-Bez.

Lötzen, s.: Europa. Liebenow.

Lötzen, s. a.: Geologische Karten. Preussen. 110.

Lötzen. Karte des Kreises Lötzen im Reg.-Bez. Allenstein. Hrsg. v. der kartogr. Abteilg. der königl. preuss. Landesaufnahme 1906. Aufgenommen vom königl. preuss. Generalstab 1862—68. Einzelne Nachträge bis 1904. 1 : 100,000. 39,5×59 cm. Farbdr. Berlin (R. Eisenschmidt). n.n. 2. —; ermäss. Preis n.n. 1. 50

Lötzen, Kreis. Spezialkarte des Kreises Loetzen. Rev. v. den zuständ. Behörden. 1 : 100,000. 34,5×56 cm. Farbdr. Lissa 910. O. Eulitz. — 75; auf Leinw. in Etui 1.50

Lotzer, Philipp. Tierarzt aus Maizières (Kreis Château-Salins in Lothringen): Über die Stellung des Mäusetyphusbacillus im System Typhus-Coli. Strassburg i. E. 1907. 34 S. 8°. [21. VI. 07.]
Bern. Vet.-med. Diss. 1906/1907.

Lotzer, Philipp. Uber die Stellung des Mäusetyphusbacillus im System Typhus-Coli. Diss. Vet.-Med. Bern. 34 S. 8. Strassburg i. E., C. Gripekoven, 1907.

Lotzer's, Seb., Schriften. Hrsg. v. Alfr. Goetze. gr. 8. (V, 86 S.) Leipzig 902. B. G. Teubner. n. 3. —

Lotzin, Alfred [Assistenzarzt an d. Kgl. med. Klinik]: Ueber Störungen der Salzsäuresecretion des Magens bei Allgemeinerkrankungen und Erkrankungen anderer Organe ... Breslau, Druck d. Bresl. Gen.-Buchdr., 1892; 2 Bl., 40 S., 1 Bl. 8.
Breslau, Med. Fak., Inaug.-Diss. v. 31. März 1892

Lotzin, Alfr., üb. Störungen der Salzsäuresecretion d. Magens bei Allgemeinerkrankungen u. Erkrankungen anderer Organe. Diss. gr. 8. (40 S.) Breslau 892. (L. Köhler.) n. 1. —

Lotzin, Walter: Bedeutungswandel zweier hebräischer Wörter des Alten Testaments (dābār Wort und ʿajin Auge). Kreuzburg O.-S. 1909: Thielmann. 14 S. 8°
Kreuzburg O.-S., k. G OP 1909 (271) [S 09. 299

Lotzin, Walter: Beitrag zur Erklärung der sogenannten Krankenpsalmen (Ps. 6, 22, 38, 39, 41, 88, 102) und des Buches Jona. Kreuzburg OS. 1906: E. Thielmann. (18 S.) 8°
Kreuzburg OS., k. G OP 1906 (241)

Lotzing, E., Wegeblumen. Gedichte u. Gedanken. (VI, 41 S.) 8. Dresden (907). E. Pierson. 1.—; geb. n 2. —

Lotzow, Volkssagen und Märchen der Deutschen und Ausländer. Leipzig 1820. 8.

Loetzow, Imman., s. a. Romanowski, Max.

In Freude und Schmerz. Dichtungen von Max **Romanowski** (Immanuel Loetzow). Berlin: B. Staar [1906]. (132 S.) 8° [F.]

Lötzsch, Carl, Geometrie in concentrisch erweiterten Cursen. Zum Schulgebrauche bearb. 3. Aufl. 2 Curse. 8. Mittweida 870, Schulze. [1. Cursus. (24 S. mit 1 Stnt. in qu. Fol.) * 40 Pf.; 2. Cursus. (45 S. mit 1 Stnt. in qu. Fol.) * 75 Pf.] *

Lötzsch, Carl, Geometrie in concentrisch erweiterten Cursen. Zum Schulgebrauche bearb. 2 Curse. 8. Mittweida, Polytechn. Buchh. [1. Cursus. 4.—6. Aufl. (23 S. mit 1 Stnt. in qu. Fol.) 872—76. * 50 Pf.; 2. Cursus. 4. und 5. Aufl. (45 S. mit 1 Stnt. in qu. Fol.) 872,75. * 75 Pf.] *

Lötzsch, Carl, Geometrie in concentrisch erweiterten Cursen. Zum Schulgebrauche bearb. 6. Aufl. 1. Curs. 8. (23 S. m. 1 Steintaf. in qu. Fol.) Mittweida 876. Polytechn. Buchh. n. — 50

Lötzsch, C., Geometrie in konzentrisch erweiterten Kursen. 6. Aufl. 2. Kurs. gr. 8. (48 S. m. 1 Taf.) Mittweida 889. Polytechn. Buchhandlg. n. 1. —

Lötzsch, Carl, Geometrie in concentrisch erweiterten Kursen. Zum Schulgebrauche bearb. 1. Kurs. 7. Aufl. 8. (24 S. m. 1 Taf.) Mittweida 897. Polytechn. Buchh. n. — 50

Lötzsch, Carl, Geometrie in konzentrisch erweiterten Kursen. Zum Schulgebrauche bearb. I. u. II. Kurs. gr. 8. Mittweida, Polytechn. Buchh. n. 1. 50
I. 8. Aufl. (24 S. m. 1 Taf.) 903. n. — 50
II. 7. Aufl (48 S. m. 1 Taf.) 901. n. 1. —

Lötzsch, Karl, gemeinsame Schule f. beide Geschlechter. (37 S.) 8. Dresden 908. A. Huhle. — 60

Lou, Henri, s. Andreas-Salomé, Lou.

†Lou, Henri [Frln. Lou v. Salommé], im Kampf um Gott. 8. (317 S.) Leipzig 885, Friedrich. *
geb. *

Loua, Toussaint, atlas statistique de la population de Paris. gr. 8. (84 S. m. 41 lith. u. color. Karten.) Nancy 374. Berger-Levrault & Co. n. 8. —

Louardi, K. (Vollhard, K. L.): De vera origine querelae inofficiosi testamenti ex lege Glicia l. unus. *Dresd.*, **Gröll. 762. 8. (16 Gr.)**

Loubera, s. Laloubera.

Loubera, de la, Beschr. des Königr. Siam. a. d. Franz. m. K. gr. 8. Nrnb. Grattenauer. 800.

Loubera, de la, Beschreibung d. Königr. Siam. gr. 8. Nürnberg. 800. Jetzt Lauffer in Leipzig.

Louberhüttenkranz für dien Eisig Herzfelder seiner Louberhütt. Meissen 1833. V: *Holzschuher, H.* (GGr)

Loubier, *Louis Philippe* Erich [aus Berlin]: Ueber Verletzungen am Scheideneingang bei spontanen Entbindungen ... Berlin, C. Vogts Buchdr., *1897;* 47 S. 8.
Berlin, Med. Fak., Inaug.-Diss. v. 19. Febr. 1897

Der Bucheinband in alter und neuer Zeit. Von Jean **Loubier**. Mit 197 Abb. *Berlin & Leipzig: H. Seemann Nachf. [1903].* (186 S.) 4°(8°)
= Monographien d. Kunstgewerbes. 10. [04. 4587 6

Loubier, Jean. Der Bucheinband in alter und neuer Zeit. Mit 197 Abbildungen. IV + 187 S. gr.-8. Berlin und Leipzig, Hermann Seemann Nachfolger, [1904]. [geb. M. 5.—] Bibl.
Monographien des Kunstgewerbes, hrg. von Jean Louis Sponsel. [Band] 10....

Der Bucheinband in alter und neuer Zeit. Von Jean **Loubier**. Mit 197 Abb. 2. Taus. Berlin & Leipzig: H. Seemann Nachf. [1905]. (186 S.) 4°(8°)
= Monographien d. Kunstgewerbes. 10.

Loubier, Jean, Buchkunst u. Bücherliebhaberei. 10 Vorträge, geh. im Winter 1909 im kgl. Kunstgewerbe-Museum zu Berlin. (Sonderdruck nach den Berichten der Papier-Zeitg.) (66 S. m. Abb.) gr. 8. Berlin (910). C. Hofmann. 1. 50
Aus dem Buchhandel zurückgezogen.

Loubier, *Emil Ludwig* Jean [aus Berlin]: Das Ideal der männlichen Schönheit bei den altfranzösischen Dichtern des XII. und XIII. Jahrhunderts. . . . Halle a. S., Hofbuchdr. v. C. A. Kaemmerer & Co., 1890; 142 S., 1 Bl. 8°
Halle, Phil. Fak., Inaug.-Diss. v. [8. Sept.] 1890

Schrift und Schriftunterricht. Ausstellung veranstaltet f. d. 34. Hauptversammlung d. Vereins deutscher Zeichenlehrer. Hamburg. Pfingsten 1907. (Verf.: Prof. Jean **Loubier** u. W[ilhelm] Wetekamp.) [Hamburg: Verein deutscher Zeichenlehrer 1907.] (24 S.) 8° [07. 14061

Loubser, J. N. W., a. Kapland: Implantationsgeschwülste der Bauchdecken nach Ovariotomien. Berlin (1907): G. Schade. (45 S.) 8°
Berlin, Med. Fak., Ref. Olshausen, Diss. v. 6. Dez. 1907
[Geb. 8. März 81 Koeberg (Kapl.); Wohnort: Koeberg; Staatsangeh.: England; Vorbildung: Univ. Cape of Good Hope Baccal. artium O. 02; Studium: Straßburg 6, München 1, Berlin 3 S.; Coll. 4. Nov 07; Approb. 21. Juni 07.]

Louchard, A., Betrachtungen über die Uebertragung der Rotzkrankheit vom Pferde auf den Menschen. Aus d. Franz. übers. von G. J. G. F. Flemming. 8. (29 S.) Teterow 851. (Schwerin, Hildebrand.) n. 1/6 ₰

Loudka, Margot, Erholungsstunden, s.: Jugend-Bibliothek, katholische.

Loudka, Margot, verbannt nach Sibirien, s.: Volks-Bibliothek, katholische. 6. Bd.

Loudon's Briefe. Beiträge zur Charakteristik Loudon's u. der Geschichte d. 7jähr. Kriegs. Hrsg. v. Karl Buschberger. [Aus Archiv f. oesterreich. Geschichte.] gr. 8. (46 S.) Wien 873. Gerold's Sohn in Comm. n. — 60

Loudon, ..., die heil. Wege des Kreuzes, worin von mehrern innern u. äußern Leiden u. v. d. Weihe, sie wohl zu benutzen, d. Rede ist. Aus d. Französ. gr. 8. Luzern 827. Anich. 12 ℋ

Loudon, Harald

— u. Heinrich **Loudon**, Sammlung der in den Ostseeprovinzen geltenden Bestimmungen d. Civilprocesses. Nach der russ. Ausg. übers., vervollständigt u. m. e. alphabet. Sachregister versehen. gr. 8. (XV, 456 S.) Riga 890. Kymmel's Verl. n. 6. —

Loudon, Harald Baron, der 3. Theil d. Provincialrechts der Ostseegouvernements, aus den Verordngn. üb. die Reorganisation d. Justizwesens u. der Bauerbehörden in den balt. Gouvernements übers. u. hrsg. Nachtrag. (Russisch u. deutsch.) gr. 8. (39 S.) Riga 890. Kymmel's Verl. n. 2. —
Das Hauptwerk ist nicht im Handel.

Loudon, J. W.

Loudon, Mrs., Anweisung für Damen, das Landleben zweckmäßig wirthschaftlich u. elegant einzurichten u. verständig zu genießen. Aus dem Engl. übers. von L. Lehnert. Herausgeg. von W. Ch. L. Russehl. Mit 3 Abbild. gr. 8. Neubrandenburg 846, Brünslow. n. 1 ₰ 26 ngl

Loudon, John Claudius

Loudon, J. C., Encyclopädie d. Gartenwesens, od. Theorie u. Praxis d. Gemüsebaues, d. Blumen- u. Baumzucht, u. d. Landschaftsgärtnerei, nach d. neuesten Erfindungen u. Verbesserungen. Aus d. Engl. 2 Bde. Mit 57 Taf. Abb. 8. Weimar, 1823—26. Landes-Ind.-Compt. 13. —

— Eine Encyclopädie d. Gartenwesens ... Aus d. Engl. 2 Bd. Weimar 1823-26. 1688 S. 57 Tvl.

— eine Encyklopädie d. Landwirthschaft, enthält d. Theorie u. Praxis d. Taxation, Uebertragung, Anlegung, Verbesserung u. Bewirthschaftung des Grundeigenthumes, wie auch d. Cultur u. Benutzung des vegetabil. Erzeugnisse d. Landwirthschaft rc. Aus d. Engl. mit Abbildd. 1e — 3e Liefer., nebst e. Inhalts-Uebersicht des ganzen Werkes. Lexicon. 8. Weimar 826—27, Ind.-Compt.

Loudon, J. C., eine Encyclopädie d Landwirthschaft, enthalt. d. Theorie u. Praxis d. Taxation, Uebertragung, Anlegung, Verbesserung u. Bewirthschaftung d. Grundeigenthumes, wie auch d. Cultur u. Benutzung d. vegetab. Erzeugnisse d. Landwirthschaft, mit Inbegriff d. neuesten Entdeckn. u. Verbessern.; e. allgem. Gesch. d. Landwirthschaft; e. statist. Uebersicht ihres gegenwärt. Zustandes, u. Fingerzeigen üb. ihren künft. Fortschritt in d. britischen Inseln rc. A. d. Engl. 2. (letzt.) Bd. (od. 4—7. Lfg.) (Welcher zugleich bedeut. Nachträge aus d. 2. Aufl. d. Orig., u. eine, in d. deutschen Ausg. durch viele Zusätze verm., Uebersicht d. Literatur enthält. Mit vielen eingedruckten Abbildn.) Lex.-8. (78 B.) Weimar 828—33, Landes-Ind.-Comptoir. Thlr.
1. Bd. (od. 1—3. Lfg.) Ebendas. 1826, 27. 6 Thlr. 12 Gr.

— Eine Encyclopädie d. Landwirthschaft ... Aus d. Engl. 2 Bd. Weimar 1827-33. (2056) S. Fig.

Loudon, J. C., Encyclopädie d. Pflanzen. Enth. d. Beschreibung aller bis jetzt bekannten Pflanzen, welche durch mehr als 20,000 Abbildn. erläut. werden. Frei n. d. Engl. bearb. v. (Nath.) Dav. Dietrich. 1. Bd. 1—19. Lfg. u. 2. Bd. 1—3. Lfg. gr. 4. (99½ B. u. 173 Kpfrt.) Jena 836—41, Schmid. à L. * 1 Thlr., col. * 2 Thlr. * 19 Thlr., col. *
Vgl. Dietrich, (Nath.) Dav., Encyclopädie.

Loudon, J. C., Erläuterungen üb. Landschafts-Gartenkunst u. Garten-Bau-Kunst etc. in 3 Sprachen, s. Illustrations.

— über Wirthschaftseinrichtungen nach d. Grundsätzen d. Schottischen Ackerbaues rc. Mit 40 Kupft. Aus d. Engl. v. G. P. Biernacki, mit Anmerkk. v. A. Thär. gr. Fol. Berl. 818, Reimer. 13 Rthl. 8 gr. ill.

— über Wirthschaftseinrichtungen nach d. Grundsätzen d. Schottischen Ackerbaues rc. Mit 40 Kpft. Aus d. Engl. v. A. P. Biernacki, mit Anmerkk. v. A. Thär. gr. Fol. Berl. 819. Reimer. 13 Thlr. 8 gr. ill. 18 Thlr. Dass. Polnisch. Derselbe Preis.

Louez Dieu! Livre de prières à l'usage des catholiques. — Lobet Gott! Gebetbuch f. Katholiken. Französisch u. Deutsch. Mit 4 Bildern u. Titelbild. 16. (XVI u. 592 S.) Emmerich 852, Romen. 18 ngr.

Loufenberg, Heinr., s. Müller, Ed. Rich.

Lougear, Kuno, Referendar b. d. Königl. Staatsanwaltschaft in Danzig: Das Ehehindernis der ordines maiores nach kanonischem Rechte. Greifswald 1908: F. W. Kunike. (88 S.) 8°
Greifswald, Jur. Fak., Ref. Sartorius, Diss. v. 2. Mai 1908
[Geb. 18. Juni 80 Kgl. Dombrowken (Kr. Graudenz); Wohnort: z. Z. Cöln a. Rh.; Staatsangeh.: Preußen; Vorbildung: Gymn. Preuß. Stargard Reife O. 01; Studium: Berlin 2, Breslau 1, Königsberg 3 S.; Rig. 28. Jan. 08.]

Louguinine, W., Beschreibg. d. Hauptmethoden, welche bei d. Bestimmg. d. Verbrennungswärme üblich sind. Mit 4 Kpfrtaf. u. 21 Textfig. gr. 4. (112 S.) Berlin 897. R. Friedländer & Sohn. n. 10.—

Louis [Sachliches OW]

Louis, ou le petit Emigré. Historiette pour les enfans et les amis de l'enfance par l'auteur des oeufs de Pâques. (Chr. Schmid). Ouvrage trad. de l'Allemand par Macker. 16. (7¼ B. u. Ttlbild.) Fribourg 835, 36, Wagner. ¼ Thlr., mit ill. Ttlbild.

Louis ou le petit Emigré. Historiette ... Fribourg 1835—36. V: ***Schmid, Christoph.*** **(Ky)**

Louis am Asyl für Obdachlose. gr. 8. (8 S.) Berlin 870. Gräbner. 1¼ ngr.

— d. unglückl. Dauphin v. Frankreich; ein dramat. Gemälde. 8. Hamb. 804. Nestler u. M. 16 gr.

Louis XVII. lebt!! — Memoiren Carl Louis, Herzog's d. Normandie, legit. Königs v. Frankreich. Von seinem Eintritt in d. Tempel 1792, bis auf d. neueste Zeit. Mit e. Vorr. d. Prinzen, authent. Briefen u. histor. Erläutern. Nach d. in London als Mspt. gedr. Originale. gr. 12. (12 B.) Leipzig 835, Schreck.]

Louis und Eugenie im Orpheum. Mit color. Titelbild (Napoleon und Eugenie in das genannte Berliner Ballhaus eintretend). Berlin, o. J. (1870). 8°. 8 S. (1 Mk. 50 Pfg. E. Frensdorff, 1906.)

— als Leichenbitter. Ebend. 870. gr. 8. (8 S.) 1½ ngr.

Louis Napoleon. Von dem Verf. Unserer Politik (Const. Frantz). 8. (110 S.) Berlin 852, Schneider & Co. — 2. Aufl. 8. (110 S.) Ebd. 852. n. ⅓ Thlr.

Louis Napoleon Bonaparte die Sphinx auf dem französischen Kaiserthron. 1. u. 2. verm. Aufl. Mit einem Nachtrage: Villafranca u. Frei-Deutschland. Hamburg 859. O. Meißner. 8. (2 Bl., 172 S.) 15 ngr.

— — 3. verm. Aufl. Mit 2 Nachträgen: Villafranca u. Frei-Deutschland. Ein Viertel vor Zwölf! Ebend. 860. 8. (2 Bl., 194 S.) 15 ngr.

—— und der Staatsstreich vom 2. December 1851. Mit dem (lithogr.) Bildnisse des Präsidenten. gr. 8. (118 S.) Leipzig 852, Hartleben's Verlags-Expedition.

Louis uf'm Proppen! (Humor. satyr. Kriegsbild.) Berlin 1870. 8°. 8 S. m. color. Titelbilde: Ein preuss. Krieger mit aufgepflanztem Bajonette hat in d. e. Hand e. Flasche, auf dessen Pfropfen Napoleon u. Lulu sitzen. (2 Mk. E. Frensdorff, 1909.)

Louis und Theodor. Platonisch-lucianischer Dialog. Hamb. 1803. V: ***Gosch, Josias Ludwig.*** **(LS I. Nachtr. S. 701) (schr)**

—— in der neuen Wohnung. gr. 8. (8 S.)
Berlin: Gräbner 1870.

Louis [Schlagwort]

St. Louis. Pharus-map. World's fair St. Louis 1904. 24×36,5 cm. Farbdr. Mit Text an der Seite. Berlin (1904). Pharus-Verlag. — 25

Louis [Verfasser]

— Vergl. Ludwig.

Louis [Pseud.], s. Davidson, Alexander

Louis [Pseud.], s. Gosch, Josias Ludwig

Louis Ferdinand Prinz von Preußen, Briefe an Pauline Wiesel. Nebst Briefen von A. v. Humboldt, Rahel, Varnhagen, Gentz und Marie v. Méris. Hrsg. von Alex. Büchner. 8. (III und 167 S.) Leipzig 865, Brockhaus. *

Louis XIV., mémoires pour l'année 1666, s.: Sammlung geschichtlicher Quellenschriften zur neusprachlichen Lektüre im höheren Unterricht.

Louis XVIII. (Roi de france), Relation d'un Voyage à Bruxelles et à Coblenz en 1791. 8. Leipz. 823, E. Fleischer.

Louis l'Indiscret (ps.), Die schöne Kaiserin von Frankreich im Boudoir und hinter den Gardinen. 1871. (2 Auflagen von diesem Jahr.)
Weller, Lex. Pseud. p. 329.

Louis Napoleon Bonaparte, s. a. Napoleon Bonaparte, Louis.

Louis Napoléon (III) Bonaparte. Historische Fragmente. 1688 u. 1830. A. d. Franz. (74) 8. Berlin 1862. 1,00.

Louis Napoléon (III) Bonaparte. Fragments historiques, 1688 et 1830. (110) 8. Berlin 1862. 1,20.

Louis Napoleon Bonaparte's geheime Memoiren. Herausg von L. Schubar, s. Bonaparte.

Louis Philipp v. Orleans, Graf v. Paris, Gewerkvereine in England, s. Gewerkvereine.

Louis,
(NB. Was von den vorstehenden Schriften vom J. L. Gosch, u. was dem K. J. Lange angehört, habe ich nicht ermitteln können: überhaupt war von mehreren hier aufgeführten Schriften nichts Authentisches aufzufinden.)

Louis, (Jos. Edw. Gosch, auch K. Jul. Lange), histor.-politische Annalen von 1805, 3 Hefte u. 1806, 23 Hefte. 8. Gießen 805 —8. (Tasché). 9 ℛ 16 ℊ

Louis, historisch-politische Annalen v. 1805. 3 Hefte. 8. Gießen, Akadem. Buchhandl. (a. Tasche u. M.) 805. (à 16 gr.)

— — dieselben, v. 1806. 12 Hefte. 8. Ebend. 806.

— — dieselben, v. 1808. 9 Hefte. 8. Ebendas. 808. (à 8 gr.)

— Beyträge z. Berichtigung d. Urtheile d. Publikums üb. Dänemarks neueste Verhältnisse. 8. Hamb. Vollmer.

— de cāris vers. 4. Braunschw. Lucius, 808.

Louis, (Jos. Edw. Gosch, auch K. Jul. Lange), Dänemark in seinen jetzigen Staats- u. polit. Verhältnissen. 8. (Hamb.) 810. (Herold jun.) 8 ℊ

Louis, Dänemark. 8. Hamb. Vollmer. 810. Rthlr.

Louis, s. a. Deutschlands Wiedergeburt...

— Deutschlands Wiedergeburt, od. d. Rheinbund u. d. Folgen rc. 8. Germanien. (Vollmer, Hamburg.) 808.

— Deutschlands Wiedergeburt oder der Rheinische Bund und die Veränderungen der Staatsverfassungen, die er zur Folge haben wird. Germanien. 1809. (Navnet Louis findes under Fortalen).

— d. Friedensgericht u. d. Familienrath. 8. Hamb. ... Vollmer. 6 ℊ

— philosoph. Gemälde v. Westindien u. Südamerika. 2 Bde. 8. Hamb. 810. 11. Vollmer. Auch u. d. T.: Westindien u. der Kontinent von Südamerika rc. 2 Thle. 8. Ebd. 818. Herold. 3 ℛ 20 ℊ

Louis, Gemälde von Westindien. 2r Bd. 8. Hamb. Vollmer. 812.

Louis, D. Unparteiische Geschichte der Entstehung und Führung des letzten Krieges zwischen Oesterreich und Frankreich. 8. Hamburg und Altona 1809.

— unpartheiische Geschichte d. letzten Kriegs zwischen Oesterreich u. Frankreich, nebst Darstell. d. Folgen rc. 8. Hamb. 810. (Herold jun.) 16 ℊ

Louis, die Hausfrau beim Einkauf animalischer Nahrungsmittel. Mit einem Vorwort von Lina Morgenstern. 8. (32 S.) Berlin 880, F. und P. Lehmann. * — 50

Louis und Caignéz, Hoang-Puff, s. Theater-Repertoir, wiener.

— das gegenwärt. Interesse (1803) d. europäischen Staaten, und die neue Organisation d. Militair- u. Finanzwesens in Dänemark. 8. Hamb. 803. Nestler u. M. 16 ℊ

— kritisches Journal üb. d. gegenwärt. (1804) Krieg. 10 Hefte. 8. Hamb. 894. Nestler u. M. 2 ℛ 12 ℊ

— krit. Journal üb. d. gegenw. Krieg. 10 Hfte. 8. Ebend. 804. (à 6 gr.)

Louis. Kritisches Journal über den gegenwärtigen Krieg. Supplement-Band. Process gegen Moreau und seine Mitbeklagten. Aus den französischen Acten gezogen. (3 Bde.) 8. Hamburg 1804.

— d. Kaufmann in allen s. Beziehungen. Hamb. Vollmer.

— Europens gegenwärt. Crisis. 8. Hamb. 804. Nestler u. M. 16 ℊ

— Lachesis, od. die Welthändel. 3 Hefte. .. Hamb. ... Vollmer. 1 ℛ

— Lais u. Theodor, e. platon.-lucianischer Dialog. gr. 8. Hamb. 803. Nestler u. M. 16 ℊ
Vgl. Louis und Theodor.

Louis, s. a. Moreaus Proceß.

— Moreaus Proceß. 8. Ebend. 804.

— über Polizeireformen u. dabei zu beobacht. Vorsicht u. Mäßigung. 8. Hamb. 803. Nestler u. M. 10 ℊ

— Sendschreiben an den Grafen Bernstorff u. Schimmelmann. ...810.

— Tyrol u. d. Tyroler. 8. Hamb. Vollmer. 810.

— die Umwandlungen von Europa. 3 Thle. 8. Gießen, Müller. 808.

Louis: Die Wechselgeschäfte in all. ihr. Rechten u. Verbindlichkk. nach d. franz. Code. *Hamb.* 810.

Louis, D., die Wechselgeschäfte in allen ihren Rechten und Verbindlichkeiten. Nach der Hamburger Wechselordnung, dem Sächs. Wechselrecht und dem franz. Handlungsgesetzbuche. Neue Aufl. 8. Hamburg, Herold. 817

— Wechselrecht nach d. Code Napoleons. 8. Hamb. 810. Vollmer. 8 gr

— Westindien u. der Kontinent v. Südamerika, s. oben Gemälde.

— Westindien und der Kontinent von Südamerika, ein histor. statist. und topograph. Gemälde. 2te Ausgabe, bereichert durch die neuesten Mittheilungen des Herrn von Pradt vom Jahre 1817. 2 Thle. 8. Hamburg, Herold. 818.

Louis, Bruno, a. Hamburg: Anfechtung und Wandelung. Essen-Ruhr 1907: Fredebeul & Koenen. (75 S.) 8°
Jena, Jur. Fak., Ref. Danz, Diss. v. 3. Jan. 1908
[Geb. 21. Nov. 84 Hamburg; Wohnort: Hamburg; Staatsangeh.: Hamburg; Vorbildung: Gymn. d. Johanneums Hamburg Reife M. 03; Studium: Freiburg i. B. 2, Jena 4 S.; Rig. 23. Juli 07.]

Louis, C. L. „Anleitung zur Bestimmung der Licht- und Schatten-Stärke bei Ausarbeitung einer Zeichnung". pg. 3—13. 8°. Mit 4 Tafeln. Darmstadt, Heinrich Brill.
Aschaffenburg, Progr. 1836/37

Louis, C. L., der fährtegerechte Jäger. Aschaffenburg 853. Pergay. (Krebs.) 8. (45 S. m. Holzschn. im Text.) n. 8 ngr.

Louis, Daniel

Über den Beruf des Lehrers. Jahresbericht S. 5—10. Heidelberg, P 1841

Zur Geschichte der Anstalt. Statuten für die höhere Bürgerschule. S. 1—15. Heidelberg, P 1843

Zur Geschichte der Anstalt. Über das Verhältnis der höheren Bürgerschule zur polytechnischen Schule. 15 S. Heidelberg, P 1844

Daniel Louis. Rede, gehalten zur Eröffnung der höheren Bürgerschule am 23. November 1835. 20 S. Heidelberg, P 1835

Louis, Rede, gehalten z. Eröffnung d. höh. Bürgerschule zu Heidelberg am 23. Nov. 1835. gr. 8. (1¼ B.) Heidelberg 836, J. C. B. Mohr.

Derselbe. Rede, gehalten bei der Säkularfeier Pestalozzis 12. Januar 1846. S. 7—13. Heidelberg, P 1846

Derselbe. Reden, gehalten bei den Schlussakten 1837 und 1838. Gedr. 1840. Jahresbericht S. 1—18. Heidelberg, P 1840

Derselbe. Über den jetzigen Stand der Schule und die Leistungen derselben. Charakterbild des verstorbenen Lehrers Bernhard Reinhard. Heidelberg, P 1838

Derselbe. Über das Verhältnis der höheren Bürgerschule zu anderen Lehranstalten. S. 1—14. 4°. Heidelberg, P 1836

Behördenorganisation und Besoldungsordnung. Ein Beitrag zu d. bevorstehenden allgem. Aufbesserung d. Beamtengehälter. Von Prof. Dr. Gustav **Louis**, Oberl. Berlin: C. Heymann 1907. (24 S.) 8° [J.] (08. 5493)

Louis, Gust., Giordano Bruno, seine Weltanschauung u. Lebensauffassung. gr. 8. (IV, 143 S.) Berlin 900. E. Felber. n. 2. —

Louis, Gustav [aus Berlin]: Über den Individualismus des Hobbes ... Halle a. S., *Buchdr. v. G. Schade in Berlin*, 1891; 48 S., 2 Bl. 8.
Halle, Phil. Fak., Inaug.-Diss. v. 7. Nov. 1891

Louis, Gust., üb. den Individualismus d. Hobbes. Diss. gr. 8. (49 S.) Halle a/S. 891. (Berlin, Mayer & Müller.) n. 1. 20

Louis, Gustav Thomas Morus und seine Utopia. 4 (30 S.). **Progr.** Elfte Rsch. *Berlin* 1895 (127).

Louis, Gust., Thomas Morus u. seine Utopia. Progr. gr. 4. (30 S.) Berlin 895. R. Gaertner. n. 1. —

Gemeinde Oberbexbach. Kgl. Bezirksamt Homburg, Pfalz. Chronik von Oberbexbach u. Frankenholz. Ein Erinnerungsblatt z. Gedenktage d. Einweihung d. neuen Rathauses zu Oberbexbach 1908. Dargereicht von Lehrer (Heinrich) **Louis** u. Bürgermeisterei-Sekr. [J.] Geibert. Homburg, Pfalz 1910: Ries. 184 S. 8° (11. 7331)

Louis, J., s. *Bayard* et P. Duport, Marie Mignot.

Louis, J., le drame français, s. Théâtre franç. mod.

Louis, J., Handbuch der engl. Handels-Correspondenz, mit Erklärung der schwierigen Wörter, Redensarten, Formulare von Wechseln etc. gr. 8. Zerbst 846, Kummer. n. ½ ₰

Louis, J., Idiotismes dialogués. Nouvelle édition revue et augmentée. 8. (VI u. 176 S.) Dessau 852, Aue. ½ ₰

Louis, J., idiotismes dialogués. 3. édit. 853. (VI, 177 S.) — 4. édit. revue et augm. Dessau 857. Stange. (Aue.) 8. (VI, 181 S.) 15 ngr.

Louis, J., Idiotismes dialogués. Guide de conversation française à l'usage des collèges, des écoles et des leçons particulières. 5e édit. nouvelle, revue et augmentée par M. C. Wahl. Tome I. gr. 8. (IX, 118 S.) Dessau 884, Baumann's Verlag. * 1 80

Louis, J., idiotismes dialogués. Guide de conversation française à l'usage des collèges, des écoles et des leçons particulières. 5e édit. nouvelle revue et augmentée par M. C. Wahl. Tome II. 8. (V, 130 S.) Dessau 885, Baumann's Verlag. *ℳ 1.30.; cart. *
Tome I. Ebendas. 1884. *ℳ 1.30.

— Idiotismes français en forme de dialogue. 12. Dessau 843, Aue. ½ ₰

— zweiter Cursus des Unterrichts im Französischen. 8. Dessau 822, (Kollmann in Leipz.)

— englisches Lesebuch. (Stücke aus Englands Geschichte enthaltend.) 8. Leipzig, Kollmann (in Comm.) 821.

— englisches Lesebuch. (Stücke aus Englands Geschichte enthalt.) 8. Dessau 822. (Leipz., Kollmann). 18 gr

Louis, J., franz. Lesebuch mit Leseübungen u. e. erklär. Wortregister f. Anfänger beiderlei Geschlechts. 8. (8 B.) Torgau 833, Wideburg.

—— le nouveau Robinson, ou les aventures de Robinson racontées par lui-même et augmentées d'un vocabulaire. 8. (20 B. u. ill. Ttlkpfr.) Leipsic 839, Friese.

— s. Scribe, E., le verre d'eau. — Souvestre, Emile, Henri Hamelin.

Louis, (J.,) kurzgefaßte engl. Sprachlehre f. Anfänger, nebst Anleitung z. Lesen u. z. Betonung d. Sylben. 8. Dessau 824, (Kollmann in Lpz.)

— erster Unterricht im Englischen. Enthaltend die wichtigsten Regeln der englischen Sprache, nebst einer Anleitung zum Lesen u. zur richtigen Betonung der Wörter, u. einem Auszug der im Sprechen am häufigsten vorkommenden Haupt-, Bei- u. Zeitwörter. 8. (112 S.) Leipzig 847, Schwickert. 12 ngr

Louis, J., erster Unterricht im Französischen, nebst der Olivierschen Lesetabelle mit Erklärung rc. gr. 12. Dessau, Schlieder. (Leipzig, Kollmann.) 820.

—— erster Unterricht im Franz., od. prakt. Anleit. z. Erlern. d. Grundregeln d. franz. Sprache. Mit e. Anh. v. Wörtern u. leichten Gesprächen. 2., durchaus verm. u. verb. Aufl. 8. (10½ B.) Leipzig 833, Kollmann.

— erster Unterricht im Französischen, oder prakt. Anleitung zur Erlernung der Grundregeln der französ. Sprache. Mit e. Anhange von Wörtern u. leichten Gesprächen. 3. durchaus verm. u. verb. Aufl. 8. Leipzig 843, Kollmann. 3/8 ℛ

— s. P. Muna. Liste aller gelehrten Juden.

Louis, J. B., siehe: Gros, Baron.

Louis, Joh. Christian: De opisthotono, s. Baumer, Joh. Wilh. [Praes.]

Louis, Carl: Anleitung zur Situations-Bergzeichnung theils aus Vorschriften, theils aus eigener Erfahrung gesammelt und herausgegeben. Munchen 1820. 14 S., 8 Tf. 8°.

Louis, C., Anleit. z. Situations-Bergzeichnung. qu. 4. Aschaffenb. 183.. Pergam. 1 ℛ 12 K

Louis, Paul, Geschichte des Sozialismus in Frankreich. Aus dem Franz. übertr. u. m. Anmerkgn. versehen v. Herm. Wendel. (VIII, 243 S.) 8. Stuttgart 908. J. H. W. Dietz Nachf. 2.50; geb. 3. —

Louis, P(ierre) C(harles) A(lexandre): Das typhöse Fieber in anatomischem, pathologischem und therapeutischem Bezuge, sowie in ausführlicher Vergleichung mit den am häufigsten vorkommenden acuten Krankheiten. (Recherches anatomiques, pathologiques et thérapeutiques sur la maladie connue sous les noms de gastro-entérite, fièvre putride, adynamique, ataxique, typhoide etc., comparée avec les maladies aigues les plus ordinaires. Seconde édition augmentée. Dt.) Deutsch bearb. von Siegmund Frankenberg. Th. 1, 442 S., gbd.

Leipzig: Kollmann 1842

Louis, P(ierre) Ch(arles) A(lexandre): Anatomisch-pathologische Untersuchungen über die Lungenschwindsucht. (Recherches anatomiques, pathologiques et thérapeutiques sur la phthisie. Dt.) Übers. von Karl Weese. 309 S., gbd.

Leipzig: Magazin für Industrie und Literatur 1827

Louis, P[ierre] Ch[arles] A[lexandre]: Anatomisch-pathologische Untersuchungen über die Erweichung mit Verdünnung und Zerstörung der Schleimhaut des Magens — über die Hypertrophie der Muskelhaut des Magens, im Magenkrebs — über die Durchlöcherung des Dickdarms — über Leberabscesse — über den Bandwurm und seine Behandlung — u. s. w. Aus d. Franz. übers. von Gustav Bünger. Abth (1.) 2. Berlin 1827.

— dass. üb. die Erweichung der Verdünnung d. Schleimhaut des Magens, über die Hypertrophie der Muskelhaut des Magens rc. Aus d. Französ. v. G. Bünger. gr. 8. Berl. 827, Laue.

— dass. üb. die Erweichung der Verdünnung d. Schleimhaut des Magens rc. Aus d. Französ. v. G. Bünger. 2 Abthll. gr. 8. Berl. 828. Laue. 2 ℛ

Louis, P. Ch. A., anatomische, patholog. u. therapeut. Untersuchungen üb. d. unter d. Benennungen d. Gastroenteritis d. faulichen, adynam., atakt., typhösen Fiebers etc. bekannte Krankheit, mit d. gewöhnl. akuten Krankheiten verglichen. A. d. Franz. mit Anmerkn. v. Fr. A. Balling. 1. Bd. gr. 8. (23 B.) Würzburg 830, Strecker.

Louis, Rud., Hector Berlioz. (V, 207 S.) gr. 8. Leipzig 904. Breitkopf & Härtel. n. 3. —; geb. n. 4. —

Anton Bruckner von Dr. Rudolf **Louis**. Berlin: Gose & Tetzlaff 1904. (45 S.) 8° [Fr.]
— **Essays**, Moderne. H. 49. [04. 4030

— Anton Bruckner. (234 S. m. 7 Taf. u. 5 Fksms.) gr. 8. München 905. G. Müller. n. 5. —; geb. n. 6.50

Louis, Rud., Grundriss der Harmonielehre. Nach der Harmonielehre v. Rud. Louis u. Ludw. Thuille f. die Hand des Schülers bearb. (VIII, 233 S.) 8. Stuttgart (908). C. Grüninger. 4.—; geb. 4.80

Harmonielehre von Rudolf **Louis** u. Ludwig Thuille. Stuttgart: C. Grüninger [1907]. (XIV, 395 S.) 8° [07. 4367

— u. Ludw. **Thuille**, Harmonielehre. 2. durchges. Aufl. (XVI, 405 S.) 8. Stuttgart (908). C. Grüninger. 6. —; geb. 7. —

Harmonielehre von Rudolf **Louis** u. Ludwig Thuille. 3. verb. u. verm. Aufl. Stuttgart: Grüninger (1910). XIX, 424 S. 8° [10. 13410

Louis, Rudolf. Friedrich Klose und seine symphonische Dichtung «Das Leben ein Traum». (Mit [Noten,] einem Porträt Fr. Kloses [Tafel, und dem Verzeichnis seiner] Kompositionen.) 40 S. 8. München und Leipzig, Georg Müller, 1905. (M. —.50)
(Münchner Broschüren. Hrg. von Georg Müller. Heft 3.)

Louis, Rud., Franz Liszt, s.: Vorkämpfer des Jahrhunderts. 2. Bd.

— Die deutsche Musik der Gegenwart. Mit 15 Porträts u. Notenfksms. (324 S.) 8. München 909. G. Müller. 6.—; geb. 8.50

Louis, Rudolf. Die deutsche Musik der Gegenwart. 2. Aufl. München und Leipzig 1909.

— Hans Pfitzner. Biographie sowie vollständ. Verzeichnis seiner Werke. (18 S. m. 1 Bildnis.) 8. Leipzig 909. C. F. Kahnt Nachf. — 60
Sonderabdruck aus: „Monographien moderner Musiker".

— Hans Pfitzners „Die Rose vom Liebesgarten". Eine Streitschrift. (16 S.) gr. 8. München 904. (C. A. Seyfried & Co.) n. — 25

Louis, Rud., die Weltanschauung Richard Wagners. gr. 8. (VII, 193 S.) Leipzig 898. Breitkopf & Härtel. n. 3. —

Louis, Rud., der Widerspruch in der Musik. Bausteine zu e. Ästhetik der Tonkunst auf realdialekt. Grundlage. gr. 8. (VIII, 115 S.) Leipzig 893. Breitkopf & Härtel. n. 2. 50

Louis, S., s. Hänle, S., et Spruner, Guide, of the bathing places of franconia Kissingen.

Louis de l'Or, Hauptmann, Leitfaden für jede bestehende oder sich bildende National-Repräsentation. Ein Wort der Beherzigung für Abgeordnete und Committenten. gr. 8. Dresden u. Leipzig 833. (Arnoldische Buchh.) n. 1/2 ₰

Louisa; or the Cottage on the Moor, by Mrs. Helme. 8. Leipz. Gräff. 790.

Louisa or the cottage on the moor, by E. Helme. 2 Vol. The 7th Edition. 8. Leipzig, Wienbrack. 816.

Louisbourg [Schlagwort]

Louisbourg — Plan du Port et Ville de — dans l'Isle Royale. 1 : 18,000. Auf demselben Blatte: Plan de la Ville de Quebec 1 : 7,500. und Plan of the Town of Halifax in Nova Scotia. 1 : 8000. Bey den Homännischen Erben in Nürnberg. Ao. 1756. 1 Bl.

Louise [Sachliches OW]

Louise, s. Luise.

Louise (Königin), s. Brunier, Ludw.

— ou la chaumière dans les marais. II Vols. 18. Leipz., Indust.-Compt. 16 ℊ

Louise, oder die Macht weiblicher Tugend. Eine Erzählung. Leipzig 1768. V: *Teubern, Hans Ernst v.* (Kläbe, Neuestes Gel. Dresden. Leipzig 1796.)

— od. die Macht der weibl. Tugend; eine Erzähl. 8. Lpz. Weidmann. 774.

Louise; od. Sieg der Unschuld. Originaldrama v. Möller. 8. Prag, Gerle. 775.

Louise, od. die Bauerhütte im Marschlande, a. d. Engl. der Frau Helme. 2 Thle. 8. Ebend. 789.

Louise, oder die Bauerhütte im Marschlande. Aus d. Engl. 2te Aufl. 8. Ebend. 817.

— oder die Bauerhütte im Marschlande, s. Helme.

Louise oder der Sieg weiblicher Tugend . . . Frankfurt 1792. V: *Faber, Johann Heinrich.* (Ky) (ML)

— od. der Sieg weibl. Tugend, im Contraste zweyer Schwestern. 2 Bdchn. 8. Frkft. Pech. 792.

Louise. Ein ländliches Gedicht in drey Idyllen. Königsberg 1795. V: *Voss, Johann Heinrich.* (GGr)

Louise, ein Beitrag zur Geschichte der Convenienz. Leipzig 1796. V: *Huber, Marie Therese geb. Heyne.* (MGT) (Ky) (schl)

— e. Beytr. zur Gesch. der Convenienz. 8. Leipz. Wolf. (Schmidt.) 796.

— ein Beitrag zur Geschichte der Convenienz, (v. Therese Huber). 8. Leipz. 796. N. Aufl. 8. Frankf. 819. Sauerländer. 20 ℊ Velinp. 1 ₰ 4 ℊ

LOUISE, oder die verwaisete Berlinerin. (Etwas freier Roman.) Neu-Ruppin (J. B. Kühn) 1799. 8°. 207 S. (3 Mk. Lehmann & Lutz, Frankf. a. M., 1884.)
Fehlt bei Kayser unter Romanen.

— od. die verwaisete Berlinerin. 8. Ruppin ... (Leipz., Liebeskind). 16 ℊ

Louise oder die unseligen Folgen des Leichtsinns . . . Leipz. 1800. V: *Ludecus, Johanna Caroline Amalia geb. v. Kotzebue.* (Ky) (ADB) (GGr)

— oder die unseligen Folgen des Leichtsinns, (v. J. K. Amal Ludecus), mit e. Vorrede v. A. v. Kotzebue. 2 Thle. 12. Leipz. 800. Kummer. 2 ₰ 4 ℊ

Louise oder die Schäferhütte. Leipzig 1804. V: *Niemeyer, Gottlieb Anton Christian.* (Ky)

— od. die Schäferhütte, (v. Gli. Ant. Chr. Niemeyer). 8. Lpz. 804. Andrä. 1 ₰

— od. d. Schäferhütte. m. K. 8. Lpz. Kleefeld. (Bauer.) 804.

— od. kindl. Gehorsam u. Liebe im Streit, (v. Regina Frohberg). 8. Berl. 808. (Brandenburg). 21 ℊ Hbg. Pr. 8 ℊ

— oder kindl. Gehorsam und Liebe im Streit. 8. Berlin, Brauns. 808. (Sommerbrodt.)

Louise, oder: Der Sieg d. göttl. Liebe. Frey n. d. Engl. 8. (10½ B.) Basel 828, Schneider.

Louise. Aus Original-Briefen entlehnt. Anonym eingesandt. gr. 8. Helsingfors 835. Wasenius. (Leipzig, Voß.) n. 1 ₰

Louise von Bardenau. Leipzig 1785. V: *Roch* (nicht *Koch*), *Chn. Wilh.* (Zeitschr. f. Büch. N. F. 15, 1923, S. 115) Leipzig 1786 (BGE I[8], 175)

Louise v. Bardenau. 8. Leipz. ... (Nauck). 16 gr

Louise Caroline, s. Novellen, stenographische.

— Gräfin in H**berg. Gesch. v. A. G. Meißner. 8. Leipz. Liebeskind. 798.

Louise Grossherzogin von Sachsen-Weimar-Eisenach geb. Landgräfin von Hessen-Darmstadt, Ihro Königl. Hoheit d. Durchlauchtigsten Fürstin und Frau. Eine Denkmünze ehrfurchtsvoll geweiht am 14. Oktober 1825. Weimar 1825. V: *Müller, Fch. von.* (Baer 737/18126) (GGr IV[3]/II, 716. 3)

— Gustav, Herrman. 3 Erzählungen. 8. Altenb. 805. Schnupphase. 16 gr

Louise von H. oder der Triumph der Unschuld. Berlin 1775. V: *Beuvius, Adam.* (ML) (Ky)

— v. H., od. der Triumph der Unschuld, (v. A. Beuvius). 2 Thle. 8. Berl. 775. N. A. 784. Rottmann. 1 rß

Louise, die kleine, und ihre Vögel. Mit 8 bunten (lith.) Bildern. Neu-Ruppin 860. Bergemann. 16. (16 S.) n. 2½ ngr

Louise, Königin von Preußen. Berlin 1814. V: *Berg, Caroline Friederike von, geb. Gräfin von Häseler.* (HHBD IX, 334)

Louise, Königin von Preussen. Dem deutschen Volke gewidmet. 2. ... Aufl. Berlin 1849. V: *Berg, Fr. von geb. Gräfin von Häseler.* (Klüpfel)

Louise von Lilienwald oder die unglücklich gewordene Tugendhafte. Berlin 1787. V: *Grossing (Grossinger), Franz Rudolf von.* (Ky) (WBL)

Louise und Mailand. Berlin 1807. V: *Ahlefeld, Charlotte Sophie Auguste Wilhelmine von.* (Ky) (Schl) (MGT) (LS I, 7)

— u. Mailand, (v. Charl. v. Ahlefeld). 8. Berl. 807. (11r Thl des Journals der Romane.)

Louise von Monfort. Ein Trauerspiel in fünf Aufzügen. O. O. 1782. V: *Weissegger von Weissenegg, Joseph Maria.* (Kn) (Ky) (MGT)

Louise v. Montfort; ein Trspl. in 5 Aufz. (v. Jos. Maria Weissegger). 8. Wien 782.

— Moor, s. Moor.

Louise Raugräfin zu Pfalz, geborne Freiherrin v. Degenfeld ... Leipzig 1798. V: *Kazner, Johann Friedrich August.* (Ky) (MGT) (BGE) (Adel)

Louise, Raugräfin zu Pfalz, e. wahre Geschichte, (v. Jh. Fr. Aug. Kazner). 3 Thle. 8. Leipz. 798. Göschen. 1 rß 12 gr

Louise und Rosenfeld, ein Gegenstück zu Werthers Leiden. Wien bei Georg Philipp Wucherer 1787. 142 S. 8°. Zweite Auflage Wien 1793. V: *Richter, Joseph.* (Gustav Gugitz, Das Wertherfieber in Oesterreich, S. XII) (Hans Viktor Pisk: Josef Richter. Diss. Wien 1927. S. 109) (BGE [3]VIII/383)

— u. Rosenfeld, e. Gegenstück zu Werthers Leiden. 8. Wien 788. Wucherer.

Louise von Rosenfels. Ein Gegenstück zu Werther's Leiden. [Wien ca. 1800.] V: *Richter, Joseph.* (WBL)

LOUISE, Die tugendhafte, oder darf sich ein Frauenzimmer auf die Beständigkeit einer Mannsperson verlassen? Wien, Gerold, 1779. 8°. Rar!

LOUISE, ein Weib, wie ich es wünsche. (Merkw., in der 2ten Hälfte stark frivoler Roman.) Mit Louisen's Portr. (D. Schöne del., W. Sander sc.) u. 1 Musikbeilage. Breslau u. Leipzig, 1802, bei Wilh. Gli. Korn. 8°. Rar! (12 Mk., etwas wurmst., Mart. Breslauer's Berliner Octob.-Auct. 1910, no. 1926.)

— Wilfeld, (v. U. Gust. S. Kleffel). 2 Thle. 8. Rostock u. Leipz. 801. Stiller.

Louise [Verfasser]

Louise, Tante, Großvaters Dämmerstündchen, s. Großvater's Dämmerstündchen.

Louisens, Tante, Märchengarten. Ein Büchlein f. Mütter u. Kindergärtnerinnen, art. Kindern von 4—7 Jahren daraus vorzulesen u. zu erzählen. Mit e. Vorwort v. Lina Morgenstern. Mit 4 color. Bildern. 2. Aufl. gr. 8. (118 S.) Leipzig 872. Oehmigke. 2. 25

Louise, Tante, s. a. Märchengarten.

Der geliebten Landesmutter Louisen Königin von Preussen gewidmet von der Königlichen deutschen Gesellschaft zu Königsberg in Preussen. Den 5. Juny 1798. (ib.) Gedruckt in der Königl. Hof- und Akadem. Hartungschen Buchdruckerey. fol.

Louisenlund. Aufgenommen, gez. u. gest. v. **F. Kaup.** o. O. u. J. Kupferstich. 1 Bl. Fol., 64,53 cm.
Ein Plan von Louisenlund nebst 12 Randbildern.

Louisens u. Friederikens Ank. u. Vermähl. in Berl. 793. gr. 8. Berl. Voß. 794.

Louisens Morgen- u. Abendfeier. Ein Erbauungsbuch f. d. erwachsenen Töchter u. f. Frauen d. gebild. Stände. Von d. Verf. der: „Glocke d. Andacht." 8. (14½ B. u. Titkpfr.) Augsburg 834, M. Rieger'sche Buchh. 21 Gr., f. Vlnp.

Louisenson, A., Präliminarien zum Frieden zwischen Wissenschaft u. Glauben. Vorschläge e. alten Schäfers, der in Gottes freier Natur beide liebgewonnen hat. (62S.) gr. 8. Breslau 904. Maruschke & Berendt. n. 1. —

Louisiade. Das ganze Leben, Thaten, Unthaten, Ge- und Verbrechen des Louis von Frankreich in artige Verslein zusammengereimt. Louis hatte einen Piepmatz. Mit color. Titelbild (Napoleon auf einem Hahne nach Paris zurückreitend). Berlin o. J. (1870). 8°. 8 S. (2 Mk. 50 Pfg. der Vorige, 1906.)

Louisiana. Ein Taschenbuch für Auswanderer ... Baltimore 1837. V: *Bromme, Traugott.* (EngG)

Louisiana : Mar. 26, 1855—? **New Orleans, LA**
Weekly. Edited by Dr. Gussmann, & published by Lugenbühl & Bölitz.

Louisiana Deutsches Journal : Aug. 20, 1876—Mar. 4, 1877.
Democratic weekly. Edited & published by Georg Müller, Aug. 20, 1876—Feb. 1877; by Peter Krämer, Mar. 1877.
New Orleans, LA

Louisiana Spectator : Mar.? 1849—?
Whig weekly, published in English and German beginning with the issue of June 14, 1850. In this issue, the German section is edited by Johann Eduard Kopp; it consists chiefly of advertisements, official notices, etc., with some literary material; publication of any portion in German was seen through Nov. 22, 1850, with, however, notices in German continuing through Feb. 21, 1851. Date-line of this weekly: City of Lafayette. Edited by Christian Roselius, a prominent German lawyer.
New Orleans, LA

Louisiana Staatszeitung: 1849—? **New Orleans, LA**

Louisiana Staats-Zeitung : Jahrgang 1—16, July 9, 1850—Feb. 1866.
Tri-weekly, July 9—Aug. 5, 1850; daily, except Monday, Aug. 6, 1850—Feb. 1866. Independent, but supported States Rights; in the campaign of 1860, supported the Bell Everett ticket; upon the Federal occupation of New Orleans, 1862, it became the voice of occupying forces. Sub-title: Louisiana State Gazette, 1864—66. Merged with TÄGLICHE DEUTSCHE ZEITUNG, Mar. 1, 1866. Edited by Ewald Herrmann Bölitz, July 9, 1850—May 6, 1853 [with J. G. Brasch, Aug. 17—Sept. 1852]; by Carl Friedrich Heunisch & H. Cohen, May 7—June 18, 1853; by Carl Friedrich Neunisch, June 19—Nov. 29, 1853; by Theodor Boesche, Jan.—June 1860; editor not named, Nov. 29, 1853—May 1856, then by Bölitz. Published by E. H. Bölitz & Co., July 9, 1850—July 26, 1852; by Johann Eduard Kopp & Georg Lugenbühl, July 27, 1852—Jan. 19, 1853; published by Georg Lugenbühl & H. Cohen, Jan. 20—Nov. 12, 1853; by Georg Lugenbühl & Ewald Hermann Bölitz, Nov. 13, 1853—May 1856; then by Bölitz. On Nov. 26, 1865, a "Gesellschaft Buchdrucker" was formed by Hy. Franke, A. L. Ahrens, Georg Bantz, Alb. Arnemann & Peter Klober.
New Orleans, LA

Louisiana Staatszeitung : Jan.—Apr. 10, 1875. **New Orleans, LA**
Literary weekly. Edited by Gawrzyjelski, and published by Fritz Ehren.

LOUISIUM, oder die Bekanntschaft im Wörlitzer Garten (bei Dessau). Wittenberg, Zimmermann. 8°. (²/₃ Rthl.)
Kayser p. 80, ohne Jahrsangabe. — Selten!
Vgl. Lousium.

Louisville Adler : Jahrgang 1, no. 1—46, Aug. 19—Oct. 14, 1852?
Roman Catholic daily, conservative and Democratic in character, and established to combat the "destruktive Tendenzen" of the 48ers. Edited by A. Neumayer, & published by a "Gesellschaft deutscher Bürger."
Louisville, KY

Louisville Anzeiger : 1849—1910?
Semi-weekly edition of LOUISVILLE ANZEIGER. Sub-title: Halbwöchentliche Ausgabe. Circulation: 1870, 1800 (est.); 1880, 2117; 1890, 4312; 1900, 5416; 1910, 5103.
Louisville, KY

Louisville Anzeiger : 1849—1921?
Weekly edition of LOUISVILLE ANZEIGER. Sub-title Wochen-Ausgabe. For special edition, see DER SÜDLICHE ANZEIGER. Circulation: 1870, 300 (est.); 1880, 3540; 1890, 6777; 1900, 10,212; 1910, 11,490.
Louisville, KY

Louisville Anzeiger : 1849?—1936?
Sunday edition of LOUISVILLE ANZEIGER. Sub-title: Sonntagsblatt.
Circulation: 1880, 7000; 1890, 9424; 1900, 11,145; 1910, 10,443.
Louisville, KY

Erheiterungen : 1884?—1885? **Louisville, KY**
Supplement to Sunday edition of LOUISVILLE ANZEIGER.

Louisville Anzeiger : Mar. 1, 1849—1938?
Semi-weekly, Mar.—May 1849; daily [morning except Monday, May 8, 1849—1905; every morning, 1906—24; evening except Sunday, 1925—36]; weekly, 1937—38.
Sub-title: Ein Volksblatt für Politik, Arbeiterinteressen, Gewerbe und Unterhaltung [in 1849 and for some time later]. Democratic, 1849—1932; Independent, 1933—38. For weekly edition, see LOUISVILLE ANZEIGER: Wochen-Ausgabe. For semi-weekly edition, see LOUISVILLE ANZEIGER: Halbwöchentliche Ausgabe. For Sunday edition, see LOUISVILLE ANZEIGER: Sonntagsblatt. Also: TÄGLICHER LOUISVILLE ANZEIGER. Circulation: 1849, 300; 1870, 3000 (est.); 1880, 4681; 1890, 6104; 1900, 8056; 1905, 7180; 1910, 6716; 1919, 6500; 1930, 7112.
Established by Georg Philip Doern & Otto Scheeffer. Edited by Otto Scheeffer, Mar. 1, 1849—1852; by L. Stierlin, Feb. 1851—Aug. 1852; by Theodor Dietsch, Aug. 15, 1852—Sept. 25, 1853; by Ludwig Wittig, Sept. 1853—Aug. 1854; by Karl Resch, Aug. 29, 1854—Dec. 1856; by L. Stierlin, Dec. 1856—Aug. 1870; by Carl Neumeyer & Louis E. Stein; by Martin Bornträger, 1877—?; by G. S. Schulmann, by W. B. Schirach, 1874—77; by Emil von Schleinitz, by George F. Moser, 1921?—1925; by Clem. Engelsing, 1926—27; by A. F. Stiefvater, 1928—30; by John Krauss, 1931—32; by R. Heckel, 1933—36; by Sigmund Gottschalk, 1937—38. Other editors: John Rittig, 1871—72; Paul Wulf; M. von Nostiz; Jeup. Published by Georg Philip Doern, 1849—77; by Louisville Anzeiger Co., 1877—1938.
Louisville, KY

Louisville Argus : June 2, 1892—1918?
Roman Catholic weekly, an independent, local paper. Published by Glaubensbote Publishing Co.
Louisville, KY

Louisville Bote : 1848?—?
Semi-weekly. Democratic. Edited & published by Rohrer. Rohrer wrote the text, and with his family he set the type, printed, and delivered the newspaper.
Louisville, KY

Der Louisville Telegraph : 1876?—1878?
Weekly. Circulation: 1878, 1200 (est.). Edited by F. W. A. Riedel, & published by Joseph G. Kestler & Co.
Louisville, KY

Halbwöchentliches Louisville Volksblatt : Apr. 1862?—1882?
Semi-weekly edition of TÄGLICHES LOUISVILLE VOLKSBLATT. Circulation: 1870, 800 (est.); 1880, 920; 1882, 1180.
Louisville, KY

Tägliches Louisville Volksblatt : Apr. 1862?—1882?
Republican daily, morning except Monday; supported Hayes. Issued as the German edition of LOUISVILLE NATIONAL UNION PRESS, 1864—65. For weekly edition, see WÖCHENTLICHES LOUISVILLE VOLKSBLATT. For semi-weekly edition, see HALBWÖCHENTLICHES LOUISVILLE VOLKSBLATT. For Sunday edition, see OMNIBUS. Circulation: 1870, 1300 (est.); 1880, 2100; 1882, 3350. Edited & published by Edmund Rapp & George S. Schumann [also, as Schuhmann], 1862—?; by Wilhelm Krippenstapel, 1866?—1882? Other editors: Gustav Fernitz (in 1876).
Louisville, KY

Wöchentliches Louisville Volksblatt : 1861?—1882?
Weekly edition of TÄGLICHES LOUISVILLE VOLKSBLATT. Circulation: 1870, 1500 (est.); 1880, 2350; 1882, 3400.
Louisville, KY

Loumyer, G[uy]. Un traité de peinture du moyen-âge: L'Anonymus Bernensis. Publié d'après le ms. de la Bibliothèque de Berne, avec une introduction et des notes. 44 p. 8. Berne, Gustave Grunau, 1908. [fr. 1. —]

Loup, R. Macalester, die Arbeiterversicherung in den Niederlanden, s.: Zacher, die Arbeiter-Versicherg. im Auslande.

Louptière, de la, Oeuvres diverses. 8. Par. (Flick, Bas.) 774.

Louran, Hermine, s. a. Waldemar, H.

[F.] Die Baugräfin. Orig.-Roman v. H. Waldemar [d. i. Hermine Louran]. *Guben: D. Schönwandt [1892].* (330 S.) 1 Bd 8. [96. 6131

Lourbet, Jacques: Die Frau vor der Wissenschaft. [La Femme devant la science contemporaine; 1895]. Einzige, autoris., m. Anm. vers. Übers. v. Dora Landé. — München, Leipzig: Schupp [1897]. VIII, 136 S. 8°

Lourdes nach 18 Jahren, nebst einer Beschreibung der Feierlichkeiten bei Einweihung der Basilika u. der Krönung des Standbildes Unserer lieben Frau v. Lourdes am 2. u. 3. Juli 1876. Von einem Priester der westfäl. Mark. 8. (111 S.) Paderborn 877. Bonifacius-Druckerei. — 60

Lourdes-Kalender f. d. J. 1899. Zugl. illustr. Jahrbuch d. wunderbaren Vorgänge, Heilgn., Erhörgn. an d. Grotte, d. Pilgergn. zu d. Weltheiligtume am Massabiellenfelsen. Im Anschlusse an d. Annalen v. Lourdes. 3. Jahrg. 4. (240 Sp. m. 1 Farbdr. u. 1 Wandkal.) Berlin, St. Paulus-Verlags-Anstalt. n. — 50

Lourdes-Kalender f. d. J. 1901. Zugleich illustr. Jahrbuch der wunderbaren Vorgänge, Heilgn., Erhörgn. an der Grotte, der Pilgergn. zu dem Weltheiligtume am Massabiellenfelsen. Im Anschlusse an die Annalen v. Lourdes. 5. Jahrg. gr. 4. (208 Sp. u. 10 S. m. 1 Farbdr. u. Wandkalender.) Lindau, J. Lutz. n. — 50

Lourdes-Lied. Ave Maria. [Aus: „Eberle, Lourdes u. seine Wunder".] 16. (8 S.) Augsburg 892. Kranzfelder. 100 Stück n. 3. —; einzeln n. — 5

Lourdes-Pilger, der. Monatsschrift, enth. Berichte üb. d. Pilgergn. zu dem Weltheiligtume am Massabiellenfelsen, üb. d. wunderbaren Vorgänge, Heilgn., Erhörgn. an d. Grotte. In Verbindg. m. mehr. Priestern in Lourdes hrsg. von Ad. Reiners. 1. Jahrg. 1897. 12 Hfte. (Bog.) gr. 8. München. Ebd. n. 1. —

— dasselbe. 2. Jahrg. 1898. 12 Hfte. (à ca. 1 Bog.) gr. 8. Ebd. n. 1. —
Bildet die Fortsetzung von: Echo der Annalen v. Lourdes.

Lourdes-Pilger, der. Monatsschrift, enth. Berichte üb. die Pilgergn. zu dem Weltheiligtume am Massabiellenfelsen, üb. die wunderbaren Vorgänge, Heilgn., Erhörgn. an der Grotte. In Verbindg. m. mehreren Priestern hrsg. v. Mathias Eisterer. 3. u. 4. Jahrg. 1899 u. 1900. à 12. Hfte. gr. 8. (à ca. 16 S.) Lindau, J. Lutz. à Jahrg. n. 1. —

Lourdes-Rosen. Monatschrift zur Verehrg. der seligsten Jungfrau Maria. Red.: J. Heinrich. 1.—3. Jahrg. 1896—1898. à 12 Nrn. (Bog.) Lex.-8. Donauwörth, L. Auer. à Jahrg. n. 1. 60
Kann auch halbjährlich bezogen werden. — Der 1. Jahrg. war von Fr. Vogt redigiert.

Lourdes-Rosen. Monatschrift zur Verehrg. der seligsten Jungfrau Maria. Hrsg.: Ludw. Auer. Red.: Matthias Gebele. 4.—7. Jahrg. 1899—1902. à 12 Nrn. gr. 8. (à ca. 16 S. m. Abbildgn.) Donauwörth, L. Auer. à Jahrg. n. 1. 60
Die Jahrgge. 4 u. 5 sind v. J. Heinrich redigiert.

Lourdes-Rosen. Monatsschrift zur Verehrg. der seligsten Jungfrau Maria. Hrsg.: Ludw. Auer. Red.: J. P. Baustert. 8.—11. Jahrg. 1903—1906. à 12 Nrn. (à Jhrg. IV, 188 S. m. Abbildgn.) gr. 8. Donauwörth, L. Auer. à Jhrg. n. 1. 60

Lourdes-Rosen. Monatschrift zur Verehrg. d. seligsten Jungfrau Maria. Hrsg.: Ludw. Auer. Red.: J. P. Baustert. 12.—15. Jahrg. 1907—1910. à 12 Nrn. (à Jahrg. IV, 188 S. m. Abb.) gr. 8. Donauwörth, L. Auer.
Der 13. Jahrg. (1908) ist vergriffen. à Jahrg. 1. 60

Loureiro, Juan de

Loureiro, I. de, flora Cochinchinensis ed. Wildenow. II Tmi. 8. maj. Berl. Haude. (et. Sommer, Lips.) 792.

de Loureiro, J., Flora Cochinchinensis ed. K. L. Willdenow. II Tomi. 8maj. Berl. 793. (List). 3 ₰

Lourenço-Marques [Schlagwort]

Lourenço-Marques. Noronha, Eduardo do, esboço da carta do districto de Lourenço Marques. Conchudo sob patrocinio do St. Engenheiro hidrographa Ernesto de Vasconcellos. 1 : 250,000. 3 Blatt à 76 × 91,5 cm. Farbendr. Lisboa 894. (Hamburg, L. Friederichsen & Co.) n. 16. —

Lourens, Louis F. D. E., aus Delfshaven (Holland), Unterdirektor des Reichsseruminstituts in Rotterdam: Untersuchungen über die Filtrierbarkeit der Schweinepestbacillen (Bac. suipestifer). ⟨Aus dem Reichsseruminstitut zu Rotterdam. Direktor Dr. Poels.⟩ Jena 1907. II + 34 S. 8°. S.-A. aus dem Centralblatt für Bakteriologie, Parasitenkunde und Infektionskrankheiten. Erste Abteilung. Originale. Bd. 44. 1907. [25. V. 07.]
Bern. Vet.-med. Diss. 1907.08.

Lourens, Louis F D E. Untersuchungen über die Filtrierbarkeit der Schweinepestbacillen ⟨Bac. suipestifer⟩. Diss. Vet.-Med. Bern. [Mit Figuren. Sep.-Abdr. aus: Centralblatt für Bakteriologie, Parasitenkunde und Infektionskrankheiten. Abteilung I.... Originale. Band 44, Heft 5—7.] *Kopftitel:* Aus dem Reichsseruminstitut zu Rotterdam. Direktor: Dr. J Poels. II + 34 S. 8. Jena, Gustav Fischer, 1907.

Lourié, Sam., die Prinzipien der Wahrscheinlichkeitsrechnung. Eine log. Untersuchg. des disjunktiven Urteils. (VII, 221 S.) gr. 8. Tübingen 910. J. C. B. Mohr. 5. 80

Lous, Christian Carl

Lous, C. C., several essays and discoveries intending to improve the theory of Navigation. gr. 8. Copenh., Bonnier. 798.

— tentamen experimentorum compass. perficiend. et usui tam nautico q. terrestri accommod. c. fig. 4. Hafniae 774. (Dyck in Leipz.) 1 ₰ 4 ℊ

Lous, C. C., Versuche u. Vorschläge, betreff. d. Theorie d. Navigation, um s. vollkommner zu machen; aus d. Dän. (v. N. Tetens). gr. 8. Kiel 795. Schulbuchh.

Lous, Christian Carl. Versuche und Vorschläge, betreffend die Theorie der Navigation . . . a. d. Dän. Kiel 1795. Ü: *Tetens, Joh. Nicolaus.* (Ky) (MGT) (Bruun, Bibl. Danica. II, 354.) (Kordes, Schleswig-holst. u. eutin. Schriftst. Schleswig 1797.)

Lousium, od. die Bekanntschaft im wörlitzer Garten. 8. Wittenb. 804. Zimmermann. 16 gr.
Vgl. Louisium.

LOUSSIS, Basilius D. (Philippopel/Türkei): Mittheilungen über die Malarien in der Balkan-Halbinsel. Ein Beitrag zur medizinischen Geographie derselben.- München 1879.
7.8.1879 - Urk (Titel: De malariis); Chr 1879/80,14
Diss.Ingolst.-Landsh.-Mchn.

Pierre l'Ermite [d. i. l'Abbé E. Loutil]. Die Gründung [L'Emprise]. Sozialer Roman. Autor. Uebers. von F. Mersmann. Einl. von François Coppée. Mit 21 Originalill. von H. Rousseau. Einsiedeln, Waldshut, Cöln [usw.]: Benziger 1910. 416 S. 8° A 12.5010,5

Louvel, Mörder des Herzogs von Berry, eine geschichtliche Darstellung dieser Mordthat rc. Nebst Louvels Bildniß. 8. Meiß. 820. Goedsche. 3 gr.

Louverture Toussaint, s. Toussaint.

Louvet, le, maladie du gros bétail, son origin. etc. voyez Reynier.

Louvet, Louis Eugène

Louvet, Darstellung d. Fegfeuers nach den Offenbarungen der Heiligen, s.: Armenseelen, der, Not u. Trost.

Louvet, das Fegfeuer, nach d. Offenbargn. der Heiligen dargest. Nach d. italien. Übersetzg. d. G. Giusti bearb. 2. Aufl. gr. 16. (582 S.) Paderborn 896. Bonifacius-Druckerei. n. 1,20

Louvet, M., westfälisch-rheinisch-thüringische Bezugsquellen f. Maschinen etc., s.: Beucker, J.

Louvet de Couvray, s. Couvray,

Louvet de Couvray, Jean Baptiste

— — Die Abentheuer des jungen Faublas. Von *Louvet de Couvray.* Aus d. Französ. übersetzt von (Phil.) Chp. Weyland. Mit einer Vorrede von A. v. Kotzebue. Th. 1. Mit 1 Kupfer. Leipzig, Kummer, 1804. 8°. VI—466 S. — Th. 2. Hamburg (Herold jun.), o. J. (1810). 8°.
Vgl. Neue Lpz. Lit.-Ztg. 1804. St. 110, Sp. 1759 ff.

Louvet de Couvray, die Abentheuer des jungen Faublas; aus d. Französ. v. Ph. Cph. Weyland; mit e. Vorrede von A. v. Kotzebue. 8. Leipz. (Gotha) 805. Hennings. 1 fl 14 gr 1811 mit d. neuern Titel: Pariser Nächte. Ebd. 1 fl 2r Thl. zu den von A. v. Kotzebue hrsgeg. Werke. 8. Hamb. (o. Jahrz.) (Herold jun.)

— — Abenteuer des Chevalier von Foublas (!). Wien, G. Edelbauer 1867.
Verboten v. L.-G. Wien, 20. Februar 1867. § 516.

Louvet de Couvray, die Abenteuer des Chevalier von Faublas. Nach dem Französ. 8. (310 S.) Hamburg 868, B. S. Berendsohn. cart. *

— — Die Abenteuer des Chevalier von Faublas. Hamburg, B. S. Berendsohn (ca. 1888). 8°.
Verb. d. Ldg. Leipzig A. 1. 286/89.

Louvet de Couvray, die Abenteuer des Chevaliers de Faublas. (141 S.) kl. 8. Berlin (906). Berliner Verlags-Institut. Kart. n. 2.—

— — Die Abenteuer des Chevalier de Faublas. Budapest, Sachs & Pollack, 1906. 8°.
Verb. Düsseldorf 12. 2. 08.

Louvet de Couvray, die Abenteuer des Chevalier Faublas. Radierungen v. Karl Walser. 4 Bde. (X, 216, 279, 295 u. 344 S.) 8. München 910. G. Müller. Geb. in Halbldr. 28.—; Luxusausg. 80.—

— — Bruchstück aus dem Leben des Chevalier von Faublas. Aus d. Französ. Strassburg (Zürich, Ziegler) 1798. 8°. (3 Mk. Scheible, vor 1885.)
Weller, fing. Dr., u. hiernach (wie bei den beiden vorigen Titeln) das Anon.-Lex.
§ — — Dasselbe. Neudruck. München, bibliographisch-artistisches Institut, o. J. (1884). 84 S.
Verboten v. L.-G. Wien, 2. Februar 1884. § 516.

LOUVET DE COUVRAY, Jean-Baptiste (geb. in Paris 11. Juni 1760, Volksrepräsentant in der gesetzgebenden Versammlung und im National-Convent, † 6. Thermidor 1797). — Ein Jahr aus dem Leben des Chevalier von Faublas. Aus d. Französ. 2 Thle. Berlin u. London (Leipzig, Schneider) 1788. 8°.
— — Dasselbe. 2 Thle. Paris u. London (ebend.) 1789. 8°.
Weller, fing. Dr. — Bibl. Bülov. II, 4, 143.
— — Dasselbe. 2 Thle. Leipzig, Schneider, 1789. 8°. (3 Mk., fleckiges Expl., Bernh. Liebisch, Lpz., 1907.)

— — Leben und Abenteuer des Chevalier Faublas. Zum erstenmal vollständig übersetzt und mit Nachrichten über das Leben des berühmten Verfassers versehen von Dr. H. Elsner. 4 Bde. Rotweil 1837. 8°. ($2^3/_4$ Rthl. Maske; 3 Rthl. Scheible, vor 1875; jetzt theurer!) Sehr rar!

— — Leben und Abenteuer des Chevalier Faublas. Herausg. v. G. Körner. Leipzig 1881.
Verboten v. L.-G. Teschen, 4. März 1882. § 516.

— — Leben und Abenteuer des Chevalier Faublas. Deutsche vollständige Ausgabe. Hrsg. mit einer Biographie des Verfassers und einer Einleitung von Gustav v. Joannelli. 3 Bde. Mit zahlreichen (62 z. Th. freien) Illustrationen von Coeurdame. Prag, Hynek, o. J. (1898—1900). Gr. 8°.

Louvet de Couvray, Leben u. Abenteuer des Chevalier Faublas. Deutsche vollständ. Ausg. Hrsg. m. e. Biographie d. Verf. u. e. Einleitg. versehen. Neu bearb. v. Gust. v. Joanelli. (In ca. 30 Lfgn.) 1. Lfg. gr. 8. (1. Bd. VIII u. S. 1-22 m. 2 Vollbild.) Prag 898. A. Hynek. —40

Louvet de Couvray, Leben u. Abenteuer des Chevalier Faublas. Deutsche vollständ. Ausg. Hrsg. m. e. Biographie des Verf. u. e. Einleitg. versehen. Neu bearb. von Gust. v. Joanelli. 2.—31. (Schluß-)Lfg. gr. 8. (S. 23—979 m. je 2 Vollbildern.) Prag 899. 900. A. Hynek. à —40

Louvet de Couvray, die Liebesabenteuer des Chevalier v. Faublas, s. Volksbibliothek der Literatur des 18. Jahrh.

LOUVET de Couvray. Liebesabenteuer des Chevalier von Faublas. — Zum erstenmal vollständig übersetzt von Dr. Julius Grammont. (Pseudonym!) Mit vier Kupfern. Erster (— Vierter) Band. Stuttgart, Druck und Verlag von Fr. Henne, 1848. 12°. 4 Bände in 2 Original-Ganzleinenbänden. I.: 270 S., 1 Bl. weiß; II.: 294 S., 1 S. weiß; III: 324 S; IV: 336 S.

— — Dasselbe (auszugsweise), titulo: Leben, Heldenthaten und Liebesabenteuer eines Günstlings der Damen. Rom und Paris (Stuttgart, Scheible), o. J. (ca. 1855). 8°. (1 fl. 45 xr. Scheible, vor 1870; jetzt viel theurer!)

Sehr seltene Bearbeitung ohne Louvet's Namen.

— — Die Liebesabenteuer des Chevalier von Faublas. Aus d. Französ. 2 Bde. Berlin, Albert Eichhoff, 1867. Gr. 8°. (2 Rthl. Scheible, 1872; jetzt theurer!) (In Wien, Stadtbibl.: Secr. A 115.)

— — Dasselbe. 2. Aufl. Berlin, C. J. Leo. Druck v. Kerskes u. Hohmann, Berlin. (1874.)

Verboten v. L.-G. Wien, 16. December 1874. § 516.

— — Liebesabenteuer des Chevalier von Faublas. Einzig vollständige Ausgabe. 3 Bde. Berlin, o. J. (1879). 8°. 1078 S. (10 Mk. Gust. Klötzsch, Lpz., 1885; 8 Mk. L. M. Glogau Sohn, Hamb., 1888; 36 Mk. (!) H. Barsdorf, Berlin, c. 1902.) Vergriffen u. selten!

— — Die Liebesabenteuer des Chevalier von Faublas. Aus d. Französ. übers. Budapest 1904. 8°. (Eleg. br. Kr. 3,60 H.) (2 Kr. 40 H. Vict. Eytelhuber, 1905.)

— die Liebesgeschichten des Chevalier v. Faublas. Uebertr. v. Ulr. Rauscher. Mit Bildern v. André Lambert. 2 Bde. (226 u. 260 S.) gr. 8. Strassburg (909). J. Singer. Geb. in Halbfrz. 25.—; auf Bütten in Ldr. 50.—

— — Memoiren des Chevalier de Faublas. Berlin (187*). 8°. Mit col. Umschl. (Ldpr. Mk. 3—.)

***Louvet*, J. Bapt., notices pour l'histoire et le récit de mes périls, depuis le 31. Mai 1793. 8. Basel ... Flick. 16 gr**

— e. Opfer der Blutmenschen; aus d. Franzöſ. 8. Altona 795. (Vollmer in Hamb.) 3 gr

— — Die Schule der Liebe. Mit schön gestoch. freien Titelkpfr. u. Titelvignette von Jury. Berlin (Erfurt, Hennings) 1799. 8°. Sehr selten! (Expl. in Wien, Stadtbibl.: Secr. A 63.)

Titel u. 208 S. Enth. die ziemlich üppige Uebers. der Avanturen Faublas' mit der Marquise v. B. — Vgl. Oberdeutsche Allgem. Lit.-Zeitg. 1800. 2, 140.

— — Dasselbe. Erfurt und Gotha, Hennings, 1800. 8°.

— — Dasselbe mit d. Tit.: Pariser Nächte. Paris und Leipzig (Erfurt, Hennings) 1811. Kl. 8°. Titel u. 208 S.

— — Stampeel, N. P., Lodoiska, eine polnische Novelle. (Bruchstück aus dem Faublas.) Frankfurt a. M., Hermann d. j., 1801. 8°. 202 S.

Allg. Lit.-Ztg. 1802. Nr. 111. Sp. 110—112. (Goedeke VII, 675, 297, 2.)

— — Emilie v. Varmont, oder die nothwendige Ehescheidung und die Liebeshändel des Pfarrers Sevin, von dem Verf. des Faublas. Aus d. Französ. von C—R. 3 Thle. Altenburg, Richter, 1792. 8°. ($1^1/_3$ Rthl. Scheible, 1872; jetzt theurer!)

— — Dasselbe (andre Ueberstzg.), tit.: Emilie v. Varmont. Eine Geschichte in Briefen. Nebst einem Anhang aus d. Französ. übers. und mit einer Vorrede begleitet vom Verfasser d. heiml. Gerichts (Ludw. Ferd. Huber). Tübingen, Cotta, 1794. 8°. 440 S. ($1^1/_3$ Rthl. Scheible, 1872; jetzt theurer!)

Vgl. Oberdeutsche allg. Lit.-Ztg. 1795. St. 68. Sp. 1111 ff; Goth. gel. Ztg. 1795. 1, 108 ff. (Goedeke VII, 675, 297, 1.) Anon.-Lex. II., 21 hat als Uebersetzer „Therese Huber" (nach Engelmann u. Goedeke), sowie „Jena 1793—1795" (nach Kayser).

Louvet de Couvray, Jean Baptiste. Emilie von Varmont, eine Geschichte in Briefen . . . Tübingen 1794. Ü: *Huber, Marie Therese geb. Heyne.* (GGr)

Louvet de Couvray, Jean Baptiste, s. a. Varmont, Emilie von.

— — Sechs Wochen aus dem Leben des Chevalier von Faublas, eine Fortsetzung des ersten Jahres, in welchem er lebte. Th. 1. (einz.) Paris u. London (ebend.) 1789. 8°.

Weller, fing. Dr.; Bibl. Bülov. l. c.

Louvet's Schicksal, nebst andern Aufsätzen von Riouffe, Isnard, Roland ꝛc. üb. d. Märtyrer od. d. Flucht u. Wiedereinsetzung d. Gironde; gesammelt u. übersetzt v. K. Fr. Cramer. 5 Stücke. 8. Altona 795. (Herold jun. in Hamb.) 1 ₰ 8 gr

[Louvier, A. F.] Die neue Disconto-Rechnung. Hamburg 1893.

Louvier, A. F., das erste Jahr französischen Unterrichts. Ein Beitrag zum naturgemäßen Erlernen fremder Sprachen. gr. 8. (52 S.) Hamburg 863. (Altona, Hestermann.)

Louvier, A. F., das erste Jahr französischen Unterrichts. Ein Beitrag zum naturgemäßen Erlernen fremder Sprachen. 2. Aufl. Hamburg 868. Grüning. gr. 8. (VIII, 48 S.) n. 7½ ngr; geb. n. 10 ngr

Louvier, A. F., das erste Jahr französischen Unterrichts. Ein Beitrag zum naturgemäßen Erlernen fremder Sprachen. 3. Aufl. gr. 8. (XVI, 48 S.) Hamburg 873. Grüning. n. — 75

Louvier, A. F., das 1. Jahr französischen Unterrichts. Ein Beitrag zum naturgemäßen Erlernen fremder Sprachen. [4. Aufl.] Ster.-Ausg. gr. 8. (VIII, 48 S.) Hamburg 877. Grüning. n. — 75; geb. n. 1. —

Louvier, A. F., das 1. und 2. Jahr französischen Unterrichts. Ein Beitrag zum naturgemäßen Erlernen fremder Sprachen. 5. nach der neuen Rechtschreibung veränd. Aufl. Ster.-Ausg. gr. 8. Hamburg 884, Grüning. [1. Jahr. (VIII, 48 S.) *ℳ 1.; 2. Jahr. (VII, 89 S.) *ℳ 1,20.] geb. * 2 20

Louvier, A. F., das erste Jahr französischen Unterrichts. Ein Beitrag zum naturgemäßen Erlernen fremder Sprachen. 6. nach der neuen Rechtschreibung veränd. Aufl. Ster.-Ausg. 8. (VIII, 48 S.) Hamburg 888, Grüning. geb. *

Louvier, A. F., das erste Jahr französischen Unterrichts. Ein Beitrag zum naturgemäßen Erlernen fremder Sprachen. 7. Aufl. Ster.-Ausg. gr. 8. (VIII, 48 S.) Hamburg 894. H. Grüning. Geb. in Halbleinw. n. 1. —

— das zweite Jahr französischen Unterrichts. Altona 865. Hestermann. gr. 8. (VII, 84 S.) 9 ngr

— — 2. Aufl. Hamburg 869. Grüning. gr. 8. (VII, 84 S.) n. 9 ngr; geb. n. 12 ngr

-- das zweite Jahr französischen Unterrichts. Ein Beitrag zum naturgemäßen Erlernen fremder Sprachen. 3. Aufl. gr. 8. (V, 87 S.) Ebend. 874. n. — 90; geb. n. 1. 20

— das 2. Jahr französischen Unterrichts. Ein Beitrag zum naturgemäßen Erlernen fremder Sprachen. 4. Aufl. gr. 8. (VII, 84 S.) Ebend. 876. n. — 90; geb. n. 1. 20

Louvier, A. F., das 1. u. 2. Jahr französischen Unterrichts. Ein Beitrag zum naturgemäßen Erlernen fremder Sprachen. 5., nach der neuen Rechtschreibg. veränd. Aufl. Ster.-Ausg. gr. 8. (VIII, 48 S.) Hamburg 884. Grüning. geb. n. 2. 20
1. (VIII, 48 S.) n. 1. —. — 2. (VII, 89 S.) n. 1. 20

—— Das zweite Jahr französischen Unterrichts. Ein Beitrag zum naturgemäßen Erlernen fremder Sprachen. 6. Aufl. gr. 8. (VII, 84 S.) Hamb. 890, Grüning. geb. * 1 40

— das dritte Jahr französischen Unterrichts. Ein Beitrag zum naturgemäßen Erlernen fremder Sprachen. Altona 867. Hestermann. gr. 8. (XX, 104 S.) 12 ngr.

— — 2. Aufl. Hamburg 869. Grüning. gr. 8. (VIII, 104 S.) n. 9 ngr.

— das dritte Jahr französischen Unterrichts. 3. Ster.-Aufl. 8. (VIII, 104 S.) Ebd. 879. geb. n. 1. 20

—— Das dritte Jahr französischen Unterrichts. 3. Aufl. gr. 8. (VIII, 104 S.) Ebd. 889. geb. * 1 20

— das dritte Jahr französischen Unterrichts. Ein Beitrag z. naturgem. Erlernen fremder Sprachen. 4. Aufl. gr. 8. (VIII, 104 S.) Hamburg 896. Ebd. n. — 90; geb. n. 1. 20

—— das vierte Jahr französischen Unterrichts rc. gr. 8. 1. Aufl. (VIII, 104 S.) 868, und 2. Aufl. (VII, 99 S.) Ebendas. 874. * 90 Pf.; geb. *

— das vierte Jahr französischen Unterrichts. Ein Beitrag zum naturgemäßen Erlernen fremder Sprachen. 2. Aufl. gr. 8. (VII, 99 S.) Ebend. 875. n. — 90; geb. n. 1. 20

— das 4. Jahr französischen Unterrichts. Ein Beitrag zum naturgemäßen Erlernen fremder Sprachen. 3. Aufl. 8. (VIII, 99 S.) Ebend. 878. geb. n. 1. 20

— das 4. Jahr französischen Unterrichts. Ein Beitrag zum naturgemäßen Erlernen fremder Sprachen. 4. Aufl. gr. 8. (VII, 99 S.) Ebd. 891. Geb. n. 1. 20

— das fünfte Jahr französischen Unterrichts. Ein Beitrag zum naturgemäßen Erlernen fremder Sprachen. gr. 8. (VI, 121 S.) Ebend. 871. n. 1. —

—— rationelle und vereinfachte Schulgrammatik. Das sechste Jahr französischen Unterrichts [nebst Anleitung für den Lehrer]. gr. 8. (VIII, 143 S.) Ebendas. 876. *

Louvier, A. F. Über den französischen Unterricht. Hamburg 1867, 16 p. Schul-/Univ.-Schrift.

— Naturgemäßheit im fremdsprachlichen Unterricht. Ueber den französischen Unterricht insbesondere. 2. Aufl. Ebend. 869. gr. 8. (19 S.) n. 3 ngr.

—— über Naturgemäßheit im fremdsprachlichen Unterricht. 3. erweit. Aufl. gr. 8. (32 S.) Ebendas. 888.

—— Ueber Naturgemäßheit im fremdsprachlichen Unterricht. 4. erweit. Aufl. 8. (32 S.) Ebd. 889. * — 50

Louvier, Ferd. Aug., Chiffre u. Kabbala in Goethe's Faust. Neue Beiträge zur neuen Faustforschg. gr. 8. (VII, 147 S.) Dresden 897. H. Henkler. n. 3. —

Louvier, F. A., Goethe als Kabbalist in der „Faust"-Tragödie. gr. 8. (VIII, 176 S.) Berlin 892. Bibliograph. Bureau. n. 2. 50

— zur Kritik der Faust-Commentare. Off. Brief an Herrn Prof. L. Geiger u. andere. gr. 8. (35 S.) Berlin 887. Ebd. n. — 90

— die neue Methode der Faust-Forschung u. der alte u. der neue Mephisto. Zwei Vorträge. gr. 8. (35 S.) Ebd. 890. n. — 80

Louvier, F. A., die neue rationelle Methode der Faust-Forschung u. der alte u. der neue Mephisto. 2 Vorträge, geh. in der „Gesellschaft der Freunde d. vaterländ. Schul- u. Erziehungswesens zu Hamburg". 2. Aufl. (Hrsg. v. O. Steinzänger.) (44 S.) 8. Hamburg 908. C. Boysen. — 80

Louvier, Ferd. Aug., Sphinx locuta est. Goethe's Faust und die Resultate einer rationellen Methode der Forschung. 2 Bde. und Nachträge. gr. 8. (VI, 443; 491, III, 60 S.) Berlin 887, George und Fiedler. *

—— Sphinx locuta est. Goethe's Faust u. die Resultate e. rationellen Methode der Forschg. 2. (Titel-)Ausg. 2 Bde. gr. 8. (VI, 443; 491 S.) Berl. 892, Bibliogr. Bureau. * 9 —; auch in 9 Lfgn. à * 1 —

Louvier, Ferd. Aug., Sphinx locuta est. Goethe's Faust u. die Resultate e. rationellen Methode der Forschg. Neue [Titel-]Ausg. 2 Bde. (VI, 444 u. 491 S.) gr. 8. Hamburg [892] 906. C. Boysen. n. 5. —

Louvigni, Jean de Bernières

Louvigni, s. a. Bernieres Louvigni, Joh. v.

Louvigni, Johs. v. Bernieres, der innere Christ rc., s. Leitsterne rc., 16. Bd.

— verborgnes Leben m. Gott. 12. Duisb. 754.

Louvigni, J. v., verborgnes Leben m. Christo in Gott. 8. Frkf. Böttger. 756.

Louvigni, J. v., verborgenes Leben mit Christo in Gott. 4 Thle. 12. Regensb. Daisenberger. 812—15.

— — dasselbe, neue Ausgabe in 4 Bdchn. 12. Luzern, Anich. 815.

Louvigni, Joh. v. Bernieres, das verborgene Leben mit Christo in Gott, aus dessen Schriften gesammelt für innige und stille Seelen. 4 Bdchn. 3te Aufl. 12. Luzern, Anich. 819.

Louvigni, Jh. von Bernieres, das verborgene Leben mit Christo in Gott. Aus dessen Schriften gesammelt für innige und stille Seelen. 4e verb. Original-Ausg. gr. 18. Luzern 833. Anich. (Leipzig, Schmidt.) n. 1/2 rf

Louvigni, Joh. von Bernieres, das verborgene Leben mit Christo in Gott. Aus dess. Schriften gesamm. f. innige u. stille Seelen. 4., verb. Orig.-Ausg. gr. 18. (246 Seit. u. Ttlvign.) Luzern 833, Anich.

—— das verborgene Leben mit Christo in Gott, f. innige u. stille Seelen. 4., verb. Orig.-Ausg. 18. (...) Frankfurt a. M. 840, Andreäische Buchh.

— das verborgene Leben mit Christo in Gott. Aus dessen Schriften gesammelt f. innige u. stille Seelen. Neueste verb. Original-Ausg. mit 1 Abbild. 18. Frankfurt a/M. 842, Andreäische Buchh. 1/8 Rthlr

—— das verborgene Leben mit Christo in Gott. Aus d. Schriften d. Seligen gesamm. f. innige u. stille Seelen. Neue verb. Orig.-Ausg. 12. (8⅔ B. u. Ttlbild.) Berlin 841, [J. A. Wohlgemuth.] *

— das verborgene Leben mit Christo in Gott. Jetzt aus allen dessen gottsel. Schriften in deutscher Sprache zusammengezogen u. mit vielen Schriftstellen u. Anmerk. erläutert u. bekräftiget, sammt einer Vorrede von Gerhard Tersteegen. 5. Aufl. Mit Louvigny's Bildniß. gr. 12. Essen 842, Bädeker. 1 Rthlr

Louvigni de Berinères, Jean.
Das verborgene Leben mit Christo in Gott. A. d. Franz. Frankfurt 1843. Ü: *Schlosser, Johann Friedrich Heinrich.* (Kn)

(Louvigni.) Das verborgene Leben mit Christo in Gott. Aus den Schriften des gottsel. Joh. v. Bernieres Louvigni gesammelt für innige und stille Seelen. Neueste verm. Original-Ausg. Mit 1 Stahlst. Münster 854. Coppenrath. 32. (315 S.) 3¾ ngr.

Louvigni, Joh. v. Bernieres, das verborgene Leben mit Christo in Gott. Aus (seinen) Schriften gesammelt für innige und stille Seelen. Neueste, mit einem vollständ. Gebetbuche verm. Orig.-Ausg. 32. (408 S. mit 1 Stahlst.) Münster 855, Coppenrath'sche Buchh.

Louvigni, Joh. v. Bernieres, das verborgene Leben mit Christo in Gott. Aus den Schriften des Verf. gesammelt für innige und stille Seelen. Neueste Orig.-Ausg. 32. (280 S. mit 1 Stahlst.) Münster 863, Coppenrath'sche Buchh.

— — Ins Deutsche übertr. u. kurz zusammengezogen von Gerh. Ter-Stegen u. A. Mit e. Anh. von Liedern. Stereot.-Ausg. Stuttgart (856.) J. F. Steinkopf. 32. (269 S.) 4 ngr.

Louvigni, Joh. v. Bernieres, das verborgene Leben mit Christo in Gott. Aus den Schriften des gotisel. Verf. gesammelt für innige u. fromme Seelen. Neueste, rechtmäß. Ausg. Regensburg 866. Manz. 16. (298 S. mit 1 Stahlst.) 3¾ ngr.
Ausg. mit Anh. (418 S.) 6 ngr.

Louvigni, Joh. v. Bernieres, das verborgene Leben m. Christo in Gott. Aus den Schriften des gottsel. L. gesammelt f. innige u. fromme Seelen. Mit e. Anh.: Die gewöhnlichsten Andachtsübgn. Neue umgearb. Aufl. (IV, 332 S.) kl. 8. Regensburg 906. Verlagsanstalt vorm. G. J. Manz. n. — 60; geb. in Leinw. n. 1. 25

Louvigni, J. v. Bernieres, siehe a. Leben. das verborgene, mit Christo in Gott.

v. Louvois, der Marquis, Nachr. in Briefen; aus d. Engl. 2 Thle. 8. Leipz. 778. Junius. 18 Gr.

Louvot, F., s.: Correspondants, les, de, Grandidier.

LOUVRE, DAS NEUERÖFFNETE, Welches in Zwey Apartement, Die klugen Staats- und Lebens-Reguln des Weltbekandten Cardin. JULII MAZARINI . . . Und Sinnreiche Lebens-Lehren anderer Potentaten Höfe, Der klugen Welt repraesentiret. Mit einem Anhang von 200. neuen, noch nie gedruckten Staats-Maximen. Der neundte Druck. Frankfurt aO., J. Völcker, 1710. 12°. *Gestochenes Titelkupfer (Mazarin auf einem Thronsessel)*, 11 Bl. 161 S.; 2 Bl. 216 S. Beriebenes Ld. d. Z.

Louvrier, Joseph: Nosographisch-therapeutische Darstellung syphilitischer Krankheitsformen; nebst Angabe einer zweckmässigen und sicheren Methode, veraltete Lustseuchenübel zu heilen. 353 S., gbd.

Wien: Bauer 1809
beigedr.: Louvrier, J.: Geschichten syphilitischer Krankheitsformen. 1809

Louvrier, Joseph: Nosographisch-therapeutische Darstellung syphilitischer Krankheitsformen. Nebst Angabe einer zweckmässigen und sicheren Methode, veraltete Lustseuchenübel zu heilen. 2.verbess.Aufl. 424 S., gbd.

Wien u.Krems: Bauer 1819

Louvrier, Jos., nosograph.-therapeut. Darstellung syphilit. Krankheitsformen, nebst Angabe e. zweckmäß. Methode, veralt. Lustseuchenübel zu heilen. gr. 8. Wien 809. 2e A. 819. Bauer u. D. (a. Liebeskind in Leipz.) 2 Rthlr

Louvrier, Jos., nosographisch-therapeutische Darstellung syphilitischer Krankheitsformen, nebst Angabe einer zweckmäßigen und sichern Methode, veraltete Lustseuchenübel zu heilen. 2te Aufl. gr. 8. Wien, Bauer. (Leipzig, Cnobloch.) 819.

Louvrier, Joseph: Geschichten syphilitischer Krankheitsformen. 64 S.(S.355 - 418), gbd.

Wien: Bauer 1809
in: Louvrier, J.: Nosographisch-therapeutische Darstellung syphilitischer Krankheitsformen... 1809

Louvrier, Joseph: Preisfrage, ist die Durchbohrung der Hirnschale bey Kopfverletzungen nothwendig, oder nicht? Wann und wo ist sie es, und in welchem Verhältnisse steht diese Operation mit dem glücklichen oder unglücklichen Ausgange gedachter Verletzungen? 65 S., gbd.

Wien: Camesina 1800
(Abhandlungen über die Durchbohrung des Schedels (trepanatio cranii). 1)

—(u. Chr. Ldw. Mursinna) Beantwortung d. Preisfr.: Ist die Durchbohrung d. Hirnschale b. Kopfverwundungen nothwendig oder nicht? gr. 4. Wien 800. (Volke). 1 Rthlr

LOUŸS, Pierre
(F) Die Abenteuer des Königs Paurol. Roman von Pierre Louÿs. Autorisirte Uebersetzung von Armin Schwarz. Budapest. 1900. Grimm. 8°. 311 S. K 3.60

Louys, Pierre, die Abenteuer des Königs Pausol. Roman. Autoris. Uebersetzg. v. Armin Schwarz. 2. Aufl. 8. (315 S.) Budapest 902. G. Grimm. n. 3. —

Louys, Pierre, Aphrodite. Ein antikes Sittenbild. Einz. autor. Verdeutschg. 8. (312 S.) Budapest 897. G. Grimm. n. 4. 50

— dasselbe. Ein antikes Sittenbild. 2. u. 3., von Gfr. Sieben illustr. Aufl. Einzig autor. Verdeutschg. 8. (à 316 S.) Ebd. 898. n. 3. —

(F) Aphrodite. Ein antikes Sittenbild von Pierre Louÿs. 4., von Gottfried Sieben illustrirte Auflage. Einzig autorisirte Verdeutschung. Budapest. 1899. Grimm. 8°. 314 S. fl. 1.80

(F) Aphrodite. Ein antikes Sittenbild von Pierre Louys. 5., von Gottfried Sieben illustrirte Auflage. Einzig autorisirte Verdeutschung. Budapest. 1901. Grimm. 8°. 314 S. K 3.60

— dasselbe. Ein antikes Sittenbild. 4.—6., v. Gfr. Sieben illustr. Aufl. Einzig autoris. Verdeutschg. 8. (à 316 S.) Budapest 899—902. G. Grimm. n. 3. —

(F) Aphrodite. Ein antikes Sittenbild von Pierre Louÿs. Einzig autorisirte Verdeutschung. Billige Ausgabe. Budapest. 1901. Grimm. 8°. VIII, 133 S. K 1.—

— Aphrodite. Mit Illustr. v. A. Calbert. Deutsch von Gust. v. Joanelli. 8. (463 S.) Prag (899). A. Hynek. n. 5. —; geb. n. 7. —

— dasselbe, s.: Bibliothek, moderne. I. 1.

Louys, Pierre, s. Bilitis.

Louÿs, Pierre, Gespräche der griechischen Hetären, s.a. Bibliothek, moderne.

Pierre Louys. Gespräche der griechischen Hetären [Dialogi meretricii]. Von Lukian [Lucianus Samosatensis]. ⟨Wörtl. Übers.⟩. *Prag: A. Hynek [um 1901]*. (137 S.) 8° [Ant. u. F.]
(Moderne Bibliothek.)

— — Gespräche der griechischen Hetären. Autorisirte Uebersetzung von Gust. v. Joanelli. Mit zahlr. (z. Th. freien) Illustrationen von Coeurdame. Prag 1902. 8°. (Eleg. br. Kr. 2,40; geb. 4—.) (1 Kr. 60 H., br., Vict. Eytelhuber, Wien, 1904.)
Orig.: Mimes des courtisanes de Lucien. Traduction littérale. 3ème. édition. Paris 1899. 8°. (Kr. 1,20.)

— Idyllen. (Eine neue Wonne. — Das Häuschen am Nil. — Byblis. — Leda. — Ariadne.) Uebers. v. Armin Schwarz. 1. u. 2. Aufl. 8. (à 124 S.) Budapest 900. 902. G. Grimm. n. 1.—

(F) Die Lieder der Bilitis. Nach der aus dem Griechischen besorgten Uebersetzung des Pierre Louÿs verdeutscht von Franz Wagenbauer. Budapest. 1900. Grimm. 8°. 176 S. K 1.80

— die Lieder des Bilitis. Nach der aus dem Griech. besorgten Übersetzg. des L. verdeutscht v. Frz. Wagenhofen. 8. (176 S.) Ebd. 900. n. 1. 50

Louys, Pierre, Lieder der Bilitis. (Ins Deutsche übertr. v. Rich. Hübner.) (176 S.) 8. Leipzig 907. J. Zeitler. 6. —

— im Venusberg u. andere Novellen, s.: Bibliothek berühmter Autoren. 11. Bd.

LOUŸS, Pierre
(F) Das Weib und der Hampelmann. Spanischer Roman von Pierre Louÿs. Autorisirte Übersetzung von Armin Schwarz. Budapest. 1899. Grimm. 8°. 223 S. fl. —.80

— das Weib u. der Hampelmann. Spanischer Roman. Autoris. Übersetzg. v. Armin Schwarz. 2. Aufl. 8. (223 S.) Ebd. 1901. n. 3. —

Louzada de Magalhães, J. J. Silvestre Pinheiro Ferreira. Sein Leben und seine Philosophie. Diss. Bonn 1881. 79 S.

Lov, Adph., die Lösung der Rauch- u. Russfrage durch e. neue Theorie der Rauchverbrennung, nebst prakt. Anleitg. zur Ausführg. derselben. 8. (IV, 36 S.) Berlin 899. M. Krayn. n. 1. 50

Löv, Julie, die *israelitische Köchin*, od. neues vollständiges Kochbuch für Israeliten. Ein unentbehrl. Handbuch für wirthliche Frauen u. Töchter. 2. Aufl. Pressburg, Phil. Korn, 1842. 8°. Ppb., wie neu.
2 Bll., 227 S., 12 unbez. S. Inh.
Vgl. Löw, Julie.

Loev, Max., Oberammergau — Das ist die Wahrheit. (63 S.) 8. Leipzig-Gohlis 910. B. Volger. 1. —

Lovassy, Alex., s.: Fauna, die, des Balatonsees.

Lovassy, Alexander; Die tropischen Nymphaeen des Hevizsees bei Keszthely. Mit 4 Taf., 1 Kt. u. 24 Textfig.
(Wien: Hölzel in Komm. 1909.) 91 S. 4° (8°)
(Resultate d. wissenschaftl. Erforschung d. Balaton, Bd. 2, Th. 2, Sektion 2, Anh.)

Lovat, Math., Selbstkreuzigung, s. Ruggieri.

Lovat, Math., Selbstkreuzigung zu Venedig im J. 1805. A. d. Franz. von J. H. G. Schlegel. Unveränd. wohlf. Ausg. gr. 8. Meiningen, Keyßner. 821.

Lovatelli, Ersilia Caetani, römische Essays. Autoris. Uebersetzg. Mit e. Vorwort v. Eug. Petersen. gr. 8. (VIII, 226 S.) Leipzig 891. Dresden, C. Reissner. n. 6. —

Love the Avenger, s. Collection of British Authors.

Love, German. From the papers of a stranger by Max Müller. Translated from the German. 8. (VII, 116 S.) Berlin 878, Liepmannssohn. *

Love, Miss Jenny. Ein Trauerspiel in fünf Aufzügen von A. Th. L. Augsburg 1780. V: *Linhart, Anton Th.* (BIBLPORT) (WBL 15/213) (GGr V/369, Nr. 8) (GGr VI/686 Nr. 1/3)

Love, Miß Jenny. Trauersp. v. Lienhard. 8. Augsb. Stage. 780.

Love, Miß Jenny; ein Trspl. in 5 Aufz. 8. Augsb. 780. v. Jenisch u. St. 4 K

Love, Agathe, Weckstimmen aus Gottes Wort an jugendliche Herzen. I. II. 12. Breslau, Dülfer. [I. (VII und S. 1—124.) 863. * 8 Ngr., II. (VIII und S. 125—287.) 865. * 7 Ngr.] *

Love, Agathe, Weckstimmen aus Gottes Wort an junge Christenherzen. Neue (Titel-)Ausg. 12. (VIII, 287 S.) Breslau (863,65)71, Dülfer's Verlag. cart. *

A[ugustus] E[dward] H[ough] **Love**. Lehrbuch der Elastizität (A treatise on the math. theory of elasticity). Autor. deutsche Ausg. unter Mitw. d. Verf. besorgt von Dr. Aloys Timpe. Mit 75 Abb. Leipzig & Berlin: B. G. Teubner 1907. (XVI, 664 S.) 8°
= **Sammlung**, B. G. Teubners, von Lehrbüchern aus d. Geb. d. math. Wiss. Bd 24.

Love, A. E. H., Lehrbuch der Elastizität, s.a. Teubner's, B. G., Sammlung v. Lehrbüchern auf dem Gebiete der mathemat. Wissenschaften. 24. Bd.

Löve, Paul, der wiener Liqueur-Fabrikant, oder theoret. und prakt. Unterricht in der Erzeugung aller Gattungen von Branntwein, Rosoglio, Liqueur, Arak, Rum rc. nebst einigen Färbe-Mitteln. 8. (III und 57 S.) Wien 837(57,) (Sallmayer und Comp.)

Löve, Paul — Der Wiener Liqueur-Fabrikant, oder theoretischer und praktischer Unterricht in der Erzeugung aller Gattungen von Branntwein, Rosoglio, Liqueur, Arak, Rum, Cognac, Slivovitz, Punsch-Essenz, Ratafia u. s. w. nebst einigen Färbemitteln von — —. Wien, 1857. Druck von A. Pichler's Witwe und Sohn. Selbstverlag des Verfassers. In Kommission bei Sallmayer & Komp. (57 S. 8.)

Loveday, (M. Douglas,) Bittschrift an die Kammer der Pairs zu Paris, wegen heimlicher Verführung seiner Familie zum Uebertritt in die römisch-kathol. Kirche; aus d. Französ. 2c., von C. Baumgarten-Crusius. 8. Dresden 822, Hilscher.

Lövegren, Elis, zur Kenntnis der Poliomyelitis anterior acuta u. subacuta s. chronica. Klinische u. pathologisch-anatom. Studien. (108 S. m. 2 Taf.) Lex.-8. Berlin 905. S. Karger. n. 3. 50
Sonderabdruck aus: „Jahrb. f. Kinderheilkde."

Lovel, Lord Arthur, u. seine unglückl. Gemahlin. Schspl. in 5 A. 8. Bresl. 791. W. G. Korn. 8 gr

Lovelace, Der Teutsche. Proben aus einem Roman in Briefen: Der Neue Teutsche Merkur 1795/6. V: *Schreyvogel, Joseph.* Vgl. GGr IX 9,7. (DARP)

An Englishwoman's **Love-Letters**. Copyright ed. Leipzig: Tauchnitz 1901. 277 S. 8°
(Collection of British authors. Tauchnitz Ed. Vol. 3476.) [11. 8361

Lovell, William, 2 Theile mit 1 Kupf. 8. Berlin, 795-96. C. Nicolai. 3 Rthl. 25 gl.

Lovell, William, v. Ludw. Tiek. 3 Bde. m. K. 8. Berl. (Sommer in Lpz.) 796.

Lovell William, v. Ludwig Tiek. 2 Bde. neue verb. Aufl. Berl, Realschulbuchh. 813.
Velinp.

Lovell, H. Tasman, M. A.: Der Utilitarismus in der Erziehung, seine etwaigen Rechte und Grenzen im Anschluß an Herbert Spencer. Weida i. Th. 1909: Thomas & Hubert. 92 S. 8°
Jena, Phil. Diss. v. 20. Juli 1909, Ref. Rein
[Geb. 6. Jan. 78 East Kempsey, Neu-Süd-Wales; Wohnort: Sydney; Staatsangeh.: Großbritannien; Vorbildung: Public School Sydney Univ. Sydney B. A. 06; Studium: Sydney 10, Jena 4 S.; Rig. 1. Juli 09.] [U 09. 2200

Lovell, Henry

Lovell, the elements of English history for schools and families. gr. 16. (124 S.) Mannheim 848, Hoff. In Engl. Einb. n. 16 gr

Lovell, Henry, the rudiments of the german grammar, with copious exercices. 8. (17 B. u. 1 Vorschrift.) Mannheim 839, Hoff.

LOVELLONI, Franzesko. Eine Geschichte aus dem vorigen Jahrhundert. Hamburg u. Mainz, bey Gfr. Vollmer. 1804. 8°.
Tit., 1 Bl. Vorr. u. 378 S. Theilweise anstößig. — Kayser p. 80 mit der unrichtigen Jahrz. „1803".

Lovellini, Franzesko; e. Geschichte aus d. vorig. Jahrhundert. 8. Hamb. 804. (Herold jun.)

Lovén, Christian, anatomische u. physiologische Arbeiten. Im Auftrage der Familie hrsg. v. Rob. Tigerstedt. Mit 2 Portr., 8 Taf. u. 18 Abbildgn. (XXIV, 374 S.) gr. 8. Leipzig 906. Veit & Co. n. 15. —

Lovén, Fredrik, das Wachsthum der Kiefer u. Fichte in der schwedischen Provinz Wermland. Fol. (20 S. u. 77 S. Tab. m. 2 farb. Taf.) Kristinehamn 891. (Berlin, J. Springer.) n. 6. —

LOVÉN, Fredrik: Das Wachsthum der Kiefer und Fichte in der schwedischen Provinz Wermland. - Kristianahamn 1891, Berlin 1893. 20 S., 77 S., 1 Taf.

Löven, Jh. Sigm., philosoph. Beweis d. Möglichkeit, daß außer d. Seelenkräften d. elektr. Kraft die eigenthüml. Kräfte des lebenden menschl. Körpers sind. 1r Thl. u. 2n Thls. 1r Bd. Mit Kupf. 8. Düsseld. 779—86. Dänzer. (Barth in Leipz.) 1 rf 4 gr

Löven, Jos. Sig., philos. Bew. d. Möglichk., daß auß. d. Seelenkräften d. elektr. Kraft d. einzige sey. 1r Thl. u. 2ten Thls. 1r Bd. m. Kpf. 8. Düsseld. Dänzer. 779-86. (1r 16 gr. 2t 1r Bd. 12 gr.)

Löven, Carl Christoph (Bamberg), De jure principis catholici circa sacra. Präs. Alex. Hammer. Bamberg (G. A. Gertner) (28.) III. 1744. 188 S. (8.—) 21540
Widm. v.: Al. Hammer, P. G. Kurz, J. C. Specht, A. J. Agner.

Loevenbruck, Anwendung der Wasserkur f. den Laien. 5. Aufl. gr. 8. (98 S.) München 890. Literar. Institut v. Dr. M. Huttler. n. 1. 20

Loevenbruck. Die sociale Gefahr. Wem die Schuld? Wo die Hilfe? gr. 8. (41 S.) Münch. 890, Literar. Institut v. Huttler. * — 50

LOEVENBRUCK, Pfr.
Kneipp — Wörishofen oder Die Wasserkur wissenschaftlich begründet und ihre Anwendung für den Laien. 1890. Literatisches Institut von Dr. M. Huttler. Konrad Fischer Verlag, Buch- und Kunstdruckerei, München. III, 100 S.

LOEVENBRUCK, Pfr.
Licht- und Schattenseiten des Kneipp'schen Systems. 1890. Literatisches Institut von Dr. M. Huttler. Konrad Fischer Verlag, Buch- und Kunstdruckerei, München. IV, 76 S.

Loeveneck Bruno von
s. Bruno von Löveneck und Clara von Hundsrück. 1825.

Loevenich, F., die Anstellung u. Versorgung der Kommunal-Beamten in Preußen. Gesetz v. 30. VII. 1899 nebst Ausführungsbestimmgn. u. Erläutergn., sowie den übr. gesetzl. Bestimmgn. üb. die Rechtsverhältnisse der Kommunalbeamten. gr. 8. (V, 152 S.) Hamm 899. E. Griebsch. n. 2. —

Loevenich, Joseph (Hrsg.), s.a. Arndt, Ernst Moritz .— Gedenkblätter . . .

Loevenich, Jos., Ernst Moritz Arndt. Gedenkblätter dtscher. Dichter zum 50. Todestage: 29. I. 1910. Gesammelt u. hrsg. (189 S., 1 Bildnis u. 2 Taf.) 8. Bonn 910. C. Georgi. 1. 50

Loevenich, Carl, zwölf Kaiser-Sonette. gr. 8. (14 S.) Bonn 874. (Habicht's Sort.) n. — 50

— Liebe, Lenz u. Leben. Gedichte. gr. 16. (V, 82 S.) Hamburg 874. Hoffmann & Campe. n. 1. 50

Loevenich, Carl, Märzblumen. Gedichte. Nach dem Tode des Dichters gesammelt und mit einem Vorworte hrsg. von Hans Kiefer. Mit dem (Holzschn.-)Bildnisse des Dichters. 12. (XX, 167 S.) Köln 882, Heyn. geb. mit Goldschn. * 5 —

Lövenörn, Paul von

Loewenörn, Paul von. Anleitung für Seefahrende im Kattegat, a. d. Dän. Kopenhagen 1816. Ü: *Lassen, Rasm.* (MGT) (Ky)

Lövenörn, Paul von, Beschreibung des Kattegatts, enthaltend Anzeigen der Feuer, Tiefen, Grunde und Klippen, nebst Special-Carten verschiedener Häven und Land-Vertonnungen. 2. Auflage. (Aus dem Dänischen übersetzt durch Friedrich Ekkard.) Kopenhagen 1804.

Lövenörn, Paul v., Beschreibung des Kattegatts, zum Gebrauche bei der neuen berichtigten Carte. 2. Auflage. (Aus dem Dänischen übersetzt durch Friedr. Ekkard.) Kopenhagen 1804.

— Beschreib. d. norwegischen Küste; aus d. Dän. v. Rasm. Lassen. Mit Kpf. 8. Kopenh. 816.

Löwenörn, Paul v., Etwas üb. die auf d. Küsten angelegt. Leuchtfeuer, a. d. Dän. v. C. F. Degen. gr. 8. Kopb. Schubothe. 801.

— üb. d. Magnet. Ein Beitrag z. Erklärung sowohl der Abweichung als Neigung d. Magnetnadel rc.; aus d. Dän. v. J. A. Markussen, mit 1 Kpf. gr. 8. Kopenh. 802. Schubothe. 6 K

— Samml. von Nachrichten f. Seefahrer, zu d. Karte d. Nordsee. Aus d. Dän. v. Rasm. Lassen. 8. Kopenh. 817.

v. Lövenskiold, siehe: Hülfsbüchlein für den Bürger u. Landmann.

LÖVENSKIOLD, [BARTHOLM. HERM.] V., Verdeutschung und kurze Erläuterung der in gerichtlichen Acten am häufigsten vorkommenden lateinischen Ausdrücke. Itzehoe. 1831.

Lövenskiold, v., Verdeutschung u. kurze Erläuterung d. in gerichtl. Acten am häufigsten vorkomm. latein. Ausdrücke, nach d. Anfangsbuchstaben geord. zunächst z. Gebr. f. Bürger u. Landleute. 8. (5½ B.) Itzehoe 831. (Altona, Aue.)

Lövenskiold, Hermann von: Militairisches Lieder- und Anekdoten-Büchlein für Soldaten auf dem Marsch und auf der Wache.
2. Bändchen. o. O. 1836. 8°
– 3. Bändchen. o. O. 1837. 8°.

Genauere Uebersicht der durch die Sturmfluthen am 3. und 4. Febr. 1825 in den Herzogthümern Schleswig und Holstein angerichteten Schadens; aus authentischen Quellen und ämtlichen [!] Berichten geschöpft. Hrgg. v. Hermann von **Løvenskiold.** Kopenhagen. 1825. 6°.

v. Lövenskjold, (H.,) genauere Uebersicht des durch die Sturmfluthen am 3n u. 4n Febr. 825, in den Herzogthum Schleswig u. Holstein angerichteten Schadens; aus authent. Quellen u. amtl. Berichten geschöpft. gr. 12. Kopenhagen 825, Bonnier.

Loeventon, Lea, aus Kilia, Bessarabien, Russland: Die Behandlung der Kinderdiarrhoe. Nach den Beobachtungen im Zürcher Kinderspital vom Jahr 1874–1884. Zür. J. Schabelitz Dr. 1886. 24 S. 8°.
Zürich, Med. Diss. [v. 12. März 1886].

Lövényi, Jos., Taktschrift-Vorlagen zum Schreiblese-Unterricht. 2. Heft. Deutsche Currentschrift. qu. 8. Pest 860, Lauffer und Stolp. Thlr.

— dass. — 8. Heft. Lateinschrift. qu. 8. Ebendas. 860.

Lövényi, Jos., Theorie der Taktschreibmethode oder: theoretisch prakt. Anleitung zum Taktschreiben nach dem von dem Verf. angewandten Lehrverfahren beim öffentl. und Privatunterrichte. Mit in den Text eingesetzten Holzschn. und 2 Heften Taktschriftvorlagen (à 12 lithogr. Bl. in qu. gr. 4.) gr. 8. (114 S.) Pest 860, (Geibel.) * —

Lövenyi, Josef, Vorlegeblätter für die hebräische Schönschrift. Geschrieben von Fr. Manheimer. qu. 8. (7 Blatt Vorlagen in Umschlag.) Pest, Lauffer & Stolp. 1861. 15 kr., 100 Blätter 90 kr.

Lover, Samuel, Handy Andy. A tale of Irish life. 8. (380 S.) Leipzig 887, Gressner und Schramm. geb. *

Lovera, Roméo, Anecdotes appliquées aux homonymes et aux gallicismes. Französ. Lese- u. Übungsbuch. Mit e. Verzeichnis der französ. Homonymen u. e. Übersetzg. der wichtigsten Gallicismen v. Rahn u. Emil Thürmer. gr. 8. (IV, 104 S.) Dresden 899. G. Kühtmann. n. 1.80

Lovera, Romeo, Conversazioni tedesche, s.: Motti, Pietro.

— Corrispondenza commerciale italiana, s.: Handelskorrespondenzen, nationale. III.

Lovera, Romeo, eco italiano, s.: Camerini, Eug.

Lovera, Romeo, der italienische Familienbrief. Eine Sammlg. v. italien. Billetten u. Briefen des Familienlebens m. Angabe d. Regeln üb. d. italien. Korrespondenz zum Schul- u. Privatgebrauch. 12. (VIII, 101 S.) Stuttgart 898. Muth'sche Verlagsbuchh. Geb. in Leinw. n. 1.50

— Grammatik der italien. Umgangssprache, s.: Boerner's, Otto, neusprachliches Unterrichtswerk.

— dasselbe. Im Anschluß an das Lehr- u. Lesebuch der italien. Sprache f. die österreich. Mittelschulen bearb. v. A. Ive. (Dr. Otto Boerners neusprachl. Unterrichtswerk.) (VII, 218 S.) 8. Wien 902. K. Graeser & Co. Geb. in Leinw. n. 2.80

— Grammatik der italienischen Umgangssprache. Im Anschluß an das Lehrbuch der italien. Sprache f. den Schul- u. Privatgebrauch bearb. (Dr. Otto Boerners neusprachl. Unterrichtswerk.) 2. Aufl. (X, 187 S.) 8. Leipzig 904. B. G. Teubner. Geb. in Leinw. n. 2.—

— Handbuch d. italien. Handelskorrespondenz z. Gebrauch f. Kaufleute u. f. Handelsschulen. Mit e. techn. Spezialwörterbuch. gr. 8. (VII, 132 S.) Zittau 895. Leipzig, Pahl. n. 3.—

— der französische Handelsbrief. Ein französ. Handelskursus m. Conversationsübgn., Gallicismen, Musterbriefen, Dispositionen, Übersetzgn., Handelsformularen, geograph. Lesestücken, handelstechn. Wörterverzeichnissen u. e. Karte v. Frankreich, zum Schul- u. Privatgebrauch bearb. gr. 8. (X, 250 S.) Stuttgart 900. Muth. Geb. in Leinw. n. 3.—

— der italienische **Handelsbrief**. Ein italien. Handelskursus m. Gesprächen, Italianismen, Musterbriefen, Dispositionen, Übersetzgn., Fragensammlgn., Handelsformularen, geograph. Lesestücken u. handelstechn. Wörterverzeichnissen. zum Schul- u. Privatgebrauch bearb. gr. 8. (VIII, 205 S.) Ebd. 900.
Geb. in Leinw. n. 3. —

— in **Italia**. Italienischer Sprachführer m. deutscher Uebersetzg., e. grammat. Anh. u. e. phonet. Wörterverzeichnisse. (IV, 173 S.) 8. Leipzig 904. E. Haberland.
Geb. in Leinw. n. 2. 50

Lovera, Romeo, italienisches Konversations-Lesebuch, s.: Sauer, Carl M

— **Lectures et exercices français.** Französ. Lese- u. Sprechbuch. Für d. Mittelklassen höh. Lehranstalten bearb. M. e. nach Lectionen u. e. alphabet. geordn. Wörterverzeichnis. 8. (83 S.) Stuttgart 898. Muth.
Geb. n. 1. —

— dasselbe. Livre du maître. **Schlüssel.** Nebst exercices supplémentaires f. d. Hand d. Lehrers. 8. (52 S.) Ebd. 898. n.n. 1. 80

— Lehr- u. Lesebuch der italien. Sprache, s.a.Boerner, Otto.

— **Oberstufe** zum Lehr- u. Lesebuch der italienischen Sprache. Mit besond. Berücksicht. der Uebgn. im mündl. u. schriftl. freien Gebrauch der Sprache. Mit e. Hölzelschen Vollbild: „Die Stadt" u. 4 Ansichten aus Rom, Venedig, Florenz u. Neapel. (Dr. Otto Boerners neusprachl. Unterrichtswerk, nach den neuesten Lehrplänen bearb.) (VIII, 271 S.) 8. Leipzig 904. B. G. Teubner.
Geb. in Leinw. n. 3. 60

— Lehrbuch der italienischen Sprache, s.: Boerner., Otto.

— **Übungssätze** u. Musterbriefe z. Einführung in die italienische Handelskorrespondenz. gr. 8. (IV, 76 S.) Cöthen 899. O. Schulze Verl. Kart. n. 1. —

Lovera, Romeo, vocabolario, s.: **Eco della lingua francese parlata. — Eco della lingua tedesca parlata.**

— vocabolaria sistematico e guida della conversazione italiana, s.: **Reinhardstöttner**, Carl v.

Loverkens, Altniederländische Lieder ... Göttingen 1852. H: *Hoffmann gen. von Fallersleben, August Heinrich.* (GGr)

Lovett, Edgar Odell, of the Univ. of Virginia: The theory of perturbations and Lie's theory of contact transformations. *[London: Longmans, Green & Co.] (1898).* (103 S.) 8° ¶(Aus: Quarterly Journal of Pure and Applied Mathematics, No 117, 1898.)
Leipzig, Phil. Diss. v. [30. Dez.] 1898

Loevinsohn, Emil (geb. Danzig 3. 8. 1858): Ueber den Einfluss der Verteilung und der Masse eines Körpers auf die Bestimmung seines specifischen Gewichtes. Berlin (1883). (45 S.) 8°
Berlin, Phil. Diss. v. 16. Aug. 1883

Loevinsohn, Hugo, appr. Arzt a. Danzig: Aus d. chirurg. Universitätsklinik zu Breslau. Darmverschluß und Darmverengerung infolge von Perityphlitis. (Jena 1905: Frommann.) (S. 620—681) 8° ¶(Aus: Mitteilungen a. d. Grenzgebieten d. Medizin u. Chirurgie, Bd 14, 1905.)
Breslau, Med. Fak., Ref. v. Mikulicz-Radecki, Diss. v. 3. Aug. 1905
[Geb. 24. Juni 79 Danzig; Heimatsort: Danzig; Staatsangeh.: Preußen; Vorbildung: Kgl. Gymn. Danzig Reife M. 97; Studium: Berlin 4, Breslau 5 S.; Coll. 21. Juli 04; Approb. 11. Aug. 02.]

Lövinsohn, Max [app. Arzt aus Danzig]: Zur Statistik und operativen Behandlung der Rectumcarcinome ... (Aus: Beitr. z. klin. Chir., Bd. x Heft 1.) Tübingen, H. Laupp, 1892; 1 Bl., 23 S. 8.
Heidelberg, Med. Fak., Inaug.-Diss. v. [6. März] 1893

Lövinsohn, Walter [pr. Arzt]: Ueber den medianen und hohen Steinschnitt ... Königsberg i. Pr., Buch- u. Steindr. E. Erlatis, 1894; 30 S., 1 Bl. 8.
Königsberg, Med. Fak., Inaug.-Diss. v. 27. Sept. 1894

Lövinson, Emil, Bemerkungen üb. habituelle Scoliose, s.: **Mitteilungen aus dem Berliner medico-mechanischen Institut.**

Lövinson, Emil (geb. Berlin 4. 11. 1860): Ueber die Ehrlich'sche Diazo-Reaction insbesondere bei der Lungenphthise. Berlin (1883). (29 S.) 8°
Berlin, Med. Diss. v. 4. Aug. 1883

Lövinson, Hermann [aus Berlin]: **Beiträge zur Verfassungsgeschichte der Westfälischen Reichsstiftsstädte.** I. Teil .... Paderborn, Ferdinand Schöningh, 1888; 39 + 1 S. + 1 Bl. 8°
Berlin, Phil. Fak., Inaug.-Diss. v. 14. Aug. 1888

Lövinson, Hermann, Beiträge zur Verfassungsgeschichte der Westfälischen Reichsstiftsstädte. I. Teil. Diss. Berlin 1888, Mayer & Müller. 8°. 39 S.

Lövinson, H., **Beiträge zur Verfassungsgeschichte der westfälischen Reichsstiftsstädte.** gr. 8. (132 S.) Paderborn 889. F. Schöningh. n. 2. 40

— die **Minden'sche** Chronik d. Busso Watensted, e. Fälschung Paullinis. gr. 8. (XII, 64 S.) Ebd. 890.
n. 1. 60

Loevinson, Moriz. Berliner Demokraten-Marsch. Volkslied für ächte Patrioten, componirt von H. Hauer. Berlin, Enslin 1848. 4 S. 8.
Flugblatt. Berlin, 1848/49.

Loevinson, Maur. (geb. Danzig 1821): De blepharoblennorrhoea neonatorum nonnulla. Berolini (1844). (25 S.) 8°
Berlin, Med. Diss. v. 26. Aug. 1844

Lövinson, Oskar, aus Charlottenburg: **Ueber Keimungs- und Wachstumsversuche an Erbsen in Lösungen von fettsauren Salzen unter Ausschluss von Mineralsäuren.** *Cassel 1900: Gebr. Gotthelft.* (79 S.) 8° ¶(Aus: Botan. Centralblatt 1900, Bd 83.)
Erlangen, Phil. Diss. v. 1. Mai 1900

Lovis, Carl

Lovis, C., **Bericht üb. die Abtheilg. f. das Maschinenwesen der Wiener Weltausstellg.,** s.: **Berichte der Riga'schen Delegation üb. die Wiener Weltausstellg.**

Lovisoni, Herm., die Gesandtenrechte. gr. 8. (VIII, 66 S.) Wien 887. Manz'sche Hof-Verlags- und Universitäts-Buchh. *

Lovovský, B. (Red.), s. Almanach der österr. Musik- und Theaterzeitung in Wien.

Lovrich, Sándor., molekular-physiologische Abhandlungen. I. Ueber das Wachstum der Organismen. Gaseigenschaften der lebend. Substanz. (40 S.) gr. 8. Budapest 902. (F. Kiliáns Nachf.) n. 1. —

Molekular-physiologische Abhandlungen von Dr. Lovrich Sándor. 1. Budapest 1902: Hornyánszky. 8°

Lövsanny, J., Melizah oder die orientalische Poesie. 8. Cöln 824. jetzt Saul u. Tonger,

Lövsanny, (J.) Mellzab, oder die oriental. Poesie. 8. Cöln 825. (Central-Compt. in Leipz.)

Loevy, C., neue Anschauungsmethode zur leichtern Erlernung des französischen Zeitwortes für den Schul- und Privatunterricht faßlich dargestellt. gr. 8. (IV und 108 S.) Wien 863, (Lechner's Universitäts-Buchh.)

Lövy, Eduard: Ein Beitrag zur Casuistik der Ednocarditis ulcerativa. Diss. Dorpat. 1876. 8°. 38 pp.

Lövy, H., über Polarität. gr. 8. (4 B.) Prag 831, (Borrosch u. André.) 12 Gr., Schrbp.

Loevy, Hermann, aus Posen: Über magnesiumorganische Verbindungen. 1. Einwirkung auf Senföle und Isonitrile. 2. Verhalten gegen Phosgen. *(Berlin 1904: A. W. Schade.)* (60 S.) 8°
Berlin, Phil. Diss. v. 6. Aug. 1904

Schiller. Die Worte des Glaubens. 3 Kanzelreden z. Jahrhundert-Gedächtnis d. Dichters von Dr. J[akob] Loevy, Rabbiner. Graudenz: G. Röthe 1905. (16 S.) 8° [F.] [05. 10933] 10

Loevy, L., Beth Jacob. Israelit. Gebetb. f. häusl. u. öffentl. Andacht, bearb. nach d. gewöhnl. Ordn. d. Gebete. 16. (9 B. u. Titlkpfr.) Leipzig 839, Gebr. Reichenbach.

Loevy, Pincus (geb. Ortelsburg in Ostpr. 8. 12. 1855): Ueber die Gasansammlung in der Gebärmutter während der Geburt und ihre Gefahren. Berlin (1880). (35 S.) 8°
Berlin, Med. Diss. v. 6. Aug. 188.

Loevy, Sigismund [aus Berlin]: '(Aus d. III. medicin. Klinik d. Hrn Geh. Med.-Rats Prof. Dr. Senator zu Berlin.)' Über einen Fall von Pylorusstenose nach Oxalsäurevergiftung nebst Bemerkgn z. Milchsäuregährg im menschl. Magen ... Berlin, Buchdr. v. G. Schade, *1896;* 31 S. 8.
Berlin, Med. Fak., Inaug.-Diss. v. 14. Aug. 1896

Low, das Jütsche, aus d. Dänischen übers. v. Blas. Eckenberger. Mit einer hochdeutschen Uebersetzung, den Artikeln Tard Degns u. einigen Anmerkk. herausg. v. N. Falk. 4. Alt. 819. Hammerich. 2 ₰ Schrbp. 2 ₰ 16 ß

LOW, v., Beiträge zur Lebensgeschichte berühmter Favoriten und Staatsmänner. Wien 1788. 8°. (1/3 Rthl. Heberle, Cöln, c. 1872; jetzt theurer!) Selten!

Low, Dav., der ausübende Landwirth, od. d. prakt. Landwirthschaft auf ihrem jetzigen Standpunkte, in Bezug auf Ackerbau, Pflanzenbau, Viehzucht u. Wirthschaftsdirection. N. d. 2. Ausg. d. engl. Orig. übers. u. bearb. v. Vict. Jacobi. 4 Lfgn. gr. 8. (47 B., 8 Taf. Abbild. u. 1 Tab.) Leipzig 838, 39, Wienbrack.

Low, James Webster [B. A., '(London)' aus Kirriemuir, Schottl.]: Ueber die Schallgeschwindigkeit in Luft, Gasen und Dämpfen für einfache Töne verschiedener Tonhöhe ... Leipzig, J. A. Barth, 1894; 31 S. 8.
Heidelberg, Naturw.-math. Fak., Inaug.-Diss. v. [7. März] 1894

Low, Carl Heinr. Jac. (Dresden), Diss. jur. de odio erga dellatores saepenumero injusto. Präs. Joh. Carl Gebh. Reinhard. Wittenberg (C. Chr. Dürr) 16. I. 1776. 24 S. (4.—) 21655
Gew.: Hans Gotth. v. Globig.

'Die Regierung Englands [Governance of England]. Von Sidney Low. Übers. von Johannes Hoops. Mit e. Einl. von Georg Jellinek. Tübingen: J. C. B. Mohr 1908. (VII, 309 S.) 8° [F.] [08. 5966] 6

Löw Bär Isak, den niemand kennen will ... Warschau 1795. V: *Bretschneider, Heinrich Gottfried von.* (GGr)

Löw, Frhr. v., das Automobil, sein Bau u. sein Betrieb. Praktisches Nachschlagebuch f. Automobilisten. (XVI, 302 S. m. 279 Abb.) 8. Wiesbaden 909. C. W. Kreidel. Geb. in Leinw. 4. 80

Loew, Adolf *Karl Johannes* [aus Emmerich]: Beitrag zur Casuistik der Neuritis. ... Berlin, Buchdr. v. G. Schade, *1890;* 29 S., 1 Bl. 8°
Berlin, Med. Fak., Inaug.-Diss. v. 28. Aug. 1890

Löw, Alb., Thierschutz im Judenthume nach Bibel u. Talmud. gr. 8. (39 S.) Budapest 890. (Brünn, Epstein & Co.) n. — 80

Löw, Alois, s.: Meisterwerke d. kirchl. Glasmalerei.

Loew, Ant., Oesterreichs freiwilliges Hilfswesen im Kriege, s.: Verwaltung, sociale, in Oesterreich. II. 4.

Loew, Ant., zur Organisation der freiwilligen Krankenpflege. Kritische Studie der besteh. sanitären Einrichtungen u. Vorschläge zur Reform derselben. gr. 8. (V, 103 S.) Wien 875. Braumüller. n. 2. —

Loew, Ant., 1859—1884. Das erste Viertel-Jahrhundert des Rothen Kreuzes in Oesterreich. Denkschrift, nach authent. Quellen verfaßt. gr. 8. (63 S. mit 1 Tab.) Wien 885, Hölder. *

Loew, Ant. C., kurzgefasste aber vollständige Chronik der weltberühmten Cur- u. Badestadt Karlsbad seit deren Entstehg. bis auf unsere Tage. Aus Urkunden u. verlässlichsten Quellen geschöpft. gr. 8. (300 S.) Karlsbad 874. Feller. n. 6. —; geb. n.n. 7. 20; Vel.-Pap. n. 6. 80; geb. n.n. 8. —

Loew, Arth., und Rob. Stern, Wiener Arbitrage und Paritäten-Berechnungen. Ein Handbuch zum prakt. Gebrauche bei Effecten- und Wechsel-Arbitrage-Rechnungen, sowie zum Schulgebrauche. 8. (VIII, 123 S.) Wien 886, Hölder. geb. *

[F.] Gesammelte Postkarten-Verse v. W. (a. d. Umschl. handschriftl. verbessert: C.) Löw. *Coblenz: J. Schuth 1898.* (79 S.) 1 Bd quer-8. [98. 5107]

Löw, C., gesammelte Postkarten-Verse. 2. u. 3. Tausd. qu. 12. (79 S.) Coblenz 898. J. Schuth. n. — 50

Löw, C. F. L. Frh. von, s. Löw, Karl Friedrich Ludwig Frh. von

Löw, E., Aufgaben zum Rechnen mit Decimalbrüchen unter Mitwirkung von F. Müller und C. Ohrtmann zusammengestellt. 1. Aufl. 1870. * 80 Pf., und 2. Aufl. gr. 8. (87 S.) Berlin 873, Weidmann'sche Buchh. *

Löw, E., Aufgaben zum Rechnen m. Decimalbrüchen, unter Mitwirkung v. F. Müller u. C. Ohrtmann zusammengestellt. 3., umgearb. Aufl. gr. 8. (VIII, 93 S.) Berlin 879. Weidmann. n. 1. 20

Loew, E., Aufgaben zum Rechnen mit Dezimalbrüchen, unter Mitwirkung von F. Müller und C. Ohrtmann zusammengestellt. 4. Aufl. gr. 8. (VIII, 93 S.) Berlin 885 Weidmann'sche Buchh. *

Löw, Eduard

Löw, Ed., Ideen. Philosophische Betrachtungen in aphorist. Form. 8. (24 S.) Berlin 877, Plahn'sche Buchh. *

— System der Universal-Philosophie, enth. Metaphysik, Theosophie, Kosmosophie u. Chronosophie. gr. 8. (XIV, 178 S. m. 12 Steintaf.) Ebend. 877. n. 7. 50

LÖW, Eduard: Theorie des Rechnungswesens und systematische Anleitung zur Buchführung im Staats-, Kommunal- und Privathaushalte, nebst der Geschichte und Litteratur des Rechnungswesens; als Leitfaden zu akademischen Vorträgen und zum Selbstunterricht bearbeitet. - Berlin 1860. 200 S., 20 Formbl.

Löw, Ed., die Vermögens-Wissenschaft, ein neues System der Volkswirthschaftlehre nebst Erläuterungen. gr. 8. (VIII und 79 S.) Berlin 860, Plahn'sche Buchh. *

— Xenien. Sinnsprüche, Glossen, Fabeln, Scherzreden u. Gedichte. 8. (VI, 62 S.) Ebend. 877. n. 2. —

Loew, Elias A[very], a. New York U. S. A.: Die ältesten Kalendarien aus Monte Cassino. München 1908 (Nördlingen: C. H. Beck). (IX, 38 S.) 8° ¶ [Erschien vollst. als: Quellen u. Untersuchungen z. lat. Philol. d. Mittelalters Bd 3 H. 3.]
München, Phil. Fak., Ref. Vollmer, Diss. v. 16. Juli 1907
[Geb. 15. Okt. 79 Moskau; Wohnort: New York; Staatsangeh.: Vereinigte Staaten; Vorbildung: College of the City of New York, Cornell Univ. Ithaca N. Y. B. A. Juni 02; Studium: Halle 1, München 6 S.; Rig. 16. Juli 07.]

Die ältesten **Kalendarien** aus Monte Cassino. Hrsg. u. untersucht von E. A. **Loew**. Mit 3 Taf. München: C. H. Beck 1908. (XIII, 83 S.) 8°
— **Quellen** u. Untersuchungen z. lat. Philol. d. Mittelalters. Bd 3, H. 3. (08. 16525

Studia palaeographica. A contribution to the history of early Latin minuscule and to the dating of Visigothic mss. With 7 facs. By E[lias] A. **Loew**. München: Akad. 1910. VIII, 91 S. 8°
(Sitzungsberichte d. Kgl. Bayer. Akad. d. Wiss. Philos.-philol. u. hist. Kl. Jg. 1910, Abh. 12.) (11. 7718 3

Löw Emanuel: De bucolicis, quae vulgo Einsidlensia vocantur, carminibus.
1894 PN 847 Diss. Wien, Univ,

Loew, Emanuel: Über die beiden Bukolischen Gedichte des Codex Einsidlensis (Nr. 725 und 726 in A. Riese's Anthologia latina). (Umschlagtitel: ... Einsidlensis.) 8 (S. III—XXXIV). **Progr.** K. k. Franz-Joseph-G. *Wien* 1896

Loew, Emanuel: Heraklit im Kampfe gegen den Logos. S. 5—34. 8. **Progr.** K. k. Sophiengymn. *Wien* 1908.

Loew, Em.: K a t a l o g der Lehrerbibliothek. 10; 21 S. Teschen, St. G., Progr. 1903. 1904

Loew, Emanuel: Katalog der Lehrerbibliothek (fünfter Teil). S. 3—12. 8. (Sechster Teil.) S. 3—23. 8.
(Vereinigt.) k. k. Albrecht-Gymn. *Teschen* 1901. 1902. 1903. 1904.
Progr.

Loew, Ernst

Loew, E., A n l e i t u n g zu blütenbiologischen Beobachtungen, s. A b h a n d l u n g e n, allgemein-verständliche, naturwissenschaftliche.

Die bisher in außereuropäischen Gebieten gemachten blütenbiologischen Beobachtungen unter Mitw. von Dr. Otto A p p e l, Reg.R. zu Berlin, bearb. u. hrsg. von Dr. Ernst **Loew**, Prof. zu Berlin. Mit Abb. T. 1. 2. Leipzig: W. Engelmann 1904–05. 2 Bde 8°
1. Cycadaceae bis Cornaceae. Mit d. Portr. Paul Knuths. 1904.
2. Clethraceae bis Compositae nebst Nachträgen u. e. Rückblick. Mit e. Verz. d. blumenbesuchenden Tierarten u. d. Reg. d. 3. Bdes. 1905.
— **Knuth**, Paul: Handbuch d. Blütenbiologie. Bd 3.

Loew, Ernst: Über ornithophile Blüten. 4 (S. 51—61).
Festschrift zum 150jähr. Bestehen des Kgl. Rg. *Berlin* 1897.
Nicht im Tauschverkehr.
Progr.

Loew, Ernst (Hrsg.), s. Die C o n i f e r e n und Gnetaceen Mitteleuropas ...

Loew, Ernst, die Coniferen u. Gnetaceen Mitteleuropas, s.: Kirchner, Osk.

Loew, Ernst, Didaktik u. Methodik d. Unterrichts in Naturbeschreibung, s. a. H a n d b u c h d. Erziehungs- u. Unterrichtslehre f. höh. Schulen.

Loew, Ernst, D i d a k t i k u. Methodik d. Unterrichts in Naturbeschreibung. [Aus: „A. Baumeister's Handb. d. Erziehungs- u. Unterrichtslehre f. höh. Schulen".] gr. 8. (98 S.) München 895. C. H. Beck. n. 2. 20

— E i n f ü h r g. in d. B l ü t e n b i o l o g i e auf histor. Grundlage. gr. 8. (XII, 432 S. m. 50 Abb.) Berlin 895. F. Dümmler's Verl. n. 6. —

— E l e m e n t a r c u r s u s aus der Botanik nach methodischen Grundsätzen. Für die unteren u. mittleren Classen höherer Lehranstalten. gr. 8. (IV, 71 S.) Bielefeld 878. Gülker & Co. n. — 75

Loew, Ernest., de Casuarinearum caulis foliique evolutione et structura. Dissertatio inauguralis botanica. Berlin 865. (Calvary & Co.) gr. 8. (54 S.) n. 10 ngr.

Loew, E., blütenbiologische F l o r i s t i k d. mittleren u. nördlichen Europa sowie Grönlands. Systematische Zusammenstellung d. in den letzten 10 Jahren veröffentlichten Beobachtungsmaterials. gr. 8. (VIII, 424 S.) Stuttgart 894. F. Enke. n. 11. —

Loew, Ernst: Das österreich. G e b ü h r e n ä q u i v a l e n t,...., s. L o e w, Wilhelm.

Loew, Ernst Gedächtnisrede für Karl Ohrtmann gehalten im Königlichen Realgymnasium am 2. Mai 1885. 4 (S. 27—34).
Progr. Kön. Rsch. (Rg.) *Berlin* 1886 (89).

— Handbuch der Blütenbiologie, s.: K n u t h, Paul.

Loew, (Ernst), Lebensgeschichte der Blütenpflanzen Mitteleuropas, s.: K i r c h n e r, O. v.

—— P f l a n z e n k u n d e für den Unterricht an höheren Lehranstalten. In 2 Tln. gr. 8. Breslau, F. Hirt. [1. Tl. 1. und 2. Kursus. (176 S. mit Holzschn. und Bestimmungstab.) 887. * M 1.80.; geb. * M 2.—.; 2. Tl. 3.—5. Kursus. (205 S. mit vielen Abbild. und 1 Übersicht des natürl. Pflanzensystems.) 888. * M 2.—.; geb. * M 2.25.] * M 3.80.; geb. *

Loew, E. Pflanzenkunde f. den Unterricht an höheren Lehranstalten. (In 2 Tln.) 1. Tl. 2., den neuen Lehrplänen entsprech. Aufl. gr. 8. (176 S. m. 79 Abbildgn.) Bresl. 892, F. Hirt. geb. * 2 —
2. Tl. Ebd. 1888. * 2 —; geb. * 2 25.

Loew, E., P f l a n z e n k u n d e f. d. Unterricht an höh. Lehranst. Ausg. für Realanstalten. (In 2 Tln.) 2. Tl. 2., d. preuß. Lehrplänen v. 1892 entsprech. Aufl. gr. 8. (244 S. m. 181 Abb.) Breslau 896. F. Hirt. Geb. n. 2. 50

Loew, E., Pflanzenkunde f. den Unterricht an höheren Lehranstalten. Ausg. f. Realanstalten. In 2 Tln. gr. 8. Breslau, F. Hirt. Geb. n. 4. 50
I. 3., den preuß. Lehrplänen v. 1892 entsprech. Aufl. (176 S. m. 79 Abbildgn.) 899. n. 2. —
II. 3., den preuß. Lehrplänen v. 1892 entsprech. Aufl. (244 S. m. 181 Abbildgn.) 900. n. 2. 50

— dasselbe f. den Unterricht an höheren Lehranstalten. Ausg. f. Realanstalten, auf Grund der preuß. Lehrpläne v. 1901 bearb. (In 2 Tln.) 1. Tl.: Lehrstoff der Sexta bis Quarta. 4., durchgeseh. Aufl. (176 S. m. 83 Abbildgn.) gr. 8. Ebd. 903. Geb. n. 2. —

— dasselbe f. den Unterricht an höheren Lehranstalten. Ausg. f. Realanstalten, auf Grund der preuß. Lehrpläne v. 1901 bearb. 2. Tl. gr. 8. Ebd. 907. Geb. 2. 75
2. Lehrstoff v. Tertia u. Sekunda. Mit 181 Textabb., 8 Farbentaf. u. 1 Karte. 4., durchgeseh. Aufl. (240 S.)

— dasselbe. Ausg. f. Gymnasien. Nach den neuen preuß. Lehrplänen bearb. v. E. Adolph. 2 Tle. gr. 8. Ebd. 893. n. 2. 80
1. Kurs. 1 u. 2 f. Sexta u. Quinta, nebst e. Anh. üb. die Waldpflanzen. (116 S. m. 63 Abbildgn.) n. 1. 20
2. Kurs. 3—5 f. Quarta u. Tertia, nebst e. Übersicht d. natürl. Systems der einheim. Pflanzen. (224 S. m. 197 Abbildgn.) n. 1. 60

— Pflanzenkunde. Ausg. f. Gymnasien. Nach den preuß. Lehrplänen v. 1901 bearb. v. E. Adolph. (In 2 Tln.) 1. Tl. Sexta u. Quinta, nebst e. Anh. üb. die Waldpflanzen. 2., durchgeseh. Aufl. (116 S. m. 63 Abbildgn.) gr. 8. Breslau 904. F. Hirt. Geb. n. 1. 50

— Pflanzenkunde. Ausg. f. Gymnasien. Nach den preuß. Lehrplänen v. 1901 bearb. v. E. Adolph. (In 2 Tln.) 2. Tl. gr. 8. Breslau 908. F. Hirt. Geb. 2. 75
2. Quarta u. Tertia, nebst e. Übersicht des natürlichen Systems der einheimischen Pflanzen. Mit 197 Textabb. u. 5 Farbentaf. 2., durchgeseh. Aufl. (208 S.)

Loew, Ernst, die Prager Produktenbörse. (III, 52 S.) gr. 8. Wien 910. Manz. — 85

Loew, Ernst: [Direktor Dr. Otto Simon tritt in den Ruhestand.] S. 18—19. 4. Kgl. Kaiser Wilhelms-Realgymn. *Berlin* 1901 (98). Progr.

Loew, E., die Stellung der Schule zur Naturwissenschaft. gr. 8. (57 S.) Bielefeld 874. Gülker & Co. n. 1. —

—— methodisches Uebungsbuch für den Unterricht in der Botanik an höheren Lehranstalten und Seminarien. 3 Hefte. gr. 8. [Berlin.] Bielefeld, Gülker und Comp. *
Inhalt:
Heft 1. Für die Unterstufe. 1. Aufl. (XII, 120 S.) 1875; 2. umgearb. Aufl. (VI, 130 S.) 878. *M 1,50.
» 2. Für die Mittelstufe. (VI, 180 S.) 876. *M 2
» 3. Für die Oberstufe. (VIII, 120 S.) 876. *M 1,50.

—— der botanische Unterricht an höheren Lehranstalten. gr. 8. (119 S.) Bielefeld 876, Gülker und Comp. *

— u. C. Matzdorff, biologisches Unterrichtswerk. I. Abtlg.: Pflanzenkunde. Loew's Pflanzenkunde. Ausg. B: Für Realanstalten neu bearb. v. F. Pfuhl. 1. Bd.: Für Sexta bis Quarta. 5. Aufl. (240 S. m. 136 Abb. u. 3 farb. Taf.) gr. 8. Ebd. 910. Geb. in Halbleinw. 3. —

— dasselbe. II. Abtlg.: Tierkunde v. M. Ausg. B: Für Realanstalten. In 6 Tln. 2., neubearb. Aufl. 8. Ebd. 6. 85
1. Für Sexta. Mit 32 Bildern im Text u. 1 farb. Taf. (56 S.) 910. — 60
2. Für Quinta. Mit 40 Bildern im Text u. 2 farb. Taf. (68 S.) 910. — 80
3. Für Quarta. Mit 81 Bildern im Text u. 3 farb. Taf. (128 S.) 910. 1. 25
4. Für Unter-Tertia. Mit 67 Bildern im Text u. 6 farb. Taf. (145 S.) 910. 1. 50
5. Für Ober-Tertia. (148 S. m. 51 Abb., 2 farb. Taf. u. 1 farb. Karte.) 910. 1. 50
6. Für Unter-Sekunda. (100 S. m. 74 Abb., 5 farb. Taf. u. 1 farb. Karte.) 910. 1. 20

— dasselbe. III. Abtlg.: Biologie v. M. (336 S. m. 300 Abb., 18 farb Taf. u. 3 farb. Karten.) gr. 8. Ebd. 910. Geb. in Leinw. 4. 50

Loew, Eugen, Referendar in Frankfurt a. Main: Die Wette. Würzburg 1907: F. Staudenraus. (56 S.) 8°
Marburg, Jur. Fak., Ref. Leonhard, Diss. v. 25. März 1907
[Geb. 28. Nov. 80 Selters; Wohnort: Frankfurt a. M.; Staatsangeh.: Preußen; Vorbildung: Kaiser-Wilhelms-Gymn. Montabaur Reife O. 01; Studium: München 2, Berlin 2, Marburg 2 S.; Rig. 16. Jan. 07.]

Löw, Dr. Franz, Beitrag z. Kenntniss d. Coniopterygiden. S.-A. gr. 8. (16 S.) Wien, *Carl Gerold's Sohn. 25 kr. 1885.

Löw, Frz., Beitrag zur Kenntniss der Coniopterygiden. Lex.-8. (17 S. mit 1 lithogr. Taf.) Wien 885, (Tempsky.) **
Aus: Sitzungsberichte der k. Akademie der Wissenschaften, besonders abgedruckt.

Löw, Frz., Beschreibung der Larve von Nebria picicornis Fab., nebst einer Charakteristik der Nebria-Larven. Mit 1 (lith.) Taf. (Aus d. Sitzungsberichten d. k. Akad. d. W.) Wien 856. (Gerold.) gr. 8. (11 S.) n. 4 ngr.

Löw, Frz., Beschreibung der Larve von Nebria picicornis Fab., nebst einer Charakteristik der Nebria-Larven. Lex.-8. (11 S. mit 1 Stnt.) Wien 857, (Gerold's Sohn.) *
Aus: Sitzungsberichte der k. Akademie der Wissenschaften, Jahrg. 1856 besonders abgedruckt.

—— und Friedr. Brauer, Neuroptera austriaca, s. Brauer, Friedr.

Löw, Friedemann Is., s. a. Löwe, Friedemann Is.

Loew, Fridemann Is.: Commentatio de eo, quod iustum est principi successori circa revocanda avulsa. Von Veräuserten Domainen-Gütern. Lipsiae 1747.

Löw, Friedrich

Löw, F., Anleitung z. Unterrichte in d. deutschen Sprachlehre, f. Lehrer in Stadt- u. Landschulen. Mit d. Anh.: Grundbegriffe d. deutschen Sprachlehre. gr. 12. (10 B.) Magdeburg 840, Rubach'sche Buchh. Thlr.

Löw, Friedr., Anleitung zum Unterrichte in der deutschen Sprachlehre für Lehrer in Stadt- und Landschulen. 2., durchgängig umgearb. und vielfältig verm. Aufl. 8. (222 S. mit Anhang: Grundbegriffe der deutschen Sprachlehre. 3. Aufl. 36 S.) Magdeburg 851, Fabricius.

Löw, Friedr., pädagogische Blätter. 1. Bd. A. u. d. Ttl.: Der Unterricht in d. Muttersprache u. die Verfügung des k. Schulcollegiums der Provinz Brandenburg vom 13. Juli 1844. 8. (4 B.) Magdeburg 846. (Fabricius u. Schäfer.) *

—— pädagogische Blätter. 1. Blatt. Der Unterricht in der Muttersprache und die Verfügung des k. Schulcollegiums der Provinz Brandenburg vom 13. Juli 1844. 8. (62 S.) Magdeburg 847. [Leipzig, Baensch.] *

Löw, Friedr. (Hrsg.), s. Flugblätter aus d. deutschen Nationalversamml.

Löw, Friedr.: Flugblätter aus der deutschen Nationalversammlung, s. Bernhardi, K.

Löw, F., Grundbegriffe der deutschen Sprachlehre. 12. Magdeburg 841, Rubach'sche Buchh. 1/12 Thlr.

Löw, Gust. Edler v., vergleichende Darstellung der Wehrverhältnisse Oesterreichs, Deutschlands u. Russlands. Als Mscr. gedr. Lex.-8. (22 S. m. 1 Tab. in qu. Fol.) Wien 875. (Seidel & Sohn.) n. 2. —

Löw, Gust. Edler v., vergleichende Darstellung der Wehrverhältnisse Oesterreichs, Frankreichs und Italiens zu Land. Als Mscr. gedruckt. gr. 8. (24 S. mit 1 Tab. in qu. gr. 4.) Wien 876, (Seidel und Sohn.) *

—— die Organisation der Wehrkräfte Oesterreich-Ungarns, mit Skizzen über die Heeres-Organisationen Deutschlands, Russlands, Frankreichs und Italiens. 4 Lfgn. gr. 8. (X, 326 S. mit 10 Tab. in qu. gr. 4.) Teschen 875,76, Prochaska. à Lfg. * ℳ 1,20. *

Löw, Gust. Edler v., die Organisation der Wehrkräfte Oesterreich-Ungarns, m. Skizzen über die Heeres-Organisationen Deutschlands, Russlands, Frankreichs u. Italiens. Neue ergänzte Ausg. gr. 8. (IX, 348 S.) Teschen 876. Prochaska. n. 4. 80

Löw, Hans, s.: Ehre sei Gott!

Löw, Hans, christl. Hofmann. 12. Rthlr.

Löw, Hans, Männer eigner Kraft. 6 Biographien, f. die reifere Jugend zusammengestellt. (Je 82 S. m. Abb. u. III S.) 8. Basel (907). F. Reinhardt. à p —20; in 1 Bd. geb. 1. 60

1. Joseph Haydn. Ein Lebensbild. Alten u. Jungen im Volk erzählt.
2. James A. Garfield od. Wie e. armes Büblein etwas Großes wird. Der Jugend erzählt.
3. Joh. Heinrich Pestalozzi. Ein Lebensbild, der Jugend zur Belehrg. dargeboten.
4. David Livingstone, der Afrikareisende im Dienste des Evangeliums. Der Jugend erzählt.
5. Peter Rosegger. Sonniges u. Ernstes aus seinem Leben. Fürs junge Volk erzählt.
6. Dr. Aloys Henhöfer. Ein Pfarrer v. Gottes Gnaden. Eine Lebensgeschichte, f. die reifere Jugend bearb.

Löw, Hans. Die Weisen aus dem Morgenlande. Ein Epiphanias-Spiel. [Mit illustriertem Titel.] IV + 16 S. 8. Zürich und Winterthur, Buchh. der Evang. Gesellschaft, 1906. [fr. —. 30]

Loew, Frau Henriette Katharina, geb. Eichhoff, s.: Eichenloew, T.

Löw, Hermann

Loew, H. Dipterologische Beiträge. 1. 50 S. Kupfert. 2. 50 S. Kupfert. Posen, Fr.W., Progr. 1845, 1847

Loew, H., dipterologische Beiträge. 1. u. 2. Thl. gr. 4. Posen, Heine. [1. (6¾ B. u. 2 Kpfrt.) 845. * 1 Thlr., 2. (6½ B.) 47. * 15 Ngr.] *

— dipterologische Beiträge. 2. Thl. gr. 4. (50 S.) Posen 847, Heine. n. ½ ₰ — 3. Thl. (Abgedr. aus d. Jahresbericht des naturwiss. Vereines zu Posen f. 1846.) gr. 4. (50 S.) Ebd. 847. n. ½ ₰ — 4. Thl. gr. 4. (40 S. m. 1 Kupfertaf.) Ebd. 850. n. 1 ₰ (1—4: n. 3 ₰)

Loew: Beiträge zur Kenntnis der Dipteren. 485 S.– Meseritz, Progr. 1854—57. 1859—62.

Loew, H., neue Beiträge zur Kenntniss der Dipteren. 1—5. Beitrag. Berlin 853—57. Mittler u. Sohn. gr. 4. 3 ₰. 17 ngr. I.: (38 S.) 20 ngr. — II.: (24 S.) 12 ngr. — III.: (52 S.) 25 ngr. — IV.: (58 S.) 25 ngr. — V.: (56 S.) 25 ngr.

Loew, Herm., neue Beiträge zur Kenntniss der Dipteren. 6—8. Beitrag. Berlin 859—62. Mittler & Sohn. gr. 4. 2 ₰ 25 ngr. VI.: (60 S.) 22½ ngr. — VII.: (46 S.) 22½ ngr. — VIII.: (100 S.) 1 ₰ 10 ngr.

Loew, H. Bemerkungen über die in der Posener Gegend einheimischen Arten mehrerer Zweiflügler-Gattungen. (Mit 1 Kpftaf.) 40 S. Posen, F. W., Progr. 1840

—— Bemerkungen über die Familie der Asiliden. 4. (22 S.) Berlin 851, Mittler und Sohn.

—— über den Bernstein und die Bernsteinfauna. 4. (44 S.) Berlin 850, Mittler und Sohn.

Löw, Herm., Beschreibung europäischer Dipteren, s. Meigen, J. W., systemat. Beschreibung der bekannten europ. zweiflügeligen Insekten.

—— die europäischen Bohrfliegen (Trypetidae). Erläutert durch photograph. Flügel-Abbild. (auf 26 Taf.) Fol. (IV und 128 S.) Wien 862, Hof- und Staatsdruckerei. geb. **

— die Dipteren-Fauna Südafrika's. 1. Abth. Mit 2 Taf. (1 in Kpfrst. u. 1 lith.) (Abdr. aus den Abhdlgn. des naturwissenschaftlichen Vereins für Sachsen u. Thüringen in Halle.) Berlin 860. Bosselmann. (Wiegandt & Hempel.) gr. 4. (XI, 330 S.) n. 10 ₰

Derselbe. Die Gallmücken. 40 S. Figt. . . . Posen, Fr.W., Progr. 1850

H. LOEW, Horae anatomicae. Beiträge zur genaueren anatomischen Kenntniss der Evertebraten. Abth. I. (Heft 1—3. Mit Tafeln.) Posen 1841. Bei J. J. Heine. — A. u. d. T.: H. LOEW, Entomotomien. (Mit Tafeln.) ib. 1841. — 8°.

Loew, H., Horae anatomicae. Beiträge z. genaueren Kenntniß d. Evertebraten. 1. Abthl. — A. u. d. T.: Entomotomien. 1. u. 2. Hft. gr. 8. Posen 841, Heine. [1. (2 B. u. 2 Stnt) 7/12 Thlr., 2. (2½ B. u. 2 Stnt.) ½ Thlr.]

Loew, H., Horae Anatomicae. Beiträge zur genaueren Kenntniß der Evertebraten. Abtheil. I. — A. u. d. T.: Entomotomien. (Heft 1. u. 2.) gr. 8. (Mit 4 Steintaf.) Posen 841, 42, Heine. 1½ ₰

— die neue Kornmade und die Mittel, welche gegen sie anzuwenden sind. Züllichau 859. Sporleder. gr. 8. (29 S.) 7½ ngr.

Loew, Herm., Verkehrs-Lexikon Oesterreich-Ungarns u. der occupirten Provinzen. Unentbehrlicher Orientirungs-, Distanz-Bemessungs- u. Taxirungs-Behelf f. Geschäftsleute, Beamte u. Private, vorzüglich f. Reisende, Spediteure, Ex- u. Importeure in Wien, Prag, Pest, allen Orten Oesterreichs-Ungarns u. d. Auslandes. gr. 8. (XI, 199 S. m. 1 Post-Taxfeld-Karte.) Wien 886. Perles. n. 5. —

Loew, Hermannus: De vita Raymundi Lullii specimen. Halis Saxonum (1830): Gebauer. 29 S. 8°
Halle-Wittenberg, Phil. Diss. v. 1. Dez. 1830
Geb. [Weissenfels 19. 7. 1807]
Wohl Teildr. der eingereichten Arbeit: De methodo combinatoria, praesertim de arte generali Raymundi Lullii.

Löw, J., das neue Burgtheater. 8. (35 S.) Wien 888, Konegen. *

Löw, J., s.: Turnübungen für Knaben u. Mädchen.

Löw, J. G., S. R. Imperii et caesareae majestatis janitorum solenno ministerium et familiae generosae in Thuringia gentis comitum et L. B. de Werthern. Lipsiae 1745.

Löw, Immanuel

Löw, Der biblische 'ēzōb. [Aus: Sitzungsber. d. kais. Akad. d. Wiss., philos.-histor. Klasse. 161. Bd. 3. Abt.] Gr.-8°. (30 S. mit 1 Tafel) † K —.90
Wien: Hölder 1909.

Löw, Imman., der biblische 'ezob, s. Sitzungsberichte der kais. Akademie der Wissenschaften in Wien. Philos.-histor. Kl. 161, III.

Löw, Imman., aramäische Fischnamen s.: Studien, orientalische.

— s.: Geiger, Abraham.

Löw, Immanuel, Meleagros aus Gadara und die Flora Aramaea. Als Manuscript gedruckt. Szegedin 1883.

Löw, Imman., aramaeische Pflanzennamen. Mit Unterstützung der k. Akademie der Wissenschaften in Wien. gr. 8. (VIII, 490 S.) Leipzig 881, Engelmann. * 20 —

Löw, Jh. Ad., Abhandl. über d. Mittel, die Güte u. Menge d. verkäufl. Kochsalzes für die Zwecke d. gemeinen Lebens richtig zu beurtheilen. 8. Dresd. 811.

Löw, (Ober-Berg-Rath,) Charakter-Schilderung des Kön. Preuß. Regierungs-Raths Just. Mit Bildn. 8. Halle 825, Anton.

Loew, Joh. Ad., De pacto metu extorto justo et injusto. Lpz. (Breitkopf) 16. V. 1733. 30 S. (3.—) 21541

Löw (Löwe?), Johann Adam

— zwo Bußpredigten auf d. Ewigkeit. 8. Gotha 771.

— Predigt: d. sündl. Vorzug d. Gottlosen vor d. Frommen, gehalten am Sonnt. Reminisc. 1770. 2e A. 4. Gott. 770. Dieterich. 2 gr

— die ganze Religion Jesu. 8. Gotha 757.
Vgl. Löwe, Joh. Kaspar.

Löw, Jh. Adm., († d. 19. Jan. 1775.) neue Samml. gründl. u. erbaul. Kanzelandachten über alle Sonn- u. Festtagsevangelien u. Episteln. 15 Bde. gr. 8. Gotha 754—68. Mevius. 11 ℛ 7 gr

— Samml. einzelner Predigten die nicht in seinem Jahrgange befindlich sind. 1r Thl. 4. Gotha 773. Ettinger. 1 ℛ 12 gr

— Samml. von Predigten über alle Evangelien d. ganzen Jahres. 4. Gotha 759. (Ettinger). 2 ℛ 16 gr

— Samml. v. Predigten üb. alle Evangelia des ganz. J. Gotha, Mevius. 759.

Löw, Johann Franz, s. Löw von Erlsfeld, Johann Franz

Löw, Johann Friedrich, s. Löwen, Johann Friedrich

LOEW, Joseph (Kelheim): De dysenteria.- Monachii: Hübschmann 1841. 14 S.
21.3.1840 - Urk; F 65
Diss. Ingolst.-Landsh.-Mchn.

LOEW, Joseph (Eslarn): Ueber den Urin als diagnostisches und prognostisches Zeichen in physiologischer und pathologischer Hinsicht.- Landshut: Thomann 1807. 296 S.
1807 - Pe 281; F 57
Diss. Ingolst.-Landsh.-Mchn.

Löw, J., üb. d. Urin, als diagnostisches u. prognostisches Zeichen in physiologisch. u. pathologischer Hinsicht. 8. Landshut, Thomann. 809.

Löw, J., üb. den Urin. 2te Aufl. 8. Landshut, Thomann. 814.

Löw, Jos., († d. .. 1809.) über den Urin, als diagnostisches u. prognost. Zeichen in physiolog. u. patholog. Hinsicht. 8. Landsh. 2e A. 815. Thomann. 1 ℛ

— üb. d. sympathetische Wirkung der Dinge. 4. Ebendas. 809.

Löw, Julie, s. a. Löv, Julie.

Löw, Julie, die israelitische Köchin, oder neues vollständ. Kochbuch für Israeliten. Ein unentbehrl. Handbuch für wirthliche Frauen u. Töchter. Nach vieljähr. Erfahrung herausgegeben. 2. Ausg. 8. Preßburg 842. (Leipzig, Kummer.) 11/12 ℛ

Löw, Julius [pr. Arzt in Thale a. H.]: Beitrag zur Lehre vom Enophthalmus. . . . Berlin, gedr. bei W. Röwer (1890); 30 S. 8°
Berlin, Med. Fak., Inaug.-Diss. v. 1. Aug. 1890

Loew, Karl: Aus d. chemischen Institut d. Universität Breslau. 'Ueber Kondensationen von Chinaldin und Lepidin mit einigen Aldehyden'. *Breslau 1903: H. Fleischmann.* (46 S.) 8°
Breslau, Phil. Diss. v. 18. März 1903

Loew, Car. Alexand. Reinold. (geb. Posen 7. 3. 1839): De hysteria acuta. Berolini (1863). (32 S.) 8°
Berlin, Med. Diss. v. 24. März 1863

Löw, Karl Ant., über die Lehens-Erneuerung, insbesondere über die Lehensmuthung nach Badischen Gesetzen, zunächst zum Gebrauch für die Großh. Bad. Vasallen u. deren Bevollmächtigte. gr. 8. Mannheim 844, Schwan- u. Götz'sche Hofbuchh. n. 1/6 ℛ

—— Naturgeschichte aller d. Landwirthschaft schädl. Insekten, m. Ausnahme d. Forstinsekten. Nebst Angabe der bewährtesten Mittel z. ihrer Vertilgung od. Verminderung. Für Landwirthe u. Gartenbesitzer rc. 1. Aufl. 844. u. 2. Aufl. gr. 8. (à 20½ B.) Mannheim 846. [Götz.] à *

Löw, Carl Anton, Naturgeschichte aller durch Vertilgung schädlicher Insecten der Landwirthschaft, dem Gartenbau und der Forstkultur nützlichen Thiere. Für Landwirthe, Forstmänner rc. gr. 8. (VI und 152 S.) Stuttgart 847, J. F. Steinkopf.

Loew, Car. Ant., Commentat. de praeceptis juris rom. circa crimen vis. Ab illustr. Jure consult. ord. Praemio orn. 8 maj. (6 B.) Scaphusiae 829, Hurter.

Löw, Karl Friedrich Ludwig Frh. von

Löw, C. F. L. Frhr. v., Einleitung in d. Studium d. Rechtswissenschaft, e. Lehrb. f. d. akadem. Unterr., nebst e. Chrestomathie v. Rechtsquellen. gr. 8. (28⅓ B.) Zürich 835, Orell, Füssli u. Comp.

Löw, C. F. Ludw. Frh. v., Geschichte d. deutschen Reichs- u. Territorial-Verfassung, auch z. Gebr. bei academ. Vorlesn. gr. 8. (26½ B.) Heidelberg 832, Mohr.

—— über academ. Lehr- u. Lernweise, mit vorzügl. Rücksicht auf d. Rechtswissenschaft. gr. 8. (5 B.) Heidelberg 834, Mohr.

—— über d. Markgenossenschaften. gr. 8. (18 B.) Heidelberg 829, Mohr.

—— germanist. Rechtsfälle z. Gebr. bei Vorlesn. u. z. Privatstudium, nebst e. Repertorium f. germanist. Rechtsfälle u. Abhandln. gr. 8. (21¾ B.) Heidelberg 836, J. C. B. Mohr.

· Zürich im Jahre 1837. Nach den natürlichen und geselligen Verhältnissen geschildert.... (von *Carl Friedr. Ludw.* Frhrn. *v. Löw und zu Steinfurth*). Zürich 1837. (Ebd.)
Anon.-Lex. IV. p. 436 (nach Engelmann, der Allg. dtsch. Biogr. u. d. Cat. genannter Bibl.). — Selten!

Löw, Leop., Beiträge zur jüd. Alterthumskunde, s. Schriften hrsg. vom Institut zur Förderung der israelit. Literatur.

—— jüdische Dogmen. Offenes Sendschreiben an Dr. Ign. Hirschler, Eigenthümer der „Izraelita Közlöny". gr. 8. (40 S.) Pest 871, Aigner. *

Löw, Leop., הדרשות Praktische Einleitung in die heilige Schrift und Geschichte der Schriftauslegung, ein Lehrbuch für die reifere Jugend, ein Handbuch für Gebildete. 1. Thl. Allgemeine Einleitung u. Geschichte der Schriftauslegung. Groß-Kanischa 855. (Leipzig, Hunger.) gr. 8. (IX, 358 S.)
nn. 1 ₰. 15 ngr.

—— zur neueren Geschichte der Juden in Ungarn. Beitrag zur allgemeinen Rechts-, Religions- und Kulturgeschichte. 2. Ausg. gr. 8. (XVI, 332 S.) Ebendas. 874. *

Löw, Leop., der *jüdische Kongress in Ungarn*, histor. beleuchtet. Beitrag zur Rechts-, Religions- u. Kulturgeschichte. Pest, L. Aigner, 1871. Gr. 8°. Eleg. modebraun. Hsrsb.
XVI—332 S., 2 Bll. Namensverz. Vorwort dat. Szegedin. 1. Juli 1870. Darin ein Abriss der Geschichte der Juden in Ungarn, 1790—1870. — Den Manen Löw Schwab's gewidmet.

Löw, Leop., die Lebensalter in der jüdischen Literatur. Vom philosoph.-, rechts-, sitten- u. religionsgeschichtl. Standpunkte betrachtet. Szegedin 1875. Druck von Sigm. Burger's Wwe. 8°. Eleg. Hchgrb.
XVI—459 S. — Auch titulo: Löw, L., Beiträge z. jüdischen Alterthumskunde. Bd. 2.

Löw, Leopold, Graphische Requisiten und Erzeugnisse bei den Juden. Lieferung 1. 2. [= Beiträge zur jüdischen Alterthumskunde. Band 1. Lieferung [1.] 2.] [= Schriften herausgegeben vom Institute zur Förderung der israelitischen Literatur unter der Leitung von Philippson, Goldschmidt, Herzfeld. 15. 16. Jahr.] 2 voll. Leipzig 1870. 1871.

Löw, Leop. Gesammelte Schriften. Hrsg. v. Imman. Löw. (In 6 Bdn.) 1.—3. Bd. gr. 8. Szegedin, Alex. Bába. [1. Bd. (III, 471 S.) 889. Subscr.-Pr. * 3 50; Ladenpr. * 5 25; 2. Bd. (IV, 479 S. m. 1 Lichtdr.-Portr.) 890. Subscr.-Pr. * 5 —; Ladenpr. * 7 —; 3. Bd. (VII, 484 S.) 893. Subscr.-Pr. * 5 —; Ladenpr. * 7 —.]
Subscr.-Pr. * 13 50; Ladenpr. * 19 25

Löw, Leop., gesammelte Schriften. Hrsg. v. Imman. Löw. 4. Bd. M. Unterstützg. d. isr. Allianz in Wien u. der Zunzstiftg. in Berlin. gr. 8. (VI, 536 S.) Szegedin 898. L. Engel. Subskr.-Pr. 5. —

Löw, Leop., gesammelte Schriften. Hrsg. von Imman. Löw. 5. (Schluss-)Bd. gr. 8. (261 u. XXIV S. m. 1 Bildnis.) Szegedin 900. L. Engel. Subskr.-Pr. 5. —

—— das neueste Stadium der ungarisch-jüdischen Organisationsfrage. Offenes Sendschreiben an den Herrn Dr. Ign. Hirschler. gr. 8. (80 S.) Ebendas. 871. *

Löw, Leopold Xaver

Löw, Leop. Xav., Abhandl. von d. Einwilligung d. Eltern in die Ehen ihrer Kinder rc. 8. Wien 785.

[Löw, Ludwig von.] Zürich im Jahre 1837. Nach den natürlichen und geselligen Verhältnissen geschildert für Einheimische und Fremde. 8. Zürich (1837).

Löw, M., Astronomisch-geodätische Ortsbestimmungen im Harz im J. 1881... Berlin 1882.

Löw, M. Voir: *Plantamour.*

Löw, M. Zur Theorie des Passageninstruments im ersten Vertical. Kiel 1881. Mit Zusatz-Artikel.

Loew Margarete: Der Tenor „grüne Linden", seine Verwendung in der Messe „grüne Linden" (Trienter Codices Katalog No. 482—486) und die Stellung dieser Composition im Vergleich zu anderen Messen dieser Zeit. Diss. Wien, Univ.
D: Denkmäler der Tonkunst in Oest. Jg. 19, Teil 1., Wien, 1912.
1910 PN 3010

Löw, Mayr, Anleitung zur Erklärung d. heil. Sprache, d. studir. Jugend geweiht. 8. Regensb. 788. Montag u. W. 12 ₰

Löw, Mayer, Anleit. z. Erlern. d. hebräisch. Sprache rc. 8. Regensb. Montag. 788.

Löw Moritz: Über äthylierten Salizylaldehyd. S. 100. IIb. 944 . . . . vgr.
Separatabdruck

Loew, Oscar. Ueber die Einwirkung des Cyans auf Albumin. Leipzig, 1877.

Loew, Osc., d. chemische Energie d. lebenden Zellen. gr. 8. (XI, 175 S.) München 899. Stuttgart, F. Grub.
n. 5. —; geb. n. 6. —

Loew, Osc., die chem. Energie der lebenden Zellen. gr. 8. (XI, 175 S.) München 899. Dr. E. Wolff.
n. 5. —; geb. n.n. 6. —

Die chemische Energie der lebenden Zellen von Dr. Oscar Loew, Prof., Tokio. 2. Aufl. Stuttgart: F. Grub 1906. (IV, 133 S.) 8° (06. 13676

Loew, Osc., und Thom. Bokorny, die chemische Kraftquelle im lebenden Protoplasma. Theoretisch begründet und experimentell nachgewiesen. Zugleich 2. Aufl. zu: „Die chem. Ursache des Lebens". gr. 8. (VIII, 101 S. mit 2 lithogr. und color. Taf.) München 882, (J. A. Finsterlin.) * 4 —

Loew, Oscar, und Thomas Bokorny.
Die chemische Kraft-Quelle des lebenden Protoplasma. München, 1883. 8vo.

Loew, Osc. Leitfaden durch die anorganische, organische u. physiologische Chemie f. Brauer, Landwirthe u. sonstige Techniker. Lex.-8. (III, 112 S.) Münch. 889, Th. Ackermann Verlag.
* 4 —; geb. * 5 —

Löw, Oskar: Studien über das Verhalten des 3-Nitro-p-Kresols zu Schwefelsäure nebst einem Anhange: Über das Verhalten der 3-Nitro-p-Oxybenzoesäure zu Schwefelsäure. 1910. 46 S. 8° ¶ Vgl. Berichte d. Deutschen Chem. Gesellschaft. Jg. 42. 43. 1909. 10.
München, Dr.-Ing.-Diss. v. 22. 1. 1910

Loew, Osc., e. natürliches System der Giftwirkungen. gr. 8. (VIII, 136 S.) München 893. Dr. E. Wolff.
n. 4. 20; geb. n. 5. 20

—— die chemische Ursache des Lebens, theoretisch und experimentell nachgewiesen. gr. 8. (IV, 60 S. mit 1 lithogr. und color. Taf.) (Ebendas.) 881. * 2 —

Loew, Otto: Χαρις. Marpurgi 1908: Koch. 90 S. 8°
Marburg, Phil. Diss. v. 20. Aug. 1908, Ref. Maaß
[Geb. 3. Juli 85 Camberg; Wohnort: Marburg; Staatsangeh.: Preußen; Vorbildung: Gymn. Dillenburg Reife O. 04; Studium: Tübingen 1, Marburg 2, Berlin 1, Marburg 5 S.; Rig. 27. Mai 08.] [U 09. 3191

Löw, Otto, die Clemotaxis der Spermatozoen im weiblichen Genitaltract. (15 S. m. 1 Fig.) gr. 8. Wien 902. (A. Hölder.) n. — 40
Sonderabdruck aus: „Sitzungsber. d. k. Akad. d. Wiss."

Löw, Philipp, Diaspora-Bilder aus Ungarn, s.: Festschriften f. Gustav-Adolf-Vereine. xx. Hft.

Loew, R., Quaest. de Graecorum verborum quae in epistulis Ciceronis exstant, fontibus, us condicionibus. Diss. 1889. 79 S.

Loew, Rich., der Code Civil mit den durch die Reichs- und Landes-Gesetzgebung geschaffenen Abänderungen und Zusätzen, für die Pfalz bearb. gr. 8. (XXII, 509 S.) Kaiserslautern 883, Kayser. *

Löw, Robert: Ratschläge und Auskünfte über den Staat Rio Grande do Sul für Einwanderer und Kolonisten. — Porto Alegre 1909: Cundlach. 40 S.

Löw, Rudolf

Löw, R., 36 Festchoräle für Advent, Weihnacht, Passion, Ostern, Himmelfahrt und Pfingsten. In ihrem ursprüngl. Rhythmus und mit Berücksicht. der alten Tonsätze aus dem 16. bis 18. Jahrh. für vierstimm. Männerchor bearb. gr. 8. (42 S.) Basel 884, Missionsbuchh. * — 80

Löw, Rud., Die Hausmusik einst und jetzt. Basel, Töchterschule 1888.
Progr.

Löw, Rud., Kinder-Lieder, s.: Burckhardt, Abel.

Löw, Rud., 12 leicht ausführbare geistliche Lieder aus Chr. Fr. Epplers „Blätter u. Blüten vom Lebensbaume", f. gemischten Chor komponiert. gr. 8. (16 S.) Basel 894. Jaeger & Kober. n. — 40

— 12 leicht ausführbare geistliche Lieder aus Chr. Fr. Epplers „Blätter u. Blüten v. Lebensbaum", f. gem. Chor komponiert. 2. Aufl. gr. 8. (16 S.) Basel 896. Kober. n. — 40

— Geistliche Männerchöre, s.: Hauschild, Ernst.

Löw, Rudolf. Programmmusik. Wissenschaftliche Beilage zum Bericht über das Gymnasium in Basel. Schuljahr 1900/01. 17 S. 4. Basel, Fr. Reinhardt, 1901.

Löw, R., und Ch. J. Riggenbach, ausgewählte Psalmen, s. Riggenbach, Ch. J.

Löw, R., singet dem Herrn, s.: Brenner, C.

Löw, Rudolf. Bretonisches Tagebuch. [Illustriert.] (Sonderabdruck) Aus Wissen und Leben, Jahrg. 3, 15. März bis 15. April 1910. 40 S. 8. Zürich, Rascher & Cie., (1910). [fr. 1.—]

— Weihnachtsmusik f. dreistimm. Chor u. Solostimmen m. Begleitg. v. 2 Violinen, Viola, Violoncell, Kontrabaß, 2 Oboen u. Fagott od. Pianoforte. Partitur u. Klavierauszug. (III, 120 S.) Lex. 8. Basel (907). Basler Missionsbuchh. In Leinw. kart. 2. 80

Löw, Sam., vollständ. Rechenbuch für alle Stände. 2 Thle. gr. 8. Stuttg. 791. (Frankf., Hermann). 2 = ß

Löw, Sam. v., vollständ. Rechenbuch f. alle Stände. 2 Thle. gr. 8. Frft. Hermann. 792.

Löw, Tibor [Hrsg.], s. Handelsgesetz, Das ungarische.

Löw, Tibor, das ungarische Handelsgesetz. (Gesetz-Artikel XXXVII vom J. 1875.) Text-Ausg. in deutscher Übersetzg. m. Anmerkgn. u. Sachregister. gr. 8. (VIII, 274 S.) Budapest 902. C. Grill. n. 5. —

Löw, Tibor, das ungarische Handelsgesetz. (Gesetz-Artikel XXXVII. v. J. 1875.) Text-Ausg. in deutscher Übersetzg., m. Anmerkungen u. Sachregister. 2. umgearb. Aufl. (VIII, 396 S.) 8. Budapest 910. C. Grill's Verl. 6. —

Löw, W.: Ges. Postkartenverse, s. Löw, C.

Löw Walter: Die Formen der Stanze in Wielands „Idris und Zenide".
H. 1908 PN 2585 **Diss.** Wien, Univ.

Loew, Wilhelm

Loew, Wilh., und Alex. Ludwig, officielle Festschrift zum XV. mittelrheinischen Turnfeste in Wiesbaden am 16., 17., 18. Aug. 1884. Hrsg. im Auftrag des geschäftsführenden Ausschusses. 8. (64 S. mit 1 Stnt. und 1 Plan.) Wiesbaden 884, (Moritz und Münzel.) — 60

— u. Ernst **Loew**, das österreichische Gebührenäquivalent m. Berücksicht. der f. das VII. Dezennium (1911—1920) erlassenen Durchführungsverordnung v. 10. X. 1910, RGBl. Nr. 186, samt der einschlägigen Judikatur u. e. Auszug aus den Materialien. Mit e. chronolog. u. e. alphabet. Register. (IV, 161 S.) 8. Wien 911. Manz. 2.60; geb. n 3. 20

— — Das Gebührengesetz, s.: Taschenausgabe, Manz'sche, der österreichischen Gesetze.

Loew, Wilh., das Gesetz v. 9. III. 1889, R.-G.-Bl. Nr. 30, bzw. vom 26. XII. 1893, R.-G.-Bl. Nr. 209, betr. Gebührenerleichterungen bei Konvertierung v. Geldschuldforderungen. Im Anschlusse an die Judikatur des Verwaltungsgerichtshofes erläutert. (48 S.) gr. 8. Wien 906. M. Breitenstein. n. 1. —

— s.: Jahrbuch der Rechtsprechung des k. k. Verwaltungsgerichtshofes.

Die Räuber. Schwank in 3 Akten von Wilh. **Löw**. *Bonn: A. Heidelmann [1902].* (24 S.) 8° [F.]
= Theaterbibliothek, A. Heidelmann's. H. 58. [04. 11749

Die Räuber. Schwank in plattkölnischer Mundart in 3 Akten von Wilh. **Löw**. *Bonn: A. Heidelmann [1902].* (23 S.) 8° [F.]
= Theaterbibliothek, A. Heidelmann's. H. 59. [04. 11750

Löw, Wilh., die Räuber, s. Heidelmann's, A., Theaterbibl.

— Die Rechtsprechung des k. k. Verwaltungsgerichtshofes in Angelegenheiten d. Stempel- u. d. unmittelbaren Gebühren. Umfassend den Zeitraum der letzten 5 Jahre. Mit e. ausführl. Sachregister. (III, XXXII, 80, 105, 88, 62 u. 75 S.) Lex. 8. Wien 909. M. Breitenstein. Geb. in Leinw. 7. —

Löw-Beer, Oskar, aus Brünn: Studien über die Constitution der Oxyazokörper. *Heidelberg 1901: K. Rössler.* (42 S.) 8°
Heidelberg, Naturw.-math. Diss. v. 1901

Loew von Erlsfeld und Loyowitz, Johann Franz: Nova et vetus aphorismorum divi senis Hippocratis interpretatio iuxta mentem veterum et recentiorum in publica cathedra ingenuae juventuti medicae Pragensi explanata. 1228 S., gbd., Abb.

Francofurti et Lipsiae: Zieger 1711

Loew von Erlsfeld (und Loyowitz), Johann Franz: Universa medicina practica, juxta veterum et recentiorum mentem efformata et aucta; observationibus, quaestionibus, consiliis ac controversiis illustrata propriaque explicatione dilucidata. Olim in nucleo compendiose tradita, a Ferdinand Karl Weinhart (zu Thierburg und Vollandsegg) in usum medicorum juniorum adornata, multorumque philiatrorum rogatu publici juris facta. 1047 S., gbd., Abb.

Norimbergae: Rüdiger 1723

Löw ab Erisfeld, I. Frz., univ. medicina pract., aucta a Ferd. C. Weingart. 4. Nrnb. 742.

— tentamen et examen med. institut. 8. ibid. 710.

Loew von Erlsfeld (und Loyowitz), Johann Franz: Theatrum medico-juridicum, continens varias easque maxime notabiles, tam ad tribunalia ecclesiastico-civilia, quam ad medicinam forensem, pertinentes materias. Ex diversis optimorum authorum...excerptum, propriisque quaestionibus et annotationibus adornatum. Opus JCtis, physicis, practicis, studiosis, chirurgis, aliisque utile et necessarium. 889 S., gbd., Abb.

Norimbergae: Rudiger 1725

Löw von u. zu Steinfurth, Karl Frh., Referendar aus Wiesbaden: Die Actio Publiciana und die Klage aus § 1007 des B.G.B. *Borna-Leipzig 1904: R. Noske.* (VI, 54 S.) 8° Marburg, Jur. Diss. v. [4. Aug.] 1904

Löw zu Steinfurth, Wlh. Freih., historisch-artist. Briefe, geschrieben während einer Reise nach Rom. gr. 8. Darmstadt 846, Leske. 1¹/₃ ₰

Löwa, Emil, Aufsätze f. Volks- u. gehob. Schulen. 4 Tle. gr. 8. (40, 30, 44 u. 64 S.) Berlin 898. L. Oehmigke's Verl. n. 2.—
1. n. — 50. — 2. n. — 40. — 3. n. — 50. — 4. n. — 60.

Löwa, Emil, die Gleichnisse des Herrn. Für den Schulgebrauch u. zum Selbstunterricht bearb. gr. 8. (58 S.) Berlin 899. L. Oehmigke's Verl. n. — 80

— evangelisches Religionsbuch, enth.: Erzählungen des Alten u. Neuen Testaments, Bilder aus der Kirchengeschichte, die Geographie v. Palästina, den Katechismustext m. bibl. Anschauungsstoff, Kirchenlieder u. einzelne Liederverse, die Lehrbücher d. Neuen Testaments, Gebete, Sprüche, Psalmen, das Kirchenjahr, die neue Reihe der Perikopen u. die Ordng. des Gottesdienstes. Mit 2 Karten: Palästina u. Reisen Pauli. Neubearbeitung auf Grundlage des Berliner Normal-Lehrplanes v. 1902. gr. 8. (VI, 316 S.) Ebd. 902. Geb. n. 1.—

Löwa, E., das Taktschreiben im Dienste des orthographischen Unterrichts. gr. 8. (32 S.) Berlin 887, W. Schultze. *

Löwa, Ernst, Armillarsphäre zur Veranschaulichung der scheinbaren u. wirklichen Bewegung d. Himmelskörper. D. R. G. M. (24 S. m. Abbildgn.) 8. Berlin (N., Demminerstr. 31) (909). Lehrer Ernst Löwa. 1.—

Lowack, Alfred: Die Mundarten im hochdeutschen Drama bis gegen das Ende des 18. Jahrhunderts. Ein Beitrag zur Geschichte des deutschen Dramas und der deutschen Dialektdichtung. Leipzig 1905: Hesse u. Becker. (33 S.) 8° (Erscheint vollständig als Bd 7 der Breslauer Beiträge zur Literaturgeschichte.) *)

Breslau, Phil. Fak., Ref. Koch, Diss. v. 27. Sept. 1905
[Geb. 10. März 81 Schweidnitz; Wohnort: Frankenstein; Staatsangeh.: Preußen; Vorbildung: Gymn. Patschkau Reife O. 01; Studium: Breslau 10 S.; Rig. 18. u. 21. Juli 05.]

Die Mundarten im hochdeutschen Drama bis gegen Ende des achtzehnten Jahrhunderts. Ein Beitrag z. Geschichte d. deutschen Dramas u. d. deutschen Dialektdichtung von Dr. Alfred Lowack. Leipzig: M. Hesse 1905. (VIII, 171 S.) 8°
Ein T. erschien als Inaug.-Diss. Breslau.
== Beiträge, Breslauer, z. Literaturgeschichte. 7.

Lowag, Alois J., Blätter u. Blüten aus dem Altvatergebirge. Ernstes u. Heiteres. (VI, 170 S.) 8. Sternberg 910. A. R. Hitschfeld. 2.—; geb. 2.40

Lowag, Alois J., Gobler Geschichtla. 20 humorist. Erzählgn. aus dem Altvatergebirge in schles. u. nordmähr. Mundart. (VII, 268 S.) gr. 8. Freudenthal 903. W. Krommer. n. 1.70

Lowag, Josef

Lowag, J., Karte der markierten Wege im Altvatergebirge. 4.—6. Aufl. 1 : 200.000. 34 × 36 *cm* gefalzt K —.40
Freudenthal: Krommer 1908.
Dass. 7./8. Aufl. Ebda. 1910.

Lowag's, J., gesammelte Schriften. Hrsg. v. J. C. Hoffmann. 1. Bd. Die Altvater-Sagen. 8. (V, 223 S.) Zuckmantel 890. (Troppau, Buchholz u. Diebel.) ** 1 80

Lowag's, J., gesammelte Schriften. 1.—4. Bd. 8. Ebd. n. 5. 70
1. Altvater-Sagen. 2. Aufl. (VII, 247 S.) 902. n. 1. 40; geb. n. 1. 90
2. Schlesische Volks- u. Bergmanns-Sagen. (VII, 234 S.) 903. n. 1. 40; geb. n. 1. 90
3. Illustr. Führer durch das Sudetengebirge, dessen Kurorte, Heilanstalten u. Sommerfrischen m. besond. Berücksicht. des Bades Karlsbrunn. Mit 1 zweifarb. Wegekarte. (VII, 207 S.) 903. n. 1. 50
4. Sagen u. Geschichten aus dem Altvatergebirge. (VII, 236 S.) 904. 1. 40; geb. 1. 90

Lowag's, Jos., gesammelte Schriften. 3., 5. u. 6. Bd. 8. Freudenthal, W. Krommer. 5.—; geb. 7. 50
3. Illustr. Führer durch das Sudetengebirge, dessen Kurorte, Heilanstalten u. Sommerfrischen. 2. u. 3. Aufl. Mit e. fünffarb. Wegekarte, nahezu 100 Illustr. u. 2 Bildern auf Kunstdruckpapier. (VIII, 344 S.) (908. 09.) 1.70; geb. 3. —
5. Aus der Heimat. 22 heitere Erzählgn. in schles. u. nordmähr. Mundart. (VII, 258 S.) (907.) 1.50; geb. n 2. —
6. Eichenlaub u. Tannenreis. Altdeutsche Erzählgn. aus der Quadenzeit. (VII, 220 S.) 908. 1.80; geb. 2. 50

— dasselbe. 7. Bd. 8. Freudenthal, J. M. Thiel. 2.40; geb. 3. —
7. Geschichtla vom Förster Benedix. 20 mundartl. Humoresken a. d. Jägerleben des Altvatergebirges. (239 S.) 910.

Lowak Wilhelm: Geschichte des böhmischen Bauernaufstandes vom Jahre 1680.
1910 PN 2885 Diss. Wien, Univ.

Loewald, Arnold [app. Arzt aus Danzig]: Ueber die psychischen Wirkungen des Broms ... (Aus: Psychol. Arbeiten hrsg. v. E. Kraepelin, Bd I Heft IV.) Leipzig, W. Engelmann, 1896; 81 S. 8.
Heidelberg, Med. Fak., Inaug.-Diss. v. [29. Juli] 1895

Das Jütische **Low-Buch.** so in diesen Landen, vornehmlich im Hertzogthum Schlesswig. Durch Königlichen Befehl introduciret, und biss dato gebräuchlich ist: Vor diesen 2. mahl, als Anno 1593. und 1603. von Blasio Eichenbergern in Hollsteinischer Sprache heraus gegeben, anitzo aber zum 3. mahl wiederumb in selbiger Sprache sampt einem vermehrt- und verbesserten Repertorio oder Register, benebst Blütings Glosso oder Erklährung über obgedachtes Low-Buch zum Druck befördert durch Emanuel Wölffel. Flensburg. 1717. 4° k.

Das Jütische **Low-Buch** so in diesen Landen, vornehmlich im Hertzogthum Schleßwig, durch Königl. Befehl introduciret, und biß dato gebräuchlich ist . . . in Hollstein. Sprache hrsg. . . . zum 3. mahl sampt e. Repertorio. Benebst Blütings Glossa zum Druck befördert durch E. W[ölfell]. Flensburg 1717.

Glossa (u. d. Tit.:) **Blüting**, Joach.: Glossa, oder gründliche Erklährung, des in hiesigen Landen, absonderl. im Hertzogthum Schleßwig, introducirten u. gebräuchl. Low- oder Rechts-Buchs. Flensburg 1717.

Lowndes, F., Beobacht. üb. d. medicin. Elektricität, a. dem Engl. mit Anm. und Zus. v. W. Davison. 8. Berl. Matzdorf. 792.

Biester, Joh. Erich: Biesters Bildniss und Selbstbiographie hrsg. von **Lowe.** Berlin 1806. 8⁰

Kl. 4060b. Üb. Biester s. Allgem. Deutsche Biographie Bd 2 1875 S. 632—633 (Kelchner).

Lowe, C. Bruce, das Züchten v. Renn-Pferden. Aufgest. v. L. Hrsg. v. William Allison. Ins Deutsche übertr. von v. Kirschy. Mit 10 Illustr. berühmter Pferde (nach Photogr. v. Clarence Hailey, Newmarket). 4. (XV, 282 S. m. 1 Tab.) Berlin 897. (W. H. Kühl.) Geb. in Leinw. n.n. 35.—

Das Züchten von Renn-Pferden nach dem Zahlen-System. Aufgest. von C. Bruce Lowe. Hrsg. von William Allison. Ins Deutsche übertr. von v. Kirschy, Hauptm. a. D. Mit 10 Ill. berühmter Pferde. *Berlin: Union (1897).* (14, 282 S.) 8° [02. 4765

Lowe, Charles, Fürst Bismarck. Eine histor. Biographie. Autoris. Übersetzg. v. E. Alb. Witte. gr. 8. (III, 815 S. m. Bildnis.) Leipzig 894. G. Wigand. n. 4. 50 geb. n. 5. 60

— Prince Bismarck, s.: Library, the English.

— s.: Krieg, der große, v. 189—.

Lowe, Charles, des Prinzen Streiche. Ein Roman aus dem Leben Kaiser Wilhelms II. Mit 1 Abbildg. des histor. Fächers. Deutsche Ausg. 1.—5. Taus. (348 S.) 8. Berlin (909). E. Felber. 4.—; geb. n 5.—

Lowe, Harry Bromley, English commercial correspondence, s.: Fischer, Aug.

— The English reading book, s.: Fischer, Aug.

Lowe, Hudson. Denkschrift über die Gefangenschaft Napoleons auf St. Helena. Aus d. Engl. (30½ B.) 12. Stuttgart 1830. 9,00

Lowe, Hudson. Denkwürdigkeiten . . . über Napoleons Gefangenschaft und Tod. A. d. Franz. Stuttgart 1830. H: *Montholon, Charles Tristan comte de.* (Ky)

Lowe, Hudson, Denkwürdigkeiten üb. Napoleon, s. Denkwürdigkeiten von Sir Hudson Lowe.

Lowe, Sir Hudson, Napoleon auf Sankt Helena, s.: Dokumente, kulturgeschichtliche. 1. Bd.

Lowe, J. England nach seinem gegenwärtigen Zustande des Ackerbaues, des Handels und der Finanzen betrachtet. Nach dem Engl. bearbeitet und mit Anmerkungen und Zusätzen versehen, von L. H. v. Jakob. gr. 8⁰. Leipzig, Brockhaus, 1823.

Lowe, R. T., Déscription d'un nouveau genre de poisson de la famille des Murénoïdes, rapporté de Madère par S. A. Imp. le duc. Max. de Leuchtenberg. Augmenté de remarques, ainsi que d'une planche (lith. in Fol.) exécutée avec soin, par Mr. Brandt. (Tiré des Mémoires des savants étrangers, T. VII.) Imp.-4. (8 S.) St.-Pétersbourg 851. Leipzic, Voss. **

Löwe [Sachliches Ordnungswort]

Löwe. – D. Löwe aus Juda, s. Brockhaus, Wilhelm

Löwe, der, aus Juda, s.: Saat u. Ernte.

Löwe, Der, aus Juda. Eine Erzählung . . . 3. Aufl. Elberfeld [1896]. V: *Brockhaus, Wilh.* (Berl)

Ludw. Löwe & Co., Aktiengesellschaft, Berlin. 1901. (Eckstein's biographischer Verlag.)

Löwe, der, von Paderborn oder Trumpf sticht. Herr Dr. Joseph Rebbert „in Sachen Thümmel", beleuchtet von Tertius Gaudens. 1.—3. Aufl. 8. (11 S.) Barmen 887,88, Wiemann. *
Vgl.: Thümmel, W.

Löwe, der steinerne, von Aspern und das Gedenk-Kirchlein von Deutsch-Wagram. Gewidmet der tapfern österreichischen Armee zur Erinnerung an ihren großen Feldherrn weiland Sr. kais. Hoheit den Erzherzog Carl. Mit 2 Holzschnitten. 4. (8 S.) Korneuburg. Kübkopf. 1861 24 kr.

Der verfolgte u. triumphirende Löwe aus Mitternacht oder gedanken über die Türck. u. Tartar. Revolution zu Varnitza, d. 12. Febr. 1713. 4.

Löwe, Der Wittelsbacher. Ein Bardiet bey dem Aufrufe Sr. Kgl. Hoheit des Kronprinzen [Ludwig] von Bayern . . . O. O. 1814. V: *Hofmann, Alois von* (IIThPP)

Löwe [Verfasser]

Loewe's unzerreißbares Anschauungs-Bilderbuch. Mit 250 fein kolor. Abbild. oder 16 Bildertaf. auf Pappe. Zeichnung, Lithogr. und Druck von Chr. Votteler. Fol. Stuttgart 879, Löwe. geb.

Loewe's unzerreißbares Anschauungs-Bilderbuch. Mit 250 fein kolor. Abbild. oder 16 (lithogr.) Bildertaf. auf Pappe. Zeichnung von Chr. Votteler. 2.—5. Aufl. Fol. Stuttgart 880—83, Loewe. geb. 4 50

Loewe's unzerreißbares Anschauungs-Bilderbuch. Mit 250 fein color. Abbildungen oder 16 Bildertaf. auf Pappe. 3. Aufl. Fol. Stuttgart 881. Loewe. geb. 4. 50

Loewe's unzerreißbares Anschauungs-Bilderbuch (6. und 7. Aufl.), s. Anschauungs-Bilderbuch.

Loewe's unzerreißbares Anschauungs-Bilderbuch. Mit 250 fein kolor. Abbildgn. oder 16 Bildertaf. auf Pappe. (7. Aufl.) Fol. Stuttgart 886. Loewe. geb. 4.—

Loewe's Buch der Jugend. Eine Sammlg. v. Erzählungen, Märchen, Fabeln, Gedichten, Sprüchen usw. f. Knaben u. Mädchen. Mit 1 Buntbild u. zahlr. Textillustrat. (IV, 124 S.) 8. Stuttgart (909). Loewe. Geb. 1.20

— Kinderfreund. Eine Sammlg. v. Erzählgn., Märchen, Fabeln, Gedichten, Sprüchen usw. f. Knaben u. Mädchen. Mit zahlr. Textillustr. u. vielen Vollbildern. 1. u. 2. Aufl. (IV, 124 S.) 8. Ebd. (907.08). Geb. 1.20

—— kleine Künstler. 48 (lithogr.) Vorlegeblätter. 1.—5. Aufl. 8. Ebendas. 880—83. In Mappe * 1 —

— kleine Künstler. 48 (lith.) Vorlegeblätter. 4. Aufl. 8. Ebend. 882. In Mappe. n. 1. —

— Märchenbücher. Neue Serie. 1—10. Bdchn. 4. (Mit je 6 Chromolith.) Ebend. 879—82. cart. à — 75
1. Die sieben Raben. (4 S.) — 2. Gulliver's Reise zu den Zwergen im Lande Lilliput. (S. 5—10.) — 3. Aladdin oder die Wunderlampe. (S. 11—18.) — 4. Goldener. (4 S.) — 5. Oberon's Zauberhorn. (8 S.) — 6. Hans im Glück. (4 S.) — 7. Gulliver bei den Riesen. (8 S.) — 8. Die Zauberflöte. (8 S.) — 9. Rübezahl. (8 S.) — 10. Prinz Nußknacker u. Mäusekönig. (8 S.)

— Märchenbücher. 2. Serie. 11. u. 12. Bdchn. 4. (à 4 S. m. 6 Chromolith.) Ebend. 883. cart. à — 75
11. Genovefa. — 12. Schneeweißchen u. Rosenrot.

Löwe, Alexander: Über den G e r s d o r f f i t (Nickelarsenikglanz) von Schladming in Steiermark und von Prakendorf in Ober-Ungarn. (Aus d. Abhandlungen d. Freunde der Naturwissenschaften.) Wien. 1847. 8.

Löwe, A., über den Nickelarsenikglanz (Gersdorffit), siehe: A b h a n d l u n g e n, naturwissenschaftliche, herausgeg. v. W. Haidinger, I. Bd.

Löwe Alexander: Kommissionsbericht, die chemische Untersuchung einer gelatinösen Masse aus dem Hochofen zu St. Leonhard in Kärnten betreffend. S. 3. 315 . . vgr. Separatabdruck

Löwe, Alex., Versuche um das Tellur im Grossen aus den Siebenbürger Golderzen zu gewinnen. (Aus d. Sitzungsberichten d. k. Akad. d. W.) Wien 853. (Gerold.) gr. 8. (23 S.) n. 4 ngr.

Löwe, Aloys, der 21. Sept. u. 15. Oct. Lieder d. Huldigung. 8. (2 B.) Berlin 840, Heymann.

[LOEWE, Andreas Friedrich] 1752 -
Historische und geographische Beschreibung der zwölf Vereinigten Kolonien von Nord-Amerika. Nebst einer Abschilderung des gegenwärtigen Zustandes von Großbrittannien.
Bunzlau: Waisenhaus. [1777]. 6, 144 S. 8°.
Staatsbibliothek der Stiftung Preußischer Kulturbesitz Berlin
Sabin 42407 u. Palmer: mit Verfasser.

Löwe, Andr. Fr., s. 1) Beschreib. d. 12 vereinigten Kolonien v. Nordamerika. 2) Versuch eines Grundrisses d. Erdbeschreib.

[LÖWE, Andreas Friedrich] 1752 -
Versuch eines Grundrisses der Erdbeschreibung für Anfänger.
Breslau: G. Löwe. 1775. 103 S. 8°.
Universitätsbibliothek Heidelberg

Löwe, Ant., Maria v. Magdala. Aus seinem Nachlaß hrsg. gr. 8. (VIII, 150 S.) Gotha 876. F. A. Perthes. n. 2. 40

Löwe, Arnold, Geist der ersten physischen Erziehung für gebildete Mütter. Zeitgemäße Darstellung. gr. 12. Wien 841, Gerold. 1 rf

Löwe, Arnold, der homöopathische Kinderarzt. Ein Taschenbuch für Mütter. Wien 860. Selch. 16. (IV, 156 S.) n. 25 ngr.

Loewe, C., Commentar z. 2. Thle. d. Goethe'schen Faust. M. 2 Charten (gr. 4. u. ill.); vom alten Griechenland u. von d. alten Welt, u. mit e. genealog.-mytholog. Tab. (½ Fol.) 8. (7 B.) Berlin 834, Logier.
Vgl. P r u tz, R. E.

— dass. beurtheilt v. R. E. Prutz. gr. 8. Berl. 834. Krause. 1/6 rf

Loewe, C. H. De adverbiis Francogallorum negantibus. Grimma, G., 1855. 25 S. 4. Progr.

Löwe, C. H., De praepositionis „de" usu apud Livium. Pr. 1847. 28 S. 4°.

Loewe, C. L. W., die Seebade-Anstalten zu Dievenow bei Cammin. br. 8. (21 S. und 1 Stnt.) Cammin 848, Behrendt und Comp.

Löwe, Carl, s. L ö w e , Karl.

Löwe, Chr., Heimatskunde vom Fürstent. Waldeck u. Pyrmont. Auf Grund der Beschreibung der Fürstentümer Waldeck u. Pyrmont v. L. Curtze bearb. 8. (64 S.) Arolsen 887. Speyer. n. — 70

Löwe, Chr. Jak., kurze auf Erfahrung gegründete Anleit. zur Erhaltung d. Zähne. 8. Oldenb. 800.

Löwe, Cornelius, s. L ö w e , Kornelius.

Löwe, E., der preußische Strafproceß. Mit Rücksicht auf die gerichtliche Praxis dargestellt. Breslau 861. Kern. gr. 8. (VIII, 427 S.) 1 rf 22½ ngr.

Löwe, Ed., s. H. E. Leo.

Loewe, Ernst, Gerichts-Assessor in Berlin: Der Abnahmeverzug des Käufers. Seine Voraussetzungen und Wirkungen. Berlin 1907: W. Pilz. (62 S.) 8° [J.]
Leipzig, Jur. Fak., Diss. v. 26. Nov. 1907
[Geb. 19. Dez. 78 Berlin; Wohnort: Charlottenburg; Staatsangeh.: Preußen; Vorbildung: Friedrichs-Werdersches-Gymn. Berlin Reife O. 97; Studium: Berlin 5, Heidelberg 2 S.; Rig. 29. Juli 07.]

Löwe, Ernst, das Altarbild in der Stadtkirche zu Nieder-Wildungen. Meister Konrad v. Soest MCCCCIV. (24 S. m. 1 Taf.) gr. 8. Wildungen 909. P. Pusch. 1. 25

Loewe, Ernst: Ein neuer Apparat zur Demonstration der Pflanzenatmung. *Cöln 1903: Gebr. Brocker.* (12 S.) 4° [J.]
Cöln, k. Friedrich-Wilhelms-G, P 1903 (516)

Löwe, Ernst, a. Nieder-Wildungen ⟨Waldeck⟩: Beitrage zur Metrik Rudyard Kipling's. Marburg 1905: R. Friedrich. (103 S.) 8°
Marburg, Phil. Fak., Ref. Viëtor, Diss. v. 23. Dez. 1905
[Geb. 3. Febr. 82 Nieder-Wildungen; Wohnort: Nieder-Wildungen; Staatsangeh.: Waldeck; Vorbildung: Realgymn. Cassel Reife O. 01; Studium: Leipzig 2, Freiburg i. B. 1, Marburg 6 S.; Rig. 21. Juni 05.]

Beiträge zur Metrik Rudyard Kipling's. Von Ernst **Löwe,** Dr. phil. Marburg: N. G. Elwert 1906. (103 S.) 8°
— Studien, Marburger, z. engl. Philologie. H. 10. 1-6. 5739

Loewe, Eugen [pract. Arzt]: Ueber das Auftreten der rothen Diazoreaction Ehrlich's bei Krankheiten. (Aus d. chem. Laboratorium d. med. Klinik d. Herrn Geheimrath Prof. Dr. Biermer.) ... Breslau, Buchdr. H. Proskauer jr. (1888); 48 S. + 1 Bl. 8°
Breslau, Med. Fak., Inaug.-Diss. v. 11. Jun. 1888

Loewe, Eug., über das Auftreten der rothen Diazoreaction Ehrlich's bei Krankheiten. Inaugural-Dissertation. gr. 8. (48 S.) Breslau 888, (Köhler.) *

Ueber den Entwurf eines Gesetzes betreffend die Verfassung der jüdischen Gemeinden in Preußen. Vortrag geh. im Liberalen Verein f. d. Angelegenheiten d. jüd. Gemeinde zu Berlin von Landger.R. [Eugen] Loewe in Berlin. Berlin [1909]: Mosse. 19 S. 8°
[10. 9259

Loewe, E., Gesetze, betr. die privatrechtl. Verhältnisse der Binnenschiffahrt u. Flößerei, s.: Makower, H.

Loewe, E., Handelsgesetzbuch, s.: Makower, H.

Loewe, Eugen [aus Zülz]: Zur Constitution des Dinitro-β-Naphtols ... Berlin, Druck v. M. Driesner, *1892;* 34 S., 1 Bl. 8.
Berlin, Phil. Fak., Inaug.-Diss. v. 1. März 1892

— die Seemannsordnung vom 2. VI. 1902. Erläutert v. L. Zugleich als Nachtrag zum 2. Bde. des Kommentars zum Handelsgesetzbuch v. H. Makower, 12. Aufl., hrsg. v. E. Loewe. (VIII, 148 S.) gr. 8. Berlin 903. J. Guttentag. n. 3. —; geb. in Leinw. n. 4. —

Löwe, Eugen Johannes, Referendar in Pirna: Der Handlungsreisende. Pirna a. Elbe 1904: F. J. Eberlein. (70 S.) 8°
Leipzig, Jur. Fak., Diss. v. 11. Aug. 1904
[Geb. 22. Mai 76 Eger i. B.; Wohnort: Pirna a. E.; Staatsangeh.: Sachsen; Vorbildung: Fürstenschule St. Afra Meissen Reife O. 97; Studium: Leipzig 7 S.; Rig. 20. Febr. 02.]

Löwe, Ewald

Löwe, E., die Strafprozeßordnung für das Deutsche Reich, nebst dem Gerichtsverfassungsgesetz und den das Strafverfahren betr. Bestimmungen der übrigen Reichsgesetze. Mit Kommentar. 7 Lfgn. gr. 8. Berlin, Guttentag. [1. Lfg. (S. 1—112.) 877. *M 2.; 2. Lfg. (S. 113—256.) 877. *M 2,80.; 3. Lfg. (S. 257—384.) 878. *M 2,40.; 4. Lfg. (S. 385—544.) 878. *M 2,80.; 5. und 6. Lfg. (S. 545—832.) 878. à *M 2,80.; 7. Lfg. (XXIV, S. 833—960.) 879. *M 2,40.] *M 18.; geb. *

Löwe, E., die Strafprozeß-Ordnung für das deutsche Reich, nebst dem Gerichtsverfassungsgesetz u. den das Strafverfahren betreffenden Bestimmungen der übrigen Reichsgesetze. Mit Kommentar. 2., unveränd. Abdr. gr. 8. (XXIV, 1009 S.) Berlin 879. Guttentag. n. 18. —

Löwe, E., die Strafprozeßordnung für das Deutsche Reich, nebst dem Gerichtsverfassungsgesetz und den das Strafverfahren betr. Bestimmungen der übrigen Reichsgesetze. Mit Kommentar. 2. verb. und verm. Aufl. 3 Lfgn. gr. 8. Berlin, Guttentag. [1. Lfg. (S. 1—320.) 880. *M 6.; 2. Lfg. (S. 321—528.) 881. *M 4.; 3. Lfg. (XXVI, S. 529—835.) 881. *M 8.] *

— dasselbe. 3., verb. u. verm. Aufl. gr. 8. (XXIV, 841 S.) Ebend. 882. n. 18. —

Löwe, E., die Strafprozeßordnung f. das Deutsche Reich nebst dem Gerichtsverfassungsgesetz u. den das Strafverfahren betr. Bestimmgn. der übrigen Reichsgesetze. Mit Kommentar. 4. Aufl. gr. 8. (XXIV, 870 S.) Berlin 884. Guttentag. n. 18. —; Einbd. n.n. 2. —

Löwe, E., die Strafprozeßordnung f. das Deutsche Reich, nebst dem Gerichtsverfassungsgesetz und den das Strafverfahren betreff. Bestimmgn. der übrigen Reichsgesetze. Mit Kommentar. 5., verb. Aufl. Lex.-8. (XXIV, 911 S.) Berlin 888. Guttentag. n. 18. —; geb. n. 20. 50

— dasselbe. 6. Aufl. gr. 8. (XXV, 996 S.) Ebd. 890. n. 18. —; geb. n.n. 20. 50

Die **Strafprozeßordnung** für das Deutsche Reich nebst d. Gerichtsverfassungsgesetz u. den das Strafverfahren betr. Bestimmungen d. übrigen Reichsgesetze. Mit Kommentar von E[wald] Löwe. 7. Aufl. (Unveränd. Abdr. d. 6. verb. u. verm. Aufl.) *Berlin: J. Guttentag 1892.* (XXV, 996 S.) 8° [F.]
[03. 13058 6

— dasselbe. Mit Kommentar. 8. Aufl., bearb. v. A. Hellweg. gr. 8. (XXVII, 1020 S.) Ebd. 893. n. 18. —; geb. n.n. 20. 50

Löwe, E., die Strafprozeßordnung f. d. Deutsche Reich, nebst d. Gerichtsverfassungsgesetz u. d. d. Strafverfahren betreff. Bestimmgn. d. übr. Reichsgesetze. M. Kommentar. 9. Aufl., bearb. v. A. Hellwig. gr. 8. (XXVIII, 1058 S.) Berlin 898. J. Guttentag. n. 20. —; geb. in Halbfrz. n.n. 22. 50
Erschien auch in 4 Lfgn.

— die Strafprozeßordnung für das Deutsche Reich, nebst dem Gerichtsverfassungsgesetz u. den das Strafverfahren betr. Bestimmgn. der übr. Reichsgesetze. Mit Kommentar. 10. Aufl., bearb. von A. Hellweg. gr. 8. (XXXI, 1086 S.) Berlin 900. J. Guttentag. n. 20. —; geb. in Halbfrz. n.n. 22. 50

Löwe, E., die Strafprozeßordnung f. das Deutsche Reich, nebst dem Gerichtsverfassungsgesetz u. den das Strafverfahren betr. Bestimmgn. der übr. Reichsgesetze. Mit Kommentar. 11. Aufl., bearb. v. A. Hellweg. (XXVIII, 1066 S.) gr. 8. Berlin 904. J. Guttentag. n. 20. —; geb. in Halbfrz. n.n. 22. —

Löwe, E., die Strafprozeßordnung f. das Deutsche Reich, nebst dem Gerichtsverfassungsgesetz u. den das Strafverfahren betr. Bestimmgn. der übr. Reichsgesetze. Mit Kommentar. 12. Aufl., bearb. v. A. Hellweg. (XXVIII, 1072 S.) gr. 8. Berlin 907. J. Guttentag. 20.—; geb. in Halbfrz. n 22. —

Löwe, F.

— s. Beiträge zur Kenntniß des Russ. Reiches, 10. Bdchn.

Löwe, F., s.: Kalewipoeg.

Löwe, F: Ein neues Meßmikroskop. (Düsseldorf) 1906 (Mitteil. a. Carl Zeiß' optischer Werkstätte)

— Ein neuer Spektrograph für sichtbares und ultraviolettes Licht. Berlin 1906 (Mitteil. a. der optischen Werkstätte v. Carl Zeiß, Jena)

Löwe, F. Vide: Volksfreund (Der).

Löwe, F. W., die Regimentsschule. Leitfaden zum Unterricht für Regiments-, Bataillons- und Unteroffizier-Schulen, sowie zum Selbst-Unterricht in der deutschen Sprache, im Rechnen, in der Geographie von Deutschland und brandenburg.-preuß. Geschichte. gr. 8. (III, 165 S.) Berlin 877, Militaria. *

Auf, Masonenthum! [Unterz.:] Feod. Löwe. o. O. u. J. 1 Bl. 8° [Kopftit.] Gedicht: „Für's Vaterland in Kampf zu gehen, ...“ 430.

Baustücke. Freimaurerische Zeichnungen, Ansprachen und Aphorismen von Feod. **Löwe.** Stuttgart: Wittwer 1878. VIII, 344 S. 8°

Recens: DrL. 7 (1877—1878) S. 506 (E. A. F. Rumpelt gen. Walther); Bh. 21 (1878) S. 185—186 (J. Ph. Glökler); L. 1 (1878) S. 120; HL. 12 (1879) S. 928; FZ. 36 (1882) S. 214.
cf. FZ. (Wien) 6 (1879) S. 163—164 (K. v. Gagern); Frmr. 7 (1904) S. 34.
Tt. 1881. 23. 25.

Becherspruch. [Unterz.:] Feod. **Löwe.** o. O. u. J. 2 Bl. 8° [Kopftit.]

Gedicht: „Wem sich ein gastlich Haus erschloss . . .“ 430.

Dem [Br.] J. C. Bluntschli zum Wiegenfeste. [Unterz.:] Feod. **Löwe.** [Dat.:] Stuttgart 1878. 4 S. 8° [Kopftit.]

„Nun zählst du volle siebzig Jahr, . . .“ 223.

Den Brüdern! Frmrische Dichtungen von Feod. **Löwe.** Leipzig: Findel 1871. IV, 99 S. 8°

[Dasselbe.] Freimaurerische Dichtungen. 2. verm. Aufl. Ebendas. 1874. IV, 122 S. 8°

Löwe, Feodor, den Brüdern. Freimaurerische Dichtgn. 3. verm. Aufl. 16. (167 S.) Stuttgart 887. Wittwer's Verl. n. 2. 40; geb. m. Goldschn. n.u. 3. 40

[Dasselbe.] 4. Aufl. Ebendas. 1901. VII, 165 S. 8°

Recens. für 1. Aufl.: FZ. 25 (1871) S. 293; BN. 2 (1871—1872) S. 178 (S. H. Hertzveld).
für 2. Aufl.: Bh. 17 (1873) S. 9.
für 3. Aufl.: Bh. 29 (1886) S. 14, 366 (J. P. Glökler); L. 10 (1886) S. 16 (F. Meyer v. Waldeck); Z. 16 (1886) S. 92 (M. Amster); BrL. 5 (1886—1887) S. 38; Al. 13 (1887) S. 126; DrL. 16 (1886—1887) S. 1222.
cf. für 1. Aufl. in: U. 1 (1871) S. 478—479 (A. Strasser).
Tt. 2360.

Löwe, Feodor, eine Dichterwoche. 16. (112 S.) Stuttgart 850, Hallbergersche Vrlgsh.

Zur Erwiederung. Von Feod. **Löwe.** [Stuttgart] o. J. 1 Bl. 8° [Kopftit.]

„Nur der allein ist preisenswerth . . .“ 429.

Festgruss zur dreissigjährigen Stiftungsfeier der Loge Johannes zum wiedererbauten Tempel im Or. Ludwigsburg von Feodor **Löwe.** o. O. [1885]. 2 Bl. 8° [Umschlagtit.]

Gedicht: „Mein Dreimaldrei dem dreimal Zehn . . .“ 430.

Löwe, Feod., Gedichte. 8. (15 B.) Stuttgart 843, Franckh'sche Vrlgsh.

Löwe, Feodor, Gedichte. 16. (VI und 320 S.) Stuttgart 854, Cotta'sche Buchh.

Löwe, Feod., Gedichte. 2., verm. Aufl. 16. (VIII und 387 S.) Stuttgart 860, Cotta'sche Buchh.

— neue Gedichte. 16. (VIII, 309 S.) Stuttgart 875. Wittwer. geb. n. 5. —

Der Loge „Germania zur deutschen Treue“ im Or. Erlangen als Feiergruss zum 6. November 1887. [Von Feodor **Löwe.**] 1 Bl. 8°. [Kopftit.]

‚Beim schönen Weihefest des fertigen Baus . . .‘ 21.

Der Loge „Hansa“ im Or. Bremen als Festgruss zum 13. (20.) November 1887. [Unterz.:] Feodor **Löwe.** 1 Bl. 8°. [Kopftit.]

„Steht er auch noch so schmuck zur Schau . . .“ 21.

Hymne. [Unterz.:] Feod. **Löwe.** o. O. u. J. 1 Bl. 8° [Kopftit.]

Gedicht: „Brausender Festgesang, . . .“ 430.

—— Lieder aus Frankfurt. 16. (125 S.) Stuttgart 850, Hallbergersche Vrlgsh.

Zum neunten März 1888. [Unterz.:] Feod. **Löwe.** o. O. [1888]. 2 Bl. 8° [Kopftit.]

„Durchs deutsche Land flog eine Trauerkunde . . .“ 430.

Loewe, Feod.: Maurerliebe, s. Huhn, E.

Meister-Legende. Von Feod. **Löwe.** o. O. u. J. 1 Bl. 8° [Kopftit.]

Gedicht: „Unser Meister ist erschlagen . . .“ 430.

Vom lichten Ost herab. [Unterz.:] Feod. **Löwe.** o. O. u. J. 1 Bl. 8° [Kopftit.]

Gedicht: „Vom lichten Ost herab ward uns die Freude, . . .“ 430.

Zwischen den drei Säulen. Freimaurerische Arbeiten von Feod. Löwe. Stuttgart: Wittwer 1884. VII, 342 S. 8⁰
Recens: Bh. 27 (1884) S. 5–6 (J. Ph. Glökler); FZ. 38 (1884) S. 14 (K. Pilz); L. 7 (1884) S. 9 (B. Cramer).
Tt. 1882. 23. 25.

Loewe, Feodor. Zwischen den drei Säulen. Freimaurerische Arbeiten. Stuttgart. Wittwer. 1884. 8. VII, 342 S.
Fortsetzung der „Bausteine". — Bauh. 1884, S. 6.

Am Scheidepfad. Zur Trauerfeier für J. Ph. Glökler. [Unterz.:] Feod. Löwe. [Stuttgart 1889.] 2 Bl. 8⁰ [Kopftit.]
Gedicht: „Nun gingst den Weg du, den nach Schicksalsschluss . . ." 193. 358.

Ein Schwabengruss an die Brüder der Loge „Zur Edlen Aussicht" im Or. Freiburg in B. von Feod. Löwe. [Dat.:] Stuttgart 1876. 2 Bl. 8⁰ [Kopftit.]
Gedicht: „Euch, Brüder Freiburgs, senden heut, . . ." 430.

Zum Schwesternfest am 11. März 1876. [Unterz.:] Feod. Löwe. [Stuttgart 1876: Hoffmann.] 2 Bl. 8⁰ [Kopftit.]
„Ein altes Märchen aus dem Orient . . ." 138.

Ein Septembertag. Zur Erinnerung an die Fahrt nach Badenweiler den Genossen gewidmet von Feod. Löwe. [Stuttgart ca 1884: Kirn.] 4 Bl. 8⁰
Gedicht: „Das Dampfross schnob, die Glocke schlug . . ." 193. 358.

Trinkspruch. [Unterz.:] Feod. Löwe. o. O. u. J. 1 Bl. 8⁰ [Kopftit.]
In Versen. „Die nach des Tages Arbeitsmühe . . ." 140.

Vom März zum Juni. [Unterz.:] Feod. Löwe. o. O. [1888]. 2 Bl. 8⁰ [Kopftit.]
„Verklungen kaum ist noch der Glocken Ton . . ." 140.

Aus eigner Werkstatt. Freimaurerische Dichtungen von Feod. Loewe. Stuttgart: Wittwer 1881. VIII, 193 S. 1 Taf. 8⁰
Recens: Al. 6 (1880) S. 376—377 (H. Hagen); FZ. 35 (1881) S. 15—16; Bh. 24 (1881) S. 5 bis 6 (J. P. Glökler).
Tt. 2301. Nebst d. Bildn. des Verf. 25.

Loewe, Ferdinand (Hrsg.), s. Abt, Roman: Lokomotiv-Steilbahnen u. Seilbahnen.

Die Bahnen der Fuhrwerke in den Strassenbögen. Von F[erd.] Loewe, Prof. zu München. Eine ergänzende Untersuchung zu dessen 'Strassenbaukunde.' Mit 9 Abb. *Wiesbaden: C. W. Kreidel 1901.* (21 S.) 8° [01. 4378

Loewe, F., die Bekämpfung des Strassen-Staubes. Eine Ergänzg. seines Lehr- u. Handbuches „Strassenbaukunde". (III, 30 S. m. 23 Abb.) Lex. 8. Wiesbaden 910. C. W. Kreidel. 1. 40
Hauptwerk Ebd. 906. 14. 60

Loewe, Ferd., über variable Belastung der Eisenbahn-Brücken. gr. 8. (32 S. mit 24 eingedr. Holzschn.) München 874, Th. Ackermann.

Loewe, Ferd., s.a. Eisenbahnbau, der.

Löwe, Ferdinand u. H. Zimmermann: Der Eisenbahnbau, s. a. Handbuch der Ingenieurwissenschaften.

Die gebirgbildenden Felsarten. E. Gesteinskunde f. Geographen v. Prof. Dr. Ferdinand Löwe. M. 25 in d. Text gedr. Abb. *Stuttgart: F. Enke 1893.* (159 S.) 1 Bd 8.

Loewe, F., zur Frage der Betriebssicherheit der Eisenbahngeleise, speciell der wirklichen Anstrengung der Fahrschienen. Mit 2 (lith.) Fig.-Taf. gr. 4. (26 S.) Wiesbaden 883. Kreidel. n. 2. —

Löwe, Ferd., Grundzüge zu Vorlesungen über eiserne Balkenbrücken. Mit 80 (eingedr. Holzschn.-)Abbildungen. gr. 8. (X, 152 S.) München 877. Oldenbourg. n. 3.—

— über Normal-Profile v. Eisenbahn-Schienen. gr. 4. (14 S. m. Fig.) München 884. Th. Ackermann's Verl. n. — 60
S.-A. aus: Zeitschrift f. Baukunde.

Loewe, Ferd., der Schienenweg der Eisenbahnen, s.a. Bibliothek des Eisenbahnwesens.

Loewe, Ferdinand: Der Schienenweg der Eisenbahnen. Wien, Pest, Leipzig 1887. (Bibliothek des Eisenbahnwesens Bd 8)

— Stahlschienen-Profile im Querschwellen-Oberbau. Mit 1 lith. Taf Imp.-4. (16 Sp.) München 883. Th. Ackermann's Verl. n. — 60
S.-A. aus: Zeitschrift f. Baukunde.

Loewe, Ferd., Strassenbaukunde. gr. 8. (X, 458 S. m. 124 Abbildgn.) Wiesbaden 895. C. W. Kreidel. n. 12. 60

— Strassenbaukunde. Land- u. Stadtstrassen. 2. völlig umgearb. Aufl. (XV, 589 S. m. 155 Abbildgn.) Lex.-8. Wiesbaden 906. C. W. Kreidel. n. 14. 60

Loewe, Ferd., alte u. neue Versuche üb. Reibung u. Cohäsion v. Erdarten. gr. 8. (V, 87 S. m. e. Steintaf. in qu. 4.) München 872. Oldenbourg. n. 2. —

Löwe, Ferd., u. Geo. Meyer, Weichen u. Kreuzungen, Drehscheiben und Schiebebühnen im Eisenbahnbau, } s.: Handbuch der Ingenieurwissenschaften.

Loewe, Franz: Ueber Addison'sche Nebennieren-Krankheit. Halle (1867): Plötz. 37 S. 8⁰
Halle-Wittenberg, Med. Diss. v. 2. Nov. 1867
Geb. Zschöchergen (Kr. Merseburg) 12. 11. 1840. V.

Löwe, Friedemann Is., s. a. L ö w , Friedemann Is.

— **Fried. Is.,** De eo quod justum est principi successori circa revocanda avulsa. Von Veräuserten Domainen-Gütern. Lpz. (Langenheim) 1747. 52 S. (4.—) 21543

Loewe, Friedrich, aus Bonn: Aus d. anat. Institut zu Bonn. Über Neu- und Rückbildung im Ovarium vom Maifisch. ⟨Clupea alosa Cuv.⟩ *Bonn: F. Cohen 1903.* (32 S.) 8°
¶ Aus: Archiv f. mikrosk. Anat. u. Entwicklungsgesch., Bd 63.
Bonn, Med. Diss. v. [22. Juli] 1903

Löwe, Friedrich, aus Clausthal: Die **Sprache** des 'Roman de la Rose ou de Guillaume de Dole'. *Göttingen 1903: L. Hofer.* (VIII, 82 S.) 8°
Göttingen, Phil. Diss. v. [10. März] 1903

Löwe, Frdr., die Sprache des „Roman de la Rose ou de Guillaume de Dole". Diss. (VIII, 82 S.) gr. 8. Göttingen 903. (Vandenhoeck & Ruprecht.) n. 1. 80

Löwe, Friedrich Anton

Löwe, F. A., Denkwürdigkeiten aus dem Leben und Wirken des J. W. Rautenberg, s. Lebensbilder aus der Geschichte der inneren Mission.

Löwe, F. A., üb. den Fall v. Paris u. die heutige Weltlage. Zwei Vorträge. gr. 8. (37 S.) Zürich 871. Meyer. — 75

— Gott u. das All, Christenthum od. Professorenthum, e. ernste Anfrage an die Gewissen. Zugleich als Studie zur Zeitgeschichte m. Bezug auf Prof. Volkmar's jüngste Schriften. gr. 8. (X, 61 S.) Ebend. 871. 1. 20

— der Herr ist nahe. Sorget nichts. Gruß u. Mahnung zum Jubeljahre der evangel. Mission u. der Befreiung Europa's. (Zugleich als 7. Heft des Reichsboten.) Zürich 865. Meyer. gr. 8. (36 S.) 4 ngr.

Löwe, F. A., der bevorstehende Kirchentag und die Baumgartensche Sache. Ein fliegendes Blatt. Hamburg 858. Nolte u. Köhler. gr. 8. (16 S.) n. 3 ngr.

—— **Luther, Schleiermacher und die mecklenburgische Krisis. Ein Wort der Verständigung über evangel. Freiheit an alle Freunde derselben. gr. 8. (XVI und 191 S.) Gotha 858, Besser. ***

Löwe, F. A., kritische Musterung der Traktate deutsch-evangelischer Gesellschaften. Nebst einem unmaßgeblichen Worte über das deutsche Traktatenwesen und einer Reform desselben. Auf Veranlassung des Central-Ausschusses für die innere Mission der deutschen evangel. Kirche verfaßt. 12. (VIII und 115 S.) Hamburg 852, Agentur des Rauhen Hauses.

Löwe, Friedr. Ant., die Offenbarung u. die Fragen der Zeit. Ein theolog. Bedenken. I. — A. u. d. Ttl.: Die Zusammenstimmung des Glaubens mit der menschl. Selbstgewißheit u. Wissenschaft, in besond. Anwendung auf die Irrungen der Gegenwart, erörtert. gr. 8. (21¾ B.) Hamburg 842, Meißner. *

Löwe, F. A., Ruth lyrisches Drama in zwei Handlungen mit e. Vorspiele: Der Tod Simson's. Schwerin 857 Oertzen u. Schloepke. 16. (5 Bl., 117 S.) n. 20 ngr.

—— biblische Studien. 1. Heft: Beiträge zum Verständniß des Propheten Hoseas. (Zugleich als Charakteristik moderner Exegese.) gr. 8. (40 S.) Zürich 868, (Höhr.) *

— Gottes Wege in der Geschichte seines Reichs. Eine Anleitung zum Verständniß des großen göttl. Reichsplans u. seiner Entfaltung durch die Jahrhunderte. Basel 865. Schneider. 8. (VII, 259 S.) 20 ngr.

Löwe, Fritz, Amatus. Erzählung. Illustr. v. Hans Looschen. gr. 16. (VI, 104 S. m. Textillustr. u. 4 Lichtdr.) Leipzig 895. A. Fischer. Geb. in Leinw. m. Goldschn. n. 3. —

(B) **Löwe,** Fritz, Amatus. 895. — (KBL 30.) Jetzt: Leipzig, P. List.

Löwe, Fritz: A u s der Not zur Höhe, Volks-Schauspiel zu Ehren Wilhelms d. Grossen.
Rathenow: M. Babenzien 1897. (1 Bl., 50 S.) 8.

LÖWE, Fritz (Pastor in Rathenow, geb. 16. April 1865 zu Finkenwalde), Flagellanten. Epos. Leipzig, o. J. (1902). 8°. (Mk. 4—.) (2 Mk., wie neu im eleg. Orig.-Lwdbd., Theod. Ackermann, 1909.)

Löwe, Fritz, Flagellanten. Ein Epos. (194 S.) 8. Leipzig (903). P. List. n. 3. —; geb. n. 4.

Löwe, Fritz. (II,). Frau Jutta. Die Päpstin. Eine deutsche Volkssage. Epos in 3 Thln. 8. (IV, 180 S.) Offenbach 892, Seibold. * 4 —; geb. * 5 —

— Frau Jutta, die Päpstin. Eine deutsche Volkssage. Epos in 3 Tln. 2. Aufl. 8. (VI, 180 S.)
Lpz.:A.Fischer 1895. Geb. in Leinw. n. 4. —
Jetzt: Lpz.: P.List.

Löwe, Fritz, Kunterbunt. Humoresken u. Novelletten aus d. Studentenleben. schmal 8. (170 S.) Rathenow 898. M. Babenzien. Geb. n. 1. 20

—— Nikephoros. Erzählung in Versen aus der Zeit der Christenverfolgg. 12. (92 S.) Halle a. S. 890, Mühlmann's Verlag. * 1 —; geb. m. Goldschn. * 2 —

Renatus. Ein märkisches Reiterlied. Epos in 3 Teilen von Fritz **Löwe.**
Leipzig: A. Fischer 1894. 285 S. 8° . A 18.7797

Löwe, Fritz: Die rechtliche Stellung der fränkischen Bauern im Mittelalter dargestellt auf Grund der von Grimm und Schröder gesammelten Weistümer . . . . Würzburg, Druck d. Köhl & Hecker'schen Buchdr., 1888; 2 Bl. + 83 S. 8°
Heidelberg, Jur. Fak., Inaug.-Diss. v. [27. Apr.]*) 1888

Löwe, Fritz, die rechtliche Stellung der fränkischen Bauern im Mittelalter dargestellt auf Grund der von Grimm und Schröder gesammelten Weistümer. Diss. Heidelberg 1888, Theodor Groos. 8°. 83 S.

Löwe, Fritz. (I.). **Die rechtliche Stellung der fränkischen Bauern im Mittelalter, dargestellt auf Grund der v. Grimm u. Schröder gesammelten Weistümer. 8. (III, 83 S.) [Würzb. 888.] Dresd., (Hertz.) * 2 —**

Loewe, Gedaljah: Quaestionis de bonorum apud Platonem gradibus partes quaedam. Berolini (1861): Rosenthal. 27 S. 8°
Halle-Wittenberg, Phil. Diss. v. 8. [vielmehr: 11.] Juli 1861
Geb. Ratibor 1. Mai 1831. V.
Teildr. von S. 1—34 = Cap. 1—3 der eingereichten Arbeit: De bonorum gradibus apud Platonem quaestio. 1859. 104 S. 4° (2°)

— **Gottl. Friedr. Siegism.** (Freiberg), De habitu cutis semiotico pathologico. Präs. Friedr. Ludw. Kreysig. Wittenberg (Tzschiedrich) 25. IX. 1802. 22 S. (3.—) 21544
Gew.: Carl Dav. Loewe.

Löwe, Gust., Nekrolog f. ihn, s.: Goetz, G.

Loewe, Gust., Analecta Plautina, s. Schoell, F.

Löwe, G., Beiträge su Placidus. S.-A. 1876. 21 S. 1.–

Loewe, Gust., s.: Corpus glossariorum latinorum.

Loewe, Gust., Exempla scripturae visigoticae, s. Ewald, Paul.

— s. Glossae nominum.

Löwe, G., Quaestionum de glossariorum Latinorum fontibus et usu particula. Diss. 1875. 86 S. 1.25

Loewe, Gust., prodromus corporis glossariorum latinorum. Quaestiones de glossariorum latinorum fontibus et usu. gr. 8. (XVI, 450 S.) Leipzig 876. Teubner. n. 10. 40

Loewe, H. An exact account on Sir Walter Scott's poem: „The Lady of the Lake". Neubrandenburg, G., u. Diss. Rostock 1873. 24 S. 4. Progr.

Löwe, H., das Christentum. Die Hauptpunkte unseres Wissens v. unserer Religion, f. Konfirmanden u. Erwachsene dargestellt. (81 S.) 8. Heidelberg 907. Ev. Verl. p — 35

Loewe, H., s.: Geschichte der Stadt Lindau im Bodensee.

Löwe, H. (I.), die Juden-Mission, eine Aufgabe der evangelischen Kirche. Vortrag, gehalten im Verein für die Mission unter Israel zu Stettin am 12. Febr. 1869. gr. 8. (19 S.) Erlangen 869, Deichert.

Löwe, H., das verwöhnte Kind, s.: Bloch's, E., Dilettanten-Bühne.

Löwe, Dr. H. Die höhere Schule im Kampfe mit den modernen Zeit- und Kulturströmungen. Köln 1897. 16 S. 8°. (Sonderabdruck aus dem „Pädagogischen Archiv".)

Anfangsgründe der niederen Geodäsie mit Berücks. d. Formeln d. preuss. Vermessgsanweisg '(Katasteranweisung VIII u. IX)'. Dargest. v. [Hans] Loewe, Landmesser. M. 24 Figurentaf. u. e. Anh., enth. mathemat. Tab. *Liebenwerda: R. Reiss 1892.* (VIII, 170, 30 S., 1 Bl., 1 kl. Bl., 24 Taf.) 1 Bd 8. [97. 1675

Loewe, Hans: Die Annales Augustani. Eine quellenkritische Untersuchung. *München 1903: R. Oldenbourg.* (132 S.) 8° [F.]
München, Phil. Diss. v. 1903

Erdbauprojekte und Bodenberechnungen. Von Landmesser Loewe. S.-A. a. d. Allgem. Vermessgs-Nachr. Jg. VII. VIII. 1895 96. *Liebenwerda: R. Reiss 1896.* (42 S., 1 Tab.) 1 Bd 8. [97. 943

— Coordinaten-Tafel zur Berechng. d. Coordinatenunterschiede in Polygonzügen, nebst d. bei Polygonberechngn. nöth. Hilfstafeln. gr. 8. (56 S. m. 13 Fig.) Ebd. 890. Geb. in Leinw. n. 2. 50

Die Leibesübungen als Erziehungsmittel und ihre Einfügung in den Lehrplan des humanistischen Gymnasiums in Bayern. — Dr. Hans Loewe, G.-A. - 1906, München, H. Kutzner. — P. 3—39.
Progr. München, K. Wilhelmsgymnasium

Rechenscalen für numerisches und graphisches Rechnen v. [Hans] Loewe, Landmesser. H. I—IV (in 1 Bde). *Liebenwerda: R. Reiss (1893).* (7, 4, 6, 5 S., 1 Bl., 2—7 S., 1 Bl., 9, 6, 3 S.) 1 Bd 8. [97. 1676

Loewe, Wassermengen in Kanälen u. Drainagen sowie in Rohrleitungen überhaupt. 1. Tl. Konsumtionstafeln. (VIII, 49 u. 2 S. m. Fig., 1 Taf. u. 10 farb. Kartens. u. Anh. 2 S.) gr. 8. Lissa (Posen), 905. (F. Ebbecke.) n. 2. 50; geb. n. 3. —

Wassermengen in Kanälen und Drainagen sowie in Rohrleitungen überhaupt von [Hans] Loewe, Landmesser. T. 1. 2 (in 1 Bde). Lissa: Selbstverl. 1905. (VIII, 49 S.) 8°
1. Konsumtionstafeln.
2. Ermittelung d. Wassermengen nach d. Niederschlagsgebiete.

Antisemitismus und Zionismus. Eine zeitgemäße Betrachtung. Von Dr. Heinrich Sachse [d. i. Heinrich Loewe]. *Berlin: H. Schildberger [1894].* (22 S.) 8°
== Jüdische Aufklärungsschrift. 1.

Jüdische Aufklärungsschrift... Von Dr. Heinrich Sachse [d. i. Heinrich Loewe]. 1. 2. *Berlin: H. Schildberger [1894]–97.* 2 Bde 8°
1 = Antisemitismus u. Zionismus. 1894.
2 = Zionistenkongreß u. Zionismus e. Gefahr? 2. Aufl. 1897. [04. 6500

Loewe, Heinr. Cours français. 1. et 2. partie. Auf Grund seines Lesebuches La France et les Français. Mit steter Berücksicht. d. neuen Lehrpläne u. Prüfungsbestimmgn. bearb. gr. 8. [Dessau 892, Kahle's Verlag.] Dresd., Kühtmann. * 2 — geb. ** 2 40
1. Einführung in d. französische Sprache. Unterstufe. 3. Aufl. (IV, 106 S.) * — 80; geb. ** 1 —.
2. Neue französische Schulgrammatik. Mittelstufe. (V, 108 S.) * 1 20; geb. ** 1 40.

Loewe, Heinr. Daniel Defoe. 12 S. Rg. *Bernburg* 1882.
Progr.

— England and the English. Neues engl. Lesebuch f. deutsche Schulen. Mittelstufe. Mit Anmerkgn. gr. 8. (IV, 298 S.) Ebd. 894. n. 2. 40

— dasselbe. Unterstufe. Mit e. vollständ. Wörterbuche. 2. Aufl. gr. 8. (VI, 292 S.) Ebd. 894. n. 2. 40; geb. n. 2. 80; Wörterbuch. (112 S.) 894. n. — 60

— La France et les Français. Neues französ. Lesebuch f. deutsche Schulen. Unterstufe. Mit Wörterverzeichnissen u. vollständ. Wörterbuch hrsg. 3. Aufl. gr. 8. (VIII, 224 S.) Ebd. 891. * 1 60; geb. * 1 85

— dass. — Mittelstufe. gr. 8. (V, 244 S.) Ebd. 892. * 2 — geb. * 2 30; Wörterbuch dazu (84 S.) * — 50; cart. * — 60

— la France et les Français. Neues französ. Lesebuch f. deutsche Schulen. Unter- u. Mittelstufe. Mit Wörterverzeichnissen u. vollständ. Wörterbuch hrsg. gr. 8. Ebd. n. 4. 10; geb. n.n. 4. 75
Unterstufe. 3. (Titel-)Aufl. (VIII, 224 S.) 893. n. 1. 60; geb. n.n. 1. 85
Mittelstufe. 2. (Titel-)Aufl. (V, 244 S.) 894. n. 2. —; geb. n.n. 2. 30
Wörterbuch. 2. Aufl. (84 S.) 894. n. — 50; kart. n. — 60

Loewe, Heinr., la France et les Français. Neues französ. Lesebuch f. deutsche Schulen. Unterstufe. M. Wörterverzeichn. u. vollständ. Wörterbuche. 4., neu durchgeseh. Aufl. gr. 8. (IV, 198 S.) Dresden 897. G. Kühtmann. n. 1. 60; geb. in Leinw. n.n. 1. 85

— English grammar. I. part. Einführung in die engl. Sprache auf Grund seines Lesebuches England and the English. Unterstufe. Mit steter Berücksicht. der neuen Lehrpläne u. Prüfungsbestimmungen. bearb. 2. (Titel-)Aufl. gr. 8. (IV, 111 S.) Dresden 894. G. Kühtmann. n. 1. —; geb. n.n. 1. 20

Loewe, Heinr., English grammar. II. part. Neue engl. Schulgrammatik auf Grund seines Lesebuches England and the English. Mittelstufe. Unter steter Berücksicht. der neuen Lehrpläne u. Prüfungsbestimmgn. bearb. gr. 8. (IV, 139 S.) Dresden 894. G. Kühtmann. n. 1. —

Löwe, Heinr., gut Englisch. Redewendgn. u. Gesprächsstoffe. Eine unentbehrl. Ergänzg. d. grammatikal. Kenntnisse, f. prakt. Zwecke hrsg. unt. Mitarb. v. R. Meienreis. (VII, 143 S.) 8. Berlin 908. [Regenhardt'sche Verlagsanstalt.] Schöneberg, R. Jacobsthal & Co.
Geb. in Leinw. 2. 50

Loewe, Heinr., s.: Heymann, A. H., Lebenserinnerungen.

Loewe, Heinr., zur Kunde v. den Juden im Kaukasus aus zwei alten deutschen Zeitungen. 12. (22 S.) Charlottenburg 900. Berlin (H. Barsdorf). n. 1. —

Loewe, Heinr., Lehrgang der französischen Sprache. 2 Tle. 8. Berlin, Friedberg und Mode. *ℳ 3.80.; geb. *

Inhalt:
Tl. 1. Lehr-, Sprach- und Lesestoff zu einem naturgemäßen Unterricht in den beiden ersten Jahren [Quinta und Quarta]. (XIII, 258 S.) 885. *ℳ 1.80.; geb. *ℳ 2.25.
" 2. Lehr-, Übungs- und Lesestoff zu einem naturgemäßen Unterricht auf der Mittelstufe. (VIII, 315 S.) 887. *ℳ 2.—.; geb. *ℳ 2.50.

— Lehrgang der französischen Sprache. Tl. Ia u. b f. die ersten 2—3 Jahre des französ. Unterrichts. 2., den neuen Lehrplänen entsprech. Aufl. 8. Berlin 893. Friedberg & Mode. n. 2. —
a. Lese-, Sprach- u. Lehrstoff. (VIII, 172 S.)
b. Übungen, Präparationen u. Wörterverzeichnis. (122 S.)

— Lexikon d. Handelskorrespondenz. Deutsch-Französisch-Englisch. Unter Mitwirkg. v. H. Alcock u. C. Charmillot hrsg. 12 Lfgn. gr. 8. (II, 565 S.) Berlin 888. 889. Regenhardt. à n. — 50

— dasselbe. Deutsch-Englisch-Französisch. Unter Mitwirkg. v. H. Alcock u. C. Charmillot hrsg. 2. Aufl. gr. 8. (IV, 565 u. 4 S.) Ebd. 889. geb. n. 7. 50

—— dass. — 2.—4. Aufl. gr. 8. (IV, 571 S.) Ebd. 890—92. * 6 — geb. * 7 50

— Lexikon der Handelskorrespondenz. Deutsch — Englisch — Französisch. Unter Mitwirkg. v. Harry Alcock u. C. Charmillot hrsg. 4. Aufl. 12 Lfgn. gr. 8. (IV, 571 S.) Berlin 892. C. Regenhardt. à n. — 50
(kplt. geb.: n. 7. 50)

— Lexikon d. Handelskorrespondenz Deutsch-Englisch-Französisch. Unter Mitwirkg. v. Harry Alcock u. C. Charmillot hrsg. 5. Aufl. gr. 8. (IV, 571 S.) Berlin 897. C. Regenhardt. Geb. in Leinw. n. 7. 50
Erschien auch in 12 Lfgn. à n. — 50.

— Lexikon d. Handelskorrespondenz Deutsch-Englisch-Französisch. Unter Mitwirkg. von Harry Alcock u. C. Charmillot hrsg. 6. Aufl. (In 12 Lfgn.) 1.—8. Lfg. gr. 8. (S. 1—384.) Ebd. (902). à n. — 50

Loewe, Heinr., Lexikon der Handelskorrespondenz Deutsch-Englisch-Französisch. Unter Mitwirkg. v. Harry Alcock u. C. Charmillot hrsg. 6., verb. Aufl. 9—12 (Schluß-) Lfg. (IV u. S. 385—571.) gr. 8. Berlin 902. Regenhardt'sche Verlagsanst. à n. — 50

— Lexikon der Handelskorrespondenz Deutsch-Englisch-Französisch. Unt. Mitwirkg. v. Harry Alcock u. C. Charmillot hrsg. 7. Aufl. (Neue [Titel-]Ausg.) (IV, 571 S.) 8. Ebd. [907] 908. Geb. in Leinw. 7. 50

Lexikon der Handelskorrespondenz. Deutsch-Italienisch-Spanisch. Unter Mitw. von Dr. H. Petitbon, Rom, u. Pablo Mendez, Madrid, hrsg. von Dr. Heinrich Loewe. (In 12 Lfgen.) *Berlin: C. Regenhardt (1895–) 1900.* (571 S.) 8° [F. u. Ant.] [01. 7927

— dasselbe. Deutsch-Italienisch-Spanisch. Unter Mitwirkung v. H. Petitbon u. Pablo Mendez hrsg. (Neue [Titel-] Ausg.) (IV, 571 S.) 8. Ebd. [895—900] (908).
Geb. in Leinw. 7. 50

— der Liberalismus macht selig u. der Sonntagsgottesdienst macht liberal. Ein Wort zur Verständigg. an Hrn. Gustav Levinstein. Hrsg. v. der Berliner zionist. Vereinigg. gr. 8. (11 S.) Berlin (W., Charlottenstr. 70) 901. Rechtsanwalt A. Hanke. — 20

Loewe, Heinrich: Der Liberalismus macht selig und der Sonntagsgottesdienst macht liberal. Ein Wort z. Verständigung an Herrn Gustav Levinstein.
Hrsg. von d. Berliner Zionist. Vereinigung. Berlin: H. S. Hermann 1901. (11 S.) 8°.

Loewe, Heinr., Liederbuch f. jüdische Vereine. Im Auftr. der „zionist. Vereinigg. f. Deutschland" hrsg. 4. Aufl. 16. (128 S.) Berlin 898. H. Schildberger. Kart. n.n. — 50

— Liederbuch f. jüdische Vereine, s. a. Volksbibliothek, jüdische.

— Shakespeare's Macbeth im Unterricht der Prima. 19 S. [= Vermischte Aufsätze über Unterrichtsziele und Unterrichtskunst an höheren Schulen. Berlin 1888 S. 222—261.] Rg. *Barmen* 1881.
Progr.

Loewe, H. Marryat als Jugendschriftsteller, nebst Probe einer Schulausgabe der „Settlers in Canada". Bernburg, Rg., 1879. 20 S. 4. Progr.

Loewe, Heinr., eine jüdische Nationalbibliothek. (30 S.) gr. 8. Berlin 905. Köln, Jüd. Verlag. n. — 50

— s.: Neu-Judäa.

Löwe, Heinr., deutsch-englische Phraseologie in systematischer Ordnung, nebst e. systematical-vocabulary. Ein Seitenstück zur deutsch-französ. Phraseologie von Bernh. Schmitz. Unter Mitwirkung von Bernh. Schmitz hrsg. gr. 8. (XI, 222 S.) Berlin 877. Langenscheidt. n. 2. —;
cart. n. 2. 40

Loewe, Heinr., deutsch-englische Phraseologie in systematischer Ordnung, nebst einem systematical vocabulary. Ein Seitenstück zur deutsch-französ. Phraseologie von Bernh. Schmitz. Unter Mitwirkung von Bernh. Schmitz hrsg. 2. gänzlich umgearb. Aufl. gr. 8. (XV, 180 S.) Berlin 884, Langenscheidt'sche Verlagsh. *ℳ 2.; geb. *

—— deutsch-englische Phraseologie in systematischer Ordnung, nebst einem systematical vocabulary. Ein Seitenstück zur deutsch-französ. Phraseologie von Bernh. Schmitz. Unter Mitwirkung von Bernh. Schmitz hrsg. 3. verb., um ein Register verm. Aufl. gr. 8. (XV, 196 S.) Berlin 888, Langenscheidt'sche Verlagsh. *ℳ 2.—.; geb.

— deutsch-englische Phraseologie in systematischer Ordnung, nebst e. systematical vocabulary. Ein Seitenstück zur deutsch-französ. Phraseologie v. Bernh. Schmitz. Unter Mitwirkg. v. Bernh. Schmitz hrsg. 4., ster. Aufl. gr. 8. (XV, 196 S.) Berlin 893. Langenscheidt. n. 2. —
geb. 2. 50

[F.] Deutsch-englische Phraseologie in systematischer Ordnung nebst e. Systematical Vocabulary. E. Seitenstück z. deutsch-französ. Phraseologie v. Bernhard Schmitz. Unt. Mitw. v. Dr. Bernhard Schmitz, weil. Prof. ... an d. Univ. Greifswald hrsg. v. Dr. Heinrich Loewe. 5., verm. u. verb. Aufl. ... *Berlin: Langenscheidt 1897.* (XV, 198 S.) 1 Bd 8.

— deutsch-englische Phraseologie in systematischer Ordnung, nebst e. systematical vocabulary. Ein Seitenstück zur deutsch-französ. Phraseologie von Bernh. Schmitz. Unter Mitwirkg. v. Bernh. Schmitz hrsg. 6. Aufl. gr. 8. (XV, 198 S.) Berlin 902. Langenscheidt's Verl. n. 2. 50; geb. n. 3. —

— deutsch-englische Phraseologie in systematischer Ordnung, nebst e. systematical vocabulary. Ein Seitenstück zur deutsch-französ. Phraseologie v. Bernh. Schmitz. Unter Mitwirkg. v. Bernh. Schmitz hrsg. 7. Aufl. (XV, 198 S.) 8. Berlin-Schöneberg 905. Langenscheidt's Verl. n. 2. 50; geb. n. 3. —

Loewe, Heinr. Über die Phraseologie der englischen Sprache, mit Belegstücken aus einer deutsch-englischen Phraseologie des Verfassers. 40 S. Progr. Rg. *Bernburg* 1877.

Loewe, Heinrich [aus Gross-Wanzleben, Prov. Sachsen]: Richard von San Germano und die ältere Redaktion seiner Chronik. 1. Tl ... Magdeburg, Faber'sche Buchdr., 1894; VI, 26 S., 1 Bl. 8.
Berlin, Phil. Fak., Inaug.-Diss. v. 11. Juli 1894

Löwe, Heinr., Richard v. San Germano u. die ältere Redaktion seiner Chronik. gr. 8. (VIII, 100 S.) Halle 894. M. Niemeyer. n. 2. —

Der Ring des Propheten Elijjahu. Ein Märchen von Heinrich Loewe. Berlin: Jüd. Rundschau 1906. (72 S.) 8°

— s.: Rundschau, israelitische.

Loewe, Heinrich, Dr.: Shakespeare-Studien: 100 Stellen weidmännisch erklärt und übersetzt. Zerbst 1904: Otto Schnee. (III, 32 S.) 8° [F.]
Zerbst, herz. Francisceum OP 1904 (798)

— s.: Student, der jüdische.

— französisches Uebungsbuch für mittlere Klassen, enth.: 1. Abriß der französ. Sprache nach Schmitz. 2. Tabelle der unregelmäßigen Verben, nebst Ableitungsschema. 3. Deutsche Uebungsstücke histor. Inhalts. 4. Präparationen zu den Uebungsstücken. Zugleich als 2. Thl. von Fischer's Lehrbuch der französ. Sprache. gr. 8. (VIII, 161 S.) Frankfurt a/M. 877. Diesterweg. n. 1. 40

Loewe, Heinr., Unterrichtsbriefe zur schnellen und leichten Erlernung fremder Sprachen nach neuer, natürlicher Methode. Englisch. Hrsg. unter Mitwirkung von Harry Alcock. (In 10 Lfgn.) gr. 8. (VIII, 320 S. Grammatik, 80 S. Lösungen und 62 S. Wörterverzeichnis.) Berlin 887,88, Regenhardt. à Lfg. * 50 Pf. * compl. geb. *

— dasselbe. 2. Aufl. 1.—4. Lfg. gr. 8. (160 u. 32 S.) Ebd. 890. à n. — 40

— Unterrichtsbriefe zur schnellen u. leichten Erlernung fremder Sprachen nach neuer, natürlicher Methode. Englisch. Unter Mitwirkg. v. Harry Alcock hrsg. 2. Aufl. 5.—10. (Schluß-)Lfg. gr. 8. (8 S., S. 161—328, 33—80 u. Wörterverzeichnis 61 S.) Berlin 891. C. Regenhardt. à n. — 50 (kplt. geb.: n. 6. —)

— Unterrichtsbriefe zur schnellen u. leichten Erlernung fremder Sprachen nach neuer natürlicher Methode. Englisch. Unter Mitwirkg. v. Harry Alcock hrsg. 7. verb. Aufl. (VIII, 336, 84 u. 61 S.) gr. 8. Berlin (903). Regenhardt'sche Verlagsanst. Geb. in Leinw. n. 6. —; auch in 10 Heften à n. — 50

— dasselbe. Französisch. Unter Mitwirkg. v. C. Charmillot hrsg. 10 Lfgn. gr. 8. (VIII, 304, Lösungen 80 u. Wörterverzeichnis 39 S.) Ebd. 888. 889. à Lfg. n. — 50

— dasselbe. 2. Aufl. gr. 8. (VIII, 304; 80 u. Wörterverzeichnis 39 S.) Ebd. 889. geb. n. 6. —

— dasselbe. Französisch. Unter Mitwirkg. v. C. Charmillot hrsg. 3., verb. Aufl. 10 Lfgn. gr. 8. (VIII, 304, 80 u. 39 S.) Ebd. 894. à n. — 50 (kplt. geb. in Leinw.: n. 6. —)

— dasselbe. Französisch. Unter Mitwirkg. v. C. Charmillot hrsg. 4. verb. Aufl. (VIII, 304, 80 u. 39 S.) 8. Ebd. (903). Geb. in Leinw. n. 6. —; auch in 10 Heften à n. — 50

— dasselbe. Italienisch. Nach den besten Hülfsmitteln bearb. v. G. A. Scartazzini. (In 10 Lfgn.) 1. u. 2. Lfg. gr. 8. (S. 1—64 u. Lösgn. S. 1—16.) Ebd. 889. à — 50

— dasselbe. Italienisch. Nach den besten Hülfsmitteln bearb. v. G. A. Scartazzini. 3.—10. Lfg. gr. 8. (VIII u. S. 65—352, 17—88 u. Wörterverzeichnis 21 S.) Ebd. 889. 891. à n. — 50 (kplt. geb.: n. 6. —)

— Unterrichtsbriefe zur schnellen u. leichten Erlerng. fremd. Sprachen nach neuer natürl. Methode. Italienisch. Nach den besten Hilfsmitteln bearb. v. J. A. Scartazzini. 3. Aufl. (In 10 Lfgn.) 1.—3. Lfg. gr. 8. (S. 1—112 u. Lösgn. S. 1—16.) Berlin 897. C. Regenhardt. à Lfg. n. — 50

Loewe, Heinr., Unterrichtsbriefe zur schnellen u. leichten Erlerng. fremder Sprachen nach neuer, natürl. Methode. Italienisch. Nach den besten Hilfsmitteln bearb. v. J. A. Scartazzini. 3. verb. Aufl. 4.—10. (Schluß-)Lfg. gr. 8. (VIII u. S. 113—364, Lösgn. S. 17—92 u. Wörterverzeichnis 21 S.) Berlin 898. C. Regenhardt. à n. — 50

— dasselbe. Italienisch. Nach den besten Hilfsmitteln bearb. v. J. A. Scartazzini. 4. verb. Aufl. (IV, 364, 92 u. 21 S.) gr. 8. Ebd. (903). Geb. in Leinw. n. 6. —; auch in 10 Heften à n. — 50

— Unterrichtsbriefe zur schnellen u. leichten Erlernung fremder Sprachen nach neuer, natürlicher Methode. Italienisch. Nach den besten Hilfsmitteln bearb. v. J. A. Scartazzini. 5. verb. Aufl. (VIII, 364, 92 u. 21 S.) 8. Berlin-Schöneberg (910). R. Jacobsthal & Co. 5. —; geb. in Leinw. 6. —

— dasselbe. Russisch. Nach den besten Hilfsmitteln verf. v. W. Glikin. (X, 416, 74, 26 S. u. 30 S. in Fksm.) gr. 8. Ebd. (906). Geb. in Leinw. n. 12. —; auch in Lfgn. à n. 1. —

— dasselbe. Russisch. Nach den besten Hilfsmitteln verf. v. W. Glikin. (X, 416, 74, 26 u. 32 S.) gr. 8. Berlin (907). [Regenhardt'sche Verlagsanstalt.] Schöneberg, R. Jacobsthal & Co. Geb. in Leinw. 12. —

— dasselbe. Spanisch. Unter Mitwirkg. v. Ed. H. Echenagucia hrsg. v. Adf. Kreßner. 10 Lfgn. gr. 8. (388 u. Wörterverzeichnis 44 S.) Ebd. 890. 891. à n. — 50 (kplt. geb.: n. 6. —)

Dr. H[einr.] Loewes Unterrichtsbriefe zur schnellen und leichten Erlernung fremder Sprachen nach neuer, natürl. Methode. Spanisch. Unter Mitw. von Eduardo H. Echenagucia hrsg. von Dr. Adolf Kressner. 2., vielf. verb. Aufl. (In 10 Lfgen.) *Berlin: C. Regenhardt 18(97)98.* (Getr. Pag.) 8° [F.]
= Loewe: Unterrichtsbriefe ... Spanisch.

— dasselbe. Spanisch. Unter Mitwirkg. v. Eduardo H. Echenagucia hrsg. v. Adf. Kreßner. 2., vielf. verb. Aufl. (Neue [Titel-]Ausg.) (VII, 824, 68 u. 24 S.) 8. Ebd. [897. 98] (908). Geb. in Leinw. 6. —

Verzeichnis der Lesesaal- und Handbibliothek der Königlichen Universitäts-Bibliothek zu Berlin. 5. Ausg. ⟨Ausgegeben am 6. Juni 1906.⟩ (Bearb.: Dr. Georg Schneider u. Dr. [Heinrich] Loewe; Vorr.: Dr. [Johannes] Frauke, Dir.) Berlin 1906: (A. Hopfer in Burg b. M.). (VIII, 251 S.) 8° [06. 8199

Zionistenkongreß und Zionismus eine Gefahr? Eine zeitgemäße Betrachtung. Von Dr. Heinrich Sachse [d. i. Heinrich Loewe]. 2. Aufl. Beilage zu No 9 des 'Zion'. *Berlin: H. Schildberger 1897.* (54 S.) 8°
— Loewe: Jüdische Aufklärungsschrift. 2. [04. 8304

Löwe, Heinrich August

Löwe, Hnr. Aug., s. Foa, E., sechs Geschichten junger Mädchen.

Löwe, Heinr. Aug., analyt.-synthet. Predigtentwürfe üb. d. vierjähr. Cyclus der in d. großh. weimar. Landen üblichen Perikopen. 1. Lfg. Enth. die 4 Adventssonntage. 8. (8 B.) Eisenberg 836, Schöne'sche Buchh.

Löwe, Heinrich Georg Fr.

Löwe, Heinr. Ge. F. (Übers.), s. Caro, Josef: Der Schulchan aruch.

Löwe sen., Heinr. Geo. Fr., der Schulchan Aruch, s. Schulchan.

—— babylon. Talmud, s. Talmud.

Löwe, Hermann, aus Clausthal i. H.: Über die Einwirkung von Thiophenolen auf Chlor-Nitrobenzole. *Freiburg i. B.: Speyer & Kaerner 1903.* (30 S.) 8°
Freiburg i. B., Phil. Diss. v. 1903

Loewe, Herm., das wichtigste Jahr. 10 Kapitel üb. Säuglingspflege. (68 S.) gr. 8. Leipzig (909). O. Borggold. 1.20

Loewe, Herm., Symbolae ad enarrandum sermonem poetarum latinorum. 2 partes. 4. Grimma, (Gensel.) à *M 1. *
Inhalt:
Pars 1. De nonnullis figuris, quibus poetae latini utuntur in exemplum adhibitis septem primis libris metamorphoseon. (32 S.) 863.
» 2. De elocutione Vergilii. (40 S.) 873.

Loewe, Herm., symbolae ad enarrandum sermonem poetarum latinorum. 2 partes. 4. Grimma 873. (Gensel.) à n. 1. —
1. De nonnullis figuris, quibus poetae latini utuntur in exemplum adhibitis septem primis libris metamorphoseon. (32 S.)
2. De elocutione Vergilii. (40 S.)

Löwe, Herrm., Ursachen, Verhütung u. Behandlung der Cholera. Leicht faßlich zusammengestellt. gr. 8. (31 S.) Neuschönefeld 871. Thust jun. — 30

Loewe, Hubert, Tierarzt aus Hamburg: Studien über experimentelle Dourine. ⟨Aus dem Institut für Schiffs- und Tropen-Krankheiten zu Hamburg. Professor Nocht.⟩ Hamburg 1910. 45 S. und eine Tafel. 8°. [4. III. 10.]
Bern, Vet.-med. Diss. 1909/10.

Loewe, Hubert. Studien über Experimentelle Dourine. Aus dem Institut für Schiffs- und Tropen-Krankheiten zu Hamburg.... Diss. Vet.-Med. Bern. Mit 3 Abbildungen [auf 1 Tafel] und 2 Tabellen [im Text]. 47 S. 8. Hamburg, Max Baumann, 1910.

Loewe, Hugo [aus Bonn]: Die Stellung des Kaisers Ferdinand I. zum Trienter Konzil vom Oktober 1561 bis zum Mai 1562 :... Bonn, Max Cohen & Sohn (Fr. Cohen), 1887; 88 S. 8°.
Bonn, Phil. Fak., Inaug.-Diss. v. 17. Mai 1887.

Löwe, J. Chph., dogm. u. moral. Einleit. in d. Religionsstreitigk. m. d. Deisten. 8. Gotha, Mevius. 752.
Dass.s.a.:Löwe,Joh.Kaspar.

Löwe, J. S., zur Gold- und Silberwährungsfrage. Hamburg 857. Nestler u. Melle. 8. (36 S.) n. 6 ngr.

Löwe, Joël, († d. 11. Febr. 1802.) Assaph, über ächte u. unächte Religiosität. gr. 8. Bresl. 797. Gehr. 4 gr.

— Beitrr. zur Kritik d. deutschen Sprache. gr. 8. Bresl. 803. Gehr. 20 gr.

— einige Bemerkk. über Zeitwörter, vorzügl. Seyn, Haben und Werden. 8. Bresl. 793.

— etwas über Chronologie zur Jüdischen Geschichte; e. Progr. 8. Bresl. 790. Gehr. 5 gr. Einige Nachträge dazu. 8. Ebd. 179..

— s. Jeremias Klaggesänge.

Löwe, Joel, Nachlese zur deutschen Synonymik, nebst 2 Fortsetzungen. Breslau 1798—1800. 8.

Löwe, Johann Adam, s. Löw, Johann Adam.

Löwe, Jh. Er., Handbuch für deutsche Landwirthe, in welchem d. wichtigsten Gegenstände aus d. 3 Reichen d. Natur vorgetragen u. geordnet sind. 2 Thle. gr. 8. Gotha 802. Ettinger. 2 ₰ 12 gr.

Löwe, Jh. Fr. Bethm., s. 1) Monatsschrift, Bunzlausche. 2) Unterhaltungen zum Nutzen u. Vergnügen.

Löwe, Johann Friedrich, s. Löwen, Johann Friedrich.

Loewe, Joh. Heinr., über den Begriff der Logik u. ihrer Stellung zu den anderen philosophischen Disciplinen. 12. (83 S.) Wien 849, Braumüller. n. 1/2 ₰

Loewe, J. H., John Bramhall, Bischof von Derry, und sein Verhältniss zu Thomas Hobbes, s. Abhandlungen der Classe für Philosophie etc. der k. böhm. Gesellschaft der Wissenschaften. VII, 1.

Löwe, Joh. Heinr., Über ein angebliches ethisches Hindernis der Abstammung der Menschheit von einem Menschenpaare. — Über die Zenonischen Einwürfe gegen die Bewegung. Zwei Abhandlungen. Prag, Verlag der böhm. Gesellschaft der Wissenschaften. 1867, 4°.

Loewe, Joh. Heinr. Die speculative Idee d. Freiheit, ihre Widersacher, ihre practische Verwertung. Hrsg. v. der königl. böhm. Gesellschaft der Wissenschaften. gr. 8. (XVI, 170 S.) Prag 890, (Řivnáč). ** 4 —

Loewe, Joh. Heinr., der Kampf zwischen dem Realismus u. Nominalismus im Mittelalter, sein Ursprung u. sein Verlauf. [Aus: „Abhandlungen der königl. böhm. Ges. d. Wiss."] gr. 4. (87 S.) Prag 876. Kosmack & Neugebauer in Comm. n. 2. 40

Loewe, Joh. Heinr., Lehrbuch der Logik. gr. 8. (XVII, 283 S. mit 1 Tab.) Wien 881, Braumüller. *

Loewe, Joh. Heinr., die Philosophie Fichte's nach dem Gesammtergebnisse ihrer Entwickelung und in ihrem Verhältnisse zu Kant und Spinoza. Mit einem Anhang: Ueber den Gottesbegriff Spinoza's und dessen Schicksale. gr. 8. (III und 323 S.) Stuttgart (861)62, Nitzschke. *

Loewe, Joh. Heinr., Rede zur Feier des 100jähr. Geburtstages J. C. Fichtes gehalten in der Aula der Carl-Ferdinands-Universität zu Prag am 19. Mai 1862. gr. 8. (23 S.) Prag 862, Calve'sche Universitäts-Buchh. *

Loewe, J. H., das speculative System des René Descartes, seine Vorzüge und Mängel. (Aus d. Sitzungsberichten d. k. Akad. d. W.) Wien 854. (Gerold.) gr. 8. (63 S.) n. 10 ngr.

Loewe, J. Heinr., das speculative System des René Descartes, seine Vorzüge und Mängel. Lex.-8. (63 S.) Wien 855, (Gerold's Sohn.) *

Aus: Sitzungsberichte der k. Akademie der Wissenschaften J. 1854, besonders abgedruckt.

Loewe, Joh. Heinr., über den Unterricht in der philosophischen Propädeutik am Gymnasium. Zugleich eine theilweise Beleuchtung der hierüber in dem Organisations-Entwurfe für die österreich. Gymnasien enthaltenen Instructionen. Prag 865. Steinhauser. gr. 8. (III, 36 S.) n. 8 ngr.

—— Johann Emanuel Veith. Eine Biographie. Mit dem Bildnisse Veith's (in Stahlst.). 8. (XXI, 360 S.) Wien 879, Braumüller. *

Löwe, Johann Karl Chr.

Löwe, Jh. Karl Chr., († d. 7. Juni 1807.) Annalen d. schlesischen Landwirthschaft. 1s—3s Heft. gr. 8. Berl. 801, 2. Pauli. 1 ₰ Jahrg. 1803. 12 Hefte. 8. Leipz., (Mittler). 2 ₰ J. 1804. 4 Quartale. 8. Bresl. 804. (J. F. Korn). 2 ₰ J. 1805. 2 Bde oder 6 Stücke. Ebd. 1 ₰ 12 gr

Löwe, J. K. C.: „Annalen der schlesischen Landwirthschaft" als Fortsetzung des „Neuesten Magazin für Oekonomen . . .", 3 Hefte, Berlin 1801—1802 (Pauli). Derselbe: „Annalen der schlesischen Landwirthschaft auf 1803", 12 Hefte, Leipzig (Mittler). Dieselben auf 1804 (4 Quartale), Breslau (Korn). Dieselben auf 1805, 1. Band in 3 Stücken, Breslau (Korn).

— Annal. d. schles. Landwirthsch. a. 1803. 12 Hfte. 8. Lpz. Supprian.

— — dies. 4. Quartale. 8. Bresl. Gehr. 804.

— Apologie d. Güter-Dismembration, wie sie in d. allerhöchsten Declaration von 1787 nachgegeben u. empfohlen ist. 8. Bresl. 803. (Aus d. 8n u. 9n Hefte d. Annalen v. 1803 d. schles. Landwirthschaft abgedr.)

— Handbuch d. theoret. u. prakt. Kräuterkunde f. Jedermann. 8. Bresl. 787. Löwe. (W. Rauck in Leipz.) 1 ₰

— Handb. d. prakt. u. theoret. Kräuterkunde f. Jederm. 8 Bresl. Löwe. (Sommer in Leipz.) 794.

Löwe, Johann Karl Chr., s. M a g a z i n , Neuestes, f. Ökonomen u. Kameralisten.

— s. M o n a t s s c h r i f t , Oberschlesische.

— Revision d. Schriften über Oberschlesien, von 1782 bis 90. 8. Bresl. 791. Gutsch. 6 gr

— ökonom.-kameralist. Schriften. 2 Bde. gr. 8. Bresl. 788, 89. J. F. Korn. 1 ₰ 4 gr

— ökonom.-kameralist. S c h r i f t e n. 2 Bde. gr. 8. Bresl. Korn d. ält. 795.

— — derselben 2r Bd. 8. Lpz. Sommer.

— physikal. Zeitung auf d. J. 1784. 4. Bresl., J. F. Korn. 3 ₰

Löwe, Johann Carl Chr. (Herausgeber): „Physicalische Zeitung", Stück 1—48, nebst Register, Halle 1784 (Trampe). — Vorh.: UB Königsberg. Fortsetzung: Derselbe mit Riem, Johann (1786: Riem alleiniger Herausgeber): „Physikalisch-ökonomische Zeitung", Stück 1—12, Breslau 1785 (Gottlieb Löwe), 1786: „Physikalisch-ökonomische Zeitung. Eine Monathsschrift", Dresden und Leipzig 1786 (Breitkopf). — Vorh.: Preußische Staatsbibliothek Berlin. — Signatur Ou 12614 (Band 1, 2), ferner: UB Königsberg. 1786: Bandtitel des 1.—3. Vierteljahrbandes „Des Amtsrathes Riem Physikalisch-ökonomische Monathsschrift, oder Fortsetzung der physikalisch-ökonomischen Zeitung aufs Jahr 1786. Bandtitel des 4. Vierteljahrbandes: Des Amtsrathes Riem Physikalisch-ökonomische Monaths- und Quartalschrifft". Fortsetzung: Riem, Johann (Herausgeber): „Physikalisch-ökonomische Monaths- und Quartalschrifft" (Jahrgang 1788: „Physikalisch-ökonomische Quartalschrifft"), Jahrgang 1787 (= Stück 1—12), Jahrgang 1788 (= Quartal 1—4). Dresden und Leipzig 1787—1788 (Breitkopf).
Nachher u. d. T.: „Physikalisch-ökonomische Quartalsschrift", Jahrgang 1789. Dazu: Alphabetischer Sachinhalt der ökonomischen Monats- und Quartalsschrift von 1786—1788, Leipzig 1790. Fortsetzung: „Vorläufiger ökonomischer Schwanengesang, oder letzte Lieferung seiner physikalisch-ökonomischen Zeitung", Leipzig 1807.

Löwe, Johann Kaspar

— dogmat. u. moral. Einleitung in d. Religionsstreitigkeiten mit d. Deisten. 8. Gotha 752. Mevius. 10 gr
Dass. s. a.: Löwe, J. Christoph.

Löwe, Jh. Ksp., († 1767.) freie Gedanken d. Freunde d. Unglaubens von den alttestamentl. Geschichten, aus d. Werke v. Stackhouse gesammelt, widerlegt u. herausg. 8. Erfurt 761.

— der Mensch, der ehrliche Mann u. der Christ. 8. Erfurt 767.

— d. ganze Religion Jesu Christi in ihrer natürl. Schönheit rc. erläut. 8. Erfurt 756. Gsellius in Gotha. 12 gr NB. s. a. Jh. Adm. Löw.

Wahl, Joh. Jac. [Präs.] und Joh. Conrad Loewe [Resp.]
Dissertatio exhibens differentias juris publici universalis, et prudentiae civilis. Giessae-Hass. 27. Okt. 1710: Joh. Reinh. Vulpius. 46 S. 4°
publice ventil.

Löwe, Jos., Babylonien u. Assyrien, s.: P r o j e c t i o n s - V o r t r ä g e. 49. Heft.

Loewe, Josef, aus Berlin: Die unmittelbare, wirtschaftliche Einwirkung des Krieges 1870/71 in Deutschland. *Breslau 1901: Gruss, Barth & Co.* (63 S.) 8°
Würzburg, Jur. Diss. v. 1901

Loewe, Jos., Mietrecht des Deutschen Reiches, s.: S a m m l u n g Kösel.

Loewe, Jos., die Störungen in der deutschen elektrotechnischen Industrie während der J. 1900 ff., s.: S c h r i f t e n des deutschen Vereins f. Socialpolitik. 107. Bd.

Loewe, Julian, was fehlt noch? Vorschläge z. socialen Reform. gr. 8. (15 S.) Leipzig 848, Jurany (jetzt: Kittler). 1½ ngr

Löwe, Julius

Loewe, Jul. Aug. Guil, de hydrope ascite. Dissert. inaug. medica. 8maj. (40 S.) Berolini 848. [Pasewalk,] Braune.

Löwe, Julius, Dr., Ueber die Reinigung der Schwefelsäure von der Salpetersäure-salpetrigen Säure, Unter-Salpetersäure und der arsenigen Säure.

Löwe, Jul., die Wiedergewinnung des Silbers in der Photographie. Eine kurzgefaßte Anleitung für Photographen. Frankfurt a. M. 857. Auffarth. gr. 8. (16 S. m. Holzschn. im Text.) 9 ngr.

Carl Loewe, eine ästhetische Beurtheilung.
= Sammlung musikalischer Vorträge (Waldersee). Ser. V, 68.

Loewe, Karl, ein deutscher Tonmeister, s. Wellmer, Aug.

—— s. Musikheroen der Neuzeit.

Löwe, Karl: Die Adjektivsuffixe im Dacorumänischen. Leipzig: J. A. Barth 1910. 110 S. 8° ¶(Aus: Jahresbericht d. Inst. f. rumän. Sprache zu Leipzig. 17.)
Leipzig, Phil. Diss. v. 9. Juni 1910, Ref. Birch-Hirschfeld, Weigand
[Geb. 3. April 81 Leipzig; Wohnort: Leipzig; Staatsangeh.: Sachsen; Vorbildung: Petrisch. Leipzig Reife O. 01; Studium: Leipzig 9, Berlin 1, Leipzig 4 S.; Rig. 2. Dez. 09.] [U 10. 3187

Loewe, Karl, zerstreute Blätter. 1. Hft. Mit 1 lith. Zeichn. 12. Neiße 843. (Burckhardt.) n. 1/3 ₰

Löwe, (Musikdirektor) C., Fundamentallinien d. Tonkunst, für Jeden, der Musik lernen will. 4. Berl. ... Kosmar u. Kr. 8 𝒦

— Gesanglehre, theoret. u. praktisch f. Gymnasien, Seminarien u. Bürgerschulen. qu. 4. Stett. 826. 2e A. 829. (Berl., Logier.) 16 𝒦

—— Gesang-Lehre, theoret. u. prakt. f. Gymnasien, Seminarien u. Bürgerschulen entworfen. 2., verb. u. verm. Aufl. 829., u. 3., unveränd. Ausg. (à 14½ B.) qu. gr. 4. Stettin 834. (Berlin, Logier.) à

Loewe, Geschichte d. Nord-Ostsee-Kanals, s. a. Nord-Ostsee-Kanal, der.

Loewe, Karl: G e s c h i c h t e des Nord-Ostsee-Kanals. Festschrift zu seiner Eröffnung am 20. und 21. Juni 1895. Im amtlichen Auftrage und unter Benutzung amtlicher Quellen hrgg. Mit 25 Tafeln. Berlin. 1895. Fol.

[F.] Hohenzollern-Album v. Carl **Loewe.** Hrsg. v. Dr. Max Runze. No 1. 2. *Leipzig: Breitkopf & Härtel (1898).* 2 Bde 4.
1. F. 4stimm. Männergesang ... Partitur. (XX S., 1 Bl., 69 S., 1 Portr.-Taf.)
2. Balladen u. Gesänge f. e. Singstimme m. Begl. d. Pianof. (XX S., 1 Bl., 63 S., 1 Portr.-Taf.)
= Volksausgabe Breitkopf & Härtel. No 1627. 1628. [98. 9090

—— pract.-theoret. Klavier- u. Generalbass-Schule f. Lehrer u. Lernende, nach ält. u. neuern Lehrbüchern u. Systemen method. geord., zugleich f. Anfänger u. Kinder leicht fassl. dargestellt. 1. Thl. Fol. (6 B.) Stettin 834. (Berlin, Logier.)

Loewe's, Dr. Carl, Selbstbiographie. Für die Oeffentlichkeit bearb. von C. H. Bitter. gr. 8. (XXV, 458 S. mit dem Portr. Loewe's in Photogr. und mehreren eingedr. Musikbeilagen.) Berlin 870, W. Müller. *

Loewe, Carl [aus Bonn]: Ueber Unterschenkelgeschwüre .... Bonn, Univ.-Buchdr. v. C. Georgi, 1886; 38 S. 8°.
Bonn, Med. Fak., Inaug.-Diss. v. 31. Jul. 1886.

Loewe, Carl, über Unterschenkelgeschwüre. Diss. Bonn 1886, Emil Strauss. 8°. 38 S.

Löwe, Carl: P. Rutilii Rufi vita. 16 S. – Progr. Züllichau 1853.

Carl **Loewes** Werke. Gesamtausg. d. Balladen, Legenden, Lieder u. Gesänge f. 1 Singstimme ... hrsg. von Dr. Max Runze. Bd 1–17. Leipzig: Breitkopf & Härtel (1898–1904). 17 Bde 4°
1. Lieder aus d. Jugendzeit u. Kinderlieder. (1899.)
2. Bisher unveröffentl. u. vergessene Lieder, Gesänge, ... u. Balladen. (1899.)
3. Schott., engl. u. nord. Balladen. (1899.)
4. Die deutschen Kaiserballaden. (1900.)
5. Hohenzollern-Balladen u.-Lieder. (Zugl. neue vervollst. Ausg. d. Hohenzollern-Albums.) (1898.)
6. Franz., span. u. oriental. Balladen. (1900.)
7. Die Poln. Balladen. (1900.)
8. Geisterballaden u. Gesichte. Todes- u. Kirchhofs-Bilder. (1900.)
9. Sagen, Märchen, Fabeln, Aus Thier- u. Blumenwelt. (1900.)
10. Romant. Balladen aus d. höf. wie bürgerl. Leben: Bilder aus Land u. See. (1900.)
11. 12. Goethe u. Loewe. (1901.) Abt. 1. Lieder u. Balladen. Abt. 2. Gesänge im großen Stil u. Oden; Großlegenden u. Großballaden.
13. 14. Legenden. (1901–02.) Abt. 1. Die eigentl. Legendenperiode. Abt. 2. Vereinzelte Legenden. Spätere Legendenperioden.
15. Syr. Fantasien. Allegorien. Hymnen u. Gesänge. Hebräische Gesänge. (1902.)
16. Das Loewesche Lied. (1903.)
17. Liederkreise. (1904.)
(Volksausgabe Breitkopf & Härtel. No 1801–17.)

Löwe, K(arl) Friedrich: Experimental-Untersuchung über electrische Dispersion einiger organischer Säuren, Ester und von zehn Glassorten. *Leipzig: J. A. Barth 1898.* (40 S.) 8° ¶[Aus: Annalen der Physik und Chemie, N.F. Bd 66.]
Leipzig, Phil. Diss. v. [9. Aug.] 1898

Löwe, Carl Max, kurze Chronik der Taubstummenanstalt zu Leipzig. Zu ihrer Säcularfeier. gr. 8. (91 S.) Leipzig 878, (Zangenberg und Himly.) * 1 —

Löwe, Karl Richard

Löwe, K. R., wie erziehe u. belehre ich mein Kind bis z. 6. Lebensjahre? gr. 8. (VIII, 162 S.) Hannover 898. C. Meyer. n. 1. 50; geb. n. 2. –

Löwe, Karl Rich., wie erziehe u. belehre ich mein Kind bis zum 6. Lebensjahre? 2., teilweise neu bearb. Aufl. (VIII, 184 S.) gr. 8. Hannover 904. C. Meyer. n. 2. —; geb. n. 2. 50

Löwe, Karl Rich., wie erziehen u. belehren wir unsere Kinder während der Schuljahre? Für Eltern u. Erzieher. gr. 8. (XVI, 338 S.) Hannover 899. C. Meyer. n. 3. —; geb. n.n. 3. 75

Loewe, Konr., Festgrüsse an Bernhard Baumeister v. Goethe, Schiller, Lessing, Grillparzer, Otto Ludwig, Scheffel. Dem Jubilar in der Festkneipe beim „Weingartel“ vermittelt. 8. (16 S.) Wien 902. J. Eisenstein & Co. n. — 80

Loewe, Konr. Leben u. Lieben. Gedichte. 8. (VII, 192 S.) Lpz. 890, Klinkhardt. * 2 40

Tafel-Vortrag von Konr. **Loewe,** gehalten am 1. maur.·. Clubabend der ▭ „Freundschaft“ 18. März 1895. [Wien 1895: Schlenker.] 12 S. 8° [Umschlagtit.:] I. maur.·. Clubabend der ▭ „Freundschaft“.
Scherzhafter Vortrag in Versen. 23.

Pharus-Plan Aachen und Umgebung. (Urheber: Dr. Cornelius **Loewe.**) Maßst. 1:13,000. [Nebst] Führer durch Aachen. Berlin: Pharus-Verl. [1907]. (1 Kartenbl. 48×74 cm, 14 S.) 8° [lith.] [kol.] [07. 14352

Pharus-Plan Berlin. (Urheber: Dr. C[ornelius C.] **Loewe.**) [Kleine Ausg. Maßst. ca 1:16,666.] Berlin: Pharus-Verl. [1904]. (1 Kartenbl. 51×33 cm.) [lith.] [kol.] [04. 1135

Pharus-Plan Berlin (mit Vororten. Mittel-Ausg.) (Urheber Dr. C[ornelius C.] **Loewe.**) [Maßst. ca. 1 : 17,000.] [Nebst] Verzeichnis d. Strassen ... Berlin: Pharus-Verl. [1904]. (1 Kartenbl. 72×57 cm., 43 S.) 8° [gestochen] [kol.] [04. 4809

Plan-Pharus Bruxelles. (Auteur: Dr. Cornelius **Loewe**. Établi, avec l'aide de la Magistrature de la Ville ...) Échelle 1:10,000. ([Berlin]: Pharus Cie [1906].) (1 Kartenbl. 82×65 cm.) 8° [lith.] [kol.]
[Umschlagt.:] Pharus plan de Bruxelles. [07. 14383

Pharus-Plan Dresden. ⟨Urheber Dr. C. Loewe.⟩ Maassst. 1:10,200. [Nebst] Führer durch Dresden. *Berlin: Pharus-Verl. [1902]; Dr. von D. Reimer.* (1 Kartenbl. 90×67 cm, 24 S.) 8° [kol.]

Das Ministerium Eulenburg und das Scherl'sche Sparsystem. Ein Beitrag z. Gesch. d. geistigen Eigenthums von August Scherl. [Verf. vielmehr: Dr. Kornelius **Loewe**.] [Nebst Beilage.] Berlin: A. Scherl 1894. 2 Bde 8° [F.]
[Beilage.] Deutsche Prämien-Sparkasse. ⟨Scherl'sches System.⟩ Sparmarken-Buch. [05. 15903

Loewe, Cornelius C.: **Die Form der Rechtsgeschäfte im Bürgerlichen Gesetzbuch.** *Berlin 1899: Trowitzsch & Sohn.* (88 S.) 8° [F.]
Rostock, Jur. Diss. v. [1. Okt.] 1899

Loewe, Cornel. C., die Form der Rechtsgeschäfte im bürgerl. Gesetzbuch. gr. 8. (88 S.) Berlin (C., Grünstr. 19) 899. Alfr. Fischer. n. 2. —

Pharus-Gerichtsplan Gross-Berlin und Umgebung. (Urheber: Dr. C[ornelius] **Loewe.**) Masst. 1:23,100. Nach amtl. Material bearb. Berlin: Pharus-Verl. [1906]. (1 Kartenbl. 100×75 cm.) 8° [lith.] [kol.]
= **Pharus-Gerichtsführer** ... von Berlin. Pharus-Gerichtsplan. [07. 14440

Pharus-Plan Cöln. ⟨Urheber Dr. C. Loewe.⟩ [Maassst. ca 1:8,000.] [Nebst] Führer durch Cöln. *Berlin: Pharus-Verl. [1902].* (1 Kartenbl. 85×65 cm, 24 S.) 8° [kol.]

Pharus-Touristenkarte Oberspree. Grünau, Müggelsee, Friedrichshagen. Entworfen von Dr. Cornelius C. **Loewe.** Maßst. 1:23,100. [Mit 2 Nebenkarten.] Berlin: Pharus-Verl. [1904]. (1 Kartenbl. 49×35 cm.) 8° [lith.] [kol.]
[Umschlagt.:] Pharus-Touristenkarte Oberspree. [06. 1156

Plan-Pharus Paris. Échelle 1:14,000. (Auteur: Dr. [Kornelius] C. **Loewe.** Grande Éd.) [Nebst] Guide de Paris. ([Berlin]: Pharus Cie 1905.) (1 Kartenbl. 90×67 cm, 61 S.) 8° [lith.] [kol.]
[Umschlagt.:] Pharus Plan & Guide de Paris. [06. 509

Löwe, Corn. C., **Das Recht auf Arbeit und seine Verwirklichung. Eine exakte Untersuchung.** gr.-8°. Leipzig, Levien, 1884. Neue (Titel-)Ausg. gr.-8°. Ebd. 1891.

Löwe, Corn. C., das Recht auf Arbeit u. seine Verwirklichung. Eine exakte Untersuchung. (Neue Titel-Ausg.) gr. 8. (46 S.) Leipzig 891. Levien. — 50

August Scherl und Dr. Cornelius Loewe. Lotterie und Sparkasse. Aktenmäßige Auseinandersetzung u. Klarstellung über d. sog. Scherlsche Sparsystem, s. Geschichte u. Aussicht von Cornelius C. **Loewe.** Berlin: Pharus-Verl. 1904. 63 S. 8° [10. 779 B

Pharus-Touristenkarte Märkische Schweiz. Buckow u. Umgebung. (Urheber: Dr. Cornelius **Loewe.**) Maßst. 1:15,500. [Mit 1 Nebenkarte.] [Nebst Text:] Buckow u. d. Märk. Schweiz. Berlin: Pharus-Verl. [1906]. (1 Kartenbl. 36×22 cm, 7 S.) 8° [lith.] [kol.]
[Umschlagt.:] Pharus-Plan Buckow u. Umgebung. [07. 14384

Pharus-Plan Stettin. Entworfen von Dr. Cornelius C. Loewe. Maßst. 1:11,500. [Nebst] Wissenswerte Angaben f. Einheimische u. Fremde... Berlin: Pharus-Verl. [1904]. (1 Kartenbl. 49×37 cm, 11 S.) 8° [gestochen] [kol.] [05. 3437

Pharus-Plan Stuttgart und Cannstatt. Entworfen von Dr. Cornelius C. **Loewe.** Maßst. 1:11,000. [Nebst] Wissenswerte Angaben f. Einheimische u. Fremde... Berlin: Pharus-Verl. [1904]. (1 Kartenbl. 75×42 cm, 17 S.) 8° [gestochen] [kol.] [05. 3436

Pharus-Plan Teltow-Kanal. (Urheber: Dr. Cornelius **Loewe.**) Maßst. 1:17,500. Östl. [&] Westl. Hälfte. Berlin: Pharus-Verl. [1907]. (1 Kartenbl. 110×77 cm mit Legende, 1 Kartenbl. 113×77 cm mit Legende.) [lith.] [kol.]
— **Teltow-Kanal,** Pharus-Führer. Pharus-Pläne. [07. 13819

Pharus-Plan Wien. (Urheber: Dr. [Kornelius] C. **Loewe.**) Maßst. 1:17,000. (Auf Grund d. neuesten, amtl. Materialien d. Magistrates hergestellt.) [Nebst] Wissenswerte Angaben f. Einheimische u. Fremde. Berlin: Pharus-Verl. [1905]. (1 Kartenbl. 82×74 cm, 75 S.) 8° [lith.] [kol.] [06. 510

Loewe, L., die jetzige Handelspolitik in Deutschland, s. Fragen, drei wichtige handelspolitische.

Loewe, Leo

Loewe, L., die bergmännische Gewinnung der Kalisalze, s. Abhandlungen der königl. preussischen geologischen Landesanstalt. 52. III.

Loewe, L., Die bergmännische Gewinnung der Kalisalze. Hrsg. von der Kgl. Geologischen Landesanstalt in Berlin. Berlin, 1907. 145 S. mit 31 Abb. u. 4 Taf. (Deutschl. Kalibergbau. 3.)

Loewe, Leo: Die bergmännische Gewinnung der Kalisalze. Berlin, 1910. 32 S. mit 22 Abb.

— s.: Kali.

Loewe, Leo, Bergref. aus Stettin: **Über sekundäre Mineralbildung auf Kalisalzlagern.** *Berlin 1903: G. Schade (O. Francke).* (32 S.) 4°
Leipzig, Phil. Diss. v. 1903

Löwe, Ludw., Beiträge zur Anatomie und zur Entwickelungsgeschichte des Nervensystems der Säugethiere und des Menschen. 1. Bd. und 2. Bd. 1. Lfg. gr. Fol. [Berlin.] Leipzig, Denicke's Verlag. *
Inhalt:
Bd. 1. Die Morphogenesis des centralen Nervensystems. (VIII, 126 S. mit eingedr. Holzschn., 18 Lichtdr.-Taf. und 18 Bl. Tafelerklärungen.) 880. cart. *ℳ 100.
„ 2. Die Histologie und Histogenese des Nervensystems, nebst einem Anhang: die Schädelwirbeltheorie. 1. Lfg. (50 S. mit 5 Lichtdr.-Taf. und 5 Bl. Erklärungen.) 883. *ℳ 40.

Löwe, Ludw., Beiträge zur Anatomie der Nase und Mundhöhle. Mit 7 Taf. in Lichtdr., ausgeführt von Alb. Frisch in Berlin. Fol. (21 S. mit 7 Bl. Tafelerklärungen.) Berlin 878, Denicke's Verlag. cart. *

—— **Beiträge zur Anatomie der Nase und Mundhöhle.** 2. Aufl. Imp.-4. (IV, 21 S. mit 7 Taf. in Lichtdr. und 7 Bl. Tafelerklärungen.) [Berlin 883, Denicke's Verlag.] Leipzig, Fues's Verlag. cart. *

—— **Beiträge zur vergleichenden Morphogenesis des centralen Nervensystems der Wirbelthiere, s. Mittheilungen aus dem embryologischen Institute der k. k. Universität in Wien.**

Löwe, Ludw., zur Chirurgie der Nase. (IV, 44 S. m. 11 Abbildgn. u. 11 Taf.) gr. 4. Berlin 905. O. Coblentz. In Mappe n. 10. —

Löwe, Ludw., zur Chirurgie der Nase. 2. (Schluss-)Heft. (IV u. S. 45—106 m. 2 Abbild. u. 9 Taf.) 36×25,5 cm. Berlin 907. O. Coblentz. In Mappe 15. —
1. Heft. 905. Ebd. In Mappe 10.—.

—— die Diphteritis,
—— die Halskrankheiten,
—— die ansteckenden Krankheiten,
—— die Krankheiten der Nase,
—— die Krankheiten des Ohres,
} s. Hausbibliothek, medicinische.

— **die Krankheiten d. Ohres u. der Nase.** 1. Thl. A. u. d. T.: Lehrbuch der Ohrenheilkunde. gr. 8. (XI, 370 S.) Berlin 884. Dümmler's Verl. n. 7. —

—— **die Krankheiten des Ohres und der Nase.** 1. Thl. A. u. d. T.: Lehrbuch der Ohrenheilkunde für prakt. Aerzte und Studirende der Medicin. gr. 8. (XI, 370 S.) Berlin 884, Hempel. *

Loewe, Ludw., das Ohr. Seine Pflege und seine Krankheiten. gr. 8. (64 S. mit Holzschn.) Berlin 887, H. Steinitz. *

Löwe, Ludw., das Ohr in gesunden und kranken Tagen. 1. und 2. unveränd. Aufl. gr. 8. Berlin 883, Cronbach. [ℳ 1.60.] * 1 —

— das Ohr in gesunden u. kranken Tagen. 1. u. 2. unveränd. Aufl. gr. 8. (IV, 59 S. m. eingedr. Holzschn.) Berlin 883. Horrwitz. n. 1. 60

Löwe, Ludw. Das Ohr in gesunden u. kranken Tagen. 2. Aufl. [Neue (Titel-)Ausg.] gr. 8. (IV, 59 S.) Berl. 889, Cronbach. * 1 —

—— die Schwindsucht, } s. Hausbibliothek, medicinische.
—— die Wundbehandlung, }

Loewe, Ludwig, & Co., A. G: Denkschrift aus Anlaß des 25jährigen Bestehens der Gesellschaft. Berlin 1895

Loewe, L., & Co., A.-G., Werkzeugmaschinen-, Werkzeug-Fabrik und Eisengießerei: Jll. Katalog. Berlin 1900

Loewe, L., & Co., A.-G.: Veröffentlichungen über Werkzeugmaschinen usw. (1907?) ff. Berlin

Löwe, M., s.: Ewald's Fahrt m. dem Christkinde.

Löwe, M., kleine praktische Musik-Lehre f. Klavier u. Gesang studierende Privat-Schülerinnen, Dilettanten, werdende Künstlerinnen u. Lehrerinnen. (84 S.) kl. 8. Zürich 908. Gebr. Leemann & Co. 1. 50

Löwe, M. S., Bildnisse u. Selbstbiographien jetztlebender Berliner Gelehrten, 3 Saml. gr. 8. Berl. Starke. (Mittler, Lpz.) 806. 807. (à 1 Rthlr. 12 gr.)
(jede dieser Biograph. ist auch einzeln à 16 gr. z. haben.)

Loewe, Martin, Referendar beim Kgl. Landgericht zu Gleiwitz: Die juristische Natur der Postanweisung. Gleiwitz (1906): Neumann. (VIII, 63 S.) 8° [F.]
Breslau, Jur. Fak., Ref. Leonhard-Fischer, Diss. v. 9. Juni 1906
[Geb. 31. Jan. 81 Loslau; Wohnort: Gleiwitz; Staatsangeh.: Preußen; Vorbildung: Gymn. Gleiwitz Reife O. 00; Studium: Freiburg i. B. 1, München 4, Breslau 2 S.; Rig. 8. Juli 04.]

Löwe, Max. Leop., Grundriß d. allgem. Hodegetik. Als Leitfaden bei d. Beginn d. akadem. Studien u. bei allgem. hodeget.-methodolog.-encyclopäd. Vorträgen verfaßt. gr. 8. (5½ B.) Dresden 839, [Walther'sche Brlsh.]

Löwe, M. L., Grundriß d. deutschen Sprachlehre in steter Bezieh. auf allgem. Sprachlehre, als Leitfaden zunächst f. seine Zuhörer u. Zöglinge, doch auch f. jede Art d. Unterr. u. mit Andeutung e. dreifachen Lehrganges. gr. 8. (12 B.) Dresden 828, Wagner. Thlr.

— s. C. J. v. Klein, Selbstbiographie.

—— Historiae crit. grammat. universalis seu philosophicae lineamenta. 8 maj. (4 B.) Dresdae 829, (Arnold.)

Löwe, Max Leop., der Männergesang, s. Männergesang.

MAXIMILIAN LEOPOLD LÖWE, Rede zur Erinnerung an August Wilhelm Hedenus, Doctor medicinae ... in der gemeinschaftlichen Versammlung der Gesellschaften für »Natur- und Heil-Kunde«, »Flora« und »Isis« gehalten am 7. November 1863. Nebst einem Verzeichniss der im Druck erschienenen medicinischen Schriften und Römischen Poësieen des Dr. Hedenus. Dresden 1864. Hermann Burdach. 8o. (30 S.)

Löwe, Moritz

Löwe, M., Aufgaben f. d. kaufmänn. Kopfrechnen m. beigef. Beispielen u. Resultaten. gr. 8. (55 S.) Leipzig 896. J. Klinkhardt. n. 1. 20

Löwe, M., Aufgaben f. das kaufmännische Kopfrechnen m. beigefügten Beispielen u. Resultaten. 2. Aufl. (48 S.) gr. 8. Leipzig 906. J. Klinkhardt. n. 1. 20

Löwe, M., methodisch geordnete Aufgaben zum kaufmännischen Rechnen m. ausgeführten Beispielen. Für Real-, Gewerbe-, Handels- u. höhere Bürgerschulen. 1—3. Thl. gr. 8. (VIII, 80, 70 u. IV, 59 S.) Leipzig 878. Klinkhardt. à n. — 80

— Resultate zu den methodisch geordneten Aufgaben zum kaufmännischen Rechnen. I—III. Thl. gr. 8. (31 S.) Ebend. 879. n. 1. —

— dasselbe. 1. Tl. 2., verb. Aufl. 8. (VIII, 88 S.) Ebend. 882. n. — 80

Löwe, M., methodisch geordnete Aufgaben zum kaufmännischen Rechnen mit ausgeführten Beispielen. Für Real-, Gewerbe-, Handels- und höhere Bürgerschulen. 3 Thle. Leipzig, Klinkhardt. [1. Thl. 2. und 3. Aufl. (VIII, 88 S.) 883,84; 2. Thl. 2. Aufl. (77 S.) 883; 3. Thl. 2. Aufl. (IV, 92 S.) 883.] à Thl. * 80 Pf. *

— dasselbe. Resultate zum I—III. Tl. 2. verb. Aufl. gr. 8. (36 S.) Ebend. 883. n. 1. —

Löwe, M., methodisch geordnete Aufgaben zum kaufmännischen Rechnen mit ausgeführten Beispielen. Für Real-, Gewerbe-, Handels- und höhere Bürgerschulen. 3 Tle. 8. Leipzig, Klinkhardt. [1. Tl. 4. und 5. Aufl. (VIII, 88 S.) 886,87; 2. Tl. 3. und 4. Aufl. (77 S.) 885,87; 3. Tl. 3. Aufl. (IV, 92 S.) 886.] à Tl. * 80 Pf. *

—— dass. — Resultate. 1.—3. Tl. 3. verb. Aufl. gr. 8. (36 S.) Ebendas. 888. *

Löwe, M., methodisch geordnete Aufgaben zum kaufmännischen Rechnen m. ausgeführten Beispielen. Für Real-, Gewerbe-, Handels- u. höhere Bürgerschulen. 3 Tle. Leipzig 889. 890. Klinkhardt. à n. — 80
1. 7. Aufl. (90 S.) — 2. 6. Aufl. (80 S.) — 3. 4. Aufl. (96 S.)

Löwe, M. Methodisch geordnete Aufgaben zum kaufmännischen Rechnen m. ausgeführten Beispielen. Für Real-, Gewerbe-, Handels- u. höhere Bürgerschulen. 3 Tle. 8. Lpz., Klinkhardt. [1. Tl. 8. Aufl. (VI, 90 S.) 892. * — 80; 2. Tl. 7. Aufl. (80 S.) 892. * — 80; 3. Tl. 5. Aufl. (II, 98 S.) 891. * 1 —.] * 2 60

Löwe, M., methodisch geordnete Aufgaben zum kaufmännischen Rechnen m. ausgeführten Beispielen. Für Real-, Gewerbe-, Handels- u. höhere Bürgerschulen, 3 Tle. gr. 8. Leipzig, J. Klinkhardt. n. 2. 80
1. 10. Aufl. (VI, 90 S.) 894. n. — 80. — 2. 9. Aufl. (80 S.) 894. n. — 80. — 3. 7. Aufl. (VIII, 107 S.) 894. n. 1. 20.

— dasselbe. Resultate zum I. bis III. Tl. 4., verb. Aufl. gr. 8. (36 S.) Ebd. 894. n. 1. —

— dasselbe. Resultate zum 1.—3. Tl. 5., verb. Aufl. gr. 8. (36 S.) Ebd. 897. n. 1. —

— method. geordn. Aufgaben z. kaufmänn. Rechnen m. ausgef. Beispielen. Für Real-, Gewerbe-, Handels- u. höhere Bürgerschulen. 3 Tle. gr. 8. Leipzig, J. Klinkhardt. 2. 80
1. 16. Aufl. (VI, 90 S.) 898. n. — 80
2. 13. Aufl. (II, 79 S.) 898. n. — 80
3. 9. Aufl. (VIII, 104 S.) 897. n. 1. 20

— dasselbe. Resultate zum 1.—3. Tl. 6., verb. Aufl. gr. 8. (36 S.) Ebd. 900. n. 1. —

Löwe, M., methodisch geordnete Aufgaben zum kaufmännischen Rechnen m. ausgeführten Beispielen. Für Real-, Gewerbe-, Handels- u. höhere Bürgerschulen. I.—III. Tl. 20. Aufl. gr. 8. (VI, 90 S.) Leipzig, J. Klinkhardt. n. 2. 80
I. 20. Aufl. (VI, 90 S.) 901. n. — 80
II. 18. verb. Aufl. (84 S.) 902. n. — 80
III. 18. Aufl. (VI, 106 S.) 902. n. 1. 20

— Aufgaben zum kaufmännischen Rechnen, method. geordnet u. m. ausgeführten Beispielen. 3 Tle. 8. Ebd. 906. n. 3. —; Resultate. 8. verb. Aufl. (38 S.) 905. n. 1. —
I. 25. Aufl. (VI, 90 S.) — 80. — II. 22. Aufl. (100 S.) 1. —
III. 15. Aufl. (VI, 114 S.) 1. 20

Löwe, M., Aufgaben zum kaufmännischen Rechnen, methodisch geordnet u. m. ausgeführten Beispielen. 3 Tle. 8. Leipzig, J. Klinkhardt. 3. —
I. 29. Aufl. (VI, 90 S.) 910. — 80; Resultate. 10. verb. Aufl. (38 S.) 910. 1. —
II. 25. Aufl. (100 S.) 909. 1. —
III. 18. Aufl. (VI, 118 S.) 910. 1. 20

— u. **F. Unger**, Aufgaben f. das Zahlenrechnen vorzugsweise f. Realschulen u. ähnliche Lehranstalten. Hft. A. u. B. gr. 8. Ebend. 884. à n. — 60
A. Die 4 Species m. ganzen Zahlen. Für Sexta. (IV, 56 S.)
B. Die 4 Species m. Brüchen. Für Quinta. (IV, 48 S.)

— — dasselbe. Heft A. u. B. Resultate. gr. 8. (19 S.) Ebend. 884. n. — 60

—— und F. Unger, Aufgaben für das Zahlenrechnen vorzugsweise für Realschulen und ähnliche Lehranstalten. 2 Hefte. 2. verb. Aufl. gr. 8. (64; 60 S.) Ebendas. 887. à Heft *

—— —— dass. — Resultate. 2. Aufl. gr. 8. (24 S.) Ebendas. 887. *

— u. **F. Unger**, Aufgaben f. das Zahlenrechnen vorzugsweise f. Realschulen u. ähnliche Lehranstalten. Hft. A u. B. 3., verb. Aufl. 8. (à 64 S.) Ebd. 889. à n. — 60
A. Die 4 Species m. ganzen Zahlen. Für Sexta.
B. Die 4 Species m. Brüchen. Für Quinta.

—— u. F. Unger. Aufgaben f. das Zahlenrechnen vorzugsweise f. Realschulen u. ähnliche Lehranstalten. Heft A u. B. 4. verb. Aufl. 8. (à Heft 64 S.) Ebd. à Heft * — 60
A. Die 4 Species m. ganzen Zahlen. Für Sexta. 893. — B. Die 4 Species m. Brüchen. Für Quinta. 891.
Resultate. Ebd. 1887. * — 60.

— u. **F. Unger**, Aufgaben f. das Zahlenrechnen f. höhere Schulen. Hft. A u. B. 5., verb. Aufl. gr. 8. Ebd. 894. à n. — 60
A. Die 4 Species m. ganzen Zahlen. Für Sexta. (64 S.)
B. Die 4 Species m. Brüchen. Für Quinta. (64 S.)

— u. **F. Unger**, Aufgaben f. das Zahlenrechnen f. höh. Schulen. Hft. A u. B. 7., verm. Aufl. gr. 8. (à 68 S.) Ebd. 898. à n. — 60
A. D. 4 Species m. ganzen Zahlen. Für Sexta.
B. Die 4 Species m. Brüchen. Für Quinta.

— — dasselbe, vorzugsweise f. Realschulen u. ähnl. Lehranst. Resultate. 3. Aufl. gr. 8. (27 S.) Ebd. 898. n. — 60

— u. **F. Unger**, Aufgaben f. das Zahlenrechnen f. höh. Schulen. Hft. A u. B. 9. Aufl. (à 68 S.) gr. 8. Ebd. 902. à n. — 60
A. Die 4 Species m. ganzen Zahlen. Für Sexta.
B. Die 4 Species m. Brüchen. Für Quinta.

— u. **F. Unger**, Aufgaben f. das Zahlenrechnen f. höhere Schulen. Heft A u. B. 10. Aufl. gr. 8. Ebd. 903. à n. — 60
A. Die 4 Spezies m. ganzen Zahlen. Für Sexta. (IV, 68 S.)
B. Die 4 Spezies m. Brüchen. Für Quinta. (68 S.)

Loewe, Mor., Den Eltern wohlthun, der Kinder höchstes Glück. Predigt, auf Verlangen in den Druck gegeben. gr. 8. Güstrow 842. (Opitz u. Comp.) 1/8 ℔

Loewe, Mauritius (geb. Loslau in Schles. 19. 11. 1835): De paralysi bilaterali nervi facialis casu singulari adjecto. Berolini (1860). (32 S.) 8°
Berlin, Med. Diss. v. 3. Apr. 1860

Loewe, Mor., Probe- u. Antritts-Predigt, gehalten in d. Synagoge am Sabbat vor Peßach u. am S. אחרי מות קדושים d. J. 5601. gr. 8. (3 B.) Güstrow 841, (Opitz u. Comp.)

— Rechenaufgaben m. ausgeführten Beispielen aus der Arbeiterversicherung. (32 S.) 8. Ebd. 907. — 50; Resultate. (4 S.) — 25

Löwe, M., F. Unger u. M. Richter, prakt. Rechnen f. Realschulen u. ähnliche Lehranstalten in 3 Heften. 8. Leipzig 905. J. Klinkhardt. à n. 1. 20
I. 2. Aufl. (IV, 144 S.) — II. 2. Aufl. (IV, 128 S.)
III. 2. Aufl. (IV, 124 S.)

— — — dasselbe. Resultate. (56 S) 8. Ebd. 905. 1. —

— **F. Unger u. M. Richter**, praktisches Rechnen f. Realschulen u. ähnliche Lehranstalten in 3 Heften. 8. Ebd. à 1. 20
I. 4. Aufl. (IV, 140 S.) 909. 1. 20
II. 4. Aufl. (IV, 128 S.) 909. 1. 20
III. 4. Aufl. (IV, 112 S.) 8. (910). 1. 20

— — — dasselbe. Resultate zu Heft I—III. (56 S.) 8. Ebd. (910). 1. —

—— Was tröstet uns beim Heimgange des guten Fürsten? Predigt über 2. Chr. 32, 33. Gehalt. z. Gedächtnißfeier des hochsel. Großherzogs Paul Friedrich rc. gr. 8. (1 B.) Güstrow 842, (Opitz u. Comp.)

Löwe, Moritz: Das Zahlenrechnen an der sächsischen Realschule. 4 (10 S.). **Progr.** I. städt. Rsch. *Leipzig* 1896 (zu 579).

Loewe, Otto: De Terpandri Lesbii aetate. Halis (1869): Orphanotropheum. 60 S. 8°
Halle-Wittenberg, Phil. Diss. v. 11. Dez. 1869
Geb. Altensalzwedel (Altmark) 30. 11. 1843. V.

Loewe, Otto, aus Frankfurt a. M.: Ueber den Einfluß von Nährklystieren auf die Peristaltik und Secretion im Magendarmcanal. *Berlin 1903: L. Schumacher.* (20 S.) 8°
Würzburg, Med. Diss. v. 1903

Löwe, Otto, Journal u. Geschäftsbuch f. d. practischen Arzt. 2. Aufl. Ausg. A. Fol. (200 S. m. Register.) Leipzig 891. (E. Schmidt.) Geb. n.n. 7. 50

— dasselbe. Ausg. B. Fol. (400 S. m. Reg.) Ebd. 891. Geb. n.n. 12. —

Löwe, Otto, ausgewählte Capitel aus der darstellenden Geometrie zum Gebrauch bei Constructionsübungen. 1. Hft. Durchdringungen unregelmässiger Polyeder. 9 (lith.) Taf. m. Text. Lex.-8. (20 S.) Clausthal 880. Löwe. n. 2. 50

Löwe, Otto, ausgewählte Capitel aus der darstellenden Geometrie zum Gebrauch bei Constructionsübungen. 1. Heft: Durchdringungen unregelmässiger Polyeder. 9 Taf. mit Text. 2. (Titel-)Aufl. Lex.-8. (20 S.) Clausthal 887, Brauns. *

Löwe, Otto: Über die regulären und Poinsot'schen Körper und ihre Inhaltsbestimmung vermittelst Determinanten. 1875. 8.
Diss. Marburg.

—— über die regulären Poinsot'schen Körper und ihre Inhaltsbestimmung vermittelst Determinanten. gr. 8. (28 S. mit 1 Stnt.) München 883, Rieger'sche Universitäts-Buchh. *

Loewe, Otto Über den Wert des Kantischen kategorischen Imperativs für die Begründung der Ethik. 32 S. **Progr.** Marst. G. *Stettin* 1878.

Loewe, Paul (Christian Samuel) (geb. Carmzow bei Prenzlau 28. 8. 1862): Ueber einen Fall von malignem Nierentumor bei einem Kinde. Berlin (1884). (29 S.) 8°
Berlin, Med. Diss. v. 6. Aug. 1884

Loewe, Philipp

Loewe: Über Praepositionen A, De, Ex bei Ovid. Strehlen, Tr. Erler's Buchdr. (1889); 16 S. 4°
Strehlen, k. G, OP 1889 (197)

Loewe, [Philipp]: [Gedächtnisrede auf den am 9. Juni 1906 verstorbenen Oberlehrer Friedrich Lerch.] S. 13—15. 4.
Progr. Kgl. Friedrichs-Gymn. *Breslau* 1907 (221).

Löwe, Phil., die Hetären aller Zeiten und Völker mit besond. Berücksicht. der für Berlin schwebenden Sittenfrage. Neue (Titel-)Ausg. gr. 16. (XV, 223 S.) Berlin (852)68, Logier's Buchh.

LOEWE, Phil., Die Hetären aller Zeiten und Völker mit besonderer Berücksichtigung der für Berlin schwebenden Sittenfrage. Berlin, o. J. (c. 185*). 8°. (2/3 Rthl. Scheible.)
— — — Dasselbe. Neue Aufl. Ib. s. a. (1869). 8°.
(1/3 Rthlr. Kirchh. u. Wig.; 2 Mk. Kühl.)

Loewe, Philipp: Neuester Katalog des alten u. neuen Museums für Kunst und Alterthum. 24. Aufl. Berlin 1871. 8.

Löwe, Ph., neuestes Complimentirbuch. 32. (384 S.) Berlin 845, Grobe. *

Löwe, ..., neuestes Complimentirbuch od.: die Kunst, m. Anstand u. Feinheit zu sprechen u. sich zu benehmen. 64. (XVI u. 368 S.) Berlin 850, Grobe. n. 1/3 ℛ︀

Loewe, Philipp, Prof.: **Nachträge zum Thesaurus linguae Latinae aus Ovidius.** ***Breslau 1902: O. Gutsmann.*** (33 S.) 4°
Breslau, k. Friedrichs-G, OP 1902 (194)

Loewe, Ph., Präparationen zu Vergils Aeneis, s.: Krafft u. Ranke's Präparationen f. die Schullektüre.

Loewe, Ph., Präparation zu Vergils Äneis, s.: Präparationen f. die Schullektüre griech. u. latein. Klassiker.

Loewe, Phil., die Prostitution aller Zeiten und Völker mit besonderer Berücksichtigung von Berlin. Ein Beitrag zu der obschwebenden Bordellfrage. 8. (XV und 223 S.) Berlin 852, Logier. *

Loewe, Phil. Die Sage von Helgi, dem Hundingstödter. 14 S.
Progr. *Strehlen* 1877.

Löwe, Philipp. Die schleswig-holstein-lauenburgische Streitfrage. Nach historischen und staatsrechtlichen Grundlagen mit Hinweisung auf die Interessen Englands und Rußlands. Berlin, W. Logier. 1848. 30 S. 8.

Loewe, Philipp Lexicalische Studien zu Ovid. 4 (18 S.).
Progr. G. *Strehlen* 1888 (195).

—— juristisches Taschen-Wörterbuch z. leichten Verständniß aller in Prozeß- u. Gerichts-Sachen gebrauchten Fremdwörter u. Ausdrücke. 32. (136 S.) Berlin 845, [C. H. Schultze.]

— neuestes Taschen-Fremdwörterbuch, enthaltend über 16,000 der in der Umgangs- u. Schriftsprache vorkommenden Fremdwörter u. Ausdrücke. 6 Liefg. 16. Berlin 845, 46, Wolff. (à 1/12 ℛ︀) 1/2 ℛ︀ — dass. br. 8. Ebend. 846, Schultze. 18 *ngl*

—— die Verfassungen der Staaten Europa's und der nordamerikan. Freistaaten, nebst den geograph., statist. und histor. Notizen. Taschenbuch für Nationalvertreter. 8. (VIII und 127 S.) Berlin 848, Logier. *

Loewe, Dr. Philipp, Das deutsche Vorparlament, die siebzehn Vertrauensmänner, die Siebener Commission, der Fünfziger Ausschuß und der deutsche Bund, Entstehung, Bestandtheile und Beschlüsse derselben. Berlin, W. Logier, 1848. 24 S. 8°.

Löwe, Reinhold, approb. Arzt aus Zülzefitz i. Pomm.: **Statistisches und Klinisches zur Kenntnis der Actinomycose des Wurmfortsatzes und des Coecums.** ***Greifswald 1904: H. Adler.*** (62 S.) 8°
Greifswald, Med. Diss. v. 21. Mai 1904

Loewe, Richard [aus Wansleben]: Die Dialektmischung im Magdeburgischen Gebiete. . . . (Aus: Jahrb. d. Vereins f. niederdeutsche **Sprachforsch., Bd. 14.)** Norden, Druck v. Diedr. Soltau, 1889; 8 Bl. + 52 S. u. 1 Kart. 8°
Leipzig, Phil. Fak., Inaug.-Diss. v. 9. Jul. 1889

Loewe, Rich., die ethnische u. sprachliche Gliederung der Germanen. gr. 8. (60 S.) Halle 899. M. Niemeyer. n. 1. 60

Löwe, Rich., Präparationen f. den Deutschunterricht, s.: Bücherschatz, der, des Lehrers.

Die Reste der Germanen am schwarzen Meere. E. ethnolog. Untersuchg v. Dr. Richard **Loewe.** *Halle: M. Niemeyer 1896.* (XI, 269 S., 1 Bl.) 1 Bd 8. [96. 8408

Germanische Sprachwissenschaft von Dr. Richard **Loewe.** Leipzig: G. J. Göschen 1905. (148 S.) 8°
(Sammlung Göschen. 238.) [06.2106 11

Loewe, Rich., germanische Sprachwissenschaft, s.a. Sammlung Göschen.

Deutsches Wörterbuch. Von Dr. Richard **Loewe.** Leipzig: Göschen 1910. 177 S. 8°
(Sammlung Göschen. 64.)

— Deutsches Wörterbuch, s.a. Sammlung Göschen.

Loewe, Rob., Konterbunt. Neue schlesische Gedichte. (118 S.) kl. 8. Leipzig (908.) Modern. Verlagsbureau. Wigand

Loewe, Saulus (geb. Ratibor 10. 1. 1841): De emphysemate pulmonum. Berolini (1863). (32 S.) 8°
Berlin, Med. Diss. v. 19. Aug. 1863

Loewe, Siegfried: Untersuchungen über den Verlauf der peptischen Verdauung des Kaseins und Serumglobulins. Strassburg: Singer 1908. 46 S. 8°
Straßburg, Med. Diss. v. 22. Sept. 1908, Ref. Hofmeister
[Geb. 19. Aug. 84 Fürth, Bayern; Wohnort: Straßburg; Staatsangeh.: Bayern; Vorbildung: Lessing-Gymn. Frankfurt a. M. Reife O. 02; Studium: Freiburg i. B. 3, Berlin 1, Freiburg i. B. 1, Berlin 1, Straßburg 3, München 1 S.; Coll. 23. Juli 08; Approb. 5. Mai 07.] [U 09. 3812

Loewe, Sigism. (geb. Zülz 14. 4. 1801): De paralysi. Berolini (1824). (20 S.) 8°
Berlin, Med. Diss. v. 4. Sept. 1824

Loewe, Theodor

Loewe, Thdr., die Geschichte d. wackeren Leonhardt Labesam. 8. (177 S.) Dresden 884. Minden. n. 3. —; geb. n. 4. —

Loewe, Thdr., die Geschichte des wackeren Leonhard Labesam. 2. Aufl. 8. (177 S.) Dresden 887, Minden. * geb. **

— ein Königstraum. Schauspiel in 5 Aufzügen. 8. (124 S.) Ebend. 886. n. 2. —

Loewe, Viktor

Loewe, V., s.: Acta borussica.

Loewe, V., d. Behördenorganisation u. d. allgem. Staatsverwaltg. Preußens im 18. Jahrh., s.: Schmoller, G.

Loewe, Vict., Bibliographie der hannoverschen u. braunschweigischen Geschichte. (VIII, 450 S.) gr. 8. Posen 908. J. Jolowicz. 15.—; geb. 16.50

Loewe, Victor. Bücherkunde der deutschen Geschichte. Kritischer Wegweiser durch die neuere deutsche historische Litteratur. VIII + 120 S. 8. Berlin, Johannes Räde, 1903. [M. 3. —]

Bücherkunde der deutschen Geschichte. Krit. Wegweiser durch d. neuere deutsche hist. Literatur. Von Dr. Victor Loewe. 2., verm. u. verb. Aufl. Berlin: J. Räde 1905. (VIII, 131 S.) 8° [J.]

Bücherkunde der deutschen Geschichte. Krit. Wegweiser durch d. neuere deutsche histor. Literatur. Von Dr. Victor Loewe, Kgl. Archivar in Breslau. 3., verm. u. verb. Aufl. Altenburg: Räde 1910. VIII, 144 S. 8°

— Dr. Johann Johnston, e. Polyhistor des 17. Jahrh. (30 S. m. 1 Bildnis.) 8. Posen 908. (J. Jolowicz.) 1. —
Sonderabdr. a.: „Ztschr. d. hist. Gesellsch. f. d. Prov. Posen".

Loewe, Victor [aus Laurahütte i. Schl.]: Die Organisation und Verwaltung der Wallensteinschen Heere. Tl 1 ... Freiburg i. B., Buchdr. v. C. A. Wagner, 1895; VIII, 39 S. 8.
Freiburg i. B., Phil. Fak., Inaug.-Diss. v. 1895

Loewe, Vict., d. Organisation u. Verwaltg. d. Wallensteinschen Heere. Preisgekrönte Abhandlg. gr. 8. (VIII, 99 S.) Freiburg i/B. 895. Tübingen, J. C. B. Mohr. n. 2. —

— die Wallenstein-Literatur. 3. u. 4. Ergänzg. Bibliographische Studie. gr. 8. Prag, J. G. Calve. 1. 10
3. (1628—1895.) (40 S.) 896. — 60
4. (Geschlossen in Hannover, den 10. XI. 1900.) [Aus: Mittheilgn. d. Ver. f. Gesch. d. Deutsch. in Böhmen.] (27 S.) 902. — 50
Das Hauptwerk ist nicht als Sonderdruck erschienen. Die beiden ersten Ergänzgn. sind vergriffen.

Kritischer Wegweiser durch die neuere deutsche historische Litteratur für Studierende u. Freunde d. Gesch. Von F. Förster [d. i. Viktor Löwe]. *Berlin: J. Räde 1900.* (64 S.) 8° [Ant. u. J.] [01. 3398

Löwe, Wilhelm

Löwe, W., Die landwirtschaftliche Arbeiterfrage. 8°. Leipzig 1873.

Löwe, Wilh., die falsche Drehkrankheit der Schafe, hervorgerufen durch die Schafbremse (Oestrus ovis.) Gründliche Anleitung, diesen Krankheitszustand zu erkennen, zu behandeln und radikal zu heilen. Für Schäfereibesitzer, Thierärzte, Schäfer &c. 1—4. Aufl. gr. 8. (VII und 31 S. mit 1 Stnt.) Pasewalk 854, Braune.

Löwe, Wilh., Die falsche Drehkrankheit der Schafe, hervorgerufen durch die Schafbremse (Oestrus ovis). Mit Taf. (IV.) (VII, 31 S.) Pasewalk 54. Schnurr. M. 1.50

Loewe, W., die Erkenntniss u. Behandlung der Taubheit. Für Aerzte u. gebildete Nichtärzte. Mit 1 lith. Taf. gr. 8. (VI u. 66 S.) Pasewalk 849, Braune. — 2. Aufl. Mit 1 lith. Taf. gr. 8. (VIII u. 66 S.) Ebd. 852. 2/3 ß

— die Erkenntniss und Behandlung der Taubheit. Für Aerzte und gebildete Nichtärzte. 5. (Titel-)Aufl. gr. 8. (VI und 66 S. mit 1 Stnt.) Pasewalk 854, Braune.

Löwe-Calbe, die gegenwärtige innere und äußere politische Lage Preußens. Vortrag gehalten am 19. Octbr. 1864 im Berliner Arbeiter-Verein. Nach dem Arends'schen Schriftsystem stenographirt u. herausg. von H. Roller. Berlin 864. (H. Müller.) gr. 8. (24 S.) n. 2½ ngr

Loewe, Guilelmus: De oedemate glottidis. Halae (1839): Semmler. 30 S. 8°
Halle-Wittenberg, Med. Diss. v. 16. Mai 1839
Geb. Olvenstedt (Kr. Wolmirstedt) 14. 11. 1814. V.

Loewe & Co.: Das Mauser-Repetir-Gewehr. Modell 1893—95. Kaliber 7 mm. Berlin 1896

Loewe & Co.: Repetir-Pistole (System Borchardt). Berlin (1896?)

Loweg, A., der Centralrheumatismus, oder die Gehirn-, Rückenmarks-, Nerven- u. Geisteskrankheiten nach kyklodynam. Grundsätzen bearb. gr. 8. Münster 842, Coppenrath. 2 ß

Loweg, Theodor: Studien über das Integument des Erethizon dorsatus (Erethizon dorsatum Cuvier). Mit 2 Taf. *Jena: G. Fischer 1900.* (39 S.) 8° ¶ [Aus: Jenaische Zeitschrift f. Naturwiss., Bd 34.]
Leipzig, Phil. Diss. v. [12. Okt.] 1900

Löwel, Georg Christoph.
Theoretisch praktische Beschreibung einer neu eingerichteten ... Ramm-Maschine ... Nürnberg 1803. II: *Glaser, Carl Friedrich Wilhelm.* (BB) (Ky)

Löwel, Geo. Cph., theoret.-prakt. Beschreib. e. neueingericht. &c. Rammaschine, herausg. v. (K. F. W. Glaser). Mit Kpf. gr. 4. Nürnb. 803. Grattenauer. 1 ß 8 gr

Die Hessen und die andern deutschen Hülfstruppen im Kriege Gross-Britanniens gegen Amerika 1776—1783 [The Hessians and the other German Auxiliaries of Great Britain in the Revolutionary war]. Nach d. Engl. von Eduard J[ackson] Lowell mit Autorisation d. Verf. Hrsg. von O[tto] C[hristoph] Frh. v. Verschuer, Major z. D. Mit 8 Plänen. *Braunschweig & Leipzig: R. Sattler 1901.* (XI, 250 S.) 8°

[Lowell, Edward J.]: Die Hessen und die anderen deutschen Hilfstruppen im Kriege Groß-Britanniens gegen Amerika *1776—1783. Von . . . Übersetzt mit Autorisation des Verfassers von* **O. C. Freiherrn von Verschuer.** *Zweite erweiterte Aufl. Braunschweig u. Leipzig: Richard Sattler 1902. XI, 250 S., Karten.*

Lowell, James Russell, the English poets, s.: **Library, the English.**

Lowell, Percival, die Selbstbildnisse der Planeten. Vortrag, geh. im Verein v. Freunden der „Treptow-Sternwarte". Aus dem engl. Mskr. ins Deutsche übertr. (8 S.) Lex. 8. Treptow-Berlin (910). Verlag der Treptow-Sternwarte. 1. —
Sonderabdruck aus: „Das Weltall".

Löwen [Sachliches Ordnungswort]

Löwen, s.: **Woerl's Reisehandbücher.**

Löwen in Uniform. Kleine Lebensbilder aus Offizierskreisen v. Gerh. v. Bülow, A. v. Degen, Christine Palmié, Hans Waldmann u. A. gr. 8. (VII, 159 S.) Lpz. 889, Rauert u. Rocco. * 2 —; geb. * 3 50

Löwen in Uniform. Kleine Lebensbilder aus Offiziers-kreisen v. Gerh. v. Bülow, A. v. Degen, Christine Palmié, Hans Waldmann u. A. 3. [Titel-] Aufl. gr. 8. (V, 159 S.) Leipzig (889). 898. H. W. Th. Dieter. n. 2. —

Löwen [Verfasser]

Löwen, Dr., ..., s. Museum d. wissensw. Merkwürdigkeiten der Erde.

Löwen, Museum des Wissenswerthesten der Erde, s. Museum.

Löwen, Chr. Trost., Anleitg. z. wahren Pferde-Arzeney. 8vo. Büdingen 717.

Loewen, Emil, Fräulein Li u. andere Humoresken. 8. (181 S.) Dresden 894. E. Pierson. n. 1. 50; geb. n. 2. 50

Löwen, Eug., Brauch und Liebe. Plauderei in 1 Aufzuge. gr. 8. (24 S.) Berlin 883, (Steinitz und Fischer.) *

[F.] Helene. Roman v. Eugen **Löwen.** M. Ill. v. Martin Ränike. *Berlin, Eisenach, Leipzig: H. Hillger [1898].* (118 S.) 1 Bd 8.
= **Bücherschatz,** Kürschners. No 76. [98. 4708

Löwen, Eug., Helene, s. a. Kürschner's Bücherschatz.

Löwen, Eug., Natur und Sitte. Zwei Novellen. [Eine Künstlerehe. Helene.] 8. (316 S.) Berlin 886, Wilh. T. Bruer. *

— die Unschuld siegt! Lustspiel in 1 Aufzuge. gr. 8. (24 S.) Ebend. 883. n. — 60

Löwen, G. M., frische Zweige vom hl. Ölbaum. Aus dem Leben der Juden in Osteuropa, s.: Urban's christliche Volksbücher.

Loewen, Heinrich: Ueber die Konstitution des Thebenins. (Berlin 1909: Blanke.) 29 S. 8°
Berlin, Phil. Diss. v. 15. Dez. 1909, Ref. E. Fischer
[Geb. 14. Juni 86 Berlin; Wohnort: Berlin; Staatsangeh.: Preußen; Vorbildung: Askan. Gymn. Berlin Reife M. 04; Studium: Berlin 10 S.; Rig. 18. Nov. 09.] [U 10. 209

Löwen, Johann Friedrich

Löwen, Joh. Friedr., Eine glückliche Anwendung der Tage recht grosser Krieges-Trübsalen stellte am 20. Sonntag n. Trinit. 1760. Berlin (1760). 4. (4 Bl.)

Löwen, nicht Löw od. Löwe, Jh. Fr., († d. 23. Dec. 1771.) der Billwerder, e. Gedicht. 4. Hamb. u. Leipz. 757. (Brockhaus). 3 ℛ

Löwe, J. Fr., der Billwerder, e. Gedicht. 4. Hamburg. (Gleditsch in Lpz.) 757.

— Gedicht, dem Tode des Herzogs v. Mecklenburg gewidmet. 4. Rostock 756. Koppe. 4 ℛ

— Gedichte, dem Tode des Herzogs v. Mecklenburg gew. 4. Rost. Koppe. 756.

Johann Friedrich **Löwens** Geschichte des deutschen Theaters ⟨1766⟩ und Flugschriften über d. Hamburger Nationaltheater ⟨1766 u. 1767⟩ im Neudr. mit Einl. u. Erl. hrsg. von Heinrich Stümcke. Berlin: E. Frensdorff [1905]. (XXXX, 104 S.) 8° [F.]
= **Neudrucke** literarhistorischer Seltenheiten. No 8. [06. 2334

Löwen, Johann Friedrich, s. Götter- u. Heldengespräche.

— — Götter- und Heldengespräche. Hamburg und Leipzig 1759. 8°.
Anon.-Lex. II. p. 231 (nach Kayser u. Schröder); Goedeke; l. c., 12, 11.

— kurzgef. Grundsätze d. Beredsamkeit des Leibes. 8. Hamb. 755.

Löwen, nicht Löw od. Löwe, Jh. Fr., die Komödie im Tempel d. Tugend. 8. Hamb. 766.

Löwen, Johann Friedrich, s. Jh. Chr. Krüger, Poet. u. theatral. Werke.

— geistl. Lieder. 8. Greifsw. Röse. 770.

Löwe, J. F., Lieder, nebst einigen veränd. Kirchen-Gesängen. 8. Greifswalde. 770. Jetzt Enobloch in Leipzig.

Löwen, Johann Friedrich, s. Lieder, zärtliche, u. anakreont. Scherze.

LIEDER, Zärtliche, und Anakreontische Scherze (von *Joh. Friedr. Löwen*). Hamburg, In der Hertelischen Handlung. 1751. 8°. (In Berlin 2 Expll.: Yl 1071; an Yk 6691.)
Anon-Lex. III. p. 74 (nach Schröder, W. v. Maltzahn, Kayser u. der Allg. dtsch. Biogr.). 8 Bll. Empfehlungs-Schreiben an das schöne Geschlecht, Vorber. u. Inh., 78 S. — Ueber den Vf. s. Wolfg. Menzel II. p. 556—557.

— — Dasselbe. (Titel-Motto aus Horaz:) ego et vos scimus inurbanum lepido seponere dicto. (Vignette von J. Haas.) Ebd. 1752. 8°. (In München: P. o. germ. 1664 m, 2.)
8 Bll. Vorst. u. 78 S., nebst 1 Bl.

— — *Johann Friedrich Löwens*, Mitglieds der Götting- und Helmstädtischen deutschen Gesellschaften, Poetische Nebenstunden in Hamburg, mit einer Vorrede des Herrn Prof. Johann David Michaelis, von dem Geschmack der Morgenländischen Dichtkunst. — Vignette. — Leipzig, bey Johann Wendler, 1752. Gr. 8°. (In Berlin: Yl 1076, mit 3 Beibdn.)
XLVII, 174 S. u. 1 Bl. Inh. —

— poet. Nebenstunden in Hamburg; mit e. Vorrede v. Jh. Dav. Michaelis. 8. Hamb. u. Leipz. 752. Fritsch. (Hahn). 10 *K*

— — Oden und Lieder. Leipzig 1757. 8°.
Goedeke l. c., 12, 10.

— die Orakel. 4. Rost. 756. Berger. 2 *K*

(—) halbes hundert Prophezeihungen auf d. J. 1756. 8. Hamb. 755.

— — Romanzen mit Melodien, und einem Schreiben an den (obigen) Verfasser. Mit Titelvignette und Musik. Hamburg und Leipzig 1762. 8°. (In München: P. o germ. 870 dm; auch in Berlin, Magistratsbibl., und im British Museum.) (15 Mk., Expl. mit handschriftl. ergänztem Titel, Adolf Weigel, 1908; 20 Mk. K. W. Hiersemann.)
58 S. u. 3 Bll. Der Verfasser persifliert in diesem seltenen Büchlein den Bänkelsängerton in 7 zum Theil sehr freien Balladen.
Anon.-Lex. III. p. 392 (nach Jördens, Haydinger u. der Allg. dtsch. Biogr.).

— — — — Zweyte Auflage. Hamburg bey M. C. Bock. 1768. 8°.
Deutsche Bibl. d. schönen Wissensch. 3 (1769), 497—509. — Goedeke IV, 27.

— — Romanzen. Nebst Einigen andern Poesien. Von *Johana Friedrich Löwen*. Hamburg und Bremen, Bey Johann Henrich Cramer. 1769. 8°. (In Berlin: an Yl 7586.)
Vermehrte Ausgabe (zuerst gedr. 1762). 112 S. (incl. 5 Bll. Vorst.). Enthält 18 theilweise freie Stücke.

— — Romanzen. Neue verbess. Aufl. Nebst andern Comischen Gedichten. Von *Joh. Friedr. Löwen*. — Vignette. — Leipzig, bey Weidmanns Erben u. Reich 1771. 8°. (In Berlin: Yl 1116; auch in Breslau, Stadtbibl.: an E 3666.) (4 Mk. J. Taussig, 1904.)
Zum Theil anstößigen Inhalts. Tit., 3 Bll. Vorr. (dat. Rostock, Juli 1771) u. S. 9—142 Text, nebst 1 Bl. Reg. über die 2 Abthlgn.
— — Dasselbe. (Nachdruck.) Neue verbess. Aufl. Biel, in der Heilmannischen Buchhandlung, 1773. 8°. (10 Mk., unbeschn., etwas fleckig, Adolf Weigel, 1904.)
102 S. u. 1 Bl. Inh.-Verz. — Selten!

— — dieselben. Bern. Typ. Societ.

— — *Joh. Friedr. Löwens* Schriften. 4 Theile. Hamburg, gedruckt und verlegt von Michael Christian Bock. 1765—1766. I. Lehrgedichte u. Erzähl. 8 Bll. u. 192 S. II. Oden u. Lieder. 2 Bll. u. 156 S. III. Komische Gedichte. 2 Bll. u. 204 S. IV. Theatralische Schriften. 16 Bll. u. 368 S. Gr. 8°. Mit Vign. (In Berlin: Yl 1126, 2 voll.; auch in der dortigen Magistrats-Bibl.; auch in Breslau, Kgl. u. Univ.-Bibl.: Litt. Teut. II. 8° 1068; 2 voll.) (35 Mk. Gustav Fock, Lpz., 1907, zus. mit den „Poet. Nebenstunden" von 1752.)

— poet. Schriften. 4 Thle. gr. 8. Hamb. 765. 66. (Breitkopf u. H. in Leipz.) 2 *rtl* 16 *K*

LÖWEN, Joh. Friedr. (1727—71. — Goedeke IV², 45—46). — Die Spröde. Ein Schäferspiel von *J. F. Löwen*. HELMSTAEDT 1748. 4°. 4 Bogen.
Vgl. Der Liebhaber der schönen Wissensch. 2 (1748), S. 376—89.
— — Dasselbe. Hamburg 1748. 8°. 32 S. (In Weimar: O; 9: 411.)

— satyrische Versuche, wie auch Götter- u. Heldengespräche. 8. Hamb. u. Leipz. 759. Holle. 6 *K*

— — Satyrische Versuche. Hamburg und Leipzig, bey G. C. Grunds Witwe und A. H. Holle. 1760. 8°. (In Berlin: Yy 5481.)
— — Dasselbe. Frankfurt und Leipzig 1764. 8°. 4 u. 92 S.
— — Dasselbe. Hamburg und Leipzig 1766. 8°. 16 u. 184 S.

Löwen, Jh. Fr., s. Voltaire, Mahomet.

— — Die Walpurgis Nacht. Ein (komisches) Gedicht in drey Gesängen. Hamburg und Leipzig, bey G. C. Grund und A. H. Holle 1756. 4°. 4 Bll. u. 70 S. Selten!
— — Dasselbe. Ebd. 1759. 8°.

— die Walpurgisnacht; e. Gedicht in 3 Gesängen. 4. Hamb. u. Leipz. 756. (Brockhaus). 8 *K*

— d. Walpurgisnacht, e. Ged. 4. Lpz. Heinsius. (Gleditsch.) 756.

— — *Johann Friedrich Löwens* Poetische Werke. Erster Theil. Hamburg und Leipzig, bey Grunds Witwe und Holle, 1760. — Zweyter Theil . . . 1760. 8°. (In Berlin: Yl 1106, 1 vol.)

Loewen, M. G., s.: **Berliner, Hananias.**

LOEWEN, W. VON. Ueber δ-Methylharnsäure. Leipzig, 1897.

LÖWENAU, Joseph Arnold v.: Anleitung zu beträchtlichen Holzsparungen bey den Bräuhäusern zum allgemeinen Gebrauch der Güter Besizer. - Brünn 1802. Ohne Pag., 7 Skiz.

Löwenbach, das westfälisch-provinzielle eheliche Güterrecht des Gesetzes v. 16. IV. 1860 in seiner Bedeutung f. die am 1. I. 1900 bestehenden Ehen. gr. 8. (VIII, 112 S.) Paderborn 901. F. Schöningh. n. 2.40

Löwenbach, Ant. Allássy v., pract. Vorpostendienst, gestützt auf bewährte Grundsätze u. Regeln, als Leitfaden z. Selbstunterr. f. Jene, die ein. Schritt tiefer in seine mannigfalt. Forderungen bringen wollen, wie auch z. Gebr. f. Regiments-, Bataillons- u. sonstige Schulen, mit den fähigern, zu höh. Chargen sich ausbild. Individuen. Erläut. durch mehr. Beispiele ꝛc. gr. 8. (29½ B. u. 10 Pläne, qu. ½ Fol.) Linz 835, Eurich u. Sohn.
Der Verf. heißt eigentl. Allássy v. Löwenbach.

Löwenbach, Geo., s.: **Beiträge z. Dermatalog. u. Syphilis.**

— **Dermato-histologische Technik**, s.: **Joseph, Max.**

Löwenberg [Schlagwort]

— s. a.: **Deutschland. Kürschner-Pelp. — Lauban.**

Löwenberg, Kreis, s.: **Kreiskarten.**

Löwenberg, s.: **Mark.**

Löwenberg i. Schl., Kreis. Entfernungskarte, amtl., des Kreises Löwenberg i. Schl. (Reg.-Bez. Liegnitz). Auf Grund amtl. Unterlagen angefertigt im Katasteramte zu Löwenberg i. Schl., rev. im Katasterbureau der königl. Regierg. zu Liegnitz. Hrsg. 1901. 1:75,000. 64,5×51,5 cm. Farbdr. Glogau, C. Flemming. n. 2.—

Löwenberg [Verfasser]

Löwenberg, Adolf. Benekes Stellung zur Kantschen Moralphilosophie. Diss. Phil. I. Univ. Zürich. 104 S. 8. Berlin, H. S. Hermann, 1901.

Löwenberg, Adf., Friedr. Ed. Benekes Stellung zur Kantschen Moralphilosophie. gr. 8. (104 S.) Berlin 901. (Mayer & Müller.) n. 3. —

Löwenberg, Alexander [pr. Arzt]: Beitrag zur Behandlung der eitrigen Mittelohr-Entzündung mit Berücksichtigung der Bacteriologie des Ohreiters. . . . Königsberg i. Pr., Druck v. M. Liedtke, 1891; 47 S., 2 Bl. 8°
Königsberg, Med. Fak., Inaug.-Diss. v. 30. Mai 1891

Löwenberg, Alex. Beitrag zur Behandlung der eitrigen Mittelohr-Entzündung m. Berücksicht. der Bacteriologie d. Ohreiters. Diss. gr. 8. (46 S.) Königsb. i. Pr. 891, (Koch). * 1 —

Loewenberg, B(enj.) W., aus Tuckum in Kurland ⟨Russl.⟩: Aetiologisches zur Hyperaciditas und Hypersecretio ventriculi. *Berlin (1900): G. Schade.* (28 S.) 8°
Berlin, Med. Diss. v. 7. Aug. 1900

Loewenberg, Benno (geb. Sonnenburg in d. Neum. 29. 9. 1830): De acuta hepatis atrophia. Berolini (1858). (31 S.) 8°
Berlin, Med. Diss. v. 11. Aug. 1858

Löwenberg, C. G. B. v., „Glückspiele". Eine philanthropisch-mathemat. Studie. 8. (62 S. m. 22 Tab.) München 899. A. Schupp. n. 2. —

Löwenberg, C. G. B. v., aus dem deutsch-französischen Kriege 1870/71. Drei Erzählgn. f. die Jugend. 8. (80 S. m. farb. Bildern.) Fürth 894. G. Löwensohn. Kart. — 60

— der Krug geht zum Brunnen bis er bricht. Eine Erzählg. f. die reifere Jugend aus dem Anfang des 19. Jahrh. gr. 8. (120 S. m. farb. Bildern.) Ebd. 894. Kart. 1. —

— Wohlthun trägt Zinsen. Eine Indianer-Erzählg. f. die reifere Jugend aus dem Anfange dieses Jahrhunderts in 2 Tln. gr. 8. (88 S. m. 5 Farbdr.) Fürth (895). C. Schaller. Geb. n. 1. 50

Löwenberg, Emanuel, aus Wiesbaden: Kernsynthesen mit ⟨3,5⟩ — Dibromsalicylsäurechlorid. *Bonn a. Rh. 1904: S. Foppen.* (48 S.) 8°
Bonn, Phil. Diss. v. 9. Mai 1904

Loewenberg, Geo., Lehrbuch d. Mathematik. Zum Selbststudium u. f. d. Unterricht in Prima der höh. Lehranst., vermitt. d. Uebergang v. Schulpensum z. Universitätsstudium. gr. 8. (191 u. 8 S. m. Fig.) Leipzig 897. J. J. Arnd. n. 4. 50; erm. Preis 2. —

Tabelle der wichtigsten Porzellan-Marken. 110 Abb. ⟨mit d. nötigen Anmerkungen⟩. Von Dr. Georg **Loewenberg.** Berlin: Steinitz 1909. 2 Bl., 1 Taf. 8° [10. 4197

— Was muss man v. der analytischen Geometrie wissen? (80 S. m. Fig.) 8. Ebd. (908). 1. —

Loewenberg, Geo., was muss man v. der Differential- u. Integral-Rechnung wissen? (54 S.) 8. Berlin (908). H. Steinitz. 1. —

— Was muss man v. der sphärischen Trigonometrie u. der Astronomie wissen? (77 S. m. Fig.) 8. Ebd. (907). 1. —

Löwenberg, Jacob: über Otway's und Schiller's Don Carlos . . . . Lippstadt, Druck v. Aug. Staats, 1886; 126 S. + 1 Bl. 8°.
Heidelberg, Phil. Fak., Inaug.-Diss. v. 1886.

Löwenberg, Jac., über Otway's und Schiller's Don Carlos. Dissertation. gr. 8. (126 S.) Lippstadt 886. (Heidelberg, Burow's Verlag.) *

Loewenberg, Jak., deutsche Dichter-Abende. Eine Sammlg. v. Vorträgen üb. neuere deutsche Literatur. Mit e. Bildnis Detlevs v. Liliencron. (198 S.) gr. 8. Hamburg 904. Gutenberg-Verlag Dr. E. Schultze. n. 2. —; geb. n. 3. —

Löwenberg, J. Vor dem Feind. Trauerspiel in 5 Aufzügen. 8. (III, 79 S.) [Altona 890, Reher.] Hamb., A. Goldschmidt. * 1 50 geb. * 2 50

Gustav Frenssen ⟨von d. Sandgräfin bis zum Jörn Uhl⟩ von Dr. J. **Loewenberg.** Mit e. Bildn. G. Frenssens. *Hamburg: M. Glogau jr. 1903.* (38 S.) 8° [F.] [03. 3470

Loewenberg, J., in Gängen u. Höfen. Eine Hamburger Erzählg. 8. (VIII, 86 S.) Hamburg 893. A. Goldschmidt. n. 1. —; geb. in Leinw. n. 1. 50

Loewenberg, (Jak.), in Gängen u. Höfen. Eine Hamburger Erzählg. 2. Aufl. (96 S.) 8. Hamburg 907. M. Glogau jr. 1. —; geb. 1. 50

—— Gedichte. 8. (XI, 168 S.) Norden 889, Fischer Nachf. * 2 — geb. * 3 50

— neue Gedichte. 8. (VIII, 116 S.) Hamburg 895. M. Glogau jr. n. 2. —; geb. in Leinw. m. Goldschn. n. 3. —

— stille Helden. Novellen. (223 S.) 8. Hamburg 906. Gutenberg-Verlag Dr. E. Schultze. n. 2. —; geb. n. 3. —

— Detlev v. Liliencron. Mit e. Bildnis Detlevs v. Liliencron. (80 S.) gr. 8. Ebd. 904. n. — 50; geb. n. 1. —
Sonderabdruck aus: „L., Deutsche Dichter-Abende".

— geheime Miterzieher. Studien u. Plaudereien f. Eltern u. Erzieher. 3. verb. Aufl. (201 S.) 8. Ebd. 906. n. 1. 50; geb. n. 2. 50
1. Aufl. (134 S.) Leipzig 903. n. 1. —.

— Geheime Miterzieher. Studien u. Plaudereien f. Eltern u. Erzieher. 4. Aufl. (201 S.) 8. Hamburg 906. Berlin, Gutenberg-Verlag Dr. E. Schultze. 1.50; geb. 2. 50

— Rübezahl. Ein Märchenspiel in 3 Akten. (64 S.) 8. Hamburg (904). M. Glogau jr. n. — 50

— Rübezahl. Ein Märchenspiel in 4 Akten. 2. Aufl. (Neubearbeitung.) (68 S.) 8. Hamburg (908). M. Glogau jr. — 60; geb. in Leinw. 1. 80

Loewenberg, J., aus jüdischer Seele. Gedichte. 8. (VI, 88 S.) Hamburg (901). M. Glogau jr. Geb. in Leinw. n. 2. —

— aus jüdischer Seele. Gedichte. 2. Aufl. (VI, 88 S.) 8. Ebd. (903). Geb. in Leinw. n. 2. —

— Steht auf, ihr lieben Kinderlein, s.: Falke, Gust.

— von Strand u. Straße. Gedichte. (VIII, 122 S.) 8. Hamburg 905. M. Glogau jr. Geb. in Leinw. n. 3. —

Loewenberg J. Vom goldenen Überfluss. Auswahl aus neueren deutschen Dichtern. (272 S) Leipzig (1901)

Loewenberg, J., vom goldnen Überfluß. Eine Auswahl aus neuern deutschen Dichtern f. Schule u. Haus, im Auftrage u. unter Mitwirkg. der literar. Kommission der Hamburger Lehrervereinigg. zur Pflege der künstler. Bildg. hrsg. 8. (272 S.) Leipzig (902). R. Voigtländer. Geb. in Leinw. n. 1. 60

— vom goldenen Ueberfluß. Eine Auswahl aus neuern deutschen Dichtern f. Schule u. Haus, im Auftrage u. unter Mitwirkg. der literar. Kommission der „Hamburger Lehrervereinigg. zur Pflege der künstler. Bildg." hrsg. Neue, verm Ausg. 51—60. Tauf. (312 S.) 8. Leipzig (906). R. Voigtländer. Geb. in Leinw. n. 1. 80

— Vom goldnen Überfluß. Eine Auswahl aus neuern deutschen Dichtern f. Schule u. Haus, im Auftrage u. unter Mitwirkg. der literar. Kommission der „Hamburger Lehrervereinigg. zur Pflege der künstler. Bildg." hrsg. (Die Zeichngn. zum Einbd., Schutzumschlag u. Vorsatzpapier sind v. Käthe Roman-Försterling, die Innen-Ausstattg. v. Hugo Steiner-Prag.) 91.—95. Tauf. (312 S.) 8. Leipzig (910). R. Voigtländer. Geb. in Leinw. 1. 80

— Aus der Welt des Kindes. Ein Buch f. Eltern u. Erzieher. (192 S.) 8. Ebd. 911. 2.—; geb. in Leinw. 3. —

Loewenberg, Isidor [pr. Arzt]: Chlorose und Venenthrombose ... Königsberg i. Pr., Druck v. M. Liedtke, 1894; 2 Bl., 38 S., 2 Bl. 8.
Königsberg, Med. Fak., Inaug.-Diss. v. 20. Juni 1894

Loewenberg, Isidor, Chlorose u. Venenthrombose. Diss. gr. 8. (38 S.) Königsberg 894. (W. Koch.) n. 1. —

Löwenberg, Julius: Afrika. Geschichte der geographischen Entdeckungen in diesem Erdtheile. Berlin 1835. VIII, 267 S. 8°.

Loewenberg, Jul., Afrika. Geschichte d. geograph. Entdeckungen in diesem Erdtheile. 8. (17 1/2 B. incl. 1 Tab.) Berlin 835, Vereins-Buchh.

— Atlas geograficzny dla Uzytku szkolnego i prywatnego zlozony z 24 kart. qu. gr. 4. (24 lith. u. illum. Karten.) Berlin 843. (Heymann.) n. 2 ß

Löwenberg, Jul., histor.-geogr. Atlas, s. Kutscheit.

—— histor.-geograph. Atlas zu d. allgem. Geschichtswerken v. Carl v. Rotteck, Pölitz u. Becker in 56 col. Karten. 12 Lfgn. Vervollständ. u. z. Drucke besorgt v. J. Valer. Kutscheit. 1/2 Roy.-Fol. Carlsruhe u. Freiburg 836—42, Herder'sche Vrlsbuchh. à * 1/2 Thlr. *

Löwenberg, Jul., histor.-geogr. Atlas zu den allgem. Geschichtswerken von K. v. Rotteck, Pölitz u. Becker. 2., umgearb. Aufl. in 50 col. Karten v. Joh. Val. Kutscheit. 12 Lfgn. Fol. (1 B. Text.) Freiburg 843, 44, Herder'sche Vrlgsb. à * 15 Ngr.*

Löwenberg's, Jul., historisch-geographischer Atlas in 50 (lith. u.) color. Karten v. Joh. Valerius Kutscheit. Mit erläut. Texte. 3. Aufl. (In 12 Lfgn.) 1. Lfg. Fol. (5 Karten u. 4 S. Text.) Freiburg im Br. 852, Herder. 1/2 ß

— kleiner histor. Atlas des preuß. Staates. 1e Lfrg. .. Berlin 840. Voß'sche Buchh. n. 1/3 ß

—— Schweizer Bilder. M. (4) Kpfr., u. (2) Karten (8. u. gr. 4.) Lex.-8. (14 1/2 B.) Berlin 834, Hasselberg.
2.Ausg.s.Löwenberg:Die Schweiz.

—— histor.-geograph. Bilder-Atlas f. die Jugend. Bestehend in 24 Kärtchen m. Randverzierungen u. Text in Versen. 3 Lfgn. gr. 4. (2 B.) Berlin 844. [Romolini.] à * 10 Ngr. *

— histor.-geogr. Bilder-Atlas für die Jugend. Bestehend in 24 Kärtchen mit Randverzierungen u. Text in Versen. 1.—3. Liefg. gr. 4. Berlin 844, Meyer u. Hofmann. à n. 1/3 ß

Löwenberg, Jul., historisch-geographischer Bilder-Atlas für die Jugend. Bestehend in 24 (eingedr. und ill.) Kärtchen mit Randverzierungen und Text in Versen. 2., revid. Aufl. gr. 4. (50 S. mit eingedr. Holzschn.) Berlin 847, Romolini.

— fliegendes Blatt an die Herren Jul. Minding u. J. J. Sachs. 2. Aufl. mit e. Anh. 8. Berlin 843, Logier. n. 1/12 ß

Löwenberg, J., die Entdeckungs- u. Forschungsreisen in den beiden Polarzonen, s. a. Wissen, das, der Gegenwart.

Löwenberg , die Entdeckungs- und Forschungsreisen in den beiden Polarzonen. (Wissen der Gegenwart 58) Leipzig 1886

Löwenberg, J., Die Entdeckungs- und Forschungsreisen in den beiden Polarzonen. 8°. (152 S. mit acht in den Text gedruckten Karten.) Prag, Tempsky. fl. —.60. 1886.

— geschichtl. Erinnerungsblatt an Friedrich Wilhelm III. Mit d. Bilde des Königs in ganzer Figur u. 4 Karten d. Preuß. Staates in den J. 1797, 1806, 1807 u. 1840. Berlin 840. Liebmann u. Comp. n. 2/3 ß

— der Fremde in Berlin u. Potsdam. Neuester u. zuverlässigster Wegweiser beim Besuche dieser Hauptstädte u. ihrer Umgebungen, eine genaue Beschreibung aller Sehenswürdigkeiten u. Einrichtungen enthaltend, mit Angabe von Ort u. Zeit der Besichtigung rc. 16. Berlin 841, Schröder. 1/3 ß — dass. mit dem Plan von Berlin u. dem Plan von Potsdam u. Umgegend. Ebend. 841. 1/2 ß — 3. verb. Aufl. 16. Ebend. 843. 1/3 ß — Mit 8 Plänen 1/2 ß — Mit 3 Plänen u. 4 Ansichten 3/4 ß — 4. durchweg verb. Aufl. 16. Ebend. 844. 1/3 ß — Mit 3 Plänen u. 6 Ansichten 1/2 ß — Mit 3 Plänen u. 10 Ansichten 3/4 ß

—— der Fremde in Berlin u. Potsdam. Neuester u. zuverlässigster Wegweiser beim Besuche dieser Hauptstädte u. ihrer Umgebungen. 3—5. Aufl. 843—45 u. 6., verb. Aufl. 16. (14 B., 3 Pläne, 1 Karte u. 6. Ans.) Berlin 847, Schröder's Verl.

— der Fremde in Berlin u. Potsdam. Neuester u. zuverlässigster Wegweiser beim Besuche dieser Hauptstädte u. ihrer Umgebungen, mit Angabe aller Sehenswürdigkeiten, Zeit der Besichtigung etc. 7. durchweg verb. Aufl. Mit den (lith.) Plänen von Berlin u. Potsdam (in qu. Fol. u. qu. 8.) 16. (VI u. 168 S.) Berlin 849, Schroeder. 1/2 ß

—— der Fremde in Berlin und Potsdam. Neuester und zuverlässigster Wegweiser beim Besuche dieser Hauptstädte und ihrer Umgebungen, mit Angabe aller Sehenswürdigkeiten, Zeit der Besichtigung etc. 7., durchweg verb. Aufl. 16. (VI und 168 S. mit den lithogr. Plänen von Berlin und Potsdam in qu. Fol. und qu. 8.) Berlin 850, Schröder's Verlag.

— Friedrich Wilhelm der Dritte. Ein geschichtl. Erinnerungs-Blatt. (Mit dem Bild des Königs in ganzer Figur, 4 Kärtchen u. hübscher Einfassung.) 1 1/2 Elle hoch u. 1 Elle breit. Berlin 842, Liebmann u. Comp. 1/2 ß

Löwenberg, J., Geschichte der geographischen Entdeckungsreisen. (In 2 Bdn.) 1. Bd. Alterthum u. Mittelalter bis zu Magellans erster Erdumsegelung. Mit über 100 Abbildungen u. Karten, einem Titelbilde u. 5 größeren (chromolith.) Karten. gr. 8. (XII, 458 S.) Leipzig 881. Spamer. n. 7. 50; geb. n. 9. —

— **Geschichte der geographischen Entdeckungsreisen.** 2. Bd. Die neuere Zeit von Magellan bis zum Ausgang d. 18. Jahrh. Mit üb. 100 Abbildgn. u. 1 Karte. gr. 8. (XII, 438 S. m. 1 Tab.) Leipzig 885. Spamer. n. 7. 50; geb. n. 9. —; (1. u. 2.: n. 15. —; geb. n. 18. —)

Löwenberg, J., Geschichte der geograph. Entdeckungsreisen. M. üb. 200 Abb. u. Kärtchen u. 6 größ. Karten. Wohlf. (Titel-) Ausg. 2 Thle. in 1 Bd. gr. 8. (XII, 458; VIII, 418 u. XVIII S.) Leipzig (881 u. 85). 895. O. Spamer. n. 5. —; geb. in Leinw. n. 6. —

—— **Geschichte d. Geographie.** 8. (24½ B., 1 lith. Karte u. 2 chronol. Uebersichtstab.) Berlin 840, Haude u. Spenersche Bh.

Löwenberg, Jul., Geschichte der Geographie. Neue (Titel-) Ausg. gr. 8. (VI und 879 S. mit 2 chronolog. Uebersichtstab. in Imp.-Fol. und 9 Erdansichten in 1 lithogr. Karte in Imp.-Fol.) Berlin (840)60, Haude und Spener'sche Buchh.

Löwenberg, J., Geschichte der Geographie von den ältesten Zeiten bis auf die Gegenwart. 2., gänzlich umgearb. Aufl. Berlin 866. Haude & Spener'sche Buchh. 8. (XII, 475 S.) n. 1 Rthlr 20 ngr.

— **die Geschichte Preußens in gebundener Rede.** Mit 4 illustr. histor. Kärtchen von J. Böhmer u. 2 Uebersichts-Tab. qu. 4. Berlin 846, Hofmann u. Comp. ⅔ Rthlr (feine Ausg. m. col. Illustr. 1 Rthlr)

Loewenberg, Julius. Die Geschichte Preußens in gebundener Rede. Mit vier historischen Kärtchen von J. Brehmer (fehlen). Berlin 1846. 36 S. 4.

—— **Hamburg** u. seine Umgebungen, s. **Hamburg**.

— **Hamburg in seiner Vergangenheit und Gegenwart.** Ein zuverläss. Fremdenführer. Nebst einer treuen Darstellung u. Würdigung des großen Brandes vom 5. bis 8. Mai 1842, u. einem Anhange: Helgoland. Mit den neuesten Plänen von Hamburg u. Helgoland. 16. Berlin 842, Springer. n. 5/12 Rthlr

— s. A. v. **Humboldt's** Fragmente etc.

Löwenberg, J. Europa's letzte fünf-und zwanzig Jahre (1815 bis 1840). Zur Uebersicht der Geschichte der neuesten Zeit. Leipzig. 1 Bl. c. L.

Löwenberg, Jul., mittlere Jahres- u. Jahreszeiten-Temperaturen v. 150, nicht üb. 100 Toisen üb. d. Meere liegenden Orten in Graden d. 100theil. Thermometers. Eine Beil. zu A. v. Humboldt's Untersuchungen üb. d. Isothermen in dess. „Fragmente e. Geologie u. Klimatologie Asiens." 1 Tab. gr. Fol. Berlin 832, List.

— **geograph. Länder-Fibel.** 21 illustrirte Kärtchen u. Text in Versen. qu. gr. 16. (Mit Text.) Berlin 846, Stern u. Comp. n. ⅔ Rthlr — Prachtausg. in engl. Leinw. geb. mit col. Randzeichn. n. 3 Rthlr — Die Kärtchen allein n. ½ Rthlr

LOEWENBERG, Julius: Ueber Lichen chronicus simplex.- München: Kastner & Lossen 1898. 26 S.
13.5.1898 - Chr 1897/98,20; Jv 1897/98,215
Diss.Ingolst.-Landsh.-Mchn.

— **das Meer und die merkwürdigsten Seereisen unserer Zeit, der Jugend lehrreich erzählt.** Mit 8 Kpfr., gestochen von Weber, Nikoley (u. Laurens). Lex.-8. Berlin 834. Hasselberg. 2¼ Rthlr — 2e Aufl. Mit 8 Kpfr. Lex.-8. Ebd. 840. In Leinwand 1¾ Rthlr

— **das Meer u. die merkwürdigsten Seereisen unserer Zeit.** Der Jugend lehrreich erzählt. 2. Aufl. Mit 8 (illum.) Kupf. Lex.-8. Berlin 841, Hasselberg. geb. 2¼ Rthlr

Löwenberg, J., s. **Peschel, Osc.**, Abhandlungen zur Erd- und Völkerkunde.

Löwenberg, J. Das enthüllte Posen. Heft 1—3. Berlin 1848—1849. VIII 24, 105, 72 S. 8. (Heft 1. Des Königs Zuruf an die Einwohner der Provinz Posen vom 15. Mai 1815. — Von Flottwells Denkschrift über seine zehnjährige Verwaltung. — Heft 2. Die deutschen Kolonisationen im Großherzogthum Posen von 1772. — Friedrichs d. Gr. landesväterliche Gesinnung gegen die Polen. — Friedrich Wilhelms II. Friedens- und Freundschaftsversicherungen. — Auszüge aus Patenten, Verträgen und späteren Verheißungen. — Nachträge und Miscellen. — Heft 3. Das schwarze Register.)

—— **Protest** gegen das Verfahren etc., s. **Protest**.

— **Regierungsgeschichte Friedrich Wilhelm III.**, s. **Hoffmann, W. B.**, Gemälde von Preußen.

——, **Alex. v. Humboldt's Reisen** in Amerika u. Asien. Eine Darstell. seiner wichtigsten Forschungen. 2 Bdchn. gr. 12. Berlin, [Hasselberg'sche Vrlsh.] [1. 1. Aufl. 8. (22 B., 2 Kärtch. u. H's. Bildn.) 835. 1⅚ Thlr., 2. A. gr. 12. (14⅛ B., 2 Kärtch. u. H's. Bildn.) 842. 1⅓ Thlr., 2. gr. 12. (16¾ B., 4 Abbild. u. 1 Karte.) 840. 1½ Thlr.]

— **Alexander v. Humboldt's Reisen in Amerika und Asien.** Eine Darstellung seiner wichtigsten Forschungen. 2 Bde. Mit (4) Kupf. u. (3) Karten. 2. Aufl. 12. Berlin 843, Hasselberg. à 1⅓ Rthlr

Löwenberg, J., Alexander von Humboldt's Reisen in Amerika und Asien. Eine volksthümliche Darstellung seiner wichtigsten Forschungen. 2 Bde. Mit 1 Karte (in Kupferst.). 2 (Titel-)Aufl. Berlin (842.) 853. Hasselberg. 12. (X, 328; X, 412 S.) Jeder Bd. 27 ngr.

Loewenberg, Julius. Die Schweiz. Eine Schilderung der merkwürdigsten Stellen des Landes und der Hauptmomente ihrer Geschichte. Mit 5 Kupfern [Tafeln, sowie 1 Plan] und 1 Charte der Alpen. 8. Berlin *o. J.* [1835 40].
2. *Ausg. von:* Loewenberg, Julius. Schweizer Bilder.... Berlin 1834.

Löwenberg, Jul., histor. **Taschen-Atlas** d. preuß. Staats, besteh. aus 16 histor.-geograph. Karten mit erläut. Texte. (4 Hfte.) 1. Aufl. 841. u. neue A. qu. gr. 8. Berlin 842, Voß'sche Buchh. à Thlr. *

Löwenberg, Julius: Das Weltbuch Sebastian Francks. Die erste allgemeine Geographie in deutscher Sprache. (Sammlung gemeinverständlicher wissenschaftlicher Vorträge. N. F. Heft 177.) Hamburg 1893. 37 S. 8°.

— das **Weltbuch** Sebastian Francks, s. a. **Sammlung** gemeinverständlicher wissenschaftlicher Vorträge.

Löwenberg, Karl Friedrich Benjamin

Loewenberg, (Ober-Landesger.-Rath Dr.,) **Beiträge zur Kenntniß der Motive der Preuß. Gesetzgebung.** Aus amtl. Quellen bearb. 1. Bd. gr. 8. Berlin 843, Veit u. Co. n. 3⅔ Rthlr

Löwenberg, Beiträge z. Kenntniß der Motive der preuß. Gesetzgebung. 2. Bd. A. u. d. Ttl.: Materialien des Anhanges zum allgem. Landrecht u. zur allgemeinen Gerichtsordnung. gr. 8. (51¾ B.) Berlin 843, Veit u. Comp. Thlr. *

[**Löwenberg**, Karl Friedr. Benj.]: Die Lehre von den Rechtsmitteln im Preußischen Civil- und Kriminal-Prozesse. Berlin 1846.

—— über den **Lieferungs-Vertrag**, unter Berücksichtig. des Handels mit geldwerthen Papieren. gr. 8. (5⅞ B.) Berlin 846, Veit u. Comp.

Loewenberg, Carl Friedr. Benj. (Schlesier), De successione contra tabulas secundum juris Romani novissimi principia. Diss. jur. Berlin (Kraus) 7. IV. 1831. 51 S. (3.—) 21546
Gew.: Carl Horn. — Oppon.: Hirschfeld, Krohn, Kremnitz.

—— die Verordnung v. 14. Dez. 1833, üb. d. Rechtsmittel d. Revision u. d. Nichtigkeitsbeschwerde, nebst sämmtl. gesetzl. u. ministeriellen Abändern., Ergänzn. u. Erläuterungen, unt. Benutz. d. Akten d. Justiz-Ministeriums. gr. 8. (18¼ B.) Berlin 837, Nauck'sche Buchh.

Löwenberg, die Verordnungen v. 4. März 1834, üb. d. Exekution in Civilsachen u. üb. d. Subhastations- u. Kaufgelder-Liquidations-Prozeß, nebst sämmtl. gesetzl. u. ministeriellen Abänderungen, Ergänzungen u. Erläuterungen, unt. Benutz. d. Akten d. Justiz-Ministeriums hrsg. (2 Abthln.) gr. 8. (26 B.) Berlin 836, Nauck'sche Buchh.

Loewenberg, Lehmannus (geb. Hohenwepel in Westf. 1824): De angina membranacea. Berolini (1846). (31 S.) 8°
Berlin, Med. Diss. v. 19. Sept. 1846

Löwenberg, Ludwig

Löwenberg, Ludov. (Liepmannus) (geb. Potsdam 1817): De hypochondria. Berolini (1841). (27 S.) 8°
Berlin, Med. Diss. v. 11. Sept. 1841

Loewenberg, Georg Ludwig [aus Berlin]: Ueber aromatische Kohlensäureäther .... Berlin, Buchdr. v. Rosenthal u. Co.; 39 S. 8°.
Berlin, Phil. Fak., Inaug.-Diss. v. 10. Febr. 1886.

Loewenberg, Georg Ludwig, über aromatische Kohlensäureäther. Diss. Berlin 1887, Mayer & Müller. 8°. 39 S.

Loewenberg, Max [aus Berlin]: Über einen ungewöhnlichen Fall von chronischer Herdmyelitis ... Berlin, C. Vogt's Buchdr., *1893*; 44 S., 2 Bl. 8.
Berlin, Med. Fak., Inaug.-Diss. v. 21. Juli 1893

Löwenberg, Max, appr. Arzt: Aus d. städt. Barackenkrankenhause in Düsseldorf. Leitender Arzt: Dr. Carl Stern. Ueber Hyperämiebehandlung nach Bier bei Epididymitis und Arthritis gonorrhoica. Düsseldorf [1907]: F. Jumpertz. (42 S.) 8°
München, Med. Fak., Ref. v. Angerer, Diss. v. 13. Mai 1907
[Geb. 5. Juli 80 Kördorf; Wohnort: Limburg a. Lahn; Staatsangeh.: Preußen; Vorbildung: Kaiser-Friedrich-Gymn. Frankfurt a. M. Reife O. 00; Studium: München 8, Bonn 1, Berlin 1 S.; Coll. 13. Mai 07; Approb. 8. Mai 06.]

— **Moritz**, De hydrocephalo acuto. Diss. med. Halle (Ruff) 7. XI. 1843. 30 S. mit Biogr. (M.: Joh. Simon.) (2.50) 21547
Oppon.: H. Klatt, J. Brueg.

(**Loewenberg**, Saulus): *Ueber die unorganischen Bestandtheile der Pflanzen. 148 [vielmehr: 152] S. 2°
Halle-Wittenberg, Phil. Diss. v. 7. Juli 1848
Geb. Driesen (Kr. Friedeberg, Neumark) 1824. V.

Loewenberg, Therese, eine Wienerin in Amerika. Amerikanische Eindrücke. (109 S.) 8. Wien 904. C. W. Stern. n. 2. —

— **Wolff** (Uckermark), De partu agrippino naturali et artificiali. Diss. med. Berlin (Brandes u. Klewert) 19. II. 1831. 32 S. mit Biogr. (M.: Wertheim.) (2.50) 21548
Gew.: S. L. Seelig u. J. Meyer. — Oppon.: H. Goldschmidt, E. Schlesinger, M. Baschwitz.

Loewenberger v. Schönholtz, Major z. D., alphabetisches Verzeichniß sämmtlicher Städte, Ortschaften und einzelner Besitzungen des norddeutschen Bundes. Mit Hinzufügung der Verwaltungsbehörden, des Landwehr-Bataillons und Regiments, der Brigade, der nächsten Postanstalt und der zur Zeit besteh. Telegraphen- und Eisenbahn-Stationen. Auf Veranlassung des k. preuß. Kriegsministeriums, nach den offiziellen Angaben der Landwehr-Bezirks-Commandos, und Benutzung der amtl. Ortschaftsverzeichnisse der Ober-Postdirectionen zusammengestellt. 2 Bde. gr. 8. Berlin 869, Mittler und Sohn. [1. Bd. A—K. (XXXVI, 914 S.) *ℳ 11.; 2. Bd. L—Z. Anhang: Alphabetisches Verzeichniß sämmtl. Städte, Ortschaften und einzelner Besitzungen des Großherzogth. Baden. (1047 S.) *ℳ 12.] *

Löwenburg, Die, oder die Wunder des Heiligenbildes. Quedlinburg 1822. V: *Müller, Heinrich.* (GGr VI, 402, 52) (Zeitschr. f. Büch. N. F. 15, 1923, S. 115)

Löwenburg, die, oder die Wunder des Heiligenbildes; vom Verf. des Romans: Benno v. Rabeneck. 3 Thle. 8. Quedl. 822, Basse.

LÖWENDAHL, R.
Aus den Mysterien der österr. Irren-Anstalten oder ein Rechtsstaat ohne Irrengesetz. Unseren Volksvertretern zum Studium empfohlen. Von R. Löwendahl. Wien. 1900. Im Selbstverlag des Verfassers. In Comm. Dietl. Gr.-8°. 25 S. K 1.40

Loewendahl, Richard = Dahl, Richard [Autorname].

Löweneck F. v.: Haupt-Momente aus der Abrichtungs-Kunst d. polnischen respective Moldauer-Pferdes ... Augsb. 1822. (10) 152 S. 2 kol. Tvl.

v. Löweneck, Fr., Hauptmomente aus d. Abrichtungskunst d. polnischen, resp. moldauer Pferdes, f. Cavallerie-Officiere u. Pferdeliebhaber. Mit 1 Kpf. gr. 8. Augsb. 824. Kranzfelder. 10 K

Löweneck, M., u. Hans Eger, zur Einführung in die Theorie u. Praxis des Handfertigkeitsunterrichtes. 2 Vorträge. Hrsg. im Auftrage des bayer. Vereins f. Knabenhandarbeit. (30 S.) gr. 8. Augsburg 905. Schwäb. permanente Schulausstellg. n. — 40

Löweneck, Max [aus München]: Peri Didaxeon. E. Sammlg medizinischer Rezepte in engl. Sprache. Nach e. Hs. d. 12. Jhs ... (Erscheint vollst. als Heft XII d. Erlanger Beitr. z. engl. Philol.) Erlangen, k. b. Hof- u. Univ.-Buchdr. v. F. Junge, 1893; 1 Bl., 26 S. 8.
Erlangen, Phil. Fak., Inaug.-Diss. v. 1893

Löweneck, Max, peri didaxeon, e. Sammlg. v. Rezepten in engl. Sprache aus d. 11./12. Jahrh., s. Beiträge, Erlanger, zur engl. Philologie.

Löwener, Henry, Anfangsgründe des geometrischen Zeichnens für die untern Classen der Volks- u. Gewerbeschulen. 4. (14 lith. Tafeln.) Dorpat u. Pleskow 844, Severin in Moskau. n. 5/12 ß

Loewenfeld, F., der Giroverkehr. Handelsrechtliche Studien. (VI, 61 S.) gr. 8. Wiesbaden 906. J. F. Bergmann. n. 1. 20

Löwenfeld, F., Rechtsprakt. a. München: Studien über den Giroverkehr. Würzburg 1906: H. Stürtz. (VI, 61 S.) 8°
Erlangen, Jur. Fak., Ref. Sehling, Diss. v. 18. Juli 1906
[Geb. 8. April 81 München; Wohnort: München; Staatsangeh.: Bayern; Vorbildung: Maximilians-Gymn. München Reife Juli 99; Studium: München 4, Berlin 1, Erlangen 3 S.; Rig. 9. Febr. 06.]

Löwenfeld, Fam., Leo v. Vercelli. Inaugural-Dissertation. gr. 8. (V, 74 S.) Posen 877. (Jolowicz.) n. 1. 60

Löwenfeld, Framz Ritter von

Löwenfeld, Frz. Ritter v., der Karst u. seine Wiederbewaldung Wien 865. (Braumüller.) gr. 8. (III, 32 S.) n. 6 ngr.

Loewenfeld, Hans (Bearb.), s. A u b e r , Daniel François Esprit: Der schwarze Domino.

Loewenfeld, Hans *Karl* [aus Berlin]: Leonhard Kleber und sein Orgeltabulaturbuch als Beitr. z. Geschichte d. Orgelmusik im beginn. XVI. Jh. ... Berlin, Druck v. R. Boll, 1897; 81 S., 1 Bl. 8.
Berlin, Phil. Fak., Inaug.-Diss. v. 28. Juli 1897

Loewenfeld, Hans, die Zauberflöte, s.: M o z a r t, W. A.

Loewenfeld, Henry, die Kunst der Kapitalsanlage. Nach der 2. Aufl. des u. d. T. „All about investment" in London erschienenen Buches übers. u. f. deutsche Börsenverhältnisse bearb. (VIII, 310 S.) 8. Berlin (910). S. Schottlaender's schles. Verlagsanstalt. 5.—; geb. 6.—

Loewenfeld, Henry, die Kunst d. Kapitalsanlage. Aus dem Buchhandel zurückgezogen.

L o e w e n f e l d, Herm., der Entwurf des neuen Actiengesetzes, in seinen Grundzügen betrachtet. gr. 8. (VII, 74 S.) Berlin 884, Bahr. *

—— das Erkenntniss des Reichsgerichts in Sachen des rumänischen Retrocessionsvertrages und die preussischen Verstaatlichungsverträge. gr. 8. (29 S.) Berlin 881, Puttkammer und Mühlbrecht. *

— das Recht der Actien-Gesellschaften. Kritik u. Reformvorschläge. gr. 8. (VIII, 583 S.) Berlin 879. Guttentag. n. 10.—

Loewenfeld, J. R. v., s.: L i b e r a l i s m u s, kirchlicher, v. heute.

Die Visionen des Pfarrers Cruziferus. Dichtung von J. R. v. **Loewenfeld.** (Vorr.: S[amuel] Keller.) Hagen i. W.: O. Rippel [1906]. (154 S.) 8° [F.] 07. 9474 B

— Erich v. Wenkstätten. Roman. (442 S.) kl. 8. Hagen (908). O. Rippel. 4.—; geb. in Leinw. 5.—

Loewenfeld, Kurt, aus meinen Handschriftenmappen (Briefe berühmter Astronomen u. Physiker), s.: V o r t r ä g e u. A b h a n d l u n g e n, hrsg. v. der Zeitschrift „Das Weltall". 18. Heft.

Loewenfeld, Kurt, a. Berlin: Experimentelle Untersuchungen über die Capillaritätskonstanten wässriger Lösungen von Kalium- und Natriumsalzen sowie von Ammoniak. Berlin 1905: Adler-Druckerei. (43 S.) 8°
Rostock, Phil. Fak., Ref. Wachsmuth, Diss. v. 23. März 1905
[Geb. 13. Sept. 80 Berlin; Wohnort: Berlin; Staatsangeh.: Preußen; Vorbildung: Friedr.-Werder. Gymn. Berlin Reife M. 99; Studium: Charlottenburg T.H. 7 S.; Rig. 20. März 05.]

Über die geistige Arbeitskraft und ihre Hygiene. Von Dr. L[eopold] **Loewenfeld** in München. Wiesbaden: J. F. Bergmann 1905. (VI, 69 S.) 4°(8°)
= Grenzfragen d. Nerven- u. Seelenlebens. H. 38.

Löwenfeld, L., über die B e h a n d l u n g von Gehirn- u. Rückenmarkskrankheiten vermittelst des Inductionsstromes. gr. 8. (19 S.) München 881. J. A. Finsterlin. n. — 60

Löwenfeld, Leop., die moderne B e h a n d l u n g der Nervenschwäche [Neurasthenie], der Hysterie und verwandter Leiden. Mit besond. Berücksicht. der Luftcuren, Bäder, Anstaltsbehandlung und der Mitchell-Playfair'schen Mastcur. gr. 8. (VIII, 117 S.) Wiesbaden 887, Bergmann. *

—— Die moderne B e h a n d l u n g der Nervenschwäche [Neurasthenie], der Hysterie u. verwandter Leiden. Mit besond. Berücksicht. der Luftkuren, Bäder, Anstaltsbehandlg. u. der Mitchell-Playfair'schen Mastcur. 2. verm. Aufl. gr. 8. (X, 131 S.) Wiesb. 889, Bergmann. * 2 70

Loewenfeld, L., die moderne Behandlg. der N e r v e n s c h w ä c h e (Neurasthenie), d. Hysterie u. verw. Leiden. M. bes. Berücksicht. d. Luftkuren, Bäder, Gymnastik, d. Suggestionsbehandlg. u. d. Mitchell-Playfair'schen Mastkur. 3., verm. Aufl. gr. 8. (VII, 157 S.) Wiesbaden 895. J. F. Bergmann. n. 2. 80

— die moderne B e h a n d l u n g der Nervenschwäche (Neurasthenie), der Hysterie u. verwandter Leiden. Mit besond. Berücksicht. der Luftkuren, Bäder, Gymnastik, der psych. Behandlg. u. der Mitchell-Playfairschen Mastkur. 4., umgearb. Aufl. (VII, 167 S.) Lex.-8. Wiesbaden 904. J. F. Bergmann. n. 3.—

Loewenfeld, L., über spontane B e s s e r u n g v. Tabessymptomen. gr. 8. (7 S.) München 900. Seitz & Schauer. n. — 50
Sonderabdruck aus: „Deusche Praxis".

(B) — Besserung v. Tabessymptomen. 900. (KBL 32.) Jetzt: München, Verlag d. ärztl. Rundschau.

— über die Beziehungen des Kopfumfangs zur Körperlänge u. zur geistigen Entwicklung, s.: E y e r i c h, G.

Loewenfeld, L., über die D u m m h e i t. Eine Umschau im Gebiete menschl. Unzulänglichkeit. (XV, 339 S.) 8. Wiesbaden 909. J. F. Bergmann. Kart. 5.—

— die E r s c h ö p f u n g s z u s t ä n d e des Gehirns. gr. 8. (51 S.) Ebend. 882. n. 1. 40

Ueber die geniale Geistesthätigkeit, mit bes. Berücks. des Genie's f. bildende Kunst von L[eopold] **Loewenfeld** in München. *Wiesbaden: J. F. Bergmann 1903.* (X, 104 S.) 8°
= **Grenzfragen** d. Nerven- u. Seelenlebens. H. 21. 03. 3743

— Über das eheliche G l ü c k. Erfahrungen, Reflexionen u. Ratschläge e. Arztes. 2. Aufl. (XV, 398 S.) 8. Ebd. 909. Geb. 5.—

— Die H a u p t p u n k t e der sexuellen Aufklärung nach dem gegenwärtigen Stande ärztlicher Erfahrung. (52 S. m. 2 Abbildgn.) 8. Ebd. 909. — 80

Homosexualität und Strafgesetz. Nach einem in d. kriminalist. Sektion d. akad.-jurist. Ver. zu München 1907 geh. Vortrage von L[eopold] **Loewenfeld**. Wiesbaden: J. F. Bergmann 1908. (35 S.) 8°
= **Grenzfragen** d. Nerven- u. Seelenlebens. H. 57. 08. 4985

Hypnose und Kunst. Ein Vortrag von L[eopold] **Loewenfeld**, München. *Wiesbaden: J. F. Bergmann 1904.* (24 S.) 8°
= **Grenzfragen** d. Nerven- u. Seelenlebens. 28.

Loewenfeld, L., der H y p n o t i s m u s. Handbuch der Lehre von der Hypnose u. der Suggestion m. besond. Berücksicht. ihrer Bedeutg. f. Medicin u. Rechtspflege. gr. 8. (XII, 522 S.) Wiesbaden 901. J. F. Bergmann. n. 8. 80

Ueber die Krankenpflege hysterischer Personen. Von Dr. L[eopold] Löwenfeld. *Berlin: Fischer 1896.* (16 S.) 1 Bd 8. 97. 6565

— Lehrbuch d. ges. P s y c h o t h e r a p i e, m. e. einleit. Darstellg. d. Hauptthatsachen d. medicin. Psychologie. gr. 8. (XII, 264 S.) Wiesbaden 896. J. F. Bergmann. n. 6. 40

Lehrbuch der gesammten Psychotherapie m. e. einleit. Darstellg d. Hauptthatsachen d. medicin. Psychologie v. Dr. L[eop.] Löwenfeld, Specialarzt ... in München. *Wiesbaden: J. F. Bergmann 1897.* (XII, 264 S.) 1 Bd 8. [96. 7347

— über Luftkuren f. Nervöse u. Nervenkranke. gr. 8. (18 S.) München 901. Seitz & Schauer. n. — 80
Sonderabdruck aus: „Deutsche Praxis".

Ⓑ — Über Luftkuren f. Nervöse. 901. (KBL 32.) Jetzt: München, Verlag d. ärztl. Rundschau. 1. —

— dasselbe. 2., bedeut. verm. Aufl. gr. 8. (30 S.) Ebd. 902. n. 1. 50

Löwenfeld, Leop. Zur Mittelschulreform in Bayern. Bemerkungen vom ärztl. Standpunkte. gr. 8. (22 S.) Münch. 891, Th. Ackermann's Verlag. * — 40

—— über multiple Neuritis. Klinische Mittheilungen. gr. 8. (75 S.) München 885, J. A. Finsterlin. *
Aus: Aerztliches Intelligenz-Blatt, besonders abgedruckt.

LÖWENFELD, Leopold (München): Zur Pathologie der Dysenterie.- München: Mühlthaler 1871. 26 S. 23.7.1870 - Urk (Titel: De dysenteria.); F 72; Chr 1870/71,14
Diss. Ingolst.-Landsh.-Mchn.

— Pathologie u. Therapie der Neurasthenie u. Hysterie. 2 Abthlgn. gr. 8. Wiesbaden, J. F. Bergmann. n. 12. 65
1. (V, 320 S.) 893. n. 6. —. — 2. (XIII u. S. 321—714.) 894. n. 6. 65.

— über Platzangst u. verwandte Zustände. gr. 8. (44 S.) Ebend. 882. n. 1. —

Sexualleben und Nervenleiden. Die Nervösen Störungen Sexuellen Ursprungs. Nebst e. Anh. über Prophylaxe u. Behandlung der Sexuellen Neurasthenie. Von Dr. L[eopold] Löwenfeld. 2. Aufl. *Wiesbaden: J. F. Bergmann 1899.* (VII, 262 S.) 8° [03. 9769 7

— Sexualleben u. Nervenleiden. Die nervösen Störgn. sexuellen Ursprungs. Nebst e. Anh. üb. Prophylaxe u. Behandlg. der sexuellen Neurasthenie. 3. bedeut. verm. Aufl. gr. 8. (VII, 326 S.) Wiesbaden 903. J. F. Bergmann. n. 6. —
2. Aufl. (VII, 262 S.) Ebd. 899. n. 5. —.

— Sexualleben u. Nervenleiden. Die nervösen Störgn. sexuellen Ursprungs. Nebst e. Anh. üb. Prophylaxe u. Behandlg. der sexuellen Neurasthenie. 4., völlig umgearb. u. sehr verm. Aufl. (X, 404 S.) Lex.-8. Wiesbaden 906. J. F. Bergmann. n. 7. —; geb. n. 8. —

Somnambulismus und Spiritismus von L[eopold] Loewenfeld. Mit 2 Abb. *Wiesbaden: J. F. Bergmann 1900.* (57 S.) 8°
= Grenzfragen d. Nerven- u. Seelenlebens. H. 1. [00. 10505

— Somnambulismus u. Spiritismus. 2. verm. Aufl. (V, 71 S. m. 2 Abbildgn.) Lex. 8. Wiesbaden 907. J. F. Bergmann. 2. —

—— der gegenwärtige Stand der Therapie der chronischen Rückenmarkskrankheiten, s. Zeit- und Streitfragen, klinische.

— über den gegenwärtigen Stand der Hypnotherapie. gr. 8. (31 S.) Leipzig 902. B. Konegen. n. 1. —
Sonderabdruck aus: „Reichs-Medizinal-Anzeiger".

—— über den gegenwärtigen Stand der Therapie der chronischen Rückenmarkskrankheiten. Vortrag, gehalten in der Sitzung des ärztl. Bezirksvereines München vom 26. März l. Js. gr. 8. (50 S.) Ebendas. 884. *
Aus: Aerztliches Intelligenzblatt, besonders abgedruckt.

— die nervösen Störungen sexuellen Ursprungs. gr. 8. (XI, 169 S.) Ebd. 891. n. 2. 80

Student und Alkohol. Vortrag geh. 1910 von Dr. L[eopold] Loewenfeld. München: Rieger 1910. 24 S. 8°
(Schriften d. Sozialwissenschaftl. Vereins d. Univ. München. H. 6.) [10. 7997

—— Studien über Ätiologie und Pathogenese der spontanen Hirnblutungen. gr. 8. (VIII, 166 S. mit 3 Taf.) Wiesbaden 886, Bergmann. *

— Untersuchungen zur Elektrotherapie d. Rückenmarks. gr. 8. (V, 74 S.) München 883. J. A. Finsterlin. n. 2. —

Löwenfeld, L., experimentelle u. kritische Untersuchungen zur Electrotherapie des Gehirns, insbesondere über die Wirkungen der Galvanisation des Kopfes. gr. 8. (VIII, 146 S.) München 881. J. A. Finsterlin. n. 3. —

Löwenfeld, L. Die objectiven Zeichen der Neurasthenie. In-8°. 55 S. München, J. F. Lehmann (Depot für die Schweiz: E. Speidel, Oberstrass-Zürich). 1892. 2 15
** Münchner medicin. Abhandlungen. Heft 21 (VI. Reihe, Heft 3).

— die objectiven Zeichen der Neurasthenie, s. a. Abhandlungen, Münchener medicinische.

Die psychischen Zwangserscheinungen. Auf klin. Grundlage dargest. von Dr. L[eopold] Loewenfeld, Spezialarzt in München. *Wiesbaden: J. F. Bergmann 1904.* (XI, 568 S.) 4°(8°) [04. 1499

Loewenfeld, Otto, über das russische Gerichtsverfahren in Handelssachen, s. a. Berichte, kommerzielle, hrsg. vom k. k. österreichischen Handelsmuseum. Nr. 15.

Loewenfeld, O., Über das russische Gerichtsverfahren in Handelssachen. (16 S.) Lex.-8. Wien, Manz 1909. 1. 70.
Kommerzielle Berichte hrsg. v. k. k. österr. Handelsmuseum, Nr. 15.

Löwenfeld, Phil., 32 erprobte Mittel. 8. (1 B.) Stuttgart 830, (Hoffmann.)

Löwenfeld, Ph.: „Neuester Rathgeber für den Bürger und Landmann. Ein Magazin allgemein praktischer, ökonomisch-technischer, medicinisch-diätetischer, die Fabriken-, Haushalts-, Gesundheits- und Gewerbskunde betreffender Mittel und Recepte", Augsburg 1832 (v. Jenisch & Stage).

—— neuester Rathgeber f. d. Bürger u. Landmann. Ein Magazin allgem. prakt., ökonom.-techn., medizin.-diätet., die Fabriken-, Haushaltungs-, Gesundheits- u. Gewerbskunde betreff. Mittel u. Recepte, nebst e. Anh. z. Vertilgung verschied. Ungeziefer. Durch vieljähr. Erfahr. erprobt u. bewährt gefunden. 12. (5½ B.) Augsburg 833, v. Jenisch u. Stage'sche Buchh.

Löwenfeld, Phil., neuester Rathgeber f. d. Bürger u. Landmann. Ein Magazin allgem. prakt., ökonom.-techn., medizin.-diätet., die Fabriken-, Haushaltungs-, Gesundheits- u. Gewerbskunde betreff. Mittel u. Recepte, nebst e. Anh. z. Vertilg. verschied. Ungeziefer. 2., wohlf. Ausg. 12. (5⅓ B.) Augsburg 836, v. Jenisch u. Stagesche Buchh. *

[F.] Die Dichter-Abende des Schiller-Theaters v. Raphael Löwenfeld. *Berlin: H. Paetel 1895.* (23 S.) 1 Bd 8. [96. 6299

Löwenfeld, Raph., Gespräche üb. u. m. Tolstoj. 8. (V, 122 S. m. Bild.) Berlin 891. Wilhelmi. n. 1. 50

Löwenfeld, Raph., Gespräche üb. u. m. Tolstoj. 3., verm. Aufl. Mit Portr. der Gräfin. schmal 8. (II, 170 S.) Leipzig 901. E. Diederichs. n. 1. 50

Löwenfeld, Raph., Lukasz Gornicki. Sein Leben und seine Werke. Ein Beitrag zur Geschichte des Humanismus in Polen. gr. 8. (IX, 223 S.) Breslau 884, Koebner. * 4 50

Löwenfeld, Raphael *(geb. Posen 9. 2. 1854)*: Johann Kochanowski (Joannes Cochanovius) und seine lateinischen Dichtungen. Ein Beitrag zur Literaturgeschichte der Slawen. Posen (1877). (VIII, 158 S.) 8° *[Im Buchhandel 1877 bei Jolowicz in Posen.]*

Breslau, Phil. Diss. v. 29. [vielmehr 30.] Nov. 1877

— s.: Schutzjuden od. Staatsbürger?

Leo N. Tolstoj, sein Leben, seine Werke, seine Weltanschauung. Von Raphael **Löwenfeld**. T. 1. [einz.] *Berlin: R. Wilhelmi 1892.* (VIII, 295 S.) 8° fol. 7481

— Leo N. Tolstoj, s. Leben, s. Werke, s. Weltanschauung. 1. Tl. 2. [Titel-] Aufl. 8. (VIII, 295 S.) Leipzig (892). 897. A. Strauch. n. 4. —; geb. n. 5. —

Löwenfeld, **Raphael.** Leo N(ikolajewič) Tolstoj, sein Leben, seine Werke, seine Weltanschauung. Teil 1. 2. Aufl. VIII + 296 S. 8. **Leipzig, Eugen Diederichs,** 1901. [M. 4. —]

— Volksbildung u. Volksunterhaltg. E. Vortrag, geh. in d. General-Versammlg. d. Gesellschaft f. Verbreitg. v. Volksbildg. am 8. VI. 1897 zu Halle a/S. gr. 8. (25 S.) Berlin 897. C. Duncker. n. — 80

— **s.: Volksunterhaltung, die.**

Loewenfeld, S., epistolae pontificum romanorum ineditae. Ed. S. L. gr. 8. (VII, 288 S.) Leipzig 885. Veit & Co. n. 8. —

—— Geschichte des päpstlichen Archives bis zum Jahre 1817, —— zur neuesten Geschichte des päpstlichen Archivs, } **s. Taschenbuch, historisches.**

Löwenfeld, S., Papsturkunden in Italien. Ein Nachtrag. [Aus: „Sitzungsber. d. k. Akad. d. Wiss."] Lex.-8. (16 S.) Wien 880. Gerold's Sohn in Comm. n.n. — 30

Löwenfeld, S. (II.), die Wahrheit über der Juden Antheil am Verbrechen. Auf Grund amtl. Statistik. gr. 8. (16 S.) Berlin 881, Stuhr'sche Buchh. * — 50

Löwenfeld, Schleis von, Familienkalender des Erzhaus. Pfalz-Wittelsbach. f. 1792. gr. 8. Sulzb. (Pech, Nrnb.) 792. Rthlr.

v. Löwenfeld, s. Schleis.

LÖWENFELD, Theodor (München): Die selbständige Actio de in rem verso. Eine civilrechtliche Abhandlung.- München: Stahl 1873. 1 Bl.,54 S.,1 Bl.
23.12.1873 - Urk (Titel: De actione de in rem verso.); Chr 1873/74,14

Diss. Ingolst.-Landsh.-Mchn.

Löwenfeld, Thdr., die selbstständige Actio de in rem verso. Eine civilrechtl. Abhandlg. gr. 8. (54 S.) München 874. Stahl. 1. 50

Loewenfeld, **Inästimabilität und Honorirung der artes liberales nach römischem Recht, s. Festgabe zum Doktor-Jubiläum von J. J. W. v. Planck.**

Loewenfeld, Thdr., Kommentar zum bürgerlichen Gesetzbuch, s.: Staudinger, J. v.

Löwenfeld, Thdr., Kommentar zum bürgerlichen Gesetzbuche f. das Deutsche Reich, s.: Kommentar.

Löwenfeld, Th., Kontraktbruch u. Koalitionsrecht im Hinblick auf die Reform der deutschen Gewerbegesetzgebung. 8°. Tübingen, s. a.

Loewenfeld, W., s.: Formularbuch f. die freiwillige Gerichtsbarkeit.

— s.: Rechtsverfolgung, die, im internat. Verkehr.

Loewenfeld, W., d. Rechtsverfolgg. im internat. Verkehr, s.: Leske, Frz.

Loewenfeld, W., die Rechtsverfolgung im internationalen Verkehr, s. Renling, W.

Erläuterndes Verzeichnis der in der Gemäldesammlung W(ilhelm) L(öwenfeld), Privatier u. Realitätenbesitzer in München befindlichen Gemälde alter und zeitgenössischer Meister. (Vorr.: Emilie v. Hoerschelmann. München 1897: Bruckmann.) (XIX, 152 S., 95 Taf.) 4° [Umschlagt.:] Collection Wilhelm Löwenfeld, München. fol. 4638

Löwenfels, M. W.

——, F. Neff und G. Thielmann, der zweite republikan. Aufstand in Baden. Nebst einigen Enthüllungen über das Verbleiben der republikan. Kassen. gr. 8. (80 S.) Basel 848, [Bureau für technische Literatur.]

Löwenfels, M. W., Gustav Struve's Leben, nach authentischen Quellen u. von ihm selbst mitgetheilten Notizen dargestellt. gr. 8. (52 S. m. Struve's lith. Portr.) Basel 848, Helbig & Scherb. 1/4 ℔

Löwenfels, M. W., Gustav Struve's Leben, nach authent. Quellen und von ihm selbst mitgetheilten Notizen dargestellt. gr. 8. (52 S. mit Struve's lithogr. Portr.) Basel 848, [Bureau für technische Literatur.]

Löwengard, M.

— auch einige Worte über das neue Gebetbuch im Hamburger Tempel. 8. Tübingen 842, Fues. n. 1/6 ℔

Löwengard, (Rabbiner,) M., Jehova, nicht Moloch, war der Gott der alten Hebräer. Entgegnung auf Ghillany's Werk: „Die Menschenopfer der alten Hebräer." gr. 8. Berlin 843, Schultze. n. 1/6 ℔

Loewengard, Max, Aufgaben zur Harmonielehre im Anschluss an des Verf. Lehrbuch der Harmonie. (III, 34 S.) 8. Berlin. 905. A. Stahl. n. 1. —

Ganz im Geheimen. Lied fuer eine mittlere Singstimme mit Begl. d. Klavieres komp. von **Max Loewengard**. *Berlin: Dreililien [1902].* (3 S.) 4°

Harmony [Lehrbuch d. Harmonie] by **Max Loewengard**. Transl. from the German by Helen M. Peacock. *Berlin: A. Stahl 1905.* (108 S.) 8°

Max Loewengard. Lehrbuch der musikalischen Formen. *Berlin: M. Staegemann jun. 1904.* (111 S.) 8°

Loewengard, Max, Lehrbuch der Harmonie als Leitfaden f. den Unterricht sowie zum Selbststudium. gr. 8. (VII, 90 S.) Berlin 892. Raabe & Plothow. n. 2. 50

— Lehrbuch der Harmonie f. den Unterricht u. Selbstunterricht. 2., völlig umgearb. u. verm. Aufl. gr. 8. (V, 119 S.) Berlin 900. A. Stahl. n. 3. —

— Lehrbuch der Harmonie. 4. Aufl. (V, 119 S.) 8. Berlin 903. A. Stahl. Geb. in Leinw. n. 4. —

Max Loewengard. Lehrbuch der Harmonie. 5. Aufl. Berlin: A. Stahl 1906. (VII, 131 S.) 8°

Loewengard, Max, Lehrbuch der Harmonie. 6. Aufl. (VIII, 132 S.) 8. Berlin 908. A. Stahl. Geb. in Lw. 4. —

Loewengard, Max, Lehrbuch des Canons u. der Fuge. gr. 8. (VI, 87 S.) Berlin (902). Halensee-Berlin, Verlag Dreililien. Geb. in Leinw. n. 4. —

Max Loewengard. Lehrbuch des Canons und der Fuge. *Berlin: Dreililien [1903].* (VI, 87 S.) 8°

Max Loewengard. Lehrbuch des Contrapunkts. *Berlin: Dreililien 1902.* (100 S.) 8°

Loewengard, M., Plaudereien u. Nörgeleien in musicis. Gesammelte Feuilletons. 1. Bdchn. 1. u. 2. Aufl. gr. 8. (67 S.) Leipzig 889. Grandpierre. n. 1.20

LOEWENGARD, Oscar: Ueber Hygroma colli congenitum.- München: Kastner & Lossen 1901. 32 S. 25.2.1901 - Chr 1900/01.19: Jv 1900/01,241
Diss.Ingolst.-Landsh.-Mchn.

Löwenhagen, s.: Preussen. Messtischblätter.

v. Löwenhain, Herr, ein Büchlein, welches wünscht gelesen zu werden, (von Fr. Schulz). 2 Bde. 8. Leipz. 781. Weygand. 16 ℛ

Löwenhain, Ferdinand von, ein Büchlein welches wünscht gelesen zu werden, 2 Theile, 8. Leipzig, 781. Weygand. 20 sgl.

Löwenhard, Sigismund Eduard, s. Löwenhardt, Sigismund Eduard.

Löwenhardt, Ed., üb. Gott, Geist u. Unsterblichkeit. 1. Bd. Ueber Gott in der Natur. gr. 8. (208 S.) Wolgast 875. Reinecke. n. 4. —

Löwenhardt, Emil

Loewenhardt, Aemilius: Beiträge zur Kenntniss des Picrotoxin's. Halis Saxonum 1880: Gebauer-Schwetschke. 78 S. 8°
Halle-Wittenberg, Phil. Diss. v. 29. Okt. 1880
Geb. Halle a. d. S. 25. 9. 1858. V.
Aus: Zeitschrift f. d. ges. Naturwissenschaften. Bd 53. Berlin 1880. S. 535—612.

Löwenhardt, Emil [Dr.]: Organische Chemie in der Prima der Oberrealschule. *Halle (Saale), Gebauer-Schwetschke'sche Buchdr., 1896;* 29—46 S. 4.
Halle a. S., st. OR, P 1896 (277)

Löwenhardt, Emil, Leitfaden der Biologie, s.: Rabes, O.

— Leitfaden für die chemischen Schülerübungen zur praktischen Einführung in die Chemie. (X, 127 S.) gr. 8. Leipzig 909. B. G. Teubner. 1.80; geb. 2.40

Löwenhardt, E[mil], Prof. Dr.: Proben aus einem Leitfaden für das Chemische Praktikum. Halle a. S. 1907: Gebauer-Schwetschke. (34 S.) 4°
Halle a. S., st. OR OP 1907 (328)

Löwenhardt, Emil: Unsere Schulausflüge. S. 45—64. 8.
In: Festschrift beim Einzug in das neue Gebäude der städt. Oberrealschule zu Halle a. S. Verfaßt vom Direktor und Lehrern der Schule. Städt. Oberrealschule *Halle a. S.* 1908.
Progr.

Löwenhardt, Emil: Unsere Schulausflüge. Halle a. S.: Niemeyer 1908. S. 45—64. 8°
Halle a. S., st. OR, in Festschr. b. Einzug in d. neue Gebäude, P 1908 (340)** [S 08. 289

Löwenhardt, Felix: Versuche über das Schicksal und die Wirkungsweise elastischer Ligaturen in der Bauchhöhle. (Strassburg 1884: Schultz.) 26 S. 8°
Halle-Wittenberg, Med. Diss. v. 14. Mai 1884
Geb. Prenzlau 18. 6. 1859. V.

Löwenhardt, Oskar Emil

Loewenhardt, Oskar Aemilius: De pathologia annorum climactericorum. Pars commentationis a gratioso medicorum ordine praemio ornatae. Halis (1851): Ploetz. 30 S. 8°
Halle-Wittenberg, Med. Diss. v. 15. Dez. 1851
Geb. Prenzlau 2. 6. 1827. V.
Teil einer Hall. gekr. med. Preisschrift v. 1851.

Loewenhardt, Oskar Aemilius: De tracheotomia contra epilepsiam adhibenda. Halae (1855): Ploetz. 40 S. 8°
Halle-Wittenberg, Med. Hab.-Schr. v. 24. Jan. 1855

Loewenhardt, Paul [aus Crossen]: Ueber die Aetiologie und Behandlung der nichttraumatischen Hydrocele .... Berlin, Buchdr. v. M. Goedecke, vorm. E. Müller (1886); 29 + 3 S. 8°.
Berlin, Med. Fak., Inaug.-Diss. v. 6. Aug. 1886.

Loewenhardt, Paul, über die Aetiologie und Behandlung der nichttraumatischen Hydrocele. Diss. Berlin 1886, Mayer & Müller. 8°. 29 S.

Löwenhardt, Paul Eduard

Löwenhardt, P. E., Aphorismen zur geburtshilflichen Chirurgie. gr. 8. (VII, 105 S.) Berlin 871. Hirschwald. n. 2. —

Loewenhardt, Paul Ed. (Primkenau), De epilepsia. Diss. med. Halle (Ploetz) 17. II. 1857. 28 S. mit Biogr. (M.: Therese Meyer.) (3.—) 21549
Gew.: S. E. Loewenhardt (Vater). — Oppon.: E. Metzner, F. Lindemann.

Loewenhardt, P. E., Mutter und Kind. Unterricht für Frauen über Schwangerschaft, Geburt und Wochenbett sowie die ersten Lebensjahre des Kindes. 12. (194 S.) Leipzig (878), Fock. [ℳ 2.—.] *
geb. [ℳ 3.—.] *

Loewenhardt, P. E., Mutter und Kind. Unterricht für Frauen über Schwangerschaft, Geburt und Wochenbett, sowie die ersten Lebensjahre des Kindes. 8. (V, 194 S.) Leipzig 878, [Kloz.] Leuckart. (* ℳ 2.) * ℳ 2,25.; geb. (* ℳ 4.) *

Loewenhardt, Paul Ed., die Organisation der Privatbeihilfe zur Pflege der im Felde verwundeten u. erkrankten Krieger. Preisschrift. Berlin 867. Nicolai's Verlag. gr. 8. (XVI, 219 S.) n. 1 ₰ 7½ ngr.

— Skizze über die Einrichtung des Sanitätsdienstes im Kriege bei der königl. preuss. Armee. [Aus: Berliner klinische Wochenschrift.] Berlin 865. A. Hirschwald. gr. 8. (25 S.) n. 6 ngr.

Loewenhardt, Reinold. (geb. Soldin 6. 8. 1824): De medicina efficaci. Berolini (1845). (47 S.) 8°
Berlin, Med. Diss. v. 23. Juli 1845

Löwenhardt (Löwenhard), Sigismund Eduard

Löwenhardt, Sigism. Ed., diagnost.-prakt. Abhandlungen aus d. Gebiete d. Medicin u. Chirurgie, durch Krankheitsfälle erläutert. 1. Thl. 1. Aufl. (21¾ B.) 835. 1⅓ Thlr., u. 2. Ausg. gr. 8. (23 B.) Prenzlau 838, Kalbersberg's Buchh.

—— dass. — 2. Thl. — A. u. d. T.: Beobachtungen u. Erfahrungen aus d. Gebiete d. prakt. Arznei- u. Wundarzneikunst. gr. 8. (27¾ B., 1 Stnt. u. 1 Tab.) Prenzlau 838, Vincent.

Loewennardt, S. E., kritische Beleuchtung der medicinisch-psychischen Grundsätze nebst den darauf basirten Ober-Gutachten der königl. wissenschaftl. Deputation für das Medicinal-Wesen in Preussen. Für Aerzte u. Juristen. 2. Ausg. Mit einem Anh. über die in praktisch-medicin. u. forens. Hinsicht brauchbarste Eintheilung u. Untersuchungsmethode Seelengestörter. Berlin 867. Springer'sche Buchh. gr. 8. (V, 672 S.) n. 2 ℛ 10 ngr.

Löwenhard, S. E., kurzgefasste Darstellung d. Elisabeth-Bades zu Prenzlau, nebst d. mineral. Bestandtheilen u. d. therapeut. Nutzen d. dort. Heilquelle. M. 1 Stnt. (qu. Fol.) gr. 8. (8 halbe B.) Prenzlau 831, [Kalbersberg.]

Löwenhard, S. E., kurzgefaßte Darstell. des Elisabeth-Bades zu Prenzlau, nebst den mineralog. Bestandtheilen u. dem therapeut. Nutzen dieser Heilquelle. Mit 1 Steindr. gr. 8. Prenzlau 831. Ragoczy. 16 ℊ

Loewenhardt, S. E., Denkschrift üb. die, im 2. Thl. des revid. Entwurfs der Strafgesetz-Ordnung enthaltenen, den Gerichtsärzten zur Feststellung des Thatbestandes der Tödtung vorzulegenden Fragen. Bei Einführung des neuen Strafgesetzbuchs zur geneigten Berücksichtigung. gr. 8. (26 S.) Berlin 850, David. n. 1/6 ℛ

Löwenhardt, S. E., die Identität der Moral- und Natur-Gesetze. Leipzig 863. O. Wigand. gr. 8. (XLVIIII, 403 S.) n. 2 ℛ 10 ngr.

Loewenhard, Siegesm. Eduard.: De myelophthisi chronica vera et notha. Berolini (VIII, 38 S.) 8°
Berlin, Med. Diss. v. 14. Juli 1817

Loewenhardt, S. E., Benedict v. Spinoza in seinem Verhältniss zur Philosophie u. Naturforschung der neueren Zeit. gr. 8. (XXV, 420 S.) Berlin 872. W. Peiser. n. 9. —

Loewenhardt, S. E., kritische Untersuchung über zwei Streitfragen aus dem Gebiete der gerichtlichen Psychologie und gerichtlichen Medicin für Aerzte und Criminalisten Lex.-8. (176 S.) Prenzlau 858, Vincent.

—— Untersuchungen im Gebiete der gerichtl. Arznei-Wissenschaft für Aerzte und Criminalisten. 1. Bd. gr. 8. (XVI und 400 S.) Berlin 848, Aug. Hirschwald. *

—— über ein. verbess. Verband-Apparat zur Behandl. d. Knochenbrüche. Ein Sendschr. an Hrn. Dr. J. N. Rust in Berlin. gr. 8. (3¾ Bog.) Prenzlau 840, (Kalbersberg's Bh.)

Löwenhaupt, Hans Kurt, a. Mannheim, z. Z. Medizinalpraktikant an d. Psychiatr. Klinik zu Freiburg i. B.: Über postepileptische Sprachstörungen. Freiburg i. B.: Speyer & Kaerner 1907. (62 S.) 8°
Freiburg i. B., Med. Fak., Ref. Hoche, Diss. v. 1907
[Geb. 14. Juli 82 Mannheim; Wohnort: Freiburg i. B.; Staatsangeh.: Baden; Vorbildung: Gymn. Mannheim Reife Juli 01; Studium: Jena 5, Heidelberg 2, München 1, Freiburg i. B. 2 S.; Coll. 1. März 07; Approb. 7. Dez. 06.]

Löwenhaupt, Richard [pr. Arzt aus Neubrandenburg]: Aus d. Pharmakolog. Institut zu Greifswald. Die fäulnis- und gährungswidrige Wirkung des Natrium silicicum. . . . Greifswald, Druck v. F. W. Kunike (1889); 34 S. 8°
Greifswald, Med. Fak., Inaug.-Diss. v. 10. Apr. 1889

Löwenhayn, Heinr., Beobachtungen üb. d. Cholera-Asphixie in England u. Schottland. Mit e. Vorr. v. F. A. Ritgen. gr. 8. (5½ B.) Giessen 833, Ricker.

—— Considérations sur le traitement des Aliénés. 1. Partie. — A. s. l. t.: Recherches théoriques et pratiques sur l'établissement des Aliénés. Avec 1 plch., et 1 plan (qu. ½ Imp.-Fol.) lith. gr. in-8. (10⅛ B.) St. Pétersbourg 833. (Leipzig, Voss.)

Löwenheim, Referat üb. die Gründung e. Akademie f. ethische Kultur. Vortrag üb. die Ethik Demokrits, s.: Zusammenkunft, die Eisenacher, etc.

Loewenheim, Anton, Diss. jur. de privilegio hypothecae judicialis a venditore in re vendita reservatae moto concursu. Präs. Joh. N. Endres. Würzburg (E. Nitribitt) 21. VIII. 1774. 38 S. (5.—) 21551

Löwenheim, Bruno [Dr. phil., app. Arzt aus Jessnitz in Anhalt]: Über die ätiologischen Beziehungen zwischen Tuberkulose und Carcinom . . . Breslau, Druck d. Bresl. Gen.-Buchdr., 1897; 32 S., 1 Bl. 8.
Leipzig, Med. Fak., Inaug.-Diss. v. 17. Febr. 1897

Löwenheim, Bruno: Ueber einige Derivate des Benzylidenacetophenons. . . . Leipzig, Druck v. Metzger & Wittig, 1890; 88 S. + 1 Bl. 8°
Leipzig, Phil. Fak., Inaug.-Diss. v. 27. Jun. 1890

Loewenheim, Detmold, Asmodi. Ein Gedicht in 6 Gesängen. gr. 16. (218 S.) Berlin 871. Loewenstein. geb. n. 3. —

Löwenheim, H. J., Sentenzen, Sprüche und Lebensregeln aus dem Talmud und anderen Urquellen orientalischer Weisheit. Eine reichhaltige Sammlung in hebräischer und deutscher Sprache geordnet. Berlin 857. (Leipzig, C. L. Fritzsche.) 8. (VI, 107 S.) n. 20 ngr.

Löwenheim, H. J., erster Unterricht z. Erlernen des hebräischen Lesens, nebst einer kurzen Anweisung zum Lesen d. rabbinischen Schrift u. des Jüdisch-Deutschen. Nach einer neuen Methode bearb. Mit einem Vorwort von G. Salomon. 2. Aufl. 8. (45 S.) Hamburg 852, Berendsohn. ¼ ℛ

Löwenheim, Jul., die mosaische Religion. Katechismus für den israelit. Religionsunterricht in Schule und Haus. 8. (VIII und 100 S.) Eisenach 864, Baerecke. *

Löwenheim, Jul., e. Stadt der Schulen. Umschau üb. Eisenachs Schulwesen. gr. 8. (51 S.) Eisenach 875. Jakobi. n. — 60

Loewenheim, Julius, aus Berlin: Aus d. geburtshülfl. Poliklinik d. Kgl. Charité zu Berlin. Beitrag zur Kenntnis der Missbildungen mit Nabelschnurbruch. *Berlin (1898): E. Ebering.* (26 S.) 8°
Berlin, Med. Diss. v. 2. Dez. 1898

Loewenheim, Kurt [Referendar b. Kgl. Amtsger. Loebejün]: Der Vorsatz des Anstifters nach geltendem Rechte . . . Breslau, Schletter'sche Buchh., 1897; VII, 63 S. 8.
Halle, Jur. Fak., Inaug.-Diss. v. 27. März 1897

Loewenheim, Kurt: Der Vorsatz des Anstifters nach geltendem Rechte. Breslau: Schletter 1897. (VII, 61 S.) 8°
= Abhandlungen, Strafrechtliche. H. 9.

Loewenheim, Moritz, appr. Arzt a. Ottensoos ⟨Bayern⟩: Ueber ein Sarkom der Harnblase mit seltener Generalisierung und sarkomatösen Magengeschwüren. Magdeburg 1904: L. Sperling. (28 S.) 8°
Würzburg, Med. Fak., Ref. v. Rindfleisch, Diss. v. 6. Dez. 1904
[Geb. 7. Juni 78 Ottensoos; Wohnort: Ottensoos; Staatsangeh.: Bayern; Vorbildung: Gymn. Erlangen Reife Juli 99; Studium: München 2, Würzburg 3, München 3, Würzburg 1 S.; Coll. 26. Okt. 04; Approb. 22. Juli 04.]

Löwenheim-Röhn, E., Aesthetik und Cynismus. Eine Entgegnung auf die Vischer'sche Schrift „Mode und Cynismus". 8. (30 S.) Berlin 879, Staude. *

Löwenherz, Richard; Oper. 8. Wetzlar 789. Winckler. 3 ℊ

Löwenherz, Richard. Ein Gedicht in sieben Büchern. Berlin und Stettin 1790. V: *Müller, Fch. Aug.* (GGr IV/233, Nr. 6/1) (GGr IV³/631, Nr. 6/1) (BiblPort) (Hdschr. Mitth. von Gustav Gugitz, Wien)

Loewenherz: Die Beglaubigung der Hefner-Lampe durch die physikalisch-technische Reichsanstalt. München (1891) (Aus: Schillings Journal für Gasbeleuchtung und Wasserversorgung)

Loewenherz, über Wassermesser. (18 S) 4° (München 1877)

Loewenherz, B., und A. H. van der Hoop, Wirbelstromverluste im Ankerkupfer elektrischer Maschinen. Berlin, 1906.

Löwenherz, C., verfehlte Ziele. Roman. 4 Bde. Berlin 870. Deutsches Verl.-Institut. 8. (233; 243; 252 u. 276 S.) n. 5 ℛ

Löwenherz, C., verfehlte Ziele. Roman. 4 Bde. 8. (233; 243; 252; 276 S.) Berlin 870, Langmann und Comp. [Vereinsbuchh. für Volksliteratur.] *

Loewenherz, Heinrich-Joseph, Gerichtsref.: Der Einfluss der Willensmängel ⟨Mentalreservation, Simulation, Irrtum, Täuschung, Drohung⟩ auf die Wirksamkeit des Erbeinsetzungsvertrages nach gemeinem Recht und bürgerlichem Gesetzbuch. *Rostock 1900: Adler's Erben.* (IX, 56 S.) 8°
Rostock, Jur. Diss. v. [15. Okt.] 1900

Löwenherz, J., die Aethiopen der altclassischen Kunst. Göttingen 861. Rente in Comm. gr. 8. (68 S.) n. 10 ngr.

Loewenherz, Johanna: Prostitution oder Production, Eigentum oder Ehe? Studie zur Frauenbewegung. — Neuwied: Selbstverl. (1895). 209 S. 8°

Loewenherz, Johanna, Prostitution od. Production, Eigentum od. Ehe? Studie zur Frauenbewegg. gr. 8. (210 S.) Neuwied 895. (München, A. Schupp.) 1.50

Loewenherz, J., Wird die Socialdemokratie den Frauen Wort halten? 8°. Neuwied 1895.

Löwenherz, L. S., prakt. Bereitung e. vorzügl. wohlschmeck. u. stärkenden Doppelbieres durch Zusammensetz. auf dem einfachsten Wege ohne Malz. Ausführbar in großen Brauereien, wie in klein. Haushaltungen. Nach mehrjähr. Erfahrn. erfunden. 1 versieg. Couvert. Pyritz 838. (Glogau, Prausnitz.) *

Löwenherz, Leopold

Loewenherz, Dr., Ueber die Anlauffarben der Metalle und ihre Verwendung in der Technik. (Sonder-Abdr. aus Verhandlungen des Vereins zur Beförderung des Gewerbfleisses.) Berlin 1890

Loewenherz, L., Dr., Die Anlauffarben des Stahls. (Sonder-Abdruck a. d. Z. f. Instrk., 1889.) Berlin.

Loewenherz, L.: Apparato für Messen und Wägen. Braunschweig 1878

Loewenherz, L., Die Aufgaben der zweiten (technischen) Abtheilung der physikalisch-technischen Reichsanstalt. (Sonder-Abdr. aus der Zeitschr. für Instrumentenkunde, VIII, 1888.) Berlin 1888.

Löwenherz, Dr. L., Bericht über die wissenschaftlichen Instrumente auf der Berliner Gewerbeausstellung im Jahre 1879. Mit 292 Holzschn. i. Text. Berlin 1880. 8°.

—— s.a. Bericht über die wissenschaftlichen Instrumente auf der Berliner Gewerbeausstellung im J. 1879.

Loewenherz, Leop., de curvis tangentialibus curvarum algebraicarum ordinis N. Dissertatio inauguralis mathematica. Berlin 870. (Calvary & Co.) 8. (IV, 22 S.) n. 10 ngr.

Löwenherz, L., Gesetz und Regulativ betreffend die Steuerfreiheit des Branntweins zu gewerblichen Zwecken. Mit techn. Erläuterungen und Hülfstafeln zum Gebrauch für Steuerbeamte und Gewerbtreibende. 8. (V, 140 S. mit 3 eingedr. Holzschn.) Berlin 880, Springer. cart. * 2 —

Loewenherz, L.: Ueber die Herstellung von Stimmgabeln. Berlin 1888 (Mittheil. a. d. Physik.-Techn. Reichsanst.)

Loewenherz, L., Ueber die Herstellung von Stimmgabeln. (Sonder-Abdr. aus der „Zeitschr. für Instrumenten-Kunde." VIII. 1888.) Berlin 1888.

— Dr., Der Stand der Arbeiten für Einführung einheitlicher Schraubengewinde in die Feinmechanik. (Sep.-Abdr. aus der Zeitschrift für Instrumentenkunde, Septbr. 1890.) Berlin.

Loewenherz, L., über Veränderlichkeit von Platin-Gewichtsstücken, s. Beiträge, metronomische.

Löwenherz, Max, Gemeindewaisenrat u. Vormund. Auf Grund des bürgerl. Gesetzbuches gemeinverständl. dargestellt. 11. Aufl. Neu bearb. v. Adf. Dunker. (87 S.) kl. 8. Hannover 909. Norddeutsche Verlagsanstalt O. Goedel. p — 80

— Rechtsbeistand d. Landwirts. Gemeinverständliche Darstellg. der wichtigsten Rechts- u. Verwaltungs-Verhältnisse nach Reichs- u. preuß. Gesetzen. 8. (VIII, 250 S.) Berlin 892. P. Parey. Geb. in Leinw. n. 2. 50

[F.] Rechtsbeistand des Landwirts. Gemeinverständl. Darstellg d. wichtigsten Rechts- u. Verwaltgs-Verhältnisse nach Reichs- u. Preuss. Gesetzen unt. Berücks. des Bürgerl. Gesetzb. Von Max Löwenherz, Amtsgerichtsr. in Köln. 2., verm. u. verb. Aufl. *Berlin: P. Parey 1898.* (VIII, 239 S.) 1 Bd 8.
= Thaer-Bibliothek. Bd 79. [98. 4391

Rechtsbeistand des Landwirts. Gemeinverständl. Darstellung d. wichtigsten Rechts- u. Verwaltungs-Verhältnisse nach Reichs- u. Preuß. Gesetzen. Von Max Löwenherz, Amtsger.R. in Köln. 3., neubearb. Aufl. *Berlin: P. Parey 1903.* (VIII, 235 S.) 8° [F.]
— Thaer-Bibliothek. Bd 79. [03. 44743

Rechtsbeistand des Landwirts. Gemeinverständl. Darstellung d. wichtigsten Rechts- u. Verwaltungs-Verhältnisse nach Reichs- u. preuß. Gesetzen. Von Max Löwenherz. 4. Aufl. neubearb. von Prof. Dr. [Johannes] Schumacher. Berlin: Parey 1910. VIII, 249 S. 8°
(Thaer-Bibliothek. Bd 79.) [11. 2770

— Rechts- u. Verwaltungslexikon f. den preußischen Landwirt. Gemeinverständliches Nachschlagebuch üb. alle Reichs- u. preuß. Gesetze u. Verwaltungsbestimmgn. in Bezug auf den wirtschaftl., privaten u. öffentl. Wirkungskreis preuß. Landwirte. (In, 15 Lfgn.) 1. u. 2 Lfg. Lex.-8. (S. 1—112.) Ebd. 894. à n. 1.—

— Rechts- u. Verwaltungslexikon f. d. preuß. Landwirt. Gemeinverständl. Nachschlagebuch üb. alle Reichs- u. preuß. Gesetze u. Verwaltungsbestimmgn. in Bezug auf d. wirtschaftl., privaten u. öffentl. Wirkungskreis preuß. Landwirte. 3.—15. (Schluß-) Lfg. gr. 8. (V u. S. 113—704.) Berlin 895. P. Parey. à n. 1.—
(kplt. geb. in Leinw.: n. 16.—)

— die Verfügungen in Grundbuchsachen. Leitfaden f. Grundbuchbeamte, Notare u. Referendare. (115 S.) gr. 8. Berlin 904. J. Guttentag. n. 2. —

Löwenherz, Max, was der Landwirt aus dem bürgerlichen Gesetzbuch wissen muß. gr. 8. (VI, 121 S.) Berlin 900. P. Parey. n. 2. —

Löwenherz, Max, was jeder Landwirt vom Verfahren in Rechtsangelegenheiten wissen muß, s. a. Preisschriften u. Sonderabdrücke der Deutschen landwirtschaftlichen Presse.

Was jeder Landwirt vom Verfahren in Rechtsangelegenheiten wissen muss. Von **Max Loewenherz,** Amtsger.R. in Köln. 2., neubearb. Aufl. *Berlin: P. Parey 1901.* (36 S.) 8° [F.] [01. 8489

[F.] Wie vermeidet der Landwirt unnötige Kosten in gerichtlichen Angelegenheiten? Von **M(ax) Loewenherz,** Amtsrichter in Köln ... *Berlin: P. Parey 1896.* (30 S.) 1 Bd 8.
= **Preisschriften** u. Sonderabdr. d. Deutschen Landw. Presse. No 14. [96. 1264

Loewenherz, Richard [aus Berlin]: Über Derivate des Dimetaditolyls ... Berlin, Druck v. M. Driesner, *1892;* 43 S., 2 Bl. 8.
Berlin, Phil. Fak., Inaug.-Diss. v. 7. März 1892

Loewenherz, Salomon (geb. Pyritz 18. 3. 1824): De chloroformo. Berolini (1849). (29 S.) 8°
Berlin, Med. Diss. v. 20. Dez. 1849

Loewenherz, Siegmund: **Messungen der Temperaturdifferenzen bei auf- und absteigenden Luftströmen.** *Greifswald 1901: J. Abel.* (69 S.) 8°
Greifswald, Phil. Diss. v. 18. Febr. 1901

Loewenick, N., die oesterreichische Creditanstalt für Handel u. Gewerbe. Frankfurt a. M. 870. Bechhold. gr. 8. (15 S.) 6 *ngr.*

Löwenigh, Barto v., Gedichte. 1. Hft. gr. 12. (1 B.) Aachen 833, Mayer.

v. Löwenigh, Barto, Kaleidoskop, oder vermischte Gedichte. 16. Aachen 841, Mayer. 1/2 ℛ

v. Löwenigh, Barto, die Landschaft Pozzuoli. (Regnum Puteolanum.) Ein Gegenstück der Reise nach Spitzbergen. Mit 1 Plan. 16. Aachen 841, Mayer. 1/4 ℛ

—— Reise nach Spitzbergen. 8. (8½ B. ohne Sign.) Aachen 830, Mayer.

Löwenkreuz, Emanuela Mattl-
s. Mattl-Löwenkreuz. A 12. 3022 5

Löwenmark, die Grafen v., od. d. Legitimirten. Novelle v. d. Verfin. der „Bertha v. Ehrenkron." 2 Thle. 8. (...) Gera 840, Heinsius'sche Brlsh.

Löwenmayer, 170 Verse aus dem Alten Testament zum Memorieren in der israelitischen Volksschule. 8. (15 S.) Neumarkt, Ob.-Pfalz 893. (J. Voegl.) n. — 20

Loewenmeyer, Max [aus Frankfurt a/O.]: Beobachtungen über Ernährung mit Hühnereiern in Fällen von Albuminurie .... Berlin, Gedr. bei L. Schumacher, 1885; 20 + 2 S. 8°.
Berlin, Med. Fak., Inaug.-Diss. v. 7. Dez. 1885.

Loewenmeyer, Max, Beobachtungen über Ernährung mit Hühnereiern in Fällen von Albuminurie. Diss. Berlin 1885, Mayer & Müller. 8°. 20 S.

Löwenörn, Paul von, s. Lövenörn, Paul von

Löwenritt, der. (Ausgestanzt.) qu. 4. (14 S. m. z. Tl. farb. Bildern.) Fürth 894. (Leipzig, W. Opetz.) — 60

Löwenritter, die, eine Geschichte des dreizehnten Jahrhunderts von K. H. Spieß, 4 Theile mit Kupf. 8. Daselbst, 794. 95. Leo. 4 Rthl. 25 ggl.

Löwenritter, die, v. Chr. Hch. Spiess, m. K. 4 Thle. 8. Lpz. Leo. 794—96. (I. 1 Rthlr. 8 gr. II. 1 Rthlr. 12 gr. III. 1 Rthlr. 4 gr. IV. 1 Rthlr.) 5 —

Löwenritter, Die. Frankfurt u. Leipzig 1797/1798. V: *Spiess, Chn. Hch.* (BGE VII/392) (BiblPort)

Löwenritter, die. Schsp. in 4 Aufz. v. Gleich in 4 Theilen. 8. Wien, Wallishäußer. 803.

Löwenritter, Die. Schilderungen aus den Zeiten des Mittelalters und der Kreuzzüge aufs Neue fürs Volk erzählt von Robert Hurte. Reutlingen 1854. V: *Spiess, Chn. Hch.* (BiblPort)

Löwenritter, die, von Frankreich; 2 Scenen a. d. 10jähr. Kriege in Deutschl. u. Italien. 8. Götting. Schneider. 803. Rthlr.

Löwenritter, die, von Frankreich. 8. Götting, 803. (Vandenhöck u. R.).

... (Gf. v. Löwenrode): Handbuch d. galizischen Gesetze in Auszügen, die v. 1772 bis Ende Oct. 1788 erflossenen gedruckten Patente etc. *Lemberg*, Pillersche Gubernialbuchdruck. 2 Bde. 788. u. Suppl. Band, die Gesetze v. 1788—90 enthalt. 790. 8.

Löwensberg, C. Chiolich v., Befestigungs-System, s. Chiolich.

Loewensberg, C. Ch. v. Neues Befestigungs-System od. das Gleichgewicht zwischen dem Angreifer u. Verteidiger. Mit 1 Atl.
Wien 1828. 317 S.

Löwensberg, Isidor, a. Igstadt: Über die Ätiologie der Dupuytren'schen Contractur. Würzburg 1906: F. Staudenraus. (26 S.) 8°
Würzburg, Med. Fak., Ref. Schönborn, Diss. v. 7. Juni 1906
[Geb. 29. Jan. 82 Igstadt, Reg.-Bez. Wiesbaden; Wohnort: Würzburg; Staatsangeh.: Preußen; Vorbildung: Gymn. Montabaur Reife O. 01; Studium: Würzburg 6, Berlin 2 S.; Coll. 7. März 06; Approb. 28. Febr. 06.]

Löwensohn, Ezech. Boris, üb. Veratroidin. Inaug.-Diss. gr. 8. (101 S.) Dorpat 890. (Karow.) n. 1. 60

Löwensohn, Isaak, der Schnell-Rechner. Ein theoretisch-praktisches Rechenbuch nebst einer ungarischen Praktik. 2. sehr verb. u. verm. Aufl. gr. 8. Pesth 845, Hartleben. (Leipzig, Hartleben's Verl.-Exped.) 1 ℛ

Löwensohn, M(eische-Wolff), aus Wercholensk (Russl.): Der Kumys und seine Anwendung bei der Lungentuberkulose. *Berlin: M. Günther 1901.* (30 S.) 8°
Berlin, Med. Diss. v. 25. Juni 1901

Loewensohn, Salomon (geb. Mohilew 15. 4. 1814): Quaedam ex dissertatione ampliore de methodi antiphlogisticae historia et singulis remediis. Berolini (1836). (61 S.) 8°
Berlin, Med. Diss. v. 29. Aug. 1836

Loewensohn, Sal., De methodi antiphlogisticae historia et singulis remediis. Diss. med. Berlin (Nietack) 29. VIII. 1836. 61 S. mit Biogr. (M.: Susanne Ziekinowsky.) (3.—) 21552
Gew.: M. Loewensohn (Vater). — Oppon.: A. Raffalowitsch, A. Jusefowitsch, S. Gotthell.

Löwensohn, Wulf. Zur Statistik und Kasuistik der aussergewöhnlich schweren Früchte, auf Grund von 10997 Protokollen des Basler Frauenspitals. ⟨Vorsteher: Prof. Dr. (Otto) v[on] Herff.⟩ Diss. Med. Basel. 32 S. 8. Basel, Friedrich Reinhardt, 1907.

Loewenson, Erich, appr. Arzt: Aus d. Prosectur d. städt. Krankenh. r. Isar in München. Prosector Oberndorfer. Ein Beitrag zur Kenntnis der spontanen Herzruptur. Tilsit 1908: v. Mauderode. 35 S. 8°
München, Med. Diss. v. 29. März 1909, Ref. v. Bollinger
[Geb. 2. April 84 Tilsit; Wohnort: Tilsit; Staatsangeh.: Preußen; Vorbildung: Gymn. Tilsit Reife M. 02; Studium: Königsberg 2, Berlin 6, München 2 S.; Coll. 29. März 09; Approb. 9. März 09.] [U 09. 3358

Loewenson, Wladimir, s.: Führer durch Berlin u. seine Umgegenden f. russische Reisende.

Löwenspiel, das, neue gesellschaftl. Unterhaltung. 8. Nürnb. (Leipz. Benj. Fleischer.) 813.

Löwenstam, Herm., bunte Skizzen. Leipzig 869. F. Fleischer. 8. (VI, 173 S.) n. 1 ₰

Löwenstamm, Arthur, a. Ratibor: Lotzes Lehre vom Ding an sich und Ich an sich. Breslau 1906: H. Fleischmann. (55 S.) 8°
Erlangen, Phil. Fak., Ref. Falckenberg, Diss. v. 15. Juni 1906
[Geb. 20. Dez. 82 Ratibor; Wohnort: Ratibor; Staatsangeh.: Preußen; Vorbildung: Gymn. Breslau Reife O. 02; Studium: Breslau 6, Erlangen 1 S.; Rig. 17. Juli 05.]

Löwenstamm, Arth., Lotzes Lehre vom Ding an sich u. Ich an sich. (55 S.) gr. 8. Breslau 906. (Koebner.) 1. —

Loewenstamm, Fritz [aus Zaborze]: Beitrag zur Casuistik der acuten hämorrhagischen Polioencephalitis superior ... Berlin, Buchdr. v. G. Schade, *1895;* 29 S., 1 Bl. 8.
Berlin, Med. Fak., Inaug.-Diss. v. 8. März 1895

Loewenstamm, Willy, aus Berlin: Ueber Metallsalzverbindungen des Schwefelharnstoffs, ein Beitrag zur Kenntnis der komplexen Verbindungen einwertiger Metalle. *Berlin 1901: A. W. Schade.* (48 S.) 8°
Berlin, Phil. Diss. v. 11. Dez. 1901

Löwenstein [Sachl. OW]

Löwenstein, Burg, oder der Sturz der Bundesritter von der eisernen Krone. Quedlinburg 1828. V: *Aniello, Sebastian.* (Ky)

Löwenstein, Die Grafschaft. [Stuttgart 1848.] V: *Bauer, Hermann.* (EB)

Löwenstein [Schlagwort]

Löwenstein, s.: Geognostische Karten (Württemberg).

Löwenstein [Verfasser]

Löwenstein, A. (Hrsg.), s. Musikzeitung, Leonard's Illustrierte.

Loewenstein, A. W. (Hrsg.), s. Souvestre, E.: 4 Erzählungen ...

Löwenstein, Adolf

Löwenstein, A.: Bericht über die zweijährige Wirksamkeit des Instituts für schwedische Heilgymnastik. Berlin 1856. 28 S.

Loewenstein, Adolphus *(geb. Lissa in Pos. [13. 6.] 1811):* De funiculo umbilicali partus impedimento. Vratislaviae (1833). (43 S.) 8°
Breslau, Med. Diss. v. 1. Apr. 1833

Löwenstein, A., Geschichte im Gedichte. Ernst u. Humor. 8. (VIII, 341 S.) Berlin 874. Wedekind & Schwieger. n. 2. 50

Löwenstein, A.: Die schwedische Heilgymnastik. Berlin 1855. 11 S. Sonderdr. aus: C. Heymann's Kalender f. Ärzte. 1855.

— Humor in der Medizin. Medicinisch-humorist. Vorträge, Gedichte, Räthsel, Epigramme ꝛc. gr. 16. (IV, 128 S.) Berlin 872. Staude. n. 1. 50

—— Humor in der Medizin. Medicinisch-humorist. Vorträge, Gedichte, Räthsel, Epigramme ꝛc. 1872 [und Neue Ausg.] gr. 16. (IV, 128 S.) Berlin 875, Staude. *

— Humoristica, s.: Museum komischer Vorträge.

— humoristische Originale. Vorträge. 16. (160 S.) Berlin 873. Wedekind & Schwieger. n. 1. —

Löwenstein, Adph., humoristische Original-Vorträge. 2 Bdchn. Berlin 856. Hofmann u. Co. 16. (31; 31 S.) Jedes Bdchn. 5 ngr.

—— humoristische Original-Vorträge. gr. 16. (IV, 172 S.) Berlin 868, Hausfreund-Expedit. [Posen, Merzbach.] *

—— die Rückgratsverkrümmung und die Heil-Gymnastik. 8. (42 S.) Berlin 869, Löwenstein. [Staube.] *

Löwenstein, Ad., die Skrophel- od. Drüsenkrankheit, verheerender als Pest u. Cholera. Für gebildete Nichtärzte. 8. (120 S.) Berlin 847, C. Heymann. — 2. verm. Ausg. 8. (VI u. 119 S. m. 1 Tab. in qu. 4.) Ebd. 850. 1/2 ₰

Löwenstein, A., humoristische Vorträge. 1. Heft. gr. 16. (48 S.) Berlin 851. [Leipzig, Simion's Verlag.] *

Löwenstein, A., humoristische Vorträge. 4. Bdchn. 8. (V, 168 S.) Berlin 879. Löwenstein. n.n. 1. 25

Löwenstein, A., Wirksamkeit und Werth der Heil-Gymnastik. Berlin 860. C. Heymann gr. 8. (43 S.) 7½ ngr.

—— Witz und Humor. Theorie und Praxis. gr. 8. (200 S.) Stuttgart 877, Richter und Kappler. *

Löwenstein, A(lbert) S(amuel): Aphorismen über geburtshülfliche Gegenstände, eine Darstellung des vollständigen geburtshülflichen Apparats, eine Recapitulation sämmtlicher Anzeigen, die zu geburtshülflichen Operationen berechtigen, Themata oder Fragen aus dem Gesammtgebiete der Gynäcologie für Studirende und Examinanden, und eine neue Schwangerschafts-Tabelle. 38 S. (S. 511 - 548), 1 Tab. Glogau: 1831

s.: Löwenstein, A.S.: Der theoretische und praktische Geburtshelfer... Supplement.

Löwenstein, Alb. S., die Drüsenkrankheit, od.: Die Skrofelkrankheit d. Kinder u. Erwachsenen, in allen ihren Gestalten, Richtungen u. Gefahren u. d. Mittel, sie zu verhüten, zu beschränken u. zu heilen. Eine Schrift f. Eltern, Erzieher &c. 8. (7 B.) Berlin 831, Schlesinger.

Loewenstein, Alb. S., die Drüsenkrankheit od. d. Scrofelkrankheit d. Kinder u. Erwachsenen &c. 2. Aufl. 8. (7 B.) Berlin 836, Schlesinger'sche Buchh.

Löwenstein, A(lbert) S(amuel): Der theoretische und praktische Geburtshelfer oder vollständiger Unterricht der gesammten Geburtshülfe und der Krankheiten der Schwangern, Wöchnerinnen und neugebornen Kinder. Zum Gebrauche für Aerzte, Wundärzte, Geburtshelfer, Studirende und Examinanden. Nebst einem Anhange, enthaltend: Aphorismen über geburtshülfliche Gegenstände, eine Darstellung des vollständigen geburtshülflichen Apparats... 550 S., gbd., 1 Tab.

Glogau: Heymann 1831

—— der theoret. u. prakt. Geburtshelfer, od. vollständ. Unterr. d. gesammten Geburtshülfe u. d. Krankheiten d. Schwangern, Wöchnerinnen u. neugebor. Kinder. Zum Gebr. f. Aerzte, Wundärzte &c. Nebst e. Anh. 1. Aufl. (36½ B. u. 1 Tab. qu. Fol.) 831. 2 Thlr. 6 Gr., 2., verm. u. verb. Ausg. (38¼ B. u. 1 Tab. qu. Fol.) gr. 8. Glogau 835, [Berlin,] Heymann.

—— der theoret. u. prakt. Geburtshelfer, od. vollständ. Unterr. d. gesammten Geburtshülfe u. d. Krankheiten d. Schwangern, Wöchnerinnen u. neugebornen Kinder. Nebst e. Anh. 3., verm. u. verb. Ausg. gr. 8. (37½ B.) Berlin 839, Heymann.

Loewenstein, Alb(ert.) Sam. (geb. Lissa in Posen 1802): De radice Caincae ejusque in morbis hydropicis virtute. Berolini (1828). (36 S.) 8°
Berlin, Med. Diss. v. 26. Juni 1828

—— de radice Caincae ejusque praesertim in morbis hydropicis virtute. 8 maj. (3 B.) Berolini 828, Logier.

Loewenstein, Alb. Sam., De radice caincae. Diss. med. Berlin (Feister u. Eisersdorff) 26. VI. 1828. 36 S. mit Biogr. (M.: Pauline Bodstein.) (3.—) 21553
Gew.: Wilh. Wagner. — Oppon.: J. Loewenstein, L. Gottheil, L. David.

—— Schwangerschaft, Geburt u. Wochenbett, ihre Gefahren u. deren mögl. Verhüt. durch e. naturgemäßes Verhalten. Gebildeten Frauen zugeeignet. 8. (4¾ B. u. 1 Tab.) Berlin 839, Heymann.

Loewenstein, Alexander [aus Preuss.-Oldendorf i. Westf.]: Die Leukaemia mit besonderer Berücksichtigung eines von der Thymusdrüse ausgehenden Falles.... Würzburg, A. Memminger'sche Buchdr., 1886; 30 S. 8°.
Würzburg, Med. Fak., Inaug.-Diss. v. 1886.

Loewenstein, Alexander, die Leukaemia mit besonderer Berücksichtigung eines von der Thymusdrüse ausgehenden Falles. Diss. Würzburg 1886, Stahelsche Univ.-Buchh. 8°. 30 S.

Löwenstein, Alfred, Medizinalpraktikant a. Zirndorf: Aus d. pathol. Institut d. Univ. München. Ein Fall von kongenitaler Kiemengangscyste. München 1907: C. Wolf & Sohn. (17 S.) 8°
München, Med. Fak., Ref. v. Bollinger, Diss. v. 16. Jan. 1908
[Geb. 10. Dez. 82 Wiedselters (Hessen-Nassau); Wohnort: Zirndorf b. Fürth; Staatsangeh.: Bayern; Vorbildung: Gymn. Fürth Reife Juli 01; Studium: München 10 S.; Coll. 16. Jan. 08; Approb. 31. Dez. 07.]

Löwenstein, Alfr., die Verbrechenskonkurrenz nach dem Reichsstrafgesetzbuch mit besond. Berücksicht. der Konkurrenz zwischen Münzfälschung einerseits, Betrug und Urkundenfälschung andererseits. gr. 8. (68 S.) Stuttgart 883, Enke. * 2 40

Löwenstein, Arno, Referendar in Berlin: Genehmigung von ohne Vertretungsmacht geschlossenen Geschäften nach Bürgerlichem Gesetzbuche. Liegt hierin eine Abweichung vom gemeinen Recht? Hamburg 1906: Berngruber & Henning. (X, 79 S.) 8°
Leipzig, Jur. Fak., Diss. v. 25. Jan. 1907
[Geb. 18. Nov. 82 Woldenberg (Neumark); Wohnort: Woldenberg; Staatsangeh.: Preußen; Vorbildung: Peter Gröning-Gymn. Stargard i. P. Reife O. 02; Studium: München 3, Berlin 1, Kiel 2 S.; Rig. 30. Mai 06.]

Löwenstein, Arthur [Referendar am Kgl. Amtsger. in Gummersbach]: Depositum irregulare und Darlehn ... Gummersbach, Druck v. F. Luyken, 1896; 82 S. 8.
Erlangen, Jur. Fak., Inaug.-Diss. v. 1896

Loewenstein, Augustus (geb. Lissa in Posen 1813): De mulierum morbis quaedam. Berolini (1838). (36 S.) 8°
Berlin, Med. Diss. v. 31. Okt. 1838

Löwenstein, Bernh., Abul-Hassan-Lieder (nach Jehuda-ben-Halevy). 12. (V, 188 S.) Wien 894. M. Perles. n. 3. 60

Löwenstein, Bernh. [aus Zawiercie (Russ. Polen)]: Über einige Derivate des Phenanthrens. Zürich 1898. 48 S. 8°.
Zürich. Phil. Diss. II. S. 1898/99.

Löwenstein, Bernhard, Jüdische Klänge. Gedichte religiösen, didaktischen u. lyrischen Inhalts in jüdischem Geiste. Brünn 862. Winiker. 8. (III, 145 S.) n. 20 ngr.

Loewenstein, Davides (geb. Schloppe in Westpr. 13. 2. 1834): De variis medullae spinalis atrophiae causis. Berolini (1860). (32 S.) 8°
Berlin. Med. Diss. v. 10. Okt. 1860

Loewenstein, Elias: Aus d. anatom. Institut zu Königsberg '(Pr.)'. No. 15. Über das foramen jugulare spurium und den canalis temporalis am Schädel des Menschen und einiger Affen ... M. e. Taf. Königsberg i. Pr., Druck v. M. Liedtke, 1895; 2 Bl., 38 S., 2 Bl., 1 Taf. 8.
Königsberg, Med. Fak., Inaug.-Diss. v. 25. Juli 1895

Loewenstein, Elias, üb. d. foramen jugulare spurium u. d. canalis temporalis am Schädel d. Menschen u. einiger Affen. Diss. gr. 8. (38 S. m. 1 Taf.) Königsberg 895. (W. Koch.) n. 1. —

LOEWENSTEIN, Emanuel: Welcher Tragiker gilt dem Aristoteles in seiner Poetik als mustergültig? — 1882. 90 S. Diss. Graz, Univ.

Löwenstein, Erich: Über Hydrate, deren Dampfspannung sich kontinuierlich mit der Zusammensetzung ändert. Hamburg & Leipzig: Voss 1909. 73 S. 8° ¶(Aus: Zeitschrift f. anorgan. Chemie. Bd 63, H. 2.)
Göttingen, Phil. Diss. v. 28. Juli 1909, Ref. Tammann
[Geb. 22. Apr. 87 Einbeck; Wohnort: Einbeck; Staatsangeh.: Preußen; Vorbildung: Realgymn. Einbeck Reife O. 05; Studium: Göttingen 8 S.; Rig. 14. Juli 09.] [U 09. 1376

Loewenstein, Ernst: ⟨Aus d. gynäkol. Klinik d. Univ. Freiburg i. B.⟩ Über die operativen Erfolge bei chronisch-eitrigen Adnexerkrankungen. Hamburg 1909: Berngruber & Henning. 126 S. 8°
Freiburg i. B., Med. Diss. v. 1909, Ref. Krönig
[Geb. 10. Nov. 83 Woldenberg; Wohnort: Pforzheim; Staatsangeh.: Preußen; Vorbildung: Gymn. Stargard i. Pomm. Reife O. 03; Studium: München 2, Berlin 3, Freiburg i. B. 6 S.; Coll. 2. Juli 08.] [U 09. 956

Löwenstein, Ernst [aus Witten]: Ueber die Constitution der Thiocarbizine ... Berlin, Druck v. J. Kerskes, 1894; 28 S., 1 Bl. 8.
Berlin, Phil. Fak., Inaug.-Diss. v. 1. Aug. 1894

Loewenstein, Ernst: Über die elektrolytische Reduktion aromatischer Mononitrokörper bei Gegenwart von Vanadinsalzen. 1910. 84 S. 8⁰
München, Dr.-Ing.-Diss. v. 19. 7. 1910

— **Ernst Andr.** (Mansfeld), Diss. jur. de officio judicis in imponendo juramento vel suppletorio vel purgatorio. Präs. Hier. Friedr. Schorch. Erfurt (Hering) 18. III. 1737. 28 S. (4.—) 21554

Loewenstein, Eugen [aus Preussisch-Oldendorf in Westf.]: Ein Fall von ausgebreiteter Ablösung der Pleura pulmonalis von der Lungenoberfläche ... Würzburg, Buchdr. d. „Neuen Bayer. Landeszeitg", 1892; 29 S. 8.
Würzburg, Med. Fak., Inaug.-Diss. v. 1892

Löwenstein, Eugen, appr. Arzt a. Stuttgart: Ein Fall von Brown-Séquardscher Halbseitenläsion komplizirt mit einseitiger Phrenicusverletzung und Pneumothorax. Stuttgart 1905. (46 S.) 8°
Straßburg, Med. Fak., Ref. von Krehl, Diss. v. 6. Dez. 1905
[Geb. 8. Juli 80 Stuttgart; Wohnort: Stuttgart; Staatsangeh.: Württemberg; Vorbildung: Eberhard-Ludwigs-Gymn. Stuttgart Reife S. 98; Studium: Straßburg 4, München 2, Straßburg 6 S.; Coll. 31. Juli 05; Approb. 17. Dez. 04.]

Löwenstein, E., die Krankenversicherung im Entwurfe der österreichischen Regierung. (62 S.) Lex. 8. Gross-Lichterfelde 908. Verlag der Arbeiter-Versorgg. A. Troschel. 1. 20

Löwenstein, Ewald, Arollo, od.: Die Rache d. Geister. Romant. Ritter-, Räuber- u. Geister-Geschichte aus Ungarns Vorzeit. 8. (13½ B.) Nordhausen 838, Fürst.

Löwenstein, Ewald, die Geopferte, od. d. flammende Stern über d. Lauenburg. Romant. Rittergeschichte. 2 Bde. 8. (24 B.) Nordhausen 846, Fürst.

—— der Königsmörder. Histor.-romant. Rittergeschichte aus d. Zeiten Johanns ohne Land. 8. (14 B.) Nordhausen 837, Fürst.

——, Marie, od.: Die Eingemauerte. Eine Sage aus d. Mitte d. 15. Jahrh.; romant. bearb. 8. (14½ B.) Nordhausen 838, Fürst.

Löwenstein, Gabriel: Die 'Querulanz' und die deutsch-freisinnigen gemeindlichen Collegien Nürnbergs. Ein krit. Beitrag z. Führung d. Gemeindehaushaltes.
Nürnberg: Selbstverl. 1892. (92 S.) 8⁰

Loewenstein, H. v. u. zu, Die Entwicklung, Tätigkeit und Ziele der Arbeiter-Organisationen im Ruhrkohlenrevier. Vortrag, gehalten in der 49. ordentlichen General-Versammlung des Vereins für die bergbaulichen Interessen im Oberbergamtsbezirk Dortmund am 25. Mai 1907 in Essen-Ruhr. Essen-Ruhr, 1907. 11 S. mit 2 Taf.

Loewenstein, H. v. und zu, Das Ruhrkohlenbecken und seine wirtschaftliche Bedeutung. Vortrag, gehalten auf der 5. ordentlichen Generalversammlung des Zentralverbandes der Kohlenhändler Deutschlands am 4. Juni 1907 in Köln a. Rh. Hamburg, 1907. 19 S.

Loewenstein, H., neuer illustr. prakt. Wegweiser v. St. Petersburg. 12. (VIII, 189 S.) St. Petersburg 897. (R. Jaffé.) n. 1. 40

Loewenstein, Hans, Assistenzarzt an d. Lungenheilstätte Wilhelmsheim: Aus d. Provinzial-Hebammen-Lehranstalt zu Breslau. Klinisch-statistische Beiträge zur Puerperalfieberfrage. *Breslau 1902: L. Schumacher.* (36 S.) 8° ¶(Aus: Archiv f. Gynäkol., Bd 65, H. 1.)
Breslau, Med. Diss. v. 2. Mai 1902

Festschrift zum XI. Rheinischen Provinzial-Feuerwehr-Verbands-Feste der freiwilligen Feuerwehren der Rheinprovinz am 31. Mai, 1. u. 2. Juni 1902 zu Solingen. Hrsg. im Auftr. d. Festvorstandes u. Schriftenausschusses vom Verf. (Heinrich **Löwenstein**). *Solingen (1902): B. Boll.* (VII, 165 S.) 8°

Löwenstein, Hermannus Josephus ‹geb. am 26 Mai 1799 in Warendorf Westf.›: Dissertatio . . . de mentis aberrationibus ex partium sexualium conditione abnormi oriundis . . . Bonnae, typ. Thormannianis 1823. 1 Bl., 50 S. 8.
Bonn, Med. Fak., Diss. v. [13] März 1823

Löwenstein, J., die Homöopathie und die Allöopathie auf der Wage kurz beleuchtet für den Kreis seiner Patienten. Bromberg 859. (Levit.) 16. (61 S.) n. 5 ngr.

Löwenstein, J., מנורה טהורה Menorah tehora, od. d. reine Judenthum, als Gegenstück d. v. M. Creizenach, u. d. T.: Thariag hrsg. 1. Thls. seines Schulchan Aruch. 2 Abthln. 8. (12¾ B.) Schaffhausen 835, Hurtersche Buchh. *

Löwenstein, Jak., über örtliche u. metastatische Eiterungen des Knochenmarkes. Diss. gr. 8. (52 S.) Jurjew 899. (Berlin, O. Rothacker.) n. 1. —

Löwenstein, Jakob, appr. Arzt a. Gailingen ‹Baden›: Über die Fussgelenksluxation durch Rotation nach aussen in Verbindung mit hoher Fibulafraktur. Mit 1 Abb. Gießen 1907: O. Kindt. (20 S.) 8°
Gießen, Med. Fak., Ref. Poppert, Diss. v. 5. Febr. 1908
[Geb. 20. Jan. 79 Gailingen; Wohnort: Gießen; Staatsangeh.: Baden; Vorbildung: Gymn. Karlsruhe Reife M. 97; Studium: Berlin 2, Heidelberg 2, München 2, Gießen 6 S.; Coll. 21. Nov. 07; Approb. 18. März 05.]

Löwenstein, Jakob Julius

— **Jac. Jul.** (Lissa), De musices in homines et animalia efficacia. Diss. med. Berlin (Friedlaender) 24. XII. 1835. 30 S. mit Biogr. (M.: Joh. Loewenstein.) (3.—) 21555
Oppon.: Ad. Loewenstein, J. Brunn, Aug. Loewenstein.

Löwenstein, Jakob Samuel

Löwenstein, J. S., Beiträge zur Geschichte der medizinischen Fakultät an der Hochschule zu Frankfurt a/O., s.: Mittheilungen d. historisch-statistischen Vereins zu Frankfurt a/O.

Loewenstein, J. S., Hygiea od. d. Kunst, das Leben d. Weibes zu erhalten, zu verlängern u. zu verschönern. Den edlen Frauen u. Jungfrauen Deutschlands gewidmet. 8. (11 B.) Berlin 840, Heymann.

Loewenstein, J. S., Hygiea od. die Kunst, das Leben des Weibes zu erhalten, zu verlängern u. zu verschönern. Den edlen Frauen u. Jungfrauen Deutschlands gewidmet. Neue (Titel-) Ausg. 8. (VIII u. 168 S.) Berlin (840) 851, C. Heymann. ¾ ℛ︎

Loewenstein, J. S., de Prosodia medica, sive de recta verbor. in medicina usitator. pronuntiatione. 8 maj. (3 B.) Berolini 828, Hirschwald.

— **Jac. Sam.,** De prosodia medica. Berlin (Feister u. Eisersdorff) 27. VI. 1828. 44 S. mit Biogr. (M.: Pauline Bodstein.) (2.50) 21556
Oppon.: A. Desberger, A. Loewenstein, L. Gottheil.

—— die medizin. Prosodie, od. üb. d. richt. Aussprache der in d. Medizin u. Pharmacie gebräuchl. Ausdrücke, mit besond. Rücksicht auf Etymologie. Ein Leitfaden f. Aerzte, Apotheker u. Naturforscher. gr. 8. (9 B.) Berlin 838, Geo. Reimer.

LOEWENSTEIN, Ignaz (Kriegshaber): De asphyxia.- Augustae Vindelicorum: Jasper 1833. 16 S.
9.2.1833 - Urk; P 61
Diss.Ingolst.-Landsh.-Mchn.

Löwenstein, Josef: Erfahrungen über das Verhalten aromatischer Oxykarbonsäuren und Oxysulfosäuren sowie ihrer Ester beim Benzoylieren nach der Schotten-Baumannschen Methode. Königsberg i. Pr. 1908: R. Leupold. (50 S.) 8°
Königsberg, Phil. Fak., Ref. Klinger, Diss. v. 21. Juli 1908
[Geb. 9. Juni 85 Warschau; Wohnort: Königsberg i. Pr.; Staatsangeh.: Rußland; Vorbildung: Kommerzsch. u. Techn. Hochsch. Warschau Reife Juni 04; Studium: Königsberg 4 S.; Rig. 24. Juni 08.]

Loewenstein, Joseph [Assistenzarzt am Wenzel-Hancke'schen Krankenh.]: Ueber Erkrankungen der Leber u. Milz infolge von Unterleibscontusionen ... Würzburg, A. Boegler'sche Buchdr., 1897; 81 S. 8.
Breslau, Med. Fak., Inaug.-Diss. v. 3. Juli 1897

Loewenstein, Jos., üb. Erkrankgn. d. Leber u. Milz infolge v. Unterleibscontusionen. Diss. gr. 8. (81 S.) Breslau 897. (Schletter.) n. 1. —

Löwenstein, Josef [app. Arzt aus Steele a. d. Ruhr]: Das runde Magengeschwür m. bes. Berücks. seines Vernarbungsprocesses ... Berlin, Buchdr. v. G. Schade, *1894;* 29 S., 1 Bl. 8.
Freiburg i. B., Med. Fak., Inaug.-Diss. v. 1894

Loewenstein, Isidorus (geb. Danzig): De chlorosi. Berolini (1843). (30 S.) 8°
Berlin, Med. Diss. v. 21. Dez. 1843

Löwenstein, Julius [Dr., Gerichtsref.]: Die stille Gesellschaft nach dem allgemeinen Deutschen Handels-Gesetzbuche und dem Entwurf eines neuen Handelsgesetzbuches. München, k. Hof- u. Univ.-Buchdr. v. Dr. C. Wolf & Sohn, 1896; 44 S. 8.
Erlangen, Jur. Fak., Inaug.-Diss. v. 1896

Loewenstein, Julius [pr. Arzt]: Die Impftuberculose des Praeputiums. . . . Königsberg i. Pr., Druck v. M. Liedtke, 1889; 28 S. + 2 Bl. 8°
Königsberg, Med. Fak., Inaug.-Diss. v. 22. Mai 1889

Loewenstein, Jul. Die Impftuberculose d. Praeputiums. Diss. gr. 8. (22 S.) Königsb. 889, (Koch). * — 80

Löwenstein, Julius: Maimonides' Commentar zum Tractat Bekhoroth im arabischen Urtext mit verbesserter hebräischer Uebersetzung und mit Anmerkungen versehen. *Berlin 1897: H. Itzkowski.* (27, 28 S.) 8°
Erlangen, Phil. Diss. v. 14. März 1896

Löwenstein, Jul., Leder- u. Schuhwaren-Industrie auf der Weltausstellung in Chicago, s.: Bericht, officieller, der k. k. österr. Central-Commission f. die Weltausstellung in Chicago 1893.

Loewenstein, Käthe, deutsches Lesebuch, s.: Gaubig, H.

Löwenstein, L. H., s.: **Bücher, die fünf, Moses.**

Loewenstein, L. H., die Proverbien Salomos, mit Benutzung ält. u. neu. Mskpte. edirt, erklärt u. metr. übers. gr. 8. (20¾ B.) Frankfurt a. M. 838. [Leipzig, Kersten.] *

— die Proverbien Salomos, mit Benutzung älterer u. neuerer Manuscripte edirt, erklärt und metrisch übersetzt. gr. 8. Frankfurt 838. Schmerber. n. 1 2/3 ℛ︎

—, Stimmen berühmter Christen über den damaszener Blutprozess. Als Anlage zu der Schrift *Damascia*. Frankf. a. M., bei'm Herausg. Ibid. 1843. 8°. Cart.
1 Bl., 45 S. — Die auf d. Tit. erwähnte Schrift L's ist: „Damascia. Die Judenverfolgung zu Damaskus u. ihre Wirkungen auf d. öffentl. Meinung, nebst Nachweisungen über d. Ursprung der gegen die Juden wiederholten Beschuldigung, als bedienten sie sich des Menschenblutes bei rituellen Zeremonien." Ibid. 1840; 2. verb. Aufl. 1841. 8°.

—— (קול בוכים.) die Thränen u. Klagelieder Jeremias, mit Benutz. ält. u. neu. Mskpte. edirt, erklärt u. metr. übers. 8. (6⅛ B.) Frankfurt a. M. 838, Körner.

Löwenstein, L. H., Ueberzeugungen eines Israeliten, gegenüber dem Proselytenthum. Erwiederung auf die Schrift des Hrn. Dr. W. B. Fränkel: „Das Bekenntniß des Proselyten. Das Unglück der Juden u. ihre Emanzipation in Deutschland." gr. 8. (10¾ B.) Rödelheim 842. (Frankfurt a. M., Hermann'sche Buchh.) *

Loewenstein, L. H., Ueberzeugungen eines Israeliten, gegenüber dem Proselytenthum. Erwiederung auf die Schrift von Hrn. Dr. *W. B. Fränkel*: „Das Bekenntniss des Proselyten. Das Unglück der Juden u. ihre Emancipation in Deutschland." Rödelheim, J. Lehrberger & Cie., 1842. 8°. Cart.
170 S. Mit eigenhänd. Widmung d. Vf. an den Frhrn. Jos. v. Hirsch.

Löwenstein, Leo, a. Aachen: Beiträge zur Messung von Dissociationen bei hohen Temperaturen. Göttingen 1905: Dieterich. (41 S.) 8°
Göttingen, Phil. Fak., Ref. Dolezalek, Diss. v. 30. Sept. 1905
[Geb. 8. Febr. 79 Aachen; Wohnort: Aachen; Staatsangeh.: Preußen; Vorbildung: Oberrealsch. Aachen Reife O. 98; Studium: München T.H. 1, München Univ. 1, Straßburg 1, Aachen T.H. 4, München Univ. 2, Aachen T.H. 1, Göttingen 3 S.; Rig. 12. Mai 05.]

Löwenstein, Leo, approb. Arzt aus Celle: **Der Schutzballon.** *Celle 1904: W. Ströher.* (48 S.) 8°
Marburg, Med. Diss. v. 26. Apr. 1904

Löwenstein, Leopold

Löwenstein, Leop., Beiträge z. Geschichte d. Juden in Deutschland. I. u. II. gr. 8. Frankfurt a/M., J. Kauffmann. n. 7. —
I. Geschichte d. Juden in d. Kurpfalz. Nach gedr. u. ungedr. Quellen dargest. (VII, 329 S.) 895. n. 6. —
II. Nathanael Weil, Oberlandrabbiner in Karlsruhe u. seine Familie. (85 S.) 898. n. 1. —

Löwenstein, L[eopold]. Geschichte der Juden am Bodensee und Umgebung. Nach gedruckten und ungedruckten Quellen dargestellt. 1. [einziger] Theil. 8. (Konstanz) 1879.

Löwenstein, Leop., zur Geschichte der Juden in Fürth. I. Tl. Das Rabbinat. (81 S.) gr. 8. Frankfurt a/M. 909. Sänger & Friedberg. 2. —
Sonderabdruck aus: „Jahrb. d. jüd.-lit. Gesellsch."

Löwenstein, L., Geschichte der Juden von der babylonischen Gefangenschaft bis zur Gegenwart. Für Schule u. Haus bearb. (VIII, 271 S.) 8. Mainz 904. [J. Wirth'sche Hofbuchdr.] Frankfurt a/M., J. Kauffmann.
Geb. in Leinw. n. 3. 50

— Licht- u. Schattenseiten aus der Geschichte der Juden in Wertheim. Vortrag, geh. im histor. Verein „Alt-Wertheim" am 15. XII. 1907. (20 S.) 8. Wertheim 907. (E. Buchheim Nachf.) — 50

Loewenstein, Leop. (geb. Berlin 13. 7. 1854): Ueber den ätiologischen Zusammenhang der Katamenien und ihrer Anomalien mit den Geistesstörungen. Berlin (1877). (39 S.) 8°
Berlin, Med. Diss. v. 20. Febr. 1877

Löwenstein, Löbel, s. Löbenstein - Löbel, Eduard Leopold.

Löwenstein, Ludwig [aus Trier]: Beitrag zur pathologischen Anatomie der myelogenen epiphysären Neubildungen. . . . Würzburg, Druck d. Ferdinand Röhrl'schen Buchdr., 1889; 33 + 1 S. 8°
Würzburg, Med. Fak., Inaug.-Diss. v. 1889

Löwenstein, Ludw., d. Beschneidung im Lichte d. heut. medicin. Wissenschaft, mit Berücksicht. ihrer geschichtl. u. unt. Würdigg. ihrer religiösen Bedeutung. [Aus: „Archiv f. klin. Chirurgie".] gr. 8. (75 S.) Trier 897. (H. Stephanus.) n. 1. 80

Löwenstein, M., Sendschreiben eines Arztes an „einen Arzt“ über den Luftröhrenschnitt bei'm Croup nebst einem kurzen Anh.: Wie erkennt man den Croup? Und was kann geschehen, demselben vorzubeugen? Jever 865. Mettcker & Söhne. gr. 8. (56 S.) n. 6 ngr.

Löwenstein, Mart., über Juden-Bekehrung und Juden-Emancipation in besond. Beziehung auf Preußen. Besond. Abdruck aus d. „kirchl. Vierteljahresschrift. 4. Hft. 1844.“ gr. 8. Breslau 845, Leuckart. n. 1/6 ₰

Löwenstein, Mart., Casual-Reden. Berlin 863. Steinthal. gr. 8. (VI, 193 S.) 1 ₰

— einige Randbemerkungen zu Herrn Dr. Hengstenbergs Brochüre gegen die Erklärung vom 15. August 1845. 8. Berlin 846, Springer. n. 1/8 ₰

Löwenstein, Martin, über die Redefreiheit des Geistlichen nebst einer Grabrede auf den K. Major a. D. Ritter C. v. B(echerer) auf Kleinmehssow. gr. 8. (22 S.) Berlin 847, Springer. n. 3 1/2 ngr.

Loewenstein, Max Graf v., Fuschler Birschklänge. (60 S m. Bildnis.) 8. Salzburg (906.) E. Höllrigl. n. 1.25

Loewenstein, Max [aus Berlin]: Ueber die ulcerierende, multiloculäre Echinococcusgeschwulst. . . . Erlangen, *Eyck & Friedlaender, Berlin*, 1889; 32 S. 8°
Erlangen, Med. Fak., Inaug.-Diss. v. 1889

Löwenstein, Max. Graf v., Her! Her! Landsknecht- und Reiterlieder. (55 S.) 8. Augsburg (910). Lampart & Co. 1.20

— Rosmarein. Neue Gedichte. (48 S.) 8. Ebd. 909. 1.20

— Im Sold Frau Aventiurens. Balladen und Sagen. (100 S.) 8. Ebd. (910). nn 2.—

— Waid- u. Wehrgedichte (III, 44 S.) 8.
Salzb.: Höllrigl (1905).

Loewenstein, Otto, s. Verkehr, der literarische.

Loewenstein, Otto, die Vormundschafts-Ordnung vom 5. Juli 1875 mit den darauf bezügl. Gesetzen vom 12., 19. und 21. Juli 1875. Hrsg. und erläutert. 8. (VI, 200 S.) Berlin 875, C. Heymann's Verlag. cart. *

Loewenstein, die Vormundschafts-Ordnung vom 5. Juli 1875 m. den darauf bezügl. Gesetzen vom 12, 19. u. 21. Juli 1875. Hrsg. u. erläutert. 8. (VI, 200 S.) Berlin 876. C. Heymann's Verl. n. 4. —

Löwenstein, Otto, die Vormundschafts-Ordnung vom 5. Juli 1875 mit den darauf bezüglichen Gesetzen. Hrsg. u. erläutert. 2. Aufl. gr. 8. (VI, 234 S.) Berlin 878. C. Heymann's Verl. n. 4. 50

Loewenstein, Philipp [Übers.]
s. Kowalewski, E.P.: Petersburg am Tage und bei Nacht. 1847.

Löwenstein, R., ehret die Frauen, s.: Schulz, Ed.

Löwenstein, Rud., Festrede, am 100. Jahrestage des Geburtstages von Christian Daniel Rauch im „Vereine Berliner Künstler“ gehalten am 2. Jan. 1877. gr. 8. (16 S.) Berlin 877. Hofmann & Co. n. — 50

Löwenstein, Rud., Kindergarten. Gedichte mit Zeichnungen v. Rob. Kretschmer. 8. (9 1/2 B.) Berlin 846, Trautwein'sche Bh.

Loewenstein's, Rud., Kindergarten. 4. (IV und 96 S. mit zahlreichen Illustr. in eingedr. Holzschn. von Th. Hosemann.) Berlin 864, Hofmann und Comp. cart. *

Löwenstein, Rud., Kindergarten. 4. Aufl. gr. 4. Berlin 886. Hamburg, Verlagsanstalt und Druckerei, A.-G. cart. * 3 —

Löwenstein, Rud., Kindergarten. 4. verb. Aufl. gr. 4. (III, 128 S. mit zahlreichen Illustr. von Th. Hosemann, W. Claudius, Flinzer, Bürkner u. A.) Berlin 886, Hofmann und Comp. cart. *

Löwenstein, Rud., Kindergarten. M. zahlr. Illustr. v. Th. Hosemann, W. Claudius, Flinzer, Bürkner u. A. 5., verb. Aufl. gr. 4. (III, 128 S.) Hamburg 896. Verlagsanstalt u. Druckerei. Kart. n. 3. —

Kindergarten von Dr. Rudolf **Löwenstein**. Mit e. Vorwort von Prov.-Schulrat Prof. G[ustav] Voigt. Titelbl. u. 5 Vollbild. von Paul Haase, 2 farb. Bl. von M. Coester u. zahlr. Ill. von Ludwig Richter u. A. 6. verb. Aufl. Berlin: K. W. Mecklenburg [1907]. (128 S.) 4° [F.] 108. 6433

Loewenstein, R., Kindergedanken. Neue Folge d. Kindergartens. Gedichte u. Kinderlieder. Mit zahlr. Orig.-Illustr. v. Mathilde Cöster u. H. Scherenberg. gr. 4. (III, 35 S. m. eingedr. Illustr. u. 3 farb. Taf.) Berlin 886. Hofmann & Co. cart. n. 3. —

Löwenstein, Rudolph. Europäische Revue. Ein Carnevals-Album. Mit . . . Illustrationen von Wilh. Scholz. Erklärt von Rudolph Löwenstein. Berlin. Verlag von A. Hofmann 1859. 16 S.; 20 Taf. (Leporello). 8°.

Löwenstein, Rud., L. Burgers Tischkarte erklärt. Zur Erinnerung an das vom jüngeren Künstler-Vereine zu Ehren Rauchs veranstaltete Fest. (Als Mscr. gedr.) gr. 4. (3 S. und 1 Radirung.) Berlin 851, [Guttentag.]

Löwenstein, Rud., L. Burgers Tischkarte erklärt. Zur Erinnerung an das vom jüngeren Künstler-Vereine zu Ehren Rauchs veranstaltete Fest. [Als Mscr. gedr.] gr. 4. (3 S. m. 1 Radirung.) Berlin 851, Trautwein'sche Buchhandlung. 3 ngr.

Löwenstein, Rud., aus bewegten Zeiten. Politische Gedichte. Mit Vorwort v. Alb. Träger. 12. (VIII, 173 S.) Berlin 890. Stuttgart, Union. n. 3. —; geb. n. 4. —

Löwenstein, Rud. Aus bewegten Zeiten. Politische Gedichte. 12. 8. (VIII, 173 S.) [Berl. 890, F. u. P. Lehmann.] Stuttg., Union. 3 —

Löwenstein, Rudolf Wilhelm

LÖWENSTEIN, Rudolphus Gulielmus: De matrimonialis impedimenti, quod dicitur justitiae publicae honestas, origine et historica evolutione e fontibus usque ad praesens. — (1899) 107 S. 4° (Handschr.) Diss. 587
Diss. Wien, Univ.

Löwenstein, S., über Unfall u. Krebskrankheit. (Aus dem Institute f. Krebsforschg. in Heidelberg, Dir.: Geh.-R. Prof. Dr. V. Czerny, Exc.) (III, 207 S.) gr. 8. Tübingen 910. H. Laupp. 5.60; geb. 7. —

Loewenstein, S. Über Unfall und Krebskrankheit. Tübingen 1911.

Loewenstein, Sally [aus Ossendorf i. W.]: Ein histiologischer Beitrag zur Lehre von Fibroma molluscum. . . . Würzburg, Becker's Univ.-Buchdr., 1891; 34 S., 1 Bl. 8°
Würzburg, Med. Fak., Inaug.-Diss. v. 1891

Loewenstein, Sally, aus Borbeck: Aus d. med. Klinik in Bonn. Ueber einen Fall von Diabetes insipidus. *Bonn 1904: S. Foppen.* (37 S.) 8°
Bonn, Med. Diss. v. 23. [vielm. 24.] März 1904

Löwenstein, Siegfr., Einlegung u. Begründung der Revision in Strafsachen. Prakt. Anleitg. zur Anfertigg. strafrechtl. Revisionsschriften. gr. 8. (VI, 102 S.) Berlin 900. O. Liebmann. Kart. n. 2. 20

Loewenstein, Siegfried, approb. Arzt aus Stuttgart: Ueber einen Fall von Cardiospasmus mit gleichmäßiger Erweiterung der Speiseröhre. *Würzburg 1903: A. Boegler.* (32 S.) 8°
Leipzig, Med. Diss. v. (2. Juli) 1903

Loewenstein, Siegfried [aus Mewe (Westpreussen)]: Ueber Pathologie und Therapie des Genu valgum .... Berlin, Buchdr. v. Gustav Schade (Otto Francke) (1886); 27 + 3 S. 8°.
Berlin, Med. Fak., Inaug.-Diss. v. 5. Aug. 1886.

Loewenstein, Siegfried, über Pathologie und Therapie des Genu valgum. Diss. Berlin 1886, Mayer & Müller. 8°. 27 S.

Löwenstein, Siegmund: Gerichtsreferendar in Bochum: Das Handwahrehandprinzip im deutschen bürgerlichen Recht. Borna-Leipzig 1907: R. Noske. (IX, 95 S.) 8°
Heidelberg, Jur. Fak., Ref. Schroeder, Diss. v. 1907
[Geb. 28. Aug. 80 Bochum; Wohnort: Bochum; Staatsangeh.: Preußen; Vorbildung: Gymn. Bochum Reife O. 01; Studium: Freiburg i. B. 1, Berlin 2, München 1, Bonn 2 S.; Rig. 2. Juli 07.]

Löwenstein, S[igm.], approb. Arzt: Über die mikrocephalische Idiotie und die von Lannelongue vorgeschlagene chirurgische Behandlung derselben. *Tübingen: H. Laupp 1900.* (28 S.) 8° ¶(Aus: Beiträge zur klinischen Chirurgie, Bd 26, H. 1.)
Heidelberg, Med. Diss. v. 1900

Löwenstein, Wilh. zu, das System der Vermittelung. gr. 8. (15 S.) Berlin 848, (G. Reimer.)

Löwenstein, Prinz Wilhelm zu, Die neue Preußische Verfassung und der Grundbesitz. Berlin, A. Duncker, 1849. 20 S. 8°.

Loewenstein, Willi: Über Lösungen von Kalk und Kieselsäure in geschmolzenem Chlorkalzium. (Berlin 1909: G. Schade.) 57 S. 8°
Berlin, Phil. Diss. v. 24. Juli 1909, Ref. Nernst
[Geb. 21. März 82 Berlin; Wohnort: Berlin; Staatsangeh.: Preußen; Vorbildung: Gymn. Elbing Reife O. 02; Studium: Berlin 14 S.; Rig. 24. Juni 09.] [U 09. 227

Die im Kreise Löwenberg i. Schl. auf dem platten Lande bestehenden wohltätigen Stiftungen zu weltlichen Zwecken. Zsgest. von Landrat [Max] v. **Loewenstein** zu Loewenstein in Löwenberg i. Schl. Löwenberg i. Schl. 1905: P. Müller. (27 S.) 8° [F.] [07. 12029 2

Löwenstein-Wertheim, Prinz Wlh., Ausflug von Lissabon nach Andalusien und in den Norden von Marokko im Frühjahr 1845. Mit 1 Ansicht v. Sevilla. gr. 12. Leipzig 846, Arnold'sche Buchh. n. $1^{1}/_{3}$ ß

(Cst. Erbprinz zu **Löwenstein-Werthheim-Rosenberg:**) Beiträge z. Philos. d. Rechts. *Heidelb.* (*Mannh.*, Bensheimer.) 836. gr8° 1 ß 4 gl

(Erbprinz v. Löwenstein-Wertheim, Konst.:) Beiträge z. Philosophie d. Rechts. *Heidelb.*, Osswald. 836. 8. (1 Thl. 4 Gr.)

Löwenstern, siehe Kunckel.

Löwenstern, Eduard v., mit Graf Pahlens Reiterei gegen Napoleon. Denkwürdigkeiten des russ. Generals v. L. (1790—1837). Hrsg. v. Baron Georges Wrangell. (XX, 338 S. m. 2 Bildnissen.) gr. 8. Berlin 910. E. S. Mittler & Sohn. 6.—; geb. 7.—

Löwenstern, Isidore, Essai de déchiffrement de l'écriture assyrienne, pour servir à l'explication du monument de Khorsabad. gr. in-Lex.-8. ($2^{1}/_{2}$ B. u. 3 Schriftaf.) Paris 845, Franck. *

Löwenstern, Isidore: Les Etats-Unis et la Havane. Souvenirs d'un voyageur. Paris-Leipsick 1842. XII, 372 S. 8°

Löwenstern, Isidore, exposé des éléments constitutifs du système de la troisième écriture cunéiforme de Persépolis. hoch 4. (101 S.) Paris 847, Franck. baar $2^{2}/_{3}$ ß

Löwenstern, Isidore: Le Mexique. Souvenirs d'un voyageur. Paris-Leipsick 1843. VIII, 467 S. 8°.

Löwenstern, L. v., lyrische Briefe u. Gesänge eines jungen Malers. 8. Berl. Himburg. 804.

Löwenstern, Matthaeus Apelles v. Sein Leben u. s. Compositionen, s. Steinitz, Hugo.

Loewenstern, Nic. Ge. Bern. de: De bonorum publicatione in suppliciorum consequentiam nemesi Carolina sublata. Ad interpretandum art. 218. Const. Crim. Carol. coniectura. Progr. Buetzovii 1776.

Loewenstern, Nic. Ge. Bern. de: De successione collateralium in feodo novo iure antiqui concesso secundum ius commune et Mecklenburgicum iuste restringenda. Prol. acad. Buetzovii 1777

Loewenstern W v, Köpfe mit dem Ausdruck verschiedener Gemutsbewegungen. (Zeichenvorlagen) (30 T) in Mappe fol ?

(Löwenstern, Wold. v.) Denkwürdigkeiten eines Livländers. Aus den Jahren 1790—1815. Herausg. von Friedr. v. Smitt. 2 Bde. Mit 1 Bildniß (in Kpfrst.). Leipzig 858. C. F. Winter. 8. (4 Bl., 320; VII, 303 S.) n. 3 ß 6 ngr.

[F.] Aberglaube und Strafrecht v. Aug. **Löwenstimm**, Gehilfe ... zu St. Petersburg. (E. Beitr. z. Erforschg d. Einflusses der Volksanschauungen auf d. Verübg v. Verbrechen.) Autoris. Übersetzg a. d. Russ. M. e. Vorw. v. Dr. J(os[ef]) Kohler, Prof. a. d. Univ. Berlin. *Berlin: J. Räde 1897.* (XV, 232 S.) 1 Bd 8. [97. 6466

Löwenstimm, Aug., der Fanatismus als Quelle der Verbrechen. 8. (38 S.) Berlin 899. J. Räde. n. 1.—

Kriminalistische Studien. Von Aug. **Loewenstimm**, Oberlandesger.R. in Charkoff. *Berlin: J. Räde 1901.* (VIII, 208 S.) 8° [F.] [01. 8431

Löwenthal {Sachl. OW]

v. Löwenthal, Franz, oder Familiennarrheiten. 8. Altenb. 776. (Hennings in Neisse).

Löwenthal, Franz, od. Familiennarrheiten. 8. Altenburg, Richter. (Akadem. Buchhdl. in Jena.) 776.

LÖWENTHAL, Franz, oder Familiennarrheiten. 2 Thle. (1 vol.) Altenburg, Richter, 1786. 8°.
295 fortl. pag. S. Manches ziemlich frei. — Kayser hat „1776" (?).

Löwenthal [Verfasser]

Löwenthal, klassische Vorschule. Sorgfältige, geschichtlich geordnete Auswahl des Edelsten und Schönsten aus der poetischen Literatur der Griechen und Römer. Zur Förderung u. Kräftigung sittlich poetischen Schönheitsgefühls u. reinmenschlicher Bildung in der deutschen Jugend beiderlei Geschlechts. Nach den besten Uebersetzungen herausg. mit literaturgeschichtl. Einleitungen, kurzen Umrissen der Mythologie u. der Metrik, sowie mit den nöthigen Erläuterungen begleitet. 3 Bde. (in 5 Abthlgn.). Frankfurt a. M. 855. Literarische Anstalt. 8. n. 4 ₰.

Inhalt: 1. Bd.: Hellas. Epos, Lehrdichtung u. Lyrik. (XVI, 342 S.) — 2. Bd. 1. Abth.: Hellas. Dramatische Dichtung. Tragödie (1). (4 Bl., 276 S.) — 2. Abth.: Hellas. Dramatische Dichtung. Tragödie (2). Satyrdrama. Komödie. Die Dichter des Alexandrin. Zeitalters. (4 Bl., 504 S.) — 3. Bd. 1. Abth.: Roma. Vom Ursprunge der röm. Poesie bis in das Augusteische Zeitalter. (3 Bl., 304 S.) — 2. Abth.: Roma. Augusteisches Zeitalter bis zum Untergange des weström. Reiches. (4 Bl., 404 S.)

Einzelne Bände werden nicht abgegeben.

Loewenthal, A., das **Buch** des „Ewigen Lebens" und seine Bedeutung in der Literatur des Mittelalters. (12 u. 7 S.) gr. 8. Berlin 907. (Frankfurt a/M., J. Kauffmann.) 1. —

— R. Jona **Gerundi** u. sein ethischer Kommentar zu den Proverbien. Gedr. m. Unterstützg. der „Zunzstiftg." u. der Gesellsch. zur Förderg. der Wissenschaft des Judentums" zu Berlin. (146 u. 36 S.) gr. 8. Berlin 910. M. Poppelauer. 4. —

Loewenthal, A., Sefer Musre Haphilosophim, — Sinnsprüche d. Philosophen, } s.: **Honein ibn Ishâk.**

— Vor der Vertreibung, s. **Mendelssohn-Bibliothek.**

Loewenthal, Adolph. Ludov. (geb. Schwerin a. W. 1821): Quaedam de scarlatina et diagnosi comparativa. Berolini (1845). (31 S.) 8°
Berlin, Med. Diss. v. 13. Juni 1845

Loewenthal, Albert: Dominicus Gundisalvi und sein psychologisches Compendium. Ein Beitrag zur Geschichte der philosophischen Litteratur bei Arabern, Juden und Christen. Teil I. . . . Berlin, Druck v. H. Itzkowski, *1890;* 1 Bl., 35 S. 8°
Königsberg, Phil. Fak., Inaug.-Diss. v. 21. Okt. 1890

Loewenthal, Alb., Dominicus **Gundisalvi** u. sein psychologisches Compendium. Ein Beitrag zur Geschichte der philosoph. Litteratur bei Arabern, Juden u. Christen. 1. Tl. Inaug.-Diss. gr. 8. (35 S.) Berlin 890. (Königsberg i/Pr., Koch.) n. 1. 20

Loewenthal, A., Pseudo-Aristoteles üb. die Seele. Eine psycholog. Schrift d. 11. Jahrh. u. ihre Beziehgn. zu Salomo ibn Gabirol [Avicebron]. Gedruckt m. Unterstützg. d. Zunz-Stiftg. gr. 8. (VIII, 131 u. 12 S. hebr. Text.) Berlin 891. Mayer & Müller. n. 3. —

Loewenthal, A., Pseudo-Aristoteles üb. d. Seele. gr. 8. (VIII, 131 u. 12 S. hebr. Text.) Berlin 891. [Mayer & Müller.] M. Poppelauer. n. 3. —; erm. Pr. n. 2. 40

Erzählungen und Humoresken aus dem jüdischen Leben von Bernhard **Löwenthal**. Berlin: L. Lamm 1908. (199 S.) 8° [F.] [08. 4630

Löwenthal, E. J. Robert Blum; Trauerspiel ... NY, 1886.

Loewenthal, Eduard

Loewenthal, Ed., s.: **Am Triebrad der Zeit.**

Loewenthal, Ed., der **Anarchismus** u. das Recht der Schwachen od. die 3 Grundübel unserer Zeit. gr. 8. (22 S.) Berlin 894. H. Brieger. n. — 50

Loewenthal, Eduard, die **Auferstehung** od. Der Rat der Götter. Dramatische Dichtg. nebst lyrisch-didakt. Anh. (17 S.) 8. Berlin (N. 65, Kamerunerstr. 58) 909. Dr. E. Loewenthal. — 30

Die Auferstehung oder der Rat der Götter. Dramat. Dichtung nebst lyr.-didakt. Anh. Von Eduard **Loewenthal**. Berlin: Universal-Archiv f. Wiss. u. Lit. 1909. 17 S. 8° [10. 3974

Loewenthal, Ed., e. französisch-deutscher **Ausgleich** im Hinblick auf die Vorgänge in Rußland. Nebst Entwurf zur Reform u. Codifikation d. Völkerrechts. 12. (20 S.) Berlin 891. H. Muskalla. — 50

— der **Bankrott** der Darwin-Haeckel'schen Entwicklungstheorie u. die Krönung des monistischen Gebäudes. 8. (16 S.) Berlin 900. E. Ebering. n.n. — 50

Die religiöse **Bewegung** im 19. Jahrhundert. Von Dr. **Eduard Loewenthal**. *Berlin: S. Cronbach 1900.* (147 S.) 8° [F.]
= **Ende**, Am, d. Jahrhunderts. Bd 15. [00. 3791

— die religiöse Bewegung im 19. Jahrh., s.a. **Am Ende des Jahrhunderts. 15. Bd.**

— Das **Cogitantenthum**, die Religion d. fortschreitenden besten Wissens u. Gewissens als Staats- u. Weltreligion. Nebst Aufruf zur Reconstituirg. der Berliner Cogitanten-Gemeinde v. Carl Küchenmeister. 1. u. 2. Aufl. 8. (29 S.) Berl. 892, Siegismund. * — 50

— Zeitgenössische **Dichter** u. Denker am Anfang d. 20. Jahrh. (44 S.) kl. 8. Berlin 908. O. Dreyer. — 60

Löwenthal, Ed., lyrische und dramatische **Dichtungen**. Ellwangen 859. Heß in Comm. 16. (232 S.) n. 1 ₰ 6 ngr.

[F.] Die deutschen **Einheitsbestrebungen** und ihre Verwirklichung im neunzehnten Jh. Von Dr. **Eduard Loewenthal** ... *Berlin: S. Cronbach 1899.* (153 S., 1 Bl.) 1 Bd 8.
= **Ende**, Am, d. Jahrhunderts. Bd VIII. [98. 10734

—

Loewenthal, Ed., d. deutschen Einheitsbestrebungen u. ihre Verwirklichg. im 19. Jahrh., s.a. **Am Ende des Jahrhunderts.**

Loewenthal, Eduard: Das **Entropiegesetz** und das Prinzip der menschlichen Metamorphose.
Berlin: Universal-Archiv f. Wiss. u. Lit. 1909. 4 ungez. Bl. 8°
[Aus: Universal-Archiv f. Wiss. u. Lit. Jg. 1, H. 7.]

— Das **Entropiegesetz** u. das Prinzip der menschl. Metamorphose. (8 S.) 8. Berlin (N. 65, Kamerunerstr. 58) 909. Dr. Ed. Loewenthal. — 30

— Fremdwörterbuch, s.: **Heyse, Joh. Christ. Aug.**

Obligatorische **Friedensjustiz**, nicht Schiedsgericht. E. Beitrag z. Gesch. d. Friedensbewegg u. meine Stellg zu ders. Von **Eduard Loewenthal**, Dr. phil. *Berlin: Hannemann 1897.* (14 S., 1 Bl.) 1 Bd 8. [98. 5008

Löwenthal, Ed., zur internationalen Friedenspropaganda. Flugschrift. gr. 8. (12 S.) Berlin 874. Mahlo in Comm. n. — 30

— die Fulguro-Genesis im Gegensatz zur Evolutionstheorie u. die Kulturziele der Menschheit. 8. (32 S.) Berlin 902. E. Ebering. n. — 60

Loewenthal, Ed., die Gebrechen unsrer Universitäten u. die Bedeutung der Cogitanten-Akademie. Vortrag gehalten zu Dresden am 27. Octbr. 1867. Dresden 867. (Heinsius'sche Buchh.) gr. 8. (18 S.) n. 5 ngr.

Loewenthal, Eduard, Geschichte der Friedensbewegung. Nebst Anh.: Ein Welt-Friedens-Plebiszit u Weltfriedenspreise. (105 S.) 8. Berlin 903. E. Ebering. n 2. 50

— Geschichte der Friedensbewegung. Mit Berücksicht. der zweiten Haager Friedenskonferenz. 2. verb. u. verm. Aufl. (104 S.) 8. Berlin 907. E. Ebering. 2. 50

Geschichte der Philosophie im Umriss f. Studier., sowie f. jeden Gebildeten. Von Dr. Eduard **Loewenthal**. 3. Aufl. *Berlin: Hannemann 1896.* (55 S.) 1 Bd 8.

Geschichte der Philosophie im Umriss für Studierende, sowie f. jeden Gebildeten. Von Dr. Eduard **Loewenthal**. 4. verm. u. verb. Aufl. Berlin: M. Hanemann 1898. (55 S.) 8°

— das Gesetz der sphärischen Molecularbewegung als Fundament zum Neu- u. Umbaue der Astronomie, Dynamik, Physik u. Physiologie. 2. Aufl. Leipzig 871. Serbe. gr. 16. (48 S. mit 2 Steintaff. in qu. 4.) n. 20 ngr.

Der letzte Grund der Dinge und Die Entstehung der beseelten und geistigen Organismen. Von Eduard **Loewenthal**, Dr. phil. *Berlin: Hannemann 1896.* (20 S., 1 kl. Bl.) 1 Bd 8.

Grundzüge zur Reform des deutschen Strafrechts und Strafprozesses. Von Dr. Eduard **Löwenthal**. *Berlin: E. Ebering 1903.* (20 S.) 8° [F.]

Grundzüge zur Reform des deutschen Strafrechts und Strafprozesses. Von Dr. Eduard **Loewenthal**. 2., neu bearb. u. verm. Aufl. Berlin: H. Muskalla 1905. (19 S.) 8° [F.] [05. 15097

Loewenthal, Ed., Grundzüge d. inductiven Spiritualismus, nebst geschichtlicher Einleitung. gr. 8. (15 S.) Berlin 889. Siegismund. n. — 50

— die Halbheiten u. Widersprüche d. Hrn. v. Egidy. gr. 8. (24 S.) Ebd. 891. n. — 50

Löwenthal, Eduard [Hrsg.], s. Horizonte, Neue.

— s.: Instanz, die vierte.

Loewenthal, Ed. Der Kampf um die europäische Suprematie od. die Konsequenzen e. französisch-russischen Allianz. gr. 8. (16 S.) Berl. 890, (Siegismund). * — 50

Mein Lebenswerk auf sozialpolitischem, neu-religiösem, philosophischem und naturwissenschaftlichem Gebiete. Memoiren von Dr. Eduard **Loewenthal**. Mit 2 Bildn. Berlin: H. Loewenthal 1910. 103 S. 8° [10. 8975

Die neue Lehre. Religions-Unterr. f. Cogitanten oder Anhänger d. Religion d. Wissens u. d. Wissens-Erweiterung. Von Eduard **Loewenthal**, Dr. phil. *Berlin: E. Ebering 1901.* (16 S.) 8° [F.] [01. 20840

— der Militarismus als Ursache der Massenverarmung in Europa u. die europäische Union als Mittel e. Ueberflüssigmachung der stehenden Heere. Ein Mahnruf an alle Freunde bleib. Friedens u. Wohlstandes. Potschappel 870. Lütze. (16 S.) 2½ ngr.

Wahrer Monismus und Schein-Monismus. Nachtrag zu meinem 'System u. Geschichte d. Naturalismus'. Von Dr. Eduard **Loewenthal**. Berlin: O. Dreyer 1907. (16 S.) 8° [07. 8410

— die wahren Motive des Strafrechts. 8. (10 S.) Berlin 894. Friedrichstr. 237, Verlag der Cogitanten-Allianz. — 25

Loewenthal, Ed., Napoleon I. u. Mlle. Lenormand. Dramat. Revue in 4 Akten. gr. 8. (44 S.) Langensalza (902). Deutsches Druck- u. Versandthaus. 1. —

— organische Neubildung u. Regeneration od. die Biologie im Lichte der Fulguro-Genesis. (13 S.) gr. 8. Berlin 903. O. Dreyer. n. — 50

Das Radium und die unsichtbare Strahlung. Aufgeklärt durch d. Fulguro-Genesis-Theorie. Von Eduard **Loewenthal**. Dr. phil. Berlin: O. Dreyer 1904. (12 S.) 8° [06. 9066 11

— die sociale und geistige Reformation des 19. Jahrhunderts als culturhistorischer Zielpunkt der gegenwärtigen Zeitbewegung dargestellt. Frankfurt a. M. 860. Bechhold. gr. 8. (52 S.) n. 10 ngr.

—— eine Religion ohne Bekenntniß. 1. und 2. Aufl. 8. (42 S.) Berlin 865, Grieben. *

—— Die Religion der Religionen. Gedenkschrift zum 25 jähr. Jubiläum der Cogitanten-Allianz. gr. 8. (19 S.) [Grossenhain 890, Baumert u. Ronge.] Berl., Siegismund. * — 40

— internationales Saecular-Album, als Gruss der Dichter u. Denker d. XIX. an die d. XX. Jahrh. hrsg. Deutsche, österr. u. schweizer. Schriftsteller. Lex.-8. (VIII, 125 S) Berlin 892. K. Siegismund. n. 3. —

—— Herr Schleiden und der Darwin'sche Arten-Entstehungs-Humbug. Nebst einem Anh.: 6 Thesen für die künftige Philosophie und Naturforschung. 8. (19 S.) Berlin 864, Schlingmann. *

— d. Staat Bellamy's u. s. Nachfolger. 12. (29 S.) Berlin (sw, Friedrichstr. 237) 891. Reform-Verl. — 30

Der Staat Bellamy's und seine Nachfolge. Von Dr. Eduard **Loewenthal**. 3. Aufl. Berlin: H. Muskalla 1905. (29 S.) 8° [F.]

—— zur Staats- und Strafrechtsphilosophie. Nebst einem Kapitel über Socialpolitik. gr. 8. (18 S.) Berlin 864, (Grieben.) *

— System und Geschichte des Naturalismus. Leipzig, O. Voigt. gr. 8.
1. Abth.: System des Naturalismus. 2. Aufl. 861. (28 S.) — 3. verm. Aufl. 861. (36 S.) n. 14 ngr.
2. Abth.: Geschichte des Naturalismus. 862. (46 S.) n. 7½ ngr.

—— System und Geschichte des Naturalismus. 4., mit einem Vorwort verseh. und durch bedeutende Zusätze erweit. Aufl. 8. (168 S.) Leipzig 863, O. Voigt.

— System u. Geschichte des Naturalismus. 5., verb. u. verm. Aufl. Leipzig 868. Gebhardt's Verlag. 8. (IV, 169 S.) n. 1 ♂

System und Geschichte des Naturalismus oder Die Wahrheit üb. d. Entstehg d. Weltkörper u. ihrer Lebewesen. Von Eduard **Loewenthal**, Dr. phil. 6., vollst. umgearb. Aufl. *Berlin: S. Calvary & C. 1897.* (VI S., 1 Bl., 115 S.) 1 Bd 8. [97. 2233

— System des Naturalismus. Sep.-Ausg. (Mit zahlreichen Zusätzen zur Fassung der 5. Aufl. des Gesammtwerkes „System u. Geschichte des Naturalismus" u. einem Anhang.) Dresden 867. Heinsius'sche Buchh. gr. 8. (54 S.) n. 20 *ngr.*

Neues System der Soziologie. Nebst Nachtr. zu meiner Fulguro-Genesis-Theorie. Von Dr. Eduard **Loewenthal**. Berlin: E. Ebering 1908. (29 S.) 8° [F.]

Lœwenthal, E., système prussien de dressage des peuples. Trad. de l'allemand. in-8. Zürich, Th. Schröter. 1871. —. 60

— s.: Universal-Archiv f. Wissenschaft u. Literatur.

Loewenthal, Eduard (Hrsg.), s. Universitäts-Zeitschrift, Allgem. deutsche.

— Die menschliche Unsterblichkeit in naturalistischer Beleuchtung u. Begründung nebst Anh.: Das Cogitantentum, die Religion des Wissens u. der Wissenserweiterg., als Religion der Zukunft. (20 S.) 8. Berlin 910. H. Loewenthal. — 50

— das preußische Völker-Dressur-System u. die europäische Föderativ-Republik der Zukunft. 8. (35 S.) Zürich 871. Schröter. n. — 70

Löwenthal, Ed., Wahrheit und Dichtung. Inhalt: 1. Ein metaphysisches Originalsystem. 2. Lyrische Gedichte. Tübingen 856. Riecker. 16. (96 S.) 7½ *ngr.*

— die Wahrheit üb. gewisse okkultistische Probleme od.: Der Mensch als Bewußtseinsträger des Sonnen-Organismus. (15 S.) kl. 8. Berlin 906. Leipzig, J. Püttmann. n. — 40

Der wahre Weg zum bleibenden Frieden nebst Entwurf z. Reform u. Codification d. Völkerrechts. Von Eduard **Loewenthal**, Dr. phil. 2. Aufl. *Berlin: Hannemann 1896.* (15 S.) 1 Bd 8.
= **Publication** d. 'Deutschen Vereins f. internat. Friedenspropaganda v. 1874'. [No] 4. [97. 825

Loewenthal, Eduard (Hrsg.), s. Weltfriedensblatt.

— Die Weltgeschichte f. Jedermann. 12. (32 S.) Berl. 890, Muskalla. * — 30

— die Weltgeschichte für Jedermann. 2., verb. u. verm. Aufl. (38 S.) kl. 8. Berlin 905 H. Muskalla. n. — 50

— Weltpolitik u. Weltjustiz od.: Die Kulturwidrigkeit des Nicht-Interventionsprinzips im Völkerrecht. gr. 8. (4 S.) Berlin (Gneisenaustr. 107) 900. Selbstverlag. — 15
Sonderabdruck aus: „Pionier".

[F.] Ein Welt-Staatenbund als sicherstes Mittel zur Beseitigung des Krieges. Von Eduard **Loewenthal**, Dr. phil. *Berlin: Reform-Verl. 1896.* (9 S.) 1 Bd 8. [97. 1929

Der Welt-Staatenbund in Sicht und die Mission des Cogitantentums. Ein Beitrag zur Lösung d. chines. Problems. Von Eduard **Loewenthal**, Dr. phil. *Berlin: E. Ebering 1900.* (8 S.) 8° [F.] [00. 11146

— an der Wiege des XX. Jahrh. Stimmen der Zeit, hrsg. Neue [Titel-]Ausg. des internat. Saekularalbums. Lex.-8. (VIII, 125 S. m. Fksms.) Berlin [892.] 900. K. Siegismund. n. 2. —

— Im Zeichen d. Fulgurogenesis-Theorie. (8 S.) gr. 8. Leipzig 909. Reform-Verlag. — 40
Sonderabdr. aus: „Universal-Arch. f. Wissensch. u. Lit."

Löwenthal, Felix Adam Frhr. von

Löwenthal, Fel. Adam Frhr. v. (auf Deining u. Leutenbach, kurpfalzbayer. wirkl. geh. Rath, † 1816), *Geschichte des Baierisch-Landshutischen Erbfolge-Krieges* (1504), *nach dem Tode Herzog Georg des Reichen zu Baiern-Landshut*, u. Beweis der widerrechtl. Veräusserung der von der Reichs-Stadt *Nürnberg* damals okkupirten Pfalz-Baier. Stamm-, Fideikommiss- u. Lehensherrschaften, Städte, Schlösser, Klöster u. andern Güter, sammt d. *Widerlegung der zwey Nürnbergischen Druckschriften* unter d. Titeln: Urkundl. Bemerkungen etc. etc., in-8°, u. Geschichts- u. aktenmäsige (!) Darstellung, in-4°. 2 Thle. (in 1 Bde.). München (o. A. d. V. u. D.) 1792. 4°. Gleichzeit. Frzb. mit Rückenvergold.
1: Tit., 3 Bll. Zuschr. (an den Kurfürsten Karl Theodor), 128 S. 2: 136 u. 80 S., nebst 1 Bl. Err. — Nicht häufig!

Löwenthal, F. A. v., Gesch. d. Bayer. Landshut. Erbfolgekr. nach d. Tode Herz. Georg. d. Reichen. 4. Münch. (Montag u. W. in Regensb.) 793.

— Geschichte vom Ursprunge der Stadt Amberg, von dem Wachsthum derselben unter ihren Beherrschern rc. 3 Thle. Mit e. Urkundenbuche. 4. Münch. 801. Gedr. bei Hübschmann.

— s. J. K. v. Löwenthal, Gesch. d. Schultheißen-Amts rc. Neumarkt.

v. **Löwenthal**, Frhr. Fel. Adm., geschichtl. Rückblick auf d. nordbaierschen Bestandtheile u. vorzügl. auf Eger. gr. 4. Münch. 805. Fleischmann. 9 gr

Loewenthal, H. (Red.), s. Centralblatt für Glas-Industrie und Keramik.

LÖWENTHALS, Heinrich, wahrhaffte und wunderbare Begebenheiten, Welche sich mit ihm auf seinen Reisen in Deutschland, Pohlen, Franckreich, Holl- und Engelland; ingleichen in Afrika ereignet haben. Von ihm selbst beschrieben. Anno 1754. 8°. (Besitzt Dr. Ullrich in Brandenb. a. H.)
Seltener Avanturier. Tit., 5 S. Vorr., 900 S., 1 S. Nachwort „Mein Leser". Stellenweise derb und frei.

— Heinrich, wunderb. Begebenh. auf seinen Reisen in Deutschland rc. 8. Altenburg: Richter 1754. (Hennings in Neisse)

Löwenthal, Heinrich [prakt. Arzt aus Berlin]: Ueber den Verlauf der vom 1. Januar 1885 bis zum 30. Juni 1886 in der Königl. Charité beobachteten Geburten bei engen Becken .... Berlin, Buchdr. v. Gustav Schade (Otto Francke) (1886); 27 + 2 S. 8°.
Berlin. Med. Fak., Inaug.-Diss. v. 14. Aug. 1886.

Löwenthal, Heinrich, über den Verlauf der vom 1. Januar 1885 bis zum 30. Juni 1886 in der Königl. Charité beobachteten Geburten bei engen Becken. Diss. Berlin 1886, Mayer & Müller. 8°. 27 S.

Loewenthal, Herm. (geb. Friedland in d. Lausitz 3. 5. 1836): De arteriarum aneurysmatibus. Berolini (1860). (31 S.) 8°
Berlin, Med. Diss. v. 3. Apr. 1860

Aquarelle aus Oesterreich. Von Hermann **Loewenthal** (Alfred d'Olzany). Dresden & Leipzig: E. Pierson (1893). (225 S.) 8° [F.] [97. 2949

Loewenthal, Herm. (Alfr. d'Olzany), **Aquarelle aus** Oesterreich. 2. [Umschlag-] Aufl. gr. 8. (III, 225 S.) Dresden (893) 896. E. Pierson. 2. —

— s.: **Versicherungsfreund, der.**

Loewenthal, Herm., s.: **Versicherungs-Kalender, österr.-ungar.**

Löwenthal, Heymann

Loewenthal, Heym. (Posen), De inflammationum externarum topica curatione. Diss. med. Berlin (Nietack) 22. X. 1836. 32 S. mit Biogr. (M.: Ernestine Baer.) (2.50) 21558
Gew.: M. J. Loewenthal (Vater). — Oppon.: L. Moritz, J. Falk, H. Itzigsohn.

Löwenthal, Hugo, die Heilfaktoren v. Schleswig-Holstein. Aerztliche Betrachtgn. (56 S.) gr. 8. Berlin 904. A. Hirschwald. n. 1. —

Löwenthal, Hugo (geb. Berlin [9. 9. 1854]): Ueber die Verwendung der in Jean Wickersheimer'scher Conservirungsflüssigkeit aufbewahrten Präparate zu mikroskopischen Untersuchungen. Berlin (1880). (30 S.) 8°
Berlin, Med. Diss. v. 23. März 1880

Löwenthal, J., culturgeschichtliche **Beiträge.** gr. 16. (IV, 322 S.) Wien 871. Braumüller & Sohn in Comm. n. 2. —

Löwenthal, J. Geschichte der Stadt Triest von den ältesten Zeiten bis 1820. 8. Triest 1857—1859.

Löwenthal, J.: Geschichte der Stadt Triest. — Triest: Literarisch-artistische Abth. des Oesterreichischen Lloyd 1857—1859. XI, 248 S.

Löwenthal, J., Geschichte der Stadt Triest. (In 2 Thln.) 1. Thl.: Triest von der ältesten Zeit bis zum J. 1780. gr. 8. (XI und 248 S. mit 1 lithogr. Ansicht und 1 Plane.) Triest 856(57,) Direction des österreichischen Lloyd. Thlr. *

Löwenthal, J. Geschichte der Stadt Triest. *Triest* 1858. *Oesterr. Lloyd.* II. Theil. VIII und 205 S., 8°.
INHALT. Von der Regierung des Kaisers Joseph II. bis zum Jahre 1820.

Löwenthal, J., der istrianer Kreis, s. Oesterreich, das pittoreske, Nr. 13.

— die Leistungen der Statistik, s.: **Ausstellungs-Bericht**, officieller.

Löwenthal, J. (Red.), s. Marinezeitschrift, Österreich.

Löwenthal, J., das Londoner Schachturnier von 1862. Eine Sammlung der bei dieser Gelegenheit gespielten Partien von Anderssen, Paulsen, Steinitz etc. nebst den gekrönten Preis-Aufgaben der Turniere von London, Bristol, Birmingham und Manchester. Nach der engl. Ausg. 8. (IV und 130 S.) Berlin 864, Mode's Verlag. *

Löwenthal, J., Oesterreichs Schifffahrt als Nachtrag zu G. v. Schwarzer's Land- u. Seehandel Oesterreich's ꝛc. (Aus dem Journal d. österr. Lloyd.) gr. 8. (42 S. m. 1 Tab. in qu. Fol.) Triest 847. (Favarger.) n. 8 ngr

— über das Verhältniß der politischen u. religiösen Bewegung unserer Zeit. Vortrag gehalt. den 5. Juni 1848 im Montags-vereine zu Mannheim. gr. 8. (16 S.) Mannheim 848. (Bensheimer.) n. 1/12 ℔

Löwenthal, J., (Red.), s. Zeitung, Triester.

Löwenthal, J. E.

— ראשית פתח אמת erster Leseunterricht in der hebräischen Sprache, methodisch u. nach grammatical. Regeln zum Schul- u. Privat-Gebrauche bearb. Nebst ein. Vorw. v. K. A. Zoller. 8. (2 B.) Heilbronn 842, Classische Buchh.

Löwenthal, J. E., Zugabe zum Confirmanden-Unterricht, oder Sammlung der hebräischen Bibelverse z. Confirmanden-Unterricht der männlichen israelitischen Jugend in Württemberg, nebst einem Anhange der hebräischen Gebete und Benediktionen für den בר מצוה. 8. Heilbronn 842, Classische Buchh. 1/8 ℔

Loewenthal, Jacques, Ingenieur a. Hamburg ⟨Brüssel⟩: Über das Klima von Rostock unter Berücksichtigung der harmonischen Analysis. Schwerin 1906: Bärensprung. (48 S., 3 Taf.) 4°
Rostock, Phil. Fak., Ref. Kümmell, Diss. v. 6. Nov. 1905
[Geb. 22. Febr. 81 Brüssel; Wohnort: Berlin; Staatsangeh.: Preußen; Vorbildung: Königstädt. Realgymn. Berlin (bis Obersekunda), als Extraneer in Hamburg Prima-Reife; Studium: T.H. Berlin 7, Univ. Rostock 3 S.; Rig. 3. Nov. 05.]

Über das Klima von Rostock unter Berücks. d. harmon. Analysis von Dr Jacques **Loewenthal**. Schwerin 1906: Bärensprung. (48 S.) 4°
— **Beiträge** z. Statistik Mecklenburgs. Bd 14, H. 4. [07. 7871 4

Löwenthal, Johann Nepomuk Frhr. von

v. **Löwenthal**, Frhr. Jh. Nep., Gesch. des Schultheißen-Amts u. der Stadt Neumarkt auf dem Nordgau, oder in der heutigen Obern-Pfalz. (Größtentheils aus den Papieren seines Vaters Felix Adam v. L. herausg.) 2 Thle. 8. Münch. 805.

Loewenthal, Isidor [app. Arzt aus Berlin]: Beitrag zur Casuistik der multiplen halbseitigen Hirnnervenlähmungen ... Leipzig, Druck v. A. Edelmann, Univ.-Buchdr., *1897;* 30 S., 1 Bl. 8.
Leipzig, Med. Fak., Inaug.-Diss. v. 1. Aug. 1893

Loewenthal, Jul., über das Auftreten von Diabetes mellitus bei Thieren nach Unterbindung des Ductus choledochus. Inaugural-Dissertation. gr. 8. (31 S.) Königsberg 880, (Beyer's Verlag.) * 1 —

Löwenthal, Julius [prakt. Arzt]: Ueber die physiologischen und toxicologischen Eigenschaften der Lupinen-Alkaloide .... Königsberg i. Pr., Hartungsche Buchdr. (1888); 26 S. + 1 Bl. 8°
Königsberg, Med. Fak., Inaug.-Diss. v. 7. März 1888

Löwenthal, Julius, über die physiologischen und toxicologischen Eigenschaften der Lupinen-Alkaloide. Diss. Königsberg i. Pr. 1888, Graefe & Unzer. 8°. 26 S.

Loewenthal, Julius [aus Jastrow]: Ein Fall von Impftuberculose der Conjunctiva des Menschen mit Befund von Tuberkelbacillen .... Halle a. S., S. Schlesinger's Buchdr., 1887; 21 S. + 3 Bl. 8°.
Halle, Med. Fak., Inaug.-Diss. v. 13. Aug. 1887.

Loewenthal, Julius, ein Fall von Impftuberculose der Conjunctiva des Menschen mit Befund von Tuberkelbacillen. Halle 1887, Lippertsche Buchh. 8°. 21 S.

Loewenthal, Jul., Kraut u. Rüben nach Belieben, darunter wohl auch etwas Kohl. Allerlei Verse, ernst u. heiter, Potpourris, Räthsel u. s. w., bunt durcheinander ohne Wahl, gedichtet v. J. L. gr. 16. (100 S.) Königsberg 885. (R. P. Schmidt.) n. 1. -

Loewenthal, J., Kraut u. Rüben nach Belieben, darunter wohl auch etwas Kohl. Allerlei Verse, ernst u. heiter, Potpourris, Räthsel u. s. w., bunt durcheinander ohne Wahl, gedichtet v. J. L. 2. Aufl. gr. 16. (100 S.) Königsberg 888. A. P. Schmidt. — 75

LÖWENTHAL, Carl (Rothenburg o.d.T.): Ueber die traumatische Entstehung der Geschwülste.- München, Berlin: Schumacher 1894. 2 Bl., 200 S.
13.7.1894 - Chr 1894/95,19; Jv 1894/95,205 (Prom.-Datum: 1895)
Diss. Ingolst.-Landsh.-Mchn.

Löwenthal, Leo, achtundvierzig! Tragische Erlebnisse e. kleinen Stadt, erzählt m. Benutzg. e. älteren Idee desselben Verf. (270 S.) 8. Berlin 910. M. Poppelauer. 1.50; geb. 2.—

Löwenthal, Leo [aus Frankfurt a. M.]: Beiträge zur Kenntniss der physiologischen Wirkungen der Convallaria majalis .... Würzburg, Druck d. Thein'schen Druck. (Stürtz), 1885; 32 S. 8°.
Würzburg, Med. Fak., Inaug.-Diss. v. 1885.

Löwenthal, Leo, Beiträge zur Kenntniss der physiologischen Wirkungen der Convallaria majalis. Diss. Würzburg 1885, Stahelsche Univ.Buchh. 8°. 32 S.

Löwenthal, Leo, die Chochmedocker u. andere Geschichten. Humoresken aus dem jüd. Leben. (128 S.) 8. Berlin 903. M. Poppelauer. 1. 50

Löwenthal, Leo, am Freitag Abend. Humoresken aus dem jüd. Familienleben. gr. 16. (VII, 179 S.) Coethen 889. O. Schulze's Sort. n. 1. 20

Löwenthal, Leo, am Freitag Abend. Humoresken aus d. jüd. Familienleben. 2., verm. Aufl. 12. (VII, 200 S.) Berlin 897. M. Poppelauer. 1. 50; geb. n. 2. 50

Löwenthal, Leo, am Freitag Abend. Humoresken aus dem jüd. Familienleben. 3. Aufl. 12. (VII, 200 S.) Berlin 902. M. Poppelauer. 1. 50

Heiligabend. Festspiel in 1 Akt von Leo **Löwenthal**. *Mühlhausen i. Th.: G. Danner [1901].* (14 S.) 8° [F.]
= **Aufführungen** f. Weihnachten u. Neujahr. No 7. [04. 8180

— Samuel Reisefertigs Memoiren. 8. (173 S.) Berlin 899. S. Cronbach. n. 2.—; geb. in Leinw. n. 3.—

— die Reise nach Berlin u. andere Geschichten. (III, 115 S.) 8. Leipzig (904). M. W. Kaufmann. n. 1. –

— Revolution! Humoreske. 8. (96 S.) Berlin 896. [Cassirer & Danziger.] M. Poppelauer. n. 1.—

Die Tannenfee. Ein Weihnachtsmärchen in 1 Akt von Leo **Löwenthal**. *Mühlhausen i. Th.: G. Danner [1901].* (15 S.) 8° [F.]
= **Aufführungen** f. Weihnachten u. Neujahr. No 8. [04. 8181

Löwenthal, Leo, Wanderstein's Tochter. Roman in 2 Büchern. gr. 8. (264 S.) Berlin 893. Cassirer & Danziger. n. 3.—

Löwenthal, Louis, Sammlung ein- u. zweistimmiger Lieder für Schulen. Lex. 8. (52 S.) Hannover 847, Bachmann. 1/4 ß

Löwenthal, Max [pr. Arzt in Berlin]: Beiträge zur Diagnostik und Therapie der Magenkrankheiten. '(Aus. d. III. med. Klinik u. Universitätspoliklinik d. Geh. Med.-Rathes Hrn. Prof. Dr. Senator.)' ... Berlin, gedr. bei L. Schumacher, 1892; 29 S., 1 Bl. 8.
Berlin, Med. Fak., Inaug.-Diss. v. 12. Okt. 1892

Loewenthal, Max, Tierarzt aus Breslau: Zur Kenntnis experimentell erzeugbarer Ödeme. ⟨Aus dem pharmakologischen Institut der Universität Breslau. Direktor: Prof. Filehne.⟩ Breslau 1909. 39 S. und eine Tafel. 8°. [12. II. 09.]
Bern, Vet.-med. Diss. 1908/09.

Loewenthal, Max. Zur Kenntnis experimentell erzeugbarer Ödeme. Diss. Vet.-Med. Bern. [Mit 1 Tafel.] *Kopftitel:* Aus dem pharmakologischen Institut der Universität Breslau... 39 S. 8. Breslau, Breslauer Genossenschafts-Buchdr., 1909.

Loewenthal, Max [cand. med. aus Stettin]: Untersuchungen über den Nikotingehalt des Tabakrauches ... Würzburg, P. Scheiner's Buchdr., 1892; 39 S. 8.
Würzburg, Med. Fak., Inaug.-Diss. v. 1892

Löwenthal, Max, Referendar a. Berlin: Das Untersuchungsrecht des internationalen Seerechts in Krieg und Frieden. Berlin 1905. (181 S.) 8° ¶ — Rechts- und Staatswissenschaftl. Studien. Heft 28.
Rostock, Jur. Fak., Ref. Hübner, Diss. v. 20. März 1905
[Geb. 20. Jan. 80 Berlin; Wohnort: Berlin; Staatsangeh.: Preußen; Vorbildung: Friedrichs-Gymn. Berlin Reife M. 98; Studium: Berlin; Rig. 20. Mai 04.]

Das Untersuchungsrecht des internationalen Seerechts in Krieg u. Frieden. Von Max J. **Loewenthal**. Berlin: E. Ebering 1905. (185 S.) 8°
= **Studien**, Rechts- u. Staatswissenschaftliche. H. 28. [05. 4765 6

Löwenthal, Maximilian

Löwenthal, M., die Caledonier. Ein Trspl. gr. 12. Wien 826. Wallishausser. 10 ℊ

Löwenthal, **Max., der Eid. Ein Gedicht. 4. (5¼ B.) Wien 830, Rohrmann u. Schweigerd.**

— der Eid. Ein Gedicht. 4. Wien 831. Rohrmann u. S. 1 ß

Löwenthal, Max., Skizzen aus dem Tagebuche einer Reise durch Frankreich, Großbritannien u. Deutschland. 2 Bde. gr. 8. Wien 825. Wallishauser. 2 ß 12 ℊ

Loewenthal, Mor., das Ewig-Bestehende im Judenthum. Predigt, gehalten zu Stockholm am 2. Tage d. Hüttenfestes 5608. gr. 8. (38 S.) Stockholm 847, Bonnier. 1/4 ß

Löwenthal, Moritz (Sohran)
Hiob. Praktische Philosophie oder klare Darstellung der im Buche Hiob obwaltenden Ideen; wortgetreuer, rhythmisch gegliederter Uebersetzung und fortlaufendem Commentar.
Frankfurt/M.: Selbstverlag. 206 S.
Diss. phil. Giessen 9.6.1846. vorh. 16.

—— Hiob. Praktische Philosophie oder klare Darstellung der im Buche Hiob obwaltenden Ideen, nebst wortgetreuer, rhythmisch gegliederter Uebersetzung und fortlaufendem Commentar. gr. 8. (XLVII und 206 S.) Frankfurt a. M. 847. (Leipzig, C. L. Fritzsche.) Thlr. *

Loewenthal, N., Gedichte. 8. (107 S.) Wien (902). E. M. Engel. n. 1. 60

Löwenthal, **N., Physiologie des freien Willens. gr. 8. (17 B.) Glogau 843. [Berlin, Mai.] 1 Thlr. 7½ Ngr.; Hrbges. Pr. –**

Loewenthal's Physiologie d. freien Willens. Glog., Prausnitz. 843. gr 1° 1 ß 6 ℊ

Atlas zur vergleichenden Histologie der Wirbeltiere nebst erl. Texte. Auf Grund eigener Untersuchungen u. Originalpräparate bearb. u. gezeichnet von N[athan] **Lœwenthal**, Prof., Lausanne. 51 Taf. ⟨318 Fig.⟩ *Berlin: S. Karger 1904.* (109 S.) 4° [04. 13187

Löwenthal, Naumannus: De theoria vitae socialis.
Halle-Wittenberg, Phil. Diss. v. 11. Sept. 1841
Geb. [Schmiegel (Posen) 25. 2. 1819]
Ms. fehlt.

Katalog der Leihbibliothek von P. E. Leopold v. Löwenthal, Buchhändler in Iglau. Juni, 1856. Iglau, 1856. Druck aus Johann Rippl's artistischer Anstalt. (93 S. 8.)

LÖWENTHAL, RICHARD. Ueber die Amidine der Kohlensäure. München, 1883.

Loewenthal, Rich., d. Färberei d. Spinnfasern nebst Bleicherei u. Zeugdruck u. e. Anh. D. Appretur d. Gewebe. [Aus: „Buch d. Erfindgn."] gr. 8. (IV, 97 S. m. Abb.) Leipzig 898. O. Spamer. n. 2. 50; geb. in Leinw. n. 3. —

Loewenthal, Rich., die Färberei der Spinnfasern nebst Bleicherei u. Zeugdruck u. e. Anh. Die Appretur der Gewebe. 2. [Titel-]Aufl. Lex.-8. (IV, 97 S. m. 41 Abbildgn.) Leipzig [898.] 901. O. Spamer. n. 2. 50; geb. in Leinw. n. 3. —
Sonderabdruck aus: „Buch der Erfindungen".

Loewenthal, Rich., Handbuch der Färberei der Gespinnstfasern, s.: Knecht, Edm.

— Handbuch d. Färberei d. Spinnfasern, s. a. Knecht, Edm.

— Handbuch der Färberei der Spinnfasern. Deutsche Ausg. des engl. „Handbuch's der Färberei" v. Edm. Knecht, Christopher Rawson u. Rich. Loewenthal. 2., verm. u. verb. Aufl. 2 Bde. gr. 8. (1. Bd. X, 670 S. m. 84 Abbildgn.) Berlin 900. W. & S. Loewenthal. n. 30. —; geb. n. 34. —

LÖWENTHAL, R. [Cont'd.]
Handbuch der Färberei der Spinnfasern. Deutsche Ausgabe des Englischen Handbuchs der Färberei von E. Knecht, C. Rawson und R. Löwenthal. Zweite vermehrte Auflage. Berlin. 1899–1901. 2 vols. 8vo. Ill.

Die rechtliche Bedeutung der Tarifverträge im allgemeinen und der Verbandstarifverträge im besonderen. Beiträge z. Lehre vom Tarifvertrag. Von Dr. Robert **Loewenthal**. Berlin: Loewenthal [1910]. 127 S. 8°
[Ersch. auch als Inaug.-Diss. Heidelberg 1910.] [11. 6377

Löwenthal, Siegfried [aus Moringen (Prov. Hannover)]: Ein Fall von cystischer Erweiterung des Wolff'schen Ganges. . . . Würzburg, Druck d. Ferdinand Röhrl'schen Buchdr., 1890; 25 S. u. 1 Taf. 8°
Würzburg, Med. Fak., Inaug.-Diss. v. 1890

Loewenthal, Siegfried, Referendar aus Heiligenstadt ⟨Eichsfeld⟩: Das Firmenrecht nach dem neuen Handelsgesetzbuche. *Heiligenstadt 1899: Brunn.* (219 S.) 8°
Erlangen, Jur. Diss. v. 26. Jan. 1899

Löwenthal, Siegfried [Arzt]: Über Rhinolithiasis. '(Aus d. Ambulatorium d. Hrn Prof. Dr. Gottstein)' . . . Berlin, Buchdr. M. Haase, 1894; 28 S., 1 Bl. 8.
Breslau, Med. Fak., Inaug.-Diss. v. 12. Juli 1894

Loewenthal, Simon [aus Rothenburg a/Tauber in Bayern]: Zur Kenntniss der chlor- und amidochromsauren Salze . . . Rostock, Univ.-Buchdr. v. Adler's Erben, 1893; 39 S. 8.
Rostock, Phil. Fak., Inaug.-Diss. v. [23. Nov.] 1893

Löwenthal, Sophie, s.: Lenau.

Dr. med. Victor **Löwenthal**. Alexander von Humboldt's Ansichten über Infektionskrankheiten. Harlem: Bohn (1910). 12 S. 8° [Umschlagt.]
Aus: Janus. Année 15. 1910.

Loewenthal, V., s.: Bechhold's Handlexikon der Naturwissenschaften u. Medizin.

Löwenthal, Victor [aus Frankfurt a/M.]: Ueber Dysmenorrhoe und Sterilität . . . . Würzburg, Paul Scheiner's Buchdr., 1888; 18 S. 8°
Würzburg, Med. Fak., Inaug.-Diss. v. 1888

Löwenthal, Victor, über die Dysmenorrhoe und Sterilität. Diss. Würzburg 1888, Stahelsche Univ.-Buchh. 8°. 18 S.

Löwenthal Victor: Über die Säcularfeier des Augustus und das carmen saeculare. 9. Czernowitz St. U. G. (II. St. G.) 01.
Progr.

Löwenthal, Viktor: Die Stellung der Platäer in Athen und die dreiundzwanzigste Rede des Lysias. S. 21–25. 8.
Progr. K. k. Staats-Ober-Gymn. *Böhm.-Leipa* 1904.

Loewenthal, Waldemar, aus Berlin: **Untersuchungen über das Verhalten der quergestreiften Muskulatur bei atrophischen Zuständen. Mit 1 Taf.** *Leipzig 1898: A. Pries.* (43 S.) 8°
¶ Aus: Deutsche Zeitschrift f. Nervenheilkunde, Bd 13, H. 1 u. 2.
Erlangen, Med. Diss. v. (16. Dez.) 1897

Loewenthal, Wilh., die Aufgaben der Medizin in der Schule, s. a. Zeit- und Streit-Fragen, deutsche.

Löwenthal W, d. Aufgaben d. Medizin in d. Schule. (Zeit- u Streitfr. N F 33) Hamburg 1888

Loewenthal, Wilh., die Ausgaben-Versicherung. Einer der mächtigsten Hebel zur Einführung des Baarverkehrs und Förderung des allgemeinen Wohlstandes. Mit einem Vorworte von Schultze-Delitzsch. 1. und 2. Aufl. gr. 8. (39 S.) Berlin 877, Staude. *

Loewenthal, Wilhelm, aus Moskau: Die slavischen Farbenbezeichnungen. *Leipzig 1901: A. Pries.* (50 S.) 8°
Leipzig, Phil. Diss. v. [1. Aug.] 1901

—— Grundzüge einer Hygiene des Unterrichts. gr. 8. (VIII, 152 S.) Wiesbaden 887, Bergmann. *

Loewenthal, Wilh., die Lageveränderungen d. Uterus. Auf Grund eigener Untersuchgn. beurtheilt u. dargestellt. gr. 8. (VII, 123 S.) Heidelberg 872. C. Winter's Univ.-Buchh. n. 2. 80

Loewenthal, Wilh. (I.), die Nutzbarmachung der Ausgaben-Versicherung durch Rabatt-Spar-Vereine. 8. (39 S.) Berlin 881, Staube. * — 50

Loewenthal, Wilh., die russische Rechtschreibung. Ein Anh. zu jeder russ. Grammatik. (VI, 56 S.) 8. Leipzig 910. R. Gerhard. 1. 60

Loewenthal, Wilh. (II.), Graf Reckenhorst. Ein Schauspiel in 5 Akten. 8. (III, 100 S.) Leipzig 882, Friedrich. * 1 —

Die confessionslose Religion. Von W[ilh.] L[öwenthal]. Berlin: Staude 1877. XV, 123 S. 8°
Recens: Bh. 20 (1877) S. 309—310 (M. G. Conrad).
cf. FZ. (Wien) 4 (1877) S. 41—43, 73—74 (C. v. Gagern).

Loewenthal, Wilhelm, s. Secrétan, Charles: Das Recht der Frau.

— über die Transfusion d. Blutes. gr. 8. (23 S.) Ebend. 871. n. 1. —

Anton Tschechow. Ein Vortrag geh. 1905 von Dr. phil. Wilhelm **Loewenthal**, Bromberg. Bromberg: Mittler in Komm. 1906. (35 S.) 8° [F.]
— **Veröffentlichungen** d. Abteilung f. Literatur d. Deutschen Gesellsch. f. Kunst u. Wissensch. zu Bromberg. 2. [06. 3904

Löwenthal-Kleyle, Sophie, Mekalliiert. Erzählung aus dem Nachlaß. Mit Bewilligg. des Frhrn. Arthur v. Löwenthal hrsg. u. eingeleitet v. Eduard Castle. (XXX, 279 S. m. Bildnis.) 8. Leipzig 906. M. Hesse. n. 3. —; geb. in Leinw. n. 4. —

Loewenton, Alex., experimentelle Untersuchungen üb. den Einfluss einiger Abführmittel u. der Clysmata auf Secretion u. Zusammensetzung der Galle, sowie deren Wirkung bei Gallenabwesenheit im Darme. Diss. gr. 8. (74 S.) Jurjew (Dorpat) 891. (E. J. Karow.) n. 1. 50

Loewenton, Eman., Versuche üb. das Gedächtniss im Bereiche des Raumsinnes der Haut. Diss. gr. 8. (39 S. m. 1 Taf.) Jurjew (Dorpat) 893. (E. J. Karow.) n. — 80

Löwentödter, Lieutenant, s. Soldaten-Freund, der.

Löwentraut

— s: Handbuch f. Schulinspektoren usw.

— s.: Kalender f. Schulinspektoren.

Löwentraut, Alex., sieben Geheimnisse der Predigtkunst. Ein Beitrag zur Hebg. u. Förderg. evangel. Predigtweise. 8. (IV, 48 S.) Berlin 899. F. Rühe. n. — 80

Loewentraut, biblische Geschichten, s.: Reinke.

— Kirchengeschichte, s.: Reinke.

Loewentraut, Religionsbuch f. evang. Schulen, s.: Reinke.

— s.: Steinmeyer, F. L., die altkirchl. ev. Perikopen.

[F.] Ziel und Weg. E. neuer Lehrg. f. d. Konfirmandenunterr. u. Grundriss f. d. Katechismusunterr. Von Alexander **Löwentraut,** Pastor ... *Berlin: F. Rühe 1898.* (XIV, 82 S.) 1 Bd 8. [98. 3177

Löwenthurm, der, von Ferrara oder die blutigen Sühnopfer der Eifersucht. Historische Volkserzählung aus dem Italien. nach Lord Byron von G. und B. Dom. 8. (52 S.) Urfahr-Linz 878, Kraußlich.

Loewenwald, Ludwig: Die Behandlung einer aus irrigem Motiv hervorgegangenen Erbeinsetzung nach gemeinem Recht. *Greifswald 1898: J. Abel.* (85 S.) 8° [F.]
Greifswald, Jur. Diss. v. 1898

Lehrbuch der Civilprozeßordnung für das Deutsche Reich von Dr. Ludwig **Loewenwald.** *Berlin: Puttkammer & Mühlbrecht 1903.* (X, 479 S.) 8° [F.]

Lieder der Sehnsucht. Gedichte. Gedichte in Prosa. Von Ludwig **Loewenwald.** Berlin: Puttkammer & Mühlbrecht 1905. (60 S.) 8° [F.] [05. 11919

Loewenwald, L., die gemeinschaftl. Testamente im bürgerl. Gesetzbuche f. das Deutsche Reich m. eingeh. Berücksicht. der bisher. Rechtssysteme. gr. 8. (92 S.) Berlin 899. Struppe & Winckler. n. 1. 60

Löwenwalde, Eugenie v., oder die Geschichte der Mutter u. der Tochter. 2 Bde. m. K. 8. Erfurt, Beyer u. Maring. 813.

(Gf. v. LÖWENWOLDE, Chr.): **Versuch, e. Handbuchs der Gesetze durch Auszüge vielfältiger in die öffentl. Angelegenh. u. s. w. einschlagender von 1740 bis Ende May 1781 erlassener allerhöchster Anordnungen.** *Grätz*, 781, 8.

Löwenzahn u. Tigerklaue, od. d. Eroberung v. Leipzig durch d. Schweden. Histor. romant. Erzähl. aus d. 17. Jahrh. Vom Verf. d. Radomar, Markulf ꝛc. 8. (11½ B.) Leipzig 838, Rein'sche Buchh. Thlr.

Lower, Richard

Lower, engl. Arzneybüchl. s. M. C. Ludewig.

(Lower, Richard): Haber-Beschreibung, zu allerhand Kranckheiten, Gebrechen und Schwachheiten des Menschlichen Leibes, als eine Universal-Medicin, dienlich. 16 S., gbd.

(Leipzig: Gleditsch & Weidemann) 1717
in: Arzneibüchlein, Englisches. Übers. von C(hristian) Ludovici. 6. Ed. (Th. 1). 1717

Lower, R. Vollst. Haberbeschreibung sambt deutl. Unterricht v. d. Zubereitung u. Gebrauch d. Haber-Trancks. Beuten 1755.

Lower, (Richard): Nützliche, bewehrte und viel Jahre lang an vielen Menschen probirte und gut befundene Recepte und Artzney-Mittel, worinnen enthalten die sicherste und beste Methode, allerhand Kranckheiten, Gebrechen und Schwachheiten des menschlichen Leibes, innerlich und äusserlich zu heilen...
(Receipts: containing the last and safest method for curing most diseases in human bodies. Dt.) 232 S., gbd., Abb.
Leipzig: Gleditsch & Weidemann 1717
(Englisches Artzney-Büchlein... Übers. von C(hristian) Ludovici. 6. Ed. Th. 1)

Lower, Richard. Kurzer und deutlicher Unterricht von der Zubereitung ... des Habertranks ... Leipzig 1790. Ü: *Michaelis, Chn Frdr.* (MGT) (OL) (Ky) (Adel)

Lower, D. R., Unterr. v. d. Zubereit., d. Nutz. u. Gebrauch d. Habertranks. 8. Lpz. Hilscher. (Compt. f. Litt.) 790.

Löwer, C., Ansichten von Kassel, s. Kassel u. seine Umgebungen.

Loewer, E. D. Sterblichkt d. Kinder in Berlin während d. J. 1851—60. (S.-A.) 4.

Loewer, Aemil. Leop. (Philipp.) (geb. Halberstadt 2. 2. 1832): De sputorum dignitate diagnostica. Berolini (1856). (41 S.) 8°
Berlin, Med. Diss. v. 18. März 1856

Loewer, Carl, aus Kassel: Patristische Quellenstudien zu Freidanks Bescheidenheit. *Berlin (1900): G. Schade.* (49 S.) 8°
Leipzig, Phil. Diss. v. [25. Sept.] 1900

Löwer, Wilhelm (Friedrich)

Löwer, Wlh., ärztliche Belehrungen über Schwangerschaft, Niederkunft, Wochenbett und das neugeborne Kind. In Briefen an junge Frauen. 8. Halberst. 841, Helm. ½ ß

Loewer, W., Bericht über den zu Gr. Oschersleben abgehalt. medizin. Kongreß, behufs der Medizinal-Reform mit vorzügl. Berücksicht. der schriftl. Vorlagen. gr. 8. (31 S.) Halberstadt 848, Frantz.

Löwer, Wilh., ärztlicher Rathgeber über Schwangerschaft, Niederkunft, Wochenbett und das neugeborene Kind. Ein belehrendes Buch für Mütter. 2. (Titel-)Ausg. 8. (183 S.) Quedlinburg 852, Ernst'sche Buchh.

Loewer, Wilh. Friedr. (Halberstadt), De vomitoriis. Diss. med. Berlin (Petsch) 11. IX. 1828. 32 S. (M.: Caroline Gretschel.) (3.—) 21561
Gew.: Emil Osann, Wilh. Körte. — Oppon.: A. Mueller, F. Schiele, W. Bütterlin.

Löwerfinger, J. G., Predigt als in Ruhstorf, in d. Pfarrei Oberhausen, die neugegossene, mittlere Glocke aufgezogen wurde. 8. (1 B.) Landshut 839, Thomann'sche Buchh.

Löwerfinger, J. G. (Curatbeneficiat in Steinbach, Cap. Mainburg). erster Trompetenstoss gegen den Münchner Adresssturm. Landshut, Jos. Thomann'sche Buchh., 1848. Gr. 8⁰. 40 S. Cart.
Verf. bricht e. Lanze f. d. Macht u. Selbständigkeit d. Kirche, u. polemisirt gegen 3 im „Eilboten" no. 76—78 erscb. antikirchl. Aufsätze, in denen die Münchner Adresse heftig bekämpft wird.

Lowes, August, a. Langelsheim: Über die Salomon'sche Probe und ihren diagnostischen Wert für die Frühdiagnose des Magencarcinoms. Göttingen 1905: L. Hofer. (23 S.) 8°
Göttingen, Med. Fak., Ref. Schittenhelm, Ebstein, Diss. v. 1. Jan. 1906
[Geb. 9. Aug. 79 Lichtenberg in Braunschweig; Wohnort: Göttingen; Staatsangeh.: Braunschweig; Vorbildung: Gymn. Goslar Reife O. 00; Studium: Göttingen 4, Kiel 1, Würzburg 1, München 1, Würzburg 1, Göttingen 2 S.; Coll. 21. Juli 05; Approb. 1. Jan. 06.]

Lowey, H., die mystischen Bezeichnungen Jesu Christi als Siloë, Schilloh und Piscis, insbesondere die Bezeichnung der christlichen Opferfeier als Missa. Eine liturgisch-exeget. Studie. gr. 8. (IV, 134 S.) Paderborn 888, F. Schöningh. *

Loewi, Frau Babette, s. a. Herwi, B.

[F.] Sonnige Geschichten. Von B. Herwi [d. i. Babette Loewi]. *Berlin: Rosenbaum & Hart 1895.* (2 Bl., 253 S.) 1 Bd 8. [96. 340

Löwi, Edmund

Löwi, Edm., d. natürl. Kraftfuttermittel. Analyse u. Fütterungsanleitg., sow. deren Bedeutg. in hygien., volkswirtschaftl. u. finanz. Beziehg. 2. Aufl., der im J. 1893 erschien. Schrift, erweit. durch d. neuesten Erfahrgn. d. günst. Resultate, welche durch Fütterg. d. Schlempe, Biertreber u. Rübenschnitzel in getrockn. Zustande erzielt wurden. gr. 8. (50 S.) Prag 895. Wien, W. Frick. n. 1. 20

Rede zu dem den achtzehnten Januar 1816 gefeyerten Friedensfest von Elias Löwi. Bromberg 1819: Gruenauer. 10 S. 4⁰ [Umschlagtit.]
Über Friede u. Freude. 70.

Löwi, Emil, Untersuchungen üb. die Blattablösung u. verwandte Erscheinungen. (42 S. m. 14 Fig. u. 1 Taf.) gr. 8. Wien 907. A. Hölder. 1. 85
Sonderabdr. a.: „Sitzungsber. d. preuss. Akad. d. Wiss."

Löwi, Hermann: Aus d. Univ.-Frauenklinik zu Breslau. Über die Komplikation von Schwangerschaft, Geburt und Wochenbett mit Herzfehlern. Breslau 1910: Breslauer Genossensch.-Buchdr. 51 S. 8°
Breslau, Med. Diss. v. 25. Mai 1910, Ref. Küstner
[Geb. 29. Sept. 83 Breslau; Wohnort: Breslau; Staatsangeh.: Österreich; Vorbildung: Elisabeth-Gymn. Breslau Reife O. 02; Studium: Breslau 10 S.; Coll. 2. Mai 10; Approb. 21. Aug. 08.] [U 10. 579

Antrittsrede des Herrn Dr. *Isaak Löwi*, bei s. Installation als Rabbiner zu Fürth, geh. am 21. März 1831. Nebst d. Rede des Wahlkommissairs Hrn. Bürgermeister *v. Bäumen* . . . . Fürth. 8⁰. Cart.
38 S., 1 Bl. Nachschr.

Löwi, Isaac (Dr. philos. u. Rabb.-Cand. aus Adelsdorf), worin besteht u. wie äussert sich der *wissenschaftliche Geist?* Eine philosoph. Frage. (Diss.) München, gedr. bei Dr. C. Wolf, o. J. Kl. 8⁰. 48 S. Cart.

Löwi, J., worin besteht und wie äußert sich der wissenschaftliche Geist? Eine philosoph. Frage etc. 8. München ... Jaquet. 1/8 ß

Löwi, M., s. Löwy, Markus

Loewi, Otto, Dr., Assist. am pharmacol. Inst.: ⟨Aus d. pharmacol. Institut d. Universität Marburg.⟩ Untersuchungen über den Nucleinstoffwechsel. *Leipzig: F. C. W. Vogel 1900.* (29 S.) 8°
Marburg, Med. Hab.-Schr. v. [15. Dez.] 1900

Loewi, Otto: Arbeiten aus d. Laboratorium f. experiment. Pharmakologie zu Strassburg i. E. Zur quantitativen Wirkung von Blausäure, Arsen und Phosphor auf das isolirte Froschherz ... Leipzig, Druck v. J. B. Hirschfeld, 1896; 14 S. 8.
Strassburg, Med. Fak., Inaug.-Diss. v. 1896

Loewi, Rudolf [Rechtspraktikant in Fürth]: Die Post-Anweisung ... Fürth, Druck v. A. Schröder, 1891; 32 S. 8.
Erlangen, Jur. Fak., Inaug.-Diss. v. 1891

Loewi, Rud., die Post-Anweisung. gr. 8. (32 S.) Fürth 892. G. Rosenberg. n. — 60

Loewicke, Rob., des Jahres Freuden, s.: Unger, E.

Löwicke, Rob., Knackmandeln u. harte Nüsse. Verstandesübungen, arithmet. Aufgaben u. Scherze, Räthsel, nebst e. Anh. m. Spielen. Für die Jugend u. ihre Freunde. Mit 1 Farbdr.-Bild, sowie Text-Illustr. v. L. Sckell u. J. Schnorr. gr. 8. (IV, 170 S.) Stuttgart 876. Nitzschke. 3. 50

Loewicke, R., Rätselschatz. Eine Sammlung deutscher poet. Rätsel, Charaden, Homonyme, Palindrome, Anagramme, Arithmogriphe, Logogriphe, Rösselsprünge und Citaten-Rätsel. gr. 8. (170 S.) Stuttgart 888, Süddeutsches Verlags-Institut. cart. *

—— Spielbuch, enthaltend Gesellschaftsspiele, Auslösen der Pfänder, Rätsel, Charaden etc. 8. (IV, 284 S.) Glogau 887, Flemming. geb.

Löwig, Friedrich *(geb. Zürich 1. 3. 1850)*: Ueber die Einwirkung der kohlensauren Alkalien auf Thon, Feldspath und Albit in hoher Temperatur. Breslau 1873. (48 S.) 8°
Breslau, Phil. Diss. v. 31. Juli 1873

Löwig, Gust., die Freistaaten v. Nord-Amerika. Beobachtn. u. prakt. Bemerkn. f. auswandernde Deutsche. Mit Abbild. e. Reiseschiffes. gr. 12. (11½ B. u. 2 Titvign.) Heidelberg 833, Groos.

Löwig, Gust., die Freistaaten von Nord-Amerika. Beobachtungen und praktische Bemerkungen für auswandernde Deutsche. Mit Abbild. e. Reiseschiffes. gr. 12. Heidelb. 838. Groos. 1 ß

Löwig, Karl (Jakob)

Löwig, Carl, Arsenikvergiftung und Mumifikation. Gerichtlich-chem. Abhandlung. gr. 8. (65 S.) Breslau 887, Trewendt. *

—Arsenikvergiftung und Mumification. Gerichtlich-chemische Untersuchung. Breslau, 1889.

Löwig, Carl, über d. Bestandtheile u. Entsteh. d. Mineralquellen. Eine naturwissenschaftl. Abhandl. — A. u. d. T.: Die Mineralquellen v. Baden im Canton Aargau. In chem.-physikal. Bezieh. beschrieben. gr. 8. (15 B.) Zürich 837, Schulthess.

Löwig, C[arl] J[akob]: Dr. C. J. L's ... theoretische Betrachtungen über die sauern und basischen Eigenschaften der nichtmetallischen Körper. Zür. Orell Füssli Cie 1835. 28 S. 4°.
Programm der zürcher. Cantonsschule 1835.

Löwig, Carl: Ueber Bildung und Zusammensetzung der organischen Verbindungen. Zür. Orell Füssli Cie Dr. 1843. 32 S. 4°.
Programm der zürcher. Cantonsschule 1843.

Löwig, **Carl**, **das Brom u. seine chemischen Verhältnisse.** gr. 8. (12 B.) Heidelberg 829, Winter.

—— Chemie d. organ. Verbindungen. 2 Bde. (4 Lfgn.) Organische Säuren. gr. 8. (88⅝ B.) Zürich 838—40. Schulthess

Chemie der organischen Verbindungen. Zürich, 1839–40. 2 vols., 8vo.

Löwig, **Carl**, **Chemie der organischen Verbindungen.** 1. Bd. 2. gänzl. umgearb. u. verm. Aufl. gr. 8. Zürich u. Winterthur 844, Literar. Compt. n. 4 ₰

Löwig, Carl, Chemie der organischen Verbindungen. 2 Bde. (1. Bd. u. 2. Bd. in 3 Lfgn.) 2. umgearb. u. verm. Aufl. gr. 8. (I: XL u. 1023 S. II: XXXIV u. 1754 S.) Braunschweig 847, Vieweg & Sohn. (1. Bd. n. 4 ₰ 2. Bd. 1 u. 2. Lfg. à n. 1⅚ ₰ 3. Lfg. n. 3⅔ ₰) n. 11⅓ ₰

— Desgl. 2. Aufl. 2 Bände. Zürich und Braunschweig 1845—47. 8.

Löwig, **Carl**, **Grundriss der organischen Chemie.** gr. 8. (XXXIV und 474 S.) Braunschweig 852, Vieweg und Sohn. *

—— Lehrbuch d. Chemie, mit besond. Berücksichtigung d. techn. u. medicin. Theils. gr. 8. (31 B.) Heidelberg 832, Engelmann.

—— der Chemiker Dr. Justus Liebig in Giessen vor das Gericht d. öffentl. Meinung gestellt. gr. 8. (2¼ B.) Zürich 833, Orell, Füssli u. Comp.

Löwig, Carl. Die Mineralquellen von Baden im Canton Aargau. In chemisch-physikalischer Beziehung beschrieben. — *A. u. d. T.:* Über die Bestandtheile und Entstehung der Mineralquellen. Eine naturwissenschaftliche Abhandlung. 8. Zürich 1837.

— **Repertorium für organische Chemie.** (Supplement zu des Verfassers Chemie d. organischen Verbindungen.) 1. Jahrg. 1840. gr. 8. Zürich 841, Schulthess. 2 ₰ — 2. Jahrg. 1841. gr. 8. Ebend. 842. 2 ₰ — 3. Jahrg. 1842. Lex.-8. Zürich 843, Literar. Compt. 2 ₰

Löwig, Carl, **Jeremias Benjamin Richter, der Entdecker der chemischen Proportionen. Eine Denkschrift.** 4. (56 S.) Breslau 874. Morgenstern. n. 2. 50

Löwig, **Carl**, **chemische Untersuchung d. Mineralwassers zu Seewen im Canton Schwyz.** gr. 8. (1 B.) Zürich 834, Orell, Füssli u. Comp. Thlr.

Löwig, [Carl]. Chemische Untersuchung der warmen Schwefelquelle in Schinznach .... 8. Aarau 1844.

Loewig, Raimundus Augustus *(geb. Heidelberg a. N. [19. 2.] 1833)*: Quaestiones de oculo physiologicae. Vratislaviae (1857). (29 S., 2 Taf.) 4°
Breslau, Med. Diss. v. 12. Dez. 1857

Loewig, Raimund *(geb. Heidelberg a. N. 19. 2. 1833)*: Über das Stibäthylium und seine Verbindungen. Breslau (1854). (30 S.) 8°
Breslau, Phil. Diss. v. 24. Okt. 1854

Loewig, Walter, aus Warmbrunn: Ueber **Teleologie und Mechanismus in der Philosophie Lotzes.** *Breslau 1901: H. Fleischmann.* (71 S.) 8°
Breslau, Phil. Diss. v. 10. Aug. 1901

Loewig, **Walt.**, **der Tribun. Drama in 5 Aufzügen.** (91 S.) 8. Schweidnitz (910). L. Heege. 2. 50

Lowin, Carl, approb. Arzt aus Heeselicht: **Aus d. Pharmakol. Institute d. Universität Rostock. Beiträge zur Kenntnis der Ipecacuanha-Alkaloide.** *Rostock 1902: H. Winterberg.* (92 S.) 8°
Rostock, Med. Diss. v. [25. März] 1902

Löwing, **Albert**, **die Kunstreiter. Erzählung für Knaben u. Jünglinge.** 12. (182 S.) Brandenburg 851, Wiesike. 12 ₰

Löwinger, **Adf.**, **der Traum in der jüdischen Literatur.** (35 S.) 8. Leipzig 908. M. W. Kaufmann. 1. —

Löwinger, J. Der Schön- und Blaufärber nach chemischen, theoretischen Grundsätzen und besten praktischen Erfahrungen der neuesten Zeit, für Schön-, Blau-, Schwarz- und Seidenfärber (im Kleinen so wie im Grossen.) *Prag* 1858. *Kath. Gerzabek.* 1. u. 2. Bändch. 103 S., 1 Bl. 8°.
Das ganze Werk: 5 fl. 25 Oe. W.

Lowiński, Anton (C.)

— De compositione, interpolatione et emendatione primi carminis horatiani. 13 S. **Progr.** *Deutsch-Crone* 1878.

— **Diverbii Aeschylei secundum rationem antitheticam emendati. Pr. 1862. 20 S. 4°. 1.20**

Lowiński, A.: Emendationes Aeschyleae. 8 S. [enthält Stellen aus dem Sept. c. Theb.] – Konitz, Progr. 1855.

Łowiński, Ant. De emendando primo episodio quod est in Aeschyli Septem adversus Thebas. 24 S. *Deutsch-Crone* 1877. **Progr.**

Lowiński, *Anton* Zur Kritik des Prologs im gefesselten Prometheus des Aeschylus. 4 (S. 3—17). **Progr.** Kath. G. *Deutsch-Krone* 1887 (26).

— Zur Kritik der Horazischen Satiren [II 2. 6]. 4 (S. 3—18). **Progr** Kath. G. *Deutsch-Krone* 1889 (26).

Lowiński, *Anton* Kritische Miscellen zu Horaz. 4 (S. 3—14). **Progr.** Kath. G. *Deutsch-Krone* 1886 (26).

Lowinsky, Ant.: De pristino ordine versuum quorundam Aeschyliorum. 16 S. – Konitz, Progr. 1857.

— De emendando prologo Agamemnonis aeschyleae. 16 S. **Progr.** *Deutsch-Crone* 1879.

— De emendando prologo qui est in Aeschyli Septem adversus Thebas. 17 S. **Progr.** *Deutsch-Crone* 1885.

Łowiński, A. Schedae criticae in Horatii epist. II lib. II. 14 S. **Progr.** *Deutsch-Crone* 1876.

Lowinski: De Aeschyli Septem contra Thebas. 24 S.–Konitz, Progr. 1852

Łowiński, Sigism., e. Fall v. geplatzter Tubenschwangerschaft. Diss. gr. 8. (27 S.) Berlin 889. (Rothacker.) n. — 50

Loewinski, Henri, (wiss. Hilfsl.): **Die Lyrik in den 'Miracles de Nostre Dame'** (Umschlagt.: Notre-Dame). *Berlin: R. Gaertner 1900.* (27 S.) 4°
Berlin, Erste R ⟨HB⟩, OP 1900 (117)

Loewinski, Henri, die Lyrik in den „Miracles de Nostre Dame". Progr. 4. (27 S.) Berlin 900. [R. Gaertner.] Weidmann. n. 1. —

Lowinsky, Victor: Zum geistlichen Kunstliede in der altprovenzalischen Litteratur bis zur Gründung des Consistori del Gai Saber. *Berlin: W. Gronau 1897.* (47 S.) 8° ¶(Erscheint vollständig in der Zeitschrift für französische Sprache und Litteratur.)
Berlin, Phil. Diss. v. 3. Nov. 1897

LOEWINSKY, JULIUS. Zur Geschichte des Orthonitrobenzylchlorids. (Basel) Berlin, 1895. 73 S.

Löwinsohn, B[erka]: Die Beckenverletzungen unter der Geburt, ihre Ätiologie, Symptome und Behandlung. Freiburg i. B.: Hammerschlag & Kahle 1910. 55 S. 8°
Freiburg i. B., Med. Diss. v. 1910, Ref. Krönig
[Geb. 21. Juli 78 Lepel; Wohnort: Lepel; Staatsangeh.: Rußland; Vorbildung: Gymn. Tiflis Reife Jan. 08; Studium: Halle 3, Berlin 3, Bonn 2, Freiburg i. B. 2 S.; Rig. 27. Mai 10.] [U 10. 986.

Löwinsohn, Hirsch, s. Buch, das, Mibchar ha-Peninim.

Löwinsohn, Jul., experimenta de nervi vagi in respirationem vi et effectu. Dissert. inaug. Dorpat 859. (Mitau, Reyher.) gr. 8. (44 S. u. 1 lith. Taf. in Fol.) n. 20 ngr.

Löwinsohn, Samuel

Löwinsohn, S., die Buchführung für Detail-Geschäfte, oder theoret. und prakt. Darstellung der kaufmänn. Rechnungslegung nach einfacher, leichtfaßl. Methode und mit Bezugnahme auf vier kaufmänn. Detail-Geschäfte. Zum Unterricht an Handels- und Gewerbeschulen, so wie zur Selbstbelehrung. 8. (86 S.) Cöslin 857, Volger. —

Löwinsohn, Sam., die doppelte italienische Buchführung in ihrer Anwendung bei Manufacturwaaren in Verbindung mit Wechsel-, Fonds- und Speditions-Geschäften statt der sonst üblichen neun Bücher auf zwei Geschäftsbücher beschränkt. Theoretischer u. praktischer Cursus. Berlin 853. Grobe. (Bergemann.) Lex.-8. (1 Bl., 136 S.) 1 ₰.

Löwinsohn's praktische Buchführung f. Handwerker mit u. ohne Ladengeschäft. Mit Beigaben: Sammlung v. 69 Geschäftsbriefen, nach dem Inhalt geordnet. Auszug aus der allgemeinen deutschen Wechselordng., Wechsel-Schemata. Einige wicht. Paragraphen aus dem deutschen Handelsgesetzbuche. Gerichtskosten-Tabelle. Verzeichnis vorrät. Gerichtsformulare. Übersicht üb. die Portosätze f. Briefe u. Pakete. Telegramm-Tarif u. Bestimmgn. üb. den telegraph. Verkehr. Tabellen üb. deutsche Maße u. ausländ. Währgn. Zinsenberechnungstabelle f. Monat u. Jahr von 3 bis 6%. Nach neuem System, innerhalb weniger Stunden ohne Lehrer zu erlernen. 1.—4. Bd. Lex.-8. (à 63 S.) Leipzig 891. C. G. Naumann. à n. 1.25
1. Für Schneider. — 2. Für Schuhmacher. — 3. Für Tischler. — 4. Für Klempner.

—— Buchführungs-Aufgaben aus dem Gesammtbereich der kaufmännischen Praxis, enthaltend: ca. 400 Geschäfts-Themata (sechs Geschäfts-Monate) über Wechsel-, Staatspapier-, Aktien-, Waaren- (en gros und en detail), Geld-, Spedition- und Commissions-Geschäfte. Bearb. zum Gebrauch in Handelsschulen, sowie für Privat-Lehrer und zum Selbststudium. Lex.-8. (69 S.) Graudenz 860, Röthe. *

Löwinsohn, S., Buchungsaufgaben für den Umfang eines dreimonatlichen Geschäftsbetriebes, enthaltend: etwa 400 Geschäftsvorfälle aus dem Waren-, Wechsel-, Fonds- und Speditionsgeschäfte ꝛc. mit Angabe der Resultate. gr. 8. (25 S.) Berlin 887, Regenhardt. cart. *
—— dass. — Zehn vollständig eingerichtete Hefte hierzu: Fakturenbuch — Verkaufsbuch — Kassakladde — Kassabuch — Memorial — Journal — Kontokorrentbuch — Hauptbuch — Bilanzbuch — Inventurbuch. Ebendas. 887. In Mappe

Löwinsohn, S. Buchungsaufgaben f. den Umfang eines dreimonatl. Geschäftsbetriebes. 3. Aufl. 8. (25 S.) Berl. 892, Regenhardt. geb. 1 —
2. Aufl. Ebd. 1890. — 10 Hefte dazu. 1887. 2 50; in Mappe 3 —.

— Buchungsaufgaben f. den Umfang e. dreimonatlichen Geschäftsbetriebes, enth.: etwa 400 Geschäftsvorfälle aus dem Waren-, Wechsel-, Fonds-, Speditions- u. Kommissionsgeschäfte, m. gleichzeit. Angabe der Resultate, der Kassenabschlüsse, der monatl. Bilanzen, sowie des General-Abschlusses der Bücher. 3. Aufl. gr. 8. (29 S.) Berlin 892. C. Regenhardt. Kart. n. 1. —; 10 Hfte. dazu Fol. n. 2.50; in Mappe n. 3. —

Löwinsohn's, S., Buchungsaufgaben f. den Umfang e. dreimonatlichen Geschäftsbetriebes, enth.: etwa 500 Geschäftsvorfälle aus dem Waren-, Wechsel-, Fonds-, Speditions- u. Kommissionsgeschäfte, m. gleichzeit. Angabe d. Resultate, der Kassenabschlüsse, der monatl. Bilanzen, sowie des General-Abschlusses der Bücher. Neu bearb. zur Übg. in der Praxis der doppelten Buchführg. v. D. Schönwandt. 5. wesentlich erweit. u. verb. Aufl. gr. 8. (44 S.) Berlin (902). C. Regenhardt. Kart. n. 1. —

Löwinsohn, S., vollständige Handels-Correspondenz (275 Geschäftsbriefe jedes Geschäftszweiges) in deutscher Sprache zum Uebersetzen in's Englische. Nach einem neuen und prakt. System für den Schul-, Privat- und Selbstunterricht bearb., wie mit der entsprechenden Terminologie und den wichtigsten Regeln der engl. Grammatik versehen. gr. 8. (VII und 198 S.) Dessau 864, Baumgarten und Comp.

Löwinsohn, S., vollständige Handels-Correspondenz [275 Geschäftsbriefe jedes Geschäftszweiges] in deutscher Sprache zum Uebersetzen in's Englische. Nach e. neuen u. prakt. System f. den Schul-, Privat- u. Selbstunterricht bearb., wie m. der entsprech. Terminologie u. den wichtigsten Regeln der engl. Grammatik versehen. 2. verb. Aufl. gr. 8. (IV, 192 S.) Leipzig 875. Hirt & Sohn. n. 2.50

—— vollständige Handels-Korrespondenz [326 Geschäftsbriefe jedes Geschäftszweiges] in deutscher Sprache zur selbstständigen Benutzung als deutsche Korrespondenz, sowie zur Übersetzung ins Englische. Nach einem neuen und prakt. System für Handels-, Gewerbe- und Navigationsschulen, sowie für den Privat- und Selbstunterricht bearb., wie mit der entsprechenden Terminologie und mit sämtl. Regeln der englischen Syntax versehen. 3. verm. und wesentlich verb. Aufl. gr. 8. (255 S.) Leipzig 888, Hirt und Sohn. * ℳ 2.50.; geb. *

—— vollständige Handels-Correspondenz (271 Geschäftsbriefe jedes Geschäftszweiges) in deutscher Sprache mit einem neuen und prakt. System, die französ. Correspondenz in kürzester Zeit, durch Selbststudium grammatikalisch richtig zu erlernen. Bearb. als Handbuch zum Uebersetzen in's Französische. gr. 8. (VII und 217 S.) Dessau 854(55,) Baumgarten und Comp. —

—— vollständige Handels-Correspondenz (275 Geschäftsbriefe jedes Geschäftszweiges) in deutscher Sprache zum Uebersetzen ins Französische. Nach einem neuen und prakt. System für den Schul-, Privat- und Selbstunterricht bearb., wie mit der entsprechenden Terminologie und den wichtigsten Regeln der französ. Syntax versehen. 2., verm. und wesentlich verb. Aufl. gr. 8. (VIII und 232 S.) Dessau (861)62, Baumgarten und Comp.

—— vollständige Handels-Correspondenz [350 Geschäftsbriefe jedes Geschäftszweiges] in deutscher Sprache zum Uebersetzen in's Französische. Nach einem neuen und prakt. System für Handels-, Gewerbe- und Navigations-Schulen, sowie für den Privat- und Selbst-Unterricht bearb., wie mit der entsprechenden Terminologie und den wichtigsten Regeln der französ. Syntax versehen. 3. sehr verm. und wesentlich verb. Aufl. gr. 8. (268 S.) Gotha 874, Windaus. [Leipzig, Hirt und Sohn.] *

Löwinsohn, S., vollständige Handels-Korrespondenz [350 Geschäftsbriefe jedes Geschäftszweiges] in deutscher Sprache zur selbständigen Benutzung als deutsche Korrespondenz, sowie zum Übersetzen ins Französische. Nach einem neuen und prakt. System für Handels-, Gewerbe- und Navigations-Schulen, sowie für den Privat- und Selbstunterricht bearb., wie mit der entsprechenden Terminologie und mit sämtl. Regeln der französ. Syntax versehen. 4. verm. und wesentlich verb. Aufl. gr. 8. (IV, 253 S.) Leipzig 882, Hirt und Sohn. * 3 —

— die Handels-Schule oder die Lehre von den Gesammt-Handels- und Comptoir-Wissenschaften, als: Handelsgeschichte, Handelsgeographie, Handelskunde 2c. Für Kaufleute, Fabrikanten, deren Gehülfen u. Zöglinge 2c. Graudenz 860. Röthe. Lex.-8. (VIII, 258 S.) n. 1 Rthlr. 10 ngr.

—— die Handels-Schule oder die Lehre von den Gesammt-Handels- und Comptoir-Wissenschaften, als: Handelsgeschichte, Handelsgeographie, Handelskunde 2c. Für Kaufleute, Fabrikanten, deren Gehülfen und Zöglinge 2c. Lex.-8. (VIII und 258 S.) Graudenz 861, Röthe. *

—— Handels-Wörterbuch, enthaltend die hauptsächlichsten Warenbezeichnungen und techn. Ausdrücke für Handel, Gewerbe, Landwirtschaft, Fabrik-, Bank-, Seewesen 2c. In engem Anschluß an des Verf. deutsch-engl. und deutsch-französ. Handels-Korrespondenz hrsg. 2 Tle. gr. 8. Ebendas. 888. geb. * geb. in 1 Bd. *

Inhalt:
Tl. 1. Deutsch-Englisch. Englisch-Deutsch. (134 S.) *M 1.60.
" 2. Deutsch-Französisch. Französisch-Deutsch. (224 S.) *M 2.40.

Löwinsohn, neu entdeckte Control-Buchführungs-Methode oder Belehrung, wie Kaufleute, Fabrikanten 2c., ohne jede Kenntniß der sogenannten kaufmänn. Buchführung, zu jeder Zeit und nach kürzester Arbeit, den Stand ihrer Geschäfte, also Total-Ein- und Verkäufe (Credit und comptant), Cassa-Einnahmen und Ausgaben 2c. vermittelst eines einzigen Schemas ermitteln, resp. controliren können. gr. 8. (32 S.) Graudenz 859, Röthe.

—— praktisches Lehrbuch der einfachen u. doppelten italienischen Buchführung, mit ausführlichen Erklärungen der bei Kaufleuten gebräuchlichen Ausdrücke u. vorkommenden Rechnungen als: Proportions-, Decimal- u. Procent-Rechnung, sowie mit einem Verzeichniß der auf den bedeutendsten Handelsplätzen Europas gebräuchl. Gold- u. Silber-Münzen, mit den nöthigen Erklärungen über Wechsel, Staatspapiere, Pfandbriefe 2c. u. mit Beispielen der, alle laufenden Geschäfte betreff. Correspondenz. Zum Unterricht in Handlungsschulen, sowie zum Selbst-Unterricht für Anfänger u. Geübtere bearb. 6 Lfgn. [Bibliothek des Kaufmanns. II, 1—6.] gr. 8. (579 S.) Brandenburg 851, Müller. (à 1/3 Rthlr.) 2 Rthlr.

— praktisches Lehrbuch der einfachen und doppelten italienischen Buchführung 2c. Zum Unterricht in Handlungsschulen 2c. bearb. (Neue Titelausg.) Leipzig (851.) 855. Holtze. 4. (579 S.) 2 Rthlr.

Löwinsohn, S., und H. Klemm jun., Lehrbuch der nothwendigsten kaufmännischen Wissenschaften des Handwerkers, s. Lehrbuch.

—— englisches Lesebuch für Navigations- und Handelsschulen, sowie zum Selbstunterricht. 8. (IV, 128 S.) Leipzig 884, Gerhard. * 1 —

— Rechnenaufgaben aus dem Gesammtbereich der kaufmännischen Praxis für angehende Kaufleute. Bearb. zunächst zum Gebrauch in der Handels-Academie zu Danzig. Altona 858. Verlags-Büreau. Lex.-8. (120 S.) 15 ngr.

Löwinsohn, S., Auflösungen zu den Rechnen-Aufgaben aus dem Gesammtbereich der kaufmännischen Praxis für angehende Kaufleute. Bearb. zunächst zum Gebrauch in der Handels-Academie zu Danzig. Altona 864. Verlags-Bureau. gr. 8. (23 S.) n. 10 ngr.

— die landwirthschaftliche Rechnungsführung nach doppelter italienischer Methode auf zwei Wirthschafts-Bücher beschränkt. Zusammenhängend auf einen Jahrgang berechnet u. theoretisch u. praktisch dargestellt. Berlin 854. Grobe. (Bergemann.) Lex.-8. (156 S. u. 1 Tab. in Fol.) 1 Rthlr. 7½ ngr.

Löwinsohn, S., Schul-Grammatik der englischen Sprache. Anweisung, den gesammt grammat. Theil der engl. Sprache in 76 Lectionen zu absolviren. Bearb. nach einer neuen, leicht faßl. Methode, mit steter Berücksichtigung der, durch Buchstaben genau bezeichneten Aussprache für Realschulen, höhere Töchterschulen, Handels-Lehr-Anstalten 2c. Stettin 865. Saunier. gr. 8. (III. 194 S.) 22½ ngr.

—— vollständiger theoretisch-praktischer Unterricht in der einfachsten und sichersten Buchführung für Handwerker mit und ohne Ladengeschäfte. Nebst einer Auswahl von Geschäftsbriefen und Formularen aller Art, vergleichender Münz-, Maass- und Gewichtskunde etc. und einem Verdeutschungs-Wörterbuche der kaufmänn. und techn. fremden Ausdrücke. Unter Mitwirkung von H. Klemm jun. hrsg. Lex.-8. (VIII und 172 S.) Dresden 857, Klemm's Verlag.

— vollständiger theoretisch-praktischer Unterricht in der einfachsten und sichersten Buchführung für Handwerker mit und ohne Ladengeschäfte. Nebst einer Auswahl von Geschäftsbriefen und Formularen aller Art, vergleichender Münz-, Maass- u. Gewichtskunde etc. und einem Verdeutschungs-Wörterbuche der kaufmäunischen und technischen fremden Ausdrücke. Unter Mitwirkung von H. Klemm jun. in Dresden herausg. Dresden (858.) Klemm's Verlag. Lex.-8. (VIII, 172 S.) 22½ ngr.

Loewinson-Lessing, F., petrographisches Lexikon. Repertorium der petrograph. Termini u. Benenngn. [Beilage zu den Sitzungsberichten der Naturforscher-Gesellschaft zu Jurjew vom J. 1893.] 1. Thl. gr. 8. (112 S.) Jurjew 893. (Berlin, R. Friedländer & Sohn.) n. 4. —

— dassolbe. 2. (Schluss-)Thl. [Beilage zu den Sitzungsberichten der Naturforscher-Gesellschaft vom J. 1894.] gr. 8. (S. 113—256.) Ebd. 894. n. 4. —

Loewinson-Lessing, F., petrographisches Lexikon. Suppl. gr. 8. (IV, 96 S.) Jurjew (Dorpat) 898. (Berlin, R. Friedländer & Sohn.) n. 3. — (Hauptwerk u. Suppl. n. 11. —)

Loewinson-Lessing, F., Studien üb. die Eruptivgesteine. gr. 8. (IV, 272 S. m. 1 Tab. u. farb. Taf.) St. Petersburg 899. (Berlin, R. Friedländer & Sohn.) n. 12. —
Sonderabdruck aus: „Compte-rendu de la VII. session du congrès géol. internat. Russie".

Löwinstamm, R., die seltsame Wette, s. Bloch's, E., Theater-Correspondenz.

Löwinstein, G., die Alchemie u. die Alchemisten, s.: Sammlung gemeinverst. wissenschaftl. Vorträge.

Loewinthal, Walter. Über die Röntgenlumineszenz der Calciumwolframate und einiger anderer röntgenlumineszierender Körper. Diss. Math.-Naturw. Freiburg in der Schweiz. 47 S. 8. Freiburg (Schweiz), St.-Paulus-Druckerei, 1908.

LÖWIS, Andreas v.: Anleitung zur Forstwirthschaft für Livland. - Riga, Dorpat 1814. 246 S.

— Anleitung z. Forstwirthschaft in Livland. gr. 8. Riga 814. Meinshausen. 1 Rthlr.

v. Löwis, Andr., einige Beobachtt. zur nähern Bestimmung des Klimas von Livland. 8. Dorpat 815.

– s. a. D e n k m ä l e r der Vorzeit Liv- und Esthlands.

— Denkmäler aus der Vorzeit Liv- u. Esthlands. 1s Heft m. 7 Kupfer. 4. Riga 821, Meinshausen.

– (Hrsg.), s. E n g e l m a n n : Kurze Beschreibung verschiedener Mittel ...

— die Gegend von Heidelberg. Herausg. v. W. K. F. v. Ditmar. 8. Dorpat 814. Meinshausen. 12 ℛ 2e A. 8. Berl. 816. Maurersche Buchh. 18 ℛ

– (Hrsg.), s. J a h r b ü c h e r , Livländische, der Landwirthschaft.

– s. L e b e n , Vom, der Erde.

– (Hrsg.), s. R e p e r t o r i u m , Ökonom., für Livland.

– (Übers.), s. S w i n i n , Paul von: Malerische Reise durch Nordamerika.

Löwis, Andr. v., tabellar. Uebersicht d. Maaße u. Gewichte verschied. Länder, nebst e. Vergleichung ders. mit d. rigischen Stoof, dem rigischen Loof, d. revisor. Loofstelle u. d. rigischen Pfunde. Hrsg. im Namen d. livl. gemeinnütz. u. ökonom. Societät. 4. (15 B.) Dorpat 829. (Leipzig, Steinacker.)

Löwis, Andr. v., tabellarische Uebersicht der Maaße und Gewichte verschiedener Länder nebst einer Vergleichung derselben mit den früheren Maaßen und Gewichten: dem rigischen Stof, dem rigischen Lof, der revisor. Lofstelle und dem rigischen Pfunde. Hrsg. im Namen der livländ. gemeinnütz. und ökonom. Societät. Unveränd. Abdr. der Ausg. vom J. 1829. gr. 8. (68 S.) Dorpat 859, (Glaeser's Verlag.) Thlr.

— üb. die Verbesserung d. livländ. Bauernwohnungen. Verschied Abhandll. üb. dies. Gegenstand. 1e Samml. 8. Dorpat (814.)

LÖWIS, Andreas v.: Über die ehemalige Verbreitung der Eichen in Liv- und Esthland Ein Beitrag zur Geschichte des Anbaues dieser Länder. - Dorpat 1824. 275 S.

— über die ehemalige Verbreitung der Eichen in Liv- u. Ehstland. Ein Beitrag z. Geschichte des Anbaues dieser Länder. gr. 8. Dorpat 824. (Riga, Hartmann). 1 ₰ 6 ℛ

LÖWIS, Andreas v.: Vorschlag zum Anbau von Eichen in den russischen Ostseeprovinzen, um für die Zukunft Schiffbauholz anzuziehen. - Dorpat 1834. 104 S.

Löwis, Osc. v., Diebe u. Räuber in der baltischen Vogelwelt. gr. 8. (158 S.) Riga 898. N. Deubner. n. 2. 50

Löwis, Osk. v., die Reptilien Kur-, Liv- u. Estlands. Ein Handbüchlein f. alle Naturfreunde in Stadt u. Land. 8. (XV, 62 S.) Riga 884. Kymmel. n. 2. —

Löwis, Osc. v., uns. baltischen Singvögel. gr. 8. (II, 299 S.) Reval 895. F. Kluge. n. 6. —

Löwis, Wilhelm von (aus Livland)
Die aleatorischen Verträge im römischen Recht.
Giessen 1866. VIII, 72 S.
Diss. jur. 3.5.1867. vorh. 36. 11.

Loewis of Menar, Karl v., u. F. Bienemann jun., d. Burgen d. livländischen Schweiz Segewold, Treyden, Kremon u. Wenden. Zugleich e. Führer durch d. Aathal. 8. (V, 64 S. m. 14 Illustr. u. 5 Plänen.) Riga 895. A. Stieda. n. 2. —

Löwis of Menar, K. v., die Düna von der Ogermündg. bis Riga u. der Badeort Baldohn. Ein topographisch-histor. Führer. (124 S. m. Abbildg., 1 farb. Karte u. 2 Plänen.) 8. Riga 910. Jonck & Poliewsky. 1. 80

Löwis of Menar, K[arl] v., u. F[riedrich] Bienemann: Führer durch die livländische Schweiz mit d. Burgen Segewold, Treyden u. Kremon u. die Kreisstädte Wenden u. Wolmar mit d. benachbarten Aatal. 2. verm. Aufl. Riga '09.

— u. F. Bienemann, Führer durch die livländische Schweiz m. den Burgen Segewold, Treyden u. Kremon u. die Kreisstädte Wenden u. Wolmar mit dem benachbarten Aatal. 2. veränd. u. verm. Aufl. Mit 2 [1 farb.] Karten, 5 Plänen u. 6 Ansichten. (VII, 112 S.) 8. Ebd. 909. 1. 60

Löwis of Menar, K. v., die älteste Ordensburg in Livland. (8 S. m. 1 Taf.) 8. Berlin 903. F. Ebhardt & Co. n. 1. —
Sonderabdruck aus: „Burgwart".

Löwis of Menar, C v. Livländische Postkarte nebst Eisenbahnen, Telegraphen-Stationen u Dampferlinien. 1 : 1,350,000 Farbendr. 28×23 cm. Nebst Text. 12 (6 S) Riga 892, (Stieda's Verlag) • — 80

Löwis of Menar, C. v, die städtische Profanarchitektur der Gothik, der Renaissance u. d. Barocco in Riga, Reval u. Narva. Hrsg. v. der Gesellschaft f. Geschichte u. Alterthumskunde der Ostseeprovinzen Russlands 33 Taf. in Lichtdr. v. Johs. Nöhring. Mit erläut. Text von C. v. L. of M. Fol (VII, 30 S.) Lübeck 892. (B. Nöhring.) Kart. n. 36. —

Löwisch, Max: Zur Englischen Aussprache von 1650—1750 nach frühenglischen Grammatiken. . . . Kassel, Verl. v. Theodor Kay, k. Hof-, Kunst- u. Buchh., 1889; 2 Bl. + 80 S. 8°
Jena, Phil. Fak., Inaug.-Diss. v. 1889

Löwisch, Max, zur englischen Aussprache von 1650—1750 nach frühenglischen Grammatiken. Diss. gr. 8. (80 S.) Kassel 889. (Leipzig, G. Fock.) n. 1. 50

Löwisch, M[ax]: Bericht über die Einführung des Direktors. S. 3—7. 4. Progr. Oberrealschule *Weißenfels* 1906 (338)

[F.] Löwisch, *Max* [Dr.]: Die Neugestaltung unseres französischen und englischen Unterrichts. Eisenach, Hofbuchdr., 1896; 3—23 S. 4.
Eisenach, grossh. RG, OP 1896 (690)

Löwisch, M[ax], Direktor Dr.: Die Oberrealschule als neuhumanistische Bildungsanstalt. Antrittsrede. Weissenfels 1906: L. Kell. (S. 8—17.) 4° [F.]
Weißenfels, OR P 1906 (338)

Löwisch, M[ax], Dr.: Das Volksbild im französischen Unterricht. Ein Beitrag zur Frage d. Wahl u. Anordnung d. französ. Sachunterrichts. *Eisenach 1902: Hofbuchdr.* (S. 3—30.) 4°
Eisenach, großh. RG, OP 1902 (754)

Löwisohn, S., Biblische Geographie des alten Testaments. Mit 1 Charte. Wien 820. 8. 1 rthl. 4 gr.

— Geographie, bibl., enthaltend eine Beschreibung aller Länder, Meere, Land-Seen, Flüsse, Bäche, die im alten Testamente vorkommen rc. Aus d. Hebräischen. Mit 1 Karte. gr. 8. Wien 821. Beck. 1 ₰ 4 ℋ Die Karte apart 3 ℋ

Löwisohn, S., Vorlesungen üb. d. neuere Geschichte d. Juden. 1. gr. 8. Wien 820. Beck. 12 ℋ Velinp. 18 ℋ

Löwit, M., Beiträge zu der Lehre von der Blutgerinnung. 1. und 2. Mittheilung. Lex.-8. Wien 884, (Gerold's Sohn.) * 1 60
Inhalt:
Mittheilung 1. Ueber das coagulative Vermögen der Blutplättchen. (38 S.) * 60 Pf.
» 2. Ueber die Bedeutung der Blutplättchen. (53 S. mit 1 lithogr. Taf.) * ℳ 1.

— Beiträge zur Lehre von der Blutgerinnung. 1. Mitteilung: Über das koagulative Vermögen der Blutplättchen. S. 89. III. 270 . . . . —.60
— — 2. Mitteilung: Über die Bedeutung der Blutplättchen (mit 1 Taf.). S. 90. III. 80 , 1.—
Separatabdruck

— Beiträge zur Lehre von der Leukämie. 2. Mitteilung: Die Beschaffenheit der Leukozyten bei der Leukämie. S. 95. III. 227 . . . . —.40
Separatabdruck

—— über die Bildung rother und weisser Blutkörperchen. Lex.-8. (46 S. mit 2 lithogr. Taf.) (Ebendas.) 883. * 1 20
aus: Sitzungsberichte der k. Akademie der Wissenschaften, besonders abgedruckt.

— Über die Bildung roter und weißer Blutkörperchen (mit 2 Taf.). S. 88. III. 356 vgr.
Separatabdruck

Löwit, M. Ueber Blutgerinnung u. Thrombose, s. Wander-Vorträge, medicinische.

Löwit, M., über Blutplättchen und Thrombose. gr. 8. (6 S.) Berlin 888, Fischer's medicin. Buchh. *
Aus: Fortschritte der Medicin, besonders abgedruckt.

—— zur Lehre vom Icterus, s. Beiträge zur pathologischen Anatomie und zur allgemeinen Pathologie.

Löwit, M., die Nerven der glatten Musculatur. [Aus dem histolog. Institute der Anatomie in Prag.] Lex.-8. (22 S. mit 1 lithogr. Taf. in qu. gr. 4.) Wien 875, (Gerold's Sohn.) *
Aus: Sitzungsberichte der k. Akademie der Wissenschaften, besonders abgedruckt.

Löwit M.: Die Nerven der glatten Muskulatur (mit 1 Taf.). S. 71. III. 355 . . . . . . —.60
Separatabdruck

—— über Neubildung und Zerfall weisser Blutkörperchen. Ein Beitrag zur Lehre von der Leukämie. Lex.-8. (120 S. mit 4 lithogr. Taf. und 1 Holzschn.) Wien 885, (Tempsky.) *

— Über Neubildung und Zerfall weißer Blutkörperchen. Ein Beitrag zur Lehre von der Leukämie (mit 4 Taf. und 1 Holzschnitt). S. 92. III. 22 . . . . vgr.
Separatabdruck

Löwit, M., Experimentelle Studien zur intravasalen Bakteriolyse. Ein Beitrag zur Alexinfrage. (197 S. m. 1 Taf.) gr. 8. Wien 904. (A. Hölder.) n. 3. 90
Sonderabdruck aus: „Sitzungsber. d. k. Akad. d. Wiss."

— Experimentelle Studien zur intravasalen Bakteriolyse. Ein Beitrag zur Alexinfrage (mit 1 Photogrammentaf.). S. 113. III. 337 . . . . 3.90
Separatabdruck

—— Studien zur Physiologie u. Pathologie d. Blutes u. der Lymphe. gr. 8. (V, 141 S. m. 2 lithogr. Taf.) Jena 892, Fischer. * 4 50

Löwit, M., Studien zur Physiologie u. Pathologie d. Blutes u. der Lymphe. gr. 8. (V, 141 S. m. 2 lith. Taf.) Jona 893. G. Fischer. n. 4. 50

—— die Umwandlung der Erythroblasten in rothe Blutkörperchen. Ein Beitrag zur Lehre von der Blutbildung und der Anämie. Lex.-8. (50 S. mit 1 Taf.) (Ebendas) 887. *
aus: Sitzungsberichte der k. Akademie der Wissenschaften, besonders abgedruckt.

— Die Umwandlung der Erythroblasten in rote Blutkörperchen. Ein Beitrag zur Lehre von der Blutbildung und der Anämie (mit 1 Taf.). S. 95. III. 129 . . . vgr.
Separatabdruck

Löwit, M., Vorlesungen üb. allgemeine Pathologie. 1. Hft. D. Lehre v. Fieber. gr. 8. (XII, 185 S.) Jena 897. G. Fischer. n. 5. —

Löwit, M[oriz]

Löwit, M., die Leukämie als Protozoeninfektion. Untersuchungen zur Ätiologie u. Pathologie. Mit 9 Taf. in Steindr. u. 1 Taf. in Lichtdr. gr. 8. (VIII, 280 S.) Wiesbaden 900. J. F. Bergmann. n. 14. 60

(Löwit, O , [und] Zaruski, A[lfred]. Gutachten betreffend Feststellung des Wertes der baulichen Anlagen der Zentralen Zürichbergbahn.) An den Bauvorstand Herrn Stadtrat [Benjamin] Fritschi — An die Direktion der Z' Z', in Zürich. Mannheim, den 8. Dezember 1904 [und] St. Gallen, den 7. Dez' 1904. 14 S. 8. [Zürich, Grütli-Buchdr., 1904.]

Löwith, Martha, das große Schweigen. Roman. (190 S.) 8. Stuttgart (907). Charlottenburg, A. Juncker, Verlag. 3. —

Lowitsch, (J. C.,) guter Rath an alle die von Rheumatischen Leiden befreit zu werden wünschen. 8. Wien 816, Schrämbl.

Lowitsch, Isid. (geb. Gleiwitz 19. 11. 1828): De laryngitide oedematosa. Berolini (1854). (30 S.) 8°
Berlin, Med. Diss. v. 4. Nov. 1854

Lowitsch, L. B., Nordlichter. (Gedichte u. Balladen.) 1e Lfrg. 8. Wien 840. Singer u. Goering. 1/4 ₰

— poetische Versuche. 8. Ebd. 840. 1/4 ₰

Lowitsch, Leopold [aus Tarnowitz]: Ueber Benzylsulfaminsaeure und Benzylsulfnitrosaminsaeure ... Berlin, Druck v. Mesch & Lichtenfeld, *1896*; 30 S., 1 Bl. 8.
Erlangen, Phil. Fak., Inaug.-Diss. v. 29. Juli 1896

Lowitz, Geo. Mor., s. Auszüge aus den Beobachtungen, welche zu Gurjew, Orsk u. Orenburg ... angestellt wurden.

Lowitz, Geo. Mor., († d. 13. Aug. 1774, wurde in Ilowla lebendig gespießt.) Beschreib. eines Quadranten, welcher zur Sternkunde u. zu den Ermessungen brauchbar ist. Mit Kpf. 4. Nürnb. 751. Dass. mit einer Rede über den wahren Nutzen, welchen das menschl. Geschlecht aus der höhern Mathematik ziehen kann. 4. Ebd. 752. Monath u. K. 4 ℋ

Lowitz, G. M. Über zwei astronomische Karten von der Sonnenfinsterniss 1748 VII 25. Nürnberg 1748. 4.

Mappe Monde, qui représente les deux Hemispheres. Savoir celui de l'Orient et celui de l'Occident, tirée des quatre Cartes générales de feu M. le Professeur Hasius, dressée par Mr. G. M. Lowitz, et publiée par les Heritiers de Homann l'An. 1746. 1 Bl.

1) Hémisphére Occidental.
2) Hémisphére Oriental ou sont Marquées les Decouvertes les plus recentes et les Routes des trois Voyages de Cook.
3) Carte Générale de L'Europe ou se trouvent les Frontiéres les plus nouvelles, et ou l'on voit le Départ et le Retour du Capitaine Cook, dans ses différens Voyages. 2 Bl.
4) Carte Générale de L'Asie, ou se trouvent les Découvertes des Iles, de Bougainville, Surville et Dampierre. 2 Bl
5) Carte Générale de L'Afrique, Divisé en plusieurs Royaumes, contenant aussi, les Pays et états voisins. Ou l'on a tracé les Routes des trois Voyages de Cook. 2 Bl.
6) Carte de l'Amérique Septentrionale et Méridionale. Ou se trouvent les Découvertes les plus nouvelles, et les trois Voyages de Cook. Par les Fréres Lotter. A Augsbourg. 2 Bl. 1750? In 6 Sect. oder 10 Bl.

— Nachricht an die Liebhaber der Natur wegen einer anzustellenden Versammlung, darinnen die Eigenschaften u. Wirkungen der Luft erläutert u. bewiesen werden sollen. 4. Nürnb. 754.

Lowitz, G. M. Rede über den Nutzen der höhern Mathematik. Nürnberg 1752. 4.

— Sammlung der Versuche, wodurch sich die Eigenschaften d. Luft begreiflich machen rc. Nürnb. 755. Bieling. 12 K

— die richtige Verwandlung der scheinbaren Zeiten einer Pendeluhr in die wahren Sonnenzeiten. 4. Hörter 755.

Lowitz, T., s.: Optik, meteorologische.

Lowitz, Tob.

— Anzeige e. neuen Mittels, Wasser auf Seereisen vor Verderben zu bewahren rc. 8. St. Petersb. 790.

Lowitz, Tob., († d. 7. Dec. 1804.) Bemerkk. über die Reinigung des Kornbranntweins durch Kohlen. — W. H. S. Buchholz, üb. verdorbene Luft in Gefängnissen rc. 4. Erfurt 794. Keyser. 3 K

Lowle, Gust., Tannenberg. Drama in 5 Aufzügen. 8. (III, 101 S.) Dresden 893. E. Pierson. n. 2. —

Die gebirgbildenden Felsarten. E. Gesteinskunde f. Geographen v. Prof. Dr. Ferdinand **Löwl**. M. 25 in d. Text gedr. Abb. *Stuttgart: F. Enke 1893.* (159 S.) 1 Bd 8. [97. 968

Löwl, Ferd., Geologie, s.a. Erdkunde, die, XI.

Geologie. Von Dr. Ferdinand **Löwl**, Prof. Mit 266 Fig. Leipzig & Wien: F. Deuticke 1906. (VIII, 332 S.) 4°(8°)
— **Erdkunde**, Die. T. 11. [06 5030

Löwl, Ferd., d. Granit-Kerne d. Kaiserwaldes bei Marienbad. Lex.-8. (48 S. m. 18 Abb. u. 2 lith. Taf.) Prag 885. Teplitz-Schönau, A. Becker. n. 2. 70; ermäss. Pr. n. 1. —

Löwl, Ferd., die Granit-Kerne des Kaiserwaldes bei Marienbad. Ein Problem der Gebirgskunde. Lex.-8. (48 S. mit 18 in den Text gedr. Holzschn. und 2 lithogr. Taf.) Prag 885, Dominicus. *

Löwl, Ferd., aus dem Zillerthaler Hochgebirge. 8. (IV, 436 S.) Gera 878. Amthor. n. 5. —

—— Siedlungsarten in den Hochalpen, s.a. Forschungen zur deutschen Landes- und Volkskunde.

Löwl, Ferdinand: Siedlungsarten in den Hochalpen. Stuttgart 1888. 51 S. = Forschungen zur deutschen Landes- und Volkskunde. Bd. 2. Heft 6. 8°.

Löwl, Ferdinand: Spalten und Vulcane. ([S.-A.] Jahrbuch der k. k. Geologischen Reichsanstalt. 1886. Bd. 36. Heft 2 u. 3. S. 315—326.) Wien 1886. 12 S. 8°.

Löwl, Ferd., über Thalbildung. gr. 8. (VI, 136 S.) Prag 884, Dominicus. * 3 —

Löwl, Ferd., über Thalbildung. gr. 8. (VI, 136 S.) Prag 884. Berlin, W. u. S. Loewenthal. n. 3. —

— d. Ursache d. secularen Verschiebung d. Strandlinie. gr. 8. (43 S.) Prag 886. Teplitz-Schönau, A. Becker. n. — 40

—— die Ursache der secularen Verschiebungen der Strandlinie. Vortrag. gr. 8. (15 S.) Prag 886, Dominicus. *

Lowman, Moses, Abhandlung von der *bürgerlichen Regierung der Israeliten*, worin ihre wahre Absichten u. Beschaffenheit wie auch die Uebereinstimmung ihrer mosaischen Grundgesetze mit der Gerechtigkeit, Weisheit u. Güte gezeiget wird. Aus d. Engl. ins Teutsche übersetzt u. mit e. Vorber., Anmerk. u. Reg. versehen von *Joh. Frdr. Esaias Steffens,* Hauptpred. an der Cosmä u. Damianikirche in Stade .... Hamburg, bey Chrn. Wilh. Brandt. 1755. 8°. Hpgmtb.

48 u. 614 S. Laut Vorber d. Uebersetzers hat das Original d. Titel: „Lowman, Moses, a dissertation on the civil government of the Hebrews, in which the true designs and nature of their government are explained, the Justice, Wisdom and Goodness of the Mosaical Constitutions are vindicated, in particular from some late unfair and false representations of them in the Moral Philosopher. London 1740; 2d ed. 1745."

– Dass., s. a. Lowmann

Lowman, Oscar [aus Cincinnati, Ohio U. S. A.]: Ueber die Synthese des Benzoylessigaethers und der ortho meta und para Dimethyldibenzyle .... München, K. Hof- & Univ.-Buchdr. v. Dr. C. Wolf & Sohn, 1887; 32 S. 8°.
München, Phil. Fak., Inaug.-Diss. v. 1887.

Lowman, Oscar, über die Synthese des Benzoylessigaethers und der ortho meta und para Dimethyldibenzyle. Diss. München 1887, A. Buchholz. 8°. 32 S.

Lowmann, Mos., Abhandl. v. d. bürgerl. Regierung d. Israeliten; aus d. Engl. v. J. F. E. Steffens. 8. Hamb. 755. Brand. 20 K

— — dasselbe, a. dem Englisch. v. Mayenberg. 8. Zelle, Gsellius. 756.

– Dass., s. a. Lowman

Lowndes, J., Beobachtt. üb. d. medicin. Elektricität; aus dem Engl. mit Anmerkk. u. Zusätzen v. W. Davidson. 8. Berl. 792. Maßdorf. 4 K

Lowndes, Marie Adelaide Belloc, s. a. Belloc Lowndes

Lowndes, Belloc, the uttermost farthing, s.a. Collection of British authors.

The uttermost Farthing. By Mrs. Belloc **Lowndes**. Copyright ed. Leipzig: Tauchnitz 1910. 272 S. 8°
(Collection of British authors. Tauchnitz Ed. Vol. 4174.) [11. 8868

— studies in wives, s.a. Collection of British authors.

Studies in wives. By Mrs. [Marie Adelaide] Belloc Lowndes. Copyright ed. Leipzig: Tauchnitz 1910. 278 S. 8°
(Collection of Brit. Authors. Tauchnitz Ed. Vol. 4217.) [10. 13166

Lowndes, William Thomas, the Bibliographer's Manual of English literature, containing an account of (50,000) rare, curious, and useful Books, published in or relating to Great Britain and Ireland, from the invention of printing; with bibliographical and critical notices, collations of the rarer articles, and the prices at which they have been sold in the present century. IV Vol. (A—Z.) gr. 8. London 834. (Black et Armstrong.) n. 33 ℛ

Lowndes, William Thom., the bibliographer's manual of english literature. Containing an account of rare, curious, and useful books, published in or relating to Great Britain and Ireland, from the invention of printing; with bibliographical and critical notices, collations of the rarer articles, and the prices at which they have been sold in the present century. New edition, revised, corrected and enlarged. 8 parts or 3 Vols. 8. London 857—61. Leipzig, T. O. Weigel. [Vol. 1. (XII und S. 1—850.) 2. (S. 851—1156.) 3. (XII und S. 1157—2068.)] geb. à Part ** 1 Thlr. 5 Ngr. **

Lownds, Louis, aus Repton (Derbyshire, Engl.): Über die thermomagnetischen und verwandten Eigenschaften des krystallinischen Wismuts. *Berlin (1902): G. Schade.* (31 S.) 8°
Berlin, Phil. Diss. v. 26. Juli 1902

Löwner, Heinr., populäre Aufsätze aus dem classischen Alterthum. gr. 8. (41 S.) Eger 885, (Götz.) *
—— dass. — 2. Aufl. gr. 8. (43 S.) Prag 886, Dominicus. *

Löwner, Heinr. Der litterarische Charakter des „Agricola" von Tacitus. 14 S. 8. **Progr.** *Eger* 1884

Löwner, Heinr. Die Herolde in den homerischen Gesängen. XXV S. 8. **Progr.** *Eger* 1881.

Löwner, Heinr., Merk- u. Spruchbuch f. alle Tage d. Jahres. 16. (191 S.) Stuttgart 891. Deutsche Verlags-Anstalt. n. 1.75; geb n. 2.50

Löwner Dr Heinrich: Lexikographische Miscellen. 23 Arnau. 95. **Progr.**

Lowositz, J. B., der Adel u. sein Verhältniß zur Gegenwart. Gegen dessen beantragte Abschaffung. gr. 8. (23 S.) Königsberg 848, Samter. 1/6 ℛ

— Dante u. der Katholicismus in Frankreich. Im Hinblicke auf das Verhältniß der Bildung zur Religion. Ein Vortrag, in der K. deutschen Gesellschaft zu Königsberg gehalten. 8. (62 S.) Königsberg 848, Samter. 1/3 ℛ

— aus der hebräischen Grammatik. Eine Anleitung zum grammat. Verständnisse der Heil. Schrift. Zunächst f. den Gebrauch der israel. Schüler an den Prager k. k. Gymnasien u. Realschulen. 8. (48 S.) Prag 852, Calve. 12 ngl

(Lowositz, J. B.,) Aus der hebräischen Grammatik. Eine Anleitung zum grammat. Verständnisse der heil. Schrift. Zunächst für den Gebrauch der israelit. Schüler an den prager k. k. Gymnasien und Realschulen. 8. (48 S.) Prag 852, [Tempsky.]

Lowositz, J. B., der Thalmud und seine Beurtheilung. Ein Beitrag zur Verständigung. (Aus den Preuß. Provinzialblättern Januar-Heft 1844 abgedruckt nebst nachträglichen Bemerkungen.) gr. 8. Königsberg 844, Theile. n. 1/6 ℛ

Lowositz, Isaac B., zur Charakteristik d. Religionswechsels. Sendschr. an e. jüd. Familienvater. 8. (8 B.) Königsberg 840, Unzer.

—— Rabbinenwahl. Zur Aufklär. üb. d. dabei vertretenen religiösen Interessen. gr. 8. (1½ B.) Breslau 839, Kohn.

Lowth, Rob., s. a. J e s a i a s.

— Jesaias, neu übers., m. kritt. Anmerk. a. dem Englisch. v. Koppe. 4 Bde. gr. 8. Lpz. Weidmann. 779–81. (1r bis 3r à 14 gr. 4r 12 gr.)

— introduction. v. Introduction.

— short introduction to english grammar, with critical notes. 12. Strassb. 794. Levrault. 16 gl

— de sacra poësi Hebraeorum, praelect. acad. Oxonii habitae c. Jh. Dav. Michaelis. II Partes. 8. Götting. 758. 62. Ed. II. 8. 769. 70. Dieterich. 1 ℛ 16 gl (Auch u. d. T.: Jh. D. Michaelis in R. Lowth praelectiones de sacra poësi Hebr.)

Lowth, Robertus, De sacra poesi Hebraeorum praelectiones academicae Oxonii habitae: subjicitur metricae Harianae brevis confutatio: et oratio Crewiana. Notas et epimetra adjecit Ioannes David Michaelis. Pars I. [II]. Editio secunda. Goettingae 1770. [1771].

Lowth, Rob., Praelectiones de sacra Poesi Hebraeorum. Subj. met. Har. brev. confutatio et orat. Crew, C. not. et epimet. J. D. Michaelis suis animadv. adj. ed. E. F. C. Rosenmüller. Insunt C. F. Richteri de act. lib. Jobi defin. et C. Weisii de metro Har. comment. 8maj. Lips. J. A. G. Weigel. 815.
Schreibp.

— engl. Sprachlehre. mit krit. Noten, nach d. neuesten Original-Ausg. übers. mit Anmerkk. v. Chr. H. Reichel. 8. Leipz. 790. Weidmann. 12 gl

Lowth, Rob., Vorles. über die heil. Dichtkunst der Hebräer. Im Ausz. v. K. B. Schmidt. gr. 8. Danzig 793. Troschel. 20 gl

Lowtzky, Fanny, aus Kiew: Studien zur Erkenntnistheorie. Rickerts Lehre über die logische Struktur der Naturwissenschaft und Geschichte. Borna-Leipzig 1910. IV + 156 S. 8°. [6. VII. 09.]
Bern. Phil. Diss. 1909/10.

Lowtzky, Fanny. Studien zur Erkenntnistheorie. (Heinrich) Rickerts Lehre über die logische Struktur der Naturwissenschaft und Geschichte. Diss. Phil. Bern. IV + 156 S. 8. Borna-Leipzig. Robert Noske, 1910.

Lowtzow, ..., s. Oehlenschläger, Erich u. Abel.

Lowtzow, J. v. Aufzeichnungen üb. die Familie derer v. Lowtzow. gr. 8. (42 S. m. 1 chromolithogr. Wappen- u. 2 Stammtaf.) Hamb. 890, Boysen. * 6 —

Lowtzow, L. v., die Nordsee. Genaue Beschreibung der angrenzenden Küsten, der Wassertiefen, Sandbänke, Klippen u. Riffe, der Feuerschiffe u. Leuchtthürme, der Seetonnen, Baaken u. Bojen ꝛc. Nach den neuesten u. besten englischen, holländ. u. dänischen Quellen ausgearb. Hamburg 857. (Leipzig, Gerhard.) gr. 8. (XVI, 542 S.) n. 2 ℛ

**Loewy.* Lebensversicherung im Versicherungslexikon nebst Ergänzungsband von *Manes.* Tübingen 1909 und 1913.

Loewy, A., Höhenklima u. Bergwanderungen, s.: Zuntz, N.

Loewy, A., s.: Lehrbuch der Physiologie des Menschen.

Loewy, Adolf [prakt. Arzt]: Ueber die forensische Bedeutung der uterusruptur .... Ohlau, Druck v. M. Neumann, 1888; 41 + 1 S. 8°
Breslau, Med. Fak., Inaug.-Diss. v. 14. März 1888

Loewy, Adf., über die forensische Bedeutung der Uterusruptur. Inaugural-Dissertation. gr. 8. (40 S.) Breslau 888, (Köhler.) *

Über den Einfluß des Seeklimas und der Seebäder auf den Stoffwechsel des Menschen. Von Prof. Dr. A[dolf] **Loewy**, Berlin, u. Privatd. Dr. F[ranz] Müller, Berlin. Mit 2 Textfig. Bonn: Hager 1904. 27 S. 8° [11. 1039ª

— u. F. **Müller**, über den Einfluss des Seeklimas u. d. Seebäder auf den Stoffwechsel d. Menschen. (27 S. m. 2 Fig.) gr. 8. Bonn 904. M. Hager. n. 1. —
Sonderabdruck aus: „Archiv f. d. ges. Physiol."

— Frz. **Müller**, W. **Cronheim** u. A. **Bornstein**, über den Einfluss des Seeklimas u. der Seebäder auf den Menschen. (59 S. m. 4 Taf.) Lex. 8. Berlin 910. A. Hirschwald. 2. 40
Sonderabdr. aus: „Zeitschr. f. exper. Patholog. u. Therap".

Loewy, Adolf (geb. Berlin 29.6.1862): Über den Einfluss der Temperatur auf die Filtration von Eiweißlösungen durch tierische Membranen.
Berlin (1885). (31 S.) 8°
Berlin, Med. Diss. v. 25. Apr. 1885

Löwy, Adolf, Kammergerichts.-Ref.: Die stille Gesellschaft in ihrem Verhältnis zu der Gesellschaft des bürgerlichen Rechts. *Charlottenburg-Berlin 1900: R. Münch.* (76 S.) 8°
Göttingen, Jur. Diss. v. [24. Dez.] 1900

Löwy, Adf., die stille Gesellschaft in ihrem Verhältnis zu der Gesellschaft des bürgerl. Rechts. Diss. gr. 8. (76 S.) Charlottenburg-Berlin 900. (Göttingen, Vandenhoeck & Ruprecht.) n. 1. 80

Löwy, Adf. Die Tugend- u. Sittenlehre d. Talmud. Dargestellt in anzieh. Erzählgn., m. besond. Benützg. d. im 11. Jahrh. vom berühmten Gaon Rabbenu Nissim Ben Jakob verf. Werkes Sefer Maßoth, Buch der Begebenheiten. gr. 8. (VIII, 186 S.) Wien 890, (Lippe). * 2 —

Untersuchungen über die Blutcirculation beim Menschen. Von Prof. Dr. A[dolf] **Loewy** in Berlin u. Dr. H[ermann] v. Schrötter in Wien. Mit 3 Taf., 10 Fig. u. 5 Curven. Berlin: A. Hirschwald 1905. (VI, 114 S.) 8°
Aus: Zeitschrift f. experim. Pathol. u. Therapie. Bd 1. [05. 5933

Loewy, A., Untersuchgn. üb. d. **Respiration** u. Circulation bei Aenderung d. Druckes u. d. Sauerstoffgehaltes d. Luft. gr. 8. (VI, 155 S. m. 5 eingedr. Curventaf.) Berlin 895. A. Hirschwald. n. 4. —

Die Echtheit der Moabitischen Inschrift im Louvre. Aufs neue geprüft von Dr. Albert **Löwy**. *Wien: A. Holzhausen 1903.* (27 S.) 8° [03. 1264

Loewy, Alfr., über Differentialgleichungen, die m. ihren adjungirten zu derselben Art gehören. gr. 8. (S. 3—14.) München 902. (G. Franz' Verl.) n. — 20
Sonderabdruck aus: „Sitzungsber. d. bayer. Akad. d. Wiss."

Löwy, Alfred: Aus d. Kgl. chirurg. Universitäts-Klinik zu Breslau. Die an der Kgl. chirurg. Klinik Breslau in den Jahren 1891 bis April 1901 behandelten Fälle von Hasenscharte. *Breslau 1903: H. Fleischmann.* (53 S.) 8°
Breslau, Med. Diss. v. [13. Febr.] 1903

Loewy, Alfred, Dr.: Ueber bilineare Formen mit konjugirt imaginären Variablen. *Halle 1898: E. Karras.* (70 S.) 4°
¶ Aus: Nova Acta. Abh. d. Kaiserl. Leop.-Carol. Deutschen Akademie d. Naturforscher, Bd 71, Nr 8.
Freiburg i. B., Phil. Hab.-Schr. v. 1898

Loewy, Alfr., über bilineare Formen m. konjugirt imaginären Variablen, s. a. **Acta**, nova, academiae etc. naturae curiosorum.

Ueber bilineare Formen mit konjugirt imaginären Variablen. Habilitationsschr. ... vorgelegt der hohen phil. Fak. d. Albert-Ludwigs-Univ. Freiburg i. B. v. Dr. Alfred **Loewy** ... *Halle: Dr. v. E. Karras; In Comm. bei W. Engelmann in Leipzig 1898.* (70 S.) 4.
= **Acta**, Nova, Academiae Caes. Leopoldino-Carolinae Germ. naturae curiosorum. T. 71. No 8. [90. 1831

Loewy, Alfred [aus Rawitsch]: Ueber die Transformationen einer quadratischen Form in sich selbst, m. vorzügl. Berücks. der uneigentl., sowie ihre Anwendgn auf Linien- u. Kugelgeometrie ... (Aus: Nova Acta d. Kais. Leop.-Carol. Deutsch. Akad. d. Naturf., Bd. LXV.) Halle, Buchdr. d. Dr. Güntz'schen Stiftg, 1895; 1 Bl., 66 S. 4.
München, Phil. Fak., Inaug.-Diss. v. 1895

— über d. **Transformationen** e. quadrat. Form in sich selbst, m. Anwendgn. auf Linien- u. Kugelgeometrie. [Aus: „Nova Acta d. ksl. Leop.-Carol. deutschen Akad. d. Naturforscher".] gr. 4. (66 S.) Halle 895. (Leipzig, W. Engelmann.) n. 3. —

Ueber die Transformationen einer quadratischen Form in sich selbst, m. Anwendgn auf Linien- u. Kugelgeometrie. Von Alfred **Loewy** aus Rawitsch ... *Halle: In Comm. b. W. Engelmann in Leipzig; Buchdr. d. Dr. Güntzschen Stiftg in Dresden 1895.* (214 S., 13 Taf.) 4.
= **Acta**, Nova, Academiae Caes. Leopoldino-Carolinae Germ. naturae curiosorum. T. 65. No 1. [97. 2239

Loewy, Alfr., Versicherungs-Mathematik, s. a. **Sammlung** Göschen.

Loewy A. Versicherungsmathematik. (145 S) (Slg. Göschen 180) 16° Leipzig 1903

Versicherungs-Mathematik von Dr. Alfred Loewy. 2. umgearb. Aufl. Leipzig: Göschen 1910. 175 S. 8°
(Sammlung Göschen. 180.) A 12.115/11

Loewy, Arthur, Referendar beim Kgl. Landgericht in Liegnitz: Die Form der Erbschaftsannahme nach heutigem bürgerlichen Recht. *Breslau: M. & H. Marcus 1904.* (68 S.) 8°
¶ (Erscheint in erweiterter Umarbeitung in: Studien zur Erläut. d. bürgerl. Rechts.)
Breslau, Jur. Diss. v. 18. Juni 1904

Loewy, Arth., s.: **Jahrbuch** d. Vereine Deutschlands.

Löwy, C. Neue Anschauungsmethode zur leichtern Erlernung des französischen Zeitwortes für den Schul- u. Privatunterricht faßlich dargestellt. gr. 8. (107 S.) Wien, Lechner in Comm. 1863. 70 kr.

Löwy, D.

—— s. **Gallerie** der verdienstvollsten Juden des 19. Jahrhunderts.

Löwy, D., tausend Jahre aus dem Leben des jüdischen Volkes in nachbiblischer Zeit. 1. Bd.: Das zweite jüdische Staatsleben. kl. 8. (VI, 495 S.) Wien 888, (Lippe.) *
Erschien 1887 und 1888 in 12 Lfgn. A * 60 Pf.

Löwy, D., s.: **Jubelworte**.

Löwy, D., Lebensbilder u. Lebensweisheit, den Sabbath-Abschnitten der Thora entnommen. Für Jugendgottesdienst, Religionsunterricht, wie für's Familienhaus. I. Das 1. Buch Moses. 8. (III, 77 S.) Wien 891. Ch. D. Lippe. n. 1. —

Löwy, D., der Talmudjude v. Rohling in der Schwurgerichtsverhandlung vom 28. Oktbr. 1882. Zur Abwehr u. Verständigg. gr. 8. (40 S.) Wien 882. Lippe. — 60

Löwy, D., der Talmudjude v. Rohling in der Schwurgerichtsverhandlung vom 28. Oktbr. 1882. Zur Abwehr und Verständigung. gr. 8. (40 S.) Wien 882, [D. Löwy.] Pollák. — 50

Löwy, Dav., Leschon Chachamim. Wörterbuch, enthalt. hebräische Wörter u. Redensarten, die sich im Talmud befinden. Gesammelt, hebräisch erläutert u. ins Deutsche übersetzt. 1. u. 2. Hft. A. u. d. Ttl.: לשון חכמים. Lex.-8. (6⅛ B.) Prag 845, 47. (Leipzig, C. L. Fritzsche.) à *

Löwy, E.

— Anecdoti Giudiziari dipinti in un fregio antico. S.-A. 1897. 21 S. u. 2 Taf.

— Sopra un' antichissima opera di scultura cretese. S.-A. 1891. 5 S. m. Abb. 4°.

Löwy, E., Die Siegerstatue des Eleers Pythokles. S.-A. O. J. 8 S.

— Sullo studio dell' archaeologia. S.-A. 1891. 15 S.

Löwy, E. Ueber die Wirkung der Parawolframate des Natriums, Kaliums pp. Dissertation. Hamburg. 1893.

Loewy, Eman., Inschriften griechischer Bildhauer, mit Facs. hrsg. Gedruckt mit Unterstützung der kaiserl. Akademie der Wissenschaften zu Wien. gr. 4. (XL, 410 S.) Leipzig 885, Teubner. *

—— griechische Inschrifttexte. Für akadem. Übungen ausgewählt. Lex.-8. (IV, 38 S.) Wien und Prag 888, Tempsky. — Leipzig, Freytag. *

Löwy, Eman., Lysipp u. seine Stellung in der griechischen Plastik, s. a. Sammlung gemeinverständlicher wissenschaftlicher Vorträge.

Löwy E, Lysipp und seine Stellung in der griechischen Plastik. (Sammlung gemeinverständlicher wissenschaftlicher Vorträge NF 127) Hamburg 1891

— Lysipp u. seine Stellung in d. griech. Plastik. 1891. 85 S. u. 15 Abb.

Löwy, Eman., die Naturwiedergabe in der älteren griechischen Kunst. gr. 8. (60 S. m. Abbildgn.) Rom 900. Loescher & Co. n. 3. 60

Löwy Emanuel: Untersuchungen zur Geschichte der griechischen Künstler.
II. 1881 PN 224 Diss.Wien. Univ. 2578

Loewy, Eman., Untersuchungen zur griechischen Künstlergeschichte, s. Abhandlungen des archäologisch-epigraphischen Seminares der Universität Wien.

Löwy, Emil: Beiträge zur Feststellung des Rechtsbegriffes.
Phil. Diss., Prag 1882-1886.

Löwy, Emil: Ernährungscuren '(Mastcuren)'. *Wien & Leipzig 1897.* in: Fortschritte d. Hydrotherapie. Festschr. z. vierzigjähr. Doctorjub. d. Prof. Dr. W. Winternitz. [97. 1495

Löwy, Emil, aus Matzen in Nieder-Oesterreich: **Zur Synthese aromatischer Aldehyde.** *Heidelberg 1898: J. Hörning.* (34 S.) 8°
Heidelberg, Naturw.-math. Diss. v. [12. Nov.] 1898

Löwy, Ernst [aus Wien]: Über die Einwirkung der Parawolframate des Natriums, Kaliums und Ammoniums auf die entsprechenden normalen Vanadate. E. Beitr. z. Kenntnis d. Doppelsalze d. Vanadinsäure u. Wolframsäure ... '(Hamburg, L. Voss.)', 1893; 45 S., 1 Bl. 8.
Berlin, Phil. Fak., Inaug.-Diss. v. 5. Aug. 1893

Loewy, Eugen [pr. Arzt aus Gross-Kottulin, Kr. Tost-Gleiwitz]: Beiträge zur Kenntnis und Würdigung Wilhelm's von Saliceto '(XIII. Jahrh.)' als Arzt ... Berlin, Buchdr. v. G. Schade, *1897;* 30 S., 1 Bl. 8.
Berlin, Med. Fak., Inaug.-Diss. v. 7. Aug. 1897

Löwy, Gustav: Die Technologie und Terminologie der Müller und Bäcker in den rabbinischen Quellen.
Leipzig 1898. 59 S. 8°.
Bern. Phil. Diss. 1898/99.

Löwy, Gust., die Technologie u. Terminologie der Müller u. Bäcker in den rabbinischen Quellen. gr. 8. (51 S.) Leipzig 898. Buchh. G. Fock. n. 1. 20

LÖWY, H., I. Wichtig für Narren. II. Ich höre beichten die Madeln. III. An sündige Mädchen. IV. Ich bin Gabriel der Pater. Wien, H. Czermak.
Verboten v. L.-G. Wien, 6. Februar 1872. § 303,516.

Löwy, Heinrich, a. Wien: Beiträge zur Ionentheorie des Phosphors. Göttingen 1908: Dieterich. (37 S.) 8°
Göttingen, Phil. Fak., Ref. Riecke, Diss. v. 29. Juli 1908
[Geb. 7. April 84 Wien; Wohnort: Wien; Staatsangeh.: Österreich; Vorbildung: Maximilians-Gymn. Wien; Studium: Wien 4, Göttingen 5 S.; Rig. 27. Mai 08.]

Loewy, Heinrich: **Spezial-Katalog für Bandagen u. orthopädische Apparate.**
Berlin 1906

Löwy, J., Anekdoten aus medicinischen Kreisen. gr. 16. (80 S.) Wien 878, Hartleben's Verlag.

Löwy, J., Anekdoten aus medicinischen Kreisen. 2. verm. Aufl. 12. (80 S.) Wien 880, Hartleben's Verlag. 1 80

Löwy, J., s.: Compositionen, figurale.

— u. J. Lefticnne-Dubois, kleines Hilfsbuch f. den Tanz-Unterricht u. das Arrangement v. Tanz-Unterhaltungen. Praktischer Selbstunterricht. Quadrille, Walzer, Cotillon. Mit 17 Taf. (36, 54 u. 16 S.) 16. Wien 909. J. C. Mickl. 1. —

Löwy, J. (Hrsg.), s. National-Trachten, Oesterr.- ungar.

Löwy, J., Photographie, s.: Ausstellungs-Bericht, officieller.

— Rathgeber in Kinderkrankheiten. Populär gefaßte u. alphabetisch geordnete Abhandlung über alle im Kindesalter vorkommenden Krankheiten u. üblen Zufälle. Mit einem Anhange, betreffend die Anatomie des Menschen, mit besonderer Berücksichtigung des Kindes. Mit 50 in den Text gedr. (Holzschn.-)Illustr. gr. 8. (585 S.) Wien 879. Hartleben. 5. —

Löwy, J. — Der Segen Bilams. Rede gehalten am siebzehnten Tamus Sabbath Abschnitt Volock im israelitischen Tempel zu Karlsbad im Jahre 5613 von — —. 8. (16 S.) Prag. Buchdruckerei von M. J. Landau. 1853.

Loewy, J., Thal der Thränen. Kaiser Wilhelm I. und Kaiser Friedrich III. Erinnerungen an die schwere Leidenszeit des deutschen Volkes und Herrscherhauses 1887—1888. Drei Reden und ein Gebet, gesprochen in der Synagoge zu Göttingen. gr. 8. (16 S.) Göttingen 888, Akadem. Buchhandlung. **

Löwy, J: **Das Wesen des Erfindens.** Stuttgart 1908

Löwy, Jac. Ezech., kritisch-talmudisches Lexicon. (In hebr. Sprache.) 1. Bd. gr. 8. (IV und 494 S.) Wien 863. (Leipzig, C. L. Fritzsche.) *

Loewy, James [pr. Arzt aus Berlin]: Ist die Abortivbehandlung der Syphilis möglich? ... Berlin, Buchdr. v. G. Schade. *1892*; 30 S., 1 Bl. 8.
Berlin, Med. Fak., Inaug.-Diss. v. 30. Apr. 1892

[F.] Löwy, James [Referendar]: Das Loos im System des deutschen Wahlrechts ... Greifswald, Druck v. J. Abel, 1896; 37 S. 8.
Greifswald, Jur. Fak., Inaug.-Diss. v. 1896

Löwy, Ignaz

— Die Quadrille française. Der Walzer, s.: Wenedikt's Tanzbücher. Nr. 1.

Löwy, Ignaz, die quadrille française wie man sie tanzt u. arangirt. Mit besonders reichhalt. Ausstattg. an Figuren f. das Finale u. vielen erläut. Zeichngn. 2. verb. Aufl. 16. (29 S. m. 6 Steintaf.) Wien 874. Wenedikt. 1. —

Löwy, Ign., die Quadrille française, wie man sie tanzt und arrangirt. Mit besonders reichhalt. Ausstattung an Figuren für das Finale mit vielen erläut. Zeichnungen (auf 6 Stnt.) 3. verb. Aufl. 16. (32 S.) Wien 878, Wenedikt. *

Löwy, Ignaz, die Quadrille française, wie man sie tanzt und arrangirt. Mit besonderer reichhaltiger Ausstattung an Figuren für das Finale u. allen erläuternden Zeichnungen bezüglich der Figuren, nebst einer prakt. Anleitung, Walzer schnell und graziös zu erlernen. 6., verbess. Auflage. 12°. (34 S.) Wien, Wenedikt. fl. —.48. 1886

Löwy, Ignaz, die Quadrille française, wie man sie tanzt und arrangirt. Mit besonders reichhaltiger Ausstattung an Figuren für das Finale und allen erläuternden Zeichnungen bezüglich der Figuren. Nebst einer praktischen Anleitung, den Walzer schnell und graciös zu erlernen. Achte verbesserte Auflage. 16°. (34 S.) Wien, Wenedikt. fl. —.48. 1887.

Löwy, Ignaz, Die Quadrille française, wie man sie tanzt und arrangirt. Mit besonders reichhaltiger Ausstattung an Figuren für das Finale und allen erläuternden Zeichnungen bezüglich der Figuren. Nebst einer praktischen Anleitung, den neuen Sechsschritt-Walzer schnell und graziös zu erlernen. 10. verbesserte Auflage. 16. (34 S.)
Wien: Wenedikt 1889. —.48

Löwy, Ign., die Quadrille française, wie man sie tanzt u. arrangirt. Mit besonders reichhalt. Ausstattg. an Figuren f. das Finale u. allen erläut. Zeichngn. bezüglich der Figuren. Nebst e. prakt. Anleitg., den neuen Sechsschritt-Walzer schnell u. graziös zu erlernen. 11., verb. Aufl. 16. (36 S. m. 6 Taf.) Wien 893. (Leipzig, Literar. Anstalt A. Schulze.) n. — 96

Löwy, Ign., d. Quadrille française, wie man sie tanzt u. arrangirt. M. besond. reichhalt. Ausstattg. an Figuren f. d. Finale u. allen erläut. Zeichngn. bezüglich d. Figuren. Nebst e. prakt. Anleitg., d. Sechsschritt-Walzer schnell u. graziös z. erlernen. 13., verb. Aufl. 16. (36 S. m. 6 Fig.-Taf.) Wien 896. (Leipzig, Literar. Anstalt, A. Schulze.) n. — 96

Löwy, Ignaz, Die Quadrille française wie man sie tanzt und arrangirt. 14. Auflage. 16. (34 S.) * —.48
Wien: Wenedikt 1898.

Löwy, J., die Quadrille française, wie man sie tanzt u. arrangiert. Mit besonders reichhalt. Ausstattg. an Figuren f. das Finale u. erläut. Zeichngn. auf 6 Taf. Nach L. in 16. neubearb. Aufl. m. Anh.: Der Wiener Walzer, zum Selbstunterricht hrsg. v. Frz. Unger. (35 S.) 16. Wien 908. F. C. Mickl. — 50

(F) Löwy, J., Die Quadrille française, wie man sie tanzt und arrangiert. 17. Aufl. [Wenedikts Tanzbücher. Nr. 1.] 8°. (36 S.)
Wien: Mickl 1909.

—— s. Weinberger's Recept-Taschenbuch.

Löwy, Jos., das Elektromobil u. seine Behandlung, s. a. Küster's autotechnische Bibliothek 16. Bd.

Löwy, (Josef): Das Elektromobil und seine Behandlung. Berlin 1907. 124 S. m. Abb. 8°.

— was sind u. wie entstehen Erfindungen? Eine entwicklungstheoret. Studie. (18 S.) gr. 8. Wien 907. A. Hartleben. n. 1. —

— die elektrische Zündung bei Automobilen u. Motorfahrrädern, s. a. Küster's autotechnische Bibliothek. 9. Bd.

Löwy, Jos., die elektrische Zündung bei Automobilen u. Motorfahrrädern, s. a. Bibliothek, autotechnische.

Die elektrische Zündung bei Automobilen und Motorfahrrädern von Ingen. Josef Löwy, Wien. 2., durchges. u. stark verm. Aufl. Mit 120 Abb. u. 1 Taf.
Berlin: R. C. Schmidt 1909. VI, 188 S. 8°
(Autotechnische Bibliothek. Bd. 9.)

Löwy, Jul. Im Fiaker nach Paris. Kleine Reisebriefe. 12. (VI, 162 S. m. 2 Portr.) Wien 889, Schaubacker. — 70
Aus: Illustr. Wiener Extrablatt, besonders abgedruckt.

—— Geschichten aus der Wienerstadt. Illustrirt v. Rud. Palmforst. 8. (IV, 256 S.) Wien 889, Bauer. * 2 —; geb. 3 —

Loewy, Jul., Geschichten aus der Wienerstadt. Illustrirt v. Rud. Palmforst. 2. (Titel-)Aufl. 8. (IV, 256 S.) Wien 898. A. Bauer. n. 1. —

Löwy Julius: Andreas Gryphius „Der schwärmende Schäfer".
H. 1910 PN 2926 Diss. Wien, Univ. 354

Löwy, K.: Benzolderivate aus Succinylobernsteinsäureäther. Uster 1887.

Loewy, Leop., die Typhusepidemie in Fünfkirchen, verursacht durch Infection der Wasserleitg., s. a. Zeit- u. Streitfragen, klinische.

Zeit- und Streitfragen, Klinische. VII. Band, 9. Heft. Inhalt: Dr. Leopold Löwy, Die Typhus-Epidemie in Fünfkirchen verursacht durch Insection der Wasserleitung. Gross-8. (32 S.) — 60
Wien: Hölder 1893.

Löwy, M., üb. das Buch Jona. Exegetisch-krit. Versuch. gr. 8. (40 S.) Wien 892. (Ch. D. Lippe.) n. — 70

Loewy, M. H., General-Register zum Staatsarchiv, s. Staatsarchiv.

Löwy, Markus, histor. u. geograph. Beschreibgn. Palästina's u. aller Nachbarländer, deren Städte, Dörfer, Berge, Thäler, Ebenen, Flüsse, Seen etc. etc. sow. üb. d. seit e. Zeitraume v. 14 Jahren erst entstand. (aus Rußland, Rumänien, Bessarabien u. s. w. eingewandert) Colonieen Judäa's u. Galiläa's, nebst genauer Bezeichng. d. Eisenbahnstationen v. Jaffa nach Jerusalem. gr. 8. (20 S. m. 1 Karte.) Preßburg 894. (G. Heckenast's Nachf.) n. 1.—

Löwy, Markus, Geographie sammt separater Wandkarte von Palästina. Ergänzender Theil der auf der Karte befindl. histor. Anmerkungen in Fragen und Antworten, geeignet zu prakt. Handhabung des Unterrichtes in der Bibel, in den Propheten etc., verwendbar an Volks-, Haupt-, Realschulen und Gymnasien. 8. (88 S.) Preßburg 878, (Steiner's Buchh.)

Löwy, M., Schulkarte von Palästina nach der Vertheilung unter die zwölf Stämme sämmtlicher Nachbarländer, sowie die aufgenommenen jüngst entstandenen Colonien Palästinas, nebst genauer Bezeichnung über Eisenbahn-Stationen von Jaffa nach Jerusalem. Mit Plan von Jerusalem zur Zeit des I. und II. Tempels und Grenzen des Landes Canaan. Royal-Folio-Format. (44 + 36 *cm.*) Lithographie. 5. vermehrte und verbesserte Auflage —.30

Pressburg: Heckenast Nachf. 1894.

Löwy, M., Wandkarte von Palaestina nach der Vertheilung unter die zwölf Stämme, zum Gebrauche für jede jüdische Lehranstalt eingerichtet. (In hebr. und deutschen Lettern, mit histor. und geograph. Anmerkungen.) 6 Bl. Lithogr. und color. gr. Fol. Pressburg 878, (Steiner.) * 4 —
Auf Leinw. ** 5 20

—— dass. — Für jede jüdische Lehranstalt, wie auch für's Haus eingerichtet. 2. verm. und verb. Aufl. 4 Bl. Lithogr. und color. qu. gr. Fol. Nebst Text. 8. (88 S.) (Ebendas.) 879. * ℳ 5,50.; auf Leinw. * 7 —
Text allein — 75

Löwi, M. Wandkarte v. Palästina nach der Vertheilung unter die 12 Stämme zum Gebrauche für jede jüdische Lehranstalt, sowie für's Haus. 3. verm. u. verb. Aufl. 4 Blatt. Farbendr. 48,5×39 cm. u. 4 Blatt Text. Pressburg 891, (Steiner). ** 5 —

Loewy, Max [pr. Arzt]: Casuistischer Beitrag zur Lehre von der progressiven neurotischen Muskelatrophie ... Leipzig, Druck v. W. Pormetter in Berlin, 1896; 1 Bl., 26 S. 8.
Leipzig, Med. Fak., Inaug.-Diss. v. [24. Apr.] 1896

Löwy, Max [aus Königsberg in Böhmen]: Ueber neue Derivate des Amarins .... Freiburg i. B., Druck d. Fr. Wagner'schen Buchdr., 1887; 34 S. + 1 Bl. 8°.
Freiburg i. B., Phil. Fak., Inaug.-Diss. v. 1887.

Löwy, Moritz

— Über die Bahn des Kometen Donati. S. 34. 307 . . . . vgr.
Separatabdruck

— Über die Bahn der Eugenia. S. 29. 450 . . . . —.20
Separatabdruck

— Über die Bahn der Eugenia. S. 38. 1025 . . . . —.30
Separatabdruck

Löwy, M., über die Bahn der Eugenia. (Aus d. Sitzungsberichten d. k. Akad. d. W.) Wien 858. Gerold in Comm. gr. 8. (11 S.) n. 2 ngr.

— über die Bahn der Eugenia. (II.) (Aus den Sitzungsber. der k. Akad. der Wissensch.) Ebend. 860. gr. 8. (17 S.) 3 ngr.

Löwy, Mor., über die Bahn des Cometen V 1858. (Aus den Sitzungsber. der k. Akad. der Wissensch.) Wien 859. Gerold in Comm. gr. 8. (7 S.) n. 2 ngr.

Löwy Moritz: Über die Bahn der Leda. S. 24. 173 . . . . K 1.—
Separatabdruck

— über die Bahn der Leda. (Aus d. Sitzungsberichten d. k. Akad. d. W.) Wien 857. Gerold in Comm. gr. 8. (9 S.) n. 2 ngr.

— Bahnbestimmung des ersten Kometen 1857. S. 35. 389 . . . . vgr.
Separatabdruck

—— **Bahnbestimmung des ersten Kometen 1857.** Lex.-8. (26 S.) Wien 859, (Gerold's Sohn.) *
Vorstehende fünf Schriften des Verf. wurden aus: Sitzungsberichte der k. Akademie der Wissenschaften, Jahrg. 1857—59, besonders abgedruckt.

— Bestimmung der Bahn des Kometen V 1858. S. 33. 150 . . . . —.10
Separatabdruck

— Elemente der Bahn des von Bruhns am 21. Mai 1858 in Berlin entdeckten Kometen samt der Ephemeride für die Zeit vom 22. Mai bis 13. Juni 1858. S. 30. 271 . . . —.14
Separatabdruck

Löwy, Moses A., Worte zur Beherzigung an d. israelit. Gemeinde-Vorstände in Ungarn. gr. 8. (1½ B.) Pesth 841. (Leipzig, Kummer.)

Loewy, Paulus (*geb. Ostrowo in Pos. 13. 9. 1822*): De fractura vertebrarum. Vratislaviae (1856). (35 S.) 8°
Breslau, Med. Diss. v. 20. Okt. 1856

Löwy, Richard

Löwy, R., Flüssigkeitsströmungen m. unstetigen Druckverhältnissen. (16 S. m. 2 Fig.) gr. 8. Wien 910. A. Hölder. — 60
Sonderabdr. aus: „Sitzungsber. d. k. Akad. d. Wiss."

— Flüssigkeitsströmungen mit unstetigen Druckverhältnissen (mit 2 Textfiguren). S. 118. II a. 700 . . . . —.60
Separatabdruck

Löwy, Richard [aus Wien]: Zur Kenntniss des Tetramethoxyldiphtalyls ... (Aus: Sitzungsber. d. kais. Akad. d. Wiss. in Wien. Math.-naturw. Cl. Bd. CII Abth. II. b. März 1892.) Giessen, W. Keller'sche Druckerei, 1893; 15 S. 8.
Giessen, Phil. Fak., Inaug.-Diss. v. 1893

Löwy Richard, Dr.: Zur Kenntnis des Tetramethoxyldiphtalyls. S. 102. IIb. 116 . . . vgr.
Separatabdruck

Loewy, Richard [Kammergerichtsreferendar in Berlin]: Die Unmöglichkeit der Leistung bei zweiseitigen Schuldverhältnissen .... Berlin, Druck v. Dobrzynski & Müllner, 1888; 29 + 1 S. + 1 Bl. 8°
Berlin, Jur. Fak., Inaug.-Diss. v. 18. Jul. 1888

Loewy, Rich., die Unmöglichkeit der Leistung bei zweiseitigen Schuldverhältnissen. Eine romanist. Abhandlung. gr. 8. (147 S.) Berlin 888, J. J. Heine's Verlag. *

Loewy, Rob., über Augenerkrankungen sexuellen Ursprunges bei Frauen, s.: **Berger, Emil.**

Löwy Robert: Wallensteins Charakter in Geschichte und Dichtung.
II. 1906 PN 2174 Diss. Wien. Univ. 952

Löwy, Robert [aus Luditz (Böhmen)]: Ueber Flavon-Derivate. Wien 1897. 40 S. 8°.
Basel. Phil. Diss. 1897/98.

Löwy, Robert: Der Reguliervorgang bei modernen indirekt wirkenden hydraulischen Turbinenregulatoren. – 1908. 12 S. Aus: Elektrotechnik und Maschinenbau. 1908. H. 10. 11.
Diss. Wien, TH

Loewy, S., und L. Volkmar, die deutsche Wechsel-Ordnung, s. Volkmar, L.

Loewy, Siegfried: Beobachtungen und Untersuchungen an den Kindern der Hilfsschulklassen in Meiningen. Leipzig 1909: Georgi. 67 S. 8°
Leipzig, Med. Diss. v. 3. Febr. 1909, Ref. Flechsig
[Geb. 21. Nov. 81 Berlin; Wohnort: Berlin; Staatsangeh.: Preußen; Vorbildung: Kölln. Gymn. Berlin Reife M. 01; Studium: Berlin 10 S.; Coll. 29. Mai 09; Approb. März 08.] [U 09. 2824

Loewy Theodor: Ueber „Common Sensibles" u. z. die dem Gesichts- und Tastsinn gemeinschaftlichen Ideen der Ausdehnung, Gestalt und Bewegung bei Locke und Berkeley. Diss. Wien, Univ.
D: Leipzig 1882
1882 PN 273

Loewy, Thdr., common Sensibles. Die Gemein-Ideen des Gesichts- und Tastsinnes nach Locke und Berkeley und Experimenten an operirten Blindgeborenen. gr. 8. (71 S.) Leipzig 884, Grieben's Verlag. * 2 —

Loewy, Thdr., der Idealismus Berkeley's, in den Grundlagen untersucht. [Aus: „Sitzungsber. d. k. Akad. d. Wiss."] Lex.-8. (142 S.) Wien 891. (F. Tempsky.) n. 2.80

Loewy, Theodor, Dr. : Der I d e a l i s m u s Berkeleys in den Grundlagen untersucht. S. 124/1.
Separatabdruck

Loewy, Thdr., die Vorstellung des Dinges auf Grund der Erfahrung. Ein Entwurf. gr. 8. (III, 275 S.) Leipzig 887, Reissner. *

Löwy Viktor und Winterstein Fritz: Einwirkung von Schwefelsäure auf das Glykol aus Isobutyr- und Isovaleraldehyd. S. 110. IIb. 344 . . . . vgr.
Separatabdruck

Löwy, W. Finanz- und Steuerverhältnisse der Stadt Wien in den Verwaltungsjahren 1861—1884, nebst einem Anhange: Status und Bezüge der Beamten und sonstigen Angestellten der Stadt Wien nach dem Stande vom Jahre 1861. Roy.-8°. Wien 1886.

Loewy, Walter: Die bestrittene Verfassungsmäßigkeit der Arbeitergesetze in den Vereinigten Staaten von Nordamerika. Ein Beispiel der Beschränkung der legislativen Gewalt durch das richterliche Prüfungsrecht. Heidelberg: C. Winter 1905. (88 S.) 8°
Heidelberg, Jur. Fak., Ref. Jellinek, Diss. v. 13. April 1905
[Geb. 25. Apr. 81 S. Francisco; Wohnort; S. Francisco; Staatsangeh.: Ver. St.; Vorbildung: Öff. Schulen S. Francisco bis 97; Studium: Univ. of California 6, U. of Pennsylvania 6, Heidelberg 2 S.; Rig. 5. Aug. 04.]

Löwy, Wilh., s.: Jahrbuch, statist. d. Stadt Wien.

Loewy, Wilhelm *(geb. Breslau 22. 11. 1848)*: Ueber die Indicationen zur Thoracentese. Breslau (1872). (32 S.) 8°
Breslau, Med. Diss. v. 30. März 1872

Löwy, Wilhelm, s. Wien. Statistischer Bericht.

Loewy, Wm., die wahren Beweggründe zur Mc Kinley-Bill. gr. 8. (24 S.) Nauen 892. H. & B. Harschan. n. — 50

Löwy-Leßlényi, Bernh., Ammon. Trauerspiel in 5 Aufzügen. 12. (97 S.) Wien 891. (Ch. D. Lippe.) n. – 80

Löwy-Leßlényi, Bernh., Ammon. Trauerspiel in 5 Aufzügen. (III, 100 S.) 8. Dresden (907). E. Pierson. 1.50

Löwysohn, Abrah., Sefer Mekore Minhagim. Ueber die Quellen der religiösen Observanzen, mit dem Nachweis, ob sie werth, oder durch Aberglauben verdunkelt, ob sie immer gültig, oder veränderlich seien, aus den Talmuden, den Schriften der Decisoren, Midraschim u. s. w. erklärt und erläutert. (In hebräischer Sprache.) gr. 8. (144 S.) Gleiwitz 857, Karfunkel. *

LOWZINSKY'S Geschichte der geheimsten Begebenheiten seines Lebens, ein schreckliches Beispiel von dem Unbestande des Glücks, von ihm selbst erzählt. Nürnberg, Raspe, 1807. 8°. (1 Rthl.)
Ehestandsalmanach I. p. 260.

Loxstedt [Schlagwort]

Loxstedt, s.: Preussen. Messtischblätter.

Loy, Alois, Disciplinar-Strafen-Tabelle — [sammt Verschärfungen] — der k. u. k. Armee im Frieden. Fol. (1 Blatt.) Teschen 874. Prochaska. n. — 40

Loy, Arthur v. (Pseud.), s. a. D u e r i n g - O e t k e n , Helene von (wirkl. Name)

Loy, Arthur [wirkl. Name], s. a. J o n a s , Emil J.

JONAS, Emil J. (d. i. *Arthur Loy*), Ein Berliner Don Juan. Roman aus dem Altagsleben (1). Berlin, Albert Sacco, 1851. 12°. (Bibl. d. Vereins f. d. Geschichte Berlins.) (4 Mk. Leo Liepmannssohn, Berlin 1907.)
Ziemlich zahmes Berliner Sittenbild, bereits selten! Tit. u. 183 S.

LOY, Arthur, Berliner Novellen aus der Gesellschaft. Berlin, o. J. (c. 185*). 8°. (1 Mk. B. Seligsberg, Bayreuth, 1896.)
S. auch weiter oben J o n a s (ps.).

Loy, Arth. v., Berliner Novellen aus der Gesellschaft. 8. Berlin 883, Bernhardi. *M* 4.—.; geb. * 5 —

Loy, Arth. v., Berliner Novellen aus der Gesellschaft. 8. (269 S.) Berlin 883, Kogge und Fritze. **M* 4.; geb. * 5 —

Loy, Arth. v. (Frl. Helene v. Düring-Oetken), neue Novellen u. Märchen. 8. (V, 251 S.) Berlin 902. F. Grunert, Sep.-Cto. n. 3. 50; geb. n. 4. 50

(B) **Loy**, Arth. v., neue Novellen. 902. (KBL 32.) Ladenpr. aufgehoben.

Loy, Arth. v., Graf u. Gräfin v. Ortenegg. Roman in 2 Tln. gr. 8. (298 S.) Wiesbaden 885. Bechtold & Co. n. 5. —; geb. n. 6. —

†Loy, Arth. v. [Helene v. Düring-Oetken], Graf und Gräfin v. Ortenegg. Roman in 2 Tln. gr. 8. (298 S.) Wiesbaden 886, Bechtold und Comp. *
geb. **

Loy, Arth. v. Aus der Wirklichkeit. Novellen u. Aphorismen. 8. (279 S.) Berl. 892, Eckstein Nachf. * 3 50; geb. ** 4 50

Loy, Eusebius, die Prüfung des Berufes zum Ordensstande. Eine kurzgefaßte Unterweisg. f. solche christl. Jünglinge u. Jungfrauen, welche sich dem Ordensleben zu widmen gedenken. 16. (40 S.) Donauwörth 894. L. Auer. n. — 20

Loy, Euseb., die Prüfung des Berufes zum Ordensstande. Eine kurzgefaßte Unterweisg. f. solche christl. Jünglinge u. Jungfrauen, welche sich dem Ordensstande zu widmen gedenken. 4., verm. u. verb. Aufl. gr. 16. (42 S.) Donauwörth 899. L. Auer. n. — 20

Loy, Euseb., die Prüfung des Berufes zum Ordensstande. Eine kurzgefaßte Unterweisg. f. solche christl. Jünglinge u. Jungfrauen, welche sich dem Ordensstande zu widmen gedenken. 8., verm. Aufl. (45 S.) 16. Donauwörth 902. L. Auer. n. — 20

Loy, Euseb., die Prüfung des Berufes zum Ordensstande. Eine kurzgefaßte Unterweisg. f. solche christl. Jünglinge u. Jungfrauen, welche sich dem Ordensstande zu widmen gedenken. 9., verm. Aufl. (45 S.) 16. Donauwörth 902. L. Auer. — 20

Loy, Georg: Der kirchliche Zehnt im Bistum Lübeck von den ersten Anfängen bis zum Jahre 1340. Preetz 1909: Hansen. 69 S. 8° ¶(Ersch. auch als: Schriften d. Ver. f. schlesw.-holst. Kirchengeschichte. Reihe 2, Bd 5, H. 1.)
Kiel, Phil. Diss. v. 31. Juli 1909, Ref. Rodenberg
[Geb. 14. Mai 85 Poppenwurth; Wohnort: Poppenwurth; Staatsangeh.: Preußen; Vorbildung: Gymn. Meldorf Reife O. 05; Studium: Freiburg i. B., Berlin, Kiel, zus. 8 S.; Rig. 30. Jan. 09.] [U 09. 2322

Loy, J. G. de

De Loys abrégé chronologique pour servir à l'histoire de la physique jusqu' à nos jours. Tom. I. jusqu' à 1662. Tom. II. 1662 — 1676. Tom. III. 1675 — 1685. Strasburg 1786. 1787. 1789. 8. — *German. vert.* Car. Glo. Kühn. Leipz. 1798. 1799. 8.

— abrégé chronolog., pour servir à l'hist. de la physique. III Vols. av. fig. 8. Strassb. 787. König. 4 ₰ 12 Ꝁ

— Abrégé chronolog., p. servir à l'Hist. de l. physique. III Vol. av. fig. 8. Strasb. König. 787-89.

— Erfahr. d. Urspr. d. Kuhpocken betr. a. dem Englisch. v. F. de Carro. 8. Wien, Geistinger. 802.

— — dasselbe, franz. 12. Ebendas.

— Expérience sur l'Origine de la Vaccine, trad. p. Carro av. observ. et des fram. de la Corresp. av. Jenner etc. 8. ibid. 802.

de **Loy**, J. G., chronolog. Geschichte d. Naturlehre, bis auf uns. Zeiten, f. Forscher u. Freunde; aus d. Französ. von Karl Glo. Kühn. 2 Bde. mit Kpf. gr. 8. Leipz. 796 — 99. Weygand. 2 ₰ 6 Ꝁ

— Versuche über den Ursprung der Kuhpocken; aus d. Engl. übersetzt v. J. de Carro. 12. Wien 802. Geistinger. (Gerold). 6 Ꝁ
Dass. französisch. Ebd. 6 Ꝁ

LOY, Joh. Wilh., Die Abscheulichkeit des Ehebruchs, eine, von einigen Zuhörern, übel verstandene, und von einem Hochl. Magistrat abgeforderte Predigt. O. O. 1786. 8°. 1½ Bogen.

— zweckmäßiger Auszug a. Ch. W. Oemlers Repertorium über Pastoraltheologie, s. a. Chr. W. Oemler, Repertorium.

— zweckmäß. Auszug a. Ch. W. Oemlers Repertorium üb. Pastoraltheol. ꝛc. 2 Thle. gr. 8. Kempten, Dannheimer. 807.

— exercitatio philologico-exegetica de Βαπτίσμω ὑπὲρ νεκρῶν ex 1 Corinth. XV, 29.; qua — Joach. Alb. Schnellero, cum primum Consulatum iniret, devota mente gratulatur. 4. Weissenb. 775.

Loy, Jh. Wlh., († d. .. Dec. 1805.) die wichtige Bestimmung des Menschen; bei Gelegenheit d. neuen Einrichtung d. Schulen in d. Reichsstadt Ysny. 8. Kempten 778.

— Betrachtt. in d. Adventzeit. 8. Bregenz ... Brentano. 8 Ꝁ

Loy, J. W.: Das protestant. Eherecht, in e. Reihe theol. u. jurist. Bedenken. *Nürnb.* und *Altd.*, Monath und Kussler, (Recknagel). 793—94. 2 Thle. gr. 8. (2 Thl. 2 Gr.)

— geistl. u. weltl. Geschichte d. Reichsstadt Leutkirch. gr. 8. Kempten 786. Typograph. Soc. 18 Ꝁ

— auserles. kasuist. Magazin. 1r Bd. gr. 8. Pappenh. 778. Typograph. Soc. 1 ₰ (Erschien 1788 ebd. mit folg. n. T.: üb. Religion, religiöse Macht, Kirche u. Toleranz ꝛc.)

— auserl. kasuist. Magazin. 1r Bd. gr. 8. Papph. Typogr. (Gräff, Lpz.) 788.

— Namenbüchlein, zum Gebrauch d. deutschen Schulen in Ysny. 8. Kempten 778.

— der Tod im Paradiese. 4. Weissenburg 775.

— Untersuchung d. Worts Wahrheit. Joh. XVIII, 37. 8. Weissenburg 782.

Loyal, Arnold, Assistenzarzt am Stadtlazarett am Olivaer Thor Danzig: Aus d. Kgl. Chirurg. Universitätsklinik zu Königsberg i. Pr. Beiträge zur Jejunostomie. Tübingen 1906: H. Laupp jr. (29 S.) 8° ¶(Aus: Beiträge z. klin. Chirurgie Bd 51 H. 3.)
Königsberg, Med. Fak., Ref. Lexer, Diss. v. 25. Okt. 1906
[Geb. 22. Juli 82 Osterode O.-Pr.; Wohnort: Danzig; Staatsangeh.: Preußen; Vorbildung: Gymn. Osterode Reife O. 00; Studium: Königsberg 9 S.; Coll. 28. Juni 06; Approb. 16. Jan. 06.]

Loyau d'Amboise, die neue Antigone, oder die Geächteten. Historische Erzählung aus den Zeiten Konradins von Schwaben. Bearb. von Frz. Thalhaus. 3. Aufl. Aachen 859. Cremer. 12. (290 S.) 25 *ngr.*

Loycke, Ernst

Loycke, E., Pfarrbesoldungsgesetz, Ruhegehaltsordnung u. Hinterbliebenenversorgung f. die evangelischen Geistlichen in Preußen, s. a. Taschen-Gesetzsammlung.

Pfarrbesoldungsgesetz, Ruhegehaltsordnung und Hinterbliebenenversorgung für die evangelischen Geistlichen in Preußen. Nach d. Beschlüssen der im Winter 1907/08 versammelt gewesenen obersten Synoden d. preuß. Landeskirchen. Mit Anm., Anh. u. Sachreg. von E[rnst] Loycke. Berlin: Heymann 1908. VIII, 469 S. 8°
(Taschen-Gesetzsammlung 39.) 109. 5422

Loycke, Otto, Abschiedspredigt, geh. am 1. Advent 1903. (8 S.) 8. Posen 903. F. Ebbecke. n. — 15

Loycke, Otto: Ueber primäre Wirbeltuberkulose in höherem Alter. ⟨M. 2 Abbildungen.⟩ *München 1898: Kastner & Lossen.* (23 S. mit Taf.) 8°
München, Med. Diss. v. 1898

Loyd, Samuel

Loyd, Sam., 120 Schachprobleme. Gesammelt v. Max Weiss. (74 S. m. Diagr.) gr. 8. Berlin (903). O. Dreyer. n. 2. —; geb. n. 3. —

Loyeau d'Amboise, Aus dem Leben eines guten Priesters. Aus der 2., umgearb. französ. Ausg. übers. von einem kathol. Theologen. Innsbruck 854. Wagner. 12. (6 Bl., 201 S.) n. 14 *ngr.*

Loyola, Aretinus, od. der Geisterseher ohne Geist. 2 Bdchen, 8. Erfurt 810. Hennings in Gotha. 1 ℛ 8 𝒢

Loyola, Ignatius v., s. Gallerie aller merkwürdigen Menschen 116.

v. Loyola, Ign., Biographie, mit Bildniß. gr. 8. Chemnitz 801. N. A. 823. Starke. 8 𝒢

Loyola, Ignaz, u. seine Gefährten. Eine kritisch-biografische Skizze. Nach dem Engl. des ***. Von Th. v. Gumpach. 12. Darmstadt 845, Jonghaus. 1/2 ℛ

v. Loyola, Ignatius, wunderbare Geschichte. 8. Glogau 765. Chr. Fr. Günther. 16 𝒢

— Leben u. Abenteuer, v. W. Frank, s. Leben.

Loyola, d. hl. Ignatius v., s. Ignatius.

Die Bekenntnisse [Confessiones] des Ignatius v. Loyola, Stifters d. Ges. Jesu (mit e. Vorr. von Luis Gonzalez) übers. von Heinrich Bohmer. *Leipzig: Dieterich 1902.* (XIII, 66 S.) 8° [F.] .02. ... 8

Loyola, I. de. Übersetzung der Briefe. A. d. Griech. Münster 1827. Ü: *Genelli, Caspar.* (AarK)

Loyola, I. de. Centuria sacrorum Apophtegmatum ... Viennae Austriae 1748. H: *Lyere, Adrien van.* (So) (Jes)

Loyola, I. de. Cura animae, per scintillas Ignatianas ... Graecii 1725. H: *Hevenesi, Gabriel.* (Jes)

Loyola, I. de. Exercitia. Via ad salutem et perfectionem propriam ... 1713. Hildesii. H: *Schmitmann, Peter.* (Rass) (So)

Loyolae, Ignat., Exercitia spiritualia. Nova edit. accurata. (Cur. Mich. Sintzel.) 12. (12 2/3 B. u. L's. Bildn.) Ratisbonae 840, Manz.

Loyolae Ignatii, S. J., exercitia spiritualia. Novam editionem cur. M. Sintzel. Cum effigie. 18. Ratisbonae 840. Manz. 7/12 ℛ — ejusd. Nova editio accurata. (Cur. Mich. Sintzel.) Cum effigie. 12. Ibid. 840. 1/2 ℛ

Loyola, Ignacio de. Exercitia spiritualia. Cum versione literali ex autographo hispanico notis illustrata ... Regensburg 1855. H: *Maier, Willibald Apollinar.* (Mitth. d. Verlagsbuchh.)

Loyola, Ignatii de, exercitia spiritualia, cum versione literali ex autographo hispanico notis illustrata. Editio in Germania prima juxta editionem romanam IV. recognitam et auctam recusa. 8. (456 S. mit Portr. in Stahlst.) Ratisbonae 855. Manz.

Loyola, S. Ignatii de, exercitia spiritualia, appendix, s.: De ratione meditandi.

Loyola, I. de. Die Exercitien ... in deutsche Verse. Grätz 1707. Ü: *Taschel, Jean.* (Jes)

v. Loyola, Ignatius, Stifters der Gesellschaft Jesu, des heil. Vaters, Geistesübungen. Für alle Christen jeden Standes eingerichtet von einem Priester der genannten Gesellschaft. Neue Ausgabe mit einem Anhange von Mich. Sintzel. Mit Titelkupfer. gr. 12. Regensburg 842, Manz. 5/6 ℛ

Loyola, S. Ign. de, S. J., historia exercitiorum spiritualium collecta et concinnata a P. Ign. Diertins, S. J. Ad primam editionem exacta, quae nunc prodit auctior quibusdam ex opere patrum Bollandistarum excerptis. gr. 8. (323 S.) Freiburg i/B. 896. Herder. n. 3. 20

—— des heil. Ignatius v., Kernsprüche der christlichen Lebensweisheit, vertheilt auf alle Tage des Jahres. Aus dem Latein. gr. 16. (356 S.) Paderborn 853, Schöningh. *

Loyola, d. hl. Ignatius v., Kernsprüche der christlichen Lebensweisheit, vertheilt auf alle Tage d. Jahres. Aus dem Latein. v. Ludolf Henze. Nebst e. kurzen Gebetbuche. 3. Aufl. 32. (464 S.) Paderborn 871. Schöningh. n. — 80

Loyola, des heiligen Ignatius v., Kernsprüche der christlichen Lebensweisheit, vertheilt auf alle Tage des Jahres. Aus dem Latein. von Ludolf Henze. 4. Aufl. 16. (465 S.) Paderborn 881, F. Schöningh. * — 80

Des h. Ignatius v. **Loyola** Kernsprüche der christlichen Lebensweisheit, verteilt auf alle Tage d. Jahres. Aus d. Lat. von Ludolf Henze. 6. Aufl. Paderborn: F. Schöningh [1905]. (464 S.) 8° [F.] (07. 1905 6

Loyola, des hl. Ignatius v., Kernsprüche der christlichen Lebensweisheit, verteilt auf alle Tage des Jahres. Aus dem Lat. v. Ludf. Henze. 6. Aufl. (464 S.) 16. Paderborn (906). F. Schöningh. n. 1. —; geb. n. 1. 50

Loyola, Ignacio de. Lebensweisheit ... Beherzigungen für alle Tage des Jabres. (A. d. Latein. ... Wien 1864. Ü: *Hevenesi, Gabriel.* (EB)

Loyola, Ignatius v. (1491—1556), *Manresa* od. die *geistl. Uebungen d. h. Ignatius* in neuer, leichtfassl. Darstellung z. Gebrauche aller Gläubigen. Aus d. Französ. Regensburg 1848. 8°. 526 S. Hlwdb., gebr.

Loyola, S. Ignatii de, meditationum et contemplationum puncta, libri exercitiorum textum diligenter secutus explicavit Franciscus de Hummelauer, S. J. Ed. II recognita. (IX, 596 S.) 16. Freiburg i/B. 909. Herder. 3.40; geb. in Ldr. 4. 20

Loyola, I. de. Scintillae Ignatianae, sive ... Apophtegmata Sacra ... Viennae Austriae 1705. H: *Hevenesi, Gabriel.* (Jes)

— Sendschreiben an seine minderjährigen Brüder Freymaurer. 8. Wien, Wucherer. Rthlr.

Loyola, I. de. Sententiae asceticae ... Mindelheimii 1716. H: *Hevenesi, Gabriel.* (Jes)

Loyola, I. de. Sententiae et effata per singulos anni dies distributa ... Moguntiae 1808. H: *Colmar, Jos. Ludw.* (Jes)

Loyola, Ignacio de. **Achttägige Geistliche Übungen ... in das Teutsche übersetzet ... Augsburg 1751. Ü: *Gastl, Andreas.*** (Jes)

Loyola, I. de. Geistliche Übungen ... Eygentlich zu Nutzen des Adelichen Frauen-Standts eingerichtet ... Augspurg u. Dillingen 1747. Ü: *Lombardo, Geronimo.* (Jes)

Loyola, I. de. Geistliche Übungen ... die ... als Vorbereitung zur öffentlichen Beichte und Kommunion sehr dienlich zu gebrauchen sind; a. d. Latein. Münster 1797. Ü: *Brockmann, Joh. Heinrich.* (MGT) (Ky)

Loyola, d. hl. Ignatius v., geistliche Übungen. 16. (XVI, 251 S.) Regensburg 889. Verlags-Anstalt. 1. —

— geistliche Uebungen. Aus dem span. Orig.-Text ins Deutsche übers. Mit Anmerkgn. u. Erklärgn. des Joh. Roothaan. Aus dem Lat. Von Rud. Handmann, S. J. (XI, 303 S.) gr. 8. Regensburg 904. Verlagsanstalt vorm. G. J. Manz. n. 4. —; geb. in Halbldr. n. 5. 20

— dasselbe. Aus dem span. Orig.-Text übers. v. Rud. Handmann, S. J. Kleine Textausg. (193 S. m. Titelbild.) kl. 8. Graz 905. Styria. n. 1. 50; geb. n. 2. —

— Geistliche Übungen. Übers. v. Bernh. Köhler. Eingeleitet u. hrsg. v. René Schickele. (XXXII, 168 S.) 8. Berlin (907). H. Seemann Nachf. 2. —

— dasselbe, s. Liebhaberbibliothek, kulturhistorische.

Loyola, I. de. Kurze Versammlung, Aus denen Übungen gezogen ... Wien [17??]. H: *Brean, Franz Xaver.* (Jes)

Loyola, Mutter Maria, vor dem Allerheiligsten. Eucharistische Betrachtgn. Mit e. Vorrede v. Herb. Thurston, S. J. Aus dem Engl. (XII, 119 S.) kl. 8. Mainz 904. Kirchheim & Co. n. — 90; geb. in Leinw. n. 1. 20

— schlichte Gedanken üb. den Rosenkranz. Mit e. Vorrede v. Herbert Thurston, S. J. Aus dem Engl. (IX, 267 S.) 12. Ebd. 904. n. 1. 80; geb. in Leinw. n. 2. 20

Loyola, Maria, das Kind Gottes od. Was folgt aus unserer Taufe? Übertr. v. Karl Mailänder. (III, 216 S.) kl. 8. Steyl 907. Missionsdruckerei. Geb. in Leinw. 1. 20
Sonderabdruck aus: „Stadt Gottes".

Loys, Lord Berresford and other Tales, s. Collection of British Authors.

Loys, J. G. de, s. Loy

Loys de Bochat s. Bochat.

Loys de Bochat, Charles Guillaume: De optimo principe. 42 S.— Basel, Jur.Diss.v. 12.März 1717.

L'Oyseau de Mauleon, Alexandre Jérome. Merkwürdige Rechtshändel; a. d. Franz ... Zürich 1772. Ü: *Bürkli (Burcle), Johann.* (MGT)

RECHTSHANDEL, Berühmte, bey verschiedenen Parlamentern in Frankreich; aus d. Französ. (des *Alex. Jer. L'Oyseau de Mauleon* [Advokat], übers. von Chrn. Ludw. Paalzow) .... Berlin 1777—81.
Anon.-Lex. III. p. 339 (nach Meusel). Engelmann u. Kayser haben „Merkwürdige".

Loysel, ..., Glasmacherkunst, s. Versuch, e. Anleitung z. Glasmacherkunst.

Loysel: „Versuch zu einer ausführlichen Anleitung zur Glasmacherkunst, für Glashüttenbesitzer und Kameralisten, mit Rücksicht auf die neueren Grundsätze der Chemie", Frankfurt a. M. 1802. — Vorh.: Preuß. Oberbergamt Dortmund — D. d. 1.

Loyson, Hyacinthe. Michel Servet, brûlé vif à Genève, le 27 octobre 1553. Discours prononcé à Genève ... le 8 mars 1903 Par M. Hyacinthe Loyson ⟨Le Père Hyacinthe⟩. Extrait de la Revue chrétienne (50e Année). 24 p. 8. Genève et Bâle, Georg & Cie; Paris, Fischbacher, 1903. [fr. —. 60]

Loyson, Paul-Hyacinthe. Sur les Marges d'un Drame. Les Nuées rouges — Ombres qui traînent (* *Umschlag:* Journal d'un poète pendant la crise de France 1892—1901). 400 p. 8. Genève, Ch. Eggimann & Cie, (1901). [fr. 3.50]

Loyson, Paul Hyacinthe, feindliche Seelen. Schauspiel in 4 Akten. Übers. v. Karl Federn. (Moderne Bühne. Eine Sammlg. dramat. Werke.) (120 S.) 8. Berlin (909). E. Reiss. 2. 50

Ein neuer Seegen bey erneuerter Hochzeit-Feier des Bürgermeisters Hans Iversen Loyt und Frau Maria Loytin gebohrner Jansen als dieselbe zum Denkmahl der in 50 Jahren ihrer Ehe genossenen Güte Gottes im Jahr 1758 den 27. Sept. begangen ward wurde in einer Rede vorgestellet v. Michael Geerkens. Flensburg. (1758.) 4° k.
Nebst einem handschriftlichen Gedicht von einer Freundin des Hauses.

Loytved, Ernst: Ein Fall von mit Erfolg operirter tuberkulöser Spondylitis mit Compressionsmyelitis. *Kiel 1898: P. Peters.* (15 S.) 8°
Kiel, Med. Diss. v. [23. Juni] 1898

Konia. Inschriften d. Seldschukischen Bauten von Dr. J. H. **Löytved**. Mit zahlr. Abb. Als Ms. gedr. Berlin: (J. Springer) 1907. (VI, 108 S.) 2° 108. 8s1

Loz, J. F. E. (Hrsg.), s. Nachrichten, Staatswirthschaftliche und juristische.

LOZBECK, Friedrich Karl (Bayerberg): De encephalomalacia. (Titel nach der Urkunde)
21.8.1833 - Urk; F 61 (= Lotzbeck)
Diss. Ingolst.-Landsh.-Mchn.

SONDERLING, Der philosophische, oder die Ordnung der Natur. Eine (komisch-abentheuerl.) Geschichte in drey Büchern (von *Lozek*). Mit Titelkpf. (unsign.) Leipzig (Prag), in der v. Schönfeldischen Buchhandlg. 1784. 8°.
5 Bll., 259 S. Unter der von „Wien im Jenner 1783" dat. Vorr. nennt sich der Verf. — Schwache Nachahmung von Cervantes' unsterblichem „Don Quixote", mit stellenw. freien Liebeshändeln.
Fehlt bei Kayser unter Romanen, sowie im Anon.-Lex.

Lozembrune, s. *Lerui*.

Lozembrune, le Roi de, Essai sur l'Abus moral. gr. 8. Vien. Gräffer (a. Univ. Buchhdl. à Ieno) 780.

— **Matinées de Lanschits.** 8. ibid. 778.

Lozeron, Henri [de Gorgier, Neuchâtel]: La répartition verticale du plancton dans le lac de Zurich de décembre 1900 à décembre 1901. Avec 5 planches. (S.-A. aus Vierteljahrsschrift der Naturf. Ges. Zürich. Jahrg. 47. 1902.) Zurich 1902. VI + 84 p. 8°.
Zürich. Phil. Diss. II. S. 1901/1902.

Lozeron, Henri. La répartition verticale du plancton dans le Lac de Zurich, de décembre 1900 à décembre 1901. Thèse Phil. II. Univ. Zurich. ([Avec des figures et 5 planches. — Extrait de:] Vierteljahrsschrift d. Naturf. Ges[ellschaft] Zürich. Jahrg. 47. 1902.) VI+84 p. 8. Zurich, Zürcher & Furrer, 1902.

Lozier, Clementine, üb. die Pflege der Kinder, s.: Collins, M., die schmerzlose Entbindung.

Lozier, Clementine S., Behandlg. d. Kinder, s.: Holbrook, M. L., schmerzlose Entbindg.

LOZINSKI, Emanuel (Novoselitas): De syphili neonatorum. (Titel nach der Urkunde) 20.6.1855 - Urk; F 68
Diss. Ingolst.-Landsh.-Mchn.

Loziński, Ks. Józefa, Grammatyka języka ruskiego (mało-ruskiego). 8. Przemyśl 846. (Lemberg, Winiarz.) n. 24 ngr

Łoziński, Karl Ritter v., die gesamte Rechtsprechung des Verwaltungsgerichtshofes betr. Stempel- u. unmittelbare Gebühren sowie verwandte Gefällszweige seit dem Bestande dieses Gerichtshofes. Im Auftrage des k. k. Finanzministeriums verf. (V, 22 u. V, 976 S.) gr. 8. Wien 907. M. Perles. 20.—; geb. 22. 50

Lozińśki, Władysław, das Marienbild v. Busowiska. Novelle. Autoris. Übersetzung aus dem Poln. von Helena Majdańska. gr. 8. (116 S.) Berlin 900. S. Rosenbaum. n. 1. —

Lozinskoho, J., Ruskoje wesile. 12. Lemberg 835. J. Millikowsky. 1/2 Thlr

Lozińsky, Jos., Grammatyka języka ruskiego (Mało ruskiego napisana). 8. (11¼ B.) Przemys'lu 846. Lemberg, Winiarz. *

Loezius, Emil (Hrsg.), s. Deutschland, Das nationale.

LOZOVINA, Vincenzo: Lucrezio e Leopardi, dei mutui rapporti della loro poesia filosofica con speciale riguardo alla „Ginestra". Saggio critico parallelo. — 1902. 93 S. Diss. Graz, Univ.

Lozynski: Die Culmer Akademie im Jahre 1554. 20 S. – Culm, Progr. 1857.

Łozynski, Adalbertus (geb. am 23 Apr. 1808 in Kulm): Hermippi Smyrnaei Peripatetici fragmenta collecta disposita et illustrata ... Bonnae, typ. C. Georgii 1831. 4 Bl, 132 S., 4 Bl. 8. ¶ D. Exemplar d. Univ.-Bibl. in Berlin zeigt (bei unverändertem Umfang) auf d. Titel: Pars prior. Aus d. Vorhandensein dieses Titelbl. scheint hervorzugehen, dass ein Teil d. pflichtmässig abgelieferten Diss. nur den Anfang der Arbeit gebracht hat. — Erschien 1832 selbständig bei Habicht in Bonn.
Bonn, Phil. Fak., Diss. v. [9 Sept.] 1831

Lozynski, Adalb., s. *Hermippi* Smyrn.

[Łozyński, Adalb.] Das fünfzigjährige Dienstjubiläum des Gymnasialdirektors Dr. A. Łozyński. 23 S. **Progr.** G. *Culm* 1882.

L. P. [= Ludwig Pietsch.] 1824 bis 1904. Berlin 1904. V: *Jordan, Max.* (stadt biblBerlin IX, S. 109)

Lu-Rewall, aus dem Leben. 8. (66 S.) Dresden 901. E. Pierson. n. 1. —; geb. n. 2. —

Lua, A. L., der Dorfgelehrte. Eine Erzählung für das Volk. Berlin 852. Verlhdlg. d. allgem. deutschen Volksschriften-Vereins. (J. Springer.) 8. (220 S.) n. 10 ngr.
Vgl.: Haus- u. Familienschatz, neuer.

Lua, A. L., der Dorfgelehrte. Eine Erzählung für das Volk. 8. (220 S.) Berlin 853, Verlagshandlung des allgemeinen deutschen Volksschriften-Vereins. *
Vgl.: Haus- und Familienschatz, neuer.

Lua, A. L., zur Geschichte der spanischen Städte-Revolution in der ersten Hälfte des XVI. Jahrhunderts. Eine histor. Skizze. 8. (IV und 19 S.) Hamburg 858, Gaßmann.

Lua, A. L., Joseph in Aegypten [Jacob u. seine Söhne.] Musik. Drama in 3 Akten nach Alex. Duval. Musik v. E. H. Méhul. Mit verbind. Text, zu Concertaufführgn. eingerichtet. Mit e. Einführg. in die Oper v. Musikdir. F. W. Markull. [Mit den Klavierauszügen v. „Peters" u. „Litolff" übereinstimm. Text.] gr 8. (VI, 25 S.) Elbing 872. Neumann-Hartmann's Verl. — 60

—— **bildende Kunst in Hamburg. 1. Heft: Kritische Skizzen über Werke der permanenten Gemäldeausstellung im Saale der Börsen-Arkaden 1857. gr. 8. (III und 84 S.) Hamburg 858, Gassmann.** *

—— Tragödie „ein Schwur", s. Weitig, F. C.

—— Tragödie „Thomasine", s. Bernhardi, Wilh.

Lua, Aug. Ludw., der Emissär. Lustspiel in 1 Aufzuge. 8. (79 S.) Berlin 851, C. Schultze's Buchdruckerei. n. 8 ngr

Lua, Aug. Ldw., Gedichte. 16. Berlin 840. (Wohlgemuth's Buchh.) ist der Preis 1/8 Thlr.

—— Gedichte. 2., verb. und verm. Aufl. 16. (114 S.) Berlin 851, C. Schultze's Buchdr. *

Lua, Aug. Ludw., Gedichte f. die Kindheit u. Jugend. 8. (11 B.) Berlin 845, Simion.

—— Poésies pour l'Enfance et la Jeunesse. Trad. librement de l'allemand par X. S. Oeuvray. 8. (72 S.) Berlin 848, Sacco.

— Sängergruß. Lieder verschied. Inhalts mit ächten deutschen Volksweisen und neuen Compositionen, gedichtet und für den ein-, zwei- und dreistimmigen Gesang in Schulen, wie auch kleineren Sängerkreisen herausgeg. 12. Berlin 844, Trautwein u. Comp. 1/6 Thlr

Lua, F. W., der christliche Religionsunterricht für die ersten Schuljahre. 12. (XII und 144 S.) Frankfurt a. d. O. 859, (Harnecker und Comp.) *

Lua, Friedr. Wilh., Geschichte der Garnison-[Leopold-]Schule zu Frankfurt a. O. Eine Denkschrift zum Jubelfest ihres 100jähr. Bestehens. gr. 8. (40 S. mit 2 Abbild.) Frankfurt a. O. 878, (Harnecker und Comp.)

Lua, Martin, a. Naumburg am Bober: Zur Frage der symptomatischen Katatonie. Emmendingen: Druck- u. Verlags-Ges. vorm. Dölter 1907. (26 S.) 8°
Freiburg i. B., Med. Fak., Ref. Hoche, Diss. v. 1907
[Geb. 24. Okt. 82 Naumburg; Wohnort: Freiburg i. B.; Staatsangeh.: Preußen; Vorbildung: Gymn. Bunzlau Reife O. 02; Studium: Straßburg 5, Freiburg i. B. 5 S.; Coll. 28. Juni 07.]

Luach, lustiger. Humoristisch-satyrischer Kalender auf das J. 5623 (1862—63). Von Maier David Purimspieler. 8. (XIV und 105 S. mit Illustr. in eingedr. Holzschn.) Wien 862, Markgraf und Müller. *

Lüach scheuat 1771, 1769, 1775. Hamburg-Altona.

Luassan, Fürst v. Garisene. Prolog v. A. W. Iffland. 8. Lpz. Göschen. 799.

Lueb, Herm. [app. Arzt aus Mehr]: Ein Fall von Periurethritis phlegmonosa ... München, Buchdr. v. M. Ernst, 1891; 28 S., 1 Bl. 8.
München, Med. Fak., Inaug.-Diss. v. [28. Juli] 1891

Lueb, Johann Lambert [aus Borken (Westfalen)]: Retroflexio uteri gravidi partialis bedingt durch ein Myom. ... Berlin, Buchdr. v. Gustav Schade (Otto Francke) (1889); 28 S. + 2 Bl. 8°
Berlin, Med. Fak., Inaug.-Diss. v. 28. Aug. 1889

Luba, F., Enthüllungen üb. die internationale russisch-jüdische Gaunerbande der „Rigaer Goldklub u. seine Mitglieder". Sociales Sittenbild aus der Gegenwart. gr. 8. (VI, 58 S.) Berlin 892. G. A. Dewald. n. 1. —

Lubahn, Johs., Wesen u. Ziel der Bodenreform, s. a. Miniatur-Bibliothek.

Lubahn, J., Wesen u. Ziel der Bodenreform. Vorwort v. A. Damaschke. (64 S.) Leipzig, A. O. Paul. 1908. —. 10.
„Miniatur-Bibliothek" 768.

Lubahn, Paul, Hänsel u. Gretel, — d. Klapperstorch, — Narciß, s.: Universal-Bibliothek.

— Othello, od. D. Mord war nicht nöthig!, s. a. Carnevals-Possen.

Othello oder Der Mord war nicht nöthig! Unecht venetian. Trau- u. Schauerspiel in 4 Gewaltakten frei nach Shakespeare von Paul Lubahn. Musik in bekannter Kleptomanier, zsges. (komp.) von Demselben. *Berlin: Kühling & Güttner [1897].* (30 S.) 8° [F.]
— Karnevals-Possen. No 8.

Lubahn, Paul, Prometheus, s.: Universal-Bibliothek.

† LUBANENSIS Liezat, Breslau, wie es trinkt und trinken muss! Ein Hülfsbüchlein für Jedermann (*Am Schlusse:* Bitterbieria am 30. Mai 1854]. Breslau, Rob. Lucas. 12°. 15 S. Weller, Lex. Pseud. p. 330.

Lubarsch, E. O., Abriss der französischen Verslehre. Zum Gebrauch an höheren Lehranstalten. gr. 8. (VIII, 92 S.) Berlin 879. Weidmann. n. 1. 20

Lubarsch, E. O., üb. Deklamation u. Rhythmus der französischen Verse. Zur Beantwortg. der Frage: „Wie sind die französ. Verse zu lesen?" Aus dem Nachlasse d. Verf. hrsg. v. E. Koschwitz. gr. 8. (XI, 60 S.) Oppeln 888. Franck. n. 1. 50

Lubarsch, E. O. Über Deklamation u. Rythmus französ. Verse. 8. Oppeln 888. Berl., Gronau. * 1 50

Lubarsch, E. O. Die aus der scheinbaren Drehung des Fixsternhimmels folgenden Sätze der astronomischen Geographie. Für den Unterricht in Prima behandelt. 20 S. und 2 Taf.
Progr. *Königshütte* 1885.

— französische Verslehre mit neuen Entwickelungen für die theoretische Begründung französischer Rhythmik. gr. 8. (XII, 522 S.) Ebend. 879. n. 12. —

Lubarsch, O., über die Abschwächung der Milzbrandbacillen im Froschkörper. gr. 8. (9 S.) Berlin 888, Fischer's medicin. Buchh. *
Aus: Fortschritte der Medicin, besonders abgedruckt.

Lubarsch, Oskar

Lubarsch, O., Elemente der Experimental-Chemie. Ein method. Leitfaden für den chem. Unterricht an höheren Lehranstalten. In 2 Tln. 8. Berlin 888, Springer. à Tl. * ℳ 2.40. *
Inhalt:
Tl. 1. Die Metalloide. (X, 178 S.)
» 2. Die Metalle. (VIII, 184 S.)

Lubarsch, Osk., Elemente der Experimental-Chemie. Ein method. Leitfaden f. den chem. Unterricht an höheren Lehranstalten, sowie zum Selbstunterricht. 2., völlig umgearb. u. verb. Aufl. (XII, 357 S. m. 118 Fig.) gr. 8. Berlin 904. J. Springer. n. 4. —; geb. in Leinw. n. 4. 80

Lubarsch, Osc., systematischer Grundriss der Zoologie. Für den Gebrauch an höheren Lehranstalten, sowie zum Selbstunterricht bearb. 2 Tle. gr. 8. Berlin, Hirschwald. à Tl. * ℳ 2. * 4 —
Inhalt:
Tl. 1. Wirbeltiere. (VIII, S. 1—134.) 881.
» 2. Wirbellose Tiere. (IV, S. 135—255.) 882.

Lubarsch, Osk. Methodisches Lehrbuch f. den chemisch-mineralogischen Unterricht auf höheren Bürgerschulen u. anderen höheren Schulen m. einjährigem chemisch-mineralogischem Kursus. gr. 8. (184 S. m. 182 Abbildgn.) Bresl. 891, F. Hirt. * 2 —

Lubarsch, Oskar [Dr.]: Über Methodik und Umfang des chemisch-mineralogischen Unterrichts auf Realgymnasien. Berlin, R. Gaertner, 1891; 30 S. 4°
Berlin, Friedrichs-RG, OP 1891 (96)

Lubarsch, Oscar [Berolinensis]: Ueber ein neues Nitrometer und die Löslichkeit des Stickoxyds in Schwefelsäure .... Halis Sax., 1886; 22 S. 8°.
Halle, Phil. Fak. Inaug.-Diss. v [10. März] 1886.

Lubarsch, Oscar, über ein neues Nitrometer und die Löslichkeit des Stickoxyds in Schwefelsäure. Diss. Halle 1886, Lippertsche Buchh. 8°. 22 S.

— Tafeln zur Blütenkunde. Eine Sammlung von Diagrammen u. Längsschnitten der wichtigsten Blütentypen, für den Unterricht auf höheren Lehranstalten zusammengestellt. 1. u. 2. Hft. gr. 8. (à 10 Steintaf.) Berlin 881. Winckelmann & Söhne. à n. — 60

—— Technik d. chemischen Unterrichts auf höheren Schulen u. gewerblichen Lehranstalten. Eine kurze Anleitg. zur Ausführg. der grundleg. chem. Demonstrationsversuche. Für den prakt. Schulgebrauch, sowie f. den Selbstunterricht im Experimentiren bearb. Mit 64 in den Text gedr. Abbildgn. gr. 8. (XII, 228 S.) Berl. 889, Springer. * 4 —

—— Wandtafeln zur Blütenkunde. Eine Sammlung von Diagrammen und Längsschnitten der wichtigsten Blütentypen, für den botan. Unterricht auf höheren Lehranstalten zusammengestellt und erläutert. 2 Lfgn. Imp.-Fol. (à Lfg. 10 color. Stnt.) Nebst Text. 4. (16 S.) Ebendas. 881,82. à Lfg. * ℳ 15. * 30 —
Mit Leinwandrand und Oesen à Lfg. ** ℳ 18. ** 36 —

Lubarsch, Otto

Lubarsch, O., Achylia gastrica, s.: Martius, Friedrich

Lubarsch, O., pathologische Anatomie u. Krebsforschg. Ein Wort zur Verständigung. gr. 8. (61 S.) Wiesbaden 902. J. F. Bergmann. n.n. 1. 30

— s.: Arbeiten aus der patholog.-anatom. Abteilung des königl. hygien. Instituts zu Posen.

— — Über die bakterienvernichtenden Eigenschaften des Blutes und ihre Beziehungen zur Immunität. S.-A. a. C. f. B. Jena 89. Fischer.

Lubarsch, Otto, s.: Ergebnisse der allgemeinen Pathologie u. patholog. Anatomie des Menschen u. der Tiere.

Lubarsch, O., üb. Immunität u. Schutzimpfung, s. a. Vorträge, thiermedizinische.

Ueber Immunität und Schutzimpfung von Dr. O[tto] Lubarsch, Privatd., Rostock. Leipzig: A. Felix 1892. (34 S.) 8°
— Vorträge, Thiermedizinische. Bd 2, H. 11.

Zur Lehre von den Geschwülsten und Infectionskrankheiten. M. Beiträgen v. Dr. Paul Lengemann u. Dr. Th(eodor) Rosatzin v. Prof. Dr. O[tto] Lubarsch ... M. 6 Doppeltaf. u. 5 Abb. im Text. *Wiesbaden: J. F. Bergmann 1899.* (4 Bl., 321 S., 6 Taf.) 1 Bd 4.

— die allgemeine Pathologie. Ein Hand- u. Lehrbuch f. Aerzte u. Studierende. I. Bd. 1 Abtlg. (XIX, 317 S. m. 72 Abbildgn. u. 5 Taf.) Lex.-8. Wiesbaden 905. J. F. Bergmann. n. 7.—

—— die chemische Prüfung des komprimierten Pyroxylins. Ein Beitrag zur Analyse der Sprengkörper. 4. (23 S.) Berlin 885, Gaertner's Verlag. *

Lubarsch, Dr. O[tto], Assistent am pathologischen Institut in Zürich: Untersuchungen über die Ursachen der angeborenen und erworbenen Immunität. Hierzu zwei Tafeln. S. A. (Zeitschrift für klinische Medicin, Bd XVIII [S. 421–468 m. Taf. III, IV], Bd XIX [S. 215–269. 360–391]). Berl. L. Schumacher Dr. 1891. 1 Bl.. 163 S., Taf. III. IV. 8°.
Zürich, [Med. Fac.], Habilitationsschrift.

— Untersuchungen üb. die Ursachen der angeborenen u. erworbenen Immunität. [Aus: „Zeitschr. f. klin. Medicin".] gr. 8. (163 S. m. 2 Taf.) Berlin 891. A. Hirschwald. n. 6.—

Lubarsch, Otto: Ueb. die anatom. Veränderungen d. Magenschleimhaut bei Achylia gastrica nebst Bemerkgn z. normalen Histologie d. menschl. Magenschleimhaut. *Leipzig & Wien 1897.*
in: Martius, Friedr.: Achylia gastrica.

— über die sogenannte Vivisektion, s. a. Volksbücherei, medizinische.

Über die sogenannte Vivisektion von Prof. Dr. [Otto] Lubarsch. Halle a. S.: C. Marhold 1905. (44 S.) 8° [F.]
= Volksbücherei, Medizinische. H. 25.

—— zoologische Wandtafeln. Unter besond. Berücksicht. der anatom. Merkmale für den Gebrauch an höheren Schulen gezeichnet und erläutert. 1. Lfg. Taf. 1 und 4. Lithogr. und color. Imp.-Fol. Mit Text. 8. (7 S.) Kassel 883, Fischer. * 2 40
Inhalt:
Taf. 1. Teile des menschlichen Skeletts.
» 2. Haustiere, Insektenfresser, Raubtiere.

Lubarsch, Otto, Welche Berücksichtigung verlangen die Verdauungs- und Harnorgane Laparotomirter in der Nachbehandlung? Inaugural-Dissertation. gr. 8. (56 S. mit 1 Tab. und 8 graph. Stnt.) Strassburg 884, Trübner. * 2 —

Lubarsch, Rudolph [wirkl. Name], s. a. Schubar, L. [Pseud.]

Lubarsch, Rud., Denkmal d. Entschlafenen zu Potsdam, od. sämmtl. Grabschriften d. dasigen Kirchhöfe, nebst e. Samml. vorzügl. Grabschriften mehr. Kirchhöfe Deutschlands, dem nützl. Gebr. f. Stein- u. Bildhauer, Stuccateurs, Maler ꝛc., so wie d. Erinnerung d. Bewohner in u. um Potsdam zu empfehlen. gr. 8. (6½ B.) Potsdam 834, Vogler.

Lubarsch, Rud., vollständ. Handbuch d. Arithmetik, od. gründl. u. leichtfaßl. Darstell. d. ganzen Rechenkunst; z. Gebr. bei Gymnasien, Militair-Lehr-Anstalten u. Stadt- u. Landschulen, sowie z. Selbstunterr. f. Kaufleute ꝛc. 1. Lfg. 8. (7½ B. u. 1 Tab.) Leipzig 836, (Fort.) *

Lubarsch, Rudolf

Die März-Tage. Historischer Roman. Aus der Berliner März-Revolution. Von L. Schubar [d.i. Rudolf Lubarsch]. Berlin 1850.
In: Perlen. Jg. 5.

Schubar, L. (d. i. *Lubarsch*), *die März-Tage.* Histor. Roman aus der Berliner März-Revolution. (Forts. d. Romans „Fürst u. Volk".) Berlin, A. Sacco, 1850. 12°. Eleg. Hsrsb.
1 Bl. u. 344 S.

SCHUBAR, L. (d. i. *Rudolph Lubarsch*), Mysterien von Berlin. 12 Bde. Berlin 1844—45. 8°. (8 Mk. Max Perl, Berlin, 1904.)
— — Dasselbe. Ebd. 1845—46. 8°. (12 Mk., Leihbibl.-Expl., E. Frensdorff, 1907.) Selten vollständig!

— der Neugierige. Eine angenehme Unterhaltung f. die elegante Welt. (Frag- u. Antwort-Spiel.) 8. (Ebd.) 834. ¼ ℛ

Lubarsch, Sam. (Neumark), De morbis prostatae. Berlin (Nietack) 10. IX. 1836. 42 S. u. Biogr. (M.: Henr. Calé.) (3.—) 21657
Gew.: B. Burchardt. — Oppon.: J. Gerson, B. Pincksohn, St. Lutomirski.

Lubau, H. J., Risse von Brigg „Carl Ritter", „Gemini" und Mäckler Jölle. [Hamburg], 1850, 53, 54. Fol.

Lubbe, Arth. Chemisch-pharmakologische Untersuchung d. krystallisirten Alkaloides aus den japanischen Kusa-uzu-Knollen. Diss. gr. 8. (112 S.) Dorpat 890, (Karow). * 2 —

Lubbe, Samuel Ferdinand

Lubbe, S. F., Anfangsgründe d. Arithmetik z. Leitfaden f. Lehrer d. Gymnasien, wie auch z. Selbstunterricht. gr. 8. (14½ B.) Berlin 846, Herm. Schultze.

—— Anfangsgründe d. Geometrie. gr. 8. (20 B. u. 12 Figurentaf.) Berlin 846, Herm. Schultze.

Lubbe, S. F., Lehrbegriff d. höhern Körperlehre, f. Lehrer u. Selbstlernende. gr. 8. (17 B.) Berlin 828, [Jonas's Vrlshdlg.]

Samuel Ferdinand Lubbe

Lehrbuch des höhern Kalkuls, für Lehrer... Ersg. von Sam[uel] Ferd[inand] Lubbe. Berlin: Hayn 1825. XV,276 S. 8°

Lübbe, Anton Christ. (Celle), De eo quod justum est circa commendationem. Präs. Casp. Achat. Beck. Jena (Werther) Nov. 1716. 48 S. (5.—) 21775
Gew.: Andr. Gottl. v. Bernstorff.

— — De poenis absentium et mortuorum. Von Bestraffung der Abwesenden u. Todten. Jena (Dav. Werther) 1717. 54 S. (4.—) 21776

Lübbe, Ant. Chr.: De poenis absentium et mortuorum, Von Bestraffung der Abwesenden und Todten. Jenae 1718.

Lübbe, Anton Christian

(Lübbe): „Gründliche Bewährung des Sr. Königl. Majestät von Gross-Britannien auch Churfürstl. Durchlaucht zu Braunschweig und Lüneburg, in dem Herzogthum Lüneburg zustehenden Jagt-Regals . . . .", Celle 1731. — Vorh.: Bibl. des Oberlandesgerichts Celle — Fol. Mf. 326; 2. Exemplar: (1 an Fol. Mf. 222).

Lübbe, Ernst, Referendar aus Nienstedten: Die Ansprüche des Käufers einer der Gattung nach bestimmten Sache wegen Fehlens einer zugesicherten Eigenschaft nach Gemeinem Recht und dem Recht des Bürgerlichen Gesetzbuches. *Berlin 1902: W. Pilz.* (VIII, 40 S.) 8°
Leipzig, Jur. Diss. v. 1902

Lübbe, Gustav, Referendar a. Nienstedten: Die Regelung des Gefahrübergangs beim Kauf nach dem Bürgerlichen Gesetzbuch. Blankenese 1907: J. Kröger. (II, 49 S.) 8° [F.]
Leipzig, Jur. Fak., Diss. v. 5. Dez. 1907
[Geb. 21. Mai 83 Wilster (Holstein); Wohnort: Nienstedten b. Altona a. Elbe; Staatsangeh.: Preußen; Vorbildung: Gymn. Christianeum Altona Reife M. 02; Studium: Kiel 1, München 3, Kiel 2 S.; Rig. 10. Mai 06.]

Lübbe, Hans: Die Vertragsstrafe. Nach gemeinem Rechte u. d. Rechte d. Bürgerl. Gesetzbuchs f. d. Deutsche Reich. *Greifswald 1900: J. Abel.* (46 S.) 8° [F.]
Greifswald, Jur. Diss. v. [8. März] 1901

Luebbe, Henricus [Oldenburgensis]: De Aeliani varia historia .... Monasterii Guestf., ex typogr. Coppenrathiana, 1886; 4 + 40 S. 8°.
Münster, Phil. Fak., Inaug.-Diss. v. 6. März 1886.

Luebbe, Henricus, de Aeliani varia historia Diss. Münster 1886, H. Mitsdörffer. 8°. 40 S.

Lübbe, *Heinrich* De Aeliani varia historia. 4 (24 S.).
Progr. G. *Vechta* 1888 (630).
I. De variae historiae elocutionis discrepantia. II. Qua ratione Aelianus auctoribus suis usus sit. III. Quotiens Aelianus Athenaei opere in componenda varia historia usus sit.

Lübbe, Matthias *Heinrich* [app. Arzt aus Wilster]: Aus d. patholog. Institute zu Kiel. Ein Fall von primärem Lungenkrebs ... Kiel, Druck v. P. Peters, 1896; 18 S., 1 Bl. 8.
Kiel, Med. Fak., Inaug.-Diss. v. [15. Juni] 1896

Lübbe, Max [app. Arzt aus Wilster]: Aus d. Augenklinik d. Univ. Kiel. Ein Fall von transitorischer Amaurose ... Kiel, Druck v. P. Peters, 1896; 21 S., 1 Bl. 8.
Kiel, Med. Fak., Inaug.-Diss. v. [5. Okt.] 1896

Luebbe-Barnewitz, Luise, so ihr an mich glaubet. Neue Gedanken in e. Alltagsgeschichte. (XI, 334 S.) 8. Dresden 909. E. Pierson. 4.—; geb. n 5. —

Lübbecke [Schlagwort]

Lübbecke, s. a. Deutschland. Karte. (Abt. Preussen.) — Minden, Reg.-Bez. — Westfalen. Wegekarte.

Lübbecke, s. a. Deutschland. Karte. (Abt. Preussen.) — Westfalen. Grundkarte.

Lübbecke, Kreis. Karte des Kreises Lübbecke. 1:80,000. 39,5 × 41,5 cm. Farbendr. Minden 889. [J. Keiser & Co.] Julius Bleek. n. 1. —

Lübbecke [Verfasser]

Lübbecke, Fried, a. Hamburg: Die gotische Kölner Plastik. Straßburg 1910: Heitz. V, 92 S. 8° ¶ (Ersch. vollst. in: Studien z. dtsch. Kunstgesch.)
Bonn, Phil. Diss. v. 10. Aug. 1910, Ref. Clemen
[Geb. 3. Juli 83 Wittenberge; Wohnort: Hanau; Staatsangeh.: Preußen; Vorbildung: Gymn. Stade Reife O. 04; Studium: Theol. später Phil. Tübingen, Genf, Berlin, Bonn, München, Bonn zus. 10 S.; Rig. 23. Juni 09.] [U 10. 403

Lübbecke, Fried., die gotische Kölner Plastik, s. a. Studien zur deutschen Kunstgeschichte. 133. Heft.

Die gotische Kölner Plastik von Fried Lübbecke. Mit 44 Lichtdr.Taf. Strassburg: Heitz 1910. XIII, 125 S. 8°
[Ein T. ersch. als Inaug.-Diss. Bonn 1910.]
(Studien z. deutschen Kunstgeschichte. H. 133.) [11. 283

Lübben [Schlagwort]

Lübben, s. a. Deutschland. Karte. (Abt. Preussen.) — Preussen. Messtischblätter.

Lübben, s. a. Deutschland. Karte (Abt. Preussen). Übersichtskarte. — Mark. — Wanderkarten.

Lübben [Verfasser]

Lübben: Die Thiernamen im Reineke Vos. Oldenb. 1863. Schul-/Univ.-Schrift

Lübben, Versus memoriales. Pr. 1866. 42 S. 1.50

Lübben, A. (Hrsg.), s. Sachsenspiegel, Der.

Lübben, Aug.

Lübben, über die Behandlung der deutschen Sprache und Literaturgeschichte auf Gymnasien. Progr. des Gymn. Oldenburg 1845.

Lübben, Aug., über die Behandlung der deutschen Sprache u. Literaturgeschichte auf Gymnasien. Nebst dem Programm zur Ankündigung der Schulfeierlichkeiten des Gymnasiums, zu Ostern 1845. gr. 4. Oldenburg 846. (Schulze'sche Buchh.) n. 1/6 ₰

Lübben, Aug., mittelhochdeutsche Gedichte aus Handschriften hersg. Oldenburg 868. Stalling's Verl. 8. (IV, 62 S.) n. 12½ ngr

Lübben, Aug., mittelniederdeutsche Grammatik, nebst Chrestomathie und Glossar. gr. 8. (VIII, 221 S.) Leipzig 882, T. O. Weigel. * 6 —

Lübben, A., und Ch. H. F. Walther, mittelniederdeutsches Handwörterbuch, s. Wörterbücher, hrsg. vom Verein für niederdeutsche Sprachforschung.

Lübben, Aug., deutsches Lesebuch für höhere Schulen, s. Kern, Frz.

—— das Plattdeutsche in seiner jetzigen Stellung zum Hochdeutschen. gr. 8. (2½ B.) Oldenburg 846, Schulze'sche Bh.

— mittelniederdeutsches Wörterbuch, s.: Schiller, Karl

Lübben, Aug., Wörterbuch zu der Nibelunge Not. gr. 8. (IV und 160 S.) Oldenburg 854, Stalling. *

Lübben, Aug., Wörterbuch zu der Nibelunge Not (Liet). 2., verm. und verb. Aufl. gr. 8. (IV und 206 S.) Oldenburg 865, Stalling's Verlag. * –

—— Wörterbuch zu der Nibelunge Not [Liet]. 3. verm. und verb. Aufl. gr. 8.) IV, 210 S.) Oldenburg 877, Stalling. *

– (Hrsg.), s. Wörterbücher.

—— s. Zeno.

Lübben, Ed.

Lübben-Sürwürden, Ed., Oldenburger Gestütbuch. Mittheilungen üb. die Entwickelg. u. den jetzigen Stand der Oldenburger Pferdezucht nebst Stammregister. Nach authent. Quellen zusammengestellt. Mit 6 nach der Natur gezeichneten Bildern Oldenburger Pferde v. E. Volkers. gr. 8. (LI, 664 S. m. 9 Stammtaf.) Bremen 891. Rühle & Schlenker. n. 10. — ; geb. n. 12. —

Lübben, Ed., Oldenburger Gestütbuch, II. Bd., s.: Gestütbuch, Oldenburger.

Lübben, Ernst, Leo Tolstoi, der Führer v. Jung-Russland. (84 S.) gr. 8. Berlin (907). H. Seemann Nachf. (Urspr. Pr. 1.—; geb. 2. —)

Lübben, Fritz, pr. Arzt: Aus d. pharmakol. Inst. d. Univ. Jena. Das thermische Verhalten von Moorbrei und anderen Aufschwemmungen. Jena 1909: Kämpfe. 36 S. 8°
Jena, Med. Diss. v. 30. Juni 1909, Ref. Kionka
[Geb. 11. Juli 82 Waltershausen; Wohnort: Wittlich; Staatsangeh.: Sachsen-Koburg-Gotha; Vorbildung: Gymn. Schleusingen Reife M. 01; Studium: Erlangen 6, Freiburg i. B. 1, Jena 3 S.; Coll. 16. Juni 09; Approb. 20. Dez. 06.] [U 09. 2141

Lübben, H., Tabellen f. die Ermittelung der am Ende jeden Jahres an Zins- u. Kapital-Abtrag erforderlichen Zahlen f. Abtrags-(Annuitäten)Darlehen. (86 S.) 35,5× 30,5 cm. Oldenburg 910. G. Stalling's Verl. Geb. in Halbleinw. 15. —

Lübben, Heinrich, Assistent am Zoologischen Institut der Univ. Greifswald, a. Langenriep: Über die innere Metamorphose der Trichopteren. Naumburg a.S. 1907: Lippert & Co. (S. 71—128.) 8° ¶(Aus: Zoologische Jahrbücher Bd 24 Abt. f. Anat. 1907.)
Greifswald, Phil. Fak., Ref. Müller, Diss. v. 12. März 1907
[Geb. 29. Apr. 83 Esenshamm; Wohnort: Greifswald; Staatsangeh.: Oldenburg; Vorbildung: Oberrealsch. Oldenburg Reife M. 02; Studium: Marburg 4, Berlin 1, Greifswald 3 S.; Rig. 30. Okt. 06.]

— Heinr. Wilh. (Oldenburg), De coronatione eiusque effectu inter gentes. Präs. Dan. Nettelbladt. Halle (Joh. Chr. Hilliger) 4. IX. 1747. 43 Seiten. (3.80) 21779
Widm. v.: Dan. Nettelbladt.

— — Dasselbe. Halle (Hendel) 4. IX. 1747. 42 S. (4.50) 21780

Lübben, K. H., Beiträge zur Kenntniss der Rhön in medizinischer Hinsicht. gr. 8. (107 S. mit 3 Stnt.) Weimar 881. (Gotha, Conrad.) * 2 —
Aus: Correspondenz-Blätter des allgemeinen ärztlichen Vereins von Thüringen, besonders abgedruckt.

—— die Krankheiten Thüringens. Nosologische Studien auf Grundlage von Aufzeichnungen aus den J. 1869—1876 von Mitgliedern des Allgemeinen ärztlichen Vereins von Thüringen und unter Benutzung der Zusammenstellungen von L. Pfeiffer in Weimar. gr. 8. (IV, 67 S. mit 5 lithogr. Taf.) Strassburg 880, Trübner. * 3 —

Lübben, Karl, aus Langenriep: Über einen Fall von Papillomen in einem Fistelgange mit sekundärer karzinomatöser Entartung. *Erlangen 1904: Junge & Sohn.* (28 S.) 8°
Erlangen, Med. Diss. v. 11. März 1904

Luebben, Karl Heinrich: Zur Statistik der Puerperalpsychosen. Halle (1872): Hendel. 34 S., 1 Tab. 8°
Halle-Wittenberg, Med. Diss. v. 26. März 1872
Geb. Oldenburg 26. 3. 1848. V.

Lübben, W., Ratgeber f. Militärpflichtige. 3. Aufl. (58 S.) 8. Hamburg (909). Crone & Martinot. — 60

Lübbenau [Schlagwort]

Lübbenau, s.: Mark. — Wanderkarten.

Lübbenau, s.: Preussen. Messtischblätter.

LUBBERGER, HANS. Untersuchungen über Chinolinkarbonsäure-Alkylderivate. Freiburg i. B., 1896.

Lübbering, Heinr., das Finanzwesen des Prov.-Verbandes Westfalen, s. a. Abhandlungen aus dem staatswissenschaftlichen Seminar zu Münster i. W. 8. Heft.

Das Finanzwesen des Provinzialverbandes Westfalen. Von Dr. Heinrich Lübbering. Leipzig: Hirschfeld 1909. VIII, 176 S. 8°
(Abhandlungen aus d. staatswiss. Seminar zu Münster i. W. H. 8.) [09. 17542

Lübbering, Heinrich, a. Essen: Die Verwaltungsaufgaben und die Ausgaben des westfälischen Provinzialverbandes. Leipzig 1909: Hirschfeld. IV, 72—176 S. 8° ¶(Ersch. vollst. u. d. T.: Das Finanzwesen d. Provinzialverbandes Westfalen, als: Abhandlungen aus d. staatswiss. Seminar zu Münster. H. 8.)
Münster, Rechts- u. staatsw. Diss. v. 30. Okt. 1909, Ref. v. Heckel
[Geb. 31. Jan. 71 Altendorf b. Essen; Wohnort: Vreden; Staatsangeh.: Preußen; Vorbildung: Gymn. Koesfeld Reife O. 03; Studium: Theol. Bonn 4, Staatsw. Münster 6 S.; Rig. 18. Mai 09.] [U 10. 3748

Lubberink G.: Streitigkeiten üb. Gewährsmängel beim Pferde- u Viehhandel sollten durch Arbitrage entschieden werden. ... Diss. Bern. 96 S.

Luebbers, Adam (Westfale), De catalepsi. Diss. path. Berlin (Nietack) 9. XII. 1836. 32 S. mit Biogr. (M.: Cathar. Schwanke.) (3.—) 21781
Gew. v.: Stockhausen, Braun. — Oppon.: C. Bisschopinck, H. Zumorde, A. Vattmann.

Lübbers, Adolf: Aus der Universitäts-Augenklinik zu Marburg i. H. Beitrag zur Kenntniss der bei der disseminirten Herdsklerose auftretenden Augenveränderungen. M. 1 lithogr. Taf. u. 20 Holzschn. *Berlin 1897: L. Schumacher ([übergeklebt:] Marburg 1897).* (62 S. mit Taf.) 8° ¶(Aus: Archiv für Psychiatrie etc., Bd 29.)
Marburg, Med. Diss. v. 16. Aug. 1897

Lübbers, Friedrich, Referendar: § 1344 BGB. Doberan 1909: Rehse. 76 S. 8°
Rostock, Jur. Diss. v. 5. Dez. 1909, Ref. Matthiaß
[Geb. 2. März 86 Wismar; Wohnort: Doberan; Staatsangeh.: Mecklenburg-Schwerin; Vorbildung: Gymn. Wismar Reife O. 04; Studium: Jena 3, München 1, Rostock 3 S.; Rig. 29. Juli 09.] [U 10. 3863

Lübbers, Heinrich, appr. Arzt a. Löningen in Oldenburg: Ueber ein eigenartiges als Spätform auftretendes Fleckensyphilid. Leipzig 1904: B. Georgi. (29 S.) 8°
Leipzig, Med. Fak., Ref. Hoffmann, Diss. v. 12. Nov. 1904
[Geb. 6. Mai 80 Löningen, Oldenburg; Wohnort: Löningen; Staatsangeh.: Oldenburg; Vorbildung: Gymn. Vechta Reife M. 99; Studium: Göttingen 1, Straßburg 1, Göttingen 2, München 1, Leipzig 5 S.; Coll. 21. Nov. 04; Approb. 9. Juli 04.]

Lübbers, Hellmuth, appr. Arzt a. Hannover: Beiträge zur Behandlung der Tuberculösen Ellenbogengelenks-Entzündung aus der Königl. chirurgischen Universitätsklinik in Göttingen in der Zeit vom 1. XII. 1895 bis 1. XII. 1904. Göttingen 1905: Dieterich. (65 S.) 8°
Göttingen, Med. Fak., Ref. Braun, Diss. v. 17. Mai 1905
[Geb. 12. Febr. 82 Oldenburg; Wohnort: Hannover; Staatsangeh.: Preußen; Vorbildung: Kaiser Wilhelms-Gymn. Hannover Reife O. 99; Studium: Göttingen 5, Leipzig 1, Göttingen 3 S.; Coll. 11. März 05; Approb. 20. Febr. 04.]

Lübbers, Julius (Hamburg)
Ueber englische Sprache und Literatur.
Diss. phil. Giessen 12.8.1828.
(Hat lt. Promot.-Akten handschriftlich vorgelegen, liegt nicht mehr bei.)

Lübbers, Carl, Medizinalpraktikant a. Löningen i. Old.: Ueber einen Fall von tiefem Angiom an der unteren Extremität und über seine Behandlung mit Magnesiumstiften nach Payr. Leipzig 1907: B. Georgi. (38 S.) 8°
Leipzig, Med. Fak., Ref. Trendelenburg, Diss. v. 23. Juli 1907
[Geb. 20. Apr. 84 Löningen; Wohnort: Leipzig; Staatsangeh.: Oldenburg; Vorbildung: Gymn. Vechta Reife O. 02; Studium: München 1, Leipzig 9, Göttingen 1 S.; Coll. 26. Juli 07; Approb. 30. Mai 07.]

Lübbers, Lübbert Eiken: Die Schiffahrt Ostfrieslands. *Tübingen 1903: H. Laupp jr.* (III, 101 S.) 8° ¶[Aus: Zeitschr. f. d. ges. Staatswissensch., Erg.-H. 7.]
Leipzig, Phil. Diss. v. 1903

Lübbers, Lübbert Eiken, Ostfrieslands Schiffart u. Seefischerei, s. Zeitschrift f. die gesamte Staatswissenschaft. VII. Erg.-Bd.

Ostfrieslands Schiffahrt und Seefischerei. Von Dr. Lübbert Eiken Lübbers. Mit 8 Tab. *Tübingen: H. Laupp 1903.* (V, 112 S.) 8° = Zeitschrift f. d. gesamte Staatswissenschaft. Erg.H. 7.

Lubbert, Friedrich. Ueber Nitrobenzylphenylhydrazin, Parabrombenzylphenylhydrazin und deren Thionylverbindungen. Rostock, 1894.

Lübbert, s.: Forschungsreise S. M. S. „Planet".

Lübbert, Anton

Lübbert, Ant., die α Oxynaphtoësäure. gr. 8. (15 S.) Berlin 888, Fischer's medicin. Buchh. *
Aus: Fortschritte der Medicin, besonders abgedruckt.

Lübbert, A., zur Entstehungsgeschichte des Krebses u. der anderen echten Geschwülste. (15 S.) Lex. 8. Hamburg 909. C. Behre. 1. —

Lübbert, Ant., s.: Jahresbericht üb. die Leistungen u. Fortschritte auf dem Gebiete d. Militär-Sanitätswesens.

—— biologische Spaltpilzuntersuchung. Der Staphylococcus pyogenes aureus und der Osteomyelitiscoccus. gr. 8. (VI, 103 S. mit 2 Taf.) Würzburg 886, Stahel'sche Universitäts-Buchh. *

—— über das Verhalten von Jodoform zum Staphylococcus pyogenes aureus. gr. 8. (16 S.) Berlin 887, Fischer's medicin. Buchh. *
Aus: Fortschritte der Medicin, besonders abgedruckt.

Alexandria unter Ptolemäus Philadelphus und Euergetes. Rede zur Feier des Geburtstages Wilhelm I. gehalten v. Eduard **Lübbert**. Kiel. 1880. Siehe in: Schriften d. Univ. zu Kiel, Bd. 26. Kiel. 1880. 4°.

Lübbert, Ed., Alexandria unter Ptolomäus Philadelphus u. Euergetes. Rede zur Feier des Geburtstages Sr. Maj. des deutschen Kaisers, Königs von Preussen Wilhelm I., gehalten an der Christian-Albrechts-Universität am 20. März 1880. gr. 4. (16 S.) Kiel 880. Universitätsbuchh. n. 1. —

Index scholarum quae ... in univ. Fridericia Guilelmia Rhenana per m. hibernos a. 1885—86 a die XV. m. Oct. publice privatimque habebuntur. — Inest Eduardi **Luebberti** commentatio de poesis Pindaricae in archa et sphragide componendis arte. Bonnae, typ. C. Georgi univ. typogr. (1885); XXVI + 13 S. 4°.

Eduardi **Luebberti** dissertatio de Pindari carmine Olympico decimo. Kiliae 1881. Siehe in: Schriften d. Univ. zu Kiel. Bd 27. 4°

—— de Pindari carmine Olympico decimo. 4. (27 S.) Kiel 881, Universitäts-Buchh. *

—— Dissertatio de Pindari carmine Pythico secundo. gr. 4. (23 S.) Kiel 880, Universitäts-Buchh. *

Eduardi **Luebberti** dissertatio de Pindari carminibus Aegineticis quattuor postremis. Kiliae 1879. Siehe in: Schriften d. Univ. zu Kiel. Bd 26. 4°

— De Pindari carminibus Aegineticis IV postremis. Gel. 1879. 19 S. 4°.

Index scholarvm qvae ... in vniversitate Fridericia Gvilelmia Rhenana per m. hib. a. 1884—85 ... habebvntvr. — Inest Edvardi **Lvebberti** commentatio de Pindari carminibus dramaticis tragicis eorumque cum epiniciis cognatione. Bonnae, typ. C. Georgi (1884). 37 S., 4 Bl. 4. ¶ Erschien zugleich selbständig bei Cohen & Sohn in Bonn.

Luebbert, Ed., commentatio de Pindari carminibus dramaticis tragicis eorumque cum epiniciis cognatione. gr. 4. (23 S.) Bonn 884. Cohen & Sohn. n. 1. —

Eduardi **Luebberti** dissertatio de gentis Serviliae, Quinctiae, Furiae et Claudiae commentariis domesticis. Kiliae. 1875—78. Siehe in: Schriften d. Univ. zu Kiel, Bd. 22—25. 4°.

Eduardi **Luebberti** Dissertatio de gentis Claudiae commentariis domesticis. (Festprogramm zur Feier des Geburtstages Kaiser Wilhelms I.) Kiliae 1878. 4°

— dissertatio de gentis Claudiae commentariis domesticis. 4. (31 S.) Ebend. 878. n. 1. —

Eduardi **Luebberti** Dissertatio de gentis Furiae commentariis domesticis. (Festprogramm zur Feier des Geburtstages Kaiser Wilhelms I.) Kiliae 1877. 4°

— dissertatio de gentis Furiae commentariis domesticis. gr. 4. (19 S.) Ebend. 877. n. 1. —

Luebbert, Ed., de gentis Quinctiae commentariis domesticis. gr. 4. (28 S.) Kiel 876. Universitäts-Buchh. n. 1. —

— de gentis Serviliae commentariis domesticis. gr. 4. (15 S.) Ebend. 875. n. — 80

Lübbert, E., De gentium Romanarum commentariis domesticis. Gel. 1878. 15 S. 4°.

Luebbertus, Eduardus: Commentationes pontificales. Berolini (1859). (196 S.) 8°
Breslau, Phil. Fak., Hab.-Schr. v. 6. Aug. 1859

— Commentationes syntacticae. Part. I. Gel. 1871. 20 S. 4°.

Natalicia Regis Augustissimi Guilelmi Imperatoris Germanici ab universitate Fridericia Guilelmia Rhenana d. XXII m. Mart. a. 1887 ... publice concelebranda indicunt universitatis Bonnensis rector et senatus. Inest Eduardi **Luebberti** commentatio de Pindaricorum carminum compositione ex Nomorum historia illustranda. Bonnae, ex Caroli Georgi typogr. acad. (1887); 19 + 1 S. 4°.

Luebbert, E., commentatio de Pindaricorum carminum compositione ex Nomorum historia illustranda. gr. 4. (19 S.) Bonn 887. Friedr. Cohen. n. 1. —

Natalicia ... Gvilelmi Imperatoris ... ab vniversitate Fridericia Gvilelmia Rhenana d. XXII m. Mart. a. 1883 ... concelebranda ... indicit Edvardvs **Lvebbert**. — Praemissa est diatriba in Pindari locvm de Aegidis et sacris Carneis. Bonnae, ex C. Georgi typogr. (1883). 21 S. 4. ¶ In Komm. bei Cohen & Sohn in Bonn.

Lübbert, Ed., Diatriba in Pindari locum de Aegidis et sacris Carneis. gr. 4. (18 S.) Bonn 883, (Cohen und Sohn.) *

Natalicia ... Gvilelmi Imperatoris ... ab vniversitate Fridericia Gvilelmia Rhenana d. XXII m. Mart. a. 1884 ... concelebranda ... indicit Edvardvs **Lvebbert**. — Praemissa est diatriba in Pindari locvm de Adrasti regno Sicyonio. Bonnae, ex C. Georgi typogr. (1884). 22 S., 1 Bl. 4. ¶ Erschien zugleich selbständig bei Cohen & Sohn in Bonn.

—— Diatriba in Pindari locum de Adrasti regno Sicyonio. gr. 4. (22 S.) Ebendas. 884. * 1 —

Index scholarum quae summis auspiciis Regis Augustissimi Guilelmi II Imperatoris Germanici in universitate Fridericia Guilelmia Rhenana per m. hib. a. 1889—90 a d. XVI m. Oct. publice privatimque habebuntur. — Inest Eduardi Luebberti commentatio de Diomede heroe per Italiam inferiorem divinis honoribus culto. Bonnae, typ. Caroli Georgi univ. typogr. (1889); XVI + 14 S. + 5 Bl. 4°

Luebbert, E., commentatio de Diomede heroe per Italiam inferiorem divinis honoribus cultu. gr. 4. (16 S.) Bonn 889. Friedr. Cohen. n. 1. —

Lübbert, Eduardus: De elocutione Pindari. Halis Saxonum (1853): Gebauer-Schwetschke. 66 [vielmehr: 62] S. 8°

Halle-Wittenberg, Phil. Diss. v. 14. Sept. 1853

Geb. Zweibrodt bei Breslau [10. 6.].1830. V.

Die Epochen der Geschichte der römischen Religion. Rede zur Feier des Geburtstages Wilhelm I. gehalten v. Eduard **Lübbert.** Kiel 1877.
Siehe in: Schriften d. Univ. zu Kiel. Bd. 24. Kiel 1878. 4°

— die Epochen der Geschichte der römischen Religion. Rede zur Feier des Geburtstages Sr. Maj. des deutschen Kaisers, Königs von Preussen Wilhelm I., gehalten an der Christian-Albrechts-Universität am 22. März 1877. gr. 4. (10 S.) Ebend. 877. n. 1. —

—— die Gründung der Akademie durch Platon. Rede, zur Feier des Abschieds vom alten Universitäts-Gebäude, gehalten an der Christian-Albrechts-Universität am 24. Octbr. 1876. gr. 4. (10 S.) (Ebendas.) 876. *

Lübbert, E., der Conjunctiv Perfecti und das Futurum exactum im älteren Latein, s. a. Studien, grammatische.

Lübbert, E., Der Coniunctiv perfecti u. das Futurum exactum im älteren Latein. Gel. 1867. 104 S. 2.—

—— Pindar's Leben und Dichtungen. Vortrag, gehalten am 18. März 1882 im Saale der Lese- und Erholungs-Gesellschaft zu Bonn. gr. 4. (17 S.) Bonn 882, Cohen und Sohn. *

Index scholarvm qvae ... in vniversitate Fridericia Gvilelmia Rhenana per m. hib. a. 1883—84 ... habebvntvr. — Inest Edvardi **Lvebberti** prolvsio in Pindari locvm de lvdis Pythiis Sicyoniis. Bonnae, typ. C. Georgi (1883). 34 S., 4 Bl. 4. ¶ In Komm. bei Cohen & Sohn in Bonn.

—— Prolusio in Pindari locum de ludis Pythiis Sicyoniis. gr. 4. (22 S.) (Ebendas.) 883. *

Natalicia ... Gvilelmi Imperatoris ... ab vniversitate Fridericia Gvilelmia Rhenana d. XXII m. Mart. a. 1882 ... concelebranda ... indicit Edvardvs **Lvebbert.** — Praemissa svnt meletemata de Pindari carminvm qvibvs Olympiae origines canit fontibvs. Bonnae, ex C. Georgi typogr. (1882). 19 S. 4.

Index scholarum quae summis auspiciis Regis Augustissimi Guilelmi Imperatoris Germanici in universitate Fridericia Guilelmia Rhenana per m. hib. a. 1886—87 a d. XV m. Oct. publice privatimque habebuntur. — Insunt Eduardi Luebberti meletemata in Pindari locos de Hieronis regis sacerdotio Cereali. Bonnae, typ. Caroli Georgi univ. typogr. (1886); XXIV + 14 S. + 5 Bl. 4°.

Natalicia ... Gvilelmi Imperatoris ... ab vniversitate Fridericia Gvilelmia Rhenana d. XXII m. Mart. a. 1885 ... concelebranda ... indicit Edvardvs **Lvebbert.** — Praemissa sunt meletemata De Pindaro nomorum Terpandri imitatore. Bonnae, ex C. Georgi typogr. (1885). 23 S. 4. ¶ Erschien zugleich selbständig bei Cohen & Sohn in Bonn.

—— meletemata de Pindaro nomorum Terpandri imitatore. gr. 4. (23 S.) Ebendas. 885. *

Natalicia Regis Augustissimi Guilelmi Imperatoris Germanici ab universitate Fridericia Guilelmia Rhenana d. XXII. m. Mart. a. 1886 ... publice concelebranda ... indicit Eduardus **Luebbert.** — Praemissa sunt ejusdem meletemata de Pindari studiis Terpandreis. Bonnae, ex C. Georgi typogr. acad. (1886); XXII S. 4°.

Luebbert, E., Observationes criticae de T. Livi libri IV. fontibus. Gel. 1872. 25 S. 4°. 1.—

Index scholarvm qvae ... in vniversitate Fridericia Gvilelmia Rhenana per m. aest. a. 1882 ... habebvntvr. — Insvnt Edvardi **Lvebberti** originvm Eliacarvm capita selecta. Bonnae, typ. C. Georgi (1882). 26 S., 5 Bl. 4.

Index scholarvm qvae ... in vniversitate Fridericia Gvilelmia Nrheana [!] per m. hib. a. 1882—83 ... habebvntvr. — Inest Eduardi **Luebberti** commentatio de Pindaro Locrorum Opuntiorum amico et patrono. Bonnae, typ. C. Georgi (1882). 31 S., 4 Bl. 4.

Index scholarvm qvae ... in vniversitate Fridericia Gvilelmia Rhenana per m. aest. a. 1884 ... habebvntvr. — Inest Edvardi **Lvebberti** commentatio de Pindaro Clisthenis Sicyonii institvtorvm censore. Bonnae, typ. C. Georgi (1884). 31 S., 3 Bl. 4. ¶ Erschien zugleich selbständig bei Cohen & Sohn in Bonn.

— commentatio de Pindaro Clisthenis Sicyonii institutorum censore. gr. 4. (18 S.) Ebend. 884. n. 1. —

Index scholarum quae summis auspiciis Regis Augustissimi Guilelmi II Imperatoris Germanici in universitate Fridericia Guilelmia Rhenana per m. hib. a. 1888—89 a d. XV m. Oct. publice privatimque habebuntur. — Inest Eduardi **Luebberti** commentatio de Pindaro theologiae Orphicae censore. Bonnae, typ. Caroli Georgi univ. tygogr. (1888); XXII + 14 S. + 5 Bl. 4°

Index scholarum quae summis auspiciis Regis Augustissimi Guilelmi Imperatoris Germanici in universitate Fridericia Guilelmia Rhenana per m. hib a. 1887—88 a d. XVI m. Oct. publice privatimque habebuntur. — Inest Eduardi **Luebberti** commentatio de Pindaro dogmatis de migratione animarum cultore. Bonnae, typ. Caroli Georgi univ. typogr. (1887); XXI + 14 S. + 5 Bl. 4°

—— commentatio de Pindaro dogmatis de migratione animarum cultore. gr. 4. (21 S.) Ebendas. 887. *

— De Pindaro nomorum Terpandri imitatore. Pr. 1885. 28 S. 4°.

Pindaros von Kynoskephalai. Rede zur Feier des Geburtstages Wilhelm I. gehalten v. Eduard **Lübbert.** Kiel 1878.
Siehe in: Schriften d. Univ. zu Kiel. Bd 25. Kiel 1879. 4°

—— Pindaros von Kynoskephalai. Rede zur Feier des Geburtstages Sr. Majestät des Deutschen Kaisers, Königs von Preussen, Wilhelm I., gehalten an der Christian-Albrechts-Universisität am 22. März 1878. gr. 4. (16 S.) Ebendas. 878. *

Polybius von Megalopolis. Rede zur Feier des Geburtstages Kaiser Wilhelm I. v. Eduard **Lübbert.** Kiel 1876. 4°

Lübbert, E., Polybius von Megalopolis. Gel. 1876. 14 S. 4°. 1.20

Index scholarum quae ... per m. aestivos a. 1886 a d. XXVIII. m. Apr. ... habebuntur. — Inest Eduardi **Luebberti** commentatio de Pindari poetae et Hieronis regis amicitiae primordiis et progressu. Bonnae, typ. C. Georgi univ. typogr. (1886); XXVII + 14 S. 4°.

Luebbert, Ed., commentatio de Pindari poetae et Hieronis regis amicitiae primordiis et progressu. gr. 4. (28 S.) Bonn 886, Cohen und Sohn. *

Index scholarum quae ... per m. aest. a. 1888 a d. XVI m. Apr. publice privatimque habebuntur. — Inest Eduardi **Luebberti** prodromus in Pindari locum de Pelopis pueritia. Bonnae, typ. Caroli Georgi univ. typogr. (1888); XX + 14 S. + 5 Bl. 4°

—— prodromus in Pindari locum de Pelopis pueritia. gr. 8. (20 S.) Ebendas. 888. *

Index scholarvm qvae ... in vniversitate Fridericia Gvilelmia Rhenana per m. aest. a. 1883 ... habebvntvr. — Insvnt Edvardi **Lvebberti** Prolegomena in Pindari carmen Pythivm nonvm. Bonnae, typ. C. Georgi (1883). 34 S., 4 Bl. 4. ¶ In Komm. bei Cohen & Sohn in Bonn.

—— Prolegomena in Pindari carmen Pythium nonum. gr. 4. (22 S.) Bonn 883, (Cohen und Sohn.) *

Index scholarum quae ... per m. aest. a. 1887 a d. XVI m. Apr. publice privatimque habebuntur. — Inest Eduardi **Luebberti** commentatio de Pindari studiis chronologicis. Bonnae, typ. Caroli Georgi univ. typogr. (1887); XXVIII + 14 S. + 5 Bl. 4°.

—— commentatio de Pindari studiis chronologicis. gr. 4. (28 S.) Ebendas. 887. *

Index scholarvm qvae ... in vniversitate Fridericia Gvilelmia Rhenana per m. hib. a. 1881—82 ... habebvntvr. — Inest E[duardi] **Lvebberti** de Pindari stvdiis Hesiodeis et Homericis dissertatio. Bonnae, typ. C. Georgi (1881). 29 S., 4 Bl. 4.

Lübbert, Ed., die Syntax von Quom und die Entwickelung der relativen Tempora im älteren Latein, s. Studien, grammatische.

Syrakus zur Zeit des Gelon und Hieron. Rede zur Feier des Geburtstages Wilhelm I. v. Eduard **Lübbert**. Kiel. 1875. Siehe in: Schriften d. Univ. zu Kiel. Bd. 22. Kiel. 1876. 4°.

Luebbert, Ed., Syrakus zur Zeit des Gelon und Hieron. Rede zur Feier des Geburtstages Sr. Majestät des deutschen Kaisers, Königs von Preussen Wilhelm I., gehalten an der Christian-Albrechts-Universität am 22. März 1875. gr. 4. (13 S.) Kiel 875, Universitäts-Buchh. *

Index scholarvm qvae ... in vniversitate Fridericia Gvilelmia Rhenana per m. aest. a. 1885 ... habebvntvr. — Inest Edvardi **Lvebberti** commentatio de priscae cuiusdam epiniciorum formae apud Pindarum vestigiis. Bonnae, typ. C. Georgi (1885). XXII, 14 S., 5 Bl. 4. ¶ Erschien zugleich selbständig bei Cohen & Sohn in Bonn.

—— commentatio de priscae cuiusdam epiniciorum formae apud Pindarum vestigiis. gr. 4. (22 S.) Ebendas. 885. *

Luebbert, Erich, Referendar: Die rechtliche Natur der Stillen Gesellschaft unter besonderer Berücksichtigung ihrer historischen Entwicklung. Stuttgart 1906: Union. (58 S.) 8° [F.] ¶ (Aus: Zeitschr. f. d. ges. Handelsrecht Bd 58.)
Breslau, Jur. Fak., Ref. Beyerle-Dahn, Diss. v. 19. Sept. 1906
[Geb. 4. Jan. 83 Buchwald, Kr. Koschmin; Wohnort: Posen; Staatsangeh.: Preußen; Vorbildung: Friedrich-Wilhelms-Gymn. Posen Reife O. 01; Studium: Berlin 4. Breslau 2 S.; Rig. 7. Juli 05.]

F. W. Luebbert: Von den Menschenaltern. Würzburg 1818: Nitribitt. 52 S. 8°
Würzburg, Med.Diss.v. 1818

Lübbert, Friedrich [aus Hagenow]: Ueber Nitrobenzylphenylhydrazin, Parabrombenzylphenylhydrazin und deren Thionylverbindungen ... Rostock, C. Boldt'sche Hof-Buchdr., 1894; 38 S., 1 Bl. 8.
Rostock, Phil. Fak., Inaug.-Diss. v. [19. Juli] 1894

Luebbert, Geo., de amnestia anno CCCCIII a. Chr. n. ab Atheniensibus decreta. Dissertatio. gr. 8. (93 S.) Kiel 881, v. Maack's Buchh. *

Lübbert, Hans, die deutsche Hochsee-Segelfischerei in Vergangenheit u. Gegenwart, s.a. Meereskunde. III, 9.

Die deutsche Hochsee-Segelfischerei in Vergangenheit und Gegenwart. Von Hans Lübbert. Berlin: Mittler 1909. 35 S. 8° [Umschlagt.]
(Meereskunde. Jg. 3, H. 9.) [09. 13613

Lübbert, Hans O.

Lübbert, H. O., die Einführung von Motor u. Schernetz in die deutsche Segelfischerei, s.a. Abhandlungen des deutschen Seefischerei-Vereins. 8. Bd.

Die Einführung von Motor und Schernetz in die deutsche Segelfischerei. Bericht über d. Motoren-Versuche d. deutschen Seefischerei-Vereins auf Nordsee-Fischerfahrzeugen u. Beschreibung d. Fischerei-Betriebe von H. O. **Lübbert**, Fischereiinsp. Mit 1 Karte, 16 Taf. Zeichn., 1 Titelbilde, 72 Abb. u. vielen Tab. Berlin: O. Salle 1906. (XIV, 174 S.) 4°(8°)
— Einführung, Die, d. Motors in d. deutsche Segelfischerei. [1.]
— **Abhandlungen** d. Deutschen Seefischerei-Vereins. Bd 8. [06. 1994

Lübbert, (Jürgen), Direktor Prof. Dr.: Die Aufgaben des Eisleber Gymnasiums. Eisleben 1905: E. Schneider. (S. 3—10.) 4°
Eisleben, k. G P 1905 (277)

Lübbert, Jürgen, Bericht üb. die 200jährige Jubelfeier der Franckeschen Stiftungen am 29., 30. VI. u. 1. VII. 1898. Im Auftrage des Directoriums verf. gr. 8. (III, 114 S.) Halle 898. Buchh. des Waisenhauses. n. 1.—

Lübbert, Jürgen, (Prof. Dr.): Die Hallische **Handschrift** ⟨H⟩ von Johann Cadovius-Müller's Memoriale linguae frisicae. *(Halle a. S.: Waisenhaus 1903.)* (S. 51—63.) 8°
Halle, Latein. Haupt-S, Festschr. 1903 (276)**

Lübbert, Jürgen: Der **Seidenbau** in den Franckeschen Stiftungen. *Halle a. S. 1898: Waisenhaus.* (16—38 S.) 4°
Halle, Latein. Haupt-S, Festschr. 1898

Lübbert, Jürgen: Der erdkundliche Unterricht in der **Sexta** auf heimatlicher Grundlage. Eisleben 1909: Schneider. 29 S. 4°
Eisleben, k. Luther-G OP 1909 (322) [S 09. 303

Lübbert, Jürgen, Dr.: Die **Verwertung** der Heimat im Geschichtsunterricht, an dem Beispiele von Halle a. S. und Umgegend ausgeführt. *Halle a. S. 1900: Waisenhaus.* (34 S.) 4°
Halle, Latein. Haupt-S, OP 1900 (250)

Lübbert, Otto, das blutige Ereigniß zu Malchow am 9. Sept. 1848 u. meine Gefangenschaft. 8. (56 S.) Schwerin 849. (Hildebrand.) 1/4 ß

Lübbesmeyer, Albert [cand. med. aus Steinhausen, Westf.]: Ueber Therapie und Prognose bei Parametritis chronica atrophicans ... Strassburg i. E., Buchdr. C. Goeller, 1893; 33 S., 1 Bl. 8.
Strassburg, Med. Fak., Inaug.-Diss. v. 1893

Lubbock, Sir John, s.a. Avebury, John Lubbock Lord

Lubbock, John, Ameisen, Bienen und Wespen, s.a. Bibliothek, internationale wissenschaftliche.

LUBBOCK, John: Ameisen, Bienen und Wespen. Beobachtungen über die Lebensweise der geselligen Hymenopteren. - Leipzig 1883. 381 S., 5 Taf.

— The beauties of nature. Für den Schulgebrauch hrsg. v. A. W. Sturm. (125 S.) 8. Leipzig 905. G. Freytag. — Wien, F. Tempsky. Geb. in Leinw. n. 1. 20

Lubbock, Sir John, the beauties of nature and the wonders of the world we live in, s.: Collection of British authors.

Lubbock, John, the beauties of nature and the wonders of the world we live in, s.: Textausgaben französ. u. engl. Schriftsteller f. d. Schulgebrauch.

Lubbock, Sir John, Blumen u. Insecten in ihren Wechselbeziehungen dargestellt. Nach der 2. Aufl. übers. v. A. Passow. Mit 130 (eingedr.) Holzschn. 8. (XVI, 222 S.) Berlin 877. Gebr. Bornträger. n. 4. —

— die Entstehung der Civilisation u. der Urzustand d. Menschengeschlechtes, erläutert durch das innere u. äußere Leben der Wilden. Autoris. Ausg. f. Deutschland. Nach der 3. verm. Aufl. aus dem Engl. v. A. Passow. Nebst einleit. Vorwort v. Rud. Virchow. Mit 20 (eingedr.) Illustr. in Holzschn. u. 6 lith. Taf. gr. 8. (XXIII, 472 S.) Jena 875. Costenoble. n. 12. —

Lubbock, Sir John, die Freuden d. Lebens. Deutsch nach der 7. Aufl. v. M. zur Megede. 1. u. 2. Aufl. 8. (174 S.) Berlin 889. Pfeilstücker. n. 2. 50; geb. n. 3. 50

— die Freuden d. Lebens. 3. Aufl. 8. (III, 288 S.) Berlin 891. F. Pfeilstücker. n. 3. —; geb. 4. —

— Der Nutzen des Lebens. Autoris. deutsche Übersetzg. v. H. W. Fischer. (VIII, 246 S.) kl. 8. Leipzig 910. H. Zieger. 1.75; geb. in Leinw. 2. 50

—— The pleasures of life, s. Collection of British authors.

— the scenery of Switzerland, s.: Collection of British authors.

Lubbock, J. The scenery of Switzerland a. the causes to which it is due. 2 vols. With illustr. In-16°. 279 a. 280 p. Leipzig, B. Tauchnitz. 1897.
Each volume 2 —
*** Forming Vol. 3211 a. 3212 of the *Tauchnitz Edition*.

Lubbock, Sir John, Bart., die Schönheiten der Natur u. die Wunder der Welt, in der wir leben. Autoris. deutsche Ausg. gr. 8. (VIII, 269 S. m. Bildnis.) Basel 900. B. Schwabe. n. 4. —; geb. n. 4. 80

—— Die Sinne u. das geistige Leben der Thiere, insbesondere der Insekten, s.: Bibliothek, internationale wissenschaftliche.

Lubbock J, die Sinne u das geistige Leben der Tiere. (Bibl. Internat. 67) Leipzig 1889

— Ursprung u. Metamorphosen der Insecten, s.: Bibliothek naturwissenschaftlicher Schriften.

– The use of life, s. Collection of British authors.

— die vorgeschichtliche Zeit erläutert durch die Ueberreste d. Alterthums u. die Sitten u. Gebräuche der jetzigen Wilden. Autoris. Ausg. f. Deutschland. Nach der 3. Aufl. aus dem Engl. v. A. Passow. Mit einleit. Vorwort v. Rudf. Virchow. 1. u. 2. Bd. Mit 228 Illustr. in Holzschn. 1 Grundriß (in Holzschn.) u. 5 lith. Taf. (wovon 2 chromolith.) gr. 8. (XXVIII, 303 u. XI, 317 S.) Jena 874. Costenoble. n. 17. —

Lübcke, Ch. W., de Vierundtwintigst. Ein Theaterstück in 3 Bildern. (IV, 60 S.) gr. 8. Bützow 903. (Lübeck, Lübcke & Nöhring.) n. 1. —

Lübcke, Ch. W., Whist en deux, od. „der erste April". Lustspiel in 1 Akt. 12. (25 S.) Hagenow 889. (Lübeck, Dittmer.) n. 1. —

Lübcke, Charles, Dampferwege durch die Magellan-Strasse u. den Smyth-Kanal, s.: Pilote, der. 14. Hft.

— s.: Verzeichnis der Hamburger Schiffe.

Lübcke, Heinrich [aus Glückstadt]: Ueber die gasvolumetrische Bestimmung der Chromsäure, des Chromoxyds und der Schwefelsäure ... München, *Druck v. J. J. Augustin in Glückstadt,* 1891; 83 S. 8.
Erlangen, Phil. Fak., Inaug.-Diss. v. 1891

Luebcke, Max *Hermann Georg* [aus Klebow '(Pomm.)']: Zwei Fälle von Perforation des nachfolgenden Kopfes durch den Mundboden ... Berlin, Buchdr. v. G. Schade, *1896;* 28 S., 1 Bl. 8.
Berlin, Med. Fak., Inaug.-Diss. v. 19. Mai 1896

Lübcke, Otto, approb. Arzt: ⟨Aus d. Institut f. allgem. Pathologie u. pathol. Anatomie in Rostock.⟩ **Beiträge zur** Kenntniss der Schilddrüse. Mit 2 Taf. *Berlin 1902: G. Reimer.* (48 S.) 8° ¶(Aus: Virchow's Archiv, Bd 167.)
Rostock, Med. Diss. v. [5. Mai] 1902

Lübcker, F., s. Lübker, Friedrich

Lübcky, H., berlinisches Lesebuch, s.: Bohm, H.

Lübcky, H., Berlinisches Lesebuch, s.: Schulz, Otto.

Lübeck [Sachl. OW]

Lübeck, hrsg. v. Carl Griese, Text u. Zeichngn. v. O. Schwindrazheim. Fol. (105 S. m. Textillustr. u. 51 Vollbild.) Hamburg 895. C. Griese. Geb. n. 25. —
Erschien auch in 10 Lfgn. à n. 2. —.

— Festschrift, d. Theilnehmern d. 65. Versammlg. deutscher Naturforscher u. Ärzte gewidmet v. d. ärztl. Verein u. d. naturwissenschaftl. Verein zu Lübeck. gr. 8. (III, 348 S. m. 27 Taf.) Lübeck 895. (R. Quitzow.) n. 3. —

LÜBECK. Festschrift, den Theilnehmern der 67. Versammlung Deutscher Naturforscher und Ärzte gewidmet von dem ärztlichen Verein und dem naturwissenschaftlichen Verein zu Lübeck. (Mit 27 Tafeln.) Lübeck 1895. Druck von H. G. Rahtgens. 8°.

Lübeck. Seine Bauten und Kunstwerke ... Lübeck [1897?] V (Text): *Nöhring, Joh.* (Berl)

— Seine Bauten u. Kunstwerke. 58 Darstellgn. in Lichtdr. (87 Taf.) m. Text. Fol. (11 S.) Lübeck 897. J. Nöhring. Geb. 25. —

Lübeck im Anfange des 13ten Jahrh. Lübeck 1815. V: *Arndt*, *Carl Frdr. Ludwig*. (MGT) (Ky) (Pr)

Lübeck im Anfange d. 13. Jahrhundert, (v. K. F. L. Arndt). 8. Lübeck 815. Michelsen. (Leipz., Rein). 4 gr.

Lübeck im Anfange des dreizehnten Jahrhunderts. gr. 8. Lübeck. 815. Jetzt Niemann.

Lübeck und Bremen, Die Hansestädte. Leipzig 1807. V: *Schumann*, *August*. (EB)

Lübeck im sechzehnten Jahrhundert. Nachbildung des von J. Geffcken herausgegebenen grossen Holzschnitts von Lübeck. Mit erläuterndem Text v. Friedrich Bruns. Lübeck 1906. 4°

Lübeck u. seine Merkwürdigkeiten. Ein Handbuch f. Fremde u. Einheimische. M. 1 Grundr. d. Stadt (gr. Fol.). 8. (6½ B.) Lübeck 830. Aeschenfeldt.

Lübeck in der Mitte des 16. Jahrhunderts. Leipzig 1855. H: *Geffcken*, *Johannes*. (EngG)

Lübeck in der Mitte des 16. Jahrhunderts, 7 (lithogr.) Blätter (in Imp.-Fol.) und einem Bog. Text (in gr. 4.) (Hrsg. von Johs. Geffcken.) Leipzig 855, T. O. Weigel. **

Lübeck in der Mitte des 16. Jahrhunderts. 7 Bl. (in Holzschn.). Imp.-Fol. Mit Bemerkungen von Johs. Geffcken. 2. Aufl. gr. 8. (58 S.) Lübeck 881, Gläser. *
Text allein *

Lübeck und Ratekau im November 1806. Gedenkblatt ... Lübeck 1884. V: *Gläser*, *W*. (CBH)

Lübeck und Ratekau im November 1806. Gedenkblatt in Aufzeichngn von Augenzeugen. — Lübeck: Gläser 1884. 64 S. 8°

Lübeck, die freie und Hanse-Stadt. Nachrichten für Fremde und Einheimische. gr. 16. (X und 150 S. mit 4 lithogr. Ansichten, einem Plan der Stadt und einer Karte der Umgegend.) Lübeck 847, (v. Rohden'sche Buchh.) *

Lübeck, die freie u. Hansestadt. Ein Beitrag zur deutschen Landeskunde, hrsg. v. e. Ausschusse der geograph. Gesellschaft in Lübeck. I. Abtlg. Mit 5 Karten in 6 Blättern u. 1 graph. Uebersichtstaf. in besond. Mappe. Lex.-8. (IX, 347 u. Reg. XI S.) Lübeck 890. Dittmer. n. 12. —

Lübeck und der Zollverein. gr. 8. (IV und 68 S.) Lübeck 867, Grautoff. **

Lübeck [Schlagwort]

Lübeck, s. a. Deutschland. Uebersichtskarte.

Lübeck, s. a. Hand- u. Reisekarten. 17. 23. — Hannover. — Heimatskärtchen. 21. — Heimatskarten. — Schleswig-Holstein.

— s. a. Hand- u. Reisekarten. 17. 23. — Hannover. — Radfahrerkarten. — Schleswig-Holstein. — Westentaschen-Sammlung.

— s. a.: Hannover, Prov. — Mecklenburg.

Lübeck, Seehäfen, s. a. Kanalkarten.

Lübeck, s. a. Radfahrerkarten. Mittelbach. Strassenprofilkarte.

Lübeck-Hamburg, s.: Automobilkarten. Pharus-Auto-Strecke.

Lübeck. Karte von Lübeck u. Umgegend. 1 : 120,000. Steindr. 63×48 cm. Mit Namen- u. Ortsregister. Die Quadrateintheilg. ist zu je 5 Kilometer berechnet. 12. (16 S.) Lübeck 892. E. Schmersahl. 1. 20

Lübeck. Oschmann, Rhold., Spezial-Karte v. Lübeck u. Umgebung. 1 : 100,000. 2. verb. Aufl. 56,5×66 cm. Farbdr. Lübeck (908). R. Quitzow. 1.—; auf Lw. 1.80

— Pharus-Plan Lübeck. Urheber: Cornel. Loewe. 1 : 10,000. 37,5×50,5 cm. Farbdr. Mit Strassenverzeichnis. (5 S.) 8. Lübeck (910). Lübcke & Nöhring. — 60

— — dasselbe m. Führer. (7, VII, 67 S. m. Abbildgn.) kl. 8. Ebd. (907). Kart. 1. 20

— Plan v. Lübeck nebst kurzem Führer durch Lübecks Sehenswürdigkeiten (auf dem Umschlage), m. e. Verzeichnis der Strassen, Plätze, Gebäude usw. (auf der Rückseite). 1 : 10,000. 3. erweit. Aufl. 44×59,5 cm. Farbdr. Lübeck (909). (Hamburg, Druckerei- u. Verlags-Ges.) nn — 50

Lübeck. Rodenberg, Karte v. dem Fürstenth. Lübeck. Gezeichnet v. Klotz. 1 : 50,000. Mit Nachträgen bis 1895. 101 × 66 cm. Steindr. Hamburg 896. (C. Boysen.) n.n. 4. —

Lübeck [Verfasser]

Lübeck, Major, biographische Notizen über die Offiziere ꝛc. der ehemaligen Schleswig-Holsteinischen Armee, s. Möller, Fr.

Lübeck, A. H., Bilder aus der deutschen u. sächsischen Geschichte, entworfen als Lernstoff f. die Hand der Schüler in der Mittelstufe. (V, 48 S.) gr. 8. Leipzig 905. X. Pflugmacher. n. — 50

Luebeck, Adolfus: De struma. Halis 1847: Ploetz. 24 S. 8°
Halle-Wittenberg, Med. Diss. v. 24. Dez. 1847
Geb. Kl. Ammensleben bei Magdeburg 17. 10. 1821. V.

Lübeck, C. Beitrag zur Behandlung komplizierter Schädeldachfrakturen. In-8°. 62 S. Basel. These. 1896.

Lübeck, C., die Vaterlandslosen. Historische Novelle. gr. 16. (188 S.) Chemnitz 875. (Zürich, Volksbuchh.) — 75

Lübeck's, Ed., kleiner prakt. Ratgeber f. Mineral-Wasser-Fabrikanten. gr. 16. (IV, 50 S.) Magdeburg 896. (Leipzig, G. Schlemminger.) n. 1. 25

Lübeck, Emil

Lübeck, E., Hieronymus quos noverit scriptores ex quibus hauserit. Diss. 1871. 54 S.

Luebeck, Aemil., Hieronymus quos nouerit scriptores et ex quibus hauserit. gr. 8. (228 S.) Leipzig 872. Teubner. n. 4. —

Luebeck, Emil [Oberl. Dr.]: Das Seewesen der Griechen und Römer. Hamburg, gedr. bei Lütcke & Wulff, 1890; 1 Bl., VIII, 56 S., 1 Taf. 4°
Hamburg, Gelehrten-S d. Johanneums, P 1890 (714)

Luebeck, Emil [Oberl. Dr.]: Das Seewesen der Griechen und Römer. II. Tl. (Forts. d. P-Beil. 1890.) Hamburg, gedr. bei Lütcke & Wulff, 1891; 1 Bl., 48 S., 3 Taf. 4°
Hamburg, Gelehrten-S d. Johanneums, P 1891 (721)

Luebeck, Emil. Das Seewesen der Griechen u. Römer. [1.] u. 2. Tl. gr. 4. (VIII, 56 S. m. 1 Lichtdr.-Taf.; 48 S. m. 3 Taf.) Hamb. 890,91, (Herold's Verlag). à Tl. ** 3 —; ** 6 —

— Gerh. (Königsberg/Pr.), Diss. jur. de perfecta et irrevocabili emptione et venditione. Präs. Theod. Pauli. Königsberg (Reusner) Nov. 1705. 43 S. (5.—) 21783
Gew.: Sand, Reich, Kongehl, Negelein, Thamm, Hoffmann, Leffler, Krüger, Volkein, Albrecht, Lübeck, Melch. (Bruder). — Widm. v.: Th. Pauli, Melch. Lübeck, J. Schaermacher, J. H. Melhorn.

Lübeck, Gustav *(geb. Breslau 9. 12. 1847)*: Über den Einfluss, welchen auf die Bewegung eines Pendels mit einem kugelförmigen Hohlraume eine in ihm enthaltene reibende Flüssigkeit ausübt. Berlin 1873. (37 S.) 4° *[Aus: Journ. f. d. reine u. angew. Math. Bd 77. 1874.]*
Breslau, Phil. Diss. v. 26. Aug. 1873

Lübeck, Gustav [Dr.]: Die Umformung einer elastischen Kugel durch Zusammendrücken zwischen zwei horizontalen und starren, glatten oder rauhen Ebenen. Berlin, R. Gaertners Verlagsbuchh. H. Heyfelder, 1889; 27 S. 4°
Berlin, Friedrichs-Werdersches G, OP 1889 (64)

Lübeck, Hans, Maximilian von Mexico. Trauerspiel in 5 Akten. gr. 8. (142 S.) Leipzig 883, Mutze. *

Lübeck, Joh. Karl

— s. K. A. Hellenthal.

Lübeck, Joh. Carl, Hülfsbuch f. Weinbesitzer ꝛc., s. † Hellenthal, K. A.

Lübeck, Jh. Karl, († im Nov. 1814.) allgem. ökonomisches Lexikon, oder Erklärung d. Worte u. Belehrung über alle Gegenstände, welche bei e. vollständ. Landwirthschaft vorkommen ꝛc. 2 Bde. mit Kpf. gr. 8. Pesth 812. Hartleben. 3 ꝑ

Lübeck, J. K, allgem. ökonomisches Lexikon ꝛc. 2 Bde. mit K. gr. 8. Erfurt, Hennings. 813.

Lübeck, J. K., Ungarische Miscellen, 1stes Heft. gr. 8. Leipz. Rein.

— ungarische Miszellen. 5 Hefte. gr. 8. Pesth 805. Hartleben. 1 ꝑ 16 Ӿ

— der patriotische Rathgeber für die ungar. Stadt- u. Landwirthschaft. 4 Bde. 8. Pesth 807. (Hartleben). 3 ꝑ 8 Ӿ

Lübeck, Joh. Carl, der Schönheitsfreund, oder ärztlicher Rathgeber, die Schönheit zu erhalten, zu erhöhen, die mangelhafte zu ersetzen und die verlorne herzustellen. 2te Ausg. 8. Pesth, Hartleben. 818.

Lübeck, Jh. Karl, d. Toilette d. Grazien, oder d. Kunst, d. Schönheit d. Damen zu erhalten, zu erhöhen, d. mangelhafte zu ersetzen u. d. verlorene herzustellen ꝛc. Pesth 815. Hartleben. 1 ꝑ 2e A. unt. d. T.: d. Schönheitsfreund, od. ärztl. Rathgeber, d. Schönheit zu erhalten, zu erhöhen, d. mangelhafte zu ersetzen u. d. verlorene herzustellen. 8. Pesth 818. Hartleben. 1 ꝑ

— patriot. Wochenblatt für Ungarn. 4 Bde. 8. Pesth 804.

Lübeck, K. (Hrsg.), s. S c h e i b e , Johann Adolf: Anekdoten eines reisenden Russen.

Luebeck, Karl

B e c k , C. L., eine Rechtfertigung der Juden und wahre Lösung der Judenfrage. gr. 8. (V, 105 S.) Leipzig 881, Morgenstern. *

Des Herrn von SAINT EVREMOND Abbildung eines Frauenzimmers, so man weder nun, noch jemals antreffen dörfte, bey der L'Estocq- und Reussnerschen Eheverbindung, von der Königlichen deutschen Gesellschaft mit einer Zueignungsschrift begleitet. (Von CARL LUDWIG LÜBECK). Königsberg 1745. den 30. Julii. Gedruckt in der Königl. Hofbuchdruckerey. 8°.

Des Herrn von SAINT EVREMOND Abbildung eines Frauenzimmers, so man weder nun, noch jemals antreffen dörfte Im Namen der Königlichen deutschen Gesellschaft mit einer Zueignungsschrift an den Hochedelgebohrnen und Hochgelahrten Herrn Johann Ludwig L'Estocq Beyder Rechten Lehrer, ... am Tage Seiner glücklichen Eheverbindung mit der Hochedelgebohrnen ... Frauen Maria Eleonora Reussnerinn begleitet. (Von CARL LUDWIG LÜBECK.) s. l. & a. (Königsberg 1745 den 30. Julii.) fol.*)

Lübeck, Konr., A d o n i s k u l t u. Christentum auf Malta. Eine Beleuchtung moderner Geschichtsbaumeisterei. (138 S.) gr. 8. Fulda 904. Fuldaer Actiendruckerei. n. 2. —

— die D o r n e n k r ö n u n g Christi. Eine religions- u. kulturgeschichtl. Studie. (51 S.) 8. Regensburg 906 Verlagsanstalt vorm. G. J. Manz. n. — 80

Lübeck, Konrad, aus Hünfeld: Die kirchliche und weltliche **Eparchialverfassung des Orients zur Zeit des Konzils von** Nicäa 325. *Marburg 1901: Westf. Vereinsdruckerei, Münster i. W.* (50 S.) 8° ¶[Die vollst. Abh.: 'Reichseinteilung u. kirchl. Hierarchie d. Orients bis zum Ausgange d. 4. Jahrhunderts' erschien 1901 als: Kirchengeschichtl. Studien, Bd 5, H. 4.]
Marburg, Phil. Diss. v. [15. Mai] 1901

Lübeck, Konr., Reichseinteilg. u. kirchl. Hierarchie des Orients bis zum Ausgange des 4. Jahrh., s.a. S t u d i o n, kirchengeschichtl. V. 4.

Reichseinteilung und kirchliche Hierarchie des Orients bis zum Ausgange des vierten Jahrhunderts. Ein Beitrag z. Rechts- u. Verfassungsgesch. d. Kirche von K o n r a d **Lübeck**. *Münster i. W.: H. Schöningh 1901.* (239 S.) 8°
— Studien, K i r c h e n g e s c h i c h t l i c h e. Bd 5, H. 4.

Lübeck, Konrad, Dr.: Die Weihe des Kynikers Maximus zum Bischofe von Konstantinopel in ihrer Veranlassung dargestellt. Fulda 1907: J. L. Uth. (23 S.) 4°
Fulda, k. G P 1907 (486)

... Souvenir d'Oserski. Fantasie üb. e. Original-Thema f. Violoncello m. Begleitg d. Pianoforte oder Streichquintett v. L o u i s **Lübeck**. Op. 17. Ausg. f. Clavier u. Cello ... [Part. u. Violoncellostimme.] *Berlin: L. Weber* (Aufgestemp.: *Charlottenburg: K. Köhler) [1895?]*. (15, 6 S.) 2 Bde 4.

... Souvenir d'Oserski. Fantasie üb. e. Original-Thema f. Violoncello m. Begleitg d. Pianoforte oder Streichquintett v. L o u i s **Lübeck**. Op. 17. Ausg. als Streichquintett. Part. u. St. *Berlin: L. Weber* (Aufgestemp.: *Charlottenburg: K. Köhler) [1895?]*. (15, 4, 4, 4, 3 S.) 5 Bde 4.

Lubeck, Melch.: Meditationes de jure gentium. *Regiom.* 700. 12.

Lübeck, Melch.: De protestationibus in cambiis. *Regiom.* et *Lips.* 711. 12.

Lübeck, O., algebraische Analysis, s.: Hittenkofer, M., Unterrichts-Werke. 113.

– Algebraische Analysis, s. Unterrichtswerke (Methode Hittenkofer).

Lübeck, O., Chemie u. Physik, } s.: Hittenkofer, M., Sammel-Werke f. d. Selbstunterricht.

— Chemie u. Physik, s.: Hittenkofer, M., Unterrichts-Werke. 59.

– Chemie u. Physik, s. Unterrichtswerke.

– Differentialrechnung, s. Unterrichts-Werke.

— Festigkeitslehre, s.: Hittenkofer, M., Unterrichts-Werke. 61.

Lübeck, O., Festigkeitslehre, s.: Unterrichtswerke (Methode Hittenkofer).

– Analytische Geometrie, s. Unterrichts-Werke.

– Integralrechng., s.: Unterrichtswerke (Methode Hittenkofer).

– Mechanik (Statik), s. Hittenkofer, M.: Sammelwerke f. d. Selbstunterricht.

— Mechanik, s.: Hittenkofer, M., Unterrichts-Werke. 60.

– Mechanik I (Statik), s.: Unterrichtswerke (Methode Hittenkofer).

— Stereometrie, s.: Hittenkofer, M., Unterrichts-Werke. 58.

– Stereometrie, s. Unterrichts-Werke.

– Wärmelehre, s. Unterrichts-Werke.

Lübeck, W., Lehranweisung für den Turn-Unterricht der Turnschule. Für Turnlehrer u. Vorturner. 2. (Titel-)Ausg. Frankfurt a. O. (860) 869. Harnecker & Co. 16. (120 S.) 7½ ngr.

Lübeck, W., Lehranweisung für den Turn-Unterricht der Turnschule. Für Turnlehrer und Vorturner. 32. (120 S.) Frankfurt a. O. 861, Harnecker und Comp.

— Lehr- u. Handbuch der deutschen Fechtkunst. Mit 3 Steindruck- u. 7 Uebungstaff. (in gr. Fol. u. qu. gr. Fol.) 1. u. 2. (Titel-)Ausg. Ebend. 865,69. gr. 8. (IX, 274 S.) cart. n. 2 Thlr.

Lübeck, W., Lehr- u. Handbuch der deutschen Turnkunst. Mit 4 Steindrucktafeln. gr. 8. (Mit 1 Tabelle.) Frankfurt a/O. 843, Harnecker u. Comp. n. 1⅓ Thlr.

— Lehr- und Handbuch der deutschen Turnkunst. 2. ganz umgearb., verm. u. verb. Aufl. Mit 6 Steindrucktaf. (in gr. Fol.) Ebend. 860. gr. 8. (XII, 212 S.) n. 1 Thlr 15 ngr.

Lübeck, W., s.a. Lieder für Deutschlands turnende Jugend.

(Lübeck,) Lieder für Deutschland's turnende Jugend. Herausg. von L. U. Beck. Mit vierstimmigen Sangweisen. Neue (Titel-)Ausg. Leipzig (842.) 854. Holtze. 16. (XII, 356 S.) 10 ngr.

(——) Liederbuch, s. Liederbuch.

— Turnlieder, s. Lieder.

Lübeck-Büchener-Eisenbahn. „Zeitschrift für Bauwesen" Jg. 2. 1852. Nr. 3. 4, Bl. 23. Lithogr. 1 Bl. Imp.-Fol., 45/58 cm. Aufgez. a. Leinen.

Lübecker Bucht [Schlagwort]

Lübecker Bucht, s.: Seekarten.

Lübecks Bedrückung durch die dänische Politik. Ein Wort an die deutschen Fürsten und das deutsche Volk. gr. 8. Braunschweig 845, Westermann. n. 12 ngr.

— Eisenbahnen. (Ein Blatt in kl. Fol. mit Text.) Lübeck 846, v. Rohden. ⅛ Thlr.

Lübecks nordischer Handel unter Berücksichtigung seiner Bedeutsamkeit für die deutsche Fabrication. hoch 4. (16 S.) Lübeck 848. (v. Rohden.) n. ⅓ Thlr.

— Sehenswürdigkeiten. Neuester vollständ. Führer für Fremde u. Einheimische. Lübeck 867. Carstens. 16. (60 S.) 3 ngr.

— Umgegend. gr. 8. Lith. Kiel 847, Akademische Buchhandl. n. 3 ngr.

Luben, C., kurze Erklärung d. zehn Gebote. 8. Berl. 820. Krause. 2 gr.

Lüben [Schlagwort]

— s. a.: Deutschland. Kürschner-Peip. — Kreiskarten.

Lüben, Kreis, s.a. Kreiskarten.

Lüben, Kreis. Entfernungskarte amtl., des Kreises Lüben. Auf Grund amtl. Unterlagen angefertigt im Katasteramte zu Lüben, rev. im Katasterbureau der königl. Regierg. zu Liegnitz. Hrsg. 1901. 1 : 75,000. 49×64 cm. Farbdr. Glogau, C. Flemming. 1.50

Lüben [Verfasser]

Lüben, Aug.

— Anleitung z. Anfertigen von Geschäftsaufsätzen. Zum Gebrauch für Schüler in Bürger-, Volks- u. Fortbildungs-(Sonntags-)Schulen. 8. Aschersleben 845, Laue. n. 1/12 Thlr.

Lüben, Aug., Anleitung zum Anfertigen von Geschäftsaufsätzen. Zum Gebrauch für Schüler in Bürger-, Volks- u. Fortbildungs-(Sonntags-)Schulen herausg. 2. verm. u. verb. Aufl. Leipzig 856. Brandstetter. gr. 8. (40 S.) n. 3 ngr.

Lüben, Aug., Anleitung zum Anfertigen von Geschäftsaufsätzen. Zum Gebrauch für Schüler in Bürger-, Volks- und Fortbildungs-(Sonntags-)Schulen hrsg. 3., verb. Aufl. gr. 8. (40 S.) Leipzig 860, Brandstetter. Thlr. *

Lüben, Aug., Anleitung zur Anfertigung von Geschäftsaufsätzen. Zum Gebrauch für Schüler in Bürger-, Volks- und Fortbildungs-(Sonntags-)Schulen hrsg. 4.—6., verb. Aufl. gr. 8. (40 S.) Leipzig 862—67, Brandstetter. *

Lüben, Aug., Anleitung zur Anfertigung von Geschäftsaufsätzen. Zum Gebrauch für Schüler in Bürger-, Volks- und Fortbildungs-[Sonntags-]Schulen. 8. Aufl. 1872, und 9. verb. Aufl. gr. 8. (40 S.) Leipzig 874, Brandstetter. (* 30 Pf.) *

Lüben, Aug., Anleitung zur Anfertigung von Geschäftsaufsätzen. Zum Gebrauch für Schüler in Volks-, Mittel- u. Fortbildungs-Schulen. 10., umgearb. u. verm. Aufl. von H. Huth. gr. 8. (IV, 60 S.) Leipzig 878. Brandstetter. cart. n. — 60

Lüben, Aug., Anleitung zur Anfertigung von Geschäftsaufsätzen. Zum Gebrauche für Schüler in Volks-, Mittel- und Fortbildungsschulen. 11. verm. und verb. Aufl. von H. Huth. 8. (IV, 64 S.) Leipzig 884, Brandstetter. cart. *

Lüben, Aug., Anleitg. zur Anfertigg. v. Geschäftsaufsätzen. Zum Gebrauch f. Schüler in Volks-, Mittel- u. Fortbildungsschulen. 12., durchges. u. verb. Aufl. v. H. Huth. gr. 8. (IV, 68 S.) Leipzig 895. F. Brandstetter. n. — 60

Lüben, Aug., Anleitung z. ersten Zeichenunterricht f. Knaben- u. Mädchenschulen. I—IV. Hft. 55 geradlin. u. 55 krummlin. Vorlegeblätter z. Nachzeichnen enth. 16. ($2\frac{1}{2}$ B. Text.) Halle 839, 40, Kümmel, Vrlsh. [I. u. III. à $\frac{5}{12}$ Thlr., II. u. IV. à $\frac{3}{8}$ Thlr.]

— Anleitung zum ersten Zeichnenunterricht für Knaben- u. Mädchenschulen. Heft V. 16 größere Figuren, Vasen und Verzierungen. gr. 4. Halle 842, Kümmel's Verlag. $\frac{3}{4}$ ₰

—— Anleitung zum ersten Zeichenunterricht für Knaben- und Mädchenschulen. Neue revid. Aufl. 5 Hefte. 16. (30, 25, 30, 25, 16 lithogr. Blatt.) Bremen 866, Gesenius. [1.—4. Heft à 6 Ngr., 5. Heft 9 Ngr.] In Couvert compl.

—— Anleitung zum ersten Zeichenunterricht für Knaben- und Mädchenschulen. 5 Hefte. 3. verb. Aufl. gr. 16. Halle 874, Gesenius. *

Inhalt:
Heft 1. 30 (lithogr.) Vorlegeblätter mit geradlinigen Figuren zum Nachzeichnen. * 75 Pf.
» 2. 25 (lithogr.) Vorlegeblätter mit geradlinigen Figuren zum Nachzeichnen. * 75 Pf.
» 3. 30 (lithogr.) Vorlegeblätter mit krummlinigen Figuren zum Nachzeichnen. * 75 Pf.
» 4. 25 (lithogr.) Vorlegeblätter mit krummlinigen Figuren zum Nachzeichnen. * 75 Pf.
» 5. 16 grössere Figuren, Vasen und Verzierungen. * ℳ 1,20.

—— Anleitung zum ersten Zeichenunterricht für Knaben- und Mädchenschulen. 4. verb. Aufl. 5 Hefte. gr. 16. Halle 879, Gesenius' Verlag. *

Inhalt:
Heft 1. 30 (lithogr.) Vorlegeblätter mit geradlinigen Figuren zum Nachzeichnen. * 60 Pf.
» 2. 25 (lithogr.) Vorlegeblätter mit geradlinigen Figuren zum Nachzeichnen. * 60 Pf.
» 3. 30 (lithogr.) Vorlegeblätter mit krummlinigen Figuren zum Nachzeichnen. * 60 Pf.
» 4. 25 (lithogr.) Vorlegeblätter mit krummlinigen Figuren zum Nachzeichnen. * 60 Pf.
» 5. 16 grössere Figuren, Vasen und Verzierungen. * ℳ 1,20.

—— method. Anweisung z. Unterr. in d. Thierkunde u. Anthropologie. Nach naturgemäßen Grundsätzen f. gehob. Volksschulen, Bürgerschulen, Berufsschulen, Schullehrer-Seminarien u. Gymnasien bearb. gr. 8. ($26\frac{1}{8}$ B.) Berlin 836, [Schultze.]

LUEBEN (A.). Anweisung zu einem method. Unterricht in der Pflanzenkunde. Halle, 1832. 8°. Ed. 6. 1879.

— Anweisung zu einem methodischen Unterricht in der Pflanzenkunde. Für Bürgerschulen, Realschulen, Schullehrer-Seminarien u. Gymnasien bearbeitet. Mit einem Briefe als Vorwort von W. Harnisch. 2. ganz umgearb. u. verm. Aufl. 8. Ebend. 841. $1\frac{1}{2}$ ₰

Lüben, Aug., Anweisung zu einem methodischen Unterricht in der Pflanzenkunde. Für den Schul- und Selbstunterricht bearb. Mit einem Briefe als Vorwort von W. Harnisch. 3., verb. und verm. Aufl. 8. (XXVIII und 603 S.) Halle 851, Anton.

—— Anweisung zu einem methodischen Unterricht in der Pflanzenkunde. Für den Schul- und Selbstunterricht bearb. 4., verb. und mit zahlreichen Abbild. verseh. Aufl. gr. 8. (XXX und 536 S. mit eingedr. Holzschn.) Halle 865, Anton.

— Anweisung zu e. methodischen Unterricht in der Pflanzenkunde. Für den Schul- u. Selbstunterricht bearb. 5. verb. u. m. zahlreichen Abbildgn. verseh. Aufl. Lex.-8. (XXXI, 540 S.) Halle 874. Anton. 9. —

Lüben, Aug., Anweisung zu e. method. Unterricht i. d. Pflanzenkunde. 6. Aufl. hrsg. v. F. Alpers. gr. 8. (XXXVI, 616 S.) Halle 879. [Anton.] Leipzig, F. Hirt & Sohn. n. 9. —; erm. Pr. n. 4. —

— Anweisung zu e. methodischen Unterricht in der Thierkunde u. Anthropologie. Für den Schul- u. Selbstunterricht bearb. 1. Cursus. Das Betrachten einzelner Thierarten. 2. ganz neu gearb. Aufl. Mit zahlreichen eingedr. Holzschn. Leipzig 869. Brandstetter. gr. 8. (VIII, 252 S.) 1 ₰ 10 ngr.

— Anweisung zu e. methodischen Unterricht in der Thierkunde u. Antropologie. Für den Schul- u. Selbstunterricht bearb. 2. Cursus. Vergleichen u. Unterscheiden v. Thierarten, die zu e. Gattg. gehören. 2., ganz neu gearb. Aufl. Mit zahlreichen eingedr. Holzschn. gr. 8. (VIII, 399 S.) Leipzig 872. Brandstetter. 6. 75

—— Anweisung zu einem methodischen Unterricht in der Thierkunde und Anthropologie. Für den Schul- und Selbstunterricht bearb. Mit zahlreichen (eingedr.) Holzschn. 3 Curse. gr. 8. Leipzig, Brandstetter.

Inhalt:
Cursus 1. Das Betrachten einzelner Thierarten. 4. Aufl. (VIII, 255 S.) 879. ℳ 4,25.
» 2. Vergleichen und Unterscheiden von Thierarten, die zu einer Gattung gehören. 3. Aufl. (VIII, 399 S.) 878. ℳ 7.
» 3. Familien-Ordnungen, Klassen; System. 2. völlig neu gearb. Aufl. von F. E. Helm. (XII, 494 S.) 879. ℳ 9.

Lüben, Aug., Anweisung zu einem methodischen Unterrichte in der Tierkunde und Anthropologie. IV. Kursus, s. Helm, F. E., Handbuch zu einem methodischen Unterrichte in der Anthropologie.

— Anweisung zum Unterricht in der Pflanzenkunde. Nach naturgemäßen Grundsätzen für gehobene Volksschulen, Bürgerschulen, Berufsschulen, Schullehrerseminarien u. Gymnasien bearbeitet. Mit e. Briefe als Vorwort von W. Harnisch. 8. Halle 832. Ed. Anton. $1\frac{1}{2}$ ₰

—— naturhistorischer Atlas. Zum Gebrauch beim Unterricht hrsg. (I. Abthl.) Säugethiere. 30 (Holzschn.-)Taf. nach der Natur und nach ausgestopften Exemplaren gezeichnet von Heinr. Leutemann. Fol. Leipzig 858, G. Wigand. *
ill. *

Lüben A, naturhistorischer Atlas d.Säugetiere. (30 T) gez.v.H Lehmann. 2.A. fol Leipzig

—— Auswahl charakteristischer Dichtungen und Prosastücke zur Einführung in die deutsche Literatur. Aus den Quellen entnommen und mit kurzen Erläuterungen versehen. Ein Lehr- und Lesebuch für höhere Schulanstalten und zum Selbstunterricht. 3 Thle. 1. Aufl. 1864. und 2. Aufl. gr. 8. Leipzig 867, Brandstetter. *

Inhalt:

Thl. 1. I.—VI. Zeitraum. Von der Urzeit bis Lessing. (VIII und 268 S.) * 12 Ngr.
„ 2. VII. Zeitraum. Von 1770 bis zu Göthe's Tode. (VI und 344 S.) * 14 Ngr.
„ 3. Schluß des VII. und VIII. Zeitraums. Von Göthe's Tode bis zur Gegenwart. (VIII und 352 S.) * 14 Ngr.

—— Auswahl charakteristischer Dichtungen und Prosastücke zur Einführung in die deutsche Literatur. Aus den Quellen entnommen. Ein Lehr- und Lesebuch für höhere Schulanstalten und zum Selbstunterricht. 3 Thle. gr. 8. Ebendas.

Inhalt:

Thl. 1. 1.—6. Zeitraum. Von der Urzeit bis Lessing. 4. Aufl. (VIII, 268 S.) 874. *M 1,40.
„ 2. 7. Zeitraum. Von 1770 bis zu Göthe's Tode. 4. Aufl. (VI, 344 S.) 874. *M 1,60.
„ 3. Schluß des 7. Zeitraums und 8. Zeitraum. Von Göthe's Tode bis zur Gegenwart. 3. verb. Aufl. (VIII, 356 S.) 872. *M 1,60.

—— Auswahl charakteristischer Dichtungen und Prosastücke zur Einführung in die deutsche Literatur. Aus den Quellen entnommen. Ein Lehr- und Lesebuch für höhere Schulanstalten und zum Selbstunterricht. 3 Thle. gr. 8. Ebendas. *

Inhalt:

Thl. 1. 1.—6. Zeitraum. Von der Urzeit bis Lessing. 5. Aufl. (VIII, 302 S.) 880. *M 1,60.
„ 2. 7. Zeitraum. Von 1770 bis zu Goethe's Tode. 5. Aufl. (VI, 355 S.) 878. *M 1,60.
„ 3. Schluß des 7. Zeitraums und 8. Zeitraum. Von Goethe's Tode bis zur Gegenwart. 4. verb. Aufl. (VIII, 356 S.) 874. *M 1,60.; 5. Aufl. (XII, 412 S.) 880. *M 1,80.

— Auswahl charakteristischer Dichtungen u. Prosastücke zur Einführung in die deutsche Litteratur. Ein Lehr- u. Lesebuch für höhere Schulanstalten u. zum Selbstunterricht. 1. u. 3. Tl. 5. Aufl. Aus den Quellen verm. u. verb. von H. Huth. gr. 8. Ebend. 880. n. 3. 40

1. I. bis VI. Zeitraum. Von der Urzeit bis Lessing. Erläutert in: Einführung in die deutsche Litteratur. Von A. Lüben u. C. Nacke. I. Tl. (VIII, 302 S.) n. 1. 60
3. Schluß des VII. Zeitraums u. VIII. Zeitraum. Von Goethe's Tode bis zur Gegenwart. Erläutert in: Einführung in die deutsche Litteratur. Von A. Lüben u. C. Nacke. III. Tl. (XII, 411 S.) n. 1. 80

— Auswahl charakteristischer Dichtungen u. Prosastücke zur Einführung in die deutsche Litteratur. Ein Lehr- u. Lesebuch f. höhere Schulanstalten u. zum Selbstunterricht. 2. Tl. VII. Zeitraum. Von 1770 bis zu Goethes Tode. Erläutert in: Lüben u. Nackes Einführg. in die deutsche Litteratur. II. Tl. 6. Aufl. Aus den Quellen verb. v. H. Huth. gr. 8. (VI, 352 S) Ebend. 883. n. 1, 60

—— Auswahl charakteristischer Dichtungen und Prosastücke zur Einführung in die deutsche Litteratur. Ein Lehr- und Lesebuch für höhere Schulanstalten und zum Selbstunterricht. 3 Tle. 6. Aufl. Aus den Quellen verm. und verb. von H. Huth. gr. 8. Leipzig, Brandstetter. *

Inhalt:

Tl. 1. I.—VI. Zeitraum. Von der Urzeit bis Lessing. (VIII, 302 S.) 888. *M 1.60.
„ 2. VII. Zeitraum. Von 1770 bis zu Goethes Tode. Erläutert in: Lüben und Nackes Einführung in die deutsche Litteratur. (VI, 352 S.) 885. *M 1.60.
„ 3. Schluß des VII. Zeitraums und VIII. Zeitraum. Von Goethes Tode bis zur Gegenwart. (XII, 411 S.) 888. *M 1.80.

Lüben, Aug., Auswahl charakteristischer Dichtungen u. Prosastücke zur Einführung in die deutsche Litteratur. Ein Lehr- u. Lesebuch f. höhere Schulanstalten u. zum Selbstunterricht. 2. Tl. gr. 8. Leipzig 894. F. Brandstetter. n. 1. 60

VII. Zeitraum. Von 1770 bis zu Goethes Tode. 7. Aufl. Aus den Quellen verb. v. H. Huth. (VI, 352 S.)

— Auswahl charakteristischer Dichtungen u. Prosastücke zur Einführg. in die deutsche Litteratur. Ein Lehr- u. Lesebuch f. höhere Schulanstalten u. zum Selbstunterricht. 1.—3. Tl. Erläutert in: Einführung in die deutsche Litteratur. Von A. Lüben u. C. Nacke. 1.—3. Tl. Aus den Quellen verm. u. verb. von H. Huth. gr. 8. Leipzig, F. Brandstetter. n. 5. —

1. I. bis VI. Zeitraum. Von der Urzeit bis Lessing. 7. Aufl. (VIII, 302 S.) 897. n. 1. 60
2. VII. Zeitraum. Von 1770 bis zu Goethes Tode. 8. Aufl. (VI, 352 S.) 901. n. 1. 60; geb. n. 2. —
3. Schluß des VII. u. VIII. Zeitraum. Von Goethes Tode bis zur Gegenwart. 7. Aufl. (XII, 411 S.) 898. n. 1. 80

Lüben, Aug., über den Einfluß der Geistlichen in ihrer amtlichen Stellung zur Schule. Mit Bezugnahme auf Dr. D. Schenkel's „Thesen betr. das Recht der Kirche auf die Schule." Bremen 867. Müller. gr. 8. (39 S.) 7½ ngr.

—— und Carl Nacke, Einführung in die deutsche Literatur, vermittelt durch Erläuterung von Musterstücken aus den Werken der vorzüglichsten Schriftsteller. Für den Schul- und Selbstunterricht. Zugleich als Commentar zu dem Lesebuch für Bürgerschulen von denselben Hrsgbrn. 2., verb. Aufl. Mit den Bildnissen Goethe's und Schiller's nach Rietschel. (In 8—9 Lfgn.) 1—4. Lfg. gr. 8. (1. Bd. XVI und 511 S. mit Lessing's Portr. in Stahlst., 2. Bd. S. 1—160.) Leipzig 860—62, Brandstetter. [1. Lfg. 20 Ngr., 2. Lfg. 16 Ngr., 3. Lfg. 1 Thlr., 4. Lfg. 20 Ngr.]

—— und Carl Nacke, Einführung in die deutsche Literatur, vermittelt durch Erläuterung von Musterstücken aus den Werken der vorzüglichsten Schriftsteller. Für den Schul- und Selbstunterricht. 2., verb, Aufl. 5.—9. Lfg. gr. 8. (2. Bd. VII und S. 161—648 mit 1 Stahlst., 3. Bd. XII und 444 S. mit 1 Stahlst.) Leipzig 864, Brandstetter.

1.—4. Lfg. Ebendas. 1860—62. 2 Thlr. 26 Ngr.

—— —— dass. — 3 Thle. 3., verb. Aufl. Zugleich als Commentar zu dem Lesebuche für Bürgerschulen von denselben Herausgebern und zu der Auswahl charakterist. Dichtungen und Prosastücke von A. Lüben. gr. 8. (XXXV und 1941 S.) Ebendas. 865.

—— und Carl Nacke, Einführung in die deutsche Literatur, vermittelt durch Erläuterungen von Musterstücken aus den Werken der vorzüglichsten Schriftsteller. Für den Schul- und Selbstunterricht. Zugleich als Commentar zu dem Lesebuche für Bürgerschulen von denselben Hrsgrn. und zu der Auswahl charakterist. Dichtungen und Prosastücke von A. Lüben. 3 Thle. 4.—6. verb. Aufl. gr. 8. Leipzig 869—74, Brandstetter. [1. Thl. (XVI, 608 S.) M 4,50.; 2. Thl. (VI, 783 S.) (M 6.) M 6,75.; 3. Thl. (XII, 550 S.) (M 3.) M 3,75.] *

—— und Carl Nacke, Einführung in die deutsche Literatur, vermittelt durch Erläuterungen von Musterstücken aus den Werken der vorzüglichsten Schriftsteller. Für den Schul- und Selbstunterricht. 7. verb. Aufl. Zugleich als Commentar zu dem Lesebuche für Bürgerschulen von denselben Hrsgbrn. und zu der Auswahl charakterist. Dichtungen und Prosastücke von A. Lüben. 3 Thle. gr. 8. Leipzig, Brandstetter. [1. Thl. (XX, 628 S.) 876. M 5,10.; 2. Thl. (VI, 792 S.) 876. M 6,90.; 3. Thl. (XII, 596 S.) 877. M 4,50.]

—— —— dass. — 8. verm. und verb. Aufl. von H. Huth. 3 Thle. gr. 8. Ebendas. 879. [1. Thl. (XII, 648 S.) M 5,10.; 2. Thl. (VI, 766 S.) M 6,90.; 3. Thl. (XII, 552 S.) M 4,50.]

—— und Karl Nacke, Einführung in die deutsche Litteratur, vermittelt durch Erläuterungen von Musterstücken aus den Werken der vorzüglichsten Schriftsteller. Für den Schul- und Selbstunterricht. Zugleich als Kommentar zu dem Lesebuche für Bürgerschulen von denselben Herausgebern und zu der Auswahl charakterist. Dichtungen und Prosastücke von A. Lüben. 9. verm. und verb. Aufl. von H. Huth. 3 Tle. gr. 8. Leipzig 883, Brandstetter. [1. Tl. (XII, 648 S.) M 5,10.; 2. Tl. (VIII, 752 S.) M 6,90.; 3. Tl. (XIV, 670 S.) M 5.]

Lüben, Aug. u. Carl Nacke. Einführg. in d. deutsche Litteratur, vermittelt durch Erläutergn. v. Musterstücken aus den Werken der vorzüglichsten Schriftsteller. Für den Schul- u. Selbstunterricht. Zugleich als Kommentar zu dem Lesebuche f. Bürgerschulen v. denselben Herausgebern u. zu der Auswahl charakterist. Dichtgn. u. Prosastücke v. A. Lüben. 10. Aufl. verb. u. verm. von H. Huth. 2. Tl. gr. 8. (VI, 781 S.) Lpz. 892, F. Brandstetter. 6 90
1. u. 3. Tl. Ebd. 1883. 10 10.

— u. Carl Nacke, Einführung in die deutsche Litteratur, vermittelt durch Erläutergn. v. Musterstücken aus den Werken der vorzüglichsten Schriftsteller. Für den Schul- u. Selbstunterricht. Zugleich als Kommentar zu dem Lesebuche f. Bürgerschulen v. denselben Herausgebern u. zu der Auswahl charakterist. Dichtgn. u. Prosastücke v. A. Lüben. 10., verm. u. verb. Aufl. v. H. Huth. 1. u. 2. Tl. gr. 8. Ebd. 12. —
1. (XII, 670 S.) 894. 5. 10. — 2. (VI, 781 S.) 892. 6. 90.

— u. Carl Nacke, Einführg. in d. deutsche Litteratur, vermittelt durch Erläutergn. v. Musterstücken aus den Werken d. vorzüglichsten Schriftsteller. Für d. Schul- u. Selbstunterr. Zugl. als Kommentar zu d. Lesebuche f. Bürgerschulen v. denselben Herausgebern u. z. d. Auswahl charakterist. Dichtgn. u. Prosastücke v. A. Lüben. 10., verm. u. verb. Aufl. v. H. Huth. 3. Tl. gr. 8. (XIV, 697 S.) Ebd. 896. 5. —

—— Ergebnisse des grammatischen Unterrichts in mehrklassigen Bürgerschulen. Nach method. Grundsätzen geordnet und bearb. 1. Aufl. 1855 und 2., verb. Aufl. gr. 8. (44 S.) Leipzig 856, Brandstetter. *

—— Ergebnisse des grammatischen Unterrichts in mehrklassigen Bürgerschulen. Nach methodischen Grundsätzen geordnet und bearb. 3., verb. Aufl. 1858. und 4., verb. Aufl. gr. 8. (46 S.) Leipzig 860, Brandstetter. *

—— Ergebnisse des grammatischen Unterrichts in mehrklassigen Bürgerschulen. Nach method. Grundsätzen geordnet und bearb. 5.—7., verb. Aufl. gr. 8. (64 S.) Leipzig 863—67, Brandstetter. *

— Ergebnisse d. grammatischen Unterrichts in mehrklassigen Bürgerschulen. Nach method. Grundsätzen geordnet u. bearb. 9., verb. Aufl. gr. 8. (75 S.) Ebend. 872. n. — 30

—— Ergebnisse des grammatischen Unterrichts in mehrklassigen Bürgerschulen. Nach method. Grundsätzen geordnet und bearb. 10. verb. Aufl. gr. 8. (67 S.) Ebendas. 875. *

—— Ergebnisse des grammatischen Unterrichts in mehrklassigen Bürgerschulen. Nach methodischen Grundsätzen geordnet und bearb. Verm. und verb. von H. Huth. 11. Aufl. (IV, 78 S.) 1879; 12. Aufl. 8. (IV, 88 S.) Ebendas. 884. cart. *

—— Ergebnisse des grammatischen Unterrichts in mehrklassigen Bürgerschulen. Nach method. Grundsätzen geordnet und bearb. 13. verb. Aufl. von H. Huth. 8. (IV, 92 S.) Ebendas. 888. cart. *

Lüben, Aug., Ergebnisse des grammatischen Unterrichts in mehrklass. Volks- u. Bürgerschulen. Nach method. Grundsätzen geordnet u. bearb. 15. Aufl., durchgesehen u. verb. v. H. Schwochow. (IV, 91 S.) 8. Leipzig 908. F. Brandstetter. Kart. — 60

Lüben, Aug., und Carl Nacke, Grundlagen zu Literatur-Bildern. Für den Schul- und Privatgebrauch hrsg. (Abdr. vom 6. Thl. des „Lesebuches für Bürgerschulen.") gr. 8. (VIII und 312 S.) Leipzig 851, Brandstetter. *

— — Grundlagen zu Literatur-Bildern. Für den Schul- und Privatgebrauch herausgegeben. Besonderer Abdr. vom 6. Thl. des „Lesebuches für Bürgerschulen." 2. verb. Aufl. Leipzig 854. Brandstetter. gr. 8. (VIII, 316 S.) 15 ngr.

— Grundlagen zu Literatur-Bildern. Für den Schul- u. Privatgebrauch herausg. Abdr. aus dem 6. Thle. des „Lesebuchs für Bürgerschulen." 3—6. verb. Aufl. Ebend. 858—64. gr. 8. (VIII, 348 S.) 15 ngr.

—— —— Grundlagen zu Literaturbildern für den Schul- und Privatgebrauch. 14. Aufl. gr. 8. (VIII, 348 S.) Ebendas. 874.

—— —— Grundlagen zu Literaturbildern für den Schul- und Privatgebrauch. 15. und 16. Aufl. (VIII, 355 S.) 1875,76; 17. Aufl. (VIII, 356 S.) 1878; 18. Aufl. gr. 8. (VIII, 357 S.) Ebendas. 879.

—— Grundsätze und Lehrgänge für den Sprachunterricht in der Bürgerschule zu Merseburg. gr. 8. (IV und 64 S.) Leipzig 855, Brandstetter. *

—— Grundsätze und Lehrgänge für den Sprachunterricht. 2., verb. Aufl. gr. 8. (IV und 67 S.) Leipzig 858, Brandstetter. *

— Grundsätze u. Lehrgänge für den Sprach- u. Leseunterricht. 3. verb. Aufl. Ebend. 868. gr. 8. (IV, 98 S.) n. 8 ngr.

— Grundsätze u. Lehrgänge f. den Sprach- u. Leseunterricht. 4. verb. Aufl. gr. 8. (IV, 98 S.) Ebend. 874 n. — 80

— die Hauptformen der äußern Pflanzenorgane in stark vergrößerten Abbildungen auf schwarzem Grunde. Für den Unterricht. gr. 8. (Mit 14 Tafeln.) Leipzig 846, Barth. 1 ₰ 18 ngr

— die Hauptformen der äußern Pflanzenorgane in stark vergrößerten Abbildgn. auf schwarzem Grunde. Für den Unterricht dargestellt. 2., verb. u. verm. Aufl. gr. 8 (16 S. m. 15 Holzschntaf. in gr. Fol.) Leipzig 872. Barth. 5. 10

—— belehrende u. unterhaltende Jugend-Bibliothek, s. Jugend-Bibliothek.

—— und Carl Nacke, Commentar zu dem Lesebuch für Bürgerschulen. 1. Thl.: Musterstücke für den Sprachunterricht erläutert und zu Literaturbildern zusammengestellt. 1. Lfg. gr. 8. (S. 1—284.) Leipzig 852, Brandstetter.

—— —— dass. — 1. Thl. 2. Lfg. A. u. d. T.: Sprachmusterstücke. Für den Selbst- und Schulunterricht erläutert und zu Literaturbildern zusammengestellt. 1. Thl. 2. Lfg. gr. 8. (XIV S. und S. 285—942.) Ebds. 854.

—— —— dass. — 2. (letzter) Thl. A. u. d. T.: Sprachmusterstücke. Für den Selbst- und Schulunterricht erläutert und zu Literaturbildern zusammengestellt. 2. Thl. gr. 8. (XV und 492 S.) Ebds. 855.

Lüben, August. Sein Leben u. seine Schriften. Von ihm selbst beschrieben. [Aus „die Volksschule d. 19. Jahrh. in Biographien hervorrag. Schulmänner".] Mit den Bildnisse Aug. Lüben's (in Stahlst.) gr. 8. (172 S.) Leipzig 873. Brandstetter. 2. 25

— Lehrbegriff der höhern Körperlehre, f. Lehrer u. Selbstlernende. gr. 8. Berl. 828. Riemann. 1 ₰ 12 ngr

—— Lehrplan für die Landschulen des bremischen Gebiets. Im Auftrage der Senats-Commission für die kirchl. Angelegenheiten ausgearb. gr. 8. (III und 48 S.) Leipzig 861, Brandstetter. *

—— Lehrplan für das Seminar zu Bremen. Im Auftrage des Scholarchats hrsg. gr. 8. (47 S.) Bremen 867, Müller.

— Lehrpläne f. die 1. u. 2. Bürgerschule der Stadt Merseburg. Im Auftrage der städtischen Schuldeputation ausgearb. u. hrsg. gr. 8. (32 S.) Merseburg 850, Garcke (jetzt: Leipzig, Hebenstreit.) 3 ngr

Lüben, Aug., Leitfaden zu einem method. Unterricht in der Geographie für Bürgerschulen, mit vielen Aufgaben und Fragen zu mündlicher und schriftlicher Lösung. 3 Kurse. 8. Helmstedt 844, Fleckeisen. n. 1/4 ℛ

Lüben, Aug., Leitfaden zu einem methodischen Unterricht in der Geographie f. Bürgerschulen, mit vielen Aufgaben u. Fragen zu mündl. u. schriftl. Lösung. 2. verb. Aufl. 8. (VIII u. 186 S.) Helmstedt 847, Fleckeisen. — 3. verb. Aufl. 8. (VIII u. 184 S.) Ebd. 850. n. 1/4 ℛ

Lüben, Aug., Leitfaden zu einem methodischen Unterricht in der Geographie für Bürgerschulen, mit vielen Aufgaben und Fragen zu mündl. und schriftl. Lösung. 4., verb. Aufl. 1. und 2., unveränd. Abdr. 8. (VIII und 184 S.) Leipzig 855, E. Fleischer. Thlr. *

—— Leitfaden zu einem methodischen Unterricht in der Geographie für Bürgerschulen, mit vielen Aufgaben und Fragen zu mündlicher und schriftlicher Lösung. 5—7., verb. Aufl. 8. (VIII und 187 S.) Leipzig 857—60, E. Fleischer. *
cart. *

—— Leitfaden zu einem methodischen Unterricht in der Geographie für Bürgerschulen, mit vielen Aufgaben und Fragen zu mündl. und schriftl. Lösung. 8.—13., verb. Aufl. 8. (X und 190 S.) Leipzig 862—68, E. Fleischer. *

—— Leitfaden zu einem methodischen Unterricht in der Geographie für Bürgerschulen, mit vielen Aufgaben und Fragen zu mündl. und schriftl. Lösung. 14.—17. verb. Aufl. 8. (X, 200 S.) Leipzig 869—74, E. Fleischer. *
—— dass. — 18. verb. Aufl., durchgesehen von Herm. Oberländer. gr. 8. (VI, 202 S.) Ebendas. 875. *

—— Leitfaden zu einem method. Unterricht in der Geographie für Bürgerschulen, mit vielen Aufgaben und Fragen zu mündl. und schriftl. Lösung. 19. Aufl., vollständig umgearb. von Winkler. gr. 8. (VIII, 179 S.) [Leipzig 877, E. Fleischer.] Berlin, Friedberg und Mode. *

—— Leitfaden zu einem methodischen Unterricht in der Geographie für Bürgerschulen, mit vielen Aufgaben und Fragen zu mündl. und schriftl. Lösung. 20. Parallelaufl., Ausg. in der neuen amtl. Rechtschreibung, bearb. von Winkler. 8. (VIII, 181 S.) Berlin 881, Friedberg und Mode. *

Lüben, Aug. Leitfaden zu e. method. Unterricht in der Geographie f. Bürgerschulen u. Realanstalten. Mit vielen Aufgaben u. Fragen zu mündl. u. schriftl. Lösg. 21. verm. u. verb. Aufl., bearb. v. C. Diercke. 8. (VIII, 208 S.) Berl. 889, Friedberg u. Mode. * 1 —

—— Leitfaden f. d. Unterr. in d. Naturgeschichte in Volksschulen, Bürgerschulen, Gymnasien u. Seminarien, mit vielen Aufgaben u. Fragen zu mündl. u. schriftl. Lösung. 1—4. Kurs. 8. Berlin, [Schultze.]
Kurs. 1. Arten. 1. u. 2. Aufl. (à 2½ B.) 836, 38, 3. verb. A. (3½ B.) 841. à 4 Gr.
" 2. Gattungen. 1. u. 2. Aufl. (à 4 B.) 836, 39. à 4 Gr.
" 3. Natürl. Familien u. Systeme. 1. Aufl. (7 B.) 837., 2., verb. A. (9½ B.) 841. à 6 Gr.
" 4. Bau u. Natur d. Geschöpfe. (6½ B.) 837. 6 Gr.

— Leitfaden zu einem methodischen Unterrichte in der Naturgeschichte. 1. Cursus. 3. verb. Aufl. 8. Berlin 841, Schultze. 1/6 ℛ — 2. Cursus. 3. verb. Aufl. 8. Ebend. 843. 1/6 ℛ — 4. Aufl. 846. 1/6 ℛ

— dass. 3. Cursus. Natürliche Familien u. Systeme. 2. verb. Aufl. 8. Ebend. 841. 1/4 ℛ — 3. Aufl. 846. 9 ngr

— dass. 4. Cursus. Innerer Bau und Natur der Geschöpfe. 2. verb. Aufl. 8. Ebend. 843. 1/4 ℛ

—— Leitfaden zu e. method. Unterricht in d. Naturgeschichte in Bürgerschulen, Realschulen, Gymnasien u. Seminarien. 2. u. 3. Curs. 3., verb. Aufl. u. 4. Curs. 2., verb. Aufl. 8. Berlin, Herm. Schultze. [2. (5 B.) 843. 5 Ngr., 3. (10 B.) 47. 9 Ngr., 4. (6½ B.) 43. 7½ Ngr.] —

—— Leitfaden zu einem methodischen Unterricht in der Naturgeschichte in Bürgerschulen, Realschulen, Gymnasien und Seminarien, mit vielen Aufgaben und Fragen zu mündl. und schriftl. Lösung. (In 4 Kursen.) 1. und 2. Kursus. 5. Aufl. 1851. und 6., verb. Aufl. 8. (128 S. mit eingedr. Holzschn.) Leipzig 852, H. Schultze. à Kursus * 5 Ngr. *

—— dass. — 3. Kursus: Natürliche Familien und Systeme. 4., verb. Aufl. 8. (VIII und 151 S.) Ebds. 851.

—— dass. — 4. Kursus. 3., verb. Aufl. 8. (129 S. mit eingedr. Holzschn.) Ebds. 852.

— Leitfaden zu einem methodischen Unterricht in der Naturgeschichte in Bürgerschulen, Realschulen, Gymnasien u. Seminarien, mit vielen Aufgaben u. Fragen zu mündlicher u. schriftlicher Lösung. In 4 Kursen. Mit zahlreichen Holzschn. (im Text.) 1. Kursus. 7. verb. Aufl. Leipzig 855. H. Schultze. 8. (48 S.) 5 ngr

— — 2. Kursus. 7. verb. Aufl. 853. — 8. verb. Aufl. Ebend. 855. 8. (96 S.) 6 ngr

— — 3. Kursus. 5. verb. Aufl. Ebend. 854. 8. (101 S.) n. 10 ngr

—— Leitfaden zu einem methodischen Unterricht in der Naturgeschichte in Bürgerschulen, Realschulen, Gymnasien und Seminarien, mit vielen Aufgaben und Fragen zur mündlichen und schriftlichen Lösung. In 4 Kursen. Mit zahlreichen (eingedr.) Holzschn. 1. Kursus. 8., verb. Aufl. 8. (51 S.) Leipzig 859, H. Schultze. *

—— dass. — 3. Kursus. 6., verb. Aufl. 8. (191 S.) Ebendas. 859. *

—— Leitfaden zu einem methodischen Unterricht in der Naturgeschichte in Bürgerschulen, Realschulen, Gymnasien und Seminarien, mit vielen Aufgaben und Fragen zu mündl. und schriftl. Lösung. 3. Kursus. 7. verb. Aufl. und 4. Kursus. 4., verb. und verm. Aufl. 8. (197 und 164 S. mit zahlreichen eingedr. Holzschn.) Leipzig 863, H. Schultze. à Cursus * 10 Ngr. *

—— Leitfaden zu einem methodischen Unterricht in der Naturgeschichte in Bürgerschulen, Realschulen, Gymnasien und Seminarien mit vielen Aufgaben und Fragen zu mündl. und schriftl. Lösung. In 4 Kursen. Mit zahlreichen eingedr. Holzschn. 8. Leipzig 869—75, Schultze. [1. Kurs. 12.—15. verb. Aufl. (52 S.) * 50 Pf.; 2. Kurs. 12.—14. verb. Aufl. (98 S.) * 60 Pf.; 3. Kurs. 8.—11. verb. Aufl. (203 S.) * M. 1.; 4. Kurs. 5. und 6. verb. Aufl., und 7. verb. Aufl. Bearb. von Fr. Brüggemann und Chr. Luerssen. (168 S.) * M. 1.] *

— Leitfaden zu e. methodischen Unterricht in der Naturgeschichte in Bürgerschulen, Realschulen, Gymnasien u. Seminarien m. vielen Aufgaben u. Fragen zu mündl. u. schriftl. Lösg. In 4 Kursen. Mit zahlr. (eingedr.) Holzschn 8. Leipzig 873—76. Schultze. n. 3. 10
1. 15. verb. Aufl. (52 S.) n. — 50. — 2. 14. verb. Aufl. (98 S.) n. — 60. — 3. 11. verb. Aufl. (203 S.) n. 1. —. — 4. 7. verb. Aufl. Bearb. v. Fr. Brüggemann u. Chr. Luerssen. (168 S.) n. 1. —

Lüben, Aug., Leitfaden für den Unterricht in der Naturgeschichte in Bürgerschulen, Realschulen, Gymnasien und Seminarien. Bearb. von Chr. Luerssen und F. Terks. Mit (eingedr.) Holzschn. In 4 Kursen. 8. Leipzig, H. Schultze's Verlag. [1. Kursus. 15. und 16. verb. Aufl. (54 S.) 877. * 50 Pf.; 2. Kursus. 15. und 16. verb. Aufl. (IV, 88 S.) 877. * 60 Pf.; 3. Kursus. 12. verb. Aufl. (207 S.) 879. * ℳ 1.; 4. Kursus. 8. Aufl. (188 S.) 879. * ℳ 1.] *

—— Leitfaden für den Unterricht in der Naturgeschichte in Bürgerschulen, Realschulen, Gymnasien und Seminarien. Mit (eingedr.) Holzschn. 4 Kurse. 8. Leipzig, H. Schultze's Verlag. [1. Kursus. 17. Aufl. (54 S.) 881. * 50 Pf., 18. Aufl. (99 S.) 884. * 65 Pf.; 2. Kursus. 17. Aufl. (88 S.) 881. * 60 Pf., 18. Aufl. (132 S.) 884. * 80 Pf.; 3. Kursus. 13. Aufl. (216 S.) 882. * ℳ 1., 14. Aufl. (315 S.) 884. * ℳ 1,50.; 4. Kursus. 9. Aufl. (189 S.) 883. * ℳ 1., 10. Aufl. (224 S.) 885. * ℳ 1,50.] *

—— Leitfaden für den Unterricht in der Naturgeschichte in Bürgerschulen, Realschulen, Gymnasien und Seminarien. 1.—3. Kursus. 8. Leipzig, H. Schultze. [1. Kursus. 19. verb. und mit zahlreichen Holzschn. verseh. Aufl. (100 S.) 887. ** 65 Pf.; 2. Kursus. 19. verb. und mit zahlreichen Holzschn. verseh. Aufl. (140 S.) 888. * 80 Pf.; 3. Kursus. 15. verb. und mit zahlreichen weiteren Holzschn. verseh. Aufl. (335 S.) 887. ** ℳ 1.50.] **

4. Kursus. Ebendas. 1884. ** ℳ 1.50.

—— Leitfaden f. den Unterricht in der Naturgeschichte in Bürgerschulen, Realschulen, Gymnasien u. Seminarien. 4. Kurs. 11. verb. u. m. weiteren Holzschn. vers. Aufl. gr. 8. (IV, 240 S.) [Lpz. 890, Herm. Schultze.] Meißen, Schlimpert. ** 1 50; geb. ** 1 75

1.—3. Kurs. Ebd. 1887,88. ** 2 95.

Lüben's, Aug., Leitfaden f. d. Unterricht in d. Naturgeschichte in Bürgerschulen, Realschulen, Gymnasien u. Seminarien. (In 4 Kursen.) 2.—4. Kurs. gr. 8. (Mit Holzschn.) Meißen, H. W. Schlimpert. n. 3. 80

2. 20., verb. Aufl. (140 S.) 896. n. — 60; geb. n. 1. —
3. 16., verb. Aufl. (335 S.) 895. n. 1. 50
4. 12., verb. Aufl. (240 S.) 895. n. 1. 60

—— Leitfaden z. Zeichenunterricht f. Volksschulen. Mit besond. Rücksicht auf solche Lehrer, die wenig od. gar nicht zeichnen können. Nebst 2 Stnt. (Fol.) 8. (3½ B.) Halle 829, Anton.

Lüben, Aug., u. Carl Nacke's Lesebuch: Fibel. Nach der kombinierten Schreiblese- u. Normalwortmethode, sowie nach den Grundsätzen der Phonetik völlig neu bearb. v. F. Hollkamm. Mit Zeichngn. v. Max Dasio. 2. Aufl. der Neubearbeitg. (IV, 124 S.) 8. Leipzig 906. F. Brandstetter. n. — 60; geb. n. — 75

— — dasselbe. Für den Gebrauch in mehrklass. Volksschulen u. in Mittelschulen neu bearb. u. hrsg. v. Herm. Kasten. 1.—3. Tl. gr. 8. Ebd. n. 7. —; geb. n. 8. 30

1. (Für das 2. u. 3. Schulj.) Mit Abbildgn. v. Max Dasio, Otto Fikentscher, Fed. Flinzer u. a. 1. Aufl. der Neubearbeitg. (VIII, 336 S.) 904. n. 1. 60; geb. n.n. 2. —
2. (Für das 4. u. 5. Schulj.) Mit 35 künstler. Abb. 2. Aufl. der Neubearbeitg. (VIII, 488 S.) 906. n. 2. 40; geb. n. 2. 80
3. (Für das 6., 7. u. 8. Schulj.) Mit künstler. Abbildgn. 1. Aufl. der Neubearbeitung. (VII, 621 S.) 906. n. 3. —; geb. n n. 3. 50

— u. C. Nacke's Lesebuch. Für den Gebrauch in mehrklass. Volksschulen u. in Mittelschulen neu bearb. u. hrsg. v. Herm. Kasten. 2.—4. Tl. gr. 8. Ebd. 8.20; geb. n 9. 50

2. (Für das 4. u. 5. Schulj.) Mit 35 künstler. Abbildgn. 3. Aufl. der Neubearbeitg. (VIII, 488 S.) 910. 2.40; geb. n 2. 80
3. (Für das 6., 7. u. 8. Schulj.) Mit 18 künstler. Abbildgn. (VII, 621 S.) 907. 3.—; geb. n 3. 50
4. Ergänzungsbd. f. Mittelschulen. Mit 2 Kunstbeigaben. 1. Aufl. der Neubearbeitg. (VII, 560 S. m. 2 Taf.) 909. 2.80; geb. 3. 20

—— —— Lesebuch für Bürgerschulen. 1—6. Thl. gr. 8. Leipzig 851, Brandstetter. [1. (IV und 76 S. incl. 32 lithogr.) * 4 Ngr., 2. (VIII und 160 S.) * 6 Ngr., 3. (VIII und 200 S.) * 8 Ngr., 4. (VIII und 216 S.) * 9 Ngr., 5. (VIII und 216 S.) * 9 Ngr., 6. (VIII und 312 S.) * 12½ Ngr.] * 1

—— —— Lesebuch für Bürgerschulen. 1—5. Thl. 2., verb. Aufl. gr. 8. (XXXVIII und 882 S.) Leipzig 853, Brandstetter. [Thl. 1. * 4 Ngr., 2. * 6 Ngr., 3. * 8 Ngr., 4. und 5. à * 9 Ngr.] *

—— —— dass. — 1. und 6. Thl.: 3., verb. Aufl. gr. 8. (IV und 76 S. mit eingedr. Holzschn.; VIII und 320 S.) Ebds. 856. [1. * 4 Ngr., 6. * 12½ Ngr.] * –

—— —— dass. — 2. und 3. Thl. 4., verb. Aufl. gr. 8. (VIII und 168; VIII und 200 S.) Ebds. 856. [2. * 6 Ngr., 3. * 8 Ngr.] *

— —, Lesebuch für Bürgerschulen. 6 Thle. Leipzig, Brandstetter. gr. 8. n. 1 ℛ︎. 18½ ngr.

1. Thl.: 2. Aufl. 853. — 3. Aufl. 856. (IV, 76 S.) n. 4 ngr.
2. „ 2—6. verb. Aufl. 853—58. (VIII, 168 S.) n. 6 ngr.
3. „ 2—6. verb. Aufl. 853—58. (VIII, 200 S.) n. 8 ngr.
4. „ 2—5. verb. Aufl. 853—58. (VIII, 216 S.) n. 9 ngr.
5. „ 2—4. verb. Aufl. 853—57. (VIII, 222 S.) n. 9 ngr.
6. „ 3. verb. Aufl. 856. (VIII, 320 S.) n. 12½ ngr.

—— —— Lesebuch für Bürgerschulen. 1—6. Thl. gr. 8. Leipzig, Brandstetter. [1. Thl. 4. Aufl. 1859. und 5., verb. Aufl. (IV und 76 S. mit eingedr. Holzschn.) 861. * 4 Ngr., 2. Thl. 5—9., verb. Aufl. (VIII und 168 S.) 857—61. * 6 Ngr., 3. Thl. 5—8., verb. Aufl. (VIII und 200 S.) 858—61. * 8 Ngr., 4. Thl. 4—7., verb. Aufl. (VIII und 216 S.) 857—61. * 9 Ngr., 5. Thl. 4—6., verb. Aufl. (VIII und 222 S.) 858—61. * 9 Ngr., 6. Thl. 4., verb. Aufl. (VIII und 348 S.) 860. * 12½ Ngr.] * 1

—— —— Lesebuch für Bürgerschulen. 6 Thle. gr. 8. Leipzig 862—68, Brandstetter. [1. Thl. 6. und 7., verb. Aufl. (IV und 88 S. mit Abbild. in eingedr. Holzschn. zur Unterstützung des Anschauungsunterrichts.) * 4 Ngr., 2. Thl. 10.—15., verb. Aufl. (VIII und 168 S.) * 6 Ngr., 3. Thl. 9.—17., verb. Aufl. (VIII und 200 S.) * 8 Ngr., 4. Thl. 8.—15., verb. Aufl. (VIII und 216 S.) * 9 Ngr., 5. Thl. 7. und 8., verb. Aufl. (VIII und 224 S.) * 9 Ngr., 6. Thl. 5.—7., verb. Aufl. (VIII und 348 S.) * 12½ Ngr.] * 1

—— —— Lesebuch für Bürgerschulen. 6 Thle. gr. 8. Ebendas. 868—75. [1. Thl. 8.—17. verb. Aufl. (IV, 88 S. mit Abbild. in eingedr. Holzschn. zur Unterstützung des Anschauungsunterrichts.) * 40 Pf.; 2. Thl. 11.—27. verb. Aufl. (VIII, 168 S.) * 60 Pf.; 3. Thl. 18.—23. verb. Aufl. (VIII, 200 S.) * 80 Pf.; 4. Thl. 16.—21. verb. Aufl. (VIII, 216 S.) * ℳ 1.; 5. Thl. 9.—18. verb. Aufl. (VIII, 224 S.) * ℳ 1.; 6. Thl. 8.—15. verb. Aufl. (VIII, 348 S.) * ℳ 1,30.] *

2.—6. Thl. auch in Ausg. für confessionell gemischte Schulen zu gleichen Preisen.

Der 6. Thl. erschien auch als besonderer Abdruck u. d. T.:
Lüben: Grundlagen zu Literaturbildern ...

—— —— Lesebuch für Bürgerschulen. 6 Thle. gr. 8. Ebendas. 876—79. [1. Thl. 18.—20. verb. Aufl. (IV, 88 S. mit Abbild. in eingedr. Holzschn. zur Unterstützung des Anschauungsunterrichts.) * 40 Pf.; 2. Thl. 28.—31. verb. Aufl. (VIII, 168 S.) * 60 Pf.; 3. Thl. 24.—28. verb. Aufl. (VIII, 198 S.) * 80 Pf.; 4. Thl. 22.—24. verb. Aufl. (VIII, 232 S.) * ℳ 1.; 5. Thl. 19.—22. verb. Aufl. (VIII, 248 S.) * ℳ 1.; 6. Thl. 16.—18. verb. Aufl. (VIII, 357 S.) * ℳ 1,30.] *

2.—6. Thl. auch in Ausg. für confessionell gemischte Schulen zu gleichen Preisen.

—— —— Lesebuch für Bürgerschulen. 6 Thle. gr. 8. Ebendas. 880—84. [1. Thl. 21. und 22. verb. Aufl. (IV, 90 S. mit Abbild. in eingedr. Holzschn. zur Unterstützung des Anschauungsunterrichts.) * 40 Pf.; 2. Thl. 32.—34. verb. Aufl. (VIII, 168 S.) * 60 Pf.; 3. Thl. 29.—31. verb. Aufl. (VIII, 198 S.) * 80 Pf.; 4. Thl. 25.—27. verb. Aufl. (VIII, 232 S.) * ℳ 1.; 5. Thl. 23.—25. verb. Aufl. (VIII, 248 S.) * ℳ 1.; 6. Thl. 19.—21. verb. Aufl. (VIII, 369 S.) * ℳ 1,35.] *

2.—6. Thl. auch in Ausg. für confessionell gemischte Schulen zu gleichen Preisen.

—— und Nacke, Lesebuch für Bürgerschulen. Aus den Quellen verb. von H. Huth. 6 Tle. 8. Leipzig 885—88, Brandstetter. [1. Tl. 23. und 24. Aufl. (IV, 90 S.) * 40 Pf.; 2. Tl. 35. und 36. Aufl. (VIII, 167 S.) * 60 Pf.; 3. Tl. 32. und 33. Aufl. (VIII, 198 S.) * 80 Pf.; 4. Tl. 28. Aufl. (VIII, 232 S.) * ℳ 1.—.; 5. Tl. 26. und 27. Aufl. (VIII, 248 S.) * ℳ 1.—.; 6. Tl. 22. Aufl. (VIII, 369 S.) * ℳ 1.35.] *

—— —— Lesebuch f. Bürgerschulen. Aus den Quellen verb. v. H. Huth. 6 Tle. gr. 8. Ebd. * 5 15
1. Tl. 25. Aufl. (IV, 90 S. m. Abbildgn.) 891. * — 40.
2. Tl. 38. Aufl. (VIII, 167 S.) 892. * — 60.
3. Tl. 35. Aufl. (VIII, 200 S.) 893. * — 80.
4. Tl. 30. Aufl. (VIII, 240 S.) 893. * 1 —.
5. Tl. 28. Aufl. (VIII, 261 S.) 890. * 1 —.
6. Tl. 24. Aufl. (VIII, 369 S.) 892. * 1 35.

Lüben, Aug., u. Carl Nacke, Lesebuch f. Bürgerschulen. Aus den Quellen verb. v. H. Huth. 2.—6. Tl. gr. 8. Leipzig, F. Brandstetter. 4.75; Einbde. n.n.n. 1.35
2. 40. Aufl. (VIII, 167 S.) 900. n. — 60; Einbd. n.n.n. — 25
3. 37. Aufl. (VIII, 200 S.) 901. n. — 80; Einbd. n.n.n. — 30
4. 31. Aufl. (VIII, 240 S.) 899. n. 1. —; Einbd. n.n.n. — 25
5. 30. Aufl. (VIII, 261 S.) 898. n. 1. —; Einbd. n.n.n. — 25
6. 25. Aufl. (VIII, 369 S.) 896. n. 1. 35; Einbd. n.n.n. — 30

— — dasselbe f. Bürgerschulen. Aus den Quellen verb v. H. Huth. II.—VI. Tl. 8. Ebd. n. 4. 75; geb. n. 6. 30
II. 41. Aufl. in neuer Rechtschreibung. (VIII, 167 S.) 905. n. — 60; geb. n.n. — 90
III. 38. Aufl. (VIII, 200 S.) 905. n. — 80; geb. n. 1. 10
IV. 32. Aufl. Nach der neuen Rechtschreibg. (VIII, 340 S.) 906. n. 1. —; geb. n.n. 1. 30
V. 31. Aufl. in neuer Rechtschreibung. (VIII, 261 S.) 905. n. 1. —; geb. n.n. 1. 30
VI. 26. Aufl. (VIII, 364 S.) 904. n. 1. 35; geb. n.n. 1. 70

— — Lesebuch f. Bürgerschulen. Aus den Quellen verb. v. H. Huth. III. u. V. Tl. 8. Ebd. 1.80; geb. n 2. 40
III. 39. Aufl. (VIII, 200 S.) 910. — 80; geb. 1. 10
V. 32. Aufl. in neuer Rechtschreibung. (VIII, 261 S.) 901. 1.—; geb. n 1. 30

— — Lesebuch f. die Vorschulen höherer Lehranstalten, s.: Jungdeutschland.

Lüben, Aug., Liederbuch für Volks- u. Bürgerschulen. 8. Halberstadt 840, Helm. n. 1/12 ℛ

— Liederbuch für Volks- u. Bürgerschulen. 8. Halberstadt 841, Helm. n. 1/12 ℛ

—— und Ch. G. Scholz, Mittheilungen aus dem Pädagogen-Congreß zu Tabarz in Thüringen, s. Scholz, Ch. G.

—— Naturgeschichte f. Kinder in Volksschulen. Nach unterrichtl. Grundsätzen bearb. 3 Thle. 8. (9¾ B.) Halle, Anton. à 2½ Ngr.
A. u. d. Tlln.:
Thl. 1. Thierkunde. 1. Aufl. 842. u. 2., verb. Aufl. 844.
„ 2. Pflanzenkunde. 1. Aufl. 842. u. 2., verb. Aufl. 844.
„ 3. Mineralienkunde. 1. Aufl. 842. u. 2., verb. Aufl. 847.

Lüben, Aug., Naturgeschichte f. Kinder in Volksschulen. Nach unterrichtlichen Grundsätzen bearb. 2. Thl.: Pflanzenkunde. 3. verb. Aufl. 8. (48 S.) Halle 852, Anton. 1/12 ℛ

— Naturgeschichte für Kinder in Volksschulen. Nach unterrichtlichen Grundsätzen bearb. 1. Thl. Thierkunde. 3. verb. Aufl. — 3. Thl. Mineralienkunde. 3. verb. Aufl. Halle 853, 58. Anton. 8. (60 S.; 47 S.) Jeder Thl. 2½ ngr

—— Naturgeschichte für Kinder in Volksschulen. Nach unterrichtl. Grundsätzen bearb. 3 Thle. 8. Halle, Anton. à Thl. * 2½ Ngr. *
Inhalt:
Thl. 1. Thierkunde. 4. Aufl. 1862. und 5., verb. Aufl. (60 S.) 867.
„ 2. Pflanzenkunde. 4. Aufl. 1862. und 5., verb. Aufl. (48 S.) 867.
„ 3. Mineralienkunde. 4., verb. Aufl. (47 S.) 867.

— Naturgeschichte für Kinder in Volksschulen. Nach unterrichtl. Grundsätzen bearb. 3 Thle. Halle, Anton. 8. Jeder Thl. n. 2½ ngr
1. Thl. Thierkunde. 5. Aufl. 867. u. 6., verb. Aufl. (60 S.) 870.
2. „ Pflanzenkunde. 5. Aufl. 867. u. 6., verb. Aufl. (48 S.) 870.
3. „ Mineralienkunde. 4. u. 5., verb. Aufl. (47 S.) 867, 70.

—— Naturgeschichte für Kinder und Volksschulen. Nach unterrichtl. Grundsätzen bearb. 3 Thle. 8. Halle 870—75, Anton. à Thl. *
Inhalt:
Thl. 1. Thierkunde. 6.—11. verb. Aufl. (60 S.)
„ 2. Pflanzenkunde. 6.—11. Aufl. (48 S.)
„ 3. Mineralienkunde. 5.—7. Aufl. (48 S.)

—— Naturgeschichte. Nach unterrichtl. Grundsätzen bearb. Hrsg. von L. Halenbeck. 3 Thle. 8. Halle, Anton. à Thl. * 25 Pf. *
Inhalt:
Thl. 1. Thierkunde. 12.—14. verb. Aufl. (60 S.) 876—78.
„ 2. Pflanzenkunde. 12.—14. verb. Aufl. (48 S.) 876—78.
„ 3. Mineralkunde. 8.—10. verb. Aufl. (48 S.) 874—77.

—— Naturgeschichte. Nach unterrichtl. Grundsätzen bearb. Hrsg. von L. Halenbeck. 1. und 2. Thl. 15. verb. Aufl. 8. Halle 879, Anton. à Thl. * 25 Pf. *
Inhalt:
Thl. 1. Thierkunde. (60 S.)
„ 2. Pflanzenkunde. (48 S.)
3. Thl. Ebendas. 1878. * 25 Pf.

Lüben, Aug., Naturgeschichte. Nach unterrichtl. Grundsätzen. Neu bearb. von L. Halenbeck. 1. und 3. Tl. 8. Halle 886, Anton. *
Inhalt:
Tl. 1. Tierkunde. 16. verb. und mit zahlreichen Abbild. verseh. Aufl. (112 S.) * 60 Pf.
„ 3. Mineralkunde. 11. verb. und mit Abbild. verseh. Aufl. (72 S.) * 30 Pf.
2. Tl. 15. Aufl. Ebendas. 1876. * 25 Pf.

— vollständige Naturgeschichte der Säugethiere. Zum Selbstunterricht für gebildete Freunde der Natur u. zur Benutzung beim Schulunterricht bearb. Mit zahlreichen Abbildungen auf 138 (lith.) Taf. Neue Ausg. 30 Hfte. gr. 8. (X u. 936 S. m. 180 lith. Taf.) Eilenburg 850—52, Schreiber. (à 1/6 ℛ; col. à 1/4 ℛ) 5 ℛ; col. n. 7½ ℛ

— vollständige Naturgeschichte des Thierreichs zum Selbstunterricht für Lehrer und Freunde dieser Wissenschaft. — Säugethiere. 1.—16. Heft. gr. 8. (Mit à 6 lithogr. Taf.) Magdeburg 842—47. Eilenburg, Schreiber. à 6 ngr color. à 9 ngr

— vollständige Naturgeschichte des Thierreichs. 1. Bd. 17—27. Hft. gr. 8. (VIII S. u. S. 513—935 m. 42 lith. Taf.) Ebd. 847—48. à 6 ngr; col. à n. 1/3 ℛ (1. Bd. cplt. m. 138 lith. Taf. 6 ℛ; col. n. 10 ℛ)

— der Religionsunterricht in der Volksschule, nach den Forderungen der Pädagogik u. den freieren protestantischen Anschauungen der Gegenwart dargestellt. Leipzig 870. Brandstetter. br. 8. (39 S.) 4 ngr

—— und Aug. Brandt, Schulgesänge. Nach unterrichtl. Grundsätzen zusammengestellt. Für Kinder von 6—15 Jahren. 3 Hefte. 8. (132 S.) Wolfenbüttel 855, Holle's Verlag. *

—— und Aug. Brandt, Schulgesänge. Nach unterrichtl. Grundsätzen zusammengestellt. 3 Hefte. 2. Ster.-Aufl. 8. Wolfenbüttel 859. 60, Holle. à Heft 1½ Ngr.
Inhalt:
Heft 1. Für Kinder von 6—9 Jahren. (36 S.)
„ 2. Für Kinder von 9—12 Jahren. (48 S.)
„ 3. Für Kinder von 12—15 Jahren. (48 S.)

—— s. Schulmann, der praktische.

— Tierkunde u. Anthropologie. IV. Kurs., 3. Aufl., s.: Helm, F. E., Handbuch z. e. method. Unterrichte in d. Anthropologie.

— 24 Vorhängeblätter zu zeichnen. gr. 4. Halle 826. Kümmel. 18 Gr.

— XXXV Vorlegeblätter zum geometrischen Zeichnen mit Lineal und Zirkel. Für Bürger- und Gewerbschulen, so wie auch zum Selbstunterricht für Handwerkslehrlinge. 4. (35 lith. Taf. u. Text.) Aschersleben 845, Laue. In Futteral n. 2/3 ℛ — Partiepreis bei 25 Exemplaren à n. 1/2 ℛ

— 25 gradlinige Vorlegeblätter zum Nachzeichnen. 1s Heft. 16. Halle 826. Kümmel. 9 ℋ 2s Heft, 25 krummlinige Vorlegeblätter zum Nachzeichnen. 16. Ebd. 827. 9 ℋ

—— pädagogische Vorträge, gehalten auf der allgemeinen deutschen Lehrerversammlung zu Cöthen und Gera. gr. 8. (22 S.) Leipzig 862, Brandstetter.

Lüben, W., der Mövenfels. Nach J. Sandeau der deutschen Jugend erzählt. br. 8. (IV, 179 S. mit zahlreichen Holzschn.-Illustr.) Leipzig 878, Brandstetter. *
cart. *

Lüben, C., Kurze Erklärung der zehn Gebote. 8. 1820. Halle, Colditz'sche Buchh. 1/12 ß

Lüben, C., das Gebet des Herrn, oder: Erklärung des dritten Hauptstückes. 8. 1839. Halle, Colditz'sche Buchh. 1/12 ß

Lueben, Guillaume: Denksprüche zur Belebung des Glaubens vom hl. Alphonsus von Liguori, Bischofs und Kirchenlehrers. Uebersetzt und zusammengestellt von einem Priester aus der Congr. des allerhl. Erlösers. Mit dem Bildnisse des Heiligen. Mit bischöflicher Gutheissung. Dülmen [1879]. 127 S. 16⁰

—— der ehrwürdige Diener Gottes P. Claudius de la Colombière, S. J., der große Verehrer des heiligsten Herzens Jesu und Beichtvater der sel. Marg. Alacoque. 8. (VIII, 240 S. mit 2 Portr. und 1 Facs.-Beilage.) Einsiedeln 884, Gebr. Benziger.

Lueben, Guillaume: Die ersten Gefährten des heiligen Alphons, Kirchenlehrers, Bischofes und Ordensstifters. Von einem Priester aus der Congregation des allerheiligsten Erlösers. Dülmen [1880]. 256, 1 S. 8⁰

Lueben, Guillaume: Handbüchlein für die Vereinsmitglieder der Erzbruderschaft der heiligen Familie. Nach dem Französischen. Mit Approbation des bischöflichen General-Vicariats zu Trier. Trier 1857. 16⁰

– Dass. Zweite Auflage. Trier 1858. 16⁰

– Dass. Dritte vermehrte Auflage . Trier 1863. 63, 1 S. 16⁰

Lüben, Wilh., der heilige Cajetan v. Tiene, der Heilige der göttlichen Vorsehung. Ein Lebensbild aus dem 16. Jahrh. Mit dem (Stahlst.-)Bildnisse d. Heiligen. gr. 8. (VIII, 304 S.) Regensburg 883. Verlags-Anstalt. 4. —

Lüben, Wilh., der heilige Cajetan von Tiene, der Heilige der göttlichen Vorsehung. Ein Lebensbild aus dem 16. Jahrh. Mit dem (Stahlst.-)Bildnisse des Heiligen. gr. 8. (VIII, 304 S.) Regensburg 884, Manz.

Lueben, Guillaume: Der ehrwürdige Diener Gottes P. Claudius de la Colombiere, S.J., der große Verehrer des heiligsten Herzens Jesu und Beichtvater der sel. Marg. Allocoque. Mit Approbation des Hochw. Herrn Bischofs von Luxemburg. Mit 2 Portraits und einer Facsimile-Beilage. Einsiedeln, New York, Cincinnati und St. Louis 1884. 239, 1 S. 8⁰

Lüben, Wilh., eucharistischer Monat f. Priester. 31 Vorbereitgn. zur hl. Messe, nebst Gebeten u. Danksaggn., entnommen den Schriften der Kirchenväter, Kirchenlehrer u. Kirchenschriftsteller. 16. (VIII, 264 S.) Mainz 892. F. Kirchheim. 1. 50

Lueben, Guillaume: Statuten des Vereines der heiligen Familie für die Frauen und Jungfrauen zu Trier. Trier 1858. 7 S. 16⁰

Lueben, Guillaume: Winfried, kleine Kränze von P. L. v. Gugern. Der Erlös ist für den Bonifacius-Verein. Paderborn 1880. 157, 3 S. 8⁰

Lüben, Wilhelm, s. Lueben, Guillaume

Lubenau, Ferd. Ant. (geb. Nikolaiken 10. 3. 1836): De n[ervi] trigemini neuralgia partisque nerveae excisae in prosopalgiae sanationem efficacitate. Berolini (1861). (32 S.) 8°
Berlin, Med. Diss. v. 23. März 1861

Lubenau, Karl

Lubenau, Carl, prakt. Arzt: Hämolytische Fähigkeit einzelner pathogener Schizomyceten. *Jena: G. Fischer 1901.* (15 S.) 8°
Königsberg, Med. Diss. v. 10. Okt. 1901

Lübenau, Carl, leichtfassl. prakt. Perspektive unt. Berücksicht. d. Theater-Perspektive, 31 Taf. m. erklär. Text (auf d. Rückseite). qu. gr. 8. (III S.) München 898. G. D. W. Callwey. n. 2. 50

Lubenetz, Gregor, von Kiew (Russland): Aus der medizinischen Universitätsklinik Zürich. Direktor: Prof. Dr. H. Eichhorst. Über peripherische Lähmungen an der oberen Extremität. Zürich 1906. 60 S. 8°. [25. VIII. 06.]
Zürich. Med. Diss. 1905/1906.

Lubenetz, Gregor. Über peripherische Lähmungen an der oberen Extremität. Diss. Med. Univ. Zürich. *Kopftitel:* Aus der medizinischen Universitätsklinik Zürich. Direktor: Prof. Dr. H[ermann] Eichhorst. 59 S. 8. Zürich, J. J. Meier, 1906.

Lubenetz-Liaschenko, Marie, aus Kiew (Russland): Ueber drei Tumoren des ligamentum rotundum. (Zwei Adenomyome und ein Rhabdomyom.) Zürich 1910. 24 S. 8°. [24. V. 10.]
Zürich. Univ. Med. Diss. 1909/10.

Lubenetz-Liaschenko, Marie. Ueber drei Tumoren des ligamentum rotundum. ⟨Zwei Adenomyome und ein Rhabdomyom.⟩ Diss. Med. Univ. Zürich. [Mit 1 Tafel.] 24 S. 8. Zürich, Schereschewsky, 1910.

Lubenow, Hugo, Grundriß der allgemeinen Volkswirtschaftslehre. Für die Gebildeten aller Stände m. besond. Berücksicht. der socialen Frage verf. gr. 8. (VI, 112 S.) Berlin 891. Puttkammer & Mühlbrecht. n. 2. 60

Monismus mit und ohne Gott. Von H[ugo] Lubenow, Superint. Gütersloh: C. Bertelsmann 1907. (227 S.) 8° [F.] 07. 14061

— das Rätsel d. Daseins u. seine Lösung im Christentum. 1. u. 2. Aufl. 8. (95 S.) Bielefeld 892. Velhagen & Klasing. 1. 20

Lubenow, Hugo, die Wahrheit üb. das Leben. (91 S.) 16. Berlin (904). Schmaller & Lubenow. n. 2. —

(B) Lubenow, Hugo, d. Wahrheit über d. Leben. 904. (KVL 34.) Jetzt: Leipzig, Asgard-Verlag. Erm. Pr. — 80

Lubenow, H., die übersinnliche Wirklichkeit u. ihre Erkenntnis. (IV, 164 S.) gr. 8. Gütersloh 904. C. Bertelsmann. n. 2. 40; geb. n. 3. —

Lubenski, Handr., Jesuß we Domi Pobožnych. Schtyri Prjedowanja se Sawostajenstwa rc. wudate wot Ernsta Boh. Jakuba. 8. (IV und 52 S.) Budissin 847, (Wendeborn'sche Buchh.) *

Jesuss we Domi Pobožnych. Schtyri Prjedowanja se Sawostajenstwa neboh Knesa HANDRIJA LUBENSKEHO, ... jako wužitny kwasny Dar sa Nawoženjow a Newesty wudate wot ERNSTA BOHUWJERA JAKUBA. (Jesus im Hause der Frommen. Vier Predigten aus dem Nachlass des seligen Herrn H. LUBENSKI als nützliche Hochzeitsgabe für Brautpaare, herausgegeben von E. B. Jacob.) W Budyschini 1847. Naklad Macžisy sserbskeje. 8°.
Druhi wudawk. (2. Aufl.) ib. 1858. —

Lubensky, Aug. Bernh. Reinh. (Bautzen), Nonnulla de ulcere ventriculi. Diss. med. Lpz. (L. Schnauss) 16. III. 1861. 18 S. mit Biogr. (M.: Emilie Bohl.) (3.—) 21662

Luber, A. Compendium der systematischen Abhandlung aller ökonomischen und Cameral-Wissenschaften (v. Justi). 3 Bde. Leipzig 1804.

– Dass., s. a. L ü b e r

Luber, A.: Musik und Gymnastik als Erziehungsmittel bei Platon und Aristoteles. 32 S. 8°. – Salzburg LBA., Progr. 1872.

Luber, A., Versuch e. gründl. u. fassl. Anleitung üb. d. Regeln d. Tonsetzkunst. In 2 Thln. — 1. Thl. qu. 4. (13 B.) Coblenz 830, Hölscher.

Luber Dr. A.: Der Vetâlapančavinçatî oder 25 Erzählung eines Dämons. 1. Theil nach Çivadâsa's Redaction aus dem Sanskrit übers. mit Einleitung, Anmerkungen u. Nachweisen. 68. Görz 75. **Progr.**

Luber, Alois

Luber, A.: Digenis Akritas. Nach dem byzantinischen Epos wiedererzählt. 21 S. – Salzburg, Progr. 1885.

Luber, A., Digenis Akritas. Nach dem byzantin. Epos wiedererzählt. gr. 8. (23 S.) Salzburg 885. (Leipzig, Harrassowitz.) *

Luber, Alois, Erotas. Neugriechische Liebesdistichen, übersetzt. 8. (VIII, 68 S.) Salzburg 883, Kerber. *
geb. mit Goldschn. *

Luber, Alois Der iambische Hendekasyllabus in kretischen Volksliedern. S. 16—28. 8. **Progr.** G. *Gorz* 1880.

Luber, Alois Die ionische Phyle der *Γελέοντες*. 9 S. 8. G. *Görz* 1876 **Progr.**

Luber, A., *τραγούδια Ῥωμαϊκά*. Neugriechische volkslieder m. einleitg., commentar u. glossar. gr. 8. (61 S.) Salzburg 874. (Mayrische Buchh.) n. 1. 20

— Die Vögel in den historischen Volksliedern der Neugriechen. 21 S. 8. **Progr.** Staatsg. *Salzburg* 1882.

—— die Vögel in den historischen Liedern der Neugriechen. Eine Skizze. gr. 8. (21 S.) Salzburg 882. (Leipzig, Harrassowitz.) *

Luber, Alois Neugriechische Volkslieder in deutscher Übersetzung. 23, 24 SS. 8. **Progr.** G. *Görz* 1877. 1879.

Luber, Gebh. Kronologische Geschichte der kurpfalzbayerischen Gränzstadt Friedberg a./Lechstrom 8. 1801.

Luber, Hans, Der Schwimmsport, m. Abb., 2. verm. u. verb., 4. vollst. neu bearb. Aufl., m. e. Beitr. v. Martin Brustmann, Leipzig, 167 u. 202 S., 8°. 2 Bde.

(Luber, Heinrich) „Geschichte der Königlichen Realschule (früher Gewerbschule) Schweinfurt". pg. 33—46. 8°. Morich'sche Off. (W. A. Pollich). Schweinfurt, Progr. 1882/83

Ueber das Studium der neueren Sprachen, insbesondere der französischen Sprache an den Studien-Anstalten von Ignaz Anton Luber, Stdl. — 1849. Ebend. — S. 3—12. Progr. Landshut

Luber, L., ergänzender Nachtrag zu dem vom k. statistischen Bureau in München herausgegebenen Ortschaften-Verzeichniss für das Königr. Bayern in Folge der mit 1. Oktbr. 1879 bezw. 1. Jan. 1880 ins Leben tretenden Organisation. Lex.-8. (8 S.) Ellwangen 879, Hess.

Luber, Ludw., Gesänge in ob der enns'scher Volksmundart. 3., verm. Aufl. 12. (216 S.) Linz 891. F. J. Ebenhöch. n. 1. 20

LUBER, Paul (Hirschau): Beiträge zur Kenntniss des Narbenkeloids.- München: Wolf 1881. 40 S., Taf. 16.1.1882 - Urk (Titel: De cicatricis keloideis.); Chr 1881/82,7 Diss.Ingolst.-Landsh.-Mchn.

Lüber, A.: „Kompendium der systematischen Abhandlung aller ökonomischen und Kameralwissenschaften von Justi", Landsberg 1804.

– Dass., s. a. L u b e r

Luberg, Otto

Landwirtschaftliche Betriebslehre. Zum Gebr. an Landwirtschaftsschulen u. landwirtsch. Winterschulen. Bearb. von Dr. **Luberg**, Oberl. zu Dahme. Berlin: P. Parey 1904. (VIII, 136 S.) 8° [F.]
= **Unterrichtsbücher**, Landwirtschaftliche. [53.] [05. 6078

Landwirtschaftliche Betriebslehre. Zum Gebr. an Landwirtschaftsschulen u. landwirtsch. Winterschulen. Von Dr. [Otto] **Luberg**, Oberl. 2., verb. u. erw. Aufl. Berlin: P. Parey 1906. (X, 153 S.) 8° [F.]
— **Unterrichtsbücher**, Landwirtschaftliche. [Bd 53.] [07. 12530

Luberg, landwirtschaftliche Betriebslehre. Zum Gebrauch an Landwirtschaftsschulen u. landwirtschaftl. Winterschulen. (Landwirtschaftliche Unterrichtsbücher.) 3. Aufl. (X, 162 S.) 8. Berlin 909. P. Parey. Geb. in Leinw. 1. 60

Luberg, Otto, Landwirtschaftslehrer, Dir. d. landw. Winterschule Allenstein Ostpr.: Vergleichende Untersuchungen über Wirtschaftsergebnisse und Wirtschaftsbedingungen kleiner, mittlerer und grosser Besitzungen unter dem Einfluss niedriger Getreidepreise. Als Beitrag zur Lösung d. Frage nach d. volkswirtschaftlich richtigsten Verteilung d. Grundbesitzes. *Allenstein 1898: W. E. Harich.* (69 S.) 8° [F.]
Jena, Phil. Diss. v. (29. Juni) 1898

Lubersac, abbé de. Hommages religieux, politiques et funèbres, consacrés à la mémoire de L é o p o l d II, empereur des Romains etc. et de G u s t a v e III, roi de Suède. 4. Coblence 1792.

Lubi, M., Gedichte. 8. Graz, Tusch. 805.

Lubieá, S., Opis jugos lavenskih novaga. (Numismatik der Südslaven.) Mit 20 Steintaf. gr. 4. (XXVII, 235 S.) Zagrebu 875. (Berlin, Asher & Co.) n.n. 50. —

Lubich, Rud., Sigel u. Abbreviaturen d. Stenotachygraphie. 2. Aufl. gr. 8. (8 S.) Wien (v, Margarethenstrasse 68) 897. Wiener Centralverein f. Stenotachygraphie. n. — 20

Lubichow [Schlagwort]

Lubichow, s.: Preussen. Messtischblätter.

Łubieński, Ed., l'armistice entre les Russes et les Polonais proposé le 2 févr. 1863. gr. 8. (24 S.) Leipzig 863, Gerhard. *

Lubienski, Ed. L'Armistice entre les Russes et les Polonais proposé le 2 févr. 1863. (24) 8. Leipzig 1866. 0,80.

Lubienski, Eduard

—— das Concordat in Oesterreich. Aus der französ. Handschrift übers. von F. P. gr. 8. (144 S.) Wien 868, (Mayer und Comp.) *

Łubieński, Edw. Pomian, Zamiar Dziennika wiary. (Ein Project der religiösen Zeitung.) gr. 8. (40 S.) Leipzig 861, Brockhaus' Sortiment und Antiquarium. Thlr. *

Lubieński, Jos., die Abgaben und das Kapital. gr. 8. (71 S.) Berlin 849, Schneider und Comp. *
Bildet von nachstehendem Werke den 2. Theil.

—— der freie Handel und der Finanz-Etat. br. gr. 8. (235 S.) Berlin 848, Schneider und Comp. *

—— System wolnegu handlu i podatkowania. 8. (205 S.) Leipzig 848, Librairie étrangère.

Lubiewo [Schlagwort]

Lubiewo, s.: Geologische Karten. Karte (Preussen).

Lubin, Ant., Allegoria morale, ecclesiastica, politica nelle due prime cantiche della divina commedia di Dante Allighieri ovvero dei vantaggi che per l'intelligenza della divina commedia si possono trarre dalla conoscenza della cultura del suo autore. Dissertazione. Graz 864. (Leuschner & Lubensky.) gr. 8. (109 S.) n. 20 ngr.

Lubin, Ant., Intorno all' epoca della Vita nuova di Dante Allighieri. Dissertazione. gr. 8. (48 S.) Graz 862, Leuschner und Lubensky. *

—— la Matelda di Dante Allighieri indicata. gr. 8. (84 S.) Graz 860, Leuschner und Lubensky. *

Lubin, Augustin., geogr. u. chronol. Tabellen, s. Erhards Bibel. Fol. Augsb. Wolf. 740.

— Tabulae geogr. et chronolog. ad bibl. sacr. lat. germ. Erhard. fol. ibid.

Lubinger, Friederika [aus Lemberg (österr. Galizien)]: Beitrag zur Kenntnis der [!] Aneurysma dissecans. Zürich 1900. 20 S. 8°.
Zürich. Med. Diss. 1899/1900.

Lubinski, Fritz, a. Königsberg: Die Unica der Jeux-partis der Oxforder Liederhandschrift ⟨Douce 308⟩ mit Einleitung und Anmerkungen herausgegeben. Königsberg i. Pr. 1907: Hartung. (57 S.) 8°
Königsberg, Phil. Fak., Ref. Schultz-Gora u. Rachfahl, Diss. v. 18. Juni 1907
[Geb. 24. Aug. 83 Königsberg i. Pr.; Wohnort: Königsberg; Staatsangeh.: Preußen; Vorbildung: Friedrichs-Kollegium Königsberg Reife O. 02; Studium: Königsberg 8 S.; Rig. 16. Mai 07.]

LUBINSKI, Leo (Posen): Beiträge zur Casuistik des Aortenaneurysma.- München: Kastner & Lossen 1900. 31 S.
25.7.1900 - Chr 1900/01,19; Jv 1900/01,241
Diss.Ingolst.-Landsh.-Mchn.

Lubinski, Martin [cand. med.]: Casuistischer Beitrag zur Lehre von der Compressionsmyelitis infolge von tuberkulöser Karies des Epistropheus ... München, Buchdr. Kastner & Lossen, 1895; 31 S. 8.
München, Med. Fak., Inaug.-Diss. v. 1895

Lubinski, Siegfried, pr. Arzt: Ein Fall von acutem Cardiospasmus mit letalem Ausgang. Leipzig 1908: Georgi. 43 S. 8°
Leipzig, Med. Diss. v. 26. Okt. 1908, Ref. Curschmann
[Geb. 3. April 78 Posen; Wohnort: Leipzig-Oetzsch; Staatsangeh.: Preußen; Vorbildung: Marien-Gymn. Posen Reife O. 97; Studium: Berlin 4, Freiburg i. B. 1, Berlin 2, München 2 S.; Coll. 30. Okt. 08; Approb. 25. April 02.]
[U 09. 2826

Lubinus, Eilhard, clavis graecae ling. ut et dicta graeca etc. 8. Nrnb. Stein. 719.

Lubinus, J. H., Lehrbuch der Massage. I. Tl.: Der Bau des menschl. Körpers u. die Funktion seiner Organe. II. Tl.: Die Technik der Massage u. ihr Einfluss auf den menschl. Körper. Gemeinverständlich dargestellt. (X, 89 S. m. 69 Abbildgn.) gr. 8. Wiesbaden 910. J. F. Bergmann. Geb. 2. 40

— Die Verkrümmungen der Wirbelsäule. Skloliose, runder Rücken, Lordose. Ihr Wesen u. ihre Behandlg. (VIII, 77 S. m. 91 Abb.) gr. 8. Ebd. 910. Geb. 2. 80

Lubinus, Johann *Hermann* [app. Arzt aus Elsfleth]: Über Coma diabeticum. . . . Kiel, Druck v. A. F. Jensen, 1890; 25 S., 1 Bl. 8°
Kiel, Med. Fak., Inaug.-Diss. v. [4. Sept.] 1890

Lubinus, Joh., üb. Coma diabeticum. Inaug.-Diss. gr. 8. (25 S.) Kiel 890. (Gnevkow & v. Gellhorn.) n. 1. 20

LUBISCHITZ, IGNATZ: Anrede, welche bey der feyerlichen Einführung des Armeninstituts zu Ofen auf der Neustift 1786 gehalten worden. Ofen 1786. In der Diepold u. Lindarischen Buchhandl. Gedr. bey Kath. Landerinn, Wittwe. 21 S. - 8°

Lubitsch, O[ssip], aus Grodna (Russland): Schilderung der Fälle von Meningitis purulenta pneumococcica aus dem Kinderspital zu Basel der Jahre 1907 u. 1908. Basel 1909. 24 S. 8°.
Basel. Med. Diss. 1908/09.

Lubitsch, O[ssip]. Schilderung der Fälle von Meningitis purulenta pneumococcica aus dem Kinderspital zu Basel der Jahre 1907 u. 1908. Diss. Med. Basel. 24 S. 8. Basel, J. Kohlhepp, 1909.

Lubitsch, Richard, appr. Arzt a. Berlin: Ein Fall von Fibro-Myxom des linken Herzvorhofes. ⟨Mit einer Abbildung.⟩ München 1905: C. Wolf. (20 S.) 8°
München, Med. Fak., Ref. v. Bollinger, Diss. v. 21. Okt. 1905
[Geb. 25. Dez. 81 Berlin; Wohnort: Berlin; Staatsangeh.: Preußen; Vorbildung: Sophien-Gymn. Berlin Reife M. 00; Studium: Berlin 5, München 4 S.; Coll. 21. Okt. 05; Approb. 12. Juli 05.]

Lubitz, Baudach und Thaler, Muster-Schreibhefte zum Gebrauch für die unteren Klassen höherer Lehranstalten. Deutsch. 6 Hefte. 4. (à Heft 24 S.) Dortmund 882, Meyer. à Heft ** 20 Pf. **

—— —— —— dass. — Lateinisch. 6 Hefte. 4. (à Heft 24 S.) Ebendas. 882. à Heft ** 20 Pf. **

Lubize, le conseil de discipline, s. Repertoire du Théâtre fr.

Lubize, die Frau mit dem Stelzfuße, s.: Theater des Auslandes, 44. Lfg.

Lubize, les trois péchés du diable, s. Répertoire du Théâtre franç.

Lubize und P. Vermond, die zerbrochene Tasse, s. Both's, L. W., Bühnen-Repertoir.

Lübke, Fritz, appr. Arzt a. Dahlen ⟨Altmark⟩: Ueber Endothelkrebs des Peritoneums. München 1906: Kastner & Callwey. (24 S.) 8°
München, Med. Fak., Ref. v. Bollinger, Diss. v. 21. Dez. 1906
[Geb. 30. Aug. 75 Birkholz, Kr. Stendal; Wohnort: Dahlen b. Stendal, Prov. Sachsen; Staatsangeh.: Preußen; Vorbildung: Städt. Gymn. Stendal Reife O. 95; Studium: Jena 4, Würzburg 2, Jena 2, München 3 S.; Coll. 21. Dez. 06; Approb. 16. Juni 02.]

Lübke, G., u. P. Engelmann, die Klosterkirche in Thalbürgel. Aufgenommen u. gezeichnet. Nebst Entwurf zur Wiederherstellg. Mit 3 Kpfrtaf. u. 21 in d. Text eingedr. Holzschn. [Aus: „Ztschr. f. Bauwesen".] Fol. (7 S.) Berlin 887. Ernst & Korn. cart. n. 6. —

Lübke, G., Wand-Vorzeichnungen, z. Gebr. in Volksschulen. Fol. (1 gedr. u. 16 lith. B.) Cöslin 837, Hendeß. Thlr.

Lübke, Herm. (geb. Bülstringen bei Magdeburg 5. 1. 1861): The Aunters of Arthur at the Tern-Wathelan. Teil 1. ⟨Handschriften, Metrik, Verfasser.⟩ Berlin (1883). (33 S.) 8°
Berlin, Phil. Diss. v. 4. Aug. 1883

Lübke, H., Ueber die rhodischen Liebeslieder in ihren Beziehungen z. neugriechischen Volksdichtung. S.-A. 1896. 22 S. 1.20

Lübke, Hermann [Dr.]: Menander und seine Kunst ... Berlin, R. Gaertner, 1892; 38 S. 4.
Berlin, Lessing-G, OP 1892 (62)

Luebke, Herm., Observationes criticae in historiam veteris Graecorum comoediae. I. De comoediae licentia legibus coercita. II. De Aristophanis cum aequalibus poetis comicis amicitia et simultate. gr. 8. (59 S.) Berlin 883, (Mayer und Müller.) *

Lübke, Herm., Volkslieder der Griechen in deutscher Nachbildg. Freiheits-, Helden- u. Liebeslieder aus Kreta, Cypern, Epirus u. d. freien Griechenland. 2. [Titel-] Aufl. d. neugriech. Volks- u. Liebeslieder. gr. 8. (XXVIII, 352 S.) Berlin (895) 897. Leipzig, O. R. Reisland. n. 2. 50; geb. n. n. 3. 50

[F.] Volkslieder der Griechen (Freiheits-, Helden- u. Liebeslieder aus Kreta, Cypern, Epirus u. d. freien Griechenland) in deutscher Nachdichtg v. Hermann Lübke. 2. Aufl. d. neugriech. Volks- u. Liebeslieder ... *Berlin: S. Calvary 1897.* (2 Bl., XXVIII, 352 S.) 1 Bd 8. [97. 3166

— neugriech. Volks- u. Liebeslieder in deutscher Nachdichtg. 8. (XXVIII, 352 S. m. 1 Abb.) Berlin 895. S. Calvary & Co. n. 4. —; geb. n. 5. —

Lübke, Karl, Gerichtsref.: **Die Schweigepflicht der Rechtsanwälte, Aerzte und ihrer Gehilfen. Hamm ⟨Westf.⟩** 1920: Reimann. 46 S. 8°
Jena, Jur. Diss. v. 1. Febr. 1920, **Ref. Köhler**
[Geb. 14. Aug. 92 Arnsberg i. W.; Wohnort: Arnsberg; Staatsangeh.: Preußen; Vorbildung: G. Arnsberg Reife 12; Studium: Freiburg 1, München 1, Bonn 1, Münster 4 S.; Rig. 15. Nov. 19.] [U 20. 724

Lübke, Walter, Referendar aus Schwerin: **Das gesetzliche** Pfandrecht des Frachtführers. *Sternberg 1903: A. Rohloff.* (VII, 121 S.) 8°
Rostock, Jur. Diss. v. [24. Dez.] 1903

Lübke, Wilh., Abriß der Geschichte der Baukunst unter Zugrundelegung seines größeren Werkes als Leitfaden für Studirende des Baufachs bearb. Lex.-8. (VIII und 260 S. mit 238 eingedr. Holzschn.-Illustr.) Essen 861. [Leipzig,] Seemann.

Lübke, Wilh., Abriß der Geschichte der Baukunst, unter Zugrundelegung seines größeren Werkes als Leitfaden für Studirende des Baufachs bearb. 2., unveränd. (Titel-)Aufl. Lex.-8. (VIII und 260 S. mit 238 eingedr. Holzschn.-Illustr.) Leipzig (861)66, Seemann. 1 Thlr. 10 Ngr.; geb.

—— Abriß der Geschichte der Baustyle. Als Leitfaden für den Unterricht und zum Selbststudium bearb. 3 Abthlgn. 3. Aufl. gr. 8. Leipzig 868, Seemann. * 1 Thlr. 25 Ngr.; geb. *
Inhalt:
Abthl. 1. Die Baustyle des Alterthums unter Zugrundelegung seines größeren Werkes jedoch mit besond. Berücksichtigung der ornamentalen und construktiven Details. (130 S. mit 189 eingedr. Holzschn.) * 20 Ngr.
" 2. Die Baustyle des Mittelalters unter Zugrundelegung seines größeren Werkes, jedoch mit besond. Berücksichtigung der ornamentalen und construktiven Details. (124 S. mit 161 eingedr. Holzschn.) * 20 Ngr.
" 3. Die Baustyle der Neuzeit unter Zugrundelegung seines größeren Werkes, jedoch mit besond. Berücksichtigung der ornamentalen und construktiven Details bearb. (VIII und 66 S. mit 47 eingedr. Holzschn.) * 15 Ngr.

Lübke, Wilh., Abriss der Geschichte der Baustyle, unter Zugrundelegung seines grösseren Werkes, jedoch mit besond. Berücksicht. der ornamentalen und construktiven Details. Als Leitfaden für den Unterricht und zum Selbststudium bearb. 4. umgearb. und verm. Aufl. gr. 8. (VIII, 375 S. mit 468 eingedr. Holzschn.-Illustr.) Leipzig 878, Seemann. *
geb. *

Lübke, W., Altes u. Neues. Studien u. Kritiken. 8. (VIII, 522 S.) Breslau 890. Schlesische Verlagsanstalt. n. 8. —; geb. n. 10. —

Lübke, Wilh., Altes u. Neues. Studien u. Kritiken. gr. 8. (VIII, 522 S.) Breslau 891. Schles. Verlags-Anstalt. n. 8. —; geb. n. 10. —

Lübke, Wilhelm. Die Baustyle des Alterthums unter Zugrundlegung seines grösseren Werkes, jedoch mit besonderer Berücksichtigung des ornamentalen und construktiven Details bearbeitet. 3. Auflage. Mit 182 Holzschn. Leipzig 1867. 8°.

—— Bericht über die künstlerische Abtheilung der allgemeinen Ausstellung zu Paris. Auf Veranlassung des k. württemberg. Kultusministeriums. gr. 8. (80 S.) Stuttgart 867, Ebner und Seubert.

Lübke, Wilh., bunte Blätter aus Schwaben. 1866 bis 1884. gr. 8. (VIII, 417 S.) Stuttgart 885, Spemann. *

Briefe von W(ilhelm) Lübke an H. Kestner aus den Jahren 1846–1859. Mit Lübke's Jugendbild. Hrsg. von s. Gattin. (Vorr.: Hermann Kestner.) *Karlsruhe: A. Bielefeld 1895.* (V, 227 S.) 8° [F] [95. 13530

—— [u. Johs. Janssen], s. Broschüren, Frankf. zeitgem. Neue Folge 12. Bd. Heft 1.

Lübke, s. Denkmäler der Architektur ...

— s. a. Denkmäler der Kunst.

Lübke, Dr. Wilh., *Denkmäler der Kunst.* Zur Uebersicht des Entwicklungsganges der bildenden Künste von den frühesten Werken bis auf die neuere Zeit. *Volksausgabe*, auf Grund der 2. Ausg. des grösseren Werks bearb. Stuttgart, Ebner & Seubert, 1864. Quer-Fol. Gepress. Orig.-Srsb. m. Goldtit. auf Deckel.
IV—56 S. Text u. 55 Kpftaf. (gest. von H. Gugeler, A. Volkert, C. Volts u. A.). — Die erste Ausg. des grossen Werkes erschien ebd. 1845.

—— s. Dürer's, Albr., sämmtliche Kupferstiche.

— essai d'histoire de l'art. Traduit par Ch. Ad. Koëlla d'après la 9. éd. originale. Ouvrage illustré de plus de 600 gravures sur bois. 1—14. livr. gr. 8. (1 Bd. 423 S. u. 2. Bd. S. 1—240.) Stuttgart 885. 86. Ebner & Seubert. à n. — 80

— essai d'histoire de l'art, traduit par C. Ad. Koëlla d'après la 9. éd. originale. Ouvrage illustré de 619 gravures sur bois. 15.—20. livr. (Fin.) gr. 8. (2. Bd. XII u. S. 241—493.) Stuttgart 887. Ebner & Seubert. à n. — 80 (cplt.: n. 16. —; geb. in 1 Bd. n. 20. —)

—— die Frauen in der Kunstgeschichte. Vortrag, gehalten im Großrathssaale zu Zürich am 16. Jan. 1862. gr. 8. (40 S.) Stuttgart 862, Ebner und Seubert.

Lübke, Wilh., Geschichte der Architektur von den ältesten Zeiten bis auf die Gegenwart. Lex.-8. (X und 388 S. mit 174 eingedr. Holzschn.-Illustr.) Leipzig 855. [Köln, Seemann.] *

—— Geschichte der Architectur von den ältesten Zeiten bis auf die Gegenwart. 2., stark verm. Aufl. 6 Lfgn. Lex.-8. (XVI und 568 S. mit 448 eingedr. Holzschnittillustr.) Essen 858. [Leipzig,] Seemann. à Lfg. * 24 Ngr. *

—— Geschichte der Architektur von den ältesten Zeiten bis auf die Gegenwart. 3., stark verm. Aufl. 18 Lfgn. gr. 8. (XVI und 780 S. mit 583 eingedr. Holzschn.-Illustr.) Leipzig 865, Seemann. à Lfg. * 10 Ngr. * 6 Thlr.; geb. *
Velinp., geb. mit Goldschn. *

Lübke, Wilh., Geschichte der Architektur. 4. stark verm. und verb. Aufl. 19 Lfgn. (802 S. mit etwa 700 Illustr. in Holzschn.) 1870. à *ℳ 1. *ℳ 19., und 5. verm. und verb. Aufl. 2 Bde. Lex.-8. (XVII, 850 S. mit etwa 800 eingedr. Illustr. in Holzschn.) Leipzig 875, Seemann. * geb. *

Lübke, Wilh., Geschichte der Architektur von den ältesten Zeiten bis auf die Gegenwart dargestellt. 6. verm. und verb. Aufl. 2 Bde. oder 1.—4. Halbbd. Lex.-8. Leipzig, Seemann. [1. und 2. Halbbd. (XII, 674 S. mit 560 eingedr. Illustr. in Holzschn.) 884. à *ℳ 7.; 3. und 4. Halbbd. (XII, 572 S. mit 441 eingedr. Illustr. in Holzschn.) 885. *ℳ 12.] * geb. in Calico *ℳ 30.; in Halbfrz. *

—— Geschichte der neueren Baukunst, s. Burckhardt, Jac.

Lübke, W., s. Geschichte der neueren Baukunst.

—— und J. Burckhardt, Geschichte der neuern Baukunst, s. Kugler, F., Geschichte der Baukunst.

—— Geschichte der deutschen Kunst von den frühesten Zeiten bis zur Gegenwart. (In 12—15 Lfgn.) 1.—8. Lfg. Lex.-8. (S. 1—384 mit Abbild.) Ebendas. 888. à Lfg. *ℳ 1.—. *

—— Geschichte der deutschen Kunst von den frühesten Zeiten bis zur Gegenwart. 9.—20. (Schluß-)Lfg. Lex.-8. (XVII, S. 385—965 m. Illustr.) Stuttg. 889, Ebner u. Seubert. à Lfg. * 1 —; * 12 —
1.—8. Lfg. Ebd. 1888. à * 1 —; compl. geb. in Leinw. * 22 —; in Hlbfrz. * 24 —.

Lübke, Wilh., Geschichte der mittelalterlichen Kunst in Westphalen. Mit Tafeln in Fol. Leipzig 1853. 8. . . . . (D.)

— — Geschichte der italienischen Malerei vom 4. bis in's 16. Jahrhundert. Mit zahlreichen Illustrationen in Holzschn. Stuttgart 1878/79. 8°.
Bd. I. 1. Buch: Das Mittelalter. 2. Buch: Die Frührenaissance. Mit 160 Holzschn. i. Text. 1878.
Bd. II. 3. Buch: Die Hochrenaissance von c. 1500 — c. 1550. Mit 137 Holzschn. i. Text. 1879.

Lübke, Wilh., Geschichte der italienischen Malerei vom 4. bis ins 16. Jahrh. Mit zahlreichen Illustr. in (eingedr.) Holzschn. und (Holzschn.-)Taf. 2 Bde. gr. 8. Stuttgart, Ebner und Seubert. [1. Halbbd. (S. 1—224.) 878. *ℳ 8.; 2. Halbbd. (XIV, S. 225—561.) 878. *ℳ 13,60.; 2. Bd. (X, 653 S.) 879. *ℳ 26,40.] *ℳ 48.; geb. *

—— Geschichte der Plastik von den ältesten Zeiten bis zur Gegenwart. Mit Illustr. (in eingedr. Holzschn.) 2 Hälften. Lex.-8. Leipzig 863, Seemann. [1. Hälfte. (S. 1—400.) * 3 Thlr., 2. Hälfte. (XIV und S. 401—775.) * 2 Thlr. 20 Ngr.] * geb. *

— Geschichte der Plastik. 2. stark verm. u. verb. Aufl. Mit ca. 350 (eingedr.) Holzschn. 1—15. Liefg. Ebend. 870. Lex.-8. (S. 1—646.) Jede Liefg. n. 10 ngr.

— Geschichte der Plastik. 2. stark verm. u verb. Aufl. Mit ca. 350 (eingedr.) Holzschn. 16—19. (Schluss-) Lfg. Lex.-8. (XVI u. S. 647—833.) Ebend. 870. à n. 1. —

—— Geschichte der Plastik von den ältesten Zeiten bis zur Gegenwart. 3. verm. und verb. Aufl. 11 Lfgn. Lex.-8. (IX, 971 S. mit gegen 500 Holzschn.) Ebendas. 880. à Lfg. *ℳ 2. * geb. in Calico *ℳ 26.; in Halbfrz. **

— Geschichte der Plastik von den ältesten Zeiten bis zur Gegenwart. 3., verm. u. verb. Aufl. Mit gegen 400 Holzschn. Lex.-8. (IX, 971 S.) Leipzig 880. 81. Seemann. n. 22. —; geb. in Calico n. 26. —; in Halbfrz. n.n. 30. —

— Geschichte der deutschen Renaissance, s. a. Kugler, F., Geschichte der Baukunst.

Lübke, Wilhelm. Geschichte der Deutschen Renaissance. Mit Illustrationen. Stuttgart 1872. 8°.

— Geschichte der Renaissance in Deutschland, s. a. Burckhardt, Jac., Geschichte der neueren Baukunst.

Lübke, Wilh., Geschichte der Renaissance in Deutschland. Bd. 1. 2. 2. verb. u. verm. Aufl. Stuttgart 1881—91. 8.
A. u. d. T.: J. Burckhardt und W. Lübke, Geschichte der neueren Baukunst. 2. durchges. u. verm. Aufl. Bd. 2. 3. . . . . (MöA.; TStLA.; RPA.; D.)

— Geschichte der Renaissance in Deutschland. 2., verm. u. verb. Aufl. 2 Bde. Mit über 300 (eingedr.) Illustr. in Holzschn. gr. 8. (IX, 524 u. XI, 589 S.) Stuttgart 881. 82. Ebner & Seubert. n. 28. —; geb. n. 34. —

—— Geschichte der Renaissance in Deutschland. 2. verb. und verm. Aufl. 10 Lfgn. oder 2 Bde. Lex.-8. (XIX, 524; XI, 584 S. mit 382 eingedr. Illustr. in Holzschn.) Stuttgart 881,82, Ebner und Seubert. à Lfg. *ℳ 2,80.; * geb. *

— Geschichte der Renaissance in Frankreich, s. a. Burckhardt, Jac.: Geschichte der neueren Baukunst.

Lübke, Wilhelm. Geschichte der Renaissance in Frankreich. Mit Illustrationen. Stuttgart 1868. 8°. — Zweite vermehrte und verbesserte Auflage. Stuttgart 1885. 8°.

— Geschichte der Renaissance in Frankreich. 2. verb. u. verm. Aufl. Mit 163 Illustr. in Holzschn. Lex.-8. (XIX, 448 S.) Stuttgart 885. Ebner & Seubert. n. 14. —; geb. n. 17. —

—— über die alten Glasgemälde der Schweiz. Ein Versuch. gr. 8. (58 S.) Zürich 866, Schabelitz'sche Buchh. *

—— die Glasgemälde im Kreuzgange zu Kloster Wettingen, s. a. Mittheilungen der antiquarischen Gesellschaft in Zürich.

Lübke, W[ilhelm]. Die Glasgemälde im Kreuzgange zu Kloster Wettingen. [Mit 3 Tafeln.] (Mittheil. Ant. Ges. Zürich.) 4. Zürich.
[1. Aufl.:] *Ausg. A.* (Mittheil. ... Band 14, Heft 5.) 1862. — *Ausg. B.* (Mittheil. ... [Njbl.] 27.) 1862 (**Umschlag:* 1863).
2. Aufl. (Mittheil. ... Band 14, Heft 5.) 1863.

—— Grundriss der Kunstgeschichte. 8 Lfgn. gr. 8. (XXV und 744 S. mit Illustr. in eingedr. Holzschn.) Stuttgart 860, Ebner und Seubert. * 3 Thlr. 10 Ngr.; geb. *

—— Grundriss der Kunstgeschichte. 2. Aufl. 4 Lfgn. 1863,64. * 3 Thlr. 10 Ngr., 3. Aufl. 2 Abthlgn. 1865,66. * 3 Thlr. 10 Ngr.; geb. * 3 Thlr. 24 Ngr. und 4., durchgeseh. Aufl. gr. 8. (XX und 775 S. mit 403 Holzschn.-Illustr.) Stuttgart 868, Ebner und Seubert. * geb. *

— Grundriss der Kulturgeschichte. 5. durchgeseh. Aufl. 2 Bde. Lex.-8. Stuttgart 871. Ebner & Seubert. n. 11. —; geb. n. 13. —
1. Mit 262 Holzschn.-Illustr. (384 S.)
2. Mit 180 Holzschn.-Illustr. (XXII, 426 S.)

— dasselbe. 6. durchgeseh. Aufl. 2 Bde. gr. 8. (VIII, 391 u. XXIV, 430 S. m. 464 eingedr. Holzschn.) Ebend. 873. n. 13. —

— dasselbe. 7. durchgeseh. Aufl. 2 Bde. Mit 497 (eingedr.) Holzschn.-Illustr. Lex.-8. (XI, 388 u. XXIV, 459 S.) Ebend. 876. à n. 7. 20

— Grundriss der Kunstgeschichte. 8., durchgeseh. Aufl. 2 Bde. Mit 594 (eingedr.) Holzschn.-Illustr. u. dem (rad.) Portr. des Verf. gr. 8. (XX, 391 u. IV, 431 S.) Ebend. 879. n. 14. —

—— Grundriss der Kunstgeschichte. 9. durchges. Aufl. 2 Thle. in 1 Bd. Lex.-8. (XVII, 390; VIII, 447 S. mit 619 eingedr. Holzschn.-Illustr. und dem rad. Portr. des Verf.) Ebendas. 882. *

—— Grundriss der Kunstgeschichte. Jubiläums-Ausg. 10. durchgeseh. Aufl. 2 Bde. Lex.-8. Ebendas. 887. [1. Bd. (XVII, 413 S. mit 392 Holzschn.-Illustr.); 2. Bd. (IX, 510 S. mit 307 Holzschn.-Illustr. und 1 Lichtdr.)] *
geb. in Halbfrz. *
Auch in 30 Lfgn. à * 50 Pf.

— Grundriss der Kunstgeschichte. 11., durchgeseh. Aufl. 2 Bde. Mit Titelbild, Portr. d. Verf. u. 706 Holzschn.-Illustr. gr. 8. (XII, 416 u. VI, 518 S.) Stuttgart 892. Ebner & Seubert. n. 15. —; geb. in 1 Halbfrz.-Bd n. 18. —; auch in 30 Lfgn. à n. — 60

Lübke, Wilh., Grundriss der Kunstgeschichte. 12. Aufl., vollständig neu bearb. v. Max Semrau. I u. II. gr. 8. Stuttgart, P. Neff Verl. Geb. in Leinw. n. 14. —
I. Die Kunst des Altertums. Mit 2 farb. Taf. u. 408 Abb. im Text. (X, 371 S.) 899. n. 6. —
II. Die Kunst des Mittelalters. Mit 5 farb. Taf. u. 436 Abb. im Text. (VII, 450 S.) 901. n. 8. —

Grundriss der Kunstgeschichte von Wilhelm **Lübke.** (Mit Taf. u. Abb.) 12. Aufl. vollst. neu bearb. von Prof. Dr. Max Semrau. 1–5. Stuttgart: P. Neff 1899–1905. 5 Bde 4°(8°)
1 — Die Kunst d. Altertums. 1899.
2 — Die Kunst d. Mittelalters. 1901.
3 — Die Kunst d. Renaissance in Italien u. im Norden. Mit 3 Heliogr. 1903.
4 — Die Kunst d. Barockzeit u. d. Rokoko. Mit 2 Heliogr. 1905.
5 — Haack, Friedr.: Die Kunst d. 19. Jhs. Mit 1 Heliogr., 1 Lichtdr. 1905. [06. 6034

— Grundriss der Kunstgeschichte. 5 Bde. Lex.-8. Esslingen, P. Neff. Geb. in Leinw. n 47. —
I. Die Kunst des Altertums. 13. Aufl. Vollständ. neu bearb. v. Max Semrau. Mit 5 farb. Taf. u. 411 Abbildgn. im Text. (IX, 381 S.) Stuttgart 904. Geb. n. 7. —
II. Die Kunst des Mittelalters. 13. Aufl. Vollständ neu bearb. v. Max Semrau. Mit 5 farb. Taf. u. 452 Abbildgn. im Text. (VIII, 456 S.) Stuttgart 904. Geb. n. 8. —
III. Die Kunst der Renaissance in Italien u. im Norden. 13. Aufl. Vollständ. neu bearb. v. Max Semrau. Mit 5 farb. Taf., 3 Heliograv. u. 483 Abbildgn. im Text. (VI, 588 S.) 907. Geb. n. 12. —
12. Aufl. (VI, 553 S.) Stuttgart 903. Geb. n. 12. —.
IV. Die Kunst der Barockzeit u. des Rokoko. 13. Aufl. Vollständ. neu bearb. v. Max Semrau Mit 5 farb. Taf., 2 Heliograv. u. 385 Abbildgn. im Text. (X, 436 S.) 907. Geb. n. 10. —
12. Aufl. (X, 4'5 S.) Stuttgart 905. Geb. n. 8. —.
V. Die Kunst des XIX. Jahrh. Von Frdr. Haack. Mit 3 farb. Taf., 1 Heliograv., 1 Lichtdr. u. 291 Abbildgn. im Text. (VIII, 414 S.) 905. n. 8. 50; geb. n. 10. —

— Grundriss der Kunstgeschichte. I. II. u. V. Bd. Lex. 8. Esslingen, P. Neff. Geb. in Leinw. 26. —
I. Die Kunst des Altertums. 14. Aufl. Vollständig neu bearb. v. Max Semrau. Mit 13 Kunstbeilagen u. 572 Abbildgn. im Text. (IX, 458 S.) 908. Geb. 8. —
II. Die Kunst des Mittelalters. 14. Aufl. Vollständig neu bearb. v. Max Semrau. Mit 10 Kunstbeilagen u. 520 Abbildgn. im Text. (IX, 488 S.) 910. Geb. 8. —
V. Die Kunst des XIX. Jahrh. Von Frdr. Haack. 3., stark verm. u. verb. Aufl. Mit 27 (z. Tl. farb.) Kunstbeilagen u. 394 Abbildgn. im Text. (XIV, 539 S.) 909. Geb. 10. —
2. Aufl. (XII. 455 S. m. 311 Abb. u. 13 Taf.) 907.

Lübke, W., Karte der mittelalterlichen Architectur in Deutschland. Nach dem gegenwärtigen Stande der Forschung entworfen. Lith. u. kolor. Berlin 1854. Imp.-Fol.

Lübke, Wilh., Karte der mittelalterlichen Architektur in Deutschland. Berlin, Schindler, 1854. Imp.-Fol. Lith. u. kol.

—— und Th. v. Liebenau, das Kloster Königsfelden, s. Denkmäler des Hauses Habsburg.

—— die Kultur der Frührenaissance in Italien, } s. Bücherei, deutsche.

Die Kunst des Altertums v. Wilhelm **Lübke.** Vollständ. neu bearb. v. Prof. Dr. Max Semrau, Privatdoz. . . . an d. Univ. Breslau. M. 2 farb. Taf. u. 408 Abb. im Text. *Stuttgart: P. Neff 1899.* (X, 371 S., 2 Taf.) 1 Bd 4.(8.)
= **Lübke,** W.: Grundriss d. Kunstgesch. [Bd] 1. [09. 2266

Die Kunst des Altertums von Wilhelm **Lübke.** 13. Aufl. Vollst. neu bearb. von Prof. Max Semrau. Mit 5 Taf. u. 411 Abb. Stuttgart: P. Neff 1904. (VIII, 381 S.) 4°(8°)
= **Lübke:** Grundriß d. Kunstgeschichte. 1. [05. 14303 4

Die Kunst des Altertums von Wilhelm **Lübke.** 14. Aufl. Vollst. neu bearb. von Dr. Max Semrau. Mit 13 Kunstbeil. u. 572 Abb. Esslingen: P. Neff 1908. (VIII, 458 S.) 4°(8°)
= **Lübke:** Grundriss d. Kunstgeschichte. 1. [08. 1748 9

Die Kunst der Barockzeit und des Rokoko von Wilhelm **Lübke.** Vollständ. neu bearb. von Prof. Dr. Max Semrau, Privatd., Breslau. Mit 5 farb. Taf., 2 Heliogr. u. 385 Abb. *Stuttgart: P. Neff 1905* (X, 435 S.) 4°(8°)
= **Lübke:** Grundriß d. Kunstgeschichte. 12. Aufl. [Bd] 4. [04. 16473

Die Kunst der Barockzeit und des Rokoko von Wilhelm **Lübke.** (13. Aufl.) Vollständig neu bearb. von Prof. Dr. Max Semrau, Privatd., Breslau. Mit 5 Taf., 2 Heliogr. u. 385 Abb. Esslingen a. N.: P. Neff 1907. (X, 436 S.) 4°(8°)
= **Lübke:** Grundriss d. Kunstgeschichte. 4. [06. 15890

—— und J. Caspar, die Kunst der Gegenwart, s. Kunst, die, der Gegenwart.

– Die Kunst und der Kaufmann, s. Bücherei, Deutsche.

Die Kunst des Mittelalters von Wilhelm **Lübke.** Vollst. neu bearb. von Prof. Dr. Max Semrau. (12. Aufl.) Mit 5 Taf. u. 436 Abb. *Stuttgart: P. Neff 1901.* (450 S.) 4°(8°)
= **Lübke:** Grundriss d. Kunstgeschichte. 2. [04. 3937

Die Kunst des Mittelalters von Wilhelm **Lübke.** Vollst. neu bearb. von Prof. Max Semrau. (13. Aufl.) Mit 5 Taf. u. 452 Abb. Stuttgart: P. Neff 1905. (VIII, 456 S.) 4°(8°)
= **Lübke:** Grundriß d. Kunstgeschichte. 2. [05. 14304 4

Die Kunst des Mittelalters von Wilhelm **Lübke.** 14. Aufl. Vollst. neu bearb. von Dr. Max Semrau, Prof. Mit 10 Kunstbeil. u. 520 Abb. Esslingen: Neff 1910. 488 S. 4°
(Lübke: Grundriss d. Kunstgeschichte. Bd 2.) [10. 356 9

—— die mittelalterliche Kunst in Westfalen. Nach den vorhandenen Denkmälern dargestellt. gr. 8. (XIII und 442 S. mit 1 Atlas, 29 Stnt. in gr. Fol.) Leipzig 853, T. O. Weigel. *

— die moderne französische Kunst. Vortrag. gr. 8. (43 S.) Stuttgart 872. J. Weise. 1. 25

Die Kunst der Renaissance in Italien und im Norden von Wilhelm **Lübke.** Vollst. neu bearb. von Prof. Max Semrau, Breslau. Mit 5 Taf., 3 Heliograv. u. 489 Abb. *Stuttgart: P. Neff 1903.* (558 S.) 4°(8°)
= **Lübke.** Grundriß d. Kunstgeschichte. 3. [04. 728 9

Die Kunst der Renaissance in Italien und im Norden von Wilhelm **Lübke.** Vollst. neu bearb. von Prof. Max Semrau, Breslau. (12. Aufl.) Mit 5 Taf., 3 Heliograv. u. 489 Abb. Stuttgart: P. Neff 1903. (558 S.) 4°(8°)
= **Lübke:** Grundriß d. Kunstgeschichte. 3. [05. 14305 4

Die Kunst der Renaissance in Italien und im Norden von Wilhelm **Lübke.** (13. Aufl.) Vollständig neu bearb. von Prof. Dr. Max Semrau, Privatd., Breslau. Mit 5 Taf., 3 Heliogr. u. 488 Abb. Esslingen a. N.: P. Neff 1907. (558 S.) 4°(8°)
= **Lübke:** Grundriss d. Kunstgeschichte. 3. [06. 15891

—— das Kunsthandwerk in Vergangenheit und Gegenwart, s. Volks-Bibliothek, neue.

Lübke, Wilh.: Ueber Kunstpflege. Eine Rede. Stuttgart: Weise 1872.
Auch in: Ls. Bunte Blätter. 1865.

— Kunstwerke u. Künstler. 3. Sammlg. vermischter Aufsätze. Mit 69 Illustr. Lex.-8. (VIII, 587 S.) Breslau 886. Schottländer. n. 10. —; geb. n.n. 12. —

Albrecht Dürer's sämmtliche Kupferstiche. Mit Text von Wilh. Lübke. Nach den besten Originalen des Königlichen Kupferstich-Cabinets in München, durch unveränderlichen Lichtdruck in Originalgrösse reproducirt von J. B. Obernetter. Nürnberg. Fol.

—— Rafaels Leben und Werke. gr. 4. (XI, 204 S.) Dresden 882, Gutbier. *

— Lebenserinnerungen. gr. 8. (VII, 379 S. m. 1 Bildniß in Lichtdr.) Berlin 891. F. Fontane & Co. n. 6. —; geb. n.n. 7. 50

Lübke, Wilhelm s. Liebenau, Theodor von, und Lübke, Wilhelm.

— s.: Meyer's, Claus, Werke.

—— s. Nohl, Max, Tagebuch einer italien. Reise.

—— über alte Oefen in der Schweiz, s. Mittheilungen der antiquarischen Gesellschaft in Zürich.

(Lübke, W[ilhelm].) Ueber alte Oefen in der Schweiz, namentlich im Kanton Zürich. [Mit 2 Tafeln.] (Mittheil. Ant. Ges. Zürich. [Njbl.] 29.) 4. Zürich 1865.

Lübke, W[ilhelm]. Ueber alte Oefen in der Schweiz, namentlich im Kanton Zürich. [Mit 2 Tafeln.] 2. Aufl. (Mittheil. Ant. Ges. Zürich. Band 15, Heft 4.) 4. Zürich 1865.

—— s. Rafael-Werk.

Lübke, W[ilhelm]. Eine Reise im Elsass. (Mit fünf Zeichnungsblättern [Doppeltafeln].) S.A. 4. [Wien 1866.]

—— zur französischen Renaissance, s. Bücherei, deutsche.

—— Carl Schnaase. Biographische Skizze. Mit dem (rad.) Bildniss Schnaase's. gr. 8. (III, 68 S.) Stuttgart 879, Ebner und Seubert. *

—— s. Schnaase, Carl, Geschichte der bildenden Künste.

—— kunsthistorische Studien. gr. 8. (VIII, 527 S.) Stuttgart 869, Ebner und Seubert. *

—— Tizian-Album, s. Tizian-Album.

—— der Todtentanz in der Marienkirche zu Berlin. Bild und Text. Fol. (48 Sp. mit 4 Stnt. Abbildungen in Imp.-Fol.) Berlin 861, [Ernst und Korn.] *

Lübke, W.: Schinkels Verhältniss zum Kirchenbau. (Festrede.) Berlin. 8⁰

Lübke, Wilh., Vorschule zur Geschichte der Kirchenbaukunst des Mittelalters. Mit 2 lith. Taf. (in qu. gr. 4.) gr. 8. (34 S.) Dortmund 852, Krüger. 1/3 ₰ — 2. verm. u. verb. Aufl. Mit 3 lith. Taf. (in 4.) gr. 8. (IV u. 50 S.) Ebd. 852. n. 1/3 ₰

—— Vorschule zur Geschichte der Kirchenbaukunst des Mittelalters. 1. Aufl. (34 S. und 2 Stnt.), 2. Aufl. (III und 50 S. mit 3 Stnt.) 1852. * 10 Ngr. und 3. Aufl. Mit Abbildungen. gr. 8. (52 S. mit 50 eingedr. Holzschn.) Dortmund 854, Krüger. * —

— — 4. umgearb. u. verm. Aufl. Mit 85 in den Text gedr. Illustr. (Holzschn.) Leipzig 858. Graul. (Essen, Seemann.) gr. 8. (VI, 82 S.) n. 20 ngr.

—— Vorschule zur Geschichte der Kirchenbaukunst des Mittelalters. 4., umgearb. und verm. Aufl. gr. 8. (VI und 82 S. mit 85 in den Text gedr. Illustr. in Holzschn.) Leipzig 858, [Seemann.] *
Vgl.: Madonnen-Album.

— Vorschule zum Studium der kirchlichen Kunst des deutschen Mittelalters. 5., umgearb. u. verm. Aufl. Leipzig 866. Seemann. gr. 8. (X, 212 S. mit 170 Illustr. in Holzschn.) n. 1 ₰ 18 ngr.; geb. n. 1 ₰ 27 ngr.

— Vorschule zum Studium der kirchlichen Kunst d. deutschen Mittelalters. 6. verb. u. verm. Aufl. Mit 226 Illustr. (in eingedr. Holzschn. u Holzschntaf.) gr. 8. (VIII, 269 S.) Leipzig 873. Seemann. n. 6. —

—— und Eduard Hanslick, über Richard Wagner. gr. 8. (24 S.) Berlin 869, Gerschel. *

—— s. Wandtafeln zur Kunstgeschichte.

Peter Vischer's Werke. Reproducirt durch unveränderlichen Lichtdruck. Mit Text von Wilhelm Lübke. Nürnberg. Fol.

Lübke W, Peter Vischer's Werke. (27 S 48 T) fol Nürnberg

— Württemberg u. die Renaissance. Rede am Geburtsfeste Sr. Majestät d. Königs Karl v. Württemberg geh. im Festsaal der Kunstschule zu Stuttgart am 6. Maerz 1873. gr. 8 (32 S.) Stuttgart 873. Spemann. n. 1. 50

Lübker, Detlev Lorenz

Lübker, (L.,) dänische Blumenlese, oder Samml. prosaisch-poet. Stücke, z. Gebrauch f. höhere Classen. M. e. Wortregister. 8. Altona 826, Hammerich.

Lübker, Dtl. Lor., dänische Blumenlese, oder Samml. prosaisch-poet. Stücke, zum Gebrauch für höhere Klassen. Mit e. Wortregister. 8. Altona 828. Hammerich. 1 ₰ 8 ℊ

Lübker, Detlef Lorenz (Hrsg.), s. Blumenlese, Neue dänische.

— neues dänisches Lesebuch, enthaltend e. Auswahl aus Ove Malling's store og gode Handlinger etc. 8. Schlesw. 825. Taubstummen-Inst. (Enobloch in Leipz.) 14 ℊ

Lexikon der Schleswig-Holstein Lauenburgischen und Eutinischen Schriftsteller von 1796 bis 1828 v. Detlev Lorenz Lübker u Hans Schröder. Abth. 1—2. Altona. 1829—30. Nachtrag und Register. Schleswig. 1831. 8⁰.

Lübker, Detlev Lor., u. Hans Schröder, Lexikon d. Schleswig-Holstein-Lauenburg. u. Eutin. Schriftsteller v. 1796 bis 1828. 2 Abthln. gr. 8. (49 B. incl. Nachträge u. Regist. v. Schröder, u. L's. Bildn.) Schleswig 829, 30. (Altona, Aue.)

— u. H. Schröder, Lexikon d. Schleswig-Holstein-Lauenburgischen u. Eutinischen Schriftsteller, von 1796 bis 1828. 2 Abtheill. A—Z. Mit Nachtr. u. Register. Mit Lübkers Bildn. gr. 8. Schleswig. 829—31. (Aue in Altona). 4 ₰

Predigt am Dankfeste für den Frieden, geh. am Sonntage Septuagesimä d. 6. Febr. 1814 v. Detlev Lorenz Lübker. Husum. 1814. 8°

LÜBKER, D[ETL.] L[ORENZ], Rede bei der Confirmation d. 11. April 1824. Husum. P.

— s. Schulbuch, kleines, für Anfänger im Lesen u. Denken.

— vollständ. Wortregister zu d. neuen dän. Blumenlese. 8. Altona 826. Hammerich. 10 gr

Lübker, Friedr., Beiträge zur Theologie und Ethik de Euripides. 4. (54 S.) Parchim 863, Wehdemann. *

— Bericht über die Generalversammlung des Evangel. Vereins der Gustav-Adolph-Stiftung. gr. 8. Schleswig 845, Bruhn. n. 7 ngr

Zur Charakteristik des Horaz v. Friedrich Lübker. Schleswig. 1837. 4°. Gymn.-Progr.

Lübker, Friedr., Excerpta ex antiquis scriptoribus latina in graecum sermonem convertenda scholarum usui accommodavit. gr. 8. (XVI und 168 S.) Leipzig 858, Holtze. -

Lübker, Friedr., der Fall des Heidenthums. Oeffentlicher Vortrag am 5. Decbr. 1855 gehalten. 8. (41 S.) Schwerin 856, Stiller'sche Hofbuchh.

—— Festworte bei der Schiller-Feier im Hörsale des Friedrich-Franz-Gymnasiums zu Parchim am 10. Nov. 1859 gesprochen. gr. 8. (15 S.) Parchim 859, (Wehdemann.) **

Lübker, F., Zur Gesch. d. religiösen Bewusstseins b. d. Hellenen. Pr. 1849. 14 S. 4°.

Zur Geschichte der Flensburger Gelehrtenschule (v. Friedrich Lübker). Flensburg. 1867. 4°. Gymn.-Progr.

Lübker, Friedr., Goethe und Schiller in ihrem Verhältnis zum Christentum. 8. (36 S.) Hamburg 885, Agentur des Rauhen Hauses. *
Aus: Vorträge über Bildung und Christentum, besonders abgedruckt.

Lübker, Friedr., Grundzüge der Erziehung u. Bildung für das deutsche Haus. 2 Hälften. Hamburg 865,66 Agentur des Rauhen Hauses. gr. 8. [1. Hälfte (VIII, u. S. 1—224.) n. 1 ₰, 2. Hälfte (X u. S. 225—344.) n. 12 ngr.] n. 1 ₰ 12 ngr.

Lübker, Friedr., die Gymnasialreform. Sendschreiben an Hrn. Dr. Greg. Wilh. Nitzsch. gr. 8. (68 S.) Altona 849, Lehmkuhl und Comp. *

— s. Horatiana.

— Horatiana. Schleswig. 1840. 4. P. (Skoleprogr.).

—— Kaiser Julian's Kampf und Ende. Eine Erzählung aus dem 4. christl. Jahrh. 8. (157 S.) Hamburg 864, Agentur des Rauhen Hauses.

—— zur Kirchenverfassung. Vorbericht und Entwurf. gr. 8. (33 S.) Kiel 848, Schröder und Comp. *

Lübker, Friedr., Commentar zu Horaz's Oden, Buch I—III. gr. 8. (35½ B.) Schleswig 841, Bruhn.

—— Lebensbilder aus dem letztverflossenen Jahrhundert deutscher Wissenschaft und Literatur. gr. 12. (XI und 487 S.) Hamburg (861)62, Agentur des Rauhen Hauses. *

LÜBKER, FRIEDR. [HEINR. CHR.], Synonymorum libellus. Schleswig. 1836. 4. P. (Skoleprogr.).

Lübker: Die Naturanschauung der Alten. 26 S.–Flensburg, Progr. 1867

—— Gregor Wilhelm Nitzsch, in seinem Leben und Wirken dargestellt. gr. 8. (V und 193 S. mit seinem lithogr. Bildniß, so wie Beilagen gymnasialpädagog. Inhalts und Briefen. Jena 864, Fr. Frommann.

— Sophokles' Oedipus und Shakespeare's Lear. Pr. 1861. 45 S. 4°.

Die Oedipussage und ihre Behandlung bei Sophokles; v. Friedrich Lübker. Schleswig. 1847. 4°. Gymn.-Progr.

Lübker, F., Die Oedipussage und ihre Behandlung bei Sophocles. Pr. 1847. 24 S. 4°.

—— die Organisation der Gelehrtenschule, mit besond. Rücksicht auf die Herzogthümer Schleswig u. Holstein. gr. 8. (7⅝ B.) Leipzig 843. (Hermann.) —

Lübker, Frid., de participiis graecis latinisque commentat. 8 maj. (4½ B.) Altonae 833, Hammerich.

— Prolegomena zu Sophocles Ajas. Pr. 1858. 15 S. 4°.

Zur öffentlichen Prüfung der Domschule ... ladet ein Friedrich Lübker. Schleswig 1836-37. 4°

— Reallexikon des classischen Alterthums, s. Reallexikon.

Lübker, Dr. Fr., Reallexikon des classischen Alterthums für Gymnasien. Im Verein mit mehreren Schulmännern herausgeg. 3. verm. u. verb. Aufl. Mit zahlr. Abbild. Leipzig 1867. lex. 8°.

Lübker's, Frdr., Reallexikon d. classischen Alterthums f. Gymnasien. 4. verb. Aufl. hrsg. v. Fr. Aug. Eckstein. 1—4. Abthlg. Mit zahlreichen Abbildgn. (in eingedr. Holzschn.) Lex.-8. (VII, 1116 S.) Leipzig 873. 74. Teubner. à n. 3. —

Lübker's, Friedr., Reallexikon des classischen Alterthums für Gymnasien. 5. verb. Aufl., hrsg. von Max Erler. Lex.-8. (VIII, 1272 S. mit zahlreichen eingedr. Abbild. in Holzschn.) Leipzig 877, Teubner. *

Lübker's, Friedr., Reallexikon des classischen Alterthums für Gymnasien. 6. verb. Aufl., hrsg. von Max Erler. gr. 8. (VIII, 1291 S. mit zahlreichen Abbild. in eingedr. Holzschn. und lithogr. Plänen.) Leipzig 882, Teubner. * 12 —

Lübker's, Frdr., Reallexikon d. klassischen Altertums f. Gymnasien. 7., verb. Aufl., hrsg. v. Max Erler. Lex. 8. (VI, 1332 S. m. zahlreichen Abbildgn., Tab. u. 1 Karte.) Leipzig 891. B. G. Teubner. n. 14. —

⊙ Recht und Schicksal Schleswig-Holsteins. Vortrag im Saale des Altstadt-Rathauses zu Braunschweig am 22. Dezember 1863 geh. v. Friedrich **Lübker.** 2. Abdruck. Braunschweig. 1864. 8°

Rede bei der Säcular-Geburtsfeier Pestalozzi's am 12. Januar 1846 geh. v. Friedrich **Lübker.** Schleswig. 1846. 8°

— Rede bei der Säcular-Geburtsfeier Pestalozzi's am 12. Jan. 1846 geh. gr. 8. Schleswig 846. (Leipz., B. Hermann.) 1/12 ℛ

— u. Schliemann, Reden bei der Einführung des neuen Directors am Gymnasium zu Parchim, s. a. Schliemann.

Reden bei der Einführung des neuen Direktors am Grossherzoglichen Friedrich-Franz-Gymnasium zu Parchim am 28. April 1851 in der St. Georgenkirche daselbst gehalten von Superintendent Schliemann Protoscholarchen des Gymnasiums und Friedrich **Lübker** Direktor des Gymnasiums. Parchim. 1851. 8°.

—— gesammelte Schriften zur Philologie und Paedagogik. gr. 8. (X und 424 S.) Halle 852, Buchhandlung des Waisenhauses. Thlr.

—— gesammelte Schriften zur Philologie und Paedagogik. 2. Sammlung. I—III. gr. 8. (XVIII, 556 S.) Halle 868, Buchh. des Waisenhauses. *

Inhalt:

I. Epistolae gratulandi et valedicendi causa.

II. Philologisches: Characteristische Unterschiede des Euripides von Sophocles. Prolegomena zu Sophocles Ajax. Zur antiken Gnomologie.

III. Schulreden: Zur Schillerfeier. Am Ansgariusfeste. Bei Einweihung eines Hörsaales. Am Geburtstage.

1. Sammlung. Ebendas. 1852. ℳ 6.

—— die Schule des Hauses Helferin. Rede, zum Antritte des Rectorats der flensburger Gelehrtenschule, am 17. Octbr. 1848, gehalten. 8. (16 S.) Hamburg 849, Agentur des Rauhen Hauses.

—— grammat. Studien. 1. Hft. Studien z. Syntax d. Adjectivums u. Adverbiums in d. alten Sprachen. gr. 8. (6½ B.) Parchim 837, Hinstorff'sche Hofbuchh.

– (Hrsg.), s. T a c i t u s , Publius Cornelius: Agricola. 1847.

—— die sophokleische Theologie und Ethik. 1. Hälfte. gr. 4. (III und 68 S.) Kiel 851, (Schwers'sche Buchh.) * –

—— die Sophokleische Theologie und Ethik. 2. Hälfte. gr. 4. (III und 76 S.) Kiel 855, Schwers'sche Buchh. * –
1. Hälfte. Ebendas. 1851. * 22½ Ngr.

—— Vorhalle zum academischen Studium. In Reden und Betrachtungen. gr. 16. (VII und 266 S.) Halle 863, Mühlmann.

—— Vorträge über Bildung und Christenthum. 12. (VII und 380 S.) Hamburg 862, Agentur des Rauhen Hauses.

—— eine Weihnachts-Feier für die liebe Jugend. 12. (36 S.) Hamburg 850, (Agentur des Rauhen Hauses.) *

— Zergliederung und vergleichende Würdigung der Elektra des Sophokles. Pr. 1851. 84 S. 4°. 1.20

Lübker, L., s. L ü b k e r , Detlef Lorenz

Lübker, Wilh., der deutsche Reichstag. Übersichtliche Zusammenstellg. der auf den Reichstag bezügl. gesetzl. Bestimmgn. u. sonst. Vorschriften. (II, VI, 61 S.) 8. Hamburg 908. C. H. A. Kloß. Kart. — 75

Lübkert, Ernst Chr. H., Alt oder Neu? Eine Beleuchtung und Vertheidigung der protestantischen Kirchen-Lehren von der heil. Dreieinigkeit und der Rechtfertigung durch den Glauben. Zugleich eine Erwiederung auf neuere Angriffe und Entstellungen der lutherischen Kirche und Lehren von Seiten des Hrn. Arthur D. Brickman, Predigers der Neuen Kirche des Herrn zu Baltimore, Md. gr. 8. (44 S.) Baltimore 858. (Philadelphia, Schäfer und Koradi.) *

Lübkert, Hugo, Handbuch aller bis 1881 bekanntgewordenen Postwerthzeichen der Rural-Posten von Russland. Hrsg. von Sigm. Friedl. 8. (VIII, 132 S. m. eingedr. Fig.) Wien 882. Exped. der „Weltpost". n. 2. —

Anti-Falck oder Gegenbemerkungen. Allen unbefangenen Freunden und Feinden des freien Protestantismus gewidmet v. Johann Heinrich Bernhard **Lübkert.** Glückstadt. 1846. 8°.

Lübkert, J. H. B., Anti-Falck oder Gegenbemerkungen. Allen unbefangenen Freunden und Feinden des freien Protestantismus gewidmet. 2. unveränd. Aufl. gr. 8. Glückstadt 846, Würger. 3 ngl

— Kurze Chronik der Glückstädter Strafanstalten beim Rückblick auf das jetzt verflossene erste Jahrhundert ihres Bestehens. Itzehoe. 1839.

Lübkert, Joh. Heinr. Bernh., es ist ein Gott u. ein Mittler zwischen Gott u. d. Menschen. Kurze Darstell. d. christl. Glaubens. Ein Lehrb. z. Gebr. beim Religionsunterr. in d. mittl. Gymnasialklassen, in höh. Bürgerschulen u. bei d. Vorbereit. d. Confirmanden. 8. (5¾ B.) Altona 838, [Dessau,] Aue.

Lübkert, Jo. Hnr. Bern., de Haeresi Priscillianistarum ex fontibus denuo collatis disseruit. Id. Majis a. MDCCCXL. 8maj. Hauniae 840. (Altonae, Aue.) n. ⅔ ℛ

Lübkert, Johann Heinrich Bernhard: K a r t e zur kirchlichen Statistik des Herzogthums Holstein, s. H a r t z , C. J. v.

Lübkert, (Joh. Heinr. Bernh.), zur Kirchenverfassung. Vorbericht u. Entwurf. gr. 8. (33 S.) Kiel 848, Schröder & Co. n. 6¼ ngl

— s. Fel. Minucii, Octavius.

LÜBKERT, JOH. HEINR. BERNH., Versuch einer kirchlichen Statistik Holsteins. Ein Beitrag zur Vaterlandskunde. Unter Mitwirkung der meisten seiner Amtsbrüder entworfen. Glückstadt. 1837.

—— Versuch e. kirchl. Statistik Holsteins. Ein Beitr. z. Vaterlandskunde. Unter Mitwirk. d. meisten seiner Amtsbrüder entworfen u. hrsg. gr. 8. (37 B.) Glückstadt 837. (Dessau, Aue.) *

Lübkert, Louis. Durch d Weltall: Ein Märchen v Heutzutage. Balt, 1878.

Seemannssprüche. Sprichwörter und sprichwörtliche Redensarten über Seewesen, Schiffer- und Fischerleben in den germanischen und romanischen Sprachen. Gesammelt, geordnet und erklärt v. **W. Lübkes.** Berlin. 1900. 8°.

Lübky, A., die Aequatortaufe an Bord e. deutschen Schiffes, s. a. Theater-Album, militärisches.

Die Aequatortaufe an Bord eines deutschen Schiffes. Eine Scene aus d. Schiffsleben von A. Lübky, ehem. Marine-Feldwebel. *Landsberg a. W.: Volger & Klein [1900].* (15 S.) 8° [F.]
= Theater-Album, Militärisches. No 99. [02. 1137

Lubler, I., tract. de incendio. 8. Strasb. 734.

Lublin [Schlagwort]

Lublin, s.: Europa. Liebenow.

Lublin, s.: Europa. Uebersichtskarte.

Lublin [Verfasser]

Lublin, Adph., über die Anwendung des Tantième-Systems in kaufmännischen Geschäften. Vortrag, gehalten zu Königsberg in Pr. Königsberg 870. Braun & Weber. gr. 8. (18 S.) n. 2⅓ ngr.

Lublin, Alfred, aus Magdeburg: Ueber die drei Nitrobenzalhydrazine. *Heidelberg 1900: J. Hörning.* (46 S.) 8°
Heidelberg, Naturw.-math. Diss. v. 1900

Lublin, Max, a. Culm (Westpreußen): Beiträge zur Kenntnis der Feldspäte im Granit vom Epprechtstein (Fichtelgebirge). Leipzig 1907: R. Gerstäcker. (37 S., 4 Taf.) 8°
Erlangen, Phil. Fak., Ref. Oebbeke, Diss. v. Sept. 1907
[Geb. 28. April 66 Culm (Westpr.); Wohnort: Leipzig; Staatsangeh.: Preußen; Vorbildung: Gymn. Culm; Studium: Berlin 5, Erlangen 3 S.; Rig. 28. Nov. 94.]

†Lubliner, Hugo [Hugo Bürger], Berlin im Kaiserreich. I. und II. 8. Breslau, Schottländer. * M 9.—; geb. *
Inhalt:
I. Die Gläubiger des Glücks. Roman. 1.—6. Aufl. (377 S.) 886. * M 5.—; geb. * M 6.—.
II. Die Frau von neunzehn Jahren. Roman. (290 S.) 887. * M 4.—; geb. * M 5.—.

Lubliner, Hugo [Hugo Bürger]. Der Jourfix, s. Universal-Bibliothek Nr. 2914.

Lubliner, Hugo, an d. Riviera, s. a. Unterwegs u. Daheim.

[F.] An der Riviera. Von Hugo Lubliner. *Breslau: S. Schottlaender 1896.* (149 S.) 1 Bd 8.
= Unterwegs und Daheim. (Ser.) II. (Bd) 2. [96. 1961

Lubliner, Hugo, der Roman e. anständigen Mädchens, s. a. Kürschner's, Jos., Bücherschatz.

Der Roman eines anständigen Mädchens. Von Hugo Lubliner. Mit Ill. von Martin Ränike. Berlin, Eisenach, Leipzig: H. Hillger [1899]. (120 S.) 8°
(Bücherschatz, Kürschners. No. 126.)

— der kommende Tag. Schauspiel in 4 Aufzügen. 8. (XIII, 94 S.) Berlin 891. Stuttgart, Union. n. 1. 50

Lubliner, Hugo, Frau Schubels Tochter. Roman. (254 S.) 8. Breslau 905. Berlin, S. Schottländer's schles. Verlagsanstalt. n. 2. 50; geb. n. 3. 50

Lubliner, Louis, Concordance entre le Code civil du royaume de Pologne promulgué en l'année 1825 et le Code civil français relativement à l'état de personnes; suivie d'observations sur le droit international privé. gr. 8. (XXII und 243 S.) Bruxelles 847, (Muquardt.) *

Lubliner, O. Louis, Essai critique sur la nouvelle Législation concernant le mariage en Pologne. Promulguée en 1836. Dans ses rapports aved l'histoire et le droit canonique; suivi du texte traduit en français. 12. Bruxelles 840. Mucquardt n. 1 ß

Lublinitz [Schlagwort]

Lublinitz, s.: Deutschland. Uebersichtskarte. — Kreiskarten.

Lublinitz, Kreis, s.: Oppeln, Reg.-Bez.

Lublink Weddik, B T s. Weddik, B T Lublink.

Lublinski, Moses Samuel (geb. Gnesen 25. 3. 1819): Num ex finibus periphericis nervorum sensiferorum sensualitatis aliquid in nervos motorios redundet, nec ne. Berolini (1845). (29 S.) 8°
Berlin, Med. Diss. v. 30. Juli 1845

Der Ausgang der Moderne. Ein Buch d. Opposition von Samuel Lublinski. Dresden: C. Reissner 1909. (VII, 314 S.) 8° [08. 14346

— Falsche Beweise f. die Existenz des Menschen Jesus. (21 S.) gr. 8. Leipzig (910). Verlag Die Tat. — 80
Sonderabdruck aus: „Die Tat".

Lublinski, Sam., die Bilanz der Moderne. 1. u. 2. Aufl. (à VIII, 374 S.) 8. Berlin 904. S. Cronbach. 4. —; geb. 5. —; erhöht. Pr. n. 5. —; geb. n. 6. —

Lublinski, S., jüdische Charaktere bei Grillparzer, Hebbel u. Otto Ludwig. Litterarische Studien. 8. (120 S.) Berlin 898. S. Cronbach. n. 2. —

[F.] Jüdische Charaktere bei Grillparzer, Hebbel und Otto Ludwig. Litterar. Studien v. S. Lublinski. *Berlin: S. Cronbach 1899.* (120 S.) 1 Bd 8. [98. 8843

— Charles Darwin, s. a. Klassiker der Naturwissenschaften. 2. Bd.

Charles Darwin. Eine Apologie u. e. Kritik von Samuel Lublinski. Leipzig: Th. Thomas [1905]. (112 S.) 8°
= Klassiker d. Naturwissenschaften. Bd 2. [05. 2439

Samuel Lublinski. Das werdende Dogma vom Leben Jesu. Jena: Diederichs 1910. 187 S. 8°
(Lublinski: Der urchristl. Erdkreis u. sein Mythos. Bd 2.) [10. 14751

Elisabeth und Essex. Tragödie von S[amuel] Lublinski. *Berlin: S. Cronbach 1903.* (167 S.) 8° [F.] [03. 10033

Samuel Lublinski. Die Entstehung des Christentums aus der antiken Kultur. Jena: Diederichs 1910. 257 S. 8°
(Lublinski: Der urchristliche Erdkreis u. sein Mythos. Bd 1.) [10. 7575

— die Entstehung des Judentums. Eine Skizze. (71 S.) 8. Berlin 903. Köln, Jüd. Verlag. n. 1. —

— Der urchristliche Erdkreis u. sein Mythos. 1. u. 2. Bd. 8. Jena, E. Diederichs. à 3. —; geb. à 4. —
1. Die Entstehung des Christentums aus der antiken Kultur. 1. u. 2. Tauf. (258 S.) 910.
2. Das werd. Dogma v. Leben Jesu. 1. u. 2. Tauf. (188 S.) 910.

— s.: Flaum, Franz.

Lublinski, S., gescheitert. Ein Novellenbuch. gr. 8. (III, 259 S.) Dresden 901. E. Reißner. n. 3. —; geb. n. 4. —

— vom unbekannten Gott. Ein Baustein. (99 S.) 8. Dresden (904). C. Reissner. n. 1. 50

— Gunther u. Brunhild. Tragödie. (166 S.) 8. Berlin 906. J. Bard. 3. —

— Hannibal. Tragödie. (140 S.) gr. 8. Dresden 902. E. Reißner. n. 2. —

— Holz u. Schlaf. Ein zweifelhaftes Kapitel Literaturgeschichte. (VIII, 63 S.) 8. Stuttgart (905). A. Juncker. n. 1. —

— Die Humanität als Mysterium. (IV, 83 S.) 8. Jena 907. E. Diederichs. 2. —

— der Imperator. Trauerspiel in 5 Aufzügen. 8. (III, 335 S.) Dresden 901. E. Pierson. n. 3. 50

— Kaiser u. Kanzler. Tragödie. (95 S.) 8. Leipzig 910. Xenien-Verlag. 2. —

— Litteratur u. Gesellschaft im 19. Jahrh., s. a. Am Ende des Jahrhunderts. 12., 13. u. 16. Bd.

Lublinski, S . Litteratur und Gesellschaft im neunzehnten Jahrhundert. 4 Bände. 8. Berlin, Siegfried Cronbach, 1899 —1900 (**Umschlag:* Band 1 und 2.... 6. Tausend. 1901; Band 3 und 4.... 4. Tausend. 1901). — *A. u. d. T.:* Am Ende des Jahrhunderts. Rückschau auf 100 Jahre geistiger Entwickelung. Band 12, 13, 16, 17.... (*zus.* [br.] M. 10. —, geb. M. 12. —)

Band 1: «Die Frühzeit der Romantik.» VIII + 152 S. 1899.
Band 2: Romantik und Historizismus. IV + 155 S. 1899.
Band 3: Das junge Deutschland. IV + 180 S. 1900.
Band 4: Blüte, Epigonentum und Wiedergeburt. VI + 186 S. 1900.

Darin: Bd. 1, S. 120 ff. über die Novelle «Der Zweikampf» *von* Heinrich von Kleist; *Bd. 2, S. 55 ff. über* «Mimili» *von* H. Clauren; *Bd. 3, S. 152—180:* Die Revolution; *Bd. 4, S. 140—150 über* Jacob Burckhardt, Conrad Ferdinand Meyer *u. a.; u. s. w.*

— Multatuli (Eduard Douwes Dekker), s. a. Essays, moderne, zur Kunst u. Litteratur.

Multatuli von S[amuel] Lublinski. *Berlin: Gose & Tetzlaff 1902.* (39 S.) 8° [F.]
— Essays, Moderne, z. Kunst u. Litteratur. H. 14.

— Neu-Deutschland. Fünf Essays. gr. 8. (XI, 112 S.) Minden 900. J. C. C. Bruns. n. 1. 75

— Peter v. Rußland. Tragödie in 5 Akten u. e. Vorspiel, m. e. Einleitg.: Der Weg zur Tragödie. (239 S.) 8. München 906. G. Müller. n. 3. —

Samuel Lublinski. Der Polizeileutnant in der Literatur. Eine Abwehr gegen Arno Holz. 2. Aufl. Berlin: J. Hegner (1904). (15 S.) 8°

— der Polizeileutnant in der Literatur. Eine Abwehr gegen Arno Holz. 1.—6. Aufl. (à 15 S.) 8. Berlin (904). [Magazin-Verlag.] Leipzig, F. Rothbarth. n. — 30

— Shakespeares Problem im Hamlet. (88 S.) 8. Ebd. 908. 2. —; geb. in Leinw. n 3. —

— Friedrich Schiller, s. a. Literatur, die. 21. Bd.

Friedrich Schiller. Seine Entstehung u. s. Zukunft. Von Samuel Lublinski. Mit 1 Lichtdr., 11 Tonätzungen u. 1 Faks. Berlin: Bard, Marquardt & Co. [1905]. (82 S.) 8°
— Literatur, Die. Bd 21.

Lublinski, W., das sogenannte Ekzem des Naseneinganges, —— die Kehlkopfschwindsucht, } s. Sonderabdrücke der Deutschen Medicinal-Zeitung.

Lublinski, Wilh. Bernh. (geb. Goldap 17. 4. 1852): Ueber die Complication des Puerperiums mit chronischen Herzkrankheiten. Berlin (1875). (32 S.) 8°
Berlin, Med. Diss. v. 6. Aug. 1875

Lublinsky, Moses Samuel, s. Lublinski

Lübner, H.

— entdeckte Anweis., falsche Schriften zu schreiben, die in 40 Tagen, 4 Wochen, 6 Tagen, 24 Stunden, kurz wenn man will, vergehen ꝛc. 8. Leipz. ,.. Joachim. 6 gr. Hbg. Pr. 2 gr.

Lübner, H., entdeckte Kunst, in einer Stunde schreiben zu lernen, ingleichen ohne Hände u. ohne Feder zu schreiben ꝛc. 8. Leipz. 805. Joachim. 6 gr. Hbg. Pr. 2 gr.

— neue Samml. interessanter u. bewährter Schreibekunststücke ꝛc. 8. Leipz. ... R. A. 824. Centr.-Compt. 3 gr.

Lübner, (H.,) Schreibe-Kunststücke u. Tinten-Künste z. Unterricht u. zur Belustigung. Neue Aufl. Leipz. 824, Central-Comptoir.

Lubnow, Adf., Das Sattler- und Stellmachergewerbe in Konitz, Westpreussen. Schriften des Vereins f. Socialpolitik, Bd. 70. gr. 8°. Leipzig 1897.

Lubnow, Adolf, Das Tischlergewerbe in Konitz, Westpreussen. (Schrift. d. Ver. f. Soz.-Pol., Bd. 65.) gr. 8°. Leipzig 1895.

— Die Verfertigung von Streich- u. Blechblasinstrumenten in Leipzig. Schriften des Vereins für Socialpolitik, Bd. 67. gr. 8°. Leipzig 1897.

Lubojatzky, Ar., s. Lubojatzky, Friedrich

Lubojatzky, Fr., die Leoniden v. Oederan. Histor. Erzählg. (91 S.) kl. 8. Oederan 909. F. L. Schlesinger. — 30

Lubojatzky, Franz (Anton)

Lubojatzky, Franz [Wirkl. Name]
s. Carion, Franz [Pseud.]

Lubojatzky, Frz. Ant., 1866 oder in Böhmen und am Maine. Roman aus der Neuzeit. 3 Bde. in 11 Heften. 8. (256; 215; XII, 233 S., mit 11 color. Stnt.) Dresden 868,69, A. Wolf. à Heft 40 Pf.

— das goldne Buch vom Vaterlande oder Sachsen, sonst und jetzt nebst Entstehung u. Schicksale seiner Städte u Ortschaften. Ein Buch für Leser aller Stände des sächsischen Volkes. 1—6. Liefg. Löbau (858.) Walde. 4. (S. 1—96.) Jede Liefg. mit 1 color. Lithogr. 3 ngr.

Lubojatzky, Frz., das goldene Buch vom Vaterlande oder Sachsen, sonst und jetzt, nebst Entstehung und Schicksale seiner Städte und Ortschaften. Ein Buch für Leser aller Stände des sächsischen Volkes. 7—32. (letzte) Liefg. Löbau 859, 60. Walde. 4. (S. 97—540.) Jede Liefg. mit 1 color. Lithogr. 3 ngr.

— — Neue Folge. 25 Liefgn. Ebend. 861. 4. (400 S.) Jede Liefg. mit 1 color. Lithogr. 3 ngr.

—— der Familien-Feierabend am häuslichen Herde und die Galerie der Zeit. Ein der Unterhaltung und Belehrung für alle Familien gewidmetes Werk. 24 Lfgn. 4. (384 S. und die Kriegsgreuel in der Lombardei oder der zwei Kaiser-Feldzug von 1859, 191 S. mit 24 ill. Stnt.) Löbau 859—61, Walde. à Lfg. * 3½ Ngr. *

— deutsche Feierabende. Erzählungen. 2 Bde. Leipzig 858. C. L. Fritzsche. 8. 2 ℛ.
1. Bd.: Der Bürgermeister von Marienburg. Historische Novelle. (224 S.)
2. Bd.: Der Llanero. Novelle. — Japhet Unglückskind. Humorist. Erzählung a. d. Leben eines armen Teufels. (243 S.)

— deutsche Feierabende. Erzählungen. 3—6. Bd. Leipzig 860—62. C. L. Fritzsche. (C. F. Schmidt.) 8. Jeder Bd. 1 ℛ
3. Bd.: Kurfürst Moritz und seine schöne Jacobine. — Der Schulgang des Lebens. (228 S.)
4. Bd.: Bunte Gesellschaft unter einem Dache. Humoristische Erzählung. (275 S.)
5. Bd.: Wallensteins letzte Tage oder die Mordnacht zu Eger. — Der Armenpfleger von St. Jacob. (252 S.)
6. Bd.: Die Zittauer Judith oder altes Bürgerrecht. — Der Kanonenfindling. (250 S.)

Lubojatzky, Frz., illustrirte Geschichte d. Krieges von 1870—1871. Auf Grund authentischer Quellen bearb. gr. 8. (XIV, 1041 S. m. eingedr. Holzschn. u. 4 Chromolith.) Dresden 871. 72. A. Wolf. 9. 90

— zu Haus u. Ueberall. 1—4. Liefg. Dresden 869. Münchmeyer. gr. 4. Jede Liefg. (2 Bgn. mit 1 color. Steintaf.) 3 ngr.

Lubojatzky, Frz., der baierische Hiesel oder der Lebensgang eines Wildschützen. Erzählung. Löbau 865—67. Walde. 8. (512 S. mit 16 color. Steintaff.) 1 ℛ 2 ngr.

Lubojatzky, Franz, Ein Jahr aus dem Leben August des Starken. Historischer Roman. 2 Thle. in 1 Bde. 16. (242 u. 165 S.) Wien, Markgraf. 1863. 1 fl. 80 kr.
—— Dasselbe; s. a. Album. Bibliothek deutscher Originalromane.

—— Deutschlands letztere drei Jahrhunderte, oder des deutschen Volkes Gedenk-Buch an seiner Väter Schicksale und Leiden seit drei Jahrhunderten. Den Familien aller Stände unseres Vaterlandes als wichtigstes histor. Volksbuch gewidmet. hoch 4. (384 S. mit 24 Chromolithogr.) Löbau 858, Walde.

— der Jesuiten-Zögling od. Verrath üb. Verrath. Roman aus jüngster Zeit. 1—26. Lfg. 8. (IV, 1248 S. m. 26 Chromolith.) Dresden 871. 72. Lohse & Kadler. à — 25

— der Kaplan von Königsgrätz. Roman aus der Neuzeit. 3 Bde. Dresden 869. A. Wolf. gr. 8. (1. Bd. 256 S., 2. Bd. 215 S. u. 3. Bd. XII, 233 S. mit 22 color. Steintaff.) 1 ℛ 25 ngr.

— die Kriegs-Chronik vom Jahre 1870. Auf Grund authent. Quellen bearb. 1—4. Heft. Ebend. 870. gr. 8. (S. 1—192 mit eingedr. Holzschn. u. 4 Chromolith.) Jedes Heft 5 ngr.

— die Kriegs-Chronik vom J. 1870—1871. Auf Grund authent. Quellen bearb. 5—12. (Schluß-)Hft. gr. 8. (XIII u. S. 193—1040 m. eingedr. Holzschn u. 18 Chromolith.) Dresden 871. A. Wolf. à — 50

—— die Kriegs-Chronik von 1870—1871. Auf Grund authent. Quellen bearb. 22 Lfgn. gr. 8. (XIII, 1040 S. mit eingedr. Holzschn. und 22 Chromolithogr.) Ebendas. 870,71. à Lfg. 50 Pf.

Lubojatzky, Frz., illustrirte Kriegs-Chronik des russisch-türkischen Feldzuges 1877. Auf Grund authentischer Quellen bearb. 25 Hfte. gr. 8. (1119 S. m. eingedr. Holzschn. u. je 1 Chromolith.) Dresden 877—78. A. Wolf. à — 50

Lubojatzky, Frz., Deutschlands Kriegs-Ereignisse des J. 1866. Illustrirtes Gedenkbuch für das deutsche Volk. Nach den besten Quellen bearb. 14 Lfgn. Lex.-8. (672 S. mit eingedr. Holzschn. und 2 Stnt.) Dresden 866,67. Tittel. à Lfg. 5 Ngr. compl.

—— Deutschlands Kriegs-Ereignisse 1866. Illustr. Gedenkbuch für das deutsche Volk. Nach den besten Quellen bearb. 15. (Schluß-)Lfg. Lex.-8. (IX, S. 673—713.) Dresden 869. Tittel.
1.—14. Lfg. Ebendas. 1866,67. ℳ 6.

—— die Kriegsgreuel in der Lombardei oder der zwei Kaiser-Feldzug von 1859. Historische Schilderungen der sardinisch-französisch-östreichischen Kämpfe nebst Beschreibung der Oertlichkeit, der Sitten und Gebräuche der Bewohner des Kriegsschauplatzes. Nach den besten Quellen bearb. 12 Lfgn. 4. (191 S. mit 12 ill. Stnt.) Löbau 860. 61, Walde. à Lfg. 2½ Ngr.

—— vor Leipzig und in Jütland, s. Unterwegs und Daheim

— der Papstspiegel oder das Leben u. Treiben der Päpste bis auf unsere Zeit. (In ca. 18 Hftn.) 1—7 Heft. Ebend. 870. gr. 8. (1. Bd. S. 1—224 mit 6 Chromolith.) Jedes Heft 2½ ngr.

— der Papstspiegel od. das Leben u. Treiben der Päpste bis auf unsere Zeit. 8—22. (Schluß-)Hft. gr. 8. (VII u. S. 225—688 m. 13 Chromolith.) Dresden 871. 72. A. Wolf. à — 25

— des jungen Petermann Reiseabenteuer in Amerika u. Australien. Ein Buch zur Unterhaltung u. Belehrung für die Jugend. Mit 4 Bildern in Farbendr. 8. (181 S.) Leipzig 877. Gebhardt. cart. 4. —

— Röschen, des Pfarrers Tochter von Taubenheim. Erzählung aus der Zeit Friedrich August des Starken. Löbau 865. Walde. 8. (383 S. mit 12 color. Steintaff.) 24 ngr.

—— zweihundertjährige Sachsen-Chronik von 1550—1750 oder Schicksale des Sachsenvolkes von der Zeit Kurfürsts Moritz an bis zum Tode Augusts des Starken. Ein Gedenkbuch für Familienkreise aller Volksklassen im Sachsenlande. 17 Lfgn. 4. (272 S. mit 17 ill. Stnt.) Löbau 862—65, Walde. à Lfg. 3 Ngr.

— die Tochter des Eierkönigs. Historischer Roman. Jena 868. Hermsdorf. 16. (352 S.) 1 ℛ 15 ngr.

—— der Untergang der Protestanten in Ober-Oesterreich. Historischer Roman. 2 Thle. Neue (Titel-)Volksausg. 8. (499 S.) Dresden (861), Kuntze.

—— die Waise von Grünhain, oder: das Gericht der Todten. Erzählung aus dem Leben. 15 Lfgn. 8. (480 S. mit 14 ill Stnt.) Löbau 864,65, Walde. à Lfg. 2 Ngr.

— eine lateinische Czarin und ihr Schicksal, s. Album. Bibliothek deutscher Originalromane.

Lubojatzky, Friedrich

Lubojatzky, Fr., Zacharias Amselpfiff's Abenteuer oder Reminiscenzen aus dem Leben e. Lumpensammlers. Humorist. Roman. Leipzig (854.) C. L. Fritzsche. 8. (223 S.) 1 ℛ.

Lubojatzky, Friedr., 1848 oder Nacht und Licht. Historischer Roman. 3 Thle. 8. (862 S.) Grimma 849, Verlags-Comptoir.

— 1830. Historischer Roman, s. a. Bibliothek, Europäische, 8—12. Bd.

Lubojatzky, Fr., 1830. Historischer Roman. 1.—5. Thl. gr. 12. Grimma 841, 42, Verlags-Comptoir. 7½ ℛ

—— 1849 oder des Königs Marienblüthe. Historischer Roman aus der Gegenwart. 3 Thle. 8. (727 S.) Grimma 850, Verlags-Comptoir.

— 1840. Historischer Roman, s. a. Bibliothek, Europäische, 34—36. Bd.

Lubojatzky, Fr., 1840. Historischer Roman. 3 Thle. gr. 12. (35⅚ B.) Grimma 843, Verlags-Comptoir. Thlr.
Vgl.: Bibliothek, europäische.

— der Arme u. seine Braut, s.: Bibliothek, Europäische, 547. Bd.

— s. Lady Blessington, der Rebell.

—— der Bote aus Dresden. Ein deutsches Volksbuch zur Unterhaltung und Belehrung. 1. Bd. in 12 Heften. 4. (1. Heft 16 S. mit 1 ill. Stnt. und lithogr. Titel.) Dresden 854, (Schönfeld's Buchh.) à Heft **.

—— Christ-Kindchen oder zwei Familien. Erzählung aus dem bürgerl. Leben. 8. (163 S.) Leipzig 856, C. L. Fritzsche.

—— hundertjährige Chronik oder: Die Schicksale des sächsischen Volkes seit 1750 bis 1850. Ein Gedenkbuch für Familienkreise aller Volksklassen im Sachsenlande. 16 Lfgn. gr. 4. (1. Lfg. S. 1—16 mit 1 Lithochrom. und lithogr. Titel.) Dresden 853. (Leipzig, Friese.) à Lfg. *

— Daria, siehe: Bibliothek, Europäische, 804. Bd.

— Oswald Ehrenhaupt od. Pharisäer u. Zöllner. Zeitroman. 3 Thle. 8. (391. 389 u. 438 S.) Grimma 851, Verlags-Comptoir. 4½ ℛ

—— Erzählungen, } s. a. Bibliothek, europäische.
—— neue Erzählungen, }

DRESDEN. — Lubojatzky, Neue Erzählungen. Bd. 3. „Die Dresdner Fürstenhexe" etc. Wurzen 1855. 8°.
R. Zinke's Dresdner Octob.-Auct. 1908, no. 568.

—— eine preußische Familie. Geschichtlicher Roman. 4 Thle. 8. (1098 S.) Grimma 848, Verlags-Comptoir.

—— der Fischhändler von Neapel. Histor. Novelle aus d. Mitte d. 17. Jahrh. 2 Thle. gr. 12. (21⅓ B.) Grimma 841, Verlags-Comptoir.

—— König Friedrich August III. von Sachsen und seine Zeit. Historischer Roman. 3 Bde. 8. (1. und 2. Bd. 564 S.) Grimma 851(52,) Verlags-Comptoir.

Lubojatzky, Fr., König Friedrich August III. von Sachsen u. seine Zeit. Historischer Roman. 3 Bde. 8. (284. 280 u. 326 S.) Grimma 852, Verlags-Comptoir. 4½ ℛ

—— der sächsische Gevattersmann oder Geschichten von Sonst und Jetzt. Ein Werk zur Belehrung und Unterhaltung für alle Familienkreise. 1. Bd. 12 Lfgn. gr. 4. (1. Lfg. S. 1—16 mit 2 Lithochrom.) Dresden 853. (Leipzig, Friese.) à Lfg. *

—— Humoresken. — Der Multiplicationsassessor. Die Seiltänzerin. 8. (196 S.) Grimma 847, Verlags-Comptoir.

Lubojatzky, Fr., Sachsens neun denkwürdige Jahre von 1806 bis 1815 während Napoleons Feldzügen in Deutschland und Rußland. Ein vaterländ. Chronikbuch für Familien aller Stände. Dresden (853.) (Schönfeld.) 4. (VI, 278 S. u. 16 Lithogr.) n. 1 ℛ. 18 ngr.

—— vor hundert Jahren. Historischer Roman. 3 Thle. 8. (795 S.) Grimma 851. Verlags-Comptoir.

—— russische Intriguen. Histor. Roman aus der Gegenwart. 3 Thle. 8. (75⅛ B.) Grimma 844, 45, Verlags-Comptoir.

—— Johann König von Sachsen. Sein bisheriges Wirken als Erster des Sachsenvolkes. Historische Skizze. gr. 8. (8 S.) Löbau 854, Walde.

— die Jüdin, s. a. Bibliothek, Europäische, 46—49. Bd.

—— die Jüdin. Deutsches Sittengemälde aus d. 1. Hälfte d. 14. Jahrh. 4 Thle. 12. (46⅓ B.) Grimma 840, Verlags-Compt.

—— Katharina II. die Semiramis des Nordens. (Aus dem Tagebuche einer poln. Familie.) Historischer Roman in 3 Thln. (Polen vor der zweiten Theilung. — Semiramis. — Des weißen Adlers Untergang.) 8. (834 S.) Leipzig 855(56,) C. L. Fritzsche.

—— der siebenjährige Krieg oder Deutschlands Schreckensjahre von 1756—1763. Historisches Gedenkbuch für alle Familien. 1. Lfg. 4. (S. 1—20 mit 1 Lithogr. und in Stahl gest. Titel.) Dresden 854, (Schönfeld's Buchh.) *

—— der Kunstreiter. Novelle. 16. (17¾ B.) Warburg 840, Billig. (?)

—— Friedrich Augusts II., des Geliebten, Königs von Sachsen, wichtigste Lebensmomente und sein plötzlicher Tod. Ein Erinnerungszeichen für das sächs. Volk. 8. (35 S. mit 3 Stnt.) Löbau 854, Walde. *

—— Licht- und Schattenbilder. Novellen. 2 Bde. 8. (X und 605 S.) Dresden 852. [Leipzig, Literatur-Bureau.] *

— Licht- u. Schattenbilder. Novellen. 2 Bde. 8. (X. 391 u. 304 S.) Dresden 852, Schäfer. n. 2½ ℛ

—— Luther u. die Seinen. Histor. Roman. 3 Thle. 12. (...B.) Grimma 844, Verlags-Comptoir.

— Meister u. Gesell. — Der Hochzeittag, s. Reihe, bunte, 1. Bd.

—— Meister u. Gesell. — Der Hochzeittag, s. Reihe, bunte, 2. Bd.

— der Mime und sein Kind. — Moira Encantada. — Die Piebnitzer, s. Reihe, bunte. Neue Folge.

— siehe: Mittel, fünfzig, gegen böse Gläubiger.

——, Herkus Monte. Histor. Erzählung aus d. letzten Hälfte d. 13. Jahrh. — Die Vermählung im Tode. Altsächsische Sage. 8. (14¾ B.) Marburg 840, Billig. (?)

—— die Mosaiten oder: Ein Stück europäisches Negerleben. Roman aus der Gegenwart. 3 Bde. 8. (974 S.) Dresden 853. [Leipzig, Literatur-Bureau.] *

— die Mosaiten oder: Ein Stück Europäisches Negerleben. Roman aus der Gegenwart. 3 Bde. Dresden 853. Schäfer. (Prag, Kober u. Markgraf.) 8. (326; 348; 300 S.) n. 3 Thlr.

—— die Neu-Katholischen. Roman aus der Gegenwart. 3 Bde. 8. (79⅝ B.) Grimma 845, Verlags-Comptoir.

—— Novellen. 2 Thle. 8. Grimma, Verlags-Comptoir.
Thl. 1. Eugen Braun. — Veilchen. (19 B.) 842. 1 Thlr. 10 Ngr.
• 2. Der Kossniery. — Pechvogels Glück. (12½ B.) 844. 1 Thlr.

— die Organisation der Gelehrtenschule, mit besond. Rücksicht auf die Herzogthümer Schleswig und Holstein. gr. 8. Leipzig 843. (Hermann.) ¾ Thlr.

—— der Proselyt. Roman aus dem zweiten Viertel des 17. Jahrhund. Seitenstück zu C. Spindlers Jesuit. 3 Thle. 12. (11⅓ B.) Grimma 844, Verlags-Comptoir.

—— Großvater's Spiel-Uhr oder die Hausgeister. Ein Mährchen aus der bürgerlichen Welt. 8. (139 S.) Leipzig 856, C. L. Fritzsche.

Lubojatzky, Friedr., Schloß Stolpen oder Erinnerungen aus dem Leben der Gräfin von Cossell. Historischer Roman. 3 Thle. 8. (917 S.) Dresden 853, Arnoldische Buchh. Thlr. *

— s. Sue, E., die sieben Todsünden.

— die sieben Todsünden, s: Bibliothek, Europäische, 70. 71. 76. 77. 81—84. Bd.

—— Napoleon's Unglück, Verbannung und Ende. Historisches Werk. 1—6. Lfg. 4. (S. 1—144 mit 6 Lithogr.) Dresden 853, Schönfeld's Buchh. à Lfg. * 3 Ngr. *

—— die beiden Waisen vom See, oder Gottes Wege. Erzählung für die reifere Jugend. Mit Abbildungen. 8. (173 S. mit 3 Stnt.) Dresden 852, Adler und Dietze. *

— der Weltkampf gegen Rußland und seine großen Ereignisse. Verbunden mit den Schilderungen der Oertlichkeiten, der Sitten u. Lebensweisen der verschied. bei dem Kampfe betheiligten Völker; nebst den Biographien der hervorragendsten Persönlichkeiten aller Krieg führenden Partheien. Ein geschichtl. Gedenkbuch für alle Volksklassen. 25 Liefgn. (à 2 Bgn. u. 1 Lithogr.) Löbau 854—56. Walde. 4. Jede Liefg. 2½ ngr.; color. 3 ngr.

— des Teufels Werkstatt oder Paris unter der Erde. Historisch-humorist. Roman. Leipzig (854.) C. L. Fritzsche. 8. (208 S.) 1 Thlr.

— der Wildschütz, oder das waltende Verhängniß. Roman aus der letzten Hälfte des 18. Jahrhunderts. gr. 12. Graudenz 838. Berlin, Enslinsche Buchh. n. 1⅓ Thlr.

—— der Wildschütz, od. das waltende Verhängniß. Roman aus d. letzt. Hälfte d. 18. Jahrh. gr. 12. (13⅓ B.) Graudenz 838, Röthesche Buchh. *

Luboldt, Rud., de sakerito. Dissertatio inauguralis. gr. 8. (32 S.) Berlin 857. (Göttingen, Vandenhoeck und Ruprecht's Verlagsh.) * *

Luboldt, Walter [aus Dresden]: Beiträge zur Kenntnis des Scopolamins und seines Spaltungsproduktes, des Scopolins ... Marburg, *Druck v. C. C. Meinhold & Söhne, Kgl. Hofbuchdr., Dresden*, 1895; 58 S. 8.
Marburg, Phil. Fak., Inaug.-Diss. v. [24. Mai] 1895

Lubomeriae et Galliciae — Regni — Tabula Geographica Impensis Homannianorum Haeredum 1775. 1 : 1,160,000. 1 Bl.

Lubomirski, Ed. Xcia, Rys statystyczny i polityczny Anglii. Fol. (100½ B.) Poznaniu 829. (Breslau, Schletter.)

Lubomirski, J., Auf des Czaren Befehl! Roman in 2 Bdn. Autoris. deutsche Bearbeitung. 8. (221; 238 S.) Leipzig 878, Zieger. à Bd. M. 1.

Lubomirski, Fürst Jos., Tatjana, s. Universal-Bibliothek Nr. 1261—1264.

Lubomirsky, Stanisl., Orakel im Kriegs- u. Staatskabinet, n. Rabutins Betr. üb. d. Kriegswesen. 8. Dresden, Walther. 746.

Lubomirsky, Stanislaus. De vanitate consiliorum liber unus . . . Tyrnaviae 1747. V: *Purgstall, Anton.* (Jes)

Lubomirsky, Stanisl., de vanitate consiliorum. 12. Wien 776. Krüchten. 6 K

Lubonarsky, Orakel im Kriegs- u. Friedens-Kabinet, nebst Rabutins Betrachtungen über das Kriegswesen. 8. Dresden 1753.

Lubosch, Wilhelm: Die vergleichende Anatomie des Accessoriusursprunges. *Berlin (1898): G. Schade.* (31 S.) 8°
Berlin, Med. Diss. v. 10. Juni 1898

Lubosch, Wilh., vergleichende Anatomie der Sinnesorgane d. Wirbeltiere, s. Aus Natur u. Geisteswelt.

Vergleichende Anatomie der Sinnesorgane der Wirbeltiere. Von Dr. W[ilhelm] Lubosch, Prof. Mit 107 Abb. Leipzig: Teubner 1910. 106 S. 8°
(Aus Natur u. Geisteswelt. Bdch. 282.) [09. 18336

— Bau u. Entstehung d. Wirbeltiergelenke. Eine morpholog. u. histogenet. Untersuchg. (XVI, 851 S. m. 230 Abb. u. 10 lith. Taf.) Lex. 8. Jena 910. G. Fischer. 27. —

— Das Kiefergelenk der Edentaten u. Marsupialier. Nebst Mitteilgn. üb. die Kaumuskulatur dieser Thiere, s. a. Denkschriften der medicinisch-naturwissenschaftlichen Gesellschaft zu Jena. IV. 4.

Das Kiefergelenk der Edentaten und Marsupialier. Nebst Mittheilungen über d. Kaumuskulatur dieser Thiere. Von Dr. Wilh. Lubosch, Jena. Mit Taf. 31–35 u. 9 Fig. (Jena: Fischer 1908.) 38 S. 2° (4°).
(Semon, Richard: Zoolog. Forschungsreisen in Australien. Bd. 4, Lfg. 4, [1.]).
(Denkschriften d. med.-naturw. Gesellschaft zu Jena. Bd. 7.)

Lubosch, Wilhelm, Dr. med.: Ueber die Nukleolarsubstanz des reifenden Tritoneneies nebst Betrachtungen über das Wesen der Eireifung. Mit 5 Taf. *Jena: G. Fischer 1902.* (80 S.) 8°
Jena, Med. Hab.-Schr. v. 1902

Lubovius, Louis, aus Glasgow i. Schottl.: Sprachgebrauch und Sprachschöpfung in Wieland's prosaischen Hauptwerken, nämlich: Don Sylvio di Rosalva, Agathon, Der goldene Spiegel, Geschichte des weisen Danischmend, Geschichte der Abderiten, Peregrinus Proteus, Aristipp. Ein Beitrag zur deutschen Lexicographie u. Grammatik. *Freiburg i. B. 1901: O. Wenzel.* (42 S.) 8° [Umschlagt.] ¶(Soll fortges. werden.)
Freiburg i. B., Phil. Diss. v. 1901

Lubow. Reitende u. fahrende Batterien. Eine vergleich. Studie. gr. 8. (27 S.) Rathenow 889, Babenzien. * — 60

— **Organisations-Vorschläge in Betreff der Verwendung und Zusammensetzung von Kavallerie-Divisionen. Moderne Anforderqn. an e. kriegsfertige Artillerie in d. Feldschlacht. gr. 8. (IV, 27 S.) Ebd. 889. n. 1. 50**

Lubow, Carl. Ostpreußische Criminal-Novellen. 1. Der Mörder Gause. 2. Die Sirene d. Brandstifters. 3. Der Wilddieb. gr. 8. (134 S.) Königsb. i. Pr. 890, Teichert. * 1 —

Lubow, W., vollständiger Zoll-Tarif ꝛc., s. Götz, W. F.

Lubow-Kaiser, M. G. J. C., das Idealweib! Toska u. Ernst, erot. Adelsmenschen od. Keusch u. unberührt bis z. Hochzeitstage! Eine ernste, lehrreiche Studie, unentbehrlich f. die männl. u. weibl. Jugend, f. Eltern m. heranwachs. Kindern! (V, 73 S.) 8. Dresden (908). E. Pierson. 1.—; geb. n 2. —

Lubowski, Alfred, approb. Arzt aus Forth: Zur Geschichte der Fiebertheorien. *Erlangen 1903: Junge & Sohn.* (31 S.) 8°
Erlangen, Med. Diss. v. 22. Juli 1903

Lubowski, Ernst [aus Gleiwitz '(Schles.)']: Atrophia arteriosclerotica cerebri ... Würzburg, Becker's Univ.-Buchdr., 1893; 22 S., 1 Bl. 8.
Würzburg, Med. Fak., Inaug.-Diss. v. 1893

Lubowski, Ferd. (geb. Katscher 1817): De jodi vi et effectu in morbis variis curandis. Berolini (1843). (27 S.) 8°
Berlin, Med. Diss. v. 14. Okt. 1843

Lubowski, *Georg* [Kgl. Reg.-Baumeister]: Baubeschreibung. Mörs, Druck v. J. W. Spaarmann, 1896; 1—3 S., 1 Taf., 1 Pl. 4.
Mörs, k. G Adolfinum, Festschr. 1896

Lubowski, *Georg* (Kgl. Reg.-Baumeister): Baubeschreibung. (Umschlagtitel: 2 Blatt Abbildungen mit Baubeschreibung.) 4 (S. 1—3, 2 Taf.).
Festschrift z. Feier der Einweihung des neuen Schulgebäudes Kgl. G Adolfinum *Mörs* 1896

Progr.

Lubowski, Henr. (geb. Krakau 23. 10. 1834): De columnae vertebralis curvaturis. Berolini (1858). (32 S.) 8°
Berlin, Med. Diss. v. 10. Aug. 1858

Lubowski, J. H. Beitrag zur Kenntnis des β-Dinaphtylharnstoffchlorides u. Piperidylharnstoffchlorides u. über die Einwirkung von Phosgen auf Aceta-nilid und α-Acetnaphtalid. In-8°. 39 S. Bern. These. 1896.

Lubowski, Karl, die Kunst, e. Mann zu bekommen. 10 Kapitel f. junge Mädchen besserer Stände. 2. Aufl. (III, 147 S.) 8. Dresden 904 E. Pierson. n. 1. —; geb. n. 2. —
1. Aufl. (III, 147 S.) 904. n. 1.50; geb. n. 2.50.

Die Kunst, einen Mann zu bekommen. 10 Kapitel f. junge Mädchen besserer Stände von Karl Lubowski. 3. Aufl. *Dresden: E. Pierson 1904.* (147 S.) 8° [F.] [04. 9268 10

Ⓑ **Lubowski, Karl, die Kunst, e. Mann zu bekommen. 904. (KBL 34.) Jetzt: Berlin, Verlag Berlin-Wien.**

— heimlich Recht. Ein Roman zweier Weltanschauungen. (193 S.) 8. Königsberg 905. F. Beyer. n. 3. —; geb. n. 4. —

Karl Lubowski. Heimlich Recht. Ein Roman zweier Weltanschauungen. Königsberg i. Pr.: Thomas & Oppermann 1905. (193 S.) 8°.

Karl Lubowski. Heimlich Recht. Ein Roman zweier Weltanschauungen. 2. Aufl. Königsberg i. Pr.: Thomas & Oppermann 1905. (193 S.) 8°.

Lubowski, Käthe, der Kampf der Frau ums Recht. Roman (207 S.) 8. Leipzig 903. Berlin, H. Seemann Nachf. n. 2. —

Lubowski, M., Bornyval in der urologischen Praxis. (Zusammenfassender Auszug aus der Bornyval-Literatur der J. 1903—1906.) (7 S.) gr. 8. Leipzig 906. Verlag der Monatsschrift f. Harnkrankh. — 60
Sonderabdruck aus: „Monatsschr. f. Harnkrankh. usw."

Lubowski, Paul, prakt. Arzt a. Berlin: Zur Kenntnis des Verlaufs der Tuberkulose im Kindesalter. Berlin (1907): G. Schade. (28 S.) 8°
Berlin, Med. Fak., Ref. Heubner, Diss. v. 30. Mai 1907
[Geb. 2. März 77 Stallupönen, Ostpreußen; Wohnort: Berlin; Staatsangeh.: Preußen; Vorbildung: Gymn. Königsberg i. Pr. Reife O. 01; Studium: Straßburg i. E. 1, Königsberg i. Pr. 6, Berlin 5 S.; Coll. 28. Mai 07; Approb. 8. Dez. 05.]

Lubowski, Robert: ⟨Aus d. Kgl. Institute f. experimentelle Therapie zu Frankfurt a. M.⟩ Über einen atoxischen und avirulenten Diphtheriestamm und über die Agglutination der Diphtheriebacillen. *Leipzig: Veit & Co. 1900.* (19 S.) 8° ¶(Aus: Zeitschrift f. Hygiene u. Infectionskrankh., Bd 35, 1900.)
Breslau, Med. Diss. v. [26. Sept.] 1900

Lubrecht, Aug., Marzipan. Gedichte für Kinder. 1. Thl. 8. (IV und 60 S. mit eingedr. Holzschn.) Langensalza 863, Schulbuchh. von Greßler. cart.

Lubrecht, A. *Wiegenklänge* von August Lubrecht, Pastor zu Suderburg. Mit Original-Illustrationen von Emil Sachsse. Holzschnitt von W. Werthmann. Dresden, Meinhold & Söhne [1864]. V, 81 S. 8°. Viol. Orlwd. m. großer goldgepr. Komposition (Eltern an d. Wiege) a. d. Deckel, Goldschn. 14.—
★ Erstausgabe. 2 Gedichte in Plattdeutsch. 5 blattgr. Holzschn. im Richter-Stil, 2 davon v. Kinderhand gut koloriert.

Lubrecht's, Chas., malerische Land- und Eisenbahn-Karte der Vereinigten Staaten von Nord-Amerika und von Britisch-Canada Ausg. 1881. Lithogr. und color. New York 881. (Stuttgart, Lubrecht.) * 4 —

Lubrecht, R., ein Beitrag zur Lehre der Carbolsäurevergiftung. Inaugural-Dissertation. gr. 8. (22 S.) Göttingen 877, (Vandenhoeck und Ruprecht's Verlag.) *

Gebet für 4 stimmigen Männerchor. Dichtung von Tenner. Tonsatz von F. Lubrich. Sagan: Selbstverl. [ca 1906].
[A. (NF.) 25 (1906) S. 244.]

Lubrich, Fritz, Choralbuch f. das schlesische Prov.-Gesangbuch, s.: Dercks, Emil.

— Choral-Gesangbuch f. den 4 stimmigen Männerchor, s.: Glaser's, Conr., Taschenalbum Ideal. 40. Bd.

— Choralharfe. Choräle u. geistl. Volkslieder d. evang. Kirche. Für dreistimm. Kinder-, (Frauen-) od. auch Männerchor bearb. u. m. Liedertexten versehen zum Gebrauch in Kirche, Schule u. Haus. op. 85. (68 S.) 8. Bunzlau 908. G. Kreuschmer. p — 50

Lubrich, Fritz, praktische Chorgesangschule. Ein unentbehrl. Handbuch f. Männergesangvereine. Op. 21. 3. Aufl. 8. (IV, 115 S.) Leipzig 892. C. Klinner. n. 1.20

— Feierstunden auf Paul Gerhardts Zionsharfe, s.: Brontsch.

— Der Kirchenchor. Eine Sammlg. leicht ausführbarer Motetten, Festgesänge u. geistl. Lieder aus alter u. neuer Zeit. Zum Gebrauche f. Kirchenchöre, Schulchöre in Gymnasien, Realschulen, Lehrer-Seminaren u. Präparandenanstalten, f. Singchöre in christl. Vereinen, m. besond. Berücksicht. aller kirchl. Festzeiten u. Gelegenheiten des christl. Lebens f. 3stimm. gemischten Chor (Sopran, Alt u. 1 Männerstimme). Zusammengestellt u. z. Tl. bearb. op. 90. Mit e. Vorwort v. Kawerau. 1. u. 2. Aufl. (1. u. 2. Taus.) (167 S.) 8. Bunzlau (908. 09.) G. Kreuschmer. 2.70; geb. 3. —

— dasselbe. Stimmenausg. 2 Hefte. 8. Ebd. 908. 1.80
Männerstimme (88 S.) — 80. — Sopran u. Alt. (112 S.) 1. —

Der Kirchenchor. Eine Samml. leicht ausführbarer Motetten, Festgesänge u. geistl Lieder ... f. 3stimm. gemischten Chor. Zsgest. u. z. T. bearb. von Fritz **Lubrich** op. 90. Mit e. Vorwort von D. [Gustav] Kawerau, Propst. 2. Aufl. Bunzlau: Kreuschmer (1908). 167 S. 8° [10, 11011

— Geistliche Volkslieder, s.: Dercks, Emil.

Wagner, Bruno Alwin: Dem Br. Bruno Alwin Wagner in brdl. Liebe gewidmet. Der ehrw. Mutterloge. Lied für Singstimme mit Klavierbegleitung komp. von Fritz **Lubrich.** Kyritz: Selbstverl. o. J. 2 Bl. 2° [Lithogr.] [Umschlagtit.]
Mit Noten: „Lasst, Brüder, nun in frohen Chören ...“

Lübs, Ernst: Beitrag zur Pathologie und Therapie des Ulcus corneae serpens. Göttingen 1908: Kaestner. 24 S. 8°
Göttingen, Med. Diss. v. 7. Sept. 1908, Ref. v. Hippel
[Geb. 31. Juli 83 Kirchtimke; Wohnort: Hannover; Staatsangeh.: Preußen; Vorbildung: Gymn. Stade Reife O. 02; Studium: Erlangen 5, Halle 1, Göttingen 4 S.; Coll. 20. Dez. 07; Approb. 10. Juni 08.] [U 09. 1318

Lübsen, Heinrich Borchert

Lübsen, H. B., Einleitung in die Infinitesimal-Rechnung zum Selbstunterricht. Mit Rücksicht auf das Nothwendigste und Wichtigste. 2 Thle. (Differential-Rechnung. — Integral-Rechnung.) gr. 8. (VII und 344 S.) Hamburg 855, Perthes-Besser und Mauke. à Thl. * 1 Thlr. 10 Ngr. *

Lübsen, H. B., Einleitung in die Infinitesimal-Rechnung (Differential- und Integral-Rechnung) zum Selbstunterricht. Mit Rücksicht auf das Nothwendigste und Wichtigste. 2., verb. und verm. Aufl. gr. 8. (IV und 357 S. mit 53 Fig. im Text in Holzschn.) Leipzig (861)62, Brandstetter. *

Lübsen, H. B., Einleitung in die Infinitesimal-Rechnung (Differential- und Integral-Rechnung) zum Selbstunterricht. Mit Rücksicht auf das Nothwendigste und Wichtigste. 3. verb. und verm. Aufl. gr. 8. (IV und 357 S. mit 53 Fig. in Holzschn. im Text.) Leipzig 867, Brandstetter. *

Lübsen, H. B. Einleitung in die Infinitesimal-Rechnung (Differential- und Integral-Rechnung) zum Selbstunterricht. Mit Rücksicht auf das Nothwendigste und Wichtigste. Mit 53 Figuren im Text. 4. Auflage. 8. Leipzig 1869.
— — 7. Auflage. Mit 54 Figuren im Text. 8. Leipzig 1889.

Lübsen, H. B., Einleitung in die Infinitesimal-Rechnung [Differential- u. Integral-Rechnung] zum Selbstunterricht. Mit Rücksicht auf das Nothwendigste u. Wichtigste. Mit 53 Fig. (Holzschn.) im Text. 5. unveränd. Aufl. gr. 8. (IV, 360 S.) Leipzig 874. Brandstetter. n. 8. —

Lübsen, H. B., Einleitung in die Infinitesimal-Rechnung [Differential- und Integral-Rechnung] zum Selbstunterricht. Mit Rücksicht auf das Nothwendigste und Wichtigste. 6. Aufl. gr. 8. (IV, 360 S. mit 53 Fig. im Text.) Leipzig 880, Brandstetter. * 8 —

Lübsen, H. B., Einleitung in die Infinitesimal-Rechnung (Differential- u. Integral-Rechnung) zum Selbstunterricht. 7. Aufl. gr. 8. (IV, 383 S. m. 54 Fig. im Text.) Leipzig 889. Brandstetter. n. 8. —

Lübsen, H. B., Einleitung in die Infinitesimal-Rechnung. (Differential- u. Integral-Rechnung) zum Selbstunterricht. Mit Rücksicht auf das Notwendigste u. Wichtigste. 8. Aufl. gr. 8. (IV, 383 S. m. 54 Fig.) Leipzig 899. F. Brandstetter. n. 8. —; Einbd. n.n.n. — 35

—— Einleitung in die Mechanik. Zum Selbstunterricht mit Rücksicht auf die Zwecke des prakt. Lebens. 1—6. Thl. gr. 8. Hamburg. [Leipzig, Brandstetter.] *
Inhalt:
Thl. 1. Gleichgewicht (Statik) fester Körper. Mit 89 Fig. (III und 111 S. mit eingedr. Holzschn.) 858. * 24 Ngr.
» 2., 3. Gleichgewicht der tropfbar flüssigen und luftförmigen Körper. Mit 22 Fig. (S. 112—166 mit eingedr. Holzschn.) 859. * 12 Ngr.
» 4. Bewegung fester Körper. Mit 36 Fig. (100 S. mit eingedr. Holzschn.) 859. * 20 Ngr.
» 5., 6. Hydrodynamik. — Aërodynamik. (S. 101—157 mit eingedr. Holzschn.) 859. * 12 Ngr.

— Einleitung in die Mechanik. Zum Selbstunterricht mit Rücksicht auf die Zwecke des pract. Lebens. 4 Thle. Hamburg 858. O. Meissner. gr. 8. n. 1 *ℛ*. 26 *ngr.*
1. Thl.: Gleichgewicht (Statik) fester Körper. Mit 89 Fig. (Holzschn.) im Text. (2 Bl., S. 1—111.) n. 24 *ngr.*
2. 3. Thl.: Gleichgewicht der tropfbar flüssigen u. luftförmigen Körper. Mit 22 Fig. (Holzschn.) im Text. (S. 112—166.) n. 12 *ngr.*
4. Thl.: Bewegung fester Körper. Mit 36 Fig. (Holzschn.) im Text. (100 S.) n. 20 *ngr.*

— Einleitung in die Mechanik. Zum Selbstunterricht mit Rücksicht auf die Zwecke des practischen Lebens. 5. u. 6. Thl. Hamburg 859. O. Meissner. gr. 8. (S. 101—156 m. Holzschn.) n. 12 *ngr.*
4—6. Thl. jetzt u. d. T.: Bewegung der festen, tropfbar flüssigen u. luftförmigen Körper. Mit 51 Fig. im Text.

—— Einleitung in die Mechanik. Zum Selbstunterricht mit Rücksicht auf die Zwecke des prakt. Lebens. 2., verb. Aufl. gr. 8. (III und 309 S. mit 162 Fig. im Text in Holzschn.) Leipzig 866, Brandstetter. *

—— Einleitung in die Mechanik. Zum Selbstunterricht und mit Rücksicht auf die Zwecke des pract. Lebens. 3. Aufl. gr. 8. (III, 309 S. mit 162 Fig., Holzschn., im Text.) Ebendas. 869. *

Lübsen, H. B., Einleitung in die Mechanik, 5. Aufl., s.: Donadt, A., Lehrbuch der Mechanik.

—— ausführliches Lehrbuch der Analysis, zum Selbstunterricht mit Rücksicht auf die Zwecke des prakt. Lebens bearb. gr. 8. (III und 178 S. mit 6 Fig. im Text.) Hamburg 853, Perthes-Besser und Mauke. *

—— ausführliches Lehrbuch der Analysis, zum Selbstunterricht mit Rücksicht auf die Zwecke des prakt. Lebens bearb. 2., verb. Aufl. gr. 8. (III und 186 S. mit eingedr. Holzschn.) Hamburg 860. [Leipzig, Brandstetter.] *

—— ausführliches Lehrbuch der Analysis, zum Selbstunterricht mit Rücksicht auf die Zwecke des pract. Lebens bearb. 3. Aufl. 1865. und 4., verb. Aufl. gr. 8. (IV und 186 S. mit eingedr. Holzschn.) Leipzig 868, Brandstetter. *

—— ausführliches Lehrbuch der Analysis zum Selbstunterricht mit Rücksicht auf die Zwecke des pract. Lebens bearb. 5. Aufl. 1871, und 6. verb. Aufl. gr. 8. (IV, 186 S.) Ebendas. 878. *

Lübsen, H. B., ausführliches Lehrbuch der Analysis, zum Selbstunterricht mit Rücksicht auf die Zwecke des prakt. Lebens bearb. 7. verm. und verb. Aufl. gr. 8. (IV, 204 S.) Leipzig 877, Brandstetter. *

Lübsen, H. B., ausführliches Lehrbuch der Analysis, zum Selbstunterricht mit Rücksicht auf die Zwecke des prakt. Lebens bearb. 8. verm. und verb. Aufl. gr. 8. (IV, 203 S. mit eingedr. Fig.) Leipzig 885, Brandstetter. *

Lübsen, H. B., ausführl. Lehrbuch d. Analysis, zum Selbstunterr. m. Rücksicht auf die Zwecke d. prakt. Lebens bearb. 9., verm. u. verb. Aufl. gr. 8. (IV, 203 S.) Leipzig 895. F. Brandstetter. n. 3. 60

— ausführliches Lehrbuch der Analysis zum Selbstunterricht, m. Rücksicht auf die Zwecke des prakt. Lebens bearb. 10. verb. Aufl. gr. 8. (IV, 203 S.) Ebd. 902. n. 3. 60; geb. n. 4. 10

Lübsen, Heinr. Burch., ausführl. Lehrbuch d. Arithmetik u. Algebra, allgem. verständl. u. mit besond. Rücksicht auf d. Zwecke d. prakt. Lebens bearb.; mit e. Vorw. v. H. C. Schumacher. gr. 8. (21 B.) Oldenburg 835, Schulze'sche Buchh.

Lübsen, Heinr. Bernh., ausführl. Lehrbuch der Arithmetik u. Algebra z. Selbstunterr. u. mit Rücksicht auf die Zwecke des prakt. Lebens bearb. 2., verb. u. verm. Aufl. gr. 8. (18¾ B.) Oldenburg 845, Schulze'sche Buchh. *

—— ausführliches Lehrbuch der Arithmetik und Algebra zum Selbstunterricht und mit Rücksicht auf die Zwecke des prakt. Lebens bearb. 3., verb. Aufl. gr. 8. (XVI und 255 S.) Hamburg 853, Perthes-Besser und Mauke. *

—— ausführliches Lehrbuch der Arithmetik und Algebra zum Selbstunterricht und mit Rücksicht auf die Zwecke des pract. Lebens bearb. 4. Aufl. 1859. und 5., unveränd. Aufl. gr. 8. (XVI und 255 S.) Hamburg 861. (Leipzig, Brandstetter.) *

—— ausführliches Lehrbuch der Arithmetik und Algebra zum Selbstunterricht und mit Rücksicht auf die Zwecke des pract. Lebens bearb. 6.—9., unveränd. Aufl. gr. 8. (XVI und 257 S.) Leipzig 863—67, Brandstetter. *

—— ausführliches Lehrbuch der Arithmetik und Algebra. Zum Selbstunterricht und mit Rücksicht auf die Zwecke des pract. Lebens bearb. 10.—17. unveränd. Aufl. gr. 8. (XVI, 257 S.) Ebendas. 868—74. *

—— ausführliches Lehrbuch der Arithmetik und Algebra zum Selbstunterricht und mit Rücksicht auf die Zwecke des prakt. Lebens bearb. 18.—20. Aufl. gr. 8. (IV, 259 S.) Ebendas. 875—80. * 4 —

Lübsen, H. B., ausführliches Lehrbuch der Arithmetik und Algebra zum Selbstunterricht und mit Rücksicht auf die Zwecke des prakt. Lebens bearb. 21. und 22. Aufl. gr. 8. (VI, 261 S.) Leipzig 883,87, Brandstetter. *

Lübsen, H. B., ausführliches Lehrbuch der Arithmetik u. Algebra, zum Selbstunterricht u. m. Rücksicht auf die Zwecke d. prakt. Lebens bearb. 23. Aufl. gr. 8. (VI, 261 S.) Leipzig 892. F. Brandstetter. n. 4. —

— ausführl. Lehrbuch d. Arithmetik u. Algebra zum Selbstunterricht u. m. Rücksicht auf d. Zwecke d. prakt. Lebens bearb. 24. Aufl. gr. 8. (VI, 261 S.) Ebd. 896. n. 4. —

— ausführliches Lehrbuch der Arithmetik u. Algebra, zum Selbstunterricht u. m. Rücksicht auf die Zwecke des praktischen Lebens bearb. 25. Aufl. gr. 8. (VI, 261 S.) Ebd. 900. n. 4. —; geb. n. 4. 50

— ausführliches Lehrbuch der Arithmetik u. Algebra zum Selbstunterricht u. m. Rücksicht auf die Zwecke des prakt. Lebens bearb. 26. Aufl. (VI, 261 S.) 8. Leipzig 906. F. Brandstetter. n. 4. —; geb. n. 4. 50

Lübsen, Heinr. Bernh., ausführliches Lehrbuch der Elementar-Geometrie. Ebene und körperliche Geometrie. Zum Selbstunterricht mit Rücksicht auf die Zwecke des prakt. Lebens bearb. gr. 8. (III und 183 S. mit 190 eingedr. Fig. in Holzschn.) Hamburg 851, Perthes-Besser und Mauke. *

—— ausführliches Lehrbuch der Elementar-Geometrie. Ebene und körperliche Geometrie. Zum Selbstunterricht mit Rücksicht auf die Zwecke des pract. Lebens bearb. 2., verb. Aufl. gr. 8. (IV und 177 S. mit 192 eingedr. Holzschn.-Fig. im Text.) Hamburg 855, Perthes-Besser und Mauke. *

— ausführliches Lehrbuch der Elementar-Geometrie. Ebene und körperliche Geometrie. Zum Selbstunterricht mit Rücksicht auf die Zwecke des prakt. Lebens bearb. 2. verb. Aufl. mit 192 Fig. (Holzschn.) im Text. 855. — 3. Aufl. m. 193 Fig. (Holzschn.) im Text. Hamburg 858. O. Meissner. gr. 8. (2 Bl., 177 S.) n. 1 ℳ.

—— ausführliches Lehrbuch der Elementar-Geometrie. Ebene und körperliche Geometrie. Zum Selbstunterricht mit Rücksicht auf die Zwecke des prakt. Lebens bearb. 3. Aufl. Lex.-8. (IV und 177 S. mit 193 Holzschn.-Fig. im Text.) Hamburg 858. [Leipzig, Brandstetter.] *

Lübsen, H. B., ausführliches Lehrbuch der Elementar-Geometrie. Ebene und körperl. Geometrie. Zum Selbstunterricht mit Rücksicht auf die Zwecke des pract. Lebens bearb. 4.—10., unveränd. Aufl. gr. 8. (IV und 177 S. mit 193 Fig. in Holzschn. im Text.) Leipzig 862—67, Brandstetter. *

—— ausführliches Lehrbuch der Elementar-Geometrie. Ebene und körperliche Geometrie. Zum Selbstunterricht, mit Rücksicht auf die Zwecke des pract. Lebens. 11.—19. unveränd. Aufl. gr. 8. (IV, 177 S. mit 193 Fig. im Text.) Leipzig 868—74, Brandstetter. *

—— ausführliches Lehrbuch der Elementar-Geometrie. Ebene und körperl. Geometrie. Zum Selbstunterricht mit Rücksicht auf die Zwecke des prakt. Lebens bearb. 20.—25. verb. Aufl. gr. 8. (IV, 179 S. mit 193 Fig. im Text.) Ebendas. 875—82. * 3 —

—— ausführliches Lehrbuch der Elementar-Geometrie. Ebene und körperl. Geometrie. Zum Selbstunterricht mit Rücksicht auf die Zwecke des prakt. Lebens bearb. 20.—26. verb. Aufl. gr. 8. (IV, 179 S. mit 193 Fig. im Text.) Ebendas. 885. *

— ausführliches Lehrbuch d. Elementar-Geometrie. Ebene u. körperliche Geometrie. Zum Selbstunterricht m. Rücksicht auf die Zwecke des prakt. Lebens. 27. Aufl. gr. 8. (IV, 179 S. m. 193 Fig. im Text.) Ebd. 890. n. 3. —

— ausführl. Lehrbuch d. Elementar-Geometrie. Ebene u. körperl. Geometrie. Zum Selbstunterr. m. Rücksicht auf die Zwecke des prakt. Lebens bearb. 28., verb. Aufl. m. 193 Fig. im Text. gr. 8. (IV, 179 S.) Ebd. 894. n. 3. —

— ausführliches Lehrbuch der Elementar-Geometrie. Ebene u. körperl. Geometrie. Zum Selbstunterricht m. Rücksicht auf die Zwecke des prakt. Lebens bearb. 29. Aufl. gr. 8. (IV, 179 S. m. 193 Fig.) Ebd. 900. n. 3. —; Einbd. n.n.n. — 35

Lübsen, H. B., ausführliches Lehrbuch d. Elementar-Geometrie. Zum Schul- u. Selbstunterricht m. Rücksicht auf die Zwecke des prakt. Lebens in 2 Tln. bearb. 30. Aufl., neubearb. v. A. Donadt. 8. Leipzig 909. F. Brandstetter. Geb. 4.80; in 1 Bd. geh. 4.—; geb. 4.50
1. Ebene Geometrie. Mit 177 Fig. im Text. (VIII, 176 S.) Geb. 2. 80
2. Körperliche Geometrie. Mit 72 Fig. im Text u. e. Anleitg. z. perspektiv. Zeichnen. (II, 122 S.) Geb. 2.—

— ausführl. Lehrbuch der analyt. oder höhern Geometrie zum Selbstunterricht. (Mit 114 im Text eingedruckten Figuren.) gr. 8. Hamburg 842, Böbecker. n. 5/6 ₰

Lübsen, Heinr. Bernh., ausführliches Lehrbuch der analytischen oder höhern Geometrie zum Selbstunterricht. Enth.: Einleitende Betrachtungen über das Wesen, den Zweck und pract. Nutzen der höhern Geometrie, Theorie der Linien ersten und zweiten Grades, der Kegelschnitte und anderer krummer Linien, so wie der Flächen ersten und zweiten Grades etc. Mit Rücksicht auf das Nothwendigste und Wichtigste bearb. 2., verm. und verb. Aufl. gr. 8. (XVIII und 212 S. mit 121 eingedr. Fig.) Hamburg 847, Bödeker. Thlr. *

—— ausführliches Lehrbuch der analytischen oder höhern Geometrie zum Selbstunterricht. Mit Rücksicht auf das Nothwendigste und Wichtigste bearb. 4., unveränd. Aufl. gr. 8. (XII und 211 S. mit 122 Fig. im Text in Holzschn.) Hamburg 859. [Leipzig, Brandstetter.] *

—— ausführliches Lehrbuch der analytischen oder höhern Geometrie zum Selbstunterricht. Mit Rücksicht auf das Nothwendigste und Wichtigste bearb. 5.—7., unveränd. Aufl. gr. 8. (XII und 211 S. mit 122 Fig im Text in Holzschn.) Leipzig 862—67, Brandstetter. *

Lübsen, H. B., ausführliches Lehrbuch der analytischen oder höhern Geometrie zum Selbstunterricht. Mit Rücksicht auf das Nothwendigste und Wichtigste. 8.—10. unveränd. Aufl. gr. 8. (IV, 210 S. mit 122 Fig., Holzschn., im Text.) Ebendas. 868—74. *

—— ausführliches Lehrbuch der analytischen oder höhern Geometrie zum Selbstunterricht. Mit Rücksicht auf das Notwendigste und Wichtigste bearb. 12. verb. Aufl. gr. 8. (IV, 214 S. mit 124 Fig. im Text.) Ebendas. 885. *

— ausführliches Lehrbuch der analytischen od. höhern Geometrie zum Selbstunterricht. Mit Rücksicht auf das Notwendigste u. Wichtigste bearb. 13., verb. Aufl. gr. 8. (IV, 214 S. m. 124 Fig.) Ebd. 893. n. 4. —

— ausführliches Lehrbuch der analytischen od. höheren Geometrie zum Selbstunterricht. Mit Rücksicht auf das Notwendigste u. Wichtigste bearb. 14. Aufl. gr. 8. (IV, 214 S. m. 124 Fig.) Ebd. 899. n. 4. —; Einbd. n.n.n. — 35

Lübsen, H. B., Ausführliches Lehrbuch d. analytischen od. höh. Geometrie. Zum Selbstunterricht m. Rücksicht auf das Notwendigste u. Wichtigste bearb. 15. Aufl., neu bearb. v. A. Donadt. (IV, 228 S. m. 105 Fig.) gr. 8. Leipzig 908. F. Brandstetter. 4. —; geb. in Leinw. 4. 50

—— ausführliches Lehrbuch der höhern Geometrie zum Selbstunterricht. Enthaltend: Einleitende Betrachtungen über das Wesen, den Zweck und pract. Nutzen der höhern Geometrie, Theorie der Linien ersten und zweiten Grades, der Kegelschnitte und anderer krummer Linien, sowie der Flächen ersten und zweiten Grades etc. Mit Rücksicht auf das Nothwendigste und Wichtigste bearb. 3., verb. Aufl. gr. 8. (XVI und 213 S. mit 122 in Holz geschn. Fig. im Text.) Leipzig 855, Brandstetter. *

—— ausführliches Lehrbuch der ebenen und sphärischen Trigonometrie. Zum Selbstunterricht mit Rücksicht auf die Zwecke des prakt. Lebens bearb. 1. Aufl. 1852. und 2., verb. Aufl. gr. 8. (III und 106 S. mit 58 (Holzschn.-) Fig. im Text. Hamburg 856(57), Perthes-Besser und Mauke. *

—— ausführliches Lehrbuch der ebenen und sphärischen Trigonometrie. Zum Selbstunterricht mit Rücksicht auf die Zwecke des pract. Lebens bearb. 3., unveränd. Aufl. gr. 8. (III und 105 S. mit 58 Fig. im Text in Holzschn.) Hamburg 860. [Leipzig, Brandstetter.] *

—— ausführliches Lehrbuch der ebenen und sphärischen Trigonometrie. Zum Selbstunterricht mit Rücksicht auf die Zwecke des pract. Lebens bearb. 4.—6., verb. Aufl. gr. 8. (III und 105 S. mit 48 Fig. im Text in Holzschn.) Leipzig 864—67, Brandstetter. *

—— ausführliches Lehrbuch der ebenen und sphärischen Trigonometrie. Zum Selbstunterricht, mit Rücksicht auf die Zwecke des pract. Lebens. 7.—11. unveränd. Aufl. (7 Bog. mit 58 Fig., Holzschn., im Text.) Ebendas. 868—74. *

—— ausführliches Lehrbuch der ebenen und sphärischen Trigonometrie. Zum Selbstunterricht mit Rücksicht auf die Zwecke des pract. Lebens bearb. Mit 58 Fig. im Text. 12. und 13. verm. Aufl. (IV, 105 S.) 1876,80; 14. vielfach verm. und verb. Aufl. gr. 8. (IV, 115 S.) Ebendas. 884. * 2 40

— ausführliches Lehrbuch der ebenen u. sphärischen Trigonometrie. Zum Selbstunterricht m. Rücksicht auf die Zwecke d. prakt. Lebens bearb. Mit 58 Fig. im Text. 14. Aufl. gr. 8. (IV, 115 S.) Ebend. 884. n. 2. 40

—— Ausführliches Lehrbuch der ebenen u. sphärischen Trigonometrie. Zum Selbstunterricht m. Rücksicht auf die Zwecke d. prakt. Lebens bearb. 15. verb. Aufl. gr. 8. (IV, 115 S. m. 58 Fig. im Text.) Ebd. 890. * 2 40

— ausführl. Lehrbuch d. ebenen u. sphär. Trigonometrie. Zum Selbstunterricht m. Rücksicht auf d. Zwecke d. prakt. Lebens bearb. 16., verb. Aufl. gr. 8. (IV, 115 S. m. 58 Fig.) Ebd. 895. n. 2. 40

— ausführliches Lehrbuch der ebenen u. sphärischen Trigonometrie. Zum Selbstunterricht m. Rücksicht auf die Zwecke des prakt. Lebens bearb. 17. Aufl. gr. 8. (IV, 115 S. m. 58 Fig.) Ebd. 900. n. 2. 40; Einbd. n.n.n. — 35

— dasselbe, der ebenen u. sphärischen Trigonometrie Zum Selbstunterricht mit Rücksicht auf die Zwecke des prakt. Lebens bearb. 18. Aufl., neu bearb. v. A. Donadt. (V, 146 S. m. 64 Fig.) gr. 8. Ebd. 904. n. 2. 40; geb. n. 2. 90

— Ausführliches Lehrbuch der ebenen u. sphärischen Trigonometrie. Zum Selbstunterricht mit Rücksicht auf die Zwecke des prakt. Lebens bearb. Neu bearb. v. A. Donadt. 19. Aufl. (VII, 146 S. m. 64 Fig.) 8. Ebd. 908. 2.40; geb. 2. 90

Lubst, B. G. v. der. Die Ausbildungskurse der Infanterie und ihre taktischen Formen. Berlin 1873. 228 S.

Lübst, B. G. v. der, die Ausbildungscurse der Infanterie u. ihre takt. Formen. gr. 8. (228 S.) Berlin 873. Bath. n. 3. —

Lübstorf, W., u. J. Peters, Leitfaden f. den Unterricht in der Mineralogie, Botanik, Anthropologie u. Zoologie in 4 Kursen. 1—3. Kurs. [Mit Abbildgn.] gr. 8. Parchim 884. 85. Wehdemann. n. 2. 60
1. (III, 64 S.) n. — 60. — 2. (IV, 130 S.) n 1. —. — 3. (IV, 159 S.) n. 1. —

Lübstorf, W., und J. Peters, Leitfaden für den Unterricht in der Mineralogie, Botanik, Anthropologie und Zoologie in 4 Kursen. 3. und 4. Kursus. gr. 8. Parchim, Wehdemann. [3. Kursus. (IV, 159 S. mit 63 Abbild.) 885. *M 1.—.; 4. Kursus. (VI, 183 S. mit 80 Abbild.) 887. *M 1.20.] *
1. und 2. Kursus. Ebendas. 1884. *M 1.60.

Lübstorf, W., u. J. Peters, Leitfaden f. den Unterricht in der Mineralogie, Botanik, Anthropologie u. Zoologie in 4 Kursen. 1. Kurs. [Mit 33 Abbildgn.] 2. Aufl. gr. 8. (VIII, 57 S.) Parchim 891. H. Wehdemann. n. — 60

— u. J. Peters, Leitfaden f. d. Unterricht in d. Mineralogie, Botanik, Anthropologie u. Zoologie in 4 Kursen. 2. Kurs. 2. Aufl. gr. 8. (VI, 118 S. m. 62 Abb.) Parchim 893. H. Wehdemann. n. 1. — (1 u. 2: n. 1.60)

Lübstorf, W., u. J. Peters, Leitfaden f. den Unterricht in der Mineralogie, Botanik, Anthropologie u. Zoologie in 4 Kursen. 1. u. 3. Kurs. gr. 8. Parchim, H. Wehdemann. n. 1. 60
1. 3. Aufl. (VIII, 58 S. m. 35 Abbildgn.) (901.) n. — 60
3. 2. Aufl. (IV, 159 S. m. 63 Abbildgn.) (902.) n. 1. —

Lübstorf, Wilh., Pflanzen-Tabellen zur leichten u. schnellen Bestimmg. d. Phanerogamen u. Gefässkryptogamen Norddeutschlands. Zum Gebr. f. höh. Schulen, Seminarien, Präparandenanst., höh. Mädchenschulen etc. 8. (XXIII, 152 S.) Wismar 895. Hinstorff's Verl. n. 2. —

— zur Pilzflora Mecklenburgs. II. D. Basidiomyceten. [Aus: „Archiv d. Ver. d. Fr. d. Naturgesch. in Meckl."] gr. 8. (60 S.) Güstrow 896. (Opitz & Co.) n. — 80
Das I. Hft. ist nicht im Handel.

Lübstorff, Friedrich: Öffentlicher Betrieb und Privatbetrieb der Feuerversicherung. Dargestellt auf Grund der Erfahrungen in Mecklenburg. Rostock 1910: (Lippert, Naumburg a. S.). IV, 187 S. 8° ¶(Ersch. vollst. als: Archiv f. exakte Wirtschaftsforsch. Erg. H. 3.)
Rostock, Phil. Diss. v. 30. Juni 1909, Ref. Ehrenberg
[Geb. 29. Nov. 84 Malchin; Wohnort: Mönchhagen; Staatsangeh.: Mecklenburg-Schwerin; Vorbildung: Realgymn. Malchin Reife M. 03; Studium: Berlin 6, Rostock 2 S.; Rig. 28. Juni 09.] [U 10. 3966

Lübstorff, Frdr., öffentlicher Betrieb u. Privatbetrieb der Feuerversicherung, s. a. Archiv f. exakte Wirtschaftsforschung. 3. Erg.-Heft.

Öffentlicher Betrieb und Privatbetrieb der Feuerversicherung. Dargest. auf Grund d. Erfahrungen in Mecklenburg von Dr. Friedrich **Lübstorff**. Mit 1 graph. Darstellung. Jena: Fischer 1910. XII, 471 S. 8°
(Archiv f. exakte Wirtschaftsforschung ⟨Thünen-Archiv⟩. Erg. H. 3.) [10. 12601

Lübstorff, H., Beiträge zur Kenntniß des öffentlichen Gesundheitszustandes der Stadt Lübeck. Hrsg. vom ärztl. Vereine in Lübeck. 4. (132 S.) Lübeck 862, (v. Rohden'sche Buchh.) *

Lubszynski, Geo., angeborene u. erworbene Deformitäten des Kniegelenkes u. deren mechano-therapeut. bezw. operative Behandlung. (VIII, 144 S. m. 87 Abb.) Lex. 8. Stuttgart 910. F. Enke. 5. —

Lubszyński, Georg [pr. Arzt aus Berlin]: Ueber einen Fall von Gastro-Enterostomie bei inoperablem Pyloruscarcinom . . . Erlangen, Druck d. Univ.-Buchdr. v. E. Th. Jacob, 1892; 21 S. 8.
Erlangen, Med. Fak., Inaug.-Diss. v. 26. Febr. 1892

Lubszynski, Jul., zur Börsen-Enquête in Deutschland. [Aus: „Münch. neueste Nachrichten".] gr. 8. (30 S.) Berlin 892. Internationale Verlags-Anstalt. n. — 80

Lubszynski, Jul.: Zur Börsen-Enquête in Deutschland. Berlin [1894].
(S.-A. a.: Münchener Neueste Nachrichten.)

— das Eintrittsrecht d. Principals in Eigengeschäfte d. Gehülfen. gr. 8. (VI, 34 S.) Leipzig 891. Nauen, H. & B. Harschan. n. 1. —

Lubszynski, Jul., das neue Handelsgesetzbuch. [Aus: „Hamburg. Börsen-Halle".] gr. 8. (52 S.) Hamburg 896. Actien-Gesellschaft „Neue Börsen-Halle". n. — 75

Lubszynski, J., s. Markenschutz.

— das Reichsgesetz betr. die Gesellschaften m. beschränkter Haftung. Vom 20. Apr. 1892. Systematisch bearb. v. J. L. gr. 8. (104 S.) Berlin 893. Internationale Verlags-Anstalt. Geb. in Leinw. n. 2. 40

— welche Rechte hat die Minderheit der Aktionäre gegenüber der Gesellschaft? gr. 8. (X, 70 S.) Berlin 892. O. Liebmann. n. 1. 50

Lubszynski, Jul., s.: Wettbewerb, unlauterer.

Luby, Ant., († 1802.) systema theologiae moralis. Prs. I. II. III. 8maj. Grätz 781, 82. Ed. III. 786. Ed. IV. 799. Ferstl. (Amberg, Uhlmann). 1 ∦ 8 K

Luby, A., Theologia moralis in Systema redacta. 3 Tom. 8. maj. Grätz, Ferstl. (a. Uhlmann in Amberg) 799.

Luby, Jul. v., strafrechtliche Rhapsodien. gr. 8. (45 S.) Leipzig 872. (Minde.) — 75

Luby, Mch., Gedichte. 8. Grätz 804. Tusch. 12 K

Luc De s. Deluc.

Luc, Armand de, aus Nyon ⟨Schweiz⟩: Zur Kenntnis der Hydroxylamin- und Ammoniakverbindungen der Metalle. *München 1900: Kastner & Lossen.* (45 S.) 8°
Tübingen, Naturw. Diss. v. 1900

de Luc, J. A., Abhandlungen über die Hygrometrie. (Nach einem Artikel in den „Philosophical Transactions". Vol. LXXXI, for the year 1791.) (Aus: „Journal der Physik". Herausgegeben von D. Friedrich Albrecht Carl Gren, Professor in Halle.) Leipzig 1792.

Jean André de Luc
1727 - 1817

Abrégé de principes et de faits concernans la cosmologie et la géologie. Dédié...par J[ean] A[ndré] de Luc. Brunswic 1303: Impr. de la Maison des Orphelins. 100 S. 8°

Jean André de Luc
1727-1817

Abrégé de principes et de faits concernans la cosmologie et la géologie...Par J[ean] A[ndré] de Luc. Brunswic:Maisons des Orphelins 1803. 96 S. 8°

— annonce d'un ouvrage de Reimarus sur la formation du globe. 8. Hannov. 803. Hahn. 4 gr.

Jean André de Luc
1727-1817

Geologische Beantwortung der Vorrede des zweiten Theils von dem Versuche einer Lithurgik oder ökonomischen Mineralogie des Herrn Carl Schmieder Leipzig 1804. Von J[ean] A[ndré] de Luc. Aus d. Franz.übers. Braunschweig: Waisenhaus 1805. 131 S. 8°

— Briefe über d. Christenthum, an d. Probst Teller in Berlin; aus d. Französ. gr. 8. Götting. 802. Dieterich. 1 Rthl.

Luc, J. A. de. Physikalische und moralische Briefe über die Geschichte der Erde und der Menschen; a. d. Franz. Leipzig 1781—82. Ü: *Gehler, Joh. Samuel Traugott.* (Ky)

Jean André de Luc
1727 - 1817

(Lettres physiques et morales sur l'histoire de la terre et de l'homme.[Deutsch:]) Physikalische und moralische Briefe über die Geschichte der Erde und des Menschen...von Johann Andreas de Luc. Aus d.Franz.übers. von(Johann Samuel Traugott Gehler.) Bd 1.2. Leipzig: Weidmann 1781-82. 8°

Jean André de Luc
1727 - 1817

[Lettres physiques et morales sur l'histoire de la terre et de l'homme. Deutsch:] Physisch-moralische Briefe über die Berge, und die Geschichte der Erde und des Menschen... von J[ean] A[ndré] de Luc. Aus d.Franz.übers. von H(einrich) M(atthias) Marcard. (Th.1.) Leipzig:Weidmann 1778.
(Th.1:) 1778.

— phys.-moralische Briefe über d. Berge u. d. Geschichte d. Erde u. d. Menschen; aus d. Französ. von H. M. Marcard. 2 Bde. gr. 8. Leipz. 778, 82. Weidmann. Schrbp. 18 gr. Holländ. P. 1 Rthl. 8 gr.

— — dieselben französisch. 8. Bern, Typ. Societ.

— s. Correspondance entre W. A. Teller etc.

— Grundsätze d. Theologie, Theodicee u. Moral, in Antwort auf Tellers ält. Theodicee, oder Erklärung d. 3 ersten Kapitel im ersten Buche d. vormosaischen Geschichte; aus d. Französ. gr. 8. Leipz. 805. (W. Vogel). 18 gr.

— an d. Hausväter jüdischer Religion etc. gr. 8. Berl. ... (Quien). 8 gr.

Luc, J. A. de. Neue Ideen der Meteorologie; a. d. Franz. . . . Berlin 1787—88. Ü: *Wittkopp, Jacob Heinrich.* (Ky)

— neue Ideen d. Meteorologie; aus d. Französ. (von J. H. Wittkopp). Mit e. Vorrede von G. Cph. Lichtenberg. 2 Thle, mit Kpf. gr. 8. Berl. 787, 88. Nicolai. 2 Rthl. 6 gr.

— Correspondenz mit J. G. Wolf, d. Wesentliche d. Lehre Jesu betreffend; nebst e. Anh. Aus d. Französ. von H. D. Hermes. 8. Kiel 805. Hesse. 20 gr.

— lettre aux auteurs juifs d'un mémoire adr. à Mr. Teller. 8. Berl. 799. (Levrault in Strassb.) 8 gr.

— lettre sur l'essence de la doctrine de Jesus-Christ, adressée à Mr. Wolf. 8. Braunschw. 804.

— lettres sur le christianisme adressé à M. Teller. 8. Berl. (Levrault à Strasb.) 800.

— lettres sur le christianisme adr. à Mr. Teller. 8. Berl. 801. (Levrault in Strassb.) 1 Rthl. 8 gr.

— les mêmes. 8. Leipz. 801. (W. Nauck). 1 Rthl. 12 gr.

— — les mêmes. 8. Lpz. Sommer. 801.

Luc, J. A. de, Lettres sur le Christianisme, addressées a. M. Teller. gr. 8. Leips. Sommer. 811.

deLuc, Jh. Andr., lettres sur l'éducation religieuse etc. gr. 8. Berl. 800. (Hinrichs in Leipz.) 20 gr.

— lettres sur l'éducation religieuse de l'enfance. 8. Berlin, (Levrault à Strasb.) 800.

— lettres sur les Montagnes. 8. Berne, Typ. 778.

— lettres physiques sur les montagnes et sur l'histoire de la terre et de l'homme. 8. Amsterd. (Bern) 778. Typogr. Soc. 12 gr.

— lettres à Mr. Teller, concernant ses éclaircissemens sur la nouvelle exégèse. 8. Berl. 801.

— principes de Théologie, de Theodicée et de Morale etc. gr. 8. Hannov. 803. Hahn. 12 gr.

— s. Privatcorrespondenz.

— Reisen nach den Eisgebirgen von Faucigny in Savoyen; aus d. Französ. Leipz. 777. Weidmann. 9 gr.

— Sendschreiben an Teller, dessen nähere Erklärung über d. neue Exegese betreff. Aus d. Französ. 8. Hannov. 802. Hahn. 9 gr.

— Traité sur le fluide électrico-galvanique. II Vol. 8. Paris (Treuttel et W. Strasb.) 805.

de Luc, Jh. Andr., († d. 8. Nov. 1817.) Untersuchung über d. Atmosphäre, u. d. zu Abmessung ihrer Veränderungen dienlichen Werkzeuge. Aus d. Französ. (von J. S. T. Gehler). 2 Thle, mit Kpf. gr. 8. Leipz. 776—78. Kummer. 4 ꝛß

Luc, J. A. de. Untersuchungen über die Atmosphäre . . . a. d. Franz. . . . Leipzig 1776. Ü: *Gehler, Johann Samuel Traugott.* (Müller, Repert. d. math. Litt.) (Ky) »1776—78« (ML) (AarK)

Luc, Jean André de. De Luc in Windsor an Zimmermann in Hannover. A. d. Franz. . . . Leipzig 1792. Ü: *Zimmermann, Johann Georg von.* (ML)

— in Windsor, an Zimmermann in Hannover. gr. 8. Hannov. 793. Hahn. 18 gl

Luca, Frz. a St. Nic., festivale, oder Glanz der Heiligen. 2 Thle. 4. Wien. 734.

— Festpredigten. 2 Thle. 4. Wien (Wolf in Augsb.)

— neueröffnete Novizen-Schule. 8. Ebend. 734.

— Turris Libani respiciens contra Damascum. 4. Viennae. 728.

Luca, I. Bapt. de, theatrum veritatis et justitiae decisiones VI Tom. fol. Cöln. 716.

Luca, Ignaz de (Hrsg.), s.a. Anzeigen, Österrreichische gelehrte.

de Luca, Ign., († d. 24. April 1799.) Oesterr. gelehrte Anzeigen. gr. 8. Wien 777. — Dies., 2 Hefte. 4. Linz 779, 80.

— Auszüge nach alphabet. Ordnung d. sämmtl. Patente, Edicte u. Circularien, welche vom J. 1740 bis Ende d. J. 1771 in d. Lande ob d. Ens erschienen sind. 1r Thl. A—F. 4. Linz 772.

– s. Beschreibung der Residenz Wien.

Luca, Ign. de, conspect. statist. st. Austriaci, in 30 tab. fol. Viennae, Schmidbauer. 794.

— merkwürd. Epochen unter d. Regierung Kaiser Franz II. gesammelt. 1r Thl. 4. Wien 798. Rehm. 1 ꝛß 16 gl

— statistische Fragmente. gr. 8. Wien 797. Rehm. 12 gl

— Geographie v. Königreich Böhmen, Mähren u. Schlesien. 8. Wien, Schalbacher. 791.

— — v. Burgund, d. Lombardey u. Toskana. 8. Ebend. 791.

— — v. Gallizien, Lodomerien nebst d. Bukowina. 8. Ebend. 791.

— — v. Inneröstreich, dem Litorale, d. wälschen Confinen, Tirol etc. 8. Ebend. 791.

— — v. Erzherzogth. Oestreich. 8. Ebend. 791.

— — v. d. Königreich Ungarn u. d. angränzenden Ländern. 8. Ebend. 791.

— geogr. Handbuch v. d. österr. Staaten, oder Geographie v. Böhmen, Mähren, Schlesien, Ungarn etc. 6 Bde. 8. Wien, Krauß. 790–92.

— geograph. Handbuch von d. österreich. Staaten. 6 Bde. 8. Wien 790—92. (Schalbacher.) 9 ꝛß

— Dass. einzeln unt. folgenden Titeln: Geographie von Böhmen, Mähren u. Schlesien. 791. 1 ꝛß 12 gl — Geographie v. Burgund, d. Lombardey u. Toskana. 791. 1 ꝛß — Geographie v. Galizien, Lodomerien u. d. Bukowina. 791. 18 gl — Geographie von Inneröstreich, Tyrol etc. 791. 1 ꝛß 4 gl — Geographie vom Königr. Ungarn u. v. d. angrenz. Ländern. 791. 1 ꝛß 16 gl Auszug hiervon. A. u. d. T.: Oesterreich. Specialstatistik. 8. Ebd. 792. 16 gl

De Luca, J. Geographisches Handbuch von dem österreichischen Staate. (6 Bde.) 8. Wien 1791—1792.

— — Tabellen hierzu unter dem Titel: Statistische Uebersicht des österreichischen Kaiserstaates in 30 Tabellen. Quer-Fol. Wien 1793.

— Journal d. Literatur u. Statistik. 1r Bd. 4. Insbr. 782.

— Justizcodex. 8 Bde. 8. Wien 793—96. Schmidtbauer. 5 ꝛß

de Luca, Ign.: Justiz-Codex, welcher alle seit 7 Jahrhunderten ergang. Verordnn. im Justizfache enthält. *Wien*, v. Schmid. 793—801. 10 Bde. 8. (5 Thl.)

de Luca, Ign.: „Politischer Codex, oder wesentliche Darstellung sämmtlicher kaiserliche Staaten betreffender Gesetze und Anordnungen im politischen Fache, praktisch bearbeitet; von 1359 bis 1790", 14 Bände, Wien 1789 bis 1790 (von Schmid & Co.).

de Luca, Ign.: Polit. Codex, od. wesentl. Darstell. sämmtl. kaiserl. Staaten betreff. Gesetze u. Anordnn. im polit. Fache, prakt. bearb., v. 1359—1790. *Wien*, v. Schmid u. C. 1789—95. 14 Bde. 8. (10 Thl. 16 Gr.)

— polit. Codex. 14 Bde. 8. Wien 789—96. Schmidbauer. 10 ꝛß 16 gl

— Landeskunde von Oesterreich ob d. Ens. 4 Bde. gr. 8. Linz… Acad. B. (Eurich). 3 ꝛß

— Leitfaden in den Geschäftsstyl, zum Gebrauch d. Studirenden. 8. Insbr. 783.

– Leitfaden in das Josephinische allgemeine Gesetz ueber Verbrechen und derselben Bestrafung . . . (von –). Graeffer d. J., Wien 1789. 1 vol. 84 S.

(—) Leitfaden in d. Josephinische Gesetz über Verbrechen u. deren Bestrafung; nebst e. Anh. 8. Wien 789.

– Leitfaden in die Handlung zum Gebrauch der Studirenden vom Prof. –. Pramsteidl, Linz 1775. 1 vol., 3 Bl., 174 u. 42 S.

— Leitfaden in d. Handlung, zum Gebrauch d. Studirenden. 8. Wien 775. (Heubner). 8 gl

– Leitfaden in die Handlungswissenschaft des Herrn . . . Professors von Sonnenfels zum Gebrauch der Studirenden von –. Pramsteidl, Linz 1775. 1 vol. 174 S.

v. Luca, J.: „Leitfaden in die Handlungswissenschaft des Herrn von Sonnenfels", Wien 1775 (Heubner).

— Leitfaden in d. Handlungswissenschaften d. Herrn v. Sonnenfels. 8. Wien, Camesina. 776.

— Leitfaden in d. prakt. Kenntniß d. österr. Staats. 8. Wien 794.

— Leitfaden in d. Polizeiwissenschaft des Hrn. v. Sonnenfels. 8. Wien 776. N. A. 790. (Heubner). 3 kr

— sokrat. Leitfaden aus d. allgem. u. Specialstatistik d. österreich. Staaten. 8. Wien 792.

— Leitfaden in den 1sten Theil d. Josephin. allgem. Gesetzbuchs. Nebst Anhang. 8. Wien 789.

— hist. stat. Lesebuch z. Kenntniß v. Oesterreich. 2 Thle. 8. Wien, Rehm. 797. 89. (1r 1 Thlr. 8. 2r 1 Thlr. 6 gr.)

— histor.-statist. Lesebuch zur Kenntniß d. österr. Staaten. 2 Thle. 8. Wien 797, 98. Rehm. 2 fl 14 kr

— d. gelehrte Oesterreich, oder Verzeichniß aller jetzt lebenden österreich. Schriftsteller u. Künstler. 2 Thle. 8. Linz 776, 78. Ghelen. 2 fl

– Das gelehrte Oesterreich. Ein Versuch (von –). Trattner, Wien. 1. Bd.: 1. Stück 1777. 2. Stück 1778.

— neuestes Reisebuch, enthalt. d. Postcurse nach den vornehmsten Städten u. Handelsplätzen, Stationen 2c. gr. 12. Wien 789. (Pichler). 14 kr

— neuest. Reisebuch, enth. d. Postcourse nach den vornehmsten Städten und Handelsplätzen, Stationen 2c. 8. Wien, Pichler. 802.

– Österreich. Specialstatistik, s.a. Luca: Handbuch.

— österreich. Specialstatistik, ein Auszug a. s. Handbuche. 8. Wien, Krauß. 792.

— österreich. Staatenkunde im Grundriß. 2 Bde. 8. Wien 786—89. Ghelen. 2 fl

– s.a. Staatsanzeigen von d. k.k. österreichischen Staaten.

— Staatsanzeigen v. d. k. k. Staaten. 1r Jahrg. gr. 8. Presb. Löwe (Wohler in Ulm) 784.

— Oesterreich. Staatsarchiv. 1. Nummer. gr. 8. Wien 794. Rehm. ...

– s. Staatskalender, Österreich.

— österr. Staatskunde im Grundrisse. 3 Bände. 8. Wien, Ghelen. 786–89.

– Praktische Staatskunde von Europa. Von Dr. –. Gassler, Wien 1796. 1 vol. XII u. 495 S. u. 8 Bl. + 1 Tab.

— prakt. Staatskunde v. Europa. 8. Wien. Schaumburg. 796.

— Uebersicht d. Macht u. Stärke d. Preuß. Monarchie. Fol. Wien. Rehm.

— statist. Uebersicht d. österreich. Staats in XXX Tabellen. Fol. Wien 794. Schmidtbauer. 12 kr

— Vorlesungen über d. österreich. Staatsverfassung. 1r Bd. 8. Wien 792. Kaulfuß. 1 fl

De Luca, Ignaz. Zur Wassergeschichte des Landes unter der Enns. (Geographische Beschreibung des Viertels unter dem Wiener Walde und der durch den Wolkenbruch vom 29. Juli 1785 daselbst angerichteten Schäden.) 8. Wien 1785.

de Luca, Ign., zur Wassergeschichte des Landes unter d. Ens. 8. Wien 786. Ghelen. 2 kr

– s.a. Zustand Wiens.

WIENS gegenwärtiger Zustand unter Josef's Regierung (von *Ignaz de Luca*). Wien 1787. 8°. (In Wien. Stadtbibl.)

Anon.-Lex. IV. p. 444 (nach Meusel, Kayser, Weber, sowie Eigenbericht).

Luca, Ign. de, Zustand v. Wien unter Josephs Regierung 2c. m. ill. Grundrissen v. Wien. 8. Lpz. Graffé. 787. Rthlr.

Luca, Marianus de, S. J., institutiones iuris ecclesiastici publici, quas iuxta methodum Card. Tarquini tradebat in schola institutionum canonicarum L. 2 voll. (341 u. 459 S.) gr. 8. Romae 901. Regensburg, F. Pustet. n. 5. 60

LUCA, P. F., OCap. Geistliche Früchten Aus dem Garten Gethsemani, Das ist: Geist-Sinn- und Lehrreiche Oehlberg- und Fasten-Predigen, Die von anmutigen Affecten, schönen Concepten, außerlesenen Sprüchen der Heil. Schrifft und der Heil. Vättern, sehr wohlgeschmackig und annehmlich gesammlet . . . [Titel in rot und schwarz.] Nürnberg, J. Chr. Lochner, 1726. 4°. *Frontispiz*, 10 Bl. 540 S. 10 Bl. Pgt. d. Z., Rücken beschädigt.

Lucae, Richard, zum Gedächtniss. † 25. Novbr. 1877. gr. 8. (23 S.) Berlin 878. (Ernst & Korn.) n. — 80

Lucae. Oraniens Triumph- und Ehrenfahne. Frankfurt 1702.

Lucae, Aug., zur Entstehung u. Behandlung der subjectiven Gehörsempfindungen. gr. 8 (53 S.) Berlin 884. O. Enslin. n. 1. 20

Lucae, August, Dr., Ueber eine neue Methode zur Untersuchung des Gehörorgans zu physiologischen und diagnostischen Zwecken mit Hülfe des Differenz-Otoskopes. (Sep.-Abdr. aus dem Archiv für Ohrenheilkunde. III. Band.) Würzburg 1867.

Lucae, (Joan. Constantin.) Augustus (geb. Berlin 24. 8. 1835): De laryngoscopiae usu nonnulla. Berolini (1859). (32 S.) 8°

Berlin, Med. Diss. v. 21. Juli 1859

Lucae, Aug., die Schallleitung durch die Kopfknochen u. ihre Bedeutung f. die Diagnostik der Ohrenkrankheiten. Eine physiologisch-klin. Studie. gr. 8. (48 S. m. eingedr. Holzschn.) Würzburg 870. Stahel. 1. 50

Die chronische progressive Schwerhörigkeit. Ihre Erkenntnis u. Behandlung. Von Dr. August **Lucae**, Prof. zu Berlin. Mit 25 Textfig. u. 2 Taf. Berlin: J. Springer 1907. (VIII, 392 S.) 8° [07. 10306

Lucae, Carl, s. Lucae, Karl

Lucä, Friedr., frankfurter Chronik. Das Jahr 1857. Ein Beitrag zur neuesten Staats- und Cultur-Geschichte der Freien Stadt Frankfurt. 8. (XVI und 155 S.) Frankfurt a. M. 858, (Boselli'sche Buchh.) *

Lucä, F., vollkomm. Chronika v. Ober- u. Niederschlesien. 4. Frkf. Eßlinger.

Lucae, Frdr., Ermordung der Herzogin v. Praslin. Nach den Berichten d. „Gazette des Tribunaux". Nebst allen Actenstücken u. einer Zeichnung der Localitäten. gr. 8. (90 S.) Frankfurt a. M. 847, Oehler. n. 1/3 ß

Lucae, Friedr.: Des heiligen Römischen Reichs uralter Fürsten-Saal, auf welchem die . . . abgestorbene hoch-fürstl. Geschlechter, nach derer allerseits vollkommenen u. accuraten Stamm-Reihen . . . abgehandelt werden. Th. 1—4. Franckfurt a. M. 1705. 4 Bde

Lucä, Frdr.: Des heil. Röm. Reichs uhr-alter Graffen-Saal, auf welchem die abgstorbene Gräffl. Geschlechter abgehandelt werden. Franckfurt a. M.: Knoch 1702.

Lucae, Friedrich. Europäischer Helicon . . . Franckfurt a. M. 1711. H: *Lucae, Carl.* (BrMm)

Lucae, Friedr.: Europäischer Helikon, auf welchem die Academien oder Hohe Schulen aller Nationen vorgestellt werden. Mit Ls. Bildn. Frankfurt: Hocker 1711.

— Europäisch. Helikon, od. Beschr. d. Akadem. aller Nationen. 4. Ebend. 711.

— das Hermanns-Lied. gr. 8. (XII u. 336 S.) Frankfurt a. M. 851, Zimmer'sche Sort.-Buchh. [Völcker.] n. 1 1/3 ß

Lucä, Friedr., die deutschen Kaiser in erzählenden Dichtungen zu den Gemälden des frankfurter Kaisersaals. 12. (XVI und 152 S.) Frankfurt a. M. 854, Brönner. *

—— der Chronist Friedrich Lucä. Ein Zeit- und Sittenbild aus der zweiten Hälfte des 17. Jahrhunderts. Nach einer von ihm selbst hinterlassenen Handschrift bearb. und mit Anmerkungen nebst einem Anhange versehen. 8. (XVI und 353 S.) Frankfurt a. M. 854, Brönner. *

—— die Namen unserer Vorfahren und ihrer Stammgötter. Logische Bedenken gegen eine bedenkliche Logik. br. 8. (VII und 115 S.) Schaffhausen 856, Brodtmann'sche Buchh.

—— zehn Tage in der Schweiz. 8. (100 S.) Frankfurt a. M. 851, [Völcker.] *

Lucä, Friedrich, Der Elässer Turn-Chronik, Frankfurt a. M. 1857, 58 S., 16°.

Lucae, Johann Christian Gustav

Lucae's, Joh. Christ. Gust., Abbildung der menschlichen Skelettheile, s. Wirsing, P. u. Fr.

Lucae's, Joh. Christ. Gust., Abbildungen der menschlichen Skelettheile, zum Nachzeichnen beim Unterricht der Anatomie nach dessen Lehrmethode von Paul und Fritz Wirsing nach der Natur gezeichnet. 14 (Stn.-)Taf. und Text (8 S. in gr. 4.). gr. Fol. Frankfurt a. M. 860, Keller. *

Lucae, Joh. Chrn. Gust., zur Anatomie des weiblichen Torso. 12 (lith.) Taf. in geometr. Aufrissen für Künstler u. Anatomen. Leipzig 868. C. F. Winter. Imp.-Fol. (V S. u. 3 Bl. Text.) In Mappe. n. 8 ß

—— zur Architectur des Menschenschädels, nebst geometrischen Originalzeichnungen von Schädeln normaler und abnormer Form. gr. Fol. (VII und 76 S. mit 32 Stnt. Abbildungen, wovon 12 in Tondr.) Frankfurt a. M. 857, Keller. *

Lucae, J(ohann) Christ(ian) Gustav: Zur organischen Formenlehre. 60 S., gbd., 11 Taf.

Frankfurt a.M.: Varrentrapp 1844

JB 852

Dem Herrn LUDW. WILH. THEOD. v. BISCHOFF Dr. phil. et med, K. B. Geheimrath, ... bringt zu seiner fünfzigjaehrigen Doctor-Jubelfeier ihre herzlichsten Glückwünsche dar die Senckenbergische naturforschende Gesellschaft zu Frankfurt am Main. (Frankfurt am Main. 1882.) Enthält:
JOHANN CHRISTIAN GUSTAV LUCAE, Der Fuchs-Affe und das Faulthier (Lemur macaco und Choloepus didactylus) in ihrem Knochen- und Muskelskelet. Eine vergleichende anatomisch-physiologische Studie. (Mit Tafeln.) Frankfurt am Main. 1882. Druck von Mahlau & Waldschmidt. 4°.

Lucae, Joh. Chrn. Gust., die Hand und der Fuss. Ein Beitrag zur vergleichenden Osteologie der Menschen, Affen und Beutelthiere. gr. 4. (60 S. mit 4 Stnt. in qu. Fol.) Frankfurt a. M. 865, Winter. *

—— zur Morphologie der Rassen-Schädel. Einleitende Bemerkungen und Beiträge. Ein Sendschreiben an Se. Exc. den Hrn. Staatsrath und Akademiker Carl Ernst v. Baer. gr. 4. (56 S. mit 12 Stnt., wovon 6 in Ton- und 4 in Farbendr., in qu. Fol.) Frankfurt a. M. 861, Brönner. *
Aus: Abhandlungen der Senckenberg'schen Gesellschaft, besonders abgedruckt.

—— zur Morphologie der Rassen-Schädel. Einleitende Bemerkungen und Beiträge. 2. Abthl.: Ein Sendschreiben an Se. Exc. den Hrn. Staatsrath und Akademiker Carl Ernst v. Baer. gr. 4. (50 S. mit eingedr. Holzschn. und 12 Stnt., wovon 3 in Buntdr., in qu. Fol.) Frankfurt a. M. 864, [Winter.] *
1. Abthl. [Ebendas.] 1861. * 2 Thlr. 20 Ngr.

Lucae. Joh. Chrn. Gust., zur Morphologie d. Säugethier-Schädels. Eine vergleichend-anatom. Untersuchg. Mit 3 (lith.) Taf. (in qu. Fol.) u. 8 (eingedr.) Holzschn. [Aus „Abhandlgn. der Senckenberg. naturforsch. Gesellschaft"] gr. 4. (III, 33 S.) Frankfurt a/M. 872. Winter. n. 3. —

JOH. CHRIST. GUSTAV LUCAE, Der Pongo- und Orang-Schädel in Bezug auf Species und Alter, dem Herrn Geheimenrath Friedrich Tiedemann zu seinem fünfzigjährigen Doctor-Jubiläum am 10. März 1854, in Auftrag der Senckenberg'schen naturforschenden Gesellschaft gewidmet. (Mit Tafeln.) Frankfurt am Main 1854. 4°.

—— die Robbe und die Otter. [Phoca vitulina et Lutra vulgaris] in ihrem Knochen- und Muskel-Skelet. Eine anatomisch-zoolog. Studie. 1. Abthl. gr. 4. (102 S. mit 15 lithogr. Taf. in qu. Fol.) Ebendas. 872. *

— die Robbe u. die Otter [Phoca vitulina u. Lutra vulgaris] in ihrem Knochen- u. Muskel-Skelet. Eine morpholog. Studie. Mit 32 (lith.) Taf. (in gr. 4. u. qu. Fol.) gr. 4. (XI, 230 S.) Ebend. 875. n. 24. —

JOH. CHRIST. GUSTAV LUCAE, Schädel abnormer Form in geometrischen Abbildungen, nebst Darstellung einiger Entwickelungs-Zustände der Deckknochen. (Der Kaiserlichen naturforschenden Gesellschaft in Moskau zur Feier ihres fünfzigjährigen Stiftungsfestes gewidmet von der Senckenbergischen naturforschenden Gesellschaft in Frankfurt am Main.) Frankfurt am Main. 1855. Heinrich Keller. fol.

—— der Schädel des Maskenschweines [sus pliciceps, Gray] und der Einfluss der Muskeln auf dessen Form. gr. 4. (30 S. mit 3 lithogr. Taf. Abbild. in qu. Fol.) Ebendas. 870. *
aus: Abhandlungen der Senckenberg. naturforschenden Gesellschaft, besonders abgedruckt.

—— über Schistosoma reflexum (Gurlt). gr. 4. (16 S. mit 1 Stnt. in qu. gr. Fol.) Frankfurt a. M. 863, [Winter.] *
aus: Abhandlungen der Senckenberg. naturforsch. Gesellschaft zu Frankfurt a. M., besonders abgedruckt.

— u. Herm. Junker, das Skelet e. Mannes in statischen u. mechanischen Verhältnissen nach graphischen Aufrissen in halber Grösse. gr. 4. (8 S. m. 1 autogr. Taf. in Imp.-Fol.) Ebend 876. n. 3. —

Dem Herrn JOHANN GEORG VARRENTRAPP Doctor der Medicin, K. Geheimen Sanitätsrathe, ... bringt zu seiner fünfzigjaehrigen Doctor-Jubelfeier ihre herzlichsten Glückwünsche dar die Senckenbergische naturforschende Gesellschaft zu Frankfurt am Main. (Frankfurt am Main. 1881.) Enthält: JOHANN CHRISTIAN GUSTAV LUCAE, Zur Statik und Mechanik der Quadrupeden (Felis und Lemur). (Mit Tafeln.) Frankfurt am Main. 1881. Druck von Mahlau & Waldschmidt. 4°.*)

Lucae, Joh. Chrn. Gust., die Statik und Mechanik der Quadrupeden, an dem Skelet und den Muskeln eines Lemur und eines Choloepus erläutert. gr. 4. (92 S. mit 24 lithogr. Taf.) Frankfurt a. M. 883, (Diesterweg.) * 18 —

—— die Sutura transversa squamae occipitis. Eine vergleichend anatom. Studie. gr. 4. (13 S. mit 4 lithogr. Taf. und 1 Bl. Tafel-Erklärungen.) (Ebendas.) 883. * 2 50
Vorstehende Schrift aus: Abhandlungen der Senckenbergischen naturforschenden Gesellschaft, besonders abgedruckt.

Lucae, Jo. Chr. Gust., de symmetria et asymmetria organor. animalitatis, imprimis cranii. 4maj. (6 B. u. 3 Stnt.) Marburgi 839, (libr. univ. Elwert.) *

Lucae, Karl, zur Goetheforschung der Gegenwart. Rede bei der Marburger Universitätsfeier des 82. Geburtstages Sr. Maj. des Kaisers geh. 8. (24 S.) Marburg 878. Elwert's Verl. n. — 50

Lucae, Carl, Leben u. Dichten Walthers von der Vogelweide in seinen Grundzügen dargestellt. Halle 867. Buchh. des Waisenhauses. gr. 8. (36 S.) n. 5 ngr.

Lucae, Carolus: De Parzivalis poematis Wolframi Eschenbacensis locis aliquot difficilioribus. Halis Saxonum (1859): Orphanotropheum. 48 S. 8°
Halle-Wittenberg, Phil. Diss. pro impetratis honoribus v. 22. Dez. 1859
Geb. Berlin 7. 8. 1833. V.
Halle-Wittenberg, Phil. Diss. v. 16. Aug. 1859
wurde gedruckt und am 22. Dez. 1859 verteidigt als Diss. pro impetratis honoribus.

Lucae, Carl, de Parzivalis poematis Wolframi Eschenbacensis aliquot locis. gr. 8. (45 S.) Halle 859, (Buchhandlung des Waisenhauses.) Thlr. *

Lucae, Carolus: De nonnullis locis Wolframianis. Halae (1862): Orphanotropheum. 38 S., 1 Taf. 8°
Halle-Wittenberg, Phil. Hab.-Schr. v. 21. Nov. 1862

—— de nonnullis locis Wolframianis. Adjecta est tab. lapide expressa. gr. 8. (38 S.) Halle 863, (Buchh. des Waisenhauses.)

Lucae, Karl. Aus deutscher Sprach- u. Litteraturgeschichte. Gesammelte Vorträge. 8. (XII, 249 S.) Marb. 889, Elwert's Verlag. * 3 —

— über Schillers Wilhelm Tell. Ein Vortrag gehalten am 2. März 1865. Ebend. 865. 8. (35 S.) n. 5 ngr.

Lucae, Rich., über die Macht des Raumes in der Baukunst. Vortrag gehalten in der Singakademie am 18. Febr. 1869. gr. 8. (18 S.) Berlin 869, Ernst und Korn.
Aus: Zeitschrift für Bauwesen, besonders abgedruckt.

Lucae, Rich., J. A. Becker und E. Giesenberg, das Opernhaus zu Frankfurt a. M. Hrsg. von E. Giesenberg. Fol. (15 S. mit 13 Kpfrt.) Berlin 883, Ernst und Korn. cart. * 24 —

Lucae, R., Schinkel im Lichte der Gegenwart. Festrede, gehalten bei der Schinkel-Feier am 13. März 1865. gr. 8. (20 S.) Berlin 865, Ernst und Korn. *

Lucae, R., warum wir Schinkel feiern. Festrede geh. bei der Schinkel-Feier am 13. März 1873. gr. 8. (15 S.) Berlin 873. Ernst & Korn. — 60

Lucae, Samuel Christian

— anatom. Bemerkk. über d. Diverticula am Darmcanal u. üb. d. Höhen d. Thymus. Mit 1 Kpft. gr. 4. Nürnb. 812. Schrag. 6 gl.

— anatomische Bemerkungen üb. die Diverticula am Darmkanal u. üb. d. Höhlen d. Thymus. Mit 1 Kupfert. gr. 4. Nürnb. Schrag. 813.

— einige Bemerkk. über d. Verhältniß d. menschl. Organismus zu äußern Verletzungen in Bezug auf Tödtlichkeit u. deren Beurtheilung. 8. Heidelb. 814. Engelmann. 12 gl. 2e Aufl. 8. Marb. 819. Krieger. 7 gl.

Luca S. C.: Betrachtungen üb. die Natur d. thierischen Organismus ... Frankf. a. M. 1813. 68 S. P.

— Betrachtt. über d. Natur d. thierischen Organismus. 8. Frkf. a. M. 813. Brönner. 8 gl.

— de antiquissimo illo: „omnia scire nihil scire" quatenus medicum spectat. 4. Marb. 818. Krieger. 4 gl.

— — De depositionibus cretaceis. Marburg, 23. X. 1815. (Gedruckt v. H. Ludw. Broenner, Frankfurt/M.) 11 S. (3.—) 21666

Lucae, Sam. Chr., († d. 28. Mai 1821.) Entwurf eines Systems d. medicin. Anthropologie, zum Gebrauch beim Studium d. Natur- u. Heilkunde d. menschl. Organismus. (A. u. d. T.: Grundzüge d. Lehre von d. reproductiven Lebensthätigkeit d. menschl. Individuums.) gr. 8. Frankf. 816. Varrentrapp. 2 rf 8 gl.

— — De facie humana. Heidelberg (J. Engelmann) 8. V. 1812. 23 S. (3.—) 21665

— de facie humana. Comment. I. et II. 4. Heidelb. 812 u. 13. Mohr. 12 gl.

Lucae, Samuel Christian: Grundriß der Entwicklungsgeschichte des menschlichen Körpers. 278 S., gbd.

Marburg: Krieger 1819

JB 1.047

— — Grundzüge der Lehre von der reproductiven Lebensthätigkeit des menschlichen Individuums. gr. 8. Frankfurt a. M., Varrentrapp. 816.

Samuel Christian Lucae

Samuelis Christiani Lucae Quaedam Observationes anatomicae circa nervos arterias adeuntes et comitantes. Annexae sunt Annotationes (anatomicae) circa telam cellulosam. Francofurti a.M.: Broenner 1810. 55 S. 8°

— quaedam observationes anatomicae circa nervos arterias adeuntes et comitantes; c. fig. Adnexae sunt annotationes circa tel. cellulosam. 4. Frankf. 811. Brönner. 12 gl.

— de ossescentia arteriarum senili. 4. Marb. 818. Krieger. 4 Kr

— einige Sätze aus d. physiolog. Lehre von den secernirten Säften im menschl. Organismus. 8. Frankf. a. M. 815. Varrentrapp. 6 Kr

— **Sam. Christian (Frankfurt/Main), Theses medicae. Präs. J. H. F. Autenrieth. Tübingen (Hopffer) Nov. 1808. 13 S. (3.—) 21664**

— anatom. Untersuchungen d. Thymus in Menschen u. Thieren. 2 Hefte. 4. Frankf. a. M. 811 u. 17. Brönner. 16 Kr

— Untersuchungen üb. einige Gegenstände d. Lehre vom Zeugungsgeschäfte. 8. Ebend. 813.

— physiolog.-medicin. Untersuchungen über einige Gegenstände d. Lehre vom Zeugungsgeschäfte. 8. Frankf. a. M. 813. Varrentrapp. 6 Kr

— de cerebri in homine vasis et motu. 4. Heidelb. 812. Mohr. 8 Kr

Lucácz E.: Die wirtschaftliche u. soziale Lage d. Feldarbeiterstandes in Ungarn. Diss. Heidelb. 1909. 132 S.

Lucam, Johann Ritter von — Die Grabesfrage Mozarts. Nach brieflichen Original-Urkunden der Witwe Mozarts selbst beantwortet von — —. Mit dem Porträte und Grabmale Mozarts. Wien, 1856. Gedr. bei Josef Stöckholzer von Hirschfeld. (64 S. 8.)

Lucam, Johann von: Mittel zur gänzlichen Verhinderung der Unglücksfälle und Gefahren, welche aus dem Bisse wüthender Hunde entstehen können. Mit Beifügung der hierüber erschienenen Kundmachungen vom Jahre 1838 bis 1841. Zur Beherzigung für alle Hundebesitzer, zur Sicherheit und Beruhigung aller Freunde und Feinde der Hunde. 32 S., gbd., 1 Taf.

Wien: Sollinger 1842

JB 5.205

v. Lucam, W. Bericht über den Entwurf der Statuten und des Reglements der »priv. österr.-ungar. Bankgesellschaft«. Der Direction der Oesterreichischen Nationalbank erstattet. Wien 1876.

Lucam, Wilh. Ritter v., die österreichische Nationalbank während der Dauer d. 3. Privilegiums. Mit 46 Tab. gr. 4. (VII, 209 S.) Wien 876. Manz. n. 6. —

Lucan und **Bonneau**, die Grammatik nach der Academie, s. Bonneau.

Lucan J. G.: Neues u. wohl-eingerichtetes Ross- u. Artzney-Buch ... Leipz. 1728. 284 S.

Lucan, J. G., wohleinger. Rosarzneybuch. 8. Lpz. Adaml. 728.

Lucan, Jos. Sall., Neues u. wohleingericht. Rossarzneybuch. 8. Leipzig 728.

Lucanus, s. a. Ernstes u. Heiteres üb. die Frau u. Jungfrau.

LUCANUS, Ernstes und Heiteres über die Frau und Jungfrau. Denker- und Dichterworte sowie Sprichwörter aus alter und neuer Zeit. Leipzig 1893. 8⁰. (1 Mk. 50 Pfg. M. Edelmann, c. 1905.)

Lucanus, Kunst-Denkmäler in Deutschland, s. Kunst-Denkmäler.

Lucanus, A. H., Histor. Nachrichten von dem Lucanus'schen Geschlecht, vornehmlich der Hersfeld- oder Laurentz'schen Linie. Halberstadt 1753. fol.

Lucanus, Aug. Herm., Preußens uralter u. heutiger Zustand. 1748. (Mscr. in der königl. u. Universitäts-Bibliothek in Königsberg i. Pr.) Hrsg. im Auftrage der „Litterar. Gesellschaft Masovia" zu Loetzen. 1. Lfg. (Beilage zu Hft. 6 der „Mittheilgn." der litterar. Gesellschaft Masovia in Loetzen.) gr. 8. (IV, 124 S. m. 1 Stammtaf.) Braunsberg (901). (Königsberg, F. Beyer.) n. 5. —

— dasselbe. 2. Lfg. (Beilage zu Hft. 7 der „Mittheilgn." der litterar. Gesellschaft Masovia in Loetzen.) gr. 8. (S. 125—316.) Loetzen 901. Ebd. n. 6. —

Aug. Herm. **Lucanus**, Preussens uralter u. heutiger Zustand. 1748. (Ms. in d. Kgl. u. Univ.-Bibliothek in Königsberg i. Pr.) Hrsg. im Auftrage d. 'Litterar. Gesellschaft Masovia' zu Loetzen. Lfg 1. *Loetzen 1901: Dr. d. Ermländ. Zeit.- u. Verl.-Dr. in Braunsberg.* 8° [F.]
— **Mitteilungen** d. Litt. Gesellschaft **Masovia** in Loetzen. H. 6, Beil.
[or. 5999

Lucanus, O., s.: **Festschrift zur Feier des 100jähr. Bestehens der Wetterauischen Gesellschaft f. die gesamte Naturkunde.**

Lucanus, Fr., s.a. Lucanus, Friedr. G. H.

Lucanus, Fr., und I. E. Schacht, Entwurf einer Apotheker-Ordnung für den preuss. Staat, nebst Motiven. Verfasst und dem Hrn. Minister der etc. Medicinal-Angelegenheiten in Preussen zur Disposition gestellt. gr. 8. (58 S.) Berlin 849, Amelangsche Sortimentsb. *

Lucanus, Frdr. v., die Höhe des Vogelzuges u. seine Richtung zum Winde auf Grund aeronautischer Beobachtungen. 2 Vorträge. (24 S.) 8. Neudamm 904. J. Neumann. n. 1. —

Lucanus, Friedrich G. H.

Lucanus, F. G. H., gründl. u. vollständ. Anleitung z. Erhaltung, Reinigung u. Wiederherstell. d. Gemälde in Oel-, Tempera-, Leim-, Wasser-, Miniatur-, Pastell- u. Wachsfarben, zur Bereitung d. beim Malen u. Ueberziehen dienl. Firnisse, so wie auch z. Bleichen, Reinigen u. Aufziehen d. Kupferstiche, Steindrücke u. Holzschnitte rc. gr. 12. (8½ B.) Halberstadt 832, Helm.

—— Anleitung z. Restauration alter Oelgemälde, u. zum Reinigen u. Bleichen d. Kupferstiche u. Holzschnitte. 8. (4½ B.) Leipzig 828, Baumgärtner.

Lucanus, Fr. G. H., vollständige Anleitung z. Erhaltung, Reinigung u. Wiederherstellung der Gemälde, zur Bereitung der Firnisse, so wie auch zum Aufziehen, Reinigen, Bleichen u. Restauriren d. Kupferstiche rc. 3., verb. u. verm. Aufl. 8. (9½ B.) Halberstadt 842, Helm. —

Lucanus, Fr. G. H., vollständige Anleitung zur Erhaltung, Reinigung und Wiederherstellung der Gemälde, zur Bereitung der Firnisse, so wie auch zum Aufziehen, Reinigen und Bleichen und Restauriren der Kupferstiche rc. Neue billige (Titel-) Ausg. der 3., vielfach verb. und verm. Aufl. 8. (XVI und 136 S.) Halberstadt 856, Helm'sche Buchh. Thlr.

Lucanus, Fr. G. H., vollständige Anleitung zur Erhaltung, Reinigung u. Wiederherstellung der Gemälde, zur Bereitung der Firnisse, so wie auch zum Aufziehen, Reinigen, Bleichen u. Restauriren der Kupferstiche rc. 4. Aufl. 8. (X, 136 S.) Halberstadt 881. Helm. n. 2. —

Lucanus, F. G. H., der Dom zu Halberstadt, seine Geschichte, Architectur, Alterthümer u. Kunstschätze. Roy.-Fol. ($3\frac{1}{2}$ B., 1 Stahlst. u. 6 radirte Bl.) Halberstadt 837. (Berlin, G. Gropius. ?) *

Lucanus, Friedr. G. H., die Liebfrauenkirche zu Halberstadt, deren Geschichte, Architectur, Kunstwerke und Denkmale, beschrieben als Andenken an die Restauration und die feierliche Einweihung derselben am Pfingstfeste 1848. 4. (24 S. und 2 Stnt.) Halberstadt 848, (Frantz.) *

Lucanus, Fr., die Liebfrauenkirche zu Halberstadt, deren Geschichte, Architektur, Kunstwerke und Denkmale zuerst hrsg. als Andenken an die Restauration und feierl. Einweihung derselben am Pfingstfeste 1848. 2. verm. und illustr. Aufl. gr. Fol. (12 S. mit 1 Kpfrst.) Halberstadt 872, Frantz. *

Lucanus, Fr., historische Nachrichten mit statistischen Erläuterungen über die evangelisch-reformirte Hofgemeinde in Halberstadt, den Mitgliedern derselben gewidmet zur Feier des 200jähr. Jubelfestes der Gründung der Gemeinde, am 30. Septbr. 1864. 4. (IV und 16 S.) Halberstadt 864, (Schimmelburg.) *

—— Wegweiser durch Halberstadt u. die Umgegend für Heimische u. Fremde mit 4 Ansichten nach Lichtbildern. gr. 16. (4 B.) Halberstadt 843, Lindequist u. Schönrock.

—— Wegweiser durch Halberstadt und die Umgegend, für Heimische und Fremde. 2., zugleich wesentlich verm. Aufl. 12. (88 S.) Halberstadt 866, Schimmelburg. *

Lucanus, Friedr. Gottfr. Herm. (Magdeburg), De praeservandis morbis pulmonum tam communibus, quam propriis. Präs. Andr. Elias Büchner. Halle (Joh. Christ. Hendel) 8. XII. 1799. (5.—) 21667

Gew.: Aug. Friedr. W. Sack. — Widm. v.: J. G. Krüger, J. H. Lucanus, Gg. Zacharides, Gottfr. H. Lucanus.

Lucanus, Heinrich [app. Arzt]: Untersuchungen über Verbreitung und Ansteckungsfähigkeit des trachoms auf Grund des Materials der Marburger Augenklinik.... Marburg, Buchdr. Oscar Ehrhardt, 1890; 29 S. + 8 Bl. u. 1 Kart. 8°

Marburg. Med. Fak., Inaug.-Diss. v. [22. Apr.] 1890

Lucanus, Jh. Hnr., Beitrr. zur Geschichte d. Fürstenth. Halberstadt. 2 Stücke. gr. 8. Berl. 784, 88. Lange. (Dölle in Halberst.) 12 gr

— s. Bibliothek, histor., v. Halberstadt.

— histor. Bibliothek v. Fürstenth. Halberstadt. 2 Thle. 8. Halberst. Dölle. (à 8 gr.)

Lucanus, Jh. Hnr., d. Hauptrevolutionen d. Stadt Halberstadt. 8. Halberst. 791.

Lucanus, Carl, Beiträge zur Pathologie und Therapie des Ulcus corneae serpens. Inaugural-Dissertation. gr. 8. (33 S.) Marburg 882. (Wiesbaden, Bergmann.) * 1.—

Lucanus, Marcus Annaeus

Lucani, M. Annaei, de bello civili libri X. G. Steinharti aliorumque copiis usus ed. Carol. Hosius. 8. (XXXIV, 374 S.) Leipzig 892. B. G. Teubner. n. 3. 60

Lucanus, M. Annai, de bello civili libri decem. G. Steinharti aliorumque copiis usus iterum ed. Carol. Hosius. (LX, 374 S.) kl. 8. Leipzig 905. B. G. Teubner. n. 4. 40; geb. n. 5. —

(Bibliotheca script. graec. et rom. Teubneriana.)

Lucanus. Versuch einer gebundenen Uebersetzung des Marcus Annäus Lucanus vom Bürgerlichen oder Pharsalischen Kriege... herausgegeben von GEORGE BALTHASAR VON BORCK. Halle, Gebauer, 1749. 8: 12 Bl. 356 S. Etwas berieb. Ldbd. d. Z.

G. III 368, 45. Schweiger II. 567.

Lucanus, übers. von Jul. Krais, s. Bibliothek, Langenscheidt'sche, sämmtl. griech. und röm. Klassiker.

Lucanus, s. Bibliothek d. Übersetzungen.

Lucani pugnae Pharsalicae narratio (Pharsaliae lib. VII v. 385—711) ex H. Grotii recensione ed. cum comm. crit. ab H. Usener. Pr. 1868. 24 S. 4°. 1.— Greifswald.

— Pharsalia, deutsch, s. a. Werk.

Lukanus, M. A., Pharsalia, s. a. Sammlung griech. und röm. Classiker.

M. A. Lucanus. Pharsalia sive de bello civili libri X eidemque adscriptum carmen ad Pisonem, recensuit Gottlieb Cortius. Lipsiae 1726. 8°.

Lucanus, Marc. Ann., Pharsalia s. de bello civ. libri X. emend. a Cortio. 8. Lips. Gleditsch. 726.

Lucani, Marci Annaei. Pharsalia, sive de bello civili, libri decem. 8. Mannhemii 1779.

— — id, l. 8. Mannh. Acad. Hdl. (Löffler) 780. Postp.

— Pharsalia s. de bello civ. libr. X. stud. soc. Bipont. 8maj. Bipont. 783. 12 gr Ed. II. auct. et emend. 807. (Treuttel u. W.) 1 Thlr 4 gr

— — oder Bürgerkrieg, übers. v. Haus. 2 Bde. gr. 8. Frkf. Hermann. 792.

* — Pharsalia, od. Bürgerkrieg, übersetzt von Ph. Ludw. Haus. 2 Bde. gr. 8. Frankf. Körner. 792.

— — dass. übers. v. Haus. 8. Lpz. Sommer. 792.

— Pharsalia, oder Bürgerkrieg, übers. von J. P. Haus. 2 Bde. gr. 8. Manh. (Frankf. a. M.) 792. Hermann. 1 Thlr

— — dass. übers. v. Haus. 2 Thle. gr. 8. Mannh. Schwan u. G. 792.

— — idem ex opt. exempl. emendata etc. c. tab. aen. fol. Paris (Levrault in Strasb.) (a. Tourneisen in Cassel) 795.

— Pharsalia, cur. ang. Illicino. 8. Viennae, Degen. 803.
Druckp.
Schreibp.
Velinp.

* — — id. lib. 16. Rotterdam. (Lipsiae, Breitkopf et H.) 805.

— — id. l. stud. soc. Bipont. 8. maj. Biponti. (Treuttel et W. in Strasb.) 807.

— Pharsalia, cur. Ang. Illycino. 8. Wien 811. (Armbruster). 12 gr Schrbp. 18 gr Velinp. 2 Thlr 16 gr

— Pharsalia, ad fidem editionum principum et codicum antiquorum Vindobonensium, ab Angelo Illycino; c. X tabb. Edit. splend. 4maj. Wien 811. Degen. Velinp. 50 Thlr (Barth in Leipz.) 36 Thlr Avec figures avant la lettre. ibid. 60 Thlr Avec figures triples avant et avec la lettre et les eaux fortes. ibid. 80 Thlr

— — idem lib. avec figures avant la lettre. ibid.

— — id. lib. avec figures triples avant et avec la lettre et les eaux fortes. ibid.

— — dass. übersetzt von Haus. Neue Ausg. gr. 8. Leipz. Sommer. 814.

Lucanus, M. A., Pharsalia. Cum notis selectis H. Grotii integrisque R. Bentleji Codicum nondum collatorum lectiones varias, appendicem indicesque adjecit C. F. Weberus. Vol. I cont. Praefat. et Pharsalia. Lib. I — III. 8maj. Lips., G. Fleischer. 821.

Lucani, (M. A.,) Pharsalia, cum not. sel. H. Grotii intigris et ad auctis R. Bentelii etc. cur. C. F. Weber. Vol. II. cont. Pharsalia lib. IV — X. et dissertationem. 8maj. Leipz. 822, G. Fleischer. 3 Rthl. 8 gr. Beide Theile.

Lucani, M. Annaei, Pharsalia, cum notis sel. Hug. Grotii, integris et adauctis Rich. Bentleii, duobus specimin. Ezrae Clercquii van Iever, duab. epist. ined. Franc. Oudendorpii, quibus var. lect. Mss. nunc primum collat., Dissertationem de spuriis et male suspectis Lucani versibus, scholiastas ined., adnotat. suam et indices locuplet. addidit Car. Fr. Weber. Vol. III. cont. Scholiastas. 8maj. (59½ B.) Lipsiae 831, E. Fleischer.
Vol. I. II. Ebendas. 1821, 29. 6 Thlr. 20 Gr.

— id. lib. cum notis M. Gudii, C. Barthii, Heinsii, E. Manhemii etc. Edit. absolv. et indicibus auxit C. F. Weber. 2 Tomi. gr. 8. Leipz. 826, Hartmann. 5 Rthl. Schreibp.

— id. lib., cum notis M. Gudii, C. Barthii, Heinsii, E. Manhemii etc. Ed. absolv. et indicibus auxit Car. Fr. Weber. II Tom. 8maj. Leipz. 827, 29. Lehnhold. 6 ℳ Schrbp. 10 ℳ Hbg. Pr. 8 ℳ

— Pharsalia. Ed. C. F. Weber. 2 Tom. 8maj. Leipzig 828, 29. Lehnhold; ist d. Pr. jetzt 4 ℳ Schreibp. 5 ℳ Velp. 6 ℳ

Lucani, M. Annaei, Pharsalia c. notis M. Gudii, C. Barthii, H. Heinsii, E. Manhemi, J. F. Gronovii, G. Trilleri, J. F. Christii, Th. Cortii et Joh. Aloys Martiny-Lagunae. Edit. absolv. et indicib. auxit C. F. Weber. II Vol. 8maj. (94 B.) Lipsiae 828, 29, [Wöller.] 6 Thlr., Schrbp. 8 Thlr., Vlnp.

—— id. — cum indice rerum. Ad opt. libror. fidem accurate edita. Edit. stereot. 16. (17¼ B.) Lipsiae (834), Tauchnitz.

—— Pharsaliae lib. X. Ad meliorem libror. fidem rec. scholiisque interpretatus est et indicem adjecit Car. Herm. Weise. 8maj. (28 B.) Quedlinburgi 835, Basse. 1⅓ Thlr., Vlnp.

Lucanus, M. A., Pharsalia, oder: Der Bürgerkrieg zwischen Pompejus und Cäsar. I. Buch, lateinisch und deutsch. Uebers. im Versmaße des Originals von Jos. Merkel. gr. 8. (48 S.) Aschaffenburg 849, (Pergay.)

Lucanus, M. Aenäus, Pharsalia; verdeutscht von F. H. Bothe, s. a. Dichter, römische.

M. Annaeus Lucanus. Pharsalia, übersetzt von F. H. Bothe. Stuttgart 1856. 8⁰.

Lucani, M. Annaei, Pharsalia cum indice rerum. Ad optimorum librorum fidem accurate edita. Nova editio ster. C. Tauchnitiana. Nova impressio. 16. (273 S.) Leipzig 867, Holtze.

Lucani, M. Annaei, Pharsalia, cum indice rerum. Ad optimorum librorum fidem accurate edita. Edit. stereot. C. Tauchnitiana. Nova impressio. 16. (273 S.) Leipzig 872, Holtze.

Lucani, M. Annaei, Pharsalia. Cum commentario critico ed. C. M. Francken. Adiectae sunt Lucani vitae antiquae. Vol. I. u. II. gr. 8. Leiden, A. W. Sijthoff. n.n. 17. 60
I. continens liber I—V. (XLII, 234 S.) 896. n. 8. —
II. continens liber VI—X. (XIV, 276 S.) 897. n.n. 9. 60

— Poema di M. Anneo Lucano, tradotto da V. Ussani. I. Libro I. Gel. 1899. 44 S.

— siebent. Buch, d. Schlacht b. Pharsalia, metr. übers. nebst erläut. Anm. u. beygef. Text. v. Pistorius. 8. Berl. Lange. 802.

— d. Schlacht bei Pharsalia, oder d. 7te Buch d. Lucan, metrisch übersetzt von Pistorius; mit erläut. Anmerkk. u. beigefügtem Texte rc. 8. Berl. 802. (Reimer). 10 ℊ

—— s. Scholia.

Lucardis, E., Wunsco. Erzählung aus deutscher Vorzeit. (551 S.) 8. Leipzig 909. F. Eckardt. 6.—; geb. 7.—

Lucas, s.a. Lukas

Lucas. Lu-kas yi-ger bkod-pai ,p'rin-bzań zes-bya-ba bzugs-so. (Berlin o. J.)

Lucas u. Bärbchen; od. d. Jahrmarkt. Komisch. Singsp. in 1 Akt. v. Gotter u. Benda. 8. Lpz. Schwickert. 776.

Lucas' v. Leyden Biographie u. Charakteristik, s. Kunst u. Künstler des Mittelalters u. der Neuzeit.

Lucas und Hannchen. Eine Operette ... Braunschweig 1768. V: *Eschenburg, Johann Joachim.* (Schr) (Ky)

— u. Hannchen. Operette. 8. Brschw. Schulbuchhdl. 768.

Lucas Evangelista

– Evangelium Lucae. Pars prior. Ab erudito Proselyto Henr. Christ. Imman. Frommanno ... in linguam Ebraeam transferri ac explicari curavit edidit que Io. Henr. Callenberg. Halae 1735.

— Dasselbe, übersetzt von Sillig, s. Testament, das Neue, von Sillig.

— Dass., umschrieben u. erläutert von H. Pape. 2 Thle. 8. Bremen 777, 81. (Leipz., Kummer). 2 ℳ

Lucas, Evangelium, umschrieben, mit Anmerkk. gr. 8. Leipz. 792. Schwickert. 10 ℊ

Evangelium secundum Lucam sive Lucae ad Theophilum liber prior. Sec. formam quae videtur Romanam ed. Fridericus Blass. *Lipsiae: B. G. Teubner 1897.* (LXXXIV, 120 S.) 1 Bd 8. [97. 5343]

Das Evangelium Lucae [evangelistae] übers. u. erkl. von J[ulius] Wellhausen. *Berlin: G. Reimer 1904.* (142 S.) 8° [04. 13193]

Lucae ad Theophilum liber I, s.: Evangelium secundum Lucam.

Lucas van Leyden 1494—1533. Handzeichngn., Stiche u. Gemälde. 1.—11. Lfg. (à 5 Taf.) Fol. Haarlem (903. 904.) H. Kleinmann & Co. à n. 6.—

Lucas de S. Giusep, p. Vital dil survient de Diu, Frar Giacum de S. Aloys (de Tinizun, 1714–1750), religius della Congregaziun dils Passionists, concepida da P. L' de S. G'. Translatada ord il Talian en Romonsch [tras Christian Modest Tuor]. 8. Cuera 1878.

Lucas a Sancta Teresia, Fr., die Braut der Gekreuzigten. Die sel. Maria von den Engeln, Carmeliterin. 2 Thle. 8. (XIX und 642 S. mit 1 Stahlst.) Wien 866, Sartori.

—— Leben der ehrwürdigen Dienerin Gottes Teresia Margaretha vom Herzen Jesu, unbeschuhten Carmelitin. 8. (XII und 247 S. mit 1 Stahlst.) Wien 867, Sartori.

Lucas. Geoffrey Chaucer, poëte anglais du XIV. siècle. 1. partie. Warendorf, Pg., 1852. 10 S. 4. Progr.

Lucas. Gottfried von Villehardouin. Warendorf, G., 1860. 20 S. 4. Progr.

Lucas' Mentor od. Schülerfreund. Taschenkalender f. Zöglinge höherer Lehranstalten auf d. J. 1903. Red. v. e. Schulmanne. gr. 16. (XXX, 122 u. 108 S. m. eingedr. Bildnissen.) Elberfeld, S. Lucas. Geb. — 60

Lucas' Mentor od. Schülerfreund. Taschenkalender f. Zöglinge höherer Lehranstalten auf d. J. 1906. Red. v. e. Schulmanne. (XXX, 122 u. 136 S. m. Abbildgn.) 16. Elberfeld, S. Lucas. Geb. — 60

Lucas' Mentor od. Schülerfreund. Taschenkalender f. Zöglinge höherer Lehranstalten auf d. J. 1908. Red. v. e. Schulmanne. (XXX, 122 u. 139 S. m. Abb.) 16. Elberfeld, S. Lucas. Geb. — 60

Lucas' Operntexte. Mit Geschichte der Oper Einführg. in die Musik u. Inhalt der einzelnen Akte v. E. Lucas. 1.—23. Hft. 12. Elberfeld 890. Lucas. à n. — 25

1. Fidelio. Oper in 2 Aufzügen. Musik v. L. van Beethoven. Text nach J. N. Bouilly v. J. Sonnleithner u. korrigirt v. G. F. Treitschke. (VIII, 22 S.)
2. Don Juan od. der steinerne Gast. Oper in 2 Akten v. W. A. Mozart. Text v. L. da Ponte. (X, 34 S.)
3. Czaar u. Zimmermann od. Die beiden Peter. Komische Oper in 3 Akten v. A. Lortzing. Text v. Componisten. (VI, 39 S.)
4. Der Freischütz. Romantische Oper in 3 Akten von K. M. v. Weber. Text v. F. Kind. (IX, 22 S.)
5. Die Hochzeit d. Figaro. Komische Oper in 4 Akten v. W. A. Mozart. Text nach dem französ. Lustspiel d. P. A. C. de Beaumarchais v. L. da Ponte. (X, 43 S.)
6. Lucia v. Lammermoor. Tragische Oper in 3 Aufzügen von G. Donizetti. Text nach Walter Scott's Roman „Die Braut" v. S. Cammarono. (VI, 27 S.)
7. Der Waffenschmied. Komische Oper in 3 Akten v. A. Lortzing. Text vom Componisten. (VI, 38 S.)
8. Fra Diavolo od. das Gasthaus in Terracina. Komische Oper in 3 Akten von D. F. E. Auber. Text von E. Scribe. (VI, 34 S.)
9. Das Nachtlager in Granada. Romantische Oper in 2 Akten von C. Kreutzer. Text nach dem gleichnam. Schauspiel d. F. Kind von K. Frhrn. v. Braun. (VI, 26 S.)
10. Die weiße Dame. Komische Oper in 3 Akten von A. F. Boieldieu. Text v. E. Scribe. (VII, 40 S.)
11. Norma. Tragische Oper in 2 Aufzügen von V. Bellini. Text von F. Romani. Uebers. von J. Ritter v. Seyfried. (VII, 31 S.)
12. Die Jüdin. Große Oper in 5 Aufzügen. Musik von J. F. Halévy. Text v. E. Scribe. Deutsch von K. A. Frhrn. v. Lichtenstein. (VII, 52 S.)
13. Der Barbier von Sevilla. Komische Oper in 2 Akten von G. Rossini. Text nach dem französ. Lustspiel d. P. A. C. de Beaumarchais v. C. Sterbini. (IX, 33 S.)
14. Undine. Romantische Zauberoper in 4 Aufzügen v. A. Lortzing. Text vom Componisten frei bearb. nach der Erzählg. von F. Baron de la Motte Fouqué. (VIII, 44 S.)
15. Tell. Große romantische Oper in 4 Akten v. G. A. Rossini. Text v. L. Hippolyte Bis u. Vict. Jos. Etienne gen. Jouy, übers. von M. Th. v. Haupt. (X, 45 S.)
16. Joseph in Egypten. [Jakob u. seine Söhne.] Oper in 3 Aufzügen von E. H. Méhul. Text von A. V. P. Duval. (V, 19 S.)
17. Der Postillon von Lonjumeau. Komische Oper in 3 Akten v. A. Ch. Adam. Text von A. v. Leuven u. F. Brunswick. (VI, 37 S.)
18. Euryanthe. Große heroisch-romant. Oper in 3 Aufzügen von K. M. v. Weber. Text von Helmina v. Chezy, geb. Freiin v. Klenke. (XIII, 29 S.)
19. Robert der Teufel. Romantische Oper in 5 Aufzügen von G. Meyerbeer. Text v. E. Scribe u. J. F. C. Delavigne. (X, 49 S.)
20. Die Stumme v. Portici. Große histor. Oper in 5 Aufzügen v. D. F. E. Auber. Text v. E. Scribe. (VIII, 36 S.)
21. Die Zauberflöte. Oper in 2 Akten v. W. A. Mozart. Text v. E. Schikaneder. (XIII, 31 S.)
22. Der Troubadour. Oper in 4 Akten v. G. Verdi. Text nach Garcia Guttierez' Drama „El Trobador" v. S. Cammarono. (VII, 36 S.)
23. Marie oder die Tochter des Regiments. Komische Oper in 2 Akten v. Gaëtano Donizetti. Text v. Jules Henry Vernoy de Saint Georges u. Jean François Alfr. Bayard. Deutsch v. Karl Gollmick. (V, 27 S.)

Lucas: Ein im Jahre 1755 von den Schülern der Anstalt aufgeführtes Singspiel. Titel: Neanias aus einem Verfolger ein Bekenner und Blutzeuge des Gekreuzigten. 12 S. –Warendorf, Progr. 1869.

Lucas. Oraniens Triumph- u. Ehrenfahne. 8. Frankfurt 1702.

Trauer-Loge der Loge „Johannes zum Wohle der Menschheit" im Or. Salzwedel am 29. Jan. 1878. Rede, gehalten von A. Lucas. Salzwedel: Klingenstein 1878. 6 S. 8°
Trost am Grabe.

Lucas, Agnes, Puppenmütterchens Nähschule. Eine Puppengeschichte, zugleich e. Anleitg., nach welcher junge Mädchen ihre Puppenkleider selbständig herstellen können. Mit 9 Abbildgn. im Text u. 8 Schnittmusterbog. u. (8) kolor. Musterbildern. (Kleine Ausg.) 8. (VI, 66 S.) Ravensburg 894. O. Maier. Kart. u. in Mappe. n. 3.50; große Ausg. m. 1 Gelenkpuppe, 2 Kästchen f. Nähzeug u. Stoff in Kasten n. 6. —

Lucas, Agnes, die kleine Puppenschneiderin. Ein Büchlein f. kleine Mädchen, nach welchem sie lernen, ihre Puppenanzüge selbst herzustellen. Mit Schnittmustern u. Abbildgn. 8. (57 S.) Ravensburg (900). O. Maier. Kart. n. 1.50

— dasselbe. Liliput-Ausg. Eine Anleitg. f. Mädchen zur selbstständigen Bekleidung ihrer kleinsten Puppen. Mit 6 Schnittmusterbog. schmal 12. (54 S. m. Abbildgn.) Ebd. (900). n. 1. —

Lucas, Agnès, Toilette de ma poupée. Une histoire de poupées, contenant une indication d'après laquelle les jeunes filles peuvent faire seules leur trousseau de poupée. Traduit de l'allemand en français par Sophie Barazetti. (VI, 66 S. m. Abbildgn. u. 7 [4 farb.] Taf.) 8. Ravensburg (905). O. Maier. Kart. n. 3.50; m. Schnittmustern n. 6. —

Lucas, Agnes, s.: Weigand, Antonie.

Lucas, Annie. Licht aus Finsternis. Eine Erzählg. aus dem deutsch-französ. Kriege. Aus dem Engl. Deutsch v. Marie Morgenstern. gr. 8. (III, 258 S. m. Vignetten.) Lpz. 890, [Böhme Nachf.] Ungleich. * 2 75; geb. ** 3 75

Lucas, Arminius *(geb. Wirrwitz in Schles. 3. 12. 1846)*: De jure repraesentationis in successione legitima secundum principia juris Romani. Vratislaviae (1868). (52 S.) 8°
Breslau, Jur. Diss. v. 9. Nov. 1868

Lucas, August Robert, s. Lucas, Robert

Lucas, Auguste, geb. Sievert, praktisches Mitauer Kochbuch. Ein nützl. Hand- und Hilfsbuch für Hausfrauen und Köchinnen in Kur-, Liv- und Esthland. Erprobt von dem Vereine bewährter Hausfrauen. 4., verm. Aufl. 8. (XL und 397 S.) Mitau 862, Neumann's Verlag. 1 Thlr.; geb. *

Lucas, Balduin (Mitarb.), s. Kränze.

Bernard Lucas. Gespräche Christi [Conversations with Christ] aus d. Engl. von F[riedrich] Siegmund-Schultze, mit Geleitwort von D. [Ernst] Dryander. Berlin: Mittler 1910. XII, 270 S. 8° (og. 17863 9

Lucas, C., s.a. Lucas, Karl

Lucas, C., der Bettler von Amsterdam und die Söhne Academias. Zwei Novellen. 8. Berlin 843, Rubach. 1 3/4 ℛ

Lucas, C., von dem Strafsystem u. d. Abhaltungstheorie im Allgemeinen; von d. Todesstrafe insbesondere. Eine gekr. Preisschrift. Aus d. Französ. u. mit Anmerkk. versehen von K. Samhaber. gr. 8. Darmst. 830. Leske. 1 ℛ 14 gr

—— der Zigeuner. Roman. 8. (24 1/2 B.) Berlin 843. [Hamburg, Engel.]

Lucas, C. W., s. Lucas, Karl Wilhelm

Lucas, C(harles): Versuch von Wassern. (An Essay on waters. Dt.) Übers. von Johann Ernst Zeiher. Th. 1 - 3, gbd.

Altenburg: Richter 1767 - 1769

JB 2.706

Lucas, C., Versuch von Wassern; aus d. Engl. von Zeiher. 3 Thle. gr. 8. Altenb. 767—69. Richter. (Hennings in Neisse). 2 ℛ 4 gr

Lucas, Chr. Th. Hch. Versuch einer Charakteristik Cimons. 8. Hirschberg 1835.

Lucas, Chr. Th. L., de bellis Suantopolci, ducis Pomeranorum, advers. ordinem Teutonicum gestis liber. 8maj. Königsb. 823. (Bornträger). 8 gr

Lucas, (Ch. Th. L.,) de bellis Suantopolci, ducis Pomeranorum adversum ordinem gestis Teutonicum liber. 8 maj. Regiomonti 824, (Bornträger.)

Lucas, C. Th. L. Ueber den Gymn.-Unterricht in der Geschichte. 20 S.
Progr. Königsberg D. 1833

Ueber den Krieg von Wartburg. Von C. T. L. Lucas. Königsberg 1838. Siehe in: Historische und litterarische Abhandlungen der königlichen deutschen Gesellschaft zu Königsberg. 4. Samml. Abth. 2. 8°

Lucas, Ch. Th. L. Ueber den dichterischen Plan von Göthe's Faust. 24 S.
Königsberg, Progr. 1840

Lucas, C. T. L., über den dichterischen Plan von Göthe's Faust. 2. Aufl. 8. (62 S.) Königsberg 846, Samter. *

— Progr. über Polybius Darstellung des Aetolischen Bundes. 1r Thl. gr. 4. Berl. 827. (Th. Enslin). 1 ℛ 8 gr

— über Klopstock's dichterisches Wesen u. Wirken. Vorausgeschickt ist e. Ode des Dr. A. Hagen. 8. Königsb. 824. Bornträger. 10 gr

Lucas D, der Schulzwang, ein Stück moderner Tyrannei. Landshut 1865

Lucas, Eduard

Lucas, Ed., Abbildungen württembergischer Obstsorten, s. Abbildungen.

Lucas, Ed., Abbildungen württembergischer Obstsorten. Eine Sammlung vorzüglicher Äpfel- u. Birnsorten, ausgewählt bei der vaterländ. Obst- u. Traubenausstellung in Cannstatt 1857. Im Auftrag d. Kgl. Württemberg. Centralstelle für die Landwirthschaft herausg. Mit 50 Abbildgn. in Farbendr., auf 12 (lith.) Taf. Stuttgart 858. Ebner u. Seubert. gr. 4. (63 S.) n. 2 ℛ. 12 ngr

Lucas, Ed., Abbildungen württembergischer Obstsorten. 2. Abth. Eine Sammlung vorzüglicher Steinobstfrüchte: Kirschen, Pflaumen, Aprikosen u. Pfirsiche. Im Auftrag der Königl. Württembergischen Centralstelle für die Landwirthschaft herausg. Mit 24 Abbildgn. in Farbendr., auf 6 (lith.) Taf. Stuttgart 861. Ebner & Seubert. gr. 4. (39 S.) n. 1 ℛ 10 ngr

Lucas, Ed. (Hrsg.), s. Abhandlungen über Pomologie, Obst- und Weinbau.

— u. Frdr. Lucas, Anleitung zum Gemüsebau, sowie zur Einrichtung eines Hausgartens. Mit Zugrundelegung der bezüglichen Abschnitte aus der 5. Aufl. von Christ's Gartenbuch besonders auch für Haushaltungs- u. Ackerbauschulen bearb. Mit 51 in den Text gedr. (Holzschn.-) Abbildungen. gr. 8. (VIII, 134 S.) Ebend. 881. cart. n. 1. 80

– Dass. weitere Aufl., s. Lucas, Friedrich.

Lucas, Ed., kurze Anleitung zur Landschaftsgärtnerei. Nach L. v. Sckell's Beiträge zur bildenden Gartenkunst für die Zöglinge des Pomolog. Instituts in Reutlingen bearb. 8. (IV, 102 S.) Ravensburg 879. (Stuttgart, Metzler'sche Sortimentsh.) * 2 —

Lucas, Ed., kurze Anleitung zur Obstbenutzung nach rationellen Grundsätzen und den neuesten Erfahrungen. 2 Thle. in 1 Bd. gr. 8. Stuttgart 881, Ulmer. cart. * 1 50

Inhalt:

Thl. 1. Kurze Anleitung zum Obstdörren und zur Mußbereitung. 5. Aufl. (VIII, 36 S. mit 23 eingedr. Holzschn.) Einzelpr. * 75 Pf.

" 2. Der Cider oder Obstwein. Kurze Zusammenstellung der verschiedenen Bereitungsarten und Rathschläge zu einer rationellen Darstellung und Behandlung desselben. 3. Aufl. (IV, 42 S. mit 10 eingedr. Holzschn.) Einzelpr. * 80 Pf.

—— kurze Anleitung zum Obstdörren und zur Gesälzbereitung. Im Auftrag der k. Centralstelle für die Landwirthschaft bearb. 2., verm. Aufl. der Schrift: „Beschreibung einer neuen Obstdörre." gr. 8. (32 S. mit 1 Stnt. in qu. Fol. und 3 eingedr. Holzschn.) Stuttgart 860, Ebner und Seubert.

—— kurze Anleitung zum Obstdörren und zur Mußbereitung. 3. Aufl. 1869, und 4. umgearb. und verm. Aufl. gr. 8. (40 S. mit 1 lithogr. Taf. in qu. Fol. und mehreren eingedr. Holzschn.) Ravensburg [Stuttgart] 873, Ulmer.

Lucas, Ed., kurze Anleitung zur Obstkultur, s. Bibliothek landwirthschaftl. Lehrbücher.

— dasselbe s. Bibliothek prakt. Lehrbücher f. Ackerbauschulen.

— kurze Anleitung zur Obstkultur. Als Leitfaden bei Vorträgen über Obstbau an Seminarien, pomolog. u. Gartenbau-Instituten rc., wie auch zum Selbstunterricht. Ebend. 866. gr. 8. (VII, 94 S. mit 4 Steintaff. Abbild. in qu. Fol.) n. 16 ngr

—— kurze Anleitung zur Obstkultur. Als Leitfaden bei Vorträgen über Obstbau an Seminarien, pomolog. Gartenbau-Instituten, landwirthschaftl. Lehranstalten und Fortbildungsschulen, wie auch zum Selbstunterricht. 2. Aufl. 1869, und 3. verm. Aufl. gr. 8. (VIII, 118 S. mit 4 lithogr. Taf. Abbild. in qu. Fol.) Ebendas. 872. *

— kurze Anleitung zur Obstcultur. Ein Leitfaden bei Vorträgen über Obstbau an Seminarien, pomologischen u. Gartenbau-Instituten, landwirthschaftlichen Lehranstalten u. Fortbildungsschulen, wie auch zum Selbstunterricht. 5., verm. Aufl. Mit 4 (lith.) Taf. Abbildungen. gr. 8. (VIII, 126 S.) Ebend. 880. n. 1. 60

Lucas, Ed., kurze Anleitung zur Obstkultur. Ein Leitfaden bei Vorträgen üb. Obstbau an Seminarien, pomolog. u. Gartenbau-Instituten, landwirthschaftl. Lehranstalten u. Fortbildungsschulen, wie auch zum Selbstunterricht. 6. Aufl. Bearb. v Fr. Lucas. Mit 4 lith. Taf. Abbildgn. u. 24 Holzschn. gr. 8. (VIII, 122 S.) Stuttgart 883. Ulmer. n. 1. 60; geb. n. 1. 85

Lucas, Ed., kurze Anleitung zur Obstkultur. Ein Leitfaden bei Vorträgen über Obstbau an Seminarien, pomolog. und Gartenbau-Instituten, landwirtschaftl. Lehranstalten und Fortbildungsschulen, wie auch zum Selbstunterricht. 7. Aufl. Bearb. von Fr. Lucas. gr. 8. (VI, 132 S. mit 4 lithogr. Taf. Abbild. und 25 in den Text gedr. Holzschn.) Stuttgart 887, Ulmer. *M 1.60.; geb. **

—— kurze Anleitung zur Obstkultur. Ein Leitfaden bei Vorträgen üb. Obstbau an Seminarien, pomolog. u. Gartenbau-Instituten, landwirtschaftl. Lehranstalten u. Fortbildungsschulen, wie auch zum Selbstunterricht. 8. Aufl. Bearb. v. Fr. Lucas. Mit 4 lithogr. Taf. Abbildgn. u. 32 in den Text gedr. Holzschn. gr. 8. (VIII, 134 S.) Stuttg. 891, Ulmer. * 1 60; geb. ** 1 85

Lucas, Ed., kurze Anleitg. zur Obstkultur. E. Leitfaden bei Vorträgen üb. Obstbau an Seminarien, pomolog. u. Gartenbau-Instituten, landwirtschaftl. Lehranst. u. Fortbildungsschulen, wie auch zum Selbstunterr. 9. Aufl. Bearb. v. Fr. Lucas. gr. 8. (VIII, 150 S. m. 33 Holzschn. u. 4 Taf.) Stuttgart 896. E. Ulmer. Kart. n. 1. 65

Lucas, Ed., kurze Anleitung zur Obstkultur. Ein Leitfaden bei Vorträgen üb. Obstbau an Seminarien, pomolog. u. Gartenbau-Instituten, landwirtschaftl. Lehranstalten u. Fortbildungsschulen, wie auch zum Selbstunterricht. 10. Aufl. Bearb. v. Fr. Lucas. gr. 8. (VI, 164 S. m. 38 Holzschn. u. 4 lith. Taf.) Stuttgart 900. E. Ulmer. Kart. n. 1. 65

Lucas, Ed., kurze Anleitung zur Obstkultur. Ein Leitfaden bei Vorträgen üb. Obstbau an Seminarien, pomolog. u. Gartenbau-Instituten, landwirtschaftl. Lehranstalten u. Fortbildungsschulen, wie auch zum Selbstunterricht. 11. verm. Aufl. Bearb. v. Fr. Lucas. (IV, 173 S. m. 41 Abbildgn. u. 4 lith. Taf.) 8. Stuttgart 904. E. Ulmer. Kart. n. 1. 65

Lucas, Ed., kurze Anleitung zur Obstkultur. Ein Leitfaden bei Vorträgen üb. Obstbau an Seminarien, pomolog. u. Gartenbau-Institutenˌ landwirtsch. Lehranstalten u. Fortbildungsschulen, wie auch zum Selbstunterricht. 12. verm. Aufl. Bearb. v. Fr. Lucas. Mit 38 Textabb., m. 4 lith. Taf u. 1 farb. Doppeltaf. (IV, 178 S.) 8. Stuttgart 910. E. Ulmer. Geb. in Leinw. 2. —

Lucas, Eduard, populäre Anleitung zum ländl. Gartenbau als Mittel zu Erhöhung des Wohlstandes und zur Landesverschönerung. Im Auftrag der k. württemberg. Centralstelle für die Landwirthschaft bearb. Mit 3 lithogr. Plänen und 22 Abbildungen. 8. (118 S. und 2 Stnt.) Stuttgart 849, Metzler'sche Buchh.

— Auswahl werthvoller Obstsorten nebst kurzer Angabe ihrer Merkmale u. Cultur. 4 Bde. gr. 8. Ebend. 871. 72. à n. 2. 40

1. Die besten Taseläpfel, enth. 100 der zur Anpflanzg. in den deutschen Gärten geeignetsten Sorten. Mii 114 (eingedr.) Holzschn. (VIII, 148 S.)
2. Die besten Tafelbirnen, enth. 100 der zur Anpflanzg. in den deutschen Gärten geeignetsten Sorten, m. Zugrundelegg. v. Baltets Schrift les bonnes poires u. dessen culture du poirier. Mit 117 (eingedr.) Holzschn. (VIII, 144 S.)
3. Die besten Steinobstfrüchte, enth. 100 der zur Anpflanzg. in den deutschen Gärten geeignetsten Kirschen- u. Weichseln-, Pflaumen- u. Zwetschen-, Pfirsiche-, Nectarinen- u. Apricosensorten. Mit 114 (eingedr.) Holzschn. (VI, 156 S.)
4. Wirthschaftsobstsorten, enth. 100 der zur Anpflanzg. in den deutschen Gärten geeignetsten Sorten. Mit 102 (eingedr.) Holzschn. (X, 138 S.)

Suppl.-Bd. Das Beerenobst. Systematische Beschreibg. der werthvollsten Stachelbeer-, Johannisbeer-, Himbeer- u. Brombeer-Sorten. Als integrir. Thl. d. Illustr. Handbuchs der Obstkunde bearb. v. Heinr. Maurer. Mit 12 (lith.) Taf. Abbildgn. (in qu. Fol.) (118 S.)

—— Beiträge zur Hebung der Obstcultur, s. Oberdieck, J. G. C.

— Kurze Belehrung über den Baumsatz. Ravensburg 1866

— die Bepflanzung der Eisenbahndämme u. Böschungen sowie die Umfriedigung der Bahnlinien mit Obstbäumen u. nutzbringenden Gehölzarten. Mit 2 (lith.) Taff. Abbildgn. (in qu. 4.) u. mehreren in den Text gedr. Holzschn. 2. verm. Aufl. Ebend. 870. gr. 8. (IV, 26 S.) 6 ngr.

—— Bericht über die landwirthschaftliche Producten-Ausstellung in Canstatt im Spätjahr 1850. Erstattet an die k. württemberg. Centralstelle für die Landwirthschaft von der für die Ausstellung bestellten Commission. Lex.-8. (VIII und 42 S.) Stuttgart 850, J. B. Müller's Vrlgsh.

Lucas, Ed., Bericht üb. d. landwirthschaftl. Producten-Ausstellung in Cannstatt im Späthjahr 1850. Lex.-8. Stuttgart, 1851. (Leipzig, Winter.) — 4½

— die Beschädigung unserer Obstbäume durch Schneedruck, die nothwendigen Hülfsmittel u. die möglichen Vorbeugungsmittel. Vortrag im Gewerbe-Verein in Reutlingen am 18. Novbr. 1868. Mit 1 (lith.) Taf. Abbildgn. Ebend. 869. gr. 8. (16 S.) n. 4 ngr.

— Beschreibung einer neuen Gemeinde-Obstdörre. Ebend. 866. gr. 8. (8 S. mit 1 lith. Abbild. in 4.) 3 ngr.

Biographien verdienter Pomologen. Professor Dr. Wilh. Seelig in Kiel. [Verf.: (Ed. Lucas). Stuttgart. (1881.)] 8° Ausschnitt aus: Pomolog. Monatshefte. 1881, H. 8.

—— kurze Darstellung des Baumschnitts, s. Grundlehren des Gartenbaues.

—— Einleitung in das Studium der Pomologie, s. Bibliothek für wissenschaftliche Gartencultur.

— Gartenbuch, s.: Christ, Joh. Ludw.

— d. Gemeindebaumschule. Eine gemeinfassl. Dienstanweis. f. Gemeindebaumschulwärter. Mit 4 Taf. gr. 8. Stuttgart, 1852. Aue. — 15

Lucas, Ed., die Gemeindebaumschule. Eine gemeinfaßliche Dienstanweisung für Gemeindebaumschulwärter. Im Auftrag d. k. w. Centralstelle für die Landwirthschaft bearb. Mit Abbildungen. gr. 8. (XII und 116 S. mit 4 Stnt. in qu. Fol.) Stuttgart 852, Frz. Köhler.

—— die Gemeindebaumschule. Eine gemeinfaßliche Dienstanweisung für Gemeindebaumschulwärter. Im Auftrag der k. w. Centralschule für die Landwirthschaft bearb. 3., verm. Aufl. gr. 8. (XII und 108 S. mit 6 Stnt. Abbildungen in gr. 8., qu. gr. 4. und qu. Fol.) Stuttgart 861, Aue. *

— der Gemüsebau, s. a. Bibliothek f. Landwirtschaft u. Gartenbau.

—— der Gemüsebau, praktisch dargestellt für Landwirthe, Gärtner und Gartenfreunde. Mit dem Grundrisse eines Gemüsegartens. gr. 4. (IV und 100 S.) Stuttgart 847, Metzler'sche Buchh.

— d. Gemüsebau, prakt. dargestellt f. Landwirthe, Gärtner u. Gartenfreunde. Mit d. Abbild. u. d. Grundriss e. Gemüsegartens. (Abth. d. Bibliothek f. Landwirthschaft u. Gartenbau.) br. 8. Stuttgart, 1847. 2. Aufl. 1860. Metzler. 1. —

Lucas E.: Der Gemüsebau ... 2. stark verm. Aufl. Stuttg. 1860. 302 S. Fig. 1 Pl.
(= Bibliothek für Landwirthschaft u. Gartenbau I).

Lucas E, d. Gemüsebau. Anleit. z. Kultur d. Gemüse. 3. A. Stuttgart 1870

—— der Gemüsebau. Anleitung zur Cultur der Gemüse in Garten und Feld für Landwirte, Gärtner und Gartenfreunde. Mit dem (lithogr.) Plan eines Gemüsegartens und 112 in den Text gedr. (Holzschn.-)Abbild. 4. stark verm. Aufl. gr. 8. (X, 306 S.) Stuttgart 882, Metzler'sche Buchh. cart. * 3 —

— der Gemüsebau. Anleitung zur Kultur der Gemüse im Mistbeet, Garten u. Feld f. Gärtner, Gartenfreunde u. Landwirte. 6. stark verm. u. umgearb. Aufl. v. Fr. Lucas. Mit dem Plan e. Gemüsegartens u. 177 in den Text gedr. Abbildgn. (X, 378 S.) 8. Stuttgart 905. J. B. Metzler. Geb. in Leinw. n. 4. —

— illustr. Handbuch der Obstkunde, s. Handbuch.

—— und Oberdieck's illustrirtes Handbuch der Obstkunde, Ergänzungsbd. dazu, s. Lauche, W.

Lucas, Ed., vollständiges Handbuch der Obstcultur. Mit 205 in den Text gedr. (Holzschn.-)Abbildungen. gr. 8. (VIII, 432 S.) Stuttgart 881. Ulmer. geb. n. 5. 70

—— vollständiges Handbuch der Obstkultur. 2. Aufl., neu bearb. und wesentlich verm. von Fr. Lucas. gr. 8. (VIII, 462 S. mit 307 in den Text gedr. Abbild.) Ebendas. 887. cart. *

— vollständiges Handbuch der Obstkultur. 3., wesentlich verm. Aufl., bearb. v. Fr. Lucas. gr. 8. (XII, 500 S. m. 319 Abbildgn.) Stuttgart 894. E. Ulmer. Kart. n. 6. —

— vollständiges Handbuch der Obstkultur. 4., wesentlich verm. Aufl., bearb. v. Fr. Lucas. gr. 8. (XII, 519 S. m. 343 Abbildgn.) Stuttgart 902. E. Ulmer. Geb. n. 6. —

—— die Handgeräthe des Gärtners. Eine kurze beschreibende Darstellung der praktischsten älteren wie neueren Geräthe für Obstbau und Gartencultur. gr. 8. (30 S. mit 4 lithogr. Taf., in qu. 4, 120 Abbild. enth.) Ravensburg [Stuttgart] 871, Ulmer. *

— d. Kernobstsorten Würtembergs; e. systemat. Uebersicht ders., mit kurzer Beschreib. u. mit Bemerk. üb. ihre verschied. Benennungen, ihre Verbreitung u. üb. ihre Verwendungsarten. Mit 1 Abb. gr. 12. Stuttgart, 1854. Aue. — 25

—— die Kernobstsorten Württembergs; eine systemat. Uebersicht derselben, mit kurzer Beschreibung und mit Bemerkungen über ihre verschiedenen Benennungen, ihre Verbreitung und über ihre Verwendungsarten. Im Auftrag der k. Centralstelle für die Landwirthschaft bearb. Mit Abbildungen. gr. 12. (XXVI und 275 S. mit 1 Stnt.) Stuttgart 854, Franz Köhler. *

— der internationale pomologische Congress in Wien vom 2. bis 7. Octbr. 1873, dessen Verhandlgn.; die Obst- u. Traubenausstellg. u. stattgehabten Excursionen. gr. 8. (108 S.) Ebend. 874. n. 2. 40

—— die Kreis- oder Bezirksbaumschule, s. Bibliothek landwirthschaftl. Lehrbücher.

—— die Kreis- oder Bezirks-Baumschule. Praktische Anleitung zur Anlage und Behandlung derselben zugleich eine belehrende Instruktion für Baumschulgärtner. 4. verm. und vielfach umgearb. Aufl. der Schrift: „Die Gemeindebaumschule". gr. 8. (VIII, 120 S. mit 52 in den Text gedr. Abbild. in Holzschn. und 1 lithogr. Plane.) Ebendas. 873.

— aus meinem Leben. Eine Autobiographie. gr. 8. (80 S.) Stuttgart 882. Ulmer in Comm. n. 1. 50

Lucas, Ed., die Lehre vom Baumschnitt, s. Bibliothek für wissenschaftliche Gartencultur.

—— die Lehre vom Baumschnitt. Für die deutschen Gärten bearb. gr. 8. (XVI und 180 S. mit 6 Stnt. in qu. 4. und 91 eingedr. Holzschn.) Ravensburg 867, [Ulmer.] *

—— die Lehre vom Baumschnitt. Für die deutschen Gärten bearb. 2. verm. Aufl. (VIII, 218 S. mit 6 lithogr. Taf. in qu. Fol. und 106 eingedr. Holzschn.) 1869. *M 4., und 3. sehr verm. Aufl. gr. 8. (XVI, 280 S. mit 6 lithogr. Taf. und 134 eingedr. Holzschn.) Ebendas. 874.

Lucas, Ed., die Lehre vom Baumschnitt, f. die deutschen Gärten bearb. unter Mitwirkg. v. Fr. Lucas. 5. Aufl. v. Fritz Lucas. Mit 4 lith. Taf. u. 188 Holzschn. gr. 8. (VIII, 332 S.) Stuttgart 884. Ulmer. n. 6. —

Lucas, Ed. Die Lehre vom Baumschnitt, f. die deutschen Gärten bearb. 6. umgearb. u. verm. Aufl. v. Fr. Lucas. gr. 8. (XVI, 305 S. m. 4 lithogr. Taf. u. 237 Holzschn.) Stuttg. 891, Ulmer. * 6 — geb. ** 6 80

— die Lehre vom Baumschnitt, f. die deutschen Gärtner bearb. 7., umgearb. u. verm. Aufl. v. Fr. Lucas. Mit 4 lith. Taf. u. 239 Holzschn. gr. 8. (XVI, 309 S.) Ebd. 899. n. 6. —; geb. in Leinw. n.n. 6. 80

– Dass. 8. Aufl., s. Lucas, Friedrich.

— u. Frdr. Medicus, die Lehre vom Obstbau, s. a. Bibliothek f. Landwirtschaft u. Gartenbau.

Lucas E. u. **Medicus F.**: Die Lehre v. Obstbau auf einfache Gesetze zurückgeführt ... 3. verm. Aufl. Stuttg. 1865. 254 S. Fig.
(Bibliothek f. Landwirtschaft u. Gartenbau. III).

Lucas, Eduard, und F. Medicus: Die Lehre vom Obstbau. 4. A. Stuttgart 1869.

Lucas, Ed., u. Frdr. Medicus, die Lehre vom Obstbau auf einfache Gesetze zurückgeführt. Ein Leitfaden f. Vorträge üb. Obstkultur u. zum Selbstunterricht. Mit 105 eingedr. Holzschn. 5. Aufl. 8. (XII, 295 S.) Stuttgart 873. Metzler. 3. 50

—— und Friedr. Medicus, die Lehre vom Obstbau, auf einfache Gesetze zurückgeführt. Ein Leitfaden für Vorträge über Obstkultur und zum Selbstunterricht. 7. unter Mitwirkung von Friedr. Lucas vielfach überarb. und verm. Aufl. Mit zahlreichen Abbild. 3 Abtlgn. gr. 8. Stuttgart, Metzler'sche Buchh., Verlag. [1. Abtl. (S. 1—144.) 885. *M 1.40.; 2. Abtl. (S. 145—272.) 886. *M 1.20.; 3. Abtl. (XVI, S. 273—450.) 886. *M 1.40.] * cart. *

— u. Frdr. Medicus, die Lehre vom Obstbaum, auf einfache Gesetze zurückgeführt. Ein Leitfaden f. Vorträge üb. Obstkultur u. zum Selbstunterricht. 7., unter Mitwirkg. v. Frdr. Lucas vielfach überarb. u. verm. Aufl. Mit zahlreichen eingedr. Holzschn. gr. 8. (XVI, 450 S.) Stuttgart 886. Metzler's Verl. cart. n. 4. 40

Lucas, Ed., die Lehre von der Obstbaumzucht auf einfache Gesetze zurückgeführt. Mit 3 Tafeln Abbildungen. 8. Stuttgart 844, Metzler'sche Buchh. 1/3 ₰

—— Leitfaden zum Bestimmen der Obstsorten. Für die Besitzer des illustr. Handbuchs der Obstkunde hrsg. von Jahn, Lucas und Oberdieck. gr. 8. (V und 58 S.) Stuttgart 863, Ebner und Seubert.

—— Leitfaden für angehende Pomologen, s. Grundlehren des Gartenbaues.

—— über die Mängel und Hindernisse des Obstbaus und über die Mittel zu deren Abhülfe mit besonderer Berücksicht. der rauheren Gegenden Württembergs. Im Auftrage der k. Centralstelle für die Landwirthschaft bearb. 2., verm. Aufl. gr. 8. (VIII und 92 S.) Stuttgart 854, Frz. Köhler. *

— Mitteilungen über eine Reise nach Strassburg und Bottviller. Stuttgart 1858

– (Red.), s. Monatshefte, Illustrirte, für Obst- und Weinbau.

– (Red.), s. Monatshefte, Pomologische.

– (Hrsg.), s. Monatsschrift für Pomologie und praktischen Obstbau.

— der Obstbau auf dem Lande, s.a. Bibliothek f. Landwirtschaft u. Gartenbau.

— d. Obstbau auf d. Lande. Eine gemeinfassl., belehrende Dienstanweisung f. Gemeinde-Baumwärter. Mit Holzschn. u. 1 lith. Taf. 8. Stuttgart, 1848. 2. Aufl. 1850. 3. Aufl. 1858. Metzler. — 15

— der Obstbau auf dem Lande, dargestellt als Entwurf einer belehrenden Instruktion f. Gemeinde-Baumwärter. Im Auftrag der K. W. Centralstelle für die Landwirthschaft bearb. Mit 10 Abbildgn. 2. verm. Aufl. 8. (XII u. 80 S. m. 1 lith. Taf. in Imp. 4.) Ebd. 850. 12 ngr

— der Obstbau auf dem Lande Eine gemeinfaßliche, belehrende Dienstanweisung für Gemeinde-Baumwärter. Im Auftrag der K. Württemberg. Centralstelle für die Landwirthschaft bearb. Mit Holzschn. (im Text) u. 1 Steintaf. (in qu. Fol.) 3. stark verm. Aufl. Stuttgart 858. Metzler. 8. (VIII, 112 S.) 15 ngr

—— der Obstbau auf dem Lande. Eine gemeinfaßl., belehrende Dienstanweisung für Gemeinde-Baumwärter. Im Auftrag der königl. württemberg. Centralstelle für die Landwirthschaft bearb. 5. verm. Aufl. Mit ausführl. alphabet. Sachregister. 8. (X, 150 S. mit 32 in den Text gedr. Holzschn.-Abbild.) Stuttgart 876, Metzler'sche Buchh.

—— der Obstbau an Staats- und Gemeindestraßen. Für Straßenbaubeamte, Ortsvorsteher und Baumwärter. gr. 8. (V, 76 S. mit 41 in den Text gedr. Holzschn.) Ebendas. 881. * 1 80

— Württemberg's Obstbau. Kurze Darstellg. d. Zustandes unserer Obstkultur in den verschiedenen Bezirken d. Landes, der Vorzüge oder Mängel derselben u. der Mittel zur Hebg. der letzteren, nebst e. Anh.: Die gesetzl. Bestimmgn. u. Verordnn. f. den Obstbau in Württemberg. gr. 8. (VII, 116 S.) Ebend. 871. n. 1. 60

– d. Obstbenutzung, e. gemeinfassl. Anleit. z. wirthschaftl. Verwendung uns. wichtigern Obstsorten. Mit 4 Taf. u. 22 Holzschn. gr. 8. Stuttgart, 1856. Aue. 1. 7½

— die Obstbenutzung, eine gemeinfaßliche Anleitung zur wirthschaftlichen Verwendung unserer wichtigeren Obstsorten. Im Auftrage der Königl. Centralstelle für die Landwirthschaft. Mit 4 (lith.) Taf. Abbildgn. (in qu. Fol.) und 22 in den Text gedr. Holzschn. Stuttgart 856. Fr. Köhler. (Aue.) gr. 8. (XIV, 314 S.) 1 ₰. 7½ ngr

—— die Obstbenutzung. Eine gemeinfaßl. Anleitung zur wirthschaftl. Verwendung des Obstes. 2. vielfach umgearb. und verm. Aufl. gr. 8. (XII, 292 S. mit zahlreichen in den Text gedr. Holzschn.) Ravensburg [Stuttgart] 872, Ulmer.

Lucas, E: Die Obstbenutzung. 3. Aufl. u. d. T.: Das Obst und seine Verwertung. Von F. Lukas. Stuttgart 1889

— die Pfirsiche u. Nectarinen. Systematische Beschreibung u. Abbildung von 88 der werthvollsten u. interessantesten Sorten derselben, nebst einer kurzen Anleitung zur Pfirsichcultur in Deutschland. [Aus dem illustr. Handbuch der Obstkunde.] Ebend. 870. gr. 8. (XVI, 192 S. mit eingedr. Holzschn.) n. 28 ngr

— Rede im pomologischen Institut zu Reutlingen zur Feier der 20jährig. Gründung desselben am 7. März 1880. Ravensburg 1880

—— Schutz der Obstbäume gegen Krankheiten, s.a. Taschenberg, E. L.

Lucas E.: Schutz d. Obstbäume gegen Krankheiten ... Stuttg. 1879. (II) 140 S. Fig.
(= Taschenberg E. L. u. —: Schutz d. Obstbäume ... Bd. 2, se ndf.).

— Schutz der Obstbäume gegen Krankheiten, 2. Aufl., s.: Sorauer, Paul.

— zum Schutz unserer Weinreben gegen die Zerstörung der Phylloxera. Mit 10 in den Text gedr. Holzschn. gr. 8. (20 S.) Stuttgart 881. Ulmer. n. — 40

—— zum Schutz unserer Weinreben gegen die Zerstörung durch die Phylloxera. gr. 8. (20 S. mit 10 in den Text gedr. Holzschn.) Ebendas. 882. * — 40

Lucas, Ed., Sühne. Schausp. in 4 Akten. gr. 8. (111 S.) Elberfeld 895. S. Lucas. 2. —; geb. n. 3. —

— die besten Tafeläpfel u. Tafelbirnen, s.: Lucas, Fr., die wertvollsten Tafeläpfel u. Tafelbirnen.

—— pomologische Tafeln zum Bestimmen der Obstsorten. Systematische Zusammenstellung der Abbildungen des Illustr. Handbuchs der Obstkunde von Oberdieck, Jahn und Lucas, nebst kurzem erläut. Text. 1.—3. Bd. Imp.-Fol. Ravensburg 867,69, [Ulmer.] *

Inhalt:

Bd. 1. Aepfel. (15 Stnt. mit XX und 54 S. Text in gr. 8.) * 2 Thlr.; ill. * 7 Thlr. 8 Ngr.
„ 2. Birnen. (22 Stnt. mit XVI und 64 S. Text in gr. 8.) * 3 Thlr.
„ 3. Kirschen und Pflaumen. (8 Holzschntaf. und XII und 27 S. Text in gr. 8.) * 1 Thlr. 10 Ngr.

Lucas, E., pomologische Tafeln zum Bestimmen der Obstsorten etc. Text, s. Handbuch, illustrirtes, der Obstkunde.

— s.: Taschenbuch f. Pomologen etc.

— die Taxation der hochstämm. Obstbäume, s.: Georgika.

— alphabetische Uebersicht der Obstsorten d. illustr. Handbuchs der Obstkunde, s.: Oberdieck, J. G. C.

—— systematische Uebersicht der Obstsorten der ersten 5 Bde. des Illustrirten Handbuchs der Obstkunde von Oberdieck und Lucas, mit kurzen Bemerkungen über Anpflanzung, Werth und Benutzung der einzelnen Sorten. Zugleich Text zu den Pomolog. Tafeln zum Bestimmen der Obstsorten. 2. Ausg. gr. 8. (192 S.) Stuttgart 875, Ulmer. *
1. Aufl. s. Handbuch, illustr., der Obstkunde.

— Unterhaltgn. üb. Gemüsebau, s.a. Landmanns, des, Winterabende.

Lucas E, Unterhaltungen üb. Gemüsebau. (Landmann's Winterab. 7) Stuttgart 1877

—— Unterhaltungen über Gemüsebau. Für den Landmann bearb. 2. Aufl., bearb. von Fr. Lucas. 8. (VIII, 124 S. mit 18 Abbild. und 1 Plan.) Ebendas. 888. cart. *

— Unterhaltungen üb. Obstbau, s. a. Landmann's, des, Winterabende.

— Unterhaltungen über Obstbau. (Landmanns Winterabende 2) Stuttgart 1876

— Verhandlungen der 5. allgemeinen Versammlung deutscher Pomologen, Obst- u. Weinzüchter in Reutlingen, s. Verhandlungen.

— Wandtafel üb. die Erziehung der jungen Obstbäume u. üb. die wichtigsten künstl. Baumformen. Chromolith. gr. Fol. Nebst Text. gr. 8. (32 S. m. 4 eingedr. Holzschn.) Stuttgart 875. Ulmer. In Mappe. n. 2. 40.

—— Wandtafel der wichtigsten Veredlungsarten nebst den dazu nothwendigen Geräthen in naturgetreuer Darstellung. Mit beschreib. Text: Theoretisch-prakt. Anleitung zur Veredlung unserer Obstbäume. Chromolithogr. Imp.-Fol. (Text 31 S. in gr. 8.) Ravensburg [Stuttgart] 871, Ulmer. *

— Wandtafel der wichtigsten Veredlungsarten für Obstbäume, nebst den dazu nothwendigen Geräthen in naturgetreuer Darstellung. 2. Aufl. Chromolith. Imp.-Fol. Mit Text. gr. 8. (31 S.) Stuttgart 879. Ulmer. In Mappe. n. 2. 20

Lucas, Ed[uard]: Der Cider oder Obstwein. Kurze Zusammenstellung der verschiedenen Bereitungsarten u. Rathschläge zu einer rationellen Darstellung und Behandlung desselben. Mit 1 Taf. Abb. Ravensburg: Ulmer 1869. IV, 51 S. -- F 1*. Gei 1*
--- Dass. 2. Aufl. Ebd. 1873. VI, 155 S. -- [Zit. nach Kayser]
--- Dass. 3. Aufl. Ebd. 1881. IV, 42 S., mit 10 in den Text gedruckten Abb. -- Gei 1*

— der Cider od. Obstwein. Kurze Zusammenstellg. der verschiedenen Bereitungsarten u. Rathschläge zu e. rationellen Darstellg. u. Behandlg. desselben. Mit 8 in den Text gedr. Abbildgn. (in Holzschn.) 2. Aufl. gr. 8. (VI, 155 S.) Stuttgart 873. Ulmer. 1. 20

Lucas, Ewald (*geb. Hirschberg in Schles. [29. 3.] 1824*): De Solano tuberoso ejusque principio narcotico. Hirschbergae (1846). (32 S.) 8°
Breslau, Med. Diss. v. 15. Sept. 1846

Übersicht der Arbeiten und Bauten der Firma Havestadt & Contag, Berlin-Wilmersdorf, in der Zeit von 1882—1907. Aus Anlass des 25jähr. Bestehens der Firma zsgest. von F. Lucas. — Berlin (1907): Rohde. 51 S., 1 Taf. 4° [Umschlagt.:] Havestadt & Contag. 1882—1907. 38 A.

Lucas, F. C. Die technischen Grundlagen der Militärdienstversicherung. Straßburg 1900.

Lucas, F. S., neues Lesebuch für deutsche Elementarschulen. 8. (XII und 258 S.) Berlin 848, Mittler und Sohn. Thlr.

Lucas, F. W., Dichtergarben aus dem Wupperthale, s. Dichtergarben.

—— Vorwärts! Sieben Gedenksteine aus Preußens Ruhmgeschichte. Zunächst dem bergischen Volke gewidmet. 12. (34 S.) Elberfeld 854, (Baedeker'sche Buchh.) *

Lucas, Fr., Lateinische Fibel, oder: Erste Uebungen in der lateinischen Sprache, nach strenger Stufenfolge. 8. Berlin 842, Rubach. 1/3 ß

— s. Jugendfreund, der, als Erzähler.

Lucas, Franz, a. Rheine: Zur Balladentechnik der Annette von Droste-Hülshoff. Münster 1906: Regensberg. (72 S.) 8°
Münster, Phil. Fak., Ref. Jostes, Diss. v. 17. Febr. 1906
[Geb. 19. März 81 Rheine i. W.; Wohnort: Bückeburg; Staatsangeh.: Preußen; Vorbildung: Gymn. Rheine Reife O. 00; Studium: Münster 3, Leipzig 3, Berlin 2, Paris 1 S.; Rig. 15. Dez. 05.]

Lucas, Frz., Brief an einen jungen Mann über den Katholicismus. Aus dem Französ. übersetzt. 18. (VIII und 130 S.) Trier 856(57), Lintz'sche Buchh.

Lucas, Franz, Briefe an einen jungen Mann über den Katholicismus. Aus dem Franz. übersetzt. Trier, Lintz, 1857, kl. 8°, 130 S., 90 Pf.
Die Grundwahrheiten des Katholicismus werden gegen d. gewöhnlichen Angriffe der Gegner in populärer Form ohne systemat. Anordnung, aber überzeugend, kurz u. bündig entwickelt in der Form unmittelbarer Anrede an einen Freund. Die Sprache ist voll französischer Lebhaftigkeit. Vgl. (Wiener) Kath. Littztg 1858, S. 2.

Lucas, Franc. (Ludov.) (geb. Erkelenz 11. 12. 1836): De chlorosi. Berolini (1862). (31 S.) 8°
Berlin. Med. Diss. v. 29. Juli 1862

Lucas, Friedrich: Anleitung zum Gemüsebau ... 1. Aufl., s. Lucas, Eduard

Lucas, Frdr., Anleitg. z. Gemüsebau, sow. z. Einrichtg. e. Hausgartens. M. Zugrundelegg. d. bezügl. Abschnitte aus Christ-Lucas Gartenbuch, bes. auch f. Haushaltungs- u. Ackerbauschulen. 2., vollst. umgearb. u. verm. Aufl. gr. 8. (VIII, 163 S.) Stuttgart 895. E. Ulmer. Kart. n. 1. 80

Lucas, Frdr., Anleitung zum Gemüsebau sowie zur Einrichtung e. Hausgartens. Mit Zugrundelegg. der bezügl. Abschnitte aus Christ-Lucas Gartenbuch zur Selbstbelehrg., sowie als Leitfaden zum Unterricht f. Haushaltungsschulen u. landwirtsch. Lehranstalten bearb. 3., umgearb. u. verm. Aufl. gr. 8. (VIII, 172 S. m. 98 Abbildgn.) Stuttgart 901. E. Ulmer. Geb. n. 2. —

Lucas, Frdr., Anleitung zum Gemüsebau sowie zur Einrichtung e. Hausgartens. Zur Selbstbelehrg., sowie als Leitfaden zum Unterricht f. Haushaltungsschulen u. landwirtschaftl. Lehranstalten bearb. Mit Zugrundelegg. der bezügl. Abschnitte aus „Christ-Lucas, Gartenbuch". 4., umgearb. u. verm. Aufl. (VIII, 182 S. m. 108 Abb.) 8. Stuttgart 907. E. Ulmer. Geb. in Leinw. 2. —

— Gartenbuch, s.: Christ, Joh. Ludw.

Lucas, J. Fr. H., Gedichte, herausg. von F. Wadzeck. 4. Magdeb. 817. 2e A. 818, Rubach. 16 gr

Lucas, Fr., der Gemüsebau, s.: Bibliothek f. Landwirtschaft u. Gartenbau.

Lucas, Friedrich [app. Arzt aus Steinbach]: Ueber die Grössenverhältnisse der Milz bei croupöser Pneumonie ... München, Buchdr. v. M. Ernst, 1892; 16 S. 8.
München, Med. Fak., Inaug.-Diss. v. 1892

Lucas, Fr., in welcher Weise hat e. zweckmässige Organisation d. Obsthandels zu geschehen? [Aus: „Fruchtgarten".] (Internationaler land- u. forstwirtschaftl. Congress zu Wien 1890, Hft. 96.) gr. 8. (10 S.) Wien 890. (W. Frick.) n. — 60

– Die Lehre vom Baumschnitt ..., s. a. Lucas, Eduard

— Die Lehre vom Baumschnitt, f. die deutschen Gärten bearb. 8. umgearb. u. verm. Aufl. m. 256 Abb. u. 4 lith. Tafeln sowie 4 Vollbildern. (XVI, 334 S.) 8. Stuttgart 909. E. Ulmer. Geb. in Leinw. 7. 50

— s.: Monatshefte, pomologische.

Lucas, Fr., das Obst und seine Verwertung. [Zugleich 3. vollständig umgearb. Aufl. der Schrift: „Die Obstbenutzung von Ed. Lucas.] gr. 8. (X, 375 S. mit 165 in den Text gedr. Holzschn.) Stuttgart 888, Ulmer. geb. *

— s.: Obstbauzeitung, deutsche.

— die wertvollsten Tafeläpfel u. Tafelbirnen m. Angabe ihrer charakteristischen Merkmale, ihrer Verwertung u. der Kultur d. Baumes. 2 Bde. gr. 8. Stuttgart, E. Ulmer. n. 8. —; geb. in 2 Bde. n.n. 9. 20; geb. in 1 Bd. n.n. 9. —

1. Die wertvollsten Tafeläpfel. Eine Auswahl v. 100 Früchten, zusammengestellt unter Berücksicht. der v. dem deutschen Pomologen-Verein empfohlenen Sorten. Zugleich 3., vollständig umgearb. u. m. neuen Abbildgn. versehene Aufl. v. „Ed. Lucas, Die besten Tafeläpfel". (VII, 246 S. m. 118 Holzschn.) 893. n. 3. 80; geb. n.n. 4. 40
2. Die wertvollsten Tafelbirnen. Eine Auswahl v. 100 Früchten, zusammengestellt unter Berücksicht. der v. dem deutschen Pomologen-Verein empfohlenen Sorten. Zugleich 3., vollständ. umgearb. u. m. neuen Abbildgn. versehene Aufl. v. „Fr. Lucas, Die besten Tafelbirnen". (VIII, 249 S. m. 132 Holzschn.) 894. n. 4. 20; geb. n.n. 4. 80

Lukas, (Fr.,) erster Unterricht im Lesen nach strenger Stufenfolge. 8. Magdeburg 824, Ruhbach. Rthlr

Lucas, Friedr., erster Unterricht im Lesen nach strenger Stufenfolge. 2. u. 3., verb. u. verm., u. 4., unveränd. Aufl. (à 6 B.) 8. Magdeburg 828—33, Rubach. à

Lucas, Friedr., erster Unterricht im Lesen, nach strenger Stufenfolge. 5—8., unveränd. Aufl. 8. (à 6 B.) Berlin 835—39, Rubach. à

—— erster Unterricht im Lesen nach strenger Stufenfolge. 11. Aufl. 844 u. 12. Aufl. Berlin 846, Rubach. à -

Lucas, Friedr., erster Unterricht im Lesen nach strenger Stufenfolge. 14., unveränd. Aufl. 8. (96 S.) Leipzig 849, [Baensch.] -

Lucas, Friedr., erster Unterricht im Lesen, nach strenger Stufenfolge, verbunden mit Schreib-Leseübungen. 15—44. sorgfältig durchges. Ausg. Magdeburg (Leipzig) 850—58. Baensch. (Leipzig, Gräbner.) 8. (125 S.) n. 2½ ngr.

Lucas, Frdr., erster Unterricht im Lesen, nach strenger Stufenfolge, verbunden mit Schreib-Leseübungen. 45—47. Stereot.-Aufl. Leipzig 859. Gräbner. 8. (125 S.) n. 2½ ngr.

Lucas, Friedr., erster Unterricht im Lesen, nach strenger Stufenfolge, verbunden mit Schreibleseübungen. 48.—84. Ster.-Aufl. 8. (125 S.) Leipzig 860—68, Gräbner. *

Lucas, Friedr., erster Unterricht im Lesen, nach strenger Stufenfolge, verbunden mit Schreib-Leseübungen. 85.—100. Ster.-Aufl. gr. 8. (125 S.) Leipzig 868—74, Klinkhardt. *

Lucas, Friedr., erster Unterricht im Lesen nach strenger Stufenfolge, verbunden mit Schreib-Leseübungen. 101.—108. Ster.-Aufl. 8. (127 S.) Leipzig 875—79, Klinkhardt. *
geb. *

— die wichtigsten Veredelungsarten uns. Obstbäume. 3. Aufl. Neu bearb. v. L. Wandtaf. 61×76,5 cm. Farbendr. Mit Text am Fusse. Stuttgart 896. E. Ulmer. n. 2. 80; Aufzug auf Leinw. m. Stäben n.n. 1. 60

— s.: Vorlagen zum Zeichnen v. Gartenplänen.

—— Wandfibel in 12 Tafeln. Nebst e. Anweis. z. zweckm. Gebr. ders. Zunächst z. Gebr. seines „ersten Unterrichts im Lesen" ꝛc. (12 B. gr. Fol. u. 1 B. gr. 8.) Magdeburg 828, Rubach.

—— Wandfibel, in zwölf Tafeln. Nebst e. Anweis. z. zweckmäß. Gebr. derselben. Zunächst z. Gebr. seines ersten Unterr. im Lesen, nach strenger Stufenfolge. 2. Aufl. gr. 8. (1 B. u. 12 B. in gr. Fol. nur auf ein. Seite bedr.) Berlin 841, Rubach.

— Wandtafel üb. die Erziehung der jungen Obstbäume in der Baumschule. (Mit untergedr. Text.) 2. Aufl. 62,5×80 cm. Farbdr. Stuttgart (903). E. Ulmer. In Mappe n. 2. —

Lucas, Fritz, aus Posen: Zwei kritische Untersuchungen zur Geschichte Friedrichs I.: T. 1: Friedrichs I. erster Romzug ⟨1154—1155⟩. T. 2: Die angebliche Zusammenkunft von Partenkirchen ⟨1176⟩ und der Sturz Heinrichs des Löwen ⟨1180⟩. *(Berlin: Mayer & Müller 1904.)* (48 S.) 8° ¶ (Enthält nur T. 2.)
Berlin, Phil. Diss. v. 12. März 1904

Lucas, G[eorg], Gerichtsass.: Über den Tausch. *Leipzig: G. Fock 1899.* (104 S.) 8°
Freiburg i. B., Rechts- u. staatswiss. Diss. v. 1899

Lucas, George, eine neue Methode, englisches Geld mühelos in deutsches umzurechnen. (20 S.) kl. 8. Hamburg 904. O. Meissner's Verl. n. — 50

Ueber die Bundesgenossenschaft der Athener: v. [Gotthilf Jacob Maximilian] Lucas. Rendsburg 1858. 4°
Real-Gymn.-Progr.

Lateinisch-französisches Vocabularium [v. Gotthilf Jacob Maximilian Lucas]. (Meldorf. 1872.) 8°, geb. in 4°
Gymn.-Progr.

Lucas, H., Aus der Mappe eines Journalisten, s. Bergson's Eisenbahnbücher.

Lucas, H.: De academiae quam vocant franco gallicam originibus. 21 S. 4° – Rheine, Progr. 1870.

Lucas, Hans: Zur Geschichte der Neptunsbasilica in Rom. S. 3 bis 28. 4. Progr. Kgl. Kaiser Wilhelms-Realgymn. *Berlin* 1904 (103).
I. Gestalt u. Geschichte des Tempels. II. Bestimmung des Gebäudes.

Lucas, Hans: Zur Geschichte der Neptunsbasilica in Rom. Berlin 1904: A. W. Hayn. (S. 1—28.) 4°
Berlin, k. Kaiser Wilhelms-RG OP 1904 (103)

Lucas, Hans, Tierarzt aus Fulda: Wirkung und Anwendung der Bäder bei Tieren. ⟨Arbeit aus der med. Veterinärklinik der Universität Giessen. Professor Gmeiner.⟩ Berlin 1910. 55 S. 8°. S.-A. aus dem Archiv für wissensch. und prakt. Tierheilkunde. Band 36. 1910. [23. VII. 09.]
Bern. Vet.-med. Diss. 1909/10.

Lucas, Hans. Wirkung und Anwendung der Bäder bei Tieren. Arbeit aus der med. Veterinärklinik der Universität Giessen.... Diss. Vet.-Med. Bern. (Sonder-Abdruck aus dem Archiv f. wissensch. u. prakt. Tierheilkunde. Band 36. 1910.) IV + 51 S. 8. Berlin, L. Schumacher, 1910.

Lucas, Heinrich, Resultate meteorologischer Beobachtungen, angestellt zu Arnstadt in den Jahren 1823—47. (Handschriftl. erweitert bis 1852.) Arnstadt 1849.

Lucas, Heinr., Resultate meteorologischer Beobachtungen angestellt zu Arnstadt in den Jahren 1828 — 1862. gr. 4. (III und 20 S.) Halle 864, Schmidt's Verlag. *

Lucas, Herb., S. J., am Morgen des Lebens. Erwägungen u. Betrachtgn., insbesondere f. studier. kathol. Jünglinge. Mit Genehmigg. des Verf. aus dem Engl. übertr. v. K. Hofmann. (VII, 194 S.) 8. Freiburg i/B. 908. Herder. 2.—; geb. in Leinw. 2. 80

Lucas, *Hermann*: Die Abschiedsfeier des Direktors Dr. *Peter* Grosfeld. 4 (S. 21—25). G. Dionysianum *Rheine* 1899
Progr.

Lucas, [Hermann], stellvertr. Dirigent Prof.: Die **Abschiedsfeier** des Direktors Dr. [Peter] Grosfeld. *Rheine 1899: J. Altmeppen.* (S. 21—25.) 4° [Ant. u. F.]
Rheine, G Dionysianum, P 1899 (381)

Lucas, Hermann [cand. med. aus Erkelenz '(Rheinpr.)']: **Über epileptische Anfälle bei Arteriosklerose** ... Strassburg i. E., Buchdr. Ch. Müh & C., 1894; 30 S. 8.
Strassburg, Med. Fak., Inaug.-Diss. v. 1894

Lucas, Herm., Anleitung zur strafrechtl. Praxis. Ein Beitrag zur Ausbildg. unserer jungen Juristen u. e. Ratgeber f. jüngere Praktiker. gr. 8. (VIII, 415 S.) Berlin 902. O. Liebmann. n. 8. —; geb. n. 9. —

Lucas, Herm., Anleitung zur strafrechtlichen Praxis. Ein Beitrag zur Ausbildung unserer jungen Juristen u. e. Ratgeber f. jüngere Praktiker. 2 Tle. gr. 8. Berlin, O. Liebmann. à n. 8. —; geb. à n.n. 9. —
1. Das formelle Strafrecht. 2., verm. u. verb. Aufl. (VIII, 444 S.) 905.
2. Das materielle Strafrecht. (VII, 424 S.) 904.

Lucas, Herm., Anleitung zur strafrechtlichen Praxis. Ein Beitrag zur Ausbildg. unserer jungen Juristen u. e. Ratgeber f. Praktiker. 1. u. 2. Tl. gr. 8. Berlin, O. Liebmann. à 8.—; geb. à 9. —
1. Das formelle Strafrecht. 3., unveränd. Aufl. (VIII, 444 S.) 908.
2. Das materielle Strafrecht. 2., verb. u. verm. Aufl. (VIII, 427 S.) 907.

[F.] **Lucas,** Hermann [Prof.]: **Erfurt in den Tagen vom 27ten September bis zum 14ten Oktober.** ([Umschlagt.:] Erfurt ... Oktober 1808. E. Beitr. z. Geschichte d. Erfurter Fürstenversammlg.) (Th. 1.) Rheine, Druck v. J. Altmeppen, 1896; 3—46 S. 4.
Rheine, G Dionysianum, P 1896 (369)

[F.] **Lucas,** Hermann [Prof.]: **Erfurt in den Tagen vom 27ten September bis zum 14ten Oktober** 1808. (E. Beitr. z. Geschichte d. Erfurter Fürstenversammlg.) '(Forts.)' (Forts. d. P-Beil. 1896.) Rheine, Druck v. J. Altmeppen, 1897; 3—46 S. 4.
Rheine, G Dionysianum, P 1897 (373)

Lucas, Herm. Essai sur la littérature française du dix-septième siècle par rapport aux travaux des „Quarants Immortels" de l'Académie. (Première partie.) 31 S. **Progr.** *Rheine* 1879.

Lucas, Hermann, notices sur la vie de Jehan Froissarts le grand Chroniqueur des XIV. siécle. Progr. des Friedrich-Wilhelms-Gymn. Köln 1849. 4°. 19 S.

Lucas, Herm., die subjektive Verschuldung im heutigen deutschen Strafrechte. Mit besond. Berücksicht. der Praxis dargestellt. gr. 8. (VIII, 152 S.) Berlin 883. v. Decker. n. 3. —

Lucas, Hermannus Iosephus (geb. am 8 Juni 1802 in Golkrath Rgbz. Aachen): Experimenta circa famem ... Bonnae, typ. Büschlerianis (1824). 2 Bl., 47 S. 8.
[Bonn], Med. Fak., Diss. v. 17 Juli 1824

Der Landwirth und das Bürgerliche Gesetzbuch. Eine Darstellung der für d. Landwirth wichtigsten Bestimmungen d. BGB. u. seiner Nebengesetze. Im Auftr. d. Hauptverbandes d. landwirthschaftl. Lokalvereine Schlesiens verf. von [Hugo] **Lucas,** Justizrath in Breslau. 2. Aufl. *Schweidnitz: L. Heege (1902).* (VII, 111, XIII S.) 8° [F.] [03. 1100]

Lucas, der Landwirth u. das bürgerliche Gesetzbuch. Eine Darstellg. der f. den Landwirth wichtigsten Bestimmgn. des bürgerl. Gesetzbuches u. seiner Nebengesetze. Im Auftrage des Hauptverbandes der landwirthschaftl. Lokalvereine Schlesiens. 2. Aufl. (VI, IX, 111 u. XIII S.) gr. 8. Schweidnitz (903.) (L. Heege.) n. 1. 20

Lucas, J. F. l., († d. 25. März 1826.), s. Cph. C. H. Knackstädt, Erklärung latein. u. deutscher Wörter rc.

Lucas, J. Fr., s. Lucas, Friedrich

Lucas, J. Glo., (Dr. med.) neues sicheres u. vollkommenes Mittel wider d. Gicht u. Lähmung; u. Unterricht über d. Gebrauch desselben. 8. Halle 810. 2e A. 816. 3e A. 817. Gebauer. 12 gr.

— worin besteht d. Kunst, sich vor d. Ansteckung d. tödtl. Cholera zu sichern? 8. 832. Verf. (Halle, Väntsch). 6 gr.

Lucas, Joh. Christoph (Regensburg)

— s. 1) K. F. Bahrdt's Erklärung u. dessen Glaubensbekenntniß. 2) Gelehrsamkeit, tolle.

Lucas, Jh. Cph., († ...) Jesus Christus, der gläubigen Seelen Ein u. Alles. 8. Leipz. 780.

— — De probanda versione crediti. Präs. Sam. Strykius. Halle (Jac. Krebs) Mai 1701. 62 S. (5.—) 21671
Widm. v.: Heinr. Gg. Graf v. Waldeck-Pyrmont, J. Brunnemann.

Lucas, Jh. Gf.

— Anweisung zur Ausübung d. Bienenzucht, oder naturgem. Behandlung, Pflege u. Benutzung d. Bienen rc., mit Rücksicht auf d. Verschiedenheit d. Gegenden u. Jahre. gr. 8. Prag 820. Calve. 2 rthl.

Lucas, Jh. Gf., verm. Beitrr. zur Fortschreitung d. Wissenschaften in d. Bienenzucht. 1r Bd. in 2 Thlen. 8. Leipz. 803, 4. Fr. Fleischer. 1 rthl. 8 gr.

— d. neue sächs. Bienenmeister; e. Zeitschrift. 1n Bdes 1s u. 2s, u. 2n Bdes 1s Stück. 8. Leipz. 807, 8. (Cnobloch). 1 rthl. 9 gr.

— über d. Braunkohlenöl u. dessen heilsame Wirkungen rc. 8. Halle 808. Hendel. 5 gr.

— Entwurf eines wissenschaftl. Systems für d. Bienenzucht, 1r Thl. 8. Leipz. 808. (Cnobloch). 1 rthl. 4 gr.

— Unterricht zur Bienenzucht. 1r Thl. 8. Leipz. 794. N. A. 809. Baumgärtner. 8 gr. 2r Thl., od. physikal. Gründe zum Unterricht d. Bienenzucht. 8. Ebd. 795. N. A. 809. 16 gr.

— chem. Untersuchung d. Braunkohlen in d. Grafschaft Mansfeld. 8. Halle 799. Schwetschke u. S. 3 gr.

— Versuch einer gründl. Anleit. zur richtigen Verpflegung d. Bienen in allerhand Behältnißarten für gute u. schlechte Gegenden. Mit 1 Kpf. 8. Leipz. 802. Fr. Fleischer. 1 rthl.

— Joh. Gottl. (Mansfeld), **Specimen medic. de adstringentis methodi usu et abusu. Halle (Bathe) o. O. u. J. (3.—) 21672**

— Joh. Mich. (Erclinius), **De universo jure feudali. Präs. Fr. Gabr. Hamm u. Joh. Petr. Wirtz. Köln (Arn. Schauberg) 9. IX. 1756. 36 S. (5.—) 21673**

Lucas, Johs., Indices, s.: Chronica minora saec. IV., V, VI, VII.

Lucas, *Ludovicus* Johannes [Borussus occidentalis]: Studia Theognidea ... Berolini, R. Heinrich, 1893; 2 Bl., 71 S., 1 Bl. 8.
Berlin, Phil. Fak., Inaug.-Diss. v. 6. Febr. 1893

Lucas, Joseph, Schiller, sein religiöser Fortschritt u. sein Tod. Landshut, Thomann, 1863. 8°, 63 S., 90 Pf.
Schließt sich in Ausführung u. Endzweck eng an Daumer an, vgl. Hülskamp, Litt. Handw. 1865, S. 158. (Wiener) Kath. Littztg 1863, S. 192. Hist.-pol. Bl. Bd. 52, S. 774–8.

Lucas, (Joan. Frid.) Julius (geb. Erfurt 5. 5. 1822): De angina membranacea. Berolini (1847). (39 S.) 8°
Berlin. Med. Diss. v. 10. Mai 1847

Lucas, Carl, 1851. Ein Roman. 2 Bde. 8. (668 S.) Grimma 852. [Wurzen,] Verlags-Comptoir.

– Über den sittlichen Einfluß der Bildung des Volkes auf die Verminder. der Verbrechen, s. Ducpetiaux, Ed.: Das Besserungssystem.

Lucas, Karl, das Gebet des Herrn in Liedern. Ein Weihgeschenk f. alle Menschen. Mit einem Anhange: Gesänge eines Pilgers in Palästina. Mit 1 Stahlst. gr. 8. Neuhaldensleben 845, Eyraud. 1/2 rß

—— Gesetzgebung für die Gefängnisse, s. Livingston.

Lucas, C., Novellen und Gedichte. 1. Bd. Die Rose der Alhambra. Der Kaliban. Der Doppelschwur. Gedichte. 12. (X und 192 S.) Neuhaldensleben 847, Eyraud.

Lucas, Karl Wilhelm

— prakt. Anleitung zur Erlernung d. latein. Formenlehre, nebst Anwendung derselben auf d. einfachsten Regeln d. Satzbildung. Ein Leitfaden für d. Schüler d. Sexta. gr. 8. Bonn 832. Habicht. 8 K

— praktische Anleitung zur Erlernung d. lateinischen Formenlehre. Nebst Anwendung derselben auf die einfachen Regeln der Satzbildung. Ein Leitfaden für die Schüler der Sexta. 2. verb. Aufl. gr. 8. Bonn 845, Habicht. 5/12 rß

Lucas, Carl Wilh., praktische Anleitung zur Erlernung der lateinischen Formenlehre nebst Anwendung derselben auf die einfachsten Regeln der Satzbildung. Ein Leitfaden für die Schüler der Sexta. 8., verb. Aufl. gr. 8. (IV und 124 S.) Bonn 861, Habicht.

Lucas, Carl Wilh., prakt. Anleitung z. Erlernung d. latein. Formenlehre u. d. Grundregeln d. Syntax. Ein Leitfaden f. d. Schüler d. Quinta. gr. 8. (8 1/4 B.) Bonn 833, Habicht.

Lucas, Carl Wilh., praktische Anleitung zur Erlernung d. lateinischen Formenlehre u. der Grundregeln der Syntax. Ein Leitfaden für die Schüler der Quinta. 2. verb. Aufl. gr. 8. (VIII u. 122 S.) Bonn 851, Habicht. 1/3 rß

Ders. Bemerkungen zu einigen Fragmenten des Cratinus u. anderer griech. Comiker. 9 S.
Bonn, Progr. 1833

Lucas, C. W., Philolog. Bemerkungen über die Athene Glaucopis. Pr. 1831. 21 S. 4°.

Lucas, K. W. Philolog. Bemerkungen über eine im Griech. Alterthume bisher vernachlässigte Bedeutung und Beziehung der schwarzen Farbe. 1r Theil (über die Bedeutung derselben im Homer. Lateinisch.) 15 S.
Emmerich, Progr. 1841

Lucas, C. W. Philologische Bemerkungen zu einigen Bildern auf dem homerischen Schilde des Achilleus. 16 S.
Emmerich, Progr. 1843

Lucas, C. W. Philol. Bemerkungen über die auf μωρος ausgehenden Epitheta. 20 S.
Bonn, Progr. 1837

Ders. Philol. Bemerkungen. 1) Ueber die spindeltragenden Göttinnen der Griechen. 2) ..... 3) ..... 22 S. (zus.)
Bonn, Progr. 1839

Ders. Philologische Bemerkungen. 1) ...... 2) Ueber das Homerische αὐτόφιν und die Erklärung desselben. 3) Ueber einige kurze sprichwörtlich gefaßte Redeweisen im Homer. (Lat.) 22 S.
Bonn, Progr. 1839

Lucas, Carolus Guilelmus (geb. am 16 Juli 1802 in Koblenz): Cratinus et Eupolis ... Bonnae ad Rh., E. Weber; Lugduni Bat., S. et I. Luchtmans 1826. VIII, 109 S. 8.
Bonn, Phil. Fak., Diss. v. [27 Mai] 1826

Lucas, K. W. Ueb. Polybius Darstellung d. Aetolischen Bundes. 1r Th. 60 S.
Königsberg, A., Progr. 1826

Lucas, C. Wilh. Über das vorschlagende ε in dem ionischen Dialecte des Homer und Herodot. 9 S.
Emmerich, Progr. 1843

Lucas, Carl Wilh., Formenlehre d. ion. Dialektes im Homer. Uebersichtl. dargest. gr. 12. (4 B.) Bonn 837, Weber. *

Lucas, Karl Wlh., Formenlehre des ionischen Dialektes im Homer, nebst einem Anhange der vorzüglichsten dialektischen Eigenthümlichkeiten des Herodot. 2. verm. u. verb. Ausg. gr. 12. Bonn 843, Weber. n. 1/3 rß

Lucas, Carl Wilh., Formenlehre des ionischen Dialektes im Homer, nebst einem Anhange der vorzüglichsten dialekt. Eigenthümlichkeiten des Herodot. Uebersichtlich dargestellt. 3. Ausg. gr. 12. (XII und 96 S.) Bonn 852(53,) Weber. *

Lucas, C. W. Ueber einige Fragmente des Cratinus. 22 S.
Bonn, Progr. 1828

Lucas, C. W. De Minervae cognomento γλαυκῶπις observ. philolog. 21 S. ....
Bonn, Progr. 1831

—— de Minervae cognomento γλαυκῶπις, observationes philolog. 4 maj. (3 B.) Bonnae 831, (Habicht.)

— Kirchengesänge. Zum Gebrauche bei d. kathol. Gymnasial-Gottesdienste. 2. verm. u. verb. Aufl. gr. 8. Emmerich 844, Romen. (Leipzig, B. Hermann.) n. 6 1/4 ngl

— Kirchengesänge. Zum Gebrauch bei dem kathol. Gymnasial-Gottesdienste. 3. vielfach verm. u. verb. Aufl. 8. (IV u. 59 S.) Coblenz 850, Hölscher. n. 8 ngl

—— Kirchengesänge. Zum Gebrauche bei dem kathol. Gymnasial-Gottesdienste hrsg. 4. Ausg. gr. 8. (64 S.) Coblenz 855, Hölscher's Verlag.

Lucas, Carl Wilh., Kirchengesänge. Zum Gebrauche bei dem kathol. Gymnasial-Gottesdienste. 6. Ausg. 8. (64 S.) Koblenz 881, Schuth. * — 80

— Meletemata Homerica. Pr. 1889. 24 S. 4°.

Lucas, C. W., Observationes in difficiliora quaedam Cratini fragmenta I. Pr. 1828. 24 S. 4°.
— — II. Pr. 1838. 9 S. 4°.

Ders. De voce Homer. πολυχαλκάλος aliisque cognatis vocabulis observat. philolog. 8 S. . . . . . . ;
Emmerich, Progr. 1841

Lucas, Carolus Guilelmus (geb. am 16 Juli 1802 in Koblenz): Positiones quas simul cum dissertatione De Cratino et Eupolide ... defendet auctor. [Bonnae]. (1826). 4 Bl. 8.
Bonn, Phil. Fak., Thes. v. 27 Mai 1826

—— Quaestionum lexilogicarum lib. primus. 8maj. (16 B.) Bonnae 835, Habicht.

Lucas, C. W., De vocibus Homericis in -μωρος desinentibus. Pr. 1837. 20 S. 4°.

Lucas, L., die Akkumulatoren u. galvanischen Elemente, s.: Repetitorien der Elektrotechnik. VI.

Lucas, Leop., Beiträge zur Geschichte der Juden. 1. Tl. Zur Geschichte der Juden im 4. Jahrh. (X, 134 S.) gr. 8. Berlin 910. Mayer & Müller. 3.50

Zur Geschichte der Juden im vierten Jahrhundert von Rabbiner Dr. Leopold Lucas. Berlin: Mayer & Müller 1910. 134 S. 8°
(Lucas: Beiträge z. Geschichte d. Juden. T. 1.)

Geschichte der Stadt Tyrus zur Zeit der Kreuzzüge. Von Dr. Leopold Lucas. Marburg: Buchdr. v. J. Hamel 1895; (A. d. Umschl.: Berlin: Mayer & Müller 1896.) (91 S.) 8°

Lucas, die Wissenschaft des Judentums u. die Wege zu ihrer Förderung. (Schriften der „Gesellschaft zur Förderung der Wissenschaft des Judentums".) (Vortrag, geh. bei der Generalversammlung der „Gesellschaft zur Förderung der Wissenschaft des Judentums" am 27. XII. 1905.) (20 S.) Berlin 906. (Glogau, G. Ostertag.) n. 1.—

Lucas, Lorenz. Ueber die höchsten Hydrüre von Anthracen und Phenanthren. Berlin, 1889.

Lucas, M.: Lateinisch-französisches Vocabular. 26 S. – Mehldorf, Progr. 1872.

Lucas, Max: Der nationale Gedanke und die Kaiseridee in der historischen Literatur Deutschlands zur Zeit Kaiser Ludwigs des Bayern. T. 1, Kap. 2. Die Äußerungen d. Nationalgefühls in d. histor. Liter. Ober-Deutschlands u. Böhmens. Breslau 1910: Favorke. V, 40 S. 8° ¶ Ersch. vollst. später anderswo.)
Breslau, Phil. Diss. v. 29. Juli 1910, Ref. Kampers
[Geb. 19. Okt. 86 Görlitz; Wohnort: Breslau; Staatsangeh.: Preußen; Vorbildung: Reform-Realgymn. Görlitz Reife O. 05; Studium: Breslau 8 S.; Rig. 16. Febr. 10.] [U 10. 623

Lucas, N. J., s. Anderson, William: Handbuch der kaufmännischen Correspondenz.

Lucas, Newton Ivory, a dictionary of the english and german and german and english languages adapted to the present state of literature, science, commerce and arts in 2 Vols. — Englisch-deutsches und deutsch-englisches Wörterbuch mit besonderer Rücksicht auf den gegenwärtigen Standpunkt der Literatur und Wissenschaft bearb. In 2 Bdn. 1. Bd. (English and german. — Englisch und deutsch.) Lex.-8. (XV und 2010 S.) Bremen 854—56, Schünemann's Vrlgsh. *

Lucas, N. J., practical exercises on the english language, with annotations etc. — A. u. d. T.: Auswahl deutscher Musterstücke z. Uebersetzen aus d. Deutschen ins Engl., mit e. Einleit. u. Phraseologie, f. höh. Schulklassen u. z. Privatgebr. 1. Aufl. (12 B.) 836. ⅔ Thlr., 2., mit e. Wörterbuche verm. Aufl. gr. 8. (16¾ B.) Bremen 837, Geisler. Thlr. *

Lucas, N. J., s. Hoppe, A., englisch-deutsches Supplement-Lexikon.

—— Lehrbuch d. engl. Sprache, enth. eine durch e. Beispielsamml. erläut. Grammatik, e. alphabet. Verzeichniß d. Constructionen, d. Nomina u. Verba u. e. Verzeichniß d. Idiotismen, f. Anfänger u. Geübtere bearb. gr. 12. (21¼ B.) Bremen 840, Geisler. *

— neues engl. Lesebuch, s. Hundeiker, W. Th.

Lucas, N. J., leichtfaßliche Uebungs-Aufgaben über die Regeln der englischen Sprache. Zur Anwendung bei allen Grammatiken, zunächst für dessen Lehrbuch der englischen Sprache. gr. 12. Bremen 841, Geisler. ½ ß

Lucas, N(ewton) I(vory), leichtfaßliche Uebungs-Aufgaben über die Regeln der englischen Sprache. Zur Anwendung bei allen Grammatiken für Anfänger und Geübtere. 2., gänzlich umgearb. und verm. Aufl. gr. 8. (VIII und 239 S.) Bremen 862, Geisler's Verlag. *

Lucas, Newton Ivory, ordentl. Lehrer an der Hauptschule zu Bremen. Englisch-deutsches und deutsch-englisches Wörterbuch mit besonderer Rücksicht auf den gegenwärtigen Standpunkt der Literatur und Wissenschaft. In zwei Bden. I. Bd. 1. u. 2. Abth. Englisch-deutsch. II. Bd. 1. u. 2. Abth. Deutsch-englisch. (4 Bde.) 8. Bremen 1854—1868.

Lucas, Newton Ivory, Englisch-Deutsches und Deutsch-Englisches Wörterbuch mit besond. Rücksicht auf den gegenwärt. Standpunkt der Literatur und Wissenschaft bearb. Bd. I. Englisch-Deutsch. A. u. d. T.: A dictionary of the English and German and German and English languages etc. Vol. I. English-German. Bremen 855. Schünemann's Verlag. Lex.-8. (XV, 2010 S.) n. 9 ℳ.

Lucas, Newton Ivory, englisch-deutsches und deutsch-englisches Wörterbuch mit besond. Rücksicht auf den gegenwärtigen Standpunkt der Literatur und Wissenschaft. 2. Bd.: Deutsch-englisch. (In 18 Heften.) 1—4. Heft. Lex.-8. (S. 1—560.) Bremen 861. 62, Schünemann's Verlagsh. à Heft 15 Ngr.
1. Bd. Ebendas. 1854—56. 9 Thlr.

—— englisch-deutsches und deutsch-englisches Wörterbuch mit besond. Rücksicht auf den gegenwärt. Standpunkt der Literatur und Wissenschaft. 2. Bd. Deutsch-englisch. 5.—20. (Schluß-)Heft. Lex.-8. (S. 561—2412.) Bremen 862—68, Schünemann's Verlag. [5.—18. Heft à 15 Ngr., 19. und 20. Heft gratis.]
1. Bd. und 2. Bd. 1.—4. Heft. Ebendas. 1853—62. 11 Thlr.

Lucas, Paul, Reisen nach der Levante, kl. Asia u. Afrika ꝛc. 5 Thle. 8. Hamb. Hertel. 739.

Lucas, Rich., Bibliographie der radioaktiven Stoffe. (92 S.) gr. 8. Hamburg 908. Leipzig, L. Voss. 3.—

Lucas, Rich., christl. Gedanken auf alle Tage d. Monats. 8. Bresl. 763. Pietsch. 3 Gr

— d. menschl. Leben. als d. sichern Weges 2r Thl. 8. Hamb. (Gleditsch in Lpz.) 756.

— Moral des Evangelii, od. Unterricht d. heil. Schrift von d. Einrichtung unseres Gemüthszustandes ꝛc. Aus d. Engl. von J. H. v. Hahn. 8. Karlsr. 775. Macklot. (Gebhardt u. K. in Frkf.) 20 Gr

Lucas, Rich., Predigten bei verschied. Gelegenheiten gehalten. 7 Thle. gr. 8. Schwerin 760—76. Bödner. 1 Rthlr. 16 Gr

— Radioaktive Stoffe, s.: Gmelin u. Kraut's Handbuch d. anorganischen Chemie. III, 2.

Lucas, Richard, aus Leipzig: Untersuchungen über die Feuerschwindung. *Göttingen 1903: E. A. Huth.* (49 S.) 8°
Göttingen, Phil. Diss. v. [19. Juni] 1903

Lucas, Rich., Untersuchungen über die Feuerschwindung. Diss. (49 S. m Fig.) gr. 8. Göttingen 903. (Vandenhoeck u. Ruprecht.) n. 1. 20

— d. geistl. Vollkommenh. als des sichern Weges 3r Thl. 8. Hamb. (Gleditsch in Lpz.) 756.

— sicherer Weg zur wahren Glückseligkeit; aus d. Engl. 1r Thl. 8. Hamb. 756. (Brockhaus in Leipzig) 14 Gr 2r Thl. A. u. d. T.: d. menschl. Leben. 8. Ebd. 756. (Ebd.) 14 Gr 3r Thl. A. u. d. T.: d. geistl. Vollkommenheit. 8. Ebd. 756. (Ebd.) 20 Gr

Lucas, Robert

Lucas, *August* Robert [aus Berlin]: Beiträge zur Kenntnis der Mundwerkzeuge der Trichoptera. '(Aus d. Zoolog. Institut zu Berlin.)' M. 3 Taf. ... (Aus: Arch. f. Naturgesch. 1893.) Berlin, Nicolai, 1893; 49 S., 3 Taf. 8.
Berlin, Phil. Fak., Inaug.-Diss. v. 28. Juni 1893

Lucas, Rob., s.: Bericht üb. die wissenschaftlichen Leistungen im Gebiete der Entomologie.

— s.: Bericht üb. die wissenschaftl. Leistungen in d. Naturgeschichte der niederen Tiere.

— s.: Bericht über die Naturgeschichte der niederen Tiere.

— Register, s.: Archiv f. Naturgeschichte.

Lucas, Rudolf, Referendar am Kgl. Landgericht in Cöln: Das Wesen der „Ablieferung" des § 377 H.G.B. Elberfeld: S. Lucas o. J. (52 S.) 8°
Freiburg i. B., rechts- u. staatsw. Fak., Ref. Rosin, Diss. v. 1906
[Geb. 28. Okt. 82 Handschuchsheim b. Heidelberg; Wohnort: Cöln; Staatsangeh.: Preußen; Vorbildung: Gymn. Wiesbaden Reife O. 02; Studium: Marburg 1, Berlin 2, Freiburg i. B. 1, Bonn 2 S.; Rig. 30. Juli 06.]

Lucas', S., Taschenfahrpläne für Mittel-, Nord- und Westdeutschland, Belgien, Holland, Frankreich. 1880—1884. (Jährlich 14 Nrn.) 12. (à Jahrg. ca. 202 S. mit je 1 Eisenbahnkarte.) Elberfeld, Lucas. à Nr. — 35

Lucas', S., Taschenfahrpläne für Mittel-, Nord- und Westdeutschland, Belgien, Holland, Frankreich. 1885—1888. (Jährlich 12 Nrn.) 12. (à Jahrg. ca. 250 S. mit je 1 Eisenbahnkarte.) Elberfeld, Lucas. à Nr.

Lucas, S., Taschenfahrpläne für Mittel-, Nord- u. Westdeutschland, Belgien, Holland, Frankreich. 1880—91. Elberfeld. 12. Der Jahrg. mit je 1 Eisenbahnkarte.

—— Taschenfahrpläne f. Nord-, Süd-, Mittel- u. Westdeutschland, Holland, Belgien u. Schweiz. 43. Jahrg. Sommer- u. Winter-Fahrplan. 1892. 12 Hefte. 12. (à Heft ca. 250 S. m. 1 Karte.) Ebd. à Heft — 50
Erscheint jährlich in 12 Heften.

Lucas, Stanisl., der Dämon. Roman aus dem russ. Nihilistenleben. 8. (298 S.) Dresden 900. E. Pierson. n. 3. —; geb. n. 4. —

(B) **Lucas**, Stanisl., d. Dämon. 900. (KBL 32.) Jetzt: Berlin, Verlag Berlin-Wien.

Lucas, Stanisl., Graf Gaschin. Roman. 3 Bde. 8. (218, 280 u. 272 S.) Breslau 896. Schles. Buchdruckerei ꝛc. n. 9. —; geb. n. 12. —

Lucas, Stanislaus, in der Heimat Mirza-Schaffys. Kulturbilder aus dem Kaukasus. (252 S.) 8. Berlin 905. Concordia. n. 3. 50; geb. n. 4. 50

— d. Senator. Erzählg. aus d. Zeit Diocletian's. gr. 8. (107 S.) Breslau 895. Müller & Seiffert. n. 1. 20

— Steppenstürme. Bilder aus dem russ. Leben. 2. Aufl. 8. (334 S.) Stuttgart 900. Deutsche Verlags-Anstalt. n. 3. —; geb. n.n. 4. —

Lukas, Theodor

Lucas, Th. Topographicae descriptionis Euboeae insulae specimen. 12 S.
Hirschberg, Progr. 1845

Lucas, Th. **Quaestiuncularum Tullianarum specim. (Prüfung der von F. A. Wolf über die Unechtheit einiger Ciceronischen Reden aufgestellten Gründe.) 10 S.**
Hirschberg, Progr. 1837

Lucas, Theod. Disputationis de ratione. qua Livius in libris historiarum conscribendis usus est opere Polybiano, partic. I. — 18 S.
Glogau, Ev., Progr. 1854

Lucas, Thdr., Disputationis de ratione, qua Livius in libris historiarum conscribendis usus est opere Polybiano, particula I. (Commentatio separatim edita ex programmate gymnasii reg. evang. Glogoviensis.) 4maj. (18 S.) Glogoviae 854, Flemming Sort. * -

Lucas, T. Ueber den methodisch. Unterricht in der alten Geographie auf Gymnasien. 8 S.
Progr. Hirschberg 1829

Lucas, Th., Versuch e. Charakteristik Kimon's, nach d. Quellen dargestellt. 8. (4 B. u. 1 Stammtaf.) Hirschberg 835, [Waldow.]

Lucas, Th.: Versuch e. Charakteristik Kimon's, nach d. Quellen dargestellt. (Mit 1 Stammtaf.) Hirschb.: Zimmer 1835. 8°

Lucas, Th., Versuch einer Charakteristik Kimon's, nach den Quellen dargestellt. 8. Hirschberg 835, ist Verlag von Flemming in Glogau. n. 5/12 Thlr.

Lucas, W. M., für kleine Leser, s.: Heerdorf, A.

Lucas, W. M., die Schwiegertochter. Schwank in 2 Aufzügen. (15 S.) 8. München (910). V. Höfling. — 50

Lucas, Wilhelm, prakt. Arzt in Rendsburg: Aus d. med. Klinik zu Kiel. Über die Anwendung von Gelatineinjektionen bei der Behandlung von Aneurysmen. *Kiel 1900: H. Fiencke.* (29 S.) 8°
Kiel, Med. Diss. v. [20. Aug.] 1900

[Lithogr.] [Gedicht.] Zur Feyer des 3ten Aug. 1826 in der Loge zum Tempel der Eintracht in Posen. [Unterz.:] Wilh. **Lucas.** Posen [1826]: Simon. 2 Bl. 4° [Umschlagtit.]
„Es ruht ein Thron auf ewig festen Säulen, ..."

Hiller v. Gärtringen, Frh.: [Gedicht.] Dem Br. Frh. Hiller v. Gärtringen, geweiht am Trennungstage den [18.] März 1827 von der Loge zum Tempel der Eintracht im Or. zu Posen. Verf. vom Br. Wilh. **Lucas.** Posen [1827]: Decker & Co. 2 Bl. 8° [Umschlagtit.]
„Es ist ein schmerzliches Gefühl, wenn Brüder ..."

Das Stammschloss der Hohenzollern. Zur Feier des 3. Aug. 1825 in der Loge zur Eintracht in Posen. [Unterz.:] Wilh. **Lucas.** [Posen 1825.] 2 Bl. 8° [Kopftit.]
Gedicht: „Es strebt aus der Ebne ein Felsen empor, ..."

Lucas-Championnière, pract. Untersuchungen üb. d. Behandl. d. Syphilis, gegründet auf Beobachtn. im Dienste u. unt. d. Aufsicht v. Cullerier. Uebers. u. mit Anmerkn. vers. v. Gust. Wilh. Scharlau. gr. 8. (18⅓ B.) Leipzig 838, (Künzel. ?)

Lucas-Championnière, Dr.: Prakt. Untersuchungen über d. Behandlung der Syphilis, gegründet auf Beobachtungen im Dienste u. unter der Aufsicht von Cullerier, Oberarzte im Hospital der Venerischen zu Paris. Uebersetzt u. mit Anmerkk. verseh. von Gust. Wilh. Scharlau. Leipzig: (L. Schumann.) 1838. 8°

Lucca, s.a. Lucka

Lucca, Maria de, Edle von Parma; ein Opfer der Inquisition, v. Verf. d. Laurette Pisane. (J. F. E. Albrecht.) 8. Altona, Bechtold. 804.
Schreibpap.

LUCCA, Pauline (Kammersängerin in Berlin). — Pauline Lucca, oder: Kriegerische Abentheuer einer friedfertigen Primadonna. Den Mittheilungen der Sängerin nacherzählt von A. Hopf. Berlin 1871. 8°. Zahm.

di Lucca, Gaudentio, Geschichte, oder merkwürd. Nachricht seiner sonderbaren Reise durch d. Sandwüstenein des innern Afrika, nach Mezzoranien 2c. Mit gelehrt. Anmerkk. ins Deutsche übersetzt von J. W. Rack, 2 Thle. 8. Frankf. u. Leipz. 758.

Lucca, H. J., Maimuna. Roman aus den Bergen Javas. (336 S.) 8. Berlin (910). Zehlendorf, R. Eckstein Nachf. 5.—

Lucca, Heinrich Julius [app. Arzt aus Lütjenburg in Holst.]: Einige Bemerkungen über Acclimatisation und Leben in den Tropen m. bes. Rücksichtnahme auf d. Inseln d. malayischen Archipels ... München, kgl. Hofbuchdr. Kastner & Lossen, 1897; 28 S. 8.
München, Med. Fak., Inaug.-Diss. v. 1897

Lucca, S., zur Orientirung in Marienbad. Ein Rathgeber und Wegweiser für Curgäste. 9. verm. und verb. Aufl., mit dem neuesten (lithogr.) Situationsplane, 1 (lithogr.) Karte der Umgebung von Marienbad und 1 (lithogr.) Rundsicht von der Kaiserhöhe aus. 8. (158 S.) Marienbad 879, Gschihay. cart. *

Lucca, S., zur Orientirung in Marienbad. Ein Rathgeber und Wegweiser für Curgäste. Mit dem neuesten (lithogr.) Situationsplane, 1 (lithogr.) Karte der Umgebung von Marienbad und 1 (lithogr.) Rundsicht von der Kaiserhöhe. 10. verm. und verb. Aufl. (157 S.) 1881. cart. * ℳ 2.; 11. verm. und verb. Aufl. 8. (160 S.) Marienbad 883, Gschihay. * 2 40

Lucca, S., zur Orientirung in Marienbad. Ein Rathgeber und Wegweiser für Curgäste. 12. und 13. verm. und verb. Aufl. 8. (163 S. mit dem neuesten Situationsplane, 1 Karte der Umgebung von Marienbad, 1 Rundsicht von der „Kaiserhöhe" und dem Tarife der Miethswagen.) Marienbad 885,88, Gschihay. geb. *

Lucca, S., zur Orientirung in Marienbad. Ein Rathgeber u. Wegweiser f. Curgäste. 14., verm. Aufl., m. dem neuesten Situationsplane, e. Karte der Umgebg. v. Marienbad u. e. Rundsicht v. der „Kaiserhöhe". 12. (183 S.) Marienbad 890. Gschihay. geb. n. 2. 40

Lucca, S., zur Orientirung in Marienbad. Ein Rathgeber u. Wegweiser f. Curgäste. 15., verm. u. verb. Aufl., m. dem neuesten Situationsplane, e. Karte der Umgebg. v. Marienbad u. e. Rundsicht v. der „Kaiserhöhe". 12. (187 S.) Marienbad 891. F. Gschihay. Geb. n. 2. —

Lucca, S., zur Orientirg. in Marienbad. Ein Rathgeber u. Wegweiser f. Curgäste. D. medicin. Theil neu bearb. v. M. Lang. 16., verm. u. verb. Aufl., m. d. neuesten Situationsplane, 1 Karte d. Umgebg. v. Marienbad u. 1 Rundsicht v. der „Kaiserhöhe". 12. (228 S.) Marienbad 896. F. Gschihay. Geb. in Leinw. n. 2. 20

Lucca, S., zur Orientirung in Marienbad. Ein Rathgeber u. Wegweiser f. Curgäste. Der medicin. Theil neu bearb. v. M. Lang. 17. verm. u. verb. Aufl., m. dem neuesten Situationsplane, e. Karte der Umgebg. v. Marienbad u. e. Rundsicht vom Aussichtsthurm. 12. (239 S.) Marienbad 900. F. Gschihay. Geb. in Leinw. n. 2. 20

Luccalmaglio, W. J. J. v., die Mosel u. ihre nächsten Umgebungen, v. Coblenz bis Trier. Ein Leitfaden f. Reisende. gr. 12. (4 B.) Coblenz 833, Hölscher.

Lucchesi, Matteo Johannes Paul: Die Individualitätsphilosophie Max Stirners. *Leipzig-Reudnitz 1897: A. Hoffmann.* (102 S.) 8° [J.]
Leipzig, Phil. Diss. v. [9. Sept.] 1897

Max Stirner als logischer, socialer und ethischer Anarchist, ein Nietzsche vor Nietzsche. Von Dr. phil. Paul Lucchesi, Diakonus. (Leipzig 1900: Pöschel & Trepte.) (20 S.) 4°
= Jahresbericht d. Lausitzer Predigergesellschaft zu Leipzig. Mitteilung 25.

Piis. Manibus. Friderici. Magni. Borussorum. Regis. XVI Kal. Septembr. Vita. Functi. Cum. In. Aedib. Praetoriis. Potsdami. A. D. VII. Idus. Septembr. Solemnes. Ei. Habentur. Exequiae. Extremum. Ave. Atque. Vale. Voce. Tibiis. (Chordis. Dictum. Berolini, Litteris. G. J. Deckeri, Typogr. Regii. 1786. (Auct. Marqu. de Lucchesini.) — Idem, Soraviae 8. (Lateinisch und deutsch.)

Lucchesini, Ces., sulle cause e gli effetti della Confederazione renana, parte Ima. 8. Italia. (Vienna, Schalbacher.) 819. Pap. ord.
Pap. fin

Lucchesini, Cäs., (†d. 16. Mai 1832.) histor. Entwickelung d. Ursachen u. Wirkungen des Rheinbundes; aus d. Italien. von B. J. F. v. Halem (u. P. L. Kritz). 2 Thle in 3 Abtheill. gr. 8. Leipz. 820—25. Brockhaus. 7 ₰

Lucchesini, Cesare Marchese. Historische Entwickelung der Ursachen und Wirkungen des Rheinbundes. A. d. Ital. . . . Leipzig 1821—25. Ü: *Halem, Bernhard Jacob Friedrich von & Paul Ludolph Kritz.* (EngJ) (MGT)

— — Ragionamento della Illustrazione delle lingue antiche e moderne e principalmente dell' Italiana procurata nel secolo XVIII. dagl' Italiani. 2 parti. in 8. gr. Lucca. 819. (Vienna, Volke.)

Luccock, John

— Bemerkk. über Rio de Janeiro ꝛc. s. n. Bibliothek d. Reisebeschreibb. 29r Bd.

Luccock, John, über Wolle im Allgemeinen, und über die englischen Vließe insbesondere. A. d. Engl. mit Anmerk. von M. H. Schilling. 2 Theile. gr. 8. Leipzig, Baumgärtner. 821.

Luce, Alice, s.: Pembroke, Countess of, Antonie.

Luce, Alice *Hanson* [Boston U. S. A.]: The Countess of Pembroke's Antonie ... Weimar, E. Felber, 1897; 3 Bl., 119 S., 1 Bl. 8.
Heidelberg, Phil. Fak., Inaug.-Diss. v. [24. Apr.] 1897

Luce, Godofr. Guil. (geb. Bremen 24. 11. 1795): De ectropio sarcomatoso per ferramentum candens sanando. Berolini (1819). 120 S.) 8°
Berlin, Med. Diss. v. 10. Apr. 1819

Luce, Hans, üb. e. Fall v. Werlhof'scher Krankheit m. intraperitonealer Blutg., s.: Jahrbücher d. hamburg. Staatskrankenanstalten.

Luce, Hans [app. Arzt aus Hamburg]: Ueber die für die operative Behandlung der Pyosalpinx maassgebenden Gesichtspunkte nebst casuist. Beiträgen ... Strassburg i. E., Buchdr. C. Gœller, 1893; 82 S., 1 Bl. 8.
Strassburg, Med. Fak., Inaug.-Diss. v. 1893

Luce, Joh. Friedr. (Bremen), Symbolae ad anatomiam et pathologiam morborum laryngis et tracheae. Diss. med. Halle (Colbatzki) 21. II. 1846. 35 S. (M.: Carstens.) (3.—) 21674
Oppon.: G. Sendler, F. v. Baerensprung.

v. Luce, Jh. Wlh. Ldw., ökonom. Abhandll. f. d. nordischen Landmann. 1r, 2r Bd. 8. Riga 795 u. 803. (Gerstenberg in Hildesh.) 1r Bd. 15 gr

* Luce, J. W. L., Bemerkungen üb. die Wünschelruthe. 8. Frankf. am M. Hermann. 790.

Luce, Jh. Wilh. Ldw. v., Beschreibung der wohlthätigen Anstalten in der Provinz Oesel. 8°. Riga 1815. N. A. 1825. (Leipzig, Serig.)

— Heimittel d. Ehsten auf d. Insel Oesel. 8. Pernau 829.

LUCE, Joh. Wilh. Ludewig („der Herzogl. deutschen Gesellschaft in Helmstedt Ehrenmitglied"), Lappalien. (Sinngedichte nach Martial etc.) 3 Thle. O. O. (Hamburg). Auf Unkosten des Verfassers. 1783, 83, 87. 8°.
So gut wie unbekannte Sammlung stellenw. derber Epigramme. Vorr. zu 1 dat. Taggamois, d. 6. Jenner 1783, zu 3 Lahhentagge, d. 1. Apr. 1787. 1—2: 118 S. m. 116 Nrn.; 3: 80 S. m. 100 Nrn. (S. 69 ff. Verz. d. Originale zu den letzteren.)

Luce, J. W. L., Lappalien, 1s. gr. 8. Lpz. Crusius (F. C. W. Vogel) 783.

— — 8. Weim. Hoffmann. 788.

— Lappalien, (e. Samml. Sinngedichte). 1s Büchel. 8. Leipz. 783. (W. Vogel). 7 gr 2s B. 8. Reval 784. 3s B. 8. Neuwied, Gehra. 4 gr (Löffler in Manh.) 6 gr 4s, 5s B. 8. Hamb. 787, 89.

— d. Schloß Mone auf Oesel; e. Einladungsschrift ꝛc. 4. Riga 811.

— topograph. Nachrichten von d. Insel Oesel, in medicin. u. ökonom. Hinsicht. (A. u. d. T.: Prodromus florae Osiliensis.) 8. Riga 824. (Leipz., Serig). 1 ₰ 12 gr Hbg. Pr. 1 ₰ Nachtrag, nebst e. vollständ. Register. 8. Reval 829.

— Sinngedichte. 8. Thal Ehrenbreitst. Gehra. 791.

— üb. Ursachen d. Degeneration der organisirt. Körper. 8 Gött. Dieterich. 794.

von Luce, J. W. L., Versuch über Hypochondrie u. Hysterie, ein prakt. Hdb. f. angehende Aerzte. 148 S. Gotha u. Petersb. 8°. 1797.

— Versuch über Hypochondrie u. Hysterie. 8. Gotha u. Petersb. 797. (Hildesh., Gerstenberg). 9 gr

— Vorschläge zur Versorgung der Wittwen und Waisen. 8°. Riga, Hartmann, 1823.

— Vorschläge zur Versorgung d. Wittwen u. Waisen. 8. Riga 824. Hartmann.

— Wahrheit u. Muthmaßung. Beitrag zur ältesten Geschichte d. Insel Oesel. 8. Pernau 827.

— einige Winke für Gutsbesitzer in d. Provinz Oesel, über d. Schafzucht. 8. Pernau 826.

— einige Worte über d. jetzigen Kuhpocken. 8. Reval 819.

Luce, Ioannes Fridericus: Symbolae ad anatomiam et pathologiam morborum laryngis et tracheae. Halis Saxonum (1846): Colbatzki. 35 S. 8°
Halle-Wittenberg, Med. Diss. v. 21. Febr. 1846
Geb. Bremen 22. 4. 1822. V.

Luce, Ludw., Fonds u. Effecten der Bremer Börse unter besond. Berücksicht. der bremischen Actiengesellschaften. gr. 8. (IV, 68 S.) Bremen 891. (C. Schünemann.) Geb. in Leinw. n. 3. —

Luce, Wilhelm [cand. med. aus Niedermarsberg (Westf.)]: Ueber das pathol. Laengenwachstum der Röhrenknochen durch Reizung des Epiphysenknorpels .... Würzburg, A. Memminger'sche Buchdr., 1886; 41 S. 8°.
Würzburg, Med. Fak., Inaug.-Diss. v. 1886.

Luce, Wilhelm, über das patholog. Laengenwachstum der Röhrenknochen durch Reizung des Epiphysenknorpels. Diss. Würzburg 1886, Stahelsche Univ.-Buchh. 8°. 41 S.

de Lucenay, J., u. D. **Meyer,** Materialien zum Uebersetzen aus dem Deutschen in's Französische f. die obern Gymnasialklassen. 1. Abthl. gr. 8. Osnabrück 844, Rackhorst. 1/2 ℛ
— ders. 2. Abthl. gr. 8. Ebend. 844. 3/4 ℛ

Lucenay, J. de, und D. Meyer, Materialien zum Uebersetzen aus dem Deutschen ins Französische für die obern Gymnasialklassen. 1. Abthl. 2., verb. Aufl. gr. 8. (IV und 156 S.) Osnabrück 851, Rackhorst'sche Buchh. -

Lucern, s. Luzern

Lucerna. (Pianta della città) 1906. 218/282 mm. [Pubblicato dall' Offiz. Verkehrsbureau, Luzern. 1 foglio 4-obl. Aarau & Luzern Huber Anacker & Co.
Sul verso: testo [6 p.].

Lucerna lucens. Alethrophili Eines Catholischen Priesters Schreiben An Arctophilum Seinen lieben Freund und Mit-Capitularen. Freystadt [Zürich] 1726. V: *Kappeler, Moriz Anton, Johann Jakob Scheuchzer & Anton Leodegar Keller.* (ZÜRKL)

Lucerna lucens: Aletophili, eines catholischen Priesters Schreiben an Aretophilum . . . Freystadt [Zürich] 1726. V: *Scheuchzer, Johann Jacob, Anton Leodegar Keller & Moriz Anton Kappeler.* (MS) (WR) (AARK) (Cat. d. Stadtbibl. Zürich. Zürich 1864—97.)

Lucerna Lucens, Oder aktenmäßige Wiederlegung einer... Schmähschrift, unter dem lügenhaften Titel: die zu spät entdeckte Unschuld an dem Edeln... Herrn (Nicolaus) von Schumacher in der Stadt... Lucern.... 8. Frankfurt und Leipzig 1775.

Lucerna Mariana id est Congregatio Lucernensis . . . Lucernae 1758. V: *Wagemann, Ludwig.* (JES) (SO)

Lucerna, Svizzera. [Guida illustrata.] Per Edizione: Ufficio pei Forestieri, Lucerna.... [1^a edizione.] IV + 32 p. 8. [Lucerna, H. Keller, 1906.]

Lucerna, Svizzera. [Guida illustrata.] Per Edizione: Ufficio pei Forestieri, Lucerna.... [2^a ed.] IV + 32 p. 8. [Lucerna, H. Keller, 1907.]

Camilla **Lucerna.** Zur Asanaginica. Zagreb: Breyer 1909. 18 S. 8°
(Lucerna: Studienblätter z. kroat. u. serb. Literatur. 1.)

Lucerna, Camilla, die südslavische Ballade v. Asan Agas Gattin u. ihre Nachbildung durch Goethe, s.a. Forschungen zur neueren Literaturgeschichte. XXVIII.

Die südslavische Ballade von Asan Agas Gattin und ihre Nachbildung durch Goethe. Von Camilla **Lucerna.** Berlin: A. Duncker 1905. (70 S.) 8°
— Forschungen z. neueren Literaturgeschichte. 28. [05. 4116 3

Lucerna, Camilla, das Märchen. Goethes Naturphilosophie als Kunstwerk. Deutungsarbeit. (VIII, 191 S.) gr. 8. Leipzig 910. F. Eckardt. 2.80; geb. 4. —

— Studienblättchen zur Literaturgeschichte des südslavischen Küstenlandes. I. Die Hirtin v. Arbe. II. Der Einsiedler v. St. Andrea. III. Fischfang u. Fischergespräche. (31 S.) kl. 8. Agram 909. (M. Breyer.) — 50
Sonderabdruck aus: „Agramer Tagbl."

— Studienblätter zur kroatischen u. serbischen Literatur. I. Zur Asanaginica. (18 S.) gr. 8. Ebd. 909. — 60

Lucerna, Camilla. Zlatorog. Lyrisches Drama. Klgft., v. Kleinmayr, 1900. 51 S.

Die Eiszeit auf Korsika und das Verhalten der exogenen Naturkräfte seit dem Ende der Diluvialzeit. Untersuchungen über d. eiszeitl. u. stadiale Vergletscherung, d. Morphologie d. Hochgebirges, d. fluvioglazialen u. -stadialen Schotter, d. glazialen u. präglazialen Stände d. Mittelmeeres von Dr. Roman **Lucerna.** Mit 33 Textfig., 15 Taf. u. Kt. Wien: Lechner 1910. VI, 143 S. 4°(8°)
(Abhandlungen d. K. K. Geograph. Gesellschaft in Wien. Bd 9, Nr 1.) A 11. 11723

Lucerna Roman: Gletscher-Spuren in den Steiner Alpen.
1903 PN 1673 **Diss.** Wien, Univ. 2379

Lucerna, Roman, glazialgeologische Untersuchung der Liptauer Alpen. (106 S. m. 14 Fig. u. 1 farb. Karte.) gr. 8. Wien 908. A. Hölder. 8. 30
Sonderabdruck aus: „Sitzungsber. d. k. Akad. d. Wiss."

Lucerna Roman, Dr.: Glazialgeologische Untersuchung der Liptauer Alpen (mit 1 Karte und 14 Textfiguren). S. 117. I. 713 . . . . 8.30
Separatabdruck

Lucerne. Avec 16 illustrations.... (L'Europe illustrée. № 14) s.a. [Harfin, Jean].

Lucerne. (Plan de la ville) 1906. 218/282 mm. [Publié par le] Offiz. Verkehrsbureau, Luzern. 1 feuille 4-obl. Aarau & Luzern, Huber Anacker & Co.
Au dos: texte [6 p.].

Lucerne and its Environs. (Illustrated Europe. № 13) *s.* [Harfin, Jean].

Lucerne et les environs du Lac des Quatre-Cantons avec une description spéciale des monts Righi, Pilate et St. Gotthardt. Itinéraire pour les lieux classiques de la Suisse centrale. Avec

(5) vues (lith.), plan de Lucerne (lith. in 4.) et 1 carte avec panoramas du Righi (lith. in Fol.). Lucerne 855. Kaiser. 8. (VIII, 196 S.) n. 25 ngr.

Lucerne et les environs du lac des Quatre-Cantons, avec une description spéciale des monts Righi, Pilate & St.-Gotthardt. Itinéraire pour les lieux classiques de la Suisse centrale. Avec vues [5 planches], plan de Lucerne et une carte avec panoramas du Righi et Observations de 1868. 8. Lucerne (1868).

Lucerne & Lac des IV Cantons. (Album de 36 vues. Edition «Illustrato Lucerne». Reproductions d'après photographies de Wehrli Frères, Kilchberg prèsZürich.) [2me éd.] [IV + 36 p.] 4-obl. (Lucerne ⟨Suisse⟩, Illustrato ⟨L. Bachmann⟩, [1901].) (fr. 2. —)
Beigefügt 1 Ansicht: Eidg. Schützenfest Luzern 1901, Festhütte.

Lucerne, Lac des Quatre Cantons et ses environs. In-8°. 148 p. Lucerne. Bureau Officiel de Renseignement. 1892. 1 —

Lucerne, Suisse. [Guide illustré.] Publié par la commission du Bureau officiel de renseignements, Lucerne. [1re édition.] IV + 32 p. 8. [Lucerne, Räber & Cie., 1905.]

Lucerne, Suisse. [Guide illustré.] Publié par le Bureau officiel de renseignements, Lucerne. [2me éd.] IV + 32 p. 8. [Lucerne, Räber & Cie., 1907.]

Lucerne, Switzerland. [Illustrated Guide. Published by the] Official Enquiry Office, Lucerne. [1st Edition.] IV + 32 p. 8. [Lucerne, C. J. Bucher, 1905.]

Lucerne, Switzerland. [Illustrated Guide. Published by the] General Enquiry Office, Lucerne. [2d Ed.] IV + 32 p. 8. [Lucerne, C. J. Bucher, 1907.]

Luceval, die Familie, od. Denkwürdigkeiten a. d. Leben e. jungen Frau die nicht hübsch war, n. d. Franz. d. Pigault le Brun, v. K. L. M. Müller. 3 Bde. 8. Lpz. Joachim.

Luchesini, s. L u c c h e s i n i

Éloge de Charles Philippe Kopp. conseiller privé de Mgr. le Landgrave regnant. Par le Marquis de Luchet. Lu dans la séance tenue le 8. Novembre 1777. [Cassel?] (1777.) 8°.

Luchet, histoire littéraire de Voltaire. VI Vol. 8. Leipz. Sommer.

Luchet, A., die Auferstehung vom Tode, s. Masson, M.

Luchet, Jean Pierre Louis Marquis de, s. L a R o c h e du Maine Marquis de Luchet

Luchhau, Ernst, über die Magen- und Darmverdauung bei einigen Fischen. Inaugural-Dissertation. gr. 8. (28 S.) Königsberg 878. (Hartung'sche Verlagsdruckerei.) *

Lüchinger, A.J.: Der Sitterviadukt d. Bodensee-Toggenburgbahn, s. A c a t o s

Luchmann, Artur [aus Berlin]: Beiträge zur Kenntnis der halogenhaltigen Amine der Fettreihe ... Berlin, A. Knickmeyer's Buchdr., 1896; 42 S. 8.
Berlin, Phil. Fak., Inaug.-Diss. v. 25. März 1896

Luchmann, Ernst, neue Methoden zur massanalytischen Bestimmung v. Mangan, Eisen u. Chrom, s. a. Sammlung berg- u. hüttenmännischer Abhandlungen.

Neue M e t h o d e n zur massanalytischen Bestimmung von Mangan, Eisen und Chrom. Von Dr. Ernst Luchmann. Kattowitz: Böhm 1908. 37 S. 8°
Aus: Berg- u. Hüttenmännische Rundschau.
(Sammlung berg- u. hüttenmännischer Abhandlungen. H. 33.)

Luchmann, Ernst, a. Münster i. Westf.: Über die Verwendung des Kaliumferricyanids in der Massanalyse. Münster Westf. 1908: Westf. Vereinsdruckerei. (48 S.) 8°
Münster, Phil. Fak., Ref. Salkowski, Diss. v. 30. Juni 1908
[Geb. 30. Dez. 82 Münster; Wohnort: Münster; Staatsangeh.: Preußen; Vorbildung: Realgymn. Münster Reife O. 04; Studium: Münster 1, Berlin 1, Münster 5 S.; Rig. 29. Febr. 08.]

Lüchow [Schlagwort]

Lüchow, Kreis. Spezialkarte der Kreise Lüchow u. Dannenberg. 1:150,000. 31,5 × 41 cm. Farbdr. Lüchow 897. W. Bergmann. n.n. — 50; auf Pappe n.n. — 65; auf starker Pappe, eingefasst, m. Oese n. 1. —; auf Leinw. in Leinw.-Decke n. 1. 50

Lüchow [Verfasser]

Lüchow, (J. C.), die Organisation der Arbeit u. deren Ausführbarkeit. gr. 8. (15 S.) Berlin 848. (Schneider & Co.) n. 1 ngr

(Luchs. Der L.) Njbl. s. [Schinz, Heinrich Rudolf].

Luchs: Üb. d. ehemalige kaiserliche B u r g in Breslau. Bresl. 1863.
Schul-/Univ.-Schrift

Luchs: Die H e r a l d i k , eine Hülfswiss. d. Kunstgeschichte. Bresl. 1864. 18 p. 4°
Schul-/Univ.-Schrift

Luchs, Schattenspieler, (A. J. Kerner), Reiseschatten. 8. Karlsr. 811, Braun. 1 ℛ

Luchs: Über das äussere W a c h s t h u m der Stadt Breslau, mit Beziehung auf die Befestigungen derselben. Erster Theil. Breslau 1865. 25 S. u. Plan. 4°
Schul-/Univ.-Schrift

Luchs, Aug. (Hrsg.), s. A c t a seminarii philologici Erlangensis.

Regiae Friderico-Alexandrinae litterarum universitatis prorector D. Albertus Hilger chem. et pharm. prof. p. o. . . . successorem suum civibus academicis commendat. Praemissa est Augusti Luchs de Horati carm. II 6 commentatio. Erlangae, typ. Junge & filii, 1888; 19 + 1 S. 4°

Regiae Friderico-Alexandrinae litterarum universitatis prorector D. Elias Steinmeyer litt. germ. prof. p. o. . . . successorem suum civibus academicis commendat — Praemissa est Augusti Luchs de Sigismundi Gelenii codice Liviano Spirensi commentatio. Erlangae, typ. F. Junge typogr. aulae reg. bav., 1890; 17 S. 4°

— Commentationes prosodiacae Plautinae. I. II. Pr. 1883—84. 23. 16 S. 4°.

Luchs, Aug., commentationes prosodiacae Plautinae. I. et II. gr. 4. (23; 16 S.) Erlangen 883,84, (Metzer.) *

Luchs, A., Emendationum Livianarum part. I—IV. Pr. 1881, 82, 87 u. 89. à 1.—

— emendationum Livianarum particulae I—III. gr. 4. (11, 13 u. 22 S.) Ebd. 881, 82 u. 87. n. 2. 20; part. III. (22 S.) ap. n. 1. —

Regiae Friderico-Alexandrinae lit. univ. prorector D. Eduardus Hoelder jur. prof. p. o. . . . successorem suum civibus academicis commendat — Praemissa est Augusti Luchs emendationum Livianarum particula tertia. Erlangae, typ. Junge et filii, 1887; 22 S. + 1 Bl. 4°

Regiae Friderico-Alexandrinae litterarum universitatis prorector D. Albertus Hilger chem. et pharm. prof. p. o. . . . successorem suum civibus academicis commendat. Praemissa est Augusti Luchs emendationum Livianarum particula quarta. Erlangae, typ. Junge et filii, 1889; 15 + 1 S. 4°

Luchs, Aug. Emendationum Livianarum particula IV. gr. 4. (15 S.) Erl. 890, (Blaesing). * — 80
I.—III. Ebd. 1881—87. * 2 20.

Luchs, A., Quaestiones metricae Plautinae. Diss. 1872. 32 S. 3.—

Luchs, (Joannes Carolus) Ernestus *(geb. Warmbrunn in Schles. 3. 9. 1811)*: De sphygmologia. Vratislaviae (1836). (56 S.) 8°
Breslau, Med. Diss. v. 18. [vielmehr 17.] Nov. 1836

Luchs, Fz. X., deutscher Volksspiegel. Neu aufpolirt und eingerahmt. Neues Volksbuch. 1. Bdchn. 8. (VI und 154 S.) Oschersleben 851, Häniche. *

[**Luchs,** Hermannus]: *De auctore carminis ad Messallam scripti. 21 Bl. 2°
Halle-Wittenberg, Phil. Diss. v. 25. Juli 1849
Geb. [Beuthen (Ob.-Schles.) 27. 2. 1826]

Luchs, Herm., Baurechnungen des ehemaligen Dominikaner-Convents zu St. Adalbert in Breslau, s. Baurechnungen.

Luchs, H., Beiträge zur naturwissenschaftlichen und medizinischen Würdigung von Warmbrunn's Heilquellen. Mit 1 lith. Taf. Breslau 853. E. Trewendt. Lex.-8. (16 S.) 6 ngr.

Luchs, Hermann. Ueber die Bilder der Hedwigslegende [im Schlackenwerther Codex von 1353, dem Breslauer Codex von 1451, auf der Hedwigstafel in der Breslauer Bernhardinkirche und in dem Breslauer Drucke von 1504]. ... Breslau, Druck von Graß, Barth und Comp. (W. Friedrich) [1861].
28 S. m. 25 Holzschn. 4°.

—— Breslau. Ein Führer durch die Stadt. 8. (32 S. mit 1 lithogr. Plane der Stadt in qu. 4.) Breslau 857, E. Trewendt. *

Luchs, H., Breslau. Ein Führer durch die Stadt für Einheimische und Fremde. 3., verb. Aufl. 8. (32 S. mit 1 lithogr. Plane der Stadt in 4.) Breslau 863, Trewendt. *

Luchs, Herm., Breslau. Ein Führer durch die Stadt für Einheimische und Fremde. 5. verb. Aufl. 8. (32 S. mit 1 lithogr. Plane der Stadt in qu. 4.) Breslau 872, Trewendt. *

Luchs, Herm., Breslau. Ein Führer durch die Stadt für Einheimische und Fremde. Mit 1 lithogr. (und color.) Plane der Stadt (in qu. 4.). 6. und 7. verb. Aufl. 8. (40 S.) Breslau 876,79, Trewendt.

Luchs, Herm., Breslau. Ein Führer durch die Stadt für Einheimische und Fremde. Mit 1 farb. lithogr. Plane der Stadt. 8. verb., durch eine Beschreibung des Museums für bildende Künste und des Altertums-Museums ergänzte Aufl. 8. (47 S.) Breslau 882, Trewendt. * 1 —

—— dass. — 9. verb. Aufl. 8. (47 S.) Ebendas. 884. * 1 —

Luchs, H., Breslau. Ein Führer durch die Stadt für Einheimische und Fremde. Überarb. von Mart. Zimmer. 10. verb. und verm. Aufl. 8. (56 S. mit 1 farb. lithogr. Plan der Stadt.) Breslau 888, Trewendt. *

Breslau. Ein Führer durch d. Stadt f. Einheim. u. Fremde. Von Dr. Hermann **Luchs** überarb. v. Dr. Otto Linke, Prof. ... in Breslau. M. 1 farb. lithogr. Pl. d. Stadt. 11. verb. u. verm. Aufl. *Breslau: E. Trewendt 1896.* (56 S., 1 Pl.) 1 Bd 8. [96. 6956

Luchs, Herm., Breslau. Ein Führer durch die Stadt f. Einheimische u. Fremde. Überarb. von Otto Linke. 12. verb. u. verm. Aufl. 12. (56 S. m. farb. Plan.) Breslau 901. Berlin, E. Trewendt. n. 1. —

Ⓑ Luchs, Herm., Breslau. 901. (KBL 32.) Jetzt: Schweidnitz, L. Heege.

Luchs, Herm., die Denkmäler der St. Elisabeth-Kirche zu Breslau, s. Denkmäler, die.

Luchs, Herm., schlesische Fürstenbilder des Mittelalters. Namens des Vereins für das Museum schles. Alterthümer in Breslau herag. (In ca. 18 Heften). 1—12. Heft. Breslau 868—70. Trewendt. gr. 8. (73 S. mit 19 Steintaff. in Ton- u. Buntdr.) Jedes Heft n. 10 ngr.

— schlesische Fürstenbilder d. Mittelalters. Namens d. Vereins f. das Museum schles. Alterthümer in Breslau nach Orig.-Aufnahmen v. Thdr. Blätterbauer, Karl Bräuer, Albr. Bräuer etc. hrsg. 13—24. Hft. gr. 4. (79 u. XII, 111 S. m. 4 Tabellen in gr. Fol., 23 Steintaf. u. 1 Kpfrtaf.) Ebend. 871. 72. à n. 1. —

Luchs, Hermann. Schlesische Fürstenbilder des Mittelalters. Namens des Vereins für das Museum schlesischer Alterthümer in Breslau nach Originalaufnahmen von Theodor Blätterbauer, Karl Bräuer (†), Albrecht Bräuer, Bernhard Mannfeld und Adalbert Wölffl herausgegeben von Hermann Luchs ... Breslau, Verlag von Theodor Trewendt 1872.
XII S.; 47 z. T. farb. Taf., 356 S. Text m. 2 Holzschn. 4°.

Luchs, Herm., über einige mittelalterliche Kunstdenkmäler von Breslau. Die alte Burg von Breslau. Die Martinikirche. Die heil. Kreuz-Kirche. Die ehemaligen Kirchen zu St. Vincenz, St. Michaelis und Allerheiligen auf dem Elbing, und deren Reste. Eine historisch-artist. Abhandlung. gr. 4. (50 S.) Breslau 855, Hirt's Verlag. *
Aus: Osterprogramm der höheren Töchterschule zu St. Maria-Magdalena in Breslau, besonders abgedruckt.

—— romanische und gothische Stilproben aus Breslau und Trebnitz. Eine kurze Anleitung zur Kenntniß der bildenden Künste des Mittelalters, zunächst Schlesiens. 4. (V und 44 S. mit 8 lithogr. Bildtaf.) Breslau 859, E. Trewendt. Thlr. *

Luchs, Hermannus *(geb. Warmbrunn in Schles. [1. 2.] 1818)*: Symbolae ad energias motorias systematis nervosi cognoscendas. Vratislaviae (1848). (20 S.) 4°
Breslau, Med. Diss. v. 26. [vielmehr 29.] Apr. 1848

—— Schlesiens Vorzeit in Bild und Schrift, s. Schlesiens Vorzeit.

— culturhistorische Wandtafeln f. Gymnasien, Realschulen, Seminare u. verwandte Lehranstalten, gezeichnet v. Alph. Holländer, Jean Brück, Carl Lüdecke, hrsg. u. m. erläut. Text versehen. Ausg. A. 1. u. 2. Lfg. qu. gr. Fol. Breslau 875. Korn. n. 22. —; Ausgabe B. [auf starke Deckel aufgezogen m. Ringen] n.n. 38. —
1. (10 Steintaf. m. Text gr. 8. (72 S.) Ausg. A. n. 12. —; Ausg. B. n. 20. —; Text apart n. 2. —
2. (10 Steintaf.) Ausg. A. n. 10; Ausg. B. n.n. 18. —

— culturhistorische Wandtafeln für Gymnasien, Realschulen, Seminare u. verwandte Lehranstalten, gezeichnet v. Alph. Holländer, Jean Brück u. Carl Lüdecke, hrsg. u. mit erläut. Text versehen. Ausg. A. 3—5. Lfg. Imp.-Fol. (à 10 Steintaf.) Mit Text. 2—4. (Schluss-)Lfg. gr. 8. (XVI u. S. 73—614.) Breslau 876—78. Korn. à n. 10. —; Ausg. B. [auf starke Deckel aufgezogen m. Randeinfassung u. Ringen] à n.n. 18. —; Text ap. à n. 2. —

Luchs, Clara, „Pfingsten", d. liebliche Fest, s.: Theater, kleines.

– Die Reise nach Berlin, s. Theater, Kleines.

Luchs, Clara, was die Bildung thut, } s.: **Theater, kleines.**

Luchs, Rafael [cand. med. aus Buttenwiesen]: Ueber Pseudoleukaemie ... München, Buchdr. Kastner & Lossen, 1896; 83 S. 8.
München, Med. Fak., Inaug.-Diss. v. 1896

Luchsinger, B., Physiologie der Absonderungsvorgänge, s. Heidenhain, Rud.

Luchsinger, B., zur allgemeinen Physiologie der irritabeln Substanzen. Rede, gehalten am 23. Novbr. 1878 zum Zwecke der Habilitation an der Universität Bern. gr. 8. (22 S.) Bonn 879, Strauss. *

—— physiologische Studien, s. Grützner, P.

Luchsinger, B[althasar], aus Glarus. pract. Arzt und Assistent am physiol. Laboratorium zu Zürich: Experimentelle und kritische Beiträge zur Physiologie und Pathologie des Glykogens. [S. A. aus: Vierteljahrsschrift der Naturforsch. Ges. in Zür., Bd 20. S. 47—134]. Zür. Zürcher u. Furrer Dr. 1875. 1 Bl., 93 S., 1 Bl. Thesen. 8°.
Zürich. Med. Diss. [v. 13. Mai 1875].

Luchsinger, Christoph. Die Älplerfamilie in den romanischen Alpendialekten der Schweiz. Sonderabdruck aus der Festschrift zum XIV. allgemeinen deutschen Neuphilologentage in Zürich 1910. II S. + S. 254—293 + 1 S. 8. Zürich, Zürcher & Furrer, 1910.

Luchsinger, Christoph, aus Schwanden: Das Molkereigerät in den romanischen Alpendialekten der Schweiz. [Mit 33 Figuren.] Zürich 1905. VI + 52 S. 8°. S.-A. a. d. Schweizer Archiv f. Volkskunde Bd. 9 (Jahrg. 1905). [13. I. 06.]
Zürich. Phil. Diss. I. S. 1905/1906.

Luchsinger, Christoph. Das Molkereigerät in den romanischen Alpendialekten der Schweiz. Diss. Phil. I. Univ. Zürich. [Mit 33 Figuren.] (Separat-Abdruck aus dem « Schweizerischen Archiv für Volkskunde » ..., Band 9, Jahrg. 1905.) VI + 51 [+ *Fig.* 18] S. 8. Zürich, Juchli & Beck, 1905.

Luchsinger, Johann Rudolf: Das Verschuldungsprinzip in der Lehre von der Schadensersatzpflicht im römischen Rechte. Borna-Leipzig 1909: Noske. IV, 155 S. 8°
Heidelberg, Jur. Diss. v. 4. Nov. 1909, Ref. Endemann
[Geb. 10. Jan. 69 Rio Grande do Sul; Wohnort: Zürich; Staatsangeh.: Schweiz; Vorbildung: Gymn. Zürich Reife M. 87; Studium: Zürich, Leipzig, Berlin, Heidelberg; Rig. 31. Juli 09.] [U 10. 1932

Luchsinger, J. R., das Verschuldungsprinzip in der Lehre v. der Schadenersatzpflicht im römisch. Rechte u. die römische Vis maior. (155 S.) gr. 8. Zürich 909. A. Müller's Verl. 3. 50

Einzelnes zur Geschichte Glückstadts und Crempe's, v. Andreas Christian **Lucht**. (Progr.) Glückstadt 1847. 4°k.

Lucht, A. C., Glückstadt, oder Beiträge zur Geschichte dieser Stadt und des dreißigjährigen Krieges in unserm Lande. Mit 2 (lith.) Plänen (in Fol.). Kiel 854. Schröder u. Co. gr. 8. (IV, 2 Bl., 192 S.) n. 1 ℛ︎. 6¼ ngr.

Lucht, Andreas Christian (Hrsg.), s.a. Heyne, Christian Gottlob: · An (Carl Friedr.) Heinrich.

Lucht: Heyne an Heinrich, bisher ungedruckte Briefe. 19 S.—Rendsburg RG., Progr. 1867

Lucht, A. C., über Ort u. Einrichtung d. Schullehrerseminars f. Holstein, od.: Segeberg u. Internat, mit Berücksichtigung d. Deckerschen Schrift vertheidigt. gr. 8. (4 B.) Altona 839, [Dessau,] Aue. *

Ueber Schulausgaben der Classiker, insbesondere des Caesar: v. [Andreas Christian] **Lucht**. Rendsburg. 1859. 4°
Real-Gymn.-Progr.

Lucht, D., wie kann Gott das zulassen?, s.: Lehr u. Wehr für's deutsche Volk.

Lucht, H., üb. die beiden letzten Kapitel d. Römerbriefes. Eine krit. Untersuchg. gr. 8. (VIII, 239 S.) Berlin 871. Leipzig, Barth n. 4. 50

Lucht, H. D., Antrittspredigt üb. 2. Kor. 1,24 bei seiner Einführung in das Amt als Pastor an St. Anschar zu Hamburg am Dienstag nach Rogate, den 22. V. 1906 in der großen St. Michaeliskirche gehalten. (16 S.) 8. Hamburg 906. Ev. Buchh. n. —20

Lucht, H. L., die Vorschriften über Baupolizei im Regierungs-Bezirk Wiesbaden. gr. 8. (140 S.) Wiesbaden 885, Bechtold und Comp. *

Lucht, Heinrich

—— zur Reform unserer staatlichen Gebäudeversicherungsanstalten. gr. 8. (25 S.) Kiel 869, Schwers'sche Buchh.

Lucht, J., 40 Erwägungen üb. Religion u. Weltfrieden f. die vom 10. bis 12. IX. d. J. in Berlin tagende XV. Konferenz der interparlamentar. Friedensunion u. f. die vom 15. bis 17. IX. d. J. in Hannover tagende XII. allgem. evangelisch-luther. Konferenz. (16 S.) gr. 8. Berlin 908. W. Süsserott. —50

Bericht über den Lehrgang der Kieler Stadtschule v. Johannes Friedrich **Lucht**. Michaelis 1836 – Michaelis 38. Kiel 1838.

Bericht über den Lehrgang der Kieler Stadtschule v. Johannes Friedrich **Lucht**. Michaelis 1845 – Michaelis 1846. ebd. 1846. Michaelis 1849 – Michaelis 1850. ebd. 1850. Ostern 1851 – Ostern 1853. ebd. 1853.

Mittheilungen zur Geschichte der (Kieler Gelehrten) Schule von Johannes Friedrich **Lucht**. 1. Kiel. 1853. 4°

Lucht, Jh. Fr., s. Phylarch, historiarum fragmenta.

***Lucht*, J. Fr.**, s. *Polybii* hist.

Zu der öffentlichen Prüfung . . . ladet ein Johannes Friedrich **Lucht**. 1842. ebd. 1842.

Lucht, Johannes Fr., s.a. Stadtbuch, das Kieler.

Das Kieler Stadtbuch von dem Jahre 1264 bis zum Jahre 1289. Aus der Handschrift hrgg. v. Johannes Friedrich **Lucht**. Kiel 1842. 4°
Kiel, Gymn.-Progr.

Lucht, Ludw.: Die dazischen Kriege Traians. 15 S. 4° – Marienburg, Progr. 1871.

Lucht, Marx Johann Friedrich (Hrsg.), s. Bericht über das Königl. Christianeum in dem Schuljahre. . .

LUCHT, [MAX] J[OH.] F[RIEDR.], De Arati Sicyonii commentariis disp. Kiel. 1838. 4. P. (Skoleprogr.).

Lucht, M. J. F. Nachrichten über die Bibliothek des Gymnasiums und die in derselben befindlichen Handschriften. I. 24 S. G. *Altona* 1878.
Progr.

Nachrichten über die Bibliothek und die Stipendien des Gymnasiums v. Marx Johann Friedrich **Lucht**. Altona. 1856. 4°. Gymn.-Progr.

Lucht, Paul, a. Stettin: Lautlehre der älteren Lagamonhandschrift. T. 1. (Weimar 1905: R. Wagner Sohn.) (VI, 44 S.) 8° ¶(Ersch. vollst. als: Palaestra, Bd 49.)*)
Berlin, Phil. Fak., Ref. Brandl, Roethe, Diss. v. 22. Juli 1905
[Geb. 25. Dez. 81 Stettin; Heimatsort: Stettin; Staatsangeh.: Preußen; Vorbildung: Stadtgymn. Stettin Reife O. 01; Studium: Berlin 7 S.; Rig. 2. März 05.]

Lucht, Paul, Lautlehre d. älter. Lazamonhandschrift, s.a. Palaestra. 49.

Lautlehre der älteren Lazamonhandschrift. Von Paul **Lucht**. Berlin: Mayer & Müller 1905. (VI, 132 S.) 8°
— **Palaestra**. 49. [od. 86o 4

⊙ Abwehr des Angriffs auf die Volksschule, den ein Anonymus in Nr. 31 u. 32 des Itzehoer Kirchen- und Schulblatts versucht hat. Von P[eter] **Lucht**. Altona. 1845. 8°

Andeutungen, betr. die Erfordernisse des Religionsunterrichts und der religiösen Bildung in Volks- und Bürgerschulen v. Peter **Lucht**. Nebst einem Nachwort über Veranlassung und Zweck dieser Mittheilungen. Glückstadt 1818. 8°

LUCHT, PHILIPP. Untersuchungen über die Festigkeitsverhältnisse von Sulfonaphtalinderivaten. (Basel) Worms a. Rh., 1893.

Lucht, Phil. Jac., kurze Anleitg. f. d. Verarbeitung u. Verwendg. v. Portland-Cement unt. bes. Berücksicht. d. Cementwaren-Fabrikation, d. Marmor-, Mosaik-, Terrazzo- u. Granito-Kunstarbeiten, der Felsen- u. Grottenbau. gr. 8. (95 S. m. Fig.) Frankfurt a/M. 897. H. Bechhold. n. 2. —

Lucht, Phil. Jac., Anleitung für die Verarbeitung u. Verwendung von Portland-Cement unter besond. Berücksicht. der Fabrikation v. Cementwaren, Marmor-, Mosaik-, Terrazzo- u. Granito-Kunstarbeiten, Cementdachfalzziegel sowie der Felsen- u. Grottenbauten, 2. Aufl. (100 S. m. Abbildgn.) 8. Frankfurt a/M. (902). Leipzig, M. Heinsius Nachf. n. 2. 60

Luchterhand: Der staatsmännische Charakter des Aristeides nach den Quellen dargestellt und beurtheilt. 23 S.– Bunzlau, Progr. 1870.

Luchterhardt, A. R.: Analytisch-geometrische Untersuchungen einer algebraischen Fläche vierten Grades. 14. S. – Berlin Fr.W., Progr. 1861. 4°

Luchting, Georg: Aus der königlichen Augenklinik zu Kiel. Ein Beitrag zur Casuistik der Arteria hyaloidea persistens. *Kiel 1897: Schmidt & Klaunig.* (13 S.) 8°
Kiel, Med. Diss. v. [26. Aug.] 1897

Luchtmans, Pet., De saporibus et gustu c. 3 tab. 84 pp. Jen. 4°. Lugd. Bat. 1758. 4°. *Haller*, Bibl. anat. II, 552.

Lucia, Ellen [W. Weyergang], Maika. Erzählung aus dem wend. Spreewalde. 8. (271 S.) Leipzig 877. C. A. Koch. n. 3. —

— olle Scharteken. Vel un noch wat van tau Hus. Erzählungen im plattdeutschen Dialekt. 1. Bd. 8. (III, 229 S.) Greifswald 876, Bamberg. *

— s. Weyergang, W.

Lucia, Don Francesco de, s.: Sankt Philumena-Büchlein.

Lucian in der Renaissance, s. Foerster, Richard.

Lucian, (Jh. Erichson u. Frhrr. John Sinclair,) Glauben u. Poesie. Eine Samml. von Dichtungen u. Bruchstücken in Prosa. 16. Berl. 816. Reimer. 1 ₰ 4 𝒦

Lucian, s.: Ideoplastik, die, des Geistes.

Lucian der Jüngere, s.: Totengespräche, moderne.

Lucian, F., freie Wahrheit — wahre Freiheit. Zeitbilder. 8. (III, 56 S.) Dresden 891. E. Pierson. n. — 75

Luciani Thuricensis, C. [Pseud.], s. Füssli, Hans Heinrich

Luciani, Asmodeus Patronius [Pseud.], s. Kászony, Daniel von

Luciani, Luigi, und Giuseppe Sepilli, die Functions-Localisation auf der Grosshirnrinde an Thierexperimenten und klinischen Fällen nachgewiesen. gr. 8. (VII, 414 S. mit 53 Fig. im Text und 1 Taf.) Leipzig 886, [Denicke.] Felix. *

Luciani, Luigi. Das Hungern. Studien u. Experimente am Menschen. Mit e. Vorwort v. Jac. Moleschott. Autoris. Übersetzg. v. M. O. Fraenkel. gr. 8. (XII, 239 S. m. 8 Abbildgn. im Text u. 2 Taf.) Hamb. 890, Voss. * 6 —

Luciani, Luigi, das Kleinhirn. Neue Studien zur normalen u. patholog. Physiologie. Deutsche Ausg., besorgt v. M. O. Fraenkel. Lex.-8. (XV, 290 S.) Leipzig 893. E. Besold. n. 10. —

Luciani, Luigi, Physiologie des Menschen. Ins Deutsche übertr. u. bearb. v. Silvestro Baglioni u. Hans Winterstein, m. e. Einführung v. Max Verworn. (In etwa 12 Lfgn.) 1.—7. Lfg. (1. Bd. VIII, 502; 2. Bd. VI, 526 S. u. 3. Bd. S. 1—160 m. 487 teilweise farb. Abbildgn.) Lex.-8 Jena 904—906. G. Fischer. à n. 4. —

Luciani, Luigi, Physiologie des Menschen. Ins Deutsche übertr. u. bearb. v. Silvestro Baglioni u. Hans Winterstein, m. e. Einführg. v. Max Verworn. 8.—12. Lfg. (3. Bd. VI u. S. 161—663 m. 191 z. Tl. farb. Abb. u. 4. Bd. S. 1—320 m. 150 z. Tl. farb. Abb.) Lex.8. Jena 907—09. G. Fischer. à Lfg. 4. —

— Vorstufen des Lebens. [Aus: „Biolog. Centralbl."] gr. 8. (29 S.) Ebd. 893. n. 1. —

Lucianus, s. Bürger, Carolus.

Lucianus, Montifont. Cap., ecclesia inter ecclipses deficiens. 4. Augsb. 709.

— geistl. Kinderspiel, d. i., 326 Predigten üb. d. Catechismus Pet. Canisius. 4 Thle. Fol. Ebend. 735.

— verkürztes Kinderspiel, oder 100 Predigten üb. d. Catechismus Canisii. 4. Augsb. M. Rieger. 747.

Lucianus Samosatensis

Lucianus. Abhandlung wider einen Ungelehrten, welcher sich viele Bücher ankauft. [Leipzig 1745.] Ü: *Heyde, Joh. Daniel.* (ML)

— Alexander, Demonax, Gallus, Icaromenippus, Philopseudes, ad Hesiodum, Navigium. Ex conformatione Frz. V. Fritzsche, Praeced. Quaestiones Lucianeae. 8maj. Lips. 826, Hartmann. 1 Rthl. 12 gr. Schreib. P.

— Alexander, Demonax, Gallus, Icaromenippus, Philopseudes, ad Hesiodum, Navigium. Ex conformatione Frz. V. Fritzsche. Praeced. Quaestiones Lucianeae. 8maj. Leipz. 826, (Lehnhold), 1 ₰ 16 𝒦 Schrbp, 2 ₰ 8 𝒦

—— Alexander graece. Prolegom. instrux. annotat. et excursus adjec. C. G. Jacob. 8 maj. (12 B.) Coloniae 828, Bachem.

Lucian: Anarchis oder über die Gymnastik. S. 208—230. Aus: Lucians Werke.

— Vitarum auctio, Piscator. Recens. et illustr. Car. Jacobitz. 8. Lipsiae 834. Kollmann. 5/6 ℛ

Lucian (aus Samosata), Auswahl aus seinen Schriften, s.: Bücher der Weisheit u. Schönheit.

Lucian von Samosata. Der ungelehrte Büchernarr [Adversus indoctum et multos libros ementem]. Aus d. Griech. übers. von C[hristoph] M[artin] Wieland. (Die Gesellsch. Münchener Bibliophilen ihren Gästen 1909.) (München 1909: M. Müller.) 21 S. 8°

——, Cataplus, Iupiter confutatus, Iupiter tragoedus, Alexander. Rec. et illustr. Car. Iacobitz. 8maj. (18 B.) Lipsiae 835, Koehler. 1⅓ Thlr., hrbgs. Pr.

Lucianus, Samosat., Charon sive Contemplantes in us. schol. textu passim emend. adnot. subj. I. Th. Lehmann. 8. Lips. Barth. 811.

—— dass. — Mit erklär. Anmerkn. z. Gebr. f mittl. Klassen in Gymnasien. Hrsg. v. J. Chr. Elster. 8. (4 B.) Helmstädt 831, Fleckeisen.

—— Charon, Vitarum auctio, Piscator. Recens. et illustr. Car. Iacobitz. 8. (19½ B.) Lipsiae 834, Kollmann.

— Luciani Samosatensis Charon annot. instr. J. W. Grim. Diss. 1837. VI, 144 S.

——, Charon. Griech. Zum Gebr. f. d. mittl. Klassen d. Gelehrtenschulen erläut. u. mit e. griech.-deutschen Wortregister vers. v. Geo. Aenotheus Koch. Nebst 2 Beiln.: I. Ueber d. prolept. Gebr. d. Adjectiv's. II. Kleobis u. Biton. gr. 12. (6 B.) Leipzig 839, Serig'sche Buchh.

— colloquia selecta et Timon, Cebetis tabula. Menandri sententiae morales. Gr. et lat. Luc. notis illustr. Tib. Hemsterhusius. 12. Amsterd. 708. Ed. n. 752. Basel 771. Schweighäuser. 16 ℊ Leyd, 777. 20 ℊ Ed. IV. ibid. 817. 20 ℊ

— opuscula de non temere credendo calumniae, Macrobii et patriae encomium, graece. 8. Lips. Sommer. 780.

—— Dialoge, ausgewählt u. f. den Gebr. e. Tertia erklärt v. G. F. Eyssel u. C. Weismann. gr. 8. (14 B.) Cassel 841, Fischer.

—— ausgewählte Dialoge für den Gebrauch einer Tertia erklärt von G. F. Eysell und C. Weismann. 2. Aufl. gr. 8. (VII und 214 S.) Cassel 850, Fischer.

— Dialogi deorum, in us. scholar. selecti, c. crit. castigat. ed. Jh. Gli. Lehmann. 8. Leipz. 815. Barth, 18 ℊ

—— Dialogi Deorum, cum variante scriptura quum reliquâ, tum cod. Guelf., scholiis graecis, brevibus notis, argumentis et indice in us. scholar. edid. F. V. Fritzsche. Praecedit epistola crit. ad (F. T.) Friedemannum, vir doct. 8 maj. (14¼ B.) Lipsiae 829, [Lehnhold.]. 16 Gr., Schrbp.

— — *deorum et marini*. Graece. In usum scholar. ed. Lehmann. Lips. 815. 8. 16 gr.

— Dialogi mortuorum, gr.; recens. accurate et in priores decem dialogos notas adspersit Jh. B. Carpzow. 8. Helmst. 773.

— dialogi mortuor. sel. graece cum indice edit. Floder. 8. Upsal, Swederus. 779.

— Dialogi mortuorum. In usum scholar. textu denuo recogn. argumentis singulor. dialogor. adnexis, adnotationibus subjectis iterum edid. Jh. Gli. Lehmann. 8maj. Leipz. 813. Ed. nova 827. Barth. 18 ℊ

Lucianus, Samosat. Dialogi mortuor. in usum schol. adnotationibus subjectis et cum indice verborum edidit J. Gottl. Lehmann. 8. Lips. Barth. 815.

— Dialogi mortuorum. In usum scholar. textu denuo recogn. argumentis singulor. dialogor. adnexis, adnotationib. subjectis iterum edid. J. Theoph. Lehmann. 8 maj. Lips. 827, Barth.

— dialogi select. imprim. deorum, graec. cur. et ind. instr. G. H. Martini. 8. maj. Lips. Fritsch. 794.

— Dialogi selectiores, inprimis Deorum, graece. Cur. et duplici indice illustr. G. H. Martini. 8maj. Leipz. 794. Hahn. 1 ℛ Hbg. Pr. 12 ℊ

—— Gallus sive Somnium. Recens. R. Klotz. 12maj. (3¼ B.) Lipsiae 831, Weidmann.

— ausgewählte Gespräche, griech., s. Aug. Matthiae, Lesebuch f. d. mittl. Klassen.

— *Ausgewählte Gespräche*. Griechisch herausgegeben mit Wortregister von A. Matthiae. Leipz. 809. 8. 18 gr.

Pierre Louys. Gespräche der griechischen Hetären [Dialogi meretricii]. Von Lukian [Lucianus Samosatensis]. ‹Wörtl. Übers.›. Prag: A. Hynek [um 1901]. (137 S.) 8°
(Moderne Bibliothek.)

— Göttergespräche

— — dies. griech. m. philol. u. krit. Anm. u. griech. deutsch. Wortreg herausg. v. Bremer. 8. Lpz. Schwickert. 790.

— — *Lukians* Göttergespräche, übersetzt mit Anmerkungen. Ein Versuch von J. H. Quentel. Mühlhausen, Danner, 1796. 8°. IV—10 S.
Vgl. Allg. Lit. Ztg. 1796. Nr. 340. Sp. 263 ff. (Goedeke VII, 605, 114, 2.)

Lucians Göttergespräche, griechisch mit erklär. Anmerk. und griech. deutschem Wortregister herausgeg. v. J. C. Bremer. 2te Aufl. veranstalt. v. E. F. Poppo. 8. Leipzig, Schwickert. 817.

— Göttergespräche, griechisch. Mit erklär. u. krit. Anmerkk. u. griechisch-deutschem Wortreglester; herausgeg. v. J. C. Bremer. 3e bericht. Ausg. von E. Fr. Poppo. 8. Leipzig 825, Schwickert.

Lucian: Über Gymnastik. Von A. Pauly. Tübingen 1823. 63 S.

— über Gymnastik, e. Gespräch, übers. v. A. Pauly. 8. Tübing. 824. Osiander. 7 ℊ

— — *Lucians'* Hetärengespräche. Nach Wieland's Uebersetzung mit Einleitung und Erläuterung hrsg. von Dr. M. Oberbreyer. Leipzig, o. J. (c. 1870?). 12°. 68 S. (60 Pfg. Taussig, c. 1902; 2 frcs. Georg & Co., Basel, 1908.)

— — Die Hetärengespräche des Lukian. Deutsche Übertragung besorgt von Franz Blei. Mit 15 Zeichnungen von Gustav Klimt. Leipzig, Julius Zeitler (1906). 8°. (Mk. 50—.) (30 Mk. v. Zahn & Jaensch, 1911.)

— des, Hetärengespräche. Deutsch v. Frz. Blei. Mit 15 Bildern v. Gust. Klimt (in Fksm.-Lichtdr.) (Einbd.-Zeichng. v. Gust. Klimt.) (III, 37 S.) 37×29,5 cm. Leipzig 907. J. Zeitler. Geb. in Leinw. 50. —; in Sämisch-Ldr. 60.—; auf Japanpap. 100. —

Lucien, l'histoire véritable, traduite du grec. 12. Copenhagen, Bonnier. ·

— de conscribend. historia. 8. Lips. Langenheim. 768. ·

—— codicum Marcianorum lectiones. Edidit Jul. Sommerbrodt. gr. 8. (XII und 106 S.) Berlin 861, Weidmann'sche Buchh. *

— *Libelli quidam ad lectionum usum selecti.* Graece. Acc. annotatt. F. A. Wolfii Hal. 791. Tom. I. 8. 14 gr. (Enthält blos den Griechischen Text.)

Lucianus. Libelli quidam ad lectionum usus selecti. Halae 1791. H: *Wolf, Friedrich August.* (Ky) (Ebert)

— libelli quidam ad lection. usum delecti (c. F. A. Wolf). Vol. 1. 8. Halle 791. Waisenh.-B. 14 gK

– Lucianus.

— Uebers. von Th. Fischer, s.: Bibliothek, Langenscheidt'sche.

— — *Lukianos* Uebersetzt und mit Anmerkungen begleitet von Johannes Minckwitz I. Teil (mehr nicht erschienen). Mit kritischen Bemerkungen von Karl Jacobitz. Leipzig 1836. XXII u. 494 S. (5 Mk. O. Rauthe, 1909.)

—— ex Car. Iacobitz. IV Vol. Acced. scholia auctiora et emendatiora, index et rerum et verborum. 8maj. Lipsiae, Koehler. [I. ($36\frac{3}{4}$ B.) 836. 3 Thlr., Schrb.-u. Vlnp. 4 Thlr., II. ($32\frac{1}{4}$ B.) 838. $2\frac{2}{3}$ Thlr., Schrb.- u. Vlnp. $3\frac{1}{2}$ Thlr., III. ($40\frac{1}{2}$ B.) 839. $3\frac{1}{3}$ Thlr., Schrb.- u. Vlnp. $4\frac{1}{3}$ Thlr., IV. ($47\frac{1}{4}$ B.) 841. 3 Thlr., Schrb.- u. Vlnp. 4 Thlr.]
12 Thlr., Schrb.- u. Vlnp.

—— Ex recognitione Car. Jacobitz. III Vol. à 2 Partes. 8. Lipsiae 852—53, Teubner. à Pars 9 Ngr.

Inhalt:

Vol. I. Pars 1. De somnio s. vita Luciani. Prometheus es in verbis. Nigrinus. Judicium vocalium. Timon. Halcyon. Prometheus s. Caucasus. Deorum dialogi. Dialogi marini. Mortuorum dialogi. Menippus s. necyomantia. (XVI und S. 1—204.)

- I. - 2. Charon s. contemplantes. De sacrificiis. Vitarum auctio. Piscator s. reviviscentes. Cataplus s. tyrannus. De mercede conductis. Apologia. Pro lapsu in salutando. Hermotimus. Herodotus s. Aetion. Zeuxis s. Antiochus. Harmonides. Scytha. (S. 205—410.)

- II. - 1. Quomodo historia conscribenda sit. Verae historiae lib. I. et II. Tyrannicida. Abdicatus. Phalaris prior et alter. Alexander s. Pseudomantis. De saltatione. Lexiphanes. Eunuchus. De astrologia. Demonactis vita. (XVI und S. 1—206.)

- II. - 2. Amores. Imagines. Pro imaginibus. Toxaris. Lucius s. asinus. Jupiter confutatus. Jupiter tragoedus. Somnium s. Gallus. Icaromenippus. (S. 207—421.)

- III. - 1. Bis accusatus. De parasito. Anacharsis. De luctu. Rhetorum praeceptor. Philopseudes. Hippias s. Balneum. Bacchus. Hercules. De Electro s. Cycnis. Muscae. encomium. Adversus indoctum. Calumniae non temere credendum. Pseudologista s. de apophrade. De domo Macrobii. Patriae encomium. De dipsadibus. Disputatio cum Hesiodo. Navigium s. vota. (XX und S. 1—234.)

- III. - 2. Dialogi meretricii. De morte peregrini. Fugitivi. Saturnalia. Cronosolon. Epistolae saturnales. Convivium s. Lapithae. De Syria dea. Demosthenis encomium. Deorum concilium. Cynicus. Pseudosophista s. Soloecista. Philopatris. Charidemus. Nero. Tragodopodagra. Ocypus. Epigrammata. (S. 235—516.)

Lucianus ab Imman. Bekkero recognitus. II Tomi. 8maj. (VIII und 927 S.) Lipsiae 853, Brockhaus. *

—— Franz Fritzschius recensuit. Vol. I. Pars 1. gr. 8. (XVI und 152 S.) Rostock 860, Leopold's Universitäts-Buchh. *

Lucianus Samosatensis Franc. Fritzschius recensuit. Vol. I. Pars 2. et Vol. II. Pars 1. gr. 8. Rostock, Leopold's Universitäts-Buchh. [Vol. I. Pars 2. (X und 212 S.) 862. * 1 Thlr. 20 Ngr., Vol. II. Pars 1. (XIV und 250 S.) 865. * 1 Thlr. 24 Ngr.] *
Pars 1. Ebendas. 1860. * 1 Thlr. 5 Ngr.

Lucianus Samosatensis. Franc. Fritzschius recensuit. Vol. II. Pars 2. gr. 8. (XLIV, 271 S.) Rostock 870, Leopold's Universitäts-Buchh. [Werther's Verlag.] *
Vol. I, II, 1. Ebendas. 1860,65. * ℳ 14.

—— dass. — Vol. III. Pars I. gr. 8. (XLII, 226 S.) Rostock 874, Kuhn. [Werther's Verlag.] *

Lucianus Samosatensis. Franc. Fritzschius rec. Vol. III, pars 2. gr. 8. (CXX, 162 S.) Rostock 882, Werther's Verlag. * 8 —
Vol. I, II und III, pars 1. Ebendas. 1860—74. * ℳ 26.

Lucianus. Recognovit Jul. Sommerbrodt. Vol. I. pars 1. gr. 8. (VIII, 271 S.) Berlin 886, Weidmann'sche Buchh.

Lucianus. Recognovit Jul. Sommerbrodt. Vol. I pars 2. gr. 8. (CIV, 283 S.) Berl. 889, Weidmann. 6 —
Vol. I pars I. Ebd. 1886. 3 —.

Lucianus. Recognovit Jul. Sommerbrodt. Vol. II pars 1. 8. (X, 343 S.) Berlin 893. Weidmann. 6. —
(I u. II, 1.: 15. —)

Lucianus, Recognovit Iul. Sommerbrodt. Vol. II pars posterior. gr. 8. (X, 276 S.) Berlin 896. Weidmann. 5. 40 (I et II.: 20. 40)

Lucianus. Recognovit Iul. Sommerbrodt. Vol. III. gr. 8. (X, 306 S.) Berlin 899. Weidmann. 6. —
Vol. I u. II. Ebd. 889—896. n. 20. 40.

Lucianus. Der Lügenfreund . . . a. d. Griech. . . . Breslau u. Leipzig 1762. Ü: *Jänichen, Johann Peter.* (Ky)

— der Lügenfreund; e. Gespräch aus d. Griech. übers. v. einem Freunde d. Wahrheit, (Jh. Pt. Jänichen). 8. Bresl. u. Leipz. 762. Horn. 4 gK

— *Macrobii* sive *de Longaevis tractatus.* Gr. et lat. cum notis ed. J. H. Mains. Giess. 7 4. 4.

— der Mann als Esel. Griechische Humoreske. Nach Wieland's Übersetzg. hrsg. v. Max Oberbreyer. 12. (78 S.) Leipzig 893. A. Schumann. n. — 60

— opera graec. et latin. c. versione Hemsterhus et Gesner, graec. scholiis ac. not. varior. etc c. I. F. Reiz. IV Tom. 4. maj. Amst. Wettstein. 743. 1

Luciani, Samosat., Opera, graece et latine cum not. select. Jh. Pt. Schmidt. VIII Tom. 8. Mitau (Leipz.) 776—800. 11 rß (List in Berl.) 8 rß

Lucianus, Samosat., Opera, gr. et latine, cum not. select. J. P. Schmidt. VIII Tomi 8 Mitau (Leipzig) 776 — 800, jetzt Klemann in Berlin u. d. Pr. $4\frac{1}{3}$ rß

— — ead. graec. et lat. c. not. Schmidii. VIII Tom. 8. Mitau, Sommer. 777—800. 1

— opera gr. et lat. ad Edit. Tib. Hemsterhusii et Io. Reizii accurate expressa. X Tom. 8. maj. Biponti (Eggenberger in Pest) 798—93. 2

— gr. lat. ad edit. Hemsterhusii et Reitzii accurate expressa c. varr. lect. et annotat. X Vol. 8maj. Bip. 789—91. (Treuttel u. W. in Strassb.) 20 ℛ Holl. P. 28 ℛ 8 𝔤𝔯

— — Gr. et lat. Ad edit. Hemsterhusii et Reitzii accurate expressa et cum varior. lectt, et annotatt. Studiis societ. Bipontin. Bipont. 789-93. 10 Tom. 8. 20 rthlr.

— — Graece, maxime ex fide codd. Paris. ed. Fr. Schmieder. Halae 800. 2 Tom. 8. 6 rthlr.

— — ead. maxime ex fid. codd. Paris. edit. Fr. Schmieder. II Vol. 8. maj. Halae, Gebauer. 800-801. (à 3 Thlr.)

Luciani, *Opera*. Graece. Ad optimorum librorum fidem. Lips. 819. 4 Tom. 12. 3 rthlr

— — Opera. ed. stereot. 4 Tomi. 12. Lips., Tauchnitz. 820.
Fein Pap.

— gr. et lat. post Hemsterhus. et Reitzium denuo castigatum var. lect. schol. gr. adnot, et ind. ed. J. Theoph. Lehmann. T. I.—XI. 8maj. Leipz. 821—31. Weidmann 27 ℛ. Schrbp. 34 ℛ Velinp. 42 ℛ

Luciani, (Samos.) Opera, gr. et lat. post. Hemsterhus. et Reitzium denuo castigatum var. lect. schol. gr. adnot. et ind. ed. J. Th. Lehmann. Tom. I—VI. 8maj. Lips. 822—26, Weidmann. 18 Rthl. Schrbpr. 22 Rthl. 12 gr. Vel. Pap.

Luciani Samos. Opera, Graeçe et Latine. Post Tib. Hemsterhusium et Joh. Fred. Reitzium denuo castigata cum var. lectionis, scholiis graecis, adnotationibus et indicibus edid. Joh. Theoph. Lehmann. Tom. VII—IX. 8maj. Lipsiae, Weidmann. [VII. (37½ B.) 828. 2 Thlr. 20 Gr., Schrbp. 3 Thlr. 16 Gr., Vlnp. 4 Thlr. 16 Gr., VIII. (38 B.) 829. 3 Thlr., Schrbp. 3 Thlr. 20 Gr., Vlnp. 4 Thlr. 16 Gr., IX. (43 B.) 831. 3 Thlr. 4 Gr., Schrbp. 4 Thlr., Vlnp. 4 Thlr. 16 Gr.] 9 Thlr., Schrbp. 11 Thlr 12 Gr., Vlnp. Tom. I—VI. Ebendas. 1822—27. 18 Thlr., Schrbp. 22 Thlr. 12 Gr., Vlnp. 28 Thlr.

Luciani Opera ex rec. Guil. Dindorfii. Graece et lat. c. indicibus. (Ps. I et II.) gr. Lex.-8. (55 B.) Parisiis 840, Didot (Fratres.)

Luciani Samosatensis opera. Ex recognitione Car. Jacobitz. Vol. I. II Partes et Vol. II. II Partes. 8. I, 1. De somnio s. vita Luciani. Prometheus es in verbis. Nigrinus. Judicium vocalium. Timon. Halcyon. Prometheus s. Caucasus. Deorum dialogi. Dialogi marini. Mortuorum dialogi. Menippus s. necyomantia. (XVI S. u. S. 1—104.) I, 2. Charon s. contemplantes. De sacrificiis. Vitarum auctio. Piscator s. reviviscentes. Cataplus s. tyrannus. De mercede conductis. Apologia. Pro lapsu in salutando. Hermotimus. Herodotus s. Aetion. Zeuxis s. Antiochus. Harmonides. Scytha. (S. 205—410.) II, 1. Quomodo historia conscribenda sit. Verae historiae lib. I. et II. Tyrannicida. Abdicatus. Phalaris prior et alter. Alexander s. Pseudomantis. De saltatione. Lexiphanes. Eunuchus. De astrologia. Demonactis vita. (XVI S. u. S. 1—206.) II, 2. Amores. Imagines. Pro imaginibus. Toxaris. Lucius s. asinus. Jupiter confutatus. Jupiter tragoedus. Somnium s. Gallus. Icaromenippus. (S. 207—421.) Lipsiae 852, Teubner. (à 9 𝔫𝔤𝔯) 1 ℛ 6 𝔫𝔤𝔯

— opera. Ex recognitione Car. Jacobitz. Vol. III. pars 1. 2. Lipsiae 853. Teubner. 8. (XX, 516 S.) Jede Abth. 9 𝔫𝔤𝔯
Inhalt. Pars 1.: Bis accusatus. De parasito. Anacharsis. De luctu. Rhetorum praeceptor. Philopseudes. Hippias s. balneum. Bacchus. Hercules. De Electro s. cycnis. Muscae encomium. Adversus indoctum. Calumniae non temere credendum. Pseudologista s. de Apophrade. De domo. Macrobii. Patriae encomium. De dipsadibus. Disputatio cum Hesiodo. Navigium s. vota. (S. 1—234.)
Pars 2.: Dialogi meretricii. De morte Peregrini. Fugitivi. Saturnalia. Cronosolon. Epistolae Saturnales. Convivium s. Lapithae. De Syria dea. Demosthenis encomium. Deorum concilium. Cynicus. Pseudosophista s. Soloecista. Philopatris. Charidemus. Nero. Tragodopodagra. Ocypus. Epigrammata. (S. 235—470.)

Luciani Samosatensis opera. Edidit Wilh. Dindorf. 3 Voll. Editio stereot. 8. (LIX und 1164 S.) Leipzig 858, B. Tauchnitz. à Vol. 18 Ngr.
Vlnp. in gr. 8. à Vol. 1 Thlr. 15 Ngr.

—— Opera. Ex recogn. Carol. Jacobitz. 3 vol. in 6 partes. 8. (XVI, 410; XVI, 421; XX, 516 S.) Leipzig (852,53) 71—74, Teubner. à Pars ℳ 1,5.; à Vol. ℳ 2,10.

Luciani Samosatensis Opera. Ex recogn. Caroli Jacobitz. Ed. ster. Vol. 1–3. Lipsiae: Teubner 1904-09. 8°
1. 1909. 2. 1907 (1906). 3. 1904.
(Bibliotheca scriptorum Graec. et Rom. Teubneriana.)

Lucianus [Samosatensis: Opera]. Ed. Nils Nilén. Vol. 1. Lipsiae: B. G. Teubner 1906. 8°
(Bibliotheca scriptorum graec. et rom. Teubneriana.)

— dasselbe. Vol. I. Fasc. I. Libelli I—XIV. (LXXV, 208 S.) kl. 8. Ebd. 906. 2.80; geb. 3. 20

— ed. Nils Nilén. Prolegomena. (1. Heft.) (72 S.) kl. 8. Leipzig 907. B. G. Teubner. 1.—; geb. 1. 25

— opuscula selecta, gr. cum not. D. Cph. Seybold. 4. Gotha 773. Ed. II. 8maj. ibid. 786. Ettinger. 1 ℛ

Luciani, *Opuscula selecta*. Graece, notis illustr. Seybold. Goth. 774. 8 16 gr. Ib. 786. 8. 1 rthlr.

Luciani, Samosat., opusculorum aliquot selectio. In usum scholar. c. Wlh. Lange. 8. Halle 821. Waisenh. - B. 14 𝔤𝔯

— Opusculorum aliquot selectio. In us. Scholar. cur. Guil. Lange. 8. Halae 825. libr. Orphanotr.

— *Philopatris*. Gr. et lat c. not. J. M. Gesneri. Jen. 715. 8. 4 gr.

— quae feruntur Podagra et Ocypus. Praefatus, ed., commentatus est Johs. Zimmermann. (XII, 82 S.) gr. 8. Leipzig 909. B. G. Teubner. 3.—; geb. 4. —

—— Präparationen, s. Freund's, W., Schülerbibliothek.

Lukian's Prometheus, Charon, Timon, Traum, Hahn. Mit sprachlichen u. sachl. Anmerkungen u. griech. Wortregister hrsg. v. Fr. Aug. Menke. gr. 8. (20⅛ B.) Bremen 846, Schünemann's Vrlgsh.

—— quae extant et quae feruntur. Ad optimorum librorum lectiones emendata edidit C. H. Weise. Nova edit. stereot. 4 vol. 16. (93⅝ Bog.) Leipzig 867—73, Holtze. à Vol. ℳ 1,20.

Inhalt:
Vol. 1. Somnium. Ad dicentem: Prometheus es. Nigrinus. Iudicium vocalium. Timon. Halcyon. Prometheus. Deorum dialogi. Dialogi marini. Inferorum dialogi. Necyomantia. Contemplantes (s. Charon). De Sacrificiis. Vitarum auctio. Piscator. Cataplus s. Tyrannus. De mercede conductis.
» 2. Apologia pro mercede conductis. Pro lapsu in salutando. Hermotimus. Herodotus s. Action. Zeuxis s. Antiochus. Harmonides. Scytha. Quomodo historia sit conscribenda. Vera historia. Tyrannicida. Abdicatus. Phalaris prior. Phalaris alter. Alexander. De saltatione. Lexiphanes. Eunuchus. De astrologia. Demonax. Amores.
» 3. Imagines. Pro Imaginibus. Toxaris. Lucius s. Asinus. Iupiter confutatus. Iupiter tragoedus. Somnium s. Gallus. Icaromenippus. Bis accusatus. Parasitus. Anacharsis s. de gymnasiis. De luctu. Rhetorum praeceptor. Philopseudes. Hippias. Bacchus. Hercules. De electro s. cygnis. Muscae encomium.
» 4. Adversum doctum. Calumniae non temere credendum. Pseudologista. De domo. Macrobii. Patriae encomium. De dipsadibus. Disputatio cum Hesiodo. Navigium s. vota. Dialogi meretricii. De morte Peregrini. Fugitivi. Saturnalia. Cronosolon. Epistolae Saturnales. Convivium s. Lapithea. De dea Syria. Demosthenis encomium. Deorum consilium. Cynicus. Pseudosophista. Philopatris. Charidemus. Nero. Tragodopodagra. Ocypus. Epigrammata.

— quae extant et quae feruntur ad optimorum librorum lectiones emendata ed. Car. Herm. Weise. Nova ed. ster. Tom. IV. 16. (IV, 384 S.) Leipzig 892. O. Holtze's Nachf. 1. 20

— quaestio: Quomodo historia sit scribenda, graece. Selectis alior. suisque annotat. illustr. et indic. vocabul. ac rerum adj. A. F. W. Rudolph. 8. Leipz. 797. Schwickert. 12 gr

Luciani, *Quomodo historia sit scribenda*, liber. Graece, cum select. alior. suisq. observatt. illustr. Rudolphus. Lips. 797. 8. 12 gr.

— quomodo historiam conscribi oporteat. Cum variet. lect. selecta et annotat. perpetua ed. C. Fr. Hermann. 8maj. Frankf. 828. Hermann. 1 ℛ 20 gr

—— Libellus, quomodo historiam conscribi oporteat. Cum variet. lect. selecta et annotat. perpetua edid. C. Fr. Hermann. 8maj. (25½ B.) Francofurti ad M. 828, [Kettembeil.]

Lucianus. Reisebeschreibung für die Jugend. Marburg 1789. Ü: *Lenz, Carl Gotthold.* (MGT) & *Andere.* (Adel)

— Reisebeschreibung für die Jugend. (Mit mytholog. Anmerkk. v. K. G. Lenz u. Andre.) 8. Marb. 789. Krieger. 4 gr

Lucianus. Neueste Reisen oder wahrhafte Geschichten. Alethopel [Reutlingen] 1791. Ü: *Seybold, David Christoph.* (stri) (BGE)

— neueste Reisen, oder wahrh. Gesch. 8. Alethopel. (Cotta in Tübingen) 791.

— Samml. etl. Schr. a. dess. Werken, f. Schulen, herausg. v. Gehrich. 8. Gött. Dieterich. 797.

— Samml. kl. Schriften, f. Chr. E. Gehrig.

Drei Satiren des Lucian. [**Lucianus** Samosatensis: Dialogi, Ausz.] Für d. deutsche Bühne bearb. von Paul Lindau. Einrichtung d. Berliner Theaters. Mit 3 Dekorationspl. Leipzig: Reclam jun. [1909]. 69 S. 8°
(Universal-Bibliothek. 5146.) [10. 1180

— Satura Lucianea *Βίων Πρᾶσις* rec. F. V. Fritzsche. Pr. 1864. 18 S. 4°.

Lucianus, Samosat., auserl. Schriften v. moral. satyr. u. krit. Inhalts, verdeutscht v. Gottsched. 8. Lpz. Breitkopf. 745. Rthlr.

— Schnellfuss od. die Tragödie vom Podagra; übersetzt u. Hrn. Hofrath Dr. Conradi zur Mitfeier seines 50jährigen Doctorjubiläums am 13. Jan. 1852 gewidmet v. Karl Frdr. Hermann. gr. 8. (27 S.) Göttingen 852, Dieterich. n. 4 ngr

— Schriften. a. d. Griechischen v. Waser. 4 Bde. 8. Zürich, Orell, F. u. C. 768–73.

Lucianus. Schriften; a. d. Griech. ... Zürich 1769—73. Ü: *Waser, Heinrich.* (ML) (Ebert) (Ky) (Gi) (DegG) (Hoff) (Cat. d. Stadtbibl. Zürich. Zürich 1864—97.)

— Schriften a. d. Griechischen übers. 8 Bde. 8. Mannh. Löffler. (a. Schwan u. G.) 783.

— — *Lucians von Samosata* Auserlesene Schriften von moralischem, satirischem und critischem Inhalte, durch verschiedene Federn verdeutscht, und mit einer Vorrede, vom Werthe und Nutzen der Übersetzungen, ans Licht gestellt, von Joh. Christoph Gottscheden, ... Leipzig, bey Bernhard Christoph Breitkopf 1745. 8°. (18 Mk. Adolf Weigel, 1911:)
Goedeke III, 361, 35. Teilweise auch von Gottsched übersetzt. Übersetzer waren außer ihm: F. W. Stübner, J. G. Lotter, G. F. Bärmann, C. G. Istrich, Chr. Mylius, J. A. Cramer, J. Ad. Schlegel.

Lucianus. Auserlesene Schriften von moralischem ... Inhalte durch verschiedene Federn verdeutscht. Leipz. 1746. V (Vorrede u. 1. Stück): *Gottsched, Johann Christoph.* Ü: *Stübner, Friedrich Wilhelm, Johann Georg Lotter, Georg Frdr. Bärmann, Christoph Gottlieb Istrich, Christlob Mylius, Johann Andreas Cramer, Johann Adolph Schlegel.* (Waniek, Gottsched. Leipz. 1894. S. 394.) & *Heyde.* (Hoff)

—— auserwählte Schriften, z. Gebr. f. d. obern Gymnasialclassen hrsg. v. Ed. Geist. 8. (20½ B.) Darmstadt 840, Leske.

— ausgewählte Schriften, übers. von Pauly, s. a. Classiker des Alterthums.

—— ausgewählte Schriften, von A. Pauly, ausgewählt und überarb. von W. S. Teuffel.
Aus: Classiker des Alterthums jetzt einzeln zum vorstehenden Preise zu beziehen.

— ausgewählte Schriften. Erklaert von Jul. Sommerbrodt. 2. Bdchn.: Nigrinus. Der Hahn. Icaromenippus. Leipzig (Berlin) 853. Weidmann. 8. (3 Bl., 102 S.) 7½ ngr

— — 3. Bdchn.: Wie man Geschichte schreiben soll. Die Rednerschule. Der Fischer. Der ungebildete Büchernarr. Ueber die Pantomimik. Berlin 857. Weidmann. 8. (VIII, 191 S.) 12 ngr
1. Bdchn. ist noch nicht erschienen.

—— ausgewählte Schriften. Erklärt von Jul. Sommerbrodt. 1. Bdchn.: Ueber Lucians Leben und Schriften. Lucians Traum. Charon. Timon. gr. 8. (XXXV und 100 S.) Berlin 860, Weidmann'sche Buchh. *

Lucian, ausgewählte Schriften. Für den Schulgebrauch erklärt von Karl Jacobitz. 3 Bdchn. gr. 8. Leipzig, Teubner. —
Inhalt:
Bdchn. 1. Traum. Timon. Prometheus. Charon. (IV und 91 S.) 862. 7½ Ngr.
» 2. Die Todtengespräche. Ausgewählte Göttergespräche. Der Hahn. (144 S.) 863. 10 Ngr.
» 3. Demonax, der Fischer, Anacharsis. (92 S.) 865. 10 Ngr.

— — Erklärt von Jul. Sommerbrodt. 2. Bdchn. Nigrinus. Der Hahn. Icaromenippus. 2. Aufl. Berlin 869. Weidmann. gr. 8. (X, 140 S.) 12 ngr

Lucian, ausgewählte Schriften. Erklärt von Jul. Sommerbrodt. 1. und 2. Bdchn. 2. Aufl. gr. 8. Berlin, Weidmann'sche Buchh. à Bdchn.
Inhalt:
Bdchn. 1. Ueber Lucians Leben und Schriften. Lucians Traum. Charon, Timon. (XLII, 116 S.) 872.
» 2. Nigrinus. Der Hahn. Icaromenippus. (X, 140 S.) 869.
3. Bdchn. Ebendas. 1857. ℳ 1,20.
Vgl.: Sommerbrodt, Jul., Lucianea.

Lucian, ausgewählte Schriften. Erklärt von Jul. Sommerbrodt. 3. Bdchn.: Wie man Geschichte schreiben soll. Die Rednerschule. Der Fischer. Der ungebildete Büchernarr. Ueber die Pantomimik. 2. Aufl. gr. 8. (X, 266 S.) Berlin 878, Weidmann'sche Buchh.
1. und 2. Bdchn. Ebendas. 1869,72. à Bdchn. ℳ 1,20.

—— dass. — s. Universal-Bibliothek Nr. 1047. 1133.

Lucian's ausgewählte Schriften. Für den Schulgebrauch erklärt von Karl Jacobitz. 2. mehrfach bericht. Aufl. 1. und 2. Bdchn. gr. 8. Leipzig, Teubner. à Bdchn. ℳ 1,20.
Inhalt:
Bdchn. 1. Traum. — Timon. — Prometheus. — Charon. (V, 93 S.) 880.
» 2. Die Totengespräche. — Ausgewählte Göttergespräche. — Der Hahn. (150 S.) 883.
3. Bdchn. Ebendas. 1865. ℳ 1,20.

—— ausgewählte Schriften. Erklärt von Jul. Sommerbrodt. 1. Bdchn.: Über Lucians Leben und Schriften. Lucians Traum. Charon. Timon. 3. Aufl. gr. 8. (XLVII, 119 S.) Ebendas. 888.
2. und 3. Bdchn. Ebendas. 1869,78. ℳ 3.60.

— ausgewählte Schriften. Für den Schulgebrauch erklärt v. Karl Jacobitz. 1. Bdchn. Traum. Timon. Prometheus. Charon. 3., vollständig umgearb. Aufl. Besorgt v. Karl Bürger. gr. 8. (VIII, 103 S.) Leipzig 894. B. G. Teubner. 1. 20

— dasselbe. Erklärt v. Jul. Sommerbrodt. 2. Bdchn.: Nigrinus. Der Hahn. Icaromenippus. 3. Aufl. Neu bearb. v. Rud. Helm. (X, 135 S.) 8. Berlin 907. Weidmann. 1. 80

— Ausgewählte Schriften. Für den Schulgebrauch erklärt v. Karl Jacobitz. 1. Bdchn. Traum, Timon, Prometheus, Charon. 4. verb. Aufl., bes. v. Karl Bürger. (VIII, 104 S.) 8. Leipzig 909. B. G. Teubner. 1. 50; geb. 2. —

—— Scripta selecta in us. scholar. ed. Car. Iacobitz. Vol. I. Insunt: Somnium, Nigrinus, Timon, Prometheus, Deorum dialogi, Mortuorum dialogi, Charon, vitarum auctio, Piscator, Cataplus, de mercede conductis, pro mercede conductis, Hermotimus. 8maj. (18¼ B.) Lipsiae 836, Koehler.

— *Somnium* seu *Vita* Luciani. Gr. et lat. c. var. lectt. et notis ed. Schier. Lips. et Guelph. 762. 8. 4gr. lb. 796. 8. 5gr.

— de somnio, cum varr. lect. notis et ind. Guelferb. c. J. A. Schier 8. Wolfenb. 763. ibd. 796. Meissner. 5 gr

— de Somnio s. vita Luciani, gr. et lat. ed. Schier. 8. Wolfenb. (Schröder, B.) 796.

— — libellus de Somnio edidit J. T. Lehmann. 8. Leipzig, Barth. 818.

Luciani, Somnium Anacharsis patriae encomium illustr. A Pauly. 8 maj. Tubingae 825, Osiander. Rthlr.

—— Somnium ad privat. us. primor. ord. discipulor. edid. G. Steigerthal. Accessit collatio cod. Guelf. 8. (4½ B.) Cellis 829, Schulze.

—— Somnium graece. Cum selectis alior. suisq. annotationibus, scholiis graecis, vocabulario, dupl. indice copiosiss. in scholar. us. ed. Frid. Andr. Christ. Grauff. 8. (33¾ B.) Bernae 836, Dalp.

— Somnium sive vita Luciani. Rec. J. Sommerbrodt. Pr. 1859. 11 S. 4°.

—— somnium sive vita Luciani. Ex codicibus Marcianis recognovit Jul. Sommerbrodt. gr. 4. (11 S.) Anclam 859, Dietze. *

Luciani emendatius edendi specimina II a F. V. Fritzsche. Pr. 1852/53. 12, 10 S. 4°.

— Alexandri Lucianei specimina II ed. F. V. Fritzsche. Pr. 1854/55. 18, 9 S.

— libellus qui inscribitur *Περὶ τῆς Περεγρίνου τελευτῆς* recensuit Lionello Levi. Quinque Vaticanae bibliothecae codicibus unoque Marciano nunc primum inspectis. gr. 8. (54 S.) Berlin 892. Weidmann. n. 1. 80

— Timon gr. c. lat. interpret. Erasmi, Rotterd. ed. Stübelius. 8. Leipz. 741. a. 769. Breitkopf u. H. 4 gr

Lucian, Samosat., Timon oder Leutbas, eine prächtige Satyre auf e. Menge Schurken ꝛc. übers. v. J. 8. Alt. 781. Hoffmann. 6 gr

— Timon, aus d. Griech. übers. mit Anmerkk. v. C. F. K. Rosenmüller. 8. Leipz. 786.

— Timon, od. d. Menschenfeind, f. Schulen v. J. D. Büchling. 8. Lpz. Schwickert. 796.

—— Timon. Griechisch. Mit erklär. u. krit. Anmerkn. u. griech.-deutschem Wortregister hrsg. v. K. Jacobitz. 8. (11½ B.) Leipzig 831, Kollmann.

Lucian's Timon, Anacharsis, Piscator, Icaromenippus für den Gebrauch einer Secunda erklärt von G. F. Eysell und C. Weismann. 2 Hefte. gr. 8. Cassel 848, Fischer.
Inhalt:
Heft 1. Einleitungen und Text. (106 S.)
» 2. Anmerkungen und Register. (VI und 89 S.)

— Todtengespräche, einige, mit e. Wörterbuche, herausg. v. J. G. Haas. 8. Leipz. 781.

— Todtengespräche, Griechisch. Mit erklär. u. krit. Anmerkk. u. griechisch-deutschem Wortregister v. J. C. Bremer. 8. Leipz. 791. 9 gr 2e Aufl. v. A. Vogtländer. 8. Ebd. 824. Schwickert. 18 gr

— einige Todtengespräche, herausg. v. Haas. 8. Leipzig. Schwickert. 795.

—— Todtengespräche. Griechisch. Mit erklär. u. krit. Anmerkn. u. griech.-deutschem Wortregister hrsg. v. J. Ch. Bremer u. A. Voigtländer. 3., durchaus bericht. Ausg., besorgt v. Reinh. Klotz. 8. (16 B.) Leipzig 833, Schwickert.

—— Todtengespräche u. ausgewählte Göttergespräche. Zum Gebrauch f. die mittleren Klassen der Gelehrtenschulen erläutert u. m. e. griechisch-deutschen Wortverzeichnisse versehen v. Geo. Aenotheus Koch. 8. (22¼ B.) Leipzig 842. [Köhler'sche Vrlgsh.] *

— Toxaris, graece. Prolegomenis instruxit, annotat. et quaestiones adj. K. G. Jacob. 8maj. Halle 825. Schwetschke u. S. 1 ℔ 12 gr

—— Toxaris. Recens. et illustr. Car. Iacobitz. 8. (12½ B.) Lipsiae 832, Kollmann.

— der Traum od. Lucians Lebensgang u. Ikaromenipp od. die Himmelsreise. Hrsg. u. erklärt v. Karl Mras. 2 Hefte. 8. Wien 904. C. Fromme. n. 1. 50
1. Text. (nebst Vorbemerkungen). (III, 42 S.)
2. Einleitung, Kommentar u. a. (103 S.)

—— Traum, Anacharsis, Demonax, Timon, doppelte Anklage u. wahre Geschichte. Für d. Schulgebr. mit Einleitn. u. erklär. Anmerkn. vers. v. Friedr. Gtho. Schoene. gr. 8. (20½ B. u. 1 Kpfrt.) Halle 838, Buchh. d. Waisenhauses.

— Traum, Anacharsis, Demonar, Timon und Jupiter Tragoedus. Mit Anmerk. von Mor. Seyffert. Vorangehend: Xenophon's Memoiren mit Anmerk. (Griechisches Lesebuch.) 8. Brandenburg 842, Müller. 1 ℛ

— dass. 2. Abthl. des griechischen Lesebuchs für Secunda. 8. Ebend. 844. ½ ℛ

— Traum u. Charon. Ausg. f. den Schulgebrauch von Frz. Pichlmayr. (43 S.) 8. München (905). M. Kellerer. Geb. n. — 80

Lucian aus Samosata, Traum u. Charon. Ausg. f. den Schulgebrauch v. Frz. Pichlmayr. 3. Aufl. (42 S.) 8. München 911. M. Kellerer. — 80

— Urtheil d. Paris; aus d. Griech. v. H. M. G. Köster. 8. Gießen 770. Krieger. 3 kr

– Werke, s. a. Bibliothek der Übersetzungen sämtlicher griechischer und römischer Klassiker.

—— Werke, s.a. Sammlung griech. und röm. Classiker. — Volksbibliothek, deutsche, der griech. und röm. Classiker.

— Werke, übers. v. Pauly, s.a. Prosaiker, griech.

— Werke, übersetzt von A. v. Pauly. Vollständ. in 15 Bdchn. 16. Stuttgart ..., Metzler. Subscr.-Pr. à ⅙ ℛ

Lucians *Werke*. Übersetzt mit Anmerkungen von Wieland. Leipz. 788-91. 6 Bände. 8. 8 rthlr. 4 gr.

Lucian. Werke, übersetzt von August Pauly. 4 Bde. Stuttgart 1827—1832. 8°.

— Werke, übers. v. A. Pauly. 13—156 Bdchen. 16. Stuttg. 827—29. Metzler. 2 ℛ 12 kr

—— (Lukianos') Werke. Uebers. u. mit Anmerkn. begleitet v. Johs. Minckwitz. 1. Thl. (Der Traum. — Der Hahn. — Der Menschenfeind. — Die Freundschaft. — Göttergespräche. — Meergöttergespräche. — Todtengespräche.) 8. (42¼ B.) Leipzig 836, Hinrichssche Buchh.

—— Werke. Deutsch von Thdr. Fischer. 1.—5. Lfg. 2. Aufl. 8. (1. Bd. S. 1—240.) Berlin 885, Langenscheidt'sche Verlagsh. à Lfg. * 35 Pf. *

—— dass. — s.a. Bibliothek, Langenscheidt'sche, sämmtl. griech. und röm. Klassiker.

Lucianus Werke. Deutsch v. Thdr. Fischer. 7. u. 18. Lfg. 2. Aufl. 8. (2. Bd. S. 1—48 u. 4. Bd. S. 1—48.) Berlin 895. 96. Langenscheidt. à n. — 35

— Werke. Deutsch v. Thdr. Fischer. 4. u. 13. Lfg. 12. Berlin (902). Langenscheidt's Verl. à n. — 35
4. 3. Aufl. (S. 145—192.) — 13. 2. Aufl. (S. 1—48.)

— dasselbe, s.a. Prosaiker, griech., in neuen Uebersetzgn.

— Werke. Deutsch v. Thdr. Fischer. 1. 8. 9. 11. 12. 14—16. u. 18—21. Lfg. kl. 8. Berlin-Schöneberg, Langenscheidt's Verl. à n. — 35
1. 2. Aufl. (1. Bd. S. 1—48.) — 8. 3. Aufl. (1. Bd. S. 97—144.) (906.) — 9. 2. Aufl. (2. Bd. S. 97—144.) (903.) — 11. 12. 2. Aufl. (2. Bd. S. 193—296.) (903.) — 14—16. 2. Aufl. (3. Bd. S. 49—192.) (903.) — 18. 19. 3. Aufl. (4. Bd. S. 1—96.) — 20. 2. Aufl. Durchgesehen v. E. A. Bayer. (4. Bd. S. 97—144.) (904.) — 21. 2. Aufl. (4. Bd. S. 145—180.) (903).

Lucian's aus Samosata Werke. Deutsch v. Thdr. Fischer. 1. 4.—11. u. 13.—17. Lfg kl. 8. Berlin-Schöneberg, Langenscheidt's Verl. à — 35
1. III. Aufl. (1. Bd. S. 1—48.) (910.)
4. III. Aufl. (1. Bd. S. 145—192.) (908.)
5. IV. Aufl. (1. Bd. S. 193—240.)
6—11. III. Aufl. (1. Bd. S. 241—274 u. 2. Bd. S. 1—296.) 907. 08.
13. III. Aufl. (3. Bd. S. 1—48.)
14. II. Aufl. (3. Bd. S. 49—96.)
15—17. III. Aufl. (3. Bd. S. 97—250.) (908. 10.)

—— ausgewählte Werke, übers. von A. Pauly, s. Classiker des Alterthums.

— sämmtl. Werke, a. d. Griech. m. Anm. v. C. M. Wieland. 6 Bde. gr. 8. Lpz. Weidmann. 788-91. (1r 2r u. 3r 4 Thlr. 4 gr. 4r 5r u. 6r 4 Thlr.)
Holl. Pap. (1r 2r 3r 5 Thlr. 16 gr. 4r 5r 6r 5 Thlr. 12 gr.)

— — dies. 8 Bde. 8. Mannh. Schwan. 784.

— — dies. 4 Thle. 8. Zürich, Orell. 769-73.

LUCIAN (Lukian) von Samosata (Syrien), Sämmtliche Werke. Aus d. Griechischen übers. und mit Anmerkungen und Erläuterungen versehen von Chp. Mart. Wieland. 6 Bde. Leipzig, Weidmann, 1788—89. 8°. (25 Mk., schönes Expl. in Hldr., Emil Hirsch, München, 1909; 60 Mk., ganz unbeschn. Expl. auf schwerem holländ. Papier [nur in wenigen Expll. gedr.], Jos. Baer & Co., 1912.)
— — Dasselbe. (Nachdruck.) 6 Bde. Mit 6 Titelkpfrn. Wien und Prag 1797—98. 8°. (4 Mk., Ppbde., J. Hess, Ellwangen, 1887; 15 Mk. L. Rosenthal, 1910.)

— Sämmtliche Werke. Aus dem Griech. übers. v. M. Weber. 1. Bd. (XV, 194 S.) gr. 8. Leipzig 910. Verl. f. Literatur, Kunst u. Musik. 3. —

Lucidi, Angelus, de visitatione sacrorum liminum seu instructio s. c. concilii jussu S. M. Benedicti XIII. super modo conficiendi relationes de statu ecclesiarum exposita et illustrata. 3 Vol. Romae 866. (Leipzig, Brockhaus' Sort.) Lex.-8. (XX, 1832 S.) n. 9 ℛ 18 ngr.

Amtmanns Lucie und andere Erzählungen für Mädchen und Knaben von 10 bis 15 Jahren. Mit 6 Farbendruckbild. von W. Schäfer. 1. Amtmanns Lucie. Von Klementine Sprengel. 2. Die Nachbarskinder. Von Klementine Sprengel. 3. Wasserverkäufer oder Prinz? Von Karl Cassau. *Wesel: W. Düms [1894].* (120 S.) 8° [F.] 103 M120

Lucie et Melanie, ou les deux soeurs généreuses; anecdote historique par Mr. d'Arnaud. 8. Frcf. Gebhardt et K. (a Herrmann.) 771.

Lucien-Graux, Sanitäts-Häuserregister u. der Kampf gegen die Tuberkulose, s.: Graff, Wilh., Sonnenstrahlen als Heil- u. Vorbeugungsmittel gegen Tuberkulose.

Lucifer, oder gereinigte Beyträge zur Geschichte der Französischen Revolution. Leipz. 1797. V: *Ölsner, Carl Ernst.* (MGT) (Ky) V: *Ölsner, Conrad Engelbert.* (Cat. d. Stadtbibl. Zürich. Zürich 1864—97.)

Lucifer, Fliegende Blätter f. Kirchen- u. Schul-Reform. Red.: C. Schäffer. 1. Jahrg. 1848. Septbr. — Decbr. 36 Nrn. hoch 4. (½ B.) Darmstadt, Lange. n. 13¾ ngl — Monat Septbr. 10 Nrn. n. ⅛ ℛ

— oder Süd-Westdeutscher Kirchenteufel. Ein kirchlich-polit. Blatt. Red.: C. Schäffer. 2. Jahrg. 1849. 52 Nrn. gr. Fol. (B.) Frankfurt a. M., Meidinger. n. 1⅓ ℛ — (3.) Jahrg. 1850. 104 Nrn. gr. Fol. (B.) Ebd. n. 2 ℛ 4 ngl

— Journal der Politik, Wissenschaft u. d. gesellschaftl. Auf- u. Ausbaues unserer Zustände. Red.: C. Schäffer. 4. Jahrg. 1851. 52 Nrn. Imp. Fol. Frankfurt a. M., Expedition. [Meidinger.] n. 2²/₃ ₰

Lucifer: Jahrgang 1—17, Jan. 1882—1906?

Monthly. For another edition, an arbitrary term, see ARMINIA; The title, "Lucifer," created so much prejudice that the editor finally writes that he believes subscribers, and others who see the journal, leave it unread; he points out that it has been "verboten" in Austria; and, finally, he decides to abandon this title entirely, and, with the issue of June 1896, the periodical becomes simply ARMINIA. Title varies: 1) LUCIFER, Jan. 1882—June 1888; 2) LUCIFER-ARMINIA, July 1888—May 1896; 3) ARMINIA, June 1896—Dec. 1898. Sub-title: Populärwissenschaftliche, philosophische, belletristische und humoristische Zeitschrift für Aufklärung und Belehrung. Place of publication varies: Madison, Wis., Jan. 1882?—Sept. 1885; Milwaukee, Oct. 1885—May 1887; Madison [Biron, the editor, had moved back to his farm], June 1887—1891?; Milwaukee, 1892?—1898. Large quarto, each issue 16 pages, paged continuously; contains original material; some illustrations, cartoons; subscription rate, one dollar per year. Edited & published by Michael Biren, 1882—98.

Milwaukee, WI

Lucifer. Ein Dichterleben. Wernigerode 1891. V: *Rudow, Wilhelm.* (Berl)

Lucifer. Red.: J. Lazarus. Jahrg. 1903. Juni—Dezbr. 30 Nrn. (à ca. 8 S. m. z. Tl. farb. Abbildgn.) gr. Fol. Wien. (Leipzig, M. Prager.) n. 3. —
Erscheint nicht mehr.

Lucifer, Bischof von Calaris, s. Krüger, Gustav.

Der entlarvte **Lucifer.** Enthüllungen und Betrachtungen über die antifreimaurerischen und antiokkultistischen Publikationen. Von Th. Ch. Berlin-Zehlendorf: Metaphysischer Verl. [Zöllmann in Komm.] 1897. 31 S. 8⁰
Aus: Metaphys. Rundschau. 1 (1896) S. 486—514. cf. L. 20 (1897) S. 56.

Lucifer m. der Gnosis. Hrsg.: Rud. Steiner. Nr. 8—32. (à ca. 32 S.) Lex.-8. Berlin. Leipzig (M. Altmann). à n. — 50
Vergl.: Lucifer. — Die Gnosis wurde hiermit vereinigt.

Lucifer—Gnosis. Hersg.: Rud. Steiner. Nr. 26—34. (S. 417—708.) Lex. 8. Leipzig (905. 07). (M. Altmann.) à Nr. — 50

Lucifer Illuminatur [Pseud.], s. Kászony, Daniel von

LUCIFER Lumina. Pfaffenunwesen, Mönchsskandale und Nonnenspuk. Beitrag zur Naturgeschichte des Katholizismus und der Klöster. Vierte vermehrte und verbesserte Auflage. Zürich, Literaturbüro (um 1880). 8°.
Verb. d. Ldg. Leipzig A. III 276/85; II. 425/85.

LUCIFER (ps.), Instructionen und Rathschläge des Satans an die Jesuiten. 1846.
Weller, Lex. Pseud. p. 330.

Lucifer, s.: Kometenbriefe.

Lucifer, s. e. Luther, der heilige.

Der heilige Luther. Nach seinen 'Tischreden' gewürdigt u. herabgewürdigt von Dr. **Lucifer.** Berlin: R. Wrede 1899. (46 S.) 8⁰

Lucifer, der Spion, s. Spion, der.

Lucifer. Der Versuch Rußlands, Oestreichs und Preußens zur Wiederherstellung der heiligen Allianz nachgewiesen aus der Politik in Polen. Berlin 1848. 24 S. 8.

Lucifer, das Wahlcomité, das Ministerium u. die Geschichte. gr. 8. (16 S.) Berlin 848, Duien. ¹/₁₂ ₰

Lucifer, Beatus [Pseud.], s.a. Krug, Wilhelm Traugott

Lucifer, Beat., (W. Tr. Krug), Programm, das ganze deutsche Publikum zu Vorlesungen über Hexerei, Zauberei u. Geisterlehre einzuladen. 8. Altenb. 828. Literat.-Cpt. 2 gℓ

Lucifer, Carl v., Geschwindigkeit ist keine Hexerei, s.: Volksbibliothek, deutsche.

Lucifer, Wlh., (psdn.) s. Stevert, Carl, armer Leute Kind.

Lucifers m. seiner gesellschafft val. Und wie derselben geist einer sich zu e. Ritter verdingt u. ym wol dienete. Bamberg 1493. Nach dem Unicum im German. National-Museum zu Nürnberg in Facsm. hrsg. 8. (IV, 7 S.) Frankfurt a/M. 895. J. Baer & Co. n. 3. —

Luciferi Calaritani opuscula, s. Corpus scriptorum ecclesiasticorum latinorum.

Lucile, ou les progrès de la vertu, p. Arnaud. 8. Frcf. Brönner. 769.

Lucile; ein Singspl. in 1 Aufz. 8. Augsb. 778. v. Jenisch u. St. 2 gℓ

Lucile, ein Singspiel in einem Aufzuge aus dem Französischen übersetzt. Musik von Grétry. [Erste Aufführung 25. VI. 1778.] Wien 1788. V: *Marmontel, Jean François.* (Allgemeiner Theater-Almanach vom Jahre 1782. Wien. S. 64) (BiblPort)

Lucilburgensia sive Luxemburgum Romanum. Hoc est Arduennae veteris situs, populi, loca prisca, ritus, sacra, lingua, viae consulares, castra, castella, villae publicae, jam inde a Caesarum temporibus Urbis adhaec Luxemburgensis incunabula et incrementum investigata atque a Fabulâ vindicata etc. Eruderata et illustrata a R. P. Alex. Wilthemio. Opus posthumum ab Aug. Neyen, pluribus societatibus scientificis adscripto nunc primum in lucem editum. 4maj. (Mit 98 lithogr. Taf. u. 1 Karte.) Luxemburgi 842. (Moguntiae, Kupferberg.) n. 8 ₰

Lucilie, ein Singspiel a. d. Franz. Frankf. a. M. 1772. Ü: *Faber, Johann Heinrich.* (ML) (Ky)

Lucilie; Singspl. Aus d. Franzöf. (v. J. H. Faber). 8. Frankf. 772. Andreä. 6 gℓ

Lucilie, der; Begebenheiten. 8. Lpz. Junius. 762.

Lucilie und Cleon oder die geprüfte Liebe. Operette. Göttingen 1776. V: *Meyer, Johann Heinrich Christian.* (Ky)

— und Cleon, oder die geprüfte Liebe. Operette (v. Jh. Hnr. Chr. Meyer). 8. Götting. 776. Vandenhöck u. R. 4 gℓ

Lucilius Junior

— Severus Cornelius, d. Aetna; übers. Konr. A. Schmidt. 8. Braunschw. 769. (Schulbuchh.) 5 gr

Lucilius, L. jun., Aetna, ein Lehrgedicht, nebst dem Bruchstück eines Gedichts des Cornelius Severus vom Tode des Cicero, der lateinische Text nebst einer metrischen Uebersetzung und Anmerkungen von J. H. F. Meineke. 8. Quedlinburg, Basse. 819.

Lucilius Junioris Aetna. Recens. notasque Jos. Scaligeri, Fr. Lindenbruchii et suas adj. Fr. Jacobs. gr. 8. Leipz. 826. W. Vogel. 1 ℛ 12 gr Schrbp. 2 ℛ Velinp. 2 ℛ 16 gr

Lucilius ab Uva, (Gust. Schwetschke), der Oberon v. Sanssouci. Ein tragikomisches Heldengedicht. Mit Kommentar. 16. (62 S.) Leipzig 847. (Halle, G. Schwetschke.) 6 ngr

Lucilius ab Uva, der Oberon von Sanssouci. Ein tragikom. Heldengedicht. Mit Kommentar. 16. (62 S.) Leipzig 848. (Braunschweig, Schwetschke und Sohn.)

Lucilii, C., carminum reliquiae. Recensuit, enarravit Frider. Marx. 2 Voll. gr. 8. Leipzig, B. G. Teubner. n. 22. —; geb. n. 27. 60
I. Prolegomena, testimonia, fasti Luciliani, carminum reliquiae, indices. (CXXXVI, 169 S.) 904. n. 8. —; geb. n. 10. 60
II. Commentarius. (XXII, 437 S. m. 1 Bildnis.) 905. n. 14. —; geb. n. 17. —

Lucilius, C., Fragmenta, vid. Persius, Edit. Biponti.

Lucilii, C., saturarum reliquiae. Edid., auxit, emendavit Fr. Dor. Gerlach. 8maj. Turici 846, Meyer u. Zeller. 2 ℛ

Lucili, C., Saturarum reliquiae. Emendavit et adnotavit Lucianus Mueller. Accedunt Acci [praeter scaenica] et Suei carminum reliquiae. gr. 8. (XLV, 370 S.) Leipzig 872, Teubner. *

Lucilii, C., Saturarum, Carolus Lachmannus emendavit. gr. 8. (VII, 139 S.) Berlin 876, G. Reimer. *

—— dass. — Index, s. Harder, Franc.

Lucina, oder Magazin für Geburtshelfer, s. J. D. Busch.

— e. Zeitschrift zur Vervollkommnung d. Entbindungskunst 2c., s. a. A. E. v. Siebold.

Lucina

Lucina. Eine Zeitschrift zur Vervollkommnung der Entbindungskunde. Hrsg. von Elias von Siebold. Bd 1 - 4. Leipzig: Jacobäer 1804 - 07. 8
Bd 1, St. 1 - 3: 1802 - 04.
Bd 2, St. 1 - 3: 1804 - 05.
Bd 3, St. 1 - 3: 1805 - 06.
Bd 4, St. 1. 2: 1807.

LVCINA sine Concvbitv, d. i. ein Brief an die Königliche Societät der Wissenschaften, worinn auf eine unwidersprechliche Art, sowol aus der Vernunft, als aus der Erfahrung bewiesen wird, daß ein Frauenzimmer ohne Zuthun eines Mannes schwanger werden, und ein Kind zur Welt bringen könne. Aus dem Englischen übersetzet. Neue verbesserte Auflage. Frankfurt und Leipzig 1751. 8°. 89 S. Neuaufgelegt und in einer einmaligen Auflage von 250 numer. Expl. auf der Handpresse von Joseph Würth im Jahre 1927 auf schwerem Bütten hergestellt im Darmstädter Verlag, Darmstadt. Halb-Pergament.

Lucina sine concubitu, d. i. ein Brief an die königl. Societät der Wissenschaften ... A. d. Engl. ... Frankf. u. Leipzig 1751. V: *Johnson, Abraham (= John Hill).* (BGG) (BGE)

Lucina sine concubitu, oder Beweis, daß ein Frauenzimmer ohne Zuthun eines Mannes könne schwanger werden 2c. 8. Leipz. 768. (Brockhaus). 4 gr

Lucinde oder Herrn Simon Goodwins medicinische Leiden; nach d. Engl. Leipzig 1792. Hohenzollern [Wien] 1793. V: *Naubert, Christiane Benedicte Eugenie geb. Hebenstreit.* (MGT) (Ky) (EE)

Lucinde, oder Herrn Simon Goodwins medicin. Leiden, (von B. Naubert). 8. Leipz. 792. Weygand. 16 gr

Lucinde oder Herrn Simon Goodwins medicinische Leiden, aus dem Engl. 8. Leipzig, 793. Weygand. 20 sgl.

Lucinde, e. Roman v. Fr. Schlegel. 1r Bd. 8. Berl. Frölich. (Dunker u. H.) 799.

Lucindora, die Zauberin. Eine Erzählung ... Leipzig 1810. V: *Vulpius, Christian August.* (MGT) (Ky)

Lucindora, die Zauberin, (v. Chr. A. Vulpius). 8. Leipz. 810. (Rein). 1 ℛ 12 gr

Lucio Chiaramonte, genannt Barelli, Stifter des Bundes der furchtbaren Rächer des Vaterlandes, (von Fr. Herrmann). 4 Bde. 8. Leipz. 804. Hinrichs. 4 ℛ

Lucio. Vero. Musicalisches Schauspiel. Clagenfurt, Kleinmayr, 1740. 121 S. (Italien. u. deutsch.)

Lucion, R., elektrolytische Alkalichloridzerlegung mit flüssigen Metallkathoden, s. a. Monographien üb. angewandte Elektrochemie. 23. Bd.

Elektrolytische Alkalichloridzerlegung mit flüssigen Metallkathoden. Von Dr. R. Lucion. Mit 181 Abb. u. 7 Tab. Halle: W. Knapp 1906. (VIII, 206 S.) 8°
— Monographien über angewandte Elektrochemie. Bd 23.

Lucius Papirius Alexand. u. Porus. Singsp. 8. Berl. 745.

Lucius Verus, siehe: Zweck u. Mittel.

Lucius Cornelius Europäus, die Monarchie der Ichsuchtianer, s. Monarchie, die.

Lucius, Berlin u. seine Umgebungen. Handbuch f. Fremde. 16. (93 S.) Berlin 847, Berliner Literatur-Comptoir. 1/6 ℛ

Lucius, lose Blätter aus d. Lieutenants-Zeit. Nach Orig.-Zeichngn. Fol. (12 Lichtdr.-Taf. m. 1 Bl. Text.) Berlin 895. C. Brack & Keller.
In Leinw.-Mappe n. 10. —

— Breslau, seine Umgebungen u. das Sudetengebirge. Handbuch f. Fremde. 16. (95 S.) Ebd. 847. 1/6 ₰

—— Dresden, seine Umgebungen und die sächs. Schweiz. Handbuch für Fremde. 16. (72 S.) Berlin 847, [Barthol.]

—— Hamburg und seine Umgebungen. Handbuch für Fremde. 16. (76 S.) Berlin 847, [Barthol.]

Lucius, Advokat, Vortrag über öffentliches und mündliches Verfahren in Criminalsachen, gehalten im Bürgerverein. gr. 8. Braunschweig 846, Rademacher. baar 1/8 ₰

Lucius. Waldeck im Kerker. Ein Kapitel aus der Geschichte des Jahres 1849. Berlin, Buchdruckerei der Reform (1849.) 8 S. 8.

Lucius, A., Lehrstoffverteilung f. die Volksschulen Hessens auf Grund der Verordnung der obersten Schulbehörde vom 2. XII. 1874, die Einteilung der Volksschulen in Klassen u. Abteilungen u. den Lehrplan betr., in Lehrerversammlungen besprochen u. in den Schulen erprobt, m. e. Anh. üb. die Verteilg. der Lehrstoffe in der einfachen Fortbildungsschule u. 18 Wandplänen f. die 1- bis 8klass. Schulen, entworfen u. hrsg. 2. verm. u. verb Aufl. (III, 122 S.) 8. Gießen (906). E. Roth. In Mappe n. 4. —
1. Aufl. (III, 106 S.) 902. Geb. n.n. 3. —.

Lucius, Alb.

Lucius, A., der Geschäftsaufsatz u. die Buchführung in der Fortbildungsschule, s.: Rasche, Emil.

Lucius, Alb., der Geschäftsaufsatz f. kleinere ländliche Fortbildungsschulen Hessens, s.: Rasche, Emil.

Lucius, Albertus, De crasi et aphaeresi, s.: Dissertationes philologicae Argentoratenses selectae.

Lucius, Albertus [Darmstadensis]: De crasi et aphaeresi .... Argentorati, apud C. J. Truebner, 1885; 50 S. 8°.
Strassburg, Phil. Fak., Inaug.-Diss. v. 1885.

Lucius Apuleius: De medicaminibus herbarum liber. Ex recensione et cum notis Johann Christian Gottlieb Ackermann. 228 S.(S.125-352), gbd.

Norimbergae et Altorfii: Monath 1788 (Scriptores, Parabilium medicamentorum, antiqui. Tom.2)

JB 417/2

Lucius, C. F., s. Lucius, Karl Fr.

— **Christ. Aug.** (Dresden), Probl. juris IX an jus venandi tempore alias consueto contra aequalem praescribere possit subditus? Präs. Traug. Thomasius. Lpz. (Breitkopf) 3. XI. 1735. 31 Seiten. (S.20) Gew.: Carl Otto v. Karstaedt. 21678

Lucius, D., Die Quintessenz der Charlatanerie in dem Leipziger Socrate. O. O. 1728. 4°.

Lucius, **C.**, die Kräftigung des Missionssinnes in der Gemeinde. Referat, vorgetragen auf der elsäss. Pastoral-Conferenz am 2. Juni 1885. gr. 8. (38 S.) Straßburg 885, Schmidt's Universitäts-Buchh. *

Lucius, E., das mönchische Leben des 4. u. 5. Jahrh. in der Beleuchtung seiner Vertreter u. Gönner, s.: Abhandlungen, theologische.

Lucius, E., die Zukunft der Heidenmission. Ein Vortrag. gr. 8. (32 S.) Strassburg i/E. 891. F. Bull. n. — 80

Lucius, Ernst, die Anfänge des Heiligenkults in der christlichen Kirche, hrsg. v. Gust. Anrich. (XI, 526 S.) Lex.-8. Tübingen 904. J. C. B. Mohr. n. 12. —

Bonaparte und die protestantischen Kirchen Frankreichs. Vortrag geh. 1902 von †P. E[rnst] **Lucius**, Prof., Strassburg. Tübingen & Leipzig: J. C. B. Mohr 1903. (42 S.) 8°
= **Sammlung** gemeinverständl. Vorträge u. Schriften aus d. Geb. d. Theol. u. Religionsgeschichte. 32. [06. 9598

Zur äußern und innern Mission. Vermischte Vorträge u. Aufsätze von † P. E[rnst] **Lucius**, Prof., Straßburg. *Tübingen & Leipzig: J. C. B. Mohr 1903.* (186 S.) 8° [03. 9770

Lucius, Eugen
Untersuchungen über flüchtige Basen und Säuren im peruanischen Guano.
(Wiesbaden) 1857. [In: Annal. d. Chemie u. Pharm. Bd CIII, H. 1, S.105-113.]
Dr. phil. Giessen 24.8.1858. vorh. 7.

Lucius F.: I. Ueber Farbstoffabsorption. II. Kryoskopie u. Viskosität d. Milch. Diss. (Leipzig). Weida 1906. 54 S. Fig. P.

Lucius F.: (... II. Kryoskopie u. Viskosität d. Milch). Weida 1906. (18) S. P. Se Afd. 44.

Lucius, Ferd. W., Agende. Auf Grund der hessischen Agende vom J. 1574 bearb. Nebst einem musikalischen Anhang, die Responsorien für Gemeinde und Chor enthaltend. 4. (XVII und 252 S.) Frankfurt a. M. 859, Heyder und Zimmer. *

Lucius, Ferd. Viet., die hessischen Fragstücke und der hessische Prof. Dr. Heppe. Ein „ceterum censeo". gr. 8. (70 S.) Darmstadt 869, Zernin. *

—— historisch-kritische Untersuchungen über die hessischen Fragstücke. Ein Beitrag zur hess. Kirchengeschichte. 4. (88 S.) Darmstadt 868. (Frankfurt a. M., Zimmer'sche Buchh.) *

— historisch-kritische Untersuchungen über die hessischen Fragstücke. Ein Beitrag zur hess. Kirchengeschichte. Darmstadt 869. Frankfurt a. M., (Zimmer.) 4. (88 S.)
n. 12 ngr

Lucius, Friedrich, appr. Tierarzt a. Duisburg: Narkose und Atmung. Mit einer Tafel. Gießen 1905: v. Münchow. (24 S.) 8°
Gießen, Verein. Med. Fak., Ref. Geppert, Diss. v. 27. Juni 1905
[Geb. 14. Jan. 82 Alaunwerk Schwemsal bei Düben; Wohnort: Gießen; Staatsangeh.: Preußen; Vorbildung: Realgymn. Duisburg Reife O. 01; Studium: Berlin 6, Gießen 2 S.; Rig. 16. Mai 05.]

Neujahrsnacht. Ansprache vor der Einsammlung zur Confirmandenbekleidung bei der Sylvesterfeier 1851 von [Friedr. Salomon] **Lucius.** Leipzig [1851]: Kramer. 2 Bl. 8° [Umschlagtit.]
Gedicht: „Nacht ist's auf Erden und ein Eiseshauch ..."

Das Bild im Herzen. [Unterz.:] [Friedrich Salomo] L[ucius]. Meseritz o. J.: Lorenz. 1 Bl. 8⁰. [Kopftit.]
„Wenn die Seele heimwärts zieht" ...

Bundesgrüsse. [Von Friedr. Salomo **Lucius.**] Gedr. als Ms. f. Brr. Grimma: Verlags-Comptoir 1838. 83 S. 8⁰
Kl. 691, Tt. 1883. Abhandl. üb. d. Wesen d. Frmrei. Gedichte.

Alte und neue Bundesgrüsse. Von Friedr. Salomo **Lucius.** Gedr. als Ms. f. Br. Leipzig 1855: Vollrath. XVI, 168 S. 8⁰
Recens: FZ. 9 (1855) S. 333–335 (H. W. Sausse); T. 1 (1855–1856) S. 56 (E. Röhr). Tt. 1884. Vorträge, Kritiken d. Angriffe auf d. Bund, Gedichte. Im Vorw.: Lucius' Mrleben.

Das Lied vom treuen Maurersmanne. [Unterz.:] [Friedr. Salomon] **Lucius.** [Leipzig] o. J.: [Vollrath]. 1 Bl. 8⁰ [Kopftit.]
Auch enthalten in: Am 18. Sept. 1858. Leipzig. Ohne Noten: „Wer stimmt das Lied mit an ..."

Lucius, Friedr. Sal., Plan zur Einführung Einer Steuer im Königr. Sachsen. Den Mitgliedern d. ständ. Kammern, so wie allen Finanz- u. Staatswirthschafts-Verständigen z. Prüfung u. weit. Ausführung empfohlen. gr. 8. (2½ B.) Leipzig 833, [Günz.]

Lucius, Friedr. Sal. Plan zur Einführung Einer Steuer im Königreich Sachsen. Den Mitgliedern der ständischen Kammern etc. zur Prüfung und weitern Ausführung empfohlen. gr. 8⁰. Leipzig, Schaarschmidt, 1833.

Lucius, Friedr. Salomon: Rechtfertigung des Br. Friedr. Salomo **Lucius** gegen den Br. Carl Gottlob Freiesleben. (Gedr. als Ms. f. Brr.) o. O. 1827. 21 S. 8⁰ [Umschlagtit.]
Freiesleben hatte Lucius wegen angeblich unmrischer Denkungs- u. Handlungsweise bei verschiedenen Logen verklagt.

Des Lebens Unvollkommenheiten. Aus einer von dem Br [Friedr. Salomon] **Lucius,** bei der Confirmandenbekleidung am 2. April 1854 gehaltenen Rede. Leipzig [1854]: Andrä. 14 S. 8⁰ [Umschlagtit.]
Abgedr. in: FZ. 8 (1854) S. 185–189; Lucius, F. S.: Alte u. neue Bundesgrüsse. 1855 S. 53–64.
Die Unvollkommenheit des Lebens soll uns zum Besten dienen. Sie ist Erziehungsmittel.

Lucius, Friedr. Sal., Vertheidigungsschriften f. den, am 21. Aug. 1835 hingericht. Brandstifter J. Gottfr. Langendorf aus Ruppersdorf, nebst d. geg. dens. gesproch. Erkenntnissen. gr. 12. (1⁴/₄ B.) Grimma 835, Verlags-Comptoir. Thlr. *

— Friedr. Sal. u. Ph. Wagner, Viro summe venerabili Henr. Carol. Abr. Eichstadio gratul. Dresden (Meinhold u. Sohn) 28. XII. 1843. (3.—) 21679

* **LUCIUS,** G. E., Satyren. Frankfurt a. M., Garbe, 1771. (Nur Kupfertitel.) 94 S. (In Berlin: Yy 6231.)

Lucius, G. F., s. M. Luther's Handconcordanz.

Lucius, Geo. Frdr., Drangsale des Dorfes Jugenheim bei Mainz im ersten Revolutionskriege, bearb. v. Eduard Anthes, s. a. Volksbücher, hessische. 8.

Georg Friedrich **Lucius:** Drangsale des Dorfes Jugenheim bei Mainz im ersten Revolutionskriege. Bearb. von Eduard Anthes. Darmstadt: W. Diehl, Selbstverl. 1910. VI, 93 S. 8⁰
(Hessische Volksbücher. 8.) [10. 16113 4

Lucius, Georg Ignaz

— s. Hanseade.

HANSEADE, Die. (Komisches Gedicht in Prosa von *Georg Ignaz Lucius,* † 14. Aug. 1800.) O. O. 1768. 8⁰.
Der Adelsstolz des freiherrl. Krautjunkers Hans wird durch die Liebe überwunden.

— — Dasselbe, titulo: Die Hanseade, ein komisches prosaisches Gedicht in vier Gesängen. Vermehrte Auflage. O. O. (Frankf. a. M., Brönner) 1770. 8⁰. (2 Mk. Rich. Härtel, Dresden, 1907.)
144 S. (incl. Tit. u. 1 Bl. Vorber., vom Verf. unterz. de dato Mainz, d. 2. Jan. 1770). — Anon.-Lex. II. p. 264 (nach Meusel, Kayser u. W. v. Maltzahn).

Lucius, Geo. Jgn., († d. 14. Aug. 1800.) Satyren. 8. Frankf. a. M. 771. Brönner. (a. Gebhardt u. K.) 5 gr (s. auch Satyren.

— Gottl. Ernst (Borna) u. G. R. Koesel, Ex jur. de iis quae patriam potestatem fundant. Leipzig (Saalbach) 4. III. 1732. 28 S. (3.50) 21680
Gew.: J. Fr. Born (Groitzsch).

Lucius, Heinr., Adelheid. Dramatisches Gedicht in fünf Aufzügen. [Den Bühnen gegenüber als Mscr. gedr.] 8. (185 S.) Leipzig 850, H. Fritzsche in Comm. n. 1 ß

Lucius, Heinr., Adelheid v. Burgund. Schauspiel in 5 Aufzügen. 2. verb. Aufl. [Den Bühnen gegenüber als Mscr. gedr.] gr. 16. (133 S.) Leipzig 876. Lucius. n. 1. —

Lucius, H., Führer durch das Saal- und Schwarzathal. 1. und 2. veränd. und verb. Aufl. gr. 16. (VIII, 127 S. mit 1 lithogr. Spezial-Karte in Fol.) Leipzig 875,76, Lucius.

Lucius, H., Führer durch das Saal- und Schwarzathal. 3. unveränd. und verb. Aufl. Mit 1 (lithogr.) Special-Karte. 12. (VIII, 133 S.) Leipzig 881, Lucius. *

— Heldensang von 1813. (In ca. 8 Lfgn.) 1. Lfg. gr. 8. (48 S.) Ebend. 884. n. — 75

Lucius, Heinr., Heldensang v. 1813. 2—8. (Schluß-)Lfg. gr. 8. (S. 49—360.) Leipzig 884. Lucius. à n. — 75

—— Otto der Große. Schauspiel in 5 Aufzügen. [Den Bühnen gegenüber als Mscr. gedr.] 2 Thle. 8. (VIII, 101; IV, 102 S.) Ebendas. 876. à Thl. * M 1. *

—— Kaiser Wilhelm, der Siegreiche, oder Ems, Sedan und Paris. Festspiel in 5 Aufzügen. gr. 16. (XV, 93 S.) Ebendas. 879. *

Lucius, Hugo, Büchlein des Uebermuts. Feucht-Fröhliches u. sonst Heiteres. (III, 153 S.) 8. Dresden 910. E. Pierson. 1.50; geb. n 2. 50

Lucius, J. u. R., Die Familie Lucius (Lotz) aus Lich in der Wetterau. 1886.

Lucius, J., de regno Dalmatiae et Croatiae libr. VI. Fol. Wien 758. Trattner. 1 Rt. 8 gr.

Lucius, J.G.: De d e s c e n s u Christi ad inferos. – Lips. 1703.

Lucius, Joh. Christian (Frankfurt a. M.)
Theses inaugurales ex vario jure.
Giessae 12. Mai 1757: Braun. 11 S. 4°
pro summis in utroque jure honoribus ... consequendis.

— Joh. Jac. (Frankfurt/M.)

L u c i u s, I. Iac., Catalog. bibliothecae publ. Moeno-Francof. 4. Frcf. Brönner. 728.

LUCIUS, Joh. Jac. (Advoc. ord. & biblioth.), C a t a l o g u s b i b l i o t h e c æ p u b l i c æ M o e n o - F r a n c o f u r t e n s i s, in X sectiones ordine alphabetico digestas. Francofurti ad Moen., sumtibus viduæ Joh. Maxim. à Sande (darüber große Druckermarke als Holzschn.-Vignette). 1728. 4°. (3 Mk. Völcker, 1897; 6 Mk. Frdr. Klüber, 1898.)
8 Bll. Vorst. u. 10 apart pagin. Sectionen in 2 Theilen (in 1 vol.).

Lucius, Joh. Jakob (Frankfurt a. M.)
Specimen collationis juris statutarii Moeno – Francofurtensis cum civili Romano ex part. II. tit. I. quod loco Disputationis inauguralis ... publico examini submittit.
Giessae 30. Jan. 1715: Joh. Reinh. Vulpius. (2), 60, (2) S. 4°
pro summis in jure honoribus et privilegiis rite obtinendis.

Lucius, Joh. Jac. (Frankf. a. M.)
Theses inaugurales.
Giessae 22. Dez. 1785: Braun. 8 S. 4°
pro licentia summos in utroque jure honores capessendi.

— Joh. Conrad (Frankfurt), De jure prioritatis in fraudem aliorum creditorum impetrato. Präs. Carl Friedr. Walch. Jena (Goepferdt) 14. VIII. 1790. 38 S. (4.—) 21683
Widm. v.: C. Fr. Walch.

— — Dasselbe. Jena (Goepferdt) 14. VIII. 1790. 38, 16 S. (4.—) 21684
Widm. v.: C. Fr. Walch.

Lucius, K., Tabellen zur Berechnung der Gerichtsvollziehergebühren nach der Gerichtsvollzieherordnung vom 24. Juni 1878. 4. (4 S. auf Cartonpap.) Würzburg 879, Staudinger'sche Buchh. *

Lucius, Karl, die Gedächtniskunst u. ihre praktische Verwertung. Mit üb. 200 Beispielen, e. Ersatzwörterverzeichnis u. d. Uebungsanh.: Die Mnemotechnik in d. modernen Magie. (VIII, 111 S.) 8. Leipzig (905). O. Seiler. n. 2.—

Lucius, Karl Fr., († d. 2. Sept. 1799.) Andachtsbuch für christl. Soldaten. 8. Leipz. 795. (Fischer u. Fuchs). 12 gr. Schrbp. 16 gr.

L u c i u s, C. F., A n d a c h t s b u c h f. Soldaten. 8. Leipzig, Grieshammer. 795.
Schreibp.

Lucius, Carl Friedr. (Dresden), Diss. jur. feud. Saxon. de censu Germanico rurali et feudis rusticorum in Saxonia. Vom Bauer-Gülden Und Sächss. Lehns Krügen oder Schultzen-Lehn. Präs. Gottl. Sturm. Wittenberg (Hake) 10. X. 1730. (5.—) 21676
Widm. v.: Gottl. Sturm.

— Gesangbuch für christl. Soldaten. 8. Leipz. 794. (Fischer u. Fuchs). 6 gr.

Lucius, Karl Fr., s. Hedmar.

— s. 1) Karl Renat. M ü l l e r. 2) N o v e l l e n l e s e, neueste.

NOVELLENLESE, N e u e s t e, b e l e h r e n d u n d v e r g n ü g e n d (von *Carl Friedr. Lucius*). Frankfurt und Leipzig 1796. 8°. (7 Sgr. Scheible, v o r 1875; jetzt theurer!)
Anon.-Lex. III. p. 220 (nach Meusel u. Kayser).

– s.a. R h e i n f e l d, Fritz

RHEINFELD, F r i t z, d e r S o n d e r l i n g. (Zahmer Roman, auch auf S t u d e n t e n l e b e n bezüglich, von *Karl Friedr. Lucius*, 1769—99.) 3 Thle. Mit 1 unsign. Kupfer (vor 1). Leipzig, bey Chrn. Ernst Gabler, 1798 (n i c h t 1793). (Th. 3: Ebd., bey Geo. Aug. Grieshammer.) 8°. Sehr selten cplt.!
1: Tit. (dessen Jahrzahl undeutl. gedr.), 3 Bll. poet. Widm. („Meinem Freunde Karl H i l l i g in Liefland gewidm."), 280 S. — (S. 278—80: „P e r ü c k e n l i e d", 8 achtzeil. Stroph.).
2: Tit., 418 S., 1 Bl. Druckf. (S. 413—18: „B i e r l i e d zu singen, wenn man keinen Wein hat u. Bier trinken muß": 20 vierzeil. Str. zum Lobe des Gerstensaftes.)
3 (fehlt gewöhnlich): Tit., 314 S., 1 Bl. Druckf.

— d. V o l k s f r e u n d, eine Monatschrift z. Unterh. auf 1799. z. 12 Heft. 8. Lpz. Sommer.

— der Volksfreund, eine Monatsschrift zur Unterhalt. auf 1799 zu 12 Heften. (7s—12s von Kläckelbecker.) 8. Leipz. 799. (W. Rauck). 1 Rt.

Lucius, Carl Souchay v., Stimmungen. (86 S.) 8. Berlin 903. Gose & Tetzlaff. n. 1. —; geb. n. 1. 50

Lucius, L., neuester Rechenknecht. Tabellen zur schnellen, leichten u. sicheren Berechng. I. d. Preises zählbarer Sachen f. $1/10$ bis 10,000 Stück, das Stück zu 1 Pfennig bis 100 Mark; II. der Umlagen aller Art aus $1/10$ Pfennig bis 10,000 Mark Concurrenzsumme von 1 bis 100 Percent; III. der jährl., monatl. u. tägl. Zinsbeträge aus 1 bis 10,000 Mark Capital von 1 bis 10 Percent; IV. der Zinseszinsen u. Annuitäten u. V. der süddeutschen Währg. in die neue Reichswährg. u. umgekehrt, nebst e. kurzen Erläuterg. d. neuen deutschen Münz-, Maß- u. Gewichtssystems u. e. leichtfaßl. Anleitg. zur Decimalbruchrechng. 8. (159 S.) Würzburg 875. Staudinger. 1. —

Lucius, L., neuester Rechenknecht. Tabellen zur schnellen, leichten u. sicheren Berechnung I. des Preises zählbarer Sachen für 1 bis 10000 Stück. das Stück zu 1 Pfennig bis 100 Mark; II. der Umlagen aller Art aus 1 Pfennig bis 10000 Mark Concurrenzsumme von 1 bis 100 Procent; III. der jährlichen, monatlichen u. täglichen Zinsbeträge aus 1 bis 10000 Mark Capital von 1 bis 10 Percent; IV. der Zinseszinsen u. Annuitäten u. V. der süddeutschen Währung in die neue Reichswährung u. umgekehrt, nebst einer kurzen Erläuterung des neuen deutschen Münz-, Maß- u. Gewichtssystems u. einer leichtfaßlichen Anleitung zur Dezimalbruchrechnung. 2., verm. u. verb. Aufl. 8. (172 S.) Würzburg 879. Staudinger. cart. 1. —

Lucius, L., neuester Rechenknecht. Tabellen zur schnellen, leichten u. sicheren Berechng. I. Des Preises zählbarer Sachen f. 1—10000 Stück, das Stück zu 1 Pfennig—100 Mark; II. Der Umlagen aller Art aus 1 Pfennig—10000 Mark Konkurrenzsumme v. 1—100 Prozent; III. Der jährl., monatl. u. tägl. Zinsbeträge aus 1—10000 Mark Kapital von 1—10 Percent; IV. der Zinseszinsen u. Annuitäten u. V. der süddeutschen Währg. in die neue Reichswährg. u. umgekehrt nebst e. kurzen Erläuterg. d. neuen deutschen Münz-, Maß- u. Gewichtssystems u. e. leichtfaßl. Anleitg. zur Dezimalbruchrechng. 8. Aufl. (172 S.) kl. 8. Würzburg (910). F. X. Bucher. Geb. 1. —

L u c i u s, Marcus: Vergleich zwischen den Erwerbs- und Wirtschaftsgenossenschaften und den anderen Kapital-Assoziationen. Strassburg, Diss. 1910.

Lucius, P. E., Bonaparte u. die protestant. Kirchen Frankreichs, s.: S a m m l u n g gemeinverständl. Vorträge u. Schriften aus dem Gebiet der Theologie u Religionsgeschichte. 32.

Lucius, P. E., der Essenismus in seinem Verhältniss zum Judenthum. Eine krit. Untersuchung. gr. 8. (132 S.) Strassburg 881, Schmidt's Universitäts-Buchh. *

— zur äussern u. innern Mission. Vermischte Vorträge u. Aufsätze. (VII, 186 S.) gr. 8. Tübingen 903. J. C. B. Mohr. n. 2. —

Lucius, P. E., die Therapeuten und ihre Stellung in der Geschichte der Askese. Eine krit. Untersuchung der Schrift: De vita contemplativa. gr. 8. (211 S.) Strassburg 879, Schmidt's Universitäts-Buchh. *

Lucius, Ph., die Gesellschaft der Nacht od.: die Verbrechen unter dem Priestergewand d. Ordens Jesu. Historischer Roman. 1—10. Hft. gr. 8. (S. 1—416 m. 9 Chromolith.) Dresden 872. 73. Köhler. à — 30

Lucius, Ph., die Gesellschaft der Nacht oder: die Verbrechen unter dem Priestergewand des Ordens Jesu. Historischer Roman. 12 Hefte. gr. 8. (510 S. mit 12 Chromolithogr.) Dresden 872, Köhler. à Heft 30 Pf.

Lucius, Phil. Ferd., Friederike Brion v. Sessenheim. Geschichtliche Mittheilungen. 1. Aufl. (198 S. mit 2 Holzschntaf. und 2 chromolithogr. Plänen.) 1877. ** M 6.; 2. Aufl. 8. (136 S. mit 2 Holzschntaf. und chromolithogr. Plan des Pfarrhofes.) Straßburg 878. (Stuttgart, Heitz.) *

Lucius, Phil. Ferd., Friederike Brion v. Sessenheim. Geschichtliche Mitteilgn. 3. (unveränd.) Aufl. (107 S. m. 8 Abbildgn. u. 1 Karte.) gr. 8. Straßburg (904). J. H. E. Heitz. n. 2. 50; geb. n. 3. 50

Lucius, Reinhold, a. Müllrose: Über die Darstellung quartärer Ammoniumbasen mittelst Alkali aus Additionsprodukten tertiärer Amine mit Alkylenbibromiden. (Berlin 1907: M. Driesner.) (31 S.) 8°
Berlin, Phil. Fak., Ref. Gabriel, Diss. v. 15. März 1907
[Geb. 11. Febr. 80 Müllrose b. Frankfurt a. O.; Wohnort: Steglitz b. Berlin; Staatsangeh.: Preußen; Vorbildung: Oberrealsch. Charlottenburg Reife O. 05; Studium: Berlin 9 S.; Rig. 4. März 07.]

Lucius, Robertus (Sigismundus Josephus) Maria *(geb. Erfurt 20. 12. 1835)*: De faradisatione locali. Vratislaviae (1858). (60 S.) 8°
Breslau, Med. Diss. v. 13. Juli 1858

CHRISTOPHILUS, Gratianus (d. i. *Sam. Lucius*, geb. 10. Aug. 1674 zu Bern, † 28. Mai 1750 als Pfarrer zu Dasbach im Kanton Bern). — Die Paradiesische Aloe der Jungfräulichen Keuschheit, welche GOtt giebet allen, die da sind aus dem Glauben an den Herren Jesum: wobey gelehret wird, wie dieses Himmlische Gewächs mit Christi Dornen-Kron, als einem Leb-Hag umzäunet werden müsse, damit es nicht von der höchst-schädlichen, gifftigen Fleisches-Lust verderbet werde. Gesammlet und ausgepresset von *Gratiano Christophilo*.
Herisau: Zufinden bey Johann Laurentz Mock, Buchbinder, An. 1733. samt den übrigen Schrifften des Authoris. 8°.
366 S. (incl. Tit. auf dessen Rücks. Gedicht, S. 3 bis 15 Vorr. u. Einleit., 1 S. Reg.), dann noch 3 unnum. Bll. Reg. u. 1 Bl. Druckf. — Sehr seltenes moraltheol. Buch, voll zieml. freier u. curioser Erörtergn. — Rassmann, Lex. deutsch. Pseud., S. 74, hat irrig d. Jahrz. „1732".
— — Dasselbe. Basel 1781. 8°. (1 fr. 50 cts. Felix Schneider, Basel, c. 1890; jetzt höher!)

Lucius, Sam.: Succinctae animadversiones, in exercitationem jur. de justitia praescriptionis circa bona sub pacto de retrovendendo, quandocumque venditori libuerit, emtionis titulo concessa. Francofurti ad M. 1731.

Lucius, Sam., animadvers. in exercit. de justitia praescriptionis circa bona sub pacto de retrovendendo. 4. Francf. Andreae. 731.

Lucius, Sam., († d. 28. Mai 1750.) Bild Gottes an d. ersten Christen N. Test. mit e. Vorr. u. Anmerkk. herausg. v. Sam. Lau. 8. Kopenh. 741. N. A. 757. Pelt. 12 gr.

LUCIUS, Sam., Gespräch eines Vorstehers mit einem seiner Gemeine angehörigen verständigen Menschen, der seinen Hirten um Rath fraget, ob er auch in den Stand der Ehe treten könne? und wie er sich diesfals zu verhalten habe. O. O. 1735. 12°.
Cat. univ. d. Buchh. d. Waisenh. in Züllichau (c. 1740).

Lucius, Samuel (Nassovicus)
Disputatio juridica de jure non scripto.
Gissae Catt. Mai 1700: J. R. Vulpius. 24, (3) S. 4°
pro consequendis summis in utroque jure honoribus

— Kleeblatt christl. Tugenden. 8. ... 8. Zürich 759. Orell. 4 gr.

— gute u. gesunde Lämmerweide, s. depp. Anhang von der Rechtfert. 8. Basel, Imhof. 739.

Lucius, Sam.: Exercitatio epistolaris, in qua expenduntur opiniones aliquot paradoxae contra asserta in animadversionibus ad diss. quandam, de justitia praescriptionis rei cum pacto, ut venditori eam quandocunque libuerit reluere liceat, venditae, quas laboravit Chr. Gottl. Riccius. Francofurti ad M. 1738.

— Rosengärtlein v. schönen Liedern. 12. Frkf. 738.

— unbekannter Schatz u. Kleinod d. Menschenherz. 8. Schafhausen. 738.

— wohlriech. Strauß v. Himmelsblumen, d. i. zusammengel. göttl. Schriften. 2 Thle. 4. Basel, Imhof. 736. 37.

Lucius (= Lutz), Samuel. Weyhnachts-Gedancken Uber die Wort Jesaij IX. 6. Uns ist ein Kind etc. Dem ernstlichen Befehle einiger Mitgenossen an der Kindheit Jesu Folge zu leisten ... zu Yverdon zu Papir gebracht ... 1724 ... Schaffhausen, E. Hurter für H. U. Schopfer in St. Gallen, 1725. Kl.8°. 2 Bl. 104, 147 S. *Mit gestoch. emblemat. Titelvignette.*

— Wundergeheimniß d. Evangelii eröffnet v. Jesu. 8. Basel, Turneisen. 722.

Luck [Schlagwort]

Luck, s.: Europa. Uebersichtskarte.

Luck [Verfasser]

Luck, d. Erbrecht nach d. allgem. Landrecht u. d. Joachim. Constitution v. 23/4. 1527 u. d. Erbschafts-Edict v. 30/4. 1765 erläutert. Berl. 855.

Luck. Zur Geschichte der spanischen Städterevolution in der ersten Hälfte des 16. Jahrhunderts. Hamburg 1858

Luck, Aug. Ueber Elasticitätsverhältnisse gesunder u. kranker Arterienwände. Diss. gr. 8. (43 S. m. 10 Tab.) Dorpat 889, (Karow). * 1 50

Luck, (Joan. Christian.) August. (geb. Wesel 1837): De ulcere ventriculi chronico. Berolini (1862). (30 S.) 8°
Berlin, Med. Diss. v. 22. Mai 1862

Luck, E., die künstlichen Dünger, s. Fresenius, R.

Luck, Eduard (Michelstadt)
Ueber die Säure in dem Wermuth (Artemisia absinthium).
[In: Liebigs Annalen Bd 54 (1845), S. 112-119.]
Dr. phil. Giessen 13.3.1845.

Beliebte Männerchöre von F. Luck. [Partitur u. Stimmen.] No 1. Hagen i. W.: R. Apitius [1905]. 4° 105. 4766

Luck, Friedr. v., Blätter der Erinnerung, s. Blätter.

Luck, G., Augen auf!, s.: Fatio, G.

Luck, Geo., rätische Alpensagen. Gestalten u. Bilder aus der Sagenwelt Graubündens. Mit 4 Landschaftsbildern. gr. 8. (87 S.) Davos(-Platz), Buchdruckerei Davos A.-G. 902. (Nur direkt.) n. 1.25

Luck, Geo., die deutsche Fachpresse. Eine volkswirtschaftl. Studie. (IV, 79 S.) gr. 8. Tübingen 908. W. Kloeres. 3. —

— Festspiel der Calvenfeier, } s.: Bühler, M.

— Festspiel zur Hundertjahrfeier der Bündner Kantonschule in Chur, s.: Bühler, M.

Luck, Georg: Die Viehversicherung in Süddeutschland. Strehla a. E. [1908]: Luck. VII, 164 S. 8° ¶(Ersch. auch als Buch b. Kloeres, Tübingen.)
Tübingen, Staatsw. Diss. v. 6. Okt. 1908, Ref. Fuchs
(Nur in beschränkter Anzahl für den Austausch)
[Geb. 29. Sept. 81 Potschappel; Wohnort: Strehla a. E.; Staatsangeh.: Sachsen; Vorbildung: Realsch.; Studium: Heidelberg 2, Tübingen 7 S.; Coll. 9. Juli 08.] [U 09. 3983

— Walthari, s. Bühler, M.

THEOBALD (d. i. *Joh. Peter Carl Luck*), Des Müllers Rache. Romantische Erzählung. 2 Thle. Gotha 1837. 8°.
Wildmoser's (München) Leihbibl.-Cat. no. 15,415—16; Weller, Lex. Ps. p. 556.

Luck, Joh. Pet. Karl (wirkl. Name), s.a. Hold, Karl (Pseud.)

HOLD, Karl (d. i. *Joh. Pet. Carl Luck)*, Schuld um Schuld und die Rache des Schicksals. (Zahmer Roman.) Mit Titelvign. Hamburg, Herold, 1826. 8°. Titel u. 227 S. (1 Mk. 50 Pfg. Franz Teubner, Bonn, c. 1895.)

Luck, Jh. Ph. Wlh., († d. 8. Nov. 1791.) häusl. Andachtsbuch, enthalt. Morgen-, Abend-, Communion-, Festtags- u. vermischte Andachten 2c. 8. Frankf. a. M. 784. Andreä. 5 K

— Encyklopädie in Tabellen. Fol. Michelstadt 768.

— Erinnerungen über Loën's Buch von d. einzigen wahren Religion. 8. Frankf. a. M. 752. Brönner. 2 K Abermal. Erinnerungen 2c. 8. Ebd. 753.

— Erklär. d. Br. P. an d. Galater. 4. Frkf. Brönner. 755.

Luck, Jh. Ph. Wlh., Erklärung d. Briefes Pauli an die Gemeinden zu Galatien. 4. Frankf. a. M. 753. Brönner. 12 K

— Erklärung d. Briefes Pauli an d. Römer. Mit e. Vorr. v. Jh. Ph. Fresenius. 4. Frankf. 754. Brönner. 1 ß

— Gedanken von den Tugenden wahrer Christen. 8. Jena, Cröcker. 747.

— Gedanken über Dr. Bahrdt's Vorschläge zur Aufklärung u. Berichtigung des Lehrbegriffs unserer Kirche. 8. Marb. 773. Krieger. 5 K

— histor. Genealogie d. reichsgräfl. Hauses Erbach. Fol. Frankf. a. M. 786. Andreä. 20 K (Mannh., Löffler). 1 ß

— die Geschichte Jesu Christi u. seiner ersten Kirche, s. *Beausobre*.

— Geschichte Jesu Christi u. seiner ersten Kirche, a. d. Frz. 8. Lpz. W. Fleischer. 774.

— s. Madm. Lambert, 2 Briefe.

— neue Lieder über d. sonn- u. festtägl. Evangelien. 8. Michelstadt 756.

— Predigten über d. sonn- u. festtägl. Evangelien u. Episteln. 3 Bde. 4. Frankf. a. M. 754, 55.

— Reden zur Erbauung auf d. Tag d. Herrn, nebst Anleit. d. gewöhnl. evangel. Texte. 2 Thle. 8. Mannh. 773. Löffler. 1 ß

— Reformations- u. Kirchen-Geschichte d. Grafschaft. Erbach u. Herrsch. Breuberg. 4. Ebend. 772.

— — dasselbe. 4. Frkf. Andreä. (auch Guilhaumann) 772.

— Versuch einer Reformations- u. Kirchengeschichte d. Grafschaft Erbach u. Herrschaft Braunschweig. 4. Frankf. a. M. 772. Andreä. 1 ß 8 K (a. Guilhaumann). 1 ß (Manh., Löffler). 18 K

Luck, Paul (Hrsg.), s. Beitrag zur Lösung der sozialen Frage.

Luck, Paul, Beiträge zur Lösung der sozialen Frage, s.: Reformer-Merkblätter. 1.

Luck, Sigism., kurzgefaßte deutsche Sprachlehre für Erwachsene zum Selbstunterricht. 8. (V und 65 S.) Berlin 853, (Lederer.) *

Luck, W. v., A. E. I. O. U. Austriae est imperare orbi universo. Alles Erdreich ist Oestreich Unterthan. gr. 8. (XV und 72 S.) Berlin 859, Wagner. *

v. Luck, W., geht nicht die Mittelstraße, denn sie wird euch halsbrechend. 8. (VI u. 163 S.) Potsdam 852, Riegel's Verlag. n. 2/3 ₰

Luck, W. von. Geht nicht die Mittelstraße, denn sie wird euch halsbrechend. 2. Aufl. Potsdam, Riegel 1852. VI 163 S. 8.

Luck, W. v. Hohenfriedberg — der Kreuzberg. Ansichten über Reiterei u. Manöver. Berlin 1853. 156 S.

—— Hohenfriedberg — Der Kreuzberg. Ansichten über Reiterei und Manöver. 2. Aufl. 8. (XII und 156 S.) Berlin 854, [Schneider.] *

Luck, W. v., Wo liegt der Hase im Pfeffer? Militärisches Sendschreiben an alle freisinnigen Abgeordneten. 1. und 2. Aufl. gr. 8. (144 S.) Berlin 862, Wagner. *

Luck, Wold., Beiträge zur Wirkung d. Thalliums. Diss. gr. 8. (79 S.) Jurjew (Dorpat) 891. (E. J. Karow.) n. 1. 50

Luck und Witten, Walter von, aus Stuttgart, Kammergerichtsref. zu Spandau: Das Recht auf Sand und Steine in öffentlichen Flüssen nach gemeinem und preussischem Recht. *Berlin 1899: H. Schmidt.* (50 S.) 8°
Erlangen, Jur. Diss. v. 25. Febr. 1899

Lück, Blumen u. Früchte f. Zeichner, Blumenfreunde u. Stickerinnen. II Samml. Mit 32 Kpf. Fol. Freiberg, 1799. 2. Aufl. Pirna, 1802. 6. —

Lück, ..., neues Zeichen- u. Stickerbuch mit 24 schwarzen u. ill. Kpf. 4 Sammll. N. Aufl. gr. 4. Freyberg, Craz u. G. 10 ₰ 8 𝒦

Lück, E. Eisenbahnpensionsanstalten oder Renten- und Lebensversicherung. Geschichtliches und Vorschläge für deren Einrichtung in Rußland. Berlin 1875.

Lueck, G., De comparationum et translationum usu Sophocleo. Pr. 1878. 16 S. 4°
— — II. Pr. 1880. 15 S. 4°.
— — III. Pr. 1882. 12 S. 4°.

Lueck, G. De comparationum et translationum usu sophocleo. 3 partes. 16, 15, 12 SS.
Progr. *Neumark* 1878. 1880. *Pr. Stargard* 1882.

Lueck, Joh. Wilh. Adrian (Borken / Westfalen), Adumbratio morborum cordis generalis. Diss. med. Berlin (Joh. Friedr. Starck) 10. V. 1819. 59 S. mit Biogr. (3.—) 21784
Gew.: Joh. Adr. Lueck (Vater).

Lück, K. L., Früchte meiner Muße u. Muse. gr. 12. (...) Königsberg in d. N. 838, Windolff u. Striese.

Lück, K. L., Theodor oder der Berggeist in der Christnacht. Ein allegorisches Märchen für die Jugend. 12. (Mit 8 col. Abbild.) Frankfurt a. d. O. 844, Trowitzsch u. S. geb. 1 ₰

Bericht über die Verwaltung und den Stand der Gemeindeangelegenheiten der Stadt Kempen-Rhein f. d. Zeit v. 1. April 1898 bis 1. April 1909 zugleich als Bürgerbuch hrsg. von Bürgermeister (Karl) **Lück.** Kempen (1909): Müller. XIV, 562 S. 8° (10. 6938

Lück, Konrad, Arzt a. Swinemünde: Der Mastdarmkrebs im jugendlichen Alter. Zusammenstellung von 120 Fällen aus der gesamten Literatur im Anschluß an eine Beobachtung in der chirurgischen Klinik zu Greifswald. Greifswald 1904: J. Abel. (26 S.) 8°
Greifswald, Med. Fak., Ref. Friedrich, Diss. v. 16. Dez. 1904
[Geb. 27. Okt. 79 Swinemünde; Wohnort: Swinemünde; Staatsangeh.: Preußen; Vorbildung; Gymn. Eberswalde Reife M. 98; Studium: Greifswald 9 S.; Coll. 3. Aug. 04: Approb. 3. Juli 04.]

Lück, R.

Lück, die verschiedenartigen Spülleitungen im Versatzbetriebe, s. a. Sammlung berg- u. hüttenmännischer Abhandlungen.

Die verschiedenartigen Spülleitungen im Versatzbetriebe. Von Oberbergdir. **Lück,** Laurahütte. Mit 1 Taf. Kattowitz: Böhm 1910. 39 S. 8°
Aus: Berg- u. Hüttenmännische Rundschau.
(Sammlung berg- u. hüttenmännischer Abhandlungen. H. 59.) (10. 13207

Lück, Robert: Ueber die Abfassungszeit des Parzival. Halle a/S. 1878: (Robolsky in Salzwedel). 32 S. 8°
Halle-Wittenberg, Phil. Diss. v. [28. Jan.] 1879
Geb. Mülhofe bei Valbert (Kr. Altena; Westf.) 30. 6. 1851. V.
Diplom fälschlich datiert 28. Januar 1878.

Lück, *Robert* [Rekt. Dr.]: Die bisherige Entwicklung und der gegenwärtige Bestand des Progymnasiums. (And. Tit.: Nachrichten über d. Progymn. zu Steglitz und über d. neue Schulgebäude. Von ... Techow u. . . . Lück.) *Steglitz, Druck v. G. Löper* (1890); S. 5—6; 4°
Steglitz, PG, Festschr. 1890

Lück, *Robert* Zur Geschichte der Anstalt. 4 (16 S.). Prg. *Steglitz* 1887 (87).
Progr.

Lück, Rob., das Steglitzer Gymnasium u. Herr Ludwig Gurlitt. Mit e. Anh.: Erklärungen aus dem Kreise des Lehrerkollegiums. (46 S.) gr. 8. Heidelberg 907. C. Winter Verl. — 60

— u. O. Techow (Bauinsp.) Nachrichten über das Progymnasium zu Steglitz und über das neue Schulgebäude. Die bisherige Entwicklung und der gegenwärtige Bestand des Progymnasiums. Baubeschreibung des neuen Klassengebäudes und der zugehörigen Baulichkeiten. 4 (S. 5—8, 3 Taf.).
In: Festschrift z. Einweihung des Prg.-Gebäudes *Steglitz* 1890 (zu 89).
Progr.

Lück, Robert [Dr., Dir.]: *Rückblick auf das erste Jahrzehnt des Bestehens der Anstalt.* Steglitz, Druck v. G. Löper, 1896; 17—18 S. 4.
Steglitz, G u. in d. Entwickelg begriff. R, P 1896 (88)

Lück, *Robert* [Dr., Rekt.]: Das neue Schulgebäude und seine Einweihung. (Abschn. I ist erweit. Abdr. d. in d. Festschr. 1890 veröffentl. Baubeschreibung v. Techow.) Steglitz, Druck v. G. Löper, 1891; S. 1—9, 3 Taf. 4°
Steglitz, PG, P 1891 (89)

Lück, R[obert], Dr., Dir.: Wissenschaftliche Vorträge für die Schüler der Oberklassen. ([Umschlagt.:] Über d. Einrichtung wissensch. Vorträge ...) *Steglitz 1899: E. Werner.* (S. 23—26.) 4°
Steglitz, G, P 1899 (90)

Lück, Rudolf, a. Ratibor: Richard Wagner und Ludwig Feuerbach. Eine Ergänzung der bisherigen Darstellungen der inneren Entwicklung R. Wagners. Breslau 1905: H. Fleischmann. (44 S.) 8°
Jena, Phil. Fak., Ref. Liebmann, Diss. v. 14. Febr. 1905
[Geb. 24. Mai 79 Leobschütz; Wohnort: Leobschütz; Staatsangeh.: Preußen; Vorbildung: Gymn. Ratibor Reife O. 98; Studium: München 4, Berlin 1, Breslau 4, Jena 3 S.; Rig. 17. Dez. 04.]

Lück, Steph., theoretisch-prakt. Anleitung zur Herstellung eines würdigen Kirchengesanges. 8. (144 S. mit Melodien.) Trier 856, (Braun'sche Buchh.) *

Lück, Stephan, theoretisch-praktische Anleitung zur Herstellung eines würdigen Kirchengesanges. 2. Aufl. 8. (144 S.) Trier 858, Braun's Verlag. *

Lück, St., Sammlung ausgezeichneter Compositionen für die Kirche, s. a. Sammlung etc.

Lück, Steph., Sammlung ausgezeichneter Compositionen f. die Kirche. 2. verb. u. verm. Aufl., hrsg. v. Mich. Hermesdorff. 4 Bde. Lex.-8. (1. Bd. X, 191 u. 2. Bd. IV, 231 S.) Leipzig 883. Braun's Verl. n. 12. —; einzeln à Bd. n. 4. —
Eine französ. Ausgabe ist zum Preise von n. 15 frs., eine englische zum Preise von n. 12 sh. erschienen.

Lück, Steph., Sammlung ausgezeichneter Compositionen für die Kirche. 2. verb. und verm. Aufl., hrsg. von Mich. Hermesdorff. 4 Bde. Lex.-8. (XII, 191; IV, 231; VIII, 160; VIII, 184 S.) Leipzig 884,85, Braun's Verlag. *
Einzeln à Bd. *

Lucka, s.a. Lucca

Lucka, Guide pratique pour s'orienter à Marienbad et aux environs. Un conseiller des malades et de touristes. 16. (IV und 108 S.) Prag 865, (Dominicus.) geb. *

Lucka, das nächtliche Jawort, od. d. Verlobung im Garten. Lstspl. in 2 A. 8. Neust. 799. Wagner. 6 K

Lucka, zur Orientirung in Marienbad. Ein Rathgeber und Wegweiser für Kurgäste. 2. verm. u. verb. Aufl. Marienbad 864. (Prag, André.) 16. (IV, 120 S., 1 Tab. in 4. u. 1 lith. Plan in Fol.) n. 24 ngr.

—— zur Orientirung in Marienbad. Ein Rathgeber und Wegweiser, für Kurgäste bearb. 2., verm. und verb. Aufl. 12. (118 S. mit einer Uebersicht der in den Marienbader Heilquellen enthaltenen festen und flüchtigen Bestandtheile, und einem Situationsplan von Marienbad.) Prag 864, [Reichenecker.] cart. *

Lucka, Med. Dr.: Zur Orientirung in Marienbad. Ein Rathgeber und Wegweiser für Kurgäste bearbeitet. 3. durch einen Anhang verm. Aufl. Mit 1 Ansicht von Marienbad. Marienbad, Gschihay. 1867. 123 S. 32°

— zur Orientirung in Marienbad. Ein Rathgeber u. Wegweiser für Kurgäste. 4. verm. u. verb. Aufl. Marienbad 869. Gschihay. 8. (146 S. mit 1 Tab. in qu. 4. u. 1 lith. Plan in qu. Fol.) 15 ngr.

Lucka, Emil, Adrian u. Erika. (154 S.) 8. Berlin 910. E. Fleischel & Co. 2.—; geb. 3. —

Lucka, Emil, Beethoven. (65 S.) 8. Wien 906. C W. Stern. n. 1. 50

— Gaia. Das Leben der Erde. Eine Dichtg. (112 S.) 8. Leipzig (903). Modernes Verlagsbureau. n. 2. 50

— Gedächtnis u. Phantasie, s.: Beilage, wissenschaftliche, zum 20. Jahresbericht der philosophischen Gesellschaft an der Universität zu Wien.

— Eine Jungfrau. Roman. (265 S.) 8. Berlin 909. E. Fleischel & Co. 3.50; geb. 5. —

— Die Phantasie. Eine psycholog. Untersuchg. (VII, 197 S.) 8. Wien 908. W. Braumüller. 2. 50

— Sternennächte. Dichtungen. (138 S.) 8. Ebd. (903) n. 2. 50

— Tod u. Leben. Ein Roman. (284 S.) 8. Berlin (907). E. Fleischel & Co. 3.50; geb. 5. —

— Das Unwiderrufliche. 4 Zwiegespräche. (187 S.) 8 Ebd. 909. 2.—; geb. 3. —

Otto Weininger, sein Werk und seine Persönlichkeit. Von Emil Lucka. (Nachwort: Leopold Weininger.) Wien & Leipzig: W. Braumüller 1905. (158 S.) 8° [05. 1490

— Isolde Weißhand. Ein Roman aus alter Zeit. Mit 10 Bildern v. Emil Preetorius. (189 S.) kl. 8. Berlin 909. S. Fischer Verl. 3.—; geb. n 4. —

Luckg, S. B., der absolute und relative Eisengehalt in den Trink- und Badequellen und Moorerden zu Marienbad. gr. 8. (16 S.) Prag 860, Calve'sche Universitäts-Buchh.

Lucka, S. B., der Kreuzbrunnen und seine Heilwirkungen. Eine Monographie. Lex.-8. Prag 844, Calve'sche B. n. 3/4 ß

Lucka, S. B., der Kreuzbrunnen und seine Heilwirkungen. Eine Monographie. (2., verm. und verb. Aufl.) gr. 8. (VIII und 140 S.) Prag 848, (Calve'sche Vrlgsh.) * -

—— der Kreuzbrunnen und seine Heilwirkungen. Eine Monographie. 3., stark verm. und verb. Aufl. gr. 8. (XI und 147 S.) Prag 858, Calve'sche Universitäts-Buchh. *

Luckau [Schlagwort]

Luckau, s.: Deutschland. Karte (Abt. Preussen).

Luckau, s.: Preussen. Messtischblätter.

Luckau [Verfasser]

Luckau, Wilh. Heinr., Herbstblüthen. Lieder e. schlichten Mannes. 12. (VIII, 201 S. m. Bildnis.) Magdeburg 901. Creutz. n. 2. —; geb. in Leinw. n. 3. —

Lucke

— s. a. Lücke.

Lucke, Offizier-Stammliste d. rheinischen Jäger-Bataillons Nr. 8 von der Errichtung des Bataillons bis zum April 1908. Auf Befehl des Bataillons zusammengestellt. (VIII, 165 S.) gr. 8. Oldenburg 908. G. Stalling's Verl. 7.50; geb. 9. —

Lucke, Carl, s. Lucke, Karl

Lucke, Chr., der Wendelstein. Ein Beitrag zu seiner Geschichte. (VI, 112 S. m. 11 Taf.) 8. Roßleben (908). W. Sauer. 1. 75

Lucke, Franz: Einführung in die Goniometrie. Zerbst 1909: Schnee. S. 1—10. 4°
Zerbst, herz. Francisceum, G, RPG, VS OP 1909 (922) [S 09. 300

Lucke, Frz. Leitfaden der Stereometrie f. den Schulunterricht. gr. 8. (IX, 204 S. m. 9 lithogr. Taf.) Lpz. 890, Teubner. * 2 80

Lucke, Frz. Über eine Zentralbewegung auf der Kugelfläche. 24 S. Progr. Cöthen 1882.

v. Lucke, Glo. Sebast., († 1762.) Olinth u. Sophronia; e. Gedicht in 3 Gesängen herausg. v. F. W. Zachariä. gr. 8. Braunschweig 767. (Schulbuchh.) 5 gr.

Lucke, Hans W., die Handlesekunst. Prakt. Lehrbuch. (181 S. m. 146 Abb.) 8. Leipzig 910. F. Casper & Co. 2.20

Lucke, Hans W., Lehrbuch der Gesichtslesekunst. (119 S. m. 122 Abb.) 8. Leipzig (910). F. Casper & Co. 2.20

— Lehrbuch der Sterndeutekunst (Horoskopie). (61 S.) 8. Dresden (907). F. Casper & Co. 2.50

Lucke, Joh. Gottlob Erdm.: Abhandlung von dem Nutzen und der Nothwendigkeit, das gemeine bürgerliche Recht in deutschen Schriften vorzutragen. Marburg (1752).

Lucke, Karl

Lucke, Carl, die deutschen Ansiedelungen in Westpreußen u. Posen. Reisebeobachtungen. Mit Anh.: Ansiedelungsgesetz vom 26. Apr. 1886 u. Rentengütergesetz vom 27. Juni 1890. gr. 8. (48 S.) Berlin 891. P. Parey. n. 1.—

Lucke, C., die berechtigten Forderungen der deutschen Landwirtschaft. gr. 8. (34 S.) Frankfurt a. M. 885, (Jaeger.) *

Lucke, C., Die berechtigten Forderungen der Deutschen Landwirthschaft. Frankfurt a. M. 1885. 8.
—. —— 2. Aufl. Ebda 1887. 8.

Die berechtigten Forderungen der deutschen Landwirtschaft von C(arl) Lucke, Oekonomierate. 3. Aufl. Berlin: (Deutsche Tageszeitung) 1909. 35 S. 8° [10. 16606

Lucke, Rob., die männlichen Geschlechtskrankheiten. (16 S.) gr. 8. Leipzig 905. Verlag der Monatsschrift f. Harnkrankh. n. — 75

— die chronische Harnverhaltung in diagnostischer u. therapeut. Beziehung, f. prakt. Aerzte dargestellt. Mit 8 Abbildgn. im Text u. e. Anh. m. 4 Abbildgn. (VI, 40 u. 12 S.) 8. Jena 903. G. Fischer. n. 1.—

Lucke, Robert: Die Verletzungen und Stricturen der männlichen Harnröhre. *Jena 1898: G. Neuenhahn.* (52 S.) 8°
Jena, Med. Diss. v. [18. Febr.] 1898

Lucke, Theod. (Magdeburg), De Partu praematuro artificiali. Diss. med. Berlin (Gust. Schade) 28. III. 1846. 29 S. mit Biogr. (M.: Heinr. Jaeger.) (3.—) 21690
Gew.: E. W. Fr. C. Zimmermann. — Oppon.: F. Anstensen, Ed. Pfeffer, Ed. Francke.

Lucke, Wilh., Beklagung e. Laien, genannt Hans Schwalb, üb. viel Mißbräuche christl. Lebens, s.: Flugschriften aus den ersten Jahren der Reformation. I, 9.

Lucke, Wilhelm, aus Gr. Alsleben: Die Entstehung der '15 Bundsgenossen' des Johann Eberlin von Günzburg. *Halle a. S. 1902: E. Karras.* (X, 100 S.) 8°
Halle, Phil. Diss. v. 1. Aug. 1902

— s.: Flugschriften aus den ersten Jahren der Reformation. III, 7. (Stifel, Mich., v. der christförmigen Lehre Luthers.)

Lucke, Wilh., s.: Metz, die scharf, wider die, die sich evangelisch nennen usw.

Lucke, Wilhelm (Hrsg.), s. Römer, Johannes.

Lucke, Wilhelm, Dr.: Die deutsche Sammlung der Klagschriften Ulrichs von Hutten. (Beiträge zur Stilistik der Reformations-Schriftsteller). Suhl 1905: A. Kaufmann. (20 S.) 4°
Suhl, k. R OP 1905 (324)

Luecke

— s. a. Lucke.

Luecke: Über die Weihnachtszeit, ihre Geschichte, Bedeutung, Sage, Sitten und Gebräuche. Nordhausen 1867.
Schul-/Univ.-Schrift

Lücke, Albert

Lücke, Alb., kriegschirurgische Aphorismen aus dem 2. schleswig-holsteinischen Kriege im J. 1864. Berlin 865. A. Hirschwald. gr. 8. (III, 150 S. mit 3 Steintaff. u. eingedr. Holzschn.) n. 1 ₰ 10 ngr.

— über die chirurgische Behandlung des Kropfes, s. Sammlung klin. Vorträge.

Luecke, A., s.: Chirurgie, deutsche.

— u. F. Wilh. Zahn, Chirurgie d. Geschwülste, s. a. Chirurgie, deutsche.

Chirurgie der Geschwülste. Bearb. v. Dr. Albert Luecke, weil. Prof. ... in Strassburg i. E. und Dr. F[riedr.] Wilh. Zahn, Prof. ... in Genf. Th. 1. *Stuttgart: F. Enke 1896.* 8.
= Chirurgie, Deutsche. Lfg 22. Hälfte 1. [96. 5161

Lücke, A., die allgemeine chirurgische Diagnostik der Geschwülste, s.: Sammlung klinischer Vorträge.

Lücke, Dr. A., Prof. in Bern, kriegschirurgische Fragen und Bemerkungen. Nach Erfahrungen aus den Reservelazarethen in Darmstadt während der Monate August bis Oktober 1870. Mit 4 Holzschn. und 1 Plan. 8. Bern, J. Dalp'sche Buchh. (K. Schmid.) 1871. 3.—

— über den angeborenen Klumpfuss, s.: Sammlung klin. Vorträge.

— die Krankheiten der Schilddrüse. Mit 13 in den Text gedr. Holzschn. u. 2 lith. (u. chromolith.) Taf. in gr. 8. u. qu. gr. 4.) [Aus: „Handbuch der allgem. u. spec. Chir."] gr. 8. (IV, 105 S.) Stuttgart 875. Enke. n. 4.—

—— dass. — s. a. Handbuch der allgemeinen und speciellen Chirurgie.

— Über den sogenannten entzündlichen Plattfuss, s. Sammlung klin. Vorträge.

Lücke, A. (Red.), s. Zeitschrift, Deutsche, f. Chirurgie.

Luecke, Albertus Georgius: De monstro quodam humano. Accedit tabula. Halis Saxonum (1854): Schmidt. 15 S., 1 Taf. 8° (4°)
Halle-Wittenberg, Med. Diss. v. 8. Apr. 1854
Geb. Magdeburg 4. 6. 1829. V.

Lücke, C. Grammaire des dialectes celtiques dans ses rapports avec la langue française. Schleswig, G. u. H. B., 1876. 21 S. 4. Progr.

Lücke, C., e. göttliches Schauspiel betrachtet nach dem Worte der Schrift an den großen Ereignissen unserer Zeit. Friedenspredigt, geh. am 18. Juni 1871. gr. 16. (24 S.) Nordhausen 871. Haacke. n. — 30

– Dass., s.a. Lücke, C.H.

Lücke, C. F., Briefmarken-Album, s.: Schaubek.

Lücke, C. F., illustr. Permanent-Album, s.: Schaubek.

Lücke, C. H., der gegenwärtige deutsche Krieg ist e. heiliger Krieg. Predigt, gehalten zum Bettage in der preußischen Landeskirche am 27. Juli 1870. Nordhausen 870. Haacke. 8. (11 S.) n.n. 2½ ngr.

—— ein göttliches Schauspiel betrachtet nach dem Worte der Schrift an den großen Ereignissen unserer Zeit. Friedenspredigt, gehalten am 18. Juni 1871. gr. 16. (24 S.) Ebendas. 871. *

– Dass., s.a. Lücke, C.

Lücke, Emil *Gustav* [aus Crimmitschau]: Das Leben der Constanze bei Trivet, Gower und Chaucer. . . . (Ersch. vollst. in: Anglia N. F. 2. XIV, 1.) Halle a. S., Druck v. E. Karras, 1891; 43 S. 8° Leipzig, Phil. Fak., Inaug.-Diss. v. [20. Febr.] 1891

Lücke, Friedr. (Gtfr. Chr.), über das Alter, den Verfasser, die ursprüngl. Form und den wahren Sinn des kirchlichen Friedensspruches: In necessariis unitas, in non necessariis libertas, in utrisque caritas! Eine litterarhistor. theolog. Studie. Nebst einem Abdr. der Paraenesis votiva pro pace ecclesiae ad theologus Augustanae confessionis. Auctore Ruperto Meldenio theologo. gr. 8. (XXII und 146 S.) Göttingen 850, Dieterichsche Buchh. *

Lücke, Friedr., zum Andenken an D. Heinr. Ludw. Planck, weil. ord. Prof. d. Theol. zu Göttingen. Eine biograph. Mittheil. gr. 8. (1¼ B.) Göttingen 831, Vandenhoeck u. Ruprecht.

Lücke, Gf. Chr. Fr., Apologia Augustanae Confessionis, latine et germanice, in usum scholarum academicarum recognovit atque insigniorem lectionum varietatem etc. 8maj. Berl. 817. Dümmler. 2 ß 16 gr

Lücke, Friedrich: Über Bearbeitungen von Shakespeares 'Cymbeline'. Doberan 1909: Rehse. 178 S. 8°
Rostock, Phil. Diss. v. 8. März 1909, Ref. Lindner
[Geb. 5. Dez. 79 Egestorf b. Hannover; Wohnort: Rostock; Staatsangeh.: Preußen; Vorbildung: Gymn. Linden-Hann. Reife O. 00; Studium: Kiel 2, Berlin 3, Greifswald 1, Rostock 4 S.; Rig. 4. März 09.] [U 09. 3759

Lücke, Gtfr. Chr. Friedr., Bericht üb. d. Gustav-Adolph-Stiftung, s. Bericht.

Lücke, Friedr., s. Briefwechsel F. L.'s m. den Brüdern Jacob u. Wilhelm Grimm.

– (Vorr.), s. Busch, Friedr.: Anleitung zur Mittheilung der Religion . . .

Lücke, Gtfr. Chr. Friedr., über die allgem. Christenpflicht d. Theilnahme am Missionswerke, u. das besond. Verhältniß d. Missionsvereine z. akadem. Wissenschaft u. Bildung. Rede, z. Eröffn. d. ersten Missionsversamml. in Göttingen, am 12. Jan. 1840 gehalt. gr. 8. (1¼ B.) Göttingen, Vandenhoeck u. Ruprecht.

— Friedr., Conjectaneorum exegiticorum part. I. Göttingen (Dieterich) 1837. 21 S. (3.—) 21786

— — Dasselbe. Part. II. De duplicis in sacra coena symboli actusque sensu ac ratione. Göttingen (Dieterich) 23. XII. 1837. 12 S. (3.—) 21787

— s. Dannemann, Conr., Wer ist der Verfasser der Offenbarung Johannis?

Lücke, G. Ch. F., de ecclesia Christianorum apostolica. Gotting. 1813. 4.

— Commentatio de ecclesia Christianorum apostolica. 4. Götting. 814. (Vandenhöck u. R.) 1 ß

—— Erinnerungen an Karl Otfr. Müller. gr. 8. (3⅛ B.) Göttingen 841, Dieterichsche Buchh. *

Lücke, G. C. F., examinatur quae speciosius nuper commendata est sententia de mutato per eventa adeoque sensim emendato Christi consilio. I — II. Gotting. 1831. 4.

—— Festrede, z. 400jähr. Jubelfeyer d. Erfindung d. Buchdruckerkunst d. 24. Juny 1840 zu Göttingen in d. großen akadem. Hörsale gehalten. gr. 8. (1 B.) Göttingen 840, Vandenhoeck u. Ruprecht.

— Grundriß d. neutestamentlichen Hermeneutik u. ihre Geschichte. gr. 8. Götting. 817. Vandenhöck u. R. 1 ß

– (Hrsg.), s. Hemsen, Johs. Tychsen: Der Apostel Paulus.

– s. Jahresbericht, 4. u. 7., des Missions-Hülfsvereins im Göttingischen.

— — De invocatione Jesu Christi in precibus Christianorum accuratius definienda. Part. I. Göttingen (A. Huthius) 1843. (3.—) 21788

—— de invocatione Jesu Christi in precibus Christianorum accuratius definienda. Part. I et II. 4maj. (4 B.) Gottingae 843. (Vandenhoeck u. Ruprecht.) à *

— über den neutestamentlichen Kanon des Eusebius von Cäsarea. gr. 8. Berl. 816. Dümmler. 8 gr

—— die wahre Kirchlichkeit der evang. Mission, s. Jahresbericht.

— — Commentar über die Schriften des Evangelisten Johannes. 1r Th. enth. die allgemeine Unters. über das Evangelium des Johannes, sammt Auslegung und Uebersetzung der 4 ersten Capitel. gr. 8. Bonn, Weber. 820.

— Commentar über d. Schriften d. Evangelisten Johannes. 1r—4r Thl. 1r Bd. gr. 8. Bonn 820—32. Weber. 9 ß 18 gr (4r Thl. 1r Bd. A. u. d. T.: Versuch e. vollständ. Einleitung in die Offenbarung Johannis ec. 2 ß 12 gr)

Lücke, (Friedr.,) Commentar üb. die Schriften d. Evangelisten Johannes. 2r u. 3r Thl. gr. 8. Bonn 824 — 25, Weber.

—— Commentar üb. d. Schriften d. Evangel. Johannes. 1. Thl. — A. u. d. T.: Commentar üb. d. Evangel. d. Johannes. 1. Thl. Allgem. Untersuchn. u. Ausleg. v. Kap. I—IV. 2., ganz umgearb. Aufl. gr. 8. (35¼ B.) Bonn 833, Weber.

—— dass. 2. Thl. — A. u. d. T.: Comment. üb. d. Evangel. d. Johannes. 2. Thl. Ausleg. v. Cap. V—XXI. 2., umgearb. Aufl. gr. 8. (46¼ B.) Bonn 834, Weber. Thlr.

—— Commentar üb. d. Schriften d. Evangelisten Johannes. 1—3. Thl. gr. 8. Bonn, Weber.

A. u. d. Ttln.:

Thl. 1., 2. Commentar üb. d. Evangel. d. Johannes. 1. u. 2. Thl. Allgem. Untersuchungen u. Auslegung v. Kap. I—XXI. 3., verb. Aufl. [1. Kap. 1—4. (42¼ B.) 840. 3 Thlr., 2. (Kap. 5—21. (...) 843. 3 Thlr. 20 Gr.] 6 Thlr. 20 Gr.

„ 3. Commentar üb. d. Briefe d. Evangelisten Johannes. 2., verb. Aufl. (26 B.) 836. 1 Thlr. 16 Gr.

4. Thl. 1. Bd. Ebendas. 1832. 2 Thlr. 12 Gr.

Lücke, Friedr., Commentar über die Schriften des Evangelisten Johannes. 3. Thl.: Einleitende Untersuchungen und Commentar über die Briefe. 3. Aufl. besorgt von Ernst Bertheau. A. u. d. T.: Commentar über die Briefe des Evangelisten Johannes. 3. Aufl. gr. 8. (XIV und 476 S.) Bonn 856, Weber.

Lücke, Fr., Vollständiger Commentar über die Schriften des Evangelisten Johannes. Bonn 819. Th. I. 8. 3 rthl. 16 gr.

– s. Luther, Martin: Streitschrift.

—— die zwiefache, innere u. äußere Mission d. evang. Kirche, ihre gleiche Nothwendigkeit u. nothwendige Verbindung. Eine Rede in der Missions-Versammlung zu Göttingen d. 13. Nov. 1842 gehalten. gr. 8. (1½ B.) Hamburg 843. (Perthes-Besser u. Mauke.) *

—— Missions-Rede, s. Jahresbericht.

—— Missionsstudien, od. Beiträge z. Missionswissenschaft. Zwei Reden, in d. Missionsvereine zu Göttingen gehalten. gr. 8. (3¾ B.) Göttingen 841, Vandenhoeck u. Ruprecht.

—— Narratio de Jo. Laur. Moshemio, Theol. Helmstad. et Gotting., Acad. Georgiae Augustae Cancellario. 4maj. (8 B.) Gottingae 837, libr. Dieterich. *

Lücke, Friedr. (Gtfr. Chr.), und C. Ullmann, über die Richtannahme des Dr. Rupp auf der berliner General-Versammlung des Gustav-Adolf-Vereins. gr. 8. (60 S.) Hamburg 847, Fr. Perthes. Thlr.

——, Dr. Gtli. Jac. Planck. Ein biograph. Versuch. Nebst e. erneuerten, hie u. da verbess. Abdruck e. biograph. Mittheil. üb. Dr. Heinr. Ludw. Planck. gr. 8. (11¼ B. u. P's. Portr. m. Facsim.) Göttingen 835, Vandenhoeck u. Ruprecht.

— Gottfr. Chr. Friedr., Quaestiones ac vindiciae didymianae sive didymi Alexandrini enarratio in epistol. cathol. latina. Part. I. Göttingen (Dieterich) 1829. 18. IV. 1829. 20 S. (3.—) 21789

– (Vorr.), s. Schenkel, Dan.: Johannes Schenkel.

– s. Schenkel, Dan.: Die Wissenschaft und die Kirche.

– s. Schleiermacher, Fr.: Sämmtl. Werke. I. Abt. 8. Bd.

[Lücke, Friedrich.] Dr. [David Friedrich] Strauss und die Zürcher Kirche. Eine Stimme aus Norddeutschland. Mit einer Vorrede von Dr. W[ilhelm] M[artin] L[eberecht] de Wette. 8. Basel. *Ausg. A.* [1839]. — *Ausg. B.* 1839.

– (Hrsg.), s. Studien, Theologische, und Kritiken.

– s. Synopsis Evangeliorum Matthaei . . .

— Synopsis evangeliorum Matthaei etc., s. de *Wette*.

— Versuch einer vollständigen Einleitung in die Offenbarung des Johannes od. allgem. Untersuchungen über die apokalypt. Litteratur überhaupt u. die Apokalypse des Johannes insbesondere. 2. verm. u. verb. Aufl. 3 Lfgn. [od. I. Lfg. u. II. Lfg. 1. u. 2. Abthl.] gr. 8. (XLIV u. 1074 S.) Bonn 848—52, Weber. (1. 1⅔ ℳ 2. 1⅙ ℳ 3. 2½ ℳ) 5⅓ ℳ

– s. Vierteljahrsschrift für Theologie und Kirche.

Lücke, Friedrich. D. W[ilhelm] M[artin] L[eberecht] de Wette ([1780–]1849). Zur freundschaftlichen Erinnerung. 8. Hamburg 1850.

——, W. M. L. de Wette. Zur freundschaftlichen Erinnerung. gr. 8. (39 S.) Hamburg 850, Fr. Perthes.

– (Hrsg.), s. Zeitschrift für gebildete Christen.

— Zeitschrift, theologische, s. Fr. Schleiermacher.

Lücke, Fritz: Saccammina sphaerica M. Sars. Kiel 1910: Jensen. 48 S. 8°

Kiel, Phil. Diss. v. 6. Juni 1910, Ref. Brandt

[Geb. 30. März 87 Vienenburg; Wohnort: Kiel; Staatsangeh.: Preußen; Vorbildung: Lyz. I Hannover Reife O. 06; Studium: Kiel 2, Hannover Techn. Hochsch. 1, Kiel 5 S.; Rig. 7. Mai 10.] [U 10. 2513

Lücke, Geo. Paul, Bergtod. Erzählungen aus den Alpen. (75 S.) 8. Leipzig 908. Modernes Verlagsbureau. 2. —

— Paria des Lebens. Roman aus dem Hochgebirge. (236 S.) 8. Straßburg 909. J. Singer. 3. 50

— Zwischen zwei Seelen u. andere Novellen. (146 S.) 8. Konstanz 910. Reuß & Itta. 2.—; geb. in Leinw. 3. —

Lücke, Gottfried Chr. Friedrich, s. Lücke, Friedrich

Lücke, H. Die Aussprache des Englischen in tabellarischer Uebersicht. 2 Teile. Konitz, G., 1890, 1891. 26, 28 S. 4. Progr.

Lücke, H., kurzgefaßtes Handbuch der Chronologie. gr. 8. (108 S.) Regensburg 862, Manz.

Lücke, Herm.: Fra Bartolommeo, s. Kunst und Künstler des Mittelalters und der Neuzeit.

—— s. Bilder-Album zur neueren Geschichte des Holzschnitts in Deutschland.

Lücke, Herm. Canova. (Dohme, Kunst und Künstler. Abth. 4, Bd. I.)

Lücke, Herm., Canova und Thorwaldsen, } **s. Kunst und Künstler der ersten Hälfte des 19. Jahrh.**

— Asmus Jakob Carstens, s. a. Kunst u. Künstler des 19. Jahrhunderts.

Lücke, Herm. Asmus Jacob Carstens. (Dohme, Kunst und Künstler. Abth. 4, Bd. I.)

Lücke, Herm., s.: **Gemälde-Galerie, die kgl., zu** Dresden.

– Giorgione, s. Kunst und Künstler des Mittelalters und der Neuzeit.

Lücke, H. Francisco Goya. (Dohme, Kunst und Künstler. Abth. 3.)

—— s. Künstler-Lexikon, allgemeines.

— Raffaels sixtin. Madonna u. d. Holbeinsche Madonna d. Bürgermeisters Meyer, s. a. Volkswohl-Schriften.

Lücke H, Raffael's sixtinische Madonna u die Holbein'sche Madonna des Bürgerneisters Meyer. (18 S) (Volkswohlschriften 23) Leipzig 1897

– Bartolomé Estéban Murillo, s. Kunst und Künstler des Mittelalters und der Neuzeit.

Luecke, Hermann, aus Wambel (Landkr. Dortmund): Über das Nitril der α-Phenyl-p-oxyzimmtsäure. *Marburg 1904: R. Friedrich.* (40 S.) 8°
Marburg, Phil. Diss. v. [21. Jan.] 1904

Lücke, Herm. Thorwaldsen. (Dohme, Kunst und Künstler. Abth. 4, Bd. I.)

Lücke, Herm., Fritz v. Uhde. hoch 4. (10 S. mit Abbild. und 2 Kupferlichtdr.) Leipzig 887, Seemann. *
Aus: Zeitschrift für bildende Kunst, besonders abgedruckt.

— Diego Velazquez; Francisco Goya, s.: Kunst u. Künstler des Mittelalters u. der Neuzeit.

Luecke, Konrad Gustav

Luecke, Conr. Gust. (Berlin), De mercurium solubilem Hahnemanni adhibendi methodo minimis in dosibus contra syphiliden. Diss. med. Berlin (A. Petsch) 3. IV. 1826. 31 S. mit Biogr. (3.—) 21785
Gew.: Carl Sig. Fr. Stein v. Altenstein. — Oppon.: E. Berndt, H. Grimm, C. Bahn.

Luecke, Martin. Der Bürgerkrieg d·VS, 1861-65, nach d neuesten officiellen Quellen bearbeitet. 3d ed. StL. 1892.

Lücke, Otto Goethe und Homer. 51 S. Progr. *Ilfeld* 1884.

[F.] Lücke, Otto [Dr., Oberl.]: Bürgers Homerübersetzung. Norden, Druck v. D. Soltau, 1891; 39 S. 4°
Norden, k. Ulrichs-G, OP 1891 (307)

Lücke, Otto, Bürger's Homerübersetzung. gr. 4. (39 S.) Berlin 891. R. Gaertner. n. 1. 50

Lücke, Otto, absolute Participia im Gotischen und ihr Verhältniss zum griechischen Original, mit besond. Berücksicht. der Skeireins. Inaugural-Dissertation. gr. 8. (58 S.) Magdeburg 876. (Göttingen, Vandenhoeck und Ruprecht's Verlag.) *

Lücke, P, Die Schachtbohrungen im schwimmenden Gebirge bei dem Schachte No. III der Grube Rheinpreußen bei Homberg a. Rh. Berlin, 1897. 7 S. mit 1 Taf.

Lücke, Paul, aus Straßburg i. E.: Ueber sublakustre Rinnsale. *München: H. Lüneburg 1903.* (17 S.) 4°
München, Phil. Diss. v. 1903

Lücke, R[udolf], cand. med. aus Hannover: Der heutige Stand der operativen Behandlung der Cholelithiasis nebst casuistischen Beiträgen. *München 1899: Kastner & Lossen.* (40 S.) 8°
München, Med. Diss. v. 1899

Lücke, Wilh., Beobachtungen über die Drainirung während eines achtmonatlichen Aufenthaltes in Großbrittanien u. Belgien. An d. Königl. Preuß. Ministerium f. Landwirthschaftl. Angelegenheiten auftragsgemäß abgestatteter Bericht. gr. 8. (IV u. 58 S. m. eingedr. Holzschn.) Berlin 852, Wiegandt & Grieben. n. 1/6 ℛ

— die Drainage [Boden-Entwässerung] des Ingenieur James Donald. Mit vielen (eingedr.) Holzschn. gr. 8. (VI u. 120 S.) Berlin 852, Plahn'sche Buchhandlung. n. 2/3 ℛ

—— Zeichnungen der wichtigsten Maschinen und Vorrichtungen zur Ausführung von Drainirungen. Beilage zu dem an das königl. preuss. Ministerium für landwirthschaftl. Angelegenheiten erstatteten Bericht. qu. Imp.-Fol. (10 Stnt.) Berlin 852, Wiegandt und Grieben. **

Lückemann, H., der Grundbau. Ein prakt. Handbuch. (XII, 192 S. m. üb. 200 Abbildgn. u. 8 Taf.) Lex.-8 Berlin 906. W. Ernst & Sohn. n. 6.—; geb. n. 7.—

Luckemey, Petrus (Breckerfelda-Marco-Westphalus)
Dissertatio inauguralis juridica, de jure cedentis post cessionem.
Giessae Okt. 1705: Joh. Reinh. Vulpius. (4), 38 S. 4°
pro ... in utroque jure honoribus et privilegiis doctoralibus rite et solenniter consequendis.

·Lücken: Über Construction der Kegelschnitte. 19 S.– Bedburg, Progr. 1864.

Lücken: Über Construction d. Kegelschnitte. Köln 1864. 19 p. 4°
Schul-/Univ.-Schrift

Lücken. Ueber die Urauswanderung des Menschengeschlechts vom westlichen Asien. Meppen, G., 1856. 23 S. Progr.

Lücken, August, Gerichts-Ref.: Die allgemeine eheliche Gütergemeinschaft nach dem Gesetze vom 16. April 1860 und nach dem Bürgerlichen Gesetzbuche. Eine vergleichende Studie. *(Göttingen 1899: Dieterich.* (II, 36 S.) 8°
Göttingen, Jur. Diss. v. [6. März] 1899

Lücken, Aug., die allgem. eheliche Gütergemeinschaft nach d. Gesetze v. 16. IV. 1860 u. nach d. bürgerl. Gesetzbuche. Eine vergleich. Studie. Diss. gr. 8. (II, 36 S.) Göttingen 899. (Vandenhoeck & Ruprecht.) n. 1. 20

v. Lücken, E., siehe: Lehre, die, der Apostel Jesu Christi.

Lücken, Edmund [aus Darmstadt]: Zur Syntax Montchrestiens ... Darmstadt, *Druck v. H. Böes in Amberg,* 1894; 68 S., 2 Bl. 8.
Giessen, Phil. Fak., Inaug.-Diss. v. 1894

Lücken, Franz [aus Dortmund]: Über die Verwendung der Gypshanfschiene im Dienste der Orthopädie.... Würzburg, Paul Scheiner's Buchdr., 1889; 28 S. u. 2 Taf. 8°
Würzburg, Med. Fak., Inaug.-Diss. v. 1889

[Luecken, Franciscus Augustus]: * De methodo sectiones conicas construendi synthetica. 38 S. 4° (2°)
Halle-Wittenberg, Phil. Diss. v. 26. März 1852
Geb. [Paderborn 25. 2. 1829]
Vom Verf. ersch. deutsch: Ueber Construction der Kegelschnitte. Köln 1864: Bachem. 19 S., 4 Taf. 4° Bedburg, Ritterakad., Progr.

Lücken, Leop. v., die Lehre der Apostel Jesu Christi, s. Lehre.

Lücken, Wilhelm, aus Altena i. W.: Die Niederschlagsverhältnisse der Provinz Westfalen und ihrer Umgebung. Mit 1 Niederschlagskarte sowie 27 Tab. u. 2 Diagrammen. *Münster i. W. 1903: Regensberg.* (33, 4 S.) 8° ¶ (Erscheint vollst. mit d. Karte in: Jahresbericht d. Westf. Prov.-Vereins f. Wissenschaft u. Kunst.)
Münster, Phil. Diss. v. (12. Aug.) 1903

Lücken, Wilh., die Niederschlagsverhältnisse der Provinz Westfalen u. ihrer Umgebung. Mit e. Niederschlagskarte im Masstabe 1 : 500,000, sowie 27 Tab. u. 2 Diagr. (128 S.) gr. 8. Münster 903. Regensberg. n. 1. 60
Sonderabdruck aus: „Jahresbericht 1903 des westfäl. Prov.-Vereins f. Kunst u. Wissensch."

LUCKENBACH, GUSTAV. Beitrag zur Kenntniss der Imidoaether und Amidine. (Freiburg im Breisgau) Freiburg in Baden, 1884.

Luckenbach, Hermann

Luckenbach, H., Abbildungen zur alten Geschichte f. die oberen Klassen höherer Lehranstalten. hoch 4. (64 S. m. eingedr. Text.) München 898. R. Oldenbourg. n. 1. 80

Luckenbach, H., Abbildungen zur alten Geschichte f. d. oberen Klassen höh. Lehranst. 2. Aufl., m. Unterstützung des grossh. bad. Oberschulrats hrsg. hoch 4. (64 S.) München 898. R. Oldenbourg. n. 1. —; kart. n. 1. 35

Luckenbach, H., Abbildungen zur alten Geschichte f. die oberen Klassen höh. Lehranstalten. Mit Unterstützg. des grossh. bad. Oberschulrats hrsg. 3. verm. Aufl. hoch 4. (72 S.) München 900. R. Oldenbourg. n. 1. 20; kart. n. 1. 50

Luckenbach, Hermann [Prof. Dr.]: Die Akropolis von Athen. München, Druck v. R. Oldenbourg, 1896; 1 Bl., 38 S., 1 Bl. 4.
Karlsruhe, grossh. G, P 1896 (619)

Luckenbach, H., die Akropolis von Athen. 2. vollständig umgearb. Aufl. (VI, 53 S. m. 83 Abbildgn.) Lex.-8. München 905. R. Oldenbourg. n. 2. 50

— archäologische anschauungsmittel im gymnasialunterricht. vortrag, geh. auf d. 43. versammlung deutscher philologen u. schulmänner in Köln in der sitzg. f. gymnasialarchäologie am 25. septbr. 1895. [Aus: „Neue Jahrbb. f. Philol. u. Pädagog."] gr. 8. (14 S.) Leipzig 896. B. G. Teubner. n. — 40

Luckenbach, H[ermann], Direktor Dr.: Archäologische Ergänzungen. München 1907: R. Oldenbourg. (15 S.) 4°
Donaueschingen, großh. G P 1907 (762)

— d. Forum Romanum d. Kaiserzeit, s.: Levy, L.

Luckenbach, H(ermann): Schmiedeeiserne Grabkreuze im Badischen Lande. Heidelberg 1909: Geisendörfer. 22 S. 4°
Heidelberg, großh. G P 1909 (825) [S 09. 301

— Kunst u. Geschichte. Mit Unterstützg. des grossh. bad. Ministeriums der Justiz, des Kultus u. Unterrichts u. des grossh. bad. Oberschulrats hrsg. 1. Tl. Abbildungen zur alten Geschichte. 4. verm. Aufl. gr. 4. (82 S.) Ebd. 902. n. 1. 40

— Kunst u. Geschichte. Mit Unterstützg. des grossh. bad. Ministeriums der Justiz, des Kultus u. Unterrichts u. des grossh. bad. Oberschulrats hrsg. 3 Tle. Lex.-8. Ebd. n. 4. —; kart. n.n. 4. 90
1. Abbildungen zur alten Geschichte. 6. verm. Aufl. (112 S.) 906. n. 1. 60; kart. n.n. 1. 90
2. Abbildungen zur deutschen Geschichte. 1. u. 2. Aufl. (à 96 S.) 903. 906. n. 1. 50; kart. n. 1. 80
3. Die deutsche Kunst des XIX. Jahrh. (56 S. m. Abbildgn.) 905. n. — 90; kart. n. 1. 20

Kunst und Geschichte ... hrsg. von Dr. H[ermann] Luckenbach. 7. verm. Aufl. T. 1. München & Berlin: Oldenbourg 1908. 4°
[10. 2306 II

Luckenbach, H., Kunst u. Geschichte. Mit Unterstützg. des grossh. bad. Ministeriums der Justiz, des Kultus u. Unterrichts u. des grossh. bad. Oberschulrats hrsg. 1. u. 2. Tl. Lex. 8. München, R. Oldenbourg. Geb. 3. 80
1. Altertum. 8. verm. Aufl. (125 S. m. 4 farb. Taf. u. 308 Abb.) 910. Geb. 2. —
2. Abbildungen zur deutschen Geschichte. 3. Aufl. (96 S.) 909. 1.50; kart. 1. 80

— dasselbe. Kleine Ausg. (160 S. m. 349 Abbildgn. u. 8 farb. Taf.) Lex. 8. Ebd. 910. Geb. 2. 60

Luckenbach, H(ermann), (Prof.) Dr.: Antike Kunstwerke im klassischen Unterricht. *München 1901: R. Oldenbourg.* (52 S.) 4°
Karlsruhe, grossh. G, MP 1901 (666)

— Olympia u. Delphi. (64 S. m. Abbildgn.) Lex.-8. Ebd. 904. n. 2. 50

— dasselbe, s.: Bezirk, der hl. v. Delphi. — Olympia.

Luckenbach, Hermannus [Rhenanus]: De ordine rerum a pugna apud Aegospotamos commissa usque ad triginta viros institutos gestarum. Argentorati apud Carolum I. Truebner, 1878. 8. 46 S. u. 1 Tabelle.

Luckenbach, Hermann: Die Propyläen von Athen. *Karlsruhe 1902: F. Gutsch.* (S. 53—54.) 4°
Karlsruhe, großh. G, Festschr. 1902 (681)**

Luckenbach, H., das Verhältniss der griechischen Vasenbilder zu den Gedichten des epischen Kyklos. gr. 8. (148 S.) Leipzig 880, Teubner. *
Aus: Jahrbücher für classische Philologie, besonders abgedruckt.

Lückenbach, Anton Canticum chori Aiacis sophocleae vers. 595—645 enarravit A. L. 22 S. **Progr.** *Montabaur* 1883.

Lückenbach, Antonius [Rhenanus]: De Germaniae quae vocatur Taciteae fontibus ... Marpurgi Catt., typ. F. Soemmering, 1891; 69 S. 8.
Marburg, Phil. Fak., Inaug.-Diss. v. [16. Sept.] 1891

Lückenbach, Ant. De Germaniae quae vocatur Taciteae fontibus. Diss. gr. 8. (69 S.) Marpurgi Catt. 891. (Lpz., Fock.) * 1 20

Luckenbacher, Franz, die Schule der Mechanik, s.: Feierstunden, malerische.

Luckenbacher F, die Schule der Mechanik und die Maschinenkunde. 1. und 2. Auflage bearbeitet von F Kohl. Leipzig 1857. 65

Luckenbacher, Fr., und **Friedr. Kohl**, neue Schule der Mechanik und Maschinenkunde. Für weiterstrebende Fachgenossen, insbesondere zum Selbststudium für angehende Techniker. Mit Rücksicht auf den Schulgebrauch in 3. gänzlich umgestalteter Aufl. bearb. und auf den Standpunkt des Neuesten gebracht von Th. Schwartze. gr. 8. (VII, 414 S. mit 450 in den Text gedr. Abbild., Tab. rc.) Leipzig 880, Spamer. *
geb. *

Lückenbüßer, der, oder Samml. alles Witzigen, Sonderbaren rc., s.: Compend. Bibliothek.

Lückenbüßer; vom Verf. der Fündlinge, (v. K. H. Seyfried). 2 Thle. 8. Dresd. ... 2e A. 807. Arnold. 2 ß

Lückenhof, E. Von der Ausmessung des Kreises. 36 S. Münster, Progr. 1836

Lückenhof, E. Über Kurzsichtigkeit und Weitsichtigkeit und den Gebrauch der Brillen. 30 S. Figt.
Münster, Progr. 1847

Lückenhof, J. E., Anfangsgründe d. Buchstabenrechnung u. Algebra. 8. Münst. 827. Theyßing. 10 gr

Lückenhof, J. E., Anfangsgründe der Buchstabenrechnung u. Algebra. 2. verb. u. verm. Aufl. 8. Münster 843, Theissing. 5/12 ß

Lückenhof, J. E., Anfangsgründe der Buchstabenrechnung und Algebra. 3., verb. und verm. Aufl. 8. (260 S.) Münster 851, Theissingsche Buchh.

Lückenhof, J. C., Anfangsgründe d. Geometrie. 2 Thle. 8. Münster, Theissing.
Thl. 1. Die Planimetrie u. ebene Trigonometrie. (18½ B. u. 6 Figurentaf. 4.) 830. 14 Gr.
„ 2. Die Stereometrie, sphär. Trigonometrie u. Kegelschnitte. (8½ B. u. 4 Figurentaf. gr. 4.) 834. 10 Gr.

—— Anfangsgründe der Geometrie. 1. Thl.: enth. die ebene Geometrie und ebene Trigonometrie. 2., verb. und verm. Aufl. 8. (IV und 228 S. mit 6 Stnt. in qu. 4.) Münster 849, Theissingsche Buchh.

Lückenhof, J. C., Anfangsgründe der Geometrie. 2. Thl., enthaltend die Stereometrie, sphärische Trigonometrie und Kegelschnitte. 2., verb. und verm. Aufl. 8. (162 S. mit 4 lithogr. Figurentaf. in qu. 4.) Münster 857, Theissing'sche Buchh.
1. Thl. 2. Aufl. Ebendas. 1849. * 17⅓ Ngr.

—— Lehrbuch d. mathemat. Geographie f. Gymnasien. M. 5 Stnt. (gr. 4.) 8. (15 B.) Münster 833, Theissing.

Lückenhof, J. C., mathemat. Vorübungen. 1. Abthl. Die Zahlenrechnung. 8. (11 B.) Münster 839, Coppenrathsche Bh.

—— mathematische Vorübungen. 2. Abthl.: Die Geometrie. gr. 8. (6¾ B. u. 2 Taf.) Münster 846, Coppenrath'sche Buchh.
1. Abthl. Ebendas. 1839. 10 Ngr.

Lückenhoff, J. C., s. Lückenhof

Luckenwalde [Schlagwort]

Luckenwalde, s.: Deutschland. Karte (Abt. Preussen).

Luckenwalde, s.: Preussen. Messtischblätter.

Lücker, A., Tabellen zur Berechnung der Zins-Coupons in Mark in den Werthbeträgen von 1—1000 Stück, einschliesslich der in Gold zahlbaren Coupons der ehemal. Hannover'schen Anleihen. qu. Fol. (4 S. auf Carton.) Düsseldorf 875. Deiters. n. 1. —

Lücker, Carl, s. Lücker, Karl

Lücker, Eduard

Lücker, *Friedrich* Eduard [aus Köln a. Rh.]: Beiträge zur Kenntniss der Chemie des Guajakharzes ... Jena, Frommannsche Buchdr., 1892; 46 S., 1 Bl. 8.
Rostock, Phil. Fak., Inaug.-Diss. v. [16. Nov.] 1891

Lücker, Eduard, pharmacognostische Tabellen. (III, 56 S.) gr. 8. Weida 903. Thomas. n. 1.20

Lücker, Franz [aus Preuss.-Oldendorf. — Arzt zu Werther i. Westf.]: Ueber einen Fall von Pachymeningitis spinalis externa tuberculosa bei Caries der Rippe und der Wirbelknochen .... Marburg, Druck v. Joh. Hamel, 1888; 31 + 1 S. + 1 Bl. u. 1 Taf. 8°
Marburg, Med. Fak., Inaug.-Diss. v. [2. Febr.] 1888

Lücker, Franz, über einen Fall von Pachymeningitis spinalis externa tuberculosa bei Caries der Rippe und der Winkelknochen. Diss. Marburg 1888, N. G. Elwertsche Univ.-Buchh. 8°. 31 S. mit einer Taf.

Lücker, Gustav (geb. am 21 Febr. 1842 in Mülheim a. d. Ruhr): Über den Herpes Zoster ... Bonn, gedr. bei J. F. Carthaus 1867. 23 S., 1 Bl. 8.
Bonn, Med. Fak., Diss. v. [14 Aug.] 1867

Lücker, Heinr., die Entwicklung u. die Probleme des Gemeindeabgabenwesens in den Städten u. großen Landgemeinden der preuß. Industriebezirke, s. a. Schriften des Vereins f. Sozialpolitik. 127. III.

Die Entwicklung und die Probleme des Gemeindeabgabenwesens in den Städten und großen Landgemeinden der preußischen Industriebezirke. Von Dr. Heinrich Lücker. Leipzig: Duncker & Humblot 1910. VIII, 44 S. 8°
(Gemeindefinanzen. Bd 2, T. 3.)
(Schriften d. Vereins f. Socialpolitik. Bd 127, T. 3.) [10. 7438

— Die Gemeindebetriebe in den Städten, Kreisen u. Landgemeinden des oberschlesischen Industriebezirks, s. a. Schriften des Vereins f. Sozialpolitik. 129. X.

Die Gemeindebetriebe in den Städten, Kreisen und Landgemeinden des oberschlesischen Industriebezirks. Von Dr. Heinrich Lücker. Hrsg. von Carl Johannes Fuchs. Mit 1 Kt. Leipzig: Duncker & Humblot 1910. VI, 82 S. 8°
(Gemeindebetriebe. Bd 2, T. 10.)
(Schriften d. Vereins f. Socialpolitik. Bd 129, T. 10.) [10. 3280

Die Bürgermeisterei Poppelsdorf im Jahre 1904. Bericht über d. Stand u. d. Verwaltung d. Gemeindeangelegenheiten z. Zeit d. Auflösung d. Bürgermeisterei unter Berücks. ihrer Entwicklung in preuß. Zeit. Im Auftr. d. Bürgermeistereirates erstattet von Heinrich Lücker, 1. Beigeordn. Bonn 1904: J. F. Carthaus. (128 S.) 4° [F.] [05. 1779

Stammliste der Reserveoffiziere des 5. Rheinischen Infanterie-Regiments Nr 65 1866–1910. Abgeschl. am 1. Juli 1910. Bearb. von [Heinr.] Lücker, Oberlt. d. Res. Beuthen, O.-S.: Selbstverl. 1910. 77 S. 8° [11. 4795 B

Lücker, J. J., Rechen-Tabellen z. Darstellung d. Zinsen v. 1 Silbergroschen bis 10,000 Thlr., zu ¼, ⅓, ½, ¾, 1 bis 6 v. Hundert, f. jeden Zeitabschnitt e. Jahres; nebst e. Reductions-Tab. d. Thaler-Theile in sächs. Gutegroschen u. Pfennige, franz. Centimen, holl. Cens u. frankf. Kreuzer. 4. Düsseldorf 836, Stahl.

Lücker, (Franc. Ludov.) Julius (geb. Werther in Westf. 21. 2. 1817): De apoplexia sanguinea. Berolini (1841). (28 S.) 8°
Berlin, Med. Diss. v. 13. Sept. 1841

Lücker, Karl

Lücker, Carl *Peter* [aus Köln a. Rh.]: a. Über einige Derivate des Phenylindazols. b. Zur Kenntnis der o-m-Benzidindicarbonsäure ... Erlangen, k. b. Hofbuchdr. v. A. Vollrath, 1894; 47 S. 8.
Erlangen, Phil. Fak., Inaug.-Diss. v. 1894

Lücker, Paul (geb. Preuss.-Oldendorf in Westf. 17. 10. 1847): Ueber die unvollkommene Fussgeburt. Berlin (1870). (32 S.) 8°
Berlin, Med. Diss. v. 30. Apr. 1870

Lückerath, Max [aus M.-Gladbach]: Aus d. kgl. Universitätspoliklinik in München. '(Herr Prof. Dr. Moritz.)' Ueber Facialislähmung ... Bonn, Univ.-Buchdr. v. C. Georgi, 1895; 67 S. 8.
Bonn, Med. Fak, Inaug.-Diss. v [1. Aug.] 1895

Lückerath, Wilh. [Rekt.]: Die Herren von Heinsberg. 2. Fortsetzung. (Forts. d. P-Beil. 1888. 89; Schluss folgt.) Heinsberg, Druck v. W. Joppen (1890); S. 3—14; 4°
Heinsberg, h. Stadt-S, OP 1890

Lückerath, Wilh. [rect.]: Die Herren von Heinsberg. (Schluss d. P-Beil. 1888—90.) *Heinsberg, Druck v. W. Joppen, 1891;* S. 3—17; 4°
Heinsberg, h. Stadt-S, OP 1891 **

Lückerath, Wilhelm [Rekt.]: Die Höhere Stadtschule zu Heinsberg. (1843—1893.) ... E. Erinnerungsblatt, den ehemaligen Schülern d. Anstalt gewidm. Heinsberg, Druck v. P. W. Joppen, *1893;* 1 Bl., II S., 1 Bl., 64 S. 8.
Heinsberg, h. Stadt-S, Festschr. 1893**

Lückes, Eva C. E.: Die Krankenschwester und ihre Pflichten. [Hospital sisters and their duties; 1886.] Autor. Übers. [nach d. 3., engl. Aufl. 1893] v. Asta Herbers. — Berlin-Leipzig: Hillger [1906]. 152 S. 8°

The professional training of secondary teachers in the United States. By G[eorge] W[ashington] A[ndrew] **Luckey,** Prof., Univ. of Nebraska. New York: The Macmillan Co.; Berlin: Mayer & Müller 1903. (391 S.) 8° = **Columbia University contributions** to philosophy, psychology and education. Vol. 12, No 1–4. [07. 1310]

[F.] **Luckfiel,** Ernst *Emil* [aus Brandenburg]: Der Sozinianismus und seine Entwickelung in Grosspolen ... (Aus: Zeitschr. d. Histor. Ges. f. d. Prov. Posen, Jg. VII Heft 2/3.) Halle a. S., *Druck v. E. Schmädicke in Posen,* 1892; 2 Bl., 73 S., 1 Bl. 8.
Halle, Phil. Fak., Inaug.-Diss. v. [25. Okt.] 1892

Luckhard, Karl, Hülfsarbeiter f. d. Büreaudienst bei d. Postämtern. 2 Tle. 4. Aufl. gr. 8. Leipzig, F. Luckhardt. à n. 1. 50; geb. in Leinw. à n. 2. — (kplt. geb. in Leinw. n. 4. —)
1. E. Sammlg. v. Mustern zu Berichten, Schreiben, Verhandlgn. &c., wie solche in Personal-Angelegenheiten bei d. Postämtern vorkommen. (VIII, 88 S.) 897.
2. E. Sammlg. v. Mustern zu Berichten, Schreiben u. Verhandlungen d. Postdienstbetriebes bei d. Postämtern. (VIII u. S. 89–216.) 898.

Luckhardt, Albert E., aus Chicago, U.S.A.: Über **Variabilität** und Bedingungen der Farbstoffbildung bei Spaltpilzen. *Freiburg i. B. 1901: Ch. Lehmann's Nachf.* (55 S.) 8°
Freiburg i. B., Med. Diss. v. 1901

Luckhardt, Frdr.

— der deutsche Buchhandel an der Jahrhundertwende. gr. 8. (31 S.) Ebd. n. — 50

Der deutsche Buchhandel an der Jahrhundertwende. Von Friedrich **Luckhardt.** 2. verm. Aufl. *Berlin & Leipzig: F. Luckhardt 1901.* (VII, 36 S.) 8° [F.] [01. 4628 7]

Luckhardt, Frdr., Juden u. Christen. Skizzen aus d. modernen Geschäftsleben. 1. Hft. gr. 8. Leipzig 895. F. Luckhardt, Sep.-Cto. n. 1. —
Fürst Bismarck u. d. „Berliner Bewegg.". — Moderne Ehemänner. (VIII, 87 S.)

Luckhardt, Frdr., wie es im Buchhandel aussieht? Skizzen aus dem modernen Geschäftsleben. 2. Hft. Erinnerungen e. alten Buchhändlers. gr. 8. (58 S.) Ebd. 899. — 60

— dasselbe. 2., durch ein Vorwort verm. u. veränd. Aufl. gr. 8. (VI, 56 S.) Ebd. (899). n. — 60

Luckhardt, Heinr. Aug. Friedr. Wilh. Alex. (Gotha), De ictero. Diss. med. Halle (Schmidt) 22. V. 1852. 21 S. mit Biogr. (M.: Luise Gnüge.) (3.—) 21691
Gew.: Chr. Fr. Gnüge. — Oppon.: C. Reinsdorf, O. Beeck.

[Lithogr.] Der Hessen Gruss den treuen Bundesbrüdern im Welfenlande am Tage der Einweihungsfeier d.·. g.·. u.·. v.·. St.·. Joh.·. Loge zur königlichen Eiche in Hameln den 30. Mai 1863 dargebracht vom Br. J[oh.] Georg **Luckhardt.** [Cassel 1863.] 4 Bl. 8° [Umschlagtit.]
Abgedr. in: FZ. 17 (1863) S. 186—187.
Tt. 2108. Gedicht: „Am Fulda-Ufer stand ich dort . . ."

Historische Uebersicht der in Kurhessen früher bestandenen St. Joh.-Freimaurerlogen. [Zsgest. von Joh. Georg **Luckhardt.**] Kassel [1858]: Döll & Schäffer. 1 Bl. 36×47,5 cm [Kopftit.]
Abgedr. in: FZ. 12 (1858) S. 188—190.
Tt. 392.

Luckhardt's zeitgeschichtliche Bibliothek. I—V. gr. 8. Leipzig 903. F. Luckhardt. n. 11. 50
I. Deutschland u. Frankreich. Politische u. militär. Betrachtg. am Anf. des 20. Jahrh. Von K. H. v. Mann-Tiechler. (VII, 125 S.) n. 2. —
II. Das verwelschte Deutschtum jenseits der Westmarken des Reiches (der französischen Niederlande, des französisch gebliebenen Lothringens u. elsässischen Sundgaues, der Freigrafsch. Hochburgund, sowie der Westschweiz). Antwort auf das französ. Rachegeschrei. Von Kurd v. Strantz. 2. ergänzte Aufl. (XV, 76 S.) n. 1. 50
III. Alldeutsche Stammes-Kunde nach Mundarten u. Geschichten m. genauen Grenzen aller Stämme. Von Herm. v. Pfister-Schwaighusen. (III, XVI, 128 S.) n. 4. —
IV. Die Wahrheit üb. Ungarn. Politische u. gesellschaftl. Skizzen aus der neuen u. neuesten Geschichte Ungarns. Von Bresnitz v. Sydacoff. 2. Aufl. (VII, 122 S.) n. 3. —
V. Nochmals Deutsch od. Polnisch? Eine Volksstimme aus der Ostmark. Mahnruf an alle, welche deutsch bleiben wollen. (III, 46 S.) n. 1. —

[F.] **Luckhaus,** Alfred [Referendar, Remscheid]: (Die unbestellte Waare.) ... Mülheim a. d. Ruhr, Druck v. J. Bagel, 1896; 51 S., 1 Bl. 8.
Erlangen, Jur. Fak., Inaug.-Diss. v. Juni 1896

Für immer beim Herrn! Leben u. Sterben des selig vollendeten Pastors Ernst **Lückhoff,** weil. Pfarrer d. ev. Gem. Ottendorf i. Schl. Abschiedsgruss an seine Gemeinde und Freunde. (Hrsg.: Frau Pastor Gertrud Lückhoff.) Berlin: L. Froben 1899. (27 S.) 8°

Zu Jesu! Gastpredigt geh. am . . . 7. Nov. 1897 in d. reform. Kirche zu Elberfeld von Ernst **Lückhoff,** Pastor zu Ottendorf in Schles. Berlin: L. Frobeen (1897). (14 S.) 8°

Lückhoff, Ernst, Zu Jesu! Gastpredigt, geh. am Sonntag den 7. XI. 1897 in der reformirten Kirche zu Elberfeld. gr. 8. (14 S.) Berlin 899. L. Frobeen. — 30

Lückhoff, L., die Buren-Generale Botha, de Wet, de la Rey in der deutschen Reichshauptstadt. Denkschrift auf Grund stenograph. Aufnahmen über die Berliner Festtage vom 16. bis 18. X. 1902. Im Namen des vereinigten Gesammt-Ausschusses hrsg. gr. 8. (VIII, 88 S. m. 4 Vollbildern.) Berlin (902). J. Harrwitz Nachf. n. — 50; Geschenkausg., geb. in Leinw. n. 2. —

Lückhoff, Walth., über die Entstehung der Instrumente m. durchschlagenden Zungenstimmen u. die ersten Anfänge des Harmonium-Baues. gr. 4. (15 S. m. Abbildgn.) Leipzig (901). P. de Wit. — 75

Lüdhoff, Walt., s. a. Harmonium, das.

— das Harmonium der Zukunft. Eine Erklärg. des Wesens u. der künstler. Bedeutg. des modernen Harmoniums. gr. 8. (32 S.) Berlin 901. Dr. E. Euting. 1. —

Lucking, Hubert L(eslie), a. London: Ein Beitrag zur Kenntnis der Hydrazinate. Heidelberg 1910: Rößler & Herbert. 38 S. 8°
Heidelberg, Naturw.-math. Diss. v. 18. Jan. 1910, Ref. Curtius
[Geb. 16. April 87 New-Barnet, Engl.; Wohnort: Heidelberg; Staatsangeh.: Großbritannien; Vorbildung: Public School Aldenham Reife Juli 04; Studium: Genf 2, Heidelberg 8 S.; Rig. 20. Dez. 09.] [U 10. 2201

Lücking, G.: Analyse der französischen Verbalformen für den Zweck des Unterrichts. 48 S. 4° – Berlin Luisenst. Gw. 1871.

Lücking, G. Der consonantische Auslaut des Französischen nach Th. Beza. Berlin, Luisenstädt. G. S., 1874. 8 S. 4. Progr.

Lücking, Gust., französische Grammatik für den Schulgebrauch. gr. 8. (X, 286 S.) Berlin 883, Weidmann'sche Buchh. *

Lücking, Gust. Französische Grammatik f. den Schulgebrauch. 2. verb. Aufl. gr. 8. (XII, 308 S.) Berl. 889, Weidmann. geb. * 3 —

Lücking, Gust., französische Grammatik f. den Schulgebrauch. 3., verb. Aufl. (X, 362 S.) 8. Berlin 907. Weidmann. Geb. 4. —

Lücking, Gust., die ältesten französischen Mundarten. Eine sprachgeschichtl. Untersuchung. gr. 8. (VI, 266 S.) Berlin 877. Weidmann. n. 7. —

Lücking, Gustav, Prof. Dr., Dir.: **Schiller als Herausgeber der Memoirensammlung.** 1. *Berlin: R. Gaertner 1901.* (37 S.) 4°
Berlin, Dritte R (HB), OP 1901 (119)

Lücking, Gustav, Prof. Dr., Dir.: **Schiller als Herausgeber der Memoirensammlung.** 2 (Capilupi). *Berlin: R. Gaertner 1902.* (30 S.) 4° ¶ [Forts. d. P-Beil. 1901.]
Berlin, Dritte R (HB), OP 1902 (125)

Lücking, Gust., Schiller als Herausgeber der Memoirensammlung. I u. II. Progr. 4. Berlin [R. Gaertner]. Weidmann. à n. 1. —
I. (37 S.) 901. — II. (Capilupi.) (30 S.) 902.

—— französische Schulgrammatik. gr. 8. (XI, 480 S.) Ebendas. 880. *

Lücking, Gust., die französischen Verbalformen f. den Zweck d. Unterrichts beschrieben. gr. 8. (VIII, 40 S.) Berlin 875. Weber. n. — 80

Lucklus, Phil. Wilh. (Erbach), Diss. hist. de Ottone Magno Italiae rege ac Romanorum imperatore. Praes. Christ. Wilh. Franc. Walch. Jena (J. Chr. Croeker) 17. XII. 1746. 52, 2 S. (5.—) 21692
Widm. v.: Chr. Wilh. Fr. Walch.

Luckmann, Maria, Poesien. 8. (64 S.) Laibach 899. (I. v. Kleinmayr & F. Bamberg.) Geb. n. 1. —

Luckner, Nikolaus, aus Cham, Marschall von Frankreich. Eine Lebensskizze . . . Regensburg 1894. V: *Will*, *C.* (KA)

Luckner. – Nicolaus von Luckner und seine Husaren.

Luckner und seine Husaren. Ein Blatt aus der Geschichte des Krieges im nordwestl. Deutschland in den J. 1757 bis 1763. gr. 8. (37 S.) Verden 863, Tressau.

(Nicolaus v.) Luckner und seine Husaren. Ein Blatt aus d. Geschichte d. Krieges im nordwestl. Deutschland in d. Jahren 1757 bis 1763. Halle a. S. 1908: O. Thiele. (34 S.) 8° [F.] [08. 12510 3

Luckner, Adam

Luckner, A., Wie ist der überhandnehmenden Armuth im Herzogthum Holstein gründlich abzuhelfen? Hamburg. 1831. P.

Luckner, F., Glückswechsel, s. a. Nieritz' Jugendbibliothek.

Luckner, Fr., Glückswechsel. Eine Erzählung für die Jugend. 8. (87 S.) Leipzig 860, Voigt und Günther.
Aus: Jugend-Bibliothek von Gust. Nieritz, besonders abgedruckt.

Luckner, Fr., Glückswechsel. Eine Erzählung für die Jugend. Neue (Titel-)Ausg. 8. (87 S. mit 1 Chromolithogr.) Düsseldorf 884, F. Bagel. cart.
Aus: Nieritz' Gust., Jugend-Bibliothek, besonders abgedruckt.

Luckner, Mathilde Gräfin, Ich und Nicht-Ich. 8. (306 S.) Leipzig 886, Peterson. *

Lucko, Herm., e. Jahr im Centrum der deutsch-socialen Partei. Ein offenes Wort. gr. 8. (28 S.) Leipzig 892. (Berlin, M. Hoffschläger.) — 30

Luckow, C.: Ueber Sprengpulver und Sprengpulver-Surrogate. Deutz 1869.

Luckow, C., üb. Sprengpulver u. Sprengpulver-Surrogate, m. besond. Berücksicht. e. neuen, v. der Firma: Gebr. Krebs & Comp. in Deutz bei Cöln unter dem Namen: Verbesserter Lithofracteur in den Handel gebrachten Sprengmaterials. 2. vervollständ. Abdr. gr. 8. (III, 51 S.) Deutz 871. (Ferber.) n. — 50

Luckow, Emil *Wilhelm* [pr. Arzt]: **Bedeutung der gymnastischen und medico-mechanischen Übungen für die Behandlung chirurgischer Krankheitsfälle . . . Greifswald, Druck v. F. W. Kunike,** 1897; 28 S. 8.
Greifswald, Med. Fak., Inaug.-Diss. v. 10. März 1897

Luckow, Emil

Luckow, E., praktisches Hilfsbuch f. den Unterricht in den Leibesübungen an Volks- u. höheren Mädchenschulen. (Turnen, Spielen, Schwimmen, Wandern.) Systematisch zusammengestellt u. nach Klassen geordnet. Mit 150 Abbildgn. v. P. Kuhfuß. (XII, 361 S.) 8. Berlin 909. Weidmann. Geb. 6. —

Luckow, E., Lehrstoff für den Turnunterricht an Knaben-Volks- u. Mittelschulen, stufenmäßig zusammengestellt u. nach Klassen geordnet, mit 104 Abbildgn. u. 3 Anh. (82 S.) 8. Berlin 904. H. Muskalla. Kart. n. 2. 50

Luckow, Ernst, Oberarzt b. Kadettenhaus in Ploen: Aus dem pathologischen Institut zu Kiel. Zur Lehre von der Hydronephrose im Kindesalter. Kiel 1907: Schmidt & Klaunig. (26 S.) 8°
Kiel, Med. Fak., Ref. Heller, Diss. v. 27. Juni 1907
[Geb. 29. Sept. 78 Carthaus i. Westpr.; Wohnort: Ploen i. Holstein; Staatsangeh.: Preußen; Vorbildung: Kgl. Gymn. Neustadt Westpr. Reife O. 98; Studium: Berlin Univ. 2, K. W. A. 8 S.; Coll. 25. Mai 07; Approb. 7. Juni 04.]

Luckow, Hermann

Luckow, H., illustr. Lehrstoff f. den Zeichenunterricht nach dem Grundlehrplan der Berliner Gemeindeschulen, nebst e. v. der kgl. Kunstschule in Berlin getroffenen Auswahl v. Lehrmitteln f. den Zeichenunterricht. Mit 12 ein- u. mehrfarb. Taf., enth. 334 Abbildgn. f. das Freihand- u. Linearzeichnen. (16 S.) Lex.-8. Stuttgart (905). Union. n. 1.—

Luckow, H., illustrierter Lehrstoff f. den Zeichenunterricht nach dem Grundlehrplan der Berliner Gemeindeschulen, nebst e. v. der kgl. Kunstschule in Berlin getroffenen Auswahl v. Lehrmitteln f. den Zeichenunterricht. 2., durchgeseh. Aufl. Mit 12 ein- u. mehrfarb. Taf., enth. 334 Abbildgn. f. das Freihand- u. Linearzeichnen. (15 S.) Lex. 8. Stuttgart (907). Union. 1.—

— dasselbe f. den Zeichenunterricht in Volksschulen. Nach den neuesten ministeriellen Bestimmgn. Nebst e. v. der kgl. Kunstschule in Berlin getroffenen Auswahl v. Lehrmitteln f. den Zeichenunterricht. 3., durchgeseh. u. verm. Aufl. Mit 13 ein- u. mehrfarb. Taf., enth. 330 Abbildgn. sowie 26 Textillustr. f. das Freihand- u. Linearzeichnen. (31 S.) gr. 8. Ebd. (908). 1.50

Luckow, Max, meine erste Liebe u. andere Skizzen aus der Grossstadt. 8. (192 S.) Berlin (902). R. Eckstein Nachf. n. 2.—

Luckow, M., ein Vagabund der Liebe. Erzählg. (192 S.) 8. Berlin (903). R. Eckstein Nachf. n. 2.—; geb. n. 3.—

Luckow, Richard

Luckow: De Platonis Cratylo dialogo. 20 S. –Treptow a/R., Progr. 1868

Luckow, R. Topik der Redeteile. Ein Beitrag zur lateinischen Stilistik im Anschlufs an die Grammatik von Ellendt-Seyffert. 37 S. 8. Progr. *Stolp* 1885.

Luckow, Richard, (Pror.) Prof.: **Vorlagen zum Übersetzen aus dem Deutschen ins Lateinische f. obere Klassen.** *Stolp i. P. 1903: W. Delmanzo.* (39 S.) 8° [F.]
Stolp, st. G, R u. VS, P 1903 (173)

Lucks

— u. **Ostwald,** Rechenaufgaben aus der Kranken-, Unfall-, Invaliditäts- u. Altersversicherung f. Volks- u. Fortbildungsschulen. 8. (16 S.) Halle 893. R. Mühlmann's Verl. n. —10

— dasselbe, s. a. Knabe, Rich., gewerbliches Rechenbuch.

Lucks, Emil, Referendar in Elberfeld: Vergleichung der Rechtsstellung des Vorerben mit der des Nießbrauchers nach dem Bürgerlichen Gesetzbuche. Borna-Leipzig 1904: R. Noske. (IX, 66 S.) 8°
Rostock, Jur. Fak., Ref. Matthiass, Diss. v. 2. Jan. 1905
[Geb. 25. Dez. 80 Elberfeld; Wohnort: Elberfeld; Staatsangeh.: Preußen; Vorbildung: Realgymn. Elberfeld Reife O. 99, Ergänz. Prüf. Gymn. Cöln M. 99; Studium: Bonn 3, München 1, Bonn 3 S.; Rig. 8. Okt. 04.]

[F.] Religionsbuch für evangelische Schulen, enth. Bibl. Geschichte, Bibelkunde, Kirchengeschichte, Katechismus, Gebete, Kirchenjahr, Gottesdienstordnung und Kirchenlieder. Nebst 2 Kt. Bearb. v. [Franz] **Lucks** und [Wilhelm] Ostwald, Rektoren. Ausg Aa. '(Stadt Magdeburg)' ... *Magdeburg: Komm. Heinrichshofen 1898.* (VIII, 264 S., 2 Ktn.) 1 Bd 8. [98. 4873 Ha

Religionsbuch für evangelische Schulen, enth. bibl. Gesch., Bibelkunde, Kirchengesch., Katechismus, Kirchenlieder, Gebete, Kirchenjahr u. Gottesdienstordnung. Bearb. von [Franz] **Lucks** u. [Wilhelm] Ostwald, Rektoren. Nebst 2 Karten. Ausg. A. ⟨Prov. Sachsen.⟩ 6. Aufl. *Magdeburg: Heinrichshofen in Komm. 1903.* (VIII, 264 S.) 8° [F.] [04. 1885 S

– Dass., s.a. Lucks, J. H.

Lucks, H. T., Elsass-Lothringen, s.: Griebens Reise-Bibliothek.

Lucks, Hans, appr. Tierarzt a. Cüstrin: Aus der bakteriologischen Station des Veterinärwesens zu Hamburg. Untersuchungen über die Ursachen der Hydronephrose des Schweines. Stuttgart 1905: Union. (24 S.) 8°
Gießen, Verein. Med. Fak., Ref. Olt, Diss. v. 1. März 1905
[Geb. 13. Febr. 78 Cüstrin; Wohnort: Hamburg; Staatsangeh.: Preußen; Vorbildung: Pädagogium zum Kloster U. Lieben Frauen Magdeburg Reife O. 98; Studium: Berlin 3, Hannover 1, München 1, Berlin 3 S.; Rig. 7. Nov. 04.]

Lucks, J. H., Leitfaden für den Unterricht in der deutschen Rechtschreibung in 153 stufenmäßig geordneten Übungen mit 114 Aufgaben, bearb. nach dem im Auftrage des königl. Ministeriums der geistl., Unterrichts- und Medizinal-Angelegenheiten hrsg.: „Regeln und Wörterverzeichnis ꝛc.“ Zum Gebrauch in Stadt- und Landschulen. 8. (XI, 115 S.) Rendsburg 880, Schneider's Verlag. *

Lucks, J. H., Rechenbuch, s.: Knabe u. Ostwald.

— u. **Ostwald,** Religionsbuch f. evangelische Schulen, enth. bibl. Geschichte, Bibelkunde, Kirchengeschichte, Katechismus, Kirchenlieder, Gebete, Kirchenjahr u. Gottesdienstordnung. Nebst 2 Karten. Ausg. A. (Prov. Sachsen.) 6. Aufl. (VIII, 264 S.) gr. 8. Magdeburg 903. (Heinrichshofen's Sort.) Geb. n.n. — 90

– Dass., s.a. Lucks, Franz

— u. **H. Jessen,** deutsche Schulfibel, nach analytisch-synthet. Grundsätzen bearb. gr. 8. (VIII, 88 S.) Kiel 898. E. Marquardsen. Geb. n. — 60

— deutsche Schulfibel nach analytisch-synthetischen Grundsätzen. 2. vollständig umgearb. Aufl. (VIII, 92 S.) 8. Rendsburg 904. Coburg. Geb. n. — 70

Kiel. Lücks Führer durch Deutschlands größten Kriegshafen. Kiel. 1909. 8° [Umschlagt.]

Lucksch, Frz., bakteriolog. Wandtafeln. Gezeichnet v. Frz. u. Hedw. Lucksch. (Deutsch, französisch u. englisch.) (I. Serie.) Allgemeiner Tl. (6 Taf.) 80,5×106,5 cm. Farbdr. Mit Text. (8 S.) 18×26,5 cm. Leipzig 908. Dr. W. Klinkhardt. à 5.—; aufgezogen à 7.50
1. Formen der Bakterien. Nach H. Buchner. — 2. Struktur der Bakterienzelle. Einschlüsse. Plasmolyse. — 3. Kapseln. Scheiden. Geisseln. — 4. Teilung. Gonidien. — 5. Fortpflanzung durch Sporen. — 6. Verzweigung. Involutionsformen. Plasmoptyse.

— dasselbe. (II. Serie.) Pathogene Bakterien. (12 Taf.) 106,5×80,5 cm. Farbdr. Mit Text. (14 S.) 18×26,5 cm. Ebd. 908. à 5.—; aufgezogen à 7.50

Luckwald, C. v., Tiroler Bergwanderungen, s.: Kinzel, K.

Luckwald, Erich v., Leutn. im 1. Garde-Feldart.-Reg.: Das fehlgeschlagene Verbrechen und die aberratio ictus im StGB. Borna-Leipzig 1909: Noske. IX, 32 S. 8°
Heidelberg, Jur. Diss. v. 9. Aug. 1909, Ref. v. Lilienthal
[Geb. 19. Febr. 84 Goslar; Wohnort: Berlin; Staatsangeh.: Preußen; Vorbildung: Gymn. Schwerin Reife O. 02; Studium: Berlin 6 S.; Rig. 25. Juni 09.]
[U 09. 1848

Luckwaldt, F. Der Frieden von Campoformio. Innsbruck 1907. 8°.

Luckwaldt, F. Zum Ursprung des Burenkrieges. (Leipzig 1901.) 8°. (Aus: Engl. Studien.)

Luckwaldt, Friedrich: Oesterreichs Friedensverwendung zu Beginn des Befreiungskrieges von 1813. *Berlin (1897): E. Ebering.* (36 S.) 8° ¶[Erschien vollständig u. d. T.: Oesterreich und die Anfänge des Befreiungskrieges von 1813 ..., als H. 10 von: Historische Studien.]
Göttingen, Phil. Diss. v. [13. Nov.] 1897

Luckwaldt, Frdr., Oesterreich u. d. Anfänge des Befreiungskrieges v. 1813, s.a. **Studien, histor.**

Oesterreich und die Anfänge des Befreiungskrieges v. 1813. Vom Abschluss d. Allianz mit Frankreich bis z. Eintritt in die Koalition. Von Friedrich Luckwaldt, Dr. phil. *Berlin: E. Ebering 1898.* (XVI, 407 S.) 1 Bd 8.
= Studien, Historische. H. x. [98. 365

Luckwaldt, Frdr., s. Quellen zur Geschichte des Zeitalters der französischen Revolution.

Lucovich, Antoine, en Dalmatie. Étude. Lex.-8. (21 S.) Wien 866, Gerold's Sohn. *

LUČOVNIK, Johann: Jesus Christus und die jüdischen Parteien seiner Zeit. — um 1906. 119 S. Diss. Graz, Univ.

von Lucowicz, Casimir [aus Blumfelde W/Pr.]: Versuche über die Automatie des Froschherzens .... Halle a. S., S. Schlesingers Buchdr., 1888; 29 S. + 1 Bl. u. 1 Taf. 8°
Halle, Med. Fak., Inaug.-Diss. v. 27. März 1888

Lucowicz, Casimir, von, Versuche über die Automatie des Froschherzens. Diss. Halle 1888, Lippertsche Buchh. 8°. 29 S. mit einer Taf.

Lucrèce, trad. librement av. un discours préliminaire. II T. gr. 12. Paris. (Varrentrapp et W. Frcft.)

Lucretia, Trauerspiel in 5 Aufzügen. Nach dem Französ. des Ponsard's bearbeitet von Adolf Philippi. gr. 8. Hamburg 844, Kittler. n. 2/3 ₰

Lucretia, die entov., nach den Umständen ihres Lebenslaufs. 8. Frkft. u. Lpz. 754.

Lucretia, Hollands, oder: Ein Opfer der Freiheit ... Leipzig 1847. V: *Boenecke, Eduard.* (Ky)

Lucretia, Die nordische. Frankfurt 1731. V: *Fleischer, Joh. Georg.* (Collin, Anonymer. Kiobenh. 1869.)

LUCRETIA, Die vortreffliche europäische, nach denen wahrhaften Umständen ihres Lebenslaufes entworfen von einem redlichen Teutschen. Mit Titelkpf. (2 Darstellgn.). Frankfurt u. Leipzig, 1754. 8°. (12 Mk. Friedr. Klüber, München, 1897.)

Lucretius, Matthias, sonst Votius genannt, oder Geschichte eines verunglückten ... Kandidaten. Halle 1780. V: *Kindleben, Christian Wilhelm.* (Ky) (ML) (GGr)

Lucretius Matthias sonst Votius genannt, od. Gesch. eines verunglückten u. metamorphosirten Candidaten. 2 Thle. 8. Halle, Hendel. 780.

Lucretius Carus, Titus

— Codex Vossianus oblongus. Praefatus est Aemil. Chatelain, s.: Codices graeci et latini. XII.

Lucretius, T. Car., philosoph. u. and. Gedichte, übers. v. Aug. Rode, s. Gedichte.

Lucretius, übers. von W. Binder, s. Bibliothek, Langenscheidt'sche, sämmtl. griech. und röm. Klassiker.

Lucretius, s. Bibliothek d. Übersetzungen.

Lucretius. Deutsch von Max Seydel [Max Schlierbach]. gr. 8. (VII, 153 S.) München 881. Oldenbourg. n. 3. —

Lucretius Carus, des T., 6 Bücher v. der Natur der Dinge, s.a. Epikur's Lehre.

— von der Natur der Dinge, s.a. Sammlung griech. u. röm. Classiker.

Lucretius Carus, T., von der Natur der Dinge, s.a. Universal-Bibliothek.

— von d. Natur d. Dinge; aus d. Latein. mit Anmerkk. v. Frz. Xav. Mayr. 2 Thle. 8. Wien 784, 85. v. Mösle. 2 ₰ Hbg. Pr. 1 ₰ 12 ₰

— von der Natur d. Dinge, übers. mit Anmerkk. v. J. H. F. Meinecke. 2 Bde. gr. 8. Leipz. 794. Weidmann. 2 ₰ 16 ₰ Holl. Pap. 4 ₰

Lucretius, Car., v. d. Natur d. Dinge, übers. m. Anm. v. Meinecke. 2 Bde. gr. 8. Leipz. Weidmann. 795.
H. V.

Lucretius Carus, T. Von der Natur der Dinge ... Leipzig 1821. 2. Aufl. Leipzig 1831. Ü: *Knebel, Carl Ludw. von.* (Gi) (GGr) (BrMm) (Cat. d. Stadtbibl. Zürich. Zürich 1864—97.)

— von d. Natur d. Dinge. Uebers. v. K. L. v. Knebel. Latein. u. Deutsch. 2 Bde. gr. 8. Leipz. 821. Göschen. 4 ₰ ohne d. lat. Text in 1 Bde. Ebd. 2 ₰ 12 ₰ 2e wohlf. verb. Aufl. br. 8. Ebd. 831. 1 ₰ 8 ₰ Velinp. 1 ₰ 18 ₰

— Von der Natur der Dinge. Deutsch in der Versweise der Urschrift v. Wilh. Binder. 1. 5. u. 6. Lfg. kl. 8. Berlin-Schöneberg, Langenscheidt's Verl. à — 35
1. 2. Aufl. Durchgesehen v. E. A. Bayer. (1. Bd. S. 1—32.) (909.)
5. 6. 2. Aufl. (3. Bd. 83 S.) (909. 10.)

Lucretii Cari, Titi, de rerum natura libri sex, ed. Regnier, s. Bibliotheca nova scriptor. lat. Vol. X.

Lucretius, de rerum natura, c. Eichstädt. 8maj. Altona, Hammerich. Rthlr. Holl. Pap.

— — c. Eichstaedt. gr. 8. Lips. Schmidt. Schreibp. H. P.

— de rerum natura, c. R. Bentli animadversionibus. 8. maj. Lips. Wolf.

Lucretii, T. Car., de rerum natur. libri VI, c. not. Th. Creech. 8. Lond. (Basel) 754. Thurneisen. 1 ℛ 8 𝒢

— cum interpretatione et notis Th. Creech. 8. Basel 770. Thurneisen. 2 ℛ 8 ℛ

— de rerum nat. libri VI. Cum not. Creech. Ed. nova emendatior. 8. Leipz. 778. Schwickert. 1 ℛ 4 𝒢

Lucretius Carus, Titus: De rerum natura libri sex ad optimas editiones collati. Accedit varietas lectionis cum indice rarioris et obsoletae Latinitatis. Studiis Societatis Bipontinae. Editio accurata. 318 S., gbd.

Biponti: Typographia Societatis 1782

JB 395

— — dass. a. d. Lat. m. Anm. v. F. X. Mayr. 2 Thle. 8. Wien, Mösle. 784. 85.

Lucretius Carus, Titus. De rerum natura libri VI ... Vindob. 1787. H: *Alter, Franz Carl.* (Gi) (Cat. d. Stadtbibl. Zürich. Zürich 1864—97.)

— — 8. maj. Vien. Trattner. (Tendler.) 787.

— — 4. maj. Birmingham, König. 791.

— de rer. nat. libri VI, c. R. Bentleii animadv., G. Wakefield praefat. et commentariis etc. ed. suas notas et ind. adj. H.-K. A. Eichstädt. Vol. I. 8maj. Leipz. 801. Cnobloch. (Alt., Hammerich.) 2 ℛ 16 𝒢 Holl. 4 ℛ 12 𝒢

— — 1 Vol. in Charta Velina. Fol. maj. Mediolani e Typographaeo Mussiano, 807.

— de rer. natura libri VI ad opt. editt. collati. Acced. varietas lect. cum indice rarioris et obsoletae latinitatis. 8 Biponti 782. Ed. II. 8maj. Bipont. 808. (Treuttel u. W. in Strassb.) 1 ℛ 8 𝒢 Hbg. Pr. 1 ℛ

Lucreti, (T. Cari,) de rerum natura libri VI. Ex recens. edit. II. Bipont. Acced. variantes lect. ex edit. Wakefieldiana. 8 maj. Upsaliae 1819. (Berol., Reimer.)

— — edit. secund. Bipontinae, acced. variant. lectiones ex edit. Wakefieldiana. 8maj. Upsalae. (Lips., Hartmann in comm.) 820.

Lucretii Cari, Titi, de rerum natura lib. sex. Ad opt. libror. fidem edid. perpet. annotatt. crit., grammat. et exeget. adjec. Al. Forbiger. 12 maj. (27½ B.) Lipsiae 828, Teubner. 1 Thlr. 16 Gr., Engl. Pap.

—— id. — Ad opt. libror. fidem accurate editi. Accedit varietas lectionis et index latinitatis. Edit. stereot. 16. (22½ B.) Lipsiae 833, Tauchnitz.

— de rerum natura libri sex, ed. Regnier. Lex.-8. Leipzig 837. Barth. 1⅙ ℛ (Vergl. Bibliotheca nova Scriptorum latinorum Vol. X.)

Lucreti Cari, T., de rerum natura libri VI. Carolus Lachmannus recensuit et emendavit. 8maj. (252 S.) Berolini 850, G. Reimer.

Lucreti Cari, T., de rerum natura libri sex. Recognovit Jac. Bernaysius. 8. (XII und 198 S.) Lipsiae 852, Teubner.

—— id. — Car. Lachmannus recensuit et emendavit. Editio altera. 8maj. (252 S.) Berolini 853, G. Reimer.

Lucreti Cari, T., de rerum natura libri sex. Carol. Lachmannus recensuit et emendavit. Editio III. Berlin 860. G. Reimer. gr. 8. (252 S.) 1 ℛ 10 ngr.

Lucreti Cari, T., de rerum natura libri VI. Recognovit Hugo A. J. Munro. 16. (XL und 190 S.) New-York 861. (Philadelphia, Schäfer und Koradi.) geb. Thlr. *

Lucretius Carus, T[itus]: De rerum natura. Recogn. Jacobus *Bernaysius*. Lib. 1—6. Lipsiae 1862. 8°

Lucretii Cari, Titi, de rerum natura libri VI. Ad optimorum librorum fidem accurate editi. Accedit varietas lectionis et index latinitatis. Editio ster. C. Tauchnitiana. Nova impressio. 16. (360 S.) Leipzig 868, Holtze.

—— dass. — Carol. Lachmann recens. et emend. Edit. 4. gr. 8. (252 S.) Berlin 871, G. Reimer.

—— dass. — Recognovit Jac. Bernaysius. 8. (XII, 198 S.) Leipzig (852)74, Teubner.

— de rerum natura libri VI. Redigirt u. erklärt v. Frdr. Bockemüller. II. gr. 8. (279 S.) Stade 874. Leipzig, O. R. Reisland. n. 9. 50 (kplt.: n. 14. —)

Lucreti, Carl T., de rerum natura libri sex red. u. erklärt v. Frdr. Bockemüller. 1. Lfg. Buch I. u. II. gr. 8. (186 S.) Stade 874. Steudel sen. n. 4. 80

Lucretii, Titi Cari, de rerum natura libri VI. Ad optimorum librorum fidem accurate editi. Accedit varietas lectionis et index latinitatis. Editio stereotypa C. Tauchnitiana. Nova impressio. 16. (360 S.) Leipzig 883, Holtze.

Lucreti Cari, T., de rerum natura libri VI. Edidit Adph. Brieger. 8. (LXXXIV, 206 S.) Leipzig 894. B. G. Teubner. 1. 80

T. Lucretius Carus De rerum natura Buch III. Erkl. v. Richard Heinze. *Leipzig: B. G. Teubner 1897.* (VI, 206 S.) 1 Bd 8. (Sammlung wissensch. Commentare zu griech. u. röm. Schriftstellern. [Bd 2.])

— de rerum natura libri VI. Ed. Adph. Brieger. Ed. ster. (emendatior). 8. (LXXXIV, 230 S.) Leipzig 899. B. G. Teubner. 2. 10; Appendix (S. 207—230) allein — 30 (Bibliotheca script. Graec. et Rom. Teubneriana.)

Lucreti de rerum natura libri sex, recognovit brevique adnotatione critica instruxit Cyrillus Bailey. (VIII, 244 S.) 8. Oxford (905). Clarendon Press. n.n. 2. 50

Lucretius Carus, de rerum natura libri sex, ed. William Aug. Merrill. (806 S.) 8. New York (906). American Book Co. (Nur direkt.) Geb. in Leinw. nn 11. 25

T[iti] Lucreti Cari De rerum natura libri 6. Ed. Adolphus Brieger. Ed. ster. Lipsiae: Teubner 1909. LXXXIV, 230 S. 8°
(Bibliotheca scriptorum Graec. et Rom. Teubneriana.)

— Schauergemälde d. Kriegspest in Attika. Originaltext nach d. Eichstädtschen Ausgabe, Uebersetzung in Hexametern von H. von Knebel, mit erläuternden Anmerkk. u. fortlaufendem arzneiwissenschaftl. Commentar v. J. C. F. Meister. gr. 8. Züll. 816. (Fr. Fleischer in Leipz.) 18 gl.

Lukretius Karus, Titus, das Wesen der Dinge, metrisch übers. von Gust. Bossart-Derden. Berlin 865. G. Reimer. 8. (XII, 256 S.) 1 ℛ 5 ngr

Lukrez, vom Wesen der Dinge, Buch I. v. 1—369. Ins Deutsche übers. von Adph. Brieger. gr. 4. (14 S.) Posen 866, Jagielski. *

Lucron, F. (Hrsg.), s. Echo. – L'Echo de France.

Lucrum, A., Kalkulations-Tabellen. (81 farb. S. m. 2 S. Text auf den Einbd.) 30,5×38,5 cm. Wien (908). Lucrum-Verlag. Geb. in Leinw. nn 12. 60

— dasselbe. B. 3. unveränd. Aufl. (41 farb. S. m. 1 S. Text auf den Einbd.) 30,5×38,5 cm. Ebd. (908). nn 5.—; kart. nn 6. 50

Lucrum B. Prozentual-Berechnungs-Tabellen. 2. Aufl. (41 S.) qu. 4. Wien (905). (Wallishausser.) n. 6.—

Luctus Canoniae Gerusensis super mortem ... Pauli Gratschmayer ... Viennae 1780. V: *Monn, Simon.* (EB)

Luctus Styriae in septem Excellentissimorum Procerum funeribus ... Graecii 1730. V: *Steizinger, Anton.* (Jes)

Lucubrationen eines Staatsgefangenen ... Braunschweig 1827. V: *Witt, Ferd. Johannes genannt von Doering.* (GGr) (Ky) (LS) (Cb) (BrMm) (Bruun, Bibl. Danica III, 1572.)

Lucubrationen e. Staatsgefangenen (J. Witt, gen. Dörring) niedergeschrieben in dem Criminalgefängnisse zu Turin, d. Citadelle von Mailand, d. Frohnveste zu Bayreuth, d. Stadtvogtei zu Berlin u. d. Polizeihauses zu Wien. 8. Braunschw. 827. Vieweg. 20 gl.

Lucullus (der Jüngste), s.: Kohl, brunen.

Lucy, Mme la Comtesse de, Histoire d'une pièce d'or, hrsg. von Walth. Wüllenweber, s.: Prosateurs français 93. Lfg.

Lucz, Adalbert

Lucz, Adb., Ministerverantwortlichkeit u. Staatsgerichtshöfe. Eine staatsrechtliche Abhandlg. gr. 8. (51 S.) Wien 893. M. Perles. n. 1. 20

Luczakowski, Dr. Constantin, Lesebuch für die 2. Classe an Mittelschulen der Bukowina, an denen die ruthenische Sprache gelehrt wird. Lemberg 1895. (Min.-Erl. v. 10. October 1895, Z. 23834.) Geb. 1.—

Łuczakowski, K.: Anton Lubicz Mogilnicki. – Sein Leben u. seine Schriften mit einem Bildnisse des Dichters. (73 S.) – Lemberg, Progr. 1887.

— — Musterstücke für Prosa und Poesie zum Lehrgebrauche an den Mittelschulen der Bukowina, an denen die ruthenische Sprache gelehrt wird. Lemberg 1894. (Min.-Erl. v. 10. October 1895, Z. 23834.) Geb. 1.80

Luczakowski, Const. Die deutsche Sprache an den Mittelschulen Galiziens. gr. 8. (54 S.) Lemb. 889, (Milikowski). * 1 60

Łuczkowski, Wenzeslaus, appr. Arzt: Aus der Königlichen Universitäts-Augenklinik in Breslau. (Direktor: Geh. Medizinalrat Prof. Dr. Uhthoff.) Beiträge zur Syphilis des Zentralnervensystems mit Berücksichtigung der Augenstörungen. Breslau 1906: Breslauer Genossenschafts-Buchdruckerei. (65 S.) 8°
Breslau, Med. Fak., Ref. Uhthoff, Diss. v. 12. Sept. 1906
[Geb. 25. Sept. 78 Sadłogoszcz, Kr. Schubin Prov. Posen; Wohnort: Breslau; Staatsangeh.: Preußen; Vorbildung: Kgl. Gymn. Bromberg, Culm (Westpr.) Reife M. 99; Studium: Breslau 5, Leipzig 3, München 1 S.; Coll. 27. Juli 06.]

Kolibri 360 GmbH
Ferdinand-Jühlke-Straße 7
99095 Erfurt, Deutschland
produktsicherheit@kolibri360.de